CB070628

Anatomia dos Animais Domésticos

Tradução da 6ª edição:
Régis Pizzato

Tradução desta edição:
Luciana Silveira Flôres
(Iniciais, Caps. 7-12, 16, 20-23, Índice e Figuras)
Professora titular de Anatomia Animal do Departamento de Morfologia
e coordenadora do Curso de Medicina Veterinária da Universidade Federal de Santa Maria (UFSM).
Mestre em Medicina Veterinária: Cirurgia pela UFSM.
Doutora em Anatomia dos Animais Domésticos e Silvestres pela Universidade de São Paulo (USP).
Pós-doutorado na Faculdade de Medicina Veterinária e Zootecnia da USP.

Jurema Salerno Depedrini
(Textos dos Caps. 1-6, 13-15,17-19)
Professora associada do Departamento de Morfologia do Curso de Medicina Veterinária da UFSM.
Mestre e Doutora em Ciências Veterinárias pela Universidade Federal do Rio Grande do Sul (UFRGS).

K82a König, Horst Erich.
   Anatomia dos animais domésticos : texto e atlas colorido / Horst Erich König, Hans-Georg Liebich ; tradução: Régis Pizzato, Luciana Silveira Flôres, Jurema Salerno Depedrini ; revisão técnica: Luciana Silveira Flôres. – 7. ed. – Porto Alegre : Artmed, 2021.
   856 p. : il. color. ; 28 cm.

   ISBN 978-65-5882-022-2

   1. Veterinária. 2. Anatomia animal. I. Liebich, Hans-Georg. II. Título.

   CDU 636.09

Catalogação na publicação: Karin Lorien Menoncin – CRB 10/2147

Horst Erich KÖNIG
Hans-Georg LIEBICH

Anatomia dos Animais Domésticos

TEXTO E ATLAS COLORIDO

7ª EDIÇÃO

Revisão técnica:
Luciana Silveira Flôres
Professora titular de Anatomia Animal do Departamento de Morfologia
e coordenadora do Curso de Medicina Veterinária da Universidade Federal de Santa Maria (UFSM).
Mestre em Medicina Veterinária: Cirurgia pela UFSM.
Doutora em Anatomia dos Animais Domésticos e Silvestres pela Universidade de São Paulo (USP).
Pós-doutorado na Faculdade de Medicina Veterinária e Zootecnia da USP.

artmed

Porto Alegre
2021

Obra originalmente publicada sob o título
Veterinary anatomy of domestic animals – Textbook and colour atlas, 7th Edition
ISBN 9783132425095

Copyright © 2020, originally published in English by Georg Thieme Verlag KG, Stuttgart, Germany.
Edited by Horst Erich König and Hans-Georg Liebich.

Gerente editorial: *Letícia Bispo de Lima*

Colaboraram nesta edição:

Editora: *Mirian Raquel Fachinetto*

Capa: *Márcio Monticelli*

Preparação de originais: *Marquieli de Oliveira*

Leitura final: *Daniela Louzada e Mirela Favaretto*

Projeto gráfico e editoração: *Clic Editoração Eletrônica Ltda.*

Reservados todos os direitos de publicação ao
GRUPO A EDUCAÇÃO S.A.
(Artmed é um selo editorial do GRUPO A EDUCAÇÃO S.A.)
Rua Ernesto Alves, 150 – Bairro Floresta
90220-190 – Porto Alegre – RS
Fone: (51) 3027-7000

SAC 0800 703 3444 – www.grupoa.com.br

É proibida a duplicação ou reprodução deste volume, no todo ou em parte, sob quaisquer
formas ou por quaisquer meios (eletrônico, mecânico, gravação, fotocópia, distribuição na Web
e outros), sem permissão expressa da Editora.

IMPRESSO NO BRASIL
PRINTED IN BRAZIL

Organizadores

Em. O. Univ.-Prof. Dr. Dr. habil. Dr. h.c. mult. Horst Erich König

- 1987-1989 Professor convidado na Universidad de Concepción, Chile
- 1992-2008 Chefe do Instituto de Anatomia, Universidade Veterinária de Viena, Áustria, seguido pela renovação do cargo de professor convidado no Chile
- 2009-2010 Professor interino W3 na Universidade de Leipzig, Alemanha
- 2013 Professor convidado na Universidade de Saskatchewan, Canadá
- Possui inúmeras publicações em renomadas revistas científicas
- É organizador e autor de livros-texto de veterinária traduzidos para vários idiomas
- Principais interesses de pesquisa: neuroanatomia, trato reprodutor feminino de mamíferos domésticos, dígitos de equinos

Veterinärmedizinische Universität Wien
Veterinärplatz 1
1210 Wien
Austria

Univ.-Prof. Dr. Dr. h.c. mult. Hans-Georg Liebich

- Ex-chefe da disciplina de Anatomia Veterinária I na Ludwig-Maximilians-University de Munique, Alemanha
- Possui inúmeras publicações em revistas científicas nacionais e internacionais
- É organizador e autor de importantes livros-texto de veterinária traduzidos para vários idiomas
- Principais interesses de pesquisa: imunologia gastrointestinal, morfologia funcional do olho e das articulações

Tierärztliche Fakultät
Ludwig-Maximilians-Universität München
Veterinärstraße 13
80539 München
Germany

Autores

a.o. Univ.-Prof. Dr. Christian **Peham**
Klinische Abteilung für Pferdechirurgie
Veterinärmedizinische Universität Wien
Veterinärplatz 1
1210 Wien
Austria

Univ.-Prof. Dr. Christine **Aurich**
Besamungs- und Embryotransferstation
Veterinärmedizinische Universität Wien
Veterinärplatz 1
1210 Wien
Austria

Univ.-Prof. Dr. Christoph **Mülling**
Veterinär-Anatomisches Institut
Veterinärmedizinische Fakultät
Universität Leipzig
An den Tierkliniken 43
04103 Leipzig
Germany

Univ.-Prof. Dr. Eberhard **Ludewig**
Dipl. ECVDI
Klinische Abteilung für Bildgebende
  Diagnostik
Veterinärmedizinische Universität Wien
Veterinärplatz 1
1210 Wien
Austria

a.o. Univ.-Prof. Dr. Gerald **Weissengruber**
Institut für Topographische Anatomie
Veterinärmedizinische Universität Wien
Veterinärplatz 1
1210 Wien
Austria

a.o. Univ.-Prof. Dr. Gerhard **Forstenpointner**
Institut für Topographische Anatomie
Veterinärmedizinische Universität Wien
Veterinärplatz 1
1210 Wien
Austria

Hanna **Schöpper**, Ph.D.
Institut für Topographische Anatomie
Veterinärmedizinische Universität Wien
Veterinärplatz 1
1210 Wien
Austria

Associate Prof. Dr. Hermann **Bragulla**
School of Veterinary Medicine
Louisiana State University
Skip Bertman Drive
LA 70803-1715 Baton Rouge
USA

Priv.-Doz. Dr. habil. Jenny **Hagen**
Veterinär-Anatomisches Institut
Veterinärmedizinische Fakultät
Universität Leipzig
An den Tierkliniken 43
04103 Leipzig
Germany

Univ.-Prof. Dr. Jesús **Ruberte**
Departament de Sanitat I d'Anatomina
  Animals
Facultad de Veterinaria
Universidad Autonoma de Barcelona
Edifici V, Travessera dels Turons
08193 Bellaterra Barcelona
Spain

Univ.-Prof. Dr. Johann **Maierl**
Lehrstuhl für Anatomie, Histologie und
  Embryologie
Ludwig-Maximilians-Universität München
Veterinärstraße 13
80539 München
Germany

Univ.-Prof. Dr. Johannes **Seeger**
Veterinär-Anatomisches Institut
Veterinärmedizinische Fakultät
Universität Leipzig
An den Tierkliniken 43
04103 Leipzig
Germany

Priv.-Doz. Dr. Kirsti **Witter**
Institut für Topographische Anatomie
Veterinärmedizinische Universität Wien
Veterinärplatz 1
1210 Wien
Austria

Univ.-Prof. Dr. Klaus-Dieter **Budras**
Institut für Veterinär-Anatomie
Fachbereich Veterinärmedizin
Freie Universität Berlin
Koserstraße 20
14195 Berlin
Germany

Univ.-Prof. Dr. Dr. h.c.
  Mircea-Constantin **Sora**
Sigmund Freud PrivatUniversität Wien
Campus Prater
Freudplatz 1
1020 Wien
Austria

a.o. Univ.-Prof. Dr. Peter **Paulsen**
Institut für Fleischhygiene
Veterinärmedizinische Universität Wien
Veterinärplatz 1
1210 Wien
Austria

Prof. Dr. Dr. Dr. h.c. mult. Péter **Sótonyi**
Department of Anatomy and Histology
University of Veterinary Medicine
István u. 2
1078 Budapest
Hungary

Univ.-Prof. Dr. Rafael **Latorre**
Anatomía y Embriología Veterinarias
Facultad de Veterinaria
Universidad de Murcia
Campus de Espinardo
30100 Murcia
Spain

a.o. Univ.-Prof. Dr. Sibylle **Kneissl**
Klinische Abteilung für Bildgebende
  Diagnostik
Veterinärmedizinische Universität Wien
Veterinärplatz 1
1210 Wien
Austria

Priv.-Doz. Dr. Sven **Reese**
Lehrstuhl für Anatomie, Histologie und
  Embryologie
Ludwig-Maximilians-Universität München
Veterinärstraße 13
80539 München
Germany

Prof. Dr. William **Pérez**
Encargado del Área de Anatomía
Facultad de Veterinaria
Universidad de la República
Lasplaces 1620
PC 11600 Montevideo
Uruguay

Prefácio

Em cada uma das seis edições publicadas desde 1999, nosso objetivo foi fornecer aos leitores as informações científicas mais recentes e ilustrá-las com excelentes imagens coloridas de peças anatômicas preparadas com diferentes técnicas de alta qualidade, derivadas de meios de imagem contemporâneos, além de representações esquemáticas coloridas digitalmente. A mesma abordagem foi rigorosamente seguida nesta 7ª edição e inúmeras sugestões de estudantes e colegas veterinários foram incorporadas a esta nova versão. Ao longo desse processo, a resposta extremamente positiva ao nosso trabalho anterior nos inspirou e nos desafiou em igual medida a manter nossos padrões previamente estabelecidos.

A inclusão de um capítulo sobre anatomia das aves transformou o trabalho em uma obra abrangente que completa a anatomia dos animais domésticos. Com base em nosso livro-texto e atlas colorido *Anatomic der Vogel* (2009; publicado em inglês como *Avian Anatomy,* em 2016), este novo capítulo enfatiza as características anatômicas específicas da classe das aves. Descrições mais detalhadas e ilustrações adicionais pertencentes à anatomia fundamental, clínica e aplicada das aves podem ser encontradas em *Avian Anatomy*.

Para reconhecer a contribuição duradoura dos nossos livros para a anatomia veterinária, priorizamos a preservação de seu propósito essencial no desenvolvimento da 7ª edição. Assim, os conteúdos de ensino e aprendizagem recém-integrados (notas clínicas) destinam-se não apenas a satisfazer as crescentes demandas do estudo anatômico e da prática clínica, mas também, idealmente, a inspirar e entusiasmar os nossos leitores por uma disciplina que muitas vezes é considerada "árida". Se fizermos algum progresso no sentido de atingir essa meta desejada, teremos alcançado muito.

A nova edição abrange os aspectos essenciais da anatomia sistêmica, topográfica e clínica e visa promover a compreensão das relações complexas entre as estruturas anatômicas e suas respectivas funções. A abordagem contemporânea de combinar um livro-texto de anatomia veterinária e um atlas colorido é ainda mais aprimorada pela inclusão de imagens e fotografias de cortes anatômicos. Dessa forma, buscamos enfrentar os desafios da prática veterinária moderna, fornecendo aos profissionais uma ferramenta para interpretar representações seccionais obtidas por meio de diagnóstico por imagem.

Esta edição também foi desenvolvida para facilitar o ensino interdisciplinar modular na estrutura e função dos órgãos. Mais do que nunca, os currículos veterinários exigem que os estudantes se familiarizem com os fundamentos anatômicos por meio do estudo independente e do desenvolvimento de um senso crítico. No entanto, isso pode resultar em déficits de conhecimento que costumam ser bastante profundos. Assim, esta 7ª edição apoia fortemente o aprendizado independente, organizando informações com base em sistemas e topografia. A apresentação do conteúdo anatômico fundamental, organizada de forma a atender a disciplina, facilita a compreensão da anatomia aplicada em contextos clínicos, conforme exigido em ambientes modulares de ensino e aprendizagem. Para garantir ainda mais o rigor científico, esta 7ª edição baseou-se na mais recente versão da *Nômina Anatômica Veterinária* (2017),* de onde foram utilizados os termos anatômicos.

Nosso atlas colorido combinado com texto tem sido reconhecido internacionalmente nos últimos anos, sendo aclamado por estudantes e colegas em todo o mundo. Isso se reflete na publicação de edições licenciadas em 11 idiomas adicionais. Destacam-se as traduções para português, espanhol, italiano, polonês, turco, japonês e chinês. Outras traduções estão atualmente em preparação. Sendo, provavelmente, o livro de veterinária mais traduzido do mundo, é uma ferramenta valiosa para os estudantes, ajudando-os a se preparar e concluir com sucesso seus estudos veterinários. Além disso, como um livro de referência complementar, tem papel estabelecido em facilitar a proficiência na prática clínica. São resultados agradáveis, dos quais temos um certo grau de orgulho.

A atualização do conteúdo educacional desta edição não teria sido possível sem a ajuda de vários colegas. Tivemos, no passado, a oportunidade de expressar nosso profundo agradecimento aos coautores que contribuíram com conteúdo escrito e imagens para edições anteriores, aos colegas responsáveis pela preparação de espécimes anatômicos e aos colegas de trabalho que trouxeram seus conhecimentos técnicos para apoiar, garantindo que as várias edições tenham ficado esteticamente agradáveis. Particularmente, agradecemos ao Dr. Polsterer (Viena) pelos desenhos esquemáticos e à Sra. Schura (Munique) por sua experiência em coloração digital.

Vários colegas da comunidade científica forneceram sugestões e contribuições úteis para esta última edição, na forma de texto e imagens. Reconhecemos e expressamos nossos agradecimentos ao Professor Latorre (Murcia, Espanha) e ao Dr. Hartmann (Stephanskirchen) por fornecerem imagens artroscópicas claras e informativas e fotos da bolsa gutural do cavalo. O Dr. Witter (Viena) e o Dr. Schöpper (Viena) também merecem um agradecimento especial por suas contribuições ao capítulo sobre o tegumento comum e à descrição dos dentes. Agradecimentos sinceros ao Professor Kneissl (Viena) e ao Professor Ludewig (Viena) pela revisão e atualização da seção sobre diagnóstico por imagem. Uma dívida adicional de gratidão é devida ao professor associado Paulsen (Viena) por contribuir com descobertas recentes para o capítulo que descreve os órgãos linfáticos. O professor Budras (Berlin) forneceu sugestões importantes sobre o tegumento comum. O material selecionado, relacionado à secção de cascos, fornecido pelo Dr. Hagen (Leipzig) para o componente *online* da 6ª edição alemã, foi incorporado a esta nova edição. Com referência ao capítulo sobre anatomia das aves, estendemos nossos agradecimentos ao Dr. Donoso

---

* N. de R.T. A anatomia tem uma linguagem própria que segue a nova Terminologia Anatômica (*International Anatomical Terminology*), de 1998. Os termos anatômicos são expressos em latim e traduzidos pelos seus países. No Brasil, a nova terminologia foi traduzida pela Comissão de Terminologia Anatômica da Sociedade Brasileira de Anatomia (SBA) e publicada em 2001. A *Nômina Anatômica Veterinária (NAV)*, que define as particularidades anatômicas dos animais, é elaborada pelo Comitê Internacional de Nomenclatura em Anatomia Veterinária Macroscópica e aprovada em assembleia pela Associação Mundial de Anatomistas Veterinários (WAVA), cuja última versão é de 2017, a qual ainda não tem tradução para a língua portuguesa. Os termos anatômicos referentes a humanos e animais derivam do latim, os quais, por serem vertebrados, possuem muitas estruturas e nomenclaturas em comum. Como não existe uma tradução em português para a NAV, a tradução desta obra baseou-se inicialmente na nomenclatura traduzida pela SBA para termos em comum, mas tendo como fonte principal a nomenclatura da NAV.

(Universidad de Concepción, Chile) por fornecer uma valiosa imagem da garra da asa de uma ave chilena.

Agradecimentos especiais são devidos à Dra. Corinna Klupiec por sua tradução técnica e acadêmica competente dos textos adicionais que aparecem na 7ª edição em inglês. Suas profundas habilidades bilíngues e anatômicas foram mais uma vez demonstradas nesta publicação. Nossos agradecimentos também ao Professor Simoens (Ghent) por suas sugestões de especialistas e por sua avaliação crítica e revisões dos textos e dísticos das imagens. Para encerrar, gostaríamos de agradecer ao Dr. Schäfer, à Sra. Schwarz e à Sra. Wallstein que, em nome da editora, forneceram uma gestão ativa e prestativa ao longo da produção desta 7ª edição.

Viena e Munique
Horst Erich König e Hans-Georg Liebich

Sumário

1 Introdução e anatomia geral ... 21
H.-G. Liebich, G. Forstenpointner e H. E. König

1.1 História da anatomia veterinária ... 21
G. Forstenpointner

1.2 Termos direcionais e planos no corpo dos animais ... 25
H.-G. Liebich e H. E. König

1.3 Divisão do corpo animal em órgãos e em sistemas orgânicos ... 25
H.-G. Liebich e H. E. König

1.4 Aparelho locomotor (*apparatus locomotorius*) ... 27
H.-G. Liebich e H. E. König

1.4.1 Sistema esquelético (*systema skeletale*) ... 27
Osteologia ... 27
Artrologia (*arthrologia*) ... 37

1.4.2 Sistema muscular (*systema musculare*) ... 43
Miologia (*myologia*) ... 43

1.5 Anatomia geral de angiologia ... 52
H.-G. Liebich e H. E. König

1.5.1 Organização do sistema circulatório ... 52
Coração (*cor*) ... 52
Circulações pulmonar e sistêmica ... 52
Circulação portal ... 53
Circulação periférica ... 53

1.5.2 Vasos (*vasa*) ... 54
Estrutura dos vasos sanguíneos (*vasa sanguinea*) ... 54

1.5.3 Sistema linfático (*systema lymphaticum*) ... 57
Órgãos linfáticos ... 57
Funções do sistema linfático ... 57
Arquitetura dos vasos linfáticos (*vasa lymphatica*) ... 57

1.6 Anatomia geral do sistema nervoso (*systema nervosum*) ... 58
H.-G. Liebich e H. E. König

1.6.1 Funções do sistema nervoso ... 59

1.6.2 Arquitetura e estrutura do sistema nervoso ... 59

1.6.3 Tecido nervoso (*textus nervosus*) ... 60
Neurônios ... 60
Células da glia (gliócitos, neuróglias) ... 61

1.6.4 Sistema nervoso central (*systema nervosum centrale*) ... 61
Substância cinzenta (*substantia grisea*) ... 61
Substância branca (*substantia alba*) ... 62

1.6.5 Sistema nervoso periférico (*systema nervosum periphericum*) ... 62
Nervos (*nervi, neurons*) ... 62
Gânglios (*ganglia*) ... 63
Sistema nervoso somático (voluntário) ... 63
Sistema nervoso vegetativo (autônomo) ... 63

1.6.6 Transmissão de informações por meio dos nervos ... 65
Sinapses ... 65

1.6.7 Barreiras no sistema nervoso ... 65

1.7 Anatomia geral das vísceras ... 66
H.-G. Liebich e H. E. König

1.7.1 Mucosa visceral ... 66
Epitélio ... 66
Camada de tecido conjuntivo do epitélio ... 67
Camada muscular do epitélio ... 68

1.7.2 Tecido conjuntivo visceral ... 68
Motilidade visceral ... 68

1.7.3 Funções das vísceras ... 68

1.7.4 Cavidades corporais e seus revestimentos serosos ... 68

2 Esqueleto axial (*skeleton axiale*) ... 73
H.-G. Liebich e H. E. König

2.1 Visão geral do crânio ... 73

2.2 Visão geral da coluna vertebral ou espinha ... 73

2.3 Visão geral do tórax ... 74

2.4 Esqueleto da cabeça ... 74

2.4.1 Crânio, neurocrânio (*cranium, neurocranium*) ... 74
Osso occipital (*os occipitale*) ... 74
Osso esfenoide (*os sphenoidale*) ... 78

	Osso temporal (*os temporale*) 79			Cavidade nasal (*cavum nasi*) 108	
	Osso frontal (*os frontale*) 81			Seios paranasais (*sinus paranasales*) 108	

	Osso parietal (*os parietale*). 81	
	Osso interparietal (*os interparietale*) 82	
	Osso etmoide (*os ethmoidale*) 82	
2.4.2	Crânio, parte facial (*facies, viscerocranium*) 84	
	Osso nasal (*os nasale*). 84	
	Osso lacrimal (*os lacrimale*) 85	
	Osso zigomático (*os zygomaticum*). 85	
	Maxila 87	
	Osso incisivo (*os incisivum*) 88	
	Osso palatino (*os palatinum*) 89	
	Vômer. 89	
	Osso pterigoide (*os pterygoideum*) 90	
	Mandíbula 90	
	Osso hioide, aparelho hioide (*os hyoideum, apparatus hyoideus*) 92	
	Seios paranasais (*sinus paranasales*) 93	
2.5	**O crânio como um todo** 95	
2.5.1	O crânio dos carnívoros 95	
	Osso hioide (*os hyoideum*). 99	
2.5.2	Cavidades do crânio dos carnívoros 99	
	Cavidade craniana (*cavum cranii*) 99	
	Cavidade nasal (*cavum nasi*) 100	
	Seios paranasais (*sinus paranasales*) 101	
2.5.3	O crânio do equino 101	
	Osso hioide (*os hyoideum*). 104	
2.5.4	Cavidade do crânio do equino 104	
	Cavidade craniana (*cavum cranii*) 104	

2.6	**Coluna vertebral ou espinha** (***columna vertebralis***) 109	
2.6.1	Vértebras cervicais (*vertebrae cervicales*) 110	
2.6.2	Vértebras torácicas (*vertebrae thoracicae*) 112	
2.6.3	Vértebras lombares (*vertebrae lumbales*) 120	
2.6.4	Vértebras sacrais (*vertebrae sacrales*). 122	
2.6.5	Vértebras caudais ou coccígeas (*vertebrae caudales*) 125	
2.7	**Esqueleto torácico (*skeleton thoracis*)**. 125	
2.7.1	Costelas (*costae*) 125	
2.7.2	Esterno 128	
2.8	**Uniões do crânio e tronco (*suturae capitis, articulationes columnae vertebralis et thoracis*)** 128	
2.8.1	Articulações do crânio (*synchondroses cranii*) 128	
2.8.2	Articulações da coluna vertebral, do tórax e do crânio (*articulationes columnae vertebralis, thoracis et cranii*) 129	
2.8.3	Articulações intervertebrais (*articulationes columnae vertebralis*) 131	
	Ligamentos da coluna vertebral 133	
2.8.4	Articulações das costelas com a coluna vertebral (*articulationes costovertebrales*) 135	
2.8.5	Articulações da parede torácica (*articulationes thoracis*) 135	
2.9	**A coluna vertebral como um todo** 136	

3 Fáscias e músculos da cabeça, do pescoço e do tronco 137

H.-G. Liebich, J. Maierl e H. E. König

3.1	**Fáscias**. 137		**3.3**	**Músculos específicos da cabeça** (***musculi capitis***) 139	
3.1.1	Fáscias superficiais da cabeça, do pescoço e do tronco. 137		3.3.1	Músculos faciais (*musculi faciales*) 139	
3.1.2	Fáscias profundas da cabeça, do pescoço e do tronco. 137		3.3.2	Músculos dos lábios e das bochechas (*musculi labiorum et buccarum*). 139	
3.2	**Músculos cutâneos (*musculi cutanei*)** 138		3.3.3	Músculos do nariz (*musculi nasi*). 143	
3.2.1	Músculos cutâneos da cabeça (*musculi cutanei capitis*). 138		3.3.4	Músculos extraorbitais das pálpebras (*musculi extraorbitales*) 143	
3.2.2	Músculos cutâneos do pescoço (*musculi cutanei colli*) 138		3.3.5	Músculos da orelha externa (*musculi auriculares*). 143	
3.2.3	Músculos cutâneos do tronco (*musculi cutanei trunci*) 138		3.3.6	Músculos mandibulares 145	
				Músculos da mastigação 145	
				Músculos superficiais do espaço mandibular. 146	
			3.3.7	Músculos específicos da cabeça. 147	

3.4	**Músculos do tronco (*musculi trunci*)** 149		3.4.4	Músculos da parede abdominal (*musculi abdominis*) 163	
3.4.1	Músculos do pescoço (*musculi colli*) 149			Bainha do músculo reto do abdome (*vagina m. recti abdominis*) 165	
3.4.2	Músculos dorsais (*musculi dorsi*)................. 154			Canal inguinal (*canalis inguinalis*) 165	
	Musculatura cervical e dorsal longa 155		3.4.5	Músculos da cauda (*musculi caudae*).............. 167	
	Musculatura cervical e dorsal curta 159				
3.4.3	Músculos da parede torácica (*musculi thoracis*) 159				
	Músculos respiratórios............................. 159				

4 Membros torácicos (*membra thoracica*) 171

H.-G. Liebich, J. Maierl e H. E. König

4.1	**Esqueleto do membro torácico (*ossa membri thoracici*)** 171		4.2.3	Articulação do cotovelo (*articulatio cubiti*) 191	
				Articulações do rádio com a ulna (*articulatio radioulnaris proximalis et articulatio radioulnaris distalis*) 193	
4.1.1	Cintura escapular (*cingulum membri thoracici*) 171				
	Escápula (*scapula*) 171		4.2.4	Articulações da mão (*articulationes manus*) 195	
4.1.2	Esqueleto do braço (*brachium*).................... 171			Articulações carpais (*articulationes carpeae*) 195	
4.1.3	Esqueleto do antebraço (*skeleton antebrachii*) 177		4.2.5	Articulações intermetacarpais (*articulationes intermetacarpeae*) 198	
	Rádio.. 178				
	Ulna 181		4.2.6	Articulações falângicas...................... 198	
4.1.4	Esqueleto da mão (*skeleton manus*) 181			Articulações falângicas dos carnívoros............... 199	
				Articulações falângicas dos ruminantes 200	
	Ossos carpais (*ossa carpi*)........................... 182			Articulações falângicas dos equinos................. 201	
	Ossos metacarpais (*ossa metacarpalia*)............. 183		**4.3**	**Músculos do membro torácico (*musculi membri thoracici*)** 211	
	Ossos digitais da mão (*ossa digitorum manus*) 184				
4.1.5	Esqueleto da mão dos carnívoros 184		4.3.1	Fáscias profundas do membro torácico 211	
	Ossos carpais (*ossa carpi*)........................... 184		4.3.2	Cintura escapular ou musculatura extrínseca do membro torácico 211	
	Ossos metacarpais (*ossa metacarpalia*)............. 184				
	Ossos digitais da mão (*ossa digitorum manus*) 184			Camada superficial da musculatura extrínseca do membro torácico 211	
4.1.6	Esqueleto da mão do equino 184				
	Ossos carpais (*ossa carpi*)........................... 184			Camada profunda da musculatura extrínseca do membro torácico 213	
	Ossos metacarpais (*ossa metacarpalia*)............. 186		4.3.3	Musculatura intrínseca do membro torácico 217	
	Ossos digitais da mão (*ossa digitorum manus*) 186			Músculos da articulação do ombro................. 218	
4.2	**Articulações do membro torácico (*articulationes membri thoracici*)** 190			Músculos da articulação do cotovelo 222	
				Músculos das articulações radioulnares............... 223	
4.2.1	Articulações do membro torácico com o tronco................................... 190			Músculos da articulação do carpo 223	
				Músculos dos dedos 225	
4.2.2	Articulação do ombro ou umeral (*articulatio humeri*)............................. 190				

5 Membros pélvicos (*membra pelvina*)... 243

H.-G. Liebich, H. E. König e J. Maierl

5.1	**Esqueleto do membro pélvico (*ossa membri pelvini*)** 243			Ísquio (*os ischii*) 247	
				Acetábulo (*acetabulum*)........................... 247	
5.1.1	Cíngulo do membro pélvico (*cingulum membri pelvini*)..................... 243			Pelve (*pelvis*)................................... 248	
			5.1.2	Cavidade pélvica 251	
	Ílio (*os ilium*) 243		5.1.3	Esqueleto femoral (*skeleton femoris*) 252	
	Púbis (*os pubis*)................................... 243				

5.1.4	Patela (*patella*)	256	5.3	**Músculos do membro pélvico** (*musculi membri pelvini*) 280
5.1.5	Esqueleto da perna (*skeleton cruris*)	256	5.3.1	Fáscias da pelve e do membro pélvico 280
	Tíbia	258	5.3.2	Musculatura do cíngulo pélvico ou extrínseca do membro pélvico 280
	Fíbula	259		
5.1.6	Esqueleto do pé (*skeleton pedis*)	259	5.3.3	Musculatura intrínseca do membro pélvico 281
	Ossos do tarso (*ossa tarsi*)	259		Músculos externos do quadril 282
	Ossos do metatarso e esqueleto dos dedos (*ossa metatarsalia et ossa digitorum pedis*)	263		Músculos caudais da coxa 287
5.2	**Articulações do membro pélvico** (*articulationes membri pelvini*)	265		Músculos mediais da coxa 290
				Músculos pélvicos internos 292
5.2.1	Articulação sacroilíaca (*articulatio sacroiliaca*)	265		Músculos do joelho 293
5.2.2	Articulação coxofemoral ou do quadril (*articulatio coxae*)	267	5.3.4	Músculos da perna 294
				Músculos craniolaterais da perna 298
5.2.3	Articulação do joelho (*articulatio genus*)	268		Músculos caudais da perna 300
	Articulação femorotibial (*articulatio femorotibialis*)	268	5.3.5	Músculos curtos dos dedos 303
	Articulação femoropatelar (*articulatio femoropatellaris*)	269		
5.2.4	Articulações tibiofibulares	274		
5.2.5	Articulações do pé (*articulationes pedis*)	276		
	Articulação do tarso (*articulatio tarsi*)	276		
	Articulações metatarsais e falângicas	279		

6 Estática e dinâmica 309
J. Maierl, G. Weissengruber, Chr. Peham e H. E. König

6.1	**Construção do tronco** 309		6.3	**Membro pélvico** 311
6.2	**Membro torácico** 309		6.4	**Andaduras** 313

7 Cavidades corporais 315
H. E. König, W. Pérez e H.-G. Liebich

7.1	**Estabilidade posicional dos órgãos dentro das cavidades corporais** 315		7.1.2	Cavidades abdominal e pélvica (*cavum abdominalis et pelvis*) 319
7.1.1	Cavidade torácica (*cavum thoracis*) 315			Cavidade peritoneal (*cavum peritonei*) 321
	Mediastino (*mediastinum*) 316			Cavidade pélvica (*cavum pelvis*) 321

8 Sistema digestório (*apparatus digestorius*) 327
H. E. König, P. Sótonyi, H. Schöpper e H.-G. Liebich

8.1	**Boca e faringe** 327			Glândula salivar sublingual (*glandula sublingualis*) 335
8.1.1	Cavidade oral (*cavum oris*) 327		8.1.6	Aparelho mastigatório 335
8.1.2	Palato (*palatum*) 328			Dentes 335
8.1.3	Língua (*lingua, glossa*) 329			Articulação temporomandibular (*articulatio temporomandibularis*) 345
8.1.4	Assoalho sublingual da cavidade oral 331			Músculos da mastigação 347
8.1.5	Glândulas salivares (*glandulae salivariae*) 333		8.1.7	Faringe (*cavum pharyngis*) 347
	Glândula salivar parótida (*glandula parotis*) 334			Deglutição 348
	Glândula salivar mandibular (*glandula mandibularis*) 334			Estruturas linfáticas da faringe (tonsilas) 349

8.1.8	Músculos do aparelho hioide 349		8.3.5	Intestino grosso (*intestinum crassum*) 378	
	Musculatura superior do aparelho hioide 349			Ceco (*caecum*) 378	
	Musculatura inferior do aparelho hioide 351			Colo (*colon*) 380	
8.2	**Parte cranial do canal alimentar (esôfago e estômago)** 351			Reto 383	
				Canal anal e estruturas anexas 383	
8.2.1	Esôfago 351		8.4	**Glândulas anexas ao canal alimentar** 384	
	Estrutura do esôfago 352				
8.2.2	Estômago (*gaster, ventriculus*).................... 353		8.4.1	Fígado (*hepar*)................................... 384	
	Estômago unicavitário............................. 353			Peso 384	
	Estômago complexo 360			Forma, posição e variações específicas do fígado nas espécies 384	
8.3	**Intestino**... 370			Estrutura do fígado 385	
8.3.1	Estrutura da parede intestinal..................... 371			Vascularização 388	
8.3.2	Inervação do intestino 372			Inervação 389	
8.3.3	Vascularização do intestino..................... 372			Linfáticos 389	
				Ligamentos 389	
8.3.4	Intestino delgado (*intestinum tenue*)............. 373			Ductos biliares 391	
	Duodeno (*duodenum*) 374		8.4.2	Vesícula biliar (*vesica fellea*) 391	
	Jejuno (*jejunum*)................................. 375		8.4.3	Pâncreas 391	
	Íleo (*ileum*) 378			Inervação 393	
				Linfáticos 393	

9 Sistema respiratório (*apparatus respiratorius*) 397
H. E. König e H.-G. Liebich

9.1	**Funções do sistema respiratório** 397		9.3	**Trato respiratório inferior** 405	
9.2	**Trato respiratório superior** 398		9.3.1	Laringe 405	
9.2.1	Nariz (*rhin, nasus*) 398			Cartilagens da laringe (*cartilagines laryngis*) 407	
	Ápice do nariz 399			Cavidade laríngea (*cavum laryngis*).................. 408	
	Cartilagens nasais (*cartilagines nasi*)............ 399			Articulações e ligamentos da laringe 408	
	Vestíbulo nasal (*vestibulum nasi*)................ 402			Músculos da laringe............................... 409	
9.2.2	Cavidade nasal (*cava nasi*) 402			Funções da laringe............................... 409	
	Conchas nasais (*conchae nasales*) 402			Vascularização e inervação 410	
	Meatos nasais (*meatus nasi*) 403			Linfáticos 411	
9.2.3	Seios paranasais (*sinus paranasales*) 404		9.3.2	Traqueia (*trachea*)............................... 411	
			9.3.3	Pulmões (*pulmo*)................................ 412	
				Estrutura dos pulmões........................... 412	
				Vascularização 416	
				Linfáticos 417	
				Inervação 417	

10 Sistema urinário (*organa urinaria*) 419
H. E. König, J. Maierl e H.-G. Liebich

10.1	**Rins (*nephros, ren*)**........................... 419		10.1.4	Unidades funcionais dos rins 421	
10.1.1	Localização dos rins............................. 419		10.1.5	Vascularização.................................... 422	
10.1.2	Forma dos rins................................... 421		10.1.6	Linfáticos 424	
10.1.3	Estrutura dos rins 421		10.1.7	Inervação 424	

10.2	Pelve renal (*pelvis renalis*) 425
10.3	Ureter 425
10.3.1	Vascularização............ 426
10.3.2	Linfáticos 426
10.3.3	Inervação 426

10.4	Vesícula urinária (*vesica urinaria*) 429
10.4.1	Vascularização............ 429
10.4.2	Linfáticos 430
10.4.3	Inervação 430
10.5	Uretra (*urethra*)............ 430

11 Órgãos genitais masculinos (*organa genitalia masculina*) 433
H. E. König e H.-G. Liebich

11.1	Testículos (*orchis*) 433
11.1.1	Estrutura dos testículos 433
11.2	Epidídimo 435
11.3	Ducto deferente (*ductus deferens*) 436
11.4	Envoltórios do testículo............ 436
11.4.1	Processo vaginal (*processus vaginalis*) e funículo espermático (*funiculus spermaticus*) 438
11.4.2	Posição do escroto............ 438
11.5	Vascularização, linfáticos e inervação dos testículos e seus envoltórios 438
11.6	Uretra 439

11.7	Glândulas genitais acessórias (*glandulae genitales accessoriae*)............ 439
11.7.1	Glândula vesicular (*glandula vesicularis*)............ 441
11.7.2	Próstata (*prostata*) 441
11.7.3	Glândula bulbouretral (*glandula bulbourethralis*)............ 441
11.8	Pênis............ 443
11.8.1	Prepúcio (*preputium*)............ 446
11.8.2	Músculos do pênis 447
11.8.3	Vascularização, linfáticos e inervação da uretra e do pênis............ 448
11.8.4	Ereção e ejaculação 448

12 Órgãos genitais femininos (*organa genitalia feminina*) 449
H. E. König e H.-G. Liebich

12.1	Ovário (*ovarium*) 449
12.1.1	Posição, forma e tamanho dos ovários 449
12.1.2	Estrutura dos ovários............ 451
	Folículos ovarianos 451
	Corpo lúteo 452
12.2	Tuba uterina............ 459
12.2.1	Mesovário, mesossalpinge e bolsa ovariana 459

12.3	Útero (*metra, hystera*) 459
12.3.1	Estrutura da parede uterina............ 460
12.4	Vagina............ 463
12.4.1	Vestíbulo da vagina (*vestibulum vaginae*)............ 464
12.5	Vulva 465
12.6	Ligamentos (anexos)............ 467
12.7	Músculos dos órgãos genitais femininos 469
12.8	Vascularização, linfáticos e inervação 469

13 Sistema circulatório (*systema cardiovasculare*) 471
H. E. König, J. Ruberte e H.-G. Liebich

13.1	Coração (*cor*) 471
13.1.1	Pericárdio............ 471
13.1.2	Posição e tamanho do coração............ 472
13.1.3	Forma e topografia da superfície do coração 473
13.1.4	Compartimentos do coração............ 473
	Átrios do coração (*atria cordis*) 474
	Ventrículos do coração (*ventriculi cordis*) 474

13.1.5	Estrutura da parede cardíaca............ 476
13.1.6	Vascularização do coração............ 477
13.1.7	Sistema condutor do coração 480
13.1.8	Inervação do coração 481
13.1.9	Linfáticos do coração............ 481
13.1.10	Funções do coração............ 481

13.2	**Vasos (*vasa*)** 482		**13.2.3**	**Veias (*venae*)** 491
13.2.1	Artérias da circulação pulmonar.................. 483			Veia cava cranial (*vena cava cranialis*) e suas tributárias .. 493
13.2.2	Artérias da circulação sistêmica 483			Veias da cabeça e do pescoço...................... 493
	Ramos craniais do arco da aorta 483			Veia ázigo (*vena azygos*) 495
	Aorta torácica e aorta abdominal 488			Veias do membro torácico......................... 495
				Veias do membro pélvico 496
				Veia cava caudal (*vena cava caudalis*) 496
				Veia porta (*vena portae*).......................... 496
				Artérias e veias dos dedos......................... 497

14 Sistemas imune e linfático (*organa lymphopoetica*) 501
H. E. König, P. Paulsen e H.-G. Liebich

14.1	**Vasos linfáticos (*vasa lymphatica*)**............ 501			Linfocentro mesentérico cranial 508
14.2	**Linfonodos (*lymphonodi, nodi lymphatici*)** ... 501			Linfocentro mesentérico caudal 508
14.2.1	Linfonodos da cabeça........................... 504		**14.2.6**	Linfonodos da cavidade pélvica e do membro pélvico 508
	Linfocentro parotídeo 504			Linfocentro iliossacral 508
	Linfocentro mandibular........................... 504			Linfocentro iliofemoral 508
	Linfocentro retrofaríngeo 504			Linfocentro inguinofemoral (*lymphocentrum inguinofemorale*)................... 509
14.2.2	Linfonodos do pescoço 504			Linfocentro isquiático (*lymphocentrum ischiadicum*)..... 509
	Linfocentro cervical superficial 504			Linfocentro poplíteo (*lymphocentrum popliteum*) 509
	Linfocentro cervical profundo...................... 505		**14.3**	**Ductos coletores de linfa**....................... 509
14.2.3	Linfonodos do membro torácico 505		**14.4**	**Timo (*thymus*)** 510
	Linfocentro axilar 505		14.4.1	Funções do timo................................ 510
14.2.4	Linfonodos do tórax 505		14.4.2	Posição e forma do timo......................... 511
	Linfocentro torácico dorsal 505		**14.5**	**Baço (*lien, splen*)**............................. 512
	Linfocentro torácico ventral 506		14.5.1	Funções do baço................................ 512
	Linfocentro mediastinal........................... 506		14.5.2	Posição e forma do baço 512
	Linfocentro bronquial 506		14.5.3	Vascularização, linfáticos e inervação do baço 514
14.2.5	Linfonodos do abdome 507			
	Linfocentro lombar 507			
	Linfocentro celíaco............................... 507			

15 Sistema nervoso (*systema nervosum*) 515
H. E. König, Chr. Mülling, J. Seeger e H.-G. Liebich

15.1	**Sistema nervoso central (*systema nervosum centrale*)** 515		15.1.4	Sistema nervoso autônomo central............... 537
				Vias viscerais.................................... 538
15.1.1	Medula espinal (*medulla spinalis*)................ 515		15.1.5	Meninges do sistema nervoso central 539
	Forma e posição da medula espinal 515			Dura-máter espinal (*dura mater spinalis*) 539
	Estrutura da medula espinal 517			Dura-máter encefálica (*dura mater encephali*) 540
	Arcos reflexos da medula espinal 519			Membrana aracnoide (*arachnoidea*).................. 540
15.1.2	Encéfalo (*encephalon*) 520			Pia-máter encefálica e espinal (*pia mater encephali et spinalis*) 540
	Rombencéfalo (*rhombencephalon*).................. 520		15.1.6	Ventrículos e líquido cerebroespinal.............. 541
	Mesencéfalo (*mesencephalon*) 523		15.1.7	Vascularização do sistema nervoso central 541
	Prosencéfalo (*prosencephalon*) 524			Vasos sanguíneos da medula espinal 541
15.1.3	Vias do sistema nervoso central 530			Vasos sanguíneos do encéfalo 545
	Vias ascendentes 530			
	Vias descendentes 535			

15.2	**Sistema nervoso periférico** (*systema nervosum periphericum*)	548	15.2.3	Nervos espinais (*nervi spinales*) 562
15.2.1	Nervos e gânglios cerebroespinais	548		Nervos cervicais (*nervi cervicales*) 562
15.2.2	Nervos cranianos (*nervi craniales*)	548		Plexo braquial (*plexus brachialis*) e nervos do membro torácico 562
	Nervo olfatório (I) (*nervus olfactorius*)	549		Nervos lombares (*nervi lumbales*) 568
	Nervo óptico (II) (*fasciculus opticus*)	549		Nervos sacrais (*nervi sacrales*) 574
	Nervo oculomotor (III) (*nervus oculomotorius*)	549		Plexo lombossacral (*plexus lumbosacralis*) 574
	Nervo troclear (IV) (*nervus trochlearis*)	549	15.3	**Sistema nervoso autônomo periférico** (*systema nervosum autonomicum*) 580
	Nervo trigêmeo (V) (*nervus trigeminus*)	549	15.3.1	Estrutura do sistema nervoso autônomo........... 581
	Nervo abducente (VI) (*nervus abducens*)...............	554	15.3.2	Sistema simpático 581
	Nervo facial (VII) (*nervus facialis*).....................	554		Tronco simpático (*truncus sympathicus*) 582
	Nervo vestibulococlear (VIII) (*nervus vestibulocochlearis*) ..	556	15.3.3	Sistema parassimpático 586
	Nervo glossofaríngeo (IX) (*nervus glossopharyngeus*)	557	15.3.4	Sistema intramural................................ 586
	Nervo vago (X) (*nervus vagus*)	557		
	Nervo acessório (XI) (*nervus accessorius*)	559		
	Nervo hipoglosso (XII) (*nervus hypoglossus*)...........	559		

16 Glândulas endócrinas (*glandulae endocrinae*) 587
H. E. König e H.-G. Liebich

16.1	**Glândula hipófise (*hypophysis*)**	587	16.4.1	Posição e forma das glândulas paratireoides	592
16.1.1	Posição e forma da glândula hipófise	587	16.4.2	Função das glândulas paratireoides	593
16.1.2	Função da glândula hipófise	588	16.4.3	Vascularização, linfáticos e inervação das glândulas paratireoides.....................	593
16.2	**Glândula pineal (*epiphysis cerebri, corpus pineale, glandula pinealis*)**	588	**16.5**	**Glândulas suprarrenais (*glandulae adrenales* ou *suprarenales*)**.......	593
16.2.1	Posição e forma da glândula pineal...............	588	16.5.1	Posição e forma das glândulas suprarrenais	593
16.2.2	Função da glândula pineal.......................	588	16.5.2	Função das glândulas suprarrenais	595
16.3	**Glândula tireoide (*glandula thyroidea*)**	589	16.5.3	Vascularização, linfáticos e inervação das glândulas suprarrenais	596
16.3.1	Posição e forma da glândula tireoide	589	**16.6**	**Paragânglios**	596
16.3.2	Função da glândula tireoide	591	**16.7**	**Ilhotas pancreáticas (*insulae pancreatici*)**	596
16.3.3	Vascularização, linfáticos e inervação da glândula tireoide	591	**16.8**	**Gônadas como glândulas endócrinas**	596
16.4	**Glândulas paratireoides (*glandulae parathyroideae*)**	592			

17 Olho (*organum visus*) 597
H.-G. Liebich, P. Sótonyi e H. E. König

17.1	**Bulbo do olho (*bulbus oculi*)**..................	597	**17.2**	**Anexos do olho (*organa oculi accessoria*)**	608
17.1.1	Forma e tamanho do bulbo do olho	597	17.2.1	Órbita	610
17.1.2	Nomenclatura e planos do bulbo do olho	597	17.2.2	Fáscias e musculatura extrínseca do bulbo do olho	610
17.1.3	Estruturas do bulbo do olho	598	17.2.3	Pálpebras (*palpebrae*)	612
	Túnica fibrosa do bulbo (*tunica fibrosa bulbi*)...........	598	17.2.4	Aparelho lacrimal (*apparatus lacrimalis*)...........	614
	Túnica vascular do bulbo (*tunica vasculosa* ou *media bulbi, uvea*)	600	**17.3**	**Vascularização e inervação**	615
	Túnica interna do bulbo (*tunica interna bulbi*, retina)	603	17.3.1	Vasos sanguíneos do olho	615
	Nervo óptico (II) (*nervus opticus*).....................	606	17.3.2	Inervação do olho e de seus anexos	615
	Estruturas internas do olho...........................	607	**17.4**	**Vias visuais e reflexos ópticos**................	617

18 Órgão vestibulococlear (*organum vestibulocochleare*) 619
H.-G. Liebich e H. E. König

18.1 Orelha externa (*auris externa*) 619
18.1.1 Pavilhão auricular (*auricula*) 619
18.1.2 Meato acústico externo (*meatus acusticus externus*) 620
18.1.3 Membrana timpânica (*membrana tympani*) 620
18.2 Orelha média (*auris media*) 621
18.2.1 Cavidade timpânica (*cavum tympani*) 621
18.2.2 Ossículos da audição (*ossicula auditus*) 622
18.2.3 Tuba auditiva (*tubae auditivae*, trompa de Eustáquio) 623
18.3 Orelha interna (*auris interna*) 628
18.3.1 Labirinto vestibular (*pars statica labyrinthi*) 629
Sáculo (*sacculus*) e utrículo (*utriculus*) 629
Canais semicirculares (*ductus semicirculares*) 629
18.3.2 Labirinto coclear (*pars auditiva labyrinthi*) 630
Ducto coclear (*ductus cochlearis*) 630
Órgão espiral (*organum spirale*) 630

19 Tegumento comum (*integumentum commune*) 633
S. Reese, K.-D. Budras, Chr. Mülling, H. Bragulla, J. Hagen, K. Witter e H. E. König

19.1 Tela subcutânea (*subcutis*) 633
19.2 Pele (*cutis*) 634
19.2.1 Derme (*corium*) 634
19.2.2 Epiderme (*epidermis*) 635
19.2.3 Vascularização da pele 637
19.2.4 Nervos e órgãos sensoriais da pele 637
19.3 Pelos (*pili*) 638
19.3.1 Tipos de pelos 638
19.3.2 Padrões de pelo 639
19.3.3 Muda de pelos 639
19.4 Glândulas da pele (*glandulae cutis*) 641
19.4.1 Glândulas especiais da pele 641
19.5 Glândula mamária (*mamma, uber, mastos*) 642
19.5.1 Aparelho suspensório das glândulas mamárias 642
19.5.2 Estrutura das glândulas mamárias 643
Vascularização 644
Linfáticos 644
Inervação 645
19.5.3 Desenvolvimento da glândula mamária (mamogênese) 645
19.5.4 Lactação 646
19.5.5 Glândulas mamárias (*mamma*) dos carnívoros 646
19.5.6 Glândulas mamárias (*mamma*) do suíno 648
19.5.7 Úbere (*uber*) dos pequenos ruminantes 648
19.5.8 Úbere (*uber*) bovino 648
19.5.9 Úbere (*uber*) equino 650
19.6 Coxins (*tori*) 650
19.7 Órgão digital (*organum digitale*) 651
19.7.1 Função 651
19.7.2 Segmentação 651
19.7.3 Estojo córneo da falange distal (*capsula ungularis*) 651
Parede (*paries corneus, lamina*) 652
Face solar (*facies solearis*) 652
19.7.4 Estojo córneo decíduo (*capsula ungulae decidua*) 652
19.7.5 Modificação dos diferentes segmentos 652
Tela subcutânea 652
Derme (*dermis, corium*) 652
Epiderme (*epidermis*) 654
19.7.6 Garra (*unguicula*) 656
Unha do cão 656
Garra do gato 659
19.7.7 Cascos (*ungula*) de ruminantes e do suíno 659
Definição 660
Casco (*ungula*) do bovino 660
Casco (*ungula*) dos pequenos ruminantes 668
Casco (*ungula*) do suíno 669
19.7.8 Casco (*ungula*) do equino 669
Definição 669
Formato do casco 670
Segmentos do casco 671
Coxim digital (*torus digitalis*) 673
Suspensão da falange distal 674
Vascularização 675
Linfáticos 677
Inervação 677
Biomecânica do casco 678
Produção da camada córnea 679

19.8	**Corno (*cornu*)**	679			Linfáticos	681
19.8.1	Corno do bovino (*cornu*)	680			Inervação	681
	Desenvolvimento do corno	680		19.8.2	Corno (*cornu*) dos pequenos ruminantes	681
	Processo cornual (*processus cornualis*)	680			Processo cornual (*processus cornualis*)	683
	Pneumatização do processo cornual	680			Estojo córneo	683
	Estojo córneo	680			Vascularização e inervação	683
	Vascularização	681				

20 Anatomia clínica e topográfica 685
H. E. König, P. Sótonyi, J. Maierl, Chr. Aurich, Chr. Mülling, J. Hagen, R. Latorre e H.-G. Liebich

20.1	**Cabeça (*caput*)**	685		**20.3**	**Tórax**	703
20.1.1	Estratigrafia	685		20.3.1	Estruturas ósseas palpáveis e visíveis	703
20.1.2	Regiões	685		20.3.2	Sulcos torácicos e musculares superficiais	703
	Região nasal	685		20.3.3	Estratigrafia	703
	Regiões oral e mental	685		20.3.4	Regiões	704
	Região bucal	686		20.3.5	Aplicações clínicas	704
	Região infraorbital	686			Vascularização cardíaca	704
	Região massetérica	686			Arco aórtico direito persistente no cão	704
	Região orbital	687			Ducto arterial persistente no cão	704
	Região intermandibular	688		**20.4**	**Abdome**	704
	Região temporal	689		20.4.1	Estruturas ósseas visíveis e palpáveis	705
20.1.3	Aplicações clínicas	689		20.4.2	Vias visíveis superficialmente	705
	Órgãos digestórios da cabeça	689			Vasos sanguíneos	705
	Cavidade nasal e seios paranasais	690			Inervação	708
	Faringe	691			Linfonodos	708
	Laringe	692		20.4.3	Estratigrafia	708
	Nervos cranianos	693		20.4.4	Regiões	708
	Divertículo da tuba auditiva do equino	695			Região abdominal cranial	708
	Olho	696			Região abdominal média	709
	Orelha	698			Região abdominal caudal	714
	Encéfalo	698		20.4.5	Aplicações clínicas	714
20.2	**Pescoço (*collum*)**	699			Hérnia abdominal	714
20.2.1	Estratigrafia	699			Castração	715
20.2.2	Regiões	700			Cirurgia dos órgãos copulatórios	716
	Região parotídea	700			Exame do úbere	716
	Região cervical ventral	700			Exame retal	717
	Região pré-escapular	701		**20.5**	**Membro torácico (*membra thoracica*)**	722
	Região cervical dorsal	701		20.5.1	Regiões	722
20.2.3	Aplicações clínicas	702			Região escapular	722
	Regiões cervicais para injeções e punções espinais	702			Articulação do ombro e região axilar	722
	Glândula tireoide	702			Região braquial lateral	723
	Traqueia	702			Região braquial medial	723
	Laringe	703			Região do cotovelo	724
	Esôfago	703			Região do antebraço	724
	Disco intervertebral	703			Região carpal	726
					Região metacarpal e regiões dos dedos	726
				20.5.2	Aplicações clínicas	727

20.6	**Membro pélvico (*membra pelvina*)**	730	20.7.4	Estruturas ósseas palpáveis do membro torácico	737
20.6.1	Regiões	730	20.7.5	Estruturas ósseas palpáveis do membro pélvico	740
	Região glútea e região do quadril	730	20.8	**Projeção dos órgãos na superfície corporal**	740
	Região perineal	731			
	Região femoral	731	20.8.1	Órgãos da cavidade abdominal	740
	Região do joelho	732		Parede corporal lateral direita do cão	740
	Regiões crurais	733		Parede corporal lateral esquerda do cão	740
	Região tarsal	733		Parede corporal lateral direita do suíno	740
	Região metatarsal	734		Parede corporal lateral esquerda do suíno	742
	Regiões falângicas	735		Parede corporal lateral direita do bovino	742
20.6.2	Aplicações clínicas	735		Parede corporal lateral esquerda do bovino	743
20.7	**Estruturas ósseas palpáveis**	736		Parede corporal lateral direita do equino	743
20.7.1	Estruturas ósseas palpáveis da cabeça	737		Parede corporal lateral esquerda do equino	744
20.7.2	Estruturas ósseas palpáveis do pescoço e do dorso	737	20.8.2	Órgãos da cavidade torácica	745
				Pulmões	745
				Cúpula diafragmática	745
20.7.3	Estruturas ósseas palpáveis do tórax	737		Coração	746

21 Anatomia das aves 747
H. E. König e H.-G. Liebich

21.1	**Introdução**	747	21.6	**Sistema urinário (*systema urinarium*)**	763
21.2	**Sistema musculoesquelético**	748	21.7	**Órgãos genitais masculinos (*organa genitalia masculina*)**	763
21.2.1	Membros torácicos (asas)	748			
21.2.2	Membros pélvicos	749	21.7.1	Testículos (*orchis*)	763
21.3	**Cavidades corporais**	751	21.7.2	Epidídimo	764
21.4	**Sistema digestório (*systema digestorium*)**	751	21.7.3	Ducto deferente (*ductus deferens*)	765
			21.7.4	Falo (pênis, *phallus masculinus*)	765
21.4.1	Trato digestório proximal	753	21.8	**Orgãos genitais femininos (*organa genitalia feminina*)**	765
21.4.2	Trato gastrointestinal	753			
	Esôfago	753	21.8.1	Ovário (*ovarium*)	765
	Estômago (*gaster*)	754	21.8.2	Oviduto (*oviductus*)	766
	Intestino (*intestinum*)	756		Infundíbulo	766
	Cloaca	757		Magno	766
21.4.3	Orgãos acessórios do trato gastrointestinal	757		Istmo	766
	Fígado (*hepar*)	757	21.8.3	Útero (*metra*)	766
	Vesícula biliar (*vesica fellea*)	758	21.8.4	Vagina	767
21.5	**Sistema respiratório (*systema respiratorium*)**	758	21.9	**Estrutura dos ovos das aves**	767
			21.10	**Sistema circulatório (*systema cardiovasculare*)**	769
21.5.1	Cavidade nasal (*cavum nasi*)	758			
21.5.2	Laringe	758	21.11	**Sistema imune e órgãos linfáticos (*organa lymphopoetica*)**	769
21.5.3	Traqueia	758			
21.5.4	Siringe	759	21.11.1	Vasos linfáticos (*systema lymphovasculare*)	769
21.5.5	Pulmão (*pulmo*)	759	21.11.2	Coração linfático (*cor lymphaticum*)	770
21.5.6	Sistema bronquial e de trocas gasosas	760	21.11.3	Formações linforreticulares	770
21.5.7	Sacos aéreos (*sacci pneumatici, sacci aerophori*)	760			

21.11.4 Orgãos linfáticos (timo, bolsa cloacal e baço) 770
    Timo 770
    Bolsa cloacal (*bursa Fabricii*) 770
    Baço (*lien*) 771

21.12 Sistema nervoso central (*systema nervosum centrale*, SNC) 771

21.12.1 Encéfalo (*encephalon*) 771
21.12.2 Medula espinal (*medulla spinalis*) 771

21.13 Glândulas endócrinas (*glandulae endocrinae*) 772

21.14 Olho (*organum visus*) 772

21.14.1 Esclera 773
21.14.2 Camada média (*tunica media*) 773
21.14.3 Camada interna (*tunica interna bulbi*, retina) 773
    Pécten (*pecten oculi*) 773

21.15 Orelha (órgão vestibulococlear) 775

21.15.1 Orelha externa (*auris externa*) 775
21.15.2 Orelha média (*auris media*) 775
21.15.3 Orelha interna (*auris interna*) 776

21.16 Tegumento comum (*integumentum commune*) 776

21.16.1 Pele e anexos 776
    Glândulas da pele 776
    Estruturas acessórias 777
    Patágia 777
    Membranas interdigitais 777
21.16.2 Regiões corporais sem penas 777
21.16.3 Regiões corporais com penas 777
    Tipos de penas 778

22 Anatomia seccional e processos de imagem 779
E. Ludewig, Chr. Mülling, S. Kneissl, M.-C. Sora e H. E. König

22.1 Plastinação na ciência 779

22.2 Diagnóstico por imagem 790

22.2.1 Modalidades de imagem 790
    Radiografia 790
    Ultrassonografia 791
    Tomografia computadorizada (TC) 792
    Imagem por ressonância magnética (RM) 795
    Medicina nuclear 802
22.2.2 Endoscopia em equinos 803

23 Apêndice 804

23.1 Literatura 804

23.2 Glossário 806

Índice 813

1 Introdução e anatomia geral

H.-G. Liebich, G. Forstenpointner e H. E. König

1.1 História da anatomia veterinária

G. Forstenpointner

A doutrina de morfologia, como o estudo científico da forma e da estrutura de organismos, foi definida por **Aristóteles**. Ele definiu a morfologia como a busca de um plano de construção comum para todas as estruturas por meio de um processo metodológico rigoroso. Quando se encontram semelhanças, a relação entre forma e função exige aprofundamento. Tal abordagem científica destacou o melhor discípulo de Platão entre os primeiros filósofos naturais gregos, e até hoje constitui o principal método empregado em todas as áreas da pesquisa básica.

Acredita-se que Aristóteles tenha conduzido pesquisas anatômicas por meio de dissecções. Referências encontradas em sua obra *Historia animalium* indicam que ele publicou outro tratado, *Partes de animais*, que, infelizmente, se perdeu. Essa obra abordava principalmente os sistemas digestório e reprodutor, com informações registradas por Aristóteles por meio de ilustrações esquemáticas. Naturalmente, muitas de suas observações eram incompletas, o que o levou a falsas conclusões. No entanto, ainda é válido ler muitas de suas considerações sobre função, como, por exemplo, a sua explicação sobre locomoção quadrúpede, registrada em *O andar dos animais*. Por ser professor, a maior motivação de Aristóteles para a pesquisa era adquirir conhecimento por meio do conhecimento. Essa motivação foi levada adiante por seu aluno **Teofrasto de Éreso** e por naturalistas romanos, como **Plínio** e **Eliano**.

Quase dois mil anos se passaram antes que os humanistas dos séculos XV e XVI retomassem a abordagem aristotélica de morfologia comparada. Sobretudo na Itália, o estudo de corpos humanos e de animais levou a diversas novas descobertas na área. Essas descobertas foram criteriosamente registradas de uma forma artística refinada, e, hoje, tais registros são obras de arte famosas.

Leonardo da Vinci, o artista mais famoso dessa época, personificou essa nova busca por conhecimento e compreensão, como evidencia a sua pesquisa multidisciplinar.

Outros pesquisadores de destaque foram **Fabrizio d'Acquapendente**, que completou a primeira obra sobre embriologia comparada (*De formatu foetu*, 1600), e **Marcello Malpighi**, que estudou o desenvolvimento embrionário da galinha (*Opera omnia*, 1687). Embora a situação política instável e o conservadorismo religioso tenham restringido o progresso inicial, esses cientistas foram os precursores da área e anunciaram uma era de ouro da anatomia comparada. Essa tendência continuou até o final do século XIX e caracterizou-se pela proficuidade extraordinária de diversos naturalistas de renome.

Richard Owen, um famoso anatomista inglês, e os alemães **Johann Friedrich Meckel** e **Caspar Friedrich Wolff** protagonizaram o ressurgimento da anatomia comparada como objeto de estudo na Europa. Desde a virada do século XX, a área de pesquisa zoológica foi sujeita a um redirecionamento constante. Isso levou ao desenvolvimento de novas disciplinas, que abandonaram as intenções originais dos fundadores da anatomia comparada.

O conhecimento de anatomia não é um fim em si, mas um pré-requisito para o sucesso da prática médica. Desde a Antiguidade, a dissecção humana foi restrita ou mesmo proibida por motivos religiosos ou éticos. Raras exceções foram registradas; um desses casos é o da escola helênica de Alexandria, sob a tutela de Herófilo e Erasístrato. As vivissecções feitas em criminosos condenados contribuíram para uma compreensão maior de neuroanatomia. O trabalho excepcional de Aristóteles sobre anatomia humana derivou-se da dissecção de um feto abortado naturalmente.

Como as dissecções animais eram a única possibilidade de estudo dos princípios de forma e função, essas descobertas eram generalizadas e aplicadas à anatomia humana. Na época do governo dos imperadores Marco Aurélio e Cômodo, **Cláudio Galeno** tornou-se o médico mais famoso e influente de Roma.

Os resultados e a interpretação de suas pesquisas estabeleceram a fundação incontestável do conhecimento anatômico, que perdurou durante os 1.500 anos seguintes. Galeno se considerava um médico, mas devia sua compreensão de anatomia e fisiologia aos escritos de Aristóteles, como *A natureza das coisas*. Ele seguiu com afinco a metodologia aristotélica em pesquisas nessas duas áreas. Seus ensinamentos eram compreensíveis e racionais.

Apesar de Galeno apresentar conclusões sólidas sobre anatomia, alguns sistemas, como o do coração e o dos grandes vasos, receberam interpretações errôneas. Devido à ausência de autópsias, as extrapolações de Galeno dos resultados da dissecção de animais costumavam ser equivocadas. Ele suspeitava, por exemplo, que a rede admirável epidural também seria encontrada em humanos, apesar de, atualmente, saber-se que se trata de uma estrutura típica de ruminantes. Além disso, ele concluiu que os humanos deviam

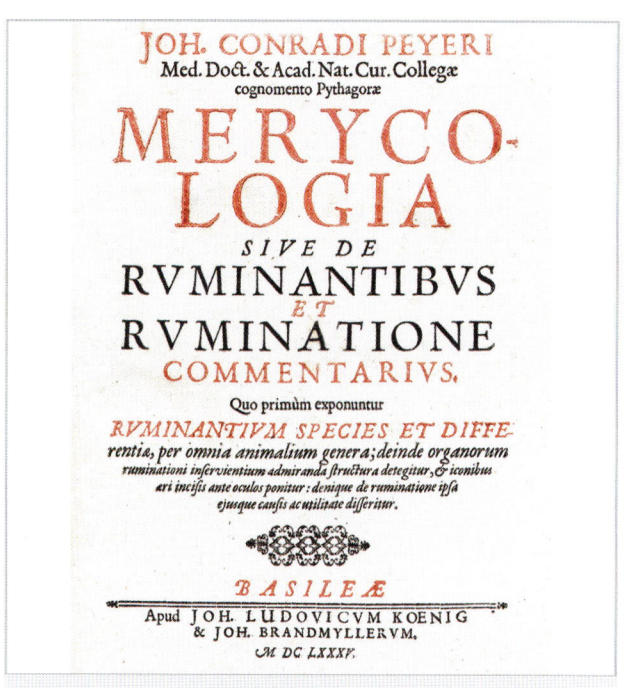

Fig. 1.1 Capa do livro *Merycologia*. (Fonte: Johann Konrad Peyer, Basileia, 1685.)

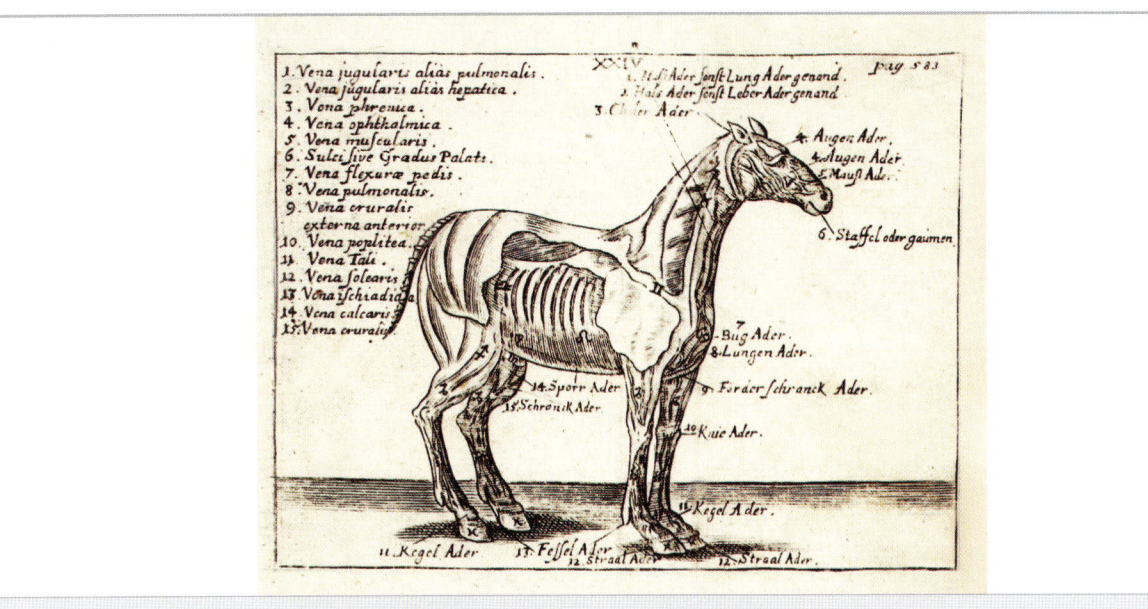

Fig. 1.2 Uma das primeiras ilustrações dos vasos sanguíneos de um equino. (Fonte: Seifert von Tennecker, pseudônimo: Valentin Trichter, 1757.)

apresentar um ceco com formato igual ao do herbívoro ou, então, uma placenta cotiledonária.

Na linha de Galeno, foi publicado um atlas da anatomia de porcos (*Anatomia porci*, escrito por Cofo) em Salerno, entre 1100 e 1150. Esse não foi o primeiro livro sobre veterinária, porém o seu uso se destinava ao ensino de anatomia humana para estudantes de medicina. O mito geralmente aceito na época e ainda hoje de que os suínos se assemelham aos humanos mais do que qualquer outro animal baseia-se, em grande parte, nos hábitos alimentares similares e na sua disponibilidade como material de estudo na época.

Durante a Renascença, estudos de anatomia em cadáveres humanos não eram mais um tabu. Com a sua obra monumental sobre a anatomia humana (*De humani corporis fabrica*, 1543), **André Vesálio** marcou o tímido início de uma atitude revolucionária para com o corpo humano. Os primeiros anatomistas ainda se consideravam naturalistas e continuavam a compilar descobertas sobre morfologia por meio de estudos sobre a anatomia animal. Vesálio foi o primeiro a perceber que a rede admirável epidural representava uma estrutura típica de ruminantes. **Johann Conrad Peyer** promoveu novos estudos sobre a digestão dos ruminantes, os quais resultaram na suntuosa obra de 1685: *Merycologia sive de ruminantibus et ruminatione commentarius* (▶Fig. 1.1). A sua descoberta do tecido linfático (*Lymphonoduli aggregati*) na mucosa intestinal resultou na denominação placas de Peyer. Desde o início, o estudo de anatomia comparada foi restrito à esfera dos institutos de pesquisa especializados em anatomia humana, e ainda mais intensamente quando a pesquisa zoológica se desviou do estudo da morfologia.

Nas últimas décadas do século XX, o uso de animais de laboratório levou à otimização das abordagens terapêuticas. A implementação de conceitos experimentais só foi possível por meio da aplicação dos conhecimentos básicos necessários sobre a morfologia animal, que foram amplamente fornecidos por médicos. É importante observar que, ainda hoje, se escolhem animais como modelo não por sua possibilidade de comparação morfológica, e sim por sua disponibilidade.

Há apenas alguns séculos, a anatomia dos animais tornou-se pré-requisito para a prática veterinária, na forma de ensino independente e objeto de pesquisa. Textos da Antiguidade e da Idade Média destinados a tratadores de animais deixam evidente que o conhecimento de anatomia, principalmente de equinos, era razoavelmente preciso (▶Fig. 1.2). No entanto, não existia uma descrição sistemática das associações morfológicas básicas.

Manuais para cavalariços, no estilo de **Jordanus Ruffus**, do final da Idade Média e início da Era Moderna, não eram sistemáticos, pois eles continham informações sobre a anatomia equina, que costumava vir acompanhada por ilustrações inúteis. Em 1598, **Carlo Ruini** publicou um manual extraordinário para a época:

Fig. 1.3 Ilustração da musculatura de um equino. (Fonte: *Dell'Anatomia e dell'Infirmita del Cavallo*; Carlo Ruini, Veneza, 1598.)

Fig. 1.4 Desenho original, mostrando as regiões do corpo de um equino. (Fonte: a partir das notas de aulas de Ludwig Scotti, da Escola de Tratamento e Operações de Cavalos, Viena, 1770.)

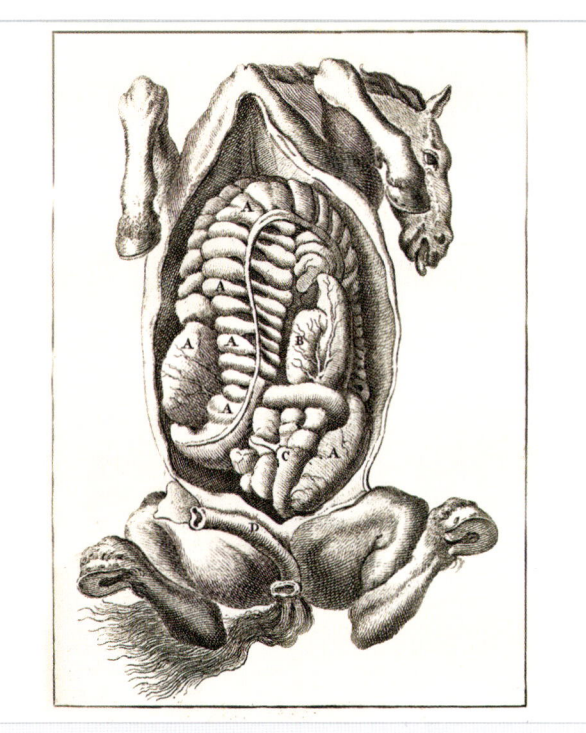

Fig. 1.5 Topografia do abdome de um equino. (Fonte: William Gibson, Londres, 1754.)

Dell'Anatomia e dell'Infirmità del cavallo (▶Fig. 1.3). Aparentemente sem precedentes, o livro foi, sem dúvida, inspirado por Vesálio.

Ruini, de uma família rica de Bolonha, nunca trabalhou como cavalariço, tampouco esteve ligado à universidade. Com o apoio de professores particulares excelentes, ele desenvolveu um interesse ardente pelas ciências naturais e tornou-se um entusiástico da equitação. A sua obra inicial, ainda que incompleta e, por vezes, imprecisa, foi o primeiro retrato abrangente e sistemático da anatomia equina. A segunda metade do livro, voltada para doenças equinas, era basicamente um apanhado não criterioso de escritos muito mais antigos. A suntuosidade dessa obra se deve à qualidade das ilustrações, que chegam a rivalizar com as de **Leonardo da Vinci** ou de **Vesálio**. O livro de Ruini foi reimpresso, plagiado e traduzido diversas vezes (▶Fig. 1.5).

No início do século XVII, a anatomia dos animais começava lentamente a passar por um renascimento. Contudo, apenas depois de 150 anos foi criada uma academia veterinária, na qual o livro de Ruini pôde ser utilizado para ensinar profissionais.

Considerado o pai da anatomia dos animais, **Philippe Etienne Lafosse** fundou, por seus próprios meios financeiros, uma escola veterinária particular em Paris, em 1767. O empreendimento não foi bem-sucedido, e a escola fechou em 1770. Dois anos mais tarde ele publicou a sua obra de maior sucesso: *Cours d'Hippiatrique* (*Um curso sobre hipiatria* ou *Um tratado completo sobre a medicina de cavalos*). A obra foi organizada de acordo com os sistemas de órgãos, e sua estrutura lembra o formato utilizado hoje em livros-texto sobre anatomia. A relevância clínica de uma abordagem topográfica logo foi integrada ao ensino de anatomia.

Uma das primeiras ilustrações topográficas de equinos (▶Fig. 1.4) consta nas notas de aula registrada e publicada em 1770 por **Ludwig Scotti**, o primeiro diretor da Escola de Tratamento e Operações de Cavalos em Viena. Contudo, o progresso da anatomia como uma disciplina independente nas escolas veterinárias europeias recém-fundadas foi lento. Como consequência, apenas em 1822 publicou-se a primeira obra ou manual mais abrangente sobre anatomia. O primeiro livro de referência alemão sobre anatomia dos animais foi o *Texto de anatomia dos animais domésticos*, de **Konrad Ludwig Schwab**, de 1821 (▶Fig. 1.6), seguido pelo *Manual de anatomia comparada de mamíferos domésticos*, de **Ernst Friedrich Gurlt**, em 1822 (▶Fig. 1.7). Essas obras representam o início de uma longa tradição em língua alemã de pesquisa sobre a anatomia dos animais, que rapidamente recebeu reconhecimento internacional e se prolongou até o final do século XX. Ao total, foram publicadas 18 edições da obra de Gurlt, sendo que cada nova edição era revisada e ampliada, até que a última foi impressa, em 1943. **Wilhelm Ellenberger** e **Hermann Baum** responderam pela 9ª até a 17ª edição e criaram o estilo que ainda pode ser observado hoje neste livro (▶Fig. 1.8 e ▶Fig. 1.9). A quantidade de publicações em anatomia veterinária originadas da Alemanha, Suíça e Áustria na metade e no final do século XIX era impressionante. Isso reflete a importância da área e o valor conferido à anatomia veterinária na época.

Uma decisão histórica na era moderna da anatomia dos animais foi o estabelecimento do Comitê Internacional para Nomenclatura em Anatomia Veterinária. Nos moldes da publicação sobre a anatomia humana, a *Nomina anatomica*, a primeira edição da *Nomina Anatomica Veterinaria* foi publicada em 1968. Essa obra padroniza mundialmente a terminologia na medicina veterinária, sendo, assim, uma ferramenta útil para conservar a importância da anatomia em um cenário médico em constante mutação.

Anatomia é o **ramo da morfologia** voltado para forma, estrutura, topografia e interação funcional dos tecidos e órgãos que compõem o corpo. A dissecção de animais mortos ainda é o método mais importante e eficiente para estudar e entender a anatomia. Com o avanço da anatomia clássica, a **histologia**, a **anatomia**

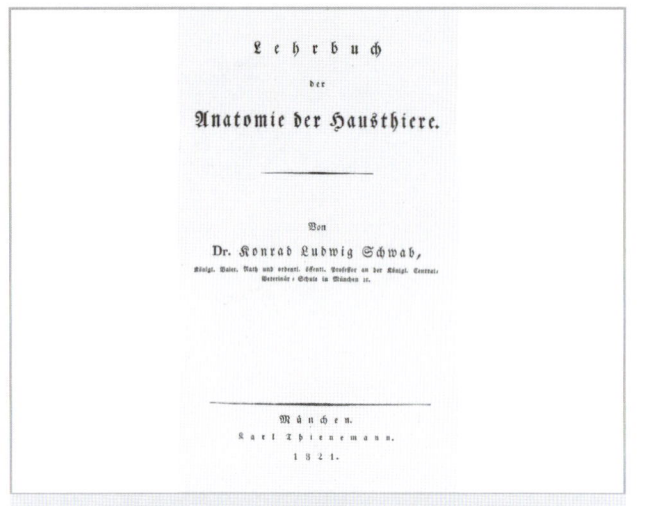

Fig. 1.6 Página de rosto da primeira obra em língua alemã sobre a anatomia dos animais domésticos. (Fonte: Konrad Ludwig Schwab, Munique, 1821.)

Fig. 1.7 Página de rosto da primeira edição do *Manual de anatomia comparada de mamíferos domésticos*. (Fonte: Ernst Friedrich Gurlt, Berlim, 1822.)

microscópica e a **embriologia** se tornaram disciplinas distintas. Embora não se possa separá-las como um todo, tal divisão promove uma abordagem mais estruturada e, portanto, mais fácil para se obter o conhecimento de anatomia.

A **anatomia sistêmica** relaciona-se com "sistemas", ou seja, com estruturas e órgãos que desempenham uma função comum. O sistema respiratório, por exemplo, responde pela troca de gases, ao passo que o sistema nervoso recebe, traduz, transmite e reage a estímulos. Pode-se comparar diferenças entre espécies individuais, de modo que, de um ponto de vista anatômico, o ensino de "**anatomia sistêmica**" também representa uma **anatomia comparada**, de preferência limitada a mamíferos e aves domésticas.

A aquisição de um conhecimento aprofundado da anatomia sistêmica é de extrema importância para estudantes, pois propicia o entendimento da conexão geral entre a estrutura e a função do corpo animal. O conhecimento da **anatomia sistêmica** é o fundamento essencial para a **anatomia topográfica**, a qual descreve a posição relativa e a interação funcional de órgãos e estruturas de várias regiões do corpo e requer um amplo conhecimento prático da anatomia sistêmica. Juntas, as anatomias sistêmica e topográfica constituem a base da prática clínica.

As tecnologias modernas, como raios X, ultrassom, tomografia computadorizada e tomografia por ressonância magnética, exigem do profissional um conhecimento mais abrangente da anatomia topográfica, o qual é obtido por meio do estudo de imagens seccionais do corpo. A **anatomia seccional** indica uma nova direção no ensino e na pesquisa sobre anatomia veterinária, de modo que uma obra atual estaria incompleta sem ela.

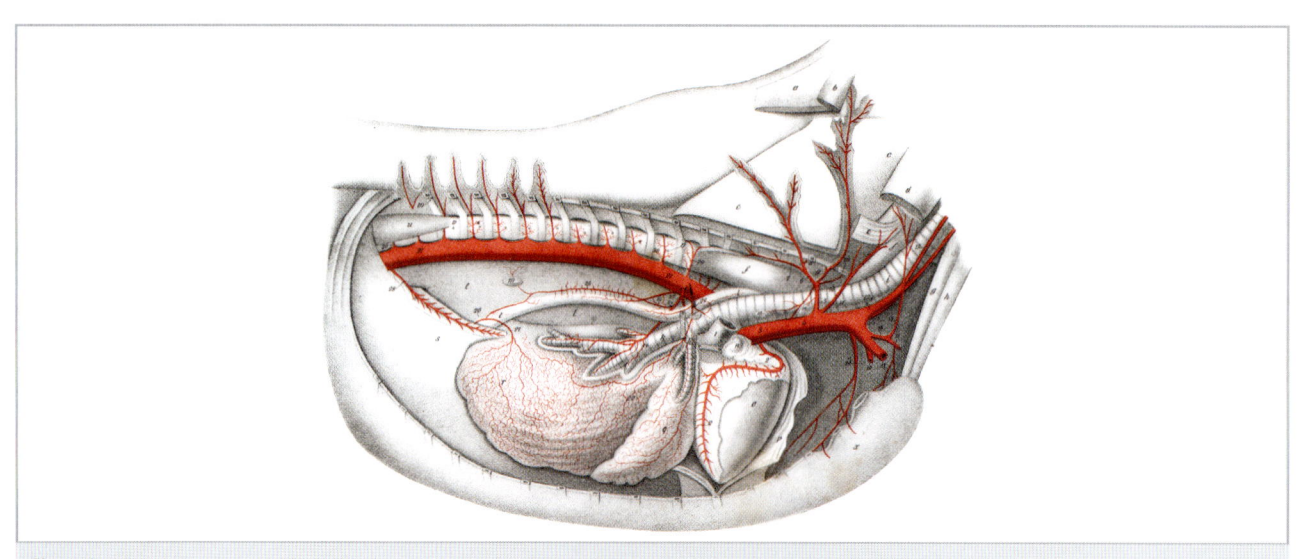

Fig. 1.8 Ilustração em cores da cavidade torácica de um equino. (Fonte: a partir do atlas integrante do *Manual de anatomia comparada dos mamíferos domésticos*; Ernst Friedrich Gurlt, Berlim, 1860.)

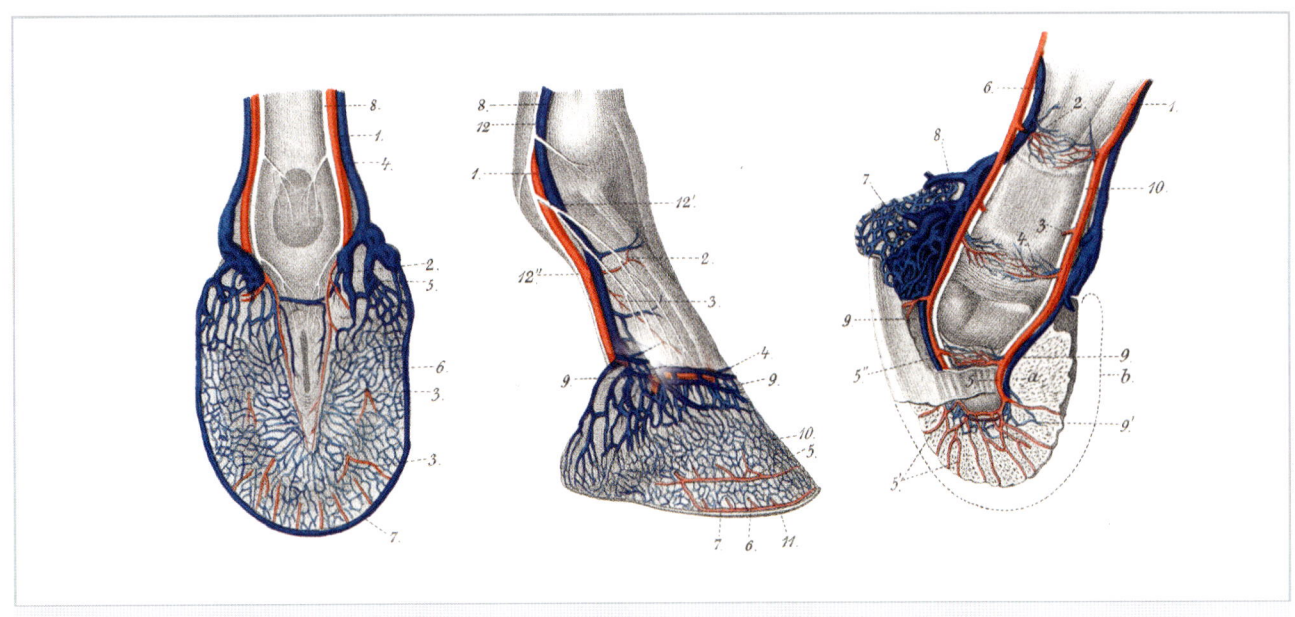

Fig. 1.9 Vascularização do casco de um equino. (Fonte: a partir do atlas de Leisering, *Anatomia dos cavalos e de outros animais domésticos*; Wilhelm Ellenberger em cooperação com Hermann Baum, Leipzig, 1899.)

1.2 Termos direcionais e planos no corpo dos animais

H.-G. Liebich e H. E. König

Determinados termos descritivos são empregados para indicar precisamente e sem ambiguidades a posição ou a direção de partes do corpo. As designações anatômicas mais importantes estão apresentadas na ▶Fig. 1.10, e os sistemas de órgãos constam na ▶Tab. 1.1.

O corpo animal é dividido em secções claramente diferenciadas umas das outras exteriormente. Assim, tem-se a cabeça (*caput*), o pescoço (*collum*), o tronco (*truncus*), a cauda e os membros (*membra*). Cada uma dessas partes é subdividida em regiões, que são os objetos da descrição no âmbito da anatomia topográfica; para mais detalhes, ver Capítulo 20, "Anatomia clínica e topográfica" (p. 685).

1.3 Divisão do corpo animal em órgãos e em sistemas orgânicos

H.-G. Liebich e H. E. König

As células e os tecidos com estrutura e função semelhantes são agrupados em órgãos ou sistemas orgânicos. Eles atuam sinergicamente para realizar funções que definem o organismo e asseguram a sobrevivência. Cada sistema orgânico é composto por tecidos diferentes. Um órgão individual consiste em duas espécies de tecidos:
- parênquima;
- estroma.

As **células do parênquima** são responsáveis pela função de um órgão (p. ex., células hepáticas do fígado, células renais dos rins ou células glandulares da glândula salivar). O **estroma** compõe o tecido conjuntivo, também denominado tecido conectivo, que, por exemplo, envolve uma pequena unidade funcional ou separa áreas maiores de um órgão em lóbulos (*lobuli*) ou lobos (*lobi*). O tecido conjuntivo também serve para o transporte metabólico originário e destinado aos órgãos, envolvendo não apenas vasos sanguíneos e linfáticos, mas também nervos periféricos do sistema nervoso. Em conjunto, essas estruturas formam um sistema de controle de grande influência sobre o caráter estrutural e funcional dos órgãos. A **anatomia sistêmica** estuda em detalhe cada um dos sistemas de órgãos, os quais constam na ▶Tab. 1.2.

A anatomia veterinária é voltada principalmente para **mamíferos domésticos**, os quais são classificados com a seguinte taxonomia: *Canis lupius f. familiaris* (cão), *Felis sylvestris f. catus* (gato), *Sus scrofa f. domestica* (suíno), *Bos primigenius f. taurus* (bovino), *Ovis ammon f. aries* (ovino), *Capra aegagrus f. hircus* (caprino) e *Equus przewalskii f. caballus* (equino). A anatomia veterinária inclui também as aves domésticas, sendo que a espécie mais comum é a *Gallus gallus f. domestica* (galinha). Devido à importância das aves domésticas na medicina veterinária, elas são representadas em volume próprio, cuja introdução à propedêutica aviária e à medicina clínica foi revisada e atualizada (König H. E., Korbel R. e Liebich H.-G. *Anatomie der Vögel*. 2. Aulf Stuttgart: Schattauer; 2009).

Tab. 1.1 Designações para a posição e a direção do corpo animal

Termo	Significado	Utilização
Cranial	Em direção à cabeça, ao tronco e à cauda	Tronco e cauda, membros proximais do carpo e do tarso
Rostral	Em direção à extremidade do nariz	Cabeça
Caudal	Em direção à cauda	Cabeça e tronco, membros proximais do carpo e do tarso
Dorsal	Em direção ao dorso	Tronco, cabeça e parte anterior dos membros distais do carpo e do tarso
Ventral	Em direção ao abdome	Parte inferior do tronco e da cabeça
Medial	Em direção ao centro	Cabeça, tronco e membros
Lateral	Em direção à lateral	Cabeça, tronco e membros
Mediano	No plano mediano (meio)	Tronco, cabeça e membros
Proximal	Em direção ao tronco	Membros e outras partes do corpo situadas próximo ao tronco ou afastando-se dele
Distal	Afastando-se do tronco	Membros e outras partes do corpo distantes do tronco ou afastando-se dele
Palmar	Em direção à palma da mão	Membros torácicos distais da articulação do carpo
Plantar	Em direção à sola do pé	Membros pélvicos distais da articulação do tarso
Axial	Em direção ao eixo dos dedos	Dedos
Abaxial	Afastando-se do eixo dos dedos	Dedos
Externo	Situado externamente	Partes do corpo e órgãos
Interno	Situado internamente	Partes do corpo e órgãos
Superficial	Situado próximo à superfície	Partes do corpo e órgãos
Profundo	Situado profundamente	Partes do corpo e órgãos
Temporal	Em direção à têmpora	Olho
Nasal	Em direção ao nariz	Olho
Superior	Acima	Pálpebra
Inferior	Embaixo	Pálpebra
Apical	Em direção à extremidade	Nariz, dedos e cauda
Oral	Em direção à boca	Cabeça
Planos virtuais do corpo animal		
Plano mediano	Plano que divide o corpo em duas partes iguais	
Plano paramediano	Qualquer plano paralelo e próximo ao plano mediano	
Plano sagital	Qualquer plano paralelo ao plano mediano, porém localizado mais lateralmente	
Plano dorsal	Qualquer plano paralelo à face dorsal	
Plano transversal	Qualquer plano paralelo perpendicular ao eixo longitudinal	

Tab. 1.2 Sistemas de órgãos

Nome	Funções principais
Pele	Cobertura protetora do corpo do animal
Esqueleto e articulações	Estrutura de suporte do corpo
Musculatura esquelética	Locomoção
Sistema digestório	Ingestão de alimentos, mastigação, digestão química, excreção e absorção
Sistema respiratório	Suprimento de oxigênio, eliminação de dióxido de carbono e fonação
Sistema urogenital	Excreção e reprodução
Sistema circulatório	Transporte e troca de substâncias
Sistema nervoso	Regulação, transmissão, resposta a estímulos externos
Órgãos dos sentidos	Recepção de estímulos externos
Glândulas endócrinas	Regulação de funcionamento celular por meio de hormônios
Sistema imune	Resposta a infecções

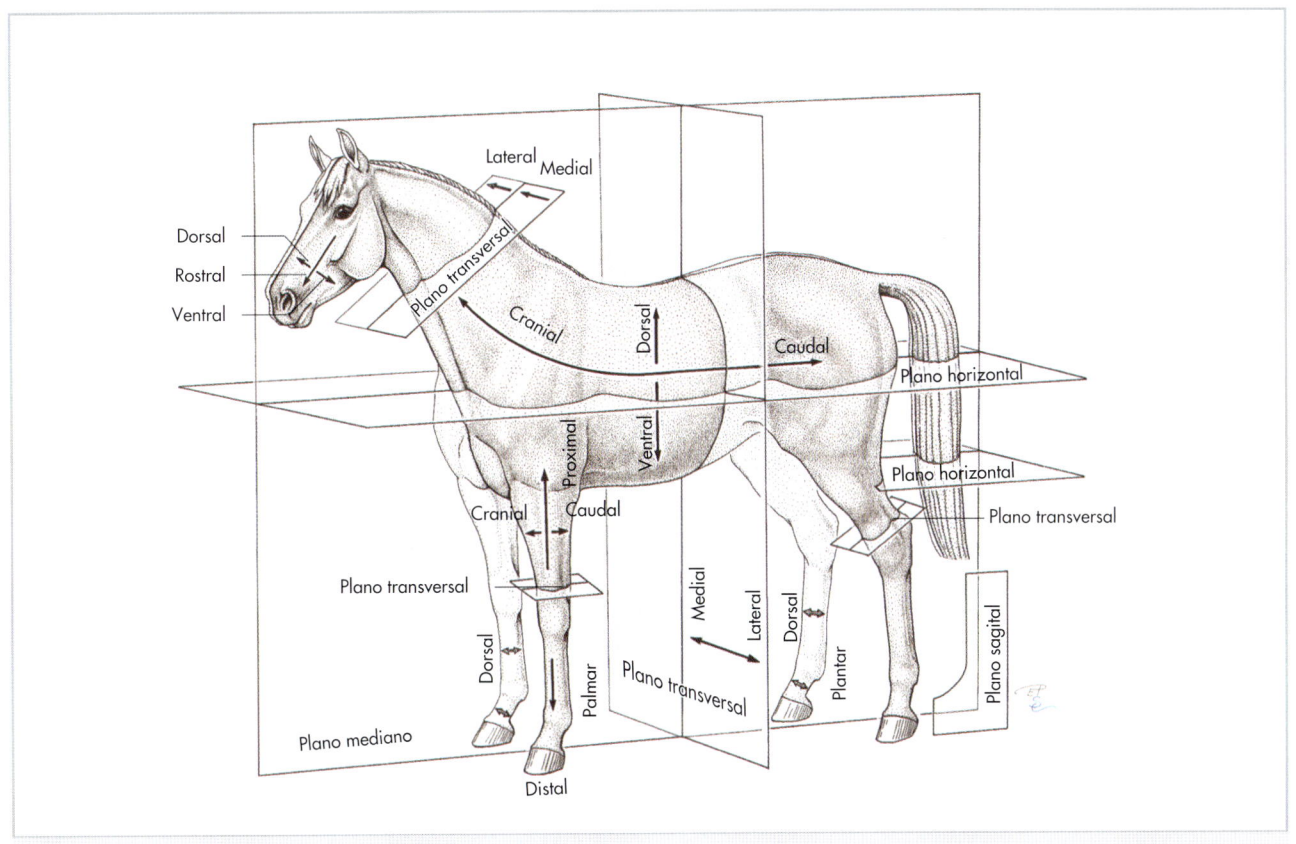

Fig. 1.10 Designações para a posição e a direção do corpo animal (representação esquemática). (Fonte: com base em dados de Dyce, Sack e Wensing, 2002.)

1.4 Aparelho locomotor (*apparatus locomotorius*)

H.-G. Liebich e H. E. König

O aparelho locomotor é um **sistema orgânico complexo** cuja função prioritária é o trabalho mecânico. O esqueleto e os músculos são os principais elementos que compõem esse sistema. Eles são responsáveis pela formação e pela conservação da forma individual do corpo e são necessários para a movimentação de segmentos do corpo ou de todo o organismo.

O **esqueleto** é composto por elementos isolados, os **ossos** (*ossa*), as **cartilagens** (*cartilagines*), os **ligamentos** (*ligamenta*) e as **articulações** (*articulationes*), que, em sua totalidade, formam a estrutura do corpo, o **sistema esquelético** (*systema skeletale*).

O **sistema esquelético** representa a **parte passiva do aparelho locomotor**, ao passo que a **musculatura** (*systema musculare*) representa a **parte ativa**. Unidas, essas partes formam uma unidade funcional, que se integra aos sistemas circulatório, linfático e nervoso do corpo.

O aparelho locomotor desempenha funções metabólicas no âmbito celular. Os hormônios regulam um processo constante de crescimento, modificação e decomposição. A expressão "**sistema locomotor**" não faz jus a esse sistema multifacetado; portanto, seria mais apropriado chamá-lo de sistema de movimento, estabilidade e suporte.

Os distúrbios ou patologias desse sistema estão entre os diagnósticos mais comuns da medicina veterinária clínica. A importância do conhecimento básico de anatomia costuma ser subestimada.

1.4.1 Sistema esquelético (*systema skeletale*)

Osteologia

Osteologia é o estudo da combinação dos ossos (*ossa*) que formam o esqueleto de diversas espécies animais. Os ossos são compostos por:
- tecido ósseo;
- **endósteo e periósteo** revestem interna e externamente o tecido ósseo, respectivamente;
- **medula óssea** (*medulla ossium*);
- **vasos sanguíneos** e **nervos** que irrigam essas estruturas.

Esses componentes caracterizam os ossos como **órgãos**. O formato individual de cada osso é determinado geneticamente e se mantém apesar do processo contínuo de adaptação dos ossos a forças de tração e compressão. Devido ao seu **conteúdo mineral** elevado (60-70%), os ossos não sofrem alteração *post-mortem*, o que os torna úteis para estudos arqueológicos. O processo de remoção de **componentes orgânicos** por meio do uso de soda cáustica diluída é chamado de **maceração de ossos**. Esse processo normalmente é aplicado em ossos destinados a uso em aulas. O tratamento de ossos com **ácido** remove os componentes **inorgânicos** ou **mineralizados**.

Construção do esqueleto

Matriz conjuntiva do esqueleto

Todos os componentes do sistema esquelético se desenvolvem a partir da **lâmina mesodérmica embrionária (mesoderma)**. No início do desenvolvimento embrionário, o mesoderma se diferencia em três tipos de tecido conjuntivo: embrionário, reticular e fibroso. Esses tecidos consistem em:

- **células** (p. ex., fibrócitos);
- **espaços intercelulares preenchidos com fluidos**;
- **componentes fibrosos** (colágeno e elastina).

Com a continuidade do desenvolvimento, a quantidade desses tecidos aumenta e, em locais determinados geneticamente, eles se transformam em tendões, ligamentos e fáscias. Nas regiões embrionárias do tronco e dos membros, os processos de desenvolvimento começam já no início do desenvolvimento e levam a uma especialização estrutural e funcional do tecido embrionário. A partir desse primeiro **tecido conjuntivo frouxo** (*textus connecticus collagenosus laxus*), desenvolvem-se os dois elementos do tecido de sustentação: a **cartilagem** e o **osso**.

Tanto as cartilagens como os ossos se originam de **células precursoras mesenquimais**, os **condroblastos** e os **osteoblastos**, que maturam em **condrócitos** e **osteócitos**. Essas células sintetizam a matriz das fibras de colágeno e óssea (*ósteon*).

Desenvolvimento e crescimento da cartilagem

A cartilagem se caracteriza pela estrutura de sua **matriz amorfa**, a **substância intercelular**, formada principalmente por glicosaminoglicanos. As **fibras colágenas**, o elemento estrutural da cartilagem, se encontram nessa matriz. Esse tipo singular de construção confere força e flexibilidade à cartilagem. Devido à sua estrutura química, os **glicosaminoglicanos** têm a capacidade de se ligar à água, o que aumenta a elasticidade e a maleabilidade da cartilagem.

Vasos sanguíneos e nervos inexistem na cartilagem. A nutrição da cartilagem ocorre por meio de difusão através da matriz a partir dos vasos sanguíneos localizados no tecido conjuntivo que a envolve, na sinóvia ou nos ossos subcondrais.

Há três tipos de cartilagem, classificados de acordo com a **qualidade das fibras integradas**: tecidos cartilaginosos **hialínico**, **elástico** e **fibroso**.

Em adultos, a **cartilagem hialina** se encontra nas extremidades articulares de ossos longos (*cartilagines articulares*), nas extremidades das costelas (*cartilago costae*) e em partes da laringe (*cartilago laryngis*), da traqueia (*cartilago trachealis*) e dos brônquios (*cartilago bronchialis*). A **cartilagem elástica** forma a sustentação interna para a epiglote e a orelha. A **fibrocartilagem**, por sua vez, forma os discos intervertebrais, os meniscos e o disco articular da articulação mandibular. Com o avanço da idade, as cartilagens sofrem ossificação com sais de cálcio, o que costuma ocorrer com frequência na cartilagem costal ou nos meniscos de gatos.

A **formação de cartilagem** (condrogênese; ▶Fig. 1.11) tem como base o tecido conjuntivo **mesenquimal** (embrionário), cujos resíduos ainda envolvem a cartilagem em estágios posteriores de desenvolvimento. Tais resíduos correspondem ao **pericôndrio**, cujas células, os **fibroblastos**, se diferenciam em **condroblastos**, os quais produzem a matriz cartilaginosa, que contém água (70%), colágeno ou fibras elásticas e glicosaminoglicanos.

O **crescimento da cartilagem** se dá por meio da proliferação de condroblastos no pericôndrio. Esse processo contínuo leva à **expansão aposicional**, em que uma nova cartilagem é criada no perímetro do osso, diretamente sob a bainha de pericôndrio. Já o **crescimento intersticial** envolve a proliferação de condroblastos diferenciados dentro da matriz cartilaginosa, os quais continuam a se dividir e a formar uma nova substância basal de dentro para fora.

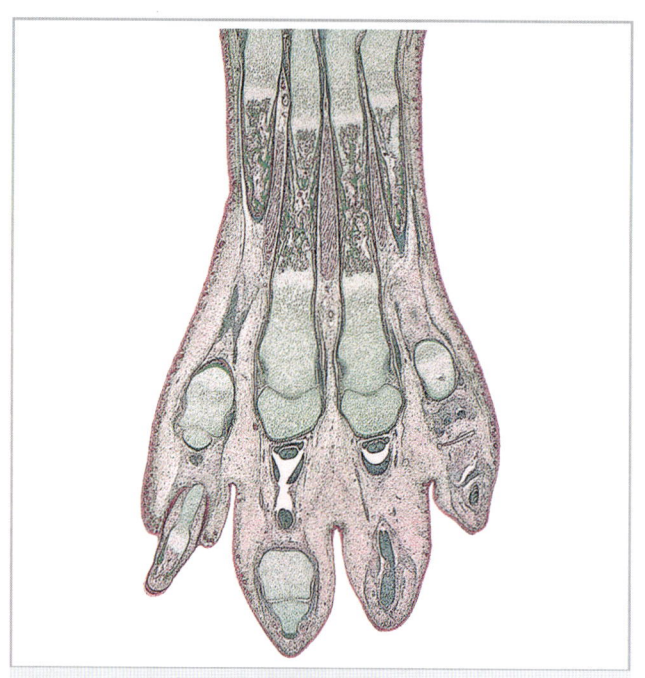

Fig. 1.11 Membro distal de um gato jovem em estágio de ossificação condral (corte histológico, coloração de Goldner).

Formas de tecidos ósseos

Os ossos apresentam uma enorme variedade de forma, tamanho e resistência, não apenas entre espécies, mas também no mesmo indivíduo. Essas características ósseas são, em grande parte, determinadas pela genética, porém influências estáticas e dinâmicas, bem como alterações estruturais devido à nutrição durante as fases juvenil e adulta, desempenham um papel importante. Os músculos largos ou tendões grossos geram influências mecânicas em seus pontos de inserção sobre os ossos, originando processos, depressões, tuberosidades/protuberâncias, irregularidades, cristas ou espinhas. Os vasos sanguíneos, nervos ou órgãos (i.e., cérebro, olhos, cóclea da orelha interna) também podem influenciar a estrutura superficial dos ossos.

Apesar da imensa variedade de ossos, eles podem ser agrupados de acordo com as suas características estruturais comuns em:

- ossos longos (*ossa longa*);
- ossos curtos (*ossa brevia*);
- ossos planos (*ossa plana*);
- ossos pneumáticos (*ossa pneumatica*);
- ossos irregulares (*ossa irregularia*).

Os **ossos longos** se caracterizam por um **corpo** ou **diáfise** formado a partir de uma **camada espessa externa de osso compacto** (*substantia compacta*) e uma **cavidade medular interna** (*cavum medullare*; ▶Fig. 1.12). Os ossos longos apresentam duas extremidades, a **epífise proximal** e a **epífise distal**, ambas cobertas por uma fina camada de **substância cortical** (*substantia corticalis*). As duas extremidades contêm **osso esponjoso**, que, como o nome indica, se

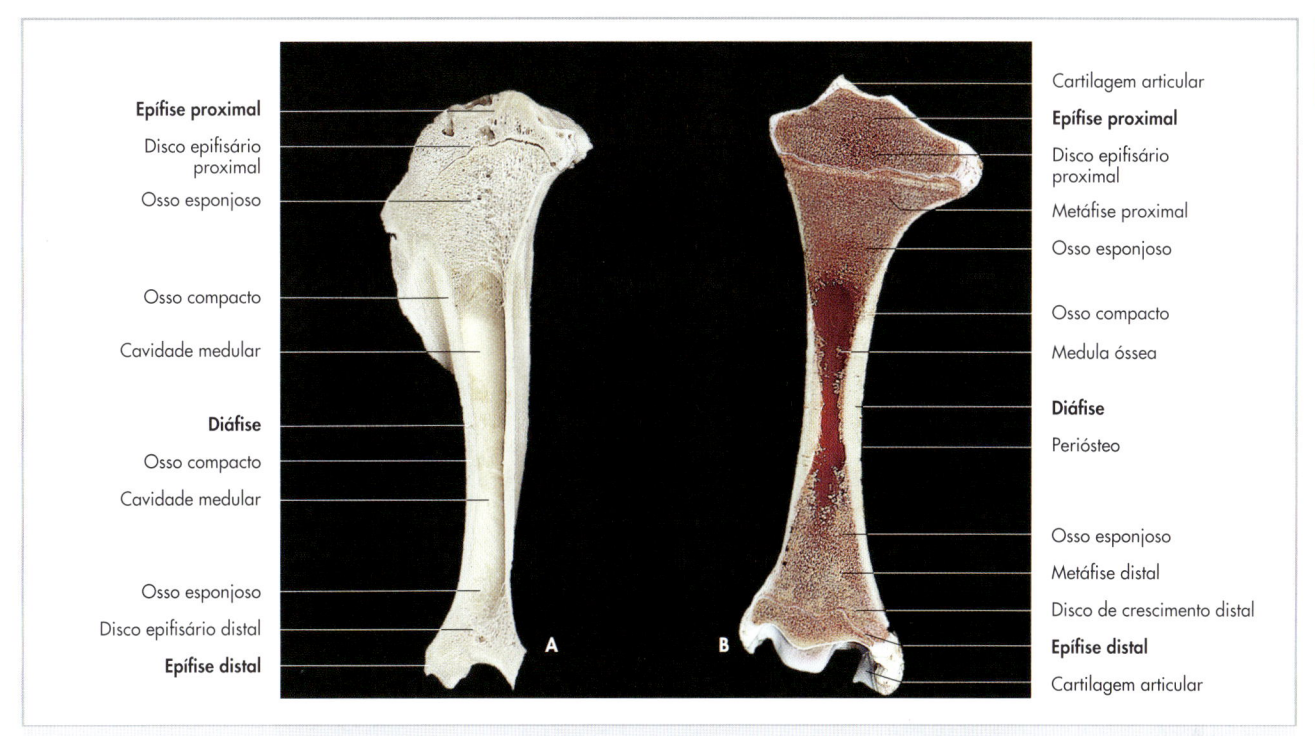

Fig. 1.12 (A) Secção sagital de um osso longo após maceração; (B) secção sagital de um osso sem tratamento, mostrando a cartilagem articular e a medula óssea vermelha.

parece com uma esponja ossificada, com poros delicados (*substantia spongiosa*; ▶Fig. 1.13 e ▶Fig. 1.14). Os ossos longos formam a base dos membros, como o úmero (*humerus*), a tíbia (*tibia*) e os ossos metacarpais (*ossa metacarpalia*).

Os **ossos curtos** podem se apresentar de diferentes formas: cilíndricos, cuboides ou arrendondados. Em seu interior, eles apresentam um entrelaçamento extenso de tecido ósseo esponjoso, no qual está presente o tecido hemorreticular. Os ossos da coluna vertebral e das articulações do tarso são exemplos de ossos curtos.

Os **ossos planos** e **largos** são compostos por duas camadas ósseas compactas (*tabulae*) ao redor de tecido ósseo esponjoso (*diploe*) ou de cavidades aeradas (*sinus*). A escápula, o osso ilíaco e as costelas inserem-se nesse grupo. Alguns ossos do crânio são planos e envolvem **cavidades de ar** (*ossa pneumatica*). Eles se formam pela reabsorção de substância óssea e são revestidos por uma mucosa. Como exemplos, tem-se as maxilas e o etmoide.

Entre os **exemplos de ossos irregulares**, encontram-se os ossos do crânio em formato de cunha: os ossos esfenoide, pré-esfenoide e basisfenoide. Os **ossos sesamoides** (*ossa sesamoidea*) se encontram próximos às articulações (i.e., articulações do pé) e situam-se sob o tendão ou em sua base (i.e., patela) (▶Fig. 1.33).

A **apófise** (**processo**) é a protuberância óssea que se desenvolveu a partir de um centro independente de ossificação. Essa estrutura propicia locais de fixação para músculos e ligamentos. Um exemplo é o processo espinhoso vertebral ou o trocanter maior no fêmur. Os **ossos viscerais** não estão relacionados com o sistema locomotor. Eles são encontrados no pênis de gatos e cães ou no coração bovino.

As ▶Figs. 1.25 a 1.29 mostram esquematicamente os esqueletos dos animais domésticos abordados neste livro: gato, cão, suíno, bovino e equino. O objetivo das ilustrações é propiciar uma visão geral da topografia dos ossos, de forma a permitir uma comparação entre as espécies. Cada osso será descrito de maneira aprofundada nos capítulos seguintes.

Arquitetura óssea

O tecido ósseo confere aos ossos a sua grande estabilidade. Contudo, esse tecido não é grande e homogêneo, de modo que cada osso apresenta uma arquitetura própria, influenciada por:
- estrutura do **osso compacto** (*substantia compacta*);
- organização do **osso esponjoso** (*substantia spongiosa*);
- forma da **cavidade medular central** (*cavum medullare*);
- princípios de **tensão** (tração) e **compressão** (pressão);
- formação de **trajetórias de tensão**;
- pressões de **curvatura** (tensão de cisalhamento) sobre o osso.

A superfície do osso é composta por **lamelas compactas**, as quais formam a base óssea, denominada substância compacta. Essa camada sólida envolve a substância esponjosa, uma trama delicada de trabéculas e lamelas ósseas. As trabéculas e lamelas se organizam em um **padrão de linhas de pressão**, que se formam em resposta a fatores mecânicos externos, ou seja, as forças máximas de tensão e compressão sobre o osso. As linhas de pressão podem ser trajetórias de tensão ou compressão. O conjunto de curvas de trajetórias de tensão apresenta linhas paralelas umas às outras, assim como ocorre com as trajetórias de compressão. Esses dois tipos de trajetórias de pressão sempre se cruzam, formando ângulos retos (**construção de trajetórias**). Pode-se distinguir entre:
- túbulos ósseos (*substantia tubulosa*);
- trabéculas ósseas (*substantia trabeculosa*);
- lamelas ósseas (*substantia lamellosa*; ▶Fig. 1.13 e ▶Fig. 1.14).

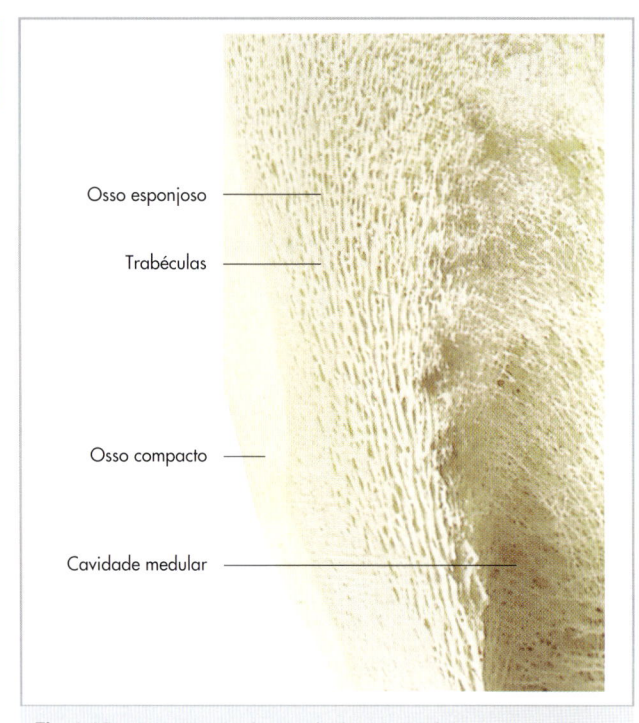

Fig. 1.13 Constituição da parede de um osso longo, mostrando o osso compacto e trabecular.

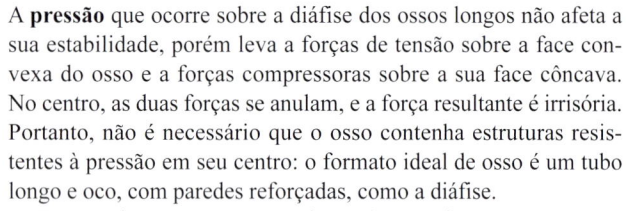

Fig. 1.14 Secção transversal de osso lamelar.

A **pressão** que ocorre sobre a diáfise dos ossos longos não afeta a sua estabilidade, porém leva a forças de tensão sobre a face convexa do osso e a forças compressoras sobre a sua face côncava. No centro, as duas forças se anulam, e a força resultante é irrisória. Portanto, não é necessário que o osso contenha estruturas resistentes à pressão em seu centro: o formato ideal de osso é um tubo longo e oco, com paredes reforçadas, como a diáfise.

Em vez de apresentar uma substância esponjosa, como nas epífises, a diáfise envolve a **cavidade medular** (*cavum medullare*), na qual a substância compacta é reforçada com camadas mais espessas de osso lamelar (▶Fig. 1.12). A cavidade medular contém a **medula óssea vermelha**, na qual as células sanguíneas são produzidas (**hematopoiese**), o que classifica o osso como um **órgão hematopoético**.

Os ossos são construídos para obter o máximo de força e estabilidade com o mínimo de material e peso. A arquitetura óssea fornece os pré-requisitos ideais: o tubo oco apresenta forte resistência à pressão, ao passo que a substância esponjosa economiza material e lhe confere leveza. A espessura da diáfise se adapta à tensão máxima sofrida pelo osso. As paredes mediais dos ossos dos membros suportam um peso maior e, portanto, são mais espessas que as paredes externas. Os ossos planos, como a escápula, são mais densos nas extremidades e, portanto, mais finos no centro. As substâncias inorgânicas respondem por aproximadamente dois terços do peso seco de um osso. O terço restante é a substância orgânica, composta principalmente por proteínas estruturais de colágeno e lipídeos (5-10%). A descalcificação óssea com ácido remove as substâncias inorgânicas do osso, deixando-o maleável e flexível. A queima de um osso destrói as substâncias orgânicas, restando apenas cinzas.

Endósteo e periósteo

Os ossos são recobertos interna e externamente por membranas de tecido conjuntivo chamadas de **endósteo** e **periósteo**, respectivamente. O endósteo reveste a cavidade medular e cobre a substância esponjosa, criando, assim, uma barreira entre o osso ou a substância esponjosa e a medula óssea (▶Fig. 1.17). O periósteo cobre a face externa do osso, porém não é encontrado nas faces articulares e onde se fixam os tendões e ligamentos. Ao se aproximar das articulações, o periósteo se separa da face do osso e se combina com a **cápsula articular**. Na extremidade oposta da articulação, o periósteo deixa a cápsula e liga-se novamente à face do osso adjacente. Nas intersecções entre osso e cartilagem, como na costela, por exemplo, o periósteo se estende sobre a cartilagem como pericôndrio.

O **periósteo** é necessário não apenas para a irrigação sanguínea, o crescimento, a regeneração e a restauração de fraturas, mas também para a transferência de força muscular ao osso. O periósteo é composto por duas partes:

- **camada** (também denominada estrato) **celular osteogênica interna** (*stratum osteogenicum*, anteriormente chamado de *stratum cambium*);
- **camada protetora externa fibrosa** (*stratum fibrosum*).

A **camada osteogênica** (▶Fig. 1.16 e ▶Fig. 1.17) se localiza diretamente sobre o osso e **produz tecido ósseo** (i.e., é osteogênico). Essa camada conta com uma grande quantidade de fibras nervosas sensoriais, bem como com uma rede de vasos sanguíneos e linfáticos que irriga o osso. Nessa mesma camada, estão as **células progenitoras**, os **pré-osteoblastos**, que podem se diferenciar em osteoblastos, os quais produzem ossos e são responsáveis pelo **crescimento aposicional**. A camada osteogênica nunca perde a sua capacidade de formar tecido ósseo, que é vital para a remodelação e a reconstrução óssea em caso de fratura. Ela forma o **calo**

Introdução e anatomia geral

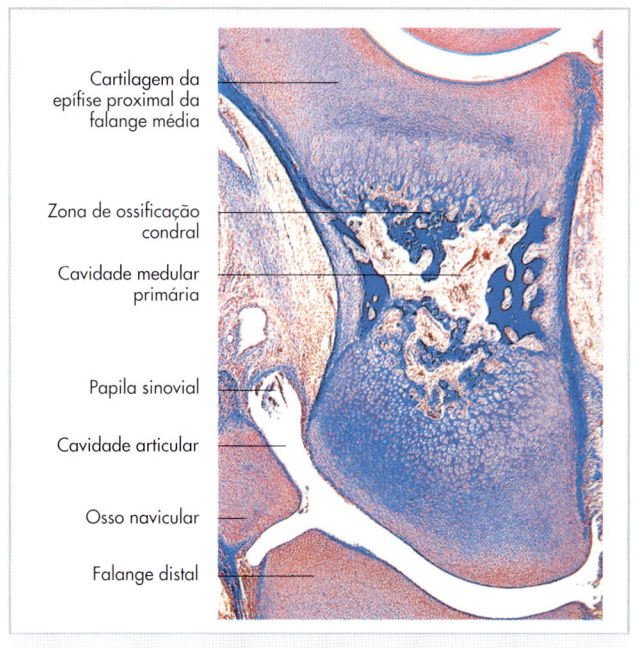

Fig. 1.15 Falange média de um embrião de um equino (corte histológico, coloração de Azan).

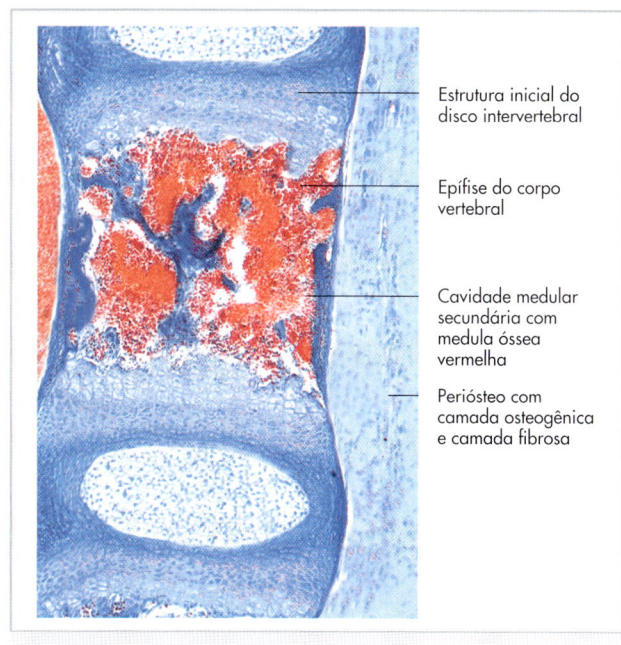

Fig. 1.16 Vértebras de embrião (corte histológico, coloração de Azan).

cartilaginoso e o **calo ósseo**, e o estímulo mecânico prolongado do periósteo pode levar à formação de **saliências ósseas** (exostoses ou sobreossos).

A camada externa é formada por tecido conjuntivo denso, mesclado com fibras elásticas, a **camada fibrosa** (▶Fig. 1.16 e ▶Fig. 1.17), que apresenta grande resistência a forças de pressão. Dessa camada, irradiam-se as fibras colágenas (**fibras penetrantes**), que a ligam às lamelas externas da matriz óssea (**fibras de Sharpey**). Essas fibras conectam firmemente o periósteo à face óssea. A **camada fibrosa** também é responsável pela conexão do osso a músculos, tendões e ligamentos. No local de conexão, as fibras do tendão ou ligamento se ramificam na camada fibrosa e, prosseguindo na forma de fibras de Sharpey, unem-se fortemente ao osso.

O **endósteo** (▶Fig. 1.17) é composto por uma única camada de células osteoprogenitoras inativas (de revestimento ósseo) achatadas, as quais podem se diferenciar em **células de formação óssea** (osteoblastos) ou **células de reabsorção óssea** (osteoclastos). O endósteo delimita a rede capilar da medula óssea e, assim como o periósteo, é **capaz de produzir tecido ósseo (potencial osteogênico)**.

Regeneração óssea

As **células osteoprogenitoras** no periósteo e no endósteo são responsáveis pelos processos de regeneração do tecido ósseo. Duas condições são necessárias para a regeneração: 1) a existência de **células mesenquimais**; e 2) a proliferação de **células precursoras de osteoblastos**. Um tecido novo cobre o espaço resultante de uma fratura.

A **cicatrização óssea primária** ocorre quando praticamente não há movimento entre as bordas da fratura e elas estão separadas por pequenas fendas. Além disso, existe formação de osso lamelar diretamente sobre a fenda, reunindo as duas extremidades do osso. Quando os limites estão muito distantes, ocorre a **cicatrização óssea secundária**. O tecido conjuntivo fibroso inicialmente une a fratura, formando um calo maleável. O **calo se ossifica** por meio de mineralização, até que, após um longo processo de reorganização, forma-se um osso compacto.

Vascularização sanguínea e nervosa dos ossos

Os ossos são tecidos extremamente vascularizados, o que ressalta a sua importância metabólica. Uma rede concentrada de vasos sanguíneos irriga não apenas o tecido ósseo, mas também a medula óssea, o periósteo e o endósteo. Traumas ou fraturas ósseas podem interromper a vascularização, podendo acarretar morte do tecido (**necrose óssea**) em casos extremos.

A vascularização dos ossos é possível por meio de uma distribuição sistemática de vasos sanguíneos. As **artérias nutrícias** (*aa. nutriciae*) ramificam-se das artérias maiores dos membros e penetram os ossos longos pelas aberturas (*foramina nutritia*) na diáfise. Elas alcançam a cavidade medular após atravessarem a camada compacta, onde se dividem em vários ramos ascendentes e descendentes que irrigam as epífises e as metáfises proximais e distais (▶Fig. 1.23). Nas epífises, os vasos formam **artérias com extremidades em forma de laço**, que ultrapassam a epífise do osso subcondral para irrigar a zona calcificada da cartilagem da articulação. A partir da cavidade medular, os vasos sanguíneos irrigam a substância compacta do osso por meio dos canais de Volkmann (ver a seguir). O osso esponjoso não apresenta vasos sanguíneos, e sua vascularização ocorre pela difusão a partir da medula óssea. O retorno venoso ocorre através do sistema axial da medula óssea.

O tecido ósseo não contém vasos linfáticos. Um emaranhado de vasos linfáticos está presente apenas no periósteo. O tecido ósseo,

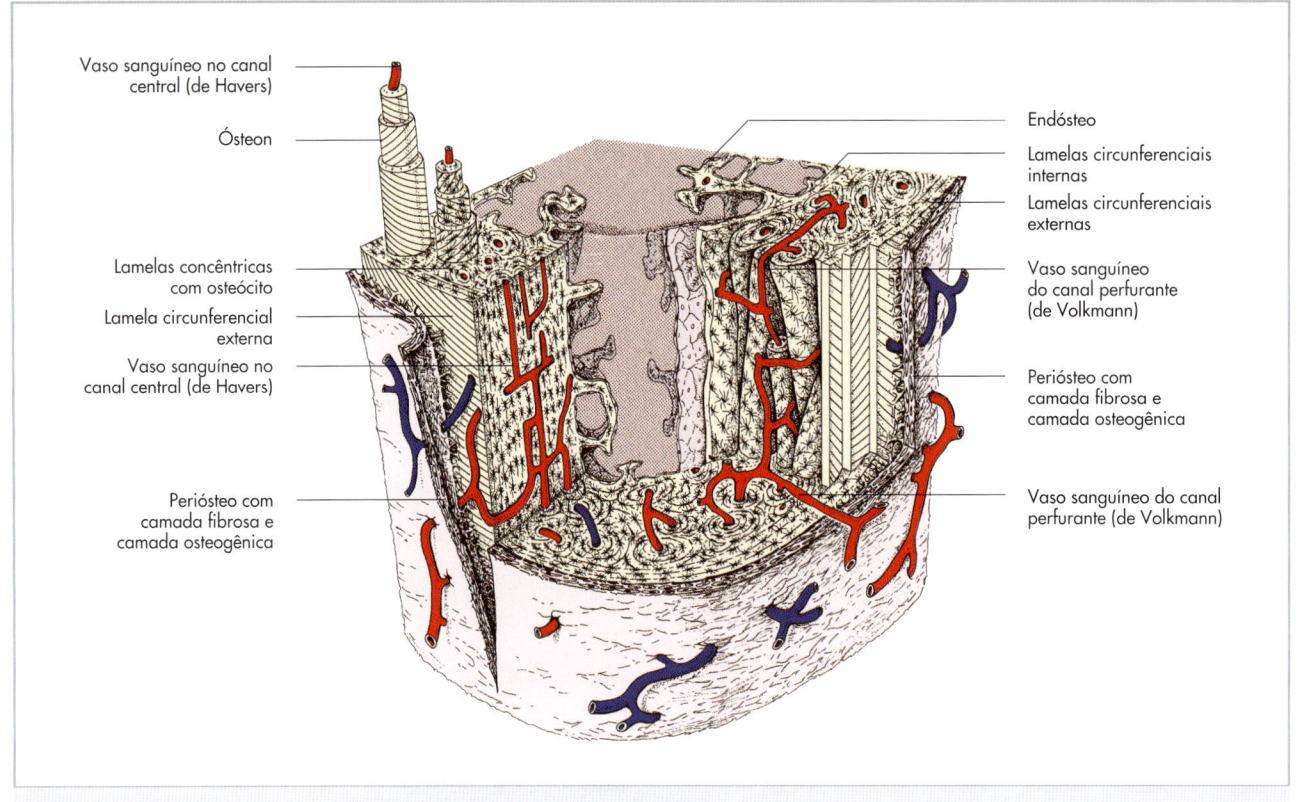

Fig. 1.17 Secção de osso compacto da diáfise (representação esquemática).

em si, não é sensível à dor. Fibras nervosas vegetativas isoladas seguem o caminho dos vasos sanguíneos dentro dos canais centrais (de Havers).

Ossos como órgãos

O osso forma um sistema orgânico, o qual é composto pelas seguintes partes:
- elementos ossificados;
- cartilagem articular (quando presente);
- periósteo e endósteo;
- medula óssea;
- tratos nervosos.

A arquitetura óssea e sua matriz extracelular (material orgânico e inorgânico) fornecem os componentes estabilizadores do sistema passivo de locomoção, estabilidade e suporte. A organização das fibras de colágeno I, a matriz interfibrilar mineralizada e a estrutura do tecido ósseo são extremamente importantes para a estabilização desse sistema.

Um osso consegue suportar a aplicação de pressão mecânica, peso corporal, força muscular ou aceleração. Essas forças atuam na forma de compressão, tração, carga, torque e cisalhamento e, dentro de determinado limite, não resultam em fratura. Ao contrário da aplicação intermitente de força, um osso que experimenta uma carga contínua de força se atrofia. Em contrapartida, o osso se hipertrofia quando experimenta uma força tensora constante.

A arquitetura do tecido ósseo será sempre regida pela demanda funcional. As estruturas ósseas compactas e esponjosas adaptam-se continuamente a alterações de forças biomecânicas. O endósteo é responsável por induzir tais alterações estruturais que ocorrem após os princípios fisiológicos de formação e reabsorção óssea; para mais informações, ver "Osteogênese", a seguir.

Osteogênese

Durante o desenvolvimento fetal, forma-se um **esqueleto precursor de cartilagem**, que fornece sustentação e estabelece um formato (**esqueleto primordial**) para o feto durante a etapa de crescimento. Até a ossificação, esse esqueleto sofre rápidas sucessões de divisão mitótica, que, por fim, determinarão o crescimento e a conformação do organismo inteiro. Na maioria dos casos, cada peça do esqueleto primordial atua como um marcador do lugar onde irá se desenvolver o tecido ósseo, que, por fim, substituirá a cartilagem. A formação do osso é influenciada positivamente por **mediadores indutivos** (proteína morfogenética óssea, fatores mitogênicos). Em um determinado estágio de desenvolvimento, a cartilagem do esqueleto primordial sofre uma lenta remodelagem. Pouco a pouco, a cartilagem é reabsorvida e, finalmente, **substituída por ossos**. Esse processo é chamado de **ossificação condral** ou **indireta**. Os ossos fetais novos são chamados de **imaturos** ou **reticulares**, devido à estrutura desorganizada das trabéculas. Por fim, os ossos reabsorvidos e imaturos são substituídos pelo **osso lamelar maduro**. A maioria dos ossos adultos (i.e., as vértebras e os ossos dos membros) é formada por meio de **ossificação condral**.

A substituição de cartilagem por tecido ósseo se inicia durante o período fetal intermediário em locais chamados de **centros de ossificação primários**. Em alguns ossos, esse processo se completa apenas quando o animal atinge maturidade física. Radiografias de animais adolescentes costumam apresentar cartilagem residual que ainda não foi ossificada, o que pode levar a diagnósticos falsos caso esse fato não seja levado em consideração.

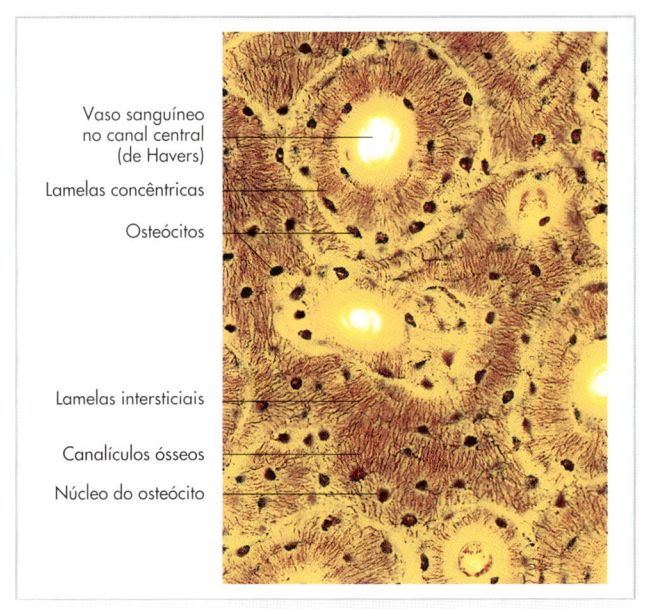

Fig. 1.18 Substância compacta de um osso longo (corte histológico, coloração de Schmorl).

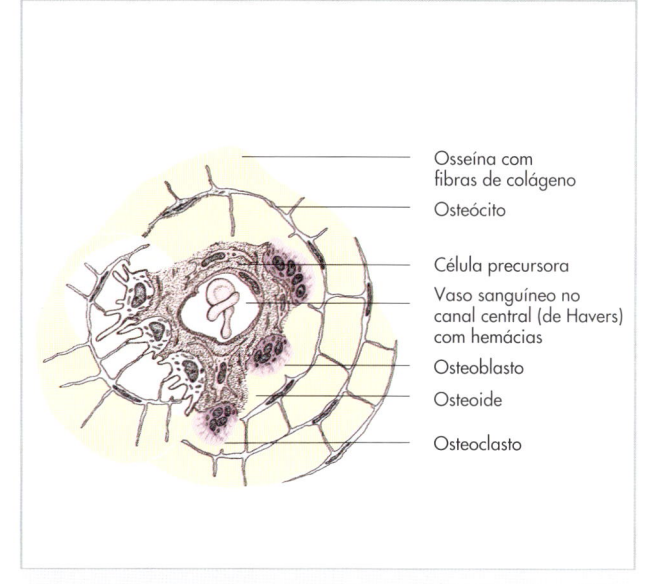

Fig. 1.19 Secção transversal de um ósteon em desenvolvimento (representação esquemática).

Ossificação

Os ossos também podem se formar diretamente a partir do tecido mesenquimal sem precursor cartilaginoso; esse processo é chamado de ossificação intramembranosa ou direta. Os ossos dérmicos do crânio, o colar periosteal dos ossos longos e a cicatrização de fraturas são criados por meio desse processo. Portanto, existem duas formas de ossificação:
- **ossificação intramembranosa** ou **direta**;
- **ossificação condral** ou **indireta**, a qual pode ser subdividida em:
  - **ossificação pericondral**;
  - **ossificação endocondral**.

Ossificação intramembranosa

Os ossos que se desenvolvem a partir da ossificação direta são chamados de "**ossos membranosos**". Os ossos dérmicos são membranosos e surgem diretamente dos tecidos mesenquimais da pele (i.e., a maioria dos ossos do crânio). O desenvolvimento do osso intramembranoso ocorre quando as **células mesenquimais** diferenciam-se **diretamente** em células responsáveis pela produção óssea. Há uma grande diversidade dessas células, as quais assumem formas diferentes (▶Fig. 1.20 e ▶Fig. 1.21). As células mesenquimais não diferenciadas dão origem a **células precursoras de osteoblastos**, as quais se desenvolvem em **osteoblastos**, células formadoras de **ossos**. Durante a ossificação, os osteoblastos produzem uma **matriz orgânica livre de minerais**, chamada de **osteoide**, a qual envolve as células completamente. O osteoide é composto principalmente por **fibras de colágeno tipo I** (95%). Os 5% restantes consistem em glicosaminoglicanos, proteoglicanos, 4-sulfato de condroitina, 6-sulfato de condroitina, sulfato de ceratano e duas proteínas ósseas, osteonectina e osteocalcina. A produção de osteoide também requer vitamina C. Durante o processo seguinte de mineralização, as fibras de colágeno atuam como uma plataforma para o depósito aposicional sucessivo de **cálcio inorgânico** e **compostos de fosfato**.

No período de 8 a 10 dias, a mineralização transforma o osteoide em uma matriz óssea, chamada de **osseína**. Essa conversão é controlada por hormônios de crescimento e metabólitos de vitamina D. Os compostos **ósseos inorgânicos**, como fosfato de cálcio (85-95%), carbonato de cálcio (8-10%), fosfato de magnésio (1,5%) e fluoreto de cálcio (0,3%), são distribuídos por vasos sanguíneos do sistema circulatório e depositados no osteoide. Por meio desse processo, o osteoide não calcificado se transforma em **osseína calcificada** (▶Fig. 1.20 e ▶Fig. 1.21). Com o avanço da mineralização, os osteoblastos se isolam em uma área crescente de tecido ósseo calcificado e se diferenciam em **osteócitos**.

Forças funcionais diferentes começam a afetar o osso, levando à reabsorção e à remodelação do novo tecido ósseo mesmo durante o processo de mineralização. As células que fazem a degradação óssea são chamadas de **osteoclastos** (▶Fig. 1.20 e ▶Fig. 1.21).

Ossificação condral

A ossificação condral envolve a **cartilagem hialina**, a qual funciona como marcador de espaço e fornece a base para o crescimento longitudinal do osso. O esqueleto primordial é constituído de cartilagem hialina, até que a ossificação condral tenha início por meio da reabsorção gradual da cartilagem, substituindo-a por ossos permanentes (**osso substituto**). Assim, formam-se as vértebras, as costelas, o esterno, os membros e a base do crânio. Esse processo de criação de novos ossos a partir de uma cartilagem hialina precursora é chamado de **osteogênese condral**. Durante esse processo, é possível distinguir entre uma ossificação pericondral e uma ossificação endocondral (▶Fig. 1.15 e ▶Fig. 1.24).

Ossificação pericondral

A ossificação pericondral é semelhante à ossificação intramembranosa, no sentido de que o osteoide é formado e lentamente mineralizado. As **células osteoprogenitoras**, células com o potencial de criar um tecido ósseo, situam-se na **camada condrogênica do pericôndrio** e se diferenciam em **osteoblastos** (**ossificação primária**). Essa transformação de tecido mole em tecido ósseo se inicia

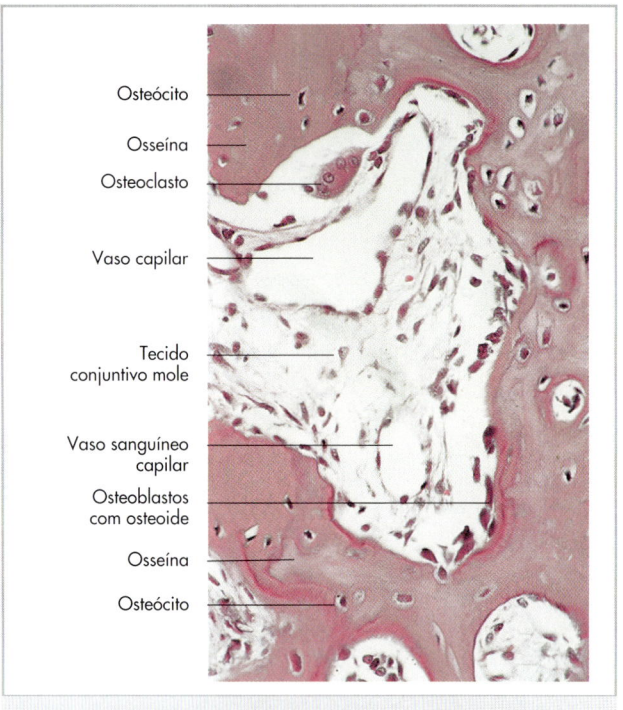

Fig. 1.20 Ossificação intramembranosa, com capilar central em tecido conjuntivo mole com osteoblastos e osteócitos (corte histológico, coloração de hematoxilina e eosina).

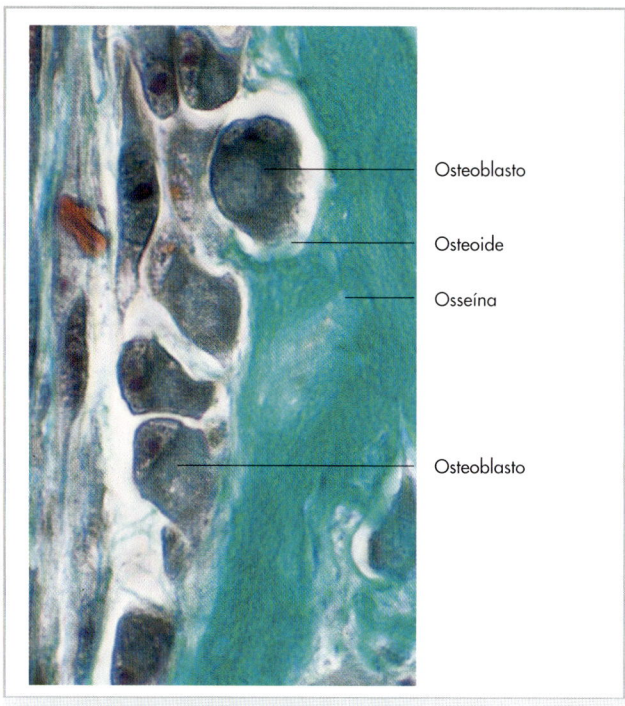

Fig. 1.21 Ossificação intramembranosa, com osteoblastos, osteoide e osseína (corte histológico, coloração de Goldner).

no centro da diáfise e resulta na formação de um revestimento ósseo, o **colar periosteal**. A ossificação do pericôndrio se estende em direção às extremidades do osso, as **epífises**. Assim, o pericôndrio se transforma em **periósteo**. A ossificação pericondral leva ao desenvolvimento do periósteo dos ossos longos.

A formação do periósteo mecanicamente inibe o metabolismo da cartilagem hialina, basicamente forçando a **calcificação da matriz de cartilagem**. Ao mesmo tempo, os vasos sanguíneos infiltram-se através do colar periosteal e invadem a cartilagem calcificada. As células que removem a cartilagem existente, os **condroclastos**, se inserem na matriz calcificada por meio da proliferação de vasos sanguíneos, com a subsequente reabsorção da cartilagem restante. Os condroclastos deixam espaços vazios, que logo se preenchem com tecido conjuntivo e vasos capilares, que transportam não apenas nutrientes, mas também as substâncias necessárias à construção do novo tecido ósseo. Os **osteoblastos** também alcançam a cavidade medular por meio desses vasos e começam a formar tecido ósseo de dentro para fora (**ossificação endocondral**). O processo contínuo de reabsorção óssea e substituição da matriz resulta no desenvolvimento da cavidade medular primária, a qual é preenchida com uma estrutura óssea semelhante a uma esponja parcialmente ossificada (**desenvolvimento da substância esponjosa**).

A **cavidade medular secundária** (*cellulae medullares*; ▶Fig. 1.16), dotada de várias câmaras, é formada quando o tecido conjuntivo na cavidade medular primária se diferencia em tecido hemorreticular, responsável pela produção de células sanguíneas (**hematopoiese**). Isso ocorre durante os estágios finais do desenvolvimento fetal. O recém-formado tecido hemorreticular é chamado de **medula óssea vermelha** (*medulla ossium rubra*).

A **medula óssea** (*medulla ossium*), situada nas cavidades medulares de ambas as epífises e entre as trabéculas da substância esponjosa, torna-se permanentemente um **órgão hematopoético** (▶Fig. 1.12). Em indivíduos adultos, a medula óssea vermelha da diáfise é substituída gradualmente por **gordura** (*medulla ossium flava*), que é novamente transformada em **medula gelatinosa** (*medulla ossium gelatinosa*) em animais senis ou pode se formar prematuramente em animais doentes.

Ossificação endocondral

Entre a diáfise e cada epífise de um osso longo permanece uma área de cartilagem calcificada, as **metáfises proximal** e **distal**. As duas metáfises fazem limite em cada extremidade do osso com uma área de ossificação endocondral distinta, chamada de **placas epifisárias de crescimento** (*cartilago epiphysialis*) (▶Fig. 1.12). As placas epifisárias têm grande importância, pois são responsáveis pelo **crescimento longitudinal dos ossos**.

O colar periosteal envolve o osso e, na área da **metáfise**, inibe o crescimento radial da cartilagem. Os condrócitos se proliferam por mitose e hipertrofia, organizando-se em colunas que refletem o seu **desenvolvimento progressivo** (▶Fig. 1.22 e ▶Fig. 1.24). Essa organização é a base para o **crescimento longitudinal da cartilagem**, necessário para o crescimento ósseo.

A ossificação endocondral da cartilagem metafisária ocorre em **diversas zonas** (▶Fig. 1.22 e ▶Fig. 1.24). Os condrócitos justapostos às placas epifisárias situam-se espalhados pela cartilagem hialina e não se dividem (**zona de condrócitos em repouso**) (▶Fig. 1.22). Adjacente a essa zona, na direção da cavidade medular, encontra-se a **zona de proliferação**, onde os condrócitos se dividem ativamente. A influência mecânica do colar periosteal força

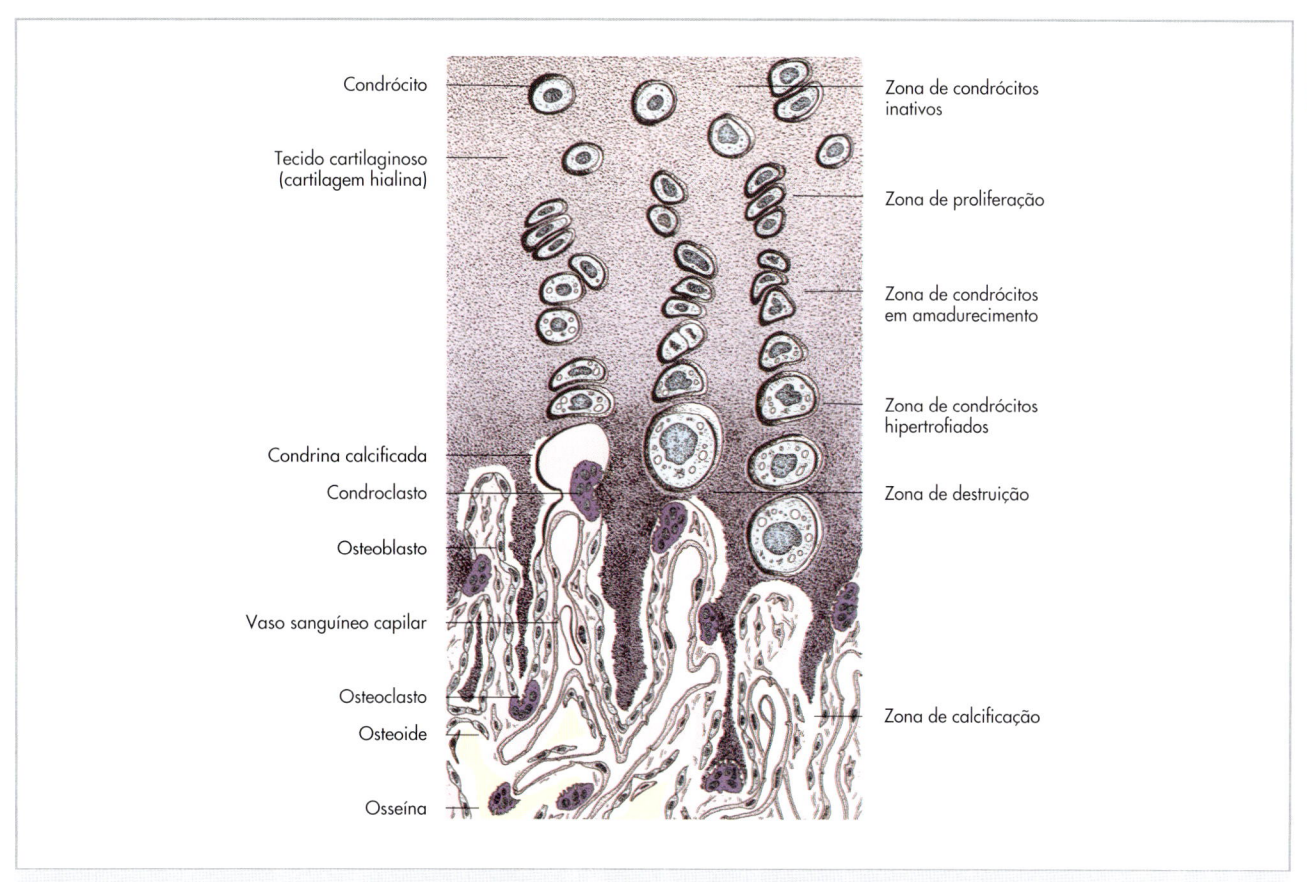

Fig. 1.22 Processo de reconstrução estrutural durante a ossificação condral em um osso longo (representação esquemática).

os condrócitos em amadurecimento na zona seguinte (**zona de condrócitos em amadurecimento**) a formarem colunas evidentes, e eles começam a se degenerar. Esse processo caracteriza-se pelo aumento de volume devido à captação de água e pela calcificação da substância intercelular (**zona de condrócitos hipertrofiados**).

Com o avanço da calcificação, os condroclastos, por meio de enzimas, provocam a erosão da cartilagem calcificada restante (**zona de destruição**) (▶Fig. 1.22 e ▶Fig. 1.24). Os condroclastos penetram nessa zona através dos vasos capilares e do tecido conjuntivo da cavidade medular e chegam até a zona de calcificação. Na demarcação entre as zonas de destruição e de calcificação, o processo de reabsorção de cartilagem está completo. Na zona final, a matriz intercelular fica saturada com minerais, e a ossificação está completa (**zona de calcificação**).

Os vasos sanguíneos invasores também permitem que os osteoblastos secundários penetrem a zona de destruição. Essas células produzem uma nova **matriz** (osteoide) por meio da ossificação intramembranosa. No final, o jovem osso reticular é substituído por um osso lamelar maduro (ver a seguir).

Tipos de tecidos ósseos

Há dois tipos de tecido ósseo: **osso reticular** (*os membranaceum reticulofibrosum*) e **osso lamelar** (*os membranaceum lamellosum*). Do ponto de vista evolutivo, o osso reticular (fibroso, imaturo) é visto como o primeiro, de modo que é filogeneticamente a mais antiga forma de osso, sendo classificado, com frequência, como tecido conjuntivo ossificado. Durante o desenvolvimento fetal, cada osso consiste inicialmente em osso reticular, e apenas após o nascimento é substituído lentamente pela forma mais complexa de osso lamelar. No entanto, alguns ossos reticulares são permanentes. Por exemplo, o labirinto ósseo na orelha, o meato acústico externo e os locais de fixação dos músculos nos ossos longos.

O **osso lamelar** (**maduro**) se caracteriza pela distribuição de camadas paralelas ou concêntricas de fibras de colágeno, denominadas lamelas. A maioria dos ossos do animal adulto é composta por ossos lamelares, os quais formam os ossos longos e os ossos curtos e planos. A unidade estrutural do osso lamelar é o **ósteon** (**sistema de Havers**).

Cada **ósteon** (▶Fig. 1.17) constitui uma série de anéis concêntricos, compostos por camadas de matriz óssea ao redor de um **canal central** (de Havers), através do qual correm um **vaso sanguíneo** (vaso sanguíneo de Havers), **vasos linfáticos** e **nervos**. As fibras de colágeno na matriz de cada camada são dispostas em forma helicoidal e orientadas no ângulo oposto ao da camada anterior. Os ósteons são conectados através de estruturas ósseas transversais, criando uma construção que permite ao osso resistir a forças tensoras e compressoras (▶Fig. 1.17, ▶Fig. 1.18 e ▶Fig. 1.19). As células ósseas (osteócitos) situam-se entre as **lamelas concêntricas** (lamelas de Havers) (▶Fig. 1.18) que envolvem o canal central (de Havers). Elas permanecem em contato por meio de processos longos dispostos radialmente a partir do plasma celular, que realiza anastomose dentro dos **canalículos ósseos** (*canaliculi ossei*) com processos de células vizinhas (▶Fig. 1.18).

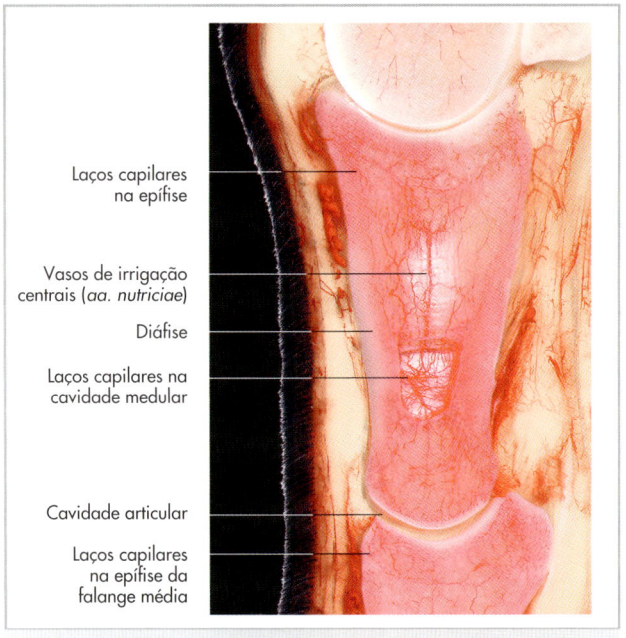

Fig. 1.23 Vascularização de um osso longo, no caso, a primeira falange, de um equino (plastinação injetada). (Fonte: cortesia de H. Obermayer, Munique.)

Fig. 1.24 Corte histológico através da epífise de um osso longo, mostrando a ossificação condral (coloração de Azan).

Esse sistema permite o transporte de substâncias entre os vasos sanguíneos no canal central (de Havers) e a matriz óssea, sendo essencial para a nutrição dos osteócitos. Os vasos sanguíneos centrais nos ósteons se comunicam com o periósteo, o endósteo e a cavidade medular pelos **vasos perfurantes (de Volkmann)** transversais (▶Fig. 1.17). Por meio dessa intensa rede de vasos sanguíneos, o osso se torna um tecido altamente vascularizado.

Os ossos reagem a alterações de forças estáticas e mecânicas por meio da adaptação de sua arquitetura interna. Os ósteons supérfluos são destruídos, e seus fragmentos remanescentes formam ossos intersticiais ou lamelas (▶Fig. 1.17).

Camadas de lamelas formam a circunferência externa do osso, diretamente sob o periósteo (**lamelas circunferenciais externas**). As **lamelas circunferenciais internas** fazem limite com a cavidade medular, e o endósteo recobre a camada mais interna (▶Fig. 1.17). As **fibras de colágeno (fibras de Sharpey**, *fibrae perforantes*) sustentam o periósteo nas lamelas circunferenciais externas. Essas fibras colágenas se originam em tendões que ligam o músculo ao osso e são essenciais para a transmissão da força gerada no músculo para o osso.

Funções ósseas

Ossos e cartilagem compõem a estrutura de sustentação e proteção do corpo. Eles não apenas asseguram a locomoção, mas protegem os órgãos de tecido mole nas regiões torácica e pélvica e o sistema nervoso central (SNC). Os ossos contêm a medula óssea vermelha, responsável pela geração de componentes sanguíneos (**hematopoiese**), e armazenam **cálcio** e **fosfato** (▶Fig. 1.12). Portanto, as três funções principais do esqueleto são: **sustentação**, **proteção** e **metabolismo**. Juntas, essas funções influenciam a estrutura de cada osso esquelético e, consequentemente, a **arquitetura do corpo inteiro**. A estrutura óssea se adapta a exigências mecânicas por meio de alterações no metabolismo. Esse processo de adaptação envolve a contínua reabsorção e a sedimentação de material ósseo.

Todos os ossos são sujeitos **permanentemente a essas alterações adaptativas**. Alterações nas forças fisiológicas de compressão, tensão e cisalhamento conduzem rapidamente a processos de remodelação. Os membros, as vértebras e os ossos pélvicos experimentam alterações estruturais mais intensas em comparação aos ossos do crânio, por exemplo.

O tecido ósseo compacto se desenvolve em relação direta à quantidade de estresse fisiológico que ele precisa suportar. O córtex (*substantia corticalis*) dos ossos longos é mais espesso na diáfise, pois é onde as maiores forças atuam. As epífises não são sujeitas a forças extremas e são onde o córtex se torna progressivamente mais fino (▶Fig. 1.12). Fisiologicamente, forças de tração permanentes levam ao espessamento do osso onde elas se manifestam com maior intensidade, como, por exemplo, no ponto em que os tendões se ligam ao osso.

Outra função importante dos ossos é **armazenar cálcio** e **fosfato**. Os ossos esponjosos (*substantia spongiosa*) armazenam depósitos de cálcio, que podem ser descarregados rapidamente no fluxo sanguíneo para a manutenção de funções vitais necessárias. O metabolismo de cálcio e fósforo é regulado por **mecanismos endógenos** e **exógenos**.

O **hormônio paratireóideo**, excretado pela glândula paratireoide, **ativa os osteoclastos**, aumentando, assim, a quantidade de cálcio no sangue, ao mesmo tempo que reduz a excreção de cálcio pelos rins. Juntamente à **vitamina D_3 (1,25-di-hidroxicolecalciferol)**, o hormônio paratireóideo intensifica a **reabsorção de cálcio** nos intestinos. As **células C da glândula tireoide** produzem um hormônio, a **calcitonina**, que ativa os osteoblastos e **antagoniza o hormônio paratireóideo**. Os osteoblastos formam ossos e, portanto, armazenam cálcio automaticamente, reduzindo a quantidade deste em circulação no corpo. O **crescimento dos ossos** também é influenciado de forma positiva pelos hormônios somatotrófico (STH), adrenocorticotrófico (ACTH) e tireotrófico (TSH), bem como pelos hormônios sexuais masculinos e femininos.

Artrologia (*arthrologia*)

O grau de mobilidade entre dois ossos ou estruturas cartilaginosas depende totalmente da forma do espaço entre eles. A **sinartrose** é uma estrutura contínua que une dois ossos adjacentes e que pode ser constituída por **tecido conjuntivo**, que forma uma **união fibrosa** (*junctura fibrosa*) ou uma **articulação fibrosa** (*articulatio fibrosa*). De modo semelhante, uma sinartrose pode ser formada a partir de **cartilagem**, gerando uma **união** ou **articulação cartilaginosa** (*articulatio cartilaginea*). A amplitude de mobilidade entre duas estruturas esqueléticas pode aumentar quando uma articulação contendo uma cavidade (**diartrose**) existe entre elas. Uma **articulação verdadeira** ou **sinovial** (*juncturae seu articulationes synoviales*) se caracteriza por um **espaço articular** e uma **cavidade articular** (*cavum articulare*) preenchida com **fluido articular** (*synovia*).

Sinartroses

As uniões fibrosas (*juncturae fibrosae*) subdividem-se em três categorias:
- **articulações de tecido conjuntivo** (*syndesmoses*), como, por exemplo, as conexões entre os dedos vestigiais e o metapódio em bovinos;
- **suturas** (*suturae*), as quais unem, por exemplo, os ossos do crânio, podendo ser:
  - **sutura serrátil** ou **denteada** (*sutura serrata*);
  - **sutura plana** (*sutura plana*);
  - **sutura escamosa** (*sutura squamosa*);
  - **sutura foliácea** (*sutura foliata*);
- **articulações em cavilha** ou **gonfoses** (*gomphoses*), como, por exemplo, o ancoramento das raízes do dente nos alvéolos dentários por meio de tecido conjuntivo denso; nesse caso, a membrana periodontal.

As **uniões cartilaginosas** (anfiartroses; *juncturae cartilagineae*) são:
- **uniões de cartilagem** hialina (sincondroses), como, por exemplo, entre a base do crânio e o osso hioide;
- **uniões fibrocartilaginosas** (sínfises), como, por exemplo, a sínfise pélvica.

A sinartrose em que o osso reúne duas estruturas é chamada de **sinostose**. Um bom exemplo de sinostose é a união ossificada entre o rádio e a ulna nos equinos.

Uniões articulares verdadeiras (*articulationes synoviales*)

As articulações podem ser diferenciadas de acordo com a quantidade de ossos envolvida na articulação, o grau de movimento possível e a forma da face da articulação. Apesar de sua grande variação, as articulações compartilham características estruturais e funcionais (▶Fig. 1.30 e ▶Fig. 1.33):
- uma extensa **cápsula articular** (*capsula articularis*);
- uma **cavidade articular** (*cavum articulare*);
- uma **cartilagem articular** hialina (*cartilago articularis*), a qual recobre as extremidades de dois ou mais ossos que formam a articulação.

A **cápsula articular** (▶Fig. 1.33) é composta por duas camadas: a **camada fibrosa** externa (*stratum fibrosum*) e a **camada interna** (*stratum synoviale*, membrana sinovial). A espessura e o desenvolvimento da camada externa da cápsula, a camada fibrosa, apresenta uma ampla variedade e é determinada principalmente pela carga mecânica aplicada à região. Essa camada também pode conter ligamentos capsulares (ver a seguir), os quais reforçam a cápsula na parede externa da articulação. As fibras da **camada fibrosa** prosseguem até o periósteo ou pericôndrio (▶Fig. 1.33). Como a irrigação sanguínea até essa camada é limitada, as lesões exigem um longo tempo de recuperação. Contudo, uma grande quantidade de fibras nervosas sensoriais está presente na camada fibrosa, o que explica a dor sentida após a lesão na própria cápsula ou pelo estiramento da cápsula devido ao edema dentro da articulação.

A **membrana sinovial** (*stratum synoviale*) reveste a cavidade articular e é repleta de células, vasos sanguíneos e nervos. A cor da membrana sinovial é marfim, com um leve matiz amarelo, e forma tanto as **vilosidades sinoviais** (*villi synoviales*) quanto as **pregas sinoviais** (*plicae synoviales*). Essas estruturas podem variar em quantidade, tamanho, forma e distribuição na mesma articulação. A membrana sinovial pode ser dividida, ainda, na camada interna de sinoviócitos (*intima synovialis*), composta de células de cobertura, os sinoviócitos, e uma camada subsinovial (*stratum subsynoviale*) (▶Fig. 1.31 e ▶Fig. 1.32) de tecido. Existem dois tipos de sinoviócitos na camada íntima sinovial:
- **sinoviócitos tipo A**, responsáveis pela fagocitose;
- **sinoviócitos tipo B**, que produzem e secretam proteínas.

As articulações são preenchidas com um líquido amarelo claro e viscoso, o **líquido sinovial** ou **sinóvia**, cujo propósito principal é lubrificar a articulação, reduzindo a fricção entre as faces articulares. A sinóvia é excretada pela membrana sinovial na cavidade articular, mas também preenche as bainhas tendíneas e é encontrada na bolsa sinovial (ver "Estruturas de apoio dos músculos", p. 50) 50. A sinóvia é composta por ácido hialurônico, açúcar, eletrólitos e enzimas envolvidos no suprimento de nutrientes da cartilagem. O aumento da produção de sinóvia acarreta hidrartrose.

Os **corpos livres articulares** são partículas de cartilagem ou osso soltas dentro da articulação, resultantes de fratura tipo II ou da ossificação das vilosidades sinoviais. Dependendo de onde estão situados, eles podem causar muita dor.

A **cartilagem articular** é fortemente ligada a uma fina camada óssea subcondral, adjacente à epífise. Ela não é coberta por pericôndrio, e a face voltada para a articulação é bastante lisa (▶Fig. 1.30 e ▶Fig. 1.35). A cartilagem articular é delgada no centro de uma superfície côncava, porém espessa no centro de uma superfície convexa. Algumas áreas da cartilagem articular de ungulados exibem uma redução na cartilagem, formando **fossas sinoviais** (*fossae synoviales*).

Fascículos de fibras da **matriz de cartilagem** são distribuídos de acordo com as forças mecânicas de compressão e tensão. A matriz de cartilagem hialina absorve choques, é flexível e possui propriedades viscoelásticas. Assim como nos outros tipos de cartilagem, a cartilagem articular não apresenta nervos e, com poucas exceções, não é vascularizada. A cartilagem articular pode ser dividida em:
- zona superficial;
- zona intermédia;
- zona radial;
- zona calcificada.

A **zona superficial** compreende fibras de colágeno firmemente entrelaçadas próximo à face da cartilagem articular. Essas fibras formam um arco em direção à face, onde correm paralelas umas às outras. Esse padrão de fibras aumenta a estabilidade da superfície da cartilagem articular. A camada média da cartilagem, a **zona intermédia**, é estruturalmente homogênea. A **zona radial** compreende as fibras cartilaginosas, que se unem de modo parcial para formar fascículos dispostos radialmente. Na **zona calcificada**, as

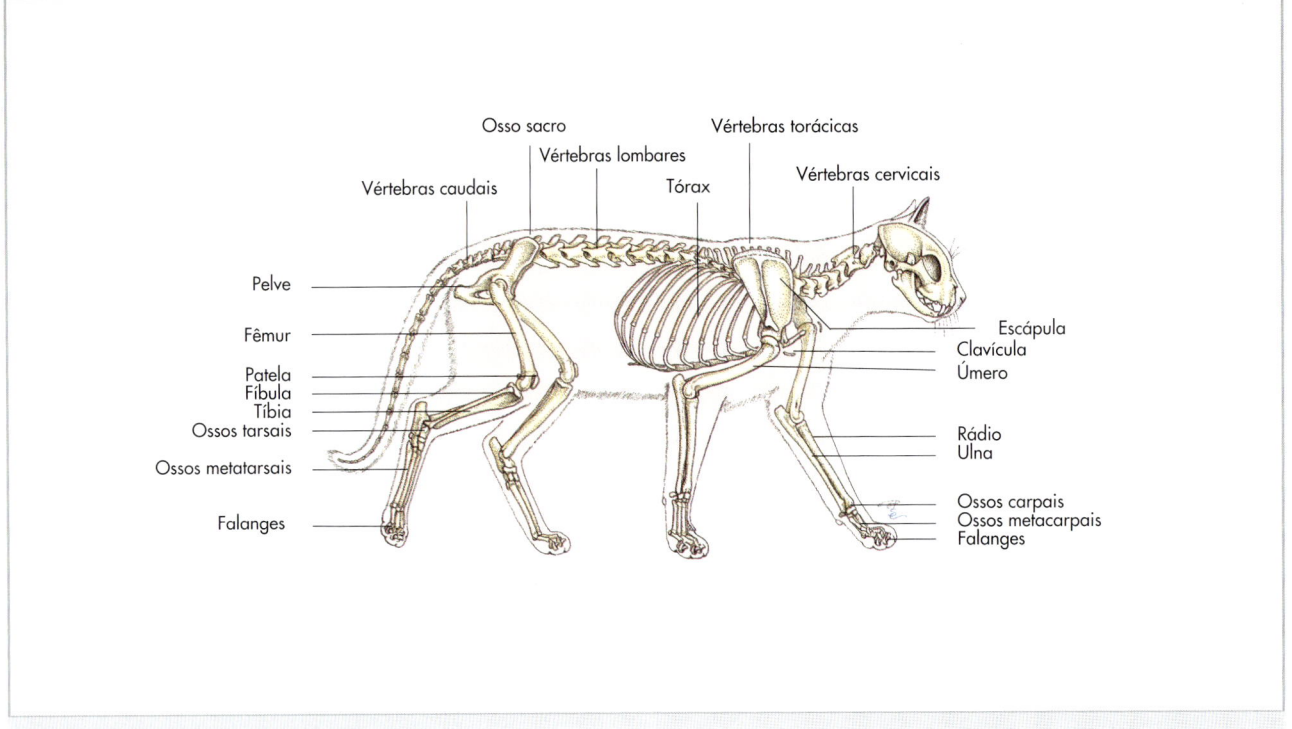

Fig. 1.25 Esqueleto de um gato (representação esquemática).

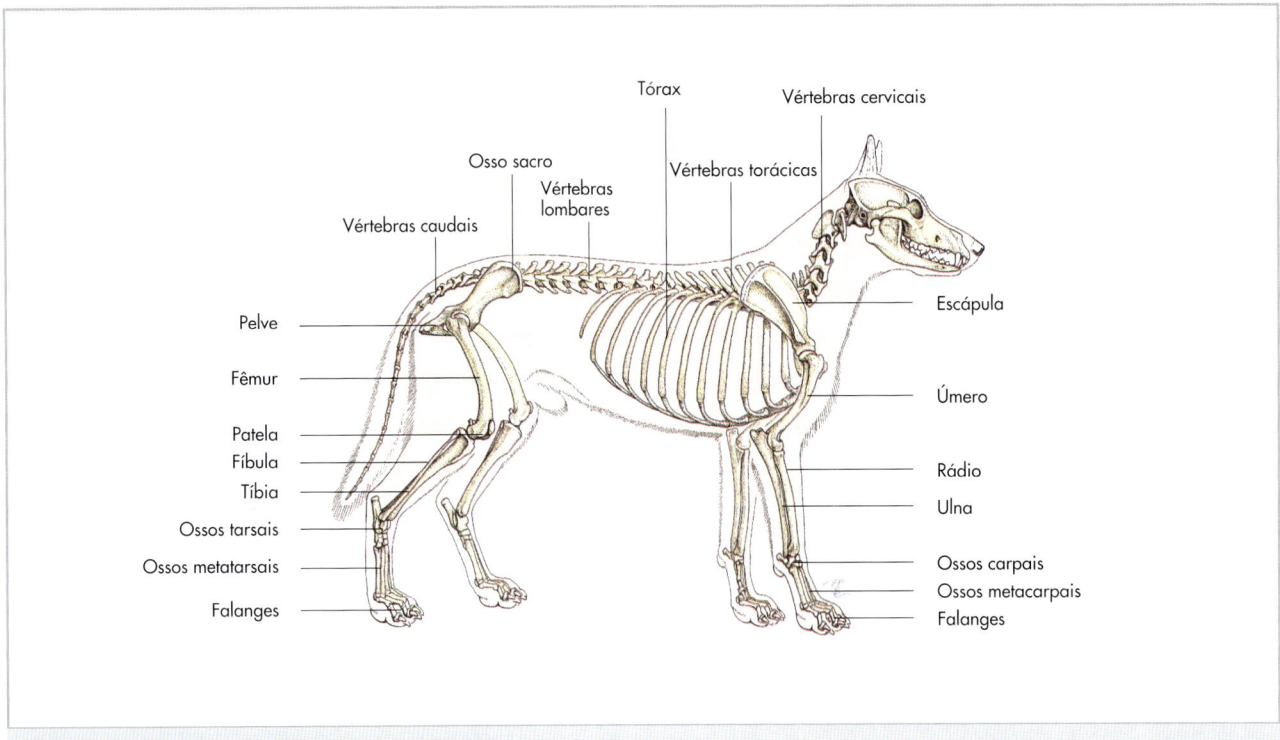

Fig. 1.26 Esqueleto de um cão (representação esquemática).

Introdução e anatomia geral 39

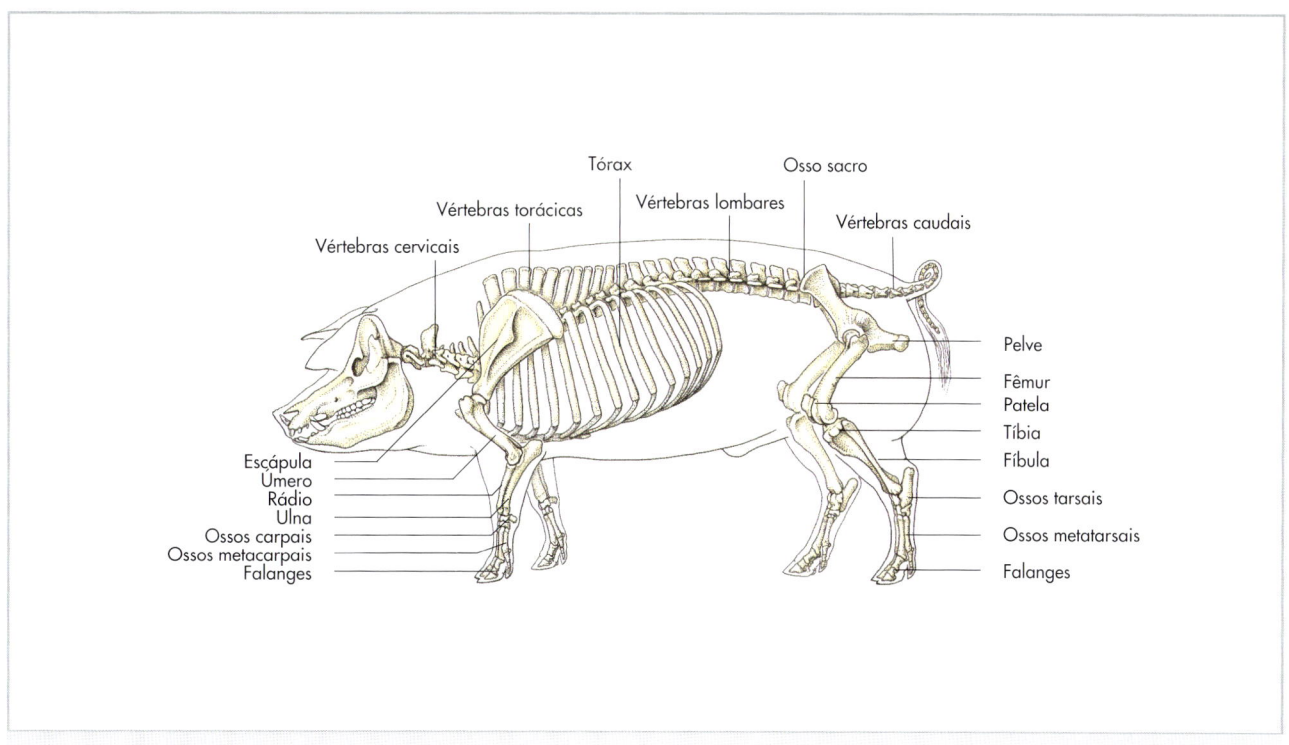

Fig. 1.27 Esqueleto de um suíno (representação esquemática).

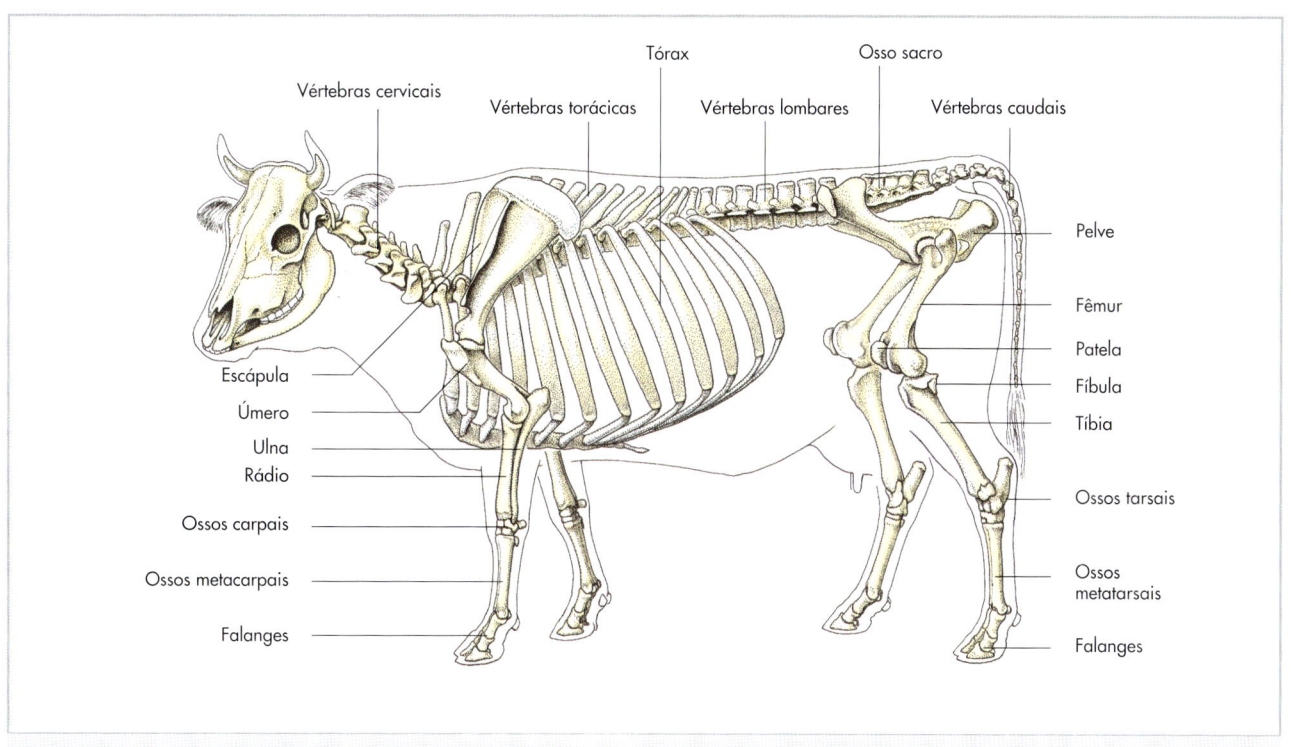

Fig. 1.28 Esqueleto de um bovino (representação esquemática).

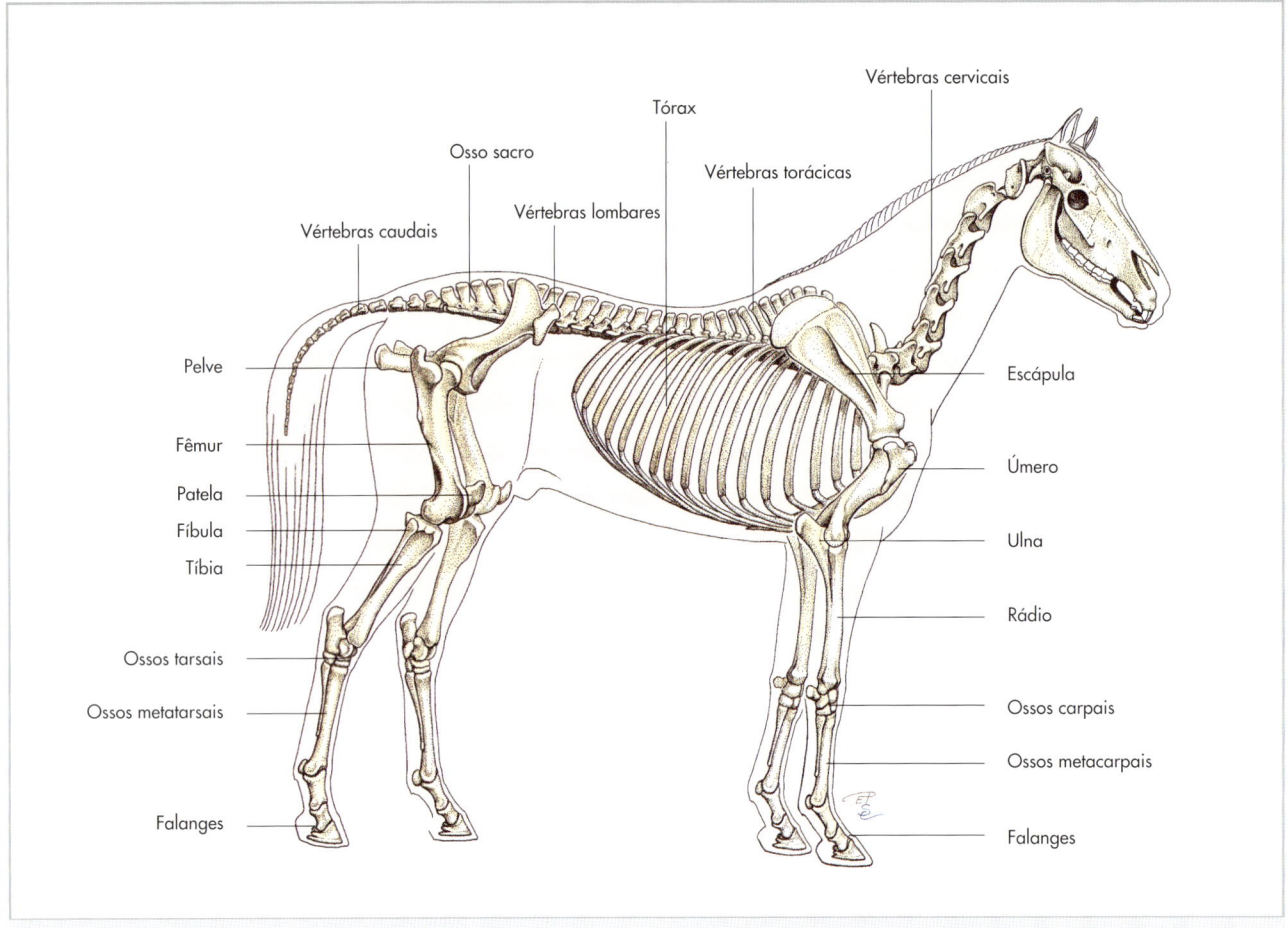

Fig. 1.29 Esqueleto de um equino (representação esquemática).

fibras colágenas fixam a cartilagem articular ao osso e são, em sua maioria, calcificadas. Essa estrutura garante uma forte fixação da cartilagem articular ao osso.

Sob a cartilagem articular, está a **placa óssea subcondral**, que inclui partes da cartilagem articular calcificada e uma camada de osso lamelar (▶Fig. 1.33). Essa placa (*corticalis*) sustenta as funções dinâmicas da articulação, atua como um amortecedor, protegendo a cartilagem de forças axiais, e promove o suprimento metabólico das camadas cartilaginosas mais profundas.

O metabolismo da cartilagem articular é **anaeróbio**. Os nutrientes chegam até a cartilagem geralmente por meio de difusão **braditrófica**. Em menor grau, os nutrientes também podem alcançar a cartilagem a partir da sinóvia articular ou dos vasos sanguíneos da medula óssea. O conteúdo elevado de proteoglicanos propicia uma alta capacidade de ligação com moléculas de água, o que facilita o transporte intracondral de metabólitos.

As articulações são reforçadas por meio de **ligamentos articulares** (*ligamenta articularia*) intracapsulares, capsulares ou extracapsulares. Algumas articulações contêm **estruturas fibrocartilaginosas** (meniscos articulares na articulação do joelho, discos articulares na articulação mandibular), que servem para estabilizar a articulação ou compensar as **faces articulares desalinhadas**. O tecido adiposo também contribui para formar depósitos intra-articulares, os quais promovem maior amortecimento. As articulações sinoviais podem ser classificadas conforme as suas características.

Quantidade de ossos que compõem a articulação:
- **articulações simples** (*articulatio simplex*), envolvendo apenas dois ossos (p. ex., articulação do ombro);
- **articulações compostas** (*articulatio composita*), envolvendo mais de dois ossos (p. ex., articulação do punho).

Tipo de movimento permitido pela articulação (▶Fig. 1.34):
- **articulações uniaxiais:**
  - **articulação em dobradiça ou gínglimo** (*ginglymus*): o eixo da articulação é perpendicular ao eixo longo dos ossos (p. ex., cotovelo ou articulação tibiotarsal);
  - **articulação trocóidea ou pivô** (*articulatio trochoidea*): o eixo da articulação é paralelo ao eixo longo dos ossos (p. ex., articulação atlantoaxial entre a 1ª e a 2ª vértebras cervicais);
- **articulações biaxiais:**
  - **articulação selar** (*articulatio sellaris*): por exemplo, entre as articulações interfalângicas;
  - **articulação elipsóidea** (*articulatio ellipsoidea*): por exemplo, articulação atlantoccipital entre o osso occipital e a 1ª vértebra cervical;
- **articulações multiaxiais:**
  - **articulação esferóidea** ou de **"bola e soquete"** (*articulatio sphaeroidea*): por exemplo, articulação do ombro ou coxofemoral;
- **articulações rígidas** (anfiartrose): por exemplo, articulação sacroilíaca.

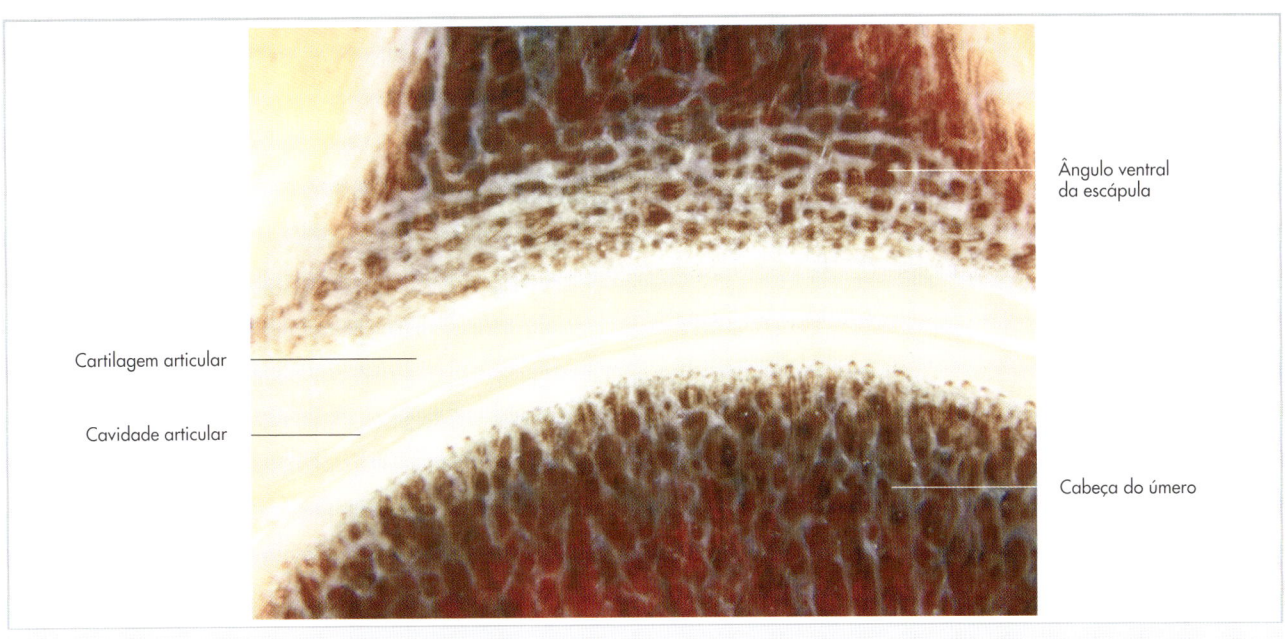

Fig. 1.30 Cavidade articular formada pelas extremidades da escápula e do úmero em um cão (secção longitudinal, plastinação).

Forma das faces articulares:
- **articulação esferóidea** ou "**bola e soquete**" (*articulatio sphaeroidea*): por exemplo, articulação do ombro ou coxofemoral;
- **articulação cotílica** (*articulatio cotylica*): uma articulação esferóidea em que a cavidade glenoidal (soquete) cobre mais da metade da esfera articular (bola), como, por exemplo, a articulação coxofemoral aviária;
- **articulação elipsóidea** (*articulatio ellipsoidea*): por exemplo, entre o osso occipital e a 1ª vértebra cervical;
- **articulação selar** (*articulatio sellaris*): por exemplo, as articulações interfalângicas;
- **articulação condilar** ou **cilíndrica** (*articulatio condylaris*): por exemplo, a articulação femorotibial.

As articulações também podem ser classificadas conforme as suas **características funcionais**:
- **articulação em dobradiça** (gínglimo): por exemplo, articulação do cotovelo;
- **articulação em parafuso** (*articulatio cochlearis*): por exemplo, articulação do jarrete nos equinos;
- **articulação em mola**: uma articulação elástica e, ao mesmo tempo, em dobradiça e parafuso, na qual os ligamentos colaterais se posicionam de forma excêntrica sobre o eixo de torção e proximal ao eixo da articulação (na posição neutra da articulação, os ligamentos colaterais sofrem a maior força tensional; durante a extensão ou flexão, a tensão nos ligamentos diminui, fazendo a articulação se deslocar para uma posição não neutra; p. ex., a articulação do cotovelo equino);
- **articulação deslizante** (*articulatio delabens*): por exemplo, articulação femoropatelar;
- **articulação em espiral** (*articulatio spiralis*): os ligamentos colaterais se ligam de forma excêntrica, distais ao eixo de rotação (os ligamentos são mais curtos na posição neutra; durante a extensão ou flexão, a tensão nos ligamentos aumenta, cessando lentamente a locomoção; p. ex., a articulação do joelho equino);
- **articulações planas** (*articulationes planae*): uma articulação deslizante, como, por exemplo, as articulações entre os processos articulares das vértebras;
- **articulações incongruentes**: articulações em que as faces articulares não correspondem, como se observa na articulação femorotibial ou na articulação temporomandibular. Essa incongruência é equalizada com discos fibrosos, os meniscos na articulação femorotibial e os discos articulares na articulação temporomandibular.

Nota clínica

Uma redução na amplitude passiva de movimento de uma articulação é conhecida como **contratura articular**. As causas de contratura articular incluem imobilização prolongada ou falta de uso da articulação. A dor intensa associada à derrame articular ou a fragmentos ósseos livres pode causar uma diminuição repentina na mobilidade articular. Entorses e luxações podem causar um alongamento excessivo e a ruptura dos ligamentos, levando à instabilidade da articulação.

Um **aumento acentuado no volume do líquido sinovial** (derrame articular) se manifesta como edema da articulação. A dor é causada pelo estiramento da cápsula articular, que estimula os receptores de dor na parede da cápsula.

Fig. 1.31 Vilosidades sinoviais em forma de filamentos em flutuação livre na sinóvia. (Fonte: cortesia do Dr. M. Teufel, Viena.)

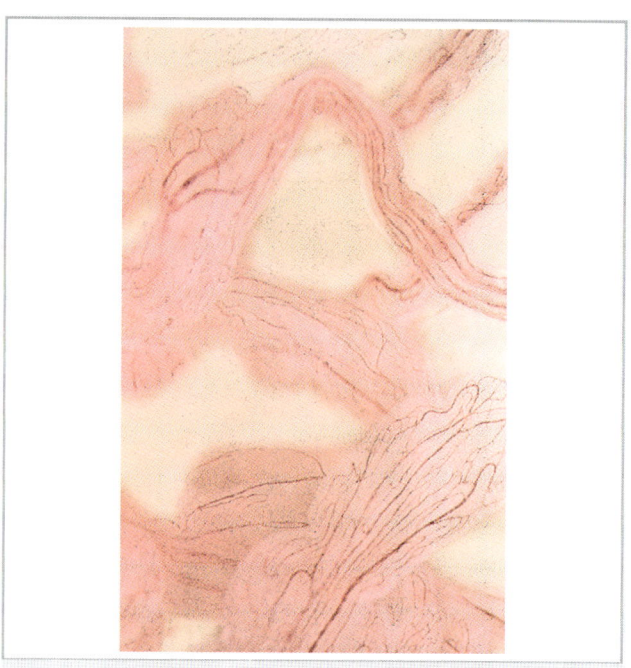

Fig. 1.32 Vilosidades sinoviais da cavidade articular, mostrando os capilares injetados. (Fonte: cortesia do Dr. F. Teufel, Viena.)

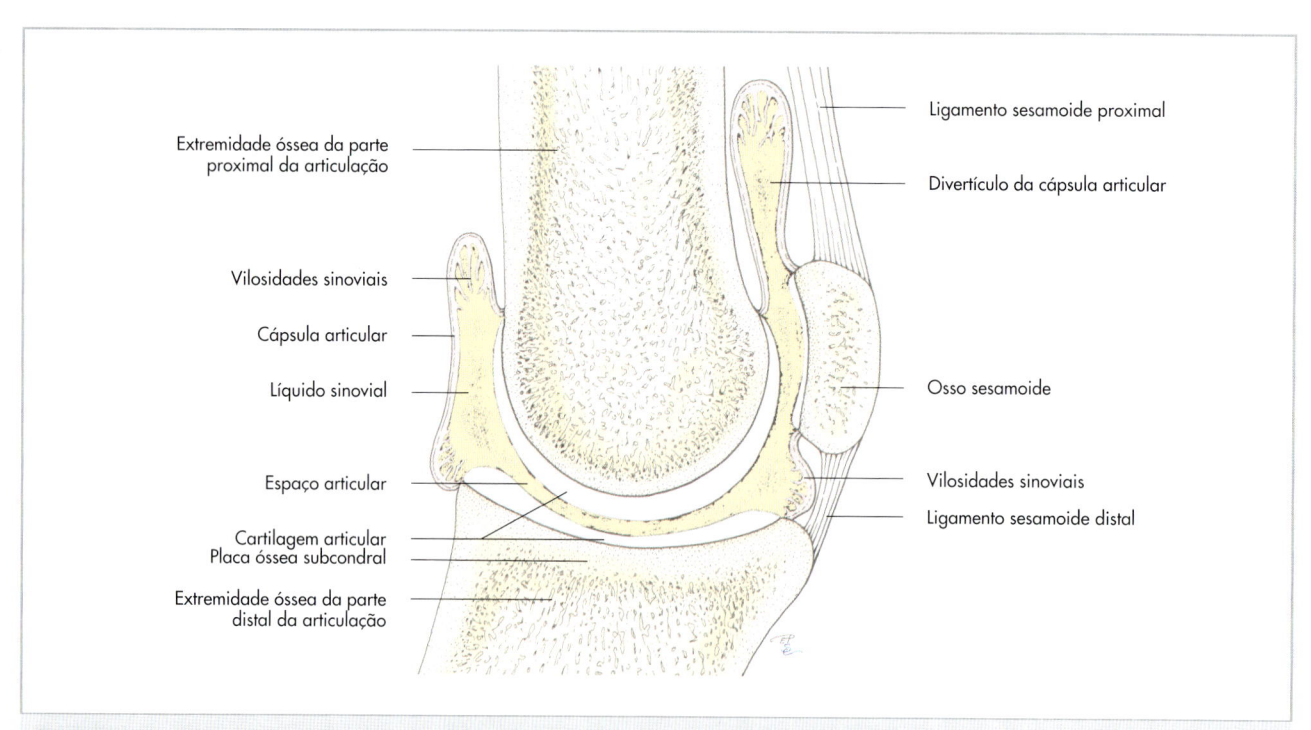

Fig. 1.33 Articulação com ossos sesamoides e aparelho suspensório (representação esquemática).

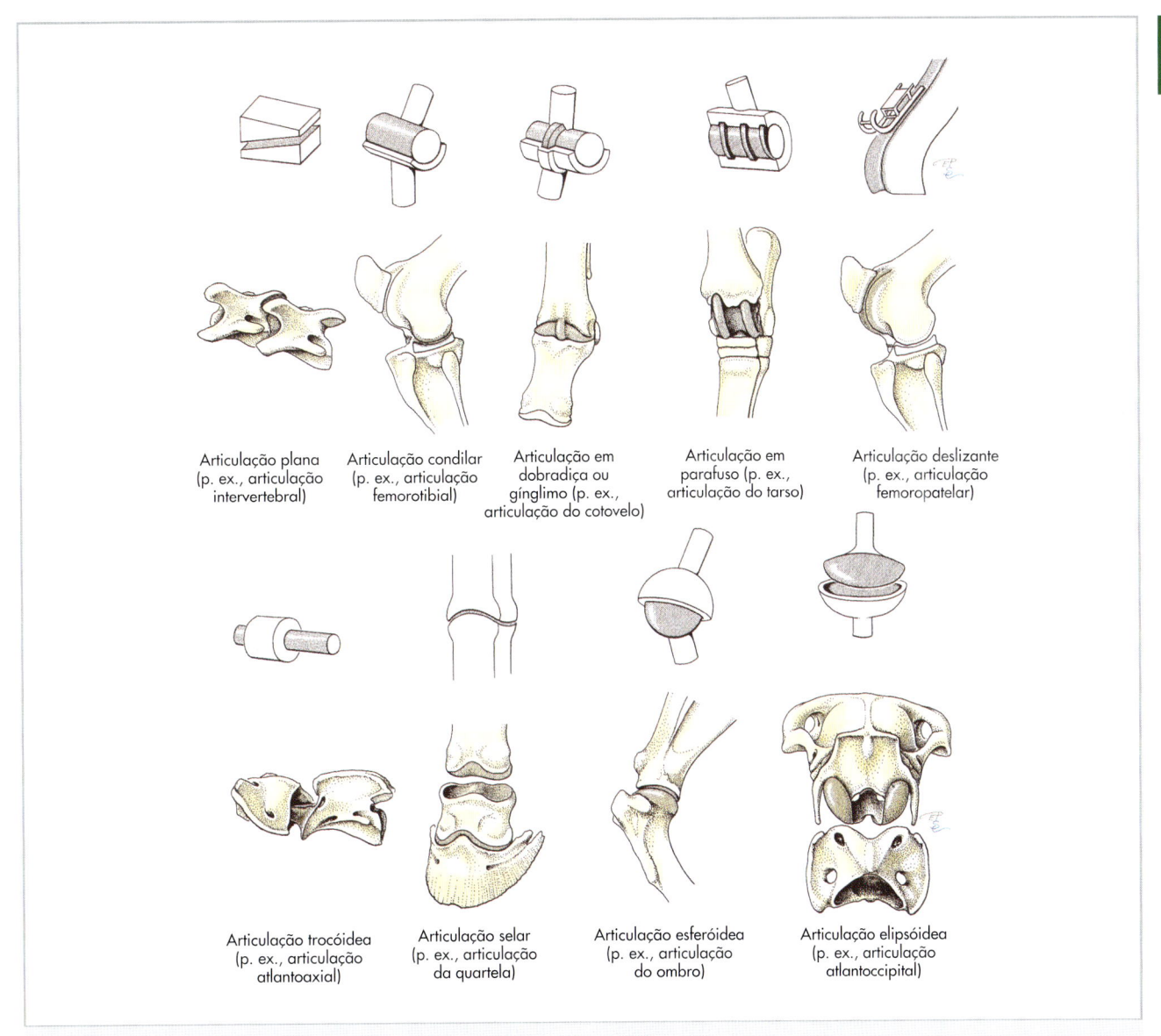

Fig. 1.34 Diferentes tipos de articulações sinoviais (representação esquemática).

Legendas das articulações:
- Articulação plana (p. ex., articulação intervertebral)
- Articulação condilar (p. ex., articulação femorotibial)
- Articulação em dobradiça ou gínglimo (p. ex., articulação do cotovelo)
- Articulação em parafuso (p. ex., articulação do tarso)
- Articulação deslizante (p. ex., articulação femoropatelar)
- Articulação trocóidea (p. ex., articulação atlantoaxial)
- Articulação selar (p. ex., articulação da quartela)
- Articulação esferóidea (p. ex., articulação do ombro)
- Articulação elipsóidea (p. ex., articulação atlantoccipital)

1.4.2 Sistema muscular (*systema musculare*)

H.-G. Liebich e H. E. König

Miologia (*myologia*)

Em organismos filogeneticamente avançados, as células da **camada intermédia do embrião** (**mesoderma**) se desenvolvem em células capazes de contração (somitos) e seus derivados. Essa população celular se diferencia em tecido muscular, o qual transforma energia química em energia mecânica ou em calor. Pode-se distinguir entre **dois tipos de tecido muscular** conforme a sua morfologia e função (▶Fig. 1.35 e ▶Fig. 1.36):

- **tecido muscular liso**: é responsável pelas funções contráteis dos órgãos internos, reveste os ductos excretores de glândulas e forma as paredes dos vasos sanguíneos e linfáticos;
- **músculo estriado**: pode ser dividido em **musculaturas esqueléticas** e **cardíaca** (ver obra sobre histologia para mais informações).

A **musculatura esquelética** é a parte ativa do sistema locomotor. Tradicionalmente, ela é denominada apenas como **musculatura** ou **músculos** (*musculi*). Os músculos esqueléticos são altamente vascularizados e inervados por **nervos cerebroespinais** (**sensoriais e motores**) e **autônomos vegetativos** (**simpáticos e parassimpáticos**), que, juntos, formam uma unidade funcional. Grandes extensões de tecido conjuntivo, as fáscias ou aponeuroses, bem como estruturas sinoviais, como bolsas e bainhas tendíneas, sustentam e protegem os músculos em todas as suas funções.

Os músculos fornecem a energia para movimentar a estrutura esquelética; as extremidades dos músculos sempre se inserem em ossos ou cartilagens. Eles atuam como alavancas, resultando em movimento de partes corporais individuais ou de todo o organismo; ver também Capítulo 6, "Estática e dinâmica" (p. 309).

Os músculos também sustentam parte do peso corporal, ajudam a formar as paredes das cavidades torácica e abdominal e sustentam a atividade dos órgãos internos (p. ex., músculos respiratórios e diafragma).

Desenvolvimento, degeneração, regeneração e adaptação das fibras musculares

As células dos somitos da camada intermédia do embrião se diferenciam em **células-tronco mesenquimais**, formando, assim, o início embrionário das células musculares. As células-tronco mesenquimais se diferenciam em **pré-mioblastos** e, então, em **mioblastos contráteis**. Os mioblastos contém proteínas, os **filamentos de miosina** e **actina**, responsáveis pela contratilidade da célula. Essas proteínas assumem posições específicas no citoplasma conforme o tipo de célula muscular, criando um estriamento característico. As células vizinhas tendem a se fusionar, formando células longas e cilíndricas multinucleadas, também chamadas de fibras musculares, as quais, no animal adulto, podem alcançar até 10 cm de comprimento e 100 μm de diâmetro.

Uma determinada quantidade de células-tronco permanece inalterada como **células satélites**, as quais desempenham um papel importante na **regeneração muscular**. Diversos fatores, como isquemia local, atrofia neural, lesão por pressão ou toxinas, podem causar uma degeneração local do músculo. A regeneração depende da atividade e da quantidade de células satélites não danificadas. A força de um músculo individual e a porcentagem ou volume de tecido muscular depende quase completamente do nível de treinamento. Imobilidade, ausência de exercício e interrupção do suprimento neural atrofiam o músculo. Os músculos adquirem massa (hiperplasia) por meio do fortalecimento das bainhas de tecido conjuntivo, da expansão da espessura de fibras e do aumento do fluxo sanguíneo, todos alcançados por exercícios regulares.

Arquitetura da musculatura esquelética e dos tendões

Um músculo esquelético pode ser dividido em três partes gerais: o **ventre muscular** contrátil e os **tendões de origem** e **inserção**. Os tendões se unem a cada extremidade do ventre muscular e transferem a força gerada por contração do ventre para o esqueleto (▶Fig. 1.37). Uma análise microscópica do músculo esquelético parece apresentar **faixas cruzadas** ou **estrias**, que resultam da disposição paralela e regular dos filamentos de actina e miosina. Os filamentos de actina e miosina, juntamente às bainhas de tecido conjuntivo e gordura armazenada, formam o **tecido muscular**.

As **células musculares** se diferenciam conforme a quantidade e a espessura de seus miofilamentos contráteis citoplasmáticos. Quando o citoplasma da célula muscular, o sarcoplasma, contém proporcionalmente mais miofilamentos, o músculo armazena menos mioglobina e tem aparência pálida (**tipo muscular branco**). Esse tipo de músculo leva à fadiga rapidamente, porém a sua força contrátil é imensa. O segundo tipo de músculo (**tipo muscular vermelho**) contém menos miofilamentos e, portanto, pode armazenar mais mioglobina no sarcoplasma (i.e., em animais domésticos mais velhos e em animais selvagens). Detalhes mais aprofundados acerca da contração muscular podem ser encontrados em publicações sobre fisiologia e histologia.

A **inervação** do músculo ocorre por meio de conexões neuromusculares. Juntos, o nervo e o músculo criam uma unidade funcional. Cada fibra muscular é inervada por, no mínimo, um **axônio neural motor do sistema nervoso central** (nervo cerebroespinal).

O contato entre músculo e nervo é alcançado por meio da **placa motora**, uma forma especial de **união sináptica**. O impulso nervoso é passado para a fibra muscular por um **neurotransmissor** (**acetilcolina**).

O músculo conta também com **terminações nervosas sensoriais**, agrupadas como **fusos musculares** e envoltas em uma cápsula. Esses **mecanorreceptores** fornecem informações sobre o tônus muscular e o grau de tensão nos tendões e nas cápsulas articulares. Além disso, os fusos musculares são responsáveis por **coordenar movimentos** e perceber espacialmente o **posicionamento de partes do corpo** em relação umas às outras. Os órgãos tendíneos são semelhantes a fusos musculares e funcionam como receptores para a tensão dentro do sistema músculo-tendão.

As paredes dos vasos sanguíneos e linfáticos intramusculares são inervadas por **ramificações simpáticas** e/ou **parassimpáticas** do sistema nervoso autônomo, que assegura o suprimento adequado de sangue e a drenagem linfática, necessários para manter o seu funcionamento.

Cada ventre muscular individual é recoberto por uma bainha externa tensa de tecido conjuntivo fibroso, o **epimísio**, que prossegue como **epitendão**, envolvendo os tendões. O epimísio ou epitendão é visível a olho nu e separa os músculos vizinhos um do outro, criando uma superfície lisa que permite o movimento sem atrito. Os grandes vasos e nervos que suprem os músculos se distribuem através do epimísio, e seus locais de entrada e saída do músculo se chamam **hilos**. Em um único músculo, grupos de células musculares são contidos no **perimísio**, composto de tecido conjuntivo intramuscular, formando uma espécie de rede de unidades funcionais menores (▶Fig. 1.36). Essa rede de fibras de colágeno forma um plexo, e as fibras permanecem em contato umas com as outras, a fim de coordenar as contrações musculares e fornecer um caminho para os nervos e vasos sanguíneos menores. Cada célula muscular individual é envolta em uma delicada rede de fibrilas colágenas, o endomísio. O **endomísio** forma uma trama que recobre as células do tecido conjuntivo, o plexo nervoso e os vasos sanguíneos menores (▶Fig. 1.36). Essas bainhas são classificadas de acordo com o tamanho dos fascículos que revestem em: fascículos primário, secundário e terciário. Elas compõem uma unidade funcional e se unem em cada extremidade do ventre muscular, prosseguindo até o **tendão**.

As diversas bainhas de tecido conjuntivo no músculo alongam-se para além das extremidades do músculo e se unem para formar o **tendão** (*tendo*), uma ligação branca com o osso e semelhante a um cordão. A transferência de força muscular ao tendão ocorre na extremidade das fibras musculares, em que pequenos processos semelhantes a dedos se entrelaçam com os processos das fibrilas de colágeno dos tendões. Essa estrutura fortalece significativamente a conexão entre o tendão e o músculo. As fibras tendíneas correm em paralelo e variam quanto ao raio e ao comprimento (▶Fig. 1.37).

Os tendões também são agrupados em **fascículos** (**primários**, **secundários** e **terciários**) por meio da continuação das bainhas musculares, que são aqui referidas como **epitendão** e **peritendão**. Essas bainhas são tensões de lâminas musculares que, devido à sua forma plana e larga, não apresentam um ventre e conectam-se por meio de expansões planas e finas de tecido conjuntivo (**aponeuroses**). As fibras dos cordões tendíneos e das aponeuroses orientam-se na mesma direção das forças mecânicas às quais estão sujeitas. Em comparação com o tecido muscular, os tendões exibem uma **força tensora** muito maior, devido ao seu alto conteúdo de colágeno e ao seu baixo conteúdo elástico.

Os tendões longos das regiões distais dos membros exibem uma grande elasticidade em todo o seu comprimento. Durante

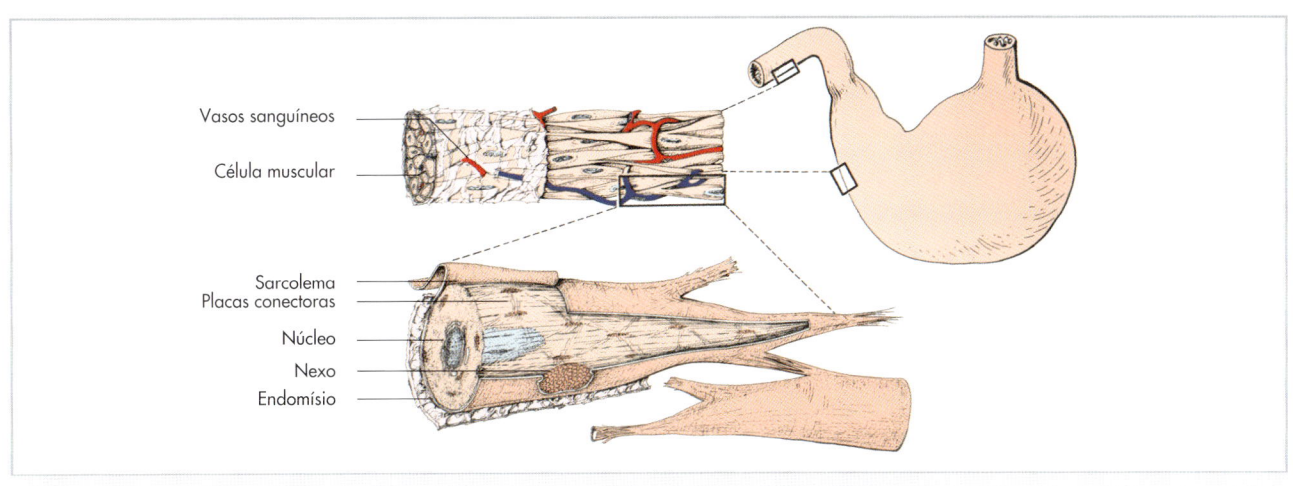

Fig. 1.35 Músculo liso (representação esquemática). (Fonte: com base em dados de Liebich, 2004.)

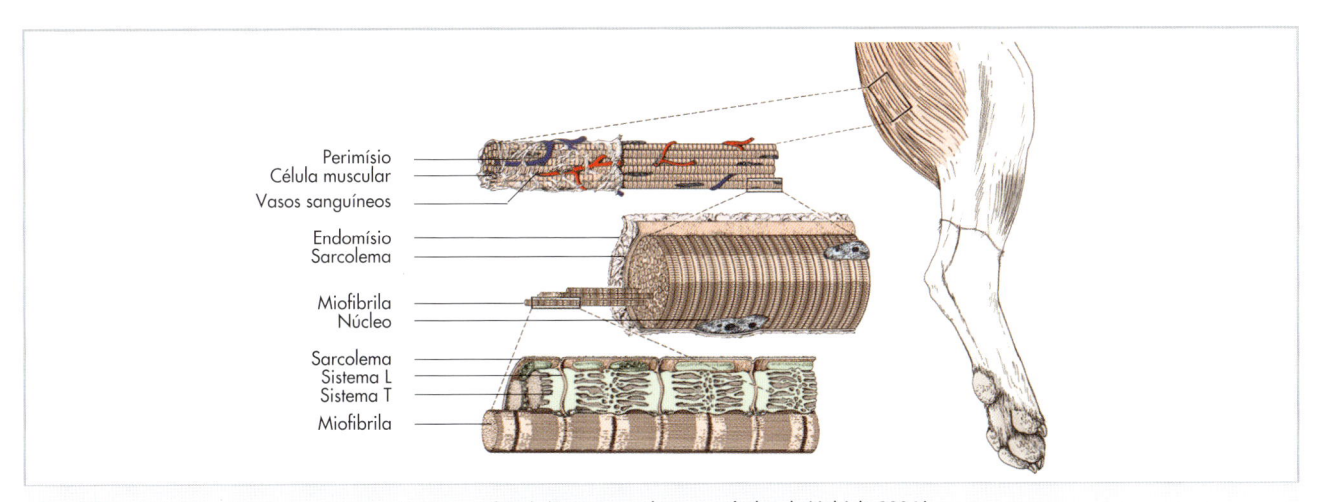

Fig. 1.36 Músculo estriado (representação esquemática). (Fonte: com base em dados de Liebich, 2004.)

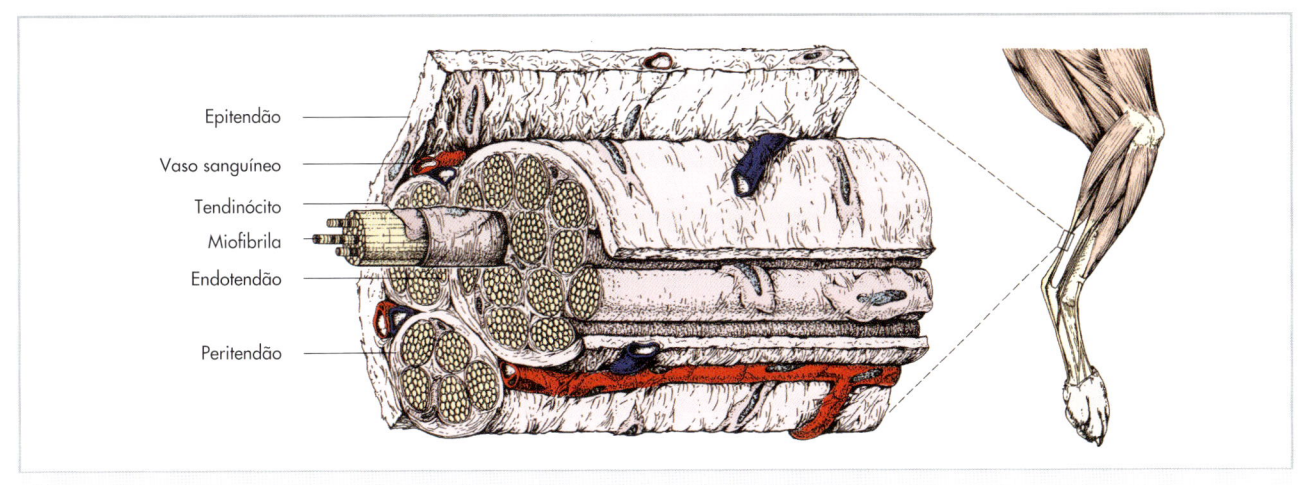

Fig. 1.37 Tendão (representação esquemática). (Fonte: com base em dados de Liebich, 2004.)

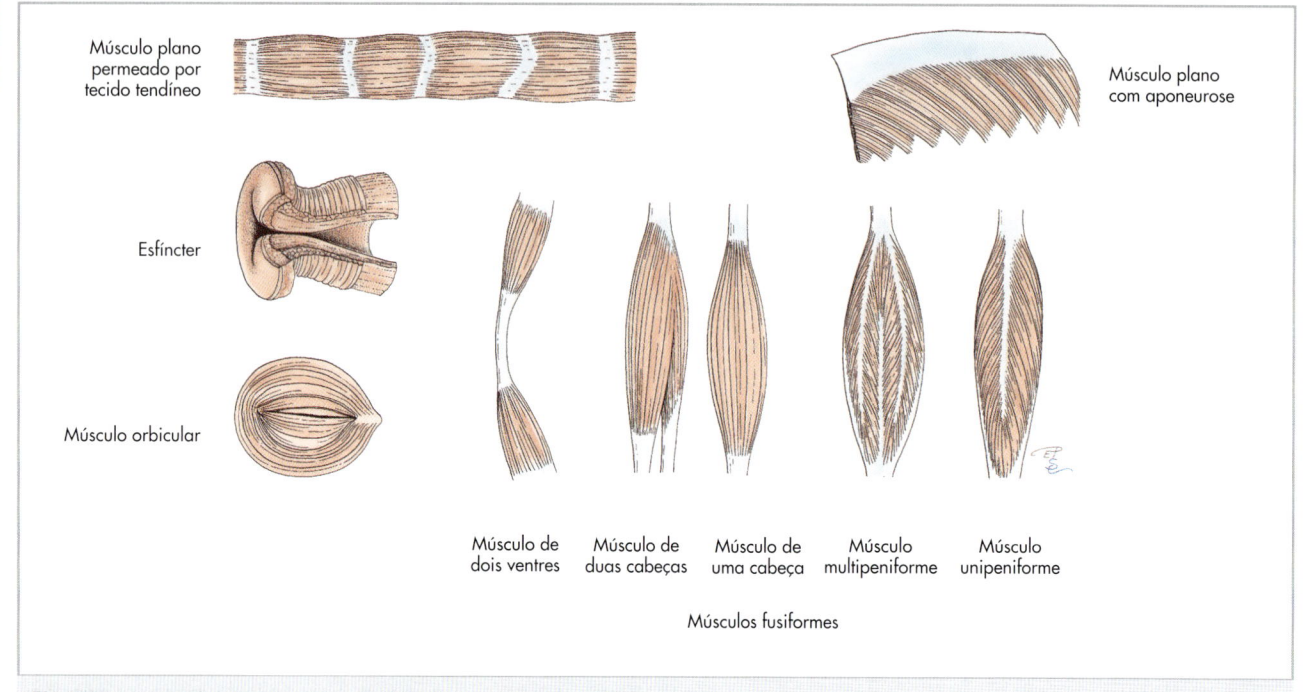

Fig. 1.38 Categorias de músculos esqueléticos de acordo com a disposição de suas fibras (representação esquemática). (Fonte: com base em dados de Putz e Pabst, 1993.)

o movimento, a qualidade elástica dos tendões armazena energia, absorve choques e funciona como mecanismo de suporte. Um bom exemplo dessa elasticidade é o músculo interósseo médio (*m. interosseus medius*) do equino, um longo cordão fibroso muito semelhante a um tendão. Na verdade, ele contém pouco tecido muscular e funciona como um tendão. Quando o equino se movimenta, esse tendão é esticado pela carga aplicada à perna, armazenando energia na forma de tensão elástica. Durante a segunda metade do passo, a carga de peso corporal sobre a perna diminui, e o tendão, que estava alongado e encurtado, libera a energia armazenada. Quando se aplica uma carga extrema sobre essa estrutura, ela pode se alongar até o ponto em que a articulação metacarpofalângica toca o chão a cada passo.

Em seus locais de fixação, as fibras tendíneas continuam até o **periósteo** ou **pericôndrio** na forma de **fibras de Sharpey**. A fixação pode abranger uma ampla face do osso ou pode estar limitada a um único ponto, formando um ângulo agudo ou obtuso. Os tendões que prosseguem até a pele ou à musculatura da língua contêm um percentual maior de fibras elásticas e, portanto, aumentam a tensão nesses órgãos.

Macroscopicamente, as fibras musculares têm aparência escalonada, ligando-se à aponeurose em diferentes ângulos ou ao osso, com tendões de diversos comprimentos. O tendão pode se dividir e irradiar no músculo até impregná-lo. A propagação do tecido tendíneo nos músculos resulta em um padrão (**bainha tendínea**) semelhante a uma pluma ou a uma folha. Os músculos podem ser classificados conforme a **estrutura** e **orientação das fibras** (▶Fig. 1.38):

- **músculos unipeniformes ou semipeniformes** (*m. unipennatus*), com duas bainhas tendíneas paralelas;
- **músculos bipeniformes** (*m. bipennatus*), que apresentam bainhas tendíneas duplas;
- **músculos multipeniformes** (*m. multipennatus*), com várias bainhas tendíneas.

Um músculo peniforme apresenta fibras oblíquas à linha de força gerada pelo músculo. A força máxima produzida por esse músculo é proporcional à área transversal total de todas as suas fibras. A secção transversa morfológica (anatômica) é a área de secção transversal de um músculo, perpendicular ao seu eixo ventral, em sua área mais espessa. A secção transversa fisiológica de um músculo representa a área da secção transversal de todas as fibras musculares perpendiculares ao eixo longitudinal de cada fibra. A força muscular depende da quantidade de fibras aparentes na secção transversa fisiológica; quanto mais fibras, maiores a tensão e a força máxima produzidas. A **tensão** exigida de um músculo depende da secção transversa das fibras e do quanto o músculo se encurta durante a contração. Essa distância é proporcional à mudança do ângulo de inserção e ao comprimento dos fascículos de fibras musculares. A potência de um músculo é a **velocidade de contração**.

Dentro de um ventre muscular forte, as fibras musculares ligam-se ao tendão ou à face do osso em um ângulo agudo, permitindo que o músculo tenha espaço para expandir quando se contrai. Durante a contração, o ângulo de ligação aumenta. Essa característica estrutural especial aumenta o fluxo sanguíneo, o que favorece o metabolismo. A contração e o relaxamento dos músculos desempenham um papel fundamental em todo o sistema circulatório do corpo.

Forma dos músculos

Os músculos variam quanto a forma, posição e tamanho. Em músculos fusiformes, pode-se diferenciar uma **cabeça** (*caput*) passiva na origem, o **ventre** (*venter*) muscular ativo na região intermediária e uma **cauda** passiva na inserção. Como resultado, cada músculo possui uma **origem** (*origo*) e uma **inserção** (*insertio*). A origem e a inserção são atribuídas por convenção. Em geral, a origem é a extremidade proximal do músculo, ou a extremidade mais próxima do centro ou eixo corporal.

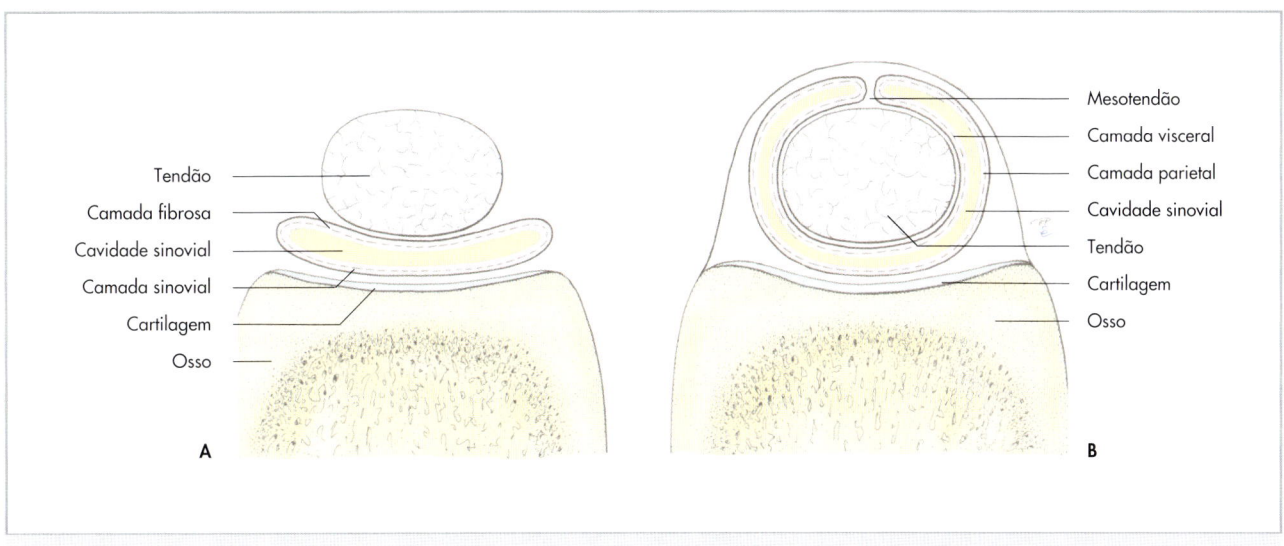

Fig. 1.39 Estruturas acessórias dos músculos: **(A)** bolsa sinovial e **(B)** bainha tendínea (representação esquemática).

A extremidade distal do músculo é a inserção. Existem diversas **formas de músculos** (▶Fig. 1.38):
- músculos fusiformes (*m. fusiformis*);
- músculos planos (*m. planus*, cujo tendão forma uma aponeurose);
- músculos de duas cabeças (*m. biceps*);
- músculos de três cabeças (*m. triceps*);
- músculos de quatro cabeças (*m. quadriceps*);
- músculos de dois ventres (*m. biventre* ou *m. digastricus*);
- músculos circulares (*m. orbicularis*);
- músculos esfinctéricos (*m. sphincter*).

Locomoção

Os movimentos naturais envolvem vários músculos em trabalho simultâneo ou em sequência. Quando dois músculos atuam em conjunto, afirma-se que eles são **sinérgicos**. Se atuarem em sentidos opostos, eles são **antagônicos**. Durante o movimento, uma parte é o **ponto fixo** (*punctum fixum*), e a outra, o **ponto móvel** (*punctum mobile*). O ponto fixo representa todas as partes que permanecem imóveis devido à sua ligação com o tronco. Já o ponto móvel deve ser menor e mais leve que o ponto fixo. O funcionamento de um músculo pode derivar de sua origem, colocação e inserção ou, então, de seu **ponto de rotação** (*hypomochlion*).

Quase todos os movimentos naturais, como, por exemplo, respiração, passo, trote ou galope, são um ciclo rítmico de contrações e relaxamentos de grupos de músculos antagônicos. Mesmo durante o relaxamento, cada músculo sofre uma quantidade mínima de tensão, o **tônus muscular**. Esse estado é resultante de uma excitação reflexora permanente originária dos fusos musculares. A anestesia induz à **hipotonia**, uma redução no tônus muscular. Diversos músculos servem para manter uma determinada parte do corpo em posição e, portanto, apresentam um tônus muscular mínimo constante. Esses músculos, às vezes, ganham suporte passivo por um tecido semelhante ao tendão, inserido no ventre muscular.

Para que o movimento se inicie, deve-se superar o tônus muscular do(s) músculo(s) antagônico(s) e a força da gravidade. As contrações musculares são categorizadas conforme o que ocorre ao comprimento do músculo ativo durante o movimento. Um aumento contínuo na tensão muscular intrínseca sem alteração no comprimento do músculo configura uma **contração isométrica**. Com um certo grau de tensão, o músculo lentamente começa a se contrair e a encurtar (**contração isotônica**), levando ao movimento.

Um músculo exerce força sobre uma articulação de acordo com as leis dos sistemas de alavanca. Dependendo da **quantidade de articulações** sobre as quais exercem a sua ação, os músculos são classificados como:
- músculo uniarticular;
- músculo biarticular;
- músculo poliarticular.

A partir desse esquema de classificação, fica evidente que algumas articulações sempre se movem em conjunto quando um músculo se contrai (articulações dependentes). Já outras articulações movem-se juntas apenas sob circunstâncias específicas (articulações combinadas facultativas).

Os músculos podem ser classificados, ainda, conforme o seu **efeito funcional** sobre uma articulação:
- extensor (*m. extensor*);
- flexor (*m. flexor*);
- adutor (*m. adductor*);
- abdutor (*m. abductor*);
- esfincter (*m. sphincter*);
- dilatador (*m. dilatator*);
- elevador (*m. levator*);
- abaixador (*m. depressor*);
- rotador (*m. rotator*) com:
  - supinador (*m. supinator*);
  - pronador (*m. pronator*).

A musculatura superficial dos animais domésticos, apresentada nas ▶Figs. 1.40, 1.41, 1.42, 1.43 e 1.44, propicia uma introdução à miologia. A topografia, a forma e a função de cada músculo são descritas em detalhes em capítulos posteriores.

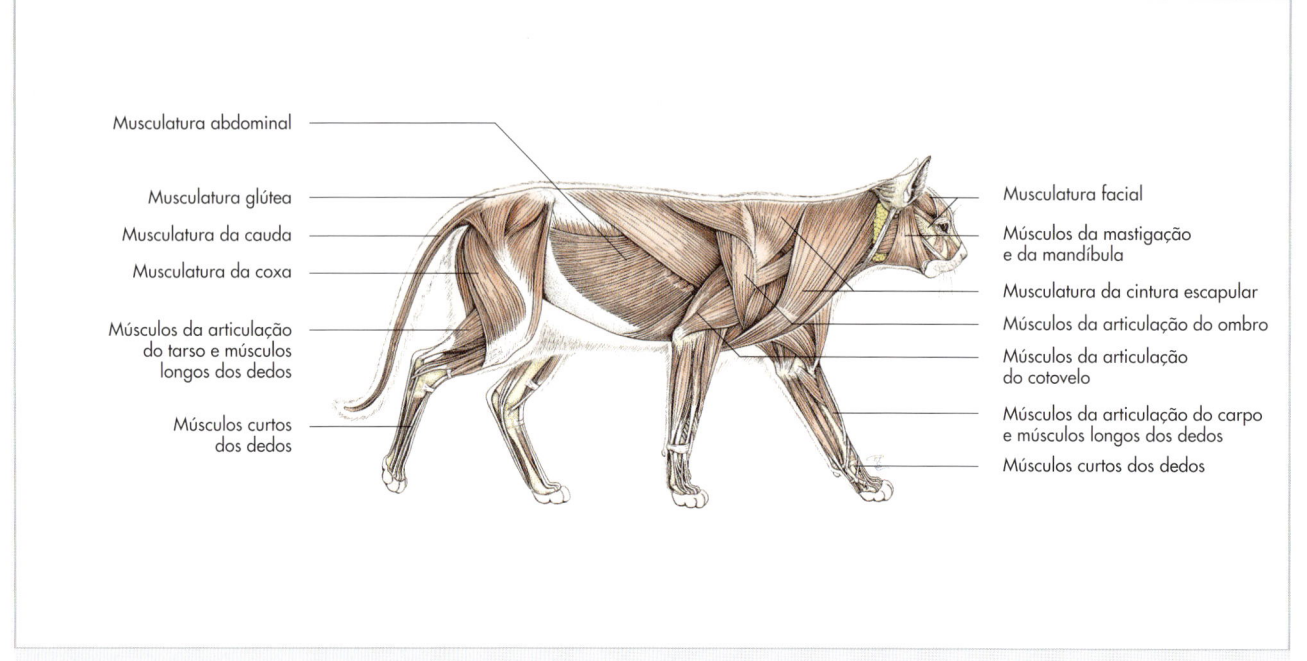

Fig. 1.40 Grupos de músculos superficiais de um gato (representação esquemática).

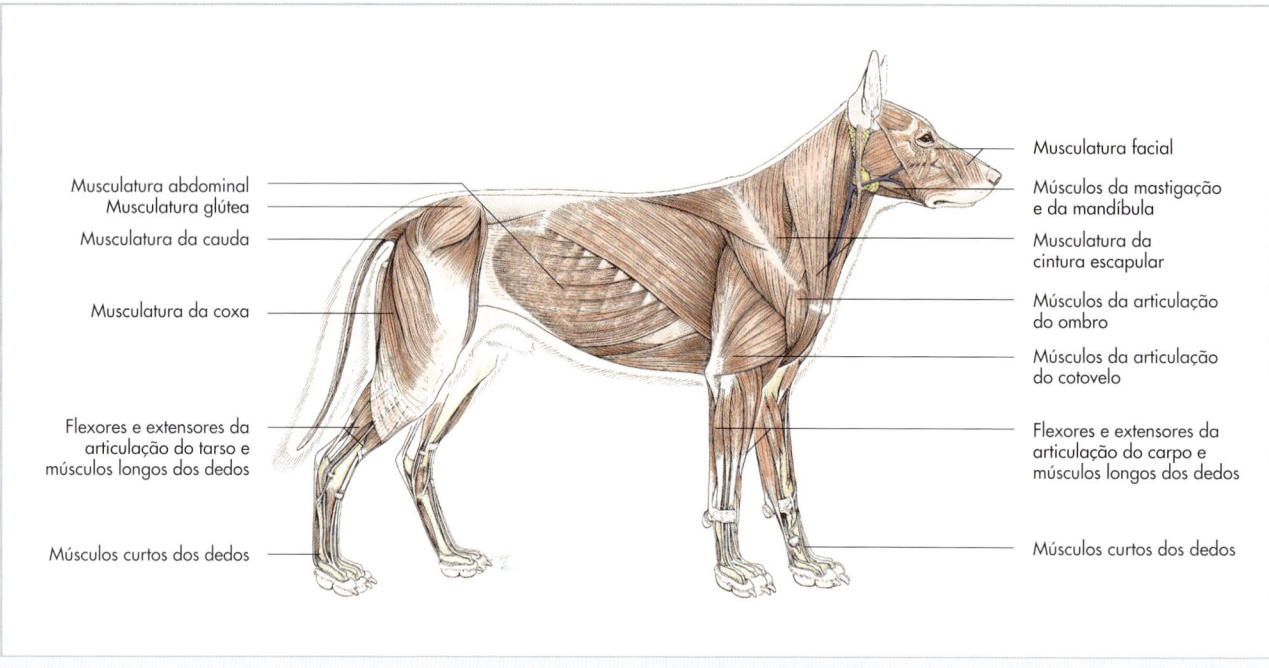

Labels (gato):
- Musculatura abdominal
- Musculatura glútea
- Musculatura da cauda
- Musculatura da coxa
- Músculos da articulação do tarso e músculos longos dos dedos
- Músculos curtos dos dedos
- Musculatura facial
- Músculos da mastigação e da mandíbula
- Musculatura da cintura escapular
- Músculos da articulação do ombro
- Músculos da articulação do cotovelo
- Músculos da articulação do carpo e músculos longos dos dedos
- Músculos curtos dos dedos

Fig. 1.41 Grupos de músculos superficiais de um cão (representação esquemática).

Labels (cão):
- Musculatura abdominal
- Musculatura glútea
- Musculatura da cauda
- Musculatura da coxa
- Flexores e extensores da articulação do tarso e músculos longos dos dedos
- Músculos curtos dos dedos
- Musculatura facial
- Músculos da mastigação e da mandíbula
- Musculatura da cintura escapular
- Músculos da articulação do ombro
- Músculos da articulação do cotovelo
- Flexores e extensores da articulação do carpo e músculos longos dos dedos
- Músculos curtos dos dedos

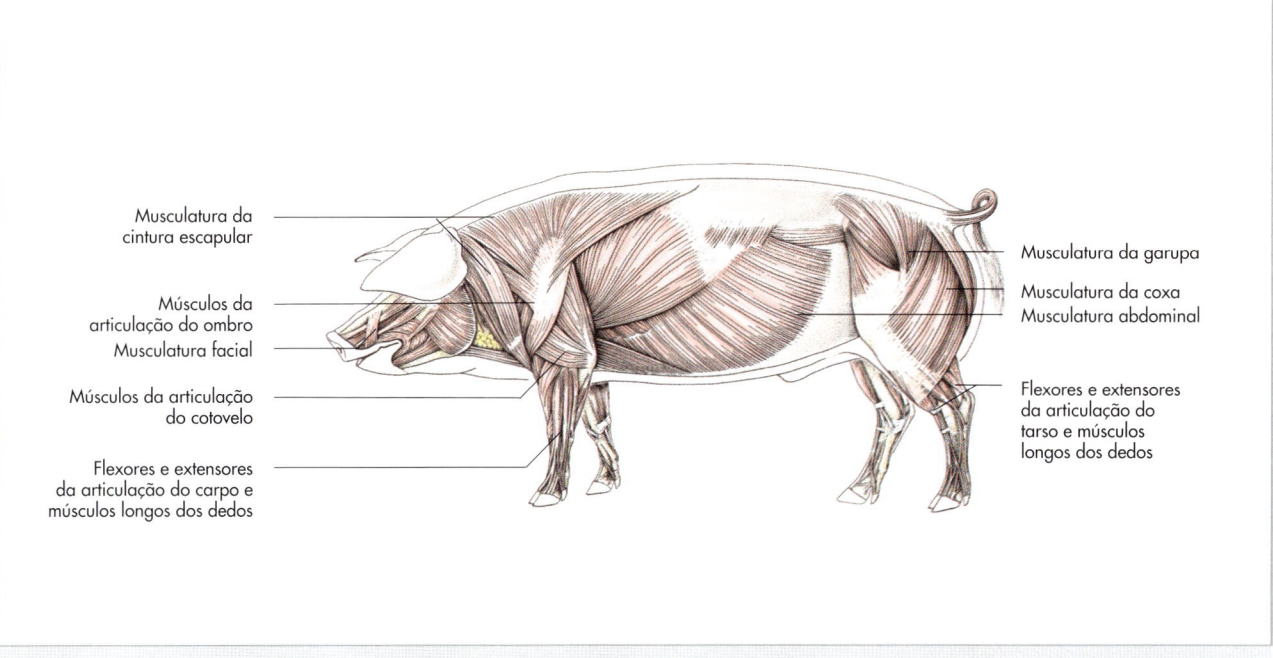

Fig. 1.42 Grupos de músculos superficiais de um suíno (representação esquemática).

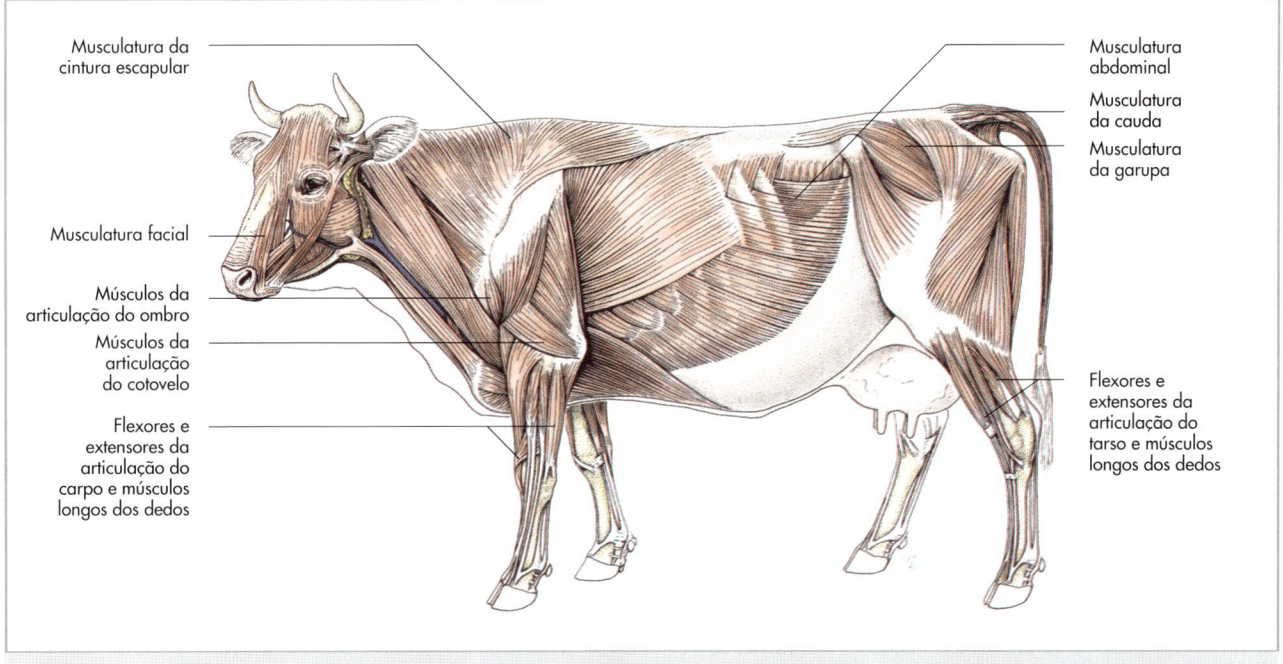

Fig. 1.43 Grupos de músculos superficiais de um bovino (representação esquemática).

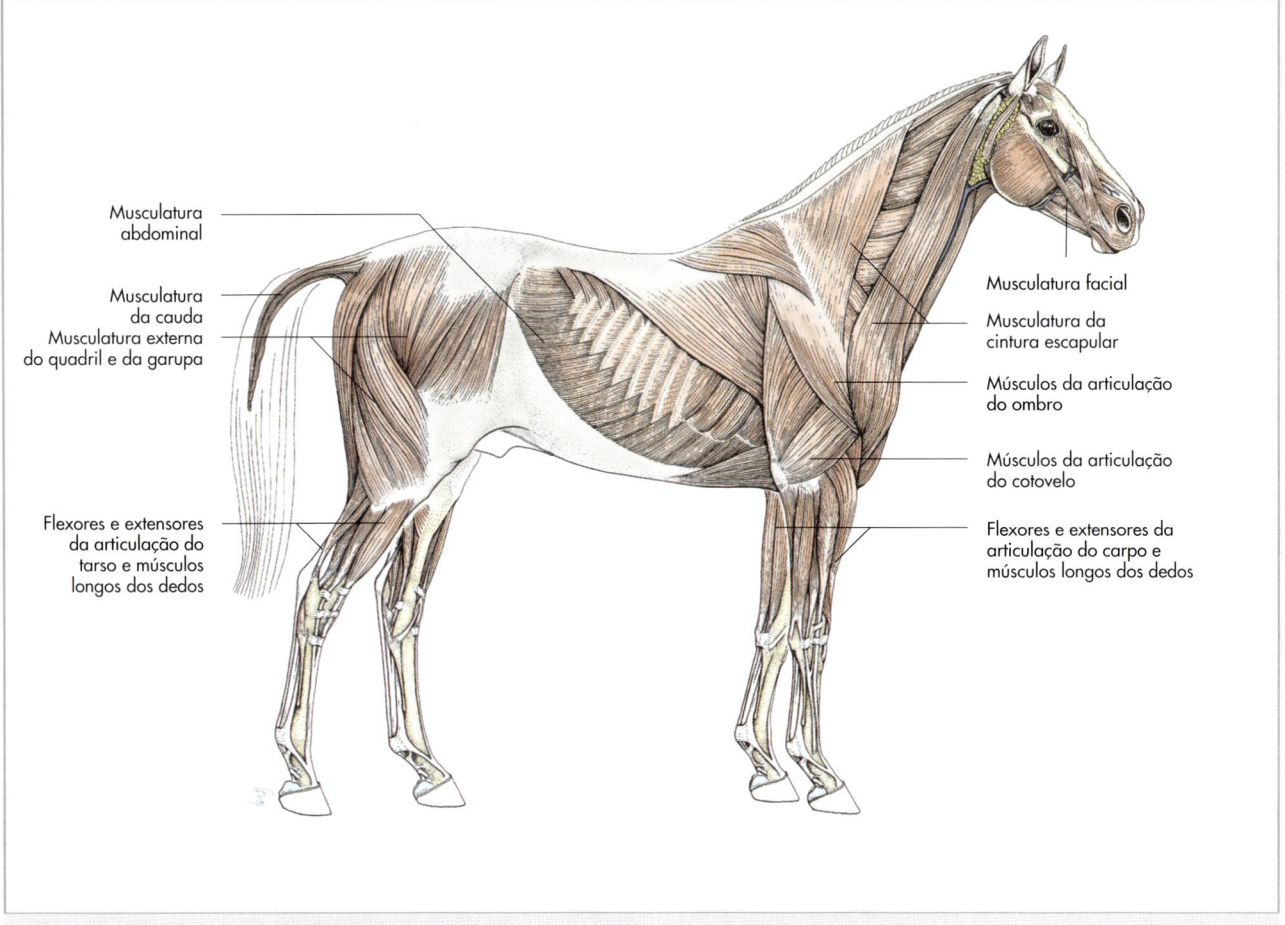

Fig. 1.44 Musculatura superficial de um equino (representação esquemática).

Estruturas de apoio dos músculos

Os músculos são auxiliados em suas diversas funções por meio de estruturas passivas, como:
- fáscias;
- bolsas (*bursae synovialis*);
- bainhas tendíneas (*vaginae synovialis tendinum*).

Os músculos são recobertos individualmente por **fáscias**, lâminas extensas, finas e entrelaçadas, compostas principalmente por colágeno, mas também por fibras elásticas. Essas fibras estão voltadas para a mesma direção das forças de tensão e estresse que atuam sobre o músculo. A trama das fibras permite que as fáscias se adaptem funcionalmente à alteração na espessura do músculo que resulta da contração. As fáscias costumam servir como origem ou locais de ligação dos músculos. Ao recobrir um músculo, as fáscias tornam a superfície lisa e sem atrito, permitindo a liberdade de movimento entre músculos individuais vizinhos.

Existem, também, as fáscias independentes, localizadas entre músculos e fixas no periósteo, chamadas de **septos intermusculares**. Além disso, as fáscias formam estruturas anulares de tecido conjuntivo sobre faces articulares extensoras ou flexoras, fortalecendo, assim, a articulação (*retinacula tendinum*).

As fáscias são encontradas ao longo de todo o corpo e podem ser divididas em: **fáscia superficial** (*fascia superficialis*), mais fina, e **fáscia profunda** (*fascia profunda*), mais resistente. A fáscia superficial recobre os **músculos cutâneos** (*musculi cutanei*) na maioria das regiões do corpo. Nos equinos, em particular, as camadas mais profundas podem ser reforçadas por fibras elásticas, que lhes conferem um brilho amarelo (*tunica flava* da parede ventral do abdome).

As **bolsas sinoviais** são envoltas por uma cápsula de tecido conjuntivo (▶Fig. 1.39). Elas variam em tamanho, geralmente contendo mais de um compartimento, e estão sempre cheias de sinóvia. As bolsas sinoviais podem ser comparadas a pequenas almofadas de gel sob os tendões, distribuindo uniformemente a pressão que se origina do tendão. A estrutura das paredes das bolsas é semelhante à das articulações. Assim como ocorre com as articulações, a parede das bolsas sinoviais apresenta duas camadas: a **membrana sinovial** interna e a **membrana fibrosa** externa.

As bolsas sinoviais estão presentes em todos os locais do corpo nos quais os músculos, tendões ou ligamentos deslizam sobre os ossos. Bolsas inconsistentes ou facultativas podem se desenvolver sob a pele em diversos pontos sujeitos à pressão mecânica constante. As bolsas sinoviais são classificadas conforme a sua **posição**:
- bolsa sinovial subtendínea (*bursae synoviales subtendinosae*);
- bolsa sinovial submuscular (*bursae synoviales submusculares*);
- bolsa sinovial subligamentosa (*bursae synoviales subligamentosae*);
- bolsa sinovial subcutânea (*bursae synoviales subcutaneae*).

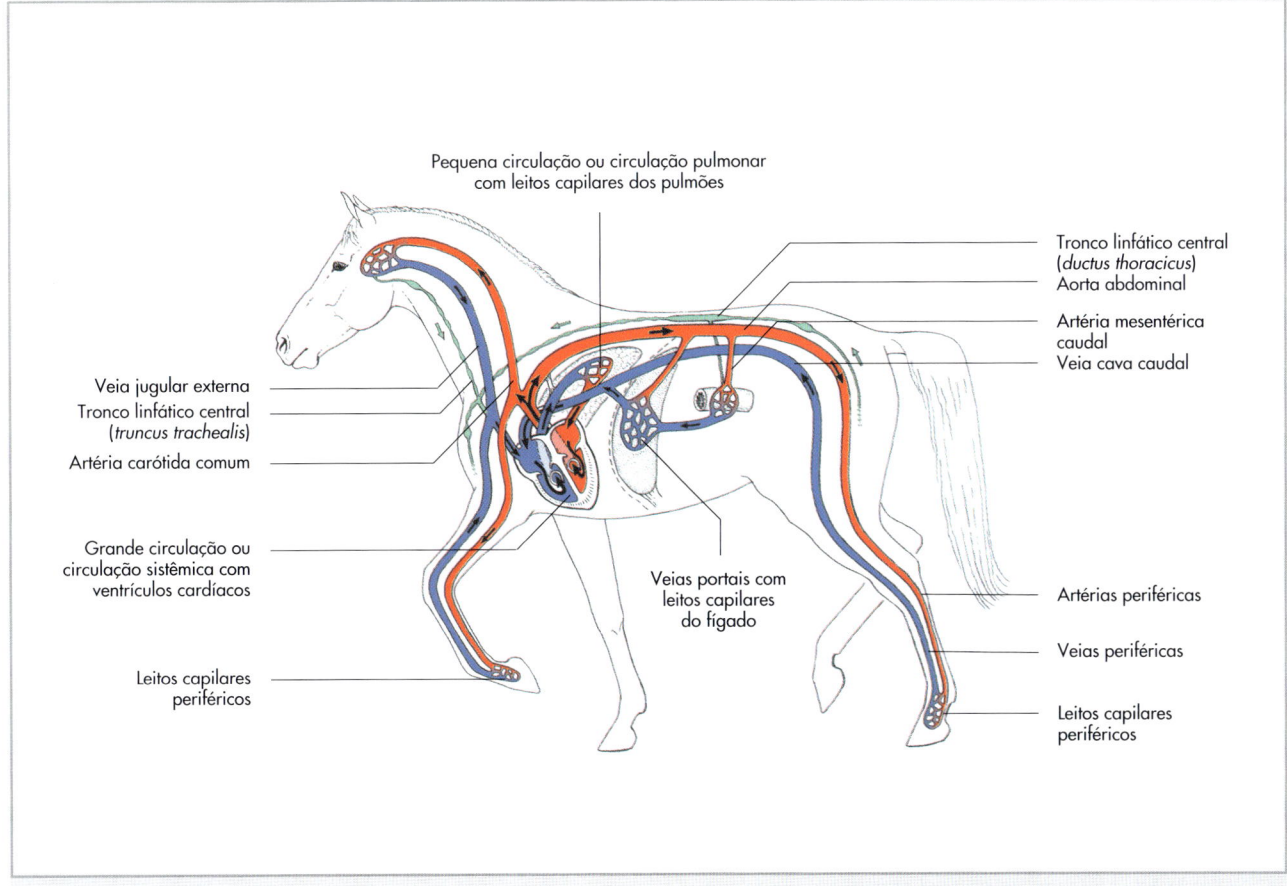

Fig. 1.45 Sistema circulatório adulto (representação esquemática).

As **bainhas sinoviais tendíneas** (▶Fig. 1.39) são semelhantes às bolsas, exceto pelo fato de que elas recobrem totalmente os tendões como um tubo, protegendo os tecidos subjacentes da pressão exercida pelo tendão e reduzindo o atrito durante o movimento. As bainhas tendíneas costumam se formar quando a membrana sinovial de uma articulação forma **recessos** (*recessus*), que, então, passam a envolver o tendão.

As bainhas tendíneas, assim como as bolsas sinoviais, apresentam **cavidades** (*cavum synoviale*) também preenchidas com **líquido sinovial**. A **membrana sinovial** é formada a partir de duas camadas: **visceral** e **parietal**. A face interna, voltada para o tendão, é a camada visceral da bainha tendínea. Em um dado momento, essa camada recua sobre si mesma e se torna a camada externa ou parietal. Essas duas camadas são unidas por um mesentério duplo fino, o **mesotendão**, que fornece passagem para os vasos sanguíneos e nervos. Em alguns locais, o mesotendão é incompleto (*vincula tendinum*).

Funções da membrana sinovial

Por meio da parede da membrana sinovial, ocorrem a filtração de fluidos, a difusão de nutrientes e o processo ativo de transporte de macromoléculas. Entre as células sinoviais das pregas e vilosidades, encontram-se poros microscópicos, por meio dos quais as substâncias podem se espalhar. As pressões hidrostáticas e osmóticas regulam os processos de difusão entre a cavidade sinovial e o tecido conjuntivo que a reveste, onde se encontra uma grande quantidade de vasos sanguíneos e linfáticos, que afetam consideravelmente o funcionamento das bainhas tendíneas. Há um equilíbrio fisiológico quando a quantidade de fluido que adentra a cavidade sinovial é a mesma que a reabsorvida a partir da cavidade.

Quando o equilíbrio é interrompido, o fluido se acumula na cavidade. Clinicamente, isso resulta no edema da bainha tendínea e, possivelmente, em uma inflamação da membrana sinovial. A drenagem linfática desempenha um papel importante na regulação da pressão hidrostática dentro da cavidade. Com cada contração rítmica da musculatura vizinha, o excesso de fluido é drenado para os vasos linfáticos e removido.

Terminologia clínica

Exemplos de termos clínicos derivados de termos anatômicos: osteopatia, osteíte, osteomielite, periostite, osteossíntese, osteoclastoma, osteoplástico, osteólise, osteomielografia, osteoma, osteomielofibrose, osteonecrose, osteoperiostite ossificante, osteopetrose, osteoporose, osteocondrose, espinha bífida, osteossarcoma, fratura abdutora, paralisia adutora, artropatia, artrite, artrose, artroscopia, artrólise, prolapso de núcleo pulposo, displasia coxofemoral, miopatia, miodistrofia, miofibrose, miometrite, miocardite, mioma, mioespasmo, tendinopatia, tendinite, bursite, sinovite, hérnia sinovial, aquilobursite, aquilotenotomia, tendinose de inserção, entre muitos outros.

1.5 Anatomia geral de angiologia

H.-G. Liebich e H. E. König

O sistema circulatório pode ser comparado a um sistema fechado de canais que se conectam, em que o coração funciona como a bomba motora central. O coração circula sangue continuamente por artérias, veias e capilares, suprindo os órgãos e as partes periféricas do corpo. Esse sistema, que inclui também o sistema linfático, integra todas as partes do corpo, realizando a entrada e a saída de substâncias para células e tecidos, bem como entre eles. Entre essas substâncias, estão nutrientes, gases sanguíneos, enzimas, eletrólitos, vitaminas, hormônios, produtos metabólicos, calor, componentes do sistema imune, água e células sanguíneas. O **sangue** (*hema, sanguis*) é responsável por esse transporte.

O **volume sanguíneo** em um animal doméstico responde por 6 a 8% do peso corporal. A única exceção são os gatos, cujo volume sanguíneo responde por apenas 4% de seu peso. Essa realidade os torna mais suscetíveis à anemia do que outros animais.

O **tempo de circulação** necessário para que uma célula sanguínea deixe o coração, percorra todo o corpo e retorne é de aproximadamente 30 segundos em animais de grande porte, 15 segundos em animais de porte médio e 7 segundos em gatos.

1.5.1 Organização do sistema circulatório

A expressão **sistema circulatório** (*systema cardiovasculare*) refere-se às **vias dos canais sanguíneos** do corpo. Nesse sistema, inclui-se o **sistema linfático** (*systema lymphaticum*), que funciona como um **sistema de drenagem** que libera os fluidos na forma de **linfa** a partir do tecido intersticial e os devolve à circulação sanguínea. A medula óssea vermelha e o baço também fazem parte desse sistema. A medula óssea vermelha é um **órgão hematopoético** que produz células sanguíneas (**hematopoiese**), ao passo que o baço atua como um filtro para essas células.

Visto que todos os tipos de órgãos e tecidos são supridos de sangue por meio de vasos, estes precisam ser organizados para atender a exigências muito distintas, como, por exemplo, os processos de digestão dos intestinos, o trabalho muscular e a vascularização para o coração e o cérebro.

O **coração funciona** como a **bomba central do sistema circulatório**. O sangue bombeado pelo coração entra em um **sistema de dispersão de alta pressão**, composto pelas artérias maiores e, na periferia, pelas arteríolas menores. As artérias e arteríolas transportam **sangue rico em oxigênio** (**oxigenado**) do coração para as áreas periféricas do corpo. As artérias se ramificam em arteríolas, que, por sua vez, se ramificam ainda em vasos cada vez menores e mais numerosos, os **vasos capilares** (*vasa capillaria*).

Os capilares apresentam diâmetro muito pequeno e paredes extremamente finas, características que facilitam a troca de gases e o transporte de pequenas moléculas e água entre o sangue e os tecidos que os envolvem. As paredes finas dos capilares também permitem que alguns tipos de células sanguíneas deixem o vaso para penetrar nos tecidos.

À medida que o sangue se afasta do coração, a pressão dentro dos vasos diminui. Essa queda na pressão é o resultado de dois fatores: atrito, quando o sangue encontra resistência das paredes luminais dos vasos; e aumento da área de secção transversal total dos vasos sanguíneos. Esse efeito é causado principalmente pelos capilares, pois, como os seus lúmens são pequenos, a resistência aumenta. Devido à imensa quantidade de capilares, a área de secção transversal total também aumenta.

O **sangue que retorna** ao coração pelas **veias** conserva muito pouca pressão. As veias e vênulas formam um **sistema coletor de baixa pressão**. Esse sistema transporta sangue contendo muito pouco **oxigênio** (**desoxigenado**) e funciona como reservatório de sangue (p. ex., tegumento, tela subcutânea, pulmões, baço), devolvendo o sangue à circulação, quando necessário. Por fim, as veias transportam o sangue de volta para o coração; para mais informações, ver Capítulo 13, "Sistema circulatório" (p. 471).

Coração (*cor*)

O coração é o órgão central do sistema circulatório. Trata-se de uma câmara muscular com **quatro cavidades** com contrações ritmadas, que atua como uma bomba para impulsionar o sangue através dos vasos. A direção do fluxo é predefinida pelas **valvas cardíacas**, que também impedem o refluxo.

O coração é dividido em **dois ventrículos principais** (*ventriculi cordis*), cada um antecedido por um **átrio** (*atrium cordis*), totalizando as quatro cavidades. Os dois átrios coletam o sangue, a fim de assegurar que haja uma quantidade suficiente para preencher cada ventrículo rapidamente.

Os dois ventrículos têm uma valva localizada em cada extremidade. A primeira valva impede que o sangue volte para os átrios durante a **contração dos ventrículos** (sístole, do grego "estreitamento"). A segunda valva impede que o sangue nas artérias retorne para os ventrículos durante o **relaxamento** (diástole, do grego "afastamento, expansão"). Durante a diástole, o sangue corre para os ventrículos, e as fases sistólica e diastólica que se seguem se alternam rapidamente, criando uma ação de bombeamento.

Quanto à funcionalidade, o coração é dividido em **lados direito** e **esquerdo**. O **lado direito** do coração bombeia o sangue até os **capilares dos pulmões**, no processo chamado de **pequena circulação** ou **circulação pulmonar**.

O **lado esquerdo** bombeia sangue para o resto do corpo, em um processo chamado de **grande circulação** ou **circulação sistêmica**. Os lados direito e esquerdo do coração são separados completamente por uma **parede interna**. Contudo, tanto externa quanto anatomicamente, o coração aparenta ser um órgão único; para mais detalhes, ver Capítulo 13, "Sistema circulatório" (p. 471).

Circulações pulmonar e sistêmica

As circulações pulmonar e sistêmica são duas partes de uma circulação comum, em que uma está sempre em sequência com a outra (▶Fig. 1.45). Os dois lados do coração bombeiam o mesmo volume de sangue, apesar de o caminho entre o lado direito do coração e os pulmões ser muito menor do que entre o lado esquerdo e as partes periféricas do corpo.

A **circulação pulmonar**, ou **pequena circulação**, se inicia no **átrio direito**, de onde o sangue desoxigenado corre para o **ventrículo direito**. Durante a contração ventricular, esse sangue é impulsionado para o **tronco pulmonar** (*truncus pulmonalis*) e segue as artérias pulmonares até os **leitos capilares dos pulmões**. Lá, o sangue se oxigena e retorna pelas **veias pulmonares** (*venae pulmonales*) até o coração, passando para o **átrio esquerdo**.

Introdução e anatomia geral

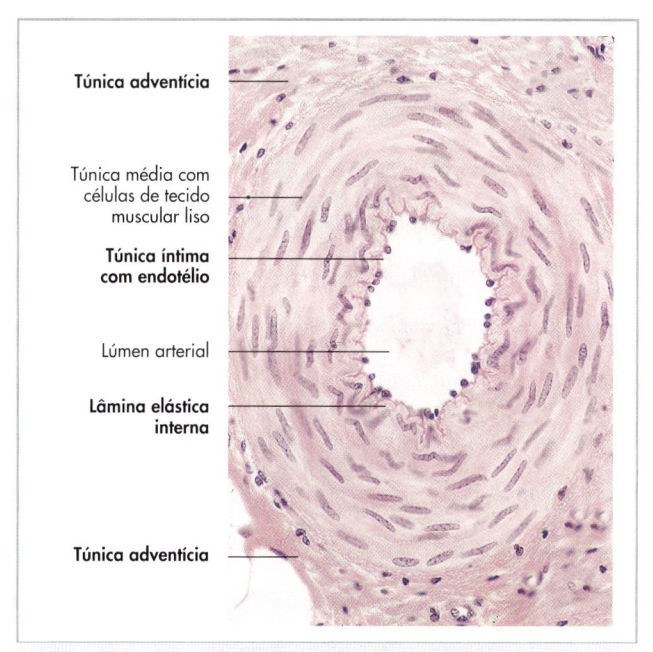

Fig. 1.46 Artéria (corte histológico, coloração de hematoxilina e eosina).

Fig. 1.47 Arteríola e vênula (corte histológico, coloração de hematoxilina e eosina).

A **circulação sistêmica**, ou **grande circulação**, se inicia no **átrio esquerdo** do coração. O sangue oxigenado corre do **átrio esquerdo** para o **ventrículo esquerdo**. Quando os ventrículos se contraem, o sangue é impulsionado para a **aorta** e é distribuído sistematicamente através da **área periférica do corpo**, primeiro por meio das artérias e, então, por meio das arteríolas, até que finalmente atinge os **leitos capilares** dos tecidos e órgãos. O sangue desoxigenado retorna dos membros pélvicos e da metade caudal do tronco pela **veia cava caudal** (*v. cava caudalis*), ao passo que retorna da cabeça, dos membros torácicos e do tronco cranial pela **veia cava cranial** (*v. cava cranialis*). Tanto a veia cava cranial quanto a caudal esvaziam-se no **átrio direito**.

Circulação portal

A veia porta e seus tributários formam um sistema de derivação que tem início e fim nos leitos capilares. A **veia porta** (*v. portae*) coleta sangue desoxigenado dos primeiros leitos capilares no trato gastrointestinal e em outros órgãos ímpares dentro da cavidade abdominal (baço e pâncreas). Os vasos capilares nas vísceras abdominais confluem e, por fim, se unem para formar a veia porta. A parede da veia porta é fortalecida por fibras musculares, as quais apresentam uma contração ritmada, aumentando a pressão portal e lançando o sangue em direção ao fígado.

Dentro do fígado, a veia porta se ramifica várias vezes até formar **novos leitos capilares**. Quando o sangue atravessa o fígado e atinge o seu lado cranial, ele é coletado por veias e transportado para a veia cava caudal, onde se junta ao sangue vindo das áreas periféricas do corpo e segue para o átrio direito do coração.

Outro sistema portal do corpo situa-se na **glândula hipófise** (eixo hipotalâmico-hipofisário).

Circulação periférica

O sistema circulatório periférico é comandado por adaptações funcionais que se refletem nas estruturas da parede de diversos vasos. Via de regra, os órgãos e tecidos são supridos por fascículos de vasos e nervos, nos quais artérias, veias ("veias acompanhantes ou concomitantes"), vasos linfáticos e nervos serpenteiam por caminhos de tecido conjuntivo. O vaso principal e os troncos nervosos que suprem os membros situam-se sempre na face de flexão das articulações, o que os deixa mais protegidos.

Artérias colaterais, artérias terminais e rede admirável

Por meio de uma ramificação constante e contínua, as artérias colaterais separam-se das artérias principais e continuam a acompanhá-las, atingindo, ao fim, os mesmos órgãos. A maioria das artérias colaterais se conecta com vasos vizinhos, formando **anastomoses periféricas** (ver seguir) e confluindo para uma **rede de vasos sanguíneos** (*rete arteriosum*) comum. Na ausência desse suprimento arterial em dobro, as artérias únicas são chamadas de **artérias terminais** ou **finais**.

A oclusão de uma artéria terminal resulta em isquemia e morte de tecido (**necrose**). As artérias terminais são comuns no encéfalo, no coração, nos pulmões, no fígado, nos rins, na retina e no baço. Quando uma artéria terminal em um desses órgãos não pode mais nutrir a sua área de tecido, o resultado pode ser um acidente vascular encefálico (encéfalo) ou uma embolia pulmonar (pulmões).

Uma estrutura arterial extremamente modificada é a **rede admirável**, que se forma quando uma artéria se ramifica em uma série de vasos paralelos, os quais convergem em uma única artéria após uma determinada distância. Essas estruturas arteriais encontram-se principalmente nas artérias na base do crânio e, em menor escala, nos glomérulos renais.

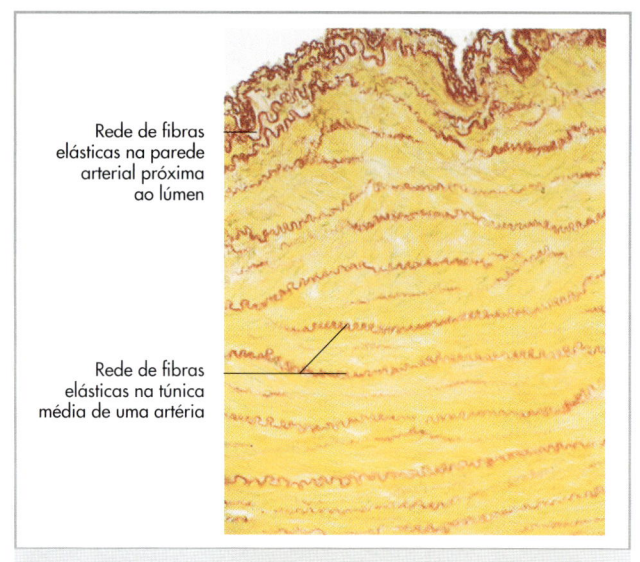

Fig. 1.48 Parede arterial com fibras elásticas (corte histológico, coloração elástica).

Fig. 1.49 Artéria carótida comum com vasos dos vasos e rede de nervos (método de corrosão).

O objetivo dessas estruturas ainda não foi totalmente explicado, porém, como elas estão intimamente associadas às suas veias correspondentes, supõe-se que contribuam para a promoção do retorno venoso (**uniões arteriovenosas**). Acredita-se, também, que elas reduzem ligeiramente a temperatura do sangue que circula para o encéfalo. Outra finalidade pode ser reduzir a pulsação das artérias no encéfalo.

Anastomoses, artérias de barreira e veias esfincterianas

As **anastomoses arteriovenulares** formam-se quando um vaso se ramifica das arteríolas antes de alcançar o leito capilar. Esse vaso se conecta diretamente a vênulas, contornando totalmente o leito capilar. Os **esfíncteres pré-capilares** situam-se na transição de arteríolas para leitos capilares. Essas estruturas regulam o fluxo sanguíneo para os leitos capilares, controlando, assim, a circulação periférica até os órgãos (p. ex., tegumento, intestinos, mucosa nasal). As anastomoses arteriovenulares são o principal meio de regular a temperatura em diversos órgãos. As **artérias de barreira** contraem-se para interromper temporariamente o fluxo sanguíneo para um leito capilar, o que resulta em aumento do fluxo sanguíneo para o leito capilar adjacente. As veias também são equipadas com **esfíncteres** (veias esfincterianas), capazes de regular a quantidade de sangue que circula pelo leito capilar por trás delas. Essas estruturas são encontradas principalmente nas veias dos órgãos genitais.

1.5.2 Vasos (*vasa*)

Uma compreensão total de **angiologia** (do grego *angion*, vaso) só pode ser alcançada por meio do conhecimento da estrutura, da função e da importância clínica dos diferentes vasos sanguíneos. Para estudantes e médicos veterinários, uma compreensão básica dos vasos, assim como um conhecimento geral da topografia, é mais importante do que um conhecimento topográfico detalhado e comparado de cada vaso e de suas menores ramificações (*rami*).

A topografia exata de cada vaso até o mínimo detalhe é apenas de interesse acadêmico e é minuciosamente descrita em diversos livros-texto de anatomia. Esta obra proporciona ao estudante e ao médico veterinário um conhecimento prático dos vasos sanguíneos clinicamente importantes e suas vias; para mais detalhes, ver Capítulo 13, "Sistema circulatório" (p. 471).

Estrutura dos vasos sanguíneos (*vasa sanguinea*)

Os vasos sanguíneos formam um **sistema fechado de canais amplamente ramificado**. Nos humanos, se esse sistema fosse colocado em linha reta, ele alcançaria mais de 40 mil quilômetros. Os vasos seguem arquiteturas semelhantes (▶Fig. 1.46, ▶Fig. 1.47, ▶Fig. 1.48, ▶Fig. 1.49, ▶Fig. 1.50 e ▶Fig. 1.51). A estrutura pode apresentar uma grande variação conforme as exigências funcionais locais. De modo geral, há os seguintes vasos, enumerados de acordo com a direção do fluxo sanguíneo:

- **artérias**, vasos de grande calibre que transportam o sangue a partir do coração, sem capacidade de troca com os tecidos circundantes;
- **arteríolas**, artérias menores (diâmetro de 20 a 100 μm);
- **capilares**, com paredes extremamente finas, eles fazem trocas com os tecidos circundantes;
- **vênulas**, veias pequenas;
- **veias**, vasos de grande calibre que transportam o sangue em direção ao coração.

O lúmen dos grandes vasos é revestido com uma **túnica íntima**, a qual consiste em uma única camada de **células endoteliais**, o endotélio (*angiothelium*), sobre uma **camada subendotelial** de tecido conjuntivo, com uma **membrana basal** subjacente. Essa camada é responsável pela troca de moléculas com os tecidos circundantes, permite que as células sanguíneas deixem o lúmen do vaso e promove a velocidade de fluxo de sangue ou linfa. A camada intermédia, a **túnica média**, consiste principalmente em células musculares lisas e redes elásticas. Essa camada contrai a parede

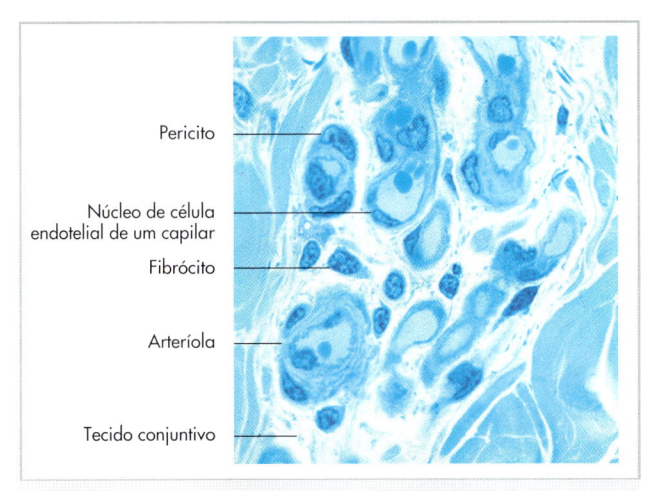

Fig. 1.50 Leito capilar envolto por tecido conjuntivo (corte histológico, coloração de azul de metileno).

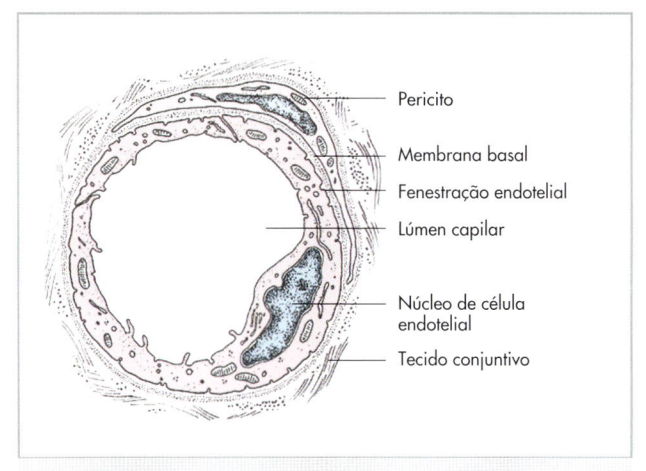

Fig. 1.51 Ultraestrutura de um capilar (representação esquemática). (Fonte: com base em dados de Liebich, 2004.)

do vaso, determinando a hemodinâmica. A camada externa, a **túnica adventícia**, é composta principalmente por tecido conjuntivo frouxo, o qual fixa o vaso ao tecido circundante. O suprimento do **nervo vegetativo** aos vasos também se encontra nessa camada, bem como nos **vasos dos vasos** (*vasa vasorum*), os quais suprem os vasos maiores com nutrientes (para mais informações sobre a estrutura dos vasos, consulte livros de histologia).

Artérias (*arteriae*)

As artérias e arteríolas **transportam o sangue** a partir do coração em direção às áreas periféricas e para todos os órgãos. Há dois tipos de artérias: **elásticas** e **musculares** (▶Fig. 1.46, ▶Fig. 1.47 e ▶Fig. 1.48). A túnica média na **aorta** e as **artérias situadas próximo ao coração** contêm principalmente **fibras elásticas**, responsáveis pela **expansão típica** dos vasos durante a **sístole**. As artérias podem regular o seu calibre por meio da contração da camada muscular, a qual transporta o sangue para as áreas periféricas mais remotas. Com uma contração do ventrículo esquerdo (sístole), um fluxo sanguíneo é lançado para a aorta e para as artérias mais próximas ao coração. A aorta e as artérias se expandem para receber o sangue, devido à natureza elástica de suas paredes, absorvendo, assim, a energia do fluxo sanguíneo. Quando o ventrículo esquerdo relaxa (**diástole**), a aorta e as artérias mais próximas ao coração estreitam-se passivamente, até atingirem o seu diâmetro anterior, causando pressão no sangue e forçando-o adiante. A energia absorvida nas paredes se transfere de volta para a circulação do sangue. A aorta e as artérias elásticas transformam funcionalmente a **ação descontínua de bombeamento** do coração em um **fluxo sanguíneo contínuo** para o corpo. Como exemplos de artérias elásticas, podem-se citar a aorta, o arco aórtico, o tronco braquiocefálico e as artérias pulmonares.

As artérias mais distantes do coração apresentam **fibras musculares lisas** na túnica média e são artérias **musculares** (▶Fig. 1.48). Essas artérias periféricas, juntamente às arteríolas, podem mudar o diâmetro de seu lúmen e, dessa forma, regular a pressão e o fluxo sanguíneos. A **túnica média** é fortalecida pelas fibras musculares lisas, as quais, às vezes, são reforçadas com fibras elásticas. A camada externa, a **túnica adventícia**, é composta por tecido conjuntivo e fibras elásticas. Essa camada fixa os vasos sanguíneos aos tecidos circundantes.

Vascularização e inervação para os vasos

As paredes dos vasos sanguíneos recebem parte de seus nutrientes a partir da difusão do sangue que circula no lúmen (transendotelial). A túnica média espessa em vasos de grande calibre impede a difusão transendotelial. Esses vasos exigem nutrição própria, fornecida por pequenos vasos sanguíneos (**vasos dos vasos**, *vasa vasorum*), os quais formam os leitos capilares nas paredes dos vasos.

A parede dos vasos apresenta uma grande quantidade de **redes de nervos vegetativos**. Esses nervos sinalizam para os músculos lisos quando contrair (**vasoconstrição**, **adrenérgica**) ou dilatar (**vasodilatação**, **colinérgica**). Em regiões específicas dos vasos, encontram-se os **pressorreceptores**, estruturas nervosas especiais que medem a pressão na parede do vaso e atuam sobre ela (i.e., no seio carotídeo). Esses sensores têm **função reguladora sobre a pressão sanguínea**.

A pressão sanguínea de gatos é medida no braço superior, e a do cão, no antebraço ou na canela. A pressão sanguínea de cães também pode ser medida na base da cauda.

Arteríolas

As arteríolas desempenham um papel importante na regulação não apenas da **pressão sanguínea arterial**, mas também da **velocidade do fluxo sanguíneo** nas áreas periféricas. Em comparação com as artérias, as arteríolas apresentam uma camada muscular muito mais fina e menor diâmetro do lúmen. Os esfíncteres pré-capilares, as **metarteríolas**, também têm importância funcional na **regulação da pressão sanguínea** (▶Fig. 1.47) Por meio da contração do anel muscular, pode ocorrer a oclusão total do lúmen da arteríola. Esses esfíncteres normalmente estão localizados na **transição de arteríolas em leitos capilares** e, assim, reduzem o fluxo sanguíneo para os leitos capilares. Na região pré-capilar, as **anastomoses arteriovenulares** existem para restringir o transporte de sangue para a região capilar, com a finalidade de evitar a degradação de um produto metabólico, por exemplo.

Capilares sanguíneos (*vasa capillaria*)

Os capilares respondem pela **troca de gases** e **moléculas** entre o sangue e os tecidos. Para que essa troca ocorra, a **velocidade do fluxo sanguíneo** é reduzida de 400 a 900 mm/s na aorta para aproximadamente 0,3 mm/s nos capilares. A **pressão sanguínea** também é amplamente reduzida nos capilares. O diâmetro médio de um capilar fica em torno de 5 a 15 μm. Os capilares resultam das **constantes divisões das arteríolas** e criam redes tridimensionais antes de sua transição para vênulas. Algumas estruturas não contêm capilares, como a córnea, a lente, a cartilagem e a dentina.

A **parede capilar** consiste apenas em duas camadas, uma **camada endotelial**, que reveste o lúmen, e uma **membrana basal** externa (▶Fig. 1.50 e ▶Fig. 1.51). O endotélio costuma ser contínuo, porém, em alguns capilares, ele contém poros entre as células, os quais, às vezes, também são encontrados na membrana basal.

Os **vasos capilares sinusoides** (*vasa capillaria sinusoidea*) encontram-se no fígado, na medula óssea vermelha e no baço. Esses capilares se caracterizam por ter um diâmetro maior (aproximadamente 40 μm), poros intercelulares e uma membrana basal interrompida. As células da parede do lúmen são capazes de realizar fagocitose. Os capilares exibem características estruturais específicas do órgão que irrigam. Os órgãos e tecidos podem variar quanto à quantidade de capilares ou à intensidade de vascularização, ou, ainda, quanto à taxa de fluxo sanguíneo. O músculo cardíaco e o encéfalo, por exemplo, são extremamente dependentes de oxigênio, portanto, são bastante vascularizados. Entretanto, um percentual elevado de cartilagem ou da córnea não apresenta vasos (tecido bradiotrófico).

Os vasos capilares são biologicamente eficazes para o transporte e a obstrução, por exemplo, nos pulmões, nos rins e no encéfalo (barreira hematoencefálica). Eles contribuem para a filtragem e a reabsorção ou podem formar uma camada inibidora de coágulos. Os tecidos vascularizados por artérias com anastomoses não correm perigo com a oclusão de uma artéria única. Já os tecidos vascularizados por uma única **artéria terminal** sofrerão necrose, irremediavelmente, caso a oclusão ocorra. Esse processo se chama **infarto**. A densidade capilar é bastante elevada em alguns órgãos, como no músculo cardíaco, na substância cinzenta do SNC e nas glândulas endócrinas. Em outros órgãos, a densidade capilar depende do nível da atividade. Por exemplo, nos ovários, os leitos capilares se desenvolvem durante fases funcionais e são reabsorvidos durante fases de repouso.

Vênulas

As vênulas são as menores veias e diferem das veias devido ao seu lúmen minúsculo, a uma parede mais fina e à ausência de fibras elásticas (▶Fig. 1.47). As vênulas conectam os leitos capilares às veias e podem ser divididas em três categorias. As **vênulas pós-capilares** são semelhantes aos capilares, em virtude dos seus poros nas paredes dos vasos, os quais permitem que as células sanguíneas se infiltrem nos tecidos (**diapedese**). A seguir, estão as vênulas coletoras, seguidas pelas vênulas musculares, as quais se caracterizam por apresentar uma camada muscular que pode chegar a ter 100 μm de espessura. Um **seio venoso** (*sinus venosus*) é um **vaso pós-capilar** presente, por exemplo, no baço.

Veias (*venae*)

A partir dos leitos capilares, o sangue retorna ao coração pelas vênulas pós-capilares, passando pelas veias de baixo calibre, até chegar, finalmente, às veias (do grego *phleb*; do latim *vena*). Depois que o sangue passa pelos capilares, a pressão sanguínea nas veias mede aproximadamente 1/8 da pressão medida nas artérias pré-capilares. Essa diminuição drástica da pressão sanguínea resulta do aumento máximo da área de secção transversal total dos capilares e da presença de **estruturas venosas** especiais. Essas estruturas (*sinus venosi*) situam-se principalmente no fígado e no baço e, juntas, podem armazenar até três vezes mais volume de sangue do que o presente em qualquer momento em todo o sistema arterial. Diferenças estruturais entre as artérias e as veias refletem uma adaptação dos vasos à pressão sanguínea: as veias apresentam um diâmetro muito maior do que as artérias, e suas paredes são muito mais delgadas.

Arquitetura das veias

As veias são construídas de modo semelhante às artérias, exceto pela túnica média, que é muito mais fina, devido à **baixa pressão no sistema venoso**. Com frequência, a túnica adventícia, a camada externa do vaso, é a mais espessa. Redes de fibras colágenas situadas na parede das veias fixam estas aos tecidos circundantes e fortalecem a parede, impedindo a sua ruptura. Nos membros, cada artéria localiza-se em uma prega de tecido conjuntivo e costuma vir acompanhada por duas veias. O pulso da artéria, juntamente às contrações musculares, auxilia no bombeamento do sangue venoso de volta para o coração (ver a seguir). As veias distais dos membros são equipadas com uma túnica média muito mais espessa em relação à pressão hidrostática.

Retorno venoso do sangue

Mecanismos singulares de bombeamento são necessários para transportar o sangue venoso por grandes distâncias de volta para o coração.

Válvulas das veias

A túnica íntima forma **válvulas** que impedem o refluxo do sangue de volta para os leitos capilares quando a circulação fica estagnada. Essas válvulas passivas normalmente permanecem coladas à parede do lúmen quando o sangue circula em direção ao coração. Em contrapartida, quando o sangue flui na direção oposta, as válvulas se projetam para o lúmen, fechando o vaso. As válvulas são extensões endoteliais bilaterais da túnica íntima e, em geral, aparecem em grupos de duas ou três. A sua função é assegurar um fluxo sanguíneo unidirecional.

As veias do crânio e as veias no canal vertebral **não apresentam válvulas**. O sangue flui para duplicatas da dura-máter (*sinus durae matris*), as quais não são vasos independentes, e sim espaços vazios revestidos com células endoteliais.

Bombas musculares

As paredes das veias contêm poucas fibras musculares, e a pressão presente no sistema venoso é muito baixa. Por esses motivos, as veias necessitam de pressão dos tecidos circundantes para auxiliá-las no transporte de sangue de volta para o coração. A ausência de pressão nas veias é compensada por contrações nos músculos vizinhos. A expressão **bomba muscular** resume a função dos músculos esqueléticos e sua contribuição para a circulação do sangue venoso. Durante a contração muscular, as veias que estão dentro e ao redor do músculo são achatadas. Quando o músculo relaxa, as veias se abrem novamente, criando um vácuo, e o sangue das áreas periféricas é empurrado em direção ao coração. As válvulas impedem o refluxo do sangue. Cada movimento do corpo afeta a circulação de retorno do sangue venoso para o coração. A cada passo, os vasos terminais nos dedos dos pés sofrem esse processo funcional. Por meio do pulso, as artérias dos membros também comprimem as veias vizinhas, e o próprio coração atua como uma **bomba de pressão**.

Composição do sangue venoso

A composição do sangue venoso depende de onde se origina a **raiz principal da veia** em questão. O sangue venoso dos intestinos transporta moléculas ricas em energia, células brancas do baço e hormônios das glândulas endócrinas. O sangue que retorna dos rins contém poucos produtos metabólicos. As veias transportam hormônios de tecido como prostaglandinas, que, nas fêmeas animais, são produzidas no útero. Na vaca, as prostaglandinas chegam aos ovários via transmural, por meio do emparelhamento arteriovenoso entre a veia que drena o útero e a artéria que nutre os ovários (*a. ovarica*). Dessa forma, as prostaglandinas chegam aos ovários pela via mais curta e mais rápida, na qual elas induzem luteólise do corpo lúteo. As veias dos músculos e do fígado transportam o sangue que foi aquecido, contribuindo, assim, para manter a temperatura corporal constante.

Nomenclatura das veias

As veias normalmente são denominadas conforme a artéria que acompanham. A denominação **retrógrada** (contra a direção do fluxo sanguíneo) faz parte da literatura mais antiga e costuma levar a erro de interpretação. As veias apresentam **origens ramificadas**, combinam-se para formar veias de maior calibre e, por fim, desembocam no **átrio direito do coração**. A denominação "retrógrada" para as veias torna impossível a compreensão correta das funções do fluxo sanguíneo, do emparelhamento arteriovenoso, da orientação das válvulas e do efeito de uma injeção intravenosa.

Outros órgãos, além do fígado e da hipófise, são vascularizados não apenas por artérias, mas também por veias. Portanto, as veias contribuem para a **vascularização do organismo** de forma semelhante às artérias. Muitos livros não mencionam esse fato.

1.5.3 Sistema linfático (*systema lymphaticum*)

Há um segundo sistema de vasos no corpo, denominado sistema linfático, já que seus vasos transportam linfa, em vez de sangue. Os **vasos linfáticos** são responsáveis pela integridade do corpo e funcionam dentro dos **sistemas imunes específico** e **não específico**; para mais informações, ver Capítulo 14, "Sistemas imune e linfático" (p. 501).

Órgãos linfáticos

Os órgãos linfáticos são responsáveis por diversas funções, sendo que a maioria delas é executada pelas células do sistema linfático. Há duas categorias de células: as células imunológicas específicas e as células imunológicas inespecíficas.

Os **linfócitos** (**linfócitos T e B**) são as células funcionais mais importantes. Eles são produzidos na medula óssea e nos órgãos linfáticos e viajam com a linfa pelos vasos linfáticos até o sangue. Eles apresentam receptores de superfície que permitem reconhecer material estranho (antígenos) no corpo e, ao desencadear uma **reação em cadeia específica**, induzem uma **resposta imunológica**. Os macrófagos apoiam essa resposta imunológica, mas o seu funcionamento é inespecífico. Eles possuem a capacidade de incorporar (fagocitar) antígenos, degradá-los (reação de histocompatibilidade) e exibi-los (apresentação de antígenos) sobre sua superfície celular (para mais informações, consulte livros sobre fisiologia e imunologia).

As células de imunidade inespecífica pertencem ao extenso sistema de fagocitose mononuclear (SFM), anteriormente chamado de sistema reticuloendotelial (SRE). Nesse sistema, incluem-se os macrófagos do tecido, o endotélio do fígado, o baço e os sinusoides medulares, os macrófagos alveolares nos pulmões, as células de Langerhans na pele e a micróglia. Pode-se encontrar tecido linfático no corpo na forma de:
- células individuais (tecido linfático difuso, nódulos linfáticos);
- agregados de células (tonsilas);
- órgãos complexos (timo, linfonodos e baço).

Encontram-se coleções de **nódulos linfáticos** (**não** linfonodos), por exemplo, na parede intestinal na forma de tecido linfático associado ao intestino (GALT, *gut-associated lymphatic tissue*). Os centros de reação dos pulmões são semelhantes ao GALT (BALT, *bronchus-associated lymphatic tissue*; ou tecido linfático associado ao brônquio). Os nódulos linfáticos desse tipo encontrados na mucosa são chamados de tecido linfático associado à mucosa (MALT, *mucosa-associated lymphatic tissue*).

O **timo** é composto por tecido linfático primário, necessário para o desenvolvimento da imunidade celular. Esse órgão coordena a imunidade ativa e o crescimento de órgãos linfáticos secundários (linfonodos, tonsilas) durante o desenvolvimento.

Funções do sistema linfático

O sistema linfático transporta substâncias para os linfonodos locais que necessitam de filtração antes de poderem entrar na corrente sanguínea. Entre essas substâncias, encontram-se partículas, principalmente poeira (pulmões) e bactérias (pele, sistema intestinal, sistema respiratório). A linfa também é responsável pelo transporte de gorduras absorvidas pelos intestinos; ou seja, em todos os casos, a linfa funciona como veículo de transporte.

A **linfa** é composta principalmente de **proteínas**, e sua composição é semelhante à do plasma sanguíneo. Na linfa, estão presentes também as **células linfáticas** que são recolhidas nos linfonodos. A linfa proveniente dos intestinos apresenta uma coloração leitosa, devido ao seu teor elevado de gordura (**linfa intestinal** ou **quilo**). Deve-se salientar a importância fisiológica do fato de que alguns fluidos corporais não podem ser transportados pelos vasos sanguíneos e, portanto, são removidos pelo sistema de drenagem dos vasos linfáticos. Esse sistema é bastante flexível e consegue aumentar rapidamente o volume de fluidos corporais sendo transportados em até dez vezes. Interrupções nesse sistema de drenagem podem levar a edema linfático.

Arquitetura dos vasos linfáticos (*vasa lymphatica*)

Os vasos linfáticos começam na periferia do corpo como um sistema de final cego, em canais semelhantes aos capilares que desembocam na circulação venosa.

Podem-se distinguir os seguintes elementos:
- capilares linfáticos (*vasa lymphocapillaria*);
- vasos linfáticos;
- vasos de transporte;
- troncos linfáticos centrais;
- ductos linfáticos.

Os **capilares linfáticos** apresentam uma estrutura semelhante à dos capilares sanguíneos. No entanto, a parede dos capilares linfáticos é muito mais delgada e não tem válvulas. Próximo aos capilares

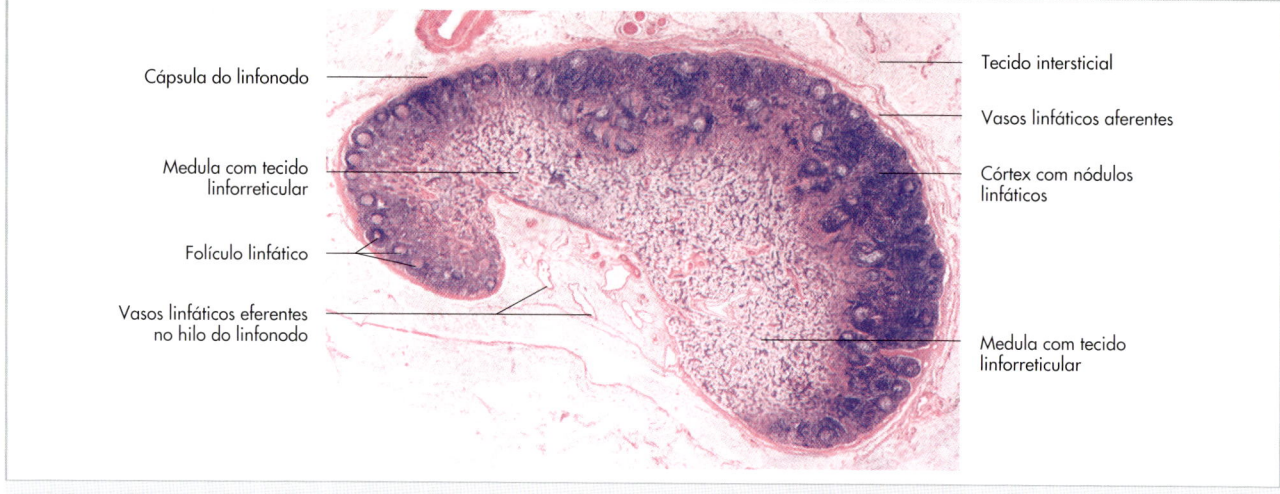

Fig. 1.52 Linfonodo de um ovino (secção longitudinal).

sanguíneos, os capilares linfáticos formam redes de vasos (*retia lymphocapillaria*), inseridas na maioria dos tecidos corporais. Os capilares se unem para formar os **vasos linfáticos**, que coletam a linfa dos plexos. Os vasos linfáticos apresentam válvulas (*valvulae lymphaticae*) e paredes finas e podem formar plexos (*plexus lymphaticus*).

Os **vasos de transporte** têm capacidade de contração devido à presença de uma camada muscular intermédia. As contrações ocorrem nos segmentos do vaso entre as válvulas, transportando a linfa na direção proximal. Os vasos de transporte correm paralelos às veias e conduzem a linfa para o **linfonodo tributário (regional)** mais próximo; portanto, eles são chamados de vasos linfáticos aferentes (*vas afferens*) (▶Fig. 1.52). A linfa penetra no córtex do linfonodo através dos vasos aferentes, circula pelo órgão e deixa-o pelo hilo por meio do vaso linfático eferente (*vas efferens*). Nos suínos, a direção de circulação é diferente: os vasos aferentes atingem o linfonodo pelo hilo, e os vasos eferentes saem pelo córtex. Em geral, um segundo linfonodo situa-se logo após o primeiro para propiciar uma filtragem adicional e coletar linfa de diversos vasos. Os linfonodos múltiplos que filtram a linfa da mesma área ou território tributário formam os **centros linfáticos** ou **linfocentros**. Os **vasos linfáticos centrais** coletam a linfa dos centros linfáticos no abdome e no tórax. A linfa da região abdominal inicialmente circula pela **cisterna do quilo** (*cisterna chyli*) e, então, pelo **ducto torácico** (*ductus thoracicus*), de onde segue adiante.

O **ducto torácico** atravessa o diafragma ao lado da aorta, continua pelo dorso através do tórax e entra pelo sistema venoso no ângulo venoso esquerdo. O ângulo venoso é formado pela convergência das veias jugular interna e subclávia esquerda. A drenagem linfática da cabeça e da garganta ocorre por meio de duas ramificações do **tronco traqueal**, as quais se unem e desembocam no ângulo venoso. Não há vasos linfáticos no tecido epitelial, no SNC, na polpa do dente, em ossos, na cartilagem e na placenta.

1.6 Anatomia geral do sistema nervoso (*systema nervosum*)

H.-G. Liebich e H. E. König

O sistema nervoso, juntamente aos sistemas endócrino e imune e aos órgãos sensoriais, é responsável por receber estímulos diversos e coordenar as reações do organismo. O sistema nervoso recebe estímulos que afetam a superfície e/ou a parte interna do corpo. Os estímulos causam impulsos que são registrados, transmitidos, processados e respondidos na forma de reações passivas ou ativas. Dessa forma, o sistema nervoso permite que o corpo interaja, se adapte e reaja ao ambiente.

Em organismos simples, essa função é realizada totalmente por células sensoriais individuais estimuladas pelo ambiente, as quais enviam diretamente o impulso resultante por meio de um mecanismo de transmissão celular a um músculo ou célula glandular. As células sensoriais com mecanismos que respondem apenas pela transmissão de impulso ainda podem ser encontradas, por exemplo, no epitélio olfatório de animais domésticos. No restante do corpo, os **neurônios** e as **estruturas gliais** (células da glia, gliócitos) associadas transmitem o impulso, por vezes ao longo de uma grande distância, desde a **célula sensorial** (**célula receptora**) até um **órgão efetor** (p. ex., célula muscular ou glandular).

Uma **rede neural** conecta todos os órgãos do corpo. Essa rede é composta por tecido nervoso, o qual pode ser classificado conforme a sua função ou morfologia. Essa classificação é meramente didática; na verdade, o sistema nervoso constitui uma **unidade funcional única**.

A classificação morfológica divide o sistema nervoso conforme a sua posição em **sistemas central** (*systema nervosum centrale*) e **periférico** (*systema nervosum periphericum*). O **SNC** inclui o encéfalo (*encephalon*) e a medula espinal (*medulla spinalis*). A medula espinal conecta o SNC às partes restantes do organismo ou ao **sistema nervoso periférico** (SNP).

A classificação funcional diferencia o **sistema nervoso somático** (**cerebroespinal**), o qual inerva as estruturas por meio do controle consciente (p. ex., sistema locomotor) do **sistema nervoso autônomo** (**vegetativo**). O sistema nervoso autônomo funciona involuntariamente e permanece além do controle consciente do organismo. Esse sistema inerva os órgãos internos, os vasos sanguíneos e as glândulas, além de assumir o controle e a coordenação dos órgãos internos; para mais detalhes, ver Capítulo 15, "Sistema nervoso" (p. 515).

1.6.1 Funções do sistema nervoso

As funções do sistema nervoso são divididas conforme a seguir.

Funções sensoriais:
- **sensibilidade exteroceptiva**: os exteroceptores registram os estímulos do ambiente, como audição, visão, paladar, calor, frio, pressão, dores, etc;
- **sensibilidade proprioceptiva**: os proprioceptores se referem à postura e à posição das articulações e dos músculos;
- **interoceptores** (ou visceroceptores): reagem aos estímulos de alongamento em órgãos ocos, à pressão sanguínea (barorreceptores) ou ao pH sanguíneo (quimiorreceptores);
- **sensibilidade vegetativa** (**visceral**).

Funções motoras:
- **somatomotora**: motricidade do corpo;
- **visceromotora**: motricidade dos órgãos internos.

As **funções sensoriais** do sistema nervoso registram e reagem a diversos tipos de estímulos. Os receptores sensoriais monitoram os ambientes externo e interno. A **sensibilidade exteroceptiva** envolve estímulos a partir do meio ambiente, os quais são registrados por meio da pele, da mucosa ou de órgãos sensoriais. As informações sobre postura e posição do corpo são obtidas pela **sensibilidade proprioceptiva**. Os órgãos responsáveis pela recepção e pela transmissão dessas informações são receptores encontrados nos tendões e nos músculos. Nesse caso, o órgão receptor e o órgão efetor são um só, como, por exemplo, o mecanismo de alongamento do fuso muscular. O sistema que transmite estímulos a partir dos vasos sanguíneos ou dos órgãos internos para centros vegetativos é chamado de **sensibilidade vegetativa (visceral)**.

As **funções motoras** do sistema nervoso são responsáveis pela coordenação do movimento. A função **somatomotora** inclui todos os movimentos dos músculos estriados que atuam sob **controle consciente**, e esses movimentos costumam ser o resultado de estímulos ambientais. Em contrapartida, a função **visceromotora** abrange todos os movimentos dos músculos lisos que são controlados **autonomamente** (**de modo inconsciente**).

Essas **funções do sistema nervoso** estão relacionadas de forma complexa. Por exemplo, um estímulo do meio ambiente (estímulo exteroceptor) é transmitido por um **receptor sensorial** em um impulso nervoso. Esse impulso é transportado por nervos sensoriais aferentes até o SNC e coordenado nos núcleos basais. O estímulo é processado, e sua resposta toma a forma de um impulso nervoso, o qual é conduzido por **nervos motores eferentes** até a musculatura. A reação muscular é controlada e regulada pelo *feedback* (**estímulo proprioceptor**) ao SNC na forma de um impulso nervoso transportado por nervos sensoriais.

O indivíduo não apenas reage ao ambiente, como também interage com ele. Um movimento espontâneo que se origina como uma ideia no SNC é enviado como impulso nervoso através dos nervos eferentes e é registrado pelos órgãos sensoriais, os quais enviam um sinal de comunicação de retorno para o SNC, relatando se o movimento foi completado com sucesso ou não. Essa comunicação de retorno é chamada de **referência**. Se o movimento for completado, o SNC envia impulsos inibidores, cessando o movimento. Se a referência não for satisfatória, o SNC envia sinais para intensificar o movimento. Inúmeros circuitos excitatórios no corpo compõem a base do sistema nervoso.

1.6.2 Arquitetura e estrutura do sistema nervoso

Compreender a arquitetura do sistema nervoso é difícil se não houver o conhecimento da terminologia básica. Informações mais detalhadas podem ser encontradas em publicações sobre histologia, neuroanatomia ou neurofisiologia.

O sistema nervoso segue um modelo comum e pode ser classificado conforme a sua função e estrutura em diferentes setores:
- registro de sinal (receptores sensoriais);
- transmissão de sinal (fibras nervosas aferentes);
- processamento central de informações;
- resposta ao estímulo (fibras nervosas eferentes);
- reação do órgão efetor (músculo, glândula).

Os **receptores sensoriais** são macromoléculas na superfície das células receptoras. A excitação desses receptores decorre de estímulos mecânicos, químicos ou térmicos, bem como de estímulos eletroquímicos e da luz (**potencial receptor**). Os receptores são classificados como **mecanorreceptores**, **quimiorreceptores** ou **fotorreceptores**. Os estímulos assumem inúmeras formas e características e são recebidos por um amplo **espectro de células sensoriais**. Podem-se distinguir dois tipos de células:
- **células sensoriais primárias**: o receptor localiza-se na superfície da **célula nervosa**;
- **células sensoriais secundárias**: o receptor localiza-se nas **células epiteliais modificadas** (p. ex., células capilares da orelha interna e células sensoriais das papilas gustatórias).

As **células primárias** encontram-se no epitélio olfatório, na forma de bastões e cones na retina e como terminações nervosas livres. Outros exemplos de células sensoriais primárias são as terminações nervosas encapsuladas, que consistem em terminações de processos sensoriais cobertas por estruturas especiais. Por exemplo, o corpúsculo de Meissner, localizado na derme cutânea, é uma terminação nervosa envolta em células mesodérmicas que reage ao toque. O corpúsculo de Ruffini, reagente ao calor, e a terminação bulbosa de Krause, reagente ao frio, são outros receptores encapsulados localizados na derme. Os corpúsculos pacinianos (corpúsculos de Vater-Pacini), situados na pele, nas articulações e em tecidos profundos do corpo, são reagentes à pressão.

Os **receptores de sensibilidade profunda**, localizados nos tendões, músculos ou ligamentos e órgãos internos, são sempre **células sensoriais primárias**. As células receptoras ou sensoriais podem se combinar com outras células para formar um **órgão**, nesse caso, um **órgão sensorial** (p. ex., olho, orelha, aparelho vestibular para equilíbrio, órgão de paladar e olfato).

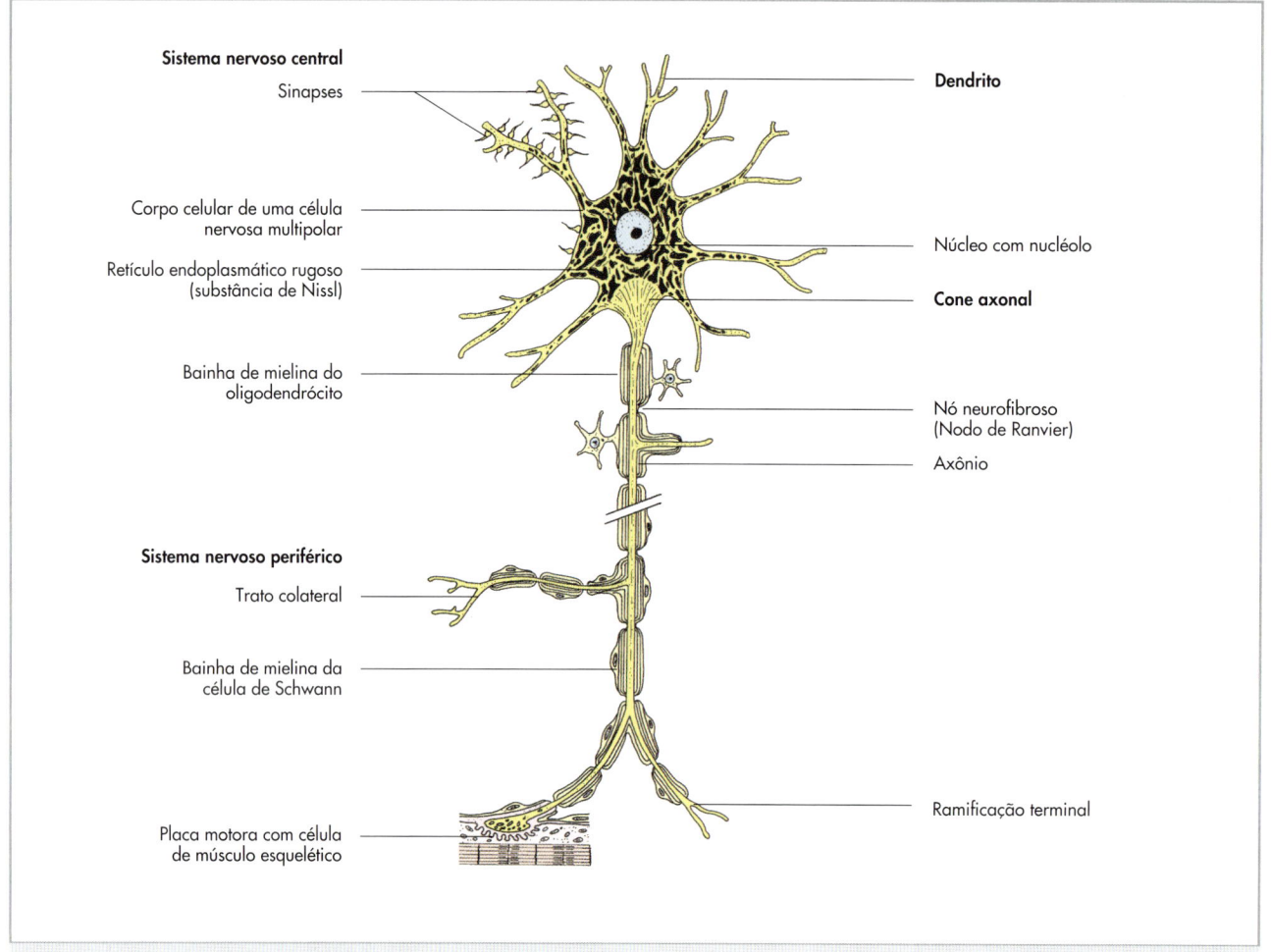

Fig. 1.53 Neurônio motor (coloração de Nissl) com o corpo celular central, uma fibra nervosa periférica e uma placa motora sobre uma célula muscular (representação esquemática).

1.6.3 Tecido nervoso (*textus nervosus*)

O tecido nervoso é o elemento básico que forma as diversas partes do sistema nervoso. O tecido nervoso se origina da **neuroectoderma**. No tecido nervoso, encontram-se as seguintes células:
- **células nervosas** (**células ganglionares, neurócitos, neurônios**): como células sensoriais ou receptoras;
- **células da glia** (**gliócitos**): como protetoras e supridoras das células nervosas.

Neurônios

Os neurônios apresentam uma ampla variedade quanto à sua função e estrutura. Há uma distinção entre:
- **neurônios multipolares**: enviam impulsos para as células efetoras não neuronais (**células musculares** ou **glandulares**) e induzem atividade (**neurônios motores, eferentes**);
- **neurônios pseudounipolares**: recebem estímulos e os enviam para centros superiores (**neurônios sensitíveis, aferentes**);
- **neurônios bipolares**: formam uma rede para conectar neurônios ao longo de distâncias curtas e longas (**interneurônios**).

O **neurônio** é a menor unidade funcional do sistema nervoso. Estruturalmente, ele contém um **corpo celular** (neuroplasma, soma, pericário) e **quantidades variáveis de prolongamentos** (dendritos e axônios), de diferentes comprimentos e graus de ramificação. Os dendritos conduzem um impulso nervoso em direção ao corpo celular (transmissão aferente de estímulos), ao passo que os **axônios** conduzem o impulso nervoso em direção às zonas periféricas (transmissão eferente de estímulos) (▶Fig. 1.53 e ▶Fig. 1.54). No SNC, os **interneurônios** compõem um grande percentual do tecido nervoso total. O encéfalo consiste em uma grande variedade de células nervosas, como, por exemplo, as **células de Purkinje** do cerebelo. Uma distância ainda maior separa os neurônios do encéfalo dos neurônios periféricos, devido à complexa rede neuronal. O **neurópilo** é a área entre os corpos celulares dos neurônios que contém os dendritos e axônios.

Os neurônios raramente são encontrados individualmente, pois costumam formar redes com várias células aglomeradas. Os **gânglios** são um exemplo dessas redes de neurônios, localizadas nas áreas periféricas. Cada gânglio é responsável pela inervação de uma determinada região da periferia e pela comunicação com centros superiores de controle nervoso. Do ponto de vista filogenético, os vertebrados desenvolveram uma **centralização complexa de gânglios**, a qual levou à formação do SNC como sistema condutor e coordenador do corpo.

Células da glia (gliócitos, neuróglias)

Os neurônios necessitam de outras células para a sua nutrição, sustentação e isolamento. Todos os tipos de **células da glia** ou **neuróglias** conectam o tecido nervoso, porém geralmente eles têm funções especializadas. As células da glia não transmitem impulsos; na verdade, elas assumem funções tróficas no SNC para os neurônios. Elas formam a barreira hematoencefálica e se localizam entre os capilares e os neurônios.

No encéfalo, as **células macrogliais (astrócitos)** (▶Fig. 1.55) suprem os neurônios com nutrientes ao realizarem a troca de substâncias metabólicas entre capilares e neurônios. Essas células também auxiliam a condução do impulso nervoso ao compor uma camada isolante ao redor dos neurônios. Outras células da glia, as microglias, envolvem material estranho, propiciando, assim, um mecanismo de defesa imunológica celular inespecífica para proteger os neurônios. As **células microgliais** especializadas na medula espinal, os **oligodendrócitos**, compõem a bainha de mielina, que fornece o isolamento para os neurônios do SNC. As **células ependimárias** revestem os ventrículos do encéfalo e o canal central (*canalis centralis*) da medula espinal.

As **células de Schwann** assumem as funções das células oligodendrogliais no SNP. Elas sustentam o metabolismo das fibras nervosas periféricas, as quais são protegidas por bainhas de tecido conjuntivo.

1.6.4 Sistema nervoso central (*systema nervosum centrale*)

O SNC serve principalmente para coordenar as funções voluntárias e autônomas dos órgãos que permitem a sobrevivência do organismo no ambiente. Ele inclui a **medula espinal** (*medulla spinalis*) e o **encéfalo** (*encephalon*). As duas estruturas surgem a partir do tubo neural embrionário; ver Capítulo 15, "Sistema nervoso" (p. 515).

Dentro do tubo neural anterior, três regiões embrionárias do encéfalo se diferenciam em **prosencéfalo**, **mesencéfalo** e **rombencéfalo**, que originam três regiões do encéfalo adulto: anterior, média e posterior. Com o avanço do desenvolvimento embrionário, o **prosencéfalo** se diferencia para formar o **telencéfalo**, com dois ventrículos rostrolaterais e o diencéfalo caudal. O **rombencéfalo** se diferencia no **mielencéfalo** (medula oblonga ou bulbo) e no **metencéfalo**, que inclui o cerebelo dorsalmente e a ponte ventralmente. O encéfalo é simétrico bilateralmente e protegido por um esqueleto ósseo, a saber, o crânio e as vértebras.

O encéfalo encerra um sistema de cavidades conectadas, compostas por **quatro ventrículos** e um **canal central**. Essas cavidades dentro do encéfalo são preenchidas com líquido cerebroespinal (*liquor cerebrospinalis*).

Aproximadamente 100 bilhões de neurônios compõem o SNC, incluindo os interneurônios e os corpos celulares dos neurônios motores do sistema nervoso cerebroespinal (somático) do corpo. Os neurônios são altamente especializados, tanto quanto à sua estrutura como quanto à sua função, porém **perderam a capacidade de divisão**. Novos neurônios se desenvolvem a partir de células precursoras, os neuroblastos. Quando um neurônio perde as suas funções, ele não pode ser substituído. Com treinamento intensivo, a perda de funcionamento neuronal devido a pequenas lesões pode ser recuperada parcialmente pela neogênese de redes neuronais.

A sinapse dos **interneurônios** ocorre uma parte com o corpo celular (soma) de um neurônio e uma parte com os dendritos. Estima-se que um neurônio pode apresentar até 10 mil conexões interneuronais com outros neurônios. Os interneurônios formam uma rede, conectando praticamente todas as regiões do encéfalo umas às outras. A pressuposição de que cada parte do encéfalo (núcleo) é a única responsável por uma função específica foi revisada, tendo-se em vista a extrema interconectividade dos neurônios. Essas partes do encéfalo ou núcleos também são controladas por circuitos funcionais superiores.

O SNC é composto por **diversos tipos de tecido nervoso**:
- todos os **interneurônios**;
- os **neurônios motores** do sistema nervoso voluntário (cerebrospinal);
- a parte central dos **axônios de neurônios sensoriais**;
- os **neurônios motores pré-ganglionares** do sistema nervoso vegetativo (autônomo).

Aglomerados de corpos celulares com funções semelhantes são agrupados em **complexos chamados de núcleos** (*nuclei*), nos quais os corpos celulares são conectados a dendritos aferentes por meio de sinapses. Esses aglomerados são percebidos como áreas de coloração rosa-acinzentada em uma secção transversal do encéfalo ou da medula espinal recém-preparada. Por esse motivo, esse tipo de tecido nervoso é denominado **substância cinzenta** (*substantia grisea*). Entre os diferentes centros do SNC, percorrem vias axonais, cujos prolongamentos são envoltos por uma bainha de **mielina** (fibras mielinizadas). A mielina possui uma cor esbranquiçada, e esse tipo de tecido nervoso é denominado **substância branca** (*substantia alba*).

Substância cinzenta (*substantia grisea*)

A substância cinzenta forma os núcleos do encéfalo e o córtex dos hemisférios cerebrais e do cerebelo, onde está conectada aos ventrículos por uma camada elástica de células ependimárias. Ela também se encontra no meio da medula espinal, onde uma secção transversal remete à forma de uma borboleta ou à letra "H". Os núcleos na substância cinzenta podem ser classificados de acordo com:
- **forma dos neurônios** (p. ex., células piramidais multipolares ou células granulares e células de Purkinje no cerebelo);
- **neurônios intrínsecos** (axônios curtos desmielinizados dentro de um núcleo);
- **neurônios de projeção** (axônios longos e mielinizados dos tratos de substância branca);
- **tipo de impulso nervoso** (neurônios excitatórios ou inibitórios);
- **tipo de neurotransmissor** ou **neuromodulador** (p. ex., neurônios colinérgicos, neurônios noradrenérgicos).

A expressão "núcleo" para uma aglomeração de neurônios com funções semelhantes pode ser substituída por outras expressões, como **substância** (p. ex., *substantia nigra*), **formação** (p. ex., *formatio reticularis*) e **corpo** (p. ex., *corpus mammillare*). O SNC é composto por muito mais células da glia do que neurônios. Estima-se que as células da glia sejam dez vezes mais numerosas, de modo que elas são o tipo de célula dominante no SNC e, portanto, o tipo mais comum. As células da glia mantêm permanentemente a sua capacidade de divisão, o que as faz serem o tipo de célula mais propenso a formar tumores.

Os **astrócitos protoplasmáticos** têm aparência de estrela, devido aos seus múltiplos processos filamentosos ramificados. Eles formam conexões citoplasmáticas entre neurônios e capilares, transportando substratos metabólicos até os neurônios. Além disso, eles armazenam precursores de transmissão e controlam o extravasamento das concentrações iônicas. Os astrócitos também compõem a camada externa do córtex (*glia limitans*).

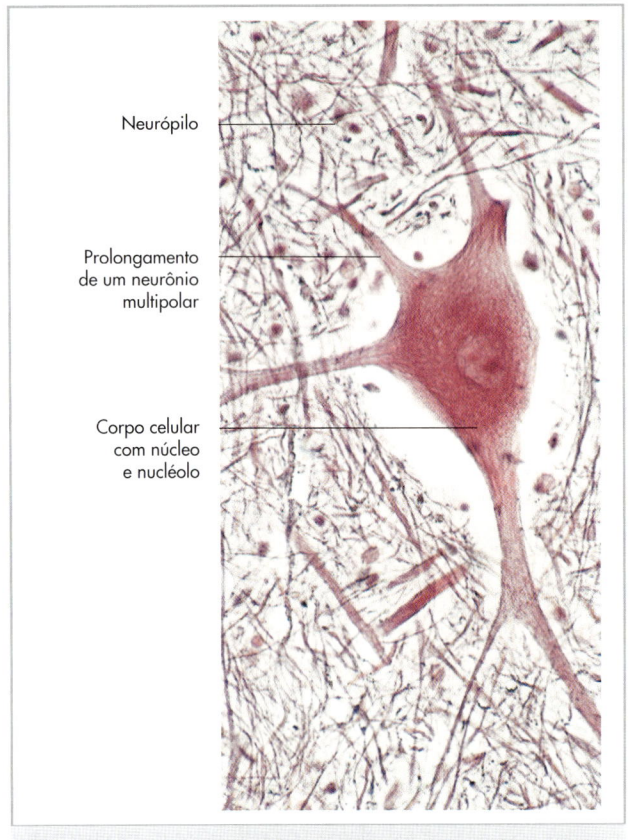

Fig. 1.54 Neurônio multipolar na medula espinal com inclusões neurofibrilares (corte histológico, coloração de Bodian).

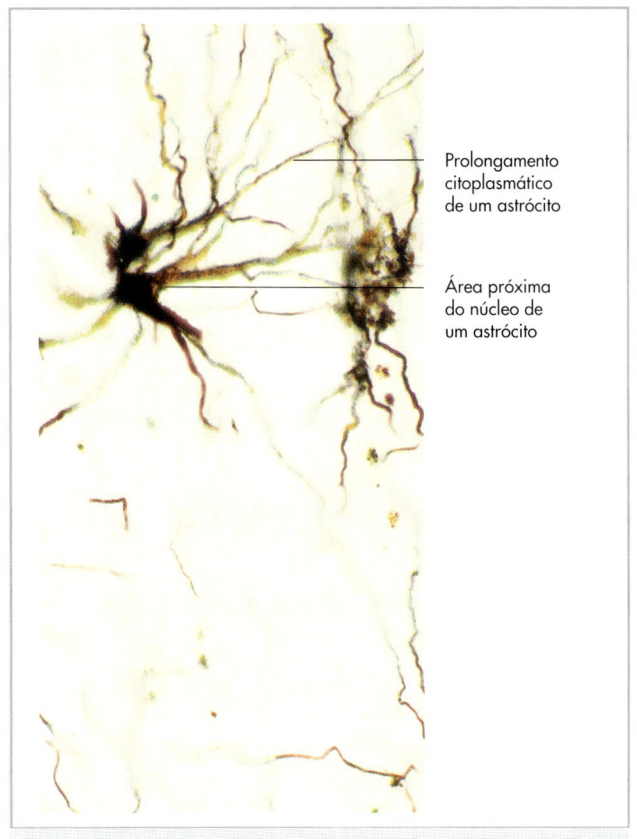

Fig. 1.55 Micróglia da medula espinal (corte histológico, coloração de prata).

Substância branca (*substantia alba*)

A substância branca inclui os tratos nervosos, que, além de conectarem os núcleos basais no SNC, também interligam partes do SNC com as áreas periféricas. Ela consiste principalmente em axônios interneuronais, mas também apresenta fibras sensoriais. A **aparência esbranquiçada** dessa substância se deve à presença de **bainhas de mielina** ao redor dos prolongamentos nervosos, formados a partir dos **oligodendrócitos**. A substância branca apresenta, ainda, **astrócitos fibrilares**, que compõem um tecido de sustentação no SNC e conectam neurônios e capilares com os seus prolongamentos múltiplos e raramente ramificados. As formas das diversas fibras nervosas centrais são denominadas do seguinte modo:

- **trato**, uma fibra nervosa central com início e fim definidos (*tractus corticospinalis*);
- **lemnisco**, um trato em espiral;
- **decussação** (cruzamento), um trato que passa para o outro lado do corpo;
- **radiado**, um trato que se espalha radialmente;
- **funículo**, um trato compacto;
- **fascículo**, um trato estreito;
- **comissura**, um trato que conecta os antímeros direito e esquerdo do SNC.

A substância branca envolve a substância cinzenta na medula espinal e é composta por tratos ligados ao encéfalo.

1.6.5 Sistema nervoso periférico (*systema nervosum periphericum*)

O SNP conecta o SNC aos órgãos e inclui os **nervos cranianos** e **espinais** ou medulares **pareados**. Os nervos espinais surgem sequencialmente da medula espinal e são denominados conforme a sua associação com as regiões da coluna vertebral (cervicais, torácicos, lombares, sacrais). O SNP é composto por neurônios e gânglios. Assim como os núcleos no SNC, os gânglios são aglomerados de corpos celulares. Os tratos do **sistema nervoso periférico são os nervos**.

Nervos (*nervi, neurons*)

Os nervos são as fibras ou prolongamentos nervosos dos neurônios cujo corpo celular (soma) se situa no SNC (encéfalo ou medula espinal) ou nos gânglios espinais; ver Capítulo 15, "Sistema nervoso" (p. 515). As fibras nervosas apresentam diferenças quanto ao diâmetro, à espessura da bainha de mielina e ao comprimento de intervalo dos nós neurofibrosos (nódulos de Ranvier). Fascículos de fibras nervosas são encapsulados por bainhas de tecido conjuntivo (endoneuro, perineuro e epineuro), que também constituem a estrutura para os vasos sanguíneos (*vasa nervorum*) (▶Fig. 1.56).

Cada fibra nervosa é, em sua totalidade, o prolongamento de um **único neurônio**. Levando em consideração o prolongamento axonal, um neurônio pode alcançar até dois metros de comprimento (p. ex., o nervo laríngeo recorrente esquerdo do equino).

Os nervos formam a conexão entre órgãos e SNC. A expressão *nervos periféricos* engloba:
- nervos eferentes (axonais, motores);
- nervos aferentes (dendríticos, sensoriais);
- células da glia periféricas (células de Schwann), que formam as bainhas de mielina.

As fibras nervosas sempre transmitem um impulso em **apenas uma direção**. Um **nervo eferente** (do latim "levar") conduz impulsos do SNC para o SNP (direção centrífuga, em direção à periferia). Esses neurônios também são denominados **neurônios motores**, pois transportam o impulso até um órgão efetor, ou seja, os músculos ou uma glândula. Os núcleos do neurônio motor dos nervos periféricos situam-se no corno ventral da substância cinzenta, na medula espinal (nervo espinal), e na substância cinzenta dentro do tronco encefálico (nervos cranianos). Cada fibra muscular (célula) é inervada por um único neurônio motor.

Os **nervos aferentes** (do latim "trazer") transportam impulsos das **terminações nervosas** ou **células sensoriais** (células receptoras) do SNP para o SNC (em uma direção centrípeta ou em direção ao centro). Assim como ocorre no SNC, o impulso ou estímulo nervoso é registrado como uma percepção ou sensação consciente, portanto o neurônio é classificado como um **neurônio sensorial**.

A maioria dos nervos recebe a denominação **nervos mistos**, pois incluem propriedades não apenas de fibras motoras e sensoriais, mas também de fibras nervosas do sistema nervoso vegetativo (autônomo, simpático e parassimpático).

Raízes motoras e sensoriais

As raízes motoras emissoras são as fibras nervosas eferentes, que se projetam a partir das raízes ventrais da substância cinzenta da medula espinal. Os seus estímulos nervosos são transportados para a musculatura esquelética. Em contrapartida, os estímulos sensoriais que se originam da superfície do corpo ou dos órgãos chegam ao SNC por meio das raízes dorsais dos nervos espinais. Esses fascículos de nervos sempre atravessam um gânglio de raiz dorsal sensorial (*ganglion spinale*) e atingem o SNC como uma raiz sensorial.

Em um arco reflexo, o impulso é transmitido diretamente de um neurônio sensorial para um neurônio motor, sem ser transportado primeiro para o encéfalo. O arco reflexo existe na forma de círculos mono ou polissinápticos.

Gânglios (*ganglia*)

Um gânglio (▶Fig. 1.57) é um aglomerado de corpos de células nervosas (pericários) com funções semelhantes, localizado fora do SNC. Há dois tipos de gânglios:
- **gânglios sensoriais**, que incluem o corpo celular dos nervos sensoriais;
- **gânglios vegetativos**, que incluem os neurônios motores pós-ganglionares do sistema nervoso vegetativo.

Todos os **gânglios espinais** contêm apenas **neurônios sensoriais** e podem ser localizados como uma saliência dentro das **raízes dorsais sensoriais** (*radices dorsales*). Esses gânglios são encontrados nos dois lados da medula espinal, próximo ao forame intervertebral. Os nervos cranianos (V e VII a X) também contêm núcleos sensoriais equivalentes aos gânglios espinais. A maioria dos neurônios apresenta tendência pseudounipolar e é envolta em mielina por células de Schwann.

Os **gânglios vegetativos** integram o sistema nervoso autônomo e são neurônios motores pós-ganglionares. Eles podem ser classificados da seguinte forma:
- **gânglios da cadeia simpática** (*truncus sympathicus*);
- **gânglios pré-vertebrais** (2º neurônio do trato simpático para os órgãos abdominais);
- **gânglios parassimpáticos**, na área da cabeça;
- **gânglios intramurais**, na parede do canal alimentar (plexo nervoso submucoso, plexo nervoso mioentérico).

Os gânglios vegetativos são redes nervosas cujos neurônios multipolares fazem sinapse com os neurônios motores ou tratos colaterais das fibras aferentes e os órgãos internos. Os neurônios motores dos gânglios vegetativos inervam células musculares lisas dos órgãos, vasos sanguíneos e glândulas específicas de órgãos.

Sistema nervoso somático (voluntário)

O sistema nervoso somático também é chamado de sistema nervoso voluntário ou animal. Esse sistema transmite impulsos nervosos ao longo de neurônios sensoriais a partir da superfície do corpo ou do sistema locomotor para o SNC. As reações a esses estímulos podem apresentar grande variação de tipo ou de qualidade e incluem:
- reflexos inatos;
- reflexos adquiridos (ou condicionados).

Um **reflexo** exibe o nível mais simples de controle dentro do sistema nervoso. O impulso nervoso de um **reflexo inato** é desencadeado por um estímulo (p. ex., alongamento do músculo ou do tendão) e transportado por uma fibra nervosa sensorial aferente. A resposta a esse estímulo ocorre por meio de um arco reflexo simples (alongamento ou reflexo tendíneo), que se encerra em um neurônio motor eferente. Esse tipo de reflexo é um **reflexo monossináptico**, que ocorre inconsciente e rapidamente, e a resposta é sempre a mesma (p. ex., reflexo patelar, reflexo do tendão calcâneo comum ou tendão de Aquiles). Os **arcos reflexos polissinápticos** ocorrem quando mais de dois neurônios estão envolvidos na resposta ao estímulo, o que indica que o impulso é transmitido por mais de duas sinapses. Os **reflexos adquiridos** são reflexos que resultam de aprendizado, como o reflexo de salivação do experimento de Pavlov com cães.

Sistema nervoso vegetativo (autônomo)

O sistema nervoso vegetativo regula o ambiente interno do corpo e governa a atividade visceral dos órgãos, como, por exemplo, respiração, digestão, circulação do sangue e funções sexuais. Além disso, alterações de pressão ou temperatura, bem como o nível de oxigênio no sangue, são registradas pelos gânglios viscerossensoriais (*glomus caroticum*, *glomus aorticum*); para mais informações, ver Capítulo 15, "Sistema nervoso" (p. 515).

O sistema nervoso vegetativo se divide em:
- sistema nervoso simpático (*pars sympathica, sympathicus*);
- sistema nervoso parassimpático (*pars parasympathica, parasympathicus*);
- sistema nervoso entérico.

O simpático e o parassimpático são dois **sistemas antagônicos** contrastantes de controle sobre a atividade visceral.

Os **núcleos do simpático** estão presentes apenas nas regiões torácica e lombar da **medula espinal** (saída toracolombar). Os axônios simpáticos deixam o corno ventral da medula espinal

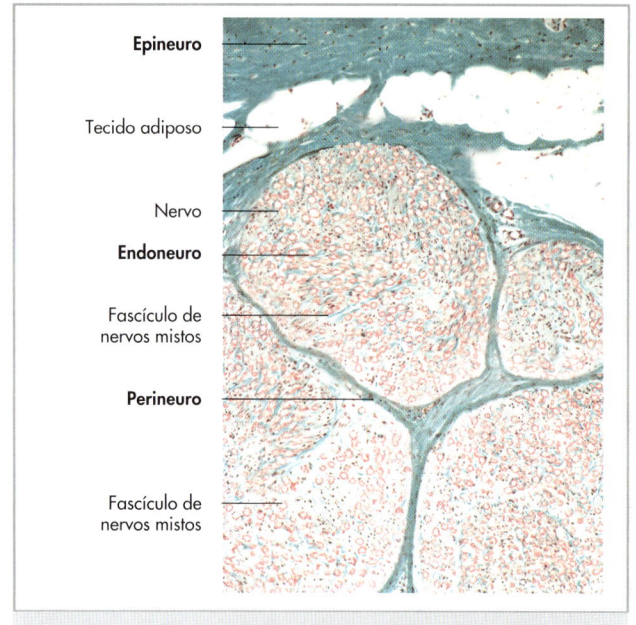

Fig. 1.56 Fascículos de nervos mistos envoltos em bainhas de tecido conjuntivo (endoneuro, perineuro e epineuro) (corte histológico, coloração de Goldner).

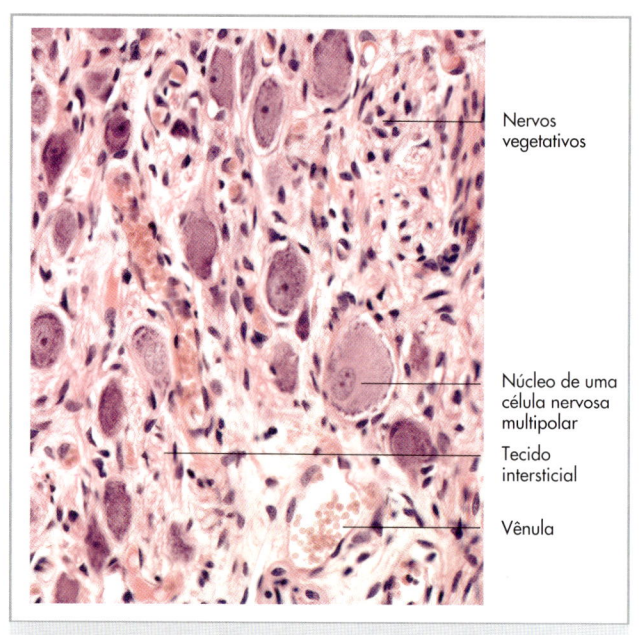

Fig. 1.57 Gânglio vegetativo (corte histológico, coloração de hematoxilina e eosina).

juntamente aos neurônios motores e continuam até a cadeia simpática. A **cadeia simpática** (tronco simpático, gânglios da cadeia simpática paravertebral pares) consiste em uma série de gânglios simpáticos unidos, adjacentes e paralelos a cada lado da **coluna vertebral na região toracolombar**. Desde o seu ponto de origem, os fascículos de fibras nervosas atravessam gânglios ímpares até os órgãos.

O **simpático ativa as funções vitais** (função catabólica):
- aumenta a pressão sanguínea;
- aumenta as frequências cardíaca e respiratória;
- causa a constrição dos vasos sanguíneos (vasoconstrição sem o coração);
- mobiliza a glicose (glicólise);
- aumenta a transpiração, eleva pelos, dilata as pupilas;
- inibe a atividade do canal alimentar.

Afirma-se que o simpático é adrenérgico, pois os neurotransmissores liberados durante a estimulação são a noradrenalina e o neuropeptídeo Y. Do ponto de vista farmacológico, o simpático pode ser estimulado por simpatomiméticos e inibido por simpatolíticos; os betabloqueadores reduzem a frequência cardíaca e a pressão sanguínea por meio da vasodilatação.

O **parassimpático** antagoniza o simpático no sentido de retornar o corpo a um estado de repouso. Ele contém dois núcleos separados: os núcleos cranianos, no **tronco encefálico** (parassimpático craniano), e os núcleos caudais, na **região sacral da medula espinal** (parassimpático pélvico). A maioria das fibras nervosas parassimpáticas está contida no **X nervo craniano** (*n. vagus*).

Os neurônios pós-ganglionares situam-se nos gânglios parassimpáticos da região da cabeça e nos gânglios pré-vertebrais e entéricos dos órgãos. O **parassimpático** inibe o uso de energia pelo corpo (**funções trofotrópicas**) dos seguintes modos:
- redução das frequências cardíaca e respiratória a seus valores de base;
- constrição dos brônquios;
- constrição das pupilas;
- estímulo da digestão;
- intensificação do metabolismo.

Afirma-se que o parassimpático é colinérgico, pois o principal neurotransmissor liberado é a acetilcolina. Um dos cotransmissores é o peptídeo intestinal vasoativo (VIP), e o agente parassimpatolítico mais conhecido é a atropina. Quando aplicada topicamente aos olhos, a atropina causa dilatação das pupilas. O **sistema entérico** situa-se na parede do canal alimentar e independe dos sistemas nervosos simpático e parassimpático, porém pode ser modificado por ambos. Esse sistema contém duas redes nervosas:
- plexo nervoso submucoso (*plexus nervorum submucosus*, plexo de Meissner) na tela submucosa;
- plexo nervoso mioentérico (*plexus nervorum myentericus*, plexo de Auerbach) na túnica muscular.

Nessas redes nervosas, os neurônios multipolares se interconectam e se misturam para formar tessituras de prolongamentos nervosos, chamados de plexos (plexo entérico). O plexo de Meissner controla a reabsorção e a secreção na parede do canal alimentar, juntamente aos plexos simpático e parassimpático. O plexo de Auerbach regula a motilidade intestinal. As fibras nervosas não mielinizadas fazem sinapse com até 107 ou 108 interneurônios. Os neurotransmissores do sistema entérico são as substâncias noradrenalina, serotonina e acetilcolina.

1.6.6 Transmissão de informações por meio dos nervos

Sinapses

Sistemas complexos de neurônios dependem de cruzamentos capazes de transmitir impulsos nervosos entre neurônios, células musculares e células glandulares. Esses espaços entre as diversas células envolvidas na sinalização nervosa são chamados de **sinapses** e desempenham um papel extremamente importante na transmissão de impulsos. Um neurônio pode ser equipado com apenas algumas centenas de sinapses ou muito mais de mil sinapses. As sinapses dividem uma rede de neurônios em unidades funcionais, responsáveis pelo processamento de informações. Sem as sinapses, um impulso nervoso poderia se espalhar por toda uma rede de neurônios interconectados, causando uma sobrecarga de informações ou de sinais. As células vizinhas trocam informações por meio de sinapses que funcionam como inibidores ou intensificadores (sinapses inibitórias/excitatórias).

As informações transportadas pelo sistema nervoso são transmitidas na forma de sinais elétricos e químicos. Um sinal elétrico se propaga pela diminuição do potencial de membrana nos neurônios (sinapse elétrica). Já um sinal químico se propaga pela liberação de neurotransmissores na sinapse (p. ex., acetilcolina, noradrenalina, dopamina, serotonina). Uma sinapse compreende as seguintes estruturas:
- **neurônio pré-sináptico** (com corpúsculo bulboso), com a membrana pré-sináptica;
- **fenda sináptica**;
- **neurônio pós-sináptico**, com a membrana pós-sináptica.

O corpúsculo bulboso sináptico varia de acordo com o tipo de tecido onde é encontrado:
- sinapses neurossensoriais (p. ex., nervos sensoriais das orelhas ou da língua);
- sinapses neuroglandulares (p. ex., órgãos endócrinos e exócrinos);
- sinapses interneuronais entre os corpos celulares, dendritos ou axônios de neurônios;
- sinapses neuromusculares (placa motora).

As **sinapses neuroglandulares** também são chamadas de sinapses neuroepiteliais. Juntamente aos hormônios, essas sinapses intensificam ou inibem a secreção glandular. Por exemplo, as fibras nervosas parassimpáticas promovem a salivação, ao passo que as fibras simpáticas a inibem.

As **sinapses neuromusculares** respondem pela transmissão de impulsos nervosos aos músculos esqueléticos. A acetilcolina funciona como um neurotransmissor, o qual se liga a receptores pós-sinápticos, causando a despolarização da membrana celular (**sinapse excitatória**). O axônio do neurônio motor se separa em ramificações colaterais menores, formando corpúsculos bulbosos ou **botões em suas terminações**. O neurotransmissor é armazenado em vesículas situadas nas extremidades dos neurônios pré-sinápticos. Com a chegada de um impulso nervoso elétrico, o neurotransmissor é liberado na sinapse pela exocitose. A vesícula de transporte se fusiona com a membrana pós-sináptica da célula muscular, uma reação que é altamente dependente da presença de cálcio. Toxinas específicas inibem essa interação específica (p. ex., toxina tetânica e neurotoxina botulínica).

Os **neurotransmissores** mais importantes são a **acetilcolina** (**receptores colinérgicos**) e a **noradrenalina** (**receptores adrenérgicos**). Os **receptores colinérgicos** se encontram nas placas motoras, em todas as sinapses parassimpáticas, nas sinapses pós-ganglionares das glândulas sudoríparas, nas anastomoses arteriovenosas e no SNC. Bloquear os receptores colinérgicos com curare, por exemplo, causa relaxamento total do músculo esquelético. Esse mecanismo é aproveitado em anestésicos.

Os **receptores adrenérgicos** se dividem em receptores α e β. A estimulação de receptores α1 leva à vasoconstrição, ao passo que a estimulação dos receptores α2 causa vasodilatação. A ativação dos receptores β1 aumenta a frequência cardíaca e a motilidade intestinal, ao passo que a ativação dos receptores β2 inibe os brônquios e os músculos lisos. É possível bloquear os receptores com uma substância (bloqueadores de receptores) que anula a atividade dos neurotransmissores. Os chamados bloqueadores de receptores β inibem o efeito cronotrópico positivo dos receptores β1 no coração e são indicados para o tratamento de pressão alta.

Os **neuromoduladores** (cotransmissores; p. ex., substância P, endorfina, neuropeptídeo Y e somatostatina) influenciam a excitabilidade dos nervos durante mais tempo. Após a estimulação, o neurotransmissor deve ser desativado o mais rapidamente possível, a fim de impedir uma despolarização permanente e descontrolada do neurônio pós-sináptico. Caso contrário, o neurotransmissor se acumula na sinapse e, no caso de uma placa neuromuscular, pode ocasionar paralisia da musculatura. A desativação da excitação sináptica se dá por meio de um de três mecanismos: as enzimas (p. ex., acetilcolinase) degradam o neurotransmissor na fenda sináptica; a vesícula de transporte é reciclada; ou as células da glia vizinhas degradam ou desativam o transmissor.

1.6.7 Barreiras no sistema nervoso

Há barreiras biológicas no sistema nervoso que controlam o acesso dos componentes sanguíneos ao tecido nervoso. O tecido nervoso funciona somente em um ambiente controlado separado da periferia. Contudo, uma troca de substâncias seletiva com finalidade nutricional e de desintoxicação é indispensável para se manter o funcionamento nervoso. As barreiras do sistema nervoso são:
- barreira hematoencefálica;
- barreira hematoliquórica;
- barreira hematonervosa.

Os mecanismos que controlam o ambiente singular do encéfalo são chamados coletivamente de **barreira hematoencefálica**. Essa barreira restringe o transporte ao encéfalo com barreiras tanto físicas (zônulas de oclusão) quanto metabólicas (enzimas). A barreira hematoencefálica é composta por células endoteliais dos capilares, as quais permitem a passagem apenas de determinadas substâncias (p. ex., lipossolúveis). Outras substâncias são conduzidas ativamente por meio dessa barreira pelo transporte mediado por receptores (p. ex., glicose ou aminoácidos).

A **barreira hematoliquórica** é formada pelas células epiteliais do plexo corióideo (*plexus choroideus*) nos ventrículos do encéfalo (*ventriculi cerebri*) e funciona de modo semelhante à barreira hematoencefálica. As células ependimárias, que revestem os ventrículos, formam uma lâmina contínua ao redor do plexo corióideo. Elas dobram-se sobre si mesmas, formando uma membrana aracnóidea de folha dupla. Dentro dessa camada dupla, está o espaço subaracnóideo, que participa da drenagem do líquido cerebroespinal.

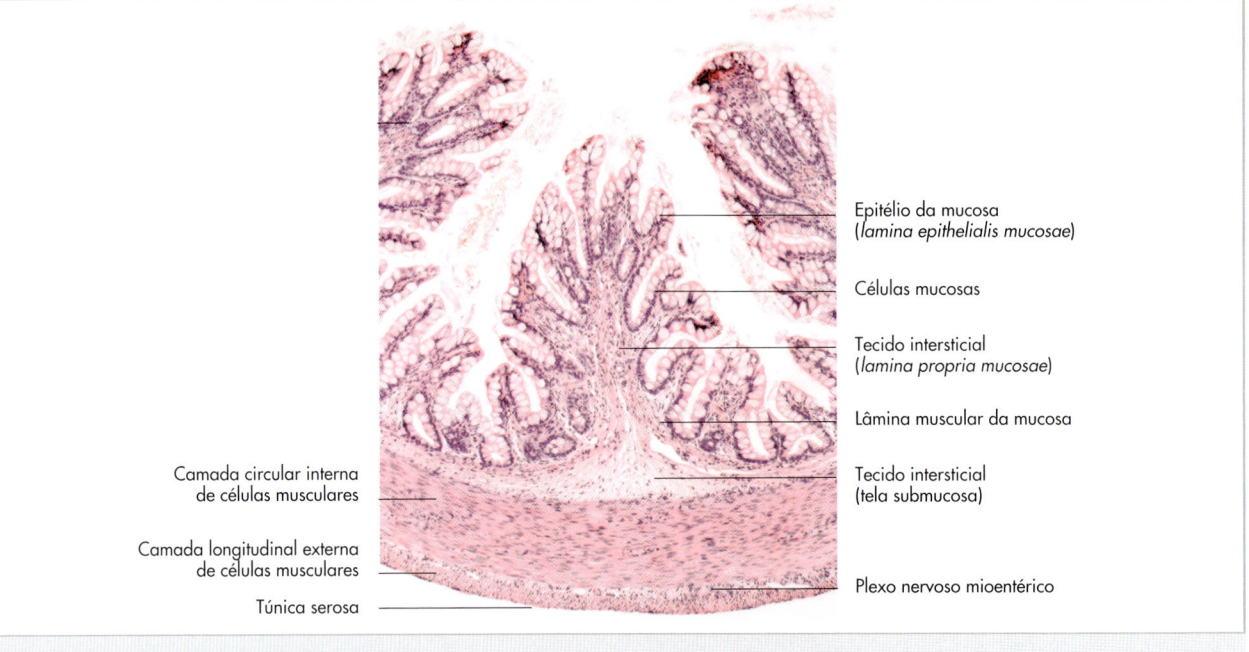

Fig. 1.58 Corte histológico do colo de um suíno.

Legendas da figura:
- Epitélio da mucosa (*lamina epithelialis mucosae*)
- Células mucosas
- Tecido intersticial (*lamina propria mucosae*)
- Lâmina muscular da mucosa
- Tecido intersticial (tela submucosa)
- Plexo nervoso mioentérico
- Camada circular interna de células musculares
- Camada longitudinal externa de células musculares
- Túnica serosa

A barreira presente no SNP é chamada de **barreira hematonervosa**. Trata-se de uma barreira semipermeável de difusão entre o endoneuro e os capilares dos *vasa nervorum*, cujas células endoteliais formam zônulas de oclusão que estabelecem a barreira. Descobriu-se que essa barreira é relativamente menos eficaz dentro das raízes nervosas, dos gânglios de raiz dorsal e dos gânglios autônomos do que em outros segmentos do nervo.

1.7 Anatomia geral das vísceras

H.-G. Liebich e H. E. König

As **vísceras** são os órgãos internos das cavidades torácica, abdominal e pélvica, bem como os órgãos digestórios e respiratórios localizados na região da cabeça e do pescoço. As vísceras podem ser divididas em órgãos da cabeça (*caput*), do pescoço (*collum*), do tórax, do abdome e da pelve. A **esplancnologia** (*splanchnologia*) é o estudo dos órgãos internos, e costuma ser ensinada de acordo com o sistema de órgãos. Em contrapartida, a anatomia topográfica está voltada para uma região do corpo e para as funções e as interações dos órgãos naquela região. Esse conhecimento fundamental é a base para a anatomia clínica; para mais informações, ver Capítulo 20, "Anatomia clínica e topográfica" (p. 685).

Os órgãos digestórios, respiratórios e urogenitais são basicamente sistemas de canais, denominados no corpo como sistemas (p. ex., sistema digestório). Esses órgãos se abrem para a superfície do corpo através da boca, do nariz, do ânus, da vagina ou da uretra. Tais aberturas possibilitam exames não invasivos dos órgãos internos (endoscopia). Cada órgão varia quanto à localização e à estrutura e é responsável por múltiplas funções diferenciadas. Apesar dessas diferenças, os órgãos também exibem semelhanças estruturais e funcionais que justificam uma visão geral dos diferentes sistemas (▶Fig. 1.58). Por esse motivo, certas **denominações anatômicas básicas** devem ser esclarecidas:

- mucosa visceral (*tunica mucosa*);
- tecido conjuntivo visceral (*interstitium*);
- motilidade visceral (*tunica muscularis*);
- cavidades corporais e seu revestimento seroso (*tunica serosa*).

1.7.1 Mucosa visceral

O lúmen da maioria dos órgãos ocos está, de uma forma ou de outra, conectado ao ambiente externo. O revestimento interno desses órgãos é uma camada de mucosa (*tunica mucosa*, do latim *tunica*, vestido, recoberto com túnica) que, em geral, produz muco (*mucus*). Os revestimentos dos sistemas circulatório e nervoso são duas exceções, pois não produzem muco. Toda mucosa é composta por duas camadas:

- um revestimento epitelial na face interna do órgão (**epitélio**, *epithelium mucosae*);
- uma camada subjacente de **tecido conjuntivo frouxo** (*lamina propria mucosae*, do latim *lamina*, lâmina, folha muito fina; e *proprius*, próprio, particular).

Determinadas secções de órgãos também exibem uma fina terceira **camada de células musculares** (*lamina muscularis mucosae*) sob a lâmina própria da mucosa; um exemplo é o canal alimentar.

Epitélio

As funções do epitélio são proteção e absorção, reabsorção e secreção de substâncias. As **funções protetoras** incluem:

- proteção contra influências mecânicas, químicas, térmicas ou osmóticas (p. ex., no sistema digestório ou urinário);

- proteção contra partículas de poeira inaladas ou partículas suspensas no ar;
- proteção contra agentes infecciosos (p. ex., vírus, bactérias, parasitas) e defesa imunológica.

A mucosa é responsável pela **absorção** de substâncias. Para aumentar a área de superfície capaz de absorção, a mucosa forma vilosidades, criptas, pregas ou cristas (p. ex., pregas transversa e longitudinal da mucosa intestinal, vilosidades intestinais, papilas ruminais, cristas reticulares). Além dessas estruturas, as células apicais na superfície livre voltada para o lúmen contêm projeções mínimas no formato de dedos, as microvilosidades (p. ex., no intestino delgado e na vesícula biliar). As microvilosidades são responsáveis pela reabsorção de água, de pequenas moléculas e íons.

O epitélio também secreta substâncias; ele produz, armazena e secreta, por exemplo, muco e enzimas digestórias no lúmen do trato gastrointestinal. O epitélio é, até certo ponto, especializado, pois contém células epiteliais únicas, diferenciadas e específicas para diferentes órgãos, denominadas células caliciformes, e glândulas gástricas (*glandulae gastricae*) ou intestinais (*glandulae intestinales*). As glândulas multicelulares (glândulas bucais, labiais, faríngeas, nasais ou traqueais) podem produzir grandes quantidades de muco quando necessário, como, por exemplo, para pré-digestão na cavidade oral. Essas glândulas sempre estão localizadas no tecido conjuntivo fora do epitélio (exoepitelial), mas estão conectadas ao lúmen do órgão por meio de ductos excretores simples ou ramificados.

A **secreção exócrina** é a **liberação de substâncias** em um lúmen do órgão ou sobre a superfície do corpo (do grego *éxo*, fora, e *krínein*, excretar). Se a substância for secretada em uma rede capilar ou localmente no tecido conjuntivo ao seu redor, então trata-se de uma **secreção endócrina** (do grego *éndon*, dentro). A substância secretada internamente é um hormônio (do grego *hormán*, estimular).

As células glandulares são categorizadas conforme a sua estrutura, o seu método de liberação de substâncias ou a **composição de sua secreção**. Entre as diferentes estruturas, estão (▶Fig. 1.60):
- **glândulas tubulares** com:
  - glândulas tubulares simples (p. ex., glândulas intestinais);
  - glândulas tubulares simples em espiral (p. ex., glândulas sudoríparas);
  - glândulas ramificadas simples com ductos secretores (p. ex., glândulas estomacais);
  - glândulas tubulares compostas com ductos secretores (p. ex., glândulas do intestino delgado);
- **glândulas acinosas** (glândulas no formato de uvas com um pequeno lúmen; do latim *acinus*, bago de fruta) com:
  - glândulas acinosas ramificadas simples (p. ex., glândulas sebáceas);
  - glândulas acinosas compostas (p. ex., pâncreas, glândula salivar parótida);
- **glândulas alveolares** (glândulas redondas com um lúmen amplo) com:
  - glândulas tubuloalveolares compostas (p. ex., glândulas mamárias, glândulas sexuais acessórias).

As glândulas também são agrupadas conforme a composição da secreção:
- **glândulas mucosas**: produzem uma substância mucosa (p. ex., glândulas bucais);
- **glândulas serosas**: produzem uma substância aquosa (p. ex., glândula salivar parótida, glândulas lacrimais);
- **glândulas mistas**: contêm unidades secretoras, tanto serosas como mucosas (p. ex., glândulas sublinguais).

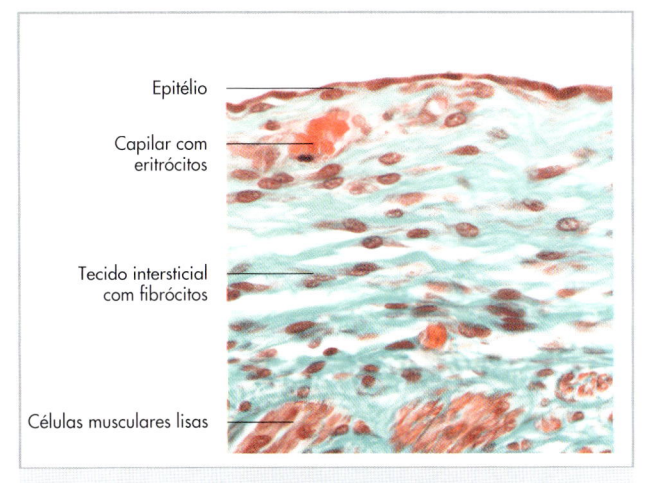

Fig. 1.59 Camada monocelular do epitélio (*lamina epithelialis serosae*) e tecido intersticial (*lamina propria serosae*).

A substância secretada é transportada por ação da pressão hidrostática, pelas células mioepiteliais (células em cesta) e pelas células musculares lisas vizinhas, bem como pela força mecânica do músculo esquelético (p. ex., músculos da mastigação para o transporte da saliva).

Camada de tecido conjuntivo do epitélio

Todo o epitélio glandular se situa em uma camada de tecido conjuntivo, a **lâmina própria da mucosa** (*lamina propria mucosae*), que possui basicamente três funções:
- transporte de substâncias;
- proteção mecânica;
- defesa imunológica específica e inespecífica.

A lâmina própria da mucosa contém vasos que irrigam a mucosa (vasos sanguíneos e linfáticos), bem como tratos nervosos que a inervam (nervos sensoriais e vegetativos). Essa camada é composta por tecido conjuntivo frouxo contendo feixes de colágeno, com delicadas fibras com propriedades elásticas. Entre as fibras, os espaços são preenchidos com substância intercelular amorfa. No epitélio, não existem vasos sanguíneos (exceto em segmentos da parede da orelha interna), de forma que os capilares da membrana mucosa própria são responsáveis pelo suprimento metabólico das células epiteliais. Os capilares também transportam substâncias reabsorvidas no intestino (aminoácidos, carboidratos). Os capilares linfáticos transportam os ácidos graxos de cadeia longa reabsorvidos no intestino. Os receptores nervosos sensoriais estão localizados nessa camada e respondem pelas sensações táteis e de paladar. A lâmina própria da mucosa prende o epitélio às estruturas subjacentes, como, por exemplo, o palato ou a língua.

Essa camada também pode conter células imunológicas (linfócitos, macrófagos), as quais desempenham uma função importante nos mecanismos de defesa imunológica específicos e inespecíficos (MALT). As células imunológicas se encontram como células difusas individuais ou como coleções de células que formam nódulos linfáticos solitários. Conglomerados dessas células formam as tonsilas, na faringe, ou os **nódulos linfáticos agregados** (**placas de Peyer**), no intestino.

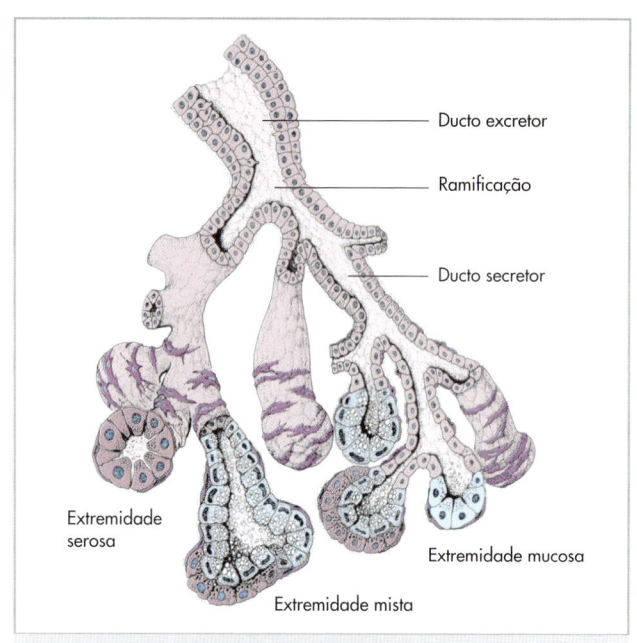

Fig. 1.60 Estrutura de glândulas tubuloalveolares compostas com diferentes formas de extremidades (representação esquemática).

Camada muscular do epitélio

Em determinadas secções das paredes dos órgãos (p. ex., no canal alimentar), o epitélio (*epithelium mucosae* e *lamina propria mucosae*) é composto por uma terceira camada, a **lâmina muscular da mucosa**. Essa camada compreende células musculares lisas, responsáveis pela motilidade do epitélio.

1.7.2 Tecido conjuntivo visceral

O tecido conjuntivo da víscera apresenta uma ampla de funções: ele forma uma cápsula externa que envolve os órgãos, estabiliza a forma destes e fornece caminhos no tecido conjuntivo para os vasos e os nervos. O grau elevado de flexibilidade fornecido pelo tecido conjuntivo permite que os órgãos se adaptem a volumes variáveis e possibilita o movimento sem atrito entre os órgãos. A enorme quantidade de tecido conjuntivo presente nas vísceras ressalta a importância de seu papel estrutural e funcional. Em geral, percebe-se pela primeira vez a importância do tecido conjuntivo quando o funcionamento se reduz devido à fraqueza ou doença. Dois tipos de tecido conjuntivo são encontrados em um órgão:
- **tecido conjuntivo inespecífico**, também denominado **estroma** (estroma do órgão) ou **tecido conjuntivo intersticial** (*interstitium*);
- **tecido específico do órgão**, denominado **parênquima** (parênquima do órgão), o qual define a função de um órgão (parênquima hepático, parênquima renal).

Esses órgãos também são chamados de **órgãos parenquimatosos**. O **estroma** envolve as porções parenquimáticas do órgão (células individuais, aglomerados de células, cordões ou fascículos epiteliais, grupos celulares, trabéculas celulares ou placas celulares, etc.) e envolve os vasos e os nervos. Ele forma a lâmina própria da mucosa no epitélio, a túnica adventícia no exterior do órgão e a **cápsula do órgão** (cápsula hepática, cápsula testicular, cápsula hepática e esplênica).

A cápsula é tesa e costuma conter fibras elásticas. As fibras de tecido conjuntivo que se originam na cápsula penetram no parênquima dos órgãos (i.e., trabéculas esplênicas, septo do tecido conjuntivo nos testículos).

Os vasos e tratos nervosos penetram juntos no órgão em um determinado ponto (**hilo**). Nesse ponto, o estroma do órgão se torna o **mesentério**, que fornece apoio para a continuação dos vasos e dos nervos.

Motilidade visceral

A motilidade visceral é responsável pelo transporte do conteúdo dos diferentes órgãos. Desse modo, ela controla a quantidade de conteúdos encontrada no órgão em um dado momento. Por meio de mecanismos de contração e dilatação, o bolo alimentar passa pelo trato intestinal, a vesícula biliar secreta bile, a urina é excretada, o sêmen é transportado e a parede uterina se contrai durante o parto.

A motilidade também é responsável pelo fechamento dos esfíncteres, como, por exemplo, na saída estomacal (piloro) ou na vesícula urinária. A diástole e a sístole do coração podem ser compreendidas como a motilidade do sistema circulatório.

O músculo dos órgãos internos costuma ser de tecido muscular liso (musculatura visceral) (▶Fig. 1.58). Essa musculatura é inervada por nervos simpáticos e parassimpáticos (vegetativo-autônomo). A motilidade dos órgãos internos é o movimento peristáltico, controlado por impulsos nervosos vegetativos autônomos. Tais impulsos têm efeitos excitatórios ou inibitórios sobre a motilidade. As duas exceções são o coração e a língua, ambos compostos de músculo estriado. O músculo liso dos órgãos ocos viscerais está disposto caracteristicamente como a **túnica muscular** com:
- uma camada interna circular de células musculares (*stratum circulare*);
- uma camada longitudinal externa de células musculares (*stratum longitudinale*).

1.7.3 Funções das vísceras

A maioria dos órgãos internos (vísceras) está situada nas cavidades do corpo, onde resta muito pouco espaço livre. Os mesentérios flexíveis e os pequenos espaços preenchidos com fluidos entre os órgãos reduzem o atrito a um nível mínimo, de modo que permitem que os órgãos deslizem livremente um contra o outro, como, por exemplo, durante a respiração ou o processo digestivo. Os mesentérios garantem a integridade das cavidades, definem espaços onde os órgãos podem funcionar mais livremente e auxiliam no isolamento de órgãos com atividades conflitantes. A liberdade de movimento dos órgãos viscerais é essencial para o seu funcionamento.

1.7.4 Cavidades corporais e seus revestimentos serosos

As cavidades do corpo se encontram no tronco e, de modo semelhante às vértebras, podem ser divididas em três **zonas diferentes**:
- tórax;
- abdome;
- pelve (*pelvis*).

Em um estágio embrionário inicial, o diafragma se desenvolve a partir do **septo transverso** perpendicular e do **músculo**

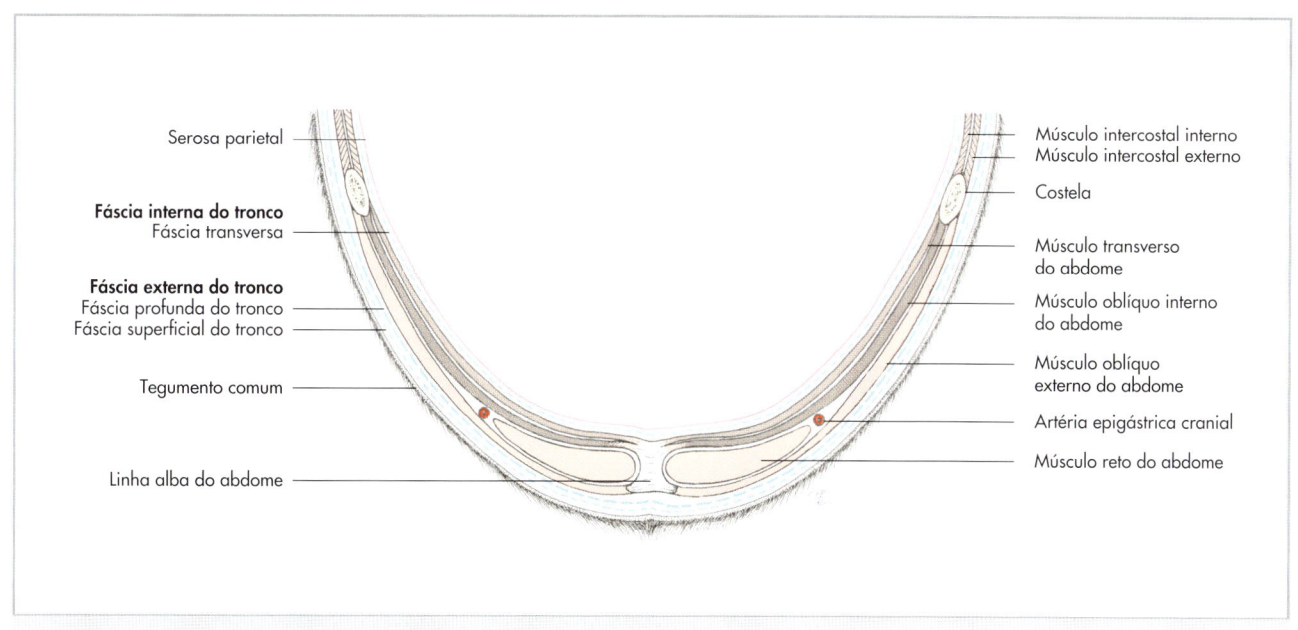

Fig. 1.61 Secção transversal das camadas da parede abdominal (representação esquemática).

mesenquimal próximo a ele. O diafragma separa a unidade primária da cavidade do corpo em:
- **cavidade torácica** (*cavum pectoris*);
- **cavidade abdominal** (*cavum abdominis*), a qual permanece conectada à;
- **cavidade pélvica** (*cavum pelvis*).

As cavidades torácica e abdominal se comunicam por meio de **três aberturas**: o **forame da veia cava caudal** (*foramen venae cavae*); o **hiato esofágico** (*hiatus oesophageus*), pelo qual passam o esôfago, os troncos do nervo vagal e os vasos esofágicos; e o **hiato aórtico** (*hiatus aorticus*), por onde passam a aorta, o ducto torácico e as veias ázigo e hemiázigo. Entre o limite dorsal dos músculos do pilar diafragmático e da musculatura psoas, uma pequena área permanece preenchida com tecido conjuntivo, o **arco lombocostal** (*arcus lumbocostalis*), por onde passam os nervos do tronco simpático e esplâncnicos de cada lado. Essa área é um ponto frágil entre as cavidades torácica e abdominal.

A **cavidade pélvica** (*cavum pelvis*) é a continuação caudal da cavidade abdominal. A linha terminal da pelve (*linea terminalis*) divide essas duas cavidades e se prolonga desde o promontório do sacro, percorrendo lateralmente as duas linhas arqueadas dos ílios até se unir à margem cranial do púbis.

As paredes internas das cavidades corporais têm estruturas semelhantes, embora as modificações ocorram conforme a região onde se localizam. As **camadas das paredes** apresentam-se da seguinte forma, com início externo:
- fáscia superficial do tronco (*fascia trunci externa*);
- músculos esqueléticos;
- fáscia interna do tronco (*fascia trunci interna*);
- membrana serosa (túnica serosa com tela subserosa).

As **membranas serosas** revestem o corpo ou as cavidades serosas quase completamente. Existem **quatro cavidades serosas**:
- as **cavidades pleurais esquerda** e **direita** (*cavum pleurae sinistrum et dextrum*);
- a **cavidade peritoneal** (*cavum peritonei*);
- a **cavidade pericárdica** (*cavum pericardii*) com o pericárdio.

A túnica serosa é composta por uma única camada de epitélio de revestimento (mesotélio = lâmina epitelial serosa) e uma camada subjacente (subepitelial) de tecido conjuntivo, a lâmina própria serosa (▶Fig. 1.59). A túnica serosa é capaz de **excretar** e **reabsorver fluidos seroaquosos** e de **reabsorver ar** ou **substâncias gasosas** (p. ex., dióxido de carbono após a laparoscopia). A túnica serosa cobre a superfície dos órgãos e reveste as paredes internas das cavidades do corpo (▶Fig. 1.61), e sua aparência fisiológica é **transparente**, **úmida**, **lisa** e **brilhante**.

Os fluidos serosos contêm, além de um sistema de amortecimento fisiológico, células mesoteliais e células imunológicas inespecíficas (macrófagos pleurais ou peritoneais) que envolvem corpos estranhos. Os fluidos serosos, juntamente às células mesoteliais da parede interna das cavidades do corpo, funcionam como uma barreira. Essa função é extremamente importante na prática clínica.

A **tela subserosa**, uma camada de tecido conjuntivo frouxo, posiciona-se sob a túnica serosa. Essa camada contém tecido adiposo e vasos sanguíneos e linfáticos. Uma delicada rede de plexos nervosos na camada subepitelial (*serosa parietalis*) é sensível a estímulos táteis, mecânicos, térmicos e químicos que atuam sobre as superfícies serosas.

Entre as membranas serosas e a parede das cavidades do corpo, encontram-se espaços estreitos, como fissuras, formados pela tela subserosa. Na parede abdominal dorsal e no assoalho da cavidade pélvica, esse **espaço retrosseroso** se alarga até se tornar o **espaço retroperitoneal**. Nesse espaço, posicionam-se os rins e os dois ureteres (▶Fig. 1.61). A expressão **retroperitoneal** (atrás do peritônio) se refere à localização dos órgãos situados no espaço retroperitoneal, portanto, cobertos com peritônio em apenas um lado. Esses órgãos podem ser alcançados cirurgicamente sem a necessidade de abrir a cavidade peritoneal. Os **órgãos peritoneais** completamente cobertos pelas membranas serosas se localizam intraperitonealmente. Os órgãos viscerais localizados no tórax, que são cobertos por membranas serosas por todos os lados, são chamados de **intrapleurais**.

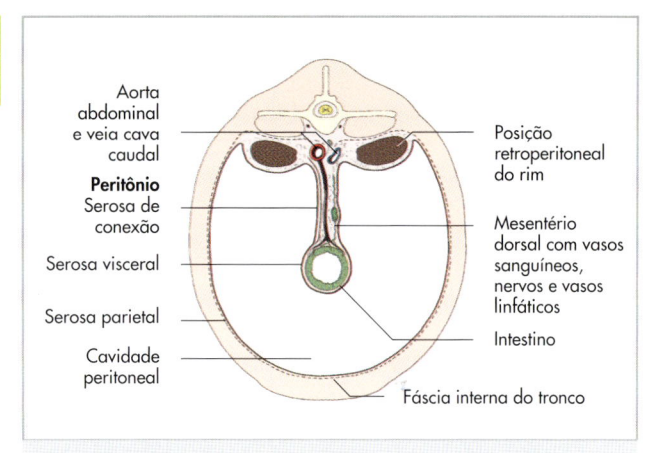

Fig. 1.62 Representação esquemática das membranas serosas conforme exemplo na cavidade peritoneal.

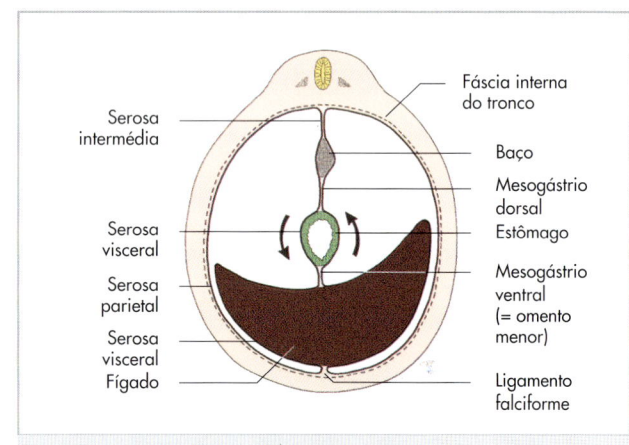

Fig. 1.63 Representação esquemática dos mesentérios dorsal e ventral no início do desenvolvimento embrionário.

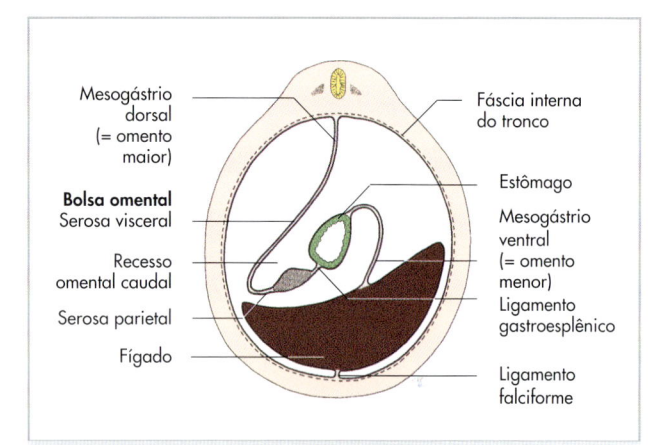

Fig. 1.64 Representação esquemática dos mesentérios gástricos dorsal e ventral em estágio embrionário inicial, com o desenvolvimento dos omentos maior e menor.

A parede das **cavidades serosas** (▶Fig. 1.61 e ▶Fig. 1.62) se divide em **três tipos gerais**:
- **serosa parietal** (*serosa* ou *lamina parietalis*; serosa da parede);
- **serosa intermédia** (*serosa* ou *lamina intermedia*; mesentério, serosa conjuntiva);
- **serosa visceral** (*serosa* ou *lamina visceralis*; serosa dos órgãos).

A **serosa parietal** é a membrana serosa que reveste a parede interna das cavidades do corpo. As serosas que revestem os órgãos recebem o prefixo *peri* (em torno de) e o nome grego do órgão, como, por exemplo, pericárdio de perimétrio. Ao contrário das outras membranas serosas, a serosa parietal é extremamente sensível à dor. Para procedimentos cirúrgicos, deve-se aplicar anestesia local na parede corporal para que a serosa fique insensível à dor. A serosa parietal se divide em regiões denominadas conforme a sua localização:
- pleura parietal no tórax, relacionada aos pulmões;
- peritônio parietal, no abdome e na pelve.

A serosa parietal se situa sobre a **fáscia interna** (*fascia trunci interna*) do tronco (▶Fig. 1.62, ▶Fig. 1.63 e ▶Fig. 1.64), à qual está firmemente fixada. A parte dessa fáscia localizada na parede torácica é a **fáscia endotorácica** (*fascia endothoracica*); nas paredes abdominais lateral e ventral, ela recebe a denominação **fáscia transversa** (*fascia transversalis*, ▶Fig. 1.61); por fim, na parede do processo vaginal, ela se chama **fáscia espermática interna** (*fascia spermatica interna*).

A **serosa intermédia** (*serosa intermedia*) consiste nas membranas serosas que formam os **mesentérios** (▶Fig. 1.62). A serosa intermédia é uma continuação da serosa parietal dos lados esquerdo e direito de cada cavidade do corpo. Esses dois lados se unem para formar uma serosa de duas camadas, que se origina da parede da cavidade. Isso ocorre tanto na parte superior quanto na parte inferior da cavidade do corpo, criando mesentérios dorsais e ventrais. Em alguns casos, o mesentério é chamado de **ligamento** ou **prega**. Alguns mesentérios recebem o prefixo *meso* e o nome grego do órgão que alcançam, como, por exemplo, mesogástrio (▶Fig. 1.63). O mesogástrio é o mesentério que conduz ao estômago e o sustenta na cavidade abdominal.

Os **mesentérios primários** também proporcionam um caminho para que artérias, veias, nervos e vasos linfáticos alcancem os órgãos para nutri-los. Os linfonodos costumam estar localizados no mesentério do órgão. Os mesentérios secundários sustentam e estabilizam as **posições dos órgãos** (p. ex., prega duodenocólica, ligamento triangular). Um mesentério é composto por tecido conjuntivo e depósitos de gordura. Os mesentérios de gatos também contêm **mecanorreceptores** e, com maior frequência, corpúsculos de Vater-Pacini, que reagem à pressão.

Os mesentérios se iniciam dorsalmente como lâminas de duas camadas e prosseguem ventralmente, até que as lâminas se separam para envolver um órgão específico da cavidade torácica, abdominal ou pélvica. A parte do mesentério que cobre o órgão é chamada de serosa visceral. Cada parte recebe o prefixo *epi* em combinação com a nomenclatura em grego do órgão, como, por exemplo, epicárdio.

Assim que atinge o outro lado do órgão, a **serosa visceral** se une novamente para formar uma lâmina dupla, que se fixa à parede torácica ventral ou à parte cranial da parede abdominal ventral. As porções média e caudal dos intestinos **não apresentam um mesentério ventral**, devido ao processo de desenvolvimento embrionário.

Os mesentérios dorsal e ventral do estômago e a parte cranial do duodeno formam uma estrutura singular no que se refere ao seu revestimento no fígado (▶Fig. 1.63 e ▶Fig. 1.64). O **omento maior** (*omentum majus*) se desenvolve a partir do **mesentério dorsal do estômago** (*mesogastrium dorsale*), o qual se prolonga e retorna sobre si mesmo, formando uma espécie de evaginação, a **bolsa omental** (*bursa omentalis*). A parte visceral profunda e a parte parietal superficial da bolsa omental formam um **recesso**, o *recessus caudalis omentalis*.

O **omento maior** se origina da parede abdominal dorsal, prolonga-se caudalmente em carnívoros e ruminantes até a abertura pélvica cranial e retrocede na direção oposta, prosseguindo cranialmente até se fixar à curvatura maior do estômago. Dobras de extensão do omento maior se unem a outros órgãos, restringindo a sua mobilidade e formando nichos onde órgãos deslocados podem ficar presos, como o espaço esplenorrenal no equino; para mais informações, ver Capítulo 8, "Sistema digestório" (p. 327).

O **mesogástrio ventral** (▶Fig. 1.63) é dividido em duas porções por uma das glândulas associadas à digestão, o **fígado**. A parte proximal do mesogástrio ventral, o **ligamento hepatogástrico**, prolonga-se entre a curvatura menor do estômago e a fissura portal. Na face parietal do fígado, o mesogástrio ventral prossegue como o **ligamento falciforme**, até finalmente se fixar à linha alba da parede abdominal ventral. Juntos, o **ligamento hepatogástrico** e o **ligamento hepatoduodenal**, o único mesentério intestinal ventral, formam o **omento menor**; para mais informações, ver Capítulo 8, "Sistema digestório" (p. 327).

Os órgãos localizados próximo à parede dorsal das cavidades corporais são cobertos apenas em um dos lados pela membrana serosa. Essa posição é descrita de forma geral como **retrosserosa**. Na cavidade abdominal, os órgãos apresentam uma posição **retroperitoneal** (p. ex., a localização dos rins e dos ureteres), e na cavidade torácica, a posição **retropleural** (p. ex., a localização do tronco simpático). Os órgãos da cavidade pélvica caudal encontram-se na posição **extraperitoneal**.

Nota clínica

O revestimento seroso das cavidades corporais é absorvente, permitindo a **administração intraperitoneal de agentes farmacológicos**. As substâncias absorvidas pelo peritônio parietal alcançam os seus órgãos-alvo **sem passar pelo fígado**.

A inflamação do peritônio (**peritonite**) pode resultar na absorção de toxinas bacterianas, levando a doenças graves. O aumento da pressão no sistema venoso, devido à insuficiência cardíaca ou à doença hepática, pode fazer o **líquido peritoneal** se acumular na cavidade peritoneal (**ascite**). A abdominocentese (paracentese abdominal) é necessária para a remoção do excesso de líquido.

Para fins diagnósticos, a abdominocentese é realizada na **região umbilical** (*regio umbilicalis*). A remoção do líquido pleural é conhecida como **toracocentese**. Esse procedimento é realizado ao nível das cartilagens costais.

A cirurgia realizada no interior das cavidades corporais pode resultar em **aderências** da pleura ou do peritônio. Além de dolorosas, as aderências podem limitar a mobilidade e a motilidade dos órgãos.

No caso do peritônio, esse fenômeno também pode ser explorado para fins profiláticos. Por exemplo, após a correção cirúrgica do volvo gástrico, a gastropexia é utilizada para provocar a fusão da parede do estômago com o peritônio parietal, reduzindo, assim, o risco de deslocamento gástrico adicional.

2 Esqueleto axial (*skeleton axiale*)

H.-G. Liebich e H. E. König

O esqueleto axial é composto de:
- **esqueleto da cabeça** com:
  - crânio;
  - neurocrânio (*cranium, neurocranium*);
  - viscerocrânio (*facies, viscerocranium*);
  - mandíbula;
  - aparelho hioide;
  - ossículos da orelha média;
- **coluna vertebral**;
- **esqueleto do tórax**.

2.1 Visão geral do crânio

O crânio forma uma construção rígida composta de diversos ossos, a maioria deles pareados. Ele envolve e protege o encéfalo e os órgãos sensoriais de visão, olfato, audição, equilíbrio e paladar. Além disso, o crânio acomoda parte dos tratos respiratório e alimentar superiores. Projeções ósseas formam pontos de fixação para as musculaturas facial e mastigatória.

Os ossos individuais do crânio são unidos firmemente por **suturas** (*suturae*), ao passo que a **mandíbula** e o **aparelho hioide** (*apparatus hyoideus*) são ligados ao crânio por articulações (▶Fig. 2.1, ▶Fig. 2.2 e ▶Fig. 2.23).

Poucos ossos da cabeça têm origem embrionária no **esqueleto axial**. A maioria consiste em estruturas ossificadas de um **esqueleto desmal**. Os ossos derivados do esqueleto desmal se desenvolvem por ossificação desmal e cobrem as faces lateral e dorsal do encéfalo. Já os ossos do esqueleto axial se desenvolvem por ossificação endocondral e formam a base do crânio e parte do crânio facial.

Os **ossos individuais** se desenvolvem a partir de **centros de ossificação separados**. Em animais jovens, eles são separados por faixas de tecido fibroso ou, com menos frequência, tecido cartilaginoso. Esse tipo de desenvolvimento confere adaptabilidade ao crânio para o crescimento pós-natal. No recém-nascido, o viscerocrânio é relativamente pequeno, devido ao tamanho desproporcional do aparelho mastigatório, das cavidades nasais e dos seios paranasais. No período pós-natal, as proporções do crânio mudam.

Isso ocorre devido ao desenvolvimento específico de cada espécie da abóbada craniana e dos ossos individuais e ao aumento total do crânio, influenciado de modo significativo pelo crescimento dos dentes, pela formação dos seios paranasais e pela extensão da base do crânio. Trata-se de um processo de remodelagem longo, que pode ser constante até o final da vida no caso de algumas estruturas cranianas.

2.2 Visão geral da coluna vertebral ou espinha

Os componentes ósseos dos corpos vertebrais derivam das regiões axial, pericondral e mesenquimal dos esclerótomos. Os **discos intervertebrais** (*disci intervertebrales*) são considerados remanescentes desse tecido original. O precursor embrionário do corpo vertebral forma um arco ósseo dorsal e, dessa forma, completa o **forame das vértebras** (*foramen vertebrae*), que recobre a medula espinal.

As vértebras individuais são unidas por processos articulares e ligamentos. A coluna vertebral como um todo consiste em uma série de ossos separados, as vértebras, que se prolongam do crânio à extremidade da cauda. Com início no **forame magno**, no crânio, e término no **canal sacral** (*canalis sacralis*), os forames vertebrais de cada vértebra constituem o **canal vertebral** (*canalis vertebralis*), que abrange a medula espinal (*medulla spinalis*), suas meninges, os nervos espinais (*nervi spinales*), os vasos sanguíneos e o tecido conjuntivo, também denominado tecido conectivo. As vértebras individuais não apresentam uma união rígida, pois apresentam espaços entre si (*spatia intervertebralia*) para a passagem dos nervos espinais.

Ao longo do eixo da coluna vertebral, é possível reconhecer **três curvaturas principais**:
- curvatura convexa dorsal entre a cabeça e o pescoço;
- curvatura côncava dorsal entre a coluna cervical e a torácica;
- curvatura convexa dorsal entre a coluna torácica e a lombar.

A coluna vertebral sustenta o corpo e assume a função central como parte do sistema locomotor ao formar uma ponte entre os membros torácicos e pélvicos. As vértebras torácicas craniais são sustentadas pelas costelas, as quais se unem ao tórax por meio de músculos e tendões. Essa disposição anatômica propicia estabilidade e mobilidade para a coluna vertebral. Na região da pelve, a coluna vertebral está firmemente unida ao membro pélvico pela articulação das **asas sacrais** com os **ílios**. Assim, a força propulsora do membro pélvico, gerada pelos músculos e pela articulação do quadril, é transmitida diretamente para o restante do corpo.

A coluna vertebral também desempenha outras funções. Como o movimento entre cada vértebra é limitado, ela contribui para a manutenção da postura. Contudo, o grau de mobilidade da vértebra individual forma a base para funções dinâmicas, incluindo a transmissão e a redução de forças durante o caminhar, o correr e o saltar. A menor unidade funcional consiste em duas vértebras sucessivas, o disco intervertebral, suas articulações e seus ligamentos e músculos. Mesmo pequenas alterações anatômicas em um dos componentes podem interferir significativamente no sistema locomotor. A mobilidade da coluna vertebral varia em segmentos diferentes: desde a quase imobilidade na região do sacro até a flexibilidade das vértebras caudais.

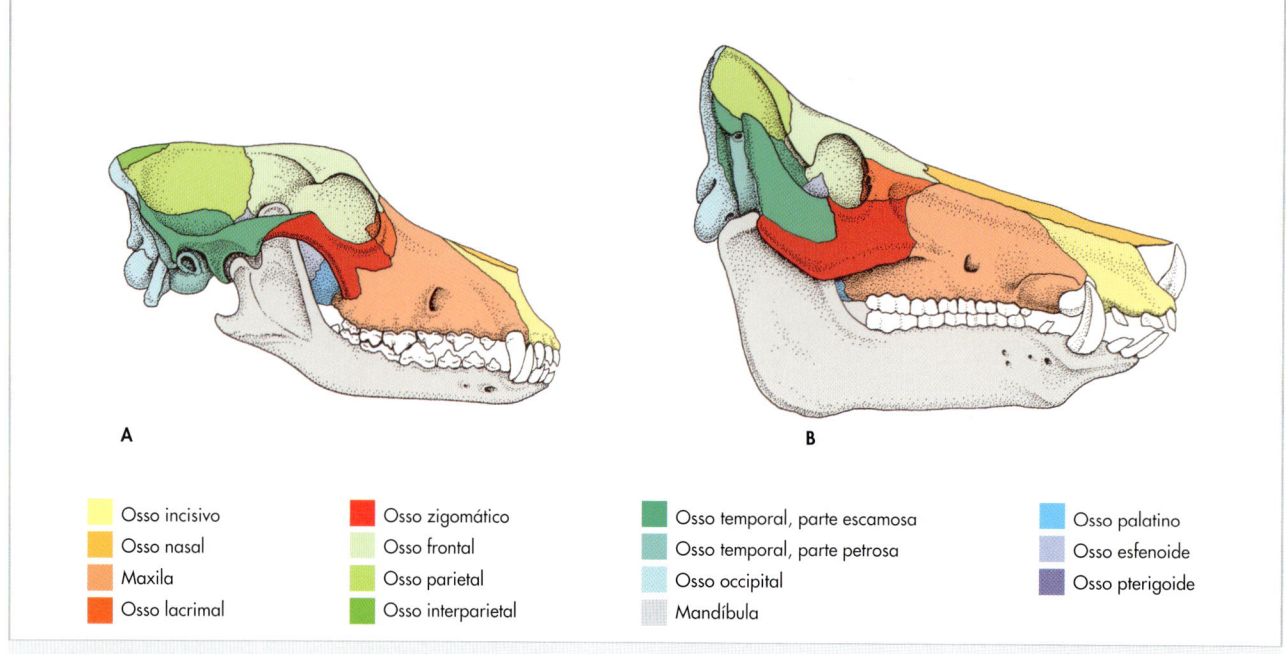

Fig. 2.1 Ossos do crânio e da mandíbula de (A) um cão e (B) de um suíno (vista lateral, representação esquemática). (Fonte: com base em dados de Ellenberger e Baum, 1943.)

Legenda:
- Osso incisivo
- Osso nasal
- Maxila
- Osso lacrimal
- Osso zigomático
- Osso frontal
- Osso parietal
- Osso interparietal
- Osso temporal, parte escamosa
- Osso temporal, parte petrosa
- Osso occipital
- Mandíbula
- Osso palatino
- Osso esfenoide
- Osso pterigoide

Nas regiões torácica e lombar, a coluna vertebral permite movimentos em três direções. Pequenos movimentos das articulações intervertebrais individuais causam flexões dorsal, ventral e lateral da coluna inteira. Movimentos consideravelmente amplos laterais, dorsais e ventrais são possíveis no pescoço.

2.3 Visão geral do tórax

A caixa torácica é composta dorsalmente por **vértebras torácicas** (*vertebrae thoracicae*), lateralmente pelas **costelas** (*costae*) e ventralmente pelo **esterno**. Esses elementos são os componentes ósseos da parede torácica e são unidos funcionalmente por ligamentos, conexões condrais e articulações verdadeiras. A caixa torácica circunda a **cavidade torácica** (*cavum thoracis*) e é mantida sob tensão pelos músculos que a rodeiam. O tórax dos mamíferos domésticos tem o formato de um cone truncado, achatado lateralmente, sendo que o seu ápice aponta para a cabeça, e a sua base, para a cauda. Além disso, ele tem **aberturas cranial** e **caudal** (*apertura thoracis cranialis et caudalis*).

2.4 Esqueleto da cabeça

2.4.1 Crânio, neurocrânio (*cranium, neurocranium*)

Os ossos do neurocrânio circundam a **cavidade craniana** (*cavum cranii*), incluindo o encéfalo e suas meninges e seus vasos sanguíneos. A estrutura do crânio é uma coleção de diversos ossos menores, os quais se encaixam de modo específico conforme a espécie. Os crânios apresentam uma grande diferença não apenas entre espécies e raças diferentes, mas também entre indivíduos de mesma raça, gênero e faixa etária. A arquitetura anatômica básica do neurocrânio será descrita com ênfase nas variações específicas de cada espécie. O crânio é composto pelos mesmos ossos em todos os mamíferos domésticos:

- **o assoalho é composto por**:
  - parte basilar do osso occipital (*pars basilaris ossis occipitalis*) ímpar;
  - ossos basisfenoide e pré-esfenoide (*os basisphenoidale et os presphenoidale*) ímpares;
- **a parede nucal é composta por**:
  - escama do occipital (parte escamosa, *squama occipitalis*) ímpar;
  - partes laterais do occipital (*partes laterales*);
- **as paredes laterais são compostas por**:
  - ossos temporais (*os temporale*) pares;
- **o teto é composto por**:
  - ossos pares frontais (*os frontale*) pares;
  - ossos parietais (*os parietale*) pares e osso interparietal (*os interparietale*) ímpar;
- **a parede nasal é composta por**:
  - osso etmoide (*os ethmoidale*) ímpar.

Osso occipital (*os occipitale*)

O osso occipital forma a parede nucal do crânio e pode ser dividido em **parte basilar** (**corpo**), **parte escamosa** e **partes laterais** (▶Fig. 2.1, ▶Fig. 2.2, ▶Fig. 2.3 e ▶Fig. 2.4). Esses ossos formam um anel que circunda a medula espinal, o **forame magno**.

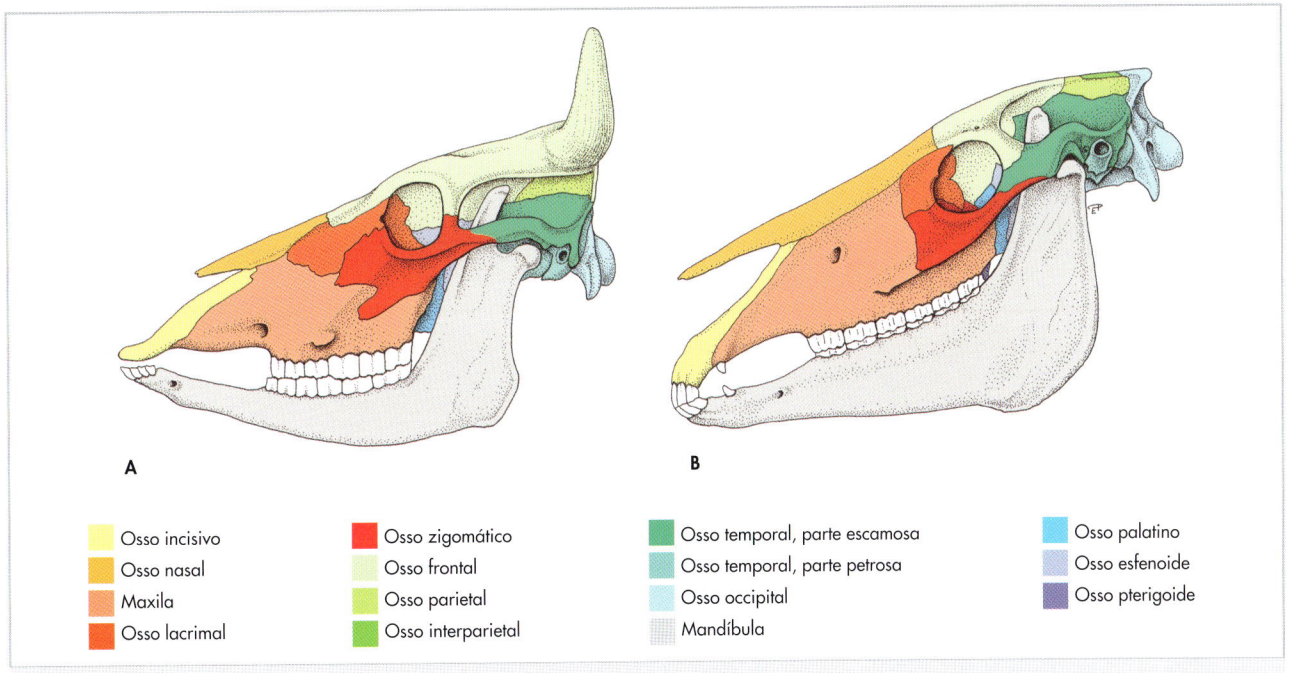

Fig. 2.2 Ossos do crânio e da mandíbula **(A)** de um bovino e **(B)** de um equino (vista lateral, representação esquemática). (Fonte: com base em dados de Ellenberger e Baum, 1943.)

Legenda:
- Osso incisivo
- Osso nasal
- Maxila
- Osso lacrimal
- Osso zigomático
- Osso frontal
- Osso parietal
- Osso interparietal
- Osso temporal, parte escamosa
- Osso temporal, parte petrosa
- Osso occipital
- Mandíbula
- Osso palatino
- Osso esfenoide
- Osso pterigoide

A **parte basilar** (*pars basilaris*, osso basioccipital) constitui a parte caudal da base do crânio. Ela se situa em posição rostral ao forame magno, onde se conecta ao basisfenoide através de uma sutura cartilaginosa (▶Fig. 2.4). Na face ventral, encontram-se os **tubérculos musculares** (*tubercula muscularia*) pares para a fixação dos flexores da cabeça e do pescoço. A superfície desse osso é côncava, formando a **fossa craniana caudal** (*fossa cranii caudalis*) (▶Fig. 2.5), que se subdivide em depressões rostral e caudal. A depressão rostral aloja a ponte (*impressio pontina*), ao passo que a depressão caudal abrange a medula oblonga (bulbo) (*impressio medullaris*).

O **forame jugular** (*foramen jugulare*) situa-se a cada lado da parte basilar, adjacente à bula timpânica. No suíno e no equino, as margens laterais agudas e finas da parte basilar formam a **fissura petroccipital** (*fissura petro-occipitalis*) profunda, juntamente à parte petrosa (*pars petrosa*) do osso temporal, onde se forma o forame lácero (▶Fig. 2.5).

A **parte escamosa** (*squama occipitalis*, osso supraoccipital) situa-se em posição dorsal às **partes laterais** (*partes laterales ossis occipitalis*) e aos **côndilos occipitais** (*condyli occipitales*), completando dorsalmente o forame magno (▶Fig. 2.3 e ▶Fig. 2.4). A sua **face externa** (*lamina externa*) é demarcada por sulcos agudos, a **crista nucal** (*crista nuchae*) (▶Fig. 2.4, ▶Fig. 2.9 e ▶Fig. 2.11). Em ruminantes, a crista nucal se restringe à **linha nucal** (*linea nuchae*) saliente. A crista nucal é facilmente palpável e pode ser utilizada como ponto de referência, juntamente às asas do atlas, para coletar líquido cerebroespinal.

O sulco mediano bem definido, a **crista sagital externa** (*crista sagittalis externa*), surge a partir da crista nucal em carnívoros e no equino (▶Fig. 2.4, ▶Fig. 2.9 e ▶Fig. 2.11). A **protuberância occipital externa** (*protuberantia occipitalis externa*) (▶Fig. 2.13 e ▶Fig. 2.92) consiste em projeções triangulares medianas com a base voltada para a base do crânio e propicia fixação para o **ligamento nucal** (*ligamentum nuchae*). Em carnívoros, a crista occipital externa, mal definida, estende-se da protuberância occipital externa até o forame magno (▶Fig. 2.4).

A **face interna do crânio** (*lamina interna*) apresenta diversas depressões pouco profundas, as quais se ajustam à face do cerebelo (*impressiones vermiales*) e aos vasos sanguíneos basais (*sulci sinus transversi*). A face interna caracteriza-se pela **protuberância occipital interna** (*protuberantia occipitalis interna*). Carnívoros e equinos apresentam um processo a mais, o processo do tentório (*processus tentoricus*), o qual forma o tentório cerebelar ósseo (*tentorium cerebelli osseum*) (▶Fig. 2.5 e ▶Fig. 2.10), juntamente aos processos de nome similar dos ossos parietal e interparietal.

As **partes laterais do osso occipital** (*partes laterales*, ossos exoccipitais) formam os limites laterais do forame magno. Elas incluem os **côndilos occipitais** (*condyli occipitales*), que se articulam com o atlas para formar a articulação atlantoccipital (▶Fig. 2.4 e ▶Fig. 2.6). Lateralmente aos processos condilares, os **processos paracondilares** (*processus paracondylares*) propiciam fixação aos músculos específicos da cabeça (conforme descrito no Capítulo 3, "Fáscias e músculos da cabeça, do pescoço e do tronco", p. 137).

Os processos paracondilares são alongados no suíno, mais curtos em ruminantes e no equino e em formato de botão nos carnívoros (▶Fig. 2.4, ▶Fig. 2.6, ▶Fig. 2.7 e ▶Fig. 2.9). Acredita-se que sejam processos transversos rudimentares análogos aos das vértebras cervicais. A **fossa condilar ventral** (*fossa condylaris ventralis*) (▶Fig. 2.6 e ▶Fig. 2.12) forma a extremidade do **canal do nervo hipoglosso** (*canalis nervi hypoglossi*), por onde passa o nervo hipoglosso, e situa-se entre os processos paracondilares e condilares. Essa fossa é contínua à **fossa condilar dorsal** (*fossa condylaris dorsalis*).

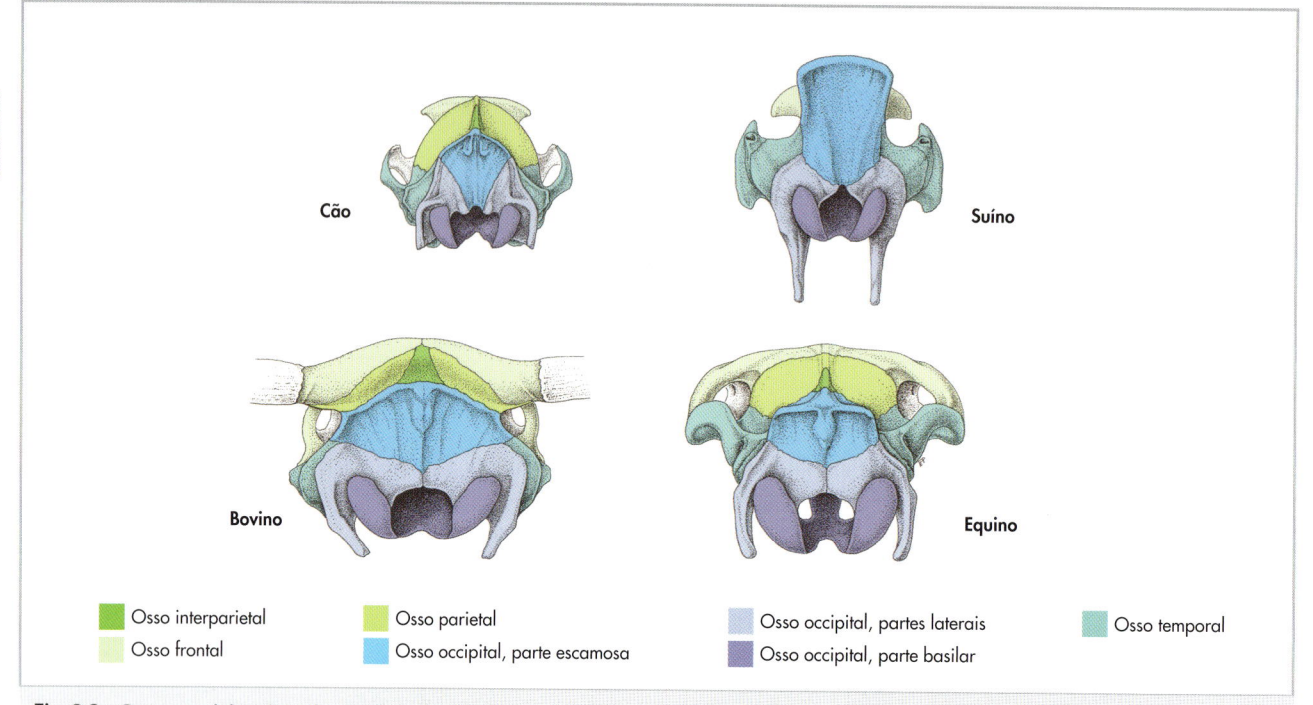

Fig. 2.3 Parte nucal do crânio de um cão, suíno, bovino e equino (representação esquemática). (Fonte: com base em dados de Ellenberger e Baum, 1943.)

- Osso interparietal
- Osso frontal
- Osso parietal
- Osso occipital, parte escamosa
- Osso occipital, partes laterais
- Osso occipital, parte basilar
- Osso temporal

Ip Interparietal
O Occipital
P Parietal
T Temporal

Parte escamosa do osso occipital
Parte lateral do osso occipital
Parte basilar do osso occipital

Crista sagital externa
Crista nucal
Protuberância occipital externa
Arco zigomático
Processo mastoide
Forame magno
Côndilo occipital
Processo paracondilar

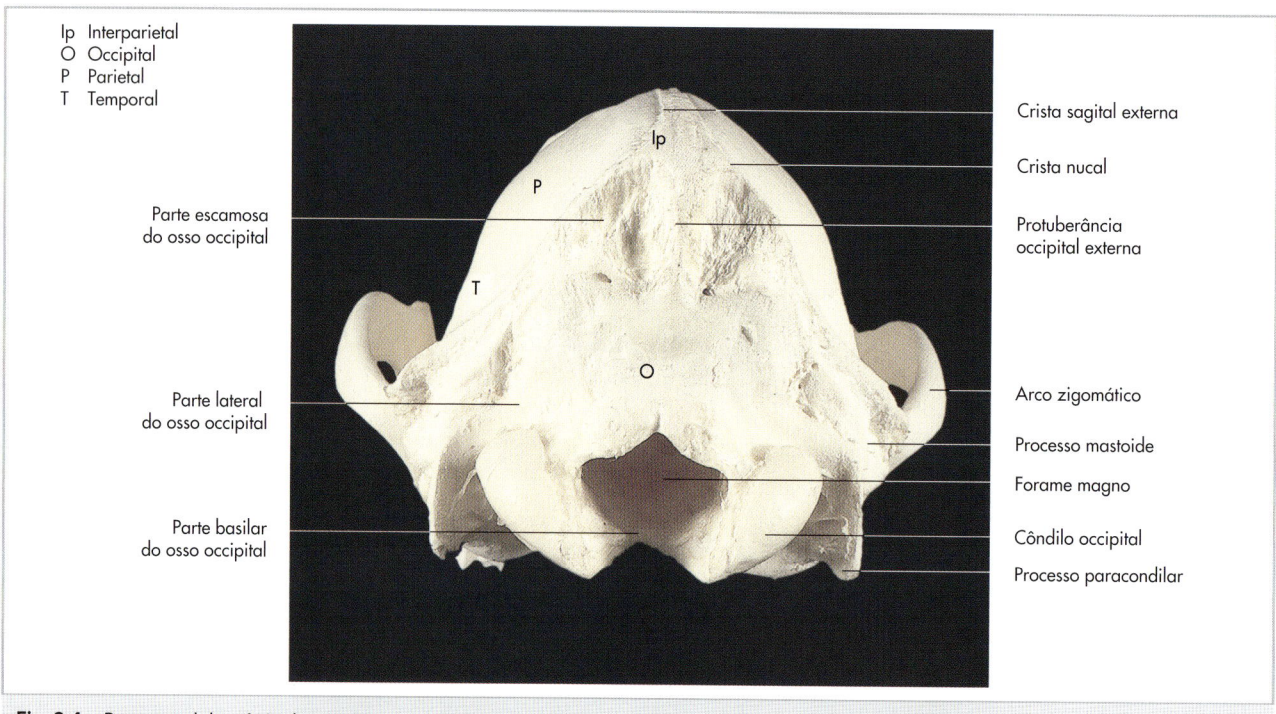

Fig. 2.4 Parte nucal do crânio de um cão.

Esqueleto axial (*skeleton axiale*)   77

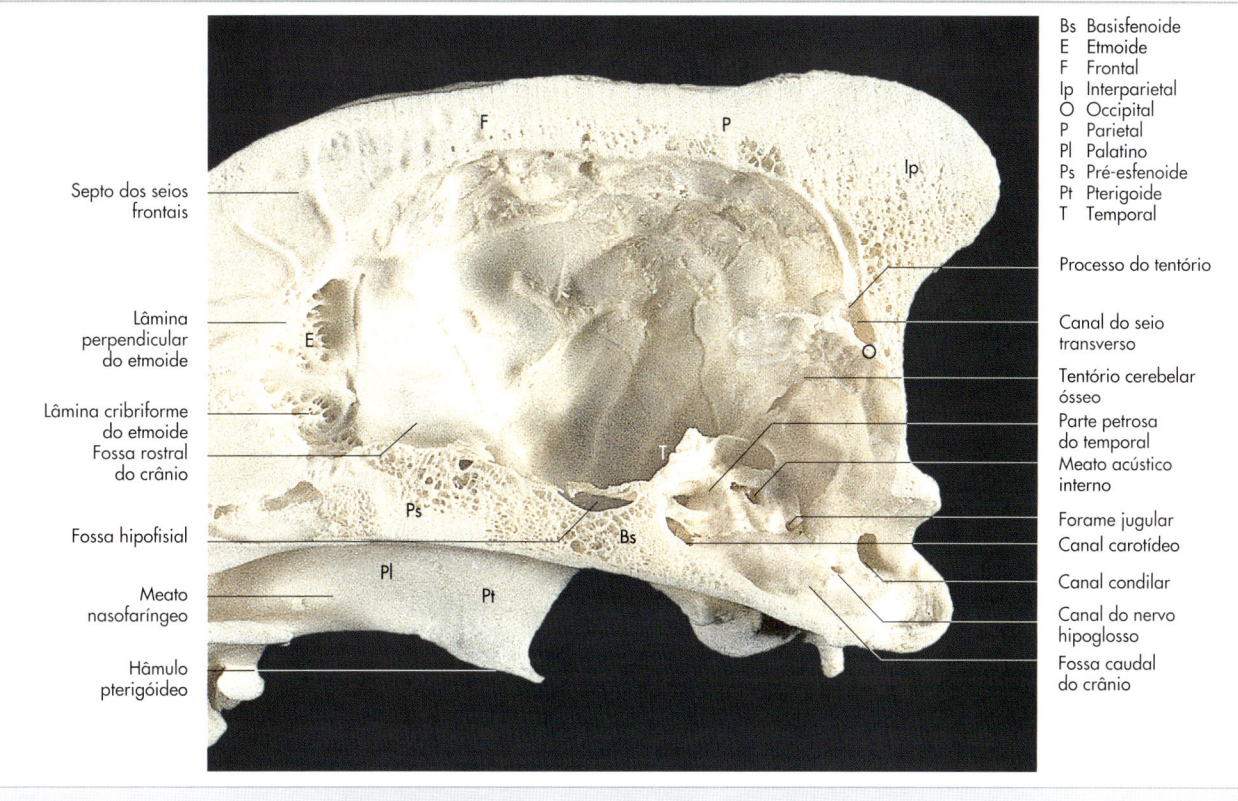

Fig. 2.5 Ossos da parte cranial do crânio de um cão (vista medial da secção sagital).

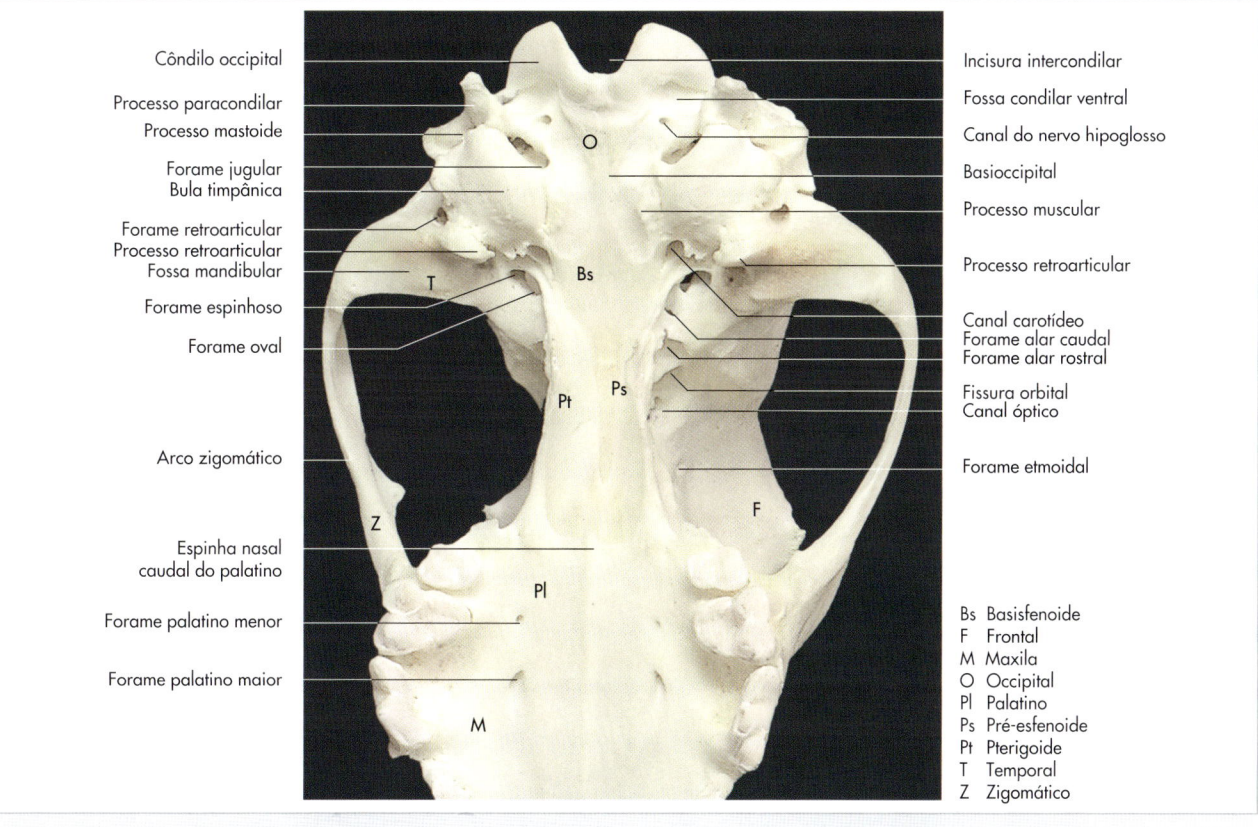

Bs Basisfenoide
E Etmoide
F Frontal
Ip Interparietal
O Occipital
P Parietal
Pl Palatino
Ps Pré-esfenoide
Pt Pterigoide
T Temporal

Septo dos seios frontais
Lâmina perpendicular do etmoide
Lâmina cribriforme do etmoide
Fossa rostral do crânio
Fossa hipofisial
Meato nasofaríngeo
Hâmulo pterigóideo

Processo do tentório
Canal do seio transverso
Tentório cerebelar ósseo
Parte petrosa do temporal
Meato acústico interno
Forame jugular
Canal carotídeo
Canal condilar
Canal do nervo hipoglosso
Fossa caudal do crânio

Fig. 2.6 Ossos da parte cranial do crânio de um cão (vista ventral).

Côndilo occipital
Processo paracondilar
Processo mastoide
Forame jugular
Bula timpânica
Forame retroarticular
Processo retroarticular
Fossa mandibular
Forame espinhoso
Forame oval
Arco zigomático
Espinha nasal caudal do palatino
Forame palatino menor
Forame palatino maior

Incisura intercondilar
Fossa condilar ventral
Canal do nervo hipoglosso
Basioccipital
Processo muscular
Processo retroarticular
Canal carotídeo
Forame alar caudal
Forame alar rostral
Fissura orbital
Canal óptico
Forame etmoidal

Bs Basisfenoide
F Frontal
M Maxila
O Occipital
Pl Palatino
Ps Pré-esfenoide
Pt Pterigoide
T Temporal
Z Zigomático

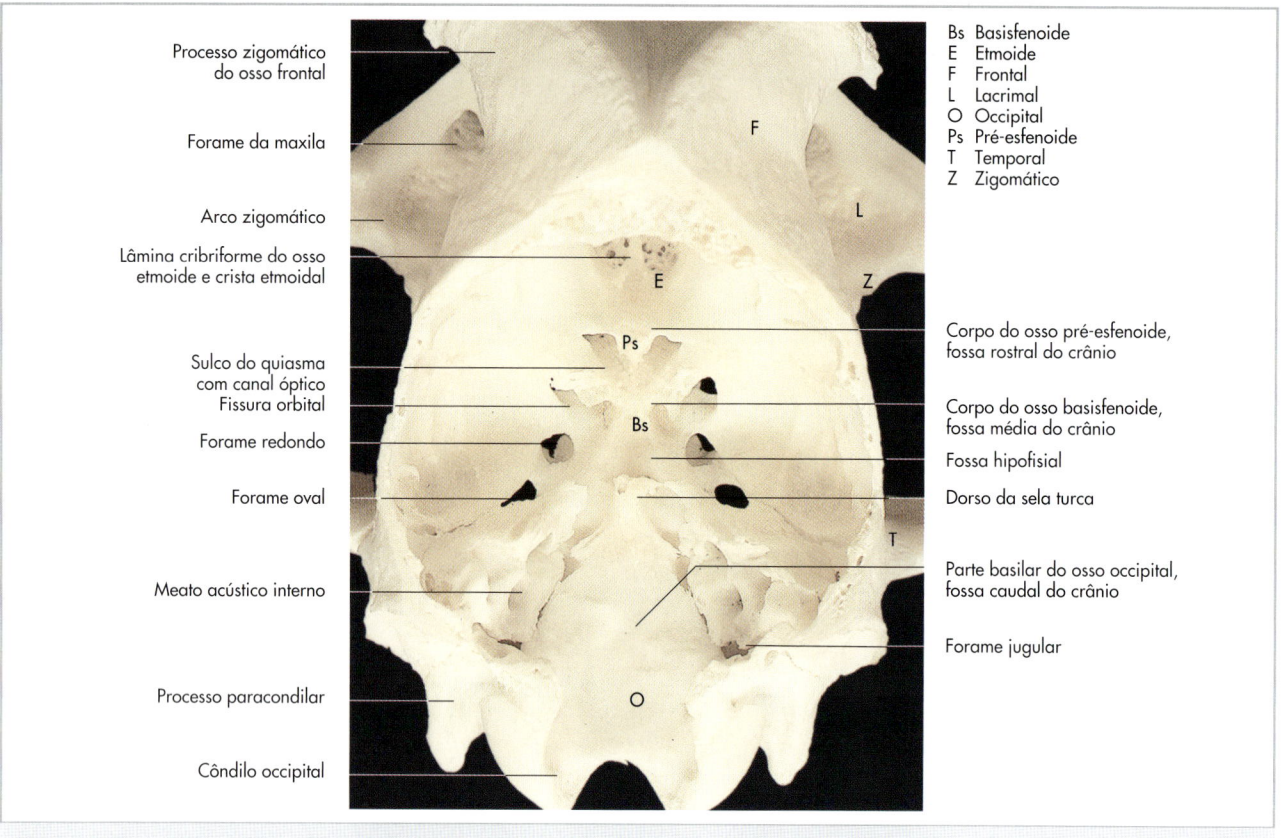

Fig. 2.7 Cavidade craniana de um cão com abóbada craniana removida (vista dorsocaudal).

Osso esfenoide (*os sphenoidale*)

O **osso esfenoide** forma a parte rostral da base do neurocrânio e é composto por dois segmentos semelhantes: o **pré-esfenoide** (*os praesphenoidale*), rostralmente, e o **basisfenoide** (*os basisphenoidale*), caudalmente (▶Fig. 2.2, ▶Fig. 2.5 e ▶Fig. 2.6).

Cada osso é composto por um **corpo mediano** (*corpus ossis sphenoidalis*) e por **asas** (*alae ossis sphenoidalis*) lateralmente. Em humanos, esses ossos se fusionam cedo, ao passo que, em mamíferos domésticos adolescentes, eles são separados por uma sutura cartilaginosa, que se ossifica no adulto. Portanto, eles são tratados como ossos separados na anatomia veterinária.

Pré-esfenoide (*os praesphenoidale*)

O **corpo** e as **asas do pré-esfenoide** (*corpus et alae ossis praesphenoidalis*) compõem as partes ósseas da **fossa craniana rostral** (*fossa cranii rostralis*) e se articulam com o basisfenoide caudalmente (▶Fig. 2.7). O corpo do pré-esfenoide é oco e envolve os **seios esfenoidais** (*sinus sphenoidales*) pares, os quais são separados por um septo incompleto (▶Fig. 2.10). O **rostro esfenoidal** (*rostrum sphenoidale*), em formato de bico, projeta-se na direção rostral até o etmoide. Na direção caudal, há uma depressão transversa (*sulcus chiasmatis*), sobre a qual repousa o **quiasma óptico** (*chiasma opticum*). O **canal óptico** (*canalis opticus*) ósseo se prolonga de cada extremidade dessa fenda sobre as asas do pré-esfenoide, onde passa o nervo óptico (▶Fig. 2.7).

A face externa das **asas do pré-esfenoide** (*alae ossis praesphenoidales*) contribui para a formação da órbita e do canal óptico, ao passo que a face interna forma uma parte da cavidade craniana.

Basisfenoide (*os basisphenoidale*)

O **corpo** e as **asas do basisfenoide** (*corpus et alae ossis basisphenoidalis*) compõem as partes ósseas da **fossa craniana média** (*fossa cranii medialis*), a qual inclui a **sela turca** (*sella turcica*), situada rostralmente, a **fossa hipofisial** (*fossa hypophysialis*), na área intermédia, e o **dorso da sela turca** (*dorsum sellae turcicae*) (com exceção do equino), situado caudalmente (▶Fig. 2.7). As faces das **asas do basisfenoide** (*alae ossis basisphenoidales*) se voltam em direção ao encéfalo (*facies cerebralis*), ao osso temporal (*facies temporalis*), à maxila (*facies maxillaris*) e à cavidade orbital (*facies orbitalis*). As fossas piriformes situam-se lateralmente ao sulco óptico e alojam os **lobos piriformes** (*lobi piriformes*) do encéfalo. Cada asa contribui para a formação de diversos forames e incisuras para a passagem de nervos e vasos sanguíneos, com variações específicas para diferentes espécies.

No equino, a margem caudal de cada asa forma o limite rostral do **forame lácero**. Ela forma três incisuras: a **incisura carotídea** (*incisura carotica*), situada medialmente, para a passagem da artéria carótida interna; a **incisura oval** (*incisura ovalis*), para a passagem do nervo mandibular; e a **incisura espinhosa** (*incisura spinosa*), situada lateralmente, para a artéria meníngea média

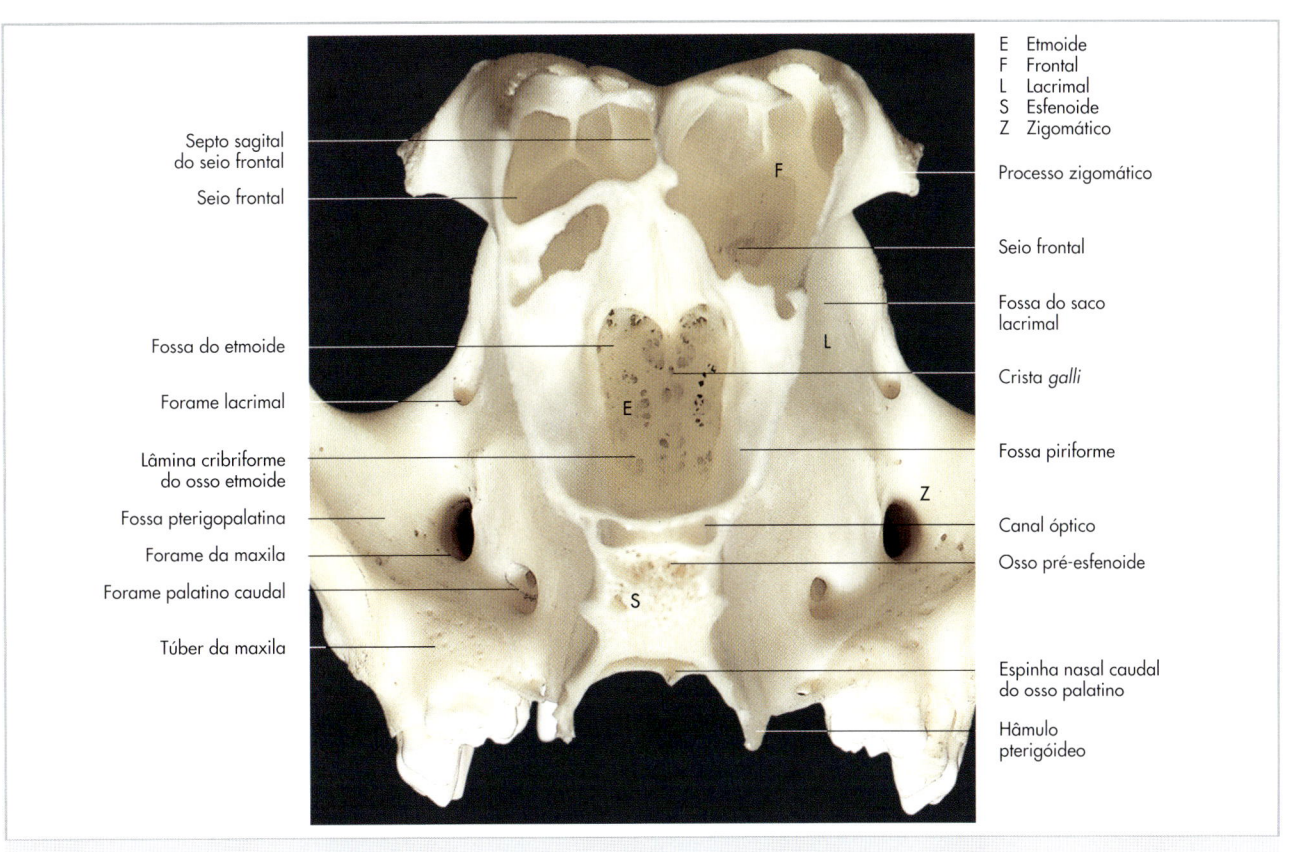

Fig. 2.8 Secção transversal da cavidade craniana de um cão caudal ao processo zigomático do osso frontal.

(▶Fig. 2.41). O forame lácero não existe em carnívoros e ruminantes, e suas funções são executadas pelo **forame oval**, pelo **forame espinhoso** e pelo **canal carotídeo** em carnívoros e apenas pelo **forame oval** em ruminantes (▶Fig. 2.6).

Os **processos pterigoides** (*processus pterygoidei*) surgem da borda rostral do basisfenoide (▶Fig. 2.5). Eles se projetam ventrorrostralmente e formam os limites das coanas, juntamente aos ossos palatino e pterigoide. A base é perfurada pelo **canal alar** (*canalis alaris*), por onde passa a artéria maxilar. Esse canal se inicia com o **forame alar caudal** (*foramen alare caudale*) e termina com o **forame alar rostral** (*foramen alare rostrale*).

Osso temporal (*os temporale*)

O osso temporal do recém-nascido é composto por três partes distintas (▶Fig. 2.1 e ▶Fig. 2.2), que, em vida, se fusionam mais tarde:
- parte escamosa (*pars squamosa, squama temporalis*);
- parte petrosa (*pars petrosa, petrosum*) com processo mastoide (*processus mastoideus*);
- parte timpânica (*pars tympanica*).

Por vezes, as partes petrosa e timpânica são chamadas de pirâmide, e estão firmemente fusionadas à parte escamosa em carnívoros e no bovino, porém continuam separadas em outros mamíferos domésticos.

A **face cerebral** (*facies cerebralis*) da **parte escamosa** (*pars squamosa, squama temporalis, squamosum*) contribui para a formação da parede lateral da cavidade craniana. Ela se une aos ossos frontal, parietal e esfenoide em suturas ósseas firmes.

O longo **processo zigomático** (*processus zygomaticus*) se origina da face temporal (*facies temporalis*) da parte escamosa. Ele se estende rostralmente para se unir com o **processo temporal do osso zigomático**, formando o **arco zigomático** (*arcus zygomaticus*) (▶Fig. 2.4 e ▶Fig. 2.6). A base do processo zigomático se expande para formar a face articular da **articulação temporomandibular** (*articulatio temporomandibularis*). Essa face articular consiste em um **tubérculo articular** (*tuberculum articulare*), alongado transversalmente na direção rostral, e na **fossa mandibular** (*fossa mandibularis*), posicionada na direção caudal (▶Fig. 2.12).

A **fossa mandibular** é delineada caudalmente pelo **processo retroarticular** (*processus retroarticularis*) (▶Fig. 2.12). Embora os carnívoros não sejam dotados de tubérculo articular, eles apresentam um **processo retroarticular** particularmente bem desenvolvido (▶Fig. 2.6).

A parte caudal da parte escamosa forma o **processo occipital** (*processus occipitalis*); a face ventral forma o **processo retrotimpânico** (*processus retrotympanicus*), o qual circunda o **meato acústico externo** (*meatus acusticus externus*) caudalmente. Caudal a este último, está o **forame retroarticular** (*foramen retroarticulare*), que forma a parte final do **canal temporal** (*meatus temporalis*) (▶Fig. 2.11). O meato temporal é rudimentar no gato e no suíno.

A **parte petrosa** (*pars petrosa, petrosum*) é a parte caudoventral do osso temporal e faz limite com as **partes escamosa e timpânica**. Ela envolve a **orelha interna** com a **cóclea**, o **vestíbulo**

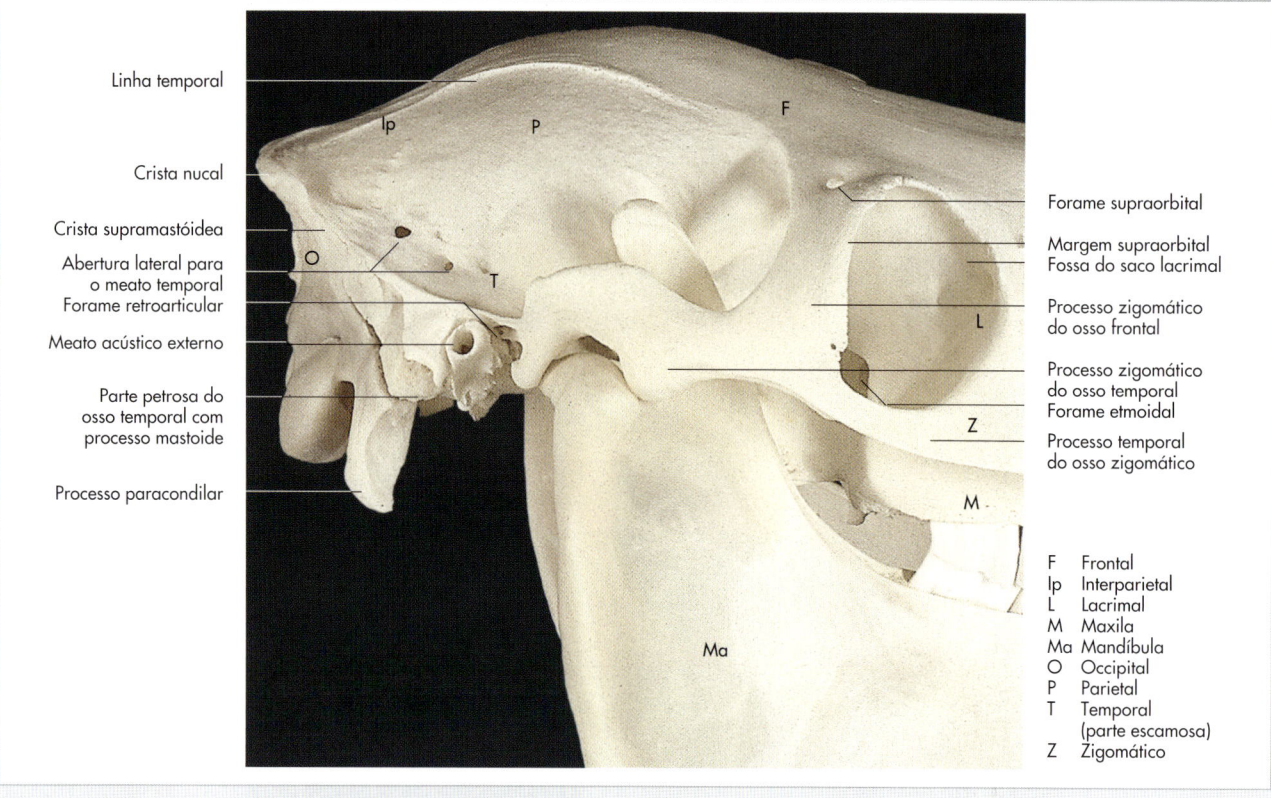

Fig. 2.9 Ossos da parte cranial do crânio de um equino (vista lateral).

Legenda da figura:
- Linha temporal
- Crista nucal
- Crista supramastóidea
- Abertura lateral para o meato temporal
- Forame retroarticular
- Meato acústico externo
- Parte petrosa do osso temporal com processo mastoide
- Processo paracondilar
- Forame supraorbital
- Margem supraorbital
- Fossa do saco lacrimal
- Processo zigomático do osso frontal
- Processo zigomático do osso temporal
- Forame etmoidal
- Processo temporal do osso zigomático

F Frontal
Ip Interparietal
L Lacrimal
M Maxila
Ma Mandíbula
O Occipital
P Parietal
T Temporal (parte escamosa)
Z Zigomático

(*vestibulum*) e os **canais semicirculares** (*canales semicirculares*). A face medial (*facies medialis*) da parte petrosa é perfurada pela entrada (*porus acusticus internus*) do **meato acústico interno** (*meatus acusticus internus*) (▶Fig. 2.5 e ▶Fig. 2.10), por onde passam os nervos cranianos da face, o **nervo facial** (*n. facialis*), os ramos de audição e de equilíbrio e o **nervo vestibulococlear** (*n. vestibulocochlearis*). As faces rostral e medial da parte petrosa são separadas pela **crista petrosa** (*crista partis petrosae*) em carnívoros e no equino.

O segmento caudal da parte petrosa se projeta além do crânio, formando o **processo mastoide** (*processus mastoideus*) ventralmente. O processo mastoide é uma projeção forte em forma de botão no equino e menor em outros mamíferos domésticos. A fixação para o **aparelho hioide** (*apparatus hyoideus*) é fornecida pelo **processo estiloide** (*processus styloideus*), cilíndrico em equinos e em ruminantes, o qual se posiciona rostroventralmente ao meato acústico externo da parte petrosa (▶Fig. 2.12 e ▶Fig. 2.14). O processo estiloide está ausente em carnívoros e no suíno, portanto, o aparelho hioide se articula com o processo mastoide da parte petrosa em carnívoros (▶Fig. 2.6) e o processo nucal (*processus nuchalis*) da parte escamosa, o qual se localiza próximo à base do processo paracondilar no suíno. Na abertura externa do canal facial, de onde surge o nervo facial, o **forame estilomastóideo** (*foramen stylomastoideum*) está situado entre os processos estiloide e mastoide em ruminantes, no suíno e no equino e entre o processo mastoide e a parte timpânica em carnívoros (▶Fig. 2.38 e ▶Fig. 2.40).

A **parte timpânica** (*pars tympanica*, *tympanicum*) é a parte ventral do osso temporal. O seu alargamento bulboso, a **bula timpânica** (*bulla tympanica*), envolve a **cavidade timpânica da orelha média** (*cavum tympani*) (▶Fig. 2.6, ▶Fig. 2.13 e ▶Fig. 2.14). No gato, a cavidade timpânica se divide em duas partes, e a parede medial é formada pelo precursor cartilaginoso de uma parte endotimpânica separada (*pars endotympanica*).

O **meato acústico externo** (*meatus acusticus externus*) se abre dorsolateralmente (*porus acusticus externus*) (▶Fig. 2.9 e ▶Fig. 2.14) e se separa da cavidade timpânica por um diafragma membranoso, a **membrana timpânica** ou **tímpano** (*membrana tympani*), que se liga ao **anel timpânico** (*anulus tympanicus*). A parte dorsal da cavidade timpânica aloja os ossículos da audição (*ossicula auditus*), o estribo, o martelo e a bigorna. O **processo muscular** (*processus muscularis*) se estende das paredes mediorrostrais da bula timpânica, a qual é particularmente proeminente no equino e nos ruminantes. O canal auditivo em forma de sulco (*semicanalis tubae auditivae*) está situado de forma medial em relação ao processo muscular e adjacente ao sulco dos músculos tensores do véu palatino (*semicanalis musculi tensoris veli palatini*) no canal musculotubário (*canalis musculotubarius*), o qual conecta a cavidade timpânica à faringe.

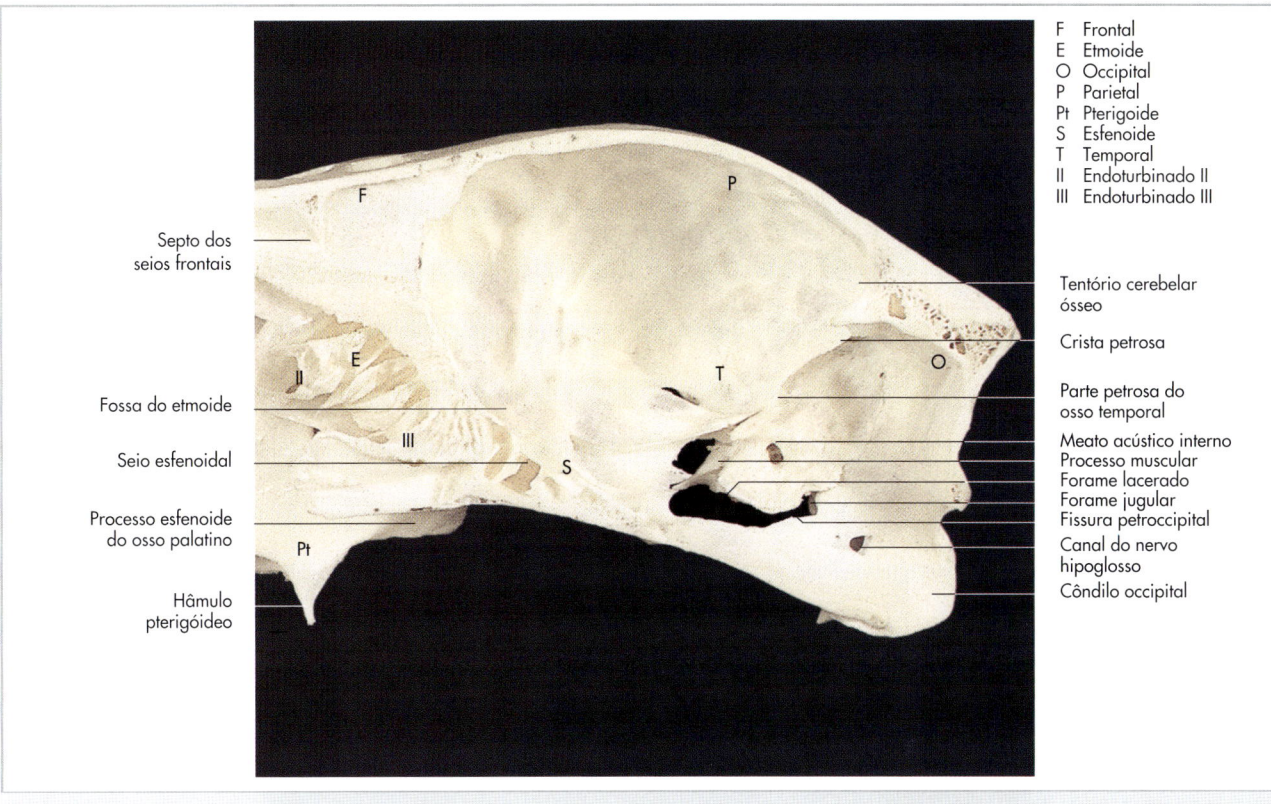

Fig. 2.10 Ossos da parte cranial do crânio de um equino (vista medial, secção sagital).

Legenda:
F Frontal
E Etmoide
O Occipital
P Parietal
Pt Pterigoide
S Esfenoide
T Temporal
II Endoturbinado II
III Endoturbinado III

Estruturas identificadas: Septo dos seios frontais; Fossa do etmoide; Seio esfenoidal; Processo esfenoide do osso palatino; Hâmulo pterigóideo; Tentório cerebelar ósseo; Crista petrosa; Parte petrosa do osso temporal; Meato acústico interno; Processo muscular; Forame lacerado; Forame jugular; Fissura petroccipital; Canal do nervo hipoglosso; Côndilo occipital.

Osso frontal (*os frontale*)

Os ossos frontais pares se situam entre o crânio e a face (▶Fig. 2.1 e ▶Fig. 2.2) e estão unidos na **sutura interfrontal** (*sutura interfrontalis*). Cada osso frontal envolve, dependendo da espécie, uma ou mais cavidades aéreas, os seios frontais (*sinus frontales*) (▶Fig. 2.10). Com base em sua localização, o osso frontal pode ser dividido em quatro segmentos:

- escama frontal (*squama frontalis*);
- parte orbital (*pars orbitalis*);
- face temporal (*facies temporalis*);
- parte nasal (*pars nasalis*).

A **escama frontal** faz limite com os ossos nasal e lacrimal em animais de grande porte e se restringe à parede da cavidade orbital em carnívoros. Ela se prolonga lateralmente para formar o **processo zigomático** (*processus zygomaticus*) (▶Fig. 2.8, ▶Fig. 2.9 e ▶Fig. 2.11), o qual constitui uma parte da **margem supraorbital superior** (*margo supraorbitalis*). O processo zigomático se articula diferentemente de espécie para espécie. Em ruminantes, ele forma uma união óssea com o processo frontal do osso zigomático (*processus frontalis ossis zygomatici*); em equinos, com o processo zigomático do osso temporal (*processus zygomaticus ossis temporalis*) (▶Fig. 2.11 e ▶Fig. 2.18). Em carnívoros, a margem supraorbital superior é formada pelo **ligamento orbital** (*ligamentum orbitale*), que costuma ser ossificado no gato. A órbita óssea é recortada pela glândula lacrimal (*fossa glandulae lacrimalis*), que se situa sob o processo zigomático ou sob o ligamento orbital, respectivamente.

A escama frontal se separa da face temporal pela **linha temporal** (*linea temporalis*), a qual se prolonga caudalmente como **crista sagital externa** (*crista sagittalis externa*) (▶Fig. 2.11 e ▶Fig. 2.18). Embora a escama frontal seja uma estrutura proeminente no cão, no equino e no bovino, ela é insignificante nos outros mamíferos domésticos. Em ruminantes cornuados, na terminação caudal da escama frontal, localizam-se as bases ósseas pares para os **processos cornuais** (*processus cornuales*), que sustentam os cornos.

A **parte nasal** (*pars nasalis*) é a extensão rostral do osso frontal e se relaciona rostralmente com o osso nasal e lateralmente com o osso lacrimal. A **parte orbital** (*pars orbitalis*) forma a parte principal da parede medial da cavidade orbital e está perfurada ventralmente pelo **forame etmoidal** (*foramen ethmoidale*) (▶Fig. 2.6 e ▶Fig. 2.14). No equino, o forame etmoidal se abre na junção entre os ossos frontal e esfenoide (▶Fig. 2.38). Medialmente à base do processo zigomático, a parte orbital é recortada por um sulco pouco profundo para a fixação do músculo oblíquo dorsal do globo ocular.

Na direção caudal da parte orbital, localiza-se a pequena face temporal côncava (*facies temporalis*). Ela forma a parte rostral da fossa temporal (*fossa temporalis*), que fornece um ponto de fixação para o músculo temporal (▶Fig. 2.11).

Osso parietal (*os parietale*)

O **parietal** é um osso par que forma a maior parte dorsolateral da parede craniana. Caudalmente, ele faz limite com o osso occipital, e rostralmente, com o osso frontal (▶Fig. 2.1 e ▶Fig. 2.2). A face externa (*facies externa*) pode ser dividida em um **plano parietal**

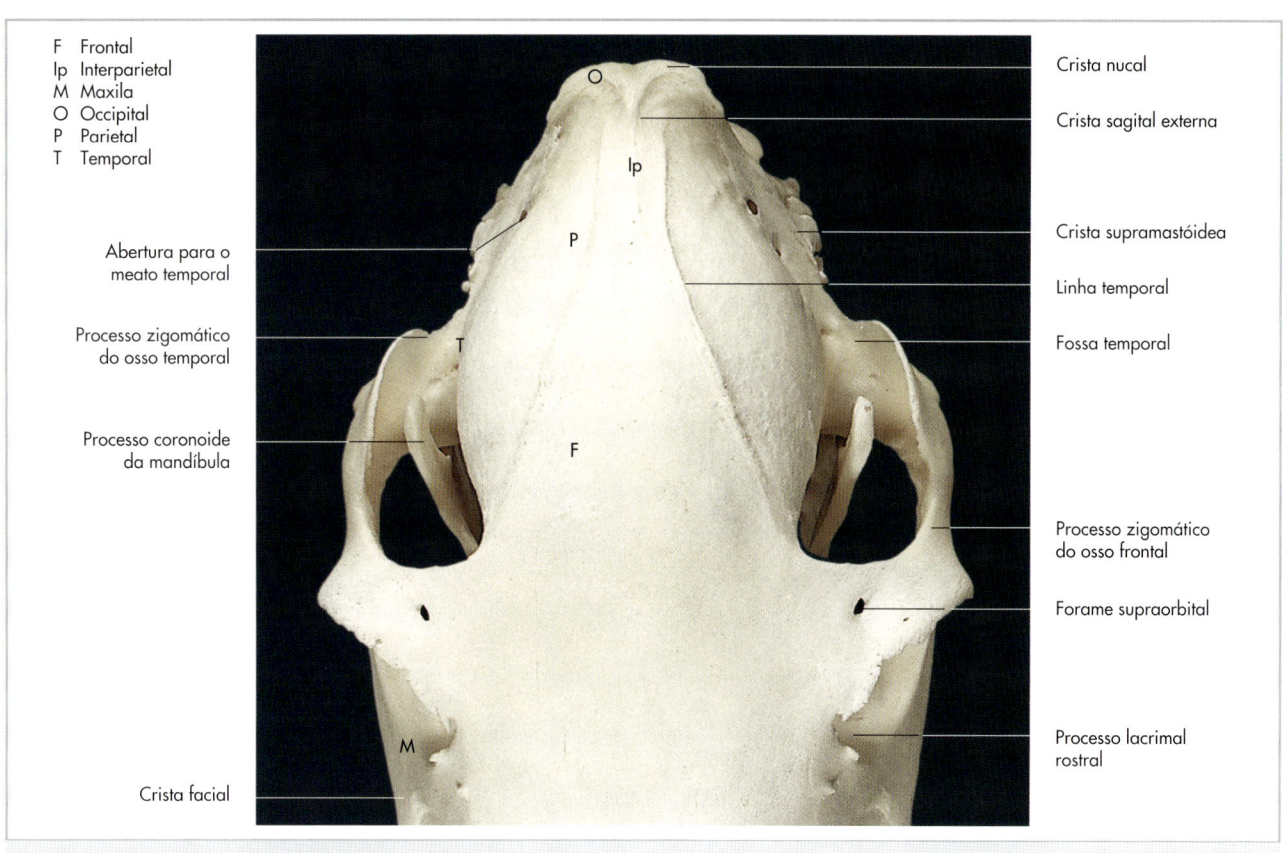

Fig. 2.11 Ossos da parte cranial do crânio de um equino (vista dorsal).

(*planum parietale*), formando a parede dorsal do neurocrânio, e um **plano temporal** (*planum temporale*), formando a parede lateral. O bovino apresenta um **plano nucal** (*planum nuchale*) adicional, o qual contribui para a formação da parte nucal do crânio.

A face interna (*facies interna*) se caracteriza por sulcos vasculares e diversas depressões e elevações, as quais correspondem aos sulcos e giros do encéfalo. No equino e no suíno, a face interna é marcada pela **crista sagital interna** (*crista sagittalis interna*) mediana, a qual é acompanhada pelo sulco do seio sagital dorsal (*sulcus sinus sagittalis dorsalis*). A parte caudal da face interna do osso parietal apresenta uma projeção medial (*processus tentoricus*), a qual constitui uma parte do **tentório cerebelar ósseo** (*tentorium cerebelli osseum*) em carnívoros e equinos (▶Fig. 2.5, ▶Fig. 2.10 e ▶Fig. 2.20).

Osso interparietal (*os interparietale*)

O **interparietal** localiza-se centralmente entre os ossos occipital e parietal, com os quais se fusiona durante a idade adulta, exceto no gato, em que as suturas ainda são visíveis no animal adulto (▶Fig. 2.5, ▶Fig. 2.10 e ▶Fig. 2.20).

Os processos do tentório sobre a face cerebral se fusionam com os processos de denominação semelhante dos ossos parietal e occipital, formando o **tentório cerebelar ósseo** (*tentorium cerebelli osseum*) (▶Fig. 2.5, ▶Fig. 2.10 e ▶Fig. 2.20).

Osso etmoide (*os ethmoidale*)

O **osso etmoide** situa-se na base das paredes orbitais e contribui para a formação das partes cranial e facial do crânio (▶Fig. 2.1 e ▶Fig. 2.2). A **lâmina externa** (*lamina externa*) do osso etmoide é comporta pela **lâmina tectória** (*lamina tectoria*), pela **lâmina basal** (*lamina basalis*), ventralmente, e pelas **lâminas orbitais** (*laminae orbitales*) pares, extremamente finas em cada lado. A **lâmina cribriforme** (*lamina cribrosa*) separa o osso etmoide da cavidade craniana. No plano mediano, uma **lâmina perpendicular** óssea (*lamina perpendicularis*) divide o etmoide em dois cilindros, de cujas paredes dorsais e laterais se projetam os **labirintos etmoidais** pares. O labirinto etmoidal (*labyrinthus ethmoidalis*) é composto por delicados rolos ósseos, os **etmoturbinados** (*ethmoturbinalia*), com o **meato etmoidal** (*meatus ethmoidales*) cheio de ar entre eles (▶Fig. 2.17).

A **lâmina cribriforme** (*lamina cribrosa*) é uma divisão semelhante a uma peneira entre as cavidades nasal e craniana (▶Fig. 2.5, ▶Fig. 2.7 e ▶Fig. 2.8). A lâmina cribriforme é perfurada por numerosos forames, através dos quais passam os **feixes de nervos olfatórios**. Esses nervos passam dos córtices olfatórios do cérebro para os bulbos olfatórios. A face cerebral é dividida em duas partes por uma crista mediana, a **crista galli**, considerada a continuação intracraniana da lâmina perpendicular (▶Fig. 2.7). Cada metade é côncava, e elas formam as **fossas etmoidais** (*fossae ethmoidales*), as quais contêm os bulbos olfatórios (▶Fig. 2.17).

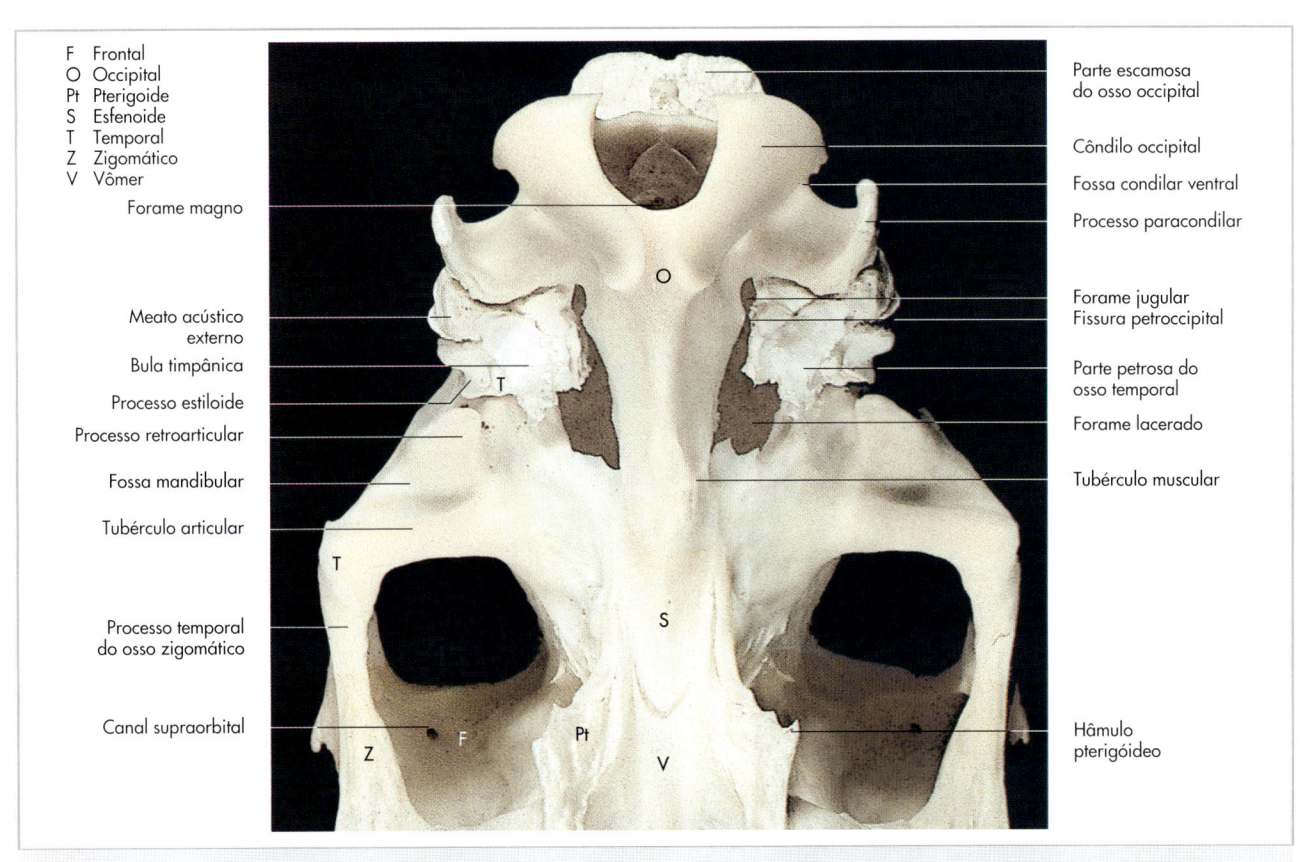

Fig. 2.12 Ossos da parte cranial do crânio de um equino (vista ventral).

Legenda da figura:
- F Frontal
- O Occipital
- Pt Pterigoide
- S Esfenoide
- T Temporal
- Z Zigomático
- V Vômer

Indicações à esquerda: Forame magno; Meato acústico externo; Bula timpânica; Processo estiloide; Processo retroarticular; Fossa mandibular; Tubérculo articular; Processo temporal do osso zigomático; Canal supraorbital.

Indicações à direita: Parte escamosa do osso occipital; Côndilo occipital; Fossa condilar ventral; Processo paracondilar; Forame jugular; Fissura petroccipital; Parte petrosa do osso temporal; Forame lacerado; Tubérculo muscular; Hâmulo pterigóideo.

Os **etmoturbinados** (*ethmoturbinalia*) emergem das paredes dorsais e laterais do osso etmoide. Eles se dispõem em duas fileiras, exceto nos equinos, dotados de três fileiras (▶Fig. 2.17). Cada etmoturbinado tem uma lamela basal, a qual se fixa às paredes do etmoide ou da lâmina cribriforme, e uma lamela espiral, a qual se projeta para a cavidade nasal. A maioria dos etmoturbinados apresenta uma espiral simples na direção ventral, porém alguns se dividem entre um giro dorsal e um giro ventral. Turbinados secundários extras podem ser encontrados em todos os mamíferos domésticos, mas são particularmente comuns em cães.

Os **etmoturbinados** podem ser divididos em **endoturbinados** (*endoturbinalia*), longos e profundos, que se prolongam para a cavidade nasal, e **ectoturbinados** (*ectoturbinalia*), mais curtos e superficiais. Os ectoturbinados geralmente estão dispostos em fileira única, exceto no equino, no qual formam uma fileira dupla. A quantidade de turbinados em cada lado varia nas diferentes espécies: são encontrados 4 endoturbinados e 6 ectoturbinados no cão; 7 endoturbinados e 20 ectoturbinados no suíno; 4 endoturbinados e 18 ectoturbinados em ruminantes; 6 endoturbinados e 25 ectoturbinados no equino.

O **primeiro endoturbinado** (*endoturbinale I*) é o turbinado mais longo e dorsal e o que mais se prolonga no interior da cavidade nasal. Ele forma a base óssea da **concha nasal dorsal** (*concha nasalis dorsalis*) e se fixa à crista etmoidal do osso nasal (▶Fig. 2.15, ▶Fig. 2.16 e ▶Fig. 2.17).

O **segundo endoturbinado** (*endoturbinale II*) segue a fileira próxima ao primeiro e forma a parte óssea da **concha nasal média** (*concha nasalis media*) (▶Fig. 2.17). Os turbinados seguintes diminuem de tamanho, exceto no cão, em que o segundo, terceiro e quarto endoturbinados são particularmente bem desenvolvidos. Embora as conchas nasais média e dorsal sejam formadas pelos endoturbinados, a **concha nasal ventral** (*concha nasalis ventralis*) faz parte da **maxila** (= maxiloturbinado).

A seguir, confira um resumo da estrutura óssea dos **ossos das conchas** (*ossa conchae*):
- **endoturbinado I** (*concha nasalis dorsalis*): forma a concha nasal dorsal;
- **endoturbinado II** (*concha nasalis media*): forma a concha nasal média;
- **maxila**: forma a concha nasal ventral (*concha nasalis ventralis* = maxiloturbinado).

Os endoturbinados se projetam até as cavidades nasais e formam uma parte do meato nasal. Há três meatos nasais:
- **meato nasal dorsal**: entre o teto da cavidade nasal e a concha nasal dorsal;
- **meato nasal médio**: entre as duas conchas nasais;
- **meato nasal ventral**: entre a concha nasal ventral e o assoalho da cavidade nasal.

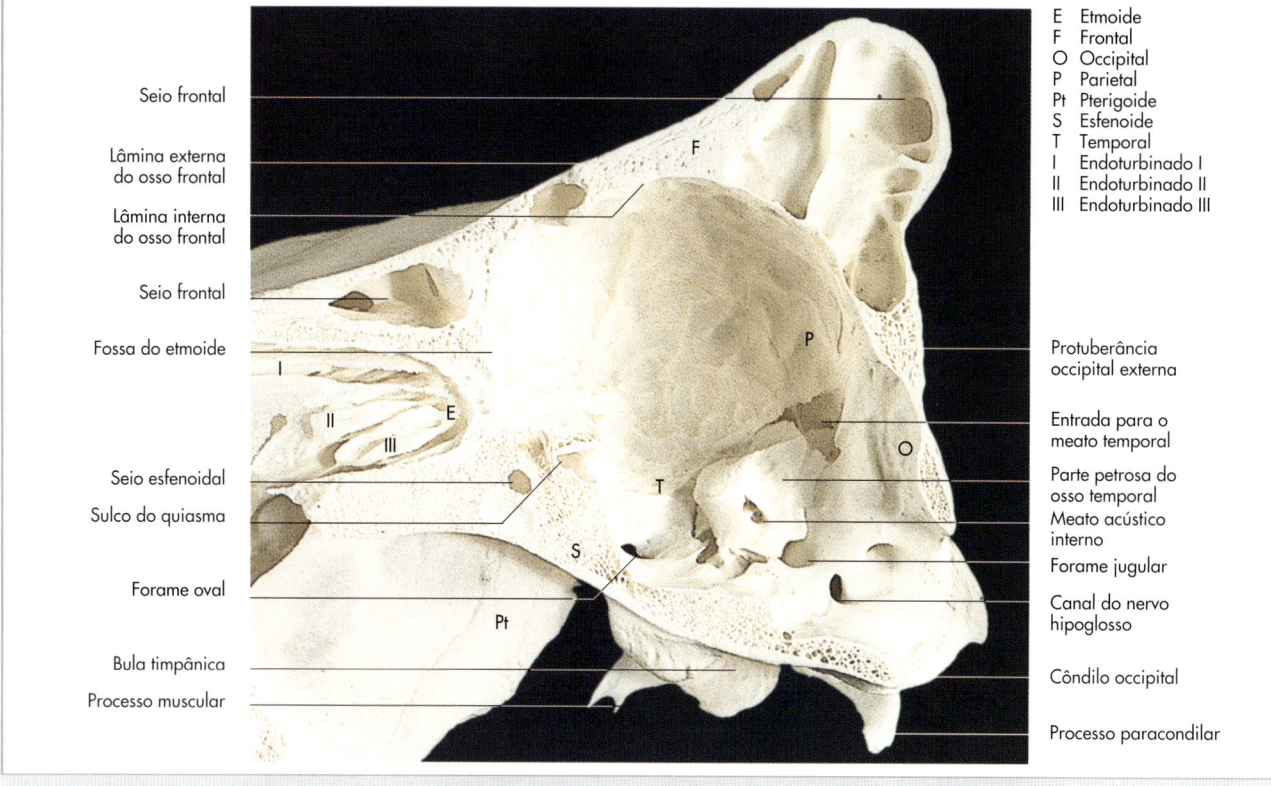

Fig. 2.13 Ossos da parte cranial do crânio de um bovino (vista medial, secção sagital).

2.4.2 Crânio, parte facial (*facies, viscerocranium*)

Os **ossos da parte facial do crânio** (*ossa faciei*) formam as paredes das cavidades nasais, cujos assoalhos formam o teto ósseo da cavidade oral. O assoalho e as paredes laterais da cavidade oral são completados pela **mandíbula** e sustentados pelo **osso hioide** (*os hyoideum*) ventralmente. As paredes da parte facial do crânio são compostas pelos seguintes segmentos em todos os mamíferos domésticos:
- **paredes laterais da cavidade nasal**, formadas por:
  - ossos lacrimais pares (*os lacrimale*);
  - ossos zigomáticos pares (*os zygomaticum*);
  - ossos maxilas pares (*maxilla*);
  - ossos incisivos pares (*os incisivum*);
- **assoalho da cavidade nasal/teto da cavidade bucal**, formado por:
  - ossos palatinos pares (*os palatinum*);
  - ossos maxilas pares (*maxilla*);
  - ossos incisivos pares (*os incisivum*);
  - vômer ímpar;
- **teto da cavidade nasal** (*dorsum nasi*), formado por:
  - ossos frontais pares (*os frontale*);
  - ossos nasais pares (*os nasale*);
- **teto ou paredes laterais da cavidade faríngea**, formados por:
  - ossos pterigoides pares (*os pterygoideum*);
  - segmentos do vômer ímpar;
  - ossos palatinos pares (*os palatinum*);
  - ossos esfenoides pares (*os sphenoidale*).

O **osso etmoide** separa as cavidades nasal e craniana. As conchas nasais dorsal e média, formadas pelo primeiro e segundo endoturbinados, e a concha nasal ventral, formada pela maxila, estendem-se dentro da cavidade nasal. A cavidade nasal é dividida verticalmente em duas metades pelo **septo nasal** (*septum nasi*) mediano (▶Fig. 2.17).

Osso nasal (*os nasale*)

O **osso nasal** forma o teto da cavidade nasal e apresenta uma face externa côncava (*facies externa*), exceto em algumas raças de gatos, suínos e equinos que apresentam um nariz convexo (▶Fig. 2.1 e ▶Fig. 2.2). A **crista etmoidal** (*crista ethmoidalis*) situa-se na face interna (*facies interna*) e forma a fixação para a **concha nasal dorsal** (*endoturbinale I*). Os ossos nasais pares unem-se na linha média em uma margem rombuda, através de uma sutura plana (*sutura plana*). Os **processos rostrais** (*processus rostrales*) formam o ápice do osso nasal (▶Fig. 2.21 e ▶Fig. 2.37), com terminação central no suíno, no ovino e no equino, lateral em carnívoros e com ápices separados para cada osso nasal no bovino. Há um processo adicional na face interna do osso nasal dos carnívoros, o qual constitui uma parte do septo nasal (*processus septalis*). O processo rostral se projeta além dos ossos que se localizam ventralmente em relação a ele, formando, assim, a **incisura nasoincisiva** (*incisura nasoincisiva*) entre o osso nasal e o osso incisivo (▶Fig. 2.37).

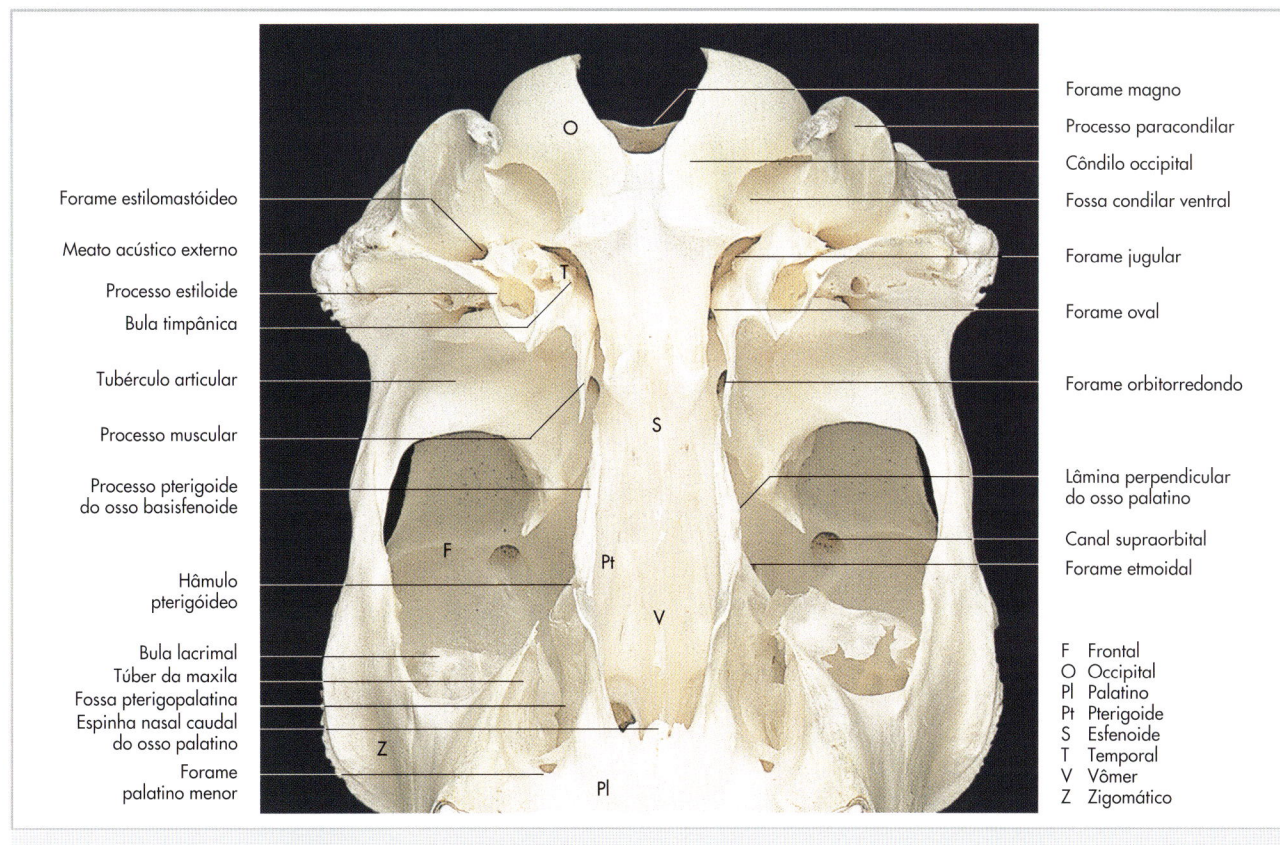

Fig. 2.14 Ossos da parte cranial do crânio de um bovino (vista ventral).

Osso lacrimal (*os lacrimale*)

O **osso lacrimal** é um osso pequeno, localizado próximo ao ângulo medial do olho, que forma partes da órbita e da parede lateral da face (▶Fig. 2.1 e ▶Fig. 2.2). Ele se articula com o osso frontal, o osso zigomático e a maxila em todos os mamíferos domésticos, em ruminantes e no equino; ele também se articula com o osso nasal em carnívoros com o osso palatino. A **face lateral** (*facies lateralis*) do osso lacrimal pode ser dividida em uma **face orbital** (*facies orbitalis*) e uma **face facial** (*facies facialis*), as quais são separadas pelas **margens supraorbital** e **infraorbital** (*margo supraorbitalis*, *margo infraorbitalis*), respectivamente. Próximo à margem da face orbital, existe uma fossa em forma de funil, a qual é ocupada pela origem dilatada do ducto lacrimonasal (*fossa sacci lacrimalis*). Caudal a ela, há uma depressão para a origem do músculo oblíquo ventral do olho (*fossa muscularis*).

Em ruminantes, a parte orbital é muito desenvolvida e acomoda ventralmente uma expansão de paredes finas, chamada **bolha lacrimal** (*bulla lacrimalis*), a qual contém uma extensão do seio maxilar. A face nasal (*facies nasalis*) forma os limites rostrais dos seios frontal e maxilar e é cruzada quase horizontalmente pelo **canal lacrimonasal**.

Osso zigomático (*os zygomaticum*)

O **osso zigomático** situa-se ventrolateralmente ao osso lacrimal (▶Fig. 2.1 e ▶Fig. 2.2) e forma partes da órbita óssea e do arco zigomático (▶Fig. 2.4, ▶Fig. 2.6 e ▶Fig. 2.18). O **arco zigomático** (*arcus zygomaticus*) é formado pela união do **processo temporal** (*processus temporalis*) do **osso zigomático** e do **processo zigomático** (*processus zygomaticus*) do **osso temporal** (▶Fig. 2.9, ▶Fig. 2.27 e ▶Fig. 2.28). Ele se prolonga em direção ao osso frontal, como o processo frontal (*processus frontalis*), em todas as espécies, exceto no equino. O processo frontal se articula com o processo zigomático do osso frontal em ruminantes para formar a **margem supraorbital** (*margo supraorbitalis*) (▶Fig. 2.9).

A margem supraorbital do equino se forma por meio dos processos zigomáticos dos ossos frontal e temporal. Em carnívoros e no suíno, o processo frontal do osso zigomático se une ao processo zigomático do osso frontal através do **ligamento orbital** (*ligamentum orbitale*) – completando, assim, a parede orbital. O ligamento orbital costuma se ossificar no gato.

A face orbital (*facies orbitalis*) se une à face facial posicionada lateralmente (*facies lateralis*) na margem infraorbital (*margo infraorbitalis*).

A face lateral é marcada por uma crista longitudinal, a **crista facial** (*crista facialis*), a qual é contínua rostralmente com a crista de mesmo nome na maxila. A crista facial é bastante proeminente no equino, apresenta formato de "S" nos ruminantes e é menos distinta em carnívoros e no suíno (▶Fig. 2.37).

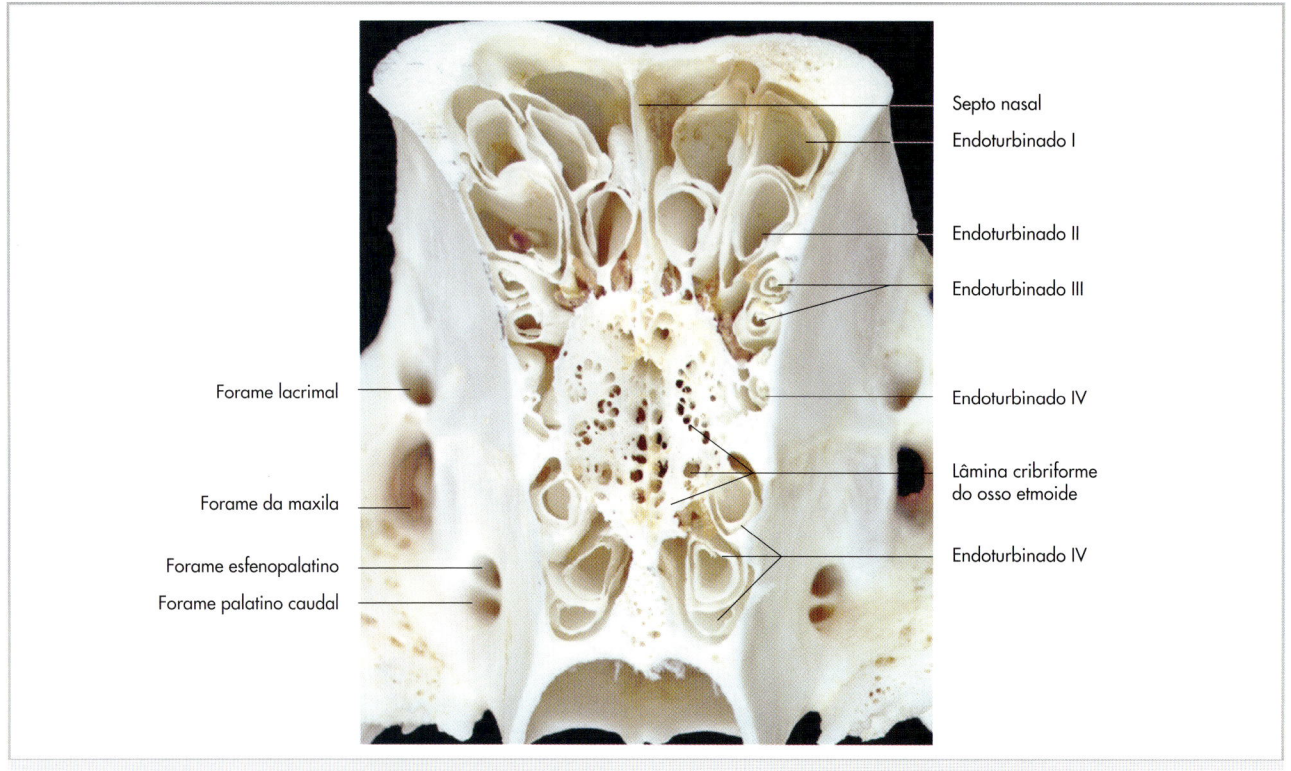

Fig. 2.15 Secção transversal da cavidade nasal de um cão com lâmina cribriforme do osso etmoide e endoturbinados.

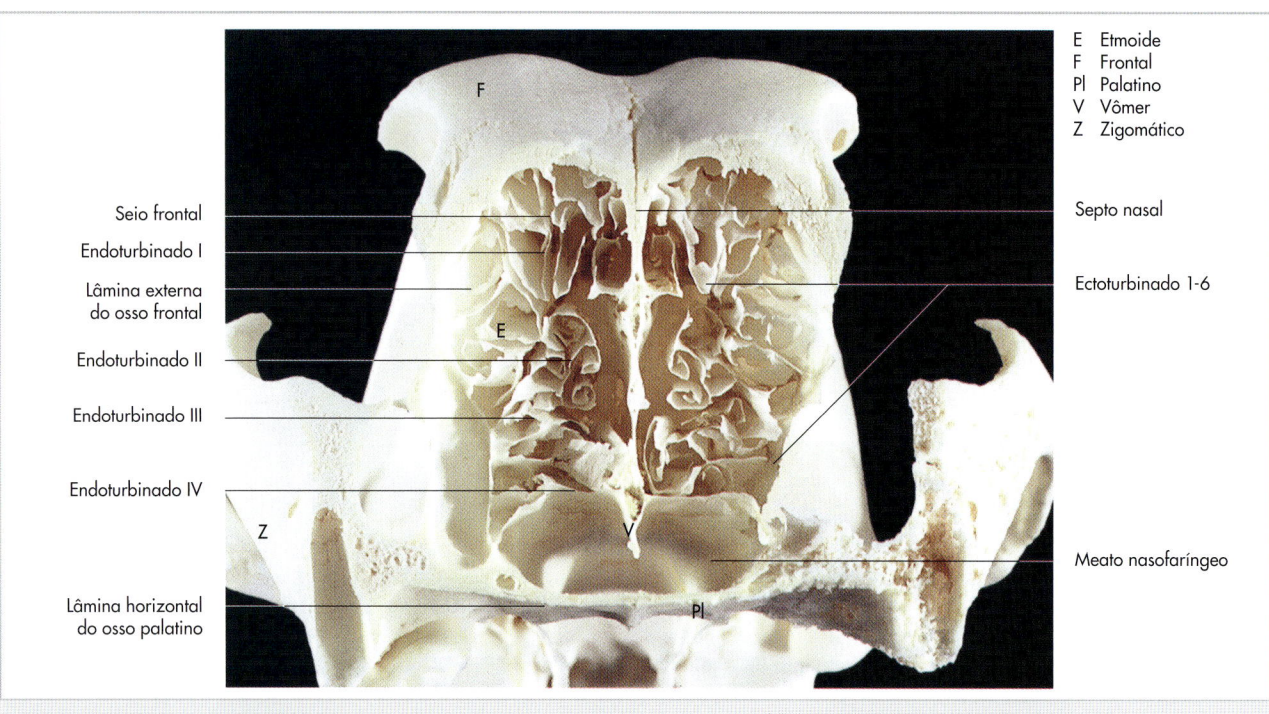

Fig. 2.16 Secção transversal da cavidade nasal de um cão com endo e ectoturbinados.

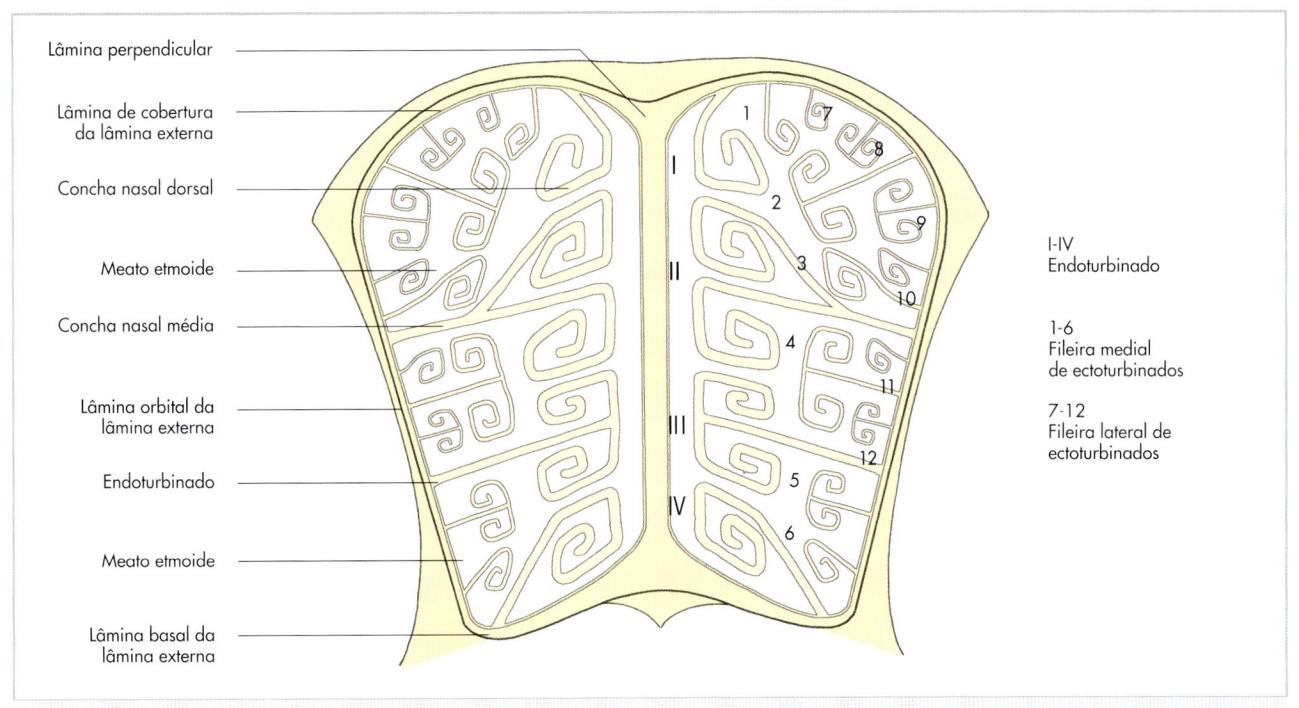

Fig. 2.17 Secção transversal dos etmoturbinados de um equino (representação esquemática). (Fonte: com base em dados de Nickel, Schummer e Seiferle, 1992.)

Labels (à esquerda): Lâmina perpendicular; Lâmina de cobertura da lâmina externa; Concha nasal dorsal; Meato etmoide; Concha nasal média; Lâmina orbital da lâmina externa; Endoturbinado; Meato etmoide; Lâmina basal da lâmina externa.

Legenda (à direita):
I-IV Endoturbinado
1-6 Fileira medial de ectoturbinados
7-12 Fileira lateral de ectoturbinados

O osso zigomático aloja cavidades repletas de ar em algumas espécies domésticas e, desse modo, participa do sistema de seios paranasais.

Maxila

A maxila é par e forma a base óssea de grande parte da parte facial do crânio. Além disso, ela contribui para a formação das paredes laterais da face, das cavidades nasais e orais e do palato duro. Trata-se do maior osso da face, que se articula com todos os ossos faciais (▶Fig. 2.1, ▶Fig. 2.2, ▶Fig. 2.18, ▶Fig. 2.19 e ▶Fig. 2.22). A maxila pode ser dividida em várias partes:
- **corpo** (*corpus maxillae*) com:
  - face facial externa (*facies facialis*);
  - face nasal interna (*facies nasalis*);
  - face pterigopalatina (*facies pterygopalatina*);
  - face orbital (*facies orbitalis*) no gato e no equino;
- processo alveolar (*processus alveolaris*);
- processo palatino (*processus palatinus*);
- processo frontal (*processus frontalis*) em carnívoros;
- processo zigomático (*processus zygomaticus*).

O **corpo da maxila** contém uma cavidade aérea (exceto em carnívoros) que constitui a principal parte do **seio maxilar** (*sinus maxillaris*). Esse seio paranasal se prolonga até os ossos zigomático e lacrimal. O processo pterigopalatino de ruminantes acomoda partes do **seio palatino** (*sinus palatinus*), o qual se comunica com a cavidade coberta pela lâmina horizontal do osso palatino.

A parede lateral do corpo da maxila forma a **face externa da face** (▶Fig. 2.18 e ▶Fig. 2.22), que se caracteriza por uma crista horizontal, a **crista facial** (*crista facialis*), particularmente evidente no equino (▶Fig. 2.37), menos distinta em ruminantes e no suíno e insignificante em carnívoros. Nos ruminantes, a crista facial se inicia com o **túber da face** (*tuber faciale*), em posição dorsal ao quarto dente molar, e se estende caudalmente como uma linha irregular. Há uma crista facial distinta no suíno, a qual termina na **fossa canina**.

O proeminente **forame infraorbital** (*foramen infraorbitale*) se abre dorsal e rostralmente à extremidade rostral da crista facial (▶Fig. 2.18, ▶Fig. 2.22 e ▶Fig. 2.37). Essa é a abertura externa do **canal infraorbital** (*canalis infraorbitalis*), que passa do **forame da maxila** (*foramen maxillare*) na **fossa pterigopalatina** (*fossa pterygopalatina*), ventral à órbita. Por esse canal, passam a artéria, a veia e o nervo infraorbitais, este último um derivado do nervo facial.

O **forame infraorbital** pode ser utilizado como um ponto de referência palpável para a anestesia perineural do nervo infraorbital. Ele é palpável e se situa em uma linha imaginária da incisura nasoincisiva à extremidade rostral da crista facial no equino, é encontrado a 3 cm na direção dorsal a partir do primeiro dente molar da maxila no bovino e a 1 cm na direção dorsal a partir do terceiro dente molar no cão. Antes de desembocar no forame infraorbital, o canal infraorbital se subdivide em um canal adicional (*canalis alveolaris*), por onde passam os nervos e os vasos sanguíneos dos incisivos.

A **face nasal** apresenta uma crista marcante, a **crista conchal** (*crista conchalis*), onde se fixa a **concha nasal ventral** (= **maxiloturbinado**) (*concha nasalis ventralis*) (▶Fig. 2.20, ▶Fig. 2.36 e ▶Fig. 2.45). A parte espiral da concha nasal ventral gira dorsalmente em direção ao meato nasal médio no equino e contém, em sua parte caudal, um **seio** paranasal cilíndrico (*sinus conchae nasalis ventralis*), o qual se comunica com a parte rostral do **seio maxilar**

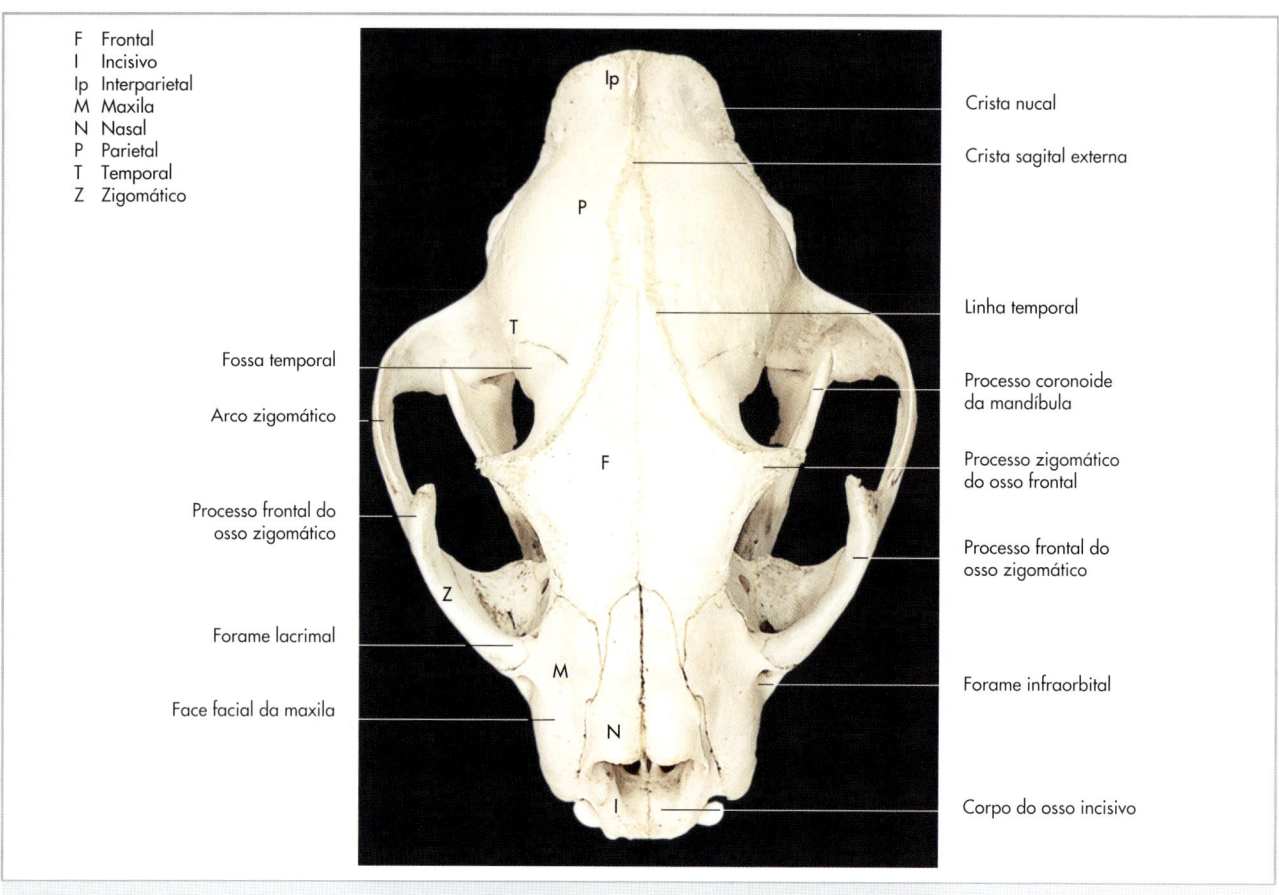

Fig. 2.18 Crânio de um puma (vista dorsal).

F Frontal
I Incisivo
Ip Interparietal
M Maxila
N Nasal
P Parietal
T Temporal
Z Zigomático

Labels na figura: Ip, P, T, Fossa temporal, Arco zigomático, F, Processo frontal do osso zigomático, Z, Forame lacrimal, M, Face facial da maxila, N, I, Crista nucal, Crista sagital externa, Linha temporal, Processo coronoide da mandíbula, Processo zigomático do osso frontal, Processo frontal do osso zigomático, Forame infraorbital, Corpo do osso incisivo.

(*sinus maxillaris rostralis*) e, dessa forma, com a cavidade nasal (▶Fig. 2.42 e ▶Fig. 2.43). A concha nasal ventral dos outros mamíferos domésticos se divide em uma lamela espiral dorsal, em direção ao meato nasal médio, e uma espiral ventral, em direção ao meato nasal ventral. A parte óssea do **canal lacrimal** (*canalis lacrimalis*) se abre na face nasal da maxila no **forame lacrimal** (*foramen lacrimale*), o qual se localiza dorsal à crista facial em equinos e ventralmente nos outros mamíferos domésticos.

A **face pterigopalatina** (*facies pterygopalatina*) forma a parte caudal da maxila, prolongando-se até o **túber da maxila** (*tuber maxillae*) (▶Fig. 2.37), e delimita a fossa pterigopalatina, posicionada medialmente, na qual os **forames maxilar** (*foramen maxillare*), **esfenopalatino** (*foramen sphenopalatinum*) e **palatino caudal** (*foramen palatinum caudale*) se abrem (▶Fig. 2.8).

O **processo alveolar** (*processus alveolaris*) contém as cavidades para os dentes, os **alvéolos dentários** (*alveoli dentales*) e, em sua margem livre, a **margem alveolar** (*margo alveolaris*). Os alvéolos são separados por **septos interalveolares** transversos (*septa interalveolaria*). A **margem interalveolar** (*margo interalveolaris*) se estende entre o canino e o primeiro molar (▶Fig. 2.22 e ▶Fig. 2.27). A face facial inferior da maxila apresenta elevações lisas (*juga alveolaria*), produzidas pelas raízes do dente (▶Fig. 2.44).

O **processo palatino** (*processus palatinus*) é uma lâmina óssea transversa que se origina do processo alveolar e encontra o seu par contralateral na **sutura palatina mediana** (▶Fig. 2.19). Ele forma o palato duro ósseo juntamente ao osso palatino, com o qual se articula caudalmente. No sentido rostral, o processo palatino se articula com partes do osso incisivo para formar a **fissura palatina** óssea (▶Fig. 2.19 e ▶Fig. 2.44). Essas lâminas ósseas horizontais pares, juntamente ao osso incisivo, formam o assoalho da cavidade nasal, o qual constitui o teto da cavidade oral. A face nasal do processo palatino forma a **crista nasal** (*crista nasalis*), à qual o vômer se fixa (▶Fig. 2.19, ▶Fig. 2.20 e ▶Fig. 2.33). Na face oral, encontra-se o **forame palatino maior** (*foramen palatinum majus*), cuja localização varia entre as espécies domésticas (▶Fig. 2.6). O processo palatino contém uma parte do **seio palatino** (*sinus palatinus*).

Osso incisivo (*os incisivum*)

Os **ossos incisivos** pares consistem em **corpo** (*corpus ossis incisivi*) (▶Fig. 2.1, ▶Fig. 2.2 e ▶Fig. 2.18) e nos **processos nasal** (*processus nasalis*), **palatino** (*processus palatinus*) e **alveolar** (*processus alveolaris*). Os ossos incisivos formam a parte rostral da parte facial do crânio, parte da abertura para a cavidade nasal e o teto do palato duro.

O corpo do osso incisivo apresenta duas faces, a **face palatina** (*facies palatina*) côncava e a **face labial** (*facies labialis*) convexa. Ele se prolonga rostralmente para formar o processo alveolar. O **processo alveolar** forma cavidades cônicas, os **alvéolos**

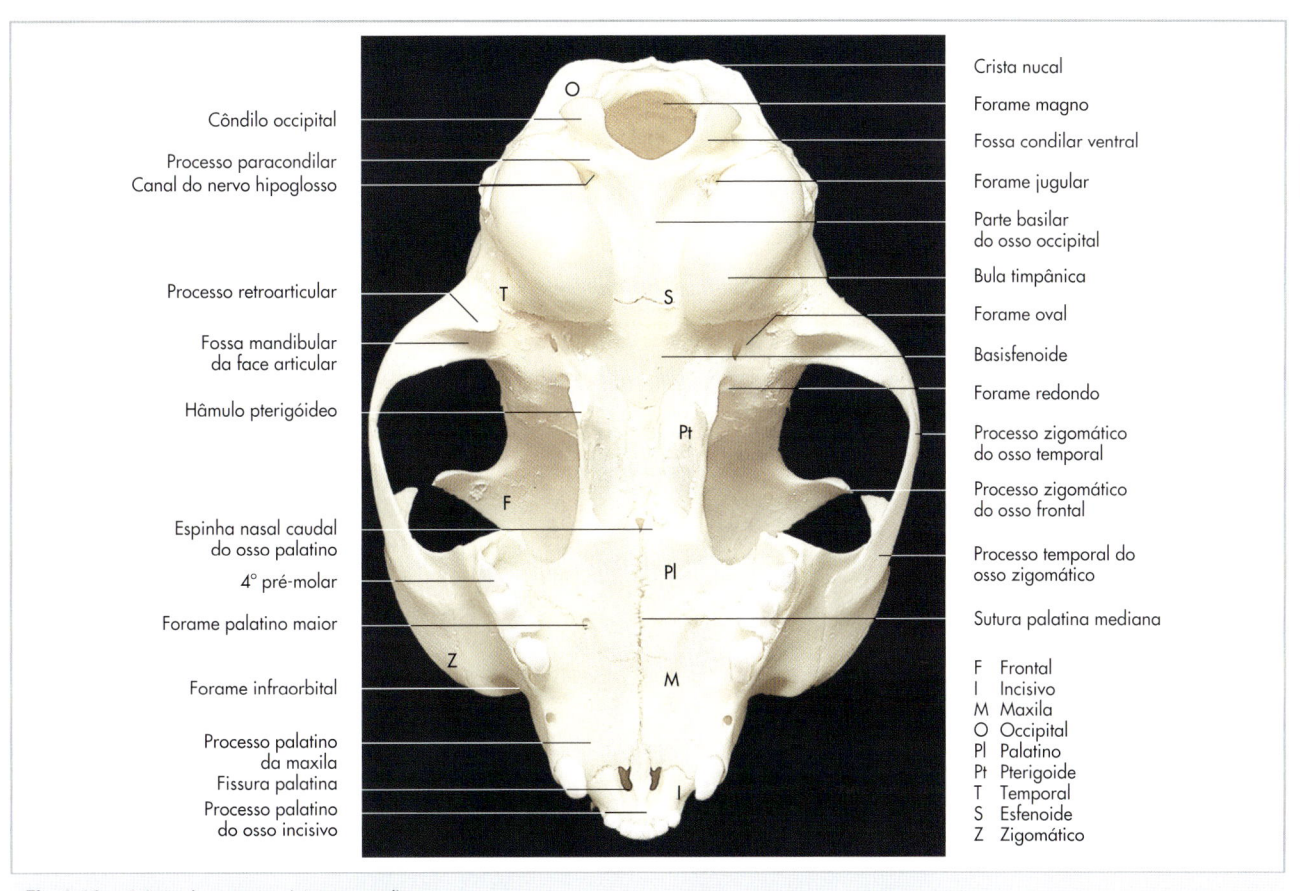

Fig. 2.19 Crânio de um gato (vista ventral).

dentários, para os três dentes incisivos de cada lado. Como não há dentes incisivos superiores nem caninos nos ruminantes, essa espécie não tem alvéolos dentários para esses dentes. O processo alveolar do osso incisivo se articula à maxila caudalmente, formando a **margem interalveolar**, a qual é relativamente longa em equinos, porém curta em suínos e carnívoros. O processo palatino do osso incisivo encontra o seu par contralateral na linha média; eles podem estar solidamente fusionados na sutura interincisiva (carnívoros e suíno) ou deixar uma fenda estreita, a fissura interincisiva (suíno e ruminantes).

Em humanos, o osso incisivo (também chamado de osso de Goethe) continua separado até os 4 anos de idade, quando se fusiona com a maxila.

Osso palatino (*os palatinum*)

Os **ossos palatinos** pares situam-se entre a maxila e os ossos esfenoide e pterigoide (▶Fig. 2.1, ▶Fig. 2.2, ▶Fig. 2.19, ▶Fig. 2.20 e ▶Fig. 2.21) e se dividem em: **lâmina horizontal** (*lamina horizontalis*), a qual forma uma parte do palato duro (▶Fig. 2.16); **lâmina perpendicular** (*lamina perpendicularis*), a qual forma uma parte das paredes lateral e dorsal do **meato nasofaríngeo** (*meatus nasopharyngeus*); e **coanas**, as aberturas entre as cavidades nasais e a parte nasal da faringe (▶Fig. 2.19 e ▶Fig. 2.20).

A **margem livre** (*margo liber*) da lâmina horizontal se dirige ao meato nasofaríngeo. Ela forma a parte caudal do palato duro, com a qual se liga o palato mole. A face nasal da lâmina horizontal, adjacente à sutura palatina mediana, é marcada pela **crista nasal** (*crista nasalis*), a qual termina caudalmente na **espinha nasal** (*spina nasalis caudalis*) (▶Fig. 2.44), que, na maioria das vezes, é ímpar. A lâmina horizontal contém parte do **seio palatino** (*sinus palatinus*), que também se prolonga até o processo palatino da maxila no bovino. O **canal palatino** (*canalis palatinus*) segue através da lâmina horizontal e permite a passagem da artéria, da veia e do nervo palatinos maiores. A **lâmina perpendicular** se une à lâmina horizontal em um ângulo reto e se prolonga até os ossos esfenoide e pterigoide, caudalmente, e às paredes da órbita, rostralmente. Ela se prolonga medialmente para formar a **lâmina esfenoetmoidal** (*lamina sphenoethmoidalis*), a qual se articula com a base do etmoide e do vômer. A margem livre da lâmina perpendicular completa a margem das coanas lateralmente. No equino, a lâmina perpendicular contém o seio palatino.

Vômer

O **vômer** é um osso ímpar que se estende da região das coanas até a cavidade nasal, onde se fixa à crista nasal mediana (*crista nasalis*) no assoalho da cavidade nasal (▶Fig. 2.16). A sua parte basal se prolonga até a crista nasal da lâmina horizontal do osso palatino

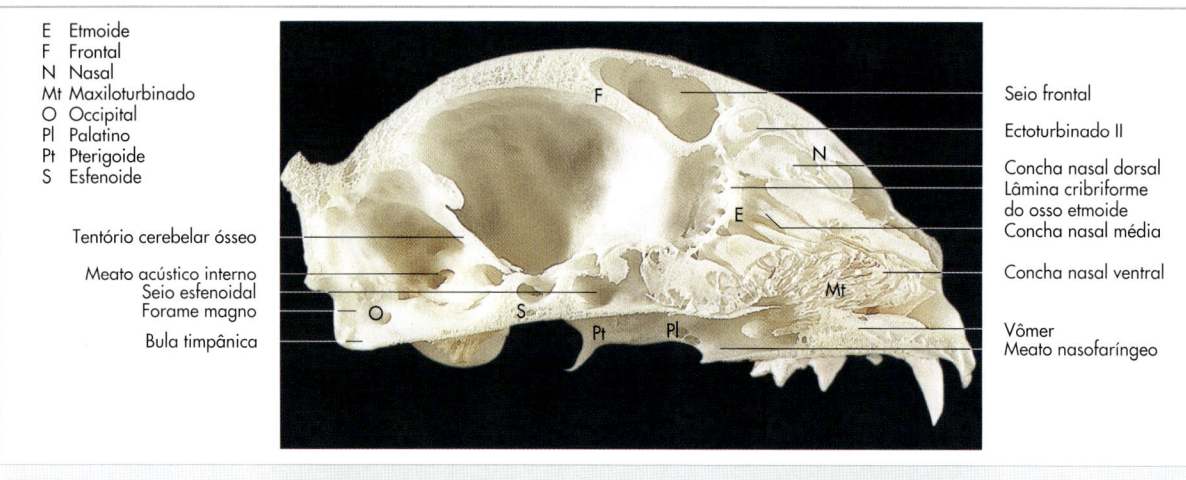

Fig. 2.20 Crânio de um gato (vista medial, secção sagital).

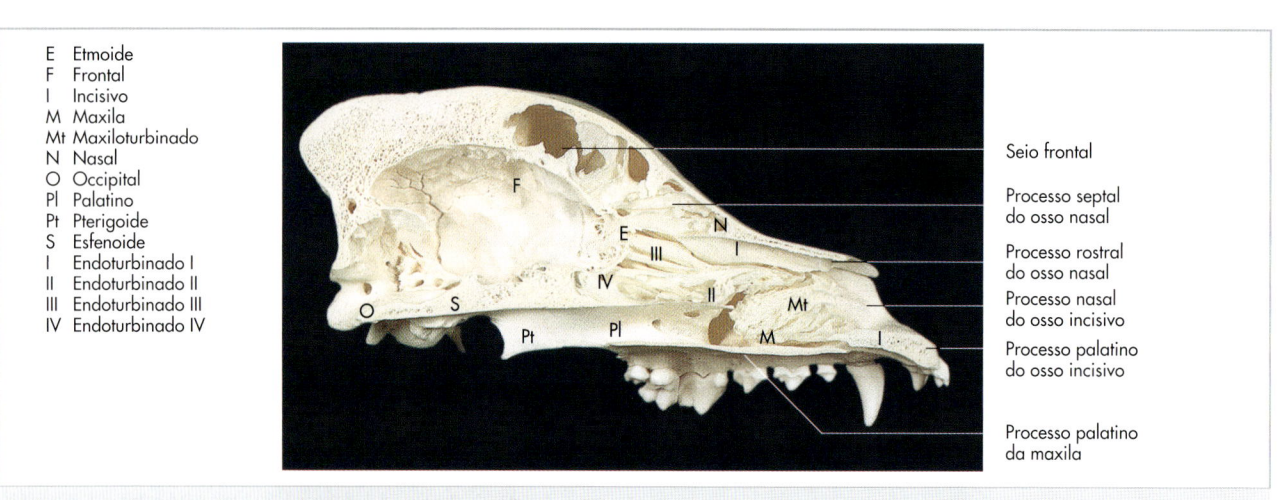

Legenda Fig. 2.20:
- E Etmoide
- F Frontal
- N Nasal
- Mt Maxiloturbinado
- O Occipital
- Pl Palatino
- Pt Pterigoide
- S Esfenoide

Rótulos Fig. 2.20: Seio frontal; Ectoturbinado II; Concha nasal dorsal; Lâmina cribriforme do osso etmoide; Concha nasal média; Concha nasal ventral; Vômer; Meato nasofaríngeo; Tentório cerebelar ósseo; Meato acústico interno; Seio esfenoidal; Forame magno; Bula timpânica.

Fig. 2.21 Crânio de um cão (vista medial, secção sagital).

Legenda Fig. 2.21:
- E Etmoide
- F Frontal
- I Incisivo
- M Maxila
- Mt Maxiloturbinado
- N Nasal
- O Occipital
- Pl Palatino
- Pt Pterigoide
- S Esfenoide
- I Endoturbinado I
- II Endoturbinado II
- III Endoturbinado III
- IV Endoturbinado IV

Rótulos Fig. 2.21: Seio frontal; Processo septal do osso nasal; Processo rostral do osso nasal; Processo nasal do osso incisivo; Processo palatino do osso incisivo; Processo palatino da maxila.

---

em carnívoros, ao passo que, nos ruminantes, ela se une ao processo palatino da maxila. As duas lâminas laterais se prolongam de cada lado da base dorsalmente, formando um sulco estreito, o **sulco septal** (*sulcus septalis*), que envolve o septo nasal.

Osso pterigoide (*os pterygoideum*)

O **osso pterigoide par** é uma placa óssea delgada entre o osso esfenoide e a lâmina horizontal do osso palatino. Ele forma uma parte das paredes dorsal e lateral da cavidade nasofaríngea. A margem livre do osso pterigoide forma um pequeno processo no formato de gancho, o **hâmulo pterigóideo** (*hamulus pterygoideus*), que se projeta além da margem das coanas e é bastante desenvolvido no equino (▶Fig. 2.1, ▶Fig. 2.2 e ▶Fig. 2.45).

Mandíbula

As duas metades da **mandíbula** se desenvolvem na mesoderme craniana do primeiro arco branquial e se articulam firmemente no **ângulo mentual** (*angulus mentalis*), formando a **sincondrose mandibular** média (*synchondrosis intermandibularis*) rostralmente. Essa união fibrosa normalmente se completa durante o primeiro ano após o nascimento no suíno e no equino, porém pode ocorrer mais tarde ou, então, permanecer bipartida em carnívoros e ruminantes. Cada metade pode ser dividida em (▶Fig. 2.1, ▶Fig. 2.2, ▶Fig. 2.23 e ▶Fig. 2.24):
- **corpo da mandíbula** (*corpus mandibulae*), que contém os dentes;
- **ramo da mandíbula** (*ramus mandibulae*).

A partir da sincondrose, as duas metades se divergem, envolvendo o **espaço mandibular** (*spatium mandibulae*) entre elas.

O corpo da mandíbula pode ser subdividido em uma **parte incisiva** (*pars incisiva*), que contém os dentes incisivos, e uma **parte caudal** (*pars molaris*), que contém os dentes molares. A parte incisiva é composta por uma lâmina horizontal com uma face convexa em direção aos lábios (*facies labialis*) e uma face côncava em direção à língua (*facies lingualis*), as quais se encontram no **arco alveolar** (*arcus alveolaris*). O arco alveolar é denteado por seis cavidades cônicas para as raízes dos dentes incisivos (alvéolos dentários). O alvéolo dentário para o dente canino situa-se diretamente

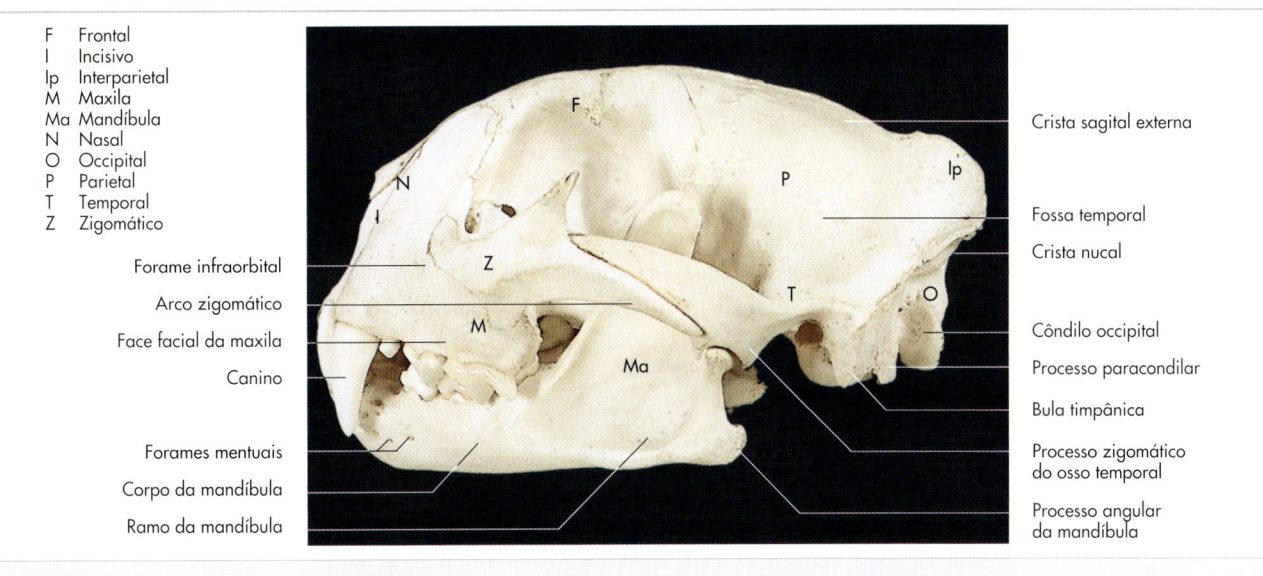

Fig. 2.22 Crânio de um puma (vista lateral).

Legenda:
- F Frontal
- I Incisivo
- Ip Interparietal
- M Maxila
- Ma Mandíbula
- N Nasal
- O Occipital
- P Parietal
- T Temporal
- Z Zigomático

Estruturas indicadas: Forame infraorbital, Arco zigomático, Face facial da maxila, Canino, Forames mentuais, Corpo da mandíbula, Ramo da mandíbula, Crista sagital externa, Fossa temporal, Crista nucal, Côndilo occipital, Processo paracondilar, Bula timpânica, Processo zigomático do osso temporal, Processo angular da mandíbula.

---

caudal em carnívoros e ruminantes e espaçado no equino e no suíno.

A parte molar apresenta uma **face bucal** (*facies buccalis*) lateral e uma **face lingual** (*facies lingualis*) medial, as quais são separadas pela **margem ventral** (*margo ventralis*). A parte caudal da **margem alveolar dorsal** (*margo alveolaris*) forma as cavidades que contêm as raízes dos dentes molares. Há três dentes molares no gato, sete no cão e no suíno, seis em ruminantes e seis ou sete no equino.

A parte rostral sem dentes da margem dorsal entre o canino e o primeiro molar é chamada de **margem interalveolar** (*margo interalveolaris*) ou **diastema**, que é mais longa em equinos e ruminantes (▶Fig. 2.24 e ▶Fig. 2.27). O corpo da mandíbula contém o **canal mandibular** (*canalis mandibularis*), por onde passam a artéria e a veia mandibulares e o nervo alveolar mandibular (*n. alveolaris mandibularis*). A abertura caudal do canal mandibular é o **forame da mandíbula** (*foramen mandibulae*), na face medial da mandíbula; ele atravessa rostralmente, ventral aos alvéolos dentários, e termina no **forame mentual** (*foramen mentale*), na face lateral da **margem interalveolar** (*margo interalveolaris*) (▶Fig. 2.24 e ▶Fig. 2.27). O forame mentual consiste em uma única abertura em ruminantes e no equino, mas em duas ou três aberturas em carnívoros e em até cinco aberturas no suíno. O canal mandibular prossegue rostralmente como canal alveolar (*canalis alveolaris*) até os alvéolos dentários dos dentes incisivos e caninos. A margem ventral do corpo da mandíbula é marcada por uma reentrância lisa, a **incisura dos vasos faciais** (*incisura vasorum facialium*), na qual os vasos da face e o ducto parotídeo se curvam ao redor do osso. Esse é o local onde se costuma palpar o pulso do equino (▶Fig. 2.24).

> **Nota clínica**
>
> Os forames mentual e mandibular podem ser utilizados como **pontos de referência para a anestesia perineural** (▶Fig. 2.26, ▶Fig. 2.27, ▶Fig. 2.28 e ▶Fig. 2.29):
> - **forame da mandíbula** (*foramen mandibulae*):
>   - equino e bovino: na face medial no centro de uma linha imaginária, traçada do processo condilar à incisura dos vasos faciais (*incisura vasorum facialium*);
>   - cão: na face medial a 2 cm na direção caudal em relação ao último molar;
> - **forame mentual** (*foramen mentale*):
>   - equino: na face lateral da margem interalveolar, a 1 cm abaixo da margem dorsal no nível da extremidade rostral do espaço intermandibular;
>   - bovino: na face lateral a 1 cm ventral e caudal ao canino;
>   - cão: no meio da face lateral, ventral ao primeiro dente molar.

O **ramo da mandíbula** (*ramus mandibulae*) é uma placa óssea vertical que se prolonga do corpo da mandíbula em direção ao arco zigomático (▶Fig. 2.23 e ▶Fig. 2.24). A face lateral desse ramo se caracteriza pela **fossa massetérica** (*fossa masseterica*), o local de fixação do músculo masseter (*m. masseter*); já a sua face medial se caracteriza pela **fossa pterigóidea** (*fossa pterygoidea*), o local de fixação do músculo pterigóideo medial (*m. pterygoideus medialis*). A parte caudoventral do ramo da mandíbula forma o **ângulo da mandíbula** (*angulus mandibulae*), o qual projeta um processo em forma de gancho em carnívoros, o **processo angular** (*processus angularis*).

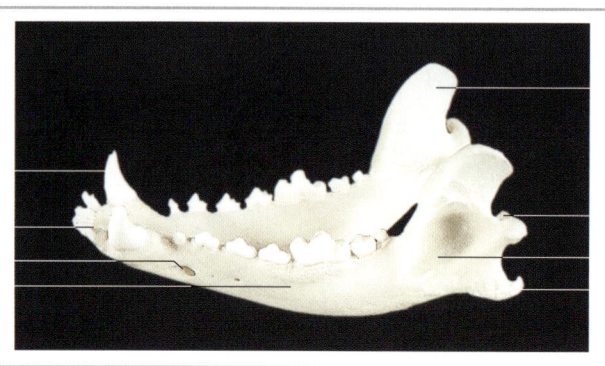

Fig. 2.23 Mandíbula de um cão (vista lateral).

Fig. 2.24 Mandíbula de um garanhão (vista lateral).

A extremidade livre do ramo da mandíbula consiste no **processo condilar** (*processus condylaris*) e na **cabeça da mandíbula** (*caput mandibulae*) alongada transversalmente para a formação da articulação temporomandibular em posição caudal. Rostralmente, ela se prolonga para formar o **processo coronoide** (*processus coronoideus*), onde o músculo temporal (*m. temporalis*) se insere. Esses dois processos estão separados pela **incisura mandibular** (*incisura mandibulae*) (▶Fig. 2.23 e ▶Fig. 2.24).

Osso hioide, aparelho hioide (*os hyoideum, apparatus hyoideus*)

O **osso hioide** se desenvolve de partes do segundo e terceiro arcos branquiais, e seus componentes cartilaginosos individuais se ossificam no início da vida e se unem para formar sincondroses firmes. Os ossos hioides situam-se entre os ramos da mandíbula na base da língua e atuam como um **mecanismo suspensório para a língua** e a **laringe**. Eles podem ser divididos em duas partes. A primeira parte se conecta com a língua e a laringe, sendo denominada aparelho hioide, equivalente ao do humano. A segunda parte segue a direção dorsal, articulando-se com o osso temporal, sendo denominada aparelho suspensor.

A parte principal do hioide corresponde à do humano e tem três componentes (▶Fig. 2.25 e ▶Fig. 2.26):
- basi-hioide ou corpo (*corpus ossis hyoidei, basihyoideum*);
- tireo-hioide (*thyrohyoideum*);
- cerato-hioide (*ceratohyoideum*).

O **basi-hioide** é um osso transverso ímpar e curto, situado na musculatura da base da língua. A sua margem rostral sustenta centralmente o **processo lingual** (*processus lingualis*), o qual é longo no equino e mais curto nos ruminantes.

O **tireo-hioide** se projeta caudalmente a partir do basi-hioide, com o qual se fusiona firmemente em ruminantes e equinos, na relação com a cartilagem tireóidea da laringe, com a qual forma uma articulação móvel.

O **cerato-hioide** se articula com o basi-hioide e o tireo-hioide caudalmente e com o epi-hioide proximalmente, conectando, assim, o hioide com o aparelho suspensor.

O aparelho suspensor une os ossos hioides ao crânio de modos diferentes para cada espécie: em ruminantes e no equino, o hioide se articula com o **processo estiloide** (*processus styloideus*) da parte timpânica do osso temporal; em carnívoros, com o **processo mastoide** (*processus mastoideus*) do osso temporal petroso; e, no suíno, com o **processo nucal** (*processus nuchalis*) do osso temporal escamoso.

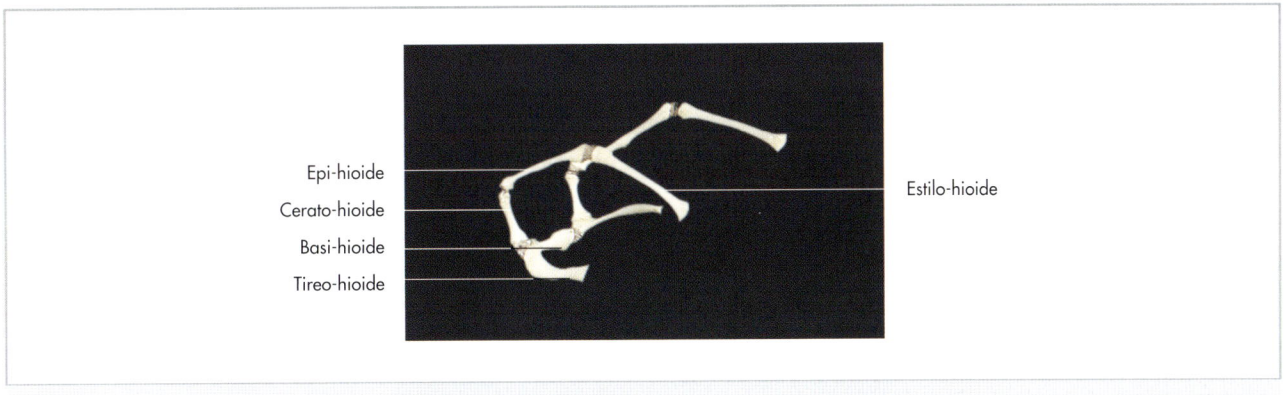

Fig. 2.25 Osso hioide de um gato (vista caudolateral).

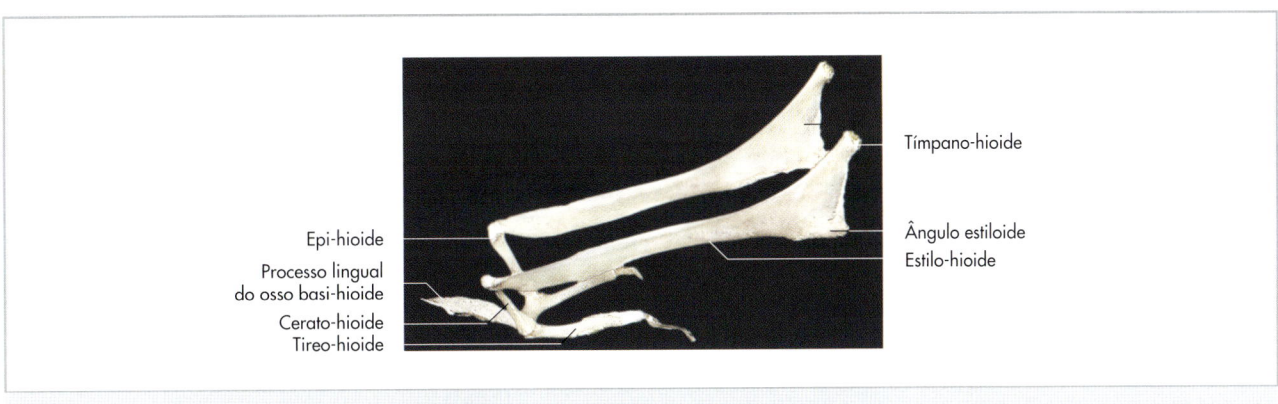

Fig. 2.26 Osso hioide de um equino (vista caudolateral).

O aparelho suspensor é composto por três partes:
- parte proximal ou tímpano-hioide (*tympanohyoideum*);
- parte média ou estilo-hioide (*stylohyoideum*);
- parte distal ou epi-hioide (*epihyoideum*).

O **tímpano-hioide** é uma barra cartilaginosa curta na maioria dos animais e composta de tecido fibroso em carnívoros. Ele é uma continuação da extremidade proximal do estilo-hioide e se fusiona com o osso temporal. O **estilo-hioide** é um cilindro achatado lateralmente em ruminantes e no equino; a parte distal permanece cartilaginosa em suínos e carnívoros. O **epi-hioide** está interposto entre o estilo-hioide e o cerato-hioide. Ele é cilíndrico em carnívoros, fusiona-se com o estilo-hioide em equinos e é substituído pelo **ligamento epi-hioide** (*ligamentum epihyoideum*) em suínos.

Seios paranasais (*sinus paranasales*)

Os **seios paranasais** são cavidades aéreas entre as lâminas externa e interna dos ossos do crânio, as quais se conectam à cavidade nasal (▶Fig. 2.8, ▶Fig. 2.13, ▶Fig. 2.20, ▶Fig. 2.21, ▶Fig. 2.36, ▶Fig. 2.42 e ▶Fig. 2.43). Como os seios paranasais apresentam uma grande variedade entre os mamíferos domésticos, eles serão descritos separadamente para cada espécie.

Os seguintes seios paranasais podem ser encontrados no crânio de animais domésticos:
- seio maxilar (*sinus maxillaris*);
- seio frontal (*sinus frontalis*);
- seio palatino (*sinus palatinus*);
- seio esfenoidal (*sinus sphenoidalis*);
- seio lacrimal (*sinus lacrimalis*) em suínos e em ruminantes;
- seio conchal dorsal (*sinus conchae dorsalis*);
- seio conchal ventral (*sinus conchae ventralis*) no suíno, em ruminantes e no equino;
- células etmoides no suíno e em ruminantes.

Tab. 2.1 Aberturas do crânio e estruturas de passagem

Aberturas	Ossos	Estruturas transmitidas	Informações
Canal do nervo hipoglosso	Occipital	Nervo hipoglosso (XII) Artéria e veia condilares	Frequentemente duplo em bovinos Forame em equinos
Canal óptico	Pré-esfenoide	Nervo óptico (II)	Encontra-se sobre o seio esfenoidal
Fissura orbital	Pré-esfenoide	Nervo oftálmico (V_1) III, IV e VI nervos cranianos	Em carnívoros e equinos
Forame redondo	Pré-esfenoide	Nervo maxilar (V_2)	Forame orbitorredondo em ruminantes e suínos
Forame alar caudal	Basisfenoide	Artéria maxilar	No cão e em equinos
Forame alar rostral	Basisfenoide	Artéria maxilar	Somente em equinos
Forame alar pequeno	Basisfenoide	Artéria temporal profunda rostral	Somente no equino
Forame lacerado	Basioccipital Temporal Basisfenoide	Artéria carótida interna Nervo mandibular (V_3) Artéria meníngea média	No equino e no suíno
Forame jugular	Basioccipital Temporal	IX, X e XI nervos cranianos Cão: artéria carótida interna	Forame lacerado como parte caudal
Forame oval	Basisfenoide	Nervo mandibular (V_3)	No equino, a incisura oval fica no forame lacerado
Canal carotídeo	Basisfenoide	Artéria carótida interna (exceto no cão) Nervo carotídeo interno	No equino, incisura carotídea e forame lacerado
Forame espinhoso	Basisfenoide	Nervo troclear (IV) Artéria meníngea média	No equino, a incisura espinhosa fica no forame lacerado
Forame supraorbital	Frontal	Nervo frontal (V_1), Artéria e veia frontal	Ausente em carnívoros
Forame etmoidal	Frontal	Nervo etmoidal (V_1) Veia etmoidal externa Artéria etmoidal	–
Fissura petroccipital	Temporal/Occipital	Nervo petroso maior (VII) Corda do tímpano (VII)	–
Forame retroarticular	Parte escamosa temporal	Veias emissárias para o seio temporal	–
Área facial	Parte petrosa	Nervo facial (VII)	Meato acústico interno
Área coclear	Temporal	Nervo coclear (VIII)	Meato acústico interno
Área vestibular dorsal	Temporal	Nervo vestibular (VIII)	Meato acústico interno
Área vestibular ventral	Temporal	Nervo vestibular (VIII)	Meato acústico interno
Forame estilomastóideo	Parte petrosa/Parte timpânica	Nervo facial (VII)	–
Forame da maxila	Maxila	Nervo infraorbital (V_2), veia e artéria	Fossa pterigopalatina
Forame palatino caudal	Maxila	Nervo palatino maior (V_2), veia e artéria	Fossa pterigopalatina
Forame esfenopalatino	Maxila	Nervo nasal caudal (V_2) Veia e artéria esfenopalatinas	Fossa pterigopalatina
Forame infraorbital	Maxila	Nervo infraorbital (V_2), veia e artéria	–
Canal interincisivo	Incisivo	Artéria palatina maior	–
Forame da mandíbula	Mandíbula	Nervo mandibular (V_3), veia e artéria	–
Forame mentual	Mandíbula	Nervo mentual (V_3), veia e artéria	–
Forame palatino maior	Palatino	Nervo palatino maior (V_2) e artéria	Veia palatina maior somente em pequenos ruminantes

2.5 O crânio como um todo

2.5.1 O crânio dos carnívoros

Existem muitas variações na forma do crânio, não apenas entre as diferentes espécies de carnívoros (▶Fig. 2.30, ▶Fig. 2.31, ▶Fig. 2.32, ▶Fig. 2.34 e ▶Fig. 2.35), mas também entre as diferentes raças, principalmente no cão. Com base no formato do crânio, as raças caninas podem ser agrupadas em **dolicocéfalas** (cabeça longa e estreita), **braquicéfalas** (cabeça larga e curta) e **mesocéfalas** (cabeça de proporções médias).

As raças dolicocéfalas apresentam um esqueleto facial alongado e uma parte craniana estreita, com uma **crista sagital externa** (*crista sagittalis externa*) bem definida para a fixação do músculo temporal (▶Fig. 2.36). A parte frontal e nasal é côncava, porém quase plana, e os arcos zigomáticos se projetam menos lateralmente do que nos outros grupos. Alguns exemplos de raças são: Border Collie, Wolfhound irlandês, Greyhounds.

Nas raças braquicéfalas, a parte craniana é relativamente grande em comparação com a parte facial, que é mais curta e larga. A crista sagital externa é reduzida ou pode até mesmo não existir. Em algumas raças, as fontanelas permanecem abertas até o final da vida. Nesse grupo, encontram-se Pequineses, Pugs, Pomerânios e alguns Spaniels. Em determinadas raças braquicéfalas, a mandíbula se projeta na direção rostral em relação à maxila, produzindo a condição conhecida como **prognatismo da mandíbula**.

Em raças mesocéfalas, como Beagles e Dachshounds, as partes facial e cranial do crânio são bem proporcionadas, resultando em uma conformação intermediária entre os outros dois grupos. Apesar dessas variações específicas de raças, que são complementadas por características próprias relativas à idade e ao gênero, a arquitetura básica do crânio de cães permanece a mesma. Afirma-se, de modo geral, que o crânio do cão é relativamente grande, o que se acredita ter uma grande importância em predadores, pois o crânio abriga os órgãos sensoriais (p. ex., visão, audição, olfato) e o encéfalo.

Portanto, esse tipo de crânio se caracteriza por uma parte facial bem desenvolvida, cavidades orbitais dominantes, com órbitas fibrosas incompletas, fossas temporais distintas e grandes bulas timpânicas. Em comparação com o cão mesocéfalo, a face do gato é mais curta, e as cavidades orbitais são maiores e posicionadas mais frontalmente, aumentando, assim, o campo de visão binocular. A face nucal do crânio de carnívoros é formada pelas partes escamosa e lateral do osso occipital e pela parte caudal estreita do osso temporal petroso no cão. Ela é separada da abóbada craniana pela **protuberância occipital externa** (*protuberantia occipitalis externa*) e pela **crista nucal** (*crista nuchae*), ambas superfícies de inserção dos músculos da cabeça e do pescoço. Lateralmente, ela é limitada pela **crista supramastóidea**. Na parte inferior da face nucal, situa-se o **forame magno**, por onde entram no crânio a medula espinal e as estruturas associadas.

Lateral ao forame magno, estão os **côndilos occipitais** (*condyli occipitales*), que se articulam com a primeira vértebra cervical, formando a **articulação atlantoccipital** (*articulatio atlanto-occipitalis*). Os **processos paracondilares** (*processus paracondylares*) e os **tubérculos nucais** (*tubercula nuchalia*) são bem desenvolvidos no cão e propiciam a fixação para a musculatura da cabeça e do pescoço.

A abóbada do crânio pode ser dividida em partes craniana e facial. A face dorsal da parte cranial do crânio é formada pelas lâminas externas pares da parte parietal estreita da escama do occipital, pelo osso interparietal e pelos ossos parietais, e continua rostralmente com os ossos frontais pares. Uma crista sagital externa bem definida é encontrada apenas no gato e nas raças dolicocéfalas do cão, nos quais ela prossegue ao longo do osso parietal como a linha temporal (*linea temporalis*). A sua largura máxima atinge a face dorsal no nível da órbita, onde o **ligamento orbital** (*ligamentum supraorbitale*) forma a margem supraorbital fibrosa da parede orbital (*margo supraorbitalis*) e se fixa ao processo zigomático (*processus zygomaticus*) do osso frontal.

A face dorsal do viscerocrânio é variável de acordo com a raça. Ela é formada principalmente pelos ossos nasais pares e complementada lateralmente pela parte rostral da maxila e dos processos nasais do osso incisivo. A extremidade rostral côncava da face dorsal do nariz é formada pelos ápices dos ossos nasais pares.

A face lateral da parte cranial apresenta uma grande variedade de acordo com a raça. As características que mais se destacam são os arcos zigomáticos, a fossa temporal, a bula timpânica, a cavidade orbital e a fossa pterigopalatina.

O **arco zigomático** (*arcus zygomaticus*) é a projeção lateral mais proeminente no gato e nas raças braquicéfalas caninas, porém é menos saliente nas raças dolicocéfalas. Ele se estende como um arco convexo rostralmente em direção à parte facial do crânio, abaixo da órbita. O arco zigomático é formado pelo **osso zigomático** e pelo processo zigomático da **parte escamosa do osso temporal**, os quais se encontram em uma sutura sobreposta.

A face transversa da base do processo zigomático se articula com a **articulação temporomandibular**. A face articular correspondente da mandíbula tem duas partes: a fossa mandibular e o processo retroarticular definido.

A **fossa temporal** (*fossa temporalis*) côncava, que forma a fixação do músculo temporal, é composta pelos ossos temporal e parietal e pela lâmina pterigoide do osso basisfenoide. O processo frontal do osso zigomático não se estende ao processo zigomático do osso frontal, o que deixa uma abertura na margem orbital dorsal, que é fechada pelo ligamento orbital.

A face lateral forma estruturas do **aparelho auditivo externo**. O **meato acústico externo** é um cilindro ósseo curto, ao qual está fixada a orelha externa, e é fechado pela **membrana timpânica**, que separa o canal da orelha externa da cavidade da orelha média. Ele está ausente no gato. Situada ventral e medialmente ao meato acústico externo, está a **bula timpânica**, que contém uma parte da cavidade da orelha média. Caudalmente em relação à bula timpânica, encontra-se o **canal auditório**, por onde atravessam os nervos facial e estilomastóideo e a artéria estilomastóidea, saindo através do **forame estilomastóideo**. A **incisura ótica** (*incisura otica*) é indistinta.

A **órbita** óssea é a estrutura mais proeminente das faces dorsal e lateral do crânio, situada entre as suas partes cranial e facial. A órbita está posicionada mais lateralmente no cão (ângulo de 79° entre o eixo orbital e o plano mediano) e mais frontalmente em direção ao plano mediano no gato (ângulo de 49°).

Embora a órbita óssea seja fechada dorsalmente (*margo supraorbitalis*) pelo **ligamento orbital** (*ligamentum orbitale*), que se ossifica na maioria dos gatos, a margem infraorbital óssea é parte do arco zigomático. A parede rostromedial da cavidade orbital

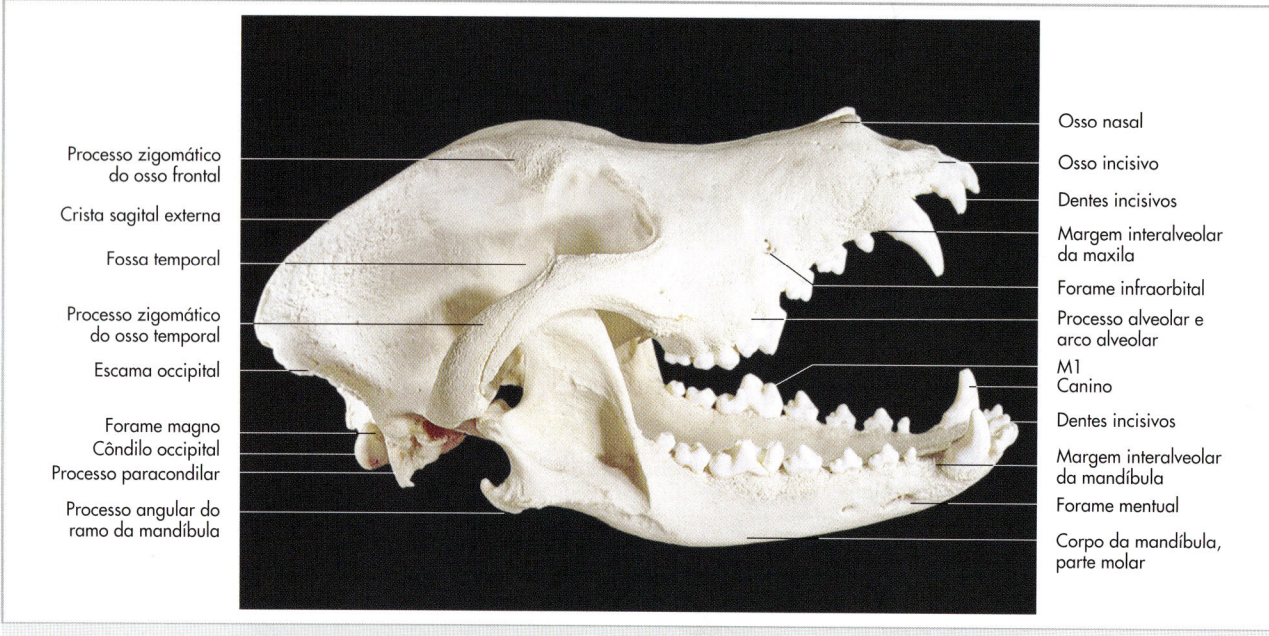

Fig. 2.27 Crânio de um cão com mandíbula (vista lateral).

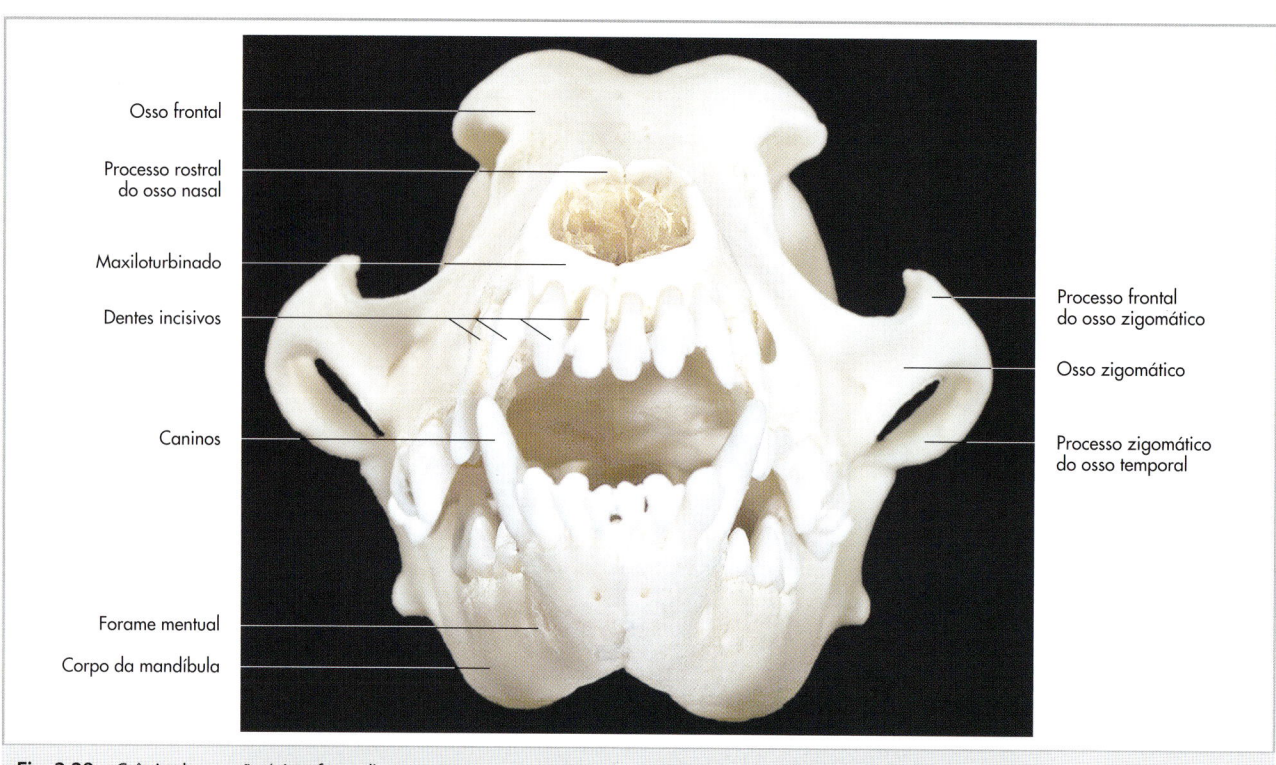

Fig. 2.28 Crânio de um cão (vista frontal).

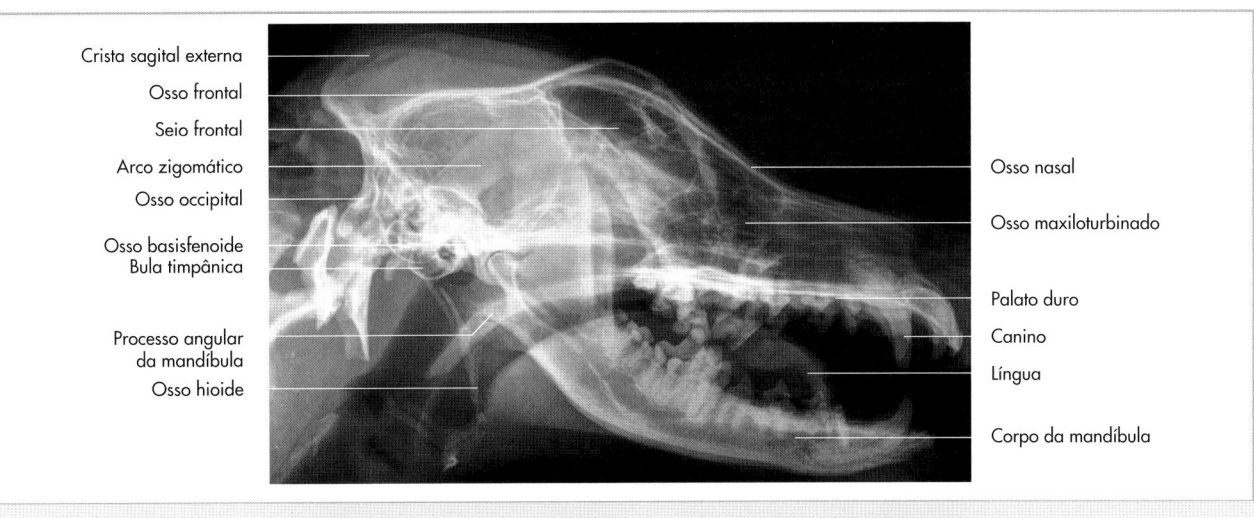

Fig. 2.29 Radiografia do crânio de um cão (projeção laterolateral). (Fonte: cortesia da Profª. Drª. Ulrike Matis, Munique.)

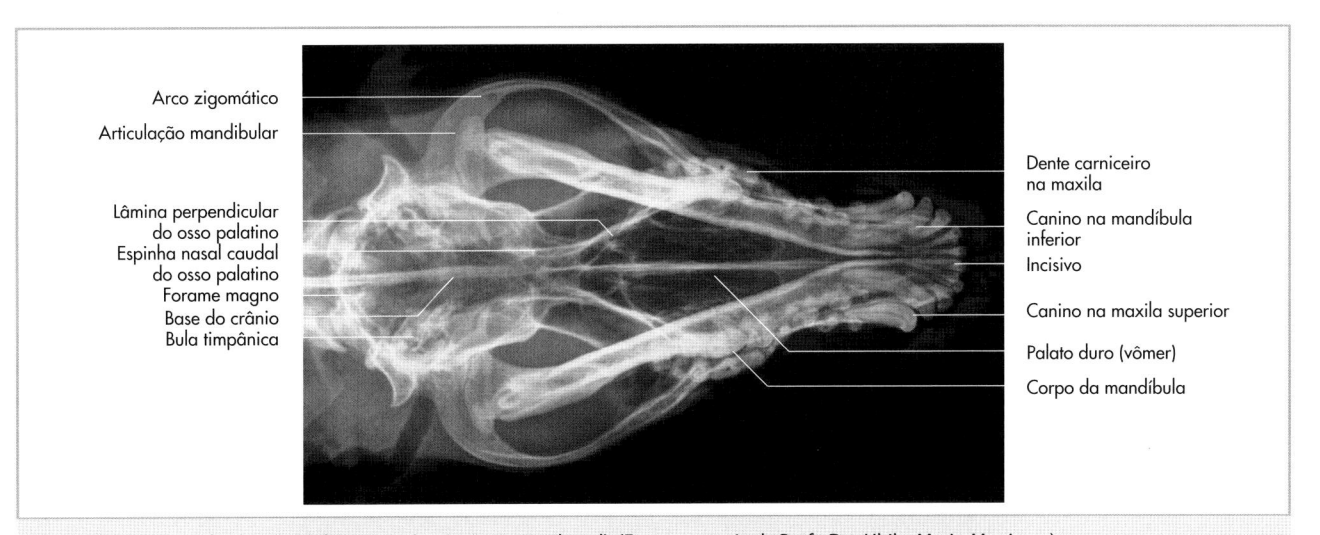

Fig. 2.30 Radiografia do crânio de um cão (projeção ventrodorsal). (Fonte: cortesia da Profª. Drª. Ulrike Matis, Munique.)

é formada pelo osso lacrimal e contém a **fossa lacrimal**, a qual aloja parcialmente o saco lacrimal. O **ducto lacrimonasal** se origina dentro da fossa lacrimal. A parede dorsomedial é escavada para formar a singular **fóvea troclear** (*fovea trochlearis*). A parede orbital medial é marcada por três grandes aberturas: o **canal óptico** (*canalis opticus*), a **fissura orbital** (*fissura orbitalis*) e o **forame alar rostral** (*foramen alare rostrale*).

A abertura óptica é o portal de entrada para o nervo óptico. A veia oftálmica externa e os nervos oftálmico, oculomotor, troclear e abducente que inervam os músculos oculares passam através da fissura orbital. O nervo e a artéria maxilares saem da cavidade craniana através do forame redondo (▶Tab. 2.1) e, por intermédio do forame alar rostral, ao longo do canal alar do osso esfenoide. A artéria e o nervo passam, então, através da **fossa pterigopalatina** (*fossa pterygopalatina*), que forma a abertura caudal para o canal infraorbital, ventral à cavidade orbital (▶Fig. 2.9).

O **forame esfenopalatino** posiciona-se caudal e ventralmente em relação à fossa pterigopalatina, a qual se comunica com a cavidade nasal e o forame palatino caudal, a abertura do canal palatino.

A face lateral do viscerocrânio é formada pela maxila e pelo osso incisivo e complementada no cão por partes dos ossos zigomático e lacrimal. A característica mais marcante da face facial lateral é o **forame infraorbital**, por onde o nervo infraorbital deixa o canal infraorbital. O canal infraorbital é extraordinariamente curto em gatos. O forame infraorbital é facilmente palpável no cão vivo e posiciona-se a 1 cm do terceiro molar na direção dorsal. No gato, no qual a palpação não é possível, o forame infraorbital situa-se no ângulo formado pelo arco zigomático e a maxila.

A face ventral do crânio tem três regiões distintas: a **base do crânio**, o **palato duro** e as **coanas** entre as cavidades nasais e a faringe.

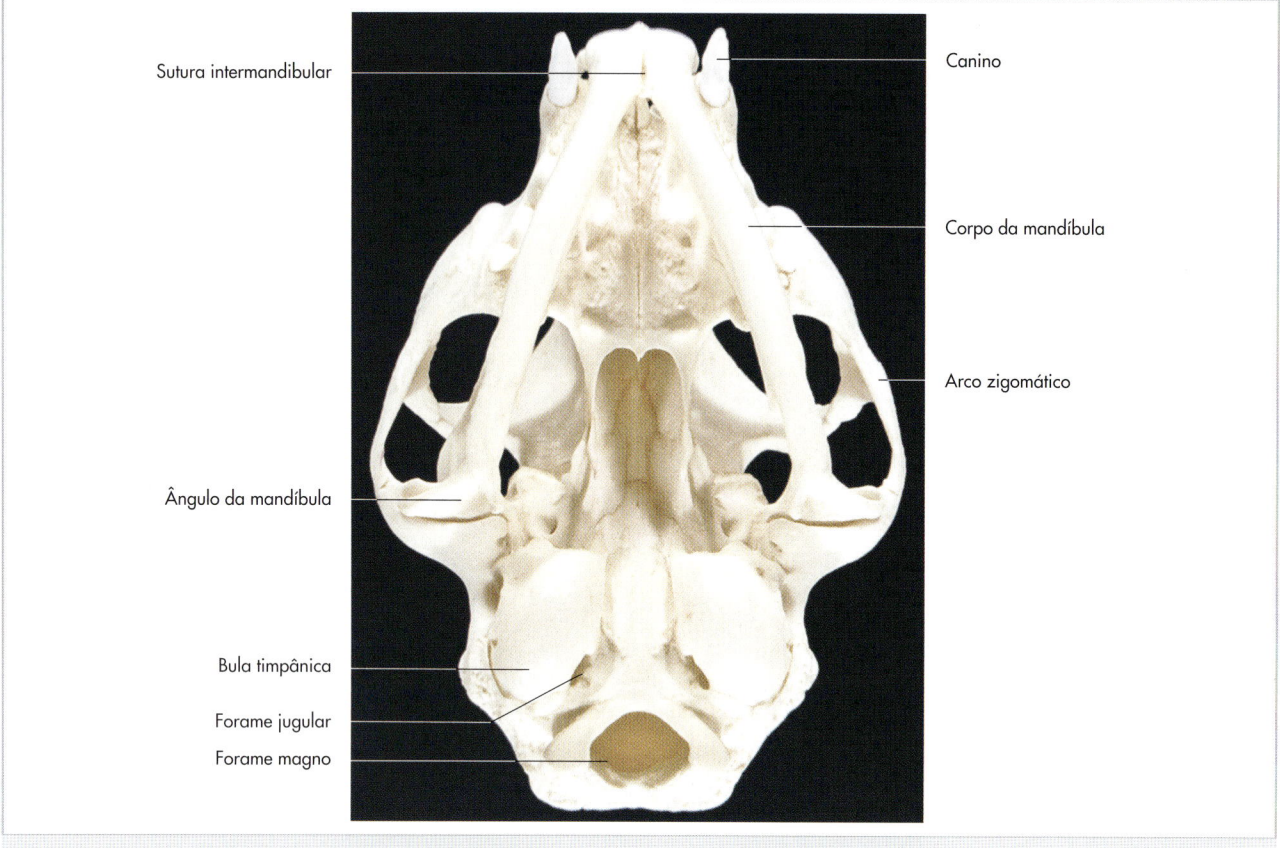

Fig. 2.31 Crânio de um gato com mandíbula (vista ventral).

A **base do crânio** (*basis cranii externa*) é constituída pelos côndilos occipitais pares, pela parte basilar do osso occipital, pelos corpos e pelas asas dos ossos esfenoides e pelos processos do osso pterigoide. Todos eles estão dispostos em um plano horizontal, ao passo que os processos paracondilares se prolongam além da base do crânio ventralmente, e ainda mais ventralmente no cão do que no gato. Na direção rostral em relação a eles, a base do crânio é plana, sendo que o local de inserção dos flexores da cabeça é central. Há várias aberturas, pelas quais atravessam os nervos e os vasos cranianos. O **canal do nervo hipoglosso** (*canalis nervi hypoglossi*) se abre rostralmente aos côndilos occipitais e forma a saída para o nervo de mesmo nome (XII). O **forame jugular** (*foramen jugulare*), através do qual passam os nervos glossofaríngeo (IX), vago (X) e acessório (XI), juntamente à artéria carótida interna, situa-se entre o osso occipital e a bula timpânica. O **forame oval** (*foramen ovale*), através do qual emerge o nervo mandibular (*nervus mandibularis*), se abre na união entre o osso occipital e o osso basisfenoide.

O **palato duro** (*palatum osseum*) é largo na parte caudal e mais estreito rostralmente. Ele é delimitado pelos alvéolos dentários, os quais estão integrados aos processos alveolares da maxila e do osso incisivo. O palato duro se forma principalmente pela parte horizontal do osso palatino e é complementado pelo processo palatino do osso incisivo. O **canal palatino maior**, por onde passam o nervo e as artérias de mesmo nome, emerge nos **forames palatinos maiores** pares, na sutura do osso palatino com a maxila. As **coanas**, aberturas que fazem conexão entre as cavidades nasais e a parte nasal da faringe, são particularmente longas e estreitas em cães dolicocéfalos. A região das coanas é limitada lateralmente pelas partes perpendiculares dos ossos palatino e pterigoide, os quais se unem ao osso esfenoide e ao vômer dorsalmente para formar a abóbada das coanas. O palato duro horizontal projeta um processo fino em sua margem caudal, a espinha nasal caudal (*spina nasalis caudalis*). O **hâmulo**, em forma de gancho, se projeta rostralmente a partir do osso pterigoide (*hamulus pterygoideus*).

A **mandíbula** é um osso par, unida rostralmente pelo tecido fibroso da **sínfise mandibular** (*articulatio intermandibularis*). O corpo de cada mandíbula se prolonga para formar o processo angular no sentido caudal. A sua margem ventral é convexa e não tem uma **incisura dos vasos faciais** (*incisura vasorum facialium*), que é típica nos mamíferos domésticos, porém ausente em carnívoros. A margem alveolar do corpo da mandíbula concentra os alvéolos dentários para os dentes molares (7 no cão, 3 no gato), o dente canino e os três dentes incisivos. A **margem interalveolar** (diastema) é relativamente curta.

A face lateral do ramo da mandíbula é côncava e forma a **fossa massetérica**, que é delimitada pelas cristas mandibulares rostral e caudal (*crista mandibularis rostralis et caudalis*). O processo condilar curto contém a **cabeça da mandíbula** (*caput mandibulae*), alongada no sentido transversal, a qual forma a **articulação temporomandibular** na união com o osso temporal. O processo coronoide se prolonga além do processo condilar dorsalmente e propicia a fixação para o músculo temporal.

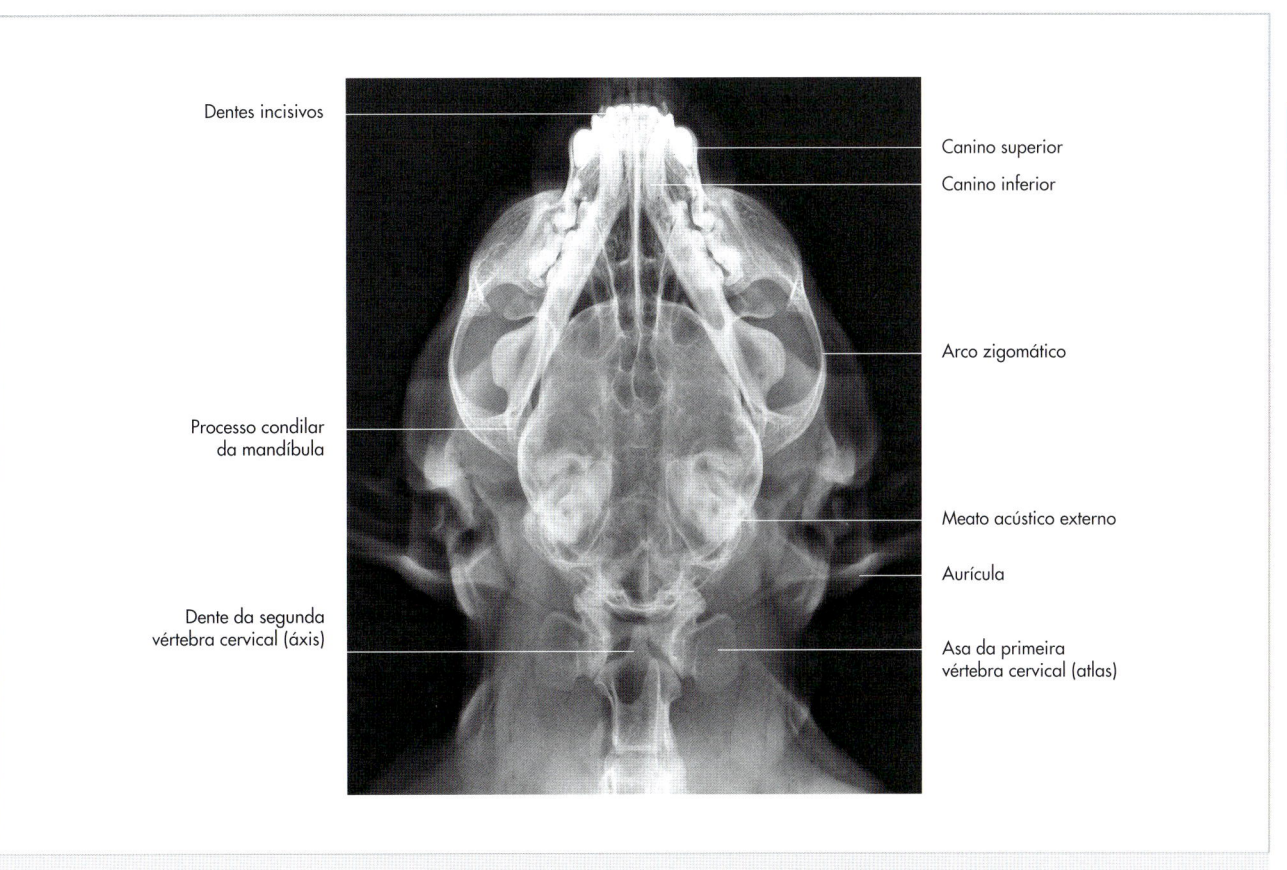

Fig. 2.32 Radiografia do crânio de um gato (projeção ventrodorsal). (Fonte: cortesia da Profª. Drª. Ulrike Matis, Munique.)

O **ramo da mandíbula** contém o **canal mandibular**, por onde passa o nervo alveolar mandibular. O canal mandibular se inicia caudalmente com o forame da mandíbula na face medial do ramo da mandíbula e emerge rostralmente na face lateral da margem interalveolar através do forame mentual. Este último é composto por 2 a 3 aberturas em carnívoros. O canal mandibular prossegue rostralmente como canal alveolar até os alvéolos dentários dos dentes incisivos e caninos. No cão, o forame mentual pode ser localizado na metade da face lateral, no sentido ventral em relação ao primeiro dente molar; o forame da mandíbula se encontra a 2 cm na direção caudal do último dente molar mandibular.

Osso hioide (*os hyoideum*)

O **osso hioide** compreende o **basi-hioide** (*basihyoideum*) ímpar e transverso, cujas extremidades se articulam rostrodorsalmente com os **cerato-hioides** pares, conectando a parte de sustentação do aparelho hioide, e, caudalmente, com o **tireo-hioide** par. O tireo-hioide se prolonga dorsocaudalmente até a cartilagem tireóidea da laringe. O aparelho suspensor compreende o **epi-hioide** e o **estilo-hioide** ósseos e o tímpano-hioide cartilaginoso, unidos por tecido cartilaginoso. O **tímpano-hioide** une o aparelho hioide ao crânio, ao articular-se com o **processo mastoide da parte petrosa do osso temporal**, a qual se situa no sentido caudal em relação ao meato acústico, formando uma sindesmose. Esse sistema de união dos componentes por meio de sincondroses confere a estrutura anatômica do aparelho hioide, o qual atua como um mecanismo de sustentação flexível entre a base da língua, o crânio e a laringe. Os diversos elementos do osso podem ser visualizados por meio de radiografia, mas deve-se ter em mente que são necessários, no mínimo, 2 a 3 meses após o nascimento para que os ossos da parte principal do aparelho hioide se ossifiquem.

2.5.2 Cavidades do crânio dos carnívoros

Cavidade craniana (*cavum cranii*)

A **cavidade craniana** se divide em uma **cavidade rostral maior**, que envolve o encéfalo, e uma **parte caudal menor**, para o cerebelo. A separação dos dois compartimentos é marcada dorsalmente pelo tentório cerebelar ósseo, lateralmente pelo par de cristas petrosas e ventralmente pelo dorso da sela turca. A **abóbada craniana** (*calvaria*) consiste em uma lâmina externa e outra interna, as quais contêm o seio frontal em seus dois terços rostrais (▶Fig. 2.21). A face interna da cavidade craniana apresenta **impressões** lisas (*impressiones digitatae*) e **elevações** (*juga cerebralia*) irregulares, que correspondem aos sulcos e giros do encéfalo.

A **crista sagital interna média**, que se fixa à foice do cérebro, é rebaixada e lisa. Ela é acompanhada nos dois lados pelo sulco para o seio sagital dorsal (*sulcus sinus sagittalis dorsalis*). Esses

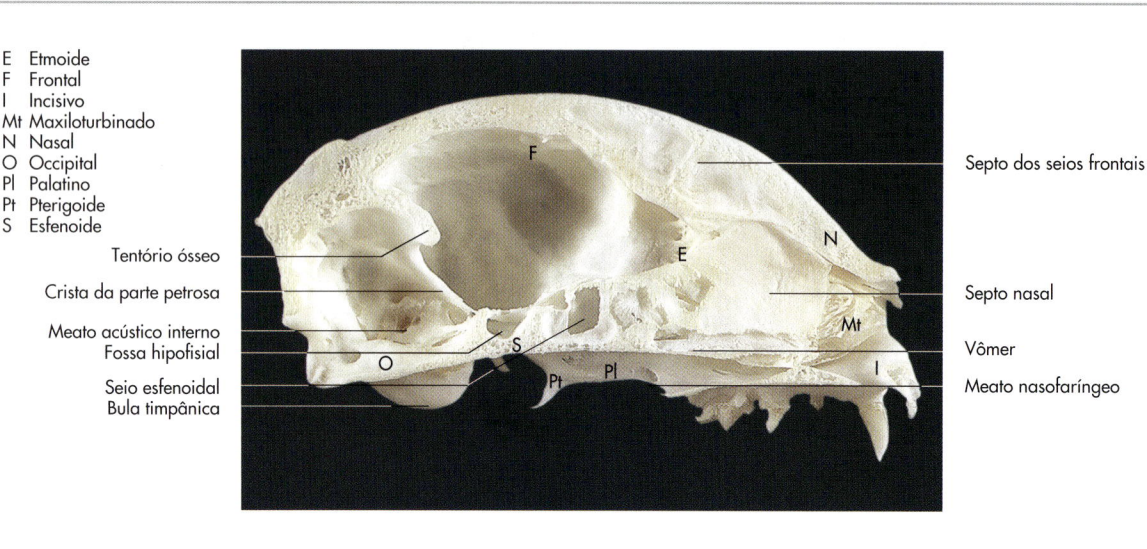

Fig. 2.33 Crânio de um gato (vista medial, secção sagital).

Legenda:
- E Etmoide
- F Frontal
- I Incisivo
- Mt Maxiloturbinado
- N Nasal
- O Occipital
- Pl Palatino
- Pt Pterigoide
- S Esfenoide

Rótulos: Tentório ósseo; Crista da parte petrosa; Meato acústico interno; Fossa hipofisial; Seio esfenoidal; Bula timpânica; Septo dos seios frontais; Septo nasal; Vômer; Meato nasofaríngeo.

---

seios sanguíneos entram no tentório cerebelar ósseo (*foramen sinus sagittalis*) e atravessam o canal do seio transverso (*canalis sinus transversi*), o qual conduz, através do canal temporal, até o forame retroarticular, próximo ao meato acústico externo. O canal temporal é inexistente no gato.

A parede rostral é formada pela lâmina cribriforme do osso etmoide, com orientação transversal, e por partes da lâmina interna do osso frontal. A crista *galli* mediana está presente apenas na parte dorsal da lâmina cribriforme, de modo que deixa uma única fossa etmoidal ventralmente para a passagem dos fascículos de nervos olfatórios e dos vasos sanguíneos por meio da lâmina cribriforme. O forame etmoidal, através do qual emergem o nervo etmoidal e a veia e a artéria etmoidais externas, encontra-se nas laterais da lâmina cribriforme. Embora esses forames sejam pares no cão, há apenas um único forame etmoidal no gato.

A face interna da **base do crânio** (*basis cranii interna*) se divide em três fossas separadas (▶Fig. 2.7). A **fossa craniana rostral** (*fossa cranii rostralis*) relativamente longa é formada principalmente pelo osso pré-esfenoide e se prolonga da lâmina cribriforme até a crista orbitosfenoide (*crista orbitosphenoidalis*). Ela cobre o **sulco do quiasma** (*sulcus chiasmatis*) do quiasma óptico e inclui o canal óptico par, por onde passam os nervos ópticos.

A **fossa craniana média** (*fossa cranii medialis*) está separada da **fossa craniana caudal** (*fossa cranii caudalis*) pela projeção do dorso da sela turca (*dorsum sellae turcicae*). A **fossa hipofisial**, na qual se encontra a **hipófise**, posiciona-se em sentido rostral à sela turca. Em ambos os lados, estão duas fossas profundas, as quais protegem os lobos piriformes (*lobi piriformes*) do encéfalo. A fossa craniana média apresenta diversas aberturas em formatos variados, por onde atravessam nervos e vasos (▶Fig. 2.7). São elas, de rostral para caudal:

- **fissura orbital** (*fissura orbitalis*): por onde passam os nervos oculomotor, troclear e abducente, bem como o ramo anastomótico da artéria carótida interna;
- **forame redondo** (*foramen rotundum*): por onde atravessa o nervo maxilar;
- **forame oval** (*foramen ovale*), por onde atravessam o nervo mandibular e a artéria meníngea média.

A estrutura óssea da **fossa craniana caudal** (*fossa cranii caudalis*) é formada pela parte basilar do osso occipital, é ligada lateralmente pela parte petrosa do osso temporal e se prolonga caudalmente até o forame magno (▶Fig. 2.7). A face interna apresenta duas impressões côncavas (*impressio pontina* e *impressio medullaris*). O **forame jugular** (*foramen jugulare*), por onde atravessam os nervos glossofaríngeo, vago e acessório e, no cão, a artéria carótida interna, posiciona-se próximo à sutura occipitotimpânica.

Cavidade nasal (*cavum nasi*)

A **cavidade nasal** é a parte facial do sistema respiratório e se prolonga da **abertura nasal óssea** (*apertura nasi ossea*) até a **lâmina cribriforme do osso etmoide**. Ela é separada longitudinalmente em duas metades simétricas pelo septo nasal mediano, o qual continua caudalmente na lâmina perpendicular do osso etmoide, e rostralmente na parte cartilaginosa e flexível do septo nasal (*pars mobilis septi nasi*).

Cada metade da cavidade nasal contém as **conchas nasais** (*conchae nasales*), rostralmente, e os **etmoturbinados** (*ethmoturbinalia*), caudalmente. A cavidade nasal termina no meato nasofaríngeo, o qual se dirige para a parte nasal da faringe.

A **concha nasal dorsal** (*concha nasalis dorsalis*) é formada pela única lamela basal do primeiro endoturbinado. Já a **concha nasal média** (*concha nasalis media*) é formada por duas lamelas espirais do segundo endoturbinado. Por fim, a **concha nasal ventral** (*concha nasalis ventralis*) é formada pelo turbinado maxilar.

Os **endoturbinados** estão fixados às paredes dorsal e lateral e à lâmina cribriforme etmoidal. O cão normalmente apresenta quatro endoturbinados maiores e seis ectoturbinados menores. O **primeiro endoturbinado** situa-se na posição mais dorsal e fornece a estrutura óssea da concha nasal dorsal. Ele emerge da lâmina perpendicular do etmoide, liga-se à crista etmoidal (*crista ethmoidalis*) do osso

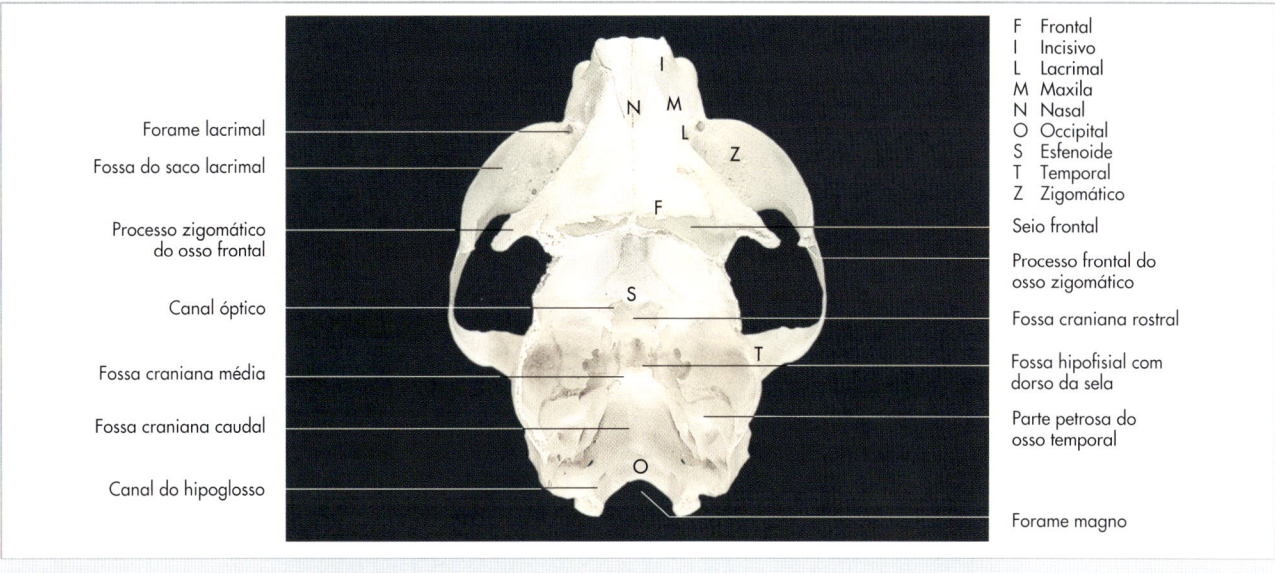

Fig. 2.34 Crânio de um gato com abóbada craniana removida (vista dorsal).

Labels (esquerda): Forame lacrimal; Fossa do saco lacrimal; Processo zigomático do osso frontal; Canal óptico; Fossa craniana média; Fossa craniana caudal; Canal do hipoglosso.

Legenda: F Frontal; I Incisivo; L Lacrimal; M Maxila; N Nasal; O Occipital; S Esfenoide; T Temporal; Z Zigomático.

Labels (direita): Seio frontal; Processo frontal do osso zigomático; Fossa craniana rostral; Fossa hipofisial com dorso da sela; Parte petrosa do osso temporal; Forame magno.

---

nasal e se prolonga até a cavidade nasal. As lamelas espirais dorsal e ventral do segundo endoturbinado longo formam a concha nasal média. O **terceiro** e **quarto endoturbinados** são extremamente desenvolvidos, porém o terceiro é mais comprido que o quarto.

A **concha nasal ventral** se origina da face interna da maxila, começando no nível do terceiro dente molar, e alcança até o processo nasal do osso incisivo. A lamela basilar se divide em uma lamela espiral ventral e outra dorsal, e cada uma delas projeta lamelas secundárias menores, o que resulta em um sistema etmoide extremamente complexo.

As conchas nasais salientes dividem a cavidade nasal em **meato nasal dorsal** (*meatus nasi dorsalis*), entre a concha nasal dorsal e o teto nasal, **meato nasal médio** (*meatus nasi medius*), entre a concha nasal dorsal e as conchas nasais média e ventral, as quais estão dispostas uma atrás da outra, e **meato nasal ventral** (*meatus nasi ventralis*), entre as conchas nasais média e ventral e o assoalho nasal. O **meato nasal comum** (*meatus nasi communis*) é um espaço com forma de fenda entre as conchas e o septo nasal.

Seios paranasais (*sinus paranasales*)

A melhor denominação do seio maxilar dos carnívoros é **recesso maxilar** (*recessus maxillaris*), já que se trata de um amplo divertículo da cavidade nasal na altura das conchas nasais médias, e não, como ocorre em outros mamíferos domésticos, de uma cavidade de ar entre as lâminas interna e externa dos ossos do crânio. No cão, o seio maxilar é limitado pela maxila, pelo osso lacrimal, pelo osso palatino e pelo osso etmoide. A ampla **abertura nasomaxilar** (*aditus nasomaxillaris*) conduz do meato nasal médio ao seio maxilar.

No cão, o **seio frontal** (*sinus frontalis*) situa-se nos dois terços rostrais do osso frontal e se divide em compartimentos rostral, lateral e médio. Esses compartimentos se comunicam com a cavidade nasal através do espaço entre o 2º e o 3º ectoturbinados. O gato possui um seio frontal inteiriço e um seio palatino de cada lado.

2.5.3 O crânio do equino

A forma geral do crânio equino (▶Fig. 2.37) é determinada pela idade, pelo gênero e pela raça do animal. Em potros, a abóbada do crânio acompanha os contornos do encéfalo, e o viscerocrânio é curto e superficial. A conformação do crânio adulto se desenvolve à medida que o viscerocrânio se alonga e se aprofunda para acomodar o conjunto completo de dentes e os seios paranasais que se expandem. O alargamento do seio frontal influencia significativamente o perfil dorsal do nariz e dá a ele a aparência específica da raça: um **perfil convexo** (cabeça de carneiro) é típico para certos equinos de tração e sangue quente, um **perfil côncavo** (cabeça abaulada) é típico para árabes e comum em equinos com uma mistura de sangue árabe. Características específicas de raça e gênero se tornam mais pronunciadas em equinos com idade mais avançada.

A face nucal do crânio equino é formada pelas partes escamosa e lateral do osso occipital: ela se separa da face dorsal através da **crista nucal** (*crista nuchae*) e da **protuberância occipital externa** (*protuberantia occipitalis externa*), sendo que ambas formam os locais de fixação para a musculatura da cabeça e do pescoço. A protuberância occipital externa continua lateralmente como a crista supramastóidea, que faz limite com a face nucal.

O **forame magno**, por onde passa a medula espinal, abre-se entre os dois côndilos occipitais, na linha média. A face dorsal do crânio equino pode ser dividida nas regiões cranial e facial. A parte cranial é formada pela parte escamosa do osso occipital e pelos ossos parietal e interparietal, os quais estão firmemente fusionados. O osso frontal se posiciona em sentido rostral a esses ossos, aos quais está solidamente unido por uma sutura óssea. A crista sagital externa ímpar, medial à face dorsal, bifurca-se rostralmente e, então, prossegue como a linha temporal, formando parte da parede da órbita.

A abóbada do crânio é mais larga no nível do forame supraorbital, o qual se posiciona na base do processo zigomático do osso frontal. Esse processo se une com o processo frontal do osso zigomático e, dessa forma, completa a margem supraorbital óssea.

E Etmoide
F Frontal
I Incisivo
M Maxila
N Nasal
Pl Palatino
S Esfenoide
V Vômer

- Seio frontal
- Ectoturbinado II
- Concha nasal dorsal
- Lâmina cribriforme do osso etmoide
- Canal óptico
- Seio esfenoidal
- Meato nasofaríngeo

- Concha nasal média
- Concha nasal ventral
- Abertura nasal
- Canino

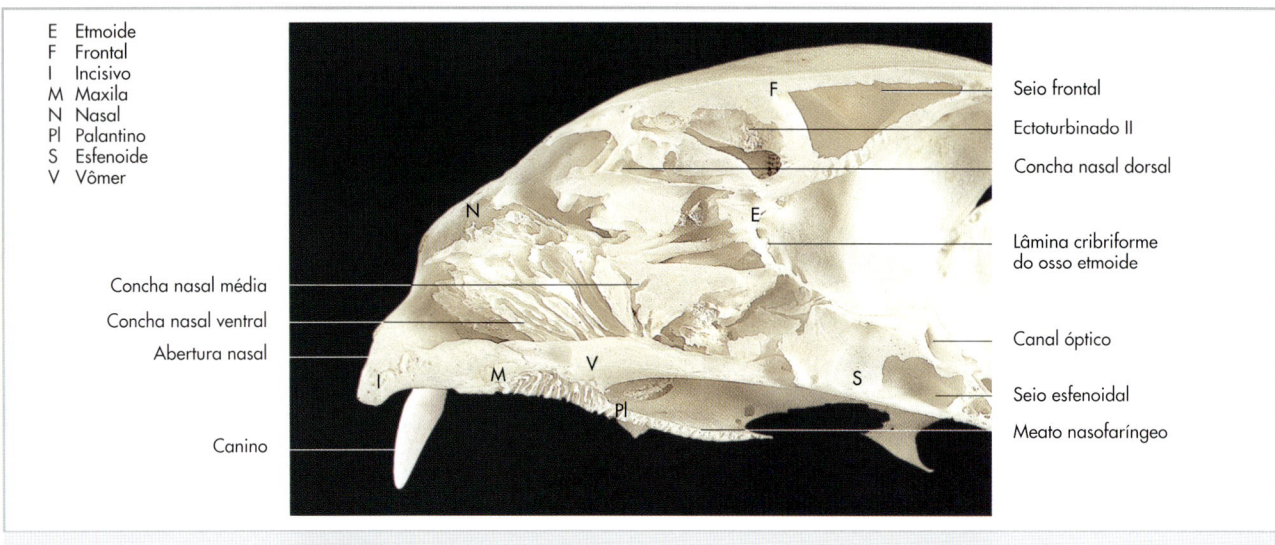

Fig. 2.35 Crânio de um gato (vista mediana, secção paramediana).

A maior parte da região facial do crânio é formada pelos ossos nasais pares, complementados lateralmente pela maxila e pelos processos nasais do osso incisivo. A extremidade rostral da face dorsal do nariz é formada pelas duas extremidades dos ossos nasais pares (*processus rostrales*). Assim como ocorre na face dorsal, a face lateral pode ser dividida nas regiões cranial e facial. A parte cranial apresenta as seguintes características:
- arco zigomático (*arcus zygomaticus*);
- fossa temporal (*fossa temporalis*);
- órbita;
- fossa pterigopalatina (*fossa pterygopalatina*).

O **arco zigomático** (▶Fig. 2.38) é forte e passa em um arco ligeiramente lateral, no sentido rostral, pelo viscerocrânio, cobrindo a parte lateral da parte ventral da fossa temporal e da órbita. Ele é composto pelo processo temporal do osso zigomático e pelo processo zigomático do osso temporal. A base deste último forma a face articular transversal da **articulação temporomandibular** (*articulatio temporomandibularis*). A área articular dessa articulação consiste rostralmente no tubérculo articular (*tuberculum articulare*), na região média pela fossa mandibular (*fossa mandibularis*) e caudalmente no **processo retroarticular** (*processus retroarticularis*) (▶Fig. 2.43).

No equino, a parte petrosa **permanece separada** das outras partes do osso temporal e, portanto, exibe um grau limitado de mobilidade. Isso tem implicações para a biomecânica da articulação formada entre o osso temporal e o aparelho hioide móvel.

A **fossa temporal** (▶Fig. 2.39) apresenta um perfil semicircular que se curva desde a face rostral, passando pela face laterobasal até terminar na face caudal adjacente ao arco zigomático e às cristas supramastoide e nucal, respectivamente. Ela forma uma fixação com o músculo temporal. A parte caudal da face lateral se caracteriza pelas **partes externas da orelha** (*auris*) (▶Fig. 2.38 e ▶Fig. 2.39). No sentido caudal à articulação temporomandibular, encontra-se a **incisura** para a qual se projeta o canal acústico externo cilíndrico, com a sua ampla abertura (*porus acusticus externus*).

O **forame retroarticular** se abre rostralmente à incisura ótica e forma a abertura para o **canal temporal** (*meatus temporalis*). O **processo estiloide** (*processus styloideus*), com o qual o osso hioide se articula, posiciona-se ventralmente ao forame retroarticular. O canal por onde passa o nervo facial (*canalis nervi facialis*) se abre no forame estilomastóideo, o qual se localiza caudalmente ao processo estiloide e por onde correm a artéria e a veia estilomastóideas e o nervo facial após a sua passagem através da orelha média.

As paredes da **cavidade orbital** (▶Fig. 2.37) são compostas pelos ossos frontal, lacrimal, zigomático e basisfenoide e pelo processo zigomático do osso temporal. As órbitas se projetam quase lateralmente, resultando em um ângulo de 115° entre o eixo orbital e o plano mediano. A margem supraorbital óssea apresenta uma borda fina e se prolonga até os processos lacrimais rostral e caudal. No ângulo medial, a parede orbital é denteada pela fossa para o saco lacrimal e pela fossa para o músculo oblíquo ventral do olho. A fóvea troclear e a fossa para a glândula lacrimal se posicionam no sentido caudomedial, na base do processo zigomático do osso frontal. Entre a parede orbital medial, rostral à crista pterigóidea, e a cavidade craniana (▶Fig. 2.38), há diversas aberturas (▶Tab. 2.1), listadas a seguir:
- **forame etmoidal** (*foramen ethmoidale*): próximo à sutura óssea formada pelo osso frontal e pela asa do pré-esfenoide, por onde passam o nervo etmoidal e os vasos etmoidais externos;
- **canal óptico** (*canalis opticus*): por onde atravessa o nervo óptico;
- **fissura orbital** (*fissura orbitalis*): para a passagem dos nervos oftálmico, troclear, oculomotor e abducente, os quais inervam os músculos do olho e da veia oftálmica externa;
- **forame redondo** (*foramen rotundum*): para o nervo maxilar;
- **forame alar rostral** (*foramen alare rostrale*): por onde a artéria maxilar deixa o canal alar e alcança a fossa pterigopalatina;
- **forame alar caudal** (*foramen alare caudale*): por onde entra a artéria maxilar.

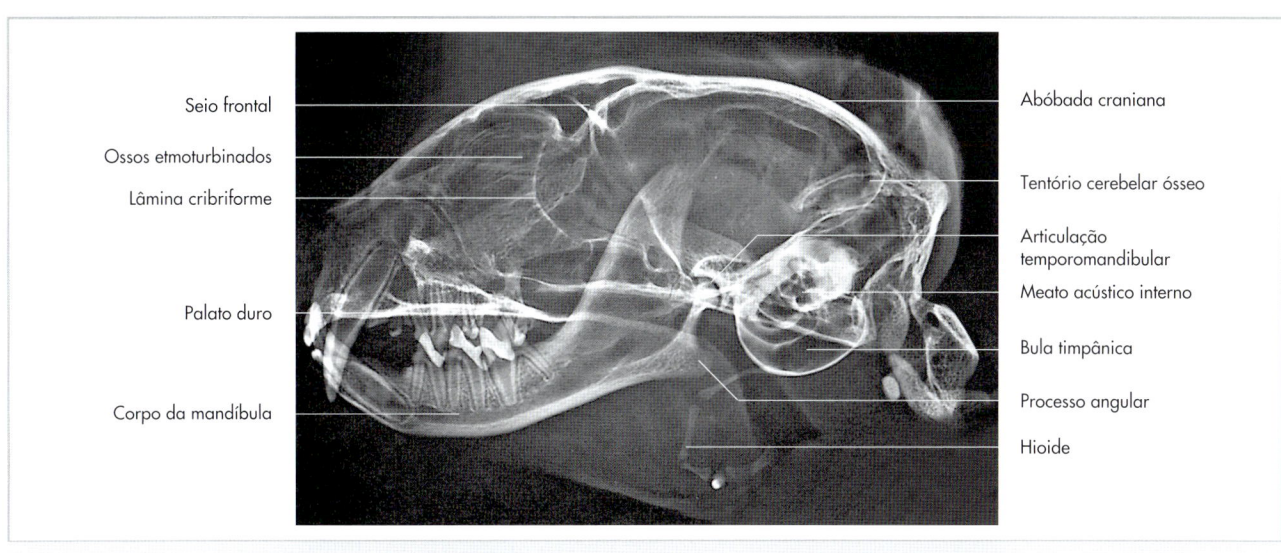

Fig. 2.36 Radiografia do crânio de um gato (projeção laterolateral). (Fonte: cortesia da Profª. Drª. Cordula Poulsen Nautrup, Munique.)

No sentido ventral à cavidade orbital, localiza-se a **fossa pterigopalatina** (*fossa pterygopalatina*) (▶Fig. 2.41), onde o grande **forame da maxila** (*foramen maxillare*) se situa rostralmente e por onde a artéria e o nervo maxilares entram no canal infraorbital. Na direção dorsomedial, situam-se o **forame esfenopalatino** (*foramen sphenopalatinum*), o qual se dirige para a cavidade nasal, e o **forame palatino caudal** (*foramen palatinum caudale*), a abertura do canal palatino. Esses dois forames contêm as ramificações da artéria, da veia e do nervo maxilares. A **fossa pterigopalatina** é formada lateralmente pelo túber da maxila e medialmente pela parte perpendicular do osso palatino.

A **face lateral** do viscerocrânio é composta pela maxila e pelos ossos incisivo, nasal, zigomático e lacrimal. As características mais pronunciadas da face facial lateral são o **forame infraorbital** (*foramen infraorbitale*) e a **crista facial** (*crista facialis*) (▶Fig. 2.37). O forame infraorbital é a abertura por onde o nervo e os vasos infraorbitais deixam o canal infraorbital. Ele é facilmente palpável através da pele e dos músculos levantador do lábio superior (*m. levator labii superioris*) e levantador nasolabial (*m. levator nasolabialis*) no animal vivo, 3 cm no sentido dorsal a partir da crista facial e 2 cm no sentido rostral de sua extremidade rostral. A crista facial é uma crista óssea proeminente na face lateral da maxila, a qual é contínua caudalmente ao arco zigomático.

A **face basal** do crânio consiste em uma região que contém a base do crânio, as coanas e a região palatina, as quais estão dispostas uma atrás da outra em um plano horizontal.

A **face externa** da base do crânio é limitada caudalmente pelos côndilos occipitais, os quais são separados pela **incisura intercondilar** (*incisura intercondylaris*). No sentido rostrolateral aos côndilos occipitais e separados destes por uma fossa condilar ventral profunda, encontram-se os processos paracondilares, comprimidos lateralmente e em formato de gancho. A parede medial da fossa condilar ventral contém o canal do nervo hipoglosso, por onde atravessa o nervo hipoglosso. O tubérculo muscular mediano, ao qual se fixa a musculatura da cabeça e do pescoço, situa-se no limite entre a base do osso occipital e o basisfenoide.

A **base do crânio** se caracteriza por apresentar diversas aberturas por onde passam os nervos e vasos cranianos. O **forame jugular** se abre entre a base do osso occipital e a bula timpânica, no sentido caudal em relação à fissura petroccipital. Rostralmente, encontra-se o **forame lacerado**, por onde passam em sentido caudal os nervos glossofaríngeo (IX), vago (X) e acessório (XI) (▶Fig. 2.41). A parte rostral do forame lacerado faz limite com a parte protuberante da asa do basisfenoide e pode ser subdividida em diversas incisuras (carotídea, oval e espinhosa), as quais permitem a passagem para a artéria carótida interna, o nervo mandibular (V_3) e a artéria meníngea média, respectivamente (▶Fig. 2.44).

O **palato duro** (*palatum osseum*) é relativamente longo e estreito. Ele é contornado pelos alvéolos dentários para os seis ou sete dentes molares superiores, os quais fazem parte dos processos alveolares da maxila, e pelo osso incisivo. Na margem interalveolar, encontra-se a reentrância para o dente canino; no sentido rostral em relação a ela, estão os alvéolos dentários para os dentes incisivos. Uma parte menor do palato duro é formada pelas lâminas horizontais dos ossos palatinos; o restante é formado pelas partes horizontais do osso incisivo e da maxila. O canal palatino se abre no forame palatino maior, par, onde o reduzido osso palatino se articula à maxila. O nervo e o vaso palatinos maiores saem por esse forame.

As **coanas** são aberturas que conduzem as cavidades nasais para a parte nasal da faringe. A região das coanas faz limite lateralmente com as lâminas perpendiculares dos ossos palatino e pterigoide, dorsalmente com partes do osso esfenoide e caudalmente com o vômer. O **hâmulo pterigóideo** saliente, um processo em forma de gancho, projeta-se a partir do osso pterigoide. A espinha nasal caudal é uma extensão da margem das coanas da lâmina palatina horizontal.

As duas mandíbulas (▶Fig. 2.24) estão fortemente unidas no **ângulo mentual** (*angulus mentalis*), formando a sínfise mandibular, a qual deixa de ser detectável aos 2 anos de idade. O corpo da

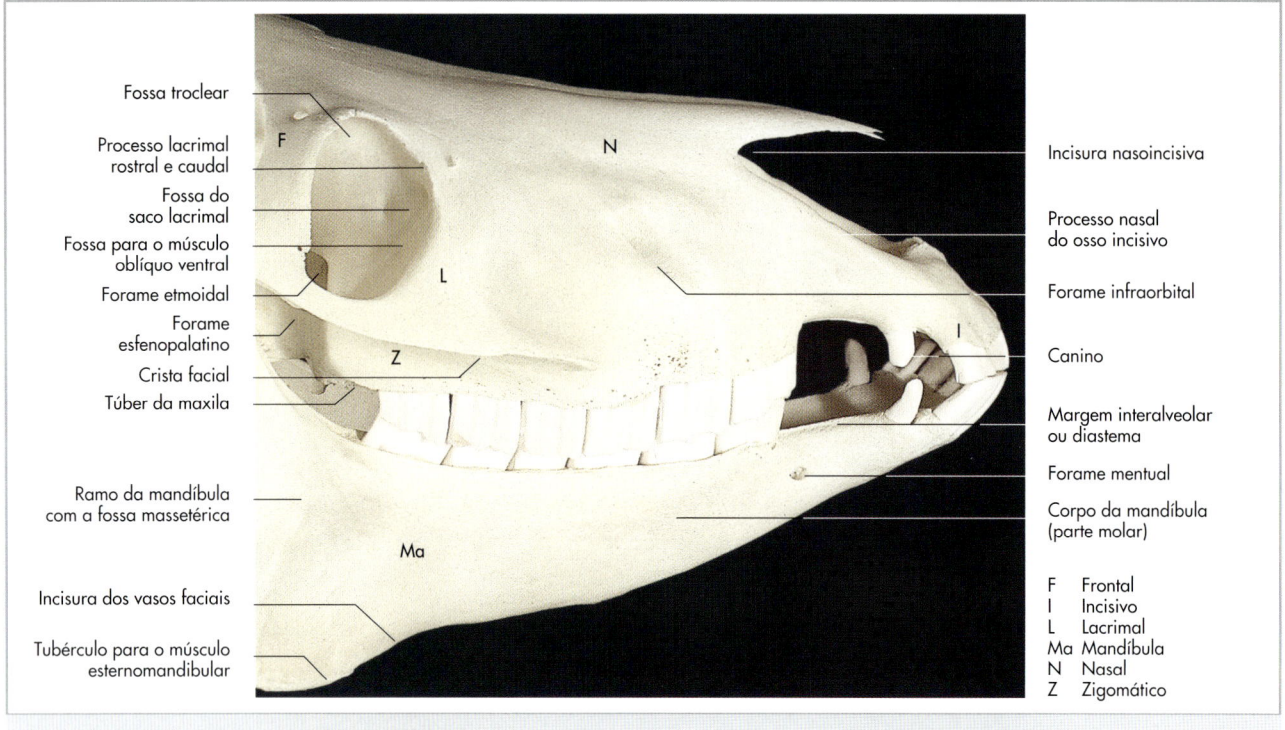

Fig. 2.37 Parte facial de um garanhão (vista lateral).

Labels: Fossa troclear; Processo lacrimal rostral e caudal; Fossa do saco lacrimal; Fossa para o músculo oblíquo ventral; Forame etmoidal; Forame esfenopalatino; Crista facial; Túber da maxila; Ramo da mandíbula com a fossa massetérica; Incisura dos vasos faciais; Tubérculo para o músculo esternomandibular; Incisura nasoincisiva; Processo nasal do osso incisivo; Forame infraorbital; Canino; Margem interalveolar ou diastema; Forame mentual; Corpo da mandíbula (parte molar).

F Frontal
I Incisivo
L Lacrimal
Ma Mandíbula
N Nasal
Z Zigomático

mandíbula apresenta rugosidades para a fixação do músculo esternomandibular (*tuberositas sternomandibularis*) no sentido caudodorsal ao ângulo mandibular. A sua margem alveolar contém reentrâncias para os seis dentes molares. Já a sua margem interalveolar apresenta a reentrância para o dente canino, e sua parte incisiva, para os três dentes incisivos. Uma incisura vascular proeminente, a **incisura dos vasos faciais** (*incisura vasorum facialium*), marca a margem ventral, onde os vasos faciais passam para a face lateral da face. O processo condilar termina dorsalmente na cabeça mandibular, com orientação transversal, e o processo coronoide se projeta até a fossa temporal. O canal mandibular pode ser acessado através do forame da mandíbula na face lateral do ramo mandibular, traçando-se uma linha imaginária do processo condilar até a margem rostral da incisura facial (▶Fig. 2.37). O nervo mandibular deixa o canal mandibular por meio do forame mentual como o nervo mentual, o qual pode ser palpado na face lateral, 1 cm ventral da margem interalveolar, no nível da comissura labial. O nervo mentual é acompanhado pelos vasos mentuais.

Osso hioide (*os hyoideum*)

Um **processo lingual** (*processus lingualis*) mediano de grande porte se projeta a partir do basi-hioide transverso até a raiz da língua (▶Fig. 2.33). De cada extremidade do basi-hioide, prolongam-se os tireo-hioides caudalmente até a cartilagem tireóidea da laringe. Os cerato-hioides pares se articulam com o epi-hioide ósseo, o qual está firmemente ligado ao estilo-hioide ósseo e ao tímpano-hioide cartilaginoso no equino adulto. Este último liga o aparelho hioide à cabeça, ao formar uma sindesmose com o processo estiloide da parte timpânica do osso temporal.

2.5.4 Cavidade do crânio do equino

Cavidade craniana (*cavum cranii*)

A cavidade craniana se divide em um compartimento maior rostralmente, o qual contém o encéfalo, e um compartimento menor caudalmente, para o cerebelo. Os limites dessas duas cavidades são indicados dorsalmente pelo tentório cerebelar ósseo e lateralmente pelas cristas pares do osso temporal petroso. O terço rostral da **abóbada craniana** (*calvaria*) (▶Fig. 2.44) envolve o seio frontal entre as suas lâminas interna e externa. A face interna é marcada por diversas **depressões** (*impressiones digitatae, juga cerebralia*), as quais correspondem aos sulcos e giros do encéfalo. Esses sulcos levam ao canal do seio transverso, o qual termina no meato temporal e, finalmente, se abre no forame retroarticular, próximo ao meato acústico externo. A parede rostral da cavidade craniana é formada pela lâmina cribriforme do osso etmoide e partes da lâmina interna do osso frontal. A **lâmina cribriforme** se divide em duas **fossas do etmoide** profundas por uma crista média bem desenvolvida, a crista *galli*. Essas fossas apresentam aberturas que permitem a passagem dos fascículos de nervos olfatórios e constituem os forames para o nervo etmoidal e para a artéria e a veia etmoidais externas.

A face interna da **base do crânio** (*basis cranii interna*) (▶Fig. 2.44) se divide em três regiões. A fossa cranial rostral (*fossa cranialis rostralis*) se situa em um nível mais dorsal do que a fossa média seguinte e se prolonga desde a lâmina cribriforme até a crista orbitosfenoidal; ela forma uma plataforma óssea que cobre o canal óptico no **quiasma óptico** (*chiasma opticum*). A demarcação entre a fossa cranial média (*fossa cranialis media*) e a fossa cranial caudal (*fossa cranialis caudalis*) não é distinta. A fossa cranial

Esqueleto axial (*skeleton axiale*)   105

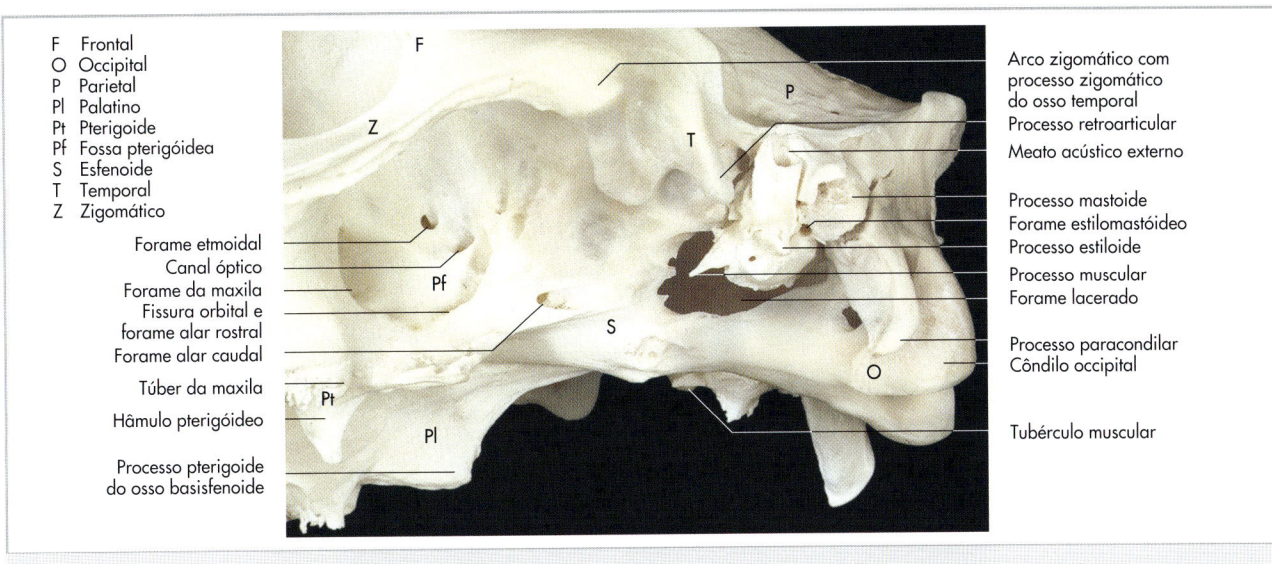

Fig. 2.38 Base do crânio de um equino (vista ventrolateral).

Legenda:
- F Frontal
- O Occipital
- P Parietal
- Pl Palatino
- Pt Pterigoide
- Pf Fossa pterigóidea
- S Esfenoide
- T Temporal
- Z Zigomático

Estruturas identificadas: Forame etmoidal; Canal óptico; Forame da maxila; Fissura orbital e forame alar rostral; Forame alar caudal; Túber da maxila; Hâmulo pterigóideo; Processo pterigoide do osso basisfenoide; Arco zigomático com processo zigomático do osso temporal; Processo retroarticular; Meato acústico externo; Processo mastoide; Forame estilomastóideo; Processo estiloide; Processo muscular; Forame lacerado; Processo paracondilar; Côndilo occipital; Tubérculo muscular.

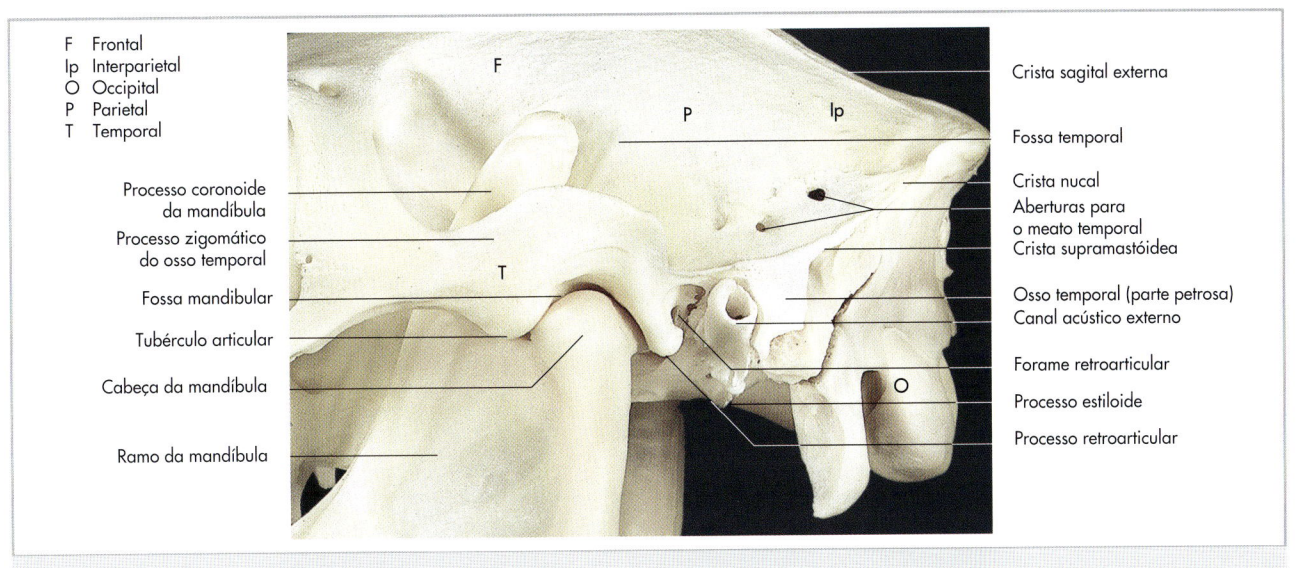

Fig. 2.39 Parte caudal do crânio de um equino (vista lateral).

Legenda:
- F Frontal
- Ip Interparietal
- O Occipital
- P Parietal
- T Temporal

Estruturas identificadas: Processo coronoide da mandíbula; Processo zigomático do osso temporal; Fossa mandibular; Tubérculo articular; Cabeça da mandíbula; Ramo da mandíbula; Crista sagital externa; Fossa temporal; Crista nucal; Aberturas para o meato temporal; Crista supramastóidea; Osso temporal (parte petrosa); Canal acústico externo; Forame retroarticular; Processo estiloide; Processo retroarticular.

média é côncava, formando a fossa hipofisial, que aloja a hipófise, a fossa piriforme e os lobos piriformes. Nos dois lados, há sulcos que se prolongam até a fissura orbital, por onde atravessam os nervos oftálmico, oculomotor e abducente. A face interna da base do crânio é marcada pelos seguintes forames, por onde atravessam nervos e vasos:

- **fissura orbital** (*fissura orbitalis*) medialmente para a passagem dos nervos oftálmico, oculomotor e abducente;
- **forame redondo** (*foramen rotundum*) lateralmente para o nervo maxilar;
- **forame troclear** (*foramen trochleare*) para o nervo troclear.

O basioccipital e a parte petrosa do osso temporal formam a fossa craniana caudal (*fossa cranii caudalis*) (▶Fig. 2.44), que se prolonga até o forame magno. A face interna da fossa craniana caudal apresenta diversas depressões superficiais. A parede laterobasal é perfurada pelo forame lacerado, e sua parte caudal, pelo forame jugular. Rostralmente, o forame lacerado contém três incisuras (no plano mediolateral): a carotídea (para a artéria carótida interna), a oval (para o nervo mandibular, $V_{3)}$ e a espinhosa (para a artéria meníngea média). Os nervos glossofaríngeo (IX), vago (X) e acessório (XI) saem através do forame jugular, e sua base apresenta a entrada para o canal do nervo hipoglosso.

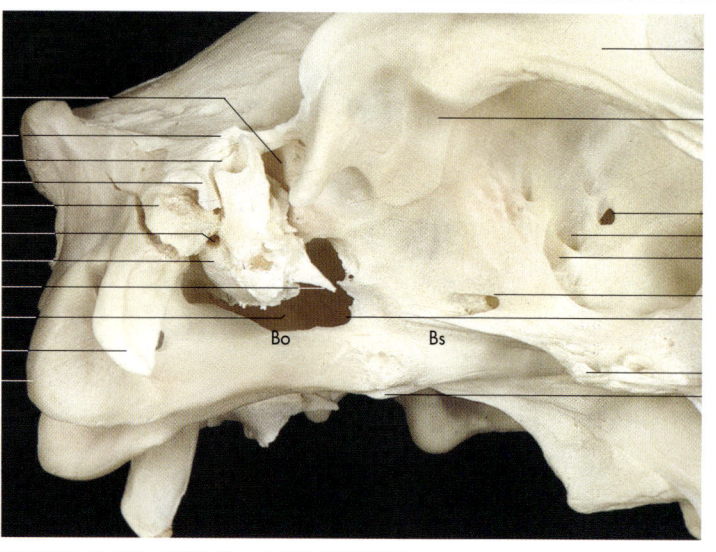

Fig. 2.40 Parte caudal do crânio de um equino (vista ventrolateral).

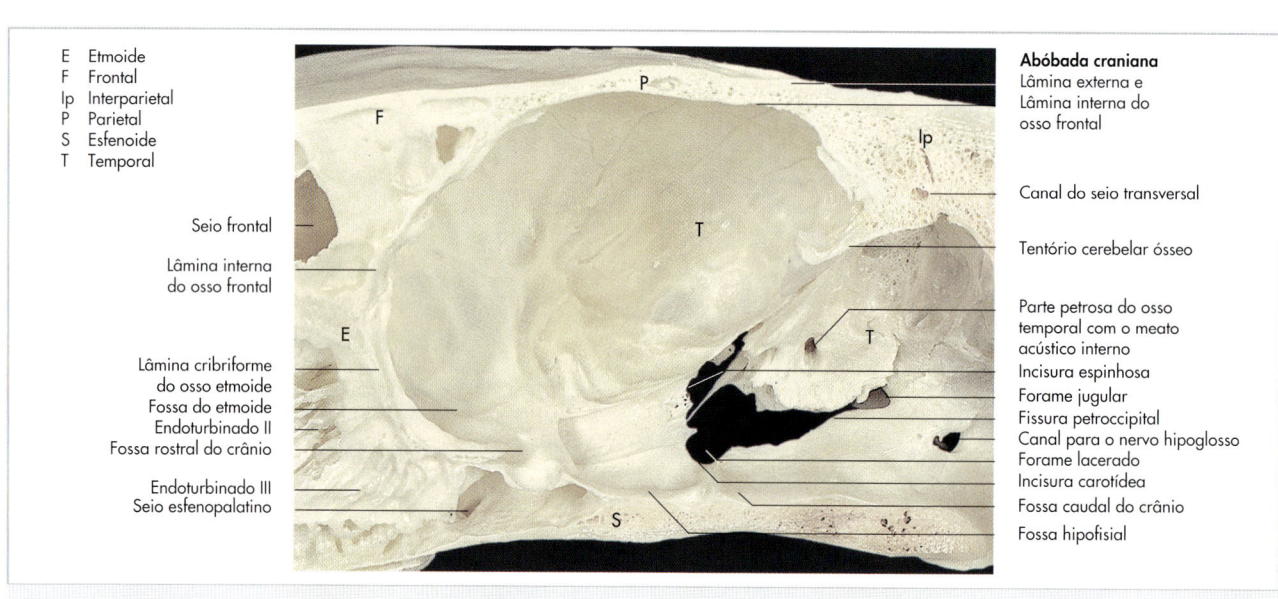

Labels (figura superior):
- Forame retroarticular
- Crista temporal
- Meato acústico externo
- Processo retrotimpânico
- Processo mastoide
- Forame estilomastóideo
- Processo estiloide
- Processo muscular
- Forame lacerado
- Processo paracondilar
- Côndilo occipital
- Processo zigomático
- Fossa mandibular com face articular
- Forame etmoidal
- Canal óptico
- Fissura orbital
- Forame alar caudal
- Incisura carotídea
- Processo pterigoide
- Tubérculo muscular
- Bo Basioccipital
- Bs Basisfenoide

Fig. 2.41 Cavidade craniana de um equino (vista medial).

- E Etmoide
- F Frontal
- Ip Interparietal
- P Parietal
- S Esfenoide
- T Temporal

Labels (figura inferior):
- Seio frontal
- Lâmina interna do osso frontal
- Lâmina cribriforme do osso etmoide
- Fossa do etmoide
- Endoturbinado II
- Fossa rostral do crânio
- Endoturbinado III
- Seio esfenopalatino
- Abóbada craniana
- Lâmina externa e Lâmina interna do osso frontal
- Canal do seio transversal
- Tentório cerebelar ósseo
- Parte petrosa do osso temporal com o meato acústico interno
- Incisura espinhosa
- Forame jugular
- Fissura petroccipital
- Canal para o nervo hipoglosso
- Forame lacerado
- Incisura carotídea
- Fossa caudal do crânio
- Fossa hipofisial

Esqueleto axial (*skeleton axiale*) 107

F Frontal
I Incisivo
L Lacrimal
M Maxila
N Nasal
Z Zigomático

Forame infraorbital
Margem interalveolar
Margem alveolar lateral da maxila

Forame supraorbital
Seio frontal
Seio maxilar rostral
Seio maxilar caudal
Processo pterigoide do osso basisfenoide
Crista facial

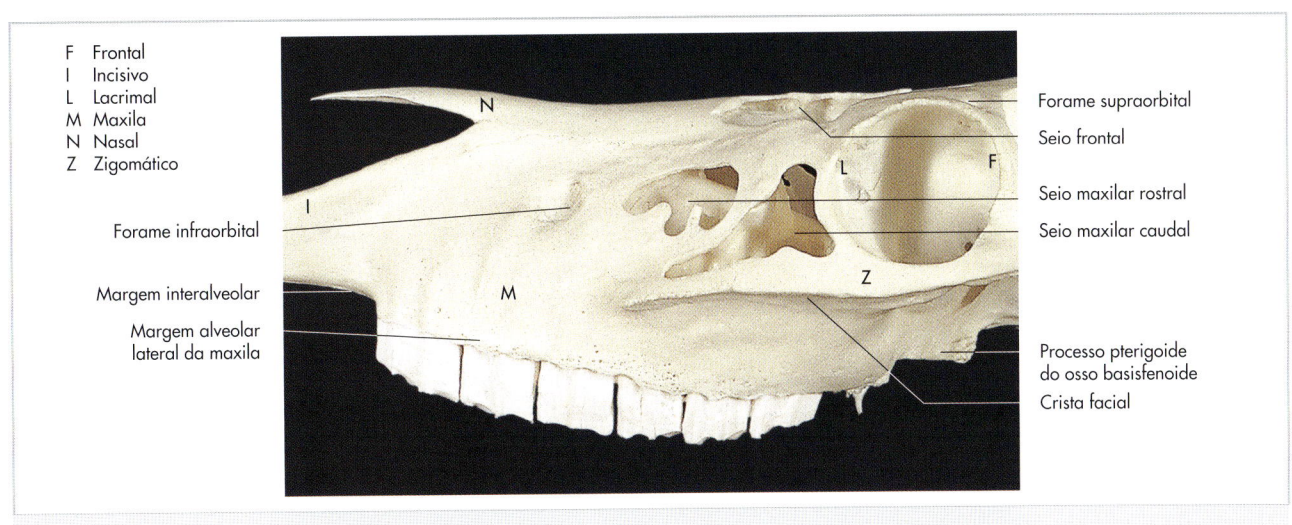

Fig. 2.42 Seios frontal e maxilar de um equino (vista lateral).

F Frontal
L Lacrimal
M Maxila
N Nasal
Z Zigomático

Lâmina interna do osso frontal
Seio frontal
Forame infraorbital

Processo zigomático do osso frontal
Forame supraorbital
Processo lacrimal rostral
Seio maxilar caudal
Seio maxilar rostral

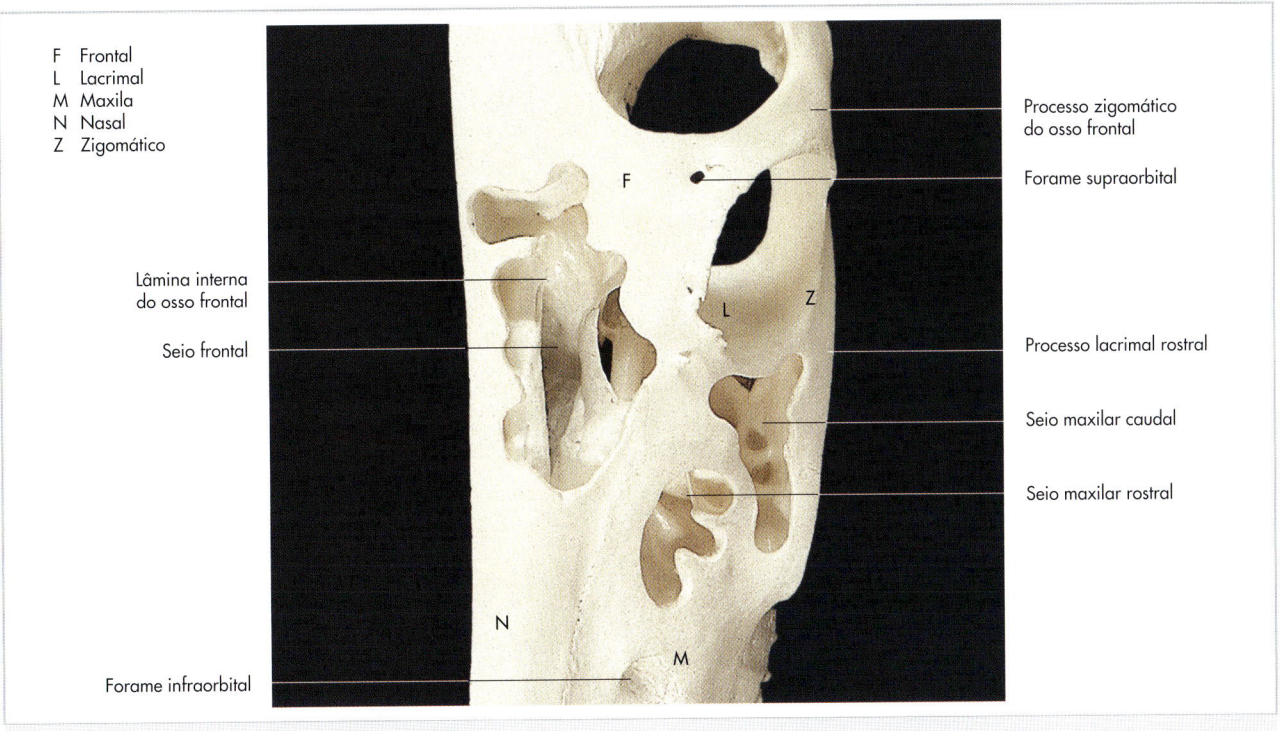

Fig. 2.43 Seios frontal e maxilar de um equino (vista dorsal).

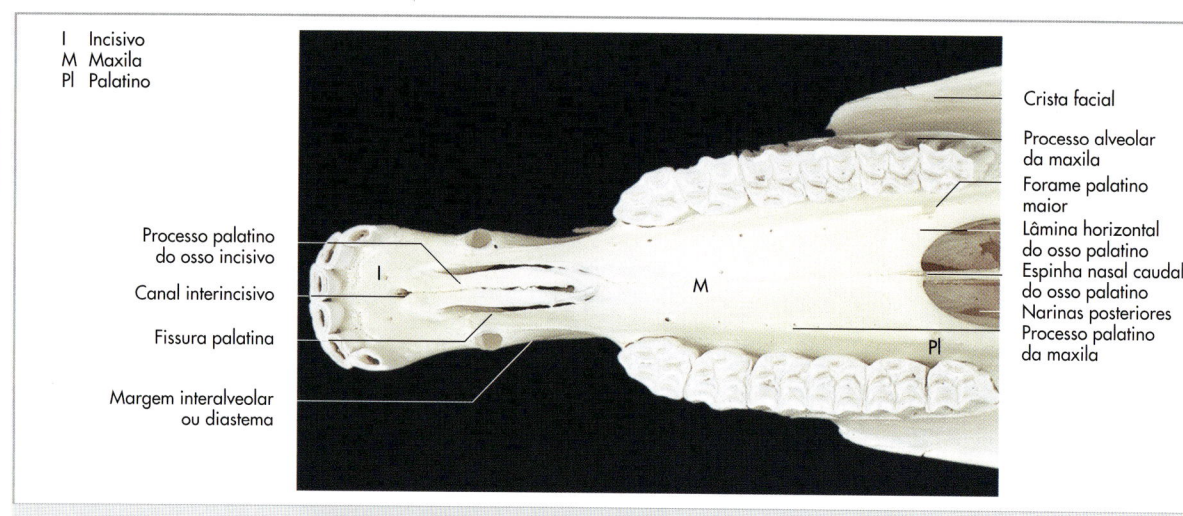

Fig. 2.44 Ossos do palato duro de um equino (vista ventral).

Cavidade nasal (*cavum nasi*)

As **conchas nasais** do crânio equino são bem diferentes das dos outros mamíferos domésticos (▶Fig. 2.18 e ▶Fig. 2.47). A lamela espiral do primeiro endoturbinado forma dois compartimentos: a parte rostral, que se enrola ventralmente e delimita o recesso da concha dorsal, e a parte caudal, que encobre o seio conchal dorsal. O seio é contínuo ao seio frontal; os seios combinados são denominados **seio conchal frontal** (*sinus conchofrontalis*). Não há comunicação direta entre esse seio e a cavidade nasal, mas eles se comunicam indiretamente por meio do seio maxilar caudal.

A maxila fornece a margem óssea para a **concha nasal ventral** (*os conchae nasalis ventralis*). Ela gira dorsalmente, formando o recesso da concha ventral rostralmente e o seio conchal ventral caudalmente. Este último se comunica com o seio maxilar rostral. Todo o labirinto etmoidal é formado por **6 endoturbinados** e **25 ectoturbinados** no equino. O primeiro endoturbinado se prolonga mais rostralmente do que os outros endoturbinados, situados mais ventralmente. Já o segundo endoturbinado é curto e contém o seio da concha média, que se comunica com o seio maxilar caudal. Os ectoturbinados são dispostos em duas fileiras: uma fileira lateral, com os turbinados menores, e uma fileira medial, com os turbinados maiores.

Seios paranasais (*sinus paranasales*)

Os seguintes **seios paranasais** estão presentes no equino adulto:
- **seio maxilar caudal** (*sinus maxillaris caudalis*);
- **seio maxilar rostral** (*sinus maxillaris rostralis*);
- **seio conchal frontal** (*sinus conchofrontalis*), que é subdividido em:
  - seio conchal dorsal (*sinus conchae dorsalis*);
  - seio frontal (*sinus frontalis*);
- **seio esfenopalatino** (*sinus sphenopalatinus*);
- **seio conchal ventral** (*sinus conchae ventralis*).

O grande **seio maxilar caudal** (*sinus maxillaris caudalis*) se posiciona dentro da parte caudal do maxilar, do osso lacrimal e do osso zigomático. Já o pequeno **seio maxilar rostral** (*sinus maxillaris rostralis*) se situa inteiramente dentro da parte rostral da maxila. Os dois seios maxilares são separados um do outro por um septo ósseo. Esse **septo** (*septum sinuum maxillarium*) costuma estar situado a cerca de 4 a 6 cm da extremidade rostral da crista facial. Os alvéolos dentários para os últimos três dentes molares marcam o assoalho dos seios maxilares (▶Fig. 2.41, ▶Fig. 2.42, ▶Fig. 2.43 e ▶Fig. 2.45).

Mais adiante na direção medial, uma lâmina óssea de orientação sagital, que inclui o canal infraorbital em sua margem livre, projeta-se até os seios maxilares, dividindo-os nos compartimentos medial e lateral. Os dois seios compartilham uma abertura na forma de ranhura em direção ao meato nasal médio, a **abertura nasomaxilar** (*apertura nasomaxillaris*), que se situa no nível do 5° dente molar no equino adulto (▶Fig. 2.45). O seio maxilar caudal se comunica direta ou indiretamente com todos os outros seios paranasais.

Tal distribuição anatômica explica como uma infecção se espalha por todos os seios paranasais. O seio maxilar caudal se comunica com o seio conchal frontal por meio da **abertura frontomaxilar** (*apertura frontomaxillaris*) no nível do ducto lacrimal. O seio conchal frontal é composto pelo seio conchal dorsal e pelo seio frontal. A união dos seios palatino e esfenoidal resulta na combinação do seio esfenopalatino. O seio maxilar rostral se comunica com o seio conchal ventral por meio da abertura conchomaxilar (*apertura conchomaxillaris*), a qual pode ser adentrada pelo canal infraorbital.

E Etmoide
F Frontal
J Incisivo
Mt Maxiloturbinado
N Nasal
Pl Palatino
Pt Pterigoide
I Endoturbinado I
II Endoturbinado II
III Endoturbinado III

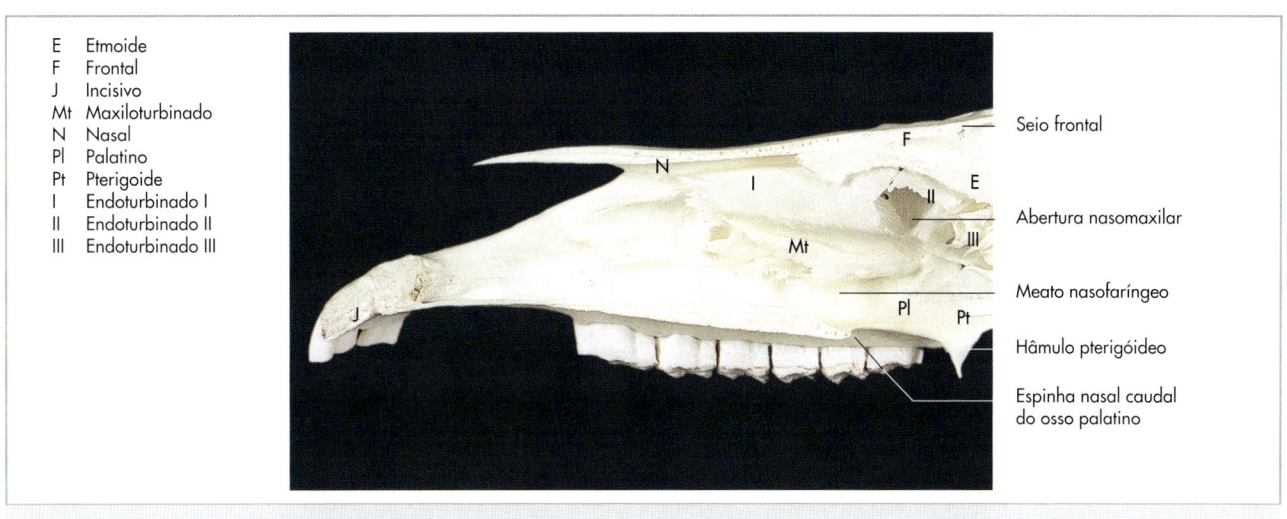

Seio frontal
Abertura nasomaxilar
Meato nasofaríngeo
Hâmulo pterigóideo
Espinha nasal caudal do osso palatino

Fig. 2.45 Parte facial do crânio de um equino (vista medial, secção paramediana).

2.6 Coluna vertebral ou espinha (*columna vertebralis*)

A **coluna vertebral** é composta por uma série de ossos ímpares, as vértebras, cuja quantidade varia entre os mamíferos domésticos. Embora as vértebras das diferentes regiões (cervical, torácica, lombar, sacral e caudal) cumpram funções diferentes e apresentem características próprias, todas elas compartilham uma estrutura básica (▶Fig. 2.46). As vértebras são classificadas como **ossos curtos** (*ossa brevia*), com uma substância esponjosa (*substantia spongiosa*) no centro e uma substância compacta (*substantia compacta*) envolvendo-a. Cada vértebra apresenta:
- corpo (*corpus vertebrae*);
- arco (*arcus vertebrae*);
- processos (*processus vertebrae*).

O **corpo** é a parte ventral prismática ou cilíndrica de uma vértebra, sobre a qual se assentam as outras partes. Cada corpo vertebral apresenta uma **extremidade cranial** (*extremitas cranialis*) convexa e uma **extremidade caudal** (*extremitas caudalis*) côncava, as quais são recobertas por uma lâmina de cartilagem hialina, formando a parte não ossificada da epífise do corpo vertebral (▶Fig. 2.46).

Os **discos intervertebrais fibrocartilaginosos** (*disci intervertebrales*) se interpõem entre as vértebras adjacentes. A face dorsal do corpo da vértebra é marcada por sulcos longitudinais, forames nutrícios e uma crista mediana, para a fixação de ligamentos. A face ventral possui a **crista ventral** (*crista ventralis*), que varia de tamanho dependendo da região da coluna vertebral.

O **arco vertebral** ou **arco neural** se forma sobre a face dorsal do corpo vertebral e, desse modo, delimita um **forame vertebral** (*foramen vertebrale*) (▶Fig. 2.46). Cada arco vertebral é composto por dois pedículos laterais (*pediculus arcus vertebrae*) e uma lâmina dorsal (*lamina arcus vertebrae*). Os forames vertebrais se comunicam com os forames das vértebras contíguas para formar o **canal vertebral** (*canalis vertebralis*), que circunda a medula espinal e suas meninges, nervos espinais, vasos sanguíneos, ligamentos, tecido adiposo e tecido conjuntivo.

O canal vertebral atinge o seu maior diâmetro na altura da primeira e da segunda vértebras cervicais. A sua largura diminui ao longo da coluna cervical, aumenta novamente na região torácica cranial e se estreita na região torácica caudal. O diâmetro se alarga novamente na região lombar e, gradualmente, fica mais estreito na altura da primeira vértebra caudal.

As vértebras caudais de gatos, cães e ruminantes apresentam resquícios de um **arco ventral** (▶Fig. 2.46, ▶Fig. 2.75 e ▶Fig. 2.76). As bases dos pedículos apresentam incisuras (*incisura vertebralis cranialis et caudalis*). Quando vértebras sucessivas se articulam, as incisuras de cada um dos lados das vértebras adjacentes delineiam os forames intervertebrais (*foramina intervertebralia*), por onde passam os nervos espinais (▶Fig. 2.47 e ▶Fig. 2.48). Dorsalmente, a maior parte dos arcos vertebrais se encaixa sem deixar espaços, porém há três locais na coluna vertebral nos quais um **espaço interarcual** (*spatium interarcuale*) é formado entre os arcos de vértebras adjacentes (▶Fig. 2.49). Tais espaços têm importância clínica, pois possibilitam o acesso ao canal vertebral para injeções ou para obter amostras do líquido cerebroespinal:
- **espaço atlantoccipital** (*spatium atlanto-occipitale*): entre o osso occipital e a primeira vértebra (atlas);
- **espaço atlantoaxial** (*spatium atlantoaxiale*): entre a primeira (atlas) e a segunda (áxis) vértebras;
- **espaço lombossacral** (*spatium lumbosacrale*): entre a última vértebra lombar e o sacro.

Cada vértebra apresenta uma determinada quantidade de **processos** (*processus vertebrae*) para a fixação de músculos e ligamentos e para a articulação com as vértebras adjacentes. Os seguintes processos podem estar presentes (▶Fig. 2.46):
- um **processo dorsal** ou **espinhoso** (*processus spinosus*) na linha mediodorsal do arco vertebral;
- quatro **processos articulares** (*processus articulares caudales et craniales*), posicionados no sentido cranial e caudal em relação à raiz do processo espinhoso;
- dois **processos transversos** (*processus transversi*), que se projetam lateralmente a partir da base do arco vertebral;
- dois **processos mamilares** (*processus mamillares*) entre os processos articulares craniais e transversos das vértebras torácicas e lombares.

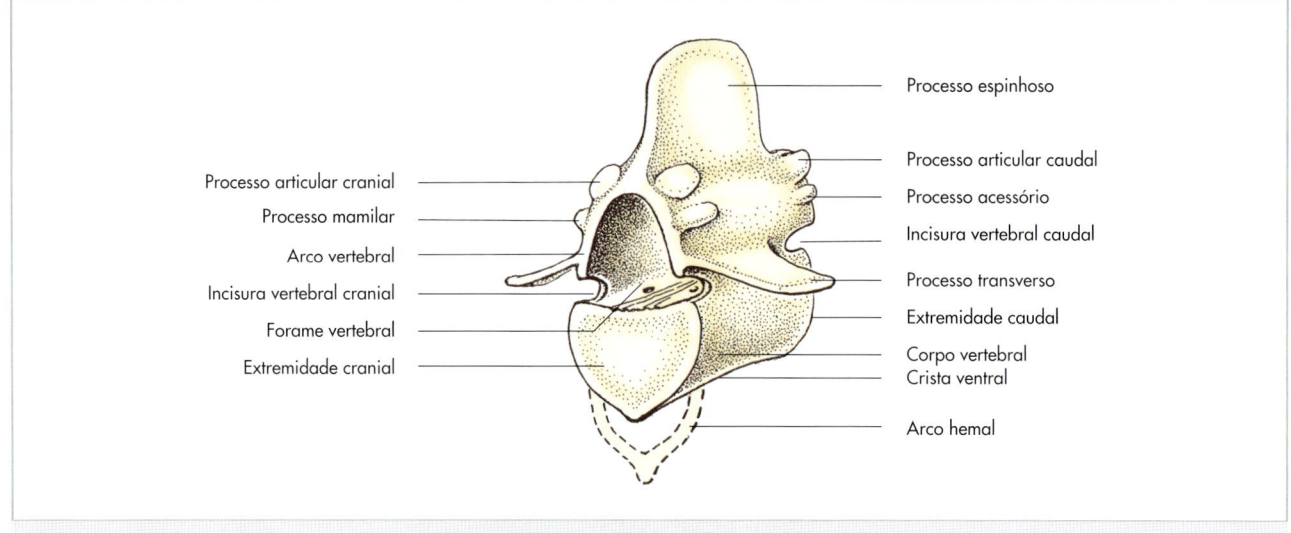

Fig. 2.46 Estrutura básica de uma vértebra (representação esquemática, vista cranial).

Outros processos são encontrados em algumas espécies:
- dois **processos acessórios** (*processus accessorii*) entre os processos transversos e articulares caudais das últimas vértebras torácicas (carnívoros e suínos) e em vértebras lombares (carnívoros).

A quantidade de vértebras que compõem cada região é característica de cada espécie (▶Tab. 2.2).

2.6.1 Vértebras cervicais (*vertebrae cervicales*)

A **primeira** (atlas) e a **segunda** (áxis) **vértebras cervicais** são altamente modificadas para permitir o movimento livre da cabeça (▶Fig. 2.47, ▶Fig. 2.48, ▶Fig. 2.49, ▶Fig. 2.50, ▶Fig. 2.51, ▶Fig. 2.52, ▶Fig. 2.53, ▶Fig. 2.54 e ▶Fig. 2.55). O atlas aparentemente não tem corpo, pois consiste em duas massas laterais (*massae laterales*) unidas por um arco dorsal e outro ventral (*arcus dorsalis et ventralis*), os quais constituem um anel ósseo. O **tubérculo dorsal** (*tuberculum dorsale*) situa-se na extremidade cranial do arco dorsal, e o **tubérculo ventral** (*tuberculum ventrale*), na extremidade caudal do arco ventral. Um amplo **processo transverso** (*processus transversus*) se projeta lateralmente de cada massa (*massa lateralis*); esses processos planos são chamados de **asas do atlas** (*alae atlantis*) (▶Fig. 2.49, ▶Fig. 2.51 e ▶Fig. 2.53).

A **face ventral** da asa é escavada para formar a **fossa do atlas** (*fossa atlantis*), e a sua base é perfurada pelo **forame alar** (*foramen alare*) ou, em carnívoros, pela **incisura alar** (*incisura alaris*). O **forame vertebral lateral** (*foramen vertebrale laterale*) se abre na parte craniodorsal do arco vertebral. O **forame transverso** (*foramen transversarium*) é um canal curto que atravessa a parte caudal da asa do atlas (▶Fig. 2.51) e não está presente em ruminantes.

A face cranial do arco ventral do atlas é escavada (*fovea articularis cranialis*) para se articular com os côndilos occipitais (*condyli occipitalis*). A face dorsal do arco ventral apresenta uma face articular caudal, côncava e transversa, a **fóvea do dente** (*fovea dentis*), a qual se articula com o **dente** (*dens*) da segunda vértebra cervical. A fóvea do dente se integra com as áreas articulares pouco profundas da face caudal das massas laterais (*foveae articulares caudales*), as quais se articulam com os processos articulares craniais da segunda vértebra cervical (▶Fig. 2.51).

O atlas modifica a sua forma e a sua estrutura para corresponder às suas funções. Os processos transversos prolongados, as **asas** (*alae atlantis*), propiciam fixação para as musculaturas dorsal e ventral, responsáveis pela movimentação da cabeça para cima e para baixo, e compõem a conexão muscular entre a coluna e a face nucal do osso occipital. A face articular caudal do atlas se articula com a segunda vértebra cervical. A margem livre lateral das asas do atlas propicia fixação para os músculos da cabeça e do pescoço, responsáveis, principalmente, pelo movimento de rotação da cabeça. Os amplos espaços articulares das articulações atlantoaxial e atlantoccipital sustentam movimentos verticais e rotatórios relativamente livres.

A **segunda vértebra cervical** (áxis) forma o pivô sobre o qual o atlas e, consequentemente, a cabeça giram (▶Fig. 2.47, ▶Fig. 2.48, ▶Fig. 2.49, ▶Fig. 2.50 e ▶Fig. 2.52). O **corpo cilíndrico** (*corpus vertebrae*) dessa vértebra apresenta uma **crista ventral** (*crista ventralis*) bem desenvolvida. A extremidade cranial do corpo se caracteriza pelo **dente**, situado centralmente, o qual é considerado o corpo deslocado do atlas, com base em seu desenvolvimento. Ela é semelhante a um bastão em carnívoros e a um bico em outras espécies, correspondendo à fóvea do dente do atlas. A **face articular ventral do dente** (*facies articularis ventralis dentis*) conflui com as **faces articulares craniais** (*facies articularis cranialis*) no equino e no bovino, porém é separada em outros mamíferos domésticos. A **face articular caudal** (*facies articularis caudalis*) é lisa e côncava, voltada para o disco intervertebral.

O **arco** (*arcus vertebrae*) do áxis possui o **processo espinhoso** (*processus spinosus*) alongado e protuberante, o qual se projeta sobre a extremidade cranial e caudal do corpo vertebral em carnívoros e apenas na extremidade caudal no suíno. Ele é uma lâmina óssea retangular em ruminantes e se bifurca caudalmente no equino. A incisura vertebral caudal (*incisura vertebralis caudalis*) que

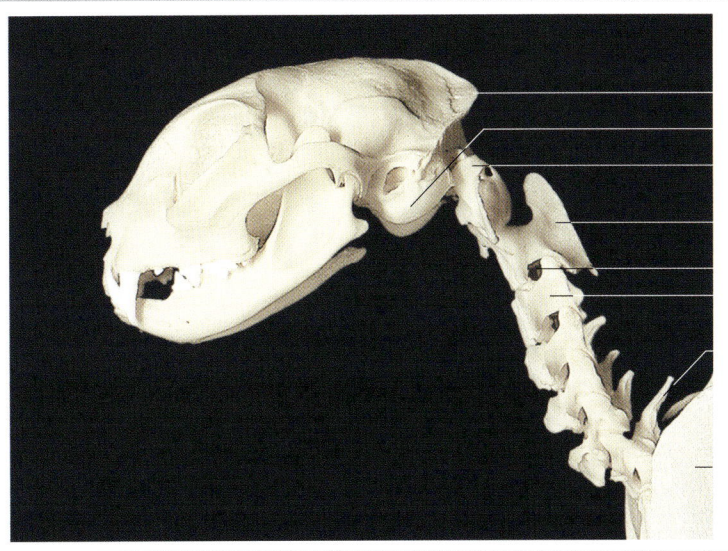

Fig. 2.47 Crânio e coluna cervical de um gato (vista lateral).

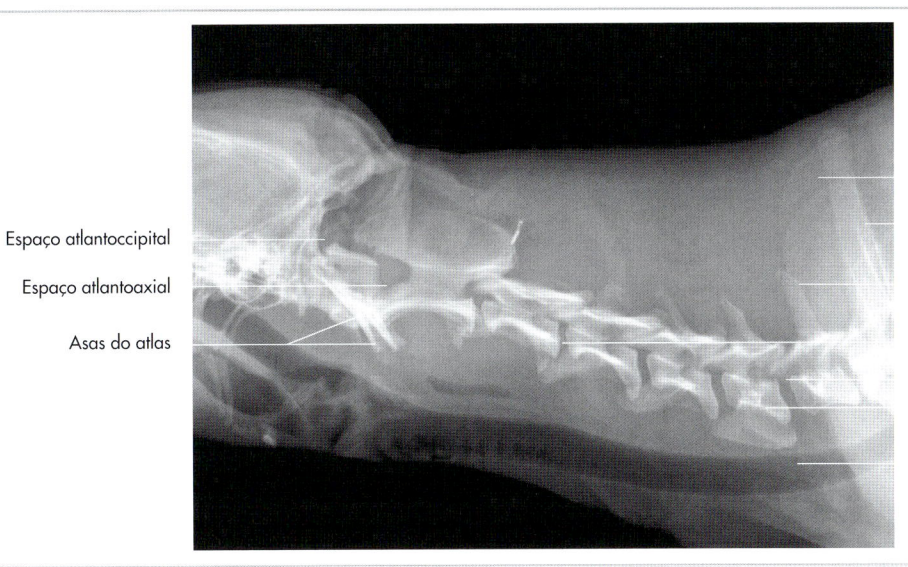

Fig. 2.48 Radiografia da coluna cervical de um cão (projeção laterolateral). (Fonte: cortesia da Profª. Drª. Ulrike Matis, Munique.)

corresponde ao processo espinhoso é grande. O processo espinhoso conflui com os processos articulares caudais em carnívoros e equinos, mas permanece separado em ruminantes e no suíno.

Os **processos transversos** pares (*processus transversi*) são perfurados na direção da base pelo **forame transverso** (*foramen transversarium*). A **incisura vertebral cranial** (*incisura vertebralis cranialis*), presente em carnívoros, é substituída por um **forame vertebral lateral** (*foramen vertebrale laterale*) nos outros mamíferos domésticos, complementado por uma ponte óssea estreita. Assim como o atlas, o áxis é modelado conforme as suas funções. O dente do áxis forma, juntamente à fóvea articular do atlas correspondente, uma articulação trocóidea (pivô), ao redor da qual o atlas e a cabeça giram. As faces articulares em cada lado do processo espinhoso formam a inserção de ligamentos (sobretudo o ligamento nucal) e músculos.

Os **corpos das vértebras cervicais restantes** se tornam cada vez mais curtos do sentido cranial ao caudal. As faces ventrais da 3ª para a 5ª vértebra cervical têm uma crista ventral forte, a qual se torna indistinta ou ausente na 6ª e 7ª vértebras. A extremidade cranial é convexa, ao passo que a extremidade caudal é correspondentemente côncava, exceto em carnívoros e no suíno.

Os **processos espinhosos** (*processus spinosi*) são relativamente curtos na maioria dos mamíferos domésticos, porém o seu comprimento aumenta gradualmente em direção à parte torácica da coluna. No equino, apenas a 7ª vértebra cervical tem um processo espinhoso distinto.

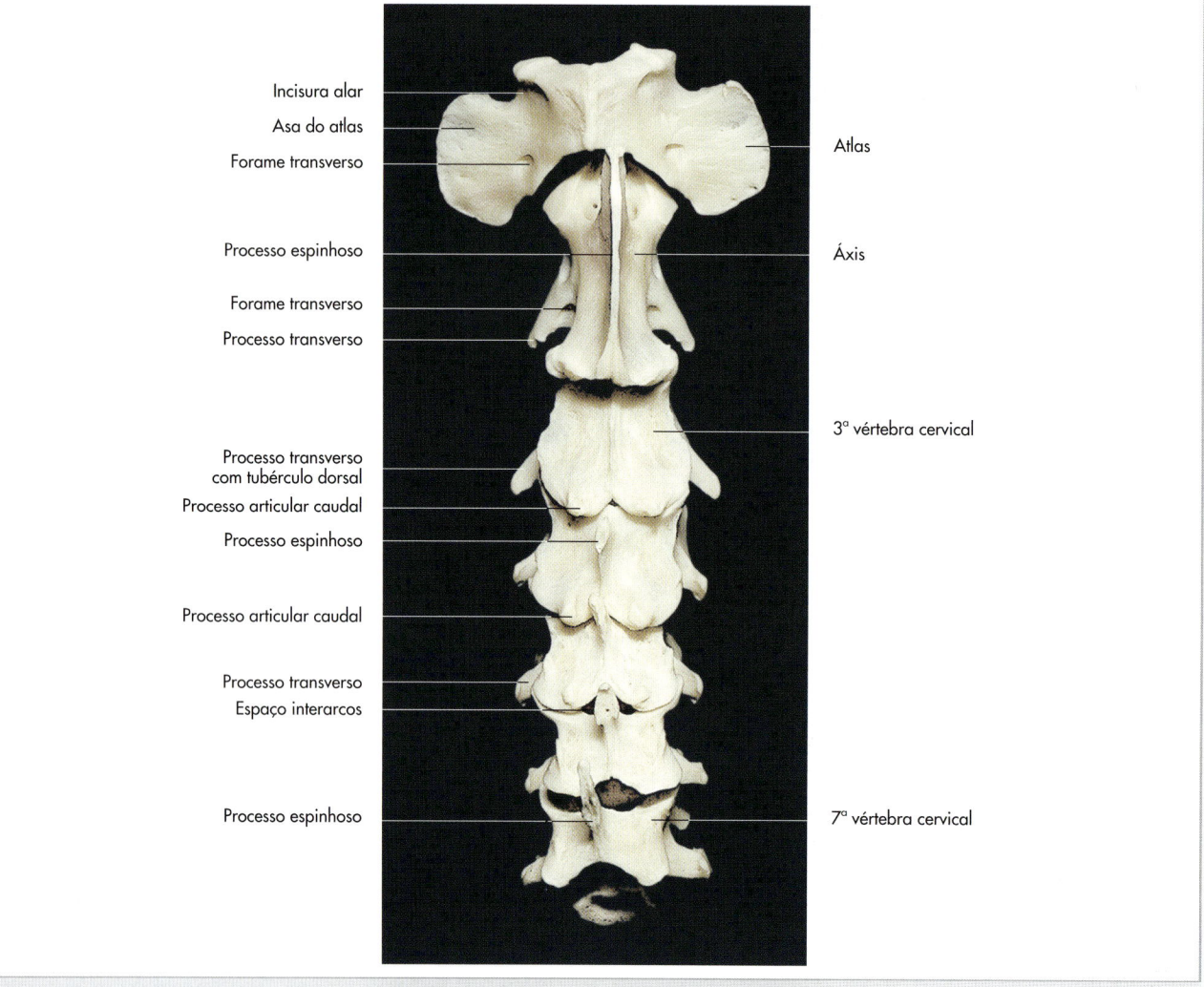

Fig. 2.49 Coluna cervical de um cão (vista dorsal).

Os processos transverso e articular são bem desenvolvidos em todas as vértebras cervicais. Da 3ª a 6ª vértebra cervical, o processo transverso é perfurado pelo **forame transverso** (*foramen transversarium*). O somatório dos forames transversos forma um **canal transverso** (*canalis transversarius*) nos dois lados da coluna vertebral cervical, por onde passa o nervo e a artéria e a veia vertebrais. A extremidade livre de cada processo transverso se ramifica em um **tubérculo dorsal** (*tuberculum dorsale*) caudalmente e um **tubérculo ventral** (*tuberculum ventrale*) cranialmente, os quais são considerados uma costela rudimentar e um resíduo do processo transverso de uma vértebra torácica. O tubérculo ventral da 6ª vértebra cervical é aumentado para formar uma **extensão lamelar** (*lamina ventralis*) característica.

Os **processos articulares** (*processus articulares*) são grandes, orientados horizontalmente e têm faces articulares planas. As extremidades cranial e caudal dos arcos vertebrais apresentam incisuras profundas em ambos os lados (*incisurae vertebrales craniales et caudales*) e, desse modo, formam grandes forames intervertebrais (*foramina intervertebralia*) entre vértebras contíguas. A 7ª vértebra cervical é facilmente identificada, pois ela se caracteriza por um processo espinhoso elevado, pequenos processos transversos, ausência de uma crista ventral (com exceção do cão) e presença de um forame transverso. A extremidade caudal do corpo vertebral apresenta **fóveas articulares** (*fovea costalis caudalis*) pares, as quais compõem uma face articular comum para a cabeça da primeira costela, juntamente à face articular cranial da 1ª vértebra torácica.

2.6.2 Vértebras torácicas (*vertebrae thoracicae*)

A **coluna torácica** é composta por uma cadeia de vértebras torácicas que formam, parcialmente justapostas, um bastão ósseo ligeiramente dorsoconvexo, o qual se caracteriza por sua flexibilidade limitada. Adaptadas à sua função, as vértebras torácicas são equipadas com aspectos anatômicos especiais, como os longos processos espinhosos para a fixação da forte musculatura da cabeça e do pescoço em suínos e herbívoros. As vértebras torácicas craniais desempenham uma função adicional como parte da coluna vertebral

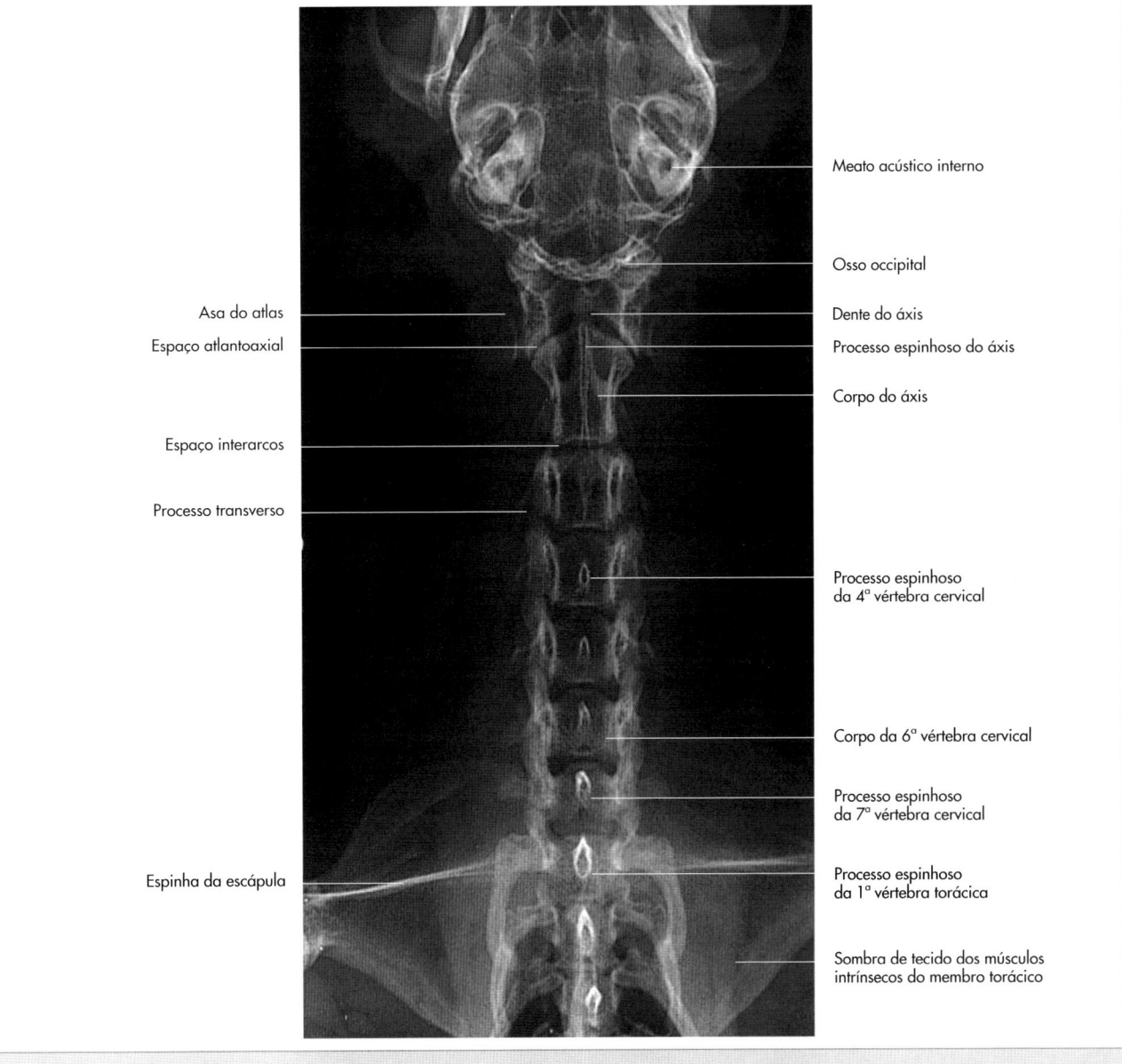

Fig. 2.50 Coluna cervical de um gato (vista dorsoventral). (Fonte: cortesia da Profª. Drª. Ulrike Matis, Munique.)

completa ao transmitir o peso do corpo para os membros torácicos e, juntamente às costelas, propiciam fixação para os músculos das costelas, do tórax e do ombro.

As vértebras torácicas se articulam com as costelas e correspondem a estas em quantidade. Pequenas variações no número são comuns entre espécies e raças diferentes e costumam ser compensadas por alterações recíprocas na quantidade de vértebras lombares. Todas as vértebras torácicas compartilham as seguintes características (▶Fig. 2.56, ▶Fig. 2.59, ▶Fig. 2.63 e ▶Fig. 2.64):
- **corpos curtos com extremidades planas** (*extremitates*);
- **processos articulares** (*processus articulares*) curtos;
- **arcos vertebrais** (*arcus vertebrae*) de encaixe muito próximo;
- **processos espinhosos** (*processus spinosi*) muito longos;
- **fóveas costais** nas duas extremidades para as cabeças das costelas (*foveae costales*) e nos **processos transversos** para os tubérculos das costelas.

Os **corpos vertebrais** são curtos na região torácica cranial, mas aumentam de comprimento gradualmente no sentido caudal, onde também há uma crista ventral. As extremidades cranial e caudal das vértebras torácicas caudais são achatadas para se ajustarem aos discos intervertebrais, o que gera uma amplitude limitada de movimentos entre as duas vértebras vizinhas. Os **processos articulares** das vértebras torácicas craniais são representados por fóveas ovais. As **fóveas articulares craniais** (*foveae articulares craniales*) posicionam-se na direção craniodorsal sobre a base do processo espinhoso e se orientam tangencialmente ao arco vertebral. Já as **fóveas articulares caudais** (*foveae articulares caudales*) situam-se na parte caudal da base do processo espinhoso, mas se orientam sagitalmente em direção ao arco. Essa disposição das fóveas articulares responde pelo movimento rotacional relativamente livre da região torácica cranial em comparação à restrição dos movimentos dorsoventrais das regiões torácica e lombar caudais.

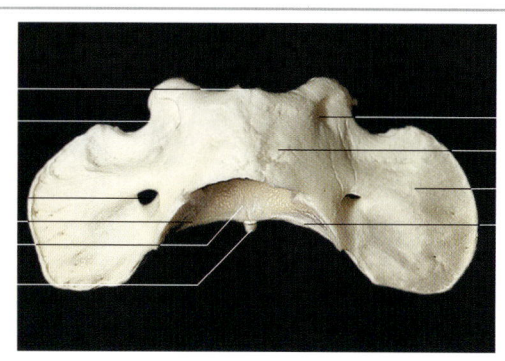

Fig. 2.51 Primeira vértebra cervical (atlas) de um cão (vista dorsal).

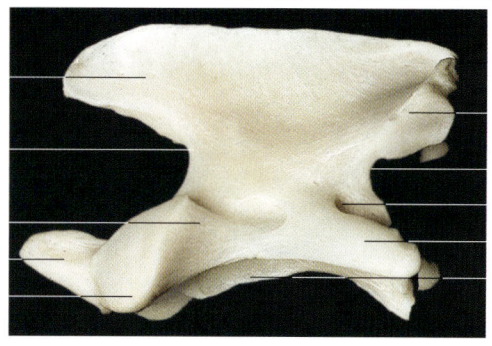

Fig. 2.52 Segunda vértebra cervical (áxis) de um cão (vista lateral).

Enquanto as **incisuras vertebrais craniais** (*incisurae vertebrales craniales*) são rasas, as **incisuras caudais** (*incisurae vertebrales caudales*) são muito mais profundas. O **forame intervertebral** é comparativamente maior, visando a permitir a passagem dos nervos e vasos espinais, e costuma ser dividido em dois por uma ponte óssea em ruminantes. Os **processos espinhosos** (*processus spinosi*) são muito proeminentes e estendem-se desde a superfície dorsal do arco vertebral (▶Fig. 2.56, ▶Fig. 2.57, ▶Fig. 2.61 e ▶Fig. 2.62). Em carnívoros, o comprimento dos processos espinhosos diminui gradualmente ao longo de toda a região torácica; no suíno e em ruminantes, eles ficam mais elevados nas três primeiras vértebras, tornam-se progressivamente mais curtos até a 11ª vértebra no suíno e até a 12ª ou 13ª vértebra em ruminantes e permanecem com o mesmo comprimento até o final da coluna torácica. No equino, os processos espinhosos das primeiras quatro vértebras torácicas aumentam em altura e se tornam mais curtos até a 13ª ou 14ª vértebra. Os processos espinhosos mais elevados das três ou quatro primeiras vértebras torácicas compõem a base óssea para a cernelha.

Os **processos espinhosos** das vértebras torácicas craniais são direcionados caudodorsalmente, ao passo que os das vértebras torácicas caudais e das lombares são inclinados cranialmente.

A vértebra torácica cujo processo espinhoso é quase perpendicular ao eixo longo do osso é denominada **vértebra diafragmática** ou **anticlinal** (*vertebra anticlinalis*); ela é a 10ª vértebra torácica no cão (▶Fig. 2.58), a 12ª no suíno e no caprino, a 13ª no bovino e a 16ª no equino. Os **processos mamilares** (*processus mamillares*) estão presentes apenas nas vértebras torácicas e lombares. Eles se situam imediatamente craniais aos processos transversos nas vértebras posicionadas cranialmente à vértebra anticlinal e estão unidos com os processos articulares para formar o **processo mamiloarticular** (*processus mamilloarticulares*) nas vértebras caudais à vértebra anticlinal. O corpo de cada vértebra torácica tem uma **fóvea costal cranial** e outra **caudal** (*fovea costalis cranialis et caudalis*), lateral à base do arco vertebral. As fóveas das vértebras adjacentes, complementadas pelos discos intervertebrais, formam cavidades para as cabeças das costelas. Os curtos e firmes **processos transversos** (*processus transversi*) apresentam **fóveas articulares** para a articulação com o **tubérculo da costela** (*foveae costales processus transversi*). As duas fóveas costais são mais profundas e situadas mais distantes uma da outra na região torácica cranial, porém se tornam progressivamente menos profundas e mais próximas, o que resulta em maior estabilidade das costelas craniais e maior mobilidade caudal.

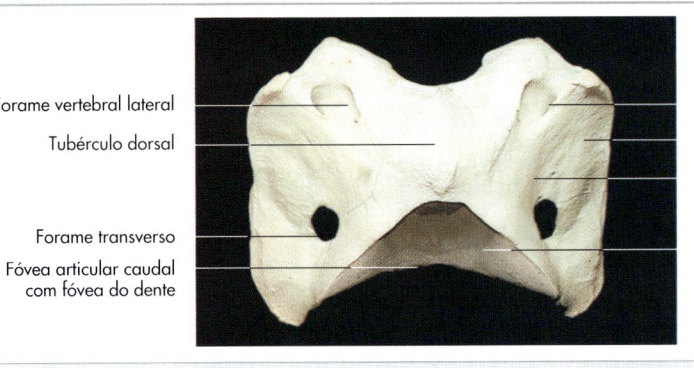

Esqueleto axial (*skeleton axiale*) 115

Fig. 2.53 Primeira vértebra cervical (atlas) de um equino (vista dorsal).

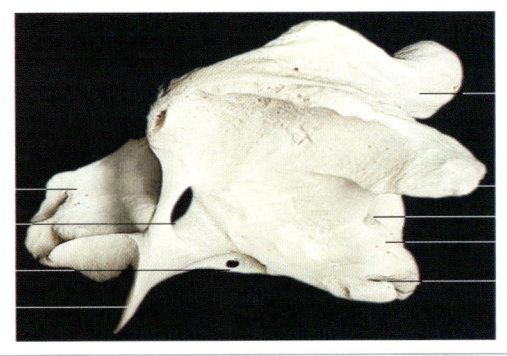

Labels: Forame vertebral lateral; Tubérculo dorsal; Forame transverso; Fóvea articular caudal com fóvea do dente; Forame alar; Asa; Arco dorsal; Arco ventral.

Fig. 2.54 Segunda vértebra cervical (áxis) de um equino (vista lateral).

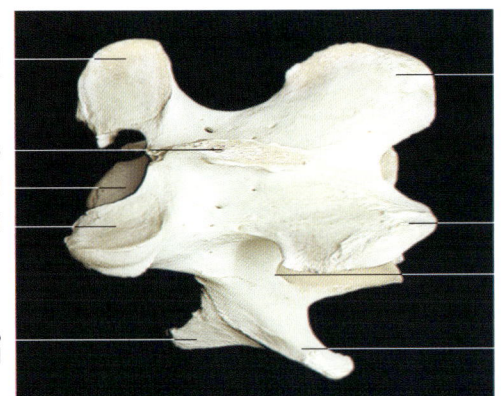

Labels: Dente; Forame vertebral lateral; Forame transverso; Processo articular cranial; Processo articular caudal; Face articular; Incisura vertebral caudal; Extremidade caudal; Processo transverso.

Fig. 2.55 Terceira vértebra cervical de um equino (vista dorsolateral).

Labels: Processo articular cranial com face articular; Processo espinhoso; Extremidade cranial; Processo articular cranial; Processo transverso com tubérculo ventral; Processo articular caudal; Processo articular caudal; Forame transverso; Processo transverso com tubérculo ventral.

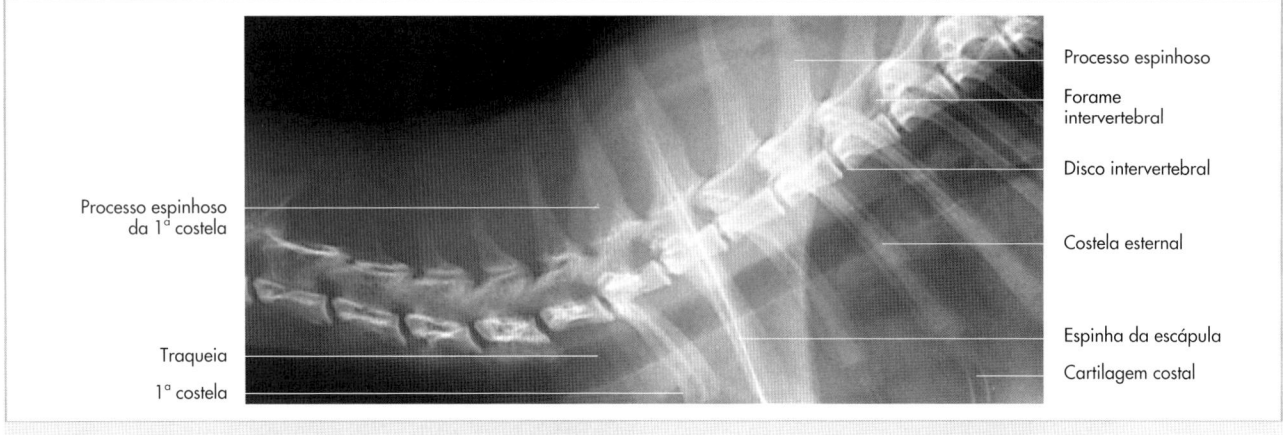

Fig. 2.56 Radiografia do pescoço caudal e do tórax cranial de um gato (projeção laterolateral). (Fonte: cortesia da Profª. Drª. Ulrike Matis, Munique.)

Labels (Fig. 2.56): Processo espinhoso da 1ª costela; Traqueia; 1ª costela; Processo espinhoso; Forame intervertebral; Disco intervertebral; Costela esternal; Espinha da escápula; Cartilagem costal

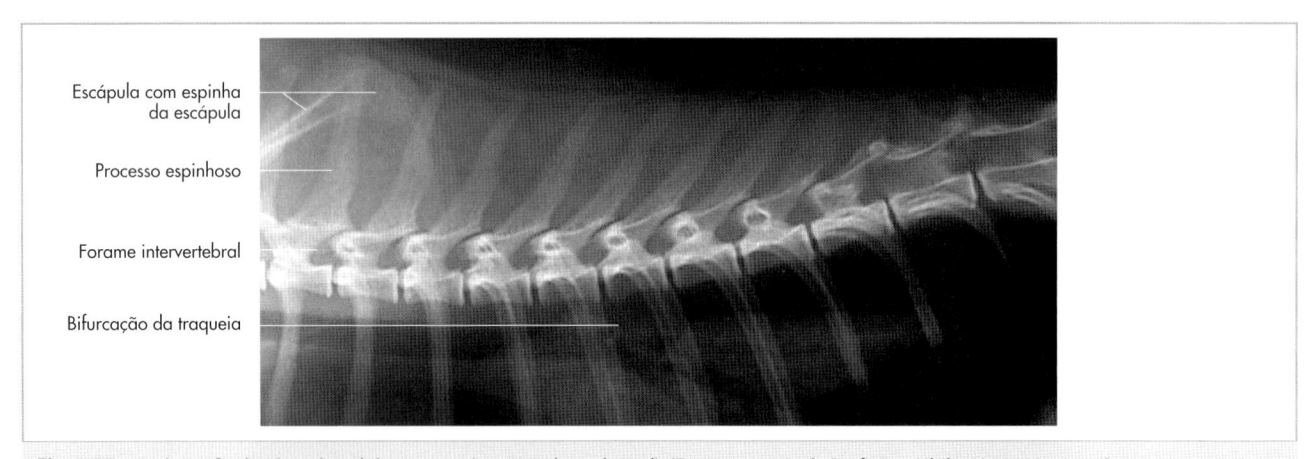

Fig. 2.57 Radiografia do tórax dorsal de um gato (projeção laterolateral). (Fonte: cortesia da Profª. Drª. Ulrike Matis, Munique.)

Labels (Fig. 2.57): Escápula com espinha da escápula; Processo espinhoso; Forame intervertebral; Bifurcação da traqueia

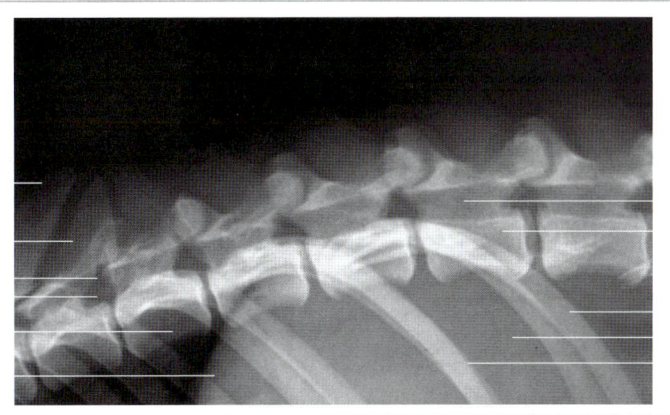

Esqueleto axial (*skeleton axiale*)

Fig. 2.58 Radiografia da região toracolombar da coluna de um cão (projeção laterolateral). (Fonte: cortesia da Prof³. Dr³. Ulrike Matis, Munique.)

Legendas:
- Processo espinhoso
- 10ª vértebra torácica, vértebra anticlinal
- Espaço interarcos
- Canal vertebral
- Corpo vertebral
- Cúpula diafragmática
- Canal vertebral
- 1ª vértebra lombar
- 13ª costela
- Diafragma
- 12ª costela

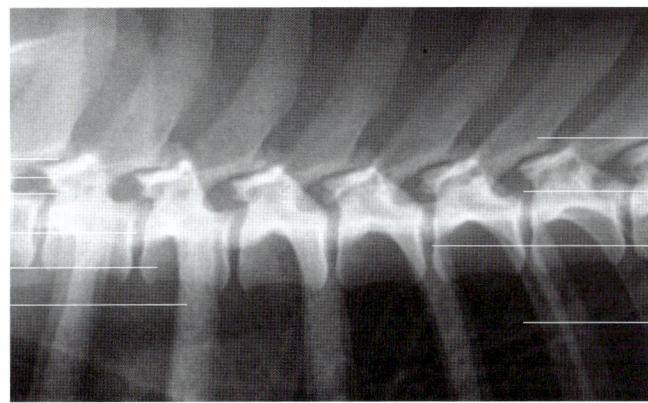

Fig. 2.59 Radiografia da coluna torácica de um cão (projeção laterolateral). (Fonte: cortesia da Prof³ Dr³. Ulrike Matis, Munique).

Legendas:
- Processo articular caudal
- Processo articular cranial
- Incisura vertebral cranial
- Disco intervertebral
- Corpo vertebral
- Costela
- Processo espinhoso
- Forame intervertebral
- Disco intervertebral
- Pulmão

Tab. 2.2 Fórmula vertebral dos mamíferos domésticos

Vértebras	Carnívoros	Suíno	Bovino	Pequenos ruminantes	Equino
Vértebras cervicais	7	7	7	7	7
Vértebras torácicas	12–14	13–16	13	13	18
Vértebras lombares	(6) 7	5–7	6	13	5–7
Vértebras sacrais	3	4	5	(3) 4–5	5
Vértebras caudais	20–23	20–23	18–20	13–14	15–21

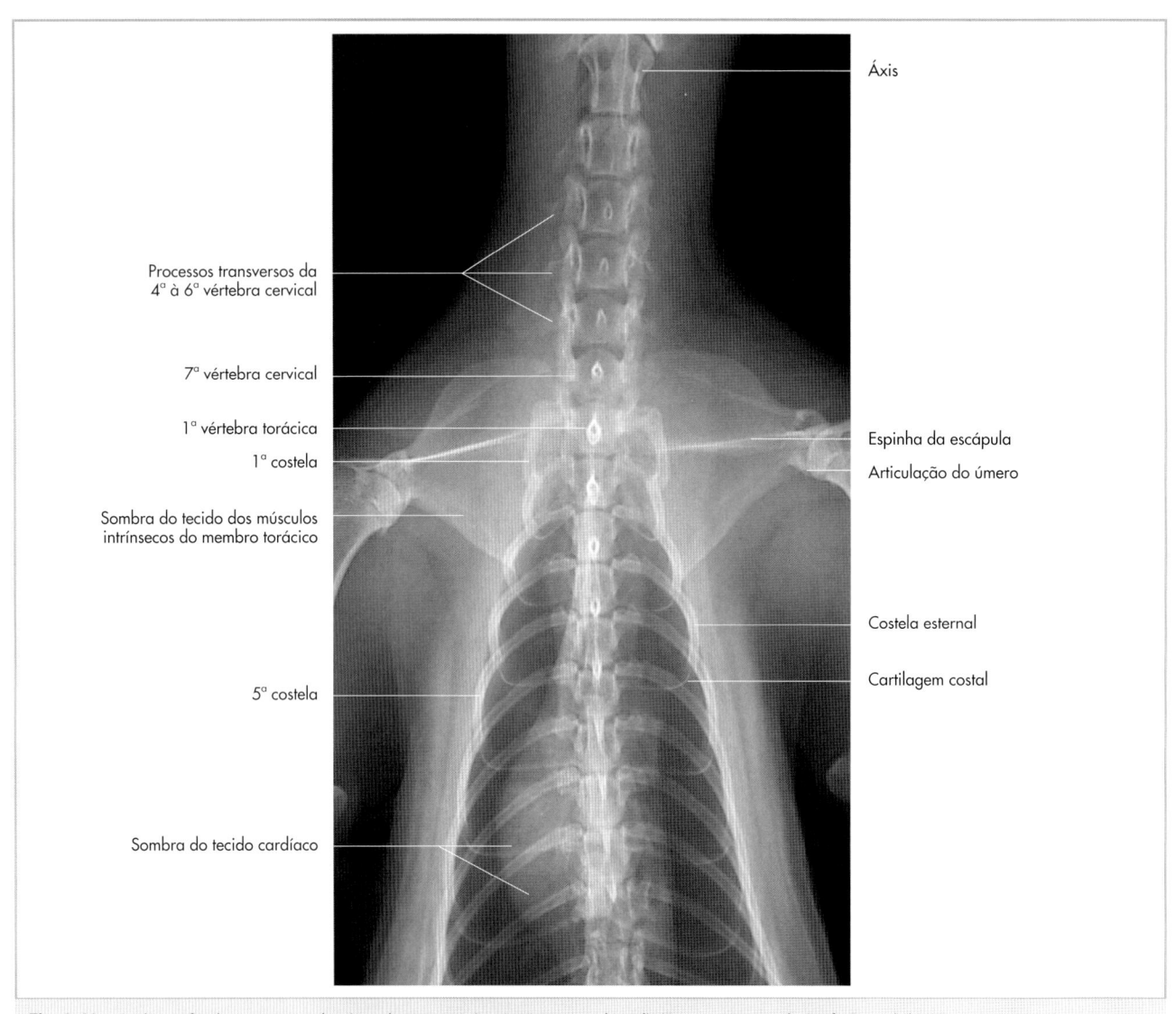

Fig. 2.60 Radiografia do pescoço e do tórax de um gato (projeção ventrodorsal). (Fonte: cortesia da Profª. Drª. Ulrike Matis, Munique.)

Esqueleto axial (*skeleton axiale*)

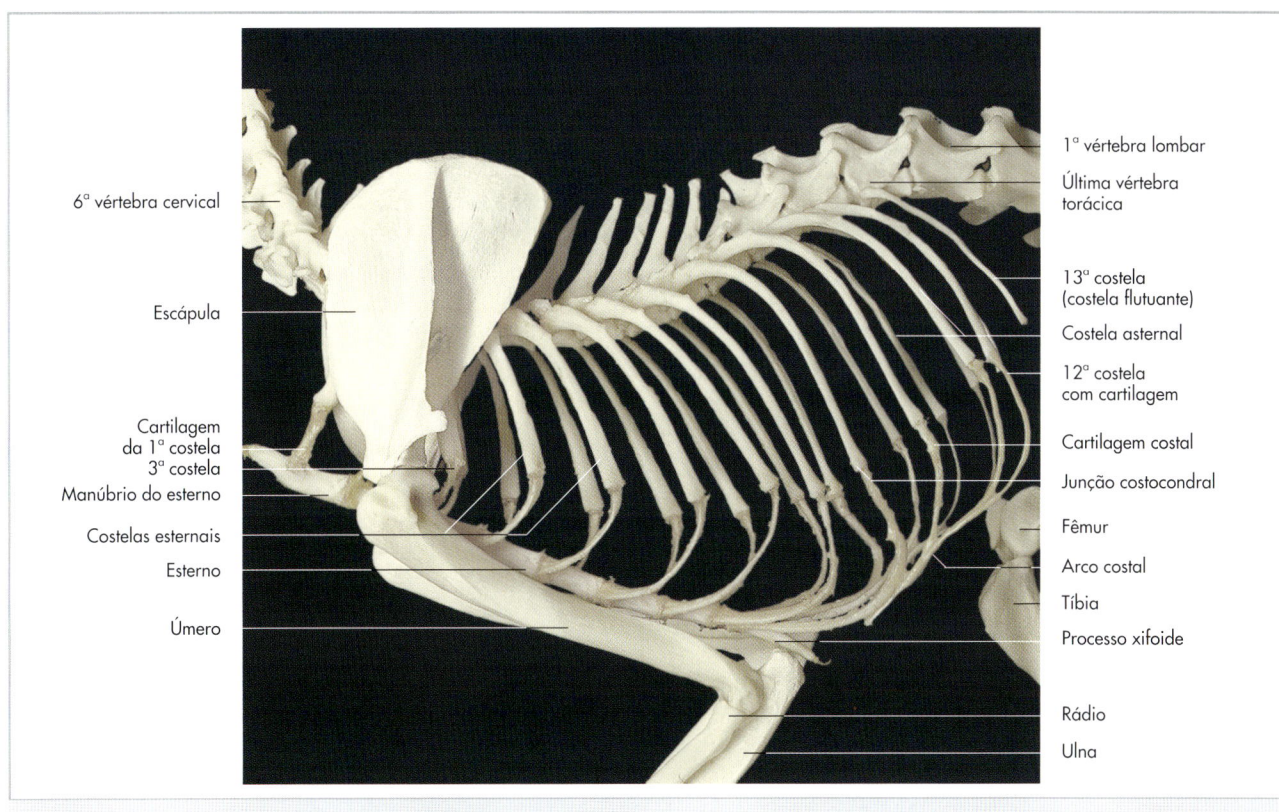

Fig. 2.61 Esqueleto do tórax de um gato (vista lateral).

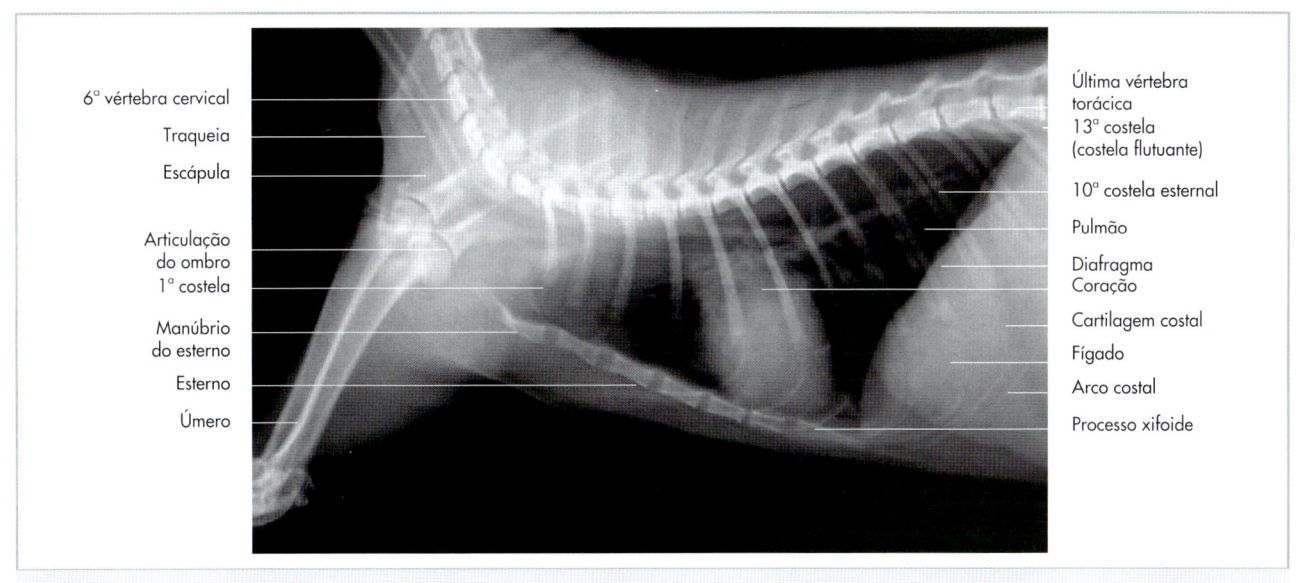

Labels:
- 6ª vértebra cervical
- Escápula
- Cartilagem da 1ª costela
- 3ª costela
- Manúbrio do esterno
- Costelas esternais
- Esterno
- Úmero
- 1ª vértebra lombar
- Última vértebra torácica
- 13ª costela (costela flutuante)
- Costela asternal
- 12ª costela com cartilagem
- Cartilagem costal
- Junção costocondral
- Fêmur
- Arco costal
- Tíbia
- Processo xifoide
- Rádio
- Ulna

Fig. 2.62 Radiografia do tórax de um gato (vista lateral). (Fonte: cortesia da Profª. Drª. Ulrike Matis, Munique.)

Labels:
- 6ª vértebra cervical
- Traqueia
- Escápula
- Articulação do ombro
- 1ª costela
- Manúbrio do esterno
- Esterno
- Úmero
- Última vértebra torácica
- 13ª costela (costela flutuante)
- 10ª costela esternal
- Pulmão
- Diafragma
- Coração
- Cartilagem costal
- Fígado
- Arco costal
- Processo xifoide

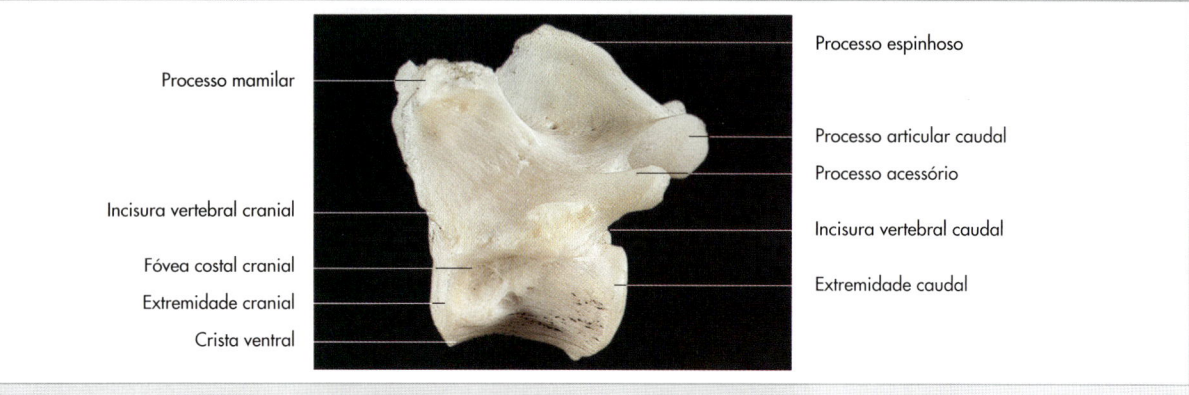

Fig. 2.63 Décima terceira vértebra torácica de um cão (vista lateral).

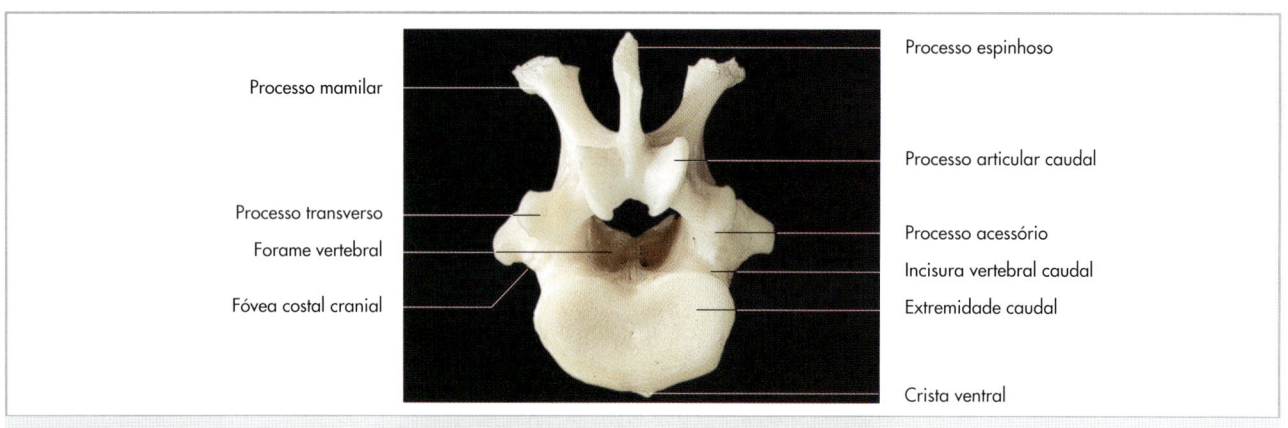

Fig. 2.64 Décima terceira vértebra torácica de um cão (vista caudal).

2.6.3 Vértebras lombares (*vertebrae lumbales*)

As **vértebras lombares** diferem das vértebras torácicas por serem mais longas e apresentarem corpo com formato mais uniforme (▶Fig. 2.65, ▶Fig. 2.66, ▶Fig. 2.67, ▶Fig. 2.68, ▶Fig. 2.69, ▶Fig. 2.70 e ▶Fig. 2.71). As fóveas costais inexistem, os processos espinhosos são mais curtos e voltados craniodorsalmente, os processos transversos são longos e achatados e sua projeção lateral é maior. As extremidades cranial e caudal (*extremitates craniales et caudales*) dos corpos apresentam faces articulares planas. Os arcos vertebrais formam um canal vertebral mais largo para acomodar a dilatação da medula espinal na região lombar, a **intumescência lombar** (*intumescentia lumbalis*).

Os **processos espinhosos** costumam apresentar a mesma altura e inclinação cranial. Em carnívoros, as primeiras quatro ou cinco vértebras lombares se tornam progressivamente mais longas. No bovino, essas vértebras apresentam uma inclinação caudal, ao passo que, em pequenos ruminantes, elas se orientam perpendicularmente ao eixo longo das vértebras.

Os **processos transversos** prolongados são características típicas das vértebras lombares. Eles representam costelas rudimentares e, portanto, são denominados **processos costais** (*processus costales*). Em carnívoros e no suíno, eles apresentam inclinação cranioventral,

ao passo que, em ruminantes e no equino, eles se orientam horizontalmente (▶Fig. 2.67, ▶Fig. 2.68, ▶Fig. 2.69 e ▶Fig. 2.71).

A **primeira vértebra lombar** apresenta os processos transversos mais curtos. A vértebra lombar mais longa costuma ser a 3ª ou 4ª na maioria dos mamíferos domésticos, exceto em carnívoros, nos quais o processo transverso mais longo se encontra na 5ª ou 6ª vértebra lombar. No equino, os processos transversos das duas últimas vértebras lombares e os processos transversos da última vértebra lombar e da 1ª vértebra sacral se articulam uns com os outros, o que resulta na divisão do forame intervertebral em uma abertura dorsal e outra ventral. Os **processos transversos** e **espinhosos**, bem como a crista ventral distinta, fornecem amplas superfícies para a fixação dos músculos lombares profundos e das musculaturas abdominal, axial e pélvica.

A orientação sagital dos **processos articulares** permite movimento apenas nas direções ventral e dorsal, e é quase impossível produzir movimentos laterais. Os processos articulares se unem com os processos mamilares para formar o **processo mamiloarticular** em formato de clava.

Os **espaços interarcos** (*spatia interarcualia*) são estreitos na região lombar, mas largos entre a última vértebra lombar e a 1ª vértebra sacral, formando o **espaço interarcos lombossacral** (*spatium interarcuale lumbosacrale*), que pode ser utilizado como ponto de acesso ao canal vertebral. No gato, o espaço interarcos entre as duas últimas vértebras lombares também é largo o suficiente para permitir injeções no canal vertebral.

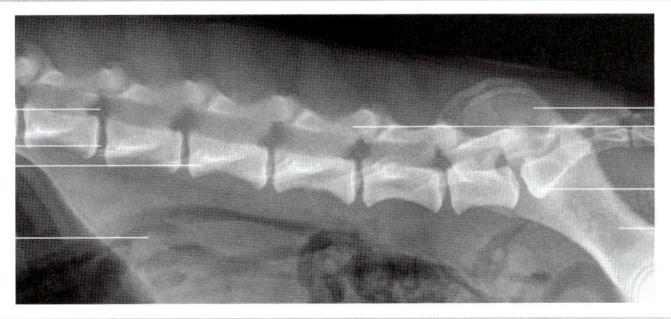

Esqueleto axial (*skeleton axiale*) 121

Fig. 2.65 Radiografia da coluna lombar de um cão (projeção laterolateral). (Fonte: cortesia da Profª. Drª. Ulrike Matis, Munique.)

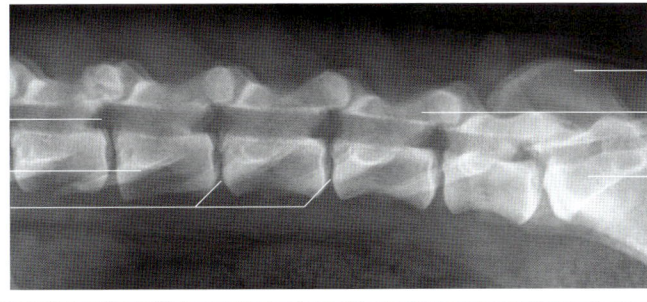

Fig. 2.66 Radiografia da coluna lombar de um cão (projeção laterolateral). (Fonte: cortesia da Profª. Drª. Ulrike Matis, Munique.)

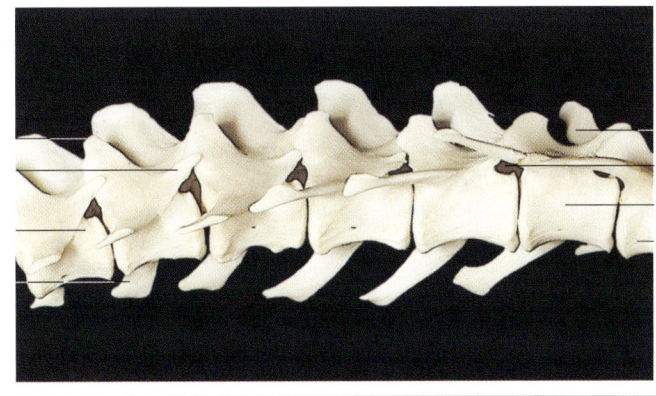

Fig. 2.67 Coluna lombar de um cão (vista lateroventral).

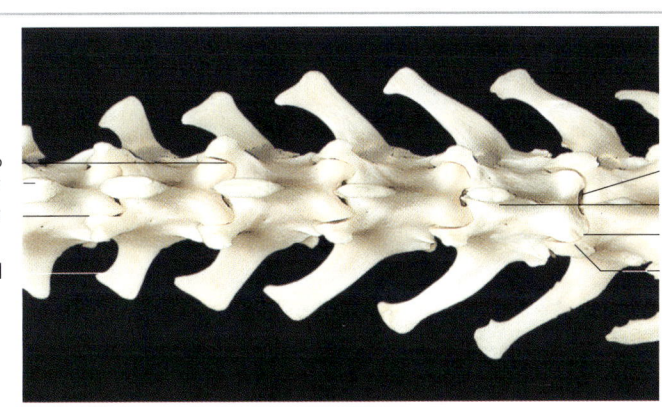

Fig. 2.68 Coluna lombar de um cão (vista dorsal).

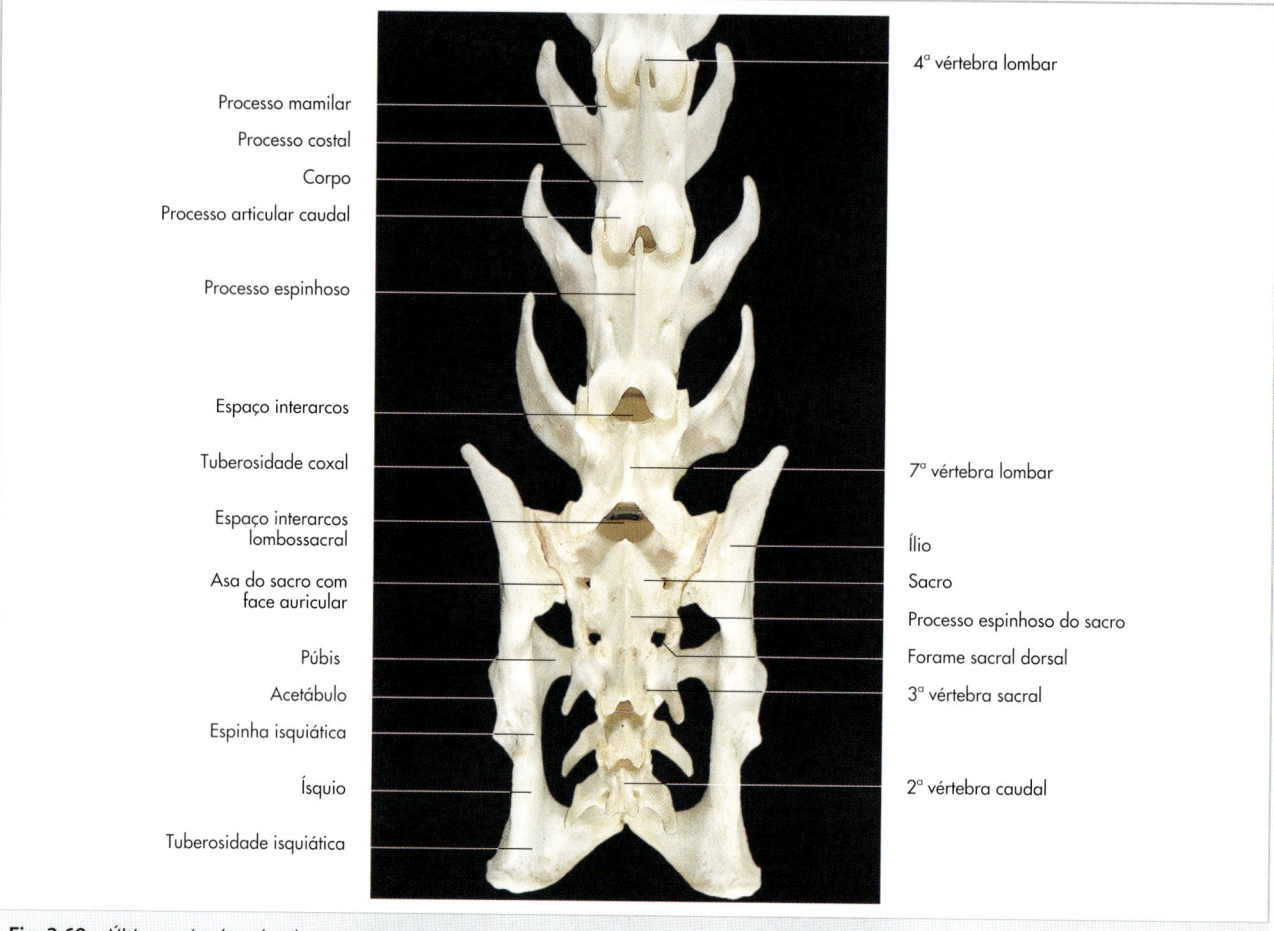

Fig. 2.69 Últimas vértebras lombares, sacro e pelve de um gato (vista dorsal).

2.6.4 Vértebras sacrais (*vertebrae sacrales*)

As **vértebras sacrais** e seus discos intervertebrais ossificados unem-se firmemente para formar um único osso, o **sacro** (*os sacrum*), em todas as espécies domésticas (▶Fig. 2.65, ▶Fig. 2.66, ▶Fig. 2.69, ▶Fig. 2.70, ▶Fig. 2.72, ▶Fig. 2.73 e ▶Fig. 2.74). A fusão de elementos isolados geralmente se completa até 1,5 anos de idade em carnívoros e suínos, 3 a 4 anos em ruminantes e 4 a 5 anos em equinos. A ossificação das articulações vertebrais resulta na perda de flexibilidade da coluna vertebral sacral, o que aumenta a eficácia da transmissão do impulso para a frente na locomoção dos membros posteriores para a coluna vertebral.

A **1ª vértebra sacral**, com as suas asas prolongadas, forma uma articulação firme com a cintura pélvica, por meio da qual o impulso dos membros pélvicos é transmitido ao tronco. As partes mais caudais do sacro não participam diretamente dessa articulação, mas compõem a parte principal do teto da cavidade pélvica. A variedade limitada de funções das vértebras sacrais se reflete na arquitetura simplificada do sacro.

O **sacro** (*os sacrum*) é quadrilátero em carnívoros, porém triangular em outros mamíferos domésticos (▶Fig. 2.69, ▶Fig. 2.70, ▶Fig. 2.72 e ▶Fig. 2.74). Ele se divide em uma **base** (*basis ossis sacri*) ampla cranialmente, duas **partes laterais** (*partes laterales*), aumentadas pelas **asas do sacro** (*alae ossis sacri*), e uma **extremidade caudal** (*apex ossis sacri*). A **face dorsal** (*facies dorsalis*) do sacro apresenta processos espinhosos, que podem estar presentes apenas em forma residual em algumas espécies, e várias cristas. A face ventral, voltada para a **cavidade pélvica** (*facies pelvina*), é marcada por **linhas transversas** (*lineae transversae*), que indicam os limites anteriores das vértebras individuais.

A **face dorsal** fornece fixação para a musculatura ilíaca da garupa e do membro pélvico e apresenta aberturas para a passagem dos nervos espinais dorsais do **plexo lombossacral** (*plexus lumbosacralis*). A face ventral do sacro é lisa, ligeiramente côncava e perfurada pelas aberturas para as ramificações ventrais dos nervos espinais. O canal vertebral é muito mais estreito na região sacral (*canalis sacralis*) do que na região lombar, e seu diâmetro se reduz ainda mais; para cerca de metade de seu tamanho na extremidade sacral. A extremidade cranial se articula com a última vértebra lombar e apresenta incisura para formar a **incisura vertebral cranial** (*incisura vertebralis cranialis*). A margem ventral dessa extremidade apresenta uma projeção cranioventral, o **promontório** (*promontorium*) (▶Fig. 2.72); dorsalmente, ela apresenta processos articulares craniais.

As **partes laterais** são formadas pelos processos transversos fusionados das vértebras sacrais e são ampliadas pelo prolongamento das asas do sacro, as quais se projetam lateralmente e se originam da primeira vértebra sacral (▶Fig. 2.69, ▶Fig. 2.72, ▶Fig. 2.73 e ▶Fig. 2.74). A 2ª vértebra sacral contribui para a formação das asas do sacro em carnívoros, suínos e pequenos ruminantes. Na face

Esqueleto axial (*skeleton axiale*)

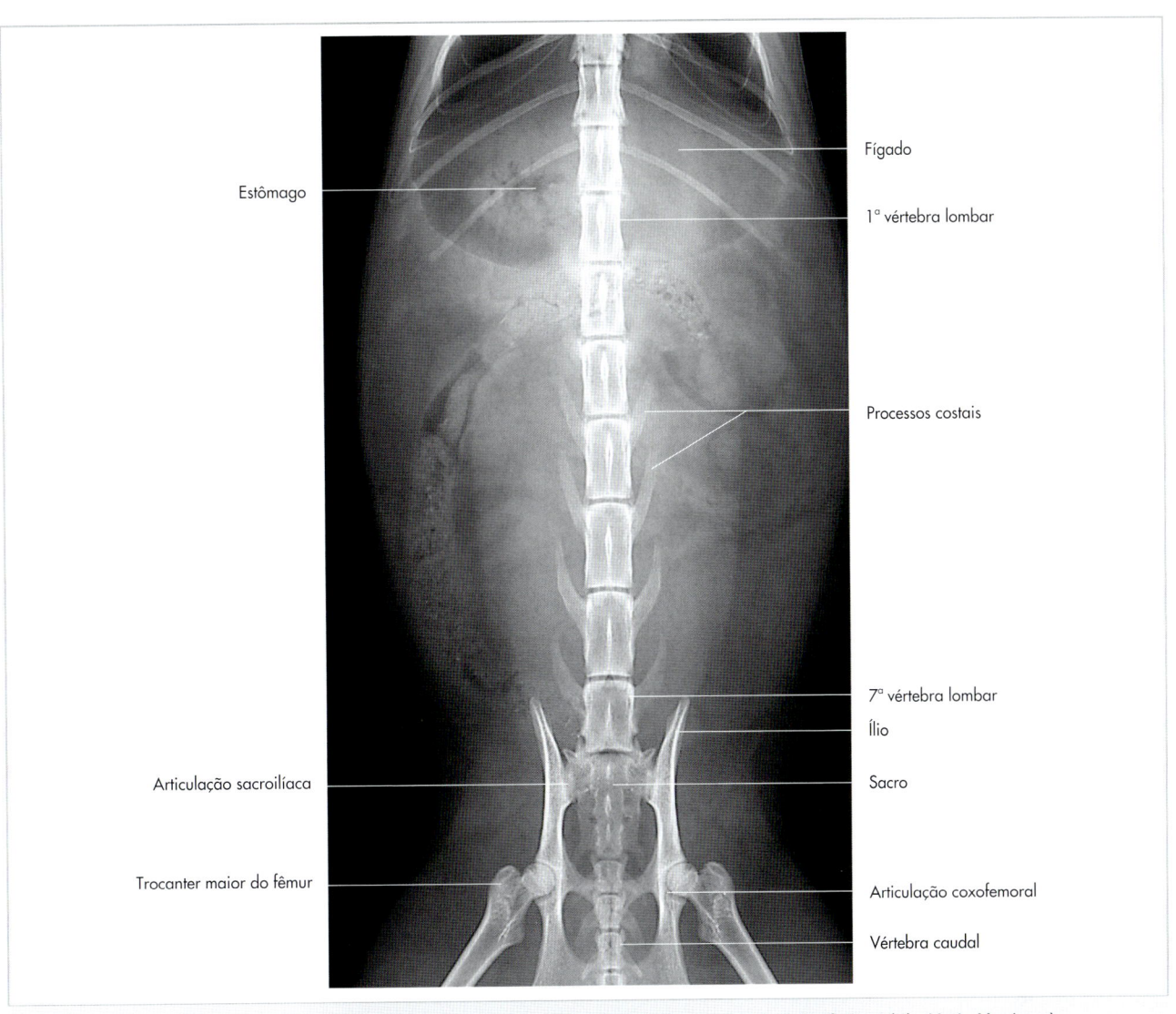

Fig. 2.70 Vértebras lombares, sacro e pelve de um gato (projeção ventrodorsal). (Fonte: cortesia da Prof.ª Dr.ª Ulrike Matis, Munique.)

Labels: Estômago; Fígado; 1ª vértebra lombar; Processos costais; 7ª vértebra lombar; Ílio; Articulação sacroilíaca; Sacro; Trocanter maior do fêmur; Articulação coxofemoral; Vértebra caudal.

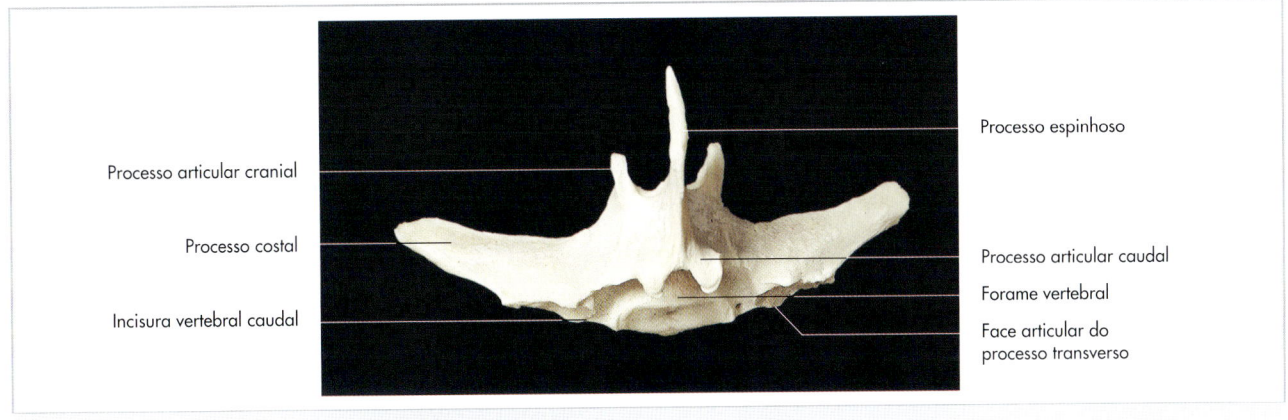

Fig. 2.71 Quinta vértebra lombar de um equino (vista dorsal).

Labels: Processo articular cranial; Processo costal; Incisura vertebral caudal; Processo espinhoso; Processo articular caudal; Forame vertebral; Face articular do processo transverso.

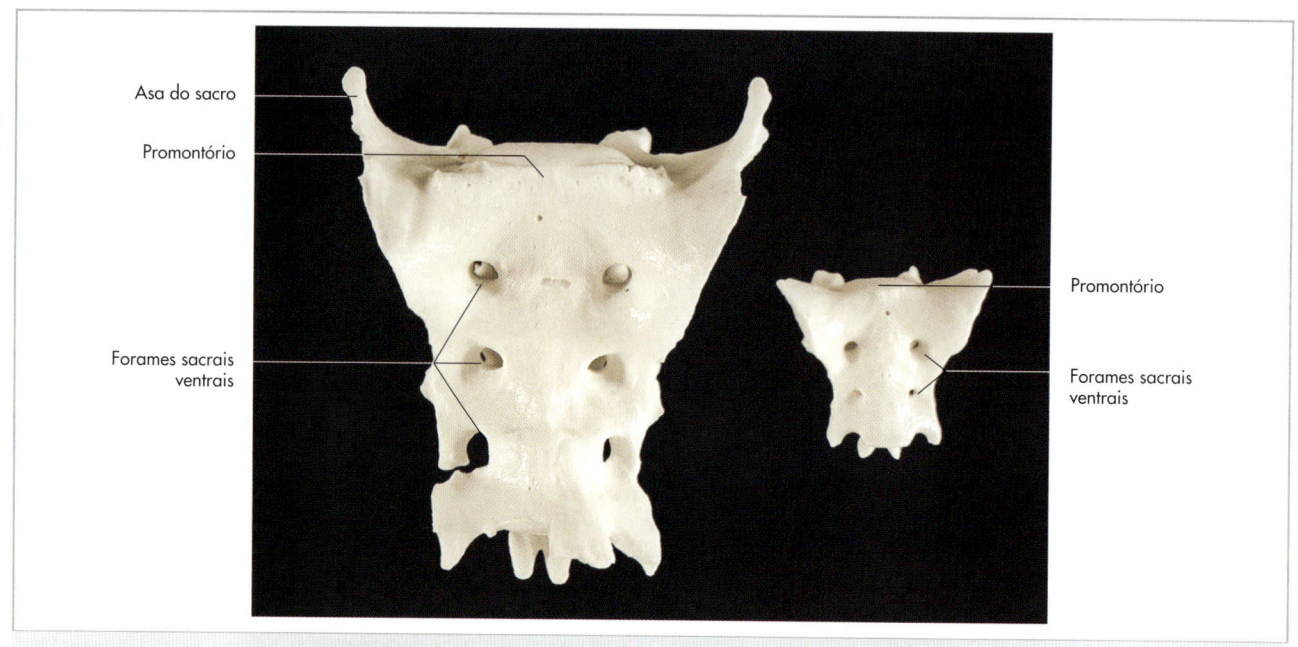

Fig. 2.72 Sacro de um cão (à esquerda) e de um gato (à direita) (vista ventral).

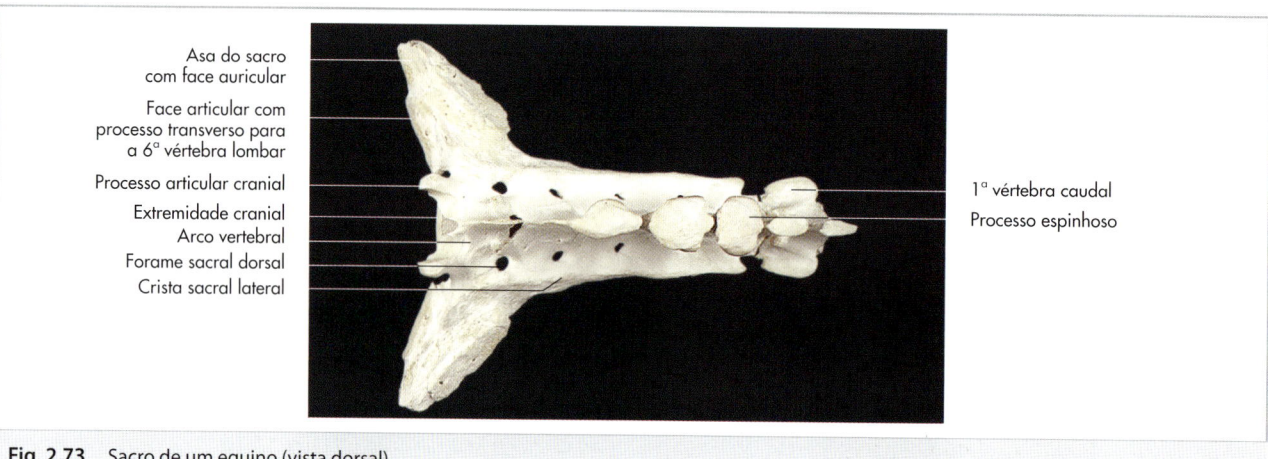

Fig. 2.73 Sacro de um equino (vista dorsal).

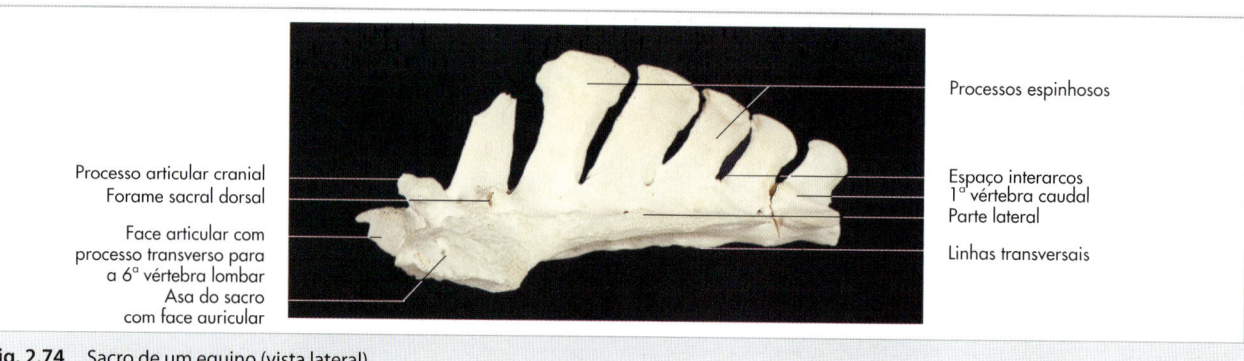

Fig. 2.74 Sacro de um equino (vista lateral).

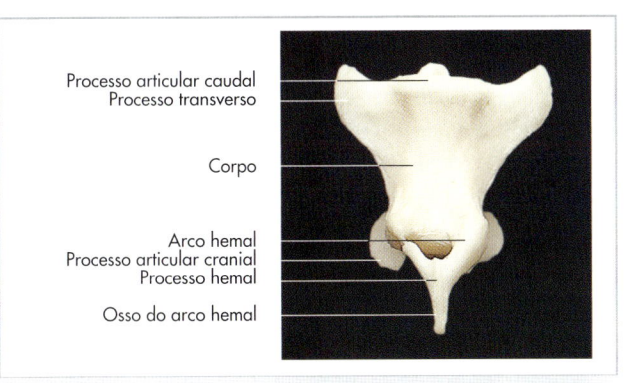

Fig. 2.75 Quarta vértebra caudal de um cão (vista ventral).

Fig. 2.76 Quinta vértebra caudal de um cão (vista cranial).

dorsal de cada asa, encontra-se uma área oval (*facies auricularis*), recoberta com cartilagem, para a articulação com a asa do ílio, com a qual forma uma articulação rígida. A margem dorsal da asa do sacro é rugosa, para a fixação dos ligamentos sacroilíacos (*tuberositas sacralis*).

A face dorsal possui **processos espinhosos** inclinados caudalmente, os quais apresentam grandes diferenças entre as espécies domésticas (▶Fig. 2.69, ▶Fig. 2.73 e ▶Fig. 2.74). Em carnívoros e no equino, as terminações livres dos processos espinhosos permanecem separadas, ao passo que as suas bases são unidas. Em ruminantes, as espinhas dorsais se unem para formar a **crista sacral mediana** (*crista sacralis mediana*). No suíno, os processos espinhosos são substituídos por uma crista não definida. Os **processos transversos** se unem para formar uma **crista sacral lateral** (*crista sacralis lateralis*), a qual é diferenciada no suíno e no equino, porém irrelevante nos outros mamíferos domésticos. Uma **crista sacral intermédia** (*crista sacralis intermedia*) é encontrada em ruminantes e representa os rudimentos unidos dos processos articulares. Em outros mamíferos domésticos, essa crista é substituída por pequenos tubérculos. Os nervos do plexo lombossacral deixam o canal vertebral através dos forames sacrais ventrais e dorsais (*foramina sacralia ventralia et dorsalia*).

2.6.5 Vértebras caudais ou coccígeas (*vertebrae caudales*)

O tamanho das **vértebras caudais** diminui gradualmente da primeira à última vértebra. Essas vértebras apresentam uma simplificação progressiva quanto ao seu formato ao perderem aspectos vertebrais característicos, como arcos e processos. As últimas vértebras caudais se parecem com bastões cilíndricos, cujo tamanho se reduz paulatinamente.

Os constituintes craniais da espinha caudal se adaptam caracteristicamente à arquitetura anatômica comum das vértebras representativas, porém os mais caudais são reduzidos gradualmente até se tornarem bastões simples, ao perderem aspectos característicos, principalmente os processos. No equino, os processos espinhosos da segunda vértebra caudal são bifurcados, e o arco da terceira vértebra caudal já se apresenta incompleto; desse modo, o canal vertebral é aberto dorsalmente. Os processos transversos se reduzem a pequenas elevações e, a partir da 7ª vértebra caudal, não há mais processos, de modo que o indício de sua posição anterior se reduz a pequenas cristas ósseas.

Para a proteção dos vasos caudais (coccígeos), a face ventral de algumas vértebras caudais (da 1ª a 8ª vértebra caudal em ruminantes, da 5ª a 15ª vértebra caudal em carnívoros) tem processos paramedianos, os **processos hemais** (*processus hemales*). Esses processos formam os **arcos hemais ventrais** (*arcus hemalis*) sobre determinadas vértebras caudais (2ª e 3ª no bovino, 3ª a 8ª em carnívoros) (▶Fig. 2.75 e ▶Fig. 2.76). Os espaços interarcos entre o sacro e a 1ª vértebra caudal e entre as primeiras vértebras caudais são alargados e propiciam o acesso ao canal vertebral.

2.7 Esqueleto torácico (*skeleton thoracis*)

O **esqueleto torácico** compreende as **vértebras torácicas** (*vertebrae thoracicae*), as **costelas** (*costae*) e o **esterno** (▶Fig. 2.60, ▶Fig. 2.61, ▶Fig. 2.62 e ▶Fig. 2.77). O tórax envolve a **cavidade torácica** (*cavum thoracis*), a qual é acessível cranialmente por meio da abertura cranial ou do recesso entre as primeiras costelas (*apertura thoracis cranialis*). A abertura caudal (*apertura thoracis caudalis*) posiciona-se entre os arcos costais. A parede torácica é composta pelo **arco costal** (*arcus costalis*), pelos **espaços intercostais** (*spatia intercostalia*) e pelo ângulo entre os arcos costais esquerdo e direito (*angulus arcuum costalium*). O tórax ósseo é comprimido lateralmente em sua parte cranial e se alarga caudalmente em herbívoros, porém é mais volumoso e profundo ventralmente em carnívoros.

2.7.1 Costelas (*costae*)

As **costelas** formam o esqueleto das paredes torácicas laterais, estão dispostas serialmente em pares e são intercaladas pelos espaços intercostais. Cada costela consiste em uma parte dorsal óssea, a **parte óssea** (*os costale*) (▶Fig. 2.77), e uma parte ventral cartilaginosa, a **cartilagem costal** (*cartilago costalis*) (▶Fig. 2.83), as quais se encontram na **articulação costocondral**.

As partes dorsais de todas as costelas se articulam com as vértebras torácicas, ao passo que as cartilagens costais se diferenciam quanto à articulação com o esterno (▶Fig. 2.81, ▶Fig. 2.82 e ▶Fig. 2.83). As primeiras sete a nove costelas se articulam diretamente com o esterno, portanto, são denominadas **esternais** ou "**costelas verdadeiras**" (*costae verae seu sternales*). As costelas caudais remanescentes se articulam indiretamente com o esterno, ao se unirem com a cartilagem costal em frente para formar o arco costal.

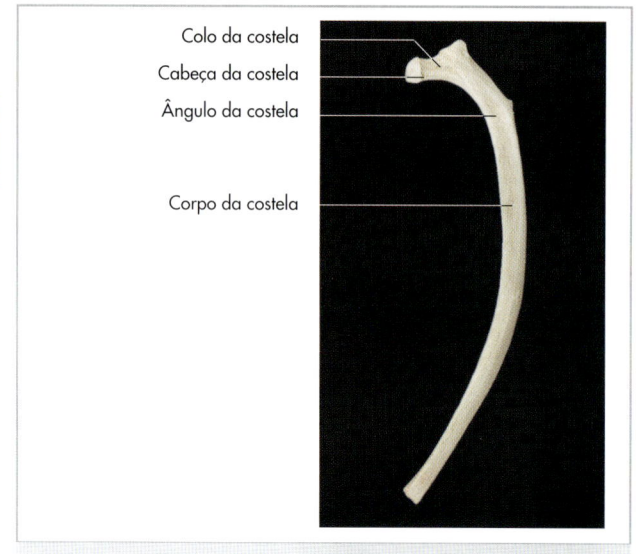

Fig. 2.77 Costela de um cão (vista caudal).

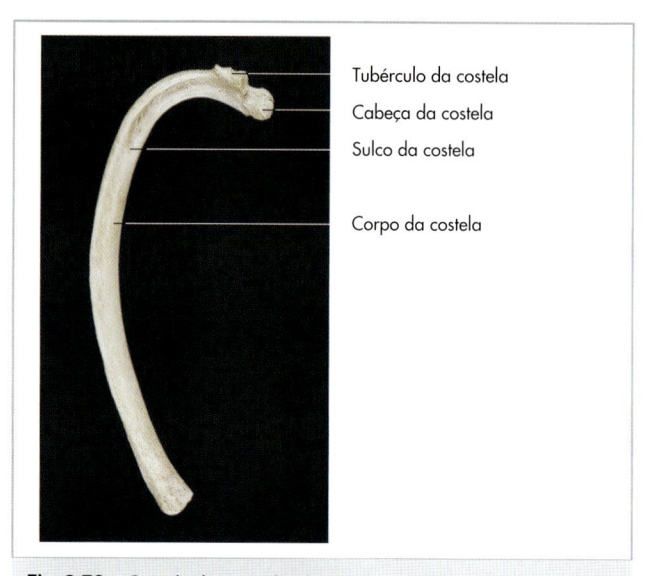

Fig. 2.78 Costela de um suíno (vista caudal).

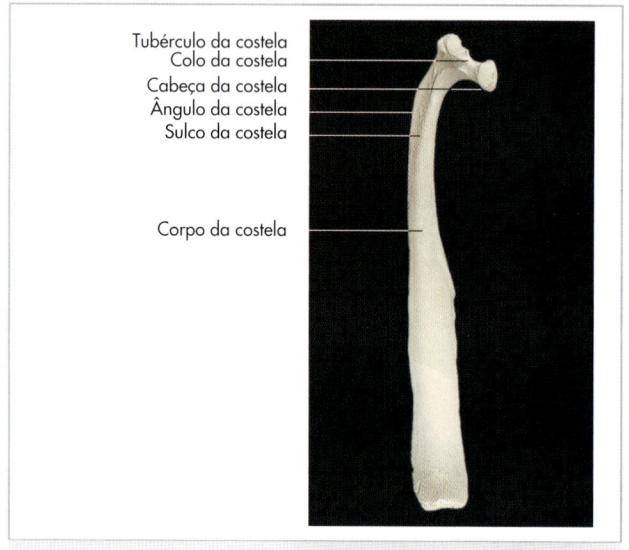

Fig. 2.79 Costela de um bovino (vista caudal).

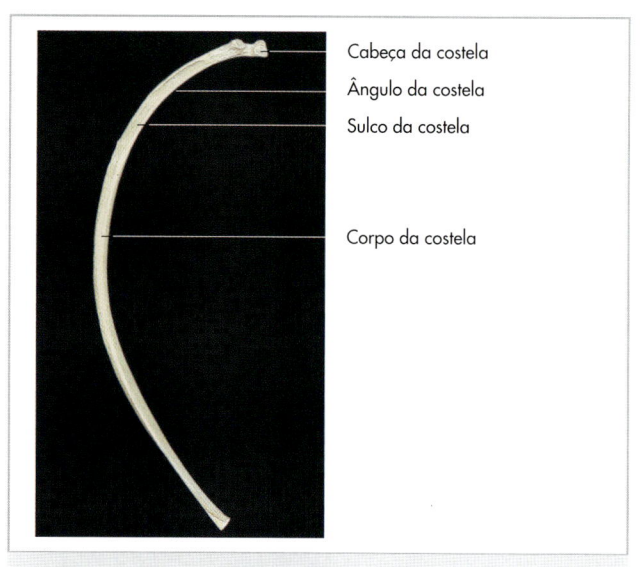

Fig. 2.80 Costela de um equino (vista caudal).

Essas costelas são denominadas **asternais** ou "**costelas falsas**" (*costae spuriae seu asternales*). As costelas no final da série, cuja cartilagem termina livre na musculatura sem ligação a uma cartilagem adjacente, são denominadas "**costelas flutuantes**" (*costae fluctuantes*). No cão e no gato, o último par de costelas é sempre flutuante.

A quantidade de pares de costelas corresponde à quantidade de vértebras torácicas. Portanto, os carnívoros têm 12 a 14 pares de costelas, o suíno, 13 a 16, os ruminantes, 13, e o equino, 18. A proporção entre as costelas esternais e asternais é de 9:4 em carnívoros, 7:7 (8) no suíno, 8:5 em ruminantes e 8:10 no equino, mas pode variar com a quantidade de vértebras torácicas.

Todas as costelas compartilham uma arquitetura básica comum (▶Fig. 2.77, ▶Fig. 2.78, ▶Fig. 2.79 e ▶Fig. 2.80), a qual é composta por:
- cabeça (*caput costae*), com suas faces articulares (*facies articulares capitis costae*);
- colo (*collum costae*);
- tubérculo (*tuberculum costae*), com a sua superfície de articulação (*facies articularis tuberculi costae*);
- corpo ou haste (*corpus costae*);
- extremidade esternal.

A extremidade vertebral tem uma **cabeça** (*caput costae*) arredondada, a qual apresenta uma face cranial e outra caudal (*facies articularis capitis costae*), para a articulação com a reentrância formada pelas fóveas costais cranial e caudal nos corpos de duas vértebras adjacentes. As duas faces articulares são separadas por um sulco para a fixação do ligamento intra-articular da cabeça da costela. A cabeça é ligada ao corpo da costela por um **colo** (*collum costae*) distinto, o qual possui um **tubérculo** (*tuberculum costae*) na união do corpo. O tubérculo da costela apresenta uma faceta (*facies articularis tuberculi costae*) para a articulação com o processo transverso da mesma vértebra. Como os colos das costelas

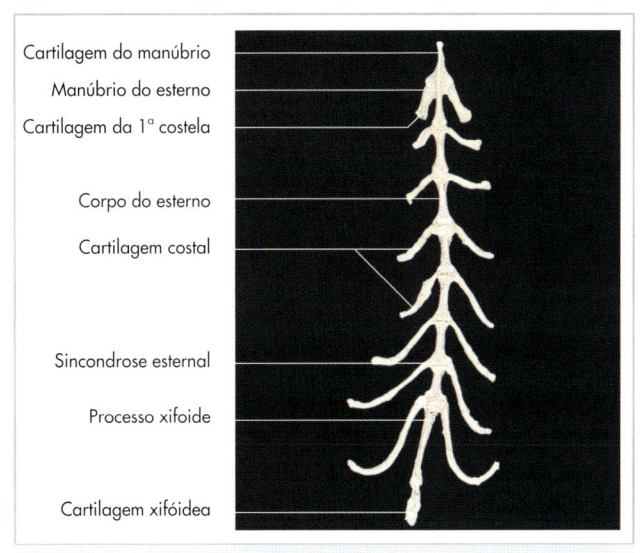

Fig. 2.81 Esterno de um gato (vista dorsal).

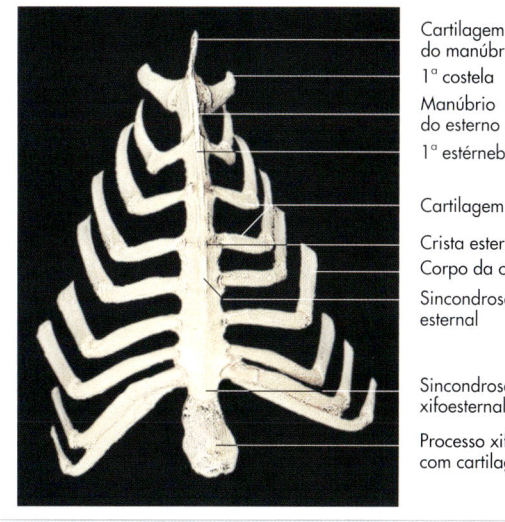

Fig. 2.82 Esterno de um equino (vista ventral).

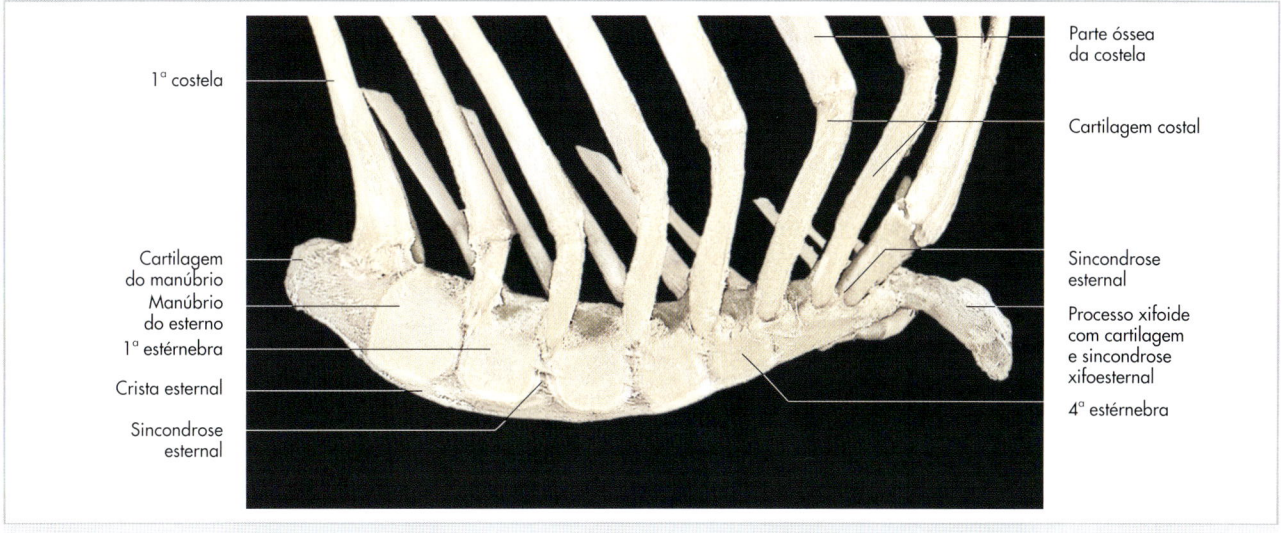

Fig. 2.83 Esterno de um equino (vista lateral).

se tornam cada vez mais curtos na direção caudal (exceto no bovino), as facetas articulares da cabeça e do tubérculo ficam mais próximas, até confluírem, o que resulta no aumento da mobilidade dos últimos pares de costelas. O **corpo** ou **haste** da costela é distal em relação ao tubérculo da costela (*corpus costae*). A região onde a curva do corpo da costela é mais pronunciada é denominada **ângulo da costela** (*angulus costae*). As faces e margens dessa região fornecem pontos de fixação para os músculos do tronco, principalmente para a musculatura respiratória. A sua margem caudal é sulcada (*sulci costae*), para propiciar proteção aos vasos intercostais e aos nervos espinais.

O formato e o tamanho dos corpos das costelas apresentam ampla variação em diferentes espécies (▶Fig. 2.77, ▶Fig. 2.78, ▶Fig. 2.79 e ▶Fig. 2.80). As costelas do cão são mais curvadas do que as dos outros mamíferos domésticos. O comprimento das costelas aumenta gradualmente nas primeiras dez costelas e, então, passa a encurtar no sentido caudal. A face cranial é achatada, e a caudal, arredondada. No suíno, o segundo, o terceiro e o quarto corpos costais são evidentemente largos e planos, e ficam mais delgados no sentido caudal. A cartilagem costal da 1ª costela é bastante curta e se une à cartilagem correspondente do outro lado para formar uma face articular comum em direção ao esterno. As costelas de ruminantes são planas, com margens bem definidas, e se prolongam em direção ao esterno. As primeiras seis ou oito costelas são as mais largas, e mais longas da 7ª a 10ª costela. No equino, a curvatura das costelas aumenta até a 11ª costela. As costelas caudais à 11ª são menos curvadas, porém apresentam um aumento na angulação. Enquanto a largura diminui gradualmente no sentido cranial a caudal, a espessura aumenta.

A extremidade distal do corpo se une à **cartilagem costal** (*cartilago costalis*), formando uma **sínfise**, a junção costocondral. As costelas apresentam um ângulo agudo, com o esterno na altura da **articulação costocondral** (*genu costae*) (▶Fig. 2.81, ▶Fig. 2.82 e ▶Fig. 2.83). Em carnívoros, esse ângulo é formado apenas pelas cartilagens costais. A extremidade cilíndrica da cartilagem costal das costelas esternais se articula com o esterno. Cada par de costelas se une ao esterno entre segmentos esternais sucessivos, com exceção do primeiro par, que se articula com a primeira estérnebra (*manubrium sterni*). As cartilagens costais das costelas asternais fixam-se às suas vizinhas por meio do tecido conjuntivo para formar o arco costal. A articulação dos arcos costais de cada lado forma um ângulo, no qual se projeta a **cartilagem xifóidea**.

2.7.2 Esterno

O **esterno** é composto por uma série de segmentos de ossos ímpares (*sternebrae*), unidos por **cartilagens interesternais** (*synchondroses sternales*). Os segmentos individuais se fusionam com a ossificação da cartilagem interesternal em animais mais velhos (▶Fig. 2.61, ▶Fig. 2.62, ▶Fig. 2.81, ▶Fig. 2.82 e ▶Fig. 2.83). O esterno pode ser dividido em três partes:
- manúbrio (*manubrium sterni*);
- corpo (*corpus sterni*);
- processo xifoide (*processus xiphoideus*).

O **manúbrio** compõe a maior parte cranial do esterno e se projeta à frente da segunda articulação intercostal. Como a **clavícula** é rudimentar em todos os mamíferos domésticos, o manúbrio é pouco desenvolvido em todas essas espécies. Ele possui as fóveas articulares para o primeiro par de costelas e pode ser palpado na base do pescoço em alguns animais. A extremidade cranial do manúbrio é prolongada por **cartilagem** (*cartilago manubrii*), a qual apresenta o formato de um cilindro curto e boleado em carnívoros, e uma projeção longa, convexa no sentido dorsal e lateralmente comprimida no equino. Em ruminantes, essa cartilagem é representada apenas por uma fina camada ou é totalmente inexistente.

O **corpo do esterno** (*corpus sterni*) é cilíndrico em carnívoros, largo e plano em ruminantes e possui uma quilha, a **crista ventral** (*crista sterni*), no equino (▶Fig. 2.81, ▶Fig. 2.82 e ▶Fig. 2.83). Ele é composto de 4 a 6 segmentos, dependendo da espécie (cão, de 8 a 9; ruminante e equino, 7 [8]; suíno, 6). O corpo do esterno é um cilindro uniforme em gatos, porém é retangular no cão, com altura maior do que a largura. Em ruminantes e no suíno, ele é comprimido dorsoventralmente, ao passo que, no equino, é comprimido lateralmente e prolongado ventralmente. A margem dorsolateral é marcada por uma série de incisuras (*incisurae costales*), as quais recebem as cartilagens costais das costelas esternais para articulação. As mais caudais dessas depressões estão posicionadas próximo umas das outras e podem se articular com mais de uma cartilagem costal por vez.

O **processo xifoide** (*processus xiphoideus*) é a última estérnebra, a qual se prolonga em um **processo cartilaginoso** (*cartilago xiphoidea*) caudalmente. Ele se projeta entre as partes ventrais dos arcos costais (*regio xiphoidea*). Embora a cartilagem xifóidea seja larga e prolongada em ruminantes e em equinos, ela é fina e estreita em outros mamíferos domésticos. Essa cartilagem sustenta a parte cranial da parede abdominal ventral e forma a fixação para a linha alba.

2.8 Uniões do crânio e tronco (*suturae capitis, articulationes columnae vertebralis et thoracis*)

2.8.1 Articulações do crânio (*synchondroses cranii*)

Em animais jovens, os ossos do crânio são unidos por **articulações cartilaginosas** (*synchondroses*), as quais se ossificam posteriormente e formam **suturas ósseas** (*suturae capitis*). Algumas articulações na base do crânio permanecem cartilaginosas, portanto são visíveis por meio de radiografia durante toda a vida do animal; elas são denominadas de acordo com a nomenclatura do osso que participa de sua formação (p. ex., sincondrose esfenoccipital, sincondrose esfenopetrosa, sincondrose interesfenoidal, sincondrose petroccipital). A maioria das uniões se ossifica, resultando em articulações imóveis. Em algumas raças de cães, os ossos frontal, parietal e occipital permanecem separados, formando fontanelas permanentes. Além das suturas descritas anteriormente, há outros três tipos de **articulações cranianas**:
- articulação intermandibular (*articulatio intermandibularis*);
- articulação temporo-hióidea (*articulatio temporohyoidea*);
- articulação temporomandibular (*articulatio temporomandibularis*).

A **articulação intermandibular** é a união óssea mediana dos corpos mandibulares direito e esquerdo (*sutura intermandibularis*) e assume a forma de uma sinostose no suíno e no equino. Uma pequena área articular permanece cartilaginosa, formando uma sincondrose.

A **articulação temporo-hióidea** une a base do crânio à parte de sustentação do aparelho hioide, o qual é composto por epi-hioide, estilo-hioide e tímpano-hioide. O tímpano-hioide se articula com o processo estiloide em ruminantes e no equino, com o processo mastoide nos carnívoros e com o processo nucal do osso temporal no suíno, formando uma sindesmose ou sincondrose, respectivamente. As articulações entre as partes separadas do aparelho hioide foram descritas anteriormente neste capítulo.

A **articulação temporomandibular** é sinovial entre o ramo mandibular e a parte escamosa do osso temporal. Trata-se de uma articulação condilar (*articulatio condylaris*), cujas faces articulares não correspondem totalmente umas às outras. Para compensar essa incongruência, um **disco fibrocartilaginoso** (*discus articularis*) interpõe-se entre as faces articulares. No gato e no cão, essa articulação é quase congruente.

A articulação temporomandibular é formada pela **cabeça do processo condilar da mandíbula** (*caput mandibulae*) e pela **área articular do osso temporal**, a qual consiste no **tubérculo articular**, no sentido rostral, na **fossa mandibular** (*fossa mandibularis*), com a sua face articular transversa, no meio, e no **processo retroarticular** (*processus retroarticularis*), caudalmente. A cápsula articular se prolonga desde as margens livres das faces articulares e se fixa em toda a borda do disco. Desse modo, a cavidade articular é completamente dividida pela membrana sinovial interna (*membrana synovialis*) da cápsula articular em um compartimento maior dorsal e outro menor ventral. A camada fibrosa externa da cápsula articular (*membrana fibrosa*) é reforçada pelo

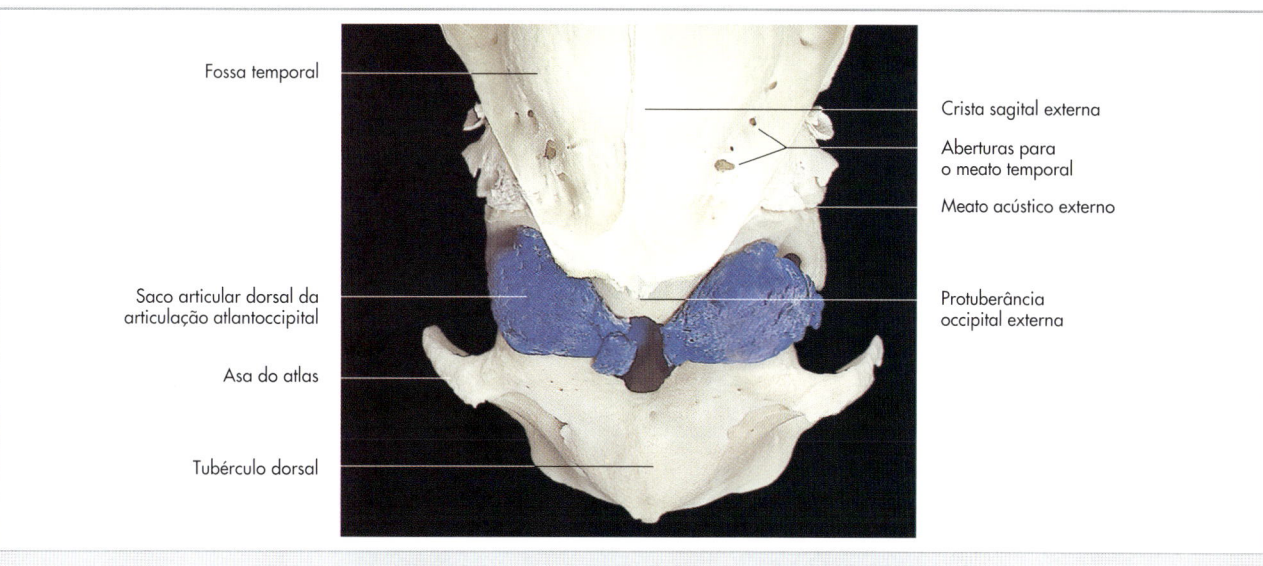

Fig. 2.84 Crânio de um equino com molde em acrílico da articulação atlantoccipital (vista dorsal).

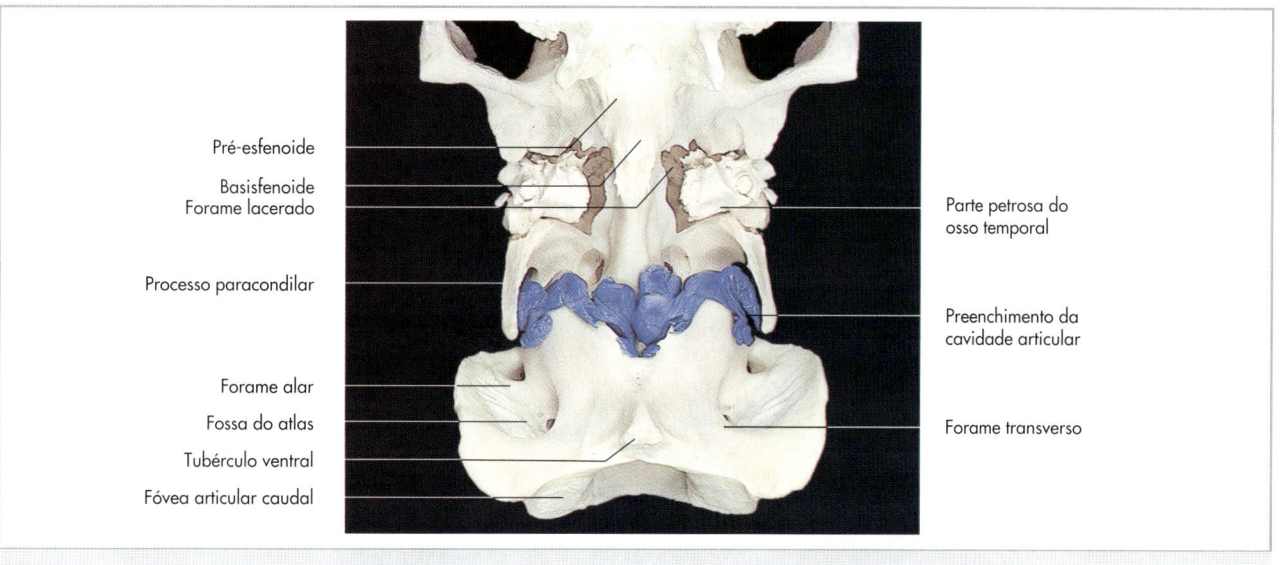

Fig. 2.85 Crânio de um equino com molde em acrílico da articulação atlantoccipital (vista ventral).

ligamento lateral (*ligamentum laterale*) e pelo **ligamento caudal** (*ligamentum caudale*), os quais se prolongam entre o processo retroarticular e a base do processo coronoide. O ligamento caudal não está presente em carnívoros e no suíno. Os movimentos principais da articulação temporomandibular são para cima e para baixo, para abrir e fechar a boca. Também são possíveis movimentos limitados de mastigação lateral e movimentos para a frente e para trás da mandíbula. As variações específicas de cada espécie baseiam-se no padrão de mastigação e sofrem influência dos músculos da mastigação.

2.8.2 Articulações da coluna vertebral, do tórax e do crânio (*articulationes columnae vertebralis, thoracis et cranii*)

As articulações entre as vértebras, o tórax e o crânio podem ser agrupadas da seguinte maneira:
- **articulações entre o crânio e a coluna vertebral**:
  - articulação atlantoccipital (*articulatio atlanto-occipitalis*) entre o crânio e a primeira vértebra cervical;
  - articulação atlantoaxial (*articulatio atlantoaxialis*) entre a 1ª e a 2ª vértebras cervicais;

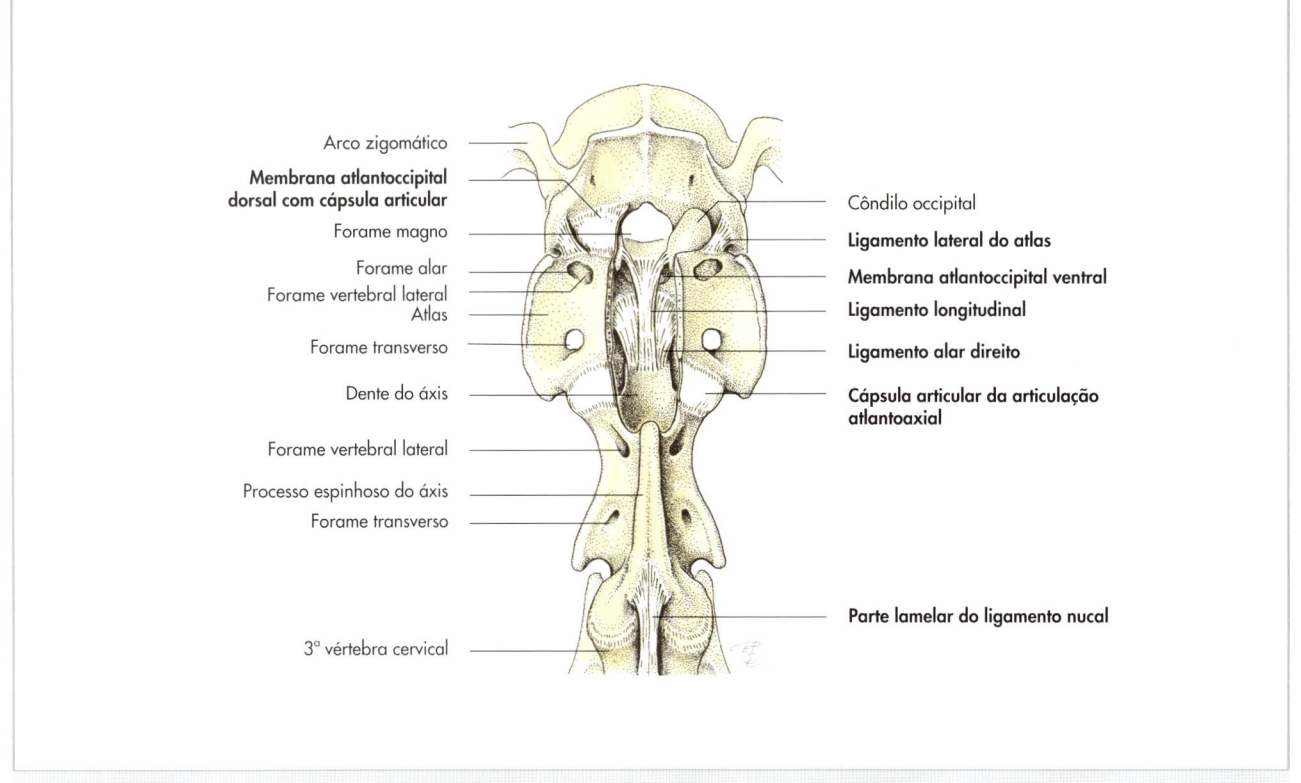

Fig. 2.86 Ligamentos e cápsula articular das articulações atlantoccipital e atlantoaxial de um equino (representação esquemática, vista dorsal). (Fonte: com base em dados de Ellenberger e Baum, 1943.)

- articulações entre vértebras adjacentes (*symphysis intervertebralis*);
- articulações entre as vértebras torácicas e as costelas (*articulationes costovertebrales*):
  - articulações entre as cabeças das costelas com as vértebras apropriadas (*articulationes capitis costae*);
  - articulações entre os tubérculos das costelas e as vértebras apropriadas (*articulationes costotransversaria*);
- articulações do tórax (*articulationes thoracis*):
  - articulações entre o esterno e as cartilagens costais (*articulationes sternocostales*);
  - articulações entre as costelas e as cartilagens costais (*articulationes costochondrales*);
  - articulações entre as cartilagens costais (*articulationes intrachondrales*);
  - articulações entre as estérnebras individuais (*synchondroses sternales*).

As articulações entre o crânio e a coluna vertebral são responsáveis pelo movimento da cabeça. Elas compreendem a **articulação atlantoccipital** entre o occipital e a primeira vértebra cervical e a **articulação atlantoaxial** entre a primeira e a segunda vértebras cervicais (▶Fig. 2.86). Os movimentos dessas duas articulações devem ser considerados em conjunto, pois formam uma unidade funcional entre o crânio e o restante da coluna vertebral.

A **articulação atlantoccipital** é composta por **duas articulações elipsóideas** (*articulationes ellipsoideae*), formadas entre os **côndilos occipitais** (*condyli occipitales*) e as **concavidades correspondentes do atlas** (*foveae articulares craniales*) (▶Fig. 2.84 e ▶Fig. 2.85). Cada articulação tem a sua própria cápsula articular (*capsula articularis*), a qual se fixa ao redor das faces articulares. As duas cavidades articulares permanecem separadas dorsalmente, porém se comunicam ventralmente em carnívoros e ruminantes e nos suínos e equinos de idade avançada. Em carnívoros, a articulação atlantoccipital compartilha uma cavidade articular comum com a articulação atlantoaxial.

Vários ligamentos (*ligamenta articularia*) sustentam essa articulação funcionalmente: os **ligamentos laterais** formam uma ponte sobre o espaço articular entre a face medial dos processos paracondilares do occipital e a raiz da **asa do atlas** (*alae atlantis*). Os lados dorsal e ventral da cápsula articular são reforçados por lâminas individuais e prolongadas de tecido fibroso, as membranas atlantoccipitais dorsal e ventral (*membranae atlanto-occipitalis dorsalis et ventralis*). Essas membranas cobrem o amplo espaço articular entre o occipital e o atlas (*spatium atlanto-occipitale*).

O formato da face articular restringe o movimento entre o atlas e o crânio para flexão e extensão apenas no plano sagital.

A **articulação atlantoaxial** é uma **articulação trocóidea** ou **pivotante** (*articulatio trochoidea*) formada pelo **dente do áxis** e sua **cavidade** correspondente (*fovea dentis*) no atlas (▶Fig. 2.86). A superfície articular é aumentada pelas **fóveas articulares caudais** (*foveae articulares caudales*) do atlas e das **fóveas articulares craniais do áxis** (*foveae articulares craniales*). Todas as articulações são recobertas em uma cápsula articular comum, formando, assim, uma única cavidade sinovial. A anatomia peculiar das faces articulares permite movimentos rotatórios ao longo do eixo

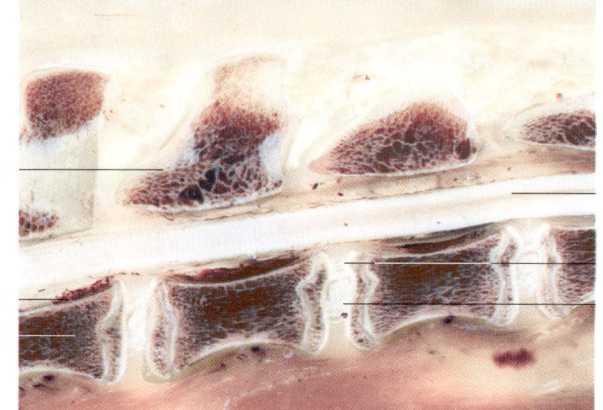

Fig. 2.87 Discos intervertebrais da região lombar de um cão (secção mediana).

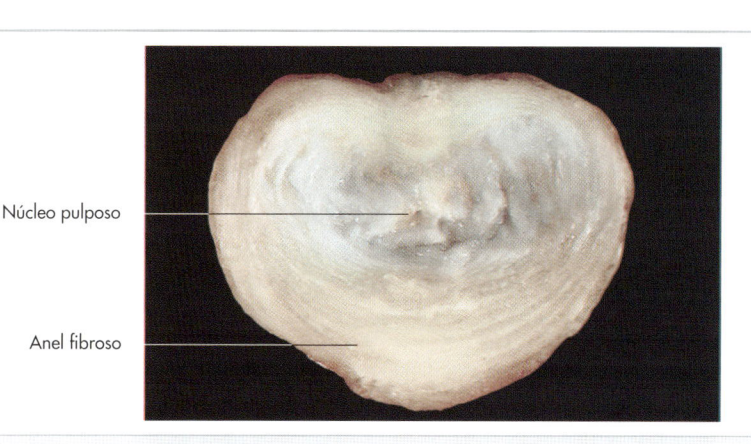

Fig. 2.88 Discos intervertebrais da região lombar de um cão (secção transversal).

longitudinal do dente. Os ligamentos sustentam a articulação de forma específica em cada espécie.

A cápsula articular é fortalecida externamente pela **membrana atlantoaxial dorsal** (*membrana atlantoaxialis dorsalis*), que se prolonga entre os arcos vertebrais da 1ª e 2ª vértebras cervicais. O **ligamento atlantoaxial dorsal elástico** (*ligamentum atlantoaxiale dorsale*) se prolonga entre o tubérculo dorsal do atlas e o processo espinhoso do áxis. O dente do áxis é sustentado por ligamentos adicionais (*ligamenta alaria*), os quais emergem do dente e se fixam à face interna do arco ventral do atlas em ruminantes e no equino, à face medial dos côndilos em carnívoros e à margem do forame magno no suíno.

Em ruminantes e no equino, a cápsula articular é reforçada ventralmente pelo **ligamento atlantoaxial ventral** (*ligamentum atlantoaxiale ventrale*), que se estende entre o tubérculo ventral do atlas e a espinha ventral do áxis. Na mesma espécie doméstica, o canal vertebral contém os ligamentos longitudinais, que se espalham a partir da face dorsal do dente até a inserção na parte basilar do occipital e dos côndilos occipitais.

Em suínos e carnívoros, o **ligamento transverso do atlas** (*ligamentum transversum atlantis*) prende o dente ao atlas. Isso evita o movimento indevido do dente em relação ao canal vertebral e, ao mesmo tempo, protege a medula oblonga de danos mecânicos fatais.

2.8.3 Articulações intervertebrais (*articulationes columnae vertebralis*)

A **coluna vertebral**, com a sua estrutura de múltiplas combinações (tecidos mole, cartilaginoso e ósseo), precisa desempenhar uma grande quantidade de funções. Duas vértebras adjacentes com disco cartilaginoso interposto, as articulações entre eles e os ligamentos de sustentação formam uma **unidade funcional**, a qual é responsável por transmitir o impulso dos membros para o corpo durante a locomoção. Essas unidades funcionais são completadas pelos nervos e vasos sanguíneos, os quais deixam o canal vertebral através dos forames intervertebrais e dos músculos que cobrem as regiões

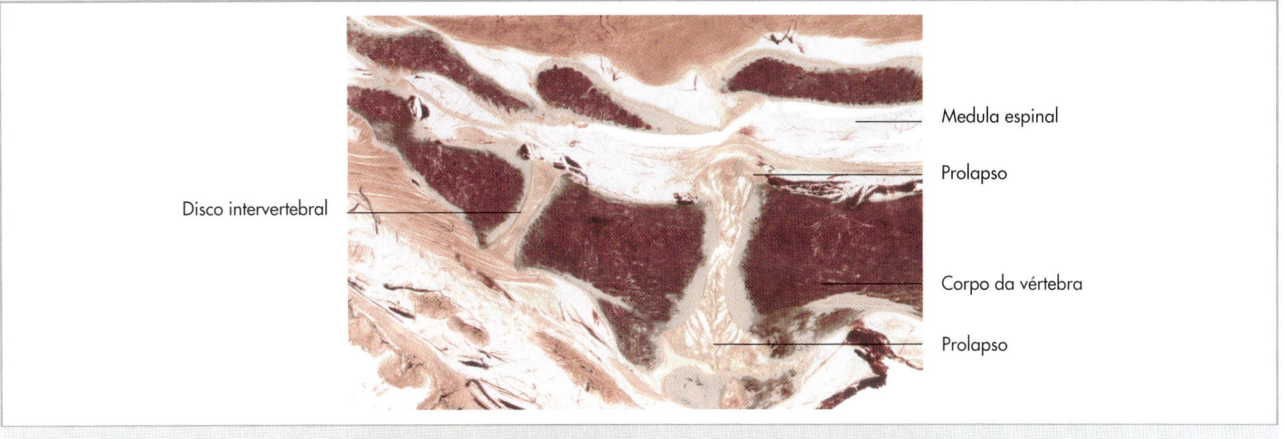

Fig. 2.89 Prolapso de um disco intervertebral lombar de um cão (secção mediana, plastinação em corte seriado E-12). (Fonte: cortesia do Prof. Dr. R. Latorre, Murcia, Espanha.)

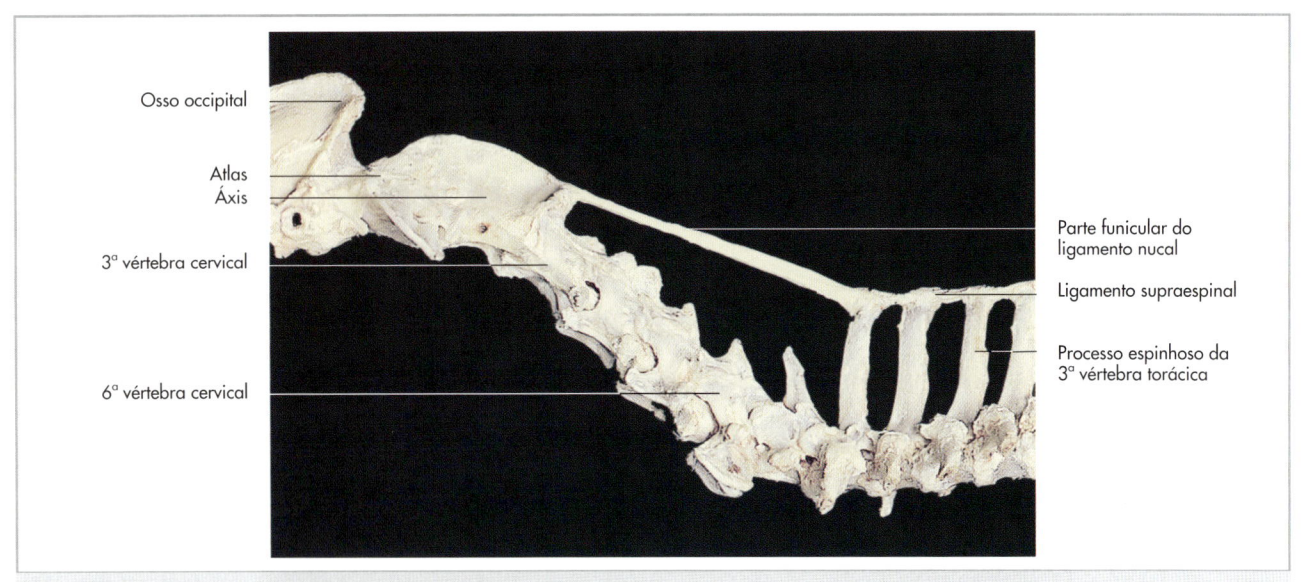

Fig. 2.90 Ligamentos nucal e supraespinal de um cão (vista lateral).

cervical, torácica, lombar e sacral. As **articulações intervertebrais** (*articulationes columnae vertebralis*) combinam sínfises entre os corpos vertebrais (*symphyses intervertebrales*) e as articulações sinoviais entre as faces articulares (*articulationes processuum articularium*). As **extremidades cranial** e **caudal** (*extremitates craniales et caudales*) de duas vértebras adjacentes são conectadas por **discos intervertebrais** (*disci intervertebrales*) (▶Fig. 2.87 e ▶Fig. 2.88). As articulações entre as fóveas articulares cranial e caudal das vértebras são **articulações planas** (*articulationes planae*). As vértebras individuais são unidas por ligamentos curtos e longos, bem como pelo ligamento nucal contínuo, exceto em gatos e suínos, e pelo ligamento supraespinal em todas as espécies. Esses ligamentos serão descritos com mais detalhes adiante.

A forma e o comprimento dos discos intervertebrais contribuem para a estrutura e a forma de toda a coluna. A espessura dos discos diminui ao longo da região torácica e lombar até alcançar a espessura mínima na coluna lombar. Os discos intervertebrais cervicais são mais delgados dorsal do que ventralmente.

Cada disco intervertebral consiste em duas partes, o **núcleo pulposo** (*nucleus pulposus*) e o **anel fibroso** (*anulus fibrosus*) (▶Fig. 2.87 e ▶Fig. 2.88); este último coberto por tecido fibroso. Embora os discos intervertebrais sejam vascularizados no animal jovem, esses vasos se degeneram mais tarde, e os discos são nutridos por difusão a partir dos tecidos adjacentes (tecido braditrófico). Os fascículos fibrosos que circundam o anel fibroso atravessam obliquamente de uma vértebra para a outra, combinando-se com a cartilagem que recobre as extremidades vertebrais (*synchondrosis*).

As fibras dispõem-se em várias camadas espirais (*laminae*), orientadas ao redor do eixo longitudinal das vértebras, e alteram a sua orientação entre lâminas sucessivas. Essa disposição anatômica resulta na estabilidade do disco intervertebral e em uma mobilidade reduzida entre as vértebras adjacentes.

A espessura média dos discos das vértebras torácicas do equino é de 2 a 3 mm, com exceção do disco entre a 1ª e a 2ª vértebras torácicas, que apresenta o dobro da espessura das vértebras sucessivas. O núcleo pulposo situa-se no centro funcional do eixo da

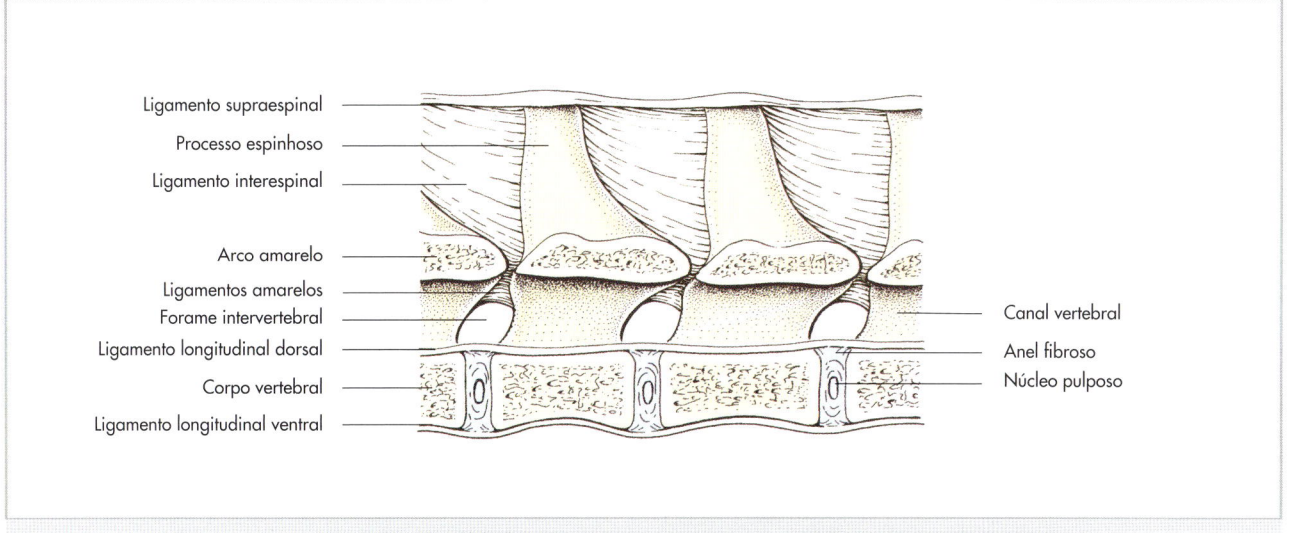

Fig. 2.91 Ligamentos longos e curtos da coluna lombar (representação esquemática, secção paramediana). (Fonte: com base em dados de Ghetie, 1954.)

coluna vertebral, é mantido sob pressão e distribui as forças compressivas às quais a coluna vertebral está submetida na parte mais alargada da vértebra. Isso resulta em um tensionamento do anel fibroso circundante e dos ligamentos ventral e dorsal.

A espessura do disco intervertebral é amplamente responsável pela flexibilidade da coluna. Com o passar dos anos, no entanto, os discos tendem a apresentar alterações degenerativas. A ocorrência mais comum é quando o núcleo pulposo, que está sob pressão contínua, pressiona o anel fibroso enfraquecido, resultando em protrusão ou herniação do disco em direção ao canal vertebral (▶Fig. 2.89). Se o anel fibroso se fragmentar, pode haver prolapso do núcleo pulposo no canal vertebral, o que pode forçar a medula espinal ou comprimir os nervos e vasos sanguíneos.

Ligamentos da coluna vertebral

Os ligamentos da coluna vertebral podem ser agrupados em ligamentos curtos, que formam uma ponte entre vértebras sucessivas, e ligamentos longos, que abrangem várias vértebras, formando unidades funcionais (▶Fig. 2.90, ▶Fig. 2.91, ▶Fig. 2.92, ▶Fig. 2.93, ▶Fig. 2.94 e ▶Fig. 2.95).

O **ligamento nucal** sustenta uma grande parte do peso da cabeça quando ela está ereta, aliviando, assim, a carga da musculatura da cabeça e do pescoço. O potente desenvolvimento desse ligamento e da musculatura nucal induziu a um aumento dos processos espinhosos das vértebras torácicas às quais eles se fixam. O ligamento nucal surge do áxis no cão e do occipital em ruminantes e no equino e prossegue caudalmente como o **ligamento supraespinal** (*ligamentum supraspinale*) (▶Fig. 2.92 e ▶Fig. 2.93). O ligamento nucal inexiste no gato e no suíno; contudo, essas espécies possuem um ligamento supraespinal.

O **ligamento nucal** (*ligamentum nuchae*) pode ser subdividido conforme a seguir.

Ligamentos curtos:
- **ligamentos amarelos** (*ligamenta flava*): são lâminas elásticas que preenchem os espaços interarcos e ajudam na sustentação do peso do tronco e da musculatura da garupa e auxiliam na musculatura dorsal;
- **ligamentos intertransversários** (*ligamenta intertransversaria*): estendem-se entre os processos transversos das vértebras lombares e são tensionados durante a rotação e a flexão laterais;
- **ligamentos interespinais** (*ligamenta interspinalia*): prolongam-se entre os processos espinhosos das vértebras. São ligamentos elásticos na parte cranial da coluna equina e na parte caudal da coluna bovina, porém são musculares na coluna toracolombar de carnívoros. Eles impedem que as vértebras se desloquem dorsalmente e, ao mesmo tempo, limitam a flexão ventral da coluna.

Ligamentos longos:
- **ligamento longitudinal dorsal** (*ligamentum longitudinale dorsale*): atravessa o assoalho do canal vertebral a partir do dente do áxis até o sacro e fixa-se a cada um dos discos intervertebrais;
- **ligamento longitudinal ventral** (*ligamentum longitudinale ventrale*): segue a face ventral das vértebras desde a 8ª vértebra torácica até o sacro e fixa-se a cada um dos discos intervertebrais;
- **funículo nucal** (*funiculus nuchae*);
- **lâmina nucal** (*lamina nuchae*);
- **ligamento supraespinal** (*ligamentum supraspinale*).

No cão, o ligamento nucal é representado pelo **funículo nucal** par, o qual emerge da face caudal do processo espinhoso do áxis e se insere no processo espinhoso da 1ª vértebra torácica, de onde prossegue caudalmente como o ligamento supraespinal. O ligamento supraespinal se fixa às extremidades livres dos processos espinhosos das vértebras até a 3ª vértebra sacral.

Em ruminantes, o ligamento nucal é composto por **duas partes**: o **funículo nucal**, semelhante a um cordão, e a **lâmina nucal**. O funículo pareado se origina das protuberâncias occipitais externas e se espalha para o áxis no sentido caudal para formar uma lâmina pareada, a qual se fixa nos dois lados dos processos espinhosos das vértebras torácicas craniais, formando a base da cernelha. Ele prossegue caudalmente como o ligamento supraespinal. A parte

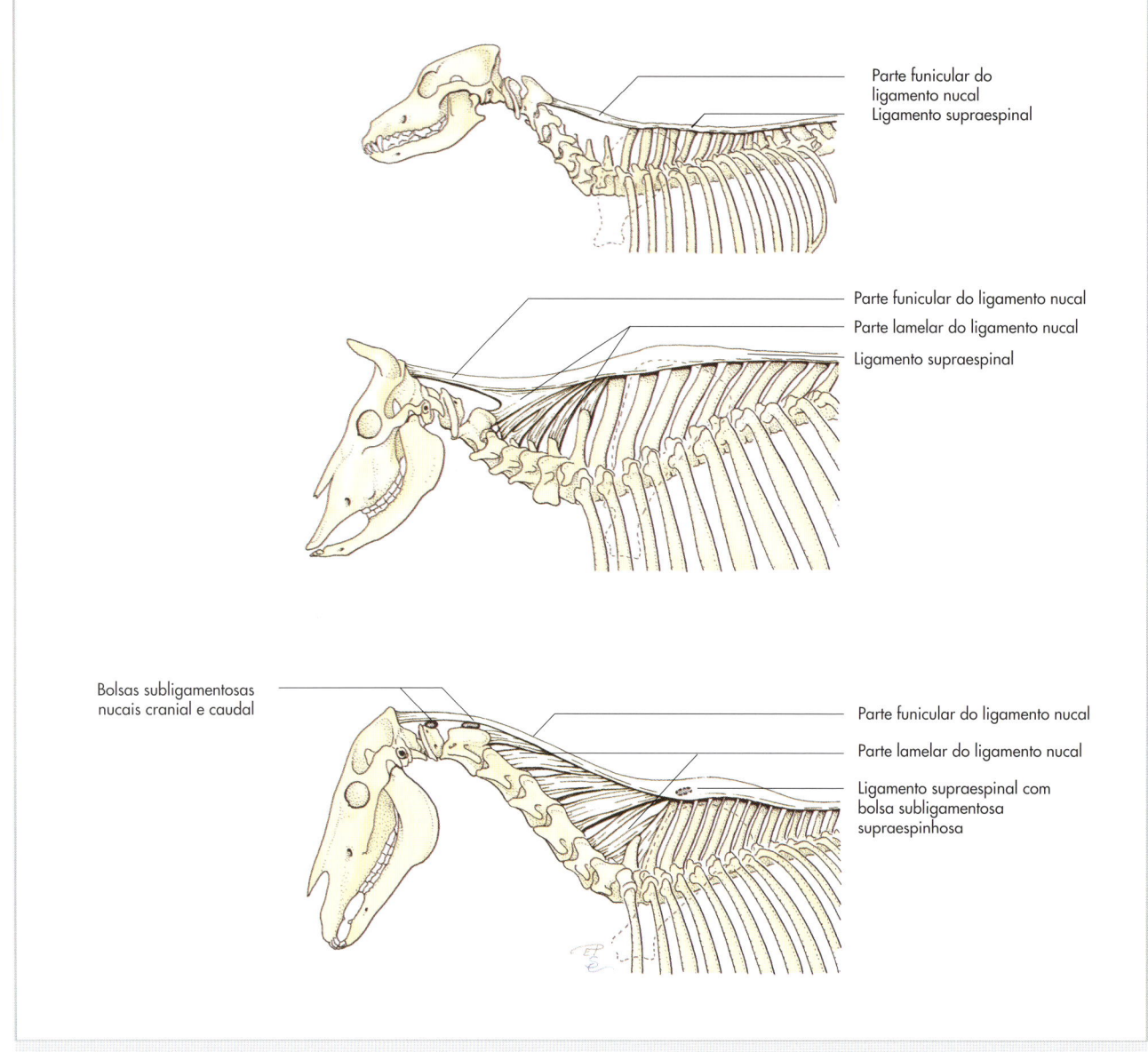

Fig. 2.92 Ligamentos nucal e supraespinal de um cão, bovino e equino (representação esquemática, vista lateral). (Fonte: com base em dados de Ellenberger e Baum, 1943.)

cranial pareada da lâmina nucal se origina dos processos espinhosos da 2ª a 4ª vértebras cervicais e se irradia até o funículo nucal ventralmente. A parte caudal é ímpar e se prolonga dos processos espinhosos da 5ª a 7ª vértebras cervicais sob o funículo nucal até o processo espinhoso da 1ª vértebra torácica.

No equino, o ligamento nucal é composto por um **funículo nucal** e uma **parte lamelar**, ambos pares (▶Fig. 2.92, ▶Fig. 2.94 e ▶Fig. 2.95). O funículo nucal emerge da protuberância occipital externa, recebe a lâmina nucal na altura da 3ª vértebra cervical e se insere no processo espinhoso da 4ª vértebra torácica. Ele se alarga na região da cernelha e prossegue caudalmente até o sacro como o ligamento supraespinal.

A **lâmina nucal** se origina do processo espinhoso do áxis, do tubérculo dorsal das vértebras cervicais sucessivas e do processo espinhoso da última vértebra cervical. Ele se irradia caudalmente até o funículo nucal, para, finalmente, terminar no processo espinhoso da 1ª vértebra torácica.

Há uma bolsa interposta entre o ligamento nucal e a 2ª ou 3ª vértebra torácica, a **bolsa subligamentosa supraespinhosa** (*bursa subligamentosa supraspinalis*). Ela pode ser localizada no animal vivo em uma linha vertical acima da tuberosidade da espinha da escápula. Bolsas adicionais podem ser encontradas em alguns equinos entre o ligamento nucal e o atlas (*bursa subligamentosa nuchalis cranialis*) ou o áxis (*bursa subligamentosa nuchalis caudalis*) (▶Fig. 2.92).

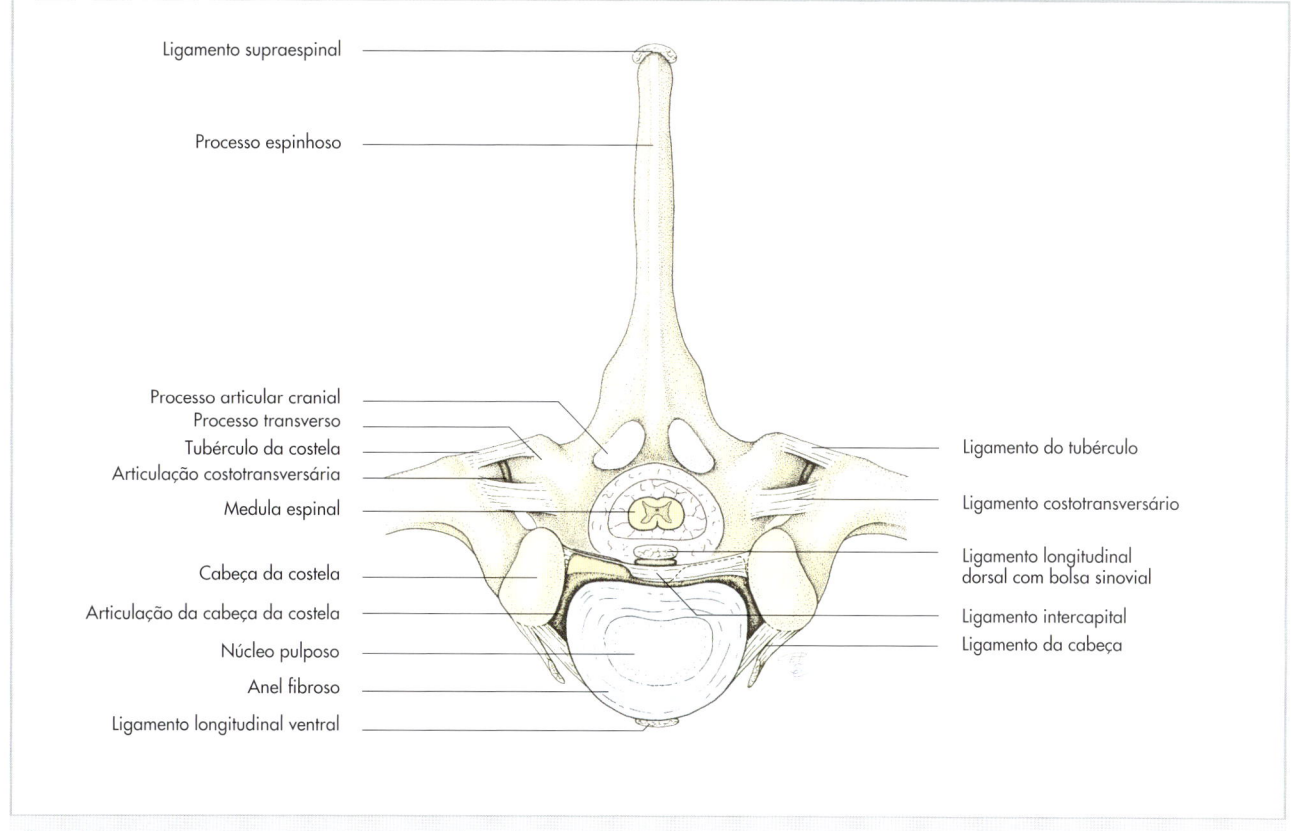

Fig. 2.93 Ligamentos das articulações costovertebrais de um equino (representação esquemática, vista cranial). (Fonte: cortesia da Profª. Drª. Sabine Breit e do Prof. Dr. W. Künzel, Viena.)

2.8.4 Articulações das costelas com a coluna vertebral (*articulationes costovertebrales*)

A maioria das costelas apresenta duas articulações com as vértebras correspondentes, sendo que ambas atuam como articulações em dobradiça. Essas articulações auxiliam na expansão e na retração do tórax. Quanto mais próximas as articulações estiverem, maior será a mobilidade, sendo que a mobilidade máxima é alcançada nas costelas caudais.

A **articulação costovertebral** (*articulatio capitis costae*) é uma articulação esferoide em que as duas faces articulares da cabeça da costela se articulam com a cavidade formada por duas fóveas articulares de duas vértebras torácicas adjacentes (a cavidade para a primeira costela é formada pela última vértebra cervical e pela 1ª vértebra torácica) (▶Fig. 2.93). O disco intervertebral se articula com o sulco interarticular da cabeça da costela. Cada articulação possui a sua própria cápsula articular, a qual é reforçada por **fibras ligamentosas** (*ligamentum capitis costae radiatum*), formando duas cavidades articulares separadas (▶Fig. 2.93). O **ligamento intercapital** (*ligamentum intercapitale*) estende-se da cabeça de uma costela, sobre a parte dorsal do disco, porém sob o ligamento longitudinal dorsal até a cabeça da costela oposta. Acredita-se que ele desempenhe uma função importante na patogênese de prolapsos de disco. O ligamento que conecta a maioria das costelas caudais é menor do que os outros e não é tão bem-desenvolvido nas raças condrodistróficas. Essa ocorrência parece responder pela maior incidência de problemas de disco nessas raças. O ligamento é unido ao disco intervertebral por meio de uma membrana sinovial. Uma bolsa interpõe-se entre o ligamento intercapital e o ligamento longitudinal dorsal sobrejacente.

A **articulação costotransversária** (*articulatio costotransversaria*) é uma articulação em deslize, formada pelas faces articulares do tubérculo da costela e do processo transverso da vértebra correspondente.

2.8.5 Articulações da parede torácica (*articulationes thoracis*)

As **articulações costocondrais** (*articulationes costochondrales*) situam-se entre as costelas e as cartilagens costais. Elas são sínfises em carnívoros e no equino, mas articulações firmes no suíno e em ruminantes. Enquanto as cartilagens costais craniais unem-se diretamente ao esterno, formando as **articulações esternocostais** (*articulationes sternocostales*), as cartilagens costais das costelas asternais unem-se por meio de um tecido mole elástico, formando o **arco costal** (*arcus costalis*).

As **articulações esternocostais** (*articulationes sternocostales*) são condilares e funcionam como articulações em dobradiça. Elas são formadas pela extremidade esternal condilar da cartilagem costal esternal e pelas cavidades articulares correspondentes do esterno. No suíno e no equino, a primeira costela de ambos os lados apresenta uma cavidade articular comum no manúbrio do esterno, ao passo que as faces articulares (*incisurae costales*) das outras

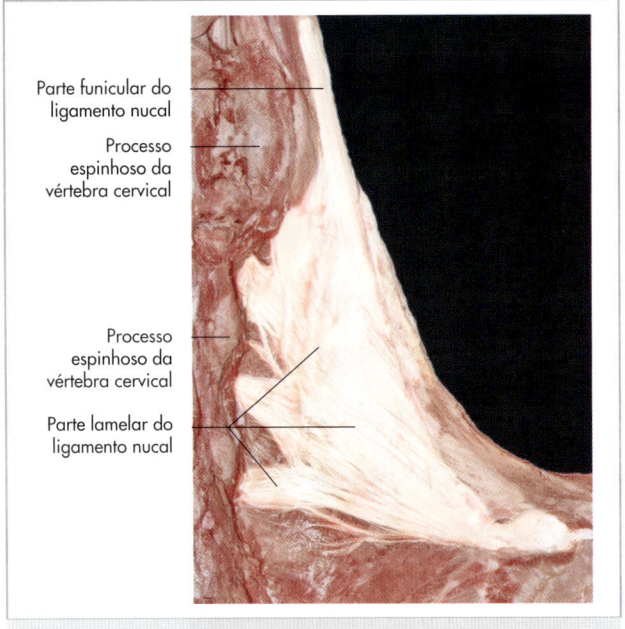

Fig. 2.94 Secção sagital do ligamento nucal de um equino (vista lateral). (Fonte: cortesia do Prof. Dr. W. Pérez, Uruguai.)

Fig. 2.95 Secção transversal do pescoço de um equino com o ligamento nucal (vista caudal).

costelas esternais estão posicionadas lateralmente na junção das estérnebras, recobertas por cápsulas articulares justas.

Em animais jovens, as estérnebras individuais são unidas por **cartilagens interesternebrais** (*synchondroses sternales*), as quais se ossificam posteriormente. As articulações cartilaginosas esternais compreendem as sincondroses interesternais, manubrio-esternais e xifoesternais. Em ruminantes e no suíno, o manúbrio une-se ao corpo do esterno por meio de uma articulação sinovial (*articulatio synovialis manubriosternalis*). O **ligamento esternal** (*ligamentum sterni*) situa-se na face dorsal do esterno. Ele surge caudal ao primeiro par de costelas e se alarga caudalmente até inserir-se na cartilagem xifóidea em ruminantes e no suíno. No equino, o ligamento esternal se divide em três ramos, os quais se inserem nas últimas costelas esternais e na cartilagem xifóidea. Ele está ausente em alguns carnívoros.

2.9 A coluna vertebral como um todo

A mobilidade da coluna vertebral varia conforme a região. Ela é mais livre na coluna cervical, onde as faces articulares são grandes e orientadas horizontalmente e as cápsulas articulares são frouxas, o que permite um maior grau de movimentos laterais, ventrais, dorsais e rotatórios. Nas regiões torácica e lombar da coluna, a mobilidade diminui no sentido cranial a caudal. Embora a rotação seja possível na região torácica cranial, na região caudal, o movimento é parcialmente restrito às flexões dorsal e ventral (cifose e lordose). Contudo, um grau limitado de movimento lateral ainda é possível, devido às articulações intertransversárias das vértebras lombares no equino.

A **articulação lombossacral** (*articulatio lumbosacralis*) é formada pela última vértebra lombar e pelo sacro, complementada pelo disco intervertebral e reforçada pelo ligamento iliolombar.

Os processos das vértebras sacrais individuais são muito reduzidos, e seus corpos e discos intervertebrais estão firmemente fusionados para formar um osso único, o sacro, o qual transmite o impulso dos membros pélvicos até a garupa com mais eficiência. A coluna caudal é móvel, e as vértebras isoladas são interligadas por discos intervertebrais.

3 Fáscias e músculos da cabeça, do pescoço e do tronco

H.-G. Liebich, J. Maierl e H. E. König

3.1 Fáscias

A cabeça e o tronco são envoltos por amplas lâminas de tecido conjuntivo, também denominado tecido conectivo, as quais são interpostas entre as estruturas mais profundas e a pele ou cobrem e passam por entre os músculos. Além disso, as fáscias formam pontos de fixação para os músculos e facilitam o movimento entre eles. Diversas estruturas mais profundas também são recobertas por fáscias, como o esôfago, a traqueia e as glândulas salivares. As fáscias ainda envolvem músculos cutâneos (*mm. cutanei*) e fornecem rotas de passagem para os vasos sanguíneos e linfáticos e os nervos.

De modo geral, o sistema de fáscias compreende uma camada superficial e outra profunda. Elas podem ser subdivididas, ainda, conforme a sua localização:

- **fáscias superficiais da cabeça, do pescoço e do tronco**:
  - fáscia superficial da cabeça (*fascia capitis superficialis*);
  - fáscia superficial do pescoço (*fascia cervicalis superficialis*);
  - fáscia superficial do tronco (*fascia trunci superficialis*).
- **fáscias profundas da cabeça, do pescoço e do tronco**:
  - fáscia profunda da cabeça (*fascia capitis profunda*);
  - fáscia profunda do pescoço (*fascia cervicalis profunda*);
  - fáscia profunda do tronco (*fascia trunci profunda*);
  - fáscia toracolombar (*fascia thoracolumbalis*);
  - fáscia espinocostotransversal (*fascia spinocostotransversalis*);
- **fáscia profunda da cauda** (*fascia caudae profunda*).

3.1.1 Fáscias superficiais da cabeça, do pescoço e do tronco

A **fáscia superficial da cabeça** forma uma cobertura semelhante a uma máscara sobre toda a cabeça e continua no pescoço como um cilindro. Ela se situa diretamente sob a pele e pode ser deslocada manualmente em carnívoros. Em ruminantes e no equino, a fáscia superficial da cabeça adere aos ossos faciais, nos quais se fusiona com a pele na região dos ossos nasal e frontal. Ela cobre a glândula salivar parótida, o músculo masseter (*m. masseter*) e o músculo temporal (*m. temporalis*), bem como envolve os músculos cutâneos da cabeça e partes dos músculos auriculares. Rostralmente, a fáscia superficial da cabeça se une aos músculos da bochecha e do nariz e recobre ventralmente a região da mandíbula e da laringe.

A **fáscia superficial do pescoço** tem duas camadas: a camada **superficial**, que cobre os músculos superficiais do pescoço (parte cervical dos músculos cutâneo, braquiocefálico e trapézio), e a camada **profunda**, que cobre as partes torácicas do músculo serrátil ventral e do músculo esplênio. Essa fáscia também envolve a **artéria carótida comum** (*a. carotis communis*) e se insere dorsalmente no ligamento nucal, prosseguindo no sentido caudal como fáscia do ombro e do tronco.

A **fáscia superficial do tronco** é bastante extensa e inclui o músculo cutâneo do tronco (*m. cutaneus trunci*). Nas regiões torácica e lombar, ela se espalha na fáscia toracolombar. Em ruminantes e no equino, a fáscia superficial do tronco se fixa aos processos espinhosos dorsais das vértebras. Em carnívoros, ela se une dorsalmente com a fáscia do lado oposto, onde é possível encontrar grandes depósitos de gordura subfascial em animais bem-nutridos. Ventralmente, essa fáscia se une à musculatura do tórax e à linha alba, prosseguindo no sentido distal como a fáscia dos membros torácicos e pélvicos.

3.1.2 Fáscias profundas da cabeça, do pescoço e do tronco

A **fáscia profunda da cabeça** se prolonga sobre a maior parte da mandíbula, parcialmente unida à fáscia superficial, como **fáscia bucofaríngea** (*fascia buccopharyngealis*). Uma camada profunda fixada à parede bucal e uma camada mais superficial passam sob o músculo masseter e sobre a musculatura facial para se inserirem na crista facial. Alguns músculos são recobertos individualmente pela fáscia profunda da cabeça, como o músculo bucinador (*m. buccinator*) e o músculo canino (*m. caninus*). Caudalmente, ela se torna a **fáscia temporal** (*fascia temporalis*), que cobre o músculo temporal e se fixa à órbita, ao arco zigomático e à **fáscia faringobasilar** (*fascia pharyngobasilaris*), a qual se prolonga entre o pterigoide, a margem dorsal da mandíbula e o aparelho hioide. Na região do dorso do nariz, a fáscia profunda e a fáscia superficial da cabeça se unem; em carnívoros, a fáscia profunda se fusiona ao periósteo da face externa do osso parietal. A fáscia profunda da cabeça sempre se situa sob os vasos sanguíneos superficiais maiores.

A **fáscia profunda do pescoço** tem duas camadas: superficial e profunda. A camada superficial se fixa à asa do atlas, ao músculo longo da cabeça (*m. longus capitis*) e ao músculo escaleno (*m. scalenus*). Na direção ventral, ela recobre o esôfago, o nervo laríngeo recorrente, o tronco vagossimpático e a artéria carótida comum. Além disso, a camada superficial se fixa ao aparelho hioide e à fáscia faringobasilar cranialmente, e às primeiras costelas e ao esterno caudalmente. Já a camada profunda se origina dos músculos intertransversários e recobre os músculos longos do pescoço. No equino, ela cria uma divisão entre as bolsas guturais.

A **fáscia profunda do tronco** é relativamente resistente e, em muitas partes, reforçada por tecido tendinoso. Muitos músculos do tronco surgem a partir dessa fáscia por meio de aponeuroses. A parte que cobre as regiões torácica e lombar é denominada **fáscia toracolombar**, e se fixa aos processos espinhosos das vértebras torácicas, lombares e sacrais, ao ligamento supraespinal, à tuberosidade sacral, à crista ilíaca e à tuberosidade coxal. Uma parte resistente dessa fáscia forma a aponeurose do músculo latíssimo do dorso, também denominado grande dorsal (*m. latissimus dorsi*), e da parte caudal do músculo serrátil dorsal (*m. serratus dorsalis caudalis*). Ela prossegue cranioventralmente como **fáscia axilar** (*fascia axillaris*), e caudalmente como **fáscia glútea** (*fascia glutea*). Ventralmente, ela forma a **túnica abdominal** (*tunica flava abdominis*), a qual consiste principalmente em fibras elásticas nos herbívoros de grande porte. Na região inguinal, várias fibras se ramificam para formar os **ligamentos suspensores do pênis** (*ligamentum suspensorium penis*) e as **glândulas mamárias** (*apparatus suspensorius mammarius*).

A fáscia profunda do tronco se torna a **fáscia espinocostotransversal** (*fascia spinocostotransversalis*) conforme atravessa a região escapular. Essa fáscia forma três camadas no equino. A fáscia profunda do tronco se origina dos processos espinhosos das cinco primeiras vértebras torácicas (parte espinal), das oito primeiras costelas e dos processos transversos das vértebras correspondentes (parte costotransversal). A camada **superficial** dessa fáscia sustenta os músculos entre os membros torácicos e se fixa ao músculo serrátil ventral. Já a camada **média** envolve e separa os músculos laterais do dorso (músculo longuíssimo, músculo iliocostal). Por fim, a camada **profunda** faz o mesmo com os músculos mediais (músculo semiespinal), aos quais também fornece fixação.

A fáscia profunda do tronco também compõe a **fáscia interna do tronco**, a qual se situa nas superfícies profundas dos músculos da parede corporal e se une ao revestimento seroso das cavidades do corpo. Ela é denominada **fáscia endotorácica** (*fascia endothoracica*) na cavidade torácica, **fáscia transversal** (*fascia transversalis*) na cavidade abdominal e **fáscia pélvica** (*fascia pelvica*) na cavidade pélvica. A **fáscia ilíaca** (*fascia iliaca*) cobre os músculos lombares profundos.

A **fáscia profunda da cauda** se origina da fáscia glútea e se fusiona distalmente com a fáscia superficial. Ela se prolonga entre os músculos da cauda e se fixa às vértebras caudais.

3.2 Músculos cutâneos (*musculi cutanei*)

Os músculos cutâneos são camadas musculares delgadas aderentes às fáscias, com as quais formam uma bainha contrátil extensa que cobre a maior parte do corpo. A função principal desses músculos é tensionar e contrair a pele. Em carnívoros, eles também permitem os movimentos gestuais dos lábios, do nariz e das orelhas. Os músculos cutâneos podem ser divididos em músculos cutâneos da cabeça, do pescoço e do tronco.

3.2.1 Músculos cutâneos da cabeça (*musculi cutanei capitis*)

Os músculos cutâneos da cabeça estão confinados dentro da fáscia superficial da cabeça. Eles compõem parte da musculatura facial superficial e são inervados pelo nervo facial (▶Fig. 3.1, ▶Fig. 3.2 e ▶Fig. 3.3). São músculos cutâneos da cabeça:
- músculo esfíncter superficial do pescoço (*m. sphincter colli superficialis*);
- músculo cutâneo da face (*m. cutaneus faciei*);
- músculo esfíncter profundo do pescoço (*m. sphincter colli profundus*);
- músculo frontal (*m. frontalis*).

O **músculo esfíncter superficial do pescoço** é uma faixa muscular transversa delgada que, nos carnívoros, se estende ao longo da face ventral da região laríngea, na união da cabeça com o pescoço. Ele tensiona a fáscia dessa região. O **músculo cutâneo da face** é uma extensa lâmina muscular que recobre o músculo masseter. Ele tensiona e move a pele da cabeça e desenha a comissura dos lábios caudalmente. O **músculo esfíncter profundo do pescoço** se localiza sob o platisma e os músculos cutâneos da face na vista lateral da cabeça e do pescoço. Ele tensiona a fáscia superficial na região laríngea. O **músculo frontal** (*m. frontalis*) está presente em carnívoros, em ruminantes e no suíno e é responsável pelo movimento da pele na fronte.

3.2.2 Músculos cutâneos do pescoço (*musculi cutanei colli*)

Os músculos cutâneos do pescoço são inervados pelo ramo cervical (*ramus colli*) do nervo facial e são denominados de acordo com a sua localização e função (▶Fig. 3.1, ▶Fig. 3.2 e ▶Fig. 3.3):
- músculo esfíncter superficial do pescoço (*m. sphincter colli superficialis*);
- músculo platisma (*platysma*);
- músculo esfíncter profundo do pescoço (*m. sphincter colli profundus*);
- músculo cutâneo do pescoço (*m. cutaneus colli*).

O **músculo esfíncter superficial do pescoço** está presente apenas em carnívoros, é uma continuação direta do esfíncter superficial da cabeça e, como tal, cobre o lado ventral do pescoço a partir da cabeça em direção ao peito. O **platisma** é uma lâmina muscular bem desenvolvida em carnívoros e no suíno e se irradia no músculo cutâneo da face. Ele tensiona e movimenta a pele nas partes dorsal e lateral do pescoço. O **músculo cutâneo do pescoço** situa-se na face ventral do pescoço. Ele se origina do manúbrio do esterno e cobre o sulco jugular. Esse músculo inexiste em carnívoros.

3.2.3 Músculos cutâneos do tronco (*musculi cutanei trunci*)

Os músculos cutâneos do tronco (▶Fig. 3.1, ▶Fig. 3.2 e ▶Fig. 3.3) compreendem:
- a parte abdominal do músculo cutâneo (*m. cutaneus trunci*);
- o músculo cutâneo omobraquial (*m. cutaneus omobrachialis*);
- os músculos prepuciais (*mm. praeputiales*);
- os músculos supramamários (*mm. supramammarii*).

A **parte abdominal do músculo cutâneo** é uma extensa camada muscular que cobre as paredes lateral, ventral e dorsal do tórax e do abdome. Em carnívoros, os músculos de cada lado se encontram dorsalmente. O músculo cutâneo cobre o latíssimo do dorso craniodorsalmente, com o qual forma o arco muscular da axila. As fibras convergem ventralmente, em direção ao manúbrio do esterno, e se unem às fibras do lado oposto. O músculo cutâneo forma ramos fibrosos, os quais cobrem o prepúcio em cães machos, na forma de músculos prepuciais, e cobrem as glândulas mamárias nas cadelas, na forma de músculos supramamários. Em animais de grande porte, o músculo cutâneo do abdome se restringe à face ventral do tronco e não ultrapassa a margem dorsal da dobra do flanco. A parte abdominal do músculo cutâneo tensiona e contrai a pele, com auxílio da fáscia superficial do tronco.

O **músculo cutâneo omobraquial** é a extensão da parte abdominal do músculo cutâneo no membro torácico. Ele cobre a face lateral do ombro e do braço em ruminantes e no equino e tensiona a pele nessa região.

Os **músculos prepuciais** estão presentes em carnívoros, no suíno e em ruminantes e são mais fortes no touro. Eles podem ser divididos em uma parte cranial, a qual projeta o prepúcio, e uma parte caudal, que o retrai.

Os **músculos supramamários** são pares em fêmeas de carnívoros e se prolongam da região xifoide à região púbica, cobrindo as glândulas mamárias. Eles tensionam e movem a pele dessa região.

3.3 Músculos específicos da cabeça (*musculi capitis*)

Os músculos da cabeça podem ser agrupados com base em sua origem embrionária, sua inervação ou sua função. O sistema utilizado neste livro se baseia na origem embrionária dos músculos a partir de diferentes arcos branquiais e sua inervação pelos nervos branquiais correspondentes. As musculaturas facial e mastigatória se desenvolvem a partir do primeiro e do segundo arcos branquiais, das paredes lateral e ventral da região laríngea e faríngea e seus órgãos e do terceiro e quarto arcos branquiais. Os nervos branquiais que as acompanham – o quinto, o sétimo, o nono e o décimo nervos cranianos – inervam esses músculos. Na descrição que se segue, as musculaturas facial, mastigatória e faríngea são agrupadas, ao passo que os músculos de órgãos específicos, como da laringe e do olho, são considerados em conjunto com os órgãos aos quais estão relacionados.

3.3.1 Músculos faciais (*musculi faciales*)

A musculatura facial pode ser subdividida em **camada superficial** e **camada profunda**, ambas inervadas pelo nervo facial (▶Fig. 3.4 e ▶Fig. 3.5; ▶Tab. 3.1). A camada superficial inclui os músculos cutâneos da cabeça e do pescoço e uma grande quantidade de músculos menores, os quais são responsáveis pelo posicionamento dos lábios, das narinas, das bochechas, das orelhas externas e das pálpebras. Como eles são responsáveis pela expressão facial, também são denominados **musculatura da mímica facial**. Os **músculos faciais profundos** incluem os músculos fixados ao osso hioide e os músculos considerados como parte do músculo digástrico, ou que se prolongam até a orelha média (músculo estapédio), e são inervados por ramificações profundas do nervo facial. A musculatura facial pode ser dividida em:

- **músculos dos lábios e das bochechas** com:
  - músculo orbicular da boca (*m. orbicularis oris*);
  - músculos incisivos (*mm. incisivi*);
  - músculo levantador nasolabial (*m. levator nasolabialis*);
  - músculo levantador do lábio superior (*m. levator labii superioris*);
  - músculo canino (*m. caninus*);
  - músculo abaixador do lábio superior (*m. depressor labii superioris*);
  - músculo abaixador do lábio inferior (*m. depressor labii inferioris*);
  - músculo mentual (*m. mentalis*);
  - músculo zigomático (*m. zygomaticus*);
  - músculo bucinador (*m. buccinator*).
- **músculos do nariz** com:
  - músculo dilatador apical do nariz (*m. dilatator naris apicalis*);
  - músculo dilatador médio do nariz (*m. dilatator naris medialis*);
  - músculo lateral do nariz (*m. lateralis nasi*);
  - músculo transverso do nariz (*m. transversus nasi*);
- **músculos extraorbitais das pálpebras** com:
  - músculo orbicular do olho (*m. orbicularis oculi*);
  - músculo levantador do ângulo medial do olho (*m. levator anguli oculi medialis*);
  - músculo levantador do ângulo lateral do olho (*m. levator anguli oculi lateralis*);
  - músculo malar (*m. malaris*);
- **músculos da orelha externa** com:
  - músculo tensor da cartilagem escutiforme (*m. scutularis*);
  - músculo parotidoauricular (*m. parotidoauricularis*);
  - músculos auriculares caudais (*mm. auriculares caudales*);
  - músculos auriculares dorsais (*mm. auriculares dorsales*);
  - músculos auriculares rostrais (*mm. auriculares rostrales*);
  - músculos auriculares profundos (*mm. auriculares profundi*);
  - músculo estiloauricular (*m. styloauricularis*).

3.3.2 Músculos dos lábios e das bochechas (*musculi labiorum et buccarum*)

O **músculo orbicular da boca** é o músculo esfíncter da boca e circunda a abertura desta, formando o principal componente dos lábios (▶Fig. 3.4). Ele é composto por múltiplos fascículos musculares, que estão intimamente conectados à pele e à mucosa/submucosa. As fibras dos outros músculos dos lábios e das bochechas irradiam-se para o músculo orbicular da boca.

No cão, esse músculo é mais resistente no lábio superior do que no inferior, no qual é interrompido no segmento mediano. O músculo orbicular da boca apresenta uma interrupção semelhante no lábio superior dos ruminantes, que responde pelo grau limitado de movimento possível desse segmento. As raízes dos pelos táteis estão embutidas no tecido muscular do músculo orbicular da boca.

Os **músculos incisivos** situam-se logo abaixo da submucosa dos lábios. Eles se originam como pequenas lâminas musculares das margens alveolares dos ossos incisivos e da mandíbula e se irradiam para o músculo orbicular da boca (▶Fig. 3.4). Além disso, os músculos incisivos elevam o lábio superior e abaixam o lábio inferior.

O **músculo levantador nasolabial** se origina da fáscia das regiões nasal e frontal (▶Fig. 3.4) e se espalha para formar um músculo plano em forma de faixa em todos os mamíferos domésticos. Em ruminantes e no equino, ele se divide em dois ramos, pelos quais passa o músculo canino. O músculo levantador nasolabial se insere na parte superior do músculo orbicular da boca e na parede lateral das narinas, elevando o lábio superior e dilatando a narina.

O **músculo levantador do lábio superior** é o mais forte do grupo facial. Ele se origina do ângulo medial do olho, embora a sua origem exata varie de acordo com a espécie (▶Fig. 3.4). Com diversos pequenos tendões de inserção, esse músculo se insere na parede lateral das narinas e do lábio superior (carnívoros, suíno, ruminantes). No equino, ele forma um largo tendão comum com o músculo correspondente do lado oposto, com o qual se insere no segmento mediano do lábio superior. Em carnívoros, esse músculo, normalmente pequeno, se origina da face facial da maxila, em sentido caudoventral ao forame infraorbital, e se irradia com tendões delicados na parede lateral das narinas e do lábio superior. No suíno, ele preenche a fossa canina (*fossa canina*) e se insere na parte rostral do osso rostral.

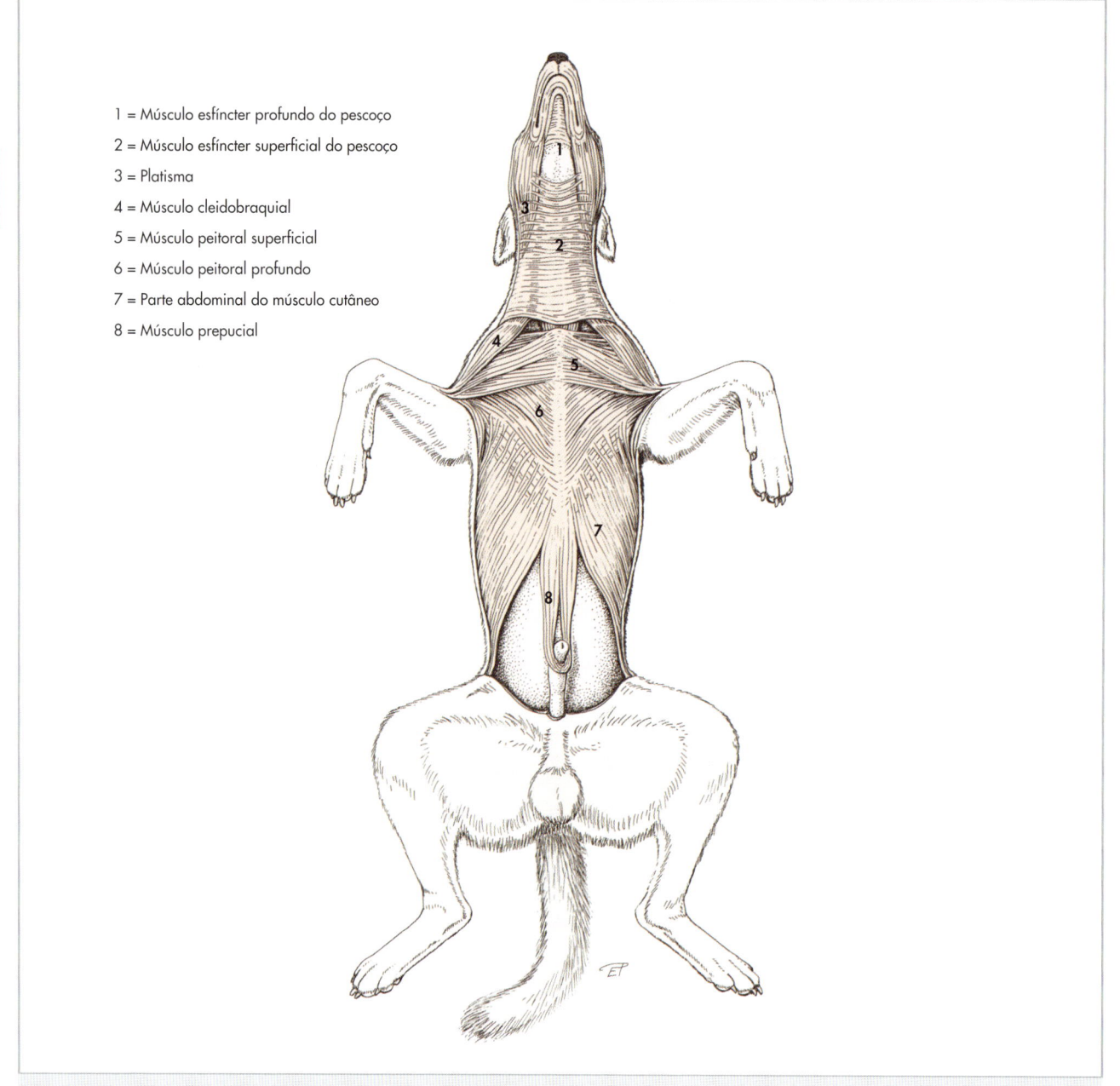

1 = Músculo esfíncter profundo do pescoço
2 = Músculo esfíncter superficial do pescoço
3 = Platisma
4 = Músculo cleidobraquial
5 = Músculo peitoral superficial
6 = Músculo peitoral profundo
7 = Parte abdominal do músculo cutâneo
8 = Músculo prepucial

Fig. 3.1 Músculos cutâneos da cabeça, do pescoço e do dorso de um cão (vista ventral).

O músculo levantador do lábio superior dos ruminantes forma diversos tendões de inserção finos, com os quais ele se insere na parede dorsolateral da narina e do lábio superior. No equino, o extenso ventre plano desse músculo cobre a maxila e parte dos ossos lacrimal e zigomático.

O **músculo canino** situa-se mais profundamente em relação ao músculo levantador do lábio superior na maioria das espécies domésticas. Em carnívoros, ele se distribui para o lábio superior, na altura dos dentes caninos. Em ruminantes, ele se origina no sentido ventral em relação ao músculo levantador do lábio superior, a partir do túber da face, passa sob o músculo levantador nasolabial e se insere na parede lateral da narina e em partes adjacentes do lábio superior.

No equino, o músculo canino é uma lâmina muscular delgada que se estende entre a extremidade rostral da crista facial e a parede lateral da narina (▶Fig. 3.4).

O **músculo abaixador do lábio superior** está presente apenas em ruminantes e no suíno. Ele se origina rostralmente ao túber da face e ventralmente ao músculo canino. No suíno, ele forma um tendão longo, o qual se une ao tendão de inserção do músculo correspondente no lado oposto e se insere na parte rostral do osso rostral. Em ruminantes, esse músculo se divide em vários ramos delgados, que formam uma rede de fibras no lábio superior e no focinho.

Fáscias e músculos da cabeça, do pescoço e do tronco 141

1 = Músculo cutâneo da face
2 = Músculo esfíncter superficial do pescoço
3 = Platisma
4 = Parte abdominal do músculo cutâneo

Fig. 3.2 Músculos cutâneos da cabeça, do pescoço e do dorso de um cão (vista lateral).

1 = Músculo cutâneo da face
2 = Músculo cutâneo do pescoço
3 = Músculo cutâneo omobraquial
4 = Parte abdominal do músculo cutâneo

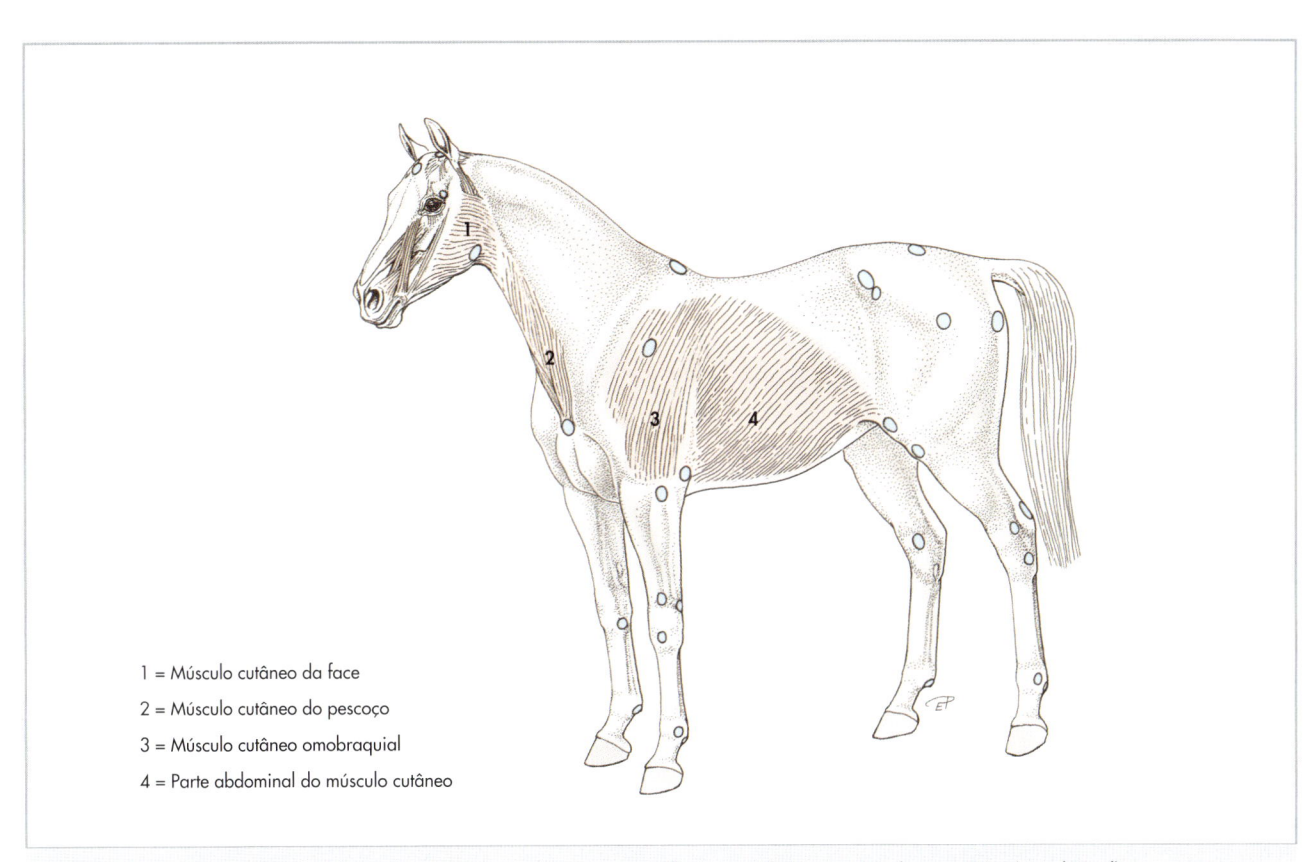

Fig. 3.3 Músculos cutâneos da cabeça, do pescoço e do dorso e topografia das cavidades sinoviais de um equino (vista lateral).

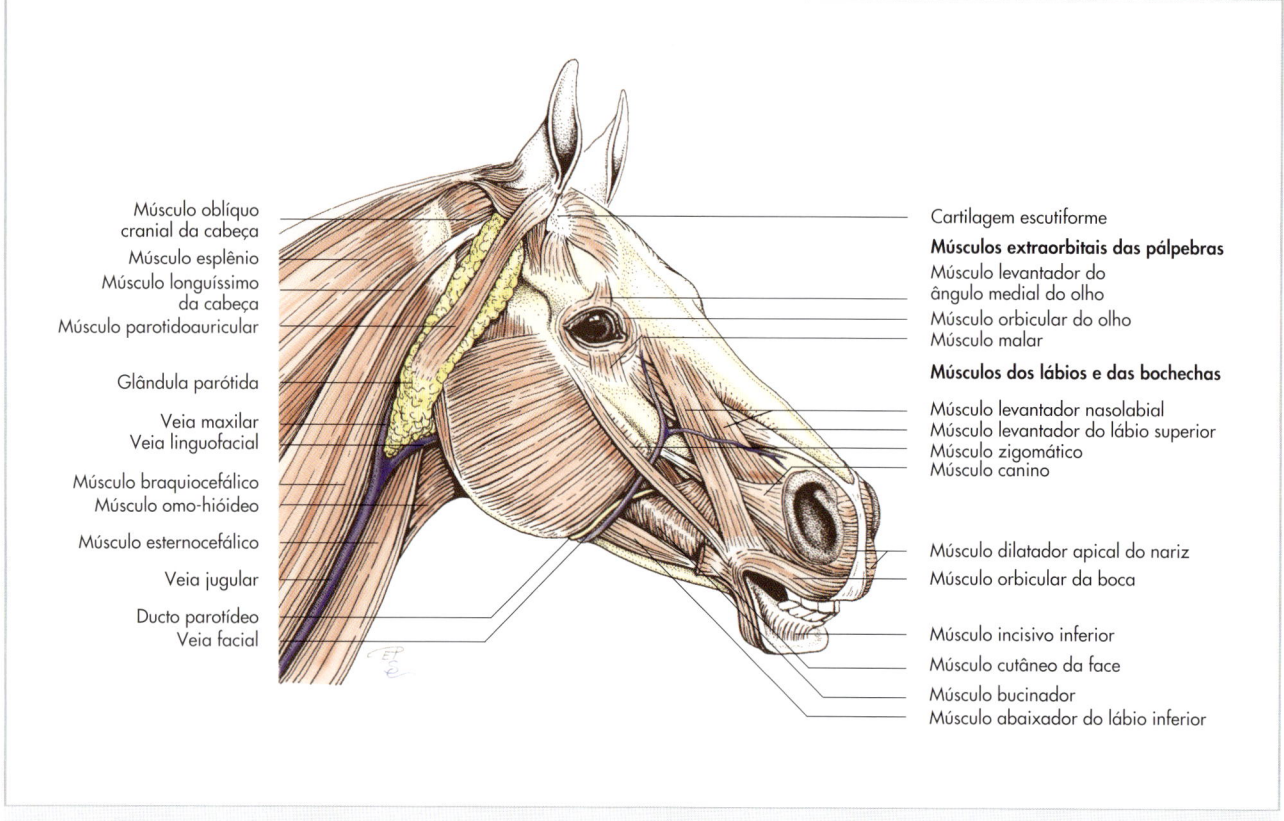

Fig. 3.4 Musculatura superficial da cabeça de um equino (representação esquemática, vista lateral). (Fonte: com base em dados de Ghetie, 1954.)

O **músculo abaixador do lábio inferior** está presente em todos os mamíferos domésticos, exceto em carnívoros. Nos ruminantes, ele é um destacamento pequeno e fino da parte molar do músculo bucinador, o qual se irradia para o lábio inferior na face lateral da mandíbula. No equino, esse músculo se origina a partir do túber da maxila e do músculo bucinador, prolonga-se rostralmente sob o extenso músculo cutâneo da face e dos lábios, sobre a face lateral da parte molar da mandíbula, e se irradia para o lábio inferior (▶Fig. 3.4).

O **músculo mentual** é fraco, infiltrado por tecido adiposo e tecido conjuntivo e parece ser um destacamento do bucinador. Ele forma o componente principal do mento, o qual é bem desenvolvido no equino, porém menos distinto em outras espécies domésticas.

O **músculo zigomático** é uma lâmina muscular delgada, a qual se origina rostralmente à crista facial no equino e a partir da fáscia que cobre o músculo masseter em ruminantes (▶Fig. 3.4). Ele se insere com o músculo orbicular da boca na comissura dos lábios. Em carnívoros, o músculo zigomático se origina da cartilagem escutiforme como um músculo em forma de correia, que se espalha até terminar no ângulo da boca rostralmente e na fáscia do pescoço ventralmente.

O **músculo bucinador** forma a parede muscular da cavidade oral. Ele se estende entre os processos alveolares da maxila e da mandíbula como uma lâmina muscular plana (▶Fig. 3.4). O músculo bucinador pode comprimir o vestíbulo da boca e, desse modo, retornar o alimento para a superfície mastigatória dos dentes. Em ruminantes e no equino, ele pode ser dividido em uma **parte bucal** (*pars buccalis*) rostralmente e uma **parte molar** (*pars molaris*) profunda caudalmente. Em carnívoros, ele se divide em uma parte maxilar e outra mandibular (▶Fig. 3.4).

Nos carnívoros, ambas as partes se originam dos alvéolos dos últimos molares maxilares e mandibulares como uma lâmina muscular delgada. A **parte maxilar** mais volumosa segue a margem rostral do músculo masseter, curva-se sob a parte superficial da parte mandibular rostrodorsalmente e se insere no sentido rostral em relação ao forame infraorbital na maxila. As fibras da **parte mandibular** mais fraca voltam-se para a direção oposta e se prolongam desde o lábio inferior e da margem alveolar dos três primeiros pré-molares caudodorsalmente, onde se inserem na maxila.

Em ruminantes e no equino, as **partes bucal** e **molar** são facilmente separadas uma da outra. A parte bucal forma a parte superficial da bochecha e apresenta configuração penada incompleta, com uma rafe longitudinal, para onde converge a maioria das fibras musculares. Ela apresenta uma parte dorsal mais volumosa e uma parte ventral mais fraca. A **parte molar** se origina da margem alveolar dos dentes molares caudais e do processo coronoide da mandíbula e se fusiona ao músculo orbicular da boca rostralmente. Ela é firmemente fixada às membranas mucosas da boca e às glândulas bucais.

Tab. 3.1 Músculos dos lábios e das bochechas

Nome Inervação	Origem	Inserção	Função
Músculo orbicular da boca Nervo facial, ramos bucolabiais	Músculo circular	–	Fechar a abertura da boca
Músculos incisivos Nervo facial, ramos bucolabiais	–	–	–
• Músculo incisivo superior	Arco alveolar	Músculo orbicular da boca	Elevar o lábio superior
• Músculo incisivo inferior	Arco alveolar	Músculo orbicular da boca	Baixar o lábio inferior
Músculo levantador nasolabial Nervo facial, ramo zigomático	Fronte, face lateral dos ossos nasal e maxilar	Músculo orbicular da boca, próximo à abertura nasal	Elevar o lábio superior e dilatar as narinas externas
Músculo levantador do lábio superior Nervo facial, ramos bucolabiais	Variável nos ossos maxilares	Lábio superior	Elevar e retrair o lábio superior e o plano nasal
Músculo canino Nervo facial, ramos bucolabiais	Rostralmente na crista facial e no túber da face	Lábio superior, próximo à abertura nasal	Dilatar a narina e retrair o lábio superior
Músculo abaixador do lábio superior (exceto no equino) Nervo facial, ramos bucolabiais	Túber da face	Lábio superior	Baixar o lábio superior
Músculo abaixador do lábio inferior Nervo facial, ramos bucolabiais	Túber da maxila	Lábio inferior	Baixar o lábio inferior
Músculo mentual Nervo facial, ramos bucolabiais	Na face lateral da margem alveolar da mandíbula	Irradia-se até o mento	Movimentar o mento
Músculo zigomático Nervo facial, ramos zigomáticos	Osso zigomático	Músculo orbicular da boca	Retrair o ângulo da boca
Músculo bucinador Nervo facial, ramos bucolabiais	Maxila e mandíbula	Tendão médio	Estreitar o vestíbulo da bochecha

3.3.3 Músculos do nariz (*musculi nasi*)

Os músculos do nariz são rudimentares em carnívoros e no suíno, porém mais bem desenvolvidos em ruminantes e no equino. A principal função desses músculos é a dilatação das narinas (▶Fig. 3.4 e ▶Fig. 3.5). No equino, esse grupo de músculos compreende:
- músculo dilatador apical do nariz (*m. dilatator naris apicalis*);
- músculo lateral do nariz (*m. lateralis nasi*);
- músculo dilatador medial do nariz (*m. dilatator naris medialis*).

3.3.4 Músculos extraorbitais das pálpebras (*musculi extraorbitales*)

O **músculo orbicular do olho** é o músculo esfíncter da rima das pálpebras (▶Fig. 3.4 e ▶Fig. 3.5; ▶Tab. 3.2). A parte profunda mais volumosa (*pars orbitalis*) desse músculo situa-se diretamente na parede orbital, ao passo que a parte menor superficial (*pars palpebralis*) se irradia até as pálpebras. O músculo orbicular do olho fecha a rima da pálpebra.

O **músculo levantador do ângulo medial do olho** é uma lâmina muscular fina e pequena em todos os mamíferos domésticos, exceto em carnívoros, nos quais se configura como uma volumosa faixa muscular. Ele se origina da fáscia frontal, prolonga-se até a pálpebra superior dorsomedialmente (▶Fig. 3.5) e eleva a parte medial da pálpebra superior.

O **músculo levantador do ângulo lateral do olho** está presente apenas em carnívoros. Ele se prolonga da fáscia temporal até o ângulo lateral da pálpebra, que se retrai caudalmente.

O **músculo malar** é delgado em mamíferos domésticos, exceto em ruminantes. Acredita-se que ele seja um destacamento palpebral do músculo esfíncter profundo do pescoço (▶Fig. 3.5). No cão, o músculo malar consiste em algumas faixas de músculos isoladas, parcialmente cobertas pelo platisma, que se prolongam desde a mandíbula dorsoventralmente até o músculo orbicular da boca e a maxila. Em ruminantes, as fibras desse músculo se orientam em um ângulo reto com as fibras do músculo zigomático e se espalham em forma de leque, para se fixarem ao osso lacrimal no ângulo medial do olho. Trata-se de um músculo bastante delgado no equino, que se origina da fáscia facial profunda na região da crista facial e se combina com a parte palpebral do músculo orbicular do olho.

3.3.5 Músculos da orelha externa (*musculi auriculares*)

A orelha externa dos mamíferos domésticos se move por meio de diversos pequenos músculos que se originam desde a cartilagem escutiforme ou diretamente do crânio. As fibras dessa orelha convergem em direção ao pavilhão auricular vindas de todas as direções (▶Fig. 3.6). Elas podem ser agrupadas conforme a sua localização e função em músculos que abaixam, elevam, projetam ou retraem as orelhas e giram e tensionam a cartilagem escutiforme. Há diversos pequenos fascículos musculares além dos músculos descritos a seguir; eles se situam diretamente sobre a cartilagem escutiforme e estreitam ou alargam a entrada para o conduto auditivo.

O **músculo tensor da cartilagem escutiforme** é uma fina lâmina muscular que conecta a cartilagem escutiforme ao crânio, podendo alterar a sua posição (▶Fig. 3.6). Esse músculo pode ser dividido em músculos frontoescutular, interescutular e cervicoescutular, sendo que a denominação indica a sua posição.

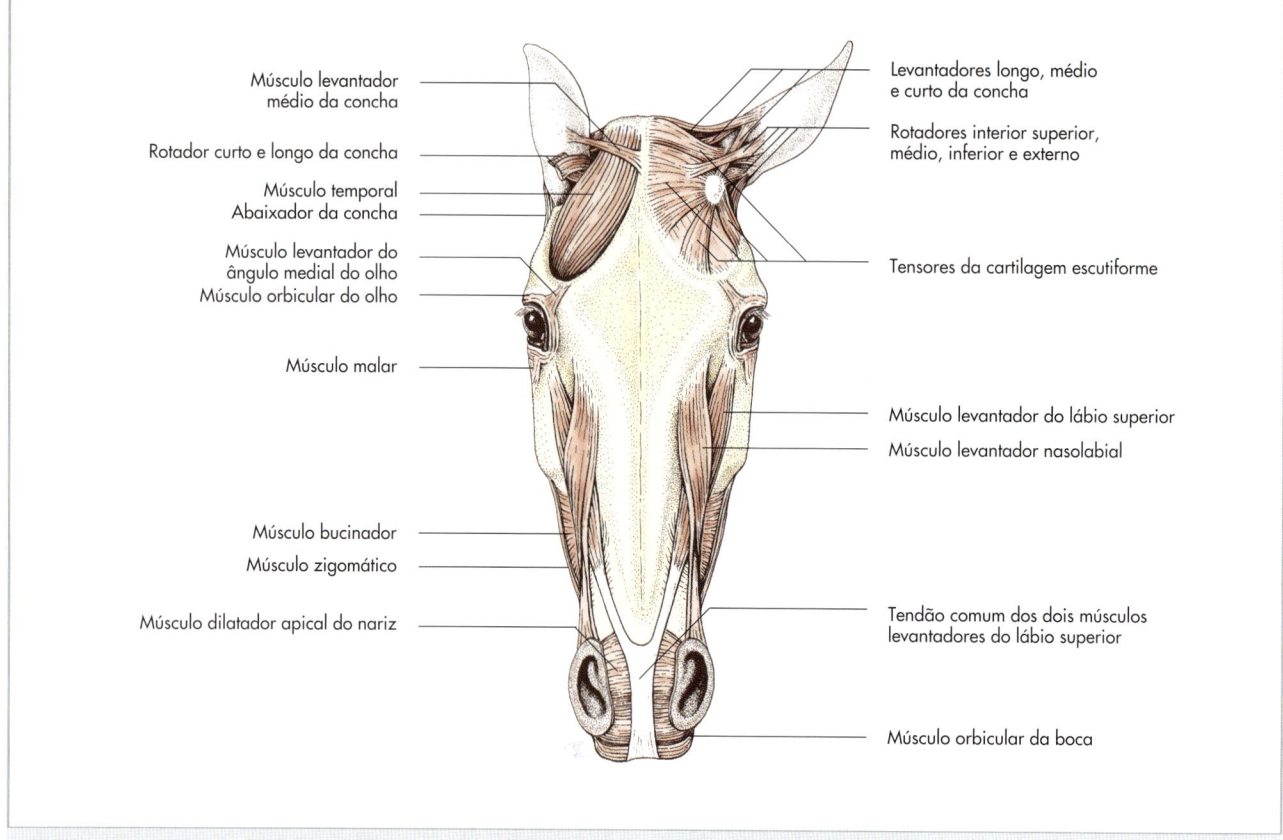

Fig. 3.5 Músculos superficiais da cabeça de um equino (representação esquemática, vista frontal). (Fonte: com base em dados de Ghetie, 1971.)

O **músculo parotidoauricular** é uma faixa muscular longa que se prolonga desde as regiões craniais cervical e parotídea até o ângulo ventral da cartilagem escutiforme. Ele direciona a orelha ventral e caudalmente (▶Fig. 3.4 e ▶Fig. 3.6).

Os **músculos auriculares caudais** consistem em uma parte longa, o músculo cervicoauricular médio (*m. cervicoauricularis medius*), e uma parte curta, o músculo cervicoauricular profundo (*m. cervicoauricularis profundus*). As duas partes emergem da parte cranial do pescoço e terminam na face lateral da cartilagem escutiforme. Os músculos auriculares caudais projetam e retraem a orelha externa.

Os **músculos auriculares dorsais** compreendem três músculos distintos, os quais se inserem na face dorsal da orelha externa. O músculo cervicoauricular superficial (*m. cervicoauricularis superficialis*) se origina da região do pescoço cranial, o músculo parietoauricular (*m. parietoauricularis*), desde a parte parietal do osso temporal, e o músculo cervicoauricular superficial acessório (*m. cervicoauricularis superficialis accessorius*), desde a cartilagem escutiforme. Eles elevam a orelha externa e a movimentam para trás ou para a frente.

O grupo de **músculos auriculares rostrais** inclui quatro pequenos músculos, que são denominados de acordo com a sua localização (▶Fig. 3.6):
- músculo escutuloauricular superficial dorsal;
- músculo escutuloauricular superficial médio;
- músculo escutuloauricular superficial ventral;
- músculo zigomatoauricular.

Eles compartilham uma inserção comum na face rostromedial do pavilhão auricular e elevam a orelha. O músculo zigomatoauricular também gira a base da orelha para a frente.

Os **músculos auriculares profundos** cobrem a face ventral da cartilagem escutiforme até a base do pavilhão auricular (▶Fig. 3.6). Eles apresentam uma parte longa (*m. scutuloauricularis profundus major*) e uma parte curta (*m. scutuloauricularis profundus minor*) e giram a orelha externa.

O **músculo estiloauricular** é uma faixa muscular estreita que se direciona à face medial da cartilagem escutiforme e encurta o conduto auditivo (▶Fig. 3.6).

Os músculos do pavilhão auricular são inervados por dois ramos do nervo facial. Esses ramos se separam do nervo principal depois que ele atravessa o forame estilomastóideo e se prolongam para a parte dorsal da orelha, no sentido rostral e caudal à cartilagem escutiforme (*n. auriculopalpebralis, n. auricularis caudalis*).

Tab. 3.2   Músculos extraorbitais das pálpebras

Nome Inervação	Origem	Inserção	Função
Músculo orbicular do olho Nervo facial, ramo zigomático	Músculo orbicular do olho	–	Fechar a rima da pálpebra
Músculo levantador do ângulo medial do olho Nervo facial, ramo zigomático	Fáscia nasofrontal	Medial na pálpebra	Levantar o ângulo medial do olho
Músculo retrator do ângulo lateral do olho Nervo facial, ramo zigomático	Fáscia temporal	Ângulo palpebral lateral	Retrair o ângulo lateral da pálpebra
Músculo malar Nervo facial, ramos bucolabiais	Fáscia facial	Pálpebra inferior	Baixar a pálpebra inferior

3.3.6 Músculos mandibulares

Os músculos mandibulares compreendem os músculos da mastigação e os músculos superficiais do espaço mandibular. Eles são inervados pelo nervo mandibular, que é o terceiro ramo principal do primeiro nervo branquial, o nervo trigêmeo (V nervo craniano). Esse grupo de músculos é responsável pelos movimentos da mandíbula, que são necessários para a mastigação, e cobre o espaço mandibular e o aparelho hioide ventralmente.

Os músculos mandibulares são:
- **músculos da mastigação** com:
  - músculo masseter (*m. masseter*);
  - músculos pterigóideos medial e lateral (*mm. pterygoidei medialis et lateralis*);
  - músculo temporal (*m. temporalis*);
- **músculos superficiais do espaço mandibular** com:
  - músculo digástrico (*m. digastricus*);
  - músculo milo-hióideo (*m. mylohyoideus*).

Músculos da mastigação

Os músculos responsáveis pela mastigação costumam ser fortes e apresentam variações específicas de acordo com a espécie, devido à sua distinta anatomia do aparelho mastigatório completo, incluindo os componentes esqueléticos, os dentes e a articulação temporomandibular (▶Fig. 3.7, ▶Fig. 3.8, ▶Fig. 3.9 e ▶Fig. 3.10; ▶Tab. 3.3).

O **músculo masseter** é um grande músculo multipeniforme, com múltiplas intersecções tendinosas. Ele se origina da margem ventral do arco zigomático e da crista facial e se insere na face lateral da mandíbula, prolongando-se desde a incisura dos vasos faciais até a articulação temporomandibular.

O músculo masseter dos carnívoros é separado em **três camadas** (superficial, média e profunda) por lâminas tendíneas (▶Fig. 3.7). A **parte superficial** é a mais resistente e se origina da metade rostral do arco zigomático, passa caudoventralmente sobre o ramo da mandíbula e se insere parcialmente na face ventrolateral da mandíbula. O restante do músculo contorna a margem ventral da mandíbula e o processo angular até se inserir no lado ventromedial, onde cobre o músculo digástrico. A **camada média**, a parte mais fraca do músculo masseter, origina-se da margem ventral do arco zigomático, medial à camada superficial, e se insere na face lateral da mandíbula. Não é possível isolar a origem rostral da **camada profunda**, já que ela se fusiona ao músculo temporal; caudalmente, ela se origina da face medial do arco zigomático.

No suíno, as três camadas estão firmemente combinadas, de modo que é difícil isolá-las. No bovino, as intersecções tendíneas são pronunciadas, formando cinco partes distintas. A alteração na direção das fibras entre cada parte aumenta a força mastigatória desse músculo. A parte superficial se prolonga desde o túber da face até a margem caudal da mandíbula. A camada profunda se origina da crista facial e do arco zigomático, corre caudoventralmente e se insere na face lateral do ramo mandibular.

O músculo masseter do equino apresenta até 15 fascículos tendinosos intermusculares, os quais se orientam sagitalmente e dividem o músculo em camadas múltiplas. As camadas superficiais emergem da crista facial, correm caudoventralmente e se inserem nas margens ventral e caudal da mandíbula. As camadas mais profundas se originam no arco zigomático, correm sobre o ramo da mandíbula na direção horizontal e se unem às partes superficiais, com as quais se inserem na face lateral do ramo da mandíbula. Se os músculos masseter dos dois lados atuarem em conjunto, eles forçam a união da mandíbula superior com a inferior; se atuarem independentemente, eles movem a mandíbula para o lado do músculo contraído, o que é essencial para o processo de trituração dos herbívoros.

Os **músculos pterigóideos** passam dos ossos palatino, pterigoide e esfenoide para a face medial da mandíbula (▶Fig. 3.8). O **músculo pterigóideo lateral** (*m. pterygoideus lateralis*) é o menor dos dois. Ele se origina desde o processo pterigoide do osso basisfenoide, corre caudoventralmente e se insere na face medial do ramo da mandíbula, próximo ao processo condilar. O **músculo pterigóideo medial** (*m. pterygoideus medialis*) é muito maior e ocupa uma posição na face medial da mandíbula semelhante à do masseter lateralmente. Ele se prolonga desde os ossos basisfenoide e palatino até a margem ventral da mandíbula e a face medial do ramo da mandíbula.

Em carnívoros, as duas partes são fusionadas na origem e se originam juntas desde a face lateral dos ossos pterigoide, esfenoide e palatino. A suas fibras se inserem na face medial da mandíbula, ventral ao forame da mandíbula, e em uma rafe fibrosa, que passa entre a inserção desse músculo e o masseter.

No equino, o músculo pterigóideo medial é coberto pelo músculo pterigóideo lateral (▶Fig. 3.8). O nervo mandibular atravessa a face lateral do músculo pterigóideo medial e, desse modo, separa os dois músculos pterigóideos. O músculo pterigóideo medial mais

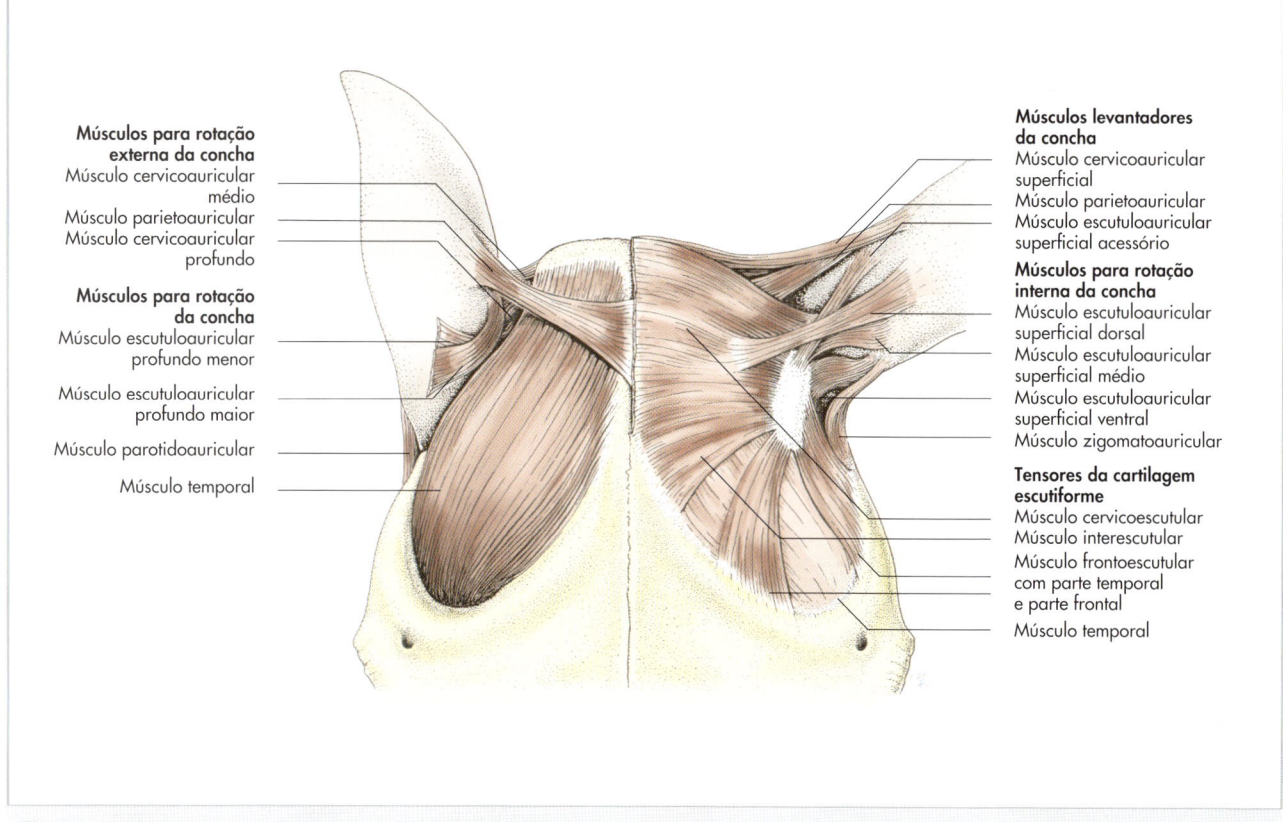

Fig. 3.6 Representação esquemática da musculatura da orelha externa de um equino (vista frontal). (Fonte: com base em dados de Ghetie, 1971.)

forte se origina da parte vertical dos ossos pterigoide, esfenoide e palatino e se espalha em leque, para formar uma inserção extensa na face medial do ramo da mandíbula. Os músculos pterigóideos complementam o masseter em sua ação. Numa contração bilateral, elevam a mandíbula e, quando agem unilateralmente, puxam a mandíbula para o lado do músculo em contração. A parte lateral também é capaz de movimentar a mandíbula rostralmente, principalmente quando a boca está aberta.

O **músculo temporal** ocupa a fossa temporal, e o seu tamanho varia conforme a espécie, dependendo do tamanho da fossa (▶Fig. 3.5 e ▶Fig. 3.6). Ele se origina da crista temporal, a qual forma a borda da fossa temporal e da fáscia temporal. Desse ponto, ele se pronuncia para baixo, coberto pelos músculos auriculares, e se insere no processo coronoide da mandíbula. Trata-se do músculo mais forte da cabeça em carnívoros. As margens de sua origem são a linha temporal, a crista nucal, a crista temporal, o processo zigomático do osso temporal e a face medial da fossa temporal (▶Fig. 3.7). Desde a sua origem extensa, os amplos fascículos musculares se curvam no sentido cranioventral sob o arco zigomático e o ligamento orbital e circundam o processo coronoide da mandíbula, ao qual se inserem. Um ramo tendíneo se combina com a camada profunda do músculo masseter. Em cães dolicocéfalos, o músculo temporal encontra o músculo correspondente do lado oposto na linha média e forma um sulco mediano. Em cães braquicéfalos, os dois músculos não se encontram e ocupam completamente a fossa temporal. O músculo temporal se funde parcialmente com o masseter e se insere no processo coronoide da mandíbula. Ele eleva a mandíbula, atuando em conjunto com os outros músculos da mastigação.

Embora o músculo temporal seja indistinto em ruminantes, ele é visível sob a pele do equino. No entanto, mesmo no equino, o músculo temporal não é bem desenvolvido em comparação aos outros músculos da mastigação. Esse músculo se origina das margens da fossa temporal, da linha temporal, da crista sagital externa, da crista nucal e da crista pterigóidea e da superfície dos músculos que elevam a mandíbula, agindo unilateralmente ao puxar a mandíbula para o lado do músculo em contração.

Músculos superficiais do espaço mandibular

Os músculos superficiais do espaço mandibular auxiliam os músculos da mastigação e cobrem o lado ventral dos músculos da língua no espaço mandibular (▶Fig. 3.7, ▶Fig. 3.8, ▶Fig. 3.9 e ▶Fig. 3.10; ▶Tab. 3.4).

Embora denominado **músculo digástrico**, trata-se de um músculo de ventre único em animais domésticos, exceto no equino, que apresenta um ventre caudal e outro rostral. Nos outros mamíferos domésticos, a sua estrutura bipartida evolucionária é indicada por uma intersecção fibrosa.

Tab. 3.3 Músculos da mastigação

Nome / Inervação	Origem	Inserção	Função
Músculo masseter Nervo massetérico do nervo mandibular	Crista facial e arco zigomático	Face lateral da mandíbula e região intermandibular	Elevar e conduzir lateralmente a mandíbula
Músculo pterigóideo lateral Ramo do nervo mandibular para o pterigóideo lateral	Processo pterigóideo do osso esfenoide	Face medial da mandíbula e processo condilar	Elevar, empurrar e conduzir a mandíbula para a frente
Músculo pterigóideo medial Ramo do nervo mandibular para o pterigóideo medial	Processo pterigóideo dos ossos esfenoide e pterigoide e lâmina perpendicular	Face medial da mandíbula	Elevar a mandíbula
Músculo temporal Nervo temporal profundo do nervo mandibular	Fossa temporal	Processo coronoide da mandíbula	Elevar a mandíbula para o fechamento da boca

Tab. 3.4 Músculos superficiais do espaço mandibular

Nome / Inervação	Origem	Inserção	Função
Músculo digástrico: • Parte rostral Nervo milo-hióideo, ramo do nervo mandibular • Parte caudal Ramo digástrico do nervo facial	Processo paracondilar	Medial no corpo da mandíbula	Baixar a mandíbula e abrir a boca
Parte occipitomandibular (no equino) Ramo digástrico do nervo facial	Processo paracondilar	Ângulo mandibular	Abrir a boca
Músculo milo-hióideo Ramo do nervo mandibular para o milo-hióideo	Linha milo-hióidea	Rafe mediana	Sustentar e elevar a língua

A parte rostral é inervada pelo nervo milo-hióideo (*n. mylohyoideus*), um ramo do nervo mandibular (*n. mandibularis*), ao passo que a parte caudal é inervada pelo ramo digástrico (*ramus digastricus*) do nervo facial (*n. facialis*) (VII nervo craniano). O músculo digástrico se prolonga entre o processo paracondilar do occipital e a face medial da mandíbula (▶Fig. 3.7).

Em carnívoros, o músculo digástrico é um forte músculo de ventre único, com delicados fascículos tendíneos, que determinam a divisão entre a parte rostral e a parte caudal. Ao contrário do que ocorre com os outros animais domésticos, esse músculo se insere na face medial da margem ventral da mandíbula, na altura do dente canino. Em ruminantes, a intersecção tendínea entre os dois ventres é indistinta. O músculo digástrico se origina do processo paracondilar do occipital e se insere na face medial da mandíbula. Uma faixa muscular transversa se estende entre os dois músculos correspondentes de cada lado.

No equino, o ventre caudal se ramifica para formar uma parte lateral (*pars occipitomandibularis*), que se insere no ângulo da mandíbula (▶Fig. 3.8). O restante do ventre caudal corre ventral e rostralmente na face medial do músculo pterigóideo medial. Ele prossegue como um tendão arredondado intermédio, o qual perfura o tendão de inserção do músculo estilo-hióideo.

Após passar sob o osso basi-hioide, o ventre caudal forma o ventre rostral, o qual se fixa à face medial da margem ventral do corpo da mandíbula. Ele deprime a mandíbula e abre a boca.

O **músculo milo-hióideo** forma uma faixa de suporte entre a superfície interna do corpo da mandíbula. Com base em sua inervação pelo nervo milo-hióideo, um ramo do nervo mandibular é atribuído para o grupo mandibular. De acordo com a sua função, esse músculo também pode ser visto como um músculo da língua. A suas fibras se originam da linha milo-hióidea, na face medial do corpo da mandíbula, e se unem às fibras do lado oposto, na linha média do espaço mandibular, formando uma rafe fibrosa mediana. O músculo milo-hióideo sustenta a língua e a eleva em direção ao palato (▶Fig. 3.8 e ▶Fig. 3.9).

3.3.7 Músculos específicos da cabeça

Os músculos específicos da cabeça representam a continuação funcional dos músculos do pescoço até a cabeça e, portanto, pertencem, em sentido restrito, aos músculos do tronco (▶Fig. 3.10 e ▶Fig. 3.12; ▶Tab. 3.5). Como a sua função principal é coordenar os movimentos da cabeça, principalmente das articulações atlantoccipital e atlantoaxial, eles são descritos como um grupo distinto. Esses músculos são responsáveis por sacudir, inclinar, flexionar e girar a cabeça. Esse grupo é particularmente bem desenvolvido no suíno, permitindo que ele cave e revolva a terra em busca de alimento, e em ruminantes, que usam os seus cornos para desferir golpes. Dependendo de sua localização, os músculos específicos da cabeça são inervados pelos ramos dorsal e ventral

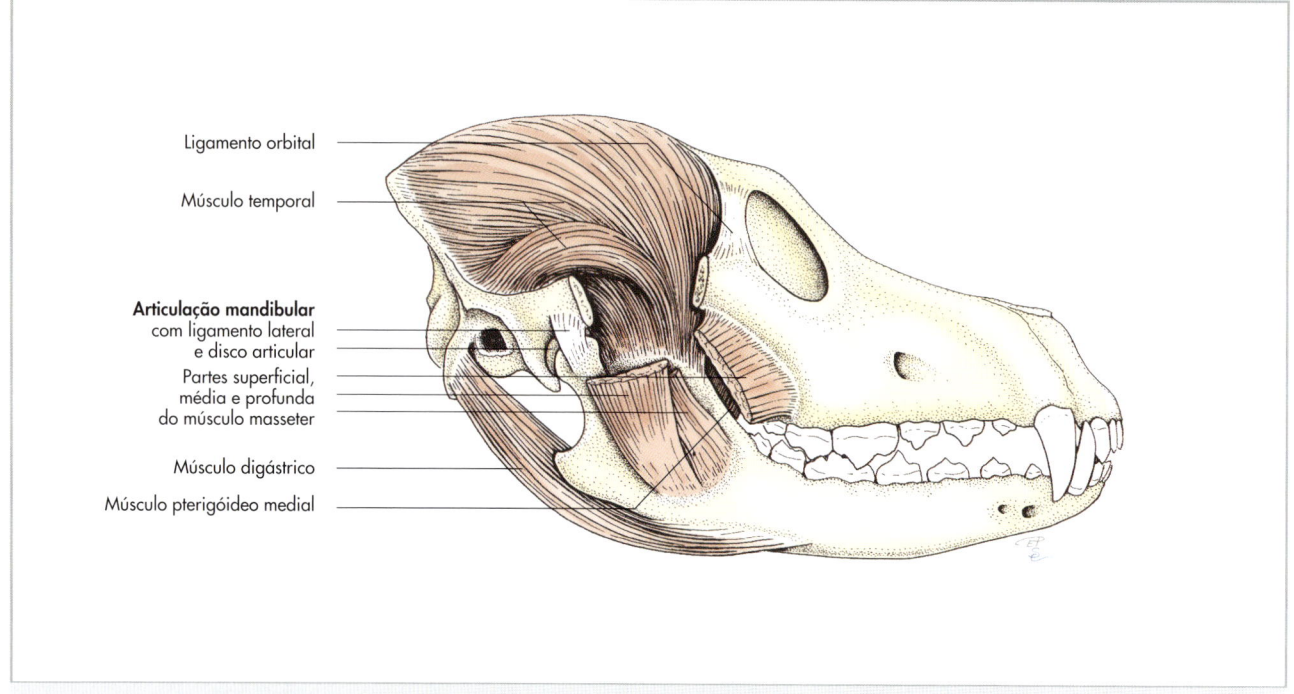

Fig. 3.7 Músculos mandibulares de um cão (representação esquemática, vista lateral, arco zigomático removido).

do primeiro e segundo nervos cervicais, com exceção do músculo longo da cabeça, o qual é inervado pelos seis primeiros nervos cervicais.

O **músculo reto dorsal maior da cabeça** (*m. rectus capitis dorsalis major*) se prolonga entre o processo espinhoso do áxis e a parte escamosa do occipital. Ele pode ser dividido em uma parte profunda e outra superficial em todos os mamíferos domésticos. Em carnívoros e no suíno, os músculos dos dois lados se encontram na linha média, ao passo que, em ruminantes e no equino, eles se posicionam lateralmente ao ligamento nucal (▶Fig. 3.15). Em carnívoros, esse músculo é coberto pelo músculo semiespinal da cabeça, desde o atlas até a crista nucal.

O **músculo reto dorsal menor da cabeça** (*m. rectus capitis dorsalis minor*) se posiciona diretamente sobre a membrana atlantoccipital dorsal, em uma posição profunda em relação ao músculo longo da cabeça, e se prolonga entre o occipital e o atlas. Em carnívoros e no equino, ele se fixa ao arco dorsal do atlas caudalmente e ao occipital dorsalmente, sobre o forame magno.

Ambos os músculos retos dorsais da cabeça atuam como extensores da articulação atlantoccipital, elevando, assim, a cabeça.

O **músculo reto lateral da cabeça** (*m. rectus capitis lateralis*) é uma pequena faixa muscular que ocupa a fossa alar do atlas e se estende desde o arco ventral até o processo paracondilar do occipital (▶Fig. 3.10). Ele flexiona a articulação atlantoccipital e inclina a cabeça.

O **músculo reto ventral da cabeça** (*m. rectus capitis ventralis*) corre entre o arco ventral do atlas e o osso basioccipital, ao qual ele se insere entre o tubérculo muscular e a bula timpânica (▶Fig. 3.10). Ele flexiona a articulação atlantoccipital.

O **músculo oblíquo cranial da cabeça** (*m. obliquus capitis cranialis*) é um músculo curto que se estende obliquamente no sentido craniolateral sobre a articulação atlantoccipital, coberto pelo esplênio e por partes do músculo braquiocefálico (▶Fig. 3.10 e ▶Fig. 3.15). Em carnívoros, ele se divide em duas partes. A parte principal se origina das partes lateral e ventral da asa do atlas e se insere no processo mastoide do osso temporal e na crista nucal. Esse músculo estende a articulação atlantoccipital e, quando é contraído unilateralmente, flexiona a cabeça para o lado que contrai.

O **músculo oblíquo caudal da cabeça** (*m. obliquus capitis caudalis*) cobre o atlas e o áxis dorsalmente. Ele se origina do processo espinhoso do áxis e atravessa obliquamente, no sentido craniolateral, até a sua inserção na asa do atlas (▶Fig. 3.12 e ▶Fig. 3.15). No caso de contração unilateral, ele gira o atlas e, consequentemente, a cabeça no dente do áxis. A contração bilateral permite que eles atuem como fixadores da cabeça.

O **músculo longo da cabeça** (*m. longus capitis*) representa a continuação cranial do músculo longo do pescoço. Ele flexiona a articulação atlantoccipital e movimenta a cabeça lateralmente e o pescoço para baixo (▶Fig. 3.10). Trata-se de um músculo forte, que se situa nos lados lateral e ventral da 2ª a 6ª vértebra cervical. Ele se origina dos ramos caudais dos processos transversos e se insere no tubérculo muscular do osso basioccipital. No equino, ele é ligeiramente mais curto do que em carnívoros e se origina da 2ª à 4ª vértebra cervical. Antes de sua inserção, o músculo longo da cabeça se une ao músculo correspondente do lado oposto na linha média entre as bolsas guturais. Ele é inervado pelas ramificações ventrais do 1º ao 4º nervo cervical no equino e do 1º ao 6º nervo cervical nas outras espécies domésticas.

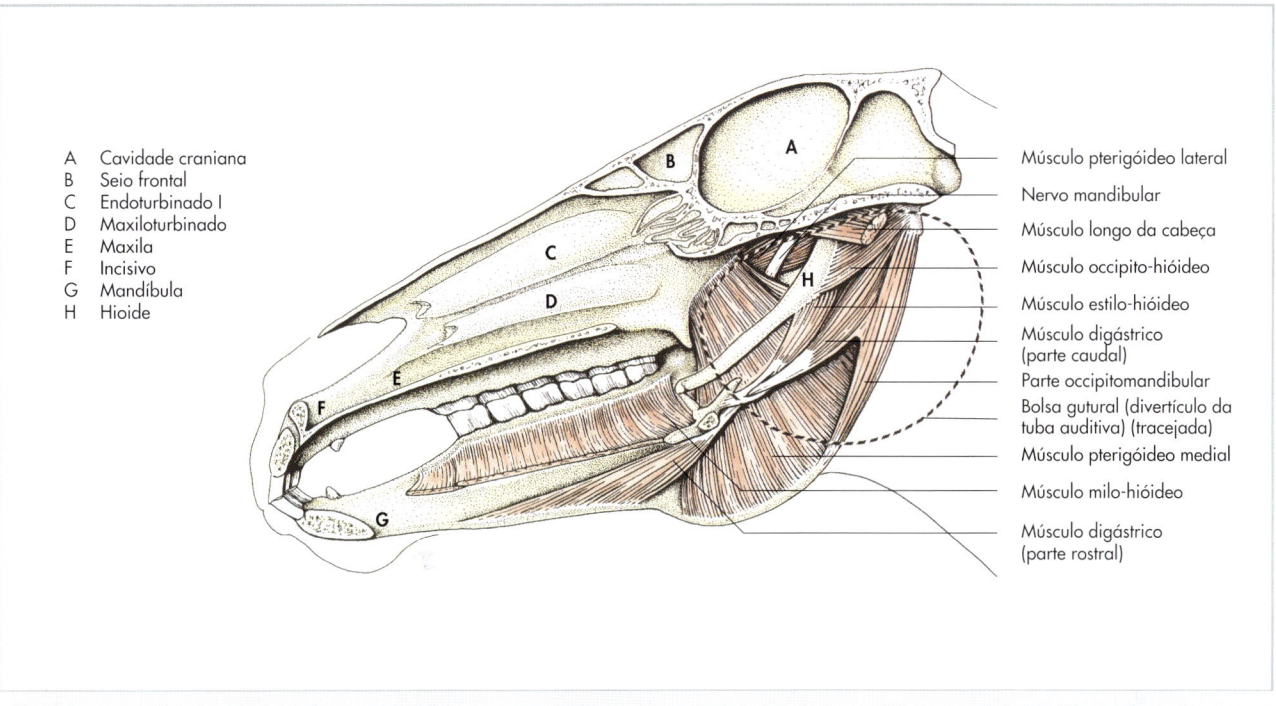

Fáscias e músculos da cabeça, do pescoço e do tronco

A Cavidade craniana
B Seio frontal
C Endoturbinado I
D Maxiloturbinado
E Maxila
F Incisivo
G Mandíbula
H Hioide

Músculo pterigóideo lateral
Nervo mandibular
Músculo longo da cabeça
Músculo occipito-hióideo
Músculo estilo-hióideo
Músculo digástrico (parte caudal)
Parte occipitomandibular
Bolsa gutural (divertículo da tuba auditiva) (tracejada)
Músculo pterigóideo medial
Músculo milo-hióideo
Músculo digástrico (parte rostral)

Fig. 3.8 Músculos mandibulares de um equino (representação esquemática, vista medial). (Fonte: com base em dados de Ellenberger e Baum, 1943.)

3.4 Músculos do tronco (*musculi trunci*)

O tronco de um animal compreende o pescoço, o tórax, o abdome, a garupa e a cauda. A cabeça está ligada ao tronco cranialmente, e os membros, a cada lado; os músculos do tronco se prolongam até a cabeça e os membros, unindo-os ao tronco. Esses músculos também desempenham uma função importante tanto na postura ereta do animal quanto na sua locomoção.

Os músculos do tronco podem ser agrupados conforme a sua topografia:
- músculos do pescoço (*mm. colli*);
- músculos do dorso (*mm. dorsi*);
- músculos da parede torácica (*mm. thoracis*);
- músculos da parede abdominal (*mm. abdominis*);
- músculos da cauda (*mm. caudae*).

3.4.1 Músculos do pescoço (*musculi colli*)

Os músculos do pescoço situam-se nas faces dorsal e lateral da coluna cervical (▶Tab. 3.6). Alguns músculos do pescoço são associados ao aparelho hioide. Os músculos mais importantes desse grupo são o **músculo braquiocefálico**, com os seus diversos componentes, e o **músculo esternocefálico**. Devido à importância de sua função no movimento do membro torácico, ambos os músculos são descritos no Capítulo 4, "Membros torácicos" (p. 171), como parte da musculatura da cintura escapular. Esse grupo inclui também os seguintes músculos:
- **músculo esplênio** (*mm. splenius*) com:
  - esplênio do pescoço (*m. splenius cervicis*);
  - esplênio da cabeça (*m. splenius capitis*);
- **músculo longo do pescoço** (*m. longus colli*);
- **músculos escalenos** (*mm. scaleni*) com:
  - músculo escaleno ventral (*m. scalenus ventralis*);
  - músculo escaleno médio (*m. scalenus medius*);
  - músculo escaleno dorsal (*m. scalenus dorsalis*);
- **músculos do aparelho hioide** (*mm. hyoidei*) com:
  - músculos específicos do aparelho hioide;
  - músculos longos do aparelho hioide com:
    - músculo esterno-hióideo (*m. sternohyoideus*);
    - músculo esternotireóideo (*m. sternothyroideus*);
    - músculo omo-hióideo (*m. omohyoideus*).

O **músculo esplênio** é alongado e resistente na face dorsolateral do pescoço e se prolonga desde a cernelha até o occipital (▶Fig. 3.12). Ele se situa sob os músculos superficiais do pescoço e cobre o músculo longuíssimo da cabeça, o músculo semiespinal da cabeça e partes do músculo espinal dorsal. O músculo esplênio se origina desde a fáscia espinocostotransversal e do ligamento nucal e, em ruminantes, diretamente dos processos espinhosos das quatro primeiras vértebras torácicas. Ele se divide em **esplênio da cabeça** e **esplênio do pescoço** (*m. splenius capitis et cervicis*), com exceção dos carnívoros, que não apresentam esta última. O esplênio do pescoço se insere nos processos transversos da 3ª à 5ª vértebra cervical, ao passo que o esplênio da cabeça continua até a crista nucal do occipital ou, no equino, até o processo mastoide do

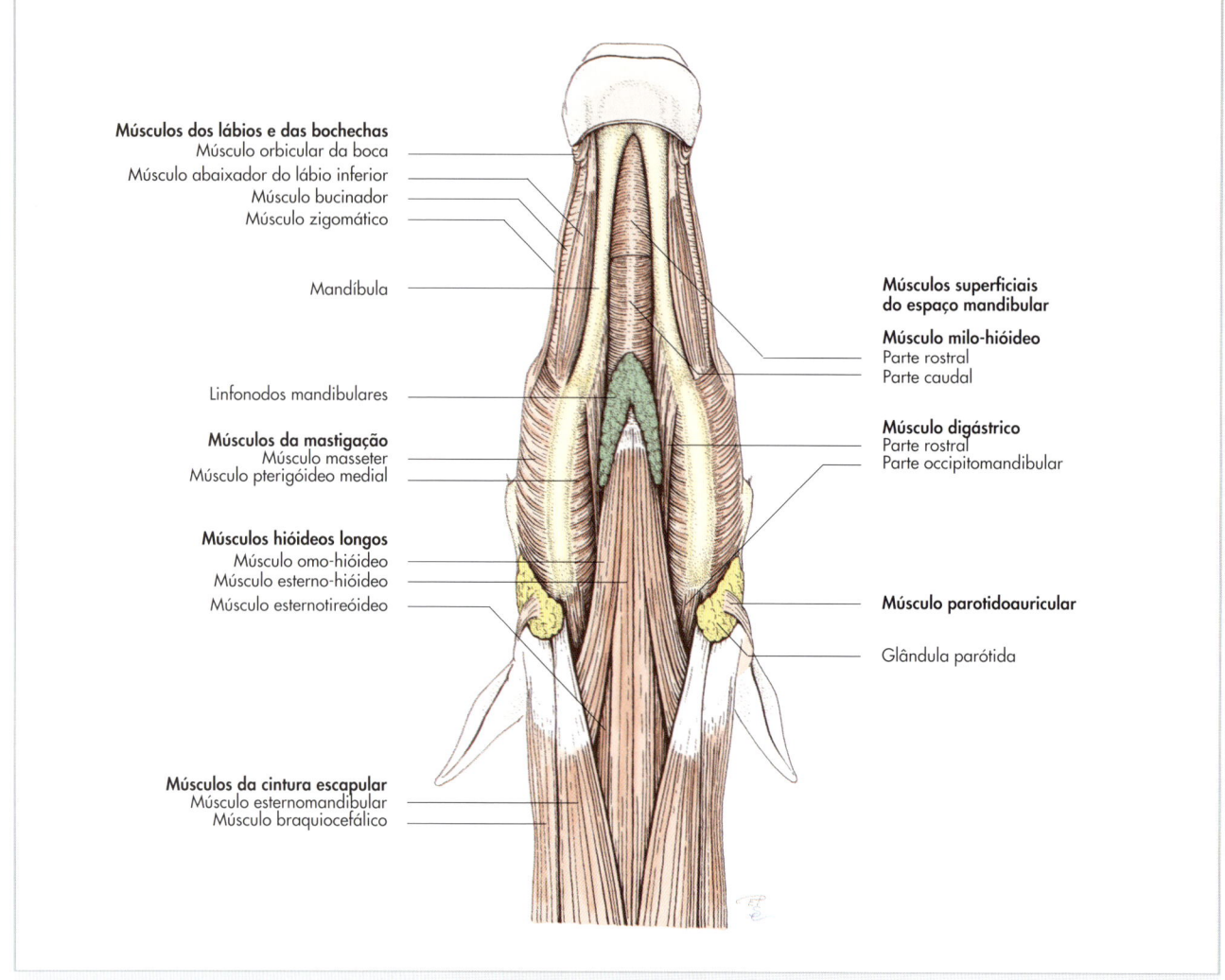

Fig. 3.9 Músculos superficiais da cabeça e da região cervical cranial de um equino (representação esquemática, vista ventral). (Fonte: com base em dados de Popesko, 1979.)

osso temporal. Esse músculo é particularmente bem desenvolvido no equino, sendo facilmente identificado sob a pele. Ele projeta e eleva a cabeça e o pescoço. A contração unilateral retrai a cabeça e o pescoço lateralmente. Além disso, o músculo esplênio contribui para a manutenção do equilíbrio durante o galope.

O **músculo longo do pescoço** e os **músculos escalenos** pertencem a um grupo de músculos que flexionam o pescoço para baixo. Alguns músculos da cintura escapular exercem a mesma função e são descritos no Capítulo 4, "Membros torácicos" (p. 171).

O **músculo longo do pescoço** situa-se na face ventral das vértebras cervicais e das primeiras vértebras torácicas. Ele se estende desde a 1ª vértebra torácica até o atlas e encontra a sua continuação cranial no músculo longo da cabeça. A parte torácica se fixa aos corpos das duas últimas vértebras cervicais até a 6ª vértebra torácica. Já a parte cervical se origina, com fascículos musculares separados, dos processos transversos da 3ª à 7ª vértebra cervical e corre no sentido craniomedial até se inserir nos corpos das vértebras cervicais mais craniais, próximo à linha média. O músculo longo do pescoço abaixa o pescoço.

Os **músculos escalenos** compreendem dois ou três músculos distintos, dependendo da espécie. Embora todos os três músculos – dorsal, ventral e médio – estejam presentes no suíno e nos ruminantes, o músculo dorsal inexiste no equino, e o músculo ventral está ausente em carnívoros. Todas as três partes se prolongam dos processos transversos da 3ª à 7ª vértebra cervical para a face lateral da 1ª e da 3ª à 8ª costela, novamente com variações conforme a espécie (▶Fig. 3.11).

Os **músculos escalenos ventral** e **médio** se originam da 1ª costela e estão divididos pelo plexo braquial (*plexus brachialis*). Essa divisão inexiste em carnívoros, devido à localização mais ventral do plexo braquial nesses animais.

O **músculo escaleno dorsal** se origina da 3ª costela no suíno, da 4ª ou 5ª costela em ruminantes, e, com duas cabeças, desde a 3ª até a 5ª ou desde a 9ª até a 8ª costela em carnívoros. Ele se insere da

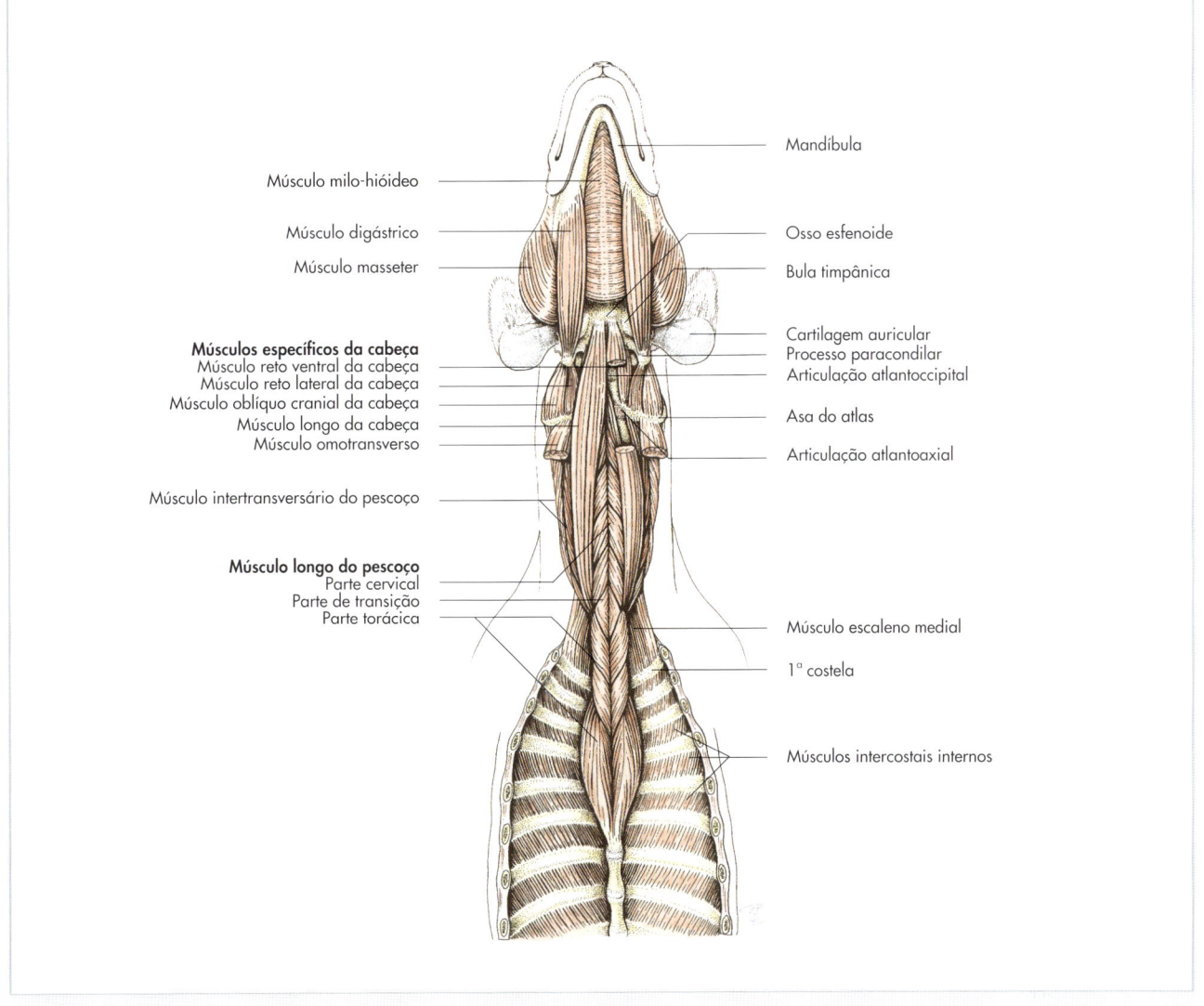

Fáscias e músculos da cabeça, do pescoço e do tronco 151

Fig. 3.10 Musculatura superficial da cabeça e musculatura cervical profunda de um cão (representação esquemática, vista ventral).

3ª à 6ª vértebra cervical em todos os mamíferos domésticos, exceto no equino, que não apresenta esse músculo.

Os **músculos hióideos** compreendem todos os músculos associados ao aparelho hioide. Os músculos específicos do aparelho hioide incluem o **músculo estilo-hióideo** (*m. stylohyoideus*) do osso basi-hioide, o **músculo milo-hióideo** (*m. mylohyoideus*; descrito anteriormente neste capítulo como parte dos músculos mandibulares), o **músculo gênio-hióideo** (*m. geniohyoideus*), que se prolonga entre a mandíbula e o osso hioide, e vários outros músculos, como o **músculo tireo-hióideo** (*m. thyrohyoideus*), o **músculo occipito-hióideo** (*m. occipitohyoideus*), o **músculo cerato-hióideo** (*m. ceratohyoideus*) e o **músculo hióideo transverso** (*m. hyoideus transversus*).

Esses músculos estão descritos em detalhes juntamente ao restante do aparelho hioide no Capítulo 8, "Sistema digestório", seção Musculatura superior do aparelho hioide (p. 349).

Os **músculos hióideos longos** situam-se no sentido ventral e lateral à traqueia e, portanto, são topograficamente parte da musculatura do pescoço. No entanto, do ponto de vista funcional, eles atuam como músculos auxiliares da língua, já que se inserem no basi-hioide e na laringe. Os músculos hióideos longos se originam do manúbrio do esterno e são, em grande parte, cobertos pelos músculos braquiocefálico e esternocefálico. Eles retraem caudalmente o osso hioide e, portanto, a língua.

O **músculo esterno-hióideo** é um forte músculo no formato de faixa, o qual se origina do manúbrio do esterno e da 1ª costela (carnívoros) e se insere no osso basi-hioide (▶Fig. 3.9). Ele encontra o seu correspondente contralateral na linha média do pescoço, os quais, juntos, se prolongam cranialmente, cobrindo a face ventral da traqueia. A metade caudal desse músculo se fusiona com o **músculo esternotireóideo**.

O **músculo esternotireóideo** separa-se do esterno-hióideo na metade do pescoço e se insere na cartilagem tireóidea da laringe (▶Fig. 3.9).

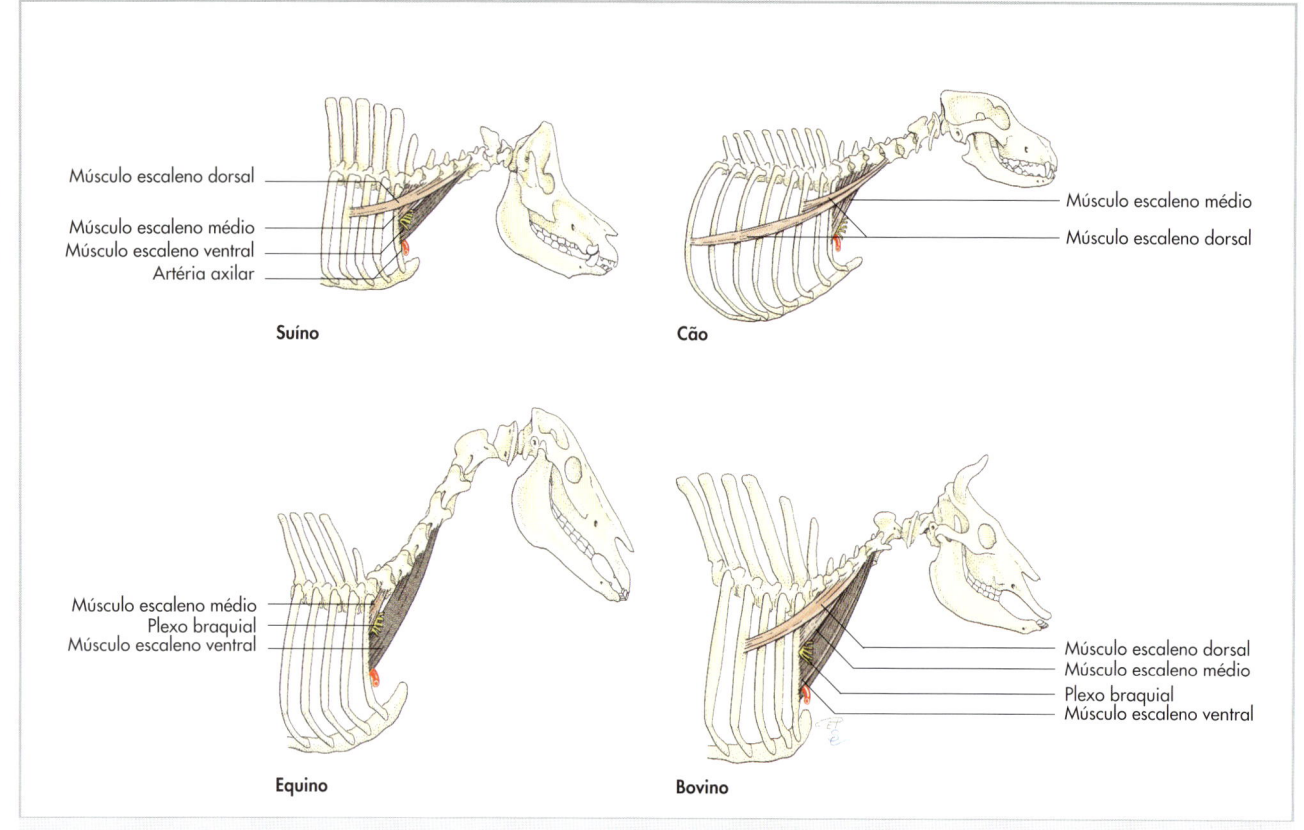

Fig. 3.11 Músculos escalenos dos mamíferos domésticos (representação esquemática). (Fonte: com base em dados de Ellenberger e Baum, 1943.)

O **músculo omo-hióideo** é mais desenvolvido no equino e está ausente em carnívoros (▶Fig. 3.9). Ele se origina da fáscia subescapular, próximo à articulação do ombro no equino e à fáscia profunda do pescoço em ruminantes, e se insere no osso basi-hioide. No equino, o músculo omo-hióideo se une com o músculo correspondente do lado oposto a meio caminho do pescoço e se insere, juntamente ao músculo esterno-hióideo, no processo lingual do osso hioide. Na metade cranial do pescoço, ele se posiciona entre a veia jugular externa e a artéria carótida comum, à qual oferece proteção durante a injeção intravenosa.

Nota clínica

A aerofagia (*crib-biting*) é um comportamento anormal em equinos envolvendo a fixação dos incisivos superiores contra uma superfície sólida (p. ex., comedouro) e a simultânea contração anômala dos músculos ventrais do pescoço. O tratamento cirúrgico da aerofagia inclui **miectomia parcial** dos músculos omo-hióideo, esterno-hióideo e esternotireóideo (*mm. omohyoideus*, *sternohyoideus* e *sternothyroideus*). A **neurectomia** do ramo ventral do nervo acessório (*n. accessorius*, XI) também pode ser realizada.

Tab. 3.5 Músculos específicos da cabeça

Nome / Inervação	Origem	Inserção	Função
Músculo reto dorsal maior da cabeça Ramo dorsal do 1º nervo cervical	Processo espinhoso do áxis	Crista nucal	Estender a articulação atlantoccipital
Músculo reto dorsal menor da cabeça Ramo dorsal do 1º nervo cervical	Dorsalmente no atlas	Dorsalmente ao forame magno	Estender a articulação atlantoccipital
Músculo reto lateral da cabeça Ramo ventral do 1º nervo cervical	Ventralmente no atlas	Processo paracondilar	Flexionar a articulação atlantoccipital
Músculo reto ventral da cabeça Ramo ventral do 1º nervo cervical	Ventralmente no atlas	Base do crânio	Flexionar a articulação atlantoccipital
Músculo oblíquo cranial da cabeça Ramo dorsal do 1º nervo cervical	Asas do atlas	Crista nucal	Projetar e retrair a cabeça lateralmente
Músculo oblíquo caudal da cabeça Ramo dorsal do 2º nervo cervical	Processo espinhoso do áxis	Asa do atlas	Girar a cabeça e fixar a articulação atlantoccipital
Músculo longo da cabeça Ramos ventrais dos nervos cervicais	Processos transversos da 2ª à 6ª vértebra cervical	Base do crânio	Flexionar e retrair a cabeça e as partes craniais do pescoço lateralmente

Tab. 3.6 Músculos superficiais do pescoço

Nome / Inervação	Origem	Inserção	Função
Músculo esplênio Ramos dorsais dos nervos cervicais e torácicos	Fáscia espinocostotransversal, ligamento nucal e processos espinhosos das vértebras torácicas	–	Estender e retrair a cabeça e o pescoço lateralmente
• Parte cervical	–	Processos transversos da 3ª à 5ª vértebra cervical	–
• Parte da cabeça	–	Osso occipital, processo mastoide	–
Músculo longo do pescoço Ramos ventrais dos nervos cervicais	Da 5ª à 6ª vértebra torácica	1ª vértebra cervical	Flexionar o pescoço
Músculo escaleno Ramos ventrais do 5º ao 8º nervo cervical e do 1º ao 2º nervo torácico	–	–	–
• Músculo escaleno médio	1ª costela	Processos transversos da 7ª à 3ª vértebra cervical	Fixar o pescoço, flexioná-lo ventral e lateralmente; auxiliar na inspiração
• Músculo escaleno ventral (exceto em carnívoros)	1ª costela	7ª vértebra cervical	Fixar o pescoço, flexioná-lo ventral e lateralmente; auxiliar na inspiração
• Músculo escaleno dorsal (exceto em equinos)	3ª à 8ª costelas	Processos transversos da 6ª à 3ª vértebra cervical	Fixar o pescoço, flexioná-lo ventral e lateralmente; auxiliar na inspiração

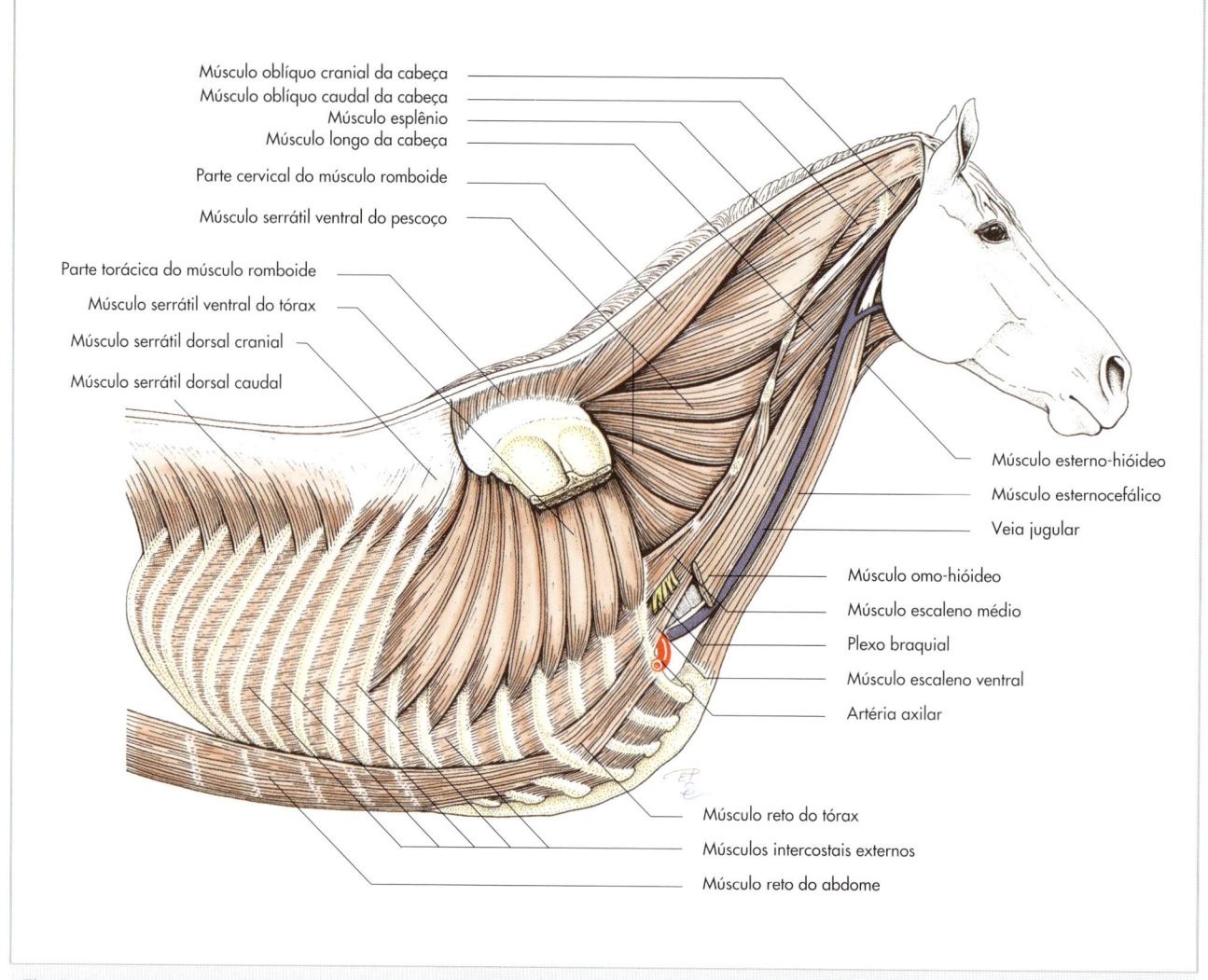

Fig. 3.12 Músculos superficiais do tronco de um equino (representação esquemática). (Fonte: com base em dados de Ghetie, 1954.)

3.4.2 Músculos dorsais (*musculi dorsi*)

Os músculos dorsais (▶Fig. 3.13) incluem todos os músculos situados ao longo da coluna cervical, torácica e lombar. Eles surgem dos corpos ou processos das vértebras ou da fáscia. Do ponto de vista topográfico, os músculos dorsais se dispõem em duas camadas; funcionalmente, esses grupos complementam um ao outro.

Os músculos da **camada superficial** posicionam-se na face lateral do tronco e são inervados pelos ramos ventrais dos nervos espinais. Essa camada também inclui parte da musculatura da cintura escapular, que une o membro torácico ao tronco:
- músculo trapézio (*m. trapezius*);
- músculo esternocleidomastóideo (*m. sternocleidomastoideus*):
  - músculo esternocefálico (*m. sternocephalicus*);
  - músculo braquiocefálico (*m. brachiocephalicus*);
- músculo omotransverso (*m. omotransversarius*);
- músculo latíssimo do dorso ou grande dorsal (*m. latissimus dorsi*);
- músculo peitoral superficial (*m. pectoralis superficialis*).

Esses músculos se prolongam desde a garupa, as costelas ou fáscias regionais até o esqueleto da cintura escapular e são descritos em detalhes mais adiante neste capítulo (p. 159).

Com base em sua origem embrionária e sua inervação pelos ramos ventrais dos nervos espinais, alguns músculos da parede torácica (*mm. serrati dorsales*) estão classificados nesse grupo, porém são descritos conforme a sua função como parte dos músculos respiratórios mais adiante neste capítulo (▶Fig. 3.12).

A **camada profunda** dos músculos dorsais é dorsal aos processos transversos das vértebras e é inervada pelos ramos dorsais dos nervos espinais. Alguns músculos desse grupo são músculos individuais alongados (**músculos dorsais longos**), que se estendem ao longo da coluna vertebral, ao passo que outros são pequenos e curtos (**músculos dorsais curtos**), que se estendem de um segmento para outro. Funcionalmente, esses músculos elevam, giram e flexionam dorsal, ventral e lateralmente a coluna vertebral. Cranialmente, os músculos desse grupo são fascículos musculares bastante delicados, os quais aumentam a mobilidade da região da cabeça e do pescoço, sobretudo em carnívoros, ao passo que a região lombar

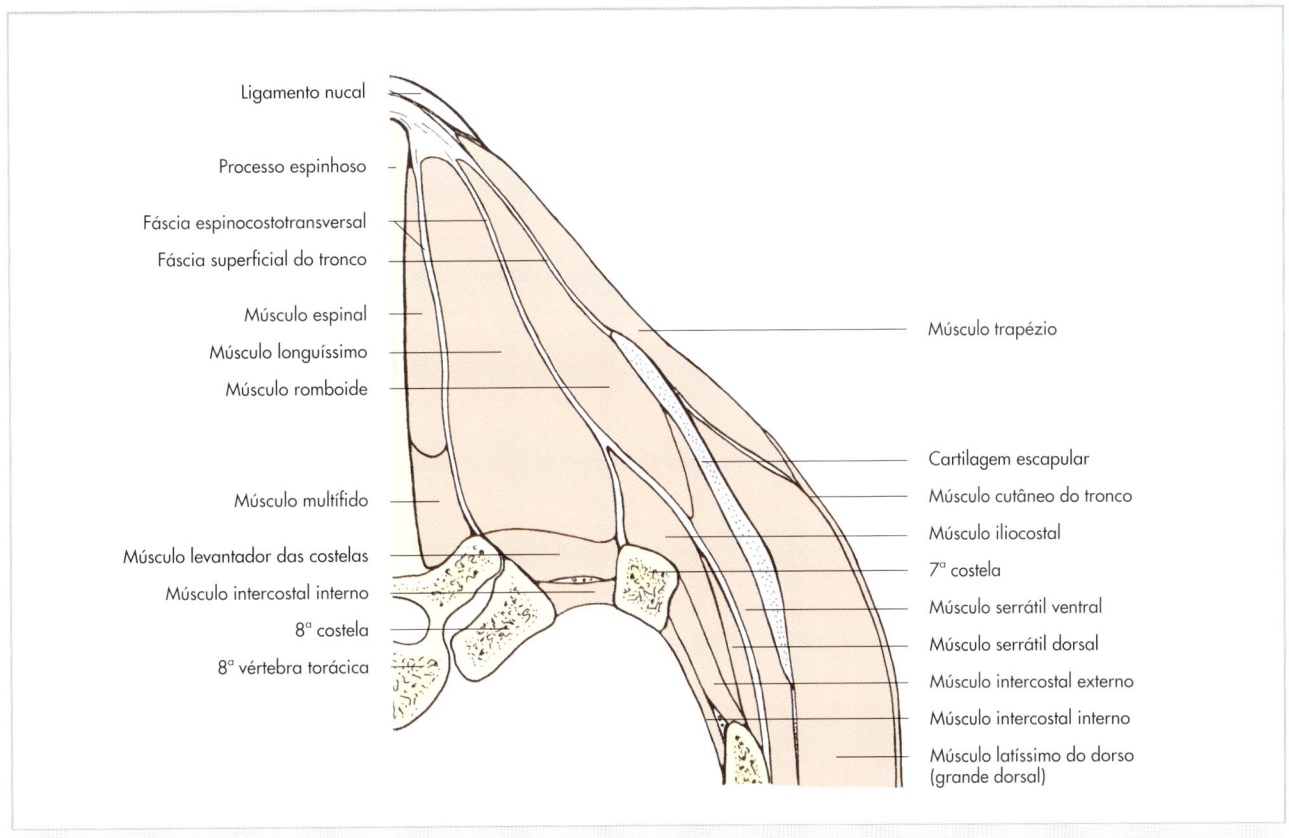

Fig. 3.13 Musculatura do dorso, secção transversal na altura da 8ª vértebra torácica de um equino (representação esquemática). (Fonte: com base em dados Ellenberger e Baum, 1943.)

Labels (figura): Ligamento nucal; Processo espinhoso; Fáscia espinocostotransversal; Fáscia superficial do tronco; Músculo espinal; Músculo longuíssimo; Músculo romboide; Músculo multifido; Músculo levantador das costelas; Músculo intercostal interno; 8ª costela; 8ª vértebra torácica; Músculo trapézio; Cartilagem escapular; Músculo cutâneo do tronco; Músculo iliocostal; 7ª costela; Músculo serrátil ventral; Músculo serrátil dorsal; Músculo intercostal externo; Músculo intercostal interno; Músculo latíssimo do dorso (grande dorsal).

desse grupo compreende músculos bastante fortes, os quais proporcionam a estabilidade dessa região da coluna vertebral.

A **camada profunda** dos músculos dorsais pode ser dividida, ainda, em **sistemas lateral** e **medial**. Ambos os grupos formam duas volumosas colunas musculares, as quais ocupam o espaço entre os processos espinhosos e transversos das vértebras cervicais, torácicas e lombares. Uma grande parte desses grupos pode ser resumida como músculos eretores da coluna (*mm. erectores spinae*), uma denominação muito mais apropriada no gato e no cão do que em ruminantes e no equino, nos quais a coluna vertebral é um pouco mais rígida. Como os músculos eretores da coluna variam consideravelmente quanto à sua localização e função, é difícil agrupá-los sistematicamente.

O sistema é complementado pelos **músculos transversoespinais** (*mm. transversospinales*), os **músculos interespinais** (*mm. interspinales*) e os **músculos intertransversários** (*mm. intertransversarii*), os quais representam os músculos dorsais curtos.

Musculatura cervical e dorsal longa

O **grupo de músculos do sistema lateral** consiste em massas musculares longitudinais, as quais atravessam várias vértebras consecutivas. Esses ventres musculares alongados são o resultado de várias fusões de segmentos musculares primários do pescoço e do dorso. O padrão segmentar original desse grupo ainda está presente, evidenciado pela inervação de diferentes segmentos pelos ramos dorsais dos nervos segmentares correspondentes. Os músculos do sistema lateral se originam do sacro, do ílio e, por meio de tendões ou pequenas digitações musculares, das vértebras do tronco e se inserem nas costelas ou na cabeça (**sistema sacroespinal**).

Na região do pescoço, desde a cernelha até o occipital, os músculos do grupo lateral são cobertos superficialmente pelos músculos do pescoço. Os seguintes músculos do tronco são atribuídos ao **sistema lateral** (▶Fig. 3.14; ▶Tab. 3.7):

- **músculo iliocostal** (*m. iliocostalis*) com:
  ○ parte lombar (*m. iliocostalis lumborum*);
  ○ parte torácica (*m. iliocostalis thoracis*);
  ○ parte cervical (*m. iliocostalis cervicis*);
- **músculo longuíssimo** (*m. longissimus*) com:
  ○ parte lombar (*m. longissimus lumborum*);
  ○ parte torácica (*m. longissimus thoracis*);
  ○ parte cervical (*m. longissimus cervicis*);
  ○ parte do atlas (*m. longissimus atlantis*);
  ○ parte da cabeça (*m. longissimus capitis*).

O **músculo iliocostal** é alongado e delgado, composto por uma série de fascículos sobrepostos (▶Fig. 3.14), cujas fibras se orientam na direção cranioventral e acompanham vários segmentos vertebrais. Ele se origina da crista do ílio, dos processos transversos das vértebras lombares e da lâmina fascial (tendão de Bogorozky), a qual separa os músculos iliocostais do longuíssimo. Além disso, esse músculo se prolonga cranialmente até a coluna vertebral cervical e situa-se próximo ao músculo latíssimo do dorso, na face dorsal do ângulo das costelas. Ele termina com um tendão de inserção comum na última vértebra cervical. Topograficamente, o músculo iliocostal pode ser dividido em uma **parte lombar** e uma **parte torácica**.

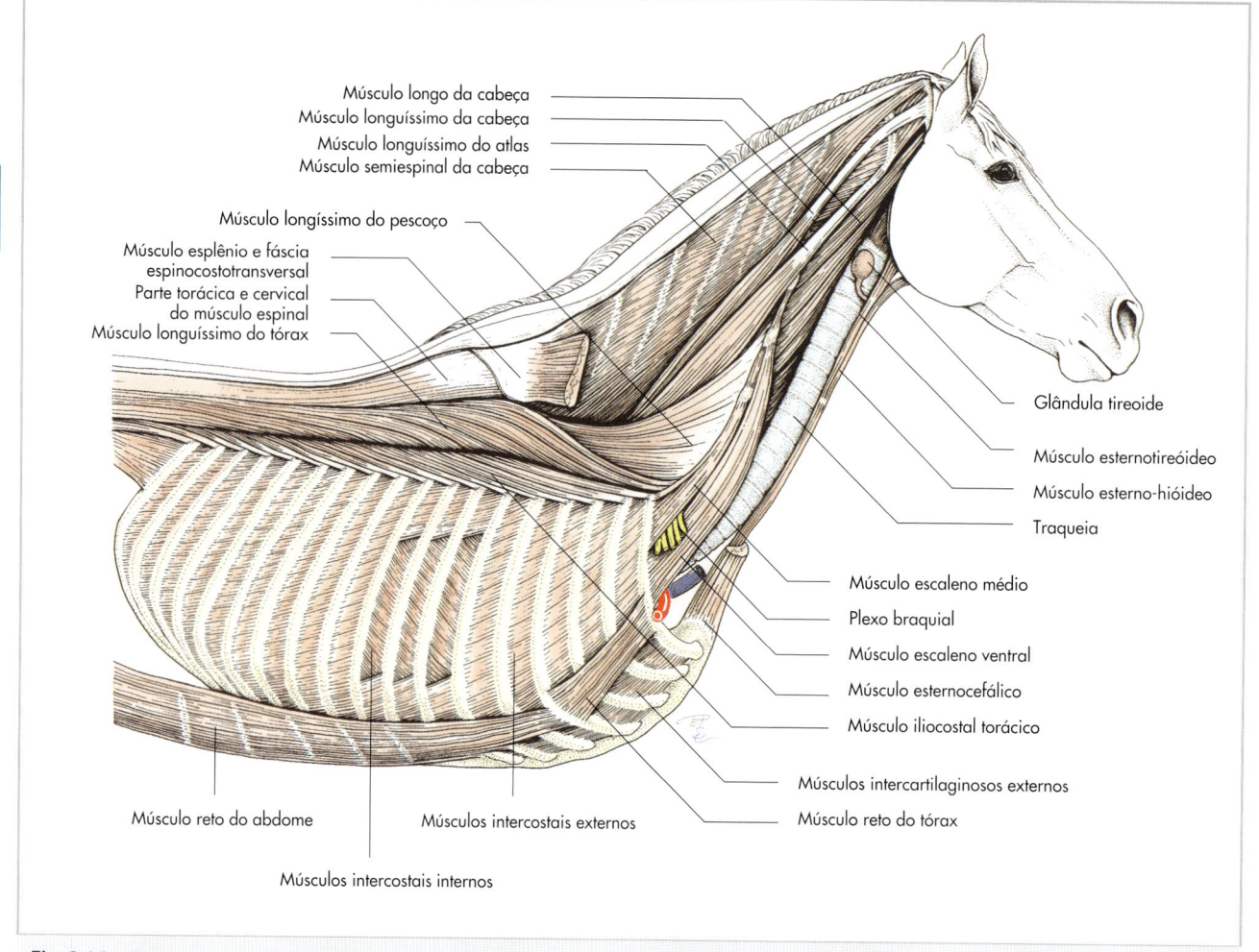

Fig. 3.14 Camadas superficial e média da musculatura do tronco de um equino (representação esquemática). (Fonte: com base em dados de Ghetie, 1954.)

A **parte lombar** do músculo iliocostal distingue-se como um músculo independente apenas em carnívoros, ao passo que, no suíno e no equino, ela se fusiona com a parte lombar do longuíssimo do dorso. Em carnívoros, ela se fixa às terminações dos processos transversos das vértebras lombares e se insere com recortes carnosos da 11ª à 13ª vértebra. Em ruminantes, o tendão de inserção se fixa apenas à última costela. No equino, uma parte lombar bastante curta se insere nos processos transversos das vértebras lombares medianas.

A **parte torácica** (▶Fig. 3.14) situa-se lateralmente ao longuíssimo do tórax e forma a continuação cranial da parte lombar do músculo iliocostal. Os seus fascículos individuais se originam, com tendões reluzentes, da parte lombar e se prolongam craniolateralmente, compreendendo de 2 a 4 espaços intercostais cada.

Após formar um ventre muscular comum, o músculo iliocostal se insere, com recortes terminais, no lado caudal da 1ª (*tuberositas musculi iliocostalis*) a 12ª costela e no processo transverso da 7ª vértebra cervical (carnívoros). No equino, esses recortes se inserem na face caudal da 1ª à 15ª costela, com tendões mediais mais profundos de inserção na face cranial da 4ª à 18ª costela e no processo transverso da 7ª vértebra cervical (parte cervical).

O músculo iliocostal estabiliza as partes lombar e torácica da coluna vertebral. Em carnívoros, ele auxilia no impulso para correr, bem como na expiração ao retrair as costelas caudalmente.

O **músculo longuíssimo** forma a parte principal da musculatura paraxial do tronco (▶Fig. 3.14). Ele se prolonga sobre todo o comprimento do dorso e do pescoço desde a pelve até a cabeça, formando, assim, o músculo mais longo do corpo. A sua disposição original em segmentos ainda se reflete na grande quantidade de pontos de fixação de seus fascículos musculares segmentares. Os fascículos sobrepostos desse músculo emergem do sacro, do ílio e dos processos mamilares e espinhosos das vértebras torácicas e lombares e correm cranioventral e lateralmente até se inserirem com vários tendões nos processos mamilares e espinhosos e nas tuberosidades do músculo longuíssimo (*tuberositates musculi longissimi*) das costelas.

O músculo longuíssimo é mais espesso na região lombar, onde é coberto pela fáscia toracolombar, uma de suas origens. Ele se estreita gradualmente na região torácica.

Os músculos podem ser divididos em várias partes distintas conforme a sua localização e seus pontos de inserção. A **parte lombar** (*m. longissimus lumborum*) e a **parte torácica** (*m. longissimus thoracis*) se prolongam desde a pelve até a 7ª vértebra cervical. Elas ocupam o espaço entre os processos espinhosos medialmente e os processos transversos e as extremidades dorsais das costelas ventralmente. Lateralmente, essa região é coberta pelos músculos iliocostais. O músculo iliocostal continua cranialmente com uma **parte cervical**, a qual se espalha entre os processos transversos

Tab. 3.7 Músculos longos do pescoço e do dorso: sistema lateral

Nome Inervação	Origem	Inserção	Função
Músculo iliocostal Ramos dorsais dos nervos torácicos e lombares	–	–	–
• Parte lombar	Crista ilíaca e processos transversos da coluna lombar	Margem caudal da última costela	Fixar o lombo e as costelas
• Parte torácica	Extremidade dorsal da margem cranial das costelas	Margens caudais das costelas e processos transversos da última vértebra cervical	Arquear a coluna vertebral lateralmente
• Parte cervical	Processos transversos das vértebras torácicas craniais	Processos transversos da 7ª vértebra cervical	Arquear a coluna vertebral lateralmente
Músculo longuíssimo Ramos dorsais dos nervos cervicais, torácicos e lombares	–	–	–
• Partes lombar e torácica	Processos espinhosos das vértebras sacrais, lombares e torácicas; ílio	Processos articulares, mamilares e transversos da coluna torácica e proximal nas costelas	Fixar e estender a coluna vertebral e elevar a parte caudal do corpo
• Parte cervical	Processos transversos das primeiras 5 a 8 vértebras torácicas	Processos transversos da 3ª à 7ª vértebra cervical	Elevar e arquear o pescoço lateralmente
• Parte da cabeça e do atlas	Processos transversos da primeira vértebra torácica e última cervical	Asas do atlas e parte mastoide do osso temporal	Elevar e inclinar a cabeça lateralmente, virar a cabeça

das primeiras 5 a 8 vértebras torácicas e das últimas vértebras cervicais. O músculo longuíssimo do atlas e o músculo longuíssimo da cabeça se originam dos processos transversos da 2ª e da 3ª vértebras torácicas e das últimas 4 a 5 vértebras cervicais, correm cranialmente mais profundamente em relação à parte cervical e terminam na asa do atlas e no processo mastoide do occipital.

O músculo longuíssimo projeta e estabiliza a coluna vertebral, e sua extensão é maior durante a fase de balanço do membro pélvico. Ele contribui para a transmissão do impulso dos membros pélvicos para o dorso durante a fase de balanço de deambulação. Além disso, esse músculo eleva a parte cranial do corpo, quando os membros pélvicos estão fixos no chão (empinar), e a parte caudal do corpo ao mesmo tempo que flexiona o dorso ventralmente, quando os membros torácicos estão fixos (coicear). A contração unilateral flexiona a coluna vertebral lateralmente e gira a cabeça.

Em equinos musculosos bem-treinados, esse músculo pode se projetar para além das extremidades dorsais dos processos espinhosos nos dois lados, resultando em um sulco sobre esses processos.

Os **músculos do sistema medial** formam a camada profunda da musculatura do pescoço e do dorso (▶Tab. 3.8). Esse grupo ainda apresenta um padrão segmentar embrionário. A musculatura consiste em uma série de fascículos, que se prolongam entre duas vértebras contíguas. Esses músculos se posicionam diretamente sobre o esqueleto, ocupando o espaço entre os processos espinhosos, os arcos vertebrais e os processos transversos. Os fascículos musculares do grupo medial se prolongam entre os processos espinhosos (**sistema espinal**) ou, então, seguem um trajeto desde os processos espinhosos até o processo transverso de vértebras contíguas (**sistema transversoespinal**). As suas fibras se orientam na direção sagital ou na direção caudoventrolateral ao sentido craniodorsomedial e, desse modo, apresentam a direção das fibras opostas à do sistema lateral.

Os músculos do sistema medial são inervados pelos ramos dorsais (*rami dorsales*) dos nervos espinais.

Alguns músculos desse sistema se projetam em um grupo cranial, chamado de "músculos específicos da cabeça", uma denominação que descreve a sua função, e não a sua origem embrionária heterogênea. Esses músculos foram descritos anteriormente neste capítulo.

Embora a diferenciação entre músculos do grupo medial seja menos distinta nos mamíferos domésticos do que em humanos, esses músculos variam entre diferentes espécies. Esse grupo pode ser dividido topográfica e funcionalmente nos seguintes complexos musculares:

- **músculo espinal** (*m. spinalis*) com:
  - parte torácica (*m. spinalis thoracis*);
  - parte cervical (*m. spinalis cervicis*);
- **músculos transversoespinais** (*mm. transversospinales*):
  - músculos semiespinais torácico e cervical (*m. semispinales thoracis et cervicis*);
  - músculo semiespinal da cabeça (*m. semispinalis capitis*);
  - músculo biventre cervical (*m. biventer cervicis*);
  - músculo complexo (*m. complexus*);
- **músculos multífidos** (*mm. multifidi*);
- **músculos rotadores** (*mm. rotatores*).

Esses músculos formam três faixas musculares, sendo que os músculos multífidos e rotadores formam a camada mais profunda, e os músculos espinais se prolongam entre estes últimos e o músculo longuíssimo.

O **músculo espinal** passa entre os processos espinhosos de vértebras contíguas. No suíno e no equino, ele forma um ventre muscular comum, que conecta diversos segmentos e, portanto, é denominado **músculo espinal torácico e cervical**. Ele se origina dos processos espinhosos das primeiras seis vértebras lombares e das últimas seis vértebras torácicas e passa cranialmente em direção horizontal aos processos espinhosos das vértebras torácicas mais craniais e da 7ª à 3ª vértebra cervical (▶Fig. 3.15).

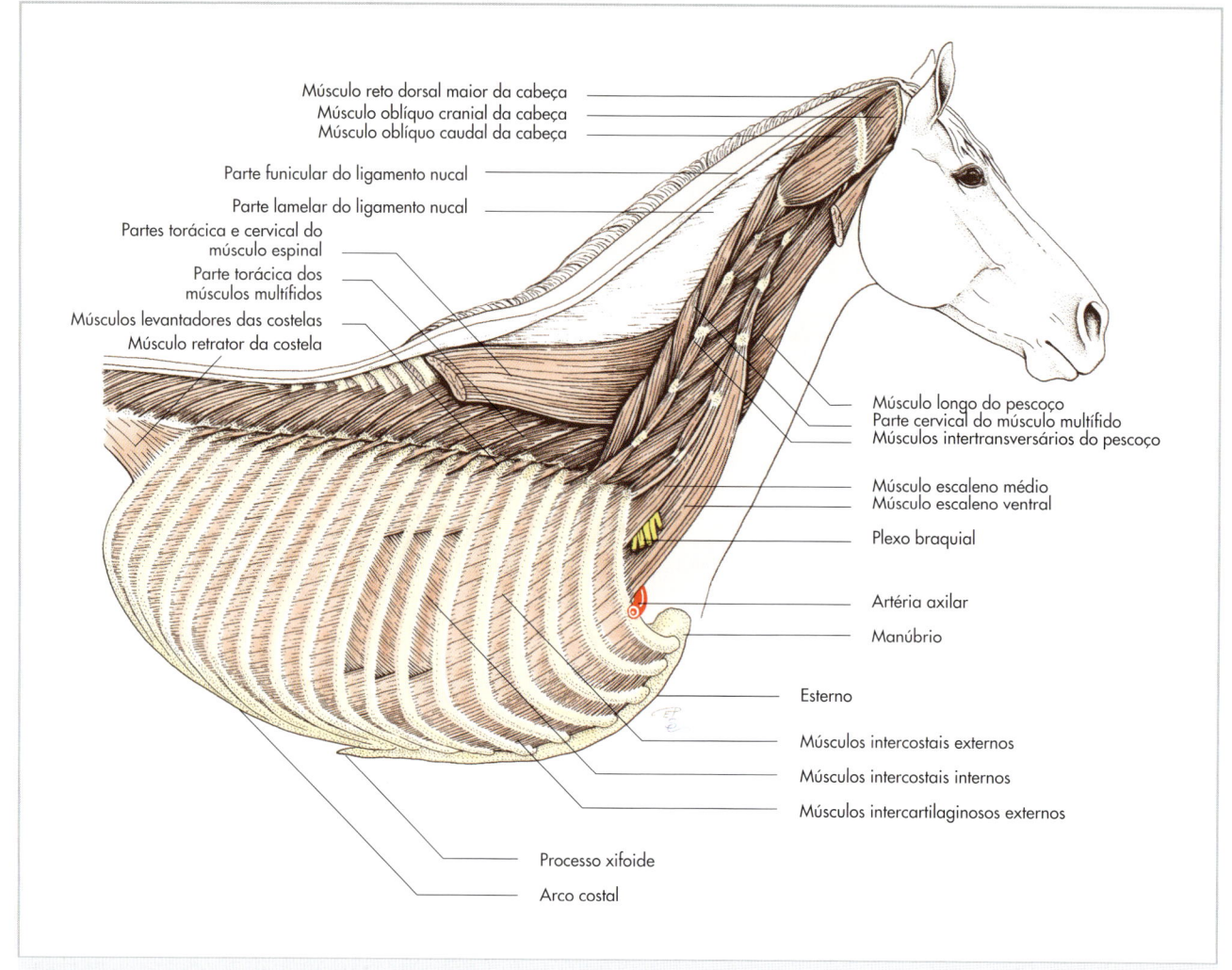

Fig. 3.15 Camada profunda da musculatura do tronco de um equino (representação esquemática). (Fonte: com base em dados de Ellenberger e Baum, 1943.)

Em ruminantes e em carnívoros, os músculos espinais torácico e cervical recebem faixas musculares adicionais dos processos mamilares e transversos de algumas vértebras (*m. transversospinalis*). Por esse motivo, eles são designados por uma denominação composta: **músculos espinais e semiespinais torácicos e cervicais**. Estes músculos consistem em diversos fascículos musculares individuais, os quais se situam na região das vértebras lombares, torácicas e cervicais. Os músculos semiespinais e espinais torácicos e lombares estabilizam o dorso e elevam o pescoço quando atuam em conjunto. A sua contração unilateral flexiona o dorso e o pescoço lateralmente.

Esses músculos encontram uma continuação direta ao pescoço e à cabeça no **músculo semiespinal da cabeça**. Essa volumosa lâmina muscular ocupa o espaço entre o occipital, as vértebras cervicais e o ligamento nucal, coberto, em sua face lateral, pelos músculos longuíssimo e esplênio. O músculo semiespinal da cabeça pode ser dividido em **músculo biventre cervical**, localizado dorsomedialmente, e **músculo complexo**, ventrolateralmente.

Quando o músculo semiespinal da cabeça atua bilateralmente, a cabeça é elevada, já quando ele atua unilateralmente, a cabeça e o pescoço são flexionados lateralmente.

Os **músculos multífidos** representam a camada mais profunda do sistema medial da musculatura longa do pescoço e do dorso (▶Fig. 3.16). Eles são compostos por diversas partes individuais dispostas em segmentos sobrepostos, os quais se prolongam dos processos articular e mamilar aos processos espinhosos e na região torácica a partir dos processos transversos até os processos espinhosos das vértebras antecessoras. Os músculos multífidos se prolongam pela coluna vertebral desde as vértebras lombares até as vértebras cervicais e podem incluir até cinco segmentos na região torácica. Cranialmente, eles se unem com o músculo oblíquo da cabeça e, caudalmente, com a musculatura da cauda. Esses músculos são responsáveis pela coordenação dos músculos longos do pescoço e do dorso.

Os **músculos rotadores** estão presentes apenas em segmentos da coluna vertebral torácica nos quais os movimentos giratórios são possíveis (da 1ª à 10ª vértebra torácica em carnívoros e no suíno, da 1ª à 12ª em ruminantes e na 16ª no equino). Eles compreendem faixas musculares curtas, que unem os processos transversos ao processo espinhoso de vértebras adjacentes (carnívoros), e músculos longos, os quais atravessam dois segmentos em todos os animais domésticos (▶Fig. 3.16).

Tab. 3.8 Músculos longos do pescoço e do dorso: sistema medial

Nome Inervação	Origem	Inserção	Função
Partes torácica e cervical do músculo espinal (no suíno/equino) Ramos dorsais dos nervos cervicais, torácicos e lombares	Ao longo dos processos espinhosos de uma ou mais vértebras	Ao longo dos processos espinhosos de uma ou mais vértebras	Fixar o dorso e o pescoço
Partes torácica e cervical dos músculos espinal e semiespinal (carnívoros/ruminantes) Ramos dorsais dos nervos cervicais, torácicos e lombares	Processos espinhosos, mamilares e transversos da primeira vértebra lombar e da última vértebra torácica	Processos espinhosos da 1ª à 6ª vértebra torácica e da 6ª à 7ª vértebra cervical	Fixar e estender o dorso, elevar o pescoço unilateralmente, flexionar o dorso e o pescoço lateralmente
Músculo semiespinal da cabeça Ramos dorsais dos nervos cervicais	Fáscia espinocostotransversal, processos transversos das primeiras 5 a 8 vértebras torácicas, processos articulares da 2ª à 7ª vértebra cervical	Escama do occipital	Elevar e flexionar a cabeça lateralmente
Músculo multífido Ramos dorsais dos nervos cervicais, torácicos e lombares	Processos articulares e mamilares, desde o sacro até o 3º processo cervical	Processos espinhosos e arcos dorsais da vértebra precedente e, na região torácica, processos transversos das vértebras	Fixar e girar a coluna vertebral, elevar o pescoço
Músculos rotadores Ramos dorsais dos nervos torácicos	Processos transversos	Processos espinhosos	Fixar e girar a coluna vertebral

Musculatura cervical e dorsal curta

Os sistemas lateral e medial dos músculos longos do pescoço e do dorso são complementados por faixas musculares curtas intersegmentares. Eles podem ser divididos em dois grupos:
- músculos interespinais (*mm. interspinales*);
- músculos intertransversários (*mm. intertransversarii*).

Os músculos do **sistema intertransversário** se prolongam entre os processos transversos, ao passo que os músculos do **sistema espinal** se prolongam entre os processos espinhosos das vértebras (▶Tab. 3.9).

Os **músculos interespinais** consistem em faixas musculares curtas (carnívoros) ou tendíneas (ungulados) (*ligamenta interspinalia*) entre os processos espinhosos contíguos das vértebras caudais cervicais, torácicas e das primeiras vértebras lombares. Eles sustentam a ventroflexão da coluna vertebral.

Os músculos **intertransversários** se prolongam entre os processos transversos, entre os processos transversos e articulares ou entre os processos mamilares e acessórios. No cão e no equino, eles são separados em um **grupo lombar** (*mm. intertransversarii lumborum*) e um **grupo torácico** (*mm. intertransversarii thoracis*), os quais percorrem entre os processos mamilares e transversos das vértebras lombares e torácicas, e um **grupo cervical** (*mm. intertransversarii dorsales et ventrales cervicis*) entre os processos transversos das vértebras cervicais (▶Fig. 3.16). Os músculos intertransversários auxiliam na coordenação dos movimentos da coluna vertebral, além de estabilizá-la e flexioná-la lateralmente.

3.4.3 Músculos da parede torácica (*musculi thoracis*)

Os músculos da parede torácica compreendem dois grupos: os músculos das **camadas profunda** e **superficial da cintura escapular** e os **músculos da respiração**. A musculatura da cintura escapular inclui os músculos peitorais superficiais e profundos (*m. pectoralis superficialis*, *m. pectoralis profundus*), o músculo subclávio (*m. subclavius*) e a parte torácica do músculo serrátil ventral (*m. serratus ventralis*), que cobre os músculos do tronco na face lateral do tórax. Funcionalmente, os músculos da parede torácica fazem parte da cintura escapular e, portanto, estão apresentados em detalhes no Capítulo 4, "Membros torácicos" (p. 171), como parte do membro torácico.

Músculos respiratórios

Todos os músculos respiratórios estão fixos ao **esqueleto do tórax**: seja nas costelas, seja nas cartilagens costais. Eles incluem os músculos que ocupam os espaços entre as costelas (*mm. intercostales*) e pequenos músculos que se localizam na face lateral delas (▶Tab. 3.10). O músculo respiratório mais importante é o **diafragma** (*diaphragma*), que separa as cavidades torácica e abdominal.

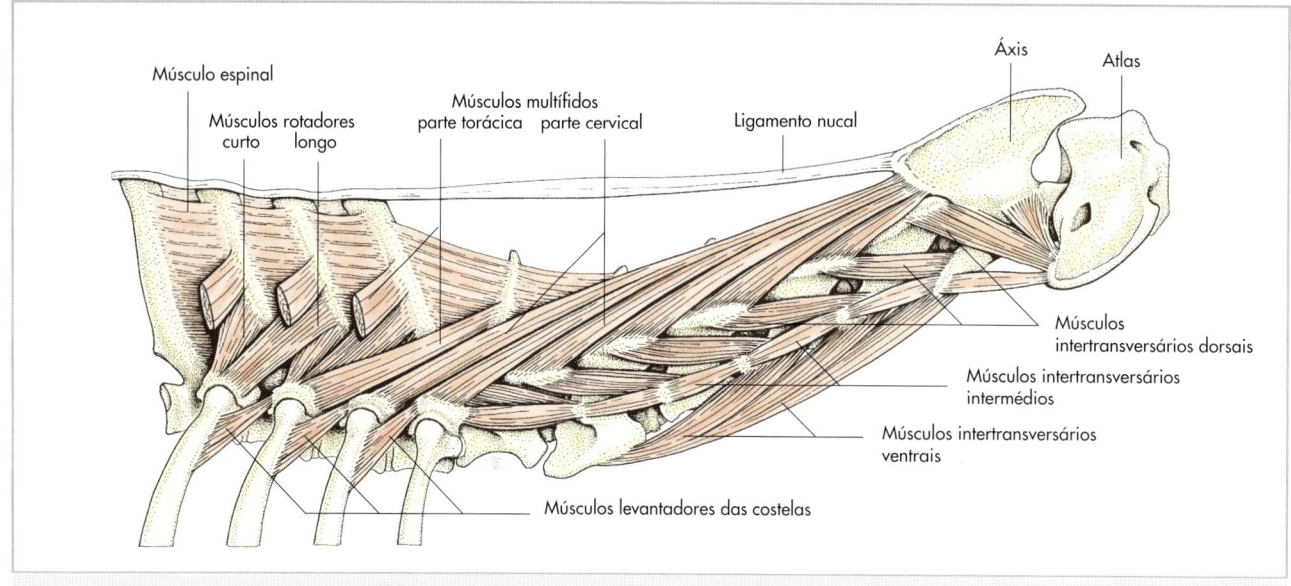

Fig. 3.16 Musculatura profunda do pescoço de um cão (representação esquemática).

Tab. 3.9 Músculos curtos do pescoço e do dorso

Nome Inervação	Origem	Inserção	Função
Músculos interespinais Ramos dorsais dos nervos torácicos e lombares	Processos espinhosos	Processos espinhosos	Fixar e flexionar a coluna vertebral torácica e lombar
Músculos intertransversais Ramos dorsais dos nervos cervicais, torácicos e lombares	Processos transversos e processos mamilares	Processos transversos e processos articulares	Fixar e flexionar lateralmente a coluna vertebral cervical e lombar

Tab. 3.10 Músculos da parede torácica

Nome Inervação	Origem	Inserção	Função
Músculo serrátil dorsal cranial Nervos intercostais	Fáscia espinocostotransversal	Recortes da 2ª à 4ª costela	Projetar as costelas e ampliar o tórax
Músculo serrátil dorsal caudal Nervos intercostais	Fáscia toracolombar	Da 9ª à 12ª costela	Retrair as costelas, contrair o tórax
Músculos intercostais externos Nervos intercostais	Margem caudal das costelas	Margem cranial da costela seguinte	Projetar as costelas, ampliar o tórax
Músculos intercostais internos Nervos intercostais	Margem cranial das costelas	Margem caudal da costela anterior	Retrair as costelas, contrair o tórax
Músculos levantadores das costelas Ramos dorsais dos nervos torácicos	Processos transversos e mamilares da 1ª até a última vertebra torácica	Margem cranial da parte proximal da costela seguinte	Projetar as costelas, ampliar o tórax
Músculos subcostais Nervos intercostais	Fino fascículo de fibras musculares entre as extremidades proximais das costelas	Fino fascículo de fibras musculares entre as extremidades proximais das costelas	Sustentar os músculos intercostais internos
Músculo retrator das costelas Nervo costoabdominal (Evans) Nervo ílio-hipogástrico	Fáscia toracolombar	Última costela	Retrair as costelas
Músculo reto do tórax Nervos intercostais	1ª costela	Da 2ª à 4ª cartilagem costal	Projetar as primeiras três costelas, ampliar o tórax
Músculo transverso do tórax Nervos intercostais	Ligamento esternal	Articulações costocondrais	Contrair o tórax

Funcionalmente, os músculos respiratórios podem ser divididos em **músculos inspiratórios**, que expandem a cavidade torácica, permitindo a entrada de ar nos pulmões, e **músculos expiratórios**, que reduzem o volume da cavidade torácica, expelindo o ar dos pulmões e das vias aéreas. Os músculos inspiratórios giram as costelas craniolateralmente, ao passo que os músculos expiratórios as giram caudomedialmente. Assim como os músculos dorsais, os **músculos intercostais** apresentam uma disposição embrionariamente segmentar, o que se reflete na inervação a partir dos nervos intercostais segmentares. Esse grupo compreende os seguintes músculos:

- **músculos serráteis dorsais** (*mm. serrati dorsales*) com:
  - músculo serrátil dorsal cranial (*m. serratus dorsalis cranialis*);
  - músculo serrátil dorsal caudal (*m. serratus dorsalis caudalis*);
- **músculos intercostais** (*mm. intercostales*) com:
  - músculo intercostal externo (*mm. intercostales externi*);
  - músculo intercostal interno (*mm. intercostales interni*);
  - músculos subcostais (*mm. subcostales*);
  - músculo retrator das costelas (*m. retractor costae*);
- **músculos levantadores das costelas** (*mm. levatores costarum*);
- **músculo transverso do tórax** (*m. transversus thoracis*);
- **músculo reto do tórax** (*m. rectus thoracis*);
- **diafragma** (*diaphragma*) com:
  - parte lombar (*pars lumbalis*);
  - parte costal (*pars costalis*);
  - parte esternal (*pars sternalis*);
  - centro tendíneo (*centrum tendineum*).

Os **músculos serráteis dorsais** se originam com uma aponeurose da fáscia espinocostotransversal, do ligamento supraespinal e da fáscia toracolombar caudalmente. Eles são fixados, por uma série de digitações individuais, às costelas no sentido lateral aos músculos iliocostais. Com base na direção de suas fibras, eles podem ser divididos em uma **parte cranial** e uma **parte caudal** (▶Fig. 3.12).

A parte cranial puxa as costelas caudoventralmente e as gira para fora durante a contração, agindo, desse modo, como um músculo inspiratório. Em carnívoros, ela se origina das primeiras 6 a 8 vértebras torácicas e da fáscia toracolombar e se insere com faixas individuais nas faces cranial e lateral da 3ª à 10ª costela, e no equino, da 3ª à 12ª costela.

As fibras da parte caudal se inclinam cranioventralmente, apresentando uma direção antagônica à das fibras da parte cranial. As faixas da parte caudal giram as costelas para trás e para dentro, auxiliando na expiração.

No cão e no gato, a parte caudal se origina da fáscia toracolombar e se insere da 9ª à 13ª costela em todas as espécies, exceto no equino, cujas inserções ocorrem no lado caudal da 12ª à 18ª costela.

Os **músculos intercostais** ocupam os espaços entre as costelas e compreendem um mínimo de duas camadas: os **músculos intercostais internos**, mais profundos, e os **músculos intercostais externos**, mais superficiais (▶Fig. 3.15). As fibras dos músculos intercostais internos correm da face cranial de uma costela para a face caudal da costela anterior na direção cranioventral. Esses músculos posicionam-se lateralmente ao nervo intercostal e auxiliam na expiração. As fibras dos músculos intercostais externos se orientam perpendicularmente aos músculos da camada interna e, desse modo, conectam os espaços intercostais individuais em uma direção caudoventral, atuando como músculos inspiratórios. Os músculos intercostais externos ocupam os espaços intercostais a partir da coluna vertebral até as articulações costocondrais, mas não chegam até o esterno.

Os **músculos intercartilaginosos** são continuações diretas dos músculos intercostais nos espaços intercondrais.

Os **músculos subcostais** situam-se mais profundamente em relação aos músculos intercostais internos e medialmente em relação aos nervos intercostais na extremidade vertebral da última costela. Eles formam de 2 a 3 fascículos musculares distintos em carnívoros. Esses músculos e os músculos retratores das costelas, os quais se prolongam desde os processos transversos das vértebras lombares craniais e da fáscia toracolombar até a última costela, atuam como músculos expiratórios.

Os **músculos levantadores das costelas** são constituídos por uma série de pequenos músculos, quase indistintos do músculo intercostal externo (▶Fig. 3.16). Eles se originam nos processos transversos e mamilares de todas as vértebras torácicas, com exceção da última, e seguem caudoventralmente para o ângulo das costelas adjacentes até a inserção na margem cranial da penúltima costela. Os músculos levantadores das costelas são cobertos pelos músculos iliocostal e longuíssimo do dorso e são inervados pelos ramos dorsais dos nervos torácicos. Os músculos desse grupo atuam como inspiratórios.

O **músculo transverso do tórax** é uma lâmina triangular localizada no interior do esterno e das cartilagens costais esternais. Ele se origina do **ligamento esternal** (*ligamentum sterni*) e se insere nas articulações costocondrais da 2ª à 8ª costela, retraindo as costelas para o interior ao se contrair e, consequentemente, auxiliando na expiração.

O **músculo reto do tórax** é retangular e plano e cobre a face lateral das primeiras 3 a 4 costelas (▶Fig. 3.14). Ele corre na direção caudoventral desde a sua origem, na primeira costela, até o final, em um tendão largo de inserção que se une com a aponeurose do músculo reto do abdome. Esse músculo atua como um músculo inspiratório.

O **diafragma** é uma lâmina musculotendínea, abobadada, que separa as cavidades torácica e abdominal (▶Fig. 3.17) e está presente em todos os mamíferos. O seu lado cranial convexo se projeta para dentro da cavidade torácica, de forma que a cavidade abdominal apresenta uma grande **parte intratorácica**. O ponto de maior convexidade é denominado **ápice** ou **cúpula diafragmática** (*cupula diaphragmatis*).

No lado torácico, o diafragma é coberto pela **fáscia endotorácica** (*fascia endothoracica*) e pela **pleura**, e no lado abdominal, pela **fáscia transversal** (*fascia transversalis*) e pelo **peritônio**. Uma dupla camada de serosa se prolonga entre a face torácica e o coração e os pulmões. A face abdominal está intimamente relacionada com o fígado e conectada a ele por ligamentos, e a sua parte muscular se prolonga dorsalmente até a coluna vertebral.

Há **três aberturas no diafragma**. Logo abaixo da coluna vertebral, quase no plano mediano, ele é penetrado pela **aorta**, pela **veia ázigo** (*v. azygos*) e pelo **ducto torácico** (*ductus thoracicus*). Mais ventralmente e à esquerda, está o **hiato esofágico** (*hiatus oesophageus*), por onde passam o esôfago e o par de nervos vagos. A terceira abertura, o **forame da veia cava** (*foramen venae cavae*), situa-se no centro tendíneo, à direita do plano mediano, e forma uma passagem para a veia cava caudal. O diafragma é inervado pelos nervos frênicos, ramos ventrais dos nervos cervicais caudais (▶Fig. 3.17).

O diafragma consiste em um **centro tendíneo** (*centrum tendineum*) e uma **parte muscular**, a qual circunda o centro tendíneo por todos os lados. As fibras da parte muscular se originam

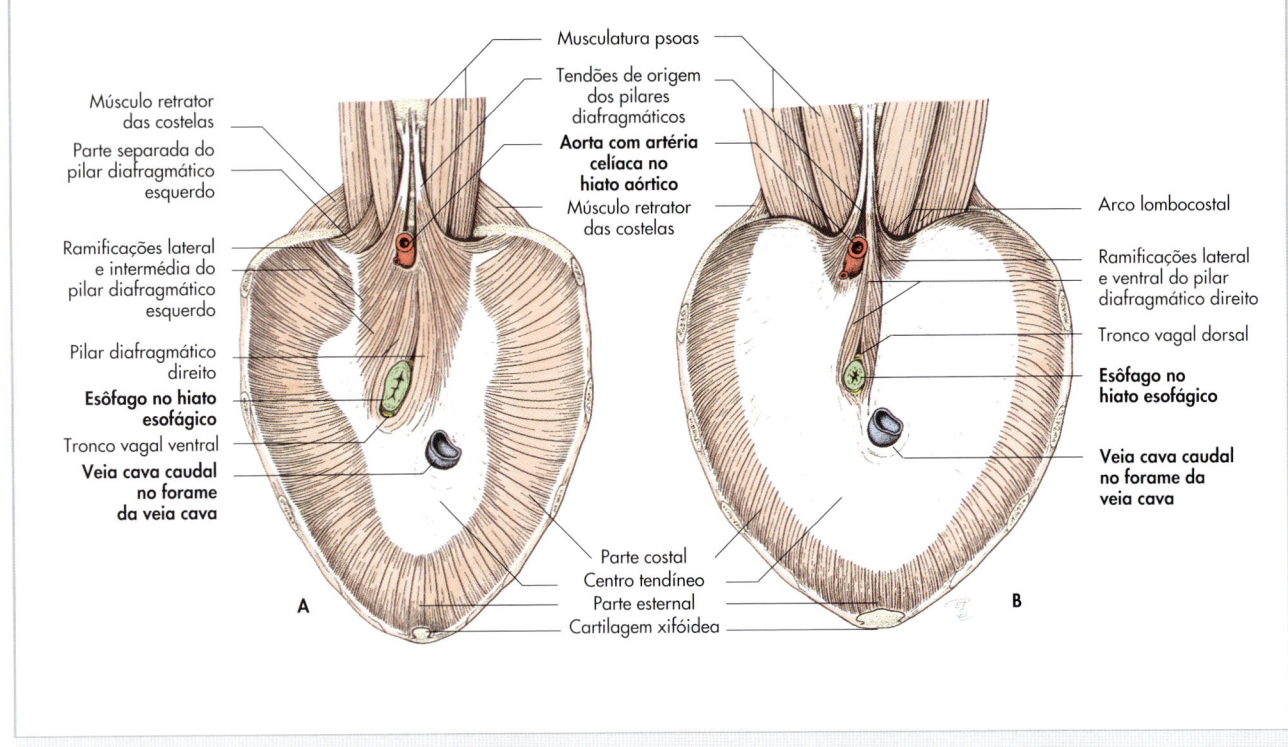

Fig. 3.17 Diafragma (A) de um cão e (B) de um equino (representação esquemática, vista caudal).

da face interna da parede torácica e seguem para a parte central em uma direção radial.

A **parte muscular** pode ser subdividida em:
- parte lombar (*pars lumbalis*);
- parte costal (*pars costalis*);
- parte esternal (*pars sternalis*).

A **parte lombar** da musculatura diafragmática é formada por um **pilar direito** (*crus dexter*) e um **pilar esquerdo** (*crus sinister*) (▶Fig. 3.17), os quais se originam da face ventral da 3ª ou 4ª vértebra lombar e se prolongam na direção cranioventral. No hiato aórtico, eles envolvem a aorta, a veia ázigo e o ducto torácico. A parte lombar é particularmente bem desenvolvida em carnívoros.

O **pilar diafragmático direito** (*crus dexter*), maior que o esquerdo, se espalha até se dividir em uma parte lateral, que se prolonga no lado direito do diafragma até o centro tendíneo, e duas partes ventrais. Estas últimas são fortes filamentos musculares, que se estendem cranioventralmente e se irradiam profundamente no centro tendídeo. Elas formam uma fenda por onde passam o esôfago e os nervos vagos (*hiatus oesophageus*). Em carnívoros, a divisão do pilar diafragmático direito é mais complexa e compreende as partes dorsal, lateral, ventral e intermédia.

O **pilar diafragmático esquerdo** (*crus sinister*) não é dividido em nenhuma espécie doméstica, exceto em carnívoros, nos quais ele compreende um ramo lateral e outro intermédio. O pilar diafragmático esquerdo se prolonga desde a margem dorsal do diafragma, no lado esquerdo, até unir-se ao centro tendíneo.

A parte lombar está em contato direto com o peritônio e a pleura na margem dorsolateral do diafragma, na direção imediatamente ventral dos músculos psoas. Essa área é chamada de **arco lombocostal** (*arcus lumbocostalis*).

A **parte costal** (*pars costalis*) se origina como uma série de fascículos musculares desde as superfícies internas das últimas três ou quatro costelas, nos dois lados do tórax, e se curva ventralmente, seguindo as articulações costocondrais até a 8ª costela e o xifoide. Ela se une ao centro tendíneo em um padrão radial.

As fibras da **parte esternal** (*pars sternalis*) emergem desde a cartilagem xifóidea, prolongando-se dorsalmente até encontrar o centro tendíneo (▶Fig. 3.17). A parte do centro tendíneo que mais se projeta cranialmente forma o ápice do diafragma e é chamada de **cúpula** (*cupula diaphragmatis*).

O centro tendíneo consiste em duas camadas de fibras tendíneas, as quais emergem da parte muscular do diafragma. Embora as fibras tendíneas da camada abdominal sejam dispostas em um padrão radial, as fibras da camada torácica se orientam de modo circular, formando uma trama. As duas camadas são unidas por uma camada intermédia de tecido tendíneo desorganizado. O centro tendíneo apresenta formato de Y em carnívoros, devido às extensões alongadas, e lembra a sola do casco equino em ungulados. Ele pode ser dividido em um corpo ventral e duas extensões, as quais correm dorsalmente em sentido paralelo aos pilares diafragmáticos. Essas extensões alcançam a margem dorsal do diafragma, onde se separam nas partes musculares esternal e lombar. Essa divisão é incompleta em carnívoros, que apresentam as duas partes unidas.

O topo da cúpula é formado pelo forame da veia cava, ao qual a veia cava se adere firmemente. Portanto, a posição do forame da veia cava é relativamente constante. Na "posição neutra" entre **inspiração** completa e **expiração** completa, a cúpula se estende em direção ao tórax até alcançar a parte ventral da 6ª costela e, no cão, o 6º espaço intercostal. No animal em pé, isso corresponde a um plano transverso passando pelo olécrano, o qual desloca um espaço intercostal caudoventralmente durante a inspiração e um espaço intercostal craniodorsalmente durante a expiração. Consequentemente, o topo da cúpula permanece no nível do 7º espaço intercostal em ruminantes e no suíno e entre o 7º e o 8º espaço intercostal em carnívoros e no equino.

O diafragma dispõe-se obliquamente no equino, porém mais verticalmente em outras espécies domésticas. Ele se move cranialmente em direção ao esterno e se estende como arcos planos, lateral e dorsalmente, para se fixar à parede torácica e à coluna vertebral. Durante a **inspiração**, o centro tendíneo é apertado pela contração dos músculos ao seu redor, fazendo o diafragma assumir um formato cônico. A parede abdominal se move lateralmente, e as vísceras abdominais se deslocam caudalmente. Desse modo, a cavidade torácica aumenta de tamanho, e os pulmões se expandem passivamente.

Durante a **expiração**, os músculos do diafragma relaxam, e as vísceras abdominais se movem cranialmente, auxiliadas pelos músculos abdominais. Com isso, a cavidade torácica reduz de tamanho, e os pulmões são comprimidos.

> **Nota clínica**
>
> A **ruptura do diafragma** pode ser consequência de trauma externo (p. ex., acidentes automobilísticos). Os órgãos abdominais ficam deslocados para o interior da cavidade torácica, comprometendo a função dos pulmões. No local da lesão, o intestino pode ficar aprisionado, e a vascularização para os órgãos deslocados pode ser obstruída.
>
> A **hérnia diafragmática** envolve a translocação do conteúdo abdominal para o tórax através de uma área de fragilidade nos componentes do tecido conjuntivo do diafragma. Nesse caso, o peritônio também entra na cavidade torácica. Se não houver saco herniário, o deslocamento dos órgãos é referido como um **prolapso**. Em muitos casos, essas anormalidades são descobertas apenas como achados incidentais durante a necropsia ou a dissecção.

3.4.4 Músculos da parede abdominal (*musculi abdominis*)

Os músculos da parede abdominal são lâminas musculares largas e relativamente finas, as quais, juntamente às aponeuroses, constituem a base muscular e tendinosa da parede abdominal. Esse grupo compreende diversos músculos individuais dispostos em **três camadas**, sobrepostas uma à outra, com orientações contrastantes das fibras. Os músculos desse grupo emergem da margem cranial da pelve, da região lombar e da parte caudal do tórax e formam as paredes lateral e ventral do corpo.

Essas lâminas carnosas e largas se inserem por meio de aponeuroses às estruturas tendíneas, como a linha alba, na linha média, e o **tendão pré-púbico** (*tendo prepubicus*) e o **ligamento inguinal** (*ligamentum inguinale*) caudalmente (▶Fig. 3.18 e ▶Fig. 3.19), que são inervados pelos ramos ventrais dos nervos torácicos e lombares.

A **linha alba** é um cordão tendinoso que se prolonga entre a cartilagem xifóidea e a margem cranial da pelve, onde se insere no tendão pré-púbico (▶Fig. 3.19). O seu trajeto é acompanhado por um músculo forte, o músculo reto abdominal, o qual percorre um curso sagital dentro do assoalho abdominal nos dois lados da linha alba e é marcado por intersecções tendíneas.

O **ligamento inguinal**, que vai da eminência iliopúbica até a tuberosidade coxal, fortalece a fáscia ilíaca nos dois lados do tendão pré-púbico (▶Fig. 3.18 e ▶Fig. 3.19). Há uma abertura entre o ligamento inguinal, a fáscia ilíaca e a margem cranial do púbis, a qual permite a passagem dos músculos psoas maior e ilíaco e, com exceção dos carnívoros, o músculo sartório (*lacuna musculorum*). Ventromedialmente, esse ligamento forma uma passagem para a artéria e a veia ilíacas externas, para a artéria e a veia femorais profundas, para o nervo safeno e para os vasos linfáticos (*lacuna vasorum*).

A **linha alba** é a sutura ventromediana em que as partes bilaterais do mesoderma lateral se unem durante o desenvolvimento (▶Fig. 3.19). Ela forma o **anel umbilical** (*anulus umbilicalis*) para o úraco e os vasos umbilicais no feto, os quais formam o umbigo no pós-parto. A linha alba reforça a parede abdominal ventral juntamente à fáscia profunda do tronco, com a qual se une na linha média. Em animais de grande porte, a parte ventral da fáscia profunda do tronco é entrelaçada por uma malha de fibras elásticas. Devido à cor amarelada dessas fibras, essa parte da fáscia profunda também é denominada **túnica amarela do abdome** (*tunica flava abdominis*).

Os **músculos abdominais** desempenham diversas **funções**. Eles formam uma parte importante da construção estática e dinâmica do tronco, que sustenta as vísceras abdominais. Além disso, eles auxiliam ativamente na fase final da expiração, sobretudo durante a respiração difícil, empurrando as vísceras cranialmente.

Quando os músculos abdominais se contraem contra um diafragma imóvel, diz-se que o animal está sob "pressão". Isso resulta em aumento da pressão intra-abdominal, o que, por sua vez, reforça as contrações dos músculos viscerais necessários durante a defecação, a micção e o parto.

Os músculos abdominais desempenham uma função importante durante a locomoção. Em ruminantes e no equino, eles auxiliam na sustentação da coluna vertebral durante a deambulação. Contraindo-se bilateralmente, esses músculos ajudam a arquear o dorso, o que é de grande importância para passagens de portões. Isso é mais evidente nos carnívoros, nos quais os músculos abdominais são muito mais carnudos do que tendinosos.

Há **quatro músculos abdominais**, cuja denominação segue sua posição e estrutura (▶Fig. 3.18 e ▶Fig. 3.19; ▶Tab. 3.11):

- músculo oblíquo externo do abdome (*m. obliquus externus abdominis*);
- músculo oblíquo interno do abdome (*m. obliquus internus abdominis*);
- músculo transverso do abdome (*m. transversus abdominis*);
- músculo reto do abdome (*m. rectus abdominis*).

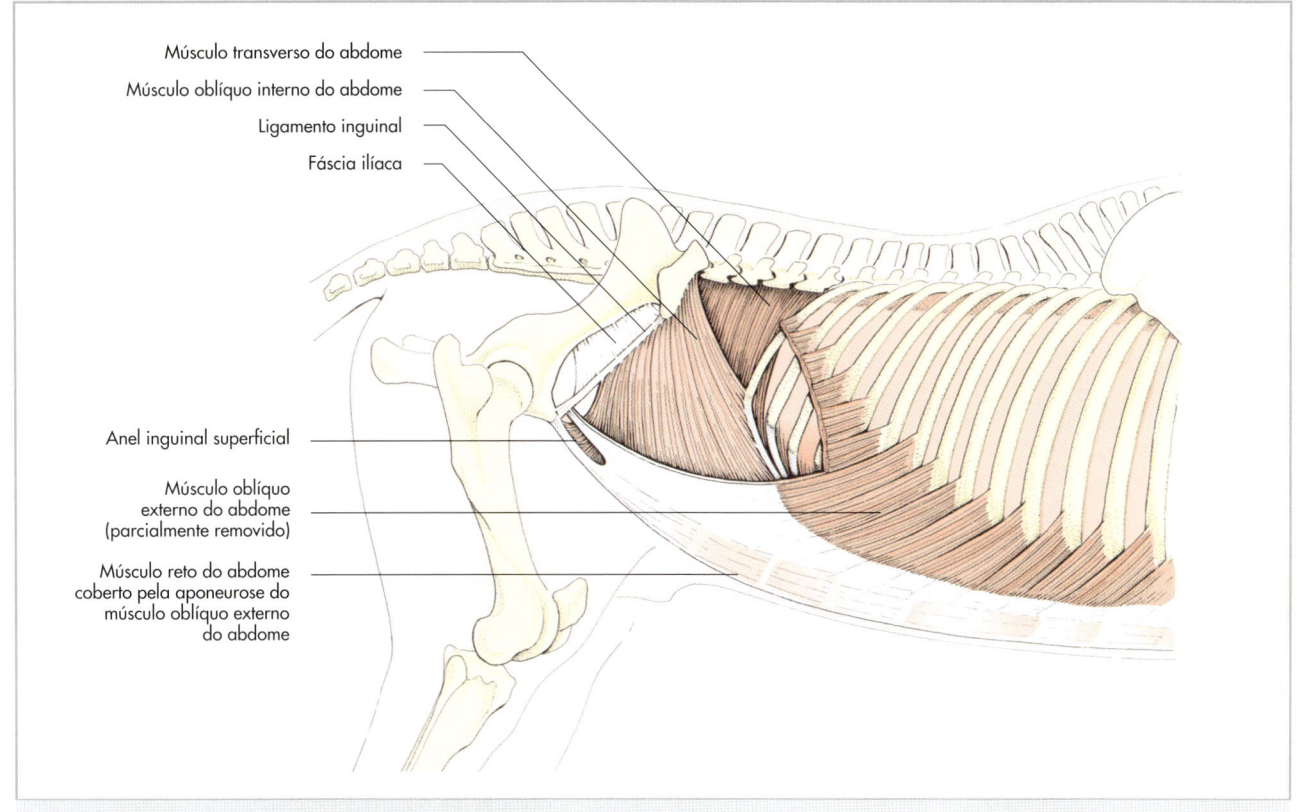

Fig. 3.18 Músculos da parede abdominal de um equino (representação esquemática, vista lateral).

Legendas da figura:
- Músculo transverso do abdome
- Músculo oblíquo interno do abdome
- Ligamento inguinal
- Fáscia ilíaca
- Anel inguinal superficial
- Músculo oblíquo externo do abdome (parcialmente removido)
- Músculo reto do abdome coberto pela aponeurose do músculo oblíquo externo do abdome

O **músculo oblíquo externo do abdome** é o músculo abdominal mais superficial e é coberto apenas pelas fáscias profunda e superficial do tronco e pela parte abdominal do músculo cutâneo (▶Fig. 3.18 e ▶Fig. 3.19). Ele tem uma origem ampla de uma série de digitações das faces laterais das costelas caudais à 4ª ou 5ª costela. As digitações mais craniais se alternam com as digitações dos músculos serráteis ventrais. A origem de músculo se curva caudodorsalmente até alcançar a extremidade da última costela, onde se fusiona com a fáscia toracolombar.

Conforme a sua posição e o seu curso, o músculo oblíquo externo do abdome pode ser dividido em uma **parte torácica** maior, originada da face lateral do tórax, e uma **parte lombar** menor, a qual se origina da última costela e da fáscia toracolombar. No equino, ela emerge também da tuberosidade coxal.

A maior concentração de fibras musculares se espalha caudoventralmente, porém os fascículos dorsais seguem um curso mais horizontal. A parte carnosa do músculo continua como uma aponeurose larga no quarto ventral da parede abdominal em carnívoros e na altura de uma linha imaginária entre a tuberosidade coxal e a articulação costocondral da 5ª costela no equino. Essa grande aponeurose se fusiona ventralmente com a aponeurose do músculo oblíquo interno do abdome, formando a lâmina externa da **bainha do músculo reto do abdome** (*vagina m. recti abdominis*). Essa bainha se insere na linha alba e no ligamento pré-púbico com o tendão abdominal e no ligamento inguinal com o tendão pélvico.

Na região inguinal, a aponeurose se divide em duas partes principais, as quais formam uma fenda, o **anel inguinal superficial** (*anulus inguinalis superficialis*) (▶Fig. 3.18 e ▶Fig. 3.19).

O tendão abdominal forma a parede caudomedial (também chamada de pilar medial) do anel inguinal superficial, o tendão pélvico, e a parede caudolateral (também chamada de pilar lateral). Em correspondência ao trajeto das fibras musculares, o eixo longo da abertura inguinal superficial segue a direção craniolateral a caudomedial. O anel inguinal superficial é a **abertura externa do canal inguinal** (*canalis inguinalis seu spatium inguinale*). Antes ou logo após o nascimento do animal, ele permite que os testículos desçam em direção ao escroto.

No macho adulto, o **processo vaginal** (*processus vaginalis*) (▶Fig. 3.19), coberto pelo músculo cremaster e contendo o cordão espermático, os vasos sanguíneos e os nervos, atravessa o canal inguinal. O pilar medial emite a **lâmina femoral** (*lamina femoralis*), a qual passa para a face medial da coxa, onde se une à fáscia femoral medial.

Em carnívoros, o tendão abdominal fusiona-se com a fáscia profunda do tronco no lado externo e com a aponeurose do músculo oblíquo interno do abdome internamente, formando a lâmina externa da bainha do músculo reto. A própria bainha se une com as **intersecções tendíneas** (*intersectiones tendineae*) do músculo reto do abdome. O pilar lateral do tendão pélvico se une com o pilar medial no ângulo caudal (*angulus caudalis*) do anel inguinal superficial.

No equino, o **forte tendão abdominal** é reforçado pela parte ventral da fáscia profunda do tronco, a **túnica amarela do abdome**, e se insere ao longo da linha alba, por meio do pilar medial do anel inguinal superficial, até o tendão pré-púbico. O anel inguinal superficial é bem-definido e mede cerca de 10 a 15 cm. Ele situa-se cerca de 2 cm lateralmente à linha alba e na mesma distância no sentido cranial em relação ao ligamento pré-púbico. O tendão pélvico menor forma o ligamento inguinal tendíneo (*ligamentum inguinale*), o qual se prolonga desde a tuberosidade coxal até a eminência iliopúbica e o tendão pré-púbico (▶Fig. 3.19).

O **músculo oblíquo interno do abdome** se situa abaixo do músculo oblíquo externo do abdome. Ele se origina da tuberosidade coxal, da parte proximal do ligamento inguinal e, com exceção do equino, dos processos transversos das vértebras lombares e da fáscia toracolombar (▶Fig. 3.18 e ▶Fig. 3.19). O músculo oblíquo interno do abdome se espalha na direção cranioventral, e suas fibras se orientam em um ângulo reto em relação às fibras do músculo oblíquo externo do abdome. A sua parte muscular se torna uma ampla aponeurose na altura da margem lateral do músculo reto do abdome. Esse músculo se une com a aponeurose do músculo oblíquo externo do abdome para formar a lâmina externa da bainha do músculo reto, a qual se une na linha alba com a lâmina do lado oposto.

Proximalmente, há uma parte separada, o **pilar costocoxal** (*crus costocoxale*), que se fixa à última costela e ao ângulo das costelas. A parte caudal do músculo oblíquo interno do abdome forma a parede cranial do anel inguinal profundo (*anulus inguinalis profundus*), cuja parede caudal é formada pelo ligamento inguinal. O anel inguinal profundo é uma abertura interna na forma de sulco do canal inguinal, e seu eixo longo se orienta em uma direção transversal.

Em machos, o músculo oblíquo interno do abdome destaca uma faixa muscular estreita caudalmente, o cremaster, que cobre o processo vaginal em sua face lateral e passa com este último através do anel inguinal.

O **músculo transverso do abdome** é o menor dos quatro músculos abdominais e situa-se mais profundamente em relação aos outros (▶Fig. 3.18). Trata-se de uma lâmina muscular de fascículos de fibras paralelos que se origina cranialmente do interior das cartilagens costais das últimas 12 costelas no equino e da 12ª e 13ª costelas no cão e caudalmente dos processos transversos das vértebras lombares. A sua margem caudal alcança a altura da tuberosidade coxal, ao passo que a sua parte muscular continua como uma aponeurose na altura da margem lateral do músculo reto do abdome. Essa aponeurose consiste na lâmina interna da bainha do músculo reto. Como o músculo transverso do abdome não se prolonga além da altura da tuberosidade coxal, não há **lâmina interna da bainha do músculo reto** na região pélvica. A aponeurose não se prolonga até o canal inguinal. Equinos bem alimentados podem depositar uma grande quantidade de gordura entre a fáscia transversa e o músculo transverso do abdome (panículo adiposo interno). Em carnívoros, a aponeurose projeta um destacamento para a bainha externa do músculo reto do abdome, caudal ao umbigo.

O **músculo reto do abdome** é confinado à vista ventral da parede abdominal e não forma aponeurose, ao contrário dos outros músculos abdominais (▶Fig. 3.18 e ▶Fig. 3.19). O músculo inteiro situa-se dentro de uma bainha, a **bainha do músculo reto**, formada pelas aponeuroses dos outros músculos abdominais de forma variável conforme a espécie (*vagina musculi recti abdominis*). O músculo reto do abdome emerge das cartilagens costais das costelas verdadeiras e das partes adjacentes do esterno e se insere no tendão pré-púbico. As fibras dos músculos direcionam-se longitudinalmente nos dois lados da linha alba. Faixas transversais de tecido fibroso, denominadas intersecções tendíneas, se estendem sobre o músculo. No equino, o tendão de inserção do músculo reto do abdome se destaca para formar o ligamento acessório do fêmur, o qual corre para a articulação coxofemoral, onde se insere juntamente ao ligamento da cabeça do fêmur à cabeça do fêmur.

Bainha do músculo reto do abdome (*vagina m. recti abdominis*)

O músculo reto do abdome é completamente envolvido por tecido tendíneo, o qual é composto pelas aponeuroses dos outros três músculos abdominais e da fáscia profunda do tronco (▶Fig. 3.20). Ao se desconsiderar as variações específicas para cada espécie, a bainha do músculo reto do abdome apresenta a seguinte arquitetura: as aponeuroses dos dois músculos oblíquos do abdome formam a **lâmina externa da bainha** (*lamina externa*), a qual cobre a face central do músculo reto do abdome. Dorsalmente, o músculo reto do abdome é coberto pela **lâmina interna da bainha** (*lamina interna*), a qual é formada pela aponeurose do músculo transverso do abdome. As duas lâminas se unem na linha alba. O plano anatômico descrito refere-se a ruminantes e ao equino, e limita-se à região do umbigo no suíno e em carnívoros.

Na região pré-umbilical dos carnívoros, a aponeurose do músculo oblíquo interno do abdome se divide para formar a lâmina tendínea da lâmina interna da bainha do músculo reto do abdome. Na região caudal ao umbigo, a aponeurose do músculo transverso do abdome atravessa gradualmente para o lado lateral, onde se une com as aponeuroses dos músculos oblíquos e a fáscia transversa para formar a lâmina externa da bainha do músculo reto do abdome. Desse modo, o músculo reto do abdome não apresenta uma cobertura aponeurótica interna em sua extremidade pélvica, sendo coberto apenas pela fáscia transversa e pelo peritônio.

Canal inguinal (*canalis inguinalis*)

O canal inguinal é uma fenda preenchida com tecido conjuntivo entre os músculos abdominais e suas aponeuroses tanto em machos quanto em fêmeas. Ele serve como passagem para o processo vaginal e para a descida dos testículos antes ou logo após o nascimento nos machos.

A abertura externa do canal inguinal é denominada **anel inguinal superficial** (*anulus inguinalis superficialis*). No equino ele se situa de 4 a 5 cm lateralmente à linha alba, com dois dedos de largura cranial à margem cranial da pelve (▶Fig. 3.18 e ▶Fig. 3.19).

Em um equino de estatura mediana, o anel inguinal superficial é uma abertura na forma de sulco bem-definida, medindo cerca de 10 a 12 cm de comprimento, cujo eixo longo direciona-se do sentido craniolateral para caudomedial. A parede ventromedial desse anel é formada pelo pilar medial do tendão abdominal do músculo oblíquo externo do abdome, e sua parede dorsolateral, pelo pilar lateral do tendão pélvico deste último músculo. A parede ventromedial do anel inguinal superficial é palpável através da pele entre a parede abdominal e a coxa. Já a parede dorsolateral não pode ser palpada, pois é coberta pela lâmina femoral.

A abertura interna do canal inguinal, o **anel inguinal profundo** (*anulus inguinalis profundus*), orienta-se transversalmente ao eixo longo do corpo (▶Fig. 3.19). O anel inguinal profundo é formado

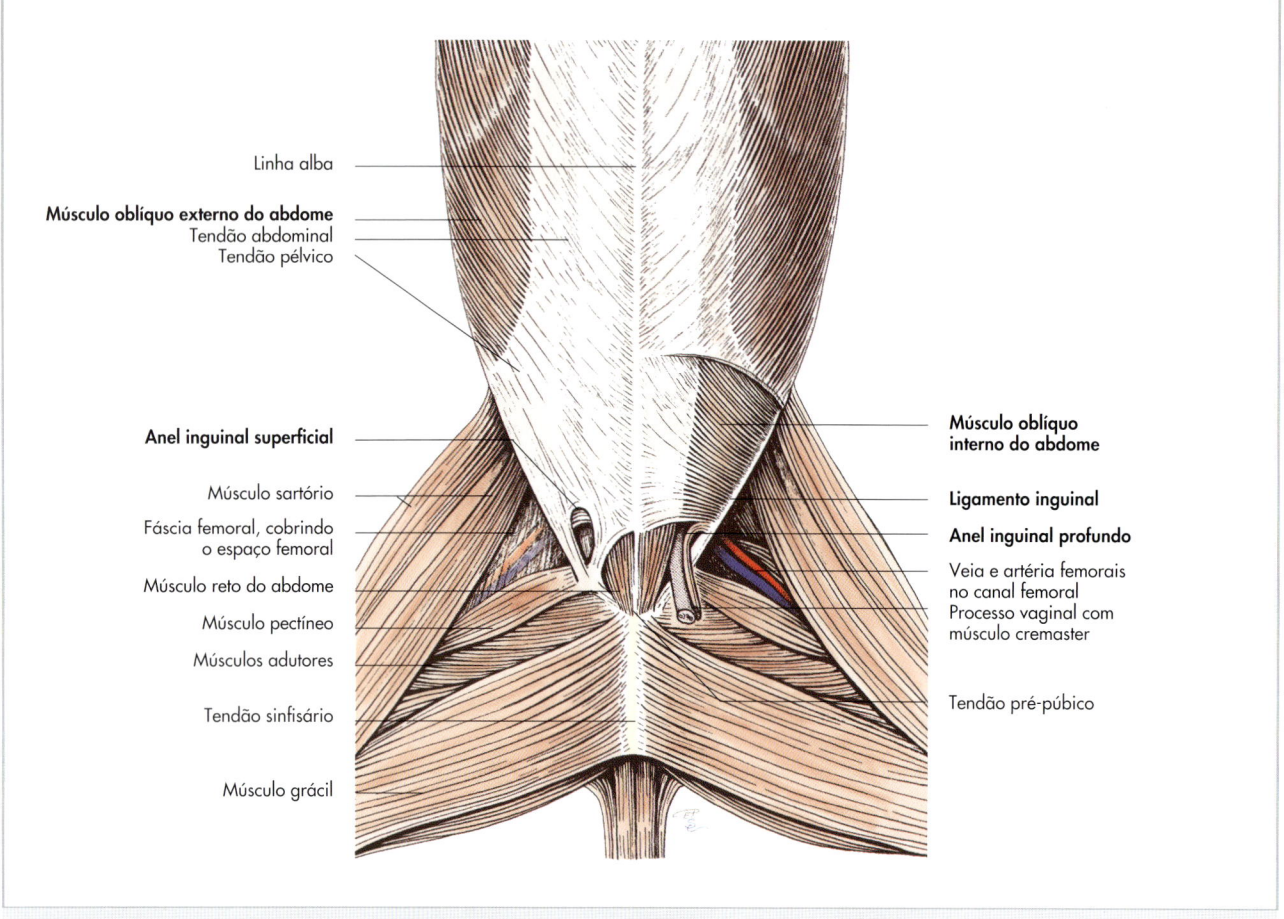

Fig. 3.19 Músculos da parede abdominal e do lado femoral medial (representação esquemática, vista ventral).

pela margem caudal do músculo oblíquo interno do abdome e pela margem lateral do músculo reto do abdome craniomedialmente e pelo ligamento inguinal caudolateralmente. O ligamento inguinal é a terminação caudal mais espessa do tendão pélvico do músculo oblíquo externo do abdome e está intimamente relacionado com a fáscia transversa. Ele se prolonga entre a eminência iliopúbica e o tendão pré-púbico.

No macho adulto, o canal inguinal contém o processo vaginal, que inclui o cordão espermático e o músculo cremaster (*m. cremaster*) na face lateral. No equino, o cordão espermático pode ser palpado através da pele e da parede do processo vaginal.

O ângulo caudomedial do anel inguinal superficial deixa espaço para a passagem de vasos sanguíneos e linfáticos (*a. et v. pudenda externa*; vasos eferentes dos linfonodos superficiais inguinais) e o nervo genitofemoral (*n. genitofemoralis*) através do canal inguinal. Nas fêmeas dos mamíferos domésticos, o canal inguinal é bastante estreito e permite a passagem dos mesmos vasos e nervos que nos machos. Apenas a cadela possui um processo vaginal, o qual contém o ligamento redondo do útero.

A região inguinal é clinicamente significativa para castração, hérnias inguinais e criptorquidismo.

Tab. 3.11 Músculos da parede abdominal

Nome Inervação	Origem	Inserção	Função
Músculo oblíquo externo do abdome Ramos ventrais dos nervos torácicos e lombares	Digitações da face lateral da 8ª à 10ª costela e fáscia toracolombar	Linha alba e ligamento inguinal	Promover a pressão e a expiração abdominais, realizar a compressão das vísceras abdominais
Músculo oblíquo interno do abdome Ramos ventrais dos nervos torácicos e lombares	Tuberosidade coxal, processos transversos das vértebras lombares e fáscia toracolombar	Linha alba e última costela, arco costal	Promover a pressão e a expiração abdominais, realizar a compressão das vísceras abdominais
Músculo transverso do abdome Ramos ventrais dos nervos torácicos e lombares	Processos transversos das vértebras lombares, cartilagens costais	Linha alba	Promover a pressão e a expiração abdominais, realizar a compressão das vísceras abdominais
Músculo reto do abdome Ramos ventrais dos nervos torácicos e lombares	Esterno, cartilagens das costelas esternais a partir da 4ª costela	Tendão pré-púbico e pécten do osso púbis	Promover a pressão e a expiração abdominais, realizar a compressão das vísceras abdominais

3.4.5 Músculos da cauda (*musculi caudae*)

A cauda dos mamíferos domésticos apresenta uma diversidade de funções, para as quais a sua fixação versátil ao tronco é muito importante. Ela pode influenciar os movimentos do corpo inteiro consideravelmente. A cauda expressa uma gama de emoções e atua como meio de comunicação, principalmente em carnívoros. Os músculos da cauda são dispostos em ordem circular ao redor das vértebras caudais. Eles são continuações diretas de músculos que emergem da coluna vertebral ou da pelve.

Esses músculos podem ser diferenciados de acordo com a sua posição e função:
- **levantadores da cauda**:
  - músculo sacrococcígeo dorsal medial (*m. sacrococcygeus dorsalis medialis*);
  - músculo sacrococcígeo dorsal lateral (*m. sacrococcygeus dorsalis lateralis*);
- **abaixadores da cauda**:
  - músculo sacrococcígeo ventral medial (*m. sacrococcygeus ventralis medialis*);
  - músculo sacrococcígeo ventral lateral (*m. sacrococcygeus ventralis lateralis*);
- **flexores laterais da cauda**:
  - músculos intertransversários da cauda (*mm. intertransversarii caudae*);
- **músculos pélvico-caudais**:
  - músculo coccígeo (*m. coccygeus*);
  - músculo iliocaudal (*m. iliocaudalis*);
  - músculo pubocaudal (*m. pubocaudalis*).

Os **músculos da cauda** originados da coluna vertebral situam-se nas faces lateral, ventral e dorsal e cobrem as vértebras individuais e os discos intervertebrais (▶Fig. 3.21; ▶Tab. 3.12). Os levantadores da cauda situam-se na face dorsal das vértebras caudais e se prolongam desde o sacro (em carnívoros, desde a última vértebra lombar) até as médias ou últimas vértebras caudais.

O **músculo sacrococcígeo dorsal medial**, também denominado levantador curto da cauda, é composto por segmentos curtos e individuais, os quais se prolongam entre os processos espinhosos e mamilares (▶Fig. 3.18). Em carnívoros, ele se situa nos dois lados do plano medial, na face dorsal da 6ª ou 7ª vértebra lombar até a última vértebra caudal. O músculo sacrococcígeo dorsal medial apresenta partes musculares profundas curtas, as quais se originam do processo espinhoso, conectam um espaço intervertebral e se inserem no processo mamilar da vértebra caudal, e partes superficiais longas, as quais abrangem quatro ou cinco vértebras caudais. Os segmentos musculares se tornam cada vez menores em direção à extremidade da cauda.

Considera-se que o **músculo sacrococcígeo dorsal lateral**, também denominado levantador longo da cauda, seja a continuação direta do músculo longuíssimo do dorso na cauda (▶Fig. 3.21). No cão, ele apresenta uma origem muscular da aponeurose do longuíssimo e uma origem tendínea dos processos mamilares da 2ª à 7ª vértebra lombar, dos processos articulares do sacro e dos rudimentos dos processos mamilares das primeiras oito vértebras caudais. O músculo sacrococcígeo dorsal lateral é composto por segmentos individuais, os quais se prolongam da 2ª vértebra sacral até a 14ª vértebra caudal. Esses segmentos musculares prosseguem na forma de 16 tendões finos e delicados, embutidos na fáscia profunda da cauda, que se afunilam na direção da extremidade da cauda. Em ruminantes e no equino, há tendões adicionais, que se originam da parte lateral do sacro.

O **músculo sacrococcígeo ventral medial**, também denominado abaixador curto da cauda, cobre o lado ventral da coluna vertebral, iniciando com a última vértebra sacral através de todo o comprimento da cauda (▶Fig. 3.21). Trata-se de um músculo em forma de corda, que forma, com o músculo do lado oposto, um sulco profundo para os vasos coccígeos (*a. et v. coccygea mediana*). Os tendões de inserção desse músculo unem-se com o tendão do abaixador longo da cauda.

O **músculo sacrococcígeo ventral lateral**, também denominado abaixador longo da cauda, é composto por várias partes individuais, as quais se originam no sentido lateral e ventral em relação ao abaixador curto da cauda desde a última vértebra lombar, do sacro, da face ventral e da base dos processos transversos das 11 primeiras vértebras caudais em carnívoros (▶Fig. 3.21). Os segmentos individuais se inserem nos tubérculos ventrolaterais, na extremidade cranial da 6ª vértebra caudal. Em ungulados, o músculo sacrococcígeo ventral lateral é um forte cordão muscular, que se origina da 2ª, 3ª ou última vértebra sacral e do processo transverso das primeiras vértebras caudais.

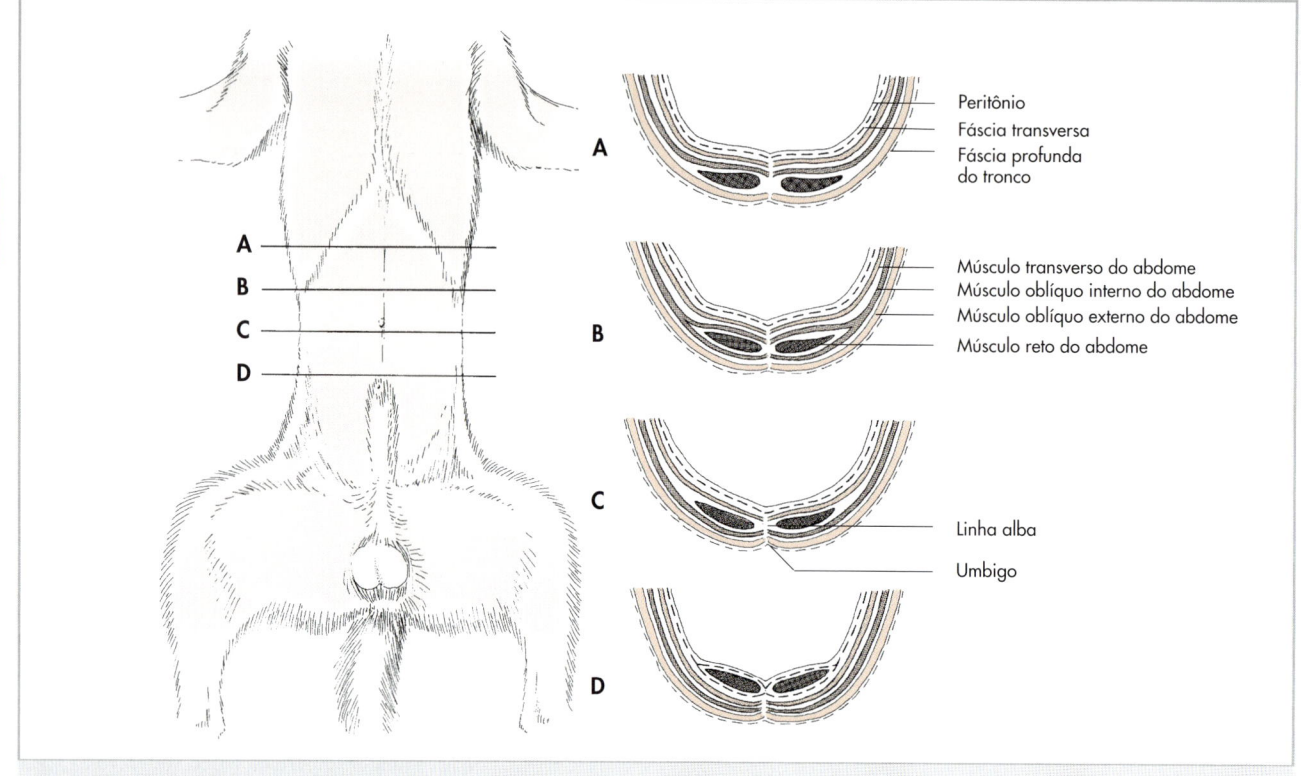

Fig. 3.20 Bainha do músculo reto do abdome de um cão com secções transversais através da parede abdominal ventral em quatro níveis (representação esquemática). (Fonte: com base em dados de Budras, 1996.)

Os **músculos intertransversários da cauda** flexionam a cauda lateralmente e estão situados na face lateral das vértebras caudais, entre o levantador longo e o abaixador longo da cauda (▶Fig. 3.21). Eles ocupam os espaços entre os processos transversos das vértebras caudais e são particularmente bem-desenvolvidos em ruminantes e no equino. Em carnívoros, os músculos intertransversários da cauda exibem fascículos musculares ventrais e dorsais.

As **partes dorsais** se originam do ligamento sacroilíaco dorsal (*ligamentum sacroiliacum dorsale*) e da parte caudal do sacro. Já as partes individuais formam um amplo ventre muscular redondo, que se insere nos processos transversos da 5ª vértebra caudal e recebe fibras suplementares dos processos transversos das primeiras vértebras caudais.

O **músculo intertransversário ventral da cauda** se prolonga da 3ª até a última vértebra caudal.

Os **músculos da pelve e da cauda** são individuais e se prolongam da pelve até os processos transversos ou hemais das primeiras vértebras caudais. Eles se inserem entre os levantadores e abaixadores da cauda.

O **músculo iliocaudal** e o **músculo pubocaudal** estão presentes apenas em carnívoros e fazem parte dos músculos levantadores do ânus. O músculo iliocaudal forma a parte do ílio do músculo levantador do ânus, originando-se da face medial do corpo do ílio. O músculo pubocaudal é composto por uma parte púbica, emergindo do assoalho da pelve ao longo da sínfise pélvica. O nervo obturador (*n. obturatorius*) passa entre as duas partes. As fibras de ambas as partes se irradiam na fáscia da cauda ou terminam nos processos hemais da 1ª à 3ª (gato) ou da 4ª à 7ª (cão) vértebra caudal.

O **músculo coccígeo** origina-se do interior do ligamento sacrotuberal largo em ruminantes, no suíno e no equino. Em carnívoros, ele se origina no sentido cranial ao músculo obturador interno, desde a espinha isquiática, e se insere nos processos transversos da 1ª vértebra caudal, entre as partes dos músculos intertransversários da cauda. A atuação bilateral desse músculo pressiona a cauda contra o ânus e a genitália, retraindo esta última entre os membros pélvicos. A ação unilateral flexiona a cauda lateralmente.

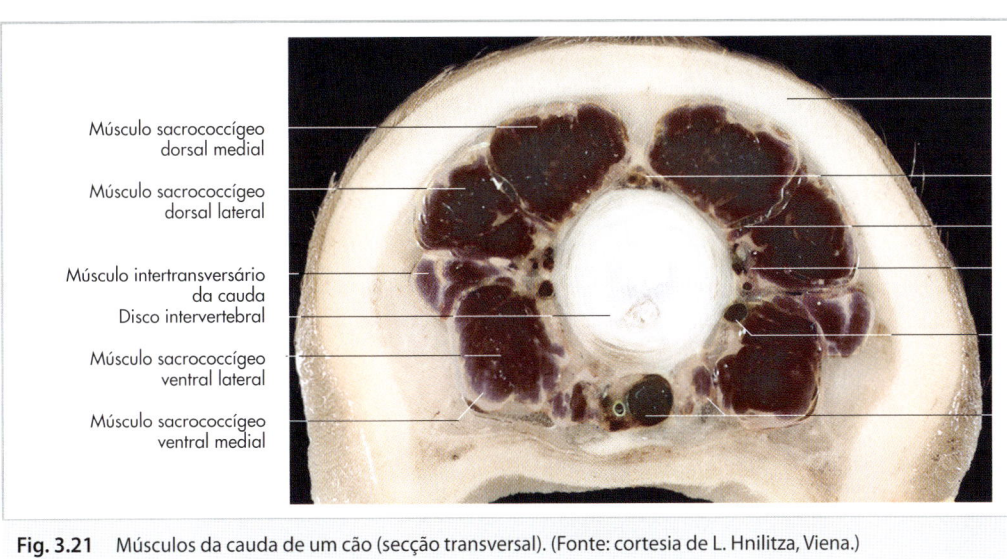

Fáscias e músculos da cabeça, do pescoço e do tronco   169

Labels on figure:
- Músculo sacrococcígeo dorsal medial
- Músculo sacrococcígeo dorsal lateral
- Músculo intertransversário da cauda
- Disco intervertebral
- Músculo sacrococcígeo ventral lateral
- Músculo sacrococcígeo ventral medial
- Fáscia coccígea superficial
- Artéria e veia coccígeas dorsais
- Fáscia coccígea profunda
- Artéria e veia coccígeas dorsolaterais e plexo coccígeo dorsal
- Artéria e veia coccígeas ventrolaterais e plexo coccígeo ventral
- Artéria e veia coccígeas medianas

Fig. 3.21 Músculos da cauda de um cão (secção transversal). (Fonte: cortesia de L. Hnilitza, Viena.)

Tab. 3.12 Músculos da cauda

Nome / Inervação	Origem	Inserção	Função
Músculo sacrococcígeo dorsal lateral Nervos sacrais e caudais	Sacro	Medialmente e nas últimas vértebras caudais	Elevar a cauda
Músculo sacrococcígeo dorsal medial Nervos sacrais e caudais	Sacro	Medialmente e nas últimas vértebras caudais	Elevar a cauda
Músculo sacrococcígeo ventral lateral Nervos sacrais e caudais	Ventralmente no sacro	Medialmente e nas últimas vértebras caudais	Abaixar a cauda
Músculo sacrococcígeo ventral medial Nervos sacrais e caudais	Ventralmente no sacro	Medialmente e nas últimas vértebras caudais	Abaixar a cauda
Músculos intertransversais da cauda Nervos sacrais e caudais	Processos transversos das vértebras caudais	Medialmente e nas últimas vértebras caudais	Mover a cauda lateralmente
Músculo coccígeo Nervos sacrais e caudais	Espinha isquiática e ligamento sacrotuberal	Processos transversos das primeiras vértebras caudais	Mover a cauda lateralmente
Músculo íliocaudal (apenas em carnívoros) Nervos sacrais e caudais	Medialmente no corpo do ílio	Processos hemais das primeiras vértebras caudais	Abaixar a cauda
Músculo pubocaudal (apenas em carnívoros) Nervos sacrais e caudais	Sínfise pélvica	Processos hemais das primeiras vértebras caudais	Abaixar a cauda

4 Membros torácicos (*membra thoracica*)

H.-G. Liebich, J. Maierl e H. E. König

4.1 Esqueleto do membro torácico (*ossa membri thoracici*)

4.1.1 Cintura escapular (*cingulum membri thoracici*)

A cintura ou cinturão escapular compreende o **osso coracoide**, a **clavícula** (*clavicula*) e a **escápula** (*scapula*) e une o membro torácico ao tronco.

Nos mamíferos domésticos, o **coracoide** reduz-se a um processo cilíndrico (processo coracoide, *processus coracoideus*), fusionando-se ao lado medial da escápula. A **clavícula** não existe, ou reduz-se a uma pequena estrutura rudimentar embutida no músculo braquiocefálico, ao contrário do osso funcional bem-desenvolvido dos humanos. No gato (▶Fig. 4.1), é um osso de formato achatado, ligeiramente sinuoso, com 2 a 5 cm de comprimento, ao passo que, no cão, tem apenas 1 cm de comprimento, sem ligação com o esqueleto. Esses ossos rudimentares são visíveis em radiografias. Nos ungulados, o coracoide se reduz ainda mais e não passa de uma intersecção fibrosa no músculo braquiocefálico.

Escápula (*scapula*)

A escápula é um osso plano com contorno triangular, situada contra a parte cranial da parede torácica lateral, na direção cranioventral. Ela está ligada ao tronco por músculos (**sinsarcose**), porém sem formar uma articulação verdadeira. A **margem dorsal** (*margo dorsalis*) é voltada para a coluna vertebral e se prolonga até a **cartilagem escapular** (*cartilago scapulae*), que apresenta uma forma de meia lua, aumenta a área de fixação para os músculos da escápula e absorve choques. Essa cartilagem se torna cada vez mais calcificada e frágil com a idade. No equino, a cartilagem escapular se prolonga sobre o ângulo caudal e alcança a altura da cernelha; em carnívoros, ela é uma pequena faixa.

A **face lateral** (*facies lateralis*) da escápula concentra estruturas ósseas proeminentes, ao passo que a **face medial** ou **costal** é escavada por uma **fossa** (*fossa subscapularis*) rasa para a fixação muscular. A face lateral é dividida pela **espinha da escápula** (*spina scapulae*) saliente em uma **fossa supraespinal** (*fossa supraspinata*) cranial menor e em uma **fossa infraespinal** (*fossa infraspinata*), maior caudalmente (▶Fig. 4.4, ▶Fig. 4.6, ▶Fig. 4.7 e ▶Fig. 4.8). Os ventres dos músculos de mesmo nome encontram-se dentro dessas fossas. A espinha da escápula se prolonga desde a margem dorsal até o ângulo ventral, aumentando em altura (distância da escápula) dorsoventralmente.

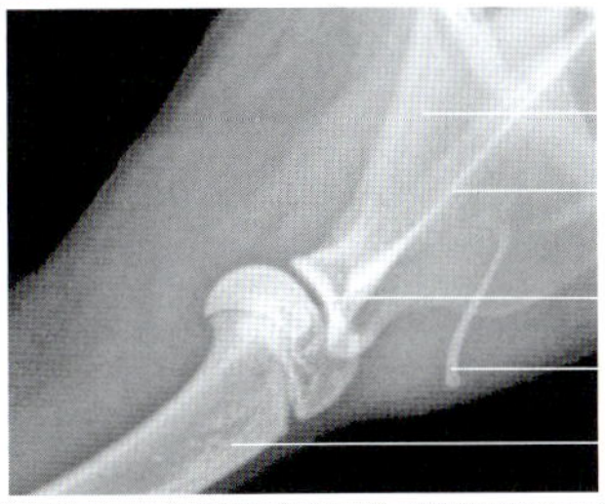

A espinha termina com uma saliência bem-definida (**acrômio**), próximo ao ângulo ventral em carnívoros e ruminantes; porém, no equino e no suíno, ela diminui distalmente. Essa saliência prolonga-se para formar um processo distinto no cão (*processus hamatus*) e no gato (*processus suprahamatus*). A **tuberosidade da espinha da escápula** (*tuber spinae scapulae*) está presente na metade dorsal em todos os mamíferos domésticos, com exceção dos carnívoros.

A **face costal da escápula** (*facies costalis seu medialis*) é escavada pela **fossa subescapular** (*fossa subscapularis*) rasa, a qual é ocupada pela origem do músculo subescapular (▶Fig. 4.8). A margem proximal contém uma área rugosa (*facies serrata*) bem-definida, onde se fixa o músculo serrátil ventral. Essa área é cercada por uma margem óssea. O **contorno da escápula** pode ser definido por diferentes características, as quais são descritas a seguir, no sentido anti-horário:

- ângulo cranial (*angulus cranialis*);
- margem cranial (*margo cranialis*);
- ângulo ventral (*angulus ventralis*);
- margem caudal (*margo caudalis*);
- ângulo caudal (*angulus caudalis*);
- margem dorsal (*margo dorsalis*).

O **ângulo cranial** une a **margem cranial fina** (*margo cranialis*) e ligeiramente côncava em um ângulo reto. A margem cranial forma a **incisura escapular** (*incisura scapulae*) na altura do **colo da escápula** (*collum scapulae*), onde se situa o nervo supraescapular. O **ângulo ventral** (*angulus ventralis*) concentra a **cavidade glenoidal** (*cavitas glenoidalis*), de pouca profundidade, para a articulação da escápula com o úmero (articulação glenoumeral, articulação do ombro, *articulatio humeri*).

No sentido cranial à cavidade glenoidal, há uma proeminência grande, o **tubérculo supraglenoidal** (*tuberculum supraglenoidale*), o qual dá origem ao músculo bíceps braquial. O **processo coracoide** (*processus coracoideus*) se projeta da face medial do tubérculo supraglenoidal (▶Fig. 4.8).

A **margem caudal** espessa é marcada por diversas cristas para a fixação do músculo tríceps braquial. O **ângulo caudal** também é espesso e palpável por meio da pele.

4.1.2 Esqueleto do braço (*brachium*)

O esqueleto da parte proximal (estilopódio) (▶Fig. 4.2) do apêndice livre do membro torácico (membro anterior) é formado por um único osso, o **úmero** (▶Fig. 4.3), o qual tem uma função fundamental no movimento do membro torácico. A superfície desse osso é modelada de forma característica pela fixação de músculos fortes e seus tendões, os quais levam ao desenvolvimento de protuberâncias e sulcos ósseos proeminentes. Apesar das modificações características de cada espécie, o úmero pode ser dividido em três segmentos básicos (▶Fig. 4.9, ▶Fig. 4.10, ▶Fig. 4.11 e ▶Fig. 4.12):

- extremidade proximal com a cabeça do úmero (*caput humeri*) e tubérculos (*tuberculum majus et minus*);

Fig. 4.1 Articulação do ombro, com a clavícula de um gato (radiografia). (Fonte: cortesia da Profª. Drª. Ulrike Matis, Munique.)

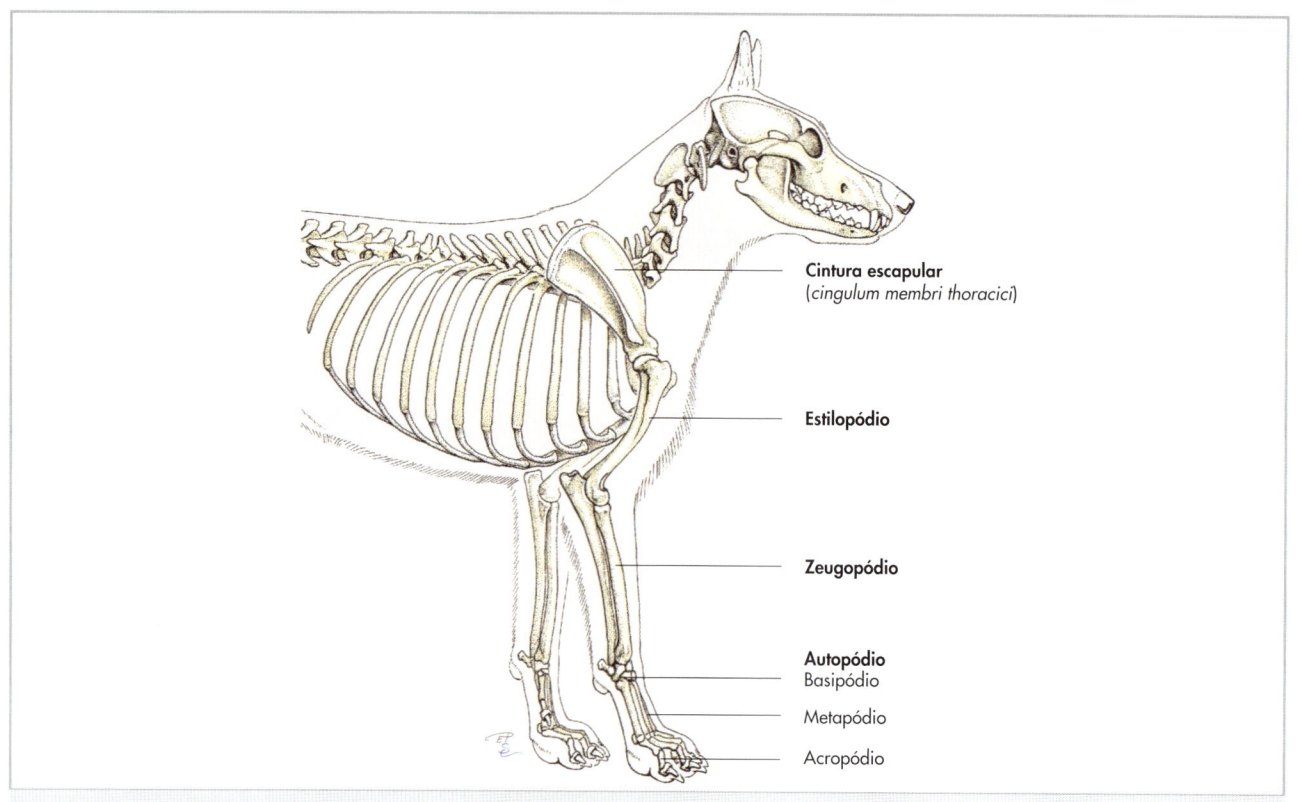

Fig. 4.2 Esqueleto do membro torácico de um cão: partes (representação esquemática).

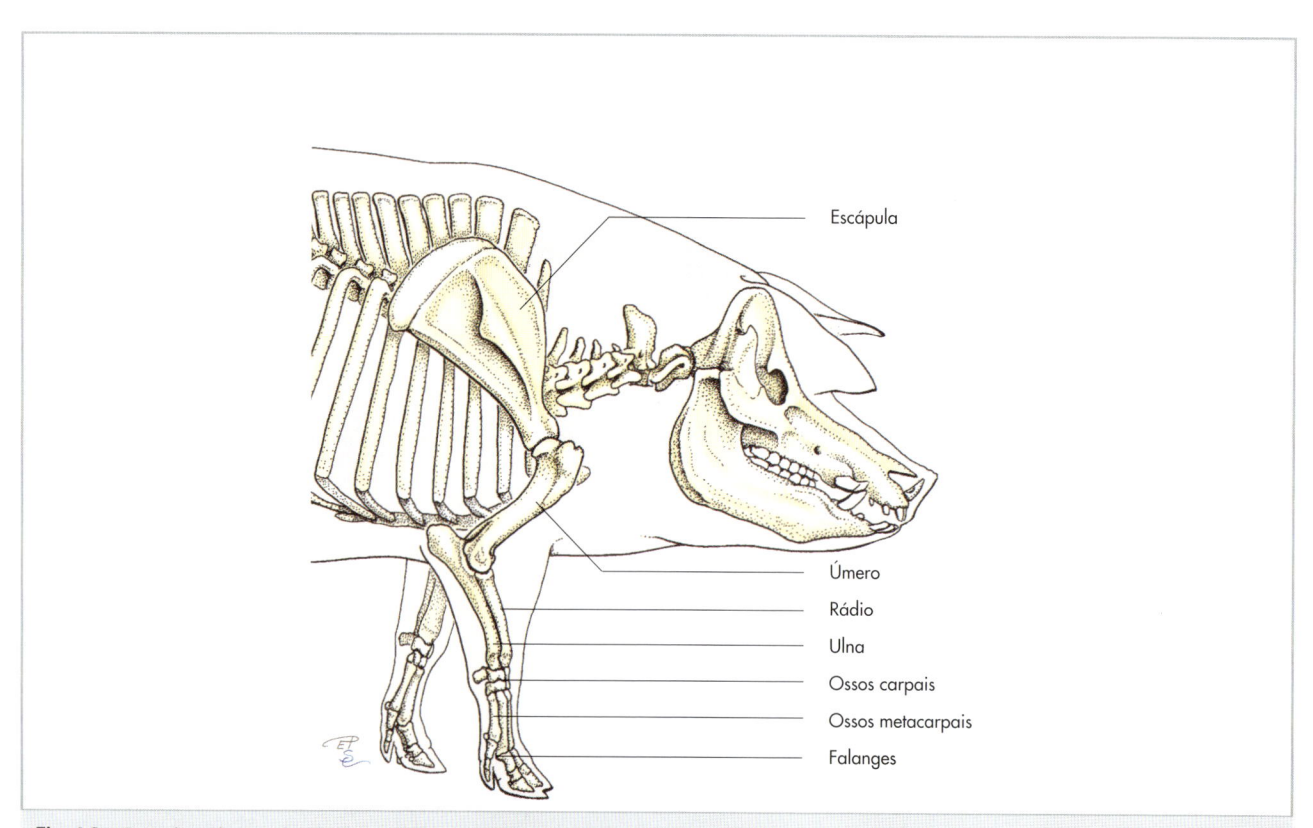

Cintura escapular (*cingulum membri thoracici*)
Estilopódio
Zeugopódio
Autopódio
Basipódio
Metapódio
Acropódio

Fig. 4.3 Esqueleto do membro torácico de um suíno: ossos (representação esquemática).

Escápula
Úmero
Rádio
Ulna
Ossos carpais
Ossos metacarpais
Falanges

Membros torácicos (*membra thoracica*) 173

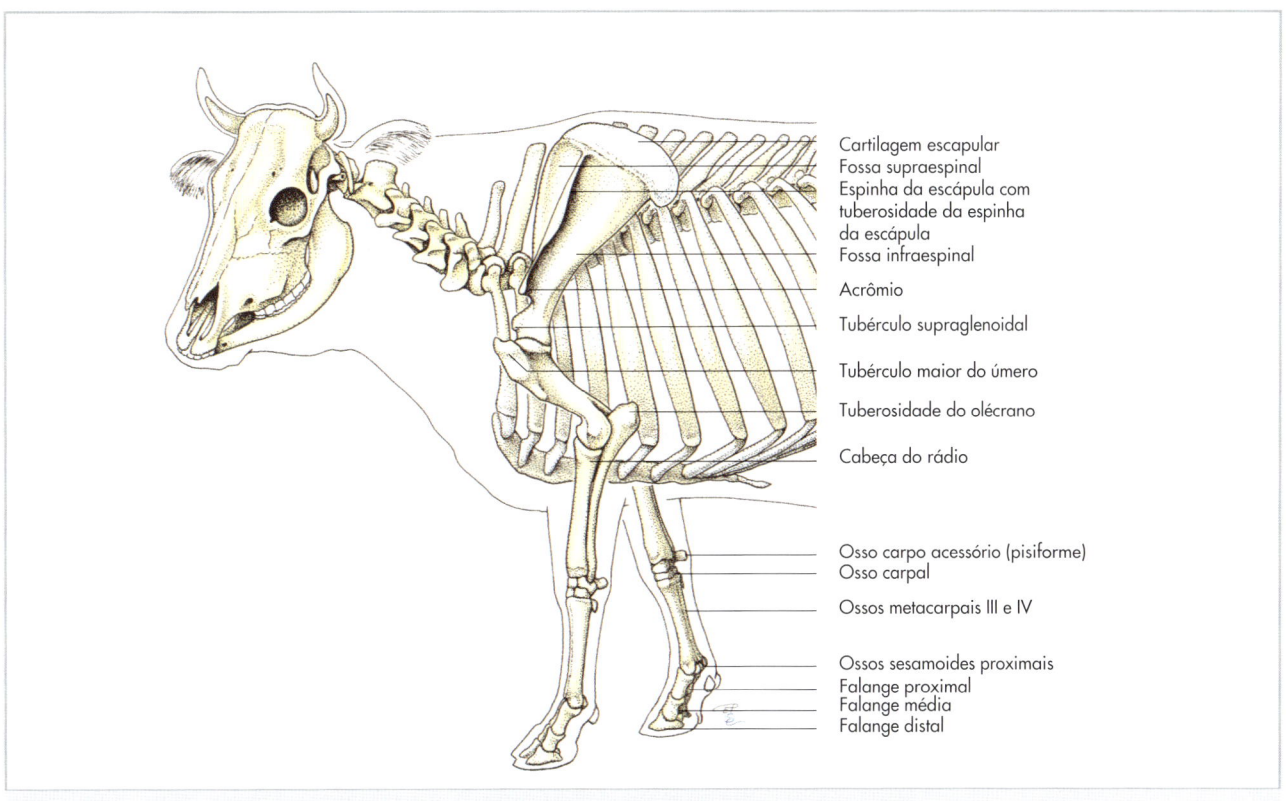

Cartilagem escapular
Fossa supraespinal
Espinha da escápula com tuberosidade da espinha da escápula
Fossa infraespinal
Acrômio
Tubérculo supraglenoidal
Tubérculo maior do úmero
Tuberosidade do olécrano
Cabeça do rádio

Osso carpo acessório (pisiforme)
Osso carpal
Ossos metacarpais III e IV
Ossos sesamoides proximais
Falange proximal
Falange média
Falange distal

Fig. 4.4 Esqueleto do membro torácico de um bovino: estruturas ósseas (representação esquemática).

Articulação do ombro

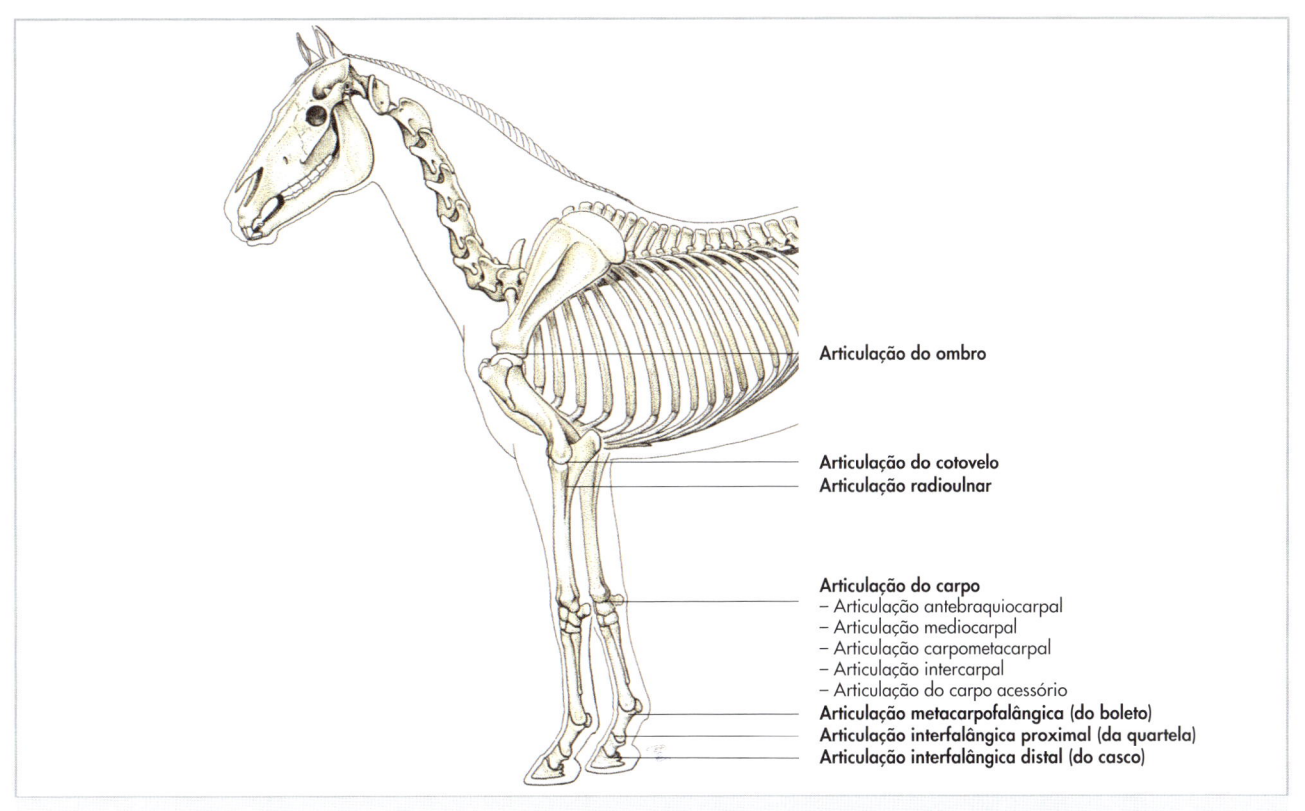

Articulação do cotovelo
Articulação radioulnar

Articulação do carpo
 – Articulação antebraquiocarpal
 – Articulação mediocarpal
 – Articulação carpometacarpal
 – Articulação intercarpal
 – Articulação do carpo acessório
Articulação metacarpofalângica (do boleto)
Articulação interfalângica proximal (da quartela)
Articulação interfalângica distal (do casco)

Fig. 4.5 Esqueleto do membro torácico de um equino: articulações (representação esquemática).

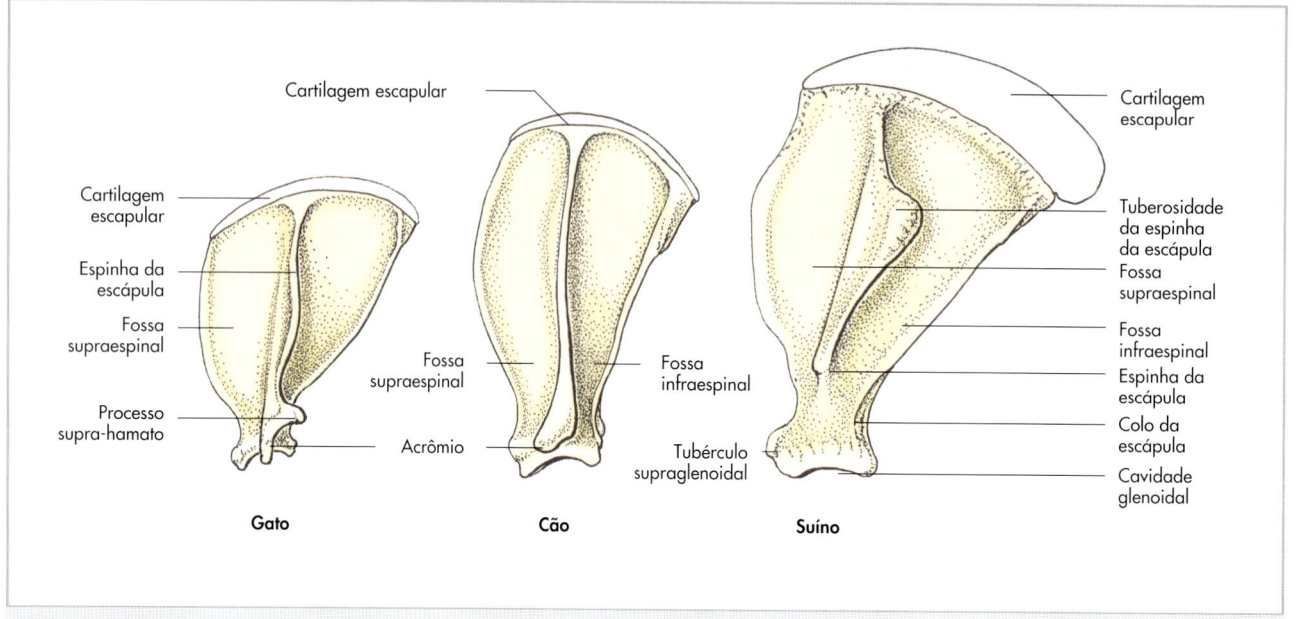

Fig. 4.6 Escápula esquerda de um gato, um cão e um suíno (representação esquemática, vista lateral).

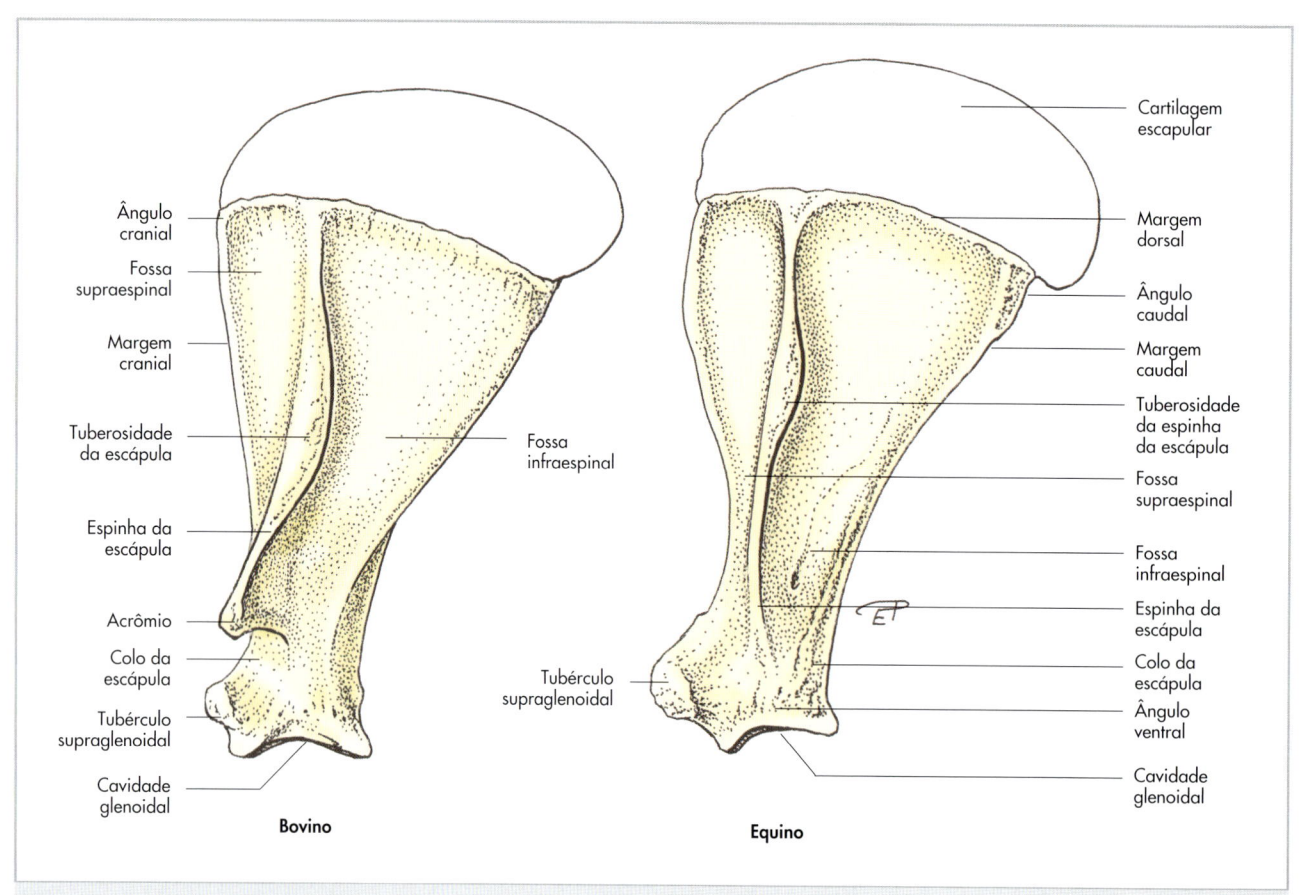

Fig. 4.7 Escápula esquerda de um bovino e um equino (representação esquemática, vista lateral).

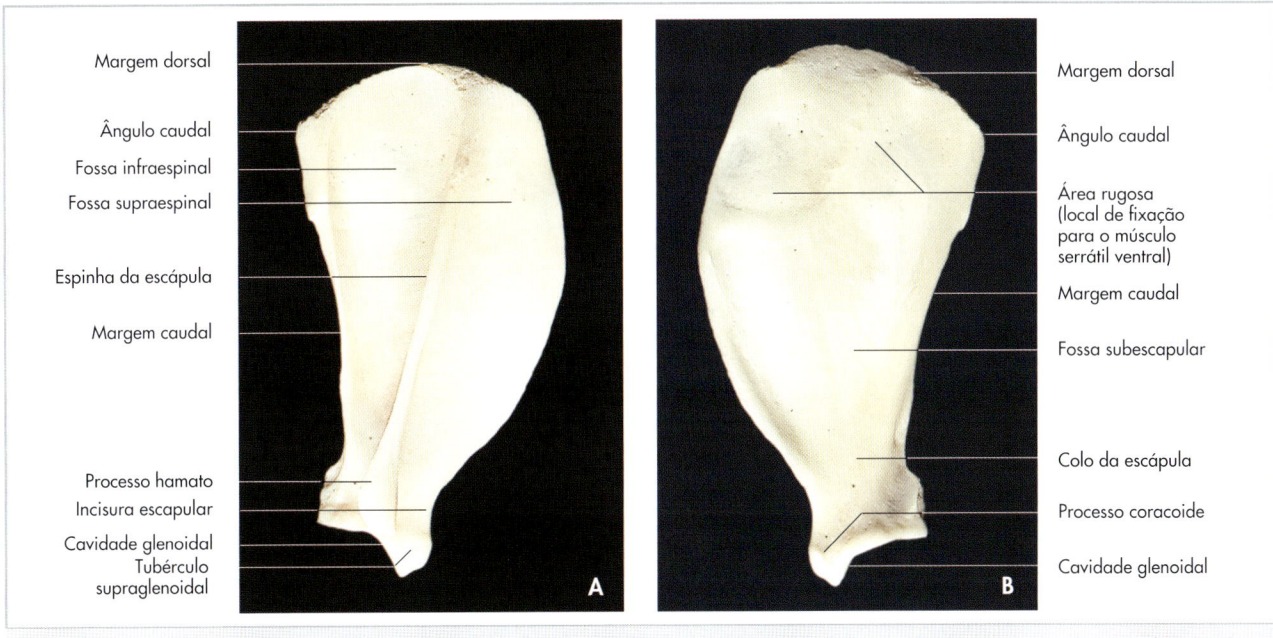

Fig. 4.8 Escápula esquerda de um cão: **(A)** vista lateral e **(B)** vista medial.

- corpo do úmero (*corpus humeri*) com a tuberosidade deltoide (*tuberositas deltoidea*);
- extremidade distal com o côndilo do úmero.

A parte caudal da **extremidade proximal** (*extremitas seu epiphysis proximalis*) concentra a **cabeça do úmero**, a qual forma uma face articular convexa circular para a articulação com a cavidade glenoidal da escápula, cujo tamanho é consideravelmente menor (▶ Fig. 4.9 e ▶ Fig. 4.10).

A **cabeça do úmero** (*caput humeri*) separa-se do corpo do úmero por um **colo** (*collum humeri*) bem-definido, o qual é mais pronunciado no cão e no gato. O **tubérculo maior** (*tuberculum majus*) situa-se no lado craniolateral da cabeça do úmero, e o **tubérculo menor** (*tuberculum minus*), no sentido craniomedial. Eles são separados pelo **sulco bicipital** ou **intertubercular** (*sulcus intertubercularis*), por onde corre o tendão de origem do músculo bíceps braquial. O sulco bicipital é dividido por uma protuberância plana em ruminantes e uma crista proeminente (tubérculo intermédio, *tuberculum intermedium*) no equino.

O tubérculo maior é composto por uma parte cranial e outra caudal em todas as espécies, exceto no gato. Em ruminantes e no equino, o tubérculo menor também se divide em duas partes.

Os tubérculos maior e menor propiciam a inserção para os músculos da escápula (infraespinal e supraespinal), os quais protegem e sustentam a articulação do ombro (▶ Fig. 4.5 e ▶ Fig. 4.12).

O **corpo do úmero** é a **parte média** (diáfise) do úmero. O amplo sulco radial (*sulcus musculi brachialis*), que forma uma espiral sobre a face lateral do corpo, confere uma aparência característica ao corpo do úmero, ao redor do qual passam o músculo braquial e o nervo radial (▶ Fig. 4.9, ▶ Fig. 4.10 e ▶ Fig. 4.11).

A **tuberosidade deltoide** (*tuberositas deltoidea*) localiza-se na face lateral do corpo do úmero, proximal à sua metade, e se prolonga distalmente como a **crista do úmero** (*crista humeri*).

Ela forma a inserção para o músculo deltoide. Uma linha rugosa (*linea musculi tricipitis*), que propicia a fixação para o músculo tríceps braquial, curva-se desde a tuberosidade deltoide proximalmente até a inserção do **músculo redondo menor** (tuberosidade redonda menor, *tuberositas teres minor*) distalmente. Em ruminantes e no equino, a **tuberosidade redonda maior** (*tuberositas teres major*) localiza-se na face medial do corpo do úmero, proximal ao seu ponto médio; em carnívoros, ela é substituída pela **crista do tubérculo menor** (*crista tuberculi minoris*).

Na **extremidade distal** (*extremitas seu epiphysis distalis*) está o **côndilo do úmero** (*condylus humeri*), o qual se posiciona em ângulo reto com o eixo do corpo do úmero (▶ Fig. 4.9, ▶ Fig. 4.10 e ▶ Fig. 4.11). O côndilo se articula com os ossos do antebraço, o **rádio** e a **ulna**, formando a **articulação do cotovelo** (*articulatio cubiti*) (▶ Fig. 4.5 e ▶ Fig. 4.12). No cão e no gato, o côndilo divide-se em uma parte medial mais longa (*trochlea humeri*), a qual se articula com a ulna, e um **capítulo** (*capitulum humeri*) lateralmente, para a articulação com o rádio (▶ Fig. 4.11A e B). A face articular é dividida por cristas sagitais em ungulados.

Nos dois lados do côndilo, há protuberâncias espessas, os **epicôndilos**, que originam a musculatura da parte distal do membro torácico. O **epicôndilo lateral** (*epicondylus lateralis*), de tamanho menor, projeta-se caudolateralmente, ao passo que o **epicôndilo medial** (*epicondylus medialis*), mais proeminente, projeta-se caudomedialmente. O epicôndilo lateral origina os músculos extensores, e o medial dá origem aos músculos flexores do carpo e dos dedos (▶ Fig. 4.9, ▶ Fig. 4.10 e ▶ Fig. 4.11); ambos propiciam fixação para os **ligamentos colaterais** (*ligamenta collateralia*) correspondentes da articulação do cotovelo. Os epicôndilos são separados por um sulco profundo, a **fossa do olécrano** (*fossa olecrani*), que entra em contato com uma parte do olécrano. A **fossa radial** (*fossa radialis*) situa-se na face cranial do côndilo (▶ Fig. 4.9, ▶ Fig. 4.10 e ▶ Fig. 4.11A). No cão, a fossa do olécrano e a fossa

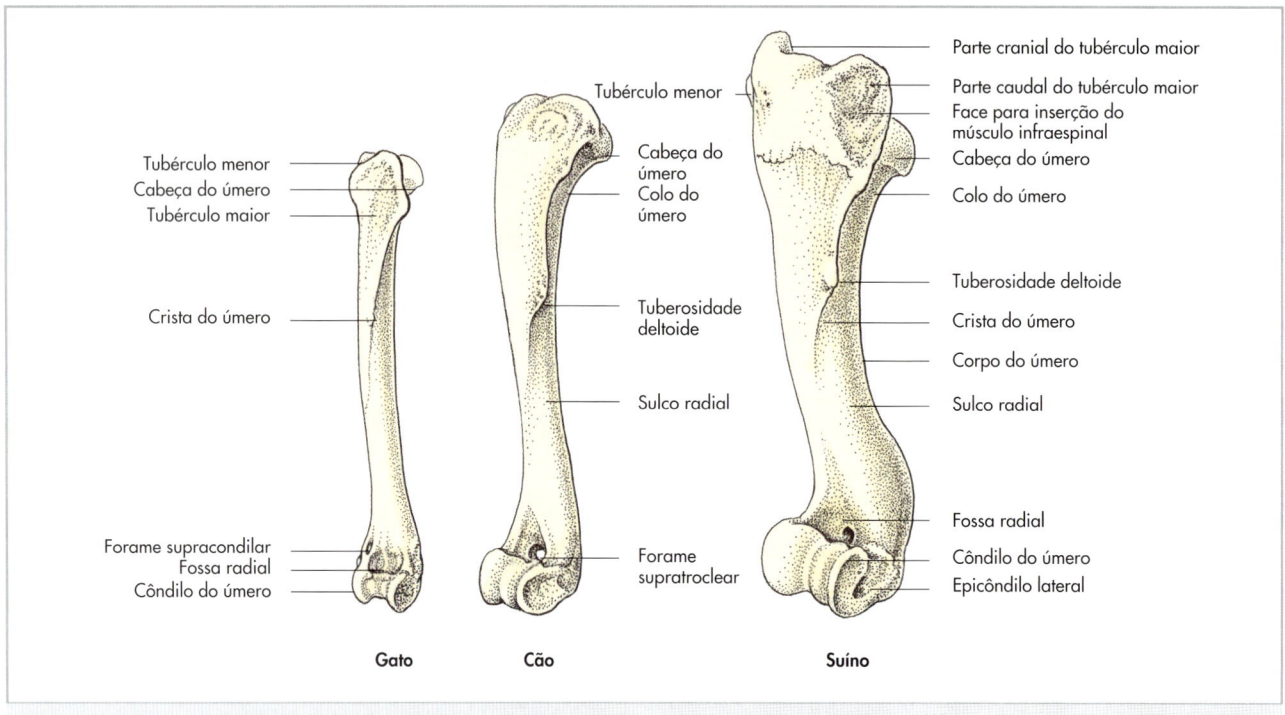

Fig. 4.9 Úmero esquerdo de um gato, um cão e um suíno (representação esquemática, vista lateral).

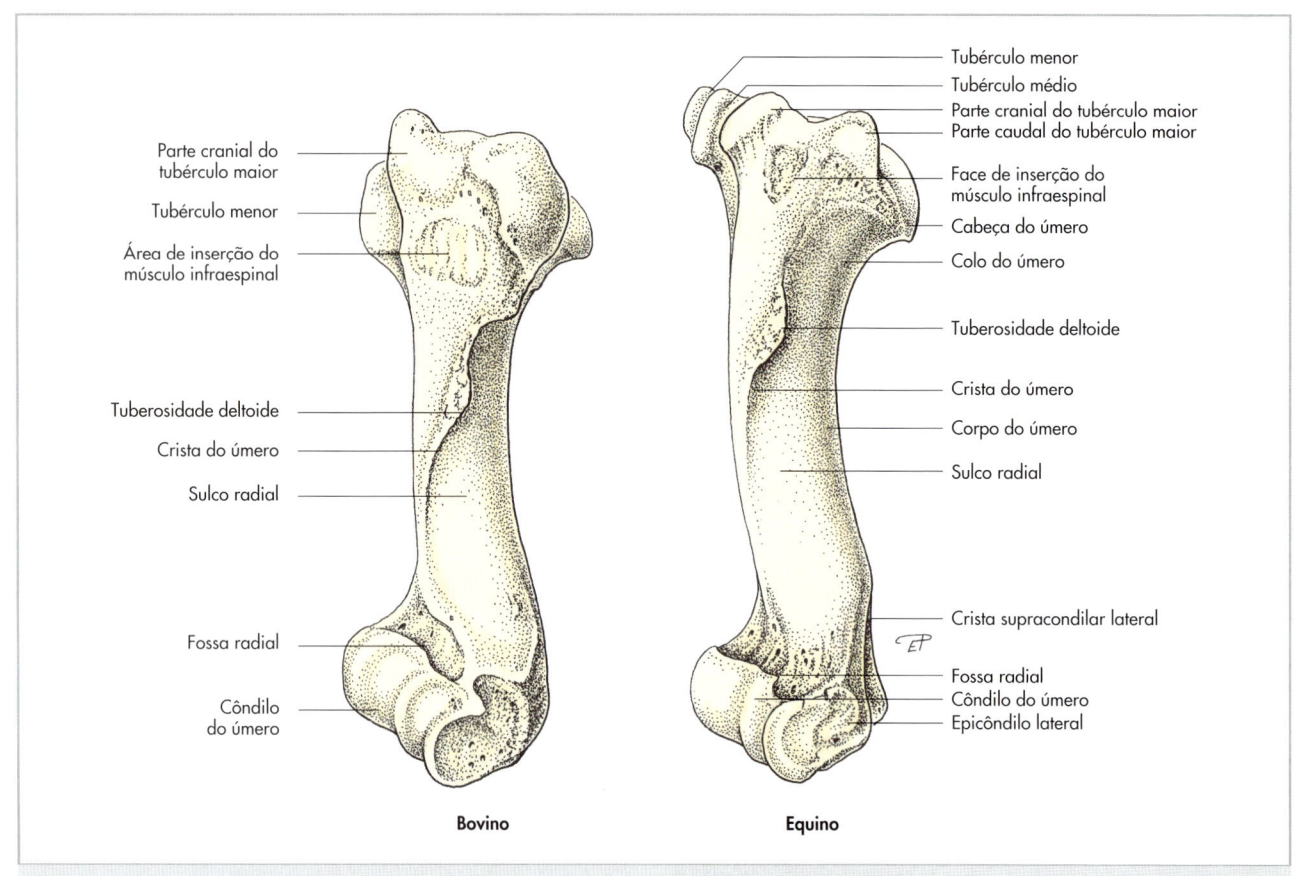

Fig. 4.10 Úmero esquerdo de um bovino e um equino (representação esquemática, vista craniolateral).

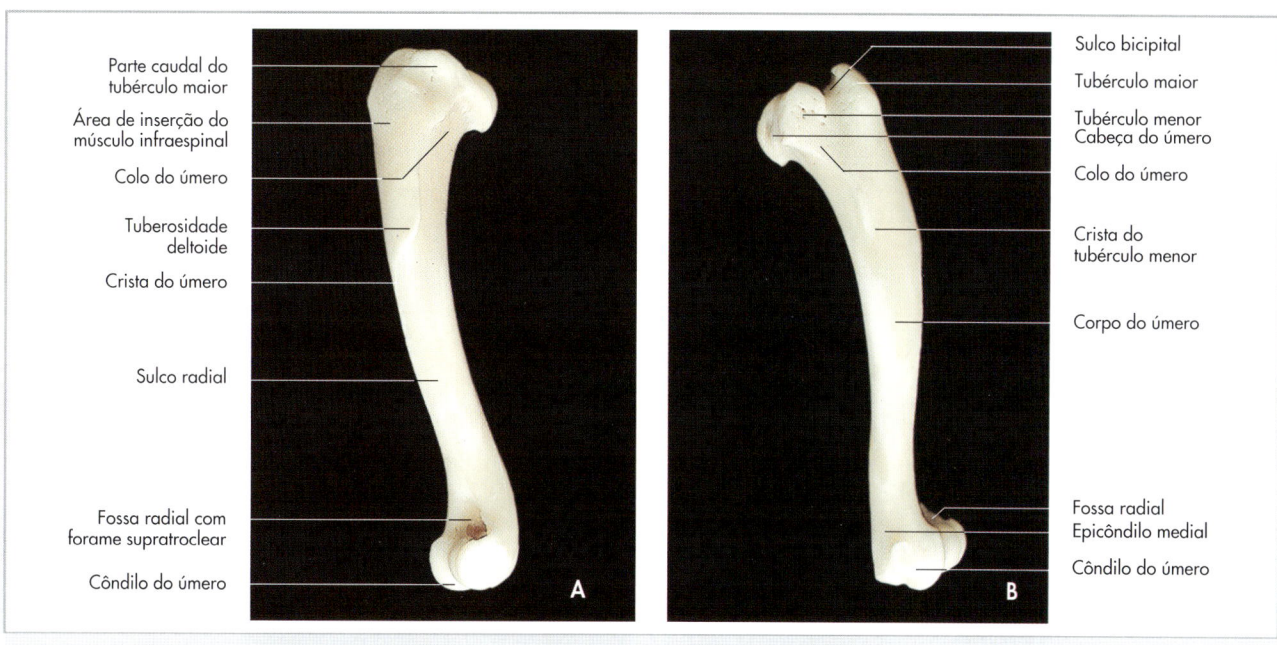

Fig. 4.11 Úmero esquerdo de um cão: **(A)** vista lateral e **(B)** vista medial.

radial se comunicam por meio do **forame supratroclear** (*forame supratrochleare*) (▶Fig. 4.9 e ▶Fig. 4.11). No gato, a face medial da extremidade distal do úmero é perfurada pelo **forame supracondilar** (*forame supracondylare*) (▶Fig. 4.9).

4.1.3 Esqueleto do antebraço (*skeleton antebrachii*)

O esqueleto da parte distal (zeugopódio) do apêndice livre do membro torácico é composto por dois ossos, o **rádio** e a **ulna** (▶Fig. 4.3, ▶Fig. 4.13, ▶Fig. 4.14, ▶Fig. 4.15 e ▶Fig. 4.16).

A ulna situa-se na direção caudal/caudolateral em relação ao rádio na parte proximal do antebraço e lateral na parte distal. Durante a evolução, esses ossos sofreram um desenvolvimento característico em cada espécie. Em humanos, a capacidade de movimentos rotacionais é bastante desenvolvida: se a palma da mão (pata dianteira) for voltada para trás (**pronação**), os ossos do antebraço se cruzam; se a palma da mão for voltada para a frente (**supinação**), o rádio e a ulna ficam lado a lado. Embora ainda haja uma capacidade limitada de movimento em carnívoros, sendo que o cão apresenta uma limitação maior de rotação que o gato, esse movimento não é possível no equino, cuja parte distal da ulna é completamente reduzida.

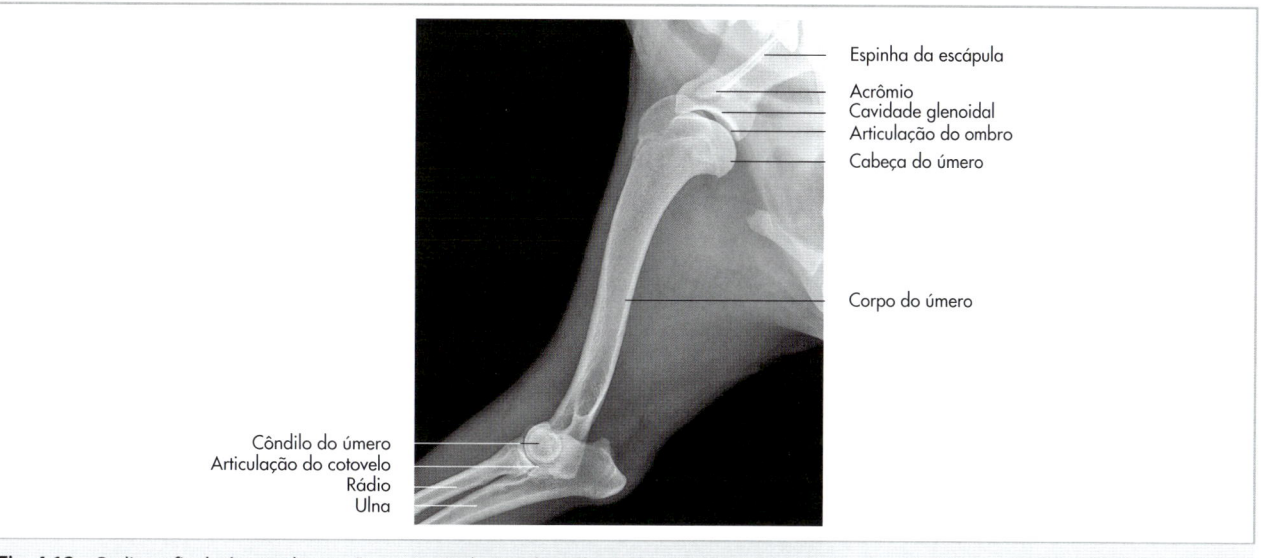

Fig. 4.12 Radiografia do úmero de um cão com articulações do ombro e do cotovelo (projeção laterolateral). (Fonte: cortesia da Profª. Drª. Ulrike Matis, Munique.)

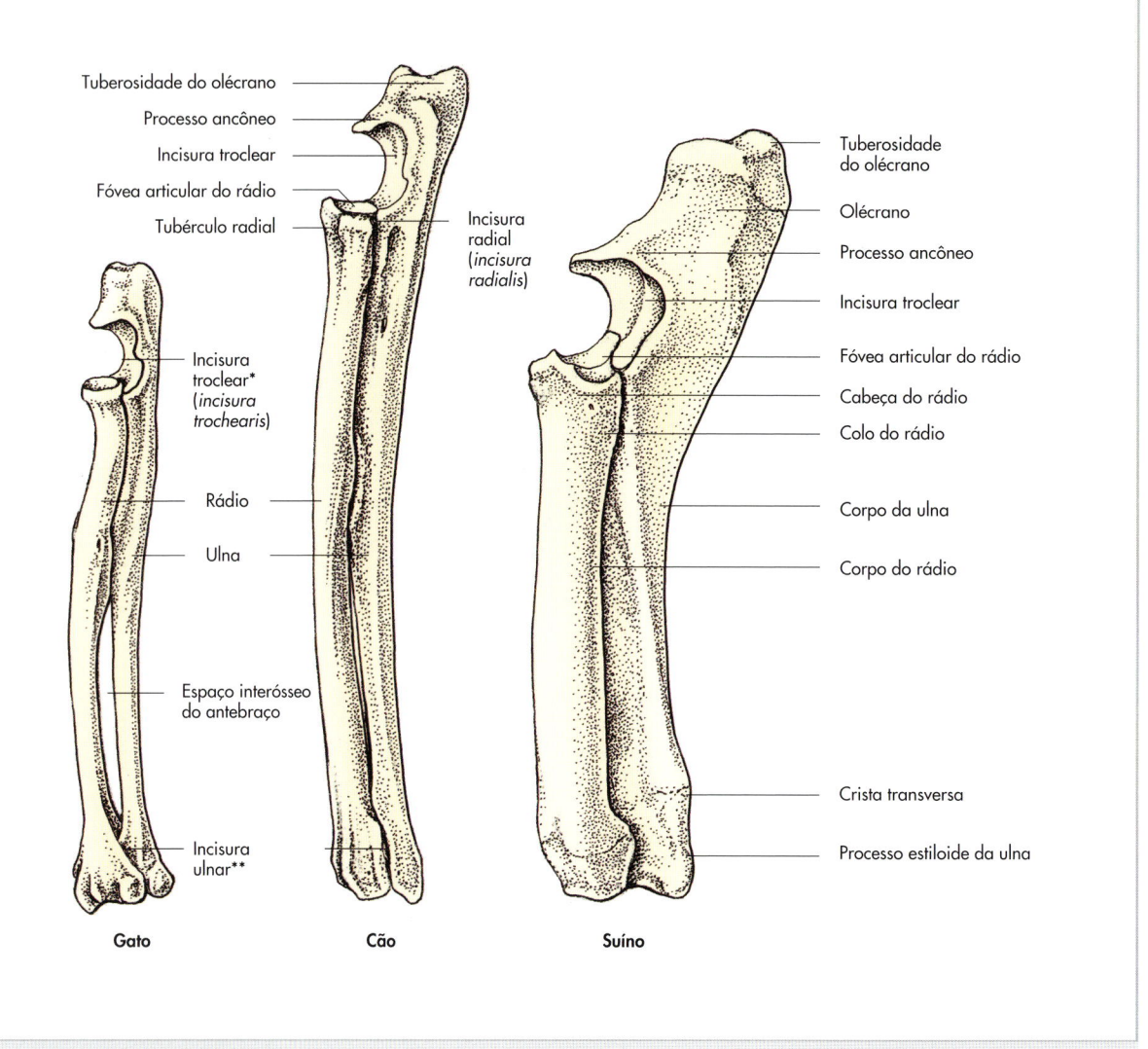

Fig. 4.13 Antebraço esquerdo (rádio e ulna) de um gato, um cão e um suíno (representação esquemática, vista craniolateral).
*N. de R.T. Para articular a tróclea do úmero.
**N. de R.T. Face côncava para a articulação com a ulna em carnívoros e suínos.

Durante a rotação, a extremidade proximal do rádio se coloca dentro da **incisura radial da ulna** (*incisura radialis ulnae*), ao passo que a extremidade distal gira ao redor da **incisura ulnar** (*circumferentia radialis ulnae*) articular. Os ossos do antebraço permitem uma supinação de 45° no cão, a qual aumenta substancialmente com a capacidade rotacional do carpo. No suíno, o movimento rotacional é impedido pelo tecido mole firme, que conecta o **espaço interósseo** (*spatium interosseum*); no equino e no bovino, os dois ossos são fusionados.

Rádio

O rádio pode ser dividido em **três segmentos principais**:
- extremidade proximal, com a cabeça do rádio (*caput radii*);
- corpo do rádio (*corpus radii*);
- extremidade distal, com a tróclea do rádio (*trochlea radii*).

O rádio é um osso cilíndrico, o qual é relativamente mais forte em ungulados do que em carnívoros (▶Fig. 4.13, ▶Fig. 4.14, ▶Fig. 4.15 e ▶Fig. 4.16). A extremidade proximal contém a **cabeça do rádio**, a qual é ampliada transversalmente para apresentar a **fóvea articular do rádio** (*fovea capitis radii*). A fóvea articular do rádio e a **incisura troclear da ulna** (*incisura trochlearis*) se articulam com o **côndilo do úmero** (*condylus humeri*), formando a **articulação do cotovelo** (*articulatio cubiti*) de forma específica para cada espécie (▶Fig. 4.5 e ▶Fig. 4.13): em ungulados, apenas o rádio se articula com o úmero, ao passo que, em carnívoros, o rádio é complementado medialmente pela ulna.

Membros torácicos (*membra thoracica*)

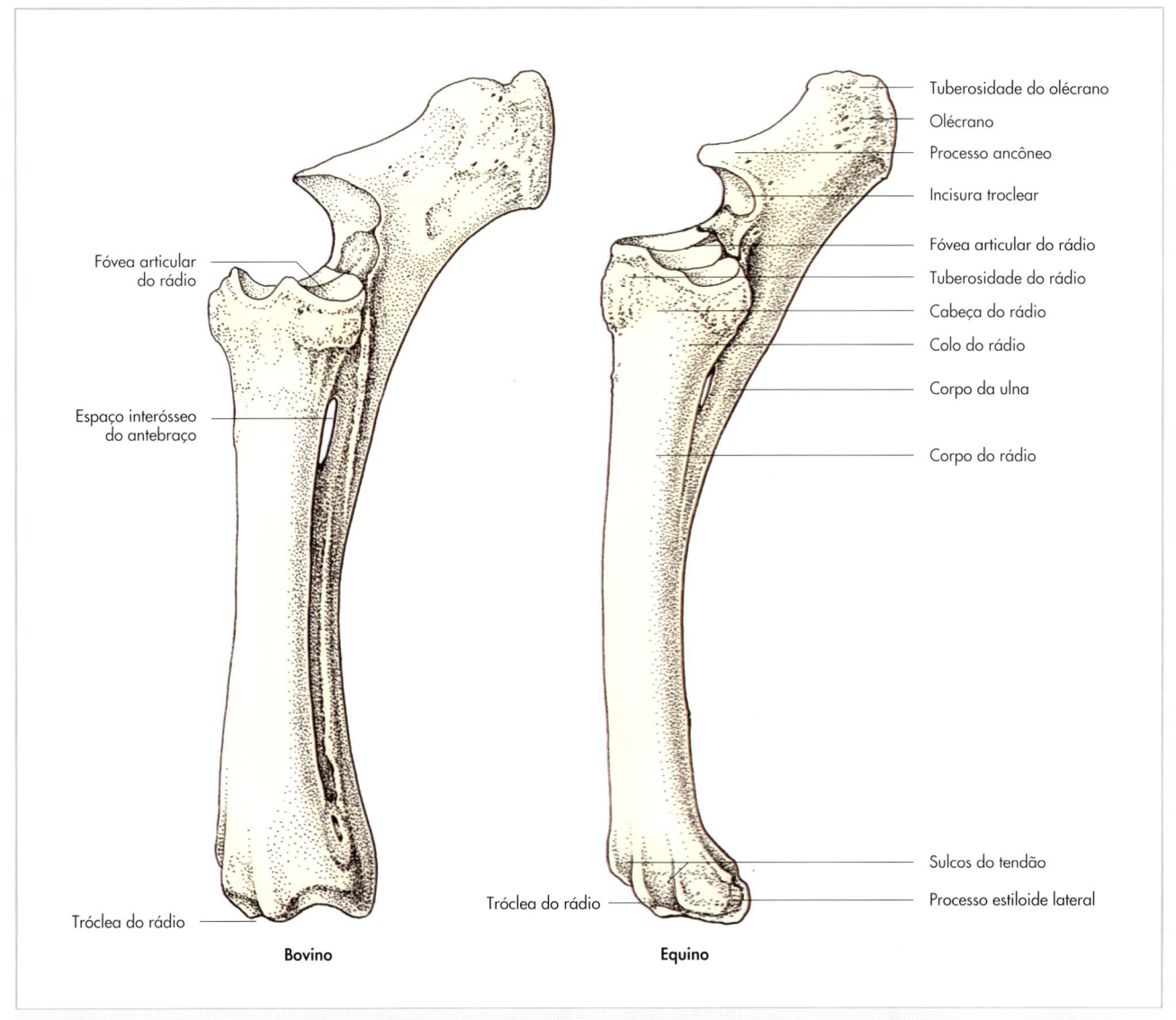

Fig. 4.14 Antebraço esquerdo (rádio e ulna) de um bovino e um equino (representação esquemática, vista craniolateral).

Duas eminências se projetam no sentido lateral e medial à fóvea articular da cabeça do rádio para propiciar fixação aos ligamentos da articulação. Na face dorsomedial da cabeça do rádio, está situada a **tuberosidade do rádio** (*tuberositas radii*), à qual se insere o tendão do músculo bíceps braquial. A face caudal do rádio proximal apresenta a **incisura troclear** (*circumferentia articularis*) para a articulação com a ulna, a fim de facilitar a supinação em carnívoros. Essa incisura não tem função no equino e no bovino.

O **corpo do rádio** é comprimido em uma direção craniocaudal e ligeiramente curvado em seu comprimento. A sua **face cranial** (*facies cranialis*) é lisa, ao passo que a sua **face caudal** (*facies caudalis*) ou é rugosa (no cão e no suíno), ou está fusionada à ulna. A face medial não está coberta por musculatura e é facilmente palpável por meio da pele. A face cranial da parte distal do corpo radial apresenta sulcos para a passagem dos tendões extensores. A face caudal do rádio distal fornece o ponto de origem para os músculos flexores.

A **extremidade distal** forma uma **tróclea** (▶Fig. 4.14), a qual se posiciona em ângulos retos com relação ao eixo longo do rádio e apresenta a **face articular em direção ao carpo** (*facies articularis carpea*). Em sentido proximal à face articular do carpo do rádio, corre uma **crista transversa** (*crista transversa*). O rádio se prolonga na face medial para formar o **processo estiloide do rádio** (*processus styloideus radii*) para a inserção de ligamentos; no cão e no suíno, há uma **incisura ulnar** (*incisura ulnaris radii*) na face lateral. No bovino, a parte distal da ulna está completamente fusionada com o rádio; no equino, ela está incorporada dentro do rádio para se tornar o **processo estiloide lateral** (*processus styloideus ulnae*).

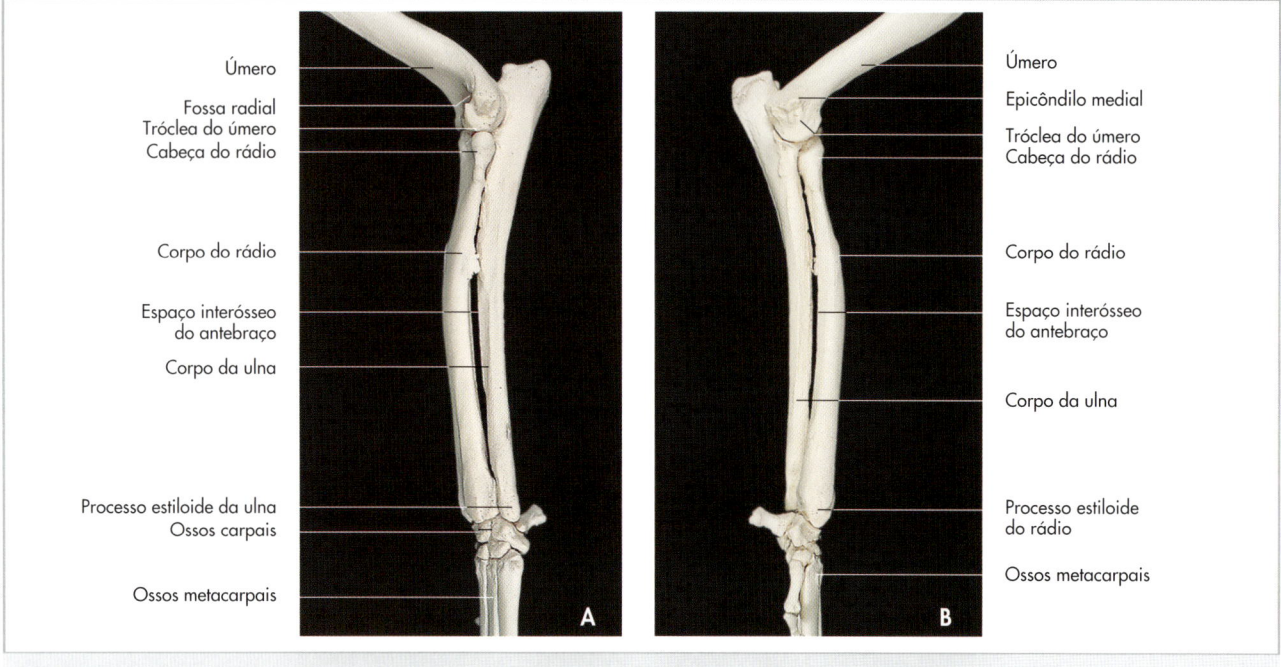

Fig. 4.15 Esqueleto do antebraço esquerdo (rádio e ulna) de um cão: **(A)** vista lateral e **(B)** vista medial.

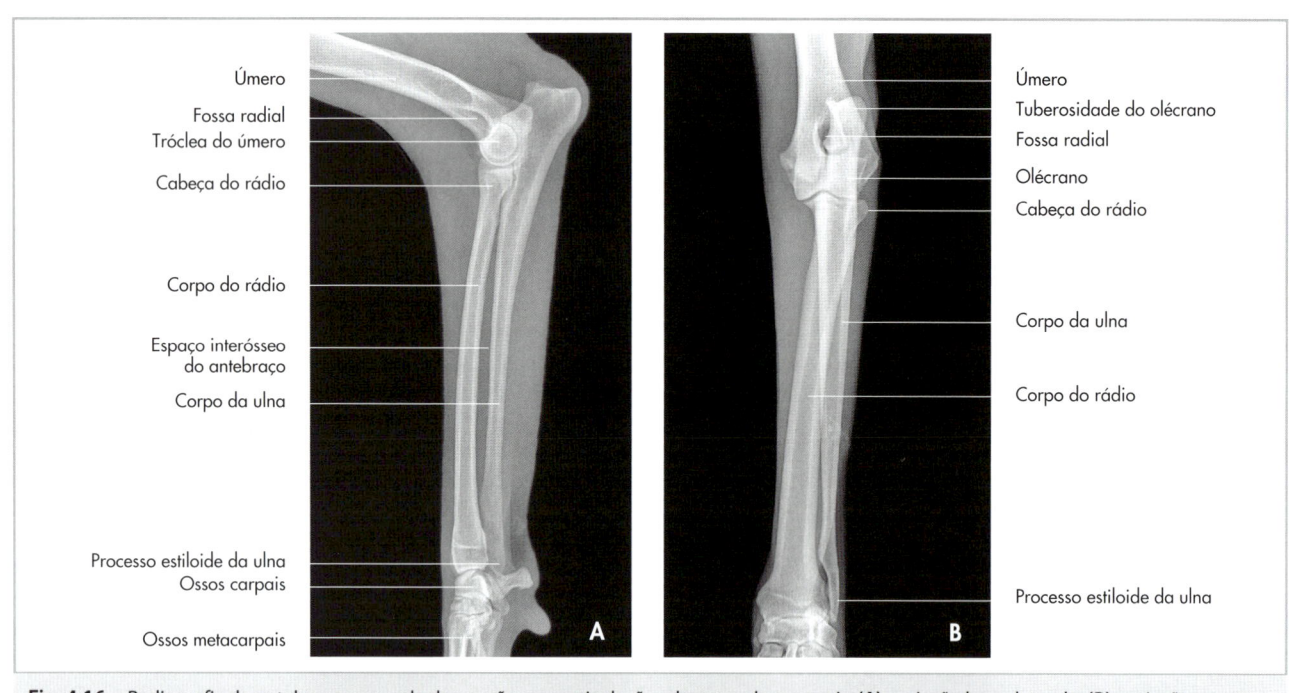

Fig. 4.16 Radiografia do antebraço esquerdo de um cão com articulações do cotovelo e carpais: **(A)** projeção laterolateral e **(B)** projeção craniocaudal. (Fonte: cortesia da Profª. Drª. Ulrike Matis, Munique.)

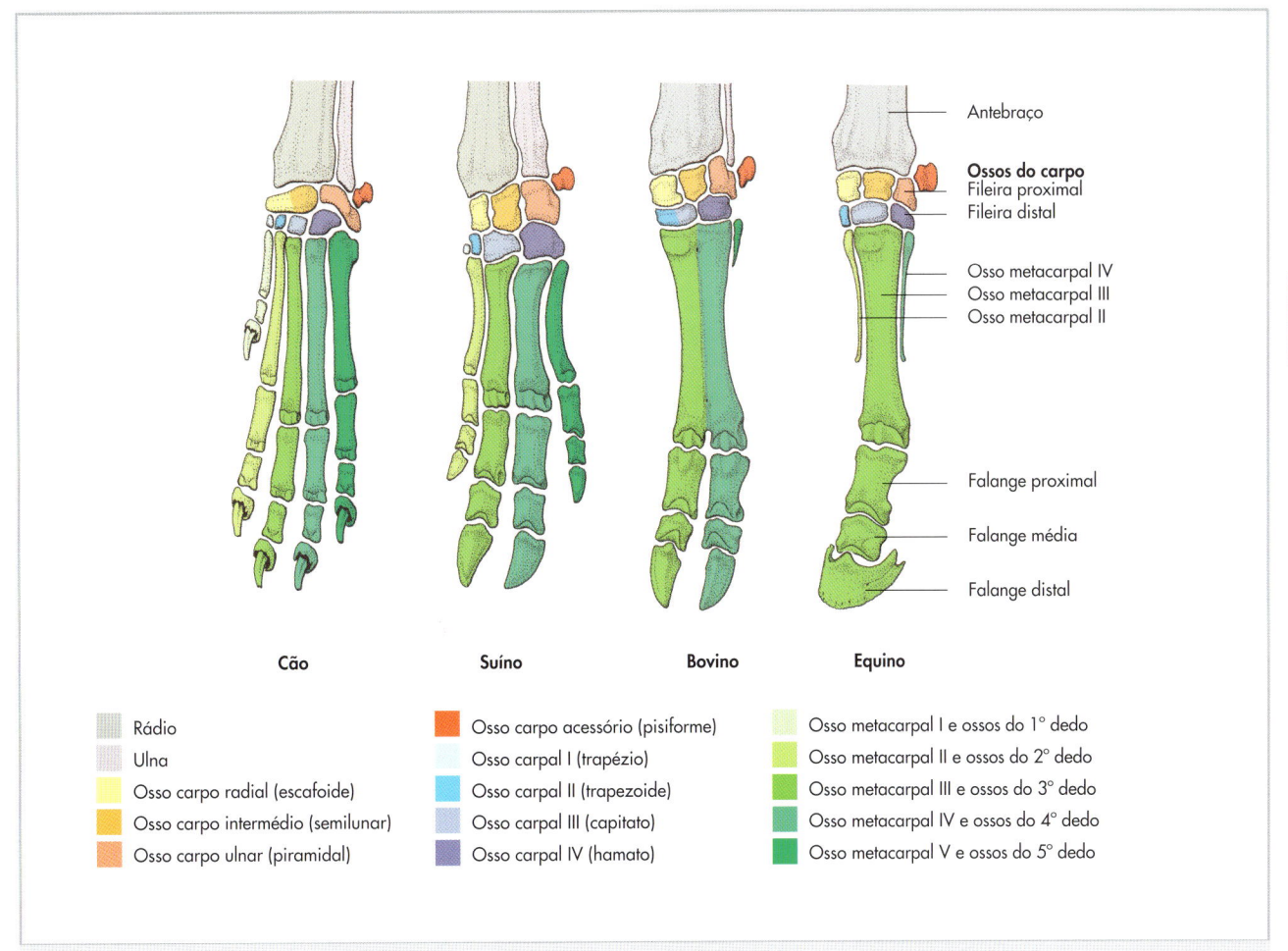

Fig. 4.17 Esqueleto da mão dos mamíferos domésticos (representação esquemática). (Fonte: com base em dados de Ellenberger e Baum, 1943.)

Ulna

A ulna é composta por **três segmentos principais**:
- extremidade proximal com o olécrano (*olecranon*);
- corpo da ulna (*corpus ulnae*);
- extremidade distal com a cabeça da ulna (*caput ulnae*).

O **olécrano** e sua **tuberosidade** (*tuber olecrani*) prolongam a ulna para além da extremidade distal do úmero (▶Fig. 4.13, ▶Fig. 4.14, ▶Fig. 4.15 e ▶Fig. 4.16). O olécrano forma o ponto bastante proeminente do cotovelo e propicia a inserção para o forte músculo tríceps braquial.

Na base do olécrano, está a **incisura troclear** (*incisura trochlearis*), a qual apoia a articulação com o úmero. Sobre a incisura troclear, no sentido cranial, está o **processo ancôneo** (*processus anconeus*) na forma de bico, que se encaixa na **fossa do olécrano** (*fossa olecrani*) do úmero. De cada lado do processo ancôneo, projetam-se os **processos coronoides lateral** e **medial** (*processus coronoidei*), divididos pela **incisura radial** (*incisura radialis ulnae*), a qual se articula com a **circunferência articular do rádio** (*circumferentia articularis radii*).

O **corpo** apresenta três lados e é menor que o corpo do rádio. Ele corre no sentido caudal ao rádio e está fixado a este por membranas de tecido mole ou por fusão óssea. Entre os corpos dos dois ossos, há um ou mais **espaços interósseos** (*spatia interossea antebrachii*). A fusão dos dois ossos é quase completa no equino, portanto, o espaço interósseo é extremamente pequeno.

A **extremidade distal** (*caput ulnae*) continua como o proeminente **processo estiloide lateral** (*processus styloideus lateralis*), o qual se articula com a fileira proximal dos ossos carpais. Em carnívoros e no suíno, ela concentra a circunferência articular para a articulação com o rádio. No equino, a extremidade distal está fusionada ao rádio para formar o processo estiloide lateral.

4.1.4 Esqueleto da mão (*skeleton manus*)

O esqueleto da mão (pata dianteira) forma a parte óssea do **autopódio** dos membros torácicos. O autopódio é composto por três segmentos, de proximal a distal:
- **basipódio**: ossos carpais (*ossa carpi*);
- **metapódio**: ossos metacarpais (*ossa metacarpi*);
- **acropódio**: falanges (*ossa digitorum manus*).

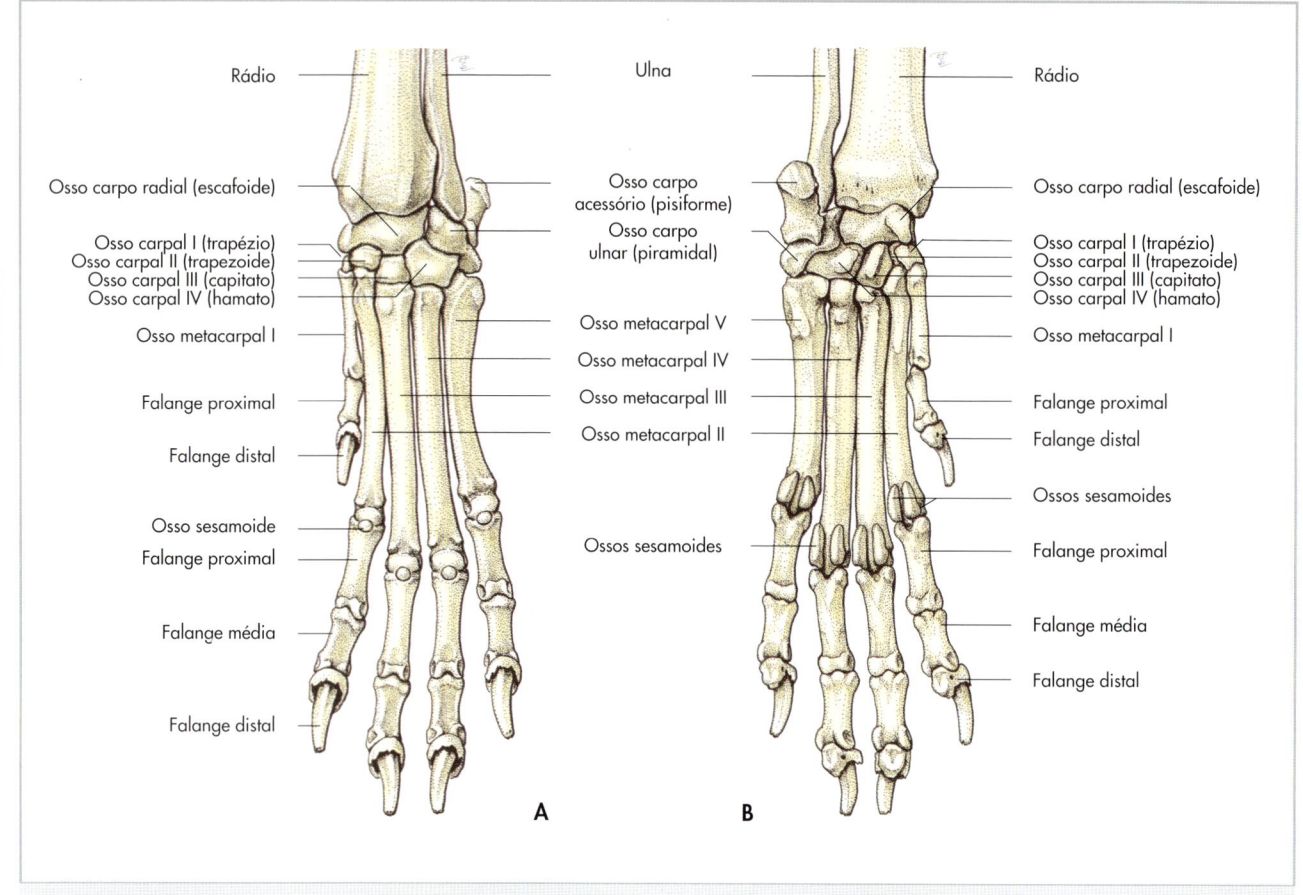

Fig. 4.18 Esqueleto do membro pélvico de um cão (representação esquemática): **(A)** vista dorsal e **(B)** vista palmar.

As alterações filogenéticas do zeugopódio encontram a sua continuação nas modificações características de cada espécie do autopódio (▶Fig. 4.2). Essa especialização envolve uma elevação das mãos e dos pés da postura plantígrada dos humanos, da postura digitígrada de carnívoros à postura unguligrada do suíno, do bovino e do equino. Como a quantidade de ossos é reduzida, maior é a resistência dos ossos remanescentes. Nos mamíferos domésticos, apenas os carnívoros apresentam o padrão original de cinco dígitos (dedos), típico em humanos; no suíno, os dígitos se reduzem a quatro (2-5); no bovino, restam dois dígitos (3 e 4); e no equino, apenas o terceiro dedo permanece (▶Fig. 4.17).

Ossos carpais (*ossa carpi*)

Nos mamíferos domésticos, os ossos carpais são dispostos em duas fileiras, **proximal** e **distal**, cada uma delas contendo geralmente quatro ossos (▶Fig. 4.17). A fileira proximal se articula com o rádio e a ulna na **articulação antebraquiocarpal** (*articulatio antebrachiocarpea*), ao passo que a fileira distal se articula com os ossos metacarpais para formar a **articulação carpometacarpal** (*articulatio carpometacarpea*) (▶Fig. 4.5). O padrão primitivo do carpo contém os seguintes ossos (▶Fig. 4.17, ▶Fig. 4.18 e ▶Fig. 4.19):
- **fileira proximal** (**do antebraço**) (sequência mediolateral) com:
  - osso carpo radial ou escafoide (*os carpi radiale*);
  - osso carpo intermédio ou semilunar (*os carpi intermedium*);
  - osso carpo ulnar ou piramidal (*os carpi ulnare*);
  - osso carpo acessório ou pisiforme (*os carpi accessorium*);
- **fileira distal** (**metacarpal**) (sequência mediolateral):
  - osso carpal I ou trapézio (*os carpale primum*, I);
  - osso carpal II ou trapezoide (*os carpale secundum*, II);
  - osso carpal III ou capitato (*os carpale tertium*, III);
  - osso carpal IV ou hamato (*os carpale quartum*, IV).

A ▶Fig. 4.17 ilustra os ossos carpais presentes nas diferentes espécies. Nos **humanos** e no **suíno**, a quantidade original de **oito ossos carpais** permanece; o **equino** apresenta **sete** ou **oito ossos carpais**, dependendo da presença ou da ausência do primeiro osso carpal (osso carpal I). Nos carnívoros, os ossos carpo radial e carpo intermédio estão fusionados, de modo que a quantidade total de ossos carpais se reduz para **sete**, embora um ou dois ossos sesamoides possam estar presentes. Os **ruminantes** apresentam **seis ossos carpais**, sendo que o primeiro osso carpal está ausente e o segundo e terceiro ossos carpais estão fusionados.

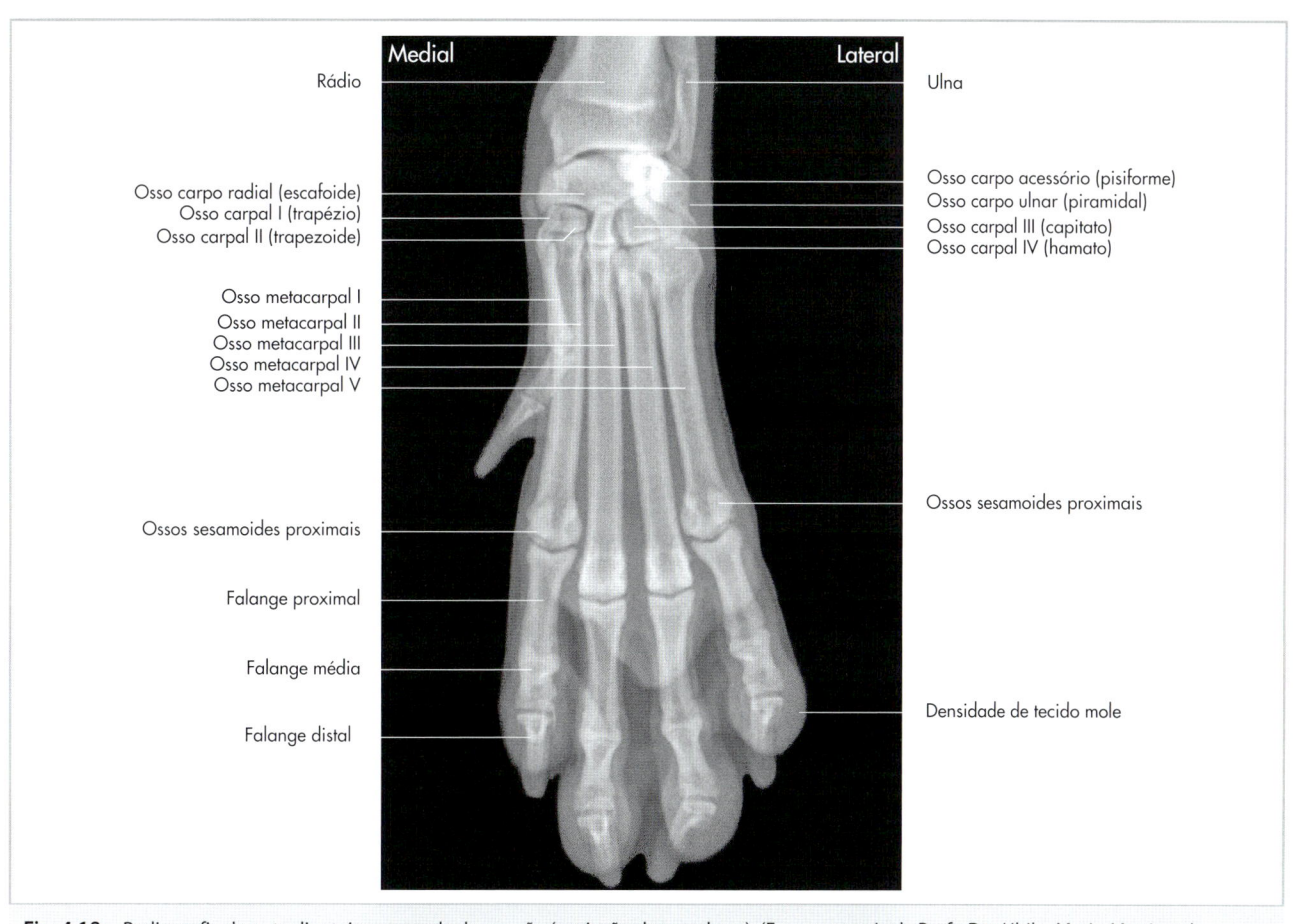

Fig. 4.19 Radiografia da pata dianteira esquerda de um cão (projeção dorsopalmar). (Fonte: cortesia da Profª. Drª. Ulrike Matis, Munique.)

Ossos metacarpais (*ossa metacarpalia*)

O padrão original do esqueleto do metacarpo exibe cinco dígitos distintos. Em geral, o metacarpo é composto por cinco ossos longos, os ossos metacarpais I (Mc I) a V (Mc V), em sequência mediolateral (▶Fig. 4.17). Todos os ossos metacarpais apresentam os mesmos segmentos:
- **extremidade proximal** (base, *basis*), com uma face articular para a fileira distal dos ossos carpais e fóveas adicionais voltadas para os ossos metacarpais vizinhos;
- **corpo** (*corpus*) longo e característico de cada espécie;
- **extremidade distal** (cabeça, *caput*) com uma tróclea para a articulação, com a falange proximal e diversas áreas rugosas para fixações ligamentosas nas duas extremidades.

A redução filogenética na quantidade de ossos metacarpais é compensada por um aumento na solidez dos ossos remanescentes. Esse processo culmina no equino, no qual apenas o terceiro dígito permanece funcional. O eixo desse dígito coincide com o do membro e sustenta o peso do equino (mesoaxial, forma perissodátila). Os ossos metacarpais II e IV do equino são muito reduzidos e não sustentam peso. Esses ossos são comumente chamados de **ossos da tala** ou **pequenos metacarpianos** e situam-se nos dois lados do osso metacarpal III.

No cão, cujo peso é sustentado apenas pelos dedos, todos os cinco dígitos são desenvolvidos. Os ossos metacarpais III e IV são os mais longos e robustos, ao passo que o primeiro dedo é mantido como um resquício digital. Os ossos metacarpais estão próximos em oposição e encerram fóveas articulares planas voltadas umas para as outras na extremidade proximal. Em secção transversal, os ossos metacarpais III e IV são quadrangulares, e os ossos II e V, triangulares.

Os ossos metacarpais apresentam configurações diferentes dependendo da espécie do mamífero doméstico, conforme a seguir:
- em **carnívoros**, os dois ossos metacarpais médios (Mc III e IV) são os mais longos, Mc II e V são mais os curtos e Mc I é o mais reduzido (▶Fig. 4.17, ▶Fig. 4.18 e ▶Fig. 4.19);
- no **suíno**, os ossos Mc III e Mc IV são bem desenvolvidos (tipo artiodátilo), os Mc II e Mc V são reduzidos e o Mc I está ausente;
- nos **ruminantes**, Mc III e IV estão unidos nas partes proximal e média para formar o osso metacarpal maior, as extremidades distais se articulam separadamente com as falanges proximais, Mc V foi reduzido e se tornou o pequeno osso metacarpal e Mc I e II estão ausentes;
- no **equino**, apenas o Mc III é totalmente desenvolvido e contém o único dedo (tipo perissodátila); apenas resquícios do Mc II e do Mc IV permaneceram, e não há Mc I nem Mc V.

Ossos digitais da mão
(ossa digitorum manus)

O padrão original das falanges compreende cinco dígitos (dedos) (*digiti manus*). Esse padrão sofreu modificações em todas as espécies domésticas durante a evolução. Os dígitos são denominados numericamente em uma sequência mediolateral como primeiro, segundo, terceiro, quarto e quinto dedos. Nos carnívoros, estão presentes todos os cinco dígitos; no suíno, quatro dígitos (2-5); em ruminantes, dois (3 e 4) e mais outros dois dígitos não funcionais (2 e 5); e no equino, apenas o terceiro dedo permanece. O esqueleto de um dedo totalmente desenvolvido consiste em:

- **falange proximal** (**primeira falange**), com uma extremidade proximal (base, *basis*), um corpo (*corpus*) e uma extremidade distal (*caput*); ambas as extremidades exibem fóveas articulares e proeminências para a fixação de ligamentos;
- **falange média** (**segunda falange**), mais curta, porém bastante similar à falange proximal;
- **falange distal** (**terceira falange**), modificada para se adequar ao casco ou à garra que a circunda; exibe as faces articular (*facies articularis*), parietal (*facies parietalis*) e solear (*facies solearis*).

Há uma determinada quantidade de **ossos sesamoides** (*ossa sesamoidea*) embutida nos tecidos da face palmar da articulação metacarpofalângica e da articulação interfalângica distal.

4.1.5 Esqueleto da mão dos carnívoros

Ossos carpais (*ossa carpi*)

Os ossos do carpo são dispostos nas fileiras proximal e distal. A fileira proximal inclui os ossos fusionados radial e intermédio, o osso intermediorradial ou escafoulnar (*os carpi intermedioradiale*), o carpo ulnar e o osso carpo acessório. O osso intermediorradial se articula com a extremidade distal do rádio (▶Fig. 4.17, ▶Fig. 4.18 e ▶Fig. 4.19) e apresenta três centros de ossificação distintos, que sofrem fusão entre 3 e 4 meses após o nascimento do animal. O osso carpo ulnar (*os carpi ulnare*) tem contorno irregular, devido a um processo de grandes proporções, que se projeta distalmente. Em uma radiografia dorsopalmar, ele fica sobreposto ao osso carpo acessório (▶Fig. 4.15), que se localiza na face palmar do carpo e se articula com a ulna e com o osso carpo ulnar. A epífise do osso carpo acessório se fecha aos 4 a 5 meses de idade.

A fileira distal é composta por quatro ossos do carpo, os quais aumentam de tamanho no sentido medial para lateral e se articulam uns aos outros tanto proximal quanto distalmente. Um osso sesamoide, que pode ser visto em radiografias, está embutido no tendão do músculo abdutor longo do dedo, no sentido palmar ao primeiro osso carpal (C I). Outros dois ossos sesamoides podem ser visíveis na face palmar, entre as fileiras proximal e distal do carpo.

Ossos metacarpais (*ossa metacarpalia*)

O metacarpo é composto por cinco ossos, cada qual com as suas falanges (▶Fig. 4.17, ▶Fig. 4.18 e ▶Fig. 4.19).

O osso metacarpal I (*os metacarpale I*) é o mais curto, o qual é relativamente mais forte no gato do que no cão. Os mais longos são os ossos metacarpais III e IV, arredondados no gato e com quatro lados no cão. A base dos ossos metacarpais II e III (Mc II e Mc III) apresenta proeminências para a fixação de ligamentos lateralmente, e todos os ossos metacarpais têm essas proeminências em suas extremidades distais bilateralmente. As extremidades distais apresentam trócleas, que possuem cristas sagitais agudas caudalmente para a articulação com os ossos sesamoides.

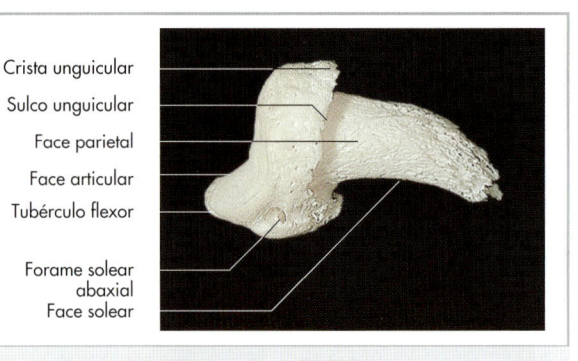

Fig. 4.20 Falange distal de um cão (vista lateral).

Ossos digitais da mão
(ossa digitorum manus)

Cinco dígitos estão presentes nos carnívoros, sendo que o terceiro e o quarto são os mais longos, e o primeiro, o mais curto (▶Fig. 4.17, ▶Fig. 4.18 e ▶Fig. 4.19). Cada dígito contém três falanges, exceto o primeiro, que apresenta apenas duas, as falanges proximal e distal.

A **falange distal** exibe uma aparência em forma de gancho. Ela é comprimida lateralmente e termina em ponta, coberta pela garra óssea (▶Fig. 4.20). A falange distal apresenta uma **face parietal** (*facies parietalis*), que pode ser subdividida lateralmente em uma face palmar e uma **face solear** (*facies solearis*). Um **tubérculo flexor** (*tuberculum flexorium*) se projeta lateralmente na face palmar. Dorsalmente, há uma **crista unguicular** (*crista unguicularis*) e, distalmente, o osso apresenta o **sulco unguicular** (*sulcus unguicularis*).

A falange distal tem aberturas de cada lado do **tubérculo flexor** (*forame soleare axiale et abaxiale*). Na face palmar de cada dedo, com exceção do primeiro, na altura das articulações metacarpofalângicas, há dois ossos sesamoides, que podem permanecer cartilaginosos.

4.1.6 Esqueleto da mão do equino

Ossos carpais (*ossa carpi*)

O equino apresenta o padrão original de quatro ossos do carpo na fileira proximal, sendo que o osso carpo radial (*os carpi radiale*) localiza-se medialmente e é o maior osso dessa fileira (▶Fig. 4.17, ▶Fig. 4.21, ▶Fig. 4.22 e ▶Fig. 4.23). Os ossos do carpo se articulam de modo complexo um com o outro e com os seus vizinhos. A fileira distal é incompleta, já que o osso carpal I (*os carpale primum*) está ausente na maioria dos equinos. Se o osso carpal I estiver presente, ele costuma aparecer isolado do restante do esqueleto e embutido no ligamento carpal palmar, próximo ao osso carpal II (*os carpale secundum*). O osso carpal III (*os carpale tertium*) apresenta uma ampla face articular em direção ao osso metacarpal III (*os metacarpale tertium*), que distribui o peso do equino pelo eixo longo do membro. O segundo e o quarto ossos do carpo

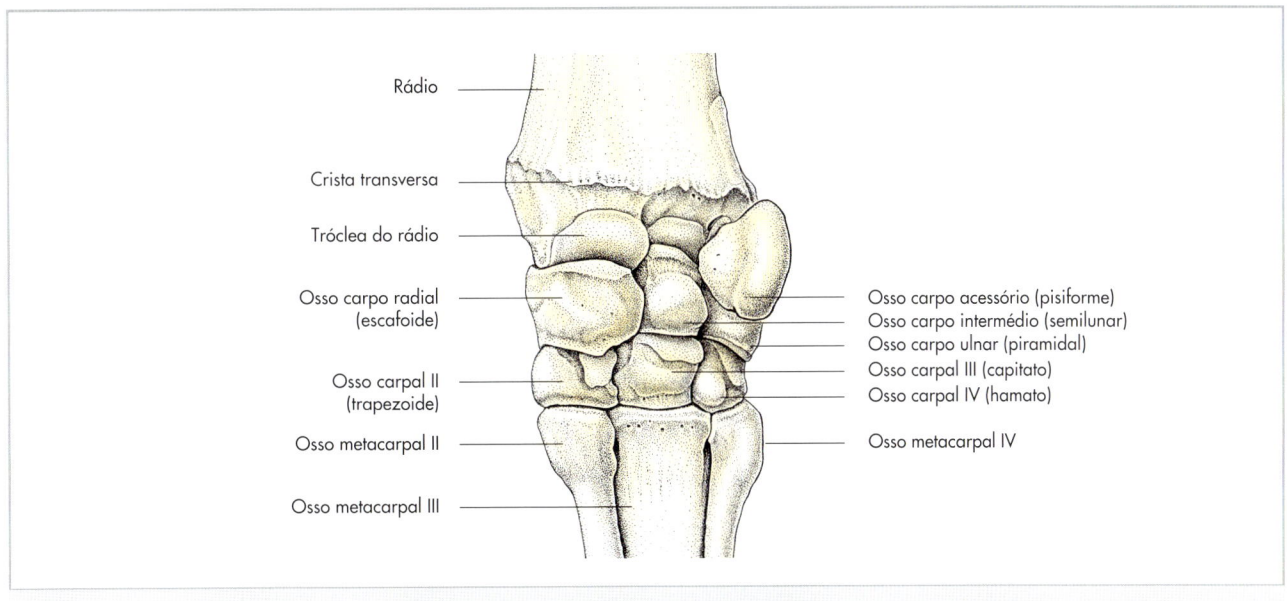

Fig. 4.21 Ossos carpais direitos de um equino (representação esquemática, projeção caudal).

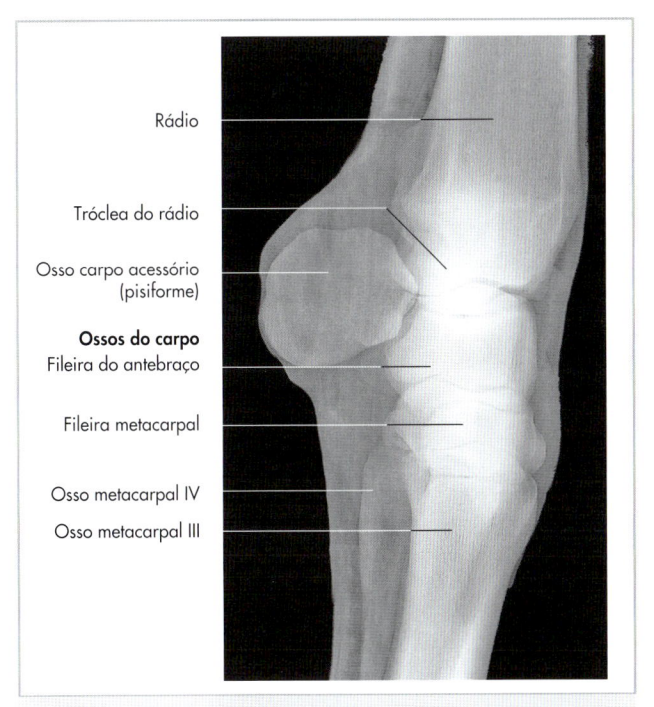

Fig. 4.22 Radiografia do carpo esquerdo de um equino (projeção lateromedial). (Fonte: cortesia do Prof. Dr. W. Künzel, Viena.)

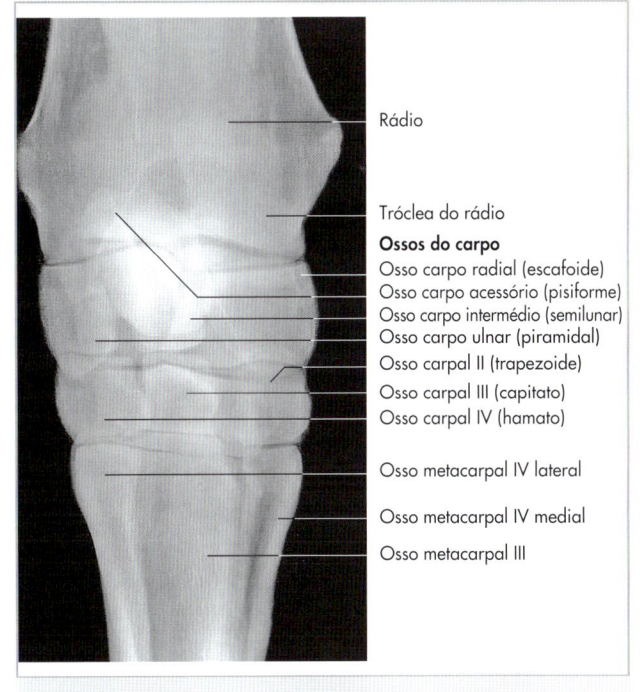

Fig. 4.23 Radiografia do carpo esquerdo de um equino (projeção dorsopalmar). (Fonte: cortesia do Prof. Dr. W. Künzel, Viena.)

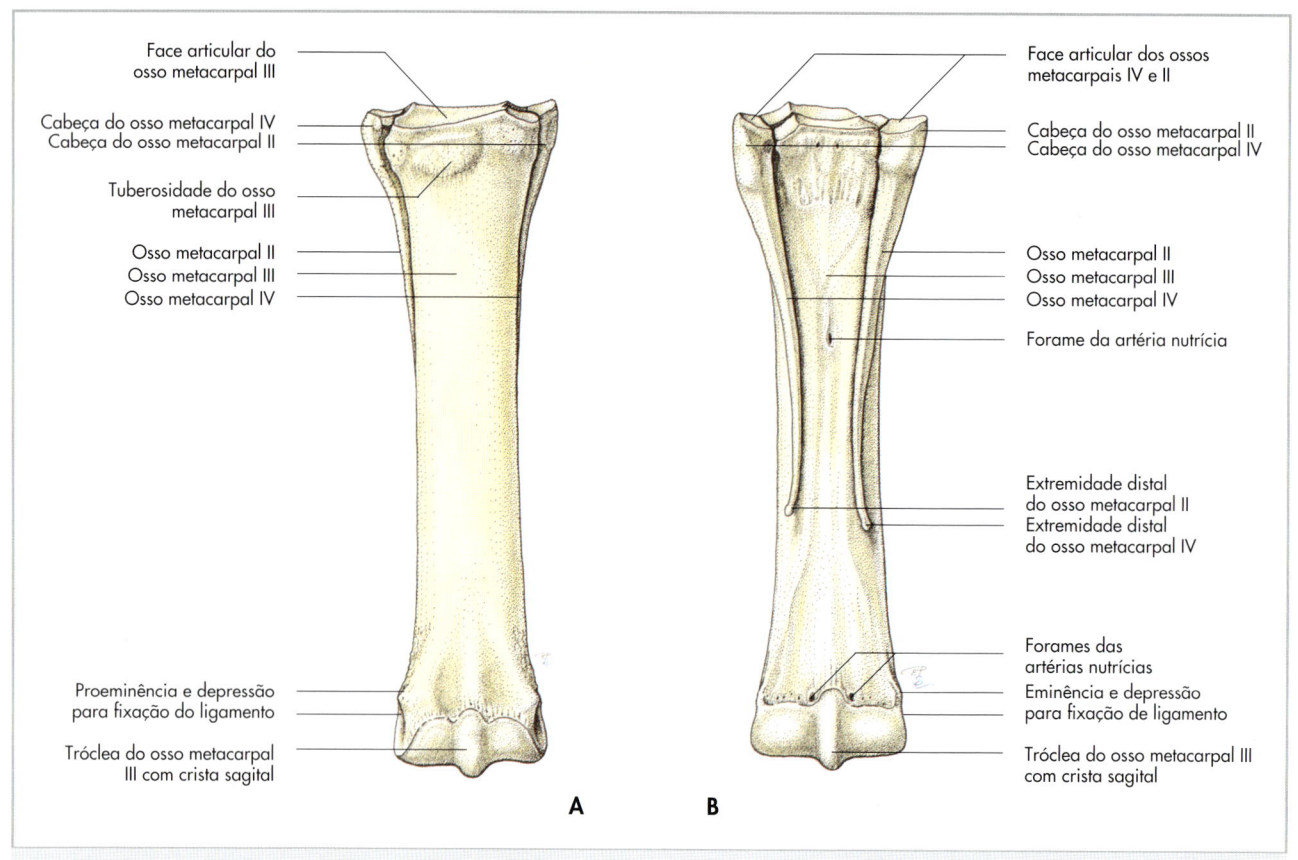

Fig. 4.24 Ossos metacarpais esquerdos de um equino (representação esquemática): **(A)** vista dorsal e **(B)** vista palmar.

(*os carpale secundum*, *os carpale quartum*) se articulam com as extremidades proximais dos ossos metacarpais.

Ossos metacarpais (*ossa metacarpalia*)

O metacarpo do equino é composto pelo osso metacarpal III (*os metacarpale tertium*), totalmente desenvolvido, e pelos ossos metacarpais II e IV (*os metacarpale secundum*, *os metacarpale quartum*). O osso metacarpal III é o único que contém um dedo, ao passo que os Mc II e IV são bastante reduzidos. Os ossos metacarpais I e V estão ausentes (▶Fig. 4.17 e ▶Fig. 4.24).

O **osso metacarpal III** (*os metacarpale tertium*) é o único osso metacarpal que sustenta o peso do animal. O seu corpo é mais resistente em suas faces medial e dorsal. A secção transversal do membro torácico mostra uma configuração oval, com uma parte dorsal e outra palmar, porém, no membro pélvico, ele é arredondado.

Na **extremidade proximal**, há uma face articular para a articulação com a fileira distal dos ossos do carpo (*facies articularis carpea*). Grande parte dessa articulação reside na parte média com o osso carpal III, porém com quantidades menores de articulação com os ossos carpais II e IV. Em cada lado, há duas fóveas articulares, as quais se articulam com as extremidades proximais dos ossos metacarpais II e IV. A **tuberosidade metacarpal** (*tuberositas ossis metacarpalis*), que forma a inserção para o músculo extensor radial do carpo, localiza-se no sentido dorsomediano da extremidade proximal do Mc III. Na **extremidade distal**, encontra-se a tróclea, que é subdividida pela crista sagital em um côndilo medial ligeiramente maior e um côndilo lateral menor.

Os **ossos metacarpais II e IV** (*ossa metacarpalia secundum et quartum*) se prolongam até o terço distal do osso metacarpal III. As extremidades proximais são maiores e se articulam com a fileira distal dos ossos do carpo e do Mc III. Os corpos se afunilam e terminam distalmente em pontas arredondadas facilmente palpáveis (▶Fig. 4.24).

Ossos digitais da mão (*ossa digitorum manus*)

Os ossos digitais da mão do equino se reduzem a **um dígito**, o **terceiro dedo** (▶Fig. 4.25). Esse dedo é composto por três falanges e dois ossos sesamoides:

- falange proximal (primeira) (*os compedale, phalanx proximalis*);
- falange média (segunda) (*os coronale, phalanx media*);
- falange distal (terceira) (*os ungulare, phalanx distalis*);
- ossos sesamoides proximais e distais (*ossa sesamoidea proximalis et distale*.).

A **falange proximal** tem a forma de um cilindro comprimido no sentido dorsopalmar. A extremidade proximal (base) é mais larga do que a extremidade distal (cabeça) (▶Fig. 4.25, ▶Fig. 4.26 e ▶Fig. 4.27). A face palmar exibe uma área rugosa triangular

Membros torácicos (*membra thoracica*) 187

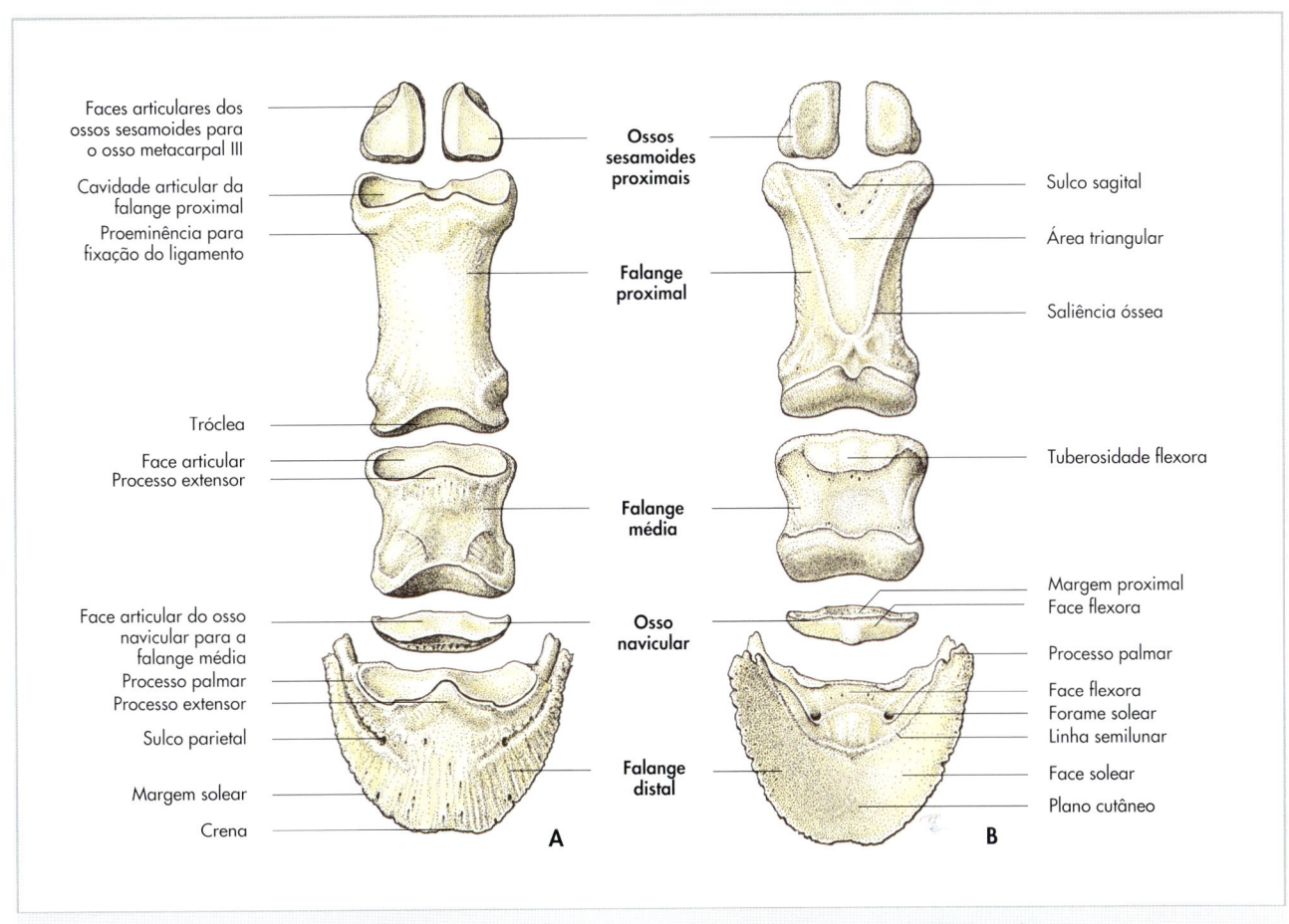

Fig. 4.25 Esqueleto dos dígitos esquerdos de um equino (representação esquemática): **(A)** vista dorsal e **(B)** vista palmar.

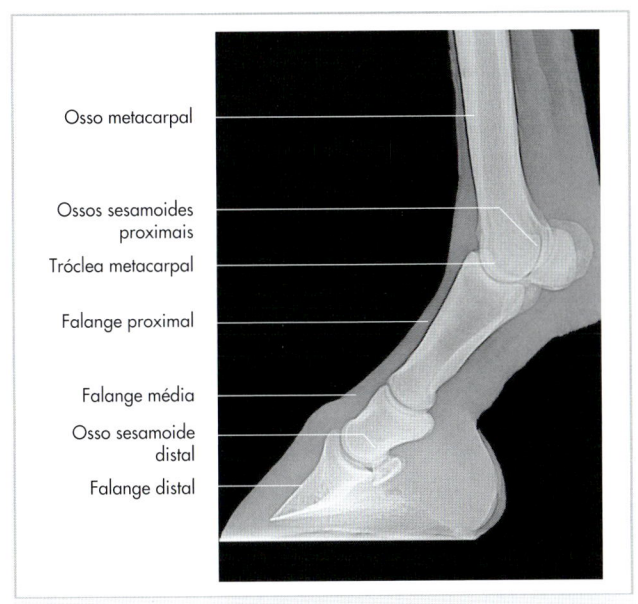

Fig. 4.26 Radiografia do dedo esquerdo de um equino (projeção lateromedial). (Fonte: cortesia do Prof. Dr. C. Stanek, Viena.)

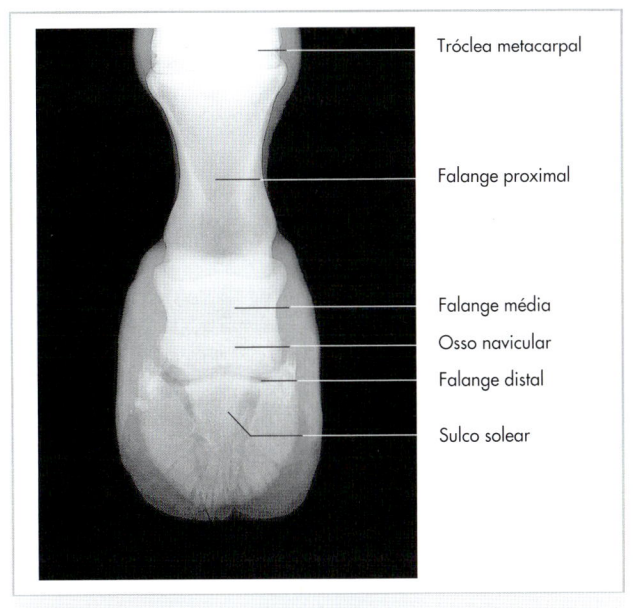

Fig. 4.27 Radiografia do dedo esquerdo de um equino (projeção dorsopalmar). (Fonte: cortesia da Profª. Drª. Sabine Breit, Viena.)

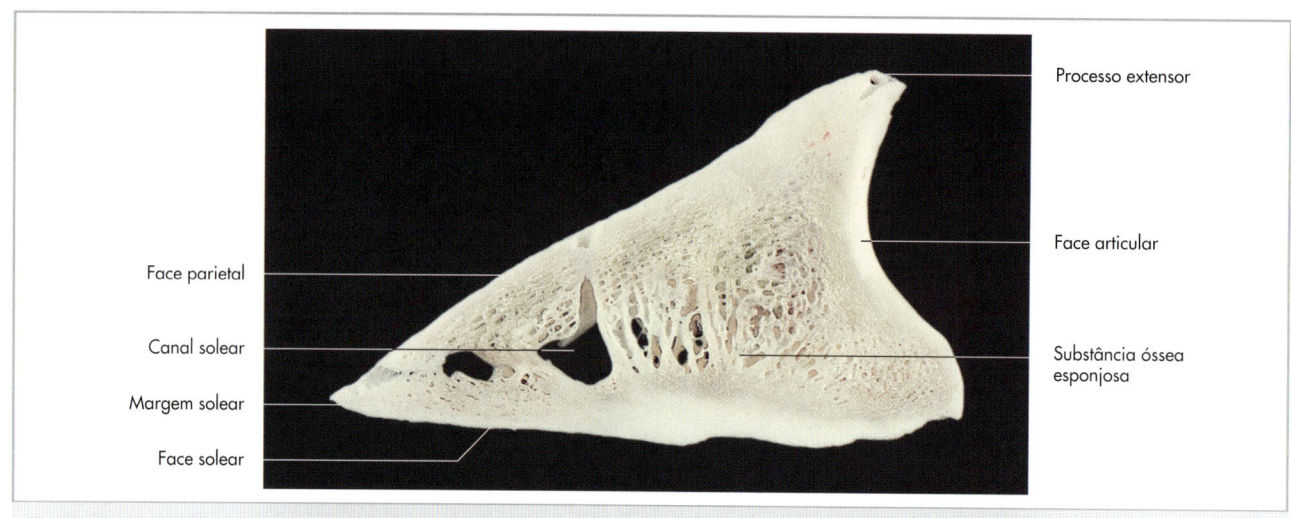

Fig. 4.28 Secção sagital da falange distal de um equino.

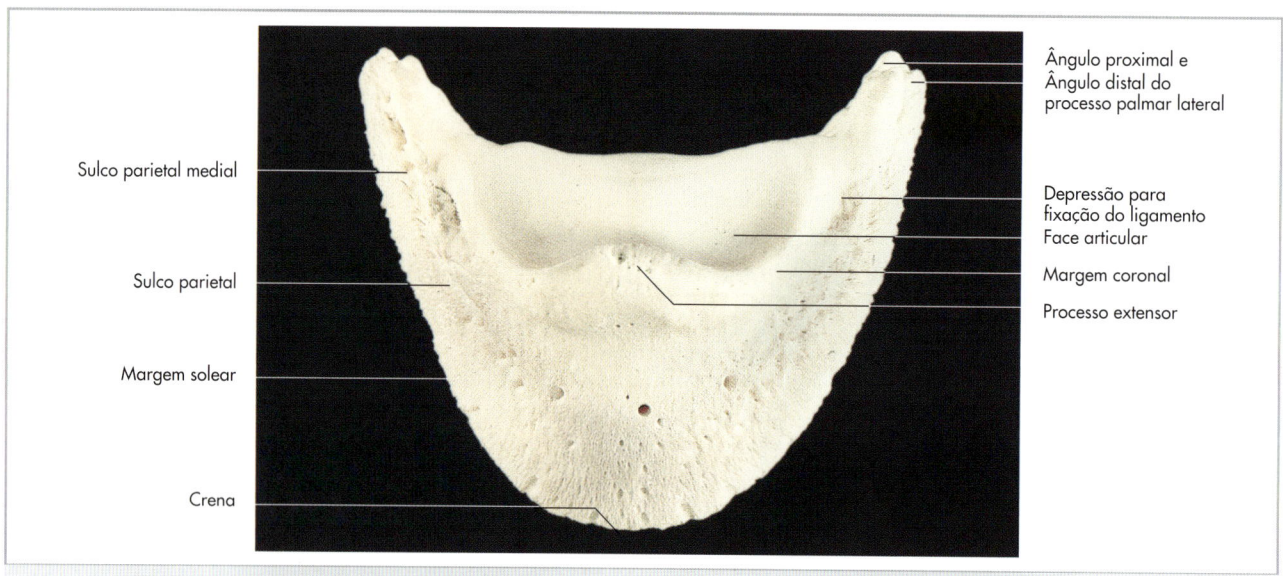

Labels: Processo extensor; Face articular; Substância óssea esponjosa; Face parietal; Canal solear; Margem solear; Face solear.

Fig. 4.29 Falange distal de um equino (vista dorsoproximal).

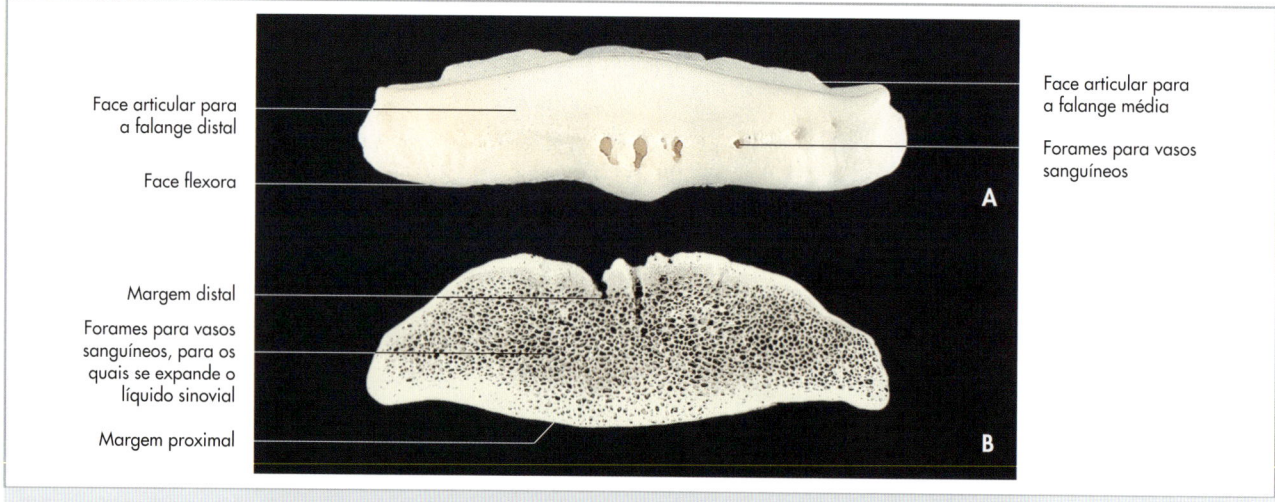

Labels: Ângulo proximal e Ângulo distal do processo palmar lateral; Depressão para fixação do ligamento Face articular; Margem coronal; Processo extensor; Sulco parietal medial; Sulco parietal; Margem solear; Crena.

Fig. 4.30 Osso sesamoide distal de um equino: **(A)** vista distal e **(B)** secção horizontal.

Labels: Face articular para a falange média; Forames para vasos sanguíneos; Face articular para a falange distal; Face flexora; Margem distal; Forames para vasos sanguíneos, para os quais se expande o líquido sinovial; Margem proximal.

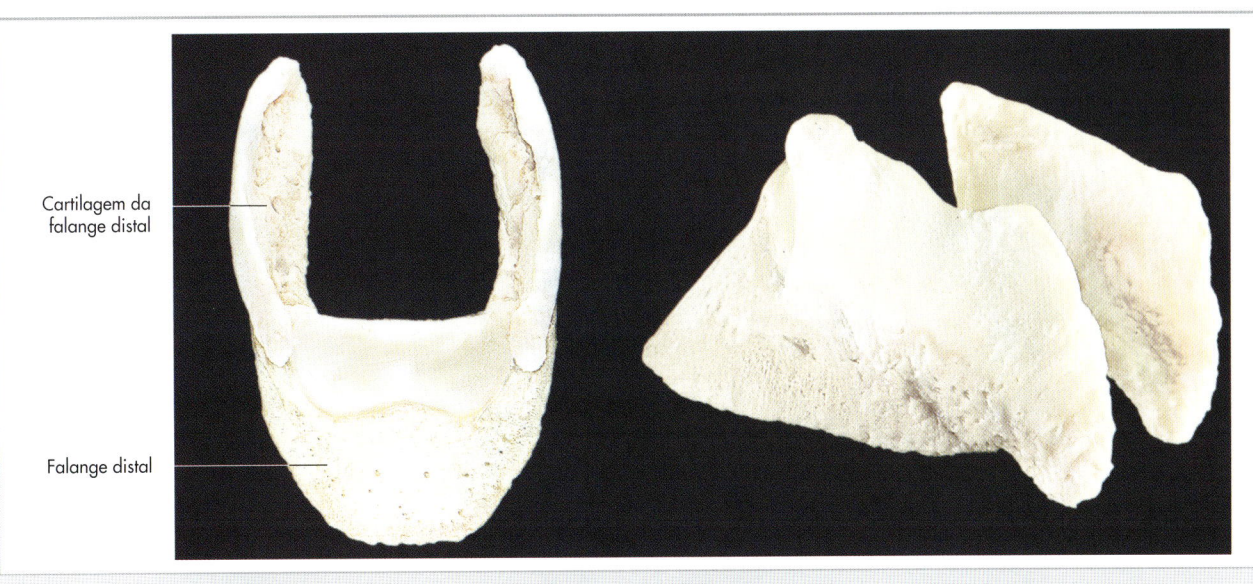

Fig. 4.31 Falange distal (terceira) de um equino com a cartilagem (vista dorsoproximal, à esquerda; vista palmar lateral, à direita).

(*trigonum phalangis proximalis*), a qual é demarcada por cristas ósseas.

Na extremidade proximal (base), há uma face articular (*fovea articularis*), que se subdivide em uma cavidade medial maior e uma cavidade lateral menor, ambas separadas por um sulco sagital. A tróclea distal é adaptada para a articulação com a face articular proximal da falange média.

A **falange média** é semelhante à falange proximal (▶Fig. 4.25, ▶Fig. 4.26 e ▶Fig. 4.27). A cavidade articular dorsal é dividida por um sulco sagital e corresponde à tróclea distal da falange proximal. A sua margem dorsal é elevada para formar o processo extensor (*processus extensorius*), e a margem palmar se torna espessa até formar uma proeminência transversa, a tuberosidade flexora (*tuberositas flexoria*).

A **falange distal** é acompanhada pela **cartilagem ungueal lateral** e **medial** (*cartilago ungularis medialis et lateralis*) de cada lado e do **osso sesamoide distal** (*os sesamoideum distale*) (▶Fig. 4.25).

Há três faces e duas margens na falange distal. A **margem solear** (*margo solearis*) separa a **face parietal (dorsal)** da **face solear (palmar)**, ao passo que a **margem coronal (proximal)** (*margo coronalis*) separa a face articular da face parietal. A margem coronal forma uma eminência central, o **processo extensor** (*processus extensorius*) (▶Fig. 4.28 e ▶Fig. 4.29). A margem solear apresenta uma incisura dorsal (*crena marginis solearis*).

A face palmar da terceira falange se estende bilateralmente através dos **processos palmares medial e lateral** (*processus palmaris medialis et lateralis*). Cada processo é dividido em ângulos proximais e distais por uma incisura (*incisura processus palmaris*) ou forame. A face parietal é convexa de um lado a outro e é perfurada ou marcada por vários forames e sulcos para vasos sanguíneos e nervos.

Os vasos sanguíneos também passam pelos **sulcos parietais laterais e mediais** (*sulcus parietalis lateralis et medialis*). Uma **linha semilunar** (*linea semilunaris*) rugosa separa a face solear em uma parte dorsal (*planum cutaneum*) e uma **face flexora** (*facies flexoria*) palmar para a inserção do tendão flexor profundo dos dedos (▶Fig. 4.25). Em cada lado da face flexora, encontra-se um sulco solear, que conduz ao **canal solear** (*canalis solearis*). A **face articular** (*facies articularis*) se articula com a extremidade distal da falange média proximalmente e com o osso sesamoide distal no sentido palmar. Há dois **ossos sesamoides** (*ossa sesamoidea proximalia*) no sentido proximal à articulação metacarpofalângica na face palmar, os quais apresentam o formato de uma pirâmide de três lados, sendo que o seu cume aponta na direção proximal. Eles estão firmemente fixados um ao outro e à primeira falange por ligamentos resistentes (▶Fig. 4.25). A face dorsal é côncava e se articula com a extremidade distal do Mc III. As faces abaxiais propiciam fixação para parte do ligamento suspensor (*m. interosseus medius*). A face palmar é marcada por um sulco liso, coberto por uma camada de cartilagem (*scutum proximale*) para os tendões flexores.

O **osso sesamoide distal** (osso navicular) apresenta o formato de um navio com uma **margem proximal** (*margo proximalis*) reta e uma **margem distal** (*margo distalis*) convexa (▶Fig. 4.25 e ▶Fig. 4.30). A margem distal fixa-se à terceira falange por meio de um ligamento resistente. A parte palmar da face articular navicular dorsal complementa a face distal da terceira falange. A passagem do tendão flexor profundo dos dedos sobre a face do osso navicular é facilitada pela cartilagem fibrosa (*scutum distale*).

As **cartilagens da terceira falange** (*cartilago ungulae medialis et lateralis*) são lâminas fibrocartilaginosas, as quais dão continuação aos processos palmares bilateralmente (▶Fig. 4.31). A face abaxial é convexa, e a face axial, côncava. As metades distais são envoltas pelo casco, porém as margens proximais se prolongam até a metade da quartela.

4.2 Articulações do membro torácico (*articulationes membri thoracici*)

4.2.1 Articulações do membro torácico com o tronco

O membro torácico é unido ao esqueleto axial por uma combinação de músculos, tendões e fáscias (**sinsarcose**), sem formar uma articulação convencional.

4.2.2 Articulação do ombro ou umeral (*articulatio humeri*)

A articulação do ombro conecta a **cavidade glenoidal** (*cavitas glenoidalis*) da escápula, consideravelmente menor, à **cabeça umeral** (*caput umeri*), maior (▶Fig. 4.32, ▶Fig. 4.33, ▶Fig. 4.34, ▶Fig. 4.35, ▶Fig. 4.36, ▶Fig. 4.66, ▶Fig. 4.67, ▶Fig. 4.68, ▶Fig. 4.69 e ▶Fig. 4.70). A margem da cavidade glenoidal é prolongada pelo **lábio glenoidal** (*labrum glenoidale*) fibrocartilaginoso, deixando-a mais profunda.

Fig. 4.32 Articulação do ombro direito de um cão (vista lateral). (Fonte: cortesia do Dr. R. Macher, Viena.)

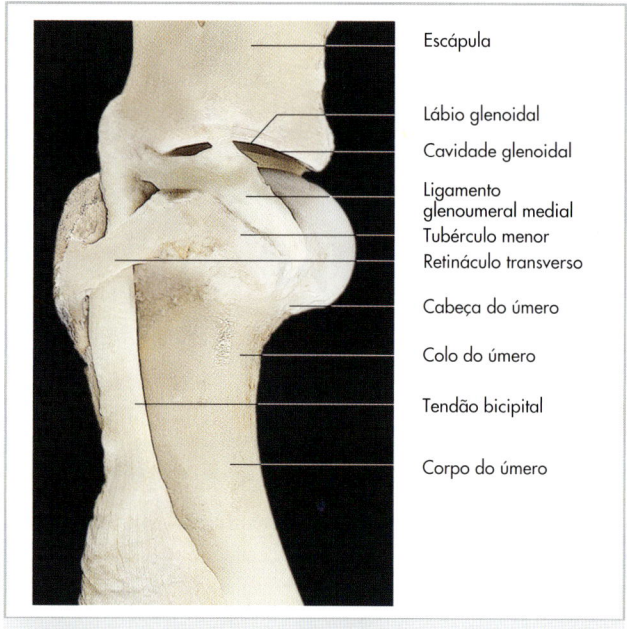

Fig. 4.33 Articulação do ombro direito de um cão (vista medial). (Fonte: cortesia do Dr. R. Macher, Viena.)

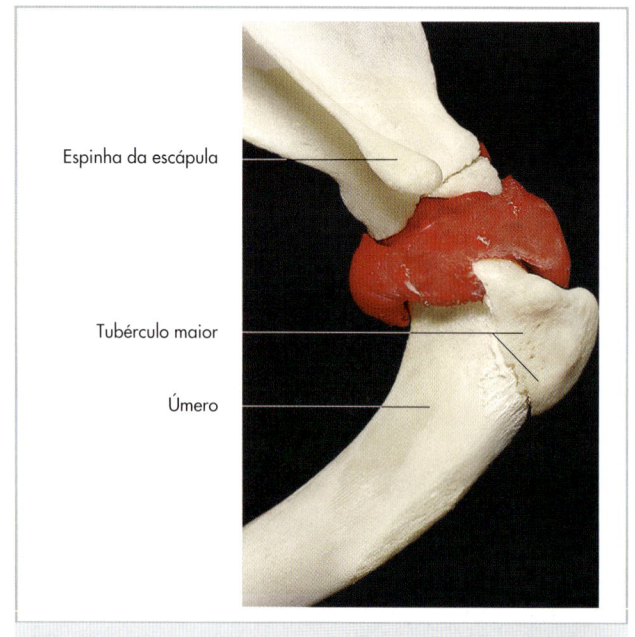

Fig. 4.34 Molde em acrílico da articulação do ombro direito de um cão (vista lateral). (Fonte: cortesia do Dr. K. Ganzberger, Viena.)

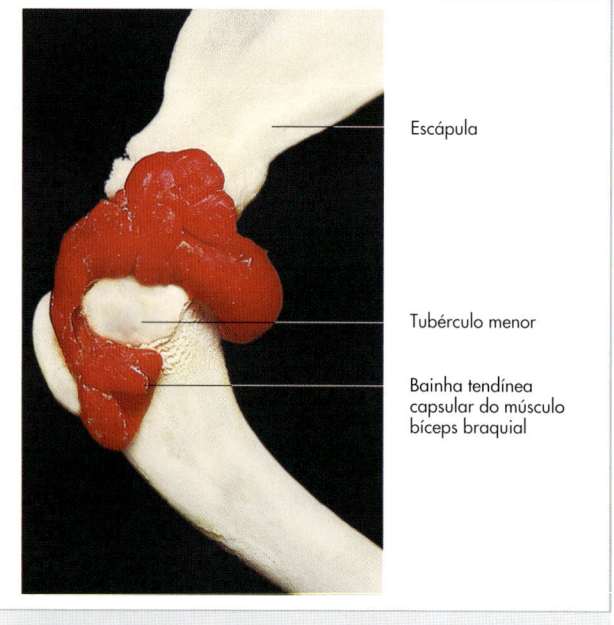

Fig. 4.35 Molde em acrílico da articulação do ombro direito de um cão (vista medial). (Fonte: cortesia do Dr. K. Ganzberger, Viena.)

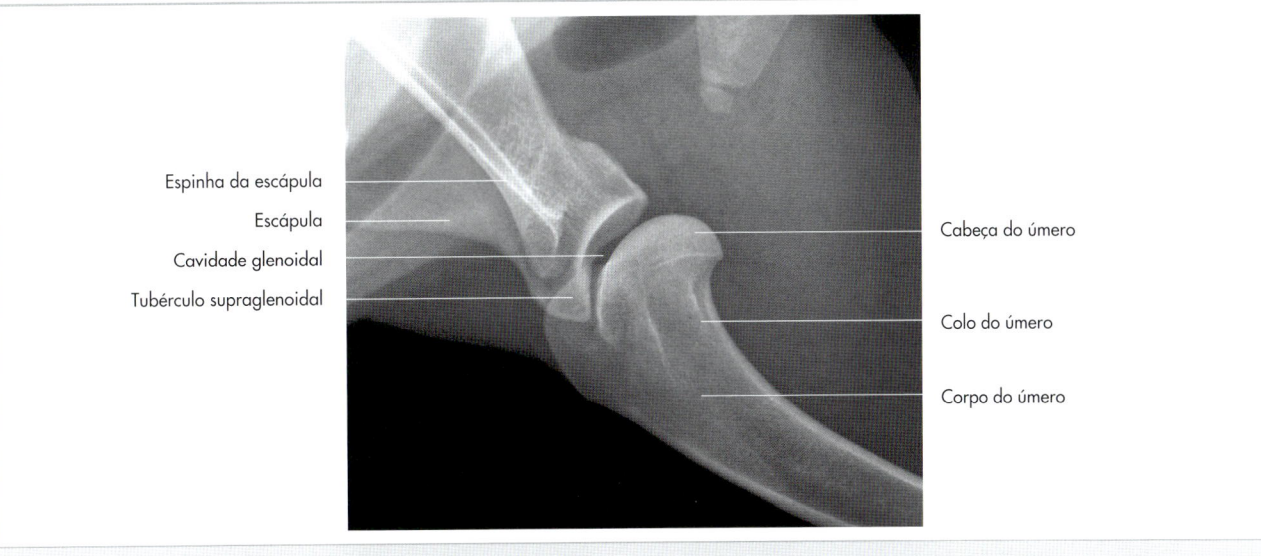

Fig. 4.36 Radiografia da articulação do ombro de um cão (projeção mediolateral). (Fonte: cortesia da Profª. Drª. Ulrike Matis, Munique.)

Labels: Espinha da escápula; Escápula; Cavidade glenoidal; Tubérculo supraglenoidal; Cabeça do úmero; Colo do úmero; Corpo do úmero.

Embora a articulação do ombro seja uma **articulação esferoide** (*articulatio sphaeroidea*) típica quanto à sua estrutura, de modo que, teoricamente, deveria apresentar uma versatilidade considerável de movimento, a sua amplitude real de movimento é limitada pelos músculos que a circundam. Portanto, ela funciona como uma **articulação em dobradiça**, e os movimentos principais são de flexão e extensão. A rotação, adução e abdução são restritas, porém possíveis, principalmente em carnívoros, que podem obter abdução de 60°, pronação de 3° e supinação de 45°. No equino, os movimentos laterais e mediais são praticamente impossíveis, devido ao formato cilíndrico da cabeça do úmero. Em virtude da ausência de ligamentos colaterais do ombro, os tendões e os músculos atuam como ligamentos e dão sustentação à articulação. O tendão do músculo subescapular atua como o ligamento colateral medial, ao passo que o tendão do músculo infraespinal atua como o ligamento colateral lateral.

A **cápsula articular** (*capsula articularis*) é ampla e se une, em algumas áreas, aos tendões dos músculos circundantes, sobretudo ao músculo subescapular. A articulação consiste em três bolsas craniais e duas caudolaterais no equino e no bovino, e em duas bolsas craniais e uma caudolateral nos carnívoros.

A cápsula articular obtém resistência internamente devido a faixas de colágeno e fibras: os **ligamentos glenoumerais medial e lateral** (*ligamenta glenohumerale laterale et mediale*) (▶Fig. 4.29). Em ungulados, há uma faixa adicional, o **ligamento coracoumeral** (*ligamentum coracohumerale*), o qual é incorporado à cápsula articular entre o tubérculo supraglenoidal e o tubérculo maior. Em carnívoros, o ligamento transverso do úmero (*ligamentum transversum humeri*) conecta o sulco bicipital e mantém o tendão bicipital no lugar (▶Fig. 4.30). Parte da cápsula articular cerca o tendão bicipital no sulco intertubercular e forma uma bainha sinovial (*vagina synovialis intertubercularis*) em carnívoros, no suíno e no ovino.

No equino e no bovino, a bainha tendínea é substituída pela **bolsa intertubercular** (*bursa intertubercularis*), que não se comunica com a cavidade da articulação do ombro.

Nota clínica

Locais de punção:
- **gato:** com o gato em decúbito lateral e com a articulação ligeiramente flexionada, insere-se a agulha diretamente no sentido caudal e proximal ao tubérculo maior; ela deve avançar no plano horizontal, na direção mediocaudal;
- **cão:** coloca-se o cão em decúbito lateral, com a articulação ligeiramente flexionada, insere-se a agulha diretamente caudal e proximal ao tubérculo maior; ela deve avançar em um plano horizontal, na direção mediocaudal;
- **suíno:** com o suíno em decúbito lateral e com a articulação ligeiramente flexionada, insere-se a agulha na margem cranial do tendão do músculo infraespinal, na altura do tubérculo maior; ela deve avançar em uma direção mediocaudal e ligeiramente distal;
- **equino e bovino:** insere-se uma agulha de 10 cm na depressão palpável entre as eminências cranial e caudal do tubérculo maior do úmero; a agulha deve ser direcionada no plano frontal, na direção caudal e ligeiramente medial.

4.2.3 Articulação do cotovelo (*articulatio cubiti*)

A articulação do cotovelo (articulação umeroulnar, *articulatio humeroulnaris*) é uma **articulação composta** (▶Fig. 4.37, ▶Fig. 4.38, ▶Fig. 4.39, ▶Fig. 4.40, ▶Fig. 4.41, ▶Fig. 4.42, ▶Fig. 4.43, ▶Fig. 4.44 e ▶Fig. 4.71), formada pelo côndilo umeral (*condylus humeri*) com a incisura troclear da ulna (*incisura trochlearis ulnae*) e a cabeça do rádio (*caput radialis*).

A articulação do cotovelo é uma típica **articulação em dobradiça** ou **gínglimo**, com amplitude de movimento restrita à flexão e à extensão no plano sagital. Cristas proeminentes e sulcos na face troclear e a projeção do olécrano na fossa olecraniana do úmero impedem movimentos laterais ou rotatórios. No gato, a amplitude de movimento no plano sagital é limitada a 140°. No cão, é possível alcançar uma extensão entre 100 e 140°, dependendo da raça.

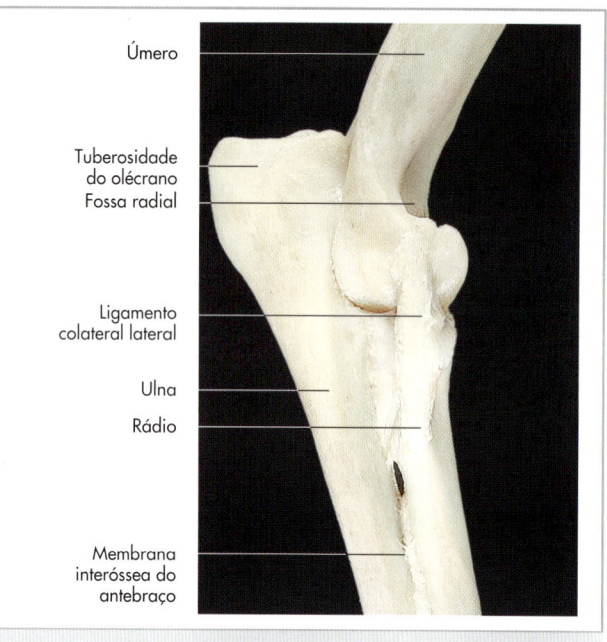

Fig. 4.37 Articulação do cotovelo direito de um cão (face lateral). (Fonte: cortesia do Dr. R. Macher, Viena.)

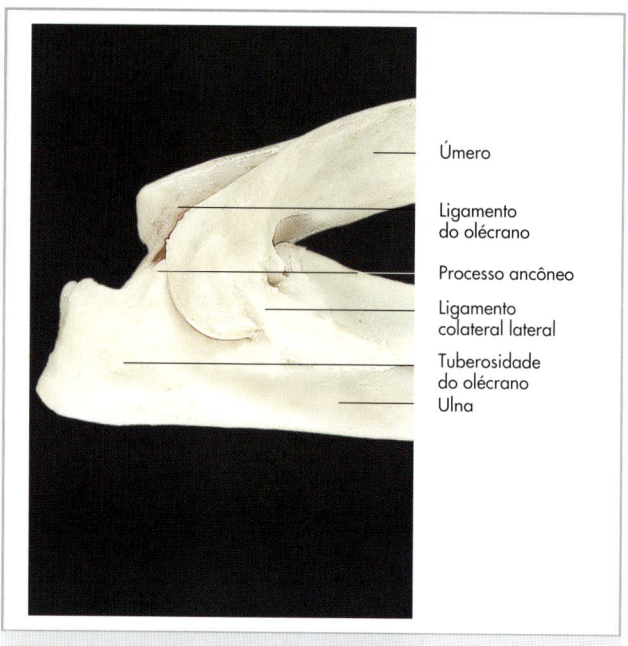

Labels: Úmero; Tuberosidade do olécrano; Fossa radial; Ligamento colateral lateral; Ulna; Rádio; Membrana interóssea do antebraço

Fig. 4.38 Articulação do cotovelo direito de um cão em flexão máxima (vista lateral). (Fonte: cortesia do Dr. R. Macher, Viena.)

Labels: Úmero; Ligamento do olécrano; Processo ancôneo; Ligamento colateral lateral; Tuberosidade do olécrano; Ulna

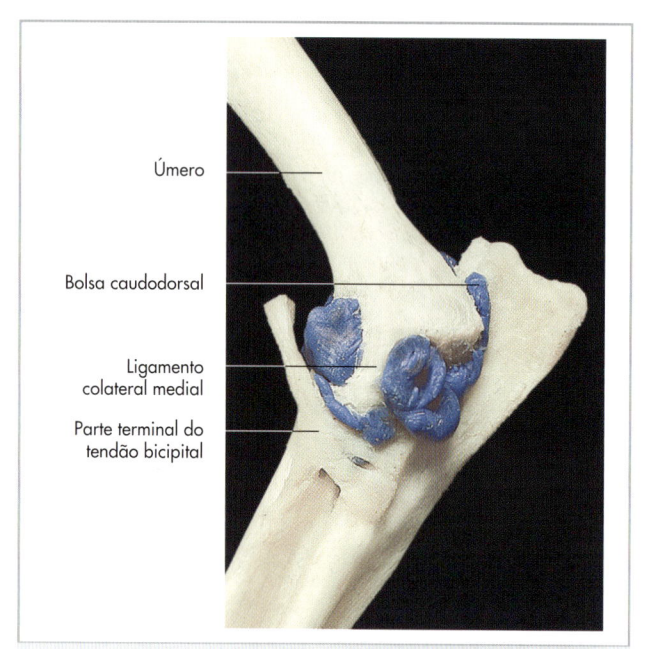

Fig. 4.39 Molde em acrílico da articulação do cotovelo direito de um cão (vista medial). (Fonte: cortesia do Dr. R. Macher, Viena.)

Labels: Úmero; Bolsa caudodorsal; Ligamento colateral medial; Parte terminal do tendão bicipital

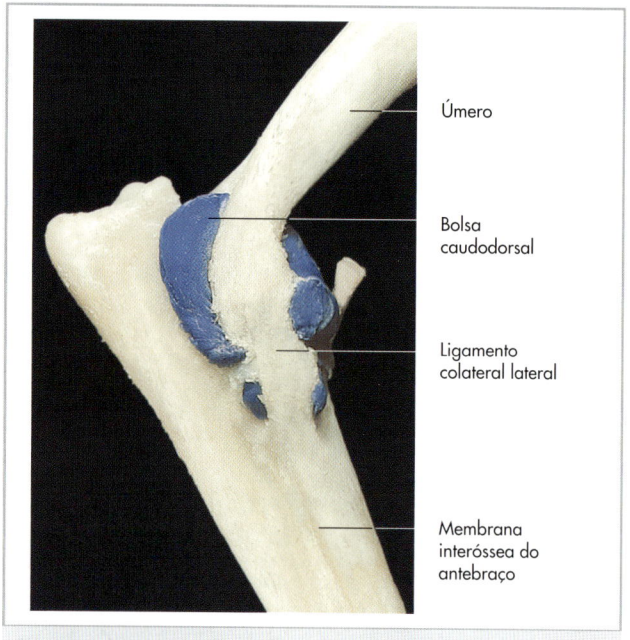

Fig. 4.40 Molde em acrílico da articulação do cotovelo direito de um cão (vista lateral). (Fonte: cortesia do Dr. R. Macher, Viena.)

Labels: Úmero; Bolsa caudodorsal; Ligamento colateral lateral; Membrana interóssea do antebraço

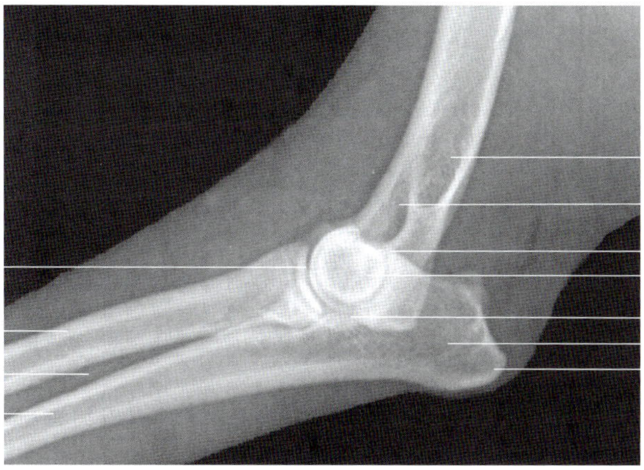

Fig. 4.41 Radiografia da articulação do cotovelo de um cão (projeção mediolateral). (Fonte: cortesia da Profª. Drª. Ulrike Matis, Munique.)

No equino e, em menor grau, nos carnívoros e bovinos, a articulação do cotovelo atua como uma **articulação de pressão**. Isso é causado pela inserção proximal excêntrica dos ligamentos colaterais em relação ao eixo de movimento da articulação.

As articulações umeroulnar, umerorradial e radioulnar proximal (*articulatio radioulnaris proximalis*) compartilham uma **cápsula articular** (*capsula articularis*) comum (▶Fig. 4.39 e ▶Fig. 4.40). Na face caudal, a cápsula se insere ao longo da margem proximal da fossa do olécrano. Na face cranial, uma bolsa se prolonga medialmente sob o músculo bíceps braquial, e outra, lateralmente sob o músculo extensor comum dos dedos.

Nota clínica

Locais de punção:
- **cão e gato**: com o animal em decúbito lateral e com a articulação flexionada a 90°, insere-se a agulha entre o epicôndilo lateral e o olécrano, a qual deve avançar na direção craniomedial;
- **suíno**: insere-se a agulha na depressão palpável, imediatamente caudal ao epicôndilo lateral, na direção craniomedial;
- **bovino**: insere-se uma agulha de 6 cm entre o ligamento colateral lateral e o tendão de origem do músculo extensor ulnar do carpo, a qual deve avançar horizontalmente;
- **equino**: insere-se uma agulha de 4 cm a partir da face lateral, imediatamente cranial ou caudal ao ligamento colateral lateral da articulação. A meio caminho entre o epicôndilo lateral do úmero e a tuberosidade lateral da face proximal do rádio, a agulha deve avançar no plano horizontal, em uma direção ligeiramente proximomedial.

Ligamentos colaterais resistentes se prolongam desde o epicôndilo lateral e medial do úmero até o rádio e a ulna (▶Fig. 4.37, ▶Fig. 4.38 e ▶Fig. 4.44).
- o **ligamento colateral lateral** (**radial**) (*ligamentum collaterale cubiti laterale*) se fixa proximalmente ao epicôndilo lateral do úmero e se divide mais adiante, no sentido distal, em uma parte cranial mais forte, inserindo-se no rádio, e uma parte caudal mais fina, inserindo-se na ulna; a parte caudal (ulnar) é inexistente no equino;
- o **ligamento colateral medial** (**ulnar**) (*ligamentum collaterale cubiti mediale*) se fixa proximalmente ao epicôndilo medial do úmero e se insere com duas partes na ulna e no rádio; em equinos e bovinos, a parte cranial desse ligamento representa o resquício do músculo pronador redondo;
- o **ligamento do olécrano** (*ligamentum olecrani*) se prolonga entre o epicôndilo medial do úmero e o processo ancôneo e reforça a cápsula articular em seu aspecto flexor no gato e no cão (▶Fig. 4.38).

Articulações do rádio com a ulna (*articulatio radioulnaris proximalis et articulatio radioulnaris distalis*)

A capacidade de movimentos de rotação dos dois ossos do antebraço perdeu-se em animais de grande porte e foi reduzida em carnívoros, devido a uma redução da ulna característica de cada espécie. Cerca de 100° de supinação são permitidos no gato e 50° no cão. No equino e no bovino, as partes proximais do rádio e da ulna estão unidas por tecidos fibrosos e elásticos, que sofrem ossificação com a idade (sincondrose). O rádio e a ulna do suíno se articulam firmemente nas direções proximal e distal (anfiartrose). Em carnívoros, há **duas articulações radioulnares sinoviais separadas**:
- **articulação radioulnar proximal** (*articulatio radioulnaris proximalis*), formada pela incisura troclear do rádio (*circumferentia articularis proximalis radii*) e pela incisura radial da ulna (*incisura radialis ulnae*);
- **articulação radioulnar distal** (*articulatio radioulnaris distalis*), formada pela incisura ulnar (*circumferentia articularis ulnae*) e pela incisura ulnar do rádio (*incisura ulnaris radii*).

A articulação radioulnar proximal é sustentada por **diversos ligamentos**:
- **ligamento anular do rádio** (*ligamentum anulare radii*), o qual passa ao redor da cabeça do rádio no aspecto flexor da articulação do cotovelo e situa-se sob os ligamentos colaterais, fixando-se distalmente à incisura radial da ulna;

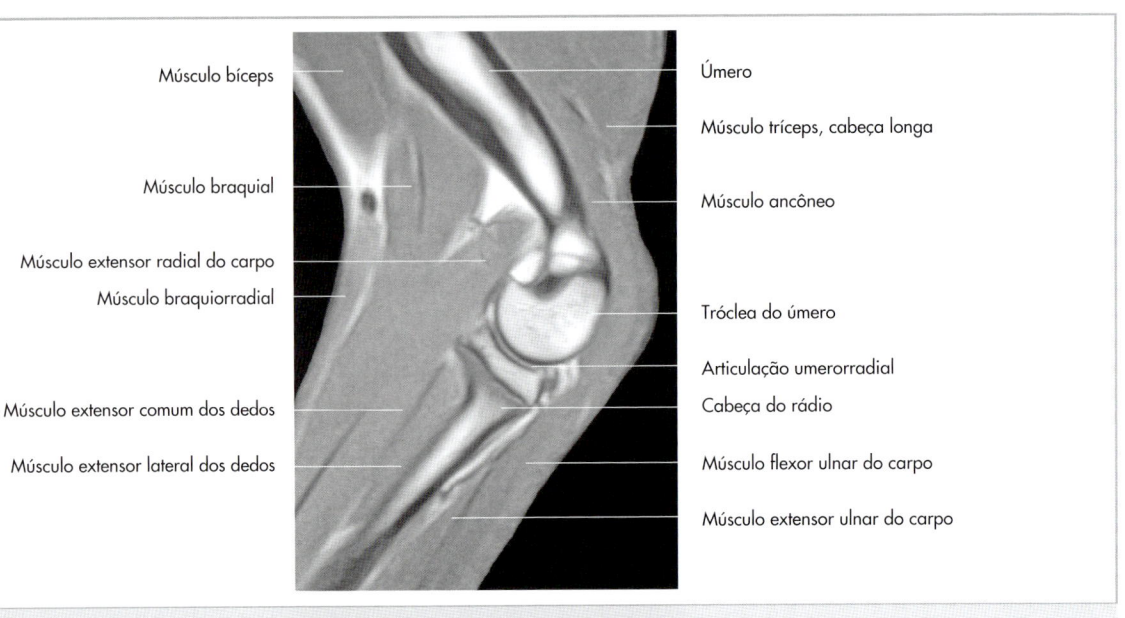

Fig. 4.42 Articulação do cotovelo de um cão (ressonância magnética, imagem ponderada em T1, 1º plano de secção sagital). (Fonte: cortesia da Drª. Isa Foltin, Regensburg.)

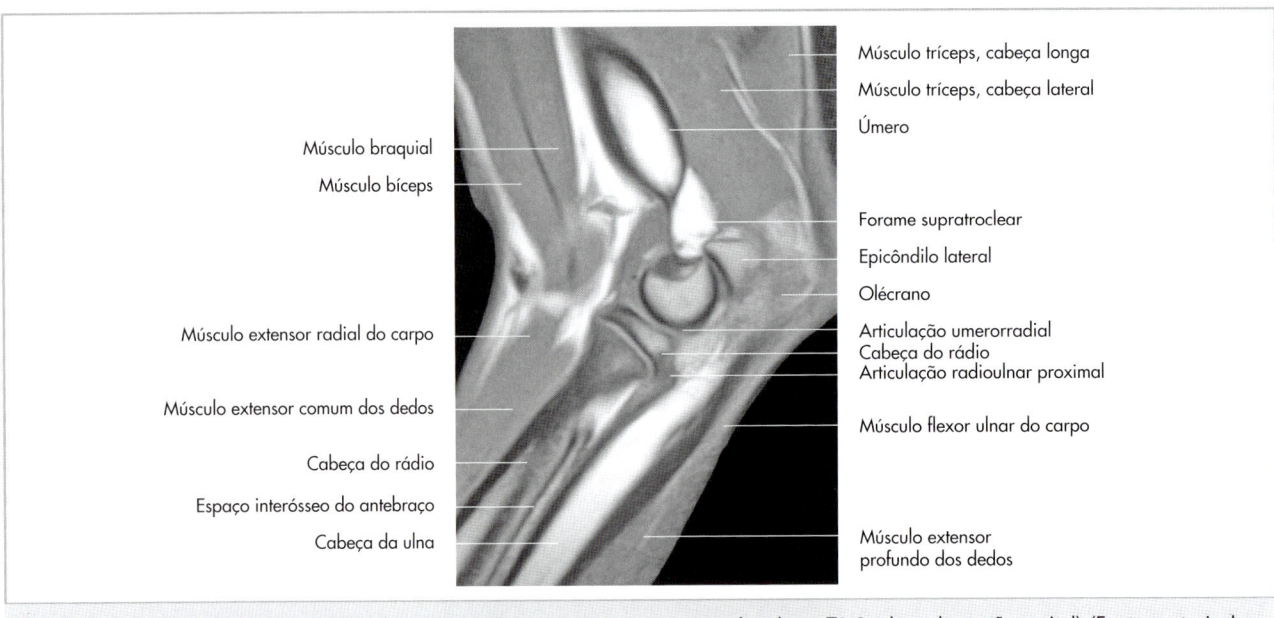

Fig. 4.43 Articulação do cotovelo de um cão (ressonância magnética, imagem ponderada em T1, 2º plano de secção sagital). (Fonte: cortesia da Drª. Isa Foltin, Regensburg.)

- **ligamento interósseo do antebraço** (*ligamentum interosseum antebrachii*), que conecta a metade proximal do espaço interósseo no cão e fortalece a membrana interóssea lateralmente;
- **membrana interóssea do antebraço** (*membrana interossea antebrachii*), uma membrana de tecido mole que une o rádio à ulna em carnívoros e em animais jovens de grande porte. Essa membrana se ossifica em ungulados adultos.

O único ligamento da articulação radioulnar distal, o **ligamento radioulnar** (*ligamentum radioulnare*), prolonga-se entre a tróclea do rádio e o processo estiloide da ulna. Trata-se de um ligamento distinto no cão, ao passo que, no gato, ele consiste em fibras embutidas na cápsula articular. A articulação radioulnar proximal se comunica livremente com a articulação principal do cotovelo; a articulação radioulnar distal é uma extensão proximal da articulação antebraquiocarpal em carnívoros e no suíno.

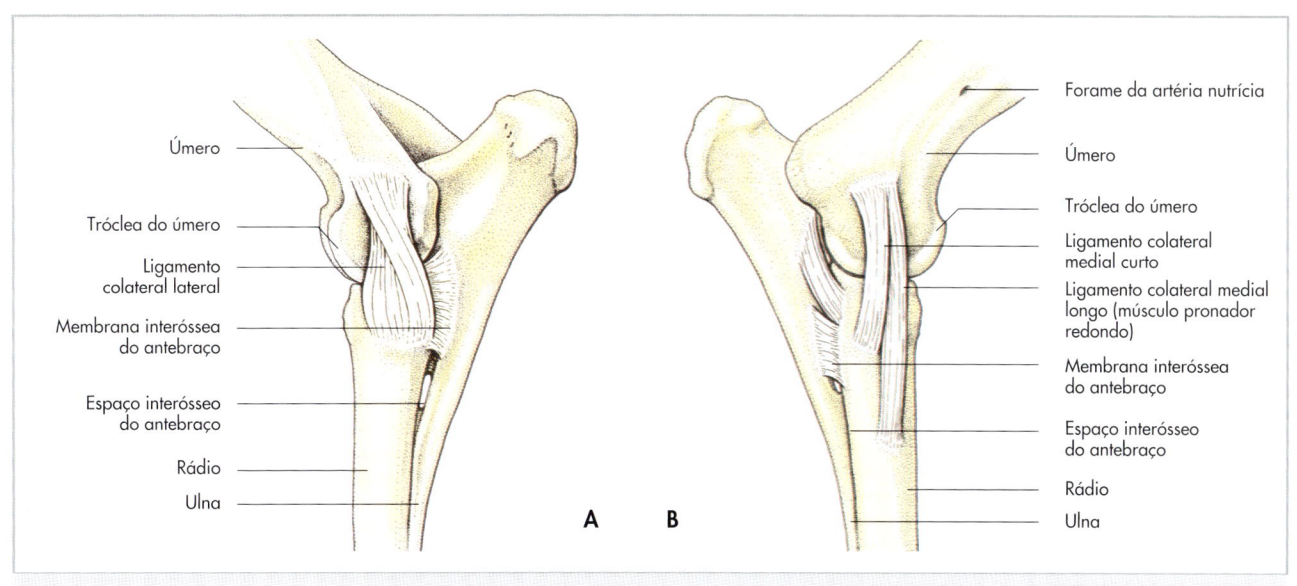

Fig. 4.44 Articulação do cotovelo esquerdo de um equino (representação esquemática): **(A)** vista lateral e **(B)** vista medial.

4.2.4 Articulações da mão (*articulationes manus*)

Articulações carpais (*articulationes carpeae*)

As articulações carpais são **articulações compostas** que incluem as seguintes articulações (▶Fig. 4.45, ▶Fig. 4.46, ▶Fig. 4.47, ▶Fig. 4.48, ▶Fig. 4.49 e ▶Fig. 4.50):

- **articulações antebraquiocarpais** (*articulationes antebrachiocarpeae*), entre o rádio e a ulna e a fileira proximal dos ossos do carpo;
- **articulações mediocarpais** (*articulationes metacarpeae*), entre as fileiras proximal e distal dos ossos do carpo;
- **articulação intercarpal** (*articulationes intercarpeae*), entre os ossos individuais do carpo de cada fileira;
- **articulações carpometacarpais** (*articulationes carpometacarpeae*), entre os ossos distais do carpo e os ossos metacarpais.

Embora os três níveis de articulação compartilhem uma cápsula fibrosa comum, os compartimentos sinoviais são separados, exceto por uma comunicação entre as articulações média e distal. A cápsula articular é solta na altura das articulações proximais e se torna mais estreita distalmente.

Enquanto o carpo atua como uma **articulação em dobradiça**, as faces da articulação única permitem diferentes amplitudes de movimento. A maior parte do movimento ocorre na articulação proximal, e é possível atingir um movimento considerável na articulação média; contudo, praticamente não há movimento na articulação distal.

A **articulação antebraquiocarpal** é formada pela **articulação radiocarpal** (*articulatio radiocarpea*) e pela **articulação carpo ulnar** (*articulatio ulnocarpea*). Essa articulação pode ser vista como uma articulação em dobradiça no equino, uma articulação coclear em ruminantes e uma articulação elipsóidea em carnívoros, nos quais, além do movimento de dobradiça, é possível atingir abdução e adução.

Menos movimento ocorre na **articulação mediocarpal**, que também é uma **articulação complexa de dobradiça**. Essa articulação é formada entre a fileira proximal (osso ulnar, intermédio e radial do carpo) e distal dos ossos carpais (ossos carpais I a IV) e também inclui as articulações do carpo acessório. As articulações intercarpais são firmes, formadas pelas faces articulares contíguas da mesma fileira e apresentam uma amplitude de movimento bastante limitada.

As **articulações carpometacarpais**, localizadas entre os ossos distais do carpo e os ossos metacarpais, são **articulações planas** que não permitem nenhum movimento significativo. Muitos **ligamentos** diferentes e várias **faixas fibrosas** da cápsula articular sustentam o carpo. Os ligamentos podem ser divididos em dois grupos principais (▶Fig. 4.45, ▶Fig. 4.46 e ▶Fig. 4.49):

- **ligamentos colaterais lateral e medial longos** (*ligamenta collateralia carpi*), que se prolongam entre o antebraço e o metacarpo;
- **ligamentos curtos**, que unem ossos vizinhos da mesma fileira ou de fileiras contíguas.

O **ligamento colateral lateral** (*ligamentum collaterale carpi laterale*) se fixa proximalmente ao processo estiloide lateral do rádio e se divide em um ramo superficial, que se insere na extremidade proximal do osso metacarpal lateral, e dois ramos profundos, que se inserem no osso carpo ulnar e no osso carpal IV.

O **ligamento colateral medial** (*ligamentum collaterale carpi mediale*) se prolonga entre o processo estiloide medial do rádio e a extremidade proximal do osso metacarpal medial. Um ramo profundo se destaca para o osso carpal II.

Em carnívoros, os ligamentos colaterais contínuos longos estão ausentes, e apenas a articulação antebraquiocarpal é conectada pelos ligamentos colaterais medial e lateral. A anatomia dos ligamentos carpais curtos é demasiado complexa e não será descrita em detalhes (▶Fig. 4.45, ▶Fig. 4.46, ▶Fig. 4.49 e ▶Fig. 4.50).

Os **ligamentos curtos** podem ser subdivididos em três grupos:

- **ligamentos verticais**, que conectam as articulações principais;
- **ligamentos horizontais**, que unem os ossos vizinhos da mesma fileira;
- **ligamentos curtos**, que conectam o osso carpo acessório à ulna, ao osso carpo ulnar, ao osso carpal IV e aos ossos metacarpais IV e V.

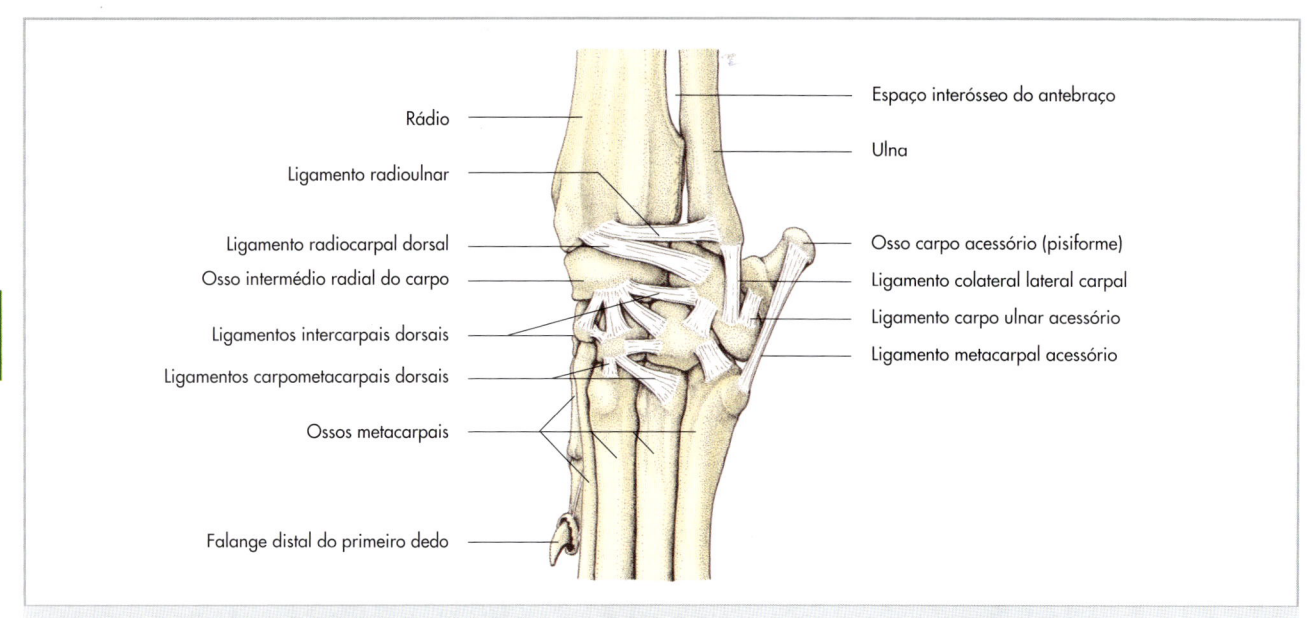

Fig. 4.45 Ligamentos do carpo esquerdo de um cão (representação esquemática, vista lateral). (Fonte: com base em dados de Ghetie, 1954.)

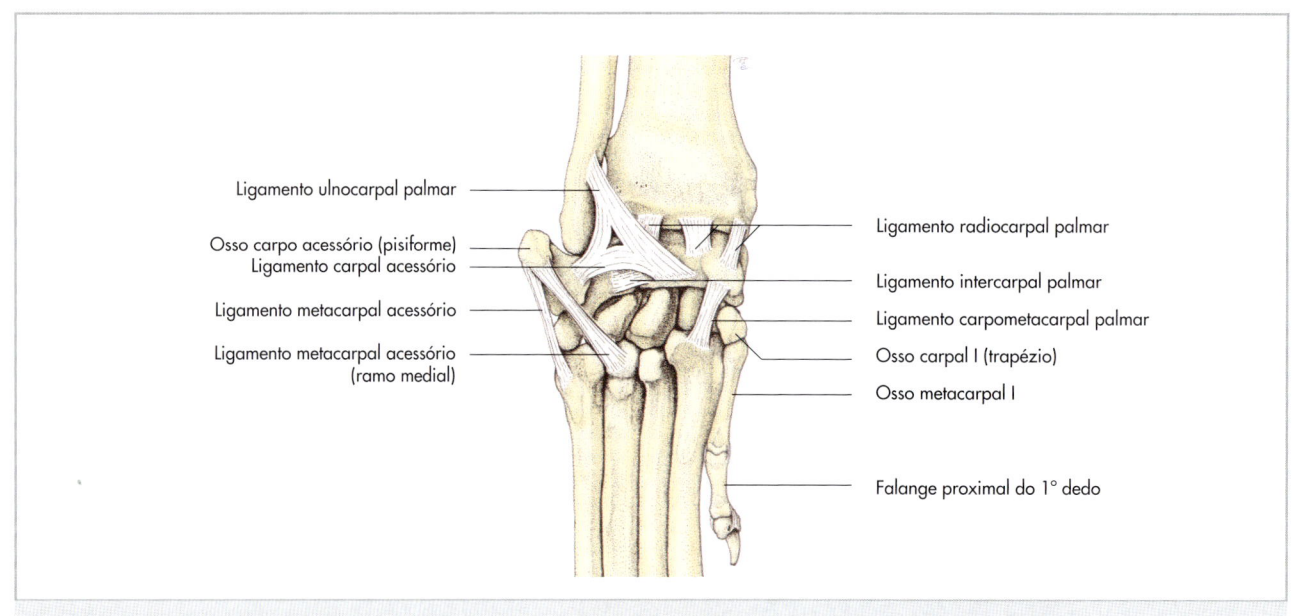

Fig. 4.46 Ligamentos do carpo esquerdo de um cão (representação esquemática, vista palmar). (Fonte: com base em dados de Ghetie, 1954.)

A camada fibrosa da cápsula articular é reforçada dorsalmente pelo **retináculo extensor** (*retinaculum extensorum*), que circunda os tendões extensores. O **retináculo flexor** (*retináculo flexorum*) reforça o carpo na face palmar (▶Fig. 4.85, ▶Fig. 4.88, ▶Fig. 4.90, ▶Fig. 4.91, ▶Fig. 4.92 e ▶Fig. 4.93), fixa-se à base do osso acessório e atravessa medialmente até se tornar parte da fáscia metacarpal.

O canal do carpo é formado superficialmente pelo retináculo flexor e profundamente pela cápsula articular do carpo. Ele contém tendões flexores, artérias, veias e nervos.

Devido à complexidade da anatomia do esqueleto do carpo, complementada pelos diversos ligamentos carpais, os movimentos principais das articulações do carpo são flexão e extensão. Em extensão total, o carpo forma um único eixo com o metacarpo, ao passo que, em flexão total, ele permite que os dedos toquem o antebraço. Pequenos movimentos laterais e mediais são possíveis, principalmente em carnívoros (até 30°). Além disso, toda a articulação atua como um **amortecedor**.

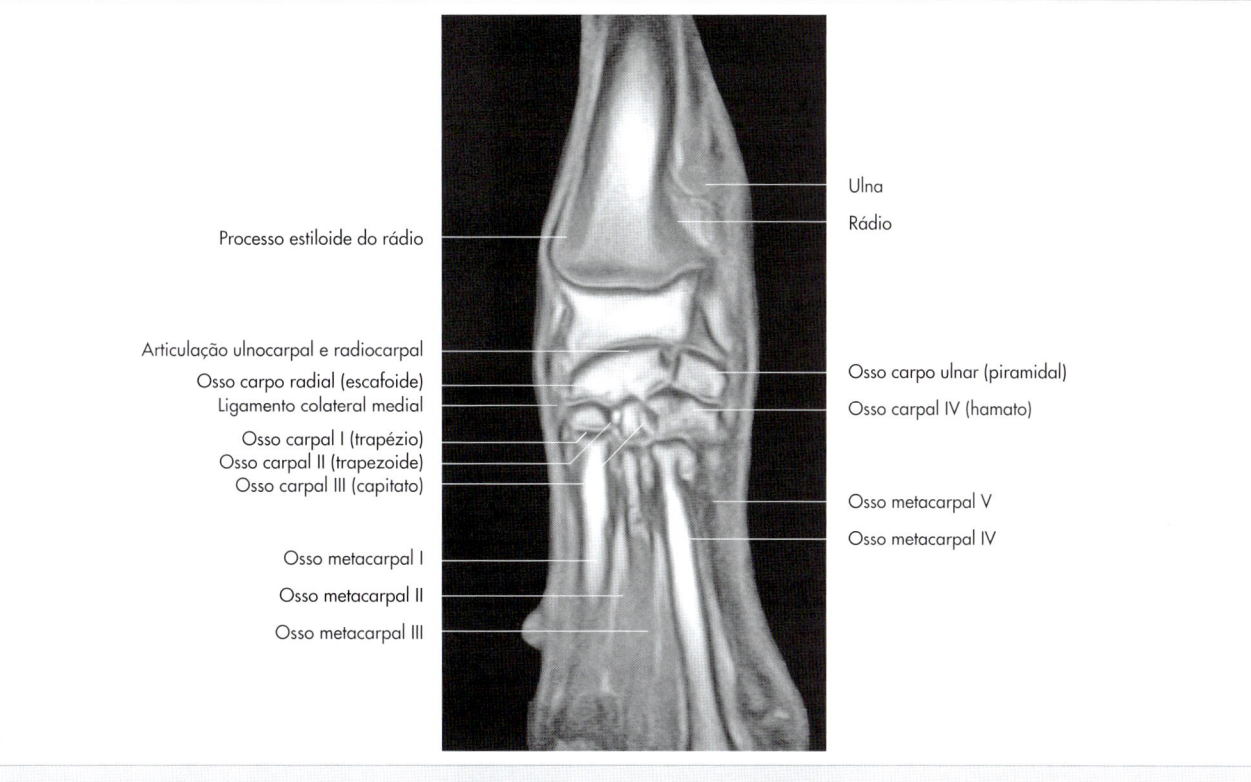

Fig. 4.47 Articulação carpal de um cão (ressonância magnética, imagem ponderada em T1, plano de secção coronal). (Fonte: cortesia da Drª. Isa Foltin, Regensburg.)

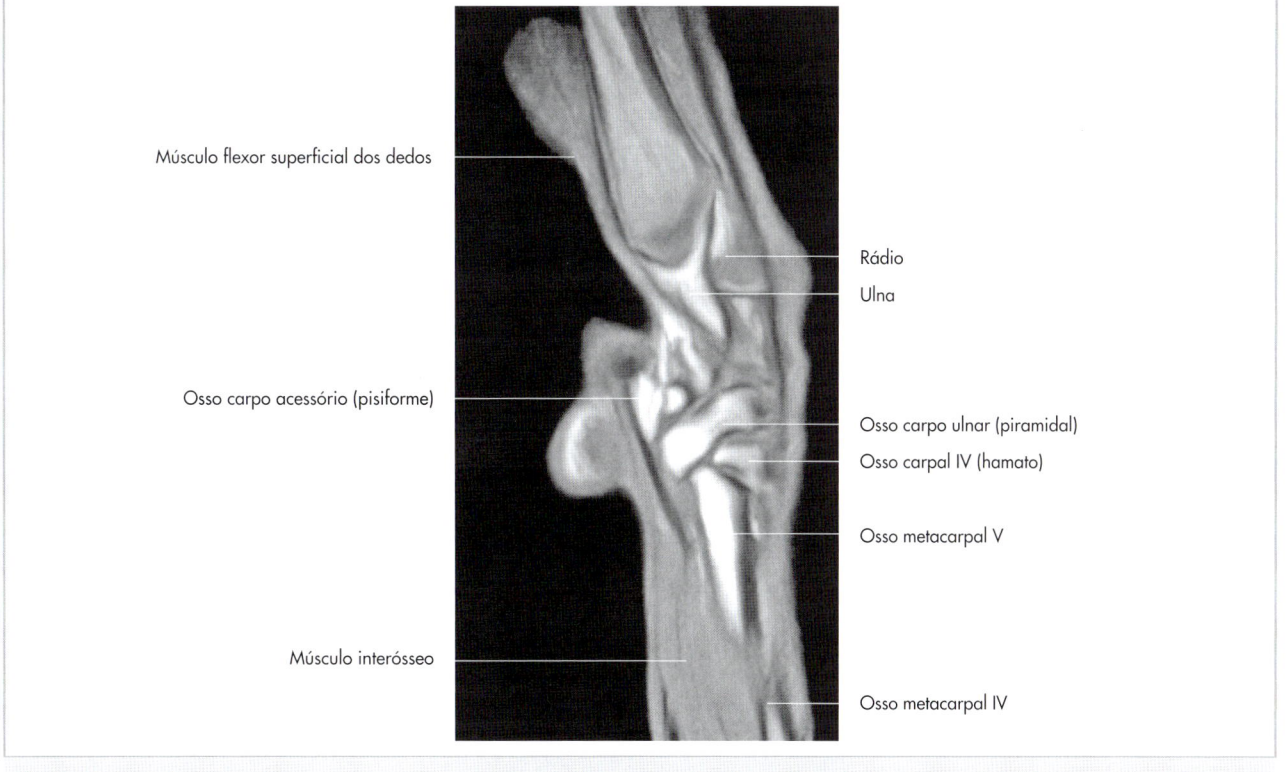

Labels:
- Processo estiloide do rádio
- Articulação ulnocarpal e radiocarpal
- Osso carpo radial (escafoide)
- Ligamento colateral medial
- Osso carpal I (trapézio)
- Osso carpal II (trapezoide)
- Osso carpal III (capitato)
- Osso metacarpal I
- Osso metacarpal II
- Osso metacarpal III
- Ulna
- Rádio
- Osso carpo ulnar (piramidal)
- Osso carpal IV (hamato)
- Osso metacarpal V
- Osso metacarpal IV

Fig. 4.48 Articulação carpal de um cão (ressonância magnética, imagem ponderada em T1, plano de secção sagital). (Fonte: cortesia da Drª. Isa Foltin, Regensburg.)

Labels:
- Músculo flexor superficial dos dedos
- Osso carpo acessório (pisiforme)
- Músculo interósseo
- Rádio
- Ulna
- Osso carpo ulnar (piramidal)
- Osso carpal IV (hamato)
- Osso metacarpal V
- Osso metacarpal IV

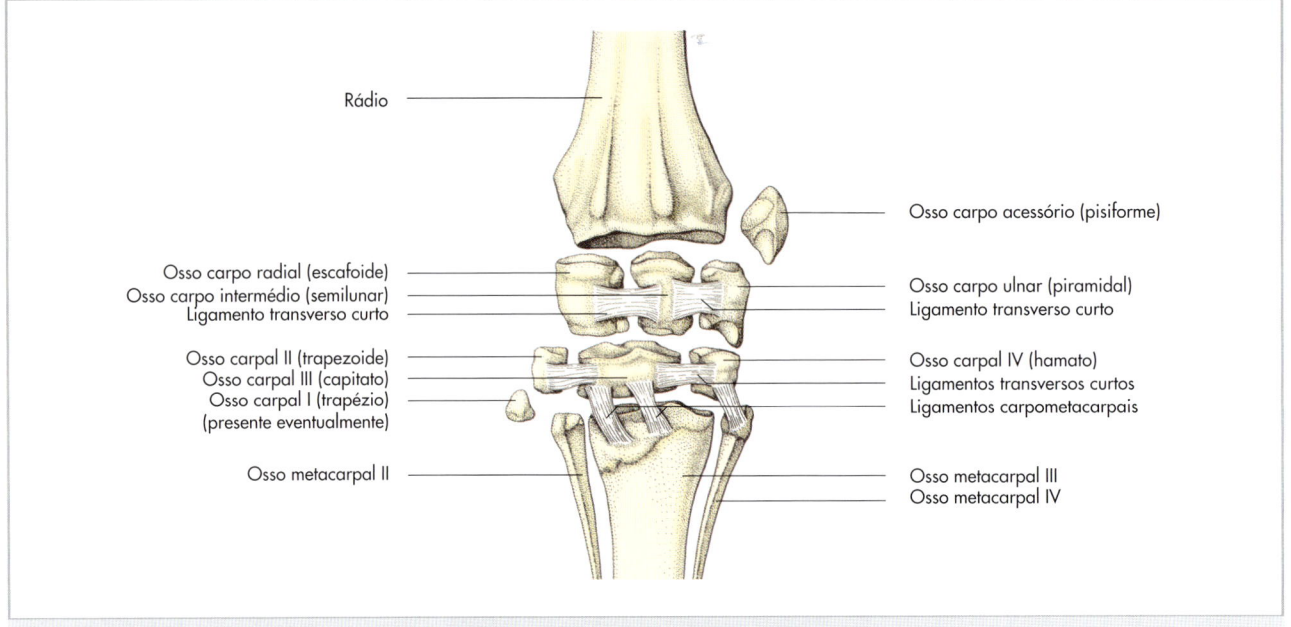

Fig. 4.49 Ligamentos curtos do carpo esquerdo de um equino, com espaços articulares afastados (representação esquemática, vista dorsal). (Fonte: com base em dados da Drª. Susanne Wagner, Viena, 1996.)

> **Nota clínica**
>
> **Locais de punção:**
> - **cão e gato**: articulações antebraquiocarpal e mediocarpal: com o animal em decúbito lateral e com a articulação flexionada em um ângulo de 90°, insere-se a agulha no lado dorsolateral da bolsa proximal, entre o tendão dos músculos extensor comum dos dedos e extensor radial ao nível das articulações; a injeção separada da articulação carpometacarpal é desnecessária, devido à sua comunicação com a articulação mediocarpal;
> - **suíno**: o suíno é colocado em decúbito lateral, com a articulação flexionada; para a injeção da articulação antebraquiocarpal, insere-se a agulha na bolsa dorsal da cápsula articular, lateral ao músculo extensor radial, no plano horizontal e na direção palmar; as articulações mediocarpal e carpometacarpal são injetadas apenas dorsal ao ligamento colateral medial, no espaço palpável da articulação;
> - **bovino**: insere-se uma agulha de 4 cm na face dorsolateral entre o ligamento colateral lateral e o músculo extensor radial, com o carpo flexionado, a qual deve avançar horizontalmente;
> - **equino**: articulações antebraquiocarpal e mediocarpal – com o carpo flexionado, insere-se horizontalmente uma agulha de 3 cm nas depressões palpáveis entre os tendões dos músculos extensores radial e comum dos dedos, na face dorsal da articulação; a injeção separada da articulação carpometacarpal é desnecessária, devido à sua comunicação com a articulação mediocarpal.

4.2.5 Articulações intermetacarpais (*articulationes intermetacarpeae*)

Os **ossos metacarpais** se articulam uns com os outros em suas extremidades proximais em carnívoros e no suíno. Em ruminantes, os ossos metacarpais III e IV remanescentes estão fusionados, de modo que a movimentação não é possível. Embora haja pequenas articulações entre as extremidades proximais dos Mc II e IV e o Mc III no equino, o movimento é bastante limitado, devido ao ligamento interósseo entre o corpo dos ossos metacarpais, o qual sofre ossificação.

4.2.6 Articulações falângicas

Cada dígito tem **três articulações** (▶Fig. 4.55, ▶Fig. 4.56, ▶Fig. 4.59, ▶Fig. 4.60, ▶Fig. 4.61, ▶Fig. 4.62, ▶Fig. 4.63, ▶Fig. 4.64 e ▶Fig. 4.65):
- **articulações metacarpofalângicas** (*articulationes metacarpophalangeae*);
- **articulações interfalângicas proximais** (*articulationes interphalangeae proximales manus*);
- **articulações interfalângicas distais** (*articulationes interphalangeae distales manus*).

As **articulações metacarpofalângicas** são articulações em dobradiça entre a extremidade distal dos ossos metacarpais, as extremidades proximais das primeiras falanges e os ossos sesamoides proximais. As cápsulas articulares formam as **bolsas dorsal** e **palmar** (*recessus dorsales et recessus palmares*). Os ligamentos existem na forma de ligamentos colaterais, sesamoides e interdigitais em animais com mais de um dedo. Os ligamentos sesamoides podem ser subdivididos em ligamentos proximal, médio e distal. O ligamento proximal é substituído pelos músculos interósseos ou, no caso de ruminantes e equinos, pelo ligamento suspensor, o resquício tendinoso do músculo interósseo medial.

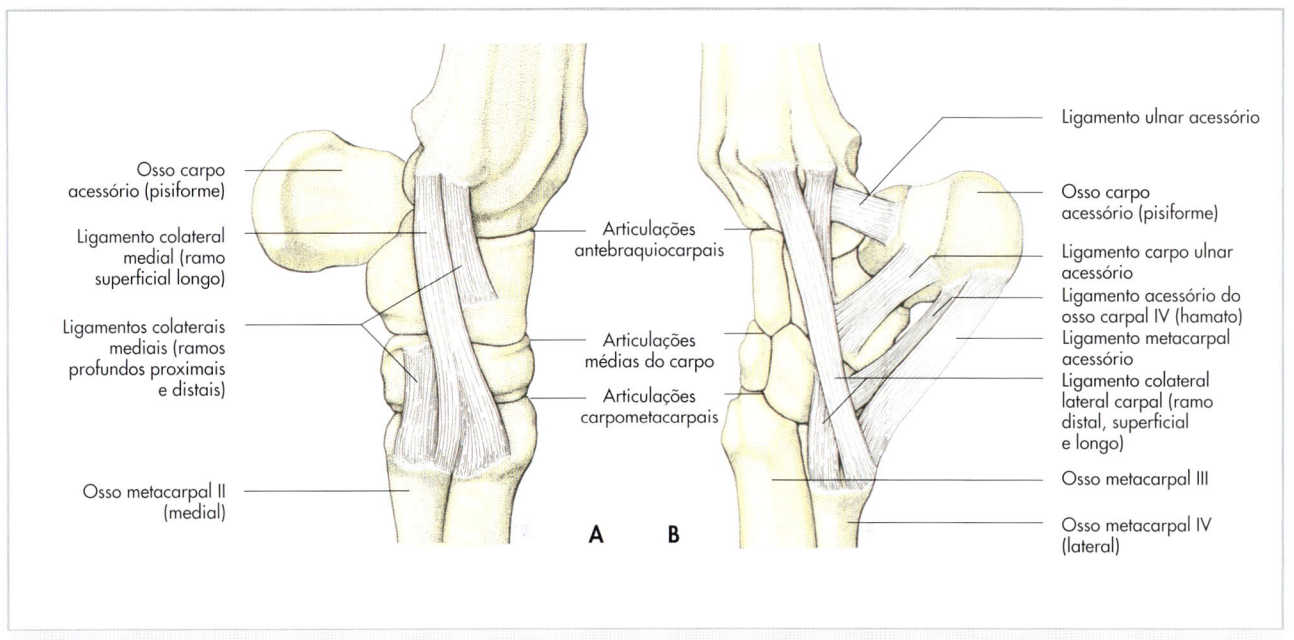

Fig. 4.50 Ligamentos colaterais longos e ligamentos do osso carpo acessório esquerdo de um equino (representação esquemática): **(A)** vista medial e **(B)** vista lateral. (Fonte: com base em dados da Drª. Susanne Wagner, Viena, 1996.)

As **articulações interfalângicas proximais** são formadas pelas extremidades distais das primeiras falanges e pelas extremidades proximais das falanges médias. Elas são classificadas como articulações selares, devido ao formato côncavo-convexo das faces articulares, e funcionam como articulações em dobradiça, permitindo uma amplitude limitada de movimentos laterais (▶Fig. 4.51). Cada articulação tem uma cápsula com bolsas dorsal e palmar, ligamentos colaterais (equino), ligamentos palmares (suíno e ruminantes) ou ambos (carnívoros).

As **articulações interfalângicas distais** são bastante similares às articulações interfalângicas proximais.

Articulações falângicas dos carnívoros

Articulações metacarpofalângicas

Os carnívoros apresentam cinco articulações **metacarpofalângicas**, correspondentes à quantidade de dedos. Elas são formadas pela tróclea distal dos ossos metacarpais de I a V e pela face articular proximal das primeiras falanges, juntamente a dois ossos sesamoides proximais para cada articulação. Além de flexão e extensão, essas articulações permitem um grau considerável de abdução e adução. Cada articulação tem uma **cápsula articular** ampla com as bolsas dorsal e palmar. As bolsas dorsais são reforçadas por uma faixa de cartilagem. Os ossos sesamoides proximais são intercalados na parte palmar da cápsula articular.

Os **ligamentos** podem ser divididos em:
- **ligamentos colaterais** (*ligamenta collateralia mediale et laterale*) entre as extremidades distais dos ossos metacarpais e as primeiras falanges;
- **ligamentos dos ossos sesamoides proximais** com:
  - **ligamentos proximais**: substituídos pelo músculo interósseo;
  - **ligamentos médios**: ligamentos intersesamoides que unem as faces palmares dos ossos sesamoides pares de um dedo e os ligamentos sesamoides lateral e medial entre os ossos sesamoides e os ossos metacarpais e as falanges proximais;
  - **ligamentos distais**: ligamento sesamoide distal curto e ligamentos cruzados dos ossos sesamoides entre os sesamoides proximais e as falanges proximais.

Articulações interfalângicas proximais

As articulações interfalângicas proximais são formadas pelas extremidades distais das falanges proximais e pelas fossas articulares proximais das falanges médias II a V. O primeiro dedo não apresenta uma articulação interfalângica proximal. Trata-se de **articulações selares** com uma extensão máxima de 90° e flexão máxima de 60°. As **cápsulas articulares** são semelhantes às das articulações metacarpofalângicas, com bolsas dorsal e palmar e um reforço cartilaginoso dorsalmente. Os ligamentos colaterais (*ligamentum collaterale laterale et mediale*) são os únicos ligamentos que conectam a articulação verticalmente nas faces lateral e medial.

Articulações interfalângicas distais

As articulações interfalângicas distais são **articulações selares**, formadas pela tróclea distal das falanges médias e pelas fossas articulares das falanges distais.

As **cápsulas articulares** projetam as bolsas dorsal e palmar (*recessus dorsales et palmares*). As bolsas palmares são reforçadas por cartilagem sesamoide. Cada articulação apresenta um ligamento colateral lateral e outro medial, além de ligamentos elásticos dorsalmente. O cão apresenta dois ligamentos elásticos longos (*ligamenta dorsalia longa*), que se prolongam desde a falange média até a face lateral da terceira falange. No gato, além dos dois ligamentos dorsais longos, existe um ligamento dorsal único e curto (*ligamentum dorsale breve*), que flexiona a articulação interfalângica distal e, portanto, propicia a protrusão da garra por contração simultânea do tendão flexor profundo dos dedos e relaxamento dos ligamentos dorsais elásticos.

Ao contrário do cão, o gato pode retrair totalmente as suas garras até a parte peluda da pata. Embora as garras sejam contraídas, elas se encontram sob flexão dorsal máxima e em contato com o osso metacarpal correspondente.

Ligamentos interdigitais

Os **ligamentos anulares** (*ligamenta anularia palmaria*) firmam os tendões dos flexores profundo e superficial dos dedos na altura dos ossos sesamoides proximais das articulações metacarpofalângicas, do segundo ao quinto dedo. Esses ligamentos anulares palmares propiciam inserção para os ligamentos interdigitais profundos, os quais mantêm os dedos unidos e sustentam as bases do carpo e dos dedos.

Um ligamento interdigital superficial corre transversalmente desde a face palmar da extremidade distal do osso metacarpal II até a mesma localização no osso metacarpal V.

Articulações falângicas dos ruminantes

Articulações metacarpofalângicas ou do boleto

As duas articulações metacarpofalângicas são **articulações em dobradiça** formadas pela tróclea e consistem nas extremidades distais separadas dos ossos metacarpais III e IV, na face articular da primeira falange e nos dois ossos sesamoides proximais, na face palmar (▶Fig. 4.42 e ▶Fig. 4.43). Ambas as articulações têm a sua própria cápsula articular, cada qual com as suas bolsas dorsal e palmar (*recessus dorsales et palmares*).

A **bolsa dorsal** (*recessus dorsalis*) se prolonga proximalmente entre os ossos metacarpais e os tendões dos músculos extensores comum e lateral dos dedos. As cápsulas articulares dorsais são reforçadas com fibrocartilagem. Cada tendão é envolto por uma bainha sinovial e uma bolsa subtendínea, a qual facilita a sua passagem sobre a bolsa articular dorsal.

A **bolsa palmar** (*recessus palmaris*) se prolonga proximalmente entre os ossos metacarpais, o músculo interósseo e os tendões dos flexores profundo e superficial dos dedos. Os tendões flexores compartilham uma bainha sinovial comum nessa altura.

As partes axiais das cápsulas articulares são unidas, e suas bolsas palmares se comunicam uma com a outra no sentido proximal do ramo digital do músculo interósseo.

> **Nota clínica**
>
> **Locais de punção**
> As duas **articulações metacarpofalângicas** podem ser alcançadas com uma punção. A agulha deve ser inserida na bolsa dorsal na margem do tendão extensor lateral ou medial, e deve-se avançá-la horizontalmente.

Os **ligamentos da articulação metacarpofalângica** (▶Fig. 4.52, ▶Fig. 4.53 e ▶Fig. 4.54) podem ser divididos em:
- **ligamento interdigital proximal** (*ligamentum interdigitale proximale*), que une as falanges proximais dos dedos que sustentam o peso a seus ossos sesamoides axiais;
- **ligamentos colaterais axial** e **abaxial**, que formam uma ponte entre cada articulação metacarpofalângica;
- **ligamentos sesamoides proximal**, **médio** e **distal**.

O **músculo interósseo médio** tendinoso (*m. interosseus medius*), ou ligamento suspensor, sustenta a articulação metacarpofalângica proximalmente.

Ele se origina dos ossos distais do carpo e se divide em quatro ramos no terço distal do metacarpo. Esses quatro ramos são divididos em:
- **parte média**: subdivide-se em dois ramos para os ossos sesamoides proximais axiais e um ramo interdigital para cada dedo; o ramo interdigital para o terceiro dedo une o tendão médio do tendão extensor comum dos dedos e o ramo interdigital para o quarto dedo ao tendão extensor lateral dos dedos;
- **ramos lateral e medial**: inserem-se com um ramo profundo nos ossos sesamoides proximais abaxiais e projetam um ramo superficial para os tendões extensores;
- **ramo forte**: subdivide-se em ramos medial e lateral, os quais se unem distalmente com o tendão flexor superficial dos dedos, formando uma bainha que envolve o tendão flexor profundo dos dedos.

Os **ligamentos médios da articulação metacarpofalângica** (▶Fig. 4.53 e ▶Fig. 4.54) compreendem:
- **ligamentos palmares medial** e **lateral** (*ligamenta palmaria mediale et laterale*), os quais unem os ossos sesamoides proximais do terceiro dedo aos ossos sesamoides proximais do quarto dedo;
- **ligamento intersesamoide interdigital** entre os dois ossos sesamoides axiais;
- **ligamentos sesamoides colaterais** (*ligamenta sesamoidea collateralia*), que conectam os sesamoides proximais abaxiais com a primeira falange.

A **sustentação distal da articulação metacarpofalângica** ocorre devido a (▶Fig. 4.52, ▶Fig. 4.53 e ▶Fig. 4.54):
- **ligamentos sesamoides cruzados** (*ligamenta sesamoidea cruciata*), que se prolongam desde a base de cada sesamoide proximal até a face lateral da primeira falange correspondente;
- **ligamentos sesamoides oblíquos** (*ligamenta sesamoidea obliqua*), que conectam os sesamoides proximais abaxiais com a primeira falange;
- **ligamentos falangosesamoides interdigitais** (*ligamenta phalangosesamoidea interdigitales*), que conectam os sesamoides axiais proximais com a extremidade proximal oposta da primeira falange.

Articulação interfalângica proximal ou da quartela

As articulações interfalângicas são **articulações selares** formadas pela tróclea distal da primeira falange e pela face articular proximal da falange média. As duas articulações apresentam cápsulas separadas, e cada uma forma bolsas dorsal e palmar (*recessus dorsales et palmares*).

A **bolsa dorsal** (*recessus dorsalis*) recebe sulcos dos tendões extensores e se prolonga distal e proximalmente nas faces axial e abaxial. Já a **bolsa palmar** (*recessus palmaris*) é menor e coberta pelos tendões flexores.

Cada articulação é sustentada por ligamentos colaterais axiais e abaxiais (*ligamenta collateralia*). Um ligamento axial adicional forma uma ponte dorsalmente entre as articulações interfalângicas proximal e distal. Três **ligamentos palmares**, um central, um axial e outro abaxial, propiciam mais sustentação para cada articulação interfalângica proximal (▶Fig. 4.54). Outras faixas emergem da fáscia digital e se inserem nas primeiras falanges. Essas

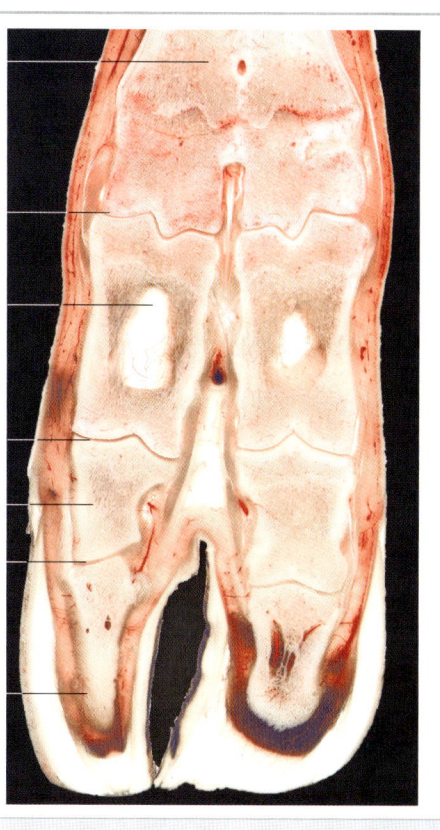

Fig. 4.51 Radiografia do pé de um bovino (projeção dorsopalmar, à esquerda) e plastinação em corte E-12 (à direita). (Fonte: cortesia da Profª. Drª. Sabine Breit, Viena [à esquerda] e de H. Obermayer, Munique [à direita].)

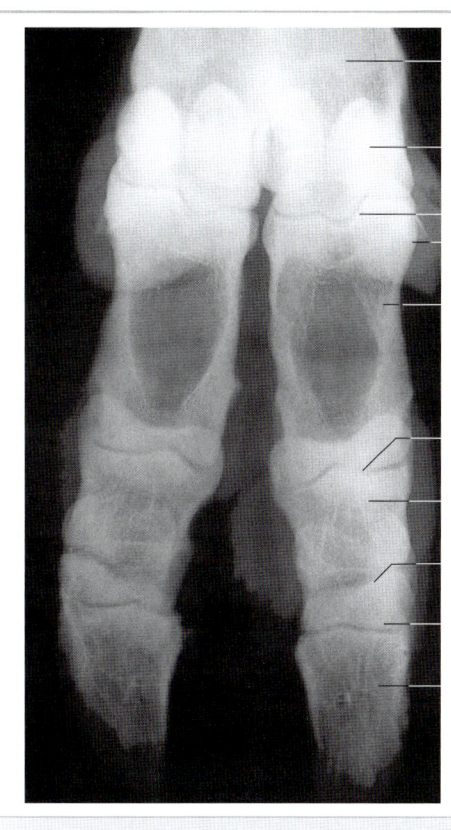

Labels: Ossos metacarpais III e IV; Osso sesamoide proximal axial e abaxial; Cavidade articular da articulação metacarpofalângica (do boleto); Densidade do tecido mole dos dedos atrofiados; Falange proximal com cavidade medular; Cavidade articular da articulação interfalângica proximal (da quartela); Falange média; Cavidade articular da articulação interfalângica distal (do casco); Osso sesamoide distal; Falange distal.

faixas sustentam os tendões flexores na face palmar (▶Fig. 4.52, ▶Fig. 4.53 e ▶Fig. 4.54):
- ligamento anular palmar (*ligamentum anulare palmare*);
- ligamentos digitais anulares distal e proximal (*ligamentum anulare digiti*);
- ligamento interdigital distal (*ligamentum interdigitale distale*).

Articulações interfalângicas distais

As **articulações interfalângicas distais** são **articulações selares** formadas pela tróclea distal das segundas falanges, pelas faces articulares das terceiras falanges e pelo osso sesamoide distal ou navicular na face palmar.

As **cápsulas articulares** são totalmente separadas e apresentam bolsas dorsais e palmares (*recessus dorsales et palmares*):
- **bolsas dorsais** (*recessus dorsales*): alcançam cerca de 1 cm além da coroa do casco sob os tendões extensores;
- **bolsas palmares** (*recessus palmares*): prolongam-se proximalmente até a metade das segundas falanges e são cobertas por tendões flexores profundos dos dedos.

Cada articulação é reforçada pelos seguintes ligamentos (▶Fig. 4.52 e ▶Fig. 4.54):
- **ligamentos interdigitais distais** (*ligamentum interdigitale distale*), que consistem em dois ligamentos cruzados entre os dedos principais;
- **ligamento dorsal das articulações interfalângicas distais** (*ligamentum dorsale*), uma faixa elástica que se prolonga desde a extremidade distal da falange média axialmente até o processo extensor da terceira falange;
- **ligamentos colaterais axial** e **abaxial** (*ligamenta collateralia*);
- **ligamentos do osso sesamoide distal**, que podem ser divididos em ligamentos axial e abaxial elásticos, os quais conectam o sesamoide distal à falange média, e ligamentos colaterais, que conectam o sesamoide à terceira falange.

Sustentação do 2º e do 5º dedos (dedos atrofiados)

O 2º e o 5º dedos se unem ao osso metacarpal III proximalmente e aos dedos principais distalmente por fáscias, as quais formam faixas distais, proximais e transversas.

Articulações falângicas dos equinos

Articulação metacarpofalângica ou do boleto

A articulação metacarpofalângica é uma **articulação composta** formada pela tróclea do osso metacarpal III, pela face articular proximal da primeira falange e pelos ossos sesamoides proximais (▶Fig. 4.55 e ▶Fig. 4.56). Ela atua como uma articulação em dobradiça, sendo que os principais movimentos são flexão e extensão, o que permite apenas uma movimentação lateral limitada. Na posição ereta, a articulação se encontra em flexão parcial.

A **cápsula articular** apresenta bolsas dorsal e palmar:
- **bolsa dorsal** (*recessus dorsalis*): estende-se cerca de 2 cm proximalmente entre o osso metacarpal III e o tendão extensor; uma bolsa é interposta entre a cápsula articular e o tendão extensor;

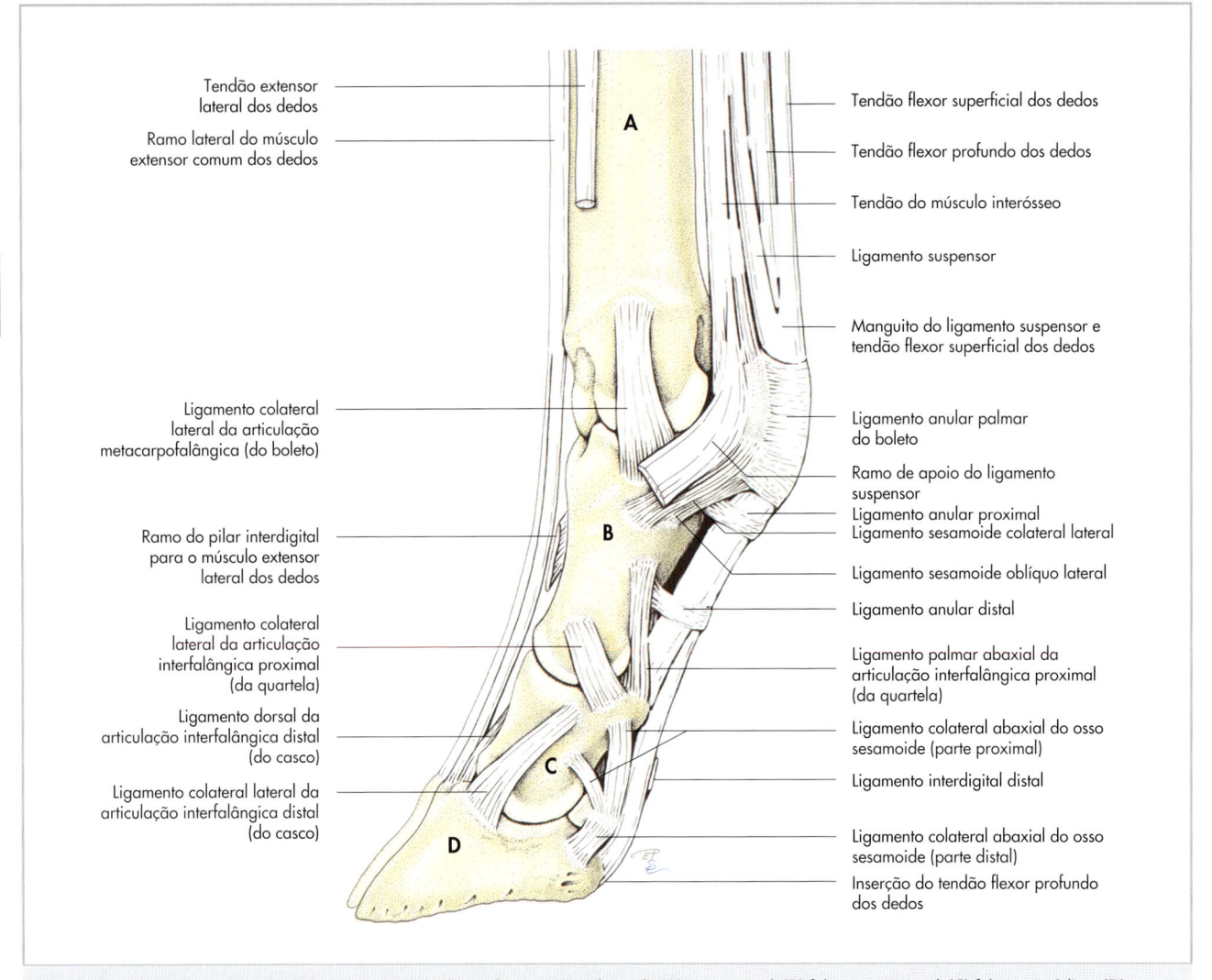

Fig. 4.52 Ligamentos e tendões da mão esquerda de um bovino (vista lateral): **(A)** metacarpal, **(B)** falange proximal, **(C)** falange média e **(D)** falange distal (representação esquemática). (Fonte: com base em dados de Ellenberger e Baum, 1943.)

- **bolsa palmar** (*recessus palmaris*): situa-se entre o osso metacarpal III e o ligamento suspensor (▶Fig. 4.59 e ▶Fig. 4.60).

A **sustentação ligamentosa da articulação metacarpofalângica** consiste em:
- **ligamentos colaterais** (*ligamenta collateralia*), que emergem de cada lado da extremidade distal do osso metacarpal III e se inserem nas eminências em cada lado da extremidade proximal da primeira falange;
- **ligamentos proximais**, **médios** e **distais** dos ossos sesamoides proximais (▶Fig. 4.57 e ▶Fig. 4.58).

O músculo interósseo tendíneo, ou ligamento suspensor, fornece a **sustentação proximal para os ossos sesamoides proximais** (▶Fig. 4.57 e ▶Fig. 4.58). Ele está fixado proximalmente à fileira distal dos ossos do carpo e à parte proximal do osso metacarpal III. O músculo interósseo tendíneo passa por entre os ossos metacarpais II e IV no sulco metacarpal, na face palmar do osso metacarpal III. Acima da articulação metacarpofalângica, ele se divide em dois ramos divergentes, que se inserem nos ossos sesamoides proximais. O **ligamento metacarpointersesamoide** (*ligamentum metacarpointersesamoideum*) se prolonga entre a extremidade distal do metacarpo e o ligamento palmar. Ele fornece sustentação adicional à articulação metacarpofalângica na face palmar.

Os **ligamentos médios dos sesamoides proximais** compreendem:
- **ligamento palmar** (*ligamentum palmare*): ligamento fibrocartilaginoso largo que une os dois sesamoides proximais e possibilita, juntamente aos ossos sesamoides, o movimento sem atrito dos tendões flexores sobre a articulação metacarpofalângica (*scutum proximale*);
- **ligamentos colaterais medial** e **lateral** (*ligamenta collateralia*): conectam os sesamoides proximais ao metacarpo proximalmente e à primeira falange distalmente (▶Fig. 4.57 e ▶Fig. 4.58).

Além disso, há **ligamentos sesamoides distais** (▶Fig. 4.57 e ▶Fig. 4.58):
- **ligamento sesamoide reto** (*ligamentum sesamoideum rectum*): origina-se proximal à base dos ossos sesamoides e se insere

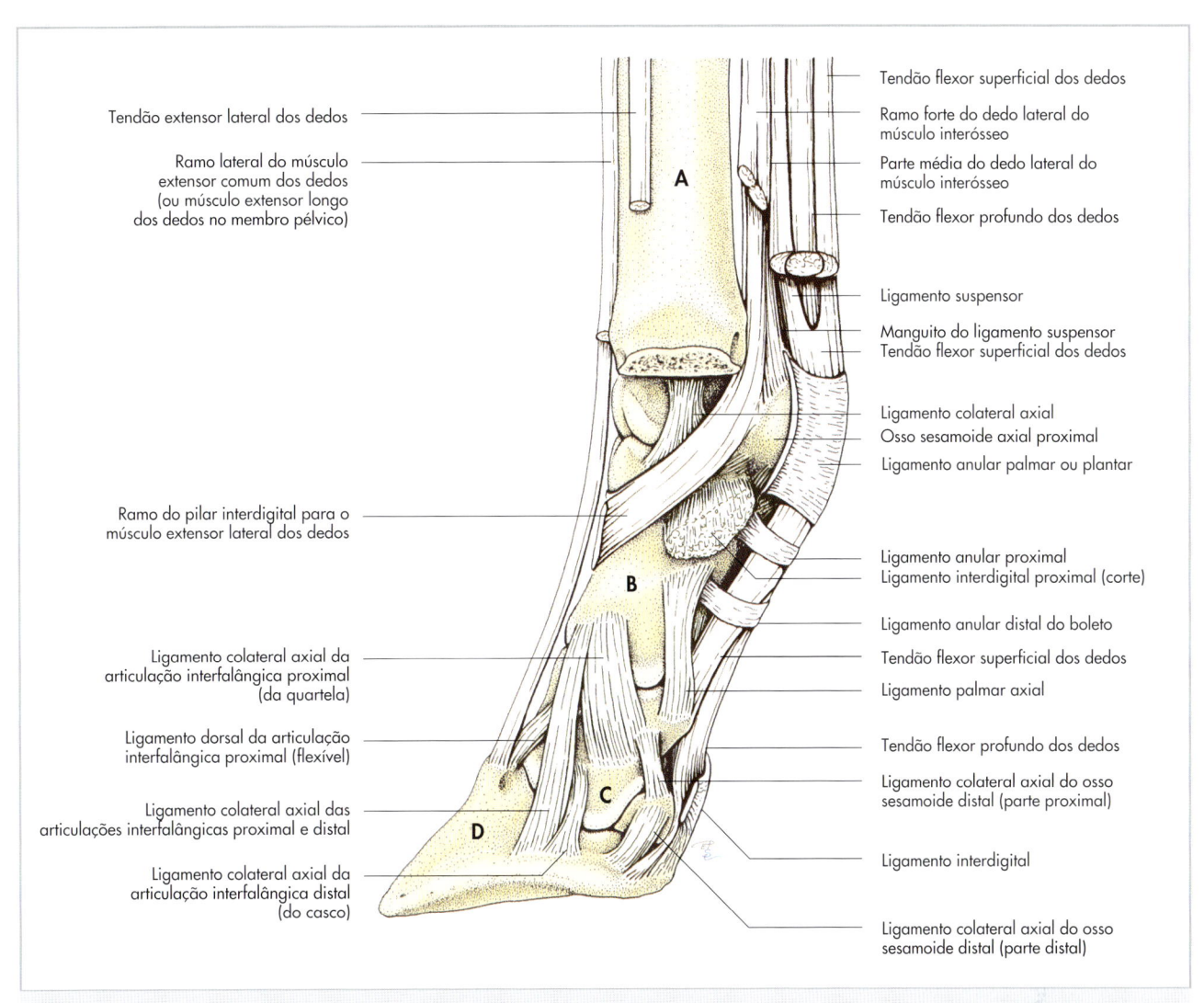

Fig. 4.53 Ligamentos e tendões mediais da mão esquerda de um bovino (vista axial): **(A)** metacarpal, **(B)** primeira falange, **(C)** falange média e **(D)** terceira falange (representação esquemática). (Fonte: com base em dados de Ellenberger e Baum, 1943.)

com dois ramos: um ramo forte, na falange média, e um ramo mais delgado, na primeira falange;
- **ligamentos sesamoides oblíquos** (*ligamenta sesamoidea obliqua*): acompanham o ligamento reto em cada lado e se inserem na face palmar da primeira falange;
- **ligamentos sesamoides cruzados** (*ligamenta sesamoidea cruciata*): correm profundamente em relação aos outros ligamentos sesamoides distais; originam-se na base dos ossos sesamoides, se entrecruzam e se inserem no lado oposto da primeira falange.
- **ligamentos sesamoides curtos** (*ligamenta sesamoidea brevia*): prolongam-se desde a base dos sesamoides até a margem palmar da primeira falange;
- **ligamento suspensor**: prolonga-se como ramos medial e lateral, dorsal e distalmente, os quais se unem ao tendão do extensor comum dos dedos. Esses ramos dão suporte adicional aos sesamoides. O ligamento suspensor, o ligamento palmar e os ligamentos sesamoides reto e oblíquo, juntamente aos próprios sesamoides, formam o **aparelho de suporte** (aparelho de permanência passiva), que sustenta a articulação metacarpofalângica.

Nota clínica

Locais de punção
No equino em estação, a **articulação metacarpofalângica** (do boleto) se insere na bolsa dorsoproximal da articulação; o espaço articular é palpado, e insere-se uma agulha de 2 cm no sentido medial ao tendão extensor comum, direcionando-a distomedialmente.

Articulação interfalângica proximal ou da quartela

A **articulação interfalângica proximal** se forma por meio da junção da tróclea da primeira falange com a extremidade proximal da falange média. Trata-se de uma **articulação selar** com uma amplitude limitada de movimentos. Há dois ligamentos colaterais e diversos ligamentos palmares (▶Fig. 4.57 e ▶Fig. 4.58):
- **ligamentos colaterais** (*ligamenta collateralia*): prolongam-se entre as falanges proximal e média;

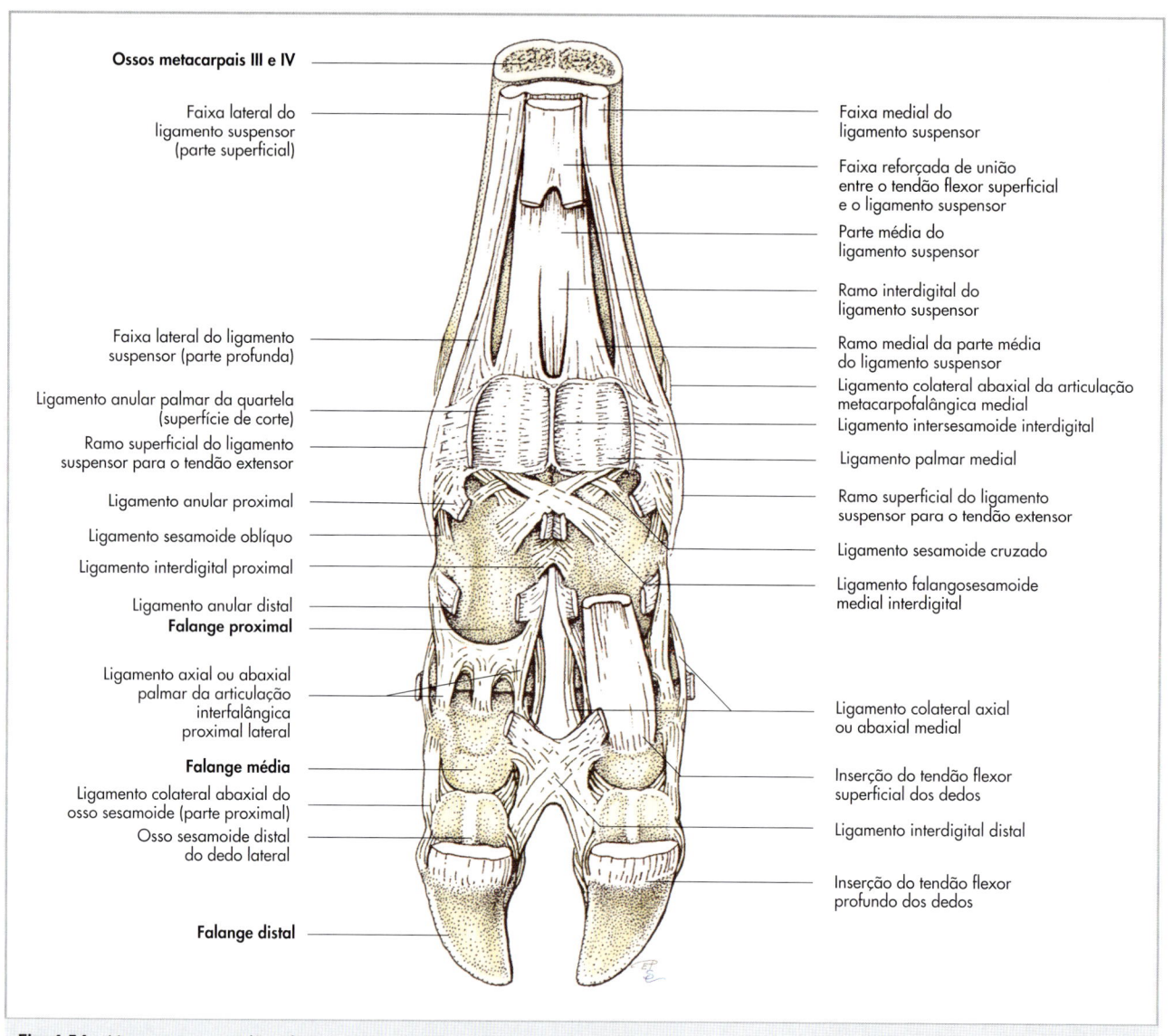

Fig. 4.54 Ligamentos e tendões da mão esquerda de um bovino (representação esquemática, vista palmar). (Fonte: com base em dados de Ellenberger e Baum, 1943.)

- **ligamentos palmares** (*ligamenta palmaria*): consistem em um par central, os ligamentos axial e abaxial, que correm paralelos ao ligamento sesamoide reto, e nos ligamentos palmares lateral e medial.

Os ligamentos formam, juntamente ao ligamento sesamoide reto e a falange média, a **placa fibrosa medial** (*scutum mediale*), sobre a qual corre o tendão flexor profundo dos dedos. **Ligamentos palmares laterais** adicionais se prolongam entre as falanges proximal e média. A **cápsula articular** se une ao tendão extensor comum dos dedos dorsalmente, aos ligamentos colaterais nas faces medial e lateral e ao ligamento sesamoide reto no sentido palmar. No sentido proximal, há uma pequena bolsa dorsal.

Articulação interfalângica distal ou do casco

A **articulação interfalângica distal** é uma **articulação composta** formada pela tróclea distal da falange média, pela terceira falange e pelo **osso sesamoide distal (osso navicular)**. Trata-se de uma **articulação selar**, cujos movimentos principais são flexão e extensão, com uma amplitude bastante limitada de movimentos laterais e rotatórios. A cápsula articular projeta uma pequena bolsa dorsal e uma bolsa palmar mais ampla (▶Fig. 4.61):

- **bolsa dorsal** (*recessus dorsalis*): prolonga-se sob o tendão extensor comum cerca de 1 cm no sentido proximal à coroa do casco;
- **bolsa palmar** (*recessus palmaris*): prolonga-se sob o tendão flexor profundo dos dedos até a metade da falange média.

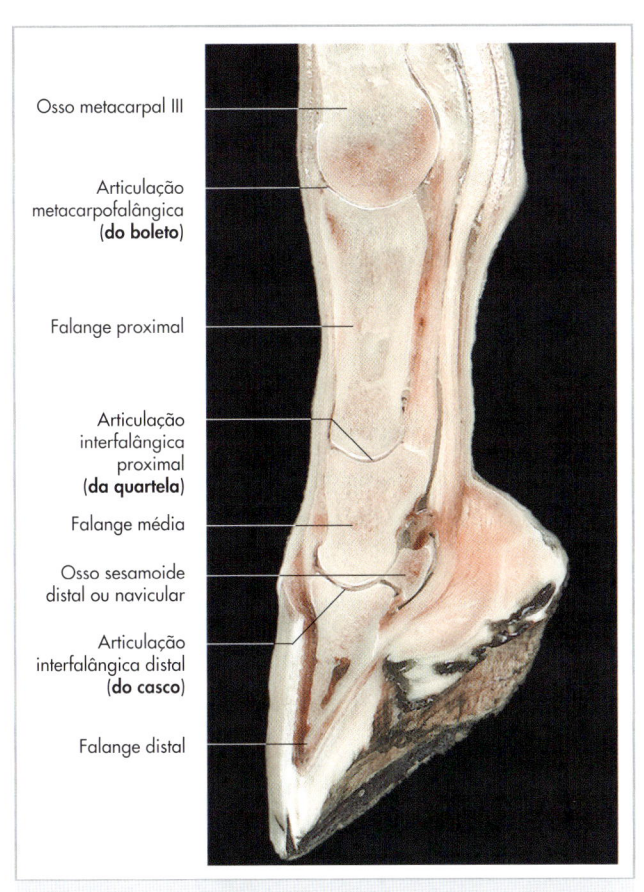

Fig. 4.55 Secção sagital do dedo de um equino (plastinado S 10). (Fonte: cortesia de L. Hnilitza, Viena.)

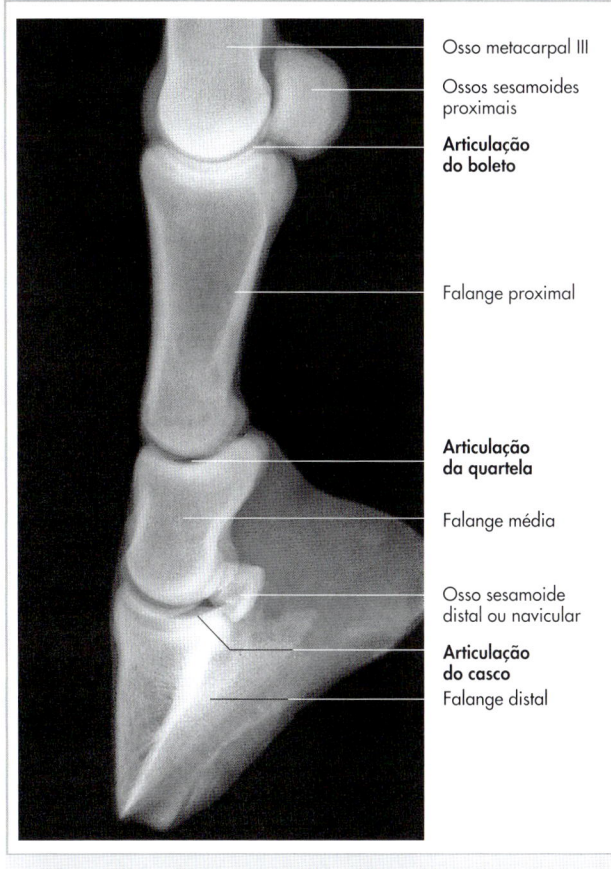

Fig. 4.56 Radiografia do dedo de um equino (projeção lateromedial). (Fonte: cortesia da Profª. Drª. Sabine Breit, Viena.)

Nota clínica

Locais de punção
Articulação interfalângica distal: a punção deve ser executada no equino em estação com uma agulha de 2 cm, a qual deve ser inserida na bolsa dorsoproximal, 1 cm no sentido proximal à faixa coronal, e 1 cm medial ou lateral à linha média. A agulha deve seguir o sentido distal, na direção da linha média.

A face palmar do osso navicular é coberta por uma camada de cartilagem (*scutum distale*), que facilita a passagem do tendão flexor profundo dos dedos sobre o osso navicular.

Uma **bolsa sinovial** (bolsa podotroclear, *bursa podotrochlearis*) se interpõe entre o osso navicular e o tendão flexor profundo dos dedos (▶Fig. 4.63, ▶Fig. 4.64 e ▶Fig. 4.65).

Os **ligamentos da articulação interfalângica distal** podem ser divididos em:
- **ligamentos colaterais medial** e **lateral** (*ligamenta collateralia*) entre a segunda e a terceira falanges: eles se unem com as partes lateral e medial da cápsula articular e enviam fibras para as cartilagens e os ligamentos entre a falange média e as cartilagens.

Os **ligamentos do osso sesamoide distal** podem ser divididos em:
- **ligamento sesamoide distal ímpar** (*ligamentum sesamoideum distale impar*): que se prolonga desde a margem distal do osso navicular até a margem palmar da face articular da falange distal (▶Fig. 4.58 e ▶Fig. 4.107);
- **ligamentos sesamoides colaterais** (*ligamenta collateralia sesamoidea*): faixas elásticas fixadas no sentido proximal às depressões de cada lado da extremidade distal da primeira falange, as quais se orientam palmar e distalmente e se inserem na falange distal, nas cartilagens e no osso navicular.

Ligamentos das cartilagens da falange distal

Os ligamentos dessas cartilagens (▶Fig. 4.57) podem ser divididos em:
- **ligamentos condroungulocompedais** (*ligamenta chondroungulocompedalia*): prolongam-se entre a extremidade distal da primeira falange e a face proximopalmar da falange distal e as cartilagens;
- **ligamentos condrocoronais medial** e **lateral** (*ligamenta chondrocoronalia mediale et laterale*): conectam a extremidade dorsal das cartilagens à falange média e aos ligamentos colaterais da articulação interfalângica distal;
- **ligamentos colaterais condroungulares medial** e **lateral** (*ligamenta chondroungularia collaterale mediale et laterale*): prolongam-se entre a parte distal da cartilagem e o ângulo da falange distal;

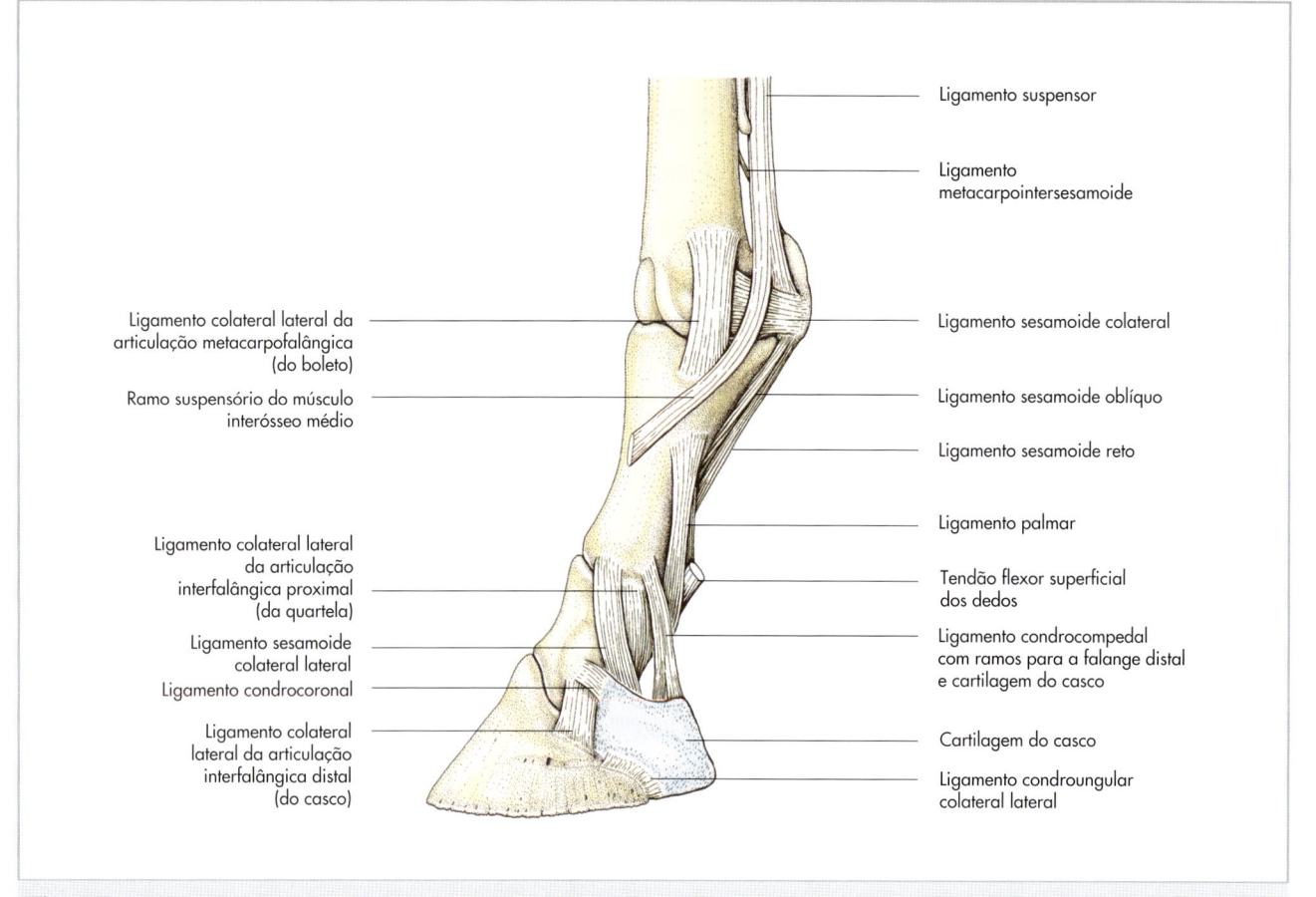

Fig. 4.57 Articulações falângicas do dedo esquerdo de um equino (representação esquemática, vista lateral). (Fonte: com base em dados de Ghetie, 1954.)

Nota clínica

Articulação do ombro
Achados anormais na articulação do **ombro do equino** incluem lesões dissecantes da cartilagem e do osso e defeitos semelhantes a cistos no osso subcondral. Essas lesões são mais comumente encontradas nos terços médio e caudal da **cavidade glenoidal** (*cavitas glenoidalis*) da escápula.

Fragmentos de cartilagem soltos (**osteocondrose dissecante, OCD**) também são uma causa relativamente comum de claudicação em cães. As lesões associadas à OCD podem ser difíceis de identificar por meio de radiografia. Em alguns casos, a artrotomia (abertura da articulação) é necessária para estabelecer o diagnóstico.

A articulação do ombro dos cães também pode ser **luxada**, geralmente na forma de deslocamento medial da **cabeça do úmero** (*caput humeri*). Acredita-se que a predisposição à luxação do ombro em certas raças tenha uma base genética.

Articulação do cotovelo
A não união do processo ancôneo (**processo ancôneo não unido**) é uma causa comum de claudicação em cães da raça Pastor-alemão jovens. O processo ancôneo não unido e a fragmentação do **processo coronoide medial da ulna** (processo coronoide fragmentado) são as displasias complexas do cotovelo mais comumente observadas em raças de cães de grande porte.

O diagnóstico é estabelecido por meio de radiografia, tomografia computadorizada (TC) e ressonância magnética (RM).

A lesão traumática pode resultar em **luxação** lateral da articulação do cotovelo em cães, com ruptura completa dos ligamentos laterais. Para obter a redução, a articulação deve estar em flexão para evitar obstrução pelo processo ancôneo.

Articulação radiocarpal
Fraturas em lasca envolvendo a articulação radiocarpal são vistas particularmente em cavalos de corrida. As fraturas ocorrem mais comumente no aspecto proximal do osso carpal III (*os carpale III*) ou na extremidade distal do osso carpo radial (*os carpi radiale*), ou seja, em locais que sofrem maior carga mecânica.

A **articulação da fileira distal dos ossos carpais** tem um considerável significado clínico em equinos, mais especificamente os ossos carpais II e III (*os carpale II* e *os carpale III*), com a **cabeça do osso metacarpal II** e o osso metacarpal III. O apoio dos ossos carpais II e III contra o segundo osso metacarpal pode resultar em tensão excessiva nos ligamentos entre os ossos metacarpais II e III. Isso pode levar à formação de **exostoses** dolorosas nesses ossos, o que pode contribuir para novas lesões e uma carga inadequada do membro distal.

Em cães, **fraturas do osso carpo acessório** (*os carpi accessorium*) e do **osso intermediorradial** (*os carpi intermedioradiale*) são comuns.

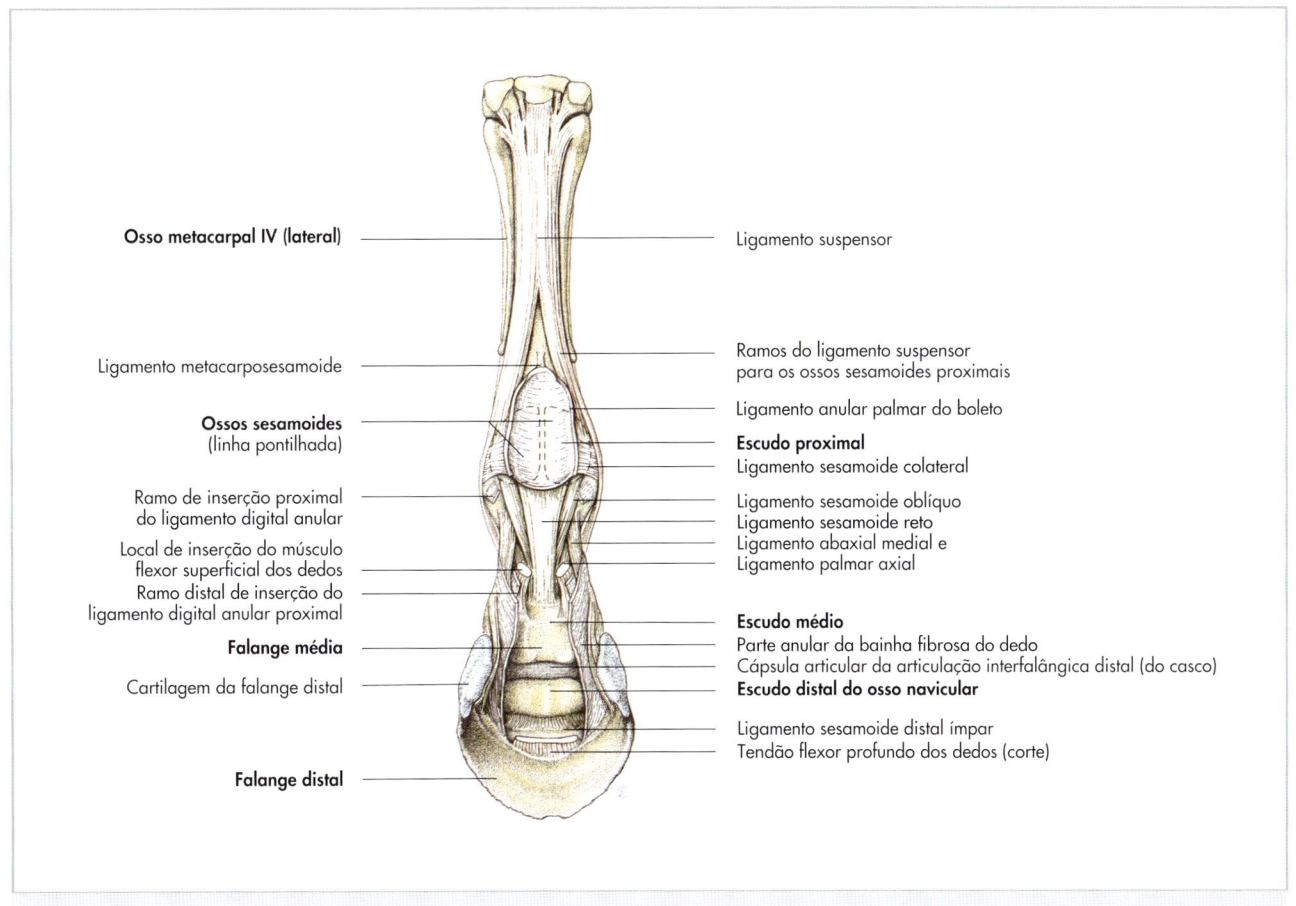

Fig. 4.58 Ligamentos das articulações falângicas de um equino (representação esquemática, vista palmar). (Fonte: com base em dados de Ellenberger e Baum, 1943.)

Articulação metacarpofalângica ou do boleto
Lesões da articulação metacarpofalângica ocorrem, com frequência, em cavalos de *performance*. Elas podem resultar de **lesões de osteocondrose** da cartilagem articular, principalmente na face dorsal da crista sagital do metacarpal III.

A **sinovite proliferativa crônica** é uma forma de inflamação da articulação metacarpofalângica, na qual a prega sinovial, situada na inserção dorsoproximal da cápsula articular, torna-se aumentada. Além disso, ela é uma consequência da hiperextensão da articulação metacarpofalângica durante a locomoção em alta velocidade.

Fraturas da falange proximal são comuns em cavalos de corrida. A linha de fratura frequentemente se estende distalmente da crista sagital da tróclea do terceiro osso metacarpal. Chamadas de **fraturas sagitais medianas**, essas fraturas podem se prolongar até a articulação interfalângica proximal.

Articulação interfalângica proximal ou da quartela
A **artrite da articulação interfalângica proximal** é uma causa comum de claudicação, principalmente em cavalos de corrida. As alterações artríticas incluem o desenvolvimento de **exostoses** detectáveis radiograficamente na extremidade proximal da falange média e na extremidade distal da falange proximal.

As **fraturas da falange média** ocorrem quando esse osso é submetido à pressão das falanges proximal e distal na presença de forças de torção.

Articulação interfalângica distal ou do casco
Devido à carga biomecânica substancial colocada na **articulação interfalângica distal**, principalmente em cavalos de corrida, essa articulação é frequentemente um local de lesões, resultando em **claudicação**. A inflamação da articulação interfalângica distal pode causar uma proliferação óssea, a qual pode ser vista e palpada proximal à coroa. A lesão geralmente está localizada no centro da parte proximal da falange distal.

As **anormalidades das extremidades distais dos membros** incluem doenças do **aparelho podotroclear**, nas quais o ligamento sesamoide distal ímpar (*ligamentum sesamoideum distale impar*) e os ligamentos sesamoides colaterais (*ligamenta sesamoidea colateralia*) são de particular significado clínico.

Fraturas da falange distal ocorrem em cavalos de corrida, principalmente no membro torácico. São comumente **fraturas oblíquas**, com envolvimento da articulação interfalângica distal.

Osso navicular
As **fraturas do osso navicular** ocorrem com mais frequência no membro torácico, geralmente como resultado de trauma. As fraturas são **parassagitais**, com pouco deslocamento dos fragmentos ósseos.

Por fim, com relação ao pé (pata traseira) do equino, é importante observar que desarranjos do aparelho suspensor da falange distal, particularmente das lamelas da parede dorsal, resultam na rotação do osso navicular e da cápsula do casco em equinos com **laminite crônica**.

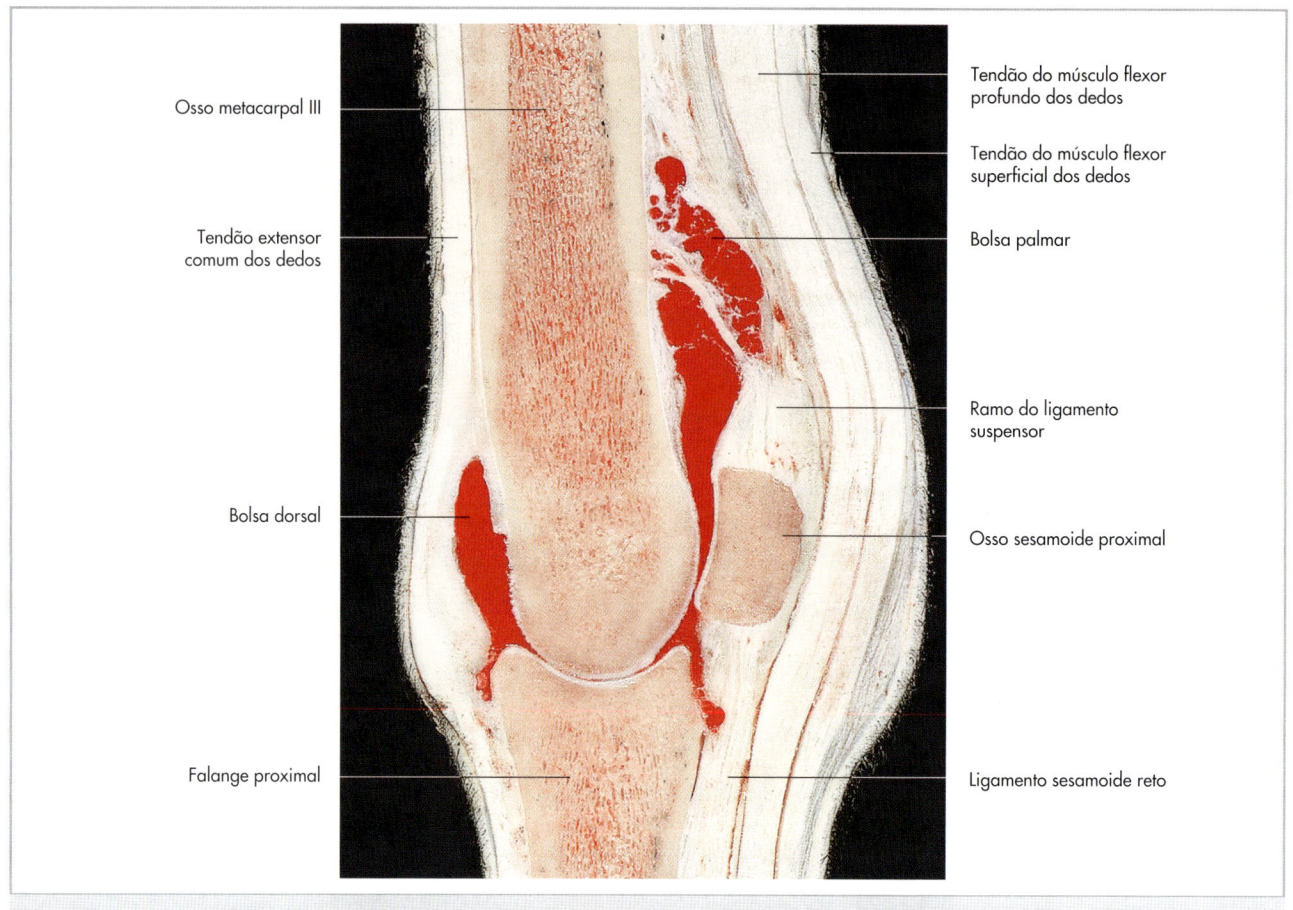

Fig. 4.59 Molde em acrílico da articulação metacarpofalângica (do boleto) de um equino (secção paramediana). (Fonte: cortesia da Drª. Astrid Stiglhuber, Viena.)

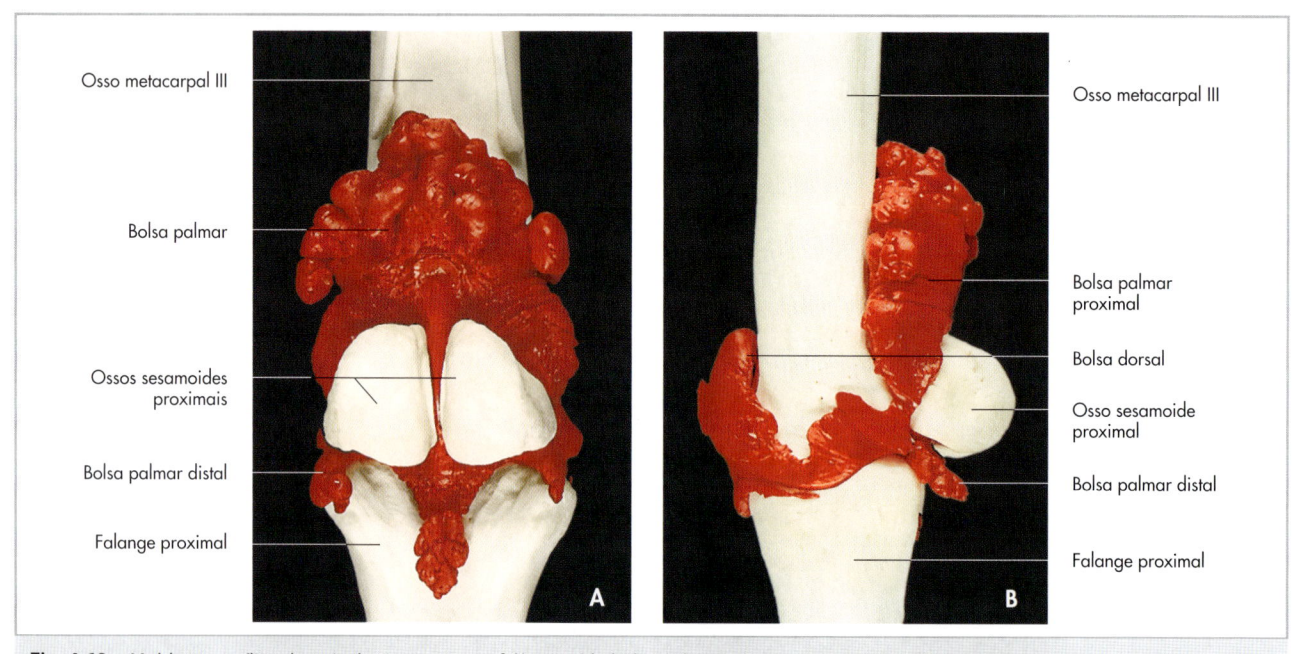

Fig. 4.60 Molde em acrílico da articulação metacarpofalângica (do boleto) de um equino: **(A)** vista palmar e **(B)** lateral. (Fonte: cortesia da Drª. Astrid Stiglhuber, Viena.)

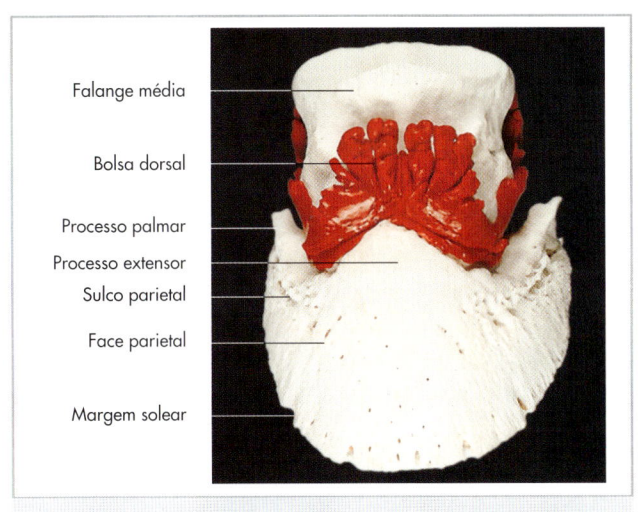

Fig. 4.61 Molde em acrílico da articulação interfalângica distal (do casco) de um equino (vista dorsal). (Fonte: cortesia da Profª. Drª. Sabine Breit, Viena.)

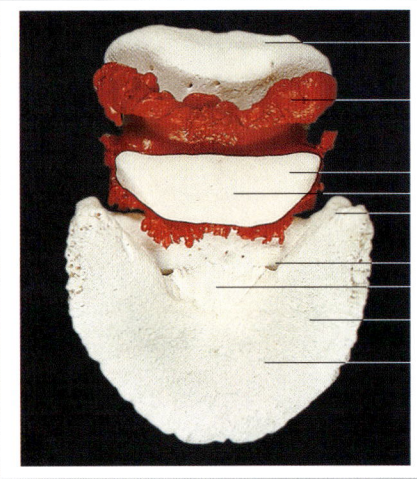

Fig. 4.62 Molde em acrílico da articulação interfalângica distal (do casco) de um equino (vista palmar). (Fonte: cortesia da Profª. Drª. Sabine Breit, Viena.)

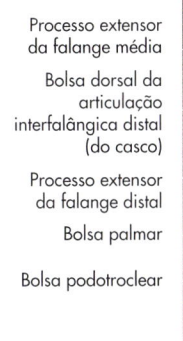

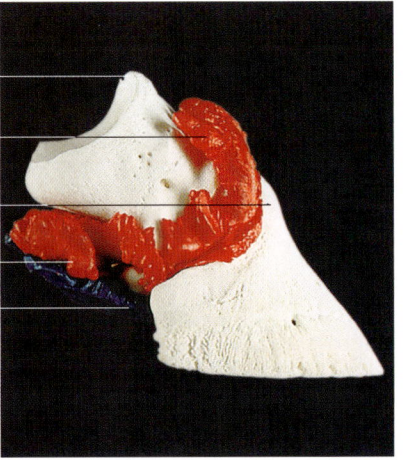

Fig. 4.63 Molde em acrílico da articulação interfalângica distal (do casco) (em vermelho) e da bolsa navicular (em azul-escuro) de um equino (vista lateral). (Fonte: cortesia da Profª. Drª. Sabine Breit, Viena.)

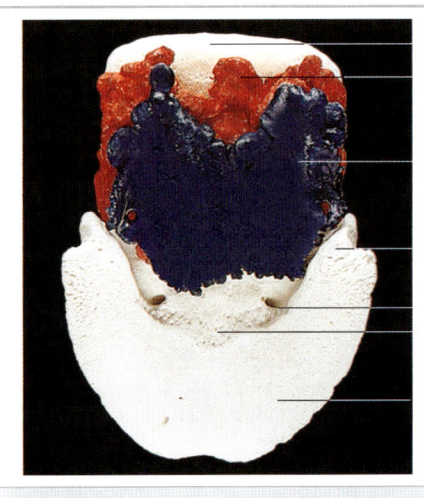

Fig. 4.64 Molde em acrílico da articulação interfalângica distal (do casco) (em vermelho) e da bolsa navicular (em azul-escuro) de um equino (vista palmar). (Fonte: cortesia da Profª. Drª. Sabine Breit, Viena.)

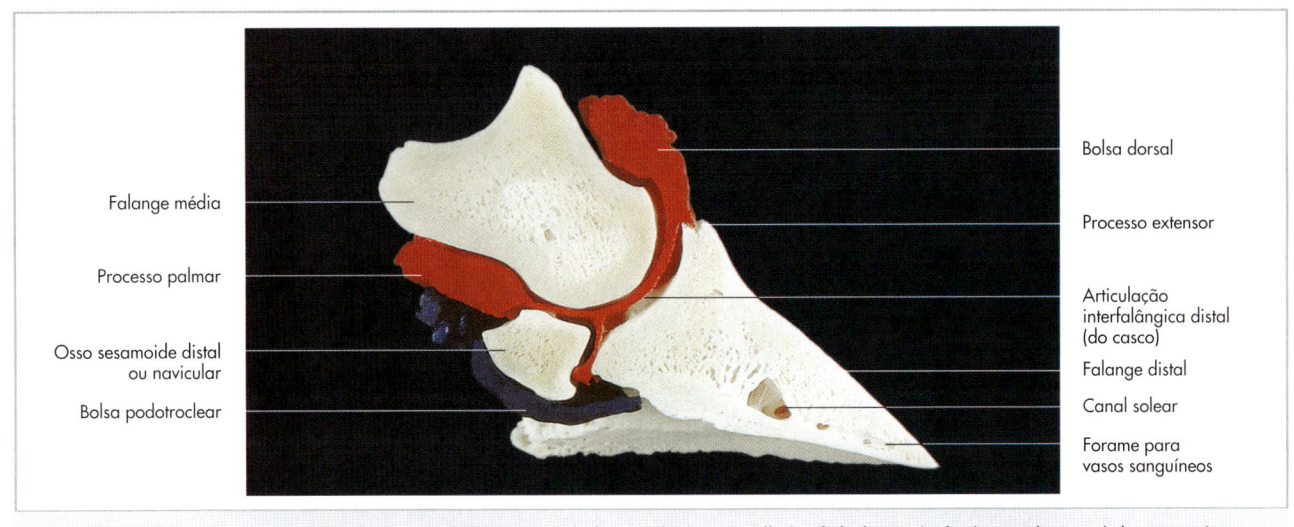

Fig. 4.65 Molde em acrílico da articulação interfalângica distal (do casco) (em vermelho) e da bolsa navicular (em azul-escuro) de um equino (secção paramediana). (Fonte: cortesia da Profª. Drª. Sabine Breit, Viena.)

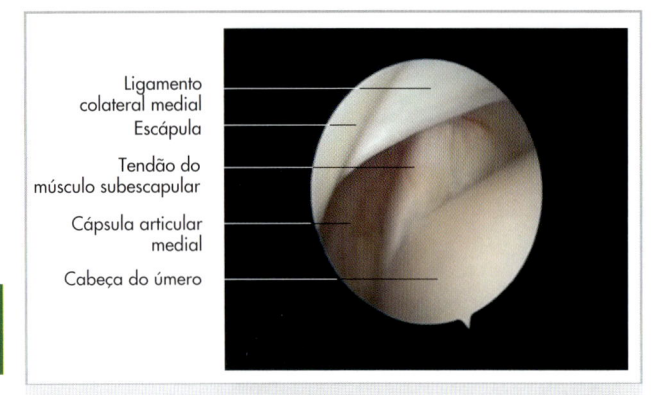

Fig. 4.66 Articulação do ombro esquerdo de um cão (artroscopia). (Fonte: cortesia do Dr. Friedrich Diethelm Hartmann, Stephanskirchen.)

- Ligamento colateral medial
- Escápula
- Tendão do músculo subescapular
- Cápsula articular medial
- Cabeça do úmero

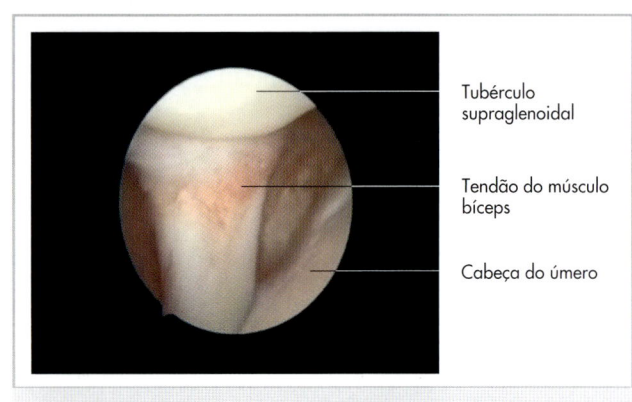

Fig. 4.67 Articulação do ombro esquerdo de um cão (artroscopia). (Fonte: cortesia do Dr. Friedrich Diethelm Hartmann, Stephanskirchen.)

- Tubérculo supraglenoidal
- Tendão do músculo bíceps
- Cabeça do úmero

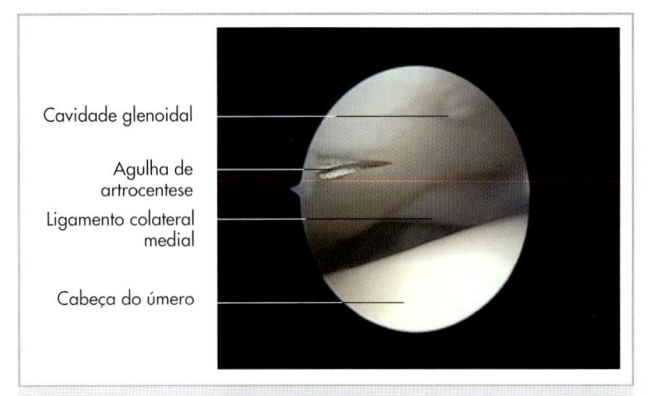

Fig. 4.68 Articulação do ombro esquerdo de um cão (artroscopia). (Fonte: cortesia do Dr. Friedrich Diethelm Hartmann, Stephanskirchen.)

- Cavidade glenoidal
- Agulha de artrocentese
- Ligamento colateral medial
- Cabeça do úmero

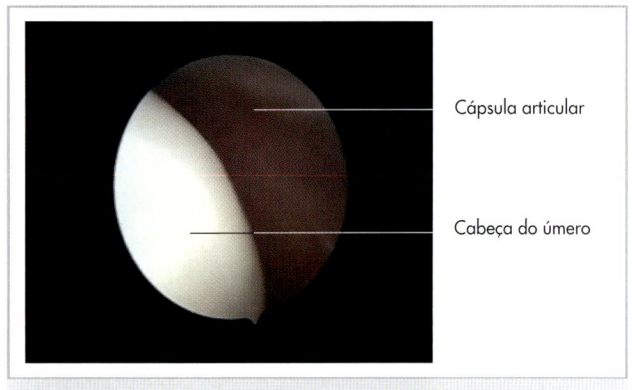

Fig. 4.69 Articulação do ombro esquerdo de um cão (artroscopia). (Fonte: cortesia do Dr. Friedrich Diethelm Hartmann, Stephanskirchen.)

- Cápsula articular
- Cabeça do úmero

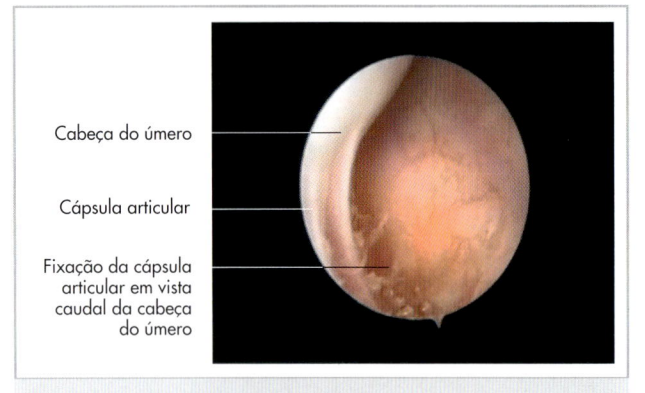

Fig. 4.70 Articulação do ombro esquerdo de um cão (artroscopia). (Fonte: cortesia do Dr. Friedrich Diethelm Hartmann, Stephanskirchen.)

- Cabeça do úmero
- Cápsula articular
- Fixação da cápsula articular em vista caudal da cabeça do úmero

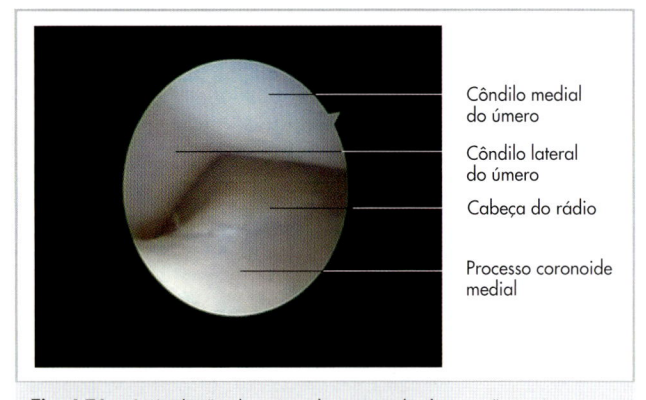

Fig. 4.71 Articulação do cotovelo esquerdo de um cão (artroscopia). (Fonte: cortesia do Dr. Friedrich Diethelm Hartmann, Stephanskirchen.)

- Côndilo medial do úmero
- Côndilo lateral do úmero
- Cabeça do rádio
- Processo coronoide medial

- **ligamentos condrossesamoides medial** e **lateral** (*ligamenta chondrosesamoidea mediale et laterale*): prolongam-se entre as cartilagens e o lado correspondente do osso navicular;
- **ligamentos condroungulares cruzados** (*ligamenta chondroungularia cruciata*): prolongam-se entre as faces axiais das cartilagens até a extremidade palmar do ângulo oposto da falange distal;
- **ligamento condropulvinar** (*ligamentum chondropulvinale*): consiste em fibras entre a face axial das cartilagens e a almofada digital.

4.3 Músculos do membro torácico (musculi membri thoracici)

A diminuição da quantidade de dígitos (dedos) do membro e a especialização funcional do sistema locomotor nas diferentes espécies se refletem na musculatura. Partes do corpo fundamentais para o deslocamento rápido para a frente apresentam bastante musculatura, como a área dos glúteos, ao passo que outras regiões dos membros, submetidas a estresse e esforço, são fortalecidas por estruturas tendinosas.

Os músculos do membro torácico compreendem a **cintura escapular**, ou **musculatura extrínseca**, entre o membro torácico e o tronco, e a **musculatura intrínseca do membro**, que forma uma ponte entre uma ou mais articulações do mesmo membro.

Os fortes músculos da cintura escapular unem o membro ao tronco (**sinsarcose**) sem formar uma articulação convencional. Eles formam uma faixa dinâmica, que sustenta o corpo entre os membros torácicos no animal ereto e controla o balanço do membro durante a deambulação.

4.3.1 Fáscias profundas do membro torácico

Assim como em outras partes do corpo, a musculatura do membro torácico é sustentada por fáscias. A **fáscia profunda do pescoço** (*fascia cervicalis profunda*) e a **fáscia profunda do tronco** (*fascia trunci profunda*) se prolongam até a perna para formar as fáscias profundas do membro torácico. Elas envolvem os músculos dos membros torácicos e são denominadas conforme a sua posição.

A fáscia profunda na face medial do ombro, chamada de **fáscia axilar** (*fascia axillaris*), corre sobre a musculatura medial do ombro e sob o músculo latíssimo do dorso (grande dorsal). Ela continua distalmente como a **fáscia braquial** (*fascia brachii*) na face lateral do braço, envolvendo os músculos deltoide, braquial, tríceps e bíceps, e projeta septos intermusculares entre esses músculos, fixando-se à escápula e ao úmero.

A forte **fáscia do antebraço** (*fascia antebrachii*) cobre os músculos extensor e flexor do cotovelo e do dedo na região do antebraço. Ela está firmemente fusionada ao periósteo do úmero e do olécrano, aos ligamentos colaterais da articulação do cotovelo e ao ligamento acessório do tendão do flexor profundo dos dedos. Na altura do carpo, ela se torna a fáscia da mão, que pode ser dividida nas parte dorsal e palmar.

A **fáscia profunda dorsal** (*fascia dorsalis manus*) contribui para o retináculo extensor, o qual sustenta os tendões extensores. Já a **fáscia profunda palmar** (*fascia palmaris manus*) contribui para o retináculo flexor, o qual forma uma ponte entre os tendões flexores na face palmar do carpo. No equino, a fáscia profunda palmar forma o ligamento anular da articulação metacarpofalângica e outras estruturas de sustentação do local.

4.3.2 Cintura escapular ou musculatura extrínseca do membro torácico

Os músculos da cintura escapular (▶Tab. 4.3) se originam nas regiões do pescoço, do dorso e do tórax e se fixam à escápula ou ao úmero. Eles situam-se em posição superficial em relação aos músculos intrínsecos do tronco cranial e podem ser divididos nas **camadas superficial** e **profunda**.

Camada superficial da musculatura extrínseca do membro torácico

A camada superficial da musculatura da cintura escapular une o membro torácico ao tronco e responde pela coordenação dos movimentos do membro, do tronco, da cabeça e do pescoço (▶Fig. 4.72, ▶Fig. 4.73, ▶Fig. 4.74, ▶Fig. 4.75, ▶Fig. 4.76; ▶Tab. 4.1 e ▶Tab. 4.2). A camada superficial compreende os seguintes músculos:

- músculo trapézio (*m. trapezius*);
- músculo esternocleidomastóideo (*m. sternocleidomastoideus*):
    - músculo esternocefálico (*m. sternocephalicus*);
    - músculo braquiocefálico (*m. brachiocephalicus*);
- músculo omotransverso (*m. omotransversarius*);
- músculo latíssimo do dorso ou grande dorsal (*m. latissimus dorsi*);
- músculo peitoral superficial (*m. pectoralis superficialis*).

O **músculo trapézio** é triangular, fino e largo, localizado superficialmente. Ele é composto por uma **parte cervical** (*pars cervicalis*) e uma **parte torácica** (*pars thoracica*), ambas divididas por uma faixa tendinosa. A parte cervical emerge da rafe mediodorsal do pescoço, ao passo que a parte torácica emerge no ligamento supraespinal e nos processos espinhosos dorsais, prolongando-se desde a 3ª vértebra cervical até a 9ª vértebra torácica. As duas partes terminam na espinha da escápula; a parte torácica se une com a fáscia toracolombar, e a parte cervical, com o músculo omotransverso.

O músculo **esternocleidomastóideo** (▶Fig. 4.72; ▶Tab. 4.1 e ▶Tab. 4.2) pode ser dividido em duas partes, o **músculo esternocefálico**, que se prolonga entre o esterno e a cabeça, e o **músculo braquiocefálico**, entre o úmero e a cabeça. Este último pode ser subdividido no **músculo cleidobraquial** distal, entre a clavícula vestigial e o úmero, e no **músculo cleidocefálico** proximal, entre a intersecção clavicular e a cabeça. A fixação das partes separadas desse músculo varia conforme a espécie, e unidades diversas são denominadas conforme as suas diferenças.

Em carnívoros, o músculo esternocefálico apresenta duas partes, o **músculo esternomastóideo** e o **músculo esternoccipital** (*m. sternomastoideus* e *m. sterno-occipitalis*). Ambos emergem do manúbrio do esterno, juntamente aos músculos de mesmo nome do membro contralateral, e se inserem no processo mastoide do osso temporal e na crista nucal do osso occipital, respectivamente (▶Fig. 4.72).

No bovino e no caprino, o músculo esternocefálico também apresenta duas partes, o **músculo esternomastóideo** e o **músculo esternomandibular** (*m. sternomastoideus* e *m. sternomandibularis*). O músculo esternomastóideo apresenta a mesma fixação dos carnívoros. Já o músculo esternomandibular emerge do manúbrio do esterno e da 1ª costela, projeta-se cranialmente, no sentido ventral ao sulco jugular, e fixa-se à mandíbula por meio de uma aponeurose.

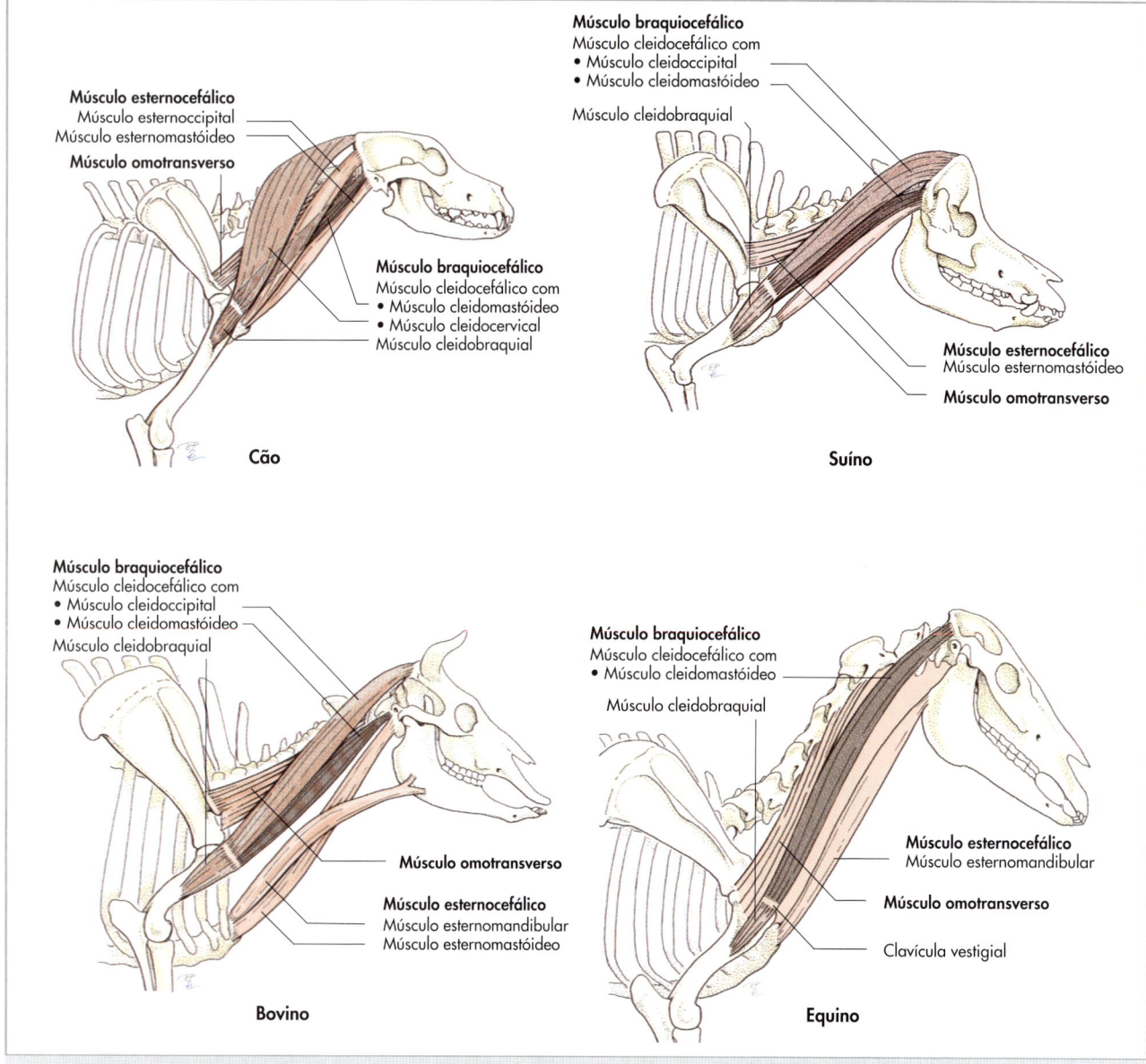

Fig. 4.72 Músculo esternocleidomastóideo dos mamíferos domésticos (representação esquemática). (Fonte: com base em dados de Ellenberger e Baum, 1943.)

No suíno, o músculo esternocefálico é um músculo único, denominado **músculo esternoccipital** (*m. sternooccipitalis*), e é semelhante ao mesmo músculo nos carnívoros.

No equino, o **músculo esternomandibular** (*m. sternomandibularis*) se origina desde o manúbrio do esterno, faz margem com a traqueia e o sulco jugular, ventral e lateralmente, e se insere com um tendão fino na mandíbula (▶Fig. 4.72).

A parte proximal do **músculo braquiocefálico**, o **músculo cleidocefálico**, passa da inserção clavicular para diversas fixações na cabeça e no pescoço. O **músculo cleidomastóideo** existe em todos os mamíferos domésticos; os carnívoros apresentam um **músculo cleidocervical** (*m. cleidocervicalis*) adicional, ao passo que os ruminantes e o suíno apresentam um **músculo cleidoccipital** (*m. cleido-occipitalis*).

O **músculo cleidocervical** é superficial, origina-se da linha média do pescoço e se une com o músculo cleidobraquial (▶Fig. 4.78).

O **músculo cleidomastóideo** do equino estende-se entre o osso temporal e se une também ao músculo cleidobraquial. Ele está fusionado aos músculos esplênio, longo da cabeça e omotransverso, forma a margem dorsal do sulco jugular e cobre a face craniolateral da articulação do ombro.

O **músculo cleidobraquial** (*m. cleidobrachialis*) se prolonga entre a clavícula vestigial e a crista do úmero, formando uma ponte com a articulação do ombro (▶Fig. 4.80).

O **músculo omotransverso** é forte e cilíndrico, localizado entre a asa do atlas, o processo transverso do áxis, a fáscia que cobre a face lateral da articulação do ombro e a espinha da escápula (▶Fig. 4.72). A margem ventral desse músculo se fusiona com a parte cervical do músculo trapézio; no equino, ele se une com o músculo cleidomastóideo (▶Fig. 4.72).

O **músculo latíssimo do dorso** é achatado e longo, com uma origem larga desde a fáscia toracolombar, e situa-se no sentido

Tab. 4.1 Músculo braquiocefálico, inervação através do nervo acessório, dos nervos cervicais e do nervo axilar

Espécie	Nome	Origem	Inserção	Função
Equino	Músculo cleidomastóideo	Processo mastoide do osso temporal e da crista nucal	Na tuberosidade deltoide, na crista do úmero e na fáscia do ombro como **músculo cleidobraquial**	Retrair a cabeça e o pescoço para baixo e para trás ao atuar bilateralmente; quando o ombro está fixo, mover lateralmente a cabeça, a fáscia do braço superior e o pescoço
Bovino	Músculo cleidoccipital	Osso occipital, ligamento nucal	Na crista do úmero como o **músculo cleidobraquial**	
	Músculo cleidomastóideo	Processo mastoide, mandíbula	Intersecção clavicular como o **músculo cleidobraquial**	
Cão	Músculo cleidocervical	Linha mediana do ligamento nucal, osso occipital	Intersecção clavicular como **músculo cleidobraquial**	
	Músculo cleidomastóideo	Processo mastoide do osso temporal	Intersecção clavicular como **músculo cleidobraquial**	

Tab. 4.2 Músculo esternocefálico, inervação pelo ramo ventral do nervo acessório

Espécie	Nome	Origem	Inserção	Função
Equino	Músculo esternomandibular	Manúbrio	Margem da mandíbula voltada para o pescoço	Flexor da cabeça e do pescoço; ao agir bilateralmente, retrai a cabeça e o pescoço lateralmente; ao agir unilateralmente, fixa a cabeça durante a deglutição
Bovino	Músculo esternomandibular	Manúbrio e 1ª costela	Margem rostral do músculo masseter, fáscia bucal	
	Músculo esternomastóideo	Manúbrio	Osso temporal	
Cão	Músculo esternoccipital	Manúbrio	Crista nucal	
	Músculo esternomastóideo	Manúbrio	Processo mastoide	

caudal à escápula, na face lateral do tórax e do tronco (▶Fig. 4.73). As fibras desse músculo se orientam em uma direção cranioventral e convergem para a sua inserção no tubérculo redondo maior do úmero.

Em carnívoros, o músculo latíssimo do dorso apresenta fixações adicionais nas últimas vértebras torácicas, nas vértebras lombares e nas costelas. As fibras cranioventrais desse músculo passam sob o músculo tríceps braquial e finalizam com uma aponeurose, a qual se mescla parcialmente com o tendão do músculo redondo maior para se inserir na tuberosidade redonda maior. Como se ramifica para o músculo peitoral profundo, o músculo latíssimo do dorso também se fixa à crista do tubérculo maior.

No equino, o músculo latíssimo do dorso é bastante forte. Ele se origina do ligamento supraespinal das vértebras torácicas e lombares e da fáscia toracolombar. A margem cranial do músculo latíssimo dorso cobre o ângulo caudal e a cartilagem escapular, e seu tendão se insere com o músculo tensor da fáscia do antebraço e o músculo redondo maior na face medial do úmero proximal.

Os **músculos peitorais superficiais** ocupam o espaço entre a parte ventral da parede torácica e a parte proximal do membro torácico, formando a face ventral da axila (▶Fig. 4.77, ▶Fig. 4.78, ▶Fig. 4.79 e ▶Fig. 4.80). Eles são compostos por dois músculos, o **descendente** (*m. pectoralis descendens*) e o **músculo peitoral transverso** (*m. pectoralis transversus*). O **músculo peitoral descendente** se origina do manúbrio do esterno e termina na crista do tubérculo maior do úmero. O músculo transverso emerge caudal ao músculo peitoral descendente desde a face ventral do esterno e se mescla com a fáscia do antebraço.

Em carnívoros, o músculo peitoral descendente é estreito, no formato de uma faixa, e difícil de distinguir do músculo peitoral transverso, que é mais espesso. Ambos cobrem o músculo bíceps braquial e terminam juntos na crista do tubérculo maior do úmero.

No equino, o músculo peitoral descendente forma uma proeminência distinta cranial ao esterno, a qual é visível sob a pele no animal vivo. Ele se origina do manúbrio do esterno e da crista umeral. O **músculo peitoral transverso** se origina das seis primeiras cartilagens costais e do esterno e se une à fáscia do antebraço na face medial do cotovelo.

Camada profunda da musculatura extrínseca do membro torácico

A camada profunda da cintura escapular do membro torácico fornece a suspensão muscular do tórax entre os membros e desempenha uma função importante no movimento do pescoço e dos membros. Ela compreende:
- músculo peitoral profundo (*m. pectoralis profundus*);
- músculo subclávio (*m. subclavius*);
- músculo romboide (*m. rhomboideus*);
- músculo serrátil ventral (*m. serratus ventralis*).

214 Anatomia dos animais domésticos

Musculatura extrínseca do membro torácico ou da cintura escapular
Músculo trapézio
Músculo latíssimo do dorso (grande dorsal)

Músculo peitoral profundo

Músculos extensores da articulação do carpo
Músculo extensor radial do carpo
Músculo extensor ulnar do carpo

Musculatura extrínseca do membro torácico ou da cintura escapular
Músculo braquiocefálico
Músculo esternocefálico
Músculo omotransverso

Músculos da articulação do ombro
Músculo supraespinal
Músculo deltoide

Músculos da articulação do cotovelo
Músculo tríceps braquial
Músculo braquial

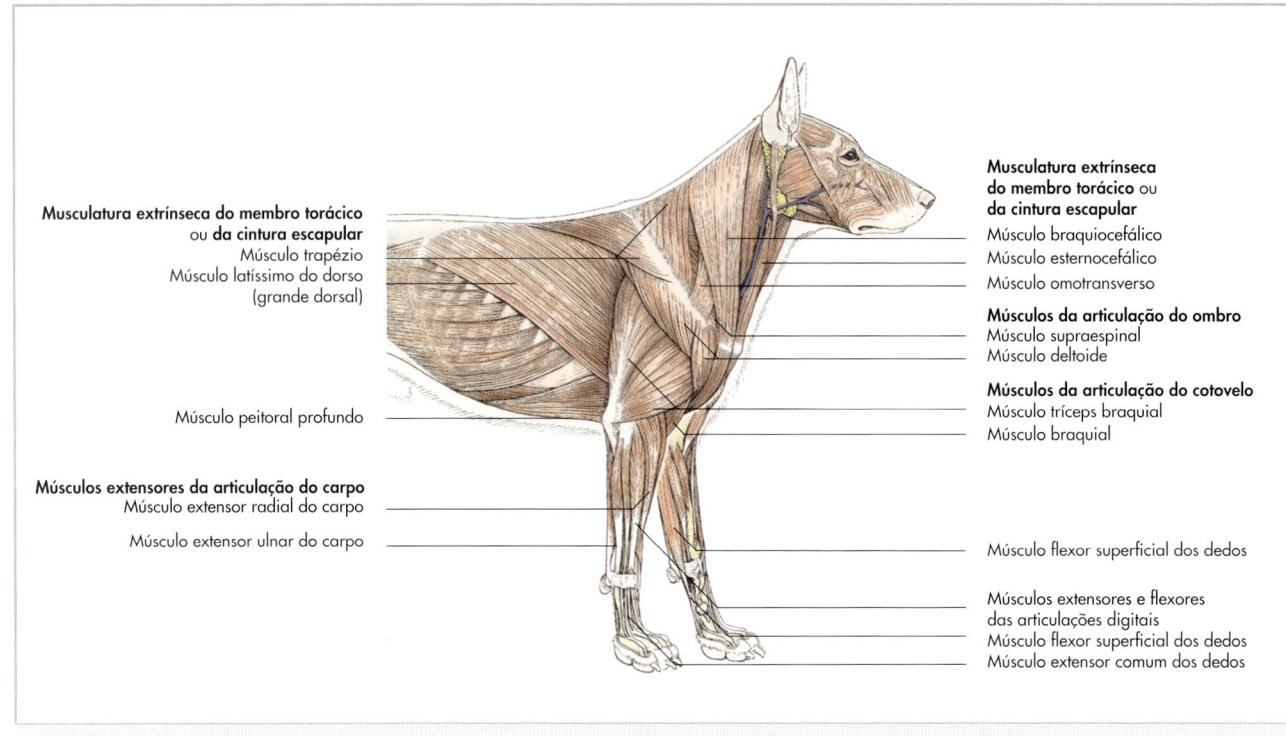

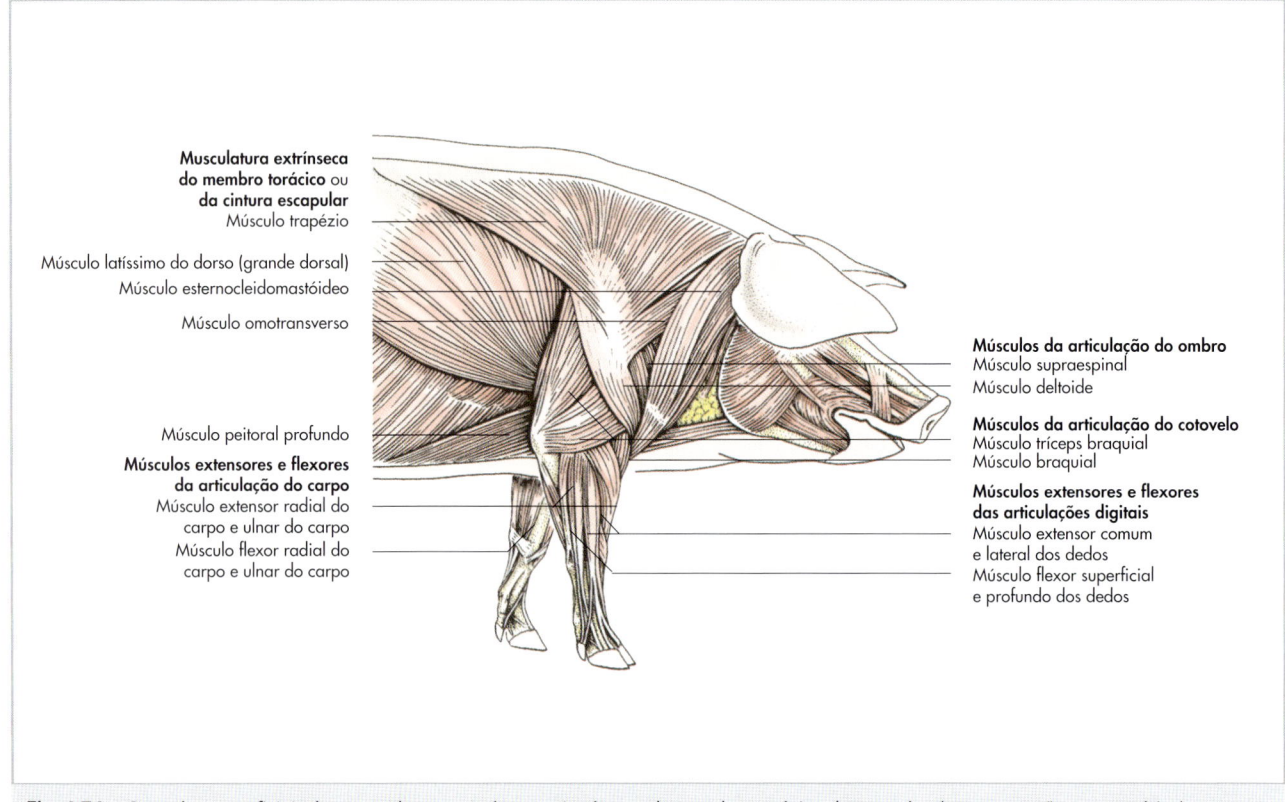

Músculo flexor superficial dos dedos

Músculos extensores e flexores das articulações digitais
Músculo flexor superficial dos dedos
Músculo extensor comum dos dedos

Fig. 4.73 Camadas superficiais das musculaturas extrínseca e intrínseca do membro torácico de um cão (representação esquemática).

Musculatura extrínseca do membro torácico ou da cintura escapular
Músculo trapézio
Músculo latíssimo do dorso (grande dorsal)
Músculo esternocleidomastóideo
Músculo omotransverso

Músculo peitoral profundo

Músculos extensores e flexores da articulação do carpo
Músculo extensor radial do carpo e ulnar do carpo
Músculo flexor radial do carpo e ulnar do carpo

Músculos da articulação do ombro
Músculo supraespinal
Músculo deltoide

Músculos da articulação do cotovelo
Músculo tríceps braquial
Músculo braquial

Músculos extensores e flexores das articulações digitais
Músculo extensor comum e lateral dos dedos
Músculo flexor superficial e profundo dos dedos

Fig. 4.74 Camadas superficiais das musculaturas extrínseca e intrínseca do membro torácico de um suíno (representação esquemática).

Membros torácicos (*membra thoracica*)

Músculos da articulação do ombro
Músculo deltoide

Músculos da articulação do cotovelo
Músculo braquial
Músculo tríceps braquial

Músculos extensores e flexores da articulação do carpo
Músculo extensor radial do carpo e ulnar do carpo

Musculatura extrínseca do membro torácico ou **da cintura escapular**
Músculo trapézio
Músculo latíssimo do dorso (grande dorsal)
Músculo esternocleidomastóideo
Músculo omotransverso

Músculo serrátil ventral
Músculo peitoral profundo

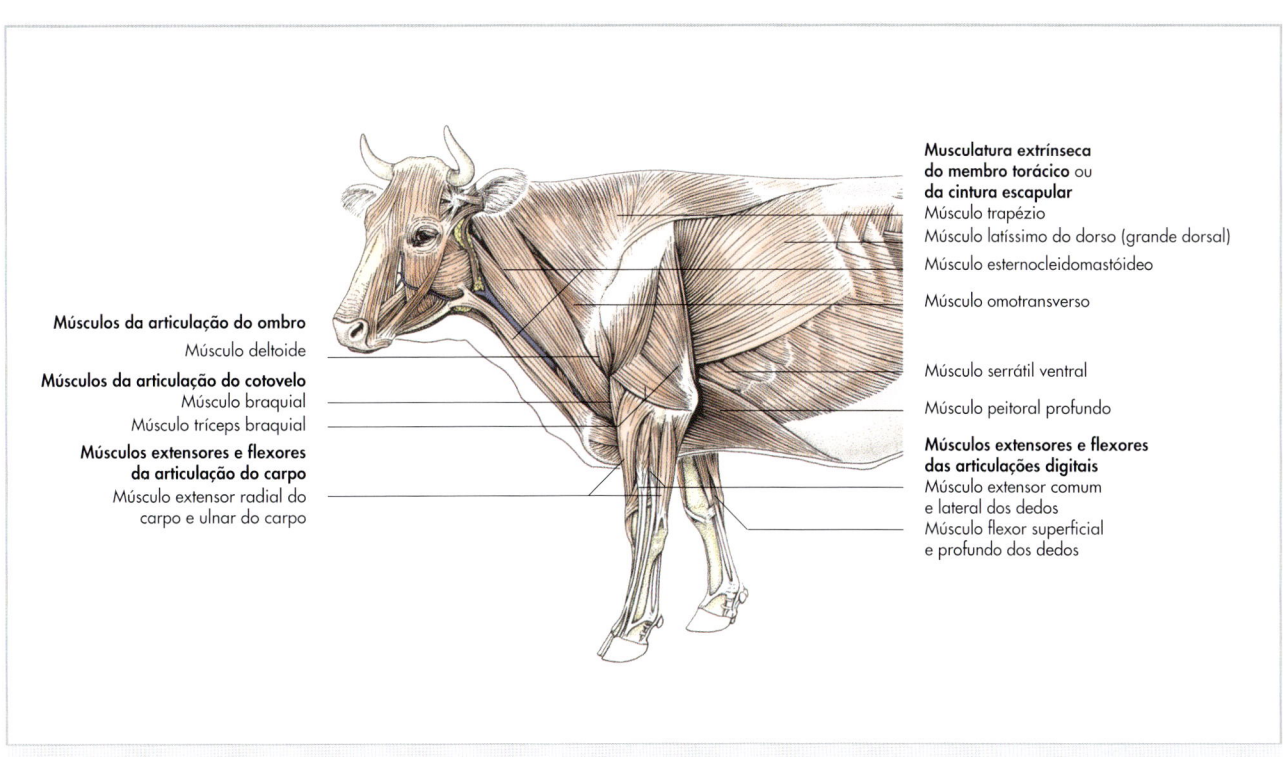

Músculos extensores e flexores das articulações digitais
Músculo extensor comum e lateral dos dedos
Músculo flexor superficial e profundo dos dedos

Fig. 4.75 Camadas superficiais das musculaturas extrínseca e intrínseca do membro torácico de um bovino (representação esquemática).

Músculos da articulação do ombro
Músculo deltoide

Músculos da articulação do cotovelo
Músculo tríceps braquial
Músculo tensor da fáscia do antebraço

Músculos extensores da articulação do carpo
Músculo extensor radial do carpo
Músculo extensor ulnar do carpo

Músculos extensores e flexores das articulações digitais
Músculo extensor comum dos dedos
Músculo extensor lateral dos dedos

Tendão flexor superficial e profundo dos dedos

Musculatura extrínseca do membro torácico ou **da cintura escapular**
Músculo trapézio
Músculo braquiocefálico
Parte cervical do músculo serrátil ventral
Músculo esternocefálico
Músculo subclávio
Músculo supraespinal
Músculo latíssimo do dorso (grande dorsal)

Parte torácica do músculo serrátil ventral

Músculo peitoral superficial
Músculo peitoral profundo

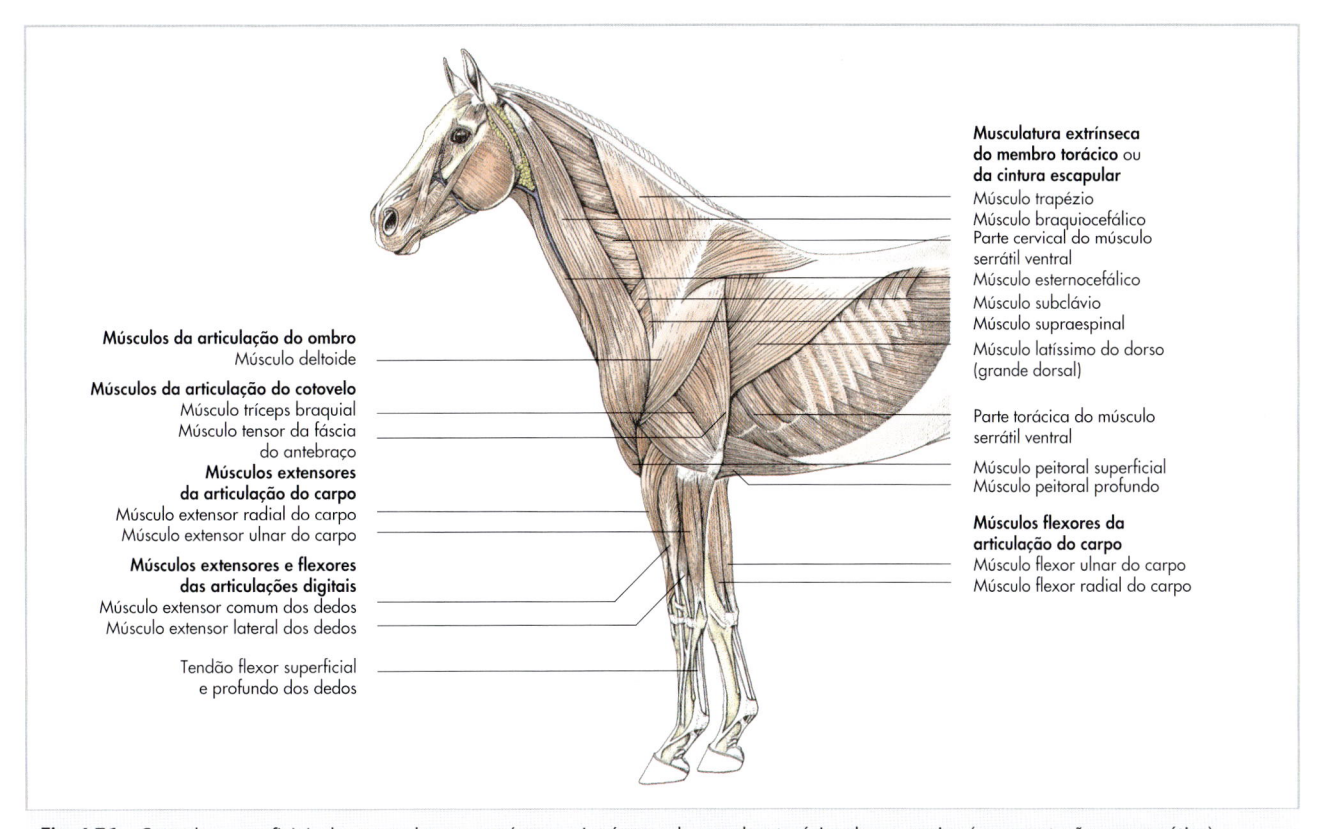

Músculos flexores da articulação do carpo
Músculo flexor ulnar do carpo
Músculo flexor radial do carpo

Fig. 4.76 Camadas superficiais das musculaturas extrínseca e intrínseca do membro torácico de um equino (representação esquemática).

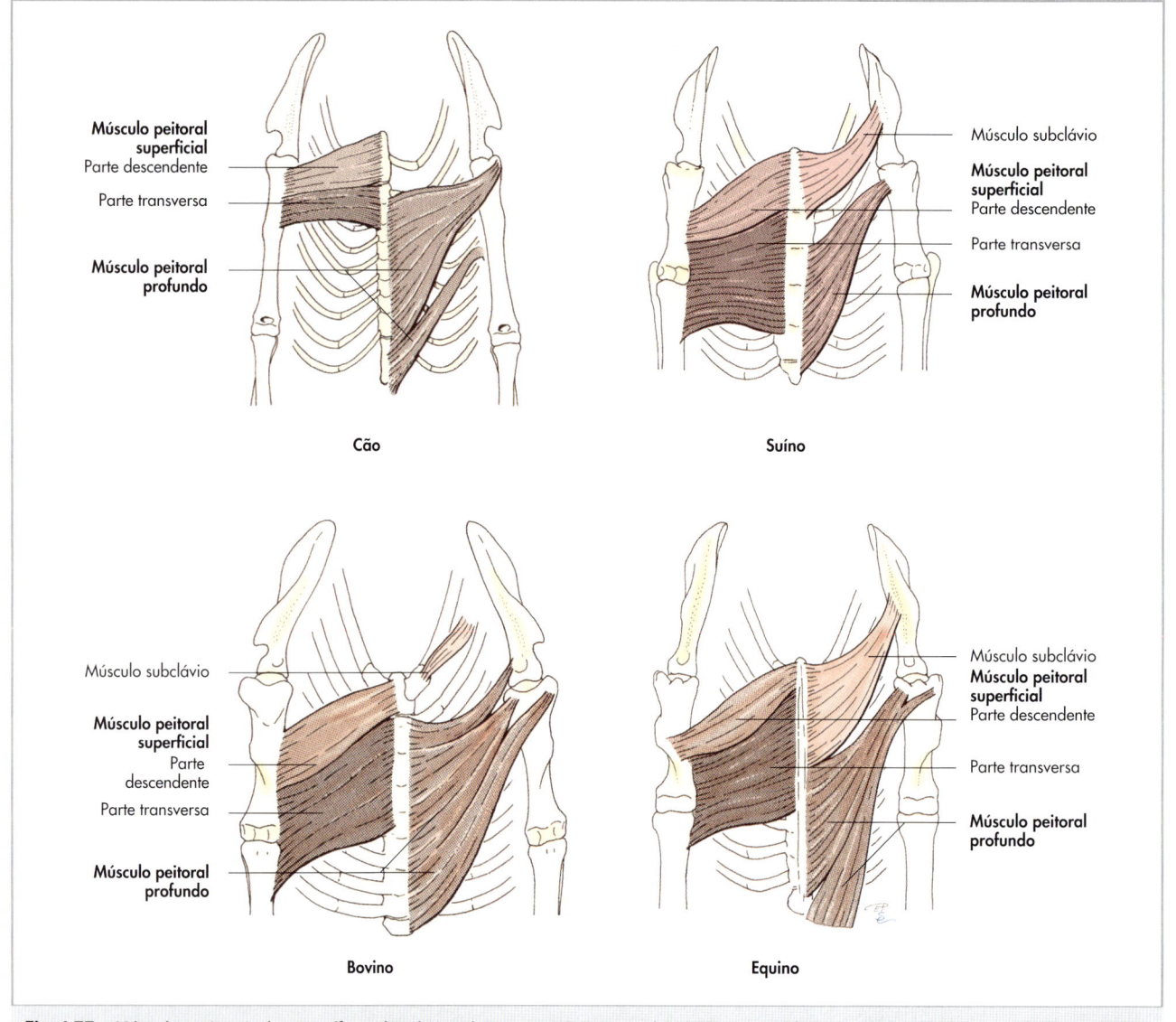

Fig. 4.77 Músculos peitorais dos mamíferos domésticos (representação esquemática). (Fonte: com base em dados de Ellenberger e Baum, 1943.)

O **músculo peitoral profundo** é forte, origina-se no esterno, na cartilagem xifóidea e nas cartilagens costais e se insere na face medial ou lateral do úmero proximal (▶Fig. 4.77) em espécies diferentes.

Em carnívoros, o músculo peitoral profundo pode ser dividido nas partes profunda maior e superficial menor, as quais emergem do esterno e da fáscia profunda do tronco. As fibras desse músculo correm no sentido cranioventral e terminam no tubérculo menor na face medial do úmero, sob o músculo peitoral transverso. Um destacamento lateral une a aponeurose do músculo bíceps braquial para se inserir no tubérculo maior. A parte superficial se irradia até a fáscia medial do braço.

O músculo peitoral profundo é o maior músculo peitoral no equino e emerge da túnica abdominal, da face lateral do esterno, das cartilagens costais e das costelas. Ele se insere com dois ramos nos tubérculos menor e maior do úmero e no tubérculo supraglenoidal da escápula.

Em ruminantes, o **músculo subclávio** é uma faixa estreita, que se origina da primeira cartilagem costal e se mescla com o tendão de inserção do **músculo braquiocefálico**. No suíno e no equino, ele emerge da 2ª à 4ª cartilagem costal, passa sobre a articulação do ombro e se une com a aponeurose do músculo supraespinal. O músculo subclávio não está presente em carnívoros.

O **músculo romboide** se situa profundamente sob o músculo trapézio e se insere na face medial da parte dorsal da escápula. Ele apresenta duas partes, uma **parte cervical** (*m. rhomboideus cervicis*), que se origina dos processos espinhosos das vértebras cervicais, e uma **parte torácica** (*m. rhomboideus thoracis*), que se origina dos processos espinhosos das vértebras torácicas craniais.

Em carnívoros, há uma terceira parte, a parte capital (*m. rhomboideus capitis*), que emerge da rafe tendinosa do pescoço. No equino, a parte cervical do músculo romboide se origina do ligamento nucal, na altura do áxis, e se une com o músculo trapézio, até se inserir na face medial da cartilagem dorsal da escápula (▶Fig. 3.12). Os músculos romboides formam a cernelha do animal.

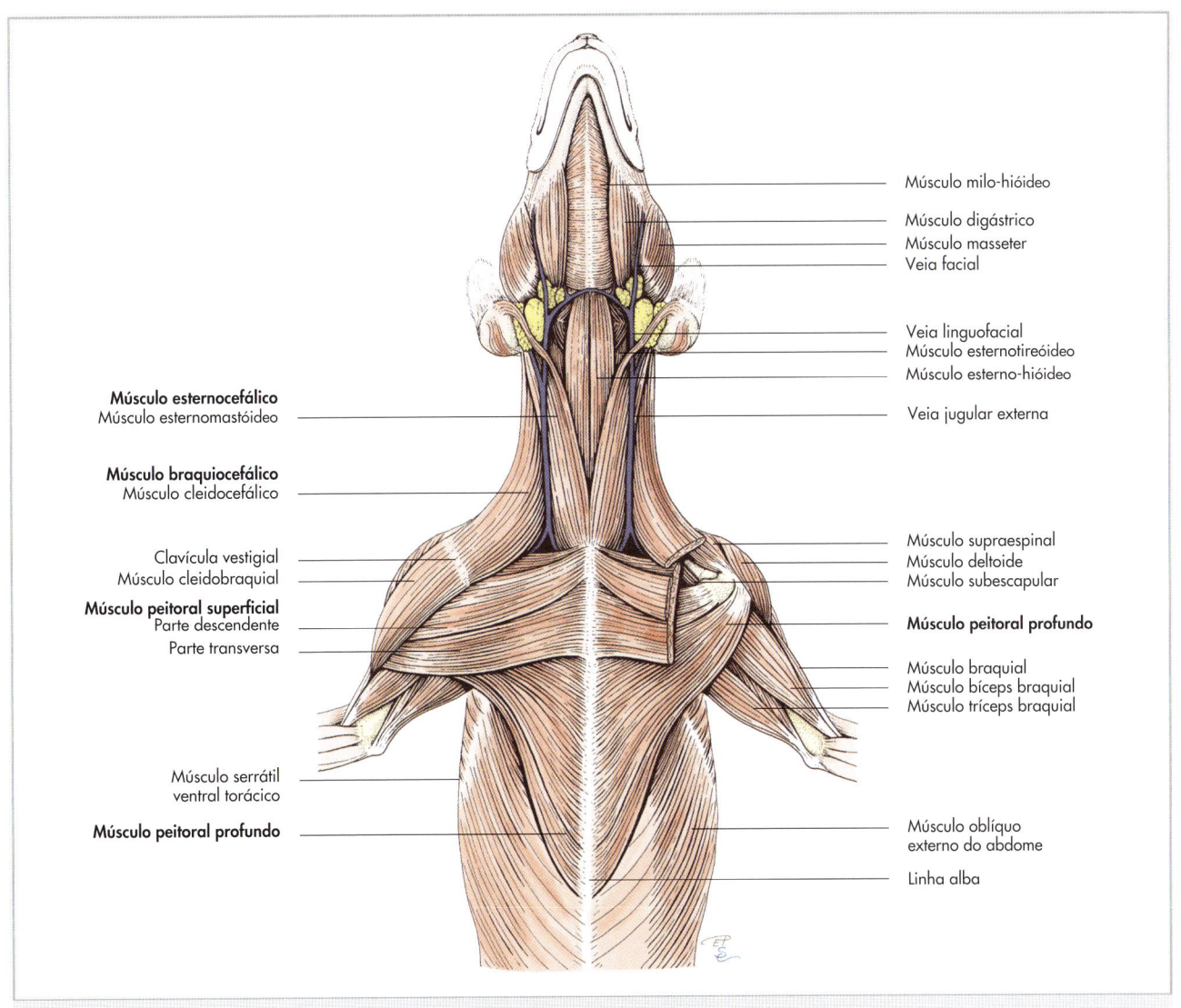

Fig. 4.78 Músculos peitorais e cervicais ventrais de um cão (representação esquemática, vista ventral). (Fonte: com base em dados de Anderson e Anderson, 1994.)

Legendas da figura:
- Músculo esternocefálico / Músculo esternomastóideo
- Músculo braquiocefálico / Músculo cleidocefálico
- Clavícula vestigial / Músculo cleidobraquial
- Músculo peitoral superficial / Parte descendente / Parte transversa
- Músculo serrátil ventral torácico
- Músculo peitoral profundo
- Músculo milo-hióideo
- Músculo digástrico
- Músculo masseter
- Veia facial
- Veia linguofacial
- Músculo esternotireóideo
- Músculo esterno-hióideo
- Veia jugular externa
- Músculo supraespinal
- Músculo deltoide
- Músculo subescapular
- Músculo peitoral profundo
- Músculo braquial
- Músculo bíceps braquial
- Músculo tríceps braquial
- Músculo oblíquo externo do abdome
- Linha alba

O **músculo serrátil ventral** constitui a parte mais importante da suspensão muscular do tórax entre os membros torácicos. Trata-se de um grande músculo em forma de leque, que pode ser dividido em uma **parte cervical** (*m. serratus ventralis cervicis*) cranial e uma **parte torácica** (*m. serratus ventralis thoracis*) caudal. A parte cervical tem origem ampla desde os processos transversos das vértebras cervicais, e a parte torácica, das primeiras sete costelas. Os ventres musculares são bastante fortes e apresentam várias intersecções tendíneas. As fibras musculares convergem até se inserirem na face medial da escápula (*facies serrata*) e na cartilagem escapular (▶Fig. 3.12).

4.3.3 Musculatura intrínseca do membro torácico

Os músculos intrínsecos do membro torácico são responsáveis pelos movimentos de cada parte do membro, juntamente às articulações e aos ligamentos. As funções principais desses músculos são a extensão e a flexão articulações, porém também são possíveis abdução, adução e rotação, dependendo da estrutura da articulação que eles influenciam. Os músculos intrínsecos podem ser divididos em:
- músculos da articulação do ombro;
- músculos da articulação do cotovelo;
- músculos das articulações radioulnares;
- músculos das articulações carpais;
- músculos das articulações dos dígitos.

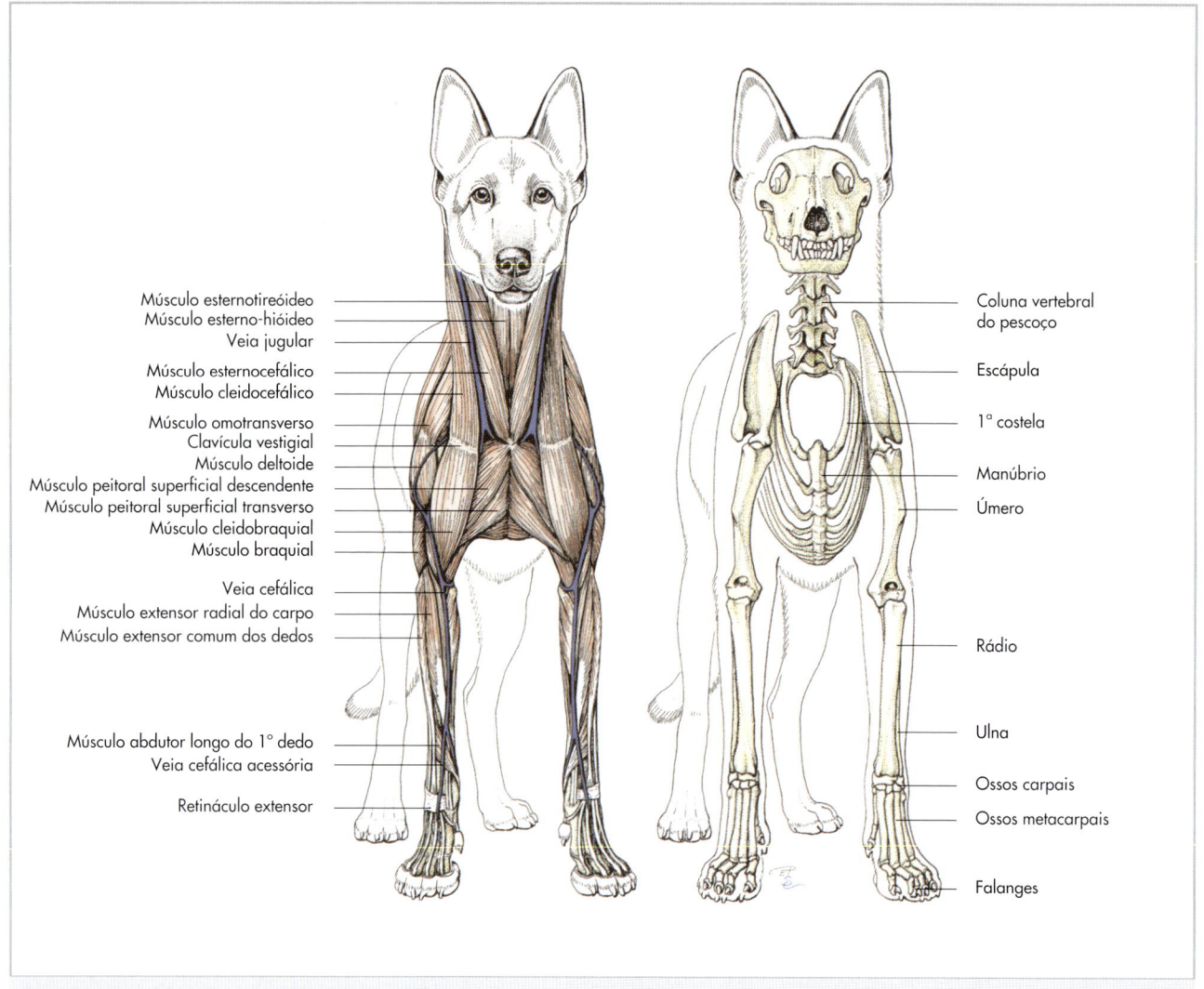

Fig. 4.79 Musculaturas superficiais cervical, torácica e intrínseca do ombro e esqueleto de um cão (representação esquemática, vista cranial).

Músculos da articulação do ombro

Os músculos da articulação do ombro se originam da escápula e terminam no úmero. Eles funcionam como flexores ou extensores, ou, ainda, podem atuar como ligamentos para sustentar a articulação em dobradiça (▶Tab. 4.4). Os músculos podem ser agrupados conforme a sua localização.

Músculos laterais do ombro

Distinguem-se os seguintes músculos laterais do ombro:
- músculo supraespinal (*m. supraspinatus*);
- músculo infraespinal (*m. infraspinatus*);
- músculo deltoide (*m. deltoideus*);
- músculo redondo menor (*m. teres minor*).

O **músculo supraespinal** emerge da fossa supraespinal da escápula e a preenche, ultrapassando-a cranialmente (▶Fig. 4.81, ▶Fig. 4.86 e ▶Fig. 4.88). No sentido distal, ele se curva sobre o lado extensor da articulação do ombro e termina com um forte tendão no tubérculo maior do úmero em carnívoros e com dois tendões nos tubérculos menor e maior nos outros mamíferos domésticos. Entre os dois tendões, corre o tendão de origem do músculo bíceps braquial no sulco intertubercular, e esse músculo se fusiona parcialmente à cápsula articular da articulação do ombro. O músculo supraespinal prolonga e estabiliza a articulação do ombro.

O **músculo infraespinal** situa-se na fossa infraespinal e a ultrapassa caudalmente. Ele emerge da fossa e da espinha da escápula e passa sobre a face lateral da articulação do ombro, onde se torna um tendão reforçado (▶Fig. 4.81 e ▶Fig. 4.86). Em carnívoros, o músculo infraespinal termina com um tendão no tubérculo maior, onde uma **bolsa sinovial** se interpõe entre o tendão de inserção e o osso (*bursa subtendinea musculi infraspinati*). Em ruminantes e no equino, o tendão infraespinal se divide em uma parte profunda, a qual se insere no tubérculo maior do úmero, e uma parte superficial mais forte, a qual se insere na direção distal ao tubérculo maior, na face lateral do úmero. Em ruminantes, cada um dos tendões de inserção passa sobre uma bolsa sinovial, ao passo que, no equino, apenas o tendão superficial apresenta uma bolsa sinovial. No equino, o músculo infraespinal é um músculo tendíneo reforçado, coberto pela aponeurose do músculo deltoide. A bolsa interposta

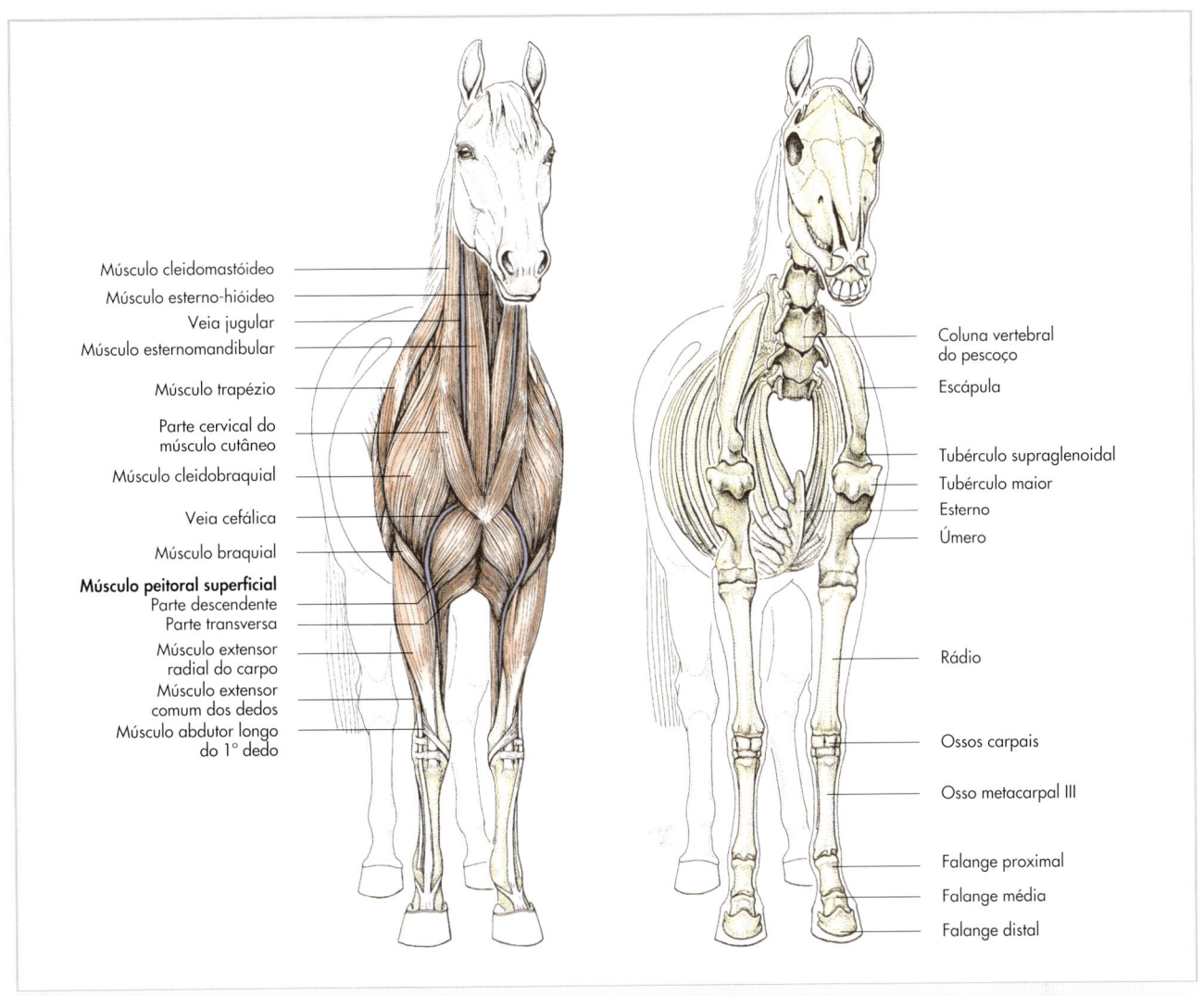

Fig. 4.80 Musculaturas superficiais cervical, torácica e intrínseca do ombro e esqueleto de um equino (representação esquemática, vista cranial).

entre a parte superficial do tendão de inserção e o osso pode ser puncionada na margem cranial desse tendão.

O músculo infraespinal funciona como um ligamento colateral lateral da articulação do ombro e proporciona flexão ou extensão da articulação, dependendo da posição desta. Ele também atua como rotador lateral e abdutor da articulação do ombro, principalmente em carnívoros.

O **músculo deltoide** é plano, situa-se diretamente sob a pele (▶Fig. 4.81 e ▶Fig. 4.86) e se prolonga entre a escápula e a tuberosidade deltoide do úmero. Ele apresenta uma cabeça de origem no equino e no suíno, emergindo desde a espinha da escápula através de uma aponeurose. Em ruminantes e em carnívoros, há duas cabeças: uma emerge desde a espinha da escápula com uma aponeurose (*pars scapularis*) e a outra emerge do acrômio (*pars acromialis*). Ambas se inserem na tuberosidade deltoide do úmero após passarem sobre a face caudolateral da articulação do ombro.

No equino, a aponeurose do músculo deltoide se fusiona parcialmente ao músculo infraespinal. O músculo deltoide é um flexor da articulação do ombro e proporciona abdução e rotação, principalmente em carnívoros.

O **músculo redondo menor** é redondo somente em carnívoros; nos outros mamíferos domésticos, ele é triangular. Ele se situa profundamente sob o músculo deltoide, na face caudolateral do ombro (▶Fig. 4.81 e ▶Fig. 4.83). O músculo redondo menor se origina desde o terço distal da margem caudal da escápula e atravessa para o lado flexor da articulação do ombro, para se inserir na tuberosidade redonda menor. No gato, ele é coberto pelos músculos infraespinal e tríceps braquial e se origina desde a margem caudal da escápula e do tubérculo infraglenoidal. O músculo redondo menor flexiona a articulação do ombro.

Tab. 4.3 Cintura escapular ou musculatura extrínseca do membro torácico

Nome Inervação	Origem	Inserção	Função
Camada superficial da musculatura do ombro			
Músculo trapézio Ramo dorsal do nervo acessório	Ligamento nucal, ligamento supraespinal	Espinha da escápula	Fixar o ombro; elevar, abduzir e projetar o membro para a frente
Músculo omotransverso Nervo acessório	Asa do atlas ou processo transverso da 2ª vértebra cervical	Extremidade distal da espinha da escápula	Retrair o pescoço para baixo e para os lados; projetar a escápula para a frente
Músculo latíssimo do dorso Nervo toracodorsal	Fáscia toracolombar	Tuberosidade redonda maior do úmero	Retrair o membro para trás; antagonista do músculo braquiocefálico
Músculo peitoral superficial			Mover o membro para a frente e para trás; direcionar o tronco para os lados
• Músculo peitoral superficial transverso Nervos torácicos craniais e caudais	Esterno desde a cartilagem da 1ª à 6ª costela	Fáscia do braço inferior	
• Músculo peitoral superficial descentente Nervos torácicos craniais e caudais	Manúbrio do esterno	Crista do úmero	
Camada profunda da musculatura do ombro			
Músculo peitoral profundo Nervos peitorais craniais e caudais	Esterno desde a cartilagem da 4ª costela	Tubérculo menor do úmero	Retrair o membro, sustentar o tronco e movimentá-lo cranialmente sobre o membro projetado; extensor da articulação do ombro
Músculo subclávio Nervos torácicos craniais	Cartilagem da 1ª à 4ª costela	Epimísio do músculo supraespinal	Fixar a escápula
Músculo romboide Ramos dorsais e ventrais dos nervos cervicais e torácicos	Ligamento nucal desde a 2ª à 6ª vértebra cervical até a 7ª vértebra torácica	Face medial da base da escápula e cartilagem escapular	Projetar o membro e fixar a escápula contra o tronco; elevar o membro e o pescoço
Músculo serrátil ventral Ramos dorsais e ventrais dos nervos cervicais, nervo torácico longo	1ª à 7ª costela e processos transversos das vértebras cervicais	Superfície do músculo serrátil	Sustentar o tronco; mover a escápula e o tronco para trás e para a frente

Músculos mediais do ombro

Distinguem-se os seguintes músculos mediais do ombro (▶Fig. 4.86 e ▶Fig. 4.88):
- músculo redondo maior (*m. teres major*);
- músculo articular da articulação do ombro (*m. articularis humeri*);
- músculo subescapular (*m. subscapularis*);
- músculo coracobraquial (*m. coracobrachialis*).

O **músculo redondo maior**, plano e longo, emerge do ângulo caudal e da margem da escápula, passa sobre o lado flexor da articulação do ombro e termina na tuberosidade redonda maior (▶Fig. 4.81, ▶Fig. 4.82 e ▶Fig. 4.88). No gato, ele é relativamente mais forte do que no cão, devido à sua fusão com o tendão de inserção do músculo latíssimo do dorso. O músculo redondo maior é um flexor da articulação do ombro e proporciona a adução do membro.

O **músculo articular da articulação do ombro** é um músculo pequeno presente no equino, eventualmente presente no suíno e ausente nos outros mamíferos domésticos. Ele se situa na face flexora da articulação do ombro, diretamente adjacente à cápsula articular, e se prolonga entre a escápula distal e o úmero proximal. O músculo articular da articulação do ombro tensiona a cápsula articular.

O **músculo subescapular**, amplo e plano, ocupa a fossa de mesmo nome, a qual ele ultrapassa cranial e caudalmente (▶Fig. 4.81 e ▶Fig. 4.88). Ele emerge desde a fossa, cruza a articulação do ombro na face medial e se insere profundamente em relação ao músculo coracobraquial, no tubérculo menor do úmero. O músculo subescapular está dividido em várias porções por faixas tendíneas e age como um ligamento colateral medial da articulação do ombro. A sua função principal é de extensor da articulação, mas ele também pode contribuir para manter a flexão.

O **músculo coracobraquial** é plano e emerge do processo coracoide da escápula (▶Fig. 4.81 e ▶Fig. 4.82). O seu tendão de origem emerge entre os músculos supraespinal e subescapular, onde é protegido por uma bolsa sinovial. O músculo coracobraquial se prolonga caudodistalmente sobre a face medial da articulação do ombro e termina na tuberosidade maior do úmero, no sentido distal mais adiante na face medial do corpo do úmero. Ele funciona como adutor do braço e gira a articulação do ombro lateralmente.

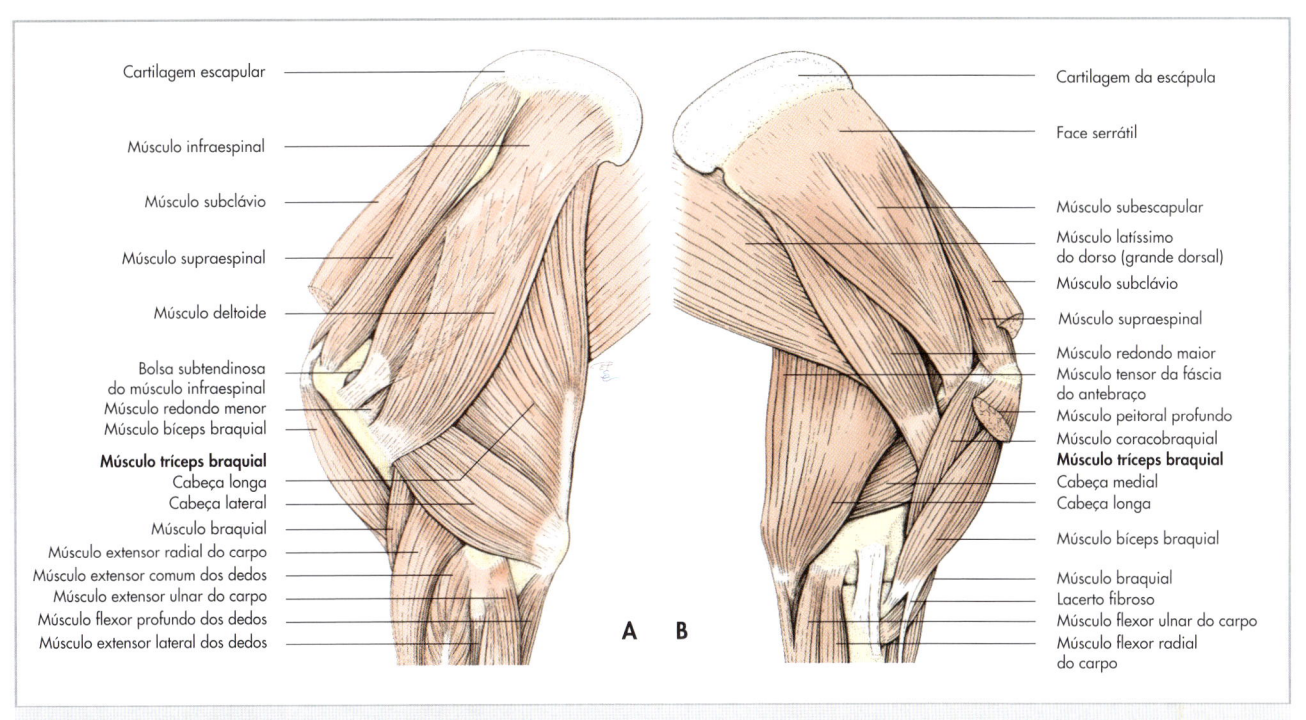

Fig. 4.81 Músculos da articulação do ombro e do cotovelo esquerdos de um equino (representação esquemática): **(A)** vista lateral e **(B)** vista medial.

Tab. 4.4 Músculos da articulação do ombro

Nome / Inervação	Origem	Inserção	Função
Musculatura lateral do ombro			
Músculo supraespinal Nervo supraescapular	Fossa supraespinal	Tubérculos maior e menor	Extensor da articulação do ombro
Músculo infraespinal Nervo supraescapular	Fossa infraespinal	Proximal no úmero	Flexor da articulação do ombro; seu tendão funciona como um ligamento colateral lateral
Músculo deltoide Nervo axilar	Espinha da escápula e margem caudal da escápula	Tuberosidade deltoide	Flexor da articulação do ombro; abdutor do braço superior
Músculo redondo menor Nervo axilar	Margem caudal da escápula	Tuberosidade redonda menor	Flexor da articulação do ombro
Musculatura medial do ombro			
Músculo redondo maior Nervo axilar	Margem caudal da escápula	Tuberosidade redonda maior	Flexor da articulação do ombro
Músculo articular da articulação do ombro Nervo axilar	Margem da cavidade glenoidal	Colo do úmero	Tensor da cápsula articular da articulação do ombro
Músculo subescapular Nervos subescapulares	Fossa subescapular	Tubérculo menor	Extensor ou flexor da articulação do ombro; seu tendão funciona como um ligamento colateral medial
Músculo coracobraquial Nervo musculocutâneo	Processo coracoide	Face medial do úmero	Mover o braço superior para dentro e caudalmente

Músculos da articulação do cotovelo

Os músculos desse grupo emergem da escápula ou do úmero e se inserem na parte proximal da ulna ou do rádio. Eles formam uma ponte entre as articulações do ombro e do cotovelo ou são voltados apenas para a articulação do cotovelo.

A flexão e a extensão da articulação do cotovelo são a função principal desses músculos, mas eles também estabilizam o membro durante a fase de apoio da locomoção. Os músculos da articulação do cotovelo (▶Tab. 4.5) compreendem:

- músculo braquial (*m. brachialis*);
- músculo bíceps braquial (*m. biceps brachii*);
- músculo tríceps braquial (*m. triceps brachii*);
- músculo ancôneo (*m. anconeus*);
- músculo tensor da fáscia do antebraço (*m. tensor fasciae antebrachii*).

Com origem na face caudal do úmero proximal, imediatamente distal ao colo do úmero, o **músculo braquial** curva-se sobre a face lateral no sulco espiral do úmero e, por fim, alcança o lado medial, onde se insere nas tuberosidades radial e ulnar (▶Fig. 4.81). No equino, o músculo braquial termina com um tendão na face medial do rádio, imediatamente distal ao músculo bíceps braquial, e uma ramificação passa sob o ligamento colateral medial para se inserir na membrana interóssea da articulação do cotovelo. O músculo braquial atua como flexor da articulação do cotovelo.

O **músculo bíceps braquial** é um músculo biarticular reforçado que faz uma ponte entre as articulações do ombro e do cotovelo. Ao contrário do que ocorre nos humanos, ele tem apenas um tendão de origem nos mamíferos domésticos, com o qual ele se inicia no tubérculo supraglenoidal da escápula (▶Fig. 4.81). O músculo bíceps braquial atravessa para o lado extensor da articulação do ombro através do sulco intertubercular e corre distalmente ao longo da face craniomedial do úmero.

Na altura da articulação do cotovelo, o músculo se bifurca em duas partes. A mais forte das duas se insere na tuberosidade radial, e a outra, na ulna proximal. Algumas fibras (**lacerto fibroso**) se prolongam ainda mais distalmente até se irradiarem no radial do carpo extensor e na fáscia do antebraço (▶Fig. 4.81, ▶Fig. 4.98 e ▶Fig. 4.99).

Em carnívoros, o músculo bíceps braquial dobra-se para dentro da cápsula da articulação do ombro cranialmente, formando, assim, uma bainha sinovial na região do sulco intertubercular. Uma **faixa transversa** (*ligamentum transversum humeri*) entre os tubérculos maior e menor do úmero mantém o músculo em posição (▶Fig. 4.33 e ▶Fig. 4.82). No cão, um tendão se insere no processo coronoide medial da ulna, ao passo que o outro tendão, mais delgado, se insere na tuberosidade radial.

Em ruminantes, uma **bolsa intertuberal** (*bursa intertubercularis*) se interpõe entre o tendão de origem do músculo bíceps braquial e o sulco intertubercular. Os dois tendões de inserção dessa bolsa terminam na tuberosidade radial, no ligamento colateral medial e na face cranial do rádio proximal.

No equino, o músculo bíceps braquial é volumoso, com várias intersecções tendíneas. A sua passagem através do sulco intertuberal é facilitada pela ampla **bolsa bicipital** (*bursa intertubercularis*), a qual mede cerca de 10 cm de comprimento e se projeta além das margens dos músculos bíceps braquiais. Ela situa-se ao lado do músculo supraespinal e do músculo peitoral profundo. Pode-se executar sinoviocentese ao se inserir uma agulha na altura da tuberosidade deltoide, na margem do tendão bíceps na direção proximal.

O músculo é dividido distalmente em uma parte lateral e outra medial. A parte medial termina na tuberosidade radial e a parte lateral se insere na extremidade proximal do rádio e da ulna. Ele também envia fibras (**lacerto fibroso**) para a fáscia do antebraço e o músculo extensor radial do carpo (▶Fig. 4.98 e ▶Fig. 4.99). Uma bolsa sinovial pode estar presente na parte proximal do rádio, abaixo do tendão lateral de inserção. O músculo bíceps braquial serve para a flexão da articulação do cotovelo e para a extensão da articulação do ombro. Além disso, ele estabiliza a articulação do ombro durante a posição ereta ou durante a fase de apoio da locomoção, particularmente importante no equino.

O **músculo tríceps braquial** preenche uma área triangular existente entre a margem caudal da escápula, o úmero e o olécrano (▶Fig. 4.81, ▶Fig. 4.86 e ▶Fig. 4.88). A sua margem caudal (*margo tricipitalis*) se prolonga desde o olécrano, na direção da cernelha, e é facilmente visível sob a pele no animal vivo.

O músculo tríceps braquial possui três cabeças de origem: uma cabeça longa, uma lateral e outra medial; no cão, há uma cabeça acessória extra. A **cabeça longa** (*capitum longum*) emerge desde a margem caudal da escápula; a **cabeça lateral** (*caput laterale*), da face lateral do corpo do úmero; e a **cabeça medial** (*caput mediale*), da face medial do corpo do úmero. No cão, a **cabeça acessória** (*caput accessorius*) se origina da parte caudal do colo do úmero e se fusiona com as cabeças longa e lateral. O músculo tríceps braquial é potente, sendo que a cabeça longa é a maior e mais longa das três cabeças, e a cabeça medial, a menor. A cabeça lateral é um músculo quadrilátero potente, o qual se origina da tuberosidade deltoide do úmero, da fáscia do braço e da linha tricipital, que, por sua vez, se prolonga desde a tuberosidade deltoide até o colo do úmero. Ela se fusiona com a cabeça longa e se insere na face lateral do olécrano. A cabeça medial emerge próximo à tuberosidade redonda e termina na face medial do olécrano. No cão, todas as cabeças terminam com um tendão comum de inserção no olécrano. Uma **bolsa sinovial** (*bursa subtendinea tricipitis brachii*) se interpõe entre o tendão de inserção e o olécrano.

O músculo tríceps braquial flexiona e estabiliza a articulação do cotovelo. Como a cabeça longa do músculo tríceps braquial abrange duas articulações, ele atua como um flexor da articulação do ombro durante a fase de sustentação da locomoção e como um extensor da articulação do cotovelo.

O **músculo ancôneo** é curto, porém potente, e se situa sob o músculo tríceps braquial, na face caudal da extremidade distal do úmero (▶Fig. 4.83). Ele emerge das faces distais do úmero e dos epicôndilos do úmero, forma uma ponte entre a fossa do olécrano e se insere na face lateral do olécrano. Além disso, o músculo ancôneo se une à cabeça lateral do músculo tríceps braquial no equino e no bovino, mas permanece como um músculo separado nos outros mamíferos domésticos. O músculo ancôneo é extensor da articulação do cotovelo.

O **músculo tensor da fáscia do antebraço** é plano e se situa na face medial do músculo tríceps braquial (▶Fig. 4.76). A sua origem é uma ampla aponeurose do músculo latíssimo do dorso (carnívoros) e da margem caudal da escápula (ruminantes e equino) e irradia-se até a fáscia do antebraço. Ele é o principal tensor dessa fáscia e atua como extensor da articulação do cotovelo.

Tab. 4.5 Músculos da articulação do cotovelo

Nome / Inervação	Origem	Inserção	Função
Músculo braquial Nervo musculocutâneo, nervo radial	Caudal no colo do úmero	Medial no rádio e na ulna	Flexor da articulação do cotovelo
Músculo bíceps braquial Nervo musculocutâneo	Tubérculo supraglenoidal	Tuberosidade radial	Flexor da articulação do cotovelo; extensor da articulação do ombro; estabilizador da articulação do ombro e do carpo
Músculo tríceps braquial Nervo radial	–	–	Estabilizador da articulação do cotovelo; extensor da articulação do ombro quando o membro está elevado
• Cabeça longa	Margem caudal da escápula	Olécrano	Extensor da articulação do cotovelo e flexor da articulação do ombro
• Cabeça lateral	Lateral no úmero	Olécrano	Extensor da articulação do cotovelo
• Cabeça medial	Medial no úmero	Olécrano	Extensor da articulação do cotovelo
Músculo ancôneo Nervo radial	Distal no úmero, fossa do olécrano	Lateral no olécrano	Extensor da articulação do cotovelo
Músculo tensor da fáscia do antebraço Nervo radial	Margem caudal da escápula	Fáscia do antebraço	Tensor da fáscia do antebraço; extensor da articulação do cotovelo

Músculos das articulações radioulnares

As funções principais dos músculos das articulações radioulnares são supinação e pronação, e esses músculos são bem-desenvolvidos e funcionais apenas em carnívoros. Nos outros mamíferos domésticos, eles são vestigiais ou estão ausentes, devido à capacidade reduzida ou perdida desses movimentos (▶Fig. 4.84 e ▶Fig. 4.85). Nos carnívoros, eles podem ser divididos em:

- **supinadores do antebraço**:
  - músculo braquiorradial (*m. brachioradialis*);
  - músculo supinador (*m. supinator*).

- **pronadores do antebraço**:
  - músculo pronador redondo (*m. pronator teres*);
  - músculo pronador quadrado (*m. pronator quadratus*).

O **músculo braquiorradial** é plano e delgado e se prolonga desde a crista supracondilar lateral sobre o lado flexor da articulação do cotovelo, superficial ao músculo extensor radial do carpo, até o processo estiloide radial (▶Fig. 4.90 e ▶Fig. 4.91).

O **músculo supinador** (▶Fig. 4.84) está presente em carnívoros e no suíno. Trata-se de um músculo plano que se posiciona no lado flexor da articulação do cotovelo, diretamente na cápsula articular, coberto pelo músculo extensor radial do carpo e do músculo extensor comum dos dedos. Ele emerge do epicôndilo lateral do úmero, gira em espiral na direção mediodistal e se insere na face medial do rádio.

O **músculo pronador redondo** está presente de forma consistente nos carnívoros (▶Fig. 4.84, ▶Fig. 4.85 e ▶Fig. 4.92), porém de forma inconsistente em ruminantes e no suíno. No equino, ele se reduz a uma pequena faixa. Ele se prolonga entre o epicôndilo medial do úmero e o lado craniomedial do rádio.

O **músculo pronador quadrado** é encontrado apenas em carnívoros. Ele forma uma ponte sobre a face medial do espaço interósseo do antebraço, e suas fibras passam da face caudal e medial do corpo do rádio para a face medial da ulna (▶Fig. 4.85).

Músculos da articulação do carpo

Os músculos da articulação do carpo apresentam ventres musculares alongados e cobrem o esqueleto do antebraço. Eles são biarticulares, emergem no sentido proximal à articulação do cotovelo desde o úmero e se fixam no sentido distal à articulação do carpo ao carpo ou ao metacarpo. Devido à amplitude reduzida de movimento das articulações do carpo nos mamíferos domésticos, esses músculos atuam como flexores ou extensores.

Os **músculos extensores da articulação do carpo e dos dedos** estão localizados no lado dorsolateral (craniolateral), ao passo que os **flexores** se situam no lado palmar (caudal) (▶Fig. 4.90). Eles são recobertos pela fáscia do antebraço. Os extensores do carpo e dos dedos emergem do epicôndilo lateral do úmero, e os flexores, do epicôndilo medial.

Os **músculos do carpo** (▶Fig. 4.87 e ▶Fig. 4.89; ▶Tab. 4.6) incluem:

- músculo extensor radial do carpo (*m. extensor carpi radialis*);
- músculo extensor ulnar do carpo (*m. extensor carpi ulnaris*);
- músculo flexor radial do carpo (*m. flexor carpi radialis*);
- músculo flexor ulnar do carpo (*m. flexor carpi ulnaris*).

O **músculo extensor radial do carpo**, o maior músculo extensor das articulações do carpo, emerge do epicôndilo lateral do úmero e da crista epicondilar lateral e se situa no sentido diretamente cranial à margem subcutânea do rádio. Ele se insere na extremidade proximal dos ossos metacarpais II e III.

No gato, o músculo se divide em dois ventres musculares, uma parte longa e outra curta, as quais formam dois tendões planos no meio do rádio. A parte longa (*m. extensor carpi radialis longus*) se fixa à extremidade proximal do osso metacarpal II, ao passo que a parte curta (*m. extensor carpi radialis brevis*) se situa lateralmente à parte longa e se fixa ao osso metacarpal III. No cão, o ventre muscular do músculo extensor radial corre no sentido distal, medial ao músculo extensor comum dos dedos, onde ele se divide em dois tendões de inserção no terço distal do rádio. Esses tendões cruzam

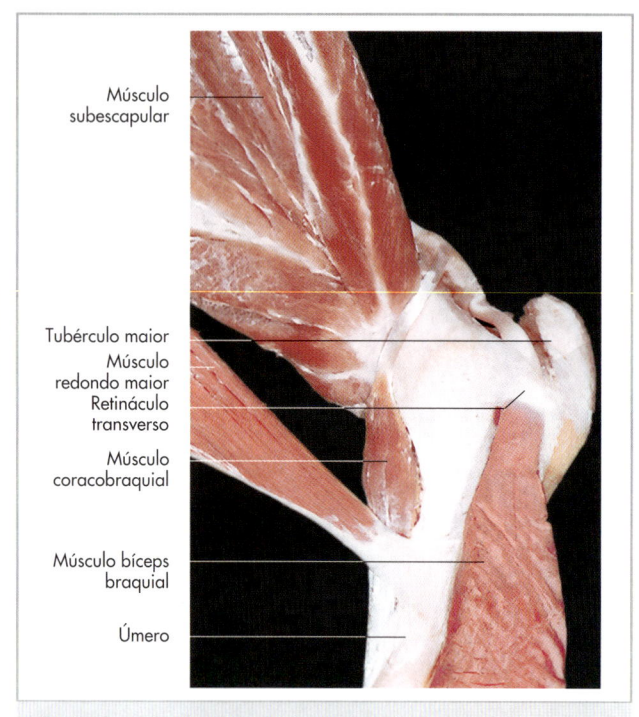

Fig. 4.82 Músculos da articulação do ombro esquerdo de um cão (vista medial).

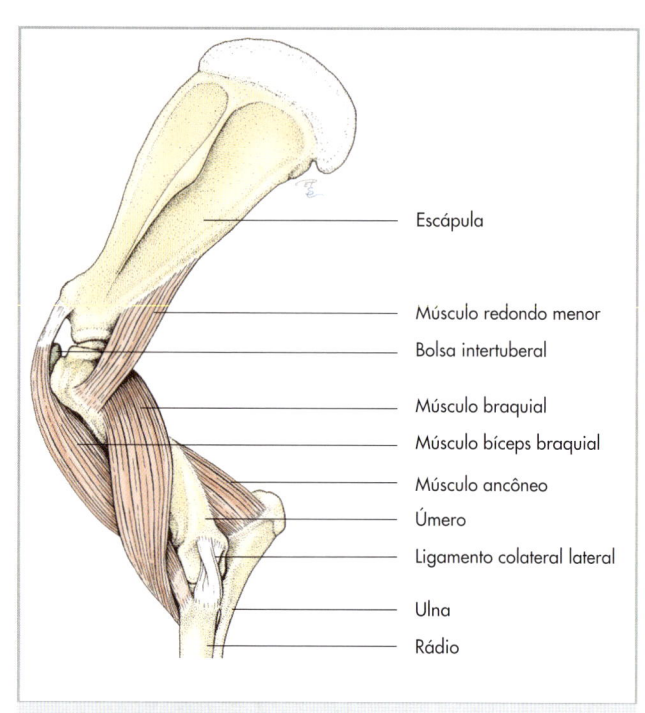

Fig. 4.83 Músculos das articulações do ombro e do cotovelo de um equino (camada profunda, representação esquemática, vista lateral esquerda). (Fonte: com base em dados de Ellenberger e Baum, 1943.)

o sulco médio do rádio e o lado extensor do carpo até se inserirem separadamente nos ossos metacarpais II e III (▶Fig. 4.90).

O tendão de inserção é envolto por uma bainha sinovial que se prolonga da metade do rádio até as articulações do carpo e ao ponto de inserção nos ossos distais do carpo ou na extremidade proximal do osso (ou ossos) metacarpal. No equino, o tendão combina-se com o **lacerto fibroso**, um destacamento do músculo bíceps braquial (▶Fig. 4.98 e ▶Fig. 4.99). Ele passa através do sulco médio do carpo, apegado à cápsula articular, e se insere na tuberosidade proximal do osso metacarpal III, onde se interpõe uma bolsa sinovial. O músculo extensor radial do carpo estende e fixa a articulação do carpo e flexiona a articulação do cotovelo.

O **músculo extensor ulnar do carpo** situa-se no lado caudolateral do antebraço. Ele se prolonga entre o epicôndilo lateral do úmero e os ossos laterais do carpo e do metacarpo, dependendo da espécie (▶Fig. 4.87 e ▶Fig. 4.90).

Em carnívoros, o músculo extensor ulnar do carpo origina-se caudal ao ligamento colateral lateral do cotovelo do epicôndilo lateral do úmero, passa lateralmente sobre o carpo e termina na extremidade proximal do osso metacarpal V. Por meio de fibras da fáscia antebraquial, originadas do osso carpo acessório, o tendão de inserção assume a função de ligamento colateral lateral, ausente no carpo. Duas faixas delgadas são destacadas para se unir com o retináculo extensor e flexor.

Em ruminantes e no equino, o tendão terminal se divide em uma parte principal, a qual se fixa ao osso carpo acessório, e uma parte mais fraca, para o osso metacarpal V, em ruminantes, e para o osso metacarpal IV, no equino (▶Fig. 4.97).

Em carnívoros, o músculo extensor ulnar do carpo flexiona o carpo, quando ele já se encontra em posição flexionada, e fornece apoio para a extensão, quando já na posição estendida, devido à inserção anatômica, a qual está localizada próximo ao eixo da articulação. Ele também realiza a abdução do antebraço. Nos outros mamíferos domésticos, o músculo extensor ulnar atua como um flexor das articulações do carpo, uma vez que a inserção se desloca caudalmente ao eixo do carpo para o osso carpo acessório.

O **músculo flexor radial do carpo** situa-se na face medial do antebraço, caudal à margem do rádio, diretamente sob a pele (▶Fig. 4.89). Ele se origina desde o epicôndilo medial do úmero, passa sobre o lado flexor do carpo, onde é envolto em uma bainha sinovial, e se insere na face palmar dos ossos metacarpais II e III em carnívoros, no osso metacarpal III no suíno e em ruminantes e no osso metacarpal II no equino (▶Fig. 4.95). Ele é um flexor das articulações do carpo.

O **músculo flexor ulnar do carpo** situa-se no lado mediocaudal do antebraço, superficialmente em relação aos músculos flexores do dedo. Ele é marcado por várias intersecções tendíneas e se origina com duas cabeças, sendo a mais forte a **cabeça umeral** (*caput humerale*), desde o epicôndilo medial do úmero, e a menor, a **cabeça ulnar** (*caput ulnare*), desde o olécrano (▶Fig. 4.90). As duas partes terminam com um tendão comum de inserção no osso carpo acessório. No equino, uma bolsa sinovial pode ser encontrada sob a cabeça umeral, a qual se comunica com a articulação do cotovelo e se prolonga sob o tendão flexor dos dedos. O flexor ulnar do carpo é um flexor e, em carnívoros, um supinador do carpo (▶Fig. 4.95 e ▶Fig. 4.99).

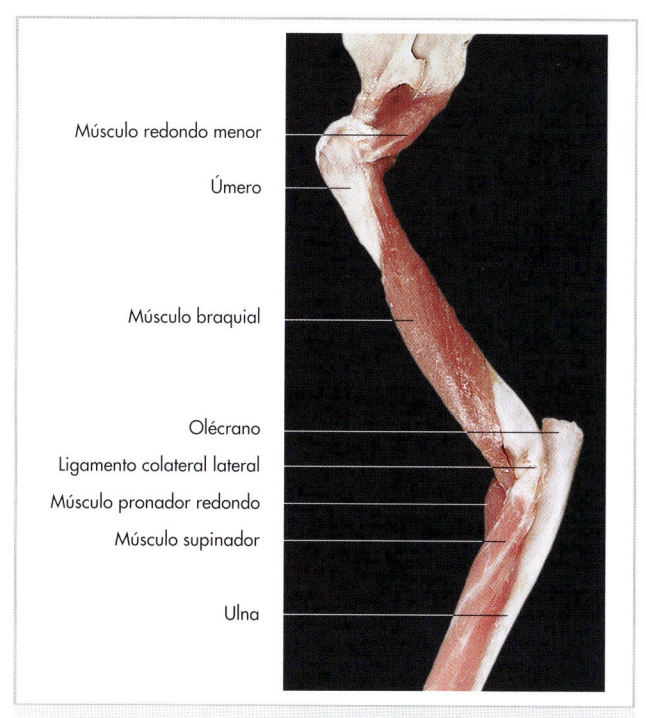

Fig. 4.84 Músculos das articulações do ombro e do cotovelo de um gato (camada profunda, vista lateral). (Fonte: cortesia do Dr. R. Macher, Viena.)

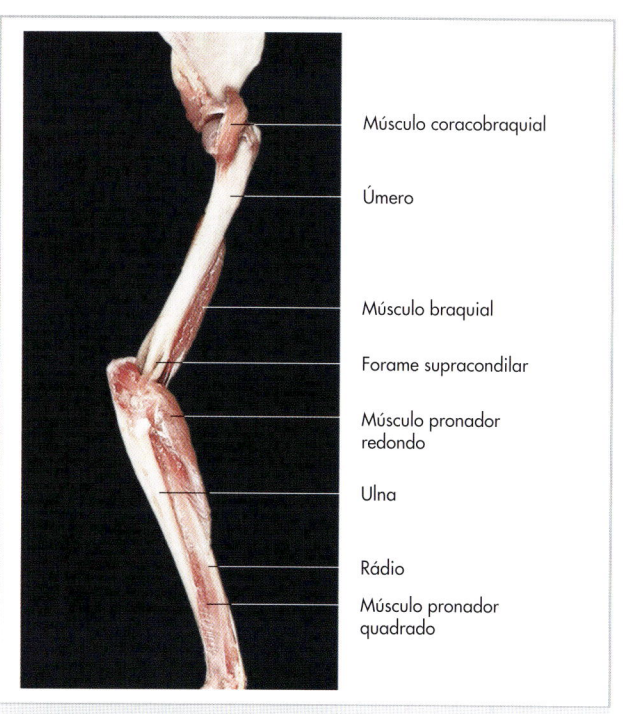

Fig. 4.85 Músculos das articulações do ombro e do cotovelo de um gato (camada profunda, vista medial). (Fonte: cortesia do Dr. R. Macher, Viena.)

Tab. 4.6 Músculos da articulação do carpo

Nome Inervação	Origem	Inserção	Função
Músculo extensor radial do carpo Nervo radial	Epicôndilo lateral do úmero	Proximal no osso metacarpal III	Extensor e fixador da articulação do carpo
Músculo extensor ulnar do carpo Nervo radial	Epicôndilo lateral do úmero	Ossos metacarpais V e IV; osso carpo acessório	Flexor da articulação do carpo
Músculo flexor radial do carpo Nervo mediano	Epicôndilo medial do úmero	Ossos metacarpais II e III	Flexor da articulação do carpo
Músculo flexor ulnar do carpo Nervo ulnar	–	–	–
• Cabeça do úmero	Epicôndilo medial do úmero	Osso carpo acessório	Flexor da articulação do carpo
• Cabeça ulnar	Olécrano	Osso carpo acessório	Flexor da articulação do carpo

Músculos dos dedos

Os músculos dos dedos são tendinosos e resistentes, os quais cobrem o esqueleto do antebraço e abrangem diversas articulações. Eles emergem proximalmente à articulação do cotovelo, desde o úmero ou o antebraço, e correm com tendões longos sobre o carpo até a inserção em diferentes partes dos dedos.

A evolução dos membros, característica de cada espécie, resultou em uma amplitude limitada de movimentação das falanges. Nos mamíferos domésticos, a maioria das articulações falângicas é de articulações em dobradiça uniaxiais, ao passo que algumas são articulações selares biaxiais, sendo que o movimento principal é de extensão e flexão, o que permite um grau bastante limitado de abdução e adução. Os **músculos extensores** dos dedos se localizam no lado **cranio(dorso)lateral** do antebraço, ao passo que os **músculos flexores** se encontram no lado **caudal** (**palmar**), cobertos pela fáscia do antebraço. Os **extensores** surgem do **epicôndilo lateral** do úmero, e os **flexores**, do **epicôndilo medial** (▶Fig. 4.91, ▶Fig. 4.92, ▶Fig. 4.93 e ▶Fig. 4.94; ▶Tab. 4.7).

Como **extensores**, podem ser nomeados da seguinte forma:
- músculo extensor comum dos dedos (*m. extensor digitorum brevis*);
- músculo extensor lateral dos dedos (*m. extensor digitorum lateralis*);
- músculo abdutor longo do primeiro dedo (*m. abductor pollicis longus*);
- músculo extensor do primeiro e segundo dedos (*m. extensor digiti I et II*).

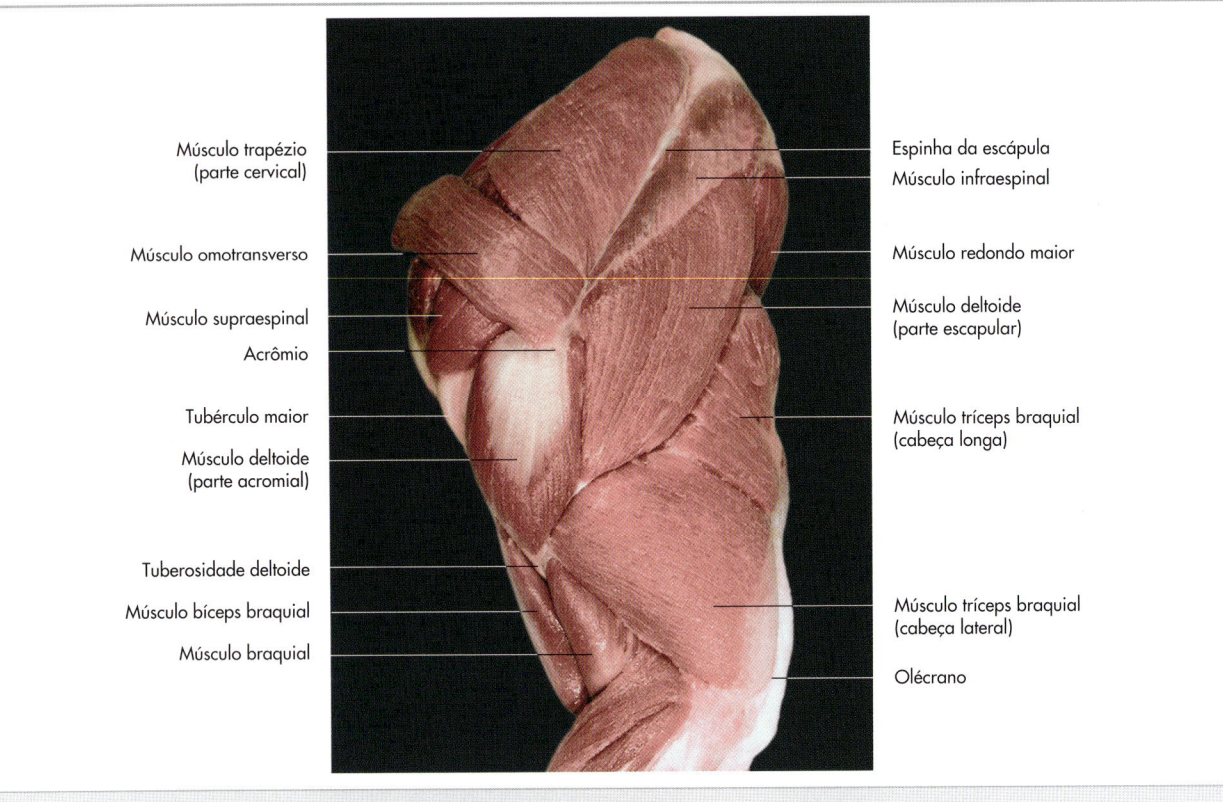

Fig. 4.86 Músculos do antebraço (vista lateral, parte proximal). (Fonte: cortesia de Andrea Köllensperger, Munique.)

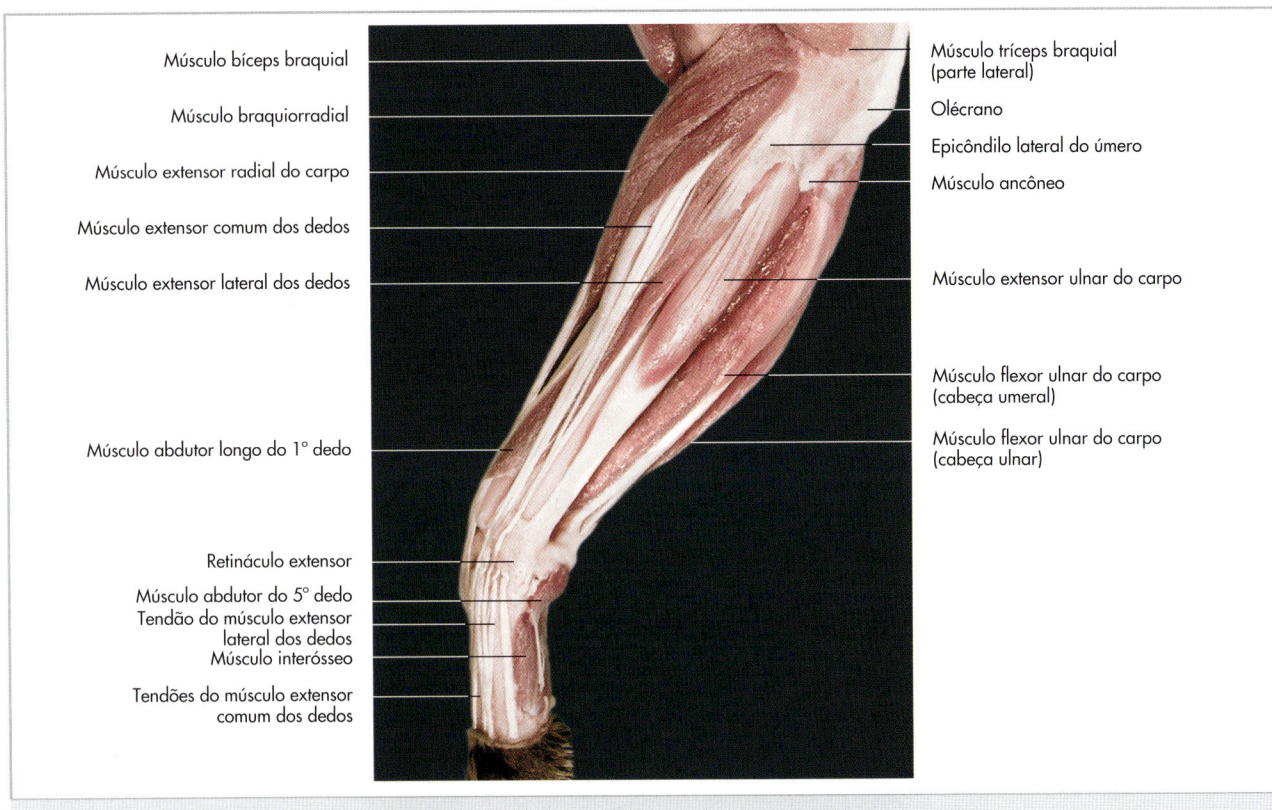

Legendas da Fig. 4.86:
- Músculo trapézio (parte cervical)
- Músculo omotransverso
- Músculo supraespinal
- Acrômio
- Tubérculo maior
- Músculo deltoide (parte acromial)
- Tuberosidade deltoide
- Músculo bíceps braquial
- Músculo braquial
- Espinha da escápula
- Músculo infraespinal
- Músculo redondo maior
- Músculo deltoide (parte escapular)
- Músculo tríceps braquial (cabeça longa)
- Músculo tríceps braquial (cabeça lateral)
- Olécrano

Fig. 4.87 Músculos do antebraço (vista lateral, parte distal). (Fonte: cortesia de Andrea Köllensperger, Munique.)

Legendas da Fig. 4.87:
- Músculo bíceps braquial
- Músculo braquiorradial
- Músculo extensor radial do carpo
- Músculo extensor comum dos dedos
- Músculo extensor lateral dos dedos
- Músculo abdutor longo do 1º dedo
- Retináculo extensor
- Músculo abdutor do 5º dedo
- Tendão do músculo extensor lateral dos dedos
- Músculo interósseo
- Tendões do músculo extensor comum dos dedos
- Músculo tríceps braquial (parte lateral)
- Olécrano
- Epicôndilo lateral do úmero
- Músculo ancôneo
- Músculo extensor ulnar do carpo
- Músculo flexor ulnar do carpo (cabeça umeral)
- Músculo flexor ulnar do carpo (cabeça ulnar)

Membros torácicos (*membra thoracica*) 227

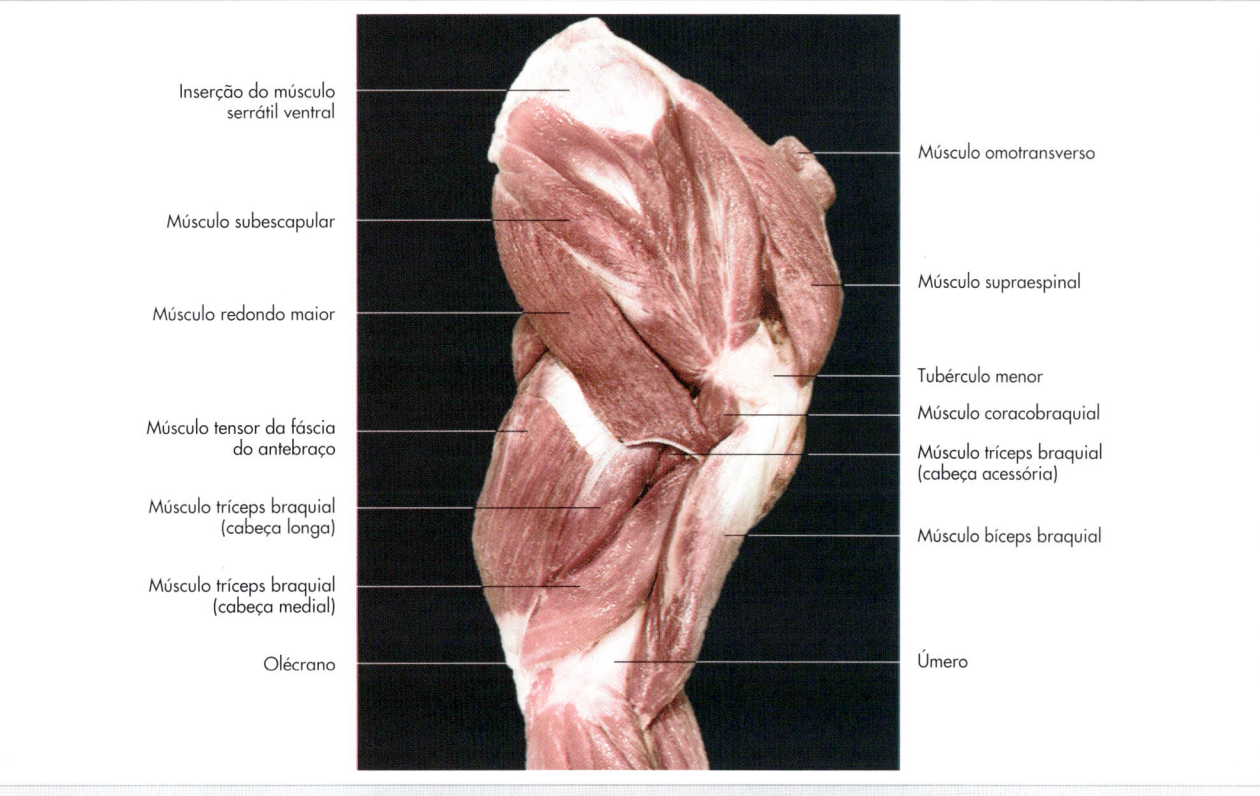

Inserção do músculo serrátil ventral
Músculo subescapular
Músculo redondo maior
Músculo tensor da fáscia do antebraço
Músculo tríceps braquial (cabeça longa)
Músculo tríceps braquial (cabeça medial)
Olécrano

Músculo omotransverso
Músculo supraespinal
Tubérculo menor
Músculo coracobraquial
Músculo tríceps braquial (cabeça acessória)
Músculo bíceps braquial
Úmero

Fig. 4.88 Músculos do antebraço (vista medial, parte proximal). (Fonte: cortesia de Andrea Köllensperger, Munique.)

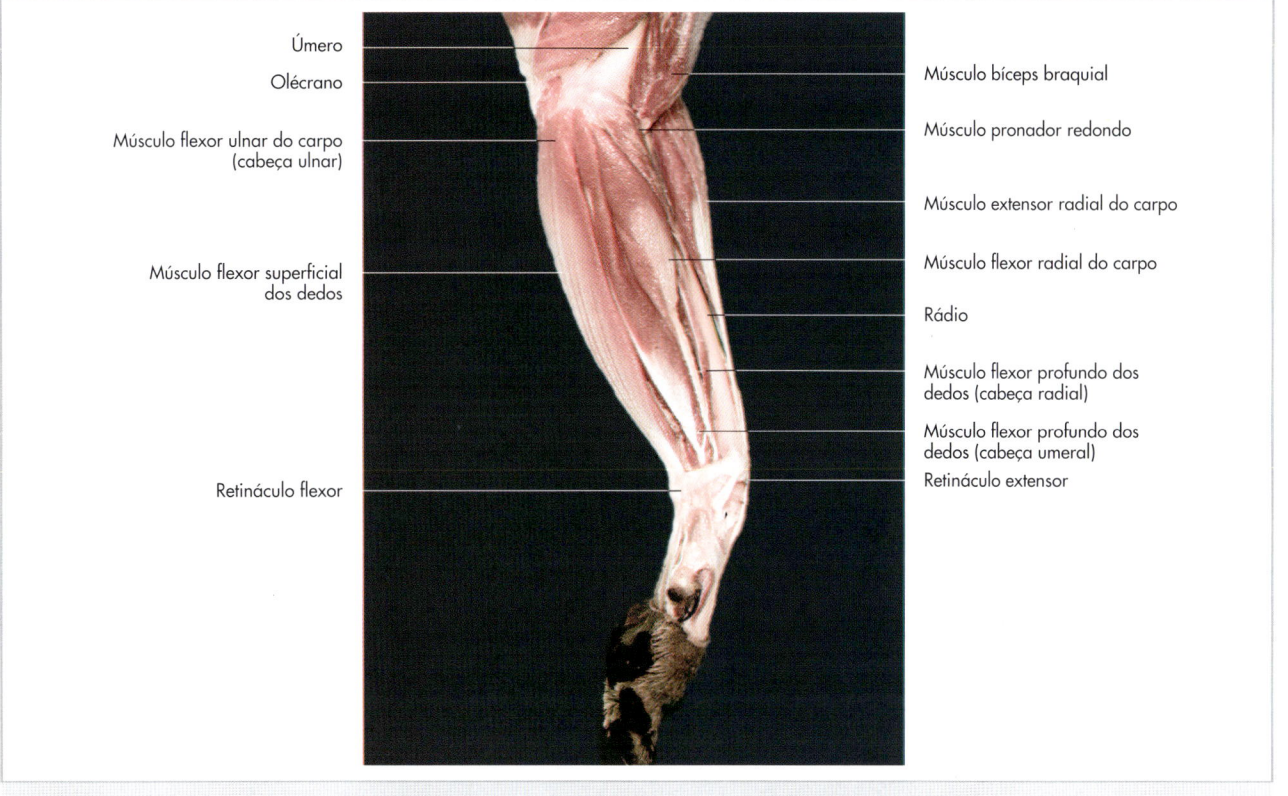

Úmero
Olécrano
Músculo flexor ulnar do carpo (cabeça ulnar)
Músculo flexor superficial dos dedos
Retináculo flexor

Músculo bíceps braquial
Músculo pronador redondo
Músculo extensor radial do carpo
Músculo flexor radial do carpo
Rádio
Músculo flexor profundo dos dedos (cabeça radial)
Músculo flexor profundo dos dedos (cabeça umeral)
Retináculo extensor

Fig. 4.89 Músculos do antebraço (vista medial, parte distal). (Fonte: cortesia de Andrea Köllensperger, Munique.)

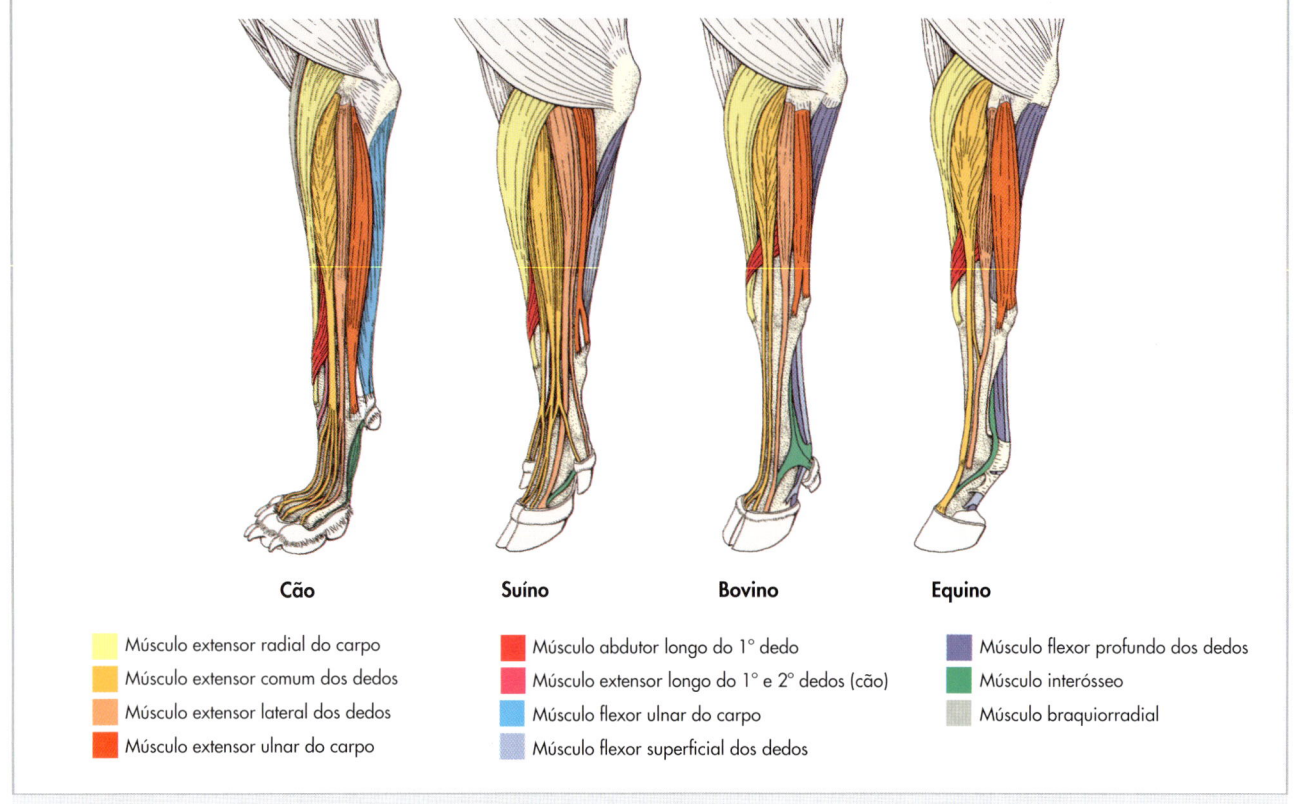

Fig. 4.90 Músculos do antebraço (representação esquemática, vista lateral). (Fonte: com base em dados de Ellenberger e Baum, 1943.)

Legenda:
- Músculo extensor radial do carpo
- Músculo extensor comum dos dedos
- Músculo extensor lateral dos dedos
- Músculo extensor ulnar do carpo
- Músculo abdutor longo do 1º dedo
- Músculo extensor longo do 1º e 2º dedos (cão)
- Músculo flexor ulnar do carpo
- Músculo flexor superficial dos dedos
- Músculo flexor profundo dos dedos
- Músculo interósseo
- Músculo braquiorradial

O **músculo extensor comum dos dedos** é resistente, tem diversas intersecções tendíneas e se situa lateralmente ao músculo extensor radial do carpo (▶Fig. 4.90 e ▶Fig. 4.97). Ele emerge com diversas cabeças mal definidas (quatro em carnívoros, três em suínos, duas em ruminantes e uma no equino) desde o epicôndilo lateral do úmero, do ligamento colateral lateral da articulação do cotovelo, do rádio e da ulna e termina com um tendão longo de inserção no processo extensor da falange distal de cada dedo funcional (▶Fig. 4.90, ▶Fig. 4.91 e ▶Fig. 4.98). Portanto, o tendão de inserção se divide conforme a quantidade de dedos funcionais de cada espécie e não se ramifica no equino.

Em carnívoros, o músculo extensor comum dos dedos se origina do epicôndilo lateral do úmero. Ele também se origina, juntamente ao músculo extensor radial do carpo, do ligamento colateral lateral da articulação do cotovelo (▶Fig. 4.92).

O ventre muscular se divide em quatro tendões distalmente, os quais correm envoltos em uma bainha sinovial comum e cobertos pelo retináculo extensor sobre o lado dorsolateral do carpo.

Os tendões individuais se separam quando passam sobre a face dorsal dos ossos metacarpais correspondentes e terminam na falange distal dos quatro dedos principais. No gato, algumas fibras se inserem na falange média. Finas faixas tendinosas que emergem dos músculos interósseos se unem bilateralmente com cada tendão. Os tendões do músculo extensor lateral dos dedos se unem aos tendões do músculo extensor comum dos dedos na altura das falanges proximais do terceiro, quarto e quinto dedos.

O músculo extensor comum dos dedos do suíno se divide em três partes. A parte medial é a mais resistente, a qual termina principalmente na falange distal do terceiro dedo. O tendão da cabeça média se divide em dois ramos para a inserção na falange distal do terceiro e do quarto dedos. Os tendões de inserção também enviam pequenas ramificações para o segundo e o quinto dedos.

Nos ruminantes, o músculo extensor comum dos dedos consiste em dois ventres distintos, os quais continuam no sentido distal como dois tendões separados. O ventre lateral emerge com uma cabeça superficial do epicôndilo lateral do úmero e com uma cabeça profunda da ulna. As duas cabeças convergem e correm sobre a face dorsolateral do carpo. O tendão resultante se divide em dois tendões individuais na altura da articulação metacarpofalângica, os quais se inserem no processo extensor das falanges distais do terceiro e do quarto dedos (▶Fig. 4.96). O ventre medial também se origina do epicôndilo lateral do úmero, terminando com um tendão de inserção na face dorsomedial da falange média do terceiro dedo, reforçado pelos ramos abaxial e axial do músculo interósseo.

No equino, o músculo extensor comum dos dedos é marcado por várias intersecções tendíneas resistentes e se situa profundamente em relação ao músculo extensor radial do carpo e ao músculo extensor lateral dos dedos (▶Fig. 4.97 e ▶Fig. 4.98). Ele se origina em uma posição proximal ao côndilo lateral do úmero, entre a fossa radial e o epicôndilo lateral do úmero, desde a tuberosidade lateral da extremidade proximal do rádio e do ligamento colateral lateral do cotovelo. O tendão resistente atravessa distalmente o sulco lateral na extremidade distal do rádio e passa sobre a face dorsolateral do carpo, ligado pelo retináculo extensor e protegido por uma bainha sinovial. A bainha sinovial tem início cerca de 10 cm na direção proximal em relação ao carpo e se projeta distalmente até o metacarpo. O tendão extensor comum dos dedos prossegue distalmente sobre a face dorsal do metacarpo e se relaciona com feixes de fibras do músculo interósseo antes de se inserir com um tendão largo no processo extensor da falange distal. Um segundo músculo se insere na falange média, e algumas fibras nas cartilagens do casco.

Lateralmente ao músculo extensor comum dos dedos, emerge um pequeno músculo que pode ser dividido em uma parte profunda, desde a ulna, e uma parte mais superficial, desde o rádio. A parte ulnar (músculo extensor comum ulnar dos dedos) se une ao tendão extensor comum dos dedos, e acredita-se que seja o resquício do músculo extensor do indicador. A parte radial (músculo extensor comum radial dos dedos) corre sobre o carpo como um músculo distinto e se une ao tendão do músculo extensor lateral dos dedos mais adiante, no sentido distal (▶Fig. 4.95). O músculo extensor comum dos dedos é extensor das articulações do carpo e dos dedos.

O **músculo extensor lateral dos dedos** situa-se na direção caudal em relação ao músculo extensor comum dos dedos, na face lateral do antebraço (▶Fig. 4.90, ▶Fig. 4.91 e ▶Fig. 4.97). Ele emerge do ligamento colateral lateral da articulação do cotovelo, da tuberosidade lateral da extremidade proximal do rádio e da face lateral da ulna e se divide em três ventres musculares no gato, dois no cão e no suíno e um em ruminantes e no equino. A quantidade de tendões de inserção corresponde à quantidade de dedos funcionais remanescentes em cada espécie.

No gato, o músculo extensor lateral dos dedos se origina desde a crista supracondilar lateral do úmero e se divide em três ventres, os quais se ramificam em três ou quatro tendões mais adiante, no sentido distal. Eles se unem com os tendões extensores comuns dos dedos na altura das falanges proximais.

No cão, o músculo extensor dos dedos emerge do ligamento colateral lateral e da tuberosidade lateral do rádio proximal (▶Fig. 4.90 e ▶Fig. 4.91). Ele se divide nos tendões lateral e medial, os quais são envoltos em uma bainha sinovial comum, que alcança desde o carpo até o terço proximal do metacarpo. O tendão lateral reforçado se une com o tendão correspondente do músculo extensor comum dos dedos e termina na falange distal e na falange média e proximal do quinto dedo. O tendão da parte medial mais delgada se divide em dois e se une aos tendões correspondentes do músculo extensor comum dos dedos, com o qual eles terminam nas falanges distais do terceiro e do quarto dedos.

No suíno, o músculo extensor lateral dos dedos apresenta duas partes distintas. O ventre maior se origina do epicôndilo lateral do úmero e do ligamento colateral lateral do cotovelo e termina nas falanges média e distal do quarto dedo após receber um ramo do músculo interósseo. O ventre muscular menor se prolonga entre a ulna e as falanges média e distal do quinto dedo.

Nos ruminantes, o músculo extensor lateral dos dedos consiste em um único ventre muscular, que passa sobre a face lateral do carpo, lateralmente ao músculo extensor comum dos dedos, onde é envolto por uma bainha sinovial. Ele é reforçado por fibras soltas, axial e abaxial, do músculo interósseo e se insere na face dorsolateral da falange média do quarto dígito (▶Fig. 4.96).

No equino, o músculo extensor lateral dos dedos emerge do epicôndilo lateral do úmero, do ligamento colateral lateral do cotovelo e das tuberosidades laterais do rádio proximal e da ulna.

Ele passa distalmente pelo sulco no processo estiloide lateral do rádio, onde é coberto pela fáscia profunda, e, em seguida, no lado lateral do carpo, onde está envolto por uma bainha tendínea (▶Fig. 4.95). O tendão de inserção é reforçado por fibras da fáscia profunda e se une com o tendão do músculo extensor comum radial dos dedos na altura do metacarpo antes da sua inserção na face dorsolateral da falange proximal.

O músculo extensor lateral dos dedos realiza a extensão das articulações falângicas e do carpo dos dedos laterais em carnívoros e no suíno; da articulação do carpo e das articulações metacarpofalângicas e interfalângicas proximais do quarto dedo em ruminantes; e das articulações do carpo e metacarpofalângicas no equino.

O **músculo extensor do primeiro e segundo dedos** está presente como um músculo distinto apenas em carnívoros (▶Fig. 4.90). Nos outros mamíferos domésticos, ele está unido ao músculo extensor comum dos dedos; no equino, acredita-se que o músculo extensor do segundo dedo (músculo de Thierness) seja o remanescente desse músculo.

No gato, o músculo extensor do primeiro e segundo dedos emerge da margem craniolateral da ulna e é coberto distalmente pelo tendão extensor lateral dos dedos. Ele se divide em três tendões, os quais correm profundamente sob o tendão extensor comum dos dedos no sentido medial e se inserem no primeiro e no segundo dedos.

No cão, o músculo extensor do primeiro e segundo dedos emerge coberto pelos extensores do carpo e dos dedos, desde a margem craniolateral da ulna. Ele atravessa o carpo profundamente sob o tendão extensor comum dos dedos e aparece na face medial. O músculo extensor do primeiro e segundo dedos se divide em dois tendões de inserção, cuja parte medial termina no osso metacarpal I e cuja parte lateral se une ao tendão extensor comum dos dedos para o segundo dedo. Esse músculo realiza a extensão do primeiro e segundo dedos e a adução do primeiro.

O **músculo abdutor longo do primeiro dedo** emerge do terço médio da margem lateral do rádio e da ulna e cobre a face craniolateral do antebraço. O seu tendão corre profundamente sob os tendões extensores dos dedos até o lado medial do carpo. Esse músculo se insere no osso metacarpal I em carnívoros, no osso metacarpal II no suíno e no equino e no osso metacarpal III em ruminantes (▶Fig. 4.95 e ▶Fig. 4.98). Pode-se encontrar um pequeno osso sesamoide no tendão de inserção em carnívoros.

O músculo abdutor longo do primeiro dedo realiza a extensão do carpo e do dedo ao qual se insere e a abdução do primeiro dedo em carnívoros.

Como **flexores**, os músculos desse tipo podem ser nomeados da seguinte forma:

- músculo flexor superficial dos dedos (*m. flexor digitorum superficialis*);
- músculo flexor profundo dos dedos (*m. flexor digitorum profundus*);
- músculos interflexores (*mm. interflexorii*).

O **músculo flexor superficial dos dedos** emerge do epicôndilo medial do úmero e se divide em um ramo para cada dedo funcional, inserindo-se na falange média do respectivo dedo. Antes da inserção, cada ramo se divide em duas faixas, que se bifurcam para cada lado dos tendões do músculo flexor profundo dos dedos, o qual se insere mais adiante no sentido distal (▶Fig. 4.100, ▶Fig. 4.102 e ▶Fig. 4.103).

Anatomia dos animais domésticos

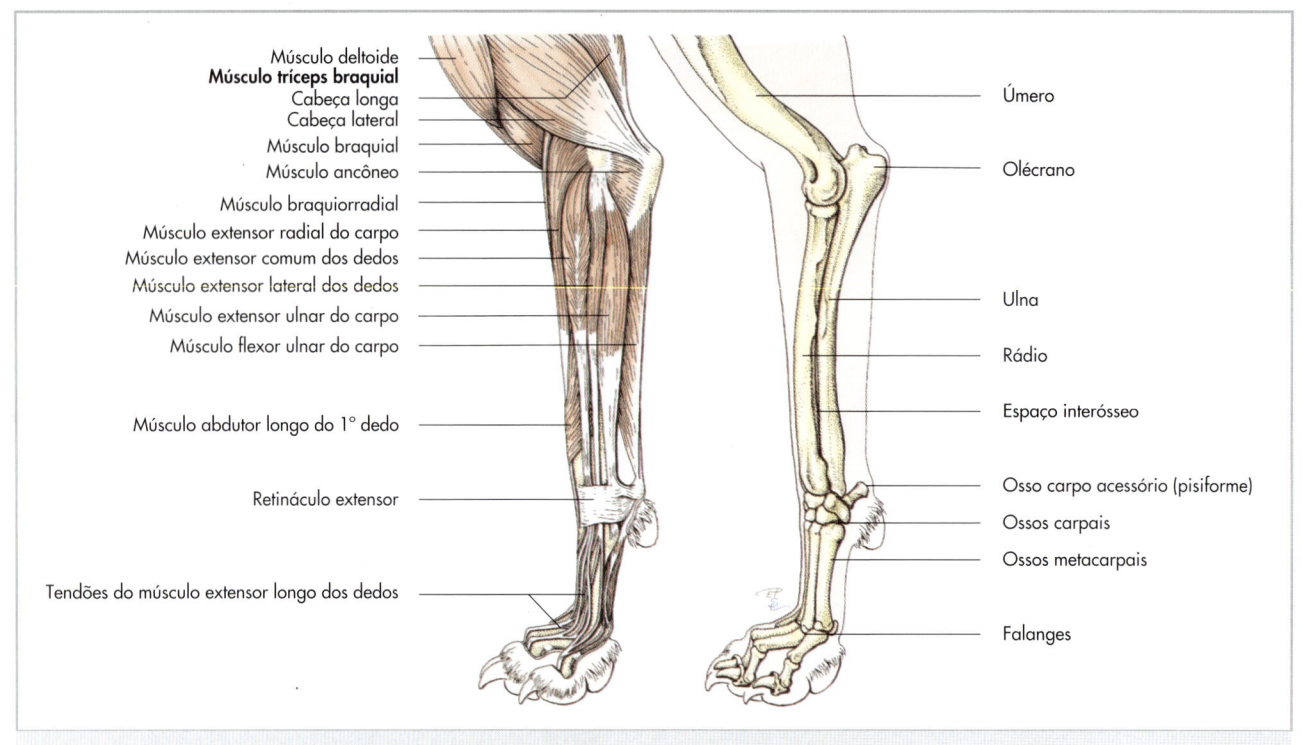

Fig. 4.91 Músculos e esqueleto do carpo e dos dedos de um cão (representação esquemática, vista lateral).

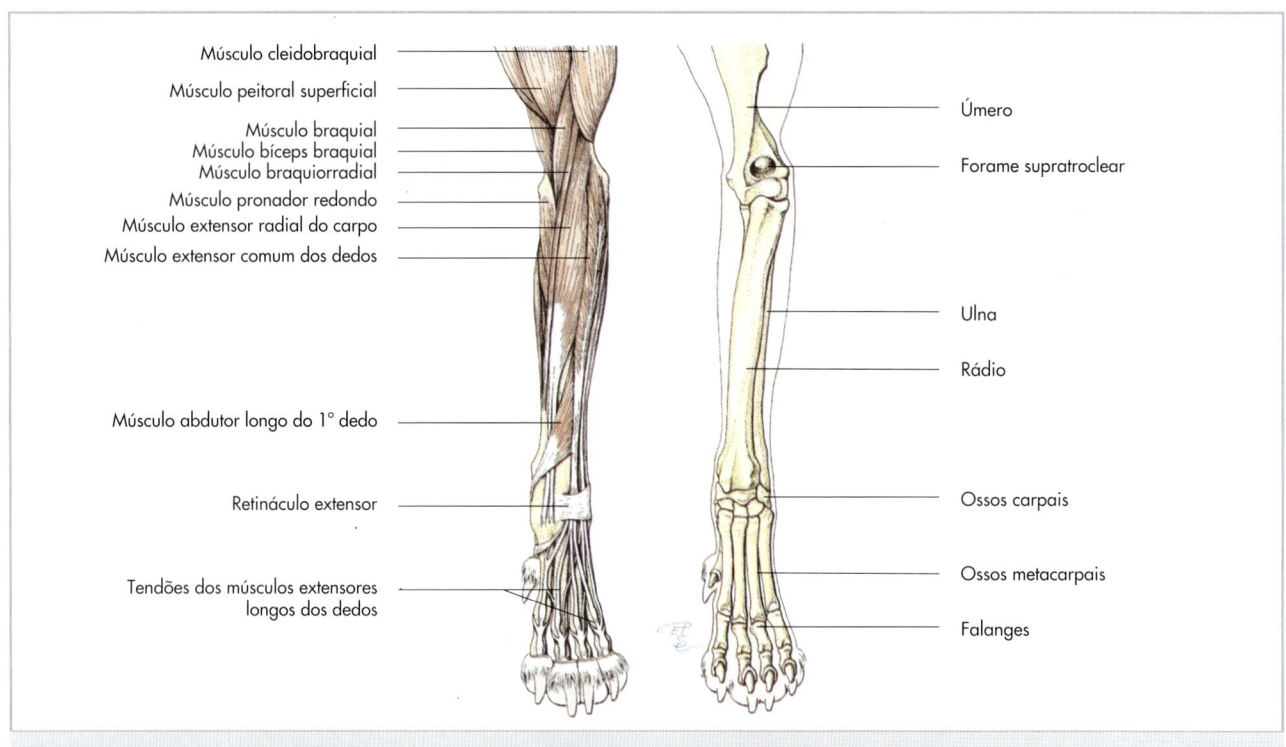

Fig. 4.92 Músculos e esqueleto do carpo e dos dedos de um cão (representação esquemática, vista dorsal).

Membros torácicos (*membra thoracica*)

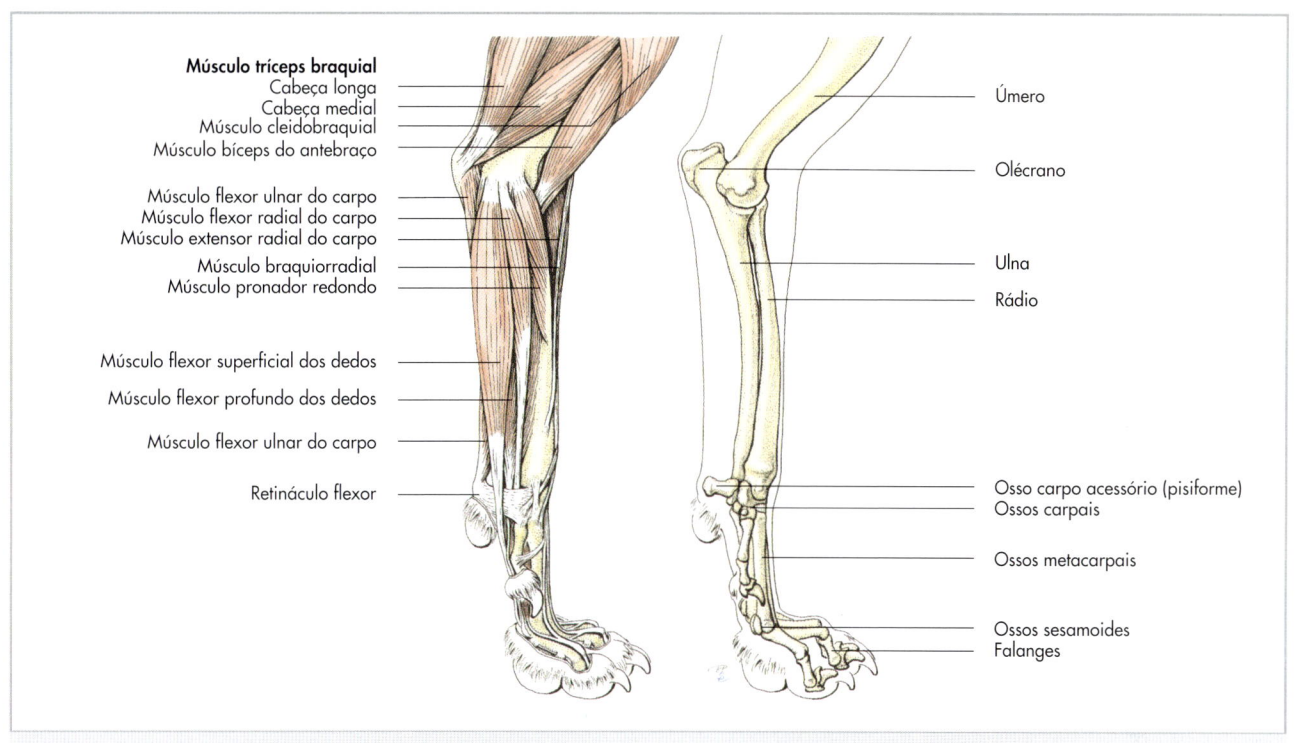

Fig. 4.93 Músculos e esqueleto do carpo e dos dedos de um cão (representação esquemática, vista medial).

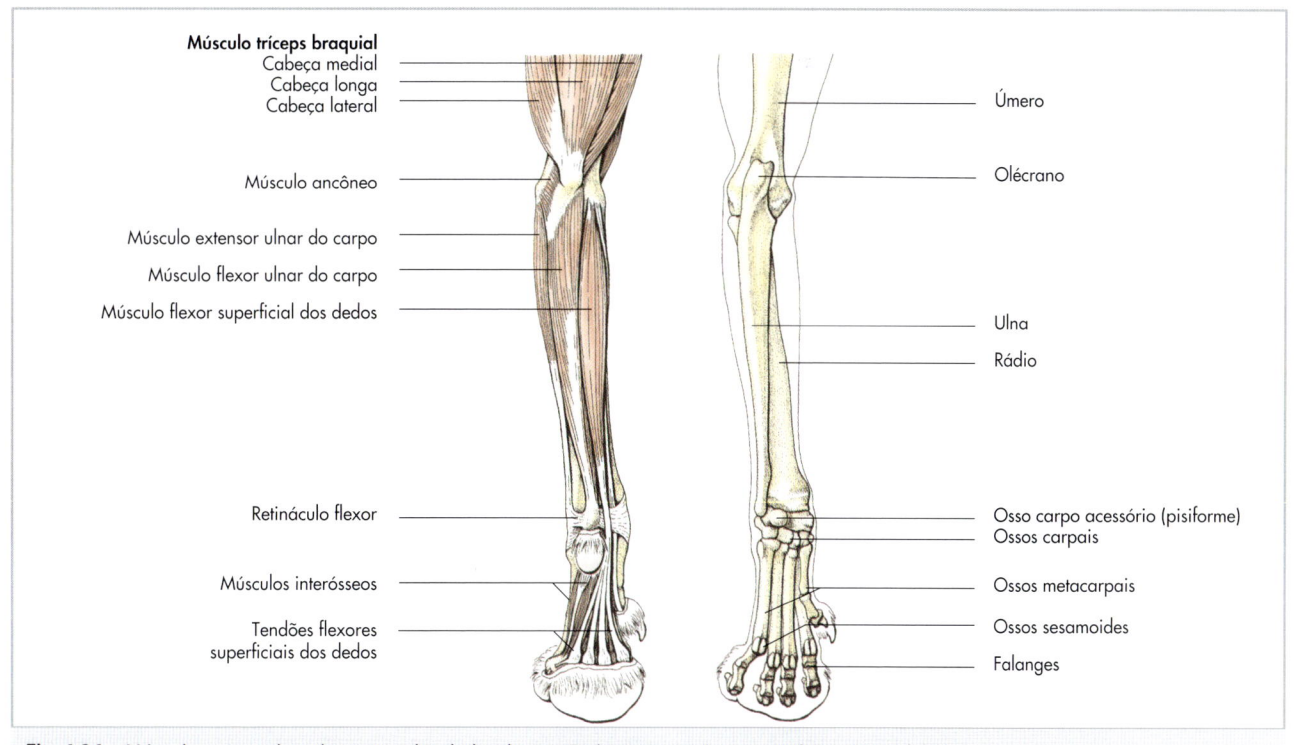

Fig. 4.94 Músculos e esqueleto do carpo e dos dedos de um cão (representação esquemática, vista palmar).

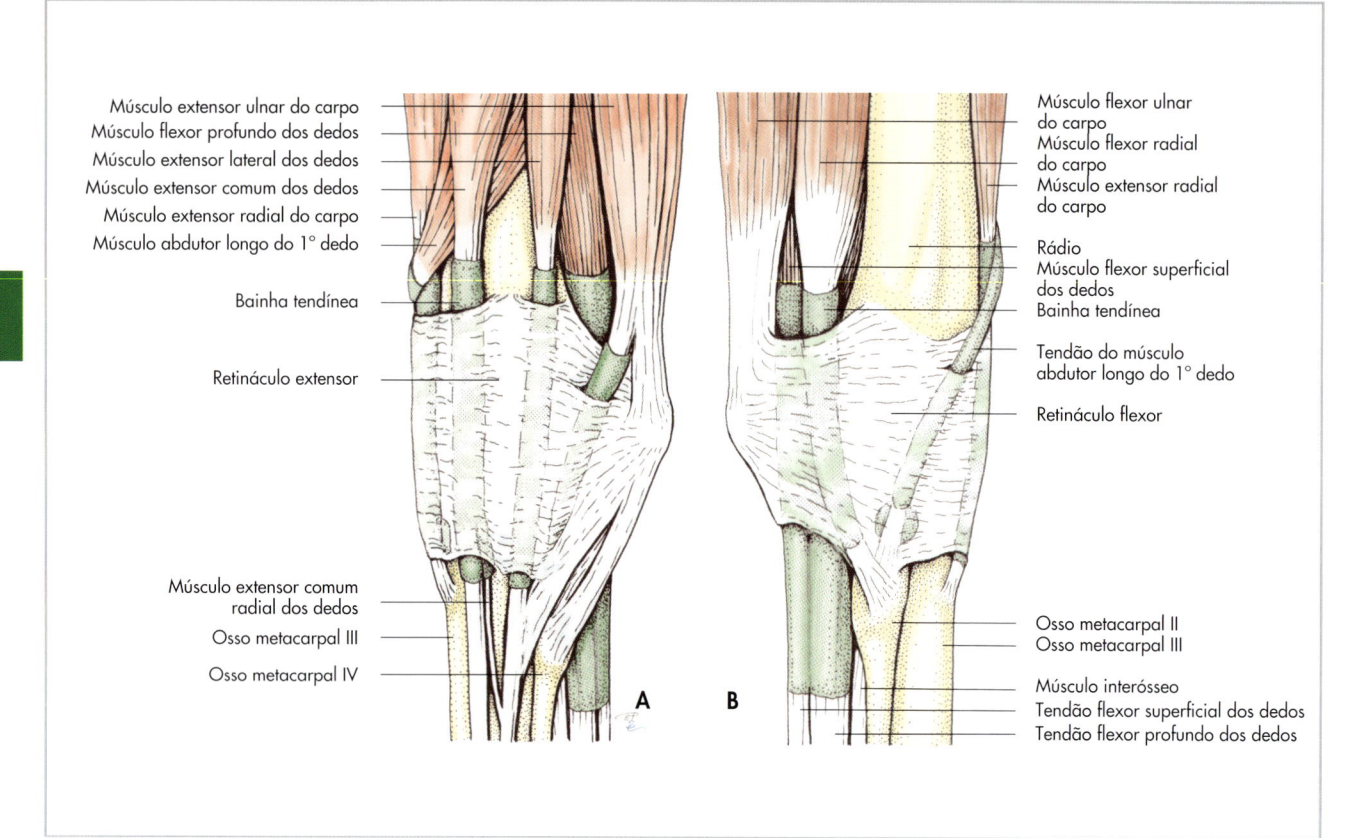

Fig. 4.95 Tendões e bainhas sinoviais do carpo esquerdo de um equino (representação esquemática): **(A)** vista dorsolateral e **(B)** vista medial. (Fonte: com base em dados de Ellenberger e Baum, 1943.)

Em carnívoros, o músculo flexor superficial dos dedos é plano e situa-se diretamente sob a pele, na face mediocaudal do antebraço (▶Fig. 4.90, ▶Fig. 4.93, ▶Fig. 4.94). Ele emerge do epicôndilo medial do úmero entre as cabeças umerais do músculo flexor profundo dos dedos e do músculo flexor ulnar do carpo. O ventre muscular carnoso torna-se tendinoso na altura do carpo. Esse tendão corre sobre a face flexora do carpo medial ao osso carpo acessório, onde a sua passagem é facilitada por uma bolsa sinovial. No terço proximal do metacarpo, o tendão se divide em cinco partes no gato e quatro no cão, as quais se bifurcam até alcançarem a margem proximal da falange média do primeiro ao quinto dedo no gato e do segundo ao quinto dedo no cão.

Cada segmento do tendão flexor superficial dos dedos forma uma região delimitada como uma bainha (**manica flexora**) ao redor dos segmentos correspondentes do tendão flexor profundo dos dedos, imediatamente proximal às articulações metacarpofalângicas. No sentido distal aos ossos sesamoides proximais, os ramos do tendão flexor superficial dos dedos se dividem para a passagem do tendão profundo. Na altura da articulação metacarpofalângica e das articulações falângicas proximal e média, os segmentos dos tendões flexores são unidos por três faixas, os ligamentos transversos proximal, médio e distal.

No suíno, o músculo flexor superficial dos dedos se origina do epicôndilo medial do úmero e é composto por duas partes. O tendão da cabeça superficial menor cruza o retináculo flexor superficialmente e forma um tubo ao redor do tendão flexor profundo dos dedos na articulação metacarpofalângica. Ele termina se inserindo na falange média do quarto dedo. O tendão da cabeça mais desenvolvida e profunda passa no sentido distal, unido pelo retináculo flexor, e termina na falange medial do terceiro dedo, após ser atravessado pelo tendão flexor profundo dos dedos.

A parte proximal do músculo flexor superficial dos dedos em ruminantes é semelhante à do suíno, pois ela se divide em um ventre superficial e outro profundo. A parte superficial passa por cima do retináculo flexor, e a parte profunda, por baixo. Os dois tendões se unem no meio do metacarpo para formar um tendão comum, o qual se bifurca em um tendão lateral e outro medial mais adiante, no sentido distal. Cada tendão se une com uma faixa do músculo interósseo e forma um anel para o tendão correspondente do tendão flexor profundo dos dedos, próximo à articulação metacarpofalângica (▶Fig. 4.102). O tendão medial mais resistente se insere na face flexora da falange média, ao passo que o tendão lateral menor se insere na face palmar da falange média, próximo à face articular. Os tendões são envoltos em uma bainha digital comum na articulação metacarpofalângica e mantidos no lugar pelo **ligamento anular** metacarpofalângico (▶Fig. 4.101 e ▶Fig. 4.102).

No equino, o músculo flexor superficial dos dedos emerge do epicôndilo medial do úmero e cobre o músculo flexor profundo dos dedos, com o qual se une parcialmente (▶Fig. 4.99 e ▶Fig. 4.100). O ventre multipartido desse músculo forma um tendão resistente na altura do carpo, onde ele se combina com uma faixa fibrosa, o **ligamento acessório** (também denominado

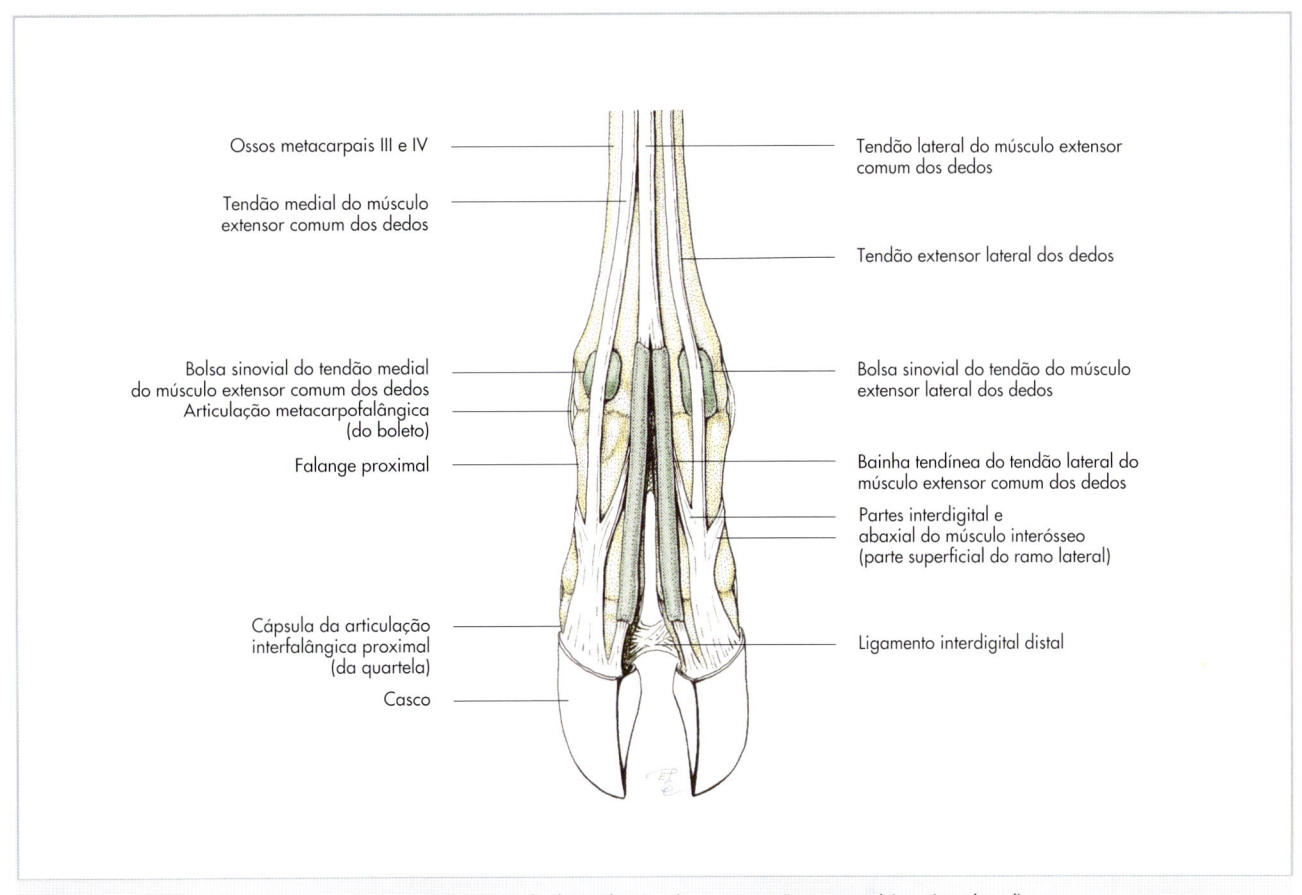

Fig. 4.96 Tendões e estruturas sinoviais do dedo esquerdo de um bovino (representação esquemática, vista dorsal).

Labels na figura:
- Ossos metacarpais III e IV
- Tendão medial do músculo extensor comum dos dedos
- Bolsa sinovial do tendão medial do músculo extensor comum dos dedos
- Articulação metacarpofalângica (do boleto)
- Falange proximal
- Cápsula da articulação interfalângica proximal (da quartela)
- Casco
- Tendão lateral do músculo extensor comum dos dedos
- Tendão extensor lateral dos dedos
- Bolsa sinovial do tendão do músculo extensor lateral dos dedos
- Bainha tendínea do tendão lateral do músculo extensor comum dos dedos
- Partes interdigital e abaxial do músculo interósseo (parte superficial do ramo lateral)
- Ligamento interdigital distal

ligamento *check* superior ou *check* radial), que se origina do rádio caudal. O tendão passa distalmente através do canal do carpo para a face palmar do metacarpo. Ele é envolto pela bainha sinovial do carpo em comum com o tendão flexor profundo dos dedos, chegando a alcançar 10 cm no sentido proximal ao carpo para a metade do metacarpo (▶Fig. 4.95).

O tendão flexor superficial dos dedos forma uma região demarcada como um tubo ao redor do tendão flexor profundo dos dedos, imediatamente proximal à articulação metacarpofalângica (**manica flexora**). Uma segunda bainha sinovial, a bainha sinovial digital, envolve parcialmente os dois tendões desde o metacarpo distal até a metade da falange média. Na extremidade distal da falange proximal, o tendão flexor superficial dos dedos se divide em ramos, através dos quais o tendão flexor profundo dos dedos prossegue distalmente (▶Fig. 4.97, ▶Fig. 4.99 e ▶Fig. 4.100). Os dois tendões se inserem nas eminências medial e lateral na extremidade proximal da falange média e enviam fibras para a face lateral da falange proximal.

O tendão flexor superficial dos dedos flexiona as articulações falângicas proximal e média dos dedos principais e, portanto, a mão inteira. Ele também estabiliza a articulação metacarpofalângica.

O **músculo flexor profundo dos dedos** corre sob o músculo flexor superficial dos dedos e dos músculos flexores do carpo no lado caudal do antebraço (▶Fig. 4.97, ▶Fig. 4.102 e ▶Fig. 4.107). O músculo flexor profundo dos dedos origina-se com três cabeças, a **cabeça umeral** (*caput humerale*), a **cabeça radial** (*caput radiale*) e a **cabeça ulnar** (*caput ulnare*). A cabeça umeral se origina do epicôndilo medial do úmero e comporta três ventres.

Os cinco ventres resultantes do músculo flexor profundo dos dedos se unem na extremidade distal do antebraço para formar o **tendão flexor profundo dos dedos**. Esse tendão atravessa o canal do carpo medialmente ao osso carpo acessório e se divide em um tendão para cada dedo funcional na altura do metacarpo, resultando, assim, em cinco tendões em carnívoros, quatro no suíno, dois em ruminantes e um no equino. Cada tendão de inserção atravessa o ramo correspondente do tendão flexor superficial dos dedos na altura da falange proximal e prossegue até a sua inserção na face palmar da falange distal.

Em carnívoros, as três cabeças do músculo são completamente isoladas. A cabeça umeral consiste em três ventres isolados no gato, ao passo que, no cão, é difícil distingui-los. Ela emerge do epicôndilo medial do úmero sob o músculo flexor radial do carpo (▶Fig. 4.90). O músculo flexor profundo é caracterizado por múltiplas faixas e bainhas tendíneas e se situa no lado caudomedial do antebraço, acompanhado pela cabeça radial na face medial e pela cabeça ulnar lateralmente. A cabeça radial origina-se na face caudomedial do rádio proximal, e a cabeça ulnar, desde a margem caudal da ulna, prolongando-se desde o olécrano até o terço distal. Os tendões convergem para formar o tendão flexor profundo dos dedos, imediatamente proximal ao carpo. Esse tendão cruza o lado flexor do carpo no canal do carpo, coberto pelo retináculo flexor. Na extremidade proximal do metacarpo, a cabeça radial se divide,

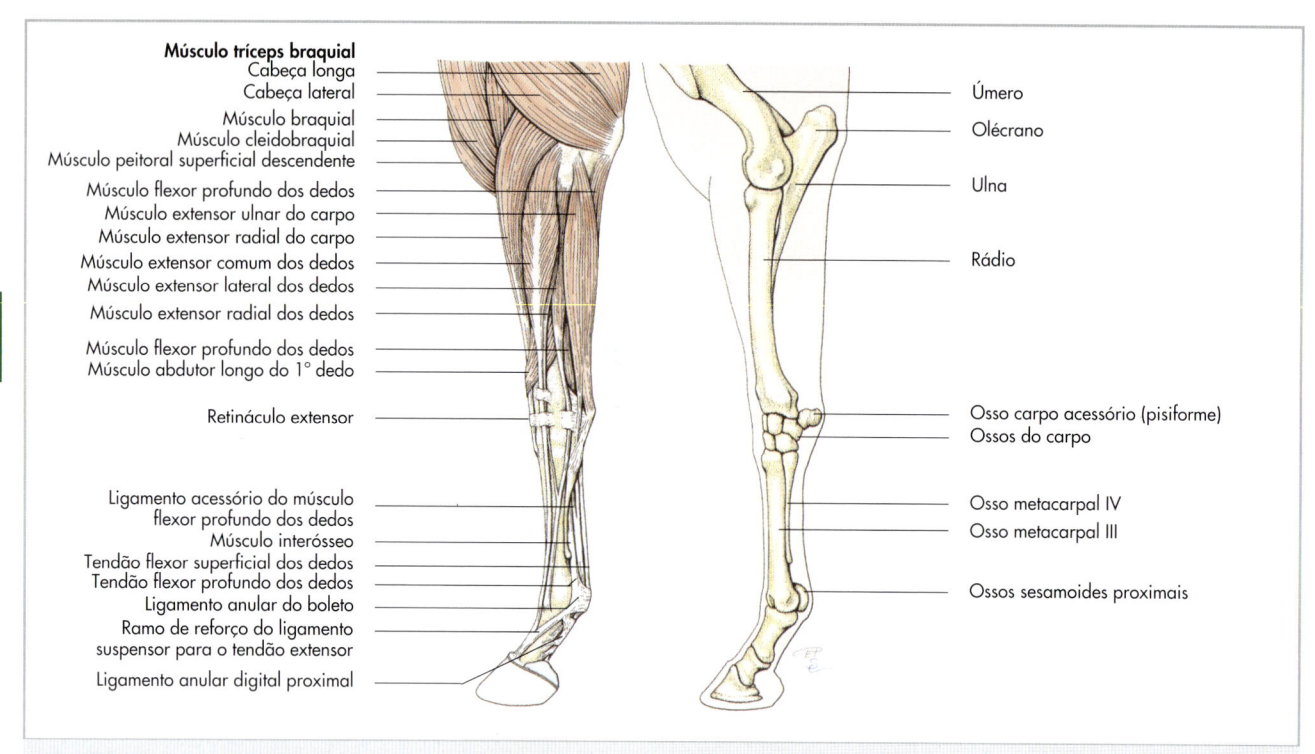

Fig. 4.97 Músculos e esqueleto do carpo e do dedo de um equino (representação esquemática, vista lateral).

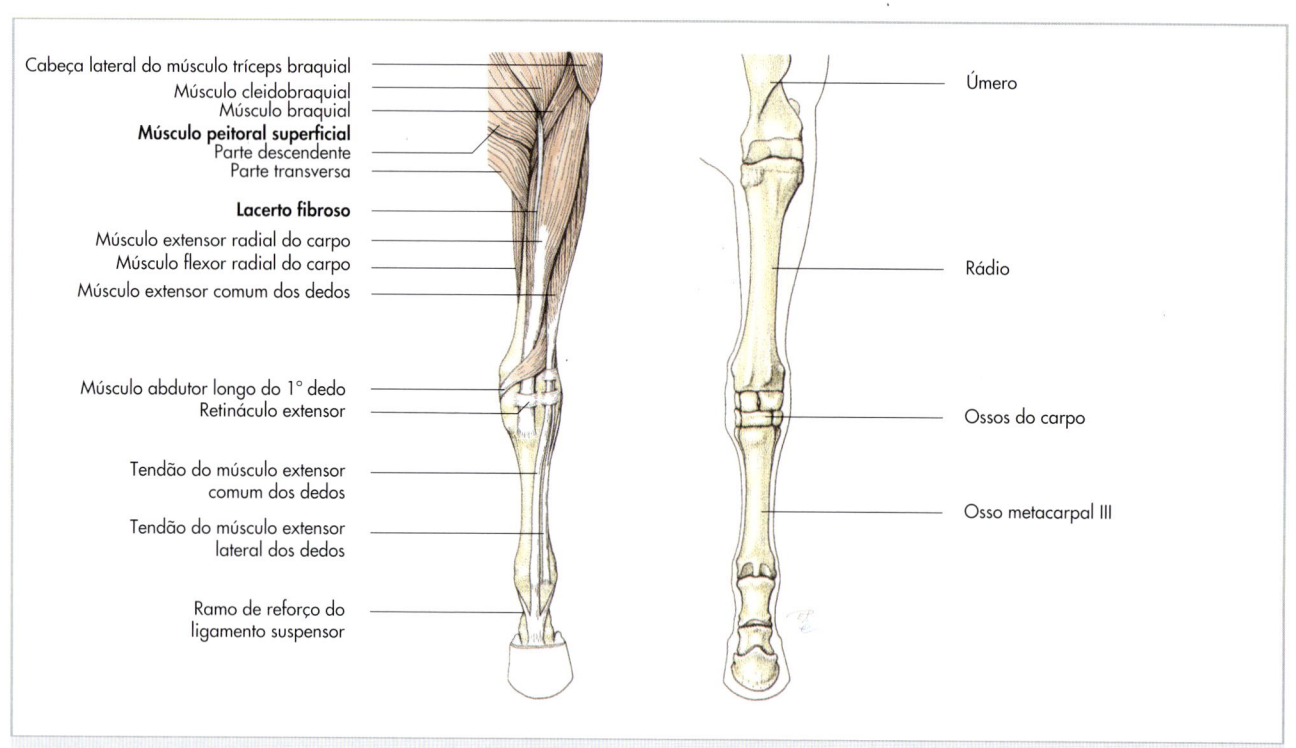

Fig. 4.98 Músculos e esqueleto do carpo e do dedo de um equino (representação esquemática, vista cranial).

Membros torácicos (*membra thoracica*)

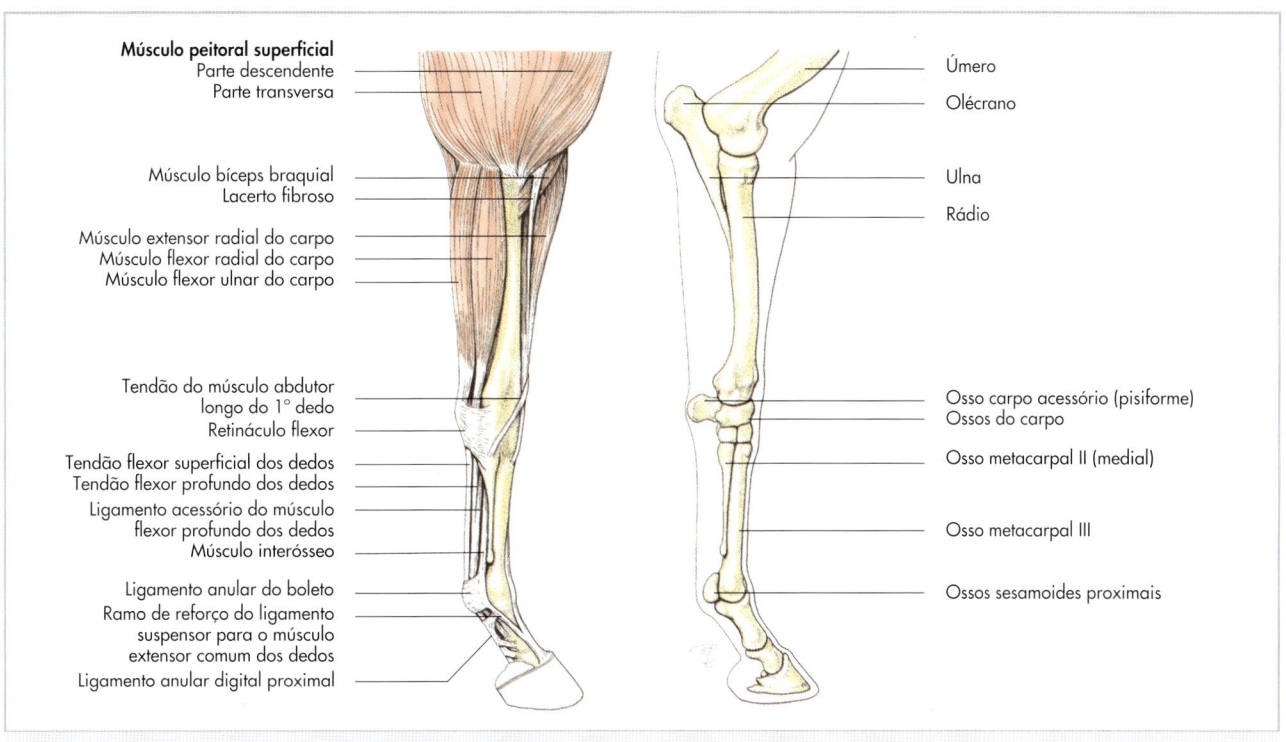

Fig. 4.99 Músculos e esqueleto do carpo e do dedo de um equino (representação esquemática, vista medial).

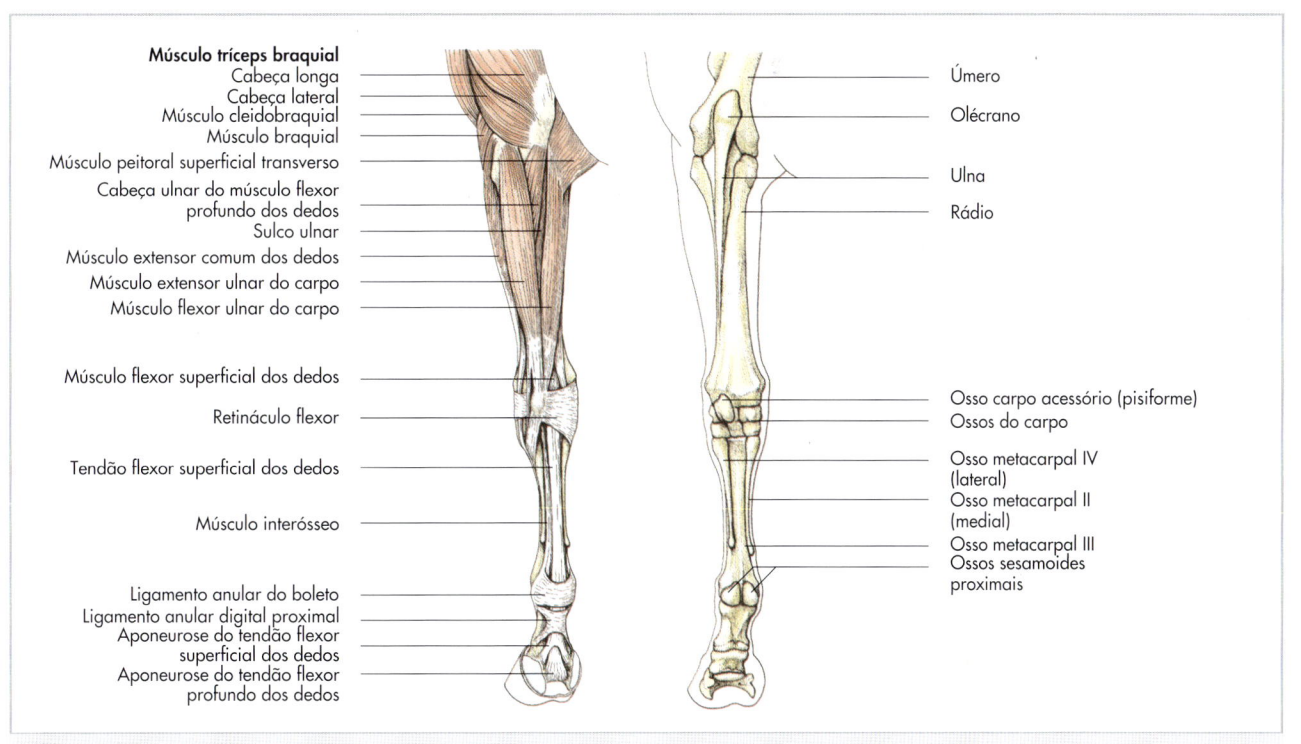

Fig. 4.100 Músculos e esqueleto do carpo e do dedo de um equino (representação esquemática, vista caudal).

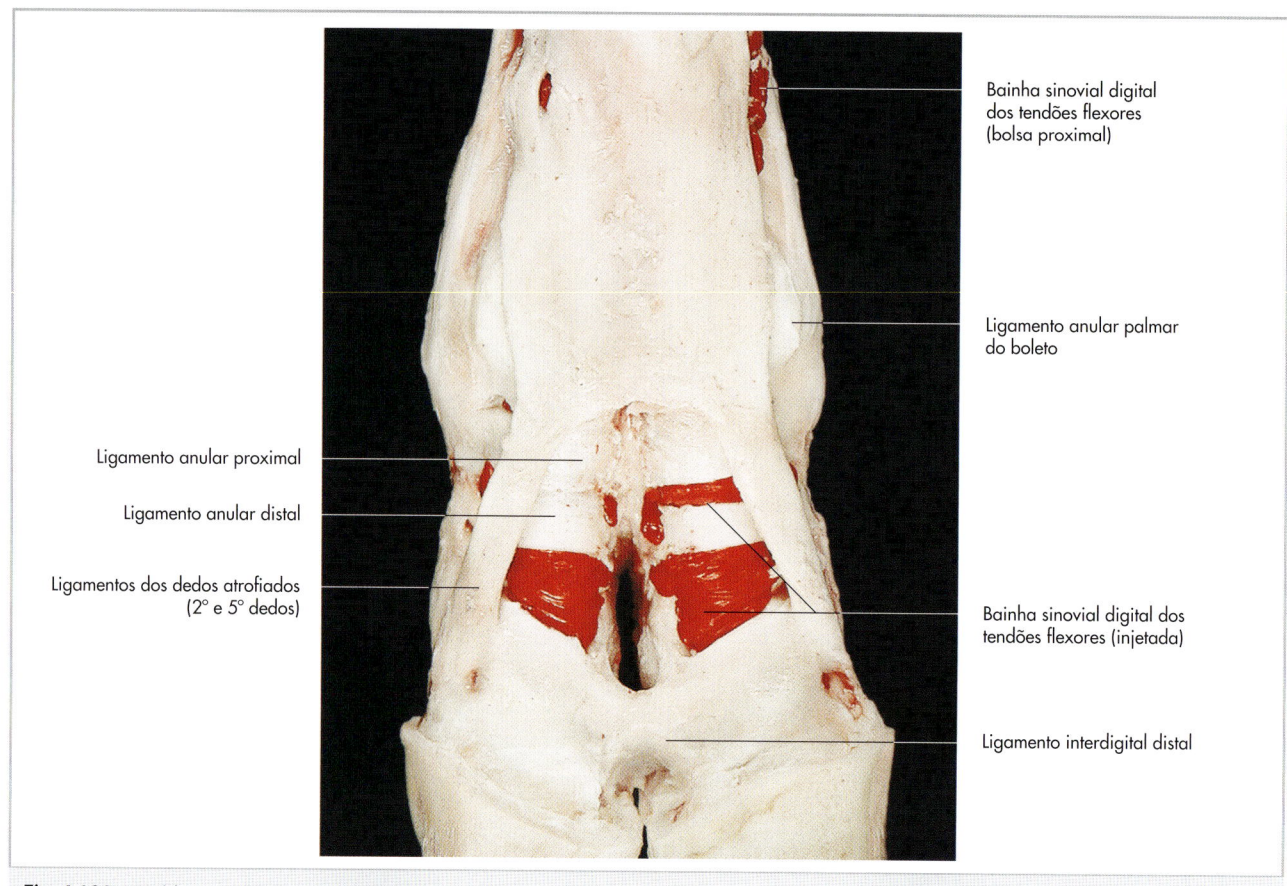

Fig. 4.101 Molde em acrílico da bainha sinovial digital de um bovino (vista palmar).

Legendas da figura:
- Bainha sinovial digital dos tendões flexores (bolsa proximal)
- Ligamento anular palmar do boleto
- Bainha sinovial digital dos tendões flexores (injetada)
- Ligamento interdigital distal
- Ligamento anular proximal
- Ligamento anular distal
- Ligamentos dos dedos atrofiados (2° e 5° dedos)

afastando-se da face medial, para se inserir no primeiro dedo. O tendão principal se divide em quatro ramos redondos, os quais se inserem do segundo ao quarto dedo no metacarpo. Na altura dos ossos sesamoides proximais, esses ramos passam por bainhas tubulares (manica flexora), formadas pelos ramos do tendão flexor superficial dos dedos. Eles terminam nas tuberosidades flexoras das falanges distais do segundo ao quinto dedo. Os ramos dos tendões flexores superficiais e profundos dos dedos se mantêm no lugar graças a **três ligamentos transversos**:

- ligamento anular palmar (*ligamentum anulare palmare*);
- ligamento anular digital proximal (*ligamentum anulare digitale proximale*);
- ligamento anular digital distal (*ligamentum anulares digitale distale*).

O ligamento proximal se situa na altura da articulação metacarpofalângica; o ligamento médio, na metade da primeira falange; e o ligamento distal, imediatamente distal à articulação interfalângica proximal.

O ramo distal que se insere no primeiro dedo tem a sua própria bainha tendínea, a qual se prolonga desde o metacarpo até a sua inserção. Os tendões dos dedos principais compartilham as suas bainhas tendíneas com as partes correspondentes do tendão flexor superficial dos dedos.

Em ruminantes, a cabeça umeral apresenta diversas intersecções tendíneas e pode ser dividida em três partes, as quais se originam do epicôndilo medial do úmero. Ela se une às cabeças radial e ulnar para formar o tendão flexor profundo dos dedos, o qual, após cruzar para o lado flexor do carpo, se divide em dois tendões na extremidade distal do metacarpo. Na altura da articulação metacarpofalângica, o tendão flexor profundo dos dedos é acompanhado lateralmente pelos tendões dos flexores superficiais dos dedos e pelo músculo interósseo médio. Os tendões de inserção passam sobre os ossos sesamoides distais, onde a sua passagem é facilitada pela bolsa podotroclear, e se inserem no tubérculo flexor da falange distal do terceiro e do quarto dedos. Cada porção do tendão flexor profundo dos dedos é unida pelos ligamentos anulares distal e proximal e pelo ligamento interdigital distal.

Uma **bainha sinovial** (*vagina synovialis tendineum digitorum manus*) circunda os dois tendões flexores do terceiro e quarto dedos, desde o terço distal do metacarpo quase até sua inserção (▶Fig. 4.101 e ▶Fig. 4.102). Essa bainha digital projeta bolsas proximais e distais. As bolsas proximais se prolongam entre os feixes do músculo interósseo do terço distal do metacarpo. As bainhas dos feixes lateral e medial se comunicam por meio de suas extensões proximais. Várias bolsas se projetam distalmente entre os ligamentos anulares e os dois ramos do ligamento interdigital distal até as falanges distais. A bainha pode sofrer punção pela face lateral da margem dorsal dos tendões flexores cerca de 2 cm no sentido proximal aos dedos rudimentares. A agulha deve avançar em um plano horizontal, na direção lateromedial.

No equino, a cabeça umeral do tendão flexor profundo dos dedos é marcada por intersecções tendíneas e pode se dividir em três ventres, os quais se originam juntos do epicôndilo medial do úmero e

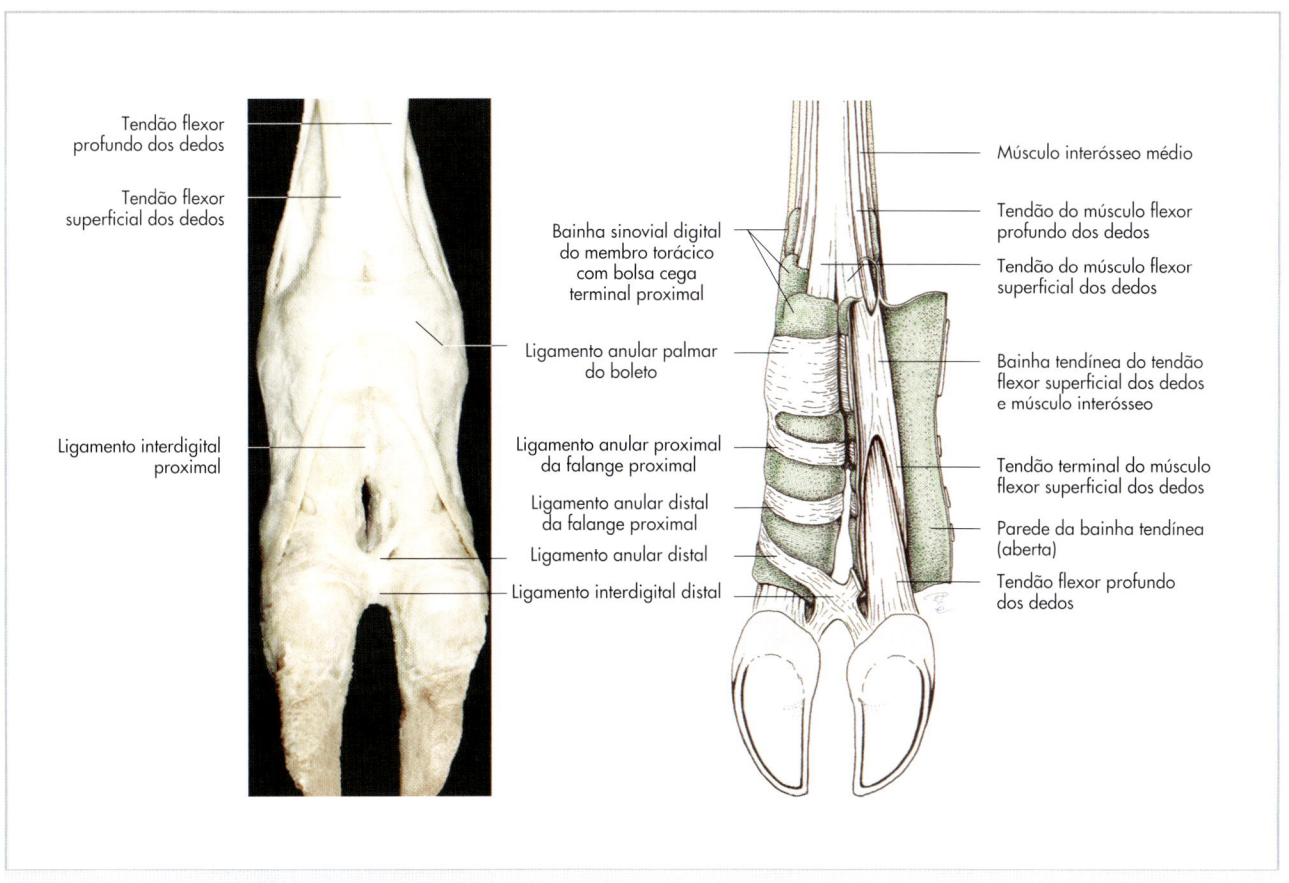

Fig. 4.102 Bainha sinovial digital de um bovino (representação esquemática, vista palmar).

prosseguem distalmente no lado caudal do rádio, antes de sua fusão para formar um tendão comum, imediatamente proximal ao carpo. A pequena cabeça radial se origina da metade da face caudal do rádio e se une ao tendão principal no carpo. A cabeça ulnar se origina na região caudal do olécrano e corre distalmente como um pequeno tendão entre o músculo flexor e o músculo extensor ulnar do carpo até o carpo, onde se une com os tendões das outras cabeças (▶Fig. 4.100). O tendão ligado passa sobre o lado flexor do carpo através do canal do carpo, envolto na bainha sinovial do carpo juntamente ao tendão flexor superficial dos dedos. Ele é reforçado, aproximadamente na altura média do metacarpo, por uma faixa fibrosa resistente, o **ligamento acessório** ou *check* **inferior** (*ligamentum accessorium*), o qual é uma continuação do ligamento palmar do carpo. Na altura da articulação metacarpofalângica, ele passa através do anel formado pelo tendão flexor superficial dos dedos (**manica flexora**) e sobre o sulco sesamoide (escudo proximal). No meio da falange proximal, o tendão flexor profundo dos dedos origina-se entre os dois ramos do tendão flexor superficial e passa sobre a face flexora do osso sesamoide distal até a sua inserção na face flexora da falange distal.

A **bolsa navicular** ou podotroclear (*bursa podotrochlearis*) se interpõe entre o tendão e o osso sesamoide distal. Ela se projeta para além das margens desse osso proximal, distal e lateralmente (▶Fig. 4.63, ▶Fig. 4.64, ▶Fig. 4.65 e ▶Fig. 4.107).

No equino, uma **ponte de tecido conjuntivo**, também denominado **tecido conectivo**, está presente entre o tendão flexor profundo dos dedos e a face palmar da falange média. Essa estrutura flexível separa a bolsa distal da bainha do tendão flexor da bolsa podotroclear (*bursa podotrochlearis*) e da articulação interfalângica distal. Embora não tenha nenhuma semelhança estrutural com tendões ou ligamentos, a ponte de tecido conjuntivo às vezes é erroneamente referida, em um contexto clínico, com o nome incorreto de "**ligamento T**".

A ponte de tecido conjuntivo (▶Fig. 4.108) é revestida em ambas as faces pela membrana sinovial e é unida à margem proximal dos ligamentos sesamoides colaterais (*ligamentos sesamoidea colateriais*).

As partes distais dos tendões flexores dos dedos são mantidas no lugar pelos ligamentos anulares, os quais são espessamentos da fáscia profunda (▶Fig. 4.103, ▶Fig. 4.104 e ▶Fig. 4.106). Eles podem ser divididos em:

- **ligamento anular palmar**: mede cerca de 3 cm de comprimento, emerge das margens abaxiais dos ossos sesamoides proximais e adere ao tendão flexor superficial dos dedos. Faixas estreitas do ligamento anular palmar se projetam distalmente nos lados medial e lateral e se unem com as extensões proximais do ligamento anular proximal;
- **ligamento anular digital proximal**: disposto em cruz, ele se origina com dois ramos proximais da face lateral e medial da falange proximal e se insere com dois ramos distais nas faces medial e lateral da extremidade distal da falange proximal. A parte média está firmemente fusionada com o tendão flexor superficial dos dedos;
- **ligamento anular digital distal**: cobre o tendão expandido de inserção do tendão flexor profundo dos dedos. Ele se fixa

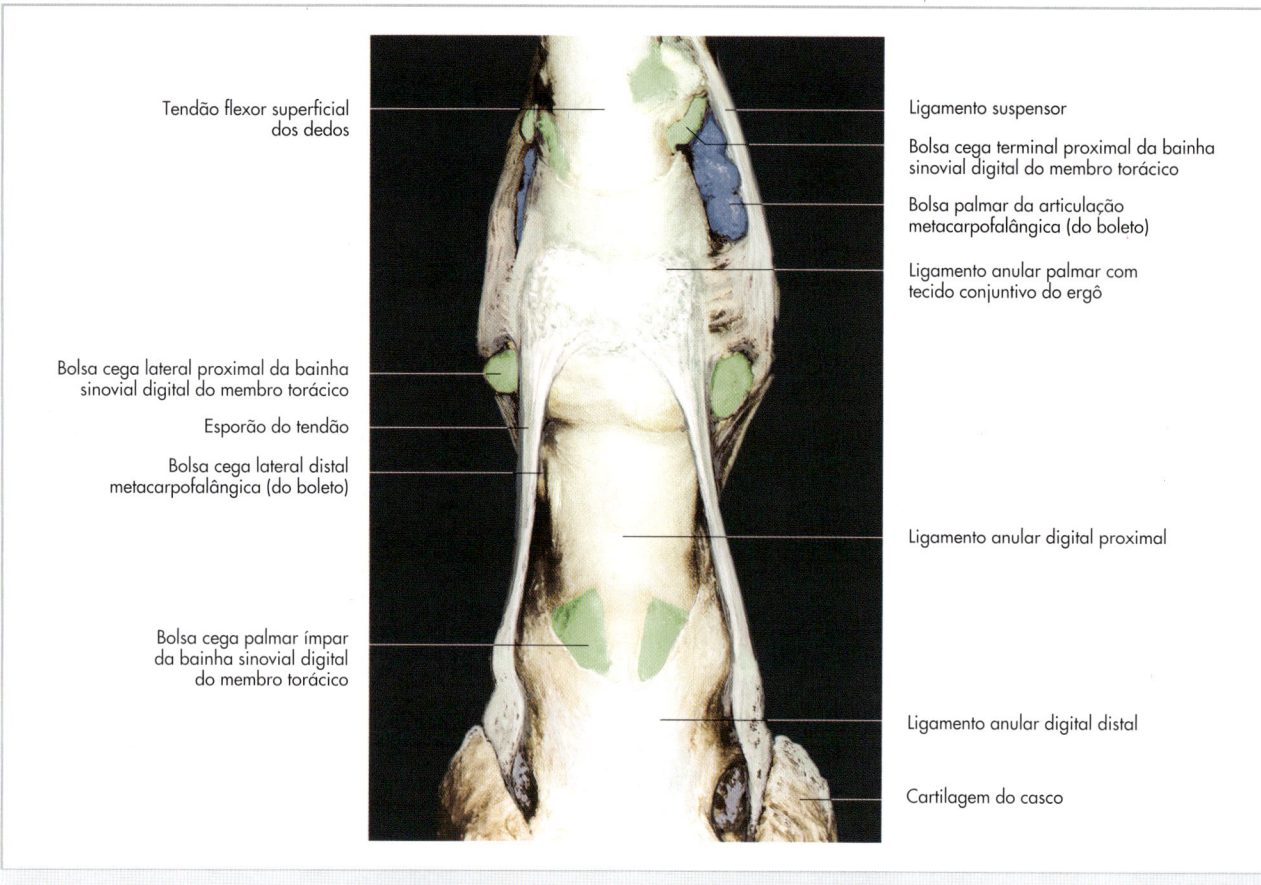

Fig. 4.103 Molde em acrílico da bainha sinovial digital de um equino (vista palmar). (Fonte: cortesia de H. Dier, Viena.)

proximalmente com dois ramos à falange proximal, juntamente aos ramos distais do ligamento anular digital proximal. Os seus aspectos superficiais são amplamente cobertos pela almofada digital, e sua face profunda adere ao tendão flexor profundo dos dedos.

Os tendões flexores dos dedos são protegidos por duas bainhas sinoviais:

- **bainha sinovial carpal proximal** (*vagina synovialis communis musculorum flexorum*);
- **bainha sinovial digital distal** (*vagina synovialis tendineum digitorum manus*).

A **bainha sinovial carpal** se prolonga de uma altura de cerca de 10 a 12 cm proximal ao carpo e distal à metade do metacarpo, onde o ligamento acessório se une ao tendão flexor profundo dos dedos. É possível executar sinoviocentese ao se inserir uma agulha no terço proximal do metacarpo a partir da face lateral.

A **bainha sinovial digital** se inicia na extremidade distal do metacarpo, de 5 a 8 cm proximais à articulação metacarpofalângica, e se prolonga até a metade da falange média. Em sua parte maior, ela envolve apenas o tendão flexor profundo dos dedos; o tendão flexor superficial dos dedos forma a sua parede palmar juntamente à fáscia profunda. Apenas na região do ligamento anular palmar o tendão do flexor profundo dos dedos é envolto por bolsas palmares da bainha sinovial digital (▶Fig. 4.103, ▶Fig. 4.104 e ▶Fig. 4.105).

A **parede palmar** segue a face palmar do osso metacarpal III proximalmente, passa sobre os ossos sesamoides e pelos ligamentos sesamoides distais e segue distalmente na face palmar da falange média. Embora a bainha seja contígua à articulação metacarpofalângica, à articulação interfalângica distal e à bolsa navicular, essas cavidades não se comunicam.

A **bainha sinovial digital** projeta três bolsas proximais pares e uma bolsa distal, que não é coberta pelos ligamentos anulares (▶Fig. 4.96, ▶Fig. 4.98 e ▶Fig. 4.100). Um par das bolsas proximais situa-se proximal ao ligamento anular palmar e palmar aos ramos do músculo interósseo; o segundo par posiciona-se entre o ligamento anular palmar e o ligamento anular digital proximal; e o terceiro par proximal, entre os ramos proximal e distal do ligamento anular digital proximal. A bolsa distal se encontra entre os ramos distais do ligamento anular digital palmar e a margem proximal do ligamento anular digital distal. Quando essas bolsas se distendem, em casos de inflamação, elas se tornam visivelmente salientes. A bainha dos dedos pode sofrer punção cerca de 3 cm próximo aos ossos sesamoides proximais, entre o músculo interósseo e o tendão flexor profundo dos dedos. O tendão flexor profundo dos dedos flexiona a falange distal dos dedos principais e, portanto, a mão inteira.

Os **músculos interflexores** são músculos pequenos ou tendões situados entre os músculos flexores superficiais dos dedos. Acredita-se que eles funcionem como auxiliares desses músculos. Em ruminantes e no suíno, há músculos interflexores distais e proximais; nos carnívoros, há apenas um músculo interflexor distal; no equino, eles estão ausentes.

Em carnívoros, o músculo interflexor distal se origina da cabeça umeral do músculo flexor profundo dos dedos, no quarto distal do antebraço. Ele passa sobre o lado flexor do carpo entre os tendões

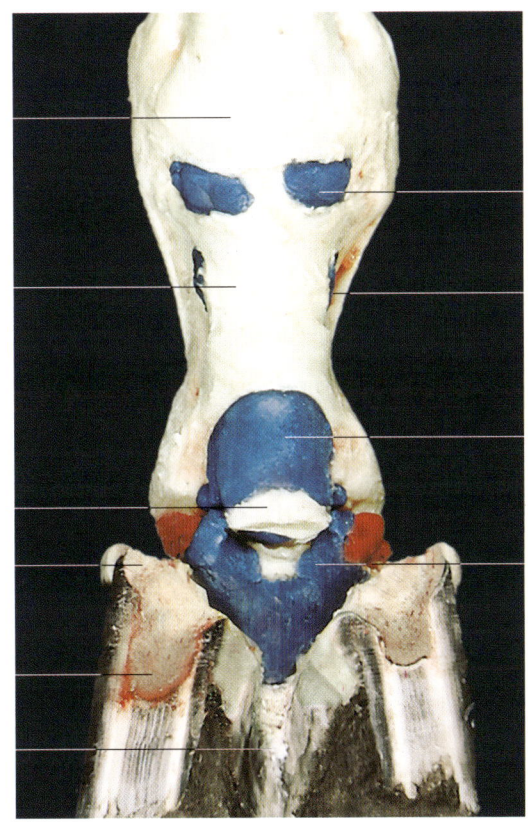

Fig. 4.104 Molde em acrílico da bainha sinovial digital e da bolsa navicular de um equino (vista palmar). (Fonte: cortesia da Prof.ª Dr.ª Sabine Breit, Viena.)

flexores, com um tendão no cão e com dois ou três tendões no gato. Ele se divide novamente em três ramos no metacarpo, os quais se inserem com os ramos correspondentes no tendão flexor superficial dos dedos do segundo ao quarto dedo.

No suíno, os músculos interflexores apresentam dois ou três ventres, os quais se unem distalmente aos dois tendões flexores.

Em ruminantes, os ventres do músculo interflexor correm distalmente entre os flexores dos dedos e se irradiam nos tendões de inserção do músculo flexor superficial dos dedos.

Músculos curtos dos dedos

Os músculos curtos dos dedos apresentam diferenças acentuadas conforme a espécie quanto a quantidade, estrutura e função. Nos carnívoros e no suíno, eles auxiliam o movimento de dedos individuais, ao passo que, em animais de grande porte, eles constituem uma parte importante do aparelho passivo de suporte. Os músculos curtos dos dedos são:

- músculos interósseos (*mm. interossei*);
- músculos lumbricais (*mm. lumbricales*);
- músculo flexor curto dos dedos (*m. flexor digitorum brevis*).

Os **músculos interósseos** situam-se diretamente na face palmar do metacarpo. Eles se originam da extremidade proximal dos ossos metacarpais e da cápsula articular do carpo e se inserem nos ossos sesamoides proximais. Esses músculos são carnosos em carnívoros e no suíno e tendinosos no ruminante adulto e no equino.

Nos carnívoros, há quatro músculos interósseos, os quais se originam das extremidades proximais do osso carpal II ao V e cobrem toda a face palmar desses ossos. Cada músculo se divide em dois tendões, que se fixam aos ossos sesamoides proximais. Uma parte de cada tendão se une ao tendão correspondente do músculo extensor comum dos dedos. Em ruminantes, o músculo interósseo tem uma única origem, porém se divide em cinco expansões tendinosas no metacarpo distal. Os tendões abaxiais se fixam aos ossos sesamoides proximais dos dedos principais, ao passo que o tendão médio atravessa a incisura intertroclear na extremidade distal do metacarpo e se bifurca, sendo que cada ramo se une com o tendão extensor correspondente.

Há três músculos interósseos no equino. Os músculos interósseos lateral e medial são músculos bastante pequenos, sem importância funcional. O **músculo interósseo médio**, também denominado **ligamento suspensor**, é uma faixa tendinosa resistente, a qual emerge da extremidade proximal do osso metacarpal III e da fileira distal dos ossos do carpo. Ele se situa no sulco do metacarpo, entre os ossos metacarpais II e IV, sob os tendões flexores, e se divide em dois tendões divergentes, os quais se inserem nos ossos sesamoides proximais. Cada ramo projeta uma faixa nos sentidos medial e lateral, em direção ao tendão extensor comum dos dedos. A função principal do ligamento suspensor é fornecer a sustentação proximal da articulação metacarpofalângica. A sua continuação funcional distal aos ossos sesamoides é propiciada pelos ligamentos sesamoides cruzado, oblíquo e reto.

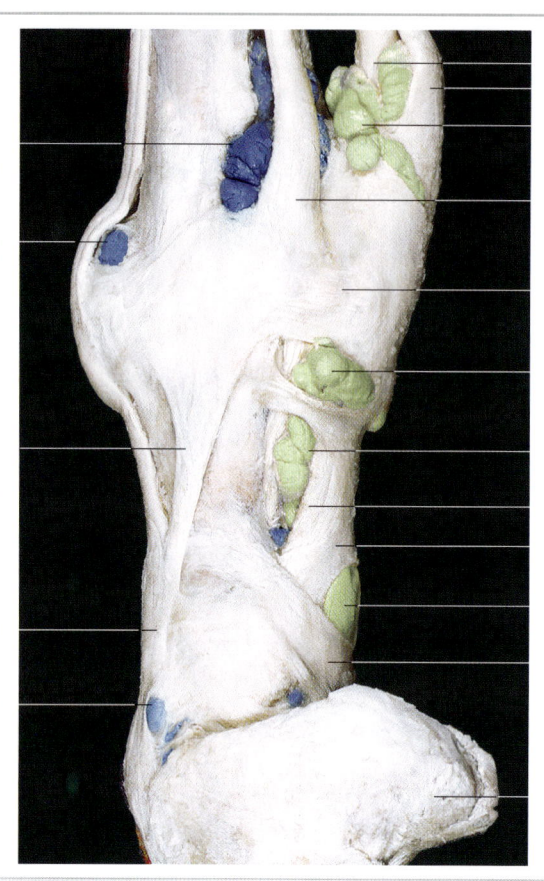

Fig. 4.105 Recessos da bainha sinovial dos tendões flexores em um equino (vista dorsolateral). (Fonte: cortesia de H. Dier, Viena.)

O **aparelho suspensor** impede a flexão dorsal excessiva da articulação metacarpofalângica, limita a flexão palmar através de ramos extensores para o tendão extensor comum dos dedos e diminui a concussão.

Os **músculos lumbricais** são pequenos e se situam na face palmar do metacarpo, entre os flexores dos dedos. Eles não estão presentes em ruminantes. Há três músculos lumbricais em carnívoros, os quais se originam dos ramos do tendão flexor profundo dos dedos e se inserem na falange proximal do segundo ao quinto dedo. No equino, eles são músculos bastante delgados e se posicionam nos dois lados dos tendões flexores dos dedos, no sentido proximal à articulação metacarpofalângica. Os músculos lumbricais se originam do tendão flexor profundo dos dedos e se irradiam para o tecido que sustenta o esporão. Eles auxiliam os tendões flexores dos dedos e sustentam o esporão do equino.

O **músculo flexor curto dos dedos** existe apenas em carnívoros. Trata-se de um músculo delicado, que se origina do tendão flexor superficial dos dedos na altura do carpo e se insere no ligamento transverso da articulação metacarpofalângica do quinto dedo.

Músculos especiais dos dedos de carnívoros

Nos carnívoros, vários pequenos músculos dos dedos auxiliam na extensão, flexão, abdução, adução e rotação dos dedos. Eles são bastante desenvolvidos no gato, no qual contribuem para a coordenação do movimento da pata. A descrição em detalhes desses músculos está além do âmbito desta publicação.

Membros torácicos (*membra thoracica*)

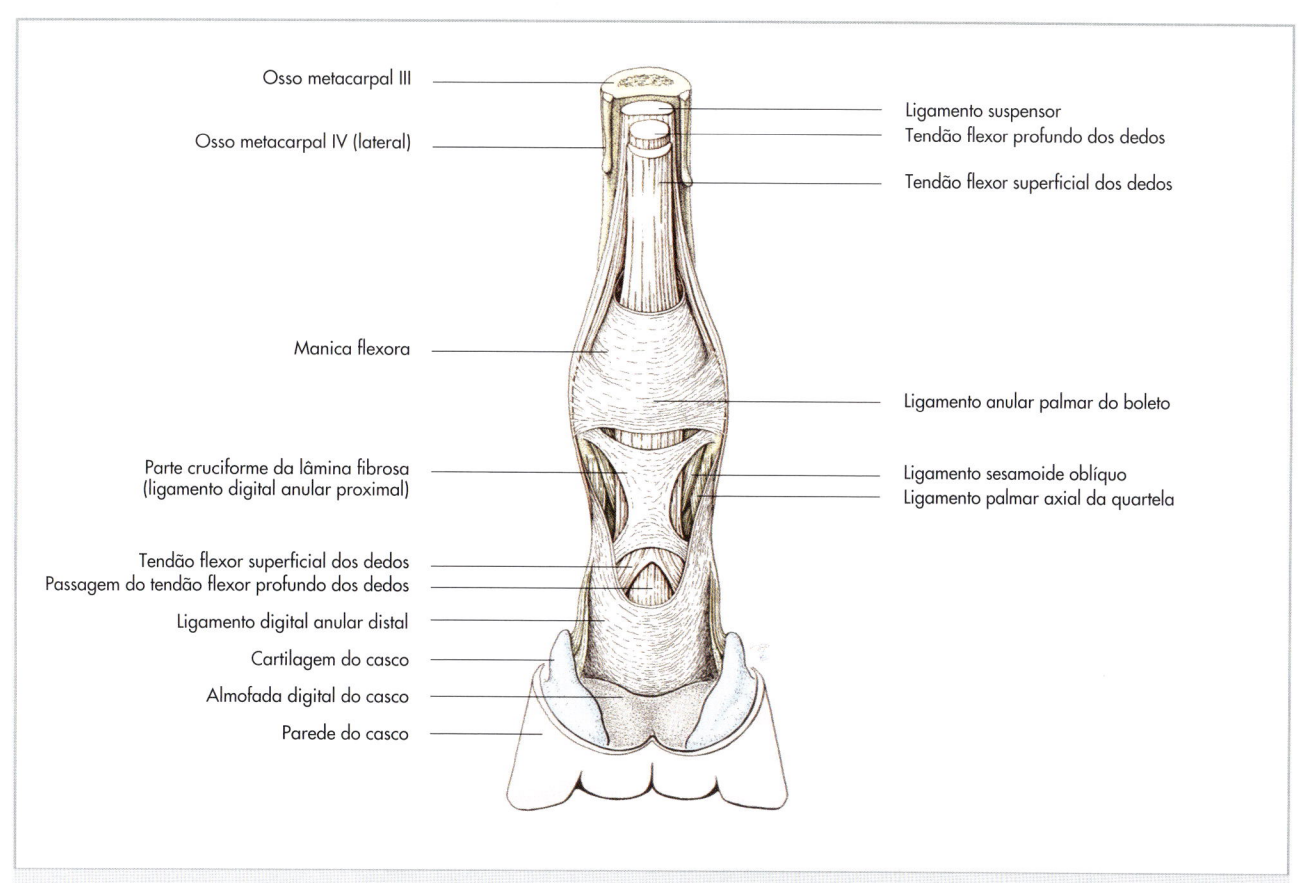

Fig. 4.106 Fáscias do membro torácico distal de um equino (representação esquemática, vista palmar).

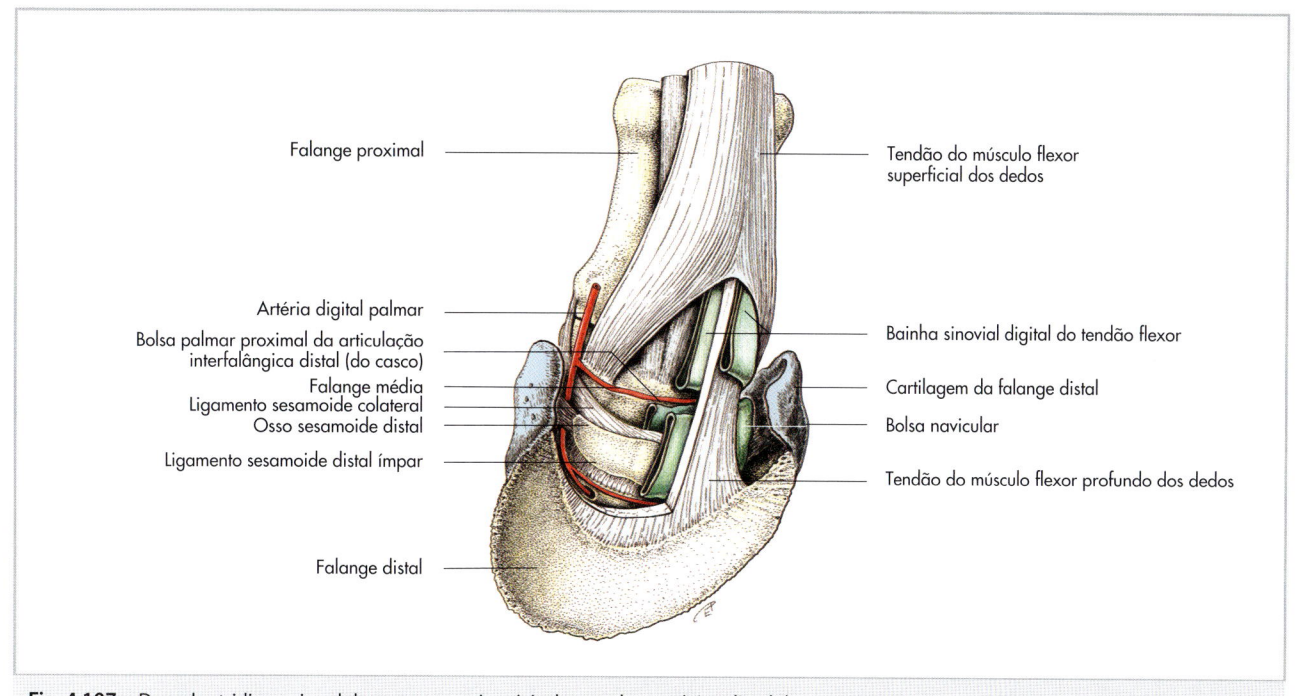

Fig. 4.107 Desenho tridimensional das estruturas sinoviais do membro torácico distal de um equino (representação esquemática, vista palmar).

Tab. 4.7 Músculos dos dedos

Nome / Inervação	Origem	Inserção	Função
Músculo extensor comum dos dedos Nervo radial	Epicôndilo lateral do úmero	Processo extensor da falange distal	Extensor da articulação do carpo; extensor das articulações digitais
Músculo extensor lateral dos dedos Nervo radial	Epicôndilo lateral do úmero	Falange média	Extensor das articulações digitais
Músculo extensor longo do I e II dedos Nervo radial	Terço médio da ulna	I e II dedos	Extensor do I e II dedos (carnívoros)
Músculo abdutor longo do I dedo Nervo radial	Lateral no rádio	Osso metacarpal I (carnívoros); II (equino e suíno); III (ruminantes)	Extensor da articulação do carpo; abdutor do I dedo (em carnívoros)
Músculo flexor superficial dos dedos Nervo ulnar, nervo mediano	Epicôndilo medial do úmero	Proximal na falange média	Flexor dos dedos de sustentação; flexor da mão; estabilizador da articulação metacarpofalângica
Músculo flexor profundo dos dedos Nervo ulnar, nervo mediano	Epicôndilo medial do úmero, rádio e ulna	Face flexora da falange distal	Flexor da mão
Músculos interflexores distal e proximal Nervo ulnar, nervo mediano	Distal no antebraço	Juntamente ao tendão flexor superficial dos dedos	Flexor das articulações digitais

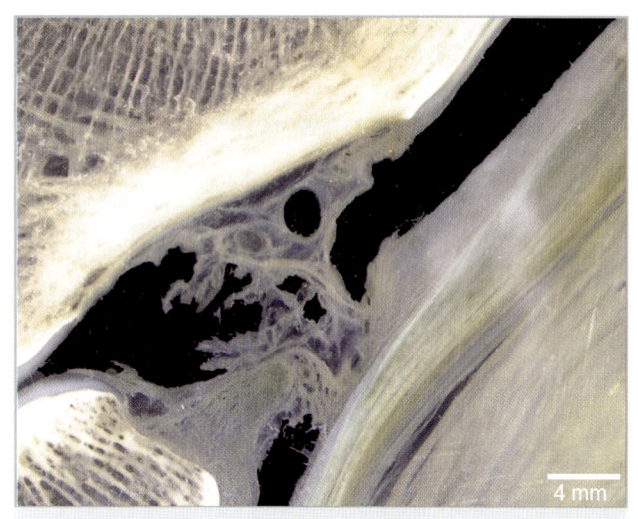

Fig. 4.108 Tecido conjuntivo – ponte elástica.

5 Membros pélvicos (*membra pelvina*)

H.-G. Liebich, H. E. König e J. Maierl

5.1 Esqueleto do membro pélvico (*ossa membri pelvini*)

5.1.1 Cíngulo do membro pélvico (*cingulum membri pelvini*)

O cíngulo pélvico consiste em dois **ossos coxais** (*ossa coxae*), os quais se encontram ventralmente na **sínfise pélvica** (*symphysis pelvina*) e se articulam firmemente com o sacro dorsalmente. Juntamente ao **sacro** e às **primeiras vértebras caudais**, eles formam a **pelve óssea**, a qual delimita a cavidade pélvica (▶Fig. 5.1). A pelve desempenha diversas funções e requer uma construção anatômica dinâmica. Ela contém e protege as vísceras pélvicas, incluindo os órgãos reprodutores, os quais, por sua vez, exercem influência fisiológica durante a gestação e o parto. A pelve também tem um papel fundamental na postura e na locomoção, no sentido de assegurar uma transmissão eficaz da força dos membros pélvicos (ou posteriores) para o tronco.

Cada **osso coxal** é composto por três partes com centros de ossificação distintos. Em animais jovens, cada osso é delimitado por margens cartilaginosas, as quais permitem o crescimento. No adulto, os ossos se encontram completamente fusionados, e seus corpos formam a cavidade para a articulação com o fêmur, o acetábulo. Cada osso coxal é composto por:

- ílio (*os ilium*);
- púbis (*os pubis*);
- ísquio (*os ischii*).

O púbis e o ísquio de cada lado se unem ventralmente na **sínfise pélvica** (*symphysis pelvina*) cartilaginosa, uma articulação firme, porém não rígida, que permite que as duas metades se separem sob influência hormonal para a dilatação do canal vaginal em preparação para o parto. A sínfise pode ser dividida em uma **parte púbica** (*symphysis pubica*) cranial e uma **parte isquiática** (*symphysis ischiadica*) caudal.

Os três componentes do osso coxal serão descritos separadamente por uma questão didática.

Ílio (*os ilium*)

O ílio forma a parte dorsocranial do osso coxal e se prolonga em sentido oblíquo desde o acetábulo até o sacro (▶Fig. 5.1 e ▶Fig. 5.5). Ele é constituído por uma parte cranial, que se estende por uma grande superfície, a **asa** (*ala ossis ilii*), e por uma parte caudal, mostrando uma coluna arredondada, o **corpo** (*corpus ossis ilii*). O corpo do ílio contribui para a formação do **acetábulo**, o qual é complementado pelos corpos do ísquio e do púbis. A orientação das **asas ilíacas** varia conforme a espécie, influenciando significativamente o formato da pelve. No equino e no bovino, elas se orientam verticalmente; em pequenos ruminantes, elas giram dorsolateralmente; e no suíno e em carnívoros, elas são quase sagitais. Várias proeminências acentuadas, cristas e incisuras conferem uma aparência característica à asa do ílio.

Um ponto de referência importante em todos os mamíferos domésticos é a **tuberosidade coxal** (*tuber coxae*) (▶Fig. 5.7, ▶Fig. 5.8, ▶Fig. 5.9, ▶Fig. 5.10, ▶Fig. 5.13 e ▶Fig. 5.14) no ângulo lateral do osso coxal, que forma um ponto visível no equino e no bovino e palpável no cão. Em carnívoros, a tuberosidade coxal apresenta duas proeminências, as **espinhas ilíacas ventrais cranial e caudal** (*spinae iliacae ventrales craniales et caudales*). O ângulo mediodorsal da asa ilíaca é mais espesso e forma a **tuberosidade sacral** (*tuber sacrale*) (▶Fig. 5.7, ▶Fig. 5.8 e ▶Fig. 5.9). Em carnívoros e no bovino, a tuberosidade sacral também apresenta duas eminências, as espinhas ilíacas dorsais cranial e caudal (*spinae iliacae dorsales craniales et caudales*). A **crista ilíaca** (*crista iliaca*) conecta a tuberosidade coxal e a tuberosidade sacral. Ela é convexa e espessa em carnívoros e no suíno, porém fina e côncava em animais de grande porte (▶Fig. 5.15 e ▶Fig. 5.16).

O ílio exibe uma **face lateral** (dorsolateral) ou **glútea** (*facies glutea*) e uma **face medial** (**medioventral**) (*facies sacropelvina*). A face lateral côncava é cruzada por três **linhas glúteas** (*lineae gluteae*) em carnívoros e uma linha glútea nos outros mamíferos domésticos, originando os músculos glúteos.

A face medial se divide em duas partes. A parte lateroventral da **face medial** (*facies iliaca*) faz emergir as inserções de vários músculos pélvicos. A parte mediodorsal da face medial é formada pela **parte auricular** (*facies auricularis*) rugosa e pela **tuberosidade ilíaca** (*tuberositas iliaca*), a qual se articula com o sacro para formar a **articulação sacroilíaca estreita**.

A margem dorsomedial da asa ilíaca é acentuadamente côncava para formar a **incisura isquiática maior** (*incisura ischiadica major*) na intersecção com o corpo ilíaco, sobre a qual corre o nervo isquiático. A margem ventral do corpo do ílio é marcada pela **linha arqueada** (*linea arcuata*), na qual se encontra o tubérculo psoas para a fixação do músculo psoas menor.

Púbis (*os pubis*)

O púbis apresenta formato de "L" e é composto pelo **corpo** (*corpus ossis pubis*), pelo **ramo acetabular** ou **ramo cranial do púbis** (*ramus cranialis ossis pubis*) transverso e pelo ramo sinfisário ou ramo caudal do púbis (*ramus caudalis ossis pubis*) sagital (▶Fig. 5.5). No púbis, encontra-se mais da metade da margem do **forame obturado** (*forame obturatum*), uma ampla abertura no assoalho pélvico, por onde passa o **nervo obturatório** (*nervus obturatorius*). Ele é fechado por musculatura e tecido mole. A margem cranial do ramo acetabular é denominada **pécten do púbis** (*pecten ossis pubis*) (▶Fig. 5.6, ▶Fig. 5.10, ▶Fig. 5.14 e ▶Fig. 5.15) e forma a eminência iliopúbica (*eminentia iliopubica*) para a fixação de músculos abdominais. No equino, a face ventral da eminência iliopúbica é cruzada pelo **sulco púbico** (*sulcus ligamenti accessorii ossis femoris*), que conduz ao acetábulo, por onde passa o ligamento acessório da cabeça do fêmur. O púbis de cada lado se fusiona na **sínfise púbica** (*symphysis pubica*), a parte cranial da **sínfise pélvica** (*symphysis pelvina*). Na face ventral da sínfise púbica, projeta-se o **tubérculo púbico ventral** (*tuberculum pubicum ventrale*). No garanhão, também há um tubérculo púbico dorsal.

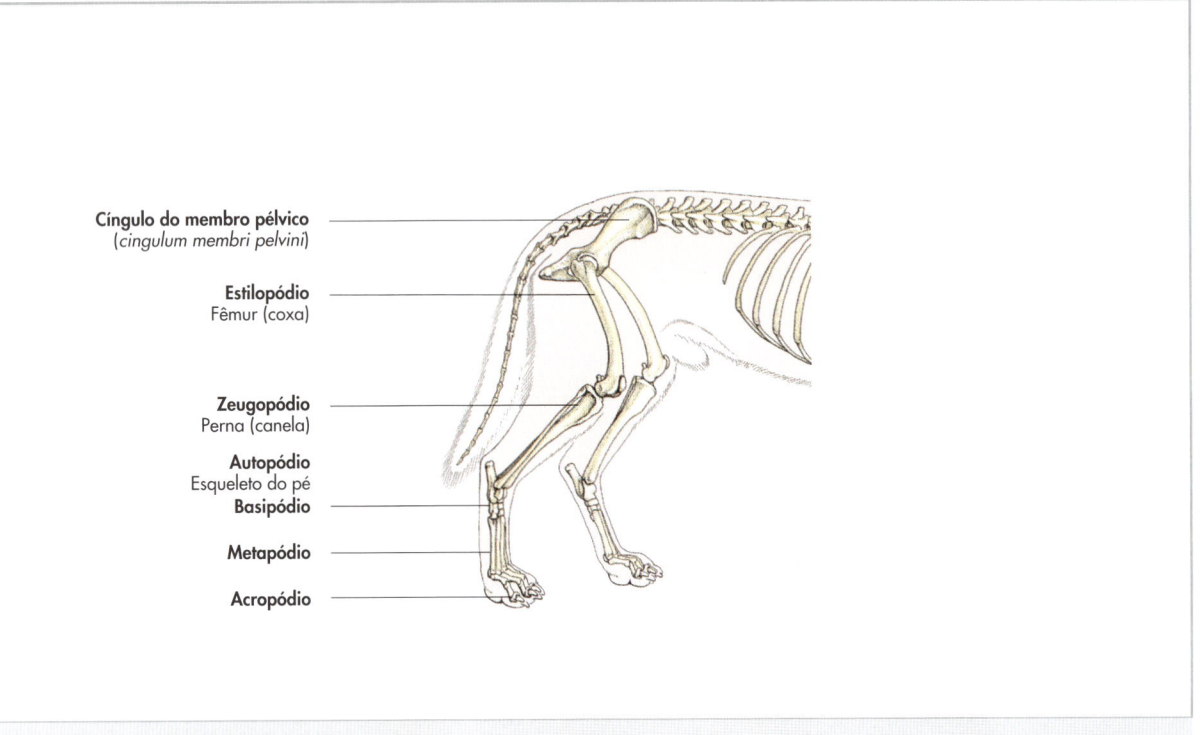

Fig. 5.1   Esqueleto do membro pélvico de um cão: partes (representação esquemática).

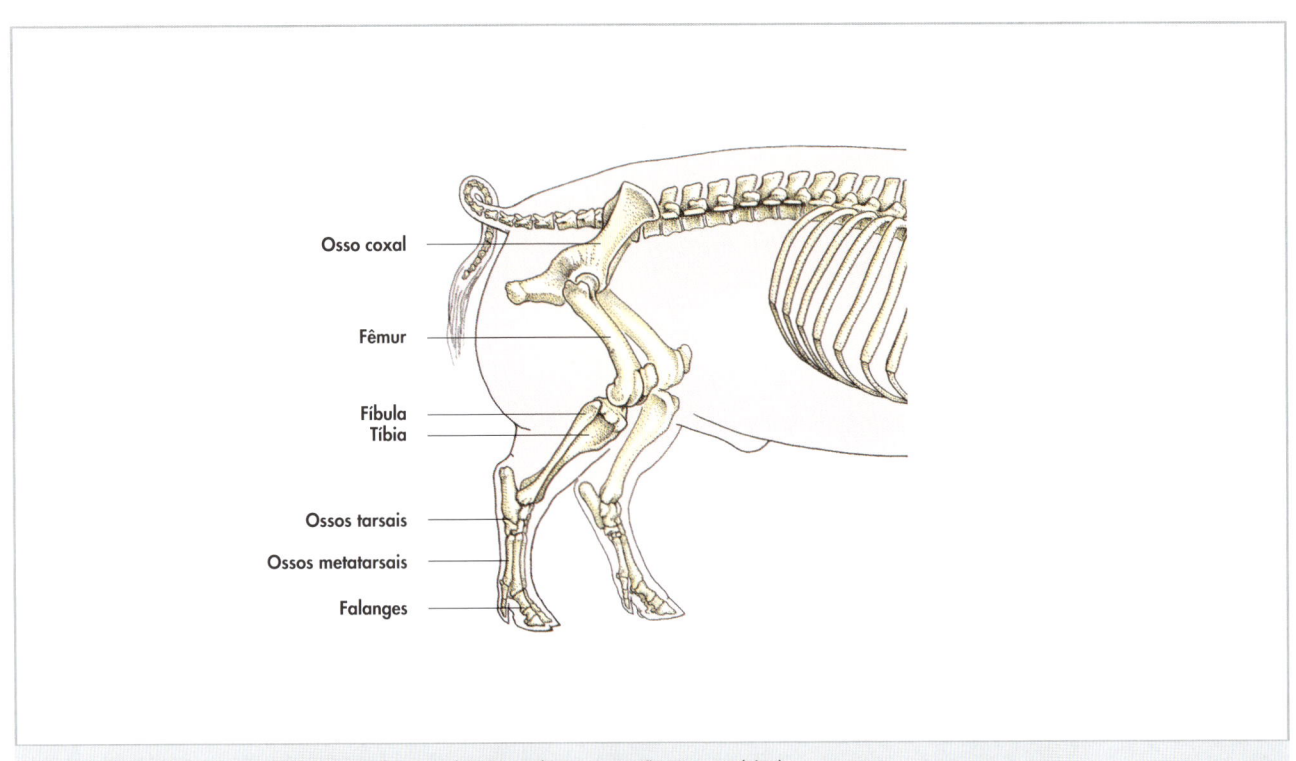

Fig. 5.2   Esqueleto do membro pélvico de um suíno: ossos (representação esquemática).

Membros pélvicos (*membra pelvina*) 245

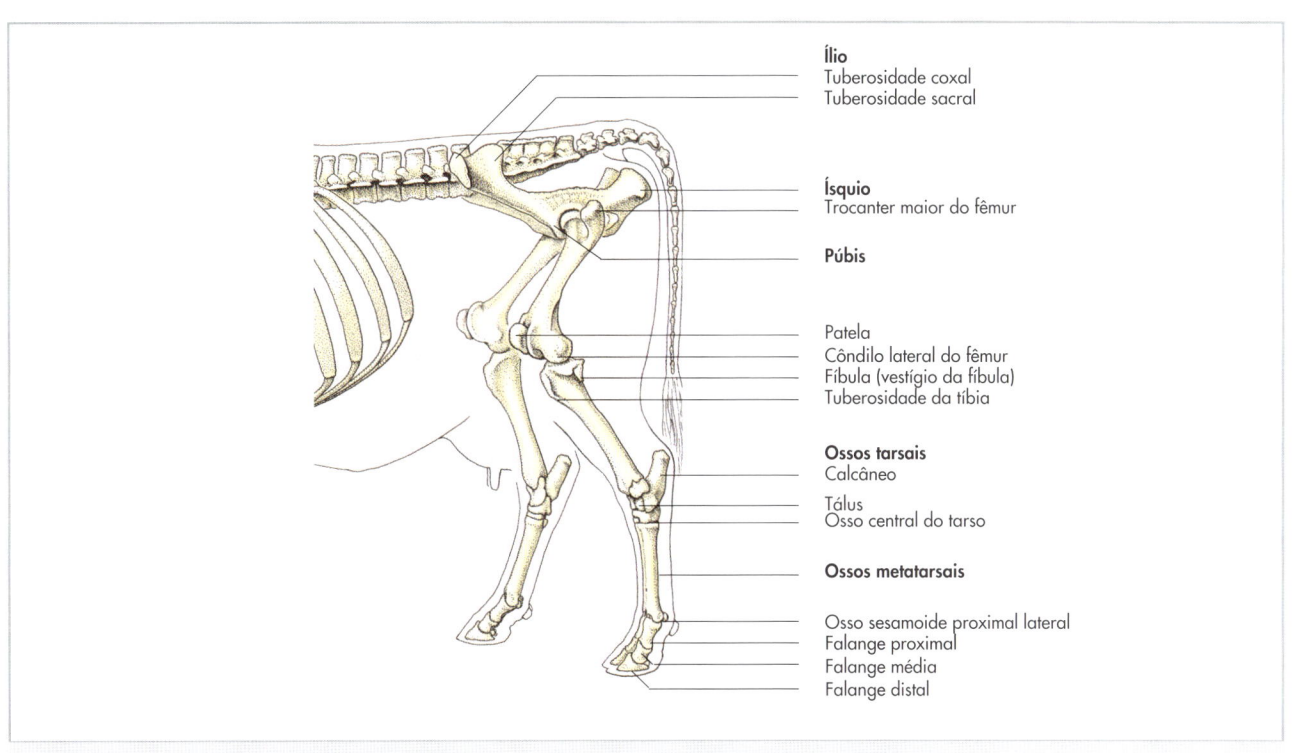

Ílio
Tuberosidade coxal
Tuberosidade sacral

Ísquio
Trocanter maior do fêmur

Púbis

Patela
Côndilo lateral do fêmur
Fíbula (vestígio da fíbula)
Tuberosidade da tíbia

Ossos tarsais
Calcâneo
Tálus
Osso central do tarso

Ossos metatarsais

Osso sesamoide proximal lateral
Falange proximal
Falange média
Falange distal

Fig. 5.3 Esqueleto do membro pélvico de um bovino: estruturas ósseas (representação esquemática).

Articulação sacroilíaca

Articulação coxofemoral

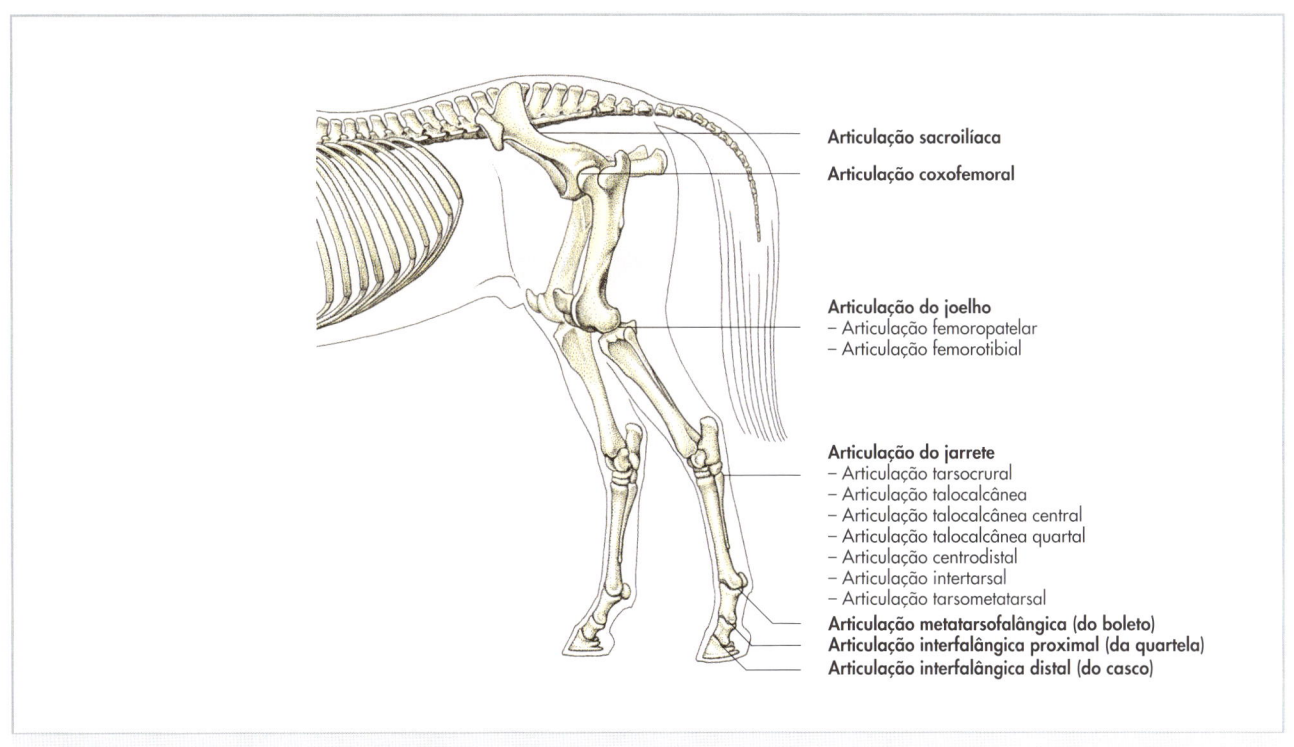

Articulação do joelho
– Articulação femoropatelar
– Articulação femorotibial

Articulação do jarrete
– Articulação tarsocrural
– Articulação talocalcânea
– Articulação talocalcânea central
– Articulação talocalcânea quartal
– Articulação centrodistal
– Articulação intertarsal
– Articulação tarsometatarsal
Articulação metatarsofalângica (do boleto)
Articulação interfalângica proximal (da quartela)
Articulação interfalângica distal (do casco)

Fig. 5.4 Esqueleto do membro pélvico de um equino: articulações (representação esquemática).

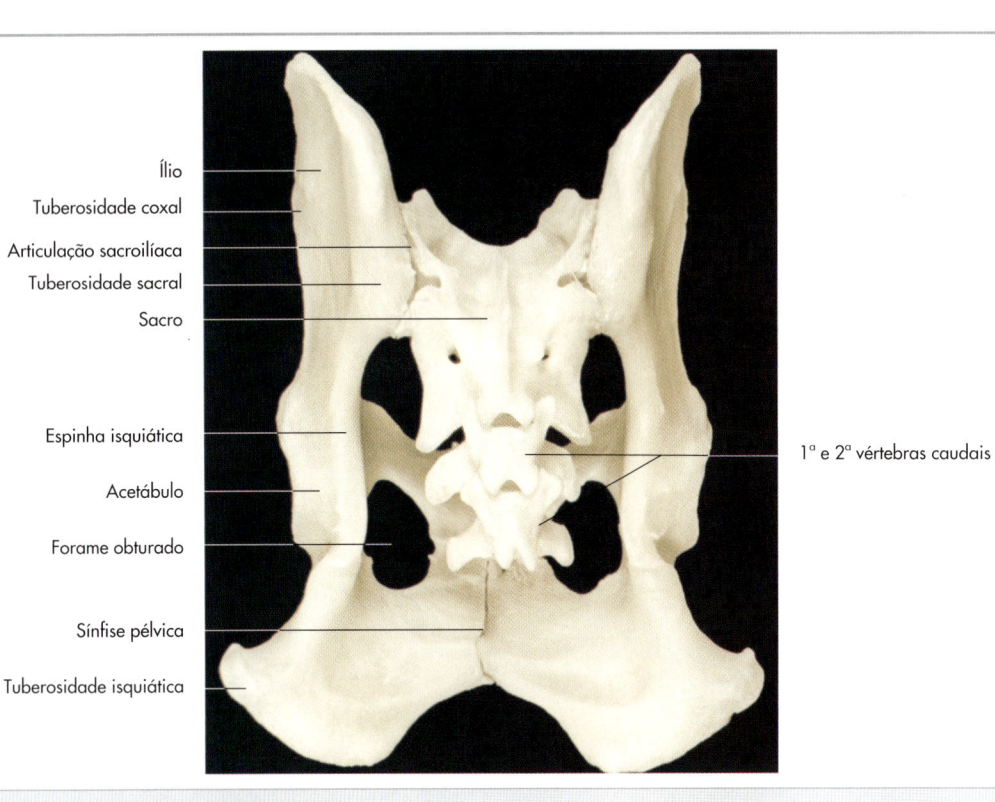

Fig. 5.5 Ossos coxais de um cão (vista caudodorsal).

Ílio
Tuberosidade coxal
Articulação sacroilíaca
Tuberosidade sacral
Sacro

Espinha isquiática
Acetábulo
Forame obturado

Sínfise pélvica
Tuberosidade isquiática

1ª e 2ª vértebras caudais

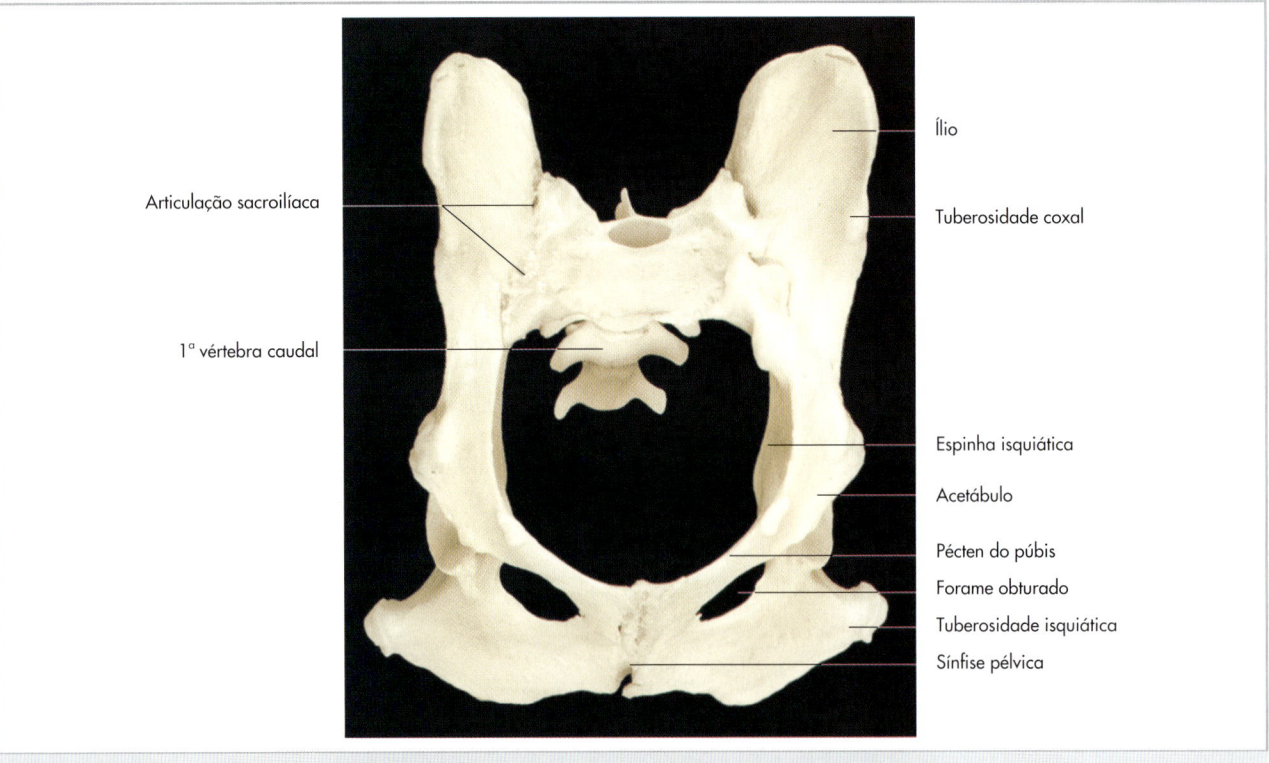

Fig. 5.6 Ossos coxais de um cão (vista cranioventral).

Articulação sacroilíaca

1ª vértebra caudal

Ílio
Tuberosidade coxal

Espinha isquiática
Acetábulo
Pécten do púbis
Forame obturado
Tuberosidade isquiática
Sínfise pélvica

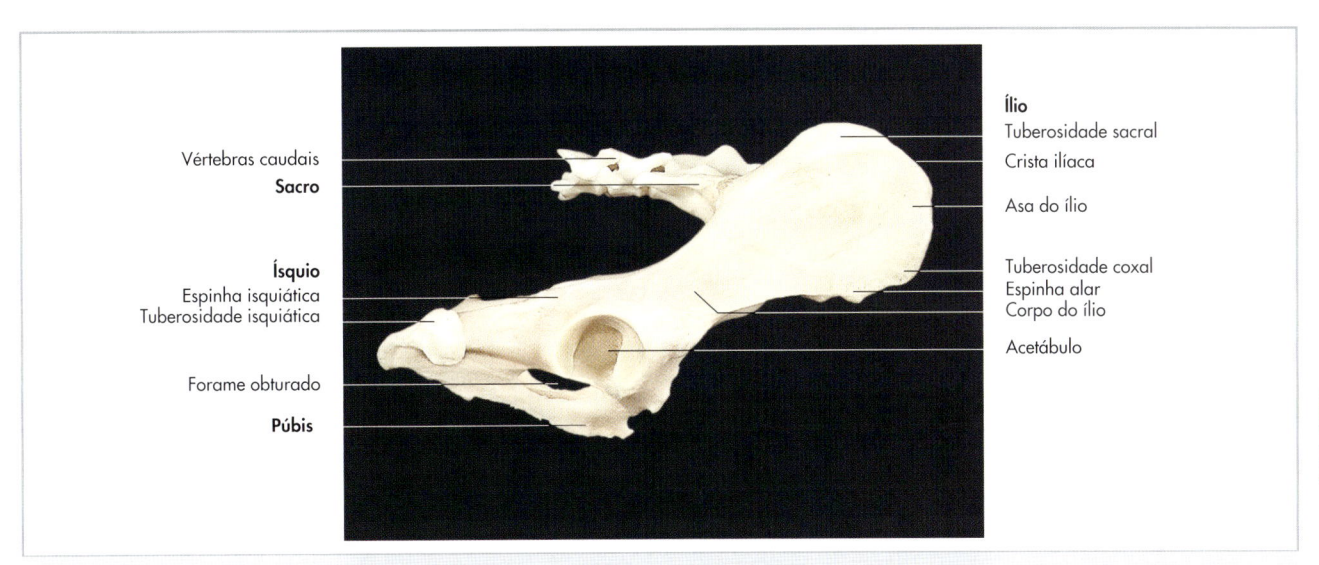

Fig. 5.7 Ossos coxais (*ossa coxae*), sacro e vértebras caudais de um cão (vista lateral direita).

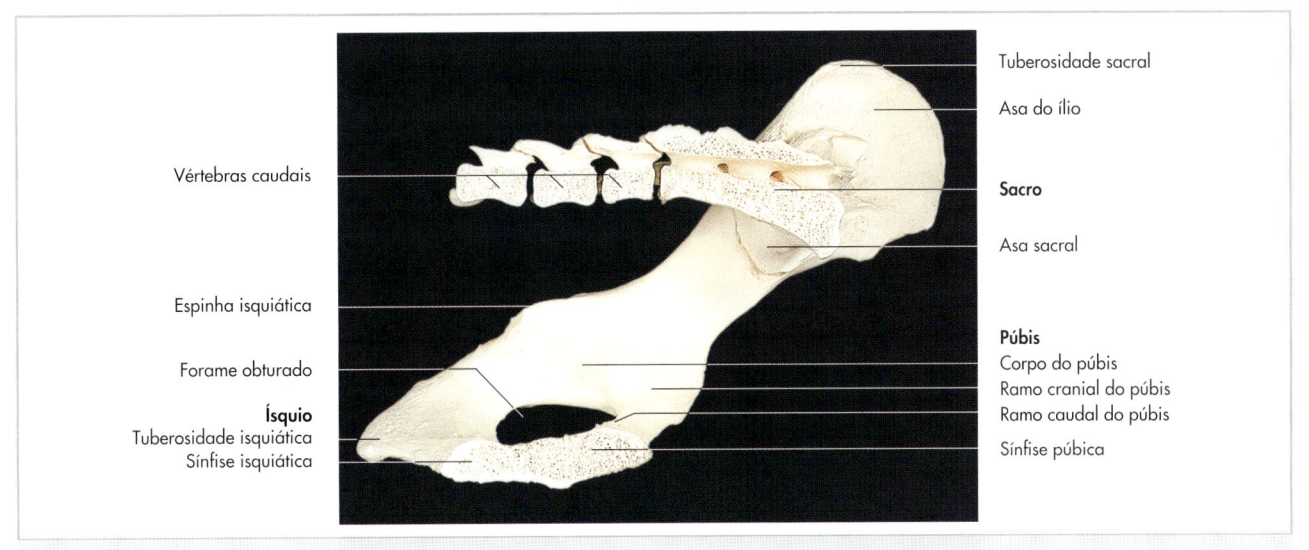

Fig. 5.8 Ossos coxais (*ossa coxae*), sacro e vértebras caudais de um cão (secção paramediana do osso coxal esquerdo; vista medial).

Ísquio (*os ischii*)

O ísquio pode ser dividido em **corpo** (*corpus ossis ischii*), **lâmina caudal** ou **tábua do ísquio** (*tabula ossis ischii*) e **ramo medial** (*ramus ossis ischii*) (*ramus ossis ischii*) (▶Fig. 5.5). A tábua se prolonga cranialmente e se divide em dois ramos, um sinfisiário e outro acetabular, os quais formam a circunferência caudal do forame obturado. Os ramos mediais dos ísquios formam a parte caudal (*symphysis ischiadica*) da sínfise pélvica. O **corpo do ísquio** (*corpus ossis ischii*) faz parte do acetábulo (▶Fig. 5.5 e ▶Fig. 5.9), e sua margem dorsal continua com a margem dorsal do ílio para formar a **espinha isquiática** (*spina ischiadica*). A espinha isquiática diminui em direção à **incisura isquiática menor** (*incisura ischiadica minor*), a margem recortada entre a **tuberosidade isquiática** (*tuber ischiadicum*) e a margem caudal do acetábulo.

A parte caudolateral da tábua isquiática caudal se espessa para formar a **tuberosidade isquiática** (*tuber ischiadicum*), a qual consiste em um espessamento linear no cão e no equino e em uma eminência triangular no bovino e no suíno. A tuberosidade isquiática é um ponto de referência visível na maioria dos mamíferos domésticos. As margens caudais das tábuas isquiáticas se encontram no **arco isquiático** (*arcus ischiadicus*) côncavo. Essa incisura costuma ser ampla e profunda, exceto no equino, no qual é rasa e irregular.

Acetábulo (*acetabulum*)

O acetábulo é uma cavidade cotílica profunda, formada por todos os três ossos pélvicos (▶Fig. 5.5, ▶Fig. 5.9, ▶Fig. 5.11 e ▶Fig. 5.12). Um quarto osso adicional no centro da cavidade, o **pequeno osso do acetábulo** (*os acetabuli*), está presente em carnívoros. Ele é composto pelo corpo do ílio craniolateralmente, pelo

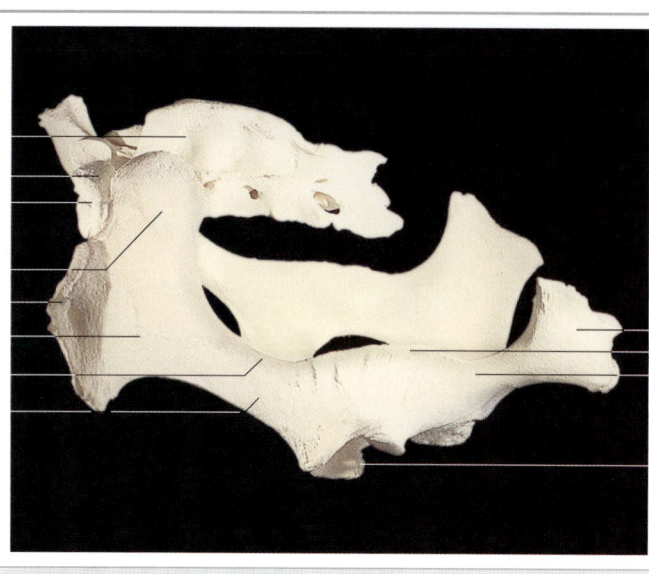

Fig. 5.9 Ossos coxais (*ossa coxae*) e sacro de um bovino (vista lateral esquerda oblíqua).

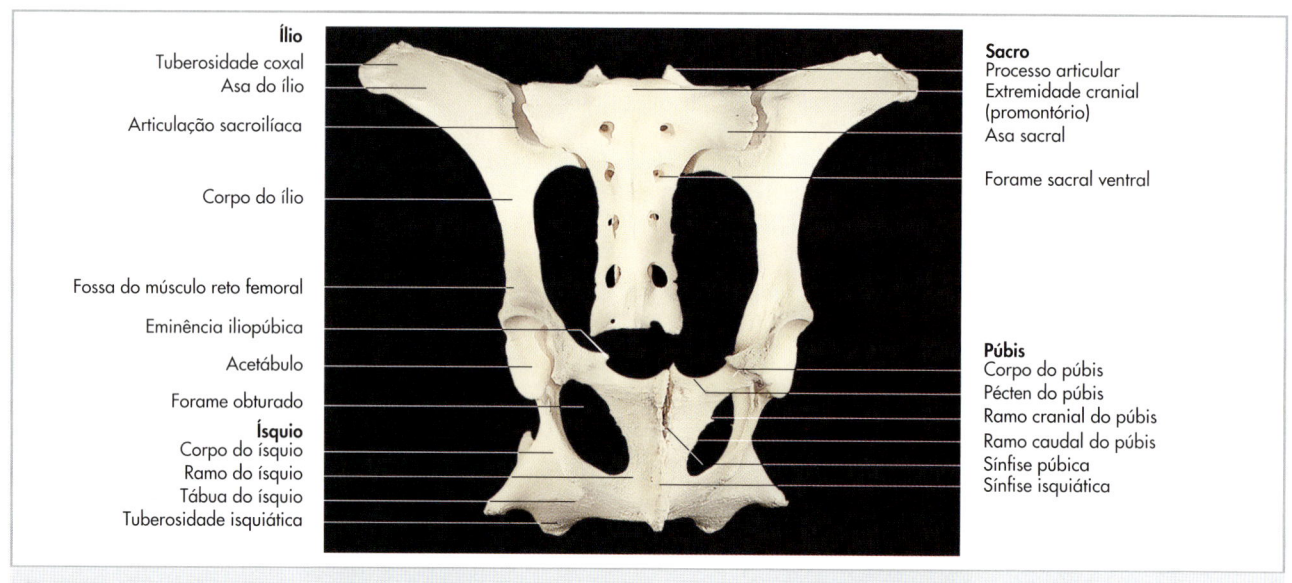

Fig. 5.10 Ossos coxais (*ossa coxae*) e sacro de um bovino (vista ventrocranial).

corpo do ísquio caudolateralmente e pelo corpo do púbis medialmente. O acetábulo é inverso à cabeça do fêmur, com a qual forma uma articulação esferoide, a articulação coxofemoral. A cavidade do acetábulo consiste na **face articular semilunar** (*facies lunata*) periférica e na fossa do acetábulo (*fossa acetabuli*) não articular no centro. A face semilunar apresenta um recorte medial, causado pela incisura do acetábulo (*incisura acetabuli*) profunda. A face articular é aumentada pelo **lábio do acetábulo** (*labrum acetabulare*) fibrocartilaginoso. O **ligamento intracapsular da cabeça do fêmur** (*ligamentum capitis ossis femoris*) emerge através da incisura do acetábulo e une a cabeça do fêmur à fossa do acetábulo. No equino, um segundo ligamento (acessório) se insere na fossa do acetábulo.

A face semilunar do bovino é dividida por uma incisura cranioventral em uma parte craniodorsal maior (*pars major*) e uma parte caudoventral menor (*pars minor*).

Pelve (*pelvis*)

A **pelve óssea** é um amplo anel ao redor da cavidade pélvica (▶Fig. 5.5, ▶Fig. 5.6, ▶Fig. 5.13, ▶Fig. 5.14, ▶Fig. 5.17 e ▶Fig. 5.18), cuja conformação reflete as múltiplas funções que ela desempenha. Diferenças características de cada espécie na forma geral da pelve são bastante pronunciadas. Ela propicia fixação a uma profusão de músculos, tendões e ligamentos, o que molda as suas faces diferentemente em cada espécie. O teto da pelve é formado pelo sacro e pelas primeiras vértebras caudais, ao passo que o seu assoalho (*solum pelvis*

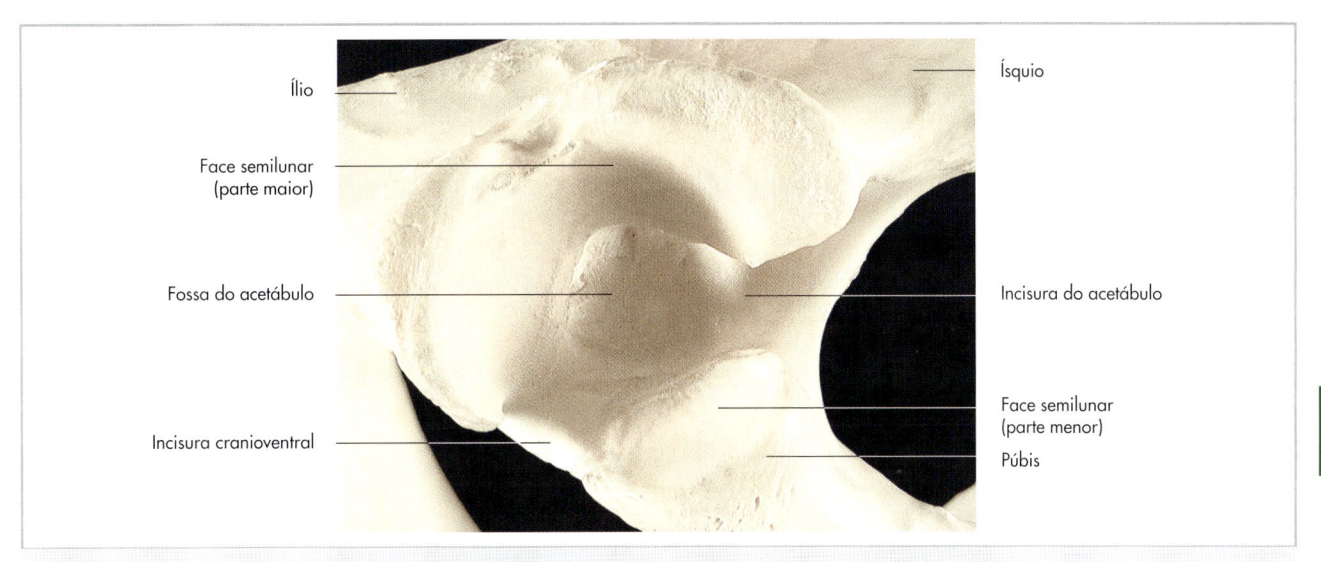

Fig. 5.11 Acetábulo esquerdo de um bovino (vista lateral).

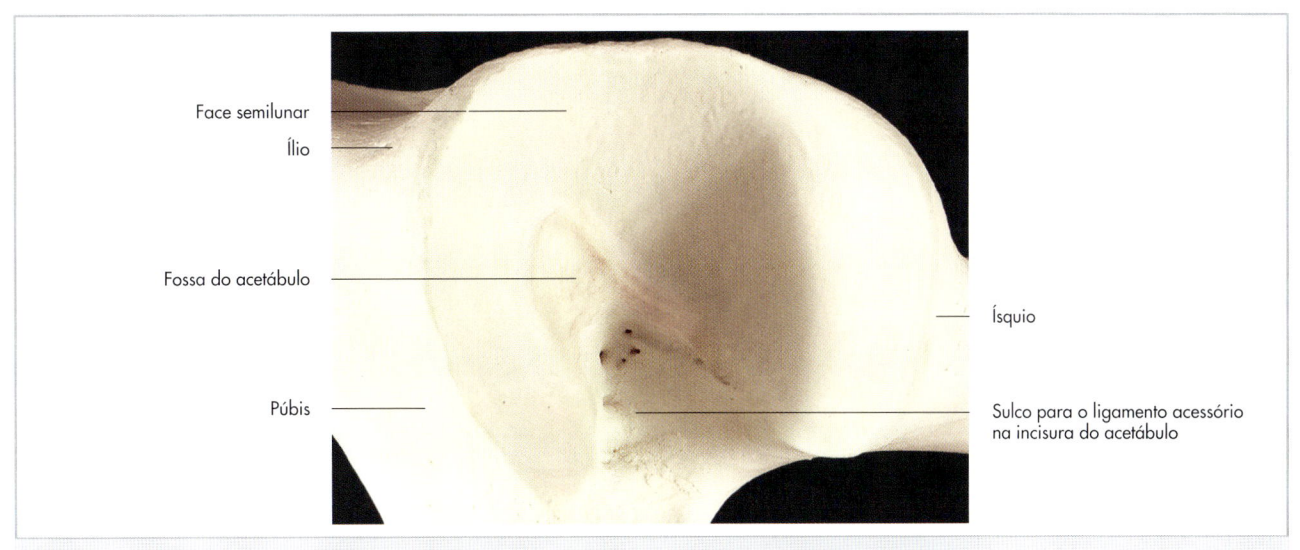

Fig. 5.12 Acetábulo esquerdo de um equino (vista lateral).

osseum) é formado pelo púbis e pelo ísquio, e suas paredes laterais, pelos ílios e ísquios. O ligamento sacrotuberal largo fecha a falha óssea na parede lateral em todos os mamíferos domésticos, exceto em carnívoros. A entrada, ou **abertura pélvica cranial** (*apertura pelvis cranialis*), é limitada pela linha terminal (*linea terminalis*), a qual passa ao longo do promontório do sacro dorsalmente, pelas asas dos ílios lateralmente e termina no pécten do osso púbis ventralmente. A linha terminal é quase circular nas fêmeas e mais oval nos machos, sendo que a sua ponta é voltada na direção ventral.

A **abertura pélvica caudal** (*apertura pelvis caudalis*) é formada pelas três ou quatro primeiras vértebras caudais dorsalmente, pelo arco isquiático e pela tuberosidade isquiática ventralmente e pelo ligamento sacrotuberal largo lateralmente. O ligamento sacrotuberal tem forma de cordão em cães e inexiste no gato.

O **assoalho pélvico** (*solum pelvis osseum*) tem grande importância obstétrica. Em ruminantes, ele é acentuadamente côncavo, principalmente na direção transversal, e inclinado dorsalmente na parte caudal; em carnívoros, o assoalho também é côncavo, porém raso; e no equino, ele é plano e vertical. Vários diâmetros da cavidade pélvica podem ser definidos na extensão dos pontos de referência ósseos da pelve. Confira, a seguir, algumas medidas da cavidade pélvica utilizadas em obstetrícia:

- **eixo pélvico** (*axis pelvis*): linha imaginária na direção cranial a caudal através do meio de todas as linhas entre o sacro e a sínfise pélvica;
- **diâmetro conjugado** (*diameter conjugata*): distância do promontório do sacro até a margem cranial da sínfise pélvica. Mede o diâmetro da abertura pélvica cranial;
- **diâmetro conjugado transverso** (*conjugata diagonalis*): distância do promontório do sacro até a margem caudal da sínfise pélvica;

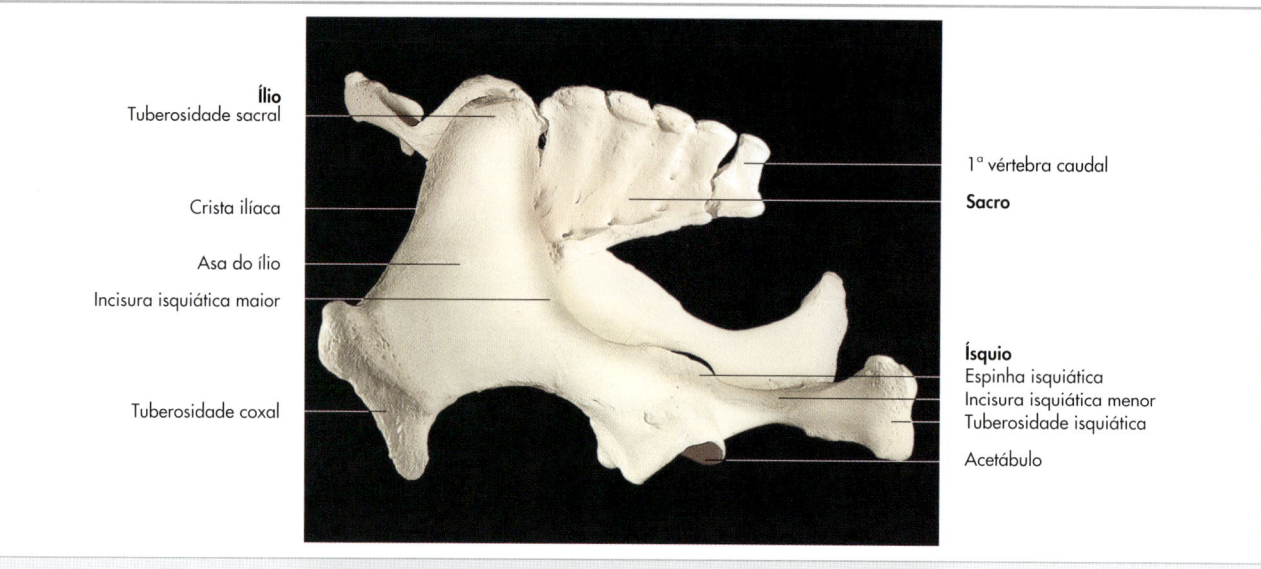

Fig. 5.13 Ossos coxais (*ossa coxae*) e sacro de um equino (vista lateral esquerda oblíqua).

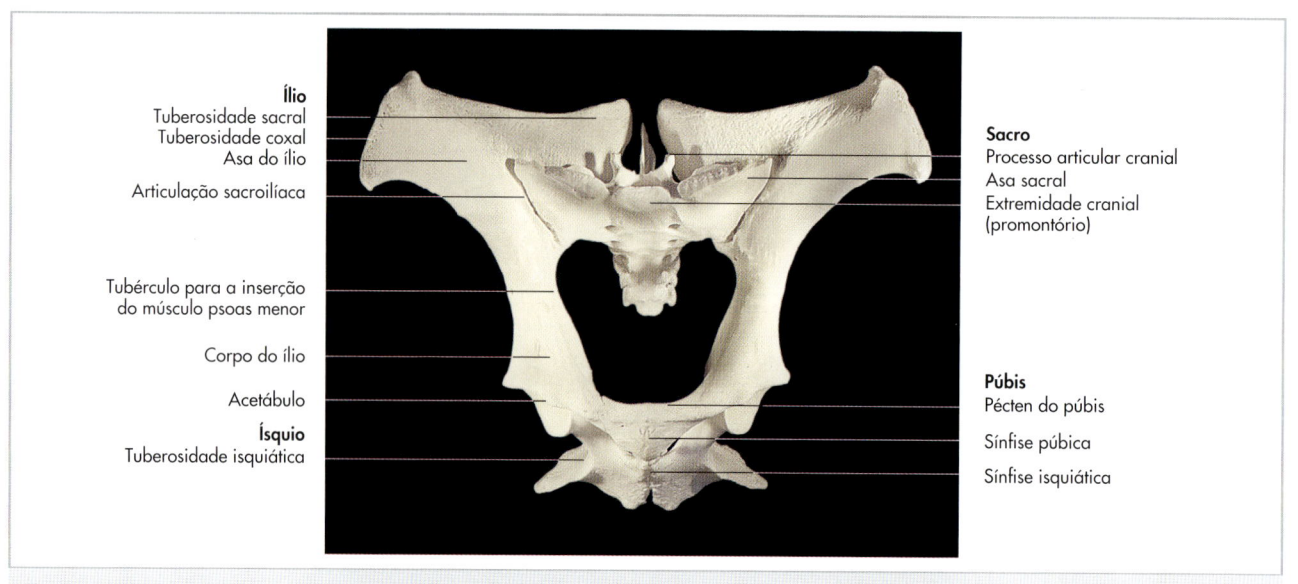

Fig. 5.14 Ossos coxais (*ossa coxae*) e sacro de um equino (vista ventrocranial).

- **diâmetro vertical** (*diameter verticalis*): diâmetro entre o sacro ou vértebra caudal e a margem cranial da sínfise pélvica, ortogonal à sínfise pélvica.

Esta última medida se refere ao **diâmetro da cavidade pélvica** na direção dorsoventral e tem grande importância prática.

Em ruminantes, no equino e no suíno adulto, o diâmetro vertical se prolonga entre o sacro e a sínfise pélvica, o que torna impossível a expansão da pelve. Em carnívoros, o sacro é bastante curto, e o diâmetro vertical se prolonga entre as vértebras caudais e a sínfise pélvica.

Nesses animais e no suíno jovem, no qual as vértebras sacrais ainda não se fusionaram, é possível aumentar o canal do parto. O ângulo entre os diâmetros vertical e conjugado mede a **inclinação da pelve** (*inclinatio pelvis*). O **diâmetro transverso** (*diameter transversa*) é definido como a medida transversal máxima da linha terminal. Outras medidas transversas são o diâmetro entre a metade da **espinha isquiática de cada lado** (*diameter spina transversa*) e a distância entre as **tuberosidades isquiáticas** (*diameter transversa tuber ischiadici*).

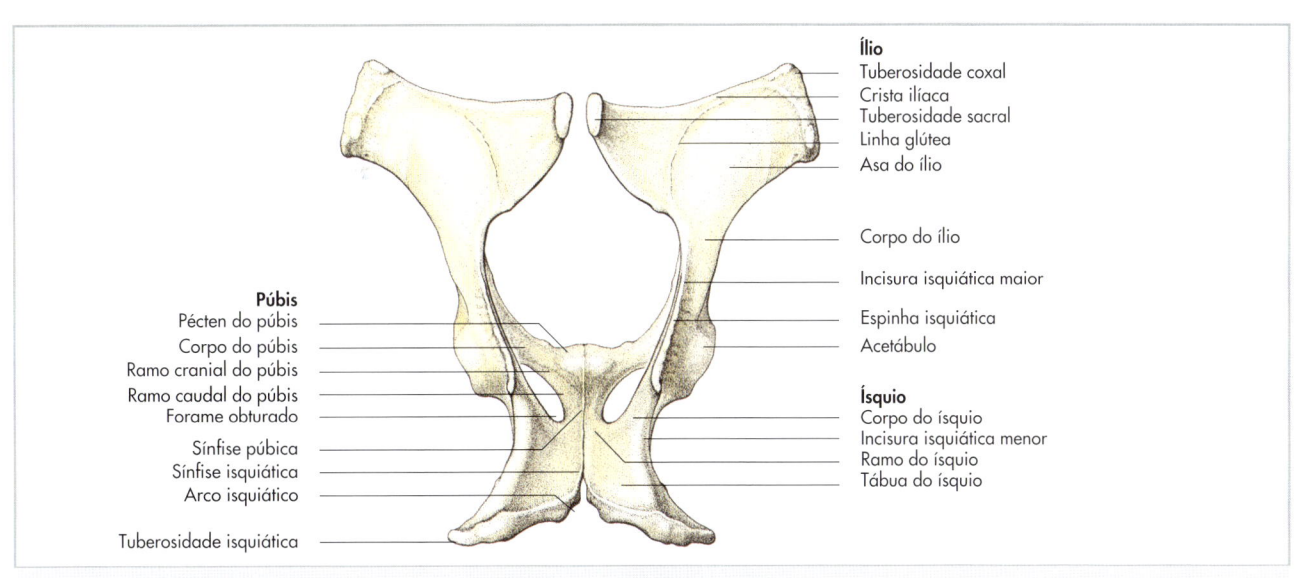

Fig. 5.15 Ossos coxais (*ossa coxae*) de um equino (representação esquemática, vista dorsal).

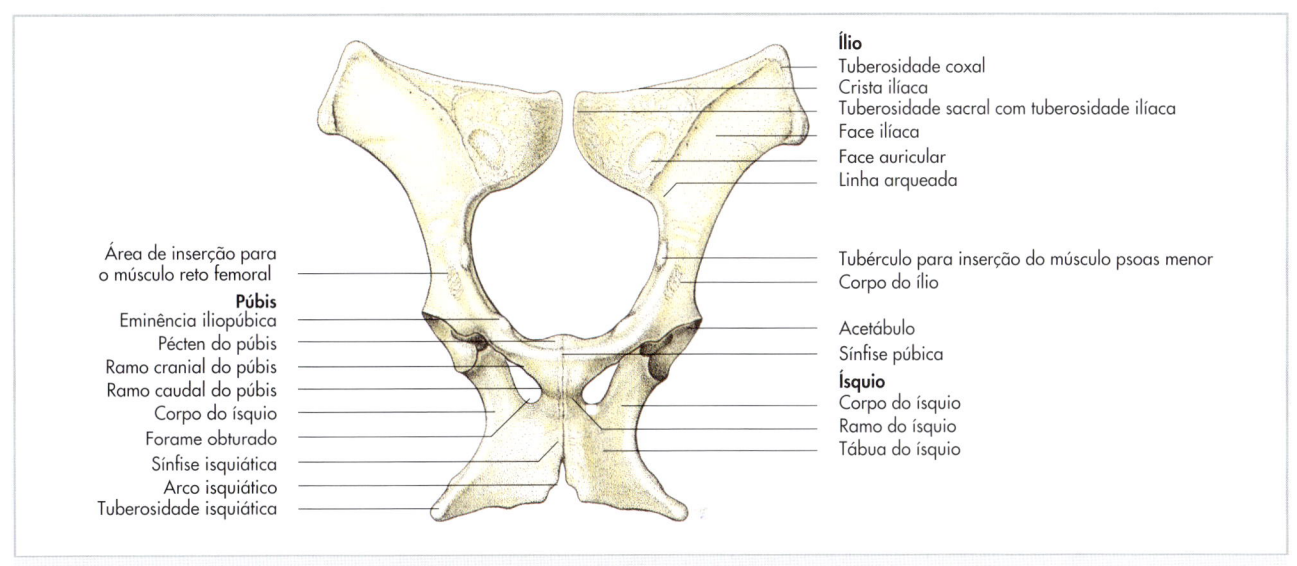

Fig. 5.16 Ossos coxais (*ossa coxae*) de um equino (representação esquemática, vista ventral).

5.1.2 Cavidade pélvica

Diferenças características de cada espécie no formato da cavidade pélvica são bastante pronunciadas, e as dimensões da cavidade pélvica apresentam importância obstétrica significativa.

No cão, a abertura pélvica cranial é bastante oblíqua, e o pécten do púbis se posiciona na altura do sacro ou atrás dele. Os corpos ilíacos não são paralelos; a abertura pélvica cranial é mais larga na sua parte média e mais estreita dorsalmente. A abertura pélvica cranial é bastante larga e pode ser aumentada ao se elevar a cauda. A cavidade pélvica como um todo é reta e curta e causa poucos problemas durante o parto no cão.

No suíno, o sacro é ligeiramente curvado, ao passo que o assoalho pélvico é achatado e apresenta uma inclinação ventral caudalmente. A abertura pélvica cranial é bastante oblíqua e quase no plano dorsal, o que resulta em um diâmetro conjugado verdadeiro. O diâmetro entre as espinhas isquiáticas é estreitado devido à sua orientação para dentro. Portanto, o canal de parto ósseo mede cerca de 8 a 9 cm em todas as direções. Apesar de terem camadas espessas de tecido adiposo e músculos, a tuberosidade coxal e a tuberosidade isquiática ainda são palpáveis. A tuberosidade isquiática permanece isolada do restante dos ossos durante anos, o que pode causar problemas clínicos.

No bovino, o teto pélvico se estreita no sentido cranial a caudal (▶Fig. 5.9 e ▶Fig. 5.10). O sacro, que forma a maior parte do teto pélvico, é côncavo em toda a sua extensão. A parede lateral é formada pelas asas ilíacas cranialmente e pela espinha isquiática, pronunciada mais adiante, caudalmente. A orientação oblíqua da abertura pélvica cranial posiciona o pécten do púbis sob a segunda articulação intersacral, o que faz a abertura pélvica cranial ser

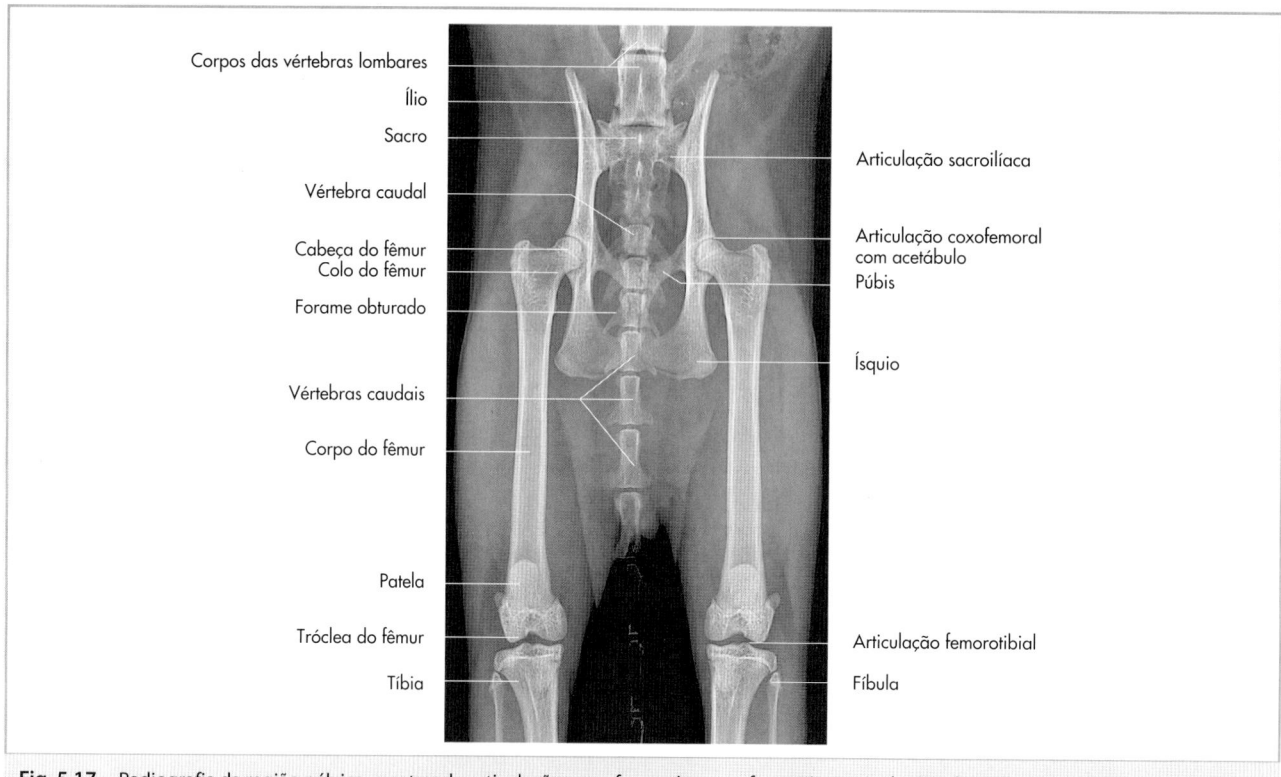

Fig. 5.17 Radiografia da região pélvica, mostrando articulações coxofemorais, ossos femorais e articulações do joelho de um gato (projeção ventrodorsal). (Fonte: cortesia da Profª. Drª. Ulrike Matis, Munique.)

Legendas da figura:
- Corpos das vértebras lombares
- Ílio
- Sacro
- Vértebra caudal
- Cabeça do fêmur
- Colo do fêmur
- Forame obturado
- Vértebras caudais
- Corpo do fêmur
- Patela
- Tróclea do fêmur
- Tíbia
- Articulação sacroilíaca
- Articulação coxofemoral com acetábulo
- Púbis
- Ísquio
- Articulação femorotibial
- Fíbula

comparativamente estreita. A rigidez do sacro torna impossível o aumento do diâmetro vertical. A abertura pélvica caudal é mais estreita do que a cranial. O diâmetro do canal do parto é reduzido pelo desvio para dentro das espinhas isquiáticas e pela tuberosidade isquiática, a qual se projeta dorsalmente desde o assoalho pélvico. Outro fator complicador da passagem do feto durante o parto é o eixo quebrado do canal de parto.

No equino, o teto pélvico é formado pelo sacro e pelas duas primeiras vértebras caudais e se inclina ligeiramente para baixo caudalmente. Em comparação com o suíno e o bovino, a espinha e a tuberosidade isquiáticas do equino são menos pronunciadas, portanto o ligamento sacroisquiático contribui para a maior parte da parede lateral da cavidade pélvica (▶Fig. 5.13, ▶Fig. 5.14, ▶Fig. 5.15 e ▶Fig. 5.16). O assoalho pélvico é vertical e achatado. Equinos jovens exibem um aumento na parte mediana do púbis, que desaparece nas fêmeas adultas. A linha terminal atinge o pécten do púbis na altura da terceira ou quarta vértebra sacral na fêmea e na segunda vértebra sacral no macho. A abertura pélvica cranial é ampla e circular na fêmea e mais angular, particularmente ventral, no macho. A cavidade pélvica da fêmea do equino apresenta um formato mais propício para o parto do que a da fêmea do bovino. A abertura pélvica cranial é larga, ao passo que a caudal não é reduzida por protuberâncias ósseas, tem eixo reto e a sua cavidade como um todo é mais ampla.

5.1.3 Esqueleto femoral (*skeleton femoris*)

O esqueleto da parte proximal (estilopódio) do apêndice livre do membro pélvico é formado por um único osso, o **fêmur** (*os femoris*) (▶Fig. 5.1, ▶Fig. 5.19, ▶Fig. 5.20, ▶Fig. 5.21, ▶Fig. 5.22, ▶Fig. 5.23, ▶Fig. 5.24 e ▶Fig. 5.25), o qual é o mais forte dos ossos longos. Pode-se encontrar até **quatro ossos sesamoides** nos tecidos femorais moles. O maior osso sesamoide é a **patela**, ou rótula, a qual está fixada no tendão de inserção do músculo quadríceps femoral. Em carnívoros, dois ossos sesamoides estão fixados nas cabeças do músculo gastrocnêmio e outro na cabeça do músculo poplíteo.

O **fêmur** é essencial para a postura e a locomoção. Assim como ocorre com o úmero, a superfície do fêmur é caracterizada pela origem e pela fixação de músculos fortes e seus tendões, protuberâncias ósseas proeminentes e sulcos (▶Fig. 5.19). Apesar das variações entre espécies, o fêmur pode ser dividido em **três segmentos básicos**:
- extremidade proximal, com a cabeça (*caput ossis femoris*);
- corpo do fêmur (*corpus ossis femoris*);
- extremidade distal, com os côndilos lateral e medial (*condylus lateralis et medialis*).

A **extremidade proximal** se curva medialmente e contém a proeminente **cabeça do fêmur**, que se desloca ligeiramente do eixo longo do osso. A cabeça do fêmur apresenta uma face articular hemisférica para a articulação com o acetábulo, interrompida por uma **incisura** (*fovea capitis*), na qual se fixa o ligamento intracapsular

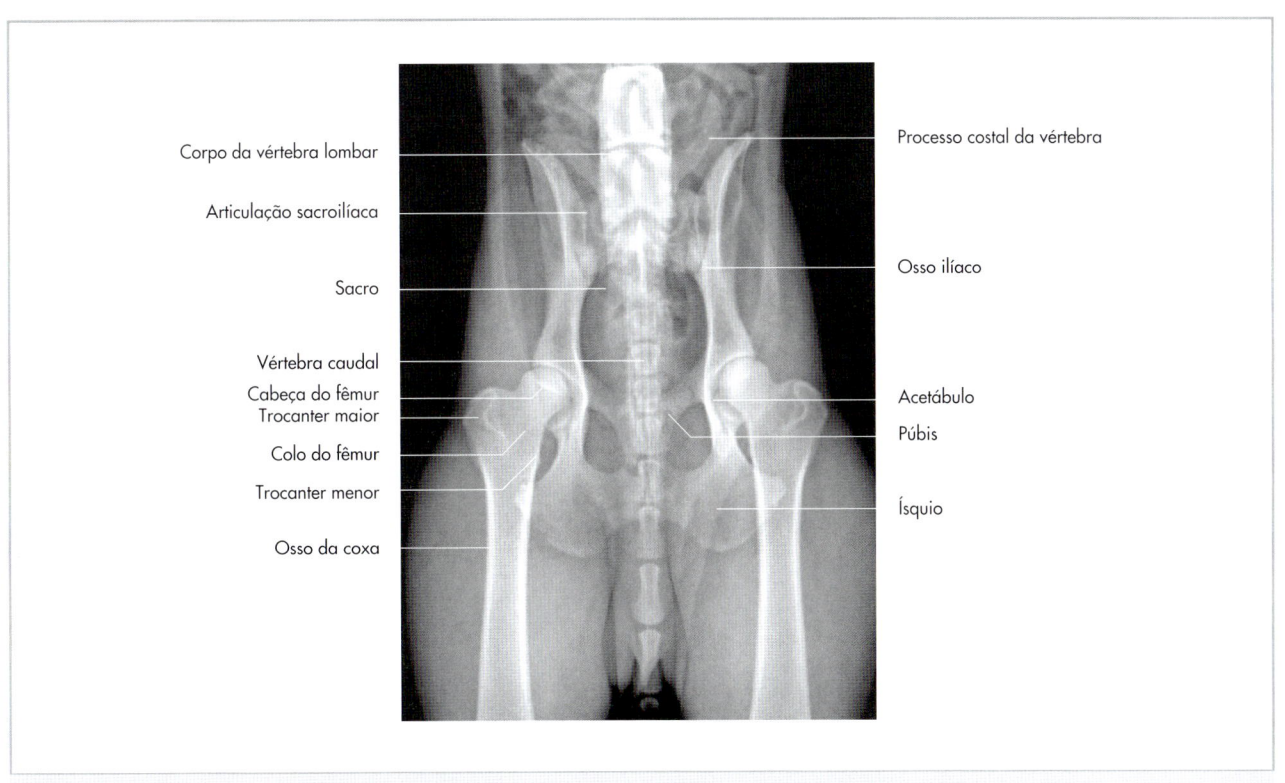

Fig. 5.18 Radiografia da região pélvica de um cão (projeção ventrodorsal). (Fonte: cortesia da Prof^a. Dr^a. Ulrike Matis, Munique.)

da cabeça do fêmur (*ligamentum capitis ossis femoris*). Essa incisura é circular e se localiza no centro no cão, ao passo que, no equino, ela tem formato de cunha e é aberta medialmente em direção à periferia. A cabeça do fêmur se separa do corpo do fêmur por um **colo** (*collum ossis femoris*) distinto em carnívoros e no suíno. Lateralmente à cabeça, projeta-se um processo grande, o **trocanter maior** (*trochanter major*), que se prolonga para além do limite dorsal da cabeça do fêmur em animais de grande porte, porém permanece na mesma altura em animais de pequeno porte e no suíno. O trocanter maior propicia fixação para os músculos glúteos, atuando como uma alavanca para esses extensores da articulação coxofemoral.

O trocanter maior e o colo do fêmur são separados pela **fossa trocantérica** (*fossa trochanterica*), na qual se inserem os músculos femorais profundos. Ele se divide em uma parte cranial e outra caudal (*pars cranialis et caudalis*) no equino. Um processo menor, o **trocanter menor** (*trochanter minor*), está presente na face medial e propicia fixação para o músculo iliopsoas. No equino, outro processo, o **terceiro trocanter** (*trochanter tertius*), posiciona-se na face lateral do terço proximal do corpo e propicia inserção para o músculo glúteo superficial (▶Fig. 5.22).

A **diáfise** é formada pelo **corpo**, e sua face caudal é marcada por uma área rugosa proximalmente (*facies aspera*), a qual é circundada pelos **lábios laterais** e mediais (*labium mediale et laterale*), aos quais se fixam os músculos adutores. Esses lábios prosseguem distalmente e envolvem a **face poplítea** (*facies poplitea*). No equino, a face caudodistal recebe a **fossa supracondilar** (*fossa supracondylaris*), que aumenta a área de origem do músculo flexor superficial dos dedos. As tuberosidades supracondilares medial e lateral que dão origem ao músculo gastrocnêmio situam-se no terço distal do corpo (▶Fig. 5.20).

Na **extremidade distal**, encontram-se os **côndilos lateral** e **medial** (*condylus lateralis et medialis*) caudalmente e uma tróclea cranialmente (▶Fig. 5.19, ▶Fig. 5.20 e ▶Fig. 5.23). Os côndilos se articulam com a extremidade proximal da tíbia e os meniscos para formar a **articulação femorotibial** (*articulatio femorotibialis*). Entre os côndilos lateral e medial, situa-se a **fossa intercondilar** (*fossa intercondylaris*) profunda, que se separa da **face poplítea** (*facies poplitea*) por meio da **linha intercondilar** (*linea intercondylaris*) horizontal. As faces abaxiais dos dois côndilos são rugosas para a fixação dos ligamentos colaterais da articulação do joelho (*epicondylus lateralis et medialis*). O côndilo lateral exibe duas depressões: a depressão cranial, que dá origem à **fossa extensora** (*fossa extensoria*) (▶Fig. 5.20 e ▶Fig. 5.25), da qual emergem o músculo extensor longo dos dedos e o músculo fibular terceiro; e a depressão caudal (*fossa musculi poplitei*), que dá origem ao músculo poplíteo (▶Fig. 5.25). Na face caudal de cada côndilo, encontram-se pequenas fóveas para a articulação com os ossos sesamoides lateral e medial do músculo gastrocnêmio, também denominados **fabelas** (*ossa sesamoidea musculi gastrocnemii*), os dois ossos sesamoides fixados nos tendões de origem do músculo gastrocnêmio (▶Fig. 5.24 e ▶Fig. 5.27).

A **tróclea do fêmur** (*trochlea ossis femoris*) (▶Fig. 5.19, ▶Fig. 5.20, ▶Fig. 5.26, ▶Fig. 5.28 e ▶Fig. 5.30) consiste em duas cristas separadas por um sulco, as quais se articulam com a patela para formar a **articulação femoropatelar** (*articulatio femoropatellaris*). Essas cristas são acentuadamente assimétricas em animais de grande porte, e a crista troclear medial é a maior. No equino, há uma protuberância (*tuberculum trochleae ossis femoris*) na crista medial, a qual se projeta proximalmente.

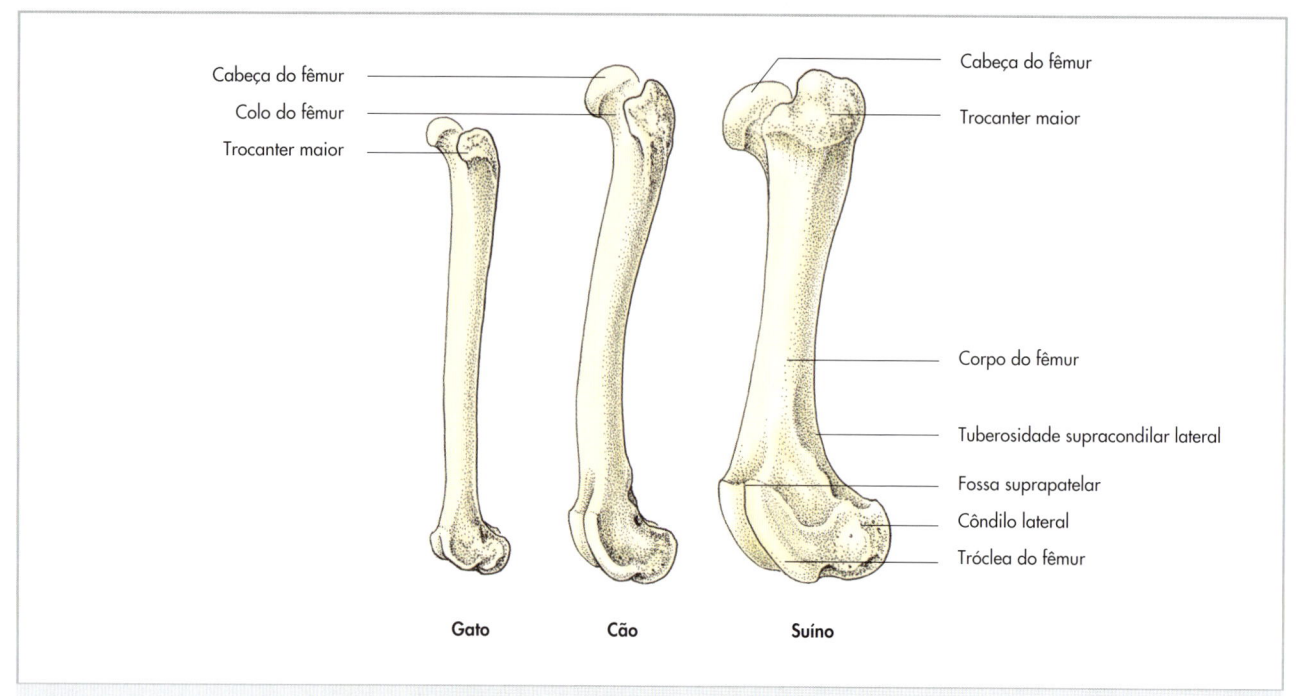

Fig. 5.19 Fêmur de um gato, de um cão e de um suíno (representação esquemática, vista craniolateral).

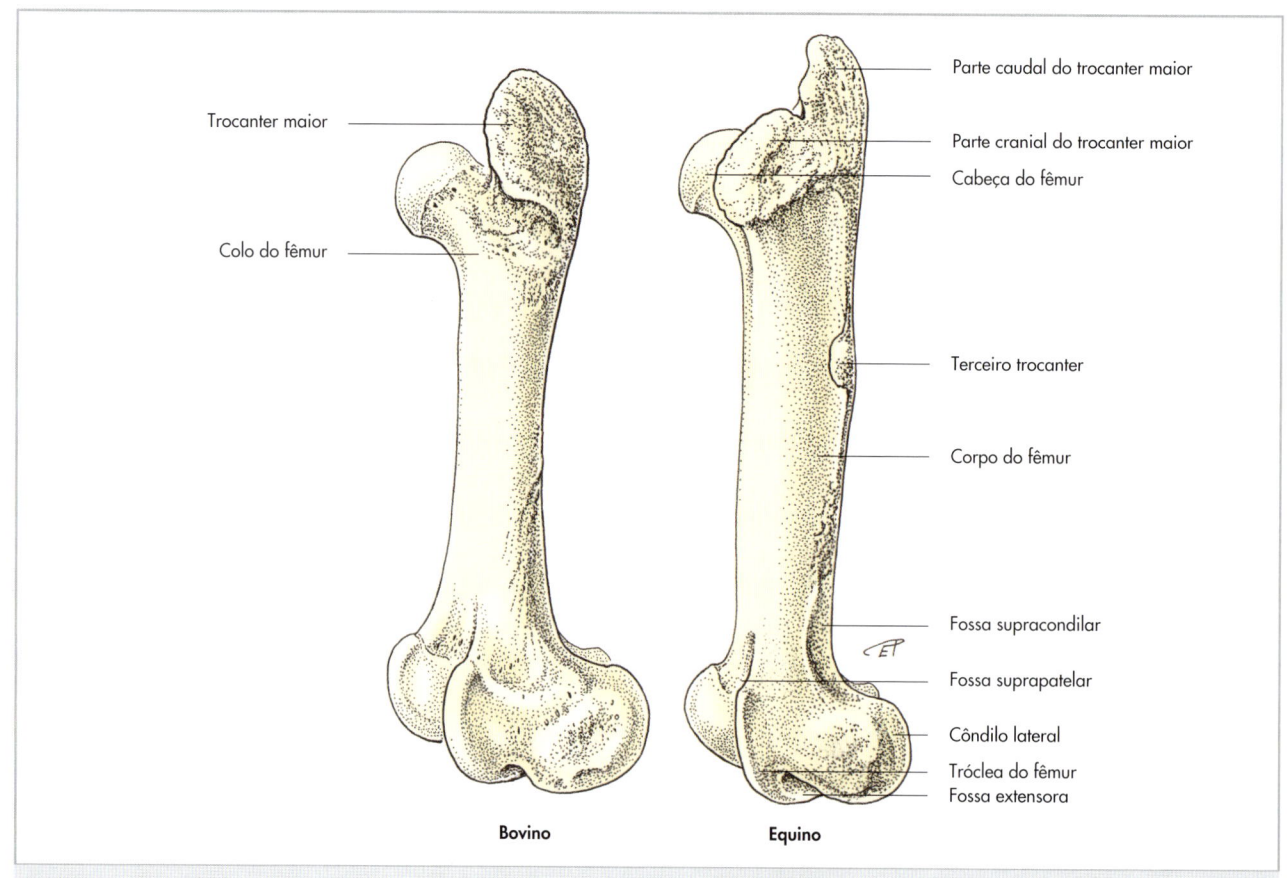

Fig. 5.20 Fêmur de um bovino e de um equino (representação esquemática, vista craniolateral).

Membros pélvicos (*membra pelvina*)

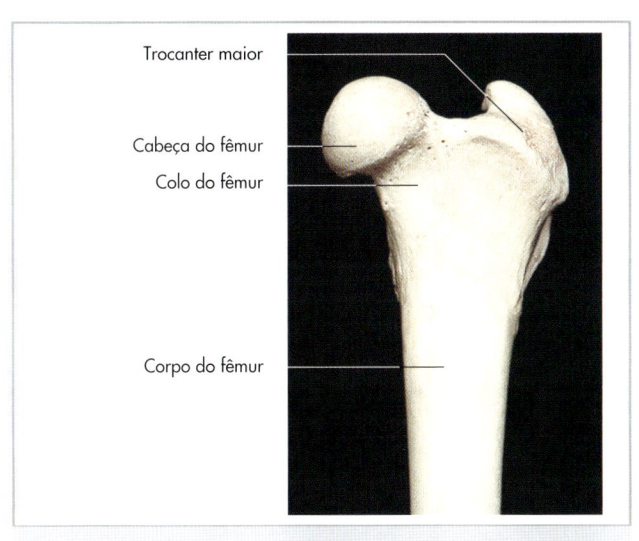

Fig. 5.21 Extremidade proximal do fêmur esquerdo de um cão (vista cranial).

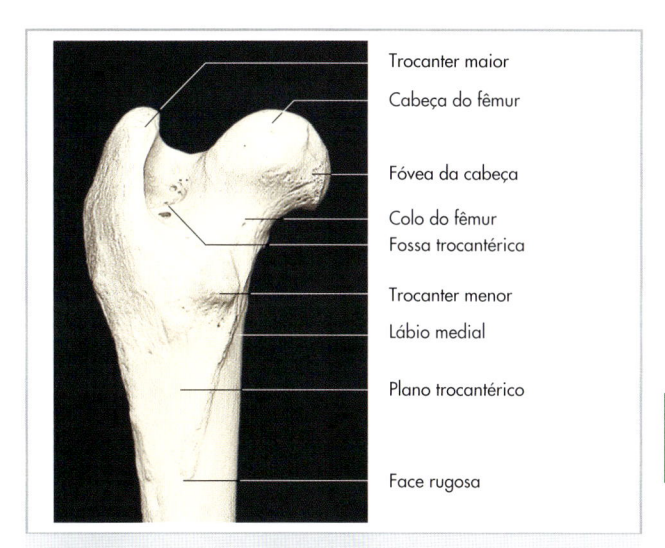

Labels:
- Trocanter maior
- Cabeça do fêmur
- Colo do fêmur
- Corpo do fêmur

Fig. 5.22 Extremidade proximal do fêmur esquerdo de um cão (vista caudal).

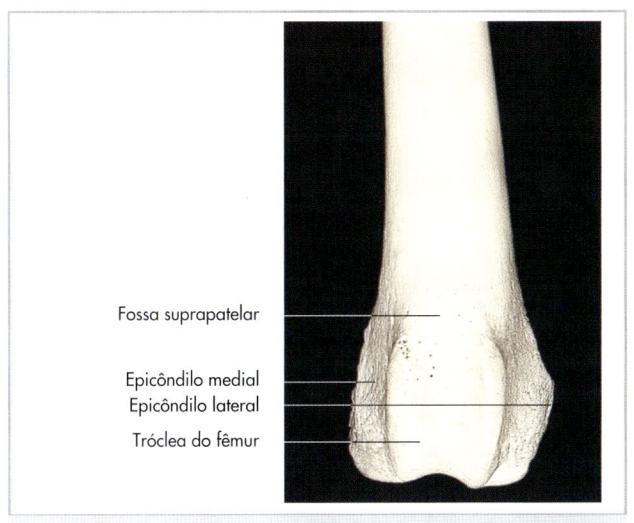

Labels:
- Trocanter maior
- Cabeça do fêmur
- Fóvea da cabeça
- Colo do fêmur
- Fossa trocantérica
- Trocanter menor
- Lábio medial
- Plano trocantérico
- Face rugosa

Fig. 5.23 Extremidade distal do fêmur esquerdo de um cão (vista cranial).

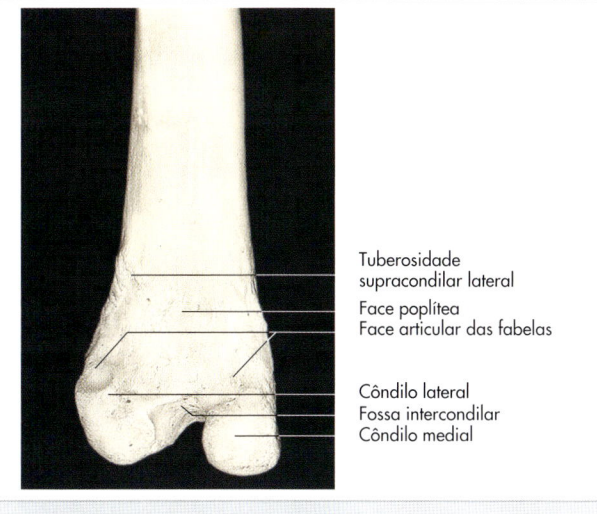

Labels:
- Fossa suprapatelar
- Epicôndilo medial
- Epicôndilo lateral
- Tróclea do fêmur

Fig. 5.24 Extremidade distal do fêmur esquerdo de um cão (vista caudal).

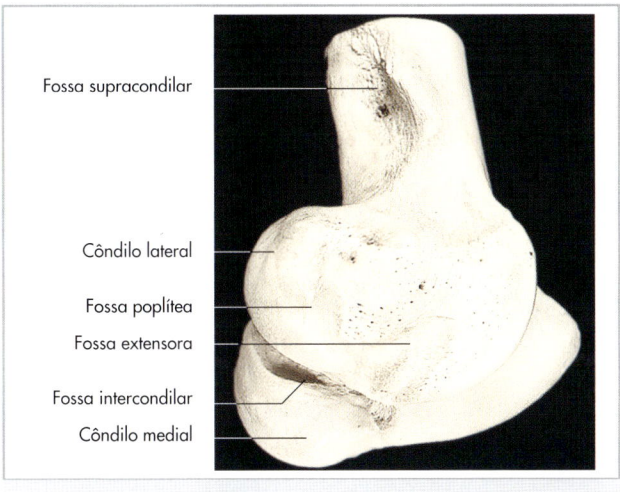

Labels:
- Tuberosidade supracondilar lateral
- Face poplítea
- Face articular das fabelas
- Côndilo lateral
- Fossa intercondilar
- Côndilo medial

Fig. 5.25 Extremidade distal do fêmur direito de um equino (vista distolateral).

Labels:
- Fossa supracondilar
- Côndilo lateral
- Fossa poplítea
- Fossa extensora
- Fossa intercondilar
- Côndilo medial

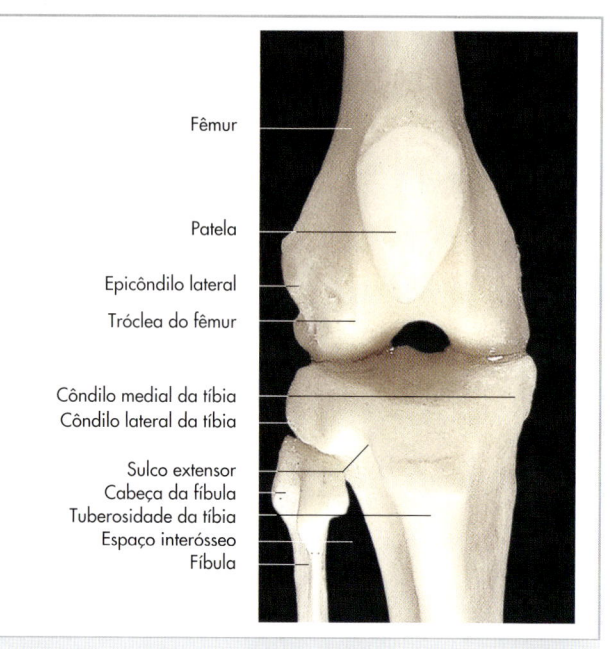

Fig. 5.26 Esqueleto da articulação femorotibiopatelar direita de um cão (vista cranial).

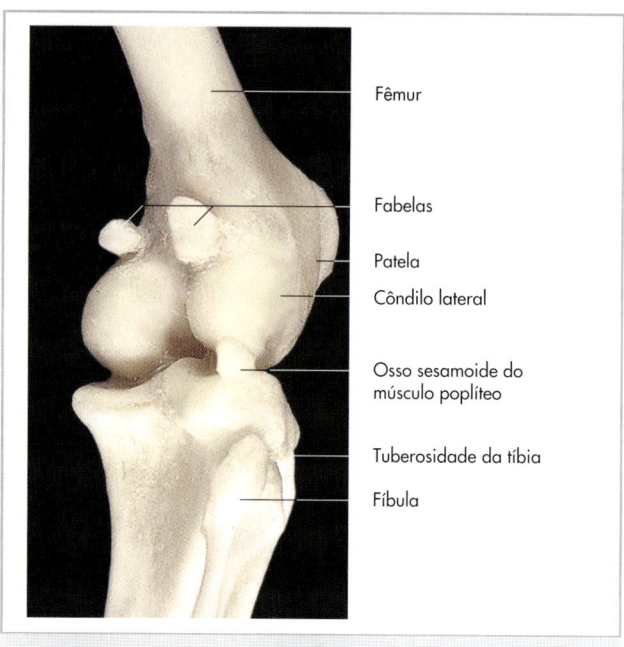

Fig. 5.27 Esqueleto da articulação do joelho direito de um cão (vista caudolateral).

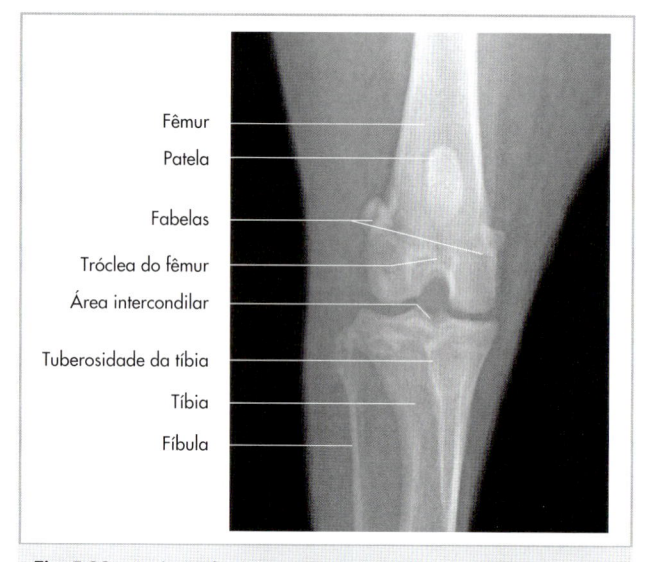

Fig. 5.28 Radiografia da articulação do joelho direito de um cão (projeção craniocaudal). (Fonte: cortesia da Prof.ª Dr.ª Ulrike Matis, Munique.)

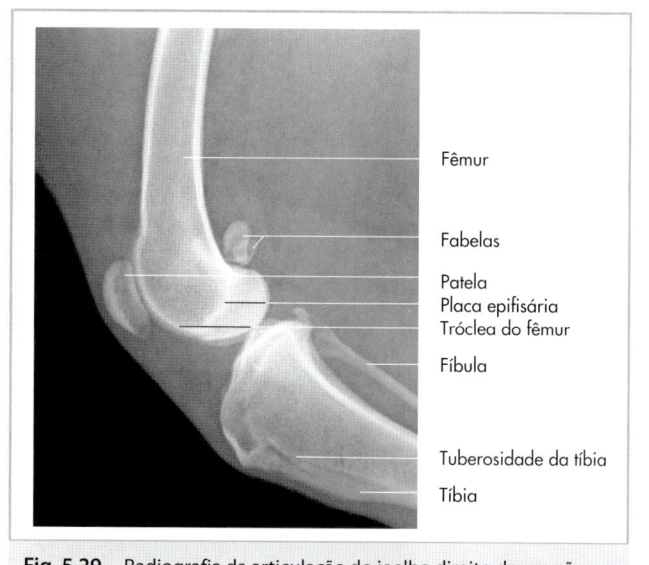

Fig. 5.29 Radiografia da articulação do joelho direito de um cão jovem (projeção mediolateral). (Fonte: cortesia da Prof.ª Dr.ª Ulrike Matis, Munique.)

5.1.4 Patela (*patella*)

A patela é um grande **osso sesamoide**, situado no tendão de inserção do músculo quadríceps femoral. A sua **face articular** (*facies articularis*) se volta caudalmente em direção ao fêmur; a face livre se volta cranialmente (*facies cranialis*) e é palpável sob a pele. A base da patela se direciona proximalmente e é rugosa para a fixação muscular; o ápice está voltado para a direção distal (▶Fig. 5. 33). No equino e no bovino, a patela se prolonga medialmente através da **fibrocartilagem da patela** (*fibrocartilago parapatellaris medialis*) (▶Fig. 5.26, ▶Fig. 5.28 e ▶Fig. 5.30).

5.1.5 Esqueleto da perna (*skeleton cruris*)

O esqueleto da parte distal (zeugopódio) do apêndice livre do membro pélvico é composto por dois ossos, a **tíbia** e a **fíbula** (▶Fig. 5.1, ▶Fig. 5.26 e ▶Fig. 5.35). Esses ossos são bastante diferentes quanto à força, assim como os seus elementos análogos no membro torácico, e o osso medial, a tíbia, é muito mais resistente do que a fíbula. A fíbula percorre a margem lateral da tíbia e não se articula com o fêmur proximalmente. Assim, apenas a tíbia suporta o peso do animal, o que se reflete no aumento de sua robustez.

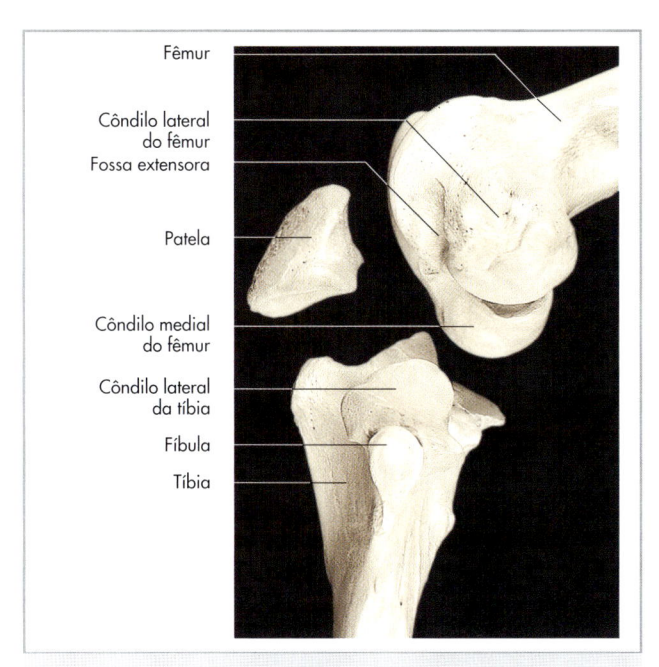

Fig. 5.30 Extremidade distal do fêmur esquerdo, patela e extremidade proximal da tíbia de um equino (vista lateral).

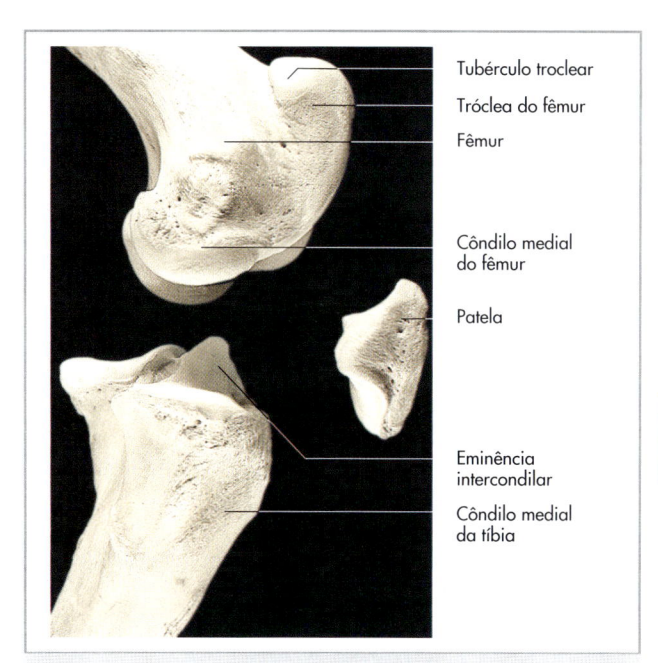

Fig. 5.31 Extremidade distal do fêmur esquerdo, patela e extremidade proximal da tíbia de um equino (vista medial).

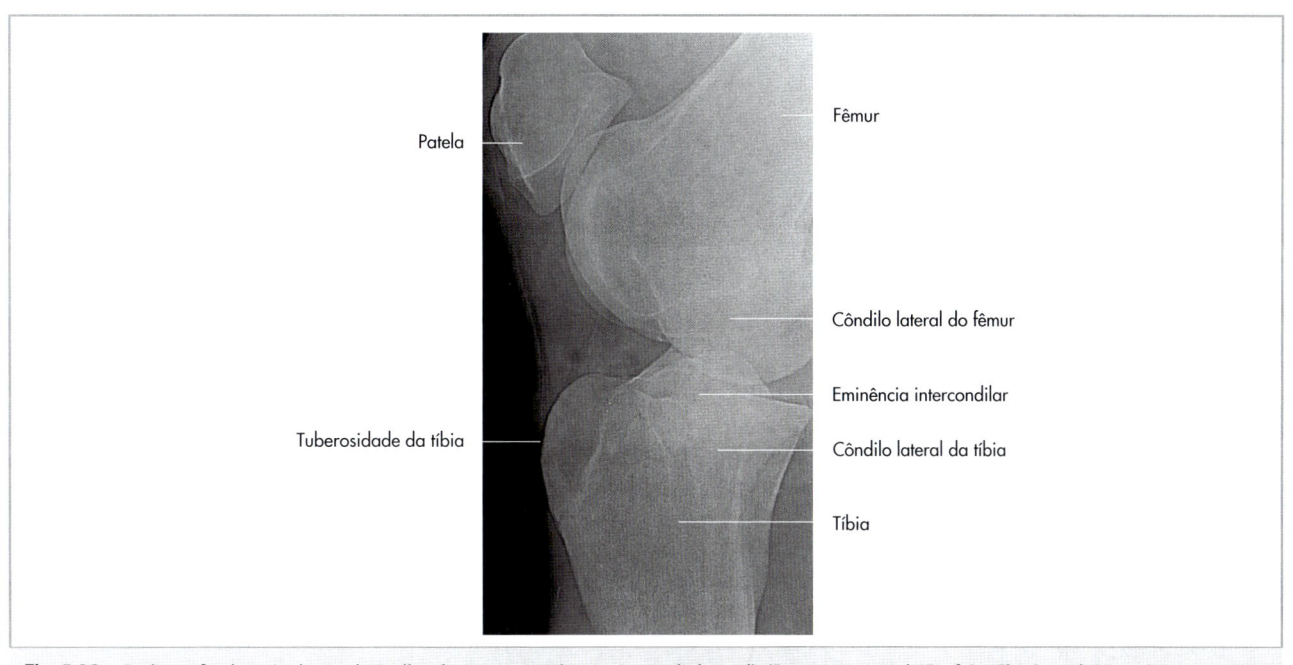

Fig. 5.32 Radiografia da articulação do joelho de um equino (projeção mediolateral). (Fonte: cortesia do Prof. Dr. Chr. Stanek, Viena.)

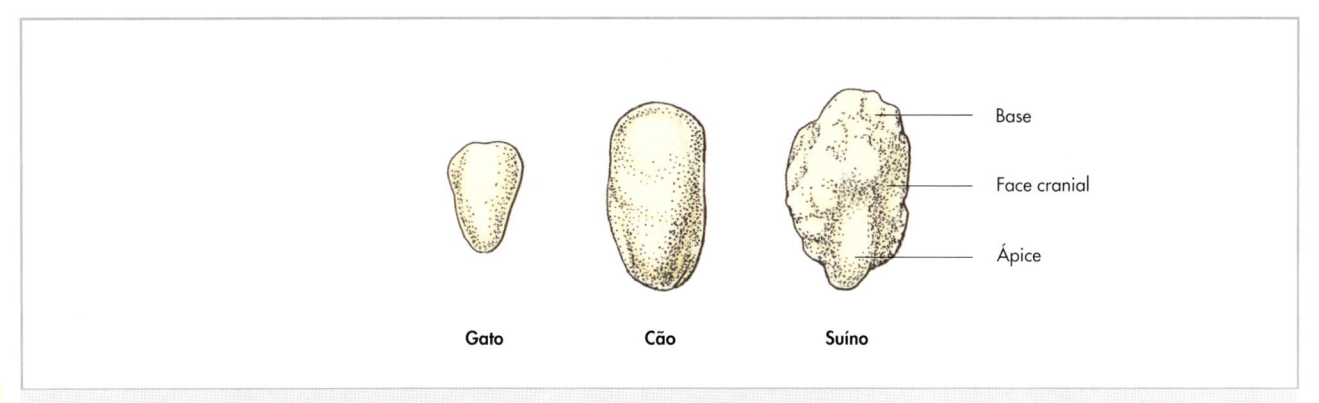

Fig. 5.33 Patela de um gato, de um cão e de um suíno (representação esquemática).

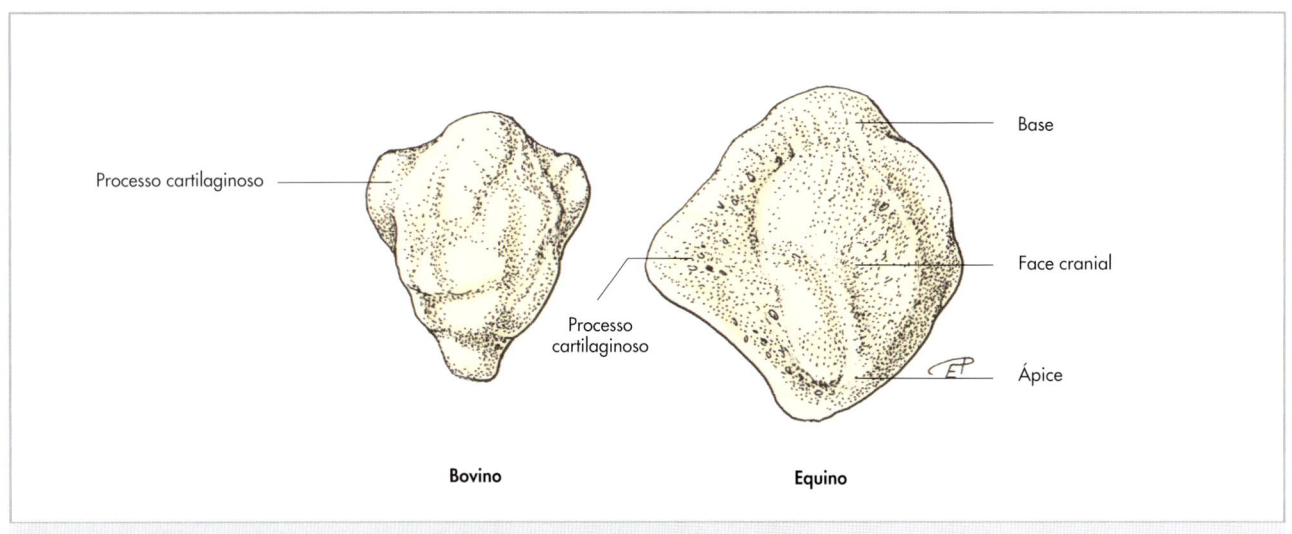

Fig. 5.34 Patela de um bovino e um equino (representação esquemática).

A redução da fíbula é maior do que a redução da ulna no membro torácico: no bovino, a fíbula é quase completamente reduzida; no equino, a parte proximal ainda é um osso distinto, ao passo que a parte distal está incorporada à tíbia. Nos carnívoros, a redução da fíbula se manifesta no diâmetro, mas não no comprimento.

Tíbia

A tíbia contribui com a maior parte da formação da articulação femorotibiopatelar (▶Fig. 5.26 e ▶Fig. 5.35), o que se reflete na sua extremidade proximal expandida.

A extremidade proximal da tíbia (▶Fig. 5.29, ▶Fig. 5.35 e ▶Fig. 5.36) apresenta faces articulares para os côndilos femorais correspondentes e para os meniscos e as diversas rugosidades para a fixação ligamentosa. A tíbia pode ser dividida em **três segmentos**:
- extremidade proximal, com a face articular (*facies articularis*) para a formação da articulação femorotibial;
- corpo da tíbia (*corpus tibiae*);
- extremidade distal, com a cóclea (*cochlea tibiae*) para a articulação com o tálus.

A **extremidade proximal** (*extremitas proximalis*) tem três faces e concentra dois côndilos (*condylus lateralis et medialis*), os quais são separados caudalmente pela **incisura poplítea** (*incisura poplitea*), onde se encontra o músculo poplíteo. Cada côndilo apresenta uma face articular para a articulação com o côndilo femoral correspondente ou a face fibrocartilaginosa do menisco (▶Fig. 5.35). Entre as faces articulares dos côndilos, projeta-se a **eminência intercondilar** (*eminentia intercondylaris*; ▶Fig. 5.31), a qual se subdivide em uma parte medial mais alta (*tuberculum intercondylare mediale*) e uma parte lateral mais baixa (*tuberculum intercondylare laterale*), próximo à **área intercondilar central** (*area intercondylaris centralis*). No sentido cranial e caudal à eminência intercondilar, encontram-se depressões para a fixação ligamentosa (*areae intercondylares craniales et caudales*). A face lateral do côndilo exibe uma **fóvea articular** (*facies articularis fibularis*) para a articulação com a extremidade proximal da fíbula. Em ruminantes, os vestígios da fíbula estão fusionados a essa face articular. Uma incisura profunda na face craniolateral, o **sulco extensor** (*sulcus extensorius*), dá passagem para o músculo extensor longo dos dedos.

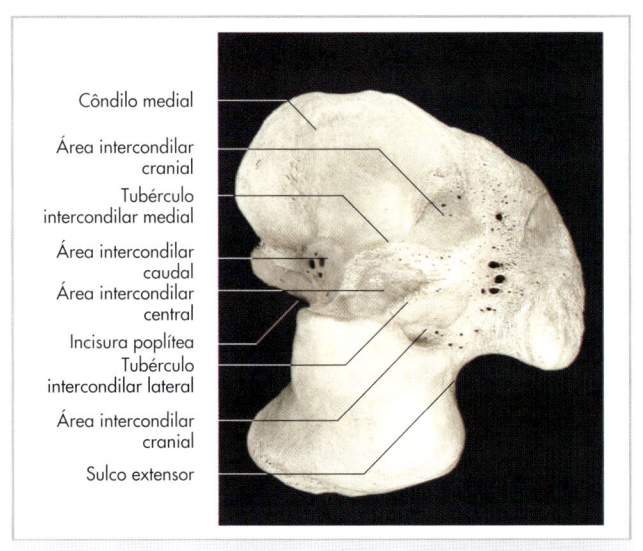

Fig. 5.35 Extremidade proximal da tíbia direita de um equino (vista da extremidade).

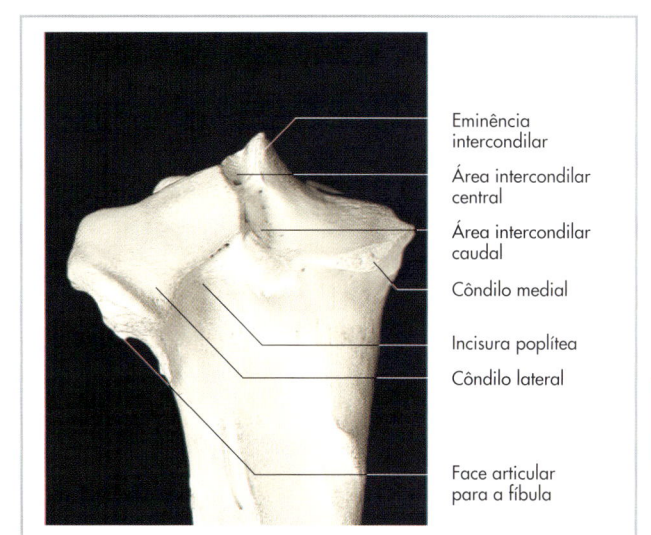

Fig. 5.36 Extremidade proximal da tíbia esquerda de um equino (vista caudal).

O **corpo da tíbia** é comprimido craniocaudalmente e exibe duas estruturas ósseas proeminentes. A **tuberosidade da tíbia** (*tuberositas tibiae*) é um processo grande que se projeta da face cranial da parte proximal do corpo da tíbia e representa um ponto de referência importante. Distalmente à tuberosidade da tíbia, projeta-se a **margem cranial da tíbia** (*margo cranialis*), a qual é palpável no animal vivo e divide a superfície do corpo em uma parte lateral, que é coberta por músculos, e uma parte medial, subcutânea. No equino, a face caudal do corpo é marcada por vários sulcos para a fixação do músculo poplíteo (*lineae musculi poplitei*) e dos músculos flexores do dedo (*lineae musculares*).

Na extremidade distal (*extremitas distalis*), encontra-se a **cóclea**, que consiste em uma crista intermédia margeada por dois sulcos. A crista central orienta-se em uma direção sagital na maioria das espécies domésticas, porém, no equino, ela se orienta craniolateralmente. A cóclea recebe as cristas trocleares do tálus para articulação (▶Fig. 5.41 e ▶Fig. 5.42).

O lado medial da cóclea é aumentado por uma protuberância óssea, o **maléolo medial** (*malleolus medialis*) (▶Fig. 5.38). A face lateral da cóclea exibe variações conforme a espécie. Em carnívoros e no suíno, a cóclea apresenta uma incisura lateral (*incisura fibularis*) para a articulação com a extremidade distal da fíbula. No bovino, a face lateral da cóclea possui uma fóvea articular para a articulação com o restante da fíbula distal, o **osso maleolar** (*os malleolare*) isolado. No equino, o maléolo lateral é formado pela fusão da extremidade distal da fíbula com a tíbia.

Fíbula

A fíbula pode ser dividida em uma **cabeça proximal** (*caput fibulae*), um **colo** (*collum fibulae*), um **corpo** (*corpus fibulae*) e uma extremidade distal, ou **maléolo lateral** (*malleolus lateralis*) (▶Fig. 5.37, ▶Fig. 5.38, ▶Fig. 5.39, ▶Fig. 5.40, ▶Fig. 5.41 e ▶Fig. 5.42). Observa-se uma redução da fíbula durante a evolução, cujo grau varia de uma espécie para outra. A fíbula do suíno e dos carnívoros reteve todo o seu comprimento, mas sua força e função foram reduzidas. A fíbula separa-se da tíbia por meio de um longo **espaço interósseo** (*spatium interosseum cruris*), conectado por tecido mole. Embora o espaço interósseo se prolongue por todo o comprimento da perna no suíno, ele se limita à parte proximal em carnívoros. A fíbula situa-se lateralmente à tíbia e divide os músculos da perna nos grupo cranial e caudal. Ela pode ser palpada em toda a sua extensão em cães esguios, porém, em cães muito musculosos, pode-se palpar apenas a extremidade proximal. A cabeça da fíbula se articula com o côndilo lateral da tíbia.

Em ruminantes, o corpo da fíbula é totalmente reduzido. A extremidade proximal se fusiona à tíbia, e a parte distal continua como um osso isolado (*os malleolare*), o qual se articula com a extremidade distal da tíbia. No equino, apenas a parte proximal da fíbula permanece isolada (▶Fig. 5.34).

A cabeça se articula com a tíbia, e o corpo desaparece em direção à metade da perna. A extremidade distal está completamente incorporada à tíbia e forma o maléolo lateral, o qual possui um centro de ossificação distinto, visível por meio de radiografia no equino jovem.

5.1.6 Esqueleto do pé (*skeleton pedis*)

O esqueleto do pé (pata traseira) forma a parte óssea do autopódio e é composto por **três segmentos** (de proximal a distal) (▶Fig. 5.1, ▶Fig. 5.2 e ▶Fig. 5.3):
- basipódio: ossos do tarso (*ossa tarsi*);
- metapódio: ossos do metatarso (*ossa metatarsalia*);
- acropódio: falanges (*ossa digitorum pedis*).

Ossos do tarso (*ossa tarsi*)

Nos mamíferos domésticos, os ossos do tarso estão dispostos em três fileiras: **fileira proximal** ou **crural**, a **fileira média** ou **intertarsal** e a **fileira distal** ou **metatarsal** (▶Fig. 5.37, ▶Fig. 5.38, ▶Fig. 5.39, ▶Fig. 5.40, ▶Fig. 5.41, ▶Fig. 5.42, ▶Fig. 5.43, ▶Fig. 5.44 e ▶Fig. 5.45). A fileira proximal se articula com a tíbia,

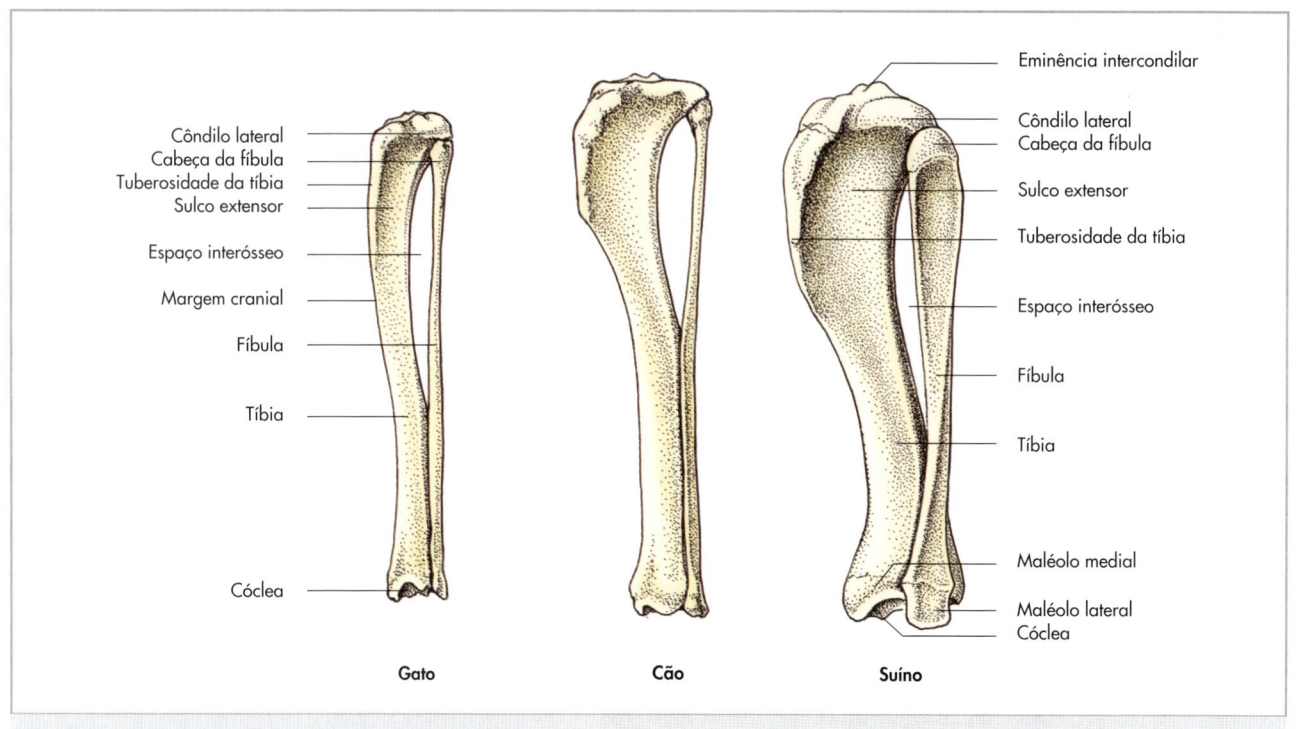

Fig. 5.37 Tíbia e fíbula esquerdas de um gato, de um cão e de um suíno (representação esquemática, vista craniolateral).

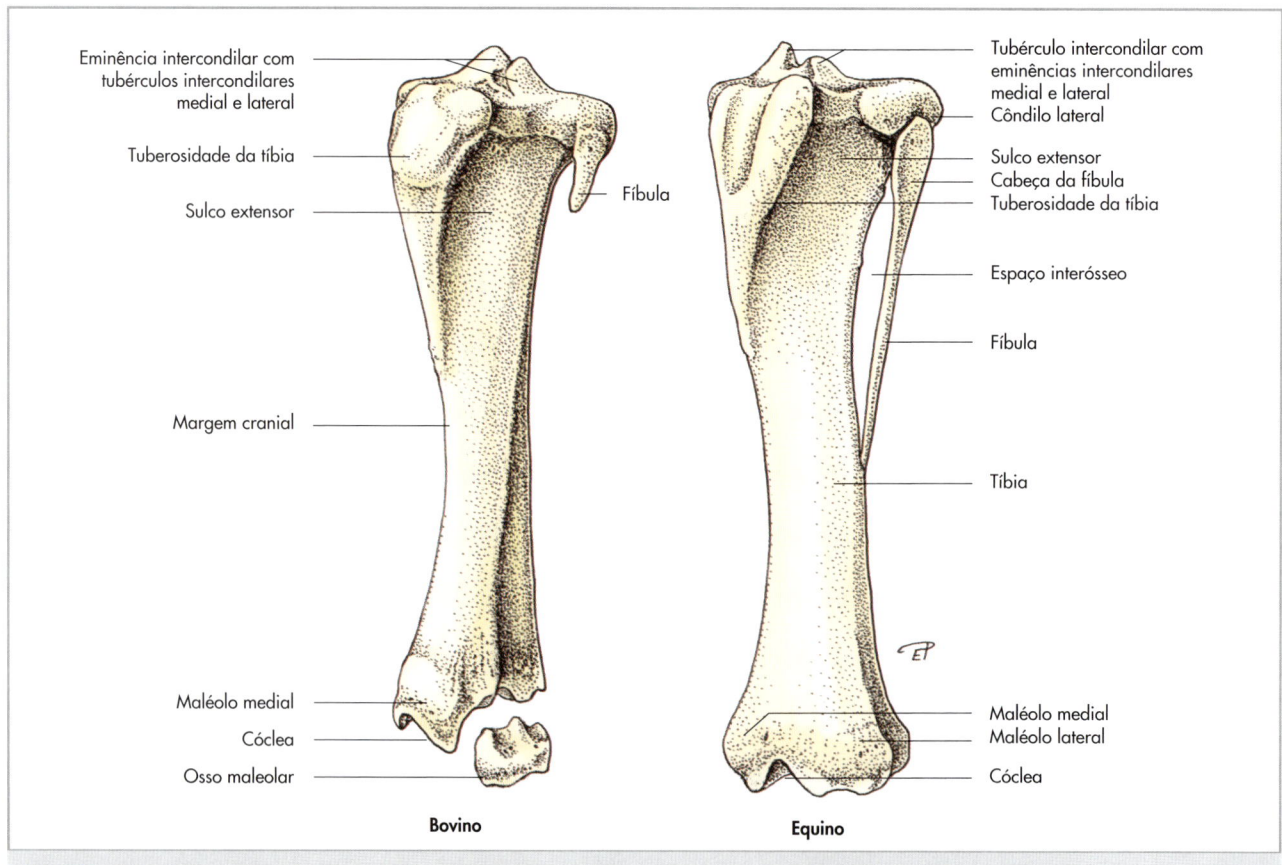

Fig. 5.38 Tíbia e fíbula esquerdas de um bovino e de um equino (representação esquemática, vista craniolateral).

Membros pélvicos (*membra pelvina*)

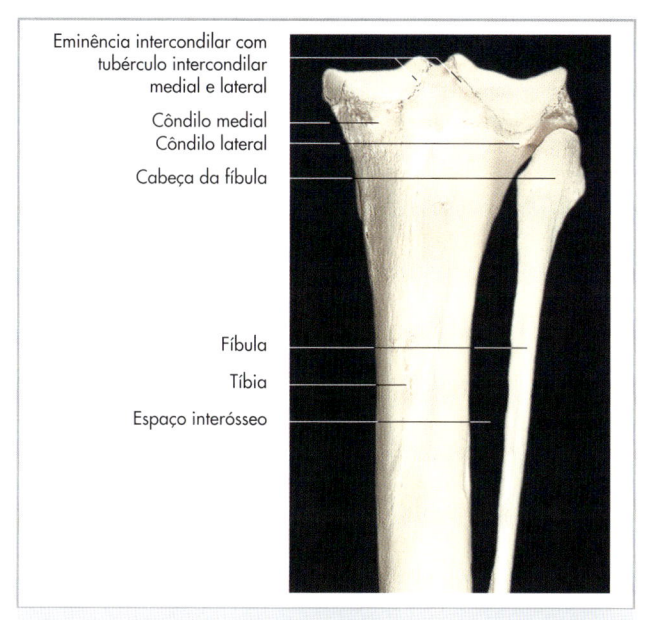

Fig. 5.39 Extremidade proximal da tíbia e da fíbula direitas de um cão (vista caudal).

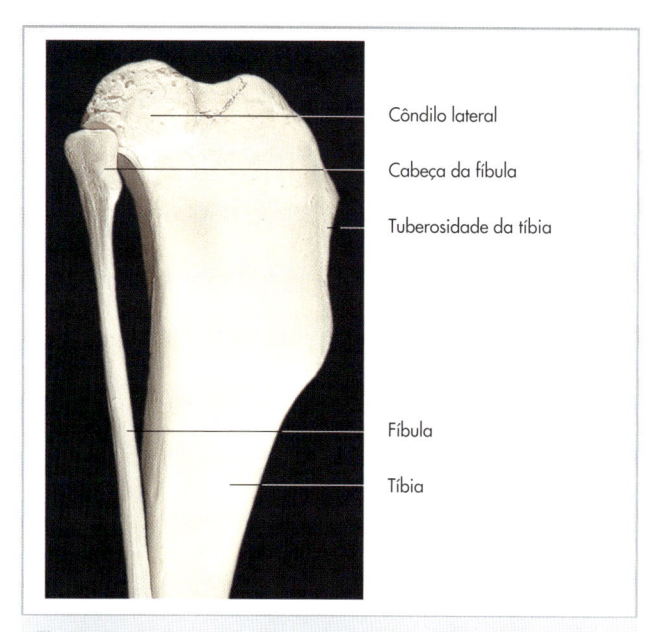

Labels: Eminência intercondilar com tubérculo intercondilar medial e lateral; Côndilo medial; Côndilo lateral; Cabeça da fíbula; Fíbula; Tíbia; Espaço interósseo.

Fig. 5.40 Extremidade proximal da tíbia e da fíbula direitas de um cão (vista craniolateral).

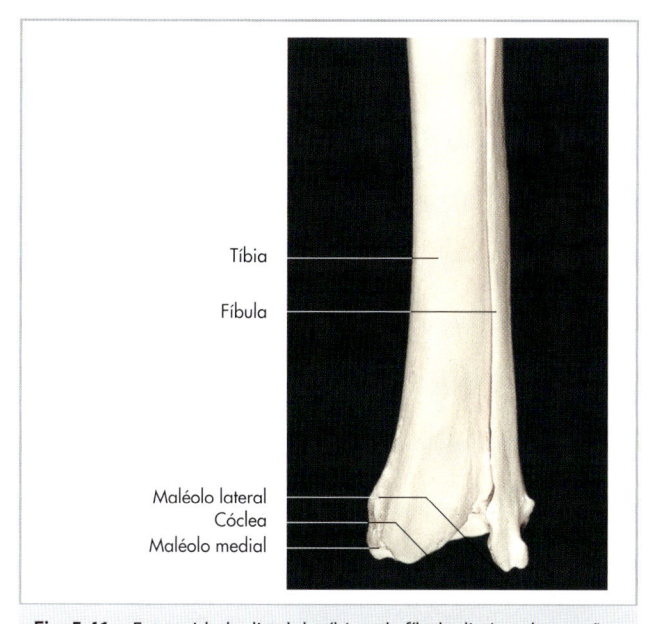

Labels: Côndilo lateral; Cabeça da fíbula; Tuberosidade da tíbia; Fíbula; Tíbia.

Fig. 5.41 Extremidade distal da tíbia e da fíbula direitas de um cão (vista caudal).

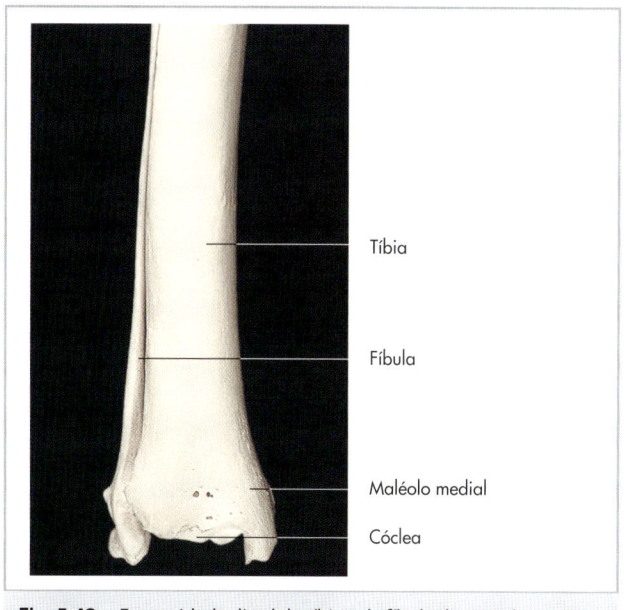

Labels: Tíbia; Fíbula; Maléolo lateral; Cóclea; Maléolo medial.

Fig. 5.42 Extremidade distal da tíbia e da fíbula direitas de um cão (vista cranial).

Labels: Tíbia; Fíbula; Maléolo medial; Cóclea.

formando a **articulação tarsocrural** (*articulatio tarsocruralis*), ao passo que a fileira distal se articula com os ossos do metatarso para formar a **articulação tarsometatarsal** (*articulatio tarsometatarsea*). Os ossos tarsais vizinhos se articulam um com o outro de modo complexo, descrito em detalhes mais adiante. O tarso contém os seguintes ossos:

- **fileira proximal** ou **crural** (em sequência mediolateral):
  - osso tarsotibial ou tálus (*os tarsi tibiale*);
  - osso tarsofibular ou calcâneo (*os tarsi fibulare*);
- **fileira média** ou **intertarsal**:
  - osso central do tarso (*os tarsi centrale*);
- **fileira distal** ou **metatarsal** (em sequência mediolateral):
  - osso tarsal I (*os tarsale primum*);
  - osso tarsal II (*os tarsale secundum*);
  - osso tarsal III (*os tarsale tertium*);
  - osso tarsal IV (*os tarsale quartum*).

O padrão dos ossos do tarso varia conforme a espécie e está ilustrado na ▶Fig. 5.43.

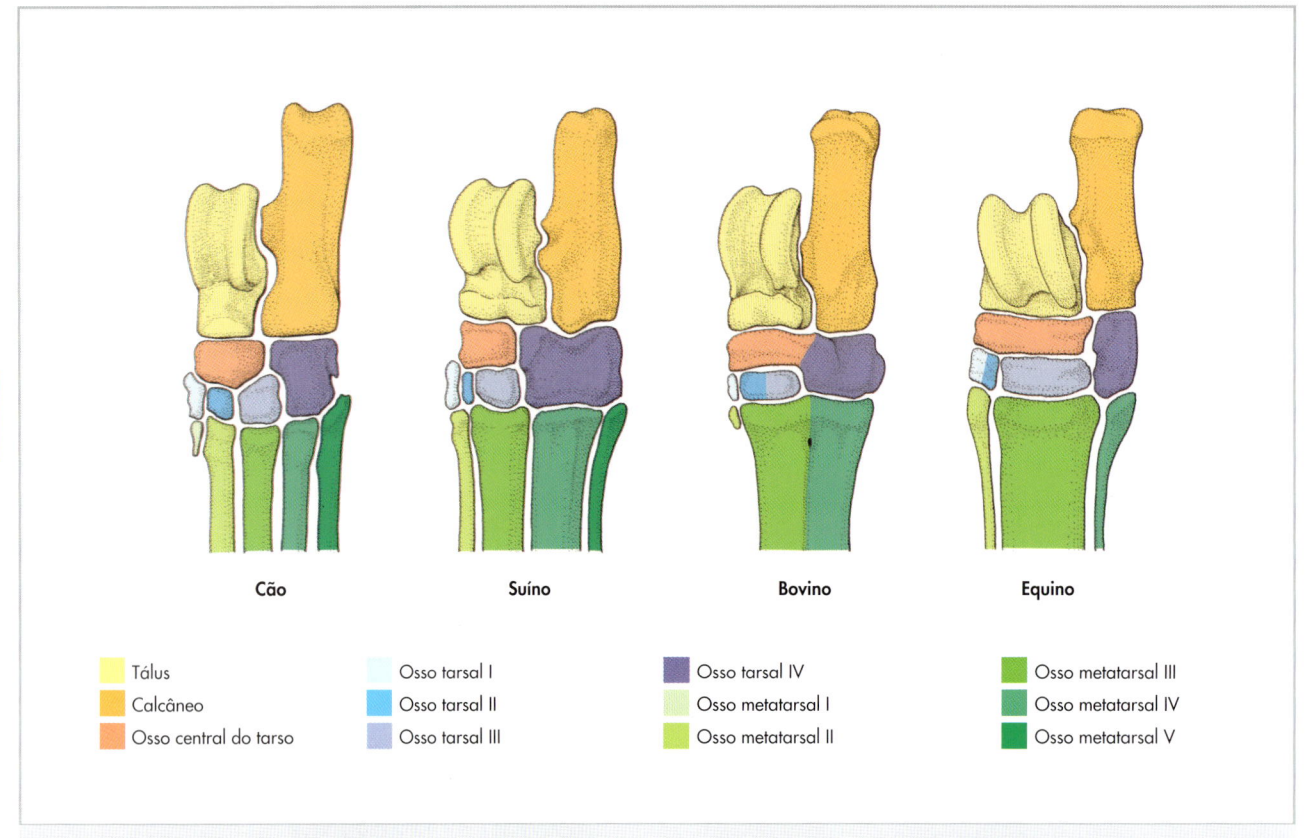

Fig. 5.43 Esqueleto do tarso nos mamíferos domésticos (representação esquemática). (Fonte: com base em dados de Ellenberger e Baum, 1943.)

Nos carnívoros e no suíno, a quantidade original de **sete ossos tarsais** se mantém. O tarso dos ruminantes é composto por **cinco ossos tarsais**, sendo que o osso central do tarso e os ossos tarsais IV, I e II estão fusionados. No equino, os ossos tarsais I e II se fusionam, de modo que a quantidade total de **ossos tarsais** se reduz para **seis**.

Tálus (*os tarsi tibiali*)

O tálus é o osso medial da fileira proximal do tarso. Ele pode ser dividido em um **corpo** (*corpus tali*) compacto, uma **tróclea** (*trochlea tali*) com cristas sagitais proeminentes dorsoproximalmente e uma **cabeça** (*caput tali*) cilíndrica como base do osso (▶Fig. 5.43). A **tróclea do tálus** se articula com os sulcos sagitais e a crista intermédia da extremidade distal da tíbia. As cristas sagitais da tróclea são menos proeminentes, prolongam-se mais distalmente em carnívoros do que em outros animais domésticos e respondem pelo aumento de mobilidade do tarso em comparação a outras espécies. Os lados da tróclea se articulam com a extremidade distal da fíbula e com o maléolo medial (▶Fig. 5.44, ▶Fig. 5.45, ▶Fig. 5.46, ▶Fig. 5.47, ▶Fig. 5.52 e ▶Fig. 5.53). No equino, as cristas trocleares se orientam obliquamente em uma direção mediolateral, causando, assim, um movimento cranial e caudal do dedo durante a flexão do tarso (▶Fig. 5.48, ▶Fig. 5.49, ▶Fig. 5.50 e ▶Fig. 5.51). As cristas trocleares dos ruminantes se direcionam sagitalmente. A tróclea do tálus se articula com o osso maleolar lateralmente e com o maléolo medial da tíbia medialmente.

A **cabeça do tálus** forma uma tróclea distal menor para a articulação com o osso central do tarso em todas as espécies domésticas, com exceção do equino, o qual exibe uma face articular relativamente plana em direção ao osso central do tarso. Em carnívoros, a cabeça do tálus é separada do corpo por um **colo** (*collum tali*) distinto. A tróclea distal é bem-definida em ruminantes e se articula com a combinação dos ossos central do tarso e o tarsal IV (*os centroquartale*). A tróclea distal é menos distinta do que em ruminantes e resulta em uma diminuição na amplitude de movimentos com essa articulação. As faces plantar e lateral do tálus se articulam com o calcâneo.

Calcâneo (*os tarsi fibulare*)

O calcâneo se situa lateral e plantarmente em relação ao tálus e fornece a base óssea da **ponta do jarrete** (*calx*). Ele tem faces articulares em direção ao tálus medial e dorsalmente e em direção ao osso tarsal IV distalmente. A **tuberosidade calcânea** (*tuber calcanei*) (▶Fig. 5.43) projeta o calcâneo proximalmente para além do tálus, a fim de formar a ponta proeminente do jarrete, um ponto de referência importante em animais vivos. Ela funciona como uma alavanca para os músculos que realizam a extensão da **articulação tibiotarsal**. O **sustentáculo do tálus** (*sustentaculum tali*), um processo plano, está presente na face medial da parte distal do calcâneo (▶Fig. 5.43). Ele se sobrepõe ao tálus na face plantar e sustenta o tendão flexor profundo dos dedos. Nos ruminantes, a tuberosidade calcânea se expande, e a face proximal rugosa é escavada por um sulco pouco profundo. No equino, a tuberosidade calcânea é bastante pronunciada, e sua face proximal é marcada por um sulco. Um **processo coracoide** (*processus coracoideus*) estreito se situa na base do calcâneo (▶Fig. 5.48).

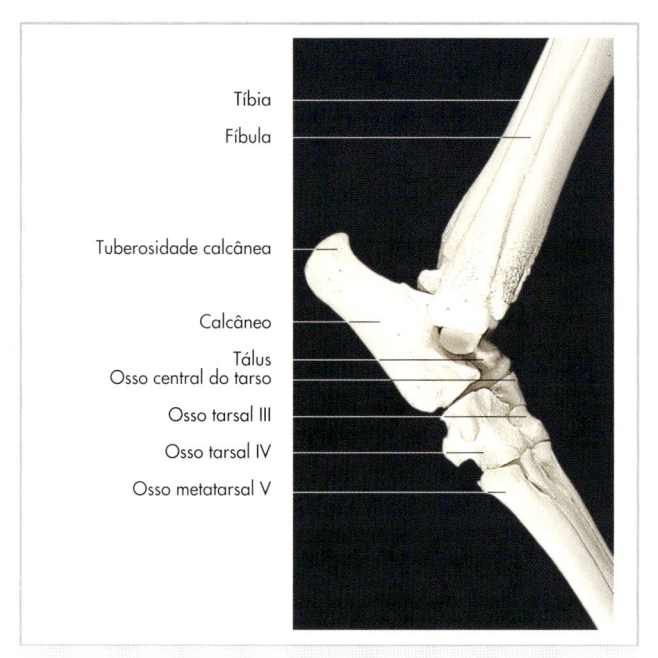

Fig. 5.44 Esqueleto do tarso direito de um cão (vista lateral).

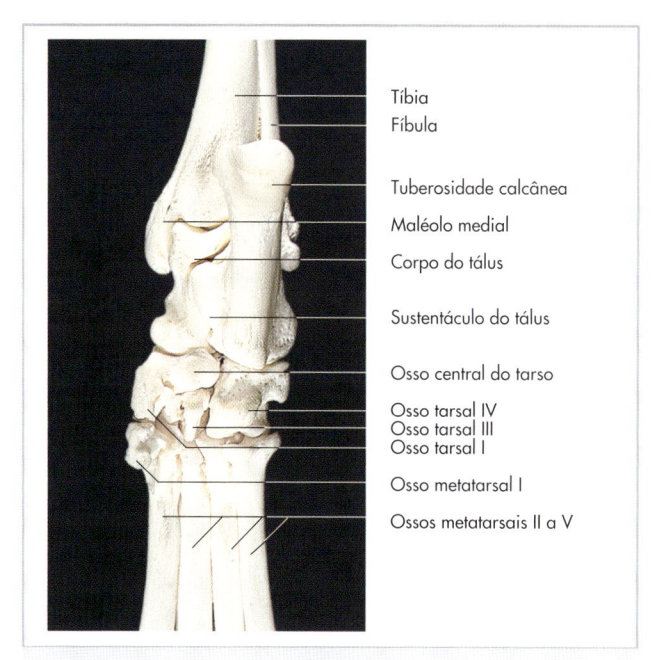

Fig. 5.45 Esqueleto do tarso direito de um cão (vista plantar).

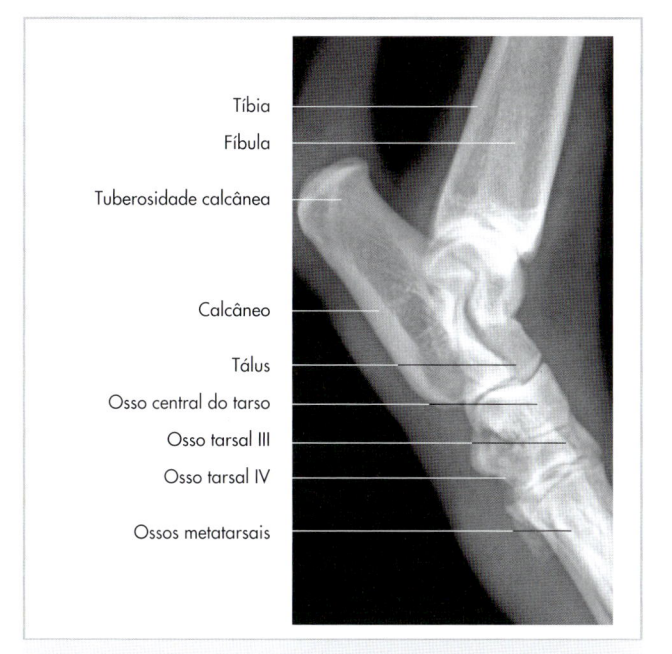

Fig. 5.46 Radiografia do tarso direito de um cão (projeção lateral). (Fonte: cortesia da Profª. Drª. Ulrike Matis, Munique.)

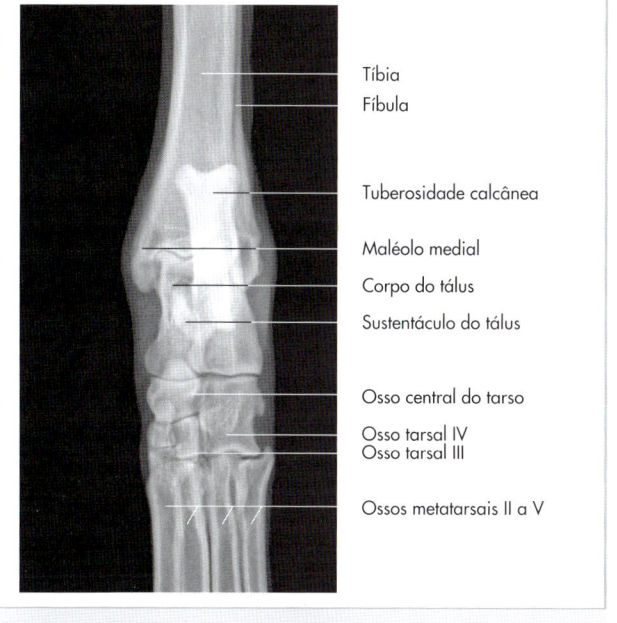

Fig. 5.47 Radiografia do tarso direito de um cão (projeção plantar). (Fonte: cortesia da Profª. Drª. Ulrike Matis, Munique.)

Ossos do metatarso e esqueleto dos dedos (*ossa metatarsalia et ossa digitorum pedis*)

Os ossos do metatarso e as falanges apresentam uma grande semelhança com os seus correspondentes no membro torácico. Os ossos do metatarso tendem a ser mais longos e delgados, com um córtex mais resistente do que os ossos correspondentes do metacarpo. O **osso metatarsal III** do membro pélvico do equino apresenta uma secção transversal circular, ao passo que o **osso metacarpal III** do membro torácico é oval. No bovino, pode-se encontrar um osso sesamoide adicional imediatamente proximal ao osso metatarsal III. Os ossos sesamoides e falângicos do membro pélvico são quase idênticos aos do membro torácico. A falange distal do membro pélvico é mais estreita do que a do membro torácico, com um dedo mais longo e um ângulo mais íngreme na parede da falange distal.

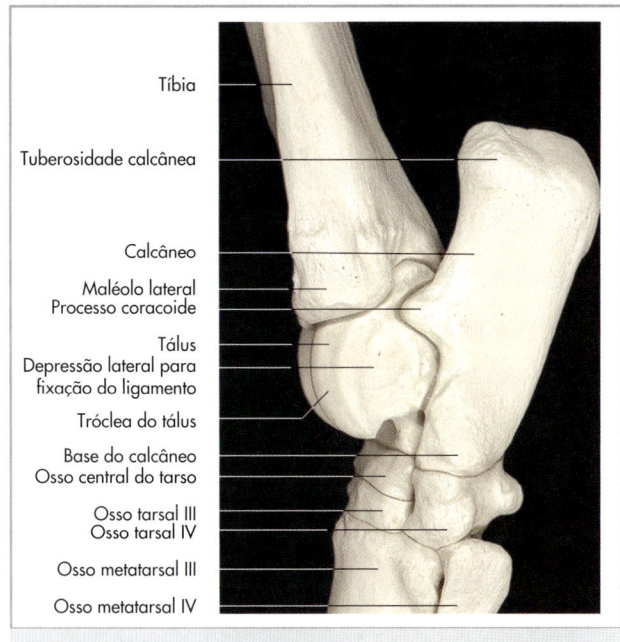

Fig. 5.48 Esqueleto do tarso esquerdo de um equino (vista lateral).

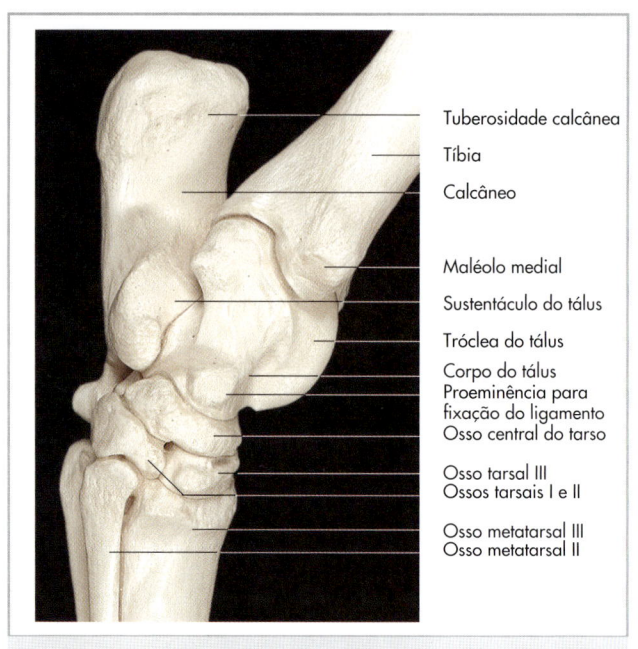

Fig. 5.49 Esqueleto do tarso esquerdo de um equino (vista medial).

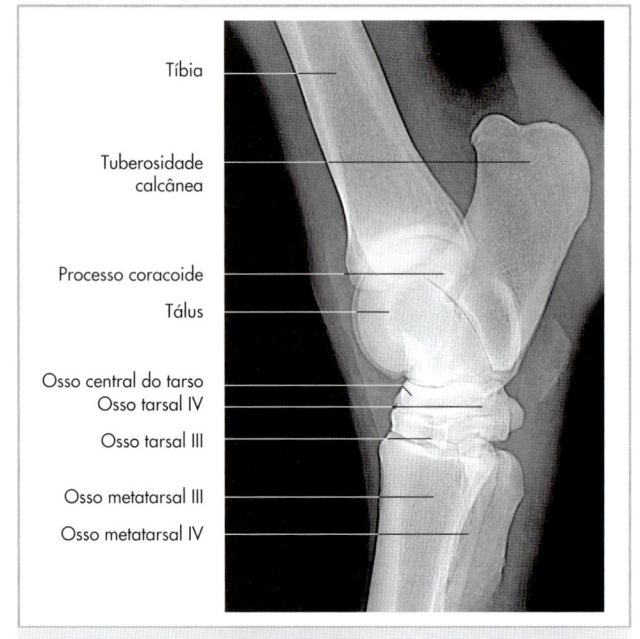

Fig. 5.50 Radiografia do tarso esquerdo de um equino (projeção lateromedial). (Fonte: cortesia do Prof. Dr. C. Stanek, Viena.)

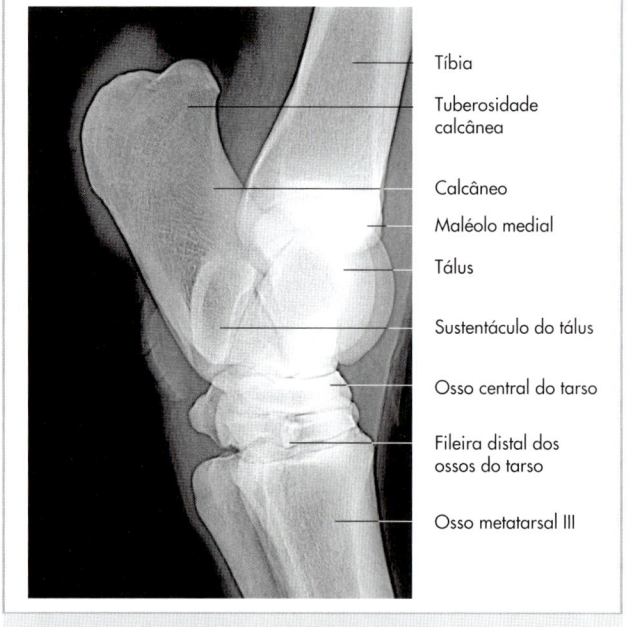

Fig. 5.51 Radiografia do tarso direito de um equino (projeção mediolateral). (Fonte: cortesia do Prof. Dr. C. Stanek, Viena.)

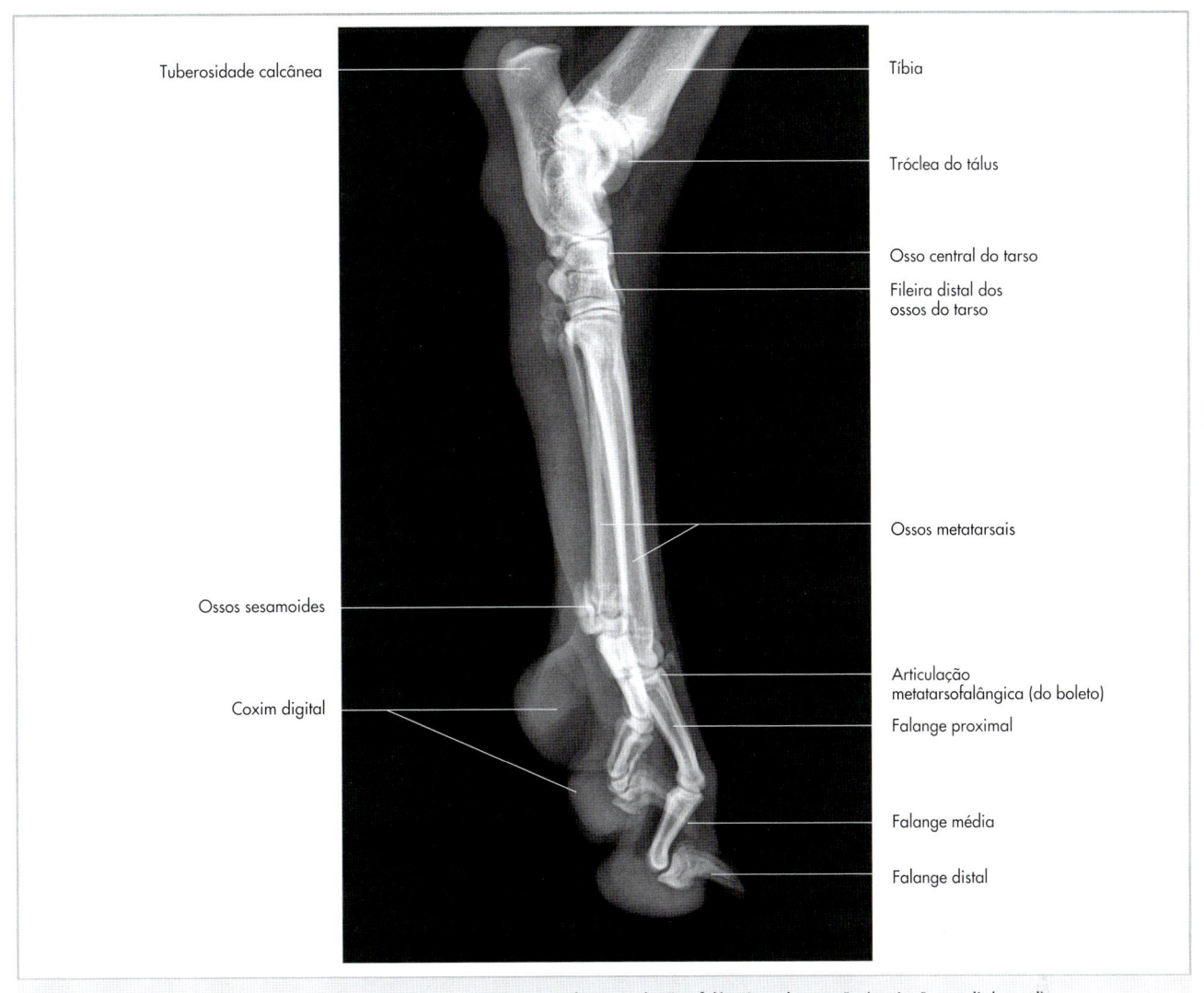

Fig. 5.52 Radiografia da articulação tarsal, dos ossos metatarsais e das articulações falângicas de um cão (projeção mediolateral). (Fonte: cortesia da Profª. Drª. Ulrike Matis, Munique.)

5.2 Articulações do membro pélvico (*articulationes membri pelvini*)

O membro pélvico se une ao tronco por meio do **cíngulo do membro pélvico** (*cingulum membri pelvini*), constituído pela combinação do ílio, do ísquio e do púbis (▶Fig. 5.4). Os **ossos coxais** (*ossa coxae*) são unidos medioventralmente por uma cartilagem fibrosa para formar a **sínfise pélvica** (*symphysis pelvina*). A sínfise púbica cranial se ossifica com o avançar da idade, ao passo que a sínfise isquiática caudal permanece não ossificada na maioria das espécies. O ílio se articula dorsalmente com o sacro para formar a articulação sacroilíaca. Os dois ossos coxais, o sacro e a 1ª vértebra caudal constituem a pelve óssea. O ligamento púbico cranial (*ligamentum pubicum craniale*) conecta as margens livres dos ossos púbicos. A **membrana obturadora** (*membrana obturatoria*) é uma lâmina delgada de tecido fibroso, a qual cobre o forame obturado.

5.2.1 Articulação sacroilíaca (*articulatio sacroiliaca*)

A articulação sacroilíaca consiste em uma **articulação sinovial plana** justaposta firmemente, formada pelas faces auriculares (*facies auriculares*) da asa do ílio e da asa do sacro. As faces auriculares são cobertas por cartilagem. A cápsula articular se encaixa próximo à articulação e é reforçada pelos **ligamentos sacroilíacos ventrais** (*ligamenta sacroiliaca ventralia*). Outros **ligamentos sacroilíacos** (*ligamenta sacroiliaca*) (▶Fig. 5.54, ▶Fig. 5.55 e ▶Fig. 5.56) são:

- **ligamentos sacroilíacos interósseos** (*ligamenta sacroiliaca interossea*): prolongam-se entre a tuberosidade ilíaca da asa do ílio e a face dorsal da asa do sacro;
- **ligamentos sacroilíacos dorsais** (*ligamenta sacroiliaca dorsalia*): dividem-se em dois ramos: o **ramo curto** (*pars breve*), que se prolonga entre a tuberosidade sacral e os processos mamilares (carnívoros e suíno) ou os processos espinhosos (ruminantes e equino) do sacro; e o **ramo longo** (*pars longa*), que se prolonga entre a tuberosidade sacral e a parte lateral do sacro.

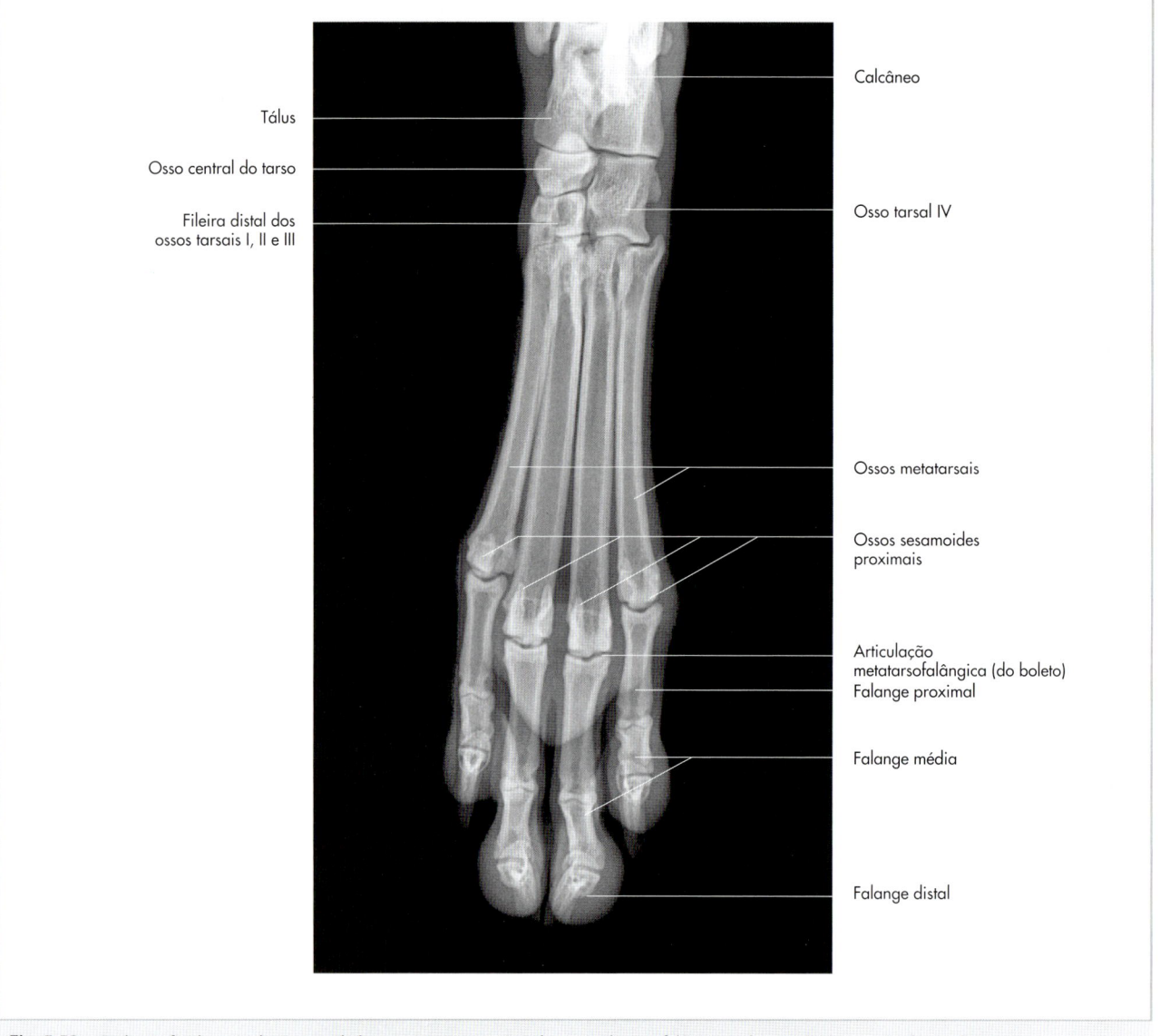

Fig. 5.53 Radiografia da articulação tarsal, dos ossos metatarsais e das articulações falângicas de um cão (projeção dorsoplantar). (Fonte: cortesia da Profª. Drª. Ulrike Matis, Munique.)

O **ligamento sacrotuberal** (*ligamentum sacrotuberale*) é outro cordão fibroso no cão que se prolonga entre o processo transverso das últimas vértebras sacrais e a tuberosidade isquiática (▶Fig. 5.54); esse ligamento inexiste no gato. Em ungulados, ele se prolonga em uma lâmina ampla, situada entre a parte lateral do sacro no bovino ou nos processos transversos das primeiras vértebras caudais no equino e no suíno e a margem dorsal do ílio e do ísquio (▶Fig. 5.55 e ▶Fig. 5.56). Portanto, ele é denominado **ligamento sacrotuberal largo** (*ligamentum sacrotuberale latum*).

Os forames isquiáticos maior e menor (*forame ischiadicum majus et minus*) permanecem descobertos para permitir a passagem de vasos, nervos e tendões. A margem caudal desse ligamento é visível sob a pele no bovino, porém é coberta por músculos no equino e no suíno.

Nota clínica

Além de estabelecer uma conexão estável entre a pelve e a coluna vertebral, as articulações sacroilíacas do equino fornecem um grau de absorção de choque, tanto para a carga transferida do tronco para os membros pélvicos quanto para as forças de impulso transmitidas dos membros ao tronco. Apesar da considerável estabilidade da articulação sacroilíaca, luxações podem ocorrer, como resultado de trauma de alto impacto ou quedas, manifestando-se externamente como **assimetria das tuberosidades sacrais** (*tuber sacrale*).

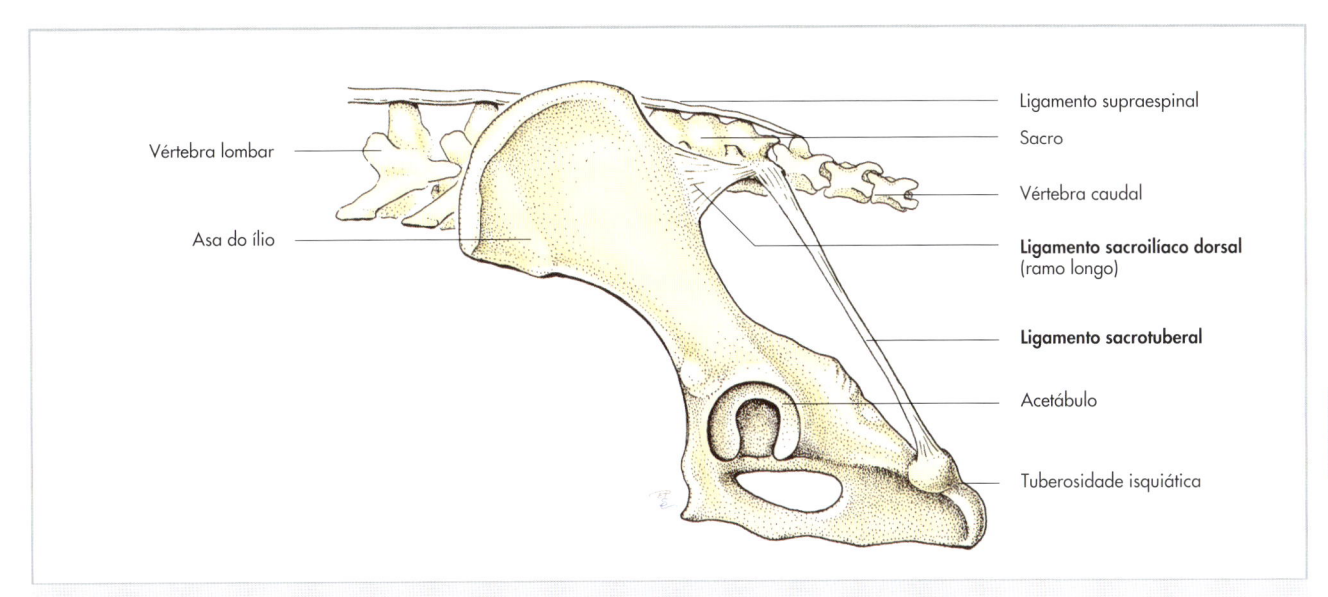

Fig. 5.54 Ligamento sacrotuberal de um cão (representação esquemática).

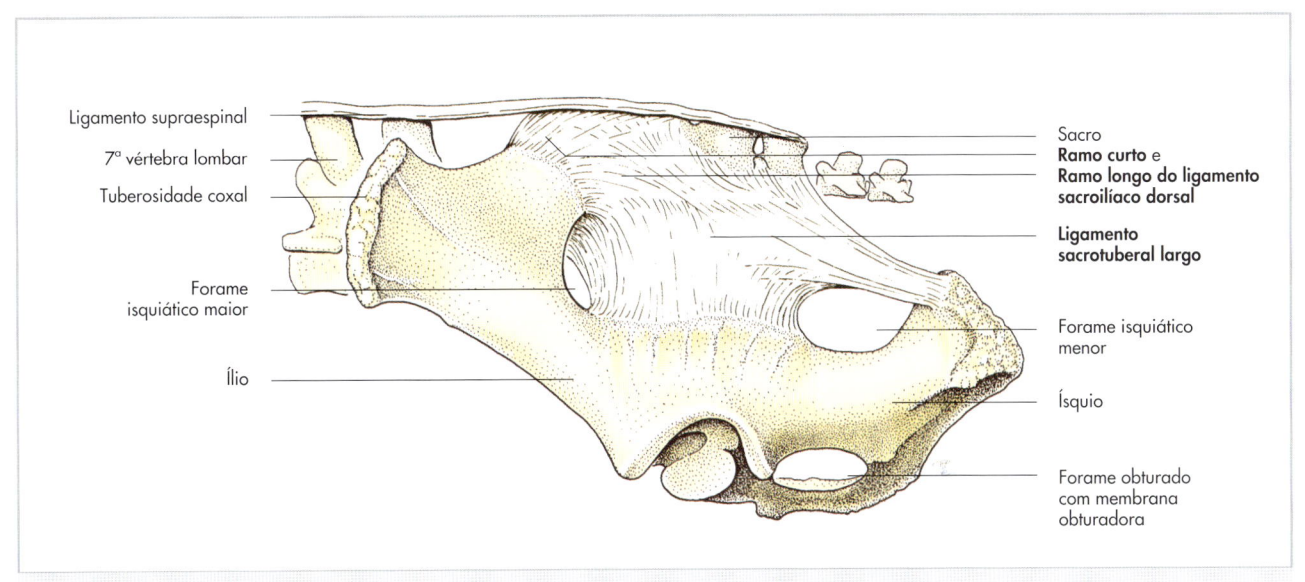

Fig. 5.55 Ligamentos da pelve de um bovino (representação esquemática). (Fonte: com base em dados de Červeny, 1980.)

5.2.2 Articulação coxofemoral ou do quadril (*articulatio coxae*)

A articulação do quadril é uma **articulação sinovial esferoide** formada pela cabeça do fêmur em combinação com o acetábulo. O acetábulo ganha profundidade por meio de uma faixa de fibrocartilagem, o **lábio do acetábulo** (*labrum acetabulare*), o qual contorna a margem do acetábulo.

A cápsula articular é ampla, fixa-se ao lábio do acetábulo e recebe o ligamento da **cabeça do fêmur** (*ligamentum capitis ossis femoris*). Em ungulados, a amplitude de movimento é, em grande parte, restrita à flexão e à extensão, com capacidade limitada de rotação, adução e abdução. Essa restrição de movimento na articulação coxofemoral esferoide se deve ao formato da cabeça do fêmur, aos ligamentos intra-articulares e aos imensos músculos femorais.

Essas estruturas permitem uma amplitude maior de movimentos no cão e no gato, em comparação com as outras espécies domésticas.

Os **ligamentos da articulação coxofemoral** (▶ Fig. 5.57) são:
- **ligamento da cabeça do fêmur** (*ligamentum capitis ossis femoris*): prolonga-se desde a fóvea na cabeça do fêmur até a fossa do acetábulo e é amplamente intracapsular, sendo coberto por uma membrana sinovial;
- **ligamento acessório do fêmur** (*ligamentum accessorium ossis femoris*): está presente apenas no equino. Ele se destaca do músculo reto do abdome, cuja origem se situa no ligamento púbico cranial, passa a incisura do acetábulo e se insere próximo ao ligamento da cabeça do fêmur, na fóvea da cabeça do fêmur;
- **ligamento transverso do acetábulo** (*ligamentum transversum acetabuli*): forma uma ponte sobre a incisura do acetábulo e mantém os outros dois ligamentos em posição.

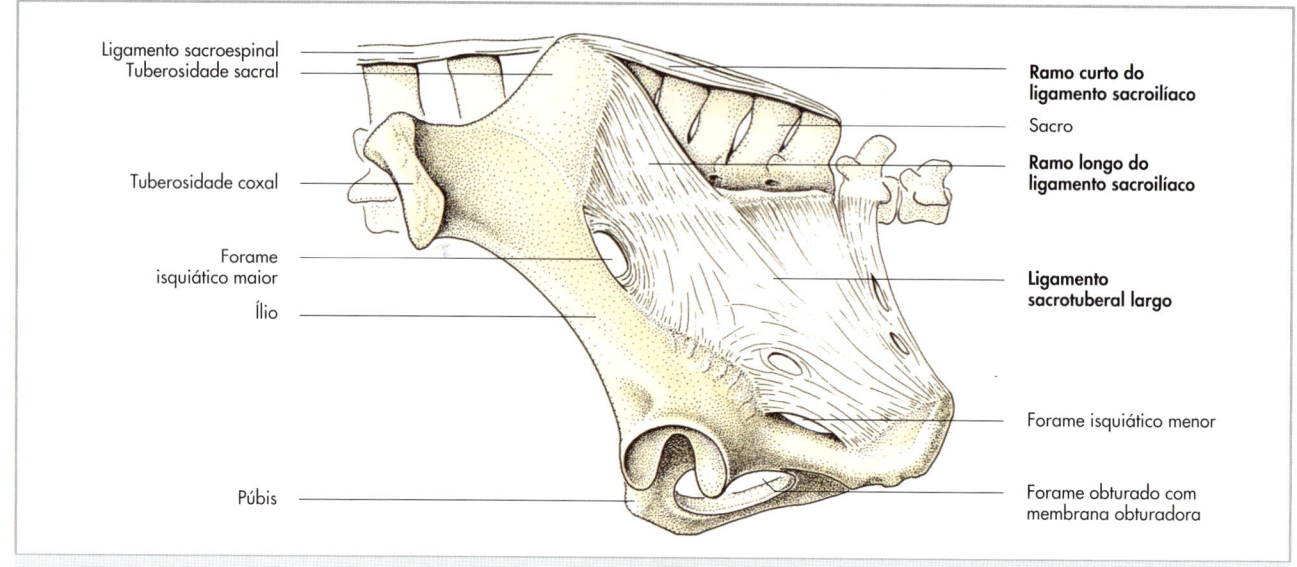

Fig. 5.56 Ligamentos da pelve de um equino (representação esquemática). (Fonte: com base em dados de Ghetie, Pastea e Riga, 1955.)

Nota clínica

Em cães, as fraturas, **luxações e displasias de quadril** são as anormalidades do quadril mais significativas clinicamente.

A luxação da cabeça do fêmur (*caput ossis femoris*) é geralmente acompanhada pela ruptura do ligamento da cabeça do fêmur e da cápsula articular. Em animais jovens, o trauma é maior e, provavelmente, resultará na separação da cabeça femoral na altura da placa epifisária. Na maioria dos casos de luxações, a cabeça femoral é deslocada craniodorsalmente, e o trocanter maior (*trochanter major*) pode ser palpado em uma localização anormalmente dorsal. O membro aparece reduzido.

A displasia coxofemoral resulta em um acetábulo pouco profundo. A associação da redução na área de superfície de suporte de peso causa o aumento de pressão na cartilagem articular. A displasia coxofemoral mais comum em raças de médio e grande porte e parece ter uma base genética. O exame radiográfico profilático é realizado em animais jovens destinados à reprodução.

Nota clínica

Locais de punção:
- **cão**: com o cão em decúbito lateral, o fêmur deve se encontrar em um ângulo de 90° com a coluna vertebral. Insere-se a agulha na margem craniodorsal do trocanter maior, a qual deve ser dirigida no sentido caudal e avançada paralelamente ao colo do fêmur;
- **bovino**: o animal deve estar ereto em posição reta. Insere-se uma agulha de 20 cm no sentido imediatamente cranial ao trocanter maior, a qual deve avançar em uma direção ligeiramente caudoventral;
- **equino**: o animal deve estar ereto em posição reta. Palpa-se o trocanter maior e insere-se uma agulha de 15 cm imediatamente caudal a isso, na incisura trocantérica. A agulha deve ser direcionada em um plano horizontal craniomedialmente, em um ângulo de 45° ao eixo longo do equino.

5.2.3 Articulação do joelho (*articulatio genus*)

A articulação do joelho é do tipo **composta, incongruente e em dobradiça** (▶Fig. 5.32, ▶Fig. 5.58, ▶Fig. 5.61 e ▶Fig. 5.64). Ela compreende:
- **articulação femorotibial** (*articulatio femorotibialis*), entre o fêmur e a tíbia;
- **articulação femoropatelar** (*articulatio femoropatellaris*), entre o fêmur e a patela.

Articulação femorotibial (*articulatio femorotibialis*)

A articulação femorotibial se forma entre os côndilos do fêmur e a extremidade proximal da tíbia.

Para compensar a **incongruência das faces articulares**, um **menisco** (*meniscus articularis*) se interpõe entre cada côndilo femoral e a tíbia. Os meniscos são fibrocartilagens semilunares com uma margem periférica espessa e convexa e uma margem central delgada e côncava. Eles apresentam uma face proximal côncava, voltada para o côndilo femoral, e uma face distal achatada, voltada para a tíbia (▶Fig. 5.62, ▶Fig. 5.66 e ▶Fig. 5.67).

Embora os movimentos principais de uma **articulação condilar** sejam **flexão** e **extensão**, a mobilidade dos meniscos permite um grau limitado de movimento rotacional à articulação do joelho. A configuração espiral dos côndilos femorais e a inserção excêntrica dos ligamentos colaterais em relação ao eixo do movimento articular retesam os ligamentos e diminuem a velocidade do movimento quando a articulação se move em direção à posição estendida.

A **cápsula articular** é ampla, e sua **camada fibrosa** (membrana fibrosa) (▶Fig. 5.71 e ▶Fig. 5.72) se fixa à margem das faces articulares e aos meniscos, envolvendo, assim, completamente os côndilos femorais. A **membrana sinovial** (*membrana synovialis*) da cápsula articular cobre os ligamentos cruzados e forma uma divisão – completa apenas no equino – entre as articulações femorotibiais medial e lateral. As duas bolsas articulares femorotibiais

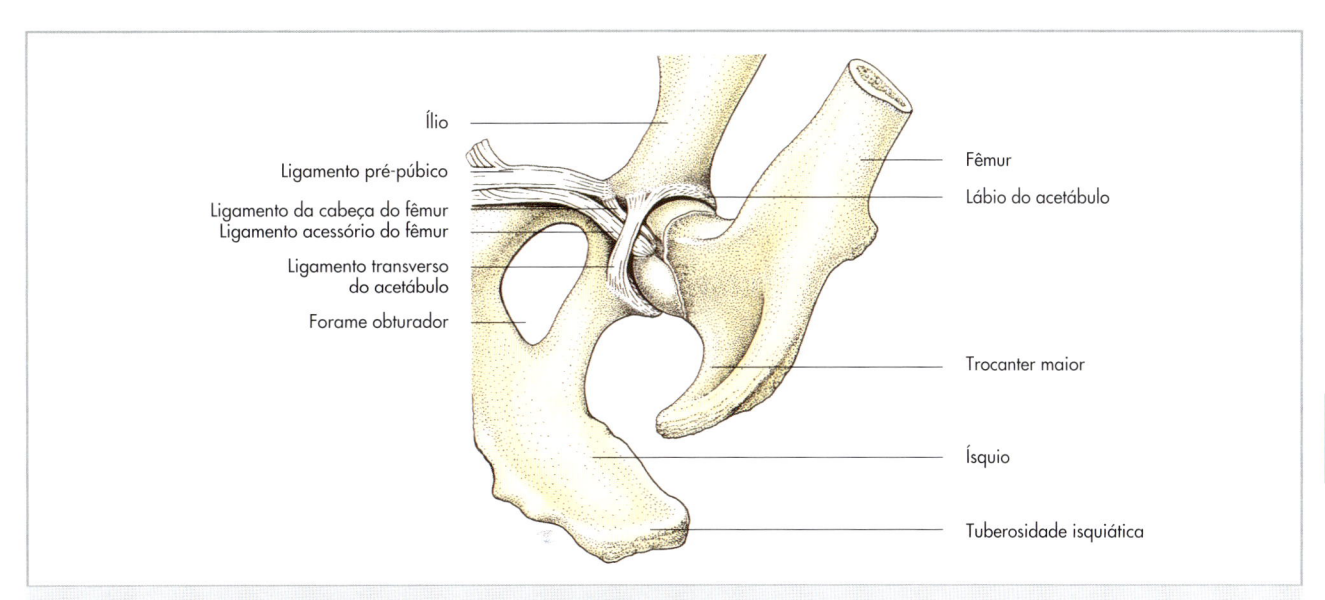

Fig. 5.57 Articulação coxofemoral esquerda de um equino (representação esquemática). (Fonte: com base em dados de Ghetie, 1967.)

são separadas ainda mais pelos meniscos em dois compartimentos intercomunicáveis, um proximal e outro distal.

A articulação femorotibial lateral apresenta duas bolsas. Uma delas envolve o tendão do músculo extensor longo dos dedos em sua origem desde a fossa extensora, ao passo que a outra recobre o tendão de origem do músculo poplíteo (▶Fig. 5.71 e ▶Fig. 5.72).

Os **ligamentos das articulações femorotibiais** podem ser divididos em:
- ligamentos dos meniscos;
- ligamentos das articulações femorotibiais.

Cada menisco se fixa à tíbia proximal por meio de ligamentos craniais e caudais. O menisco lateral conta com um ligamento extra ao fêmur distal.

Os **ligamentos dos meniscos** (▶Fig. 5.62, ▶Fig. 5.63, ▶Fig. 5.66 e ▶Fig. 5.67) são:
- **ligamentos tibiais craniais dos meniscos** (*ligamentum tibiale craniale menisci lateralis et medialis*): os ligamentos lateral e medial se prolongam desde a parte cranial de cada menisco até a área intercondilar cranial medial e lateral da tíbia;
- **ligamentos tibiais caudais dos meniscos** (*ligamentum tibiale caudale menisci lateralis et medialis*): o ligamento lateral se prolonga desde o ângulo caudal do menisco lateral até a incisura poplítea da tíbia. Já o ligamento medial se prolonga desde o ângulo caudal do menisco medial até a área intercondilar caudal da tíbia;
- **ligamento meniscofemoral** (*ligamentum meniscofemorale*, ▶Fig. 5.65): passa do ângulo caudal do menisco lateral para o interior do côndilo femoral medial;
- **ligamento transverso do joelho** (*ligamentum transversum genus*): conecta os ângulos craniais dos dois meniscos em carnívoros e, às vezes, no bovino.

Os **ligamentos femorotibiais** (▶Fig. 5.58, ▶Fig. 5.59, ▶Fig. 5.66 e ▶Fig. 5.67) são:
- **ligamentos colaterais lateral e medial** (*ligamentum collaterale laterale et mediale*): o **ligamento colateral fibular ou lateral** origina-se do epicôndilo lateral do fêmur e termina com um ramo no côndilo lateral da tíbia e com um ramo mais forte na cabeça da fíbula. Já o **ligamento colateral tibial ou medial** se prolonga entre o epicôndilo medial do fêmur e uma área rugosa distal à margem do côndilo medial da tíbia; ele se fusiona com a cápsula articular e o menisco medial;
- **ligamentos cruzados do joelho** (*ligamenta cruciata genus*, ▶Fig. 5.62 e ▶Fig. 5.68): os ligamentos cruzados se situam principalmente na fossa intercondilar do fêmur, entre as duas bolsas sinoviais das articulações femorotibiais. O **ligamento cruzado cranial** origina-se da área intercondilar do côndilo femoral lateral, prolonga-se craniodistalmente e se insere na área intercondilar central da tíbia. Já o **ligamento cruzado caudal** se fixa à área intercondilar do côndilo femoral medial, orienta-se caudodistalmente e termina na incisura poplítea da tíbia;
- **ligamento poplíteo oblíquo** (*ligamentum popliteum obliquum*): consiste em filamentos fibrosos embutidos na cápsula articular, os quais correm em uma orientação lateroproximal a mediodistal.

Articulação femoropatelar (*articulatio femoropatellaris*)

A articulação femoropatelar é formada pela face articular da patela e do fêmur. Como a patela evoca a imagem de um trenó deslizando sobre a tróclea do fêmur, ela é classificada como uma **articulação em deslize** (ou **troclear**). Os **ligamentos da articulação femoropatelar** (▶Fig. 5.58, ▶Fig. 5.66, ▶Fig. 5.69 e ▶Fig. 5.70) podem ser divididos em:
- retináculos patelares (*retinacula patellae*);
- ligamentos femoropatelares (*ligamentum femoropatellare laterale et mediale*);
- ligamento patelar (*ligamentum patellae*).

Os **retináculos patelares** são filamentos de tecido conjuntivo (conectivo) originados da fáscia regional, entre o tendão do músculo quadríceps, a patela, os côndilos femorais e a tróclea da tíbia. Os ligamentos femoropatelares laterais e mediais são faixas de fibras

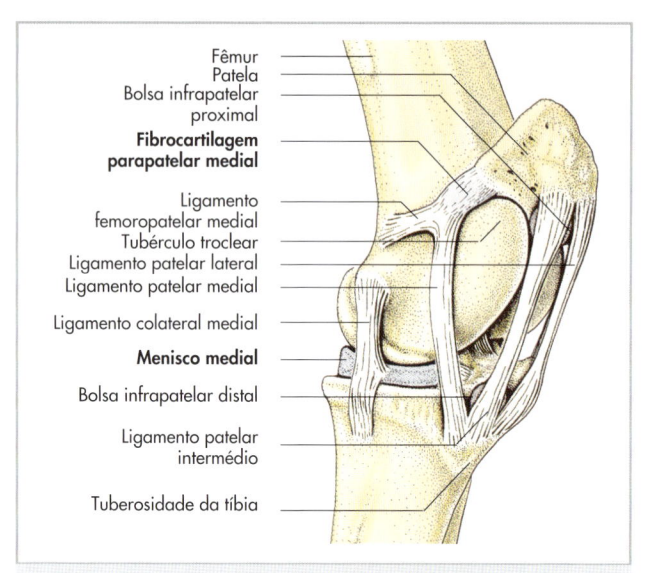

Fig. 5.58 Ligamentos da articulação do joelho esquerdo de um equino (representação esquemática, vista medial). (Fonte: com base em dados de Ghetie, Pastea e Riga, 1955.)

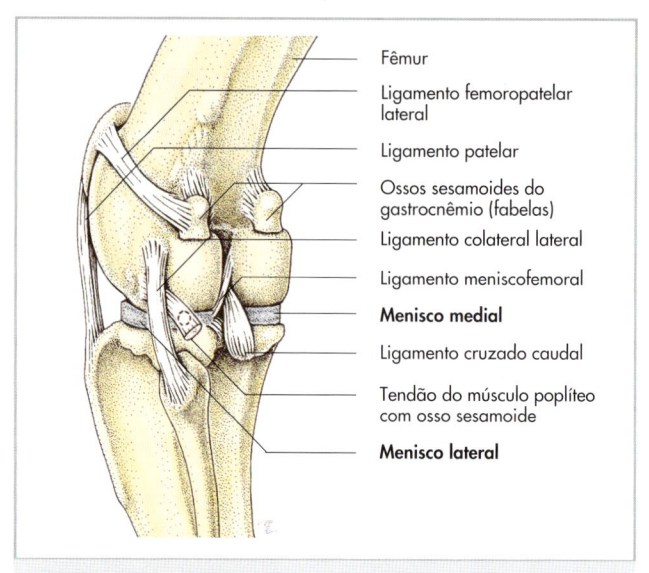

Fig. 5.59 Articulação do joelho esquerdo de um cão (representação esquemática, vista caudolateral).

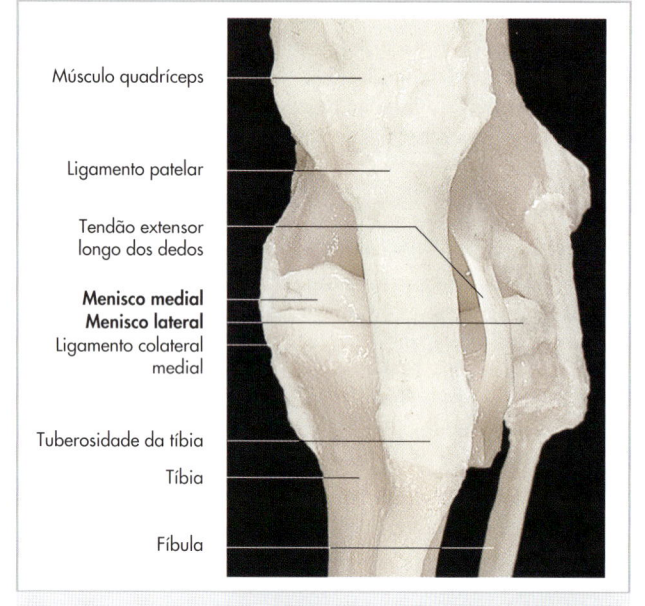

Fig. 5.60 Esqueleto da articulação femorotibiopatelar direita de um cão (vista cranial). (Fonte: cortesia do Dr. R. Macher, Viena.)

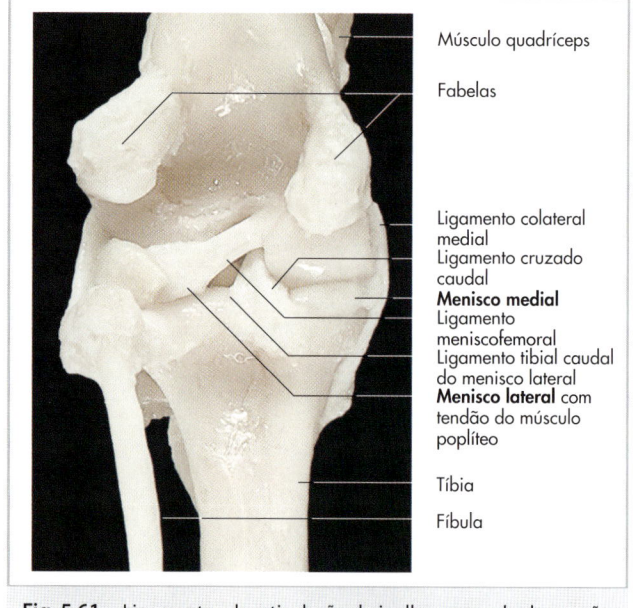

Fig. 5.61 Ligamentos da articulação do joelho esquerdo de um cão (vista caudal). (Fonte: cortesia do Dr. R. Macher, Viena.)

soltas, parcialmente unidas aos retináculos sobrejacentes. Eles se prolongam entre os epicôndilos do fêmur e o mesmo lado da patela.

A patela se une à tuberosidade da tíbia por meio de um único ligamento patelar em carnívoros, no suíno e em pequenos ruminantes, e por meio de três ligamentos patelares no bovino e no equino. O **ligamento patelar único** dos carnívoros, do suíno e dos pequenos ruminantes (▶Fig. 5.60) é idêntico ao **ligamento patelar médio** (*ligamentum patellae intermedium*) das outras espécies e é formado pela parte distal do tendão de inserção do músculo quadríceps femoral. O ligamento patelar é separado da cápsula articular por uma grande quantidade de tecido adiposo, o **corpo adiposo infrapatelar** (*corpus adiposum infrapatellare*). Uma pequena bolsa sinovial costuma se localizar entre a parte distal do ligamento e a tuberosidade da tíbia (*bursa infrapatellaris*).

Os **ligamentos patelares medial e lateral** (*ligamentum patellae mediale et laterale*) do bovino e do equino são espessamentos ligamentosos do retináculo fibroso. O ligamento patelar lateral se prolonga desde a parte lateral da face cranial da patela até a parte lateral da tuberosidade da tíbia. Ele se une ao tendão resistente do músculo bíceps femoral. O ligamento patelar medial, por sua vez, fixa-se proximalmente à fibrocartilagem parapatelar e termina na face medial da tuberosidade da tíbia. O ligamento patelar médio se prolonga desde a parte cranial da ponta da patela até a tuberosidade da tíbia.

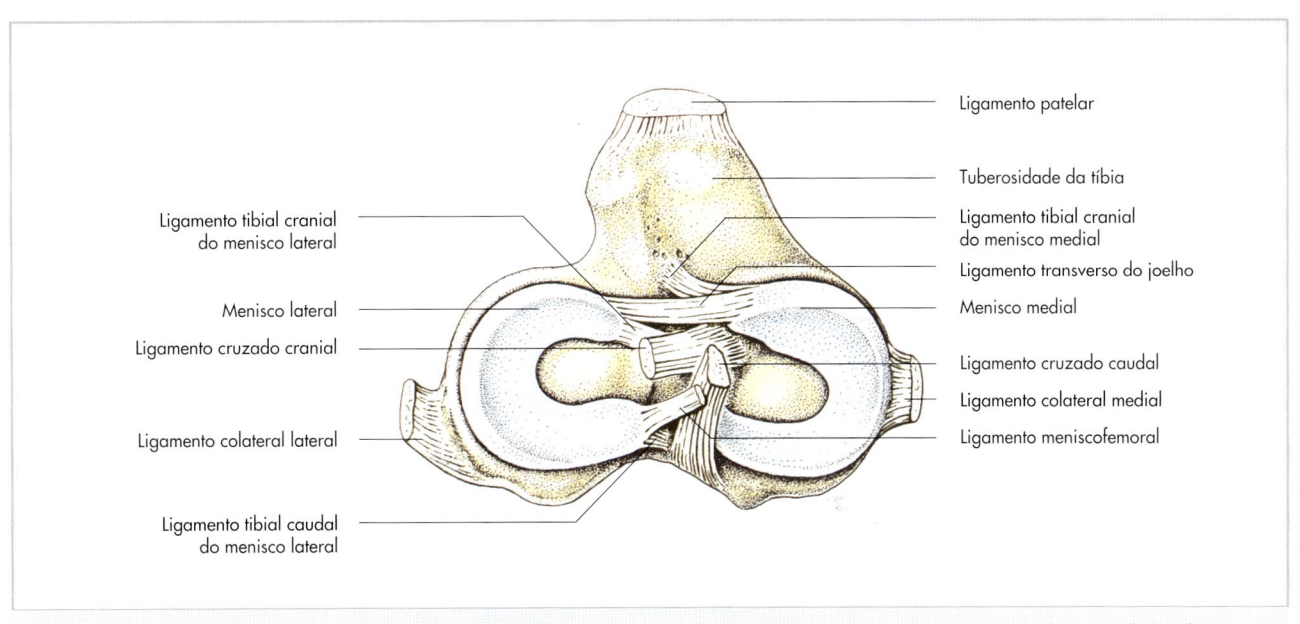

Fig. 5.62 Extremidade proximal da tíbia esquerda com meniscos de um cão (representação esquemática). (Fonte: com base em dados de Červeny, 1980.)

Uma **bolsa** se interpõe entre o ligamento e o sulco sobre a tuberosidade da tíbia (*bursa infrapatellaris distalis*). Uma bolsa menor está presente no equino entre a parte proximal do ligamento e o ápice da patela (*bursa infrapatellaris proximalis*). O ligamento patelar médio pode ser palpado imediatamente proximal ao platô tibial.

No equino, a disposição da articulação do joelho faz surgir um **mecanismo de bloqueio**, o qual é fundamental para o aparelho de sustentação, por meio do qual um membro pélvico pode sustentar a maior parte do peso corporal enquanto o outro membro descansa. A patela e os ligamentos patelares médio e medial completam um circuito de ligação (▶Fig. 5.66 e ▶Fig. 5.69). Desse modo, a patela pode se sobrepor à tróclea do fêmur pela contração do músculo quadríceps femoral na posição de descanso.

A cápsula articular é bastante ampla e apresenta bolsas sob o tendão de inserção do músculo quadríceps femoral proximalmente. No sentido distal, ela se comunica com a cavidade da articulação femorotibial. As articulações femoropatelar e femorotibial compartilham a mesma cápsula articular com três bolsas, uma para a articulação femoropatelar, uma para a articulação femorotibial medial e a terceira para a articulação femorotibial lateral, sendo que todas se intercomunicam em carnívoros e no suíno. Nos ruminantes, as duas bolsas femorotibiais se comunicam uma com a outra, e a articulação femorotibial medial se comunica com a articulação femoropatelar.

No equino, embora a cavidade da articulação femoropatelar se comunique apenas algumas vezes com a articulação femorotibial lateral e com frequência com a articulação medial, não há comunicação entre as duas articulações femorotibiais.

Em carnívoros, as cavidades das articulações femorotibiais também incluem as **fabelas**, os **ossos sesamoides** inseridos no tendão de origem do músculo gastrocnêmio. A cápsula articular femorotibial lateral projeta uma bolsa para formar a cápsula articular tibiofibular proximal.

Fig. 5.63 Ligamentos cruzados de um gato (secção paramediana). (Fonte: cortesia da Drª. Sabine Langer, Viena.)

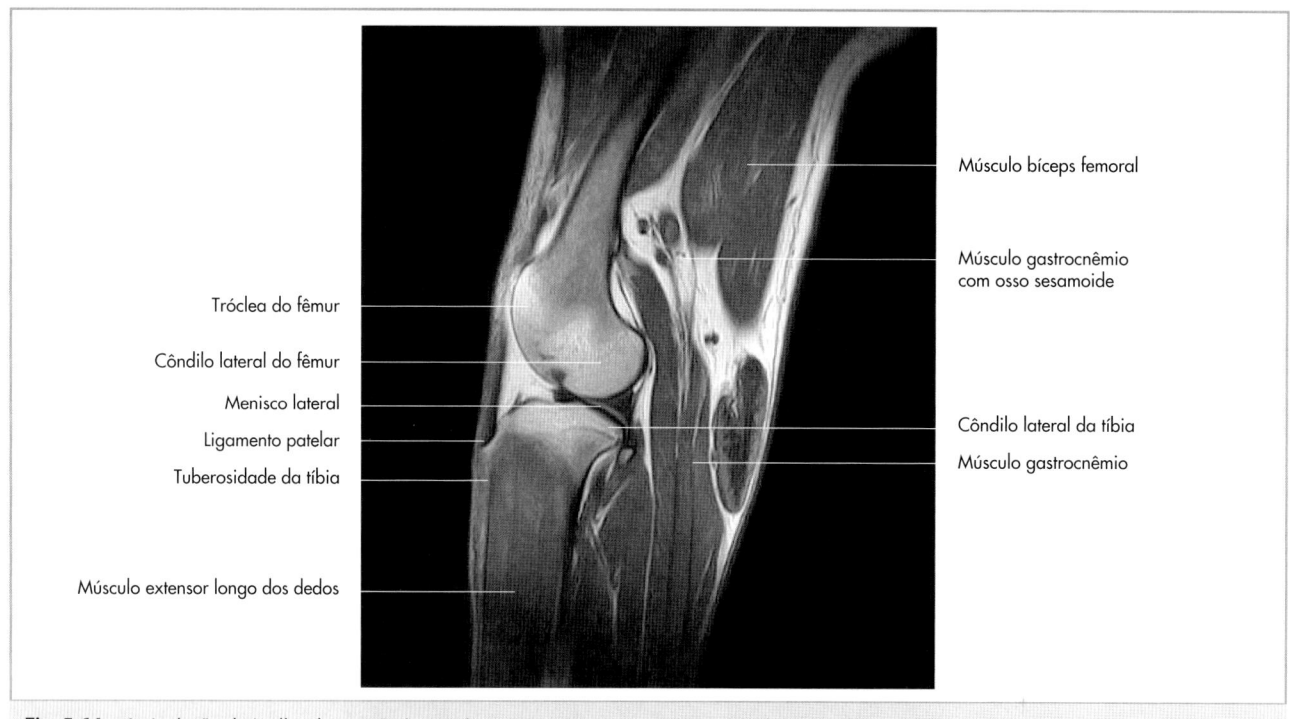

Fig. 5.64 Articulação do joelho de um cão (ressonância magnética, imagem ponderada em T1, plano de secção sagital). (Fonte: cortesia da Drª. Isa Foltin, Regensburg.)

Labels (esquerda): Tróclea do fêmur; Côndilo lateral do fêmur; Menisco lateral; Ligamento patelar; Tuberosidade da tíbia; Músculo extensor longo dos dedos.
Labels (direita): Músculo bíceps femoral; Músculo gastrocnêmio com osso sesamoide; Côndilo lateral da tíbia; Músculo gastrocnêmio.

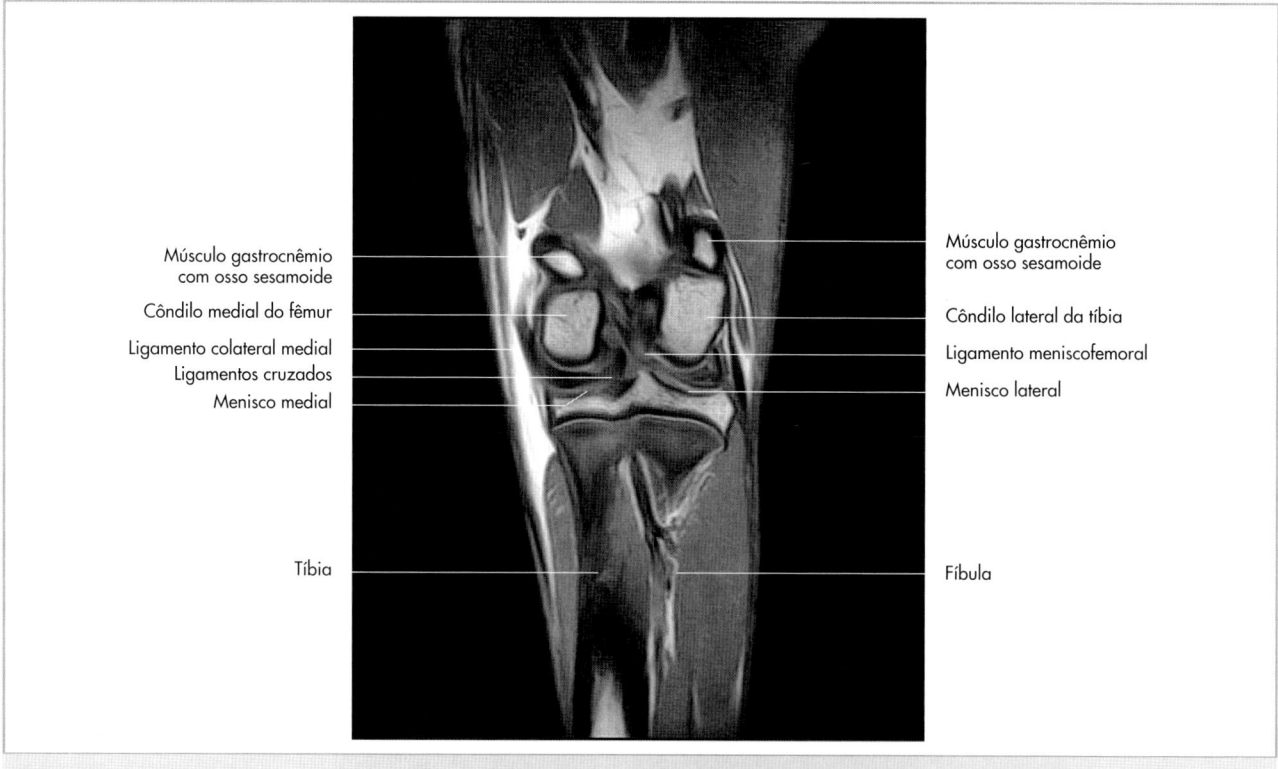

Fig. 5.65 Articulação do joelho de um cão (ressonância magnética, imagem ponderada em T1, plano de secção coronal). (Fonte: cortesia da Drª. Isa Foltin, Regensburg.)

Labels (esquerda): Músculo gastrocnêmio com osso sesamoide; Côndilo medial do fêmur; Ligamento colateral medial; Ligamentos cruzados; Menisco medial; Tíbia.
Labels (direita): Músculo gastrocnêmio com osso sesamoide; Côndilo lateral da tíbia; Ligamento meniscofemoral; Menisco lateral; Fíbula.

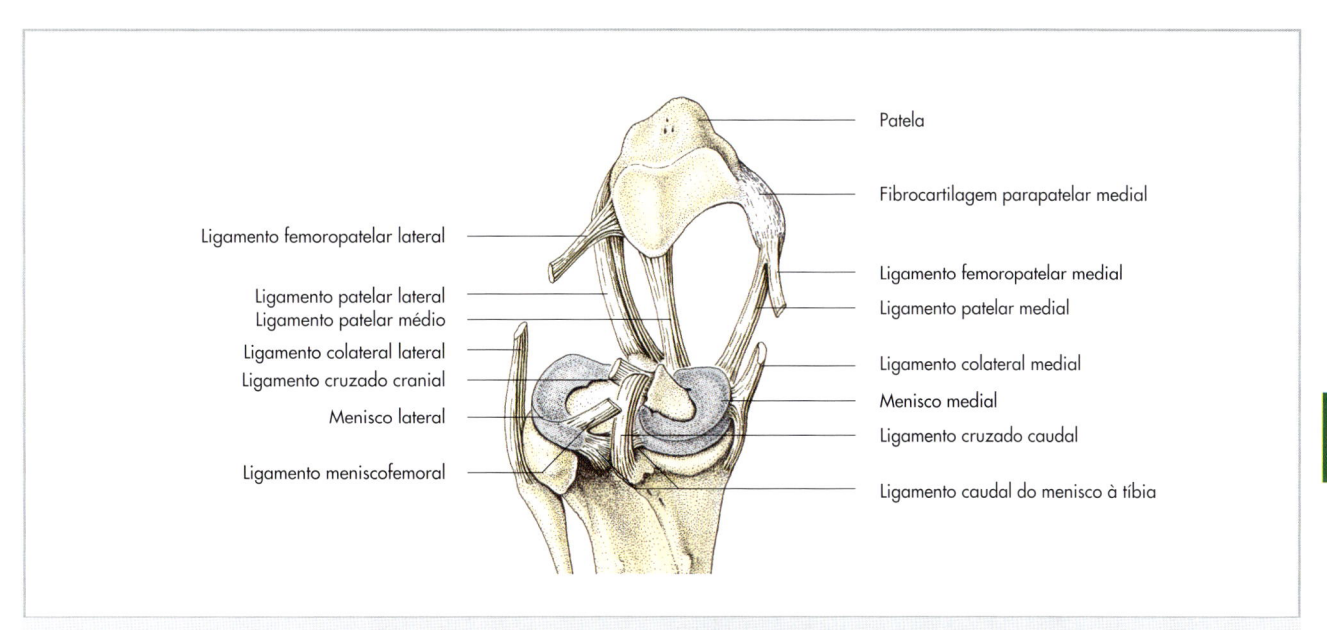

Fig. 5.66 Ligamentos do joelho esquerdo de um equino após a remoção da extremidade distal do fêmur (representação esquemática, vista caudal). (Fonte: com base em dados de Ghetie, 1967.)

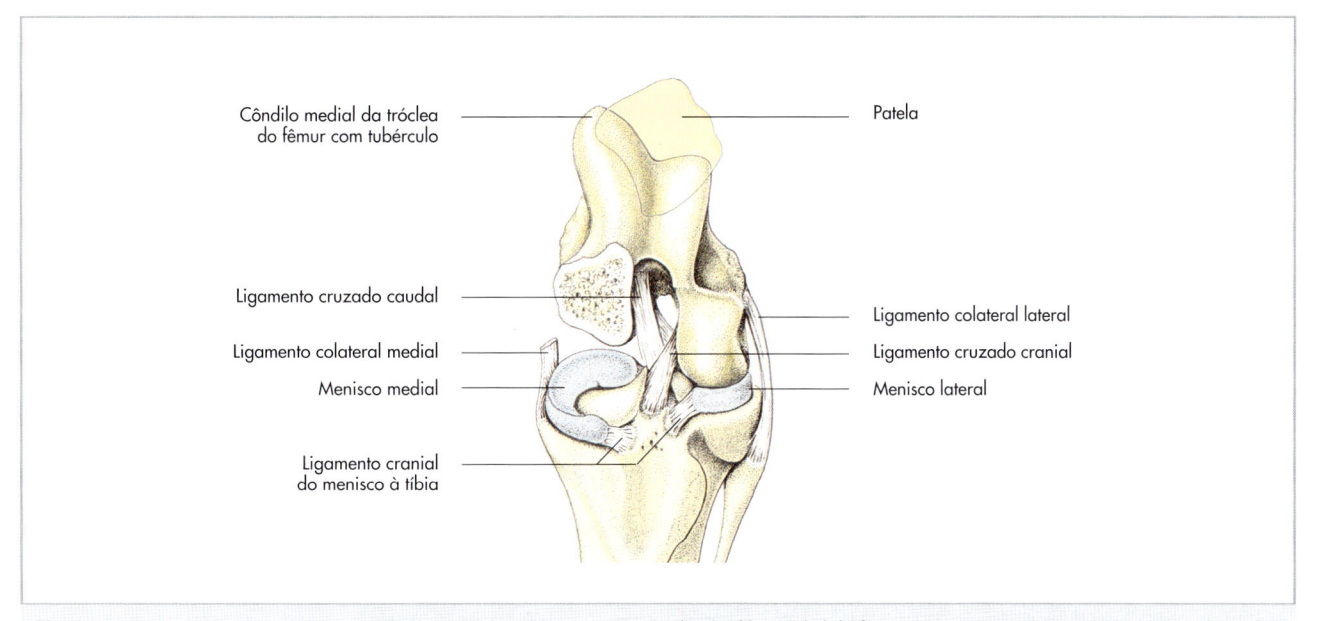

Fig. 5.67 Ligamentos do joelho esquerdo de um equino após a remoção do côndilo medial do fêmur (representação esquemática, vista cranial). (Fonte: com base em dados de Červeny, 1980.)

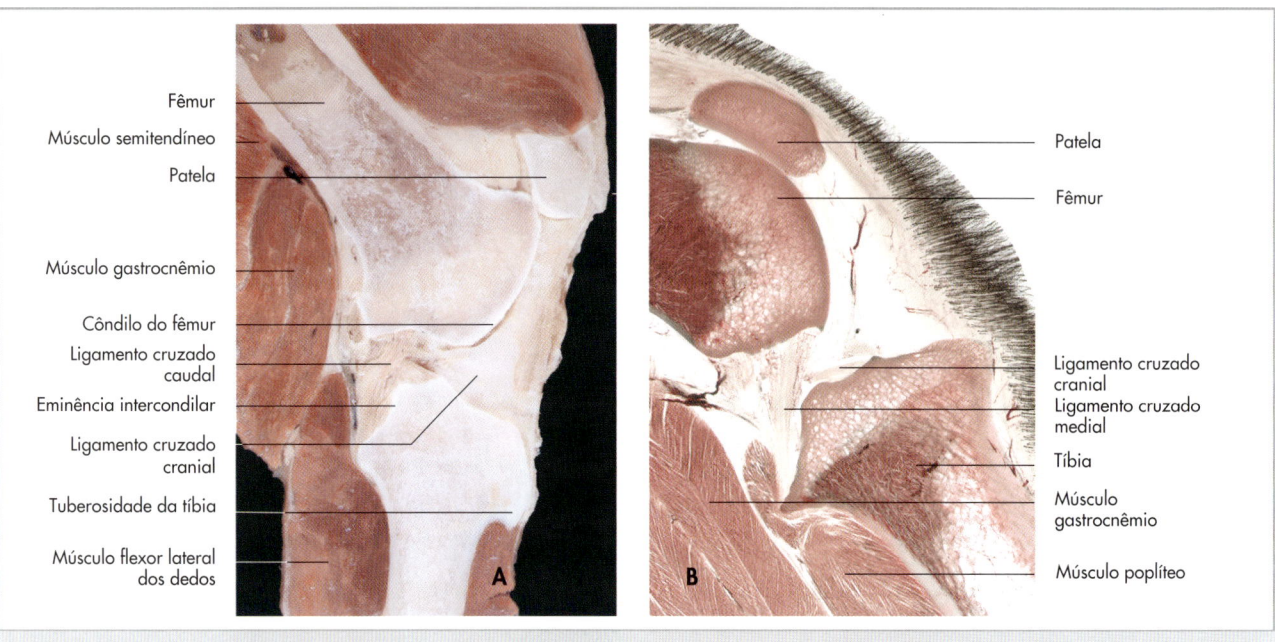

Fig. 5.68 (A) Articulação do joelho esquerdo de um equino (secção paramediana; preparação realizada por L. Hnilitza, Viena); e (B) articulação do joelho esquerdo de um cão (plastinação, secção paramediana E-12). (Fonte: cortesia do Prof. Dr. R. Latorre, Murcia, Espanha [B].)

Nota clínica

Locais de punção:
- **cão**: com o animal recostado lateralmente e a articulação em questão mais próxima da mesa, em uma posição ligeiramente flexionada, insere-se a agulha na margem medial do ligamento patelar, a meio caminho entre a patela e a tuberosidade da tíbia. A agulha deve ser avançada na direção proximocaudal;
- **suíno**: com o animal recostado no sentido lateral, insere-se a agulha imediatamente distal à patela na margem lateral do ligamento patelar. A agulha deve avançar em um plano horizontal na direção caudomedial;
- **bovino**: **articulação femoropatelar**: insere-se uma agulha de 12 cm entre o ligamento patelar medial e o ligamento patelar médio, 3 cm no sentido proximal da tuberosidade da tíbia, e deve-se avançá-la proximalmente. **Articulação femorotibial**: insere-se uma agulha de 6 cm na bolsa lateral na margem cranial ou caudal do músculo extensor longo dos dedos entre a tuberosidade da tíbia e o côndilo lateral, e deve-se avançá-la proximalmente;
- **equino**: para assegurar a anestesia de **todos os três compartimentos articulares**, cada articulação deve ser puncionada separadamente. A **articulação femoropatelar** deve ser puncionada com uma agulha de 3 cm no equino em posição ereta, imediatamente distal ao ápice da patela entre os ligamentos patelares médio e medial, em um plano horizontal na direção craniocaudal. A **articulação femorotibial medial** deve ser puncionada com uma agulha de 3 cm no equino em posição ereta, a 2 cm no sentido proximal do côndilo medial da tíbia, entre os ligamentos patelar medial e colateral medial em um plano horizontal, na direção lateral. A **articulação femorotibial lateral** deve ser puncionada com uma agulha de 8 cm no equino em posição ereta, imediatamente proximal à tuberosidade da tíbia cranial ou caudal ao tendão extensor longo dos dedos na direção medioproximal.

Nota clínica

Ruptura do ligamento cruzado é **comum em cães**. Em geral, o **ligamento cranial** é afetado, o que faz a tíbia ser deslocada cranialmente em relação ao fêmur (*os femoris*). A ruptura do ligamento cruzado cranial costuma ser acompanhada por ruptura do menisco medial. Na lesão do **ligamento cruzado caudal**, que é um evento menos comum, a tíbia pode ser deslocada caudalmente quando a coxa estiver estabilizada. O deslocamento manual da tíbia em relação à coxa para diagnóstico de lesão do ligamento cruzado é referido como "**teste de gaveta cranial**". O tratamento da ruptura do ligamento cruzado requer intervenção cirúrgica. A luxação da patela (geralmente lateral) com claudicação significativa é comum em raças de cães pequenos. Isso também requer correção cirúrgica. A ruptura do ligamento cruzado é consideravelmente **menos comum em gatos** do que em cães.

5.2.4 Articulações tibiofibulares

As articulações tibiofibulares variam conforme a redução da fíbula característica de cada espécie. Em carnívoros, a fíbula se articula com a tíbia em cada extremidade, por meio de articulações sinoviais pequenas e rígidas, as **articulações tibiofibulares proximal** e **distal** (*articulatio tibiofibularis proximalis et distalis*), e forma uma **sindesmose** entre os corpos dos dois ossos (*membrana interossea cruris*). A cavidade articular proximal se comunica com a **articulação femorotibial** lateral em todos os mamíferos domésticos, exceto no equino; já a a cavidade articular distal se comunica com a articulação tarsocrural. Nos ruminantes, a cabeça da fíbula está fusionada ao côndilo lateral da tíbia, e não há articulação tibiofibular proximal. A **articulação tibiofibular distal** é formada pela extremidade distal da fíbula e pelo maléolo lateral.

Em equinos, existe apenas a **articulação tibiofibular proximal**, já que a extremidade distal da fíbula se fusiona à tíbia para formar o maléolo lateral.

Membros pélvicos (*membra pelvina*) 275

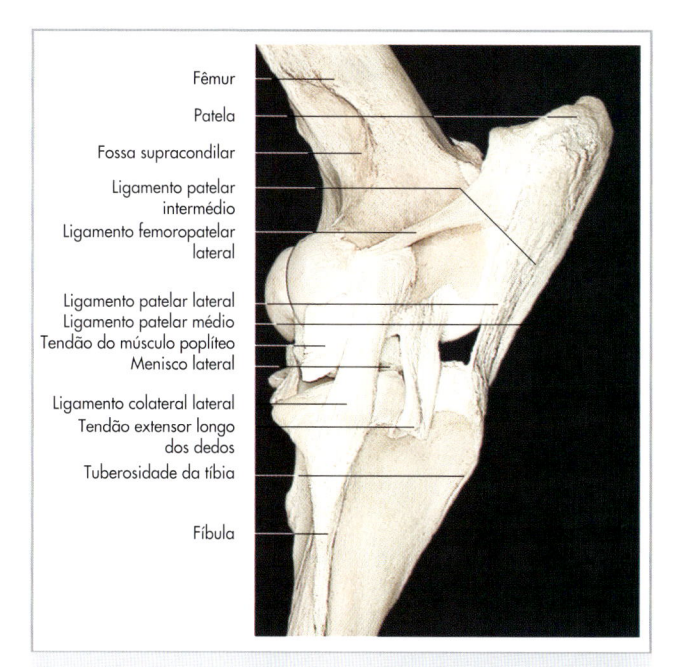

Fig. 5.69 Articulação do joelho direito de um equino (vista lateral). (Fonte: cortesia do Dr. F. Teufel, Viena.)

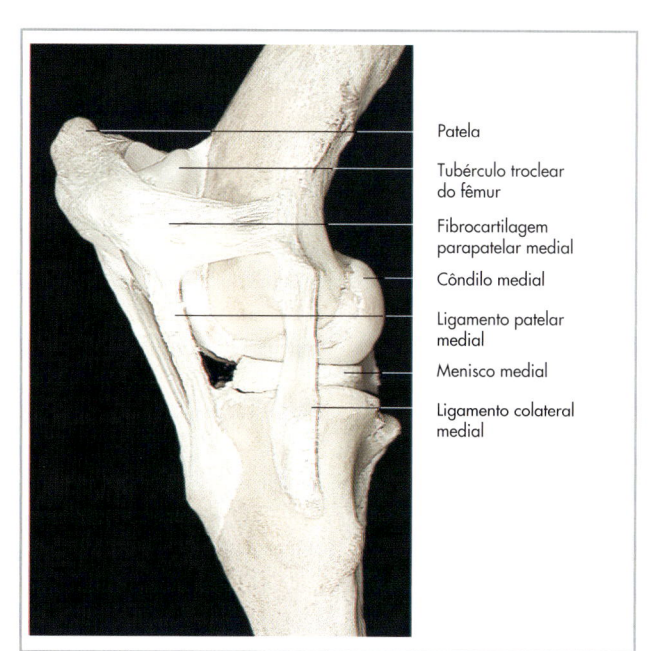

Labels (Fig. 5.69):
- Fêmur
- Patela
- Fossa supracondilar
- Ligamento patelar intermédio
- Ligamento femoropatelar lateral
- Ligamento patelar lateral
- Ligamento patelar médio
- Tendão do músculo poplíteo
- Menisco lateral
- Ligamento colateral lateral
- Tendão extensor longo dos dedos
- Tuberosidade da tíbia
- Fíbula

Fig. 5.70 Articulação do joelho direito de um equino (vista medial). (Fonte: cortesia do Dr. F. Teufel, Viena.)

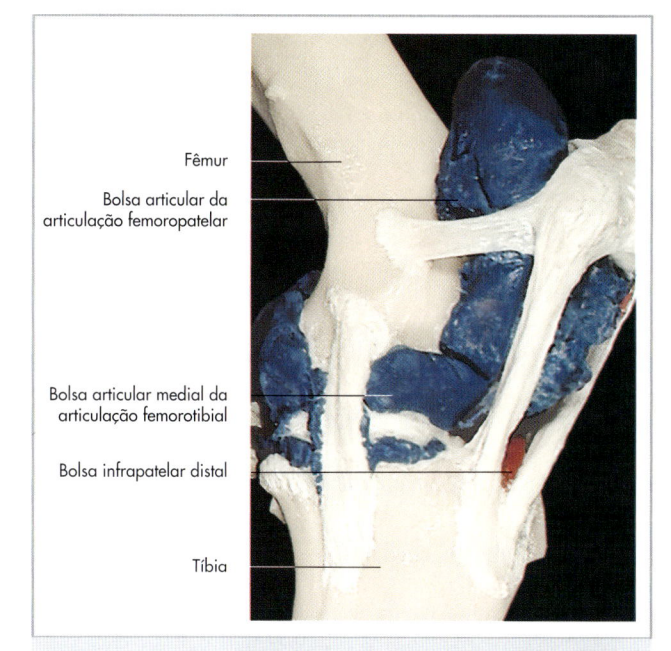

Labels (Fig. 5.70):
- Patela
- Tubérculo troclear do fêmur
- Fibrocartilagem parapatelar medial
- Côndilo medial
- Ligamento patelar medial
- Menisco medial
- Ligamento colateral medial

Fig. 5.71 Molde em acrílico da articulação do joelho esquerdo de um equino (vista medial). (Fonte: cortesia do Dr. F. Teufel, Viena.)

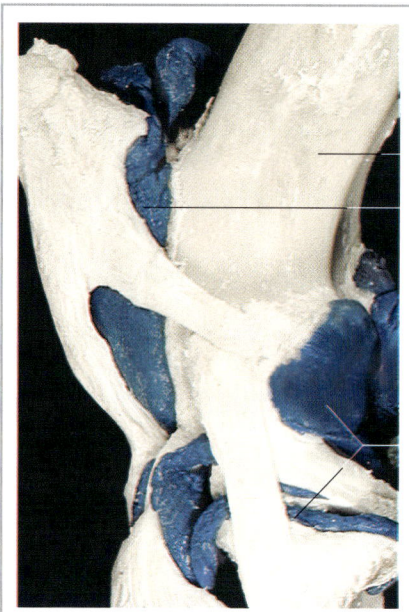

Labels (Fig. 5.71):
- Fêmur
- Bolsa articular da articulação femoropatelar
- Bolsa articular medial da articulação femorotibial
- Bolsa infrapatelar distal
- Tíbia

Fig. 5.72 Molde em acrílico da articulação do joelho esquerdo de um equino (vista lateral). (Fonte: cortesia do Dr. F. Teufel, Viena.)

Labels (Fig. 5.72):
- Fêmur
- Bolsa articular da articulação femoropatelar
- Bolsa articular lateral da articulação femorotibial

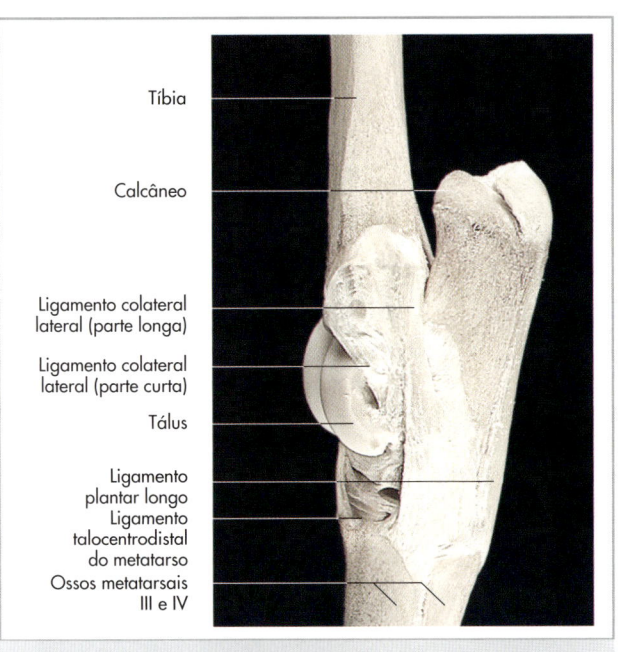

Fig. 5.73 Ligamentos do tarso esquerdo de um equino (vista lateral). (Fonte: cortesia do Dr. R. Macher, Viena.)

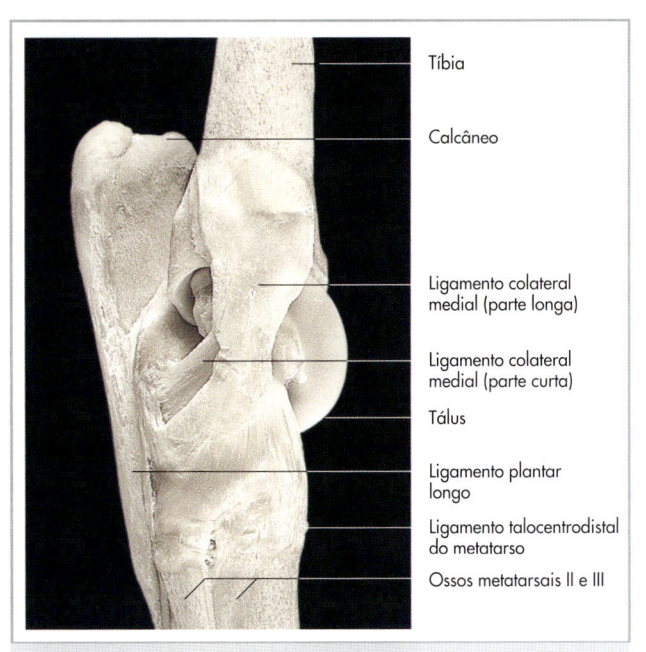

Fig. 5.74 Ligamentos do tarso esquerdo de um equino (vista medial). (Fonte: cortesia do Dr. R. Macher, Viena.)

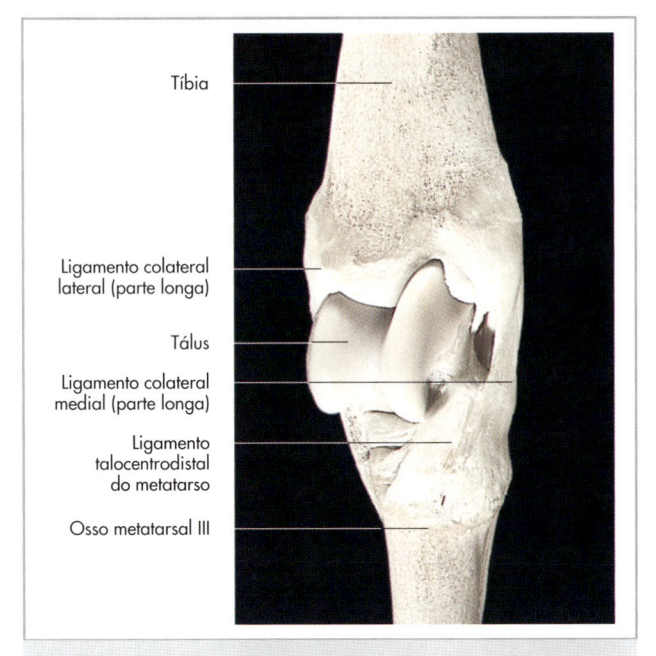

Fig. 5.75 Ligamentos do tarso esquerdo de um equino (vista dorsal). (Fonte: cortesia do Dr. R. Macher, Viena.)

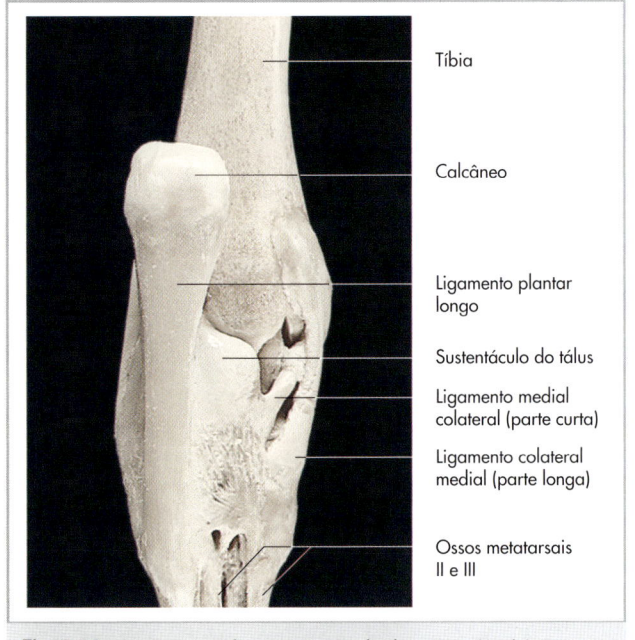

Fig. 5.76 Ligamentos do tarso esquerdo de um equino (vista plantar). (Fonte: cortesia do Dr. R. Macher, Viena.)

5.2.5 Articulações do pé (*articulationes pedis*)

Articulação do tarso (*articulatio tarsi*)

A articulação do tarso é uma **articulação composta** formada entre a tíbia e a fíbula, os ossos do tarso e os ossos do metatarso, com quatro níveis de articulação (▶Fig. 5.73).

A **membrana fibrosa** da cápsula articular se prolonga desde a extremidade distal da perna até a parte proximal do metatarso, cobrindo todo o tarso.

A **membrana sinovial** (*membrana synovialis*) forma quatro bolsas sinoviais para os quatro níveis de articulação:
- articulação tarsocrural (*articulatio tarsocruralis*);
- articulações intertarsais proximais (*articulationes intertarseae proximales*);

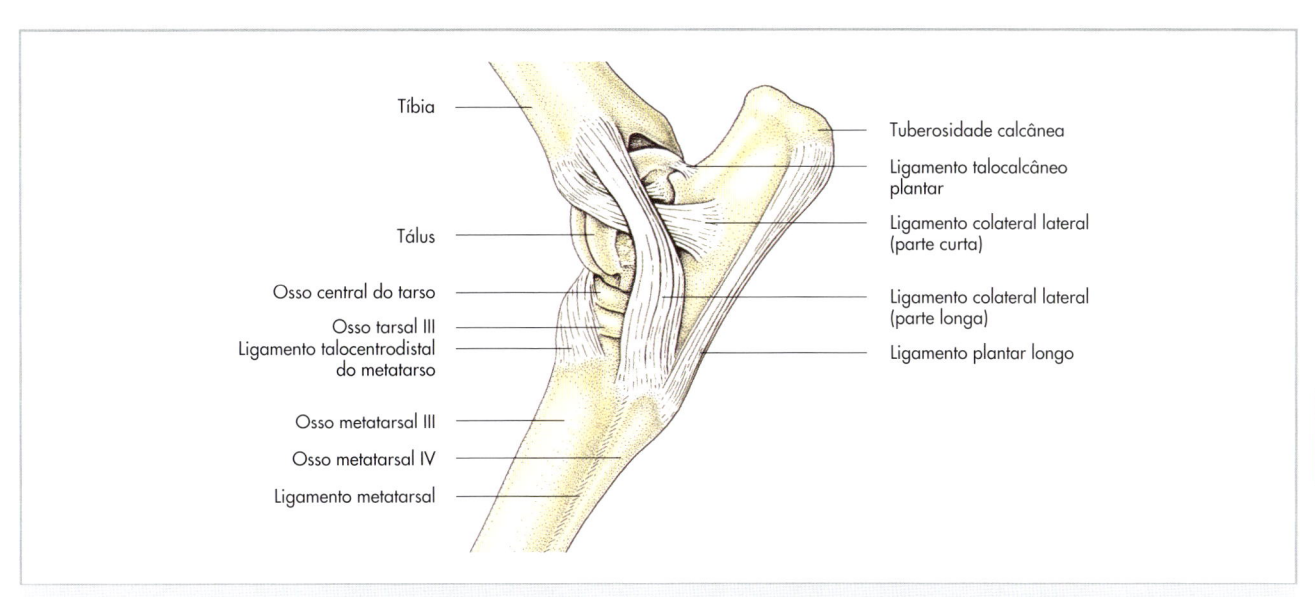

Fig. 5.77 Ligamentos do tarso esquerdo de um equino (representação esquemática, vista lateral). (Fonte: com base em dados de Červeny, 1980.)

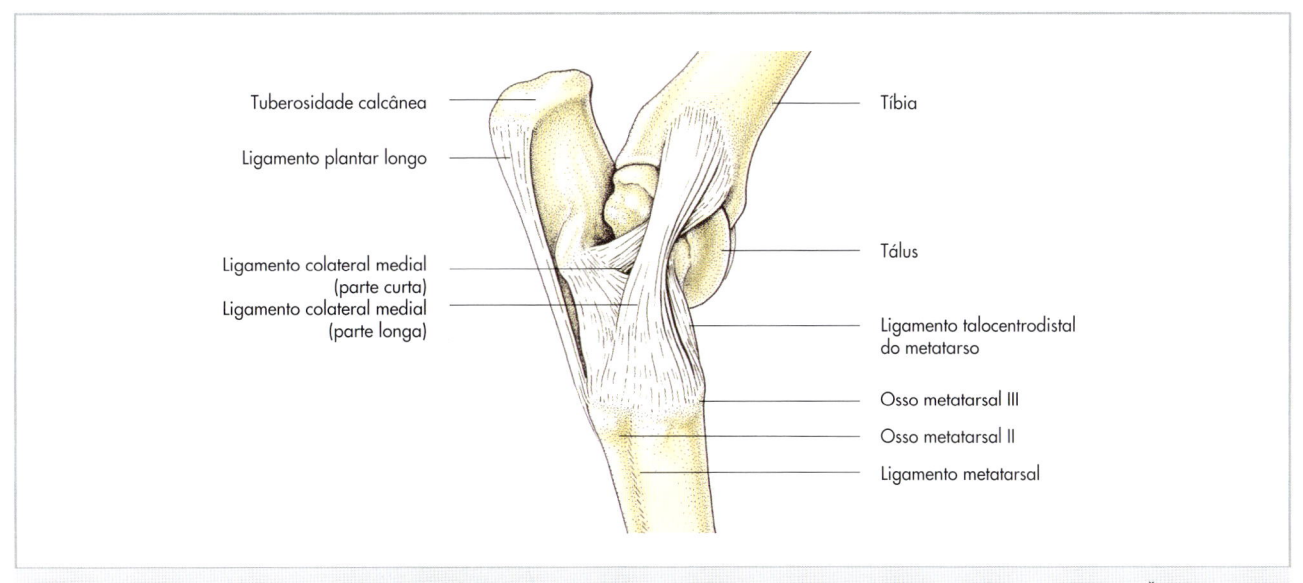

Fig. 5.78 Ligamentos do tarso esquerdo de um equino (representação esquemática, vista medial). (Fonte: com base em dados de Červeny, 1980.)

- articulação centrodistal (*articulatio centrodistalis*);
- articulações intertarsais distais (*articulationes intertarseae distales*);
- articulações tarsometatarsais (*articulationes tarsometatarseae*).

A **articulação tarsocrural** é uma articulação coclear formada entre a tróclea do tálus e a extremidade distal da tíbia e entre o calcâneo e a extremidade distal da fíbula ou o maléolo lateral (ruminantes). Como a extremidade distal da fíbula está incorporada à tíbia no equino, a articulação tarsocrural só é formada entre a tíbia e o tálus.

A cápsula articular é ampla e se comunica com a articulação intertarsal proximal. Ela apresenta três bolsas: duas bolsas plantares, as quais se prolongam no sentido proximal para os maléolos medial e lateral, e uma bolsa dorsal, a qual se prolonga sob o tendão medial do músculo tibial cranial (*m. tibialis cranialis*) (▶Fig. 5.81).

A articulação intertarsal proximal (*articulatio intertarsea proximalis*) pode ser subdividida na articulação talocalcânea central proximalmente e na **articulação dos ossos central do tarso e tarsal IV** (*articulatio talocalcaneocentralis e articulatio calcaneoquartalis*) distalmente. Nos carnívoros, são possíveis movimentos laterais e de rotação, além de flexão e extensão. Em ruminantes, são possíveis apenas flexão e extensão. No equino, praticamente não ocorrem movimentos na articulação intertarsal proximal (▶Fig. 5.79 e ▶Fig. 5.80).

A **articulação intertarsal distal** (*articulatio intertarsea distalis*) é uma articulação rígida formada pelo osso central do tarso proximalmente e pelos ossos pequenos do tarso distalmente.

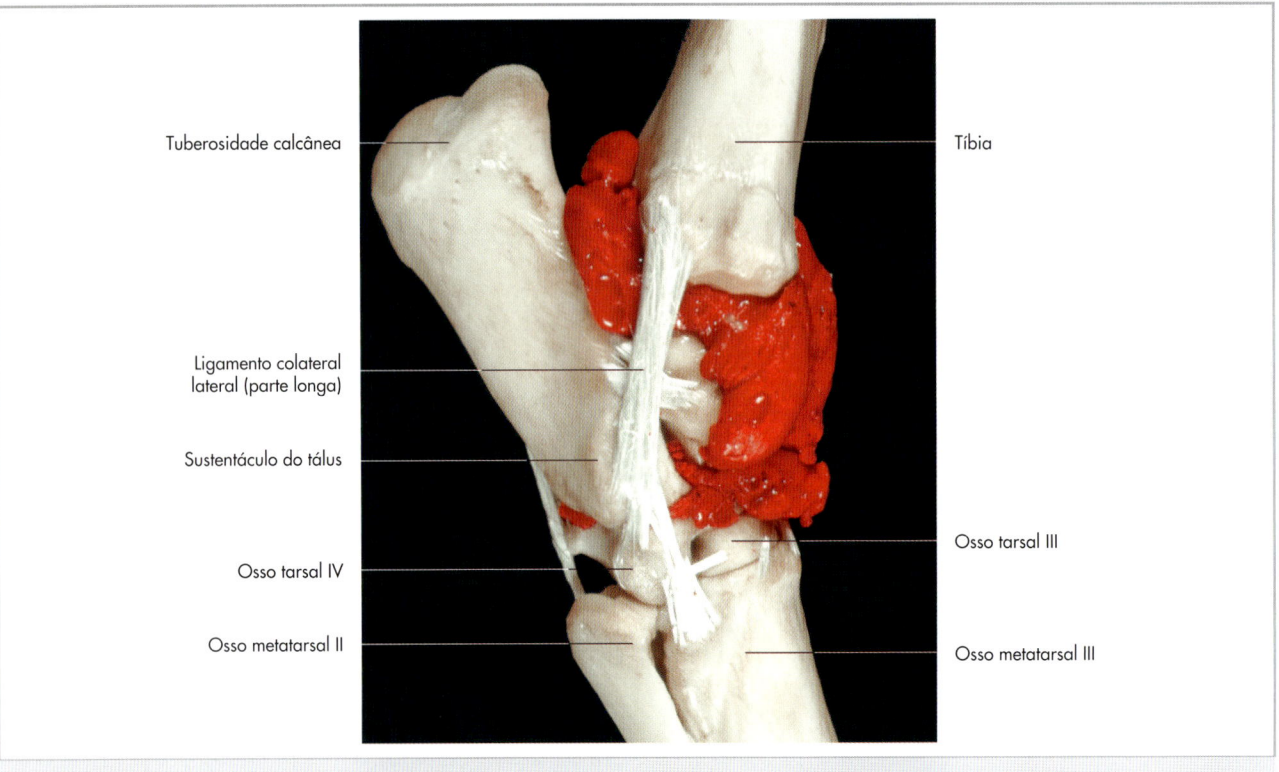

Fig. 5.79 Espaços articulares da articulação do tarso de um equino (molde em acrílico, vista lateral). (Fonte: cortesia de H. Dier, Viena.)

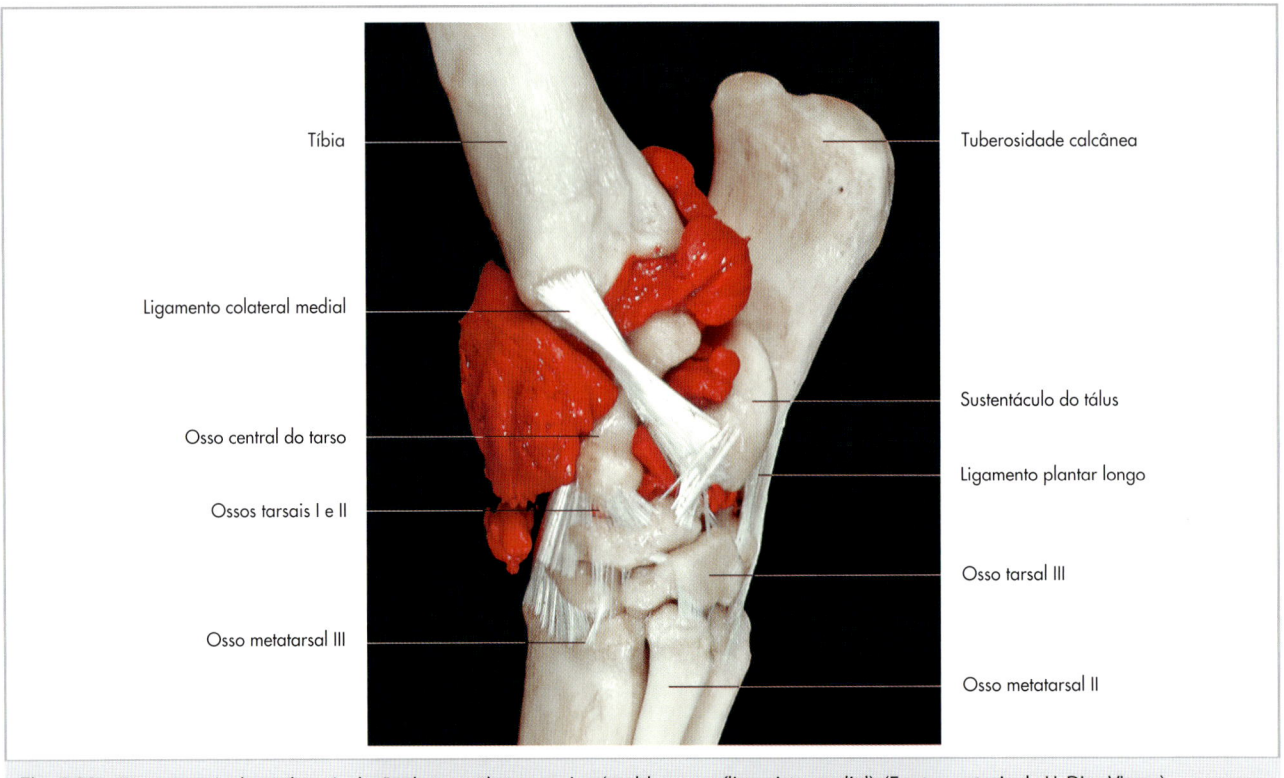

Fig. 5.80 Espaços articulares da articulação do tarso de um equino (molde em acrílico, vista medial). (Fonte: cortesia de H. Dier, Viena.)

As articulações verticais entre os ossos da mesma fileira são chamadas de articulações intratarsais, as quais, devido à sua proximidade oposicional, permitem muito pouco movimento. Os ossos tarsais distais se articulam com os ossos metatarsais, formando as **articulações tarsometatarsais** (*articulationes tarsometatarseae*) rígidas. Os **ligamentos do tarso** compreendem os ligamentos colaterais, os ligamentos tarsais distais e proximais e as fáscias (▶Fig. 5.73, ▶Fig. 5.74, ▶Fig. 5.76, ▶Fig. 5.77 e ▶Fig. 5.78).

Os **ligamentos colaterais** (*ligamenta collateralia*) podem ser subdivididos conforme o seu comprimento e a sua localização:
- **ligamento colateral lateral longo** (*ligamentum collaterale tarsi laterale longum*): prolonga-se entre o maléolo lateral e a base dos ossos metatarsais laterais, fixando-se, também, aos ossos laterais do tarso ao longo de seu trajeto;
- **ligamento colateral lateral curto** (*ligamentum collaterale tarsi laterale breve*): percorre sob o ligamento colateral lateral longo, origina-se do maléolo lateral e fixa-se com um ramo ao calcâneo e com outro ao tálus;
- **ligamento colateral medial longo** (*ligamentum collaterale tarsi mediale longum*): prolonga-se entre o maléolo medial e a base dos ossos metatarsais mediais, fixando-se, também, aos ossos tarsais mediais ao longo de seu trajeto;
- **ligamento colateral medial curto** (*ligamentum collaterale tarsi mediale breve*) emerge do maléolo medial, sob o ligamento longo, e se divide em dois ramos, em que um se fixa ao tálus, e outro, ao calcâneo; em carnívoros e ruminantes, um ramo adicional estende-se ao osso metatarsal medial;
- **ligamentos diversos**: conectam os espaços articulares nas direções vertical, horizontal e oblíqua nas faces dorsal e plantar do jarrete.

Os ligamentos de **maior destaque** são:
- **ligamento tarsal dorsal** (*ligamentum tarsi dorsale* ou *ligamentum talocentrodistometatarseum*): uma bainha triangular que se espalha entre a face medial do tálus e os ossos tarsais central e III e entre os ossos metatarsais III e IV;
- **ligamento plantar longo** (*ligamentum plantare longum*): uma faixa bastante resistente e plana na face plantar do jarrete, prolongando-se entre o calcâneo distal em carnívoros – ou a tuberosidade calcânea nas outras espécies domésticas – e os ossos tarsais central e IV e a extremidade proximal dos ossos metatarsais III e IV;
- diversos **ligamentos curtos** conectam os espaços articulares entre ossos contíguos do mesmo nível ou do nível vizinho (*ligamenta tarsi interossea*);
- várias **fáscias** resistentes (retináculos) são formadas para manter os tendões no lugar, as quais carregam vários vasos sanguíneos e nervos. Elas se fundem parcialmente à cápsula articular.

Articulações metatarsais e falângicas

As articulações do metatarso e dos dedos são semelhantes às articulações correspondentes do membro torácico.

Nota clínica

Locais de punção:
- **cão**: com o animal recostado lateralmente e o jarrete em extensão, insere-se a agulha imediatamente distal à extremidade distal da fíbula e dorsal ao tendão palpável do músculo fibular, a qual deve avançar na direção distoplantar;
- **suíno**: punciona-se a articulação tarsocrural, inserindo-se a agulha na margem dorsal do maléolo lateral, em um plano horizontal na direção medial;
- **bovino**: insere-se uma agulha de 6 cm entre o ligamento colateral lateral e o tendão de inserção do músculo tibial cranial, a qual deve avançar horizontalmente;
- **equino**: puncionam-se as **articulações tarsocrural** e **intertarsal proximal** a partir da face mediodorsal com uma agulha de 3 cm no equino em estação. Insere-se a agulha na depressão palpável imediatamente distal ao maléolo medial, em um plano horizontal na direção lateral. Deve-se ter cuidado para não puncionar o ramo cranial da veia safena medial. Punciona-se a **articulação intertarsal distal** a partir da face medial com uma agulha de 3 cm no equino em estação. Com frequência, é possível palpar uma pequena depressão na altura da parte distal do tendão medial do músculo tibial cranial (tendão cuneano) e ao longo de uma linha imaginária entre o tubérculo distal palpável do tálus e as extremidades proximais dos ossos metatarsais II e III. Insere-se a agulha no plano horizontal em uma direção ligeiramente caudal. Punciona-se a **articulação tarsometatarsal** a partir da face lateral com uma agulha de 2 cm no equino em estação. Insere-se a agulha a 1 cm proximal da cabeça do osso metatarsal IV, em uma direção dorsal e ligeiramente distomedial.

Nota clínica

As **fraturas do tarso** são relativamente **incomuns em cães**. Os locais de fratura, do mais para o menos comum, são: calcâneo, tálus, osso central do tarso (*os tarsi centrale*) e os ossos tarsais restantes. As fraturas do tarso são frequentemente acompanhadas por ruptura dos ligamentos colaterais. Fraturas do maléolo lateral podem ocorrer em associação com osteocondrose dissecante. Em todos esses casos, a intervenção cirúrgica é necessária.

A **osteoartrite** das articulações do tarso com movimento reduzido (**esparavão ósseo**) é **comum em equinos**. A exostose surge primeiro na face articular medial do osso central do tarso (*os tarsi centrale*) e, subsequentemente, aparece em outros ossos mais distais, como os metatarsais II, III e IV. O exame físico geralmente revela o aumento da bolsa sob o **tendão medial de inserção do músculo tibial cranial** (*m. tibialis cranialis*) (às vezes referido pelos médicos como tendão cuneano).

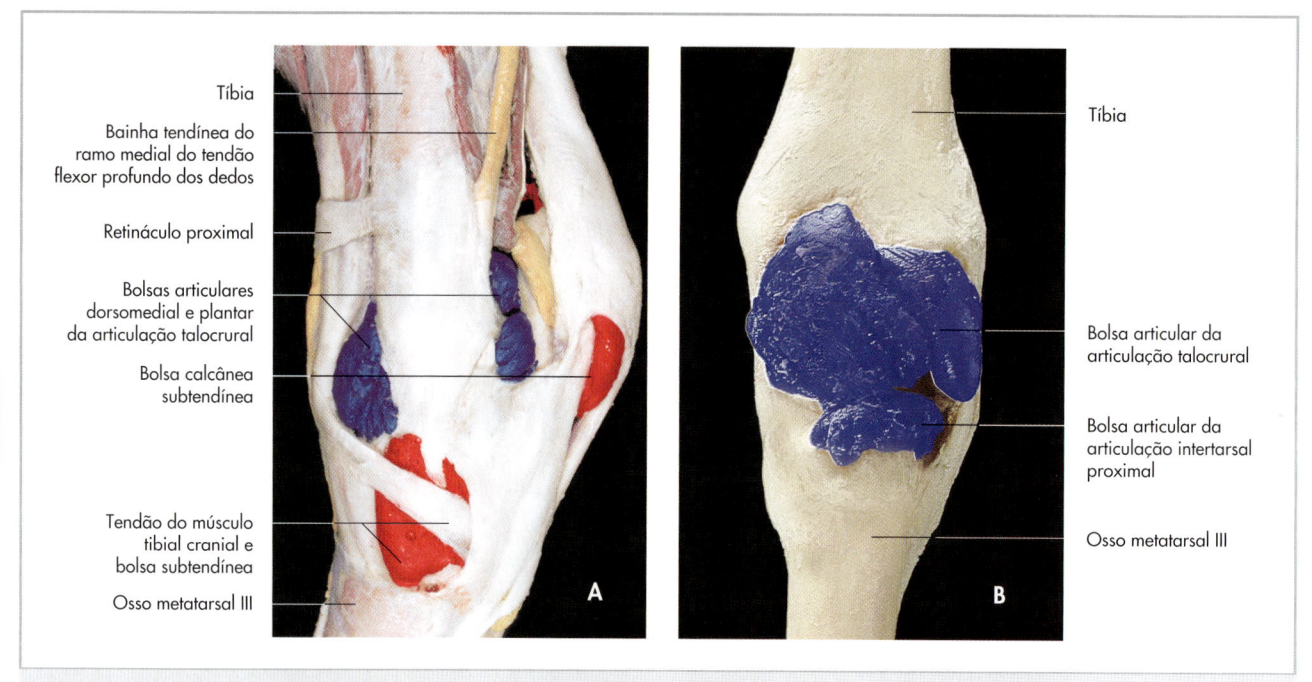

Fig. 5.81 Molde em acrílico do tarso direito de um equino: (A) vista medial e (B) vista dorsal. (Fonte: cortesia da Drª. Margit Teufel, Viena.)

5.3 Músculos do membro pélvico (*musculi membri pelvini*)

A musculatura do membro pélvico inclui as **fáscias** e tanto a **musculatura do cíngulo do membro pélvico** como os **músculos intrínsecos do membro**.

5.3.1 Fáscias da pelve e do membro pélvico

A fáscia interna do tronco, denominada **fáscia transversal** (*fascia transversalis*) no abdome, é contínua com a **fáscia ilíaca** (*fascia iliaca*) da pelve. A fáscia ilíaca forma a parte principal da **lacuna muscular** (*lacuna musculorum*) para a passagem do músculo iliopsoas e, craniomedialmente a ele, a **lacuna vascular** (*lacuna vasorum*), através da qual passam a artéria e a veia femorais e o nervo safeno. Ela prossegue caudalmente com o ligamento inguinal e a fáscia do **diafragma pélvico** (*fascia diaphragmatis pelvis*). Os músculos do membro pélvico são cobertos superficialmente por várias camadas de fáscia extensa, que envia múltiplos septos entre os músculos. Na região glútea, ela é denominada **fáscia glútea** (*fascia glutaea*); na face medial do fêmur, ela é chamada de **fáscia femoral** (*fascia femoralis*); e na face lateral do fêmur, ela recebe a denominação de **fáscia lata**. Distalmente, essas fáscias prosseguem como **fáscia da articulação do joelho** (*fascia genus*) e **fáscia crural** (*fascia cruris*). Essas fáscias, divididas em lâminas superficiais e profundas, são reforçadas para formar os retináculos do joelho. A fáscia crural do tarso prende os tendões quando eles passam sobre essas articulações.

5.3.2 Musculatura do cíngulo pélvico ou extrínseca do membro pélvico

A musculatura do cíngulo pélvico origina-se da face ventral das vértebras lombares e se insere na pelve ou no fêmur. Também denominados músculos sublombares, esse grupo é composto por:
- músculo psoas menor (*m. psoas minor*);
- músculo iliopsoas (*m. iliopsoas*);
- músculo quadrado lombar (*m. quadratus lumborum*).

Esses músculos controlam a dorsoflexão e a ventroflexão da espinha e estabilizam a coluna vertebral e a pelve durante a deambulação. Devido à mobilidade limitada da articulação sacroilíaca, esses músculos são mais delgados do que os seus equivalentes no membro torácico (▶Fig. 5.82 e ▶Fig. 5.83; ▶Tab. 5.1).

O **músculo psoas menor** emerge da face ventral da 2ª ou 3ª vértebra torácica caudal e da 4ª ou 5ª vértebra lombar cranial e se insere através de um forte tendão ao tubérculo psoas do corpo do fêmur (▶Fig. 5.83). Em carnívoros, o músculo psoas menor é, assim como os outros músculos sublombares, um músculo carnoso resistente. Os ventres musculares de cada lado margeiam os tendões de origem dos pilares diafragmáticos. O tendão plano de inserção fusiona-se à fáscia ilíaca e insere-se na linha arqueada do ílio, prolongando-se até a eminência iliopúbica. Em ruminantes e no equino, o músculo é marcado por múltiplas intersecções tendíneas.

O músculo psoas menor deixa a pelve mais íngreme quando a coluna vertebral está fixa e flexiona a coluna vertebral durante a fase de apoio da locomoção.

O **músculo iliopsoas** é o músculo mais forte do cíngulo pélvico. Ele pode ser dividido nas partes lombar e ilíaca em todos os

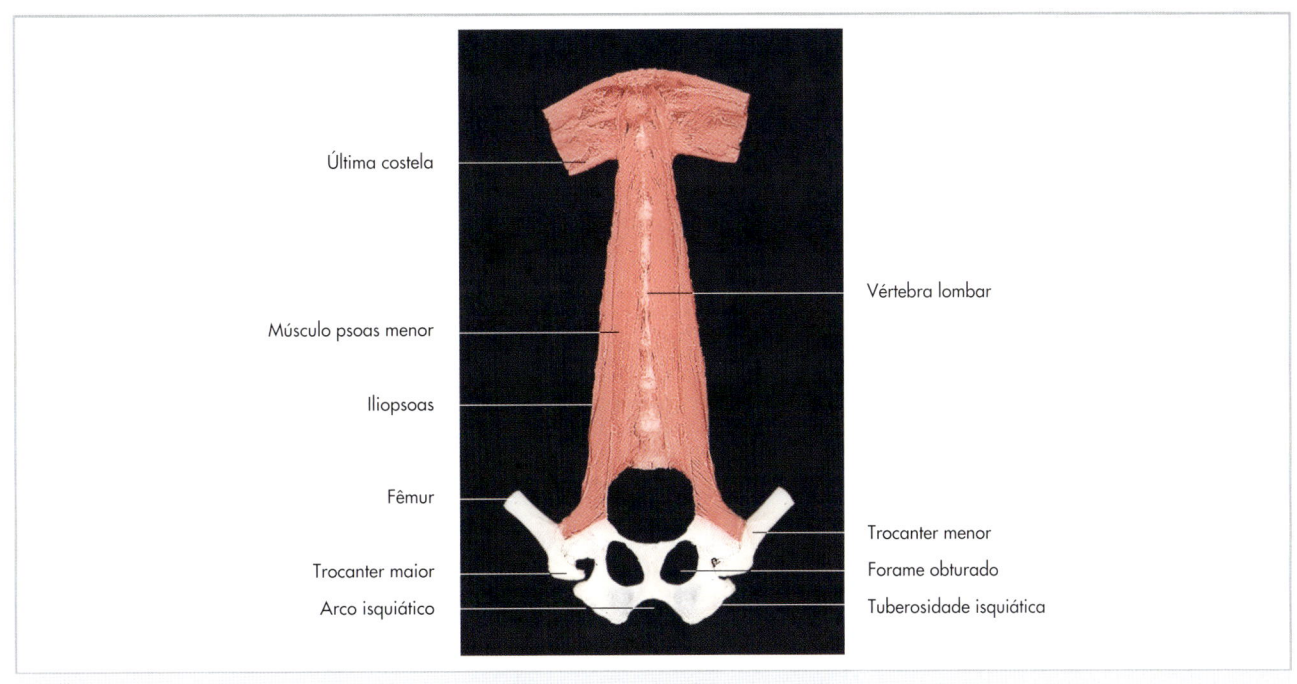

Fig. 5.82 Musculatura do cíngulo do membro pélvico de um cão (vista ventral).

mamíferos domésticos, exceto nos carnívoros, nos quais as duas partes encontram-se fusionadas:
- músculo psoas maior (*m. psoas major*), representa a parte lombar;
- músculo ilíaco (*m. iliacus*), representa a parte ilíaca.

O **músculo psoas maior** se origina dos corpos e dos processos transversos das vértebras lombares, das duas últimas vértebras torácicas e das costelas. Ele se situa lateralmente aos músculos lombares pequenos (▶Fig. 5.83), ventralmente ao músculo quadrado lombar e dorsalmente aos músculos psoas menores. O músculo psoas maior se insere no trocanter menor do fêmur após a sua incorporação ao músculo ilíaco.

O **músculo ilíaco** se origina na asa e no corpo do ílio e se insere no trocanter menor do fêmur através do tendão comum do músculo iliopsoas. Antes de sua inserção, o músculo iliopsoas passa através da **lacuna muscular** (*lacuna musculorum*). Essa abertura forma-se caudal à parede abdominal pelos ossos coxais lateralmente e caudalmente, pelo músculo reto do abdome medialmente e pela fáscia ilíaca cranialmente.

Em ruminantes e no equino, o músculo ilíaco é um músculo carnoso e forte, plano na secção transversal cranialmente, porém mais arredondado caudalmente. Ele emerge com duas cabeças; a cabeça lateral, mais forte, se origina da asa do ílio, e a cabeça medial, menor, se origina de seu corpo. As duas partes envolvem o músculo psoas maior, com o qual se unem para formar o tendão comum de inserção no trocanter menor do fêmur.

Os músculos iliopsoas avançam o seu trajeto no membro pélvico ao flexionar a articulação coxofemoral e ao efetuar a rotação para fora da articulação do joelho. Quando o membro está fixo, na fase de apoio da locomoção, o músculo iliopsoas flexiona a coluna vertebral. Quando o membro sofre extensão, o músculo faz o tronco se retrair caudalmente.

O **músculo quadrado lombar** se origina das faces ventrais dos processos transversos das vértebras lombares e das extremidades proximais das costelas e se insere na face ventral das asas do sacro e do ílio (▶Fig. 5.83).

Em carnívoros, esse músculo é mais forte do que nas outras espécies domésticas e apresenta as partes torácica e lombar. A parte torácica origina-se de cada um dos corpos das últimas três vértebras torácicas e se insere nos processos transversos das vértebras lombares craniais. Já a parte lombar se projeta e se insere na margem ventral do sacro e da asa ilíaca.

Em ruminantes e no equino, o músculo quadrado lombar é um músculo delgado e tendinoso, que se origina da extremidade proximal da última costela e dos processos transversos das vértebras lombares craniais e se insere nos processos transversos das vértebras lombares caudais e na asa do sacro.

O músculo quadrado lombar estabiliza a coluna vertebral lombar. Em animais nos quais são possíveis ventroflexão e dorsoflexão, como carnívoros e suínos, ele também causa a ventroflexão da articulação sacroilíaca.

5.3.3 Musculatura intrínseca do membro pélvico

Os músculos intrínsecos do membro pélvico fornecem a propulsão para a locomoção. A força desenvolvida por esses músculos é transferida ao tronco pelas articulações coxofemoral e sacroilíaca, as quais são sustentadas pelos músculos do membro pélvico.

Desse modo, a musculatura intrínseca do membro pélvico é mais desenvolvida e apresenta uma estrutura mais complexa que a musculatura correspondente do membro torácico. Os ventres musculares dos músculos proximais são grandes e modelam o contorno das ancas e das coxas. Os músculos tendinosos longos do membro distal, assim como no membro torácico, causam a flexão e a extensão das articulações do tarso e dos dedos (▶Fig. 5.84 e ▶Fig. 5.85).

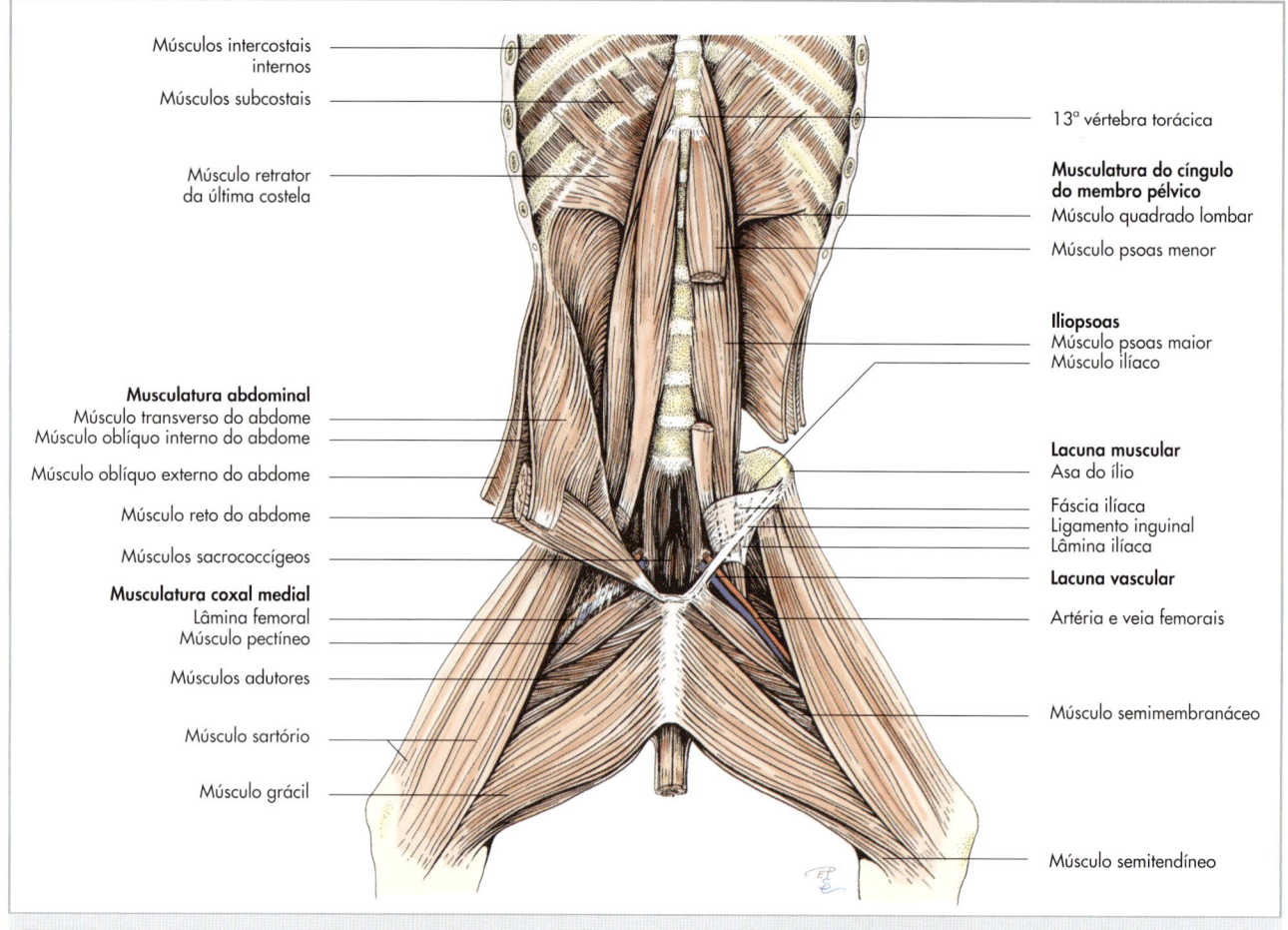

Fig. 5.83 Musculatura do cíngulo do membro pélvico, músculos mediais da coxa do membro pélvico e músculos abdominais de um cão (representação esquemática, vista ventral). (Fonte: com base em dados de Ellenberger e Baum, 1943.)

A **musculatura intrínseca** compreende:
- músculos da coxa;
- músculos do joelho;
- músculos do tarso;
- músculos dos dedos.

Os músculos femorais são particularmente grandes no equino, cujos contornos da anca se arredondam de maneira peculiar. A função primordial é realizar a extensão da articulação coxofemoral, mas alguns também atuam como extensores do joelho e do tarso. Esses músculos são agrupados conforme a sua posição.

Os **músculos femorais** compreendem:
- músculos externos do quadril;
- músculos caudais da coxa;
- músculos mediais da coxa;
- músculos pélvicos internos.

Músculos externos do quadril

Os músculos externos do quadril se situam sobre as partes lateral e caudal da parede pélvica, prolongam-se entre o ílio e a coxa e se dispõem em diversas camadas (▶Fig. 5.84, ▶Fig. 5.88, ▶Fig. 5.89 e ▶Fig. 5.97; ▶Tab. 5.2). Esse grupo compreende:
- músculo glúteo superficial (*m. gluteus superficialis*);
- músculo gluteofemoral (*m. gluteofemoralis*);
- músculo glúteo médio (*m. gluteus medius*);
- músculo piriforme (*m. piriformis*);
- músculo glúteo profundo (*m. gluteus profundus*);
- músculo tensor da fáscia lata (*m. tensor fasciae latae*).

Tab. 5.1 Musculatura do cíngulo do membro pélvico

Nome / Inervação	Origem	Inserção	Função
Músculo psoas menor Cão: ramos ventrais do 4º e 5º nervos lombares Equino: nervos intercostais, ramos ventrais dos nervos lombares, nervo genitofemoral, nervo femoral	3 últimas vértebras torácicas, da 1ª à 4ª vértebra lombar	Linha arqueada do ílio	Fixar e flexionar a coluna vertebral lombar
Músculo iliopsoas			
• Músculo psoas menor Cão: Ramos ventrais do 4º e 5º nervos lombares Equino: nervos intercostais, nervo femoral	Últimas vértebras torácicas, vértebras lombares	Trocanter menor do fêmur	Flexionar a articulação coxofemoral, projetar o membro pélvico para a frente
• Músculo ilíaco Nervos lombares, nervo genitofemoral, nervo femoral	Fáscia ilíaca, asa do ílio	Trocanter menor do fêmur	
Músculo quadrado lombar Cão: ramos ventrais do 4º e 5º nervos lombares Equino: nervos intercostais, ramos ventrais dos nervos lombares, nervo genitofemoral, nervo femoral	Ventralmente aos processos transversos das vértebras lombares	Processos transversos das vértebras lombares, asa do sacro, asa do ílio	Fixar a coluna vertebral lombar

Tab. 5.2 Músculos da anca

Nome / Inervação	Origem	Inserção	Função
Músculo glúteo superficial Nervo glúteo caudal	Fáscia glútea e sacro	Trocanter maior e terceiro trocanter	Entender e flexionar a articulação coxofemoral
Músculo gluteofemoral Nervo glúteo caudal	Da 2ª à 4ª vértebra caudal	Fáscia lata, patela	Projetar o membro lateral e caudal, retrair a cauda lateralmente
Músculo glúteo médio Nervo glúteo cranial	Asa ilíaca, sacro e 1ª vértebra lombar	Trocanter maior	Estender a articulação coxofemoral, projetar o membro lateral e caudalmente
Músculo piriforme Nervo glúteo cranial	Última vértebra sacral e ligamento sacrotuberal	Trocanter maior	Estender a articulação coxofemoral, projetar o membro lateral e caudalmente
Músculo glúteo profundo Nervo glúteo cranial	Espinha isquiática	Trocanter maior	Projetar o membro lateral e caudalmente
Músculo tensor da fáscia lata Nervo glúteo cranial	Tuberosidade coxal	Fáscia lata	Projetar o membro cranial, tensionar a fáscia

O **músculo glúteo superficial** apresenta variações conforme a espécie. Esse músculo está presente apenas como um músculo isolado nos carnívoros, porém, em outras espécies domésticas, ele se fusiona aos músculos vizinhos (▶Fig. 5.88).

Nos carnívoros, o músculo glúteo superficial é uma lâmina muscular retangular que se prolonga entre o sacro, a 1ª vértebra caudal e o ílio proximalmente e o trocanter maior distalmente. Ele se origina a partir da fáscia glútea, da parte lateral do sacro, da tuberosidade sacral do ílio, da 1ª vértebra caudal e do ligamento sacrotuberal. As fibras do músculo glúteo superficial convergem para formar um tendão, o qual se situa caudodistalmente sobre o trocanter maior, em relação ao qual se insere distalmente.

No suíno, o músculo glúteo superficial apresenta duas partes, uma superficial menor e outra maior e profunda. A parte superficial divide-se, ainda, em uma parte cranial, a qual tem origem a partir da fáscia glútea e se fusiona com o músculo tensor da fáscia lata, e uma parte caudal, a qual se origina cranial ao músculo bíceps femoral e se irradia na fáscia lata. A parte profunda se origina a partir do sacro e da 1ª vértebra caudal e se une ao músculo bíceps para formar o **músculo gluteobíceps**. Em pequenos ruminantes, o músculo glúteo superficial é parcialmente fusionado com o músculo bíceps femoral, ao passo que, no bovino, ele é completamente fusionado e, portanto, recebe a denominação de **músculo gluteobíceps** (▶Fig. 5.75).

No equino, o músculo glúteo superficial se origina da fáscia glútea e cobre o músculo glúteo médio. Ele se fusiona com o músculo tensor da fáscia lata distal à coxa. Após atravessar o trocanter maior, o seu tendão comum de inserção se fixa no terceiro trocanter e se irradia na fáscia femoral (▶Fig. 5.89). Uma bolsa sinovial se interpõe entre seu tendão de inserção e o terceiro trocanter. O músculo glúteo superficial realiza a extensão da articulação coxofemoral, retrai o membro e suporta a rotação lateral.

O **músculo gluteofemoral** existe apenas no gato e consiste em uma faixa muscular estreita entre o músculo glúteo superficial e o músculo bíceps femoral. Ele se origina da 2ª à 4ª vértebra caudal e se insere na face lateral da patela e da fáscia lata através de uma aponeurose. A sua função refere-se à retração e à abdução do membro e à extensão do quadril. Além disso, o músculo gluteofemoral é responsável pelos movimentos laterais da cauda quando o membro se encontra em uma posição fixa.

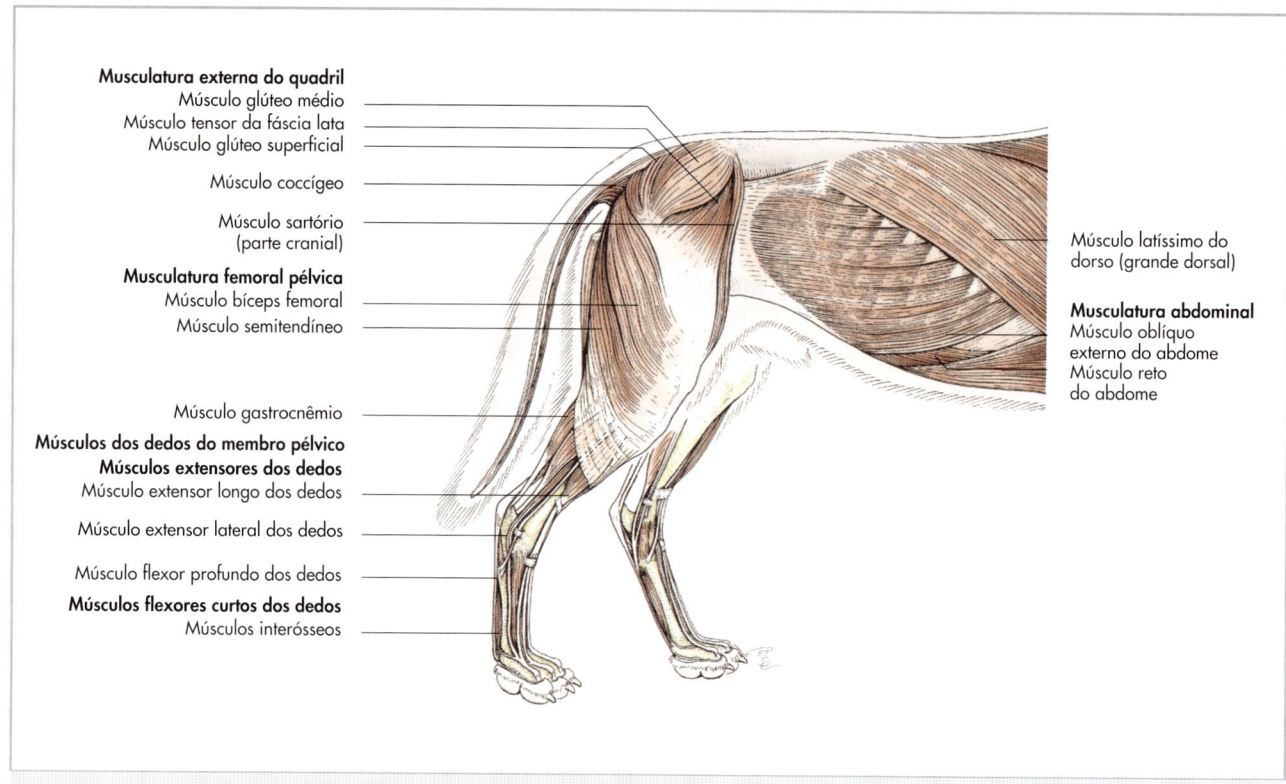

Fig. 5.84 Músculos abdominais e musculatura superficial do membro pélvico de um cão (representação esquemática).

Musculatura externa do quadril
Músculo glúteo médio
Músculo tensor da fáscia lata
Músculo glúteo superficial

Músculo coccígeo

Músculo sartório (parte cranial)

Musculatura femoral pélvica
Músculo bíceps femoral
Músculo semitendíneo

Músculo gastrocnêmio
Músculos dos dedos do membro pélvico
Músculos extensores dos dedos
Músculo extensor longo dos dedos

Músculo extensor lateral dos dedos

Músculo flexor profundo dos dedos
Músculos flexores curtos dos dedos
Músculos interósseos

Músculo latíssimo do dorso (grande dorsal)

Musculatura abdominal
Músculo oblíquo externo do abdome
Músculo reto do abdome

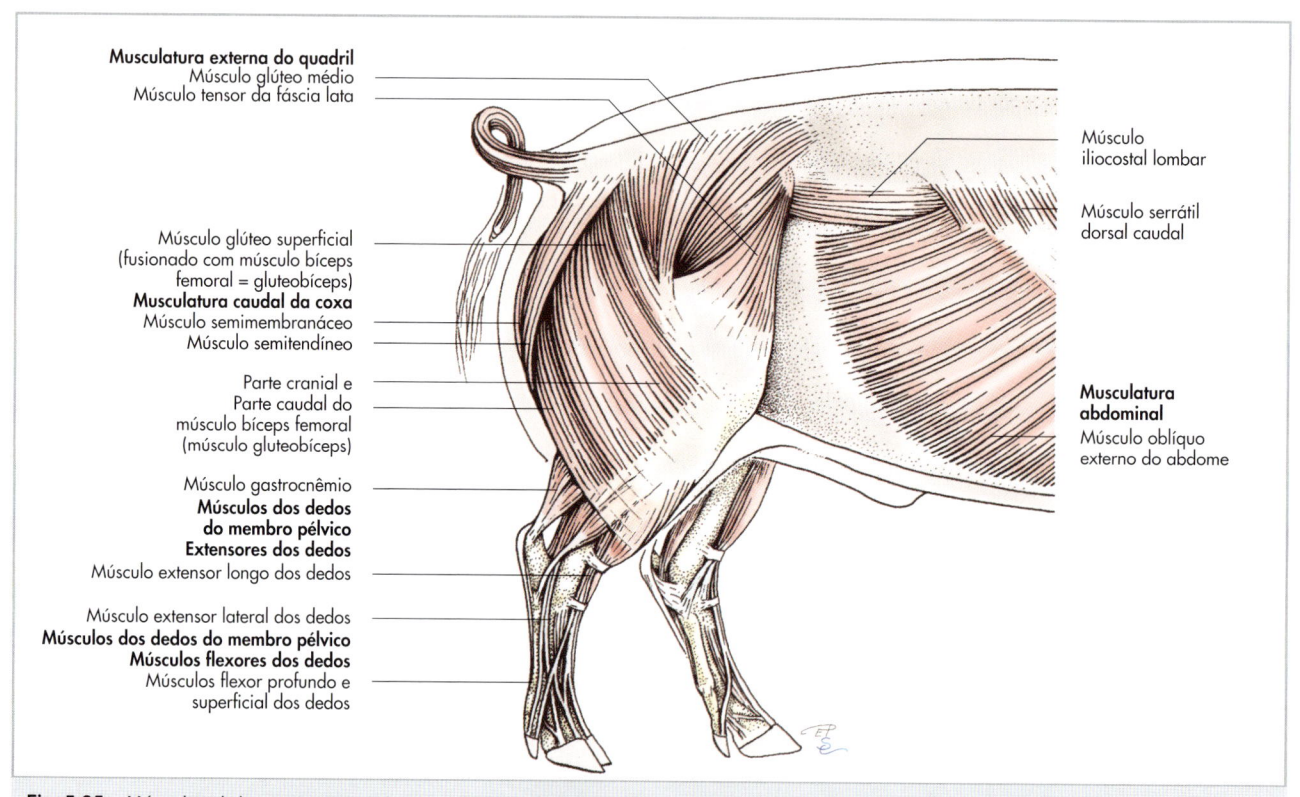

Fig. 5.85 Músculos abdominais e musculatura superficial do membro pélvico de um suíno (representação esquemática).

Musculatura externa do quadril
Músculo glúteo médio
Músculo tensor da fáscia lata

Músculo glúteo superficial (fusionado com músculo bíceps femoral = gluteobíceps)
Musculatura caudal da coxa
Músculo semimembranáceo
Músculo semitendíneo

Parte cranial e Parte caudal do músculo bíceps femoral (músculo gluteobíceps)

Músculo gastrocnêmio
Músculos dos dedos do membro pélvico
Extensores dos dedos
Músculo extensor longo dos dedos

Músculo extensor lateral dos dedos
Músculos dos dedos do membro pélvico
Músculos flexores dos dedos
Músculos flexor profundo e superficial dos dedos

Músculo iliocostal lombar

Músculo serrátil dorsal caudal

Musculatura abdominal
Músculo oblíquo externo do abdome

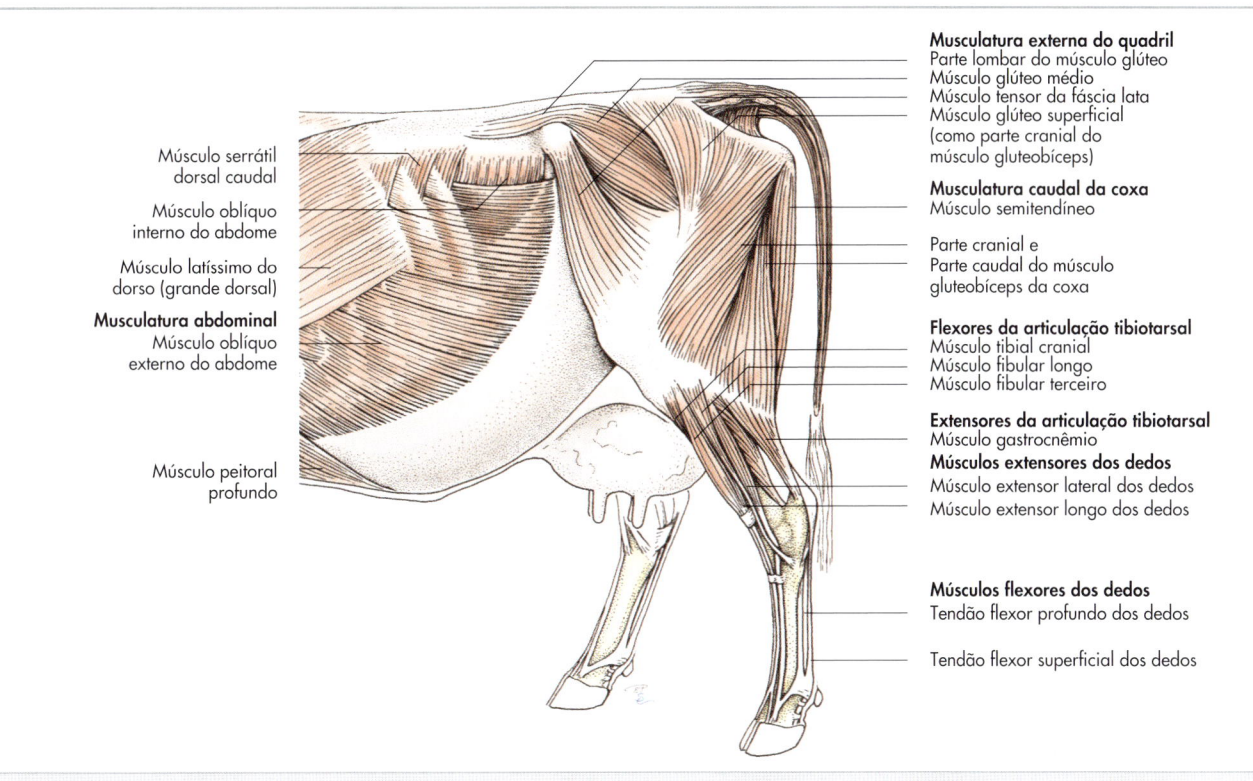

Fig. 5.86 Músculos abdominais e musculatura superficial do membro pélvico de um bovino (representação esquemática).

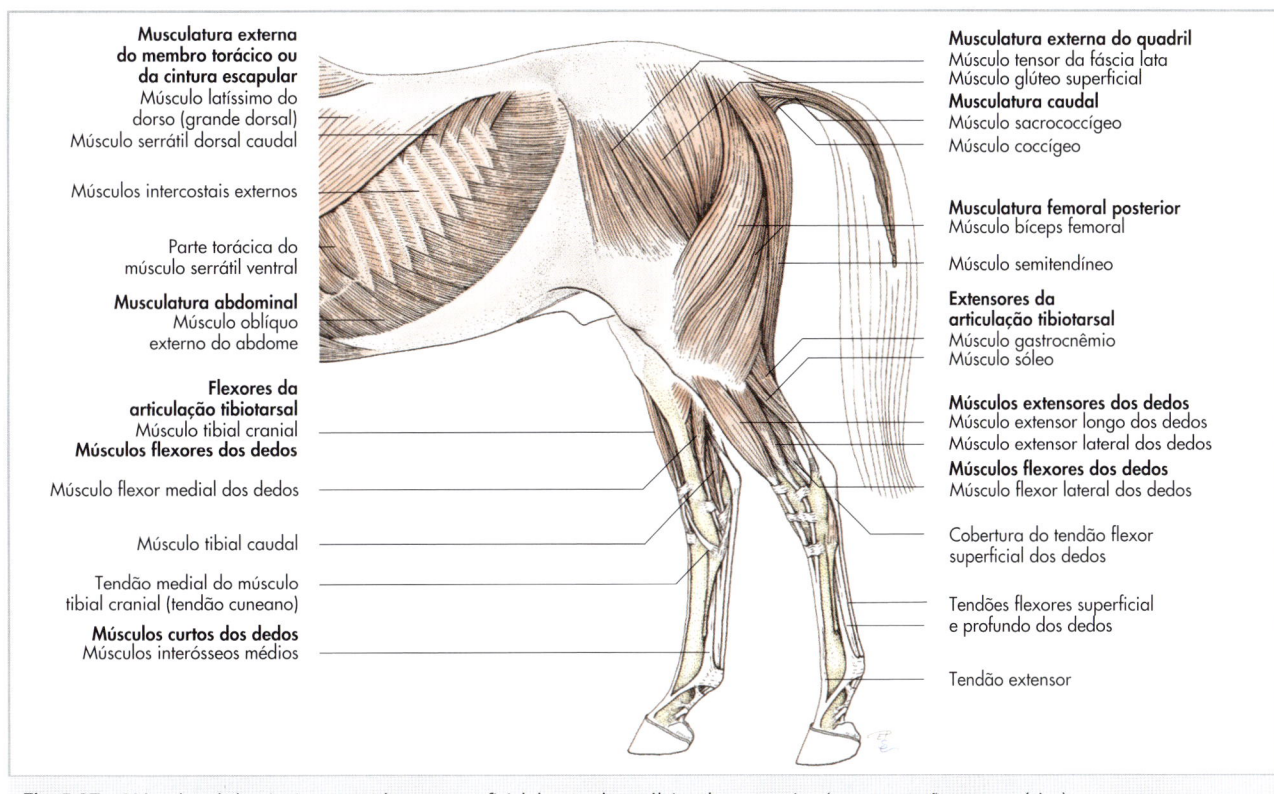

Fig. 5.87 Músculos abdominais e musculatura superficial do membro pélvico de um equino (representação esquemática).

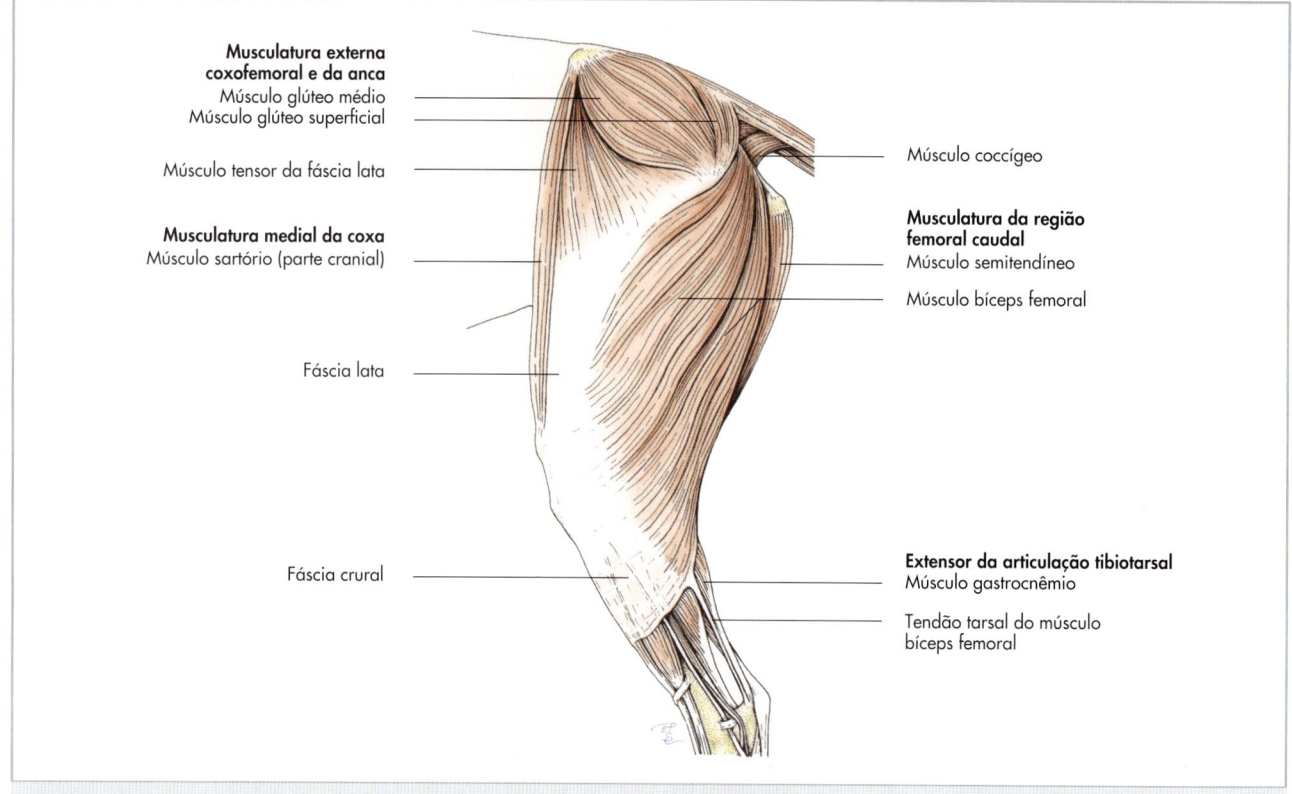

Fig. 5.88 Músculos superficiais do membro pélvico de um cão (representação esquemática, vista lateral). (Fonte: com base em dados de Schaller, 1992.)

O **músculo glúteo médio** é o maior músculo desse grupo, exceto no bovino, no qual é um músculo plano, responsável pelo contorno da anca na espécie (▶Fig. 5.88). Ele se situa na face lateral do ílio e é coberto pelo músculo glúteo superficial, pela fáscia glútea e parcialmente pela fáscia toracolombar.

No cão, o músculo glúteo médio se origina a partir da face glútea do ílio entre a crista ilíaca e a linha glútea. No equino e no suíno, ele também se origina da 1ª vértebra lombar, da aponeurose do músculo longuíssimo lombar, do sacro e do ligamento sacrotuberal largo. No bovino, o músculo é plano na origem, portanto a crista ilíaca é palpável. Em ungulados, o músculo glúteo médio se fusiona caudalmente com o músculo piriforme.

O músculo glúteo médio se divide em uma parte profunda e outra superficial através de uma lâmina tendínea. A parte superficial se insere com um tendão curto no trocanter maior, ao passo que a parte tendinosa profunda se insere com um tendão no trocanter maior, e um segundo tendão passa mais distalmente sob o músculo vasto lateral e termina distal e medialmente ao trocanter maior no bovino e na crista intertrocantérica no equino. Os dois tendões são protegidos por uma bolsa sinovial no local de inserção. A parte profunda é denominada **músculo glúteo acessório**. O músculo glúteo médio é o extensor mais potente do quadril e retrator e abdutor do membro. No equino, a forte parte lombar confere a força do membro pélvico diretamente para o tronco, desempenhando, assim, uma função de suma importância quando o equino empina.

O **músculo piriforme** está fusionado ao músculo glúteo médio em todas as espécies domésticas, exceto nos carnívoros, nos quais ele se situa caudal e medialmente ao músculo glúteo médio e é coberto pelo músculo glúteo superficial. Esse músculo origina-se da última vértebra sacral e do ligamento sacrotuberal, passa sobre o trocanter maior e se insere imediatamente distal a ele na face lateral do fêmur. No equino, o músculo piriforme se fusiona proximalmente ao músculo glúteo médio, porém passa sobre o trocanter maior com um tendão separado e se insere na face caudal do fêmur. Ele é um extensor do quadril e abdutor do membro.

O **músculo glúteo profundo** é forte e curto, marcado por múltiplas intersecções tendíneas. Ele é o músculo mais profundo do grupo glúteo e se situa diretamente sobre a articulação coxofemoral (▶Fig. 5.97 e ▶Fig. 5.101). O músculo glúteo profundo se origina da face lateral do corpo ilíaco, próximo à espinha ilíaca, porém, em ruminantes, origina-se do ligamento sacrotuberal largo. Ele se insere com um tendão curto e resistente no trocanter maior ou, no caso dos ruminantes, distal a ele na face craniolateral do fêmur. O músculo glúteo profundo sustenta o músculo glúteo médio durante a abdução do membro.

O **músculo tensor da fáscia lata** é o músculo mais cranial da musculatura externa do quadril. Ele preenche o triângulo entre o ângulo lateral do ílio e a articulação do joelho e molda a margem femoral cranial. Em carnívoros, o músculo tensor da fáscia lata se origina da parte ventral da espinha ilíaca e da aponeurose do músculo glúteo médio. Ele se alarga e se irradia com três partes moderadamente distintas na fáscia lata, com a qual prossegue distalmente até a patela (▶Fig. 5.88). Cranialmente, ele faz limite com o músculo sartório, e dorsalmente, com o músculo glúteo médio.

Em ruminantes e no equino, o músculo tensor da fáscia lata se origina da tuberosidade coxal e se prolonga distalmente na margem cranial do músculo quadríceps femoral. Ele se combina com a fáscia lata e, desse modo, se insere indiretamente na patela, no

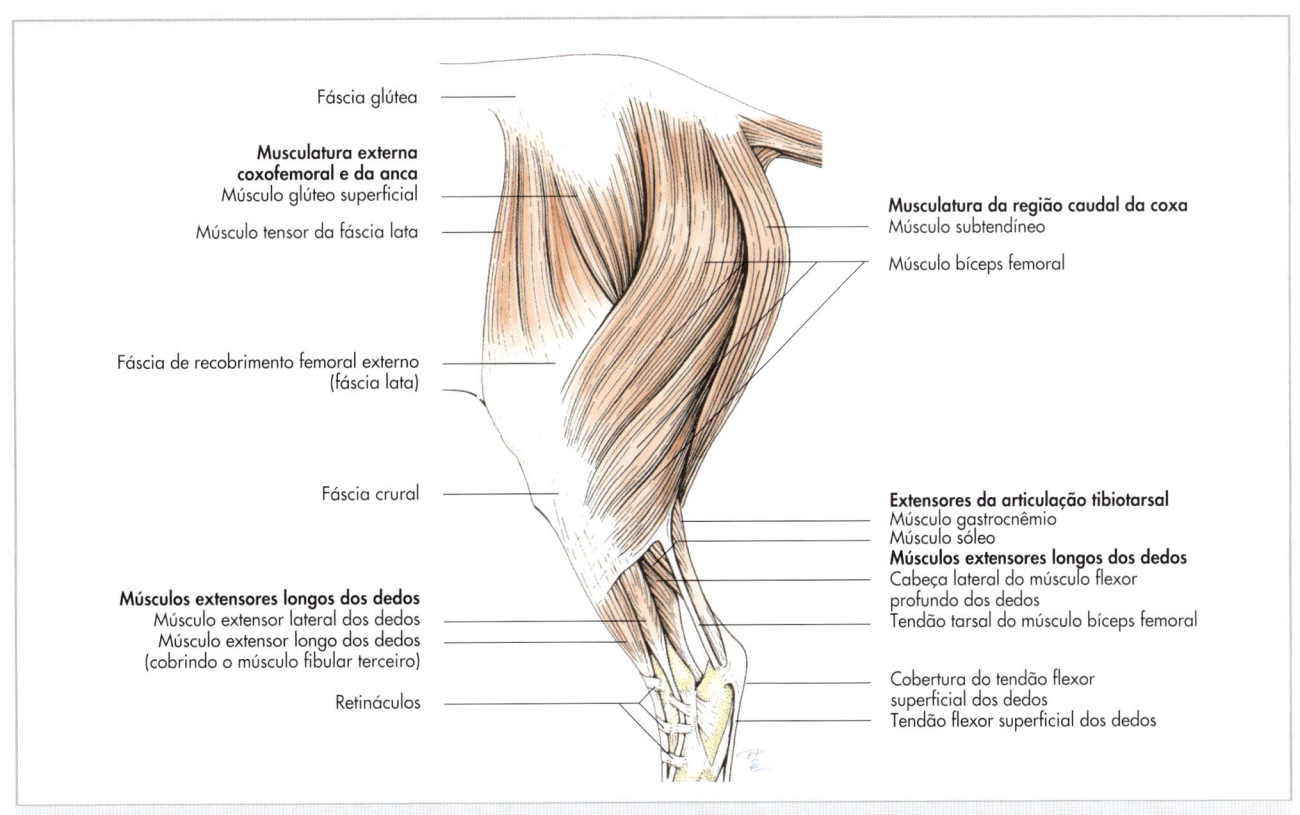

Fig. 5.89 Músculos superficiais do membro pélvico de um equino (representação esquemática, vista lateral). (Fonte: com base em dados de Ghetie, 1955.)

ligamento patelar e na margem cranial da tíbia. Um destacamento caudodorsal se une ao músculo glúteo superficial, que, por sua vez, se fixa ao trocanter maior do fêmur (▶Fig. 5.89). O músculo tensiona a fáscia lata, flexionando o quadril e causando a extensão do joelho. Ele também avança o membro durante a fase de balanço da locomoção.

Músculos caudais da coxa

Os músculos caudais da coxa – o grupo de músculos isquiotibiais – cobrem a parte caudal da coxa e se prolongam desde o ísquio até a tíbia. Os seus componentes tendíneos prosseguem como parte do **tendão calcâneo comum** (*tendo calcaneus communis*) até o calcâneo (▶Fig. 5.90, ▶Fig. 5.91 e ▶Fig. 5.97; ▶Tab. 5.3). São músculos multiarticulares que abrangem as articulações coxofemoral e do joelho e parte do tarso. Em ungulados, alguns desses músculos apresentam cabeças vertebrais, as quais emergem das vértebras sacrais e caudais, além das cabeças que se originam da pelve. As cabeças vertebrais são mais desenvolvidas no equino e respondem pela aparência arredondada da anca característica da espécie.

Esse grupo de músculos compreende:
- músculo bíceps femoral (*m. biceps femoris*);
- músculo abdutor crural caudal (*m. abductor cruris caudalis*);
- músculo semitendíneo (*m. semitendinosus*);
- músculo semimembranáceo (*m. semimembranosus*).

O **músculo bíceps femoral**, o maior e mais lateral dos músculos caudais da coxa, situa-se superficialmente e é coberto apenas pela fáscia e pela pele. Ele é composto por uma parte forte cranial, a qual emerge do sacro e do ligamento sacrotuberal (**cabeça vertebral**), e uma parte caudal menor, que emerge do ísquio (**cabeça pélvica**). Em ruminantes e no suíno, a cabeça vertebral está fusionada firmemente ao músculo glúteo superficial, formando o **músculo gluteobíceps** (▶Fig. 5.86).

O ventre muscular unido se divide em dois tendões de inserção em carnívoros, no suíno e em ruminantes e em três tendões de inserção no equino. Esses tendões se irradiam na fáscia lata, na fáscia do joelho e na fáscia crural, com as quais eles se fixam à patela, aos ligamentos do joelho e à tíbia. Um **tendão tarsal** adicional se destaca para a inserção no calcâneo.

No cão, o músculo bíceps femoral se origina com uma cabeça superficial cranial, a partir do ligamento sacrotuberal, e com uma cabeça caudal menor, a partir do ângulo lateral da tuberosidade isquiática (▶Fig. 5.90). A cabeça superficial forma a parte cranial do músculo, ao passo que a parte profunda menor origina-se na face caudal da nádega.

Os dois ventres musculares se alargam distalmente e se unem por meio de uma aponeurose com a fáscia crural e com a fáscia do joelho. Através desta última, eles se inserem à patela, ao ligamento patelar e à tuberosidade da tíbia. Um tendão distal distinto do ventre muscular principal passa distalmente sob o músculo abdutor crural caudal e ao longo do músculo gastrocnêmio. Ele se curva em frente à parte principal do tendão calcanear, para se inserir na tuberosidade calcânea após se combinar com um tendão semelhante, originado do músculo semitendíneo.

As duas cabeças do músculo bíceps femoral são menos definidas em ruminantes e suínos do que nas outras espécies domésticas. A cabeça vertebral origina-se das vértebras sacrais caudais,

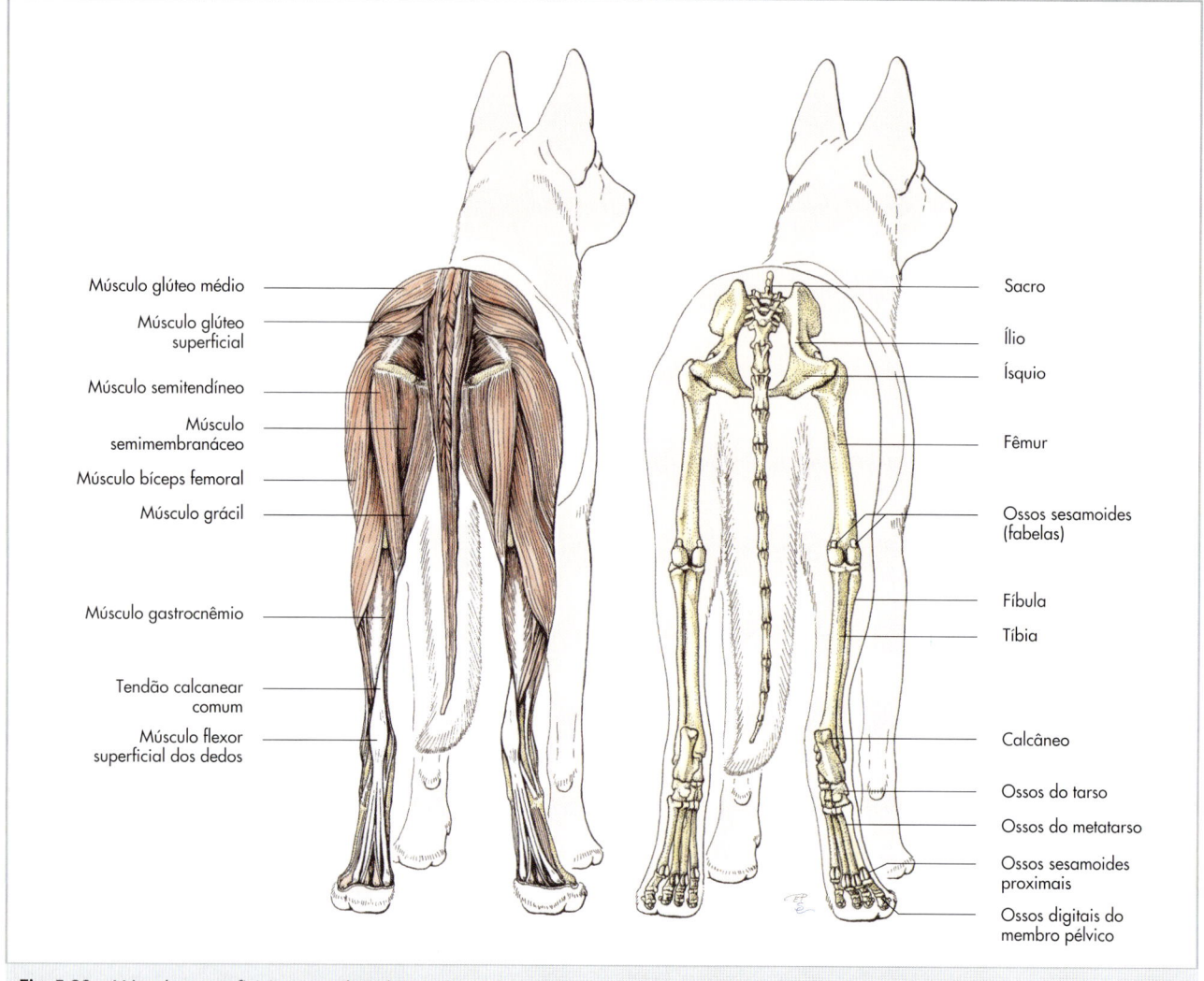

Fig. 5.90 Músculos superficiais e esqueleto do membro pélvico de um cão (representação esquemática, vista caudal).

do ligamento sacrotuberal largo e da tuberosidade isquiática e se fusiona com o músculo glúteo superficial, formando o **músculo gluteobíceps** (▶Fig. 5.86). A cabeça pélvica caudal se origina da face ventrolateral do ísquio, prolongando-se desde a tuberosidade isquiática até o forame obturado. Na metade da tíbia, ele se divide em duas inserções craniais, as quais se fixam através da fáscia lata e da fáscia crural à patela, ao ligamento patelar lateral e à tuberosidade da tíbia. A parte cranial forma o tendão tarsal, o qual se insere na tuberosidade calcânea. Uma bolsa sinovial se interpõe entre o tendão tarsal e o côndilo femoral lateral, cuja inflamação é clinicamente significativa.

No equino, as duas cabeças de origem são bem-definidas (▶Fig. 5.91). A cabeça vertebral emerge dos processos espinhosos e transversos das três vértebras sacrais, da margem caudal do ligamento sacrotuberal largo e da tuberosidade isquiática. A cabeça pélvica menor se origina da face ventral e da margem caudal do ísquio. Ambas as cabeças se unem e se dividem novamente em três partes no sentido distal: ramos cranial, médio e caudal, os quais formam aponeuroses. O ramo cranial se insere na face caudal do fêmur, imediatamente distal ao terceiro trocanter, e na patela e no ligamento patelar lateral. Já o ramo médio se fixa na fáscia crural,

no ligamento patelar lateral e na face cranial da tíbia. Por fim, o ramo caudal se irradia na fáscia crural e forma o resistente tendão tarsal, que corre distalmente sob o tendão medial do músculo tibial cranial e se insere no calcâneo após a sua combinação com um destacamento semelhante do músculo semitendíneo.

Como o músculo é composto por várias partes e apresenta diversos pontos de inserção, a sua ação é complexa. De modo geral, ele realiza a extensão e a abdução do membro. A parte vertebral cranial projeta o quadril e o joelho, ao passo que a a cabeça pélvica caudal, além de provocar a extensão do quadril, flexiona o joelho. Por meio de sua fixação com o tendão tarsal, ele também auxilia na extensão do tarso.

O **músculo abdutor crural caudal**, semelhante a uma tira, está presente apenas em carnívoros. Ele se origina dos ligamentos sacrotuberais, prolonga-se distalmente sob a margem caudal do músculo bíceps femoral e se insere na fáscia crural. Além disso, ele auxilia o músculo bíceps femoral na abdução do membro.

O **músculo semitendíneo** é um músculo carnoso e longo que forma grande parte do contorno femoral caudal (▶Fig. 5.90 e ▶Fig. 5.91). Ele se origina desde a face ventral da tuberosidade isquiática (**cabeça pélvica**) e se insere juntamente aos tendões dos

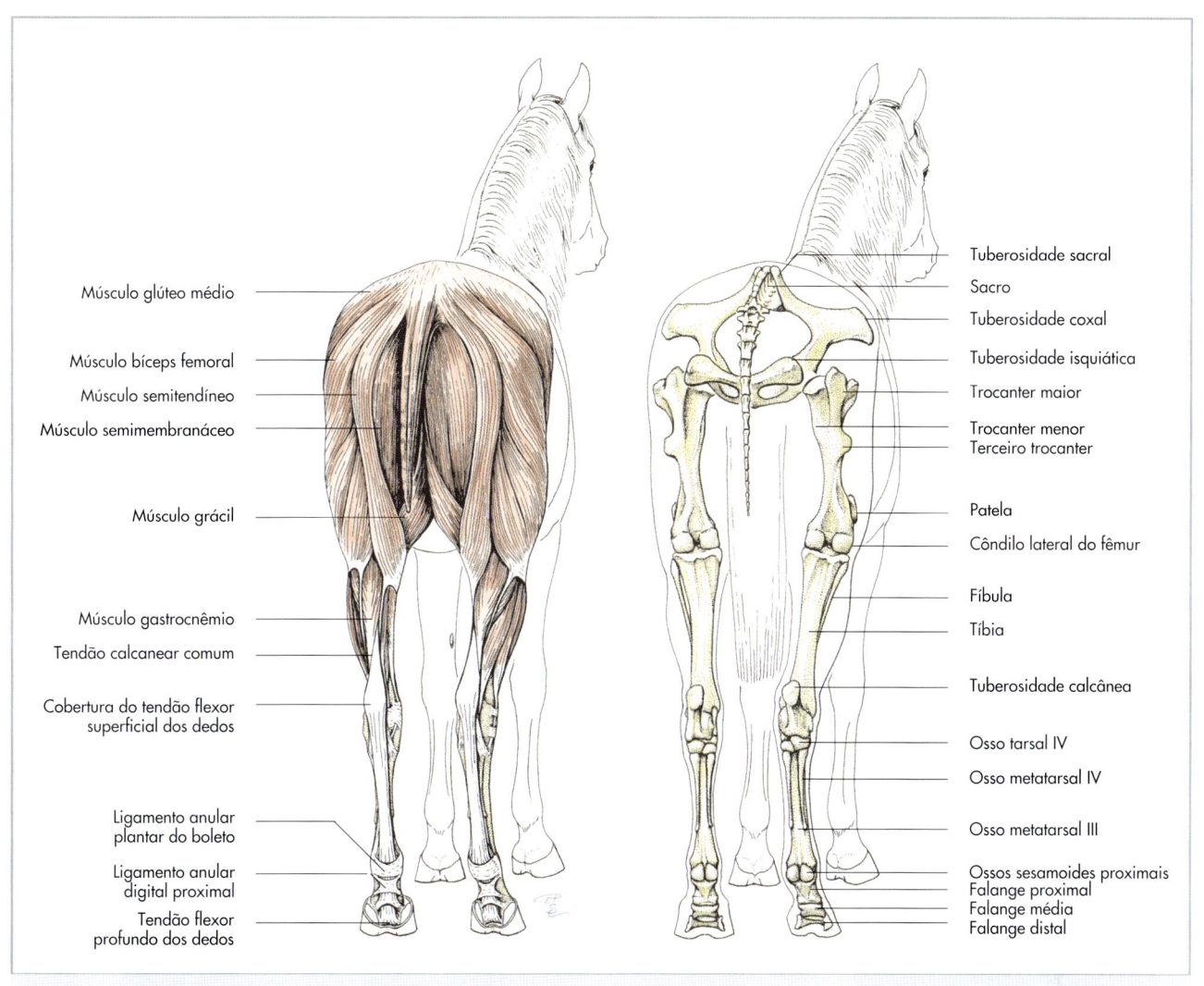

Fig. 5.91 Músculos superficiais e esqueleto do membro pélvico de um equino (representação esquemática, vista caudal).

músculos grácil e sartório na margem cranial da tíbia, com um tendão de inserção separado na tuberosidade calcânea. Há uma **cabeça vertebral** adicional no equino e no suíno, a qual se origina dos processos espinhosos e transversos do sacro, das primeiras vértebras caudais e do ligamento sacrotuberal largo.

Em carnívoros, o músculo semitendíneo se origina das partes caudal e ventrolateral da tuberosidade isquiática entre as cabeças pélvicas do músculo bíceps femoral e do músculo semimembranáceo. Ele se prolonga distalmente ao longo da margem caudal do músculo bíceps femoral, do qual se separa na altura do espaço poplíteo para o lado medial da perna (▶Fig. 5.93). O músculo semitendíneo emite um tendão resistente, que percorre a face medial do músculo gastrocnêmio até o tendão calcâneo. Ele forma um tendão acessório de inserção em conjunto com o tendão tarsal do músculo bíceps femoral e à fáscia crural, o qual se insere na tuberosidade calcânea.

Em ruminantes, o semitendíneo é um músculo plano com uma única cabeça e se origina da face caudoventral da tuberosidade isquiática (▶Fig. 5.86). Ele se prolonga distalmente entre as partes pélvicas do músculo bíceps femoral e do músculo semimembranáceo até o espaço poplíteo. Por meio de um tendão aponeurótico plano, que passa sobre a cabeça medial do músculo gastrocnêmio, o músculo semitendíneo se insere na margem cranial da extremidade proximal da tíbia, na fáscia crural e no tendão de inserção do músculo grácil. Um tendão adicional se insere na tuberosidade calcânea.

No equino e no suíno, o músculo semitendíneo apresenta duas cabeças de origem. Além da cabeça pélvica, a qual se origina na face ventral da tuberosidade isquiática, ele possui uma cabeça vertebral, que se origina do sacro, da 1ª vértebra caudal e do ligamento sacrotuberal largo. As duas cabeças se unem e prosseguem na forma de um tendão plano até a face medial da perna, onde uma parte se estende na fáscia crural e outra se insere na margem cranial da tíbia (▶Fig. 5.87, ▶Fig. 5.88, ▶Fig. 5.89 de ▶Fig. 5.91). O restante do tendão se une ao tendão tarsal do músculo bíceps femoral, com o qual se insere na tuberosidade calcânea.

O músculo semitendíneo realiza a extensão das articulações coxofemoral, do joelho e do tarso quando o pé é colocado no chão e, desse modo, propele o tronco. Ele flexiona o joelho e gira a perna para fora, movendo-a para trás no membro livre da sustentação do peso corporal.

O músculo semimembranáceo é o músculo mais medial do grupo dos músculos caudais da coxa e, ao contrário do que ocorre

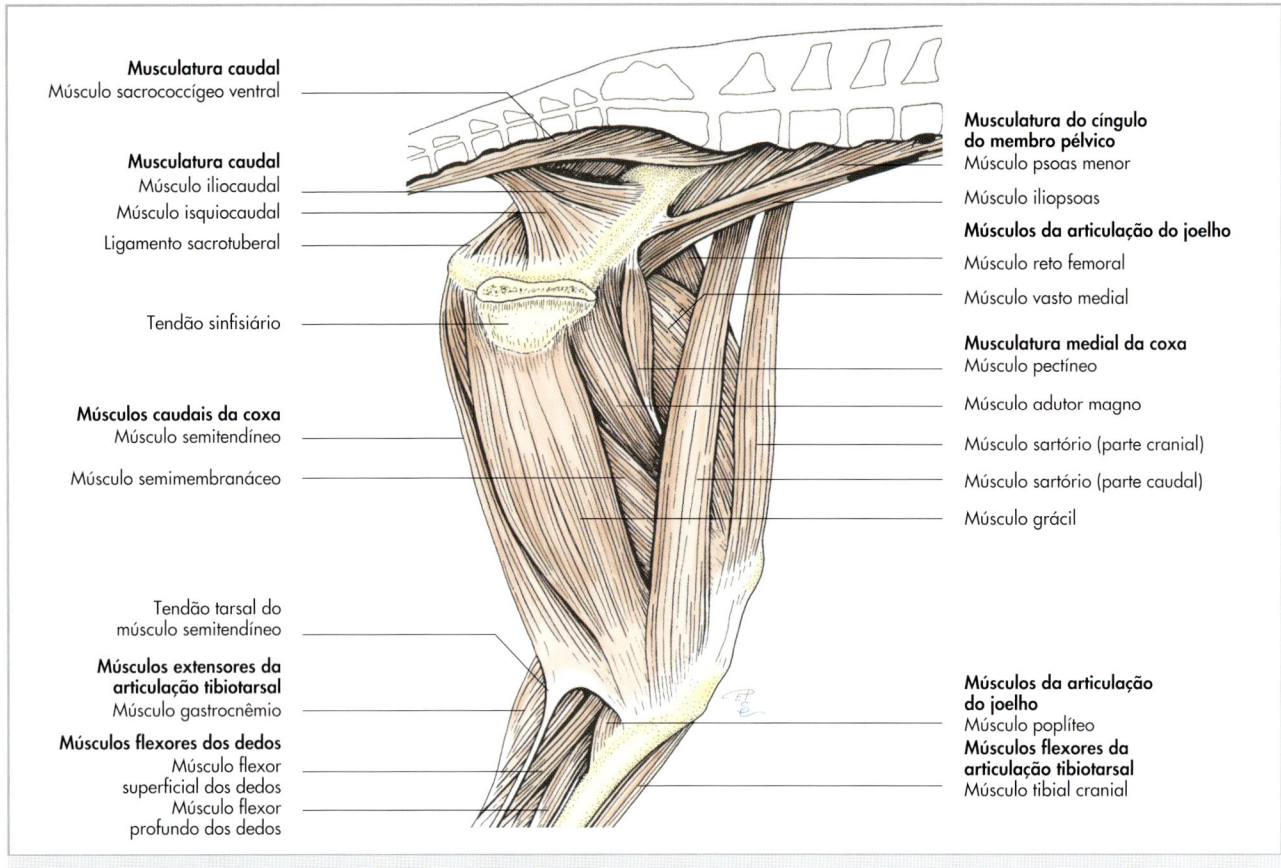

Fig. 5.92 Musculatura do cíngulo e musculatura intrínseca do membro pélvico de um cão (representação esquemática, vista medial). (Fonte: com base em dados de Ellenberger e Baum, 1943.)

em humanos, é completamente carnoso (▶Fig. 5.91). Ele emerge com duas cabeças no equino, uma vertebral e outra pélvica, e com apenas uma cabeça pélvica nos outros mamíferos domésticos. A cabeça pélvica se origina da face ventral do ísquio. O ventre muscular se bifurca distalmente em duas partes: uma se insere com um tendão curto no côndilo medial do fêmur, e a outra, com um tendão longo no côndilo medial da tíbia. Em carnívoros, o ventre cranial do músculo semimembranáceo percorre a margem caudal do músculo adutor magno, coberto, em grande parte, pelo músculo grácil. Ele se insere com um tendão curto na aponeurose do músculo gastrocnêmio, além de inserir no côndilo femoral medial (▶Fig. 5.92 e ▶Fig. 5.93).

No equino, o semimembranáceo é um músculo grande, o qual, juntamente ao músculo semitendíneo, forma o contorno caudal da anca e da coxa (▶Fig. 5.94). Ele apresenta duas cabeças de origem: a cabeça vertebral, que se inicia no ligamento sacrotuberal largo e na 1ª vértebra caudal; e a cabeça pélvica mais forte, que se origina da face ventral da tuberosidade isquiática. O ventre muscular unido passa distalmente, coberto parcialmente pelo músculo grácil. Ele se insere como um tendão curto no côndilo femoral medial e no ligamento colateral medial da articulação femorotibial e através de uma aponeurose no côndilo medial da tíbia.

O músculo semimembranáceo realiza a extensão das articulações coxofemoral e do joelho na posição de sustentação de peso e, desse modo, apoia a propulsão do tronco, porém realiza a adução e a retração do membro na posição livre de peso.

Músculos mediais da coxa

Os músculos desse grupo são responsáveis principalmente pela adução do membro. Essa função também abrange a prevenção de uma abdução indesejada. Os músculos mediais da coxa se prolongam entre o assoalho pélvico e o fêmur no lado femoral medial. Esse grupo (▶Fig. 5.92, ▶Fig. 5.93, ▶Fig. 5.94 e ▶Fig. 5.99; ▶Tab. 5.4) compreende:

- músculo sartório (*m. sartorius*);
- músculo grácil (*m. gracilis*);
- músculo pectíneo (*m pectineus*);
- músculos adutores (*mm. adductores*).

O **músculo sartório** é um músculo longo como uma fita, o qual se situa superficialmente no contorno femoral craniomedial (▶Fig. 5.92).

No cão, o músculo sartório é composto por duas partes. A parte cranial se origina na crista ilíaca, passa distalmente na frente do músculo tensor da fáscia lata e se volta para a face femoral medial, onde se une à fáscia femoral e à fáscia do joelho.

A parte caudal se origina da espinha ilíaca ventral e passa distalmente, no sentido paralelo e medial ao ventre cranial. Ela se une com a aponeurose do músculo grácil e termina na margem cranial da tíbia. Em carnívoros, o músculo sartório não cobre o triângulo femoral, de modo que é um local favorável para a medição do pulso.

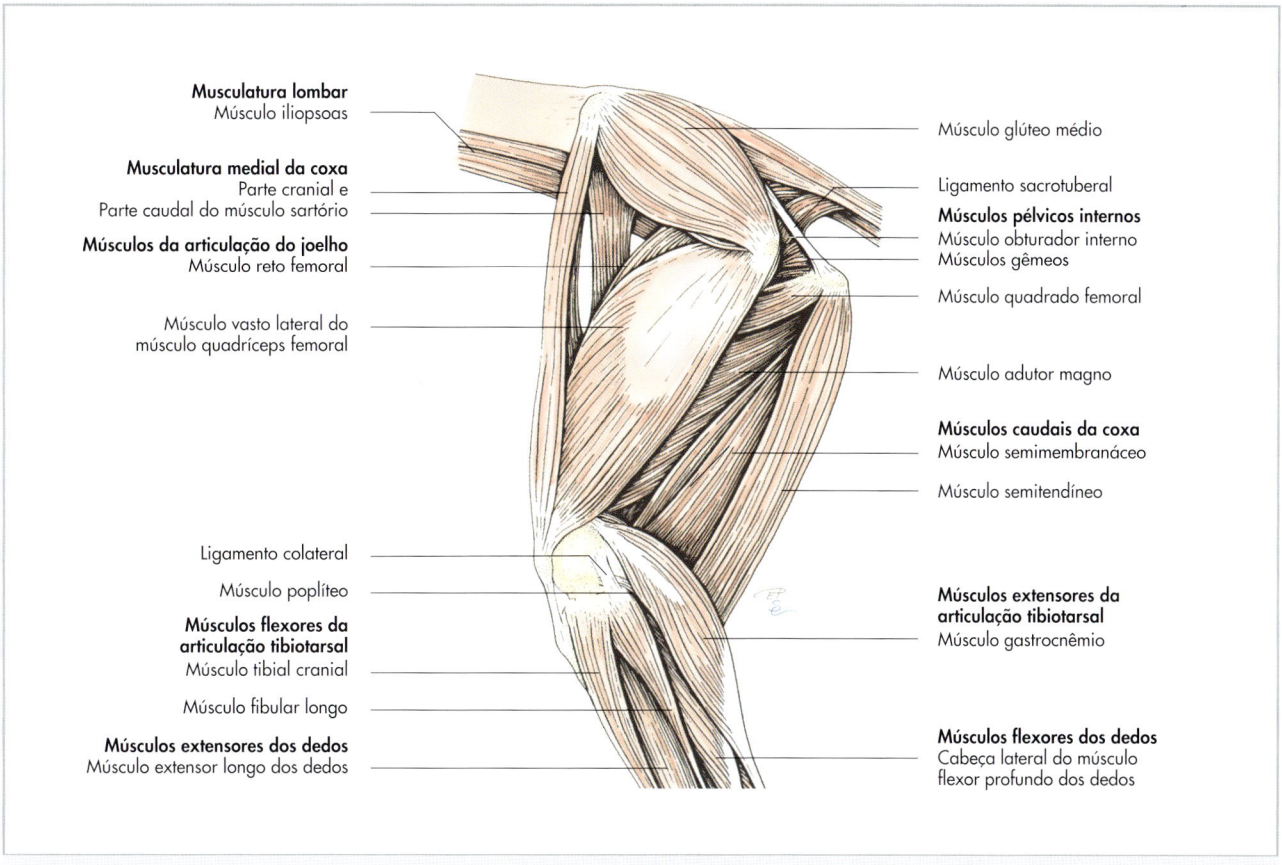

Fig. 5.93 Músculos profundos do membro pélvico de um cão (representação esquemática, vista lateral). (Fonte: com base em dados de Anderson e Anderson, 1994.)

Em ruminantes, o músculo sartório é dividido na origem em duas cabeças, devido à passagem dos vasos femorais. No equino, ele se origina com uma cabeça única pela fáscia ilíaca e o tendão do músculo psoas menor (▶Fig. 5.94). Ele passa juntamente ao iliopsoas através da lacuna muscular, prossegue distalmente na face medial do fêmur, próximo aos músculos grácil e vasto medial, e se une com o ligamento patelar medial e a fáscia crural, inserindo-se, assim, na tuberosidade da tíbia.

O músculo sartório flexiona o quadril, avança e realiza a adução do membro. Ele também proporciona a extensão do joelho por meio de sua união com a fáscia crural e a fáscia do joelho.

O **músculo grácil** forma uma lâmina muscular extensa e ampla, que cobre a maior porção da parte caudal da face medial da coxa (▶Fig. 5.92). Ele apresenta origem aponeurótica a partir da região da sínfise pélvica, dos tendões de inserção do músculo reto do abdome e, no equino, do ligamento acessório da cabeça do fêmur. As fibras tendinosas dessa aponeurose se unem com as fibras do lado oposto na sínfise pélvica, formando uma lâmina tendinosa ímpar mediana (*tendo symphysialis*). Essa lâmina também serve como origem para os músculos adutores.

A inserção do músculo grácil, também aponeurótica, se fusiona com a fáscia crural, por meio da qual se fixa à crista tibial.

O músculo grácil é um forte adutor do membro. Além disso, ele pode mover a anca inteira lateralmente quando o pé é colocado firmemente sobre o chão, o que auxilia na extensão do joelho.

A contratura do músculo grácil é ocasionalmente observada em cães em atividade treinados intensivamente. Isso se manifesta como hiperextensão do tarso.

O **músculo pectíneo** é um pequeno músculo fusiforme que se prolonga entre o pécten do púbis, a eminência iliopúbica do assoalho pélvico e a metade da margem medial do fêmur (▶Fig. 5.94). No cão, ele se situa cranialmente ao músculo adutor magno. Uma origem tendinosa emerge do tendão pré-púbico, e uma origem carnosa, da eminência iliopúbica. O músculo pectíneo passa distalmente entre o músculo vasto medial e o músculo adutor magno para formar uma fixação tendinosa na face poplítea do fêmur.

O músculo pectíneo funciona como flexor do quadril e adutor e supinador do membro. Um procedimento cirúrgico comum em cães que sofrem de displasia coxofemoral é dissecar o músculo pectíneo (miotomia, miectomia, tenotomia, tenectomia) para impedir a adução do membro.

Tab. 5.3 Músculos caudais da coxa

Nome Inervação	Origem	Inserção	Função
Músculo bíceps femoral			
• Cabeça vertebral Nervo glúteo caudal	Sacro e pelve	Patela, fáscia profunda da perna	Flexionar a articulação do joelho, estender o tarso
• Cabeça pélvica Nervo tibial	Ísquio	Tendão calcâneo comum	Abdutor do membro pélvico
Músculo abdutor crural caudal Nervo fibular	Ligamento sacrotuberal	Fáscia profunda da perna	Abdutor do membro pélvico
Músculo semitendíneo Nervo glúteo caudal, nervo tibial	Cabeças vertebral e pélvica	Margem cranial da tíbia, tendão calcâneo comum	Flexionar a articulação do joelho, estender a articulação coxofemoral
Músculo semimembranáceo Nervo glúteo caudal, nervo tibial	Cabeça vertebral, cabeça pélvica (apenas no equino)	Côndilo medial do fêmur e da tíbia	Estender a articulação do joelho, projetar o membro para dentro

Tab. 5.4 Músculos mediais da coxa

Nome Inervação	Origem	Inserção	Função
Músculo sartório Nervo femoral	Tuberosidade coxal, corpo do ílio ou tendão do músculo psoas menor	Fáscia profunda da perna	Aduzir e projetar o membro pélvico para a frente
Músculo grácil Nervo obturador	Aponeurose na sínfise	Fáscia profunda da perna	Adução
Músculo pectíneo Nervos obturador e femoral	Eminência iliopúbica	Margem medial do fêmur	Adução
Músculos adutores Nervo obturador	Na face ventral da pelve e no tendão do músculo grácil	Margem medial do fêmur	Adução

---

> **Nota clínica**
>
> A **miectomia pectineal**, ou ressecção do músculo pectíneo, é realizada como parte do tratamento cirúrgico da **displasia coxofemoral**. A remoção do músculo elimina a sua ação adutora, resultando em melhor posicionamento da cabeça femoral dentro do acetábulo.

Os **músculos adutores** emergem na face ventral do assoalho pélvico e na aponeurose de origem do músculo grácil. Eles se inserem na face medial do fêmur e na fáscia e nos ligamentos da face medial do joelho. Esse grupo se divide em diversos segmentos com denominação própria em cada espécie doméstica.

Os carnívoros apresentam um forte **músculo adutor magno** (*m. adductor magnus*), o qual se origina de toda a sínfise pélvica e do tendão sinfisiário. Ele corre distalmente, coberto pelo músculo grácil próximo ao músculo vasto medial, e se insere na tuberosidade supracondilar lateral e na fossa poplítea (▶Fig. 5.92).

Um pequeno **músculo adutor curto** (*m. adductor brevis*) se prolonga entre o tubérculo púbico e a face caudal do fêmur. O **músculo adutor longo** (*m. adductor longus*) está fusionado ao músculo pectíneo no cão, porém permanece um músculo separado em gatos.

No suíno, os **músculos adutores magno** e **curto** se fundem para formar um músculo unificado mais forte. Em sua origem, eles apresentam características específicas conforme o sexo na secção transversal, sendo ovais em fêmeas e triangulares em machos. Isso eventualmente permite a identificação do gênero dos suínos no abatedouro.

No equino, o grupo adutor compreende um músculo adutor curto cranial e um músculo adutor magno caudal. Eles se localizam entre os músculos pectíneo e semimembranáceo, cobertos pelo músculo grácil. Os músculos adutores magno e curto se inserem ao longo de toda a face medial do fêmur, prolongando-se desde o trocanter menor para o côndilo medial até o ligamento colateral medial do joelho. A sua função principal é a adução do membro, mas eles também o retraem e movem a anca para a frente e para os lados.

Músculos pélvicos internos

Os músculos pélvicos internos formam um grupo bastante heterogêneo de músculos pequenos e situam-se próximos à articulação coxofemoral. Eles desempenham uma função secundária na coordenação dos movimentos do membro pélvico. Esses músculos, com exceção do músculo articular das articulações coxofemorais, também são chamados de pequena associação pélvica. Eles se prolongam entre a pelve e a fossa trocantérica do fêmur. Esse grupo (▶Tab. 5.5) compreende:

- músculo obturador interno (*m. obturatorius internus*);
- músculo obturador externo (*m. obturatorius externus*);
- músculos gêmeos (*mm. gemelli*);
- músculo quadrado femoral (*m. quadratus femoris*);
- músculo femoral articular da coxa (*m. articularis coxae*).

O **músculo obturador interno** existe em carnívoros e no equino (▶Fig. 5.96, ▶Fig. 5.97 e ▶Fig. 5.101). Em carnívoros, ele emerge do ísquio, do púbis e do arco isquiático e cobre o forame obturado internamente. Esse músculo passa sobre a incisura isquiática menor e forma um forte tendão, o qual se prolonga distalmente entre os músculos gêmeos e o músculo quadrado femoral até a sua inserção na fossa trocantérica. No equino, o músculo obturador interno se origina com uma pequena cabeça púbica tendinosa desde as margens cranial e medial do forame obturado, da sínfise pélvica e do ísquio e com uma cabeça carnosa maior na face pélvica do corpo do ílio. O tendão origina-se da incisura isquiática menor e se insere juntamente aos músculos gêmeos na fossa trocantérica. O músculo obturador interno supina o fêmur lateralmente e auxilia na extensão do quadril.

O **músculo obturador externo** é um músculo piramidal que emerge próximo ao forame obturado, desde a face pélvica ventral, e termina na fossa trocantérica (▶Fig. 5.96, ▶Fig. 5.97 e ▶Fig. 5.101). Os ruminantes e o suíno apresentam uma parte intrapélvica extra, a qual emerge do corpo do ílio, do púbis e do ísquio. O músculo obturador externo atua como supinador do fêmur e adutor do membro.

Os **músculos gêmeos** são dois pequenos fascículos musculares que se prolongam desde a espinha isquiática até a fossa trocantérica. Embora permaneçam separados no gato, nas outras espécies domésticas, eles se fundem para formar um músculo único, o qual se une parcialmente ao músculo obturador interno. Os músculos gêmeos auxiliam na rotação lateral do membro (▶Fig. 5.96, ▶Fig. 5.97 e ▶Fig. 5.101).

O **músculo quadrado femoral** é um músculo pequeno e estreito que passa da face ventral da pelve até terminar no lado caudal do corpo do fêmur, próximo à fossa trocantérica (▶Fig. 5.96 e ▶Fig. 5.101). Ele auxilia na extensão do quadril e na retração do membro.

O **músculo articular da coxa** é um músculo delgado que se situa diretamente na face craniolateral da articulação coxofemoral em carnívoros e no equino (▶Fig. 5.101). Ele tensiona a cápsula articular e, desse modo, impede lesões nas suas estruturas periarticulares.

Músculos do joelho

A maioria dos músculos femorais, principalmente o grupo externo, atua sobre a articulação do joelho, já que eles se inserem nas estruturas que participam da articulação ou nas estruturas que estão localizadas distalmente à articulação. Há apenas dois músculos que atuam principalmente na articulação do joelho:
- músculo quadríceps femoral (*m. quadriceps femoris*);
- músculo poplíteo (*m. popliteus*).

O **músculo quadríceps femoral** representa o maior volume muscular cranial ao fêmur (▶Fig. 5.92, ▶Fig. 5.93, ▶Fig. 5.94, ▶Fig. 5.95 e ▶Fig. 5.97; ▶Tab. 5.6). Ele está coberto pelo músculo tensor da fáscia lata, pelo músculo sartório, pela fáscia lata e pela fáscia femoral medial. O músculo quadríceps femoral é composto por quatro partes, as quais são separadas em sua origem, porém convergem para formar um único tendão que contém a **patela como um osso sesamoide** e termina na tuberosidade da tíbia como o ligamento reto da patela. As origens das **quatro cabeças** são as mesmas em todos os mamíferos domésticos: o músculo reto femoral se origina no corpo do ílio, ao passo que as outras três cabeças se originam no fêmur. No cão, a divisão em quatro partes é menos distinta que nas outras espécies.

O **músculo quadríceps** pode ser subdividido em:
- músculo vasto lateral (*m. vastus lateralis*);
- músculo vasto medial (*m. vastus medialis*);
- músculo vasto intermédio (*m. vastus intermedius*);
- músculo reto femoral (*m. rectus femoris*).

O **músculo vasto lateral** situa-se no lado craniolateral do fêmur e origina-se na face lateral da extremidade proximal do fêmur.

O **músculo vasto medial** se parece com o músculo anterior no lado craniomedial do fêmur (▶Fig. 5.92 e ▶Fig. 5.94).

O **músculo vasto intermédio** é a parte mais fraca do músculo quadríceps femoral, o qual está situado na face cranial do fêmur, coberto totalmente pelas outras cabeças do músculo quadríceps.

O **músculo reto femoral** se origina do corpo do ílio, imediatamente cranial ao acetábulo. Ele passa distalmente no lado cranial do fêmur, acompanhado pelo músculo vasto medial na face medial e pelo músculo vasto lateral na face lateral (▶Fig. 5.92, ▶Fig. 5.94 e ▶Fig. 5.95).

No equino, o músculo reto femoral é a parte maior do músculo quadríceps, a qual cobre as faces cranial e lateral do fêmur. Ele se origina com dois fortes tendões na margem cranial do acetábulo e passa distalmente envolto pelos músculos vastos medial e lateral, cobrindo o músculo intermédio. Uma forte camada tendinosa cobre a sua superfície, e suas fibras convergem para formar o forte tendão de inserção juntamente à fáscia do joelho e à extremidade distal do músculo. O tendão de inserções recebe a companhia dos tendões das outras partes do músculo quadríceps para se fixar na tuberosidade da tíbia como o ligamento patelar médio. Uma **bolsa sinovial** se interpõe entre o ligamento e a tuberosidade da tíbia. O músculo quadríceps femoral é o extensor mais potente da articulação do joelho. Ele propulsiona a anca e estabiliza o joelho. O músculo reto femoral auxilia na flexão do quadril.

Tab. 5.5 Músculos pélvicos internos

Nome Inervação	Origem	Inserção	Função
Músculo obturador interno Nervo isquiático	Face interna do forame obturado	Fossa trocantérica	Projetar o membro pélvico para fora
Músculo obturador externo Nervo obturador	Face externa do forame obturado	Fossa trocantérica	Projetar o membro pélvico para fora
Músculos gêmeos Nervo isquiático	Ísquio	Fossa trocantérica	Projetar o membro pélvico para fora
Músculo quadrado femoral Nervo isquiático	Ísquio	Fossa trocantérica	Projetar o membro pélvico para fora
Músculo articular da coxa Nervo isquiático	Cápsula da articulação coxofemoral	Cápsula da articulação coxofemoral	Tensionar a cápsula articular

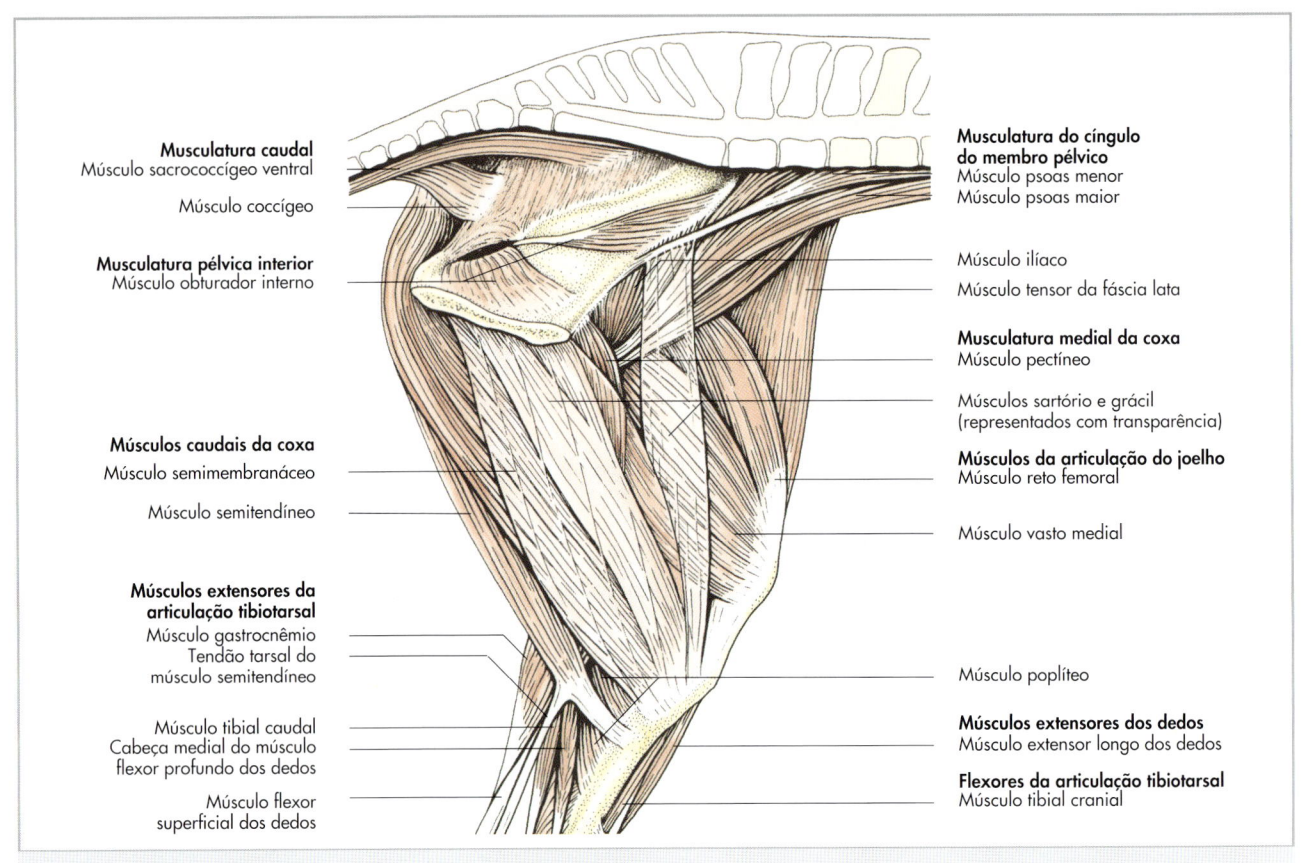

Fig. 5.94 Musculatura do cíngulo e musculatura intrínseca do membro pélvico de um equino (representação esquemática, vista medial). (Fonte: com base em dados de Ellenberger e Baum, 1943.)

Tab. 5.6 Músculos do joelho

Nome / Inervação	Origem	Inserção	Função
Músculo quadríceps femoral Nervo femoral	–	–	–
• Músculo reto femoral	Corpo do ílio	Patela, tuberosidade da tíbia	Estender a articulação do joelho, flexionar a articulação coxofemoral
• Músculo vasto lateral	Face lateral do fêmur	Patela, tuberosidade da tíbia	Estender a articulação do joelho
• Músculo vasto medial	Face medial do fêmur	Patela, tuberosidade da tíbia	Estender a articulação do joelho
• Músculo vasto intermédio	Face cranial do fêmur	Patela, tuberosidade da tíbia	Estender a articulação do joelho
Músculo poplíteo Nervo tibial	Côndilo lateral do fêmur	Margem medial da tíbia	Flexionar a articulação do joelho, retrair o membro para dentro

O pequeno **músculo poplíteo** se situa diretamente sobre a face caudal da articulação do joelho (▶Fig. 5.102) e apresenta uma origem tendinosa, que emerge do côndilo lateral do fêmur. Ele passa sob o ligamento colateral lateral e se prolonga entre este e o menisco lateral do joelho, inserindo-se como um tendão largo nas faces caudal e medial da extremidade proximal da tíbia. O tendão de origem do músculo poplíteo contém um osso sesamoide em carnívoros. Trata-se de um músculo plano triangular no equino, coberto pelo músculo gastrocnêmio e pelo tendão flexor superficial. O seu tendão de origem é coberto por uma reflexão da membrana sinovial da cápsula articular femorotibial, a qual funciona como uma bainha tendínea. O músculo poplíteo atua como flexor do joelho e pronador da perna.

5.3.4 Músculos da perna

Os músculos da perna compreendem os **extensores e flexores do tarso** e os **extensores e flexores dos dedos**. Eles são agrupados em duas massas, conforme a localização de seus ventres, um na face craniolateral da tíbia e outro na face caudal da tíbia, sendo que a face medial não apresenta ventres musculares (*planum cutaneum*). Ao contrário das articulações do carpo do membro torácico, as articulações do tarso se posicionam em um ângulo oposto ao das articulações digitais. O lado flexor das articulações do tarso é dorsal, ao passo que o lado flexor é plantar. Os músculos do lado craniolateral da tíbia são flexores do tarso e extensores dos dedos, ao passo que os músculos no lado caudal atuam como flexores dos dedos e extensores do tarso.

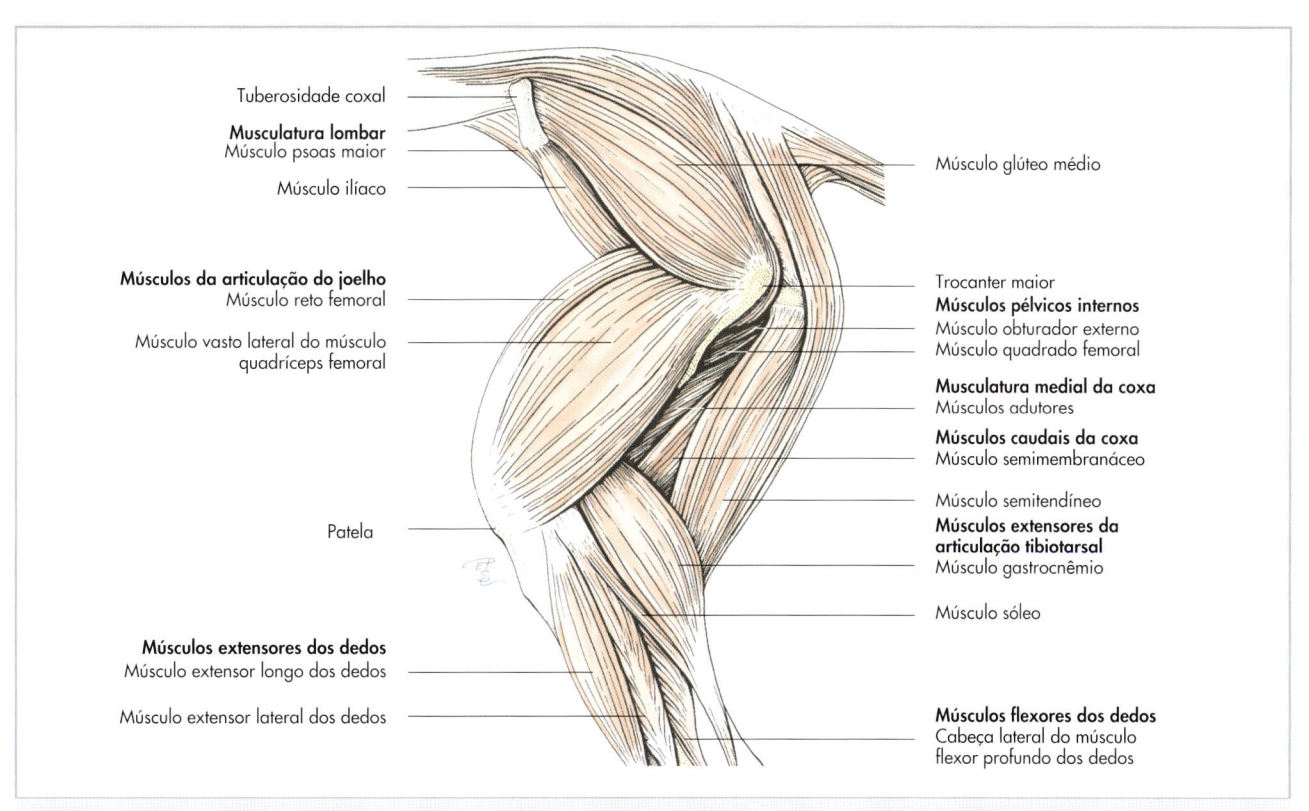

Fig. 5.95 Músculos profundos do membro pélvico de um equino (representação esquemática, vista lateral). (Fonte: com base em dados de Ellenberger e Baum, 1943.)

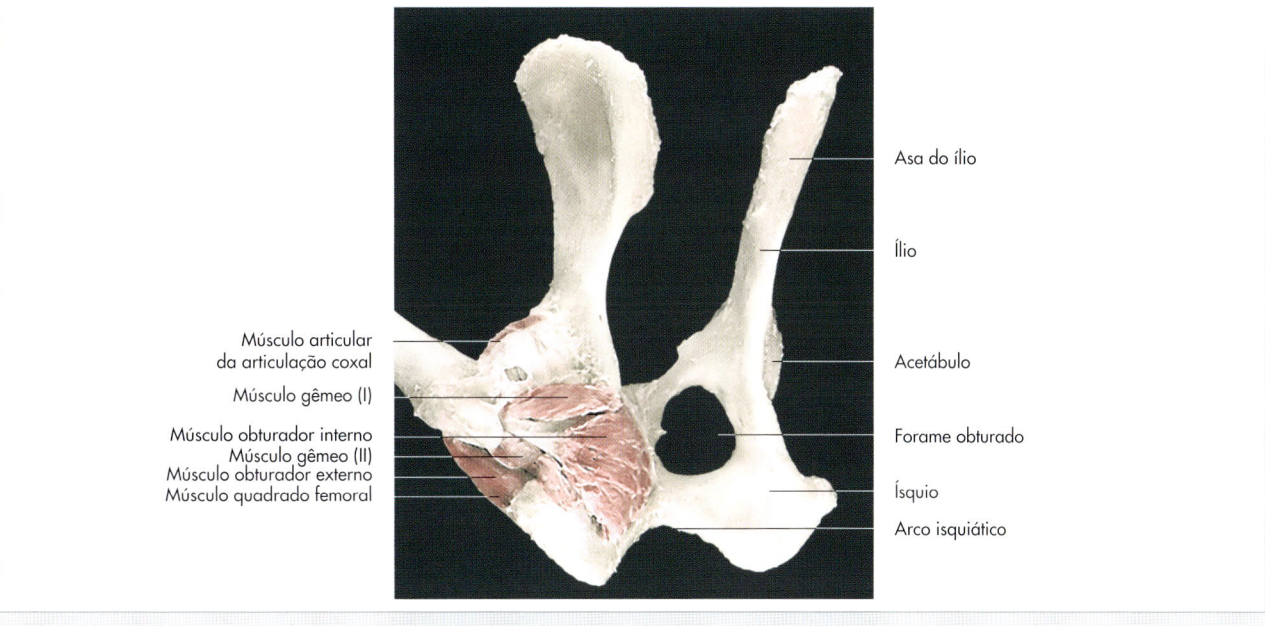

Labels (Fig. 5.95):
- Tuberosidade coxal
- **Musculatura lombar**
  - Músculo psoas maior
- Músculo ilíaco
- **Músculos da articulação do joelho**
  - Músculo reto femoral
- Músculo vasto lateral do músculo quadríceps femoral
- Patela
- **Músculos extensores dos dedos**
  - Músculo extensor longo dos dedos
- Músculo extensor lateral dos dedos
- Músculo glúteo médio
- Trocanter maior
- **Músculos pélvicos internos**
  - Músculo obturador externo
  - Músculo quadrado femoral
- **Musculatura medial da coxa**
  - Músculos adutores
- **Músculos caudais da coxa**
  - Músculo semimembranáceo
- Músculo semitendíneo
- **Músculos extensores da articulação tibiotarsal**
  - Músculo gastrocnêmio
- Músculo sóleo
- **Músculos flexores dos dedos**
  - Cabeça lateral do músculo flexor profundo dos dedos

Fig. 5.96 Músculos pélvicos internos de um cão (vista dorsolateral).

Labels (Fig. 5.96):
- Músculo articular da articulação coxal
- Músculo gêmeo (I)
- Músculo obturador interno
- Músculo gêmeo (II)
- Músculo obturador externo
- Músculo quadrado femoral
- Asa do ílio
- Ílio
- Acetábulo
- Forame obturado
- Ísquio
- Arco isquiático

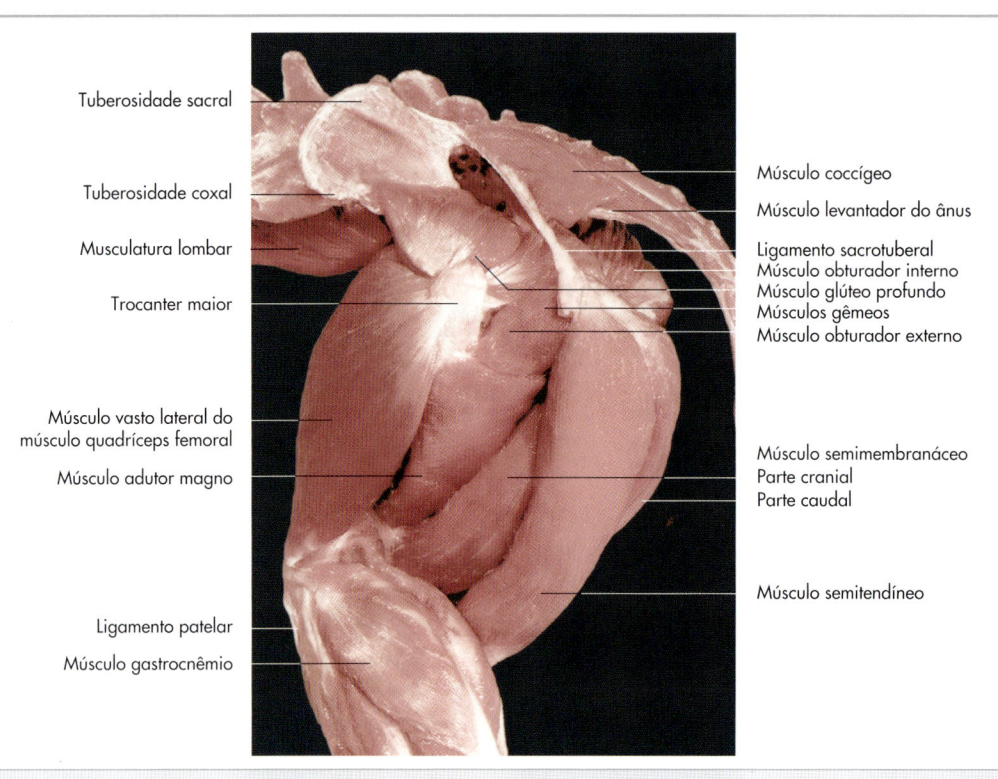

Fig. 5.97 Musculatura do membro pélvico esquerdo de um cão (parte proximal, vista lateral). (Fonte: cortesia de Christine Bretscher, Munique.)

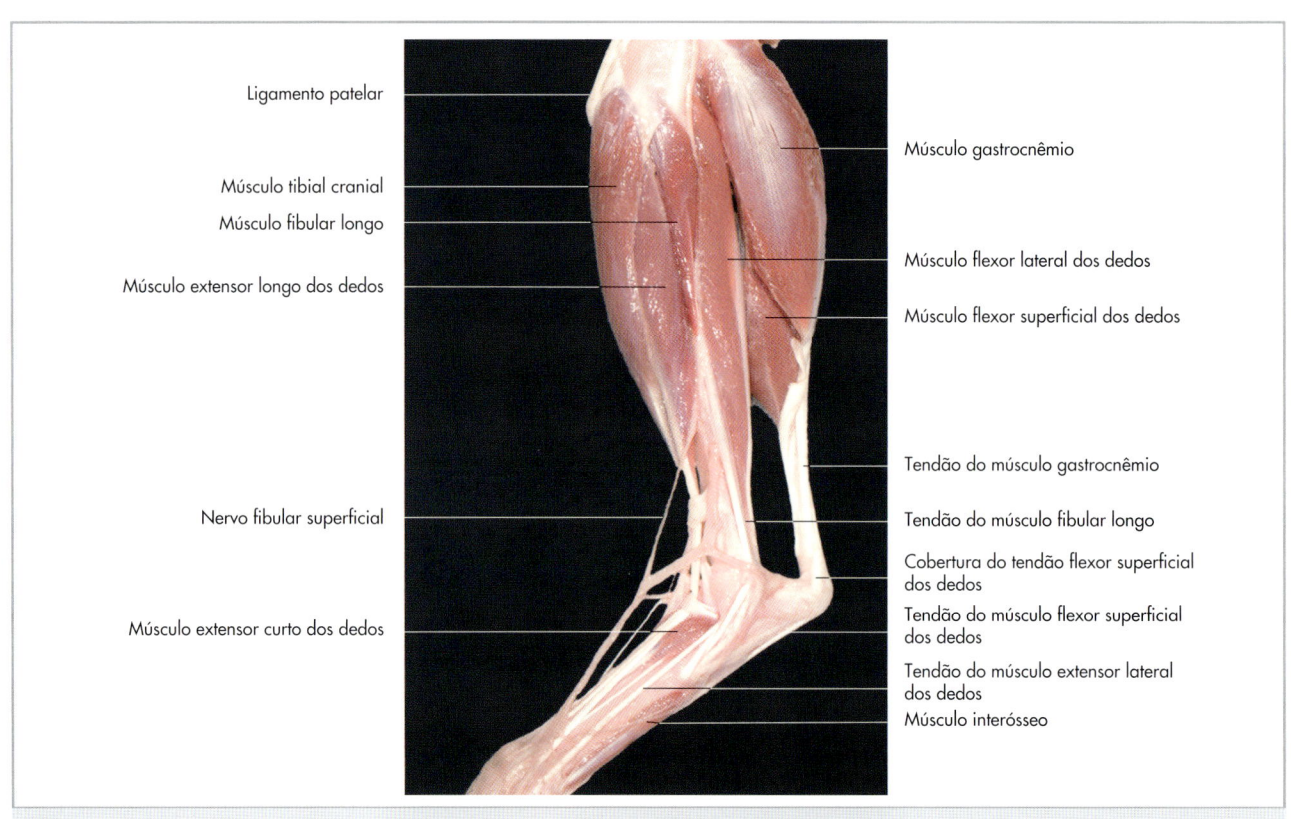

Fig. 5.98 Musculatura do membro pélvico esquerdo de um cão (parte distal, vista lateral). (Fonte: cortesia de Insa Biedermann e M. Heiden, Munique.)

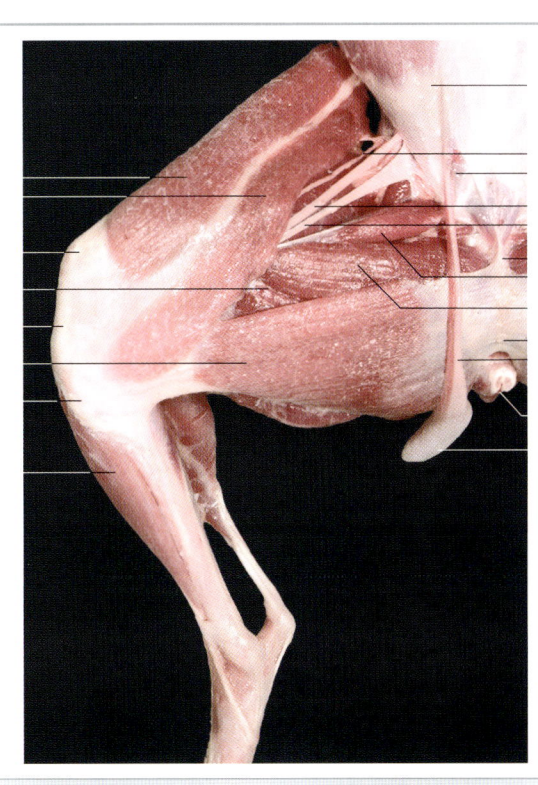

Membros pélvicos (*membra pelvina*) 297

Fig. 5.99 Musculatura do membro pélvico direito de um cão com vasos superficiais e processo vaginal (parte proximal, vista medial). (Fonte: cortesia de Sandra Draaisma e Caroline Hofbeck, Munique.)

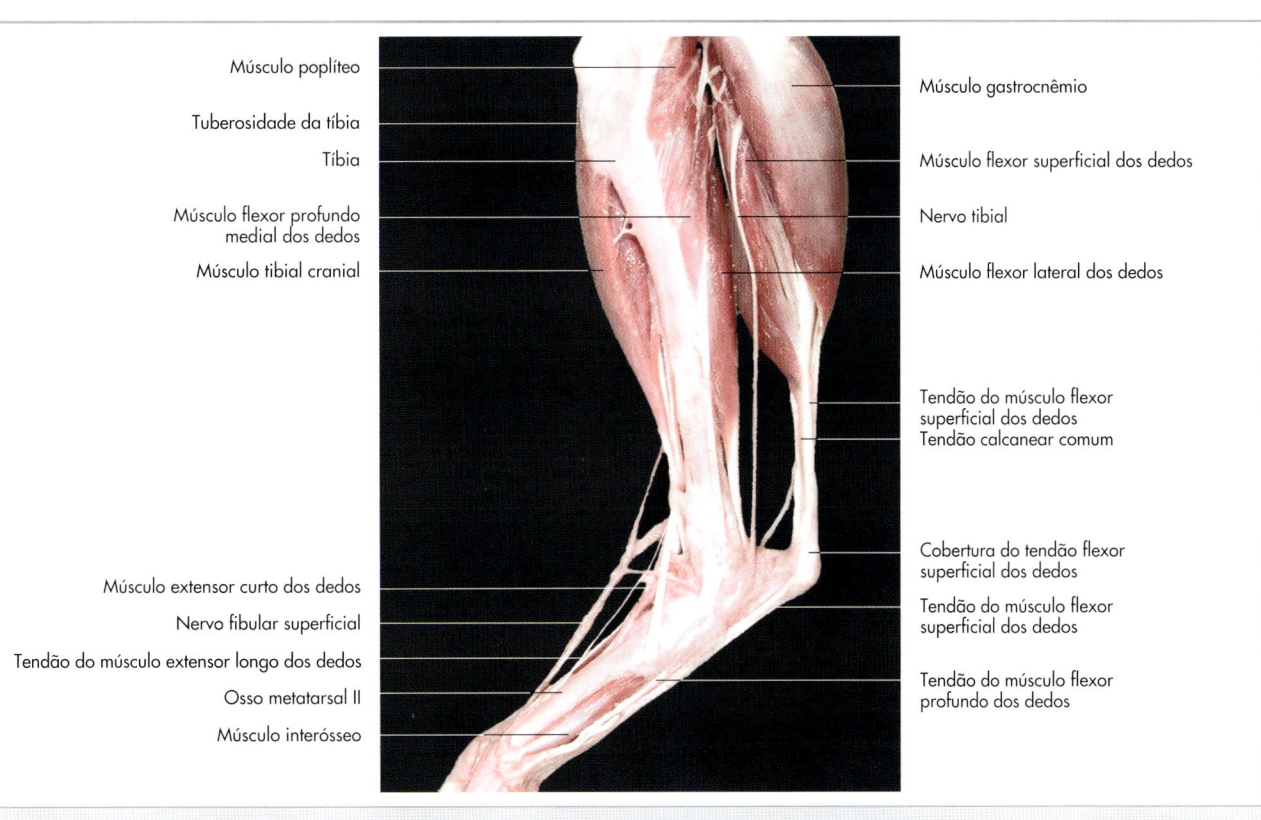

Rótulos à esquerda:
- Músculo sartório
  - Parte cranial
  - Parte caudal
- Patela
- Músculo semimembranáceo
- Ligamento patelar
- Músculo grácil
- Tuberosidade da tíbia
- Músculo tibial cranial

Rótulos à direita:
- Tendão do músculo oblíquo externo do abdome (tendão pélvico)
- Nervo safeno
- Anel inguinal superficial
- Artéria femoral
- Veia femoral
- Tendão do músculo reto do abdome
- Músculo pectíneo
- Músculo adutor magno
- Tendão da sínfise
- Processo vaginal com músculo cremaster e cordão espermático
- Base do pênis
- Testículos dentro do processo vaginal

Fig. 5.100 Musculatura do membro pélvico direito de um cão (parte distal, vista medial). (Fonte: cortesia de Insa Biedermann e M. Heiden, Munique.)

Rótulos à esquerda:
- Músculo poplíteo
- Tuberosidade da tíbia
- Tíbia
- Músculo flexor profundo medial dos dedos
- Músculo tibial cranial
- Músculo extensor curto dos dedos
- Nervo fibular superficial
- Tendão do músculo extensor longo dos dedos
- Osso metatarsal II
- Músculo interósseo

Rótulos à direita:
- Músculo gastrocnêmio
- Músculo flexor superficial dos dedos
- Nervo tibial
- Músculo flexor lateral dos dedos
- Tendão do músculo flexor superficial dos dedos
- Tendão calcanear comum
- Cobertura do tendão flexor superficial dos dedos
- Tendão do músculo flexor superficial dos dedos
- Tendão do músculo flexor profundo dos dedos

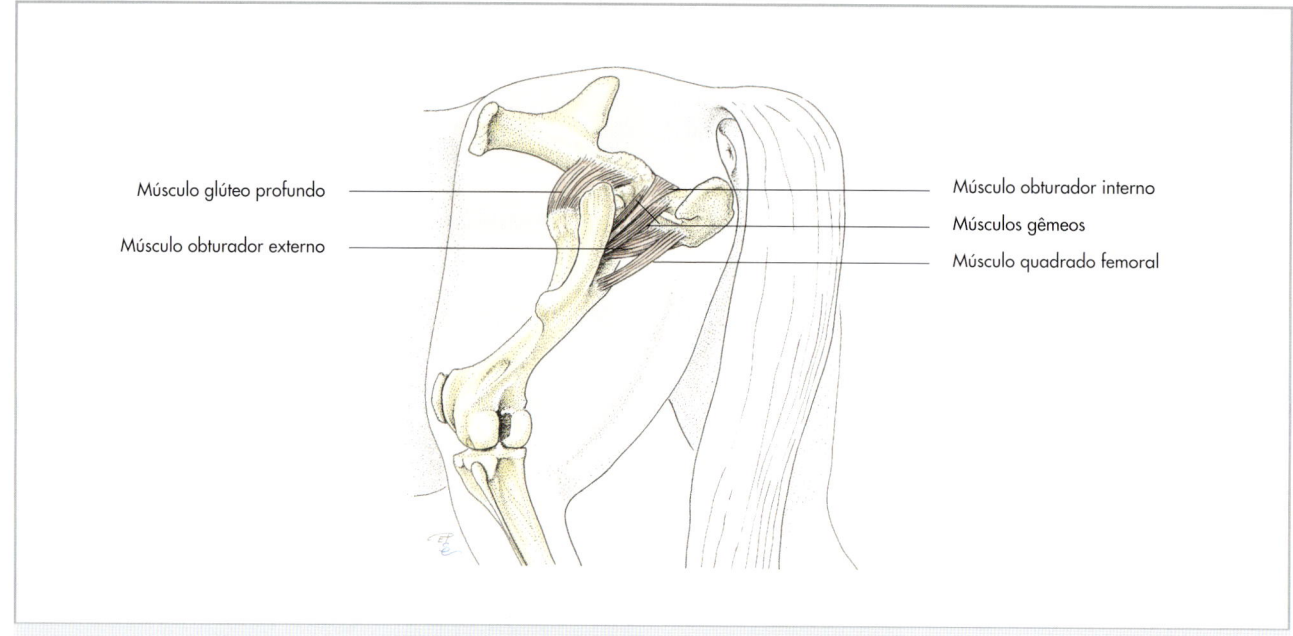

Fig. 5.101 Músculos pélvicos internos de um equino (representação esquemática, vista lateral). (Fonte: com base em dados de Ghetie, 1967.)

Músculos craniolaterais da perna

Os músculos craniolaterais da perna apresentam ventres alongados e carnosos e originam-se da extremidade distal do fêmur, da extremidade proximal da tíbia ou da fíbula (▶Fig. 5.98, ▶Fig. 5.100 e ▶Fig. 5.103). Os seus tendões de inserção são multiarticulares e se dividem em um ramo para cada dedo funcional, que se insere no metatarso ou nas falanges. Eles são inervados pelo nervo fibular (*n. fibularis*).

Esse grupo (▶Tab. 5.7) pode ser dividido em:
- **flexores do tarso** com:
  - músculo tibial cranial (*m. tibialis cranialis*);
  - músculo fibular longo (*m. fibularis longus*);
  - músculo fibular curto (*m. fibularis brevis*);
  - músculo fibular terceiro (*m. fibularis tertius*);
- **extensores dos dedos** com:
  - músculo extensor longo dos dedos (*m. extensor digitorum longus*);
  - músculo extensor lateral dos dedos (*m. extensor digitorum lateralis*);
  - músculo extensor longo do hálux (*m. extensor hallucis longus*).

O **músculo tibial cranial** é o músculo mais medial na face da tíbia e está parcialmente coberto pelo músculo fibular terceiro e pelo músculo extensor longo dos dedos (▶Fig. 5.100 e ▶Fig. 5.103; ▶Tab. 5.7). Ele se origina do côndilo lateral da tíbia e da extremidade proximal da fíbula e se insere na face medial do tarso ou do metatarso proximal.

Em carnívoros, o músculo tibial cranial é superficial e forte, coberto proximalmente apenas pela pele e pela fáscia crural. Ele se torna um tendão plano no terço distal da tíbia. Esse tendão se prolonga obliquamente sobre o lado flexor do tarso, passa sob o retináculo extensor da perna e se insere no osso metatarsal I rudimentar, no osso tarsal I e na extremidade proximal do osso metatarsal II. O tendão de inserção do músculo tibial cranial e o músculo extensor longo do hálux são envoltos por uma bainha sinovial na altura do tarso (▶Fig. 5.98, ▶Fig. 5.99, ▶Fig. 5.100, ▶Fig. 5.103, ▶Fig. 5.105, ▶Fig. 5.106 e ▶Fig. 5.108).

No equino, o músculo tibial cranial é unido por fibras tendinosas e carnosas com o músculo fibular terceiro, proximal ao tarso. Na altura do tarso, o músculo tibial cranial prossegue como um forte tendão, que emerge entre os ramos médio e medial do músculo fibular terceiro e se bifurca nos ramos medial e lateral. O ramo lateral se insere na extremidade proximal do metatarso. O ramo medial, mais forte, passa mediodistalmente sobre o ramo medial do músculo fibular terceiro e se insere nos ossos tarsais I e II fusionados, onde se interpõe uma bolsa sinovial. Esse ramo também é chamado de tendão cuneano, e alguns clínicos recomendam a sua ressecção para o alívio do esparavão (▶Fig. 5.103, ▶Fig. 5.104, ▶Fig. 5.111 e ▶Fig. 5.112).

O **músculo fibular longo** é um músculo delgado na face lateral da perna que emerge da extremidade proximal da fíbula, dos côndilos laterais da tíbia e do ligamento colateral lateral da articulação do joelho (▶Fig. 5.103). O seu longo tendão de inserção passa sobre a face lateral do lado flexor do tarso e percorre um sulco entre os ossos tarsal IV e metatarsal IV até a face plantar do metatarso, onde se insere nas partes proximais do osso metatarsal medial. Ele não está presente no equino.

No cão, o músculo fibular longo é o mais forte do grupo de músculos fibulares (▶Fig. 5.98 e ▶Fig. 5.107). O seu tendão de inserção é delgado e atravessa os tendões de inserção do extensor lateral dos dedos e o músculo fibular curto na face lateral do tarso superficialmente. Ele passa em uma curva acentuada medialmente à face plantar do metatarso, até se inserir na extremidade proximal do osso metatarsal medial.

Em ruminantes, o músculo fibular longo se afunila até se tornar um longo tendão achatado na metade proximal da tíbia e corre distalmente entre os tendões extensores comum e lateral dos dedos. Ele cruza sobre o tendão extensor lateral dos dedos e sob o

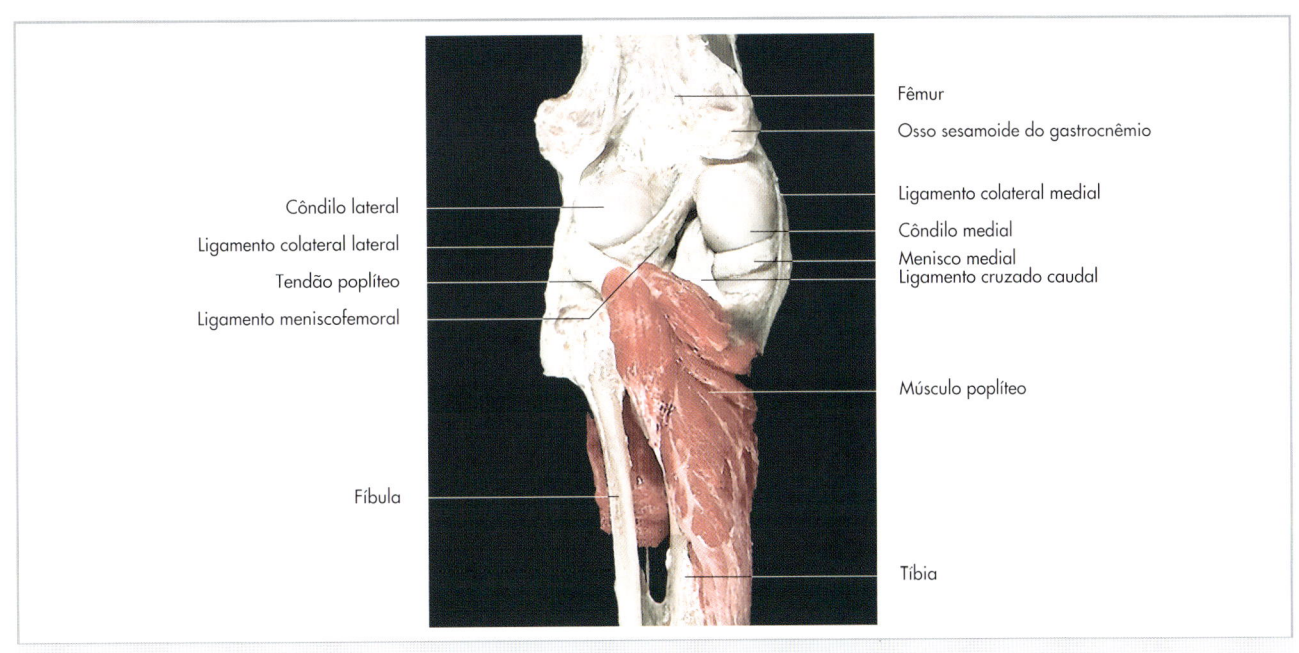

Fig. 5.102 Articulação do joelho esquerdo e músculo poplíteo de um cão (vista caudal). (Fonte: cortesia do Dr. R. Macher, Viena.)

ligamento colateral lateral do tarso até a face medial do tarso, onde se insere no osso tarsal I.

O **músculo fibular curto** está presente apenas em carnívoros e é o músculo mais profundo do grupo de músculos fibulares. A sua origem, coberta pelo músculo fibular longo, está na metade distal da fíbula e da tíbia. O tendão do músculo fibular curto passa distalmente sob o ligamento colateral lateral do tarso e o tendão do músculo fibular longo até se inserir na extremidade proximal do osso metatarsal V (▶Fig. 5.103 e ▶Fig. 5.105).

O **músculo fibular terceiro** é exclusivamente tendinoso no equino, porém forte e carnoso em ruminantes, nos quais ele se fusiona ao músculo extensor longo dos dedos em sua origem (▶Fig. 5.103 e ▶Fig. 5.112). Esse músculo não está presente nos carnívoros. Ele se origina na fossa extensora do côndilo femoral lateral e se insere no tarso distal ou no metatarso proximal. O músculo fibular terceiro é importante no equino, para o qual é um componente essencial do **aparelho recíproco**; ver Capítulo 6, "Estática e dinâmica" (p. 309). O tendão conecta a ação do joelho com o quadril, portanto impossibilita a flexão ou a extensão de uma dessas articulações sem a outra. Ele se origina por meio de um forte tendão com o tendão extensor longo dos dedos a partir da fossa extensora do côndilo femoral lateral, onde uma bolsa da cápsula articular da articulação femorotibial passa sob o tendão. Ele é ligado, juntamente ao tendão extensor longo dos dedos, pelo retináculo extensor da face dorsal do tarso. O tendão passa distalmente sob o tendão extensor longo dos dedos no sulco extensor da tíbia, parcialmente fusionado ao músculo tibial cranial, e se divide em três ramos. O ramo lateral se insere no calcâneo e no osso tarsal IV. O amplo ramo médio segue paralelo ao ramo lateral do músculo tibial cranial e se insere no osso tarsal III, no osso central do tarso e no osso metatarsal III. O ramo medial se espalha até se inserir, também, no osso tarsal III, no osso central do tarso e no osso metatarsal III.

O **músculo extensor longo dos dedos** origina-se juntamente ao músculo fibular terceiro a partir da fossa extensora do côndilo femoral lateral e se insere no lado flexor do tarso (▶Fig. 5.98, ▶Fig. 5.103, ▶Fig. 5.104, ▶Fig. 5.105, ▶Fig. 5.111 e ▶Fig. 5.112). O tendão de inserção se divide em um ramo para cada dedo funcional mais adiante distalmente e termina no processo extensor da falange distal.

Em carnívoros, o ventre muscular do músculo extensor longo dos dedos normalmente se situa superficialmente entre o músculo tibial cranial e o músculo fibular longo (▶Fig. 5.103 e ▶Fig. 5.106). Uma evaginação da cápsula articular femorotibial se prolonga entre a tíbia e o tendão extensor longo dos dedos em sua origem. Ela se divide em quatro tendões de inserção na altura do tarso, onde eles são presos por duas faixas fibrosas transversas, os retináculos extensores proximal e distal, e envoltos em uma bainha sinovial comum. Os tendões de inserção se projetam distalmente ao longo das faces dorsais dos ossos do metatarso e dos dedos. Eles se fixam na falange distal do segundo ao quinto dedo após receberem um ramo do músculo interósseo.

Em ruminantes, o músculo extensor longo dos dedos (▶Fig. 5.103) tem uma origem comum com o músculo tibial cranial, que o cobre. Ele se divide em dois ventres, os quais prosseguem distalmente como os tendões lateral e medial de inserção. O tendão medial se insere na falange média do dedo medial após se fusionar com um ramo do músculo interósseo. Já o tendão lateral se bifurca na altura da articulação do joelho até se inserir na falange distal dos dois dedos principais. Esses tendões são envoltos por bainhas sinoviais.

No equino, o músculo extensor longo dos dedos compartilha um tendão de origem comum com o músculo fibular terceiro, sob o qual uma evaginação da articulação femorotibial se projeta distalmente de 12 a 15 cm (▶Fig. 5.103, ▶Fig. 5.111 e ▶Fig. 5.112). O tendão longo de inserção se mantém no lugar na altura do tarso, mediante faixas transversas proximais, médias e distais, e está envolto em uma bainha sinovial do tarso médio até 3 a 4 cm distalmente além do tarso. Ele recebe a companhia do tendão do músculo extensor lateral dos dedos no meio do osso metatarsal III e de dois ramos do músculo interósseo antes de se inserir no processo

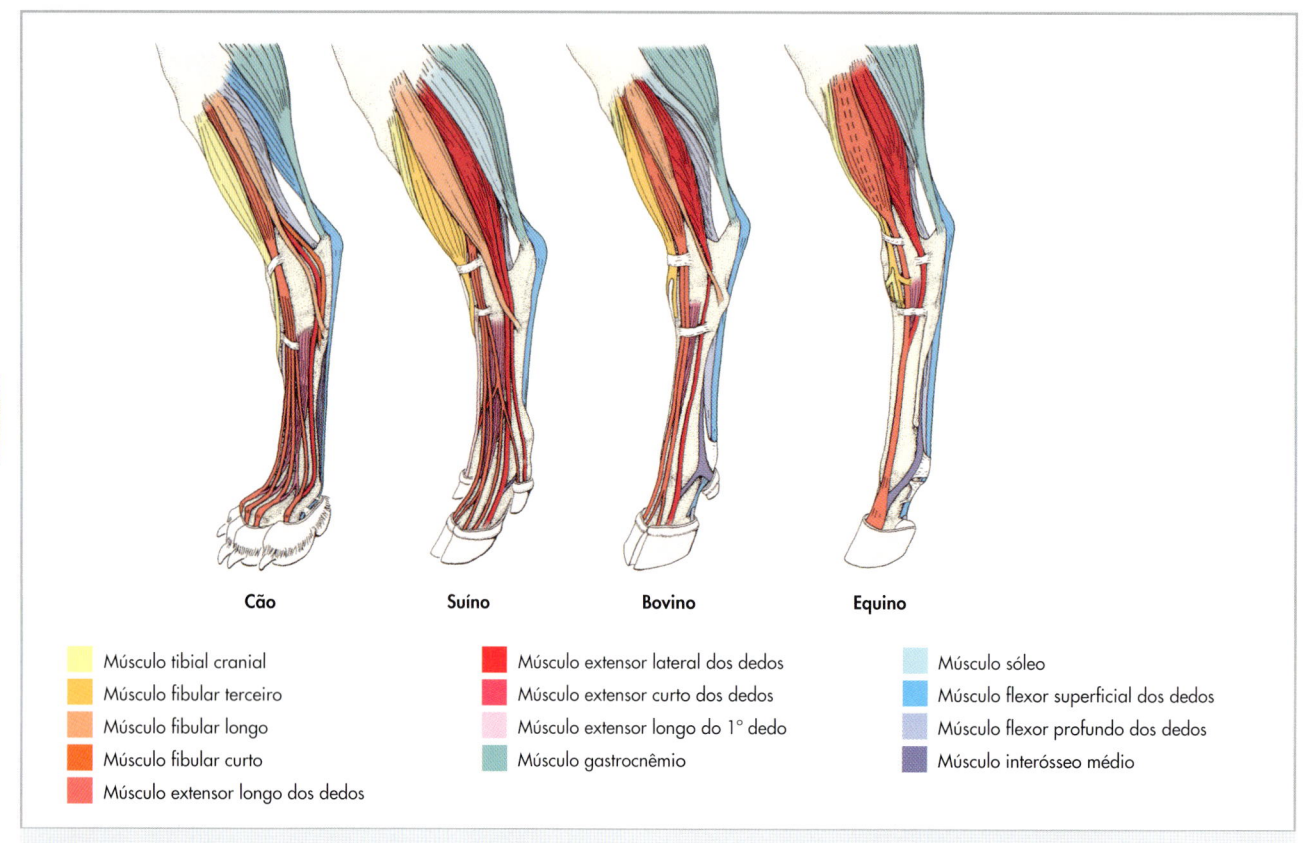

Fig. 5.103 Músculos da perna (representação esquemática, vista lateral). (Fonte: com base em dados de Ellenberger e Baum, 1943.)

Legenda:
- Músculo tibial cranial
- Músculo fibular terceiro
- Músculo fibular longo
- Músculo fibular curto
- Músculo extensor longo dos dedos
- Músculo extensor lateral dos dedos
- Músculo extensor curto dos dedos
- Músculo extensor longo do 1° dedo
- Músculo gastrocnêmio
- Músculo sóleo
- Músculo flexor superficial dos dedos
- Músculo flexor profundo dos dedos
- Músculo interósseo médio

extensor da falange distal. O extensor longo dos dedos realiza a extensão dos dedos e auxilia na flexão do tarso.

O **músculo extensor lateral dos dedos** se origina da parte proximal da fíbula e do ligamento colateral lateral do joelho (▶Fig. 5.103 e ▶Fig. 5.111). Ele se posiciona sob o músculo fibular longo em carnívoros, porém superficialmente nos outros mamíferos domésticos.

Em carnívoros, o seu ventre pequeno prossegue distalmente como um tendão delgado, o qual cruza sobre o maléolo lateral, passa sob o ligamento colateral lateral, sobre a face lateral do tarso e distalmente sob a face dorsolateral do metatarso e dos dedos até se unir ao tendão do músculo extensor longo dos dedos, com o qual se insere na falange distal do quinto dedo. No suíno, o tendão se divide em dois ramos, um para cada dedo principal (▶Fig. 5.103).

Em ruminantes, o músculo extensor lateral dos dedos se origina a partir do ligamento colateral lateral do joelho e do côndilo lateral da tíbia. O seu forte tendão passa sob o músculo fibular longo até a face lateral do tarso e se projeta na face dorsolateral do metatarso, até se inserir na falange média do quarto dedo após receber um ramo do músculo interósseo (▶Fig. 5.103).

No equino, o músculo extensor lateral dos dedos situa-se superficialmente entre o músculo extensor longo dos dedos e o músculo flexor longo do primeiro dedo. O seu tendão arredondado passa sobre o maléolo lateral até a face lateral do quadril, onde se mantém no lugar devido aos retináculos proximal e distal, e é protegido por uma bainha sinovial. Ele se insere através da união com o tendão do músculo extensor longo dos dedos (▶Fig. 5.103, ▶Fig. 5.111 e ▶Fig. 5.112). O músculo extensor lateral dos dedos realiza a extensão dos dedos e auxilia na flexão do tarso.

O **músculo extensor longo do primeiro dedo** (**hálux**) forma um músculo separado delicado em carnívoros, ovinos e suínos, ao passo que, em caprinos, bovinos e equinos, ele se fusiona ao músculo tibial cranial. Em carnívoros, ele se situa diretamente sobre a tíbia, coberto pelo músculo fibular longo. O músculo extensor longo do primeiro dedo se origina da parte proximal da fíbula e da membrana interóssea. O seu tendão delgado, que eventualmente se torna mais espesso em uma aponeurose, passa sobre a face dorsal do tarso e do osso metatarsal II até a articulação metatarsofalângica do segundo dedo (e do primeiro dedo, quando presente). Ele realiza a extensão do segundo e do primeiro dedo, caso se fixe a ele, e auxilia na flexão do tarso (▶Fig. 5.103).

Músculos caudais da perna

Os extensores do tarso e os flexores dos dedos situam-se no lado caudal da tíbia. Eles emergem das extremidades distais do fêmur e/ou da extremidade proximal da tíbia e da fíbula. Os extensores do tarso se inserem no calcâneo; já os flexores dos dedos prosseguem até as falanges média e distal. Todos os músculos desse grupo são inervados pelo nervo tibial.

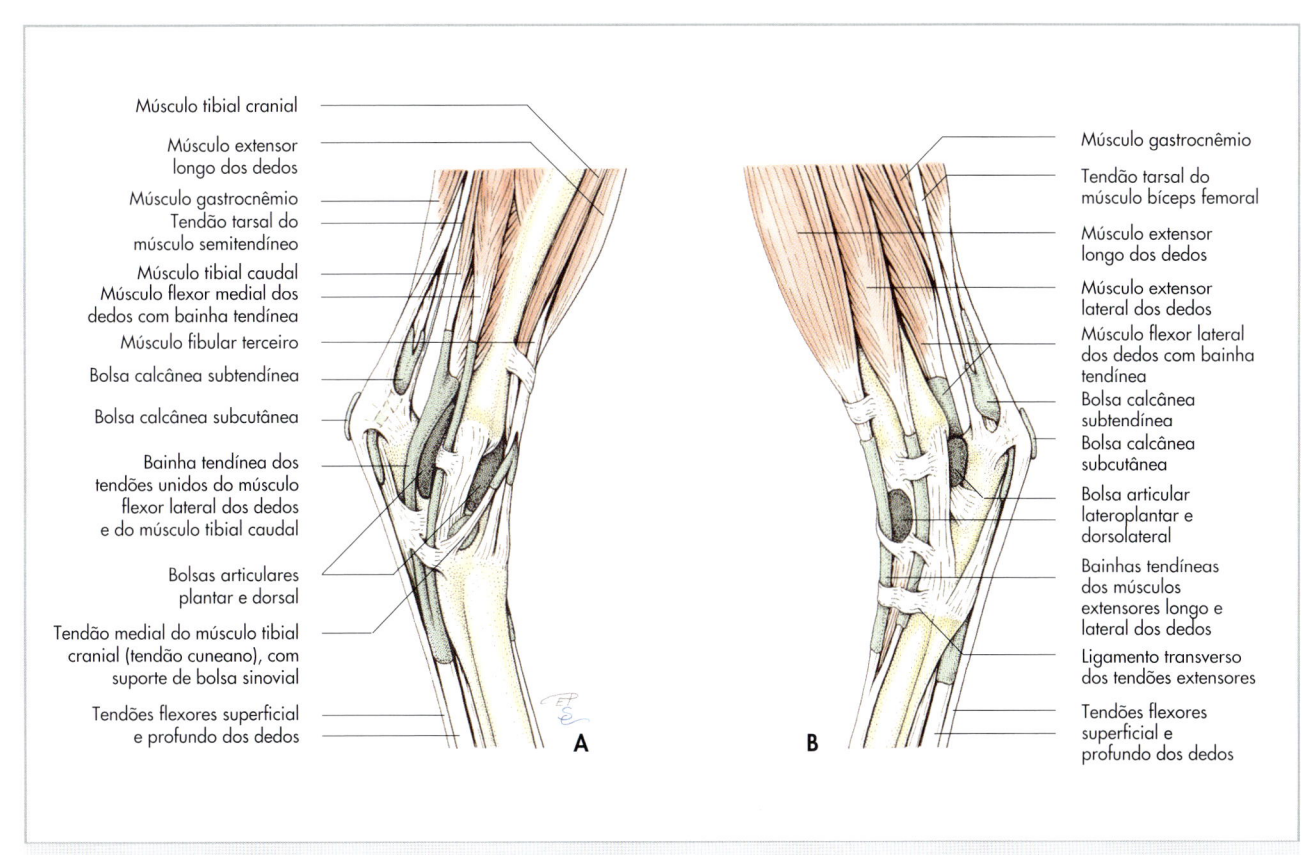

Fig. 5.104 Bainhas tendíneas e bolsas sinoviais do tarso esquerdo de um equino (representação esquemática): **(A)** vista medial e **(B)** vista lateral (representação esquemática). (Fonte: com base em dados de Ellenberger e Baum, 1943.)

Esse grupo (▶Tab. 5.8) compreende:
- **extensores do tarso** com:
  - músculo gastrocnêmio (*m. gastrocnemius*);
  - músculo sóleo (*m. soleus*);
- **flexores dos dedos** com:
  - músculo flexor superficial dos dedos (*m. flexor digitorum superficialis*);
  - músculo flexor profundo dos dedos (*m. flexor digitorum profundus*), que pode ser subdividido em três cabeças:
    – músculo tibial caudal (*m. tibialis caudalis*);
    – flexor lateral dos dedos (*m. flexor digitorum lateralis*, antigamente denominado *m. flexor hallucis longus*);
    – flexor medial dos dedos (*m. flexor digitorum medialis*, antigamente denominado *m. flexor digitorum longus*).

O **músculo gastrocnêmio** é forte e se origina com duas cabeças a partir das faces caudolateral e caudomedial do fêmur, proximal aos côndilos. As cabeças terminam em um **tendão comum** (*tendo gastrocnemius*), o qual forma a parte principal do **tendão calcâneo comum** (*tendo calcaneus communis*) e se insere no calcâneo (▶Fig. 5.104, ▶Fig. 5.107, ▶Fig. 5.109, ▶Fig. 5.111 e ▶Fig. 5.113).

Em carnívoros, a **cabeça medial** emerge do lábio medial da extremidade distal do fêmur, e a **cabeça lateral**, do lábio lateral. No gato, o músculo se origina da patela e da fáscia lata. Cada cabeça envolve um osso sesamoide proeminente, os ossos sesamoides lateral e medial do músculo gastrocnêmio, também chamados de fabelas. As duas cabeças seguem distalmente, próximo ao tendão flexor superficial dos dedos, e são unidas por uma forte lâmina tendinosa antes de se combinarem mais adiante no sentido distal para formar um tendão comum. O tendão de inserção passa sob o tendão flexor superficial dos dedos e se insere sob este último ao calcâneo. Uma **bolsa sinovial** se interpõe entre o tendão de inserção e o calcâneo.

No equino, o músculo gastrocnêmio emerge com duas fortes cabeças fusiformes, as quais contêm múltiplas intersecções tendíneas. Elas se originam, cobertas pelos músculos do grupo caudal da coxa, a partir dos lados medial e lateral da fossa supracondilar do fêmur. As duas cabeças envolvem quase totalmente o tendão flexor superficial dos dedos e se combinam distalmente para prosseguir como um único tendão resistente até o calcâneo, onde esse tendão se insere sob o tendão flexor superficial. O músculo gastrocnêmio realiza a extensão do tarso e auxilia na flexão do joelho.

O **músculo sóleo** é uma faixa muscular fraca, inexistente no cão. Em ruminantes e no equino, ele se origina da fíbula rudimentar proximal, espalha-se na direção distocaudal e fusiona-se com a cabeça lateral do gastrocnêmio, até se tornar parte do tendão gastrocnêmio (▶Fig. 5.103 e ▶Fig. 5.111).

O **músculo flexor superficial dos dedos** se origina da fossa supracondilar na face caudal do fêmur. Ele corre profundamente, envolvido entre as duas cabeças do gastrocnêmio (▶Fig. 5.103). Na metade da perna, ele se volta medialmente para uma posição mais superficial na face caudal. No calcâneo, ele se amplia até

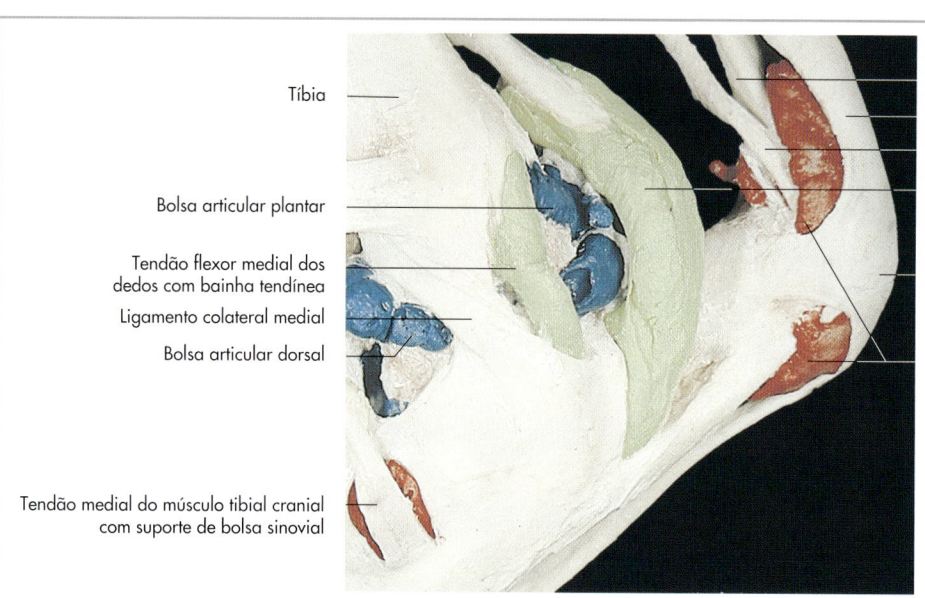

Fig. 5.105 Molde em acrílico das estruturas sinoviais do tarso de um equino (vista medial). (Fonte: cortesia de H. Dier, Viena.)

Labels (da esquerda para a direita):
- Tíbia
- Bolsa articular plantar
- Tendão flexor medial dos dedos com bainha tendínea
- Ligamento colateral medial
- Bolsa articular dorsal
- Tendão medial do músculo tibial cranial com suporte de bolsa sinovial
- Tendão calcanear comum
- Tendão flexor superficial dos dedos
- Tendão acessório do semitendíneo
- Bainha tendínea dos tendões unidos do músculo flexor lateral dos dedos e do músculo tibial caudal
- Cobertura do tendão flexor superficial dos dedos
- Bolsa calcânea subtendínea

formar uma **cobertura**, mantida em posição pelos retináculos medial e lateral. Uma **bolsa sinovial** se situa entre a cobertura e a tuberosidade calcânea (*bursa subtendinea calcanei*). O tendão flexor superficial dos dedos prossegue distalmente e se divide em um ramo para cada dedo funcional no tarso distal, que se insere na falange média. Na altura das articulações metatarsofalângicas, os tendões de inserção formam cilindros (**manica flexora**), assim como no membro torácico, os quais envolvem os ramos correspondentes do tendão flexor profundo dos dedos. A parte distal do tendão flexor profundo dos dedos corresponde basicamente ao membro torácico.

Em carnívoros, o músculo flexor profundo dos dedos emerge na tuberosidade supracondilar lateral do fêmur firmemente unido à cabeça lateral do músculo gastrocnêmio (▶Fig. 5.90, ▶Fig. 5.92 e ▶Fig. 5.98). Na metade da tíbia, as fibras tendinosas do ventre muscular carnoso convergem para formar um tendão resistente, o qual passa medialmente ao redor do tendão gastrocnêmio até a face caudal da ponta do jarrete, onde ele forma uma cobertura ampla. O tendão prossegue sobre a face plantar do jarrete e se divide duas vezes na fileira distal dos ossos do tarso. Os quatro ramos resultantes se prolongam distalmente até os ossos metatarsais II a V, em cujas falanges se inserem.

Em ruminantes e no suíno, os tendões terminais se inserem na falange média dos dedos principais.

No equino, o músculo flexor superficial dos dedos é quase inteiramente tendinoso e é o componente principal (*tendo plantaris*) do tendão calcâneo comum (*tendo calcaneus communis*), a parte caudal do **aparelho recíproco**. O músculo flexor superficial dos dedos origina-se da fossa supracondilar do fêmur, onde está fixado intimamente à cabeça lateral do músculo gastrocnêmio. No terço distal da tíbia, ele contorna a face medial do tendão gastrocnêmio, ao qual se posiciona caudalmente. O músculo flexor superficial dos dedos se alarga na ponta do jarrete para formar uma cobertura sobre a tuberosidade calcânea e destaca uma faixa de cada lado da tuberosidade. Uma grande bolsa sinovial (*bursa subtendinea calcanei*) se interpõe entre a tuberosidade calcânea e o tendão flexor dos dedos, a qual pode ser puncionada a partir da face medial, cerca de 3 cm dorsais ao calcâneo. Mais adiante, no sentido distal, ela se dispõe como no membro torácico e se fixa à falange média.

O músculo flexor superficial dos dedos realiza a extensão dos dedos aos quais se insere, mas também auxilia na extensão do jarrete e na flexão do joelho. No equino, ele é um dos componentes principais da parte caudal do aparelho recíproco (▶Fig. 5.92, ▶Fig. 5.100 e ▶Fig. 5.101).

O **músculo flexor profundo dos dedos** (▶Fig. 5.103, ▶Fig. 5.104, ▶Fig. 5.105, ▶Fig. 5.107, ▶Fig. 5.109, ▶Fig. 5.110, ▶Fig. 5.111, ▶Fig. 5.113 e ▶Fig. 5.114) é composto por **três cabeças distintas**:

- músculo tibial caudal (*m. tibialis caudalis*);
- músculo flexor lateral dos dedos (*m. flexor digitorum lateralis*);
- músculo flexor medial dos dedos (*m. flexor digitorum medialis*).

As três cabeças posicionam-se na face caudal da tíbia e da fíbula, de onde se originam. Elas se unificam para formar um forte tendão, o **tendão flexor profundo dos dedos**, seja na metade da perna ou distalmente ao tarso, dependendo da espécie. O tendão comum prossegue distalmente na face plantar do metatarso e se insere com um ramo para cada dedo funcional na face flexora das falanges, o que resulta em quatro tendões de inserção em carnívoros e no suíno, dois em ruminantes e um no equino. Os ramos individuais são envoltos em bainhas sinoviais na altura do tarso.

Em carnívoros, o músculo flexor lateral dos dedos ocupa o lado caudolateral da perna. O seu tendão resistente se fusiona com o tendão mais delgado do músculo flexor medial dos dedos na face plantar do tarso para formar o tendão flexor profundo dos dedos. Ele se divide em quatro ramos, que se inserem do segundo ao quinto dedo na metade do metatarso. Esses tendões de inserção são semelhantes aos ramos do tendão flexor profundo dos dedos do membro torácico.

O músculo flexor medial dos dedos situa-se medialmente ao músculo flexor lateral dos dedos e se origina na cabeça da fíbula e na linha poplítea da tíbia. O seu tendão fino passa distalmente ao longo do tendão do músculo tibial caudal até o tarso, onde se une com o tendão do músculo flexor lateral dos dedos. O músculo

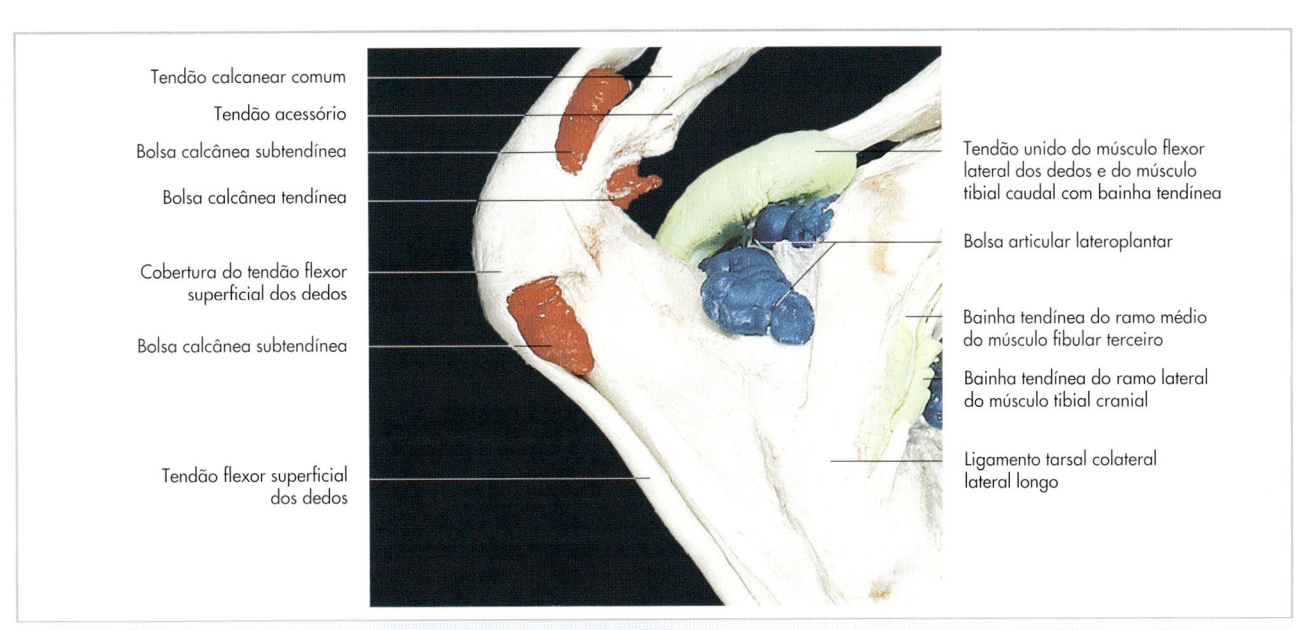

Fig. 5.106 Molde em acrílico das estruturas sinoviais do tarso de um equino (vista lateral). (Fonte: cortesia de H. Dier, Viena.)

tibial caudal é um músculo delgado, que se posiciona diretamente na face caudomedial da tíbia. Em carnívoros, o seu tendão delicado se irradia na massa ligamentosa medial do tarso e não participa da formação do tendão flexor profundo dos dedos, como ocorre nas outras espécies domésticas.

Em ungulados, o músculo flexor lateral dos dedos se origina do côndilo lateral da tíbia e da face caudal da tíbia, coberto proximalmente pelo músculo tibial caudal. O seu tendão espesso se une com o tendão do músculo tibial caudal no terço distal da perna e, então, passa sobre o sustentáculo do tálus. Ao tendão comum, junta-se o tendão do músculo flexor medial dos dedos na parte proximal do metatarso.

O músculo flexor medial dos dedos corre ao longo da face medial do músculo flexor lateral dos dedos e passa, como um tendão arredondado, sobre a face medial do tarso até o metatarso, onde se une ao tendão flexor profundo dos dedos comum. O tendão flexor profundo dos dedos termina como o tendão correspondente do membro torácico. No equino, o tendão flexor profundo dos dedos passa sobre o osso sesamoide distal, onde a sua passagem é facilitada pela **bolsa navicular** (*bursa podotrochlearis*), até inserir-se na falange distal. O flexor profundo flexiona os dedos e auxilia na extensão do tarso.

5.3.5 Músculos curtos dos dedos

Os músculos curtos dos dedos são semelhantes aos músculos que recebem a mesma denominação no membro torácico. De modo geral, esses músculos são bem-desenvolvidos em carnívoros, porém rudimentares ou ausentes nos outros mamíferos domésticos, com exceção dos músculos interósseos. Os músculos curtos dos dedos são:
- músculo extensor curto dos dedos (*m. extensor digitorum brevis*);
- músculo flexor curto dos dedos (*m. flexor digitorum brevis*);
- músculos interflexores (*mm. interflexorii*);
- músculos interósseos (*mm. interossei*);
- músculos lumbricais (*mm. lumbricales*);
- músculo quadrado plantar (*m. quadratus plantae*).

O **músculo extensor curto dos dedos** situa-se na face dorsal dos ossos do metatarso e lateralmente ao tendão extensor longo dos dedos. Trata-se de uma faixa muscular fraca em ruminantes e no equino, porém forte no suíno e em carnívoros. Nestes últimos, ele apresenta várias ramificações, que se inserem juntamente aos tendões correspondentes do tendão extensor comum após se combinarem com ramos dos músculos interósseos.

O **músculo flexor curto dos dedos** consiste em algumas fibras musculares no cão, porém compõe uma lâmina muscular mais ampla no gato, dentro do tendão flexor superficial dos dedos. Os **músculos interflexores** consistem em dois fascículos de músculos no cão e três no gato, os quais estão posicionados entre os tendões flexores profundo e superficial, prolongando-se desde a metade do tarso até as articulações metatarsofalângicas.

Os **músculos interósseos** e os **músculos lumbricais** são semelhantes aos seus correspondentes no membro torácico.

O **músculo quadrado plantar** é mais forte no gato do que no cão. Ele emerge da face lateral do calcâneo, prolonga-se mediodistalmente até o tendão flexor profundo dos dedos e irradia-se no tendão flexor medial dos dedos.

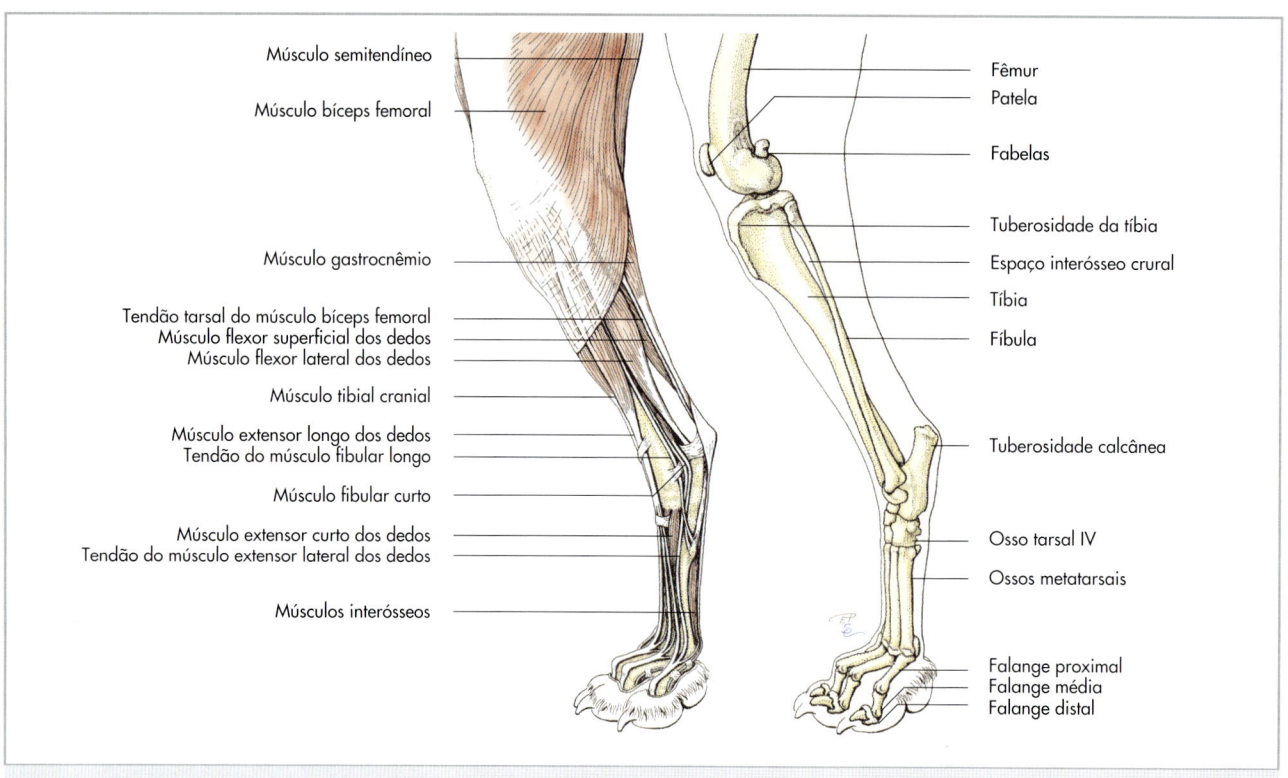

Fig. 5.107 Músculos e esqueleto do membro pélvico de um cão (representação esquemática, vista lateral).

Labels (Fig. 5.107):
- Músculo semitendíneo
- Músculo bíceps femoral
- Músculo gastrocnêmio
- Tendão tarsal do músculo bíceps femoral
- Músculo flexor superficial dos dedos
- Músculo flexor lateral dos dedos
- Músculo tibial cranial
- Músculo extensor longo dos dedos
- Tendão do músculo fibular longo
- Músculo fibular curto
- Músculo extensor curto dos dedos
- Tendão do músculo extensor lateral dos dedos
- Músculos interósseos
- Fêmur
- Patela
- Fabelas
- Tuberosidade da tíbia
- Espaço interósseo crural
- Tíbia
- Fíbula
- Tuberosidade calcânea
- Osso tarsal IV
- Ossos metatarsais
- Falange proximal
- Falange média
- Falange distal

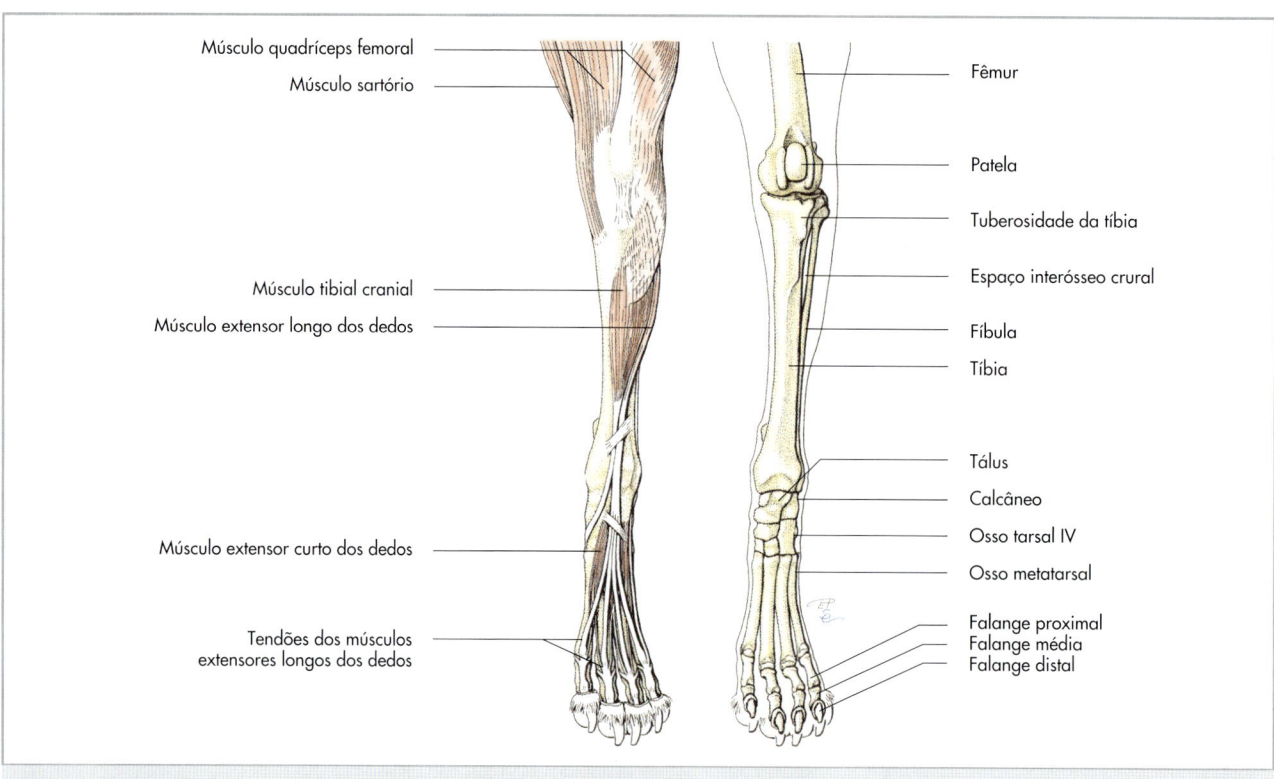

Fig. 5.108 Músculos e esqueleto do membro pélvico de um cão (representação esquemática, vista cranial).

Labels (Fig. 5.108):
- Músculo quadríceps femoral
- Músculo sartório
- Músculo tibial cranial
- Músculo extensor longo dos dedos
- Músculo extensor curto dos dedos
- Tendões dos músculos extensores longos dos dedos
- Fêmur
- Patela
- Tuberosidade da tíbia
- Espaço interósseo crural
- Fíbula
- Tíbia
- Tálus
- Calcâneo
- Osso tarsal IV
- Osso metatarsal
- Falange proximal
- Falange média
- Falange distal

Membros pélvicos (*membra pelvina*)

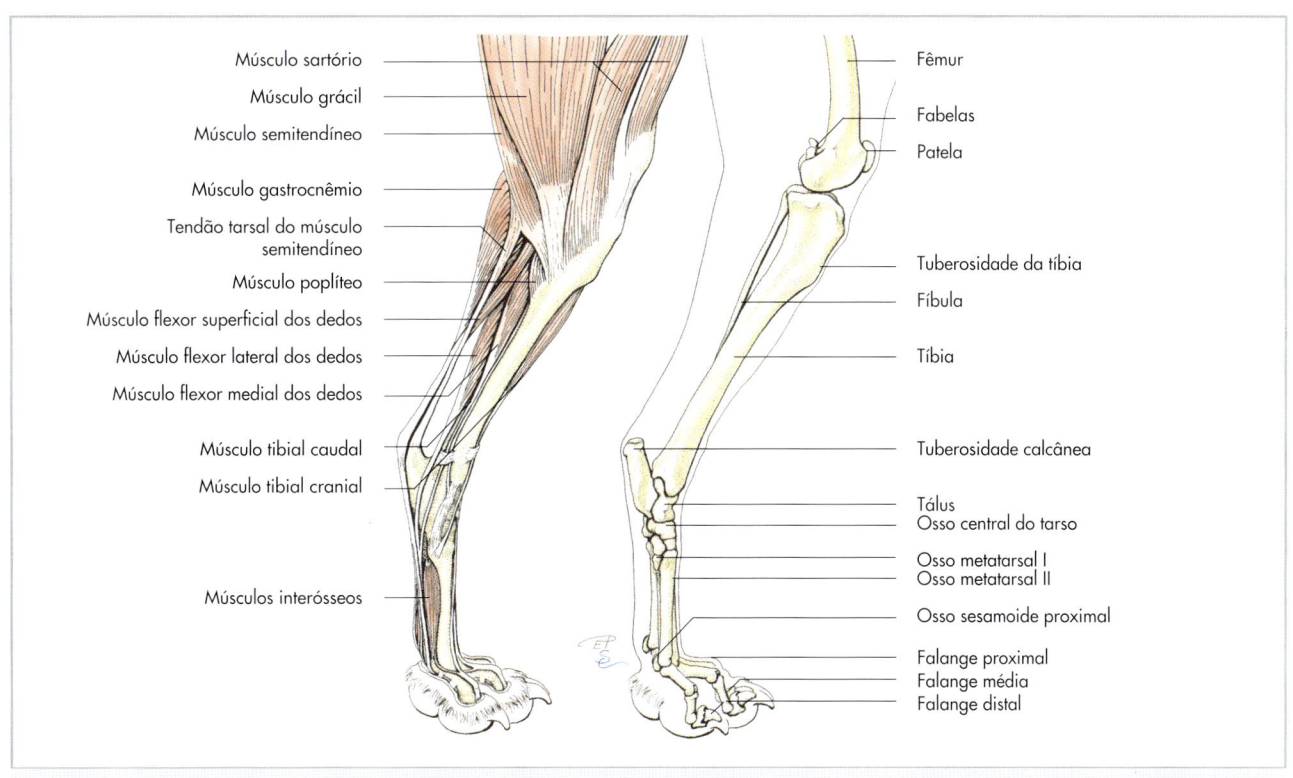

Fig. 5.109 Músculos e esqueleto do membro pélvico de um cão (representação esquemática, vista medial).

Músculo sartório
Músculo grácil
Músculo semitendíneo
Músculo gastrocnêmio
Tendão tarsal do músculo semitendíneo
Músculo poplíteo
Músculo flexor superficial dos dedos
Músculo flexor lateral dos dedos
Músculo flexor medial dos dedos
Músculo tibial caudal
Músculo tibial cranial
Músculos interósseos

Fêmur
Fabelas
Patela
Tuberosidade da tíbia
Fíbula
Tíbia
Tuberosidade calcânea
Tálus
Osso central do tarso
Osso metatarsal I
Osso metatarsal II
Osso sesamoide proximal
Falange proximal
Falange média
Falange distal

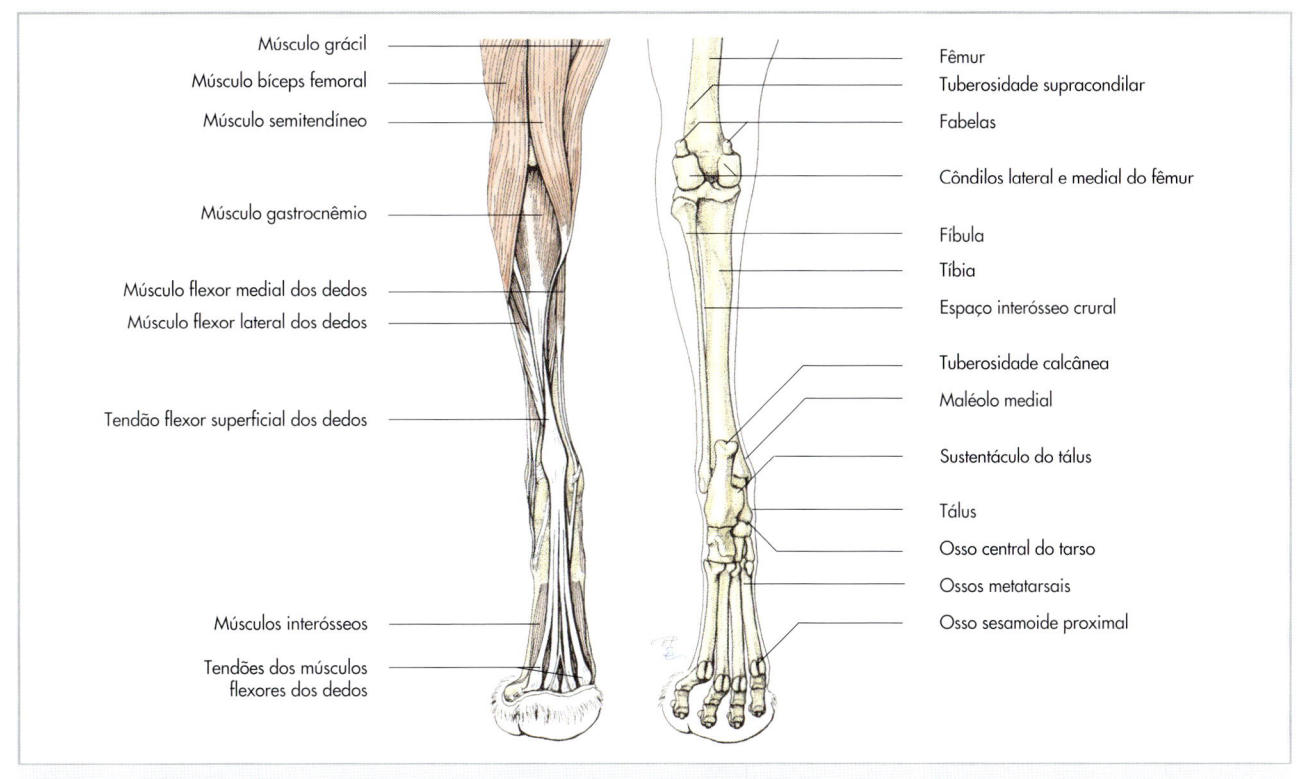

Fig. 5.110 Músculos e esqueleto do membro pélvico de um cão (representação esquemática, vista caudal).

Músculo grácil
Músculo bíceps femoral
Músculo semitendíneo
Músculo gastrocnêmio
Músculo flexor medial dos dedos
Músculo flexor lateral dos dedos
Tendão flexor superficial dos dedos
Músculos interósseos
Tendões dos músculos flexores dos dedos

Fêmur
Tuberosidade supracondilar
Fabelas
Côndilos lateral e medial do fêmur
Fíbula
Tíbia
Espaço interósseo crural
Tuberosidade calcânea
Maléolo medial
Sustentáculo do tálus
Tálus
Osso central do tarso
Ossos metatarsais
Osso sesamoide proximal

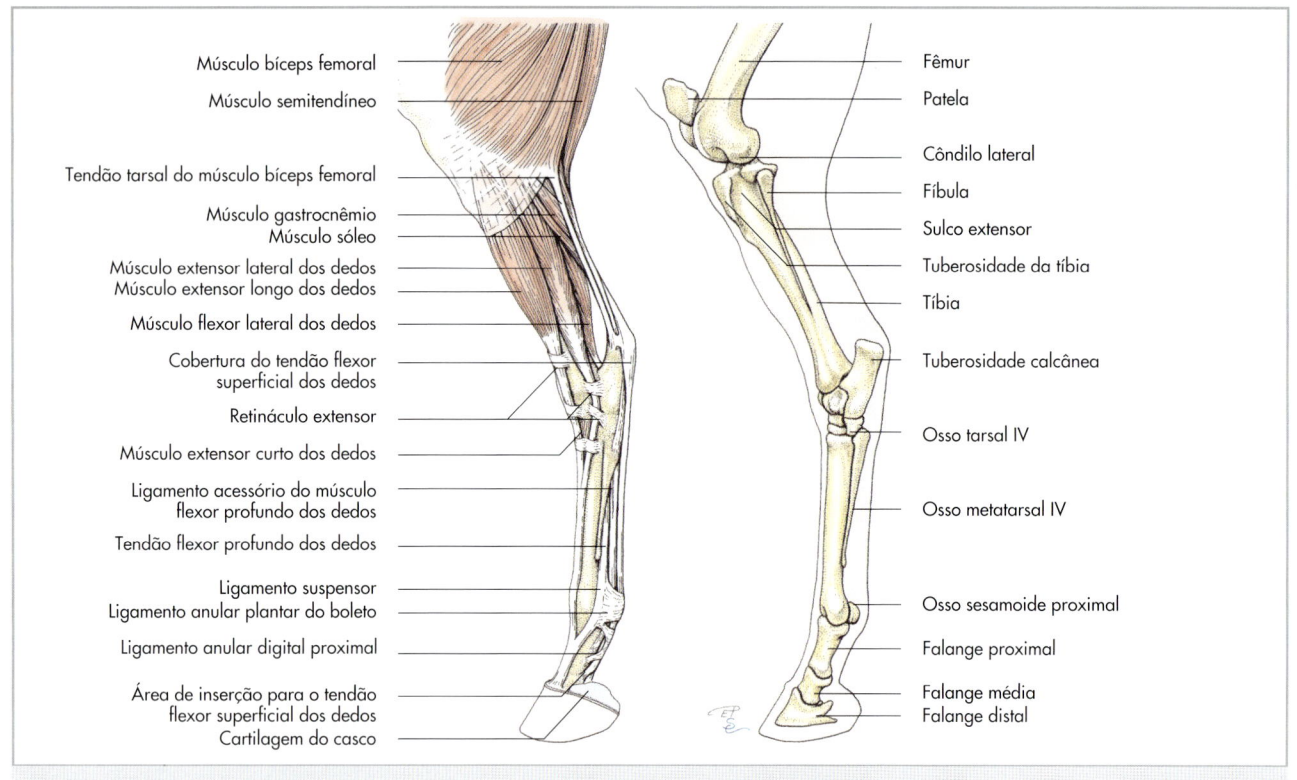

Fig. 5.111 Músculos e esqueleto do membro pélvico de um equino (representação esquemática, vista lateral).

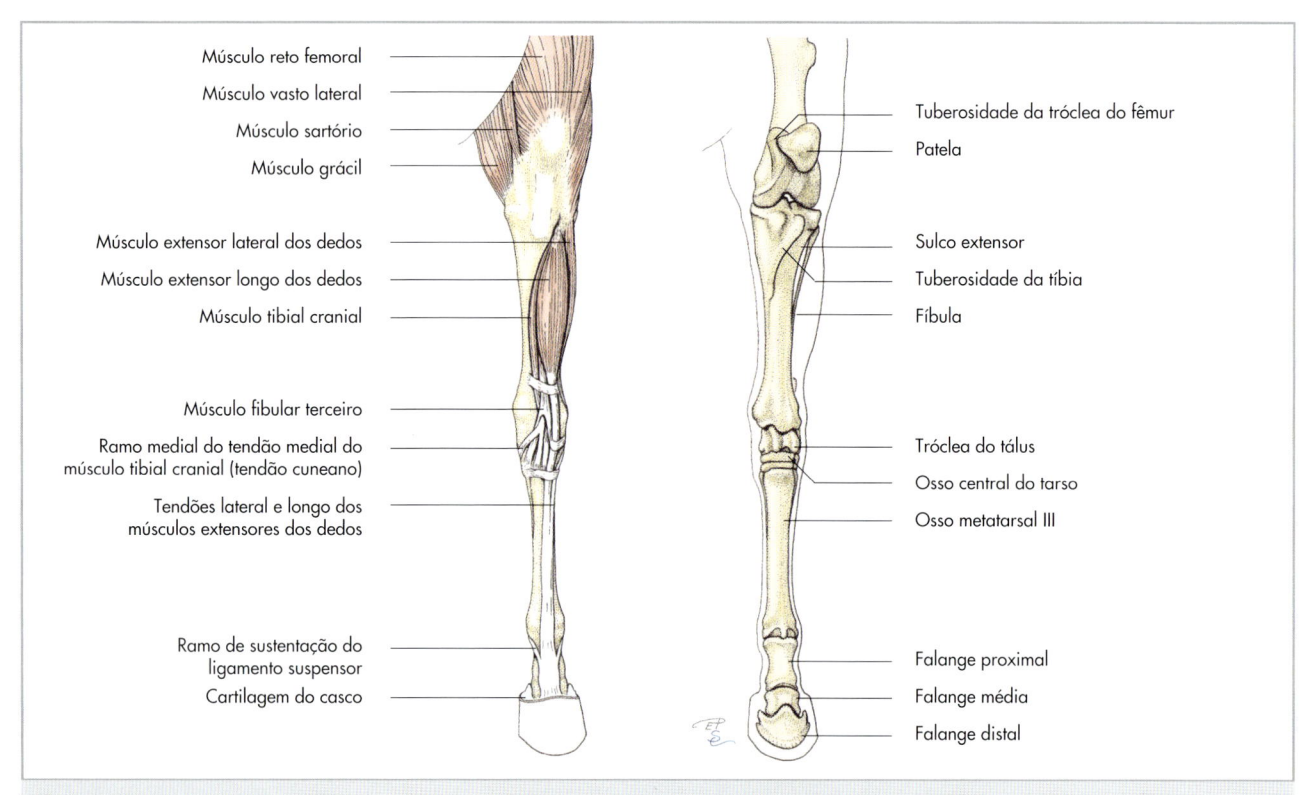

Fig. 5.112 Músculos e esqueleto do membro pélvico de um equino (representação esquemática, vista cranial).

Membros pélvicos (*membra pelvina*) 307

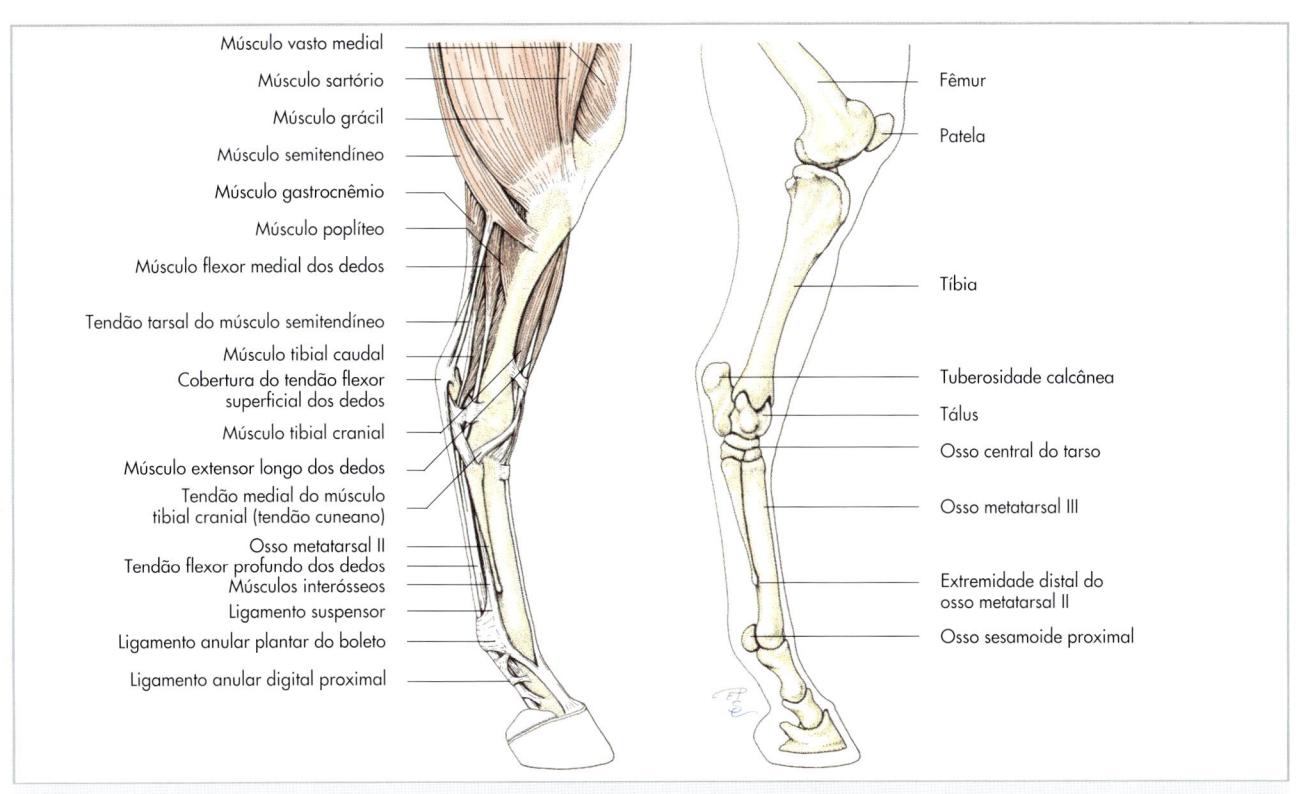

Fig. 5.113 Músculos e esqueleto do membro pélvico de um equino (representação esquemática, vista medial).

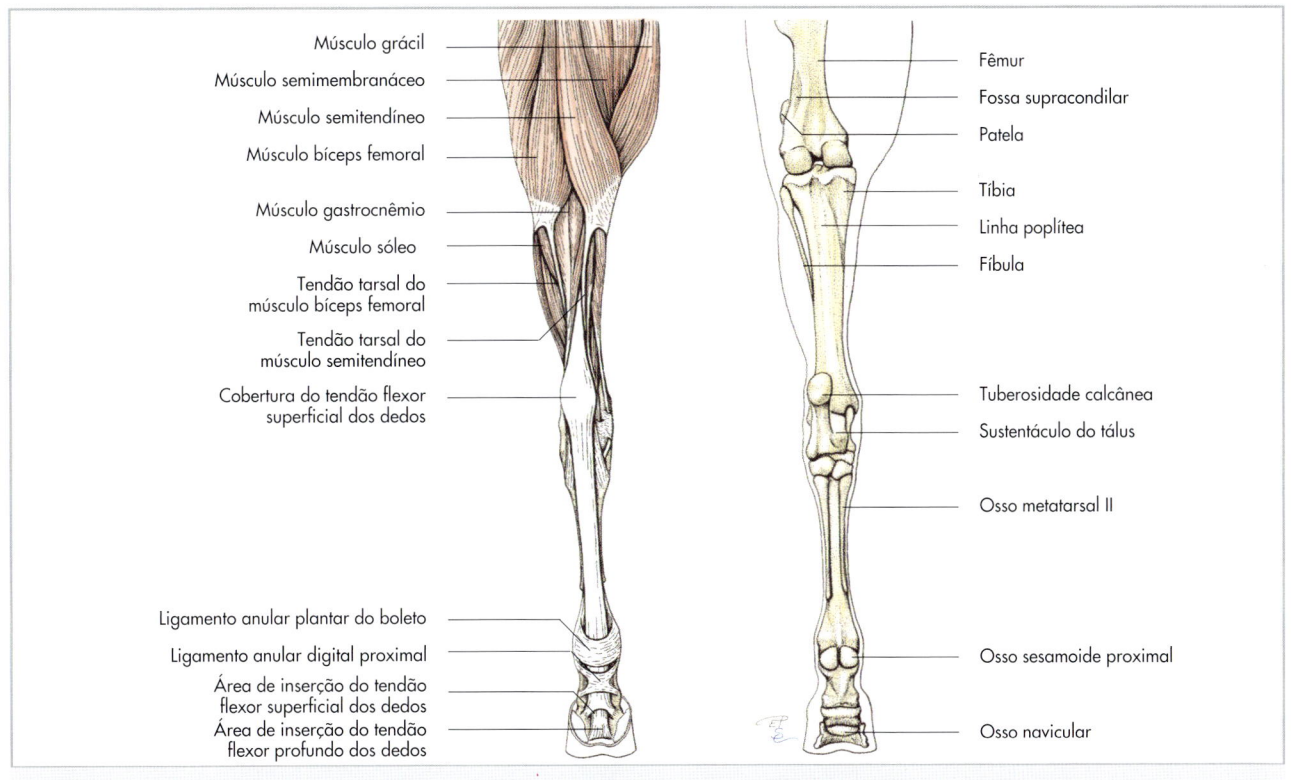

Fig. 5.114 Músculos e esqueleto do membro pélvico de um equino (representação esquemática, vista caudal).

Tab. 5.7 Flexores do tarso e extensores dos dedos

Nome / Inervação	Origem	Inserção	Função
Músculo tibial cranial Nervo fibular	Côndilo lateral da tíbia	Ossos tarsais e metatarsais	Flexionar o tarso
Músculo fibular longo Nervo fibular	Fíbula e côndilo lateral da tíbia	Ossos tarsal I ou metatarsal I	Flexionar o tarso, retrair o membro para dentro
Músculo fibular curto Nervo fibular	Fíbula	Osso metatarsal V	Flexionar o tarso
Músculo fibular terceiro Nervo fibular	Fossa extensora do fêmur	Ossos do tarso e do metatarso	Flexionar o tarso, estender a articulação do joelho
Músculo extensor longo dos dedos Nervo fibular	Fossa extensora do fêmur	Processo extensor da falange distal	Estender os dedos, estender a articulação do joelho
Músculo extensor lateral dos dedos Nervo fibular	Fíbula e côndilo lateral da tíbia	Falange média do 5º ou 4º dedo, processo extensor da falange distal no equino	Estender os dedos
Músculo extensor longo do hálux Nervo fibular	Fíbula	2º dedo	Estender o 2º dedo

Tab. 5.8 Extensores do tarso e flexores dos dedos

Nome / Inervação	Origem	Inserção	Função
Músculo gastrocnêmio Nervo tibial	Distal no fêmur	Tuberosidade calcânea (tendão calcâneo comum)	Estender o tarso, flexionar a articulação do joelho
Músculo sóleo Nervo tibial	Fíbula	Tendão calcâneo comum	Estender o tarso
Músculo flexor superficial dos dedos Nervo tibial	Fossa supracondilar, tuberosidade supracondilar lateral	Falanges proximal e média	Estender o tarso
Músculo flexor profundo dos dedos Nervo tibial	–	–	–
• Músculo tibial caudal	Fíbula e tíbia	Tendão flexor profundo dos dedos, falange distal	Flexionar os dedos
• Músculo flexor medial dos dedos	Tíbia	Tendão flexor profundo dos dedos, falange distal	Flexionar os dedos
• Músculo flexor lateral dos dedos	Fíbula e tíbia	Tendão flexor profundo dos dedos, falange distal	Flexionar os dedos

6 Estática e dinâmica

J. Maierl, G. Weissengruber, Chr. Peham e H. E. König

Os animais estão sujeitos às mesmas leis da física que os objetos inanimados. A **estática** descreve os princípios de construção necessários para manter o **equilíbrio do corpo** em um estado de repouso ou movimento. A **dinâmica** analisa o **movimento** do corpo durante a locomoção.

Há uma grande **variedade de adaptação** na construção corporal entre diferentes espécies, o que reflete as exigências determinadas pelo seu ambiente natural. Em virtude de serem predadores, os carnívoros precisam desenvolver uma velocidade considerável em distâncias curtas para que possam capturar a sua presa. Já o corpo dos herbívoros se especializou para sustentar grandes quantidades de comida de difícil digestão ao mesmo tempo que continua a se mover por longas distâncias. Essas diferenças são exemplificadas pelo equino, caracterizado por seus mecanismos passivos de sustentação, que lhe permitem carregar grandes pesos durante muito tempo sem que os músculos sofram fadiga. Contudo, esses mecanismos de sustentação não se desenvolveram no cão, que tem um peso corporal menor e cuja alimentação é de fácil digestão, sendo composta por uma densidade maior de energia.

Além disso, as proporções dos membros – em particular, a mão – são mais alongadas em herbívoros unguligrados do que em carnívoros digitígrados, o que permite percorrer uma **distância maior por passada**. Esse efeito evidencia o fato de que os tendões de inserção costumam se fixar ao esqueleto na área imediatamente próxima às articulações. Como exemplo, tem-se os músculos bíceps e tríceps (▶Fig. 6.2). Nos dois casos, os tendões de inserção se fixam ao esqueleto bastante próximo à articulação do cotovelo. Desse modo, a força de alavanca nos braços tem curto alcance: um deles se projeta do eixo de rotação pelo côndilo umeral até a tuberosidade radial, ao passo que o outro chega à tuberosidade do olécrano. No entanto, o braço de trabalho é mais comprido, já que inclui todo o membro distal. Como um músculo pode contrair apenas cerca de 30% de seu comprimento, tal disposição anatômica amplia a ação de alavanca da parte distal do membro. As partes respectivas se movem mais rápido, com um alcance maior.

O **alongamento dos membros** é facilitado pela disposição dos ventres musculares na metade proximal do membro. Como consequência, a parte distal do membro é relativamente mais leve e pode se mover com maior rapidez na fase de balanço da caminhada.

Essa solidez do membro e a ampliação do movimento são alcançadas ao custo de forças extremas nos músculos entre as superfícies articulares e o interior dos ossos.

6.1 Construção do tronco

Alguns autores compararam a construção do eixo corporal com várias categorias de pontes. Estudos recentes indicam que esse conceito é falho e remetem à teoria mais precisa: "**arco e corda**" (▶Fig. 6.1). O "arco" é formado pelas **vértebras toracolombares** e suas articulações e pelos ligamentos e músculos que as acompanham, sendo que estes últimos propiciam uma estrutura flexível. Já a "corda" é composta pelos **músculos abdominais**, em particular o músculo reto do abdome, o qual se prolonga do tórax à pelve. O arco se fixa de modo indireto à corda cranialmente, por meio da interposição do esqueleto torácico, e aos ossos pélvicos caudalmente.

A contração do músculo abdominal causa a **flexão do arco**, ao passo que a contração dos músculos epiaxiais **deixa o arco reto**. Além disso, o peso das vísceras fixas à coluna vertebral tende a deixar o arco reto, embora, ao mesmo tempo, o peso das vísceras sobre os músculos abdominais flexiona o arco. A flexão do arco é auxiliada pelos **músculos protratores do membro torácico** e pelos **músculos retratores do membro pélvico**; já os seus músculos antagônicos têm o efeito oposto. A elasticidade intrínseca da construção do tronco é complementada pela contração ativa de outros músculos. Isso se torna evidente no equino quando o seu dorso não se curva sob o peso do cavaleiro. Na verdade, ele se curva na direção dorsal, como resultado do aumento da tensão na corda. A parte caudal da construção de arco e corda, a última vértebra lombar, se une ao **sacro**.

É possível ampliar a teoria do "arco e corda" à região cervical, em que uma curva se volta na direção oposta à da região toracolombar. As **vértebras cervicais** e suas articulações compõem o arco, e o ligamento nucal atua como a corda. O peso e o ato de abaixar a cabeça deixam o "arco" reto, ao passo que o **ligamento nucal** o flexiona.

6.2 Membro torácico

A principal função dos membros torácicos é sustentar o peso do corpo, o que se reflete por meio da redução da estrutura esquelética da cintura escapular, em que permanece apenas a escápula e, em algumas espécies, uma clavícula bastante reduzida. A escápula se fixa ao tronco na extremidade cranial da configuração de arco e corda mediante uma sinsarcose, sendo que os músculos e tendões formam uma suspensão, como uma tipoia, para o tronco. Os músculos serráteis ventrais formam um cavalete entre as duas escápulas, o qual permite que o tórax se eleve e se encaixe entre os ombros para que o animal se apoie sobre um lado sem o desvio correspondente dos membros torácicos a partir da perpendicular. A parte torácica do músculo serrátil ventral, com a sua elevada concentração de tecido tendinoso, está bem-adaptada para sustentar um peso considerável com um mínimo esforço muscular. Essa disposição anatômica permite que as forças significativas que ocorrem durante a postura ereta e a locomoção possam ser mantidas. As forças às quais os membros torácicos estão submetidos aumentam significativamente quando o animal atinge o chão após um pulo (▶Fig. 6.2 e ▶Fig. 6.3).

Mesmo quando o animal está parado em pé, os músculos dos dois lados de cada articulação estão fazendo pequenos ajustes para manter o equilíbrio. Em animais de grande porte, essa ação resultaria em muito estresse para os tecidos musculares. Dessa forma, um aumento na quantidade de tecido fibroso pode ser encontrado nos músculos de animais maiores que resistem a essas forças. O movimento das articulações também é restrito pela disposição da fáscia e dos ligamentos e pelo formato das superfícies articulares. Essas estruturas limitam a amplitude de movimento das articulações dos animais de grande porte para flexão e extensão, com exceção das articulações do ombro e coxofemoral. Em algumas articulações, como na do cotovelo, os ligamentos colaterais se inserem excentricamente e, assim, introduzem uma força que precisa ser superada antes que a articulação possa ser movimentada. Essa disposição

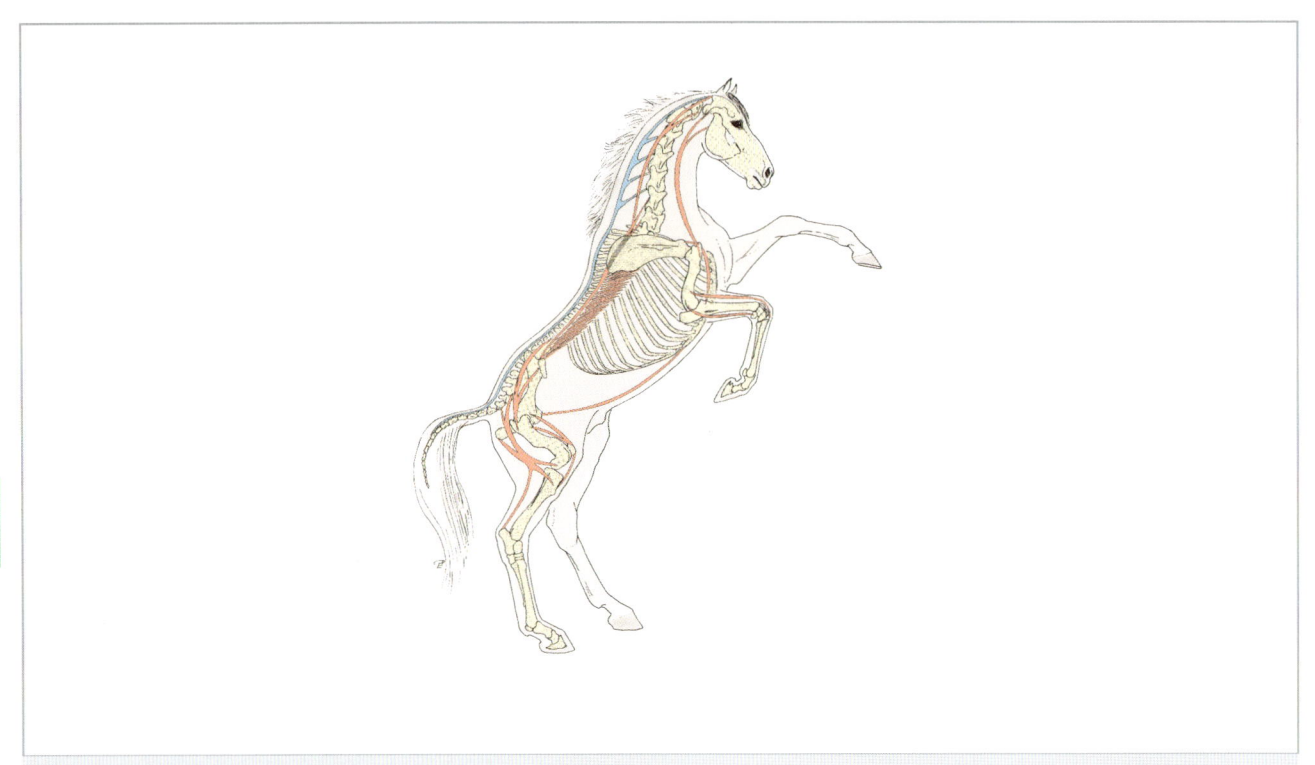

Fig. 6.1 Construção "arco e corda" de um equino durante o empinamento (representação esquemática, com músculos representados em vermelho). (Fonte: com base em dados de Komarek, 1993.)

impede a flexão causada pela depressão da articulação a partir do peso do animal.

O equino desenvolveu mecanismos de sustentação tendoligamentosos, como o **mecanismo de estática e dinâmica**, presente tanto nos membros torácicos como nos membros pélvicos, o qual permite que essa espécie sustente o seu peso corporal com um mínimo de esforço muscular, reduzindo a fadiga muscular (▶Fig. 6.2 e ▶Fig. 6.3). O uso com eficiência desse mecanismo permite que o equino fique em pé durante longos períodos enquanto descansa. Contudo, o sono reparador precisa estar acompanhado da posição deitada para remover o peso dos membros.

O peso do corpo tende a flexionar a articulação do ombro por meio da inserção do músculo serrátil ventral. Essa disposição existe para impedir a flexão do ombro, que envolve a contração isométrica do músculo supraespinal do ombro e, com maior importância, dos músculos bíceps braquiais, nos quais a tensão aumenta quando o ombro tende a ser flexionado. Isso pode ocorrer apenas quando o bíceps braquial é impedido de flexionar a articulação do cotovelo, situação resultante de dois mecanismos. Os músculos flexores superficial e profundo dos dedos são tensionados pela dorsiflexão da articulação metacarpofalângica na posição normal de pé, o que resulta em um aumento da tensão passiva de seus componentes não elásticos para manter a extensão do cotovelo através de suas cabeças umerais. Outro fator fundamental para o mecanismo de fixação do ombro e do cotovelo é a contração isométrica do tríceps (▶Fig. 6.2 e ▶Fig. 6.3).

O carpo é predisposto à sustentação de peso sem esforço, pois o eixo longo do rádio e do osso metacarpal III posiciona-se aproximadamente na mesma linha vertical. Ele é impedido de ceder para a frente pelo lacerto fibroso, uma faixa rígida que emerge do tendão de origem do bíceps. O carpo prossegue dentro do ventre muscular, imediatamente proximal à articulação do ombro, onde se separa do músculo bíceps e se une com a fáscia do antebraço e com o músculo extensor radial do carpo. Ao se inserir no osso metacarpal III, ele auxilia na estabilização da articulação do carpo. A tensão no bíceps é transmitida por esse sistema para auxiliar na extensão fixa do carpo (▶Fig. 6.2 e ▶Fig. 6.3). A extensão excessiva do carpo é impedida pelos ligamentos da face palmar do carpo, pelos ligamentos do osso acessório e pelos ligamentos *check* (ligamentos acessórios dos tendões flexores profundo e superficial dos dedos). Os dois ligamentos *check* são mantidos sob tensão pela posição "neutra" superestendida da articulação metacarpofalângica.

Uma das principais características anatômicas do mecanismo de estática e dinâmica é o ligamento suspensor nas faces palmar e plantar do osso metacarpal/metatarsal III. Esse ligamento funciona como o suporte principal para a articulação metacarpofalângica, impedindo a sua superextensão excessiva e reduzindo a sua concussão durante a locomoção. Os ramos do ligamento suspensor que se projetam distalmente nos lados medial e lateral do dedo se inserem no processo extensor da falange distal e impedem que as articulações interfalângicas proximal e distal se curvem para a frente. Os tendões flexores profundo e superficial dos dedos complementam a função do ligamento suspensor, porém são restringidos pelo ligamento acessório – entre a extremidade distal do rádio e o tendão flexor superficial dos dedos (ligamento *check* proximal) – e pelo ligamento acessório – entre o carpo e o tendão flexor profundo dos dedos (ligamento *check* distal). O ligamento suspensor e os dois tendões flexores dos dedos operam em série. Como a articulação metacarpofalângica sofre extensão devido ao peso corporal, o ligamento suspensor se retesa, seguido pelo tendão flexor superficial dos dedos e, então, pelo tendão flexor profundo dos dedos.

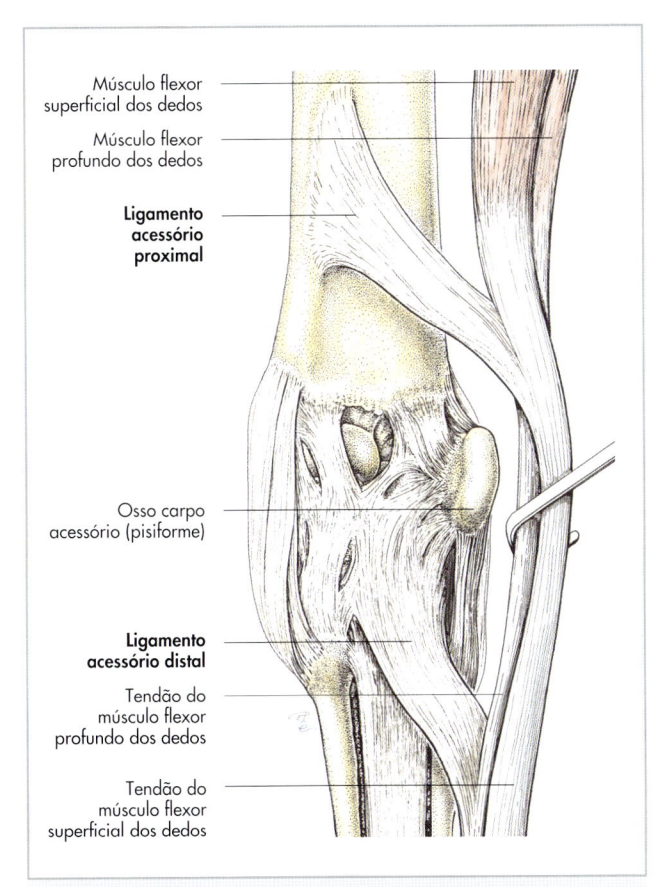

Fig. 6.2 Ligamentos acessórios dos músculos extensores superficial e profundo dos dedos no membro torácico de um equino (representação esquemática).

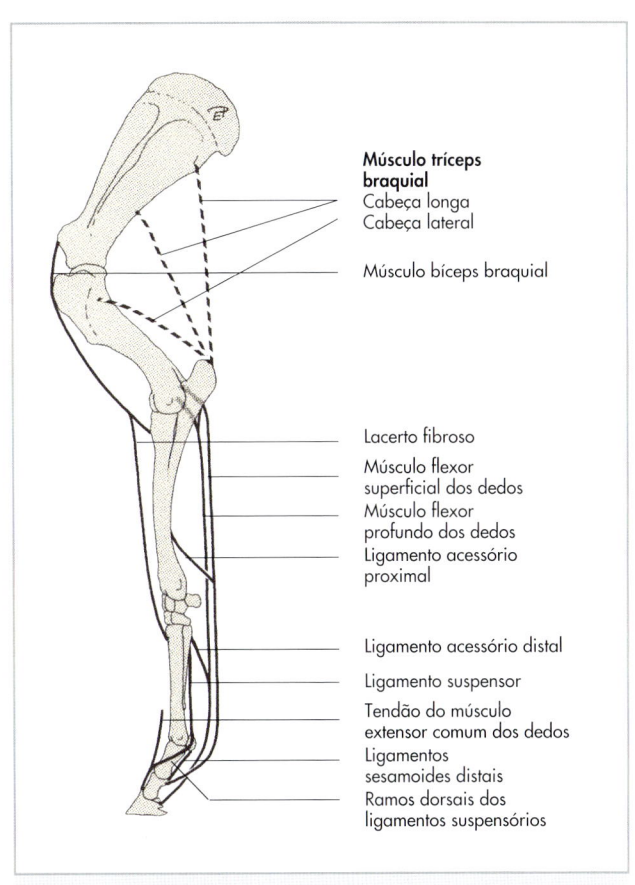

Fig. 6.3 Mecanismo de estática e dinâmica do membro torácico de um equino (representação esquemática).

Durante a locomoção, o membro torácico é elevado do solo pela musculatura da cintura escapular e pela flexão de todas as articulações por meio de seus músculos flexores. O membro flexionado é alongado pelo músculo braquiocefálico. Essa ação é complementada pelos músculos trapézio e omotransverso, os quais giram a extremidade distal da escápula no sentido craniodorsal e o ângulo caudal no sentido caudoventral, resultando na fase de balanço da locomoção. No final da fase de balanço, as articulações sofrem uma nova extensão pela ação do músculo tríceps braquial, do músculo extensor radial do carpo e dos músculos extensores dos dedos. Essa ação deixa o membro reto e projetado para a frente em relação ao ponto de partida, induzindo à fase de apoio da passada. Assim, o membro atinge o solo, tornando-se mais longo e mais à frente de seu ponto de partida. Isso induz à fase de apoio da passada, durante a qual o peso do corpo é transportado sobre o membro estendido. A escápula sofre rotação na direção inversa, causada pelo músculo latíssimo do dorso (grande dorsal), pelo músculo romboide e pelo músculo peitoral profundo. O tríceps é responsável pela extensão da articulação do cotovelo, ao passo que o músculo bíceps estende o ombro e, por meio do lacerto fibroso, o carpo. A articulação metacarpofalângica (do boleto) sofre extensão para além de sua posição normal. Pouco antes de o membro ser elevado do solo novamente, o tendão flexor superficial dos dedos e o ligamento suspensor se relaxam, ao passo que a articulação interfalângica distal se estende ao máximo. Isso faz o tendão flexor profundo dos dedos e seu ligamento *check* serem tensionados e as articulações falângicas se flexionarem imediatamente quando o pé é levantado do solo.

6.3 Membro pélvico

A articulação sacroilíaca une o sacro e a pelve em uma ligação rígida, em que o sacro fica suspenso sobre a face interna das asas ilíacas, assegurando uma transmissão eficaz do impulso do membro pélvico para o tronco. Como o membro pélvico impulsiona a progressão do corpo, a sua musculatura é mais bem-desenvolvida do que a do membro torácico. No equino, muitas modificações envolvendo **faixas de colágeno** derivadas do **tecido muscular** e **adaptações esqueléticas** servem para reduzir o esforço muscular associado à sustentação de peso e conectam o movimento das articulações tibiotarsal e do joelho: o mecanismo de bloqueio patelar e o aparelho recíproco (▶Fig. 6.4), respectivamente. O primeiro resulta da disposição dos ligamentos patelares e dos ossos, que pode resultar em bloqueio da patela e imobilização do joelho e, portanto, do jarrete. Na flexão e extensão normais da articulação do joelho, a patela desliza no sulco troclear. A extensão para além da extremidade proximal do sulco, juntamente a um giro medial da patela, faz a crista medial do fêmur se projetar entre os ligamentos patelares medial e médio. A cartilagem parapatelar se curva sobre o tubérculo da tróclea, bloqueando, assim, o joelho na posição de extensão. Esse mecanismo permite que o equino descanse o seu peso em um membro pélvico com o mínimo de esforço muscular. Conforme estudos recentes, esse mecanismo de bloqueio não é totalmente passivo, pois o músculo vasto medial mantém ativamente em posição o circuito medial formado pelos ligamentos patelares

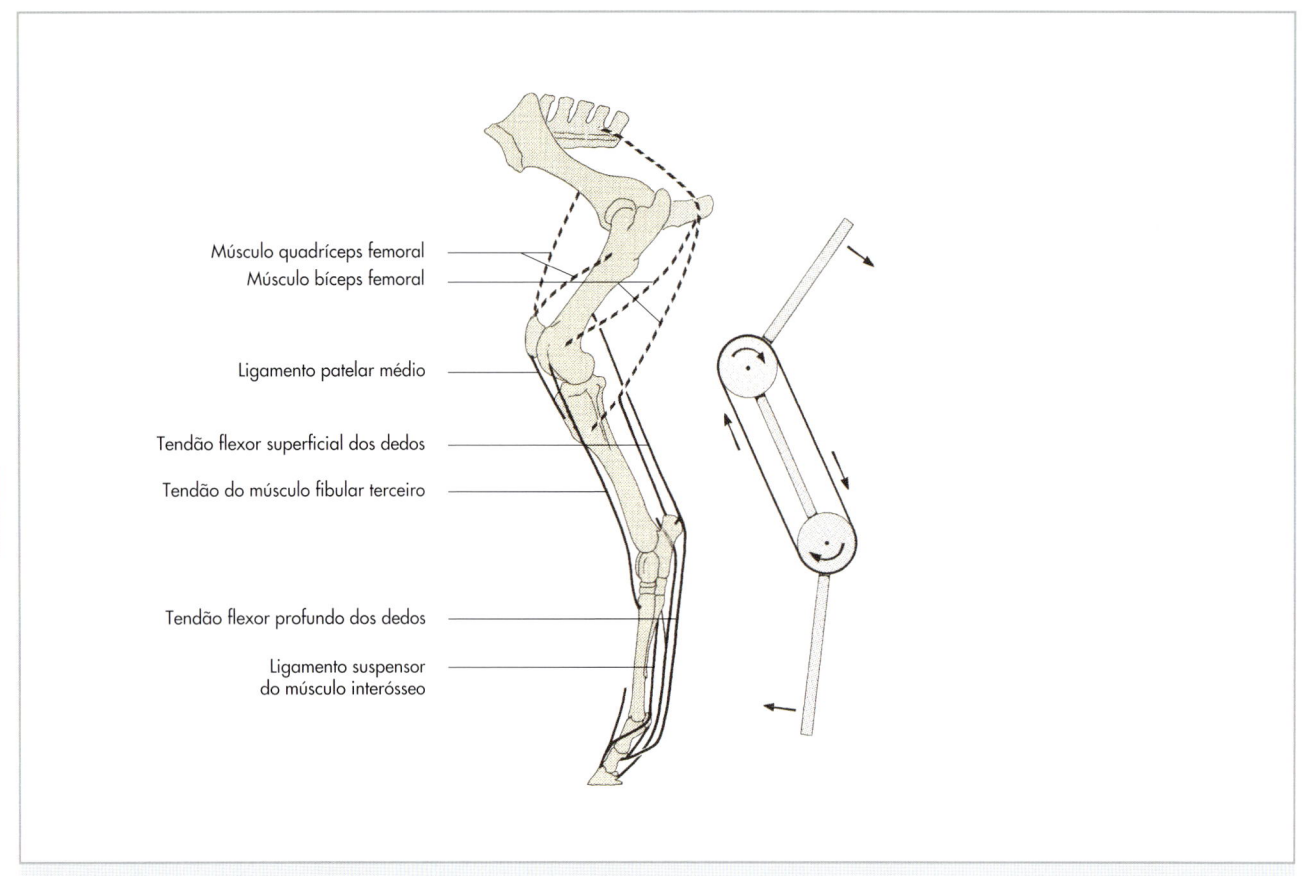

Fig. 6.4 Aparelho recíproco do membro pélvico de um equino (representação esquemática).

Labels in figure:
- Músculo quadríceps femoral
- Músculo bíceps femoral
- Ligamento patelar médio
- Tendão flexor superficial dos dedos
- Tendão do músculo fibular terceiro
- Tendão flexor profundo dos dedos
- Ligamento suspensor do músculo interósseo

medial e médio, bem como a patela e a cartilagem parapatelar. Para liberar o mecanismo, o peso é deslocado para o outro membro, e o músculo quadríceps femoral retrai a patela proximalmente. Por meio de um tênue giro lateral, a patela retorna para o sulco troclear. Se a patela não puder ser desbloqueada, ou se o bloqueio ocorrer durante a deambulação, o joelho e o jarrete permanecem bloqueados em posição de extensão enquanto as articulações metatarsofalângicas e interfalângicas proximal e distal são flexionadas e o equino arrasta o dedo.

Acredita-se que equinos com uma conformação reta do membro pélvico e pôneis Shetland sofram predisposição para a fixação ascendente da patela. Outra modificação exclusiva do membro pélvico do equino é conhecida como aparelho recíproco, o qual conecta os movimentos do joelho e do jarrete (▶Fig. 6.3). Esse aparelho é composto cranialmente pelo músculo fibular terceiro, oposto caudalmente pelo gastrocnêmio e pelo músculo flexor superficial dos dedos. A fixação no músculo fibular terceiro garante que, no animal normal, a flexão da articulação metatarsofalângica seja acompanhada pela flexão do jarrete, ao passo que os músculos caudais garantem que, quando houver extensão da articulação do joelho, a articulação tibiotarsal também sofra extensão.

Ao contrário do carpo, o tarso é sempre mantido inclinado. Portanto, o tendão flexor superficial dos dedos requer fortes inserções tendinosas para estabilizar o tarso em sua posição "neutra". Essa tarefa cabe à cobertura tendinosa, que o tendão flexor superficial dos dedos forma na altura da tuberosidade calcânea, e às suas fixações retinaculares.

A fixação e a estabilização das articulações metatarsofalângicas e falângicas são semelhantes às do membro torácico.

O princípio de contração muscular no membro pélvico durante a locomoção é semelhante ao do membro torácico. No início da fase de balanço, as articulações do membro se flexionam, e o membro se move para a frente mediante a contração do músculo tensor da fáscia lata, do músculo glúteo superficial, do músculo sartório e do músculo iliopsoas. O efeito abdutor do músculo iliopsoas é neutralizado pelos músculos no lado femoral medial (músculos sartório, pectíneo e grácil).

No final da fase de balanço, as articulações sofrem uma nova extensão. O quadríceps desempenha uma função importante, uma vez que estabiliza o joelho. Durante a fase de apoio, o corpo é impulsionado para a frente por meio da contração dos extensores do quadril (músculo glúteo médio), do joelho (músculo quadríceps) e do jarrete (músculo gastrocnêmio), auxiliados pela musculatura femoral posterior, que mantém o joelho caudalmente em relação ao corpo em movimento para a frente.

Os movimentos do corpo inteiro de um animal resultam de movimentos coordenados de partes corporais individuais. Isso pode resultar em locomoção para a frente, para os lados ou para trás ou em movimentos sem alteração de localização, como sentar-se, deitar-se, rolar, levantar-se, empinar-se. O equino desenvolveu uma série de mecanismos de defesa, como o empinamento e o coice, que envolvem deslocar o centro de gravidade para liberar um ou dois membros do chão. Durante a locomoção, os membros são movidos em uma sequência repetitiva e regular, como resultado da

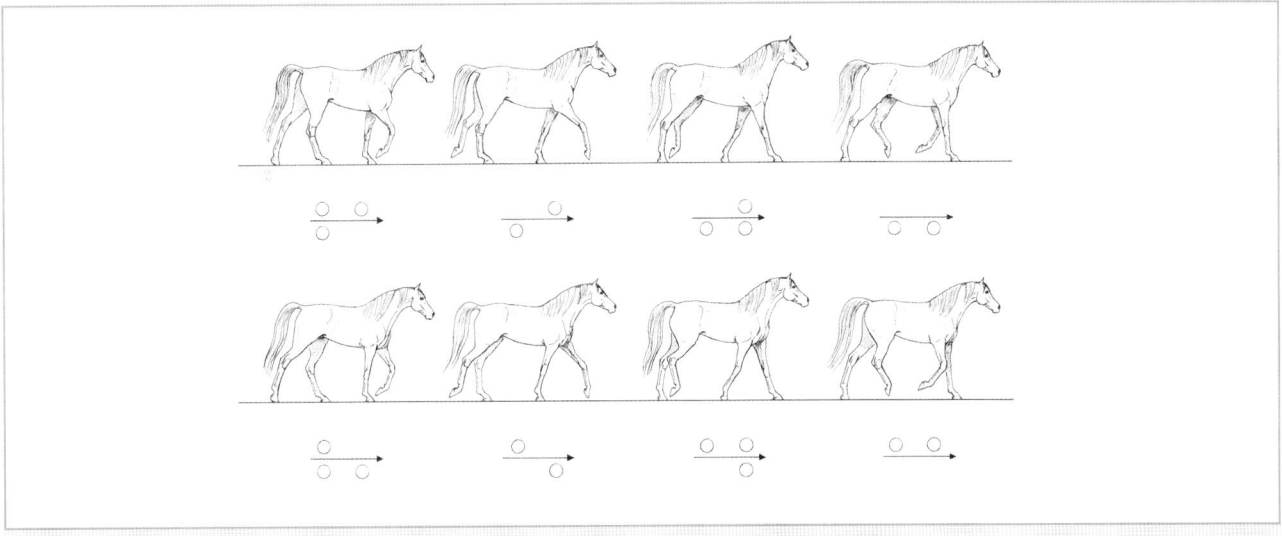

Fig. 6.5 Fases do movimento durante a caminhada (representação esquemática).

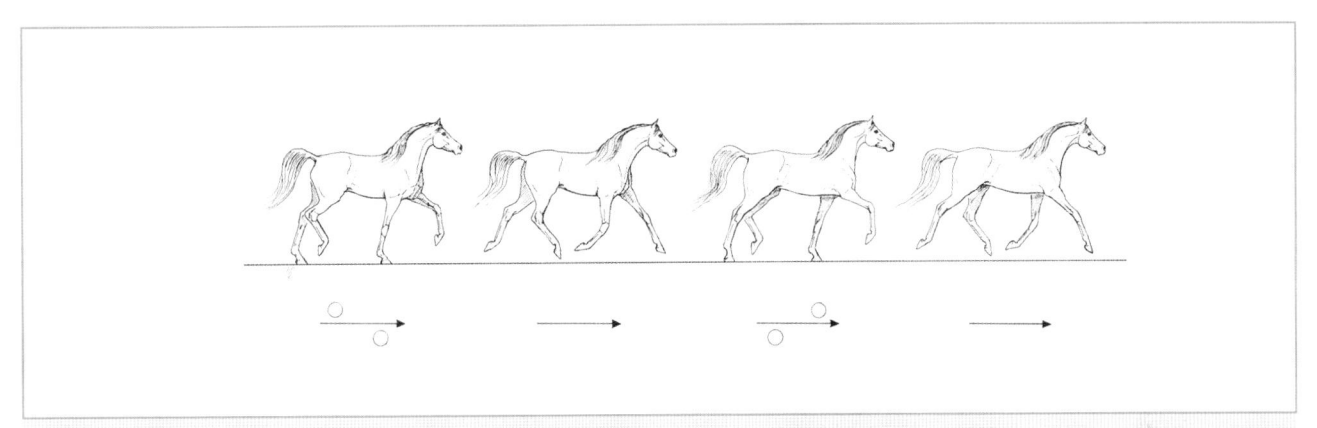

Fig. 6.6 Fases do movimento durante o trote (representação esquemática).

ativação cíclica de grupos funcionais de músculos. Cada passada pode ser dividida em: fase de apoio, durante a qual o pé está em contato com o solo; e fase de balanço, durante a qual o pé não faz contato com o solo.

6.4 Andaduras

As andaduras naturais incluem caminhada, trote e galope (▶Fig. 6.5, ▶Fig. 6.6 e ▶Fig. 6.7). Alguns animais exibem outros tipos de deslocamento, como andadura, marcha picada, marcha batida e marcha lenta. No equino, cada andadura pode ser classificada como ordinária, calma ou alongada. O cânter (meio-galope) é um galope calmo.

O passo é uma andadura de quatro batidas. A sequência de batidas do casco pode ser descrita conforme o seguinte padrão: 1. posterior esquerdo; 2. anterior esquerdo; 3. posterior direito; e 4. anterior direito. Durante o passo, dois pés estão sempre em contato com o solo. Não há período de suspensão.

O trote é uma andadura de duas batidas, em que os pés anterior e posterior opostos atingem o solo ao mesmo tempo. O membro torácico direito e o membro pélvico esquerdo se movem ao mesmo tempo, assim como o fazem o torácico esquerdo e o pélvico direito.

O galope alongado é uma andadura de quatro batidas, ao passo que o galope calmo, o cânter, apresenta um padrão de três tempos. O galope pode ser executado com a condução do membro torácico esquerdo ou direito. Um animal normalmente altera a condução periodicamente. No entanto, alguns animais, principalmente cães, alteram a condução na metade anterior sem alterar a metade pélvica imediatamente, de modo que podem atingir o solo com o membro pélvico do mesmo lado que o pé anterior de condução, em vez de com o pé posterior oposto. Em um equino com condução do anterior direito, a sequência é a seguinte: 1. anterior direito (suspensão); 2. posterior esquerdo; 3. posterior direito; e 4. anterior esquerdo. O cânter é uma andadura de três tempos, muito semelhante ao galope, exceto pelo fato de que os dois membros pareados diagonais que não conduzem atingem o solo ao mesmo tempo. A batida única dos membros pareados ocorre entre as batidas sucessivas dos membros condutores não pareados. A sequência com

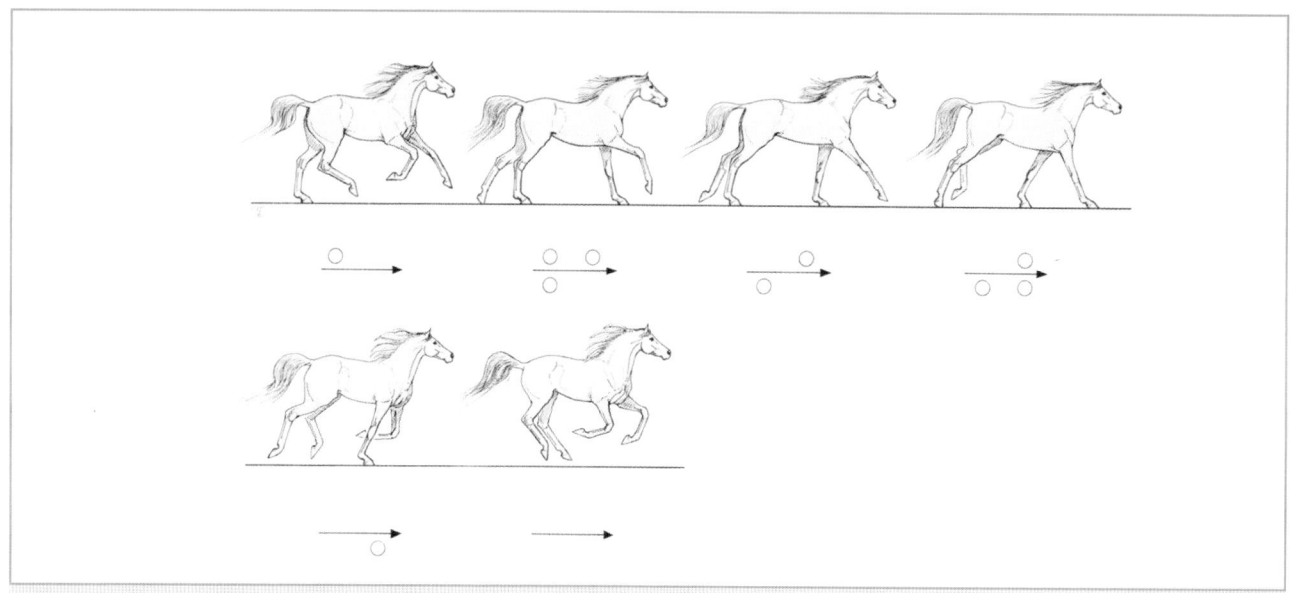

Fig. 6.7 Fases do movimento durante o galope (representação esquemática).

a condução do membro torácico direito é a seguinte: 1. anterior direito (suspensão); 2. posterior esquerdo; e 3. posteriores direito e anterior esquerdo juntos. O movimento para trás é executado com a andadura diagonal de duas batidas do trote. Os membros posterior esquerdo e anterior direito se movem ao mesmo tempo, assim como ocorre com o posterior direito e o anterior esquerdo.

Sob uma visão biomecânica, a ação dos membros durante a locomoção pode ser comparada a um pêndulo, o qual exibe uma compressão, como a de uma mola, quando o membro entra em contato com o solo. Pesquisas recentes provaram que os movimentos pendulares dos membros durante a caminhada lembram a oscilação de um pêndulo, com a mesma distribuição de massa. Esse fenômeno de ressonância resulta em uma redução significativa do esforço muscular necessário para mover o membro para a frente. O tempo de oscilação dos membros fica cada vez mais curto com o aumento da velocidade. Assim, seria necessário um aumento do esforço muscular para alcançar uma oscilação mais rápida. A uma certa velocidade, o animal muda a andadura para trote, que usa mecanismos semelhantes a uma mola, possibilitando, assim, uma oscilação de ressonância mais rápida com o mínimo de esforço muscular. Quando o pé atinge o solo, os músculos flexores do dedo sofrem tensão e são relaxados novamente; quando o pé deixa o solo, esses músculos atuam como molas axiais pareadas.

Durante o galope, a oscilação de ressonância dos membros se torna ainda mais curta. Até três membros podem estar em contato com o chão ao mesmo tempo, atuando como molas axiais, de forma semelhante ao trote. Quando o animal muda para uma andadura mais rápida, a duração da passada torna-se mais curta e aumenta a área percorrida. Isso é resultado do fenômeno de ressonância descrito, o qual auxilia o animal a alcançar uma determinada velocidade com o menor esforço muscular.

Além dos mecanismos de mola dos membros, a flexão e a extensão rítmicas da coluna vertebral torácica e lombar auxiliam a locomoção.

7 Cavidades corporais

H. E. König, W. Pérez e H.-G. Liebich

As vísceras estão localizadas, em sua maioria, em cavidades corporais, porém entram em contato direto com o meio externo por meio da boca, do nariz, do ânus, da vagina ou da uretra. Embora a cavidade corporal primordial seja única durante o desenvolvimento embrionário, ela se divide na fase fetal por meio da continuação do desenvolvimento do septo transverso (*septum transversum*) no diafragma (*diaphragma*) em uma **cavidade torácica** e em uma **cavidade abdominal**, com a sua parte caudal se unindo contiguamente com a parte cranial aberta da **cavidade pélvica**.

O Capítulo 1, "Introdução e anatomia geral" (p. 21), fornece uma descrição detalhada das camadas anatômicas e das semelhanças estruturais das vísceras.

As vísceras possuem funções vitais, são complexas e multifuncionais quanto à sua estrutura e têm uma interação vital com todo o sistema corporal. Elas podem ser resumidas do seguinte modo:

- **sistema digestório** (*apparatus digestorius*):
  - ingestão de alimentos, fragmentação mecânica e decomposição química;
  - reabsorção e síntese de produtos metabólicos;
  - excreção de partículas alimentares indigeríveis;
- **sistema respiratório** (*apparatus respiratorius*):
  - sentido de olfato;
  - vocalização;
  - troca de gases entre ar e sangue;
- **órgãos urinários** (*organa urinaria*):
  - regulação do equilíbrio hidroeletrolítico (água e sais);
  - excreção de produtos residuais;
  - regulação endócrina da circulação;
- **órgãos reprodutores** (*organa reproductiva*):
  - formação e maturação dos gametas masculinos e femininos;
  - transporte de gametas;
  - segmentos de armazenamento dos gametas;
  - locais de produção endócrina;
- **vasos sanguíneos e linfáticos** (*systema cardiovasculare et organa lymphopoetica*);
- **sistema nervoso periférico** (*systema nervosum periphericum*);
- **glândulas endócrinas** (*glandulae endocrinae*).

Os órgãos neurais da cabeça e os órgãos caudais da cavidade pélvica retroperitoneal não estão integrados a essas grandes cavidades corporais. Eles preenchem as cavidades ósseas do crânio e da pelve, respectivamente.

7.1 Estabilidade posicional dos órgãos dentro das cavidades corporais

Os órgãos nas cavidades corporais estão conectados ao revestimento da cavidade corporal por meio de membranas serosas duplas – na maioria dos casos, elas funcionam como sustentação. Elas também podem conectar dois órgãos, sendo então denominadas pregas (*plicae*). Em regiões especiais, grandes órgãos cavitários podem estar conectados diretamente à parede corporal por meio de aderências de tecido conjuntivo, também denominado tecido conectivo, como, por exemplo, o rúmen, nos ruminantes, ou o ceco, no equino.

Além disso, essas membranas serosas duplas têm função de sustentação e estabilização, principalmente pelo fato de conterem fibras colágenas que são orientadas de acordo com as leis de pressão e tensão. Essas funções são reforçadas por elementos elásticos, os quais também são elementos funcionais nas paredes de artérias aferentes. Um exemplo dessa função estabilizadora é o reposicionamento dos segmentos intestinais para as suas posições originais.

Nesse contexto, os ramos da artéria mesentérica cranial (*a. mesenterica cranialis*) do equino (ver também Capítulo 8, "Sistema digestório", p. 327, ▶Fig. 8.94) asseguram a estabilização da posição dos segmentos do colo, do ceco e do jejuno. Distúrbios nessas funções especializadas de sustentação e estabilização podem levar a sintomas expressivos durante cólicas.

Todas essas estruturas podem garantir a estabilidade posicional apenas até certo ponto. Os órgãos viscerais estão em movimento constante, como resultado do movimento dos animais, da respiração, da pressão abdominal, bem como da peristalse.

Essas alterações posicionais, assim como o deslizamento de um órgão contra o outro, só são possíveis graças aos fluidos pleurais e peritoneais, produzidos constantemente pela túnica serosa na parede das cavidades corporais e da superfície dos órgãos. As cavidades corporais podem ser comparadas a grandes "cubas" revestidas por serosa, nas quais os órgãos "nadam". Além de formarem e excretarem o fluido seroso, a pleura e o peritônio podem reabsorvê-lo. Esse é um pré-requisito para o equilíbrio fisiológico na mobilidade dos órgãos.

Distúrbios desse equilíbrio podem levar a ascites ("barriga d'água") ou aderências patológicas de órgãos adjacentes, seguidas por disfunção.

7.1.1 Cavidade torácica (*cavum thoracis*)

A cavidade torácica situa-se dentro da **caixa torácica**, com início na abertura torácica cranial (*apertura thoracis cranialis*) e término na saída torácica caudal (*apertura thoracis caudalis*). A **cavidade peitoral** (*cavum pectoris*) é a região da cavidade torácica cranial ao diafragma. Já a região da cavidade torácica caudal ao diafragma é a **parte intratorácica** da cavidade abdominal (▶Fig. 7.1).

A cavidade torácica contém **duas cavidades pleurais** (*cava pleurae*), as quais se situam à esquerda e à direita do mediastino. Cada cavidade envolve cada pulmão (▶Fig. 7.1, ▶Fig. 7.2 e ▶Fig. 7.3) e é revestida com uma **membrana serosa**, a **pleura**. Com início no hilo pulmonar e por meio do ligamento pulmonar, a pleura se prolonga desde a parede torácica até cobrir os pulmões. O diafragma e o mediastino também são revestidos por pleura. A fáscia endotorácica situa-se sob a pleura e se prolonga para dentro do **mediastino**. A pleura divide-se em regiões de acordo com a sua localização (▶Fig. 7.1, ▶Fig. 7.2 e ▶Fig. 7.3):

- **pleura parietal** (*pleura parietalis*) com:
  - **pleura costal** (*pleura costalis*) que reveste a região das costelas;
  - **pleura mediastinal** (*pleura mediastinalis*), com as **pleuras pré-cardíaca**, **pericárdiaca** e **pós-cardíaca**;
  - **pleura diafragmática** (*pleura diaphragmatica*);
- **pleura visceral** (*pleura visceralis*) com:
  - **pleura pulmonar** (*pleura pulmonalis*).

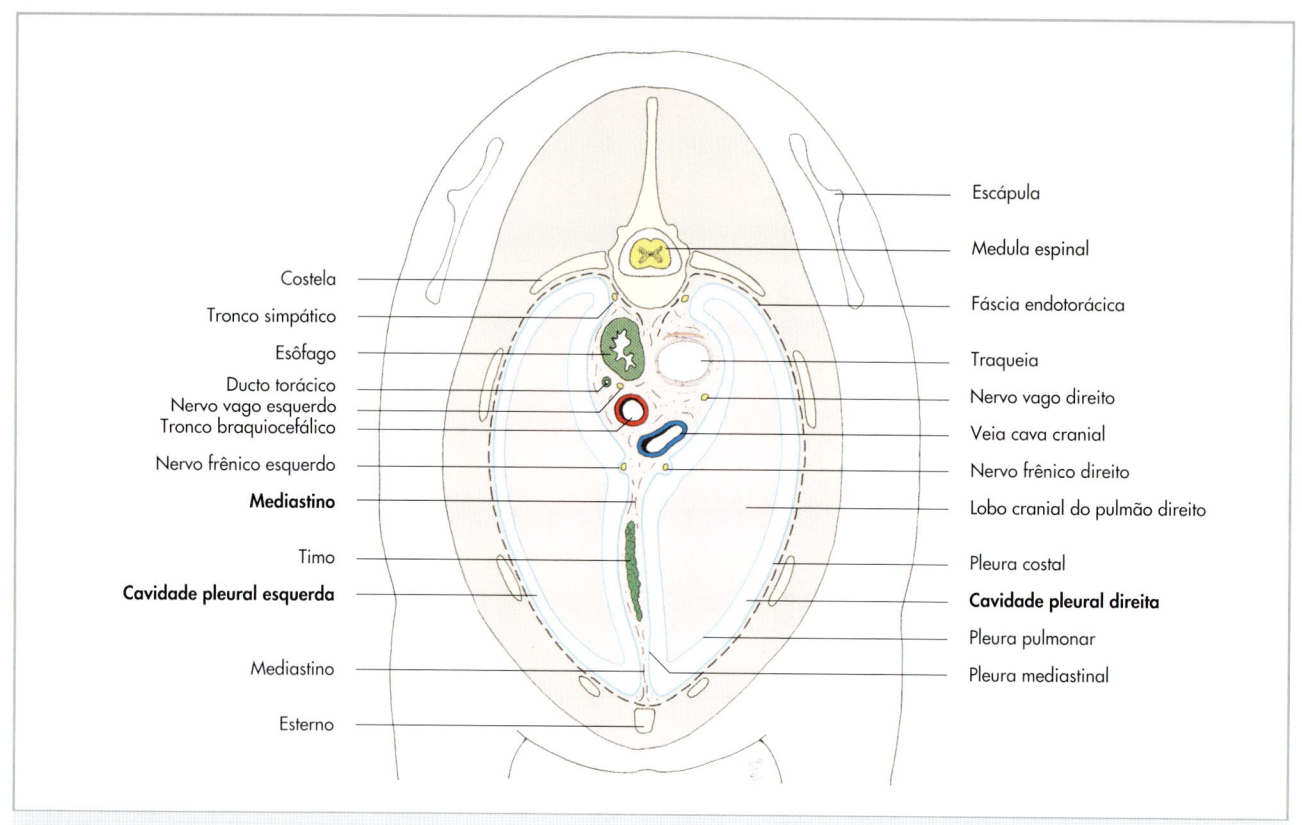

Fig. 7.1 Secção transversal da cavidade pleural de um cão na altura do mediastino cranial (representação esquemática, vista caudal, espaços serosos aumentados).

Legendas da figura:
- Costela
- Tronco simpático
- Esôfago
- Ducto torácico
- Nervo vago esquerdo
- Tronco braquiocefálico
- Nervo frênico esquerdo
- **Mediastino**
- Timo
- **Cavidade pleural esquerda**
- Mediastino
- Esterno
- Escápula
- Medula espinal
- Fáscia endotorácica
- Traqueia
- Nervo vago direito
- Veia cava cranial
- Nervo frênico direito
- Lobo cranial do pulmão direito
- Pleura costal
- **Cavidade pleural direita**
- Pleura pulmonar
- Pleura mediastinal

A cavidade torácica contém os seguintes nichos ou espaços:
- recesso mediastinal (*recessus mediastinales*);
- recesso costodiafragmático (*recessus costodisphragmaticus*, ▶Fig. 7.11);
- cúpula pleural (*cupula pleurae*).

O **recesso mediastinal** (*recessus mediastini*) limita-se cranialmente com o pericárdio, caudalmente com o diafragma, no lado direito com a veia cava caudal e seu mesentério, e no lado esquerdo com o mediastino (▶Fig. 7.10). Na margem entre a pleura costal e a pleura diafragmática, está o **recesso costodiafragmático** (*recessus costodiaphragmaticus*), espaço preenchido pelos pulmões durante a inspiração. Cada pleura dos lados direito e esquerdo termina cranialmente em um saco abobadado, a **cúpula pleural** (*cupula pleurae*), que, nos carnívoros e nos ruminantes, se projeta de um a dois dedos além da abertura torácica cranial na direção cranial.

Mediastino (*mediastinum*)

O mediastino é o espaço situado entre as pleuras mediastinais esquerda e direita (▶Fig. 7.1, ▶Fig. 7.2 e ▶Fig. 7.3).

Ele pode ser dividido em **três partes**:
- mediastino cranial ou pré-cardíaco (*mediastinum craniale*);
- mediastino médio ou cardíaco (*mediastinum medium seu cardiale*);
- mediastino caudal ou pós-cardíaco (*mediastinum caudale*).

O **mediastino cranial** (*mediastinum craniale*; ▶Fig. 7.12 e ▶Fig. 7.13) se inicia na entrada do tórax (*apertura thoracis cranialis*; ▶Fig. 7.1). A vascularização e a inervação passam pelo mediastino cranial desde a cavidade torácica até a cabeça e os constituintes craniais, bem como até a parede cranial da cavidade:
- tronco braquiocefálico (*truncus brachiocephalicus*);
- artéria e veia subclávias esquerda e direita (*a. et v. subclavia sinistra et dextra*);
- troncos costocervicais esquerdo e direito (*truncus costocervicalis sinister et dexter*);
- segmento caudal das artérias vertebrais (*aa. vertebrales*);
- tronco bicarotídeo (*truncus bicaroticus*);
- artéria e veia torácicas internas esquerda e direita (*a. et v. thoracica interna sinistra et dextra*);
- veia cava cranial (*v. cava cranialis*);
- troncos simpáticos esquerdo e direito (*truncus sympathicus sinister et dexter*);
- gânglios estrelados ou cervicotorácicos (*ganglion stellatum* ou *cervicothoracicum sinistrum et dextrum*);
- nervos vagos esquerdo e direito (*n. vagus sinister et dexter*);
- nervos frênicos esquerdo e direito (*n. phrenicus sinister et dexter*);
- nervos laríngeos caudais ou recorrentes esquerdo e direito (*n. laryngeus caudalis* ou *recurrens sinister et dexter*);
- ducto torácico (*ductus thoracicus*, que também pode ser observado no lado esquerdo);
- corpo dos troncos jugulares (*trunci jugulares*).

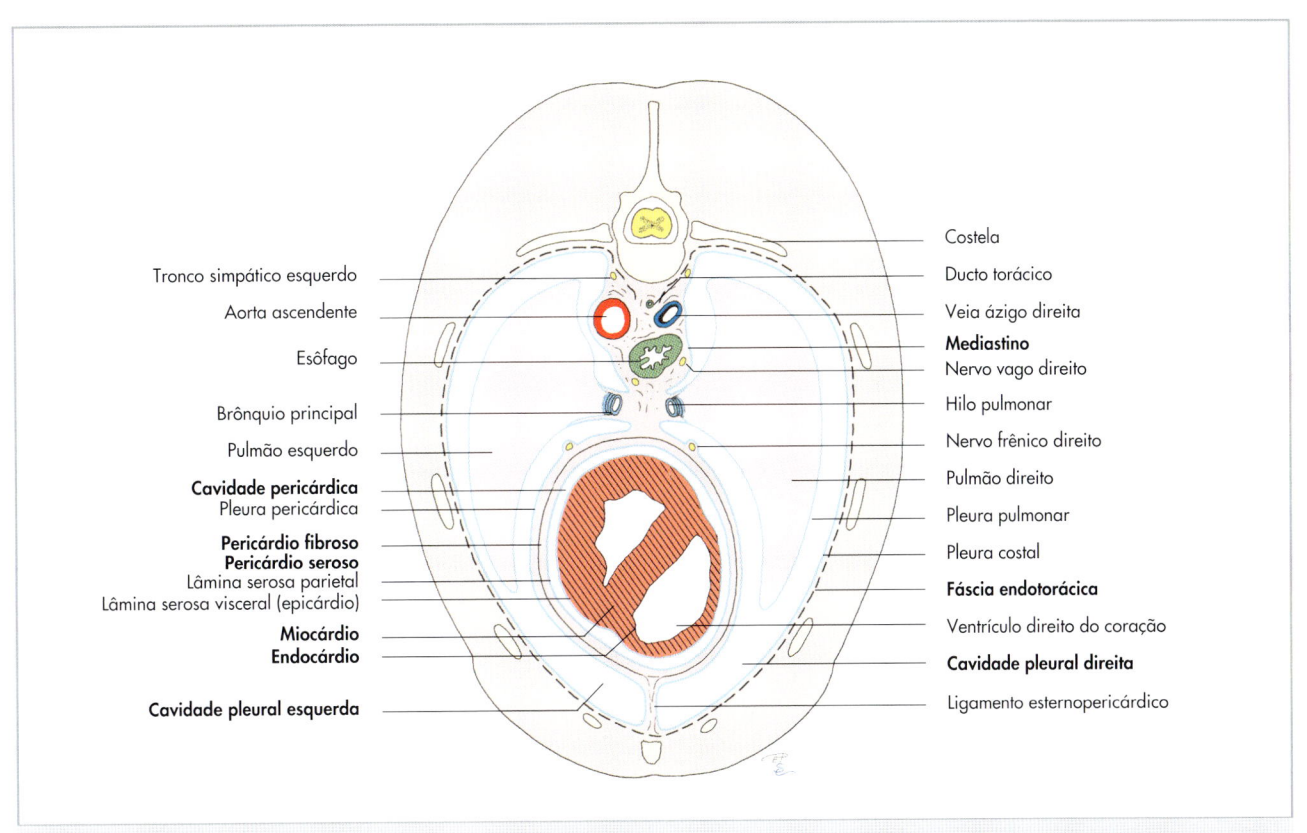

Fig. 7.2 Secção transversal da cavidade pleural de um cão na altura do mediastino médio (representação esquemática, vista caudal, espaços serosos aumentados).

No mediastino cranial, o músculo longo do pescoço (*m. longus colli*) segue ao longo das superfícies ventrais das primeiras cinco a seis primeiras vértebras torácicas, onde também se localizam os nervos, os vasos linfáticos, as veias, a **traqueia** e o **esôfago** (▶Fig. 7.1, ▶Fig. 7.2 e ▶Fig. 7.3). Em animais jovens, o **timo** também é encontrado no mediastino cranial.

O **mediastino médio** ou **cardíaco** (*mediastinum medium seu cardiale*) contém o coração no **pericárdio**, os grandes vasos sanguíneos na **base do coração**, o **ducto torácico**, o **esôfago** e a **traqueia** (▶Fig. 7.2 e ▶Fig. 7.10). No quinto espaço intercostal, a traqueia se bifurca nos **dois brônquios principais** (*bifurcatio tracheae*). Apenas no suíno e nos ruminantes há um brônquio extra, o **brônquio traqueal**, que se destaca do lado direito da traqueia antes da bifurcação. Como mencionado, o **timo** situa-se no mesmo local em animais jovens. Os seguintes suprimentos vasculares e tratos nervosos cruzam o **mediastino médio** (▶Fig. 7.2):

- aorta ascendente (*aorta ascendens*) com arco aórtico (*arcus aorticus*);
- tronco pulmonar (*truncus pulmonalis*);
- veias pulmonares (*vv. pulmonales*);
- tronco da veia ázigo (*v. azygos*);
- extremidades das veias cavas cranial e caudal (*v. cava cranialis et caudalis*);
- tronco broncoesofágico (*truncus bronchooesophageus*);
- artéria e veia torácicas internas direita e esquerda (*a. et v. thoracica interna dextra et sinistra*);
- ducto torácico (*ductus thoracicus*);
- troncos simpáticos direito e esquerdo (*truncus sympathicus dexter et sinister*);
- nervos vagos direito e esquerdo (*n. vagus dexter et sinister*);
- nervo laríngeo recorrente ou caudal esquerdo (*n. laryngeus caudalis* ou *recurrens sinister*);
- nervos frênicos direito e esquerdo (*n. phrenicus dexter et sinister*).

O **mediastino caudal** ou **pós-cardíaco** (*mediastinum caudale*) se expande entre o coração e o diafragma (▶Fig. 7.3). A aorta corre através do segmento dorsal do mediastino caudal em seu caminho até o diafragma. Ventralmente à aorta, encontra-se o esôfago, acompanhado pelos **troncos dorsal** e **ventral do nervo vago**. O **nervo frênico esquerdo** passa próximo ao mediastino no trajeto até o diafragma.

Os lobos pulmonares caudais se fixam ao mediastino caudal e ao diafragma por meio do **ligamento pulmonar** (*ligamentum pulmonale*; ▶Fig. 7.8 e ▶Fig. 7.10). Em equinos e cães desnutridos, o mediastino caudal apresenta-se fenestrado. No ligamento pulmonar direito, encontra-se a **cavidade mediastinal serosa**, denominada **bolsa infracardíaca** (espaço de Sussdorf; ▶Fig. 7.10), a qual se desenvolve durante a diferenciação fetal a partir do recesso pneumoentérico cranial na cavidade toracoabdominal primordial única. Com o desenvolvimento do diafragma a partir do septo transverso perpendicular e o seu crescimento subsequente em direção à parede da cavidade dorsal, a parte cranial da bolsa intracardíaca é separada da cavidade abdominal. A região cranial desse espaço permanece na cavidade torácica por toda a vida e é revestida com peritônio (*cavum mediastini serosum*; ou bolsa infracardíaca). Essa região é ampla no gato, no cão e no suíno.

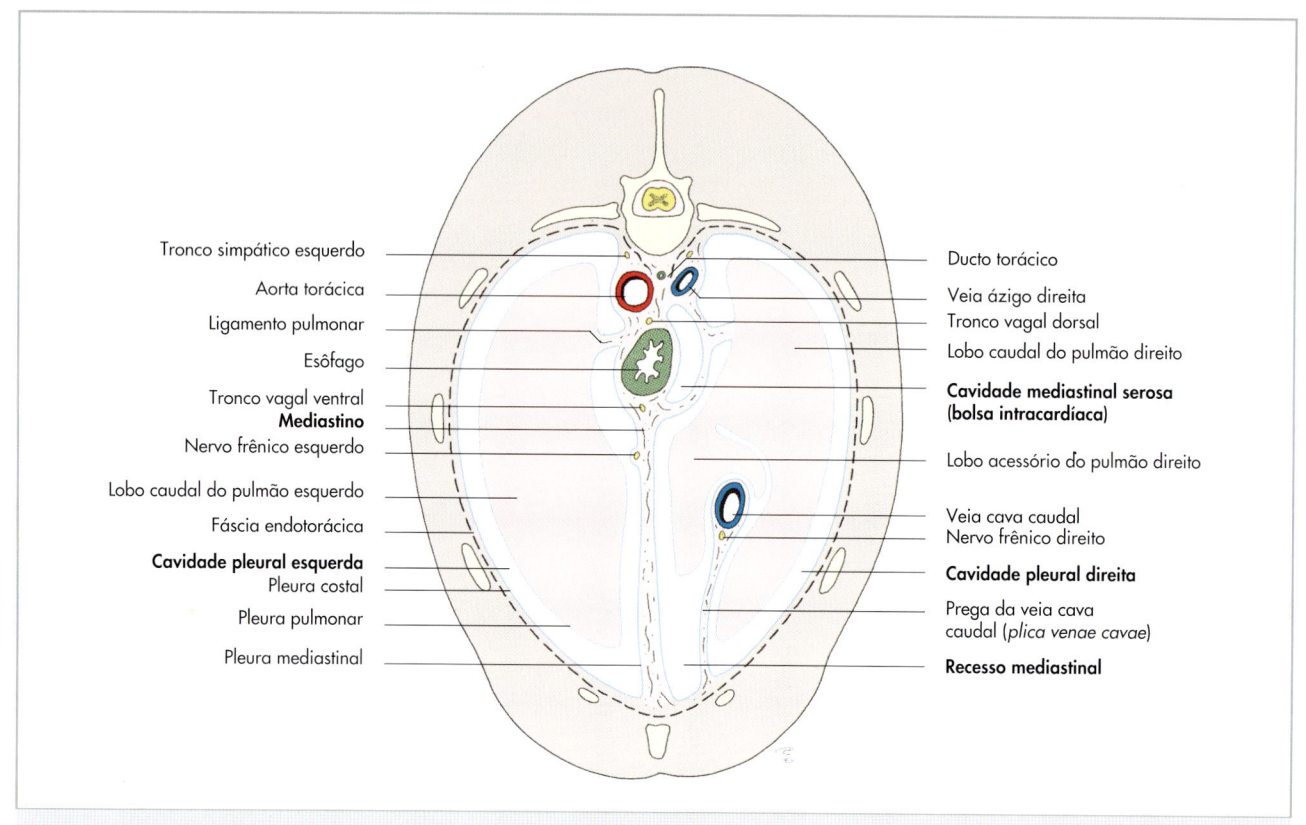

Fig. 7.3 Secção transversal da cavidade pleural de um cão na altura do mediastino caudal (representação esquemática, vista caudal, espaços serosos aumentados).

Rótulos da figura:
- Tronco simpático esquerdo
- Aorta torácica
- Ligamento pulmonar
- Esôfago
- Tronco vagal ventral
- **Mediastino**
- Nervo frênico esquerdo
- Lobo caudal do pulmão esquerdo
- Fáscia endotorácica
- **Cavidade pleural esquerda**
- Pleura costal
- Pleura pulmonar
- Pleura mediastinal
- Ducto torácico
- Veia ázigo direita
- Tronco vagal dorsal
- Lobo caudal do pulmão direito
- **Cavidade mediastinal serosa (bolsa intracardíaca)**
- Lobo acessório do pulmão direito
- Veia cava caudal
- Nervo frênico direito
- **Cavidade pleural direita**
- Prega da veia cava caudal (*plica venae cavae*)
- **Recesso mediastinal**

A **veia cava caudal** corre para a direita do mediastino caudal, suspensa em seu próprio mesentério, a **prega da veia cava** (*plica venae cavae*), acompanhada pelo **nervo frênico direito** (▶Fig. 7.10). A prega de veia cava ajuda a formar um recesso revestido de serosa, o **recesso mediastinal** (*recessus mediastini*), o qual é ocupado pelo lobo acessório do pulmão direito. Em carnívoros e no suíno, apenas uma parte do lobo acessório está contida nesse recesso, ao passo que em ruminantes e no equino o recesso é ocupado por todo o lobo acessório.

Os seguintes vasos e nervos atravessam o **mediastino caudal**:
- aorta torácica (*aorta thoracica*);
- veia ázigo (*v. azygos*);
- troncos simpáticos direito e esquerdo (*truncus sympathicus sinistre et dexter*);
- nervos esplâncnicos maior e menor direito e esquerdo (*n. splanchnicus major et minor sinister et dexter*);
- ducto torácico (*ductus thoracicus*);
- troncos vagais dorsal e ventral (*truncus vagalis dorsalis et ventralis*);
- nervo frênico esquerdo (*n. phrenicus sinister*; o nervo frênico direito corre dentro da prega da veia cava);
- veia cava caudal para a direita do mediastino;
- artérias torácicas internas direita e esquerda (*a. thoracica interna sinistra et dextra*).

Linfonodos mediastinais

Os linfonodos mediastinais pertencem ao **centro linfático mediastinal**. Os linfonodos incluem os **linfonodos mediastinais craniais** (*lymphonodi mediastinales craniales*), os **linfonodos mediastinais médios** (*lymphonodi mediastinales medii*), acima da base do coração, e os **linfonodos mediastinais caudais** (*lymphonodi mediastinales caudales*). Os linfonodos mediastinais inexistem no cão e no gato. No bovino, esses linfonodos formam estruturas substanciais, localizadas entre a aorta e o esôfago. O edema desses linfonodos pode comprimir o lúmen do esôfago. O **linfocentro brônquico** situa-se no hilo do pulmão e é composto dos linfonodos traqueobronquiais direito, esquerdo e central (*lymphonodi tracheobronchales dextri, sinistri et medii*). Espécies com o brônquio traqueal adicional, os ruminantes e os suínos também apresentam **linfonodos traqueobronquiais craniais** (*lymphonodi tracheobronchales craniales*) adjacentes a esse brônquio (para mais informações, ver Capítulo 9, "Sistema respiratório", p. 397).

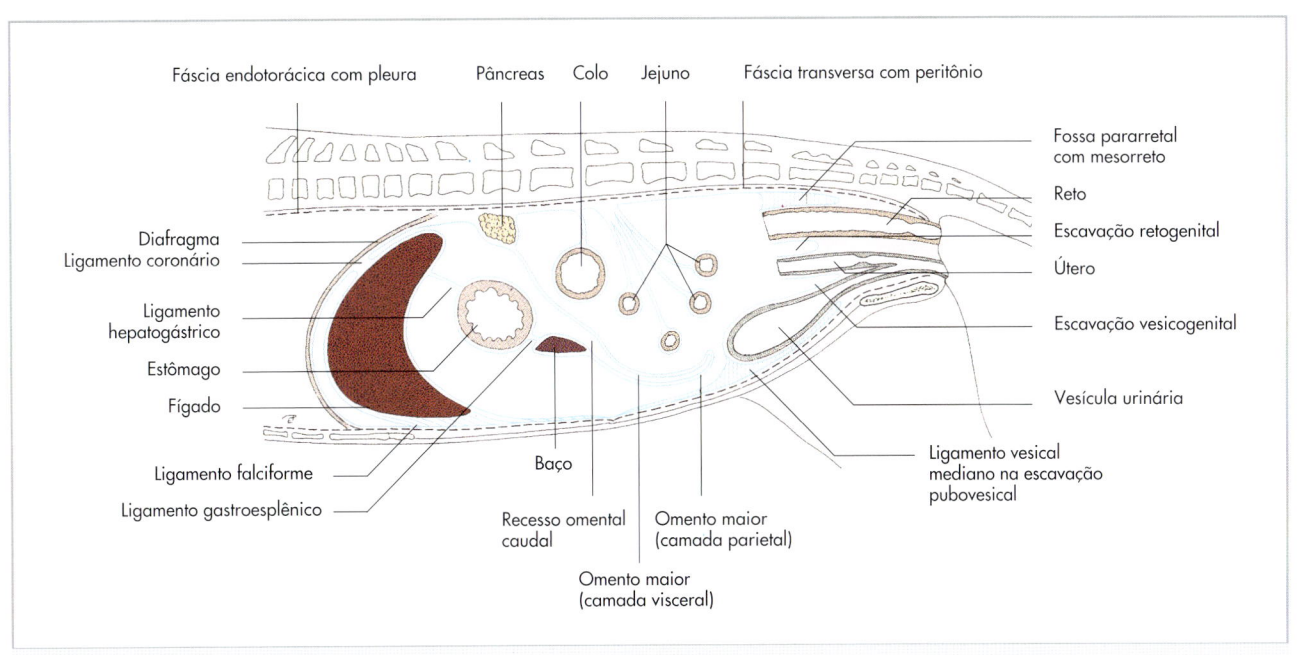

Fig. 7.4 Ilustração do peritônio nas cavidades abdominal e pélvica de um gato (representação esquemática, secção mediana).

7.1.2 Cavidades abdominal e pélvica (*cavum abdominalis et pelvis*)

A cavidade abdominal e a parte cranial da cavidade pélvica são revestidas com **peritônio**. O peritônio forma um saco, constituindo a **cavidade peritoneal** (*cavum peritonei*). Externamente ao peritônio, há a ampla **fáscia torácica interna** (*fascia trunci interna*). As cavidades abdominal e pélvica estão conectadas por uma ampla abertura (▶Fig. 7.4). O limite entre as duas está definido pela tênue **linha terminal da pelve** (*linea terminalis*). O limite cranial da cavidade abdominal é o **diafragma**, embora a parte intratorácica da cavidade abdominal tenha um grande alcance na cavidade formada pela caixa torácica (*cavum thoracis*). A cavidade peritoneal se comunica com a cavidade pleural por meio de **três aberturas no diafragma**:

- **hiato aórtico** (*hiatus aorticus*), localizado ventralmente às vértebras entre os pilares direito e esquerdo do diafragma;
- **hiato esofágico** (*hiatus oesophageus*), localizado entre os ramos do pilar diafragmático direito, onde os troncos do nervo vago também cruzam pelo diafragma;
- **forame da veia cava** (*foramen venae cavae*), localizado na cúpula do diafragma no centro tendíneo (*centrum tendineum*; ▶Fig. 3.17).

A parte da veia cava que cruza o diafragma está firmemente fixada ao centro tendíneo. Em contrapartida, a aorta e o esôfago passam através do diafragma, cercados por tecido conjuntivo frouxo. O vaso linfático central das cavidades abdominal e pélvica, o **ducto torácico** (*ductus thoracicus*), acompanha a aorta através do diafragma. No início do ducto torácico, a **cisterna do quilo** (*cisterna chyli*) situa-se entre os dois pilares diafragmáticos. Os **troncos simpáticos direito** e **esquerdo**, acompanhados pelo **nervo esplâncnico maior** e pelo **nervo esplâncnico menor**, passam da cavidade torácica para a cavidade abdominal pelo arco lombocostal, o qual se situa dorsalmente aos dois pilares.

No feto, a parede abdominal ventral é perfurada na linha mediana pelo **cordão umbilical**. Durante o desenvolvimento fetal, é possível que ocorra uma **hérnia umbilical fisiológica**, na qual segmentos ventrais dos intestinos entram no anel umbilical e, desse modo, deixam a cavidade corporal do feto (cavidade do celoma). O anel umbilical se fecha nos primeiros dias após o nascimento e forma o **umbigo** (*umbilicus* ou *omphalos*). Durante o período em que o umbigo permanece aberto, o recém-nascido é suscetível a infecções ascendentes pela artéria umbilical, pela veia umbilical ou pelo úraco.

Nos machos e, frequentemente, em cadelas, o peritônio e a fáscia interna do tronco se projetam através do canal inguinal, formando uma bolsa, o **processo vaginal** (*processus vaginalis*). O processo vaginal envolve os testículos, nos machos, e o ligamento redondo do útero (*ligamentum teres uteri*), nas cadelas. O ligamento redondo do útero é o equivalente embrionário do gubernáculo dos testículos. A cavidade peritoneal é completamente fechada nos machos. Nas fêmeas, essa cavidade se comunica com o meio externo por meio das aberturas das tubas uterinas e do sistema genital. A cavidade peritoneal contém muitas bolsas (▶Fig. 7.4 e ▶Fig. 7.18):

- processo vaginal (*processus vaginalis peritonei*);
- escavação pubovesical (*excavatio pubovesicalis*);
- escavação vesicogenital (*excavatio vesicogenitalis*);
- escavação retogenital (*excavatio rectogenitalis*), com as fossas pararretais esquerda e direita.

A bolsa infracardíaca (*cavum mediastini serosum*), localizada no mediastino, é revestida com peritônio e foi separada deste durante a formação do diafragma.

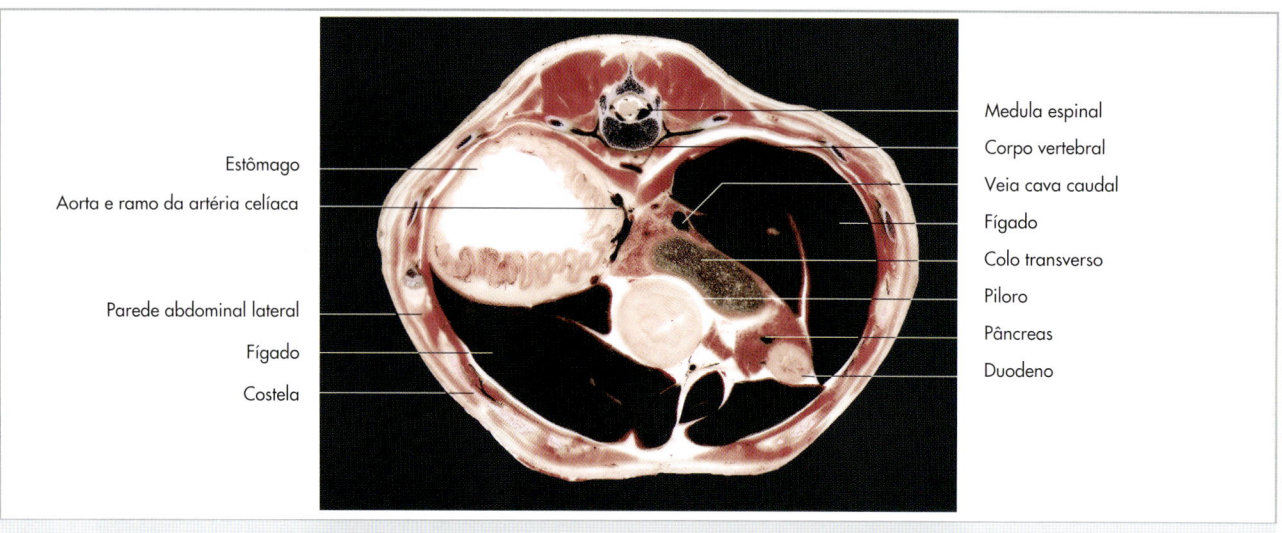

Fig. 7.5 Secção transversal da parte intratorácica da cavidade abdominal de um cão (plastinação em corte E-12). (Fonte: cortesia do Dr. M.-C. Sora, Viena.)

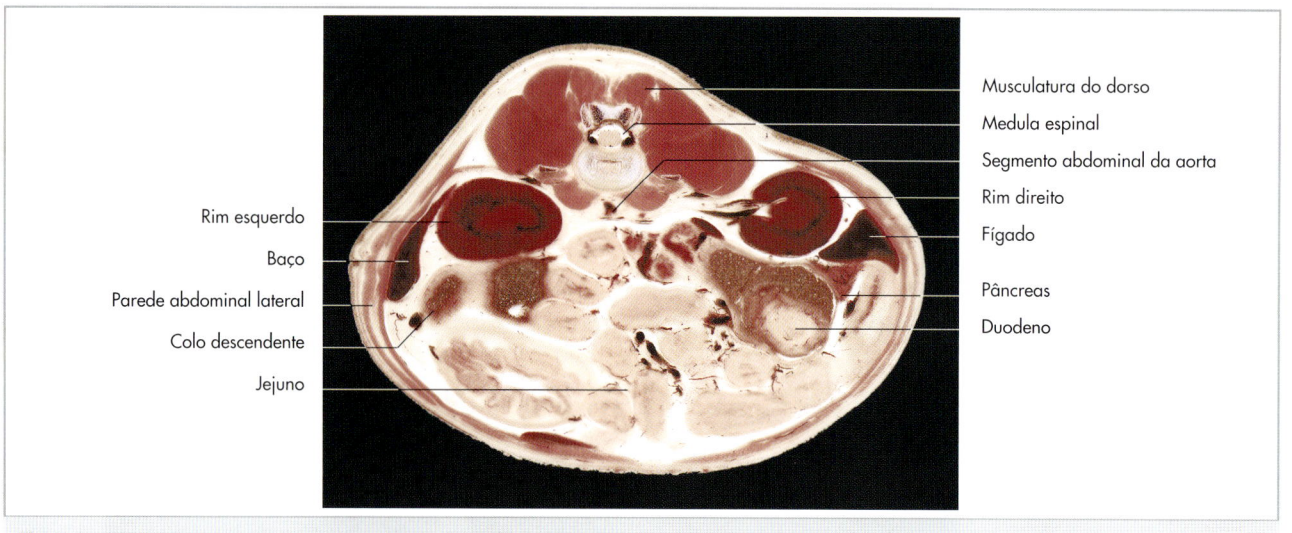

Fig. 7.6 Secção transversal através da cavidade abdominal de um cão (plastinação em corte E-12). (Fonte: cortesia do Dr. M.-C. Sora, Viena.)

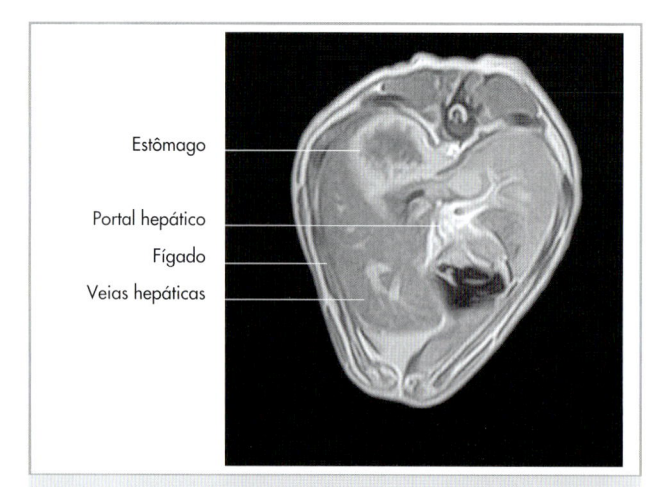

Fig. 7.7 Imagem de ressonância magnética da cavidade abdominal cranial de um cão (secção transversal). (Fonte: cortesia da Dra. Isa Foltin, Regensburg.)

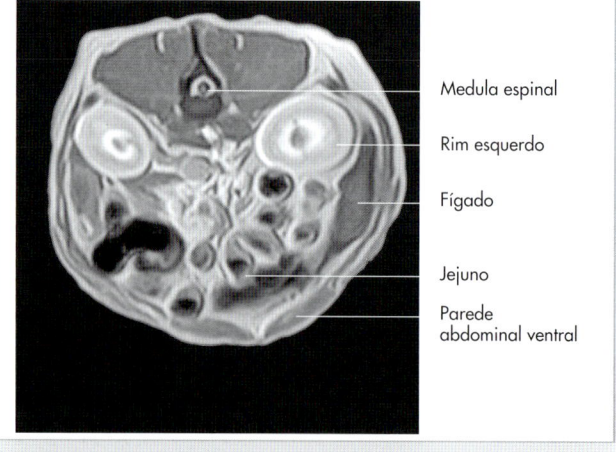

Fig. 7.8 Imagem de ressonância magnética da cavidade abdominal caudal de um cão (secção transversal). (Fonte: cortesia da Dra. Isa Foltin, Regensburg.)

A Raiz cranial do mesentério (*radix mesenterii*)
B Artéria mesentérica cranial no mesentério dorsal
C Artéria mesentérica caudal
D Anel umbilical com ducto onfalomesentérico e artéria onfalomesentérica

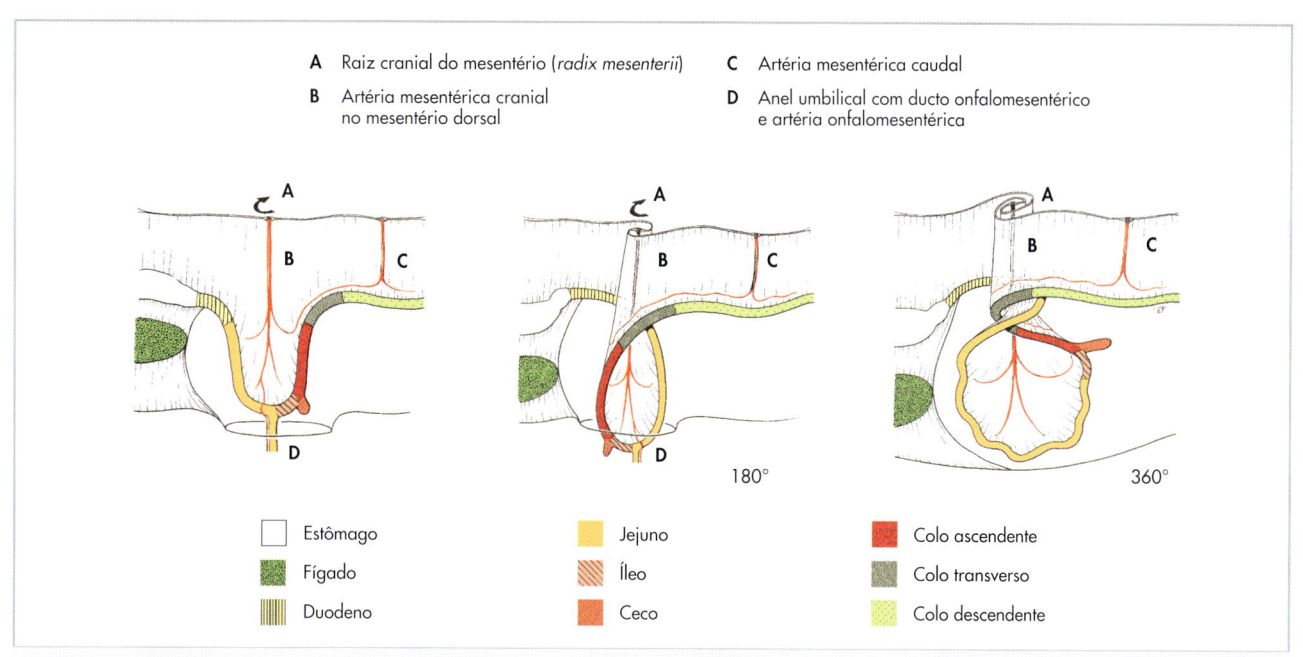

- Estômago
- Fígado
- Duodeno
- Jejuno
- Íleo
- Ceco
- Colo ascendente
- Colo transverso
- Colo descendente

Fig. 7.9 Rotação do intestino durante o desenvolvimento fetal (representação esquemática).

Cavidade peritoneal (*cavum peritonei*)

A **cavidade peritoneal** contém todo o trato gastrointestinal (estômago, intestino delgado e intestino grosso), exceto pelos segmentos retroperitoneais do reto e do ânus. Essa cavidade também inclui o fígado, o pâncreas, o baço e uma grande parte do trato urogenital (▶Fig. 7.6). Os órgãos são revestidos com peritônio (**camada visceral**), o qual está conectado por meio de uma camada dupla de membrana serosa no revestimento da cavidade, a **camada parietal do peritônio**. A membrana serosa de duas camadas é o mesentério dorsal, que contém vasos, nervos, estruturas linfáticas, bem como os tecidos adiposo e conjuntivo (ver a seguir). Conforme a sua localização na cavidade peritoneal, os órgãos são classificados como:
- intraperitoneais (p. ex., estômago, intestinos, fígado; ▶Fig. 7.5 e ▶Fig. 7.7);
- retroperitoneais (p. ex., rins, glândulas suprarrenais).

Como mencionado, as membranas serosas de parede dupla que fixam os órgãos à parede da cavidade peritoneal são denominadas **mesentérios**, as quais conduzem os vasos sanguíneos, os vasos linfáticos e os nervos até os órgãos. Os mesentérios, ligamentos e/ou pregas dos órgãos são descritos aqui juntamente ao órgão individual. Os segmentos individuais dos mesentérios auxiliam na orientação dentro da cavidade peritoneal e na identificação de determinados órgãos. A organização dos mesentérios do trato gastrointestinal pode ser deduzida a partir de seu desenvolvimento embrionário. Durante o desenvolvimento, o intestino primordial é um tubo reto, fixado ao longo de toda a sua extensão pelo **mesentério dorsal** (*mesenterium dorsale*) até o teto do tronco embrionário. Um **mesentério ventral** (*mesenterium ventrale*) está presente apenas no estômago e no primeiro segmento do intestino delgado, terminando na altura do **ducto colédoco** (*ductus choledochus*). O intestino embrionário cresce em extensão, causando o alongamento do mesentério dorsal, em cujo centro se situa a **artéria mesentérica cranial** (▶Fig. 7.9). O crescimento do intestino é acompanhado por uma rotação de 360° dos intestinos ao redor da artéria mesentérica cranial (*a. mesenterica cranialis*). Os órgãos nas extremidades do trato gastrointestinal atingem as suas posições finais na cavidade abdominal (▶Fig. 7.9), e a artéria mesentérica cranial se torna a **raiz do mesentério** (*radix mesenterii*) cranial (para uma descrição detalhada desse processo, consulte uma obra sobre embriologia).

Em grandes herbívoros, as partes mais pesadas e volumosas do sistema digestório (p. ex., intestino grosso do equino) são suspensas por mesentérios curtos que estão parcialmente fusionados à parede abdominal dorsal por meio de tecido conjuntivo denso. Isso reduz consideravelmente o peso das convoluções intestinais preenchidas, que, de outra forma, repousariam na parede abdominal ventral. O peso do saco dorsal do rúmen e do baço dos ruminantes também é reduzido por fusões de tecido conjuntivo com a parede abdominal dorsal.

Cavidade pélvica (*cavum pelvis*)

A cavidade pélvica faz limite com o sacro, com um número de vértebras caudais que varia com as espécies, e com dois ossos pélvicos, os quais se encontram ventralmente na sínfise pélvica. Essas estruturas formam um anel ósseo, o qual, por sua vez, é envolvido pelos músculos femorais e do quadril. Os músculos do cíngulo pélvico se estendem dorsal e lateralmente para dentro da cavidade pélvica.

A **entrada pélvica** (*apertura pelvis cranialis*) está limitada pela **linha terminal** (*linea terminalis*) em todas as espécies domésticas. A cavidade pélvica termina ventralmente em todas as espécies domésticas no **arco isquiático** (*arcus ischiadicus*), porém termina dorsalmente nas vértebras caudais cujo número varia conforme a espécie. O **diafragma pélvico** (*diaphragma pelvis*) fecha a **saída pélvica** (*apertura pelvis caudalis*). Em carnívoros, suínos e pequenos ruminantes, a circunferência da saída pélvica pode aumentar, devido à motilidade das vértebras caudais, o que é importante para as fêmeas durante o parto. O reto e o ânus (▶Fig. 7.4 e ▶Fig. 7.14),

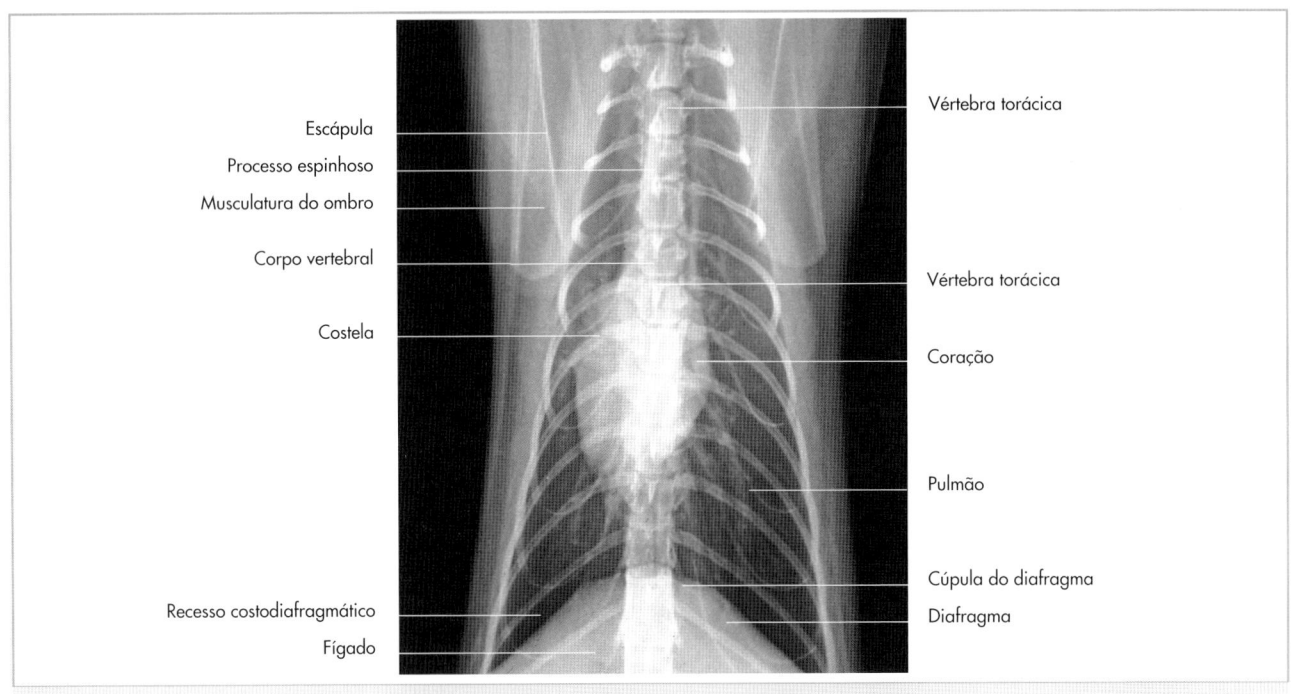

Fig. 7.10 Radiografia torácica de um gato (vista dorsoventral). (Fonte: cortesia do Prof. Dr. Ulrike Matis, Munique.)

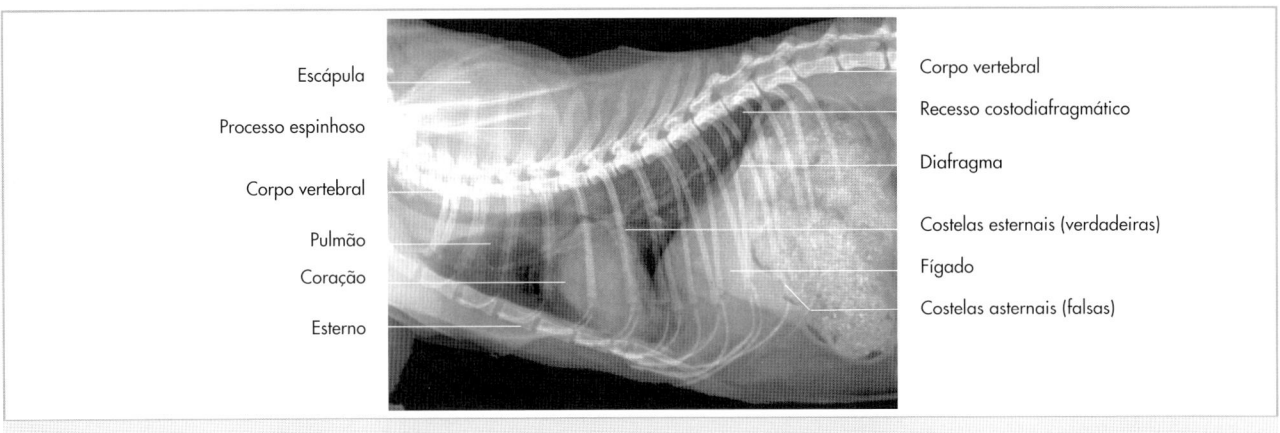

Fig. 7.11 Radiografia torácica de um gato (vista laterolateral). (Fonte: cortesia do Prof. Dr. Ulrike Matis, Munique.)

juntamente à vesícula urinária e a partes do trato urogenital localizadas de modo caudal à bexiga, estão dentro da **cavidade pélvica** (▶Fig. 7.16). Nas fêmeas, a uretra, o corpo do útero, o colo do útero, a vagina e seu vestíbulo estão todos nesse mesmo local. Já nos machos, o segmento pélvico da uretra, o ducto deferente e as glândulas genitais acessórias estão na cavidade pélvica.

A parte cranial da cavidade pélvica é revestida com **peritônio** e, portanto, recebe a denominação de parte peritoneal da cavidade pélvica. Aqui, o peritônio forma múltiplas bolsas caudais, as **escavações** (*excavationes*; ▶Fig. 7.15 e ▶Fig. 7.18).

A vesícula urinária apresenta **dois ligamentos vesicais laterais** (*ligamenta vesicae lateralia*), sendo que cada um deles contém os vestígios de uma **artéria umbilical**, ou **ligamento vesical redondo** (*ligamentum teres vesicae*). A vesícula urinária está fixa à parede ventral pelo ligamento vesical mediano. Os mesentérios do sistema genital feminino que sustentam os dois ovários e o útero são partes da **prega genital**, da qual se desenvolve o **ligamento largo do útero** (*ligamentum latum uteri*). Os órgãos caudais às escavações peritoneais se localizam na parte retroperitoneal da cavidade pélvica (▶Fig. 7.17). Essa região termina caudalmente no **diafragma pélvico**, que compreende músculos e fáscias e fecha a saída pélvica. O diafragma pélvico é constituído por:
- músculos coccígeos pares e músculos levantadores do ânus (*mm. coccygei et levatores ani*);
- fáscias externa e interna (*fascia externa et interna*) do diafragma pélvico;
- músculo esfíncter externo do ânus (*m. sphincter ani externus*);
- músculo bulboesponjoso (*m. bulbospongiosus*);
- músculo isquiocavernoso (*m. ischiocavernosus*);
- músculo esfíncter da uretra (*m. sphincter urethrae*).

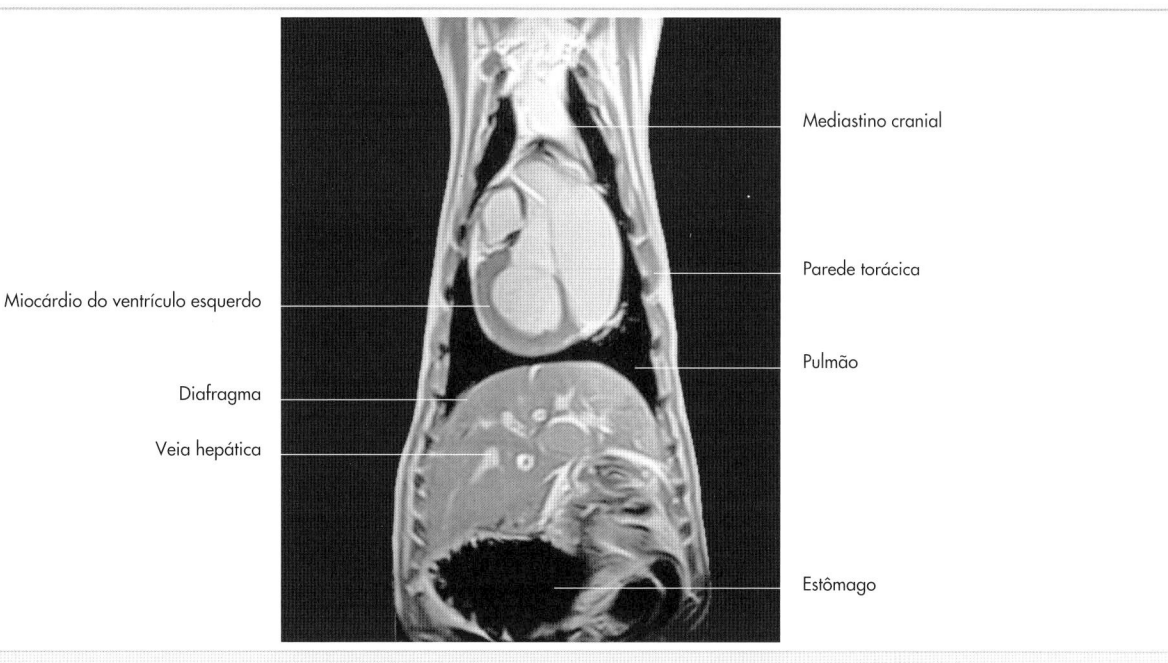

Fig. 7.12 Imagem de ressonância magnética do tórax de um cão, incluindo a parte intratorácica da cavidade abdominal (secção coronal). (Fonte: cortesia da Drª. Isa Foltin, Regensburg.)

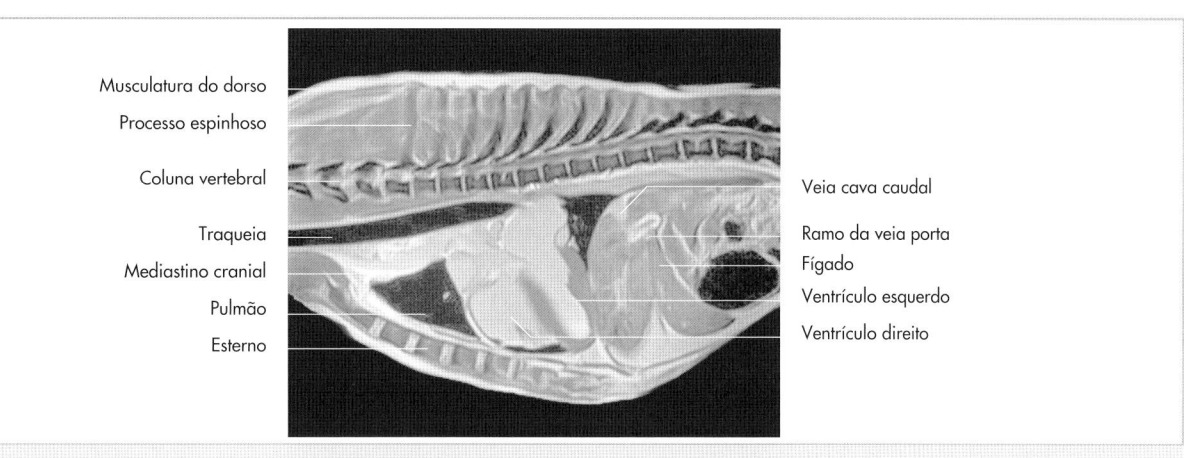

Fig. 7.13 Imagem de ressonância magnética do tórax de um cão, incluindo a cavidade abdominal cranial (secção sagital). (Fonte: cortesia da Drª. Isa Foltin, Regensburg.)

O ânus e o final do canal urogenital perfuram o diafragma pélvico e fazem limite com os músculos pares levantadores do ânus.

A região entre a base da cauda e o escroto nos machos e entre a base da cauda e a vulva nas fêmeas é denominada região perineal (*regio perinealis*). Nela, está situado o períneo, um segmento fibromuscular de pele entre o ânus e a vulva. A inversão abrupta na direção do peritônio na margem para o espaço retroperitoneal leva ao desenvolvimento das escavações (*excavationes*) em forma de balão, mencionadas anteriormente (▶Fig. 7.4 e ▶Fig. 7.18):
- escavação retogenital (*excavatio rectogenitalis*);
- escavação vesicogenital (*excavatio vesicogenitalis*);
- escavação pubovesical (*excavatio pubovesicalis*).

A **escavação pubovesical** (*excavatio pubovesicalis*) é separada em dois recessos pelo ligamento vesical mediano (*ligamentum vesicae medianum*). O resquício do úraco é contido nesse ligamento. Nos machos, a **escavação retogenital** é conectada por uma abertura ampla à **escavação vesicogenital**. Dorsolateralmente a partir do reto, localizam-se os dois recessos pararretais (*fossae pararectales*), um em cada lado do mesentério retal (*mesorectum*).

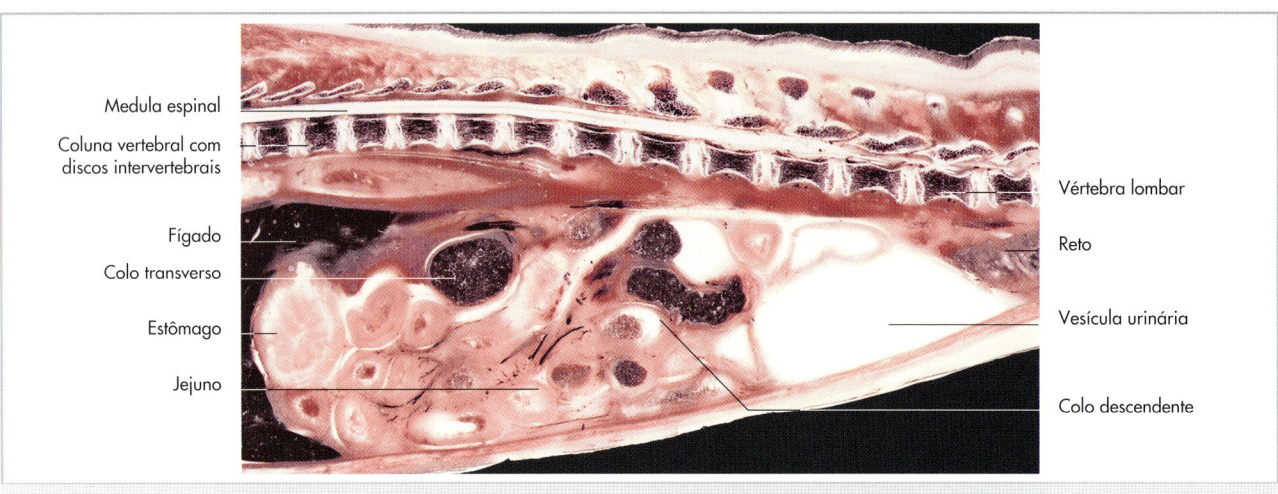

Fig. 7.14 Secção sagital através das cavidades abdominal e pélvica de um cão (plastinação em corte E-12). (Fonte: cortesia do Dr. M.-C. Sora, Viena.)

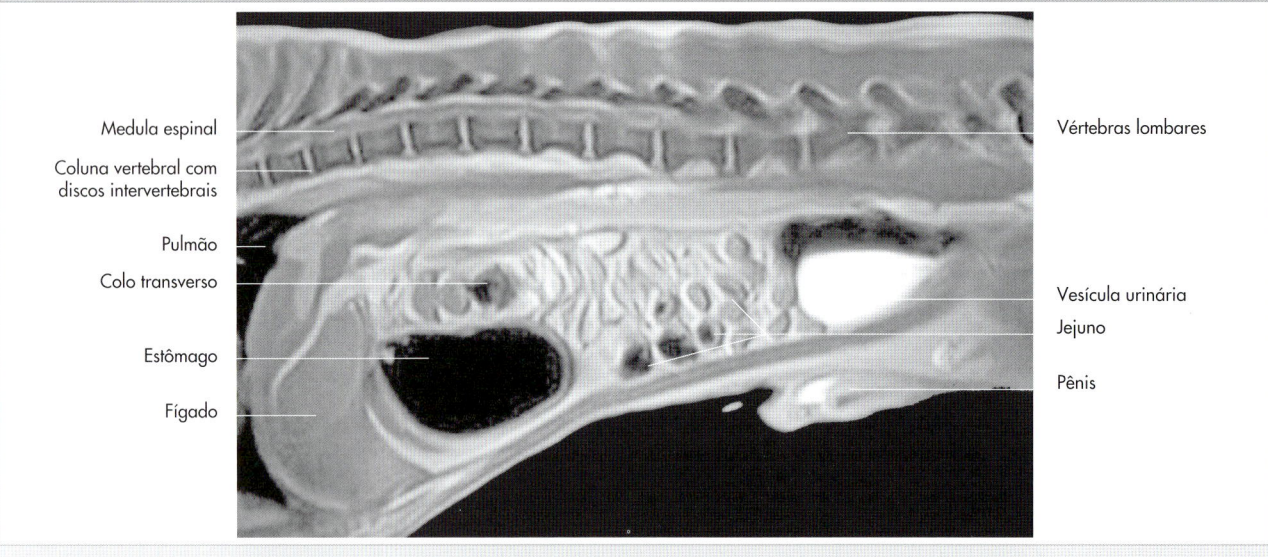

Labels: Medula espinal; Coluna vertebral com discos intervertebrais; Fígado; Colo transverso; Estômago; Jejuno; Vértebra lombar; Reto; Vesícula urinária; Colo descendente

Fig. 7.15 Imagem de ressonância magnética de uma secção sagital através das cavidades abdominal e pélvica de um cão. (Fonte: cortesia da Drª. Isa Foltin, Regensburg.)

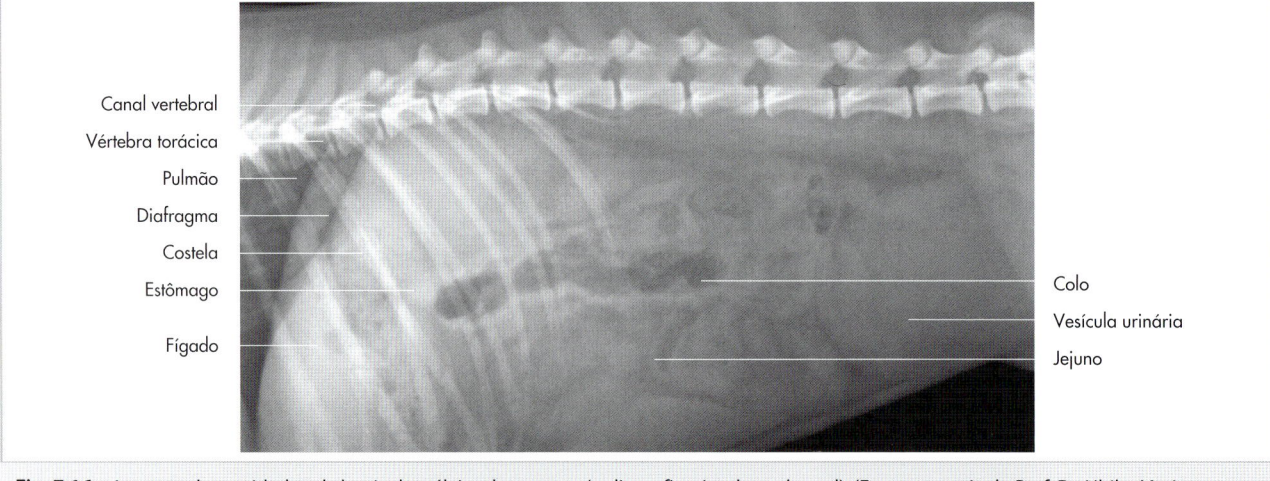

Labels: Medula espinal; Coluna vertebral com discos intervertebrais; Pulmão; Colo transverso; Estômago; Fígado; Vértebras lombares; Vesícula urinária; Jejuno; Pênis

Fig. 7.16 Imagem das cavidades abdominal e pélvica de um gato (radiografia, vista laterolateral). (Fonte: cortesia do Prof. Dr. Ulrike Matis, Munique.)

Labels: Canal vertebral; Vértebra torácica; Pulmão; Diafragma; Costela; Estômago; Fígado; Colo; Vesícula urinária; Jejuno

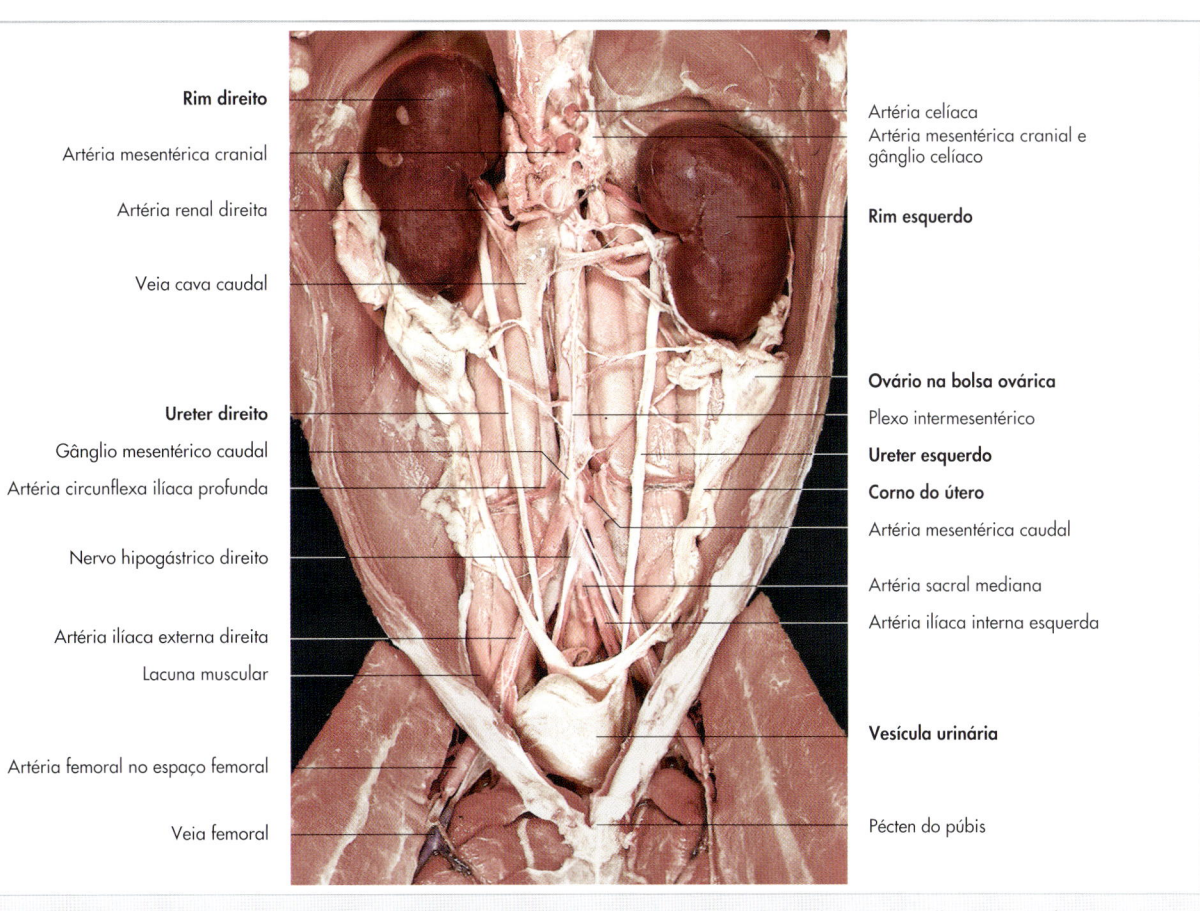

Fig. 7.17 Músculos retroperitoneais, órgãos, vasos e feixes nervosos da parede dorsal das cavidades abdominal e pélvica de uma fêmea canina (vista ventral). (Fonte: cortesia do Dr. R. Macher, Viena.)

Rótulos (esquerda):
- Rim direito
- Artéria mesentérica cranial
- Artéria renal direita
- Veia cava caudal
- Ureter direito
- Gânglio mesentérico caudal
- Artéria circunflexa ilíaca profunda
- Nervo hipogástrico direito
- Artéria ilíaca externa direita
- Lacuna muscular
- Artéria femoral no espaço femoral
- Veia femoral

Rótulos (direita):
- Artéria celíaca
- Artéria mesentérica cranial e gânglio celíaco
- Rim esquerdo
- Ovário na bolsa ovárica
- Plexo intermesentérico
- Ureter esquerdo
- Corno do útero
- Artéria mesentérica caudal
- Artéria sacral mediana
- Artéria ilíaca interna esquerda
- Vesícula urinária
- Pécten do púbis

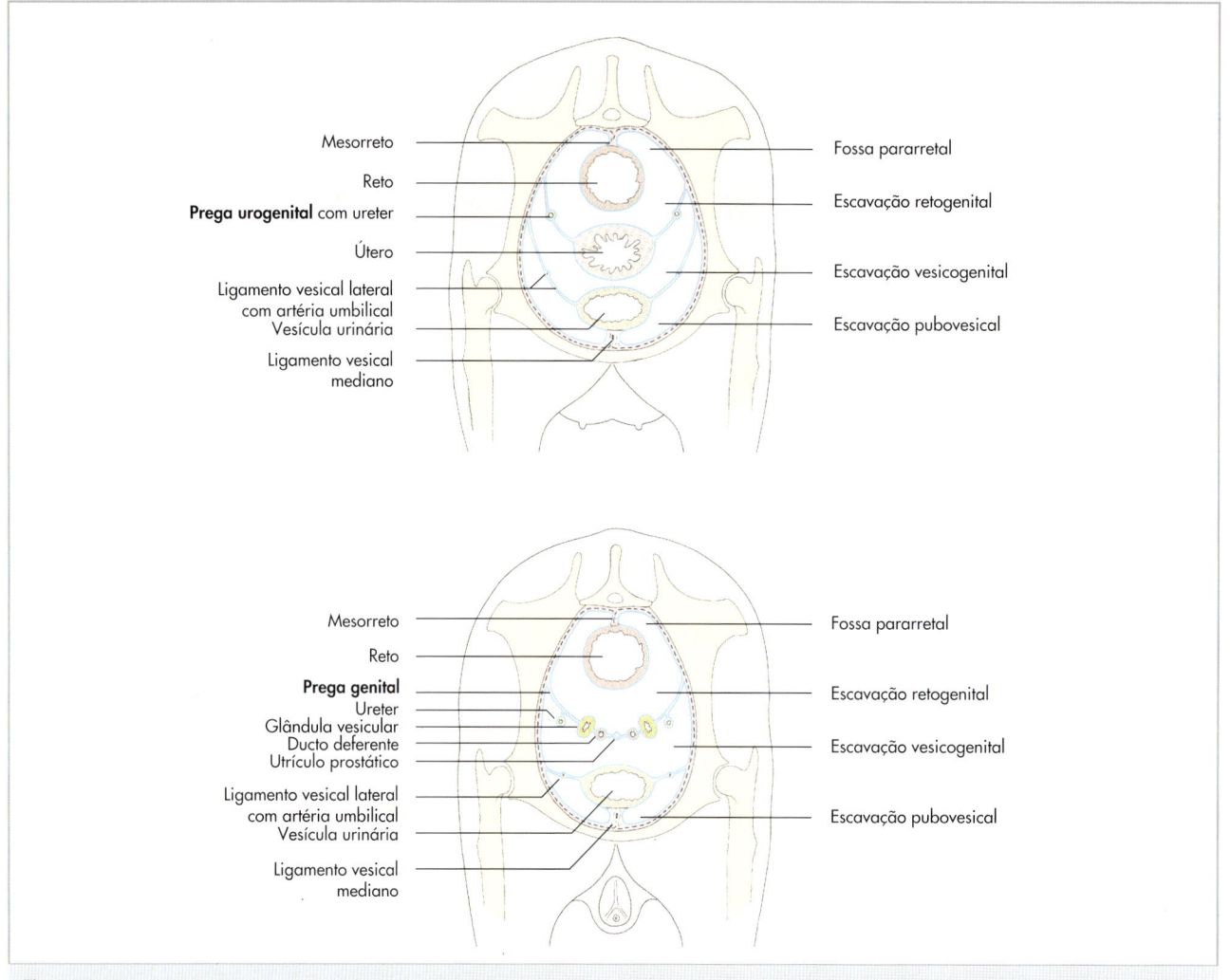

Fig. 7.18 Representação esquemática das escavações peritoneais pélvicas (*excavationes*) em uma fêmea (parte superior) e em um macho (parte inferior).

8 Sistema digestório (*apparatus digestorius*)

H. E. König, P. Sótonyi, H. Schöpper e H.-G. Liebich

O sistema digestório é responsável pelo desdobramento dos alimentos em partículas menores, que possam ser utilizadas para gerar energia, crescimento e renovação celular. Os órgãos que pertencem a esse sistema são capazes de receber alimentos, desdobrá-los química e mecanicamente em componentes moleculares e, então, absorvê-los. Por fim, eles eliminam os resíduos não absorvidos e excretados. As células do sistema digestório são importantes para esse processo e podem apresentar funções hormonais. O tecido nervoso e os vasos sanguíneos e linfáticos desempenham um papel importante na digestão.

O sistema digestório é composto do canal alimentar, que se prolonga desde a boca até o ânus, e inclui glândulas anexas, glândulas salivares, fígado e pâncreas, cujas secreções digestivas penetram o canal alimentar.

O canal alimentar pode ser dividido em **cinco segmentos** (▶Fig. 8.1):
- boca e faringe;
- esôfago e estômago;
- intestino delgado;
- intestino grosso;
- canal anal.

8.1 Boca e faringe

8.1.1 Cavidade oral (*cavum oris*)

As principais funções da cavidade oral são a obtenção e a mastigação dos alimentos. A saliva é secretada no material ingerido para a digestão química. A boca inclui os lábios, a cavidade oral e suas paredes, além das estruturas acessórias situadas em seu interior (língua e dentes) e as que liberam a sua secreção para a cavidade oral (glândulas salivares) (▶Fig. 8.2).

O grau de amplitude da abertura da boca varia conforme a espécie, dependendo dos hábitos alimentares. Em animais que utilizam os dentes para capturar presas, grande parte da boca se abre, ao passo que, em herbívoros e em roedores, uma pequena abertura é o suficiente.

A **cavidade oral** se divide em **vestíbulo** (*vestibulum oris*) e **cavidade oral própria** (*cavum oris proprium*). A cavidade oral própria é o espaço delimitado pelos arcos dentários e limita-se dorsalmente pelo palato duro, ventralmente pela língua e pela mucosa refletida e lateral e rostralmente pelos dentes, pelos arcos dentais e pela gengiva (▶Fig. 8.2 e ▶Fig. 8.13). O vestíbulo pode ser subdividido em **vestíbulo labial** (*vestibulum labiale*), que consiste no espaço entre os dentes e os lábios, e **vestíbulo bucal** (*vestibulum buccale*), que consiste no espaço entre os dentes e as bochechas (▶Fig. 8.3). O vestíbulo se comunica com a cavidade oral própria por meio de espaços interdentais, sendo que o maior deles é a **margem interalveolar** (diastema; *margo interalveolaris*), localizada entre os dentes incisivos e os dentes molares.

A cavidade oral apresenta revestimento mucoso, composto de **epitélio escamoso estratificado** parcialmente **cornificado**, sob o qual se posiciona uma camada de tecido conjuntivo, também denominado tecido conectivo, a submucosa, onde se encontram as **glândulas mistas**. Sobre os processos alveolares da maxila, da mandíbula e do osso incisivo, a mucosa se modifica para formar a **gengiva** (para mais detalhes, consultar obras sobre histologia).

Os **lábios** (*labia oris*) limitam a abertura da boca e formam partes das margens laterais rostrais do vestíbulo. Eles são utilizados para preensão de alimento, comunicação e sucção em recém-nascidos. Em algumas espécies, eles também apresentam pelos táteis. A forma dos lábios é determinada pela dieta e pelos hábitos alimentares. No equino, os lábios são utilizados para coletar

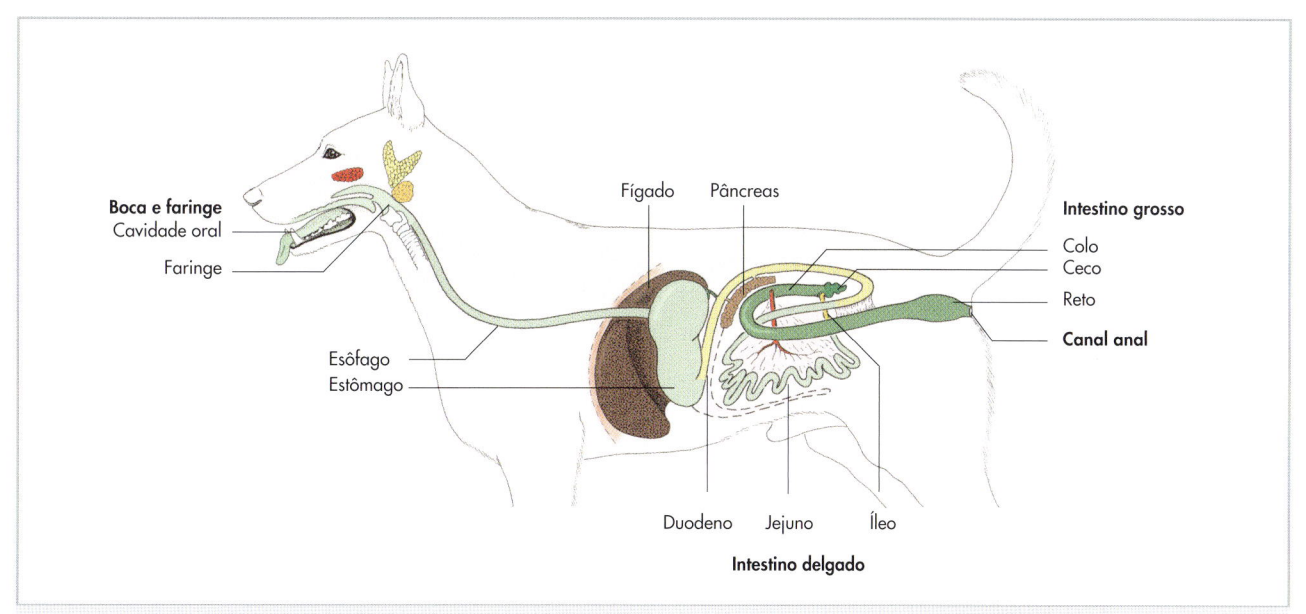

Fig. 8.1 Trato gastrointestinal de um cão (representação esquemática). (Fonte: com base em dados de Dyce, Sack e Wensing, 2002.)

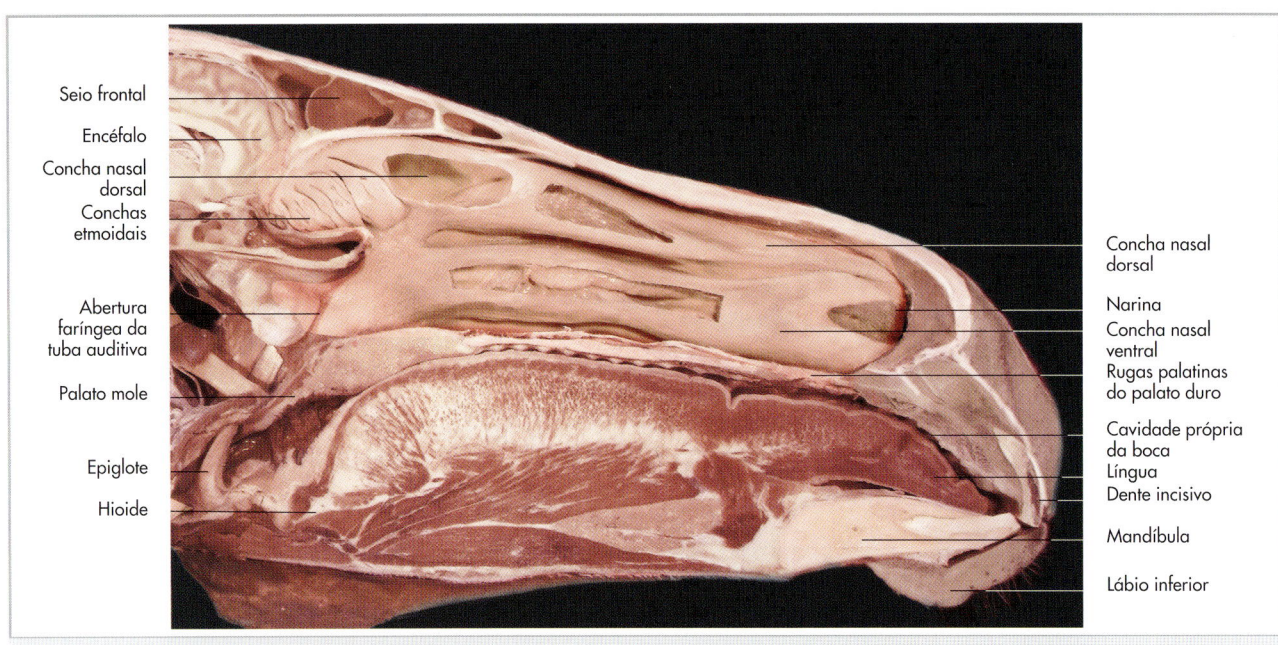

Fig. 8.2 Secção sagital da parte rostral da cabeça de um equino. (Fonte: cortesia do Dr. R. Macher, Viena.)

alimentos e introduzi-los na boca, motivo pelo qual precisam ser sensíveis e móveis. No gato, os dentes e a língua são mais importantes para a preensão, portanto, os lábios são menos móveis e apresentam um tamanho bastante reduzido. Os lábios do cão podem se retrair para mostrar os dentes, sinalizando agressão, um importante fator comunicativo, mas são incapazes de obter alimento. No bovino e no suíno, o lábio superior se modifica para formar o **plano nasolabial** e o **plano rostral**, respectivamente, ambos constituindo extensões úmidas e glandulares. Acredita-se que a insensibilidade dos lábios do bovino, juntamente às papilas orientadas caudalmente no palato e na língua, expliquem a tendência do bovino de engolir corpos estranhos. O lábio superior é dividido por um **sulco mediano** ou **filtro** (*philtrum*) em carnívoros e em pequenos ruminantes.

Os lábios são constituídos de pele, uma camada intermediária de músculos (músculo orbicular, músculos incisivos, entre outros) e de mucosa oral. Os músculos que compõem a maior parte dos lábios pertencem à musculatura da mimética e, portanto, são inervados pelo VII nervo craniano, o **nervo facial**.

A estrutura das **bochechas** (*buccae*) é semelhante à dos lábios. Elas são formadas principalmente pelo músculo bucinador e contêm **glândulas salivares** adicionais (*glandulae buccales*), as quais são agregadas em carnívoros para formar a **glândula salivar zigomática** (*glandula zygomatica*). Uma pequena papila indica a abertura do ducto da glândula parótida na mucosa da bochecha. Em ruminantes, cujos alimentos podem ser ásperos e secos, uma proteção adicional é fornecida por papilas grandes e pontudas, direcionadas caudalmente (▶Fig. 8.9).

8.1.2 Palato (*palatum*)

O palato é composto parcialmente de tecido ósseo e de tecido mole, os quais separam as vias digestória e respiratória da cabeça. O palato duro ósseo posiciona-se rostral ao palato mole membranoso. O **palato duro** (*palatum durum*) é formado pelos processos palatinos da maxila, pelos ossos incisivos e pela lâmina horizontal do osso palatino. O lado oral do palato duro é coberto por uma mucosa espessa e cornificada, atravessada por uma **série de rugas palatinas** (*rugae palatinae*) (▶Fig. 8.3). Em ruminantes, essas rugas concentram **papilas**, direcionadas caudalmente para direcionar o alimento para trás (▶Fig. 8.6). A papila incisiva, uma pequena saliência mediana, localiza-se imediatamente caudal aos dentes incisivos e está cercada em cada lado pelos orifícios dos ductos incisivos, os quais perfuram o palato. Esses ductos se ramificam e se direcionam à cavidade nasal e ao **órgão vomeronasal**, um canal cego revestido por mucosa olfatória. No equino, os ductos incisivos não conectam a cavidade nasal à oral. Nos ruminantes, o pulvino dentário substitui os dentes incisivos superiores das outras espécies domésticas (▶Fig. 8.6). O pulvino atua como par dos dentes incisivos inferiores durante a ingestão de alimentos.

Um tecido denso e intensamente vascularizado sob o epitélio palatino funciona tanto como lâmina própria da mucosa como periósteo do osso, formando uma fixação bem firme. De modo periférico, a mucosa do palato duro se une à mucosa da gengiva. A gengiva é composta por um tecido fibroso denso e pela mucosa intensamente vascularizada, prolongando-se ao redor do colo dos dentes até os alvéolos, onde se une ao periósteo alveolar.

O **palato mole** ou **véu palatino** (*palatum molle* ou *velum palatinum*) prossegue caudalmente desde o palato duro até o óstio intrafaríngeo, cuja margem rostral é formada pela margem caudal do palato mole (*arcus palatopharyngeus*) (▶Fig. 8.3). A face ventral do palato mole é revestida por mucosa oral, a qual forma diversas pregas longitudinais e algumas pregas transversais maiores. A face dorsal é coberta pela mucosa respiratória. A camada intermédia consiste em glândulas salivares muito próximas umas das outras e músculos e suas aponeuroses. Esses músculos são responsáveis pelo movimento ativo do palato mole: o **músculo palatino** encurta o palato, o **músculo tensor** o distende e o **levantador** eleva o palato mole. As membranas mucosas da faringe, o palato mole e os músculos, com exceção do músculo tensor do palato mole, são inervados por um plexo, formado principalmente pelo nervo vago e, em menor grau, pelo nervo glossofaríngeo. O **músculo tensor do véu palatino** é inervado pelo nervo mandibular.

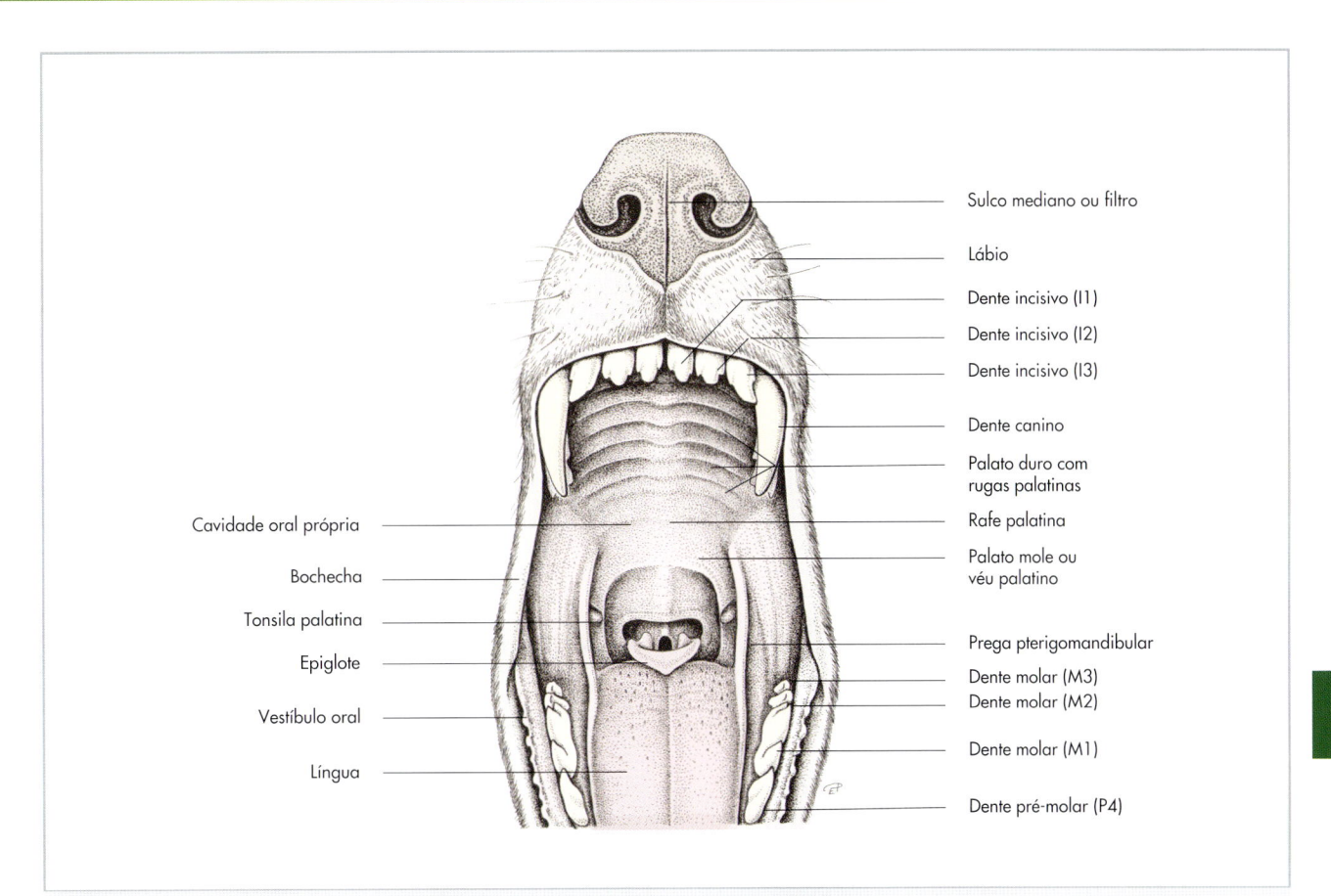

Fig. 8.3 Cavidade oral e faringe de um cão (representação esquemática, vista ventral).

8.1.3 Língua (lingua, glossa)

A língua é constituída primariamente de músculo esquelético e ocupa a maior parte da cavidade oral própria, estendendo-se para a parte oral da faringe. A língua é responsável pela captação de água, pela preensão do alimento, pela manipulação do alimento dentro da boca e pela deglutição. Ela possui receptores para paladar, temperatura e dor. No cão, a língua é utilizada para intensificar a perda de calor pelo ato de ofegar, facilitado pela intensa vascularização e por numerosas anastomoses arteriovenosas, juntamente à ventilação (laringe, traqueia e brônquios do tronco principal) do espaço morto.

A língua apresenta um **ápice** (*apex linguae*), um **corpo** (*corpus linguae*) e uma **raiz** (*radix linguae*; ▶Fig. 8.5) O corpo da língua está unido ao assoalho oral por uma prega mucosa, o **frênulo lingual** (*frenulum linguae*). A face dorsal da língua canina é marcada longitudinalmente por um **sulco mediano** (*sulcus medianus*), do qual se projeta um septo até à língua (▶Fig. 8.4). Em carnívoros, a parte ventral da língua contém um corpo fibroso em forma de bastão, a **lissa**, que se situa no plano mediano, sob a mucosa ventral. Ela se prolonga desde quase a extremidade da língua até a sua raiz, mas não chega até o osso hioide. A lissa está encapsulada em uma bainha espessa de tecido conjuntivo, a qual apresenta tecido adiposo, músculo estriado e, eventualmente, ilhas de cartilagem.

No bovino, a parte caudal da **superfície dorsal da língua** (*dorsum linguae*) se eleva para formar uma grande proeminência, definida (toro lingual) por uma fossa lingual transversal, na qual o alimento pode ficar retido. Essa característica anatômica apresenta um grande potencial para infecções, já que o epitélio dentro da fossa pode ser facilmente lesionado por partículas pontiagudas de alimento (▶Fig. 8.7). A língua do equino é fortalecida por uma cartilagem (*cartilago dorsi linguae*) localizada dentro da parte dorsal da língua (▶Fig. 8.13).

A **mucosa da língua** é forte e firmemente aderida à musculatura subjacente nos aspectos dorsal e lateral, mas se torna mais frouxa e menos queratinizada ventralmente. Grande parte de sua superfície é revestida por uma diversidade de papilas, as quais consistem em modificações locais da mucosa da língua (▶Fig. 8.12). A distribuição, o tamanho, a quantidade e a forma das papilas são características de cada espécie. Com base em suas funções, elas se dividem em **papilas mecânicas** (*papillae mechanicae*), as quais são cornificadas e auxiliam na lambida, ao mesmo tempo que protegem as estruturas mais profundas de lesões, e **papilas gustatórias**, as quais são cobertas por **botões gustatórios** (*papillae gustatoriae*). As **papilas** (▶Fig. 8.8 e ▶Fig. 8.10) estão agrupadas em:

- **papilas mecânicas** (*papillae mechanicae*) com:
  - papilas filiformes (*papillae filiformes*);
  - papilas cônicas (*papillae conicae*);
  - papilas marginais (*papillae marginales*);
- **papilas gustatórias** (*papillae gustatoriae*) com:
  - papilas fungiformes (*papillae fungiformes*);
  - papilas circunvaladas (*papillae vallatae*; ▶Fig. 8.11);
  - papilas folhadas (*papillae foliatae*).

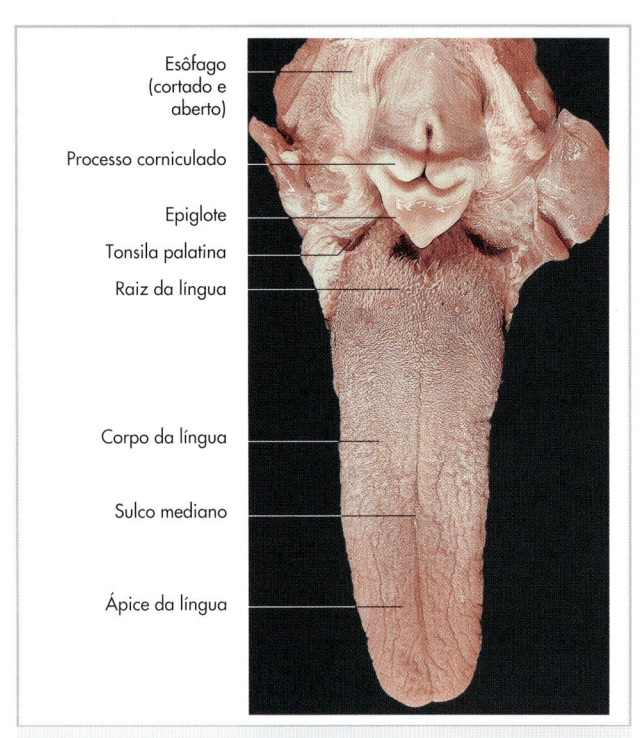

Fig. 8.4 Língua e faringe de um cão (vista dorsal).

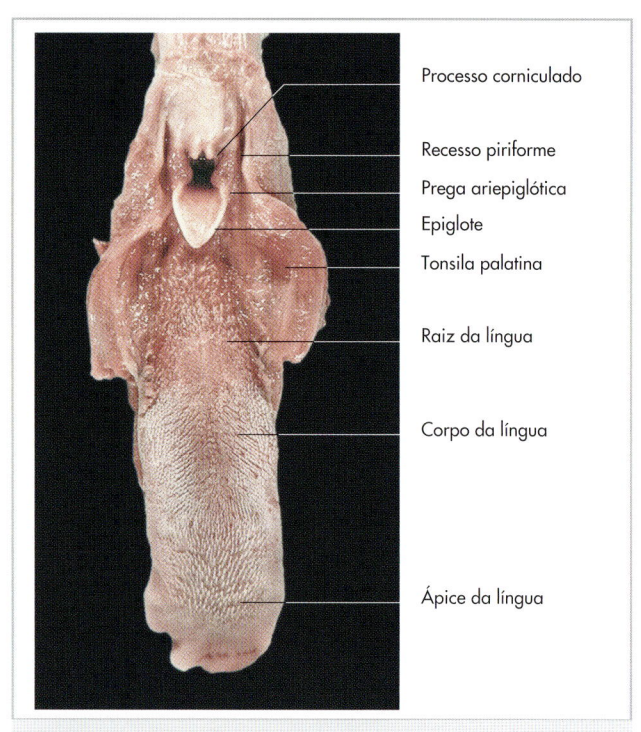

Labels: Esôfago (cortado e aberto); Processo corniculado; Epiglote; Tonsila palatina; Raiz da língua; Corpo da língua; Sulco mediano; Ápice da língua.

Fig. 8.5 Língua e faringe de um gato (vista dorsal).

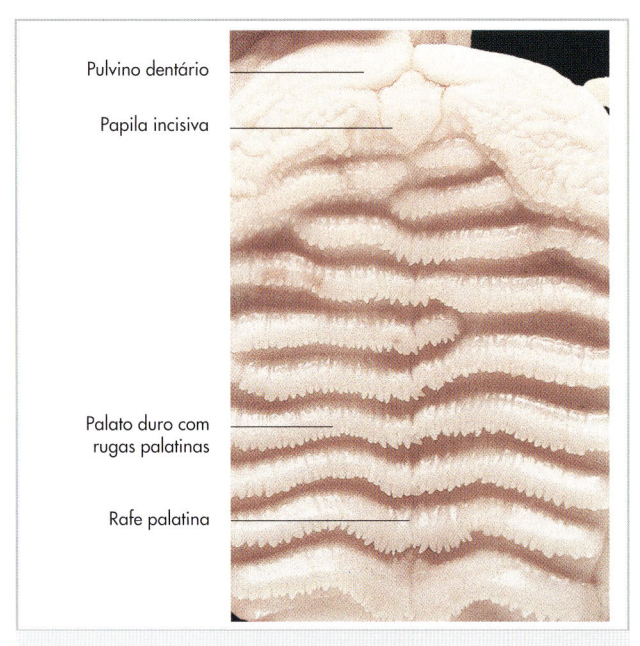

Labels: Processo corniculado; Recesso piriforme; Prega ariepiglótica; Epiglote; Tonsila palatina; Raiz da língua; Corpo da língua; Ápice da língua.

Fig. 8.6 Teto da cavidade oral de um bovino.

Labels: Pulvino dentário; Papila incisiva; Palato duro com rugas palatinas; Rafe palatina.

As **papilas mecânicas** são mais numerosas que as papilas gustatórias. As **papilas filiformes** são as menores e mais numerosas de todas. As **papilas cônicas** são maiores, mas ocorrem com menos frequência. Elas estão espalhadas amplamente sobre a superfície dorsal da língua dos gatos e na base da língua do bovino, deixando a sua superfície áspera, característica dessas espécies. As **papilas marginais** estão presentes em carnívoros recém-nascidos e em leitões e auxiliam na sucção.

O epitélio das **papilas gustatórias** contém **botões gustatórios**, os quais são sensíveis ao sabor. Os nomes dessas papilas indicam a sua forma: papilas fungiformes, circunvaladas e folhadas. Há poucas glândulas salivares situadas próximas a essas papilas, as quais removem partículas de alimento das papilas, deixando-as disponíveis para a entrada de novo material alimentar na boca. Uma descrição mais detalhada das papilas da língua pode ser encontrada em obras sobre histologia. A ampla mobilidade da língua, que a torna capaz de executar movimentos complexos e precisos, é alcançada mediante uma construção muscular especial. A **musculatura da língua** (*mm. linguae*) se divide nos grupos intrínseco e extrínseco.

A **musculatura intrínseca da língua** (*m. lingualis proprius*) é composta por vários feixes que se dispõem longitudinal, transversal e verticalmente sem se fixar ao aparelho hioide (▶Fig. 8.13). Eles se classificam conforme a sua orientação em:
- fibras longitudinais superficiais e profundas (*fibrae longitudinales superficiales et profundae*);
- fibras transversais (*fibrae transversae*);
- fibras perpendiculares (*fibrae perpendiculares*).

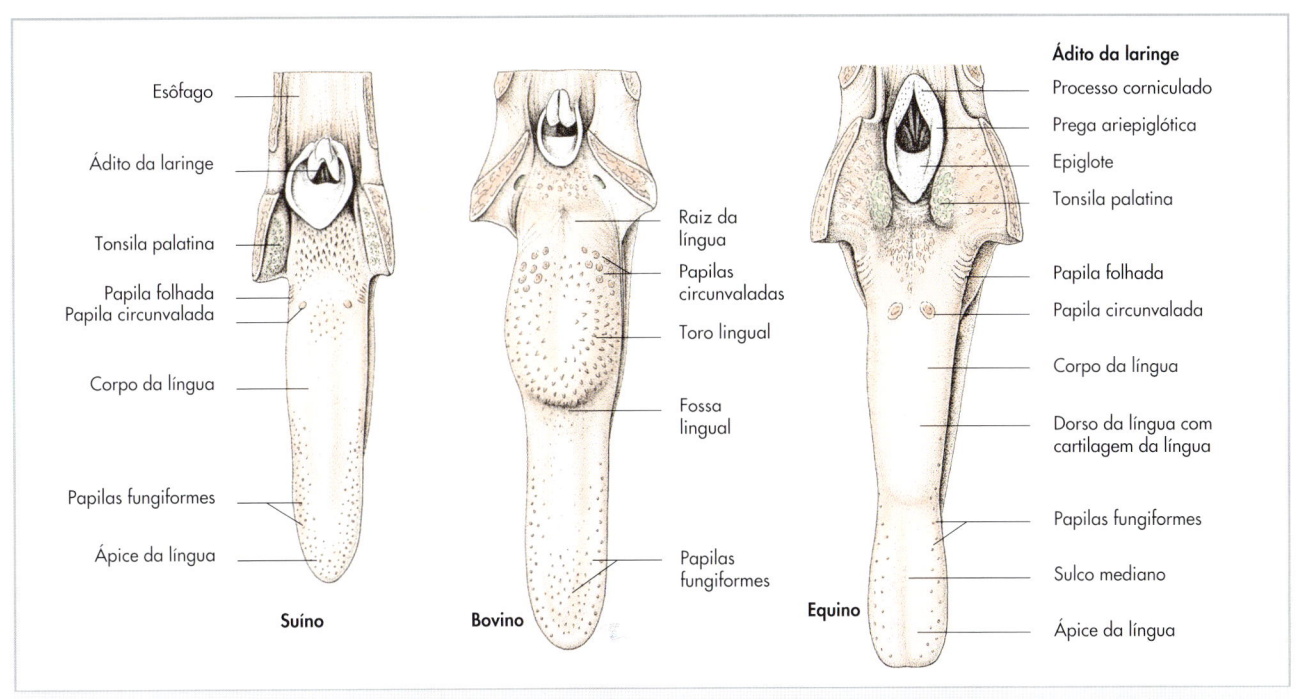

Fig. 8.7 Língua, faringe e esôfago (secção no plano mediano) de um suíno, um bovino e um equino (representação esquemática, vista dorsal).

Há três pares de músculos extrínsecos com origem óssea que se irradiam na língua (▶Fig. 8.13). A primeira parte da denominação indica o osso do qual esses músculos se originam. Eles estão dispostos paralelamente um ao outro e seguem a seguinte ordem, de lateral para medial:
- músculo estiloglosso (*m. styloglossus*);
- músculo hioglosso (*m. hyoglossus*);
- músculo genioglosso (*m. genioglossus*).

O **músculo milo-hióideo** (*m. mylohyoideus*) suspende a língua entre os corpos mandibulares e é importante para a indução de deglutição. Algumas obras incluem o músculo genio-hióideo nesse grupo de musculatura, já que ele move o osso hioide e, portanto, a língua rostralmente (▶Fig. 8.13).

A **vascularização** da língua ocorre principalmente por meio da artéria lingual, complementada pela artéria sublingual par, sendo que ambas se originam do tronco linguofacial (ruminantes e equinos). Elas projetam numerosos ramos em direção à face dorsal da língua e se subdividem em diversos ramos menores dentro da mucosa. A veia sublingual tem importância prática, já que é facilmente visível na face ventral da língua e pode ser acessada para venipunctura na prática clínica.

A **inervação** da língua é complexa e envolve **cinco nervos cranianos**:
- ramo lingual do nervo mandibular (um ramo do nervo trigêmeo);
- nervo corda do tímpano, ramo do nervo intermédio facial;
- nervo glossofaríngeo;
- nervo vago;
- nervo hipoglosso.

O **nervo lingual**, um ramo do nervo trigêmeo, inerva os dois terços rostrais da língua, sendo responsável pelas sensações tátil, dolorosa e térmica. O nervo **corda do tímpano**, um ramo do nervo facial, inerva fibras mecânicas e quimiorreceptoras para toda a língua, bem como algumas fibras de paladar. As **fibras parassimpáticas** do nervo corda do tímpano formam sinapses no **gânglio mandibular**. O terço caudal da língua é inervado pelo ramo lingual do **nervo glossofaríngeo** da língua, que supre as fibras gustatórias dessa área. A raiz da língua recebe inervação adicional de ramos do **nervo vago**. O **nervo hipoglosso** contém as fibras motoras somáticas gerais e inerva a musculatura da língua. Lesões nesse nervo resultam em **paralisia da língua**. Observa-se esse sinal clínico após um trauma na cabeça ou uma complicação ocasionada pela **doença da bolsa gutural** (**divertículo da tuba auditiva**) no equino.

8.1.4 Assoalho sublingual da cavidade oral

Com exceção da inserção da língua na cavidade oral, a área sublingual não apresenta maiores características. A maior área se prolonga rostralmente ao frênulo lingual, caudal aos dentes incisivos, e recebe a denominação de **parte pré-frenular** do assoalho sublingual. Os dois **recessos sublinguais laterais** (*recessus sublinguales laterales*) se prolongam entre a língua e a mandíbula nas duas laterais. Rostral ao frênulo, situam-se duas projeções, as **carúnculas sublinguais** (*carunculae sublinguales*), as quais apresentam aberturas comuns do ducto mandibular, que drena a glândula salivar mandibular, e do ducto sublingual maior, que drena a glândula salivar sublingual monostomática. Esta última está ausente no equino. As carúnculas são relativamente grandes em ruminantes,

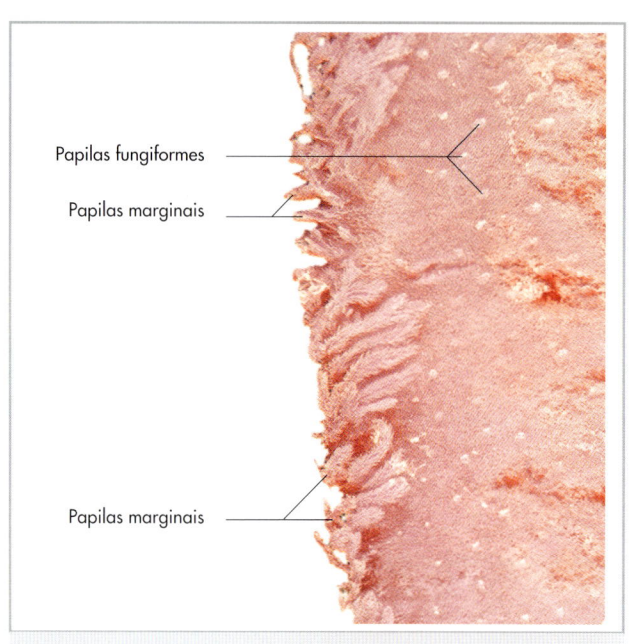

Fig. 8.8 Papilas na face dorsal da língua de um suíno jovem.

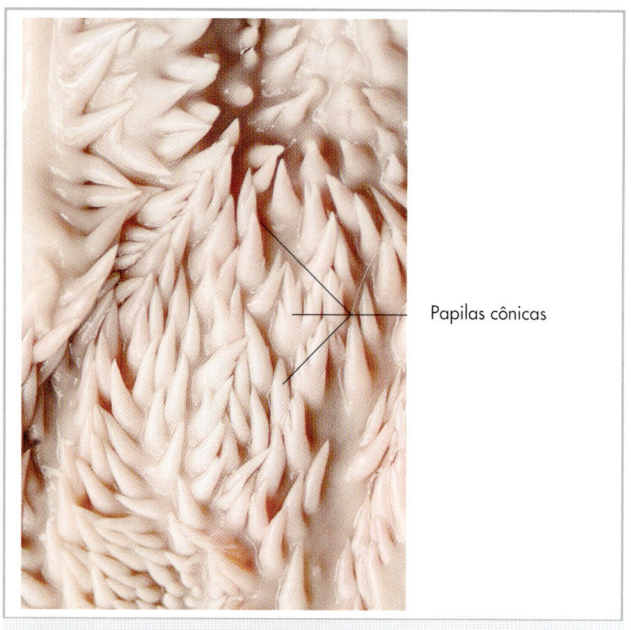

Fig. 8.9 Papilas cônicas de um bovino como exemplo de papilas mecânicas.

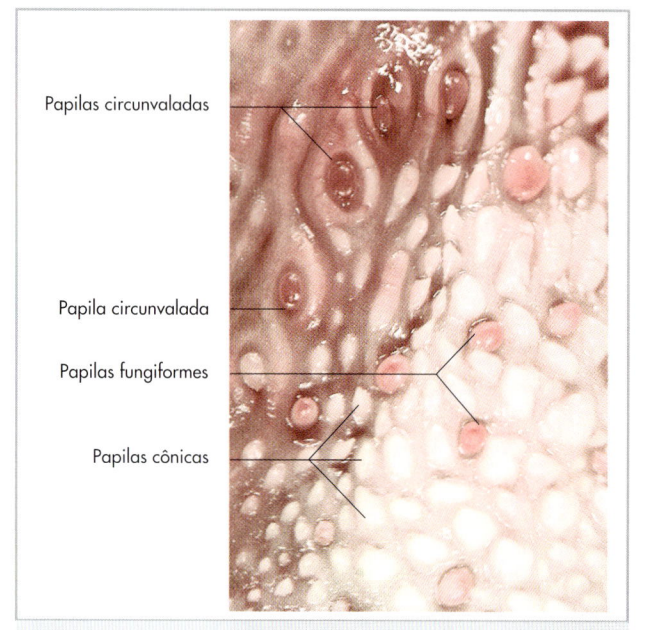

Fig. 8.10 Papilas na base da língua de um bovino.

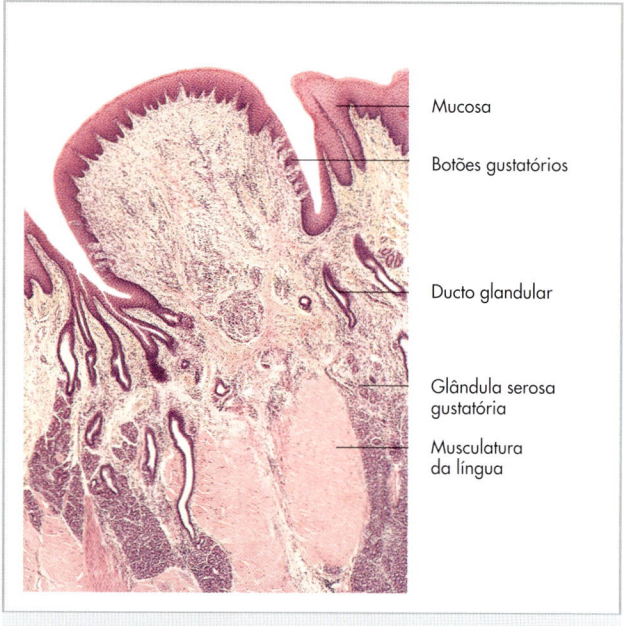

Fig. 8.11 Secção da língua de um caprino, centrado em uma papila circunvalada.

Fig. 8.12 Papilas da língua (representação esquemática).

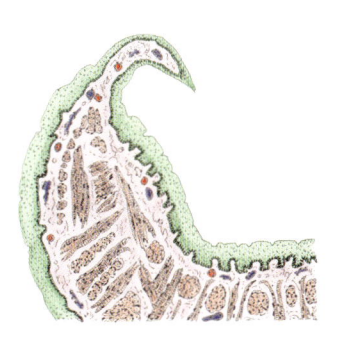

Papila marginal de um suíno jovem — Papilas filiformes de um bovino — Papilas filiformes de um equino
Papila fungiforme de um suíno — Papila circunvalada de um equino — Papilas folhadas de um coelho

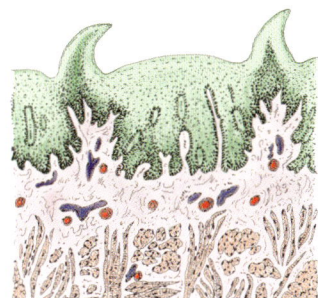

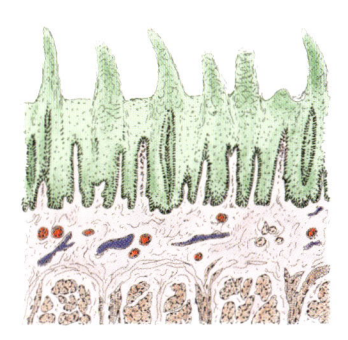

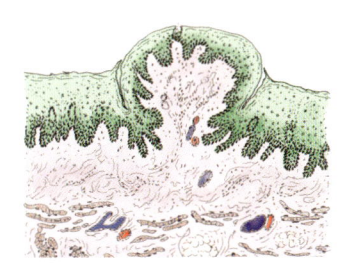

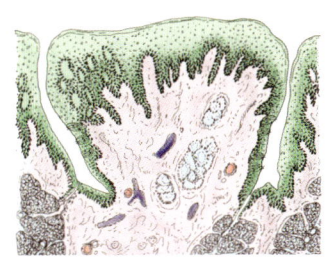

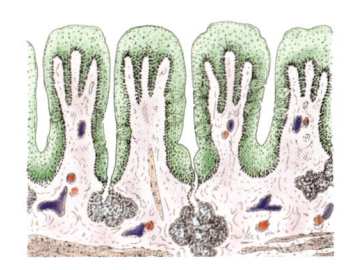

bem desenvolvidas no equino, pequenas em carnívoros e às vezes ausentes no suíno. Elas são particularmente extensas no bovino, no qual apresentam uma borda serrilhada característica. No equino e no caprino, pode haver uma pequena **glândula** adjacente às carúnculas (*glandula paracaruncularis*).

Pode-se encontrar **tecido linforreticular** em todas as espécies nessa área. Imediatamente caudal aos dentes incisivos, encontram-se os **órgãos orobasais** pareados, que se acredita serem resquícios da glândula sublingual rostral, ainda presente em répteis.

Os **recessos sublinguais laterais** são marcados por uma prega longitudinal (*plica sublinguales*), na qual se encontram as aberturas da glândula salivar sublingual polistomática (*glandula sublingualis minoris seu polystomatica*). No bovino, essas aberturas encontram-se sobre uma série de papilas cônicas, ao passo que, no equino, a glândula salivar sublingual polistomática se projeta visivelmente.

8.1.5 Glândulas salivares (*glandulae salivariae*)

As glândulas salivares são órgãos pares que secretam saliva por meio dos seus ductos dentro da cavidade oral (▶Fig. 8.14, ▶Fig. 8.15 e ▶Fig. 8.16). A saliva mantém a mucosa da boca úmida e se mistura ao alimento durante a mastigação para lubrificar a passagem do bolo alimentar durante a deglutição e iniciar a digestão química do alimento.

As glândulas salivares dividem-se em:
- glândulas salivares menores (*glandulae salivariae minores*);
- glândulas salivares maiores (*glandulae salivariae majores*).

As glândulas salivares menores estão presentes na mucosa dos lábios, das bochechas, da língua, do palato e no assoalho sublingual, produzindo uma secreção mucosa. As glândulas salivares bucais formam grandes agrupamentos ventral e dorsalmente. Nos cães, esta última é denominada glândula zigomática (▶Fig. 8.15), devido à sua posição. Os ruminantes apresentam um grupo adicional médio de glândulas bucais.

A maior parte da saliva é produzida pelas glândulas salivares maiores, que se situam a uma determinada distância da cavidade oral e secretam por meio de ductos. Essas glândulas produzem um fluido mais aquoso (seroso), e algumas delas produzem uma secreção mucosserosa contendo a enzima amilase, a qual inicia a digestão de carboidratos. A saliva é constituída principalmente de água, além de mucina, amilase e sais, principalmente bicarbonato de sódio. A produção diária de saliva no equino é de cerca de 40 litros, no bovino, 110 a 180 litros, e no suíno, 15 litros.

Embora a secreção de saliva costume ser contínua, a sua frequência é controlada pela inervação simpática e parassimpática. A inervação parassimpática é provida pelo V, VII e IX nervos cranianos, sendo estimulada pelo olfato e pelo paladar, levando a um aumento na secreção de saliva e na dilatação dos vasos sanguíneos. As fibras simpáticas se originam a partir de segmentos torácicos caudais da medula espinal, formam sinapses no gânglio cervical cranial e alcançam as glândulas salivares na túnica adventícia das artérias. O estímulo é seguido por vasoconstrição, que diminui a produção. Ansiedade, estresse ou medo levam à diminuição da produção de saliva, bem como à desidratação, que provoca a sensação de sede. Mediante os seus experimentos, Pavlov demonstrou que a quantidade de secreção de saliva pode ser aumentada pelo

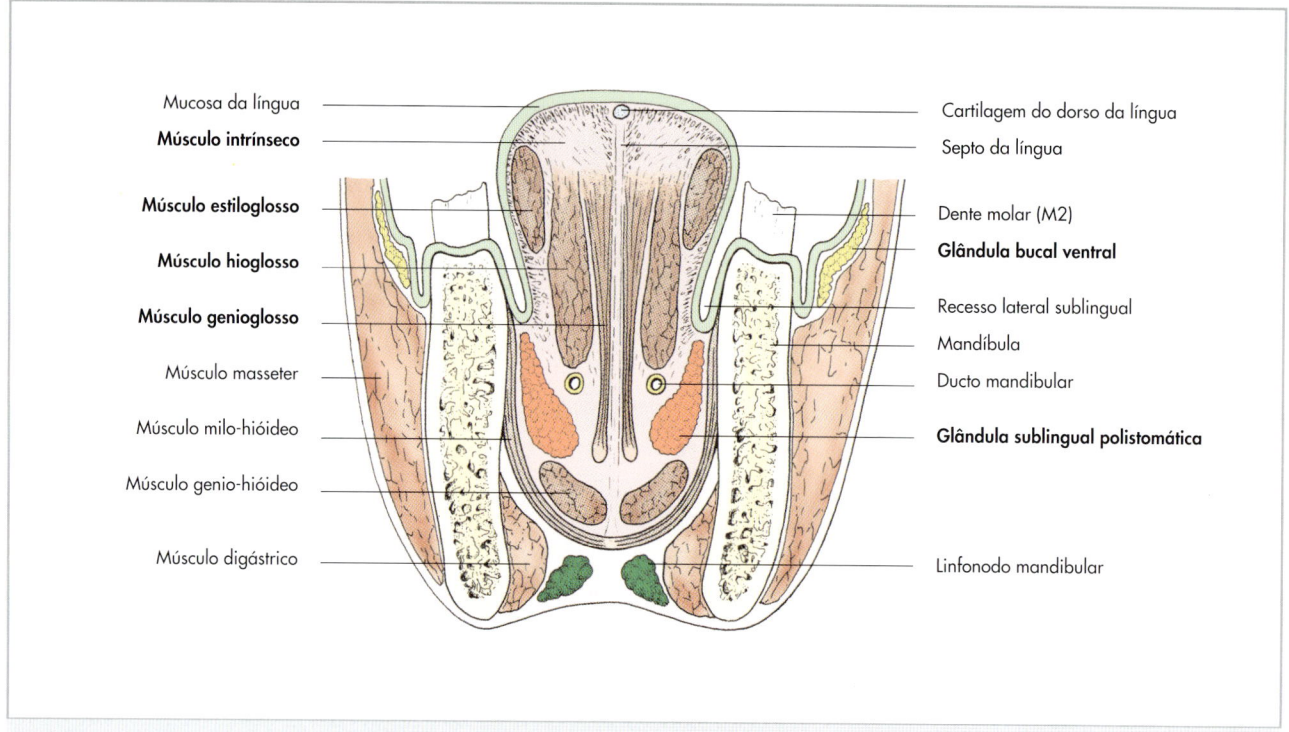

Fig. 8.13 Assoalho sublingual da cavidade oral e língua de um equino (representação esquemática, secção transversal).

condicionamento do animal para reagir a outros estímulos, como o tocar de um sino.

Além de suas funções de limpeza, lubrificação e digestão, a saliva serve como via de excreção de determinadas substâncias, algumas das quais podem se acumular como um depósito (tártaro) nos dentes, principalmente em cães e gatos. As **glândulas salivares maiores** são:
- glândula salivar parótida (*glandula parotis*);
- glândula salivar mandibular (*glandulae mandibularis*);
- glândulas salivares sublinguais (*glandulae sublinguales*):
  - glândula salivar sublingual monostomática (*glandula sublingualis monostomatica*);
  - glândula salivar sublingual polistomática (*glandula sublingualis polystomatica*).

Glândula salivar parótida (*glandula parotis*)

A glândula salivar parótida é um órgão pareado, que se situa na união da cabeça com o pescoço, ventral à **cartilagem auricular na fossa retromandibular** (▶Fig. 8.14, ▶Fig. 8.15 e ▶Fig. 8.16), sendo particularmente desenvolvida em herbívoros. A glândula salivar parótida é uma **glândula mista**, **seromucosa** e **tubuloacinosa** que se situa nas proximidades da artéria carótida externa, da veia maxilar e dos ramos dos nervos facial e trigêmeo. No equino, ela cobre parcialmente a face lateral do **divertículo da tuba auditiva**, o que deve ser levado em consideração no acesso cirúrgico externo ao divertículo da tuba auditiva.

A glândula salivar parótida está envolvida por uma fáscia, que emite trabéculas internamente e a divide em **vários lóbulos**. Os **ductos coletores maiores** atravessam essas trabéculas até se unirem novamente e formarem um único ducto, que se inicia na face rostral da glândula. Em carnívoros e em pequenos ruminantes, esse ducto passa sobre a **face lateral do músculo masseter**. No equino, no bovino e no suíno, ele passa medial ao ângulo da mandíbula rostralmente e circunda a margem ventral da mandíbula até emergir na **margem rostral do músculo masseter**. No equino, ele se posiciona imediatamente caudal à artéria linguofacial. O ducto parotídeo se abre no vestíbulo oral, em uma pequena papila no lado oposto à área que vai do terceiro ao quinto dente molar, dependendo da espécie.

A glândula parótida é vascularizada por ramos da artéria e da veia maxilares, e é inervada por ramos do nervo glossofaríngeo, cujas fibras parassimpáticas acompanham o trajeto do nervo petroso menor até o gânglio ótico.

Glândula salivar mandibular (*glandula mandibularis*)

A glândula salivar mandibular situa-se próximo ao **ângulo da mandíbula** e está parcialmente coberta pela glândula salivar parótida (▶Fig. 8.14, ▶Fig. 8.15 e ▶Fig. 8.16). Ela é um pouco maior que a glândula parótida na maioria dos cães e gatos, mas consideravelmente maior em ruminantes. A glândula salivar mandibular apresenta forma oval nos carnívoros e se posiciona subcutaneamente, caudal à glândula salivar sublingual monostomática entre as veias linguofacial e maxilar. Tanto a glândula mandibular quanto a sublingual monostomática têm importância prática no cão, pois elas podem sofrer **alterações císticas** (rânula), o que exige a sua remoção cirúrgica.

A glândula salivar mandibular produz uma **secreção serosa** e uma **mucosa mista**, mas também pode alternar entre ambas.

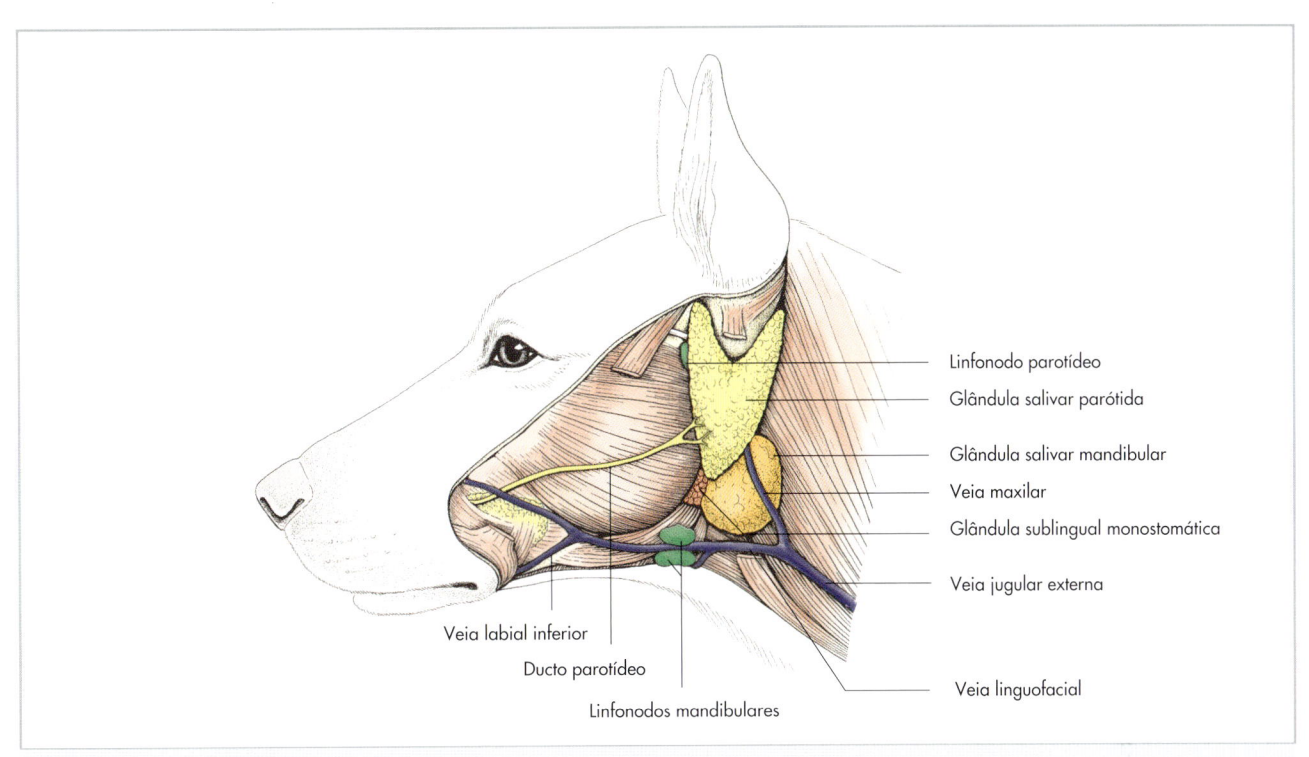

Fig. 8.14 Topografia das glândulas salivares de um cão (representação esquemática).

Legendas da figura:
- Linfonodo parotídeo
- Glândula salivar parótida
- Glândula salivar mandibular
- Veia maxilar
- Glândula sublingual monostomática
- Veia jugular externa
- Veia linguofacial
- Veia labial inferior
- Ducto parotídeo
- Linfonodos mandibulares

Ela secreta através de um único ducto, o qual passa ventral à mucosa do **assoalho da cavidade oral**, próximo ao frênulo da língua, até desembocar juntamente ao ducto sublingual maior na **carúncula sublingual**.

A artéria e a veia linguofaciais fornecem a vascularização da glândula salivar mandibular. A inervação parassimpática é proporcionada por fibras que emergem do nervo facial. Essas fibras acompanham inicialmente a corda do tímpano até o ramo mandibular do nervo trigêmeo e prosseguem no ramo lingual deste último até o gânglio mandibular, onde realizam sinapse com os neurônios pós-ganglionares.

Glândula salivar sublingual (*glandula sublingualis*)

As glândulas salivares sublinguais consistem em duas glândulas, com exceção do equino, em que a glândula sublingual monostomática está ausente (▶Fig. 8.14, ▶Fig. 8.15 e ▶Fig. 8.16). A **glândula sublingual monostomática** situa-se mais caudalmente e é compacta, com um único ducto de drenagem. O ducto salivar sublingual maior compartilha uma abertura comum com o ducto salivar mandibular acima da carúncula sublingual, que se projeta na porção pré-frenular do assoalho da cavidade oral.

A extensa **glândula sublingual polistomática** situa-se mais rostralmente e abre-se por meio de diversos ductos menores. Essas aberturas localizam-se em uma prega longitudinal nos recessos sublinguais laterais e, no bovino, acima das papilas cônicas situadas na prega.

As duas glândulas sublinguais produzem uma secreção seromucosa, na qual a parte mucosa predomina. A vascularização e a drenagem venosa são feitas pela artéria e pela veia lingual. A inervação é semelhante à da glândula salivar mandibular.

8.1.6 Aparelho mastigatório

O aparelho mastigatório consiste em:
- dentes e gengivas;
- articulação temporomandibular;
- músculos mastigatórios.

Dentes

Cada espécie tem a sua própria dentição característica, consistindo em número, tipo e arranjos dentários particulares. Dentro da boca, os dentes exibem variações morfológicas regionais, dependendo da sua função específica. Esse tipo de arranjo é denominado **heterodontia** (do grego *heteros*, que significa outro, diferente). Assim como nos humanos, os dentes dos animais são substituídos uma única vez. A primeira dentição, **conjunto de dentes decíduos** (*dentes decidui*), emerge antes ou logo após o nascimento. Quando os animais amadurecem, os dentes decíduos são repostos com a segunda dentição, o **conjunto de dentes permanentes**.

Estrutura dos dentes

Apesar de os dentes serem estruturas altamente especializadas, modificadas para atender às necessidades individuais das espécies, eles compartilham uma **arquitetura básica comum** (▶Fig. 8.17, ▶Fig. 8.18 e ▶Fig. 8.19). Cada dente apresenta três componentes:
- coroa (*corona dentis*);
- colo (*cervix dentis*);
- raiz (*radix dentis*).

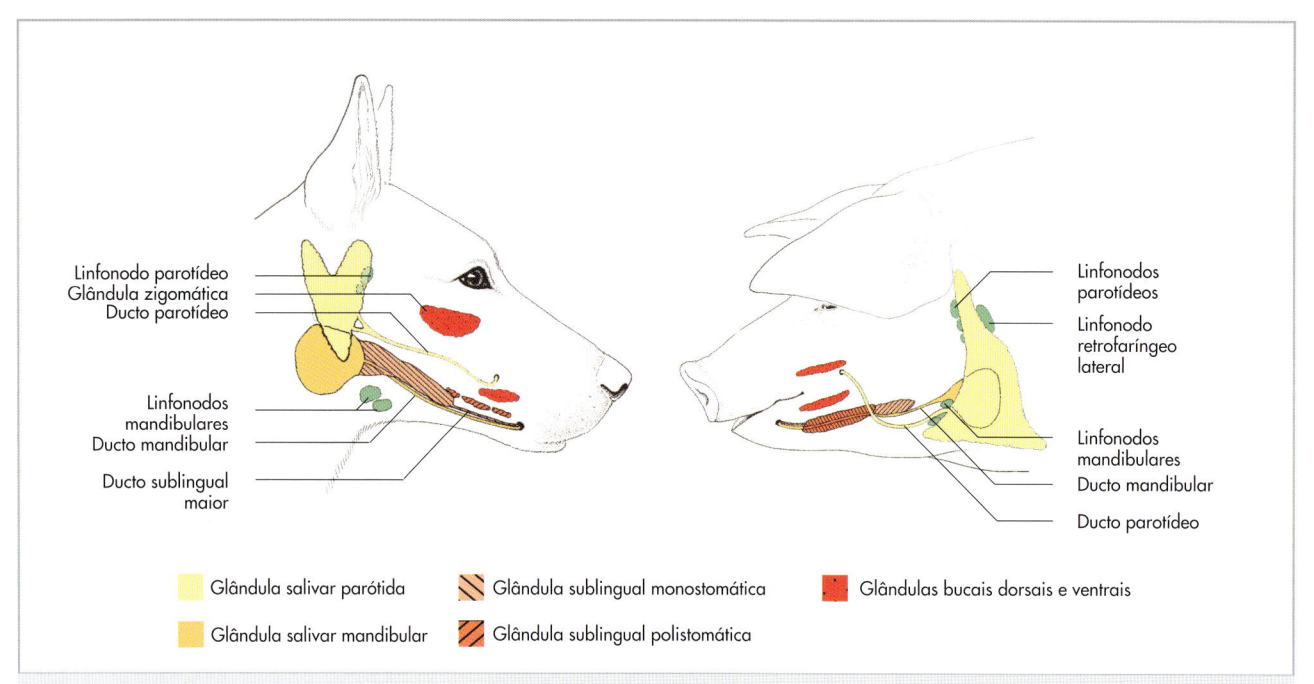

Fig. 8.15 Glândulas salivares de um cão (à esquerda) e de um suíno (à direita) (representação esquemática). (Fonte: com base em dados de Dyce, Sack e Wensing, 2002.)

A coroa é a porção exposta do dente, a qual se estende do colo, que está embebido pela gengiva. A parte proximal do dente, a raiz (*radix dentis*), está ancorada pelo alvéolo dentário ósseo (*alveolus dentalis*) dentro da mandíbula ou maxila (▶Fig. 8.19). De uma perspectiva clínica, o dente é dividido em uma coroa clínica (*corona clinica*), localizada acima da linha da gengiva, e uma raiz clínica (*radix clinica*) abaixo dessa linha.

As superfícies dentárias que estão direcionadas para o vestíbulo oral (*vestibulum oris*) são denominadas **face vestibular**. A face vestibular pode ser definida mais precisamente como **face labial** (voltada para os lábios) e **face bucal** (voltada para as bochechas). A **face lingual** está voltada para a cavidade oral própria (*cavum oris proprium*).

A **face de contato** (*facies contactus*) inclui a **face distal**, direcionada caudalmente, e a **face mesial**, orientada rostralmente. A face do dente que entra em contato com o arco oposto é denominada **face de oclusão** (*facies occlusalis*). As projeções da coroa são denominadas **cúspides** (*cuspis dentis*), as quais podem ser pontiagudas ou arredondadas, dependendo da espécie.

A parede mineralizada do dente envolve a **cavidade (polpa) do dente** (*cavum dentis*), a qual contém a **polpa do dente** (*pulpa dentis*) (▶Fig. 8.19). A polpa do dente consiste em tecido conjuntivo contendo os vasos sanguíneos e nervos abundantes. A estimulação das fibras nervosas sensitivas produz dor, o que resulta particularmente em um aumento de pressão, devido à inflamação ou a edema localizado, confinado dentro de uma cavidade pulpar de paredes sólidas. Com base em sua localização, a polpa pode se dividir em **polpa coronal**, dentro da parte coronal da cavidade pulpar (*cavum coronale dentis*), e **polpa radicular**, dentro da cavidade pulpar da raiz (*cavum radicis dentis*).

Em sua extremidade proximal, a cavidade pulpar cônica forma um estreito **canal da raiz do dente** (*canalis radicis dentis*), que envolve o **forame do ápice do dente** (*foramen apicis dentis*).

Os vasos sanguíneos e nervos penetram no forame apical e se ramificam no tecido conjuntivo da cavidade pulpar (▶Fig. 8.19).

O dente (*dens*) é constituído de **três substâncias mineralizadas** (▶Fig. 8.17, ▶Fig. 8.18, ▶Fig. 8.19 e ▶Fig. 8.20):
- esmalte (*enamelum*);
- dentina (*dentinum*);
- cemento.

A composição química dessas substâncias lembra a do osso. O **esmalte** é a substância mais dura do corpo, sendo produzido pelos ameloblastos (enameloblastos) derivados do ectoderma (epitélio da cavidade oral). Ele é acelular, incapaz de se regenerar e geralmente de coloração branca (▶Fig. 8.17, ▶Fig. 8.18 e ▶Fig. 8.19).

Considerando-se a distribuição do esmalte, os dentes podem ser divididos em três grupos (▶Fig. 8.19). O dente simples ou **haplodonte** consiste em uma coroa cônica ou em forma de pá coberta por uma camada de esmalte. Exemplos típicos incluem o **dente canino** (*dentes canini*) de todos os mamíferos domésticos e os **incisivos** (*dentes incisivi*) dos ruminantes. Um segundo grupo é distinguido pela presença de duas ou mais eminências coronais distintas revestidas de esmalte, incluindo os **dentes molares** e **pré-molares**, que, nos suínos, são chamados de **bunodontes**. Nos dentes do tipo **secodonte** (*secare*, corte), particularmente bem desenvolvidos nos carnívoros, as eminências estão arranjadas em linhas. Em um terceiro grupo de dentes, a camada de esmalte é caracterizada por invaginação na face oclusal (infundíbulo) ou pregueamento da parede do esmalte. Esses dentes incluem os incisivos dos equinos e os dentes molares dos equinos e dos ruminantes (exceto o primeiro pré-molar inferior).

Com base em sua altura, os dentes são classificados como **braquiodontes** (coroa baixa) ou **hipsodontes** (coroa alta) (▶Fig. 8.19). Nos dentes hipsodontes, há pouca distinção entre a coroa e o colo; portanto, são descritos como tendo um corpo (*corpus dentis*).

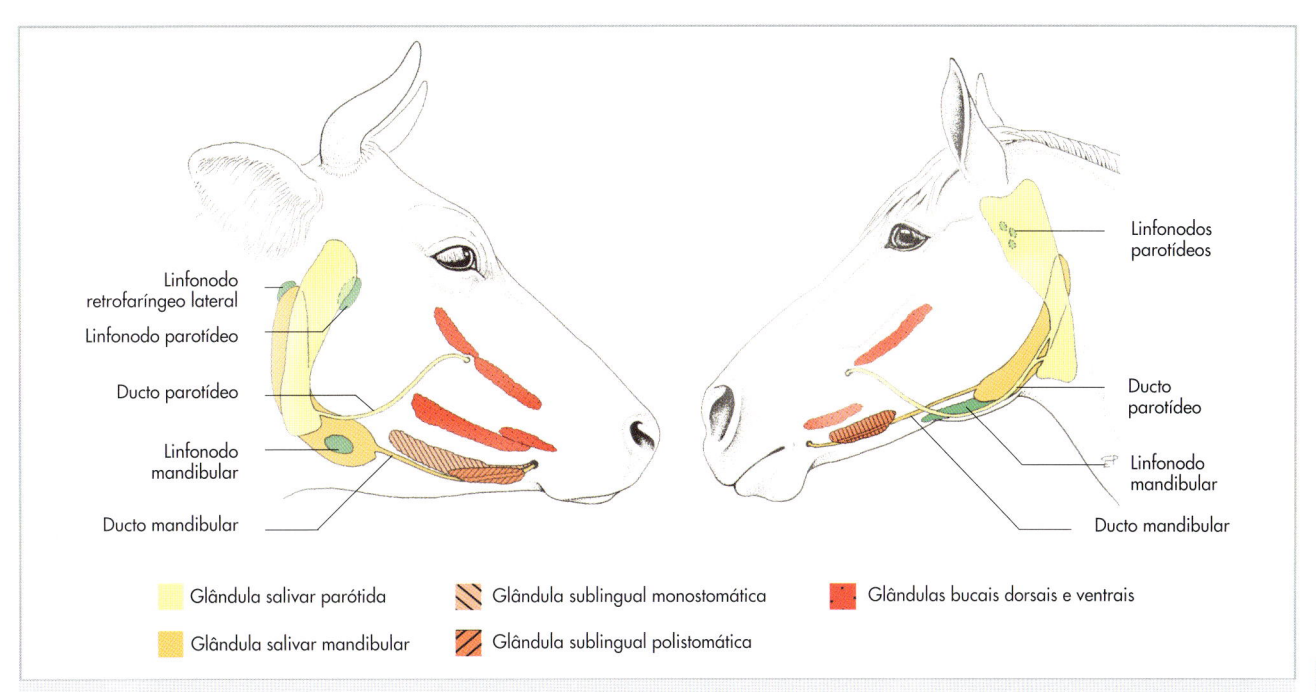

Fig. 8.16 Glândulas salivares de um bovino (à esquerda) e de um equino (à direita) (representação esquemática). (Fonte: com base em dados de Dyce, Sack e Wensing, 2002.)

O corpo inteiro do dente hipsodonte é envolvido por esmalte e revestido externamente por cemento. A raiz se desenvolve, mas é relativamente curta. Embora o período de crescimento do dente hipsodonte seja mais longo que o do dente braquiodonte, este é limitado. Quando o crescimento cessa, o dente vai gradualmente sendo exposto à maxila, criando a impressão de formação contínua. Os dentes hipsodontes incluem os incisivos dos equinos e os molares de equinos e ruminantes.

Em ruminantes, os infundíbulos semilunares estão presentes na face de oclusão dos pré-molares e molares (**dente selenodonte**, **selene**, **lua**). Essa morfologia facilita a trituração eficiente do alimento. Nos dentes molares dos equinos, as invaginações oclusais são combinadas com o pregueamento do esmalte sobre os lados do dente. Na superfície de oclusão, os componentes mineralizados do dente se desgastam em diferentes velocidades. O contorno da superfície resultante consiste em uma série de cristas e depressões de esmalte pregueado contendo dentina e cemento. O tipo de dente conhecido como **lofodonte** é o ideal para a trituração de matéria vegetal.

A **dentina** é uma substância amarelo-esbranquiçada que envolve a cavidade pulpar (▶Fig. 8.17, ▶Fig. 8.18 e ▶Fig. 8.19), a qual é mais dura do que o osso. Dentro da coroa, a dentina situa-se na superfície interna do esmalte. A dentina é permeada por fibras nervosas, localizadas dentro de pequenos túbulos dentinários. As células produtoras de dentina (odontoblastos) retrocedem da dentina recém-formada para formar uma camada contínua na periferia da cavidade pulpar. Os odontoblastos continuam a produzir dentina **por toda a vida do animal**. Uma **nova dentina secundária** é adicionada, **estreitando** gradualmente a cavidade pulpar.

A dentina secundária é distinguida pela sua cor ligeiramente mais escura, e forma o principal componente da **estrela dentária**, visível nos incisivos desgastados de equinos. Em cães, a avaliação radiológica da largura da cavidade pulpar pode ser utilizada para auxiliar na estimativa da idade.

Cada dente da maxila superior ou inferior é **ancorado** na **parede do alvéolo** (*alveolus dentalis*) pelo cemento e pelo **ligamento fibroso periodontal** (*periodontium*) (▶Fig. 8.19). Juntos, esses componentes formam uma faixa mineralizada que segura o dente dentro do alvéolo, permitindo movimento limitado quando o dente é exposto à forças mecânicas associadas à mastigação.

O cemento não é tão duro como o esmalte, e sua estrutura é muito similar à do osso. Nos dentes haplodontes e com cúspides proeminentes, o cemento é limitado à raiz, onde ele forma a camada mais externa do dente. A camada de cemento, que inicialmente é fina, gradualmente fica mais espessa com o avançar da idade e quando o novo cemento é produzido. No dente com esmalte pregueado ou invaginado, o cemento forma uma fina camada ao redor da raiz e do corpo do dente, e preenche a base do infundíbulo. As fibras do **ligamento periodontal** se estendem do cemento para envolver o osso alveolar.

O cemento é mais resistente a pressão induzindo a erosão do que o osso. Essa característica é útil nos procedimentos ortodônticos, nos quais instrumentos são utilizados para alavancar os dentes contra a parede alveolar (p. ex., correção de dentes caninos com base estreita no cão). O osso sofre erosão, ao passo que o dente se mantém inalterado. O dente é, então, capaz de ocupar o espaço criado dentro do osso (ver obras de ortodontia para maiores detalhes).

Os **processos alveolares** das maxilas superior e inferior são revestidos pela **gengiva** (*gingiva*). Um epitélio estratificado escamoso reveste a mucosa robusta da gengiva, que repousa sobre uma camada de tecido conjuntivo denso. A gengiva envolve o colo do dente abaixo da coroa, podendo regredir com o avanço da idade, o que resulta na exposição do colo. Em muitos mamíferos, a parte da coroa está inicialmente mantida como reserva abaixo da linha

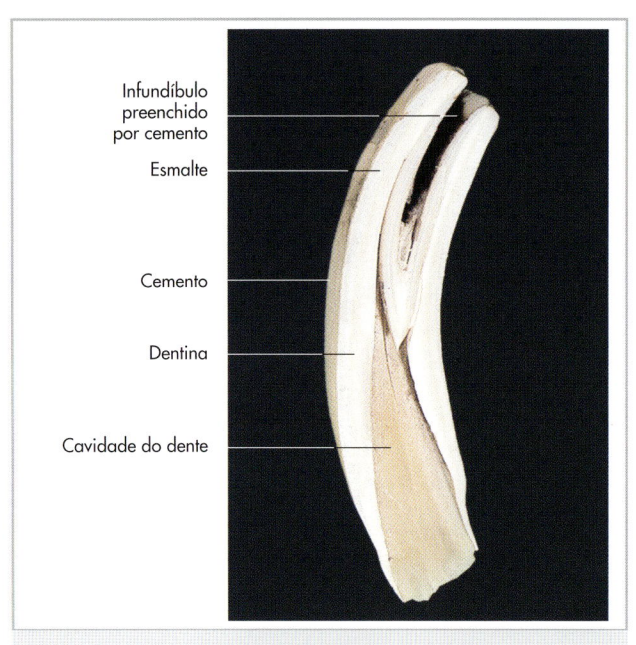

Fig. 8.17 Secção de um dente incisivo de um equino.

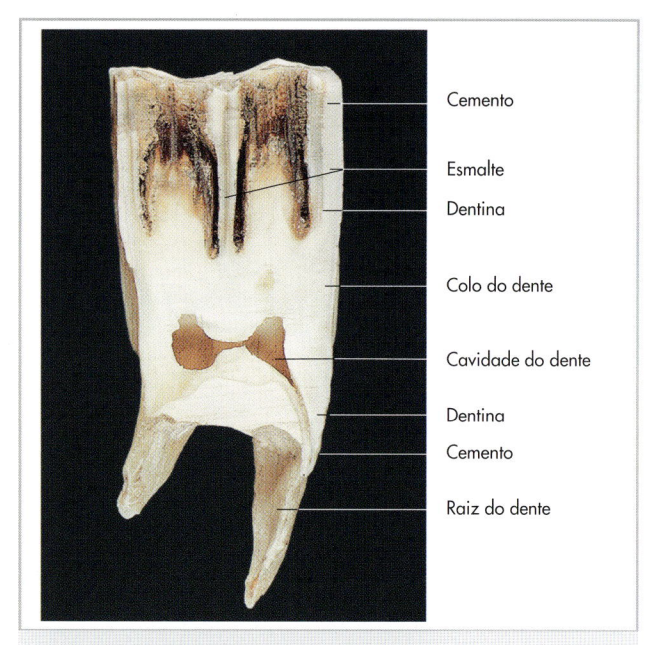

Fig. 8.18 Secção de um dente molar de um equino.

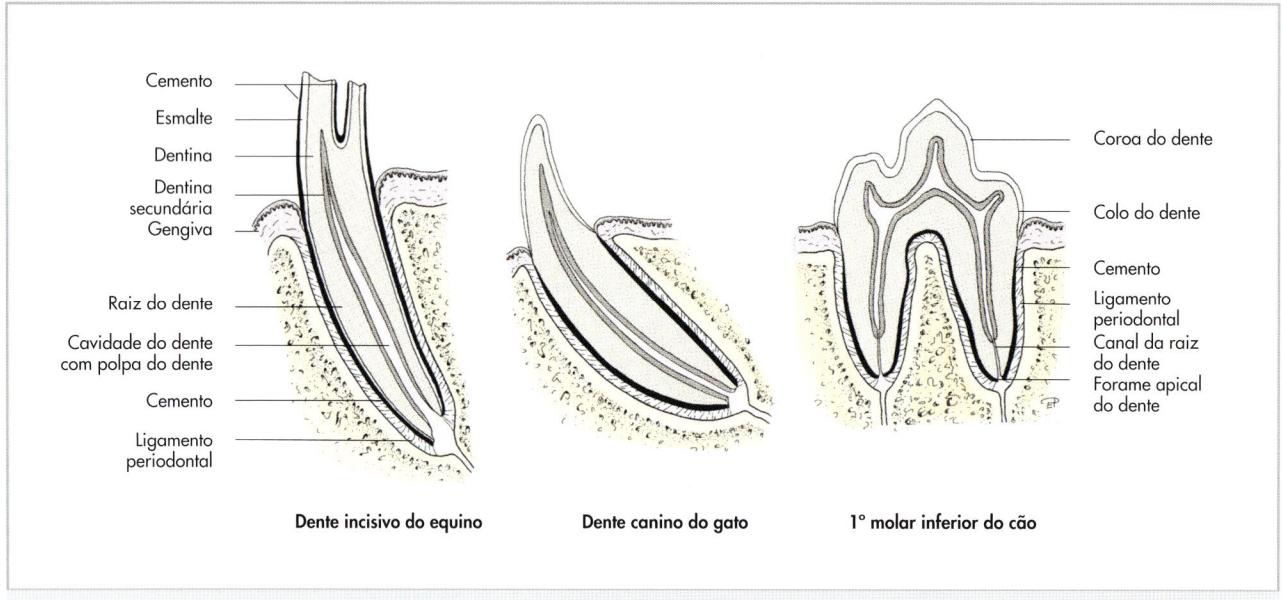

Dente incisivo do equino · Dente canino do gato · 1º molar inferior do cão

Fig. 8.19 Dentes hipsodonte (à esquerda) e braquiodonte (no centro, à direita) (representação esquemática).

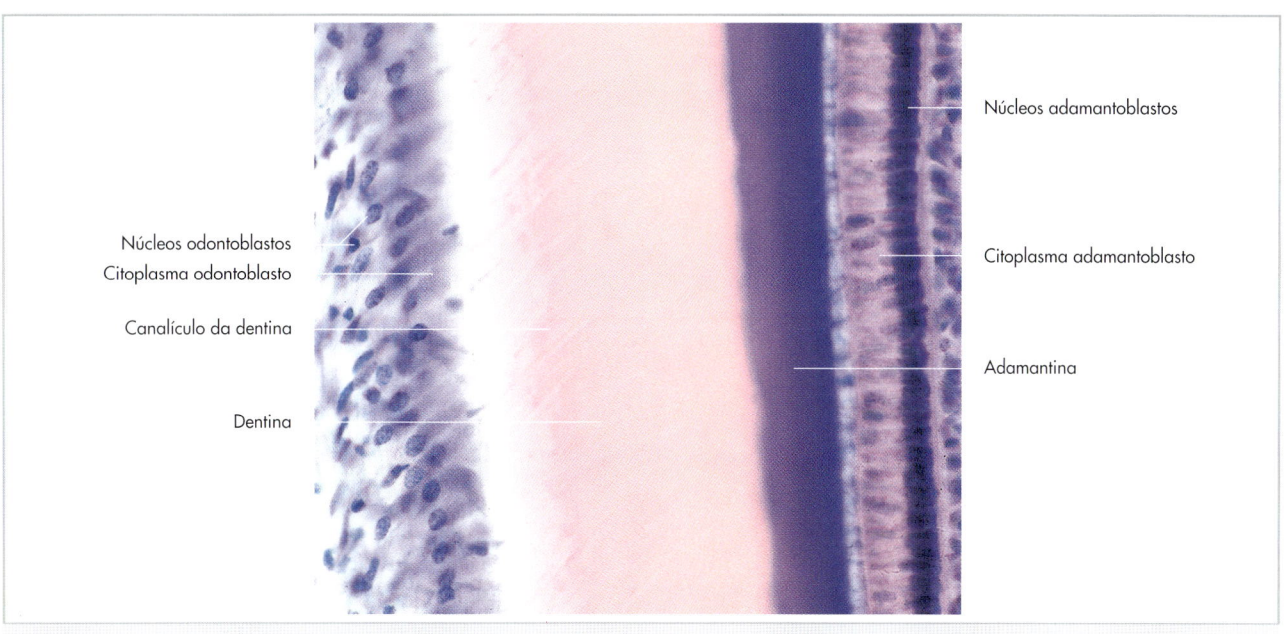

Fig. 8.20 Corte histológico da parede do dente.

Labels: Núcleos odontoblastos, Citoplasma odontoblasto, Canalículo da dentina, Dentina, Núcleos adamantoblastos, Citoplasma adamantoblasto, Adamantina

gengival. Posteriormente, a linha gengival é exposta para compensar os efeitos do desgaste dentário. Por essa razão, é útil a distinção entre a "coroa clínica", que compreende a parte exposta do dente, independentemente da altura da gengiva, e a "coroa anatômica", definida como a parte do dente que está coberta por esmalte.

Os dentes dos mamíferos são classificados de rostral para caudal como **incisivos** (*incisivi*), **caninos** (*canini*) **pré-molares** (*praemolares*) e **molares**. O número e o arranjo dos diferentes tipos dentários estão descritos por uma fórmula dentária para cada espécie (▶Tab. 8.1), composta pelas abreviações I (incisivos), C (caninos), P (pré-molares) e M (molares), junto ao número de dentes permanentes correspondentes às hemiarcadas superior e inferior.

Os dentes são denominados individualmente com base no Sistema Triadan Modificado. Embora esse sistema permita uma numeração consistente dos dentes por meio das espécies, ele não prevê informações descritivas sobre as altas variações morfológicas do dente.

> **Nota**
>
> A fórmula da **dentição permanente no equino** é:
> I3 C1 P3 M3 = 10 × 2 = 20
> I3 C1 P3 M3 = 10 × 2 = 20 } = 40 dentes

Os dentes decíduos são exibidos na fórmula dentária pela inserção da letra "d" entre a abreviação e o número associado (p. ex., Id 3 para o terceiro incisivo decíduo).

O tempo de erupção dentária é altamente consistente dentro das espécies. Por isso, pode ser utilizado para a estimativa da idade de um animal, embora a muda dentária possa sofrer atraso devido a fatores como subdesenvolvimento e doenças. Não existem molares decíduos em nenhuma espécie de mamíferos domésticos e em nenhum primeiro pré-molar em cães e suínos.

Em equinos entre 2 e 4 anos, a margem ventral da mandíbula pode apresentar áreas aumentadas durante o período de substituição do dente. Isso pode ser visto ocasionalmente na maxila. Essas saliências ou inchaços ocorrem quando há uma discrepância entre a velocidade da queda dos dentes decíduos e o crescimento dos dentes permanentes, podendo resultar em déficits na mastigação e afetar a respiração na maxila.

Dentição do equino

Os dentes caninos haplodontes e os primeiros pré-molares do equino são braquiodontes. Os dentes restantes são **hipsodontes**; os pré-molares e molares são do tipo **lofodontes** ou **selenodontes**.

Os dentes do equino são altamente adaptados para a decomposição mecânica de forragem mais grosseira. O pregueamento ondulado do revestimento de esmalte dos dentes molares aumenta a área da superfície de mastigação (▶Fig. 8.21, ▶Fig. 8.22 e ▶Fig. 8.23).

Os incisivos têm uma **camada de esmalte externo semelhante a uma bainha**, que se estende quase até a extremidade da raiz. O esmalte também circunda o infundíbulo (*infundibulum dentis*)

Tab. 8.1 Fórmulas dentárias

Espécie	Dentição decídua	Dentição permanente
Gato	3 1 3	3 1 3 1
	3 1 2	3 1 2 1
Cão	3 1 3	3 1 4 2
	3 1 3	3 1 4 3
Suíno	3 1 3	3 1 4 3
	3 1 3	3 1 4 3
Ruminantes	- - 3	- - 3 3
	3 1 3	3 1 3 3
Equino	3 1 3	3 1 3(4)
	3 1 3	3 1 3 3

ou cone do dente. O cemento cobre a superfície externa do esmalte e preenche o infundíbulo. Antes de o dente entrar em desgaste, o esmalte externo é contínuo com o esmalte do infundíbulo.

De medial para lateral, os incisivos do equino (▶Fig. 8.30) são denominados **incisivo central** (pinça), **médio** e **canto**. Os incisivos permanentes entram em erupção aproximadamente 2 mm por ano. A compreensão da cronologia da muda dentária, aliada ao nível de desgaste dos incisivos inferiores, permite uma estimativa relativamente precisa da idade de equinos jovens. Com o avanço da idade, esse método é menos preciso.

Os **dentes caninos** são presente no diastema (espaço interdentário) de equinos machos, próximos do incisivo do canto. Eles têm uma coroa baixa e uma raiz grande. Em algumas raças do sul dos Estados Unidos, o dente canino é encontrado rotineiramente em fêmeas e machos.

O **primeiro pré-molar** (**P1**), também conhecido como **dente de lobo**, é rudimentar e quase sempre erupciona somente na maxila superior. Quando a sua contraparte está em falta, este não tem significado funcional. A mecânica da mastigação pode causar migração do dente de lobo, podendo resultar em lesão na gengiva, requerendo a extração do dente. Nos **dentes molares** restantes (**P2-P4** e **M1-M3**), a estrutura do dente da arcada superior difere daquela da arcada inferior, pois cada dente da maxila tem dois infundíbulos, ao passo que o da mandíbula não tem nenhum.

As raízes dos **dentes molares superiores** mais caudais se projetam para o seio maxilar bipartido. Enfermidades dentárias podem ser acessadas por trepanação do seio maxilar caudal (*sinus maxillaris caudalis*) e extraídas por repulsão. Na realização desse procedimento, é importante estar ciente de que o avanço da idade está associado a redução da profundidade dos alvéolos, aumento do tamanho dos seios da face e deslocamento rostral dos dentes.

Determinação da idade do equino pelos dentes

Tempo de erupção (▶Tab. 8.2), alterações de desgaste e outras características dos incisivos inferiores podem ser utilizados para estimar a idade dos equinos (▶Fig. 8.24, ▶Fig. 8.25, ▶Fig. 8.26, ▶Fig. 8.27, ▶Fig. 8.28, ▶Fig. 8.29, ▶Fig. 8.30 e ▶Fig. 8.31). Uma precisão de estimativa razoável só pode ser realizada até os 8 anos de idade.

O tempo de erupção dos incisivos decíduos (Id = *incisivus deciduus*) é de:
- Id1: dentro de 6 dias (pode estar erupto ao nascimento);
- Id2: 6 semanas;
- Id3: 6 meses.

O desaparecimento do cone dentário dos incisivos ocorre:
- Id1: 10 meses;
- Id2: 12 meses;
- Id3: 18 a 24 meses.

Tab. 8.2 Substituição dos incisivos (I) no equino (idade em anos)

Incisivos permanentes	Erupção (mandíbula)	Desgastado	Desaparecimento do infundíbulo (incisivos mandibulares)
I1	2½	3	6
I2	3½	4	7
I3	4½	5	8

Com base na profundidade de 6 mm e no nível de desgaste de 2 mm por ano, o infundíbulo desaparece dos incisivos inferiores dentro de 3 anos após a sua erupção. Nos incisivos superiores, o desaparecimento do infundíbulo ocorre com 6 anos (12 mm de profundidade, 2 mm por ano) e é menos preciso na medida da idade. Com 8, 9 e 10 anos, a estrela dentária aparece na superfície labial da mancha de esmalte (I1, I2, I3).

A superfície de oclusão dos incisivos é **transversalmente oval** em equinos jovens (6 a 12 anos), ficando **arredondada** posteriormente (12-17 anos). Com o avançar da idade, a superfície fica **triangular** (18-24 anos) e, eventualmente, se torna **longitudinalmente oval** (24-30 anos).

Com 8 a 9 anos, um gancho dentário é observado no incisivo superior do canto em alguns equinos. Essa característica pode reaparecer por volta dos 13 anos.

Um **sulco** (**sulco de Galvayne**) pode aparecer também no incisivo do canto superior:
- quarto dorsal do dente: ca. 10 anos;
- metade dorsal do dente: ca. 15 anos;
- em todo o dente: ca. 20 anos;
- metade ventral do dente: ca. 25 anos;
- quarto ventral do dente: ca. 30 anos.

Certas anomalias dentárias impedem a estimativa da idade dos equinos pelas características dos dentes. Isso inclui mordida superior (prognatismo, boca de papagaio), mordida inferior (bragnatismo, boca de porca), desgaste excessivo dos incisivos devido a estrangulamento e incisivos tortos.

Dentição do gato

A dentição dos gatos é formada por dentes **haplodontes** e dentes com cúspides proeminentes (▶Fig. 8.19 e ▶Fig. 8.32). Nos gatos, os dentes estão reduzidos em número, se comparados com outros mamíferos domésticos; P1, M2 e M3 estão ausentes na maxila, e P1, P2, M2 e M3 estão ausentes na mandíbula. Como resultado, a mordida do gato é altamente diferenciada para o **corte**. Os dois dentes carniceiros, P4, na maxila, e M1, na mandíbula, cruzam um pelo outro durante a mastigação, criando uma ação de tesoura. A dentição do gato é conhecida como **secodonte**.

Os dentes são de uso limitado para a estimativa da idade nos gatos. Os incisivos superiores estão presentes com 15 dias de idade. A erupção dos dentes decíduos restantes ocorre entre 18 e 19 dias (caninos) e entre 24 e 39 dias (pré-molares) A substituição dos dentes decíduos inicia-se com 1/2 mês e completa-se com 7 meses.

Dentição do cão

A extrema variação na forma da cabeça e do corpo em raças caninas modernas tem importantes implicações para a dentição e o aparelho mastigatório. O espaço disponível para a inserção dos dentes e a fixação dos músculos mastigatórios em raças braquicefálicas ou de cabeça curta (p. ex., pug) difere muito dos cães dolicocéfalos ou de cabeça longa (p. ex., fox terrier).

O período de erupção e substituição dos dentes também exibe uma considerável variação individual e relacionada à raça. Assim como em gatos, a dentição não é um meio confiável para a determinação da idade em cães. A medida da microdureza dentária foi recentemente identificada como uma ferramenta útil para a estimativa da idade. Atualmente, o procedimento é muito trabalhoso, porém potencialmente aplicável em investigações forenses.

Sistema digestório (*apparatus digestorius*)

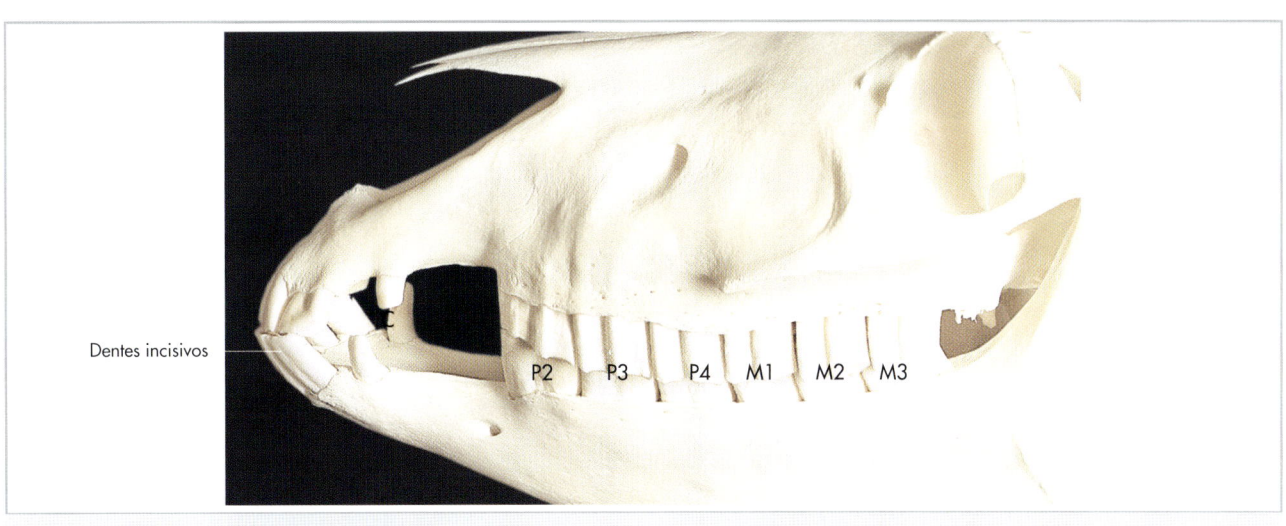

Fig. 8.21 Dentição permanente de um garanhão.

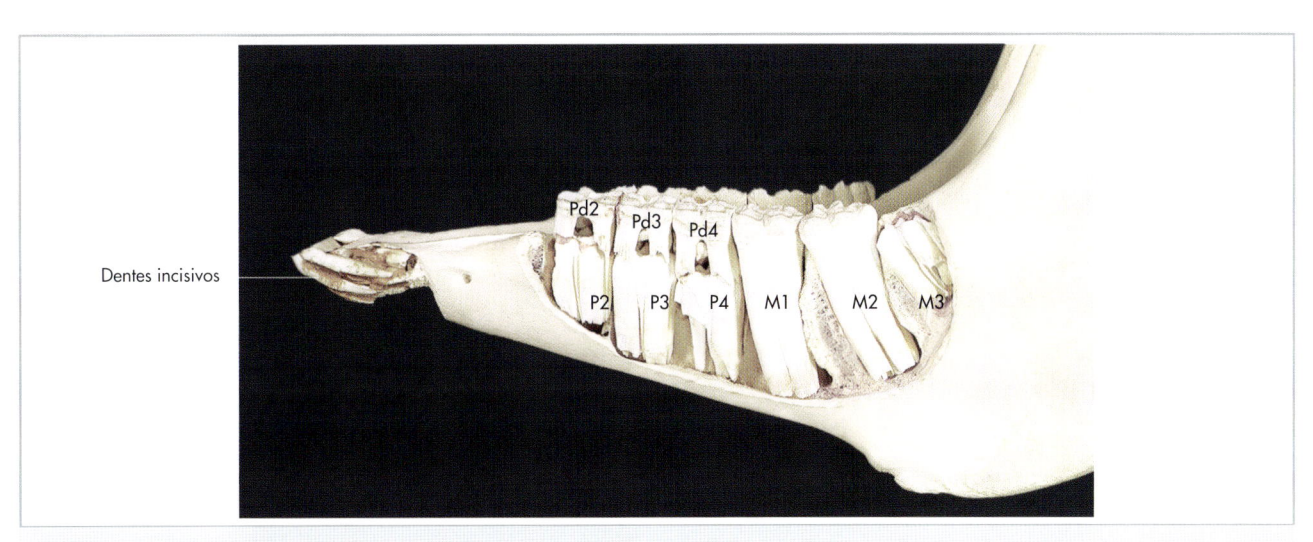

Fig. 8.22 Arco mandibular de um equino durante erupção (raízes dos dentes expostas).

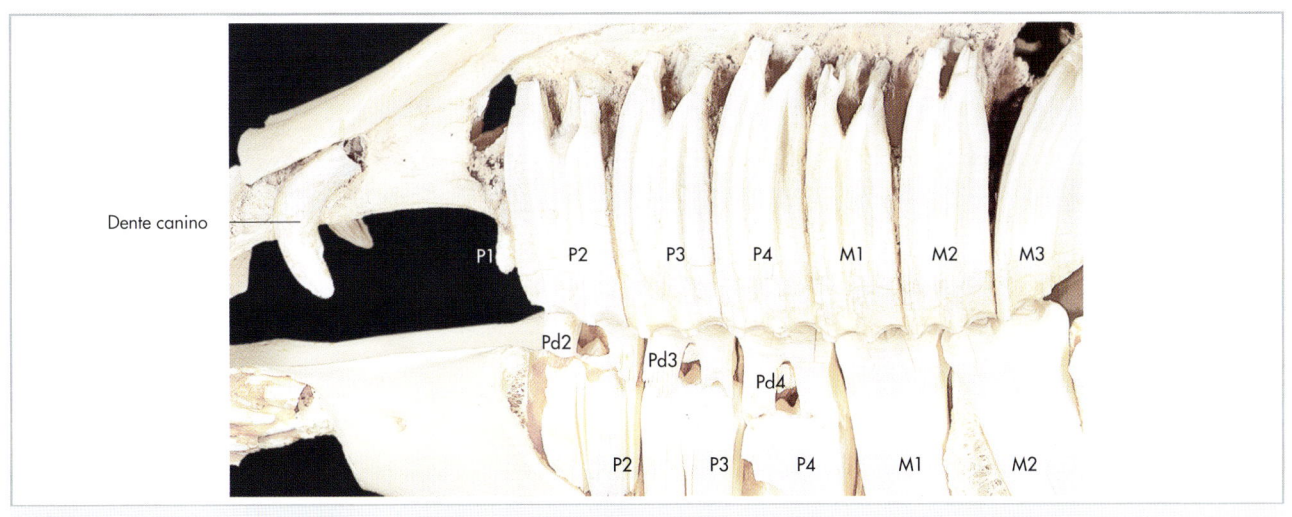

Fig. 8.23 Arco mandibular e maxilar de um equino durante erupção (raízes dos dentes expostas).

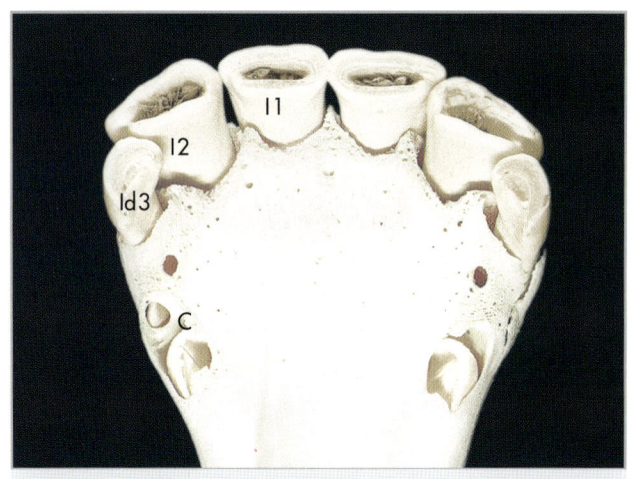

Fig. 8.24 Face oclusal dos dentes incisivos mandibulares de um equino de 3½ anos (vista da superfície lingual).

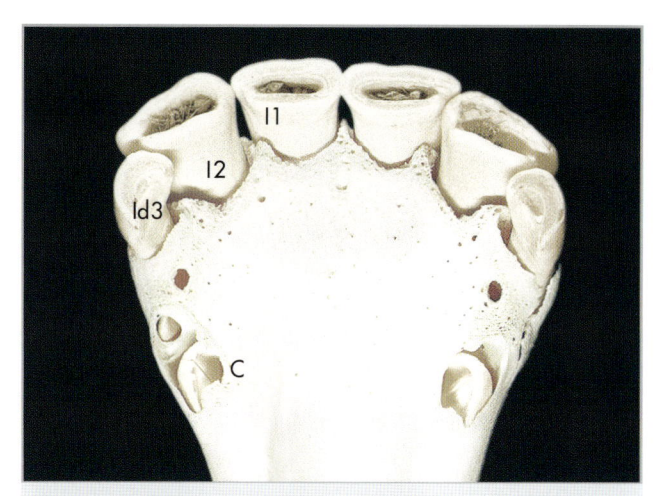

Fig. 8.25 Face oclusal dos dentes incisivos mandibulares de um equino de 4½ anos (vista da superfície lingual).

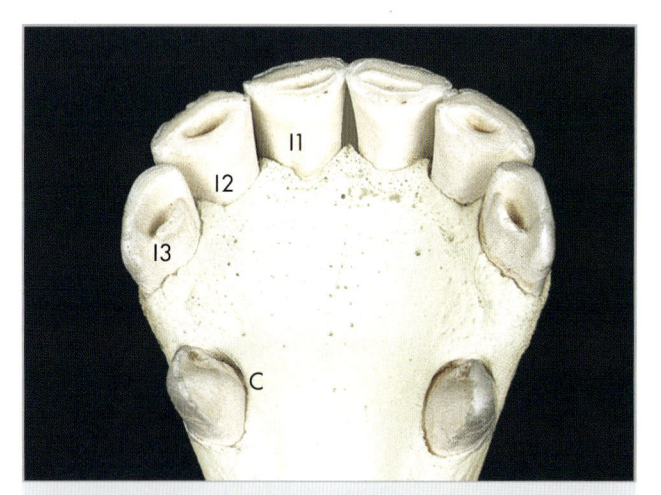

Fig. 8.26 Face oclusal dos dentes incisivos mandibulares de um equino de 6 anos (vista da superfície lingual).

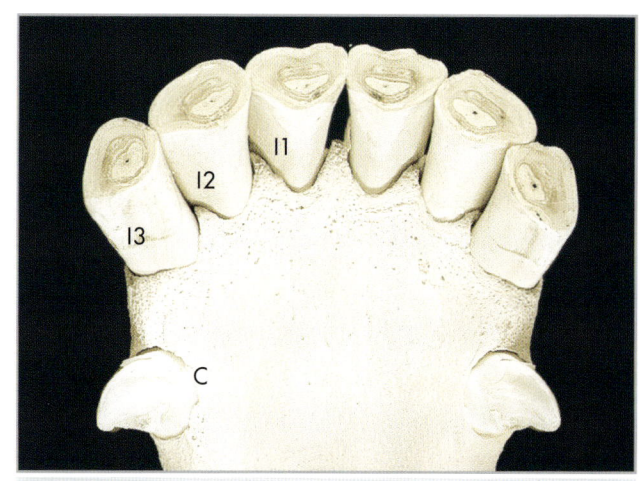

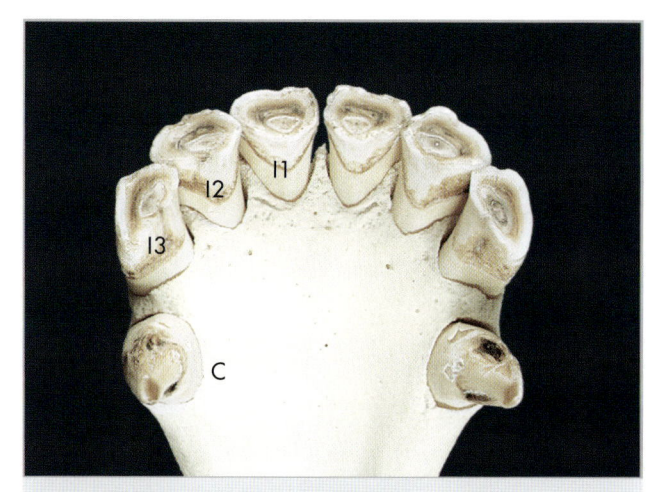

Fig. 8.27 Face oclusal dos dentes incisivos mandibulares de um equino de 10 anos (vista da superfície lingual).

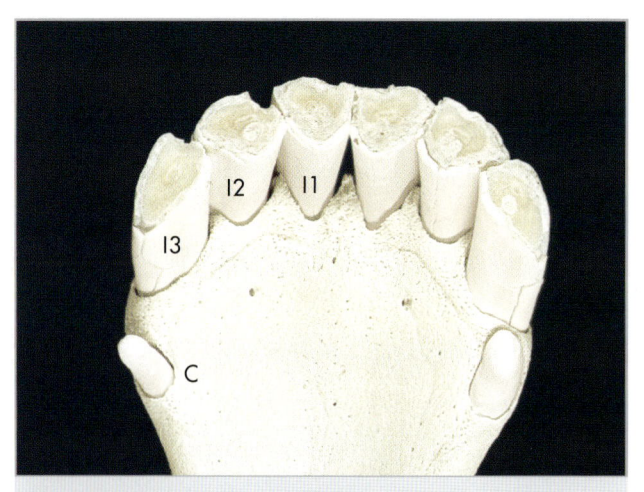

Fig. 8.28 Face oclusal dos dentes incisivos mandibulares de um equino de 12 anos (vista da superfície lingual).

Fig. 8.29 Face oclusal dos dentes incisivos mandibulares de um equino de 17 anos (vista da superfície lingual).

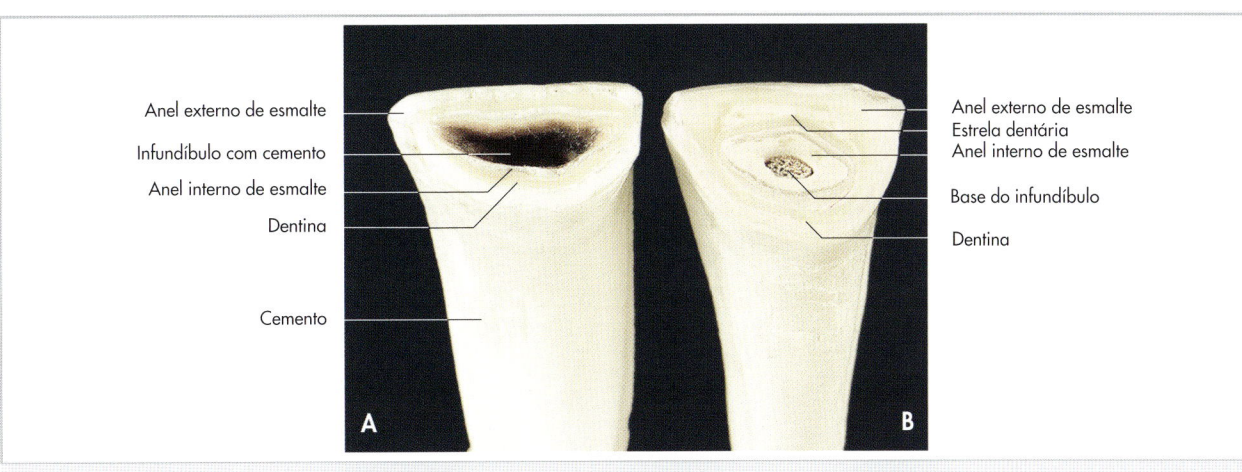

Fig. 8.30 Face oclusal de um equino mais jovem (A), com infundíbulo visível, e de um equino mais velho (B), no qual o infundíbulo desapareceu, mas a estrela dentária ainda é visível.

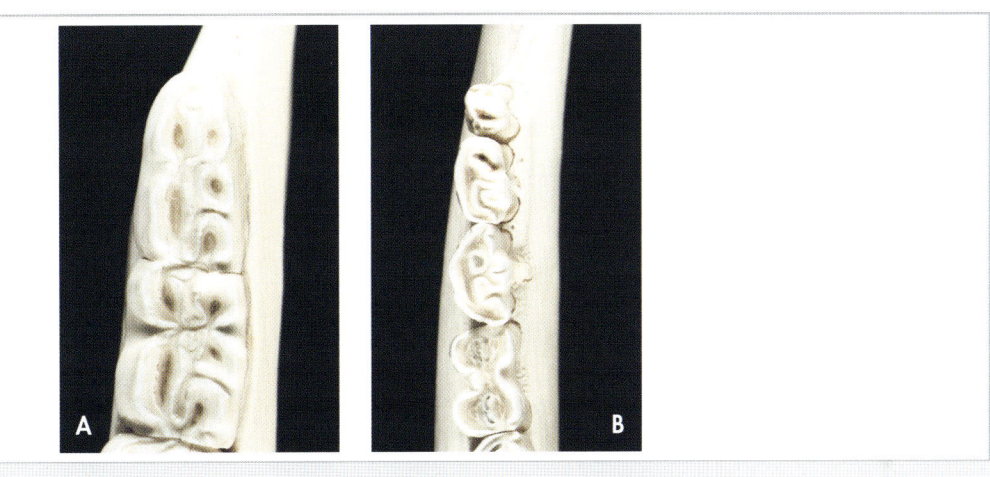

Fig. 8.31 Face oclusal dos dentes pré-molares mandibulares (A) de um equino e (B) de um bovino (aspecto superior).

A inserção dos **incisivos** nos alvéolos é relativamente frouxa (▶Fig. 8.34). A coroa dos incisivos superiores central e médio apresenta três pequenas cúspides (central, mesial e distal). As cúspides mesiais estão ausentes nos incisivos inferiores. A perda dessas características, devido ao desgaste contínuo, pode reduzir os incisivos a simples cotos prismáticos. Esse processo é acelerado em cães que apresentam predileção por mastigar pedras.

A **raiz dos caninos** é massiva, sendo consideravelmente mais longa que a coroa. A sua extremidade caudal estende-se além da raiz do primeiro pré-molar. Os pré-molares aumentam de tamanho de rostral para caudal. O **P4 superior** é um dente muito grande, tem três raízes e é conhecido como **carniceiro** ou **dente setorial** (*dens sectorius*). Os abcessos radiculares que ocorrem por fraturas do dente carniceiro podem resultar em drenagem do trato suborbital. O tratamento envolve a extração do dente afetado. Os molares superiores também apresentam três raízes, mas estas são consideravelmente menores que as raízes do P4.

Na **mandíbula**, o bem desenvolvido M1 é o **dente setorial**, que apresenta duas grandes raízes divergentes, que alcançam toda a largura da mandíbula. Os molares caudais servem como dentes esmagadores (▶Fig. 8.33).

A dentição canina, assim como a felina, é do tipo **secodonte**. Os dois dentes setoriais (P4 superior e M1 inferior) exercem uma ação de tesoura durante o fechamento da boca.

Os incisivos decíduos erupcionam com aproximadamente 4 semanas de idade. A erupção dos caninos ocorre ao redor do mesmo período (3 a 5 semanas). Os pré-molares (Pd2, Pd3, Pd4) aparecem com 6 semanas de idade, completando a dentição decídua. Os primeiros pré-molares permanentes emergem com 4 a 5 meses; eles não têm decíduos precedentes.

Entre 3 e 7 meses de idade, os dentes decíduos são repostos, e os molares erupcionam. Após esse período, a estimativa da idade baseada na dentição fica difícil de ser avaliada.

Dentição do suíno

A oclusão em suínos é **isognática**, isto é, a superfície de oclusão do arco dental maxilar (*arcus dentalis superior*) repousa sobre o arco dental mandibular (*arcus dentalis inferior*) quando a boca está fechada. Essa característica particular da dentição em suínos são os dentes caninos, ou **presas**, que continuam a crescer por toda a vida do animal (▶Fig. 8.35). Os molares apresentam eminências especializadas, que são adaptadas para a trituração de alimentos.

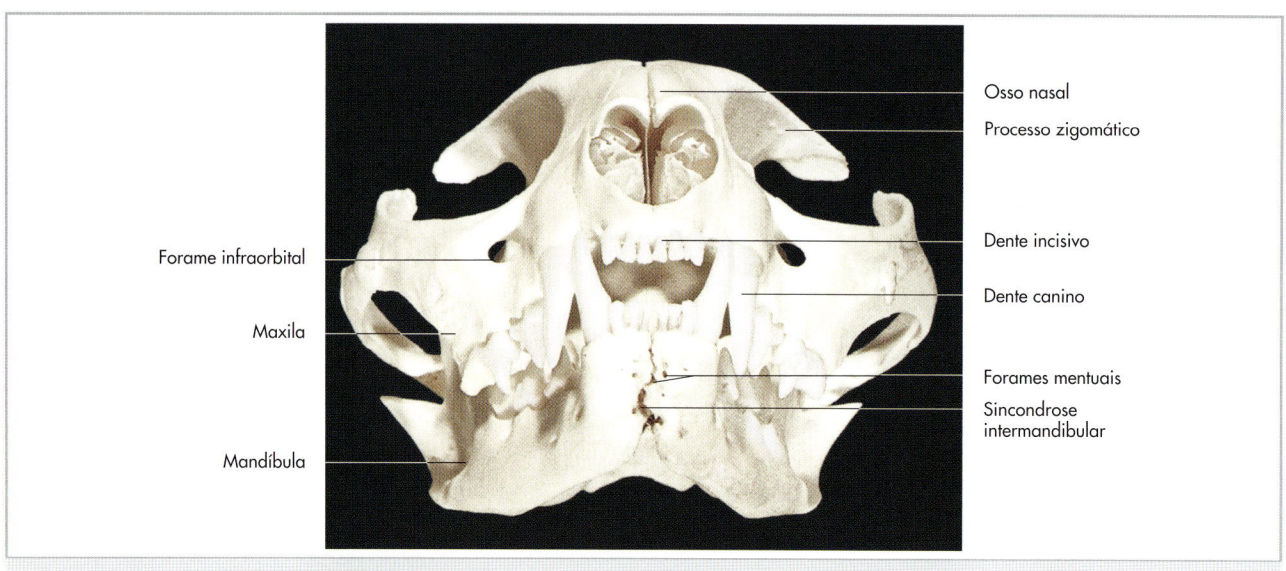

Fig. 8.32 Dentição de um puma (vista frontal).

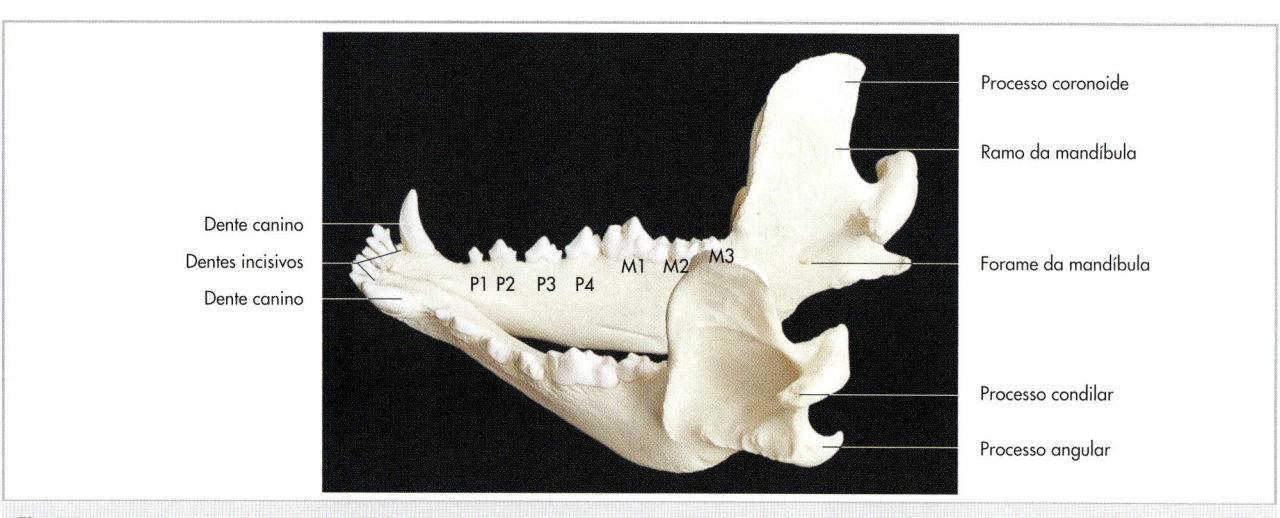

Fig. 8.33 Dentes mandibulares de um cão (vista caudolateral).

Dentição do bovino

Os incisivos e caninos dos ruminantes são braquiodontes e do tipo haplodonte. Os pré-molares e molares são hipsodontes da variedade selenodonte. Os incisivos superiores e os caninos estão ausentes em ruminantes. Eles são substituídos por uma **almofada dentária** (*pulvinus dentalis*).

Na mandíbula, os dentes caninos ocupam uma posição relativamente rostral e sofrem uma modificação que os torna parecidos com os incisivos, unindo-se ao grupo destes. Não existe infundíbulo nos (haplodontes) dentes incisivos. Os incisivos são denominados incisivos central (I1), primeiro médio (I2), segundo médio (I3) e canto (I4) (▶Fig. 8.36). Cada incisivo tem uma coroa em forma de pá com colo distinto. Mesmo em animais saudáveis, os incisivos estão inseridos frouxamente nos alvéolos.

Em animais mais velhos, a coroa dos incisivos pode estar completamente desgastada, com os dentes visíveis consistindo em raízes bem espaçadas na margem alveolar. Em muitos casos, os dentes caem antes de se alcançar esse estágio. A língua pode ser segurada facilmente por meio do **amplo diastema**, para facilitar o exame da boca.

A **erupção dos incisivos permanentes** utilizados para a estimativa da idade ocorre da seguinte forma (▶Fig. 8.36, ▶Fig. 8.37, ▶Fig. 8.38, ▶Fig. 8.39, ▶Fig. 8.40 e ▶Fig. 8.41):

- I1: 1½ anos;
- I2: 2¼ anos;
- I3: 3 anos;
- I4: 3¾ anos.

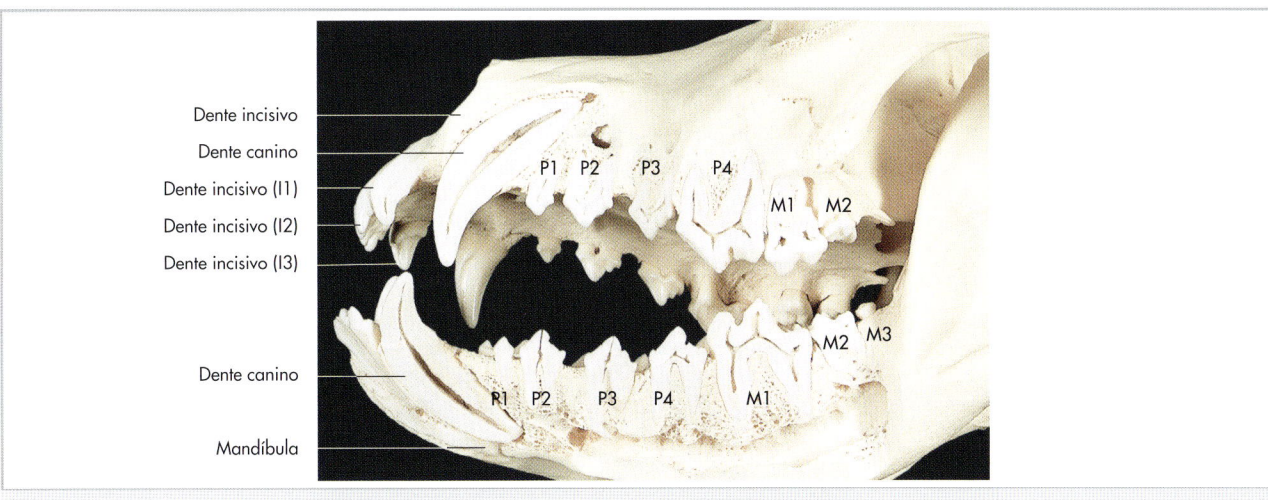

Sistema digestório (*apparatus digestorius*) 345

Fig. 8.34 Secção sagital dos dentes maxilares e mandibulares de um cão (vista lateral).

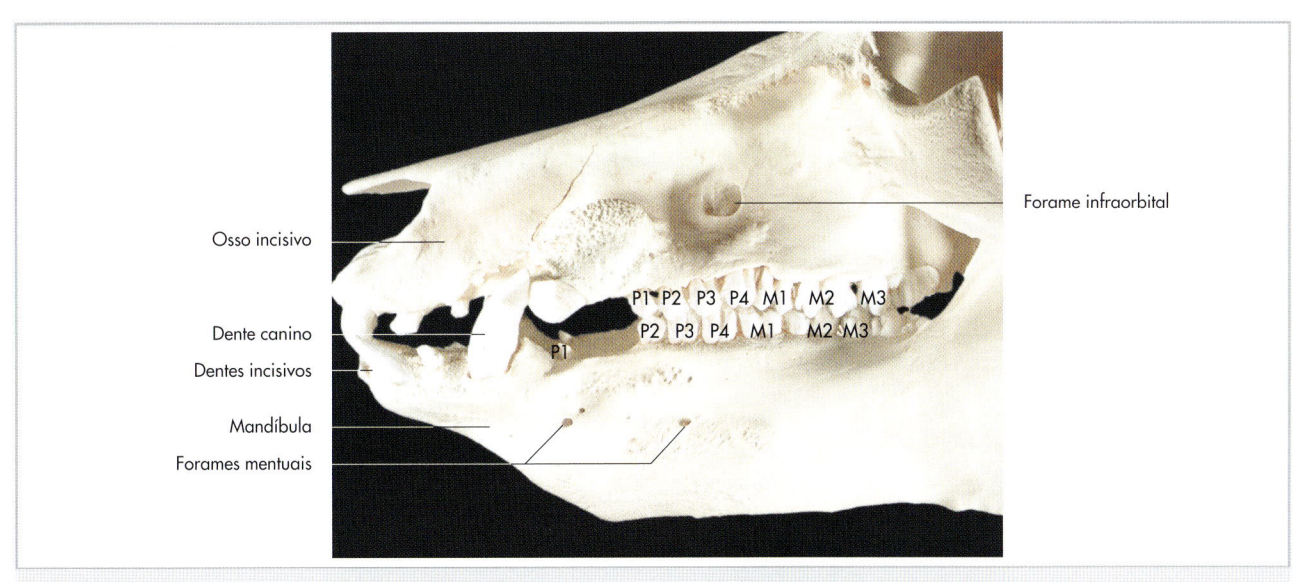

Fig. 8.35 Dentição de um suíno (vista lateral). (Fonte: cortesia do PD Dr. S. Reese, Munique.)

O desgaste dos incisivos dá origem a uma superfície de trituração (mastigatória). Inicialmente estreito, ele se expande para cobrir uma proporção crescente da superfície lingual da linha dos incisivos (aproximadamente 50% aos 7 a 8 anos de idade, e 100% aos 9 a 10 anos). Os dentes molares apresentam infundíbulo semilunar, um infundíbulo para cada pré-molar e dois para cada molar.

Articulação temporomandibular (*articulatio temporomandibularis*)

A articulação temporomandibular é uma articulação sinovial entre o ramo mandibular e a parte escamosa do osso temporal. Trata-se de uma **articulação condilar** (*articulatio condylaris*), cujas faces articulares não correspondem totalmente umas às outras. Para compensar essa incongruência, um **disco fibrocartilaginoso** (*discus articularis*) interpõe-se entre as superfícies articulares. Esse disco é relativamente espesso em herbívoros, delgado no cão e ausente ou reduzido a uma membrana muito fina no gato (para uma descrição mais detalhada, consultar Capítulo 2, "Esqueleto axial", p. 73).

A articulação temporomandibular é formada pela cabeça do processo condilar da **mandíbula** (*caput mandibulae*) e pela área articular tripartida do osso temporal. Rostralmente, é formada pelo tubérculo articular e pela **fossa mandibular** (*fossa mandibularis*), com sua face articular transversa no meio. Caudalmente, é formada pelo **processo retroarticular** (*processus retroarticularis*). A **cápsula articular** se prolonga desde as margens livres das faces articulares e se fixa a toda a borda do disco. Assim, a cavidade articular fica dividida completamente em um compartimento dorsal maior e um compartimento menor ventral. A **camada fibrosa externa** da

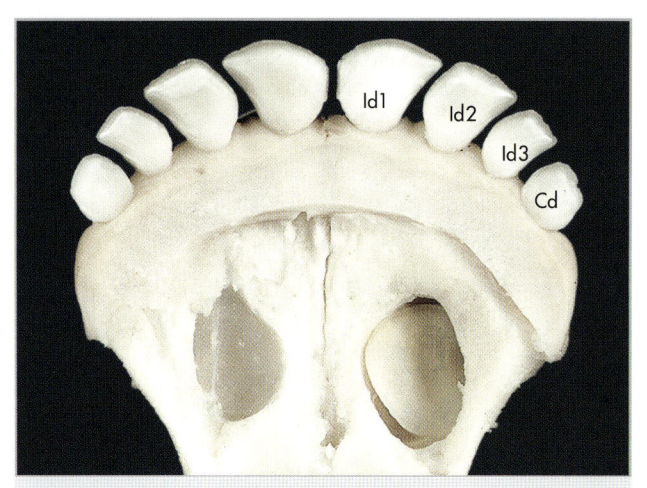

346 Anatomia dos animais domésticos

Fig. 8.36 Face oclusal dos dentes incisivos mandibulares decíduos em um bovino de 1 ano (vista da face lingual).

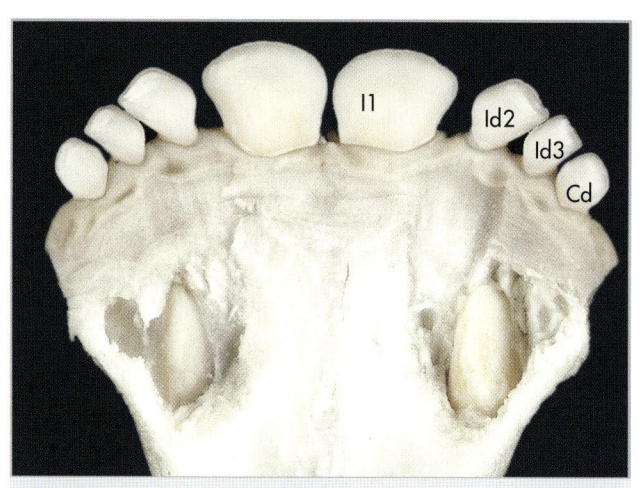

Fig. 8.37 Face oclusal dos dentes incisivos mandibulares em um bovino de 1½ ano (vista da face lingual).

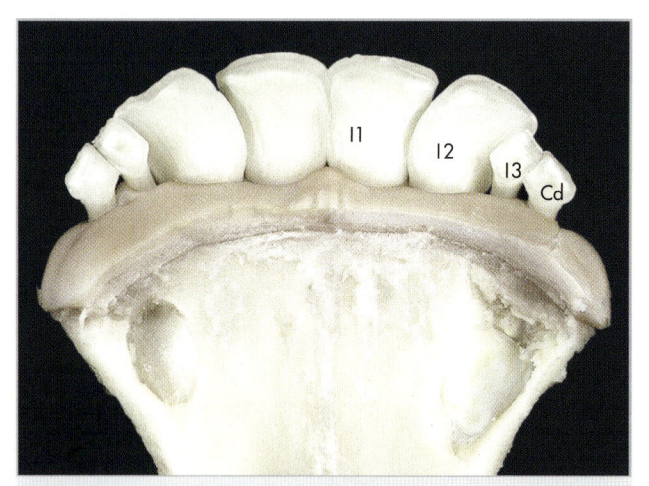

Fig. 8.38 Face oclusal dos dentes incisivos mandibulares em um bovino de 2½ anos (vista da face lingual).

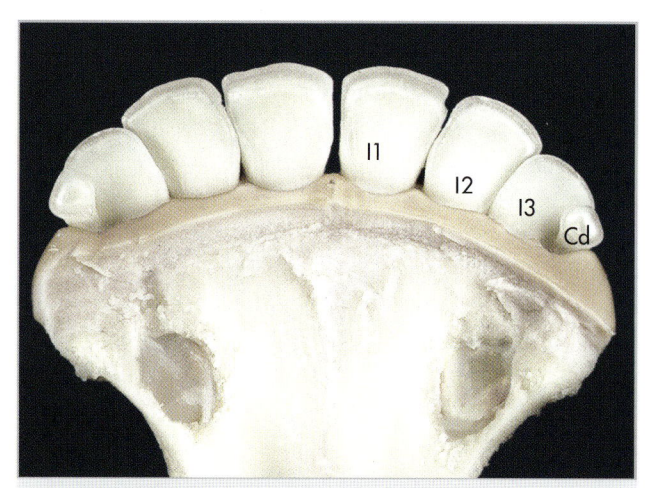

Fig. 8.39 Face oclusal dos dentes incisivos mandibulares em um bovino de 3½ anos (vista da face lingual).

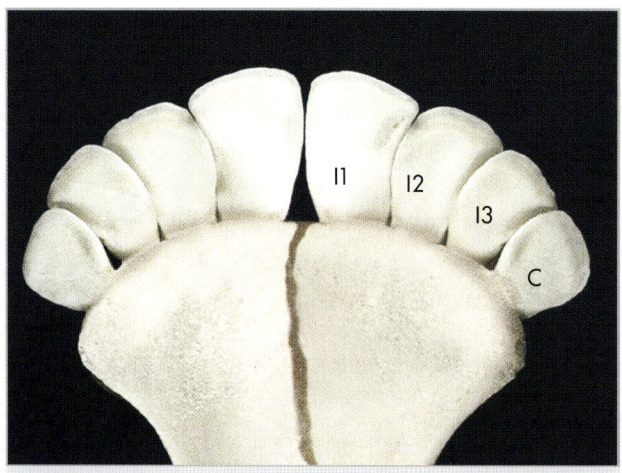

Fig. 8.40 Face oclusal dos dentes incisivos mandibulares em um bovino de 4½ anos (vista da face lingual).

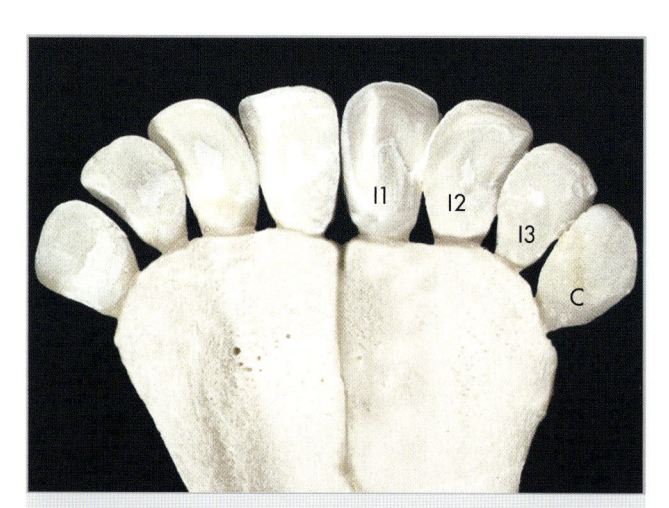

Fig. 8.41 Face oclusal dos dentes incisivos mandibulares em um bovino de 5½ anos (vista da face lingual).

cápsula articular (*stratum fibrosum*) é fortalecida pelo **ligamento lateral** (*ligamentum laterale*) em todas as espécies e pelo **ligamento caudal** (*ligamentum caudale*), que se prolonga entre o processo retroarticular e a base do processo coronoide. O ligamento caudal não está presente em carnívoros e no suíno. Os movimentos principais da articulação temporomandibular são para cima e para baixo, para abrir e fechar a boca. Um grau limitado de trituração lateral e movimentos para a frente e para trás da mandíbula é possível em herbívoros. As variações específicas de cada espécie se baseiam no padrão de mastigação e sofrem influência dos músculos da mastigação.

A **articulação intermandibular** (*articulatio intermandibularis*) é a sutura óssea mediana que une os corpos mandibulares direito e esquerdo (*sutura intermandibularis*). Ela toma a forma de uma sinostose no suíno e no equino, porém apresenta uma determinada mobilidade em ruminantes e no cão.

Músculos da mastigação

Os músculos responsáveis pela mastigação são fortes e exibem variações acentuadas específicas de cada espécie, devido à diferente anatomia de todo o aparelho mastigatório, incluindo os componentes esqueléticos, os dentes e a articulação temporomandibular. Os músculos da mastigação compreendem os músculos que elevam a mandíbula e, desse modo, fecham a boca:

- músculo masseter (*m. masseter*);
- músculo pterigóideo medial (*m. pterygoideus medialis*);
- músculo pterigóideo lateral (*m. pterygoideus lateralis*);
- músculo temporal (*m. temporalis*).

Esses músculos são derivados do primeiro arco branquial e, portanto, recebem o seu suprimento nervoso pelo ramo mandibular do nervo trigêmeo.

O **músculo masseter** é multipeniforme, largo, com múltiplas intersecções tendinosas. Ele se origina a partir da margem ventral do arco zigomático e da crista facial e se insere na face lateral da mandíbula, prolongando-se desde a incisura dos vasos faciais até a articulação temporomandibular. Quando os músculos masseteres de ambos os lados atuam em conjunto, eles forçam a união entre a mandíbula e a maxila; se atuarem independentemente, eles conduzem a mandíbula para o lado do músculo que se contrai, o que é essencial para o processo de trituração dos herbívoros. No cão, cujo movimento principal da mandíbula e da maxila se assemelha ao movimento de uma tesoura, o músculo masseter é relativamente fraco.

Os **músculos pterigóideos** passam da base do crânio para a face medial da mandíbula e complementam a ação do masseter. No caso de contração bilateral, eles elevam a mandíbula; na ação unilateral, eles conduzem a mandíbula para o lado do músculo que se contrai. A parte lateral também tem a capacidade de mover a mandíbula rostralmente, principalmente quando a boca está aberta.

O **músculo temporal** ocupa a fossa temporal, sendo que seu tamanho varia nas diferentes espécies, dependendo do tamanho da fossa. Ele se origina a partir da crista temporal, a qual forma a margem da fossa temporal, e da fáscia temporal, até inserir-se no processo coronoide da mandíbula. Trata-se do músculo mais forte da cabeça dos carnívoros. Ele eleva a mandíbula, atuando em conjunto com os outros músculos da mastigação.

Outro músculo que contribui para os movimentos da mandíbula, principalmente para a abertura da boca, é o **músculo digástrico**, o qual não costuma ser incluído na denominação "músculo da mastigação". Embora seja denominado **músculo digástrico** (*m. digastricus*), trata-se de um músculo com um único ventre nos animais domésticos, exceto no equino, no qual ele apresenta um ventre caudal e outro rostral. Nos outros mamíferos domésticos, a sua estrutura bipartida evolucionária é indicada por uma intersecção fibrosa.

A parte rostral do músculo digástrico é inervada por um ramo do **nervo mandibular** (*n. mandibularis*), ao passo que a parte caudal é inervada pelo ramo digástrico do **nervo facial** (*n. facialis*), que se prolonga entre o processo paracondilar occipital e a face medial da mandíbula. No equino, o ventre caudal se ramifica para formar uma **parte lateral** (*pars occipitomandibularis*), a qual se insere no ângulo da mandíbula e a retrai para trás. Ele possui um tendão redondo intermédio, o qual perfura o tendão de inserção do músculo estilo-hióideo. Após passar sob o osso basi-hioide, ele forma o ventre rostral, o qual se fixa à face medial da margem ventral do corpo da mandíbula. O músculo digástrico deprime a mandíbula e abre a boca.

8.1.7 Faringe (*cavum pharyngis*)

A faringe é a cavidade comum através da qual passam o ar e o material ingerido. Ela conecta a cavidade oral ao esôfago e a cavidade nasal à laringe. A faringe faz limite dorsalmente com a base do crânio e com as duas vértebras cervicais craniais, ventralmente com a laringe e lateralmente com a mandíbula, os músculos pterigóideos e a parte suspensória do aparelho hioide (▶Fig. 8.42, ▶Fig. 8.43, ▶Fig. 8.44 e ▶Fig. 8.47).

A faringe pode ser dividida em **três partes**:
- parte nasal da faringe (*pars nasalis pharyngis*);
- parte oral da faringe (*pars oralis pharyngis*);
- parte laríngea da faringe (*pars laryngea pharyngis*).

O **palato mole** (*palatinum molle*, *velum palatinum*) divide a parte rostral da faringe em uma parte dorsal e outra ventral. A parte acima do palato mole é denominada **parte nasal da faringe** (▶Fig. 8.3 e ▶Fig. 8.47), e o compartimento ventral é chamado de parte oral da faringe. As duas partes se encontram no **óstio intrafaríngeo** (*ostium intrapharyngeum*), o qual é formado pela margem livre do **palato mole** (*arcus veli palatini*) e pelos **arcos palatofaríngeos**, os quais conectam o palato mole às estruturas adjacentes caudalmente.

A continuação caudal, comum tanto à parte nasal quanto à parte oral da faringe, é conhecida como **parte laríngea da faringe**.

A **parte nasal da faringe** se prolonga dorsalmente ao palato mole, desde as coanas até o óstio intrafaríngeo. Ela é revestida pela mucosa respiratória e não participa do processo de deglutição, porém forma uma via passiva para o fluxo de ar (▶Fig. 8.47). Em ungulados, a parte nasal da faringe se prolonga caudodorsalmente até formar o recesso faríngeo. No suíno, uma bolsa mucosa cega, o divertículo faríngeo, emerge da parede faríngea dorsal até a entrada do esôfago.

O **istmo das fauces** se prolonga ventralmente ao palato mole, desde a cavidade oral até o óstio intrafaríngeo (▶Fig. 8.47). Ele faz limite dorsalmente com o palato mole, ventralmente com a raiz da língua e lateralmente com os arcos palatoglossos, um par de pregas do palato mole para o tecido adjacente. O revestimento do istmo das fauces consiste em epitélio escamoso estratificado da mucosa oral.

A **parte laríngea da faringe** se prolonga desde o óstio intrafaríngeo até a entrada do esôfago e a laringe (▶Fig. 8.47). A epiglote se projeta na parte laríngea da faringe e é acompanhada dos dois lados pelos **recessos piriformes**, os quais têm a função de escoamento para líquidos. A parte caudal da parte laríngea da faringe,

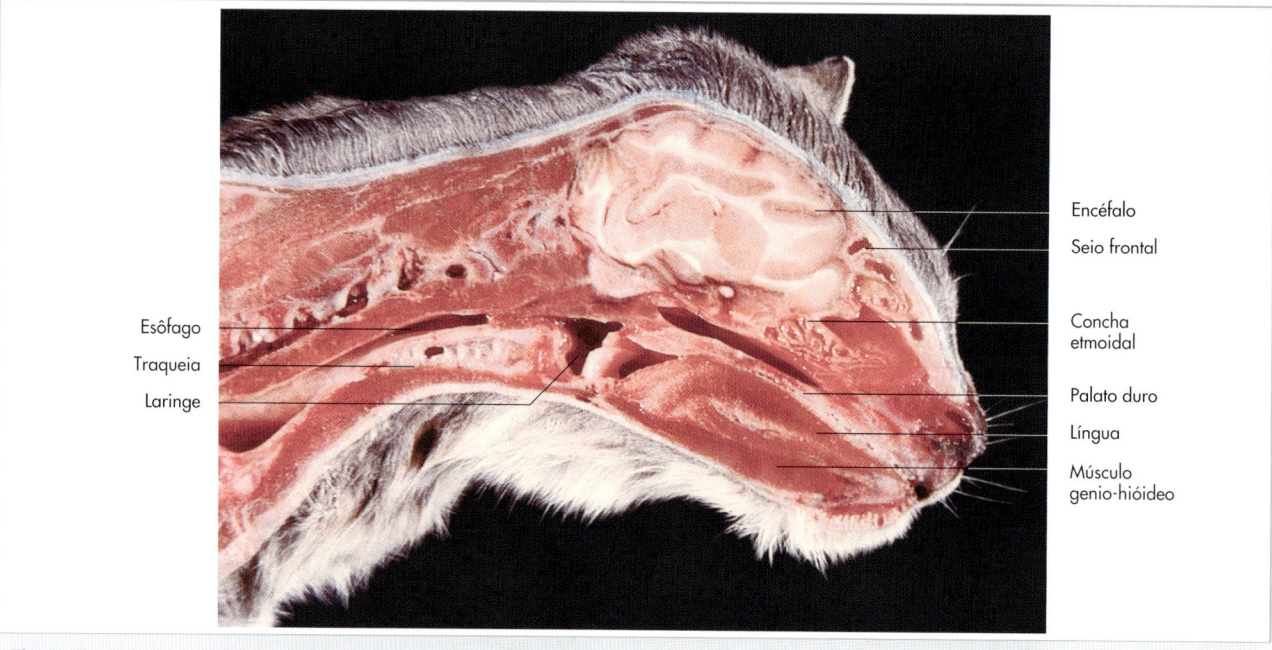

Fig. 8.42 Secção paramediana do pescoço e da cabeça de um gato.

que termina na entrada do esôfago, é conhecida como a parte esofágica da faringe. No cão, a união entre faringe e esôfago é marcada por um **limite mucoso anular** (*limen pharyngo-oesophageum*). Portanto, várias aberturas se formam dentro da cavidade faríngea:
- um par de coanas entre a cavidade nasal e a parte nasal da faringe;
- istmo das fauces (*isthmus faucium*) entre a cavidade oral e a parte oral da faringe;
- óstio faríngeo para as tubas auditivas (de Eustáquio), conectando a parte nasal da faringe à orelha média;
- entrada para a laringe (*aditus laryngis*);
- entrada para o esôfago (*aditus oesophageus*).

A parede da faringe é formada de músculo estriado (**músculos da faringe**), os quais podem ser agrupados dentro de três categorias baseados na sua ação: constrição, dilatação e encurtamento da faringe. Os músculos constritores surgem de certos pontos fixados para cada lado da faringe, estendem-se até o teto da faringe e formam uma série de arcos que envolvem o lúmen dorsal e lateralmente.

Os músculos constritores podem ser subdivididos em:
- **músculos constritores rostrais** com:
  - músculos pterigofaríngeos (*mm. pterygopharyngei*), que se originam do pterigoide;
  - músculo palatofaríngeo (*m. palatopharyngeus*), que se origina da aponeurose do palato mole;
- **músculos constritores caudais** com:
  - músculo tirofaríngeo (*m. thyropharyngeus*), que se origina da cartilagem tireóidea;
  - músculo cricofaríngeo (*m. cricopharyngeus*), que se origina da cartilagem cricóidea;
- **músculo constritor médio** com:
  - músculo hiofaríngeo (*m. hyopharyngeus*), que se origina do osso hioide.

Os músculos constritores rostrais apresentam muitas fibras, as quais se orientam em uma direção longitudinal e auxiliam no encurtamento da faringe.

Em contrapartida ao grupo de músculos constritores, há apenas um único músculo responsável pela dilatação da faringe: o músculo estilofaríngeo caudal, o qual emerge do osso hioide e se espalha na parede faríngea.

Deglutição

A deglutição envolve o processo no qual um bolo alimentar é transferido da cavidade oral através da faringe para o esôfago e, finalmente, até o estômago. Ela pode ser dividida em dois estágios. O primeiro estágio refere-se ao ato voluntário de mastigação e à passagem do bolo alimentar para a parte oral da faringe. Essa ação envolve uma movimentação semelhante a uma onda da língua contra o palato, causada pela contração dos músculos milo-hióideo, hioglosso e estiloglosso durante o fechamento da mandíbula e da maxila. O segundo estágio é iniciado quando o bolo alimentar toca a mucosa faríngea, dando início aos reflexos de deglutição. O palato mole se eleva contra o teto da parte nasal da faringe, e os fascículos musculares dentro dos arcos palatofaríngeos se contraem, fechando o óstio intrafaríngeo. A língua é elevada, realizando pressão contra o palato mole para impedir que o alimento retorne para a cavidade oral. Ao mesmo tempo, o aparelho hioide e a laringe são projetados para a frente simultaneamente, e a epiglote é retraída, protegendo o ádito da laringe. Nesse estágio, a respiração é inibida, e a comida passa pela epiglote ou, no caso de líquidos, pelos lados da epiglote. O material ingerido é impulsionado para dentro do esôfago por meio de contrações sucessivas dos três músculos constritores da faringe.

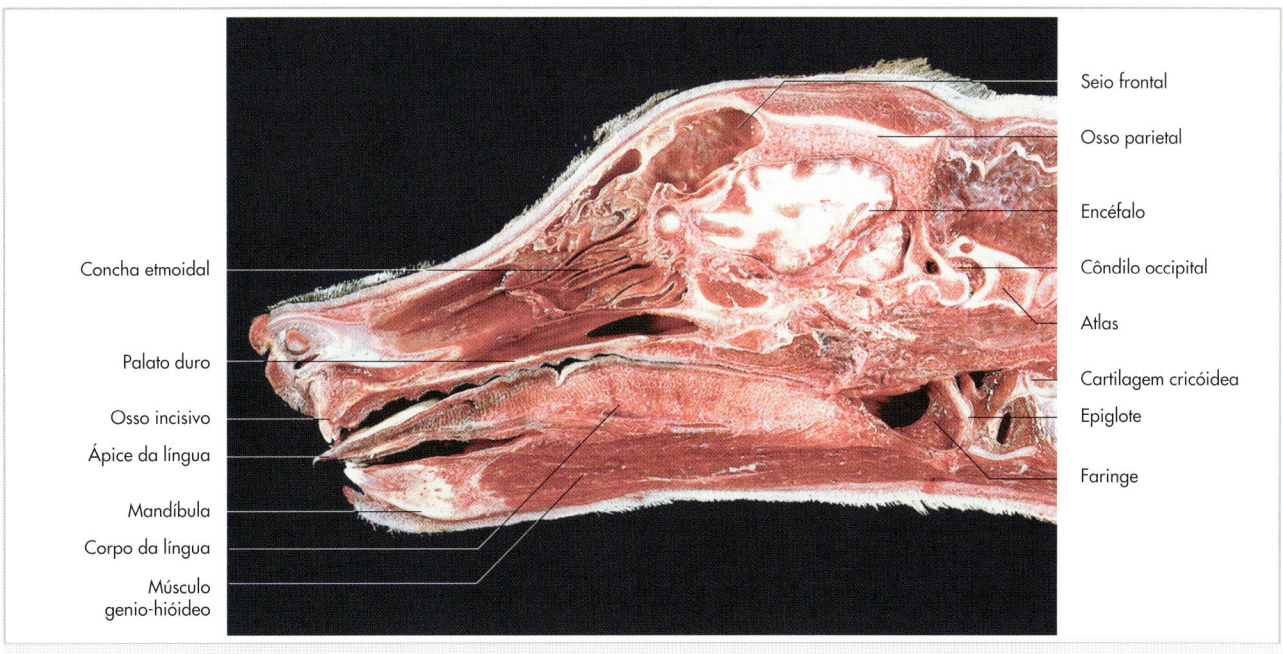

Fig. 8.43 Secção paramediana do pescoço e da cabeça de um cão.

Estruturas linfáticas da faringe (tonsilas)

As paredes faríngeas contêm uma grande quantidade de tecido linforreticular, o qual se agrega para formar **nódulos linfáticos** ou **tonsilas**. As tonsilas consistem em muitos linfonodos subepiteliais cercados por uma cápsula comum de tecido mole e apresentam apenas linfáticos eferentes. Elas formam um anel de tecido linfático ao redor da faringe, o qual proporciona uma barreira imunológica para proteger os sistemas respiratório e alimentar. As tonsilas faríngeas podem estar agrupadas em palatinas, faríngeas, coanais e tubárias, dependendo da sua localização (▶Fig. 8.45 e ▶Fig. 8.46).

A **tonsila lingual** (*tonsilla lingualis*) posiciona-se nos dois lados da raiz da língua e é particularmente desenvolvida no equino e no bovino.

A **tonsila palatina** (*tonsilla palatina*) situa-se na parede lateral da parte oral da faringe. Em carnívoros, ela se localiza dentro de uma fossa tonsilar, cuja parede medial é formada por uma prega falciforme a partir do palato mole, a prega tonsilar. A remoção cirúrgica da tonsila palatina é indicada para alguns animais (**tonsilectomia**). Essa tonsila inexiste no suíno. Outras tonsilas situam-se dentro da mucosa na superfície ventral do palato mole e são especialmente bem desenvolvidas no equino e no suíno. A **tonsila faríngea** está localizada no teto da parte nasal da faringe. A **tonsila tubária** posiciona-se próximo à entrada da tuba auditiva em ruminantes e no suíno.

8.1.8 Músculos do aparelho hioide

Os músculos do aparelho hioide apresentam uma íntima relação funcional com os músculos da língua e da faringe, pois eles auxiliam na deglutição ao deslocar a laringe primeiramente no sentido rostral e, então, no sentido caudal. Esses músculos podem ser divididos em **músculos superiores** e **inferiores** do aparelho hioide.

Musculatura superior do aparelho hioide

Os músculos superiores do aparelho hioide compreendem:
- músculo milo-hióideo (*m. mylohyoideus*);
- músculo genio-hióideo (*m. geniohyoideus*);
- músculo estilo-hióideo (*m. stylohyoideus*);
- músculo occipito-hióideo (*m. occipitohyoideus*);
- músculo cerato-hióideo (*m. ceratohyoideus*);
- músculo hióideo transverso (*m. hyoideus transversus*).

O **músculo milo-hióideo** se prolonga subcutaneamente desde a linha milo-hióidea, na face medial da mandíbula, até encontrar o seu oposto contralateral, em uma rafe mediana, fixando-se ao corpo e ao processo lingual do osso hioide. Os dois corpos suspendem e elevam a língua (▶Fig. 8.13). O músculo milo-hióideo é inervado pelo ramo mandibular do nervo trigêmeo.

O **músculo genio-hióideo** fusiforme passa dorsalmente ao músculo milo-hióideo desde a parte incisiva da mandíbula até o corpo e o processo lingual da mandíbula. Ele puxa o hioide e, consequentemente, a língua e a laringe para a frente (▶Fig. 8.13).

O **músculo estilo-hióideo** se origina do terço caudal do estilo-hioide e, no gato e no cão, do osso temporal. Ele se insere no tiro-hióideo e é capaz de mover o osso hioide e a laringe caudodorsalmente. No equino, o seu tendão de inserção forma uma faixa, através da qual passa o tendão intermédio do músculo digástrico.

O **músculo occipito-hióideo** é um músculo plano que se origina do processo paracondilar do osso occipital e se insere na extremidade caudal do estilo-hioide. Ele move a extremidade rostral do estilo-hioide e, assim, move a laringe ventralmente.

O **músculo cerato-hióideo** é uma lâmina muscular delgada e triangular que emerge da margem rostral do tiro-hióideo e se insere na margem caudal do cerato-hióideo. Ele eleva o tiro-hióideo e retrai a laringe rostrodorsalmente.

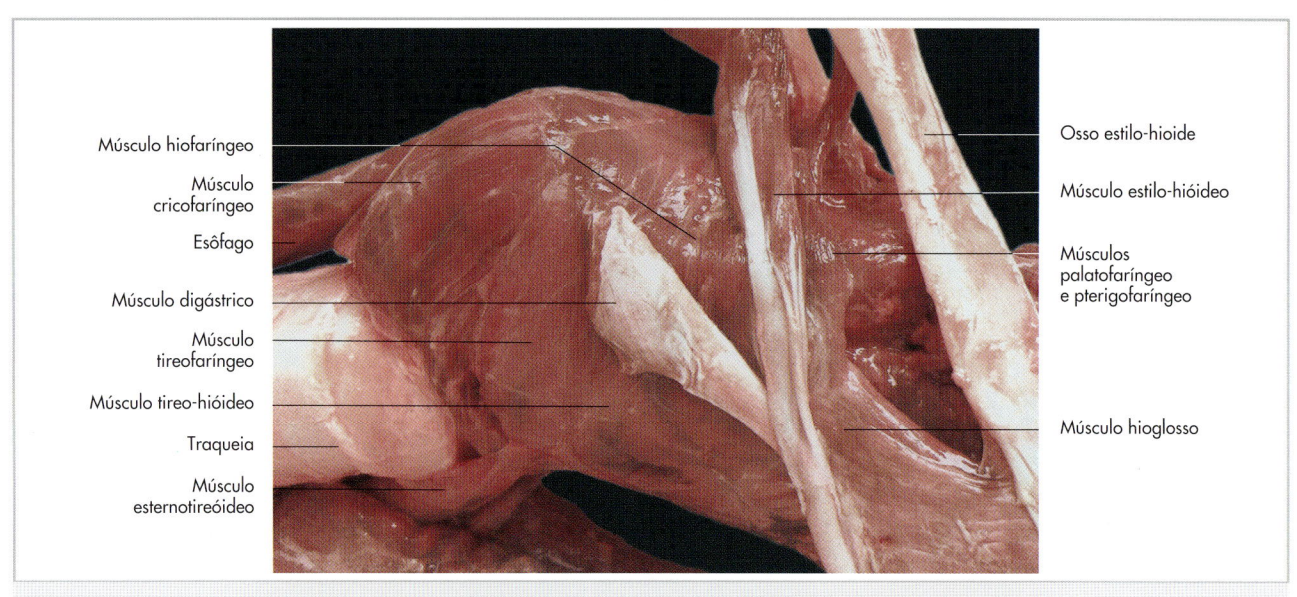

Fig. 8.44 Musculatura externa da faringe de um equino (aspecto lateral). (Fonte: cortesia do Dr. R. Macher, Viena.)

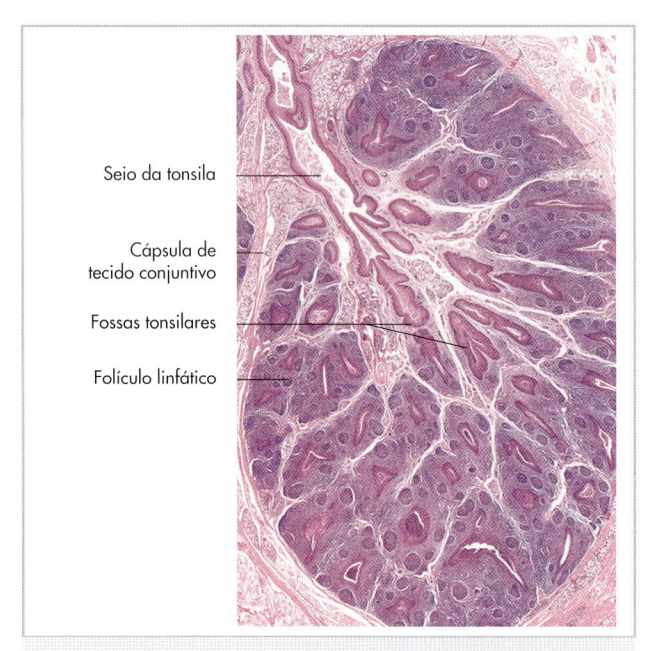

Labels (esquerda): Músculo hiofaríngeo; Músculo cricofaríngeo; Esôfago; Músculo digástrico; Músculo tireofaríngeo; Músculo tireo-hióideo; Traqueia; Músculo esternotireóideo.

Labels (direita): Osso estilo-hioide; Músculo estilo-hióideo; Músculos palatofaríngeo e pterigofaríngeo; Músculo hioglosso.

Fig. 8.45 Corte histológico da tonsila palatina de um bovino. (Fonte: cortesia do Prof. H.-G. Liebich, 2010.)

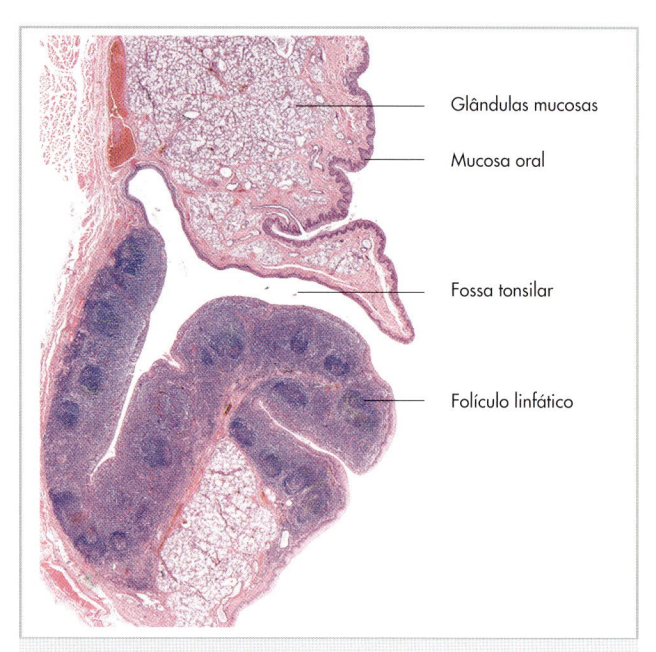

Labels: Seio da tonsila; Cápsula de tecido conjuntivo; Fossas tonsilares; Folículo linfático.

Fig. 8.46 Corte histológico de uma fossa tonsilar de um cão. (Fonte: cortesia do Prof. H.-G. Liebich, 2010.)

Labels: Glândulas mucosas; Mucosa oral; Fossa tonsilar; Folículo linfático.

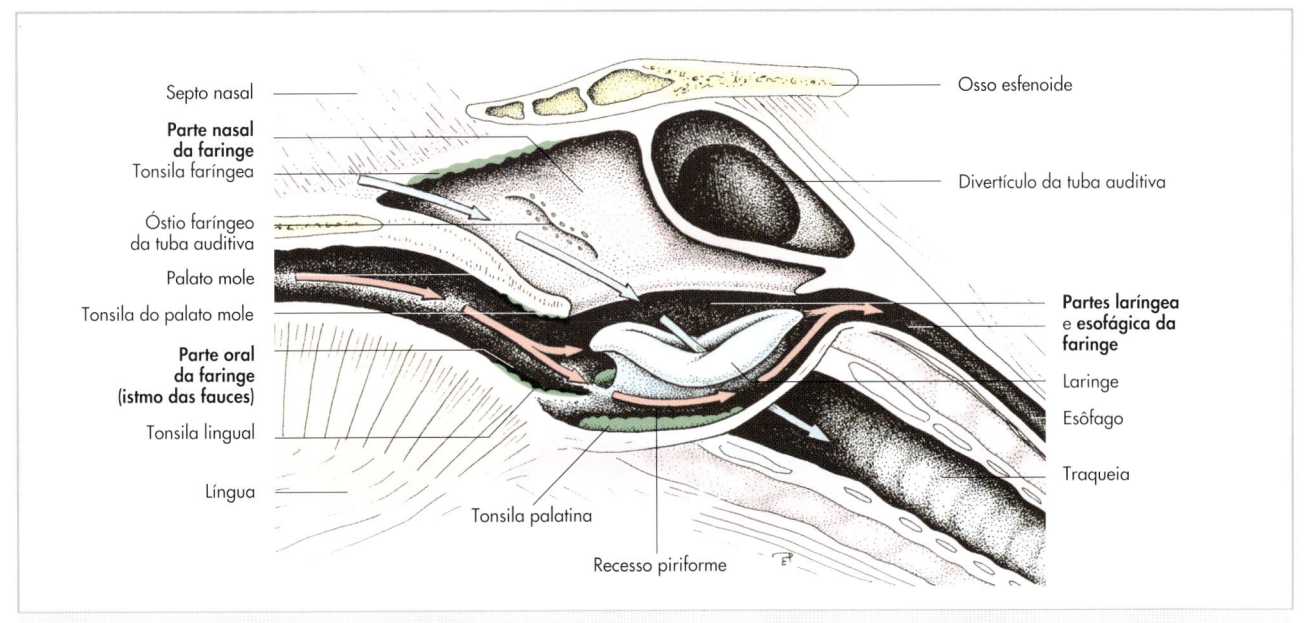

Fig. 8.47 Tecido linfático da faringe de um equino, ilustrando o cruzamento das passagens nasal e oral (representação esquemática, secção longitudinal).

O **músculo hióideo transverso** emerge do cerato-hióideo e encontra o seu oposto contralateral em uma rafe mediana indistinta. Trata-se de um músculo bastante delgado, inexistente no cão, no gato e no suíno. O suprimento nervoso dos músculos superiores do aparelho hioide, com exceção do músculo milo-hióideo, é provido pelos ramos ventrais dos dois primeiros nervos cervicais e do nervo hipoglosso.

Musculatura inferior do aparelho hioide

Os músculos inferiores do aparelho hioide podem ser considerados como a continuação cranial do músculo reto do abdome (são descritos em detalhes no Capítulo 3, "Fáscias e músculos da cabeça, do pescoço e do tronco", p. 137). Esse grupo compreende três pares de músculos:
- músculo esterno-hióideo (*m. sternohyoideus*);
- músculo esternotireóideo (*m. sternothyroideus*);
- músculo omo-hióideo (*m. omohyoideus*);

O **músculo esterno-hióideo** é uma faixa muscular forte, que se origina do manúbrio do esterno e da primeira costela (carnívoros) e se insere no osso basi-hióideo. Ele encontra o seu par contralateral na linha média cervical, e esses músculos se estendem cranialmente, revestindo a face ventral da traqueia. A sua metade caudal se fusiona ao músculo esternotireóideo.

O **músculo esternotireóideo** se separa do esterno-hióideo na metade do pescoço e se insere na cartilagem tireóidea da laringe. Os dois pares de músculos puxam o osso hioide, a laringe e a língua caudalmente durante a deglutição.

O **músculo omo-hióideo** é mais desenvolvido no equino e inexiste nos carnívoros. Ele se origina da fáscia subescapular, próximo à articulação do ombro, no equino, e da fáscia profunda do pescoço, em ruminantes, e se insere no osso basi-hióideo. No equino, o músculo omo-hióideo se une com o músculo correspondente do lado oposto a meio caminho do pescoço e se insere juntamente ao músculo esterno-hióideo no processo lingual do osso hioide.

Na metade cranial do pescoço, ele se posiciona entre a veia jugular externa e a artéria carótida comum, proporcionando uma certa proteção para esta última durante punções intravenosas nessa região do pescoço.

Os músculos hióideos superiores dilatam a faringe ao puxar o osso hioide, a língua e a laringe caudalmente. Quando esses músculos são tensionados passivamente pela elevação da cabeça e do pescoço para a administração de medicação intraoral, a deglutição não ocorre adequadamente, de modo que a medicação pode passar para a traqueia ou para a cavidade nasal. Esses músculos também são inervados pelos ramos ventrais dos dois primeiros nervos cervicais.

8.2 Parte cranial do canal alimentar (esôfago e estômago)

8.2.1 Esôfago

O esôfago é um tubo que conecta a faringe e o estômago. Ele se inicia dorsalmente à cartilagem cricóidea da laringe e termina na cárdia do estômago. Em sua origem, o esôfago passa para a esquerda da traqueia, de forma que, na entrada da cavidade torácica, ele se posiciona na face lateral esquerda da traqueia.

Dentro da cavidade torácica, o esôfago se localiza dorsalmente à traqueia e percorre o mediastino, prosseguindo para além da bifurcação da traqueia e sobre a base do coração. Ele continua ventral à aorta ascendente, com uma leve inclinação dorsal, e entra na cavidade abdominal através do hiato esofágico do diafragma, acompanhado dos troncos vagais dorsal e ventral. Em seguida, o esôfago cruza sobre a margem dorsal do fígado para se unir ao estômago na cárdia.

Como percorre a maior parte do pescoço, todo o tórax e termina ao entrar no abdome, o esôfago se divide em partes cervical, torácica e abdominal. Em ruminantes e no equino, o lúmen do esôfago se estreita na entrada da cavidade torácica e no hiato esofágico do

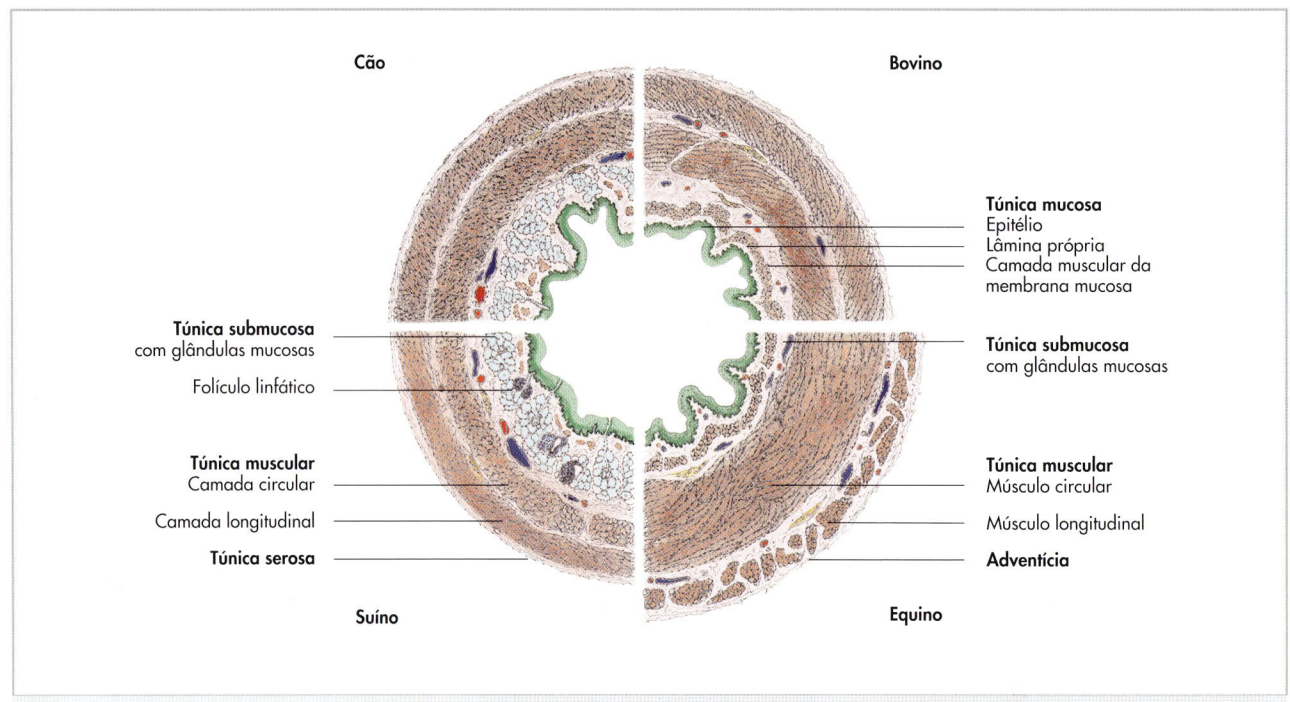

Fig. 8.48 Secção transversal do esôfago de um cão, de um suíno, de um bovino e de um equino (representação esquemática).

diafragma, o que predispõe essas espécies a estrangulamentos nesses pontos. Os carnívoros, no entanto, apresentam tendência a megaesôfago ou dilatação do esôfago antes de sua entrada no abdome.

Estrutura do esôfago

A estrutura do esôfago segue um padrão geral comum ao restante do canal alimentar.

O esôfago apresenta **quatro camadas** (▶Fig. 8.48), desde a mais interna até a mais externa:

- **mucosa** (*tunica mucosa*) com:
  - epitélio (*epithelium mucosae*);
  - lâmina própria (*lamina propria mucosae*);
  - lâmina muscular da membrana mucosa (*lamina muscularis mucosae*);
- **submucosa** (tela submucosa);
- **camada muscular** (*tunica muscularis*) com:
  - camada muscular circular (*stratum circulare*);
  - camada muscular longitudinal (*stratum longitudinale*);
- **túnica adventícia** (*tunica adventitia*) na **parte cervical**, **serosa** (*tunica serosa*) na **parte torácica** (*pleura*) e na **parte abdominal** (*peritoneum*).

A **camada superficial da mucosa** é composta por um epitélio estratificado escamoso, queratinizado superficialmente, sendo que o grau de queratinização varia entre as espécies conforme a aspereza de sua dieta. A submucosa conecta a mucosa frouxamente com as camadas musculares, permitindo, assim, que a mucosa forme pregas longitudinais quando o esôfago se contrai. Essas pregas podem ser visualizadas em radiografia de contraste e endoscopia.

A submucosa contém glândulas mucosas em toda a sua extensão no cão, na primeira metade cranial do suíno e apenas no início do esôfago nos outros mamíferos domésticos.

As **camadas musculares** são compostas de dois estratos musculares, uma camada longitudinal externa e uma camada circular interna. As duas camadas são espirais e giram em direções opostas no segmento inicial do esôfago, porém, quanto mais próximas forem do estômago, mais longitudinal se tornará a camada externa e mais circular se tornará a interna.

Essas camadas musculares são constituídas de músculo estriado sobre toda a extensão do esôfago em ruminantes e no cão; no suíno, a parte mais caudal do esôfago é composta de músculo liso; e no equino e no gato, apenas os primeiros dois terços do esôfago são constituídos por músculo estriado, sendo que o terço caudal é composto por músculo liso.

A **camada muscular** forma o esfíncter da cárdia (*m. sphincter cardiae*), onde o esôfago se une ao estômago. Contrações sucessivas das camadas musculares provocam ondas peristálticas, as quais impulsionam o alimento da faringe para o estômago. As contrações antiperistálticas são responsáveis pela regurgitação em ruminantes e pelo vômito, nos outros mamíferos domésticos.

A **camada externa da parte cervical** do esôfago é adventícia, com tecido conjuntivo frouxo, a qual conecta o esôfago ao tecido adjacente de forma móvel. A **adventícia** é substituída pela serosa no tórax e no abdome (para uma descrição mais detalhada, consultar obras sobre histologia).

O esôfago recebe a sua inervação dos nervos simpático e vago.

Os linfáticos drenam para os linfonodos cervicais profundos (*lymphonodi cervicales profundi*) e para os linfonodos mediastinais (*lymphonodi mediastinales*).

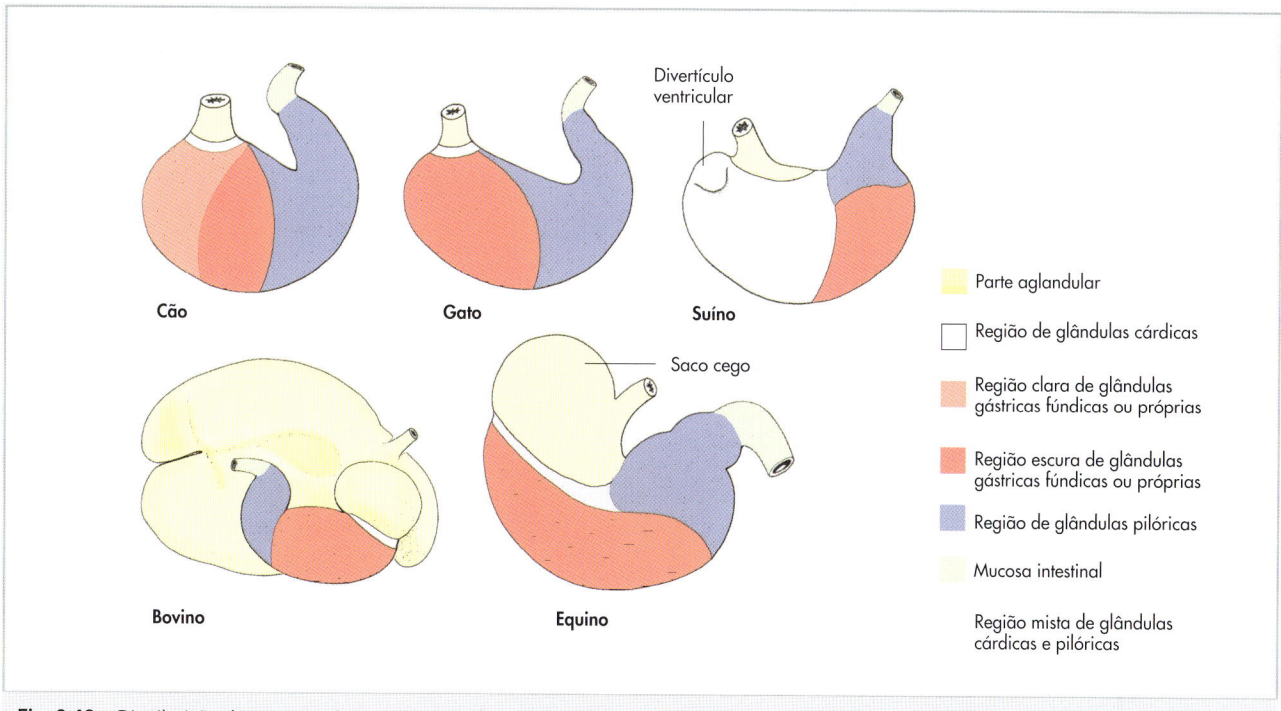

Fig. 8.49 Distribuição da mucosa gástrica nos mamíferos domésticos (representação esquemática).

8.2.2 Estômago (*gaster, ventriculus*)

O estômago se interpõe entre o esôfago e o intestino delgado. Nos mamíferos domésticos, o estômago varia consideravelmente na forma e na distribuição dos diferentes tipos de revestimento da mucosa. Considerando-se a sua forma, eles podem ser divididos em estômago unicavitário, com apenas um compartimento, e complexo, com muitos compartimentos (▶Fig. 8.49).

O revestimento mucoso do estômago glandular é revestido por mucosa glandular com um epitélio colunar simples. Estômagos compostos apresentam uma área de mucosa glandular, e outra revestida por uma mucosa aglandular coberta por um epitélio escamoso estratificado.

Gatos e cães apresentam estômagos glandulares unicavitários. O equino e o suíno possuem estômago unicavitário composto, sendo que a maioria do estômago é revestida por mucosa glandular e uma pequena parte cranial por mucosa aglandular. Os ruminantes apresentam um estômago complexo e composto, o qual compreende quatro compartimentos, três dos quais (rúmen, retículo, omaso) são revestidos por mucosa aglandular e um (abomaso) é revestido por mucosa glandular.

Estômago unicavitário

O estômago unicavitário é uma dilatação do canal alimentar em forma de saco (▶Fig. 8.49, ▶Fig. 8.55 e ▶Fig. 8.56). As **principais divisões** do estômago são:
- parte cárdica (*pars cardiaca*);
- fundo gástrico (*fundus ventriculi*);
- corpo gástrico (*corpus ventriculi*);
- parte pilórica (*pars pylorica*).

O estômago apresenta uma face visceral e outra parietal, bem como uma curvatura maior e outra menor.

A entrada do estômago é denominada **cárdia**, ao passo que a saída é denominada **piloro**, e ambas são controladas por **esfíncteres**. A cárdia, onde o esôfago se une ao estômago, situa-se à direita do plano mediano do abdome; já o piloro, que continua em direção ao duodeno, situa-se mais à esquerda. A forma e a posição exatas do estômago dependem do grau de preenchimento.

O **corpo** é a maior parte média do estômago, a qual se prolonga desde o fundo, à esquerda, até o piloro, à direita. A parte **pilórica** pode ser dividida em **antro pilórico** (*antrum pyloricum*) expandido e **canal pilórico** (*canalis pyloricus*) em direção ao duodeno. O fundo é uma invaginação cega que emerge acima do corpo e da cárdia. Ele tem a forma de um **saco cego** (*saccus caecus*) no equino e forma o **divertículo** ventricular ou gástrico no suíno.

A **face parietal** (*facies parietalis*) do estômago situa-se contra o diafragma e o fígado, ao passo que a **face visceral** (*facies visceralis*) está em contato com os órgãos abdominais adjacentes, situados na direção caudal.

A **curvatura maior** (*curvatura ventriculi major*) é a margem convexa ventral do estômago, que se prolonga desde a cárdia até o piloro, o qual propicia fixação para o omento maior. A **curvatura menor** é a margem dorsal côncava do estômago, a qual também segue o trajeto da cárdia até o piloro (▶Fig. 8.54 e ▶Fig. 8.57). Ela está conectada ao fígado pelo omento menor. A curvatura menor não é uniformemente côncava, pois apresenta uma **incisura angular** (*incisura angularis*). Em alguns indivíduos, sobretudo em gatos, essa incisura é bastante proeminente e pode dificultar as gastroscopias.

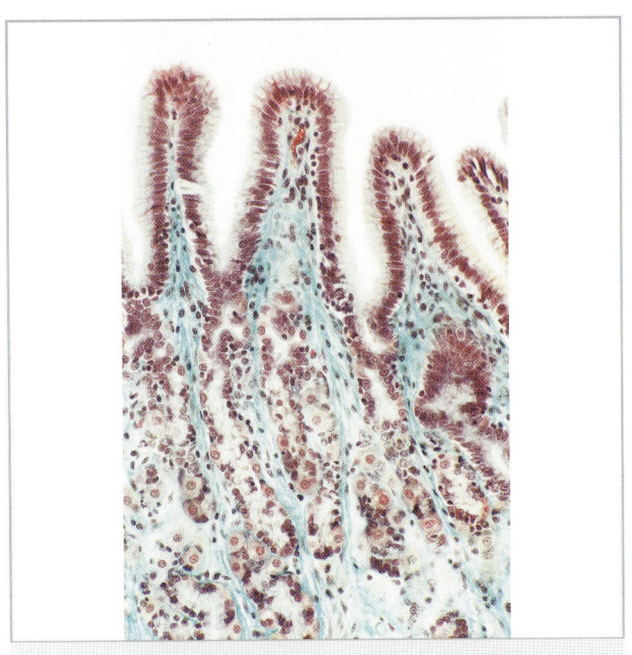

Fig. 8.50 Secção da região de glândulas cárdicas no estômago de um cão, mostrando as glândulas cárdicas na lâmina própria e nas fóveas gástricas.

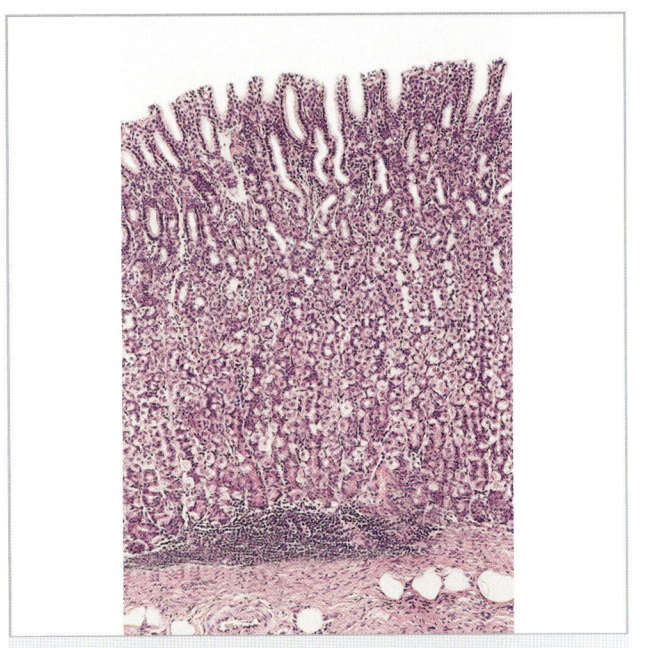

Fig. 8.51 Secção da região de glândulas próprias (fúndicas) no estômago de um cão, mostrando as glândulas gástricas próprias tubulares longas na lâmina própria.

Estrutura da parede do estômago

A arquitetura geral da parede gástrica corresponde à do esôfago. Ela compõe-se das seguintes camadas, desde a mais interna até a mais externa:
- mucosa (*tunica mucosa*);
- submucosa (*tela submucosa*);
- muscular (*tunica muscularis*);
- peritônio (*serosa seu lamina visceralis*).

A **mucosa**, próximo ao local onde o esôfago se une ao estômago, é aglandular, ao passo que a mucosa glandular reveste o restante do estômago. A mucosa aglandular é esbranquiçada e costuma estar ligeiramente pregueada; a sua superfície consiste em um epitélio escamoso estratificado e queratinizado. No equino, a união entre a mucosa aglandular e a mucosa glandular é marcada por uma elevação, a **margem pregueada** (*margo plicatus*) (▶Fig. 8.60). A **mucosa glandular** forma pregas e caracteriza-se por uma grande quantidade de sulcos e depressões microscópicas (*foveolae gastricae*). O estômago pode ser dividido em três regiões, com base na distribuição de diferentes tipos de **glândulas gástricas** específicas das espécies (*glandulae gastricae*) (▶Fig. 8.49):
- região das glândulas cárdicas (*glandulae cardiacae*);
- região das glândulas próprias (fúndicas), glândulas gástricas (*glandulae gastricae propriae*);
- região das glândulas pilóricas (*glandulae pyloricae*).

A **região das glândulas cárdicas** é uma faixa estreita ao redor da cárdia na maioria dos animais, exceto no suíno, no qual ela é mais ampla, e no equino, no qual é uma faixa estreita que acompanha a margem pregueada (▶Fig. 8.49 e ▶Fig. 8.50).

As **glândulas pilóricas** (▶Fig. 8.49 e ▶Fig. 8.52) são encontradas na mucosa da parte pilórica do estômago, ao passo que as **glândulas próprias ou fúndicas** (▶Fig. 8.49 e ▶Fig. 8.51) são encontradas no fundo e no corpo.

As **glândulas gástricas** se diferenciam quanto à natureza da secreção que produzem: as glândulas cárdicas e pilóricas funcionam principalmente para a produção de muco, o qual propicia uma barreira protetora para a mucosa contra o suco gástrico por meio do revestimento da face interna do estômago e do abrandamento da acidez do suco gástrico.

São encontrados três tipos diferentes de células na região das glândulas gástricas próprias (fúndicas). As **células do colo**, localizadas no colo das glândulas, produzem muco e servem como células de reposição para substituir células epiteliais. As **células principais** produzem pepsinogênio, o precursor de pepsina. As **células parietais** são a fonte de íons de cloreto e hidrogênio e o fator intrínseco essencial para a reabsorção de vitamina B_{12} no íleo (para uma descrição mais detalhada, consultar obras sobre histologia e fisiologia).

A **submucosa** compõe-se de uma camada forte, porém fina, de tecido areolar, e é separada da mucosa por uma muscular da mucosa plexiforme. A submucosa contém artérias, veias e nervos gástricos, tecido linfático e fibras colágenas e elásticas. Esta última contribui com a muscular da mucosa na formação de pregas características quando o órgão está vazio. Essas pregas têm orientação predominantemente longitudinal e começam a desaparecer quando o estômago se distende.

Como a **camada muscular** do estômago desempenha uma função importante na mistura de alimento com o suco gástrico, transferindo-o para o intestino delgado, a sua estrutura varia em diferentes partes do estômago. Ela consiste essencialmente de **duas camadas de músculo liso**:
- **uma camada circular interna** (*stratum circulare*), a qual forma:
  - esfíncter da cárdia (*m. sphincter cardiae*);
  - esfíncter piloro (*m. sphincter pylori*);
- **uma camada longitudinal externa** (*stratum longtudinale*) com:
  - fibras longitudinais (*fibrae longitudinales*);
  - fibras oblíquas externas (*fibrae oblique externae*);
  - fibras oblíquas internas (*fibrae obliquae internae*).

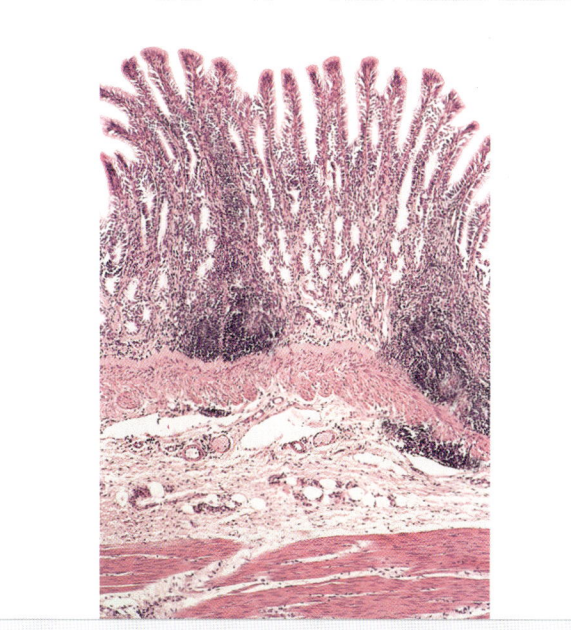

Fig. 8.52 Secção da região glandular pilórica no estômago de um cão, mostrando as glândulas pilóricas na lâmina própria.

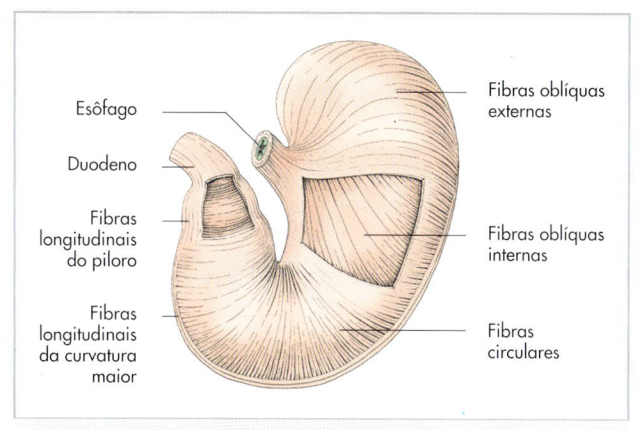

Fig. 8.53 Camada muscular do estômago de um equino, mostrando as suas diferentes camadas (representação esquemática). (Fonte: com base em dados de Schaller, 1992.)

A **camada longitudinal externa** é contínua com a camadas longitudinais externas do esôfago e do duodeno (▶Fig. 8.53) e se concentra nas curvaturas do estômago.

A **camada circular interna** é mais completa que a camada longitudinal. Na altura da cárdia, ela se espessa para formar o fraco **esfíncter da cárdia**. A camada circular é bem-desenvolvida, já que envolve o canal pilórico, principalmente no suíno, onde se projeta para o lúmen e forma o **toro pilórico**. O piloro também é cercado por um músculo circular, denominado **esfíncter pilórico** (▶Fig. 8.61). As fibras oblíquas mais internas não formam uma camada completa (▶Fig. 8.53), porém compensam as suas deficiências na camada circular. Feixes particularmente fortes formam um arco ao redor da cárdia do equino, que é uma das razões pelas quais ele não consegue vomitar facilmente.

A **serosa visceral** (*serosa seu lamina visceralis peritonei*) cobre todo o órgão, aderindo ao músculo subjacente, exceto ao longo das curvaturas, onde é refletida para continuar nos omentos. Os omentos maior e menor são derivados especiais da **serosa conjuntiva** (*serosa intermedia*), a qual consiste em lâminas duplas de membranas serosas que se prolongam do estômago até a **serosa parietal** (*lamina parietalis peritonei*).

Conclusão

Variações específicas das espécies de estômagos unicavitários:

- **cão**: o estômago vazio ou parcialmente cheio tem a forma de um "C", com a sua superfície convexa voltada para a parte caudoventral e para a esquerda (▶Fig. 8.49, ▶Fig. 8.57 e ▶Fig. 8.58). A cárdia afunilada é bastante ampla, fato que pode estar relacionado à facilidade com a qual os cães vomitam. O vólvulo gástrico é relativamente comum, principalmente em raças de grande porte. A região aglandular e a região das glândulas cárdicas estão limitadas a uma zona circular ao redor da entrada do esôfago (▶Fig. 8.49);
- **gato**: o estômago do gato também apresenta uma forma de "C", porém com um lúmen mais estreito que o do cão (▶Fig. 8.54). A incisura angular é comparativamente profunda. A distribuição das glândulas gástricas é semelhante à do cão (▶Fig. 8.49);
- **suíno**: o estômago do suíno se caracteriza pela presença de um divertículo dorsal no fundo gástrico. A região aglandular envolve a abertura cárdica e se prolonga até o divertículo, do qual reveste uma pequena parte. A maior parte do divertículo é revestida pela mucosa glandular. A região das glândulas cárdicas é relativamente grande (▶Fig. 8.49 e ▶Fig. 8.59). O piloro é acentuado por uma protuberância carnosa, o toro pilórico;
- **equino**: o estômago do equino é pequeno se comparado ao de outras espécies. A sua capacidade gira em torno de 5 a 15 litros, o que deve ser levado em consideração ao se administrar líquidos via sonda nasogástrica, para evitar distensão excessiva. O fundo gástrico se prolonga para formar o saco cego. Uma borda elevada, a margem preguada, divide o interior em uma região aglandular bastante extensa, a qual ocupa o fundo gástrico e parte do corpo gástrico, e uma região glandular (▶Fig. 8.49, ▶Fig. 8.60 e ▶Fig. 8.61). Em alguns equinos, a região aglandular é marcada por cicatrizes causadas pelas larvas *Gastrophilus intestinalis*. O esfíncter da cárdia é particularmente bem-desenvolvido e acredita-se que esse fato, juntamente à entrada oblíqua do esôfago, seja responsável pela conhecida incapacidade de vomitar do equino. Contudo, vômito e regurgitação, embora raros, são possíveis.

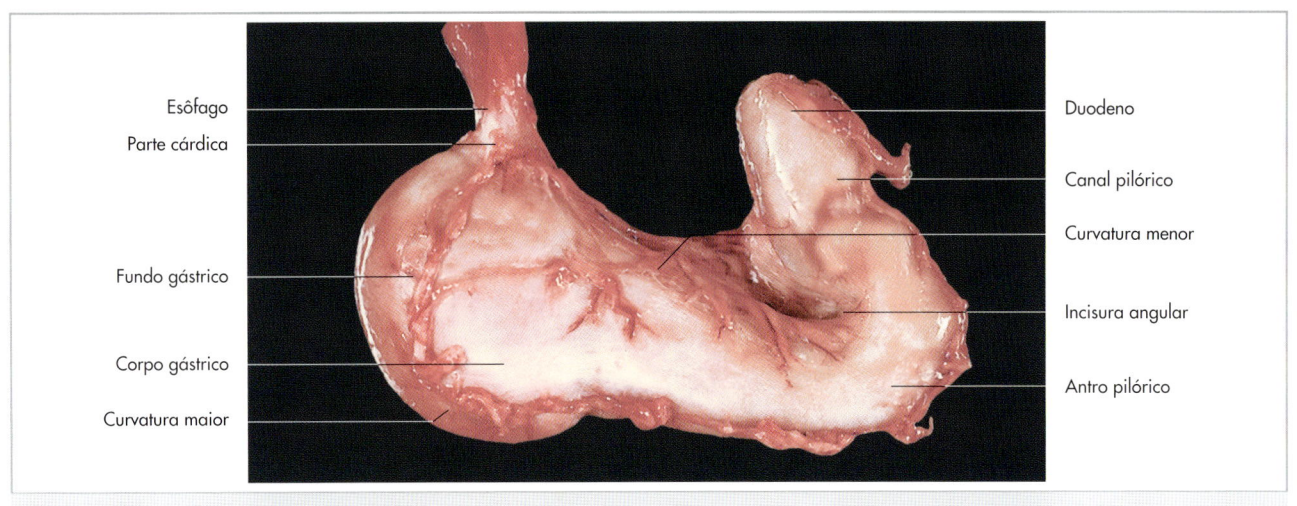

Fig. 8.54 Estômago de um gato (vista caudal).

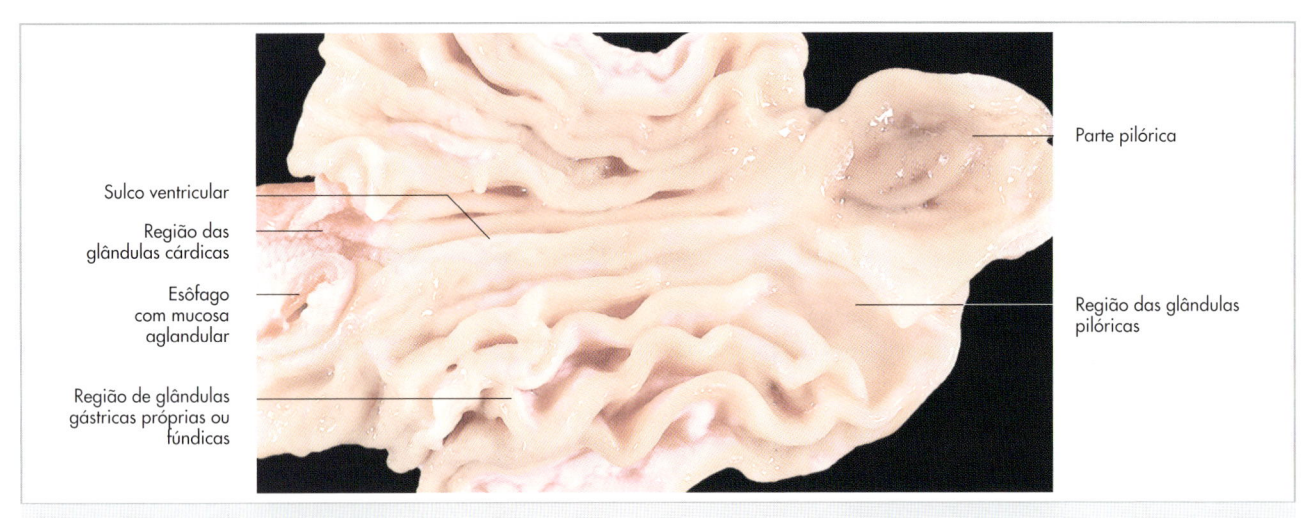

Labels: Esôfago, Parte cárdica, Fundo gástrico, Corpo gástrico, Curvatura maior, Duodeno, Canal pilórico, Curvatura menor, Incisura angular, Antro pilórico

Fig. 8.55 Estômago de um gato (interior).

Labels: Sulco ventricular, Região das glândulas cárdicas, Esôfago com mucosa aglandular, Região de glândulas gástricas próprias ou fúndicas, Parte pilórica, Região das glândulas pilóricas

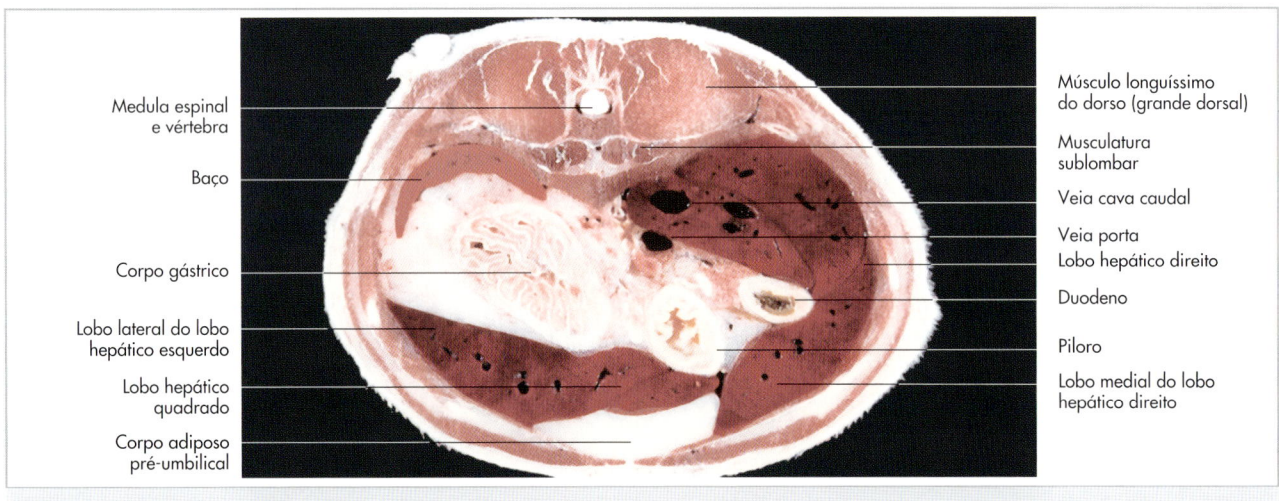

Fig. 8.56 Secção transversal do abdome de um gato na altura do estômago (vista caudal).

Labels: Medula espinal e vértebra, Baço, Corpo gástrico, Lobo lateral do lobo hepático esquerdo, Lobo hepático quadrado, Corpo adiposo pré-umbilical, Músculo longuíssimo do dorso (grande dorsal), Musculatura sublombar, Veia cava caudal, Veia porta, Lobo hepático direito, Duodeno, Piloro, Lobo medial do lobo hepático direito

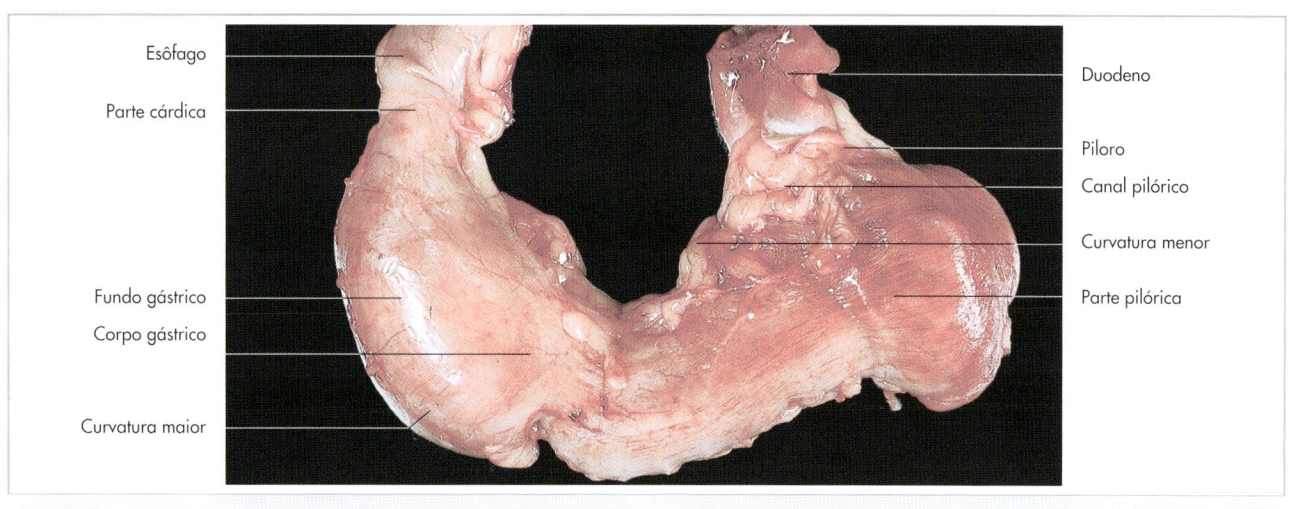

Sistema digestório (*apparatus digestorius*) 357

Fig. 8.57 Estômago de um cão (vista caudal).

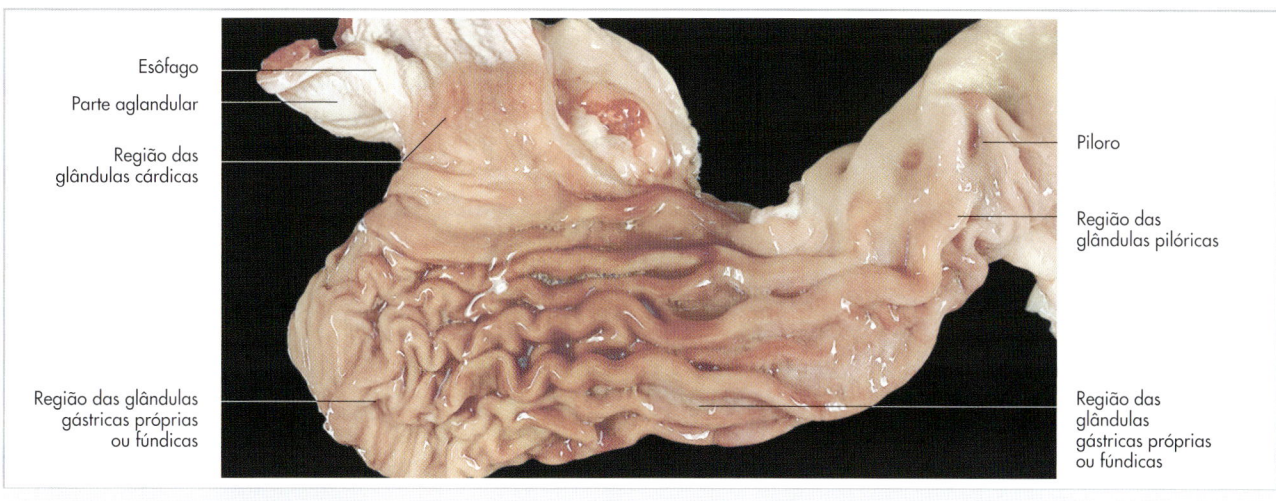

Labels: Esôfago, Parte cárdica, Fundo gástrico, Corpo gástrico, Curvatura maior, Duodeno, Piloro, Canal pilórico, Curvatura menor, Parte pilórica.

Fig. 8.58 Estômago de um cão (interior).

Labels: Esôfago, Parte aglandular, Região das glândulas cárdicas, Região das glândulas gástricas próprias ou fúndicas, Piloro, Região das glândulas pilóricas, Região das glândulas gástricas próprias ou fúndicas.

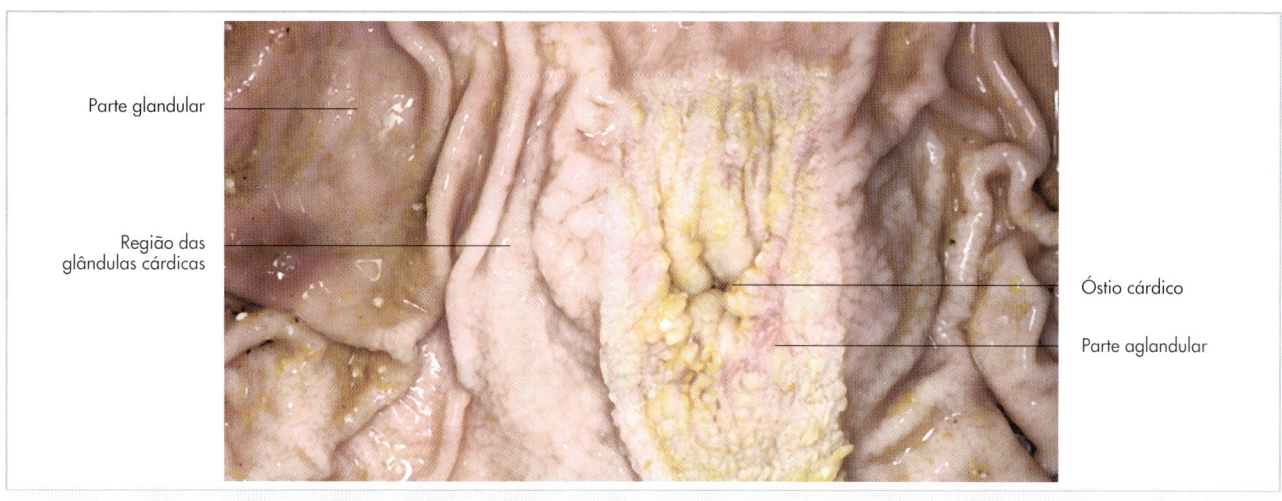

Fig. 8.59 Estômago de um suíno (região cárdica, interior).

Labels: Parte glandular, Região das glândulas cárdicas, Óstio cárdico, Parte aglandular.

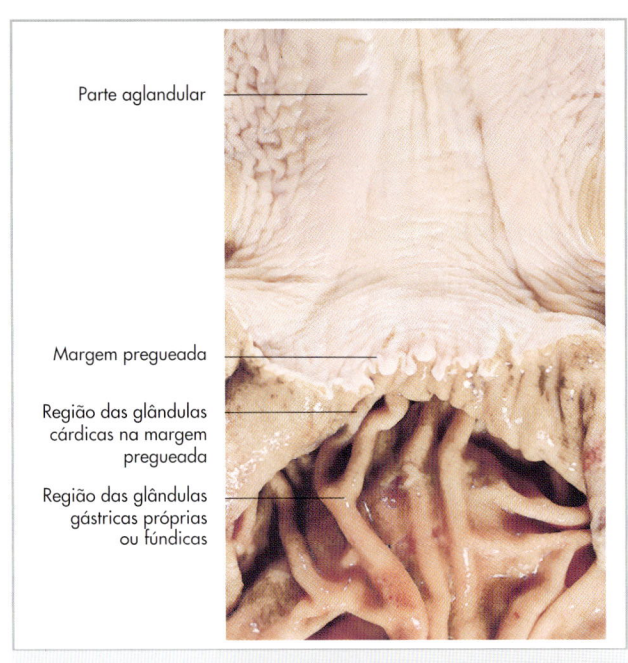

Fig. 8.60 Estômago de um equino (região cárdica, interior).

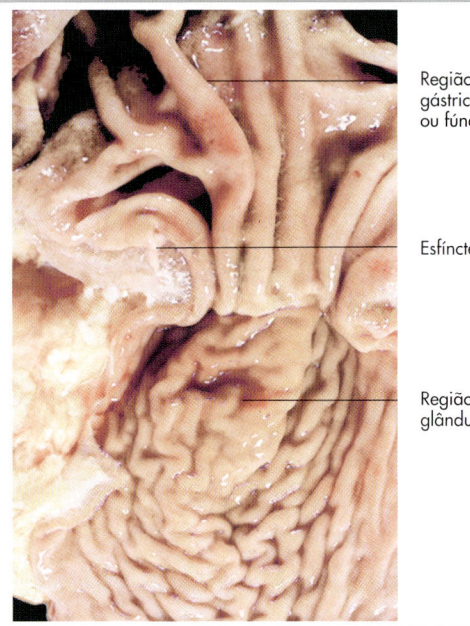

Fig. 8.61 Estômago de um equino (região pilórica, interior).

Vascularização e inervação

A vascularização do estômago unicavitário tem origem de três principais ramos da **artéria celíaca** (*a. coeliaca*) (▶Fig. 8.62, ▶Fig. 13.21 e ▶Fig. 13.22):
- **artéria gástrica esquerda** (*a. gastrica sinistra*);
- **artéria hepática** (*a. hepatica*) com:
  - artéria gástrica direita (*a. gastrica dextra*);
  - artéria gastroepiploica direita (*a. gastroepiploica dextra*);
- **artéria esplênica** (*a. lienalis*) com:
  - artéria gastroepiploica esquerda (*a. gastroepiploica sinistra*).

As **artérias gástricas direita** e **esquerda** acompanham a curvatura menor; as artérias gastroepiploicas direita e esquerda acompanham a curvatura maior. Assim, a vascularização é particularmente generosa ao longo das duas curvaturas, ao passo que é menor no meio da superfície parietal e visceral. Isso deve ser levado em consideração ao se realizar gastrotomia.

A **artéria gástrica esquerda** é um ramo direto da artéria celíaca e é a maior das artérias que suprem o estômago. Ao atingir a curvatura menor, ela se divide em um ramo para cada face gástrica e vasculariza a maior parte do estômago, além de formar anastomoses com a artéria gástrica direita e com a artéria esofágica.

O segundo ramo da artéria celíaca é a **artéria hepática**, a qual irriga o fígado e forma as artérias gástricas direita e gastroepiploica direita em direção ao estômago. O terceiro ramo principal da artéria celíaca é a **artéria esplênica**, a qual irriga o baço e continua como a artéria gastroepiploica esquerda até a curvatura maior, onde os vasos epiploicos se anastomosam.

Além dessas artérias, dois ou mais ramos (*aa. gastricae breves*) deixam a parte terminal da artéria esplênica e irrigam uma parte do fundo gástrico. Nos casos em que se indica a remoção do baço (esplenectomia), a artéria esplênica não deve ser ligada completamente para impedir o prejuízo da irrigação do estômago. Devido às anastomoses das artérias gástricas umas com as outras e com as artérias gastroepiploicas, que também formam anastomoses umas com as outras, forma-se um anel arterial perigástrico que inclui o estômago inteiro, exceto a parte esquerda do fundo gástrico.

As **veias** apresentam uma disposição semelhante à das artérias e, no final, se unem à **veia porta** (*v. portae*) para entrar no fígado. As anastomoses entre a **veia esofágica** (*v. oesophagea*) e a **veia gástrica esquerda** (*v. gastrica sinistra*) funcionam como *shunts* porto-cavos. Acredita-se que diversas anastomoses arteriovenulares sejam responsáveis pela regulação da vascularização da mucosa gástrica: no estômago vazio, a maior parte do sangue é desviada do leito capilar.

Há uma profusão de **vasos linfáticos**, principalmente na submucosa. Eles drenam em vários linfonodos gástricos, sendo que cada um recebe os linfáticos de uma região específica.

O estômago é inervado por **fibras parassimpáticas** dos troncos vagais e por **fibras simpáticas** que atingem o órgão com as artérias. A parte vagal estimula a secreção gástrica.

Posição do estômago e omentos

A posição do estômago está intimamente relacionada com o desenvolvimento do **omento maior** (*omentum majus*) e do **omento menor** (*omentum minus*). Essa situação específica do mesentério permite a conexão do estômago com os órgãos vizinhos. Em princípio, pode-se fazer a distinção entre as seguintes estruturas:
- **mesogástrio dorsal** com:
  - omento maior (*omentum majus*) com:
    - parte da bolsa envolvendo o recesso omental caudal;
  - ligamento gastrofrênico (*ligamentum gastrophrenicum*);
  - ligamento frenicoesplênico (*ligamentum phrenicosplenicum*);
  - ligamento gastrolienal (*ligamentum gastrolienale*);
  - véu omental (*velum omentale*) em carnívoros;

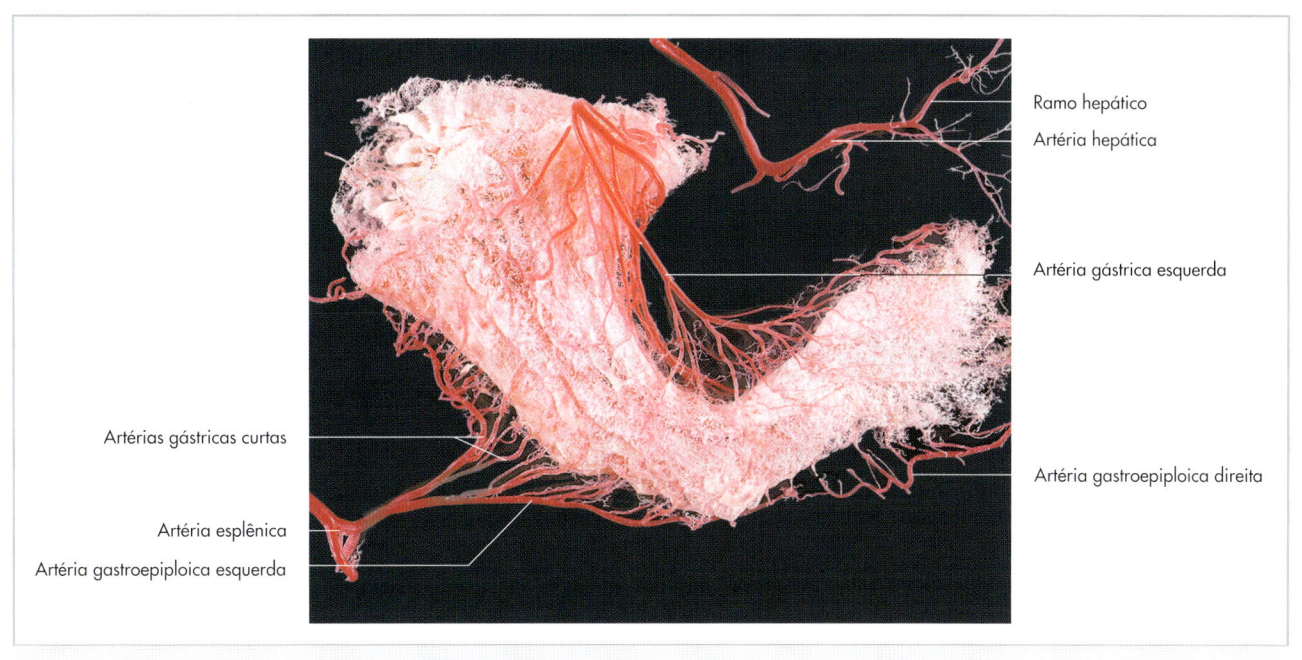

Fig. 8.62 Artérias do estômago de um cão (modelo de corrosão).

Labels: Ramo hepático; Artéria hepática; Artéria gástrica esquerda; Artéria gastroepiploica direita; Artérias gástricas curtas; Artéria esplênica; Artéria gastroepiploica esquerda.

- ○ ligamento nefroesplênico (*ligamentum splenorenale*) em equinos.
- **mesogástrio ventral** com:
  - ○ omento menor (*omentum minus*) com:
    - – ligamento hepatogástrico (*ligamentum hepatogastricum*);
    - – ligamento hepatoduodenal (*ligamentum hepatoduodenale*).
  - ○ ligamento falciforme (*ligamentum falciforme*);
  - ○ ligamento coronário (*ligamentum coronarium hepatis*);
  - ○ ligamento triangular direito (*ligamentum triangulare dextrum*);
  - ○ ligamento triangular esquerdo (*ligamentum triangulare sinistrum*).

O **omento maior** se desenvolve a partir do mesentério dorsal do estômago (*mesogastrium dorsale*), ao passo que o **omento menor** se desenvolve a partir do mesogástrio ventral. Além dos omentos, há várias pregas peritoneais de camada dupla que se prolongam entre os órgãos vizinhos, os quais também derivam dos mesogástrios dorsal e ventral.

O **omento maior**, também denominado ***epiploon***, se origina da parede dorsal do abdome e se fixa à curvatura maior do estômago. Ele se retrai caudalmente e se dobra sobre si mesmo, formando uma invaginação, a **bolsa omental**, a qual envolve o **recesso omental caudal** (*recessus caudalis omentalis*). O omento maior possui uma aparência rendada, devido às linhas de gordura ao redor das artérias que correm através de uma membrana serosa, que, de outro modo, seria transparente. As suas paredes podem ser denominadas **parietal** (também chamada de superficial ou ventral) e **visceral** (também chamada de profunda ou dorsal), devido à sua relação com a parede abdominal e as vísceras.

A parede parietal se estende desde a sua origem, na grande curvatura do estômago, até a entrada pélvica, onde se reflete de volta como a parede visceral. Nos carnívoros, ela inclui o pilar esquerdo do pâncreas em sua origem. A parede visceral envolve o baço.

O arranjo adulto do omento maior é determinado pelo crescimento longitudinal do mesentério e pela rotação do trato gastrointestinal durante o desenvolvimento. Isso resulta em variações consideráveis entre as espécies no que diz respeito ao tamanho, à posição e à capacidade do omento maior. Em carnívoros e em ruminantes, ele se projeta no sentido caudal entre as vísceras e o assoalho abdominal até a abertura pélvica cranial e retorna ao estômago. O omento maior é suscetível ao deslocamento entre os órgãos e as paredes abdominais ventral e lateral, além de possuir uma função importante no controle de inflamações, protegendo, assim, os órgãos abdominais. No equino e no suíno, ele se situa irregularmente entre alças do intestino, mas também pode alcançar a entrada pélvica.

A **bolsa omental**, a parte da cavidade peritoneal envolta pelo omento maior, é uma bolsa plana que apresenta os seguintes compartimentos:
- vestíbulo da bolsa omental (*vestibulum bursae omentalis*);
- recessos omental caudal e dorsal (*recessus dorsalis* e *recessus caudalis omentalis*);
- entrada da bolsa omental (*aditus ad recessum caudalem*);
- recesso lienal.

O acesso ao interior do vestíbulo da bolsa omental é reduzido ao estreito **forame epiploico** (**omental**), por meio do qual a cavidade da bolsa omental permanece em comunicação aberta com a parte principal da cavidade peritoneal. O vestíbulo e o recesso caudal se comunicam livremente sobre a curvatura menor do estômago. O **forame epiploico** faz limite ventralmente com o peritônio, que cobre a veia porta, e dorsalmente com a cobertura da veia cava caudal (▶Fig. 8.63). O aprisionamento do intestino no forame epiploico pode causar cólica no equino. Além do **omento maior**, há várias pregas peritoneais de dupla camada que se prolongam entre os órgãos vizinhos, as quais também são derivadas do **mesogástrio dorsal**:

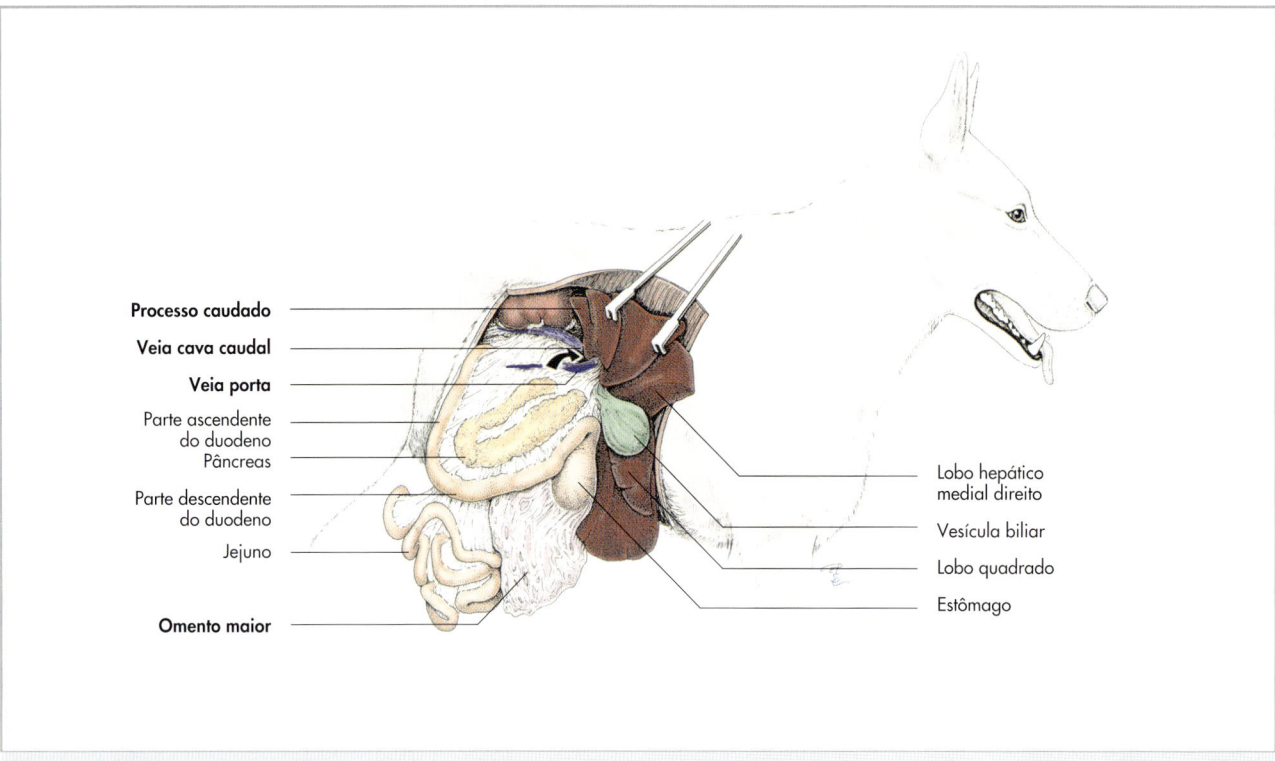

Fig. 8.63 Posição do forame epiploico (omental) em um cão (seta) (representação esquemática).

- **ligamento gastrofrênico** (*ligamentum gastrophrenicum*);
- **ligamento frenicoesplênico** (*ligamentum phrenicosplenicum*) entre o pilar esquerdo do diafragma e o estômago e o baço;
- **ligamento gastroesplênico** (*ligamentum gastrosplenicum*) entre o baço e o estômago;
- **véu omental** (*velum omentale*), o qual está presente apenas em carnívoros. É uma parte retangular do mesentério dorsal que se prolonga no lado esquerdo do abdome entre o baço e o mesentério do colo;
- **ligamento nefroesplênico** (*ligamentum lienorenale*), o qual é a extensão caudal do ligamento frenicoesplênico no equino. O deslocamento dos intestinos sobre esse ligamento é uma causa comum de cólica.

O **omento menor** é o maior derivado do **mesogástrio ventral**, mas não é tão grande quanto o omento maior, embora suas estruturas se assemelhem. O omento menor se espalha frouxamente da distância da curvatura menor do estômago à porta do fígado e se fixa ao assoalho abdominal, com a linha de inserção se estendendo do diafragma ao umbigo. Ele se une ao mesoduodeno cranial e se fixa à margem do hiato esofágico do diafragma entre a cárdia do estômago e o fígado. O **omento menor** está dividido em uma parte proximal e outra distal pelo fígado. A parte proximal se prolonga do diafragma ao fígado e recebe a denominação de **ligamento hepatogástrico** (*ligamentum hepatogastricum*). A parte distal prossegue como o **ligamento falciforme** (*ligamentum falciforme*) até o assoalho abdominal. A parte do omento menor que se expande a partir do duodeno até o fígado é denominada **ligamento hepatoduodenal** (*ligamentum hepatoduodenale*).

No ligamento hepatoduodenal, o **ducto biliar comum** (*ductus choledochus*) está envolvido em seu trajeto do fígado para o duodeno, o que indica a origem ontogenética dessa glândula acessória do sistema digestório. O ligamento duodenal é o único vestígio do mesentério ventral presente durante o desenvolvimento embrionário.

Estômago complexo

O estômago dos ruminantes domésticos (▶Fig. 8.65) é composto por **quatro câmaras**:
- rúmen;
- retículo;
- omaso;
- abomaso.

O rúmen, o retículo e o omaso costumam ser referidos coletivamente como **proventrículos** (*proventriculus*), os quais possuem uma **mucosa aglandular** e são responsáveis pela destruição enzimática dos carboidratos complexos, sobretudo a celulose, a qual constitui uma grande parte da dieta regular de ruminantes, e pela produção de ácidos graxos de cadeia curta (propionato, butirato e acetato), com o auxílio de micróbios.

A última câmara, o **abomaso**, possui uma mucosa glandular e é comparável ao estômago unicavitário dos outros mamíferos domésticos. Uma descrição mais detalhada do funcionamento das diferentes câmaras pode ser encontrada em obras de fisiologia veterinária e nutrição.

Todas as quatro câmaras se derivam de uma **construção gástrica fusiforme** durante o desenvolvimento embrionário sem a contribuição do esôfago, o que já havia sido proposto antigamente, devido ao revestimento aglandular dos proventrículos. As diferentes

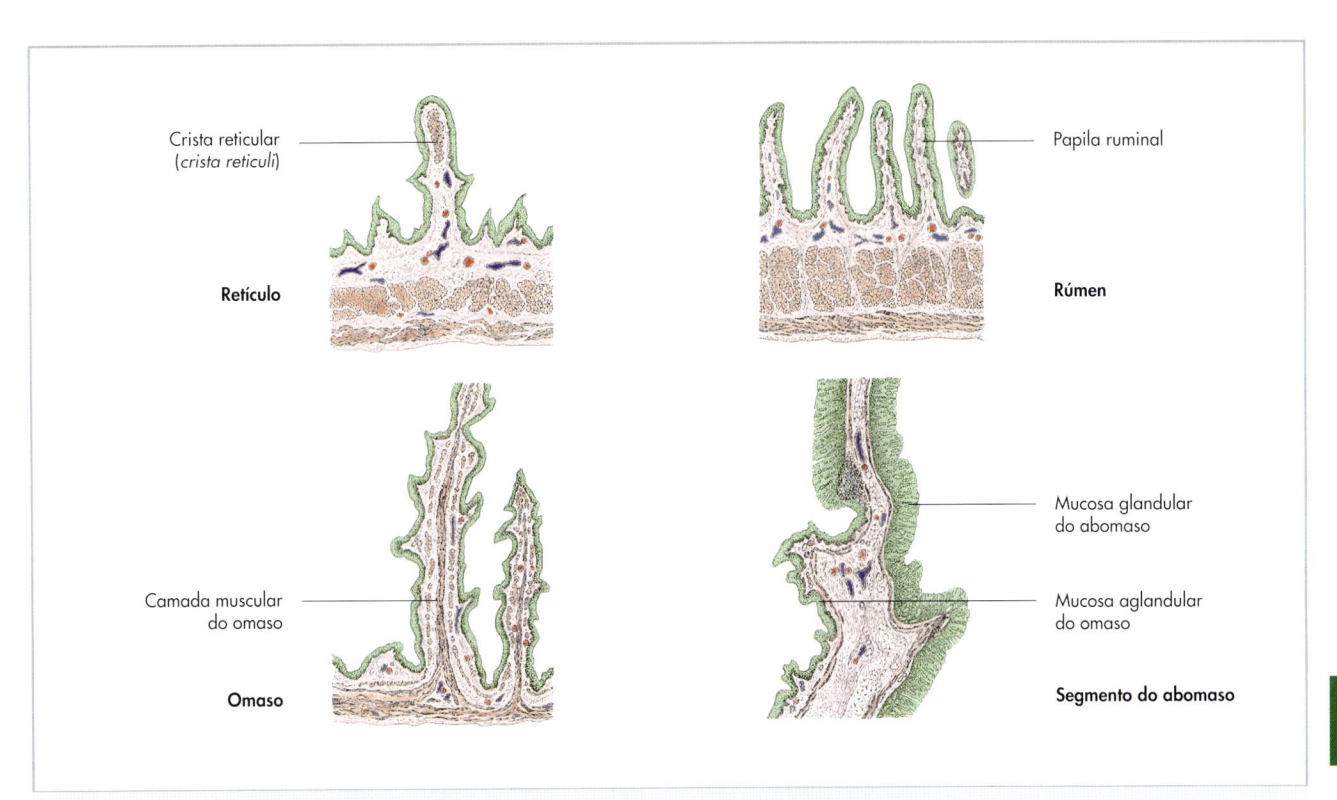

Fig. 8.64 Paredes dos diferentes compartimentos do estômago de um bovino (representação esquemática).

câmaras podem ser identificadas como expansões dessa construção fusiforme no embrião em estágios iniciais. Elas apresentam taxas de crescimento desiguais durante o desenvolvimento embrionário e fetal. No momento do nascimento, o abomaso é a **maior parte do estômago**, o que é adequado, já que é a única parte com função imediata para a recepção e a digestão de leite, desviando dos proventrículos.

Embora a sua forma e a sua estrutura sejam semelhantes às de um adulto e a sua capacidade já alcance 60% do abomaso de um adulto, ainda são necessários alguns dias após o nascimento para que a mucosa amadureça e funcione adequadamente. Esse período é muito importante para garantir a reabsorção de anticorpos do colostro nas primeiras 24 horas após o parto. Após cerca de três semanas, quando o bezerro começa a comer alimentos sólidos, o rúmen e o retículo começam a apresentar um rápido crescimento; na oitava semana, eles quase ultrapassaram o abomaso; e na décima segunda semana, têm mais que o dobro do tamanho. Ao mesmo tempo, o interior do estômago se altera: o padrão reticulado do revestimento do retículo surge juntamente aos pilares do rúmen. As proporções definitivas e a topografia se estabelecem dos 3 aos 12 meses de idade, dependendo da dieta.

O estômago volumoso domina a topografia abdominal dos ruminantes ao ocupar quase a **totalidade da metade esquerda do abdome** e uma parte significativa da metade direita. O rúmen situa-se na **metade esquerda do abdome**, o retículo, na parte cranial, e o omaso, na metade direita.

Dependendo do tamanho do animal, a capacidade total do estômago bovino adulto é de 60 a 100 litros, 80% dos quais se referem ao rúmen.

O rúmen e o retículo estão tão intimamente relacionados quanto à estrutura e à função que eles também são chamados de **compartimento ruminorreticular**. A divisão dos dois é marcada por uma inflexão da parede, a qual se projeta internamente, a **prega ruminorreticular** (*plica ruminoreticularis*).

Rúmen

O rúmen se parece com um saco grande e comprimido lateralmente, o qual preenche quase a totalidade da metade esquerda do abdome e cruza a linha média para a metade direita com a sua parte caudoventral (▶Fig. 8.68). Ele se prolonga cranialmente a partir do diafragma até caudalmente a entrada pélvica cranial. O rúmen possui uma **face parietal** (*facies parietalis*), adjacente ao diafragma e às paredes abdominais laterais esquerda e ventral, e uma **face visceral**, contra o fígado, os intestinos, o omaso e o abomaso. Essas faces se encontram na curvatura dorsal, em oposição ao teto da cavidade abdominal, e na curvatura em direção ao assoalho da cavidade abdominal.

O rúmen é dividido em várias partes por inflexões das paredes, os **pilares do rúmen** (*pilae ruminis*), os quais se projetam para o lúmen. As partes do rúmen (▶Fig. 8.65) são:

- saco ventral (*saccus ventralis*) com o recesso do rúmen (*recessus ruminis*);
- saco dorsal (*saccus dorsalis*);
- saco cranial ou átrio do rúmen (*saccus cranialis, atrium ruminis*);
- saco cego caudodorsal (*saccus caecus caudodorsalis*);
- saco cego caudoventral (*saccus caecus caudoventralis*).

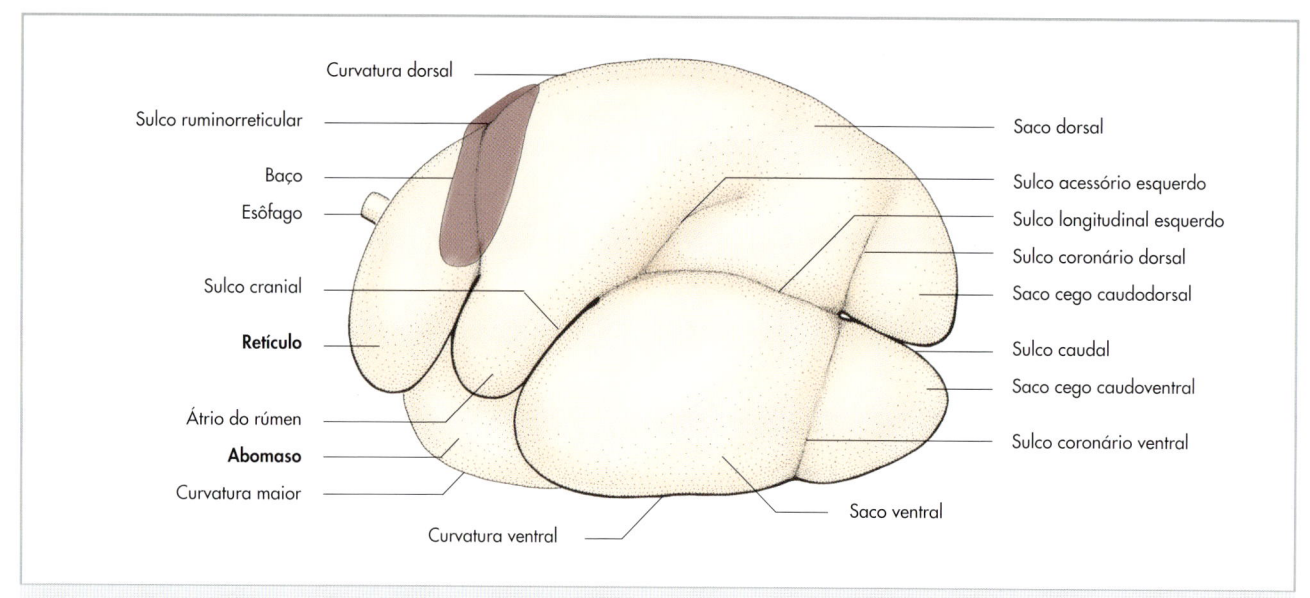

Fig. 8.65 Compartimentos do estômago de um bovino (representação esquemática, vista lateral esquerda). (Fonte: com base em dados de Schaller, 1992.)

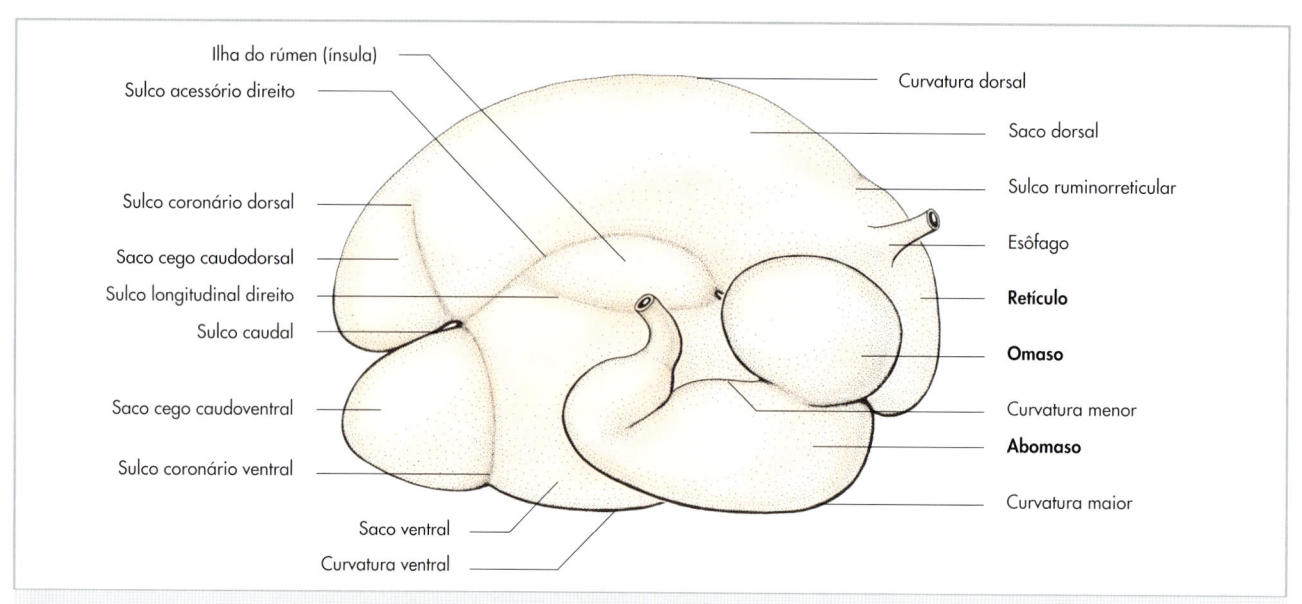

Fig. 8.66 Compartimentos do estômago de um bovino (representação esquemática, vista lateral direita). (Fonte: com base em dados de Schaller, 1992.)

Essas subdivisões são visíveis na face externa como sulcos, que correspondem à posição de todas essas pregas. Os principais **pilares ruminais** (*pila longitudinalis dextra et sinistra*) circundam todo o órgão (▶Fig. 8.70), dividindo-o em **sacos maiores** dorsal e ventral. Esses sacos são marcados externamente pelos **sulcos longitudinais esquerdo** e **direito** (*sulcus longitudinalis dexter et sinister*) (▶Fig. 8.65). O pilar longitudinal direito (e o sulco correspondente) se bifurca em **dois ramos** (*pilae accessoriae dextrae*), os quais circundam uma área da parede direita do rúmen, que recebe a denominação de **ilha do rúmen** (*insula ruminis*) (▶Fig. 8.66). Os dois sulcos longitudinais são conectados cranial e caudalmente pelos **sulcos transversos** (*sulcus cranialis et caudalis*) profundos. Os pilares coronários menores (*pila coronaria dorsalis et ventralis*) marcam os **sacos cegos caudais** e são visíveis como sulcos na face externa do rúmen (*sulcus coronarius dorsalis et ventralis*).

A parte mais cranial do saco dorsal forma o **saco cranial** do rúmen, também denominado **átrio** do rúmen, o qual possui uma ampla comunicação com o retículo, por onde passa o alimento do rúmen para o retículo, e vice-versa. Portanto, é de fundamental importância para a remastigação.

A divisão do rúmen a partir do retículo é marcada pela **prega ruminorreticular** (*plica ruminoreticularis*) e é uma inflexão da parede semelhante às subdivisões do rúmen. O saco ruminal ventral se prolonga cranialmente para formar o **recesso do rúmen** (▶Fig. 8.67).

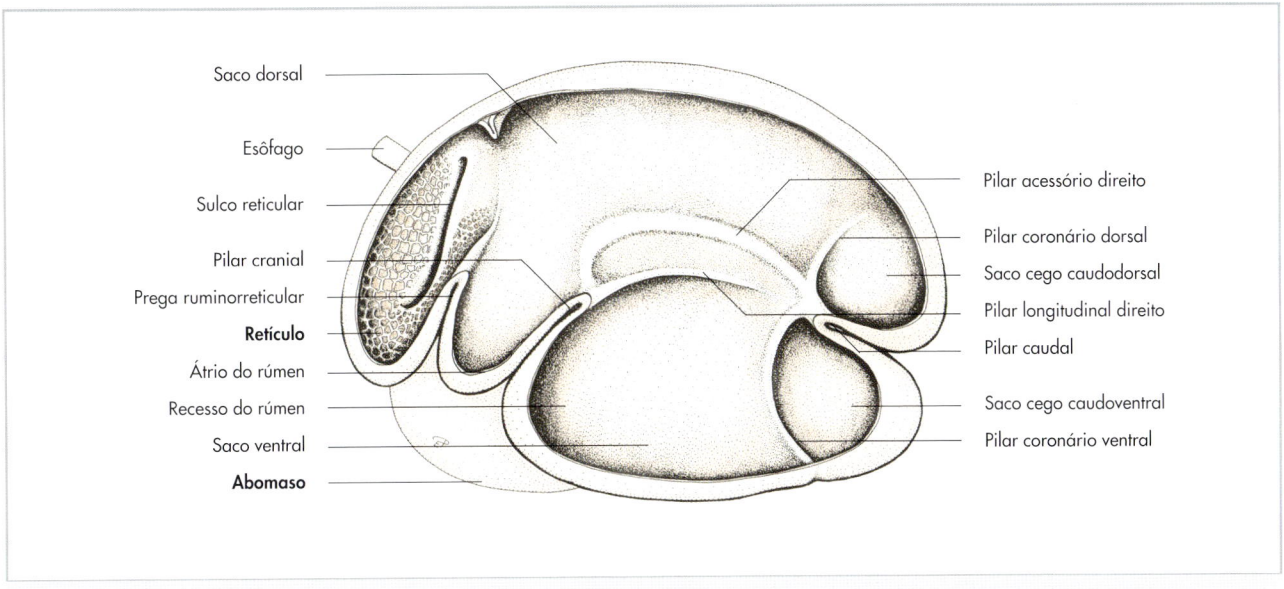

Fig. 8.67 Interior do rúmen de um bovino (representação esquemática, aspecto esquerdo). (Fonte: com base em dados de Schaller, 1992.)

Fig. 8.68 Topografia do rúmen em um bovino. Partes da parede corporal lateral, várias costelas e a parede lateral do rúmen foram removidas (vista lateral esquerda). (Fonte: cortesia do Dr. Pavaux, 1983.)

As proporções relativas dos compartimentos variam entre os ruminantes domésticos. No caprino e no ovino, o saco dorsal é menor que o saco ventral, o qual apresenta uma projeção caudal extensa.

A **mucosa aglandular** do rúmen consiste superficialmente de epitélio escamoso estratificado e forma papilas, o que confere à mucosa do rúmen a sua aparência característica. As **papilas ruminais** são formações de tecido mole da lâmina própria, e acredita-se que a submucosa aumente a área da superfície epitelial sete vezes. Isso é importante para a reabsorção dos ácidos graxos voláteis produzidos pela fermentação microbiana e para a reabsorção de água e vitaminas K e B. Essa função é facilitada por um plexo vascular subepitelial muito rico.

As papilas ruminais não são desenvolvidas no centro da parte dorsal do rúmen, tampouco nas margens livres dos pilares. Papilas individuais apresentam uma grande variação quanto à forma e ao tamanho: elas variam desde baixas elevações arredondadas e folhas achatadas até formas cônicas e em formato de língua. O grau de saliência, a forma e a densidade dependem da dieta imposta ao

Pilar do rúmen

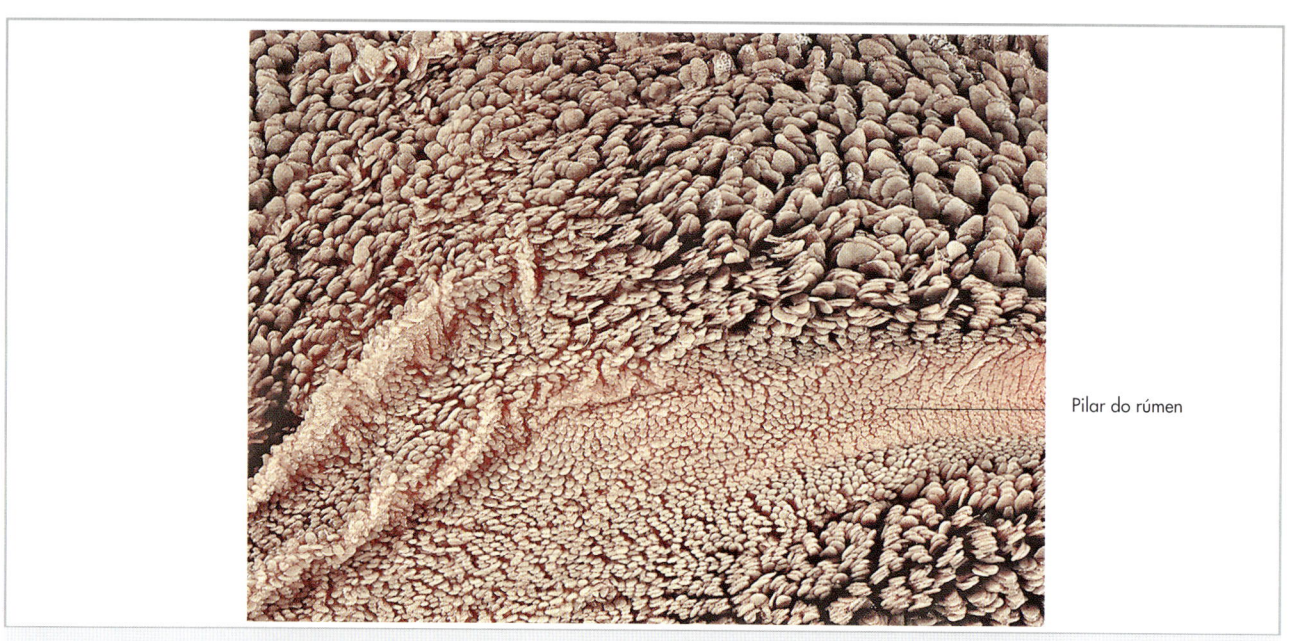

Fig. 8.69 Papilas ruminais de um bovino (vista dorsal).

Fig. 8.70 Papilas ruminais de um bovino (vista lateral).

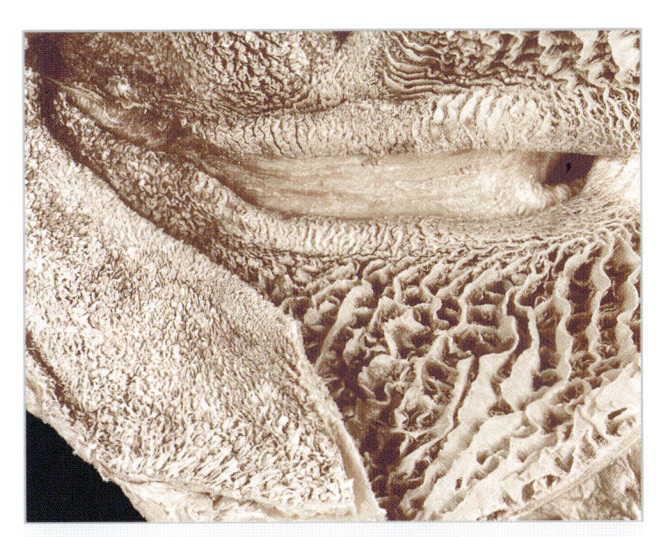

Fig. 8.71 Sulco gástrico de um bovino com retículo e rúmen abertos.

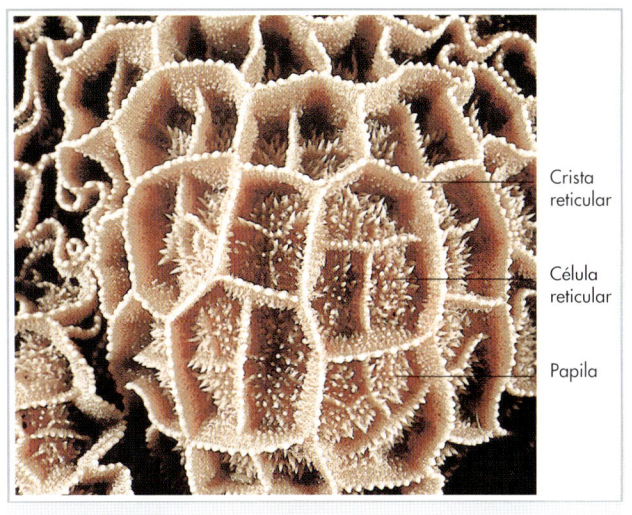

Fig. 8.72 Interior do retículo de um bovino.

animal. Aumentar a quantidade de alimentos ásperos resulta em encurtamento das papilas, ao passo que aumentar o teor energético faz as papilas se tornarem mais longas, como se observa em vacas durante a lactação. Mecanismos adaptativos semelhantes também são observados em ruminantes selvagens, nos quais a proliferação e a regressão das papilas dependem da estação do ano (inverno em oposição ao verão, época de chuvas em oposição à seca).

> **Nota clínica**
>
> O saco dorsal do rúmen pode ser examinado por **palpação retal**. A auscultação e a palpação do rúmen no animal em estação estão entre os procedimentos mais comumente realizados na prática bovina. Ambos são realizados na **fossa paralombar** esquerda (*fossa paralumbalis*). Em animais normais, 7 a 12 contrações ruminais em forma de onda são normalmente detectadas em um período de 5 minutos. A fossa paralombar esquerda também é o local no qual um **trocarte** é inserido para o **tratamento de timpanismo** (acúmulo de gás no rúmen).
> O mesmo local é utilizado para a realização de fistulação para permitir um acesso para o exame do conteúdo ruminal.

Retículo

O retículo está intimamente relacionado com o rúmen no que se refere à estrutura e à função, e muitos autores preferem descrevê-lo como compartimento ruminorreticular (▶Fig. 8.65, ▶Fig. 8.71 e ▶Fig. 8.72). O retículo esférico é muito menor que o rúmen e se situa imediatamente cranial a este último, em contato com a face caudal do diafragma. Ele se posiciona imediatamente ventral à junção gastroesofágica e acima do processo xifoide do esterno. Essa posição permite a aplicação de pressão externa para evidenciar dor caso o retículo esteja enfermo. O bovino não é seletivo quanto à sua alimentação e costuma ingerir corpos estranhos, como pregos ou pedaços de arame, juntamente ao pasto. Devido ao seu peso, esses corpos apresentam a tendência de acúmulo dentro do retículo e podem atravessar a parede reticular, devido às contrações reticulares (reticuloperitonite traumática). Entre as sequelas mais comuns, estão pericardite purulenta após a perfuração do diafragma ou abscessos no fígado e outros tecidos vizinhos (▶Fig. 8.77).

A **mucosa reticular** é aglandular e revestida com um epitélio estratificado, semelhante ao da mucosa do rúmen. Possui um padrão distinto de favo de mel formado por **cristas** (*crista reticuli*), que contornam **células** de 4, 5 e 6 lados (*cellulae reticuli*) (▶Fig. 8.64 e ▶Fig. 8.69). Essas cristas e os assoalhos celulares entre elas apresentam papilas curtas. O músculo liso da parede ruminorreticular se dispõe em duas camadas, uma camada externa mais fina e outra interna mais espessa, cujas fibras se orientam em um ângulo quase perpendicular umas às outras. A sequência regular das contrações ruminorreticulares mistura e redistribui o conteúdo do estômago e desempenha uma função importante na regurgitação do alimento para remastigação.

> **Nota clínica**
>
> Além dos **alimentos sólidos**, **corpos estranhos** com alto peso específico (peso por unidade de volume) podem passar para o retículo. O transporte desse material estranho para o rúmen é evitado pela altura da prega ruminorreticular (*plica ruminoreticularis*). As fortes contrações do retículo podem fazer os materiais estranhos, particularmente objetos pontiagudos, como pregos, penetrarem na parede reticular. Em muitos casos, esses objetos passam pelo diafragma e podem atingir a cavidade pericárdica ou o coração (▶Fig. 8.77).
> A **pericardite traumática**, causada pela migração de corpos estranhos ingeridos, é, portanto, relativamente comum em bovinos. Se houver suspeita de **reticulite** ou **pericardite traumática**, a evidenciação de uma resposta à dor pela aplicação de pressão na parede abdominal ventral no nível do apêndice xifoide sustenta esse diagnóstico provisório.

Fig. 8.73 Omaso de um bovino.

Lâminas omasais

Óstio omaso-abomasal

Fig. 8.74 Secção de um omaso de um bovino.

Fig. 8.75 Corte histológico de um omaso de um bovino.

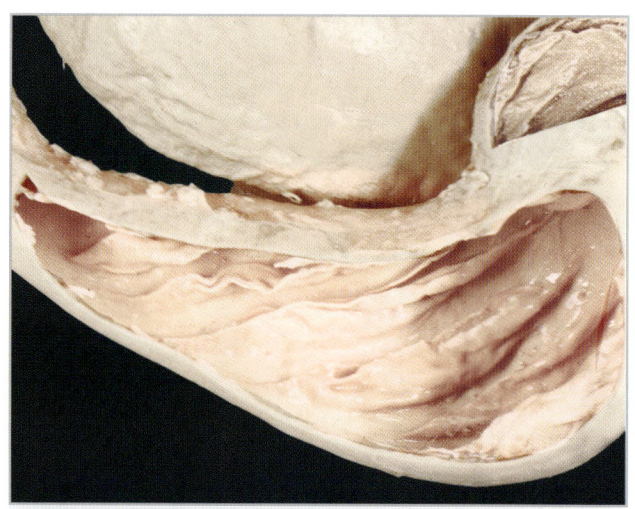

Fig. 8.76 Interior do abomaso de um ovino com rúmen, omaso e retículo adjacentes.

Omaso

O omaso se situa dentro da parte intratorácica do abdome, à direita do compartimento ruminorreticular (▶Fig. 8.66). Ele tem o formato de uma esfera achatada bilateralmente no bovino e formato de feijão no caprino e no ovino. O omaso se comunica com o retículo pelo **óstio reticulomasal** (*ostium reticulo-omasicum*) e com o abomaso pelo amplo óstio omasoabomasal oval. O **óstio omasoabomasal** é acompanhado de cada lado por duas **pregas** mucosas (*vela abomasica*). Acredita-se que tais pregas sejam capazes de fechar essa abertura para impedir o refluxo do abomaso para o omaso.

Essas duas aberturas estão conectadas pelo **sulco omasal** (*sulcus omasi*). O interior é ocupado por muitas **lâminas paralelas** (*laminae omasi*), que emergem do teto e dos lados e se projetam para o assoalho, deixando espaço para o canal omasal, cujo assoalho é o sulco omasal. As lâminas crescentes têm comprimentos e tamanhos diferentes e dividem o lúmen em uma série de reentrâncias estreitas (▶Fig. 8.73, ▶Fig. 8.74 e ▶Fig. 8.75). As lâminas são camadas musculares delgadas cobertas com uma mucosa aglandular, a qual forma papilas curtas. As contrações do omaso são bifásicas. A primeira fase pressiona o alimento do canal omasal para os recessos omasais, onde ocorre a reabsorção de água. A segunda fase descarrega os conteúdos desidratados dos recessos omasais para o abomaso.

Uma dieta não balanceada pode resultar na impactação do omaso, sendo fatal na maioria dos casos. Entre os achados de exames

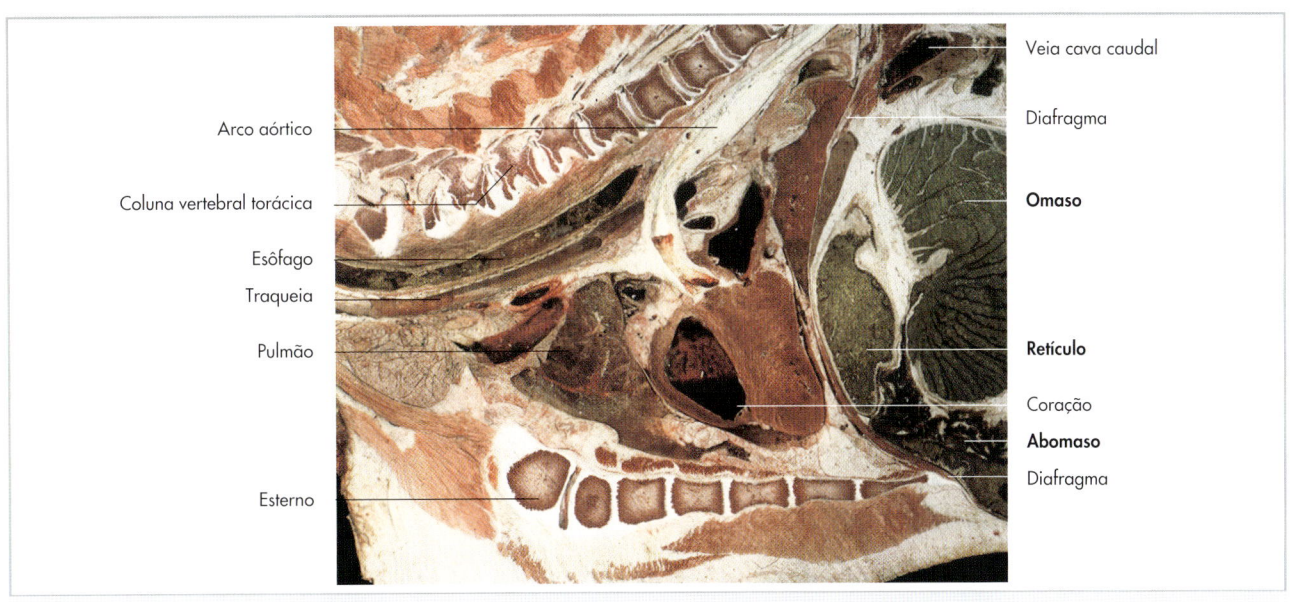

Fig. 8.77 Secção paramediana da parte cranial de um tronco bovino, demonstrando a estreita relação entre o coração e o retículo. (Fonte: cortesia do Prof. Dr. J. Sautet, Toulouse.)

pós-morte, encontra-se um omaso bastante rígido e abarrotado de conteúdo desidratado.

Abomaso

O abomaso corresponde ao estômago unicavitário de outros mamíferos domésticos (▶Fig. 8.66, ▶Fig. 8.76 e ▶Fig. 8.77) e análogo ao que pode ser dividido em **fundo**, **corpo** e **piloro**. Ele apresenta uma curvatura maior, voltada ventralmente, e uma curvatura menor, voltada dorsalmente. O abomaso é revestido por uma mucosa glandular que contém as **glândulas gástricas próprias** e as **glândulas pilóricas**. Durante o período de amamentação, o bovino produz renina, essencial para a digestão do leite. A superfície da mucosa é aumentada com a presença de **pregas** (*plicae spirales*), as quais apresentam orientação espiral e não desaparecem quando o estômago se distende. A musculatura compreende uma camada longitudinal externa e uma camada circular interna.

A posição e a relação do abomaso apresentam grande variação e dependem do grau de preenchimento dos proventrículos e de suas atividades. A idade e a gestação são outros fatores que influenciam a sua topografia, embora existam limites para variações normais e as anormalidades produzam perturbações digestórias que podem colocar a vida em risco.

Nota clínica

O **deslocamento do abomaso** é uma ocorrência relativamente comum em vacas leiteiras de alta produção (p. ex., Holstein-Friesians). Em muitos casos, o abomaso pode ser auscultado no lado esquerdo, ventral à fossa paralombar.

Sulco gástrico (*sulcus ventriculi*)

O sulco gástrico é constituído de sulco reticular prolongado no compartimento ruminorreticular, do sulco omasal no omaso e do sulco abomasal no abomaso. O sulco reticular se prolonga desde o esôfago (▶Fig. 8.67 e ▶Fig. 8.71), o qual se une aos proventrículos na união do rúmen com o retículo até o omaso, de onde prossegue como o canal omasal até o abomaso. Ele é delimitado pelos lábios musculares espirais, que se contraem reflexivamente em animais que ainda não foram desmamados, estimulados pela amamentação para converter o sulco em um tubo fechado, que canaliza o leite diretamente para o abomaso.

Com o crescimento contínuo e a mudança na dieta do regime alimentar, esse desvio é utilizado com menor frequência. O fechamento do sulco pode ser estimulado mediante determinados elementos químicos, como sulfato de cobre, que pode ser útil quando se deseja a aplicação de medicamentos diretamente no abomaso. Uma faixa sem pregas na extensão da curvatura do abomaso é considerada a terceira parte do sulco gástrico.

Omentos

Análogos ao estômago unicavitário dos outros mamíferos domésticos, os omentos são derivados dos **mesogástrios dorsal** e **ventral**. Para compreender a complexa topografia dos omentos, é preciso lembrar que os três compartimentos proventrículos e o abomaso se desenvolvem como expansões da construção gástrica fusiforme nos estágios embrionários iniciais. A construção gástrica embrionária é suspensa do teto da cavidade abdominal do embrião pelo mesogástrio dorsal e se fixa ao assoalho da cavidade abdominal pelo mesogástrio ventral.

O rúmen, o retículo e a maior parte do abomaso se desenvolvem a partir da **curvatura maior**, ao passo que o omaso e uma pequena parte do abomaso se desenvolvem a partir da **curvatura menor**. Consequentemente, o **omento maior** se fixa ao rúmen, ao retículo e ao abomaso (▶Fig. 8.78, ▶Fig. 8.79 e ▶Fig. 8.80). A fixação

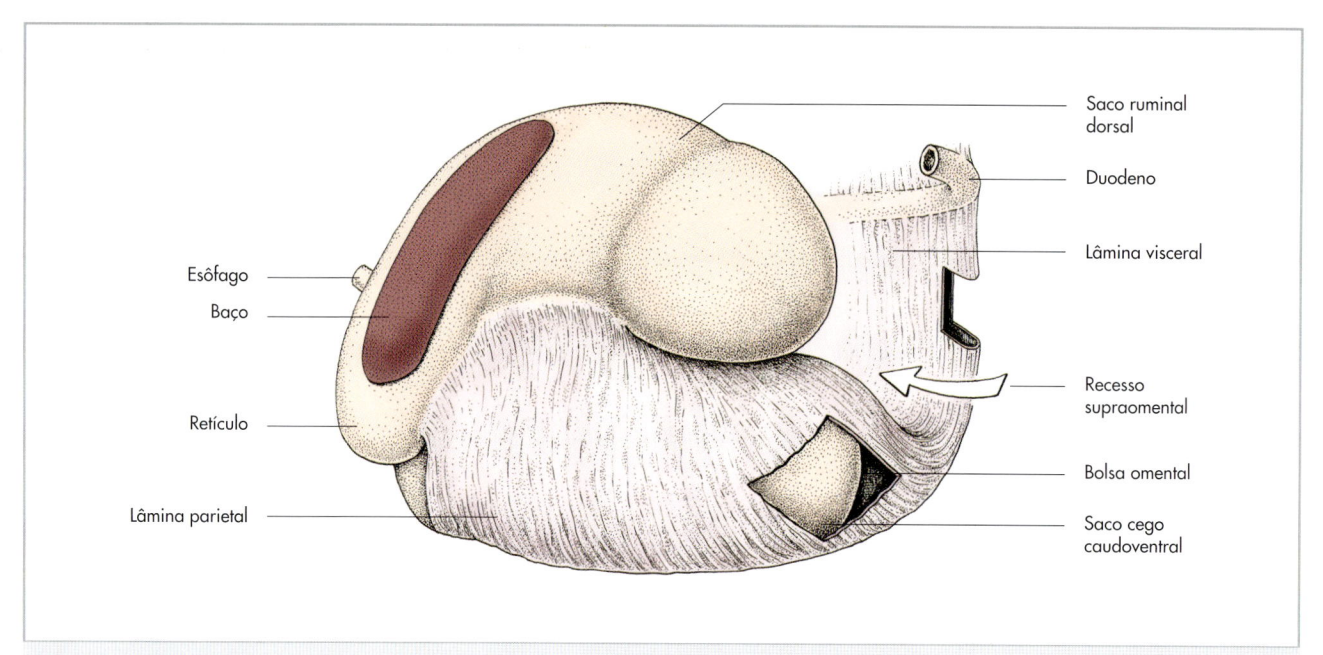

Fig. 8.78 Omento maior de um ruminante (representação esquemática, vista esquerda).

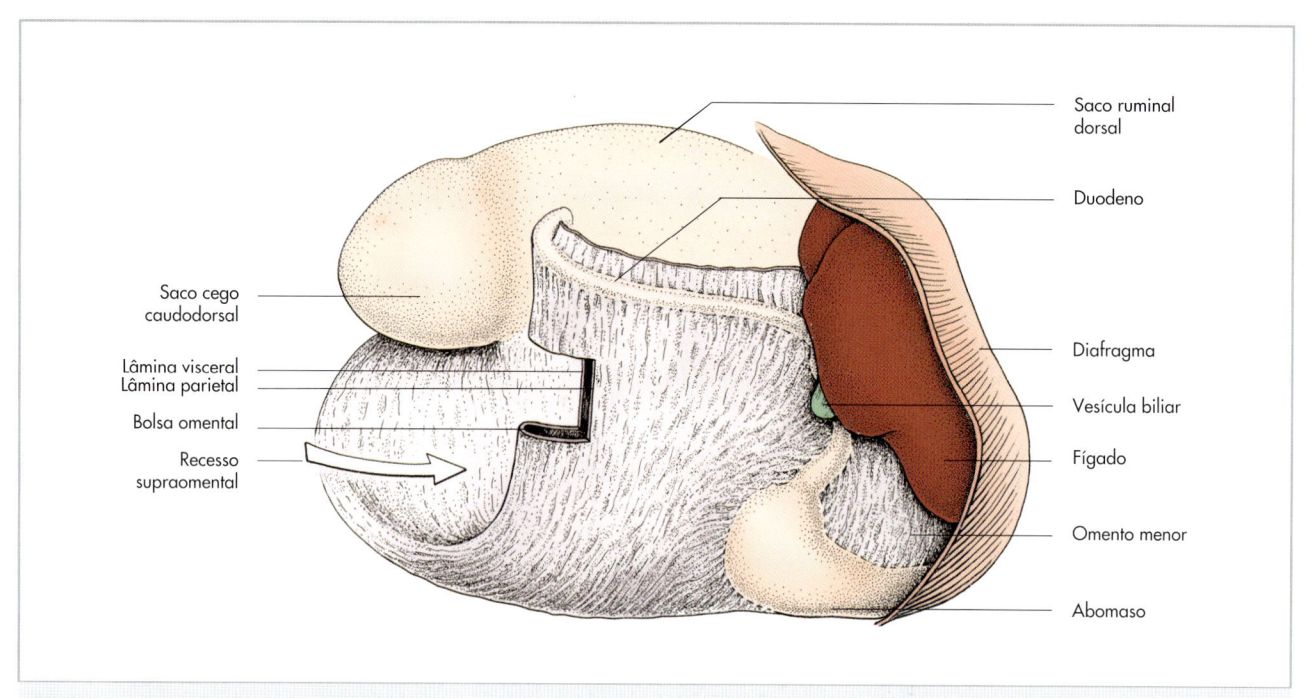

Fig. 8.79 Omento maior de um ruminante (representação esquemática, vista direita).

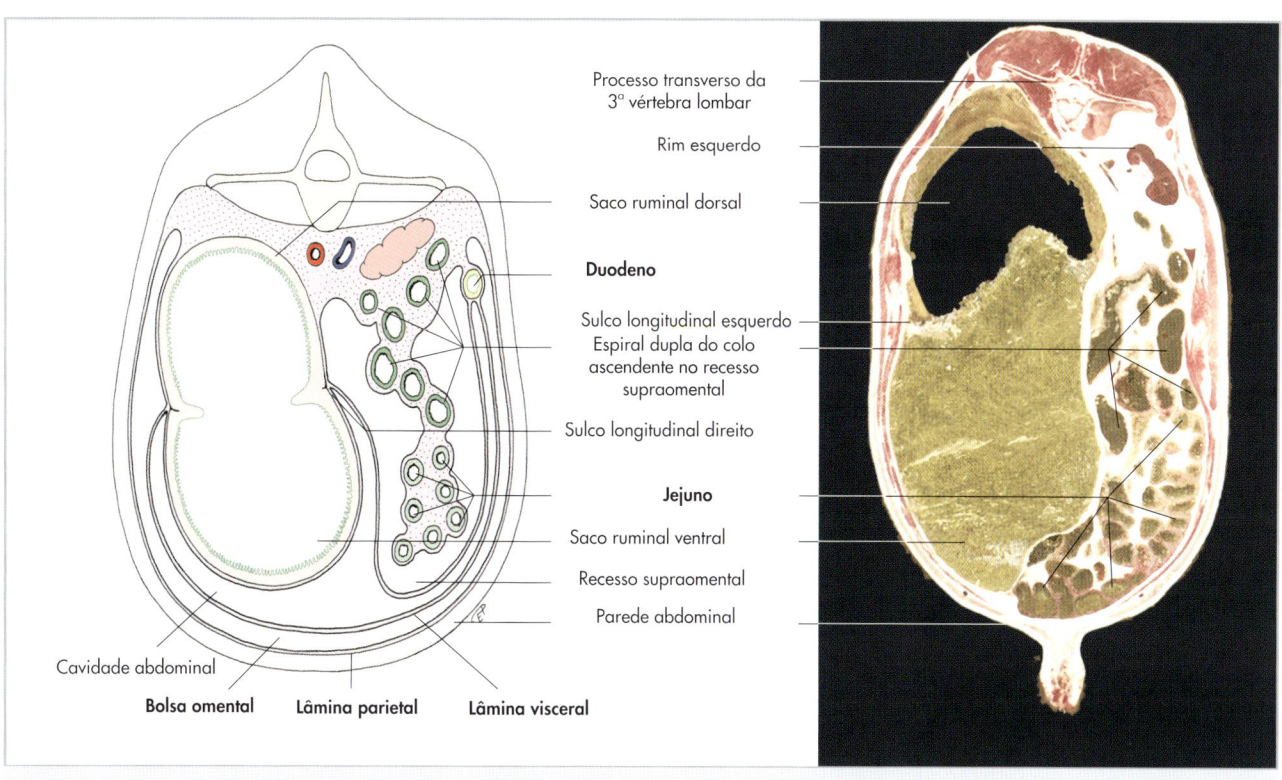

Fig. 8.80 Secção transversal de um abdome do bovino na altura da 3ª vértebra lombar (vista caudal).

se inicia dorsalmente ao esôfago, passa caudalmente ao longo do sulco longitudinal direito, através do sulco caudal, e, novamente, vai na direção cranial, percorrendo o sulco longitudinal esquerdo. O omento maior cruza o átrio do rúmen e se alarga para formar uma fixação ampla ao retículo antes de uma curva aguda para a direita, no sentido ventral ao ruminorretículo, para alcançar a curvatura maior do abomaso. Ele segue a curvatura maior até o piloro, onde passa para o mesoduodeno. O saco dorsal do rúmen se situa em contato direto com a parede abdominal dorsal e com os pilares diafragmáticos. Desse modo, ele se posiciona retroperitonealmente e não apresenta um mesentério dorsal.

O **omento menor** emerge da face visceral do fígado, entre a veia porta e a impressão esofágica, passa para a face direita do omaso e, então, para a curvatura menor do abomaso e se prolonga até o duodeno. Assim como o omento menor nos outros mamíferos domésticos, ele pode ser dividido em ligamentos hepatogástrico e hepatoduodenal.

As lâminas omentais envolvem a **bolsa omental**, uma fissura capilar completamente separada do restante da cavidade abdominal, exceto na região do forame epiploico. O **forame epiploico** situa-se entre o fígado e o duodeno, dorsalmente entre a veia cava caudal e ventralmente à veia porta. As paredes da bolsa são formadas por uma lâmina visceral e outra parietal dos omentos, de forma semelhante à que ocorre no cão, com a exceção de que a margem lateral direita se une ao mesoduodeno, ao passo que, na margem esquerda, não há comunicação direta entre as duas lâminas, onde se interpõe o rúmen. Desse modo, a lâmina profunda se fixa ao sulco longitudinal direito, ao passo que a lâmina superficial se fixa ao sulco longitudinal esquerdo do rúmen; as duas se encontram no sulco ruminal caudal. O omaso, o abomaso e o omento menor formam a maior parte da parede cranial da bolsa.

Os intestinos se posicionam no espaço acima à bolsa omental e à direita do rúmen, no que é chamado de **recesso supraomental** (*recessus supraomentalis*). Esse recesso é aberto caudalmente e é frequentemente invadido pelo útero grávido (▶Fig. 8.78, ▶Fig. 8.79 e ▶Fig. 8.80). Se a cavidade abdominal for aberta através de uma incisão no flanco direito, o duodeno descendente costuma ser a única parte visível do trato gastrointestinal. O restante é coberto pelo mesoduodeno e pela parede superficial do omento maior. Uma incisão neste último leva à bolsa omental e expõe a parede profunda do omento maior, a qual cobre os intestinos dentro do recesso supraomental.

O **omento maior** é um importante reservatório de gordura, o que geralmente o deixa com uma coloração opaca.

Vascularização

Assim como o estômago unicavitário dos outros mamíferos, o **estômago dos ruminantes** é irrigado por ramos da **artéria celíaca**. Além dos três principais ramos da artéria celíaca presentes em animais com um estômago unicavitário (*a. splenica* [*lienalis*], *a. gastrica sinistra, a. hepatica*), há as **artérias ruminais direita e esquerda** (*a. ruminalis dextra et sinistra*). A artéria ruminal direita corre caudalmente no sulco longitudinal direito e continua até o sulco longitudinal esquerdo, passando entre os sacos cegos caudodorsal e caudoventral. Ela termina em uma anastomose com a artéria ruminal esquerda, a qual segue o sulco cranial entre o átrio e o saco caudoventral e caudalmente no sulco longitudinal esquerdo. Logo após a sua origem, a artéria ruminal esquerda projeta a artéria reticular para irrigar o retículo.

O **omaso** e o **abomaso** são vascularizados pelas **artérias gástrica** e **gastroepiploica**. A artéria gástrica esquerda é um ramo direto

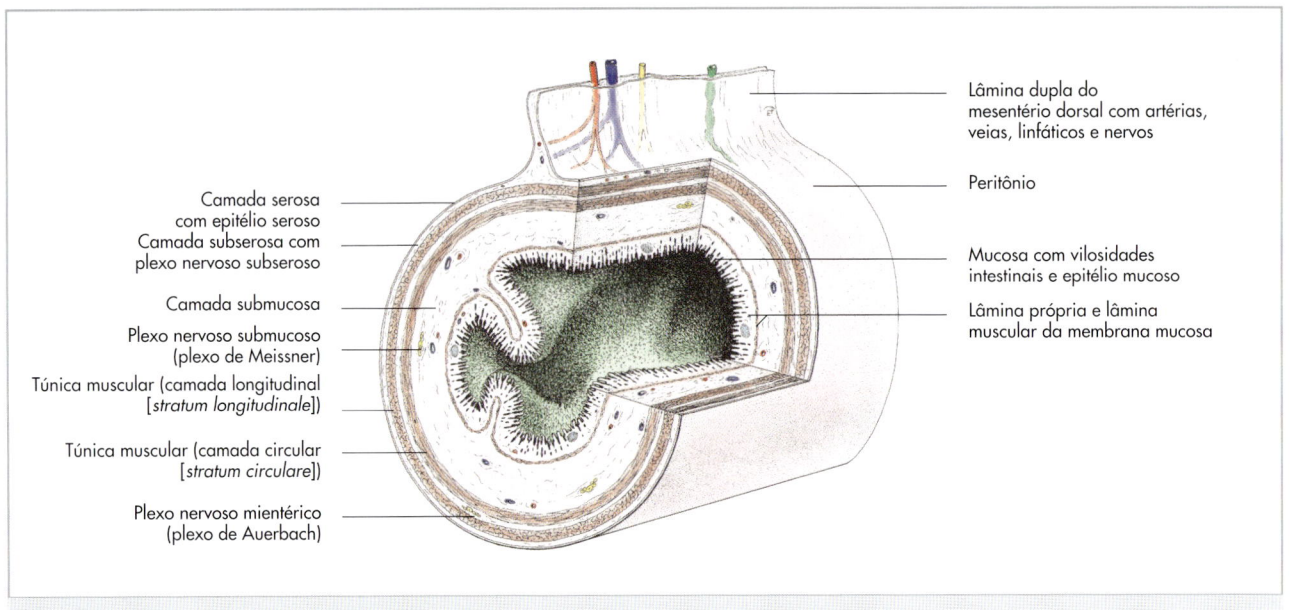

Fig. 8.81 Secção transversal através do intestino com mesentério dorsal (representação esquemática).

da artéria celíaca e passa no lado direito do rúmen até a curvatura menor do abomaso, onde se une com a artéria gástrica direita, a qual é um ramo da artéria hepática. A artéria gastroepiploica esquerda deixa a artéria gástrica esquerda no nível do omaso e segue para a curvatura maior do abomaso. Lá, ela se anastomosa com a artéria gastroepiploica direita proveniente da artéria hepática.

Desse modo, o abomaso é vascularizado por um **anel perigástrico duplo de artérias**, o qual proporciona uma conexão direta entre as artérias hepática e gástrica esquerda. A artéria gástrica também projeta ramos para o omaso. As **veias** correm paralelas às artérias até se unirem à veia porta.

Inervação

A inervação gástrica é obtida pelos **nervos simpáticos e parassimpáticos**. As fibras simpáticas vêm do plexo celíaco e formam o plexo gástrico e os plexos ruminal direito e esquerdo. Estes últimos também emitem ramos para o retículo e o baço.

As fibras parassimpáticas emergem do **nervo vago**. O tronco vagal dorsal é amplamente conectado com o plexo celíaco, mas também fornece ramos diretos para o rúmen, os ramos ruminais direito e esquerdo (*ramus ruminalis dexter et sinister*). Ramos adicionais inervam o retículo, o átrio do rúmen, o omaso, o abomaso e o sulco gástrico. O tronco vagal ventral emite ramos para o átrio do rúmen, para o retículo, para o sulco gástrico, para a curvatura menor do abomaso e para o piloro. Outros ramos se prolongam para o fígado e para o duodeno.

Linfáticos

A drenagem linfática do estômago dos ruminantes ocorre por meio de diversos linfonodos menores, os quais se encontram distribuídos em todo o estômago ruminal, principalmente nos sulcos ruminais e nas curvaturas omasal e abomasal. Eles pertencem ao **grupo celíaco de linfonodos** (**linfocentro**). Após a passagem por esses nódulos linfáticos, a linfa leva a uma série de grandes linfonodos atriais (esplênicos) entre o baço e a cárdia. Os linfonodos que acompanham a curvatura do estômago direcionam os seus vasos eferentes para os linfonodos hepáticos. Os seguintes grupos de linfonodos podem ser diferenciados:

- **linfonodos ruminais direito** e **esquerdo** (*lnn. ruminales dextri et sinistri*) nos sulcos ruminais longitudinais direito e esquerdo;
- **linfonodos ruminais craniais** (*lnn. ruminales craniales*) no sulco ruminal cranial;
- **linfonodos reticulares** (*lnn. reticulares*) nas superfícies dorsais do rúmen e do retículo;
- **linfonodos omasais** (*lnn. omasiales*) na curvatura maior do omaso;
- **linfonodos ruminoabomasais** (*lnn. ruminoabomasiales*) entre o átrio do rúmen, o retículo e o abomaso;
- **linfonodos abomasais dorsais** (*lnn. abomasiales dorsales*) na curvatura menor do abomaso;
- **linfonodos abomasais ventrais** (*lnn. abomasiales ventrales*) não estão sempre presentes, mas podem ocorrer na curvatura maior do abomaso.

8.3 Intestino

O intestino é a parte caudal do canal alimentar. Ele se inicia no piloro e continua até o ânus. Divide-se em **intestino delgado** (*intestinum tenue*), do piloro até o ceco, e **intestino grosso** (*intestinum crassum*), do ceco até o ânus. O diâmetro dessas partes nem sempre é diferente, como sugere a denominação (▶Fig. 8.81). O **intestino delgado** compreende **três partes**:

- duodeno;
- jejuno;
- íleo.

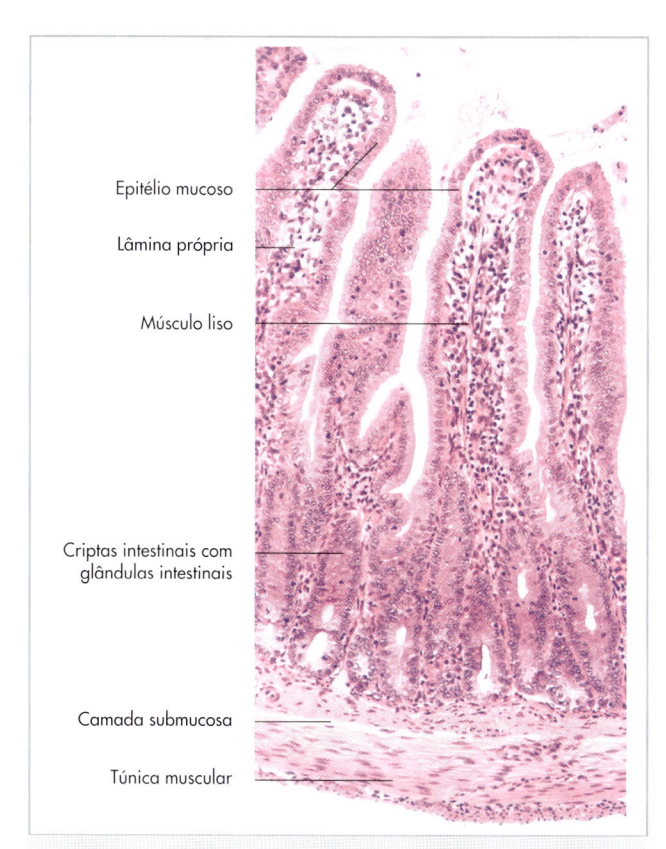

Sistema digestório (*apparatus digestorius*) 371

Fig. 8.82 Corte histológico da parede jejunal de um gato, demonstrando as vilosidades e as criptas intestinais.

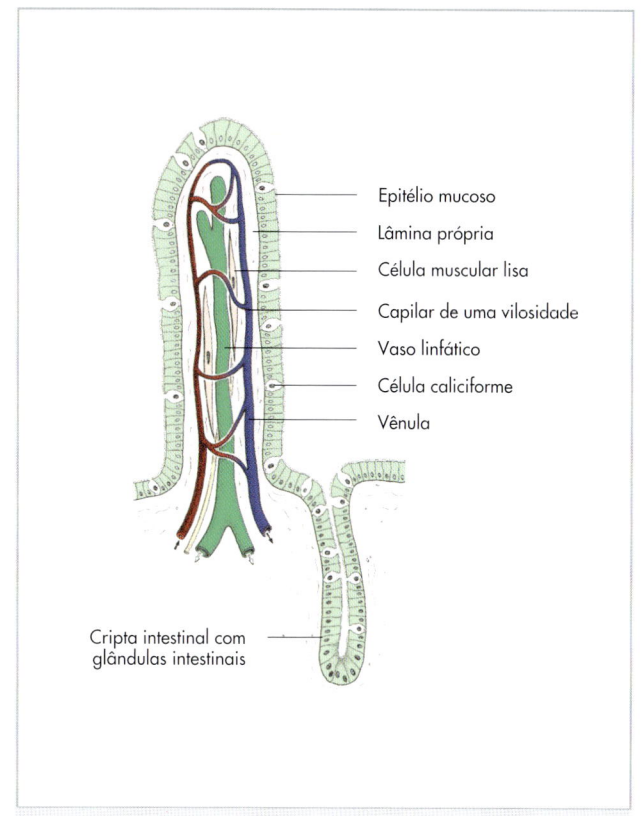

Fig. 8.83 Vilosidades e criptas intestinais (representação esquemática).

Já o **intestino grosso** compõe-se de:
- ceco cego;
- colo;
- reto.

O comprimento total do intestino varia entre espécies, raças e mesmo entre indivíduos. Avaliar o comprimento intestinal em um animal vivo é uma tarefa difícil. Após o óbito e o cessamento das contrações peristálticas, o intestino aumenta de comprimento. Como resultado da adaptação gastrointestinal a diferentes dietas e hábitos alimentares, o trato intestinal de carnívoros é bastante curto em comparação com os intestinos longos dos herbívoros. De modo geral, considera-se que o comprimento do intestino é cinco vezes o tamanho do corpo em carnívoros, dez vezes o comprimento corporal do equino e de 20 a 25 vezes o tamanho do corpo dos ruminantes.

8.3.1 Estrutura da parede intestinal

O intestino, assim como as outras partes do canal alimentar, é composto de várias camadas (desde a mais interna até a mais externa) (▶Fig. 8.81):
- mucosa (*tunica mucosa*);
- submucosa (*tela submucosa*);
- camada muscular (*tunica muscularis*);
- peritônio (*serosa seu lamina visceralis*).

O **epitélio da mucosa** de camada simples consiste em **células colunares**, que funcionam para a absorção, e células caliciformes espalhadas, que produzem muco. Através do canal alimentar, a mucosa própria é amplamente ocupada pelas **glândulas intestinais tubulares** (*glandulae intestinales*) retas (▶Fig. 8. 82 e ▶Fig. 8.83). No intestino delgado, a superfície da mucosa aumenta consideravelmente com a presença de incontáveis **vilosidades intestinais** (*villi intestinales*). Essas projeções em forma de dedos formam um grupo compacto, que confere à face do lúmen do intestino delgado a sua aparência aveludada característica. O aumento da área superficial resultante é essencial para a função de absorção dessa parte do trato gastrointestinal.

As **glândulas intestinais** microscópicas (criptas) se abrem na superfície entre as bases das vilosidades. A absorção é facilitada pelo fato de que cada vilosidade possui a sua própria arteríola, a qual termina em uma rede capilar na terminação livre da vilosidade, que, por sua vez, drena para uma vênula na base da vilosidade. Esse microssistema é complementado por capilares linfáticos, que drenam os produtos da digestão de gordura.

A **mucosa do intestino grosso** difere da mucosa do intestino delgado por **não apresentar vilosidades intestinais**. As glândulas intestinais do intestino grosso são mais alongadas, retas e ricas em células caliciformes, as quais produzem o muco necessário para garantir uma passagem suave do conteúdo intestinal. A sua função mais importante é a reabsorção de água, o que explica a desidratação do conteúdo fecal. No equino, entretanto, vários mecanismos de absorção se localizam no intestino grosso. Mais detalhes podem ser obtidos em obras sobre histologia e fisiologia. De forma semelhante ao que ocorre no estômago, os capilares se dispõem de modo a formar uma rede subepitelial em forma de favo de mel.

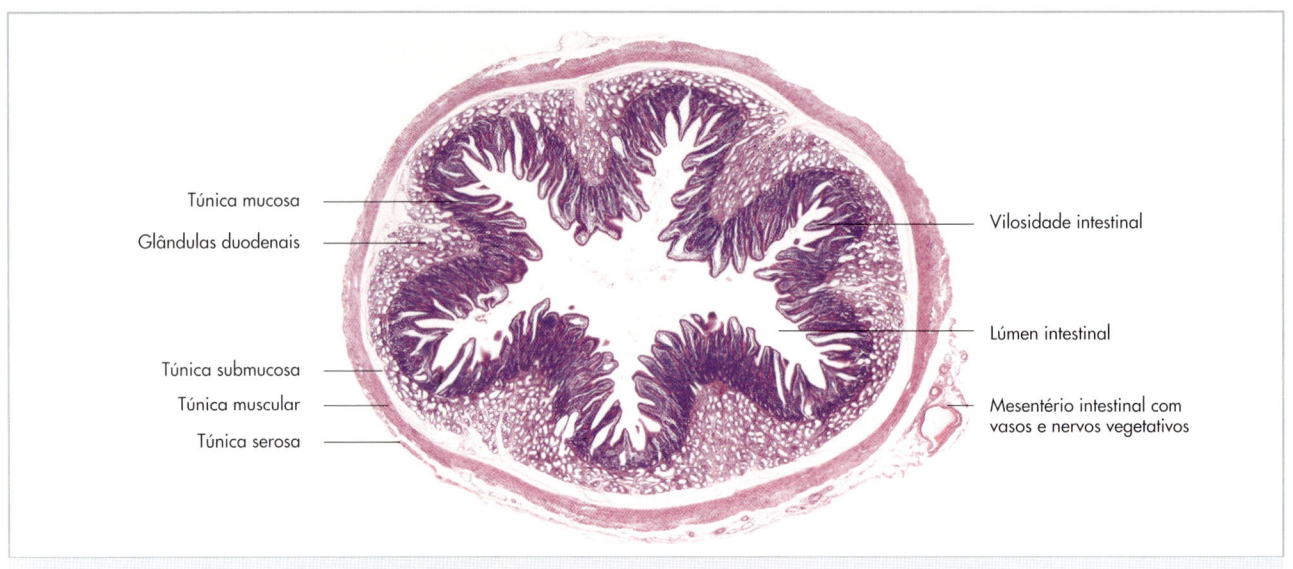

Fig. 8.84 Corte histológico do duodeno de um gato.

O **tecido linfático** da parede intestinal é a primeira linha de defesa contra microrganismos, os quais podem ganhar acesso ao corpo a partir dos intestinos. Ele está presente na forma de linfócitos espalhados pela mucosa, que foram **nódulos linfáticos solitários** (*lymphonoduli solitarii*), ou podem se agregar para compor **nódulos linfáticos agregados (placas de Peyer)**.

Os nódulos linfáticos agregados são visíveis na superfície livre da mucosa como placas ou faixas irregularmente elevadas, que variam quanto ao comprimento desde alguns poucos milímetros até mais de 25 cm, no bovino. Essas placas são particularmente bem-desenvolvidas no íleo e se prolongam até o intestino grosso do equino e dos ruminantes. No suíno, essas placas se encontram no jejuno e no íleo. No gato, os nódulos linfáticos são particularmente numerosos no ápice do ceco.

A **submucosa** consiste em tecido conjuntivo frouxo, onde se encontram vasos sanguíneos menores, linfáticos, folículos linfáticos e plexos nervosos. Além das glândulas intestinais da mucosa, as glândulas duodenais tubulares são encontradas na submucosa da parte proximal do intestino delgado. Os plexos nervosos submucosos, também conhecidos coletivamente como plexos de Meissner, suprem as glândulas intramurais, as fibras de músculo liso e as paredes dos vasos.

A **túnica muscular** (*tunica muscularis*) consiste em uma camada longitudinal externa relativamente fina e uma camada circular interna mais espessa. No ânus, a camada circular é modificada para formar o **esfíncter anal interno** (*m. sphincter ani internus*). No equino e no suíno, a camada muscular externa se concentra principalmente em uma série de faixas, chamadas de **tênias**. O encurtamento dessas tênias (*taeniae*) resulta na formação de saculações lineares, denominadas **haustros**.

A **camada serosa** do intestino provém da parte visceral do peritônio. As lâminas duplas da **serosa conjuntiva** (**mesentério**) se prolongam desde a parede do corpo dorsal e se separam para cobrir o intestino. O mesentério funciona como uma rota para os vasos sanguíneos e os nervos e contém linfonodos.

Os **vasos linfáticos** dos intestinos drenam para os seguintes linfonodos: portais, pancreatoduodenais, mesentéricos craniais, cecais, jejunais, cólicos e anorretais.

8.3.2 Inervação do intestino

O intestino recebe nervos tanto simpáticos quanto parassimpáticos. O sistema nervoso do intestino compreende um sistema complexo de gânglios intramurais, os quais formam plexos nas diferentes camadas da parede intestinal. A **submucosa** contém o **plexo nervoso submucoso (plexo de Meissner)**, e outro plexo se situa entre as duas camadas da **túnica muscular**, o **plexo mientérico (plexo de Auerbach)** (▶Fig. 8.81). Os dois plexos estão conectados aos gânglios pré-vertebrais da cavidade abdominal por uma fina rede subserosa de fibras nervosas. Esses plexos sofrem o controle dos sistemas parassimpático e simpático, mas são independentes e responsáveis pela atividade muscular e secretora aparentemente espontânea do intestino.

8.3.3 Vascularização do intestino

A vascularização para os intestinos é provida principalmente pelas **artérias mesentéricas craniais** e **caudais** (*a. mesenterica cranialis et caudalis*) (▶Fig. 8.88, ▶Fig. 8.89, ▶Fig. 8.90, ▶Fig. 8.91 e ▶Fig. 13.29), com exceção da parte proximal do duodeno, que é suprida pelo ramo hepático da **artéria celíaca** (*a. coeliaca*), e a parte caudal do reto, que é suprida pelos ramos retais da artéria pudenda interna (*a. pudenda interna*). Embora os detalhes da ramificação variem de uma espécie para outra e até mesmo entre indivíduos, a artéria mesentérica cranial se divide em **três ramos principais**:
- artéria jejunal (*a. jejunalis*);
- artéria ileocólica (*a. ileocolica*);
- artéria cólica média (*a. colica media*).

O **tronco da artéria jejunal** passa para a esquerda e se divide em diversas artérias jejunais, as quais percorrem o mesentério em direção ao jejuno. Pouco antes de chegar ao jejuno, elas se anastomosam umas com as outras, formando arcadas. A partir dessas arcadas, são emitidos ramos para a superfície mesentérica da parede jejunal. A riqueza de anastomoses garante que o intestino

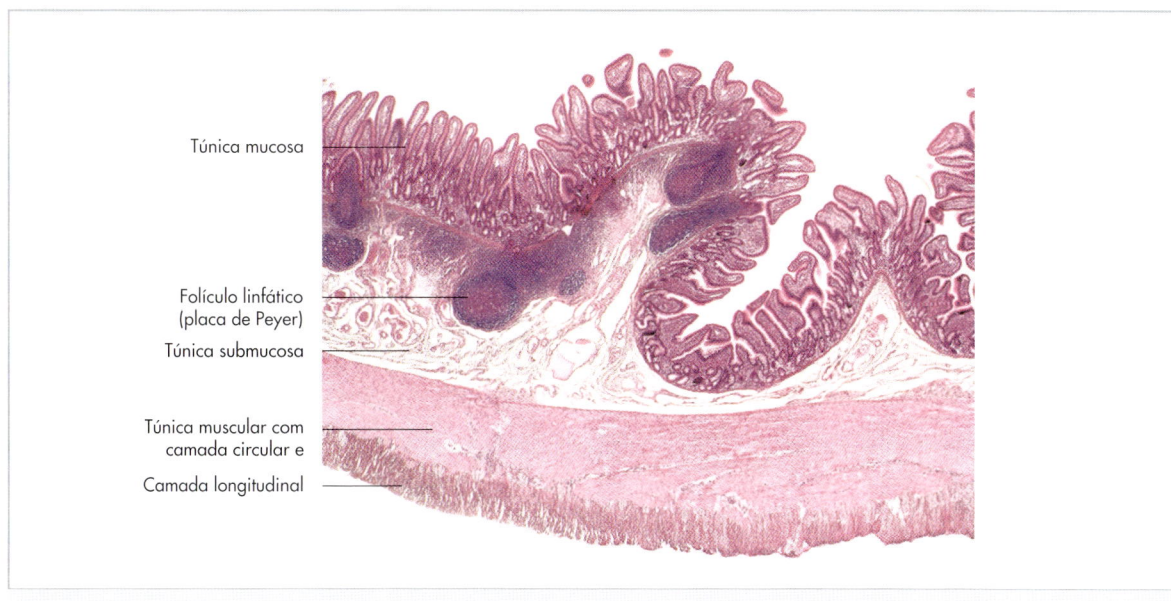

Fig. 8.85 Corte histológico do íleo de um cão.

Labels: Túnica mucosa; Folículo linfático (placa de Peyer); Túnica submucosa; Túnica muscular com camada circular e; Camada longitudinal.

sobreviverá normalmente à obstrução completa de um dos vasos jejunais. A primeira artéria jejunal se origina da artéria pancreato-duodenal; a última artéria jejunal forma anastomose com o ramo ileomesentérico da artéria ileocólica.

Depois de se originar da artéria mesentérica cranial, a **artéria ileocólica** passa para a direita e irriga o íleo, o ceco e o colo ascendente com os seguintes ramos:

- ramos mesentérico e antimesentérico do íleo (*ramus ilei mesenterialis et antimesenterialis*);
- artérias cecais lateral e medial (*a. caecalis lateralis et medialis*);
- ramo cólico (*ramus colicus*) da parte proximal do colo ascendente;
- artéria cólica direita (*a. colica dextra*) da parte distal do colo ascendente.

No equino, a artéria cólica direita irriga a parte dorsal do colo e, portanto, recebe a denominação de **artéria cólica dorsal** (*a. colica dorsalis*), ao passo que a vascularização do colo ventral deriva do ramo cólico, o qual é chamado de **artéria cólica ventral** (*a. colica ventralis*). As duas artérias cólicas formam uma anastomose na flexura pélvica do colo.

A artéria cólica média é o terceiro ramo da artéria mesentérica cranial e irriga o colo transverso. Ela forma anastomose com a artéria ileocólica, por meio da artéria cólica direita, e com a artéria mesentérica caudal, por meio da artéria cólica esquerda.

A artéria mesentérica cranial não apenas irriga grande parte do intestino, mas também contribui para a sua sustentação. A conexão de tecido mole da aorta com a coluna mediante a adventícia propicia uma forma de suspensão da parede dorsal do corpo até a artéria mesentérica cranial. Ao mesmo tempo, a pressão sanguínea dentro das artérias intestinais as deixa bastante rígidas, como uma mangueira sob pressão, o que contribui com mais um meio de fixação para os órgãos abdominais. Esse é um mecanismo particularmente importante no equino, cujo intestino é bastante móvel, devido ao seu mesentério relativamente longo. Acredita-se que uma alteração na pressão sanguínea (p. ex., exemplo, uma infestação parasitária das paredes arteriais) possa levar ao deslocamento do intestino, causando cólica no equino.

A **artéria mesentérica caudal** é menor e se origina da aorta abdominal pouco antes que ela atinja o seu ramo terminal, tendo a sua distribuição restrita ao colo descendente e à parte proximal do reto. Ela se divide em **artéria cólica esquerda** (*a. colica sinistra*) e **artéria retal cranial** (*a. rectalis cranialis*). A artéria cólica esquerda passa cranialmente dentro do mesentério do colo descendente e emite pequenas ramificações para a face mesentérica do colo descendente. A artéria retal cranial irriga a parte cranial do reto.

As **veias**, em sua maioria, correm paralelas às artérias e se unem para formar as **veias mesentéricas cranial** e **caudal**. Essas veias são as duas principais formadoras da **veia porta**, sendo a veia esplênica a terceira fonte. As veias da parte caudal do reto da região anal se unem à **veia cava caudal**. A **veia porta** recebe o sangue venoso da distribuição da artéria celíaca e das artérias mesentéricas cranial e caudal. Desse modo, ela coleta o sangue venoso de todos os **órgãos abdominais ímpares**, exceto do reto terminal.

8.3.4 Intestino delgado (*intestinum tenue*)

As principais funções do intestino delgado são digestão e absorção. A digestão é definida como a degradação enzimática do material ingerido em partículas prontas para absorção. Ambos os ductos pancreáticos e biliares se abrem no intestino delgado: a secreção do pâncreas é a maior fonte de enzimas, e a bile é responsável pela emulsificação da gordura, essencial para a digestão.

O **epitélio da mucosa** consiste principalmente de células colunares, as quais se ocupam da absorção, da produção de muco e da função endócrina, além de controlar a secreção pancreática e o funcionamento muscular da vesícula biliar e das paredes intestinais (▶Fig. 8.79 e ▶Fig. 8.80). A mucosa é rica em nódulos linfáticos,

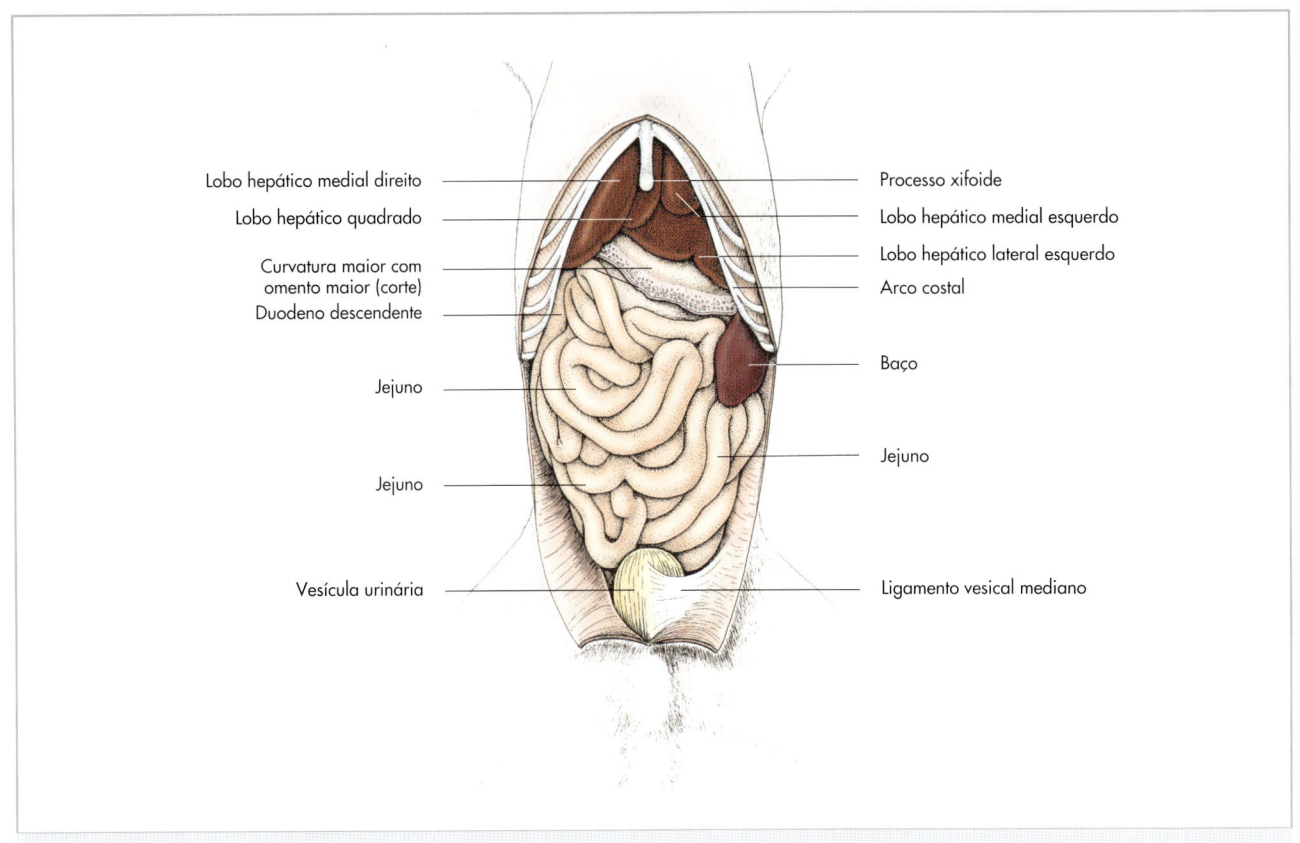

Fig. 8.86 Órgãos abdominais de um cão *in situ* (representação esquemática, vista ventral, omento maior removido).

os quais se agregam para formar **nódulos linfáticos agregados (placas de Peyer)** (▶Fig. 8.84). O intestino delgado se inicia no piloro e termina na junção cecocólica. Ele é constituído de **três partes principais** (▶Fig. 8.85):
- duodeno;
- jejuno;
- íleo.

O **intestino delgado** está conectado à parede abdominal dorsal pelo **mesentério dorsal** em toda a sua extensão. A maior parte do mesentério é **relativamente longa** e permite um grau elevado de mobilidade do intestino delgado. Contudo, no equino e em ruminantes, o duodeno é fixado em sua posição por um **mesoduodeno curto**.

Duodeno (*duodenum*)

O duodeno é a parte proximal do intestino delgado, estendendo-se da parte pilórica do estômago ao jejuno (▶Fig. 8.84, ▶Fig. 8.86, ▶Fig. 8.87 e ▶Fig. 8.88). O duodeno pode ser subdividido em:
- parte cranial (*pars cranialis duodeni*);
- flexura cranial do duodeno (*flexura duodeni cranialis*);
- parte descendente (*pars descendens duodeni*);
- flexura caudal do duodeno (*flexura duodeni caudalis*), também conhecida como parte transversa (*pars transversa*);
- parte ascendente (*pars ascendens*);
- flexura duodenojunal (*flexura duodenojejunalis*).

A parte inicial continua do piloro do estômago e passa em direção à parede abdominal direita antes de se desviar caudalmente em direção à entrada pélvica. O duodeno, então, passa medialmente ao redor da raiz cranial do mesentério antes de se dirigir no sentido cranial por uma pequena extensão. Ele termina ao se voltar ventralmente, onde prossegue como jejuno.

Ao contrário dos humanos, cuja extensão do duodeno é definida pela presença de glândulas duodenais, a extremidade caudal do duodeno nos animais é caracterizada pela margem cranial da **prega duodenocólica** (*plica duodenocolica*) (▶Fig. 8.88). O duodeno está fixo ao teto da cavidade abdominal pelo mesoduodeno, a parte cranial do mesentério, a qual é relativamente curta no equino e nos ruminantes e mais extensa em carnívoros e no suíno (▶Fig. 8.88). O longo mesoduodeno e o omento menor, bastante extenso, permite uma grande amplitude de movimento para o estômago. Isso é considerado responsável pela alta prevalência de torções gástricas (*torsio ventriculi*) em cães, uma condição com risco de vida que ocorre em raças de médio e grande portes.

A **parte cranial do duodeno** está conectada ao fígado pelo **ligamento hepatoduodenal**, um resquício do mesentério ventral presente no embrião. Dentro do ligamento hepatoduodenal, corre o **ducto biliar comum** (*ductus choledochus*), desde o fígado até o duodeno. O mesentério do duodeno descendente inclui o lobo direito do pâncreas.

Ambos os ductos biliar e pancreático se abrem no duodeno (▶Fig. 8.110 e ▶Fig. 8.115). Uma descrição mais minuciosa é abordada no Capítulo 8, "Sistema digestório", seção Glândulas anexas ao canal alimentar (p. 384).

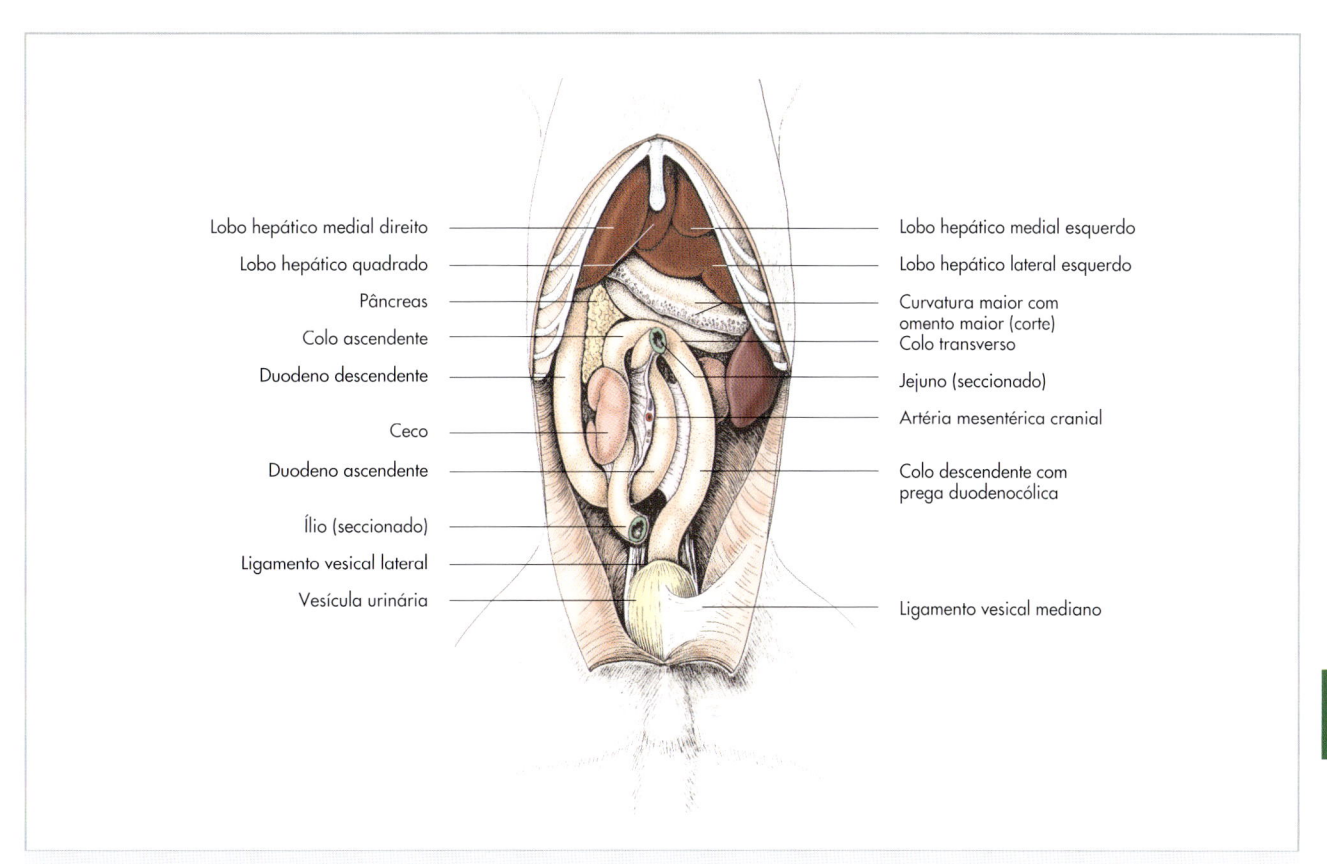

Fig. 8.87 Órgãos abdominais de um cão *in situ* (representação esquemática, vista ventral, omento maior e alças jejunais removidas). (Fonte: com base em dados de Dyce, Sack e Wensing, 2002.)

Jejuno (*jejunum*)

O jejuno é a parte mais extensa do intestino delgado entre o duodeno e o íleo. Ele também apresenta a **maior mobilidade** e liberdade de todo o canal alimentar, devido ao **longo mesojejuno**, o qual suspende o jejuno e o íleo do teto abdominal (▶Fig. 8.88).

O **mesojejuno** une-se ao mesoíleo e apresenta a forma de um grande leque pendurado no teto abdominal (mesentério próprio), sendo que as alças do jejuno e o íleo se situam em sua margem distal livre. A parte muito curta e agrupada com a qual o mesojejuno se fixa à aorta é conhecida como **raiz do mesentério** (*radix mesenterii*), a qual inclui a **artéria mesentérica cranial**, o **grande plexo mesentérico de nervos** que circunda a artéria e os **linfáticos intestinais**. A margem livre é muito mais extensa e pregueada, já que segue os giros do intestino.

A distinção entre jejuno e íleo é arbitrária, sendo que o íleo é definido como a parte terminal do intestino delgado à qual se fixa a **prega ileocecal** (*plica ileocaecalis*). Em carnívoros, as alças do jejuno ocupam a parte ventral do abdome entre o estômago e a vesícula urinária, posicionando-se na camada profunda do omento maior. O mesojejuno longo oferece pouca oposição, o que permite que o intestino se mova livremente em resposta a outros movimentos, como o respiratório.

No suíno, o jejuno também é suspenso por um longo mesentério, e seus giros compartilham a parte caudoventral do abdome com a massa do colo ascendente. Como grande parte deste último se posiciona na metade esquerda da cavidade abdominal, o jejuno se situa mais para a direita (▶Fig. 8.89).

Em ruminantes, o grande rúmen ocupa o espaço na metade esquerda do abdome, empurrando, assim, os intestinos para a direita (▶Fig. 8.90 e ▶Fig. 8.92). A posição das alças jejunais depende do preenchimento do rúmen e do tamanho do útero. Em geral, elas se posicionam dentro do recesso supraomental, junto ao colo ascendente, porém algumas alças também podem ser encontradas atrás do rúmen, contra o flanco esquerdo.

Em ruminantes e no suíno, o colo ascendente está parcialmente aderido à superfície direita do mesojejuno. O tecido linfoide está generosamente espalhado por toda a mucosa, e ocorrem nódulos solitários e agregados. Os nódulos agregados formam grandes **placas de Peyer** (até 25 cm de comprimento) e podem ser distinguidos por sua superfície irregular. Em geral, uma dessas placas se estende do íleo até o intestino grosso.

No equino, a maior parte do jejuno é encontrada na parte dorsal esquerda do abdome. Um considerável grau de mobilidade é fornecido ao jejuno, devido ao seu longo mesentério (▶Fig. 8.91 e ▶Fig. 8.93).

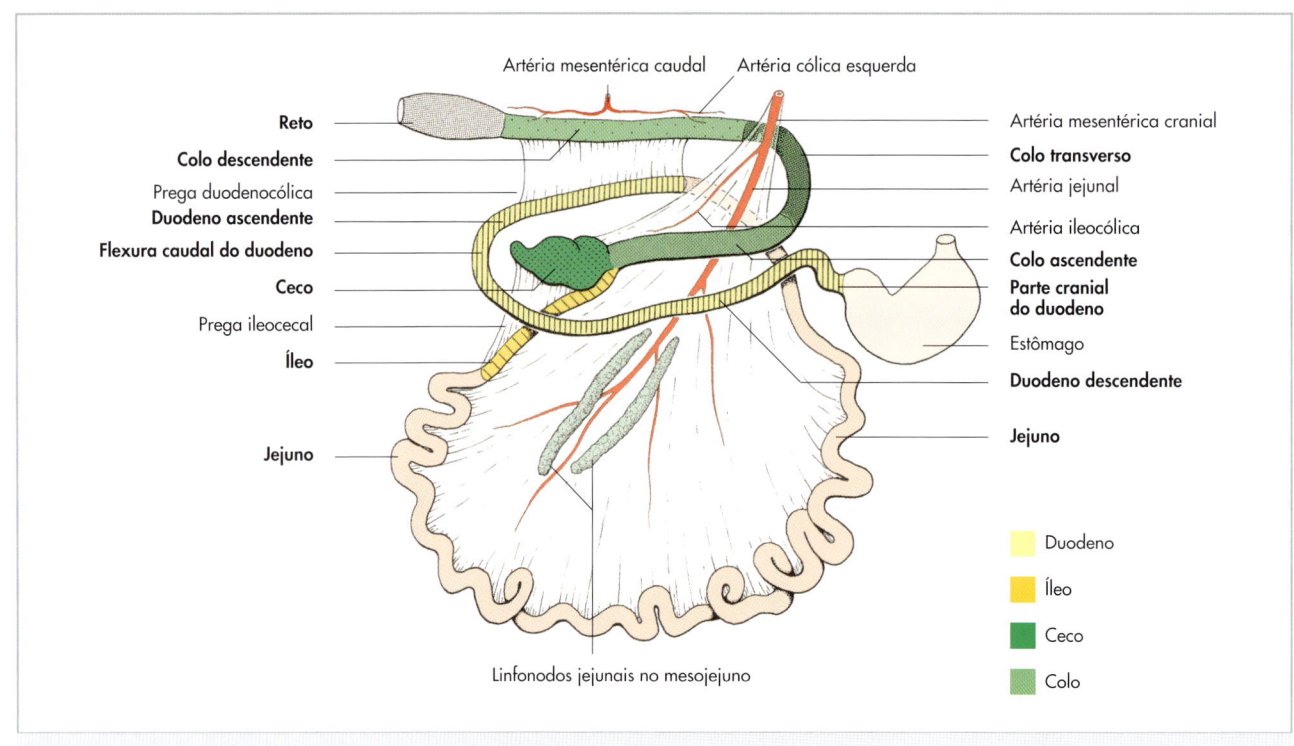

Fig. 8.88 Trato intestinal de um cão (representação esquemática). (Fonte: com base em dados de Ghetie, 1958.)

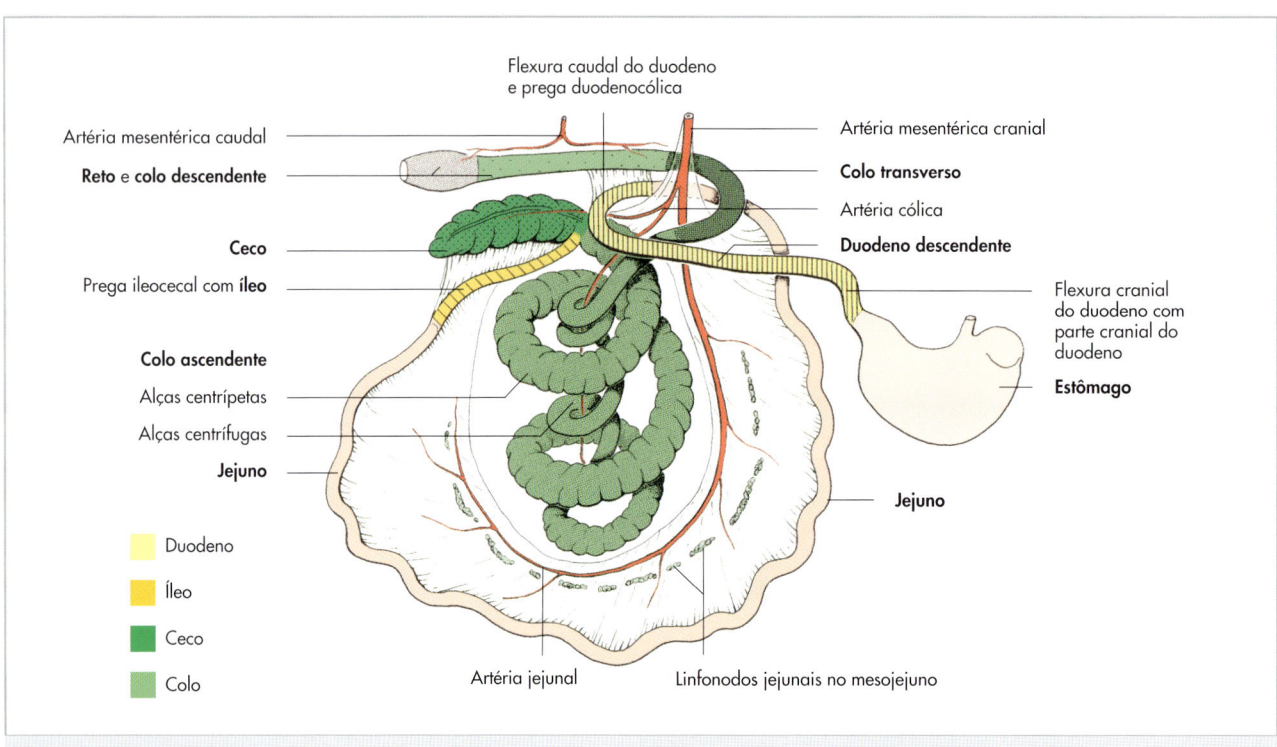

Fig. 8.89 Trato intestinal de um suíno (representação esquemática). (Fonte: com base em dados de Ghetie, 1958.)

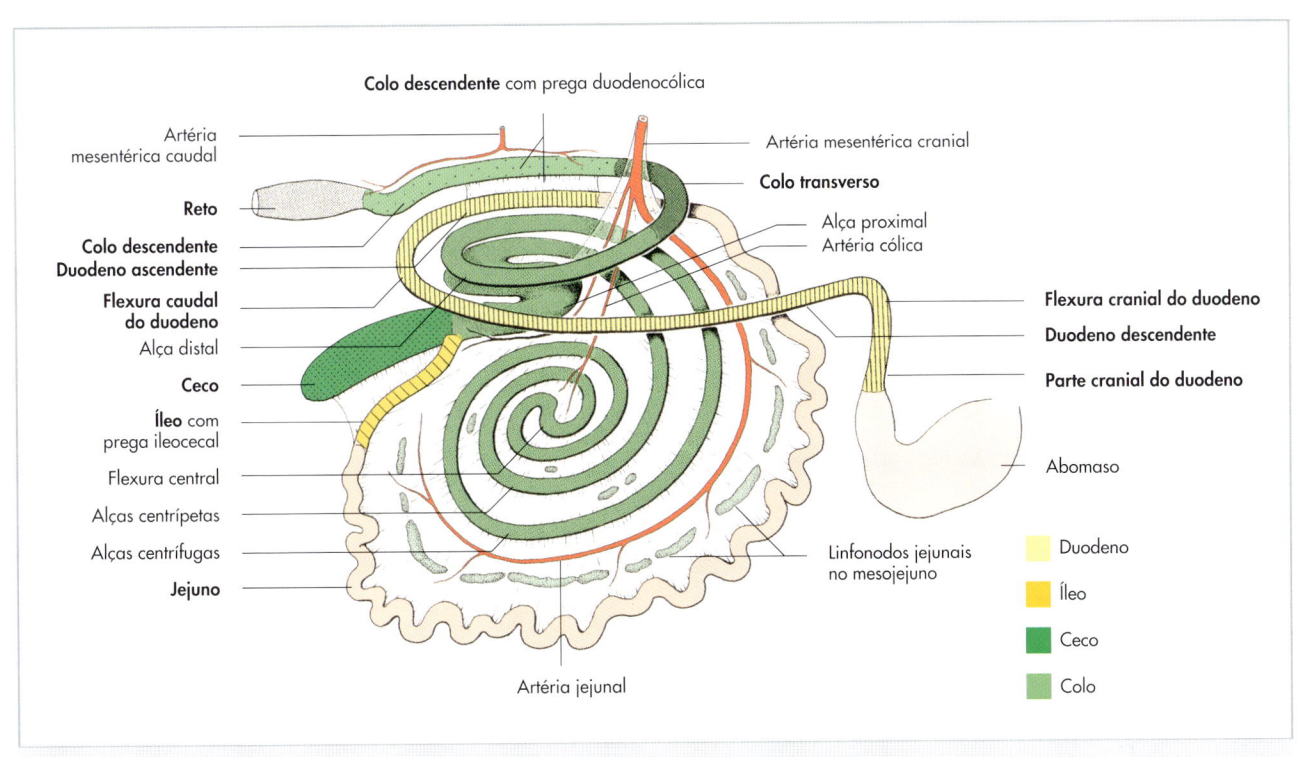

Sistema digestório (*apparatus digestorius*) 377

Fig. 8.90 Trato intestinal de um bovino (representação esquemática). (Fonte: com base em dados de Ghetie, 1958.)

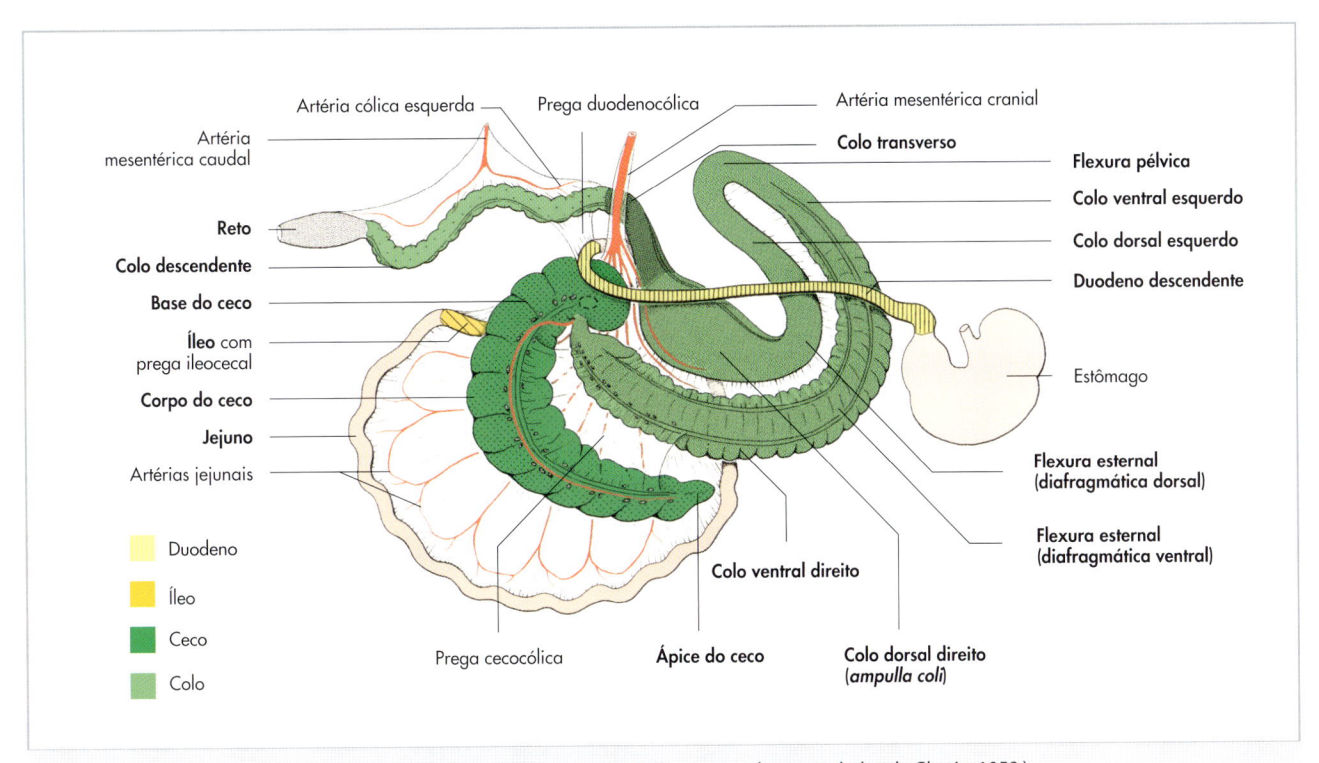

Fig. 8.91 Trato intestinal de um equino (representação esquemática). (Fonte: com base em dados de Ghetie, 1958.)

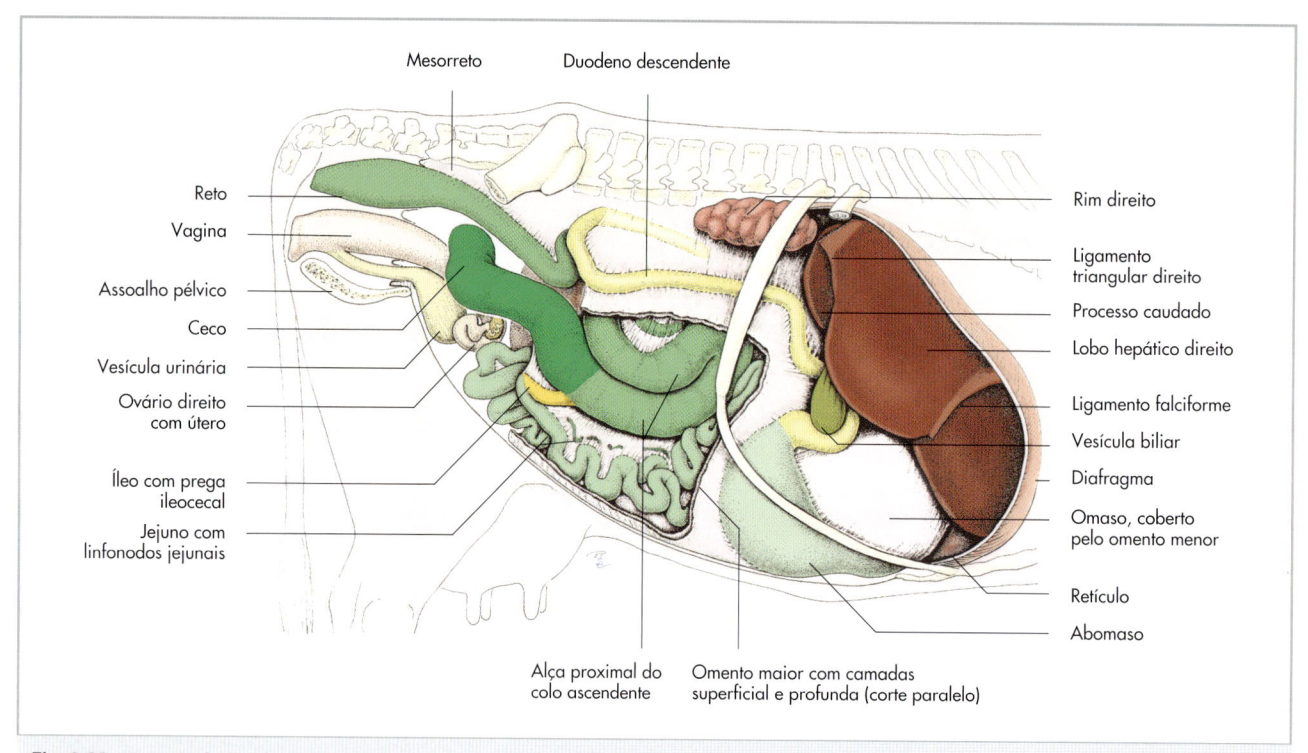

Fig. 8.92 Topografia dos órgãos abdominais e pélvicos de uma vaca (representação esquemática, vista lateral direita, parede abdominal e omento maior removidos).

> **Nota clínica**
>
> O mesojejuno é visivelmente longo, o que permite movimentos extensos do jejuno (▶Fig. 8.91). As alças jejunais podem passar pelo **forame epiploico** (*foramen epiploicum*), ficar presas sobre o ligamento renosplênico (encarceramento nefroesplênico) ou herniar no **processo vaginal** (*processus vaginalis*). Isso pode impedir significativamente a passagem da ingesta e comprometer o fluxo sanguíneo para o intestino. O longo mesentério jejunal também é considerado um fator na ocorrência de intussuscepção e volvo intestinal.

Íleo (*ileum*)

O íleo é uma parte terminal bastante curta do intestino delgado. A distinção entre jejuno e íleo é definida pela extensão proximal da **prega ileocecal** (*plica ileocaecalis*) (▶Fig. 8.88), que termina na junção ileocecocólica com o **óstio ileal** na **papila ileal**, cuja localização exata varia de acordo com a espécie (▶Fig. 8.96). A forte camada muscular deixa o íleo mais firme que o jejuno, e a mucosa é rica em tecido linfoide, o qual se agrega para formar as **placas de Peyer**. Essa camada muscular bem desenvolvida é responsável pelo transporte unidirecional do material ingerido até o ceco.

No equino, a disfunção da inervação do íleo leva a uma contração permanente de sua cobertura muscular, o que pode resultar em impactação, com consequente cólica. Com a palpação retal, um achado característico é o íleo firme passando da parte ventral esquerda do abdome, no sentido dorsal direito.

8.3.5 Intestino grosso (*intestinum crassum*)

O intestino grosso pode ser dividido nas seguintes partes em todos os mamíferos domésticos (▶Fig. 8.88):
- ceco;
- colo, subdividido em:
  - colo ascendente (*colon ascendens*);
  - colo transverso (*colon transversum*);
  - colo descendente (*colon descendens*);
- reto (*rectum*).

Ceco (*caecum*)

O ceco costuma ser descrito como a primeira parte do intestino grosso. Trata-se de um tubo cego, que está demarcado do colo para a entrada do íleo (▶Fig. 8.87). Ele se comunica com o íleo pelo **óstio ileal** (*ostium ileale*) e com o colo pelo **óstio cecocólico** (*ostium caecocolicum*).

O apêndice vermiforme presente em humanos **está ausente** nos mamíferos domésticos.

Em carnívoros, em ruminantes e no equino, o ceco posiciona-se na metade direita do abdome; no suíno, ele se encontra na metade esquerda. Ele se fixa ao íleo pela **prega ileocecal** (*plica ileocaecalis*), a qual define a extensão proximal do íleo. No cão, o ceco é curto e apresenta forma espiral. Ao contrário de outros mamíferos domésticos, o ceco não possui uma comunicação direta com o íleo no cão, mas se une ao colo, formando um tubo contínuo com o íleo para um dos lados. No gato, o ceco é ainda menor e tem o formato de uma vírgula.

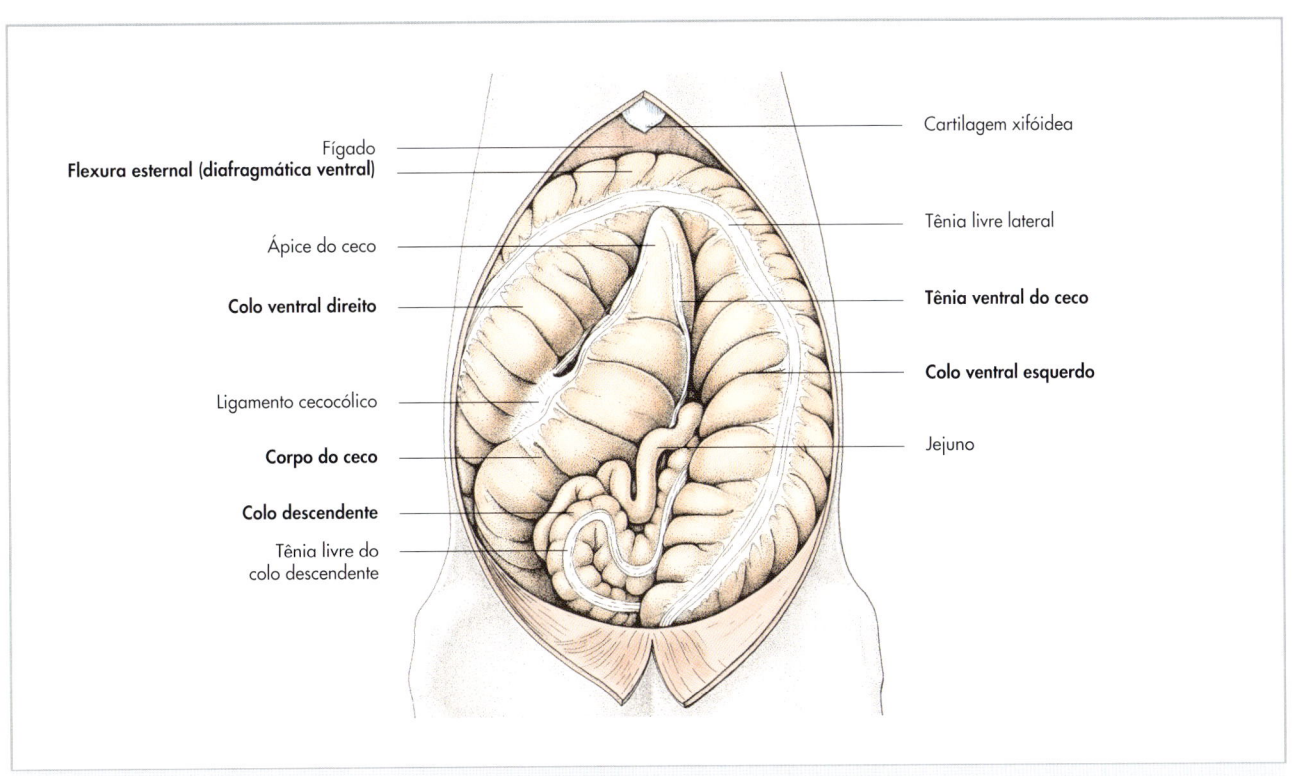

Fig. 8.93 Ceco e colo de um equino *in situ* (representação esquemática, vista ventral). (Fonte: com base em dados de Ghetie, Pastea e Riga, 1955.)

Ceco do equino

O ceco do equino tem uma grande capacidade (acima de 30 litros) e mede cerca de 1 metro de comprimento. Consiste em uma **base** (*caput caeci*) dorsalmente, um **corpo** (*corpus caeci*) curvo afilado e um **ápice** cego (*apex caeci*) cranioventralmente (▶Fig. 8.91 e ▶Fig. 8.93).

A **base** situa-se na parte dorsal direita do abdome, em contato com o teto abdominal na região lombar, onde forma uma fixação retroperitoneal. O **óstio cecocólico** é uma fenda transversa formada por uma constrição do colo ascendente. No animal morto, é possível penetrá-lo com apenas alguns dedos, ao passo que, no animal vivo, ele permite a passagem de uma mão inteira.

O íleo se abre na **papila ileal** (*papilla ilealis*) (▶Fig. 8.96), uma projeção cônica que inclui o **esfíncter do íleo** (*m. sphincter ilei*) e um **plexo venoso**, o qual controla o óstio ileal. A partir de seu desenvolvimento embriológico, a base do ceco é, na realidade, a parte inicial do colo ascendente. Portanto, a expressão **óstio ileal** (*ostium ileale*) é utilizada no equino, apesar de o íleo conduzir diretamente ao ceco e não se abrir na margem do colo ascendente, como ocorre nos outros animais domésticos (exceto no cão). A junção cecocólica é marcada pelo **óstio cecocólico** (*ostium caecocolicum*).

Em seu início, o corpo do ceco situa-se contra o **flanco direito**, porém, ao seguir o trajeto cranioventral, ele também passa mais medialmente entre as partes ventrais do colo ascendente. Ele termina com o ápice próximo à cartilagem xifóidea, no assoalho abdominal ventral.

A **camada longitudinal** da camada muscular é concentrada em faixas, visíveis como **tênias** na superfície externa, entre as quais a parede cecal se ondula em quatro **fileiras de saculações** (*haustra*). Existem **quatro tênias** na maior parte do ceco – as faixas medial, lateral, dorsal e ventral –, porém o número diminui em direção ao ápice (▶Fig. 8.91 e ▶Fig. 8.94).

Os **vasos cecais** e os **linfonodos** localizam-se ao longo das tênias medial e lateral. A tênia dorsal propicia fixação para a **prega ileocecal** (*plica ileocecalis*), a qual se prolonga entre o ceco e o íleo. A tênia lateral direciona-se para a **prega cecocólica** (*plica caecocolica*), prolongando-se entre o ceco e o colo ascendente. A faixa ventral permanece livre. As diferenças características de cada tênia propiciam importantes pontos de referência anatômicos, como ocorre com o variável número de tênias no colo durante uma cirurgia. O interior é marcado por numerosas pregas, as quais correspondem às divisões externas das saculações.

No equino, o ceco é responsável pela digestão de carboidratos complexos, como a celulose. O material ingerido é transportado para o colo, e o refluxo para o íleo é prevenido pela papila ileal. O transporte regular de material ingerido do íleo para o ceco pode ser ouvido durante a auscultação do quadrante dorsal direito do abdome caudal, um procedimento para a avaliação de cólica. Distúrbios do funcionamento cecal podem resultar em impactação ou distensão por gás, causas comuns de cólica no equino.

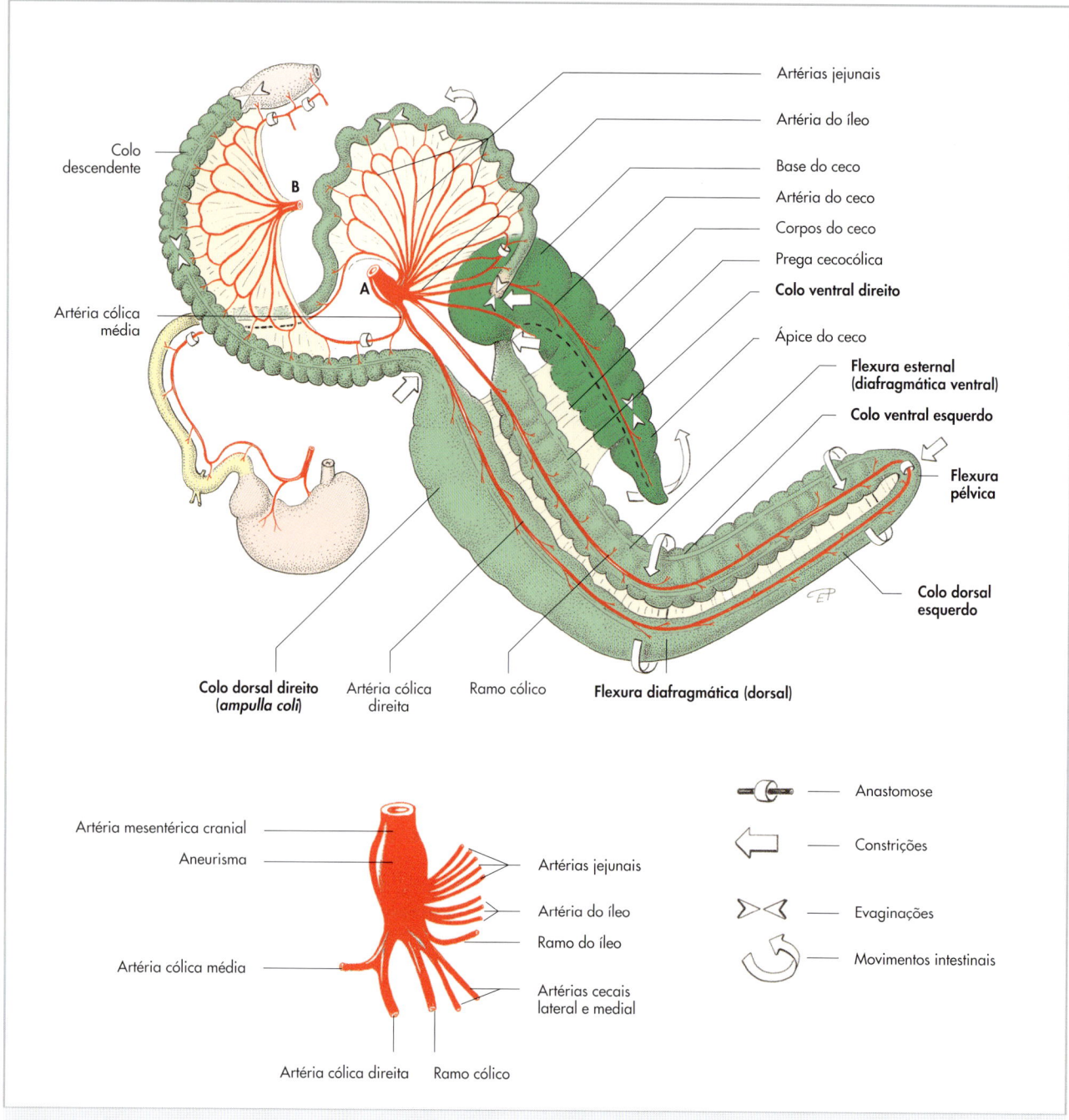

Fig. 8.94 Vascularização do intestino grosso de um equino: **(A)** pela artéria mesentérica cranial e **(B)** pela artéria mesentérica caudal (representação esquemática).

Ceco do suíno e dos ruminantes

O ceco do suíno é um saco cego cilíndrico, que se posiciona na metade esquerda do abdome, com o seu ápice voltado caudoventralmente. Ele possui **três bandas musculares longitudinais (tênias)**, com **três fileiras de saculações** entre elas. A tênia ventral proporciona fixação para a prega ileocecal; as tênias lateral e medial permanecem livres. O ceco relativamente pequeno dos ruminantes quase carece de características e não possui nem tênias, nem saculações (▶Fig. 8.89). Ele se localiza na metade direita do abdome, dentro do recesso supraomental, e seu ápice cego se volta caudalmente.

Colo (*colon*)

Seguindo a nomenclatura adotada para a anatomia humana, o colo do intestino (▶Fig. 8.88) divide-se em **três segmentos**:
- colo ascendente (*colon ascendens*);
- colo transverso (*colon transversum*);
- colo descendente (*colon descendens*).

A disposição anatômica que forma a base dessa divisão encontra-se apenas em cães e em gatos. Nessas espécies, o colo ascendente é curto e passa cranialmente à direita; o colo transverso passa da direita para a esquerda, cranial à raiz do mesentério. O colo

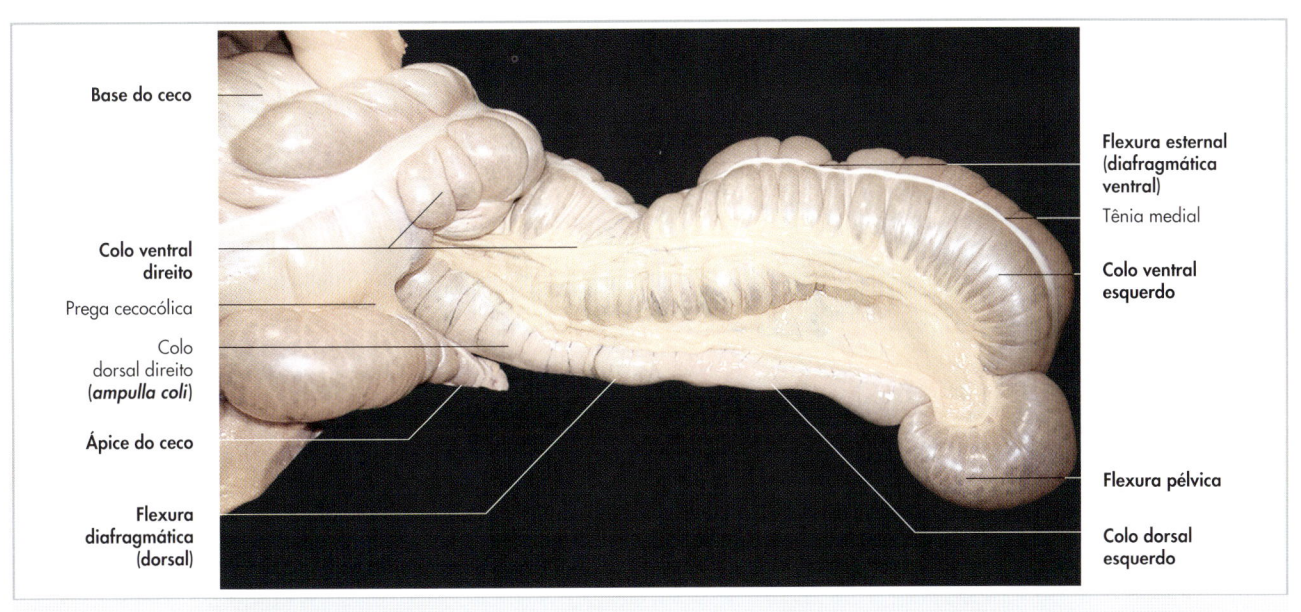

Fig. 8.95 Intestino grosso de um equino.

descendente é longo e passa à esquerda da raiz de mesentério caudalmente, onde, ao atingir a cavidade pélvica, prossegue como o reto. Nos outros mamíferos domésticos, a forma e a topografia do colo são mais complexas, sendo que o colo ascendente apresenta as modificações mais significativas.

Colo do equino

O colo do equino consiste em um grande colo ascendente, disposto em duas alças em forma de ferradura, situadas uma em cima da outra, um colo transverso curto e um longo colo descendente. Devido à diferença considerável de diâmetro, as duas primeiras porções também são chamadas de "colo maior", e a terceira é chamada de "colo menor" (▶Fig. 8.91, ▶Fig. 8.93, ▶Fig. 8.94, ▶Fig. 8.95 e ▶Fig. 8.97).

Colo ascendente (*colon ascendens*)

O colo ascendente pode ser subdividido em **quatro segmentos paralelos**, conectados por **três flexuras** com a seguinte ordem proximodistal:
- colo ventral direito (*colon ventrale dextrum*);
- flexura esternal (*flexura diaphragmatica ventralis*);
- colo ventral esquerdo (*colon ventrale sinistrum*);
- flexura pélvica (*flexura pelvina*);
- colo dorsal esquerdo (*colon dorsale sinistrum*);
- flexura diafragmática dorsal (*flexura diaphragmatica dorsalis*);
- colo dorsal direito (*colon dorsale dextrum*).

O colo ascendente começa com o **colo ventral direito** no **óstio cecocólico**. O colo ventral direito continua cranioventralmente quase que paralelo ao ângulo costal direito. Ao alcançar a região xifoide, ele é desviado sobre a linha média como a **flexura esternal**, passando caudalmente com o **colo ventral esquerdo** no assoalho abdominal em direção à pelve. Imediatamente cranial à abertura pélvica cranial, ele forma a **flexura pélvica**, ao girar cerca de 360° dorsalmente, e, então, continua como o **colo dorsal esquerdo**. O colo dorsal esquerdo corre no sentido cranial novamente acima

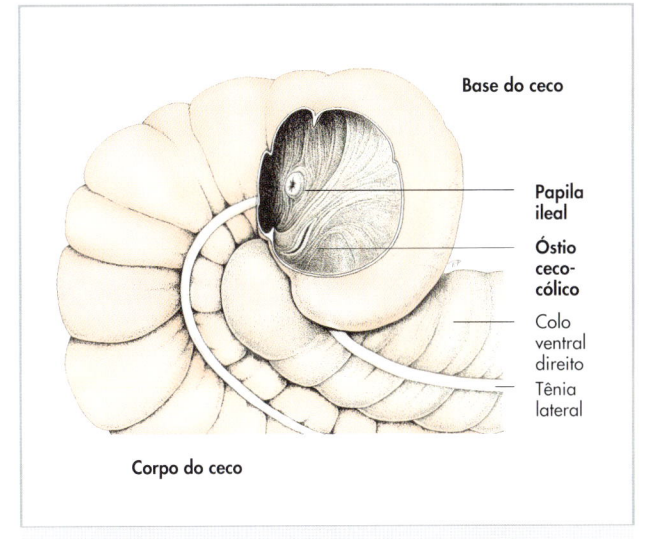

Fig. 8.96 Papila ileal e óstio cecocólico de um equino (representação esquemática).

do colo dorsal esquerdo, em direção ao diafragma, onde se une ao colo dorsal direito na **flexura diafragmática**. O **colo dorsal direito** é a parte mais curta, mas também mais larga, do colo ascendente, correndo inicialmente no sentido caudal, até ser desviado medialmente para se tornar o colo transverso.

As diferentes partes do colo ascendente não podem ser distinguidas apenas por sua topografia, uma vez que elas apresentam outros aspectos característicos importantes para a identificação dos diferentes segmentos durante a laparotomia. Os colos ventrais direito e esquerdo são caracterizados por **quatro tênias**, com **quatro fileiras de saculações** entre elas (▶Fig. 8.97). As tênias mesocólicas lateral e medial (*taenia mesocolica lateralis et medialis*) correm na face dorsal e propiciam fixação para o mesocolo.

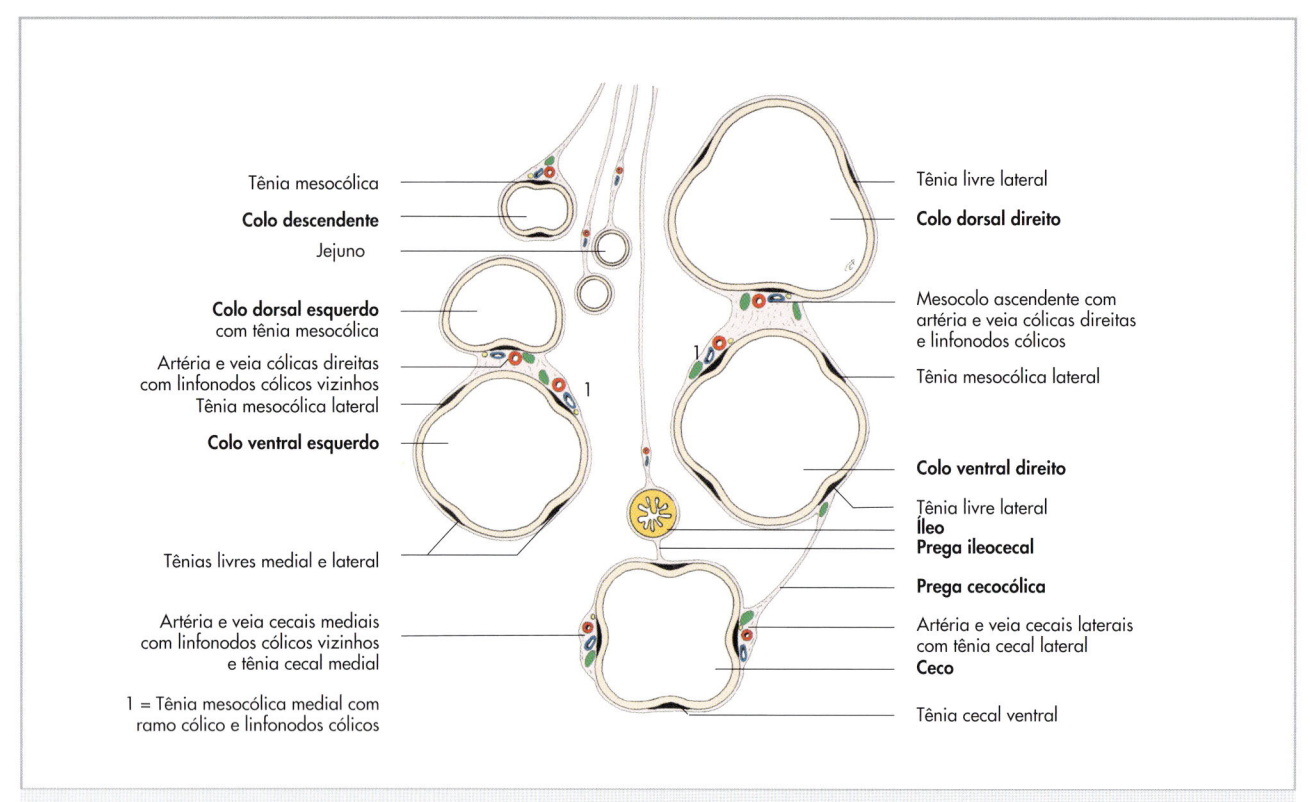

Fig. 8.97 Secções transversais do colo em equinos (representação esquemática, vista caudal). (Fonte: com base em dados de Habel, 1978.)

A tênia medial também transporta vasos sanguíneos, nervos e linfáticos. Uma grande quantidade de linfonodos se encontra nessa tênia, e a prega cecocólica se fixa a ela na parte caudal do colo ventral direito. As outras duas tênias se encontram na face ventral e compõem-se principalmente de tecido mole rico em fibras elásticas. Acredita-se que as tênias ventrais têm uma função predominantemente de suporte, ao passo que as tênias dorsais, sendo ricas em fibras musculares e tecido nervoso, são responsáveis pela contração.

Na união com a flexura pélvica, três das quatro tênias desaparecem, e a **flexura pélvica** e o **colo dorsal esquerdo** que se segue possuem apenas **uma tênia longitudinal mesocólica**. A flexura pélvica também se distingue por uma redução acentuada de diâmetro, delimitando o limite entre duas unidades funcionais do colo (▶Fig. 8.97).

Nas **partes ventrais do colo**, ocorrem diversos mecanismos importantes de digestão e absorção. Embora as partes dorsais do colo desempenhem uma função menos importante na digestão, elas são as principais responsáveis pelo transporte do material ingerido. A redução no diâmetro, juntamente à alteração repentina de direção e à diminuição da fluidez do material ingerido, deixa o local sujeito à impactação. O colo dorsal esquerdo é estreito, mas se alarga gradualmente. Próximo à flexura diafragmática, duas novas tênias aparecem na face dorsal. Desse modo, a **flexura diafragmática** e o colo dorsal direito são caracterizados por **três tênias**, duas na face dorsal e uma na face ventral, com fileiras relativamente indistintas de saculações entre elas (▶Fig. 8.97). Essas tênias são responsáveis pelo transporte do material ingerido até o colo transverso.

O **colo dorsal direito** é, de longe, o segmento mais largo do colo, de modo que também é chamado de **ampola do colo** (*ampulla coli*). Trata-se de um local comum de enterólitos, que podem alcançar o tamanho de uma bola de futebol e levar à obstrução do colo transverso, causando cólica.

Nota clínica

Todo o **colo ascendente** está suspenso da parede dorsal do corpo por uma única **zona de fixação**, que incorpora a base do ceco, o colo dorsal direito, o colo transverso, partes do pâncreas e a raiz do mesentério. Os **segmentos ventrais** do colo ascendente estão ligados aos segmentos dorsais pelo **mesocolo**, que carrega os nervos e contém os linfonodos cólicos (*lymphonodi colici*).

Como a área de inserção do colo ascendente é limitada, a porção esquerda pode girar em torno de seu eixo longitudinal (*torsio coli sinistra*). Esse é um dos eventos mais críticos que podem ocorrer dentro da cavidade abdominal do equino (▶Fig. 8.94). O lúmen do colo é obstruído, e o suprimento vascular é interrompido, geralmente resultando em **necrose da parede intestinal**. Para o sucesso do tratamento, a laparotomia e o reposicionamento do colo devem ser realizados o mais rápido possível.

Colo transverso (*colon transversum*)

O colo transverso é curto e passa da direita para a esquerda, no sentido cranial à raiz do mesentério. Ele se caracteriza por duas tênias e se afunila rapidamente até alcançar o diâmetro do colo descendente (▶Fig. 8.88), que se sucede ao colo transverso na altura do rim esquerdo. O colo transverso está envolvido na fixação dorsal do colo dorsal direito.

Colo descendente (*colon descendens*)

O colo descendente é semelhante ao jejuno quanto ao seu diâmetro e mede cerca de 2 a 4 metros. Ele também está suspenso por um longo mesentério (*mesocolon descendens*), mas pode ser distinguido do mesojejuno por seu alto teor de gordura. No colo descendente, há duas faixas, a tênia antimesentérica e a tênia mesentérica, à qual se fixa ao mesocolo. As duas tênias proeminentes conduzem o colo descendente em duas fileiras de saculações distintas, as quais são ocupadas pelos bolos fecais, característicos dessa espécie (▶Fig. 8.91).

Colo do suíno

O colo do suíno divide-se em três segmentos, sendo que o colo transverso e o colo descendente são semelhantes à disposição simples encontrada no cão (▶Fig. 8.89). No entanto, o colo ascendente é bastante alongado e contorcido, a ponto de formar um órgão espiral cônico. A base desse cone se fixa ao teto abdominal na metade esquerda do abdome, e o ápice se volta ventralmente, sendo que a sua posição exata varia de acordo com o grau de preenchimento do estômago.

Após se originar no ceco, ventralmente ao rim esquerdo, o colo ascendente forma **giros centrípetos**, passando no sentido horário (visto de cima) para o ápice do cone. Então, ele se volta para formar a **flexura central** (*flexura centralis*) e retorna para a base em giros apertados, no sentido anti-horário. Os giros centrípetos estão localizados na parte externa do cone, ao passo que os **giros centrífugos** estão localizados no interior do cone coberto por outros centrípetos. Os centrípetos são marcados por duas tênias com duas fileiras de sáculos entre elas, que não estão presentes nos giros centrífugos.

Colo dos ruminantes

O colo está dividido nas partes ascendente, transversa e descendente usuais (▶Fig. 8.90). O colo ascendente é, indubitavelmente, o segmento mais longo, e possui uma disposição característica em espiral.

Após deixar o ceco, o colo ascendente forma a **alça proximal do colo em forma de "S"** (*ansa proximalis coli*), sendo que o primeiro segmento é convexo cranialmente e o segundo é convexo caudalmente. Então, ele se estreita e gira ventralmente para formar uma **espiral** dupla ou alça espiral (*ansa spiralis*), a qual está em contato com o lado esquerdo do mesentério. **Dois giros centrípetos** (*gyri*) se invertem na **flexura central** da espiral e são sucedidos por **dois giros centrífugos** no bovino. Há três giros centrípetos no ovino e quatro no caprino, seguidos da mesma quantidade de giros centrífugos. Os giros centrífugos dos pequenos ruminantes possuem a aparência de um colar de pérolas e conferem o aspecto característico das fezes dessas espécies. Em pequenos ruminantes, o último giro centrífugo realiza uma espiral mais próxima do jejuno, ao redor dos linfonodos jejunais. Embora toda a espiral apresente a forma de um disco plano no bovino, ela se dispõe em forma de um cone baixo nos pequenos ruminantes.

Após a última alça centrífuga da espiral, o colo ascendente prossegue em uma **alça distal** (*ansa distalis coli*), a qual o conduz primeiramente em direção à pelve e, então, se afasta desta para se unir ao colo transverso. O **colo transverso curto** cruza a linha média cranial até a raiz do mesentério e prossegue caudalmente na forma do colo descendente. Esse segmento do colo costuma estar envolvido em tecido adiposo e fusionado às partes adjacentes do intestino. Antes de se unir ao reto na abertura pélvica cranial, ele toma a forma de um "S", constituindo o colo sigmoide, cuja mobilidade permite um considerável alcance de movimentos para a mão do examinador durante a palpação retal.

> **Nota clínica**
>
> **Pontos de referências intestinais:**
> - o mesoduodeno descendente sempre inclui a parte direita do pâncreas;
> - a flexura caudal do duodeno envolve caudalmente a raiz do mesentério cranial;
> - a prega duodenocólica (*plica duodenocolica*) delimita a extremidade distal do duodeno e se projeta para o colo descendente;
> - a prega ileocecal delimita o comprimento do íleo e se projeta para o ceco (no equino, ela se fixa à faixa dorsal);
> - o colo transverso passa cranialmente à raiz do mesentério cranial;
> - no equino, a prega cecocólica se prolonga entre o ceco e a parte caudal da tênia mesocólica medial do colo ventral esquerdo;
> - no equino, os diferentes segmentos do colo podem ser identificados pela quantidade de tênias:
>   - quatro tênias: colos ventrais esquerdo e direito, flexura esternal;
>   - três tênias: flexura diafragmática, colo dorsal direito;
>   - duas tênias: colo descendente;
>   - uma tênia: flexura pélvica, colo dorsal esquerdo.

Reto

Ao entrar na pelve, o colo descendente se torna o reto, o qual passa caudalmente como a parte mais dorsal das vísceras pélvicas. A maior parte do reto está suspensa pelo mesorreto, porém a parte terminal é totalmente retroperitoneal. O espaço retroperitoneal é preenchido por tecido macio rico em gordura. Antes de se unir ao canal anal curto, o qual se abre para fora com o ânus, o reto se dilata e forma a ampola retal (▶Fig. 8.88).

Canal anal e estruturas anexas

O canal anal é curto e constitui a parte terminal do canal alimentar, o qual se abre para o exterior pelo ânus. O ânus é controlado pelos esfíncteres anais externo e interno. O esfíncter interno é constituído por músculo liso e é uma modificação da camada circular da cobertura muscular do reto. Já o esfíncter externo é um músculo estriado que emerge das vértebras caudais. Na altura do ânus, o epitélio intestinal colunar é substituído pelo epitélio cutâneo estratificado da pele.

Nos **carnívoros**, a mucosa do canal anal é dividida em **três zonas anulares consecutivas** (▶Fig. 8.98), de cranial para caudal:
- zona colunar (*zona columnaris*);
- zona intermédia (*zona intermedia*);
- zona cutânea (*zona cutanea*).

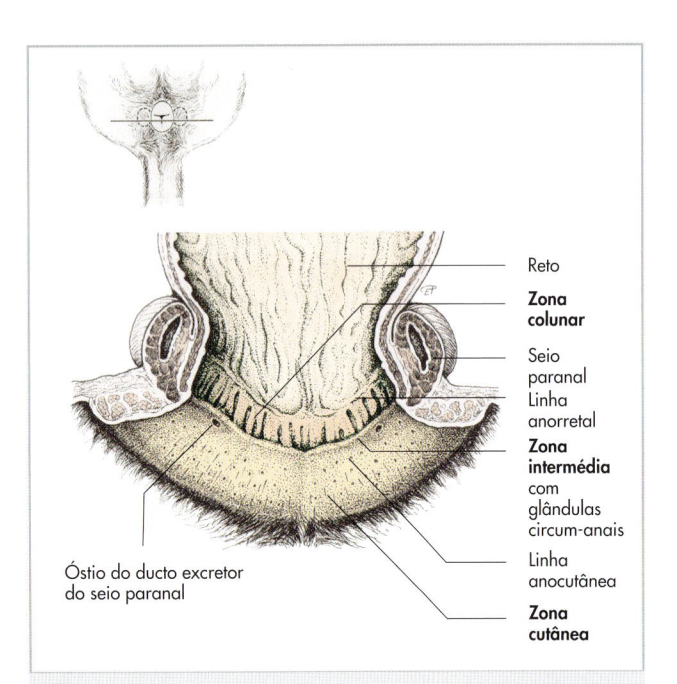

Fig. 8.98 Canal anal de um cão (representação esquemática).

A **zona colunar** é a primeira zona após o reto, sendo que a divisão entre os dois é delimitada pela indistinta linha anorretal. A mucosa dessa zona possui um epitélio escamoso estratificado e é rica em tecido linfoide. Ela se dispõe em **pregas longitudinais** (*columnae anales*), com sulcos (*sinus anales*) entre elas.

A **zona intermédia** tem a forma de uma dobra recortada com margens agudas, a qual se divide em quatro arcos, terminando na linha anocutânea. As glândulas anais são glândulas tubuloalveolares que produzem uma secreção adiposa e se abrem para o exterior nas zonas colunar e média.

A **zona cutânea** circunda o ânus, e sua extensão varia com o tamanho das glândulas circumanais subjacentes, as quais crescem ao longo da vida. Os ductos excretores dos seios paranais se abrem na face da zona cutânea.

Os **seios paranais** (*sinus paranalis*) são evaginações localizadas entre o músculo liso interno e o músculo estriado externo do ânus. As suas paredes contém as glândulas do **seio paranal** (*glandulae sacci paranales*), as quais são compostas por grandes túbulos apócrinos enovelados. Essas glândulas liberam uma secreção serosa e sebácea e de odor fétido nos seios paranais, a qual serve para a demarcação de território.

Nota clínica

Os seios paranais têm importância clínica significativa, já que a sua inflamação é recorrente no cão. Eles costumam inchar, devido ao acúmulo de secreção, ou se tornam purulentos e dolorosos, causando constipação.

8.4 Glândulas anexas ao canal alimentar

O **fígado** e o **pâncreas** são as duas glândulas intimamente associadas ao canal alimentar. Entre várias outras funções importantes, esses dois órgãos produzem substâncias que desempenham um papel essencial na digestão gastrointestinal.

8.4.1 Fígado (*hepar*)

O fígado é a maior glândula do corpo e tem função tanto **exócrina** quanto **endócrina**. O seu produto exócrino, a bile, é armazenado e concentrado na vesícula biliar antes de ser eliminado no duodeno. Contudo, a vesícula biliar não é essencial e está ausente em diversas espécies, inclusive no equino. A bile é responsável por emulsificar os componentes gordurosos antes da absorção. Ela também contém os produtos finais do metabolismo da hemoglobina e os subprodutos de determinados fármacos metabolizados.

As substâncias endócrinas do fígado são liberadas na corrente sanguínea e contribuem para o metabolismo de gorduras, carboidratos e proteínas. A disposição anatômica do sistema venoso do trato gastrointestinal garante que todos os produtos da digestão lançados na corrente sanguínea após a absorção passem pelo fígado antes de entrar na circulação. Assim, o fígado funciona como um depósito de glicogênio e, em animais jovens, como um órgão hematopoiético (para uma descrição mais detalhada do funcionamento do fígado, consultar obras sobre fisiologia).

Peso

Há uma grande variação quanto ao tamanho do fígado nas diferentes espécies e até mesmo entre indivíduos da mesma espécie, dependendo, em grande parte, do peso corporal e da idade. Os **valores médios** do fígado são:

- 2% do peso corporal no gato;
- 3-4% no cão;
- 2-3% no suíno;
- 1-1,5% nos herbívoros.

No embrião, o fígado é substancialmente mais pesado e preenche a maior parte da cavidade abdominal. No animal jovem, ele ainda é relativamente maior do que em adultos, devido à sua função hematopoiética. O fígado costuma exibir atrofia considerável em animais de idade avançada.

Forma, posição e variações específicas do fígado nas espécies

O fígado situa-se na parte torácica do abdome, imediatamente caudal ao diafragma. A sua maior parte se posiciona à direita do plano mediano; em ruminantes, o desenvolvimento do rúmen desloca o fígado em sua totalidade para a metade direita do abdome. No animal vivo, o fígado se adapta ao formato dos órgãos adjacentes (▶Fig. 8.110 e ▶Fig. 8.111); quando fixado *in situ*, ele mantém a configuração e as impressões impostas por esses órgãos.

O fígado apresenta uma face acentuadamente convexa em direção ao diafragma (*facies diaphragmatica*) e uma face côncava voltada para os outros órgãos (*facies visceralis*). Essas duas faces encontram-se ventrolateralmente em uma **margem aguda** (*margo acutus*) e dorsalmente em uma **margem romba** (*margo obtusus*).

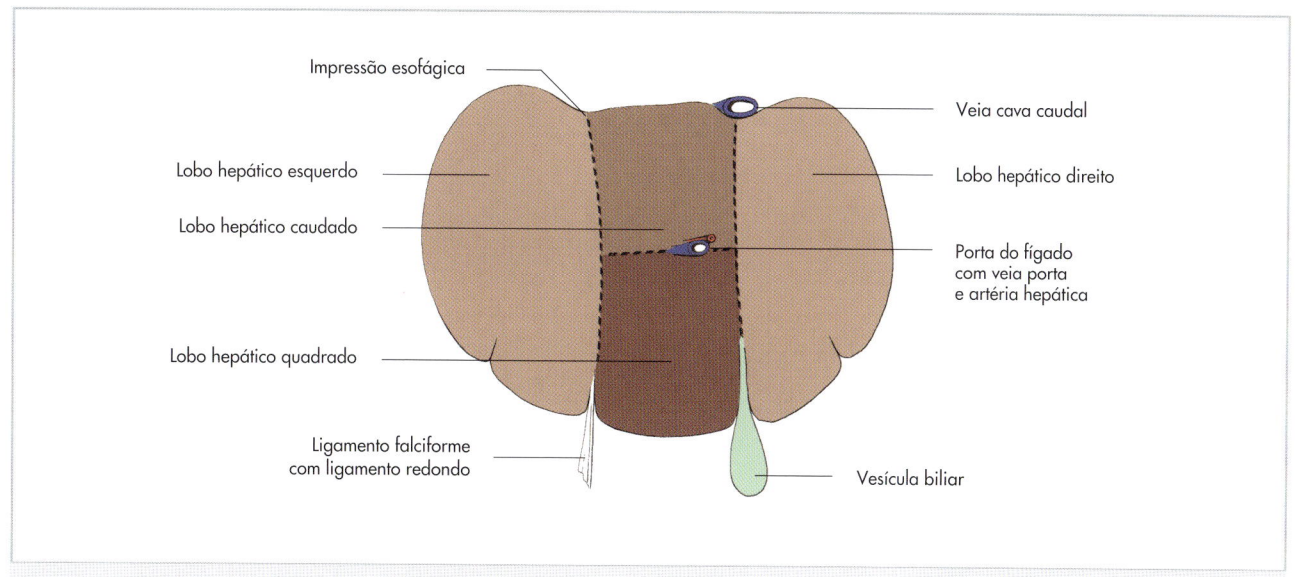

Fig. 8.99 Padrão de divisão em lobos hepáticos (representação esquemática).

A face visceral é marcada pelo hilo ou **porta do fígado** (*porta hepatis*), por meio do qual a veia porta, o ducto biliar e os vasos hepáticos penetram ou deixam o órgão, estando intimamente relacionado à vesícula biliar.

Na maioria das espécies, o fígado é dividido basicamente em **quatro lobos principais** por fissuras que se projetam para dentro do órgão desde o bordo ventral (▶Fig. 8.99):
- lobo hepático esquerdo (*lobus hepatis sinister*);
- lobo hepático direito (*lobus hepatis dexter*);
- lobo caudado (*lobus hepatis caudatus*);
- lobo quadrado (*lobus hepatis quadratus*).

Os **padrões de lobação** apresentam uma grande variação entre as espécies. Em espécies cuja coluna vertebral é flexível, como o cão e o gato, há mais subdivisões do que em espécies com uma coluna mais rígida (herbívoros). Supõe-se que os lobos hepáticos deslizem com facilidade uns sobre os outros quando a coluna está em sua flexão ou extensão máxima. Nas espécies em que não há fissuras indicando a separação em lobos, ainda se aplica um padrão teórico por linhas virtuais, que se prolongam a partir de determinados pontos de referência, para dividir o fígado nos quatro lobos principais citados (▶Fig. 8.99).

Nos carnívoros, o fígado possui **quatro lobos** e **quatro sublobos**, bem como **dois processos**: ambos os lobos hepáticos esquerdo e direito são subdivididos em lobos medial e lateral (*lobus hepatis sinister [dexter] lateralis et medialis*), e o lobo caudado é subdividido no processo caudado (*processus caudatus*) e no processo papilar (*processus papillaris*) (▶Fig. 8.100, ▶Fig. 8.104 e ▶Fig. 8.105). O fígado do suíno assemelha-se ao do cão, mas não apresenta processo papilar (▶Fig. 8.101, ▶Fig. 8.106 e ▶Fig. 8.107). No equino, o **lobo esquerdo** se subdivide apenas nos **lobos medial** e **lateral**, ao passo que o lobo direito permanece sem divisão. O **lobo caudado** possui um **processo caudado**, mas não um processo papilar (▶Fig. 8.103). O fígado dos ruminantes **não apresenta fissuras** (▶Fig. 8.102), consistindo em um **lobo hepático direito** e outro **esquerdo**, um **lobo quadrado** e um **lobo com processo caudado e papilar**, cujas margens são delimitadas pelas linhas virtuais desenhadas a partir dos pontos de referência anatômicos ilustrados na ▶Figura 8.99.

Várias impressões e **depressões** podem ser identificadas no espécime *in situ*: a face visceral é marcada pelas impressões causadas pelo estômago, pelo duodeno, pelo pâncreas, pelo rim direito (exceto no suíno, cuja posição renal é distante caudalmente) e por diversos segmentos do intestino, dependendo da espécie.

A parte esquerda do bordo dorsal apresenta a impressão do esôfago, ao passo que a parte direita é escavada para receber o polo cranial do rim direito. Um sulco medial a ela transmite a veia cava caudal (sulco da veia cava caudal).

Estrutura do fígado

A face livre do fígado é quase completamente revestida por peritônio, que forma a sua camada serosa, e é fusionada com a cápsula fibrosa subjacente que envolve todo o órgão. Esse tecido conjuntivo interlobular transporta os vasos sanguíneos para o órgão. As trabéculas mais finas dividem o parênquima hepático em inumeráveis unidades pequenas, os **lóbulos hepáticos** (*lobuli hepatis*) (▶Fig. 8.108).

Esses lóbulos são particularmente acentuados no fígado suíno, mas também são facilmente visíveis em carnívoros, nos quais aparecem como áreas hexagonais de cerca de 1 mm de diâmetro. Os lóbulos hepáticos são as menores unidades funcionais visíveis a olho nu do fígado e constituem-se de **cordões de hepatócitos** (*laminae hepaticae*) curvados que circundam cavidades cheias de sangue, conhecidas como **sinusoides hepáticos** (▶Fig. 8.108). Com base na sua arquitetura vascular, os lóbulos hepáticos podem ser agrupados da seguinte maneira:
- lóbulo hepático clássico (poligonal) com uma única veia central no centro;
- lóbulos hepáticos periportais com artéria, veia e canalículos hepáticos no centro.

Anatomia dos animais domésticos

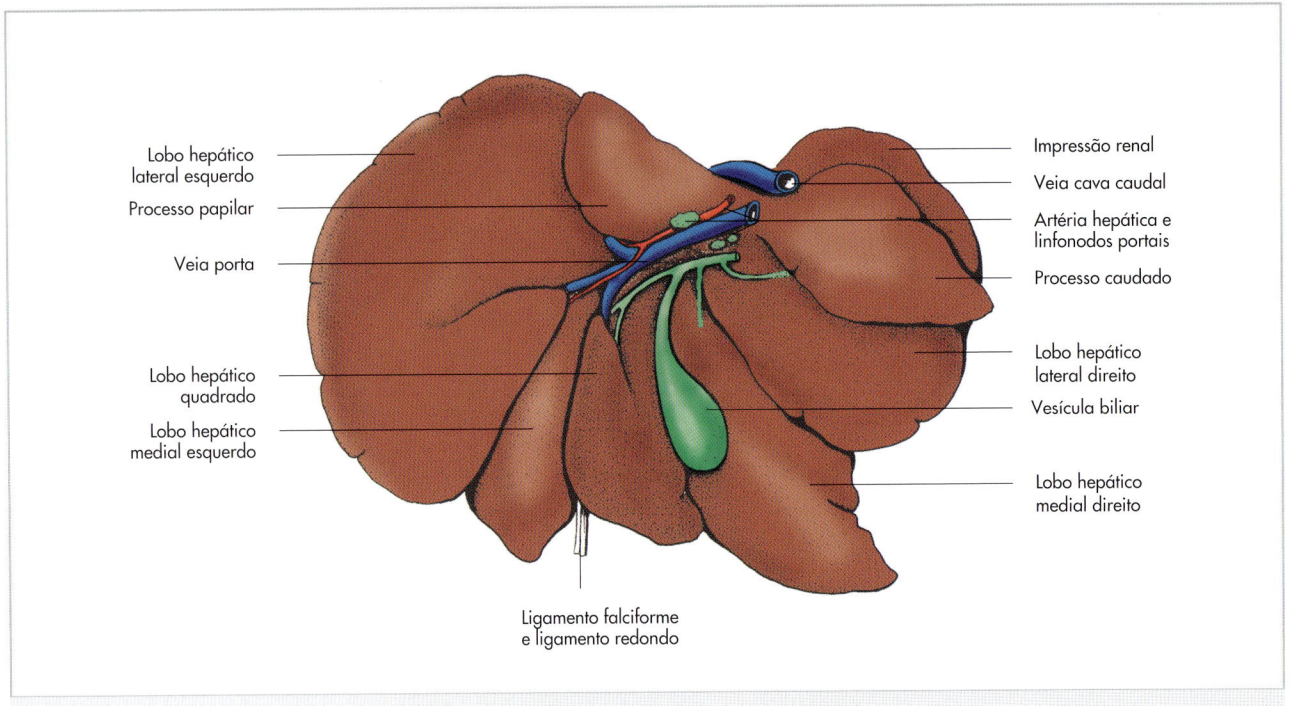

Fig. 8.100 Fígado de um cão (representação esquemática, face visceral).

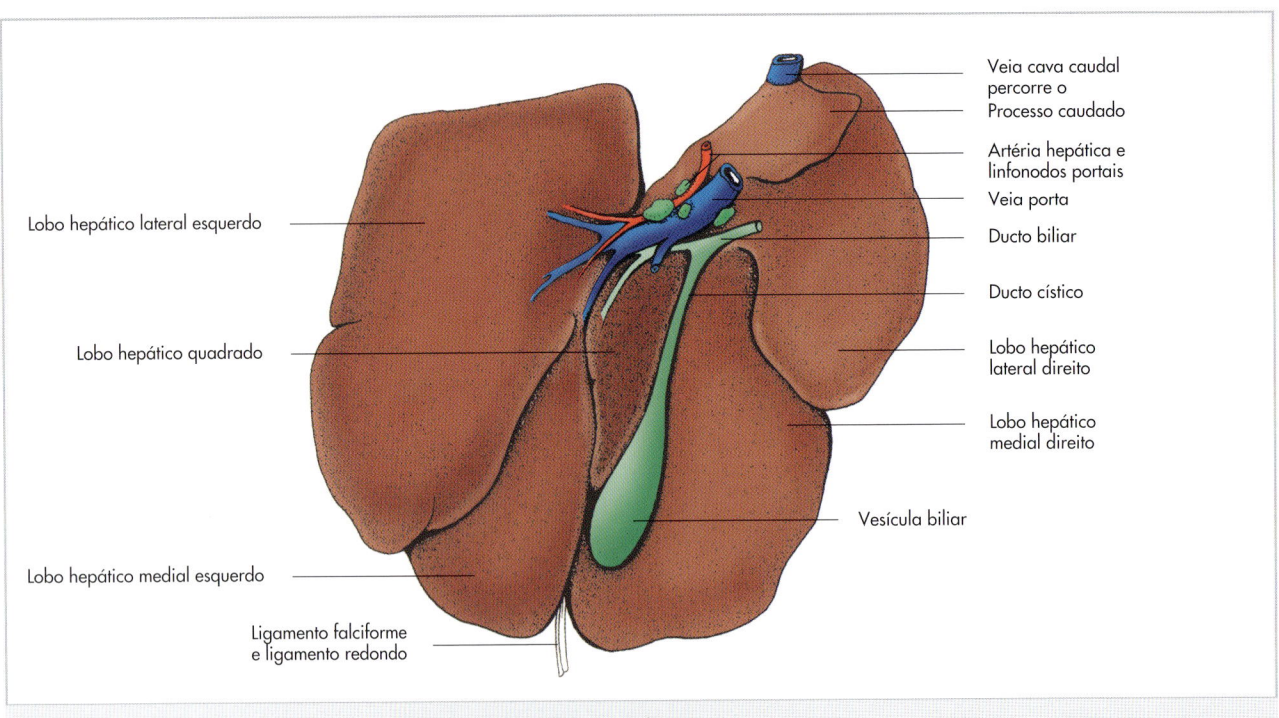

Fig. 8.101 Fígado de um suíno (representação esquemática, face visceral).

Sistema digestório (*apparatus digestorius*)

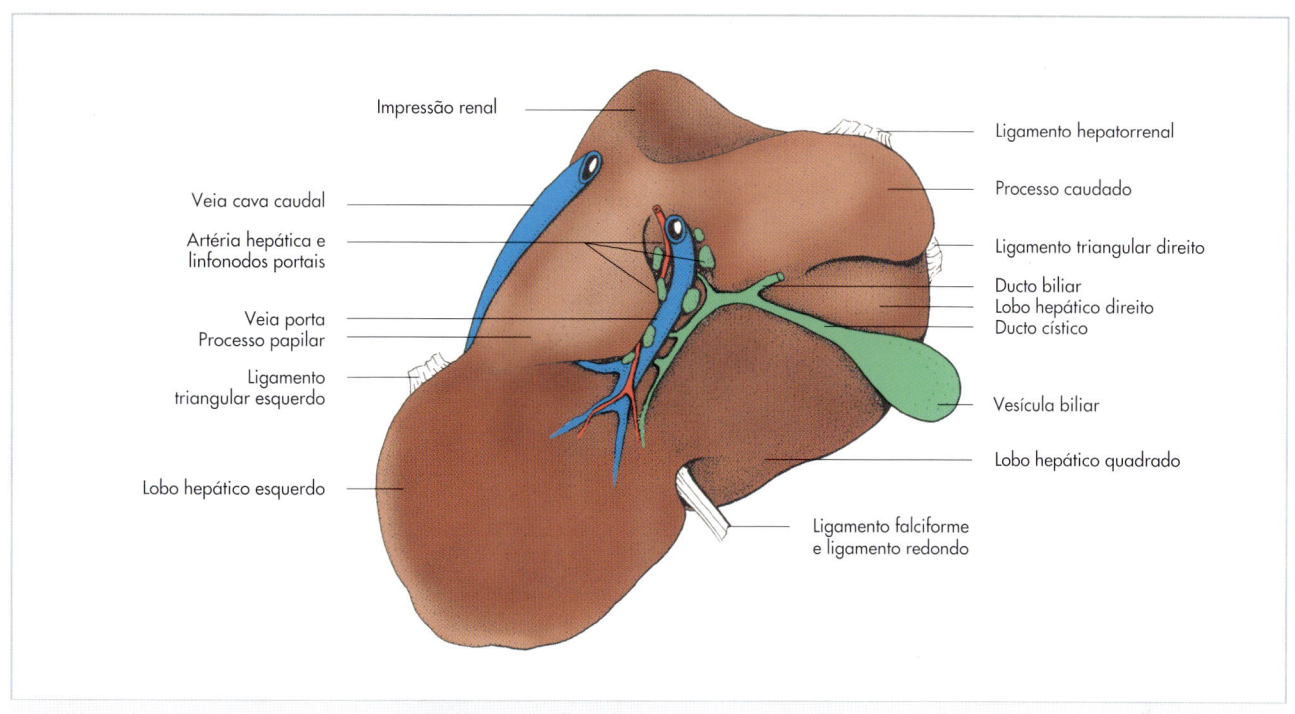

Fig. 8.102 Fígado de um bovino (representação esquemática, face visceral).

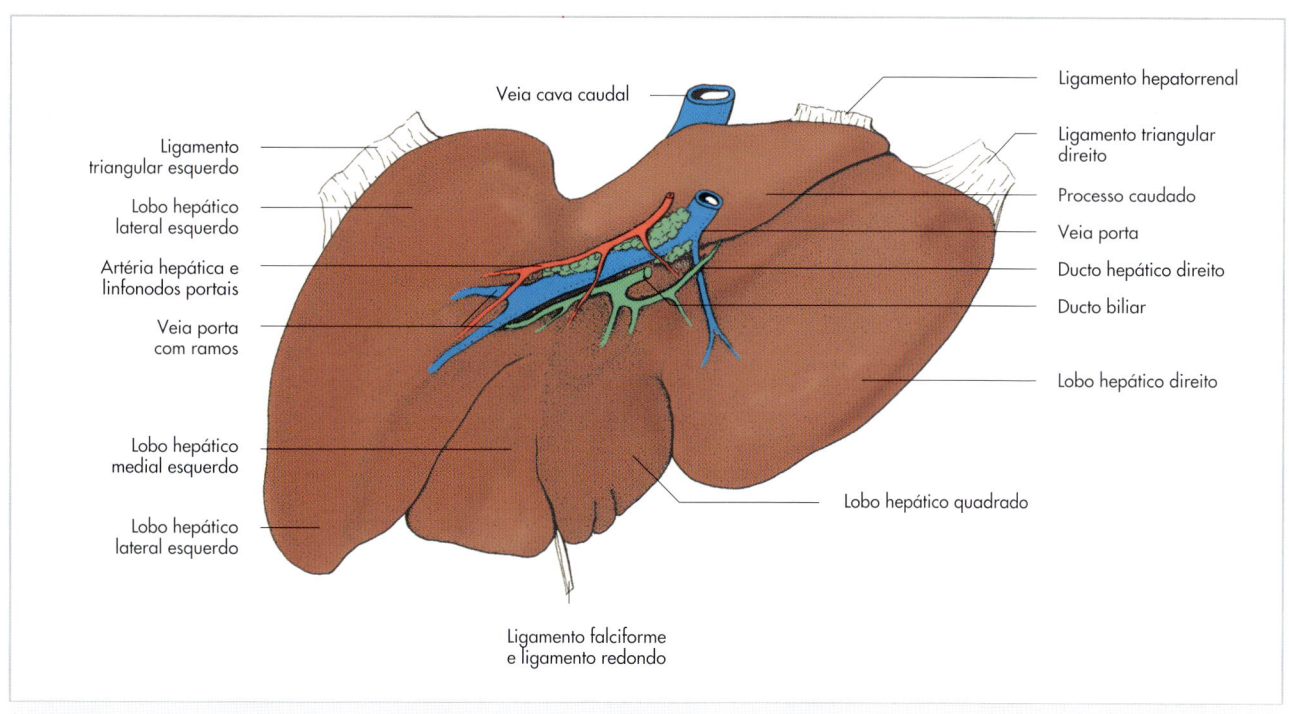

Labels: Impressão renal; Veia cava caudal; Artéria hepática e linfonodos portais; Veia porta Processo papilar; Ligamento triangular esquerdo; Lobo hepático esquerdo; Ligamento hepatorrenal; Processo caudado; Ligamento triangular direito; Ducto biliar; Lobo hepático direito; Ducto cístico; Vesícula biliar; Lobo hepático quadrado; Ligamento falciforme e ligamento redondo.

Fig. 8.103 Fígado de um equino (representação esquemática, face visceral).

Labels: Veia cava caudal; Ligamento triangular esquerdo; Lobo hepático lateral esquerdo; Artéria hepática e linfonodos portais; Veia porta com ramos; Lobo hepático medial esquerdo; Lobo hepático lateral esquerdo; Ligamento hepatorrenal; Ligamento triangular direito; Processo caudado; Veia porta; Ducto hepático direito; Ducto biliar; Lobo hepático direito; Lobo hepático quadrado; Ligamento falciforme e ligamento redondo.

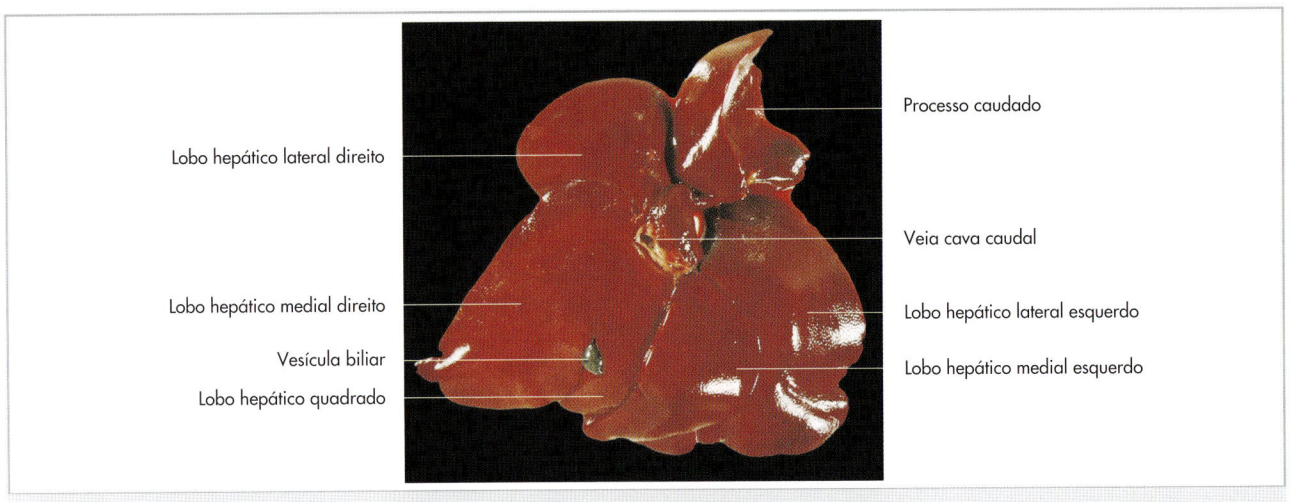

Fig. 8.104 Fígado de um gato (face diafragmática).

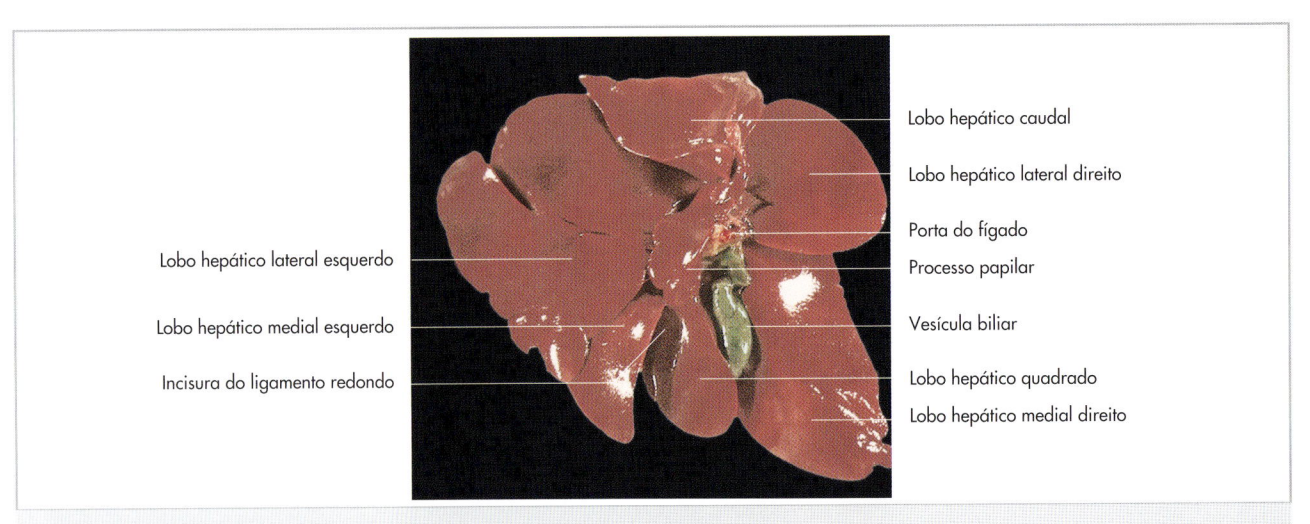

Fig. 8.105 Fígado de um gato (face visceral).

Vascularização

O fígado é amplamente vascularizado por meio da **artéria hepática** (*a. hepatica*) e da **veia porta** (*v. portae*) (▶Fig. 8.100). A **artéria hepática**, um ramo da **artéria celíaca** (*a. coeliaca*), proporciona o suprimento nutricional do fígado. A artéria hepática penetra o fígado, juntamente à veia porta, na porta hepática da face visceral do órgão. Ambos os vasos se ramificam ao longo dos septos fibrosos juntamente aos tributários do ducto hepático. As artérias hepáticas vascularizam a estrutura do fígado, a cápsula, o sistema intra-hepático de ductos biliares, as paredes dos vasos sanguíneos e os nervos antes de, finalmente, desembocarem, juntamente aos ramos da veia porta, nos sinusoides hepáticos. Desse modo, as células parenquimais são banhadas por sangue misto da artéria hepática e da veia porta, de forma que elas, na verdade, recebem nutrientes de ambas.

A **veia porta** (▶Fig. 8.100, ▶Fig. 8.110 e ▶Fig. 8.111) é formada pela confluência de três ramos: a veia esplênica e as veias mesentéricas cranial e caudal, as quais coletam o sangue de **todos os órgãos ímpares do abdome** (estômago, pâncreas, intestinos, baço). Desse modo, ela transporta o sangue funcional para o fígado. As veias que contribuem para a veia porta estão conectadas com as veias da região cardioesofágica e da região anorretal. Elas constituem rotas alternativas para o sangue quando a circulação intra-hepática é impedida, como no caso de cirrose hepática, por exemplo.

No feto, o **ducto venoso**, uma continuação direta do tronco umbilical, cruza o fígado, formando um canal, passando pela circulação hepática e se unindo à veia cava caudal. Esse desvio portocaval persiste em alguns indivíduos (principalmente no cão e no gato) após o nascimento e requer intervenção cirúrgica.

A **drenagem venosa** do fígado se inicia com uma única veia central no **meio de cada lóbulo hepático**. Essas veias coletam o sangue misto da artéria hepática e da veia porta depois que ele foi misturado nos sinusoides hepáticos e em contato com os hepatócitos. As **veias centrais** adjacentes se fusionam para formar as **veias sublobulares**, as quais se unem umas com as outras para

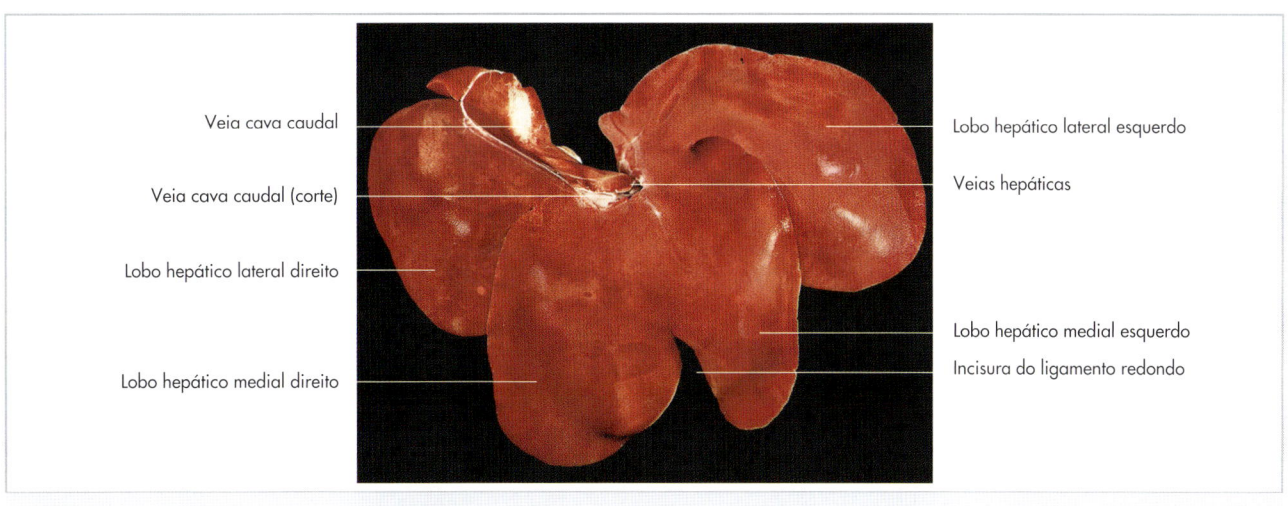

Fig. 8.106 Fígado de um suíno (face diafragmática).

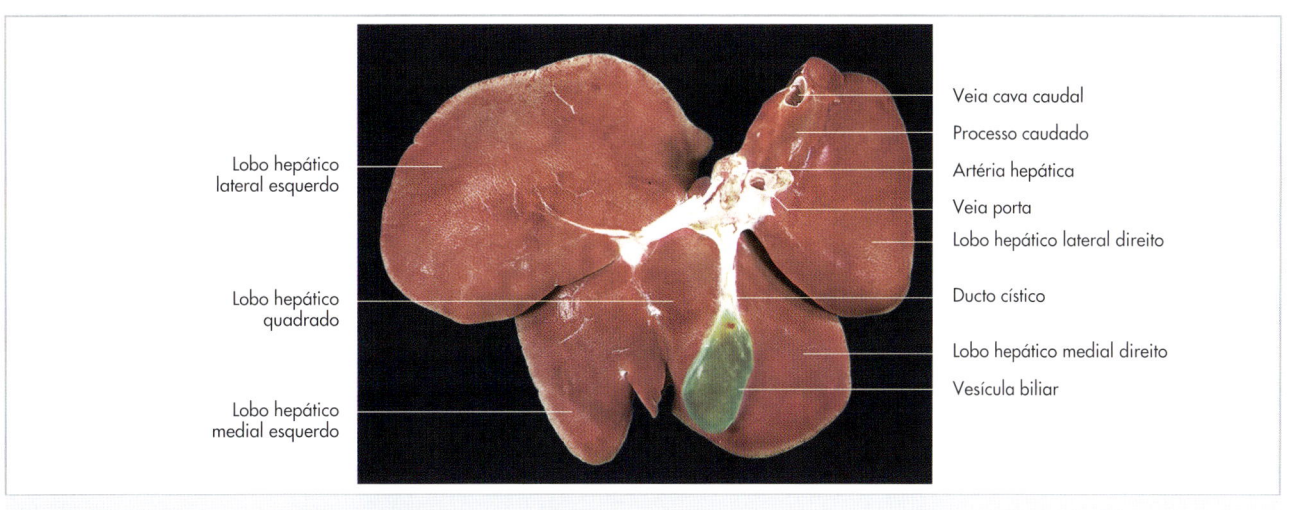

Labels: Veia cava caudal; Veia cava caudal (corte); Lobo hepático lateral direito; Lobo hepático medial direito; Lobo hepático lateral esquerdo; Veias hepáticas; Lobo hepático medial esquerdo; Incisura do ligamento redondo

Fig. 8.107 Fígado de um suíno (face visceral).

Labels: Lobo hepático lateral esquerdo; Lobo hepático quadrado; Lobo hepático medial esquerdo; Veia cava caudal; Processo caudado; Artéria hepática; Veia porta; Lobo hepático lateral direito; Ducto cístico; Lobo hepático medial direito; Vesícula biliar

compor as **veias hepáticas** (▶Fig. 8.108). Essas veias deixam o órgão por sua face diafragmática até finalmente desembocarem na **veia cava caudal**. Um conhecimento detalhado da ramificação interna dos vasos hepáticos é essencial para a cirurgia hepática nos humanos, mas não tem a mesma importância para a medicina veterinária.

Inervação

O fígado é inervado por **nervos simpáticos** e **parassimpáticos**. Ele recebe fibras aferentes e eferentes do **tronco vagal** ventral e fibras simpáticas do **gânglio celíaco**.

Linfáticos

Os linfáticos do fígado drenam para os **linfonodos portais**, os quais se localizam dentro do omento menor, próximos à **porta hepática**.

Ligamentos

O fígado está intimamente relacionado com o mesentério ventral presente durante o desenvolvimento embrionário. Ele não possui funções de suporte, mas transporta vasos sanguíneos, nervos e linfáticos. Há **três partes distintas**:
- ligamento falciforme (*ligamentum falciforme hepatis*);
- ligamento hepatoduodenal (*ligamentum hepatoduodenale*);
- ligamento hepatogástrico (*ligamentum hepatogastricum*).

O **ligamento falciforme** do fígado é um vestígio do mesentério ventral, o qual se estende entre o fígado e o diafragma e a parede abdominal ventral. Ele inclui a **veia umbilical** (*v. umbilicalis*) em seu bordo livre durante a vida fetal e é obliterado após o nascimento para formar o **ligamento redondo** (*ligamentum teres hepatis*) (▶Fig. 8.100, ▶Fig. 8.110 e ▶Fig. 8.111).

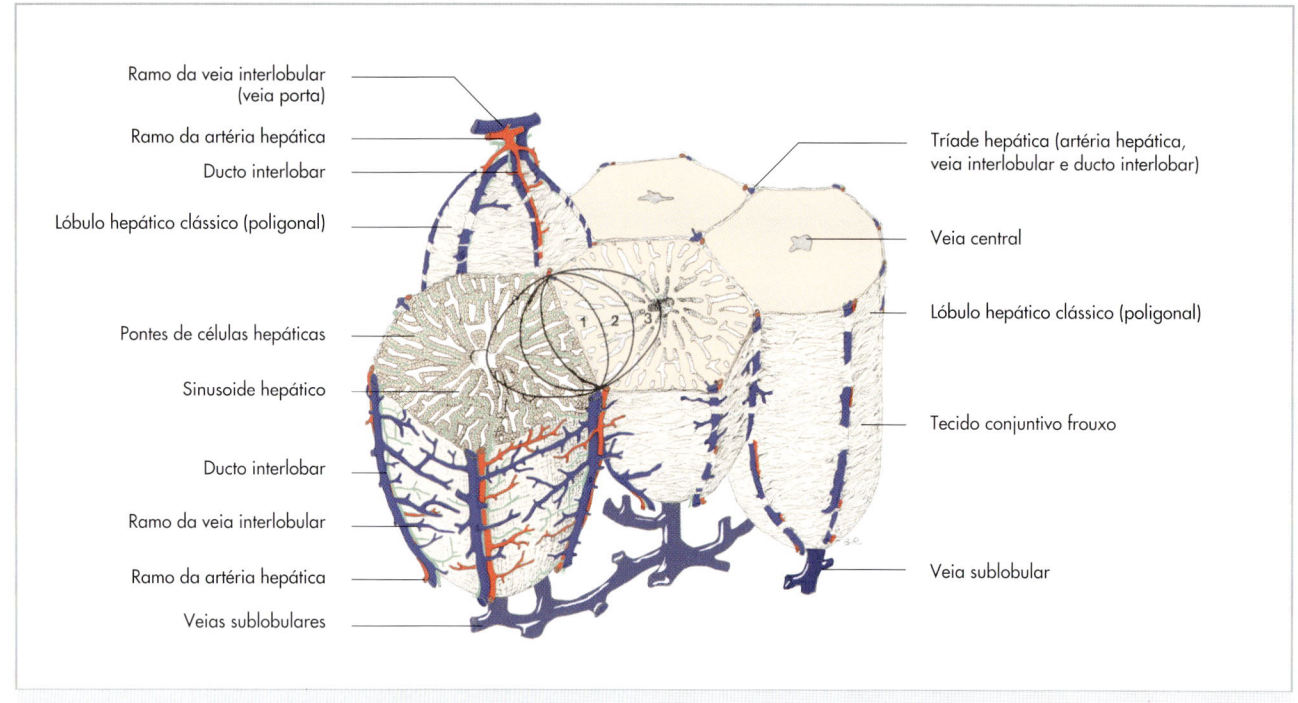

Fig. 8.108 Lóbulos hepáticos em relação aos vasos aferentes e eferentes (representação esquemática tridimensional).

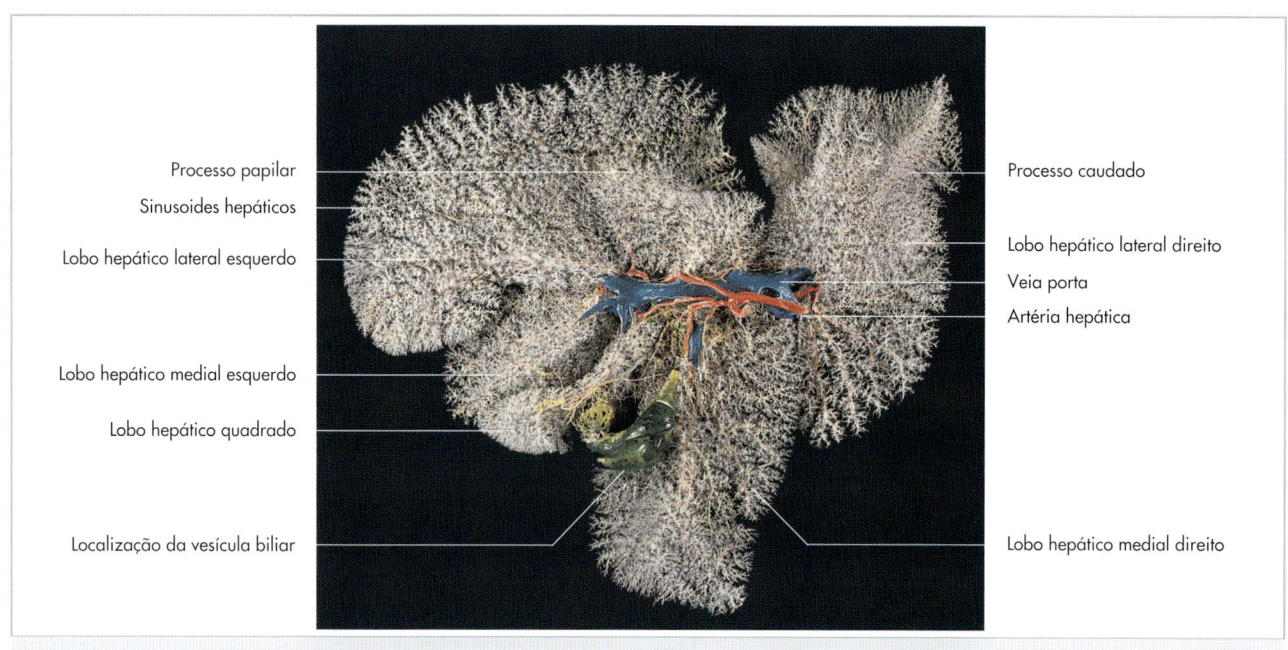

Labels (Fig. 8.108):
- Ramo da veia interlobular (veia porta)
- Ramo da artéria hepática
- Ducto interlobar
- Lóbulo hepático clássico (poligonal)
- Pontes de células hepáticas
- Sinusoide hepático
- Ducto interlobar
- Ramo da veia interlobular
- Ramo da artéria hepática
- Veias sublobulares
- Tríade hepática (artéria hepática, veia interlobular e ducto interlobar)
- Veia central
- Lóbulo hepático clássico (poligonal)
- Tecido conjuntivo frouxo
- Veia sublobular

Fig. 8.109 Modelo em corrosão do fígado de um cão após injeção da artéria hepática, da veia porta e da vesícula biliar.

Labels (Fig. 8.109):
- Processo papilar
- Sinusoides hepáticos
- Lobo hepático lateral esquerdo
- Lobo hepático medial esquerdo
- Lobo hepático quadrado
- Localização da vesícula biliar
- Processo caudado
- Lobo hepático lateral direito
- Veia porta
- Artéria hepática
- Lobo hepático medial direito

Os **ligamentos hepatoduodenal** e **hepatogástrico** se prolongam desde a **porta hepática** até o **duodeno** e o **estômago**, respectivamente. Eles constituem o **omento menor** e transportam o ducto biliar para o duodeno e a veia porta, e a artéria hepática, para o fígado. Eles também contêm as artérias gástricas esquerda e direita, onde se fixam à curvatura menor do estômago. A fixação do fígado é adquirida pelos vasos sanguíneos que penetram o órgão e por continuações de suas coberturas serosas e fibrosas no diafragma. Há **três ligamentos** que proporcionam a sustentação mecânica para o fígado:

- ligamento triangular esquerdo (*ligamentum triangulare sinistrum*);
- ligamento triangular direito (*ligamentum triangulare dextrum*);
- ligamento coronário (*ligamentum coronarium hepatis*).

O **ligamento coronário** circunda a veia cava caudal durante a sua breve passagem do fígado para o diafragma. O seu contorno é irregular, e seus bordos originam os ligamentos triangulares. Os **ligamentos triangulares** estendem-se entre a parte dorsal do fígado de cada lado e o diafragma (▶Fig. 8.110 e ▶Fig. 8.111).

Ductos biliares

A bile é produzida pelos hepatócitos e liberada nos **canalículos biliares**, também denominados **capilares biliares**, que se situam entre essas células e não possuem parede própria. Esses capilares se unem para formar os **ductos interlobares** (*ductuli interlobulares*), os quais se posicionam no tecido intersticial entre os lóbulos juntamente aos ramos da artéria hepática e da veia porta. Os ductos interlobulares unem-se para formar os **ductos lobares** (*ductus biliferi*) (uma descrição mais detalhada pode ser encontrada em obras de histologia).

Os **ductos biliares extra-hepáticos** consistem nos **ductos hepáticos** do fígado (*ductus hepatici*), do **ducto cístico** (*ductus cysticus*) para a vesícula biliar e do **ducto biliar** (*ductus choledochus*) para o duodeno (▶Fig. 8.110).

No equino e nos ruminantes, os ductos lobares se unem para formar um **ducto hepático esquerdo** e outro **direito** (*ductus hepaticus sinister et dexter*), os quais se unem novamente para formar o **ducto hepático comum** (*ductus hepaticus communis*). No suíno, os ductos lobares dos lobos hepáticos esquerdos se unem para formar o ducto hepático esquerdo, ao passo que os ductos dos lobos direitos desembocam separadamente no ducto hepático comum.

Em carnívoros, cada sublobo hepático possui o seu próprio ducto lobar, o qual desemboca no ducto cístico. Essas espécies não apresentam ductos hepáticos esquerdo, direito nem comum. O início do ducto biliar é marcado pela união do ducto hepático comum, ou do último ducto lobar com o ducto cístico. O ducto biliar se abre na parte proximal do duodeno na **papila duodenal maior**.

8.4.2 Vesícula biliar (*vesica fellea*)

A vesícula biliar em forma de saco (▶Fig. 8.99, ▶Fig. 8.100, ▶Fig. 8.101, ▶Fig. 8.102, ▶Fig. 8.104, ▶Fig. 8.105, ▶Fig. 8.107 e ▶Fig. 8.109) encontra-se em uma fossa na face visceral do fígado, próximo à porta hepática. No gato, ela também é visível na face diafragmática. A sua função é armazenar bile e a liberar no duodeno quando necessário, além de concentrar a bile pela absorção através da mucosa preguedada. A vesícula biliar está **ausente em equinos** (▶Fig. 8.103).

8.4.3 Pâncreas

Assim como o fígado, o pâncreas tem funcionamento **exócrino** e **endócrino**. O seu produto exócrino, o suco pancreático, é transportado até o duodeno por um ou mais ductos, dependendo da espécie. O pâncreas contém três enzimas: uma para a redução de proteínas, uma para carboidratos e uma para gorduras. A parte endócrina do pâncreas produz insulina, glucagon e somatostatina (descrição mais detalhada do funcionamento do pâncreas pode ser encontrada em obras de fisiologia).

O pâncreas situa-se na parte dorsal da cavidade abdominal e está intimamente relacionado com a parte proximal do duodeno (▶Fig. 8.110). Ele pode ser dividido em **três segmentos**:

- corpo do pâncreas (*corpus pancreatis*);
- lobo direito do pâncreas (*lobus pancreatis dexter*);
- lobo esquerdo do pâncreas (*lobus pancreatis sinister*).

Quando enrijecido *in situ*, o pâncreas apresenta o formato de um "V" aberto caudalmente e apresenta incisura pela **veia porta** (*incisura pancreatis*), como ocorre em carnívoros e em ruminantes, ou é perfurado (*anulus pancreatis*), como ocorre no equino e no suíno (▶Fig. 8.112).

Nos carnívoros, o pâncreas delgado tem a forma clássica em V, que consiste em **dois lobos** que emergem do corpo (▶Fig. 8.112 e ▶Fig. 8.113). O **lobo esquerdo** é mais curto, porém mais espesso que o lobo direito, e corre dentro da origem do omento maior na parede abdominal dorsal. O **lobo direito** é mais extenso e segue o duodeno descendente dentro do mesoduodeno.

No suíno, o pâncreas consiste em um corpo volumoso, um lobo esquerdo e um pequeno lobo direito, os quais circundam a veia porta.

No equino, o pâncreas apresenta um contorno **triangular**, com um corpo compacto e volumoso, ao qual se fixam o lobo direito curto e um lobo esquerdo mais extenso. Ele é perfurado pela veia porta no **anel pancreático** (▶Fig. 8.112 e ▶Fig. 8.114). O pâncreas dos ruminantes consiste em um corpo curto, um lobo direito e um lobo esquerdo. O lobo direito é maior e segue o mesentério da parte descendente do duodeno. A veia porta passa sobre o bordo dorsal do órgão na **incisura pancreática** (*incisura pancreatis*).

Devido à origem dupla da glândula a partir de primórdios dorsal e ventral, algumas espécies apresentam dois ductos pancreáticos. Um **ducto pancreático** (*ductus pancreaticus*) normalmente drena a parte da glândula que emerge do primórdio ventral e se abre no duodeno, junto ou próximo ao ducto biliar da **papila duodenal maior** (*papilla duodeni major*, ▶Fig. 8.116).

Um **ducto acessório** (*ductus pancreaticus accessorius*) emerge da parte do pâncreas formada pelo primórdio dorsal e se abre na face oposto do duodeno, na **papila duodenal menor** (*papilla duodeni minor*).

Essa disposição anatômica costuma estar presente no cão e no equino. Nos outros mamíferos domésticos, esse sistema excretor se reduz a um único ducto. O ducto pancreático normalmente se mantém no gato e em pequenos ruminantes, ao passo que o ducto acessório está presente no suíno e no bovino. Como as duas partes se comunicam no interior da glândula, a ausência de um ducto não é significativa. O pâncreas é constituído por **lóbulos** frouxamente unidos por pequenas quantidades de tecido conjuntivo interlobular, que produzem uma superfície nodular com margens sulcadas irregularmente.

O componente exócrino é muito maior, e o componente endócrino consiste em **ilhotas pancreáticas**, acúmulos de células que estão espalhadas entre os ácinos exócrinos (uma descrição mais detalhada pode ser encontrada em obras de histologia).

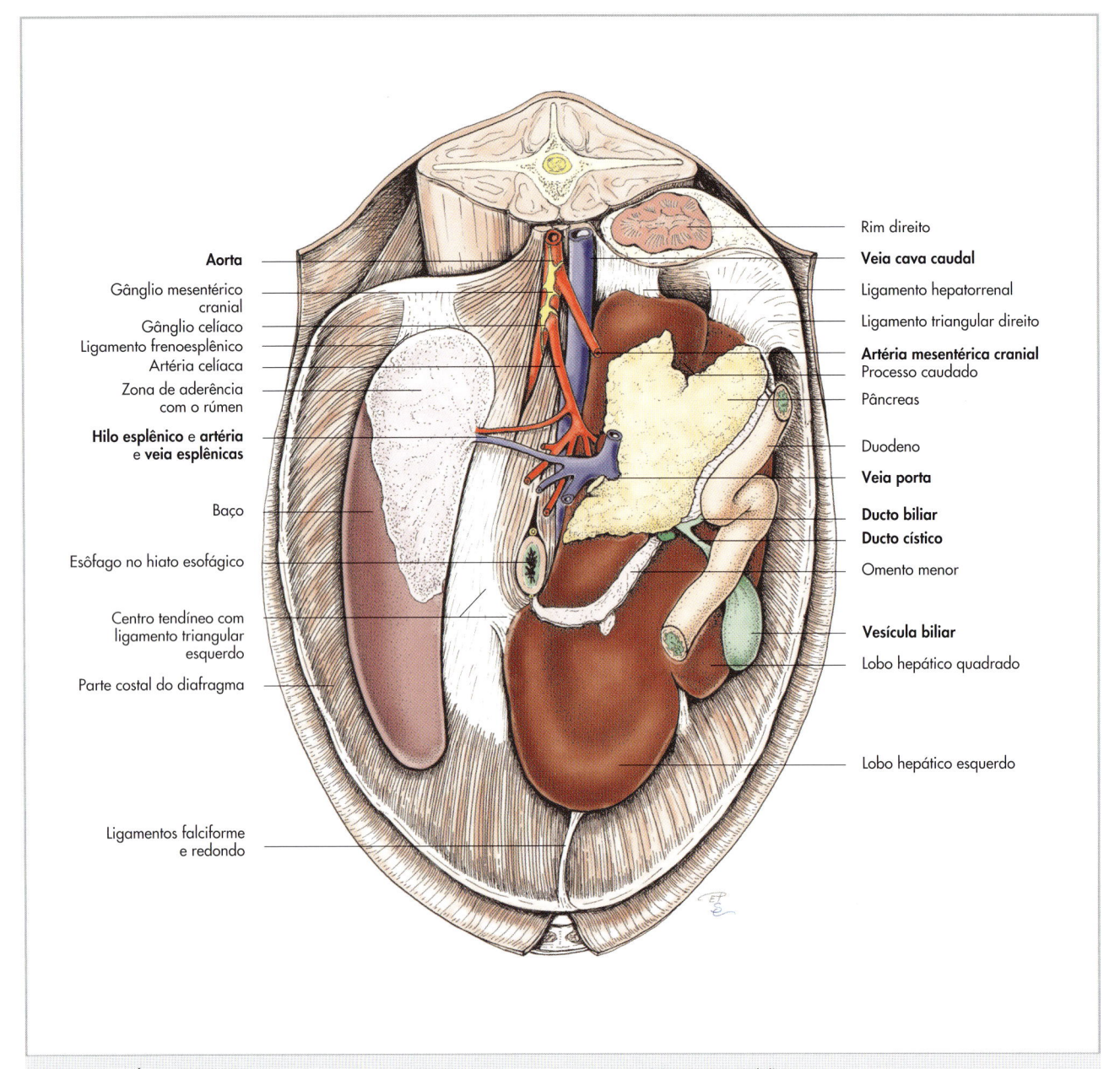

Fig. 8.110 Órgãos abdominais intratorácicos de um bovino (representação esquemática, vista caudal).

A **vascularização** do pâncreas é provida pelas artérias celíaca e mesentérica cranial. O lobo direito do pâncreas é vascularizado a partir da **artéria pancreatoduodenal cranial**, um ramo da **artéria hepática**. O lobo esquerdo e o corpo são vascularizados pela **artéria esplênica** e pela **artéria pancreatoduodenal caudal**, um ramo da artéria mesentérica cranial. As veias são satélites para as artérias e acabam desembocando na veia porta.

Conclusão

Sistema de ductos pancreáticos das diferentes espécies:
- **gato**: ducto pancreático grande; pequeno ducto pancreático acessório presente em alguns indivíduos;
- **cão**: ducto pancreático pequeno, ausente em alguns indivíduos; ducto pancreático acessório grande;
- **suíno**: ducto pancreático acessório;
- **bovino**: ducto pancreático extremamente raro; ducto pancreático acessório;
- **pequenos ruminantes**: ducto pancreático; alguns ovinos apresentam ducto pancreático acessório;
- **equino**: ducto pancreático grande; ducto pancreático acessório pequeno.

Sistema digestório (apparatus digestorius)

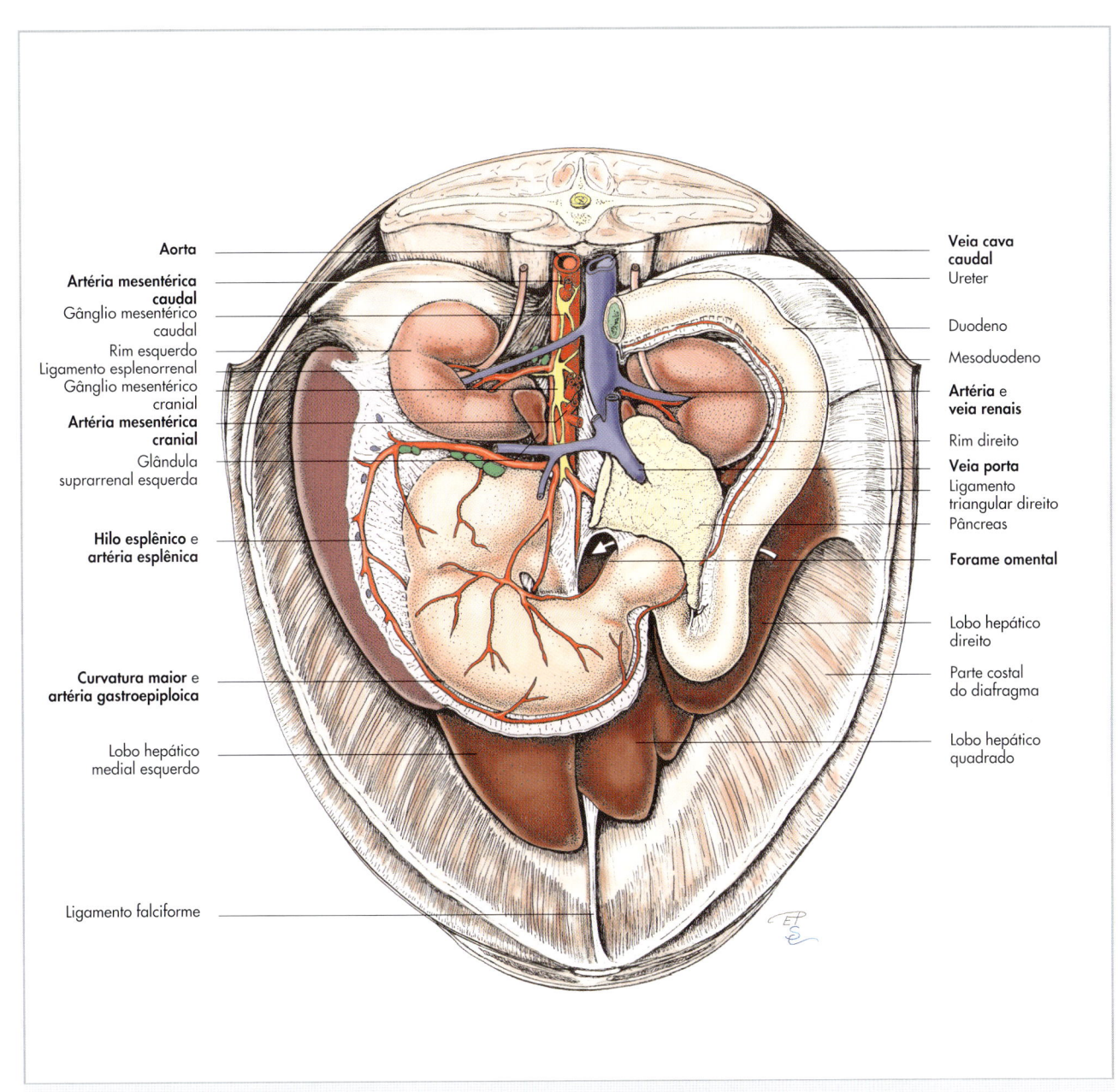

Fig. 8.111 Órgãos abdominais intratorácicos de um equino (representação esquemática, vista caudal).

Labels (esquerda): Aorta; Artéria mesentérica caudal; Gânglio mesentérico caudal; Rim esquerdo; Ligamento esplenorrenal; Gânglio mesentérico cranial; Artéria mesentérica cranial; Glândula suprarrenal esquerda; Hilo esplênico e artéria esplênica; Curvatura maior e artéria gastroepiploica; Lobo hepático medial esquerdo; Ligamento falciforme.

Labels (direita): Veia cava caudal; Ureter; Duodeno; Mesoduodeno; Artéria e veia renais; Rim direito; Veia porta; Ligamento triangular direito; Pâncreas; Forame omental; Lobo hepático direito; Parte costal do diafragma; Lobo hepático quadrado.

Inervação

O pâncreas é suprido por **nervos parassimpáticos** e **simpáticos**. As fibras parassimpáticas se originam do **tronco vagal** dorsal (*truncus vagalis dorsalis*), e as **fibras simpáticas** do **plexo celíaco (solar)** (*plexus solaris*).

Linfáticos

Os **linfáticos** do pâncreas drenam nos **linfonodos pancreatoduodenais** (*lymphonodi pancreaticoduodenales*), os quais fazem parte dos **linfáticos celíacos** (*lymphocentrum coeliacum*).

Terminologia clínica

Exemplos de termos clínicos derivados de termos anatômicos: glossite, periodontite, periodontose, parotidite, pulpite, faringite, tonsilite, esofagite, gastrite, ruminotomia, reticulite, reticulite traumática, enterite, duodenite, jejunite, ileíte, ileus (colo paralítico), colite, enterocolite, hepatite, pancreatite e muitos outros.

Anatomia dos animais domésticos

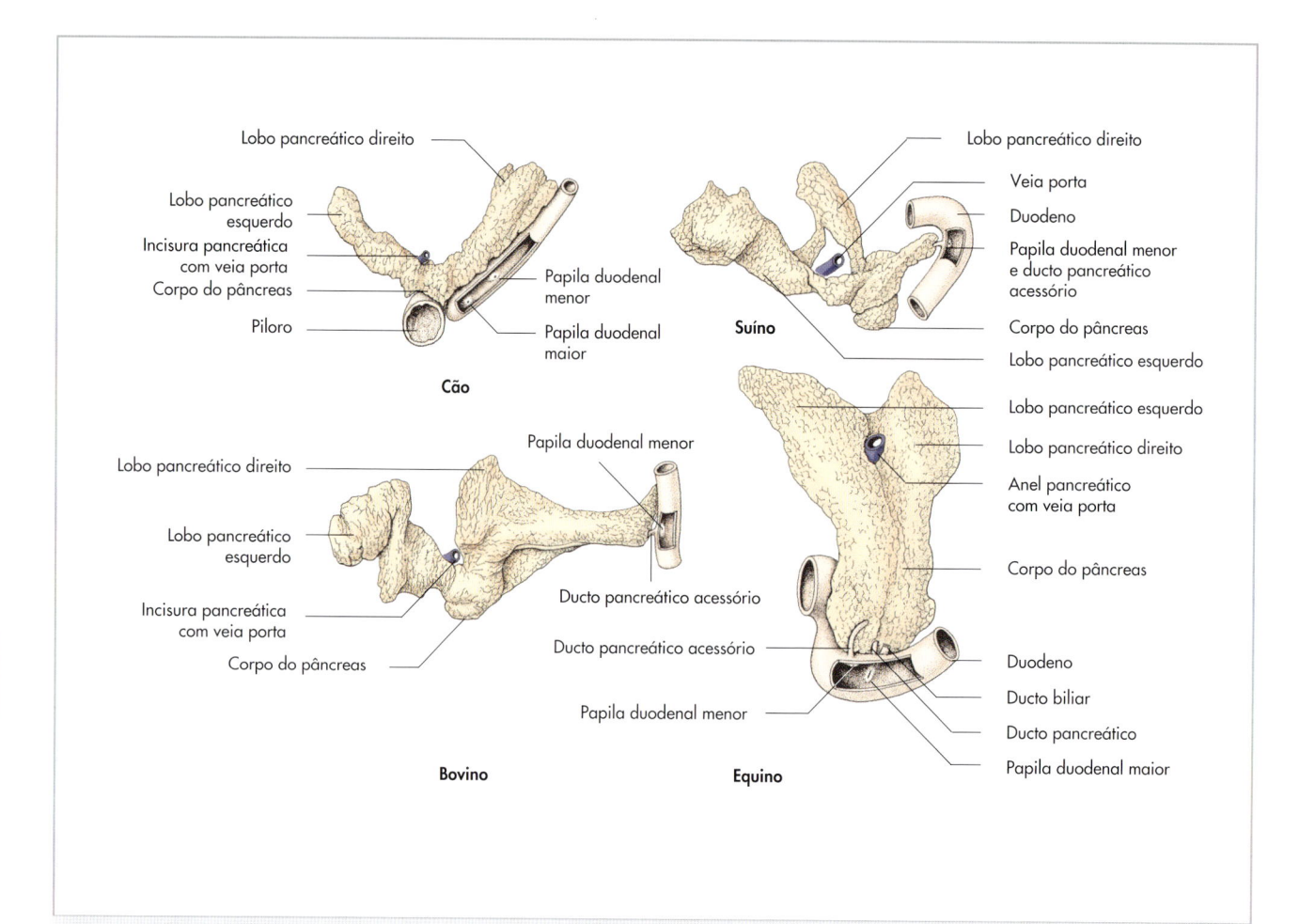

Fig. 8.112 Pâncreas de diferentes mamíferos domésticos (representação esquemática). (Fonte: com base em dados de Nickel, Schummer, Seiferle, 1995.)

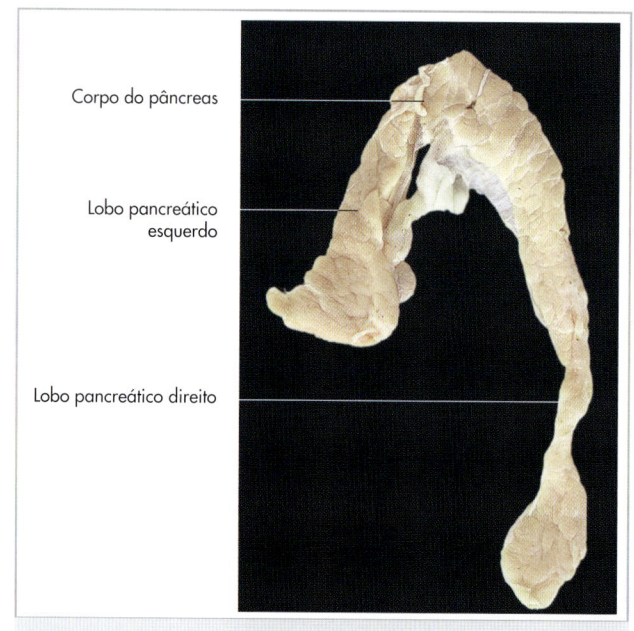

Fig. 8.113 Pâncreas de um cão (vista dorsal).

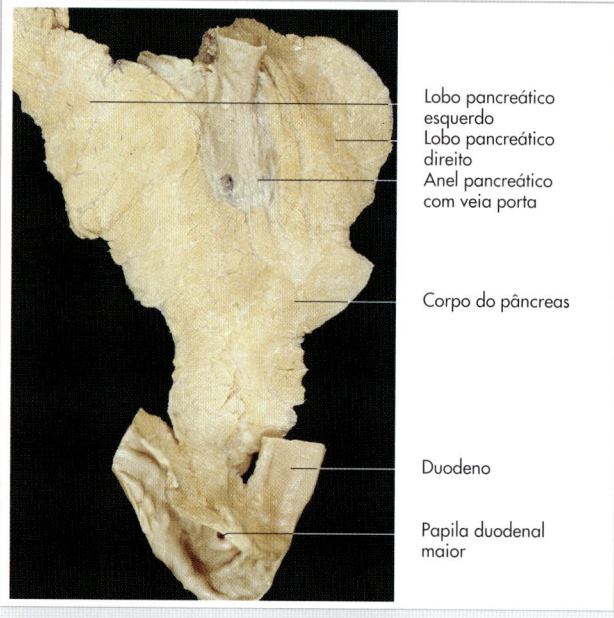

Fig. 8.114 Pâncreas de um equino (vista dorsal).

Sistema digestório (*apparatus digestorius*) 395

Papila
duodenal maior
(desembocadura
do ducto biliar
e do ducto
pancreático)

Papila
duodenal menor
(desembocadura
do ducto
pancreático
acessório)

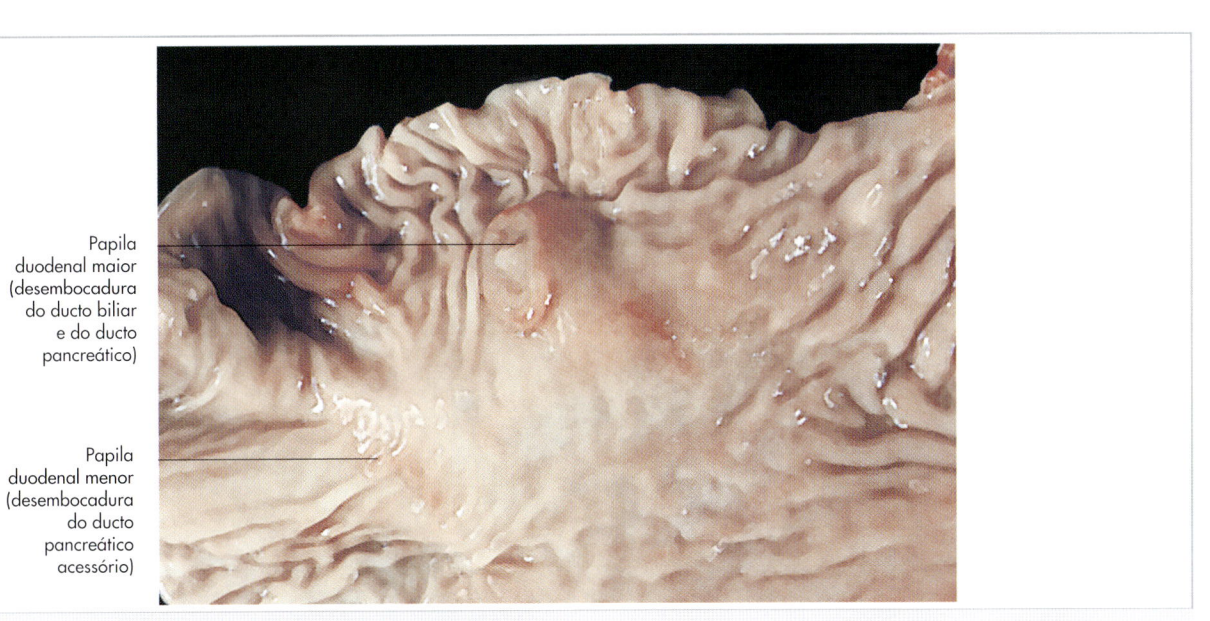

Fig. 8.115 Superfície luminal da mucosa duodenal de um equino.

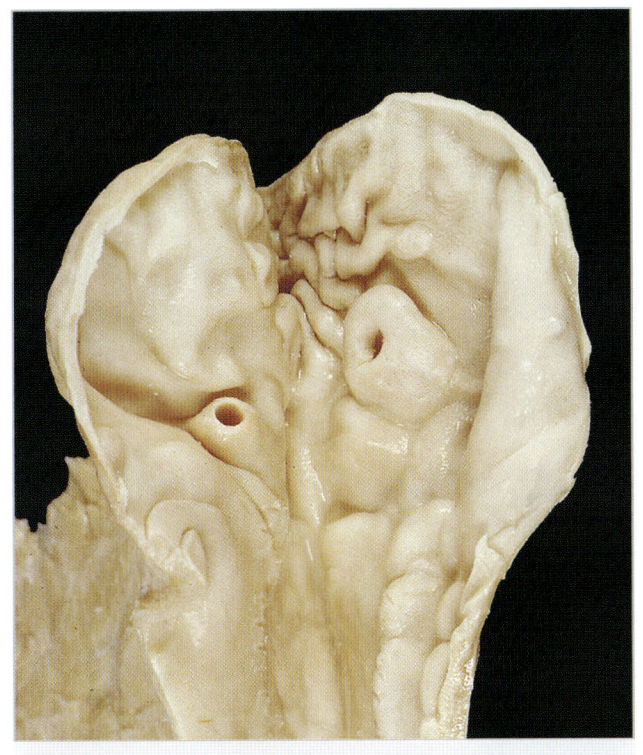

Fig. 8.116 Duodeno de um equino com papila duodenal menor (à esquerda) e papila duodenal maior (à direita).

9 Sistema respiratório (*apparatus respiratorius*)

H. E. König e H.-G. Liebich

O sistema respiratório é essencial para a troca de gases entre ar e sangue. A respiração compreende tanto o transporte de gases **até as células** como os processos oxidativos **no seu interior**. Estes últimos não podem ser visualizados por métodos anatômicos e são descritos em fisiologia.

O ar inspirado filtra pequenas partículas de poeira e, então, é umedecido e aquecido nas vias respiratórias, as quais transferem o ar para os pulmões. Nos pulmões, o oxigênio se difunde do ar inspirado para o sangue, e o dióxido de carbono, do sangue para o ar. O ar inspirado consiste em 20,9% de oxigênio, 0,03% de dióxido de carbono e 79,4% de nitrogênio. Em contrapartida, o ar expirado consiste em 16% de oxigênio, 4% de dióxido de carbono e 80% de nitrogênio. O transporte desses gases dos pulmões para as células e seu retorno aos pulmões é executado pelo **sistema circulatório**.

O sistema respiratório pode ser dividido em **vias respiratórias** e locais de **trocas gasosas**.

As vias respiratórias compreendem os seguintes órgãos:
- nariz externo (*nasus externus*);
- cavidade nasal (*cavum nasi*);
- parte nasal da faringe (*pars nasalis pharyngis*);
- laringe;
- traqueia;
- brônquios;
- pulmões.

Os locais de troca gasosa dentro dos pulmões são:
- bronquíolos respiratórios (*bronchioli respiratorii*);
- ductos alveolares (*ductus alveolares*) e sacos alveolares (*sacculi alveolares*);
- alvéolos (*alveoli pulmonis*).

Os órgãos respiratórios localizados na cabeça (nariz, seios paranasais, parte nasal da faringe) constituem o "**trato respiratório superior**", ao passo que o "**trato respiratório inferior**" é constituído pela laringe, pela traqueia e pelos pulmões.

A maior parte do **sistema respiratório** é revestida pela **mucosa respiratória**, com epitélio pseudoestratificado e produtor de muco. Algumas regiões com necessidade de maior resistência, como as narinas, a laringe e a epiglote, apresentam um epitélio escamoso estratificado. A **região olfatória**, na parte caudal da cavidade nasal, possui uma **mucosa olfatória**. Os locais de troca gasosa têm uma camada simples de células epiteliais escamosas.

9.1 Funções do sistema respiratório

O sistema respiratório desempenha uma série de funções. O nariz possui receptores olfatórios, os quais fornecem informações sobre o ambiente que podem ser utilizadas para a orientação e para a proteção contra substâncias nocivas. A cavidade nasal e as conchas aquecem e umedecem o ar e filtram corpos estranhos. A laringe protege a entrada para a traqueia, regula a inspiração e a expiração de ar e desempenha uma função essencial para a vocalização, auxiliada por outros órgãos, como a língua. Todas as vias respiratórias facilitam a troca de água e calor, o que é particularmente importante para o cão. A traqueia se divide em brônquios principais, os quais se subdividem até as divisões terminais, os alvéolos, o principal local de troca gasosa.

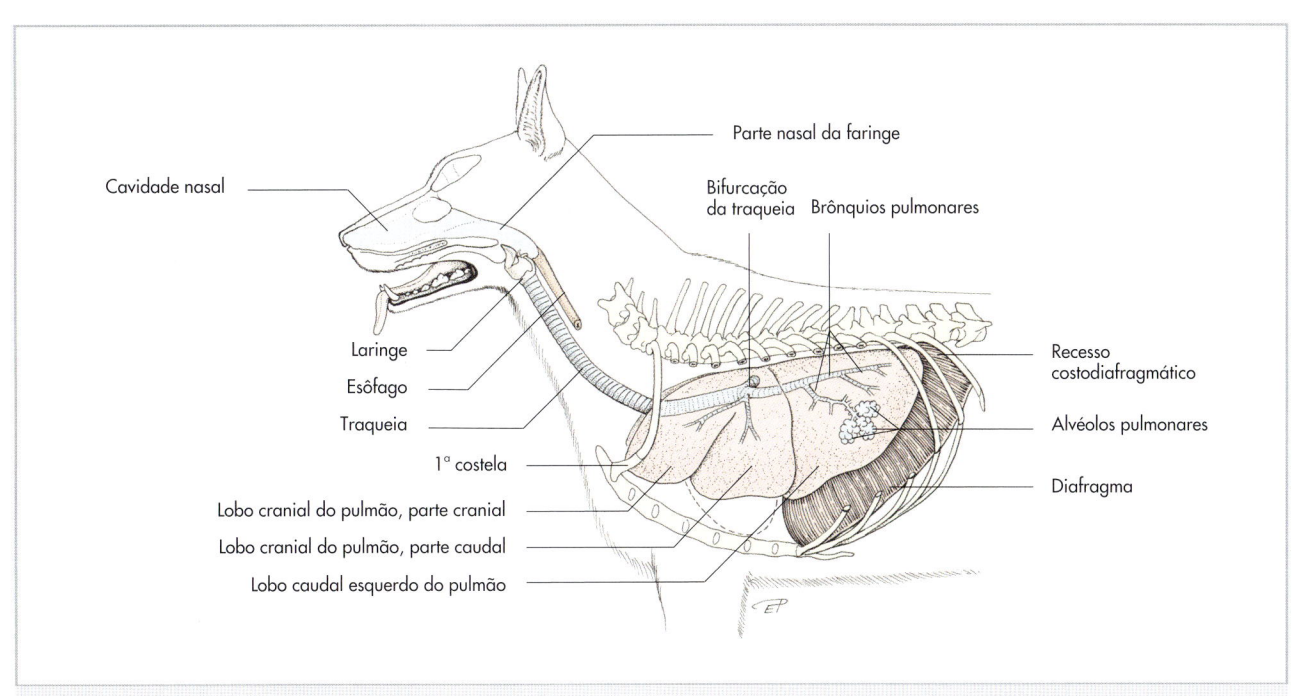

Fig. 9.1 Sistema respiratório de um cão.

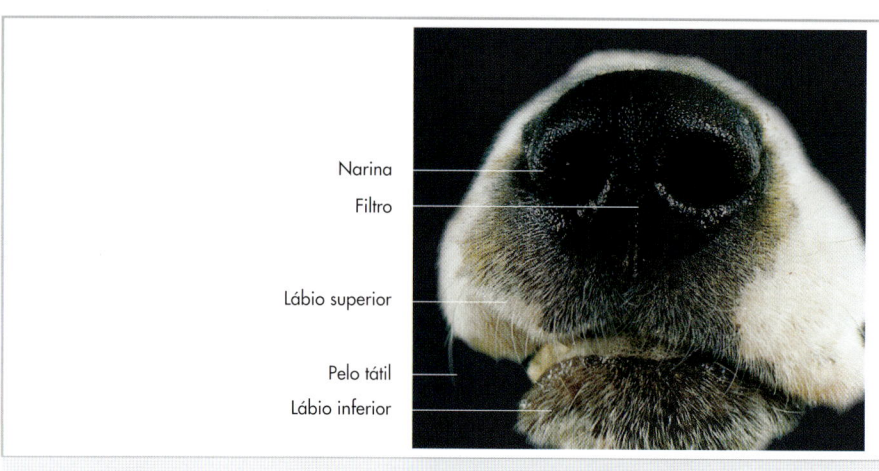

Fig. 9.2 Nariz externo de um cão (vista frontal). (Fonte: cortesia do Dr. R. Macher, Viena.)

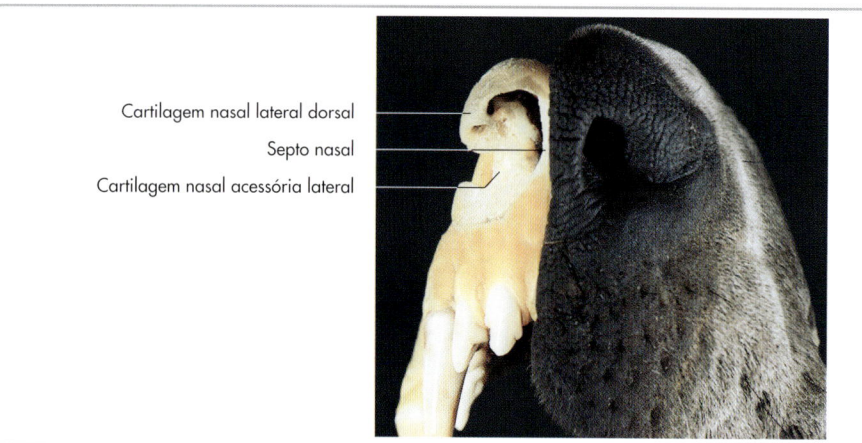

Labels: Narina; Filtro; Lábio superior; Pelo tátil; Lábio inferior

Fig. 9.3 Nariz externo de um cão, com as cartilagens nasais direitas expostas (aspecto frontal). (Fonte: cortesia do Dr. R. Macher, Viena.)

Labels: Cartilagem nasal lateral dorsal; Septo nasal; Cartilagem nasal acessória lateral

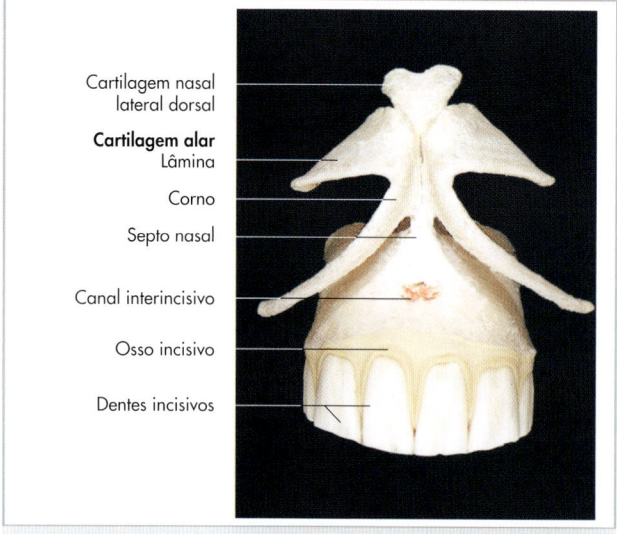

Fig. 9.4 Cartilagens nasais de um equino (vista frontal).

Labels: Cartilagem nasal lateral dorsal; **Cartilagem alar** — Lâmina, Corno; Septo nasal; Canal interincisivo; Osso incisivo; Dentes incisivos

9.2 Trato respiratório superior

9.2.1 Nariz (*rhin*, *nasus*)

O nariz (do grego *rhin*) (▶Fig. 9.1) consiste em:
- narinas externas e suas cartilagens nasais associadas;
- cavidade nasal, com o meato nasal e as conchas;
- seios paranasais.

O nariz é formado pelos ossos nasais dorsalmente, pela maxila lateralmente e pelos processos palatinos dos ossos incisivos, pela maxila e pelos ossos palatinos ventralmente. Caudalmente, ele é delimitado pela lâmina cribriforme do osso etmoide; ventralmente, ele é contínuo com a parte nasal da faringe. O septo mediano é a continuação rostral da crista *galli* e consiste em cartilagem hialina, a qual divide a cavidade nasal nos lados direito e esquerdo; a parte caudal dessa cartilagem se ossifica com o avançar da idade.

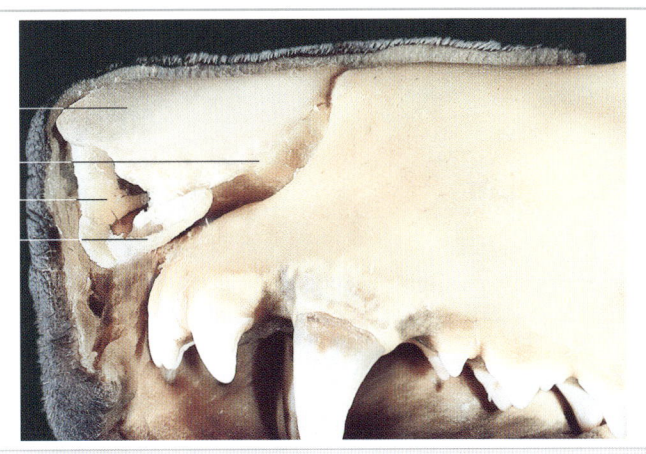

Fig. 9.5 Cartilagens nasais de um cão (vista lateral). (Fonte: cortesia do Dr. R. Macher, Viena.)

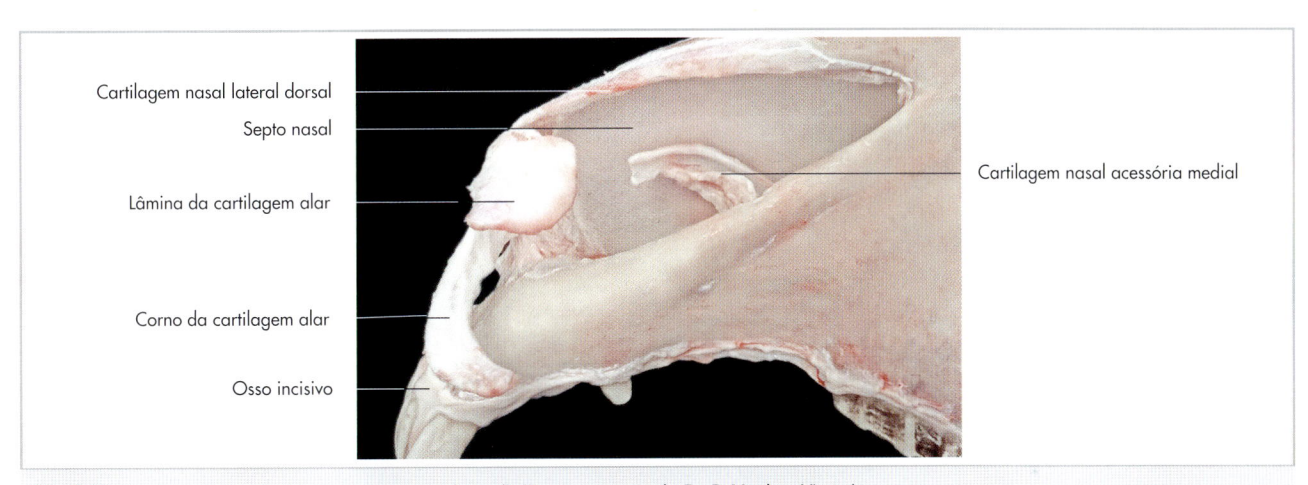

Fig. 9.6 Cartilagens nasais de um equino (vista lateral). (Fonte: cortesia do Dr. R. Macher, Viena.)

Ápice do nariz

O ápice do nariz e a parte rostral da mandíbula e da maxila formam o focinho. A forma e o tamanho do focinho e a natureza do tegumento exibem diferenças significativas entre as espécies. O tegumento ao redor das narinas não possui pelos, sendo delimitado da pele normal e bastante evidente em todos os mamíferos domésticos, com exceção do equino, no qual a pele não se altera, apresentando alguns pelos táteis ao redor da narina.

No bovino, o tegumento da região rostral é modificado para formar o **plano nasolabial** (*planum nasolabiale*) liso e sem pelos. A mucosa é coberta por um epitélio estratificado e queratinizado, umedecido por glândulas serosas da mucosa. Em pequenos ruminantes, no cão e no gato, a pele ao redor das narinas também não possui pelos.

O **plano nasal** (*planum nasale*) é dividido por um sulco mediano, o filtro, que prossegue ventralmente, dividindo o lábio superior (▶Fig. 9.2). A superfície do plano nasal dos carnívoros é umedecida pela secreção da **glândula nasal lateral**, situada no interior do **recesso maxilar** (*recessus maxillaris*) e de algumas glândulas menores da mucosa.

No suíno, o ponto móvel em formato de disco do focinho é denominado **rostro** ou **focinho**. O focinho é sustentado pelo osso rostral e coberto por pele modificada, a qual forma o **plano rostral** (*planum rostrale*) e inclui os pelos táteis e as glândulas mucosas, que umedecem a superfície.

A superfície do plano nasal possui uma grande quantidade de **sulcos finos** e se acredita que apresenta um padrão individual, podendo ser utilizada como meio de identificação, de modo semelhante às impressões digitais dos humanos.

Cartilagens nasais (*cartilagines nasi*)

As narinas externas são sustentadas pelas cartilagens nasais, que variam em forma, tamanho e número de acordo com a espécie (▶Fig. 9.2, ▶Fig. 9.3, ▶Fig. 9.4 e ▶Fig. 9.5). As cartilagens nasais laterais se fixam à extremidade rostral do septo nasal, de onde se prolongam ventral e dorsalmente (*cartilago nasi lateralis dorsalis et cartilago nasi lateralis ventralis*). Elas determinam o formato da abertura da narina. As cartilagens nasais laterais dorsal e ventral estão em contato uma com a outra em todas as espécies domésticas, exceto no equino. Dependendo da espécie, várias cartilagens nasais acessórias podem se originar das cartilagens nasais laterais.

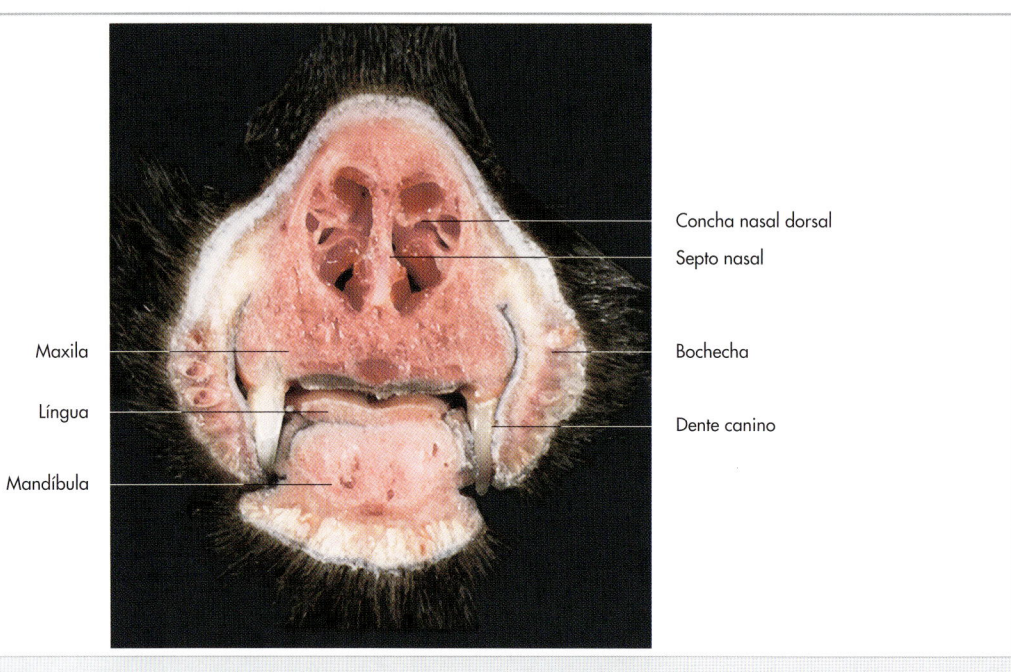

Fig. 9.7 Secção transversal da cabeça de um cão ao nível do dente canino (vista frontal). (Fonte: cortesia do Prof. Dr. J. Maierl, Munique.)

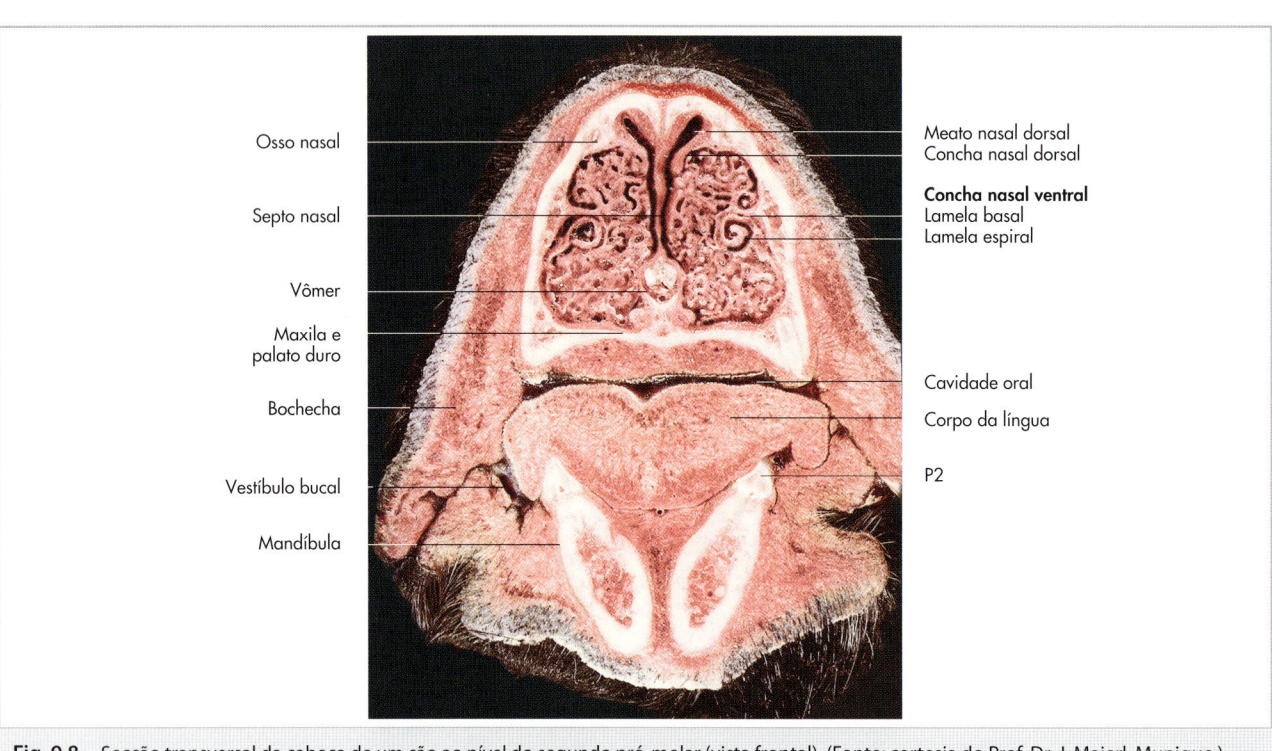

Fig. 9.8 Secção transversal da cabeça de um cão ao nível do segundo pré-molar (vista frontal). (Fonte: cortesia do Prof. Dr. J. Maierl, Munique.)

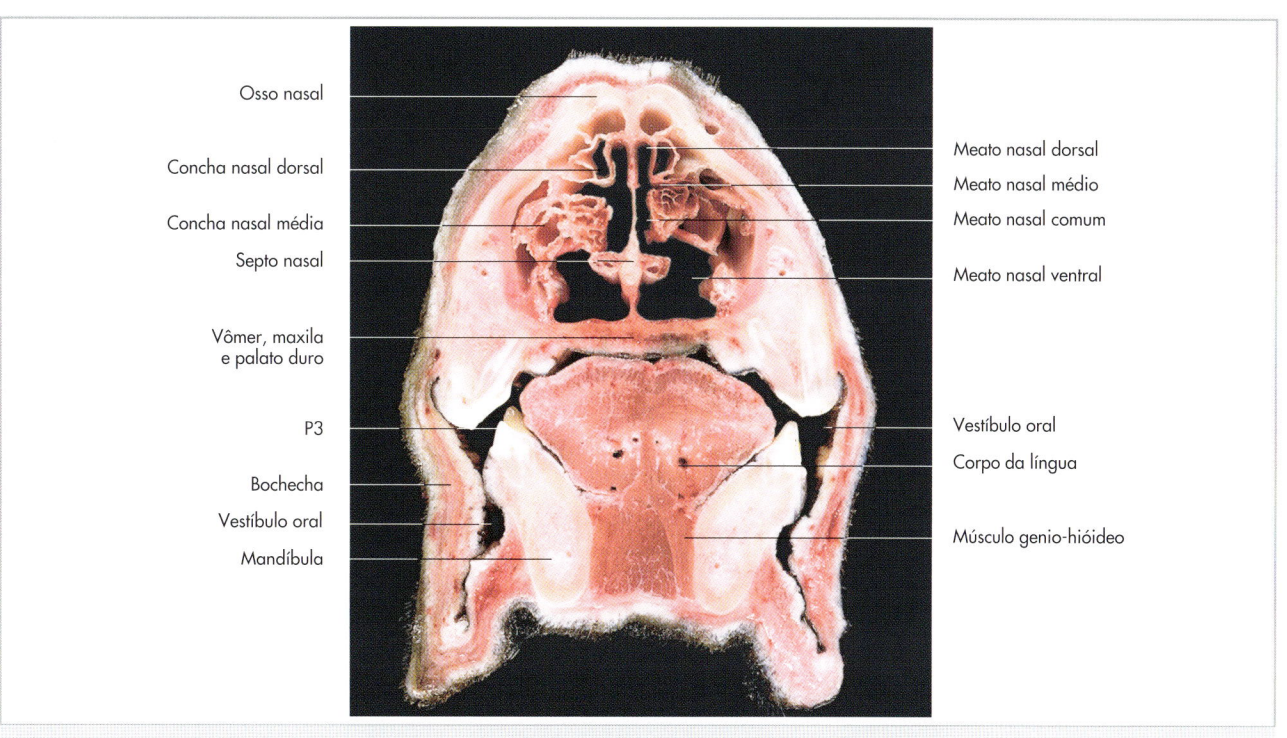

Sistema respiratório (*apparatus respiratorius*) 401

Fig. 9.9 Secção transversal da cabeça de um cão ao nível do terceiro pré-molar (vista frontal). (Fonte: cortesia do Prof. Dr. J. Maierl, Munique.)

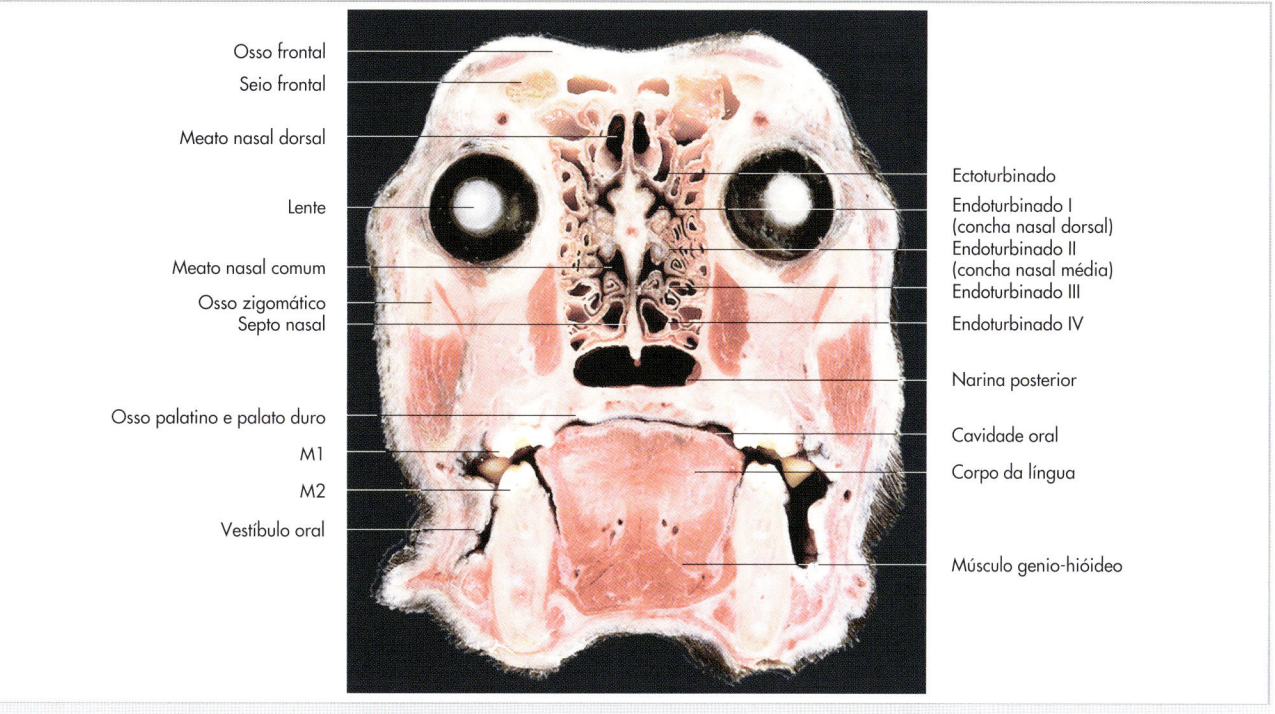

Labels (esquerda): Osso nasal; Concha nasal dorsal; Concha nasal média; Septo nasal; Vômer, maxila e palato duro; P3; Bochecha; Vestíbulo oral; Mandíbula

Labels (direita): Meato nasal dorsal; Meato nasal médio; Meato nasal comum; Meato nasal ventral; Vestíbulo oral; Corpo da língua; Músculo genio-hióideo

Fig. 9.10 Secção transversal da cabeça de um cão ao nível do segundo molar (vista frontal). (Fonte: cortesia do Prof. Dr. J. Maierl, Munique.)

Labels (esquerda): Osso frontal; Seio frontal; Meato nasal dorsal; Lente; Meato nasal comum; Osso zigomático; Septo nasal; Osso palatino e palato duro; M1; M2; Vestíbulo oral

Labels (direita): Ectoturbinado; Endoturbinado I (concha nasal dorsal); Endoturbinado II (concha nasal média); Endoturbinado III; Endoturbinado IV; Narina posterior; Cavidade oral; Corpo da língua; Músculo genio-hióideo

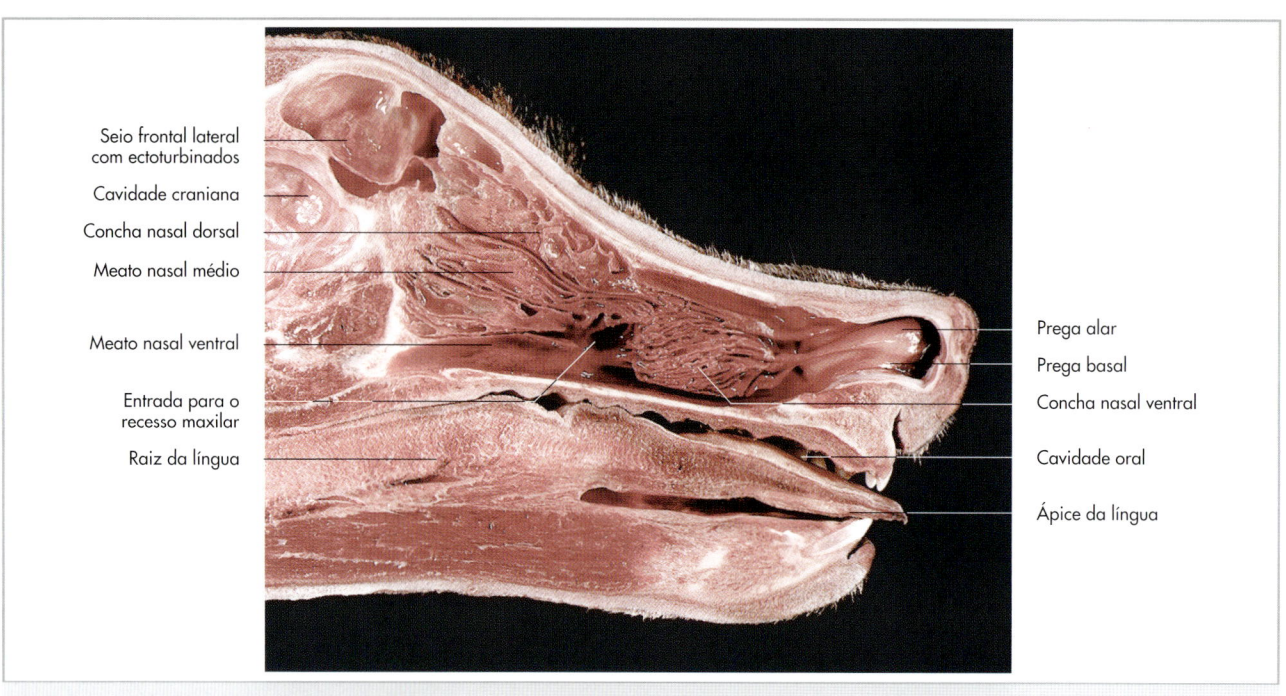

Fig. 9.11 Secção paramediana da cabeça de um cão (vista medial). (Fonte: cortesia do Prof. Dr. J. Maierl, Munique.)

Legendas da figura:
- Seio frontal lateral com ectoturbinados
- Cavidade craniana
- Concha nasal dorsal
- Meato nasal médio
- Meato nasal ventral
- Entrada para o recesso maxilar
- Raiz da língua
- Prega alar
- Prega basal
- Concha nasal ventral
- Cavidade oral
- Ápice da língua

No equino, a cartilagem nasal dorsal não se prolonga muito, ao passo que a cartilagem nasal ventral é indefinida ou inexistente. Em vez disso, as **cartilagens alares** (*cartilagines alares*), as quais são divididas em uma **lâmina** (*lamina*) dorsalmente e um **corno** (*cornu*, ▶Fig. 9.6), sustentam as narinas amplas e espaçadas. As paredes laterais das narinas não são sustentadas por cartilagem, motivo pelo qual as margens das narinas permanecem bastante móveis e permitem que a abertura se dilate, quando necessário. As **cartilagens alares** são responsáveis pela forma de vírgula característica, a qual divide a narina em uma parte ventral, chamada de narina verdadeira, que conduz à cavidade nasal, e uma parte dorsal, ou **falsa narina**, que conduz ao **divertículo** revestido de pele (*diverticulum nasi*) que ocupa a **incisura nasoincisiva** (*incisura nasoincisiva*). Portanto, quando se passa o tubo nasogástrico, é essencial guiá-lo ventralmente.

Na Antiguidade, eram cortadas as falsas narinas dos potros, deixando-as abertas, pois acreditava-se que esse procedimento melhorava o desempenho, principalmente em cavalos de batalha. Esse método ainda é empregado no Sudoeste Asiático (Paquistão, Irã, norte da Índia). No Ocidente, utilizam-se implantes nasais e faixas aderentes à pele para manter as cartilagens alares em estado de abdução total em cavalos de competição.

A prega alar projeta-se da face dorsal da concha ventral nasal, sustentada pela **cartilagem acessória medial** espessa, em forma de S (*cartilago nasalis accessoria medialis*). A abertura para a cavidade nasal propriamente dita encontra-se ventral à prega alar. Na maioria dos equinos, a margem dorsal do osso incisivo (*os incisivum*) apresenta um pequeno sulco (incisura), formado pela cartilagem acessória medial.

Vestíbulo nasal (*vestibulum nasi*)

A narina forma a abertura da cavidade nasal e envolve o vestíbulo nasal. No equino e no asinino, o tegumento continua dentro da cavidade nasal e forma uma delimitação precisa com a mucosa nasal. No equino, o **ponto nasal** do **ducto lacrimonasal** situa-se no assoalho ventral do vestíbulo, próximo a essa transição mucosa. Em outras espécies, ele se localiza mais caudalmente, às vezes com mais de uma abertura. No cão, as aberturas muito menores e mais indistintas das glândulas nasais laterais serosas também desembocam nessa região.

9.2.2 Cavidade nasal (*cava nasi*)

A cavidade nasal se prolonga das narinas até a **lâmina cribriforme do osso etmoide**, sendo dividida pelo **septo nasal** em lados direito e esquerdo. As **conchas nasais** (*conchae nasales*) projetam-se para o interior da cavidade nasal e servem para aumentar a superfície respiratória (▶Fig. 9.7, ▶Fig. 9.8 e ▶Fig. 9.11). Em animais com senso olfatório apurado, como o cão, as conchas nasais são mais complexas e aumentam ainda mais a superfície olfatória. Esse aumento, juntamente a uma quantidade maior de células olfatórias receptoras, é responsável pelo excelente olfato do cão em comparação aos humanos. Os plexos vasculares situam-se sob a mucosa e são formados por vasos anastomóticos múltiplos.

Caudoventralmente, a cavidade nasal se comunica com a parte nasal da faringe pelas coanas.

Conchas nasais (*conchae nasales*)

As conchas nasais consistem em turbinados cartilaginosos ou ossificados revestidos por mucosa nasal e ocupam a maior parte da cavidade nasal (▶Fig. 9.7 e ▶Fig. 9.15). Elas apresentam uma disposição complexa e característica de cada espécie.

O **endoturbinado I** (*endoturbinale I*) é o turbinado mais extenso, situado mais dorsalmente e o que mais se prolonga no interior da cavidade nasal. Ele forma a base óssea da **concha nasal dorsal** (*concha nasalis dorsalis*). O **endoturbinado II**

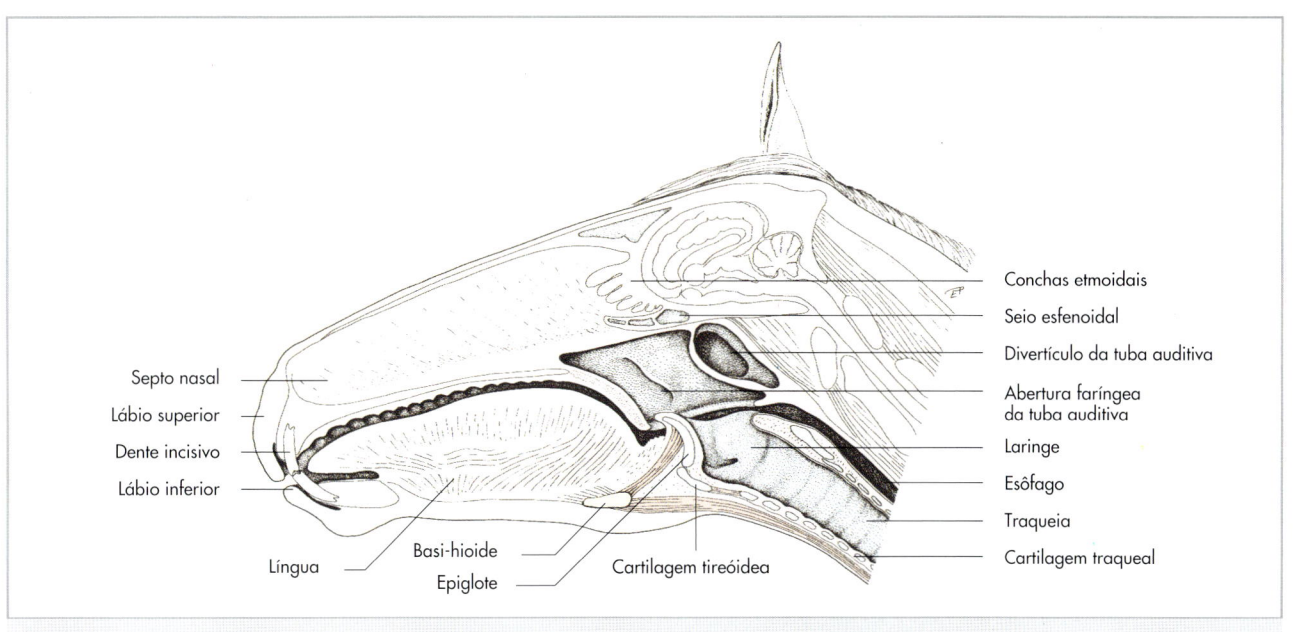

Fig. 9.12 Secção mediana da cabeça de um equino, ilustrando a faringe e a laringe (representação esquemática).

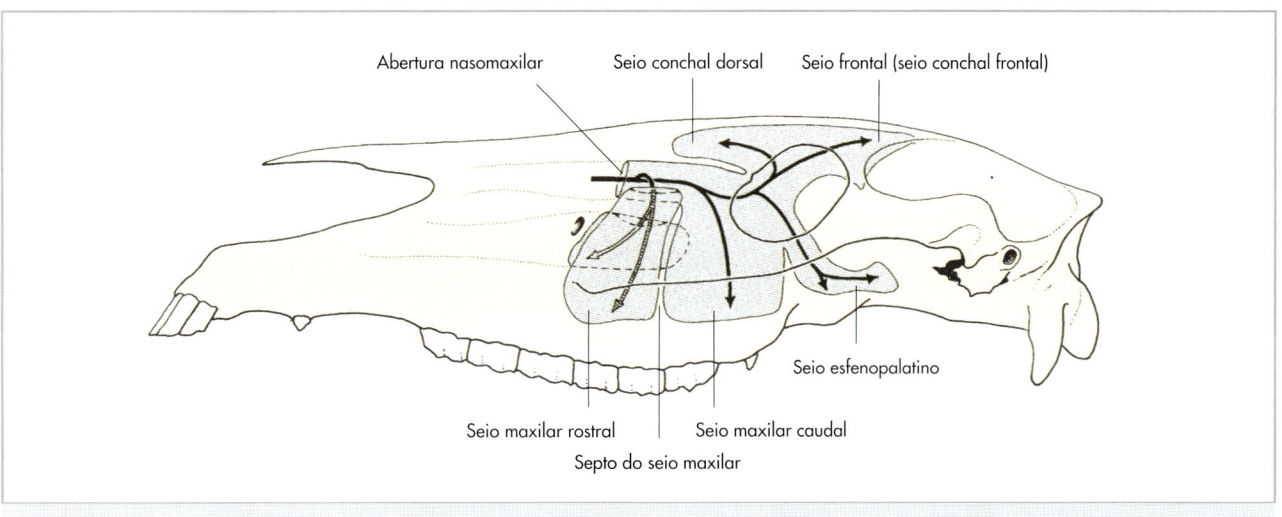

Fig. 9.13 Seios paranasais de um equino (representação esquemática).

(*endoturbinale II*) é adjacente ao primeiro e forma a parte óssea da **concha nasal média** (*concha nasalis media*). Os turbinados subsequentes apresentam tamanhos menores, com exceção do cão, no qual os endoturbinados II a IV são bastante desenvolvidos. Embora as conchas nasais dorsal e média sejam formadas pelos endoturbinados, a **concha nasal ventral** (*concha nasalis ventralis*) faz parte da **maxila**.

As estruturas ósseas dos ossos conchais (*ossa conchae*) são descritas em detalhes no Capítulo 2, "Esqueleto axial" (p. 73).

Meatos nasais (*meatus nasi*)

A concha maior divide a cavidade nasal em uma série de sulcos e meatos, que se ramificam de um meato comum próximo ao septo nasal. Existem **três meatos nasais** nos mamíferos domésticos (▶Fig. 9.9 e ▶Fig. 9.10), são eles:

- meato nasal dorsal (*meatus nasi dorsalis*);
- meato nasal médio (*meatus nasi medius*);
- meato nasal ventral (*meatus nasi ventralis*).

O **meato nasal dorsal** é a passagem entre o teto da cavidade nasal e a concha nasal dorsal. Ele conduz diretamente ao fundo da cavidade nasal e canaliza o ar para a mucosa olfatória.

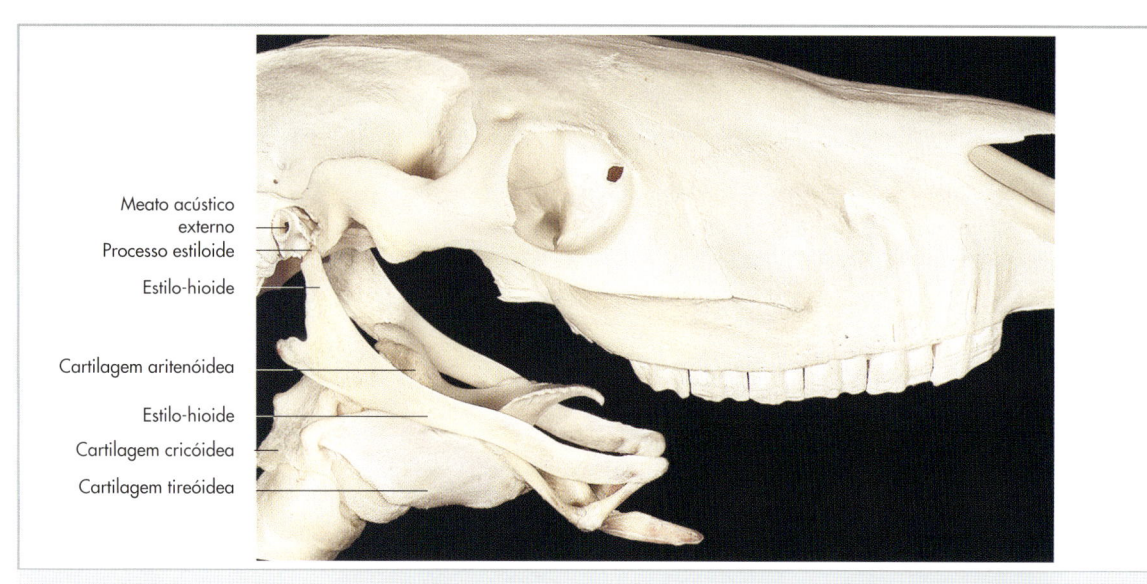

Fig. 9.14 Crânio de um equino com osso hioide e laringe.

O **meato nasal médio** situa-se entre as conchas nasais dorsal e ventral e se comunica com os seios paranasais.

O **meato nasal ventral** é o caminho principal para o fluxo de ar que conduz à faringe e situa-se entre a concha nasal ventral e o assoalho da cavidade nasal.

O **meato nasal comum** (*meatus nasi communis*) é o espaço longitudinal de cada lado do septo nasal. Ele se comunica com todos os outros meatos nasais.

A faringe pode ser acessada pela passagem dos tubos nasogástrico e endoscópico por meio do seu ponto mais largo, entre o meato ventral e o meato comum.

9.2.3 Seios paranasais (*sinus paranasales*)

Os **seios paranasais** são divertículos da cavidade nasal que formam cavidades preenchidas com ar entre as lâminas externa e interna dos ossos do crânio. A estrutura óssea dos seios paranasais é descrita em detalhes no Capítulo 2, "Esqueleto axial" (p. 73).

Os seios paranasais sofrem uma expansão significativa após o nascimento e continuam a aumentar de tamanho com o avançar da idade. Eles são bastante desenvolvidos no bovino e no equino, e são responsáveis pela conformação da cabeça nessas espécies. Supõe-se que os seios paranasais forneçam proteção térmica e mecânica à órbita, à cavidade nasal e às cavidades cranianas; eles também alargam as áreas para a fixação muscular sem aumentar consideravelmente o peso do crânio.

Os seios paranasais são revestidos por uma **mucosa respiratória**, a qual é extremamente delgada e pouco vascularizada. Acredita-se que esse fato seja responsável pela fraca capacidade de cicatrização dessa área. O tratamento é complicado, devido ao estreitamento e à localização das aberturas, o que deixa os seios paranasais propensos a obstruções quando a mucosa é espessada por inflamações. Os seguintes **seios paranasais pares** podem ser encontrados no crânio de animais domésticos:

- seio maxilar (*sinus maxillaris*);
- seio frontal (*sinus frontalis*);
- seio palatino (*sinus palatinus*);
- seio esfenoidal (*sinus sphenoidalis*);
- seio lacrimal (*sinus lacrimalis*) em suínos e em ruminantes;
- seio conchal dorsal (*sinus conchae dorsalis*) e seio conchal ventral (*sinus conchae ventralis*) no suíno, em ruminantes e no equino;
- células etmoidais (*cellulae ethmoidales*) em suínos e em ruminantes.

O **seio maxilar** está contido dentro da parte caudal da maxila. No equino, um septo ósseo divide o seio maxilar em um **compartimento rostral menor** (*sinus maxillaris rostralis*) e um **compartimento caudal maior** (*sinus maxillaris caudalis*) (▶Fig. 9.13). O assoalho dos seios maxilares é perfurado pelos alvéolos dentários dos últimos três dentes molares. Como apenas uma fina lâmina óssea separa as raízes dos dentes do seio paranasal, uma infecção periapical pode facilmente penetrar o osso e causar sinusite. No entanto, uma entrada no seio por meio de trepanação permite acesso aos dentes para o tratamento de enfermidades dentárias.

O canal infraorbital, orientado sagitalmente, se projeta nos seios maxilares e os divide nos compartimentos medial e lateral. Ambos os compartimentos compartilham uma abertura em forma de ranhura em direção ao meato nasal médio, a **abertura nasomaxilar** (*apertura nasomaxillaris*). O seio maxilar rostral se comunica com o seio conchal ventral pela **abertura conchomaxilar** (*apertura conchomaxillaris*). O seio maxilar caudal se comunica direta ou indiretamente com todos os outros seios paranasais. Essa disposição anatômica responde pela propagação de infecções em todos os seios paranasais do equino.

O seio maxilar de carnívoros recebe a denominação mais adequada de **recesso maxilar** (*recessus maxillaris*), já que se trata de um divertículo da cavidade nasal na altura da concha nasal medial, em vez de uma cavidade real preenchida de ar entre as lâminas interna e externa dos ossos do crânio.

O **seio frontal** integra o osso frontal e, em geral, se comunica com o meato nasal médio. No equino, ele é contínuo com o seio conchal dorsal e, portanto, recebe a denominação de **seio conchal**

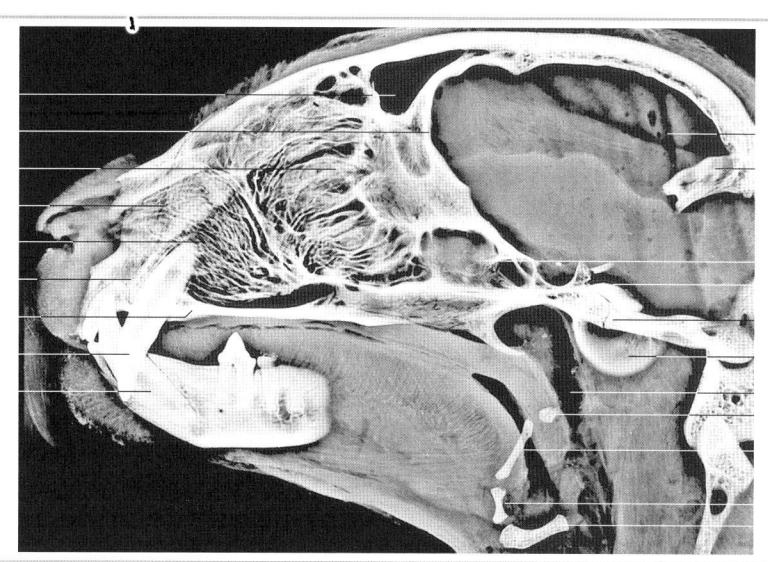

Fig. 9.15 Radiografia da cabeça de um gato. (Fonte: cortesia da Prof.ª Dr.ª Cordula Poulsen Nautrup, Munique.)

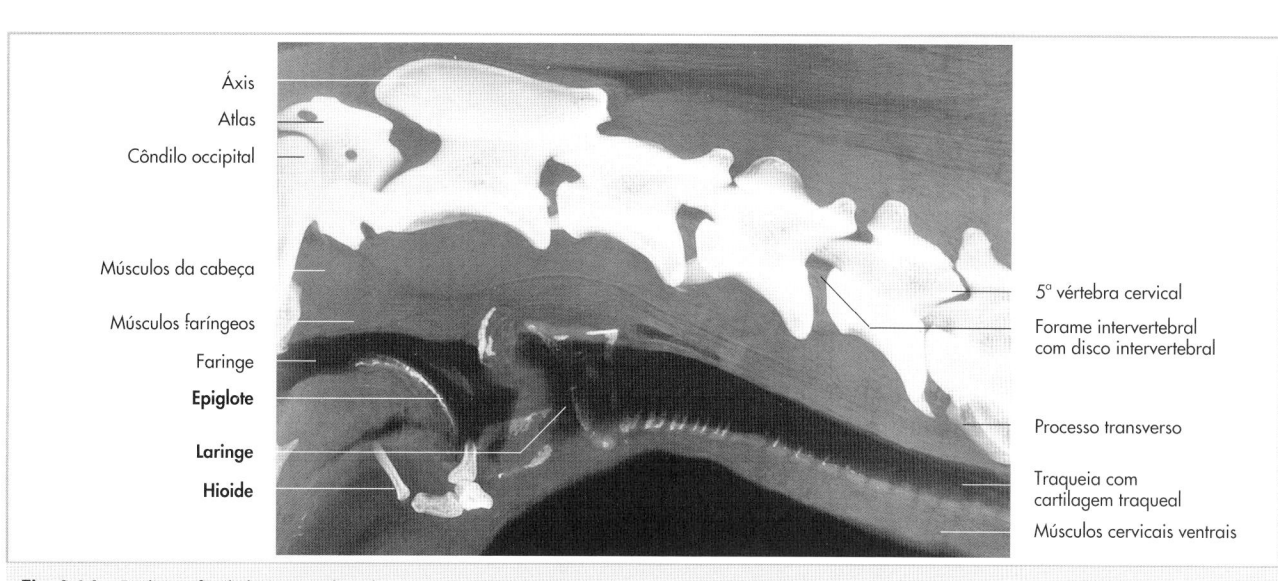

Fig. 9.16 Radiografia da laringe e da coluna cervical de um gato. (Fonte: cortesia da Prof.ª Dr.ª Cordula Poulsen Nautrup, Munique.)

frontal (*sinus conchofrontalis*). O seio maxilar caudal se comunica com o seio conchofrontal pela **abertura frontomaxilar** (*apertura frontomaxillaris*).

No suíno e no bovino, o seio frontal se divide em diversos compartimentos e se prolonga caudalmente até a região nucal. Em ruminantes, ele se prolonga para dentro do processo cornual do osso frontal, sendo responsável pela alta incidência de inflamações do seio frontal após a remoção cirúrgica dos cornos.

No equino, os **ossos palatino** e **esfenoide** também são pneumáticos. A união do seio palatino e do seio esfenoidal resulta no **seio esfenopalatino** combinado, o qual se comunica com o seio maxilar caudal (▶Fig. 9.13). O quiasma óptico situa-se imediatamente dorsal ao seio esfenoidal, separado deste último apenas por uma lâmina óssea extremamente delgada. Portanto, a sinusite pode facilmente se propagar para o nervo óptico, resultando em prejuízo para a visão.

9.3 Trato respiratório inferior

9.3.1 Laringe

A laringe é um órgão musculocartilaginoso com simetria bilateral, em forma de tubo, que conecta a faringe à traqueia (▶Fig. 9.12, ▶Fig. 9.16 e ▶Fig. 9.18). Ela protege a entrada da traqueia, evitando, assim, a aspiração de material estranho para o trato respiratório inferior, além de ser importante na vocalização. As paredes da laringe são formadas pelas cartilagens laríngeas e por seus músculos conectores e ligamentos, os quais unem a laringe ao aparelho

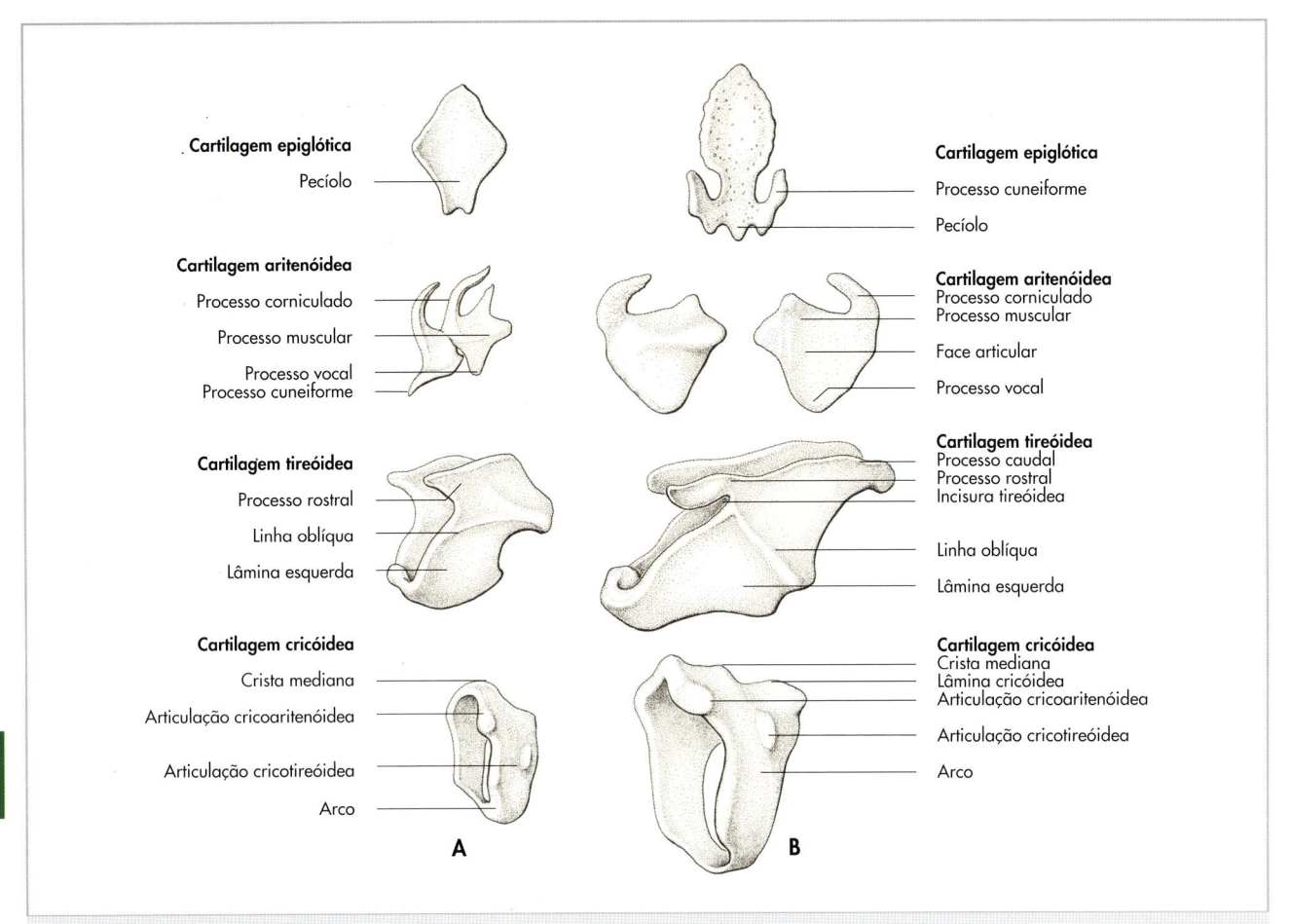

Fig. 9.17 Cartilagens laríngeas de um cão (A) e de um equino (B) (representação esquemática).

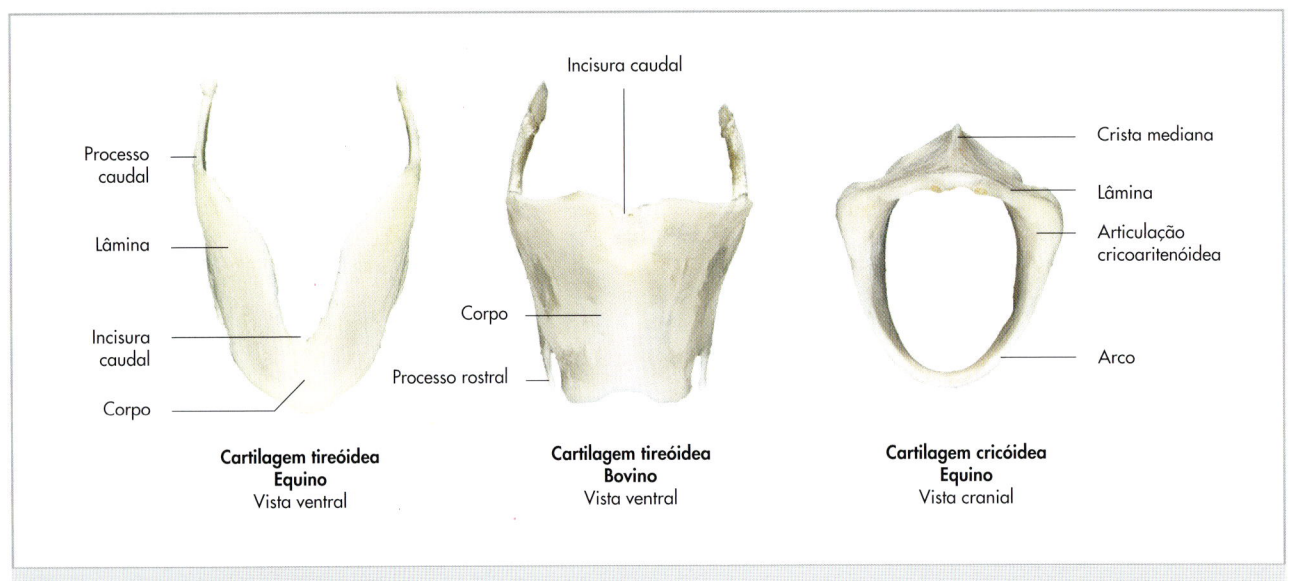

Fig. 9.18 Cartilagens tireóidea e cricóidea de um equino e de um bovino.

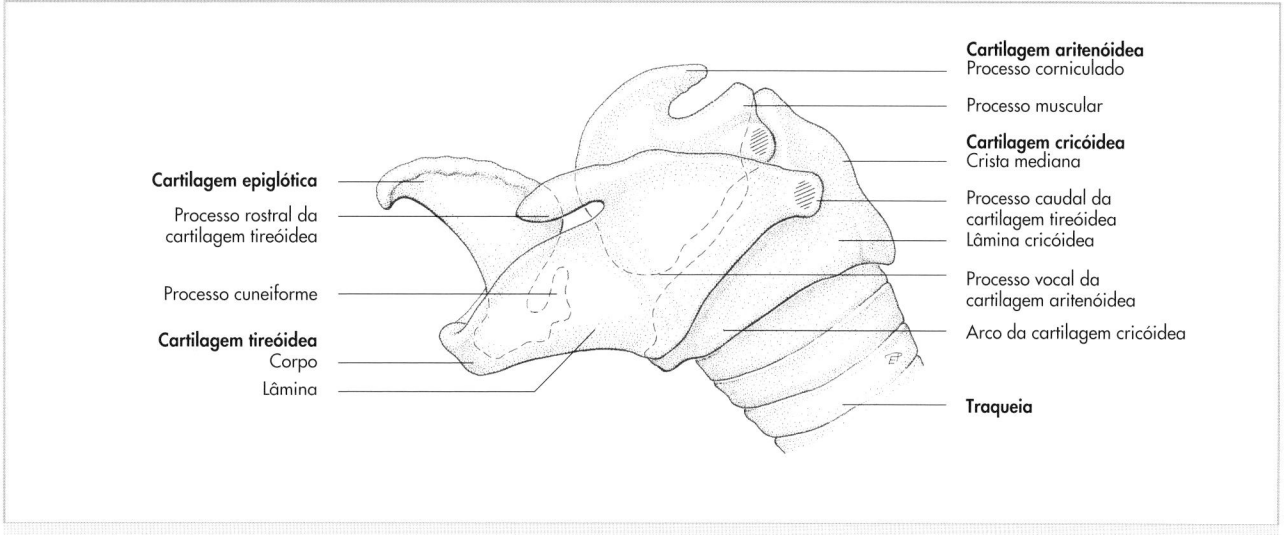

Fig. 9.19 Cartilagens laríngeas de um equino (representação esquemática).

hióideo, rostralmente, e à traqueia, caudalmente. As paredes laríngeas envolvem a **cavidade da laringe** (*cavum laryngis*), cujo lúmen é estreitado pelas **pregas vocais** (*plicae vocales*) (▶Fig. 9.20). Durante a deglutição, a epiglote se volta para trás, com a finalidade de cobrir parcialmente a abertura rostral da laringe. Caudalmente, a cavidade laríngea é contínua com o lúmen da traqueia (▶Fig. 9.20).

A maior parte da cavidade da laringe é revestida por epitélio escamoso estratificado, embora a mucosa respiratória esteja presente caudalmente.

Cartilagens da laringe (*cartilagines laryngis*)

O esqueleto da laringe é composto das seguintes **cartilagens laríngeas bilateralmente simétricas** (▶Fig. 9.14 e ▶Fig. 9.17):
- cartilagem epiglótica (*cartilago epiglottica*), formando a base da epiglote;
- cartilagem tireóidea (*cartilago thyroidea*);
- cartilagens aritenóideas (*cartilagines arytenoideae*);
- cartilagem cricóidea (*cartilago cricoidea*).

Epiglote (*epiglottis*)

A cartilagem epiglótica forma a base da epiglote (▶Fig. 9.17 e ▶Fig. 9.19). A epiglote se assemelha a uma folha, com um pequeno **pecíolo** (*petiolus*) e um **corpo amplo**. O seu ápice livre está voltado para a direção rostral e é pontiagudo em carnívoros e no equino, porém mais arredondado em ruminantes e no suíno. O pecíolo está conectado à cartilagem tireóidea, e o corpo se projeta dorsorrostralmente atrás do palato mole durante o repouso (posição retrovelar). Durante a deglutição, ele pende caudalmente para cobrir a entrada para a cavidade laríngea. A cartilagem epiglótica é composta de **cartilagem elástica**. Os **processos cuneiformes** (*processus cuneiformes*) estão presentes em alguns animais de cada lado da base da epiglote, projetando-se dorsalmente. Eles podem estar livres ou fusionados com a cartilagem epiglótica ou aritenóidea.

Cartilagem tireóidea (*cartilago thyroidea*)

A cartilagem tireóidea contém **cartilagem hialina**, a qual pode se ossificar com o avançar da idade, formando as paredes laterais e o assoalho da laringe (▶Fig. 9.17). Ela possui duas **lâminas** laterais (*lamina lateralis dextra* e *sinistra*) e um **corpo** ventral (*corpus*). Cada lâmina se expande dorsalmente para formar um processo rostral e um processo caudal (*cornu rostralis et caudalis*). O processo rostral se articula com o osso hioide, e o processo caudal, com a cartilagem cricóidea. No equino, o processo rostral é separado da lâmina por uma **fissura** (*fissura thyroidea*) (▶Fig. 9.17).

No equino, a parte ventral da cartilagem tireóidea é reduzida a uma **ponte estreita** rostralmente, à qual se fixa o pecíolo da epiglote. O resultado é uma grande incisura no sentido caudal a essa ponte no assoalho da laringe, coberta apenas por tecidos moles, o que propicia um acesso conveniente para a cirurgia laríngea.

Cartilagens aritenóideas (*cartilagines arytaenoideae*)

As cartilagens aritenóideas (▶Fig. 9.17) são formadas de **cartilagem hialina** e são as únicas **cartilagens laríngeas pares** que se encontram dorsalmente para cobrir a abertura deixada aberta pela lâmina da cartilagem tireóidea. Desse modo, elas formam a maior parte do teto da laringe. Uma pequena **cartilagem interaritenóidea** (*cartilago interarytaenoidea*) hialina pode ser encontrada entre as cartilagens aritenóideas dorsalmente.

As cartilagens aritenóideas apresentam a forma de um triângulo, a partir do qual se irradiam três processos: um processo corniculado, o qual se projeta dorsomedialmente desde o ângulo rostral do triângulo; um processo vocal, ao qual se fixam as pregas vocais, que se projetam ventralmente para a cavidade laríngea; e um processo muscular, o qual se prolonga lateralmente e propicia fixação para o músculo cricoaritenóideo dorsal. Uma fóvea caudal se articula com a lâmina aritenóidea.

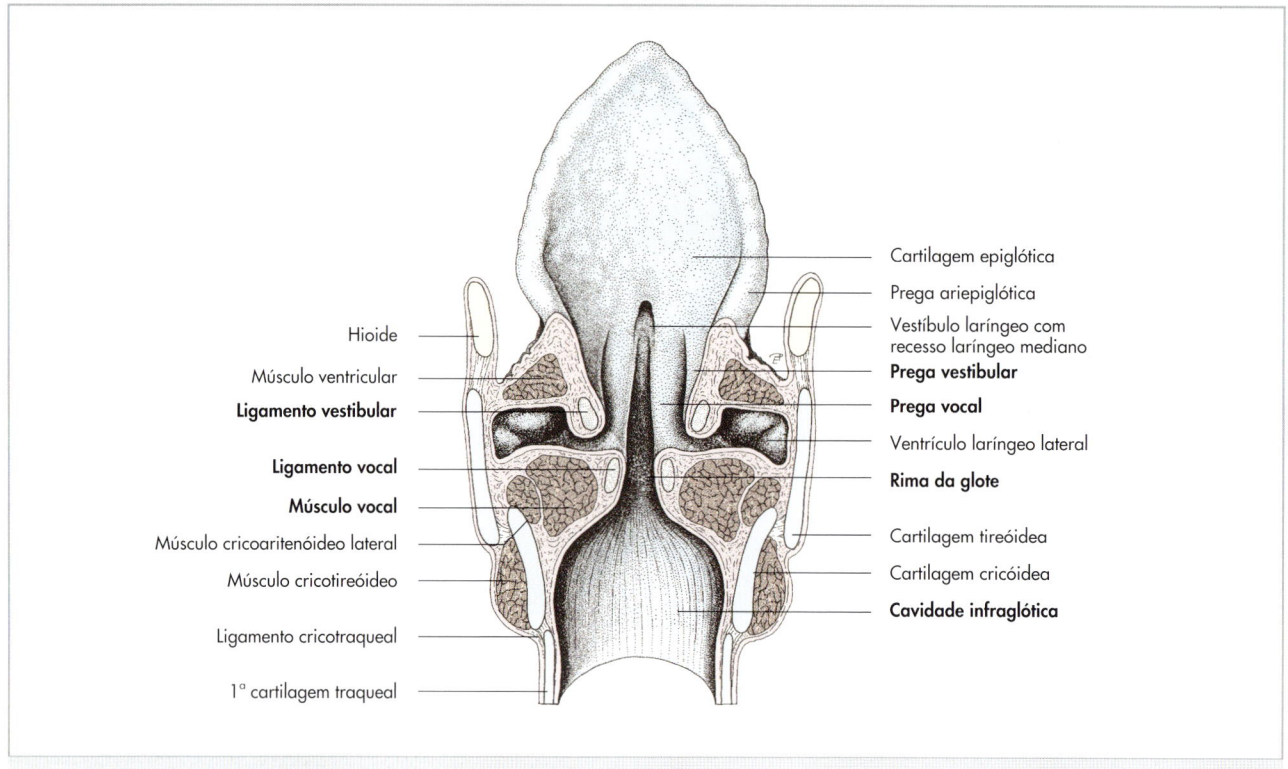

Fig. 9.20 Secção dorsal da laringe de um equino (representação esquemática). (Fonte: com base em dados de Budras e Röck, 2004.)

Cartilagem cricóidea (*cartilago cricoidea*)

A cartilagem cricóidea forma um anel completo na extremidade caudal da laringe (▶Fig. 9.17). Ela possui o formato de um anel de sinete, com uma **lâmina** (*lamina*) dorsal expandida e um arco ventral mais estreito. A lâmina dorsal se articula com as cartilagens aritenóideas, ao passo que o arco ventral se articula com os processos caudais da cartilagem tireóidea. O arco ventral é bastante semelhante às cartilagens traqueais que se seguem. Assim como a cartilagem tireóidea, a cartilagem cricóidea é formada de **cartilagem hialina**, a qual também pode se ossificar com a idade.

Cavidade laríngea (*cavum laryngis*)

A abertura (ádito da laringe) para a **cavidade laríngea** (*aditus laryngis*) é delimitada pela epiglote, pela **prega ariepiglótica** (*plica aryepiglottica*) e pelas cartilagens aritenóideas (▶Fig. 9.20). A entrada da laringe leva à uma antecâmara ampla ou **vestíbulo da laringe** (*vestibulum laryngis*).

A região média é conhecida como glote e consiste nas cartilagens aritenóideas pareadas dorsalmente (*pars intercartilaginea*) e nas pregas vocais pareadas ventralmente (*pars intermembranacea*), que formam uma passagem estreita para a faringe, denominada **rima da glote** (*rima glottidis*) (▶Fig. 9.23). Caudal à glote, o lúmen torna-se mais amplo e forma a **cavidade infraglótica** (*cavum infraglotticum*), a qual se prolonga até a traqueia.

No equino e no cão, forma-se um **ventrículo laríngeo lateral** (*ventriculus laryngis lateralis*) de cada lado através da invaginação da mucosa laríngea. A entrada para os ventrículos laterais se localiza entre a prega vestibular, rostralmente, e a prega vocal, caudalmente (▶Fig. 9.20). No suíno e no equino, um **recesso laríngeo mediano** (*recessus laryngis medianus*) do assoalho do vestíbulo laríngeo está presente no sentido caudal à epiglote (▶Fig. 9.20).

No suíno, a prega vocal é dividida em duas partes, com um pequeno ventrículo laríngeo lateral entre elas.

Articulações e ligamentos da laringe

Todas as articulações entre as diferentes cartilagens laríngeas são articulações sinoviais, com exceção da articulação entre a epiglote e o restante da laringe. Há, também, uma articulação sinovial entre a tireoide e as cartilagens tireo-hióideas. A epiglote é unida à cartilagem tireóidea por **fibras elásticas** e às cartilagens aritenóideas por **membranas elásticas**.

As articulações sinoviais entre a cartilagem cricóidea e as cartilagens aritenóideas (*articulatio cricoarytenoidea*) permitem que as cartilagens aritenóideas executem abdução e adução, o que resulta na expansão da rima da glote durante a inspiração e o seu estreitamento durante a expiração (▶Fig. 9.23).

Nota clínica

Em alguns equinos, a hemiplegia do **nervo laríngeo recorrente esquerdo** resulta em abdução incompleta da cartilagem aritenóidea esquerda e, portanto, não há abdução suficiente da prega vocal esquerda, o que produz um som de "ronco" durante a inspiração (▶Fig. 9.24). A etiopatogênese dessa condição é desconhecida e resulta em atrofia palpável do músculo cricoaritenóideo dorsal, o abdutor da cartilagem aritenóidea.

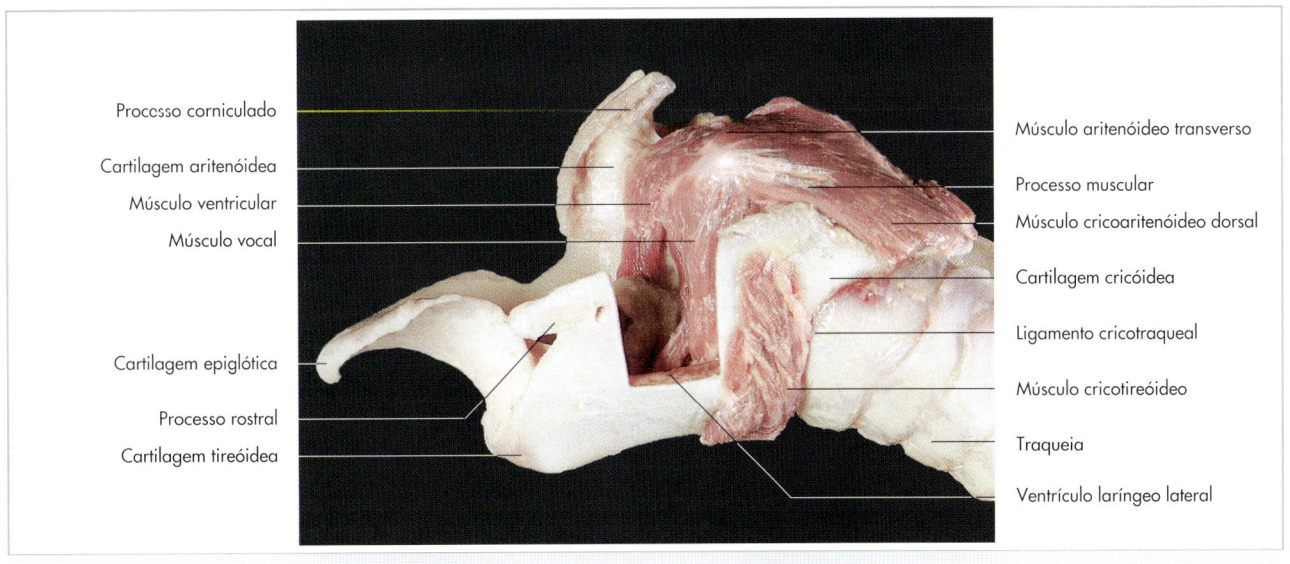

Fig. 9.21 Laringe de um equino (cartilagem tireóidea parcialmente removida). (Fonte: cortesia do Dr. R. Macher, Viena.)

O ângulo dorsocaudal da cartilagem tireóidea se articula com a lâmina da cartilagem cricóidea (*articulatio cricothyroidea*) (▶Fig. 9.20 e ▶Fig. 9.21), ao passo que a parte ventrocaudal da cartilagem tireóidea é conectada ao arco ventral da cartilagem cricóidea pelo ligamento cricotireóideo. No equino, o ligamento cricotireóideo cobre a ampla incisura tireóidea caudal e precisa ser dissecado para permitir o acesso à cavidade laríngea durante a cirurgia.

O **ligamento vocal** (*ligamentum vocale*) estende-se entre o processo vocal das cartilagens aritenóideas e o corpo da cartilagem tireoide em ambos os lados, formando a base da **prega vocal** (*plica vocalis*) (▶Fig. 9.20). Em animais com uma prega vestibular, há um ligamento vestibular rostral ao ligamento vocal. A laringe se une ao osso basi-hioide rostralmente pela membrana tireo-hióidea e à primeira cartilagem traqueal pelo ligamento cricotraqueal.

Músculos da laringe

Existem vários grupos de músculos (▶Fig. 9.20 e ▶Fig. 9.22) que estão relacionados com a laringe:

- **músculos extrínsecos**, que passam entre a face externa da laringe e da faringe, osso hioide, esterno e língua;
- **músculos intrínsecos**, que passam entre as cartilagens laríngeas.

Os músculos laríngeos extrínsecos compreendem os músculos longos do osso hioide, que se originam do esterno e retraem a laringe caudalmente, e os músculos que se originam do aparelho hioide, que retraem a laringe rostralmente. Esses músculos são descritos em detalhes no Capítulo 3, "Fáscias e músculos da cabeça, do pescoço e do tronco" (p. 137). A musculatura intrínseca da laringe consiste em um conjunto de pequenos músculos pares que se unem às cartilagens laríngeas (▶Fig. 9.20). Eles alargam e estreitam a rima da glote e tensionam e relaxam as pregas vocais (▶Fig. 9.23). Fazem parte da musculatura intrínseca da laringe:

- músculo cricotireóideo (*m. cricothyroideus*);
- músculo cricoaritenóideo dorsal (*m. cricoarytenoideus dorsalis*);
- músculo cricoaritenóideo lateral (*m. cricoarytenoideus lateralis*);
- músculo aritenóideo transverso (*m. arytenoideus transversus*);
- músculo tireoaritenóideo (*m. thyroarytenoideus*).

O **músculo cricotireóideo** se prolonga entre a face lateral da lâmina tireóidea e o arco cricóideo. Ele é o único músculo laríngeo inervado pelo **nervo laríngeo cranial**, pois todos os outros músculos desse grupo são inervados por **ramos do nervo laríngeo (recorrente) caudal**. A sua contração tensiona as pregas vocais.

O **músculo cricoaritenóideo dorsal** é o abdutor principal das pregas vocais, o qual alarga a rima da glote. Ele emerge da face dorsal da lâmina cricóidea, e suas fibras convergem rostralmente até se inserirem no processo muscular das cartilagens aritenóideas.

O **músculo cricoaritenóideo lateral** se prolonga entre o arco cricóideo e o processo muscular das cartilagens aritenóideas. A sua contração estreita a rima da glote.

O **músculo aritenóideo transverso**, relativamente delgado, conecta os processos musculares de uma cartilagem aritenóidea com a sua parte oposta, contralateral. Ele é interrompido por uma intersecção tendínea mediana e aduz as duas cartilagens aritenóideas, estreitando, assim, a rima da glote.

O **músculo tireoaritenóideo** emerge da base da epiglote e da cartilagem tireóidea e passa caudodorsalmente até se inserir nos processos muscular e vocal das cartilagens aritenóideas. No equino e no cão, ele é dividido em músculos ventricular e vocal, os quais acompanham as pregas de mesmo nome. Eles aumentam a tensão das pregas vocais e estreitam a rima da glote.

Funções da laringe

Durante a deglutição, a epiglote protege o trato respiratório inferior contra a aspiração de corpos estranhos. Para uma descrição detalhada do mecanismo de deglutição, consulte o Capítulo 8, "Sistema digestório", seção Deglutição (p. 348).

A glote se fecha (**expiração**) e se abre (**inspiração**) ritmadamente durante a respiração. O alargamento da glote é, sobretudo, o resultado da contração dos músculos cricoaritenóideos dorsais; o estreitamento é obtido pela contração dos músculos cricoaritenóideos laterais, ambos inervados pelos nervos laríngeos (recorrentes) caudais. Esses movimentos podem ser visualizados ao se executar

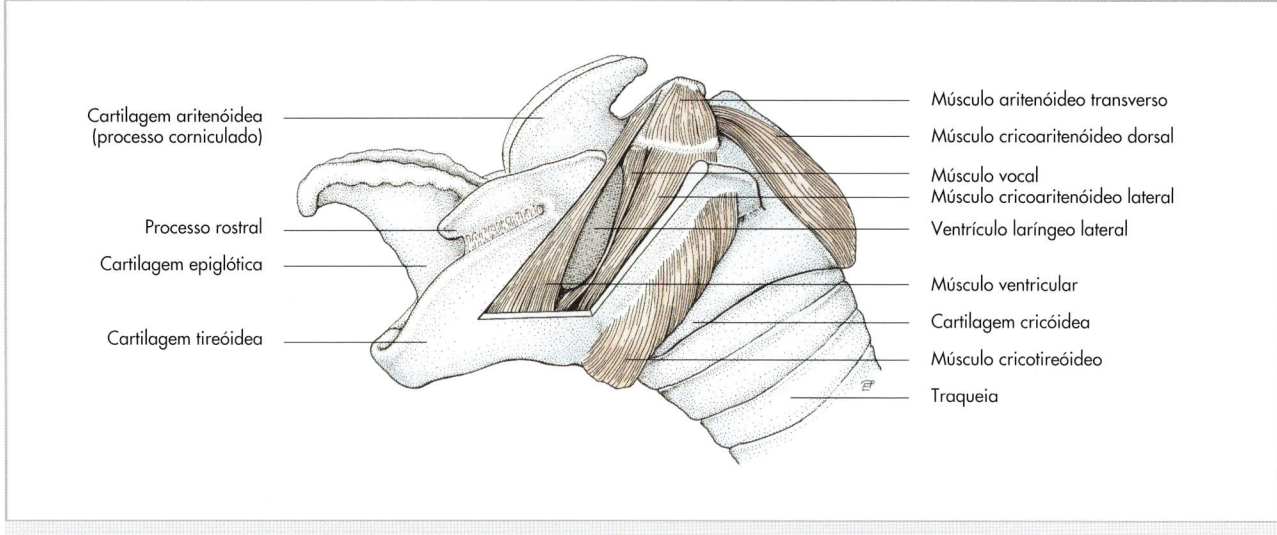

Fig. 9.22 Laringe de um equino (representação esquemática, cartilagem da tireoide parcialmente removida).

uma laringoscopia. A abdução do lado esquerdo é reduzida em um equino com paralisia do nervo laríngeo recorrente esquerdo.

A **oclusão da glote** também ocorre durante a tosse e o espirro: a pressão acumulada contra uma glote fechada permite uma expulsão vigorosa quando o ar é liberado. A oclusão contínua com elevação da pressão intratorácica é utilizada durante o esforço para defecação, micção e parto.

Outra função importante da laringe é a **vocalização**. O som de ronronar no gato são produzidos pelas contrações rápidas (20-30 por segundo) dos músculos vocais, auxiliadas por contrações rápidas do diafragma. Isso causa a vibração das pregas vocais durante a inspiração e a expiração.

Vascularização e inervação

A laringe é vascularizada pelo ramo laríngeo (*ramus laryngeus*) da **artéria tireóidea cranial** (*a. thyroidea cranialis*), a qual se prolonga desde a extremidade cranial da **artéria carótida comum** (*a. carotis communis*). O ramo laríngeo da artéria tireóidea cranial se ramifica para formar um ramo muscular que irriga os músculos laríngeos e prossegue pela incisura tireóidea para irrigar os músculos vocal e vestibular e a mucosa laríngea.

A laringe é inervada por ramos do **nervo vago**. O **nervo laríngeo cranial** (*n. laryngeus cranialis*) se ramifica a partir do nervo vago, caudal ao ramo faríngeo, na altura do **gânglio distal do vago** (*ganglion distale nervi vagi*, anteriormente chamado de gânglio nodoso). Esse gânglio não é visível macroscopicamente em todos os indivíduos, mas pode ser encontrado histologicamente.

O **nervo laríngeo cranial** se divide em ramos externo e interno. O ramo externo inerva os constritores da faringe e o músculo cricotireóideo. Em alguns animais, ele se comunica com o nervo laríngeo caudal. O ramo interno passa sobre a incisura tireóidea até o interior da laringe, onde inerva a mucosa. Ele normalmente forma anastomose (*ramus communicans*) com o nervo laríngeo caudal.

Os **nervos laríngeos caudais** (*n. laryngeus caudalis*) fornecem a inervação motora a todos os músculos intrínsecos da laringe, exceto ao músculo cricotireóideo. Eles se originam no tórax ao se ramificarem do nervo vago. Durante o desenvolvimento embrionário do coração, os nervos laríngeos esquerdo e direito são conduzidos caudalmente para passar ao redor da aorta, à esquerda, e ao redor da artéria costocervical, à direita, antes de se voltarem cranialmente para a laringe como os **nervos laríngeos recorrentes** (*nn. laryngei recurrentes*). A hemiplegia do nervo laríngeo recorrente esquerdo no equino pode estar relacionada a dano mecânico, já que esse nervo passa ao redor da aorta.

Nota clínica

O **nervo laríngeo (recorrente) caudal** possui importância clínica no equino, já que a **paralisia** (mais comum) do nervo laríngeo recorrente esquerdo resulta em um som estertoroso durante a inspiração do animal afetado. A expressão "ronco" é atribuída a essa condição, e os animais afetados são conhecidos como "**roncadores**". O som é causado pela vibração passiva de uma prega vocal flácida em adução durante o fluxo de ar. A flacidez resulta da paralisia do músculo cricoaritenóideo dorsal, do abdutor da cartilagem aritenóidea e da prega vocal, embora outros músculos também possam estar envolvidos, principalmente em estágios mais avançados da doença. Várias teorias sobre a etiopatogenia da doença foram investigadas. A assimetria quanto à incidência direciona a atenção para as diferenças de trajeto e as relações do nervo laríngeo recorrente esquerdo em oposição ao nervo laríngeo recorrente direito. O nervo esquerdo realiza uma trajetória de alça ao redor do arco aórtico, o que pode causar lesão mecânica ao nervo pela aorta pulsante. A proximidade dos linfonodos traqueobronquiais também pode estar envolvida na etiopatogênese dessa condição, de modo que a inflamação pode resultar em uma axonopatia distal (▶Fig. 9.24).

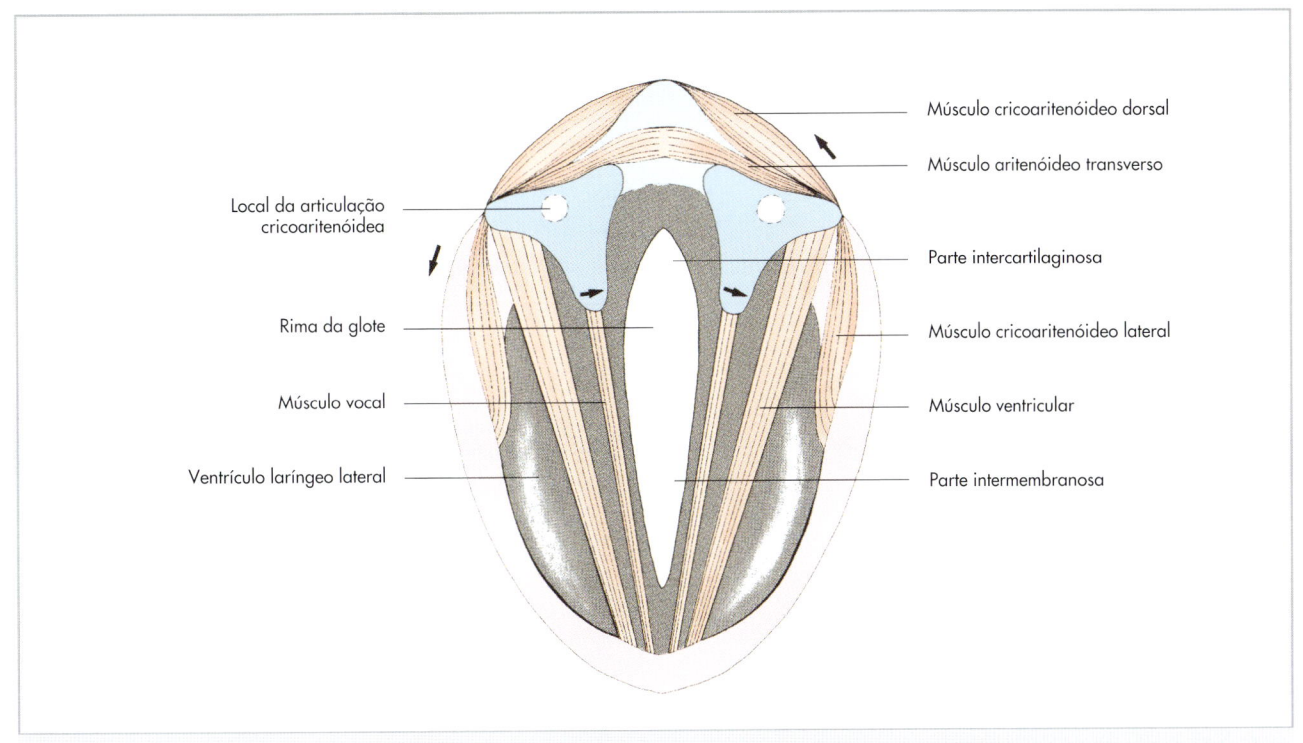

Fig. 9.23 Secção transversal da laringe de um equino (representação esquemática, setas indicando estreitamento e expansão da rima da glote). (Fonte: com base em dados de Budras e Röck, 2004.)

Linfáticos

Os vasos linfáticos da laringe drenam para os linfonodos retrofaríngeos mediais e cervicais profundos.

9.3.2 Traqueia (*trachea*)

A traqueia se estende da cartilagem cricóidea da laringe até a sua bifurcação. Ela é formada por uma série de cartilagens hialinas em forma de "C" conectadas por ligamentos. A **quantidade de cartilagens traqueais** varia também entre indivíduos:
- equino: 48-60;
- bovino: 48-60;
- ovino: 48-60;
- caprino: 48-60;
- suíno: 29-36;
- cão: 42-46;
- gato: 38-43.

As **cartilagens traqueais** se abrem dorsalmente e se apresentam de diferentes formas nas espécies domésticas (▶Fig. 9.25). O espaço deixado entre as cartilagens dorsalmente é coberto pelo **músculo traqueal** transverso e por tecido conjuntivo, também denominado tecido conectivo. Os anéis resultantes são unidos na direção longitudinal por faixas de **tecido fibroelástico**.

A traqueia é revestida por **mucosa respiratória**, com um epitélio ciliado pseudoestratificado, e apresenta glândulas secretoras de muco em toda a sua extensão. A camada externa é composta por adventícia, no pescoço, e serosa, no tórax. A adventícia consiste em tecido conjuntivo frouxo, o qual conecta a traqueia aos órgãos

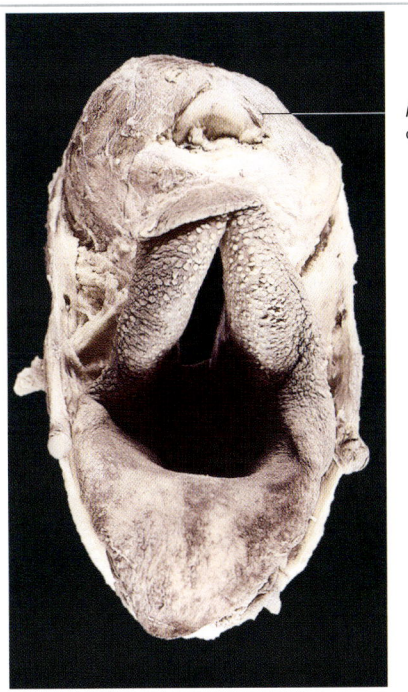

Fig. 9.24 Laringe de um equino sofrendo de hemiplegia do nervo laríngeo recorrente esquerdo (vista rostral). (Fonte: cortesia da Drª. Susanne Vrba, Viena.)

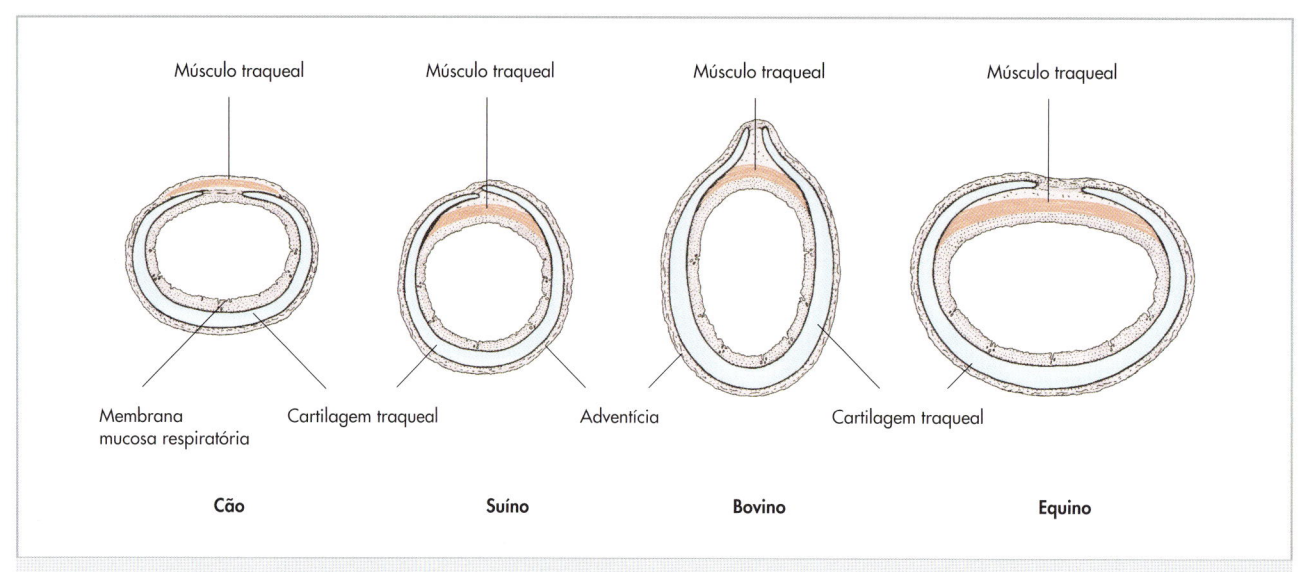

Fig. 9.25 Secção transversal da traqueia das diferentes espécies domésticas (representação esquemática).

vizinhos. Os nervos laríngeos caudais passam dentro da adventícia traqueal.

A traqueia prolonga-se a partir da laringe, passa pelo espaço visceral do pescoço ventral à coluna cervical e ao músculo longo do pescoço até chegar à entrada torácica. Ela continua até a sua bifurcação dorsal para a base do coração, na altura do quinto espaço intercostal. Em ruminantes e no suíno, um brônquio traqueal distinto emerge proximal à bifurcação da traqueia, o qual ventilará o lobo cranial do pulmão direito presente nessas espécies.

A **parte cervical da traqueia** mantém uma posição mediana em relação ao esôfago, dependendo da sua localização. Ventralmente, ela se conecta aos longos músculos hióideos. A artéria carótida comum e o tronco vagossimpático passam por suas superfícies laterais.

9.3.3 Pulmões (*pulmo*)

Os **pulmões direito** e **esquerdo** são basicamente semelhantes e se conectam um ao outro na bifurcação da traqueia. Eles são órgãos elásticos preenchidos com ar, dotados de uma textura suave e esponjosa. A cor depende do teor sanguíneo: desde rosa pálido até alaranjado em animais que foram exanguinados e vermelho-escuro quando cheios de sangue. Os pulmões ocupam a maior parte da cavidade torácica, e cada um deles é invaginado no saco pleural correspondente. Uma cavidade estreita preenchida com líquido está presente entre a **pleura visceral** (*pleura pulmonalis*) e a **pleura parietal**, que serve para reduzir o atrito durante a respiração. Cada pulmão possui uma **face costal** (*facies costalis*), convexa adjacente à parede torácica, uma **face mediastinal** (*facies mediastinalis*), em direção ao mediastino, e uma **face diafragmática** (*facies diaphragmatica*), a qual se posiciona em oposição à face do diafragma.

Dorsalmente, as faces mediastinal e costal se encontram na **margem dorsal** (*margo dorsalis seu obtusus*), a qual é arredondada e espessa e ocupa o espaço em forma de vala entre as costelas e as vértebras. Ventralmente, essas faces se encontram na **margem ventral** (*margo ventralis seu acutus*), a qual é fina e recua sobre o coração para formar a **incisura cardíaca** (*incisura cardiaca*), que permite que o pericárdio entre em contato com a parede torácica lateral.

A face diafragmática encontra-se com a face dorsal na **margem basal** (*margo basalis*) e com a face mediastinal na **margem mediastinal** (*margo mediastinalis*). O ápice do pulmão se prolonga cranialmente, juntamente à cúpula pleural, pela entrada torácica até a parte visceral do pescoço.

A área de cada pulmão que recebe o brônquio principal, acompanhado pelos **vasos pulmonares** (artéria e veia pulmonares, artéria e veia brônquicas, vasos linfáticos) e pelos **nervos**, é conhecida como **raiz do pulmão** (*radix pulmonis*) ou hilo pulmonar.

Os pulmões são mantidos em sua posição devido à sua fixação à traqueia, aos vasos sanguíneos, ao mediastino e à pleura, a qual emite o ligamento pulmonar dorsomedialmente para conectar os pulmões com o mediastino e o diafragma.

Estrutura dos pulmões

Os pulmões são constituídos por **parênquima** e **interstício** (estroma). O parênquima pulmonar é o órgão em que o oxigênio da atmosfera e o dióxido de carbono do sangue são trocados. Ele compreende os bronquíolos e seus ramos e os alvéolos pulmonares terminais. O interstício é composto por tecido mole elástico e colágeno, onde se inserem glândulas mistas, fibras musculares lisas, fibras nervosas, vasos sanguíneos e linfáticos.

As **faces pulmonares** são revestidas pela pleura pulmonar. Sob a pleura, uma cápsula fibrosa envolve o órgão e forma septos entre os lóbulos, os quais são mais (no bovino) ou menos (no equino) distintos, dependendo da espécie. A **elasticidade** do tecido intersticial é responsável pela capacidade do pulmão de se expandir com a inspiração e de se retrair com a expiração. A perda dessa elasticidade, que ocorre naturalmente com o envelhecimento, além de determinadas condições patológicas, reduz a eficácia respiratória. No equino, por exemplo, a **doença pulmonar obstrutiva crônica** (**DPOC**) causa enfisema pulmonar, que provoca o rompimento das fibras intersticiais.

Animais profundamente afetados pela doença expiram com dificuldade ("resfôlego"), e a respiração deve ser auxiliada pela

Sistema respiratório (*apparatus respiratorius*)

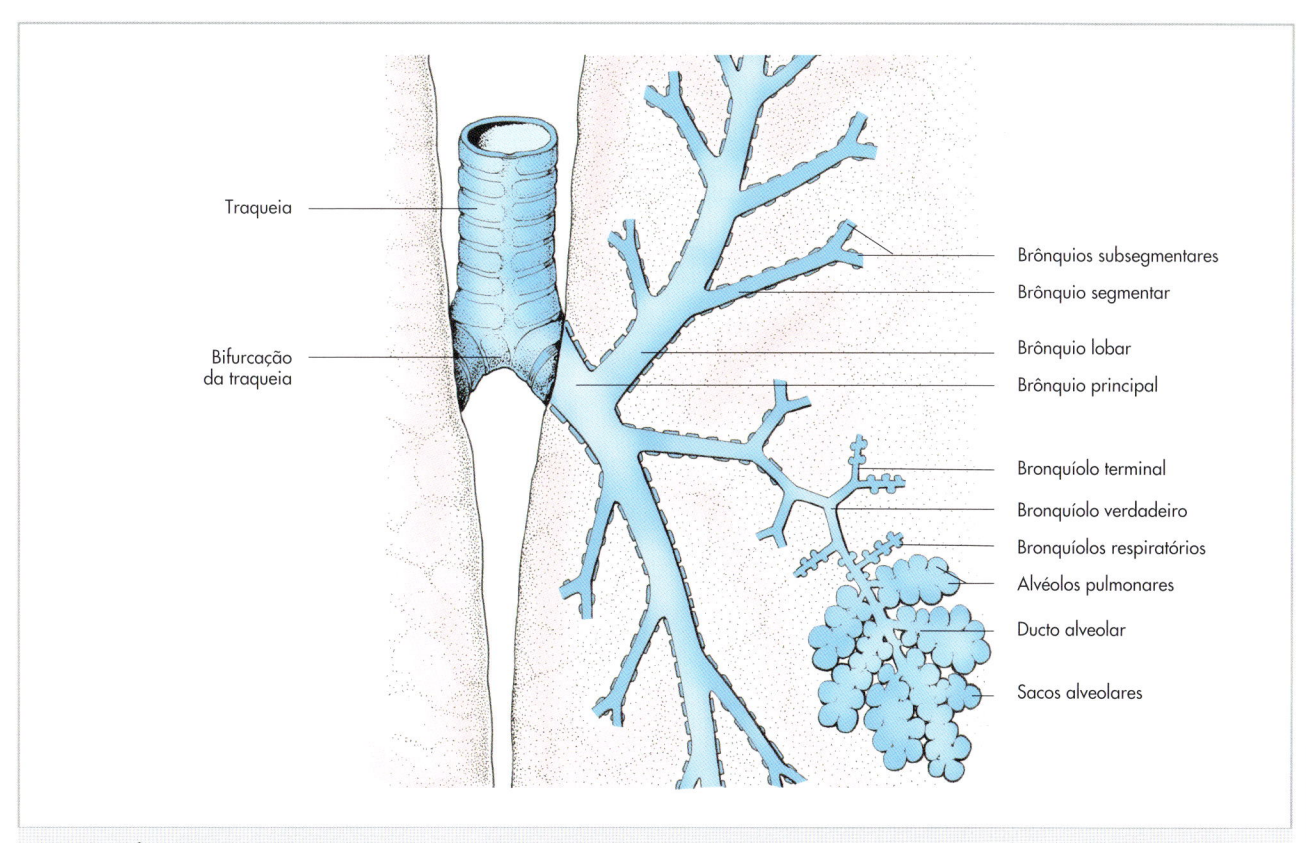

Fig. 9.26 Árvore brônquica (representação esquemática).

contração da musculatura abdominal. Em casos avançados, essa condição leva à formação de um sulco visível entre a aponeurose e a parte muscular do músculo oblíquo externo do abdome.

Árvore brônquica (*arbor bronchialis*)

Os brônquios se dividem nos pulmões de forma **dicotômica** ou **tricotômica**, sendo que cada nova geração apresenta um diâmetro menor, formando a árvore brônquica (▶Fig. 9.26). A árvore brônquica pode ser dividida em **duas partes**, de acordo com a sua função:

- **passagens respiratórias** com:
  - brônquios principais (*bronchi principales*);
  - brônquios lobares (*bronchi lobares*);
  - brônquios segmentares (*bronchi segmentales*);
  - brônquios subsegmentares (*bronchi subsegmentales*);
  - bronquíolos verdadeiros e bronquíolos terminais (*bronchioli veri et bronchioli terminales*);
- **locais de troca gasosa dentro dos pulmões** com:
  - bronquíolos respiratórios (*bronchioli respiratorii*);
  - ductos alveolares (*ductus alveolares*);
  - sacos alveolares (*sacculi alveolares*);
  - alvéolos pulmonares (*alveoli pulmonis*).

A árvore brônquica se inicia com a bifurcação da traqueia pela formação dos **brônquios principais direito** e **esquerdo** (*bronchus principalis dexter et sinister*). Cada brônquio principal se divide em **brônquios lobares** (*bronchi lobares*), os quais suprem os diversos lobos dos pulmões e são denominados conforme o lobo ao qual se referem. Dentro do lobo, os brônquios lobares se dividem em **brônquios segmentares** (*bronchi segmentales*).

Os brônquios segmentares e o tecido pulmonar que eles ventilam são denominados **segmentos broncopulmonares** (*segmenta bronchopulmonalia*). Esses segmentos apresentam forma de cone, sendo que o ápice do cone se volta para a raiz pulmonar, ao passo que a base se situa próximo à superfície livre do pulmão. O **interior de todos os brônquios** é revestido pela **mucosa respiratória**; a parede contém glândulas mistas, fibras musculares lisas e cartilagem hialina (▶Fig. 9.34 e ▶Fig. 9.35). Ao contrário dos brônquios segmentares, as paredes dos bronquíolos seguintes **não contêm glândulas** e **não apresentam suporte de elementos cartilaginosos hialinos**, mas ainda possuem fibras musculares e são revestidas por mucosa respiratória.

A última geração sem células alveolares pulmonares em seus segmentos na parede são os **bronquíolos verdadeiros** (*bronchioli veri*), os quais se ramificam para formar os **bronquíolos terminais**.

Os bronquíolos terminais se dividem em **bronquíolos respiratórios**, os quais contêm poucas células alveolares pulmonares em suas paredes. Os bronquíolos respiratórios se dividem em secundários e terciários antes de serem seguidos pelos ductos alveolares, os quais são completamente cercados por alvéolos. Os **ductos alveolares** terminam nos **sacos alveolares** (▶Fig. 9.35). Os bronquíolos respiratórios, os ductos alveolares e seus sacos e os alvéolos pulmonares realizam a **interface entre o ar e o sangue**, por meio da qual ocorre a **troca de gases**. Durante a ramificação, o epitélio respiratório se torna cada vez mais delgado e, finalmente, é substituído por uma camada única de células escamosas alveolares. Os **alvéolos pulmonares** são revestidos por uma camada simples

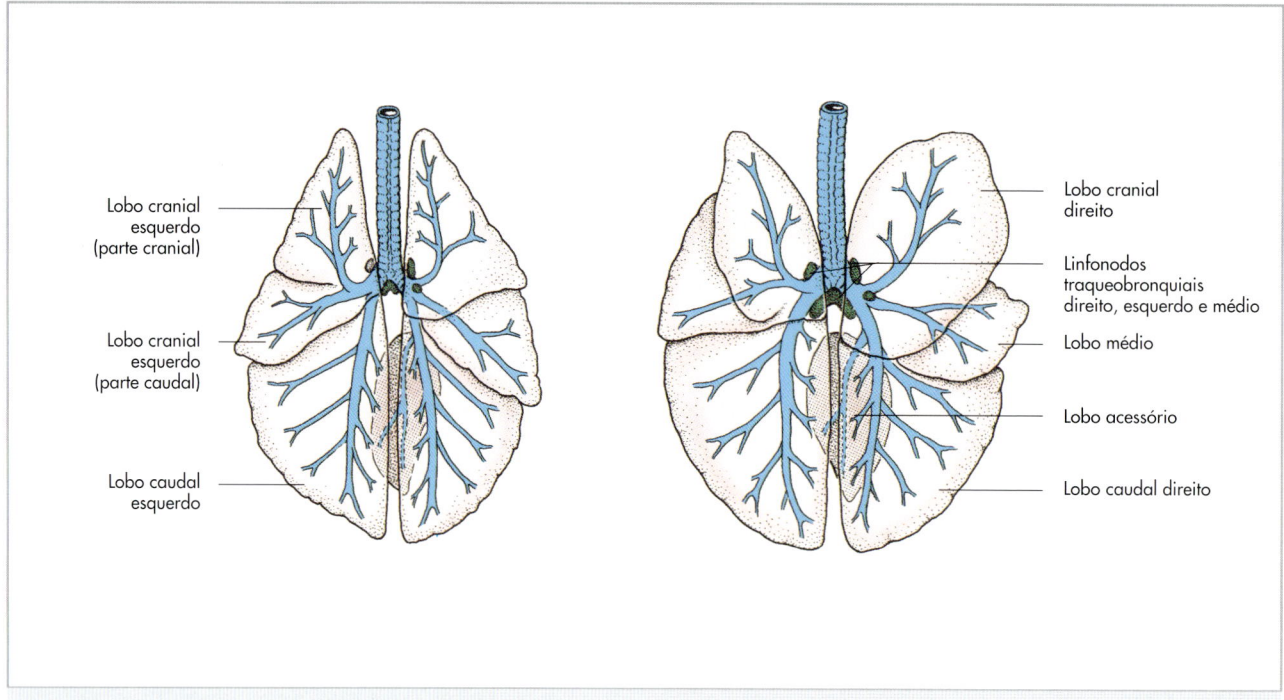

Fig. 9.27 Lobos pulmonares, árvore brônquica e linfonodos de um gato (à esquerda) e de um cão (à direita) (representação esquemática, vista dorsal). (Fonte: com base em dados de Ghetie, 1958.)

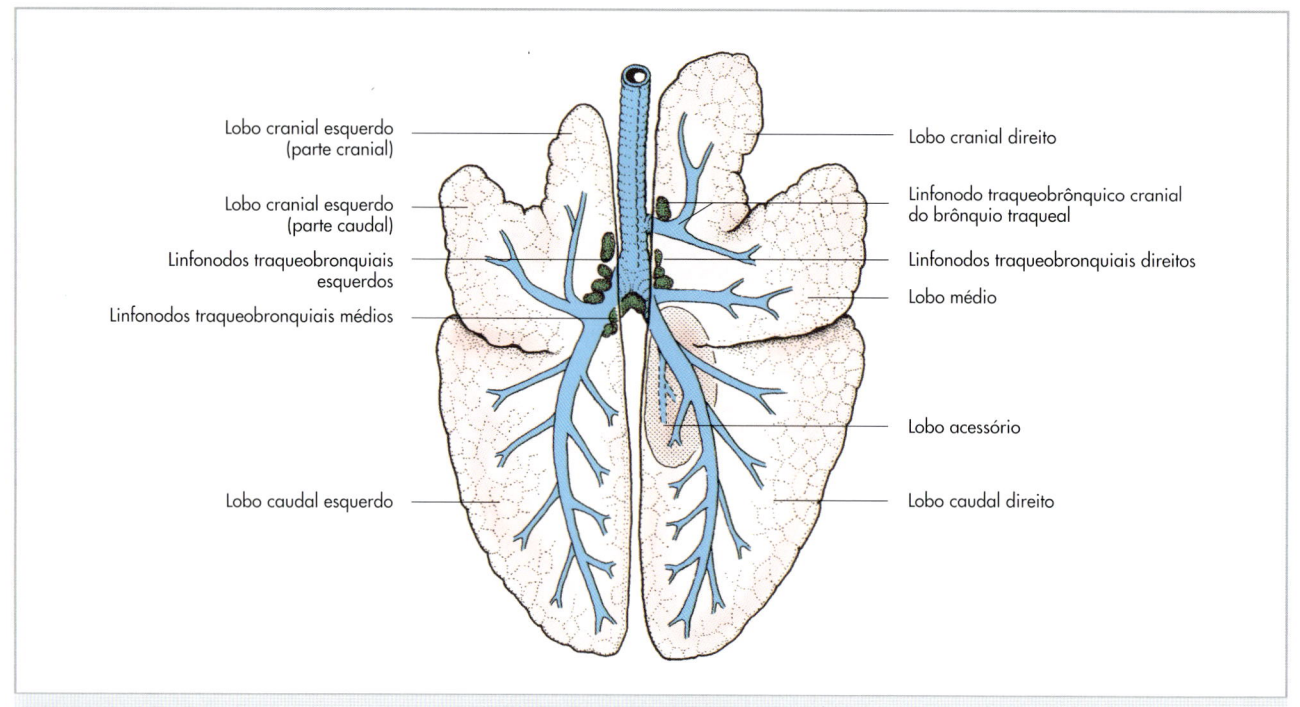

Fig. 9.28 Lobos pulmonares, árvore brônquica e linfonodos de um suíno (representação esquemática, vista dorsal). (Fonte: com base em dados de Ghetie, 1958.)

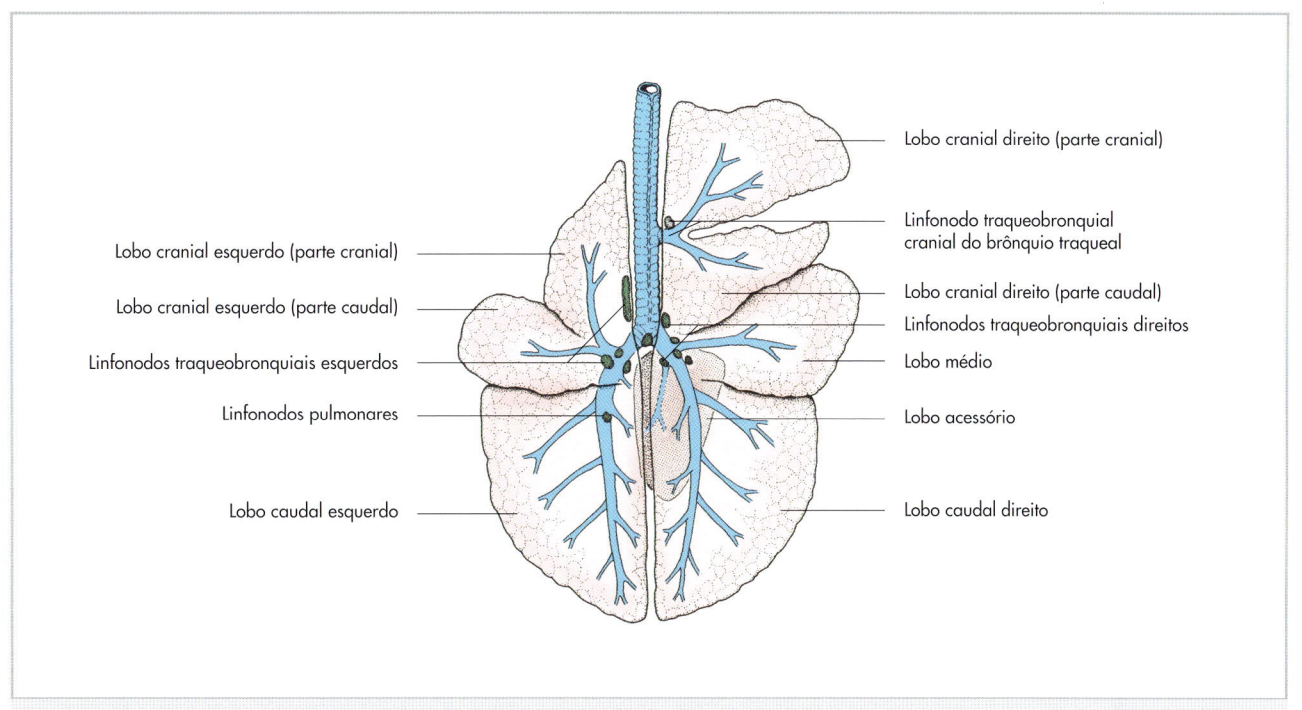

Fig. 9.29 Lobos pulmonares, árvore brônquica e linfonodos de um bovino (representação esquemática, vista dorsal). (Fonte: com base em dados de Ghetie, 1958.)

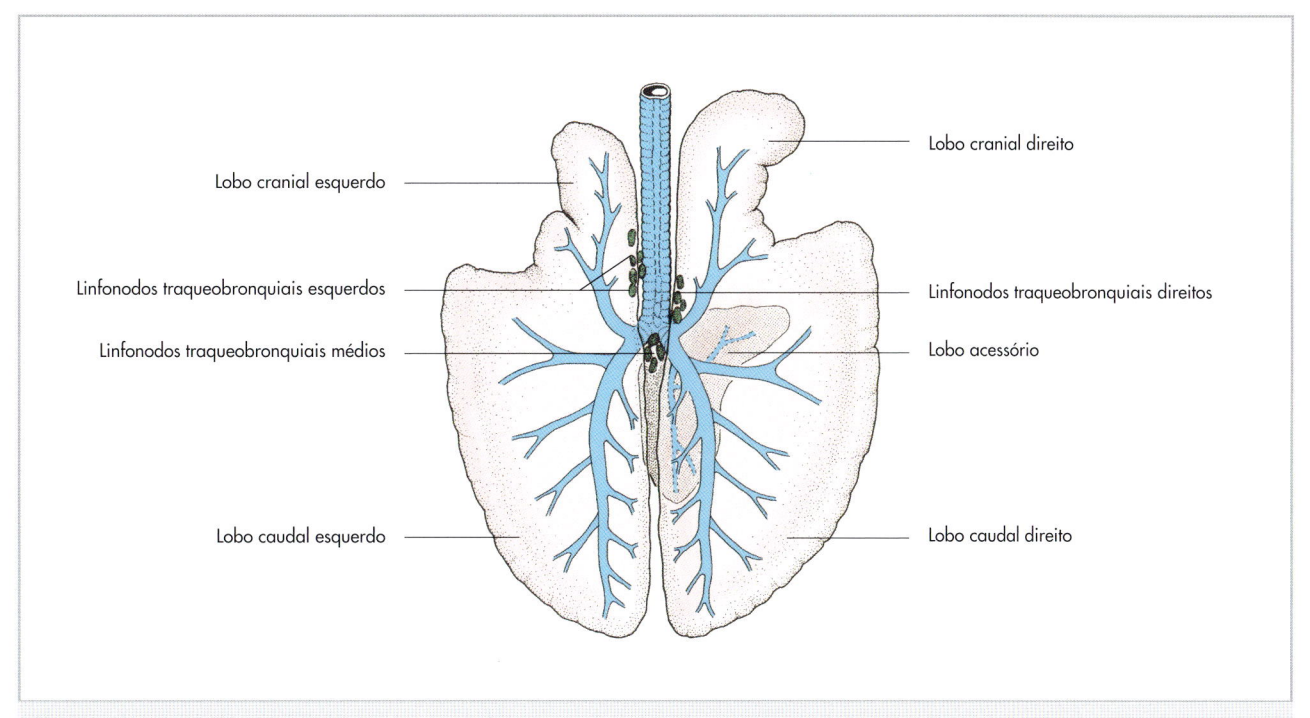

Fig. 9.30 Lobos pulmonares, árvore brônquica e linfonodos de um equino (representação esquemática, vista dorsal). (Fonte: com base em dados de Ghetie, 1958.)

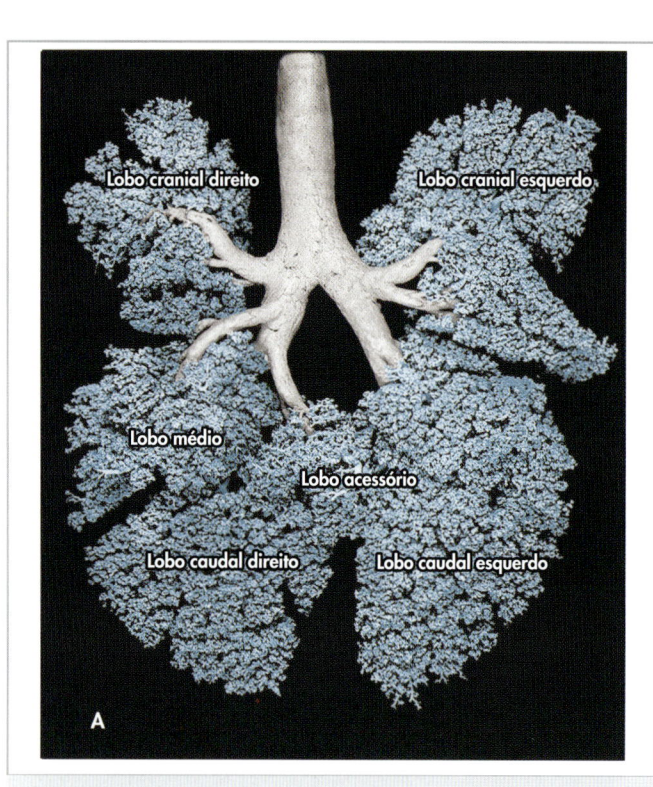

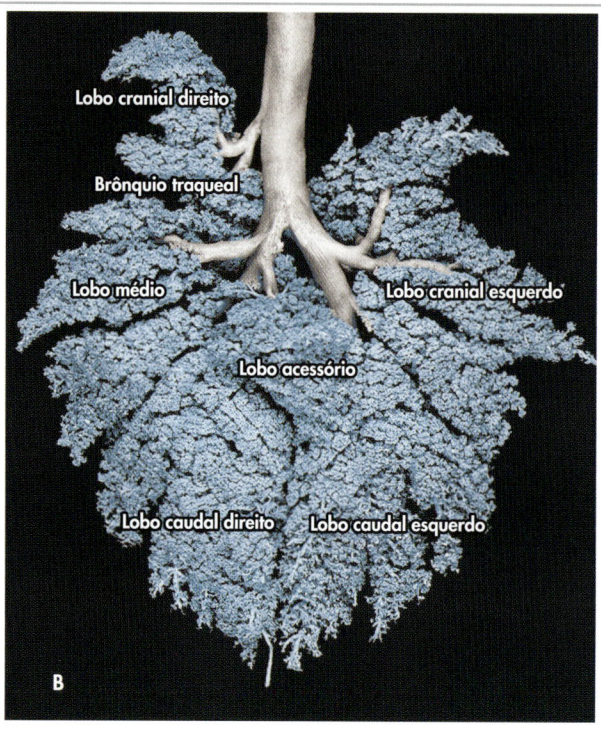

Fig. 9.31 Traqueia e árvore brônquica (A) de um cão e (B) de um suíno (vista ventral, preparado de corrosão). (Fonte: preparação realizada por H. Dier, Viena.)

de **pneumócitos** (**tipos I** e **II**), com uma membrana basal subjacente, e são envoltos por uma densa rede de capilares. Os alvéolos e os capilares que os envolvem formam a **barreira hematoalveolar** (para uma descrição mais detalhada da estrutura microscópica do pulmão, consultar obras de histologia).

Lobos pulmonares (*lobi pulmonis*)

Os lobos do pulmão são definidos pela ramificação da árvore brônquica. Cada **brônquio lobar** abastece o seu **próprio lobo**, que segue a mesma denominação: por exemplo, brônquio cranial – lobo cranial; brônquio acessório – lobo acessório.

De acordo com esse sistema, o pulmão esquerdo é dividido em um **lobo cranial** (*lobus cranialis*) e um **lobo caudal** (*lobus caudalis*). Além dos lobos cranial e caudal, o pulmão direito possui um **lobo médio** (*lobus medius*) e um **lobo acessório** (*lobus accessorius*). Em algumas espécies, os lobos craniais são subdivididos em partes craniais e caudais (▶Fig. 9.32). A lobação dos pulmões dos diferentes mamíferos domésticos está listada na ▶Tab. 9.1 e representada na ▶Fig. 9.27.

O **lobo acessório** ocupa o **recesso mediastinal** (*recessus mediastini*), o qual se situa entre o mediastino, a veia cava caudal e sua prega mesovascular (*plica venae cavae*), à direita, o pericárdio, cranialmente, e o diafragma, caudalmente. No cão e no gato, parte do lobo acessório se situa fora do recesso mediastinal. Em ruminantes e suínos, o lobo cranial direito é ventilado pelo **brônquio traqueal**, que surge independentemente da traqueia cranial na sua bifurcação (▶Fig. 9.28, ▶Fig. 9.29, ▶Fig. 9.31 e ▶Fig. 9.33).

A identificação dos pulmões de espécies individuais é baseada, mais convenientemente, no grau de lobação e lobulação. Os pulmões dos ruminantes e do suíno são ostensivamente lobados e lobulados. Externamente, os pulmões do equino apresentam quase nenhuma lobação e uma fraca lobulação. Os pulmões dos carnívoros apresentam fissuras profundas, devido à quantidade de lobos, mas apresentam pouca evidência externa de lobulação.

Vascularização

As artérias pulmonares conduzem o sangue não oxigenado do ventrículo direito do coração para os pulmões para a troca gasosa. As veias pulmonares devolvem o sangue oxigenado do átrio esquerdo para o coração.

Outro suprimento nutricional de sangue é realizado pela artéria e pela veia broncoesofágicas. O tronco pulmonar e seus ramos, as artérias pulmonares, são as únicas artérias no corpo que transportam sangue venoso. Os ramos desse tronco seguem a árvore brônquica na direção do órgão até alcançarem os alvéolos pulmonares, ao redor dos quais formam uma rede capilar densa. Cada alvéolo é cercado por cerca de dez alças capilares. Parte desses capilares encontra-se em perfusão permanente, ao passo que outros sofrem perfusão quando aumenta a demanda por oxigênio.

Os ramos das veias pulmonares nem sempre acompanham a árvore brônquica e seguem as suas trajetórias individualmente.

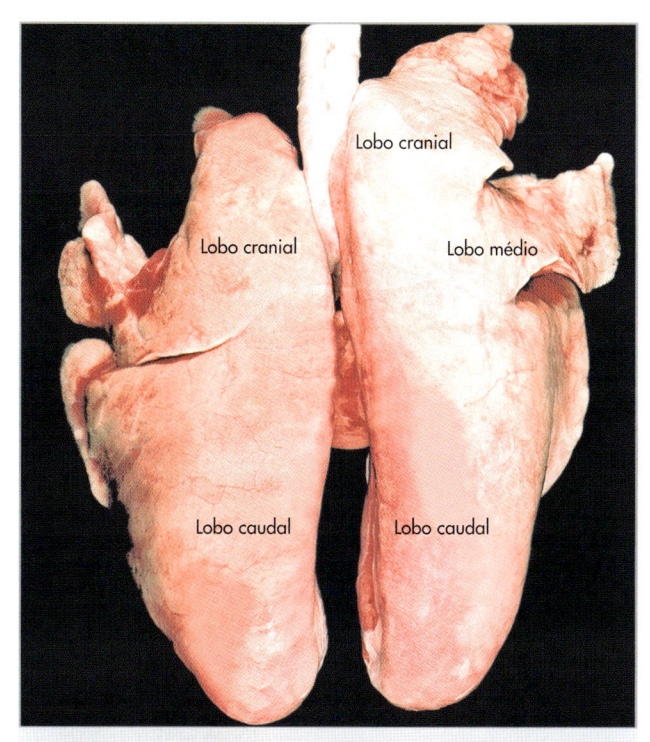

Fig. 9.32 Pulmões de um suíno (vista dorsal). (Fonte: cortesia do Prof. Dr. J. Maierl, Munique.)

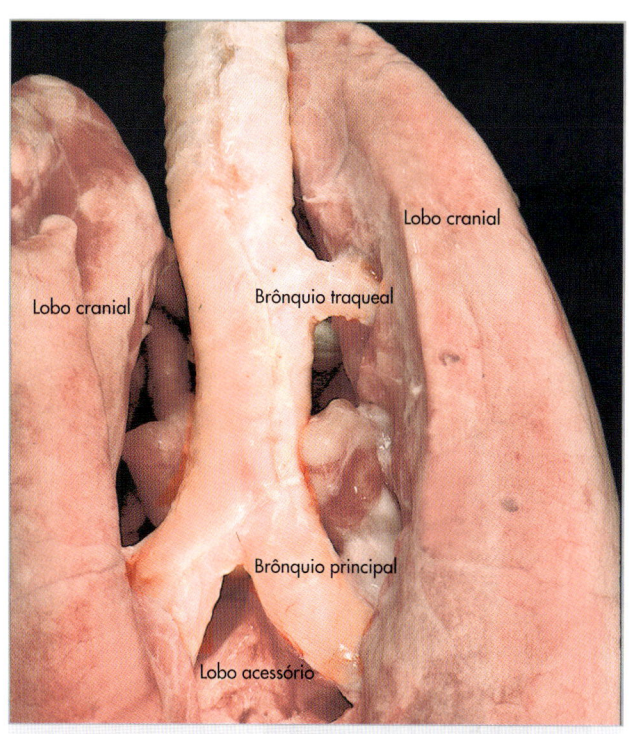

Fig. 9.33 Pulmões de um suíno, demonstrando o brônquio traqueal (vista dorsal). (Fonte: cortesia do Prof. Dr. J. Maierl, Munique.)

Tab. 9.1 Resumo dos lobos pulmonares dos diferentes animais. (Fonte: com base em dados de Ellenberger e Baum, 1943.)

	Pulmão esquerdo	Pulmão direito
Cão e gato	Lobo cranial (dividido), lobo caudal	Lobo cranial, lobo médio, lobo caudal, lobo acessório
Suíno	Lobo cranial (dividido), lobo caudal	Lobo cranial, lobo médio, lobo caudal, lobo acessório
Bovino, caprino e ovino	Lobo cranial (dividido), lobo caudal	Lobo cranial (dividido), lobo médio, lobo caudal, lobo acessório
Equino	Lobo cranial, lobo caudal	Lobo cranial, lobo caudal, lobo acessório

Linfáticos

A linfa proveniente dos pulmões drena para os linfonodos traqueobronquiais, os quais se localizam ao redor da bifurcação traqueal (▶Fig. 9.27). Conforme a sua localização, eles podem ser agrupados em **linfonodos traqueobronquiais esquerdo**, **direito e médio**. Em espécies com um brônquio traqueal, há também linfonodos traqueobronquiais craniais. O bovino possui **linfonodos pulmonares adicionais**, situados ao longo dos brônquios principais. A partir desses locais, a linfa é drenada pelos linfonodos mediastinais até o ducto torácico.

Inervação

O pulmão recebe **nervos parassimpáticos** e **simpáticos** de um plexo pulmonar dentro do mediastino. As fibras simpáticas dos **gânglios cervicais caudais** e **mediais** se irradiam no mediastino, onde se unem com as fibras parassimpáticas do vago para formar o **plexo cardíaco** na base do coração, que distribui as fibras nervosas para o plexo pulmonar. As fibras eferentes suprem as glândulas brônquicas, os músculos e os vasos sanguíneos, ao passo que as fibras aferentes se originam da mucosa e de receptores de estiramento.

Terminologia clínica

Exemplos de termos clínicos derivados de termos anatômicos: rinite, sinusite, laringite, laringoscopia, laringotomia, traqueotomia, bronquite, broncoscopia, broncografia, pneumonia, pleurite e muitos outros.

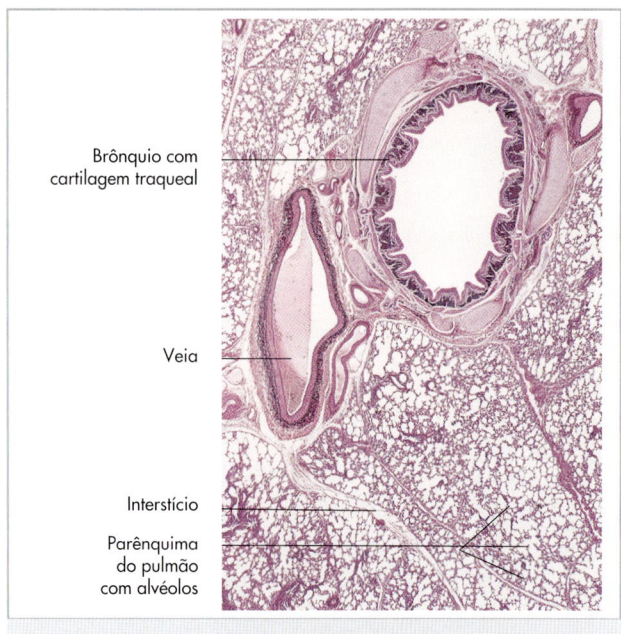

Fig. 9.34 Corte histológico do pulmão, com brônquio, veia, parênquima e interstício.

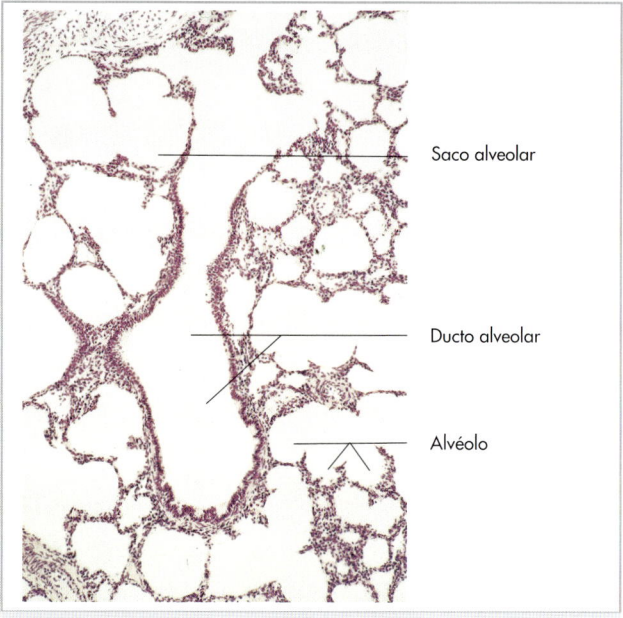

Fig. 9.35 Corte histológico do pulmão, com alvéolos pulmonares.

10 Sistema urinário (*organa urinaria*)

H. E. König, J. Maierl e H.-G. Liebich

Os órgãos do sistema urinário estão intimamente relacionados aos órgãos reprodutores no que diz respeito ao desenvolvimento embrionário e à topografia anatômica. Além disso, eles compartilham segmentos terminais comuns, situados na cavidade pélvica. Portanto, os dois sistemas costumam ser descritos sob uma única rubrica, o **sistema urogenital** (*apparatus urogenitalis*).

Os **órgãos urinários** (*organa urinaria*) incluem os **rins** (*renes*), os **ureteres**, a **vesícula ou bexiga urinária** (*vesica urinaria*) e a **uretra**. Os rins pares produzem urina a partir do sistema circulatório, por meio de filtração, secreção, reabsorção e concentração. Os ureteres transportam a urina desde os rins até a vesícula urinária, onde ela é armazenada até a sua eliminação pela uretra.

10.1 Rins (*nephros, ren*)

A principal função do rim é a manutenção da composição dos líquidos corporais dentro do meio fisiológico. Ele remove os produtos finais do metabolismo e excreta as substâncias do sangue. Isso é obtido por meio da filtração do plasma, extraindo, inicialmente, um grande volume de fluido, o ultrafiltrado, também chamado de **urina primária**. O **ultrafiltrado** é isosmótico e isotônico, contendo, essencialmente, as mesmas substâncias que o plasma, com exceção das moléculas de proteína com alto peso molecular. O ultrafiltrado é sujeito a um novo processamento, mediante o qual substâncias úteis (p. ex., água, glicose, eletrólitos e aminoácidos) são reabsorvidas seletivamente e substâncias desnecessárias são concentradas para eliminação. O produto final desses processamentos é a **urina secundária**, que apresenta apenas 1 a 2% do volume da urina primária. Em cães de grande porte, 1.000 a 2.000 litros de sangue perfundem o rim diariamente, dos quais 200 a 300 litros são filtrados como urina primária e, então, reduzidos por processos de reabsorção para 1 a 2 litros, que são eliminados.

Os rins também possuem **funções endócrinas**. Eles produzem o hormônio renina, que converte a proteína plasmática angiotensinogênio em angiotensina I. No rim, a enzima de conversão transforma a angiotensina I em angiotensina II, a qual causa constrição arterial, aumentando a pressão sanguínea. A bradicinina é outro hormônio produzido pelos rins, a qual causa dilatação dos vasos sanguíneos. A eritropoietina, produzida pelos rins, intensifica a eritropoiese.

10.1.1 Localização dos rins

Os rins são estruturas pares que se situam retroperitonealmente, pressionados contra a parede abdominal dorsal dos dois lados da coluna vertebral. Eles situam-se predominantemente na região lombar, porém se projetam cranialmente sob as últimas costelas para a parte intratorácica do abdome. A posição dos rins muda para metade da extensão de uma vértebra com o movimento do diafragma.

Nos mamíferos domésticos, com exceção do suíno, o **rim direito** situa-se mais cranialmente que o esquerdo, e seu polo cranial faz contato com o processo caudado do fígado e com o

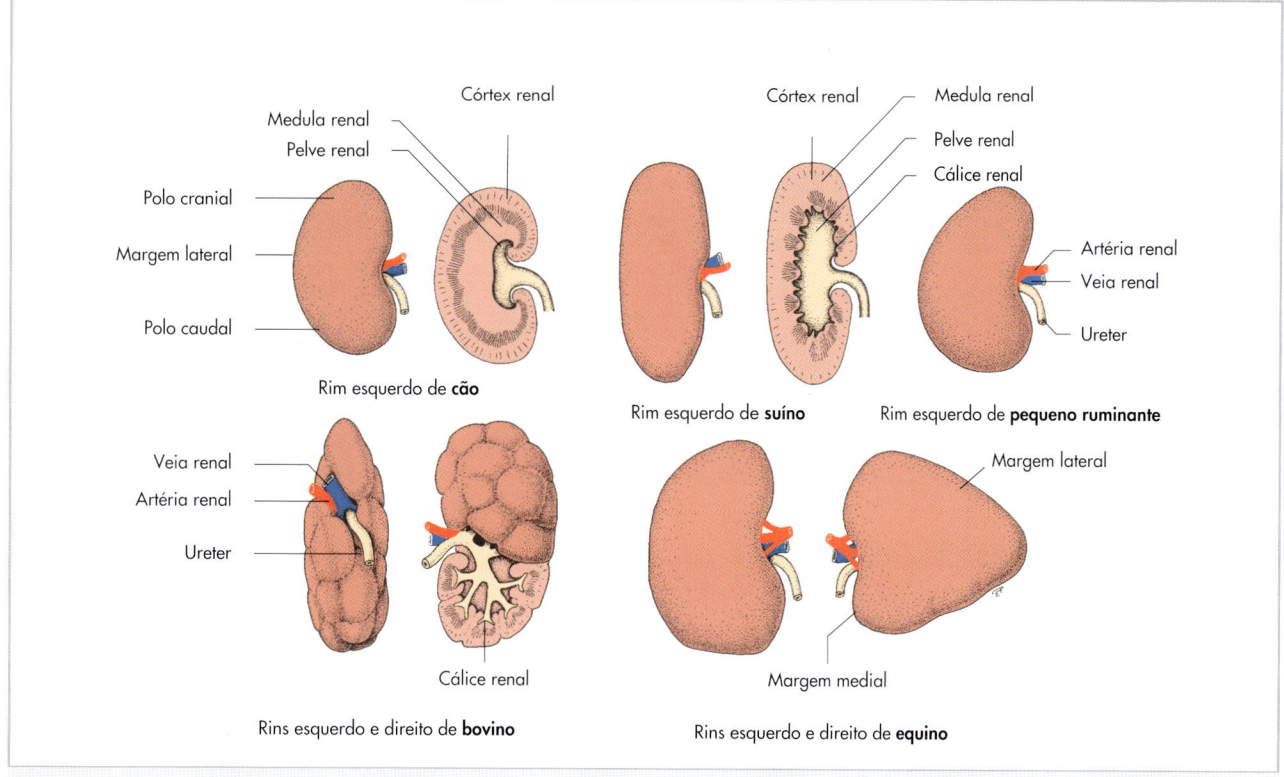

Fig. 10.1 Rins dos mamíferos domésticos com pelve renal, ureter, artéria e veia renais (representação esquemática).

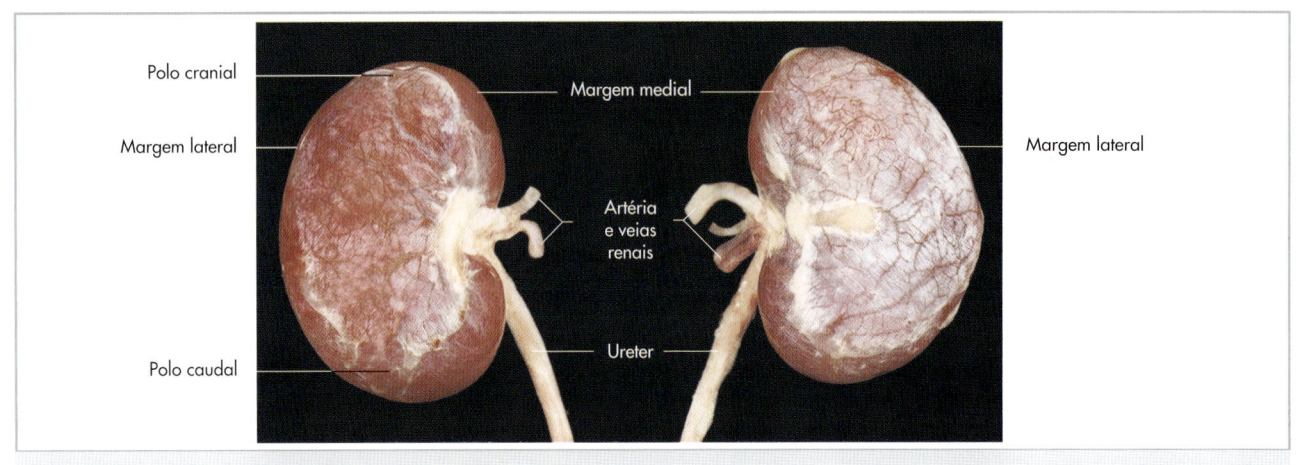

Fig. 10.2 Rins esquerdo e direito de um cão com cápsula renal (vista dorsal).

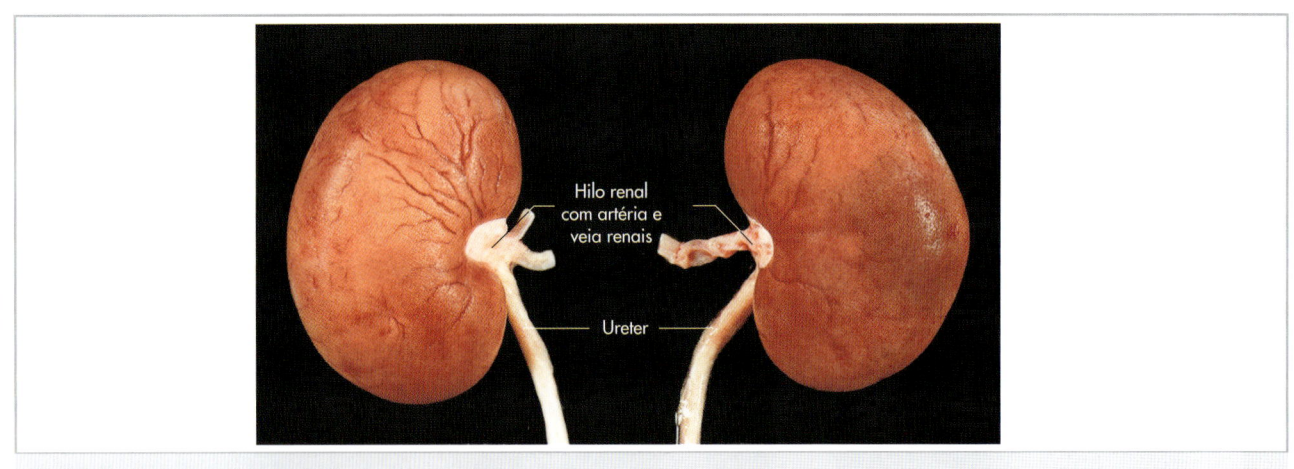

Fig. 10.3 Rins esquerdo e direito de um cão com cápsula renal removida (vista dorsal).

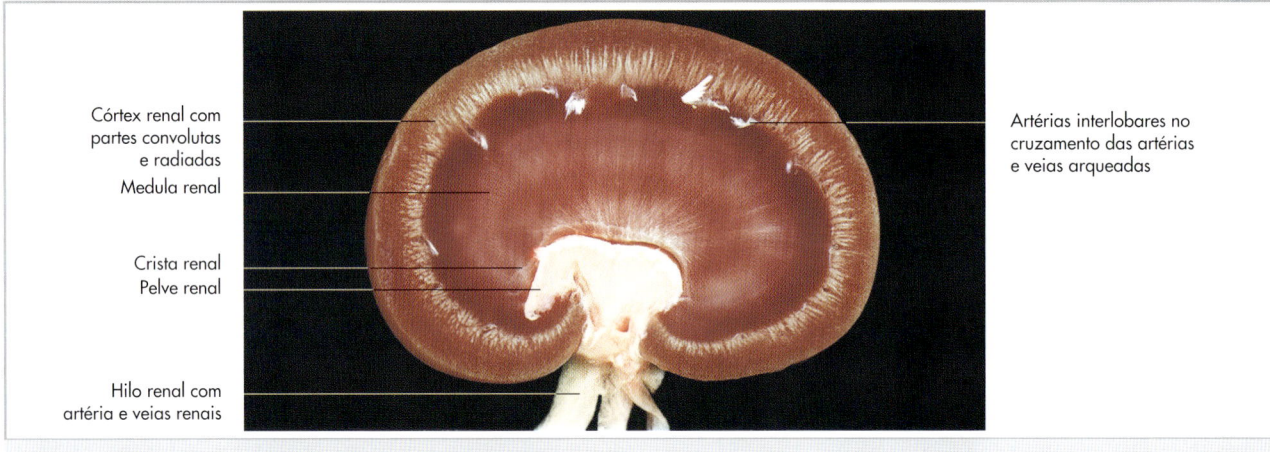

Fig. 10.4 Secção equatorial de um rim unipiramidal liso de um cão.

lobo hepático direito. Ele se posiciona em uma **fossa no fígado** (*impressio renalis*), a qual ajuda a limitar a sua movimentação. O **rim esquerdo** possui maior mobilidade, já que não há uma impressão equivalente no fígado. Nos ruminantes, o tamanho considerável do rúmen empurra o rim esquerdo em direção à metade direita do abdome, onde ele é suspenso pelo longo e móvel mesonefro, caudal ao rim direito. Cada rim é envolto em gordura, que o protege contra a pressão dos órgãos vizinhos.

10.1.2 Forma dos rins

Os rins são órgãos marrom-avermelhados, cuja forma varia consideravelmente entre os mamíferos domésticos (▶Fig. 10.1, ▶Fig. 10.7, ▶Fig. 10.8 e ▶Fig. 10.23). A sua forma básica é em **formato de feijão**, como encontrada no cão, no gato, no ovino e no caprino. Os rins do suíno são mais achatados, o rim direito do equino possui **forma de um coração**, ao passo que o rim esquerdo apresenta uma forma intermediária entre um grão de feijão e uma **pirâmide**. O rim bovino possui uma **forma oval irregular**, e sua superfície apresenta fissuras, que dividem o órgão em diversos lobos. Os rins dos outros mamíferos domésticos têm uma superfície lisa. Uma separação completa dos lobos renais é encontrada em determinadas espécies marinhas, cujos rins se assemelham a um cacho de uvas.

O rim pode ser descrito em termos de suas faces dorsal e ventral, margens lateral e medial e polos ou extremidades cranial e caudal. A margem medial do rim possui uma reentrância para formar o **hilo renal** (*hilus renalis*), por onde a origem dilatada do ureter, a **pelve renal** (*pelvis renalis*), deixa o rim e os vasos e nervos renais (▶Fig. 10.1) o penetram.

10.1.3 Estrutura dos rins

O parênquima renal é envolto por uma **cápsula fibrosa** resistente, a qual o adentra na margem medial do rim para revestir as paredes do seio renal. Essa cápsula pode ser facilmente removida de um rim saudável durante o exame *post mortem*, mas se adere a ele depois que o tecido foi marcado por doenças.

O parênquima do rim é visível (▶Fig. 10.4, ▶Fig. 10.11 e ▶Fig. 10.12) quando dividido em:
- **córtex renal** (*cortex renis*) com:
  - zona periférica (*zona peripherica*);
  - zona justamedular (*zona juxtamedullaris*);
- **medula renal** (*medulla renis*) com:
  - zona externa;
  - zona interna.

O **córtex renal** é marrom-avermelhado e possui uma aparência granular fina. O córtex é recortado em **lóbulos corticais** (*lobuli corticales*) por linhas radiadas, as quais identificam o caminho das **artérias radiadas** (*aa. radiatae*).

A **medula renal** consiste em uma **zona externa** escura e uma **zona interna** mais pálida, a qual possui estrias radiadas e se projeta até o **seio renal** (▶Fig. 10.11 e ▶Fig. 10.12).

Durante o desenvolvimento embrionário, todos os mamíferos passam por um estágio no qual os rins apresentam uma estrutura multilobar, embora, na maioria das espécies, a quantidade de lobos se reduza consideravelmente devido à fusão de lobos individuais. O grau de fusão varia conforme a espécie.

No bovino e no suíno, a medula e seu córtex associado se dividem em **lobos piramidais**. O ápice de cada lobo se volta para o seio renal, formando uma papila, a qual se encaixa dentro de uma dilatação em forma de cálice, o **cálice renal** (*calix*) no seio renal ou no ureter. Os rins que retêm essa estrutura recebem a denominação **multipiramidal** ou **multilobado**. Embora o rim do suíno apresente uma superfície lisa, no bovino, a organização multipiramidal do rim é revelada pelas fendas, que penetram o órgão entre os diferentes lobos da superfície.

No cão, no equino e no ovino, todos os lobos se fusionam para formar uma única massa medular, envolvida por uma concha cortical contínua. A fusão une as papilas em uma **crista renal** (*crista renalis*) comum (▶Fig. 10.4). Mesmo nessa categoria **unipiramidal** de rim, há evidências de sua origem complexa: no cão e no gato, pseudopapilas se projetam dorsal e ventralmente à crista renal, separadas por recessos da **pelve renal** (*recessus pelvis*) (▶Fig. 10.13 e ▶Fig. 10.14). Esses recessos são divididos em duas partes pelas artérias e veias interlobares. Os seguintes tipos de rim podem ser diferenciados conforme o grau de fusão:
- **rins unilobados** com uma superfície lisa e uma única papila renal: gato, cão, equino, pequenos ruminantes;
- **rins multilobares** com superfície lisa e múltiplas papilas: suíno;
- **rins multilobares** com superfície lobada e múltiplas papilas: bovino (Fig. 10.6).

10.1.4 Unidades funcionais dos rins

As unidades funcionais do rim são os **néfrons**, ou **túbulos renais**, responsáveis pela produção de urina. Os túbulos coletores subsequentes são responsáveis pela condução da urina para a pelve renal.

Os néfrons formam um sistema de túbulos contorcidos contínuos dentro do rim, cuja quantidade varia entre os diferentes mamíferos domésticos. Existem cerca de 400 mil néfrons no rim de um cão, 500 mil no gato, 1 milhão no suíno, 4 milhões no bovino e até 2,7 milhões de néfrons no rim de um equino.

Os túbulos renais são sustentados por um interstício de tecido conjuntivo, também denominado tecido conectivo, pelo qual passam nervos e vasos sanguíneos.

Cada néfron é formado por vários segmentos, os quais possuem a mesma origem embriológica do metanefro:
- cápsula glomerular (*capsula glomeruli*);
- túbulo contorcido proximal (*tubulus contortus proximalis*);
- alça de Henle (*ansa nephroni*) com:
  - ramo descendente (*tubulus rectus proximalis* [túbulo reto proximal]);
  - alça em U (*tubulus attenuatus*);
  - ramo ascendente (*tubulus rectus distalis* [túbulo reto distal]);
- túbulo contorcido distal (*tubulus contortus distalis*).

Cada néfron começa proximalmente com uma expansão cega, a **cápsula glomerular** de camada dupla (*capsula glomeruli*, cápsula de Bowman), que é invaginada por um plexo sanguíneo capilar esférico, o **glomérulo** (▶Fig. 10.9 e ▶Fig. 10.10). A camada parietal de células forma a parede externa da cápsula glomerular, ao passo que a camada visceral forma a parede interna em direção aos capilares sanguíneos do glomérulo. A parede interna é composta por uma camada simples de **podócitos** planos, os quais formam, juntamente ao endotélio da parede capilar e à membrana basilar semipermeável, a **barreira hematourinária**. O espaço entre as paredes parietal e visceral da cápsula glomerular recebe a **urina primária** ou **ultrafiltrado**.

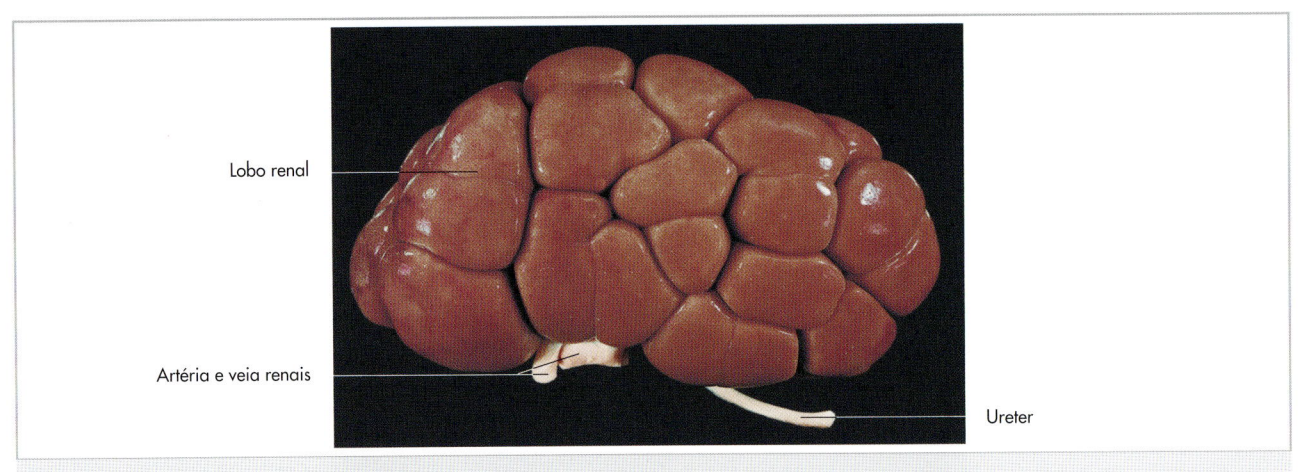

Fig. 10.5 Rim multipiramidal de um bovino.

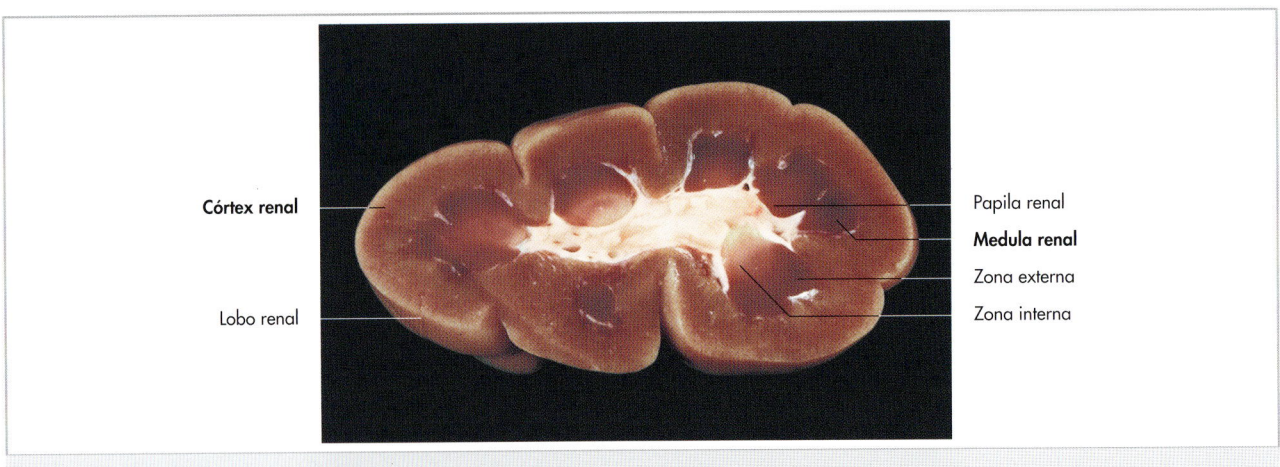

Fig. 10.6 Secção de um rim multipiramidal de um bovino.

O **glomérulo** consiste em 30 a 50 delicadas alças capilares, que são formadas pela **pequena artéria aferente** (*arteriola glomerularis afferens*). O glomérulo e a cápsula glomerular constituem o **corpúsculo renal** (*corpusculum renis*), por vezes chamado de **corpúsculo de Malpighi**, o qual é grande o suficiente (100-300 μm) para ser visível a olho nu. Os corpúsculos renais se espalham em todo o córtex e lhe conferem uma aparência granular fina. Não há corpúsculos renais na medula.

A parte restante de cada néfron é composta por um tubo contínuo, o qual pode ser dividido em vários segmentos sucessivos. Ela se inicia com o **túbulo contorcido proximal** enrolado e torcido (*tubulus contortus proximalis*), o qual se situa próximo à cápsula glomerular da qual emerge (▶Fig. 10.10 e ▶Fig. 10.15). Esse segmento se torna cada vez mais reto em direção à parte medular do rim como o **ramo descendente** (*tubulus rectus proximalis*) da **alça de Henle** (*ansa nephroni*). A alça de Henle se assemelha a uma longa **alça em forma de gancho**, com três segmentos. O **ramo descendente** (*tubulus rectus proximalis* [túbulo reto proximal]) é relativamente estreito e atravessa a medula para se aproximar da papila antes de fazer uma **alça em U** (*tubulus attenuatus* [túbulo atenuado]) (▶Fig. 10.9 e ▶Fig. 10.10). O **ramo ascendente** (*tubulus rectus distalis*) segue perifericamente dentro do córtex, aumentando de diâmetro. Ele forma uma **segunda parte contorcida** (*tubulus contortus distalis*), que também se localiza próxima ao corpúsculo renal de origem.

Um segmento curto de união combina o túbulo contorcido distal a um **túbulo coletor reto** dentro do raio medular. Um túbulo coletor supre vários néfrons antes de se unir com outros **túbulos coletores** para formar um **ducto papilar** (*ductus papillaris*), próximo ao ápice de um lobo renal. Vários ductos papilares desembocam na pelve renal na altura das **áreas cribriformes** (*area cribrosa*), as quais estão restritas aos ápices de papilas independentes (bovino e suíno) ou a regiões específicas de uma crista comum (gato, cão, pequenos ruminantes, equino) (▶Fig. 10.10 e ▶Fig. 10.17) (uma descrição mais detalhada da anatomia microscópica do rim pode ser encontrada em obras de histologia).

10.1.5 Vascularização

Mais de 20% do sangue arterial que é bombeado pelo ventrículo esquerdo para as artérias passa pelos rins. Há uma variação significativa quanto à arquitetura vascular exata entre as diferentes espécies, e uma descrição detalhada pode ser encontrada na literatura

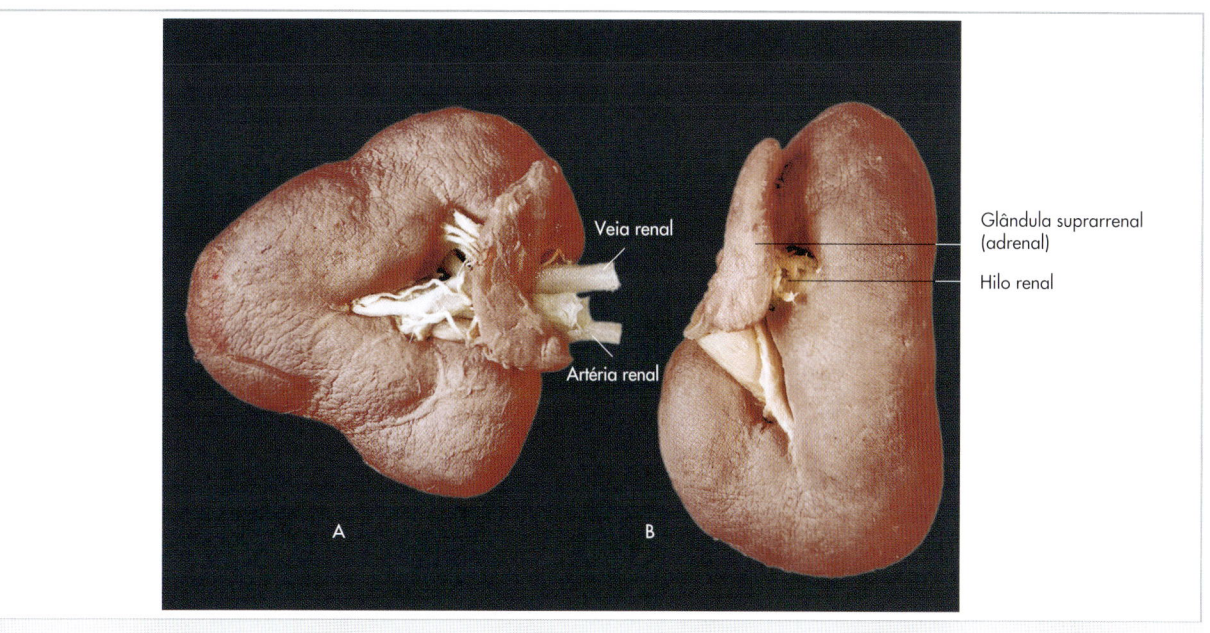

Fig. 10.7 Rim de um equino: **(A)** rim direito e **(B)** rim esquerdo (face ventral). (Fonte: preparação realizada por H. Dier, Viena.)

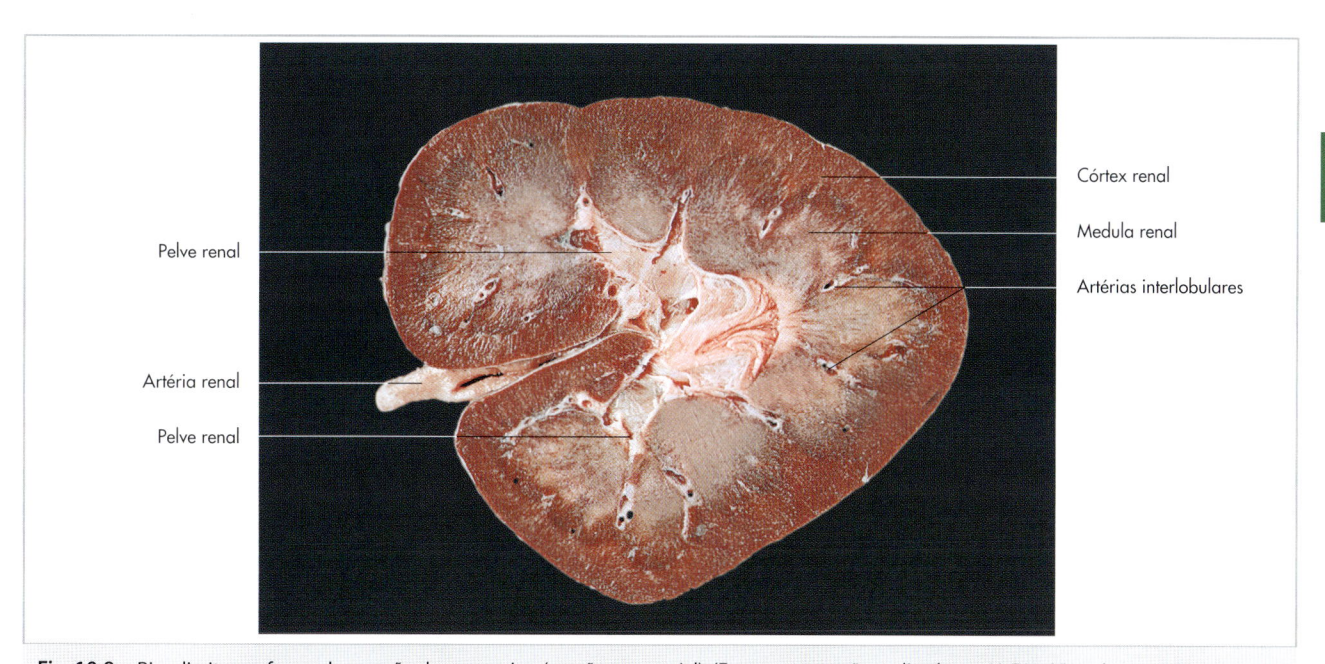

Fig. 10.8 Rim direito em forma de coração de um equino (secção equatorial). (Fonte: preparação realizada por H. Dier, Viena.)

especializada. O conhecimento do princípio básico da vascularização renal é necessário para que se possa compreender os mecanismos funcionais do rim.

Cada rim é vascularizado por uma **artéria renal** (*a. renalis*), um ramo da aorta abdominal (▶Fig. 10.2). A artéria renal divide-se em **várias artérias interlobares** no hilo do rim. Essas artérias seguem as divisões entre os diferentes lobos renais até a **junção corticomedular** (▶Fig. 10.10 e ▶Fig. 10.12), onde se ramificam em **artérias arqueadas** (*aa. arcuatae*). As artérias arqueadas se curvam sobre as bases das **pirâmides medulares** e emitem as **artérias interlobulares** (*aa. interlobulares*), as quais se irradiam no córtex para suprir os lóbulos (▶Fig. 10.10 e ▶Fig. 10.12). As arteríolas aferentes deixam as artérias interlobulares para entrar nos corpúsculos renais, onde formam as **alças capilares do glomérulo**.

Seguindo a corrente sanguínea, os vasos sanguíneos do rim podem ser divididos conforme o seguinte padrão principal:

- **artérias**: **aorta abdominal** (*aorta abdominalis*) → **artéria renal** (*a. renalis*) → artéria interlobar (*a. interlobaris*) → artéria arqueada (*a. arcuata*) → artéria interlobular (*a. interlobularis*) com arteríola glomerular aferente, **glomérulo**, arteríola glomerular eferente → ramo capsular (*ramus capsularis*);
- **plexo capilar ao redor dos túbulos renais**;

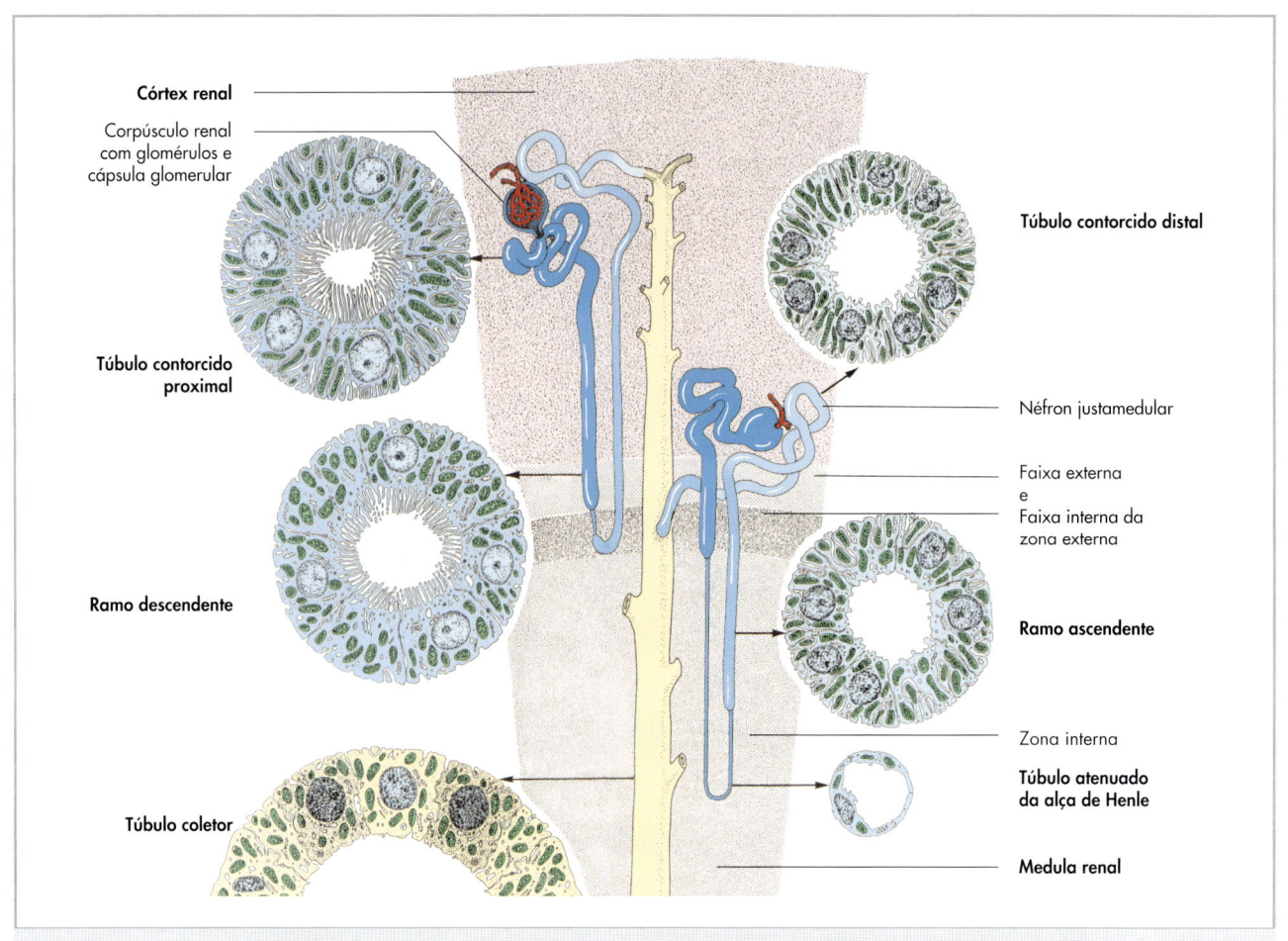

Fig. 10.9 Estrutura da unidade funcional do rim (representação esquemática). (Fonte: com base em dados de Liebich, 2010.)

- **veias**: veia interlobular (*v. interlobularis*) → veia arqueada (*v. arcuata*) → veia interlobar (*v. interlobaris*) → **veia renal** (*v. renalis*) → **veia cava caudal** (*v. cava caudalis*).

Essas alças se unem novamente para formar a **arteríola eferente**, a qual deixa o polo distal do corpúsculo renal para suprir um **segundo plexo capilar** ao redor dos segmentos tubulares dos néfrons. Esse segundo sistema de capilares drena o sangue do córtex renal para as **veias interlobulares**, as **veias arqueadas** e as **veias interlobares** (▶Fig. 10.10 e ▶Fig. 10.13), as quais finalmente desembocam na **veia cava caudal** pelas **veias renais**.

As artérias interlobulares também emitem ramos capsulares (*rami capsulares*), os quais se estendem até a cápsula fibrosa do rim e na gordura envolvente. A drenagem venosa da cápsula fibrosa ocorre graças às **veias estelares** (*venulae stellatae*) (▶Fig. 10.10), que se conectam com as veias da cápsula adiposa e se esvaziam nas veias interlobulares.

Os rins do gato ganham uma aparência distinta devido ao sistema venoso separado para a **cápsula renal**. Essas veias não se comunicam com as outras veias renais, mas consistem em 3 a 5 veias capsulares, as quais percorrem a superfície do rim em sulcos pouco profundos até se unirem à veia renal no hilo.

Pequenas artérias se irradiam diretamente na medula (*arteriolae rectae*) a partir das arteríolas eferentes de corpúsculos próximas à união corticomedular. O sangue flui dos capilares para as **vênulas retas** (*venulae rectae*) e, então, para as veias arqueadas (▶Fig. 10.10). Embora os glomérulos estejam localizados dentro da cápsula glomerular no córtex renal, os vasos sanguíneos retos situam-se na medula.

Os **corpúsculos renais** são responsáveis pela produção de urina primária ou ultrafiltrado, ao passo que a parte tubular do néfron e os vasos sanguíneos retos são responsáveis pela reabsorção de água e pelos componentes dissolvidos da urina primária.

10.1.6 Linfáticos

Os linfáticos são satélites dos vasos sanguíneos e terminam nos **linfonodos lombares** (*lymphonodi lumbales aortici*). Os linfonodos dessa série, que se situam mais próximo dos rins, são os **linfonodos renais** (*lymphonodi renales*).

10.1.7 Inervação

Os rins recebem fibras **simpáticas** e **parassimpáticas** do **plexo celíaco**, as quais alcançam o órgão ao longo das artérias renais. As fibras simpáticas formam sinapses no **gânglio celíaco** (*ganglion coeliacum*), no **gânglio mesentérico cranial** (*ganglion mesentericum craniale*) e em gânglios menores do **plexo renal**. O ramo dorsal do vago contribui com as fibras parassimpáticas.

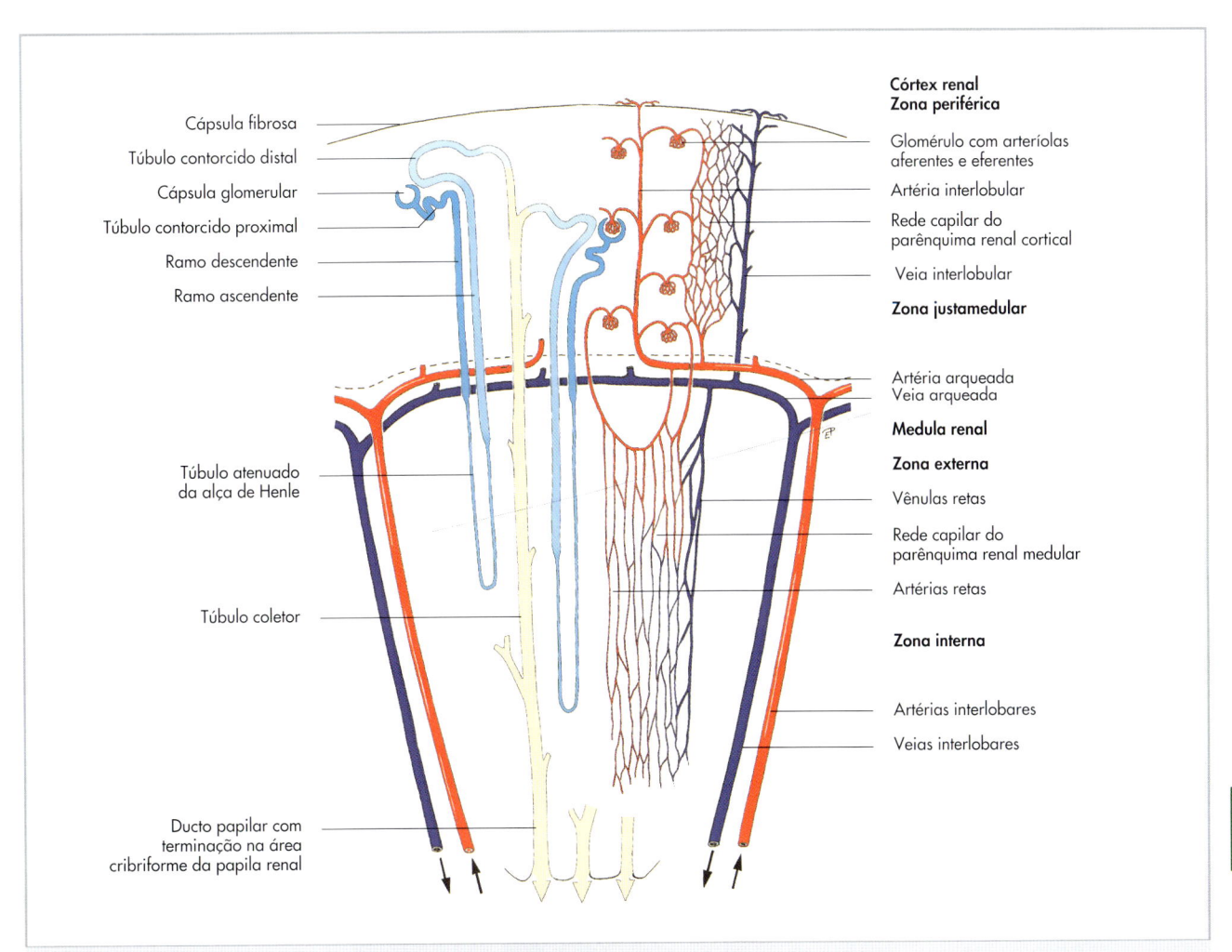

Fig. 10.10 Vascularização do rim (representação esquemática).

10.2 Pelve renal (*pelvis renalis*)

Nos mamíferos domésticos, com exceção do bovino, o ureter proximal se inicia com uma expansão comum, a **pelve renal**, na qual se abrem todos os **ductos papilares** (▶Fig. 10.17). A pelve renal está localizada no interior do **seio renal**, porém está fusionada com o tecido renal apenas ao redor das papilas. No cão e no gato, a pelve renal pode ser avaliada em radiografias de contraste. Nessas espécies, a pelve renal se molda ao redor da crista renal e se prolonga ventral e dorsalmente para formar os recessos da pelve, os quais estão separados uns dos outros por projeções de tecido renal (pseudopapilas) (▶Fig. 10.13 e ▶Fig. 10.14). Os recessos vizinhos também estão separados pelos vasos interlobulares.

A pelve renal do suíno possui uma quantidade de **cálices com pedículo curto**, os quais envolvem a mesma quantidade de papilas renais que se projetam para a pelve renal.

Não há pelve renal no bovino. Nesse caso, a papila de cada lobo medular se encaixa em um **cálice**, formado pelos ramos terminais do ureter. Esses ramos se unem em dois canais principais, os quais convergem dos dois polos do rim para formar um único ureter (▶Fig. 10.15).

A **pelve renal** do equino é composta por uma **cavidade central** e dois grandes **recessos** (*recessus terminales*) que se voltam em direção aos polos do rim (▶Fig. 10.16). A maioria dos ductos papilares se abre para esses recessos. A mucosa da pelve renal produz uma secreção mucosa, responsável pelas proteínas normalmente presentes na urina do equino (albuminúria fisiológica).

10.3 Ureter

O ureter é um tubo muscular (▶Fig. 10.1, ▶Fig. 10.2, ▶Fig. 10.3, ▶Fig. 10.4, ▶Fig. 10.5 e ▶Fig. 10.18) que passa caudalmente no espaço retroperitoneal ao longo da parede dorsal do corpo. Ele pode ser dividido em uma **parte abdominal** e uma **parte pélvica**. Ao alcançar a cavidade pélvica, o ureter volta-se medialmente para entrar no ligamento largo do útero, nas fêmeas, e no mesoducto deferente, nos machos. O ureter termina em uma inserção na face dorsolateral da vesícula urinária, dentro de seu ligamento lateral. No macho, ele cruza dorsalmente ao ducto deferente correspondente. O ureter penetra a vesícula urinária em sentido oblíquo, próximo ao colo, e segue intramuralmente entre a camada muscular da mucosa da vesícula urinária por cerca de 2 cm antes de se abrir

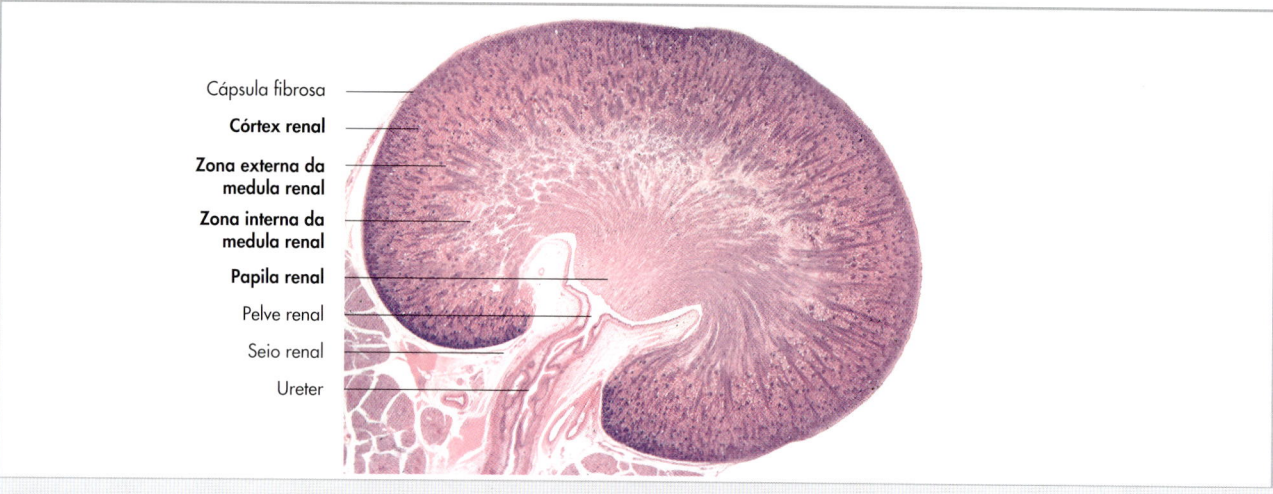

Fig. 10.11 Corte histológico do rim de um cão.

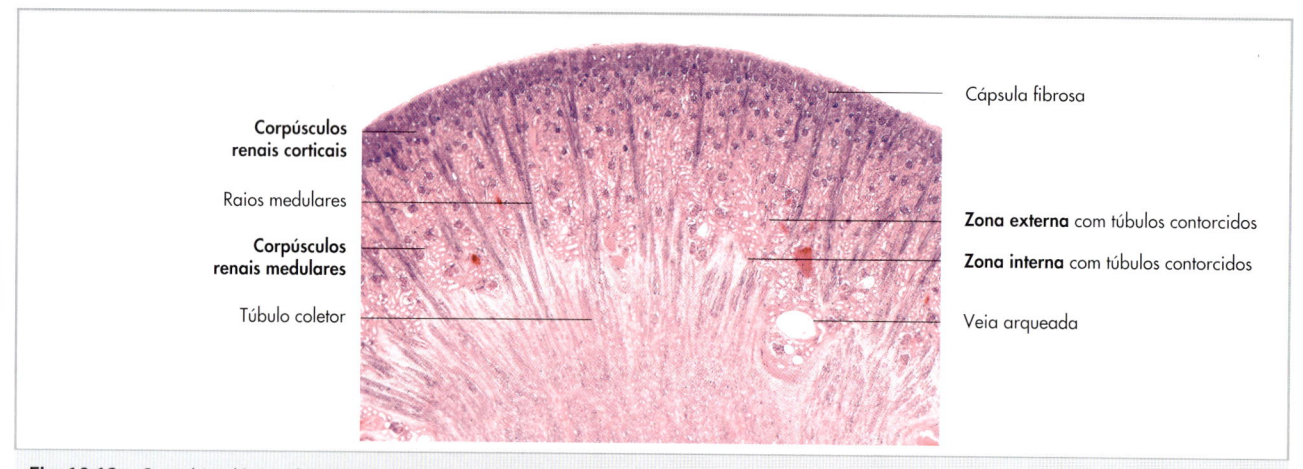

Fig. 10.12 Corte histológico do córtex renal e da medula de um cão.

no lúmen da vesícula urinária por meio de duas **aberturas** (*ostium ureteris*) (▶Fig. 10.19).

A extensão do trajeto intramural impede o refluxo da urina para o ureter quando a pressão se eleva dentro da vesícula urinária, porém não impede a continuação de seu preenchimento, já que a resistência costuma ser superada por contrações peristálticas da parede uretérica.

As paredes da pelve renal e do ureter são formadas por uma adventícia externa, uma camada muscular média e uma mucosa interna. A mucosa do ureter apresenta um epitélio de transição (▶Fig. 10.18). No equino, a parede da parte proximal do ureter contém **glândulas produtoras de muco** (*glandulae uretericae*).

10.3.1 Vascularização

As **artérias da pelve renal** são derivadas da **artéria renal**, e as artérias para o restante do ureter são ramos da artéria renal, da artéria vesical cranial e da artéria prostática ou vaginal. As artérias ureterais têm correspondentes venosos.

10.3.2 Linfáticos

Os **linfáticos ureterais** drenam nos **linfonodos lombares** situados ao longo da aorta e nos **linfonodos ilíacos mediais**.

10.3.3 Inervação

O ureter recebe **inervações simpática** e **parassimpática**.

Sistema urinário (*organa urinaria*) 427

Fig. 10.13　Pelve renal e artérias renais de um cão (preparado de corrosão).

Córtex renal com glomérulos e artérias interlobares
Artérias arqueadas
Artéria interlobar no sulco vascular do recesso da pelve renal
Artérias interlobares
Artéria renal
Recesso da pelve renal
Pelve renal
Ureter

Fig. 10.14　Pelve renal de um cão (molde de corrosão). (Fonte: cortesia de H. Dier, Viena.)

Recesso da pelve renal
Ureter

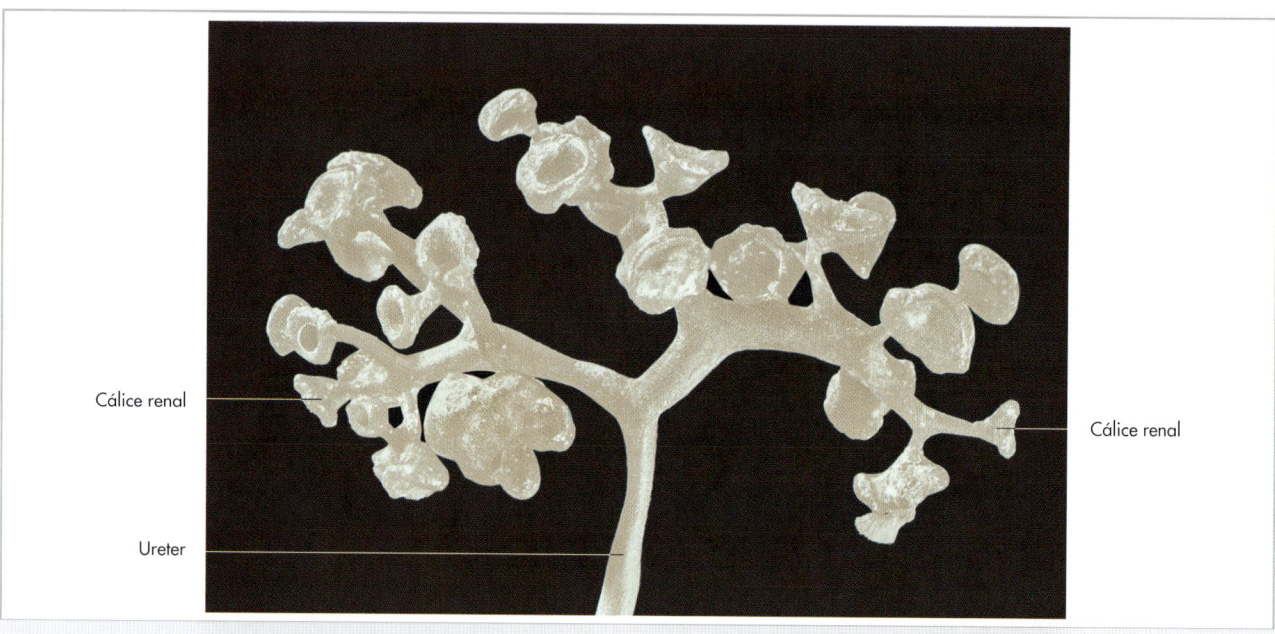

Fig. 10.15 Ureter de um bovino com cálices renais (preparado de corrosão).

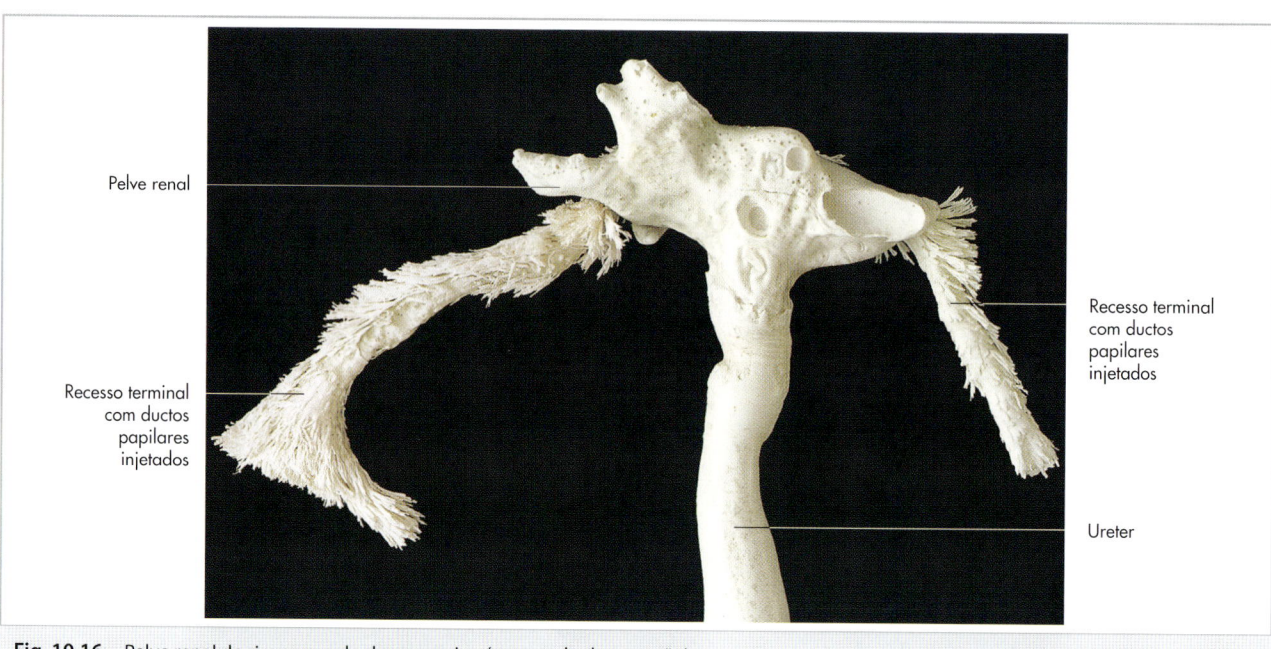

Fig. 10.16 Pelve renal do rim esquerdo de um equino (preparado de corrosão).

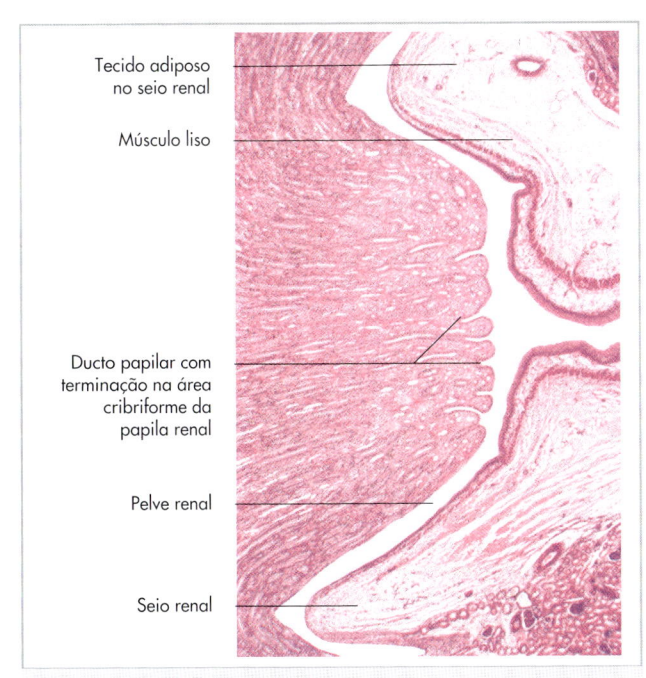

Fig. 10.17 Corte histológico da crista renal e da pelve renal de um cão.

Fig. 10.18 Corte histológico do ureter de um suíno.

10.4 Vesícula urinária (*vesica urinaria*)

A vesícula urinária é um **órgão musculomembranoso** cavitário cuja forma, tamanho e posição variam conforme a quantidade de urina presente. Quando contraída, ela é pequena e globular, e situa-se sobre os ossos púbicos. A vesícula urinária prolonga-se em direção ao abdome em carnívoros, mas está confinada à cavidade pélvica em animais de grande porte. Durante o seu preenchimento, ela aumenta gradualmente de tamanho e assume um formato de pera.

A vesícula urinária pode ser dividida em **ápice cranial** (*vertex vesicae*), **corpo intermediário** (*corpus vesicae*) e **colo caudal** (*cervix vesicae*), que é contínuo com a uretra (▶Fig. 10.19, ▶Fig. 10.21, ▶Fig. 10.22 e ▶Fig. 10.24). A **vesícula urinária** é sustentada por camadas duplas de peritônio, as quais se refletem das faces lateral e ventral da vesícula para as paredes laterais da cavidade pélvica e para o assoalho abdominal. Esses reflexos peritoneais formam o **ligamento vesical mediano** (*ligamentum vesicae medianum*) e os **ligamentos vesicais laterais** (*ligamenta vesicae laterales*) da vesícula urinária. No feto, o ligamento mediano contém o úraco; o pedúnculo da vesícula alantoide embrionária e os ligamentos laterais pares transportam as artérias umbilicais até o umbigo.

O úraco e as artérias umbilicais se rompem no nascimento. O vestígio do úraco é visível como uma cicatriz no ápice da vesícula urinária, ao passo que as artérias umbilicais se transformam em ligamentos redondos, os quais são encontrados na margem livre dos ligamentos laterais e estão parcialmente recuados. O úraco pode persistir em alguns indivíduos.

Os **ligamentos vesicais laterais** formam a margem entre a escavação vesicopúbica e a escavação vesicogenital. O **ligamento vesical mediano** divide a escavação vesicopúbica dentro de metades esquerda e direita.

A maior parte da superfície da vesícula urinária, com exceção da parte caudal do colo da vesícula, é coberta com peritônio, o qual se continua com os ligamentos da vesícula para as paredes corporais. O músculo detrusor da vesícula (*m. detrusor*) se dispõe em **três camadas** que trocam fibras musculares (▶Fig. 10.19):
- camada longitudinal externa;
- camada circular média;
- camada longitudinal interna.

O **ápice** e o **colo** são envolvidos por alças de feixes musculares, porém sem formar um esfíncter funcional, como se supunha anteriormente. Pesquisas recentes comprovam que a continência depende da tensão exercida passivamente pelos elementos elásticos dentro da mucosa e da ação do músculo estriado da uretra (▶Fig. 10.19).

A vesícula urinária é revestida por um **epitélio de transição** e apresenta pregas irregulares em sua mucosa quando está vazia. Essas pregas desaparecem durante a distensão, com exceção de duas **pregas** (*plicae uretericae*), as quais se prolongam da abertura ureteral até o colo da vesícula urinária, onde se unem para formar a **crista uretral**, que é contínua com a uretra. A **área triangular** delimitada por essas pregas recebe a denominação de trígono da vesícula urinária (*trigonum vesicae*), e acredita-se que essa região tem sensibilidade aumentada (▶Fig. 10.19).

10.4.1 Vascularização

A vesícula urinária recebe a sua principal **vascularização** das **artérias vesicais caudais**, que são ramos da artéria vaginal ou prostática. A vascularização é complementada cranialmente pelas artérias umbilicais reduzidas.

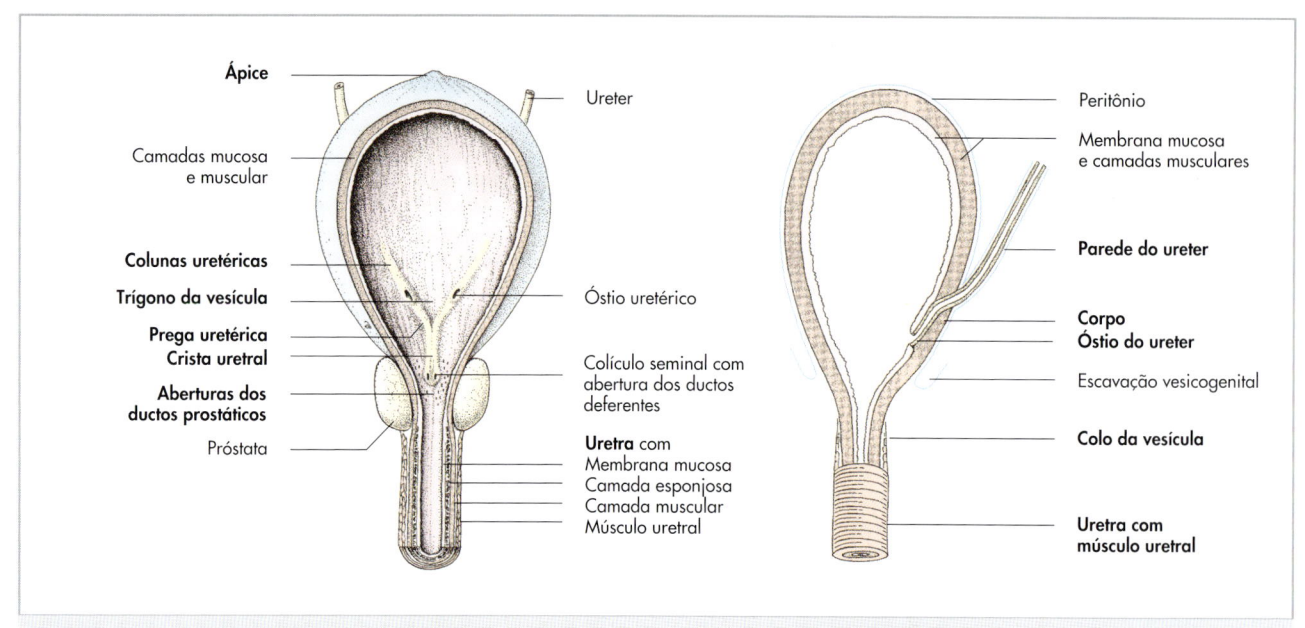

Fig. 10.19 Interior da vesícula urinária de um cão, vista ventral (à esquerda), interseção ureterovesical (à direita) (representação esquemática).

10.4.2 Linfáticos

Os linfáticos da vesícula urinária drenam para os **linfonodos iliossacrais**.

10.4.3 Inervação

A bexiga recebe inervações **simpática** e **parassimpática**. As fibras simpáticas emergem dos **nervos hipogástricos**, os quais se irradiam desde o gânglio mesentérico caudal até o **plexo pélvico**. Os nervos pélvicos parassimpáticos se derivam do **nervo pudendo**, o ramo ventral do terceiro segmento sacral, e se irradiam no **plexo pélvico**. As fibras parassimpáticas fornecem a inervação somática para o músculo da vesícula urinária; os nervos sensoriais também são dispostos por meio do nervo pudendo.

> **Nota clínica**
>
> A vesícula urinária pode ser puncionada no cão e no gato no sentido imediatamente cranial à borda da pelve. Deve-se penetrar a agulha na direção caudodorsal para evitar lesões quando a vesícula urinária se contrai.

10.5 Uretra (*urethra*)

Na **fêmea**, a uretra serve exclusivamente para o transporte de urina, ao passo que, no macho, ela transporta a urina, o sêmen e as secreções seminais. A uretra feminina se projeta caudalmente no assoalho pélvico, ventral ao trato reprodutor. Ela cruza obliquamente através da parede da vagina e se abre no **óstio externo da uretra** (*ostium urethrae externum*) ventralmente, na união entre vagina e vestíbulo. O comprimento e o diâmetro da uretra variam consideravelmente entre os mamíferos domésticos, uma vez que ela é curta e larga no equino e comparativamente longa no cão, no qual se abre em uma pequena elevação separada por dois sulcos. Na vaca e na porca, o músculo uretral envolve o divertículo suburetral, o qual se abre juntamente à uretra na vagina. Essa disposição pode dificultar a cateterização. A estrutura da uretra feminina é contínua com a vesícula urinária.

A **uretra masculina** se prolonga desde uma abertura interna, no colo da vesícula urinária, até uma abertura externa, na extremidade do pênis. Ela pode ser dividida em:
- **parte pélvica** (*pars pelvina*) com:
  - parte pré-prostática (*pars praeprostatica*);
  - parte prostática (*pars prostatica*);
- **parte peniana** (*pars penina*), do arco isquiático (*arcus ischiadicus*) ao orifício uretral externo (*ostium urethrae externum*) na glande do pênis (*glans penis*):
  - esta parte é circundada pelo corpo esponjoso do pênis e, portanto, também é chamada de **parte esponjosa**.

A **parte pélvica** da uretra se inicia na abertura interna no colo da vesícula urinária. A sua **parte pré-prostática** se prolonga da abertura interna até o **colículo seminal** (*colliculus seminalis*), um alargamento oval da crista uretral que se projeta no lúmen da uretra. A parte pélvica é flanqueada pelas aberturas em forma de fenda dos ductos deferentes.

A **parte prostática** contém os **ductos deferentes** e **vesiculares** e atravessa a **próstata**.

A **parte peniana** da uretra (▶Fig. 10.20) se inicia no arco isquiático e está descrita com o pênis no próximo capítulo.

A **parede uretral** contém um **plexo venoso** em sua submucosa, que apresenta propriedades eréteis e auxilia na continência urinária. A uretra é envolvida pelo **músculo uretral estriado** em grande parte de sua extensão. Caudalmente, as fibras musculares estão presentes nas superfícies ventral e lateral. A contração desses feixes musculares fecha o óstio externo da uretra. O controle

Sistema urinário (*organa urinaria*) 431

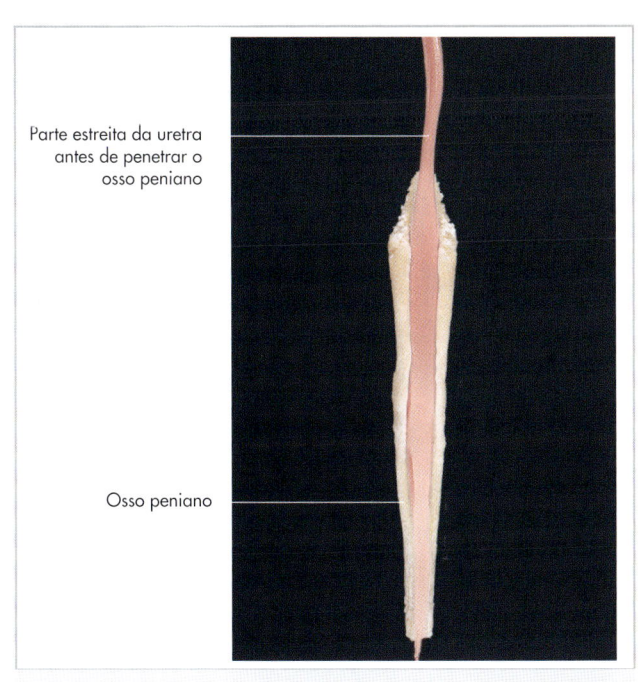

Fig. 10.20 Uretra de um cão no interior do pênis com osso peniano (vista ventral, preparado de corrosão).

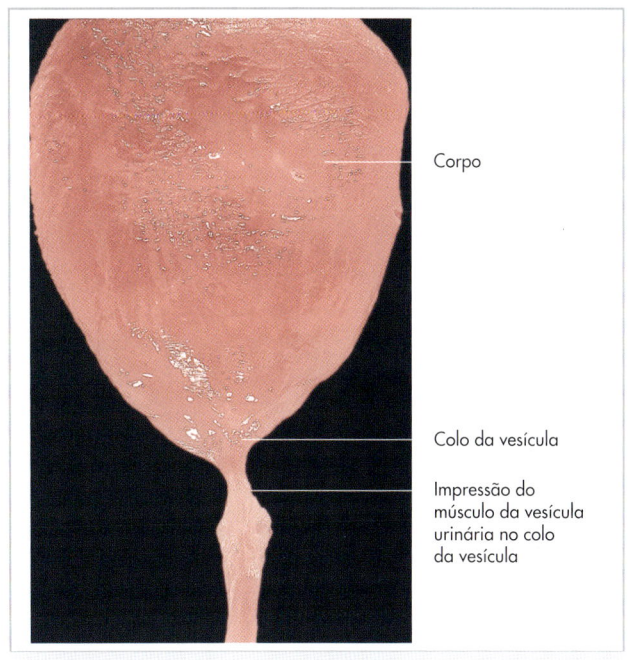

- Parte estreita da uretra antes de penetrar o osso peniano
- Osso peniano

Fig. 10.21 Vesícula urinária e origem da uretra (preparado de corrosão).

- Corpo
- Colo da vesícula
- Impressão do músculo da vesícula urinária no colo da vesícula

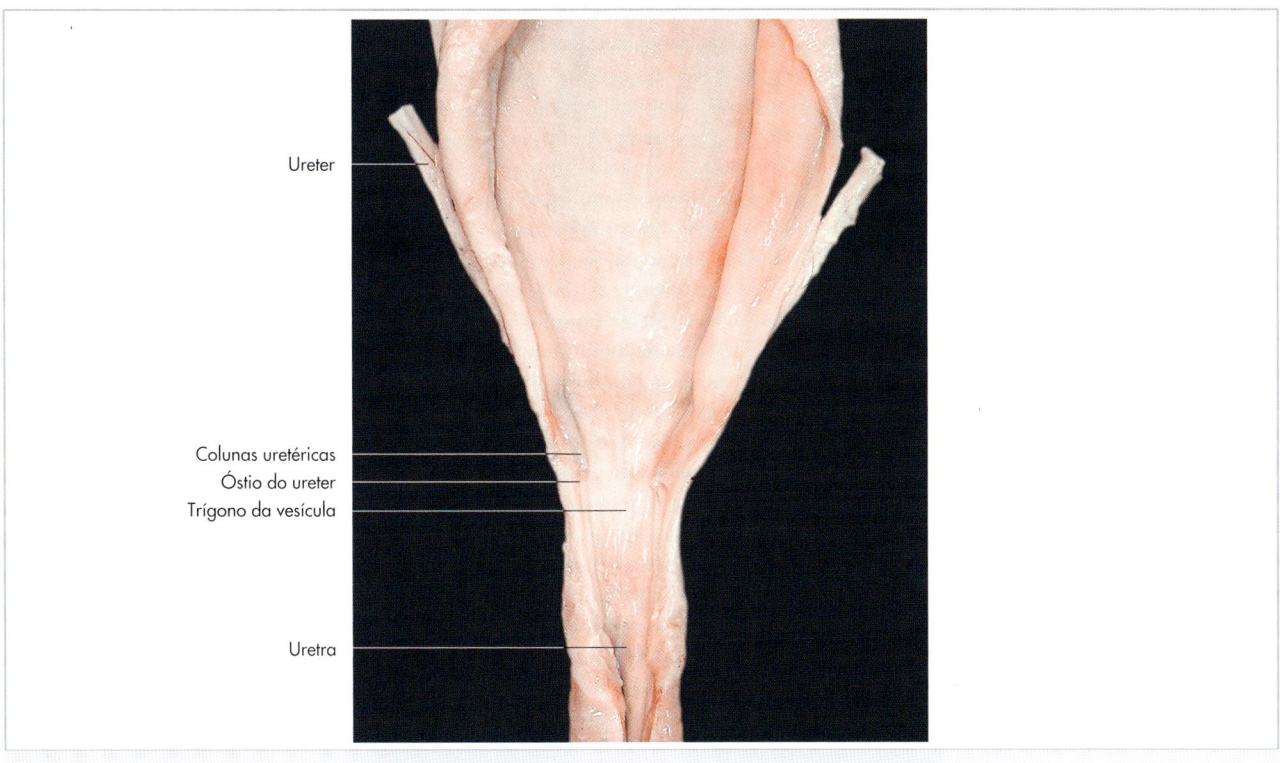

Fig. 10.22 Vesícula urinária de um bovino (vista interna). (Fonte: preparação realizada pelo Prof. Dr. W. Pérez, Uruguai.)

- Ureter
- Colunas uretéricas
- Óstio do ureter
- Trígono da vesícula
- Uretra

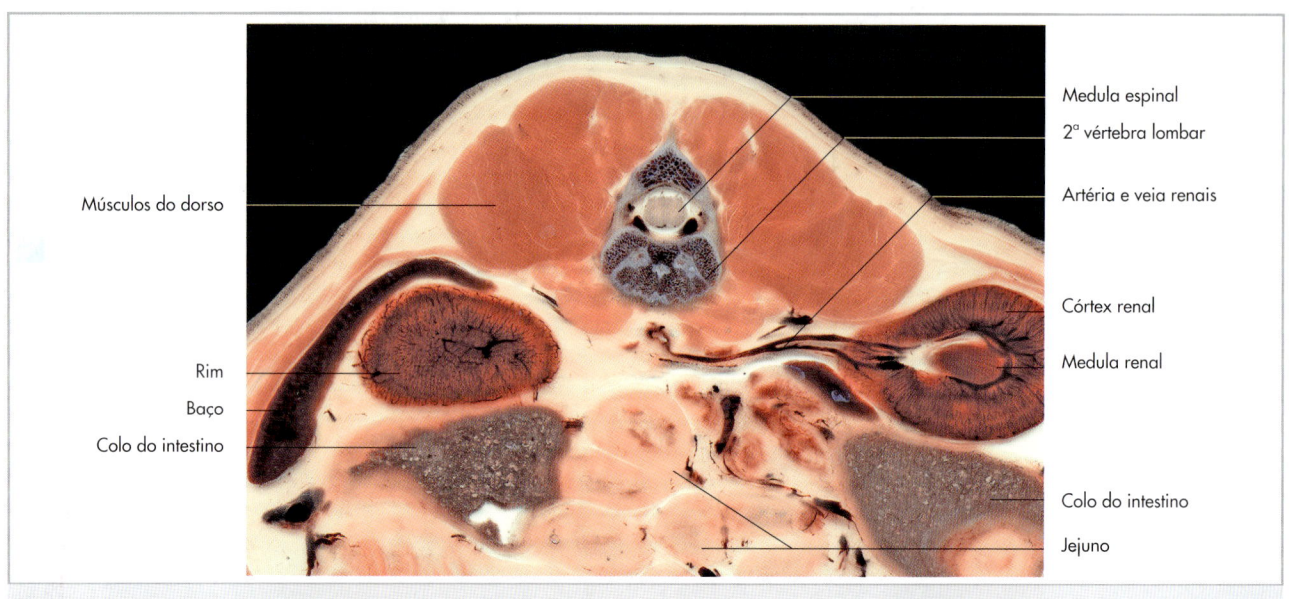

Fig. 10.23 Secção transversal do abdome de um cão na altura do rim (vista caudal).

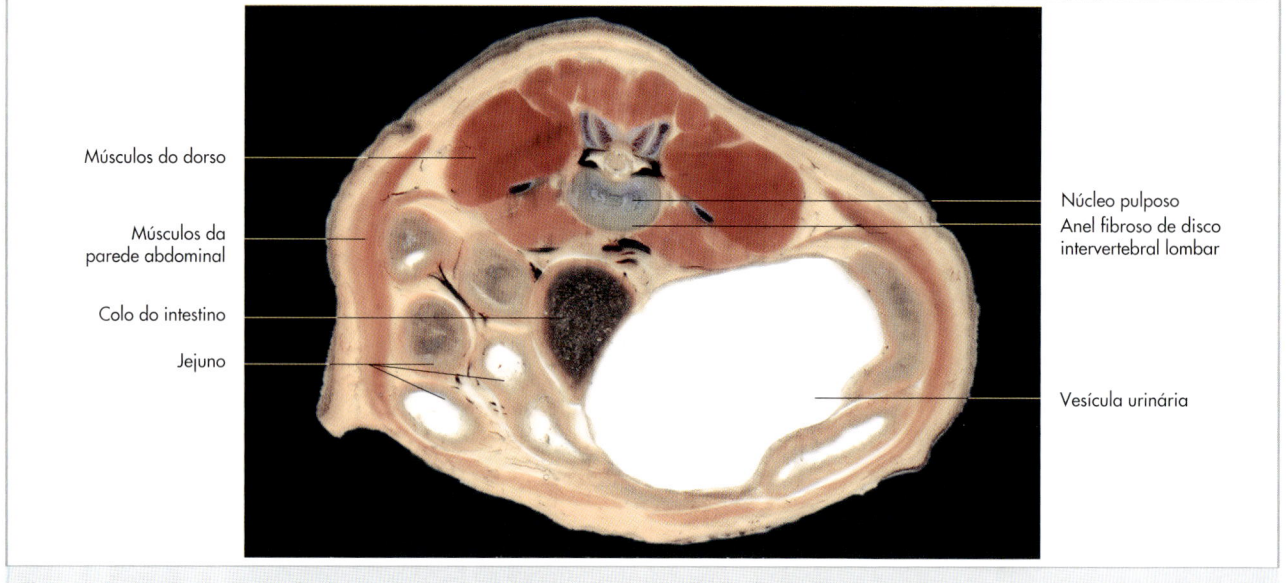

Fig. 10.24 Secção transversal do abdome de um cão na altura da vesícula urinária (vista caudal).

voluntário do músculo uretral é alcançado por meio de fibras somáticas do **nervo pudendo**, o qual também contém **fibras simpáticas e parassimpáticas**.

Terminologia clínica

Exemplos de termos clínicos derivados de termos anatômicos: nefrite, pielonefrite, pielografia, cistoscopia, urografia, urolitíase, uretrite, uretrografia, uretrostomia, uretrocistografia e muitos outros.

11 Órgãos genitais masculinos (*organa genitalia masculina*)

H. E. König e H.-G. Liebich

O sistema genital masculino compreende os órgãos envolvidos no desenvolvimento, no amadurecimento, no transporte e no armazenamento dos **gametas masculinos** (espermatozoides). Ele é composto por um par de **testículos**, o ducto contorcido do **epidídimo** (*ductus epididymidis*), o **ducto deferente** (*ductus deferens*), a **uretra** (*pars pelvina urethrae*) e as **glândulas genitais acessórias** (*glandulae genitales accessoriae*). Os testículos produzem esperma e hormônios. O epidídimo armazena os espermatozoides durante o seu amadurecimento, antes de passarem para o ducto deferente e para a uretra. As glândulas acessórias também liberam as suas secreções na uretra e contribuem para o volume do sêmen. A parte distal da uretra forma uma via em comum para a passagem tanto da urina como do sêmen. O pênis é o órgão copulador masculino, o qual deposita sêmen no trato reprodutor feminino (▶Fig. 11.1).

11.1 Testículos (*orchis*)

Os testículos, ou gônadas masculinas (do grego *orchis*; do latim *testis*), são órgãos pares, os quais se originam embriologicamente do primórdio gonadal, na face medial do mesônefro na região lombar, de modo semelhante aos ovários nas fêmeas. Em um estágio posterior de desenvolvimento embriológico, as gônadas masculinas migram de sua posição de desenvolvimento dentro da cavidade abdominal para o **processo vaginal** (*processus vaginalis*), coberto pelo **escroto** (*scrotum*). Esse processo é denominado **descida dos testículos** (*descensus testis*) e depende do gubernáculo testicular, um cordão mesenquimal envolvido pelo peritônio que se estende do testículo através do canal inguinal até o processo vaginal pré-formado.

Na primeira fase da **descida testicular**, o gubernáculo aumenta de comprimento e diâmetro, expandindo-se para além do canal inguinal e, dessa forma, dilatando-o. Durante a segunda fase, ele retrocede, acomodando os testículos dentro do **processo vaginal**. O processo de migração dos testículos resulta do aumento da pressão intra-abdominal e da tração do gubernáculo, que conduz os testículos em direção à região inguinal. No garanhão e no suíno macho, as fibras do gubernáculo se estendem para a **camada profunda** (*tunica dartos*) do escroto. Isso é de importância clínica, pois puxar o escroto pode ajudar a expor um testículo retido pelo canal inguinal.

A descida testicular é vital para a produção dos **gametas masculinos** (espermatogênese) nos mamíferos domésticos, já que a posição do escroto reduz a temperatura dos testículos em comparação à temperatura corporal. A impossibilidade de um ou de ambos os testículos realizarem a descida testicular é chamada de **criptorquidismo**, e acredita-se que se trate de uma condição hereditária. Portanto, os criptorquídeos não devem ser utilizados para reprodução.

Em algumas espécies, como o elefante, os testículos permanecem dentro do abdome durante toda a vida, e a espermatogênese ocorre na temperatura corporal. Muitos mamíferos menores, como roedores, exibem alterações periódicas, nas quais há descida dos testículos para o escroto durante a época de acasalamento, após a qual eles retornam para o abdome.

11.1.1 Estrutura dos testículos

A superfície do testículo é revestida por uma **cápsula fibrosa** densa de 1 a 2 mm de espessura (*albugineous tunica*, túnica albugínea) (▶Fig. 11.6), que é composta por fibras colágenas e contém vasos sanguíneos maiores (*a. testicularis, v. testicularis*), visíveis na superfície dos testículos em um padrão característico de cada espécie. A **lâmina visceral da túnica vaginal** é uma membrana serosa contínua com o peritônio que reveste a **cápsula fibrosa** e confere uma aparência lisa à superfície testicular.

O parênquima do testículo normalmente se encontra sob pressão. Como consequência, qualquer expansão significativa eleva a pressão intratesticular e produz dores severas, como a que se observa durante a inflamação (orquite). Os componentes de tecido conjuntivo, também denominado tecido conectivo, do testículo se dispõem do exterior para o interior, conforme a seguir:
- cápsula fibrosa (túnica albugínea, *tunica albuginea*);
- septo (*septula testis*);
- mediastino (*mediastinum testis*).

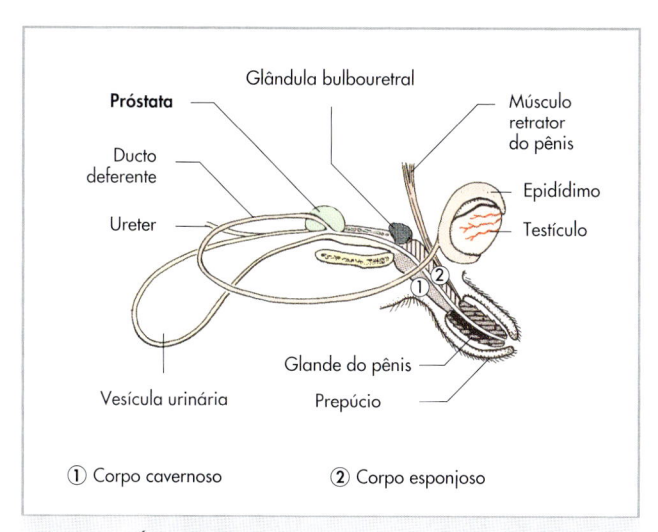

Fig. 11.1 Órgãos genitais de um gato (representação esquemática).

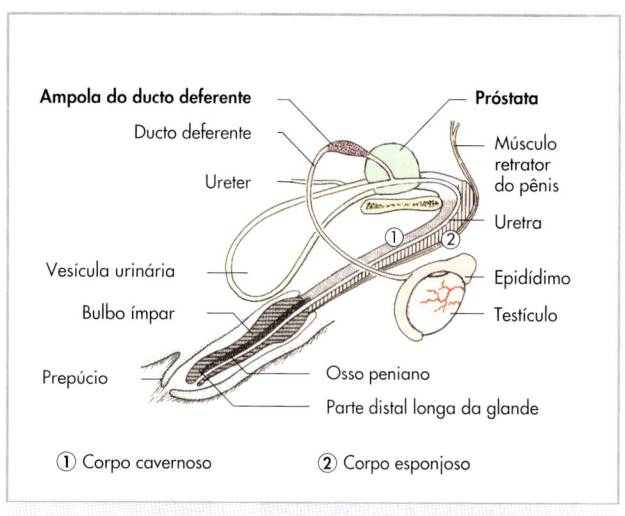

Fig. 11.2 Órgãos genitais de um cão (representação esquemática).

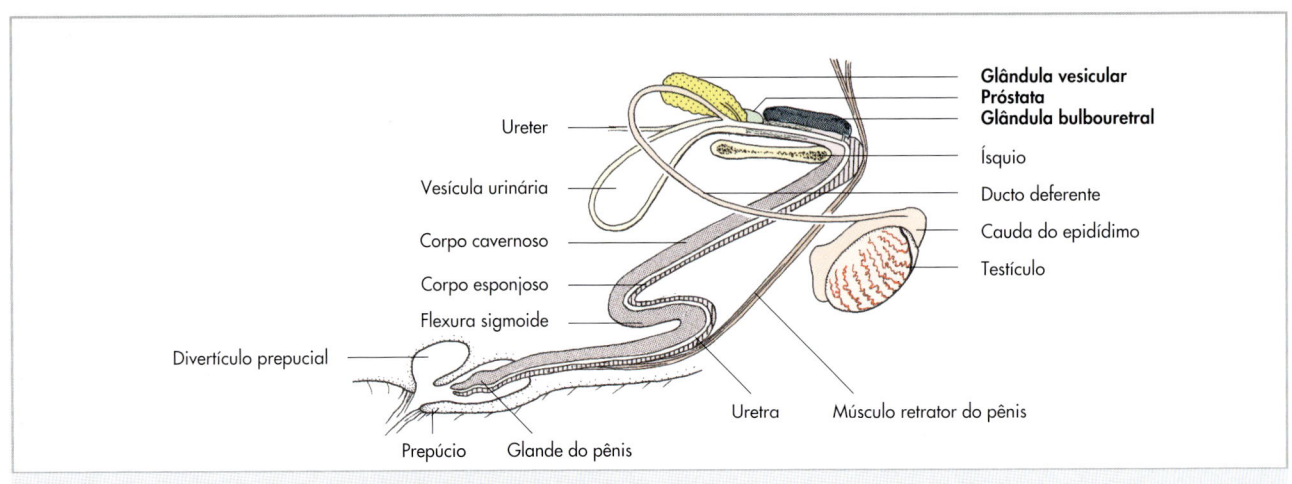

Fig. 11.3 Órgãos genitais de um cachaço (representação esquemática).

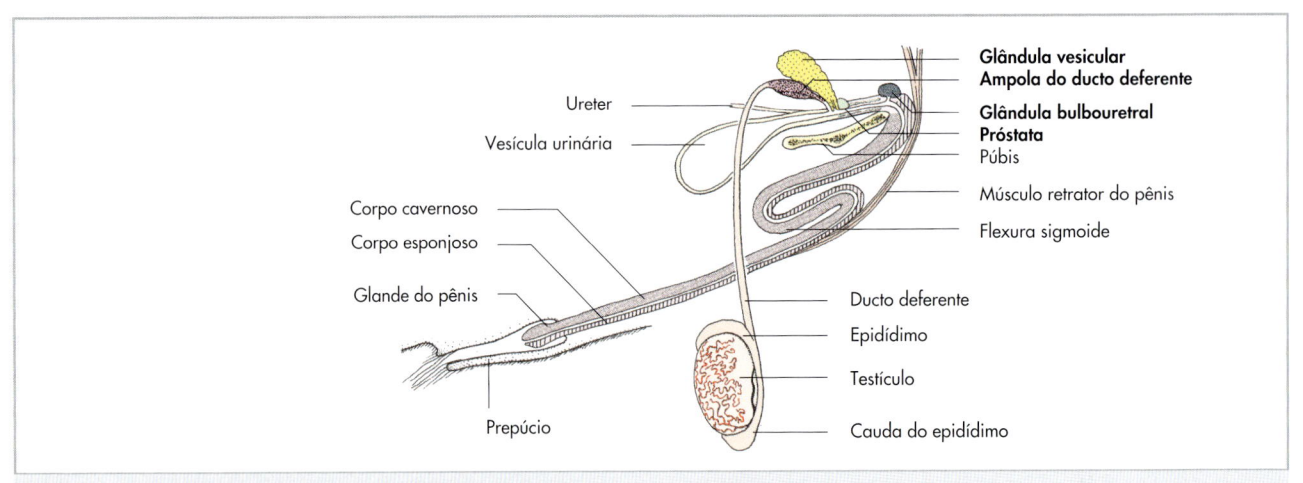

Fig. 11.4 Órgãos genitais de um touro (representação esquemática).

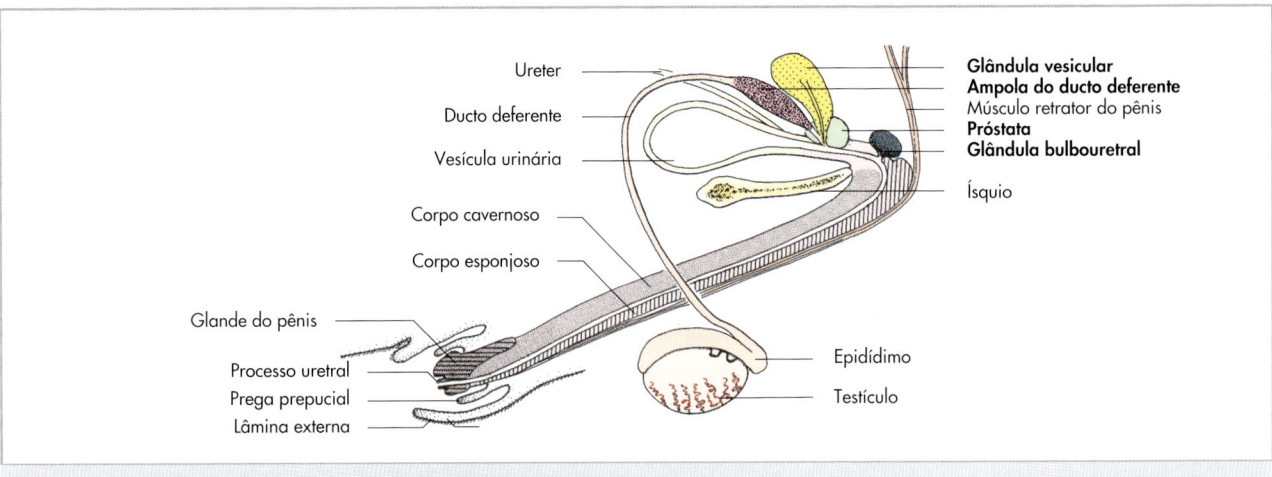

Fig. 11.5 Órgãos genitais de um garanhão (representação esquemática).

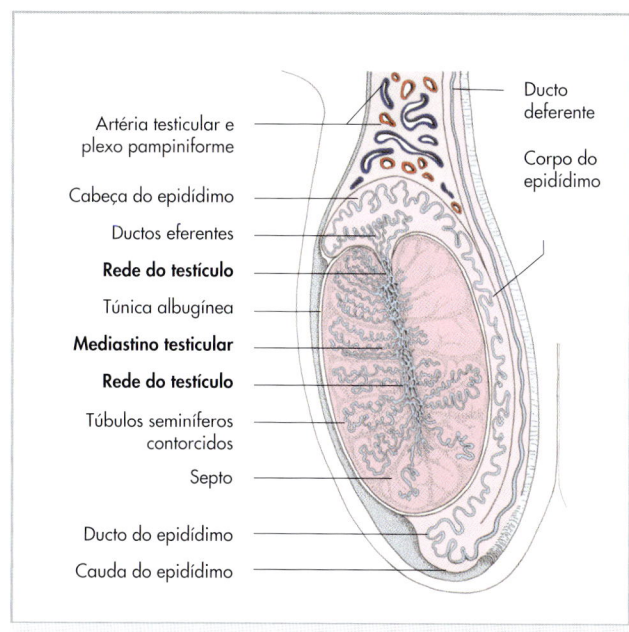

Fig. 11.6 Testículo, epidídimo e ducto deferente de um touro (representação esquemática, secção mediana).

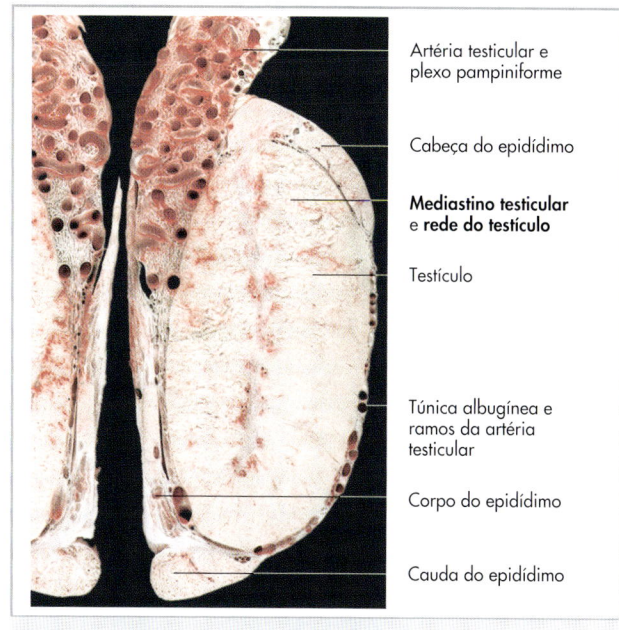

Fig. 11.7 Testículo e epidídimo de um touro (secção mediana, artéria testicular injetada).

A cápsula emite **septos** (*septula testis*), que se irradiam para dentro do testículo, dividindo o parênquima em **lóbulos** piramidais (*lobuli testis*) (▶Fig. 11.6). Esses septos convergem centralmente para formar o **mediastino do testículo**, que pode ser axial ou ligeiramente deslocado em direção ao epidídimo. O **parênquima** do testículo é comporto por:

- túbulos seminíferos contorcidos (*tubuli seminiferi contorti*);
- túbulos seminíferos retos (*tubuli seminiferi recti*);
- rede do testículo (*rete testis*);
- ductos eferentes (*ductuli efferentes*).

Cada lóbulo testicular inclui de 2 a 5 **túbulos contorcidos**, nos quais ocorre a espermatogênese. A parede desses túbulos contém **células espermatogênicas** e **células de sustentação** (células de Sertoli), as quais têm propriedades de sustentação e de produção de hormônios. Eles são responsáveis pela regulação da espermatogênese, fornecendo os nutrientes às células espermatogênicas durante os diferentes estágios de desenvolvimento e liberando os espermatozoides no lúmen do túbulo (▶Fig. 11.8 e ▶Fig. 11.9) (uma descrição mais detalhada pode ser encontrada em obras de histologia e embriologia).

Cada **túbulo seminífero contorcido** apresenta forma de alças, de modo que se abre em uma rede de túbulos confluentes dentro do mediastino, chamada de **rede do testículo** (▶Fig. 11.6). Antes de penetrar a rede do testículo, as extremidades dos túbulos seminíferos ficam retas para se tornarem os **túbulos seminíferos retos** (*tubuli seminiferi recti*). O tecido intersticial que preenche esse espaço entre os túbulos contém as **células de Leydig**, as principais produtoras dos hormônios esteroides androgênicos, como a testosterona. Cada rede do testículo é drenada por 8 a 12 **ductos eferentes** contorcidos, que perfuram a cápsula fibrosa para penetrar na **cabeça do epidídimo** (▶Fig. 11.6).

11.2 Epidídimo

O epidídimo está fixo firmemente ao testículo e consiste em alças de túbulos contorcidos alongados, cuja união é mantida por tecido conjuntivo. Ele pode ser dividido em **três partes** (▶Fig. 11.6, ▶Fig. 11.7, ▶Fig. 11.9, ▶Fig. 11.11, ▶Fig. 11.13 e ▶Fig. 11.14):

- cabeça (*caput epididymidis*);
- corpo (*corpus epididymidis*);
- cauda (*cauda epididymidis*).

A **cabeça do epidídimo** está firmemente fixada à cápsula testicular e recebe os **ductos eferentes** do testículo. Imediatamente após penetrarem o epidídimo, os ductos eferentes se unem para formar o **ducto do epidídimo**. Os ductos contorcidos formam o **corpo do epidídimo**, mantido no lugar por uma camada dupla de serosa. O espaço entre o corpo do epidídimo e o testículo é denominado **bolsa testicular** (*bursa testicularis*) (▶Fig. 11.11, ▶Fig. 11.13 e ▶Fig. 11.14).

O **ducto do epidídimo** (▶Fig. 11.6) continua até a **cauda do epidídimo** e se fixa à extremidade caudada do testículo, por meio do **ligamento próprio do testículo** (*ligamentum testis proprium*), e ao processo vaginal, por meio do **ligamento da cauda do epidídimo** (*ligamentum caudae epididymidis*). Esse ligamento projeta fibras na camada profunda do escroto, o ligamento escrotal, o qual é particularmente bem desenvolvido no garanhão e no cachaço. O ducto do epidídimo emerge pela cauda e continua como **ducto deferente** (▶Fig. 11.6, ▶Fig. 11.9, ▶Fig. 11.10, ▶Fig. 11.11 e ▶Fig. 11.14).

No **ducto do epidídimo**, os espermatozoides amadurecem, o fluido testicular é absorvido, os fragmentos celulares sofrem fagocitose e os nutrientes para os espermatozoides são secretados. Os espermatozoides são armazenados na cauda do epidídimo até o momento da ejaculação.

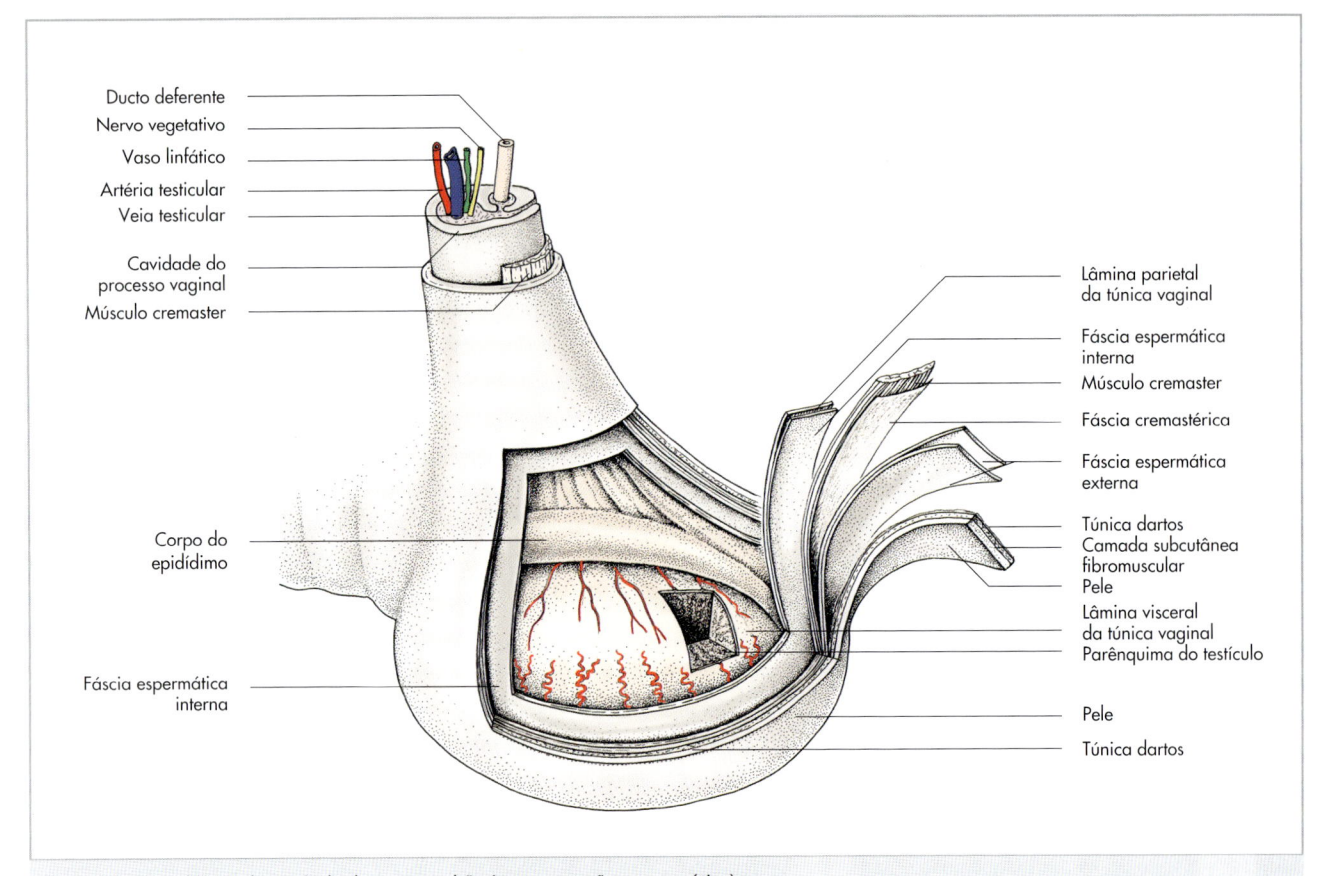

Fig. 11.8 Envoltórios do testículo de um garanhão (representação esquemática).

Comprimento do ducto do epidídimo nas espécies domésticas:
- cavalo: 72-81 m;
- touro: 40-50 m;
- carneiro: 47-52 m;
- cachaço: 17-18 m;
- cão: 5-8 m;
- gato: 4-6 m.

11.3 Ducto deferente (*ductus deferens*)

O **ducto deferente** é a continuação direta do ducto do epidídimo (▶Fig. 11.6, ▶Fig. 11.9, ▶Fig. 11.10, ▶Fig. 11.11 e ▶Fig. 11.14). Ele origina-se como uma parte ondulante da cauda do epidídimo e torna-se reto gradualmente à medida que atravessa a margem medial do testículo. O ducto deferente ascende dentro do **cordão ou funículo espermático** (*funiculus spermaticus*) e penetra a cavidade abdominal através do canal inguinal. Então, ele forma uma alça cranialmente convexa dentro de uma **dobra do peritônio** (*meso-ductus deferens*) e passa sob o ureter quando atinge a superfície dorsal da bexiga. Por fim, esse ducto perfura a próstata, para se abrir na parte proximal da uretra no **colículo seminal** (*colliculus seminalis*) (▶Fig. 10.19). A parte terminal do ducto deferente torna-se mais espessa para formar a **ampola do ducto deferente**, com a presença de glândulas ampolares. No cachaço, não há uma ampola evidente, mas existe uma parte glandular na parte final do ducto deferente (▶Fig. 11.15, ▶Fig. 11.16, ▶Fig. 11.17 e ▶Fig. 11.18).

No equino e nos ruminantes, o ducto deferente se une ao **ducto excretor** (*ductus excretorius*) da glândula vesicular próximo ao seu término. A via compartilhada desses dois ductos é conhecida como **ducto ejaculatório** (*ductus ejaculatorius*).

11.4 Envoltórios do testículo

Os envoltórios do testículo não apenas cobrem o testículo, o epidídimo e partes do cordão espermático, mas também se moldam ao redor desses órgãos (▶Fig. 11.8 e ▶Fig. 11.9). As diferentes camadas dos envoltórios do testículo correspondem às camadas da parede abdominal, são elas:
- **escroto** com:
  ○ pele externa;
  ○ camada subcutânea fibromuscular (*tunica dartos*);
  ○ fáscia espermática externa de camada dupla (*fascia spermatica externa*), com destacamentos das fáscias abdominais;
  ○ músculo cremaster, um destacamento do músculo oblíquo interno do abdome, juntamente à sua fáscia.

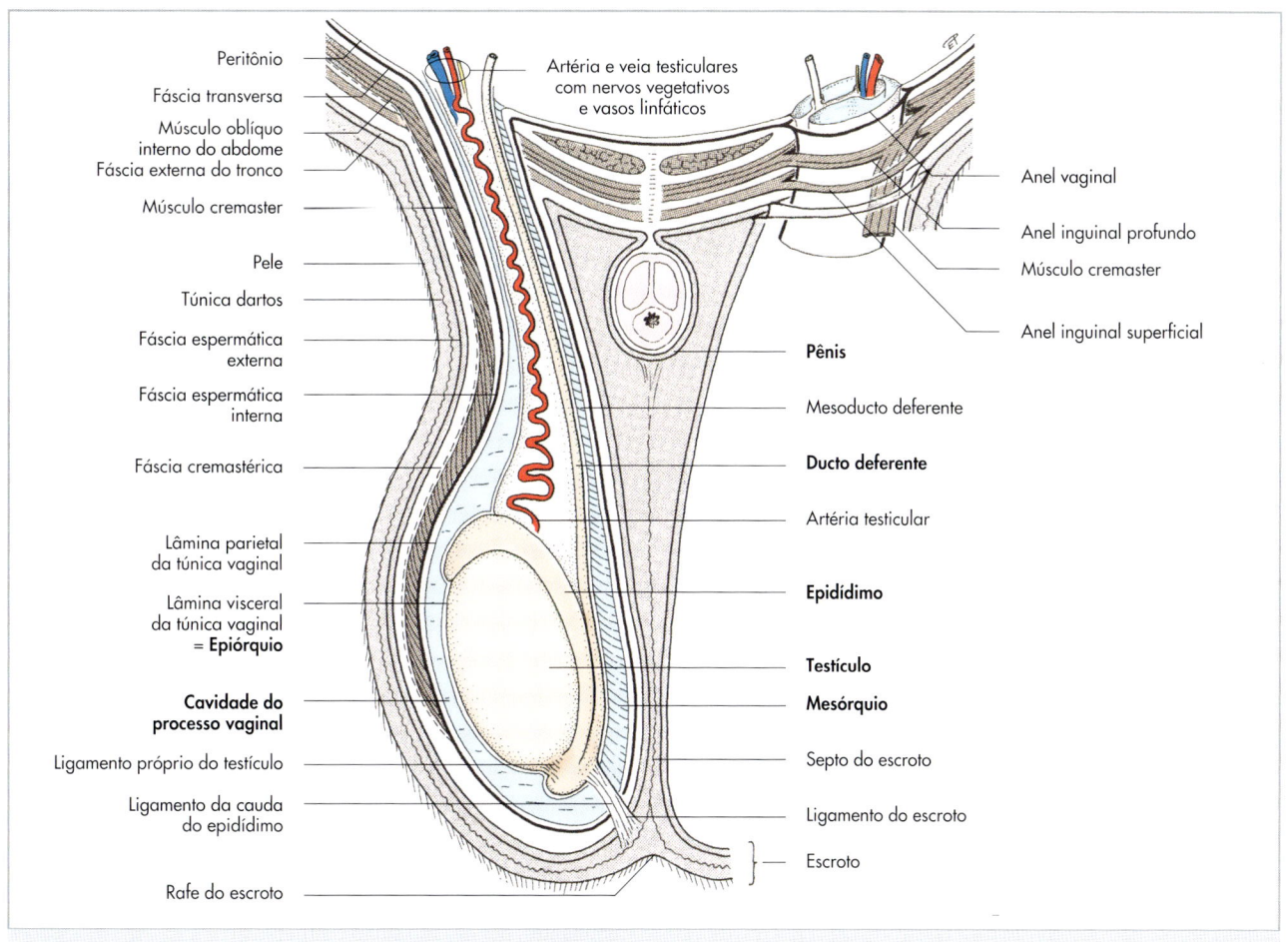

Fig. 11.9 Envoltórios do testículo dentro do funículo espermático de um touro (representação esquemática).

- **processo vaginal** com:
  - fáscia espermática interna (*fascia spermatica interna*);
  - lâmina parietal (*lamina parietalis*) da túnica vaginal (*tunica vaginalis*).

A **pele externa**, a **túnica dartos subcutânea** e a **fáscia espermática externa** formam o **escroto**. A fáscia espermática interna e a lâmina parietal da túnica vaginal formam o **processo vaginal** (*processus vaginalis*), uma expansão da cavidade peritoneal no escroto. O processo vaginal se estende aos compartimentos direito e esquerdo do escroto, os quais são divididos por um septo, formado pela pele, e pela camada subcutânea do escroto. O **septo escrotal** (*septum scroti*) envolve os testículos separadamente e é marcado de forma externa por um **sulco** (*raphe scroti*) (▶Fig. 11.9).

A **pele do escroto** não costuma apresentar pelos, exceto no gato e em determinadas raças de ovinos, nos quais é coberta por pelos. Ela apresenta uma grande quantidade de glândulas sudoríparas e sebáceas e se adere firmemente à **túnica dartos** subjacente. Internamente à túnica dartos, há uma camada delgada de **tecido mole** (*fascia subdartoica*). A túnica dartos possui várias fibras de músculo liso, as quais se contraem para tensionar e retrair o escroto, contribuindo, assim, para a regulação de temperatura do testículo. Ela é bastante desenvolvida no bovino, no qual pode alcançar 10 mm de espessura.

A **fáscia espermática externa** se destaca das **fáscias superficial** e **profunda do abdome** na altura do escroto, sendo dividida em uma camada profunda e outra superficial. As duas camadas das fáscias espermáticas externa e interna e a túnica vaginal estão conectadas por tecido conjuntivo frouxo. Essa camada intermédia folgada permite o movimento do processo vaginal dentro do escroto. Ela possui importância clínica, uma vez que facilita a castração por técnica fechada, na qual a túnica vaginal é ligada aos vasos sanguíneos e ao ducto deferente.

O **músculo cremaster** é um destacamento do **músculo oblíquo interno do abdome** na altura do anel inguinal profundo (▶Fig. 11.9). Ele cobre parte do processo vaginal e é recoberto por uma camada delgada de tecido conjuntivo frouxo (*fascia cremasterica*) (▶Fig. 11.9). Durante a contração, ele retrai o escroto e seu conteúdo em direção à região inguinal. Em roedores, o músculo cremaster envolve o processo vaginal como uma colher, de modo que os testículos podem ser retraídos para o abdome pelo canal inguinal.

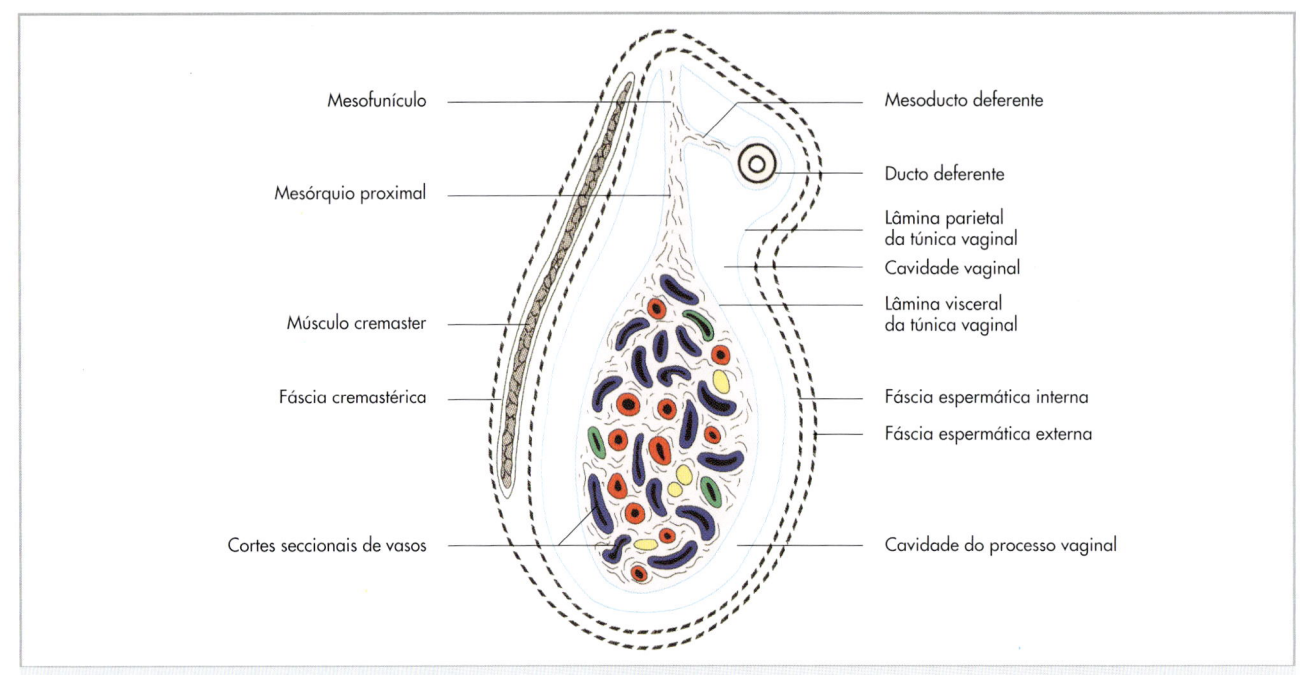

Fig. 11.10 Parte proximal do processo vaginal (representação esquemática, secção transversal). (Fonte: com base em dados de Schaller, 1992.)

11.4.1 Processo vaginal (*processus vaginalis*) e funículo espermático (*funiculus spermaticus*)

O processo vaginal é formado pela **fáscia transversa** e pelo **peritônio** como uma evaginação da cavidade abdominal através do **canal inguinal**. Ele envolve a **cavidade vaginal** (*cavum vaginale*) e é formado antes da descida embriológica dos testículos (▶Fig. 11.8, ▶Fig. 11.9 e ▶Fig. 11.10). O formato do processo vaginal se assemelha a uma garrafa, com uma parte proximal estreita, cuja extensão depende da posição do escroto, e uma parte distal mais ampla, que se molda aos órgãos que envolve.

A **cavidade vaginal** se comunica com a cavidade abdominal pelo **óstio vaginal** (*ostium vaginale*), situado na abertura interna do canal inguinal. Normalmente, ela contém uma quantidade muito baixa de líquido peritoneal, o que auxilia na redução de atrito entre a parede e os órgãos que a envolve. Eventualmente, uma alça do intestino ou parte do omento pode herniar dentro do processo vaginal. Essa condição (**hernia inguinalis**) é mais comum em espécies com um anel vaginal amplo, como o equino e o suíno. Como ela parece ser hereditária no suíno, os animais que desenvolvem essa condição não devem ser utilizados para reprodução.

A parte proximal estreita do processo vaginal envolve o **cordão espermático** (*funiculus spermaticus*), o qual é composto pelo ducto deferente e pelos vasos e nervos testiculares, juntamente às suas membranas serosas. O cordão espermático se fixa ao mesofunículo, o qual é contínuo distalmente com o mesórquio (▶Fig. 11.10 e ▶Fig. 11.11). O ducto deferente é envolvido dentro de uma prega do **mesofunículo**. A prega vascular, também denominada mesórquio proximal, se fixa ao epidídimo e continua até o testículo como mesórquio distal.

11.4.2 Posição do escroto

A posição e a orientação do escroto variam consideravelmente entre os mamíferos domésticos (▶Fig. 11.1). O escroto situa-se na região inguinal no equino e no cão, abaixo da **região inguinal** em ruminantes, perineal no suíno e **subanal** no gato.

Em ruminantes, os testículos são mantidos com o eixo longo na vertical, de modo que possuem um escroto profundo e pendular. Os testículos se orientam com o eixo longo horizontal no equino e no cão, ao passo que, no suíno e no gato, eles são inclinados em direção ao ânus.

11.5 Vascularização, linfáticos e inervação dos testículos e seus envoltórios

A **artéria testicular** (*a. testicularis*) se ramifica diretamente da aorta abdominal e segue a parede abdominal, suspensa dentro da prega vascular, juntamente à veia testicular. No interior do funículo espermático, a artéria testicular é extremamente contorcida. No bovino, cerca de 7 m de artéria se encontra dentro de 10 cm de funículo espermático. (▶Fig. 11.9, ▶Fig. 11.10 e ▶Fig. 11.11). A artéria testicular projeta ramos para irrigar o epidídimo (*rami epididymales*) e a parte original do ducto deferente (*rami ductus deferentis*).

As **veias testiculares** formam um **plexo em forma de rede** muito elaborado (plexo pampiniforme) (▶Fig. 11.11, ▶Fig. 11.12 e ▶Fig. 11.14) ao redor das alças arteriais. **Anastomoses arteriovenulares** estão presentes entre a artéria testicular e as veias circundantes dentro do funículo espermático (▶Fig. 11.11). O plexo pampiniforme é, finalmente, reduzido a uma única veia

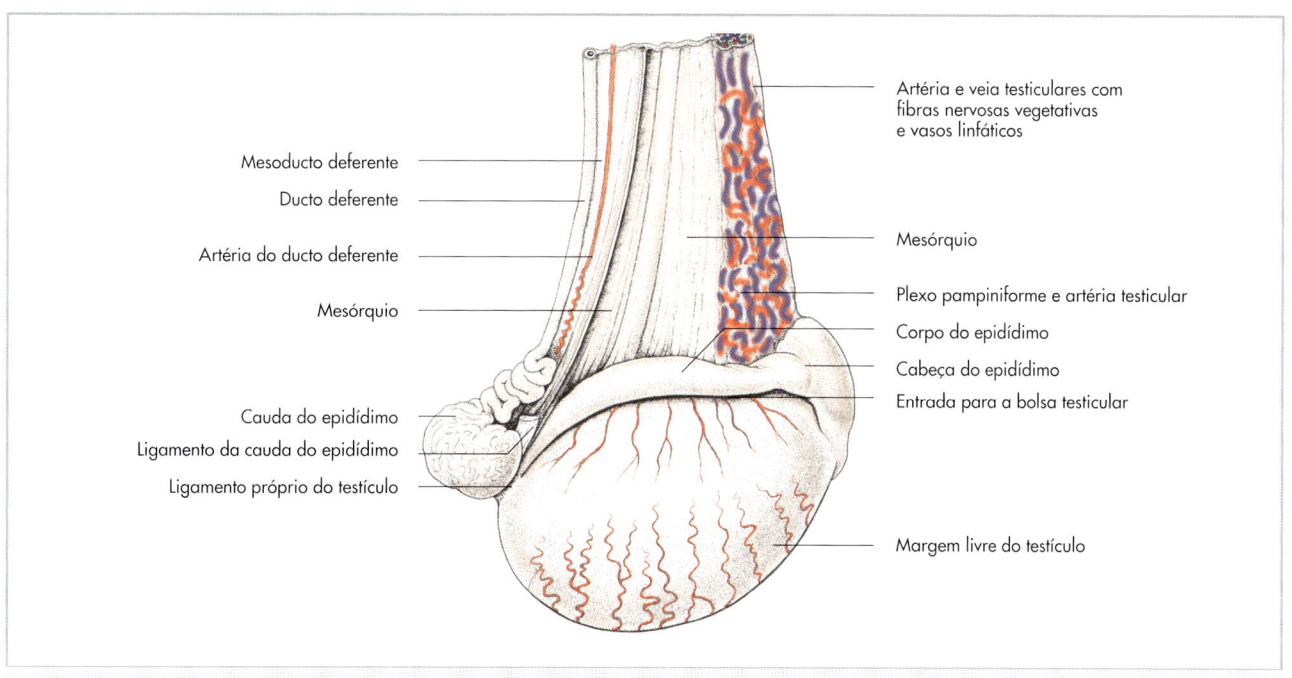

Fig. 11.11 Testículo direito, epidídimo e cordão espermático de um garanhão (representação esquemática, vista lateral).

(*v. testicularis*), a qual desemboca na veia cava caudal. O amplo contato entre os vasos no interior do funículo refrigera o sangue dentro da artéria em sua descida para o testículo.

Os **linfáticos do testículo** desembocam nos **linfonodos aórticos lombares** e nos **linfonodos ilíacos mediais**. A linfa conduz uma fração substancial dos hormônios produzidos pelos testículos. Em caso de tumor testicular, é fundamental remover o testículo afetado o quanto antes, uma vez que o acesso aos linfonodos é impossível devido à sua localização na parede dorsal do abdome e da pelve.

Os testículos recebem **inervação** do sistema nervoso autônomo. As **fibras parassimpáticas** são derivadas do nervo vago e do plexo pélvico, ao passo que as **fibras simpáticas** emergem do plexo mesentérico caudal e do plexo pélvico.

Os **envoltórios do testículo** são vascularizados pela **artéria e veia pudendas externas** (*a. et v. pudenda externa*). Os linfáticos desembocam nos **linfonodos escrotais** ou nos **linfonodos inguinais superficiais**. A inervação deriva dos **ramos ventrais dos nervos lombares**. Os nervos ilio-hipogástrico, ilioinguinal e genitofemoral contribuem para a sua inervação.

11.6 Uretra

A uretra masculina (▶Fig. 10.19, ▶Fig. 10.22, ▶Fig. 11.15, ▶Fig. 11.16 e ▶Fig. 11.17) se prolonga desde o **óstio interno da uretra** (*ostium urethrae internum*), na extremidade caudada do colo da vesícula urinária, até o **óstio externo da uretra** (*ostium urethrae externum*), na extremidade livre do pênis. Com base em sua localização, ela pode ser dividida em:
* uma parte pélvica (*pars pelvina*);
* uma parte peniana (*pars penina*).

A parte pélvica pode ser subdividida em uma parte pré-prostática proximal, a qual conduz a urina, e uma parte prostática, na qual o ducto deferente e o ducto vesicular ou ejaculatório combinados se abrem.

Na parte pré-prostática, há uma **crista uretral** (*crista urethralis*) que se projeta no lúmen e termina em um espessamento (*colliculus seminalis*). O colículo marca as aberturas dos ductos deferentes (no equino e nos ruminantes, os ductos ejaculatórios combinados) e é acompanhado pelas aberturas muito menores pelas quais os vários **ductos prostáticos** (*ductuli prostatici*) liberam as suas secreções. Ao deixar a cavidade pélvica, a uretra é envolta por um tecido altamente vascularizado e prossegue como parte do pênis.

11.7 Glândulas genitais acessórias (*glandulae genitales accessoriae*)

As glândulas genitais acessórias situam-se ao longo da parte pélvica da uretra. A sua presença varia entre as espécies e pode incluir algumas das seguintes glândulas (▶Fig. 11.1 e ▶Fig. 11.15):
* glândula ampolar (*glandula ampulla ductus deferentis*);
* glândula vesicular (*glandula vesicularis*);
* próstata (*prostata*);
* glândula bulbouretral (*glandula bulbourethralis*).

O touro e o garanhão têm um **conjunto completo de glândulas acessórias**. O cachaço possui as **glândulas vesiculares**, **bulbouretrais** e a **próstata**. No gato, estão presentes as **glândulas ampolares**, as **bulbouretrais** e a **próstata**, ao passo que, no cão, apenas as **glândulas ampolares** e a **próstata** estão presentes.

A glândula ampolar envolve a parte terminal do ducto deferente e foi descrita anteriormente neste capítulo.

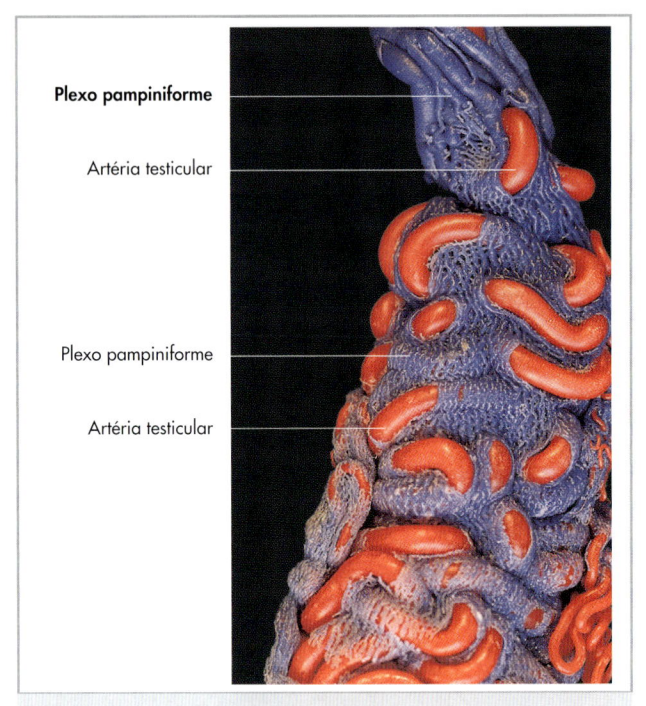

Fig. 11.12 Artérias e veias testiculares dentro do funículo espermático de um carneiro (preparado de corrosão).

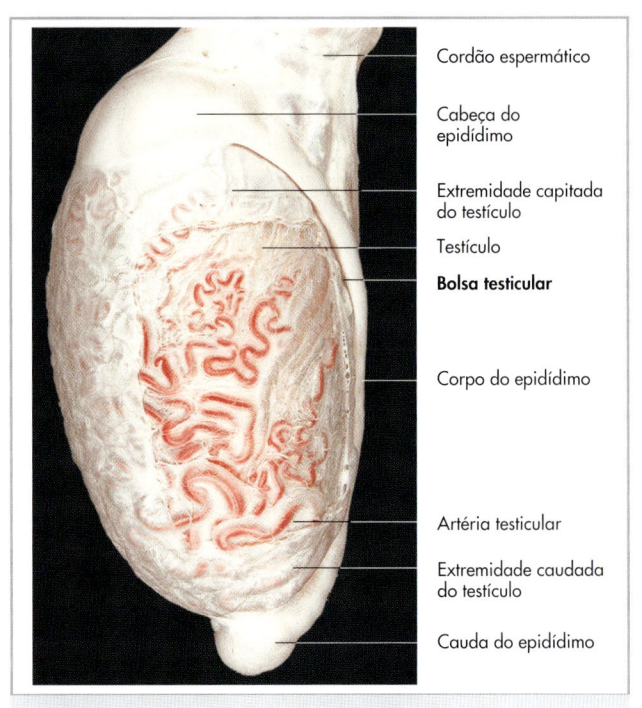

Fig. 11.13 Testículo de um touro após a injeção dos vasos sanguíneos.

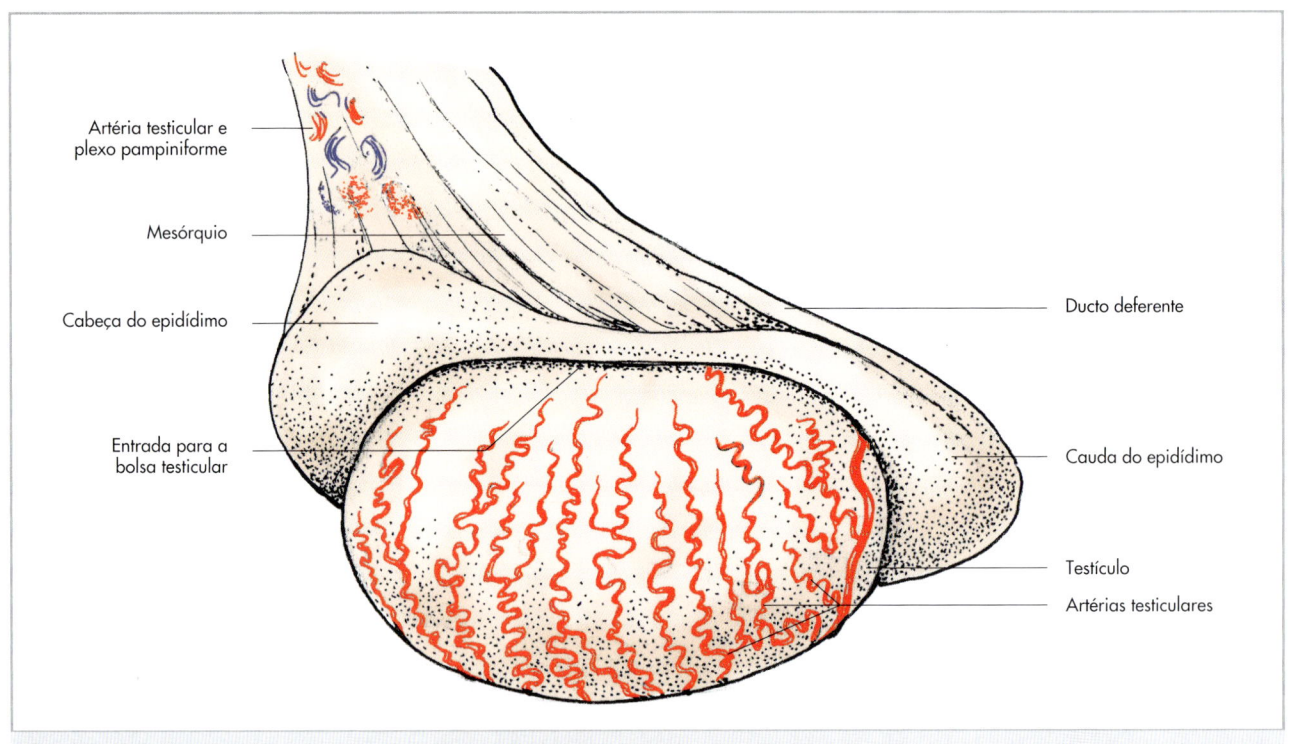

Fig. 11.14 Testículos de um cachaço (representação esquemática).

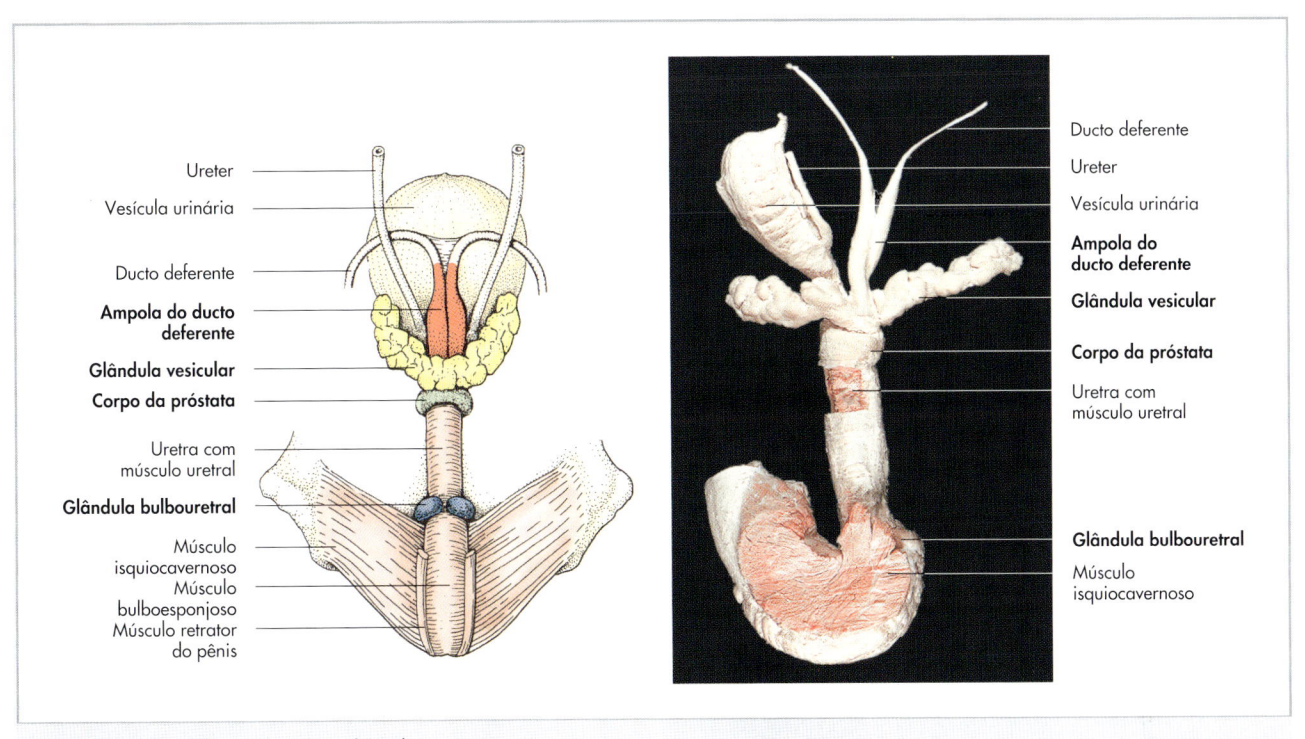

Fig. 11.15 Glândulas genitais acessórias de um touro.

11.7.1 Glândula vesicular (*glandula vesicularis*)

As glândulas vesiculares pares estão presentes em todos os mamíferos domésticos, com exceção do cão e do gato (▶Fig. 11.3, ▶Fig. 11.15, ▶Fig. 11.17 e ▶Fig. 11.18). Em ruminantes e no equino, o seu **ducto excretor** (*ductus excretorius*) se une ao curto ducto deferente logo antes de seu término, e essa passagem comum curta é denominada **ducto ejaculatório** (*ductus ejaculatorius*). No cachaço, as glândulas vesiculares se abrem separadamente na uretra, próximo ao **colículo seminal**.

A glândula vesicular do equino é um órgão oco relativamente grande, com uma parede muscular espessa e uma superfície lisa. No touro e no cachaço, a superfície é irregular. A glândula vesicular é particularmente bem desenvolvida no cachaço, apresentando um formato piramidal característico. No touro, essa glândula pode ser palpada transretalmente.

11.7.2 Próstata (*prostata*)

A próstata está presente em todos os mamíferos domésticos (▶Fig. 11.1 e ▶Fig. 11.15). Em alguns mamíferos, ela é composta por duas partes: uma é distribuída difusamente na parede da uretra pélvica, a **parte disseminada** (*pars disseminata*), e a outra é um **corpo** (*corpus prostatae*) compacto, situado externamente à uretra.

O equino possui apenas o corpo, ao passo que os pequenos ruminantes possuem apenas a parte disseminada. O touro possui ambos, mas o corpo é pequeno e plano. No cão e no gato, há apenas vestígios da parte disseminada, porém o corpo é grande e globular. O corpo é tão extenso nessas espécies, que envolve completamente a uretra no cão e grande parte da uretra no gato.

A hipertrofia da próstata é relativamente comum em cães mais velhos e pode levar à constipação devido à pressão da próstata aumentada sobre o reto.

11.7.3 Glândula bulbouretral (*glandula bulbourethralis*)

A glândula bulbouretral par (▶Fig. 11.3 e ▶Fig. 11.15) é encontrada em todos os mamíferos domésticos, com exceção do cão. Ela situa-se na face dorsal da uretra pélvica, próximo à sua saída pélvica. No garanhão, o tamanho da glândula bulbouretral é o mesmo de uma noz, ao passo que, no touro, ela chega ao tamanho de uma cereja. No gato, ela é muito pequena e esférica. O seu tamanho é considerável no cachaço, onde se projeta em toda a extensão da parte pélvica da uretra, apresentando um formato cilíndrico. Em suínos castrados, a glândula bulbouretral é consideravelmente menor, de modo que o seu tamanho pode ser usado como indicativo de castração recente.

Todas as glândulas genitais acessórias têm **cápsulas de tecido mole bem desenvolvidas** e **septos internos**, os quais são ricos em fibras musculares lisas. Essas fibras musculares são inervadas pelo sistema nervoso autônomo e são responsáveis por expelir a secreção das glândulas. A testosterona possui um efeito positivo sobre a produção de secreções que contêm **frutose** e **citrato** para nutrição, transporte e proteção dos espermatozoides. A testosterona também intensifica a movimentação dos espermatozoides e atua como agente de tamponamento fisiológico contra o ambiente ácido no interior da vagina.

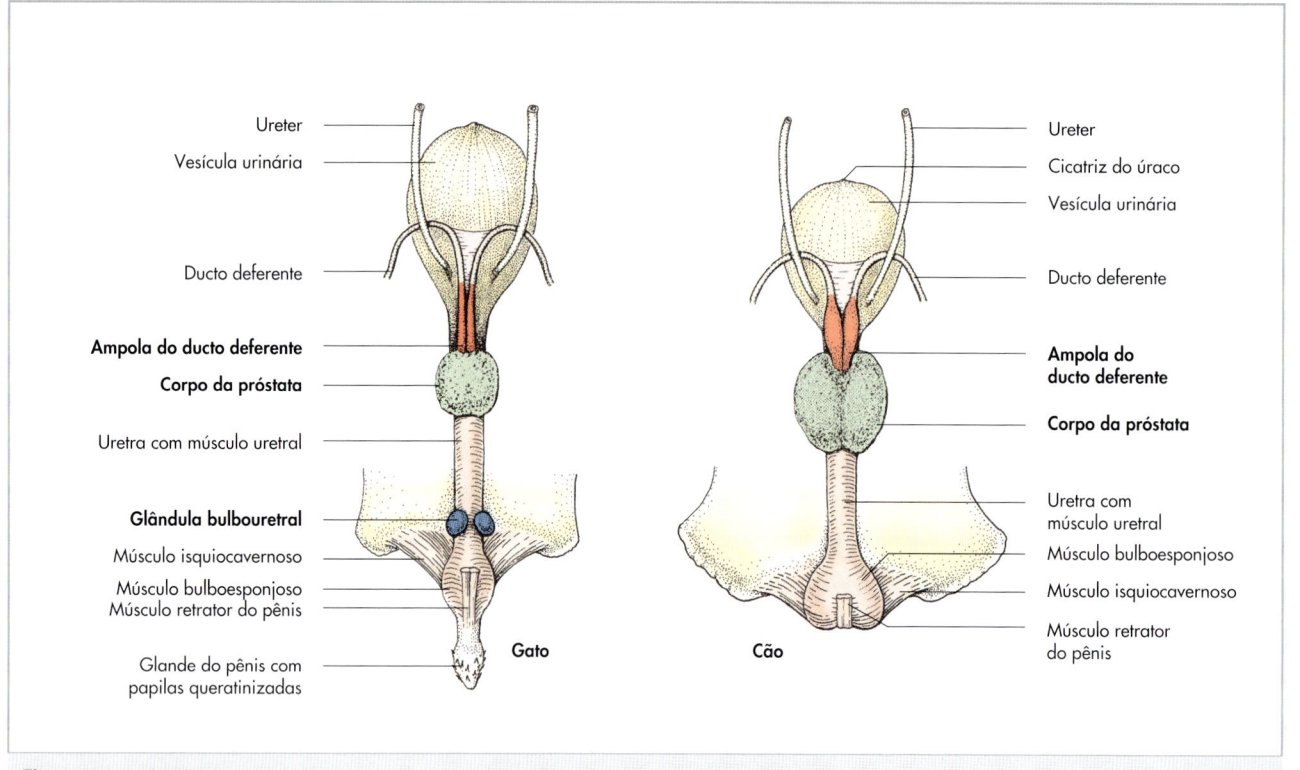

Fig. 11.16 Glândulas genitais acessórias de um gato e de um cão (representação esquemática).

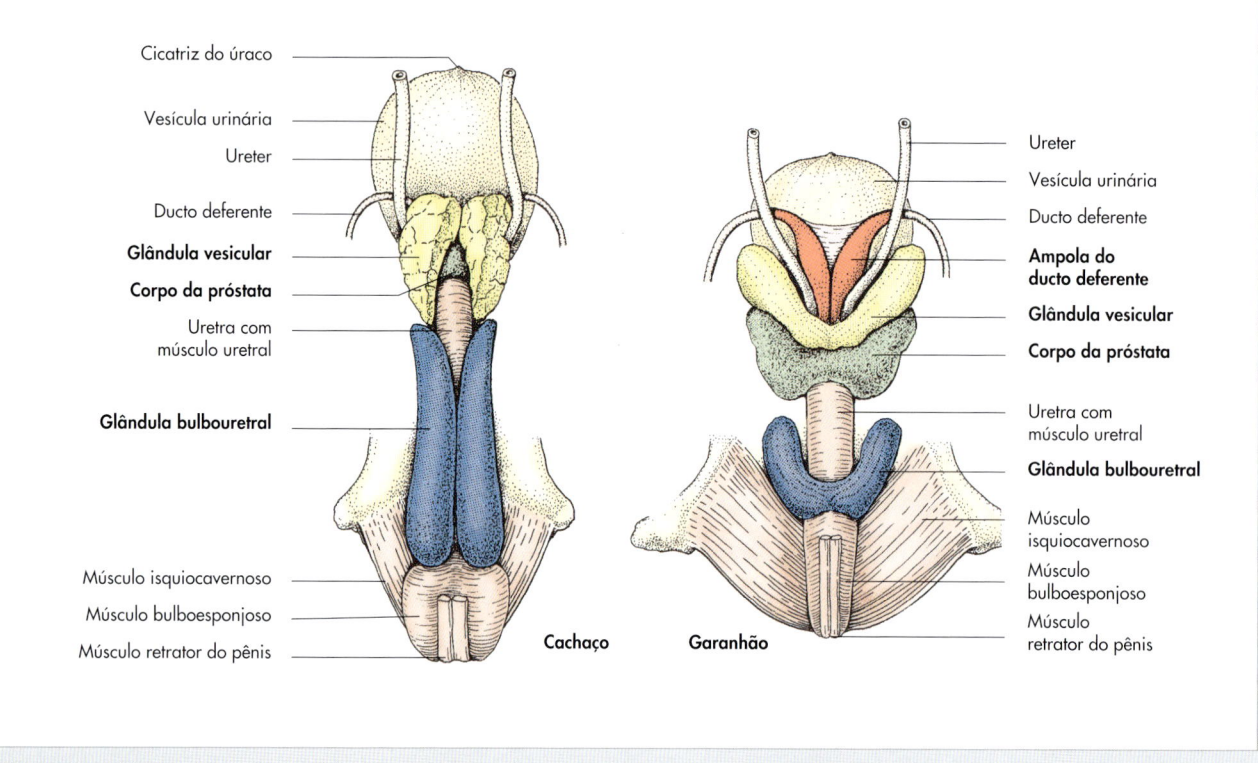

Fig. 11.17 Glândulas genitais acessórias de um cachaço e de um garanhão (representação esquemática).

Órgãos genitais masculinos (*organa genitalia masculina*) 443

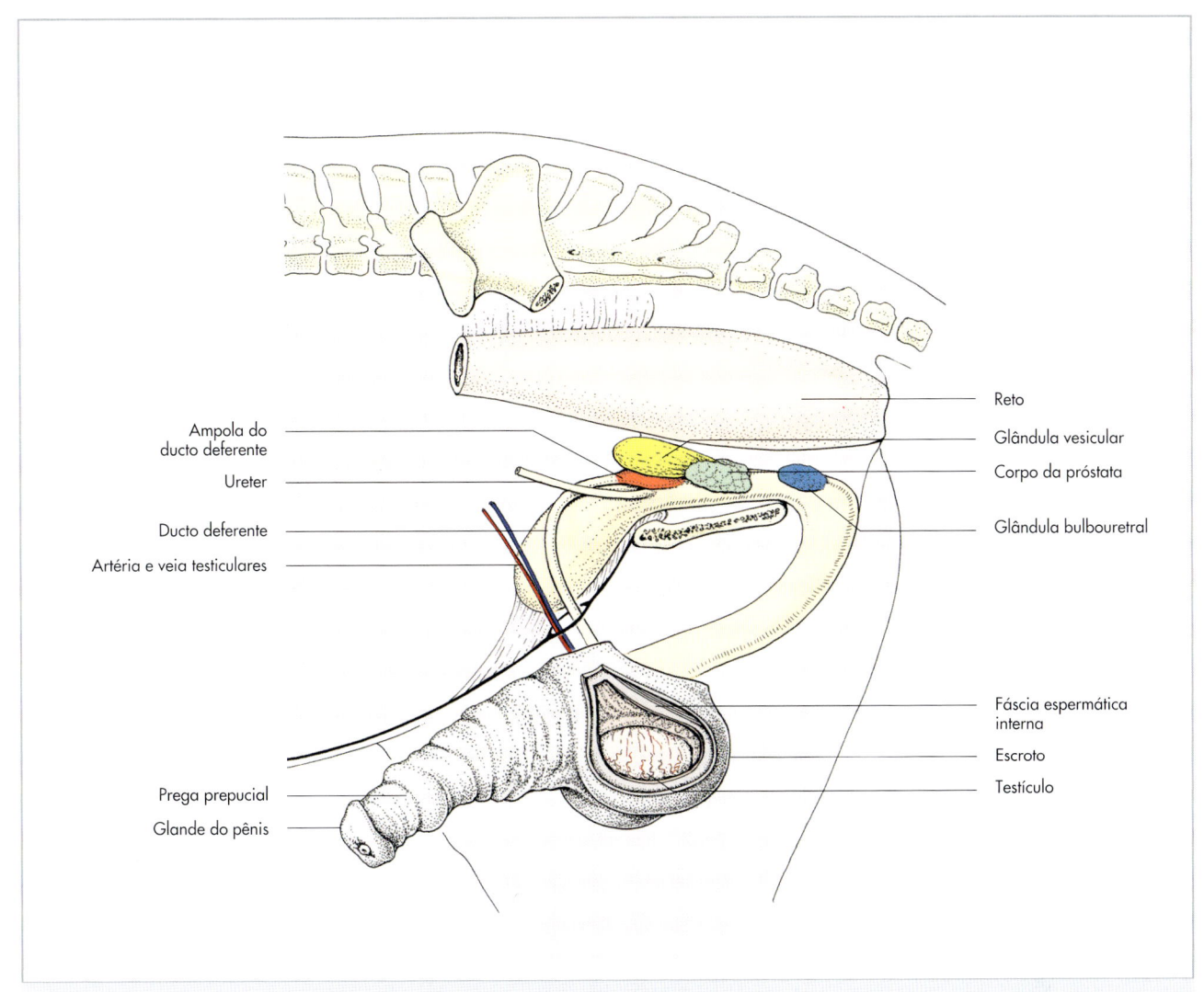

Fig. 11.18 Órgãos genitais masculinos de um garanhão (representação esquemática).

Legendas da figura:
- Ampola do ducto deferente
- Ureter
- Ducto deferente
- Artéria e veia testiculares
- Prega prepucial
- Glande do pênis
- Reto
- Glândula vesicular
- Corpo da próstata
- Glândula bulbouretral
- Fáscia espermática interna
- Escroto
- Testículo

11.8 Pênis

O pênis se origina como dois pilares do arco isquiático, os quais convergem para formar a **raiz do pênis** (*radix penis*), que, por sua vez, prossegue como o **corpo do pênis** (*corpus penis*) até a **glande do pênis** (*glans penis*).

O pênis é suspenso entre as coxas na face ventral do tronco, com a sua extremidade livre voltada para o umbigo em todos os mamíferos domésticos, com exceção do gato, no qual ele se direciona caudalmente (▶Fig. 11.1, ▶Fig. 11.20, ▶Fig. 11.21 e ▶Fig. 11.22). O órgão é construído a partir de três colunas de tecido erétil, as quais são independentes na raiz do pênis, mas se combinam nos segmentos restantes deste.

O **pênis** é composto pelas seguintes divisões e subdivisões:
- **raiz do pênis** (*radix penis*) com:
  - pilares do pênis (*crura penis*), formados por duas colunas de tecido cavernoso (*corpora cavernosa*);
  - bulbo ímpar do pênis (*bulbus penis*), formado pelo corpo esponjoso do pênis;
- **corpo do pênis** (*corpus penis*) com:
  - corpo cavernoso (*corpus cavernosum*);
  - corpo esponjoso (*corpus spongiosum urethrae*);
- **glande do pênis** (*glans penis*) com:
  - corpo esponjoso (*corpus spongiosum glandis*);
  - osso peniano, uma modificação do corpo cavernoso (cão).

As duas colunas dorsais de tecido erétil são conhecidas como os **pilares do pênis**, os quais consistem em um centro de **tecido cavernoso** envolto por uma camada espessa de tecido conjuntivo, a túnica albugínea. Os **corpos cavernosos pares preenchidos com sangue** (*corpora cavernosa*) convergem e prosseguem distalmente no corpo do pênis. O corpo cavernoso de cada pilar permanece distinto dentro do corpo, onde existe um septo entre eles.

O **dorso do pênis** é marcado por um **sulco raso** (*sulcus dorsalis penis*), ao passo que a face ventral (uretral) apresenta um **sulco profundo** (*sulcus ventralis penis*) para acomodar a uretra e sua lâmina vascular, o **corpo esponjoso** (▶Fig. 11.24 e ▶Fig. 11.25).

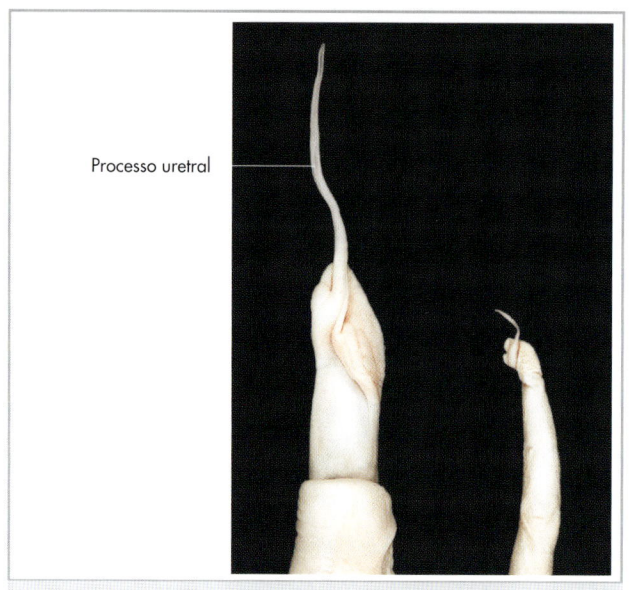

Fig. 11.19 Extremidade do pênis de um carneiro (à esquerda) e de um bode (à direita).

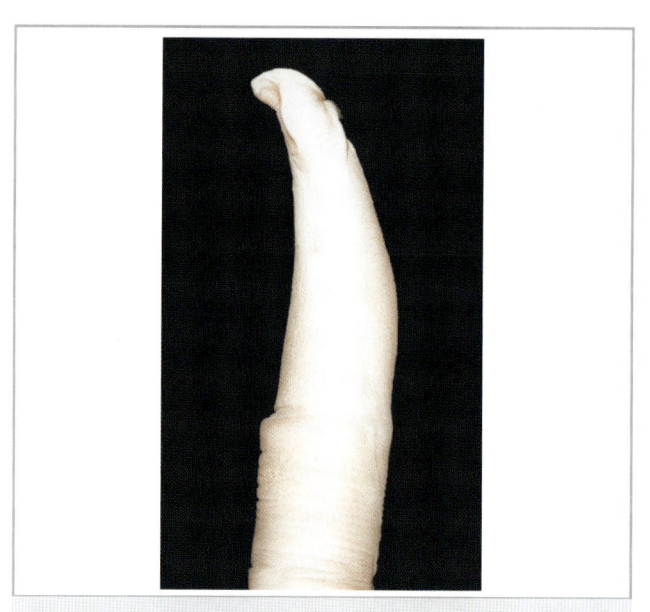

Processo uretral

Fig. 11.20 Parte livre do pênis de um touro.

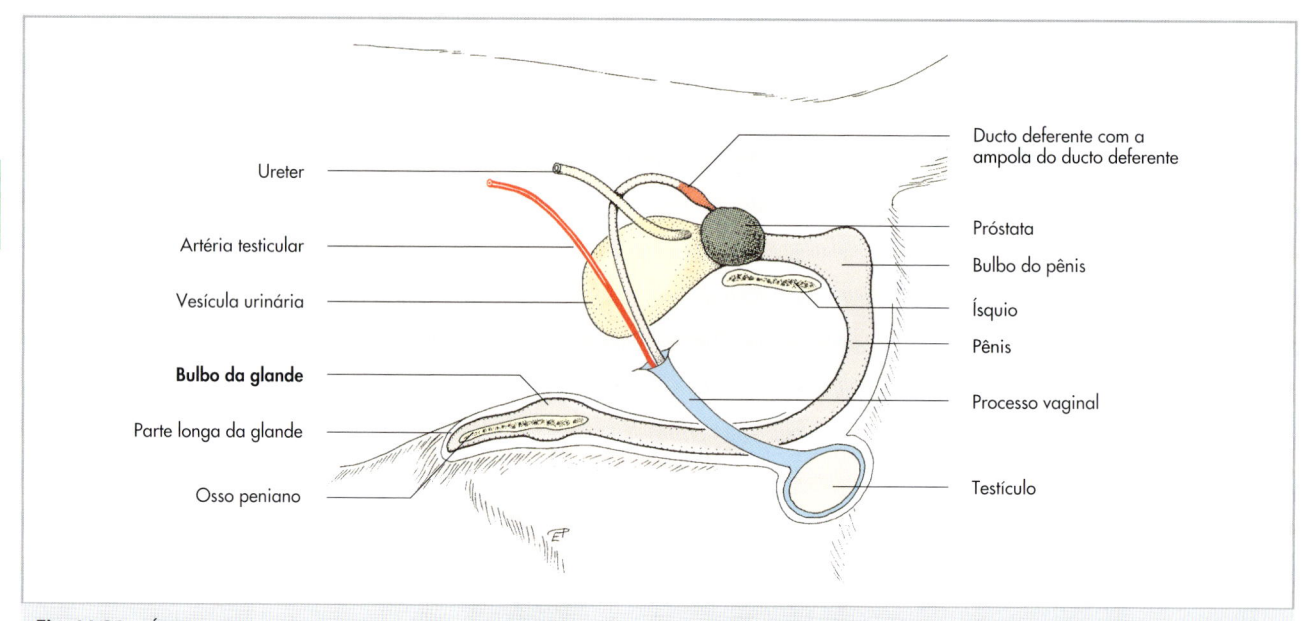

Ureter
Artéria testicular
Vesícula urinária
Bulbo da glande
Parte longa da glande
Osso peniano

Ducto deferente com a ampola do ducto deferente
Próstata
Bulbo do pênis
Ísquio
Pênis
Processo vaginal
Testículo

Fig. 11.21 Órgãos genitais e glândulas genitais acessórias de um cão (representação esquemática). (Fonte: com base em dados de Dyce et al., 2002.)

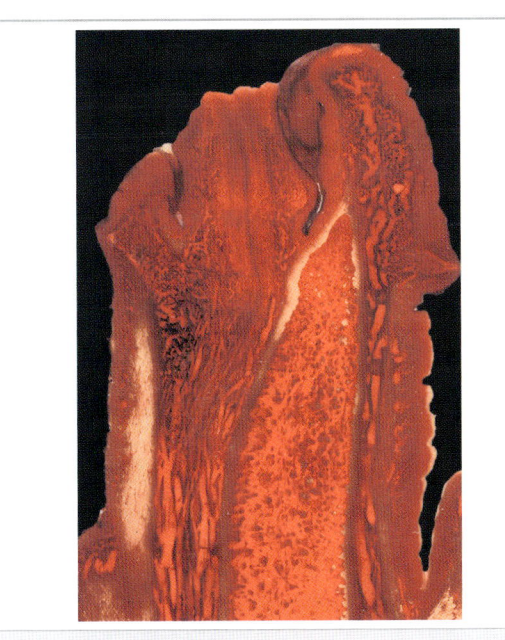

Fig. 11.22 Vasos sanguíneos da glande do pênis de um garanhão (plastinação em corte E-12). (Fonte: cortesia do Prof. Dr. M.-C. Sora, Viena.)

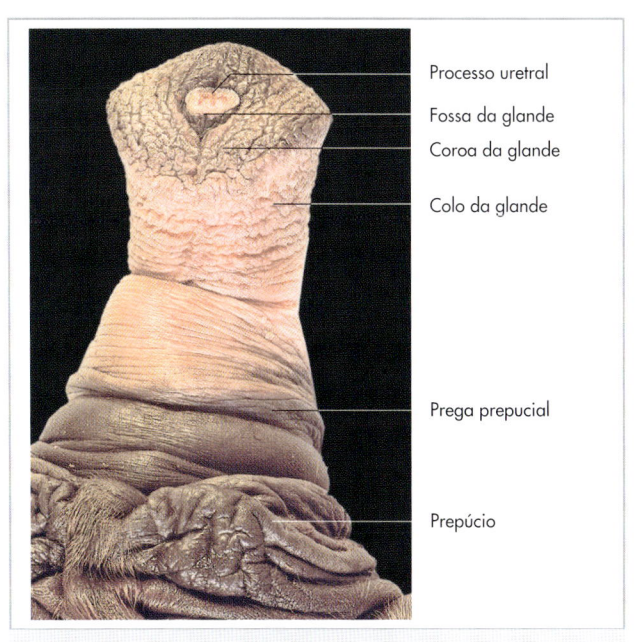

Fig. 11.23 Parte livre do pênis de um garanhão.

Labels (Fig. 11.23): Processo uretral; Fossa da glande; Coroa da glande; Colo da glande; Prega prepucial; Prepúcio.

O **corpo esponjoso ímpar** (*corpus spongiosum*) fornece a terceira coluna de tecido erétil e é mais delicado que os corpos cavernosos, com espaços maiores para o sangue, separados por septos mais finos. Ele se origina na saída pélvica, com alargamento repentino do pouco tecido esponjoso que circunda a parte pélvica da uretra. A expansão forma o **bulbo do pênis**, anteriormente denominado **bulbo uretral**, um sáculo esponjoso preenchido com sangue e bilobado, que se situa entre os pilares próximos ao arco isquiático (▶Fig. 11.23). O bulbo forma uma união ininterrupta com o corpo esponjoso do pênis que envolve a uretra peniana. O corpo esponjoso se prolonga para além da extremidade distal do corpo cavernoso, para formar a glande do pênis, a qual constitui o ápice do órgão inteiro. A glande do pênis conta com o **óstio externo da uretra** em todos os mamíferos domésticos, com exceção dos pequenos ruminantes, nos quais um **processo uretral** livre prolonga a uretra para além da glande (▶Fig. 11.19 e ▶Fig. 11.23).

Há **dois tipos diferentes de pênis** nos mamíferos domésticos quanto à estrutura do corpo cavernoso.

O **pênis fibroelástico** dos ruminantes e do suíno tem pequenos espaços sanguíneos, divididos por quantidades substanciais de tecido fibroelástico resistente, e é envolto por uma túnica albugínea espessa, que envolve tanto o corpo cavernoso quanto o corpo esponjoso. Nesses animais, o pênis em repouso exibe uma **flexura sigmoide** (*flexura sigmoidea penis*) (▶Fig. 11.3 e ▶11.4) entre as coxas. Relativamente pouco sangue adicional é necessário para deixar esse tipo de pênis ereto, e o alongamento do pênis é alcançado principalmente ao se deixar a flexura sigmoide reta.

No **pênis musculocavernoso**, os espaços sanguíneos são maiores, e a túnica e os septos interpostos são mais delicados e musculares. Esse tipo de pênis é encontrado no garanhão e em carnívoros. Um volume de sangue consideravelmente maior é necessário para se alcançar a ereção, a qual é marcada por um aumento significativo tanto de diâmetro como de comprimento do pênis (▶Fig. 11.1, ▶Fig. 11.2 e ▶Fig. 11.5).

A **glande do pênis** exibe alterações específicas em cada espécie (▶Fig. 11.18). No garanhão, a glande se assemelha a um cogumelo, sendo que a **coroa** (*corona glandis*) é a parte mais larga. Na direção do corpo do pênis e por trás da coroa, a glande é comprimida para formar o **colo da glande** (*collum glandis*). A extremidade livre da coroa é marcada por uma **fossa** (*fossa glandis*) central, na qual a parte final da uretra se projeta (▶Fig. 11.23). A fossa da glande tende a acumular esmegma, cujo espessamento pode causar desconforto.

No cão, a extremidade distal do corpo cavernoso é modificada para formar o **osso peniano** (*os penis*) (▶Fig. 11.24), o qual apresenta um sulco ventral para acomodar a uretra no interior do corpo esponjoso. O envolvimento parcial da uretra dentro do sulco do osso peniano impede a passagem de cálculos uretrais, os quais podem ficar alojados na extremidade proximal do osso.

A glande do pênis é bastante avantajada e se divide em uma **parte longa distal** (*pars longa glandis*) e uma **parte proximal expandida**, o **bulbo da glande** (*bulbus glandis*). A forma característica das duas partes da glande corresponde ao formato do bulbo vestibular da fêmea. A separação forçada entre cães machos e fêmeas durante o coito pode causar lesões graves aos dois animais.

O pênis do gato tem características que o tornam único entre os mamíferos domésticos, devido à sua orientação caudal em estado de repouso (▶Fig. 11.1). No gato, o osso peniano mede de 5 a 8 mm e não possui sulco ventral. A glande dispõe de **papilas queratinizadas**, as quais se direcionam proximalmente em estado flácido e se irradiam em todas as direções durante a ereção. As papilas diminuem de tamanho com a castração. Durante a ereção, a direção do pênis se inverte, com o auxílio do ligamento da extremidade do pênis. A obstrução da uretra por cálculos é bastante comum no gato.

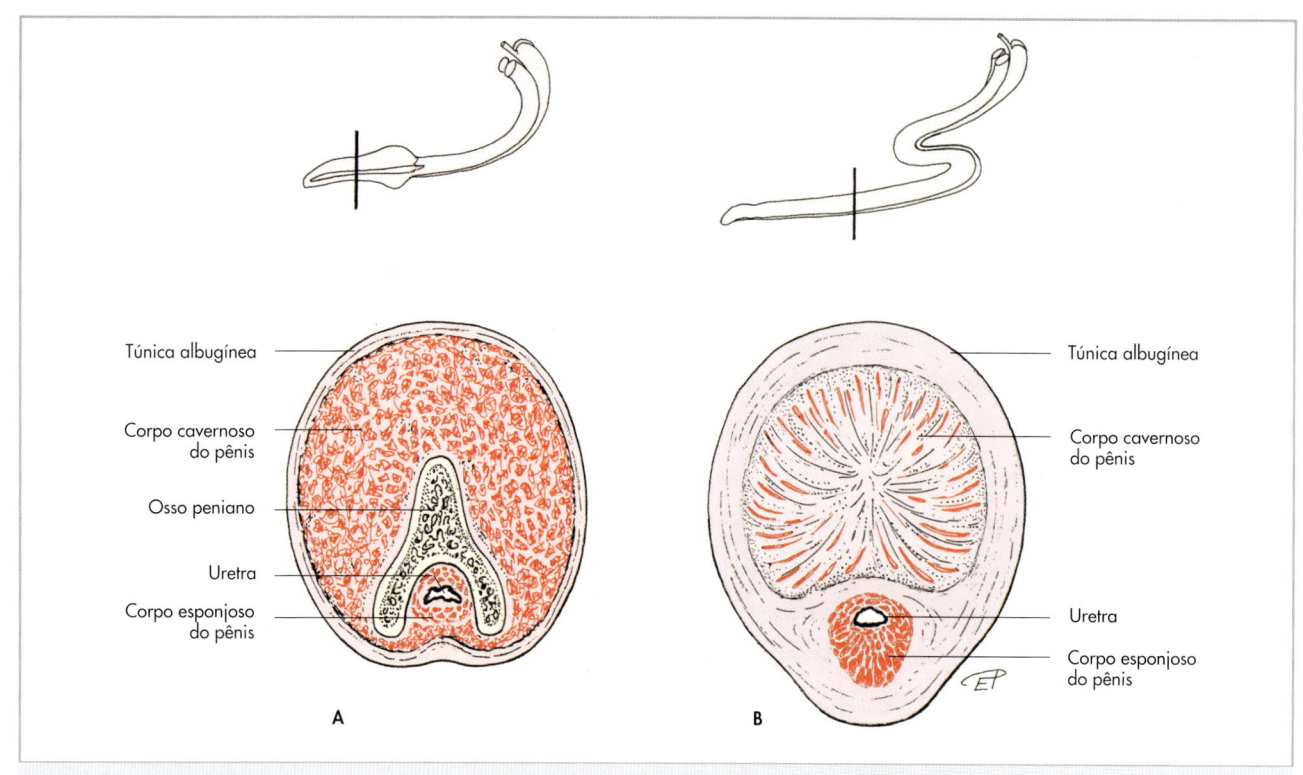

Fig. 11.24 (A) Pênis de um cão e (B) de um touro (representação esquemática, secção transversal).

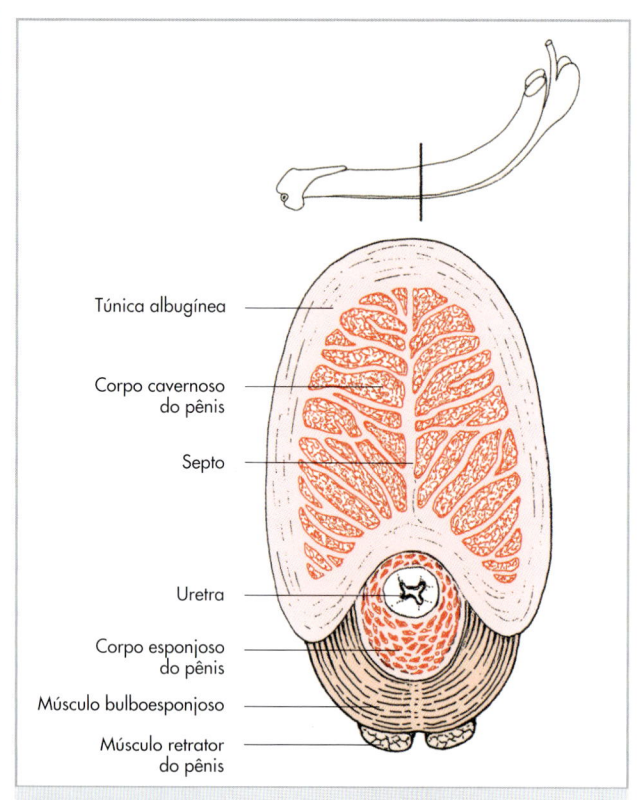

Fig. 11.25 Pênis de um garanhão (representação esquemática, secção transversal).

No suíno, a terminação livre do pênis **gira em torno de seu eixo longitudinal**, de modo semelhante a um saca-rolhas, em cujo topo há uma pequena glande (▶Fig. 11.26). Embora a anatomia geral inclua o pênis do suíno no tipo fibroelástico, há evidências histológicas que sustentam a opinião de alguns autores de que o pênis do suíno é do tipo musculocavernoso.

No touro, a extremidade livre do pênis é coroada por uma pequena glande, a qual é **assimétrica** e **ligeiramente espiralada** (▶Fig. 11.27). A uretra termina em uma projeção baixa, com uma abertura estreita em sua extremidade.

A extremidade do pênis é bastante característica em pequenos ruminantes, nos quais o processo uretral prossegue (cerca de 4 cm no ovino e 2,5 cm no caprino) além da glande substancial. O processo uretral contém tecido erétil.

11.8.1 Prepúcio (*preputium*)

O prepúcio, ou bainha, é uma dobra de pele que cobre a extremidade livre do pênis em estado de repouso. Ele consiste em lâminas externa e interna, as quais são contínuas no **óstio prepucial** (*ostium preputiale*). O prepúcio equino possui uma característica distinta, pois apresenta uma prega adicional que permite o alongamento considerável do pênis durante a ereção.

A **lâmina externa** é a pele da superfície exterior, a qual prossegue como a bainha interna no **ânulo prepucial**. Por fim, ela forma uma camada visceral, a qual é aplicada diretamente sobre a parte distal do pênis (▶Fig. 11.23 e ▶Fig. 11.27). A **lâmina interna** possui uma grande quantidade de tecido linfoide e glândulas sebáceas modificadas que secretam esmegma, facilitando a introdução do

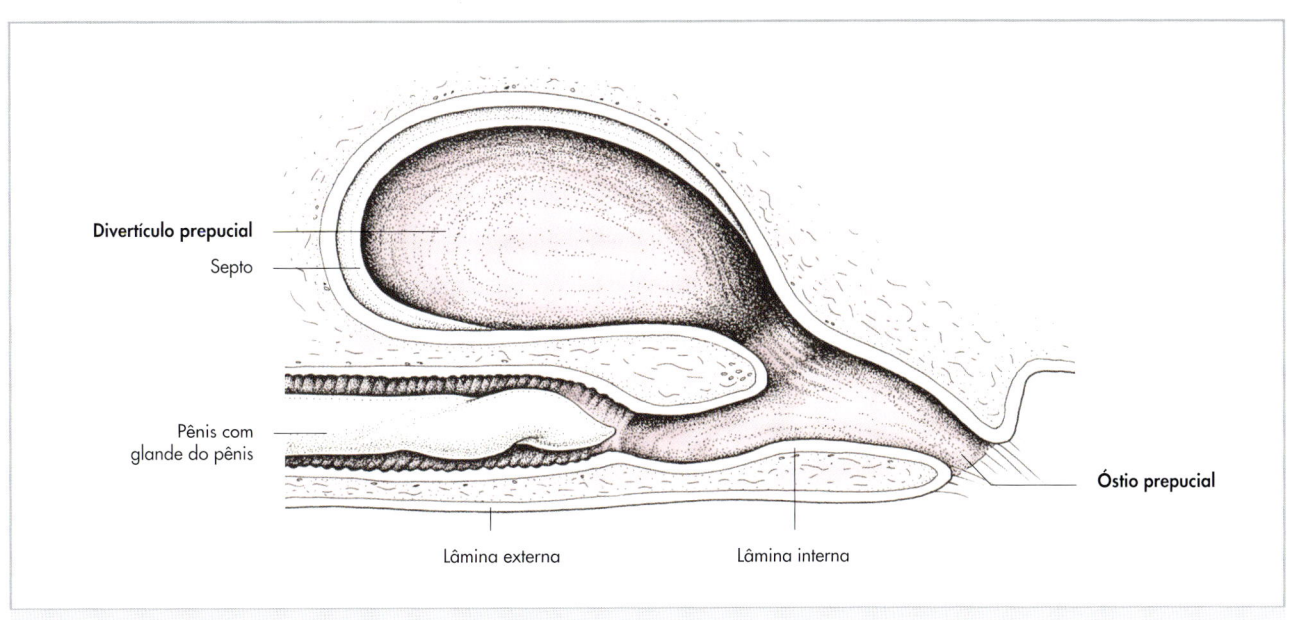

Fig. 11.26 Prepúcio e glande do pênis de um cachaço (representação esquemática).

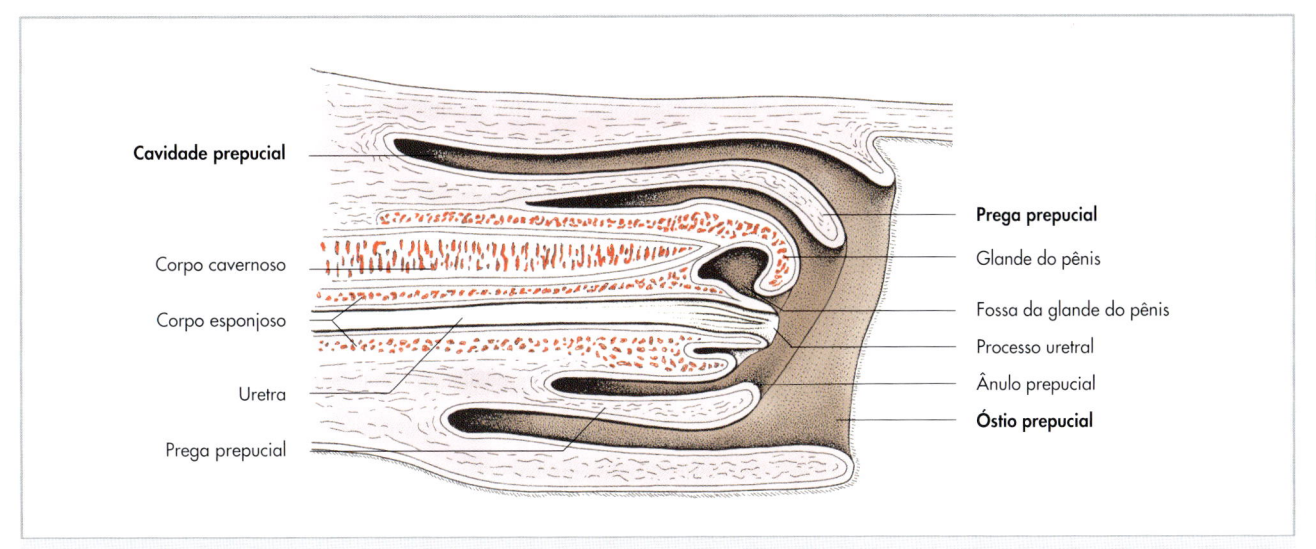

Fig. 11.27 Prepúcio e glande do pênis de um garanhão (representação esquemática). (Fonte: com base em dados de Schaller, 1992.)

pênis na vagina da fêmea. A lâmina externa é marcada por uma rafe mais ou menos distinta como a continuação da rafe do escroto.

O prepúcio pode ser retraído e projetado por meio de diversos **músculos estriados**, os quais podem ser entendidos como extensões do músculo cutâneo do tronco. Os **músculos prepuciais caudais** estão presentes em todas as espécies domésticas, exceto no equino, e servem para retrair o prepúcio e expor a extremidade do pênis. Os **músculos prepuciais craniais**, que projetam o prepúcio, são encontrados apenas em ruminantes. No touro e no cachaço, longos pelos circundam a abertura para o prepúcio. No cachaço, o prepúcio dobra-se sobre si dorsalmente para formar o divertículo prepucial, o qual é dividido em dois compartimentos por um septo mediano (▶Fig. 11.26). Ele possui uma capacidade de cerca de 135 ml e contém fluido de aroma pungente, composto de resquícios celulares e urina, responsáveis pelo seu odor característico.

11.8.2 Músculos do pênis

Os músculos do pênis (Fig. 11.16) consistem em:
- músculo isquiocavernoso par (*m. ischiocavernosus*);
- músculo bulboesponjoso (*m. bulbospongiosus*);
- músculo retrator do pênis par (*m. retractor penis*).

Os **músculos isquiocavernosos pares** são fortes, emergem do arco isquiático e envolvem os pilares até a altura de sua fusão na raiz do pênis. O **músculo bulboesponjoso** é a continuação extrapélvica do músculo uretral estriado, o qual envolve a parte pélvica da uretra. Ele se prolonga distalmente na superfície do corpo esponjoso, em uma distância que varia conforme o tipo de pênis. Em animais com pênis fibroelástico, ele se limita ao terço proximal do pênis; no garanhão, ele prossegue até a extremidade do pênis.

O **músculo retrator do pênis** também é par e emerge das vértebras caudais, descendo através do períneo ao redor do ânus para alcançar o pênis. Em espécies com uma flexura sigmoide (ruminantes e suínos), ele se fixa ao arco caudal dessa flexura; em espécies com pênis musculocavernoso, ele segue o músculo bulboesponjoso até a extremidade do pênis. O músculo retrator é composto principalmente por fibras musculares lisas.

11.8.3 Vascularização, linfáticos e inervação da uretra e do pênis

A uretra, as glândulas genitais acessórias e o pênis são vascularizados por ramos da **artéria pudenda interna**. Um ramo, a artéria prostática, irriga os órgãos genitais situados na cavidade pélvica. Na altura do arco isquiático, a artéria pudenda interna se divide em **artéria do bulbo do pênis**, que irriga o corpo esponjoso, **artéria profunda do pênis**, que irriga o corpo cavernoso, e **artéria dorsal do pênis**, que segue a extensão do pênis para suprir a glande.

A **artéria pudenda interna** é aumentada por ramos da **artéria pudenda externa** para a vascularização da extremidade do pênis e forma anastomose com a artéria dorsal do pênis para vascularizar o prepúcio. No garanhão, formam-se anastomoses adicionais entre a artéria dorsal do pênis e a artéria obturatória.

Os **vasos linfáticos** dos órgãos genitais situados na cavidade pélvica drenam para os **linfonodos ilíacos mediais** e para os **linfonodos sacrais**. Os vasos linfáticos do pênis e do prepúcio drenam para os **linfonodos inguinais superficiais (do escroto)**.

A **inervação** do pênis é realizada pelo **nervo pudendo** par, o qual transporta múltiplas fibras parassimpáticas. Uma grande quantidade de terminações nervosas é encontrada na glande do pênis e na lâmina interna do prepúcio.

11.8.4 Ereção e ejaculação

No início da ereção, o fluxo sanguíneo para o pênis aumenta enquanto as paredes das artérias relaxam. Ao mesmo tempo, o fluxo venoso fica obstruído na raiz do pênis, onde as veias são comprimidas contra o arco isquiático. Isso tem mais efeito no corpo cavernoso do que no esponjoso; o último, portanto, preenche após o primeiro. O processo continua e se intensifica após a penetração do pênis, e a pressão interna do tecido erétil se eleva ainda mais. Após a ejaculação, o corpo cavernoso se esvazia antes do corpo esponjoso, e a pressão cai rapidamente.

Em espécies com **pênis fibroelástico**, pouco sangue adicional é necessário para distender os espaços cavernosos. Portanto, uma ereção total é adquirida mais rapidamente. O pênis não aumenta muito de tamanho, e sua projeção ocorre, em grande parte, devido à distensão da flexura sigmoide. No **pênis musculocavernoso**, os espaços cavernosos são muito maiores, de modo que é necessário reter um volume maior de sangue para se obter uma ereção total. Portanto, esse processo requer mais tempo e há um aumento muito maior da extensão e do diâmetro do pênis.

A **ereção** ocorre antes da ejaculação. O sêmen é transportado continuamente em direção à ampola do ducto deferente por meio de movimentos peristálticos do ducto do epidídimo e do ducto deferente, causados por **células musculares lisas** no interior de suas paredes. A atividade secretora do revestimento do ducto do epidídimo é regulada por androgênios, os quais têm efeito positivo sobre a motilidade espermática.

Terminologia clínica

Exemplos de expressões clínicas relacionadas ao sistema genital masculino: orquite, orquiectomia, funiculite, epididimite, prostatite, cisto paraprostático, priapismo, fimose, criptorquidismo, neoplasia de células de Sertoli, hérnia inguinal, torções testiculares e muitos outros.

12 Órgãos genitais femininos (*organa genitalia feminina*)

H. E. König e H.-G. Liebich

Os órgãos genitais femininos são constituídos de forma análoga aos órgãos genitais masculinos, sendo divididos em órgãos que **produzem os gametas** e órgãos que são responsáveis pelo **transporte** e o **armazenamento dos gametas**. Os órgãos genitais femininos incluem um **par de ovários** e **tubas uterinas**, o **útero** e a **vagina**.

Os ovários produzem tanto gametas femininos quanto hormônios. As tubas uterinas pares capturam os ovócitos liberados pelos ovários e os transportam para o útero, onde o ovo fertilizado é mantido. A vagina serve como órgão copulatório e, juntamente à sua continuação, o **vestíbulo**, como canal de parto e passagem da urina (▶Fig. 12.1, ▶Fig. 12.2, ▶Fig. 12.3, ▶Fig. 12.4, ▶Fig. 12.5 e ▶Fig. 12.33).

12.1 Ovário (*ovarium*)

Os ovários se originam do **primórdio gonadal**, posicionado na região lombar da face medial do **mesonefro**. Esses cordões de células incorporam as **células germinativas primordiais**, as quais têm uma origem distante no saco vitelino e alcançam a gônada por meio de migração. Mais tarde, durante o desenvolvimento do animal, essas células formam **aglomerados**, os quais se diferenciam em **gametas femininos** e **células de suporte** (uma descrição mais detalhada pode ser obtida em obras de embriologia e histologia).

12.1.1 Posição, forma e tamanho dos ovários

Na cadela e na gata, os ovários não mudam do seu local original de desenvolvimento, permanecendo na **parte dorsal do abdome**, caudal aos rins. Nas outras espécies domésticas, os ovários sofrem algum grau de migração (*descensus ovarii*), sendo que a maior migração ocorre em ruminantes, nos quais os ovários se posicionam próximos à parede abdominal ventral, cranial à entrada da cavidade pélvica. No suíno, os ovários descem até a região média do abdome. Na égua, eles localizam-se de 8 a 10 cm ventral à parede dorsal do abdome (▶Fig. 12.1 e ▶Fig. 12.2).

Em todas as espécies domésticas, exceto no equino, os ovários têm forma basicamente elipsoidal, ao passo que a sua superfície é caracterizada por grandes folículos e corpos lúteos (▶Fig. 12.3, ▶Fig. 12.4 e ▶Fig. 12.5).

Os ovários da égua têm a forma de um rim, e sua superfície é relativamente regular. Cada ovário mede cerca de 4 a 6 cm de comprimento na vaca; 1,5 a 2 cm em pequenos ruminantes; 8 a 12 cm na égua; 1 a 1,5 cm na cadela; e 0,8 a 1 cm na gata durante os estágios ativos de reprodução na vida do animal.

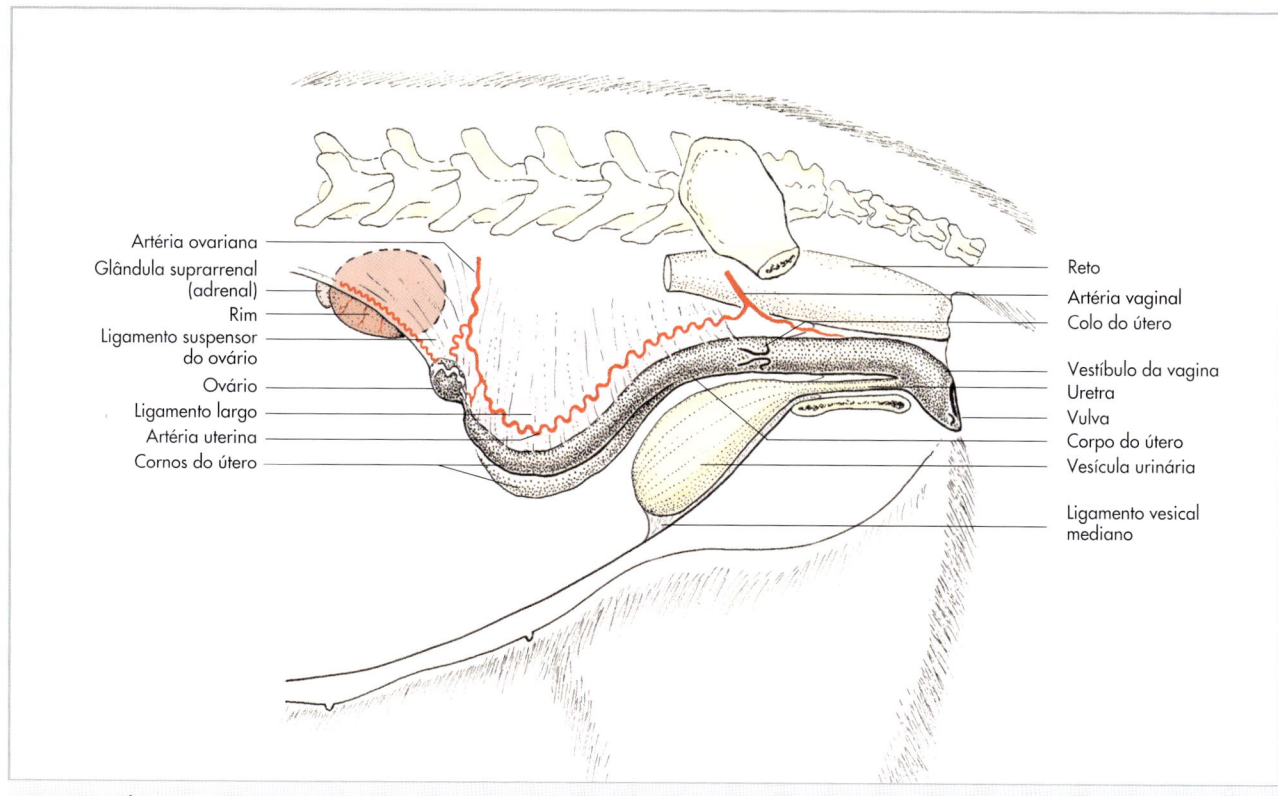

Fig. 12.1 Órgãos genitais femininos de uma gata (representação esquemática).

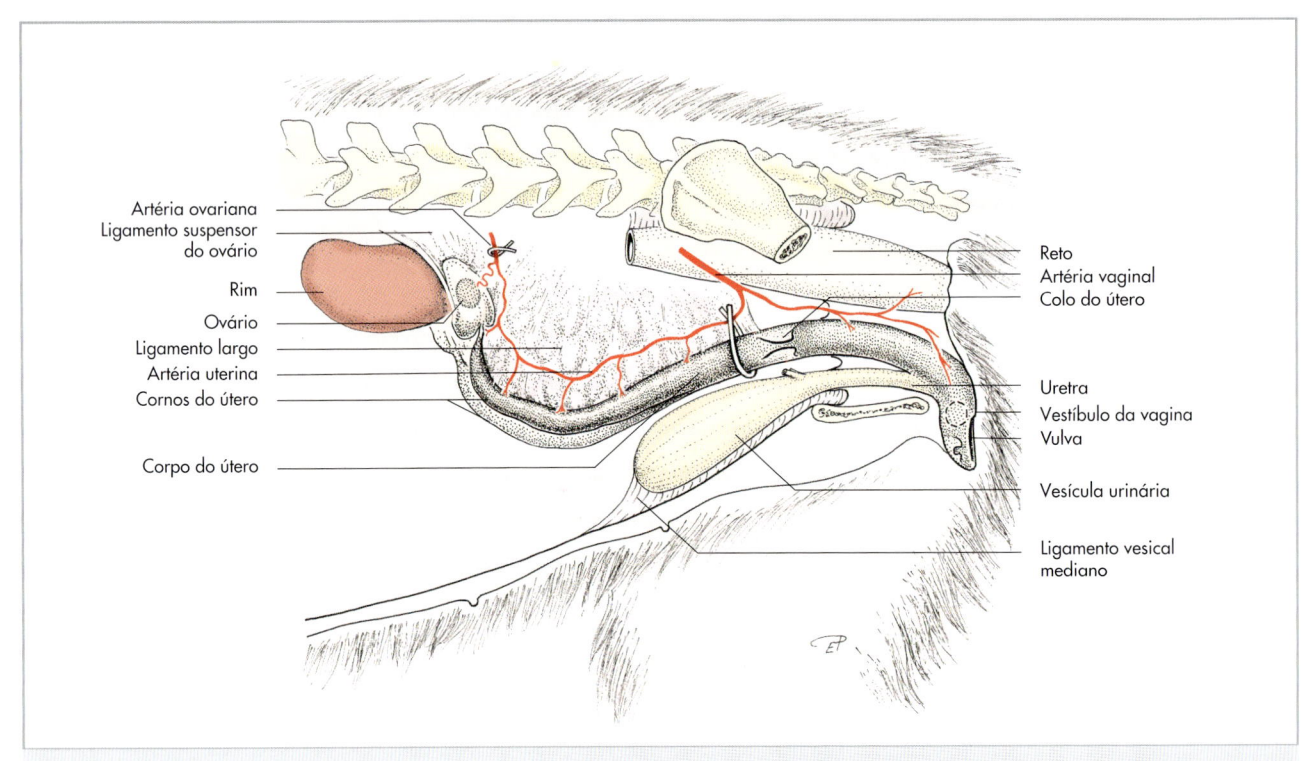

Fig. 12.2 Órgãos genitais femininos de uma cadela e localização das ligaduras para ovário-histerectomia (representação esquemática).

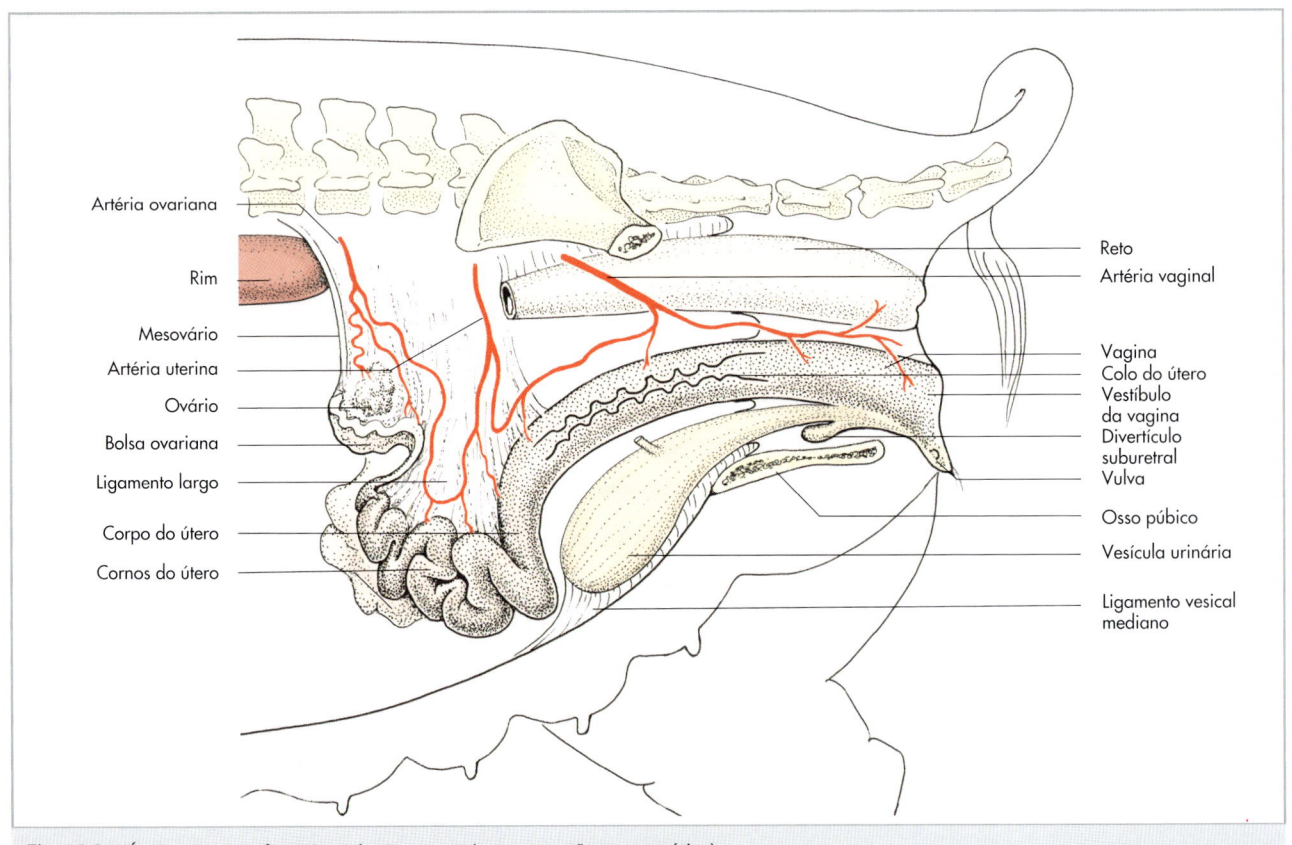

Fig. 12.3 Órgãos genitais femininos de uma porca (representação esquemática).

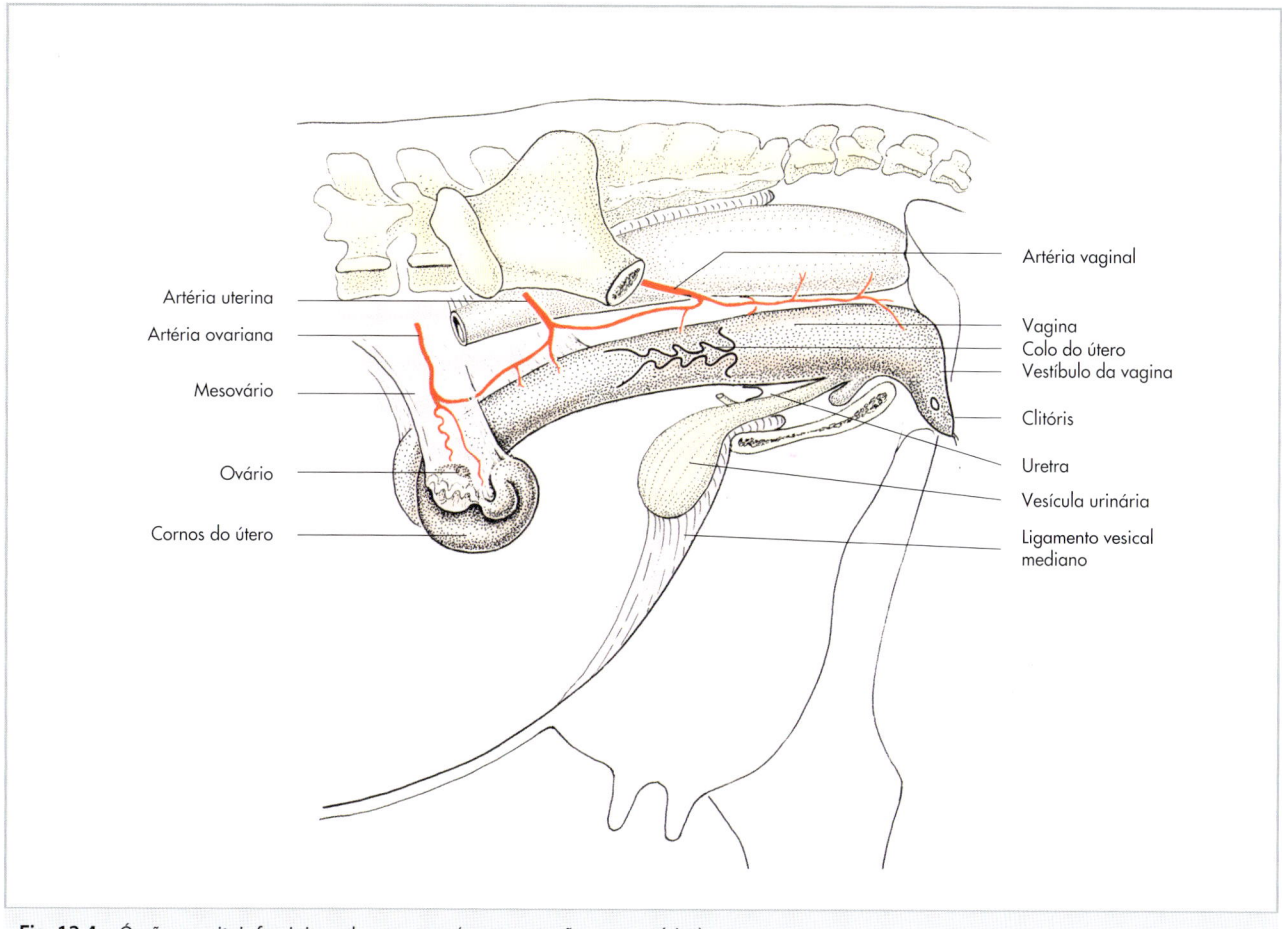

Fig. 12.4 Órgãos genitais femininos de uma vaca (representação esquemática).

12.1.2 Estrutura dos ovários

Um corte através do ovário de um animal maduro, com exceção da égua, demonstra que há uma **zona vascular** mais frouxa no centro, a **medula** (*zona medullaris* ou *vasculosa*), e um envoltório mais denso, a **zona parenquimatosa** (*zona parenchymatosa*) (▶Fig. 12.6). A zona parenquimatosa é delimitada pela túnica albugínea, diretamente abaixo do peritônio.

Na égua, a estrutura do ovário é **invertida**. A zona parenquimatosa, com seus folículos, forma o centro do órgão, o qual é envolto por uma camada espessa e intensamente vascularizada de tecido conjuntivo, também denominado tecido conectivo, que corresponde à medula dos outros mamíferos domésticos. A zona parenquimatosa alcança a superfície do ovário na **fossa de ovulação** (*fossa ovarii*), uma depressão profunda na margem livre do órgão, onde todos os folículos maduros sofrem ruptura (▶Fig. 12.11).

A medula contém vasos sanguíneos, nervos, linfáticos, fibras musculares lisas e tecido conjuntivo. A zona parenquimatosa contém muitos folículos e corpos lúteos em vários estágios de desenvolvimento e regressão.

Folículos ovarianos

No animal adulto, os folículos ovarianos desenvolvem-se no interior da zona parenquimatosa. Cada folículo contém um único óvulo. Com base no tamanho do ovócito e do seu grau de diferenciação, os seguintes estágios de desenvolvimento são reconhecidos nos folículos ovarianos (▶Fig. 12.6 e ▶Fig. 12.8):
- folículo primordial;
- folículo primário;
- folículo secundário;
- folículo terciário ou antral;
- folículo terciário maduro ou de Graff.

Os **folículos primordiais** são formados por um epitélio folicular de camada simples, as **células da granulosa**, que são planas e, mais tarde, se diferenciam em **células da teca interna**, as quais envolvem o ovócito. Após a transformação das células da granulosa planas em **células cuboides**, o folículo torna-se um **folículo primário**. Seguindo a sequência de maturação (**folículo secundário**), várias camadas de células da granulosa são formadas ao redor do ovócito, com lacunas preenchidas com líquido dentro da **massa de células da granulosa**. Por fim, elas confluem para formar uma cavidade preenchida com líquido folicular. Nesse estágio, o folículo recebe a denominação de **folículo terciário ou antral**. Em uma extremidade da cavidade folicular, há uma **elevação** (*cumulus oophorus*), a qual contém o ovócito em amadurecimento. O ovócito encontra-se em

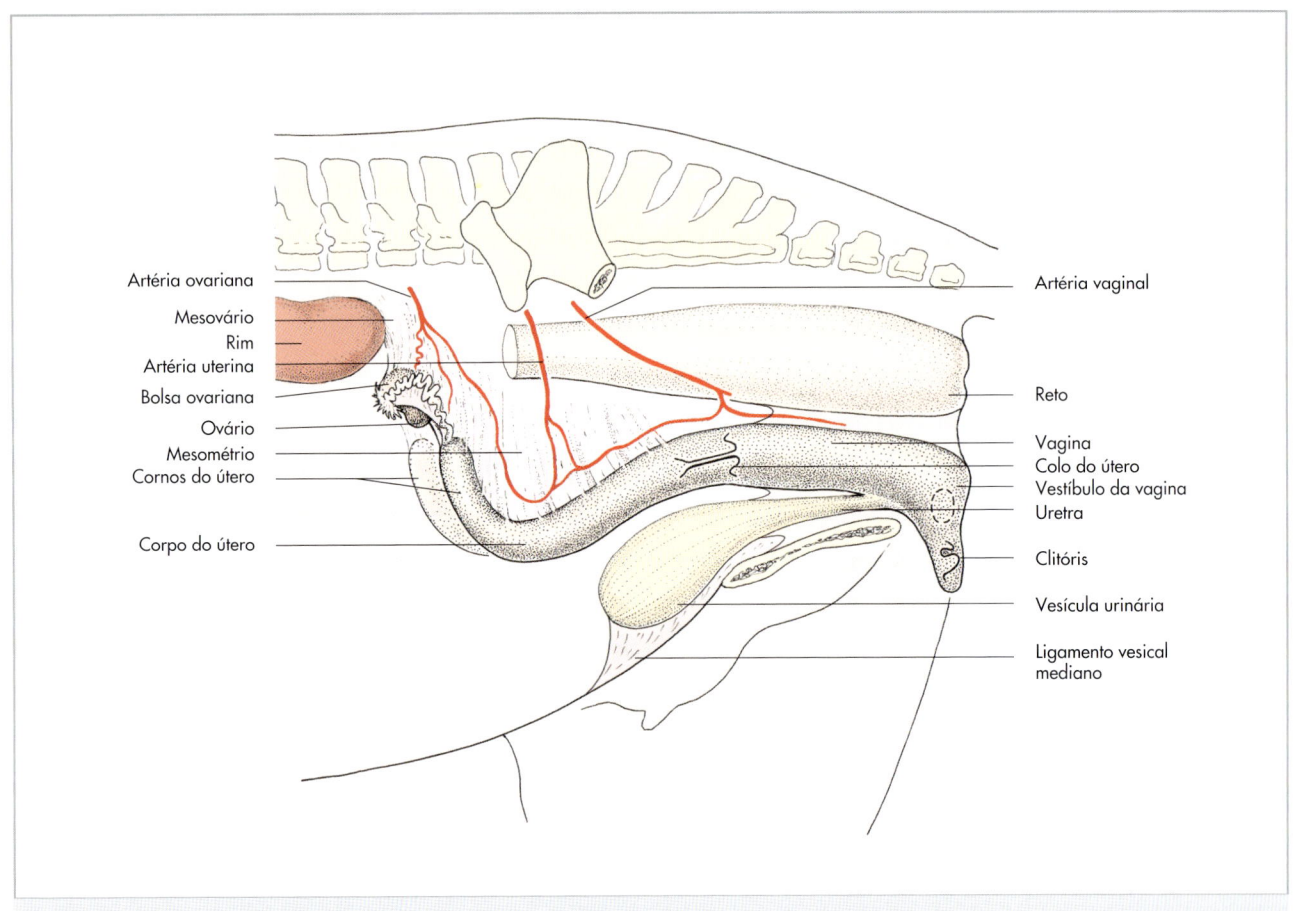

Fig. 12.5 Órgãos genitais femininos de uma égua (representação esquemática).

Labels (da figura): Artéria ovariana; Mesovário; Rim; Artéria uterina; Bolsa ovariana; Ovário; Mesométrio; Cornos do útero; Corpo do útero; Artéria vaginal; Reto; Vagina; Colo do útero; Vestíbulo da vagina; Uretra; Clitóris; Vesícula urinária; Ligamento vesical mediano.

íntimo contato com uma membrana translúcida, a **zona pelúcida** (*zona pellucida*), a qual é envolvida por uma camada de células granulosas dispostas radialmente, a **coroa radiada** (*corona radiata*) (▶Fig. 12.9).

Na etapa seguinte de maturação, o **folículo terciário** torna-se o **folículo maduro ou de Graff**, que, finalmente, irrompe para liberar o ovócito. Na vaca, o folículo terciário maduro mede cerca de 2 cm de diâmetro, ao passo que, no equino, mede de 3 a 6 cm. Os processos vasculares e endócrinos complexos antes da ovulação levam à formação de um **local pré-formado na superfície do ovário** (**estigma**) (▶Fig. 12.6, ▶Fig. 12.12 e ▶Fig. 12.13), que, por fim, se rompe sob a influência do **hormônio luteinizante** (**LH**), um hormônio formado pela glândula hipófise. Após a ovulação, o ovócito e as células que o envolvem são lançados do ovário para o infundíbulo da tuba uterina. Enquanto a ovulação ocorre espontaneamente na maioria das espécies domésticas, ela é induzida pela cópula na gata. Apenas um **pequeno número de folículos** e, portanto, ovócitos realmente amadurecem até o estágio final, tornando-se folículos maduros (de Graaf); a grande maioria sofre atresia e, por fim, degenera (para uma descrição mais detalhada, consulte obras de histologia).

À medida que o folículo amadurece, o **ovócito** interior sofre **divisão meiótica** e **maturação**. A primeira fase da **divisão meiótica** ocorre antes da ovulação, exceto na cadela e na égua, nas quais esse processo ocorre após a ovulação. A segunda divisão de maturação ocorre na **tuba uterina** e requer a **fecundação do óvulo** pela **penetração de um espermatozoide**.

Corpo lúteo

Após a ovulação, a parede da cavidade folicular rompida se dobra, desencadeando uma **leve hemorragia** no local da ovulação que preenche a cavidade folicular anterior, que passa, então, a ser denominada **corpo hemorrágico** (*corpus haemorrhagicum*). Quando o sangue é reabsorvido, um corpo lúteo sólido é formado pela proliferação da granulosa e das células tecais internas, bem como dos vasos sanguíneos (▶Fig. 12.6, ▶Fig. 12.7, ▶Fig. 12.10, ▶Fig. 12.11, ▶Fig. 12.14, ▶Fig. 12.15, ▶Fig. 12.16, ▶Fig. 12.17, ▶Fig. 12.20 e ▶Fig. 12.21).

Na **fêmea não prenhe**, os corpos lúteos são estruturas transitórias, chamadas de **corpos lúteos cíclicos**, os quais sofrem uma fase de proliferação e vascularização imediatamente após a ovulação, seguida por um estágio maduro. Os corpos lúteos, por fim, regridem e degeneram, formando um tecido conjuntivo cicatricial, o **corpo albicans** ou **albicante**. O ciclo estral é regulado por hormônios da hipófise, e distúrbios podem resultar na persistência dos corpos lúteos (*corpus luteum persistens*) ou na formação de cistos (cisto lúteo).

Se o **óvulo for fecundado**, o corpo lúteo passa a se chamar **corpo lúteo gravídico** (*corpus luteum graviditatis*) e permanece totalmente desenvolvido e ativo durante toda a gestação ou parte dela. Os **corpos lúteos** produzem **progesterona**, ao passo que as células parenquimatosas de folículos maduros são a fonte de estrogênio. A alternância nos níveis de progesterona e estrogênio determina as mudanças no comportamento sexual e na estrutura e na atividade do trato genital. Níveis mais elevados de estrogênio produzidos

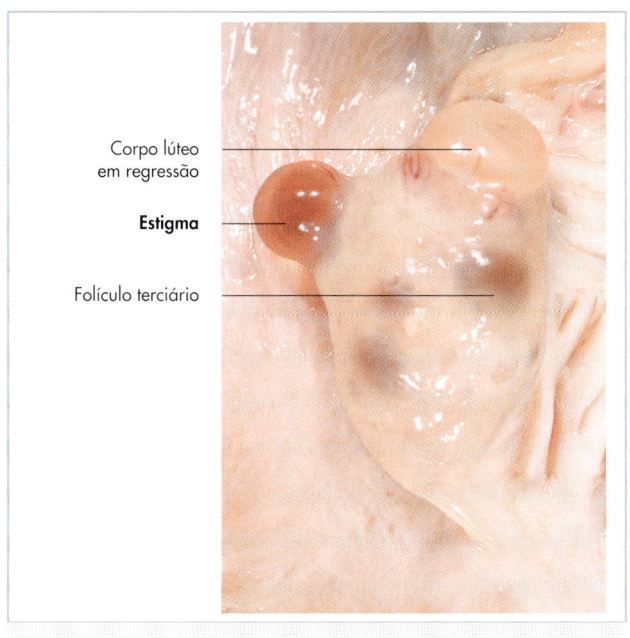

Órgãos genitais femininos (*organa genitalia feminina*) 453

Fig. 12.6 Ovário de uma vaca com folículo terciário maduro prestes a se romper.

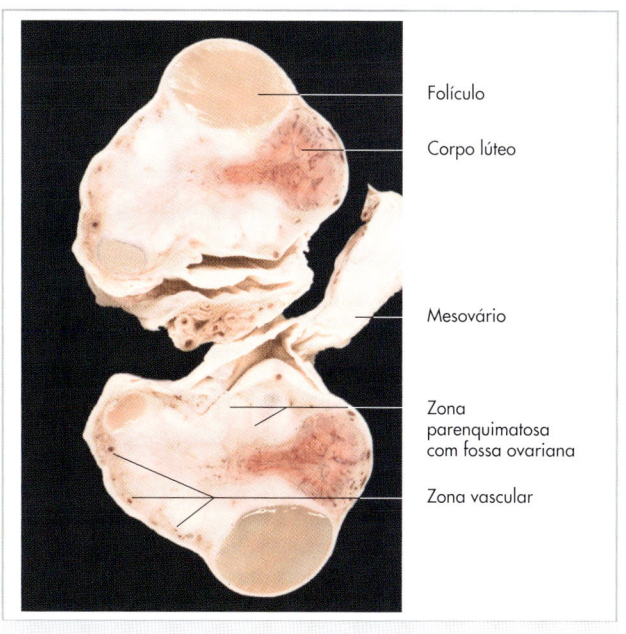

Fig. 12.7 Ovário de uma égua (secção transversal).

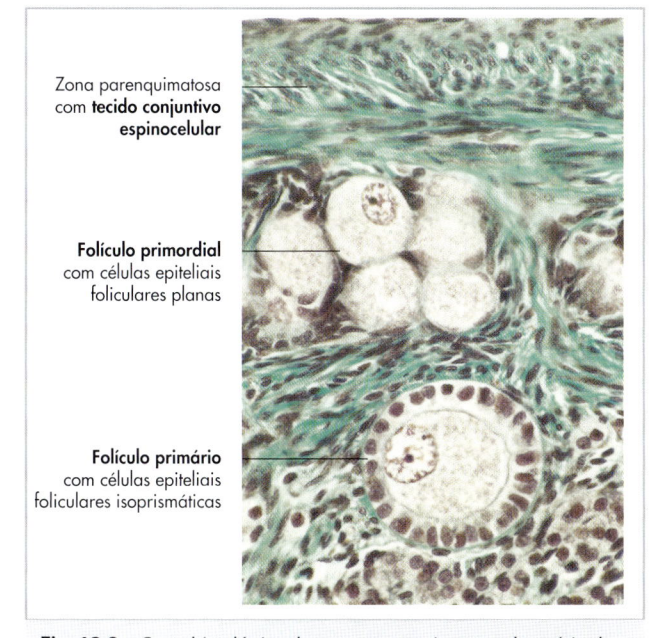

Fig. 12.8 Corte histológico da zona parenquimatosa do ovário de uma vaca.

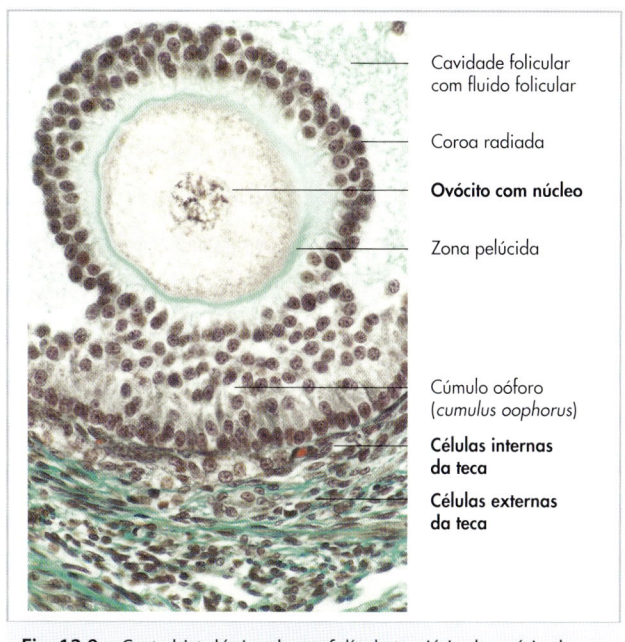

Fig. 12.9 Corte histológico de um folículo terciário do ovário de uma vaca.

por um folículo terciário maduro fazem o animal apresentar sinais comportamentais de estro, sinalizando que está pronto para acasalar. A progesterona prepara e mantém o útero para a **implantação do óvulo fecundado**.

Em animais não gestantes, o útero produz **prostaglandina** ($PGF_{2\alpha}$), que provoca a regressão do corpo lúteo. A prostaglandina $F2_\alpha$ é transportada na vaca diretamente da veia ovariana para a artéria ovariana adjacente através das paredes dos vasos (uma descrição mais detalhada pode ser encontrada em obras de embriologia e fisiologia da reprodução).

Em grandes animais, o **exame retal** é utilizado para avaliar o estágio do ciclo estral, uma informação importante para determinar o momento de cruzamento. Na vaca, os folículos e corpos lúteos podem se projetar de qualquer região da superfície e podem ser identificados por palpação retal de modo relativamente fácil. Na égua, a avaliação do ovário é mais difícil, devido à sua diferença estrutural. Enquanto os folículos podem ser identificados, os corpos lúteos não podem ser palpados e devem ser avaliados por meio de ultrassonografia.

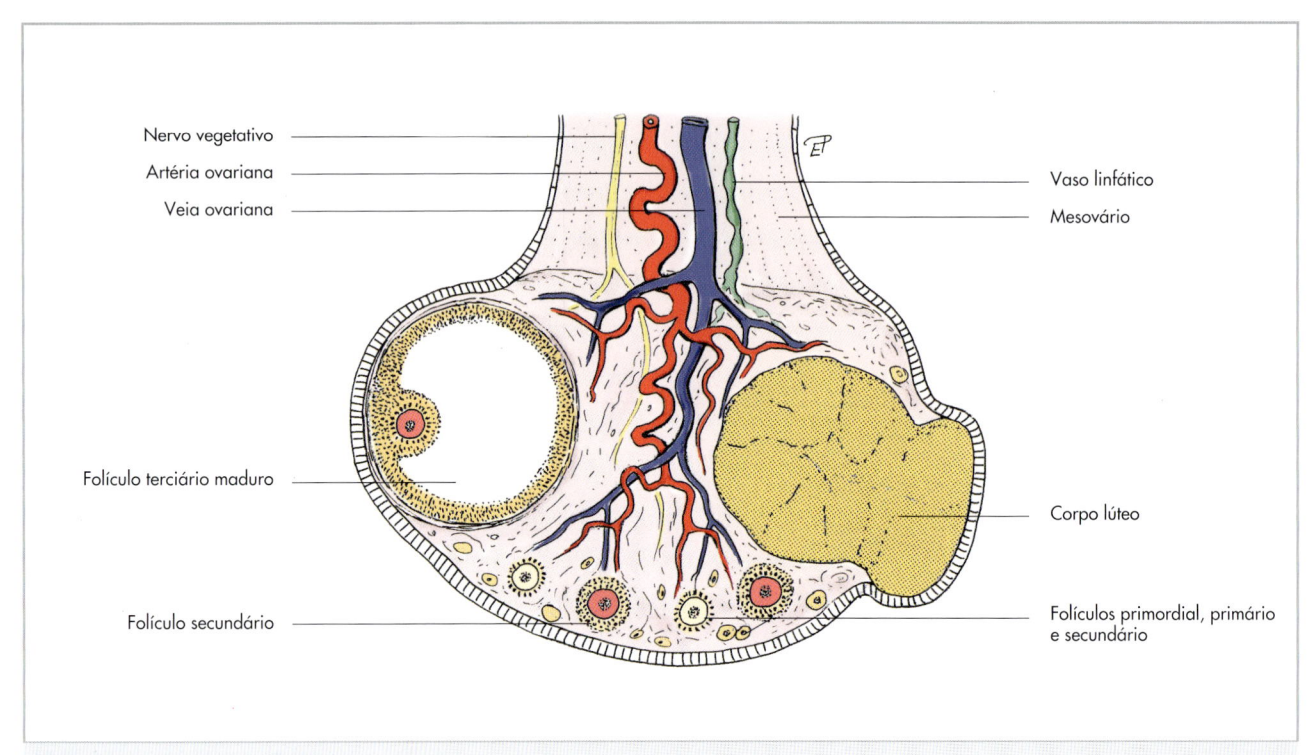

Fig. 12.10 Ovário de uma vaca (representação esquemática).

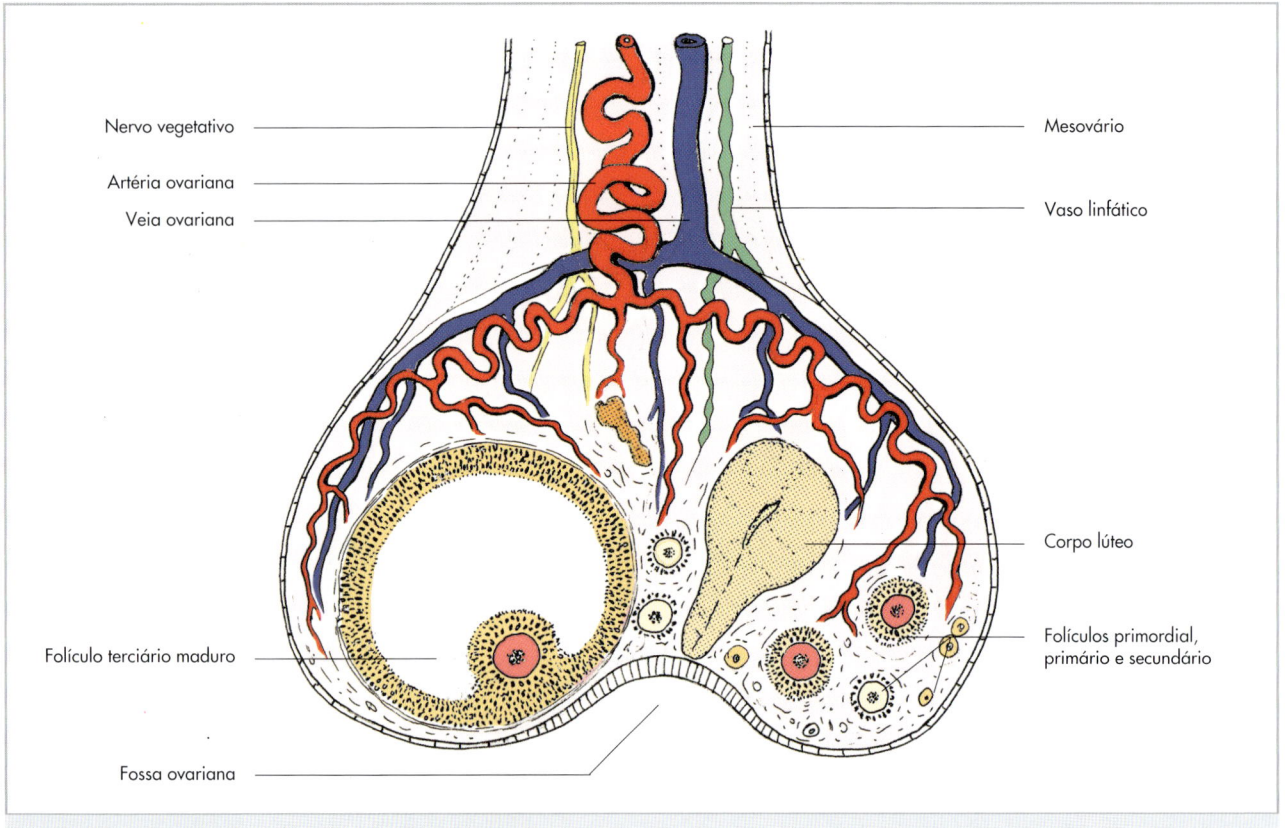

Fig. 12.11 Ovário de um égua (representação esquemática).

Órgãos genitais femininos (*organa genitalia feminina*) 455

Estigma
(ausência de vasos)

Vasos marginais

Vasos sanguíneos
no mesovário

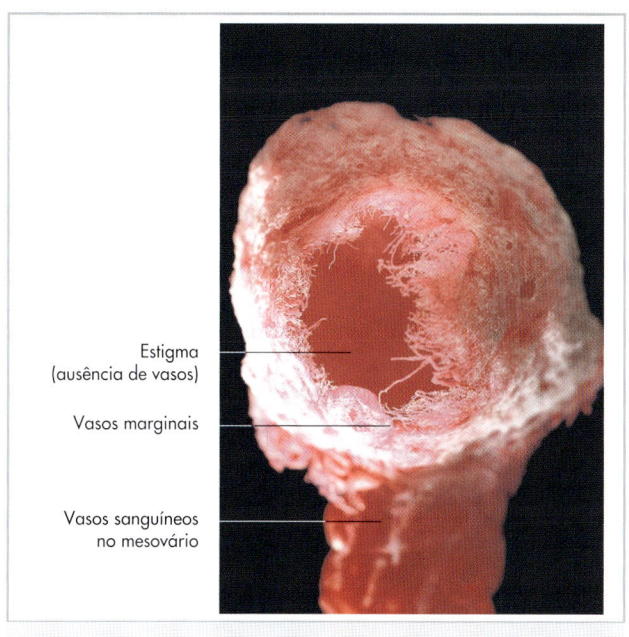

Fig. 12.12 Vasos sanguíneos do ovário de uma vaca antes da ovulação (molde de corrosão).

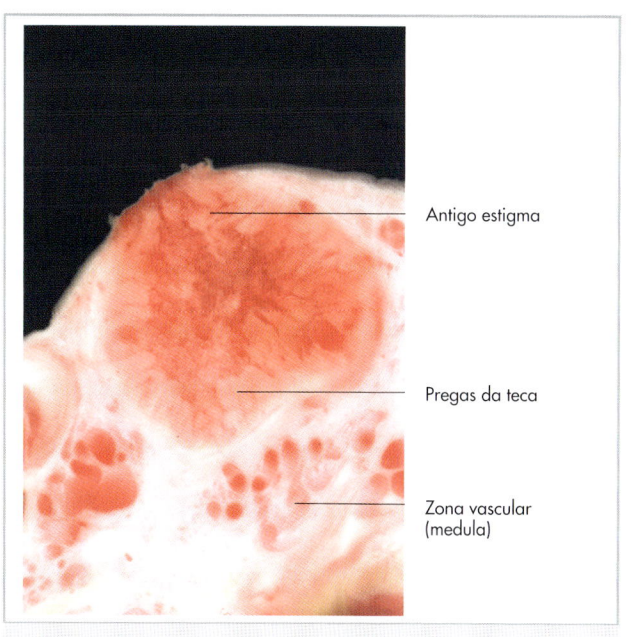

Antigo estigma

Pregas da teca

Zona vascular
(medula)

Fig. 12.13 Vasos sanguíneos do ovário de uma vaca após a ovulação.

Cavidade folicular
rompida com células
internas e externas

Vasos sanguíneos

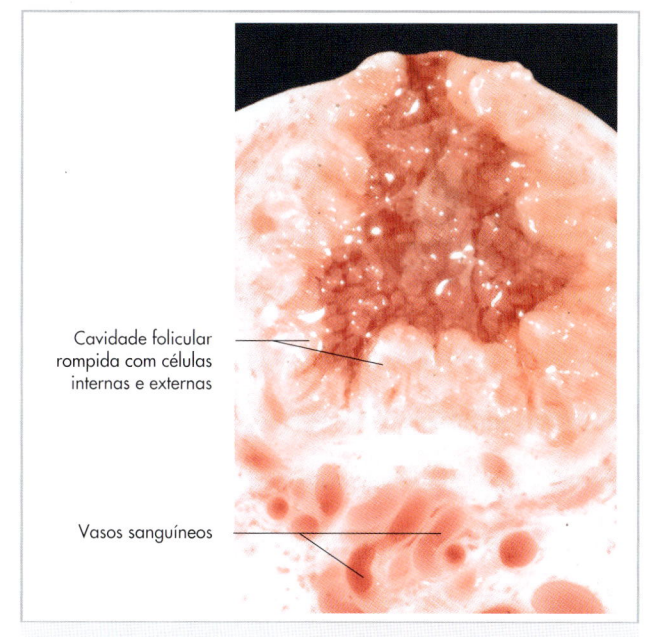

Fig. 12.14 Ovário de uma vaca em estágio posterior após a ovulação (vasos injetados).

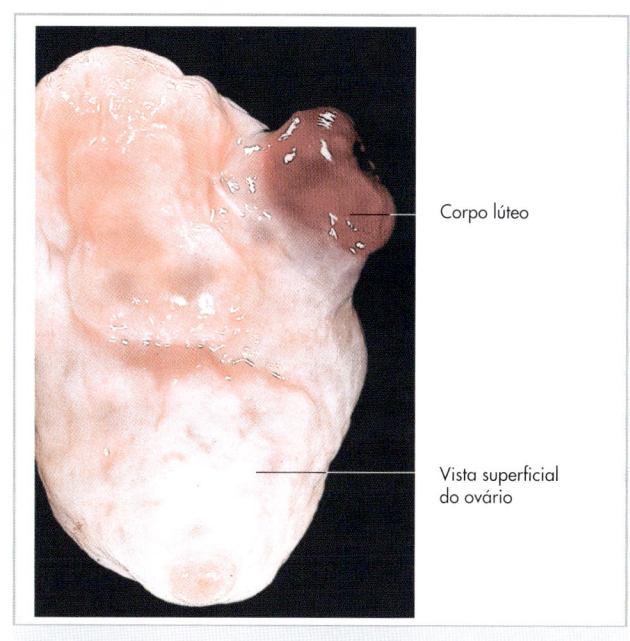

Corpo lúteo

Vista superficial
do ovário

Fig. 12.15 Ovário de uma vaca com corpo lúteo (segundo dia após a ovulação).

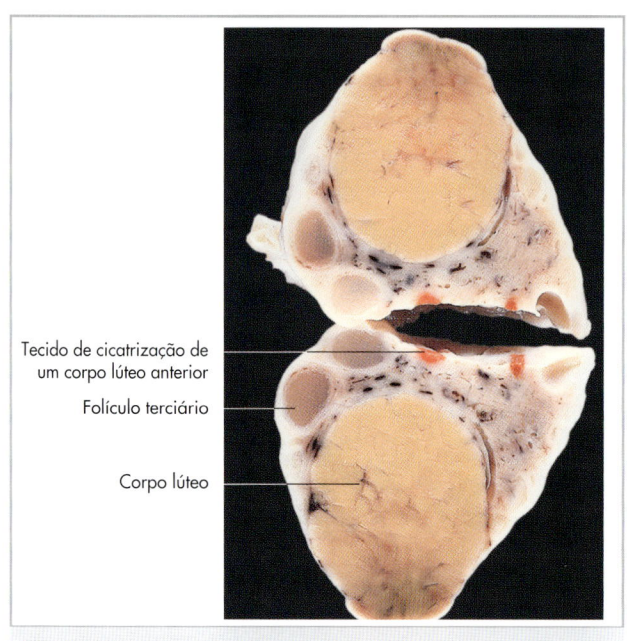

Fig. 12.16 Ovário de uma vaca com corpo lúteo maduro (secção transversal).

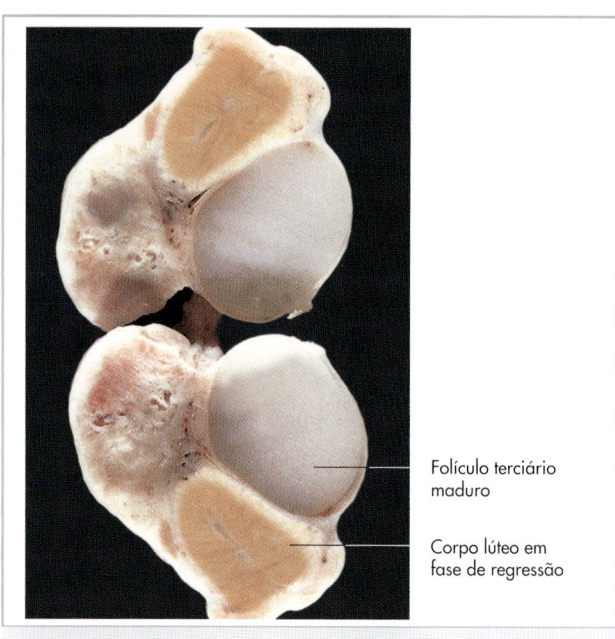

Tecido de cicatrização de um corpo lúteo anterior
Folículo terciário
Corpo lúteo

Fig. 12.17 Ovário de uma vaca com corpo lúteo em regressão (secção transversal).

Folículo terciário maduro
Corpo lúteo em fase de regressão

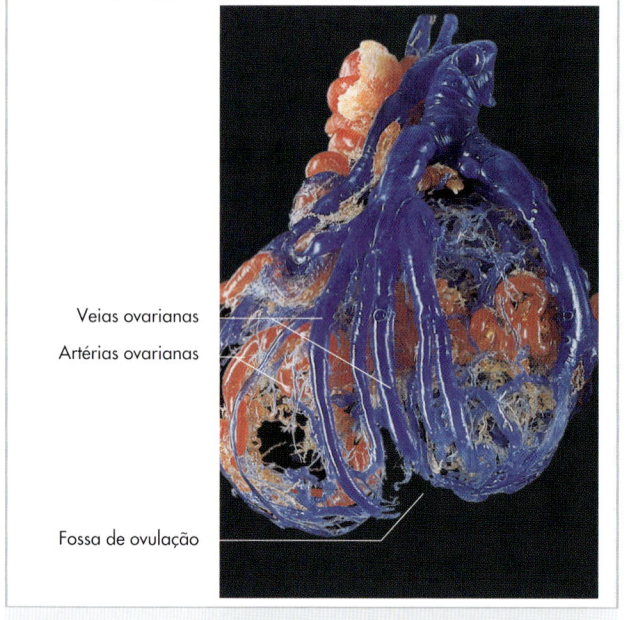

Fig. 12.18 Vasos sanguíneos do ovário de uma égua (técnica de corrosão).

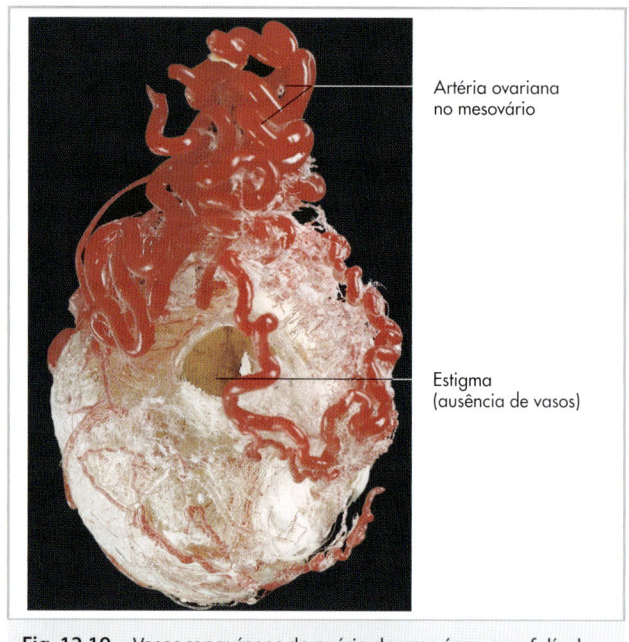

Veias ovarianas
Artérias ovarianas
Fossa de ovulação

Fig. 12.19 Vasos sanguíneos do ovário de uma égua com folículo terciário maduro com 6 cm de diâmetro (técnica de corrosão).

Artéria ovariana no mesovário
Estigma (ausência de vasos)

Órgãos genitais femininos (*organa genitalia feminina*)

Folículo maduro — Pós-ovulação — Corpo lúteo, estágio inicial

Corpo lúteo, estágio posterior — Corpo lúteo, estágio avançado — Corpo lúteo em regressão

Corpo lúteo gravídico — Corpo lúteo cavitário

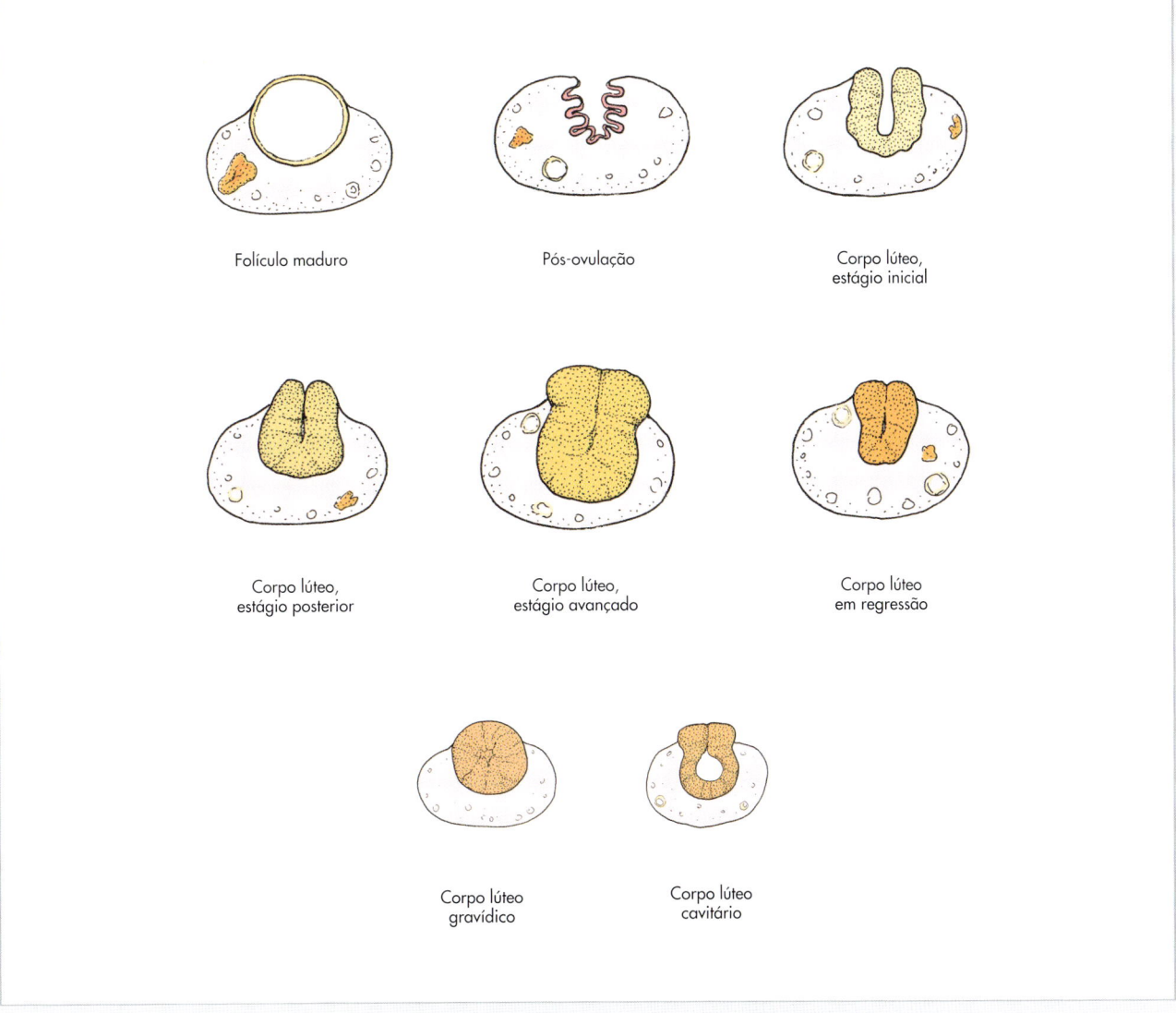

Fig. 12.20 Folículo terciário maduro após a ovulação e corpos lúteos cíclicos de uma vaca (representação esquemática).

Folículo maduro — Pós-ovulação — Corpo lúteo — Corpo lúteo em regressão

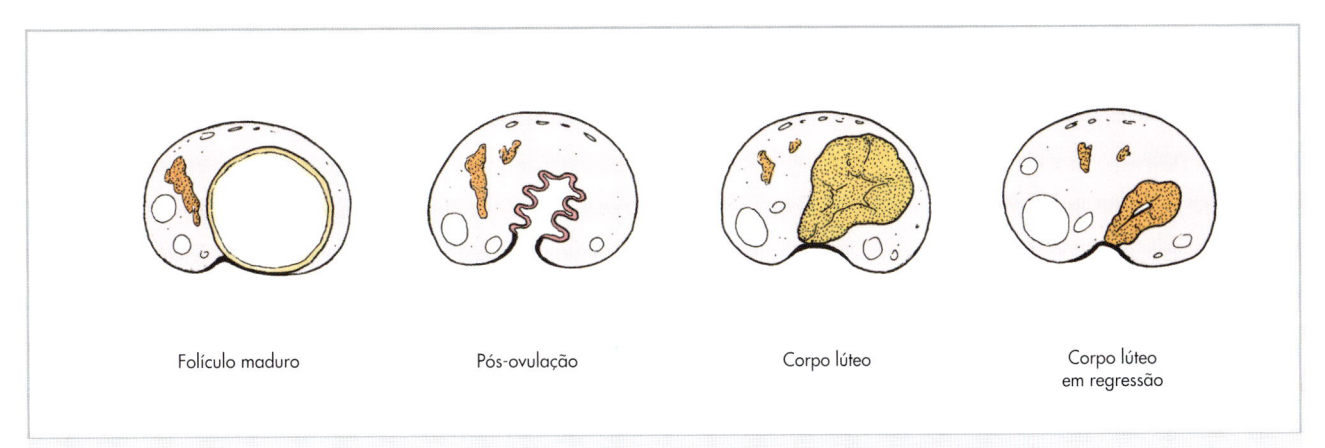

Fig. 12.21 Folículo terciário maduro após a ovulação e corpos lúteos cíclicos de uma égua (representação esquemática).

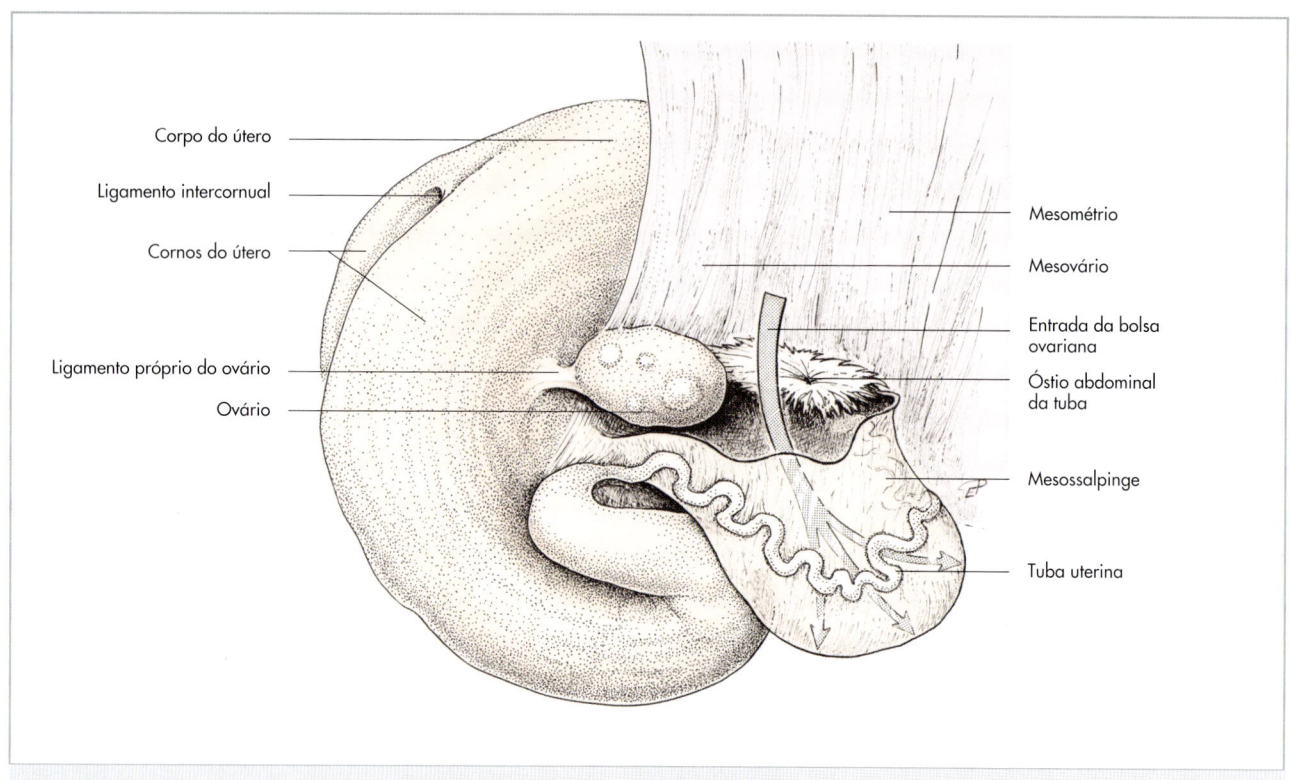

Fig. 12.22 Ovário, tuba uterina e bolsa ovariana de uma vaca (representação esquemática).

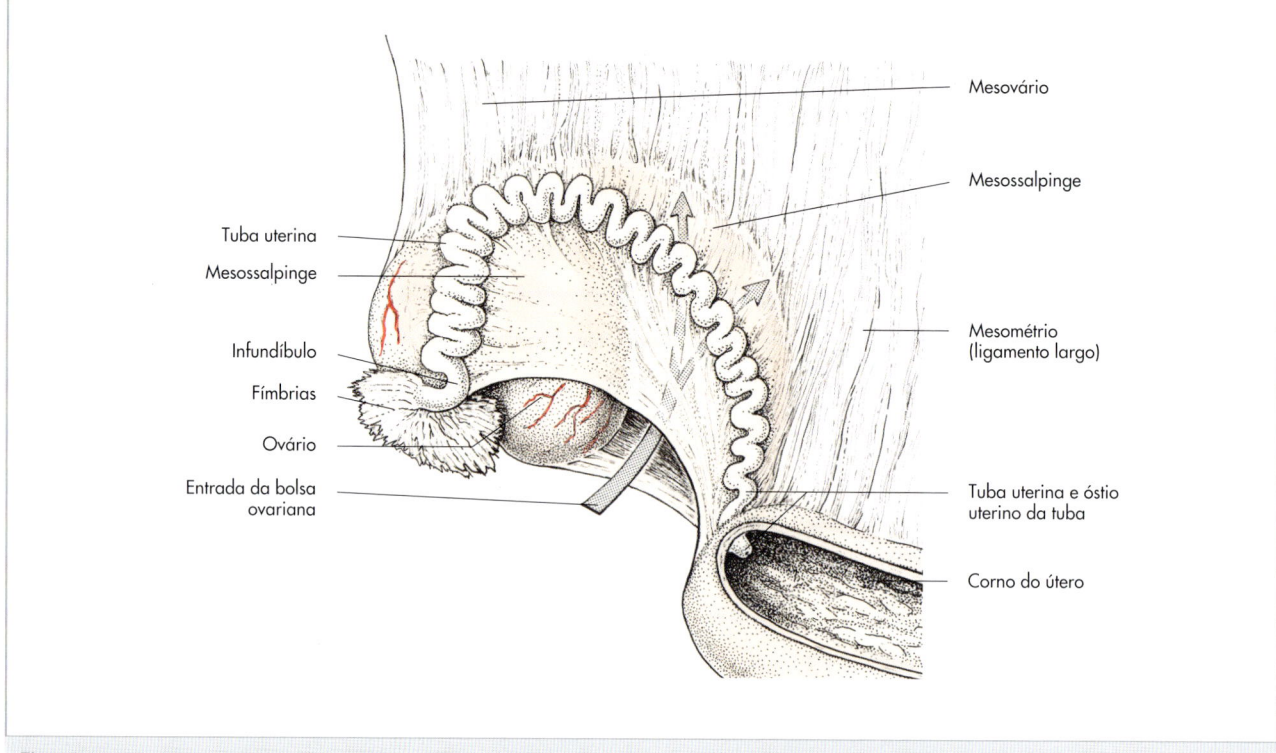

Fig. 12.23 Ovário, tuba uterina e bolsa ovariana de uma égua (representação esquemática).

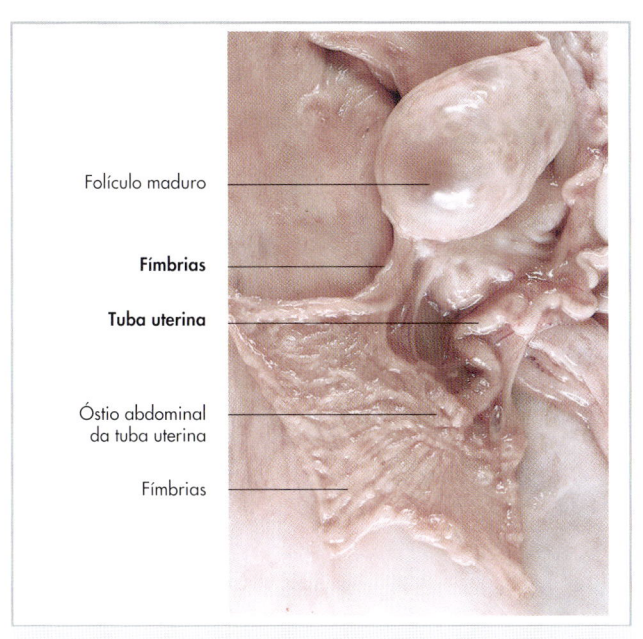

Fig. 12.24 Ovário e tuba uterina de uma vaca.

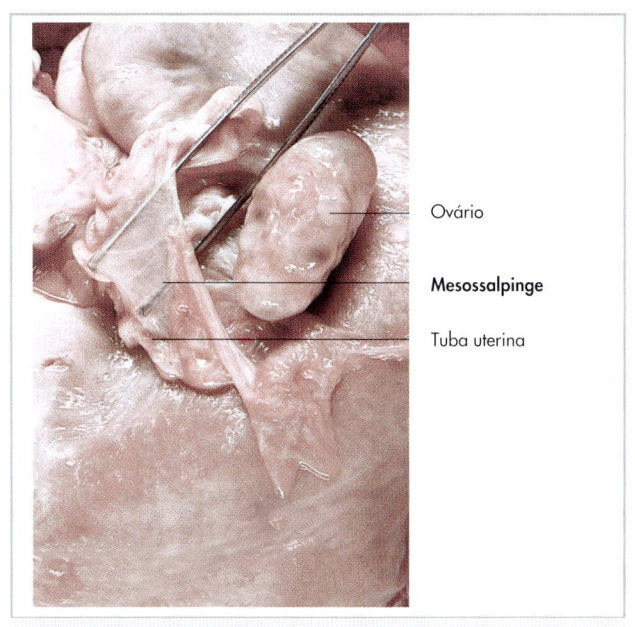

Fig. 12.25 Ovário, tuba uterina e mesossalpinge de uma vaca.

12.2 Tuba uterina

As **tubas uterinas pares** (também conhecidas como ovidutos*, salpinge ou, ainda, antigamente, como trompas de Falópio) recebem e transportam os ovócitos para o útero. Elas também conduzem o esperma em sua ascensão. A fertilização normalmente ocorre dentro das tubas. Cada tuba é suspendida pela **mesossalpinge** (▶Fig. 12.23, ▶Fig. 12.31 e ▶Fig. 12.32) e conecta a cavidade peritoneal com a cavidade uterina e, portanto, com o ambiente externo. A **extremidade ovariana da tuba uterina** que recebe o ovócito após a ovulação apresenta a forma de um funil e é denominada **infundíbulo**. As margens livres do infundíbulo são cercadas por diversos processos divergentes, denominados **fímbrias**, que entram em contato com e, às vezes, aderem à superfície do ovário. O interior do funil é marcado por pregas que convergem para delimitar uma pequena abertura no fundo do funil, o **óstio abdominal** (▶Fig. 12.22 e ▶Fig. 12.24).

O óstio abdominal leva à **ampola** (*ampulla tubae uterinae*), onde **normalmente ocorre a fecundação**. O ovócito se mantém na ampola por alguns dias antes de ser transportado para o ápice do corno do útero através da parte distal mais estreita e contorcida do tubo, o **istmo**.

A tuba uterina se abre no corno do útero através do **óstio do útero** (*ostium uterinum tubae uterinae*) e marca o local da união entre o útero e a tuba (junção útero-tubárica). A união é gradual em ruminantes e no suíno, porém abrupta no equino e nos carnívoros, nos quais o óstio do útero se situa em cima de uma papila, formando uma barreira contra infecções ascendentes (▶Fig. 12.23).

12.2.1 Mesovário, mesossalpinge e bolsa ovariana

Os ovários e as tubas uterinas estão suspensos pelo mesovário e pela mesossalpinge, respectivamente, que constituem partes do **ligamento largo do útero** (*ligamentum latum uteri*), a fixação comum do sistema genital feminino (▶Fig. 12.1). Os vasos sanguíneos (▶Fig. 12.18 e ▶Fig. 12.19) e os nervos alcançam os órgãos dentro desse ligamento. Na cadela, na gata e na porca, cada ovário apresenta outras duas fixações ligamentosas além do mesovário. O **ligamento suspensor do ovário** (*ligamentum suspensorium ovarii*) forma a parte cranial da margem livre do ligamento largo (▶Tab. 12.1). Na gata, esse ligamento transporta vasos sanguíneos, os quais precisam ser levados em consideração durante a ovariectomia. O ligamento suspensor prossegue caudalmente como o **ligamento próprio do ovário** (*ligamentum ovarii proprium*), o qual se fixa à extremidade do corno do útero. A **mesossalpinge** se estende além da tuba uterina e tem uma margem livre em forma de cortina (▶Fig. 12.22 e ▶Fig. 12.27).

O mesovário, a mesossalpinge e o ligamento próprio do ovário delimitam uma pequena cavidade peritoneal, a **bolsa ovariana** (*bursa ovarica*), a qual envolve o ovário (▶Fig. 12.22 e ▶Fig. 12.23). Na égua, o ovário é grande demais para se posicionar no interior da bolsa; em ruminantes e no suíno, a bolsa ovariana cobre o ovário como uma capa. Na gata, a bolsa envolve o ovário, porém possui uma ampla comunicação com a cavidade abdominal. Na cadela, a bolsa envolve o ovário completamente e tem uma quantidade variável de tecido adiposo. A comunicação com a cavidade peritoneal é restrita a uma abertura estreita em forma de fenda (*foramen bursae ovaricae*).

12.3 Útero (*metra, hystera*)

Como a tuba uterina e a vagina, o útero (do grego *hystera* ou *metra*; do latim *uterus*) se desenvolve a partir dos ductos de Müller ou ductos paramesonéfricos do embrião. As partes caudais dos ductos se fusionam em diferentes graus, conforme a espécie, e respondem pelas diferentes formas do útero nos animais adultos. Em algumas espécies, incluindo muitos roedores, a fusão dos ductos é limitada à vagina; portanto, o útero é composto por tubos pares, os quais se abrem separadamente na vagina (**útero duplo**). Em contrapartida, nos humanos e na maioria dos primatas, a fusão é muito mais extensa, e apenas as tubas uterinas permanecem pares (**útero simples**). O útero dos mamíferos domésticos tem uma

---
* N. de R.T. O termo oviduto é utilizado atualmente para identificar o órgão tubular das aves em que o ovo é formado.

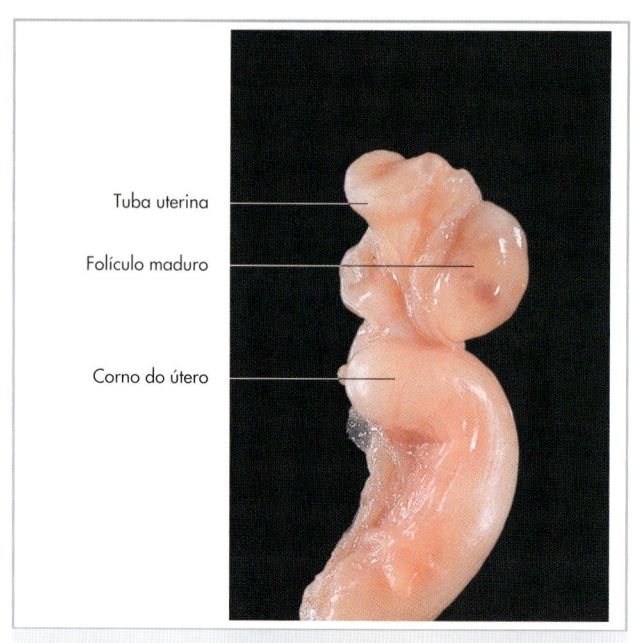

Fig. 12.26 Ovário, tuba uterina e corno do útero de uma gata.

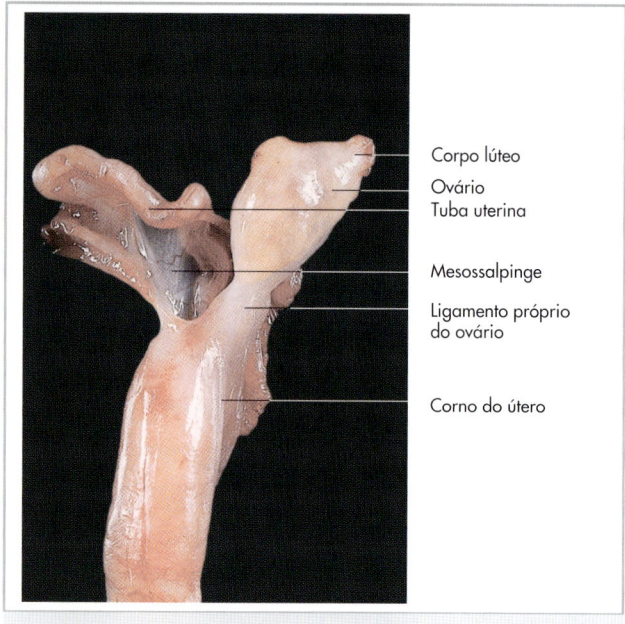

Fig. 12.27 Ovário, tuba uterina e corno do útero de uma gata.

forma intermediária (**útero bicorno**) e compreende (▶Fig. 12.1, ▶Fig. 12.26, ▶Fig. 12.28, ▶Fig. 12.29, ▶Fig. 12.33 e ▶Fig. 12.42):
- colo mediano simples (*cervix uteri*);
- corpo mediano simples (*corpus uteri*);
- cornos do útero pares (*cornua uteri*).

A anatomia do útero muda consideravelmente com a idade e a atividade fisiológica. A seguinte descrição refere-se ao útero de um animal adulto, que já pariu, porém não é gestante.

Em carnívoros, o útero se posiciona principalmente **dorsal ao intestino delgado**. Ele consiste em um colo e um corpo curtos, dos quais se projetam **dois cornos delgados e longos** divergentes que alcançam os ovários no sentido imediatamente **caudal aos rins**. Uma partição interna, que não é discernível externamente, se projeta no corpo do útero, separando os cornos. Uma divisão semelhante também está presente na porca, em que o septo é limitado à parte cranial do corpo do útero, e na vaca, em que o septo se prolonga quase até o colo do útero (▶Fig. 12.1 e ▶Fig. 12.2).

O útero da porca é formado por um **colo longo**, um corpo curto e **cornos acentuadamente longos**, que se assemelham às alças do intestino delgado. Eles estão suspensos por ligamentos largos extensos, e os dois cornos e os ovários são tão móveis que se torna impossível delimitar a sua posição exata na cavidade abdominal (▶Fig. 12.3).

Nos ruminantes, cada corno **se enrola ventralmente sobre si mesmo**, sendo que o primeiro giro convexo se volta dorsocranialmente (▶Fig. 12.4). As **extremidades dos cornos** alcançam **além do pécten do púbis** na cavidade abdominal. Externamente, o corpo do útero parece ser bastante longo, porém, na realidade, grande parte do que se refere como o corpo é a parte caudal dos cornos, que está envolta por uma lâmina muscular serosa comum. Onde finalmente os cornos divergem, os tecidos superficiais formam uma ponte sobre o espaço entre eles, formando os **ligamentos intercornuais**, que podem ser utilizados convenientemente para fixar o útero durante o exame retal.

O útero da égua possui um **corpo amplo** e **dois cornos divergentes**, os quais normalmente se elevam em direção ao teto do abdome **acima da massa intestinal** (▶Fig. 12.5). O colo do útero é comparativamente pequeno e pode ser facilmente palpado retalmente.

O **colo do útero** (*cervix uteri*) com paredes espessas pode ser palpado transretalmente e forma um esfíncter, que controla o acesso ao útero. O lúmen do colo é o **canal cervical** (*canalis cervicis*), o qual é formado por **pregas mucosas**, que frequentemente provocam a sua oclusão. Essas pregas estão dispostas longitudinalmente na égua, na gata e na cadela. Na vaca, o lúmen é obstruído por **pregas circulares** (*plicae circulares*); na porca, essas pregas formam **fileiras de projeções** (*pulvini cervicales*), que se interdigitam na luz do canal, resultando em sua oclusão (▶Fig. 12.33).

O canal cervical se abre cranialmente no corpo do útero no **óstio interno do útero** (*ostium uteri internum*) e caudalmente na vagina no **óstio externo do útero** (*ostium uteri externum*) (▶Fig. 12.34, ▶Fig. 12.36 e ▶Fig. 12.37). A parte mais caudal do colo (*portio vaginalis*) normalmente se projeta no lúmen vaginal na vaca e na égua, onde é cercada por um espaço anular (*fornix vaginae*). Na porca e na cadela, o canal cervical simplesmente se alarga para continuar na vagina. Na gata, o óstio externo do útero se abre em uma pequena elevação que se projeta na vagina.

A **mucosa cervical** produz uma **secreção mucosa**, a qual forma um tampão de muco que ajuda a fechar o canal cervical e que é facilmente expelido durante o cio e o parto.

12.3.1 Estrutura da parede uterina

Um corte através da parede do útero demonstra a sua divisão em três camadas, de dentro para fora:
- camada mucosa (*endometrium*);
- camada muscular (*myometrium*);
- camada serosa (*perimetrium*).

Órgãos genitais femininos (*organa genitalia feminina*)

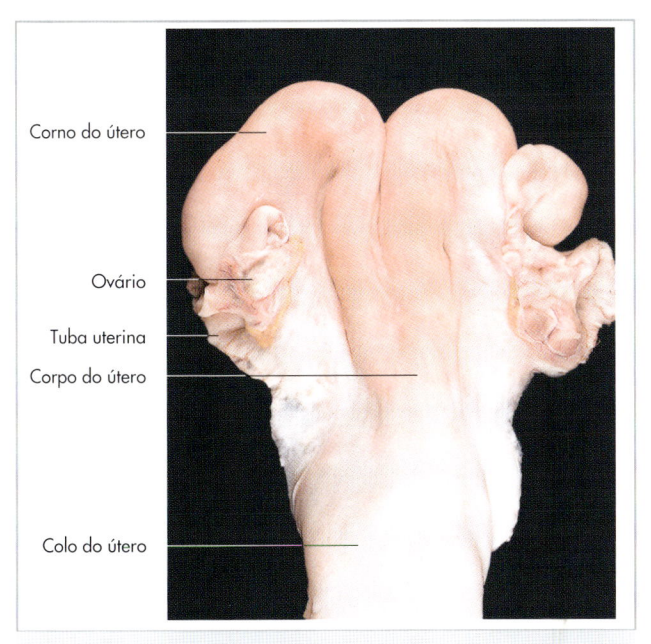

Fig. 12.28 Útero, ovários e tubas uterinas de uma vaca. (Fonte: cortesia do Prof. Dr. J. Maierl, Munique.)

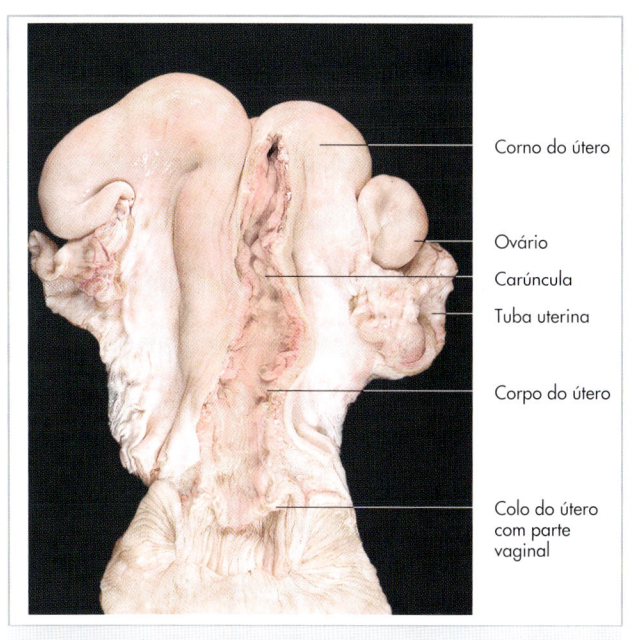

Legendas: Corno do útero; Ovário; Tuba uterina; Corpo do útero; Colo do útero.

Fig. 12.29 Útero, ovários e tubas uterinas de uma vaca (útero aberto). (Fonte: cortesia do Prof. Dr. J. Maierl, Munique.)

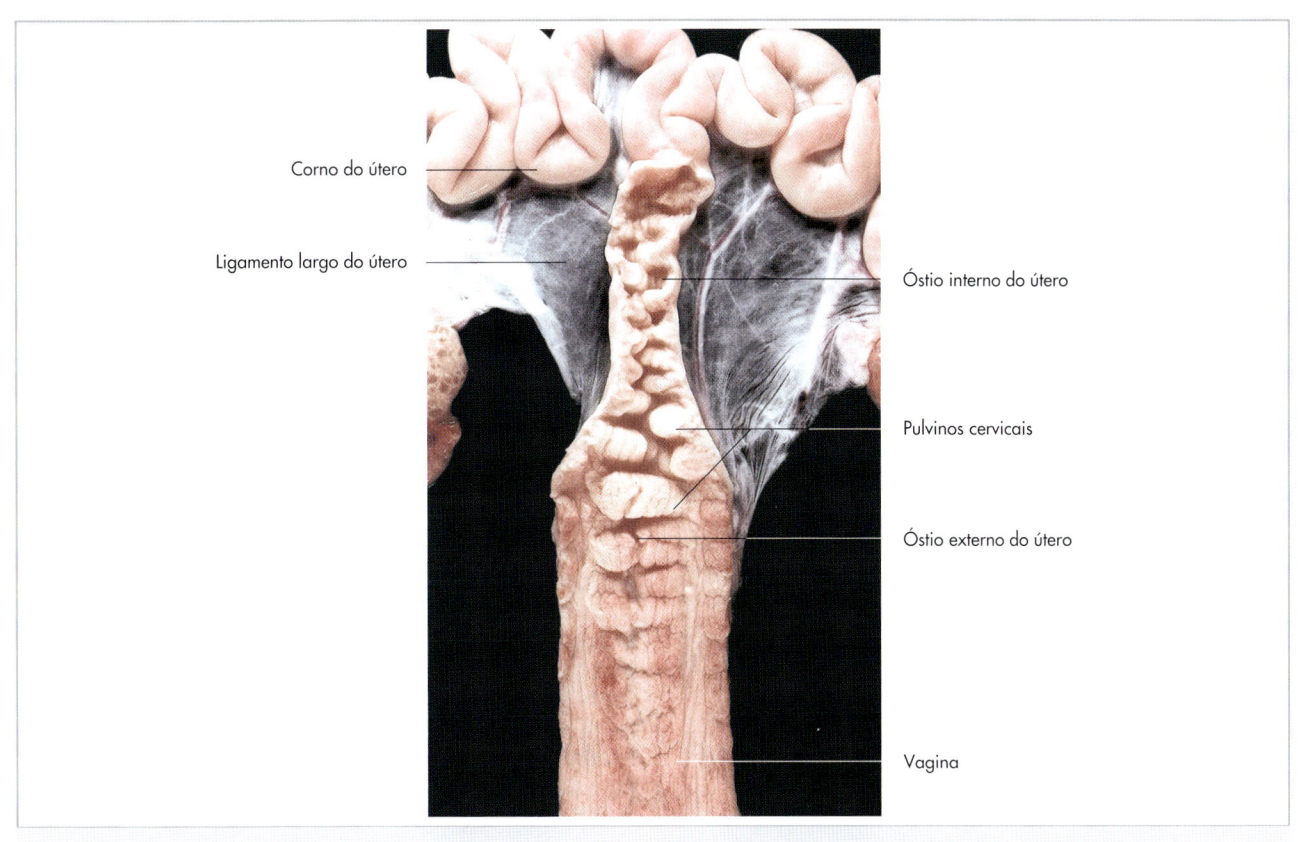

Legendas: Corno do útero; Ovário; Carúncula; Tuba uterina; Corpo do útero; Colo do útero com parte vaginal.

Fig. 12.30 Vagina e colo do útero de uma porca (parcialmente abertos na linha média). (Fonte: cortesia do Prof. Dr. J. Maierl, Munique.)

Legendas: Corno do útero; Ligamento largo do útero; Óstio interno do útero; Pulvinos cervicais; Óstio externo do útero; Vagina.

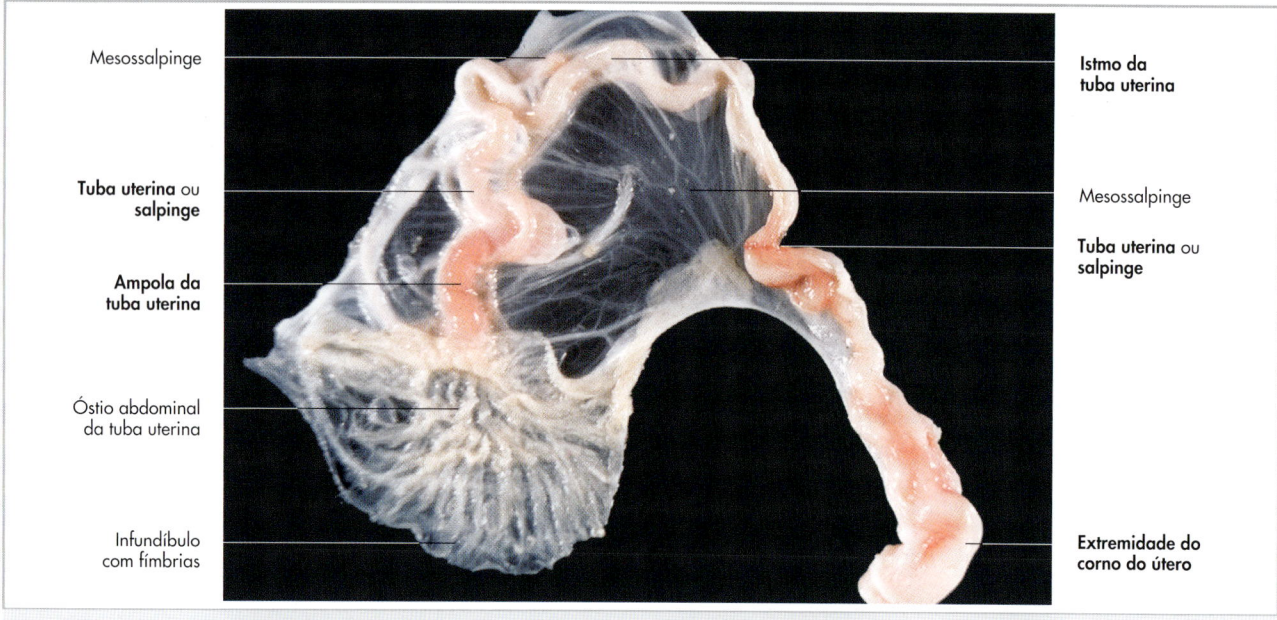

Fig. 12.31 Tuba uterina de uma vaca.

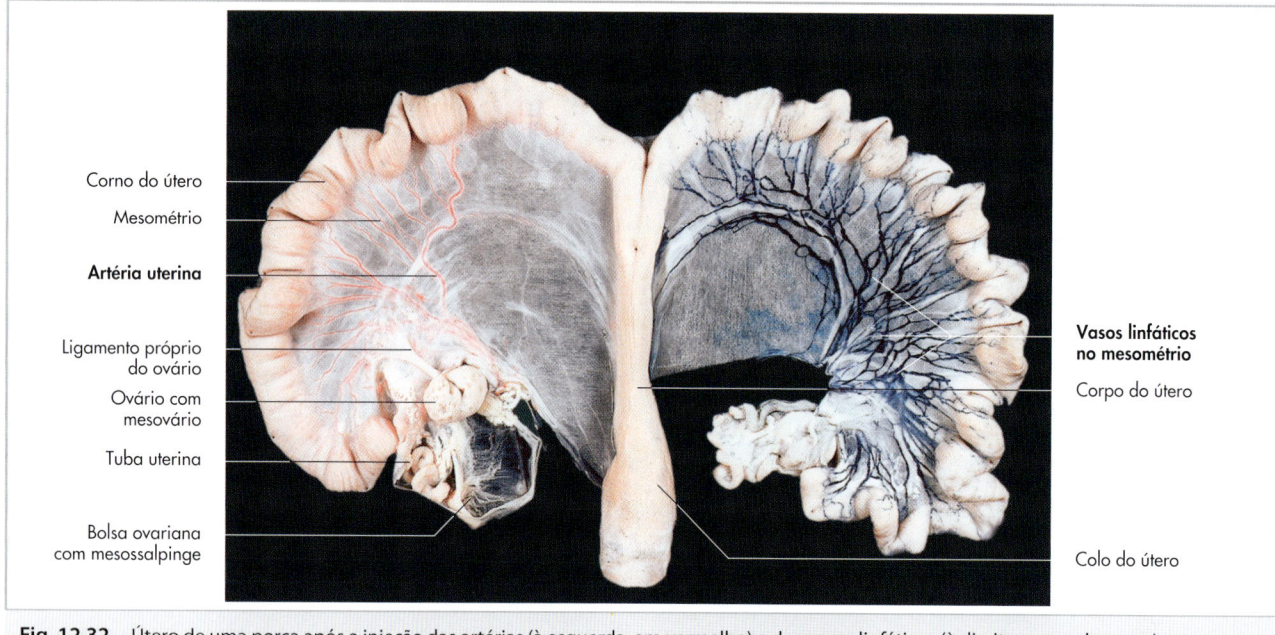

Fig. 12.32 Útero de uma porca após a injeção das artérias (à esquerda, em vermelho) e dos vasos linfáticos (à direita, em azul-escuro). (Fonte: cortesia do Prof. Dr. J. Maierl, Munique.)

Órgãos genitais femininos (*organa genitalia feminina*) 463

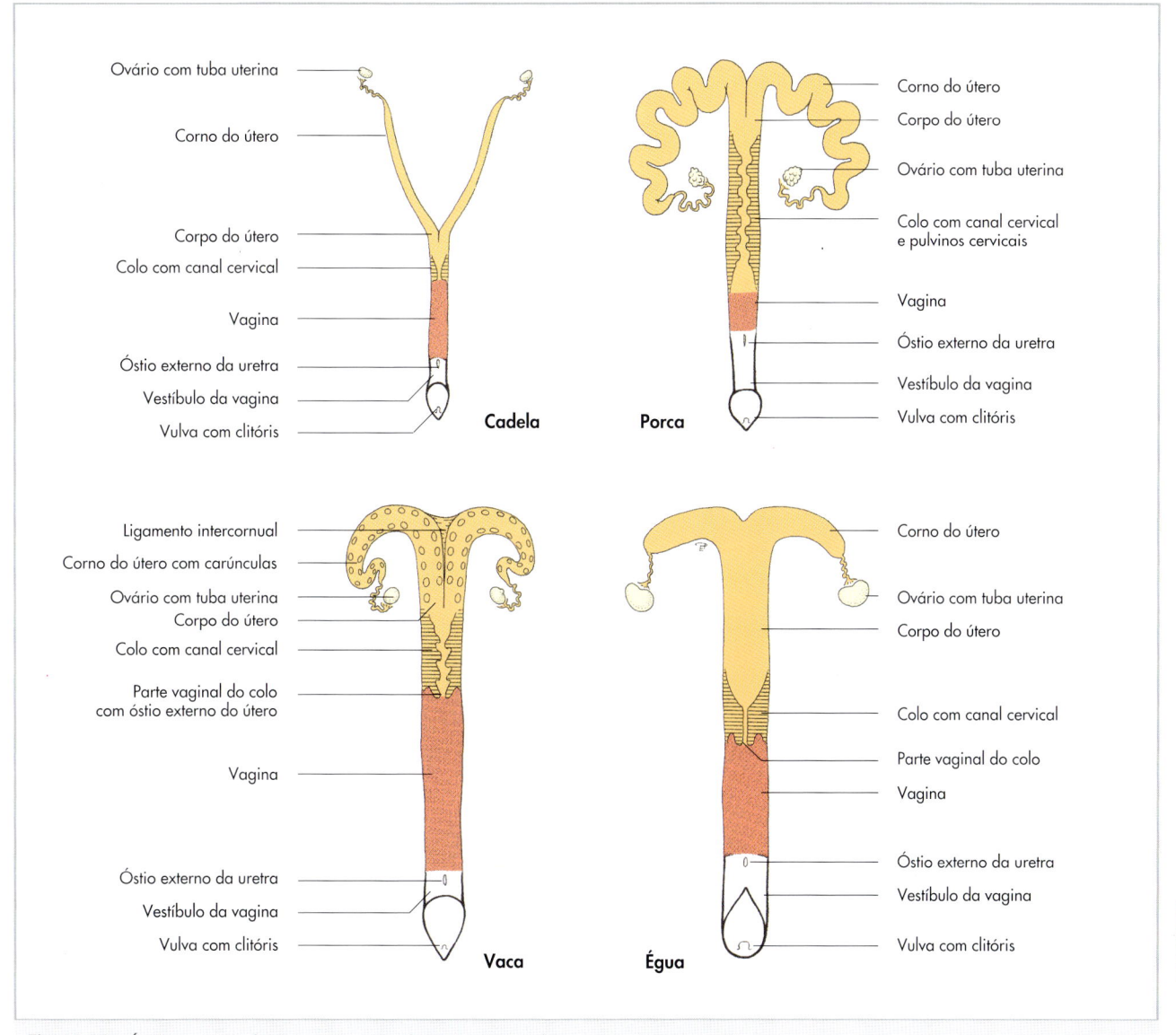

Fig. 12.33 Órgãos genitais femininos dos mamíferos domésticos (representação esquemática).

A denominação em grego das diferentes camadas forma a derivação de várias expressões clínicas relacionadas com o útero, como, por exemplo, endometrite ou piometra. O **endométrio** reveste o lúmen do útero, e a sua espessura varia dependendo do estágio do ciclo estral. Várias glândulas tubulares (*glandulae uterinae*) se abrem na superfície. Em ruminantes, a superfície é marcada por várias elevações permanentes (80-120 na vaca), as **carúnculas uterinas**, os locais de fixação das membranas embrionárias (**cotilédones**) durante a gestação. Embora sejam elevações baixas e lisas na vaca fora do período de gestação, elas tornam-se grandes inchaços sésseis com uma superfície dentada no estado de prenhez. Cada carúncula uterina e sua contraparte fetal, o cotilédone, forma uma unidade simples, conhecida como placentoma. Subjacente ao endométrio, encontra-se uma camada muscular de duas camadas, o **miométrio**. O miométrio é composto por uma **camada longitudinal externa** e uma **camada circular interna** mais espessa, separadas por uma camada intensamente vascularizada de tecido conjuntivo (▶Fig. 12.43).

O útero é coberto por uma membrana serosa (**perimétrio**), a qual é contínua com o ligamento largo. Vários vasos sanguíneos e fibras nervosas situam-se no **paramétrio**, o local onde a camada dupla do ligamento largo se separa para envolver o útero. Os tecidos das camadas uterinas, principalmente a camada muscular externa, se projetam para os ligamentos no paramétrio (▶Fig. 12.43).

12.4 Vagina

A vagina é a parte cranial do órgão copulatório feminino. Estende-se desde o **óstio externo do útero** até a **entrada da uretra** (*ostium urethrae externum*) (▶Fig. 12.22, ▶Fig. 12.25, ▶Fig. 12.33 e ▶Fig. 12.35). Portanto, essa parte pertence apenas ao trato reprodutor. Uma prega transversa cranial ao óstio uretral representa os vestígios do hímen presente em humanos. Embora seja variável,

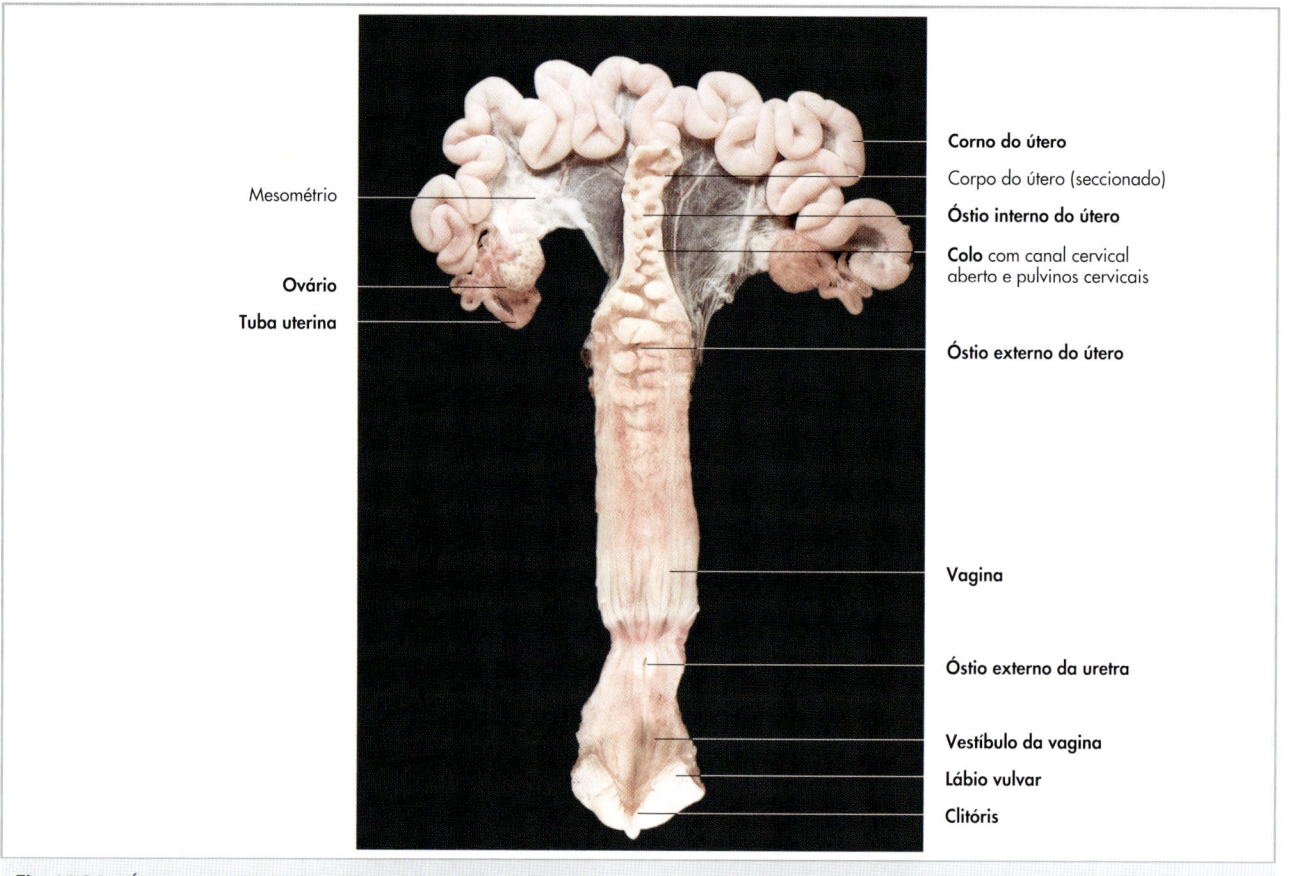

Fig. 12.34 Órgãos genitais de uma vaca (vista dorsal, parcialmente abertos na linha média). (Fonte: cortesia do Prof. Dr. J. Maierl, Munique.)

Labels: Mesométrio; Ovário; Tuba uterina; Corno do útero; Corpo do útero (seccionado); Óstio interno do útero; Colo com canal cervical aberto e pulvinos cervicais; Óstio externo do útero; Vagina; Óstio externo da uretra; Vestíbulo da vagina; Lábio vulvar; Clitóris

essa prega costuma ser mais proeminente na égua e na porca do que nas outras espécies domésticas.

A vagina relativamente longa de paredes finas situa-se em uma posição mediana no interior da cavidade pélvica entre o reto dorsalmente e a vesícula urinária ventralmente. A sua maior parte é **retroperitoneal**, embora as suas partes craniais sejam cobertas por peritônio. A incisão da parede dorsal dessa parte da vagina fornece um meio relativamente conveniente de acesso à cavidade peritoneal dos grandes animais. Essa abordagem pode ser utilizada para a remoção dos ovários (**ovariectomia**) na égua. Uma incisão ventral não é possível, devido à presença de um extenso plexo venoso.

Na vaca e na égua, o colo pronunciado restringe o lúmen da parte cranial da vagina a um espaço anular, conhecido como fórnice. Na cadela, o epitélio vaginal responde a alterações nos níveis hormonais de forma mais pronunciada do que em outras espécies domésticas, e amostras coletadas da vagina fornecem evidências do estágio dentro do ciclo.

12.4.1 Vestíbulo da vagina (*vestibulum vaginae*)

O vestíbulo constitui a parte caudal do **órgão copulador** e estende-se desde o óstio uretral externo até a vulva externa, combinando as **funções reprodutiva e urinária** (▶Fig. 12.33 e ▶Fig. 12.34).

Na vaca e na porca, a uretra forma uma invaginação ventral, o divertículo suburetral, o qual se abre juntamente à uretra na vagina. Essa disposição pode complicar a cateterização da vesícula urinária. Na cadela, a uretra se abre em uma pequena elevação, com um sulco de cada lado, os quais não devem ser confundidos com a fossa do clitóris durante a cateterização. Na vaca, as aberturas dos ductos mesonéfricos vestigiais podem ser visíveis em cada lado da abertura uretral externa.

O **vestíbulo** é menor que a vagina, e sua maior parte situa-se caudal ao arco isquiático, o que permite que ele se incline ventralmente para a sua abertura na vulva. A inflexão resultante do eixo da passagem genital deve ser levada em consideração na introdução de um espéculo vaginal ou de outros instrumentos.

A parede do vestíbulo contém **glândulas vestibulares**, cuja secreção mantém a umidade da mucosa do vestíbulo e facilita o coito e o parto. Durante o cio, o odor da secreção possui um efeito sexualmente estimulante sobre o macho. Na cadela, as glândulas são pequenas, porém em grande quantidade, e as aberturas dos ductos se dispõem em uma série linear. Algumas **glândulas vestibulares menores** (*glandulae vestibulares minores*) também estão presentes na porca, na ovelha, na vaca e na égua. Na vaca e na ovelha, uma **grande massa glandular**, que drena por um ducto simples, está presente em cada lado do vestíbulo.

Áreas mais escuras das paredes laterais indicam a posição dos **bulbos vestibulares**, uma concentração de veias que forma tecido erétil, considerados homólogos do bulbo peniano.

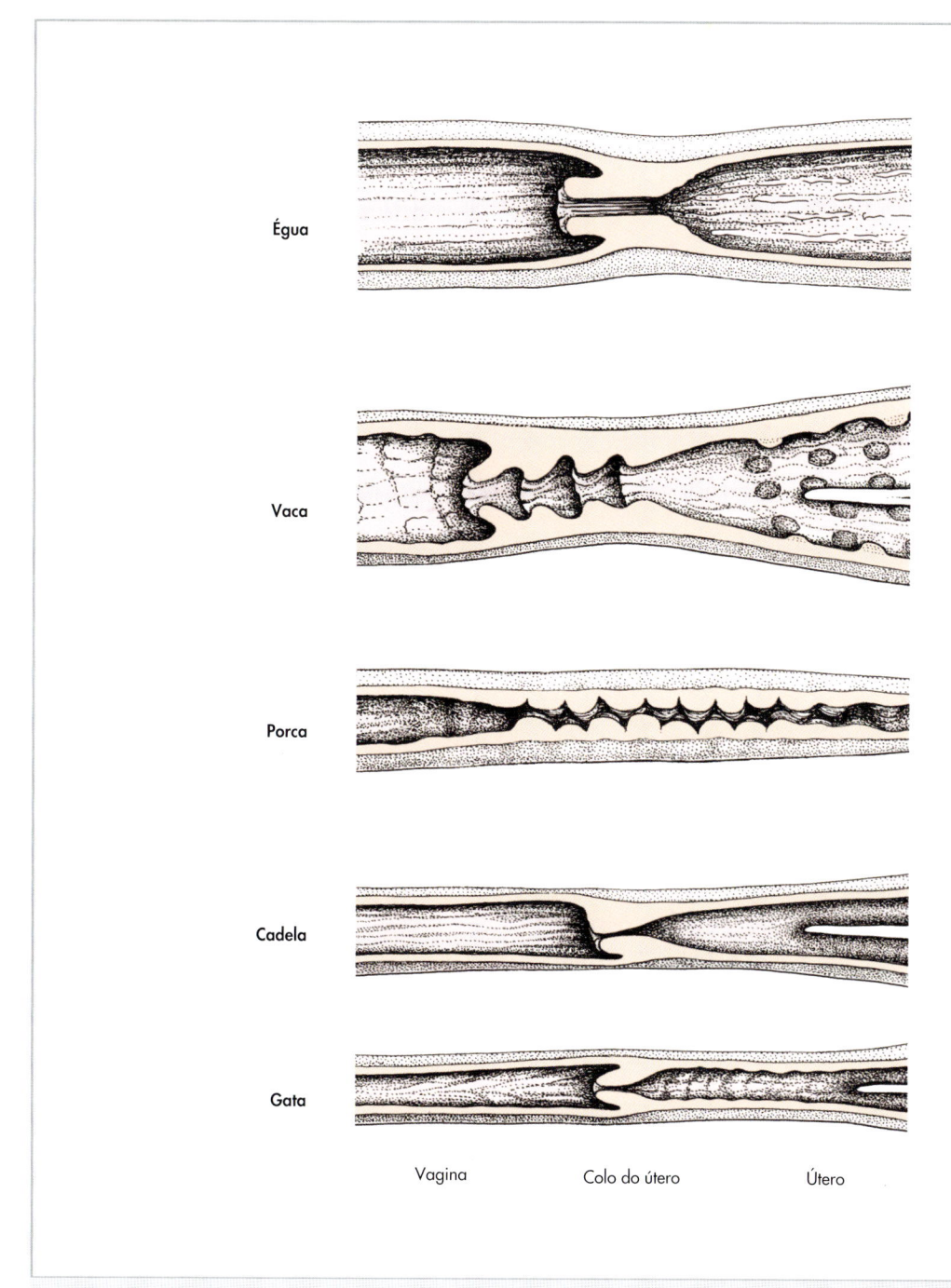

Fig. 12.35 Colo do útero de diferentes animais domésticos com e sem pulvinos (representação esquemática).

12.5 Vulva

A vulva é formada por **dois lábios**, que se encontram em uma comissura dorsal e outra ventral, circundando a abertura **vulvar vertical**. A comissura dorsal é arredondada, ao passo que a comissura ventral é aguda, exceto na égua, cujo padrão é invertido. O **clitóris**, homólogo feminino do pênis, encontra-se na comissura ventral (▶Fig. 12.38, ▶Fig. 12.39, ▶Fig. 12.40 e ▶Fig. 12.41).

De forma análoga ao pênis, o clitóris pode ser dividido em dois segmentos, um **corpo** (*corpus*) e uma **glande** (*glans clitoridis*). O clitóris situa-se em uma **fossa** (*fossa clitoridis*) amplamente coberta por uma prega mucosa, o equivalente feminino do prepúcio. Ele torna-se bastante proeminente na égua durante o cio, quando é exposto por movimentos "piscantes" dos lábios. Na égua, vários **seios do clitóris** (*sinus clitoridis*) invadem a glande, que pode abrigar os organismos responsáveis pela metrite equina contagiosa (CEM, *contagious equine metritis*) (▶Fig. 12.39).

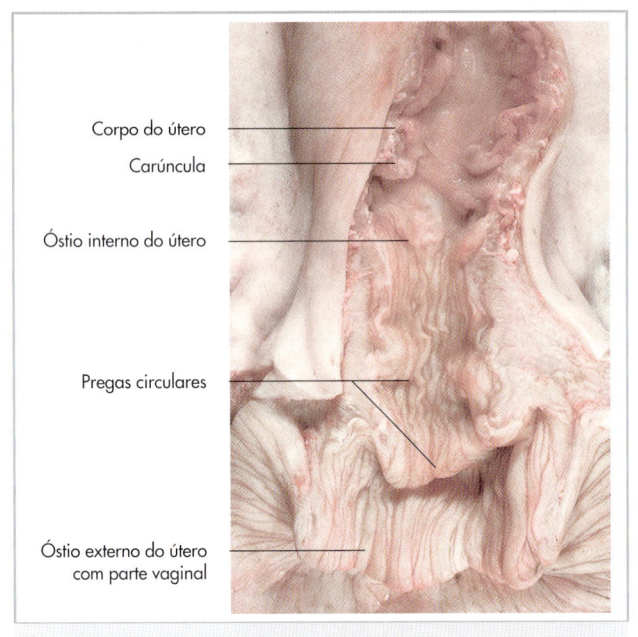

Fig. 12.36 Colo do útero de uma vaca (aberto).

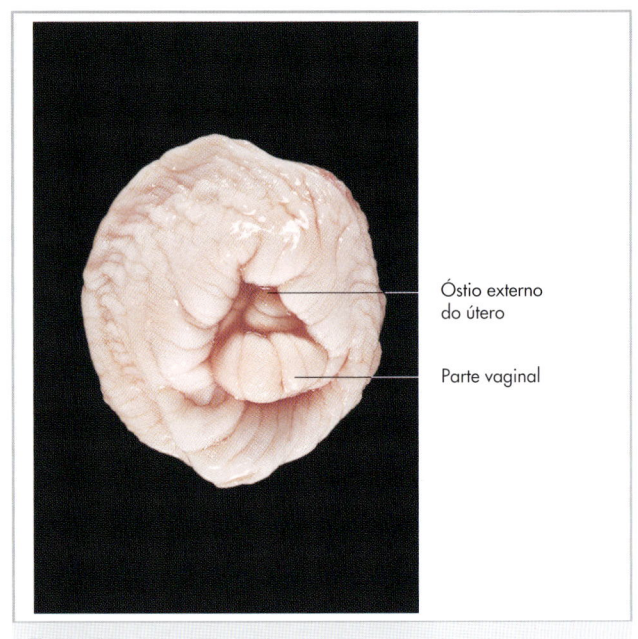

Labels: Corpo do útero; Carúncula; Óstio interno do útero; Pregas circulares; Óstio externo do útero com parte vaginal

Fig. 12.37 Colo do útero de uma vaca.

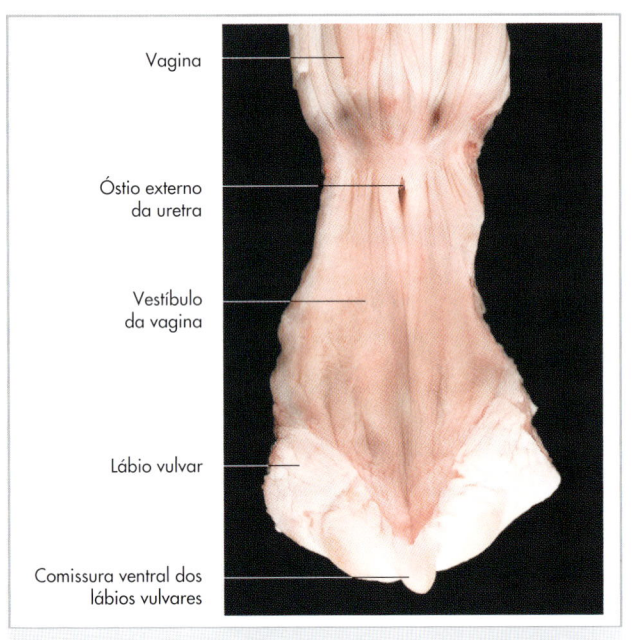

Labels: Óstio externo do útero; Parte vaginal

Fig. 12.38 Vagina e vulva de uma porca (linha média aberta).
(Fonte: cortesia do Prof. Dr. J. Maierl, Munique.)

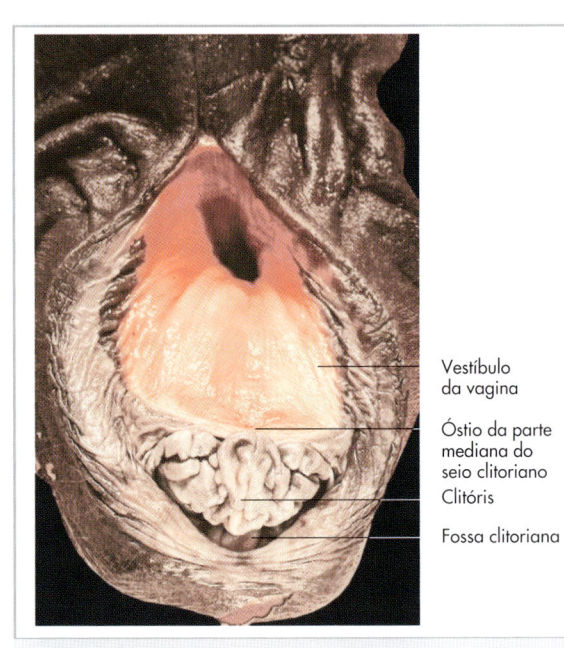

Labels: Vagina; Óstio externo da uretra; Vestíbulo da vagina; Lábio vulvar; Comissura ventral dos lábios vulvares

Fig. 12.39 Vulva de uma égua.

Labels: Vestíbulo da vagina; Óstio da parte mediana do seio clitoriano; Clitóris; Fossa clitoriana

Órgãos genitais femininos (*organa genitalia feminina*)   467

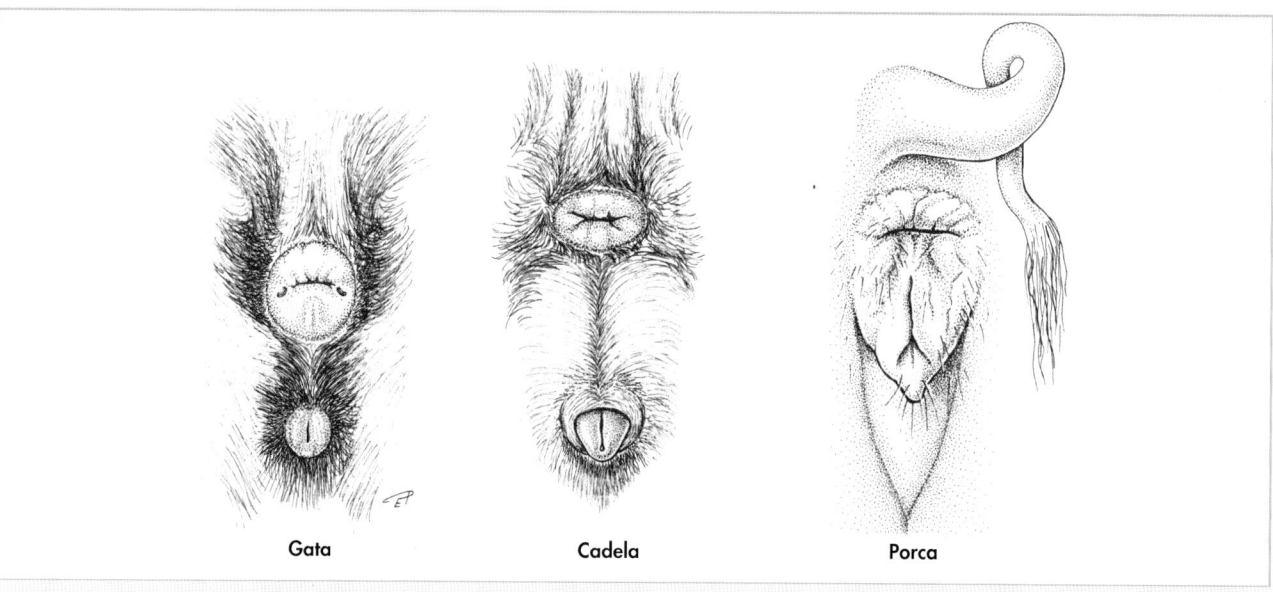

Fig. 12.40 Ânus e órgãos genitais femininos externos (representação esquemática).

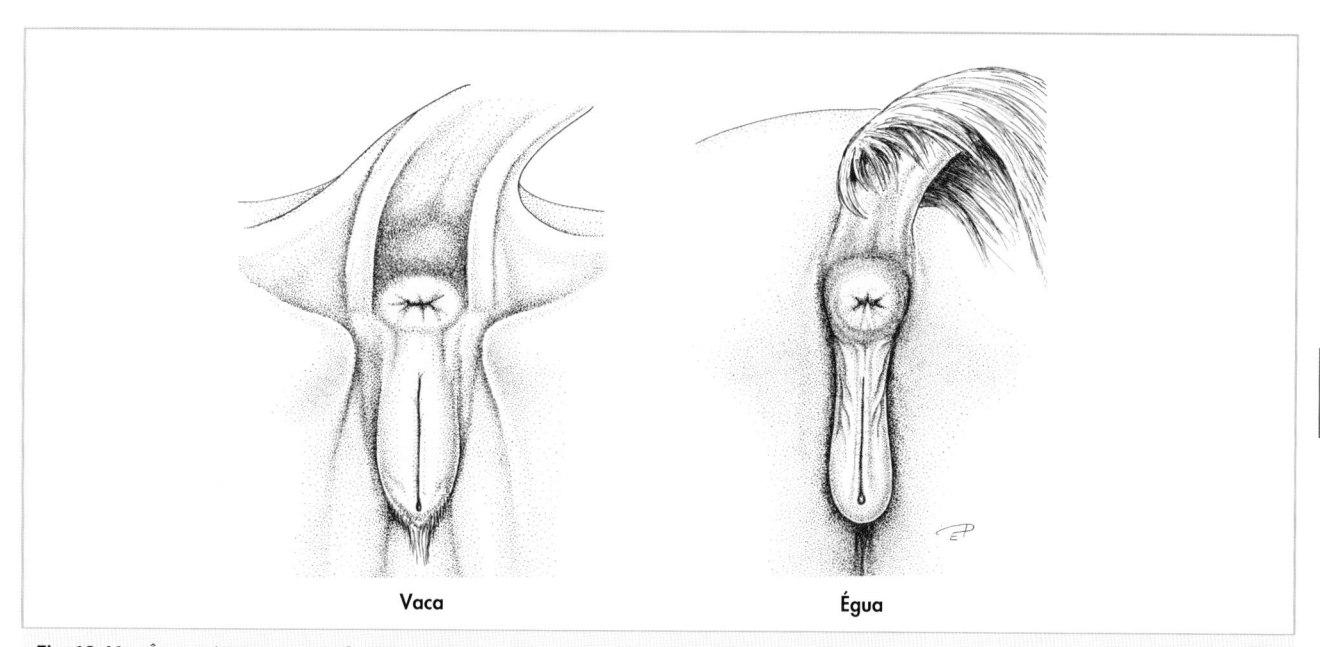

Fig. 12.41 Ânus e órgãos genitais femininos externos (representação esquemática).

12.6 Ligamentos (anexos)

A fixação principal dos órgãos genitais femininos é fornecida pelas pregas duplas pares de peritônio, os **ligamentos largos esquerdo e direito do útero** (*ligamenta lata uteri*) (▶Fig. 12.1, ▶Fig. 12.22, ▶Fig. 12.23, ▶Fig. 12.30 e ▶Fig. 12.34). Os ligamentos largos são lâminas bilaterais que suspendem os ovários, as tubas uterinas e o útero do teto abdominal e das paredes pélvicas. Conforme o órgão que suspende, o ligamento largo pode ser dividido em três partes, o mesovário, a mesossalpinge e o mesométrio. Ao contrário da maioria das pregas peritoneais, as membranas serosas do ligamento largo são separadas por quantidades significativas de tecido, principalmente de músculo liso da camada longitudinal do miométrio. Essa disposição permite que os ligamentos largos desempenhem uma função ativa na sustentação do útero, o que é particularmente importante para animais de grande porte.

O **mesovário** (▶Fig. 12.1) é a parte cranial do ligamento largo que une o ovário à região dorsolateral da parede abdominal. Ele contém a artéria e a veia ovarianas. A mesossalpinge prolonga-se lateralmente desde o mesovário e, desse modo, o divide em partes proximal e distal. O mesovário proximal estende-se da parede do corpo até a mesossalpinge, ao passo que o mesovário distal estende-se da mesossalpinge até o ovário (▶Fig. 12.1, ▶Fig. 12.22 e ▶Fig. 12.23).

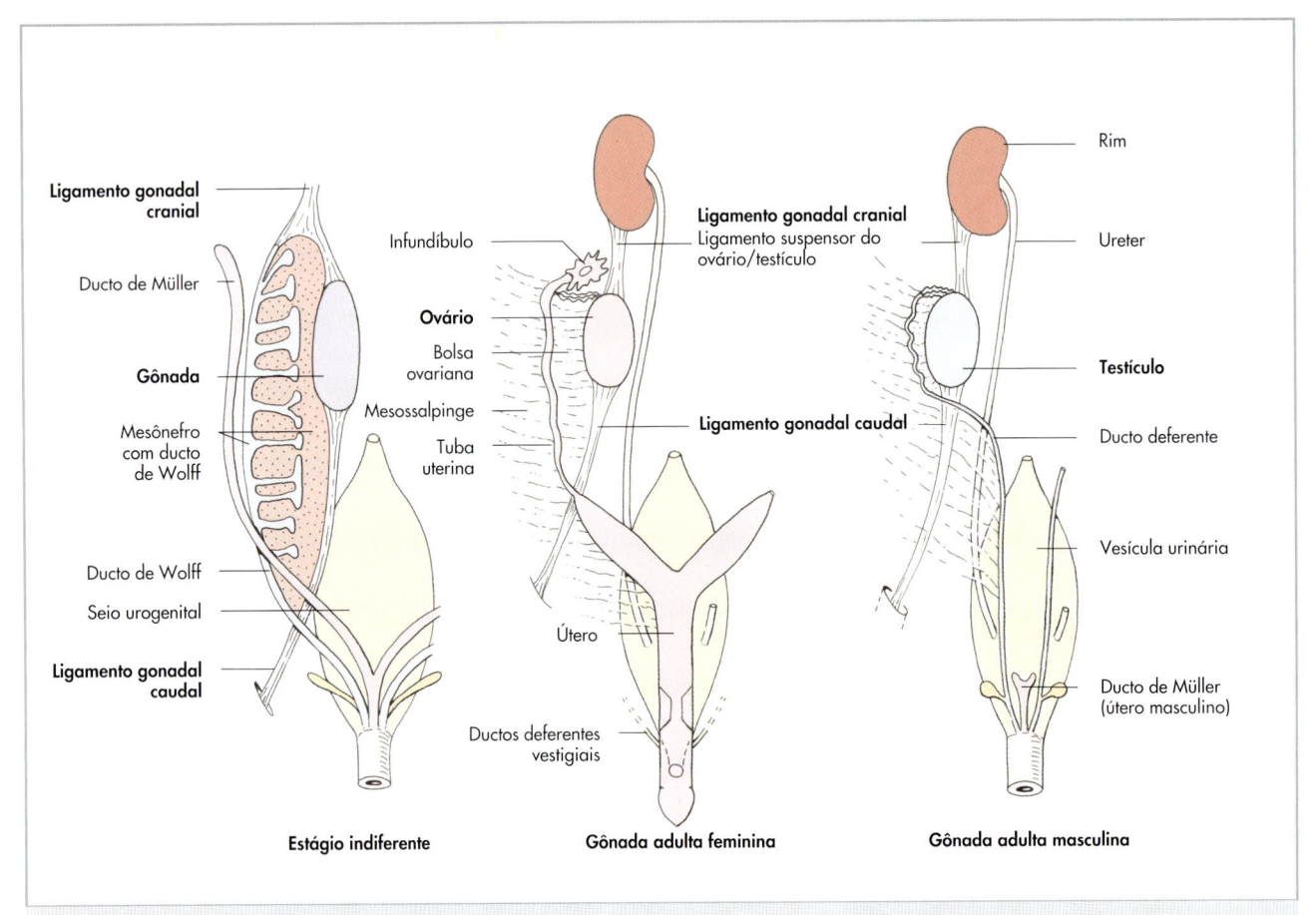

Fig. 12.42 Comparação de órgãos genitais análogos durante o desenvolvimento fetal e nos estágios adultos da fêmea e do macho (representação esquemática); ver também ▶Tab. 12.1.

A mesossalpinge e o mesovário envolvem uma bolsa, a **bolsa ovariana** (*bursa ovarica*), na qual o ovário se projeta (▶Fig. 12.22, ▶Fig. 12.23 e ▶Fig. 12.25). A bolsa ovariana apresenta tamanho bastante variável e é incapaz de segurar o ovário na égua, porém envolve todo o ovário em carnívoros.

A maior parte do ligamento largo é o **mesométrio** (▶Fig. 12.22 e ▶Fig. 12.23), que se liga ao útero e à parte cranial da vagina. As duas membranas serosas do mesométrio são amplamente separadas onde se fixam ao colo e à vagina, portanto, as suas faces laterais são retrosserosas. Na base dos cornos do útero, a membrana serosa passa de um corno para o outro, formando uma ponte sobre o espaço entre eles e constituindo o ligamento intercornual. Na vaca, há um ligamento intercornual dorsal e outro ventral, os quais, juntos, formam uma pequena bolsa com abertura cranial, o que facilita a fixação manual do útero durante palpação retal.

Além das fixações ligamentosos descritas, o sistema genital feminino possui outros ligamentos, como o **ligamento suspensor do ovário** (▶Fig. 12.1 e ▶Fig. 12.2), o **ligamento próprio do ovário** e o **ligamento redondo do útero**.

O **ligamento suspensor do ovário** (*ligamentum suspensorium ovarii*) forma o **limite cranial do ligamento largo**, que se prolonga entre o ovário e as últimas costelas. O ligamento suspensor prossegue após o ovário com o **ligamento próprio do ovário** (*ligamentum ovarii proprium*) caudal, que, por sua vez, se fixa à extremidade cranial do corno do útero. A partir desse local, ele forma uma continuação com o ligamento redondo do útero (*ligamentum teres uteri*), um cordão fibromuscular que se prolonga caudalmente em direção ao canal inguinal dentro da margem livre de uma prega do peritônio, que se destaca desde a face lateral do mesométrio.

Na cadela, o ligamento redondo não termina em seu anel inguinal interno, e sim atravessa o **canal inguinal** (*canalis inguinalis*) até ser envolvido pelo **processo vaginal** (*processus vaginalis peritonei*), antes de terminar próximo à vulva. A cadela é única entre os mamíferos domésticos por possuir um processo vaginal, o que a predispõe a hérnias inguinais, uma condição que é restrita a machos de outras espécies. Em cadelas mais velhas, uma quantidade considerável de tecido adiposo é depositada dentro do processo vaginal, o que o deixa facilmente palpável, mas não deve ser confundido com uma massa patológica.

O **sistema suspensor** e as **fixações ligamentosas** do sistema genital estão listados na ▶Tab. 12.1, comparando as estruturas homólogas de machos e fêmeas.

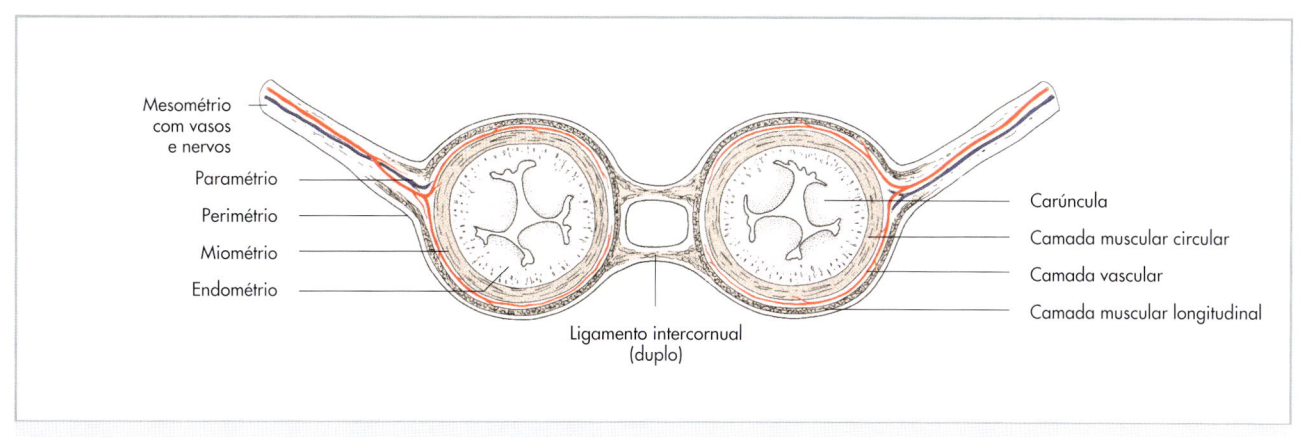

Fig. 12.43 Cornos do útero de uma vaca, seccionados na altura do ligamento intercornual (representação esquemática).

Tab. 12.1 Comparação do mesentério, das pregas do peritônio e dos ligamentos análogos do ovário da fêmea com o testículo do macho

Mesentério		Ligamentos	
Fêmea	Macho	Fêmea	Macho
Mesovário proximal	Mesórquio proximal	Ligamento cranial do ovário (ligamento suspensor do ovário)	Ligamento cranial do testículo (ligamento suspensor do testículo)
Mesovário distal	Mesórquio distal	Ligamento caudal do ovário (ligamento inguinal do ovário)	Ligamento caudal do testículo (ligamento inguinal do testículo)
Mesossalpinge	Mesoepidídimo	Ligamento próprio do ovário	Ligamento próprio do testículo
Bolsa ovariana	Bolsa testicular	Ligamento redondo do útero	Ligamento da cauda do epidídimo

12.7 Músculos dos órgãos genitais femininos

Os **músculos** e as **fáscias** associados ao trato reprodutor feminino constituem partes da **saída pélvica**: uma repartição musculofascial que se divide dorsalmente em **diafragma pélvico**, o qual causa a oclusão da abertura pélvica caudal ao redor do ânus; e uma parte ventral, o **diafragma urogenital**, que causa a oclusão da abertura pélvica caudal ao redor do vestíbulo. Os **músculos do vestíbulo** e a **vulva** compreendem os seguintes músculos estriados: o **músculo constritor do vestíbulo**, o **músculo constritor da vulva** e o **músculo isquiocavernoso**. A região entre a face ventral da raiz da cauda e da vulva (ou o escroto) é conhecida como região perineal. Essa região refere-se aos músculos e à fáscia que se entrelaçam entre a vulva e o ânus como corpo perineal. No entanto, na prática, o corpo perineal costuma ser chamado de "**períneo**". A região perineal pode ficar lacerada durante um parto com complicações.

12.8 Vascularização, linfáticos e inervação

A vascularização dos órgãos genitais femininos é provido por **quatro artérias pares** (▶Fig. 12.44):
- artéria ovariana (*a. ovarica*);
- artéria uterina (*a. uterina*);
- artéria vaginal (*a. vaginalis*);
- artéria pudenda interna (*a. pudenda interna*).

A **artéria ovariana**, após ser emitida da aorta, segue um curso contorcido até o ovário. Ela supre o **ovário** (*ramus ovaricus*) e emite ramos para a tuba uterina e para a extremidade do **corno do útero** (*ramus uterinus*). O ramo uterino se anastomosa com a artéria uterina dentro do ligamento largo.

O restante do sistema genital feminino é irrigado pelas artérias uterina e vaginal, as quais são ramos da artéria ilíaca interna, e pela continuação das artérias vaginais, da artéria pudenda interna. A artéria uterina chega ao útero dentro do ligamento largo e emite uma série de ramos para o corpo e para os cornos do útero, cuja parte mais cranial forma anastomose com o ramo uterino da artéria ovariana, ao passo que a mais caudal forma anastomose com a artéria vaginal.

Na cadela e na gata, a artéria uterina é um ramo da **artéria vaginal**. A maior fonte vascular do útero é provida por meio do ramo uterino da artéria ovariana. Na gata, a artéria ovariana emite um ramo extra, o qual corre cranialmente e forma anastomose com a artéria da glândula suprarrenal. Na vaca, a artéria uterina pode ser palpada retalmente contra o corpo do ílio como uma vibração característica (frêmito), que pode ser sentida a partir do quinto mês de gestação. Na égua, a artéria uterina é um ramo da artéria ilíaca externa. As partes caudais do sistema genital feminino são irrigadas por ramos das artérias pudenda interna e vaginal. O padrão de ramificação varia em diferentes animais.

As **veias** normalmente são satélites das artérias, mas não correspondem umas às outras quanto à importância relativa. A **veia ovariana** (*v. ovarica*) é muito maior, ao passo que a **veia uterina** (*v. uterina*) é muito menor que as suas artérias correspondentes. A veia ovariana drena a maior parte do útero e corre junto à veia ovariana em uma bainha comum de tecido mole. Na vaca, as

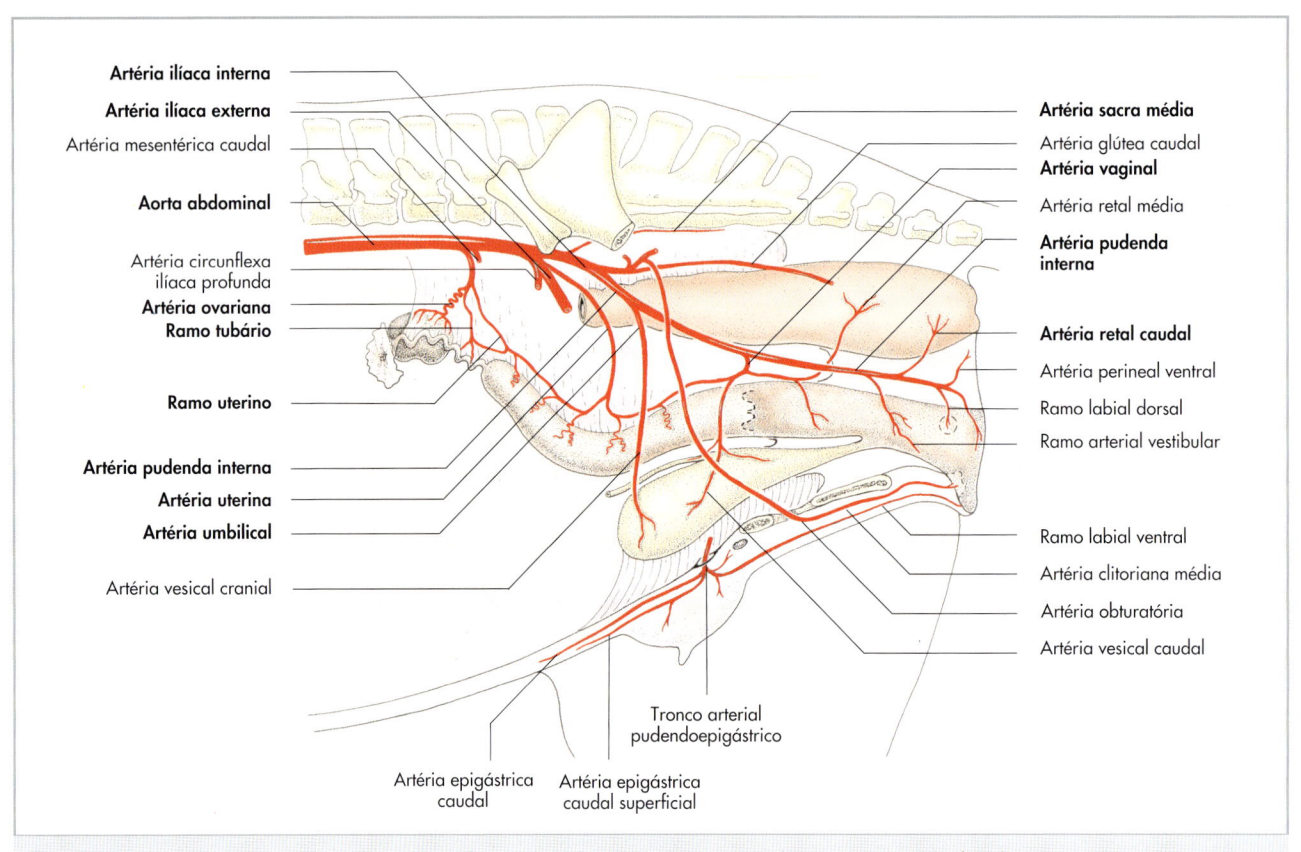

Fig. 12.44 Vasos sanguíneos dos órgãos genitais de uma égua (representação esquemática, secção paramediana).

paredes dos vasos adjacentes são consideravelmente mais finas que as outras e facilitam o transporte transmural de prostaglandina F2$_\alpha$ da veia para a artéria. A prostaglandina F2$_\alpha$ é produzida no útero fora do período de gestação e causa a regressão do corpo lúteo (luteólise). A **veia vaginal** (*v. vaginalis*) vasculariza um amplo plexo nas paredes da vagina e do vestíbulo.

Os **linfáticos** do sistema genital feminino drenam principalmente nos **linfonodos ilíacos mediais** e nos **linfonodos aórticos lombares**. Na égua, um **linfonodo uterino** pode estar presente no ligamento largo.

A **inervação** dos órgãos genitais femininos ocorre pelo **sistema nervoso autônomo**. Os ovários recebem fibras simpáticas do plexo intermesentérico e do plexo mesentérico caudal e fibras parassimpáticas do vago. O restante do sistema genital feminino recebe inervação parassimpática e simpática por meio do **plexo pélvico** (*plexus pelvinus*).

Terminologia clínica

Exemplos de termos clínicos derivados de termos anatômicos: ovariectomia, histerectomia, ovário-histerectomia, salpingite, metrite, endometrite, miometrite, perimetrite, parametrite, piometra, vaginite e muitos outros.

13 Sistema circulatório (*systema cardiovasculare*)

H. E. König, J. Ruberte e H.-G. Liebich

O sistema circulatório compreende o coração, os vasos sanguíneos e os vasos linfáticos. O coração é a bomba muscular do sistema circulatório. Os vasos sanguíneos, que consistem em artérias, capilares e veias, formam um sistema contínuo, no qual o sangue circula pelo corpo.

O sangue transporta **oxigênio** e **outras moléculas** necessárias para o **metabolismo celular** normal para os tecidos e, na volta, transporta os produtos celulares dos tecidos para o fígado, os rins e o pulmão, para o seu **metabolismo** e **excreção**. Os vasos sanguíneos e as câmaras do coração formam uma única cavidade, através da qual o sangue circula continuamente, devido à ação bombeadora do coração. Nos mamíferos domésticos, com exceção do gato, o volume sanguíneo é aproximadamente 6 a 8% do peso corporal; no gato, ele representa apenas 4% do peso do corpo.

O **tempo de circulação**, ou seja, o tempo que leva para uma célula sanguínea ser transportada de uma veia jugular ao redor do corpo, depende não só do tamanho do animal, mas também de fatores mediados pelo sistema neuroendócrino. Em animais de grande porte, o tempo aproximado é de 30 segundos, ao passo que é de apenas 7 segundos no gato.

Os **vasos sanguíneos** incluem as **artérias**, que transportam o sangue a partir do coração, enquanto as **veias** o conduzem de volta. Quando as artérias se ramificam e se dividem, elas formam **arteríolas**, de diâmetro menor, que levam aos **capilares**, os quais apresentam o menor diâmetro entre todos os vasos sanguíneos e permitem a passagem de células e nutrientes para os tecidos. Os capilares desembocam nas **vênulas**, que, por sua vez, se tornam veias e retornam o sangue para o coração.

Os **vasos sanguíneos** estão dispostos como **dois circuitos de fluxo sanguíneo**, seguindo um padrão semelhante ao número "8", com o coração no centro. A **circulação sistêmica** é **maior**, a qual conduz **sangue oxigenado** do coração para todos os órgãos do corpo e transporta o **sangue desoxigenado** de volta para o coração. A **circulação pulmonar** é **menor** e transporta o sangue **desoxigenado** do coração para o tecido de troca dos pulmões, onde ele é **oxigenado** antes de ser devolvido ao coração.

Embora o sangue circule durante toda a vida do animal, é importante considerar o caminho de um eritrócito individual para facilitar a compreensão do fluxo. Com início no **átrio esquerdo**, o sangue oxigenado passa tanto passivamente quanto por meio de contração atrial para o **ventrículo esquerdo**. A contração muscular do ventrículo esquerdo envia o sangue para a **aorta**. Da aorta, emergem artérias que se ramificam em **arteríolas** e, finalmente, correm para os leitos **capilares** dos diferentes órgãos pelos quais circula o sangue.

A partir dos **leitos capilares**, o sangue desoxigenado é coletado por **vênulas menores**, que se tornam **veias** e, por fim, **veias principais** (veias cavas cranial e caudal), que conduzem o sangue até o **átrio direito** do coração. As veias dos membros pélvicos e da parte caudal do tronco desembocam na **veia cava caudal**; já as veias da cabeça, dos membros torácicos e da metade cranial do tronco são coletadas pela **veia cava cranial**. O sangue venoso dos **órgãos ímpares** no interior do abdome passa pela **veia porta** e pelo fígado antes de alcançar o **átrio direito** com a **veia cava caudal**.

A partir do **átrio direito**, o sangue passa para o **ventrículo direito** (passivamente e por meio de contração atrial), de onde segue para o **tronco pulmonar** e para as **artérias pulmonares**, as quais conduzem o sangue desoxigenado para os alvéolos pulmonares, onde ocorre a troca gasosa. As **veias pulmonares** transportam o sangue oxigenado de volta para o átrio esquerdo. Para uma descrição mais detalhada, ver Capítulo 1, "Introdução e anatomia geral" (p. 21).

Os **vasos linfáticos** formam um **sistema de drenagem**, que retorna uma fração importante do fluido dos tecidos do interstício para o sangue. A drenagem linfática se inicia com os **capilares linfáticos de terminação cega**, os quais formam plexos extensos, espalhando-se pela maioria dos tecidos. Esses capilares coletam líquido intersticial, incluindo moléculas grandes, como proteínas, que não conseguem penetrar os vasos sanguíneos menos permeáveis. Os vasos linfáticos maiores se originam desses plexos e, por fim, convergem em alguns **troncos maiores**, que se esvaziam nas **veias principais** dentro do tórax. O segundo componente do sistema linfático compreende uma variedade de agregações amplamente espalhadas de **tecido linfoide**, por onde passa a linfa. O sistema linfático é descrito em detalhes no Capítulo 14, "Sistemas imune e linfático" (p. 501).

13.1 Coração (*cor*)

O coração é o **órgão central** do sistema circulatório e é composto principalmente pelo **músculo cardíaco**, ou miocárdio (*myocardium*), o qual forma uma bolsa dividida em **quatro câmaras**: átrio direito, átrio esquerdo, ventrículo direito e ventrículo esquerdo. O coração é envolto pelo **pericárdio** e forma parte do mediastino, a divisão que separa as duas cavidades pleurais.

13.1.1 Pericárdio

O **pericárdio** é a cobertura fibrosserosa do coração. Trata-se essencialmente de um saco com invaginação profunda, cujo lúmen, a **cavidade pericárdica** (*cavum pericardii*), reduz-se a uma fenda capilar. Essa fenda contém uma pequena quantidade de fluido seroso, o **líquido pericárdico** (*liquor pericardii*), o qual facilita o movimento do coração contra o pericárdio.

O pericárdio pode ser dividido em uma **parte fibrosa** central e nas **partes serosas** interna e externa. Além disso, ele pode ser subdividido em:
- pleura pericárdica (*pleura pericardiaca*);
- pericárdio fibroso (*pericardium fibrosum*);
- pericárdio seroso (*pericardium serosum*).

A **camada visceral do pericárdio** se fixa firmemente à parede cardíaca, formando o **epicárdio**. Essa camada cobre o miocárdio, os vasos coronários e o tecido adiposo na superfície do coração. As camadas visceral e parietal do pericárdio são contínuas uma à outra, formando um espelhamento complexo que passa sobre os átrios e as raízes dos grandes vasos. As raízes dos grandes vasos sanguíneos também são envoltas em epicárdio, já que parte da cavidade pericárdica se curva transversalmente, atravessando a

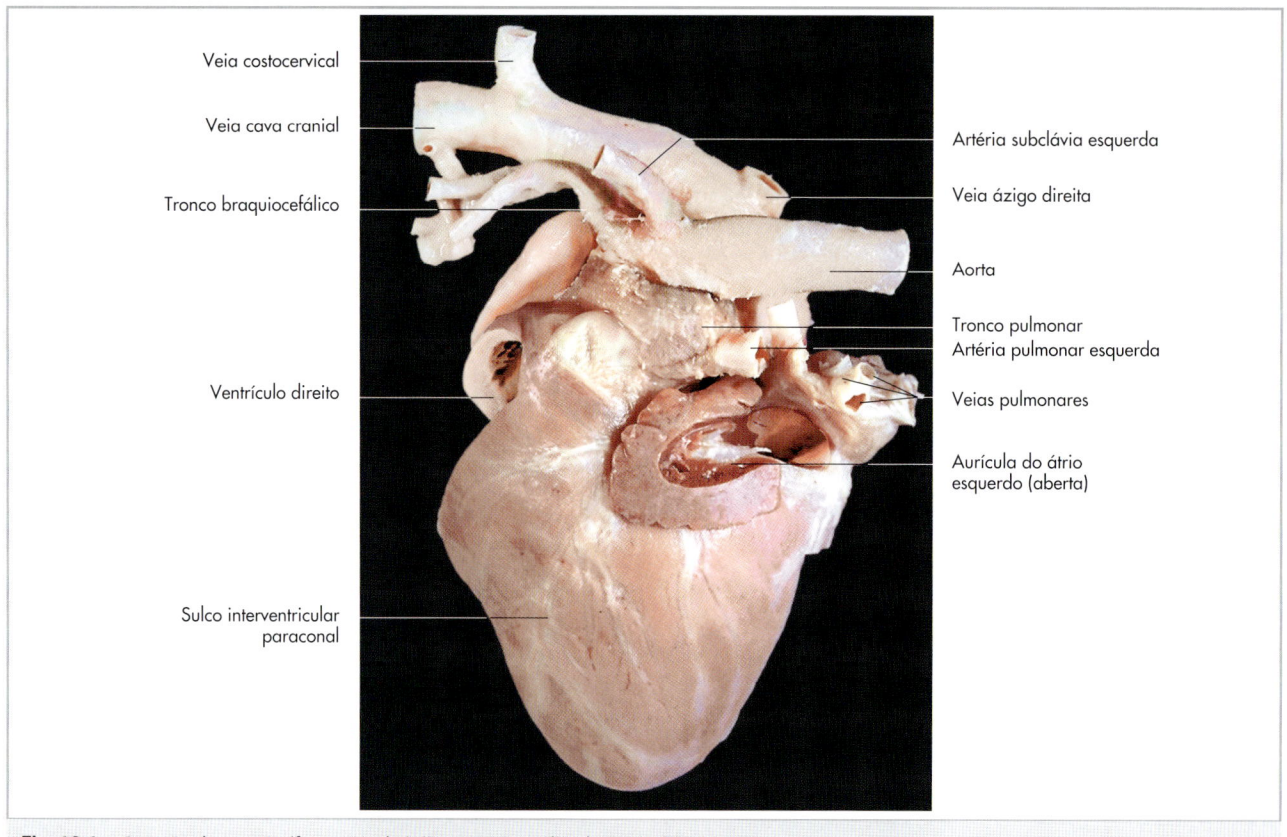

Fig. 13.1 Coração de um cão (face auricular). (Preparação realizada por H. Dier, Viena.)

base do coração. Esse é o **seio transverso do pericárdio** (*sinus transversus pericardii*), uma fenda em forma de "U" entre os lados direito e esquerdo da cavidade pericárdica.

O **seio oblíquo do pericárdio** (*sinus obliquus pericardii*) é uma invaginação formada pelo retorno das duas camadas do pericárdio seroso entre as grandes veias.

A **camada parietal do pericárdio seroso** se fusiona firmemente ao pericárdio fibroso, o qual é composto por fibras colágenas entrelaçadas. A base do **pericárdio fibroso** é contínua com as grandes artérias e veias que deixam e penetram o coração, unindo-se à adventícia desses vasos. Ventralmente, o pericárdio continua nos seguintes ligamentos:

- ligamento esternopericárdico (*ligamentum sternopericardiacum*);
- ligamento frenopericárdico (*ligamentum phrenicopericardiacum*).

O **ligamento esternopericárdico** fixa o pericárdio fibroso ao esterno. Já o **ligamento frenopericárdico** está presente apenas no cão e une o pericárdio fibroso ao diafragma. A maior parte do exterior do pericárdio fibroso é coberta pela pleura mediastinal, descrita detalhadamente no Capítulo 7, "Cavidades corporais" (p. 315). O nervo frênico passa entre a pleura mediastinal e o pericárdio.

O pericárdio consegue acomodar apenas um pequeno grau de distensão durante a pulsação rítmica do ciclo cardíaco. A rápida acumulação de líquido na cavidade pericárdica exerce pressão sobre o coração e prejudica o funcionamento cardíaco (tamponamento cardíaco). Alterações de longo prazo no tamanho do coração, conforme observado por treinamento ou doença, ou o lento acúmulo de efusão na cavidade pericárdica são mais tolerados e podem resultar em aumento do pericárdio.

A inflamação do pericárdio resulta em aumento do líquido pericárdico e da espessura do saco. Nesses casos, o líquido pericárdico pode ser visualizado por ultrassom como uma região anecoica (i.e., que não produz eco).

13.1.2 Posição e tamanho do coração

O coração se situa no **mediastino**, sendo que a parte maior (60%) se posiciona à **esquerda do plano mediano**. Ele se prolonga entre a 3ª e a 6ª costelas (7ª no gato e no cão). A base do coração se localiza aproximadamente no plano horizontal de uma linha que corta o meio do tórax. Grande parte da superfície do coração é coberta pelo **pulmão**, mas ele pode ser facilmente auscultado e sentido pela parede torácica (batimento do ápice). A **incisura cardíaca** dos pulmões permite que o coração fique em contato próximo com a **parede torácica lateral**, separado dela apenas pelo pericárdio, pelo mediastino e pela pleura. Em indivíduos jovens, a face cranial do coração é adjacente ao timo. Caudalmente, o coração se projeta até o **diafragma**.

Variações quanto à posição e ao tamanho ocorrem entre espécies, raças e indivíduos conforme a idade, a condição e a presença de enfermidade. Em geral, o coração corresponde a cerca de 0,75% do peso corporal. Em radiografias, o tamanho do coração pode ser comparado aos espaços intercostais ou à extensão

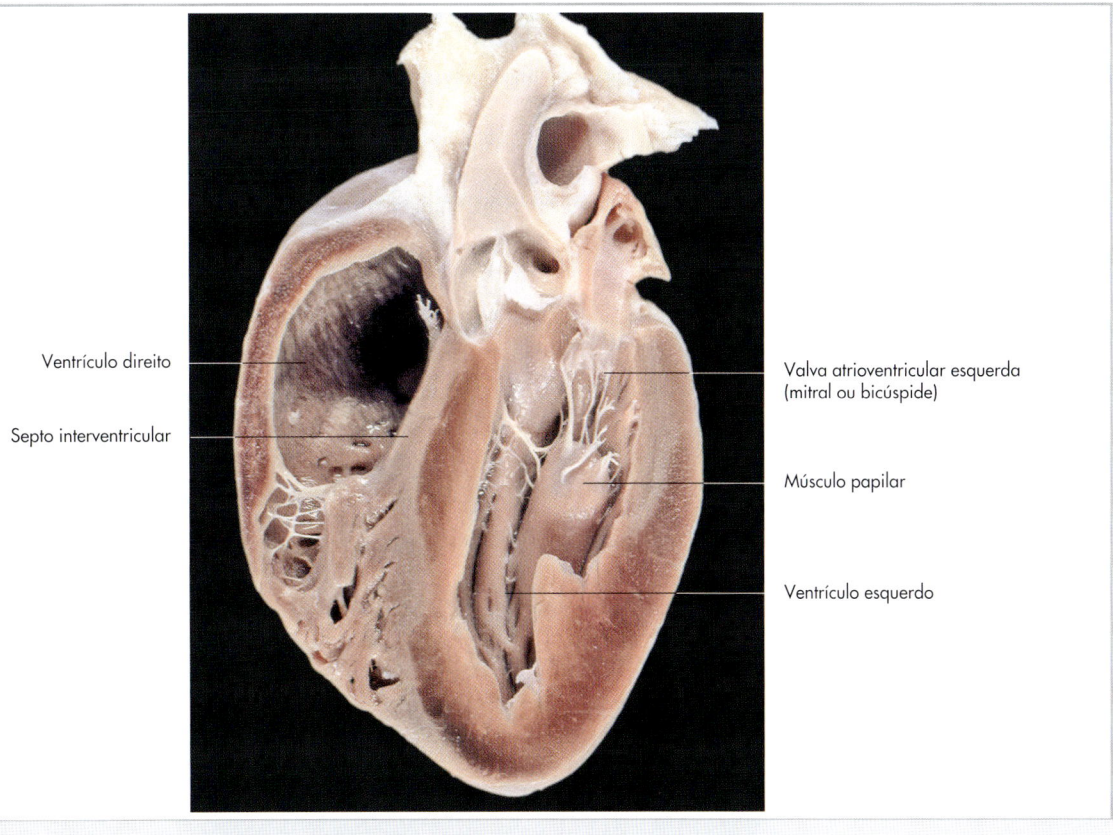

Fig. 13.2 Coração de um cão (secção longitudinal). (Preparação realizada por H. Dier, Viena.)

Labels: Ventrículo direito; Septo interventricular; Valva atrioventricular esquerda (mitral ou bicúspide); Músculo papilar; Ventrículo esquerdo

vertebral. Vários métodos foram desenvolvidos para documentar o tamanho cardíaco.

13.1.3 Forma e topografia da superfície do coração

O coração se assemelha a um cone, tendo sua **base** (*basis cordis*) se volta dorsalmente e seu **ápice** (*apex cordis*) se volta ventralmente, próximo ao esterno. O grau de inclinação do eixo longitudinal do coração varia no cão e no gato (cerca de 45° no cão), de forma que a base se volta craniodorsalmente, e o ápice, caudoventralmente. Embora a sua forma seja cônica, o coração é comprimido lateralmente, principalmente em direção ao ápice, ajustando-se ao tórax.

A base do coração é o **hilo do órgão**, através do qual as grandes veias penetram e as grandes artérias deixam o coração. O coração tem as **faces lateral direita** (*facies atrialis*) e **esquerda** (*facies auricularis*), as quais se encontram cranialmente na **margem ventricular direita** (*margo cranialis dexter*) e caudalmente na **margem ventricular esquerda** (*margo ventricularis sinister*).

As **aurículas dos átrios** (*auricula cordis*, apêndices atriais) são visíveis no lado esquerdo, envolvendo a raiz da aorta e o tronco pulmonar, ao passo que as partes principais dos átrios e as grandes veias se localizam no lado direito.

As divisões da estrutura interna do coração são visíveis como sulcos em sua superfície. A face direita ou atrial do coração é marcada pelo **sulco interventricular subsinuoso** (*sulcus interventricularis dexter seu subsinuosus*), o qual se prolonga desde o sulco coronário até o ápice do coração (▶Fig. 13.3 e ▶Fig. 13.4). O **sulco interventricular paraconal** (*sulcus interventricularis sinister seu paraconalis*) corre sobre a face esquerda do coração, a partir do sulco coronário até o terço distal da margem cranial (▶Fig. 13.1). O **sulco coronário** (*sulcus coronarius*) marca a separação dos átrios e dos ventrículos. Ele contém uma grande quantidade de tecido adiposo, o qual envolve os vasos sanguíneos coronários.

O sulco coronário também marca a separação do músculo mais fino do átrio do músculo muito mais espesso do ventrículo por um **esqueleto fibroso** (**ou cardíaco**). O esqueleto cardíaco é formado pelos anéis que circundam os quatro **orifícios do coração** (*anuli fibrosi*). O esqueleto contém ilhas de fibrocartilagem, nas quais podem se desenvolver nódulos de ossos (*ossa cordis*).

Embora a ocorrência desses ossos seja mais comum no bovino, ela não está restrita a essa espécie e pode ocorrer em outros mamíferos domésticos. O esqueleto fibroso é perfurado próximo à entrada do seio coronário, de modo a permitir a passagem para o fascículo atrioventricular, o tecido neuromuscular especial que conduz o impulso, necessário à contração organizada do coração.

13.1.4 Compartimentos do coração

O coração é dividido internamente por um **septo interventricular** (*septum interventriculare*) longitudinal em **lados esquerdo** e **direito** (▶Fig. 13.2, ▶Fig. 13.5, ▶Fig. 13.6 e ▶Fig. 13.12). Por sua vez, cada lado é dividido incompletamente por um septo transverso em **átrios** (*atrium cordis*), que recebem sangue, e **ventrículos** (*ventriculus cordis*), que bombeiam sangue (▶Fig. 13.1).

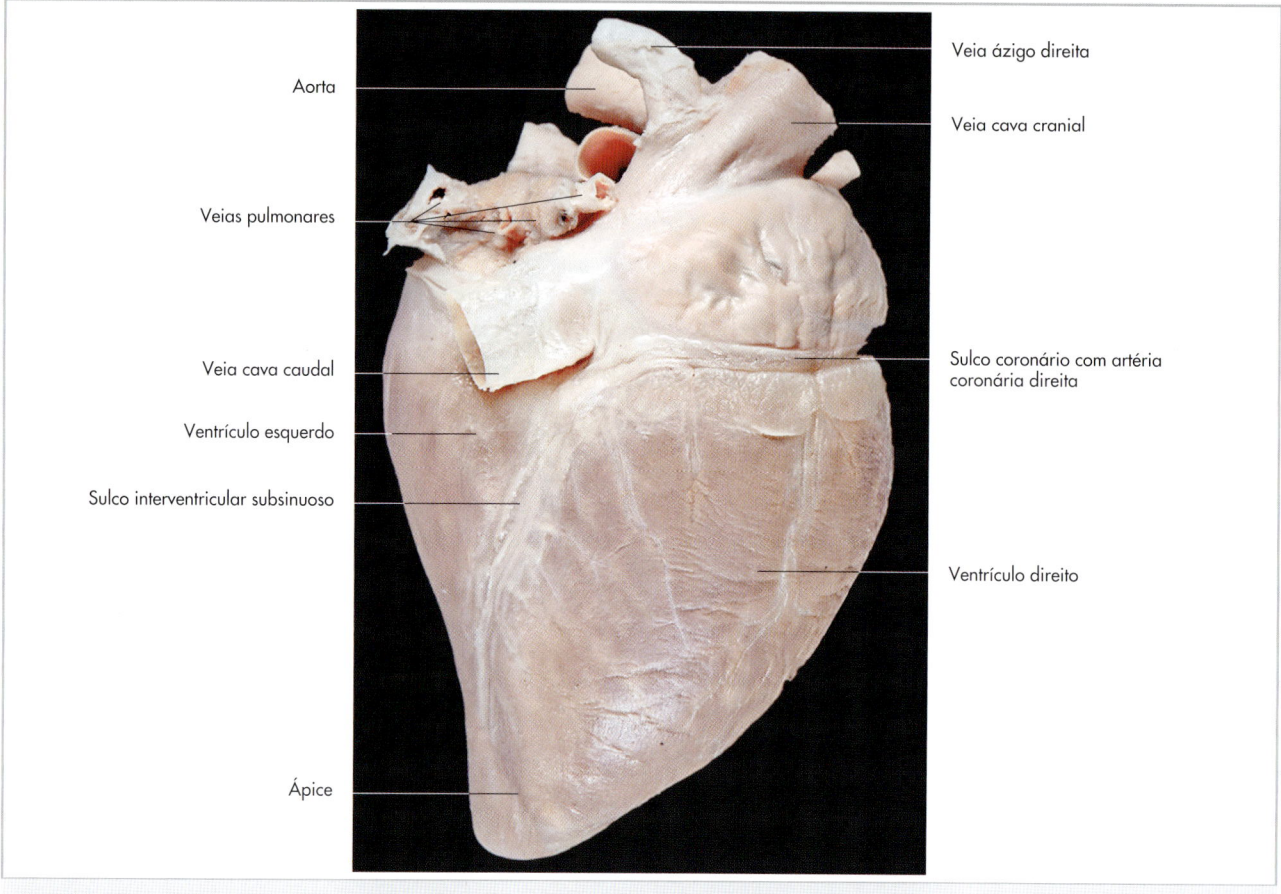

Fig. 13.3 Coração de um equino (face atrial). (Preparação realizada por H. Dier, Viena.)

Átrios do coração (*atria cordis*)

Átrio direito (*atrium dextrum*)

O átrio direito forma a parte direita, dorsocranial, da base do coração. Ele recebe sangue das veias cavas **cranial** e **caudal** e do **seio coronário** (*sinus coronarius*), o qual coleta o sangue venoso que retorna da maior parte do coração. O átrio direito se divide em uma parte principal, o **seio das veias cavas** (*sinus venarum cavarum*), e uma parte de terminação cega, a **aurícula do átrio direito** (*auricula dextra*). Ele se separa do átrio esquerdo por um **septo interatrial** (*septum interatriale*) (▶ Fig. 13.12).

O **tubérculo intervenoso** (*tuberculum intervenosum*), uma crista transversa de tecido entre as aberturas das duas veias cavas, projeta-se para o interior do átrio direito e direciona o fluxo de sangue através do **óstio atrioventricular** (*ostium atrioventriculare dextrum*). Imediatamente caudal a esse tubérculo, no septo interatrial, há uma área com uma depressão, a fossa oval, um vestígio do forame oval do desenvolvimento fetal. A superfície interna da parede da aurícula do átrio direito é fortalecida por **músculos pectíneos** (*musculi pectinati*) entrelaçados, os quais formam cristas irregulares na superfície.

Átrio esquerdo (*atrium sinistrum*)

O átrio esquerdo forma a parte esquerda dorsocaudal da **base do coração** e recebe o sangue oxigenado das veias pulmonares. Ele se assemelha ao átrio direito quanto à sua forma e estrutura (▶ Fig. 13.5 e ▶ Fig. 13.6). O átrio esquerdo se abre para o ventrículo esquerdo através do óstio atrioventricular esquerdo. Várias aberturas marcam a entrada das veias pulmonares no átrio esquerdo.

Ventrículos do coração (*ventriculi cordis*)

Os ventrículos constituem a **maior parte da massa** do coração. Eles estão separados dos átrios por um septo transverso incompleto, o qual é indicado na superfície externa pelo sulco coronário (▶ Fig. 13.1).

Ventrículo direito (*ventriculus dexter*)

O ventrículo direito tem formato de meia-lua em secção transversal e molda-se à superfície do ventrículo esquerdo cônico. Ele não se prolonga até o ápice do coração, que normalmente é formado apenas pelo ventrículo esquerdo (▶ Fig. 13.5). O ventrículo direito recebe o **sangue desoxigenado** do **átrio direito** e o bombeia através do **cone arterial** para o **tronco pulmonar** (*truncus pulmonalis*), o qual transporta o sangue para o **pulmão**.

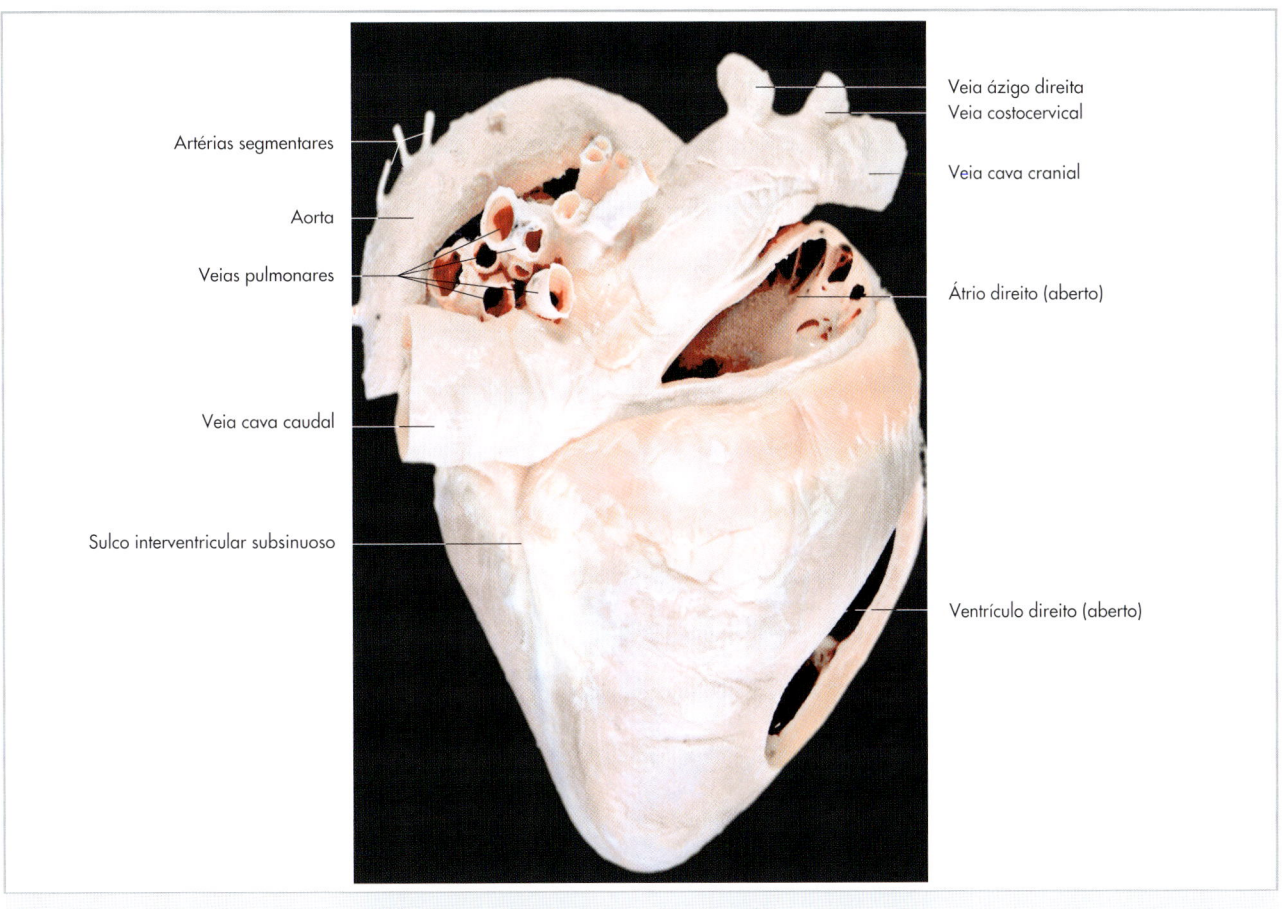

Sistema circulatório (*systema cardiovasculare*) 475

Fig. 13.4   Coração de um equino (face atrial). (Preparação realizada por H. Dier, Viena.)

O **cone arterial** é a parte em forma de funil do ventrículo direito que se separa da câmara principal pela **crista supraventricular** (*crista supraventricularis*) e é contido pela aurícula do átrio direito externamente. A crista supraventricular é uma elevação de músculos posicionada obliquamente, a qual se projeta ventralmente entre a origem do cone arterial e o óstio atrioventricular.

No **óstio atrioventricular direito**, encontra-se a **valva atrioventricular direita**, também denominada **valva tricúspide** (*valva atrioventricularis dextra seu tricuspidalis*) (▶Fig. 13.5), que contém três válvulas que se fixam perifericamente aos anéis fibrosos do **esqueleto cardíaco**, que circunda o óstio atrioventricular. As válvulas são fusionadas em sua fixação, porém se voltam para o centro da abertura. Cada válvula é reforçada por fios fibrosos, as **cordas tendíneas** (*chordae tendineae*).

As cordas tendíneas emergem de projeções musculares cônicas, os **músculos papilares** (*mm. papillares*), e se projetam até a margem livre e a face ventricular adjacente da valva atrioventricular direita. De modo geral, há **três músculos** que se projetam das paredes ventriculares e do septo interventricular para o interior da câmara, sendo que o maior de todos (*m. papillaris magnus*) posiciona-se na parede ventricular direita livre.

As **cordas tendíneas** se dispõem de modo a conectar cada músculo a duas válvulas e cada válvula a dois músculos. Essa disposição impede o prolapso da valva para o átrio quando os ventrículos se contraem. A valva atrioventricular direita é a **valva de entrada** para o **ventrículo direito** e impede que o sangue retorne do ventrículo para o átrio direito durante a **fase sistólica do ciclo cardíaco**.

Durante a **diástole**, o refluxo sanguíneo do tronco pulmonar para o ventrículo direito é impedido pela **valva do tronco pulmonar** (*valva trunci pulmonalis*) (▶Fig. 13.7). A valva do tronco pulmonar se situa na raiz do tronco pulmonar e é composta por **três válvulas semilunares** (*valvulae semilunares*), cujo lado arterial é oco. As extremidades livres das **válvulas semilunares** são espessas, com um **nódulo no meio** (nódulo das válvulas semilunares), o qual acelera o fechamento da valva.

O lúmen do ventrículo direito é cruzado por uma faixa única ou ramificada, a **trabécula septomarginal** (*trabecula septomarginalis*), que passa do septo interventricular para a parede externa (▶Fig. 13.5). A parte ventral do ventrículo direito é marcada por várias cristas miocárdicas, as **trabéculas cárneas** (*trabeculae carneae*), que se projetam principalmente da parede externa. Acredita-se que elas reduzam a turbulência no sangue.

Ventrículo esquerdo (*ventriculus sinister*)

O ventrículo esquerdo é cônico, e seu ápice forma o ápice do coração (▶Fig. 13.5). Ele recebe o **sangue oxigenado** dos **pulmões** através das veias pulmonares e do átrio esquerdo e bombeia o sangue para a **maior parte do corpo** através da **aorta**. As paredes do ventrículo esquerdo são mais espessas que as do ventrículo direito; no entanto, o volume dos dois ventrículos é o mesmo. No gato, há duas faixas musculares que cruzam o interior do ventrículo, desde a parede externa para o **septo interventricular**, as trabéculas septomarginais.

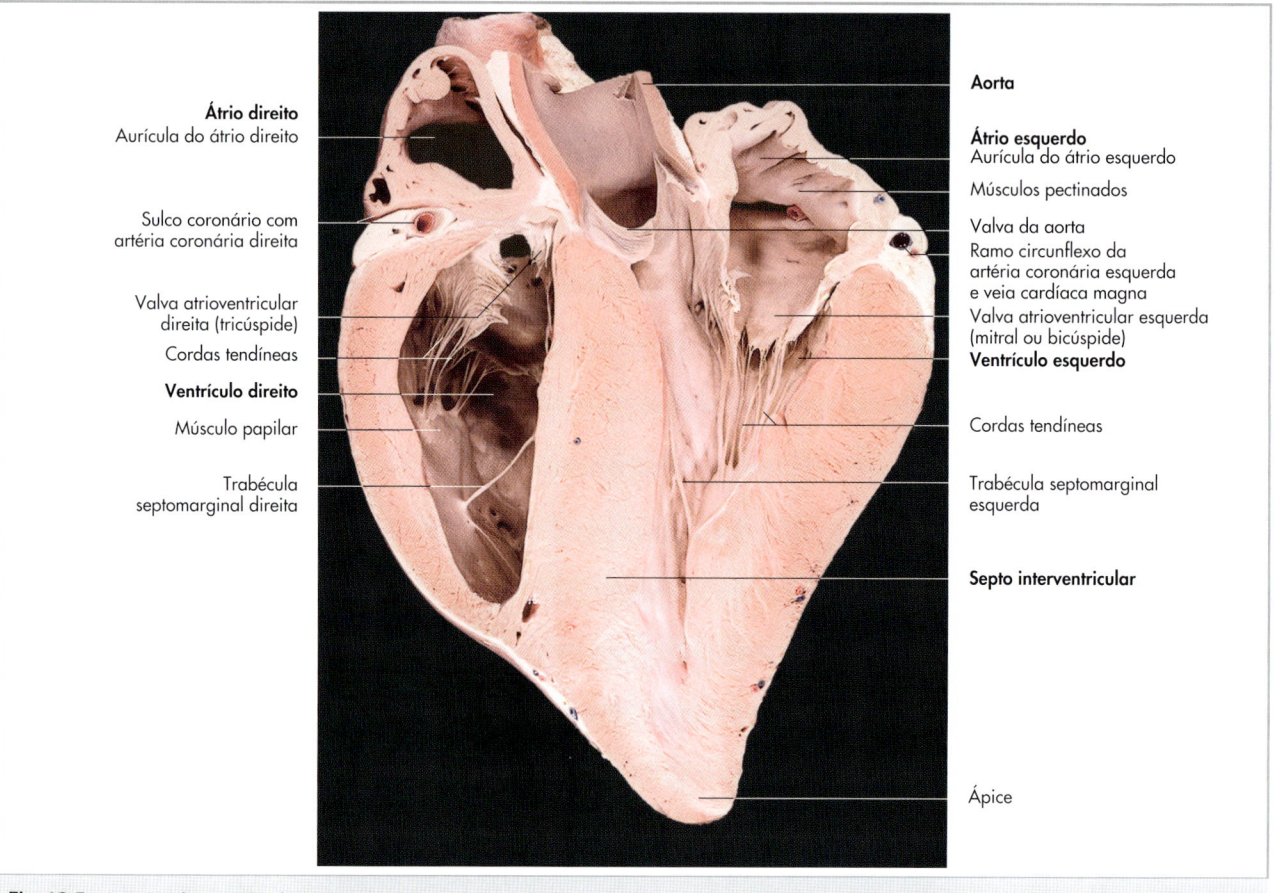

Fig. 13.5 Interior do coração de um equino (secção longitudinal). (Fonte: cortesia do Prof. Dr. J. Maierl, Munique.)

O **óstio atrioventricular esquerdo** (*ostium atrioventriculare sinistrum*) é ocupado pela **valva atrioventricular esquerda** (*valva atrioventricularis sinistra*), também chamada de **valva mitral ou bicúspide** (▶Fig. 13.7), cuja estrutura é semelhante à da valva atrioventricular direita quanto à forma, porém é composta por duas válvulas. De forma correspondente, há apenas dois músculos papilares no ventrículo esquerdo.

O **óstio da aorta** (*ostium aortae*) é a abertura do ventrículo esquerdo para a aorta ascendente. Ele sofre oclusão pela **valva da aorta** (*valva aortae*) durante a **diástole**. A valva da aorta assemelha-se à valva do tronco pulmonar, porém os espessamentos nodulares nas margens livres das valvas aórticas costumam ser mais evidentes. Na periferia de cada uma das válvulas semilunares da valva da aorta, a parede da aorta dilata-se para formar os três **seios da aorta** (*sinus aortae*). O alargamento da base da aorta ascendente formado pelos seios da aorta é o **bulbo da aorta** (*bulbus aortae*). As artérias coronárias direita e esquerda deixam os seios da aorta direito e esquerdo.

13.1.5 Estrutura da parede cardíaca

A parede cardíaca é composta por **três camadas** (▶Fig. 13.6):
- endocárdio;
- miocárdio;
- epicárdio.

O **endocárdio** é uma camada lisa e delgada que reveste as câmaras cardíacas, cobre as aurículas dos átrios e é contínuo com o revestimento dos vasos sanguíneos. O **epicárdio** faz parte do pericárdio e foi descrito anteriormente neste capítulo.

O **miocárdio**, ou **músculo cardíaco**, compõe a maior parte da parede cardíaca. Ele consiste em fibras de **músculo estriado modificado**, as quais se caracterizam por terem núcleos basais. Essas fibras formam anastomoses umas com as outras através de suas extremidades, o que resulta em um padrão de entrelaçamento com faixas mais leves, que marcam a junção entre as células, os **discos intercalares** (*disci intercalares*).

Ao contrário do músculo estriado convencional, os miócitos não sofrem fadiga e são regulados pelo **sistema nervoso autônomo**. O miocárdio dos átrios é delgado e geralmente se dispõe em arcos, formando alças ao redor da veia cava e das veias pulmonares quando elas desembocam nos átrios. A musculatura atrial se fixa à base fibrosa do coração.

A **musculatura dos ventrículos**, como a de qualquer outro órgão oco, divide-se nas camadas longitudinal profunda, circular média e longitudinal superficial. Todas as fibras musculares se originam e se inserem na base fibrosa do coração. Os fascículos musculares da camada superficial correm em direção ao ápice, com um giro no sentido horário.

No **ápice do coração**, eles se viram e passam em direção à base, de modo que assumem uma posição perpendicular às fibras superficiais descendentes. Algumas das fibras superficiais que passam em direção à base terminam nos músculos papilares, outras fibras

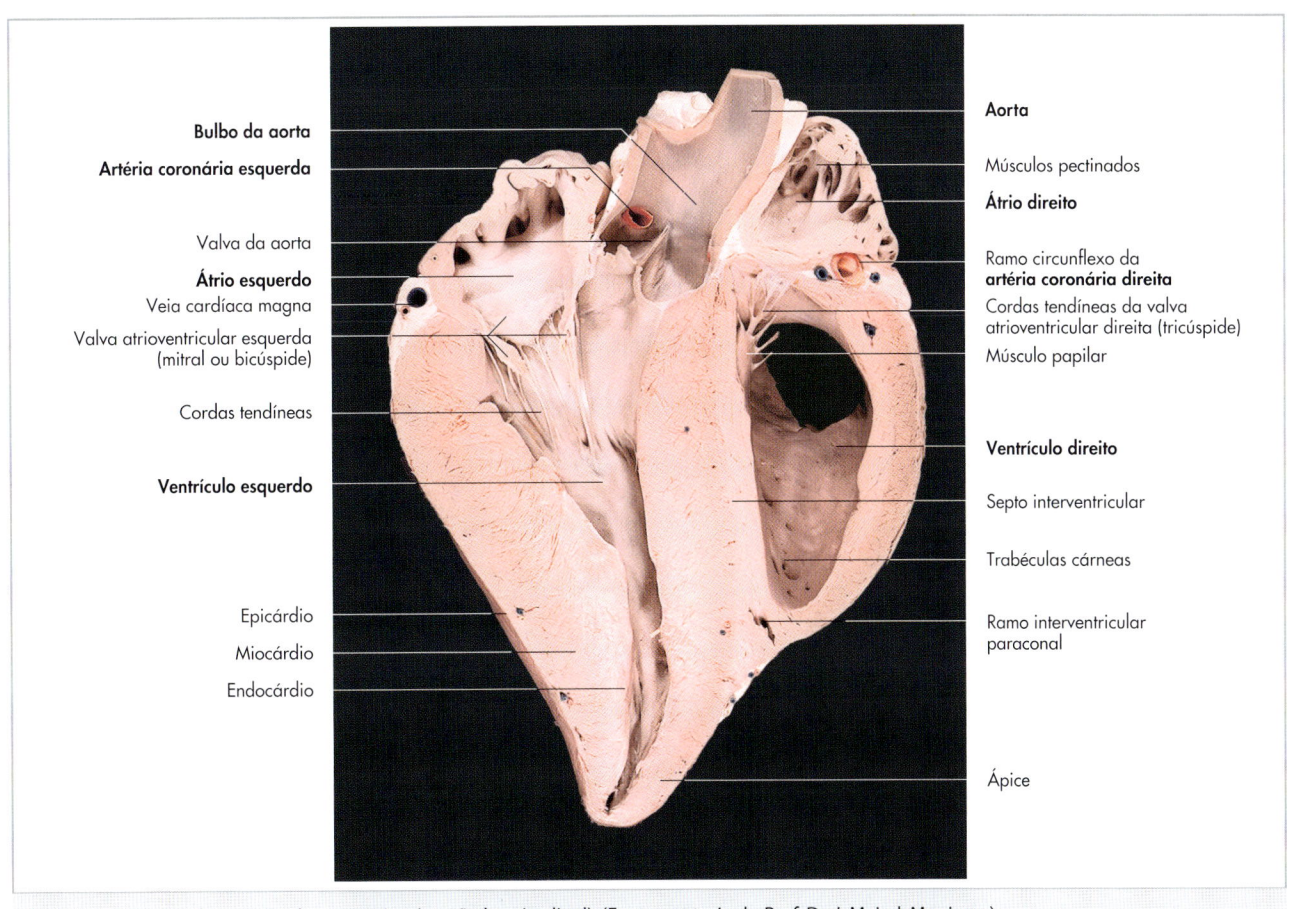

Fig. 13.6 Interior do coração de um equino (secção longitudinal). (Fonte: cortesia do Prof. Dr. J. Maierl, Munique.)

penetram o ápice cardíaco e se unem às fibras da camada média. A camada média constitui a maior parte das paredes ventriculares e consiste em músculos espirais ou circulares que se entrelaçam entre as duas câmaras.

A espessura e a estrutura das paredes cardíacas espelham a carga a que cada parte do coração está sujeita. Em virtude de terem a função de compartimentos receptores de sangue com pouca função contrátil, as paredes dos átrios são finas. Por constituírem a câmara de bombeamento principal, as paredes dos ventrículos são espessas, e a parede do ventrículo direito (**circulação pulmonar**) é mais delgada que a do ventrículo esquerdo (**circulação sistêmica**). O músculo cardíaco pode **hipertrofiar-se** e/ou **dilatar-se** após doenças como estenose valvular ou insuficiência valvar e miocardiopatia dilatada. Pode-se visualizar o aumento ventricular por meio de radiografia ou ultrassonografia.

13.1.6 Vascularização do coração

O coração é bastante vascularizado e recebe cerca de 5% da emissão do ventrículo direito em humanos e um percentual ainda mais elevado em animais, dependendo da condição destes. A irrigação do coração é feita pelas **artérias coronárias** e por seus ramos. Essas artérias se originam de dois ou três seios acima das válvulas semilunares na raiz da aorta (▶Fig. 13.5, ▶Fig. 13.6, ▶Fig. 13.8, ▶Fig. 13.9 e ▶Fig. 13.10). As artérias coronárias são divididas em:
- artéria coronária esquerda (*a. coronaria sinistra*);
- artéria coronária direita (*a. coronaria dextra*).

A **artéria coronária esquerda** (▶Fig. 13.8 e ▶Fig. 13.10) costuma ser maior e emerge do seio esquerdo do **bulbo da aorta**. Ela passa entre a aurícula do átrio esquerdo e o tronco pulmonar até o sulco coronário, onde se divide em **ramo interventricular paraconal** (*ramus interventricularis paraconalis*) e o **ramo circunflexo** (*ramus circumflexus*). O ramo interventricular paraconal segue o sulco de mesmo nome em direção ao ápice do coração e irriga as paredes do ventrículo esquerdo e a maior parte do septo. O ramo circunflexo continua no sulco coronário, em direção à face caudal do coração, onde termina próximo ao sulco interventricular subsinuoso (equino e suíno) ou prossegue até o ápice do coração (carnívoros [cão e gato] e ruminantes).

A **artéria coronária direita** (▶Fig. 13.8) emerge do seio direito do bulbo da aorta e passa entre a aurícula do átrio direito e o tronco pulmonar até o sulco coronário. Ela prossegue ao redor da face cranial da base do coração e, então, se afunila em direção à origem do sulco interventricular subsinuoso (carnívoros e ruminantes) ou se volta para ele. A artéria coronária direita se prolonga até o ápice do coração nas espécies em que a artéria coronária esquerda não irriga essa área (equino e suíno).

Há uma **grande variação** no padrão das artérias coronárias em indivíduos, o que não é clinicamente importante na medicina veterinária. Em contrapartida, essas diferenças assumem uma grande importância clínica na medicina humana no que se refere à cirurgia de infarto agudo do miocárdio.

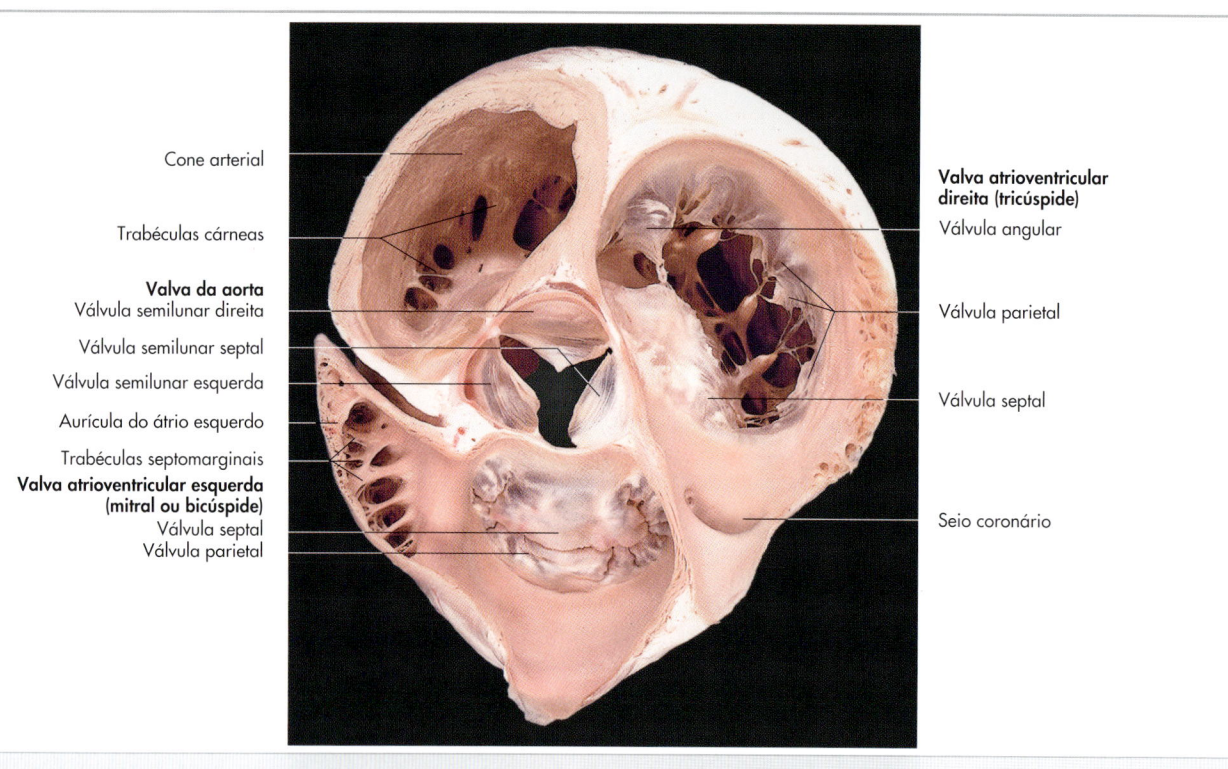

Fig. 13.7 Interior do coração de um equino (secção transversal através dos átrios). (Fonte: cortesia do Prof. Dr. J. Maierl, Munique.)

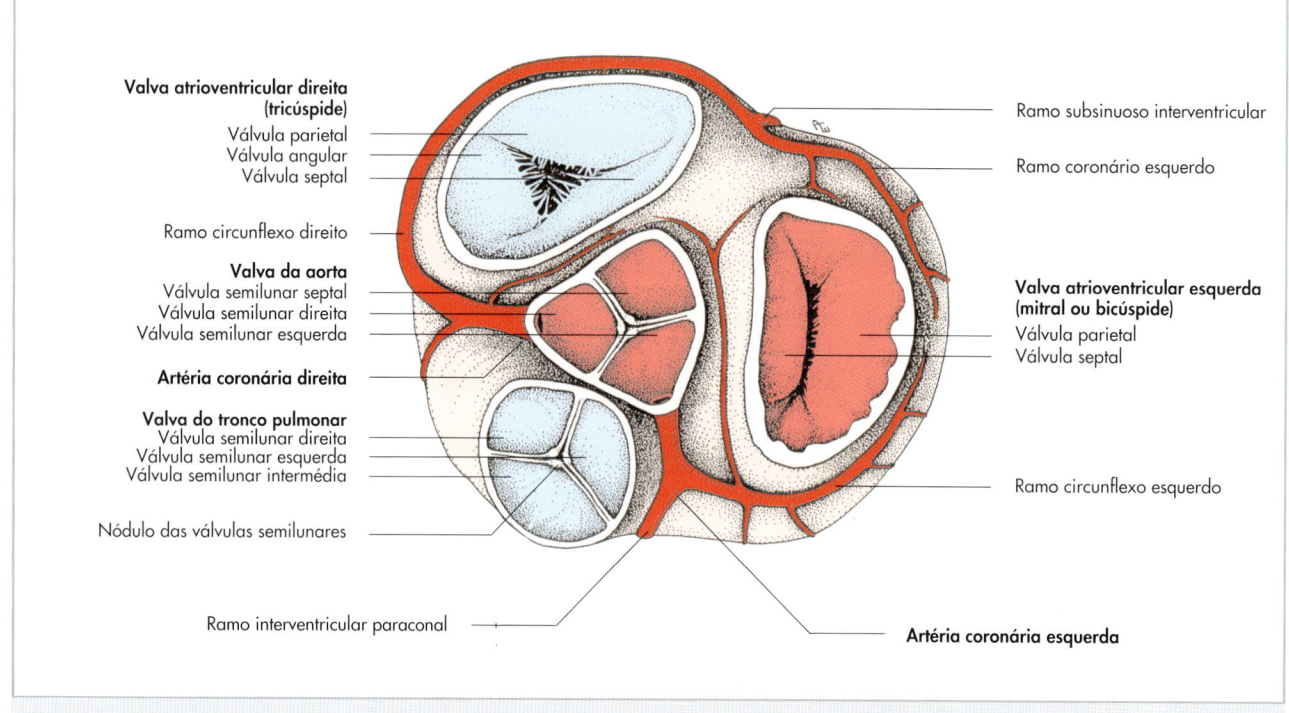

Fig. 13.8 Interior do coração de um equino (representação esquemática, secção transversal através dos átrios).

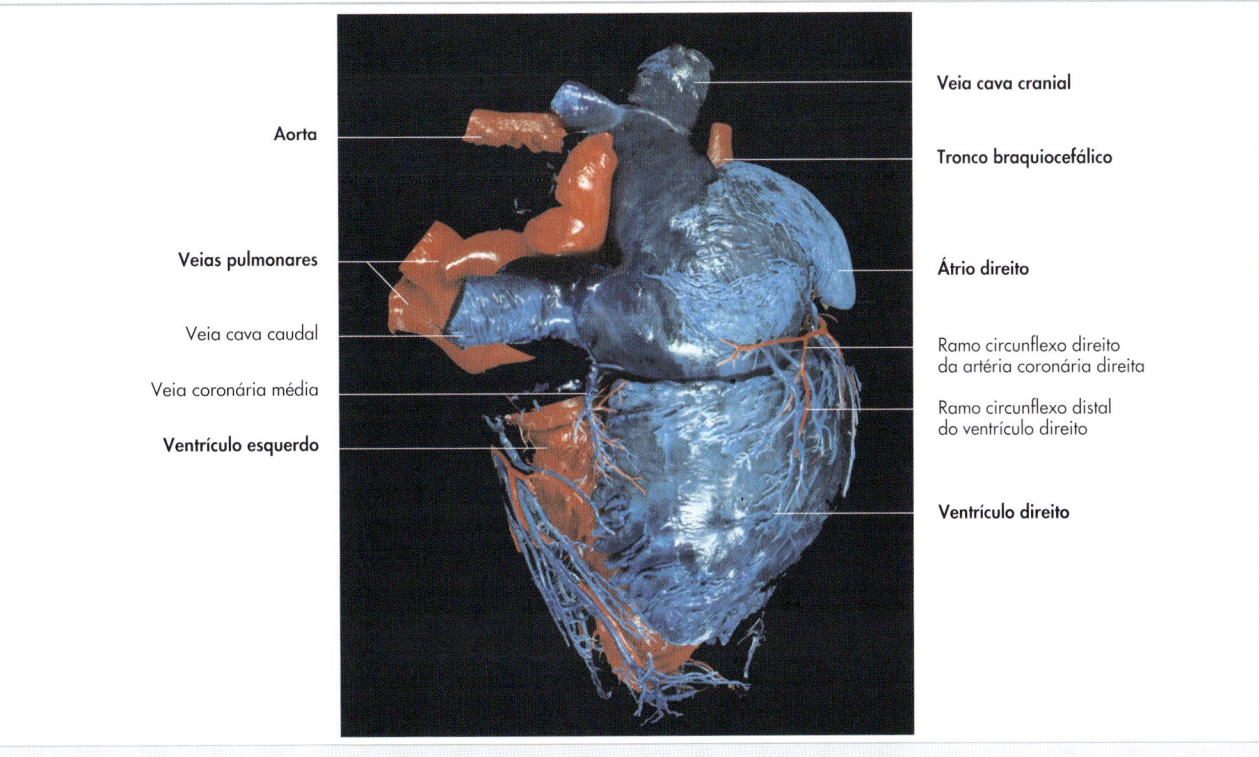

Sistema circulatório (*systema cardiovasculare*) 479

Fig. 13.9 Vasos cardíacos do coração de um cão (preparado de corrosão, vista direita). (Fonte: cortesia de H. Dier, Viena.)

Labels (Fig. 13.9):
- Aorta
- Veias pulmonares
- Veia cava caudal
- Veia coronária média
- Ventrículo esquerdo
- Veia cava cranial
- Tronco braquiocefálico
- Átrio direito
- Ramo circunflexo direito da artéria coronária direita
- Ramo circunflexo distal do ventrículo direito
- Ventrículo direito

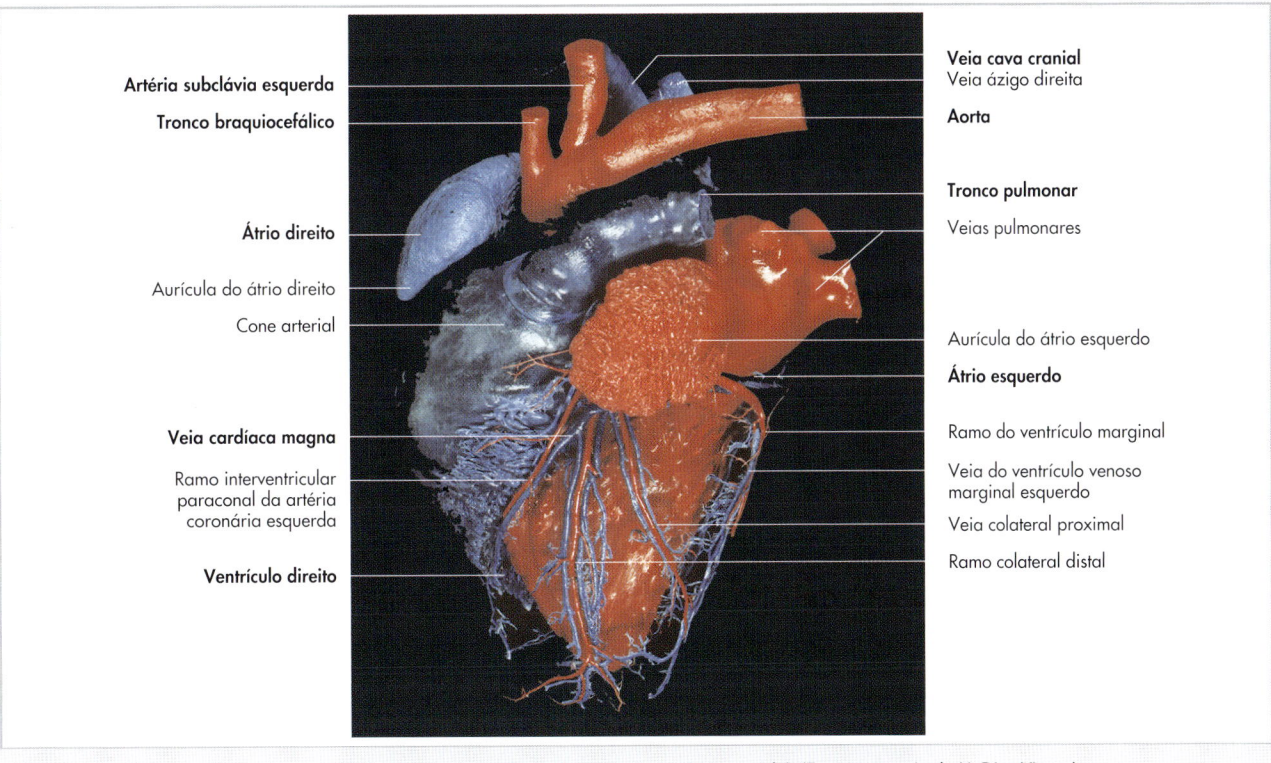

Fig. 13.10 Vasos cardíacos do coração de um cão (preparado de corrosão, vista esquerda). (Fonte: cortesia de H. Dier, Viena.)

Labels (Fig. 13.10):
- Artéria subclávia esquerda
- Tronco braquiocefálico
- Átrio direito
- Aurícula do átrio direito
- Cone arterial
- Veia cardíaca magna
- Ramo interventricular paraconal da artéria coronária esquerda
- Ventrículo direito
- Veia cava cranial
- Veia ázigo direita
- Aorta
- Tronco pulmonar
- Veias pulmonares
- Aurícula do átrio esquerdo
- Átrio esquerdo
- Ramo do ventrículo marginal
- Veia do ventrículo venoso marginal esquerdo
- Veia colateral proximal
- Ramo colateral distal

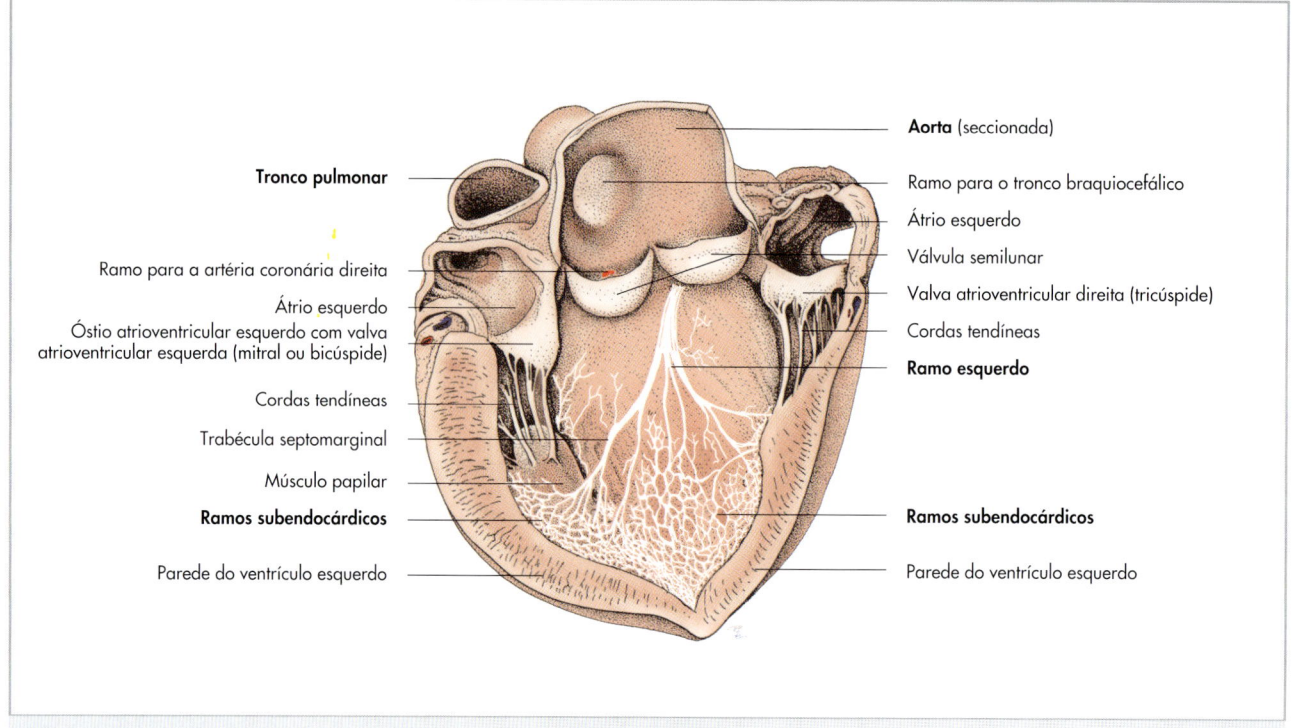

Fig. 13.11 Sistema condutor do átrio e do ventrículo esquerdos (representação esquemática).

As artérias coronárias são denominadas artérias finais, pois não formam anastomoses. Portanto, a oclusão vascular de um ramo não pode ser tolerada e acarreta infarto local do músculo cardíaco. O fenômeno clínico de infarto agudo do miocárdio, a causa mais comum de óbitos no mundo ocidental, não ocorre em nenhuma espécie animal.

A maioria das veias coronárias desemboca na **veia cardíaca magna** (*v. cordis magna*), que corre paralelamente à artéria coronária esquerda (▶Fig. 13.7). Essa veia retorna ao átrio direito através de um tronco curto e amplo, o seio coronário. Pouco antes de se abrir no seio coronário, a veia cardíaca magna se une à **veia cardíaca média** (*v. cordis media*), a qual ascende no sulco interventricular subsinuoso. Muitas **veias cardíacas mínimas** (*vv. cordis minimae*) se abrem diretamente nas cavidades do coração.

13.1.7 Sistema condutor do coração

O sistema condutor do coração consiste em **miócitos modificados**. Comparados aos miócitos normais, essas células têm um diâmetro maior, contêm mais líquido intracelular e apresentam um teor mais elevado de glicogênio, porém têm menos fibrilas. O aspecto mais característico do tecido condutor é a sua capacidade para atividade elétrica espontânea, que se espalha para o músculo adjacente, resultando em despolarização e contração. Isso garante a autonomia cardíaca essencial para o ritmo inerente do coração, embora ele seja influenciado pelo sistema nervoso autônomo. O sistema condutor é composto pelas seguintes partes (▶Fig. 13.11 e ▶Fig. 13.12):

- nó sinoatrial (*nodus sinuatrialis*);
- nó atrioventricular (*nodus atrioventricularis*);
- fascículo atrioventricular ou feixe de His (*fasciculus atrioventricularis*) com:
  - ramo direito (*crus dextra*);
  - ramo esquerdo (*crus sinister*);
- ramos subendocárdicos ou fibras de Purkinje (*rami subendocardiales*).

Embora todas as partes do sistema condutor sejam capazes de atividade espontânea, o **nó sinoatrial** é **autônomo**, devido ao fato de apresentar a taxa de repouso mais elevada de **despolarização**. Portanto, ele inicia o ciclo cardíaco atuando como o marca-passo primário, prevalecendo sobre outras atividades que dão ritmo à atividade cardíaca. O nó sinoatrial garante a contração coordenada, essencial para a eficácia do bombeamento. Apenas quando há disfunção do nó sinoatrial é que as outras partes do sistema assumem o posto de marca-passo dominante, uma função desempenhada sequencialmente pelo **nó atrioventricular** ou pelos **ramos subendocárdicos**.

O **nó sinoatrial** se situa abaixo do **endocárdio** da **parede atrial direita**, ventral ao óstio da veia cava cranial. Embora não forme uma estrutura evidente e visível a olho nu, ele é intensamente inervado, tanto pelo sistema nervoso simpático quanto pelo sistema nervoso parassimpático. A partir do nó sinoatrial, a onda excitatória se espalha para os músculos vizinhos e alcança o **nó atrioventricular**, o qual se posiciona no **septo interatrial**, próximo à abertura do seio coronário (▶Fig. 13.12).

O nó atrioventricular também é intensamente inervado e dá origem ao **tronco do fascículo atrioventricular** (*truncus fasciculi atrioventricularis*), o qual penetra no esqueleto cardíaco antes de se dividir em **ramo direito** (*crus dexter*) e **ramo esquerdo** (*crus sinister*) (▶Fig. 13.12). Esses ramos situam-se próximos e sob o endocárdio do septo interventricular. O ramo direito cruza

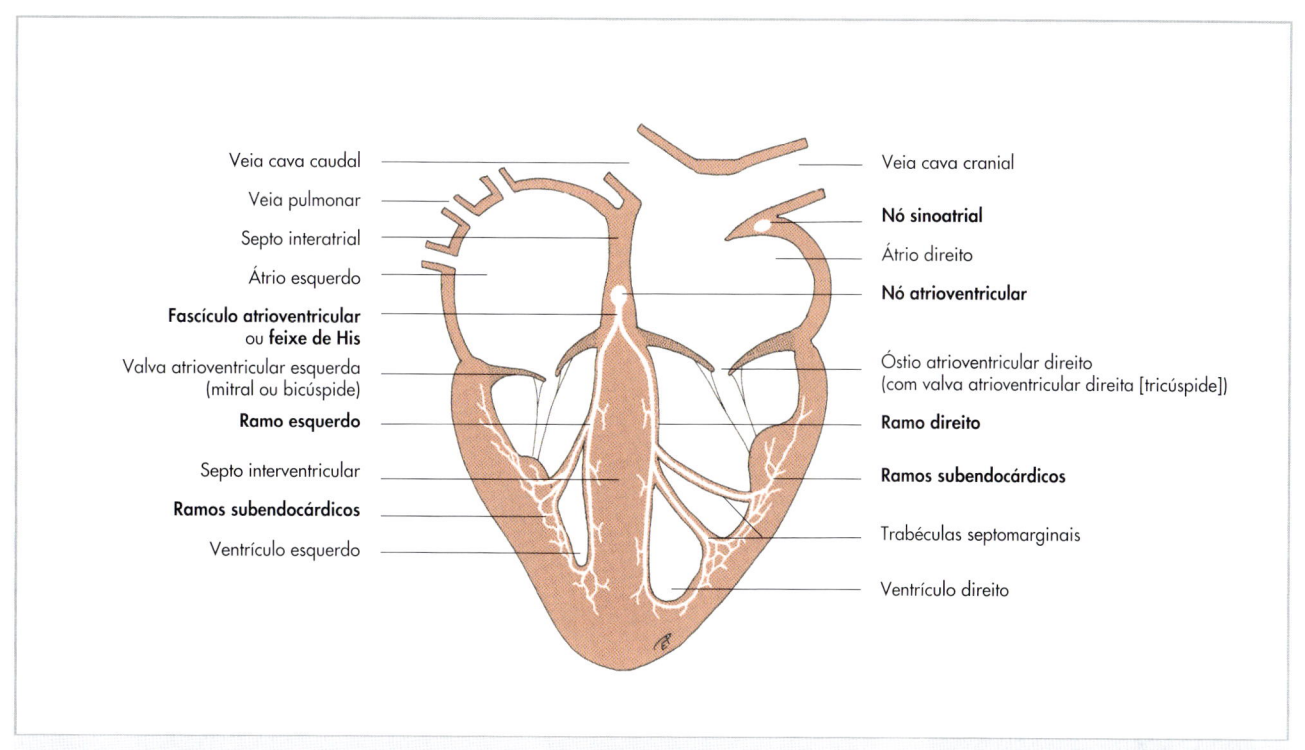

Fig. 13.12 Sistema condutor dos ventrículos direito e esquerdo (representação esquemática).

a cavidade do ventrículo direito na trabécula septomarginal dessa câmara, terminando na parede ventricular externa do ventrículo direito. O ramo esquerdo é mais difuso e se ramifica na parede externa do ventrículo esquerdo. Os ramos finais desses fascículos são conhecidos como **ramos subendocárdicos** ou **fibras de Purkinje** (▶Fig. 13.12).

13.1.8 Inervação do coração

O coração é inervado pelo **sistema nervoso autônomo**. As fibras simpáticas são fornecidas pelos **nervos cardíacos cervicais** e pelos **nervos torácicos caudais** (também denominados **nn. aceleradores**, de acordo com a sua função), os quais se originam do **gânglio estrelado** (cervicotorácico) e do **gânglio cervical médio**. A quantidade de nervos varia entre as espécies e até mesmo entre indivíduos. As **fibras parassimpáticas** emergem como ramos do **nervo vago** diretamente ou através do nervo laríngeo recorrente. Essas fibras nervosas são agrupadas sob a denominação **nervo depressor** (*n. depressor*). Para uma descrição mais detalhada, ver Capítulo 15, "Sistema nervoso" (p. 515).

Todas as fibras nervosas formam o **plexo cardíaco** (*plexus cardiacus*) no mediastino cranial. A maior parte dos nervos simpáticos são compostos por fibras pós-ganglionares, ao passo que as fibras parassimpáticas são **pré-ganglionares**. Essas fibras formam sinapses em gânglios pequenos, localizados sob o epicárdio nas paredes dos átrios, em sua maioria adjacentes aos grandes vasos sanguíneos. Muitas dessas fibras inervam o tecido condutor, principalmente os nós sinoatrial e atrioventricular. Fibras eferentes, tanto do sistema parassimpático quanto do simpático, deixam o coração. As fibras eferentes simpáticas são responsáveis pelos receptores de dor, ao passo que os nervos eferentes parassimpáticos reagem a aumentos em distensão.

O **funcionamento cardíaco** não depende dos nervos aferentes, porém eles influenciam tanto a frequência quanto a força das contrações para compatibilizar a emissão cardíaca com a demanda do corpo por oxigênio. Os estímulos simpáticos aceleram a **frequência (cronotropismo)** e aumentam a força de **contração (inotropismo)** dos batimentos, ao passo que a inervação parassimpática diminui a frequência. O coração reage aos hormônios em circulação, como a **adrenalina**, e executa ações endócrinas; por exemplo, as células atriais produzem **peptídeos natriuréticos atriais**, um tipo de hormônio peptídeo que contribui para a regulação da pressão sanguínea.

13.1.9 Linfáticos do coração

O tecido cardíaco é drenado por **capilares linfáticos**, os quais confluem em pequenos vasos linfáticos sob o epicárdio. Eles correm em direção à base do coração, onde formam vasos linfáticos maiores, próximos à união entre o sulco coronário e o sulco interventricular paraconal. Por fim, os capilares linfáticos drenam para os **linfonodos mediastinais cranial e caudal** e para os **linfonodos traqueobronquiais**.

13.1.10 Funções do coração

A alternância entre contração e relaxamento resulta em uma ação bombeadora que faz o sangue circular pelo corpo. A fase de contração é denominada **sístole**, e o relaxamento é denominado **diástole**. Durante a sístole, os átrios do coração se contraem primeiro, com a contração subsequente dos ventrículos, a qual dura cerca do dobro do tempo da contração atrial. O nó atrioventricular é de grande importância para o intervalo entre a contração atrial e a contração ventricular, pois garante o preenchimento total dos ventrículos.

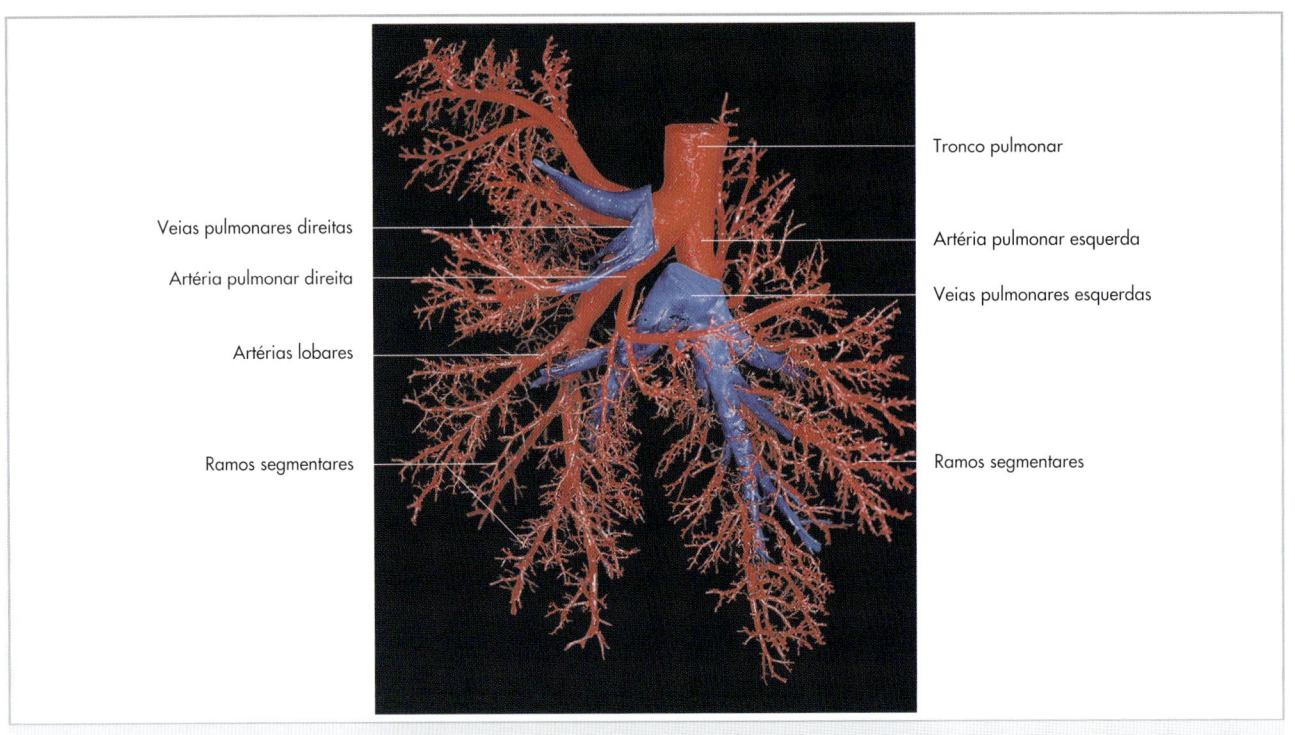

Fig. 13.13 Vasos pulmonares de um ovino (vista ventral, preparado de corrosão). (Fonte: cortesia do Prof. Dr. M. Navarro e A. Oliver, Barcelona.)

As paredes do ventrículo se contraem quase simultaneamente com os músculos papilares, impedindo o prolapso das valvas no átrio. As camadas longitudinais do miocárdio encurtam os ventrículos, de forma que o ápice é retraído em direção à base do coração. As fibras musculares circulares do ventrículo esquerdo e o septo se contraem como um esfíncter. Apenas a contração da parede ventricular direita livre contribui para a descarga ventricular direita.

O **volume sanguíneo** bombeado pelo coração durante a sístole é denominado volume sistólico. Em um cão de 20 kg, o volume sanguíneo equivale a 11 ml, totalizando 1,5 tonelada de sangue bombeada em um dia. A **emissão cardíaca** é o produto do volume sistólico e da frequência cardíaca, medida em litros de sangue por minuto. O **índice cardíaco** é a emissão cardíaca com correção para o peso corporal.

Durante a **diástole**, o miocárdio relaxa, e as câmaras do coração se enchem passivamente. O retorno de sangue para o coração é auxiliado por diversos fatores, como ventilação e contração do diafragma. As valvas atrioventriculares se abrem durante a diástole, ao passo que as válvulas semilunares se fecham. O refluxo de sangue contra o seio coronário é responsável pelo fluxo sanguíneo coronário. Como o fluxo sanguíneo depende da diferença de pressão, o fluxo coronário é afetado tanto pela pressão sanguínea diastólica quanto pela pressão atrial direita.

O coração pode ser avaliado clinicamente por: medição da frequência e do ritmo cardíacos; palpação do pulso; medição da pressão sanguínea e da pressão venosa central; e auscultação do coração. A oclusão das valvas cardíacas produz sons característicos, as bulhas, que são audíveis com um **estetoscópio**. Há **quatro bulhas cardíacas**, chamadas de B4 (bulha atrial), B1, B2 e B3. Em geral, é possível escutar todas as quatro bulhas apenas em alguns equinos, ao passo que B1 e B2 devem ser audíveis em todos os animais domésticos.

A **primeira bulha cardíaca (B1)** é produzida pelo fechamento simultâneo das valvas atrioventriculares no início da sístole. A **segunda bulha cardíaca (B2)** é produzida pelo fechamento simultâneo das valvas aórtica e pulmonar, marcando o início da diástole. A **terceira bulha cardíaca (B3)**, por sua vez, é produzida pelo preenchimento ventricular passivo. Por fim, a **quarta bulha**, ou **bulha atrial (B4)**, é produzida pela contração atrial.

Nota clínica

As áreas em que há maior facilidade de escutar as bulhas com clareza recebem a denominação de **ponto de intensidade máxima**. No equino, elas são:
- **tórax esquerdo**, na altura de uma linha horizontal, traçada através da articulação do ombro:
  - 3º espaço intercostal: valva do tronco pulmonar;
  - 4º espaço intercostal: valva da aorta;
  - 5º espaço intercostal: valva atrioventricular esquerda;
- **tórax direito**:
  - 4º espaço intercostal: valva atrioventricular direita.

13.2 Vasos (*vasa*)

Angiologia é o estudo da forma, da estrutura, da topografia e do funcionamento dos vasos. Em um contexto clínico, é mais útil ter um conhecimento geral básico de angiologia do que conhecer a topografia exata de cada vaso em detalhes, o que, na opinião dos autores, é de interesse puramente acadêmico. Portanto, o objetivo deste capítulo é propiciar a alunos e clínicos um conhecimento prático sólido de angiologia. Para uma descrição mais detalhada, ver também Capítulo 1, "Introdução e anatomia geral" (p. 21).

13.2.1 Artérias da circulação pulmonar

O sangue desoxigenado é transportado do ventrículo direito para o pulmão pelas **artérias da circulação pulmonar**, que compreendem o tronco pulmonar e as artérias pulmonares direita e esquerda (▶Fig. 13.13). O **tronco pulmonar** (*truncus pulmonalis*) emerge do ventrículo direito, do qual ele é separado pelas **válvulas semilunares** (*valvulae semilunares*) da **valva do tronco pulmonar** (*valva trunci pulmonalis*). Ele passa entre as duas aurículas e prossegue caudalmente para a esquerda da aorta. Próximo à sua bifurcação, ele se fixa à aorta por meio do ligamento arterial (*ligamentum arteriosum*), um tecido conjuntivo (conectivo) remanescente do ducto arterial, o qual transporta sangue diretamente para a aorta sem passar pelo pulmão na circulação fetal. Para uma descrição mais detalhada, ver também Capítulo 1, "Introdução e anatomia geral" (p. 21).

Ventralmente à bifurcação da traqueia, o tronco pulmonar se divide nas **artérias pulmonares direita** e **esquerda** (*a. pulmonalis dextra et sinistra*). Cada artéria passa para o pulmão correspondente, onde os seus ramos seguem os brônquios até a sua terminação em forma de cesto nos leitos capilares que circundam os alvéolos. A partir desses leitos, emergem as **veias pulmonares**, as quais conduzem o sangue oxigenado para o átrio esquerdo. As **artérias pulmonares** são as únicas artérias no corpo que conduzem **sangue desoxigenado**.

13.2.2 Artérias da circulação sistêmica

Como o detalhamento das diferenças entre espécies ultrapassa o âmbito desta obra, o equino é adotado como modelo, porém os aspectos comparativos mais significativos serão mencionados.

As artérias da circulação sistêmica compreendem as artérias que **transportam o sangue oxigenado** do ventrículo esquerdo do coração para os órgãos e tecidos corporais. A circulação sistêmica se inicia com a aorta, a qual se separa do ventrículo esquerdo pela valva da aorta. A parte inicial da aorta se alarga para formar o bulbo da aorta, do qual emergem as artérias coronárias.

A **aorta ascendente** (*aorta ascendens*), ao lado direito do **tronco pulmonar**, forma um "U" voltado dorsocaudalmente e para a esquerda, o **arco da aorta** (*arcus aortae*). A aorta ascendente passa caudalmente e alcança a coluna vertebral na altura da 6ª vértebra torácica, ligeiramente para a esquerda do plano mediano, e prossegue desse ponto em diante como a **aorta descendente** (*aorta descendens*) (▶Fig. 13.20).

A aorta descendente pode ser subdividida, ainda, em uma **parte torácica** (*aorta thoracica*) e uma **parte abdominal** (*aorta abdominalis*). Ela passa da cavidade torácica para a cavidade abdominal através de uma abertura no diafragma (**hiato aórtico**, *hiatus aorticus*). Na altura das vértebras lombares caudais, a aorta descendente se divide em seus ramos terminais (▶Fig. 13.20).

O **arco da aorta** se une ao tronco pulmonar pelo **ligamento arterial**, o resquício do **ducto arterial fetal**. Imediatamente após o nascimento, quando o recém-nascido começa a respirar, a túnica média do ducto arterial se contrai, e a túnica interna inicia a sua transformação. Em geral, o lúmen do vaso se fecha durante a primeira semana após o parto (▶Fig. 13.16).

Um **ducto arterial persistente** resulta em um murmúrio contínuo característico, audível pela auscultação nos hemitórax direito e esquerdo. A condição pode causar hipoxemia, devido à mistura de sangue oxigenado e desoxigenado na irrigação arterial periférica.

A **aorta ascendente** se origina da parte esquerda do 4º arco da aorta durante o desenvolvimento embrionário, ao passo que o tronco pulmonar se origina a partir do 6º arco (uma descrição mais detalhada pode ser obtida em obras sobre embriologia).

> **Nota clínica**
>
> Em alguns animais, como os cães da raça Pastor-alemão, relata-se que a aorta ascendente se desenvolveu da parte direita do 4º arco da aorta, resultando em uma condição denominada "arco aórtico direito persistente".
>
> Em animais acometidos, o ligamento arterial cruza a face dorsal do esôfago, causando uma obstrução parcial que pode levar à formação de um divertículo. Esses animais desenvolvem regurgitação de material alimentar quando começam a ingerir sólidos após o desmame. A dissecção cirúrgica do ligamento intruso corrige o defeito, embora muitos animais possam ser mantidos sem que a cirurgia seja necessária.

Ramos craniais do arco da aorta

Tronco braquiocefálico

O tronco braquiocefálico se origina do arco da aorta e se ramifica cranialmente (▶Fig. 13.14, ▶Fig. 13.15 e ▶Fig. 13.16). Ele irriga os membros torácicos, o pescoço, a cabeça e a parte ventral do tórax.

O tronco braquiocefálico dá origem a:
- artéria subclávia esquerda (*a. subclavia sinistra*);
- artéria subclávia direita (*a. subclavia dextra*);
- tronco bicarotídeo (*truncus bicaroticus*).

No suíno, no gato e no cão, a origem da artéria subclávia esquerda é separada e mais distal do arco da aorta.

Artéria subclávia

As artérias subclávias irrigam os membros torácicos, o pescoço e as partes cranial e ventral do tórax.

São ramos da **artéria subclávia** (▶Fig. 13.14, ▶Fig. 13.15 e ▶Fig. 13.16):
- tronco costocervical (*truncus costocervicalis*) com:
    - artéria intercostal suprema (*a. intercostalis suprema*);
    - artéria escapular dorsal (*a. scapularis dorsalis*);
- artéria cervical profunda (*a. cervicalis profunda*);
- artéria vertebral (*a. vertebralis*);
- artéria cervical superficial (*a. cervicalis superficialis*);
- artéria torácica interna (*a. thoracica interna*) com:
    - artéria musculofrênica (*a. musculophrenica*);
    - artéria epigástrica cranial (*a. epigastrica cranialis*);
- artéria axilar (*a. axillaris*), a continuação direta da artéria subclávia.

O primeiro ramo que emerge da artéria subclávia é o **tronco costocervical**, o qual se divide na **artéria escapular dorsal**, que se ramifica na base do pescoço e ao redor da cernelha, e na **artéria intercostal suprema** (no cão, a artéria vertebral torácica), a qual nutre as primeiras artérias intercostais. No cão, a **artéria cervical profunda** é o ramo terminal do tronco costocervical que se prolonga dorsocranialmente, ao passo que, em animais de grande porte, ela emerge diretamente da artéria subclávia (▶Fig. 13.14

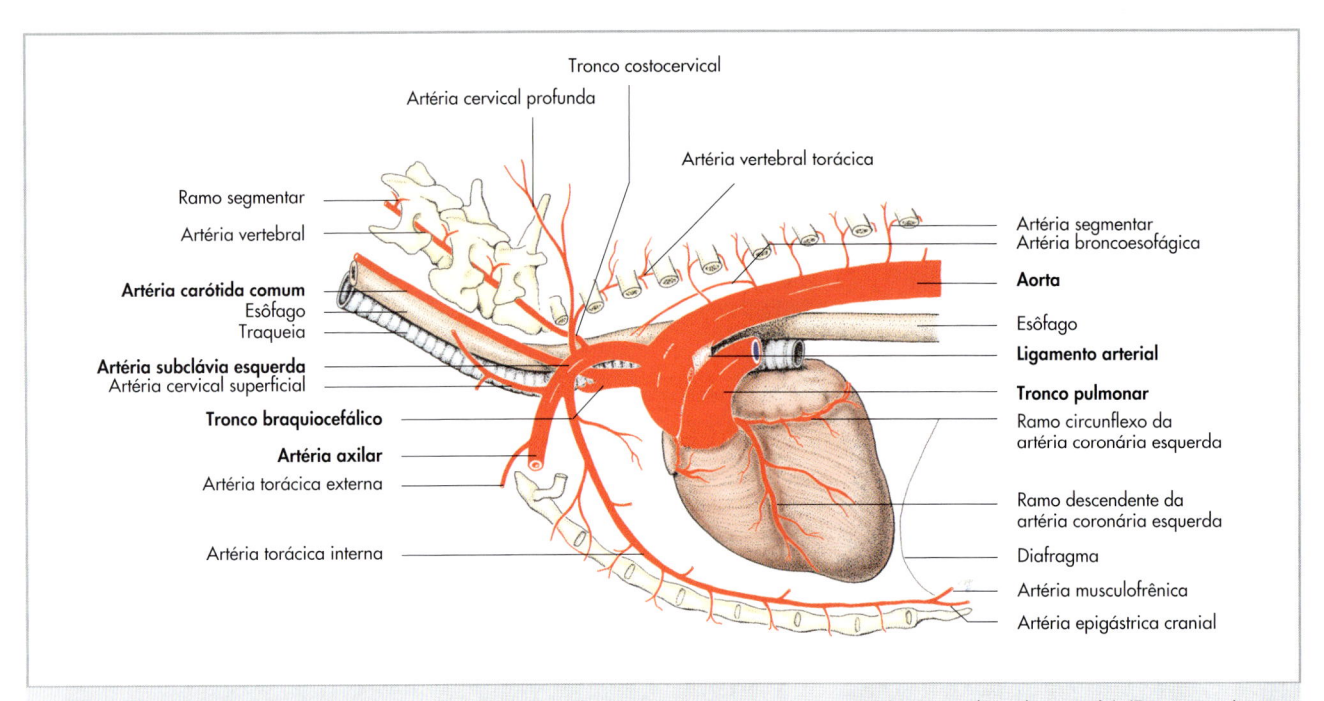

Fig. 13.14 Artérias da base do coração e do mediastino cranial de um cão (representação esquemática, vista lateral esquerda). (Fonte: com base em dados de Ellenberger e Baum, 1943.)

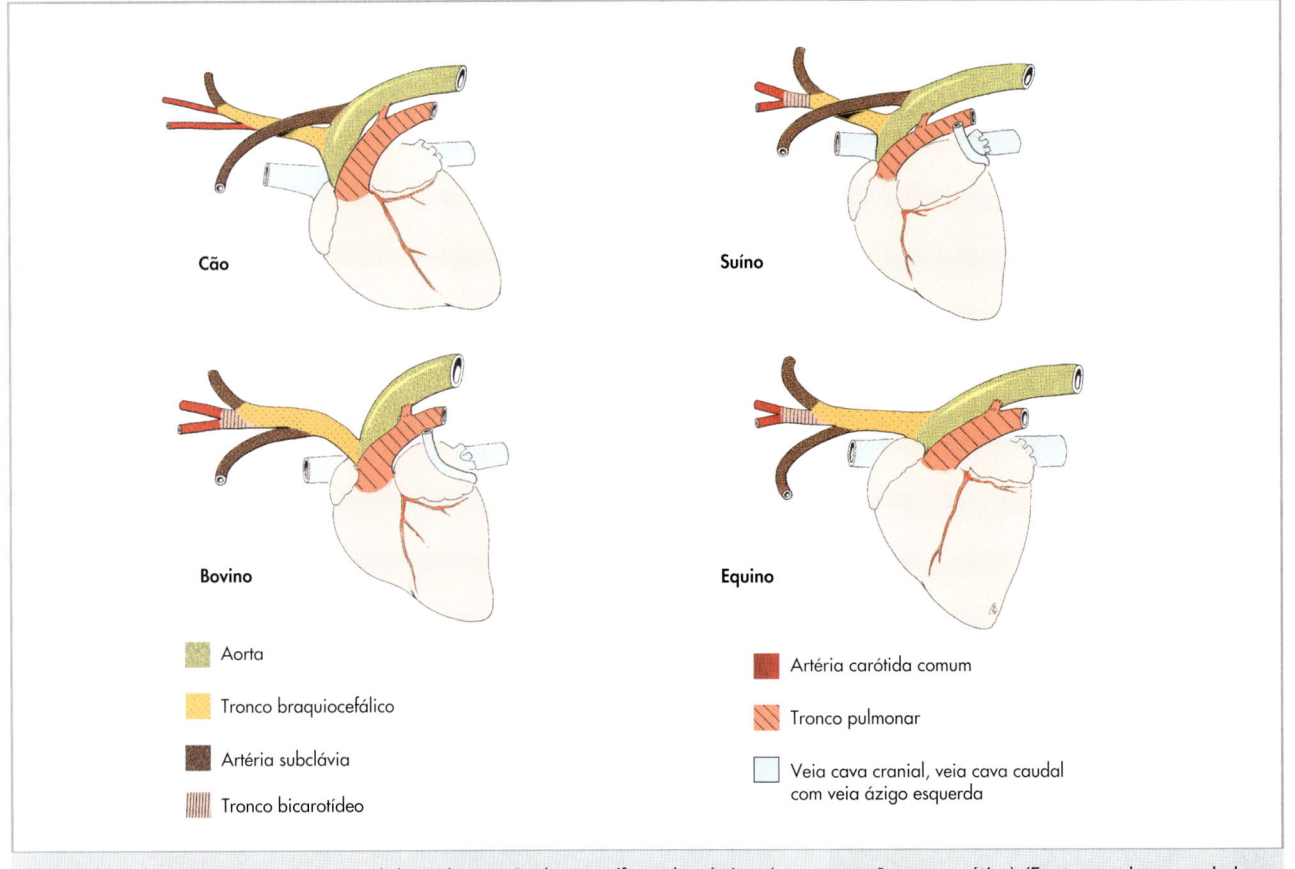

Fig. 13.15 Comparação entre os vasos da base do coração dos mamíferos domésticos (representação esquemática). (Fonte: com base em dados de Ghetie, 1967.)

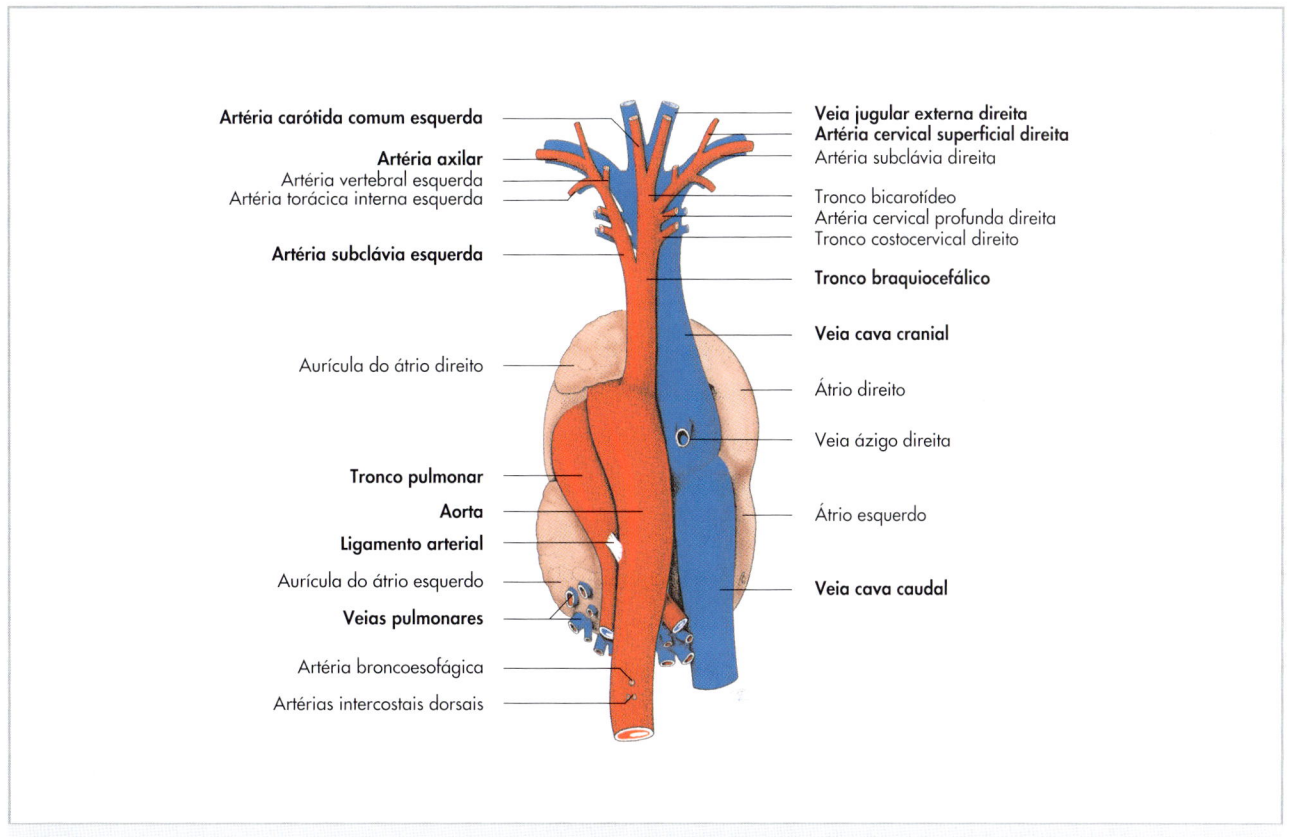

Fig. 13.16 Vasos sanguíneos na base do coração de um equino (representação esquemática, vista dorsal). (Fonte: com base em dados de Ghetie, 1967.)

e ▶Fig. 13.19). A artéria cervical profunda irriga a musculatura cervical dorsal até a região nucal.

A **artéria vertebral** passa cranialmente pelo canal transverso, formado pelos forames transversos sucessivos das vértebras cervicais, e entra no canal vertebral pelo atlas. Por esse caminho, ela emite ramos musculares para a musculatura cervical adjacente e ramos espinais para o canal vertebral. No bovino, a artéria vertebral também vasculariza as partes caudais do encéfalo. Esse fato ganha importância devido a rituais religiosos de sacrifício animal, nos quais a artéria carótida comum é seccionada para matar o animal. Nesses animais, o eletroencefalograma (EEG) exibe uma atividade encefálica que dura mais do que em animais abatidos por técnicas compassivas.

A **artéria cervical superficial** vasculariza a parte ventral da base do pescoço. A **artéria torácica interna** corre caudalmente acima do esterno e emite ramos intercostais. Ela termina no diafragma, dividindo-se na artéria musculofrênica, a qual irriga o diafragma, e na artéria epigástrica cranial, a qual passa para o estômago, onde forma uma anastomose com a artéria epigástrica caudal.

Várias anastomoses são formadas entre a **artéria cervical profunda** e a **artéria vertebral**, bem como entre a artéria vertebral e a artéria occipital. Após emitir os ramos superiores, a artéria subclávia contorna a margem cranial da 1ª costela para entrar no membro torácico, onde passa a ser chamada de **artéria axilar** (▶Fig. 13.14 e ▶Fig. 13.17).

Ramos da **artéria axilar** (*a. axillaris*) e estrutura dessas artérias que eles abastecem:
- artéria supraescapular (*a. suprascapularis*): músculo supraespinal;
- artéria subescapular (*a. subscapularis*) com:
  ○ artéria circunflexa caudal do úmero (*a. circumflexa humeri caudalis*): músculo tríceps;
  ○ artéria circunflexa da escápula (*a. circumflexa scapulae*): músculos infraespinal e subescapular;
  ○ artéria toracodorsal (*a. thoracodorsalis*): músculo redondo maior e músculo latíssimo do dorso (grande dorsal).

Continuação como **artéria braquial** (*a. brachialis*):
- artéria circunflexa cranial do úmero (*a. circumflexa humeri cranialis*): músculos bíceps braquial, coracobraquial, redondo maior e latíssimo do dorso;
- artéria braquial profunda (*a. profunda brachii*): músculo tríceps, com:
  ○ artéria colateral radial (*a. collateralis radialis*);
- artéria bicipital (*a. bicipitalis*): músculo bíceps;
- artéria transversa do cotovelo (*a. transversa cubiti*): músculo extensor radial;
- artéria colateral ulnar (*a. collateralis ulnaris*);
- artéria interóssea comum (*a. interossea communis*);

- artéria mediana (*a. mediana*) com:
  - artéria radial (*a. radialis*): articulação do carpo;
  - rede carpal palmar (*rete carpi palmare*);
  - rede carpal dorsal (*rete carpi dorsale*);
- artéria digital palmar comum II (*a. digitalis palmaris communis II*) com:
  - artérias digitais palmares medial e lateral (*a. digitalis palmaris medialis et lateralis*).

A parte original da **artéria axilar** está intimamente relacionada com o **plexo axilar**. Após a emissão das artérias supraescapular, subescapular e toracodorsal, a sua denominação se altera novamente na altura dos linfonodos axilares, onde ela se torna a artéria braquial. A **artéria braquial** prossegue distalmente no membro torácico como fator principal de vascularização. Ela corre paralela à sua veia correspondente e aos nervos mediano, ulnar e musculocutâneo. No gato, a artéria braquial e o nervo mediano passam através do **forame supracondilar**, na extremidade proximal do rádio, ao passo que a veia passa ao redor do corpo do úmero e emite vários ramos para os músculos vizinhos. No cão, a artéria braquial superficial deixa a artéria braquial no terço distal do úmero e passa distalmente na face cranial do rádio, do carpo e do metacarpo até alcançar os dedos, onde se ramifica para formar as artérias digitais dorsais.

A **artéria braquial** se torna a artéria mediana no antebraço proximal após emitir a **artéria interóssea comum**. A artéria mediana percorre a face caudomedial do antebraço, juntamente ao nervo mediano, e sob o músculo flexor radial do carpo. Ela atravessa o canal do carpo com os tendões flexores dos dedos e fornece ramos para a **rede do carpo** na altura do carpo. Então, a artéria mediana prossegue na região do osso metacarpal III, onde se torna a **artéria palmar medial (artéria digital palmar comum II)**, a principal artéria do dedo e do casco, a qual se subdivide nas artérias digitais palmares lateral e medial acima da articulação metacarpofalângica.

As **artérias digitais** passam sobre as faces abaxiais dos ossos sesamoides proximais, onde se pode palpar o pulso digital. Os ramos das artérias digitais distais à articulação metacarpofalângica são simétricos, e as duas artérias formam o arco terminal na terceira falange. Várias anastomoses arteriovenulares estão presentes, e a pulsação arterial intensifica o retorno venoso.

Os ramos principais da artéria axilar formam várias anastomoses uns com os outros, das quais emergem pequenas artérias.

> **Nota clínica**
>
> **Pontos de referência clinicamente significativos**:
> - **amostra de sangue arterial**: a artéria axilar pode ser puncionada onde ela contorna a margem cranial da 1ª costela;
> - **palpação de pulso**: o pulso da artéria braquial é palpável na face medial da articulação do cotovelo; já o pulso digital é palpável na face abaxial dos ossos sesamoides proximais.

Tronco bicarotídeo

O tronco bicarotídeo é um tronco comum curto que emerge do **tronco braquiocefálico**, prolonga-se cranialmente e se ramifica nas artérias carótidas comuns direita e esquerda (▶Fig. 13.14, ▶Fig. 13.15 e ▶Fig. 13.16). No cão e no gato, as artérias carótidas comuns se originam separadamente do tronco braquiocefálico, sendo que a origem da artéria direita é distal à da esquerda. Portanto, esses animais não têm um tronco bicarotídeo.

As **artérias carótidas comuns** ascendem ao pescoço de cada lado da traqueia, acompanhadas pelo tronco vagossimpático e pelo nervo laríngeo (recorrente) caudal. Com exceção de alguns pequenos ramos para o esôfago, a traqueia e os músculos adjacentes, os únicos ramos significativos se destacam próximo de seu fim. Esses ramos constituem as **artérias tireóideas caudal** e **cranial** (▶Fig. 13.18), as quais irrigam a glândula tireoide.

A **artéria tireóidea cranial** dá origem à artéria laríngea cranial para a laringe e à artéria faríngea ascendente para a faringe. No equino, a **artéria carótida comum** termina ao se dividir nas **artérias carótidas externa** e **interna** e na **artéria occipital** (▶Fig. 13.18 e ▶Fig. 13.19). Próximo a essa divisão, situa-se o **corpo carotídeo** (*glomus caroticum*), um quimiorreceptor que reage a alterações na pressão sanguínea. A **artéria occipital** irriga os músculos da região nucal, as meninges caudais e as orelhas média e interna antes de formar anastomose com a artéria vertebral; desse modo, ela participa da irrigação do encéfalo.

A **artéria carótida interna** penetra a cavidade craniana após formar uma flexura em formato de "S" na base do crânio no equino e no cão. No equino, a artéria carótida interna passa através do seu peculiar divertículo da tuba auditiva (bolsa gutural). A erosão da parede do vaso em equinos com micose do divertículo da tuba auditiva causa sangramento, podendo ser fatal. No equino e no cão, a artéria carótida interna é responsável pela vascularização do encéfalo.

Nos outros mamíferos domésticos, essa irrigação se dá por ramos da artéria maxilar que formam redes admiráveis na base do encéfalo, as quais se reúnem para formar a artéria carótida cerebral; ver Capítulo 15, "Sistema nervoso" (p. 515). A irrigação de sangue arterial para o encéfalo está intimamente relacionada com o **seio cavernoso** (*sinus cavernosus*), o qual proporciona a drenagem venosa da cavidade craniana.

A **artéria carótida externa** é o maior dos ramos terminais da artéria carótida comum e surge como a continuação direta do tronco de origem. Ela prossegue como a **artéria maxilar** e emite vários ramos para irrigar músculos, ossos e órgãos da cabeça, com exceção do encéfalo (▶Fig. 13.18).

Ramos da **artéria carótida comum** e estruturas vascularizadas:
- **artéria tireóidea caudal** (*a. thyroidea caudalis*): glândula tireoide;
- **artéria tireóidea cranial** (*a. thyroidea cranialis*): glândula tireoide, com:
  - artéria laríngea cranial (*a. laryngea cranialis*): laringe;
  - artéria faríngea ascendente (*a. pharyngea ascendens*): faringe;
- **artéria occipital** (*a. occipitalis*): musculatura nucal, com:
  - artéria meníngea caudal (*a. meningea caudalis*): meninges;
- **artéria carótida interna** (*a. carotis interna*): encéfalo;
- **artéria carótida externa** (*a. carotis externa*): cabeça, com exceção do encéfalo, com:
  - **tronco linguofacial** (*truncus linguofacialis*) com:
    - artéria palatina ascendente (*a. palatina ascendens*): faringe;
    - artéria lingual (*a. lingualis*): língua;
    - artéria sublingual (*a. sublingualis*): língua;

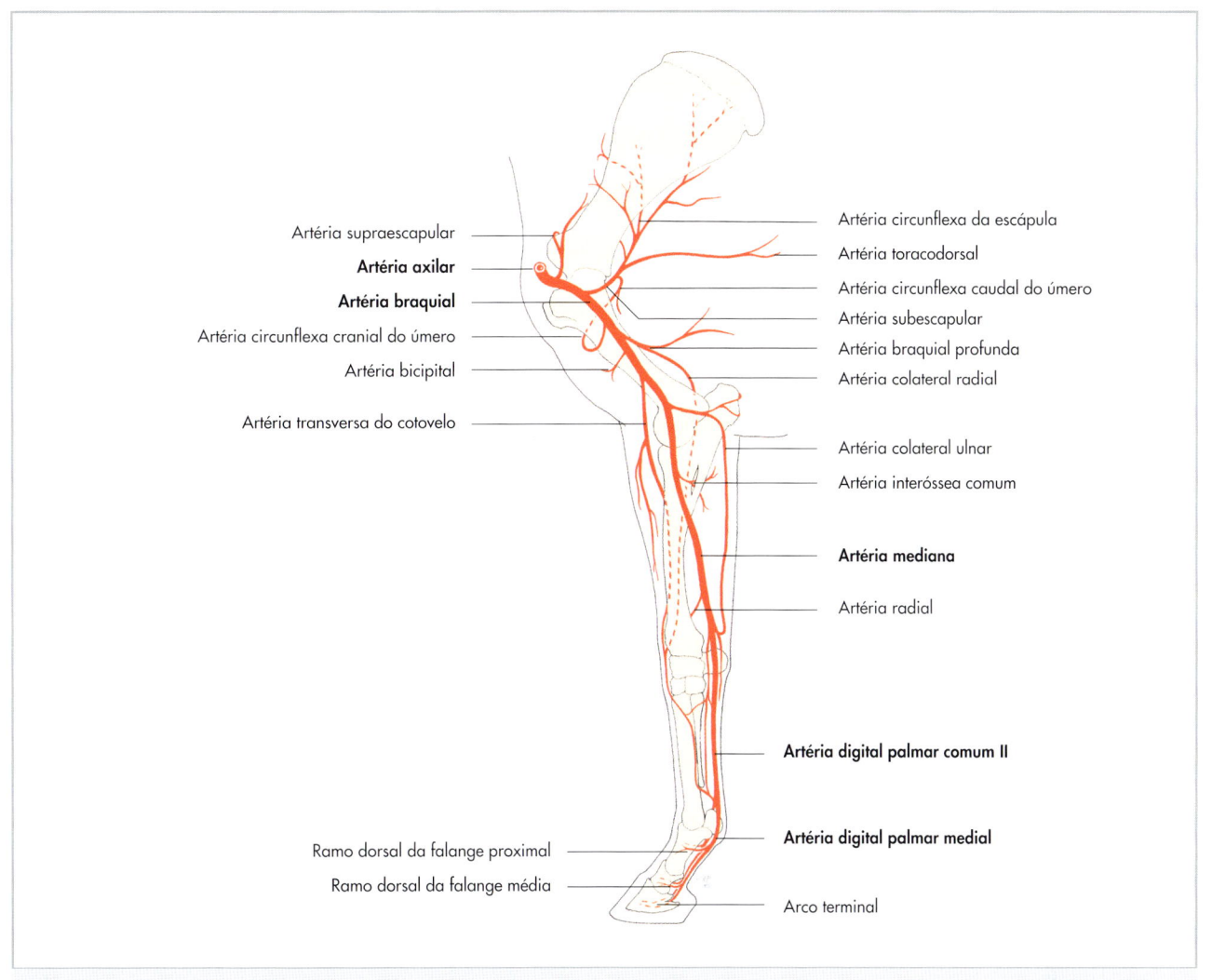

Sistema circulatório (*systema cardiovasculare*)

Fig. 13.17 Artérias do membro torácico de um equino (representação esquemática, vista medial). (Fonte: com base em dados de Ellenberger e Baum, 1943.)

- artéria facial (*a. facialis*): face – com: artéria labial inferior (*a. labialis inferior*): face, lábio inferior; artéria labial superior (*a. labialis superior*): face, lábio superior; artéria nasal lateral (*a. lateralis nasi*): face, nariz; artéria nasal dorsal (*a. dorsalis nasi*): face, nariz; artéria angular do olho (*a. angularis oculi*): face, pálpebras;
  ○ **ramo massetérico** (*ramus massetericus*): músculo masseter;
  ○ **artéria temporal superficial** (*a. temporalis superficialis*) com:
    – artéria transversa da face (*a. transversa faciei*): músculo masseter;
    – artéria auricular rostral (*a. auricularis rostralis*): orelha externa;
  ○ **artéria auricular caudal** (*a. auricularis caudalis*): orelha externa.

Ramos da **artéria maxilar** e suas estruturas vascularizadas:
- **artéria alveolar inferior** (*a. alveolaris inferior*) com:
  ○ ramos alveolares (*rami alveolares*): dentes inferiores;
  ○ artéria mentual (*a. mentalis*): ângulo mentual;
- **artéria temporal profunda caudal** (*a. temporalis profunda caudalis*): músculo temporal;
- **artéria temporal profunda rostral** (*a. temporalis profunda rostralis*): músculo temporal;
- **artéria meníngea média** (*a. meningea media*): meninges;
- **artéria malar** (*a. malaris*): órbita;
- **artéria esfenopalatina** (*a. sphenopalatina*): cavidade nasal;
- **artéria palatina maior** (*a. palatina major*): palato duro;
- **artéria palatina menor** (*a. palatina minor*): palato mole;
- **artéria infraorbital** (*a. infraorbitalis*): dentes, maxila, nariz;
- **artéria oftálmica externa** (*a. ophthalmica externa*);
  ○ artéria supraorbital (*a. supraorbitalis*): região frontal;
  ○ artéria etmoidal (*a. ethmoidalis*): etmoide, órbita;
  ○ artéria lacrimal (*a. lacrimalis*): glândula lacrimal;
  ○ artéria oftálmica interna (*a. ophthalmica interna*): retina;
  ○ artéria meníngea rostral (*a. meningea rostralis*): meninges;
  ○ artéria bucal (*a. buccalis*): bochecha.

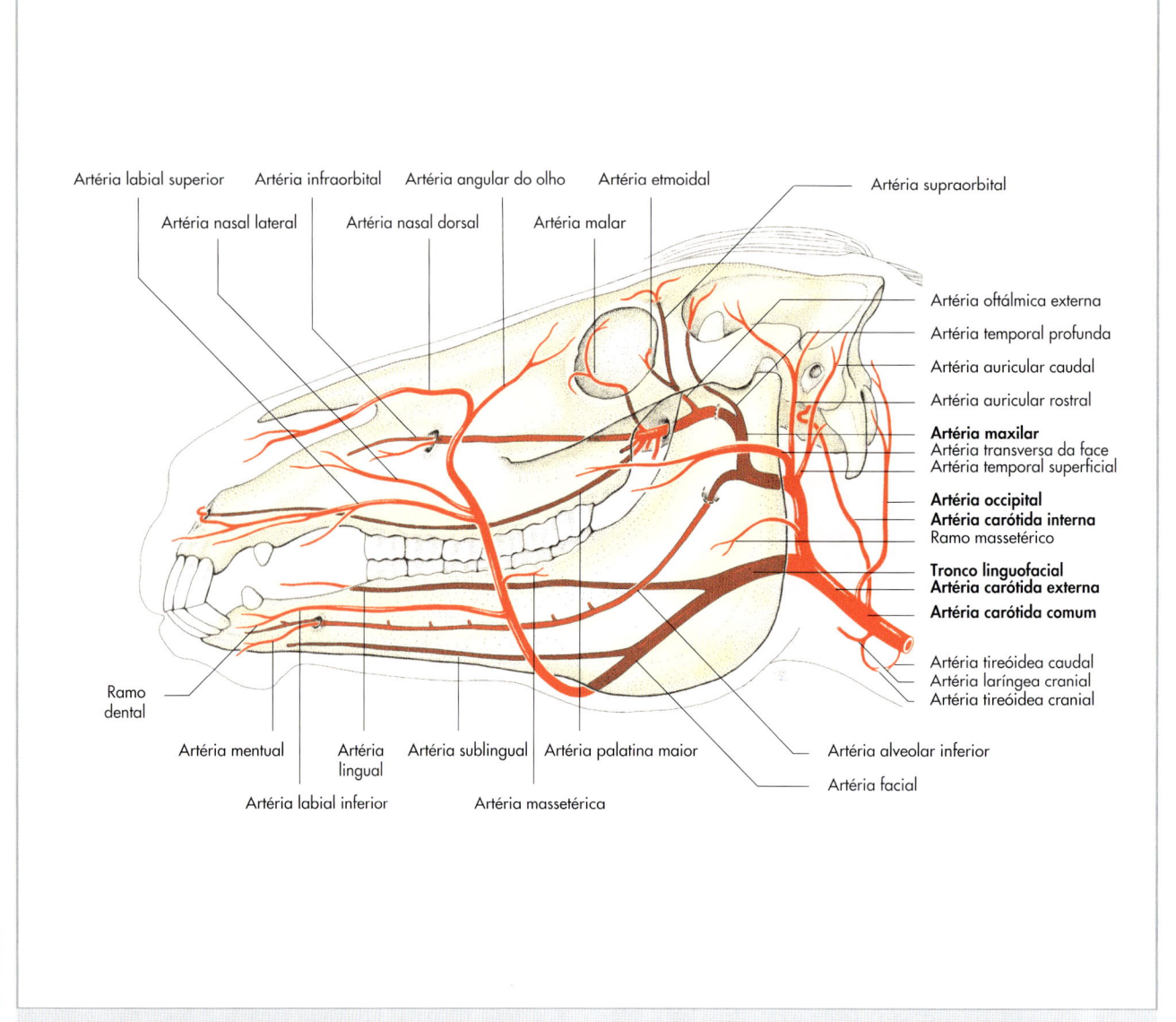

Fig. 13.18 Principais artérias da cabeça de um equino (representação esquemática). (Fonte: com base em dados de Dyce et al., 2002.)

> **Nota clínica**
>
> **Pontos de referência clinicamente significativos:**
> - **amostra de sangue arterial**: artéria facial, na incisura dos vasos faciais na margem ventral da mandíbula; artéria carótida comum, na base do pescoço; artéria transversa da face, ventral à articulação temporomandibular;
> - **palpação de pulso no equino**: artéria facial, na incisura facial na margem ventral da mandíbula.

Aorta torácica e aorta abdominal

A aorta torácica passa caudalmente abaixo da coluna e penetra o abdome através do **hiato aórtico** do diafragma, de onde prossegue caudalmente como **aorta abdominal**. Ambas as aortas emitem artérias segmentares, as quais recebem a denominação de **artérias intercostais dorsais** (*aa. intercostales dorsales*), no tórax, e **artérias lombares** (*aa. lumbales*), no abdome. Essas artérias irrigam a parede do tórax e do abdome e enviam ramos (***rami spinales***) para a medula espinal. Os ramos espinais entram no canal espinal através do forame intervertebral correspondente; ver Capítulo 15, "Sistema nervoso" (p. 515).

Os ramos espinais vascularizam os gânglios espinais e as meninges e terminam na artéria espinal ventral, que percorre o sulco central na face ventral da coluna em toda a sua extensão. Na região cervical, a artéria espinal ventral forma anastomoses com as

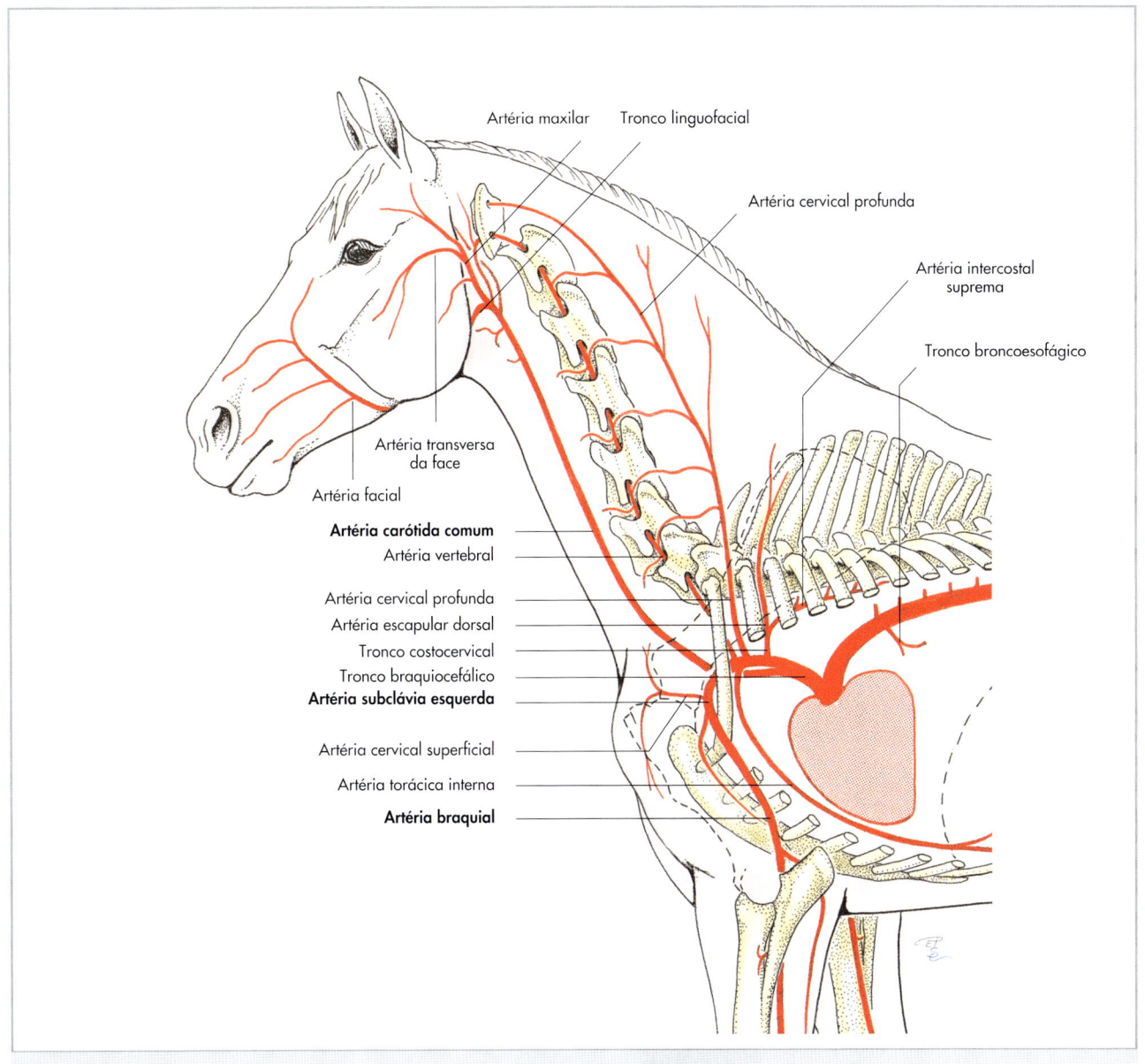

Fig. 13.19 Tronco braquiocefálico e seus ramos em um equino (representação esquemática).

artérias vertebral e occipital. Nas regiões sacral e caudal, a medula espinal é irrigada pela **artéria mediana sacral** e pela **artéria coccígea**.

Ramos e estruturas vascularizadas da **aorta torácica**:
- **artérias intercostais dorsais** (*aa. intercostales dorsales*): paredes torácica e abdominal, medula espinal;
- **artéria broncoesofágica** (*a. broncho-oesophagea*) com:
  - ramos brônquicos (*rami bronchiales*): árvore brônquica;
  - ramos esofágicos (*rami oesophagei*): esôfago;
- **artéria costoabdominal** (*a. costoabdominalis*): parede abdominal;
- **artéria frênica** cranial (*a. phrenica cranialis*): presente apenas no equino (diafragma).

Ramos e estruturas vascularizadas da **aorta abdominal** (▶Fig. 13.20):
- **artéria frênica caudal** (*a. phrenica caudalis*): presente em todos os mamíferos domésticos, exceto no equino (diafragma);
- **artérias lombares** (*aa. lumbales*): região lombar;
- **artéria celíaca** (*a. coeliaca*) com:
  - artéria gástrica esquerda (*a. gastrica sinistra*);
  - artéria hepática (*a. hepatica*) com:
    - artéria gástrica direita (*a. gastrica dextra*);
    - artéria gastroduodenal (*a. gastroduodenalis dextra*) com: artéria gastroepiploica direita (*a. gastroepiploica dextra*); artéria pancreatoduodenal cranial (*a. pancreaticoduodenalis cranialis*);
  - artéria esplênica (*a. lienalis*), com:
    - artéria gastroepiploica esquerda (*a. gastroepiploica sinistra*);

- **artéria mesentérica cranial** (*a. mesenterica cranialis*) com:
  - artéria pancreatoduodenal caudal (*a. pancreaticoduodenalis caudalis*);
  - artérias jejunais (*aa. jejunales*);
  - artéria ileocólica (*a. ileocolica*) com:
    - artérias cecais (*aa. caecales*);
    - artérias ileais (*aa. ilei*);
    - ramo cólico (*ramus colicus*);
    - artéria cólica direita (*a. colica dextra*);
  - artéria cólica média (*a. colica media*);
- **artérias renais** (*aa. renales*);
- **artérias testiculares/ovarianas** (*aa. testiculares/aa. ovaricae*);
- **artéria mesentérica caudal** (*a. mesenterica caudalis*) com:
  - artéria cólica esquerda (*a. colica sinistra*);
  - artéria retal cranial (*a. rectalis cranialis*).

Para a vascularização das estruturas, ver também Capítulo 8, "Sistema digestório" (p. 327).

Término da **aorta abdominal** (▶Fig. 13.23):
- **artérias ilíacas externas direita** e **esquerda** (*a. iliaca externa dextra et sinistra*);
- **artérias ilíacas internas direita** e **esquerda** (*a. iliaca interna dextra et sinistra*) com:
  - artéria sacral mediana (*a. sacralis mediana*).

Artéria ilíaca externa

A artéria ilíaca externa é a **principal artéria do membro pélvico**. Após emergir como um dos ramos terminais da aorta, ela percorre o corpo do ílio, acompanhada pela veia com a mesma denominação e pelo nervo genitofemoral, e emite a artéria ilíaca circunflexa profunda em animais de grande porte. Na égua, o primeiro ramo da artéria ilíaca externa é a **artéria uterina** (▶Fig. 12.44). Em carnívoros, a artéria circunflexa ilíaca profunda emerge diretamente da aorta. Antes de entrar no canal femoral, ela envia ramos para os músculos femorais e emite a artéria femoral profunda, que é a origem comum do tronco pudendoepigástrico.

Ao deixar o abdome, a artéria ilíaca externa prossegue como **artéria femoral**, a qual passa através do canal femoral e é acompanhada pela veia com a mesma denominação e pelo nervo safeno. O canal femoral é delimitado cranialmente pelo músculo sartório e caudalmente pelos músculos grácil e pectíneo; ver Capítulo 3, "Fáscias e músculos da cabeça, do pescoço e do tronco" (p. 137). A artéria femoral, então, passa entre os músculos adutores na face medial do fêmur até alcançar a face caudal da articulação do joelho, de onde continua como a **artéria poplítea**. A artéria femoral tem vários ramos nos músculos femorais.

A artéria poplítea se divide nas **artérias tibiais cranial** e **caudal** na parte proximal do espaço interósseo. A artéria tibial cranial é maior e passa distalmente na face craniolateral da tíbia, até alcançar a face dorsal da articulação tibiotarsal como a **artéria dorsal do pé**. Ela continua entre os ossos metatarsais III e IV como a **artéria metatarsal dorsal III**, o principal vaso do pé, que termina próximo à articulação metatarsofalângica, ao se dividir em **artérias digitais lateral** e **medial**.

Ramos e estruturas vascularizadas da **artéria ilíaca externa** (▶Fig. 13.24 e ▶Fig. 13.25):
- **artéria ilíaca externa** (*a. iliaca externa*) com:
  - artéria uterina (*a. uterina*): apenas na égua;
  - artéria circunflexa ilíaca profunda (*a. circumflexa ilium profunda*);
  - artéria cremastérica (*a. cremasterica*);
  - artéria femoral profunda (*a. profunda femoris*): musculatura femoral, com:
    - tronco pudendoepigástrico (*truncus pudendoepigastricus*) com: artéria pudenda externa (*a. pudenda externa*): escroto, glândula mamária; artéria epigástrica caudal (*a. epigastrica caudalis*): musculatura abdominal;
    - artéria circunflexa femoral medial (*a. circumflexa femoris medialis*);
- **artéria femoral** (*a. femoralis*) com:
  - artéria circunflexa femoral lateral (*a. circumflexa femoris lateralis*): musculatura femoral;
  - artéria safena (*a. saphena*): pele, musculatura femoral e da perna, dedos;
  - artérias femorais caudais (*aa. caudales femoris*): musculatura femoral;
- **artéria poplítea** (*a. poplitea*) com:
  - artérias geniculares (*aa. genus*): articulação caudal do joelho;
  - artéria genicular média (*a. genus media*): interior da articulação do joelho;
  - artéria tibial caudal (*a. tibialis caudalis*): perna caudal;
- **artéria tibial cranial** (*a. tibialis cranialis*): perna caudolateral;
- **artéria dorsal do pé** (*a. dorsalis pedis*): articulações do tarso;
- **artéria metatarsal dorsal III** (*a. metatarsea dorsalis III*) com:
  - artérias digitais plantares lateral e medial (*aa. digitales plantaris lateralis et medialis*): dedos.

As anastomoses formam-se entre as seguintes artérias do membro pélvico: entre a artéria epigástrica caudal e a veia epigástrica cranial; entre a artéria femoral profunda e a artéria femoral caudal; entre a artéria circunflexa femoral lateral e a artéria circunflexa femoral medial; e entre a artéria genicular descendente e a artéria genicular média.

> **Nota clínica**
>
> Pontos de referência clinicamente significativos:
> - **amostra de sangue arterial**: a artéria metatarsal dorsal entre os ossos metatarsais III e IV;
> - **palpação do pulso**: no gato e no cão, o pulso pode ser medido na artéria femoral, em sua parte proximal, em que ela é superficial na face interna da coxa.

Artéria ilíaca interna

A artéria ilíaca interna irriga as **vísceras pélvicas** e as **paredes da cavidade pélvica**, incluindo a musculatura lombar e os músculos sobrejacentes da região glútea. Trata-se de um dos ramos terminais da aorta. No equino, a **artéria sacral mediana** pode se originar da artéria ilíaca interna direita ou esquerda. A artéria sacral mediana dá origem aos **ramos segmentares**. A artéria ilíaca interna prossegue como a **artéria pudenda interna**, a qual irriga as **vísceras pélvicas** (▶Fig. 13.24). Os ramos dessa artéria recebem denominações diferentes e se posicionam distintamente em machos e fêmeas.

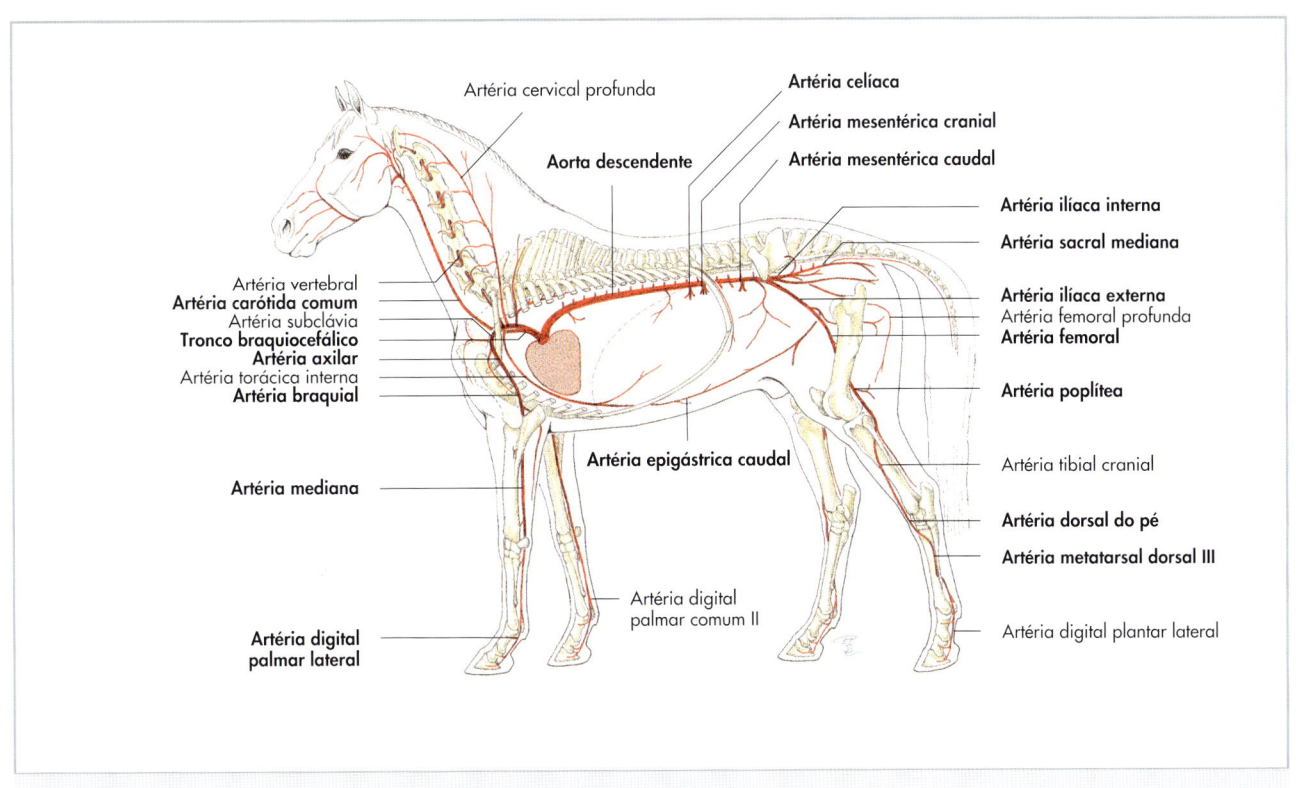

Fig. 13.20 Ramos principais da aorta de um equino (representação esquemática).

A artéria ilíaca interna supre a vesícula urinária, os ureteres, a uretra e os órgãos genitais masculinos e femininos.

Ramos e estruturas irrigadas pela **artéria ilíaca interna**:

- **artéria ilíaca interna** (*a. iliaca interna*) com:
  - artéria sacral mediana (*a. sacralis mediana*);
  - artéria glútea caudal (*a. glutea caudalis*) com:
    – artéria obturatória (*a. obturatoria*);
    – artéria glútea cranial (*a. glutea cranialis*): músculos glúteos;
    – artéria iliolombar (*a. iliolumbalis*): músculos lombares profundos;
- **artéria pudenda interna** (*a. pudenda interna*) com:
  - artéria umbilical (*a. umbilicalis*);
  - artéria uterina (*a. uterina*): exceto na égua; resquício de irrigação fetal;
  - artéria vaginal (*a. vaginalis*): vesícula urinária, uretra, útero, vagina, reto ou artéria prostática (*a. prostatica*): vesícula urinária, uretra, glândulas genitais acessórias, reto, com:
    – artéria retal média (*a. rectalis media*);
  - artéria retal caudal (*a. rectalis caudalis*): reto e ânus;
  - artéria perineal ventral (*a. perinealis ventralis*): períneo;
  - artéria vestibular (*a. vestibularis*): vestíbulo;
  - artéria do bulbo vestibular (*a. bulbi vestibuli*) ou artéria dorsal do pênis (*a. dorsalis penis*).

13.2.3 Veias (*venae*)

De modo geral, as veias (do grego *phleb* e do latim *vena*) retornam o sangue da periferia para o coração, ao passo que as artérias o conduzem do coração para os tecidos. A maioria dos livros de referência utilizam uma descrição ultrapassada das veias, em que a passagem delas é descrita como contra a direção do fluxo sanguíneo.

Isso leva a uma confusão quanto ao efeito das injeções intravenosas e a orientação das valvas, das anastomoses arteriovenulares e da circulação do sangue. Na verdade, as veias têm um leito capilar do qual emergem como **pequenas veias** (vênulas), que confluem para formar **veias maiores**, que, por fim, desembocam no **átrio direito do coração**. As veias da **circulação pulmonar** transportam sangue oxigenado do pulmão para o átrio esquerdo do coração.

Alguns livros reduzem a função venosa apenas à drenagem dos tecidos. No entanto, vários órgãos, como o fígado e a hipófise, recebem irrigação de sangue venoso. Portanto, as veias não apenas removem metabólitos dos tecidos, mas também irrigam esses tecidos com metabólitos e hormônios.

A maioria das veias acompanha a artéria correspondente, e acredita-se que elas são satélites para as artérias homônimas (i.e., que recebem o mesmo nome).

A **composição do sangue venoso** depende de sua área de origem: o sangue venoso dos intestinos é rico em moléculas nutrientes; o sangue do baço tem uma grande quantidade de leucócitos; o sangue das glândulas endócrinas apresenta um elevado nível hormonal; e o sangue venoso dos rins tem uma baixa concentração de metabólitos. As veias também desempenham uma função importante na **regulação da temperatura do corpo**; por exemplo, as veias do fígado e dos músculos conduzem sangue a uma temperatura mais elevada.

As veias apresentam uma **construção semelhante à das artérias**, porém com paredes mais finas, principalmente devido ao fato de a sua túnica média ser menos resistente. A túnica interna forma **válvulas**, as quais garantem o fluxo unidirecional para o coração e impedem o refluxo de sangue quando a circulação fica estagnada. Não há válvulas nas veias da cavidade craniana nem do canal vertebral; essas veias são denominadas **seios venosos**. Algumas veias

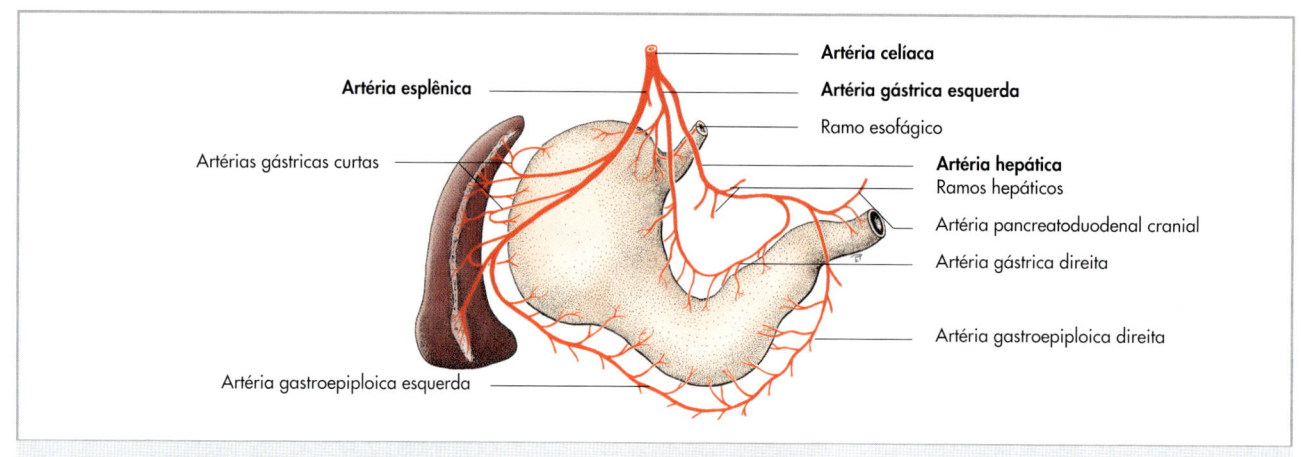

Fig. 13.21 Artéria celíaca de um cão (representação esquemática).

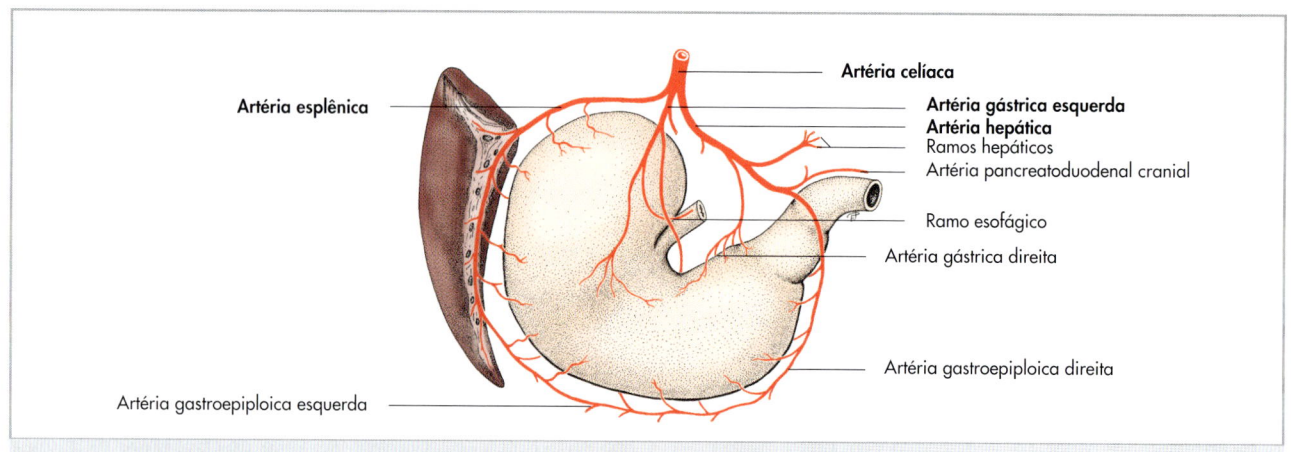

Fig. 13.22 Artéria celíaca de um equino (representação esquemática).

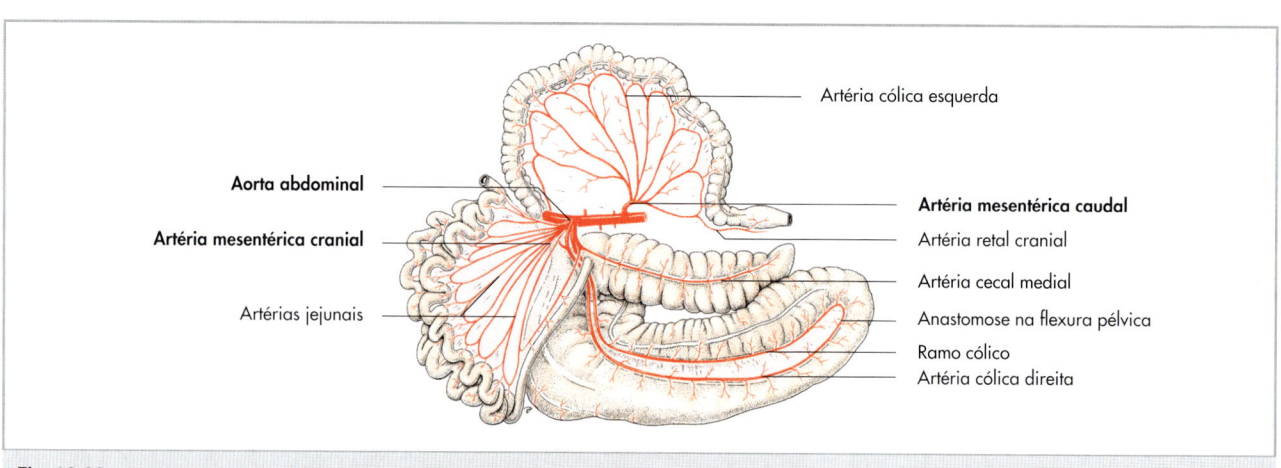

Fig. 13.23 Artérias mesentéricas cranial e caudal de um equino (representação esquemática). (Fonte: com base em dados de Ghetie, 1955.)

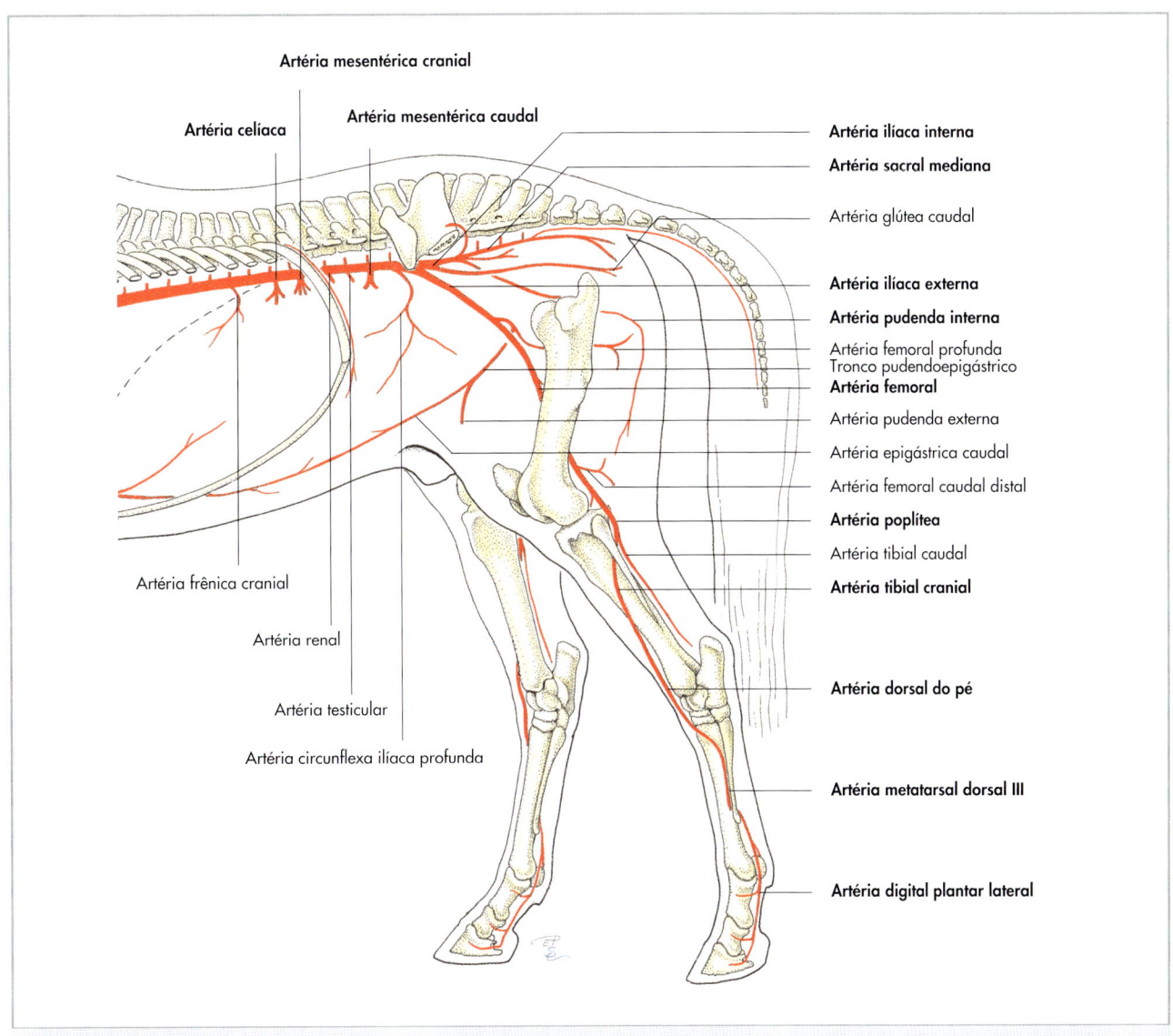

Fig. 13.24 Aorta abdominal e seus ramos maiores em um equino (representação esquemática).

da cavidade do crânio não têm parede; elas passam em um divertículo da dura-máter revestido por um endotélio.

As veias dos membros frequentemente passam em uma bainha comum de tecido mole, juntamente a uma artéria. Portanto, a pulsação da artéria intensifica o movimento do sangue venoso em direção ao coração, que recebe auxílio mediante o aumento na espessura da túnica média nas veias distais.

As **veias portais** correm entre dois leitos capilares; por exemplo, entre o sistema portal do fígado e da hipófise.

Veia cava cranial (*vena cava cranialis*) e suas tributárias

As tributárias da veia cava cranial coletam o sangue da cabeça, do pescoço, do tórax e dos membros torácicos (▶Fig. 13.26). A **veia cava cranial ímpar** forma-se na altura da abertura torácica pela convergência das **veias jugulares**. Ela, então, recebe as **veias subclávias direita** e **esquerda**, cujas tributárias são satélites das artérias correspondentes, e a veia broncoesofágica. No equino, no cão e no gato, a veia cava cranial também se une à veia ázigo direita, pouco antes de seu término.

A raiz da veia cava cranial recebe a **linfa** do **ducto torácico**, que a transporta dos tecidos corporais para a circulação sanguínea.

A veia cava cranial atravessa o mediastino cranial para a direita do tronco braquiocefálico e se abre no **átrio direito**.

Veias da cabeça e do pescoço

As veias da cabeça podem ser divididas em veias que se posicionam na cavidade craniana e veias externas à cavidade craniana. As **veias sem válvula** dentro da cavidade craniana são descritas no Capítulo 15, "Sistema nervoso" (p. 515). As veias da cabeça externas à cavidade craniana normalmente correm como satélites das artérias correspondentes. No equino, as tributárias da veia facial se dilatam localmente para formar **três seios venosos**, os quais

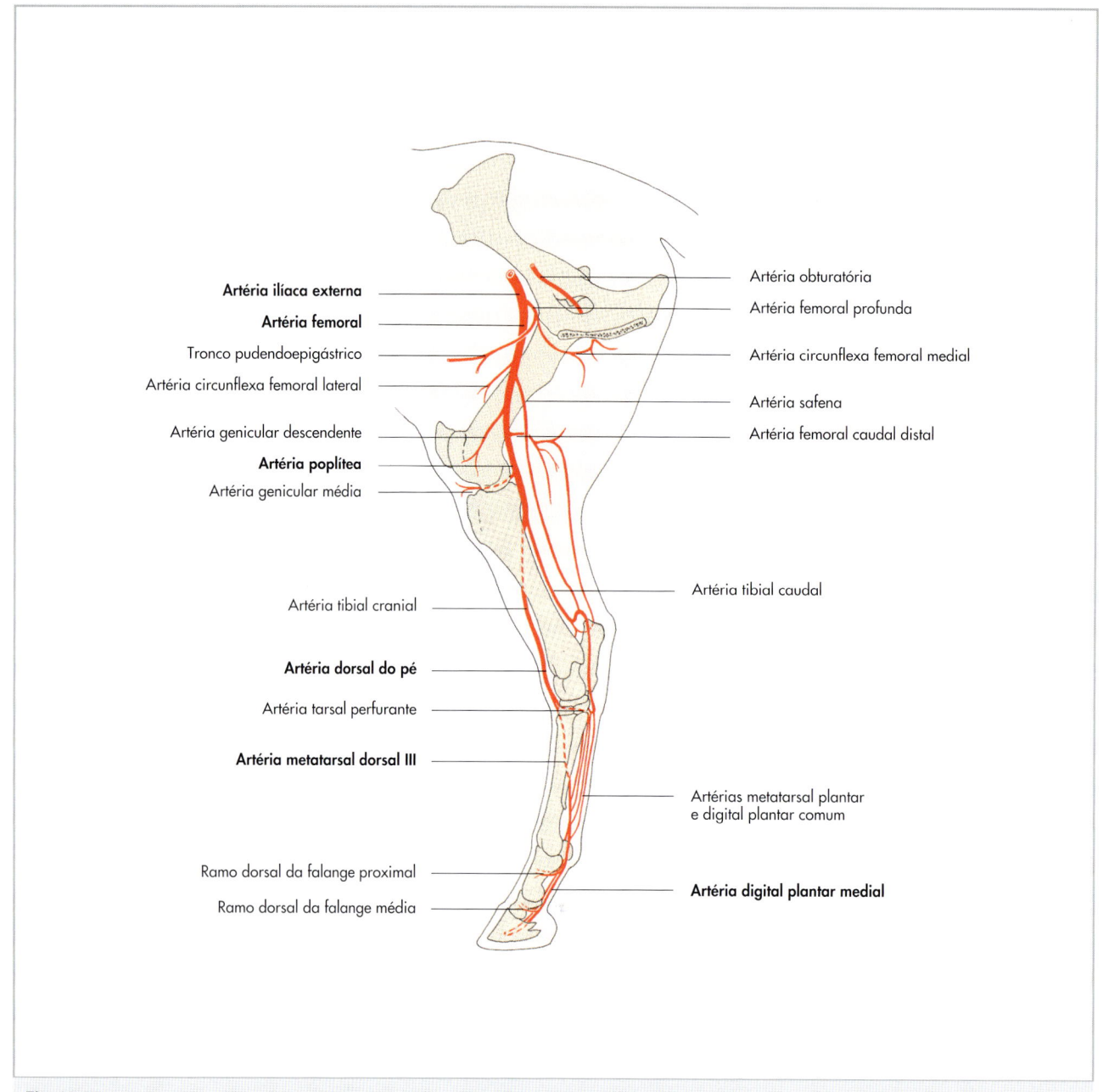

Fig. 13.25 Artérias do membro pélvico de um equino (representação esquemática). (Fonte: com base em dados de Dyce et al., 2002.)

percorrem a crista facial abaixo da musculatura da mastigação. Elas promovem a circulação do sangue em direção ao coração durante a mastigação. É possível obter amostras de sangue de um desses seios ao se traçar uma linha virtual do ângulo medial do olho até a crista facial e direcionar uma agulha, afastando-a de sua margem ventral, no sentido medial.

A **veia jugular externa** é formada nas proximidades do ângulo da mandíbula pela união das veias linguofacial e maxilar (▶Fig. 13.26). Ela percorre a extensão do pescoço, ocupando o **sulco jugular** (*sulcus jugularis*) entre o músculo braquiocefálico dorsalmente e o músculo esternocefálico ventralmente. Nos terços cranial e médio do pescoço, a veia jugular externa é subcutânea.

Portanto, ela é a primeira opção para coleta de **amostras de sangue** e **punções intravenosas** na maioria dos animais. No cão, as veias jugulares externas esquerda e direita se comunicam pelo arco venoso hióideo, uma veia ímpar que conecta as veias linguais direita e esquerda ventralmente ao osso basi-hióide.

Em todos os mamíferos domésticos, com exceção do equino e dos pequenos ruminantes (ovino e caprino), há **dois pares de veias jugulares** (▶Fig. 13.27). Além da veia jugular externa, esses animais têm uma **veia jugular interna** (**profunda**), que corre entre a artéria carótida comum e a traqueia para se unir com a **veia jugular externa** na base do pescoço.

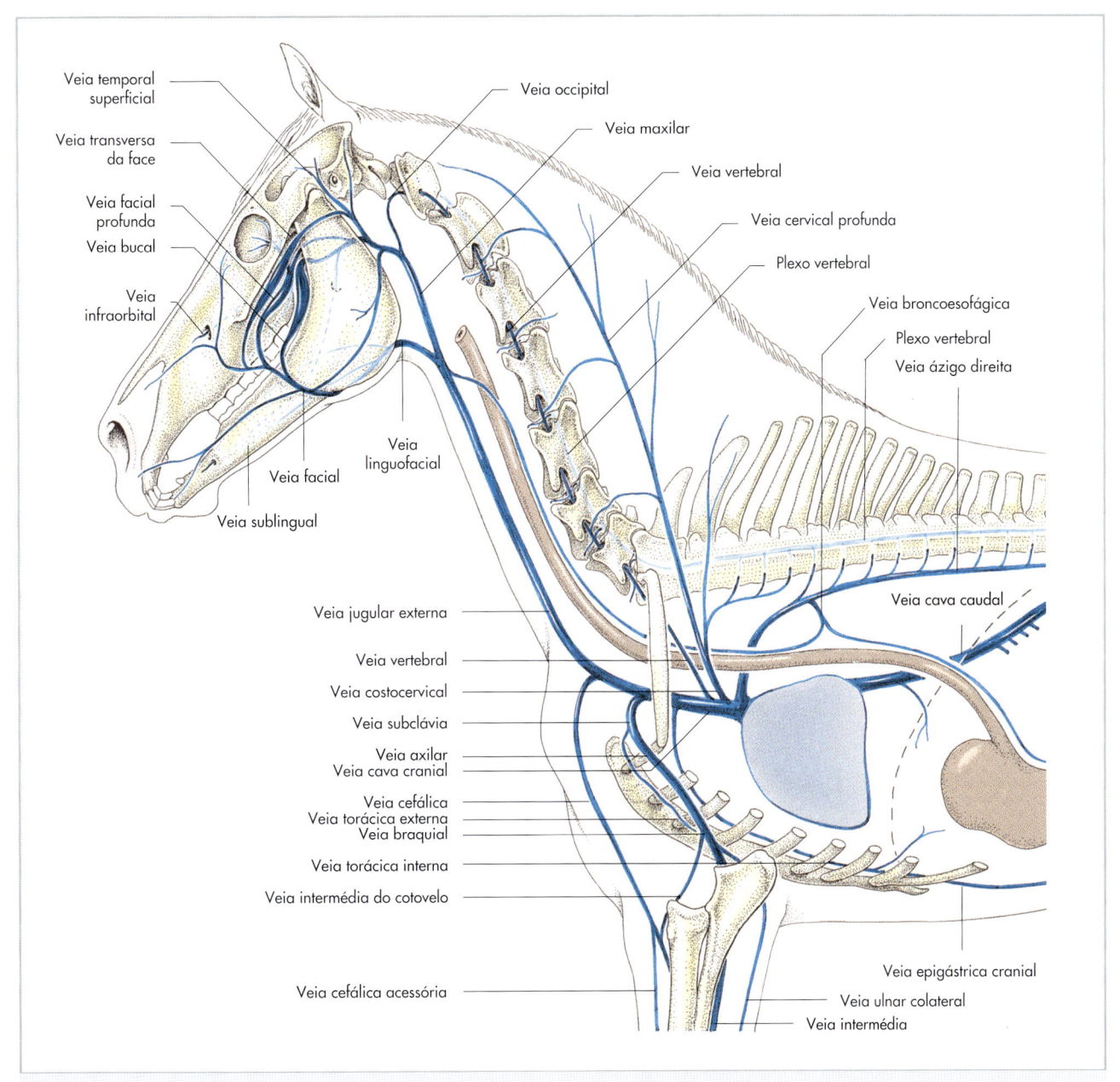

Fig. 13.26 Grandes veias da cabeça, do pescoço e dos membros torácicos e as tributárias da veia cava cranial de um equino (representação esquemática e simplificada).

Veia ázigo (*vena azygos*)

A veia ázigo é formada pela união das **duas primeiras veias lombares** e atravessa o **hiato aórtico** para penetrar o tórax, onde recebe o sangue das veias intercostais das regiões torácicas caudal e média.

Embora as veias ázigo direita e esquerda estejam presentes no embrião, o padrão se simplifica mais tarde: no equino, no cão e no gato, a veia ázigo direita continua a existir (▶Fig. 13.26 e ▶Fig. 13.28); no suíno, persiste a veia ázigo esquerda ou, eventualmente, ambas; nos ruminantes, normalmente as duas veias estão presentes.

A **veia ázigo direita** se abre na parte terminal da **veia cava cranial**; a **veia ázigo esquerda** desemboca diretamente no **seio coronário**. O sistema ázigo é particularmente importante para a drenagem do plexo no interior do canal vertebral.

Veias do membro torácico

As veias do membro torácico se iniciam com **redes venosas terminais** (*arcus terminalis*) nos dedos, na derme (cório) e nas cartilagens do casco (▶Fig. 13.28). Essas redes confluem para formar as seguintes veias (em ordem distal a proximal):

- veias digitais palmares medial e lateral (*vv. digitales palmares medialis et lateralis*);
- veias metacarpais (*vv. metacarpeae*);

- veia intermédia (*v. mediana*) com:
    - veia cefálica acessória (*v. cephalica accessoria*);
    - veia cefálica (*v. cephalica*);
- veia braquial (*v. brachialis*);
- veia intermédia do cotovelo (*v. mediana cubiti*);
- veia axilar (*v. axillaris*);
- veia subclávia (*v. subclavia*);
- veia jugular externa (*v. jugularis externa*);
- veia cava cranial (*v. cava cranialis*).

A maioria das veias do membro torácico são satélites, embora frequentemente sejam duplicadas nos locais em que acompanham as artérias maiores. A **túnica média da parede** aumenta em espessura nas veias do membro distal em resposta à elevação da pressão venosa. Essas veias também estão intimamente relacionadas com as artérias para facilitar o fluxo sanguíneo retrógrado. Os afluentes da veia axilar formam o **sistema venoso profundo** do membro, ao passo que a **veia cefálica** é a única grande veia superficial. Essa veia é formada pela união das **veias metacarpais** profundas na face medial do carpo e recebe a veia cefálica acessória, que emerge de uma rede venosa na face dorsal do carpo, no meio do antebraço. A veia cefálica prossegue proximalmente em uma posição subcutânea para se unir à **veia jugular externa** na parte inferior do pescoço.

Na altura da articulação do cotovelo e do joelho, a veia cefálica forma anastomose com a veia intermédia do cotovelo. A veia cefálica é a opção mais comum para punção venosa em cães e em gatos, pois ela segue a margem cranial do antebraço, onde pode ser palpada quando elevada ao se aplicar pressão sobre o cotovelo.

Veias do membro pélvico

Em correspondência ao membro torácico, as veias do **membro pélvico** (▶Fig. 13.28 e ▶Fig. 13.29) se originam nas redes venosas na parte terminal do dedo (**arco terminal**, *arcus terminalis*). Essas redes confluem para formar as seguintes veias (em ordem distal a proximal):

- veias digitais plantares medial e lateral (*vv. digitales plantares medialis et lateralis*);
- veias metatarsais (*vv. metatarseae*);
- veia dorsal do pé (*v. dorsalis pedis*);
- veia tibial cranial (*v. tibialis cranialis*) com:
    - veia safena medial (*v. saphena medialis*);
    - veia safena lateral (*v. saphena lateralis*);
- veia poplítea (*v. poplitea*);
- veia femoral (*v. femoralis*);
- veia ilíaca externa (*v. iliaca externa*);
- veia ilíaca interna (*v. iliaca interna*);
- veia cava caudal (*v. cava caudalis*).

As veias profundas são basicamente satélites das artérias. Assim como no membro torácico, determinadas veias superficiais, entre elas as **veias safenas laterais**, correm sozinhas. As veias safenas se originam de um ramo caudal e cranial do tarso e se unem na metade da perna. Na altura do tarso, essas veias se comunicam com as **veias metatarsais** profundas. Na perna, as veias safenas correm medial e lateralmente entre o tendão calcâneo e a massa muscular caudal. A veia medial é a maior das duas em todos os animais domésticos, com exceção do cão, e cruza a face femoral medial para se abrir na **veia femoral**. A veia lateral se une à veia femoral profunda no joelho.

> **Nota clínica**
>
> No **gato**, a veia safena medial pode ser utilizada para **injeções intravenosas**, sobretudo durante a anestesia. No **cão**, a veia safena lateral pode ser utilizada para **punção venosa** acima do tarso.

Veia cava caudal (*vena cava caudalis*)

A veia cava caudal se inicia no teto do abdome na altura da **última vértebra lombar** através da convergência da **veia sacral mediana** e das **veias ilíacas comuns**, as quais são formadas pela união das veias ilíacas interna e externa (▶Fig. 13.28 e ▶Fig. 13.29). As **veias ilíacas externas** e grande parte de suas tributárias são satélites de artérias e coletam o sangue dos membros pélvicos. Já as **veias ilíacas internas** drenam as paredes pélvicas e grande parte das vísceras pélvicas. Elas se comunicam com o plexo vertebral e o sistema venoso dos intestinos por meio da veia sacral mediana. A **veia cava caudal** passa cranialmente na extensão do teto do abdome **à direita da aorta**. Em seu curso intra-abdominal, juntam-se a ela as veias renais e as veias segmentares da coluna lombar; em seguida, ela prossegue entre o lobo do fígado, onde se une às veias hepáticas e recebe as veias do diafragma. A veia cava caudal penetra o tórax passando através do diafragma no **forame da veia cava** e segue um curso dentro da margem livre de uma prega pleural especial, a **prega da veia cava** (*plica venae cavae*) no lado direito do mediastino caudal, acompanhada pelo nervo frênico. A veia cava caudal termina ao se abrir no **átrio direito**. As veias dos órgãos genitais e das glândulas suprarrenais (adrenais) transportam hormônios para a veia cava cranial, por meio da qual elas são distribuídas pelo corpo sem a necessidade de passar primeiramente pelo fígado.

Lesões que ocupam espaço, como tumores, podem causar obstruções dentro do sistema venoso, as quais acarretam estagnação sanguínea. O sistema reage usando rotas sanguíneas alternativas. Uma dessas rotas alternativas é o sistema venoso sem válvulas da coluna vertebral.

Em sua extremidade cranial, ele se comunica com as veias da cabeça e do pescoço e, consequentemente, com a **veia cava cranial**; em sua extremidade caudal, ele se comunica com a **veia cava caudal** por meio dos nervos segmentares da coluna. Vias colaterais adicionais de drenagem venosa são propiciadas por veias ao longo do trato intestinal. Afluentes caudais da veia cava caudal que drenam o reto formam anastomose com afluentes da **veia porta**, que, por sua vez, tem afluentes que formam anastomose com a veia esofágica, de modo que uma nova conexão indireta se forma entre a veia cava cranial e a veia cava caudal. Essas ligações proporcionam uma saída alternativa para o território de drenagem portal, o qual é utilizado quando a circulação intra-hepática está prejudicada por cirrose, por exemplo. Um **terceiro círculo venoso** é formado ventralmente pelas anastomoses das veias epigástricas.

Veia porta (*vena portae*)

A veia porta coleta sangue de todos os **órgãos ímpares** na cavidade abdominal e transporta o sangue para o fígado (▶Fig. 13.29 e ▶Fig. 13.30). A veia porta e suas tributárias formam um **sistema portal**. Esse sistema emerge de capilares nas vísceras, que confluem para formar as veias mesentéricas caudal e cranial e a veia esplênica, os três vasos formadores da veia porta. Dentro do fígado, a veia porta se divide até formar **sinusoides hepáticos**,

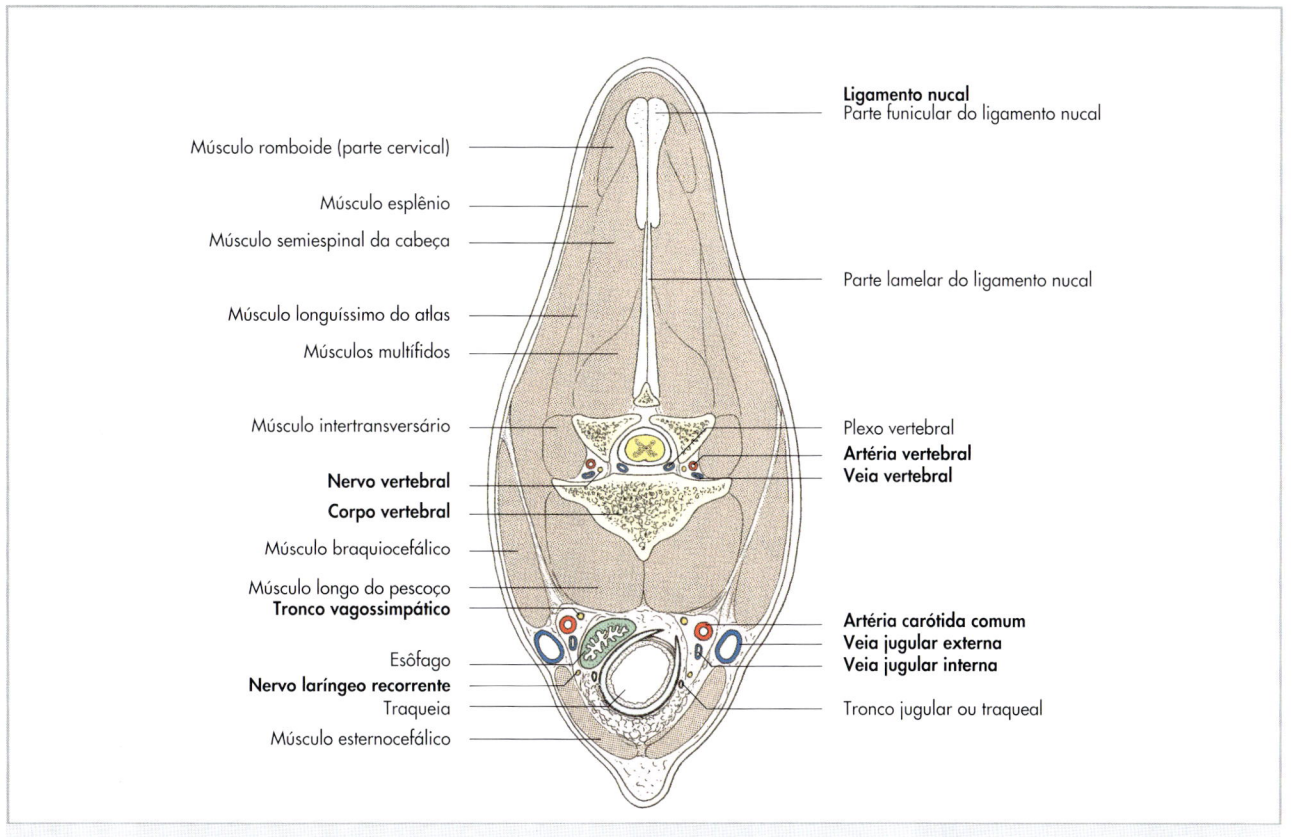

Fig. 13.27 Secção transversal do pescoço de um bovino (representação esquemática, vista caudal).

cavidades preenchidas com sangue envoltas por fileiras de hepatócitos. O sangue sinusoide é coletado na **veia central** de cada lóbulo hepático, o que constitui o início do **sistema venoso eferente** do fígado. As veias centrais adjacentes se fusionam para formar as **veias interlobulares**, que se unem umas com as outras para, finalmente, formar as **veias hepáticas**, as quais desembocam na veia cava caudal. O suprimento de nutrientes para o fígado é realizado pelas artérias hepáticas, e os hepatócitos são banhados por **sangue misto** da **veia porta** e das **artérias hepáticas**, de modo que recebem nutrientes de ambas. Os ramos da veia porta e das veias hepáticas podem ser avaliados por ultrassonografia ou radiografia de contraste. A veia porta transporta para o fígado sangue funcional rico em nutrientes oriundos do intestino e em hormônios produzidos pelo pâncreas.

No feto, a **veia umbilical** da placenta penetra o fígado e é deslocada para a veia cava caudal através do **ducto venoso** (*ductus venosus*), que se atrofia logo após o nascimento. Contudo, em alguns animais, com incidência maior em cães, o ducto persiste e forma uma conexão direta entre a veia porta e a veia cava caudal, o que requer intervenção cirúrgica.

Artérias e veias dos dedos

Os dedos recebem sua principal vascularização pela sua face palmar (plantar), em que a artéria palmar se divide em várias artérias digitais conforme o número de dedos; ver também Capítulo 20, "Anatomia clínica e topográfica" (p. 685). A pata de cães e de gatos recebe sangue adicional das artérias digitais dorsais.

Dentro das falanges distais, as **artérias digitais palmares** (**plantares**) formam **anastomose** umas com as outras, formando, assim, os **arcos terminais**. No meio de cada falange, as artérias emitem ramos que circundam a falange.

Quase todas as veias dos dedos são satélites das artérias, embora haja veias na face dorsal do dedo.

Terminologia clínica

Expressões clínicas relacionadas com o sistema circulatório: arterite, angiografia, ducto arterial persistente, tromboflebite, angiopatia, pericardite, endocardite, arteriosclerose, vasculite, infarto coronário, entre muitas outras.

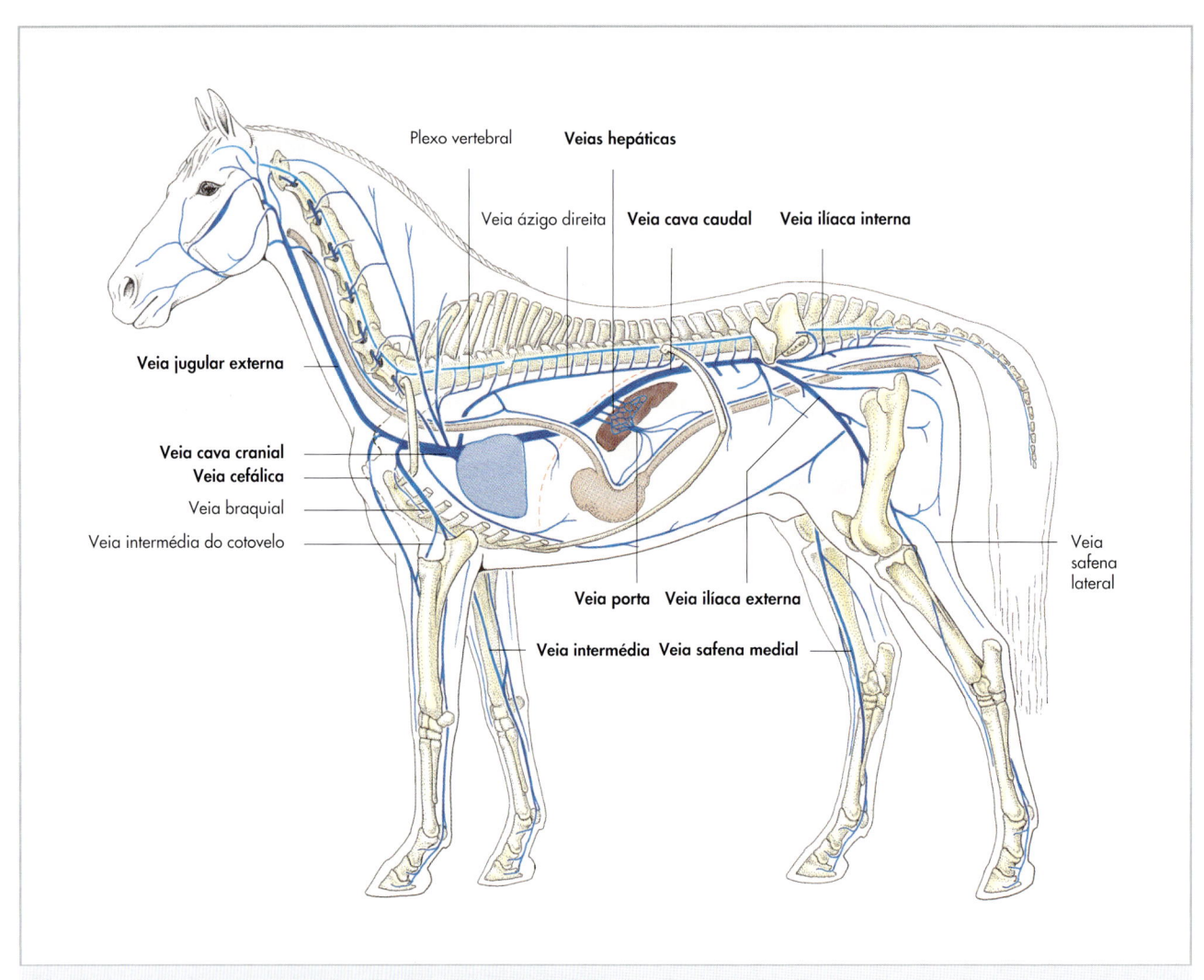

Fig. 13.28 Sistema venoso de um equino (representação esquemática).

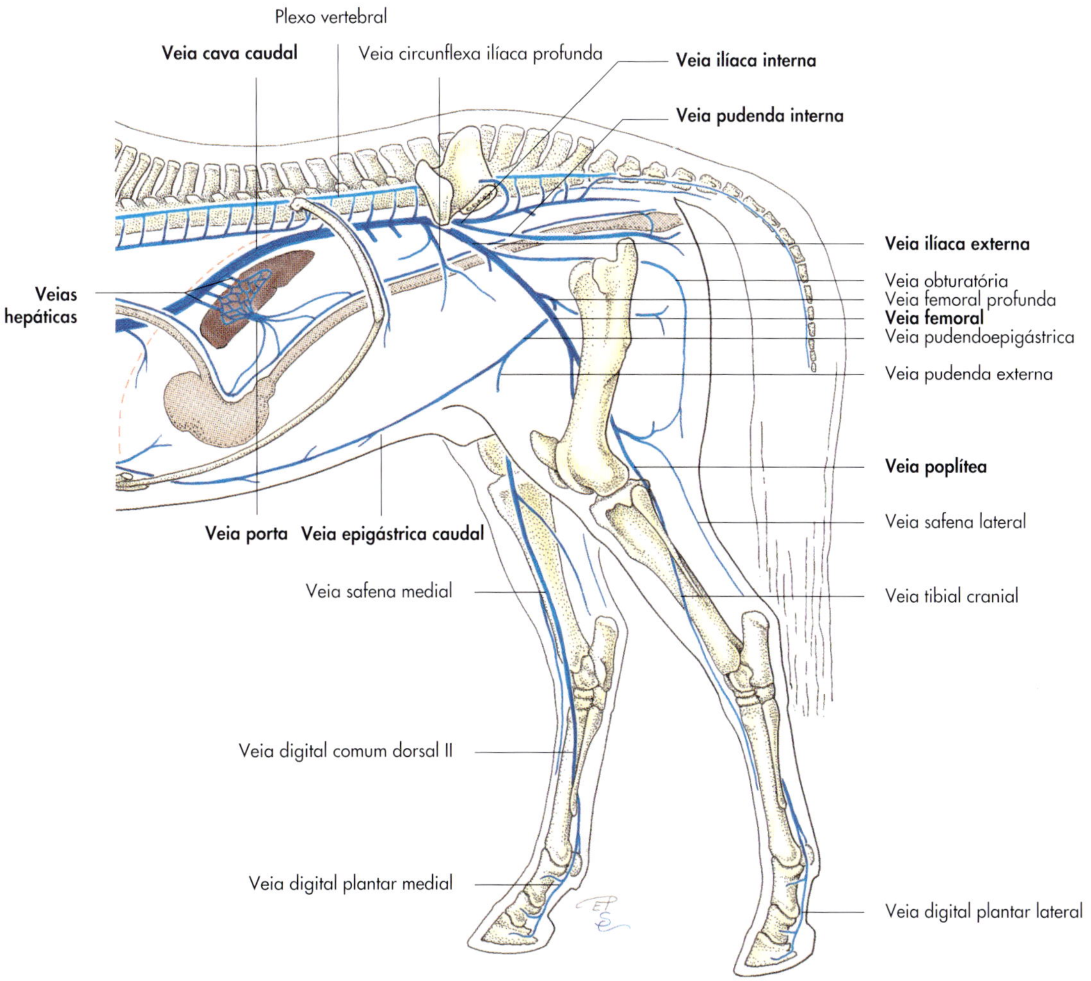

Sistema circulatório (*systema cardiovasculare*) 499

Fig. 13.29 Grandes veias do membro torácico e tributárias da veia cava caudal de um equino (representação esquemática).

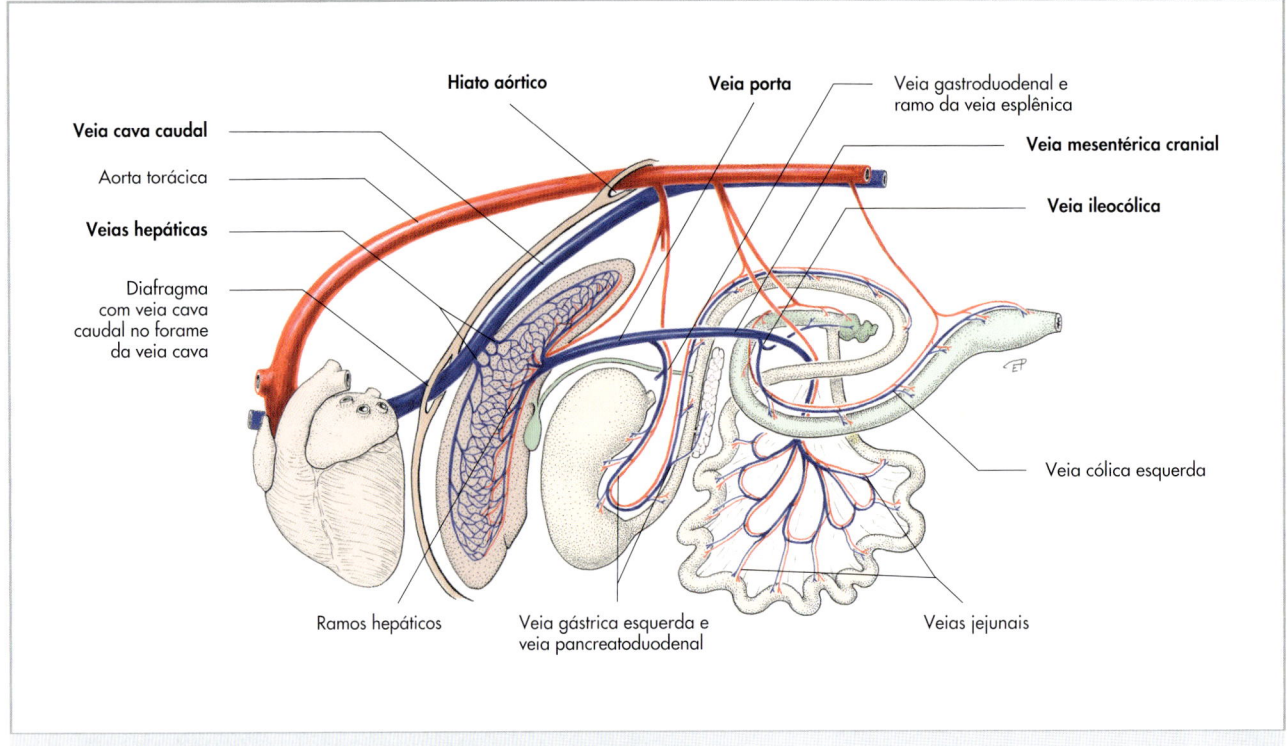

Fig. 13.30 Sistema porta-hepático de um cão (representação esquemática).

14 Sistemas imune e linfático (*organa lymphopoetica*)

H. E. König, P. Paulsen e H.-G. Liebich

O sistema imune proporciona **mecanismos de defesa específicos** e **inespecíficos** para proteger o corpo contra influências externas. Portanto, ele é vital para a manutenção da saúde do animal. O sistema imune pode ser dividido em componentes celulares e vasculares. Os **componentes celulares** incluem o tecido linfático, encontrado como células isoladas, as quais estão espalhadas de forma difusa nos tecidos, como agregados de células linfáticas (tonsilas) ou em órgãos linfáticos (timo, linfonodos e baço). Os **componentes circulatórios** incluem linfócitos, monócitos e células plasmáticas, as quais se encontram em órgãos, no sangue, em espaços de tecidos e na circulação linfática. O sistema vascular linfático inclui **capilares linfáticos**, **vasos linfáticos** e **ductos coletores de linfa**.

O timo desempenha um papel essencial no desenvolvimento dos componentes celulares linfáticos ao controlar o crescimento dos órgãos linfáticos antes que os animais atinjam a fase madura.

Os **linfócitos** (▶Fig. 14.1) são o tipo de célula predominante do sistema imune e podem ser divididos em **linfócitos B** e **T**. Eles são formados na medula óssea e nos órgãos linfáticos e distribuídos nos linfáticos e no sangue. A superfície celular dos linfócitos é marcada por receptores específicos, com os quais eles conseguem reconhecer e fazer a ligação de moléculas e desencadear reações em cadeia, as quais transmitem uma **resposta imunológica específica**.

Os **macrófagos** fazem parte do **sistema mononuclear de fagocitose (SMF)**, responsável pela resposta imunológica inespecífica. Esse sistema também compreende os macrófagos do pulmão, as células de Langerhans, a mesóglia no sistema nervoso central e o endotélio do fígado, do baço e dos sinusoides da medula óssea. Anteriormente, o SMF era chamado de sistema reticuloendotelial (SRE).

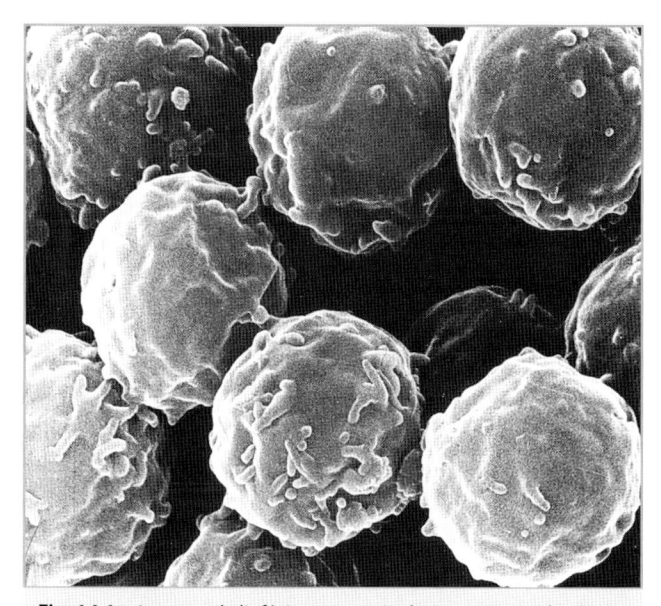

Fig. 14.1 Imagem de linfócitos por meio de microscopia eletrônica de varredura.

14.1 Vasos linfáticos (*vasa lymphatica*)

Durante a circulação do sangue das artérias até as veias, as proteínas conseguem passar pelas paredes capilares para os espaços de líquido intersticial. Esse transudato transparente, chamado de linfa, é absorvido pelos capilares linfáticos de terminação cega, os quais formam plexos na maioria dos tecidos corporais, dos quais se originam vasos linfáticos maiores. Os vasos linfáticos se abrem em ductos linfáticos, que, por fim, drenam para a veia jugular ou para a veia cava cranial. Os vasos linfáticos são interrompidos por linfonodos, os quais funcionam como filtros e centros germinativos para linfócitos. Não são encontrados vasos linfáticos no sistema nervoso central.

Os **capilares linfáticos** são revestidos por um endotélio contínuo de camada simples, com uma membrana basal subjacente incompleta. Ao contrário dos vasos linfáticos, eles **não têm válvulas**. As aberturas aparecem em intervalos entre células endoteliais adjacentes e permitem a passagem de líquidos ou gorduras emulsificadas (p. ex., dos intestinos) através da parede para o lúmen dos capilares.

Os **vasos linfáticos** têm paredes mais finas que as veias de mesmo tamanho, porém contêm mais válvulas. As contrações da túnica muscular média relativamente fina são responsáveis pelo fluxo da linfa em direção ao ducto torácico. A quantidade elevada de válvulas sucessivas confere uma aparência característica aos vasos linfáticos, que se assemelham a um cordão de pérolas quando distendidos. Essa aparência pode ser observada no animal vivo por meio de radiografia de contraste.

Os **vasos linfáticos** que transportam a linfa da região dos capilares para um linfonodo são chamados de **vasos linfáticos aferentes**. Já **vasos linfáticos eferentes** é a denominação para os vasos que deixam o linfonodo, conduzindo a linfa filtrada e enriquecida com linfócitos.

14.2 Linfonodos (*lymphonodi, nodi lymphatici*)

Os linfonodos são firmes, têm uma superfície lisa, de formato geralmente ovoide ou de feijão, com uma superfície convexa extensa e uma área côncava menor, o **hilo**.

Internamente, o linfonodo se divide em um **córtex** e uma **medula**. O córtex contém os **centros germinativos**, onde os linfócitos são produzidos continuamente (▶Fig. 14.7). A medula consiste em **cordões de linfócitos em anastomose** (▶Fig. 14.4). Cada linfonodo é envolto por uma cápsula de tecido mole, da qual septos e trabéculas se projetam para o órgão, formando uma arquitetura interna (▶Fig. 14.2, ▶Fig. 14.3 e ▶Fig. 14.4). Os vasos linfáticos aferentes se abrem no **seio subcapsular** ou marginal (*sinus marginalis*). Os ramos do seio subcapsular formam um **seio medular**, próximo ao hilo (▶Fig. 14.5 e ▶Fig. 14.6), de onde emergem os vasos linfáticos eferentes (▶Fig. 14.4). No suíno, essa organização apresenta

502 Anatomia dos animais domésticos

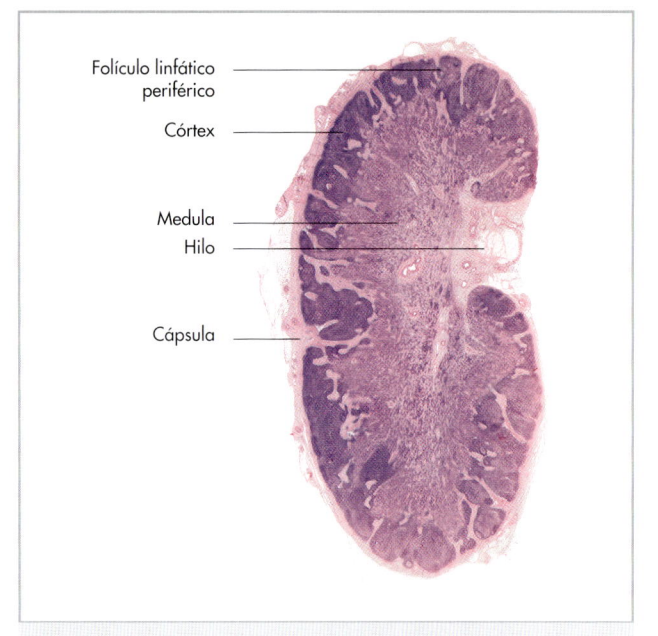

Fig. 14.2 Corte histológico do linfonodo de um ovino.

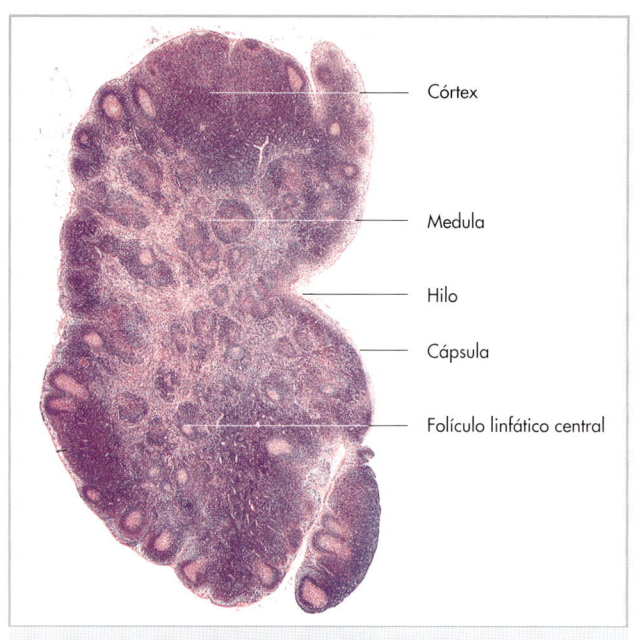

Labels: Folículo linfático periférico; Córtex; Medula; Hilo; Cápsula

Fig. 14.3 Corte histológico do linfonodo de um suíno.

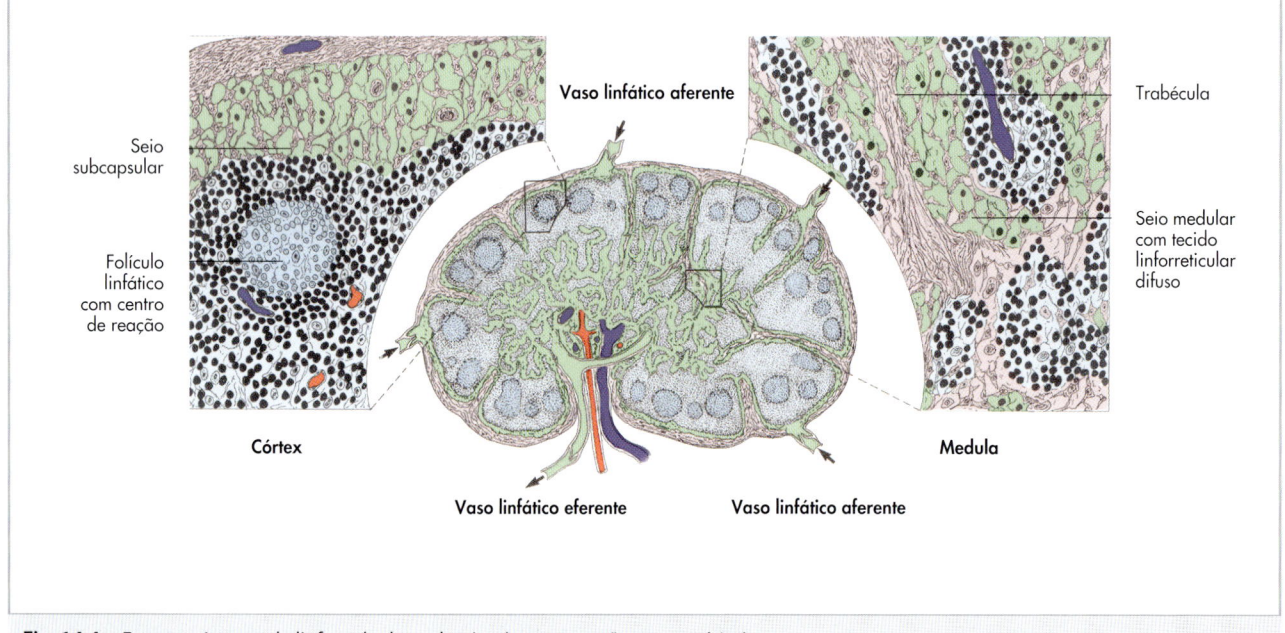

Labels: Córtex; Medula; Hilo; Cápsula; Folículo linfático central

Fig. 14.4 Estrutura interna do linfonodo de um bovino (representação esquemática).

Labels: Seio subcapsular; Folículo linfático com centro de reação; Córtex; Vaso linfático aferente; Vaso linfático eferente; Vaso linfático aferente; Trabécula; Seio medular com tecido linforreticular difuso; Medula

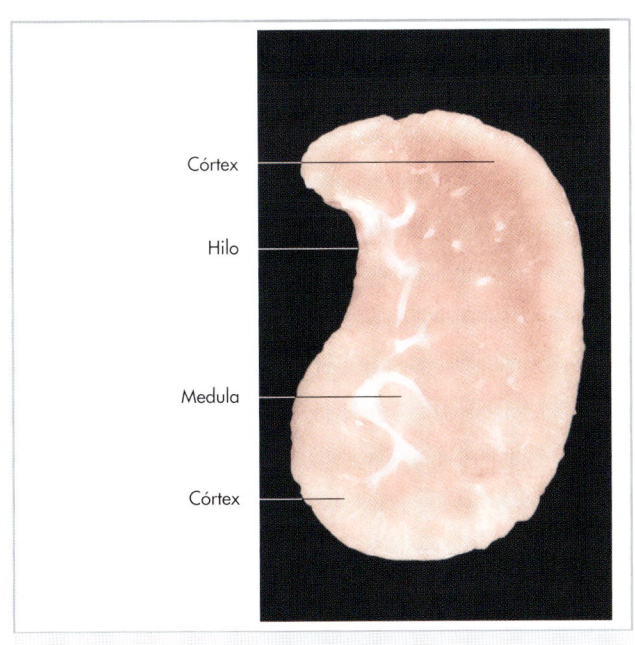

Fig. 14.5 Linfonodo de um suíno (secção transversal). (Fonte: cortesia do PD Dr. S. Reese, Munique.)

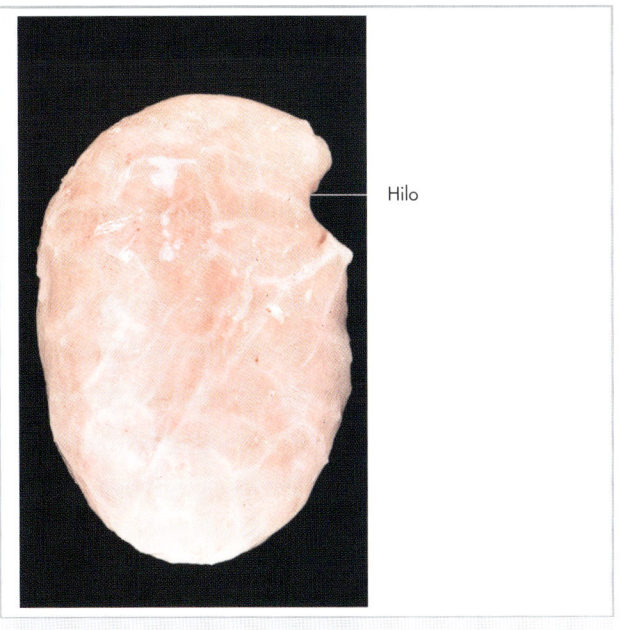

Fig. 14.6 Linfonodo de um cão. (Fonte: cortesia do PD Dr. S. Reese, Munique.)

uma ordem invertida: os vasos aferentes penetram o linfonodo na altura do hilo, e os vasos eferentes deixam o linfonodo pelo seio subcapsular. Os linfonodos são bastante vascularizados por vasos sanguíneos que penetram o órgão na altura do hilo.

Cada linfonodo é responsável pela drenagem de uma região determinada, a sua **zona de tributação**. Grupos de linfonodos vizinhos compõem **linfocentros** (*lymphocentrum*, *lc.*). Há diferenças entre as espécies quanto aos linfocentros: nos carnívoros e nos ruminantes, há uma quantidade menor de linfocentros, porém os linfonodos são individualmente maiores; já no suíno e no equino, há uma grande quantidade de linfonodos relativamente pequenos.

Toda a linfa, com possíveis exceções, passa por, pelo menos, um linfonodo em seu trajeto dos tecidos para a circulação sanguínea. Nos linfonodos, a maioria da matéria particulada, incluindo microrganismos e células tumorais, é removida e destruída. Desse modo, o linfonodo torna-se uma barreira para a disseminação de infecções e tumores. O edema de um linfonodo costuma indicar a presença de um processo de doença em sua zona de tributação.

Conhecer a localização, a acessibilidade e a zona de tributação dos linfocentros é essencial para todos os veterinários, principalmente cirurgiões, patologistas e fiscais sanitários de carne de abate.

Os linfonodos também são importantes para a avaliação de carne, vísceras e órgãos. Quanto à fiscalização de carne *post mortem*, a legislação pode exigir o exame de linfonodos de determinadas zonas de tributação de forma obrigatória ou opcional, a depender do tipo de uso feito do animal abatido, bem como de tarefas específicas da fiscalização. Se o exame de linfonodos indicar uma infecção sistêmica, o animal abatido deve ser declarado impróprio ao consumo. O conhecimento sobre a localização e as dimensões de linfonodos palpáveis também é relevante para o exame clínico.

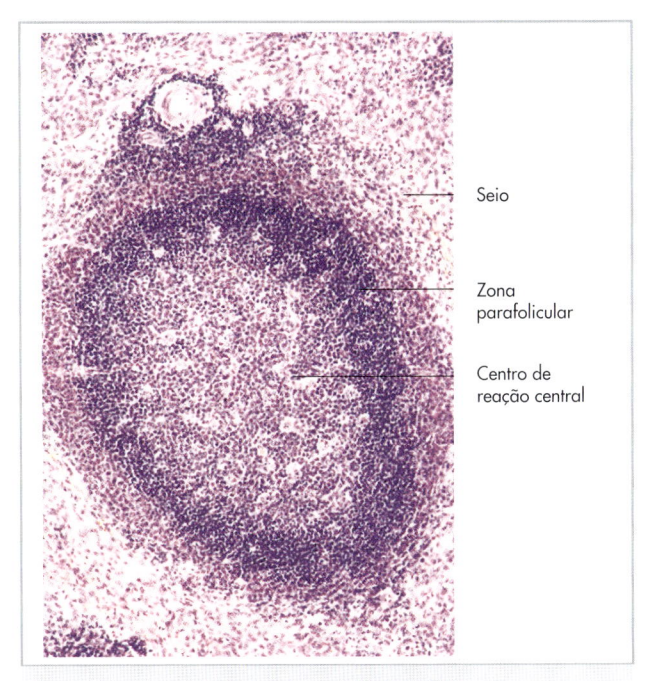

Fig. 14.7 Corte histológico de um folículo linfático.

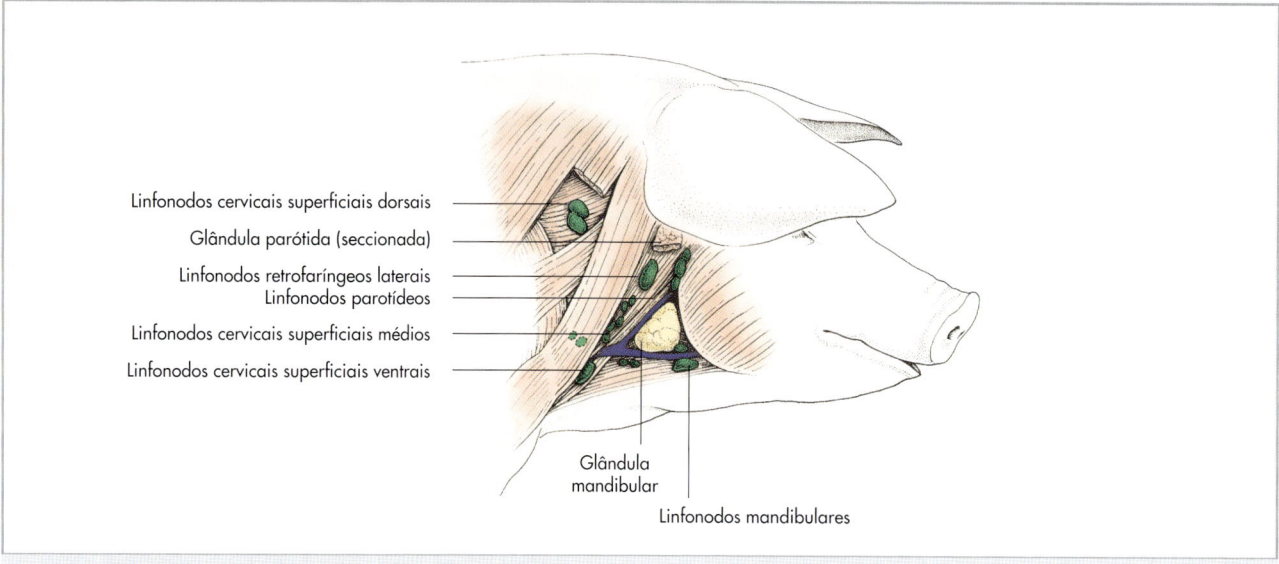

Fig. 14.8 Linfonodos da cabeça e da parte cranial do pescoço de um suíno (representação esquemática).

Nota clínica

As anormalidades dos linfonodos refletem processos que ocorrem na área que eles drenam. Em geral, os linfonodos aparecem aumentados, inflamados e firmes. A **remoção profilática de linfonodos** é frequentemente necessária no tratamento de **doenças neoplásicas**, pois os linfonodos são capazes de abrigar células tumorais que podem se disseminar e causar metástases. A leucemia e alguns tipos de linfoma estão associados ao aumento generalizado dos linfonodos.

14.2.1 Linfonodos da cabeça

Os linfonodos da cabeça (▶Fig. 14.8 e ▶Fig. 14.9) se agrupam nos seguintes **linfocentros**:
- linfocentro parotídeo (*lc. parotideum*);
- linfocentro mandibular (*lc. mandibulare*);
- linfocentro retrofaríngeo (*lc. retropharyngeum*).

Linfocentro parotídeo

O linfocentro parotídeo é composto por um ou mais linfonodos parotídeos na base da orelha, próximo à articulação temporomandibular e cobertos pela glândula parótida ou pelo músculo masseter. Os linfáticos aferentes drenam a metade dorsal da cabeça, a órbita e a musculatura da mastigação (▶Fig. 14.8 e ▶Fig. 14.12).

Linfocentro mandibular

O linfocentro mandibular compreende uma série de linfonodos situados entre as hemimandíbulas, próximo à glândula salivar sublingual monostomática e à glândula salivar mandibular. Esses linfonodos podem ser facilmente identificados por palpação. Os linfáticos aferentes do linfocentro mandibular drenam a cavidade oral, incluindo a língua e os dentes, as glândulas salivares, o espaço intermandibular e a musculatura da mastigação (▶Fig. 14.8, ▶Fig. 14.9 e ▶Fig. 14.12).

Linfocentro retrofaríngeo

O linfocentro retrofaríngeo divide-se em um grupo medial e outro lateral (*lnn. retropharyngei mediales et laterales*). Os vasos linfáticos aferentes desse linfocentro drenam as partes profundas da cabeça, incluindo a faringe, a laringe, a parte cranial da traqueia e o esôfago (▶Fig. 14.8, ▶Fig. 14.9 e ▶Fig. 14.12).

No equino, o linfonodo retrofaríngeo lateral drena a partir do divertículo da tuba auditiva (bolsa gutural). Toda a linfa da cabeça passa através dos linfonodos retrofaríngeos mediais antes de desembocar para o **tronco traqueal (jugular)** (▶Fig. 14.12).

14.2.2 Linfonodos do pescoço

Os linfonodos do pescoço se organizam em **dois grupos**:
- linfocentro cervical superficial (*lc. cervicale superficiale*);
- linfocentro cervical profundo (*lc. cervicale profundum*).

Linfocentro cervical superficial

O linfocentro cervical superficial situa-se cranial à articulação do ombro, coberto pelos músculos braquiocefálico e omotransverso. Entre os linfonodos do linfocentro cervical superficial, estão os linfonodos cervicais superficiais dorsal, médio e ventral, com variações entre as espécies.

Esses linfonodos têm uma zona tributária relativamente extensa, que inclui a pele e as estruturas subjacentes da região cervical, do tórax e da parte proximal do membro torácico (▶Fig. 14.8 e ▶Fig. 14.12). Os vasos linfáticos eferentes desses linfonodos passam para os **linfonodos cervicais profundos** caudais.

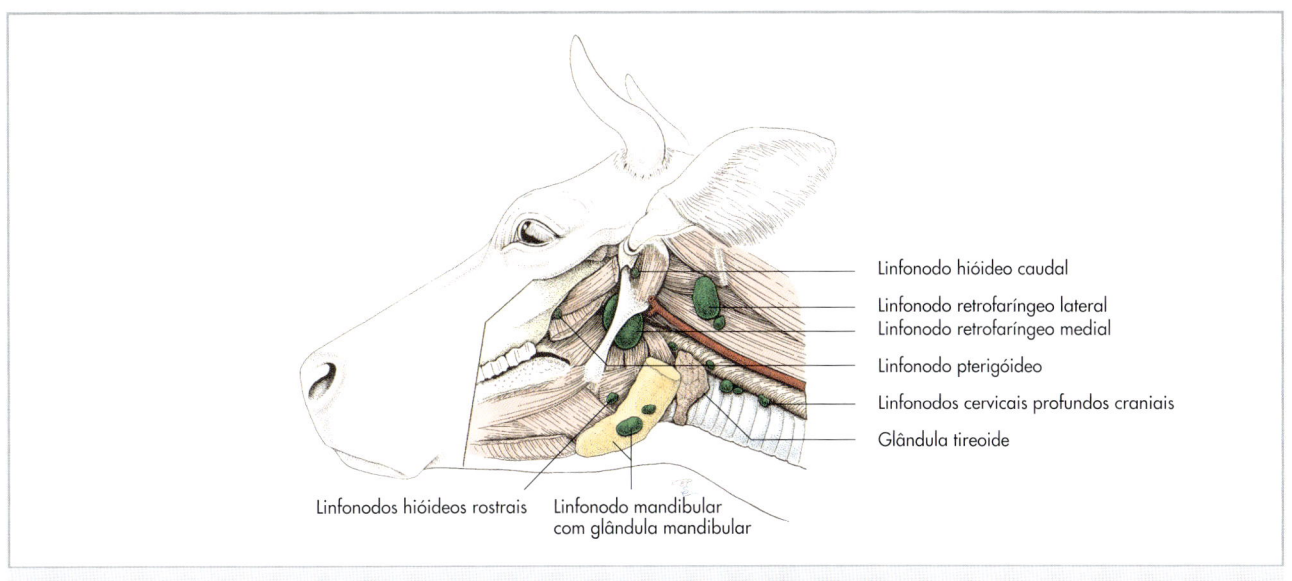

Fig. 14.9 Linfonodos da cabeça e da parte cranial do pescoço de um bovino (representação esquemática).

Linfocentro cervical profundo

O linfocentro cervical profundo compreende vários grupos de linfonodos localizados na extensão da traqueia (▶Fig. 14.9 e ▶Fig. 14.12). Ele consiste nos linfonodos cervicais profundos craniais, médios e caudais. Contudo, há uma grande variação na distribuição desses linfonodos, e o linfonodo médio pode inexistir em algumas espécies. A zona de tributação desse linfocentro inclui as estruturas profundas da região cervical, além do esôfago, da traqueia, do timo e da glândula tireoide.

Os vasos linfáticos eferentes dos linfonodos cervicais profundos se unem ao ducto linfático, o qual passa caudalmente na extensão da traqueia, em trajetória paralela à artéria carótida, até abrir-se na veia cava cranial ou, conforme observado em alguns casos, no **ducto linfático esquerdo** no **ducto torácico**.

14.2.3 Linfonodos do membro torácico

A linfa das partes superficial e proximal do membro torácico drena para o **linfocentro cervical superficial**; já a linfa do restante do membro drena para o **linfocentro axilar** (▶Fig. 14.12).

Linfocentro axilar

O linfocentro axilar situa-se na axila, medial à articulação do ombro, onde a artéria axilar se bifurca para formar as artérias subescapular e braquial. Além do **linfonodo axilar próprio** (*ln. axillaris proprius*), pode haver um **linfonodo axilar acessório** (*ln. axillaris accessorius*) na direção caudal e um **linfonodo da primeira costela** (*ln. axillaris primae costae*) na direção cranial. No equino e no ovino, um grupo mais distal pode ser localizado na face medial da **articulação do ombro** (*lnn. cubiti*).

O **linfocentro axilar** drena as estruturas mais profundas do membro inteiro e as estruturas superficiais da parte distal do membro. A sua zona de tributação também se prolonga na face lateroventral do tórax, incluindo as glândulas mamárias localizadas nessa região, o que deve ser levado em consideração quando tumores mamários forem removidos cirurgicamente. Os vasos linfáticos eferentes do linfocentro axilar se abrem na parte terminal do ducto linfático ou diretamente nas veias da entrada torácica.

14.2.4 Linfonodos do tórax

As **paredes torácicas** são drenadas por:
- linfocentro torácico dorsal (*lc. thoracicum dorsale*);
- linfocentro torácico ventral (*lc. thoracicum ventrale*).

Os **órgãos no interior da cavidade torácica** são drenados por:
- linfocentro mediastinal (*lc. mediastinale*);
- linfocentro bronquial (*lc. bronchiale*);
- linfocentro torácico dorsal (*lc. thoracicum dorsale*);
- linfocentro torácico ventral (*lc. thoracicum ventrale*).

Linfocentro torácico dorsal

O linfocentro torácico dorsal compreende dois grupos de linfonodos: os **linfonodos intercostais** (*lnn. intercostales*) e os **linfonodos aorticotorácicos** (*lnn. thoracici aortici*) (▶Fig. 14.10 e ▶Fig. 14.12). Como seus nomes indicam, os linfonodos intercostais se situam na parte superior de alguns espaços intercostais, ao passo que os linfonodos aorticotorácicos se espalham na extensão da aorta. A quantidade desses linfonodos é inconstante de uma espécie para outra.

Os ruminantes costumam apresentar **linfonodos hemais** (*lymphonodus hemalis*) nessa região, os quais têm uma arquitetura semelhante à dos linfonodos; a diferença é que seus seios não contêm linfa, e sim **sangue**, e eles estão conectados a vasos sanguíneos, em vez de vasos linfáticos.

O linfocentro torácico dorsal drena o teto do tórax e envia os seus vasos eferentes para o ducto torácico.

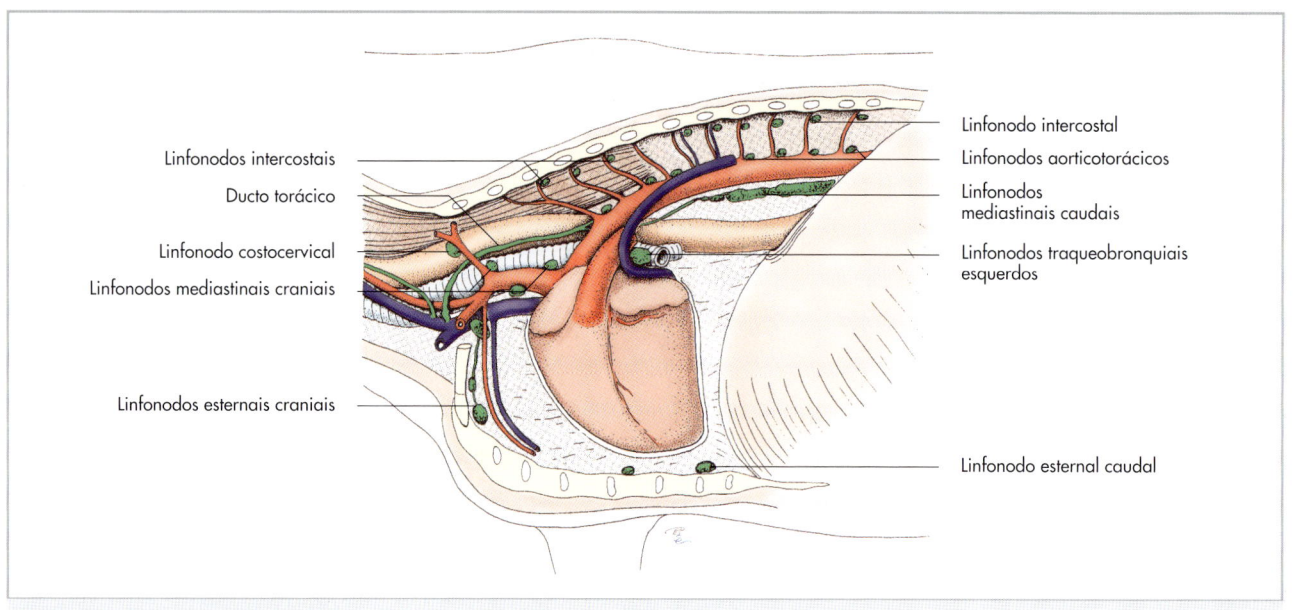

Fig. 14.10 Linfonodos do tórax de um bovino (representação esquemática).

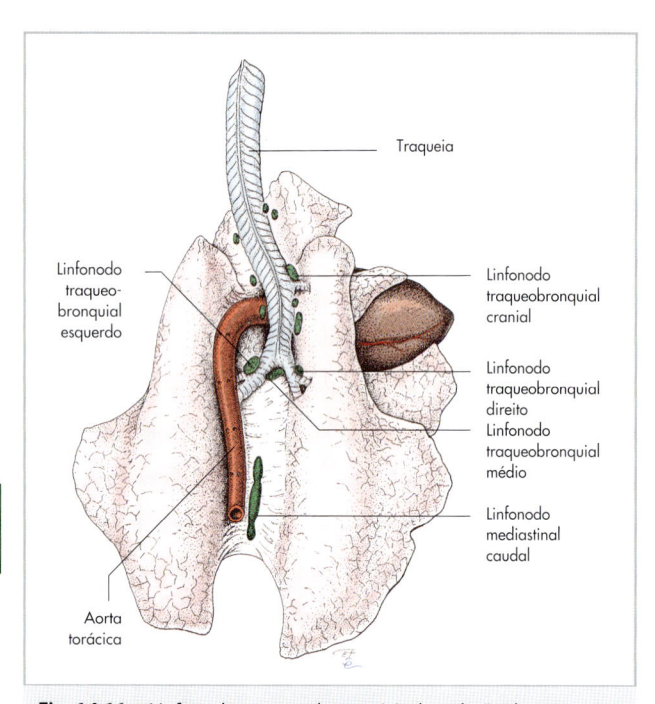

Fig. 14.11 Linfonodos traqueobronquiais do pulmão de um bovino (representação esquemática, vista dorsal).

Linfocentro torácico ventral

Os linfonodos do linfocentro torácico ventral situam-se dorsalmente ao esterno e lateralmente ao músculo transverso do tórax. Eles se agrupam em um conjunto cranial em todas as espécies domésticas. Os ruminantes e alguns gatos têm um segundo conjunto caudal de linfonodos torácicos ventrais (▶Fig. 14.10 e ▶Fig. 14.12).

O linfocentro torácico ventral drena a parte ventral da parede torácica e envia os seus vasos linfáticos eferentes diretamente para o **ducto torácico** ou, então, para os **linfonodos mediastinais**.

Linfocentro mediastinal

O linfocentro mediastinal compreende os linfonodos mediastinais cranial, médio e caudal, os quais se posicionam nas partes de mesmo nome do mediastino. O conjunto caudal inexiste no cão e no gato, embora em 25% dos gatos haja um linfonodo frênico próximo ao forame da veia cava. Em ruminantes, os linfonodos mediastinais caudais formam uma massa relativamente grande na face dorsal do esôfago (▶Fig. 14.10).

O aumento desses linfonodos pode causar obstrução do esôfago nessas espécies. A zona de tributação do linfocentro mediastinal compreende os órgãos no interior do mediastino, incluindo o coração, a traqueia, o esôfago e o timo. O linfocentro mediastinal recebe vasos linfáticos eferentes de outros linfonodos torácicos, do diafragma e dos órgãos abdominais imediatamente caudais ao diafragma.

Linfocentro bronquial

O linfocentro bronquial é composto pelos **linfonodos traqueobronquiais** (*lnn. tracheobronchales seu bifurcationis*), situados sobre a bifurcação da traqueia (▶Fig. 14.10 e ▶Fig. 14.11). Eles estão agrupados em conjuntos direito, médio e esquerdo de linfonodos. Nos ruminantes e no suíno, os quais apresentam um brônquio traqueal, há um grupo adicional traqueobronquial cranial. Pequenos **linfonodos pulmonares** (*lnn. pulmonales*) podem estar presentes dentro do tecido pulmonar juntamente aos brônquios principais (▶Fig. 9.26, ▶Fig. 9.27, ▶Fig. 9.28, ▶Fig. 9.29 e ▶Fig. 9.30). Esses linfonodos são importantes para a drenagem linfática dos pulmões.

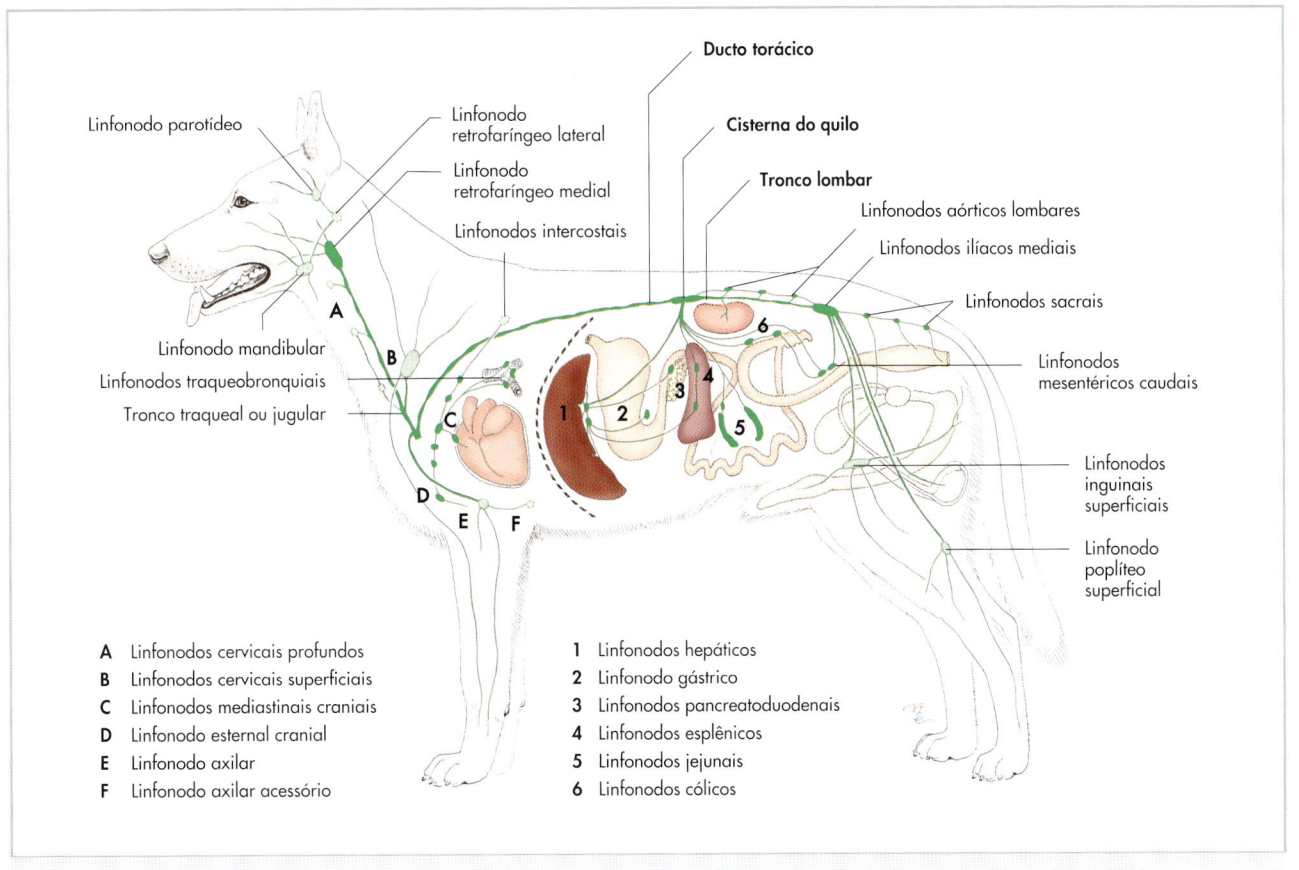

Fig. 14.12 Sistema linfático de um cão (representação esquemática). (Fonte: com base em dados de Budras, Fricke e Richter, 1996.)

A Linfonodos cervicais profundos
B Linfonodos cervicais superficiais
C Linfonodos mediastinais craniais
D Linfonodo esternal cranial
E Linfonodo axilar
F Linfonodo axilar acessório

1 Linfonodos hepáticos
2 Linfonodo gástrico
3 Linfonodos pancreatoduodenais
4 Linfonodos esplênicos
5 Linfonodos jejunais
6 Linfonodos cólicos

Nota clínica

No equino, o **grupo traqueobronquial esquerdo** é particularmente importante, devido à patogenia da **paralisia** do **nervo laríngeo recorrente esquerdo**. Supõe-se que a inflamação desses linfonodos possa se espalhar para o nervo contíguo ou que o aumento dos linfonodos possa danificar o nervo mecanicamente, levando, assim, à condição clínica de **hemiplegia laríngea** (**ronco** ou **chiado**).

14.2.5 Linfonodos do abdome

A cavidade abdominal e seus órgãos são drenados por vários grupos de linfonodos na extensão da aorta abdominal, localizados na região lombar e na origem das artérias intestinais. Linfonodos adicionais são encontrados próximos aos órgãos que drenam e são descritos juntamente a estes no Capítulo 8, "Sistema digestório" (p. 327).

Os **três linfocentros** associados à drenagem das vísceras abdominais têm zonas tributárias que correspondem, de modo geral, às artérias celíaca, mesentérica cranial e mesentérica caudal. Os vasos eferentes desses centros convergem para formar a cisterna do quilo.

Linfocentro lombar

O linfocentro lombar é composto pelos **linfonodos lombares aórticos** e **renais**. Os linfonodos lombares aórticos posicionam-se de cada lado da aorta, entre os processos transversos das vértebras lombares (▶Fig. 14.12). Os linfonodos hemais também podem estar presentes no mesmo local em ruminantes. Os linfonodos lombares, por sua vez, recebem vasos linfáticos aferentes do teto abdominal e dos vasos eferentes dos linfonodos situados mais caudalmente. A drenagem linfática do linfocentro lombar é recebida pela **cisterna do quilo** (*cisterna chyli*).

Os linfonodos renais estão associados aos vasos renais e drenam os rins.

Linfocentro celíaco

O linfocentro celíaco é composto pelos linfonodos localizados na região irrigada pela artéria celíaca. São eles: **linfonodos celíacos**, **esplênicos**, **gástricos** e **pancreatoduodenais** (▶Fig. 14.12). Em ruminantes, os linfonodos gástricos subdividem-se em ruminais, reticulares, omasais e abomasais. A zona tributária do linfocentro celíaco é indicada por sua nomenclatura. Os vasos eferentes formam o tronco linfático celíaco, uma das raízes da **cisterna do quilo**.

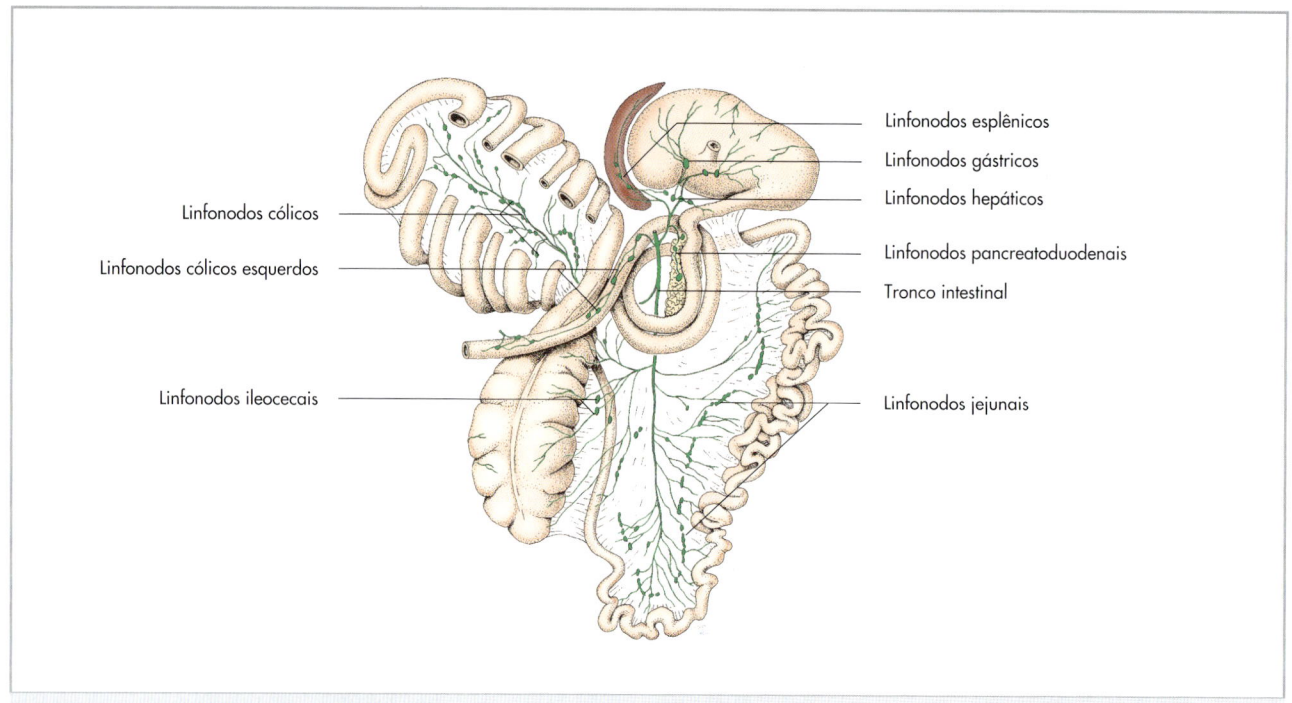

Fig. 14.13 Linfonodos e vasos linfáticos do intestino de um suíno (representação esquemática).

Linfocentro mesentérico cranial

O linfocentro mesentérico cranial é composto pelos **linfonodos mesentérico cranial**, **jejunal**, **cecal** e **cólico**. Eles apresentam variações consideráveis entre as espécies quanto a quantidade, forma e posição (▶Fig. 14.12 e ▶Fig. 14.13). Esses linfonodos drenam o intestino delgado e o intestino grosso, prolongando-se distalmente até o colo transverso. Os seus vasos eferentes convergem para formar o tronco mesentérico cranial, o qual se une com o tronco mesentérico caudal no **tronco intestinal** antes de se unir à cisterna do quilo.

Linfocentro mesentérico caudal

O linfocentro mesentérico caudal é composto pelos linfonodos mesentéricos caudais, os quais recebem a linfa do colo descendente do intestino (▶Fig. 14.12). Os vasos eferentes desse linfocentro formam o tronco mesentérico caudal, o qual se abre para a **cisterna do quilo**.

14.2.6 Linfonodos da cavidade pélvica e do membro pélvico

As zonas tributárias dos linfonodos da pelve costumam coincidir com as associados à parede abdominal (▶Fig. 14.14). Elas têm importância clínica para a remoção de tumores das glândulas mamárias em cães.

Linfocentro iliossacral

O linfocentro iliossacral compreende:
- linfonodos ilíacos mediais (*lnn. iliaci mediales*);
- linfonodos ilíacos laterais (*lnn. iliaci laterales*);
- linfonodos ilíacos internos (*lnn. iliaci interni*);
- linfonodos sacrais (*lnn. sacrales*);
- linfonodos anorretais (*lnn. anorectales*).

Os **linfonodos ilíacos mediais** são o grupo principal do linfocentro iliossacral e posicionam-se na ramificação final da aorta (▶Fig. 14.14). Esses linfonodos são os centros de filtração secundários através dos quais a linfa eferente flui de outros linfonodos das vísceras pélvicas e dos membros pélvicos. Os linfonodos ilíacos mediais têm relevância clínica particularmente na ocorrência de tumores nessa região, como, por exemplo, câncer dos testículos, já que as células tumorais são transportadas diretamente para esses linfonodos sem passar por outro linfonodo. Esses linfonodos dão origem aos **troncos lombares**, os quais se abrem na **cisterna do quilo** (▶Fig. 14.12).

Os **linfonodos ilíacos laterais** inexistem no cão e no gato e não estão presentes de forma consistente nos outros mamíferos domésticos. Quando presentes, são encontrados na bifurcação da artéria circunflexa ilíaca profunda.

Outros linfonodos pertencentes ao centro iliossacral situam-se no sentido **ventral ao sacro** (linfonodos sacrais, *sacral lymph nodes*), lateral ao **reto** (linfonodos anorretais, *anorectal lymph nodes*) e na **artéria ilíaca interna** (linfonodos ilíacos internos, *internal iliac lymph nodes*). Esses diversos linfonodos drenam as estruturas adjacentes (▶Fig. 14.14).

Linfocentro iliofemoral

O linfocentro iliofemoral compreende os linfonodos localizados na extensão da artéria ilíaca externa ou na sua continuação femoral (▶Fig. 14.14). A zona tributária desse linfocentro inclui a parede corporal contígua e a coxa. O linfocentro iliofemoral também recebe vasos linfáticos eferentes dos linfonodos inguinais superficiais no gato e dos linfonodos poplíteos no equino. Os vasos eferentes desse linfocentro drenam para os **linfonodos ilíacos mediais**.

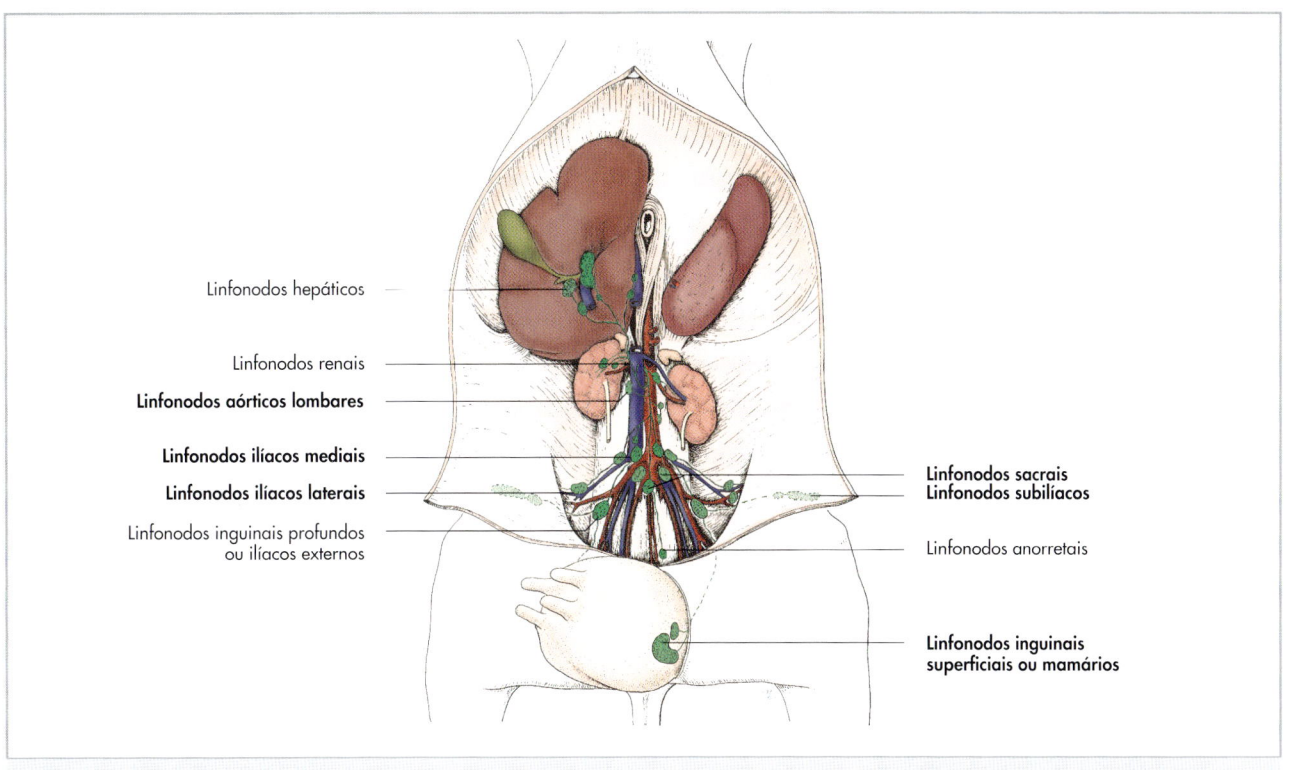

Fig. 14.14 Ductos coletores de linfa da cavidade abdominal de um bovino (representação esquemática, vista ventral). (Fonte: com base em dados de Baum, 1912.)

Labels na figura:
- Linfonodos hepáticos
- Linfonodos renais
- Linfonodos aórticos lombares
- Linfonodos ilíacos mediais
- Linfonodos ilíacos laterais
- Linfonodos inguinais profundos ou ilíacos externos
- Linfonodos sacrais
- Linfonodos subilíacos
- Linfonodos anorretais
- Linfonodos inguinais superficiais ou mamários

Linfocentro inguinofemoral (*lymphocentrum inguinofemorale*)

O linfocentro inguinofemoral compreende os seguintes linfonodos:
- linfonodos inguinais superficiais (*lnn. inguinales superficiales*, também chamados de linfonodos escrotais ou mamários);
- linfonodo subilíaco (ausente no cão, raro no gato);
- linfonodo coxal (*ln. coxalis*);
- linfonodo da fossa paralombar (*ln. fossae paralumbalis*);
- linfonodos epigástricos (*lnn. epigastrici*).

O **linfocentro inguinofemoral** drena o flanco, a parte caudoventral da parede abdominal, o escroto e as glândulas mamárias (▶Fig. 14.14). Por esse motivo, os linfonodos inguinais superficiais devem ser examinados, e sua remoção pode se tornar necessária quando os tumores mamários são extirpados. Os vasos eferentes desses linfonodos desembocam nos linfonodos ilíacos mediais.

Linfocentro isquiático (*lymphocentrum ischiadicum*)

O linfocentro isquiático é composto pelo linfonodo isquiático, o qual se situa na face lateral do ligamento sacrosquiático, próximo à tuberosidade isquiática. Ele recebe a linfa da parte caudal da garupa e da coxa e, no gato, dos vasos eferentes do linfonodo poplíteo. Os vasos eferentes do linfonodo isquiático desembocam no linfonodo iliossacral. Esse linfonodo não está presente no cão.

Linfocentro poplíteo (*lymphocentrum popliteum*)

O linfocentro poplíteo é o centro mais distal do membro pélvico e compreende linfonodos poplíteos superficiais e profundos, os quais se posicionam na fossa poplítea, caudal ao joelho. No cão e no gato, os linfonodos poplíteos superficiais são facilmente palpáveis pela pele. O linfocentro poplíteo drena a parte distal do membro e direciona o seu fluxo eferente para o centro ilíaco medial, exceto no equino, no qual ele passa para os linfonodos inguinais profundos (▶Fig. 14.12).

14.3 Ductos coletores de linfa

O principal canal coletor de linfa é o **ducto torácico** (*ductus thoracicus*). A sua linfa, também denominada quilo, tem aparência leitosa, devido à gordura emulsificada que recebe do trato intestinal. O ducto torácico inicia-se entre os pilares diafragmáticos como a continuação cranial da **cisterna do quilo**. Ele divide-se em dois ou três ramos, dorsalmente à aorta, os quais são conectados por uma rede de ramos que forma um plexo amplo, através do qual passam as artérias intercostais.

O ducto torácico passa através do **hiato aórtico** no mediastino e continua como um ducto único, cranial e ventralmente, sobre o lado esquerdo da aorta. Antes de se abrir na **veia jugular esquerda** ou na **veia cava cranial**, ele pode se dividir novamente em vários ramos terminais. Em geral, o vaso linfático se une ao sistema venoso no **ângulo venoso jugular** – o ponto de confluência das veias jugulares externa e interna – ou na união das veias jugular e subclávia; ver Capítulo 13, "Sistema circulatório" (p. 471).

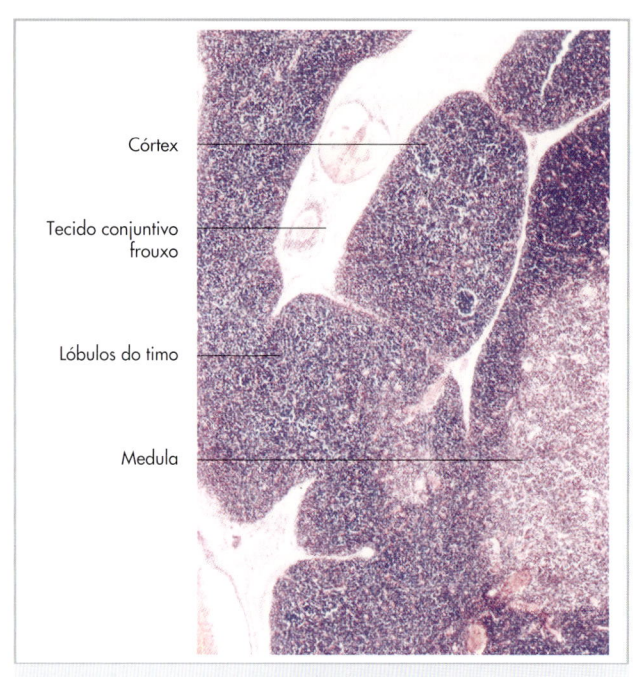

Fig. 14.15 Corte histológico do timo de um gato.

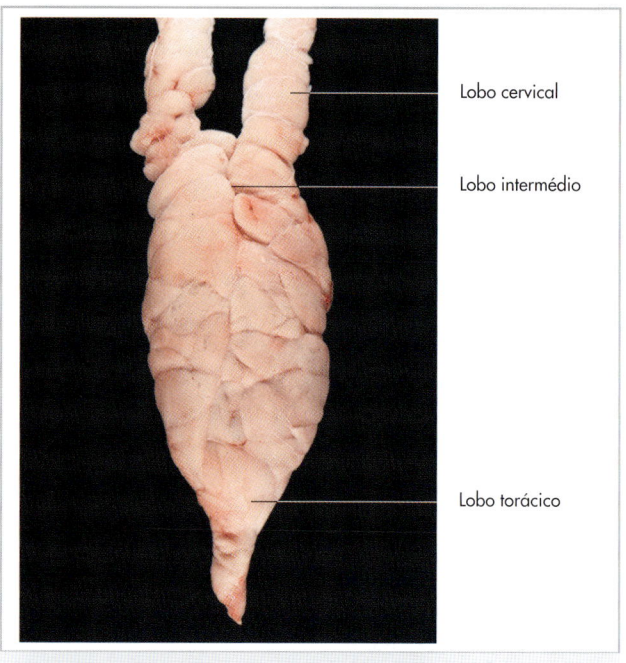

Fig. 14.16 Timo de um bezerro (vista dorsal). (Fonte: cortesia do PD Dr. S. Reese, Munique.)

O ducto torácico recebe a linfa do lado esquerdo da cabeça e do pescoço pelo tronco **jugular esquerdo** (traqueal) e do membro torácico esquerdo pelo ducto coletor de linfa, o qual é formado pela convergência dos vasos eferentes dos linfonodos axilar e cervical superficial. A linfa do lado direito da **cabeça** e do **pescoço** (tronco jugular direito [traqueal]) e do membro torácico direito retorna através do ducto linfático direito para o sistema venoso no ângulo venoso.

A **cisterna do quilo** tem formato de um fuso ou de um saco e se posiciona retroperitonealmente dorsal à aorta, prolongando-se desde os pilares diafragmáticos até a origem das artérias renais (▶Fig. 14.12). O fluxo da linfa é auxiliado pelos movimentos respiratórios do diafragma e pela pulsação da aorta. A cisterna do quilo recebe vasos aferentes em sua face caudal desde os troncos linfáticos lombares, os quais são contínuos com os troncos linfáticos da área pélvica.

Além disso, a **cisterna do quilo** recebe vasos aferentes do tronco visceral dos órgãos abdominais, o qual é formado pela convergência do tronco celíaco com os troncos mesentéricos cranial e caudal. Em algumas espécies, esses troncos se abrem na cisterna do quilo individualmente. Os troncos mesentéricos caudal e cranial podem se unir para formar um tronco linfático intestinal antes de convergirem com o tronco celíaco.

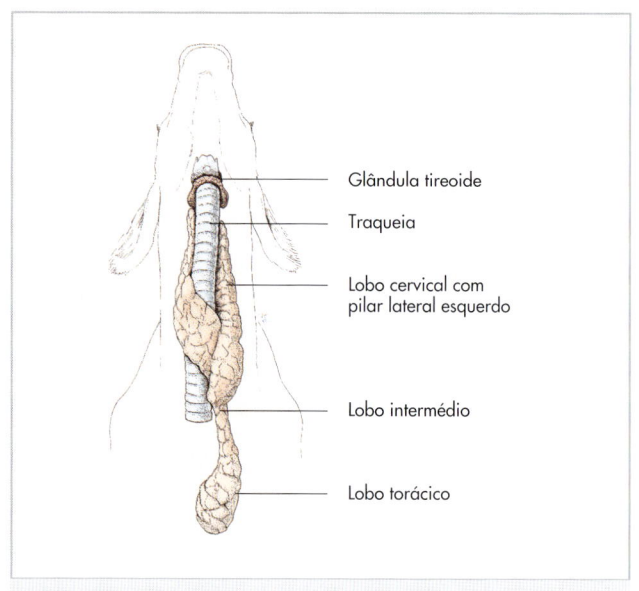

Fig. 14.17 Topografia do timo de um bezerro (representação esquemática).

14.4 Timo (*thymus*)

14.4.1 Funções do timo

O timo é o **órgão de controle** dos sistemas imune e linfático (▶Fig. 14.15). A importância do timo é maior no animal jovem. Ele atinge o seu desenvolvimento máximo três semanas após o nascimento em cães, nove meses após o nascimento no suíno e um ano após o nascimento no equino. Após esse tempo, o timo começa a **involuir** gradualmente até que o animal atinja a maturidade sexual.

A regressão se inicia cranialmente, na parte cervical do órgão, de forma que a parte torácica permanece durante mais tempo. À medida que diminui de tamanho e perde a sua estrutura linfoide, o timo é substituído por gordura. Contudo, podem-se observar os seus vestígios na maioria dos animais, independentemente da idade.

Além de sua função linfopoiética, supõe-se que o timo apresente uma **função endócrina**. O "fator timo" estimula o crescimento e a diferenciação de órgãos linfáticos periféricos. A remoção do timo em camundongos recém-nascidos resulta em retardo grave de crescimento, prejuízo no desenvolvimento de órgãos linfáticos e morte duas semanas após o parto.

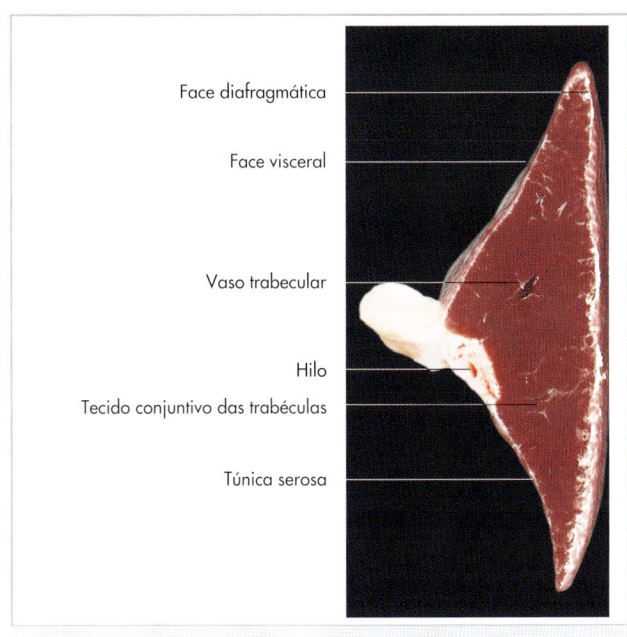

Fig. 14.18 Baço de um suíno (secção transversal). (Fonte: cortesia do PD Dr. S. Reese, Munique.)

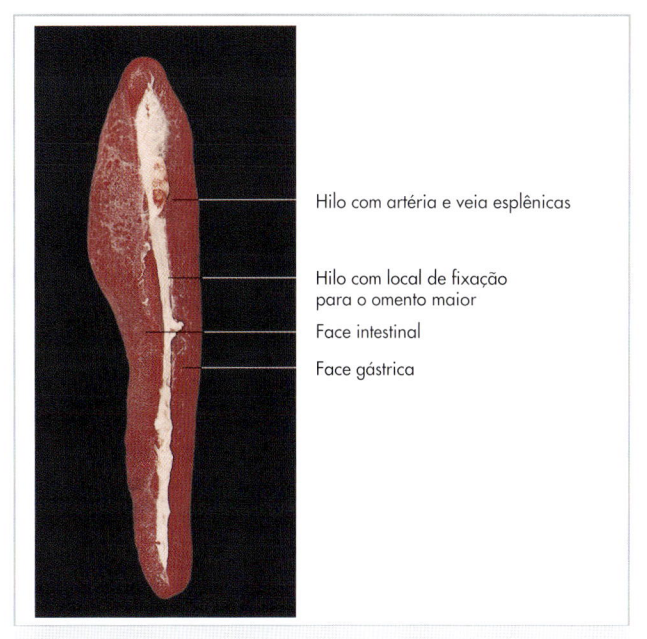

Fig. 14.19 Baço de um suíno (face visceral). (Fonte: cortesia do PD Dr. S. Reese, Munique.)

14.4.2 Posição e forma do timo

O timo tem uma **origem par** do terceiro arco faríngeo, e os botões crescem seguindo o pescoço ao lado da traqueia e invadem o **mediastino**, no qual eles se prolongam até o pericárdio. No suíno e em ruminantes, o timo se divide em uma **parte torácica ímpar** (*lobus thoracicus*) e nas **partes cervicais direita** e **esquerda** (*lobus cervicales dexter et sinister*) (▶Fig. 14.16 e ▶Fig. 14.17). As duas partes são unidas pelo **lobo intermédio** (*lobus intermedius*) na abertura torácica. No cão e no equino, a parte cervical regride prematuramente, e o timo é representado apenas pela parte torácica.

No cão, a parte torácica é dividida em um **lobo direito maior** e um **lobo esquerdo menor** e se localiza quase totalmente no mediastino cranial, ao longo do esterno, prolongando-se para o pericárdio em sua extremidade caudal. No suíno, o timo é particularmente desenvolvido e composto por uma parte **cervical par** e uma parte **torácica par**. No leitão, a sua extremidade cranial bulbosa pode se prolongar para a base do crânio. A parte cervical se localiza ventralmente e ao lado da traqueia.

No bezerro, o timo é particularmente **grande** e se prolonga desde a **laringe até o pericárdio**. Ele se divide de forma distinta em uma parte **cervical par** e uma parte **torácica ímpar**, as quais são conectadas por um istmo estreito, ventral à traqueia (▶Fig. 14.16 e ▶Fig. 14.17). A parte cervical consiste em um corpo que se divide em dois cornos afunilados na extensão da traqueia. A parte torácica se localiza na metade esquerda da parte dorsal do mediastino cranial.

Na maioria dos equinos, o timo é representado por apenas uma parte torácica **bipartida**. Contudo, uma parte cervical pode se prolongar ao lado da traqueia, na parte caudal do pescoço. Ela frequentemente está separada da parte torácica e pode consistir em várias massas. A parte torácica se prolonga dorsalmente ao esterno, desde o mediastino cranial até a 4ª ou 5ª costela. O lobo esquerdo maior do timo se prolonga até o lobo do pulmão esquerdo e até o tronco braquiocefálico no sentido dorsal. Em um potro de um ano de idade, o timo pode alcançar 15 cm de comprimento e 12 cm de altura.

Macroscopicamente, o timo é um órgão acinzentado e bastante lobulado, com um matiz róseo no material fresco. Os **lóbulos poligonais** (*lobuli thymi*) do timo separam-se uns dos outros por uma cápsula delicada, porém distinta, de tecido conjuntivo, também denominado tecido conectivo. Microscopicamente, cada lóbulo divide-se em um **córtex externo** e uma **medula interna** (▶Fig. 14.15). As células linfopoiéticas migram da **medula óssea para o córtex**, onde se dividem e amadurecem para formar os **linfócitos T**. Dentro do córtex, os linfócitos T se equipam com **receptores** que reconhecem as proteínas que pertencem ao corpo. Se os linfócitos T não reconhecerem as proteínas do corpo, o **sistema imune** começa a reagir contra esses componentes, o que resulta em enfermidades autoimunes, como esclerose múltipla ou artrite reumatoide.

Embora a medula também contenha linfócitos, eles aparecem em menor número. As células do tecido intersticial formam aglomerados, conhecidos como **corpúsculos de Hassall**, cuja função não é totalmente compreendida. A quantidade desses corpúsculos é mais elevada (cerca de 1 milhão) no momento do nascimento e em animais muito jovens (mais detalhes podem ser obtidos em obras sobre histologia).

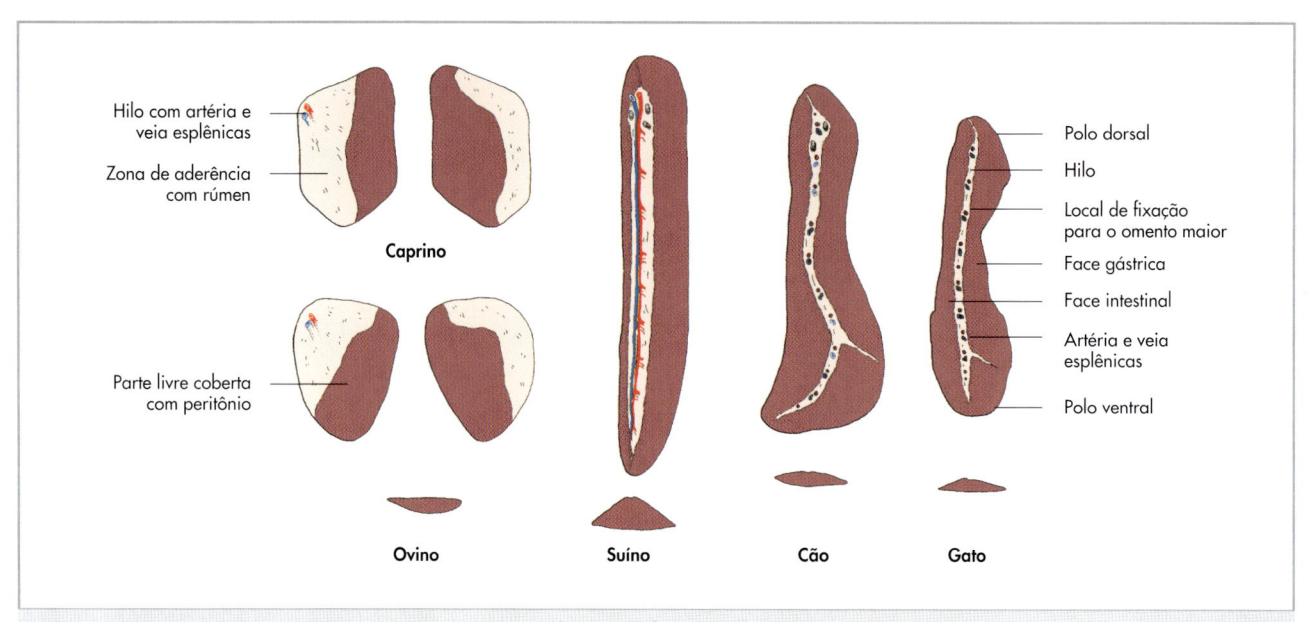

Fig. 14.20 Baço de um caprino, de um ovino, de um suíno, de um cão e de um gato (representação esquemática, vista medial, secção transversal).

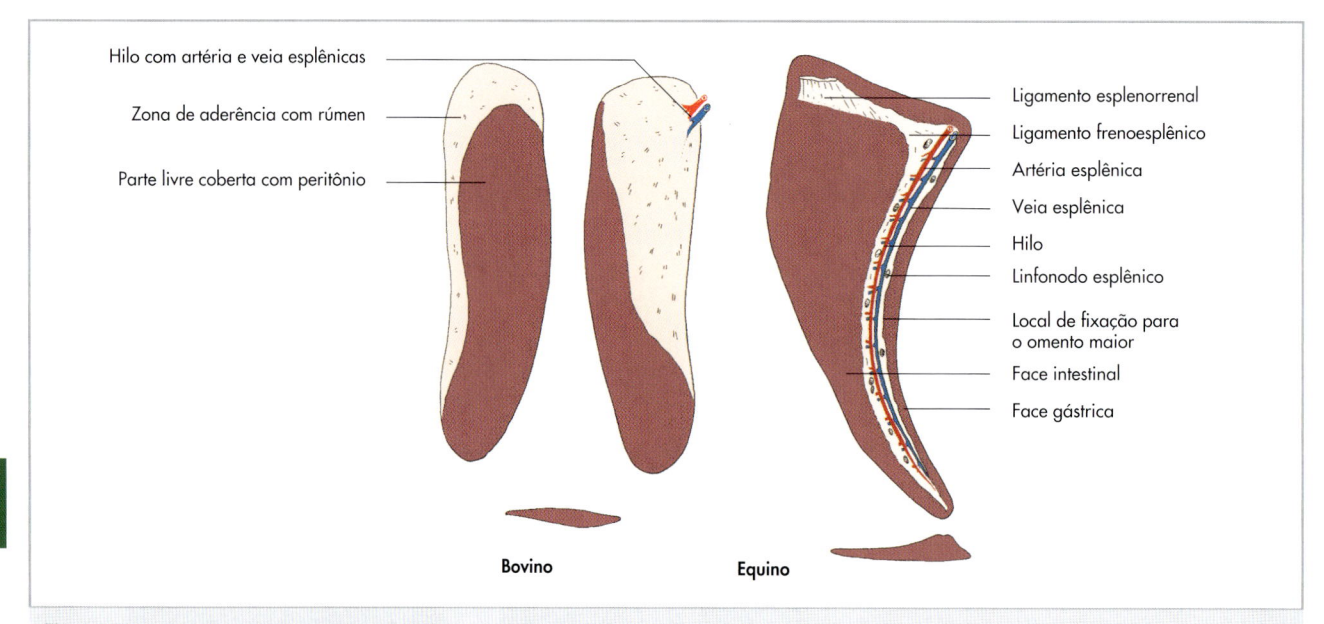

Fig. 14.21 Baço de um bovino (representação esquemática, vistas medial e lateral, secção transversal) e de um equino (representação esquemática, vista medial, secção transversal).

14.5 Baço (*lien, splen*)

14.5.1 Funções do baço

Várias funções são atribuídas ao baço: ele armazena e concentra eritrócitos, liberando-os quando necessário; filtra o sangue e remove eritrócitos desgastados da circulação; extrai ferro da hemoglobina e o libera novamente para reutilização; produz linfócitos e monócitos; e desempenha uma função importante na produção de anticorpos. Contudo, o baço não é essencial para a sobrevivência, já que, em sua ausência, outros tecidos assumem a maioria de suas funções. Cães e gatos podem levar uma vida saudável após a esplenectomia, porém animais com funções esportivas não recuperam os seus níveis anteriores de desempenho.

14.5.2 Posição e forma do baço

O baço é um órgão de coloração pardo-avermelhada a cinzenta, dependendo da espécie, e situa-se caudal ao diafragma dentro da parte cranial do abdome. Ele situa-se inteiramente dentro do peritônio

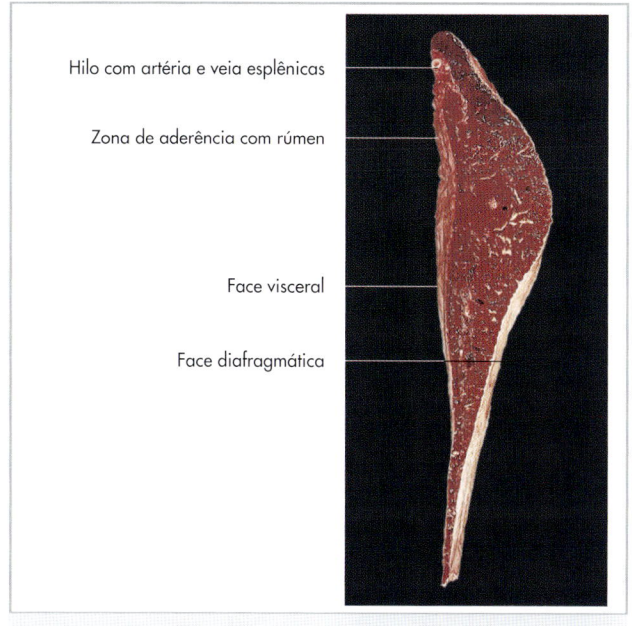

Fig. 14.22 Baço de um bovino (extremidade proximal, secção transversal). (Fonte: cortesia do PD Dr. S. Reese, Munique.)

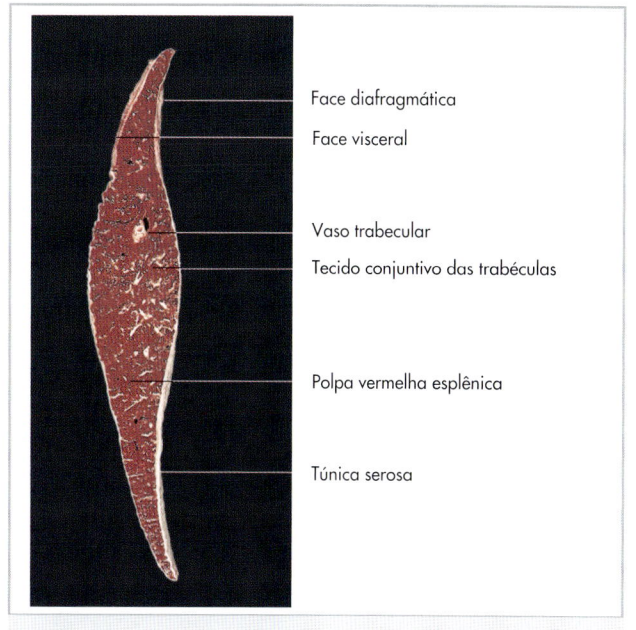

Labels (Fig. 14.22):
- Hilo com artéria e veia esplênicas
- Zona de aderência com rúmen
- Face visceral
- Face diafragmática

Fig. 14.23 Baço de um bovino (extremidade distal, secção transversal). (Fonte: cortesia do PD Dr. S. Reese, Munique.)

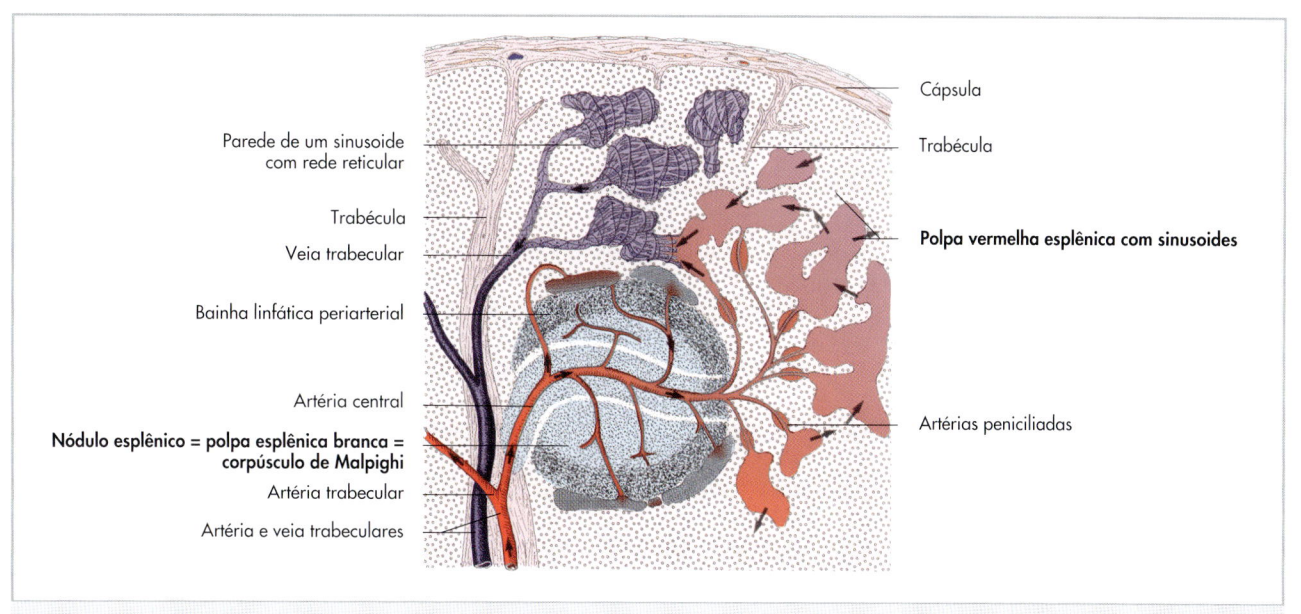

Labels (Fig. 14.23):
- Face diafragmática
- Face visceral
- Vaso trabecular
- Tecido conjuntivo das trabéculas
- Polpa vermelha esplênica
- Túnica serosa

Fig. 14.24 Microvascularização do baço (representação esquemática).

Labels (Fig. 14.24):
- Parede de um sinusoide com rede reticular
- Trabécula
- Veia trabecular
- Bainha linfática periarterial
- Artéria central
- Nódulo esplênico = polpa esplênica branca = corpúsculo de Malpighi
- Artéria trabecular
- Artéria e veia trabeculares
- Cápsula
- Trabécula
- **Polpa vermelha esplênica com sinusoides**
- Artérias peniciliadas

em todos os mamíferos domésticos, com exceção dos ruminantes, nos quais metade do baço se prolonga para a zona de fixação retroperitoneal, entre o diafragma e o saco dorsal do rúmen.

O baço se fixa ao estômago por meio do **ligamento gastroesplênico**, que faz parte do omento. No equino, há um ligamento adicional entre o baço e o rim esquerdo, o **ligamento esplenorrenal** (*ligamentum lienorenale*), que cria o espaço esplenorrenal, onde os segmentos dos intestinos podem ficar presos, o que resulta em cólica.

A forma básica do baço varia entre os mamíferos domésticos (▶Fig. 14.18, ▶Fig. 14.19, ▶Fig. 14.20 e ▶Fig. 14.21): no equino, ele é **falciforme**; no suíno, assemelha-lhe a uma **língua**; nos carnívoros, a uma **bota**; nos pequenos ruminantes, a uma **folha**; e no bovino, a uma **faixa larga** (▶Fig. 14.22 e ▶Fig. 14.23).

O baço apresenta duas faces: a face diafragmática e a face visceral; esta última é marcada pelo hilo em todos os mamíferos domésticos, com exceção dos ruminantes.

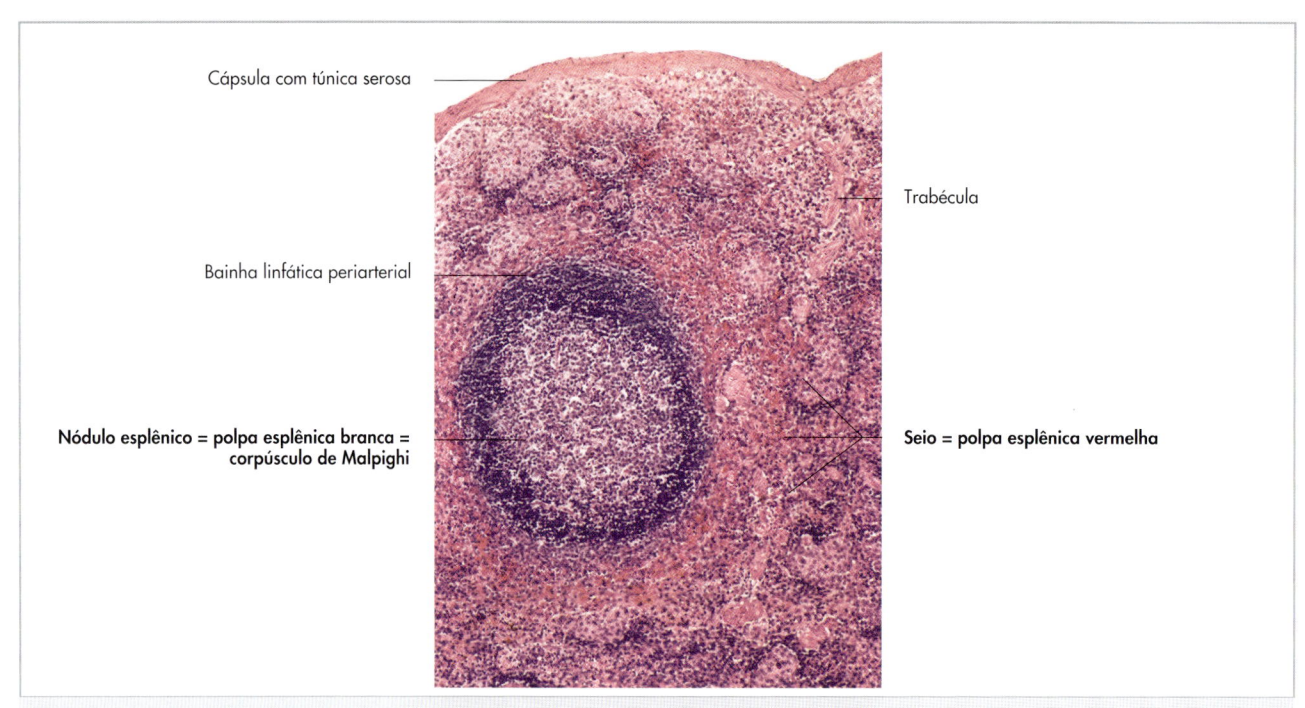

Fig. 14.25 Corte histológico do baço de um gato.

Vários baços acessórios podem estar presentes próximo ao hilo ou integrados ao omento maior e se originam de células primordiais dispersadas durante o desenvolvimento embrionário.

O baço é envolvido por uma **cápsula de tecido mole** rica em fibras musculares lisas e que projeta trabéculas no órgão. O **parênquima** do baço é composto pelas **polpas esplênicas vermelha** e **branca** (▶Fig. 14.24 e ▶Fig. 14.25). A **polpa vermelha** é formada pelos seios venosos, os quais são revestidos com endotélio. A polpa branca, que responde por cerca de um quinto do volume do baço, é constituída por tecido linfoide folicular (uma descrição mais detalhada pode ser obtida em obras sobre histologia).

14.5.3 Vascularização, linfáticos e inervação do baço

Os **vasos sanguíneos** do baço são a artéria esplênica (*a. lienalis*) e a artéria celíaca (*a. coeliaca*). A veia esplênica desemboca na veia porta. Os vasos sanguíneos atravessam o **hilo** e percorrem as **trabéculas**, ramificando-se repetidamente à medida que diminuem de diâmetro. Por fim, eles deixam as trabéculas e são envoltos por tecido linfoide, formando **artérias centrais** dentro da polpa branca. As artérias centrais penetram a polpa vermelha, onde se ramificam em cerca de 50 pequenas arteríolas retas, que se abrem nos leitos **capilares**.

O lado venoso do trajeto vascular pelo baço se inicia nos **seios venosos**, que se intercomunicam. A parede desses seios é composta por células endoteliais e reticulares com uma membrana basal incompleta. Esses seios se unem em veias na polpa vermelha e, finalmente, se aglutinam para formar as **veias trabeculares** (uma descrição mais detalhada pode ser obtida em obras sobre histologia).

A **drenagem linfática** do baço é para os linfonodos esplênicos localizados no hilo do órgão. Os vasos eferentes do baço se unem ao tronco celíaco para desembocar na cisterna do quilo.

O baço recebe **fibras nervosas parassimpáticas** e **simpáticas** do plexo celíaco.

Terminologia clínica

Exemplos de termos clínicos derivados de termos anatômicos: linfangite, linfadenite, linfangiografia, timectomia, timopatia, esplenite, esplenectomia, esplenomegalia, entre muitos outros.

15 Sistema nervoso (*systema nervosum*)

H. E. König, Chr. Mülling, J. Seeger e H.-G. Liebich

O sistema nervoso é responsável pela interação de estímulo e resposta entre o ambiente e o organismo e pela regulação e a coordenação de outros sistemas corporais. Ele atua em conjunto com os sistemas endócrino, imune e órgãos sensoriais, e é controlado por eles. Uma alteração no ambiente propicia um estímulo que é reconhecido pelo órgão receptor adequado, e o estímulo provocado causa uma reação de um órgão efetor. Em organismos simples, a própria célula receptora está conectada diretamente à célula efetora. Em organismos mais complexos, os órgãos receptor e efetor estão separados, porém conectados por neurônios, os quais transmitem a informação de uma célula para outra. Para uma descrição mais detalhada, ver também Capítulo 1, "Introdução e anatomia geral" (p. 21).

Embora o **sistema nervoso** forme um sistema único e integrado, por conveniência e propósitos descritivos, ele é dividido **em partes**. A divisão pode ser realizada com base topográfica, estabelecendo-se a distinção entre **sistema nervoso central** (*systema nervosum centrale*), que consiste em **encéfalo** (*encephalon*) e **medula espinal** (*medulla spinalis*), e **sistema nervoso periférico** (*systema nervosum periphericum*), composto por **nervos espinais** e **cranianos**. Uma divisão alternativa distingue entre o sistema somático, que se refere à locomoção, e o **sistema autônomo** ou **visceral**, que se refere às funções relacionadas com os órgãos internos, como as frequências cardíaca e respiratória. Este último sistema inclui os **sistemas nervosos simpático** e **parassimpático**.

15.1 Sistema nervoso central (*systema nervosum centrale*)

O sistema nervoso central é composto pela **medula espinal** e pelo **encéfalo**. A medula espinal percorre a coluna vertebral, ao passo que o encéfalo se acomoda na cavidade craniana e é envolto por uma cápsula óssea. Ambos são envoltos por várias camadas meníngeas, as quais delimitam um espaço preenchido com líquido. Portanto, o sistema nervoso central é protegido pelos ossos que o cercam e pelas propriedades amortecedoras do líquido cerebroespinal. Sem nenhuma divisão anatômica evidente, o encéfalo prossegue na forma de medula espinal entre o osso occipital e o atlas; o limite exato é traçado entre o **último par de nervos cranianos** e o **primeiro par de nervos cervicais**.

15.1.1 Medula espinal (*medulla spinalis*)

Forma e posição da medula espinal

A medula espinal é um **cilindro alongado** e **esbranquiçado** com um ligeiro achatamento dorsoventral (▶Fig. 15.3). Ela apresenta determinadas variações em forma e diâmetro, conforme o segmento: em dois locais, onde emergem os nervos para os membros, o diâmetro relativo da medula espinal aumenta. O **aumento** ou **intumescência cervical** (*intumescentia cervicalis*) envolve o segmento caudal da coluna cervical e a parte inicial da coluna torácica e faz surgir os nervos espinais que formam o **plexo braquial**, o qual inerva o membro torácico. A **intumescência lombar** (*intumescentia lumbalis*) faz surgir os nervos espinais, que inervam a cavidade pélvica e o membro pélvico. Caudalmente à intumescência lombar, a medula espinal se afunila em um **cone medular** (*conus medullaris*), o qual, por fim, se reduz para formar o **filamento terminal** (*filum terminale*) (▶Fig. 15.2). Em correspondência às divisões da coluna vertebral, a medula espinal pode ser dividida em:

- medula espinal cervical (*pars cervicalis*);
- medula espinal torácica (*pars thoracica*);
- medula espinal lombar (*pars lumbalis*);
- medula espinal sacral (*pars sacralis*);
- medula espinal caudal ou coccígea (*pars coccygea*).

A **medula espinal** é dividida em duas metades simétricas pelo **sulco mediano** (*sulcus medianus dorsalis*) e pela **fissura mediana** (*fissura mediana ventralis*).

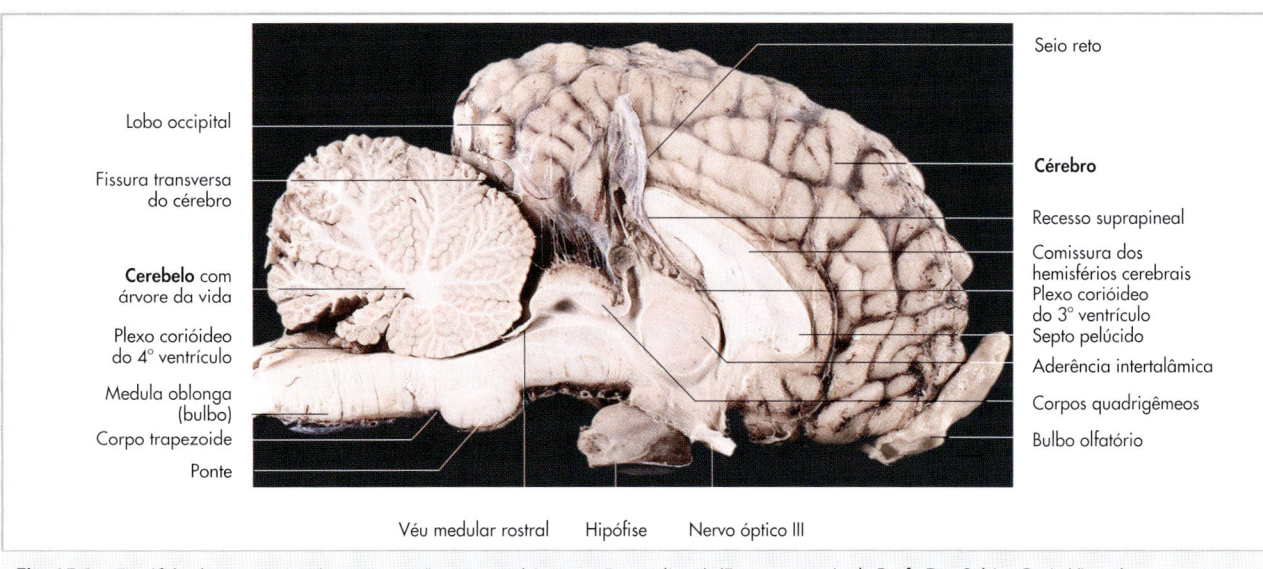

Fig. 15.1 Encéfalo de um equino (representação esquemática, secção mediana). (Fonte: cortesia da Profª. Drª. Sabine Breit, Viena.)

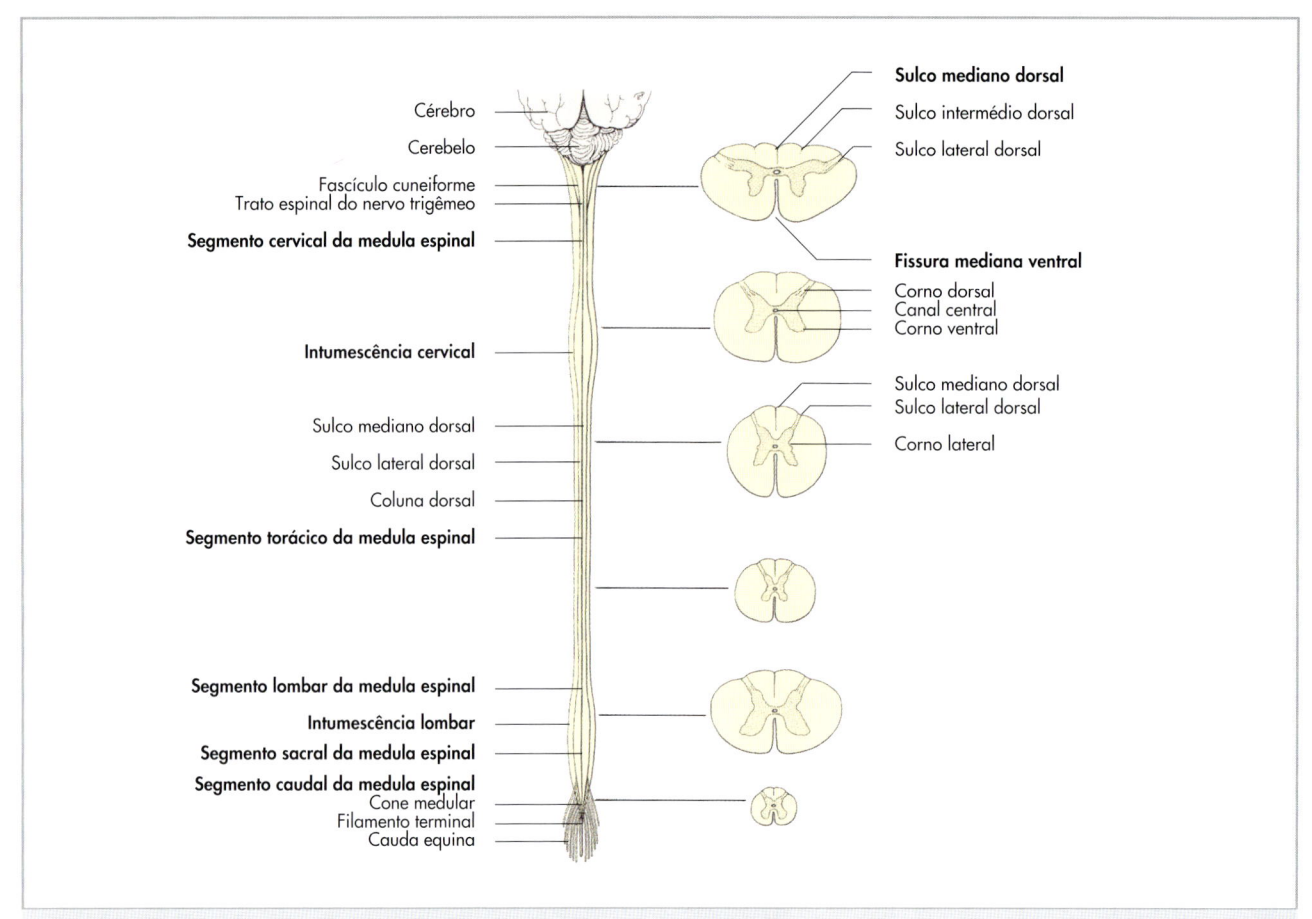

Fig. 15.2 Medula espinal (representação esquemática, vista dorsal, secções transversais).

Na face dorsolateral de cada lado, as fibras nervosas penetram a medula espinal, formando a **raiz dorsal** (*radix dorsalis*), ao passo que, na face ventrolateral, as fibras nervosas deixam a medula espinal e formam a **raiz ventral** (*radix ventralis*) (▶Fig. 15.5).

As fibras nervosas de cada raiz são unidas no **forame intervertebral**, onde as raízes dorsal e ventral se unem para formar o **nervo espinal** (*n. spinalis*). Embora a medula espinal não seja propriamente segmentada, ela pode ser dividida em **segmentos** com base nos nervos espinais. Cada par de nervos espinais é responsável pela inervação de um segmento corporal.

Um **gânglio espinal** localiza-se dentro de cada **raiz dorsal** e contém neurônios sensoriais, com exceção do primeiro nervo cervical, cujo gânglio inexiste ou é apenas rudimentar.

No **feto**, a medula espinal e a coluna vertebral têm o mesmo comprimento, e cada nervo espinal deixa o canal vertebral através do forame intervertebral, na altura de sua origem. No entanto, durante o desenvolvimento, a extensão da coluna vertebral aumenta mais do que a medula espinal, e a extremidade caudal da medula espinal é a extremidade cranial da extremidade caudal da coluna vertebral. Em vez de deixar o canal vertebral no local de sua origem, os nervos espinais precisam passar caudalmente pelo canal vertebral até que possam deixá-lo através de seus forames intervertebrais apropriados. **Raízes espinais sacrais** e **caudais** prolongam-se caudalmente além do cone medular, para sair em seus respectivos forames intervertebrais. De modo coletivo, essas raízes recebem a denominação **cauda equina**, devido ao seu formato, que lembra a cauda de um equino (▶Fig. 15.2 e ▶Fig. 15.4).

> **Nota clínica**
>
> A **compressão da medula espinal** entre o sétimo segmento lombar e os primeiros nervos sacrais é conhecida como **síndrome da cauda equina**. O tratamento envolve a remoção cirúrgica dos arcos vertebrais (**laminectomia**) da última vértebra lombar e da primeira vértebra sacral para amenizar a pressão na cauda equina.

Uma secção transversal da medula espinal exibe uma massa central de **substância cinzenta** (*substantia grisea*), perfurada no meio pelo **canal central** (*canalis centralis*). O canal central é a continuação caudal dos ventrículos do encéfalo e atravessa toda a medula espinal. Ele é revestido por **células ependimárias**, um subgrupo das células da glia, e é preenchido com **líquido cerebroespinal** (*liquor cerebrospinalis*).

A substância cinzenta é envolta por **substância branca** (*substantia alba*). A medula espinal e as raízes espinais são envoltas por camadas de tecido mole protetoras, chamadas de **meninges**. Todos os segmentos da medula espinal são vascularizados por uma densa rede de capilares. A vascularização também ocorre no canal vertebral, graças a grandes veias que permeiam o tecido mole rico em tecido adiposo não envolvido pelas meninges. As camadas de tecido mole e o líquido cerebroespinal oferecem proteção para a medula espinal contra as forças mecânicas às quais ela está submetida.

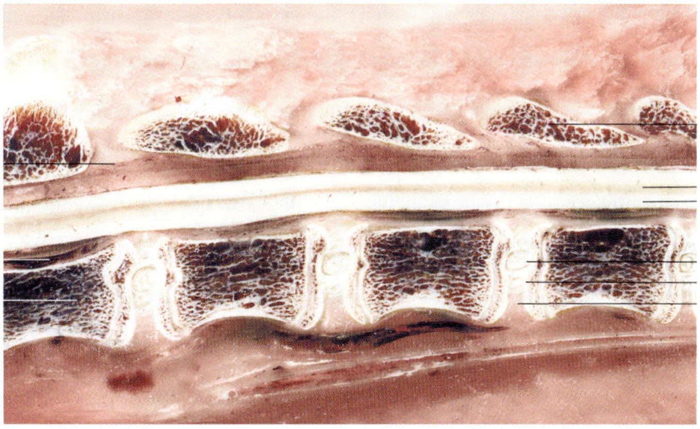

Fig. 15.3 Coluna vertebral com a medula espinal de um cão (secção mediana, plastinada). (Fonte: cortesia do Prof. Dr. M.-S. Sora, Viena.)

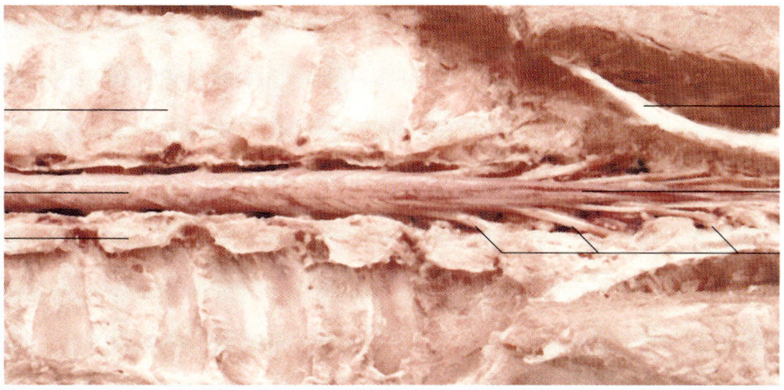

Fig. 15.4 Cauda equina de um suíno (secção horizontal, vista dorsal). (Fonte: cortesia de R. Herbener e D. Friedrich, Munique.)

Estrutura da medula espinal

A medula espinal é uma estrutura **bilateralmente simétrica**, dividida por sulcos diferentes, com profundidades diversas (▶Fig. 15.5, ▶Fig. 15.6 e ▶Fig. 15.7). Dorsalmente, há um **sulco mediano dorsal** (*sulcus medianus dorsalis*) na superfície e um **septo mediano dorsal** (*septum medianum dorsale*), que se prolonga desde o sulco até a medula espinal. Na face ventral, a medula espinal é marcada por uma **fissura mediana** (*fissura mediana ventralis*) profunda.

Um sulco dorsolateral é visível de cada lado, e as **raízes nervosas dorsais** (*radices dorsales*) penetram a medula espinal. Um sulco ventrolateral correspondente, no qual as **raízes nervosas ventrais** (*radices ventrales*) deixam a medula espinal, reduz-se a um sulco raso.

Substância cinzenta (*substantia grisea*)

A **substância cinzenta** é composta por corpos celulares e processos de neurônios e células da glia. Em uma secção transversal, a substância cinzenta assemelha-se a uma **borboleta** ou à **letra "H"** (▶Fig. 15.5, ▶Fig. 15.6 e ▶Fig. 15.7). Esse formato característico se deve à aparência bidimensional das colunas dorsal, ventral e lateral da substância cinzenta na secção transversal, onde elas aparecem como os **cornos dorsal** (*cornu dorsale*) e **ventral** (*cornu ventrale*). O corno dorsal e o corno ventral, mais pronunciado, são conectados pela substância intermédia lateral, a qual se prolonga para formar um corno lateral na região toracolombar. As **colunas simétricas bilaterais** de substância cinzenta são:

- **coluna dorsal** (*columna dorsalis*), na forma do corno dorsal (*cornu dorsale*) em secções transversais;
- **coluna lateral** (*columna lateralis*), na forma do corno lateral (*cornu laterale*) em secções transversais;
- **coluna ventral** (*columna ventralis*), na forma do corno ventral (*cornu ventrale*) em secções transversais.

A **coluna dorsal** consiste principalmente em neurônios viscerais somáticos e aferentes, com tendência de agrupamento de seus corpos celulares. Aglomerados de corpos celulares com funções semelhantes são chamados de núcleos, como, por exemplo, o núcleo próprio do corno dorsal. Esses núcleos podem se prolongar em toda a extensão da medula espinal ou estar restritos a determinados segmentos.

As **colunas laterais** da coluna toracolombar contêm os neurônios visceromotores. O núcleo intermediolateral (simpático) situa-se na substância intermédia lateral e contém **neurônios simpáticos**. O núcleo **parassimpático** sacral (intermediomedial) situa-se na coluna lateral dos segmentos sacrais da coluna espinal e está intimamente relacionado com a coluna ventral.

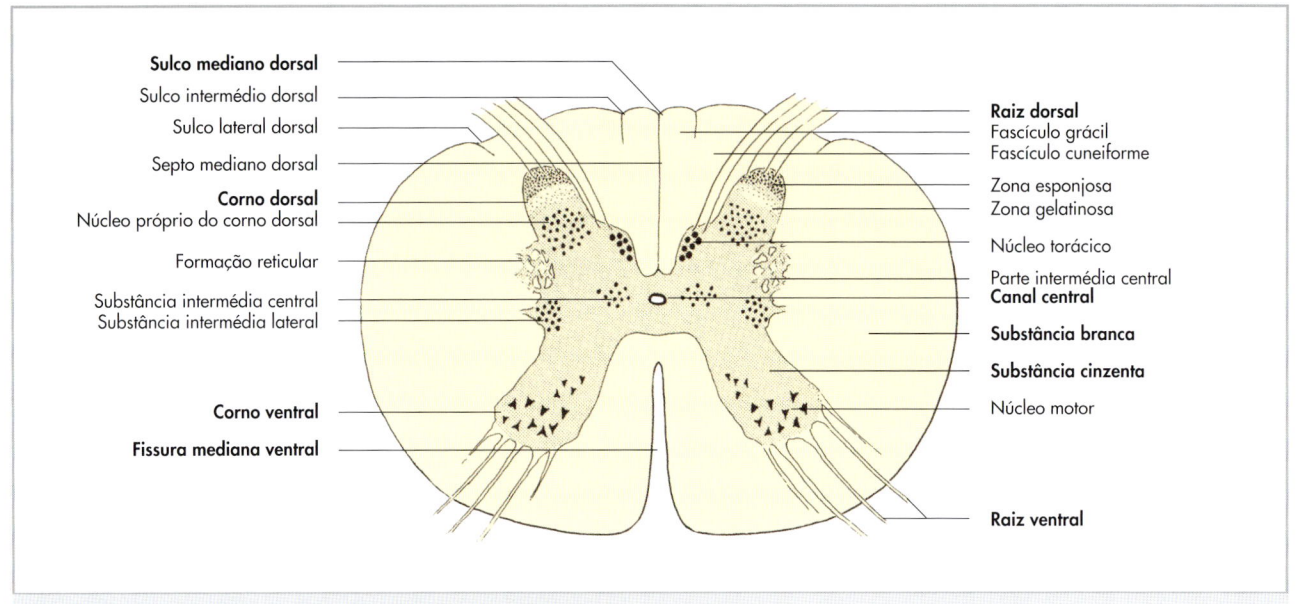

Fig. 15.5 Medula espinal cervical (representação esquemática, secção transversal).

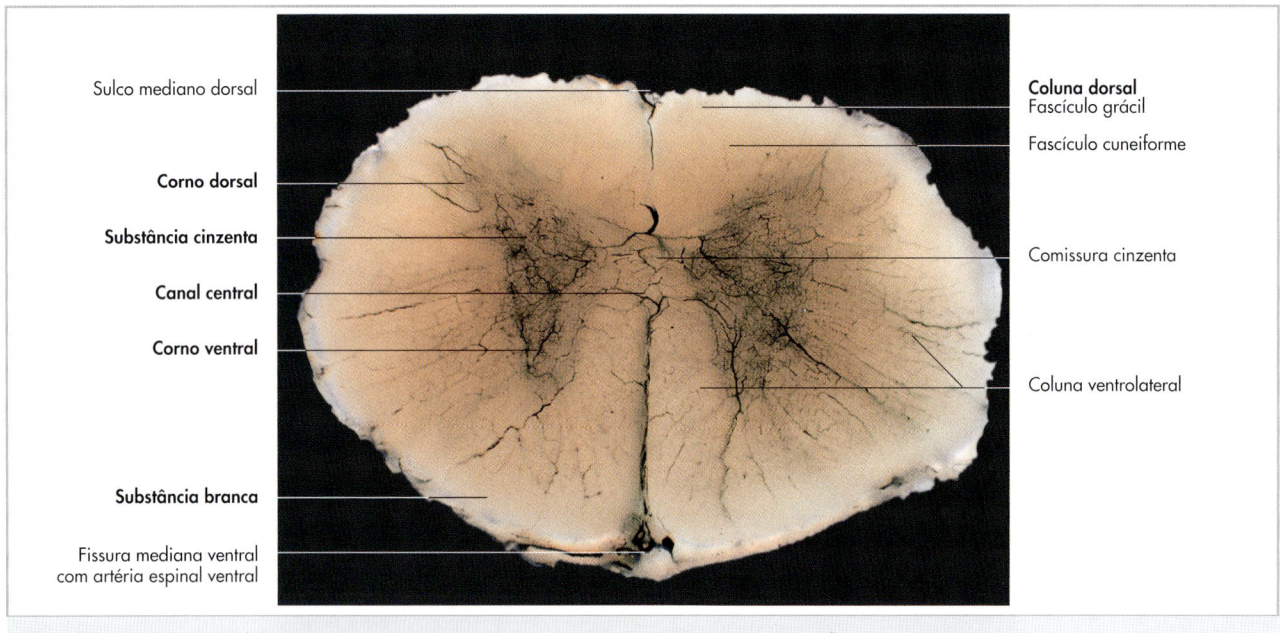

Fig. 15.6 Medula espinal de um ovino após a injeção dos vasos sanguíneos (secção transversal).

A **coluna ventral** é composta principalmente por **neurônios motores**. Os neurônios motores dos músculos esqueléticos relacionados estão agrupados em núcleos motores.

Os **neurônios da medula espinal** podem ser caracterizados como **interneurônios** ou **neurônios eferentes**. Os interneurônios espinais se interpõem entre um estímulo específico e a resposta resultante da medula espinal. Eles podem ser ativados por estímulos sinápticos, que se originam de neurônios aferentes, dos trajetos ou das vias descendentes originários do encéfalo, de outros interneurônios ou dos ramos axonais dos neurônios eferentes. Os neurônios eferentes espinais enviam axônios para a substância branca, geralmente para formar vias ascendentes até o encéfalo. Eles são ativados por neurônios aferentes, os quais se excitam em resposta à estimulação das vísceras, dos músculos, das articulações ou da pele.

Os neurônios eferentes espinais enviam axônios por raízes ventrais para inervar músculos e glândulas. Eles podem ser classificados como somáticos ou autônomos (visceral).

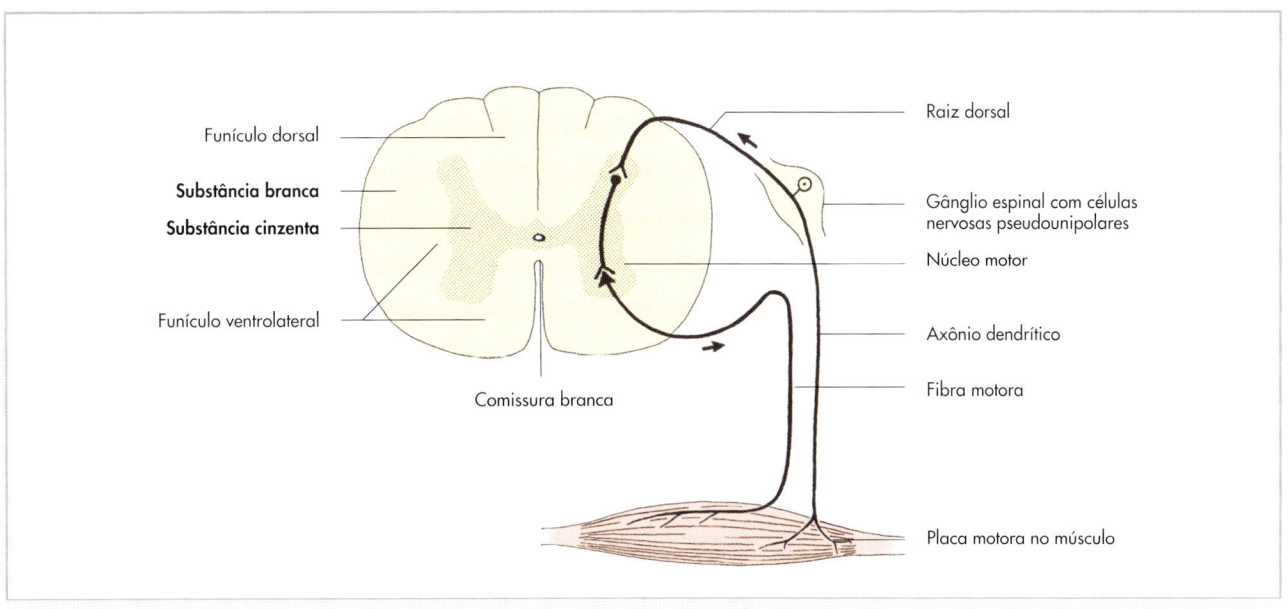

Fig. 15.7 Ilustração de um arco reflexo espinal monossináptico (representação esquemática).

Substância branca (*substantia alba*)

A substância branca se posiciona superficialmente na medula espinal, envolvendo a substância cinzenta (▶Fig. 15.5, ▶Fig. 15.6 e ▶Fig. 15.7). Ela é composta principalmente por **fibras nervosas mielinizadas ascendentes** e **descendentes**. As bainhas de mielina são formadas por **oligodendrócitos**, que conferem a cor esbranquiçada à substância branca.

A substância branca de cada metade da medula espinal é dividida em **colunas** ou **funículos**, os quais são compostos por fascículos (ou tratos) de fibras nervosas de origem, destino e função comuns. Eles são:
- funículo dorsal (*funiculus dorsalis*);
- funículo ventrolateral (*funiculus ventrolateralis*).

O **funículo dorsal** inclui toda a substância branca localizada entre o sulco mediano dorsal e a linha de origem das raízes dorsais dos nervos espinais. O **funículo ventrolateral** se insere entre as raízes espinais dorsal e ventral e prossegue até a fissura mediana ventral (▶Fig. 15.6). A fissura ventral penetra a substância branca, deixando uma **comissura** (*commissura alba*) considerável, que consiste em axônios mielinizados que cruzam de uma metade da medula espinal para a outra, ventralmente à substância cinzenta. O **funículo dorsal** consiste quase exclusivamente em **tratos espinais ascendentes**, os quais transportam informações sobre sensações superficiais e profundas até o encéfalo. O **funículo ventrolateral** consiste tanto em tratos nervosos sensoriais ascendentes quanto em **tratos nervosos motores** descendentes.

As **fibras intersegmentares** que emergem e terminam na medula espinal são conhecidas coletivamente como fascículo próprio da medula espinal (*fasciculus proprius*) e são encontradas na margem da substância cinzenta em todos os funículos.

Os tratos ascendentes e descendentes não podem ser diferenciados anatômica e histologicamente, porém são determinados mediante experimentação com reação de estímulo e resposta. Para propósitos clínicos, é importante saber que lesões no funículo dorsal resultarão em **déficits sensoriais**, ao passo que lesões no funículo ventrolateral podem resultar em **déficits sensoriais** e **motores**, bem como em paralisia de determinados músculos, como observado, por exemplo, em animais com prolapso de disco. Devido à natureza segmentar da medula espinal, o grau de sintomas clínicos pode fornecer informações quanto à localização da lesão na medula.

Arcos reflexos da medula espinal

Reflexo é uma reação inconsciente, relativamente consistente, a um estímulo específico. Um arco reflexo típico consiste na resposta de um **órgão receptor** para um estímulo específico (toque, som, etc.), um **neurônio aferente** que transporta o impulso iniciado para o sistema nervoso central, uma **sinapse** que, em sua versão mais simples, conecta o neurônio aferente com um **neurônio eferente** e transporta o impulso do centro para o **órgão efetor** (músculo, glândulas, etc.) na periferia.

Há **três categorias típicas** de reflexos espinais que têm importância clínica:
- reflexo de estiramento (miotático);
- reflexo de retirada;
- reflexo cutâneo do tronco.

O **reflexo de estiramento** pode ser demonstrado por uma pancada no tendão de um músculo, que o induz a um estiramento abrupto e uma contração imediata. Esse tipo de reflexo tem um componente monossináptico, e os neurônios aferentes realizam a sinapse diretamente nos neurônios eferentes. Portanto, esse é o reflexo mais rápido e relativamente resistente à fadiga.

O **reflexo de retirada** é testado clinicamente ao se aplicar um estímulo nocivo a uma parte do membro e observar a retirada do membro inteiro. Trata-se de um reflexo multissináptico, o qual é iniciado pelas terminações nervosas livres na periferia. Elas penetram o fascículo dorsolateral, onde se prolongam por diversos segmentos e fazem sinapse com interneurônios e neurônios eferentes até estimularem os neurônios aferentes de vários grupos musculares.

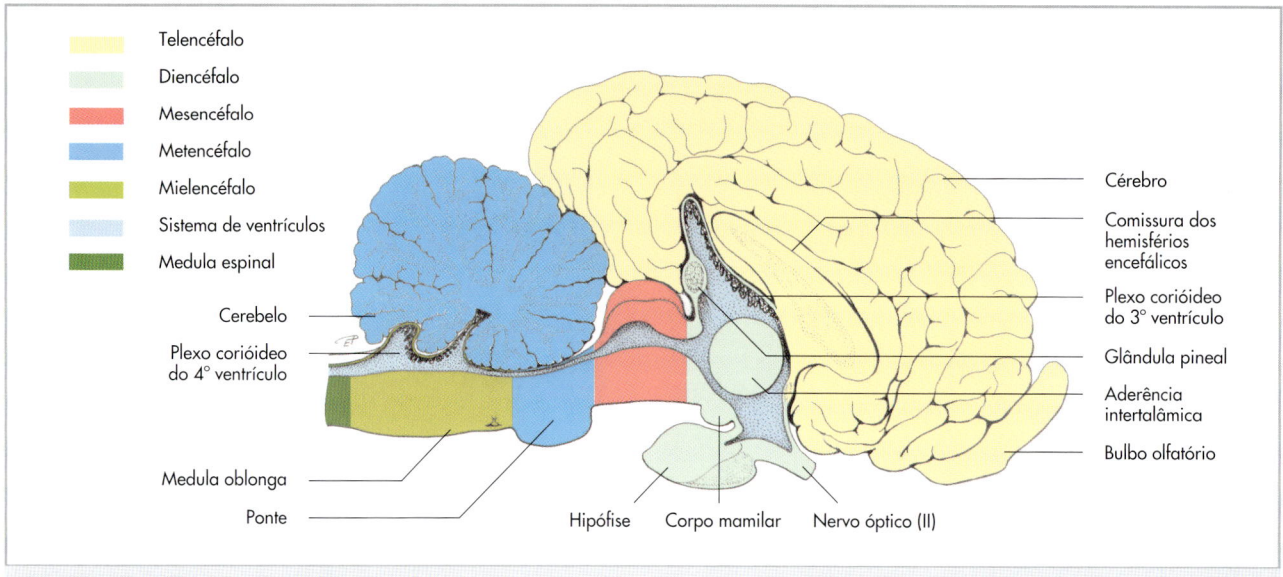

Fig. 15.8 Encéfalo de um equino (secção mediana).

O **reflexo cutâneo do tronco** é obtido ao se picar a pele e observar um breve tremor, devido à contração do músculo cutâneo do tronco. Trata-se de um reflexo intersegmentar, já que uma série de segmentos se interpõem entre o estímulo aferente e a resposta eferente.

15.1.2 Encéfalo (encephalon)

O encéfalo é o órgão de controle do corpo responsável pela regulação, pela coordenação e pela integração do restante do sistema nervoso. A capacidade desse órgão é traduzida por seus aspectos morfológicos. Com base no seu desenvolvimento ontogenético e filogenético da parte rostral do tubo neural, o encéfalo pode ser subdividido em **cinco partes principais** (▶Fig. 15.8):
- **rombencéfalo** (*rhombencephalon*, parte posterior) com:
  - mielencéfalo (*myelencephalon*), medula oblonga (bulbo);
  - metencéfalo (*metencephalon*), ponte e cerebelo;
- **mesencéfalo** (*mesencephalon*, parte média);
- **prosencéfalo** (*prosencephalon*, parte anterior) com:
  - diencéfalo (*diencephalon*);
  - telencéfalo (*telencephalon*).

Essas divisões serão utilizadas nas descrições a seguir do encéfalo. Contudo, às vezes, uma divisão mais simples é utilizada com base na anatomia macroscópica. Do ponto de vista **macroscópico, o encéfalo pode ser dividido** em:
- cérebro (*cerebrum*);
- cerebelo (*cerebellum*);
- tronco encefálico (*truncus encephali*) com:
  - medula oblonga ou bulbo (*medulla oblongata*);
  - ponte (*pons*);
  - mesencéfalo (*mesencephalon*).

O encéfalo é delimitado pela **cavidade do crânio**, a qual se divide em uma **cavidade rostral** maior, para o cérebro, e uma **cavidade caudal** menor, para o cerebelo, através do tentório do cerebelo (*tentorium cerebelli*). O encéfalo dos mamíferos domésticos é relativamente pequeno em comparação com o tamanho da cabeça.

Ele se situa entre um plano transverso, traçado através da margem caudal da órbita rostralmente, e um plano transverso, traçado na altura da orelha externa caudalmente. Nos mamíferos domésticos, o cerebelo se situa ventralmente à parte escamosa do osso occipital.

No bovino e no suíno, o teto do crânio é pneumatizado por partes do amplo seio frontal. Assim, o cérebro se localiza mais profundamente e distante das lâminas externas do crânio.

Em pequenos ruminantes, no gato e nos cães braquicéfalos, os hemisférios cerebrais se situam superficialmente nas partes frontal e parietal do crânio.

Rombencéfalo (rhombencephalon)

Mielencéfalo (myelencephalon)

O mielencéfalo (▶Fig. 15.8 e ▶Fig. 15.9) compreende a **medula oblonga** ou **bulbo**, a qual envolve a parte caudal do 4º ventrículo do encéfalo e o véu medular caudal dorsalmente.

Medula oblonga (bulbo; medulla oblongata)

A medula oblonga (▶Fig. 15.1, ▶Fig. 15.8 e ▶Fig. 15.9) é contínua com a medula espinal; a margem entre ambas é definida de modo arbitrário como o plano transversal imediatamente rostral aos primeiros nervos cervicais. A medula espinal se situa na fossa da medula oblonga, dorsal ao basioccipital. A parte rostral da medula oblonga é alargada como resultado de um **acúmulo de núcleos**, e o canal central da medula espinal se abre no **quarto ventrículo**. Como consequência, a organização característica da substância cinzenta na medula espinal se perde, e as colunas são afastadas para o lado e divididas em núcleos singulares, de **formato cilíndrico** ou esférico. Os núcleos sensoriais se posicionam mais distantes lateralmente, os **núcleos motores**, mais próximos à linha média, e os **núcleos parassimpáticos vegetativos**, entre eles. Os seguintes núcleos se situam **dentro da medula oblonga** (▶Fig. 15.50):
- núcleos dos nervos cranianos VI ao XII;
- núcleos parassimpáticos correspondentes;
- parte caudal do grande núcleo do nervo trigêmeo.

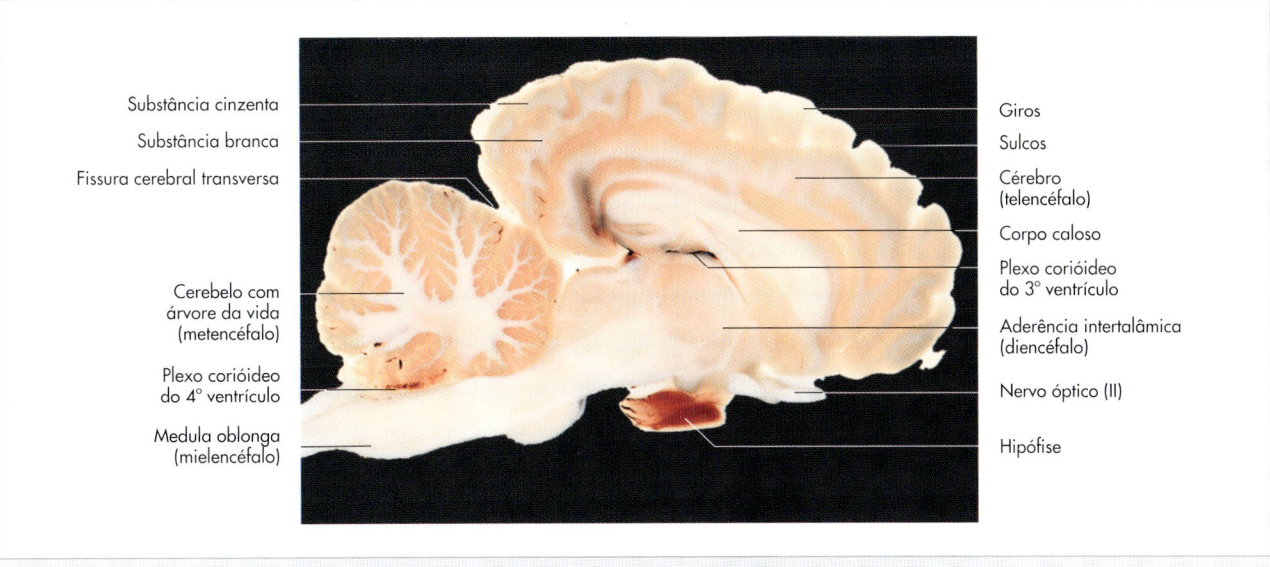

Fig. 15.9 Secção paramediana do encéfalo de um equino (plastinado P 35). (Fonte: cortesia do Prof. Dr. M.-C. Sora, Viena.)

Labels (esquerda): Substância cinzenta; Substância branca; Fissura cerebral transversa; Cerebelo com árvore da vida (metencéfalo); Plexo corióideo do 4° ventrículo; Medula oblonga (mielencéfalo).

Labels (direita): Giros; Sulcos; Cérebro (telencéfalo); Corpo caloso; Plexo corióideo do 3° ventrículo; Aderência intertalâmica (diencéfalo); Nervo óptico (II); Hipófise.

A medula oblonga também compreende os núcleos dos centros respiratório e circulatório, localizados próximo ao quarto ventrículo na **formação reticular**. A **face ventral da medula oblonga** é dividida em metades pela fissura mediana contínua com a fissura da medula espinal e é acompanhada de cada lado por cristas longitudinais, as **pirâmides** (▶Fig. 15.10 e ▶Fig. 15.12). Cada pirâmide consiste em axônios mielinizados, que se originam de corpos celulares de neurônios situados no córtex cerebral e se prolongam até a medula oblonga ou até a medula espinal. A maioria das fibras atravessa a linha média para formar a **decussação das pirâmides** (*decussatio pyramidum*) na junção espinomedular. A decussação das fibras piramidais e de outros tratos descendentes é o motivo pelo qual um lado do encéfalo controla o movimento voluntário no lado oposto do corpo.

Na extremidade rostral das pirâmides, há uma faixa plana de fibras transversas, o **corpo trapezoide** (*corpus trapezoideum*), que pertence ontogeneticamente à ponte (▶Fig. 15.10, ▶Fig. 15.12 e ▶Fig. 15.18).

O **nervo abducente** (VI) (▶Fig. 15.12 e ▶Fig. 15.18) surge caudalmente à ponte no ângulo lateral formado pela ponte e pelas pirâmides. O **nervo hipoglosso** (XII) (▶Fig. 15.12 e ▶Fig. 15.18) emerge na extremidade caudal das pirâmides em sua face lateral. Os **nervos facial** (VII) (▶Fig. 15.10, ▶Fig. 15.12 e ▶Fig. 15.18) e **vestibulococlear** (VIII) (▶Fig. 15.10, ▶Fig. 15.12 e ▶Fig. 15.18) aparecem como continuações laterais do corpo trapezoide. Os **nervos glossofaríngeo** (IX), **vago** (X) e **acessório** (XI) (▶Fig. 15.12 e ▶Fig. 15.17) emergem da face lateral da medula oblonga em sucessão.

O **nervo acessório** recebe uma raiz espinal adicional da medula espinal cervical. Essas fibras emergem da medula espinal cervical e passam cranialmente para se unirem às fibras do nervo acessório originadas da medula oblonga (▶Fig. 15.12 e ▶Fig. 15.18).

No sentido dorsolateral às pirâmides na medula oblonga caudal, encontra-se a **eminência olivar**, que marca o **núcleo olivar** (*nucleus olivaris*). O núcleo olivar exibe um perfil serpentino característico e desempenha uma função importante no controle das **funções motoras** do corpo.

As fibras ascendentes compõem o **lemnisco medial**, o qual também atravessa a medula oblonga para alcançar o cerebelo por meio dos pedúnculos cerebelares caudais.

Funções da medula oblonga

A medula oblonga coordena a **respiração** e a **circulação**, juntamente aos centros superiores do córtex. Além disso, os núcleos para vários reflexos para a **proteção do olho** (reflexo palpebral, secreção lacrimal), do **trato respiratório superior** (espirro e tosse) e a **ingestão de alimentos** (amamentação, deglutição) se situam na medula oblonga. As fibras nervosas que se prolongam entre os diferentes núcleos formam a **base dos arcos reflexos centrais**. Lesões na medula oblonga resultam em déficit dos nervos cranianos e podem causar morte em casos graves.

Metencéfalo (*metencephalon*)

O metencéfalo (▶Fig. 15.8) constitui a parte rostral do rombencéfalo. Ele pode ser dividido nos seguintes segmentos:
- ponte transversa (*pons*);
- cerebelo (*cerebellum*);
- tegmento do metencéfalo (*tegmentum metencephali*);
- véu medular rostral (*velum medullare rostrale*).

Ponte (*pons*)

A ponte (▶Fig. 15.1, ▶Fig. 15.8, ▶Fig. 15.10, ▶Fig. 15.12 e ▶Fig. 15.18) consiste nas **partes ventral** e **dorsal**, sendo que esta última recebe a denominação de **tegmento da ponte** (*tegmentum pontis*). A **parte ventral** possui fibras pontinas transversas que formam uma protuberância ventralmente. A face ventral da ponte tem demarcações rostrais e caudais bem-definidas.

O **nervo trigêmeo** (V) emerge na face lateral da ponte, e seu **núcleo motor** se localiza no interior da ponte (▶Fig. 15.10,

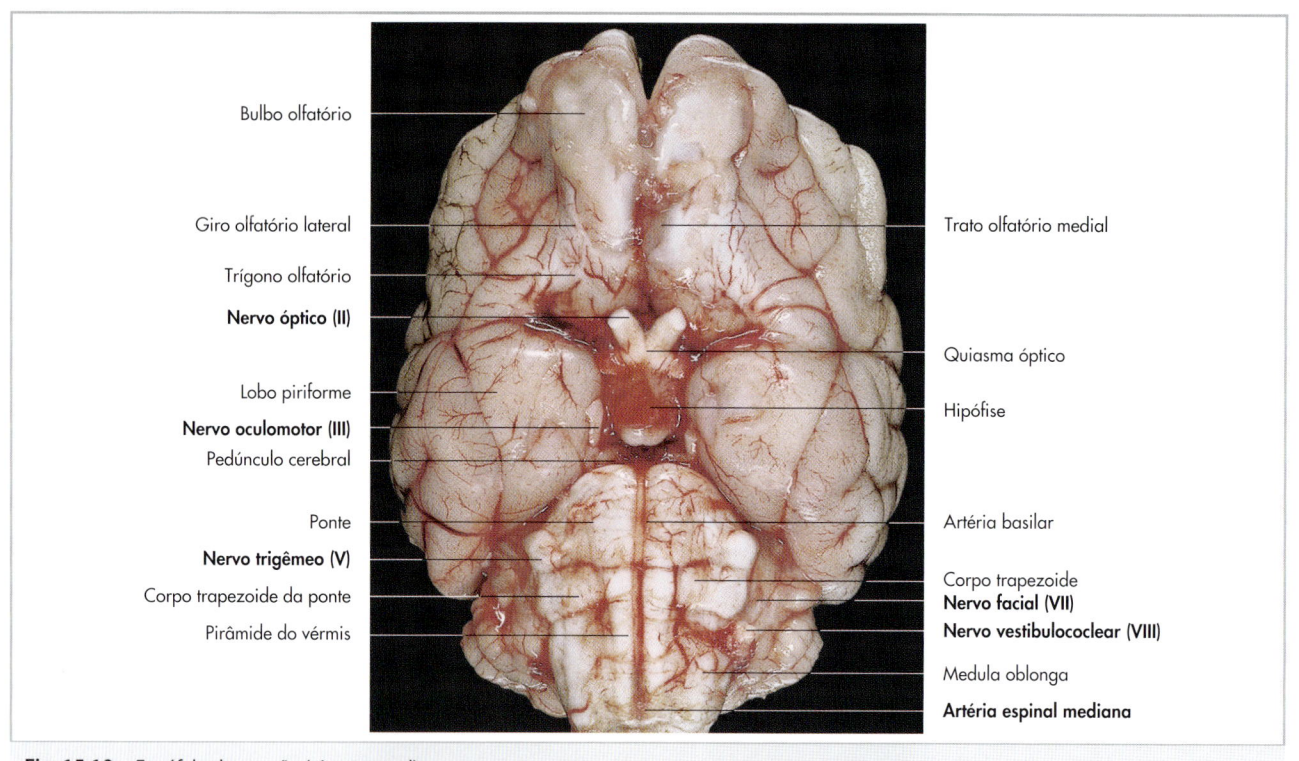

Fig. 15.10 Encéfalo de um cão (vista ventral).

Labels: Bulbo olfatório; Giro olfatório lateral; Trígono olfatório; **Nervo óptico (II)**; Lobo piriforme; **Nervo oculomotor (III)**; Pedúnculo cerebral; Ponte; **Nervo trigêmeo (V)**; Corpo trapezoide da ponte; Pirâmide do vérmis; Trato olfatório medial; Quiasma óptico; Hipófise; Artéria basilar; Corpo trapezoide; **Nervo facial (VII)**; **Nervo vestibulococlear (VIII)**; Medula oblonga; Artéria espinal mediana.

▶Fig. 15.17 e ▶Fig. 15.18). Vários outros núcleos se situam na ponte e são responsáveis pelo **controle das funções motoras** do corpo. De forma semelhante à medula oblonga, os núcleos e as fibras nervosas da formação reticular ocupam até metade da ponte em sua secção transversal. A ponte também tem uma grande quantidade de tratos nervosos ascendentes e descendentes, os quais se direcionam para o cerebelo na forma do pedúnculo cerebelar médio.

Cerebelo (cerebellum)

O cerebelo (▶Fig. 15.1, ▶Fig. 15.8, ▶Fig. 15.9, ▶Fig. 15.10, ▶Fig. 15.13 e ▶Fig. 15.19), a segunda maior parte do metencéfalo, localiza-se acima do quarto ventrículo. A sua aparência pode ser considerada globular, e sua superfície apresenta fissuras que dividem a substância cinzenta em **lobos** e **fissuras** menores, que, por sua vez, subdividem a massa em **lóbulos menores** e estes em unidades ainda menores, conhecidas como **folhas cerebelares** (folia). No cerebelo, uma grande parte da substância cinzenta forma o **córtex** (cortex cerebelli) e envolve a **substância branca** ou **medula** (corpus medullare). A substância branca emerge dos **pedúnculos** e se irradia pelos vários lóbulos, assemelhando-se a uma árvore. Devido a essa aparência, ela costuma ser chamada de **árvore da vida** (arbor vitae). A substância cinzenta adicional forma vários núcleos no interior da medula, denominados núcleos basais. O cerebelo pode ser subdividido em:
- crista sagital mediana ou vérmis (vermis);
- hemisférios laterais (hemispheria cerebelli).

Com base no desenvolvimento filogenético, o **vérmis** (▶Fig. 15.11, ▶Fig. 15.13, ▶Fig. 15.14, ▶Fig. 15.15, ▶Fig. 15.16 e ▶Fig. 15.19) pode ser subdividido, ainda, nos **lobos rostral** (arquicerebelo, archicerebellum), **caudal** (neocerebelo, neocerebellum) e **floculonodular** (paleocerebelo, palaeocerebellum), situado caudoventralmente. O cerebelo está conectado ao tronco encefálico por **três pedúnculos** (▶Fig. 15.23 e ▶Fig. 15.24) de cada lado. Rostralmente, ele está fixado ao **véu medular rostral** pelos **pedúnculos cerebelares rostrais** (▶Fig. 15.15). O **pedúnculo cerebelar caudal** conecta-se com o véu medular caudal e a medula oblonga. Os pedúnculos **cerebelares médios** se prolongam ventrolateralmente até a ponte. As conexões do cerebelo a outras partes do encéfalo evidenciam as suas funções. O pedúnculo caudal é composto principalmente por fibras aferentes, com origem no interior dos núcleos vestibulares, do núcleo olivar e da formação reticular. O pedúnculo médio também é composto por fibras aferentes, as quais emergem dos núcleos pontinos. O pedúnculo rostral é amplamente formado por fibras eferentes enviadas em direção ao núcleo rubro do mesencéfalo, da formação reticular e do tálamo. Ele também inclui um componente aferente da medula espinal.

As **funções do cerebelo** se referem ao **equilíbrio** e à **coordenação dos músculos esqueléticos** com relação à postura e à locomoção. O equilíbrio situa-se no lobo floculonodular. O lobo caudal controla a **função motora**, ao passo que o lobo rostral recebe as **informações proprioceptivas**. Déficits na função cerebelar resultam em ataxia cerebelar, aparente clinicamente como perda de equilíbrio e de coordenação.

Véus medulares (vela medullaria) e fossa romboide (fossa rhomboidea)

Os **véus medulares rostral** e **caudal** (velum medullare rostrale et caudale) são membranas medulares delgadas que se prolongam entre a fossa romboide e o cerebelo como uma tenda (▶Fig. 15.1).

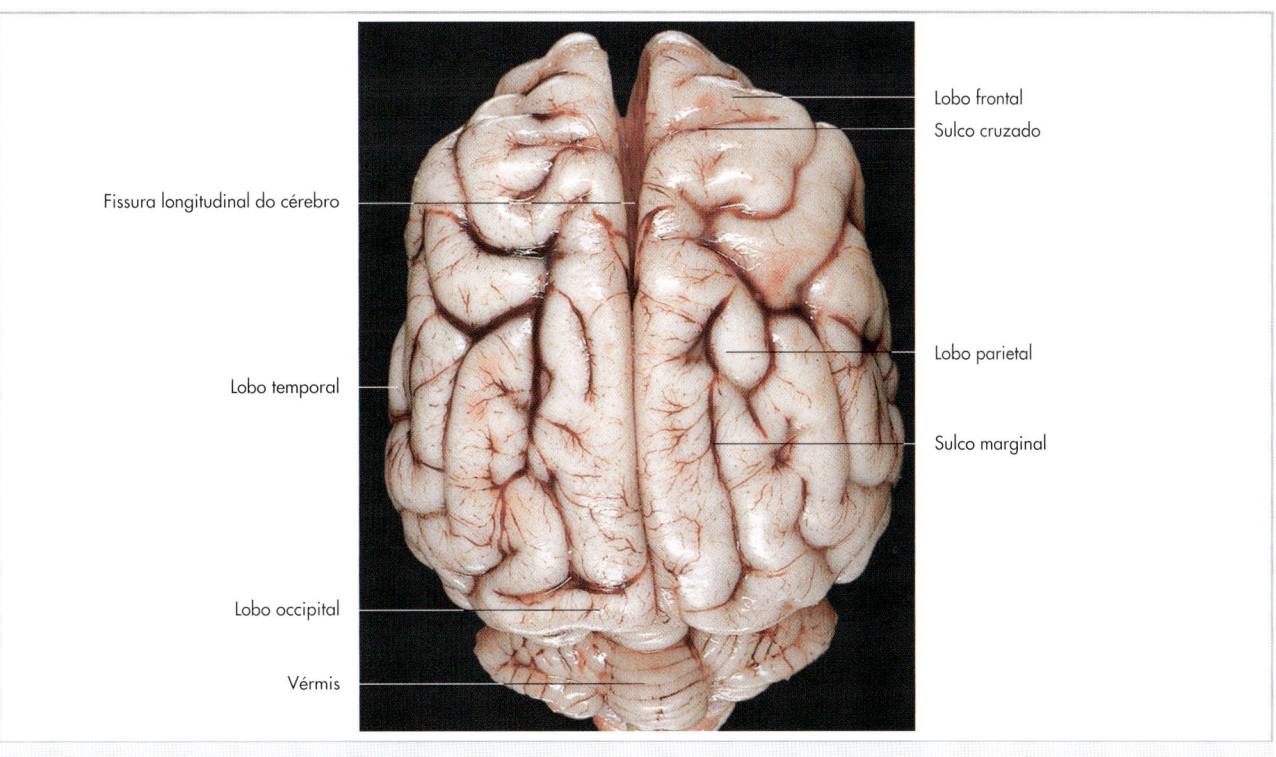

Fig. 15.11 Encéfalo de um cão (vista dorsal).

Juntos ao cerebelo, eles formam o teto sobre o **quarto ventrículo**. A **tela corióidea** do quarto ventrículo está intimamente relacionada com o véu medular caudal.

O assoalho do quarto ventrículo é formado pela **fossa romboide** (▶Fig. 15.17). A visualização macroscópica da fossa romboide requer a remoção do cerebelo e dos véus medulares. A parte rostral da fossa romboide pertence ao metencéfalo, e sua parte caudal, ao **mielencéfalo**. Ela possui um sulco mediano e um sulco limitante bilateral, marcando a transição de assoalho para parede. Rostralmente, o sulco limitante termina no lócus cerúleo (*locus caeruleus*), o qual se posiciona sobre o núcleo motor do nervo trigêmeo.

As paredes da fossa romboide são marcadas por uma **eminência** bilateral (área acústica), formada pelos núcleos subjacentes do nervo vestibulococlear. Outra eminência é visível entre o sulco mediano e o sulco limitante (*eminentia medialis*), marcando os **núcleos dos nervos cranianos IX, X e XII** (▶Fig. 15.50). A terminação caudal do sulco mediano é denominada **óbex** (▶Fig. 15.14, ▶Fig. 15.15, ▶Fig. 15.17 e ▶Fig. 15.23).

Mesencéfalo (*mesencephalon*)

O mesencéfalo (▶Fig. 15.8, ▶Fig. 15.14, ▶Fig. 15.16, ▶Fig. 15.17 e ▶Fig. 15.50) pode ser dividido em:
- teto mesencefálico (*tectum mesencephali*), também denominado lâmina tectal (*lamina tecti*) ou corpos quadrigêmeos (*lamina quadrigemina*) dorsalmente;
- tegmento mesencefálico (*tegmentum mesencephali*);
- pedúnculos cerebrais (*pedunculi cerebri*) ventralmente.

O **mesencéfalo** contém o **aqueduto mesencefálico**, um canal que se prolonga entre o quarto e o terceiro ventrículos (▶Fig. 15.16).

Ele é coberto pela **lâmina tectal**, que consiste em protuberâncias pares caudais e rostrais, os colículos, que servem como centros de reflexo para a audição e a visão. Os **colículos rostrais** estão unidos aos corpos geniculados laterais do diencéfalo e são centros de redistribuição para as vias ópticas. Os **colículos caudais**, por sua vez, estão unidos por uma comissura significativa e conectam-se com os corpos geniculados mediais. Eles são centros de redistribuição para as vias auditivas (▶Fig. 15.23 e ▶Fig. 15.24).

O **tegmento** consiste no centro do mesencéfalo entre a lâmina tectal e os pedúnculos cerebrais (▶Fig. 15.17 e ▶Fig. 15.25), e sua maior parte é composta pela **formação reticular** (▶Fig. 15.15). Ele contém os núcleos motor e parassimpático do **nervo oculomotor** (▶Fig. 15.50), os **núcleos trocleares** e o **núcleo rubro** (*nucleus ruber*).

Parte do núcleo trigêmeo também se projeta no tegmento (▶Fig. 15.25). A **substância negra** (*substantia nigra*) é uma lâmina proeminente sob o núcleo rubro que pode ser identificada em secções transversais, devido à sua coloração mais escura.

Os **pedúnculos cerebrais** são visíveis na face ventral do encéfalo, caudal ao trato óptico na base do encéfalo. Eles são delimitados lateralmente pelos lobos piriformes e caudalmente pela ponte (▶Fig. 15.12) e compreendem os tratos de fibras descendentes do **telencéfalo**.

Os **pedúnculos cerebrais** situam-se de cada lado da fossa interpeduncular, a qual contém o **corpo mamilar**, o **infundíbulo hipofisário** e a **hipófise** (▶Fig. 15.8, ▶Fig. 15.18, ▶Fig. 15.20 e ▶Fig. 15.24). O nervo oculomotor emerge na face ventromedial dos pedúnculos cerebrais. O **nervo troclear** deixa o mesencéfalo dorsalmente, imediatamente caudal à lâmina tectal.

As **funções do mesencéfalo** são determinadas pelos núcleos **dos nervos cranianos III e IV** e pelos centros de reflexo para

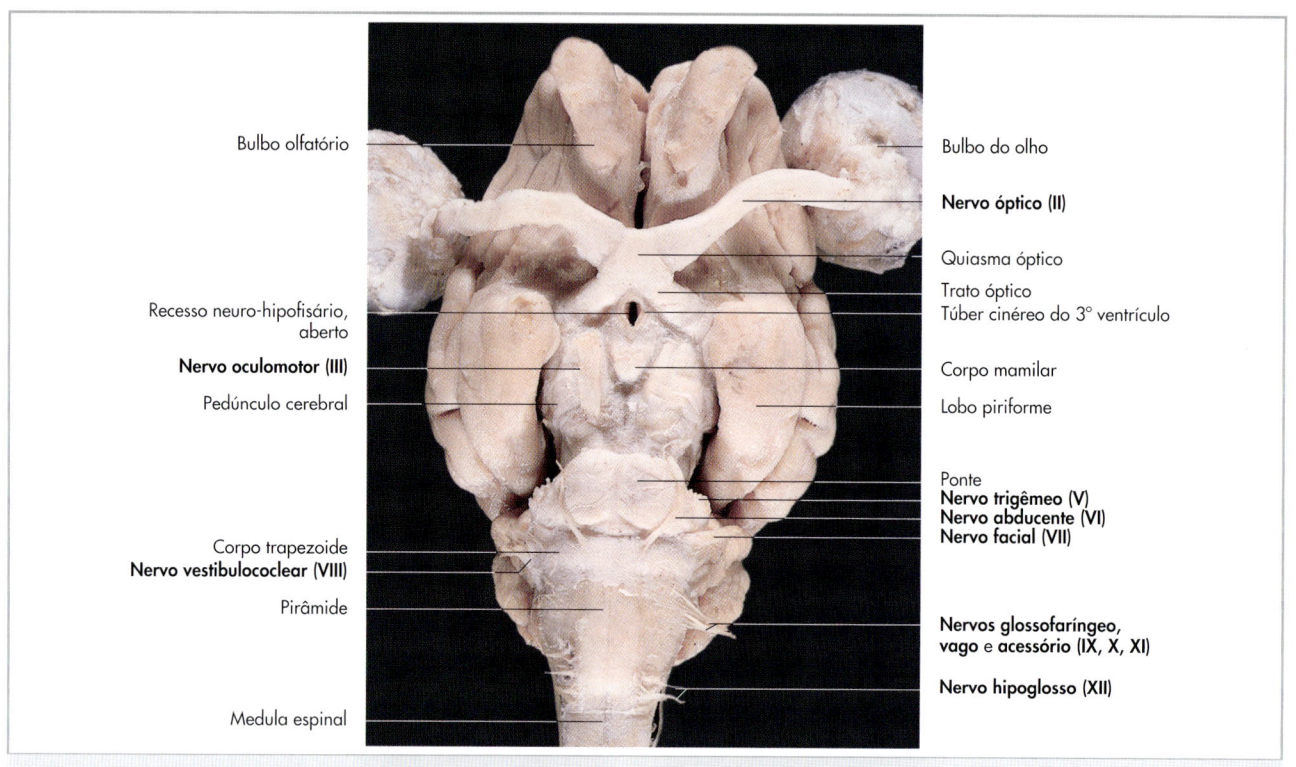

Fig. 15.12 Encéfalo de um caprino (vista ventral). (Preparação do Dr. E. Schabel, 1984.)

audição e visão. O mesencéfalo desempenha um papel importante na coordenação do **funcionamento motor voluntário** controlado pelos centros superiores. O núcleo rubro é importante para o **tônus muscular**, para a **postura do corpo** e para a **locomoção**. A substância negra é essencial para a fase inicial do movimento rápido.

Prosencéfalo (*prosencephalon*)

Diencéfalo (*diencephalon*)

O diencéfalo (▶Fig. 15.8) é visível apenas na face ventral do encéfalo, onde partes dele se pronunciam entre os pedúnculos cerebrais. Alguns livros consideram o diencéfalo como a parte mais rostral do tronco encefálico. Ele pode ser dividido nas seguintes partes, em sequência dorsoventral:

- epitálamo;
- tálamo;
- metatálamo;
- hipotálamo.

O **epitálamo** compreende a **glândula pineal** ou **epífise** (*glandula pinealis, epiphysis cerebri*) (▶Fig. 15.23, ▶Fig. 15.24 e ▶Fig. 15.34) e a **habênula**, com seus tratos associados. A glândula pineal é um pequeno corpo mediano que se projeta dorsalmente. Trata-se de uma **glândula endócrina** que secreta **melatonina** e outros compostos que afetam a atividade sexual.

A **habênula** é composta pelos núcleos habenulares, os quais recebem fibras do telencéfalo e as enviam para o mesencéfalo. Ela é uma parte importante da **via olfatória**. As habênulas dos lados esquerdo e direito estão conectadas pela comissura habenular.

O **tálamo** (▶Fig. 15.14, ▶Fig. 15.15, ▶Fig. 15.28, ▶Fig. 15.32 e ▶Fig. 15.33) é a maior parte do diencéfalo e pode ser dividido em **tálamo dorsal** e **subtálamo**. O tálamo dorsal é composto por vários núcleos, por meio dos quais é enviado o estímulo para o córtex cerebral, incluindo informações sensoriais de tratos aferentes a partir de **órgãos gustatórios**, **ópticos**, **acústicos** e **vestibulares** (exceto olfatórios) (▶Fig. 15.14 e ▶Fig. 15.15).

O **subtálamo** é a continuação rostral do tegmento do mesencéfalo. Ele contém os núcleos subtalâmicos que atuam como estações de redistribuição na via **motora extrapiramidal**. Os **tálamos esquerdo** e **direito** estão conectados pela **aderência intertalâmica**, a qual é circundada pelo **terceiro ventrículo** (▶Fig. 15.1, ▶Fig. 15.8, ▶Fig. 15.9, ▶Fig. 15.14, ▶Fig. 15.15 e ▶Fig. 15.16).

O **hipotálamo** (▶Fig. 15.22) forma o assoalho e a parede do **terceiro ventrículo**. Ele é composto pelo **quiasma óptico** rostralmente, pelo **corpo mamilar** (▶Fig. 15.8 e ▶Fig. 15.12) caudalmente e pelo **túber cinéreo do terceiro ventrículo** (*tuber cinereum*) entre eles. O túber cinéreo faz surgir o infundíbulo, o qual sustenta a **hipófise** (glândula pituitária) (▶Fig. 15.1, ▶Fig. 15.9 e ▶Fig. 15.10), que consiste em **neuro-hipófise**, **adeno-hipófise** e uma **parte intermédia**.

O **metatálamo** compreende os **corpos geniculados medial** e **lateral** (*corpora geniculata*), os quais já foram mencionados na descrição do mesencéfalo. As fibras do **trato óptico** (▶Fig. 15.12 e ▶Fig. 15.18) terminam no núcleo geniculado lateral, o qual ocupa o corpo de mesmo nome. Ele envia fibras para as áreas ópticas do córtex. Os núcleos geniculados mediais recebem fibras acústicas e repassam informações acústicas para o córtex cerebral.

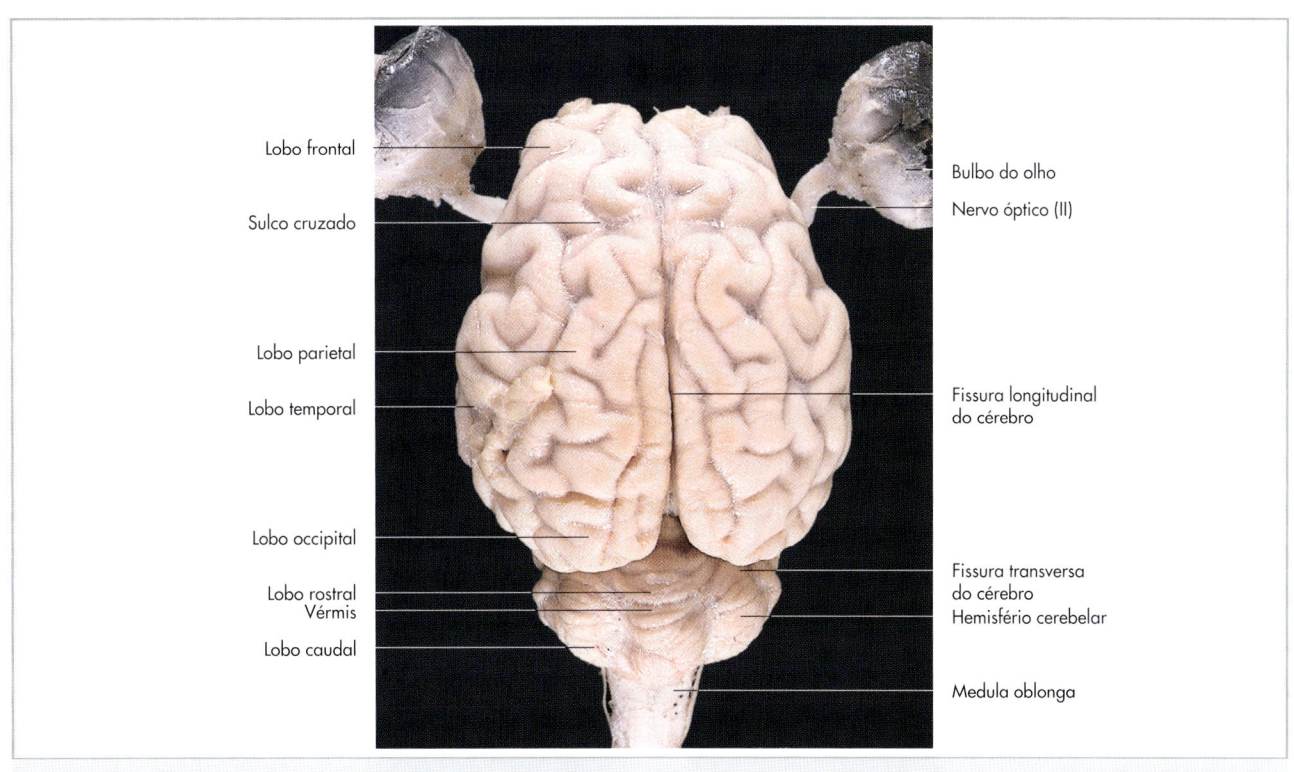

Fig. 15.13 Encéfalo de um caprino (vista dorsal). (Preparação do Dr. E. Schabel, 1984.)

Funções do diencéfalo

A **glândula pineal do epitálamo** (epífise) é uma glândula endócrina que regula a atividade sexual e suas alterações sazonais. Ela também está envolvida no ciclo de sono e vigília do metabolismo. Os tratos dos nervos aferentes de todos os órgãos sensoriais terminam no tálamo, que canaliza os estímulos dos órgãos sensoriais (com exceção do sentido do olfato) para o cérebro.

O **hipotálamo** controla a **hipófise** (glândula pituitária) e, portanto, o sistema endócrino. O papel do hipotálamo é fundamental para o comportamento, incluindo a alimentação, e ele regula a temperatura do corpo e o sistema nervoso autônomo.

Telencéfalo (*telencephalon*)

O telencéfalo (▶Fig. 15.8) consiste em **hemisférios cerebrais pares**, separados pela fissura longitudinal cerebral. Eles estão conectados pela linha média por meio de fibras comissurais, as quais formam o corpo caloso, a comissura rostral e as comissuras dorsal e ventral do hipocampo. A **superfície dos hemisférios** tem faixas proeminentes (*gyri cerebri*), denominadas **giros**, separadas por **sulcos** (*sulci cerebri*). Cada hemisfério é composto por **substância cinzenta** superficial, denominada **córtex cerebral** ou **pálio** (*pallium*), **substância branca** cerebral subjacente e acúmulos profundos de substância cinzenta, chamados, de modo geral, de **núcleos basais**.

A presença alternada desses núcleos com fibras aferentes, eferentes, comissurais e de associação da substância branca na qual estão inseridas conferem à região uma aparência estriada quando seccionada. Portanto, a expressão **corpo estriado** (*corpus striatum*) se aplica a essa região.

O **córtex** ou **pálio** pode ser dividido em **três segmentos**, com base em sua história evolutiva:
- paleopálio (*paleopallium*);
- arquipálio (*archipallium*);
- neopálio (*neopallium*).

A parte mais antiga do ponto de vista filogenético é o **paleopálio**, que constitui a parte ventral de cada hemisfério. Ele está relacionado principalmente ao olfato. O **arquipálio**, a segunda parte mais antiga, forma a parte medial de cada hemisfério e se prolonga da fissura longitudinal para dentro do hemisfério como o **hipocampo** (▶Fig. 15.20, ▶Fig. 15.21, ▶Fig. 15.22 e ▶Fig. 15.23).

O **neopálio** é a parte mais recente e constitui a parte predominante do cérebro.

Atualmente, supõe-se que o córtex se organize em **colunas verticais**, que se prolongam verticalmente por todas as camadas corticais com um diâmetro de 200 a 300 µm. Cada coluna se relaciona a um grupo específico de células receptoras na periferia. Estímulos repetidos a células receptoras resultam em resposta à mesma célula cortical. O encéfalo humano é composto por cerca de 4 milhões dessas colunas, cada uma com 2.500 células nervosas. Contudo, elas são unidades funcionais e não podem ser diferenciadas histologicamente.

Rinencéfalo (*rhinencephalon*)

A via olfatória se inicia com neurônios aferentes especiais na mucosa olfatória. Fascículos de axônios não mielinizados desses neurônios compõem os **nervos olfatórios** e atravessam a lâmina cribriforme até terminarem no **bulbo olfatório** (▶Fig. 15.20 e ▶Fig. 15.21).

526 Anatomia dos animais domésticos

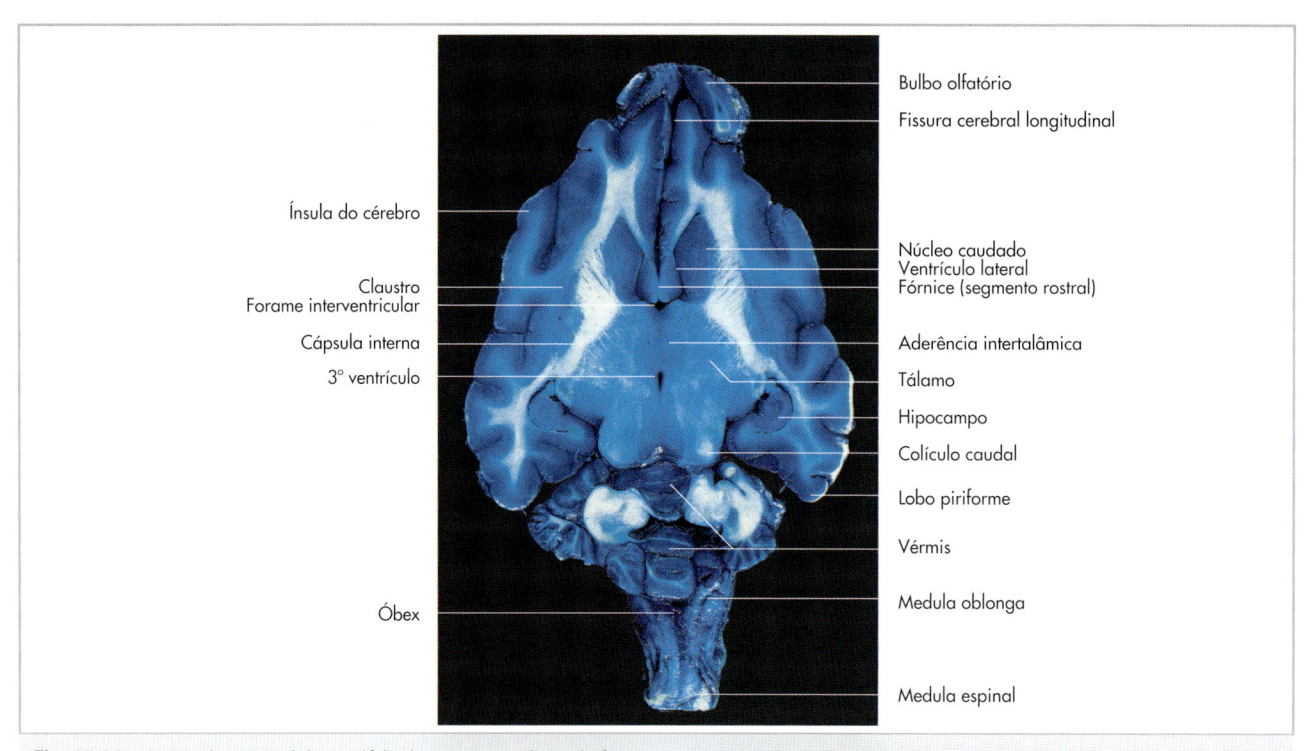

Fig. 15.14 Secção horizontal do encéfalo de um cão na altura do forame interventricular (coloração azul, após Mulligan).

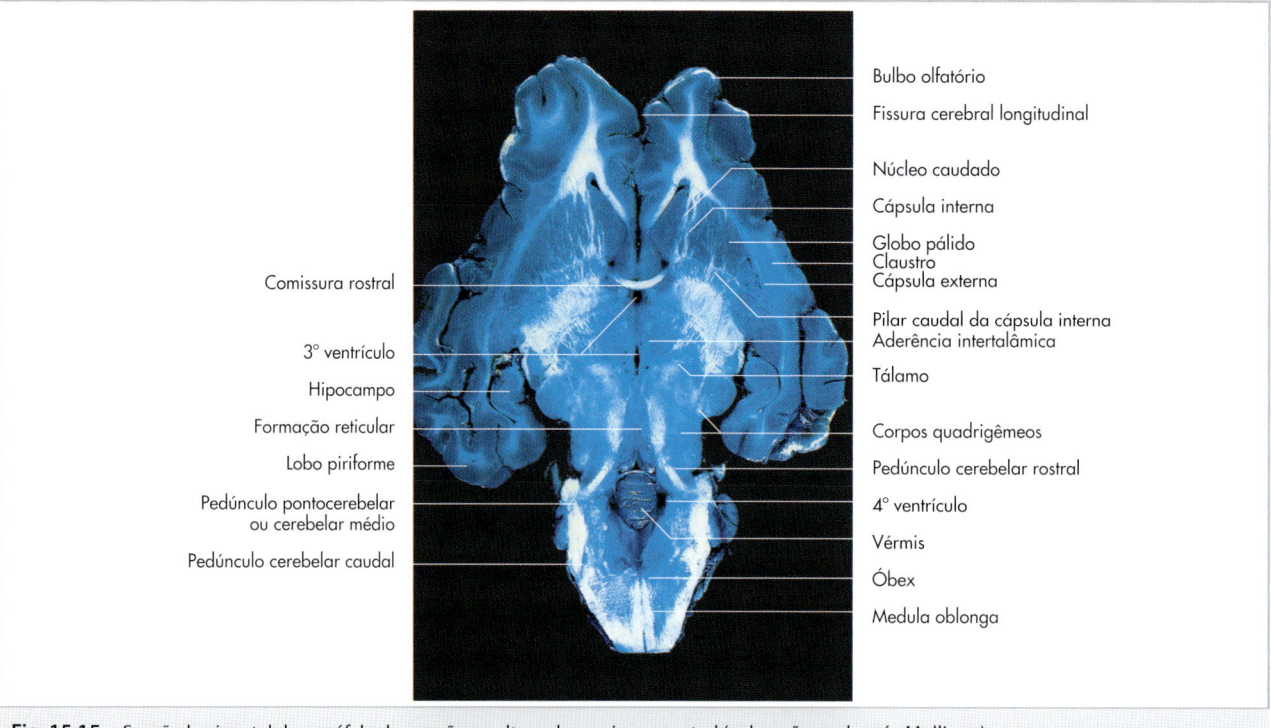

Labels (Fig. 15.14):
- Ínsula do cérebro
- Claustro
- Forame interventricular
- Cápsula interna
- 3º ventrículo
- Óbex
- Bulbo olfatório
- Fissura cerebral longitudinal
- Núcleo caudado
- Ventrículo lateral
- Fórnice (segmento rostral)
- Aderência intertalâmica
- Tálamo
- Hipocampo
- Colículo caudal
- Lobo piriforme
- Vérmis
- Medula oblonga
- Medula espinal

Fig. 15.15 Secção horizontal do encéfalo de um cão na altura da comissura rostral (coloração azul, após Mulligan).

Labels (Fig. 15.15):
- Comissura rostral
- 3º ventrículo
- Hipocampo
- Formação reticular
- Lobo piriforme
- Pedúnculo pontocerebelar ou cerebelar médio
- Pedúnculo cerebelar caudal
- Bulbo olfatório
- Fissura cerebral longitudinal
- Núcleo caudado
- Cápsula interna
- Globo pálido
- Claustro
- Cápsula externa
- Pilar caudal da cápsula interna
- Aderência intertalâmica
- Tálamo
- Corpos quadrigêmeos
- Pedúnculo cerebelar rostral
- 4º ventrículo
- Vérmis
- Óbex
- Medula oblonga

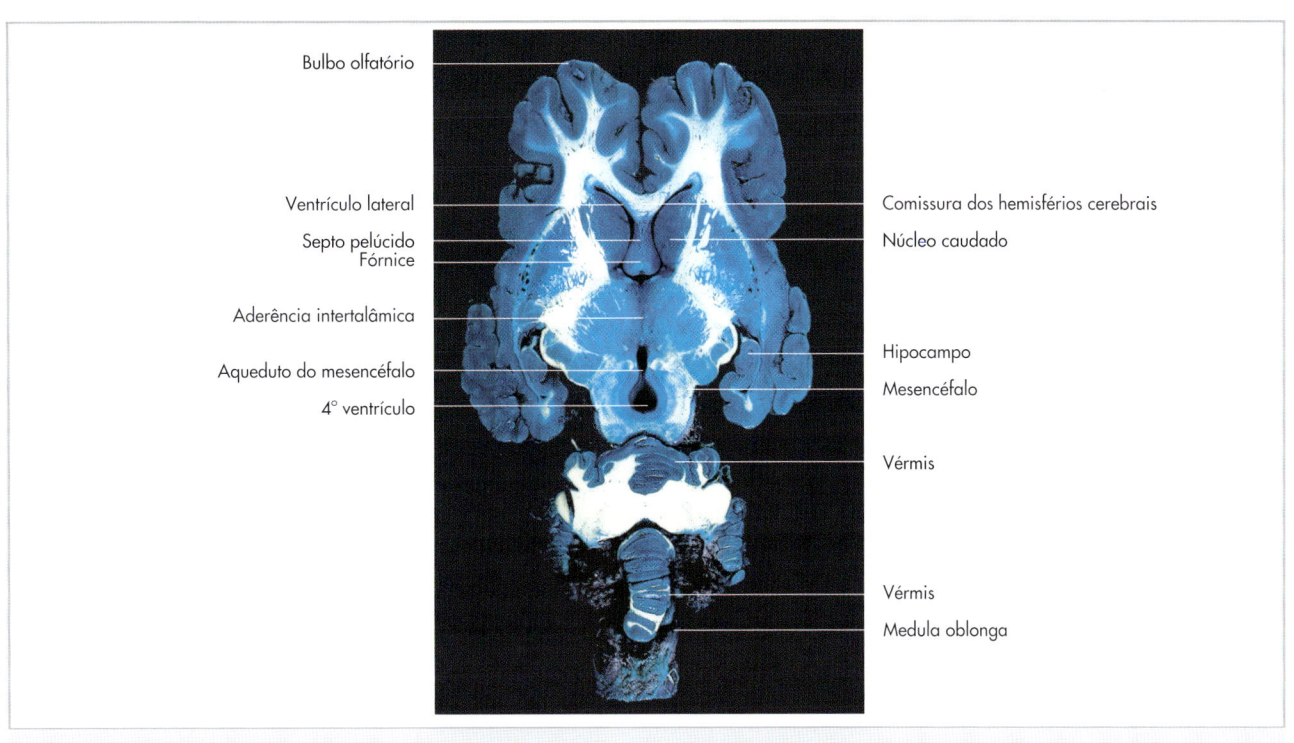

Fig. 15.16 Secção horizontal do encéfalo de um equino na altura da aderência intertalâmica (coloração azul, após Mulligan).

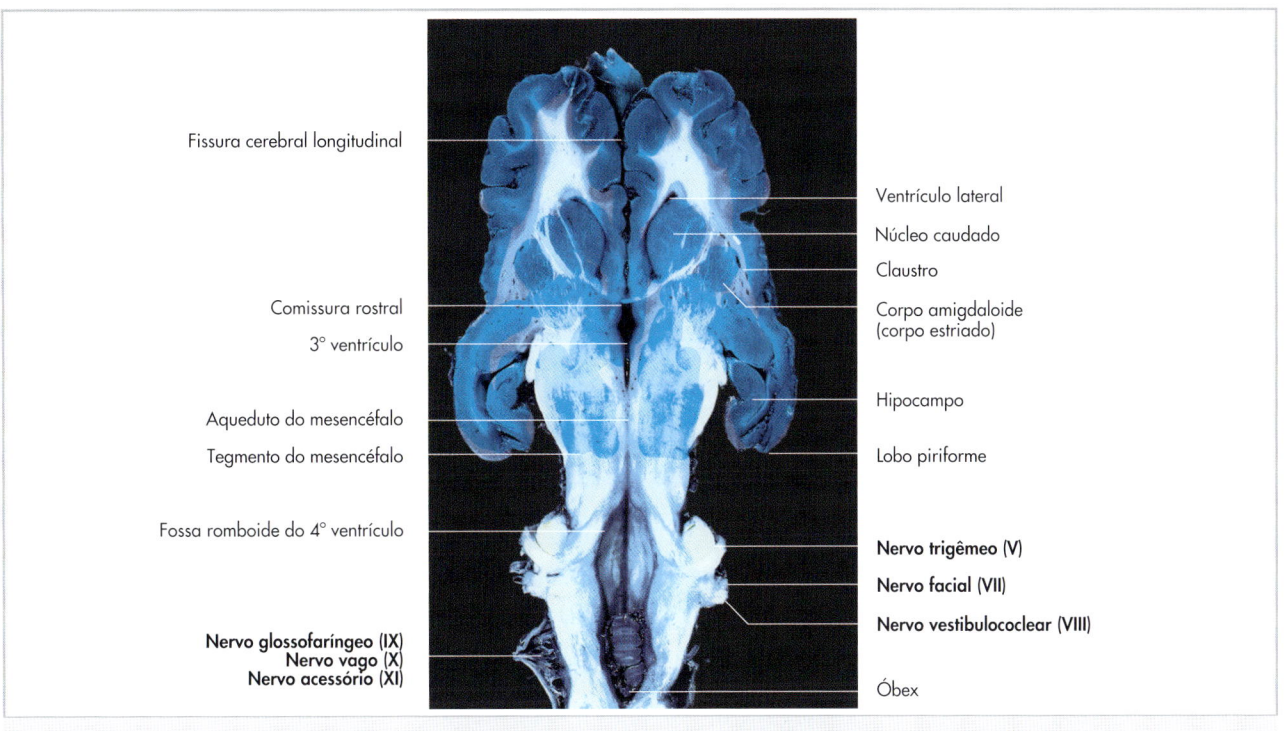

Fig. 15.17 Secção horizontal do encéfalo de um equino na altura do aqueduto mesencefálico (coloração azul, após Mulligan).

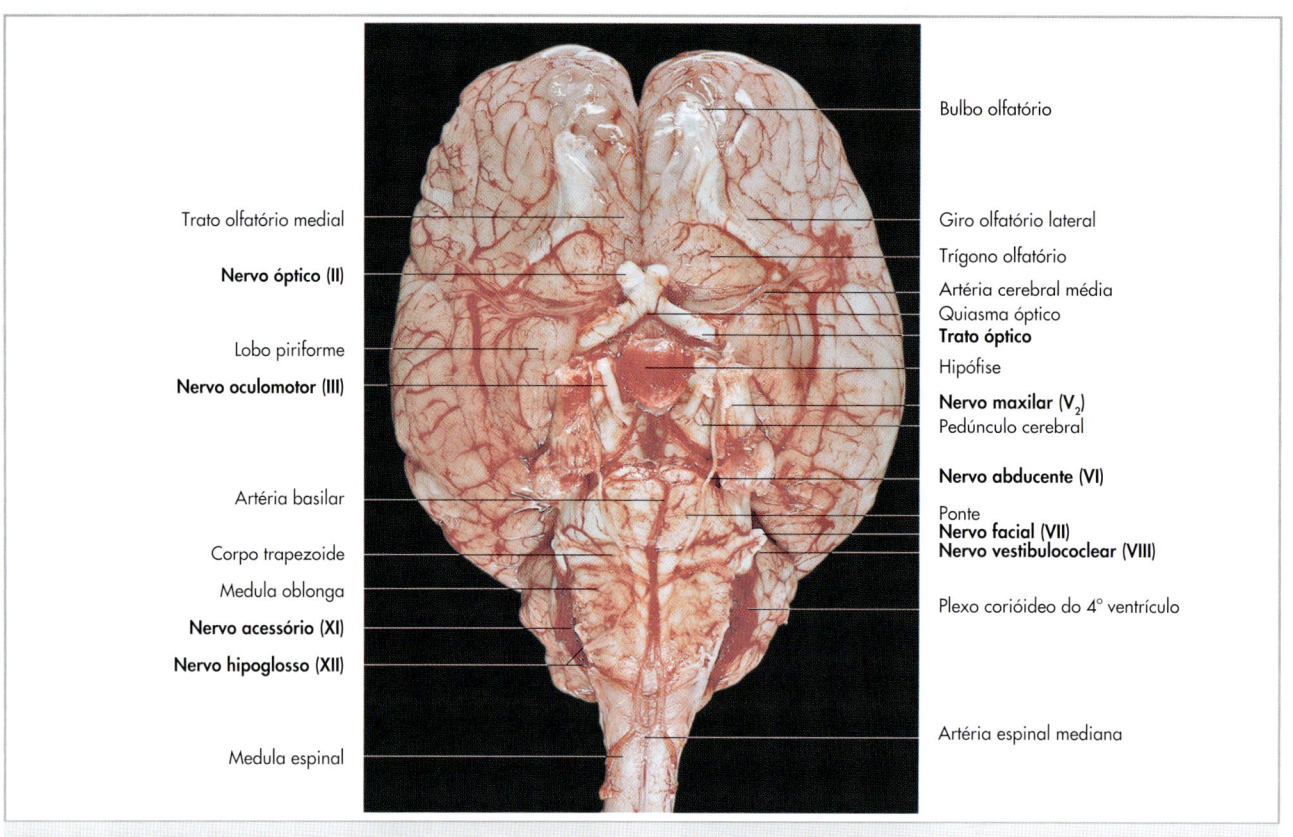

Fig. 15.18 Encéfalo de um equino (vista ventral).

O **bulbo olfatório** (*bulbus olfactorius*) forma a parte mais rostral do rinencéfalo, localizada na **fossa do etmoide**. O rinencéfalo prossegue caudalmente com o **pedúnculo olfatório** (*pedunculus olfactorius*), o qual se projeta do bulbo olfatório para se bifurcar nos tratos olfatórios medial e lateral. Os tratos olfatórios delimitam uma **área triangular** (*trigonum olfactorium*) que, juntamente à **substância perfurada rostral** (*substantia perforata rostralis*), constitui a área olfatória. A área perfurada rostral se situa caudal ao trígono olfatório e é perfurada por vários vasos sanguíneos.

O trato olfatório lateral maior prossegue caudalmente como o **lobo piriforme** (*lobus piriformis*) e forma uma grande protuberância, situada lateralmente ao hipotálamo (▶Fig. 15.17 e ▶Fig. 15.21). No sentido medial, esse lobo é contínuo com o hipocampo. Sob o lobo piriforme, encontra-se o **corpo amigdaloide** (*corpus amygdaloideum*) (▶Fig. 15.21, ▶Fig. 15.22 e ▶Fig. 15.24), o qual é composto por vários núcleos.

Sistema límbico

A expressão sistema límbico se aplica a um conjunto de estruturas encefálicas envolvidas no **comportamento emocional**. O sistema límbico é composto por elementos corticais e subcorticais (▶Fig. 15.20). A **parte cortical** compreende estruturas telencefálicas interconectadas nas faces medial e basal dos hemisférios, a saber: o giro do cíngulo, o lobo piriforme e o hipocampo. A **parte subcortical** inclui componentes do diencéfalo (habênula, hipotálamo, tálamo) e do mesencéfalo (núcleos interpedunculares e tegmentais) e o corpo amigdaloide.

O sistema límbico recebe impulsos olfatórios do lobo piriforme, o qual dá início à maioria das atividades motoras viscerais, mas também desencadeia comportamento emocional, como medo, agressão e prazer aparente. O sistema límbico influencia fortemente a sede, a fome e o comportamento sexual, e está intimamente relacionado com a **formação reticular** (▶Fig. 15.15).

Neopálio e hemisférios cerebrais

O neopálio compõe a maior parte do telencéfalo, formando a parte dorsolateral de cada hemisfério, e se interpõe entre o paleopálio ventral e o arquipálio medial. Nos mamíferos domésticos, a sua superfície é marcada por **giros** (*gyri cerebri*) e **sulcos** (*sulci cerebri*), que podem ser utilizados como pontos de referência anatômica.

A **fissura cerebral longitudinal** profunda, a qual é acompanhada de cada lado pelos sulcos marginal e suprassilviano, separa os **hemisférios direito** e **esquerdo** (▶Fig. 15.13, ▶Fig. 15.15, ▶Fig. 15.17, e ▶Fig. 15.19). O **sulco cruzado** se prolonga da fissura cerebral longitudinal, percorrendo um trajeto transversal na face rostrodorsal. O **sulco cerebral transverso** separa o cérebro do cerebelo. A **face lateral** de cada hemisfério é marcada pela fissura pseudossilviana, na qual a artéria cerebral média ascende. Nos sentidos rostral e caudal à fissura pseudossilviana, correm os sulcos ectossilvianos rostral e caudal. O sulco rinal divide o neopálio do rinencéfalo.

Na **face medial**, há o sulco esplênico, o qual divide o **neopálio** do **arquipálio**. No sentido caudodorsal ao sulco esplênico, corre o sulco ectoesplênico. Próximo à comissura dos hemisférios

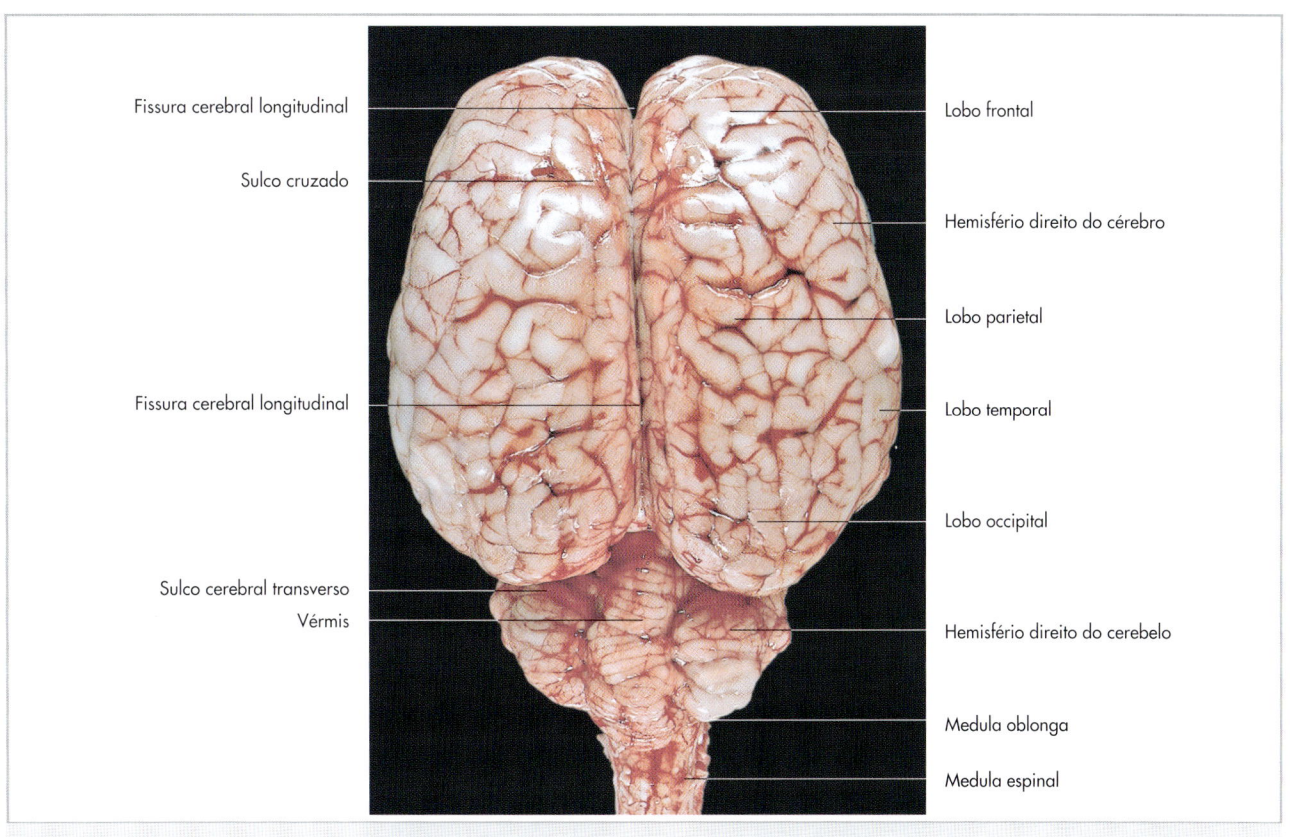

Fig. 15.19 Encéfalo de um equino (vista dorsal).

cerebrais, há outro sulco (*sulcus corporis callosi*), e rostral a ele, está o sulco do joelho.

Para facilitar a descrição, o neopálio pode ser dividido em lobos, denominados conforme os ossos que o recobrem. São eles: **lobos frontal**, **parietal**, **temporal** e **occipital** (▶Fig. 15.19). Áreas motoras se localizam no lobo frontal e dão origem aos tratos piramidais. No lobo parietal, encontram-se principalmente áreas sensoriais; o lobo temporal inclui a área auditiva, e o lobo occipital, a área visual.

Organização interna dos hemisférios

As aglomerações de substância cinzenta no interior da substância branca são conhecidas como **corpo estriado** (anteriormente denominado gânglios da base) (▶Fig. 15.14 e ▶Fig. 15.22). O corpo estriado (*corpus striatum*) inclui as seguintes estruturas:
- núcleo caudado (*nucleus caudatus*);
- putame (*putamen*);
- claustro (*claustrum*);
- corpo amigdaloide (*corpus amygdaloideum*).

O **núcleo caudado** se projeta na parte rostral no assoalho do **ventrículo lateral** (▶Fig. 15.22). No sentido lateroventral ao núcleo caudado, está o **putame**, separado por fibras da **cápsula interna**. Adjacente à face lateral do putame, situa-se o **claustro**, uma faixa estreita de substância cinzenta (▶Fig. 15.24). Entre o putame e o claustro, passam as fibras da **cápsula externa**. Uma faixa fina de substância branca (cápsula extrema) separa o claustro do córtex cerebral contíguo.

A função do claustro não é totalmente compreendida, mas sabe-se que ele possui conexões com os sistemas visual e límbico.

Os outros núcleos se referem principalmente à postura e ao movimento voluntários. O corpo estriado é responsável pela produção da direção apropriada e pela magnitude do movimento por meio da inibição seletiva de expressão motora. A substância branca do cérebro consiste em fibras nervosas ascendentes e descendentes: as fibras de associação, projeção e comissurais.

As **fibras de projeção** entram ou saem dos hemisférios nos segmentos inferiores do sistema nervoso central. Essas fibras cruzam uma faixa de substância branca, denominada **cápsula interna** (▶Fig. 15.23 e ▶Fig. 15.24). As fibras de associação conectam as regiões corticais dentro do mesmo hemisfério e variam em extensão, desde as que conectam os giros adjacentes até as que percorrem distâncias maiores.

As **fibras comissurais** conectam as regiões correspondentes dos dois hemisférios. A decussação de grande parte dessas fibras ocorre no **corpo caloso** (*corpus callosum*) (▶Fig. 15.9, ▶Fig. 15.20 e ▶Fig. 15.34). A comissura rostral conecta os dois lobos renais e o corpo amigdaloide.

A **comissura do fórnice** (*commissura fornicis seu hippocampi*) se posiciona ventralmente ao esplênio do corpo caloso. O **corpo caloso** permite que os dois hemisférios funcionem de forma coerente como um único centro cognitivo.

Ao se dissecar o corpo caloso, observa-se que ele é composto por uma **região alongada** (*truncus corpori callosi*), que possui uma **extremidade caudal arredondada** (*splenium*) e uma **extremidade rostral** (*genu corporis callosi*). Uma membrana delgada

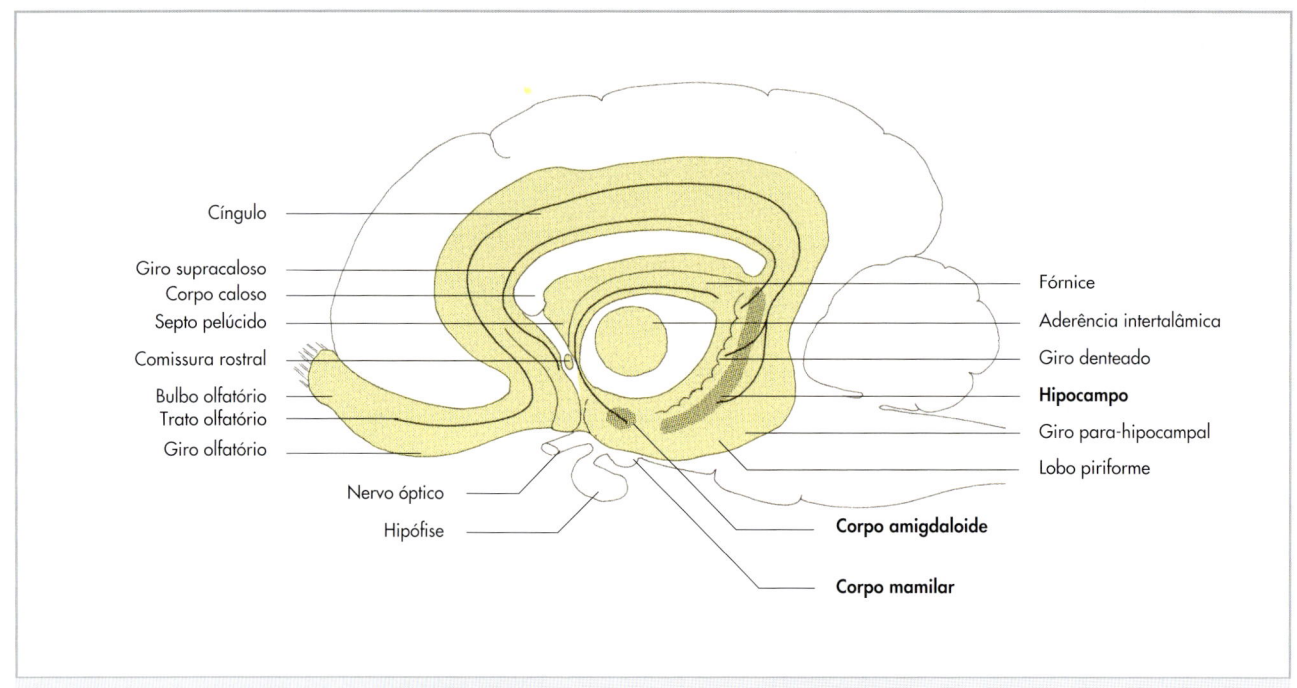

Fig. 15.20 Sistema límbico (representação esquemática).

se prolonga ventralmente entre o corpo caloso e o fórnice, o **septo pelúcido** (*septum pellucidum*), o qual separa os dois ventrículos laterais (▶Fig. 15.26 e ▶Fig. 15.34).

Funções do telencéfalo

O **córtex cerebral** pode ser dividido em áreas conforme a sua função, que, por sua vez, é determinada pelas conexões neuronais. A **área somestésica** recebe informações táteis e cinestésicas da pele. Ela se localiza na metade caudal do giro pós-cruzado e no giro suprassilviano rostral. Essa área pode ser subdividida em partes que recebem informações apenas da metade contralateral do corpo (*area sensorica contralateralis*) e partes que recebem informações das duas metades do corpo (*area sensorica bilateralis*). Estas últimas se localizam no giro ectossilviano. Adjacente ao córtex somestésico, encontra-se a área gustatória para a língua e a faringe.

A **área olfatória** se situa no rinencéfalo e foi descrita anteriormente neste capítulo. A **área visual** (*area optica*) se prolonga sobre a face medial e parte da face dorsolateral do lobo occipital. A **área auditiva** se situa predominantemente no giro silviano e é vizinha da **área vestibular**.

A **área motora** do córtex cerebral (*area motorica*) se situa rostralmente à área somestésica. Ela está localizada na metade rostral do giro pós-cruzado, no giro coronal e na parte ventrolateral do giro pré-cruzado até o sulco pré-silviano. Da área motora, emergem as fibras de projeção corticoespinal, corticonuclear e corticorreticular para o controle da postura e do movimento voluntários. A área motora dos humanos contém as células piramidais gigantes de Betz, as quais formam os mais longos e espessos axônios, que se prolongam desde o córtex até a medula espinal.

O **córtex de associação** possui conexões apenas dentro do córtex cerebral, e acredita-se que ele seja responsável pela **inteligência**. Ele recebe estímulos das áreas sensoriais que envolve, e seu funcionamento consiste em interpretar as informações fornecidas. O hipocampo, um giro do arquipálio voltado para dentro sob o lobo piriforme, influencia a atividade endócrina, visceral e emocional por meio de suas conexões com o hipotálamo, com o septo pelúcido e com o giro do cíngulo. Nos humanos, ele desempenha um papel importante no processo de aprendizado e memória.

15.1.3 Vias do sistema nervoso central

As vias do sistema nervoso central não podem ser visualizadas anatomicamente, pois consistem em **unidades funcionais**, compostas por axônios ascendentes ou descendentes que percorrem o mesmo trajeto e conduzem informações de um local para o outro. A função e a posição dessas vias são determinadas pela avaliação dos resultados de lesões induzidas experimentalmente a determinadas partes do sistema nervoso central. A seção a seguir tratará apenas das vias fundamentais, de estrutura relativamente discreta (para uma descrição mais detalhada, consulte obras sobre neurofisiologia e neuropatologia).

Vias ascendentes

Vias aferentes somáticas gerais

As vias aferentes somáticas gerais conduzem informações de diversos tipos de receptores na pele e em tecidos somáticos mais profundos até o encéfalo. Entre essas informações, está uma gama variada de modalidades sensoriais: toque, pressão, sensação vibratória, sensação térmica, dor e sensação cinestésica relacionada com a angulação de articulações e tensão muscular.

Os neurônios principais que se referem a esses sentidos estão localizados nos gânglios da raiz dorsal dos nervos espinais e nos

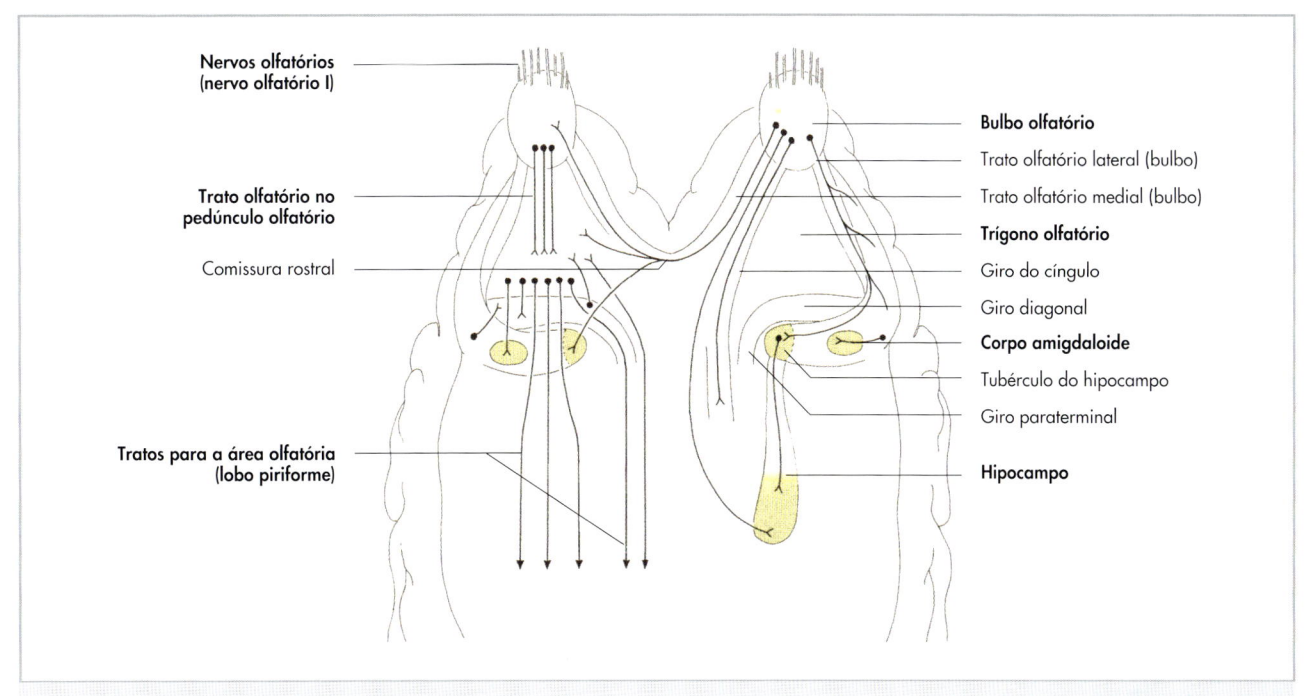

Fig. 15.21 Vias olfatórias (representação esquemática).

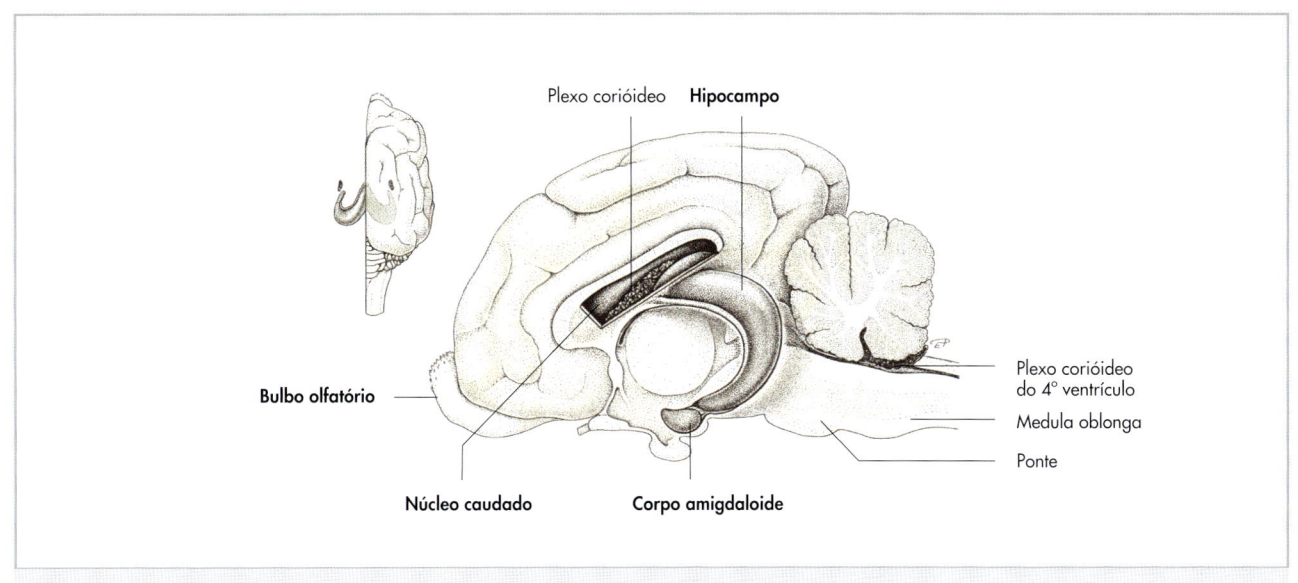

Fig. 15.22 Organização interna do hipocampo e do corpo amigdaloide (representação esquemática).

gânglios correspondentes do nervo trigêmeo para a cabeça. A via ascendente desse grupo pode ser dividida em:
- lemnisco medial;
- sistema extralemniscal.

O **lemnisco medial** concentra os tratos ascendentes mais importantes (▶Fig. 15.27 e ▶Fig. 15.28) e pode ser subdividido em **lemnisco espinal**, para o tronco e os membros, e **lemnisco trigeminal**, para as fibras nervosas sensoriais originárias da cabeça. Os neurônios sensoriais do lemnisco espinal correm no funículo dorsal da medula espinal. Os neurônios originados do plexo lombossacral e da parte mais caudal do tronco ocupam **posições mediais** (fascículo grácil, *fasciculus gracilis*). Já os originários do plexo braquial e da parte cranial do tronco assumem **posições laterais** (fascículo cuneiforme, *fasciculus cuneatus*).

Os dois tratos terminam nos núcleos de mesmo nome (**núcleo cuneiforme**, **núcleo grácil**) da parte dorsal da medula oblonga. Após a sinapse, há a decussação dos axônios dos neurônios

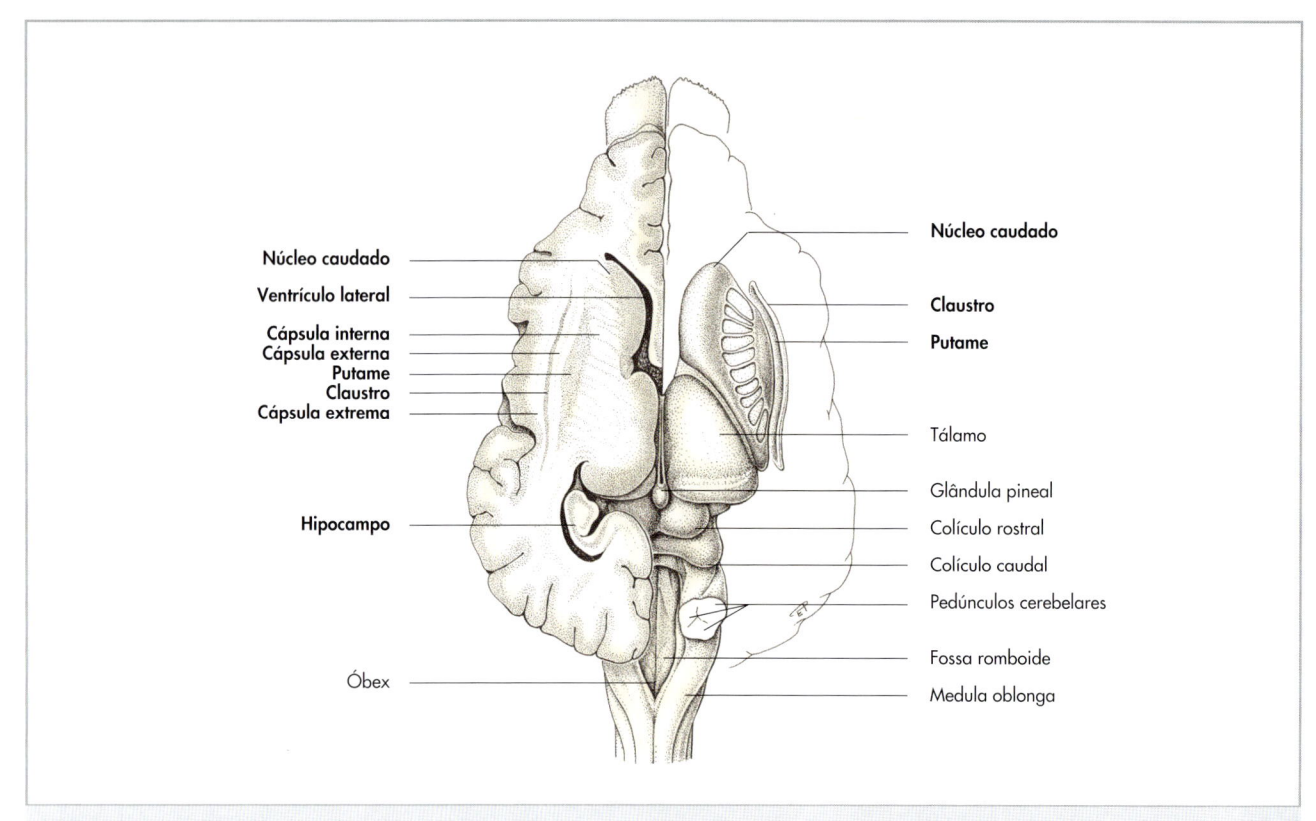

Fig. 15.23 Corpo estriado (representação esquemática; à esquerda, secção horizontal; à direita, reconstrução tridimensional).

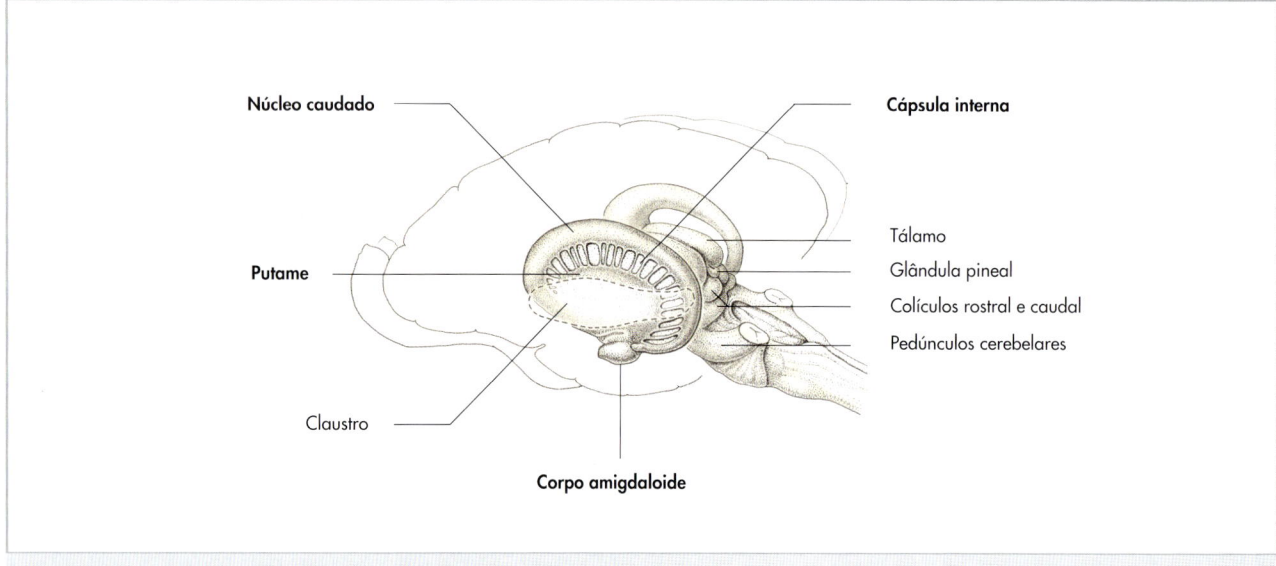

Fig. 15.24 Organização interna do corpo estriado (representação esquemática).

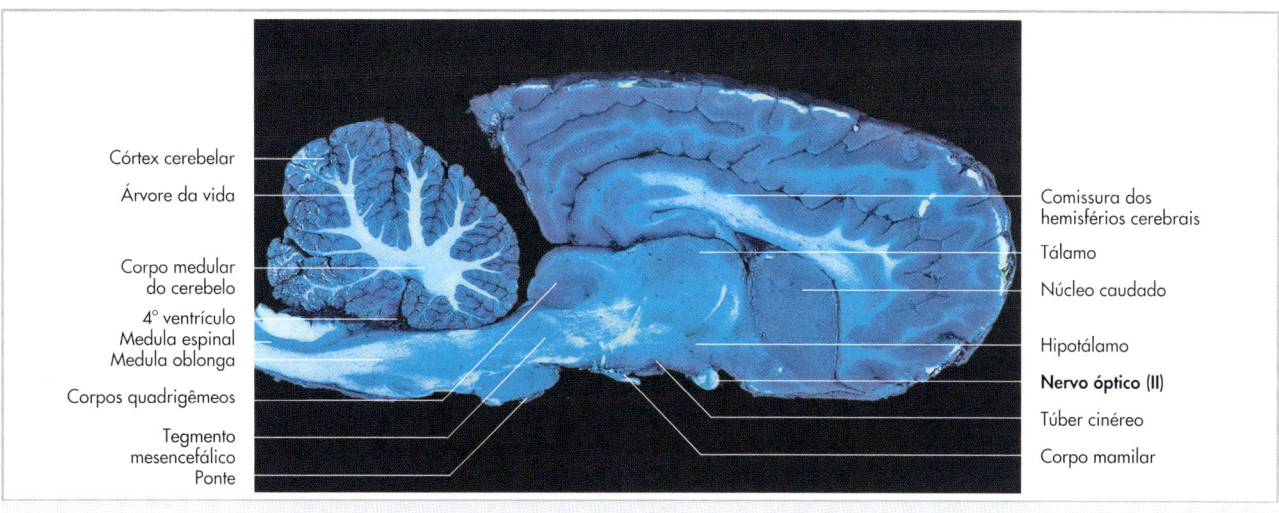

Fig. 15.25 Secção paramediana do encéfalo de um equino (coloração azul).

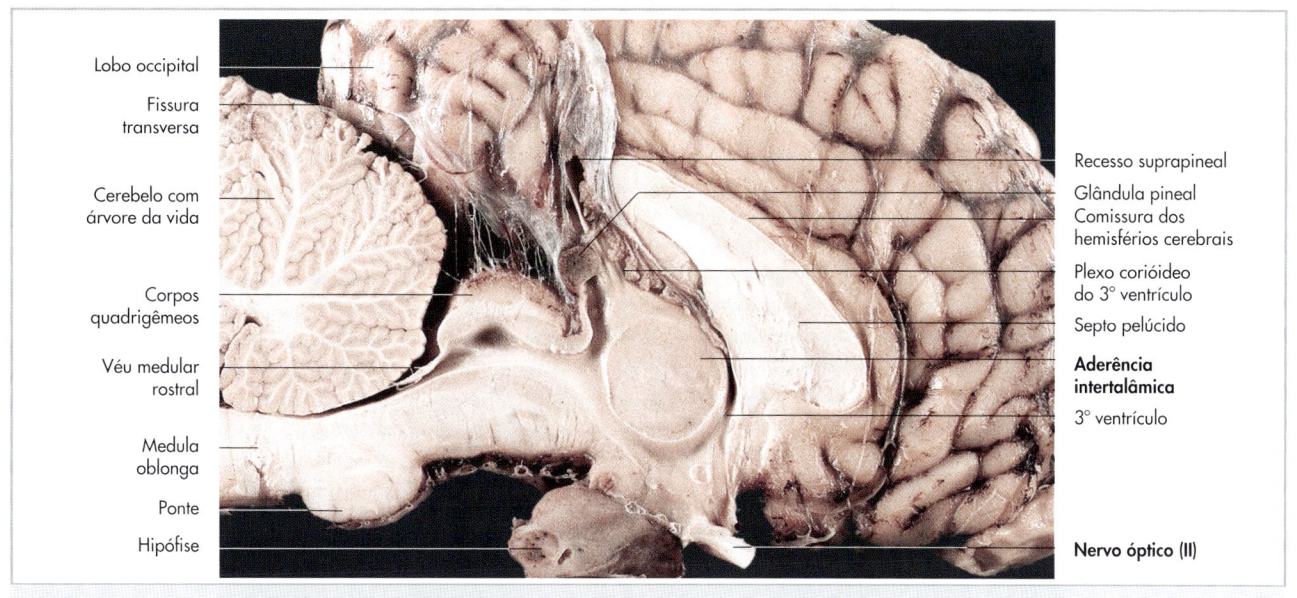

Fig. 15.26 Encéfalo de um equino (representação esquemática, secção mediana). (Fonte: cortesia da Profª. Drª. Sabine Breit, Viena.)

do segundo estágio para o lado oposto até alcançar o complexo nuclear caudoventral do tálamo, onde ocorre uma nova sinapse. Os axônios terciários se projetam para a área somestésica do córtex cerebral. Em seu curso pelo tronco encefálico, o lemnisco medial recebe fibras do núcleo sensorial do nervo trigêmeo após a decussação na ponte.

O **sistema extralemniscal** forma um segundo trato, o **trato espinotalâmico**, que conduz impulsos caracterizados por uma propagação lenta e localização menos precisa dos estímulos de origem, em comparação ao lemnisco medial. Os axônios primários terminam em neurônios dos cornos dorsais próximos a suas raízes espinais. Após fazerem sinapse com vários interneurônios, os neurônios de segundo estágio penetram a substância branca, onde percorrem cranialmente nos funículos ventrolaterais da substância branca para fazer sinapse no tálamo. Os neurônios terciários se projetam do tálamo em uma área cortical rostral à do sistema lemniscal.

Informações sobre a **natureza proprioceptiva** dos receptores nos tendões e nos músculos não alcançam uma percepção consciente. Os axônios primários terminam em células do corno dorsal e alcançam o cerebelo pelos tratos espinocerebelares ventral e dorsal.

Vias aferentes dos órgãos dos sentidos

Vias ópticas

A retina contém os receptores para **informações visuais** (▶Fig. 15.29). Essas informações alcançam o **quiasma óptico**, na superfície ventral do cérebro, onde algumas das fibras se decussam (▶Fig. 15.10, ▶Fig. 15.12 e ▶Fig. 15.18). A proporção de fibras que são trocadas com o nervo óptico oposto está correlacionada com o grau de visão binocular da espécie. Na maioria das aves, em que a visão é basicamente monocular, há decussação de todas as fibras.

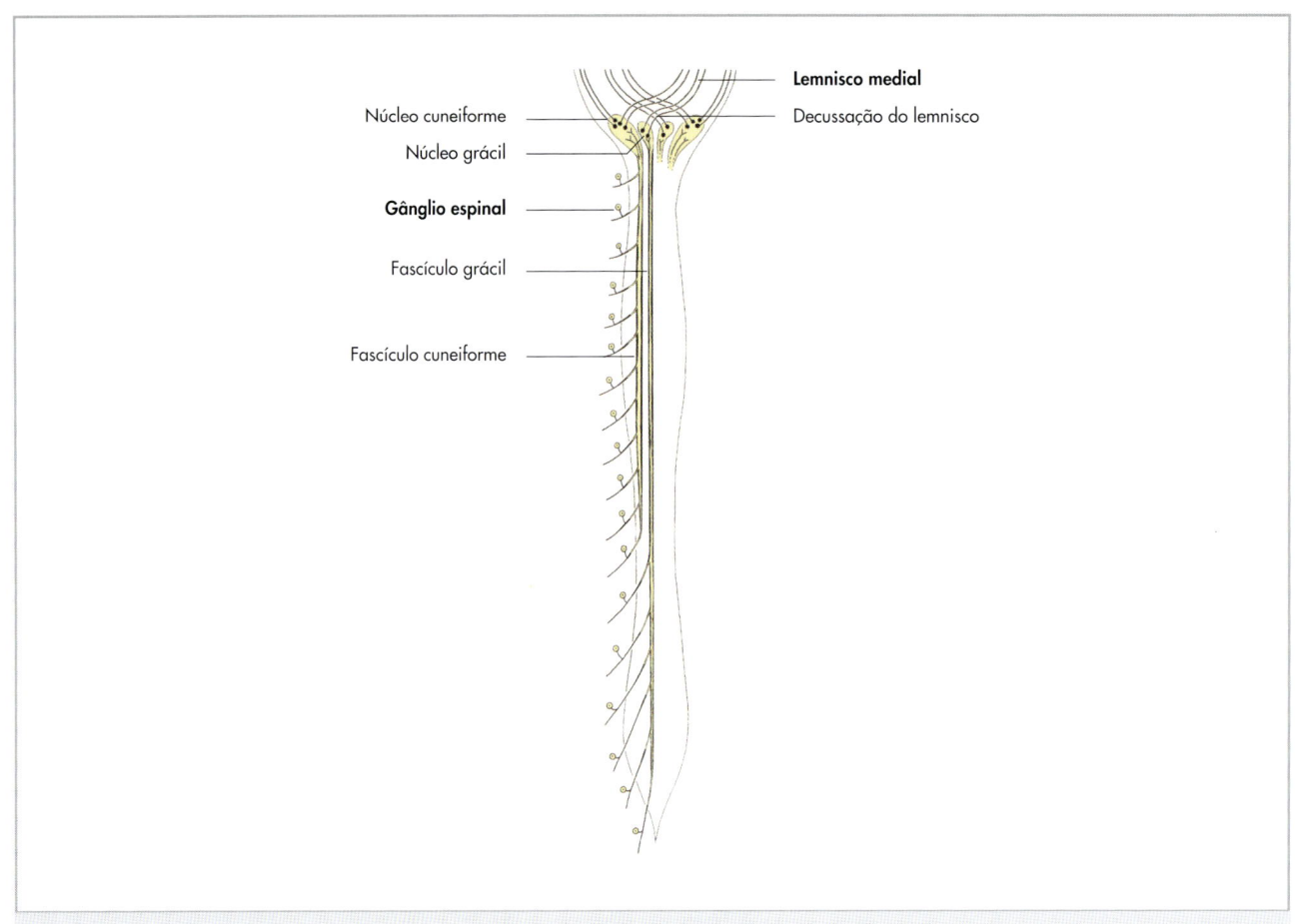

Fig. 15.27 Vias ascendentes (representação esquemática).

No cão e no gato, que apresentam uma visão binocular melhor, cerca de 75% das fibras do nervo óptico se cruzam antes da união com o trato óptico contralateral, caudal ao quiasma óptico. Nos primatas, que têm a melhor visão binocular, há o cruzamento de cerca de 50% das fibras.

Após o quiasma óptico, as fibras prosseguem como o **trato óptico** (*tractus opticus*), o qual faz sinapse no núcleo geniculado lateral e no **tálamo óptico**. A partir do tálamo, projetam-se neurônios de segundo estágio, por meio da radiação da **cápsula interna**, no **córtex visual** localizado no lobo occipital de cada hemisfério. Esse é o centro da percepção visual consciente. Algumas fibras deixam o trato óptico e terminam nos **colículos rostrais do mesencéfalo**, em núcleos da formação reticular e no **núcleo caudado**. Essas fibras são responsáveis pelos reflexos ópticos, como a acomodação focal e o controle do diâmetro da pupila.

Vias vestibular e auditiva

Os órgãos receptores do equilíbrio e da audição são o **órgão espiral (de Corti)**, os **ductos semicirculares**, o **utrículo** e o **sáculo** da **orelha interna**. Os neurônios primários que se referem a esses sentidos se situam nos gânglios espirais da cóclea e nos **gânglios vestibulares** dorsal e ventral no meato acústico interno (▶Fig. 15.30).

As fibras de ambos os órgãos de sentido penetram o tronco encefálico no interior do **nervo vestibulococlear comum**, o qual passa para o **corpo trapezoide**.

Partes das fibras vestibulares terminam nos núcleos vestibulares, de onde os neurônios de segundo estágio passam para o **cerebelo**. Algumas fibras vestibulares contornam os núcleos vestibulares e alcançam o cerebelo diretamente pelos **pedúnculos cerebrais caudais**. Há, também, neurônios que descendem dos núcleos vestibulares para os neurônios motores no corno ventral da medula espinal e para o núcleo dos nervos cranianos III, IV e VI, os quais inervam os músculos oculares externos. As fibras que conduzem para a percepção consciente dos estímulos vestibulares se projetam no córtex cerebral no **lobo temporal via tálamo**.

As **fibras cocleares** também penetram o tronco encefálico através do corpo trapezoide antes de fazerem sinapses dentro dos **núcleos cocleares ventrais** e **dorsais**. Os axônios dos núcleos do corpo trapezoide e dos núcleos cocleares ascendem no **lemnisco lateral** para os **colículos caudais** do mesencéfalo. Os axônios dos núcleos cocleares se projetam para os dois lados do encéfalo, porém a maioria se entrecruza. Algumas fibras responsáveis pela percepção consciente de som fazem sinapse no **núcleo geniculado medial** antes de se projetarem para o **córtex auditivo no interior do lobo temporal**.

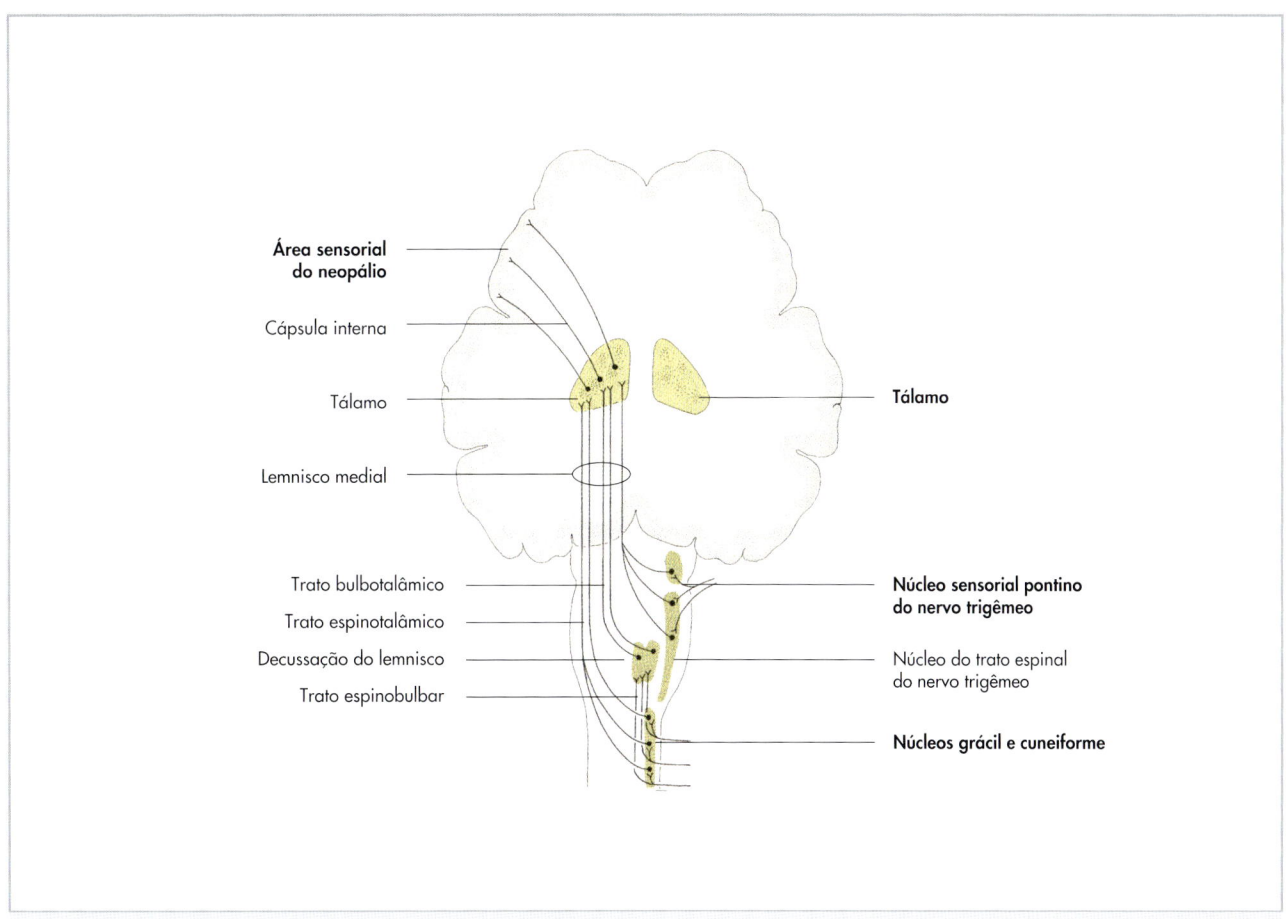

Fig. 15.28 Sistema lemniscal medial (representação esquemática).

Vias descendentes

Vias motoras somáticas

As contrações da musculatura esquelética são reguladas por dois sistemas de neurônios, situados em locais diferentes do sistema nervoso central. São eles:
- neurônios motores inferiores;
- neurônios motores superiores.

Os **neurônios motores inferiores** se situam na **coluna ventral da substância cinzenta** da medula espinal e no interior dos **núcleos motores dos nervos cranianos** com um componente motor. Os neurônios motores inferiores fornecem a parte eferente dos reflexos simples, porém são controlados principalmente pelos neurônios motores superiores. Os seus axônios passam para os músculos efetores pelos nervos espinais ou cranianos. A maioria dos neurônios motores superiores está situada no **neopálio**, alguns no **núcleo rubro** do mesencéfalo e outros na formação reticular.

Os **neurônios motores superiores** não se projetam diretamente sobre as fibras musculares; eles regulam a atividade dos neurônios motores inferiores pela **excitação** ou pela **inibição**. As conexões entre os neurônios motores superiores e inferiores se agrupam em duas vias descendentes: os **sistemas piramidal** e **extrapiramidal**. O sistema piramidal diz respeito aos movimentos de sintonia fina, ao passo que o sistema extrapiramidal controla movimentos mais amplos e estereotípicos, embora os dois funcionem de forma colaborativa.

Sistema piramidal

O desenvolvimento e a organização do sistema piramidal variam consideravelmente entre as espécies. Ele é mais desenvolvido em primatas, nos quais lesões graves resultam em paralisia permanente da musculatura esquelética do lado contralateral. De modo geral, os mamíferos domésticos se recuperam pelo menos parcialmente de lesões semelhantes.

As **fibras do sistema piramidal** (▶Fig. 15.31) se originam das células piramidais gigantes de Betz do **córtex motor do neopálio**. Elas formam uma fração importante da cápsula interna na face lateral do tálamo, antes de atravessarem a parte ventral da ponte e entrarem no pilar do cérebro, na face central do encéfalo. Essas fibras reaparecem na superfície como **pirâmides da medula oblonga**. O sistema piramidal compreende três tipos de fibras:
- **fibras corticoespinais**: prolongam-se do córtex até a medula espinal;
- **fibras corticobulbares**: terminam em vários núcleos de nervos cranianos contralaterais;
- **fibras corticopontinas**: passam para os núcleos na ponte.

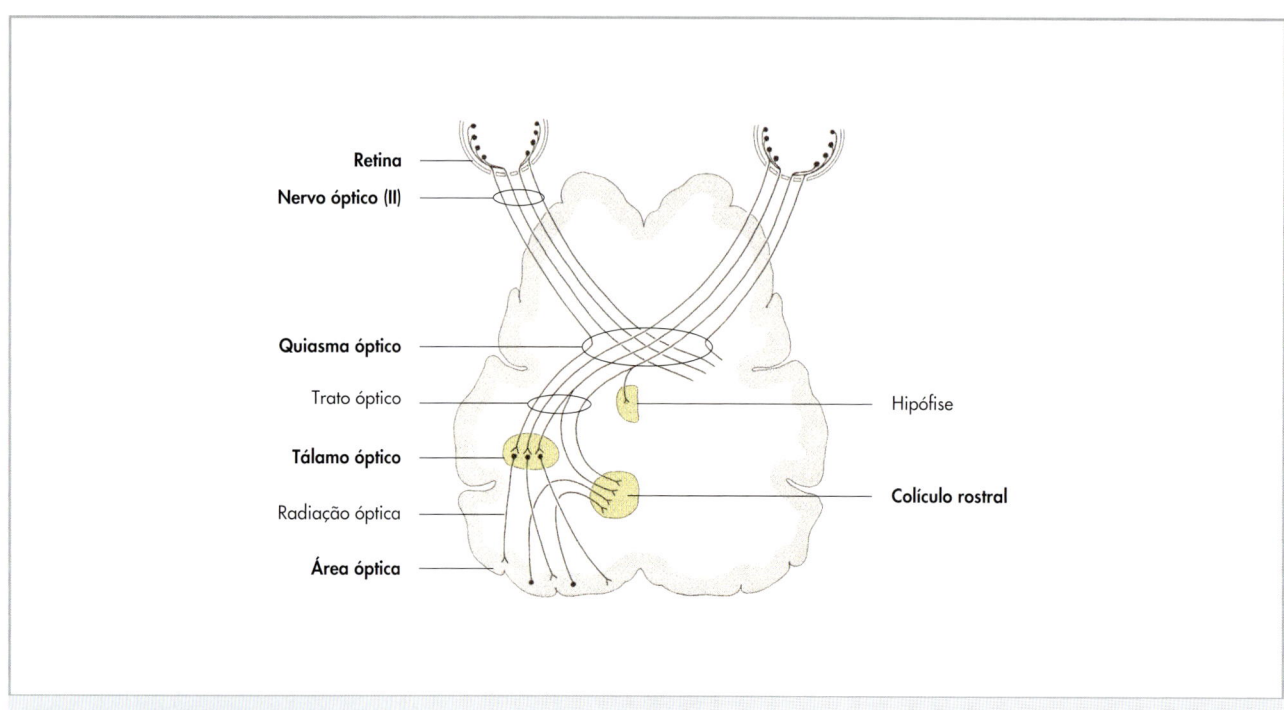

Fig. 15.29   Vias ópticas (representação esquemática).

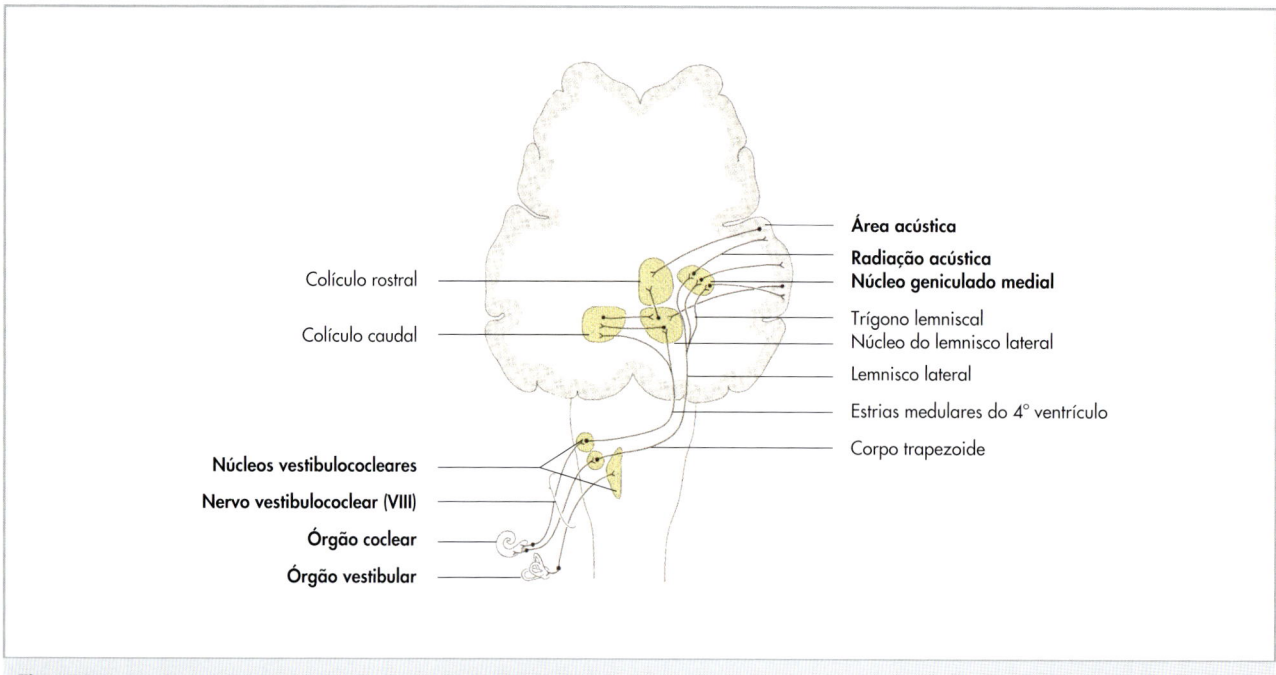

Fig. 15.30   Vias vestibular e auditiva (representação esquemática).

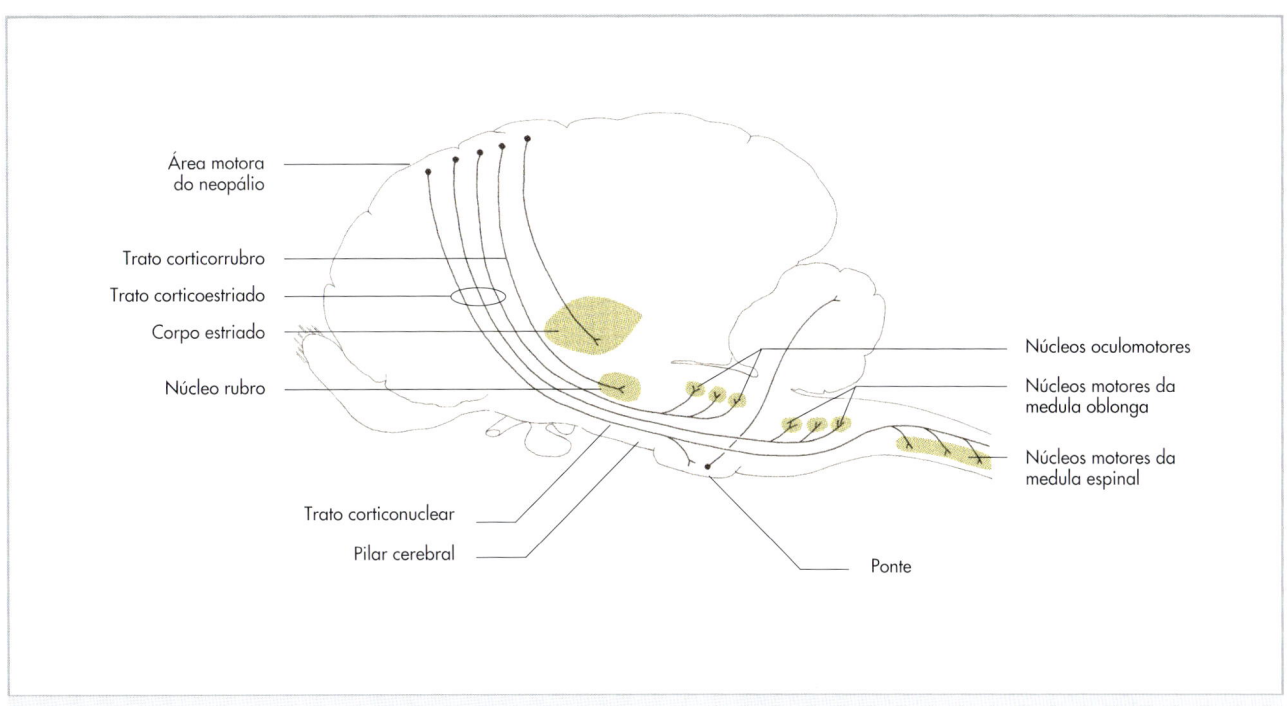

Fig. 15.31 Sistema piramidal (representação esquemática).

Embora haja entrecruzamento de algumas fibras corticoespinais na medula oblonga, outras continuam em seu lado de origem e atravessam para o outro lado, próximo ao seu término.

A fração de fibras que se entrecruzam na medula oblonga varia conforme a espécie. Quase todas as fibras se cruzam no cão e no gato, em comparação a 50% das fibras em ungulados. A extensão das fibras também varia. Em carnívoros, as fibras piramidais alcançam todos os níveis da medula espinal, ao passo que, em ungulados, o término do sistema piramidal ocorre na altura da origem do plexo braquial.

Sistema extrapiramidal

Em contrapartida ao sistema piramidal, o sistema extrapiramidal compreende diversas **vias multissinápticas**, que se originam do corpo estriado, dos núcleos subtalâmicos, da substância negra, do núcleo rubro e da formação reticular. Interconectados a esses núcleos, encontram-se diversos centros motores, como os núcleos talâmicos, os núcleos vestibulares, a formação reticular e o cerebelo, para o qual todos os núcleos do sistema se projetam.

O **sistema extrapiramidal** se refere à manutenção da postura e à execução de **movimentos** intencionais, ao assegurar a **atividade muscular** coordenada. Vários circuitos de retroalimentação mantêm o equilíbrio necessário entre as partes inibitórias e excitatórias do sistema extrapiramidal. O **cerebelo** controla tanto o sistema extrapiramidal quanto o sistema piramidal. Isso pode ser modificado pelas informações aferentes originárias dos dois sistemas, bem como pelo aparelho vestibular. As informações são utilizadas para controlar os núcleos rubro e talâmico, a formação reticular e os núcleos vestibulares.

15.1.4 Sistema nervoso autônomo central

O **sistema nervoso autônomo** (também denominado **visceral**, **vegetativo** ou **idiotrópico**) atua no âmbito da **coordenação do funcionamento dos órgãos internos** essenciais para a vida. Ele regula a respiração, a circulação, a digestão, o metabolismo, a temperatura do corpo, o equilíbrio entre água e eletrólitos, a reprodução e muitas outras funções corporais. A maioria dos mecanismos que desempenham essas funções também ocorre no animal inconsciente, como, por exemplo, durante o sono ou sob anestesia geral. Por esse motivo, utiliza-se a expressão "**autônomo**".

O centro principal de integração do **sistema nervoso autônomo** é o **hipotálamo** (▶Fig. 15.25 e ▶Fig. 15.33), o qual regula a atividade por meio de mecanismos neurais e endócrinos. As vias neurais se prolongam, seja diretamente ou mediante vias multissinápticas, através da **formação reticular**, desde o hipotálamo até os núcleos autônomos do tronco encefálico ou da medula espinal. O **hipotálamo** recebe informações sobre funções viscerais de quase todas as partes do corpo pelos núcleos mesencefálicos, pela formação reticular e pelas partes telencefálicas do sistema límbico. As **vias endócrinas** operam por **células neurossecretoras**, cujos produtos são transportados com a circulação sanguínea até os órgãos efetores, nos quais elas atuam diretamente ou são transportadas até a hipófise por meio de vasos portais, onde iniciam a liberação de hormônios.

A **hipófise** (glândula pituitária) (▶Fig. 15.26 e ▶Fig. 15.34) está suspensa abaixo do hipotálamo pelo infundíbulo. A sua parte caudal, a neuro-hipófise, armazena e libera hormônios, que são produzidos pelas células neurossecretoras no interior dos **núcleos supraópticos** e **paraventriculares** do hipotálamo e transportados pelos axônios celulares.

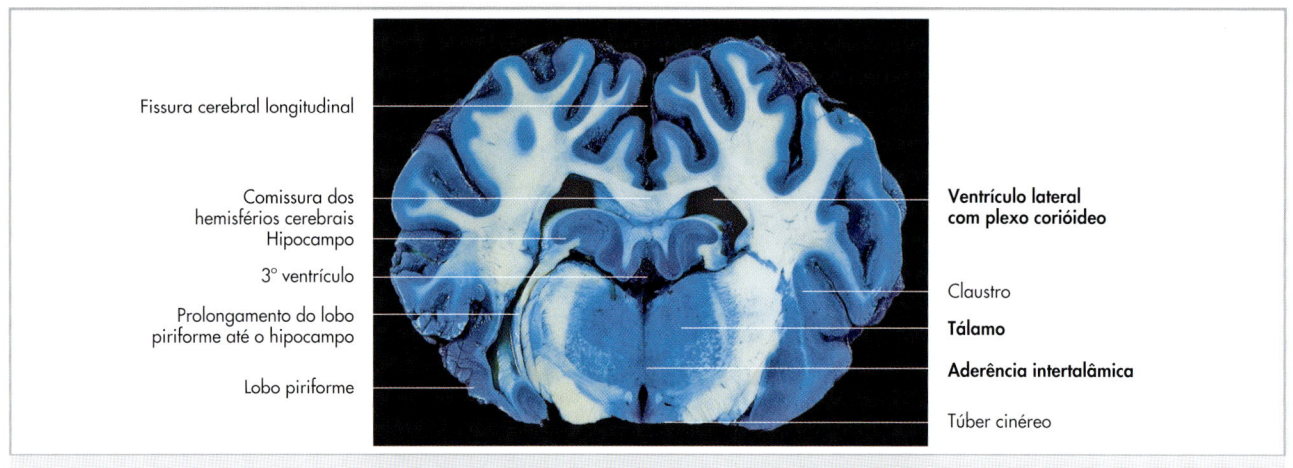

Fig. 15.32 Secção transversal do encéfalo de um equino na altura da aderência intertalâmica (coloração azul, após Mulligan).

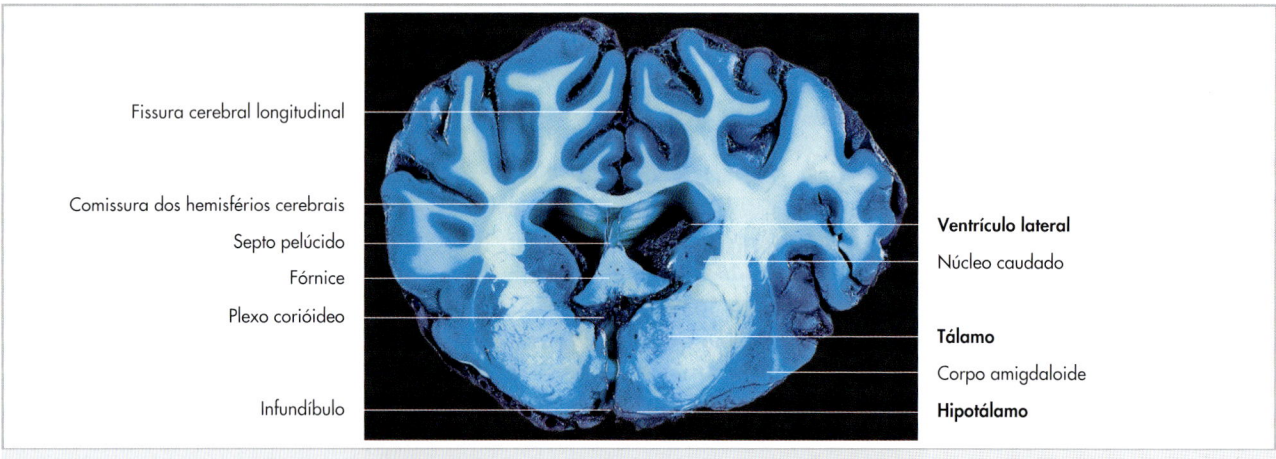

Fig. 15.33 Secção transversal do encéfalo de um bovino na altura da parte rostral do diencéfalo (coloração azul, após Mulligan).

A **adeno-hipófise** recebe neurossecreções do hipotálamo pelos **vasos portais hipofisários**. Circuitos de retroalimentação regulam a interação entre o hipotálamo e a hipófise. Para uma descrição mais detalhada, ver Capítulo 16, "Glândulas endócrinas" (p. 587).

Vias viscerais

As vias viscerais podem ser divididas em **vias aferentes** e **eferentes**, e estas últimas podem ser subdivididas em **vias simpáticas** e **parassimpáticas**.

O sistema receptor das **vias viscerais aferentes** consiste em mecanorreceptores e quimiorreceptores, os quais se situam dentro dos órgãos internos e dos vasos sanguíneos. Os corpos celulares dos neurônios primários são encontrados nos gânglios dorsais dos nervos espinais e nos gânglios correspondentes de determinados nervos cranianos. As vias autônomas ascendentes acompanham os sistemas lemniscal e extralemniscal até terminarem no tálamo.

Embora a maior parte da atividade visceral ocorra inconscientemente, algumas projeções para o córtex cerebral originam a percepção consciente, como fome e a sensação de preenchimento do reto ou da vesícula urinária. Dores oriundas de órgãos internos enfermos podem ser confundidas com dores originárias da superfície do corpo, devido à troca de informações entre a via visceral aferente e a via somática cutânea. Cada órgão tem a sua **própria área de reflexo**, denominada **zona de Head**, na superfície do corpo, a qual pode ser utilizada para aliviar dores de origem visceral (massagem, acupuntura). Pontos de gatilho da dor semelhantes na pele existem para o sistema esquelético (articulações, coluna).

As **vias viscerais eferentes** podem ser agrupadas de forma anatômica, farmacológica e funcional em dois sistemas: **sistemas parassimpático** e **simpático**. Ambos os sistemas possuem dois neurônios por via, ou seja, dois neurônios sucessivos conectam o sistema nervoso central à estrutura inervada.

O **corpo do primeiro neurônio** de cada par se situa no sistema nervoso central e envia o seu axônio mielinizado como parte do sistema nervoso periférico. O axônio desse **neurônio pré-ganglionar** termina em um gânglio periférico, no qual ele faz sinapse com o neurônio pós-ganglionar da cadeia que termina na

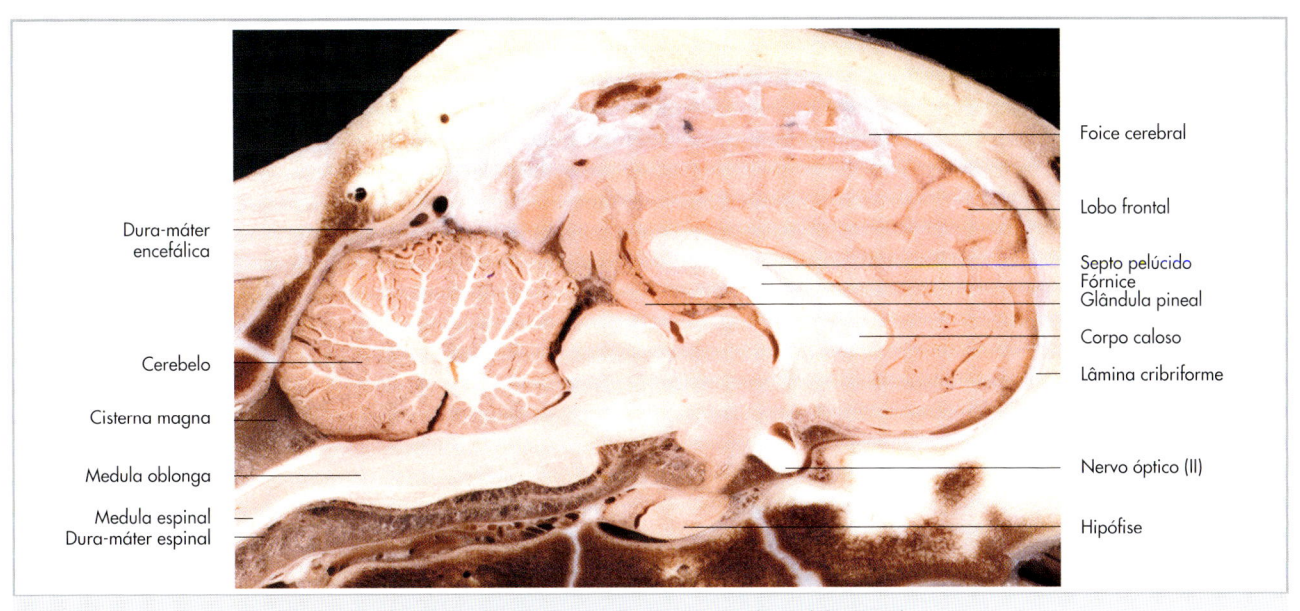

Fig. 15.34 Secção paramediana do encéfalo de um bezerro com meninges e início da medula espinal.

Labels: Dura-máter encefálica; Cerebelo; Cisterna magna; Medula oblonga; Medula espinal; Dura-máter espinal; Foice cerebral; Lobo frontal; Septo pelúcido; Fórnice; Glândula pineal; Corpo caloso; Lâmina cribriforme; Nervo óptico (II); Hipófise

estrutura inervada (p. ex., células glandulares, cardíacas ou musculares lisas). Os neurônios pré-ganglionares da divisão simpática localizam-se na coluna lateral da medula espinal, entre o primeiro segmento torácico e o segmento lombar médio. Os seus axônios fazem sinapse com os **neurônios pós-ganglionares**, relativamente próximos à medula espinal, nos **gânglios paravertebrais** da **cadeia simpática** ou nos gânglios subvertebrais na aorta. A estimulação das vias simpáticas resulta em aumento na pressão sanguínea, na frequência cardíaca e na dilatação das pupilas; ao mesmo tempo, a motilidade e a atividade glandular intestinais diminuem.

Os **neurônios pré-ganglionares da divisão parassimpática** se localizam nos núcleos dos nervos oculomotor, intermediofacial, glossofaríngeo e vago, no interior do tronco encefálico e nas colunas laterais da medula espinal sacral. Os corpos dos **neurônios pós-ganglionares** se encontram em gânglios menores próximos ao órgão inervado ou até mesmo incorporados por ele. A denominação **gânglios da cabeça** normalmente indica a sua localização (gânglio ciliar, pterigopalatino, óptico, mandibular). A atividade parassimpática causa o estímulo de motilidade e secreção intestinais, defecação e micção, depressão das frequências cardíaca e respiratória e constrição das pupilas.

O principal centro de controle das vias eferentes viscerais é o **hipotálamo** (▶Fig. 15.25 e ▶Fig. 15.33). A parte rostral do hipotálamo é responsável pela divisão parassimpática, ao passo que a parte caudal controla a divisão simpática.

15.1.5 Meninges do sistema nervoso central

O sistema nervoso central é envolto por membranas de tecido mole, denominadas meninges, as quais podem ser diferenciadas em **três camadas distintas** (▶Fig. 15.35):
- dura-máter;
- membrana aracnoide;
- pia-máter.

O conjunto da **membrana aracnoide** com a **pia-máter** é denominado **leptomeninge**, pois elas são relativamente delicadas em comparação à dura-máter, que é espessa e fibrosa. A **dura-máter** é a camada mais superficial, seguida pela membrana aracnoide e pela pia-máter, esta última a membrana mais profunda.

As meninges exibem determinadas diferenças topográficas, portanto são descritas separadamente quanto às suas partes encefálica e vertebral (▶Fig. 15.35). As **meninges** são intensamente inervadas e bastante sensíveis à dor, ao contrário do tecido neural que as cercam (tumores encefálicos normalmente não são dolorosos).

Dura-máter espinal (*dura mater spinalis*)

A dura-máter espinal é separada do periósteo que reveste o canal vertebral (**endorraque**) pelo **espaço epidural** (*cavum epidurale*) (▶Fig. 15.38 e ▶Fig. 15.39). O espaço epidural é preenchido por tecido adiposo e contém um grande plexo venoso. Como as raízes espinais atravessam o canal vertebral, elas são envolvidas por bainhas meníngeas.

Nota clínica

A **anestesia regional** pode ser realizada ao se injetar um anestésico no espaço epidural entre a última vértebra lombar e a **primeira vértebra sacral** (*spatium lumbosacrale*), ou entre a **última vértebra sacral** e a **primeira vértebra caudal**.

A extremidade caudal da dura-máter forma um saco de terminação cega e se une com as outras camadas meníngeas para formar um **cordão fibroso**, o filamento terminal da dura-máter (*filum terminale durae matris*), o qual se fusiona com a face dorsal das vértebras caudais. Ele é contínuo com a dura-máter encefálica na altura do forame magno. A dura-máter espinal é vascularizada por artérias espinais.

Fig. 15.35 Secção paramediana do tronco encefálico e medula espinal de um equino. (Fonte: cortesia do Dr. E. Gollob-Kammerer, Viena.)

Dura-máter encefálica
(dura mater encephali)

A dura-máter encefálica está fusionada com o periósteo interno dos ossos cranianos (▶Fig. 15.38). Além de revestir a cavidade, a dura-máter forma divisões que se projetam para dentro. A **foice cerebral** (*falx cerebri*) se prolonga desde a crista *galli* até a protuberância occipital interna e se projeta para a fissura longitudinal, entre os dois hemisférios. Caudalmente, a foice cerebral encontra o **tentório cerebelar transverso**, o qual separa o cerebelo do cérebro (▶Fig. 15.37). A parte mediana do tentório cerebelar é óssea, porém a dura-máter envolve o osso e se prolonga para além dele. A margem livre do **tentório cerebelar membranoso** delimita a incisura tentorial, por onde atravessa o tronco encefálico. Uma terceira divisória, o **diafragma da sela**, forma o teto da fossa hipofisial, onde se situa a hipófise, formando um diafragma ao redor do corpo infundibular (▶Fig. 15.36). **Amplos seios venosos** (*sinus durae matris*) estão presentes nessas duas projeções durais.

Assim como os nervos espinais, os **nervos cranianos** são envoltos por bainhas durais até deixarem a cavidade craniana. Juntamente às leptomeninges, eles formam bainhas envoltas por **líquido cerebroespinal**. Nesses locais, o líquido cerebroespinal pode penetrar os vasos linfáticos perineurais, e doenças podem se espalhar do sistema linfático para as meninges e para o tecido neural. A dura-máter encefálica é vascularizada pelas artérias meníngeas.

Membrana aracnoide (*arachnoidea*)

A parte externa da membrana aracnoide consiste em uma membrana contínua, moldada contra a **dura-máter** (▶Fig. 15.38 e ▶Fig. 15.39). Alguns autores descrevem um espaço capilar, o espaço subdural, entre a dura-máter e a membrana aracnoide, ao passo que outros acreditam que ele seja um espaço inexistente em animais vivos.

A segunda camada celular contínua da membrana aracnoide é moldada contra a **pia-máter** (▶Fig. 15.38 e ▶Fig. 15.39). Entre as duas membranas, projetam-se várias trabéculas e filamentos, os quais formam uma rede de câmaras comunicantes. Esse espaço é denominado **espaço subaracnóideo** (*cavum subarachnoideale*) e é preenchido com **líquido cerebroespinal**. A profundidade do espaço subaracnóideo varia, já que a membrana aracnoide permanece em contato com a dura-máter, ao passo que a pia-máter acompanha a superfície do encéfalo.

Em determinados locais, o espaço subaracnóideo aumenta para formar as **cisternas**, que podem ser utilizadas para a extração de líquido cerebroespinal ou para punções. Entre elas, a mais importante é a cisterna magna, ou cerebelomedular, localizada na parte em que a face caudal do cerebelo encontra a face dorsal da medula oblonga. Trata-se de um local comum para a obtenção de líquido cerebroespinal, que pode ser alcançado ao se atravessar uma agulha entre o atlas e o crânio. Um local alternativo é o espaço lombossacral, ou o espaço entre o sacro e a 1ª vértebra caudal. Projeções grandes em forma de cogumelo se prolongam da **membrana aracnoide** (*granulationes arachnoidales*, granulações de Pacchioni) para o interior dos seios venosos durais. Supõe-se que, nessas áreas, o líquido cerebroespinal possa penetrar a circulação geral. Essas vilosidades aracnóideas não estão presentes nos ovinos.

Pia-máter encefálica e espinal
(*pia mater encephali et spinalis*)

A pia-máter está em contato direto com a **membrana delimitadora glial do tecido neural** (▶Fig. 15.38 e ▶Fig. 15.39). A pia-máter é ricamente inervada e recebe uma generosa vascularização, de modo que vários vasos sanguíneos se estendem para o tecido neural. A pia-máter é espessada bilateralmente na extensão da face lateral da medula espinal, formando o **ligamento denticulado** (▶Fig. 15.39 e ▶Fig. 15.63). Extensões do ligamento denticulado atravessam o espaço subaracnóideo e se fixam à dura-máter, suspendendo, assim, a medula espinal em líquido cerebroespinal no interior do espaço subaracnóideo. Os vasos cranianos continuam envoltos em pia-máter logo após penetrarem o encéfalo. Acredita-se que o líquido cerebroespinal penetre as veias através desses "manguitos de pia-máter".

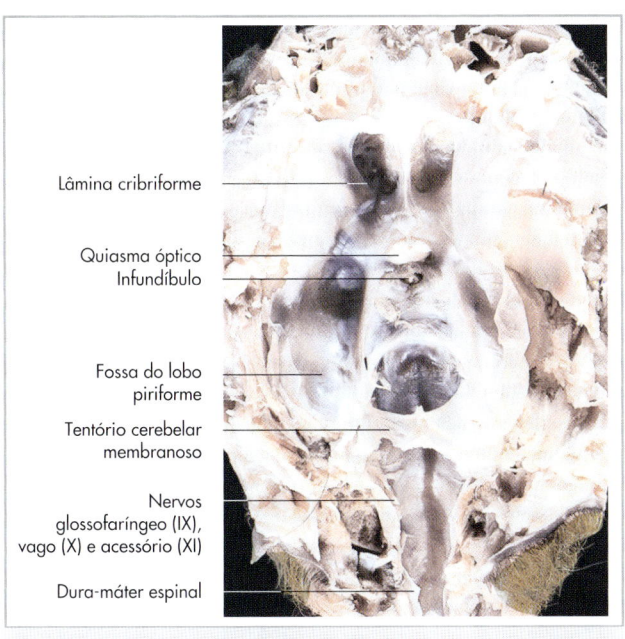

Fig. 15.36 Dura-máter na base do crânio de um caprino (vista dorsal). (Preparação do Dr. E. Schabel.)

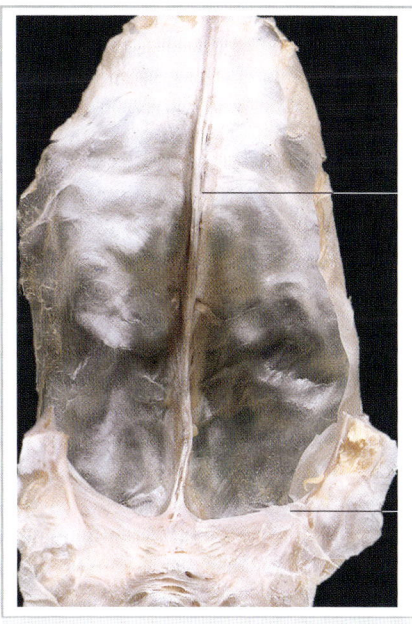

Fig. 15.37 Dura-máter dorsal de um caprino (vista ventral). (Preparação do Dr. E. Schabel.)

15.1.6 Ventrículos e líquido cerebroespinal

O lúmen do tubo neural embrionário persiste na forma dos ventrículos do encéfalo e no canal central da medula espinal (▶Fig. 15.40, ▶Fig. 15.41, ▶Fig. 15.42 e ▶Fig. 15.43). Essas cavidades são revestidas por **epitélio ependimário** e preenchidas com **líquido cerebroespinal**.

O sistema ventricular do encéfalo consiste em **dois ventrículos laterais**, um em cada hemisfério, o **terceiro** e **quarto ventrículos**. Cada ventrículo lateral se comunica com o terceiro ventrículo por meio de um **forame interventricular**. O terceiro ventrículo é uma câmara estreita mediossagital que envolve a aderência intertalâmica do diencéfalo. O **aqueduto mesencefálico** é um canal que une o terceiro ventrículo ao quarto ventrículo. O quarto ventrículo localiza-se no **rombencéfalo**, contínuo ao **canal central da medula espinal**.

> **Nota clínica**
>
> Em várias raças de cães braquicefálicos, o **estreitamento do aqueduto mesencefálico** (*aqueductus mesencephali*) pode impedir a drenagem do líquido cerebroespinal (*liquor cerebrospinalis*), resultando em **hidrocefalia**.

Em geral, o líquido cerebroespinal é transparente, formado a partir do plasma sanguíneo pelo **plexo corióideo** do encéfalo. O plexo corióideo consiste em um epitélio e na pia-máter subjacente, os quais aderem às paredes do ventrículo mediante uma fixação da pia-máter. A linha de fixação é chamada de tênia corióidea (*taenia choroidea*).

Em **cada ventrículo lateral**, há um plexo corióideo, e dois plexos corióideos estão presentes no **terceiro** e **quarto ventrículos**.

O líquido cerebroespinal percorre o sistema ventricular até o canal central. O líquido flui para o espaço subaracnóideo desde o quarto ventrículo por meio de recessos e aberturas bilaterais. Em humanos e em carnívoros, há uma terceira abertura mediana. As duas grandes fontes de drenagem para o retorno do líquido cerebroespinal até o sangue são as vilosidades aracnoides e os linfáticos associados aos nervos periféricos.

O líquido cerebroespinal protege o sistema nervoso central contra choques e atua como um amortecedor químico. Ele também transporta nutrientes e detritos, assumindo a função dos linfáticos inexistentes no encéfalo.

15.1.7 Vascularização do sistema nervoso central

Vasos sanguíneos da medula espinal

A medula espinal cervical é irrigada por artérias segmentares, as quais se originam da **artéria vertebral**, um ramo da **artéria subclávia**. O restante da medula espinal é suprido por **artérias segmentares** das artérias cervical, intercostal e lombar. As artérias segmentares penetram o canal vertebral através dos forames intervertebrais, e cada uma delas se divide em ramos dorsal e ventral, os quais alcançam a medula espinal juntamente aos nervos espinais.

Os ramos se unem para formar três artérias contínuas, que percorrem a extensão da medula espinal: a **artéria espinal ventral** e as **artérias espinais dorsolaterais pares**. A artéria espinal ventral é a maior das três e posiciona-se na fissura mediana. As artérias dorsolaterais menores se prolongam na extensão dos sulcos dorsais laterais, onde as raízes dorsais emergem. Essas artérias formam plexos na superfície da medula espinal, na qual segmentos mais profundos da medula são irrigados. A irrigação da substância cinzenta é muito mais intensa que a irrigação da substância branca.

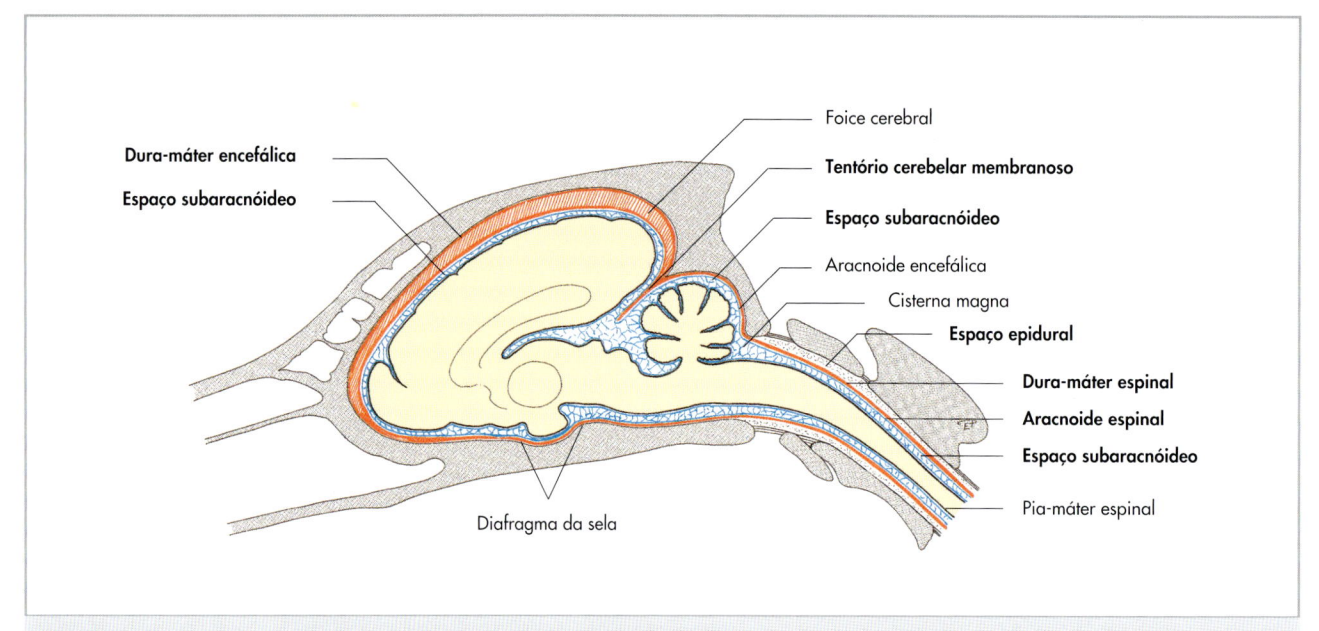

Fig. 15.38 Meninges do crânio e da parte craniana da coluna cervical de um cão (representação esquemática; vermelho, paquimeninge; azul, leptomeninge).

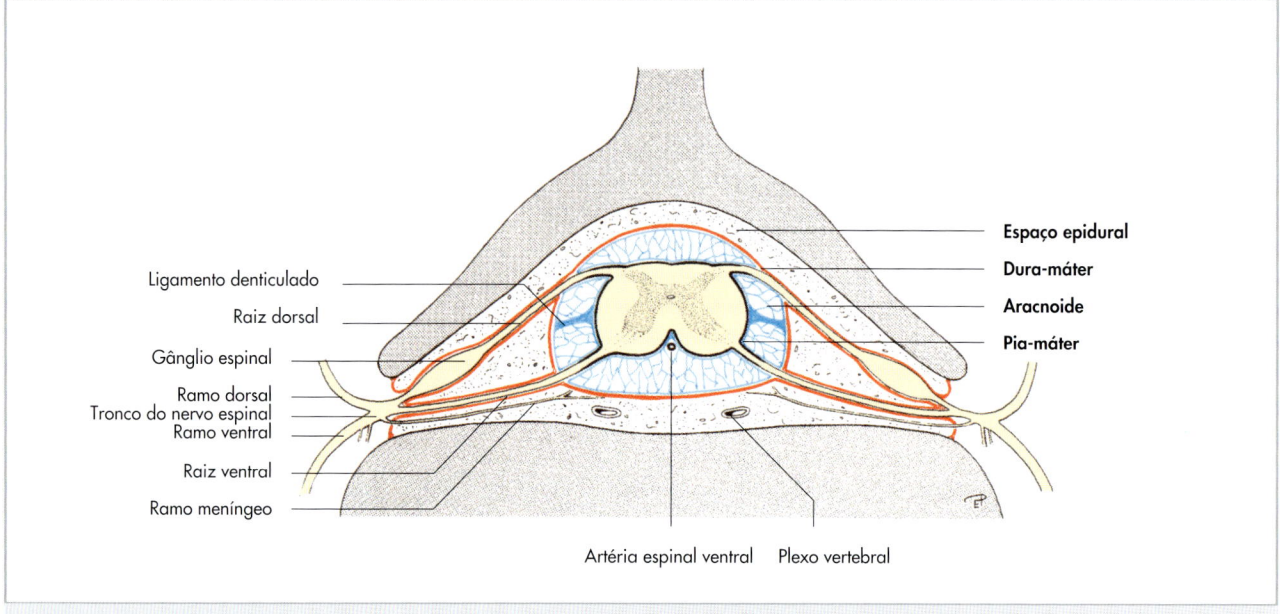

Fig. 15.39 Meninges espinais de um cão (representação esquemática; vermelho, paquimeninge; azul, leptomeninge).

Sistema nervoso (*systema nervosum*)

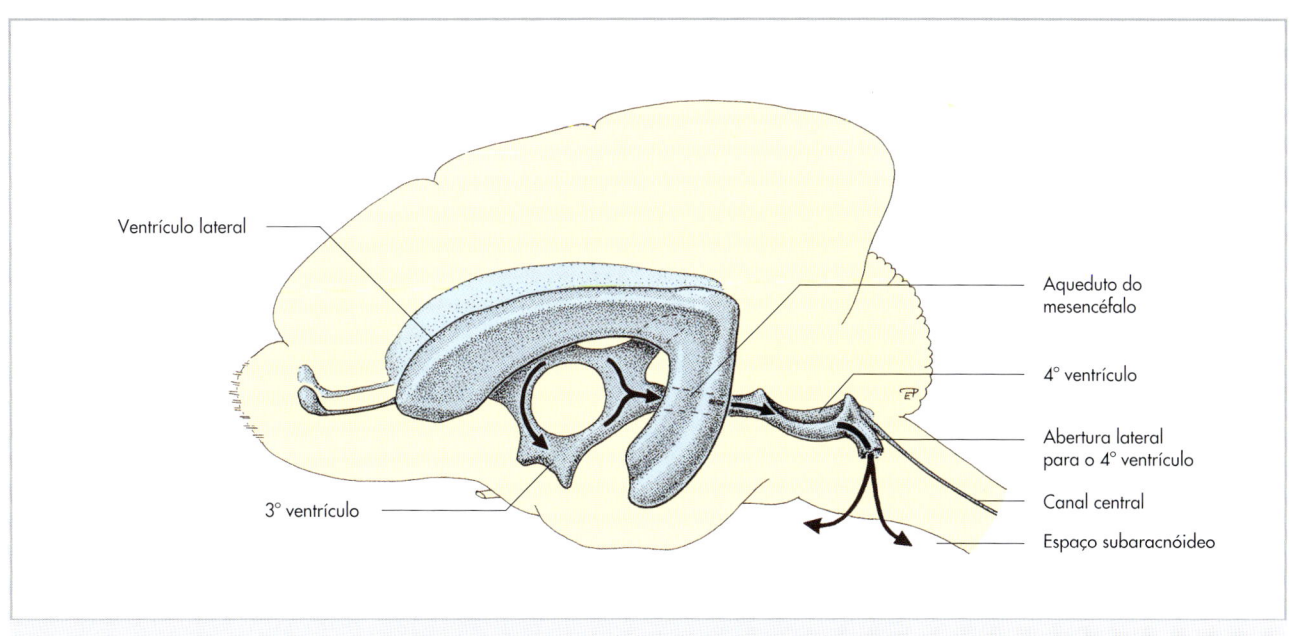

Fig. 15.40 Ventrículos cerebrais de um cão, demonstrando o fluxo do líquido cerebroespinal (setas) (representação esquemática, vista lateral). (Fonte: com base em dados de Anderson e Anderson, 1994.)

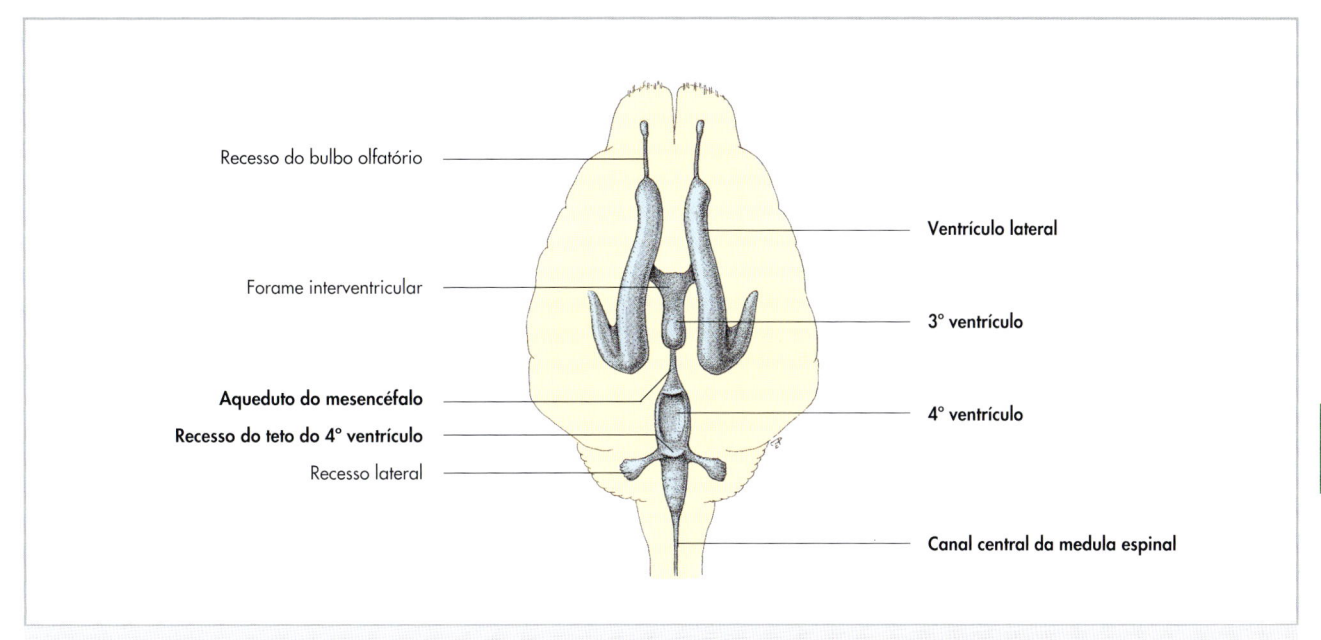

Fig. 15.41 Ventrículos cerebrais de um cão (representação esquemática, vista dorsal). (Fonte: com base em dados de Anderson e Anderson, 1994.)

Fig. 15.42 Ressonância magnética da cabeça de um cão (secção transversal ao nível da articulação temporomandibular; ponderada em T2). (Fonte: cortesia do Prof. Dr. E. Ludewig, Viena.)

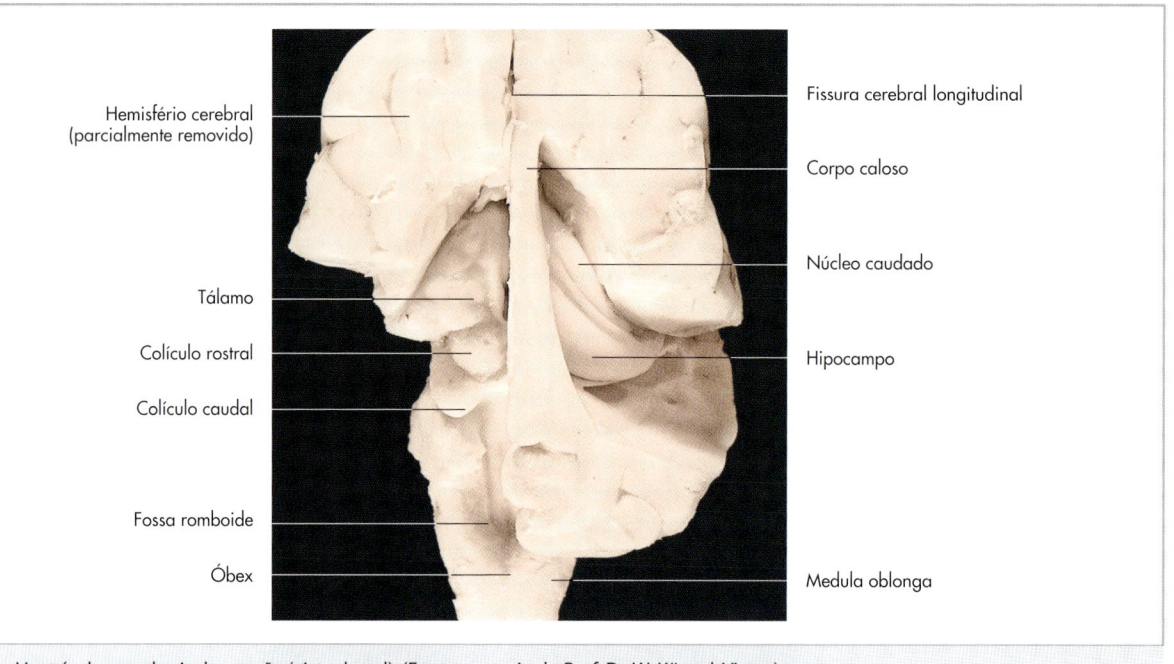

Fig. 15.43 Ventrículos cerebrais de um cão (vista dorsal). (Fonte: cortesia do Prof. Dr. W. Künzel, Viena.)

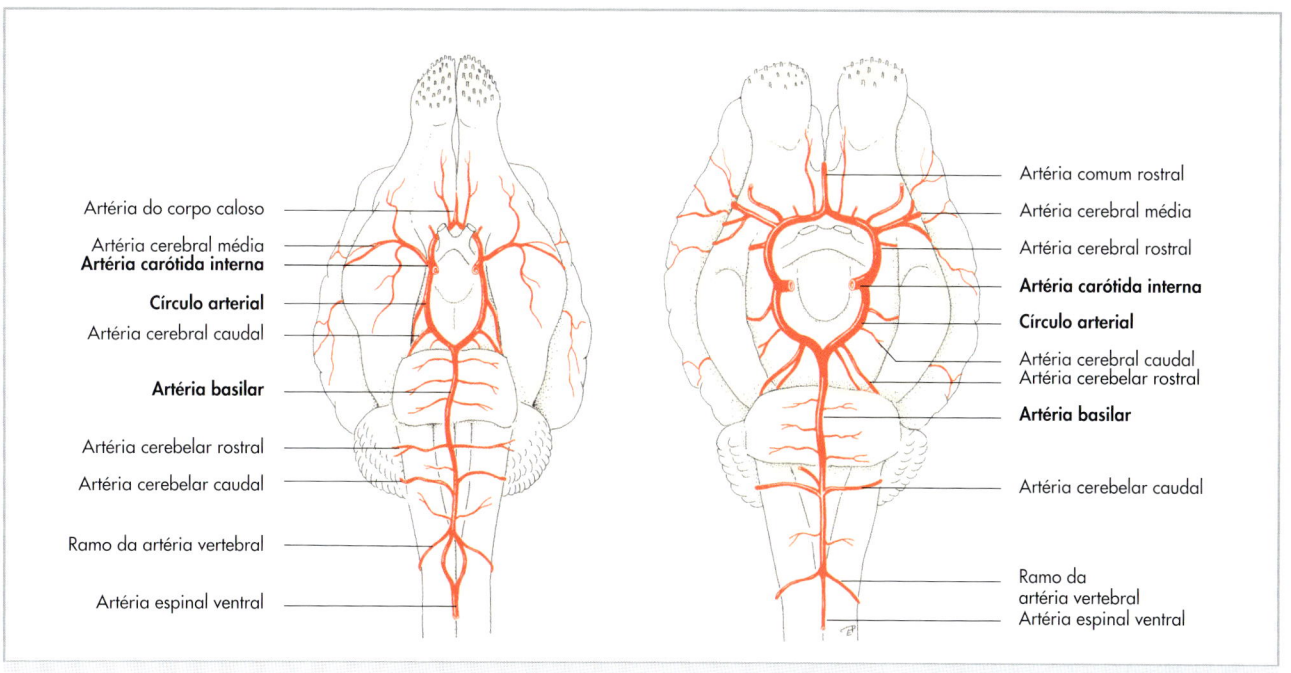

Fig. 15.44 Artérias basais do encéfalo de um cão e um equino (representação esquemática, vista ventral). (Fonte: à esquerda, com base em dados de Budras, 2007; à direita, com base em dados de Rösslein, 1987.)

As **veias espinais** formam uma **rede** semelhante ao plexo arterial. As veias de drenagem também seguem os nervos espinais antes de se abrirem no **plexo venoso epidural**. O plexo venoso epidural consiste em dois canais no interior do espaço epidural, na face ventral da medula espinal, os quais são compostos por segmentos que se prolongam entre forames intervertebrais sucessivos. Ambos os canais são conectados regularmente por meio de ramos transversos, produzindo um padrão de vasos semelhante a uma escada. As veias que compõem o plexo têm paredes finas e **não apresentam válvulas**, de forma que o sangue pode passar **em qualquer direção**. Os plexos venosos epidurais se conectam com outros plexos venosos externos à coluna vertebral, os quais desembocam na veia vertebral, na veia cava cranial, na veia ázigo ou na veia cava caudal.

> **Nota clínica**
>
> Como o sistema venoso epidural proporciona canais alternativos para as grandes veias sistêmicas, ele pode servir como via alternativa quando há obstrução da veia jugular ou da veia cava caudal. Contudo, o fluxo sanguíneo é comparativamente mais lento e pode ser interrompido nas veias epidurais. A circulação venosa lenta facilita a disseminação de **doenças sépticas ou neoplásicas**, permitindo que **células tumorais** ou **microrganismos** invadam essa área.
>
> Outra questão de importância clínica é o risco de **hemorragia** do plexo venoso epidural durante a punção epidural ou cirurgia (p. ex., **laminectomia**).

Vasos sanguíneos do encéfalo

No equino e no cão, a irrigação do encéfalo se dá principalmente a partir das **artérias carótidas internas** pares. No gato e em ruminantes, nos quais a carótida interna se fecha logo após o nascimento, a vascularização principal do encéfalo se dá pelos ramos da **artéria maxilar**. Esses ramos formam uma **rede arterial** complexa na base do encéfalo, a qual consiste nas **redes admiráveis epidurais** caudal e rostral, que se unem novamente na **artéria carótida do cérebro**. A artéria carótida interna do suíno também forma uma rede admirável rostral (▶Fig. 15.48).

A **artéria carótida interna** no equino e no cão e a artéria carótida do cérebro nos outros mamíferos domésticos penetram a dura-máter no **diafragma da sela**, formando um **anel** ao redor do corpo infundibular, ventral ao hipotálamo. Esse **círculo arterial cerebral** (*circulus arteriosus cerebri*), antigamente chamado de **círculo de Willis**, está completo apenas no cão, pois permanece aberto rostralmente nos outros mamíferos domésticos (▶Fig. 15.44 e ▶Fig. 15.45). As **artérias basilar** e **vertebral** juntam-se caudalmente ao círculo arterial. No bovino, a artéria vertebral contribui consideravelmente para a formação do círculo arterial cerebral. O círculo arterial cerebral e a artéria basilar dão origem a todas as outras artérias cerebrais (▶Fig. 15.44 e ▶Fig. 15.46).

Os **ramos principais** são:
- artéria cerebral rostral (*a. cerebri rostralis*);
- artéria cerebral média (*a. cerebri media*);
- artéria cerebral caudal (*a. cerebri caudalis*);
- artéria cerebelar rostral (*a. cerebelli rostralis*);
- artéria cerebelar caudal (*a. cerebelli caudalis*).

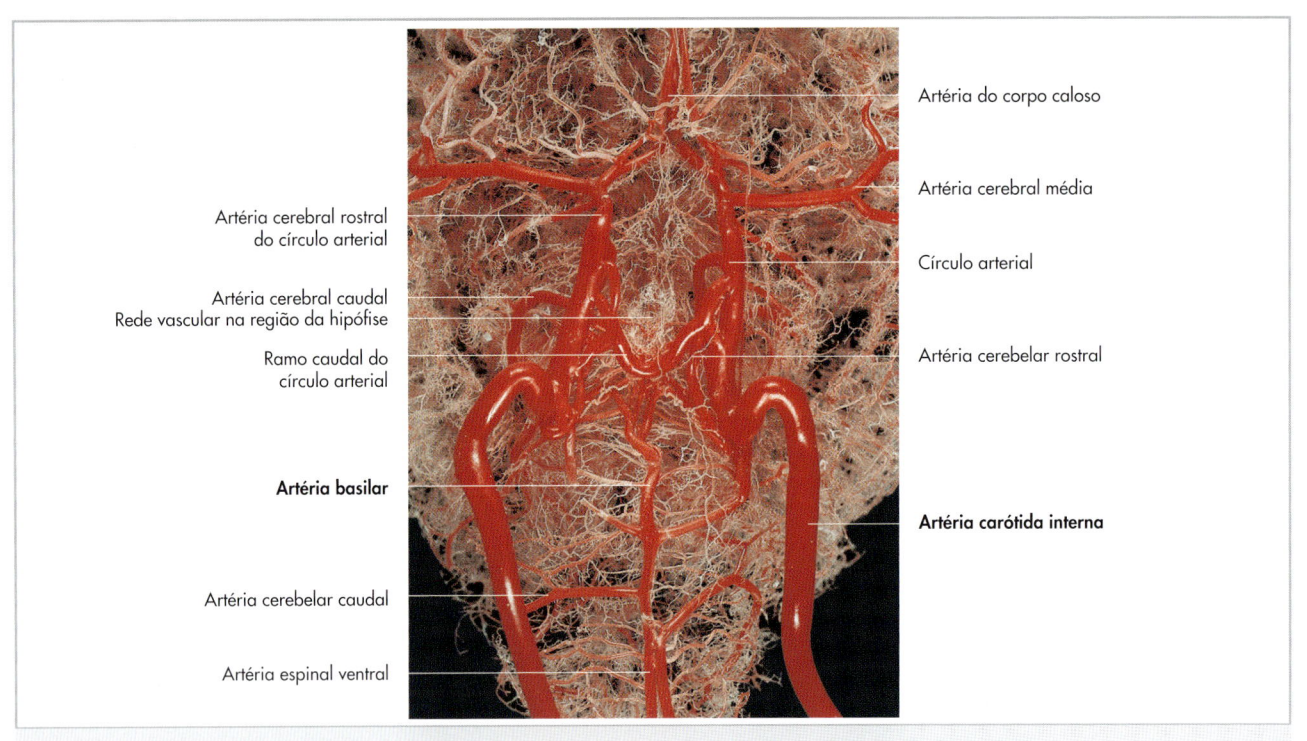

Fig. 15.45 Artérias na base do encéfalo de um equino (preparado de corrosão). (Preparação do Dr. C. Rösslein, 1987.)

Labels (na figura):
- Artéria cerebral rostral do círculo arterial
- Artéria cerebral caudal / Rede vascular na região da hipófise
- Ramo caudal do círculo arterial
- **Artéria basilar**
- Artéria cerebelar caudal
- Artéria espinal ventral
- Artéria do corpo caloso
- Artéria cerebral média
- Círculo arterial
- Artéria cerebelar rostral
- **Artéria carótida interna**

As **artérias cerebrais principais** se localizam na superfície do encéfalo, de onde projetam pequenas artérias e arteríolas para o tecido nervoso, que, então, se ramifica em vasos menores. Embora a **substância cinzenta** contenha uma rede bastante densa de capilares, a **substância branca** é menos vascularizada (▶Fig. 15.47 e ▶Fig. 15.49).

A permeabilidade dos capilares sanguíneos dentro do tecido nervoso é reduzida pela **barreira hematoencefálica**, a qual é formada pelo endotélio dos capilares e pelas células da glia vizinhas.

Anastomoses intercerebrais são raras e, quando presentes, tão estreitas que conectam artérias terminais funcionais. A oclusão de uma dessas artérias terminais devido a coágulos, embolia de ar ou gordura, por exemplo, resulta na morte do tecido nervoso que ela irriga. Em humanos, a artéria cerebral média e seus ramos parecem ser predispostas à oclusão.

Nota clínica

O conhecimento da vascularização arterial para o cérebro em ruminantes é uma consideração importante para a avaliação dos **métodos rituais de abate**. Após a secção dos vasos cervicais, o sangue continua a ser fornecido ao cérebro pela artéria vertebral (*a. vertebralis*), que permanece intacta quando a garganta é cortada. Discute-se, portanto, que a rápida queda da pressão arterial verificada em bovinos abatidos dessa maneira resulta em perda imediata de consciência.

As **veias do encéfalo** podem ser agrupadas em **dorsais**, **basais** e **internas**, as quais **não têm válvulas** e correm independentemente das artérias antes de se abrirem nos **seios da dura-máter** (*sinus durae matris*), que também não apresentam válvulas (▶Fig. 15.47). Os seios envolvidos pela dura-máter se dividem em sistemas dorsal e ventral.

O **sistema dorsal** inclui o **seio sagital dorsal**, o qual coleta o sangue das partes dorsais do encéfalo e os ossos da cavidade craniana. Ele passa pela foice do cérebro e é unido em sua extremidade caudal pelo seio reto antes de se dividir nos seios transversos, os quais se prolongam dos dois lados no tentório cerebelar membranoso.

Os **seios transversos** recebem o sangue das veias cerebelares e se unem com o **seio temporal**, o qual se abre no forame retroarticular e se conecta com o **sistema ventral** (exceto no equino). O seio reto é contínuo com a grande veia cerebral, a qual drena as partes internas do encéfalo.

O **sistema ventral** ou **basilar** drena a parte ventral do encéfalo e partes da face. Ele consiste no seio cavernoso, que **circunda a hipófise** e está intimamente relacionado com a extremidade sigmoide distal da artéria carótida interna ou com a **rede admirável epidural**, respectivamente. O sistema ventral recebe uma contribuição considerável da face, da órbita e da cavidade nasal pela veia profunda da face. Essa disposição refrigera a irrigação de sangue arterial do encéfalo, uma vez que a artéria carótida interna é banhada no sangue venoso mais frio quando passa através do seio cavernoso.

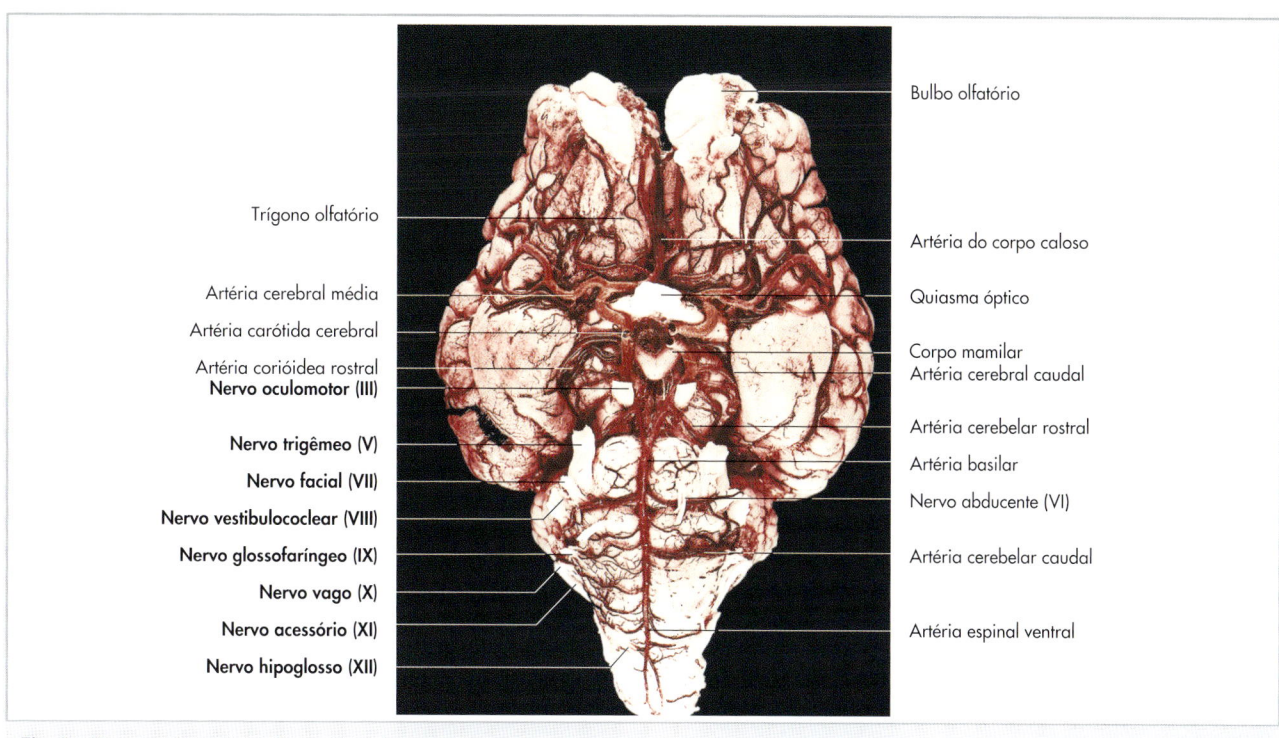

Fig. 15.46 Artérias na base do encéfalo de um bovino.

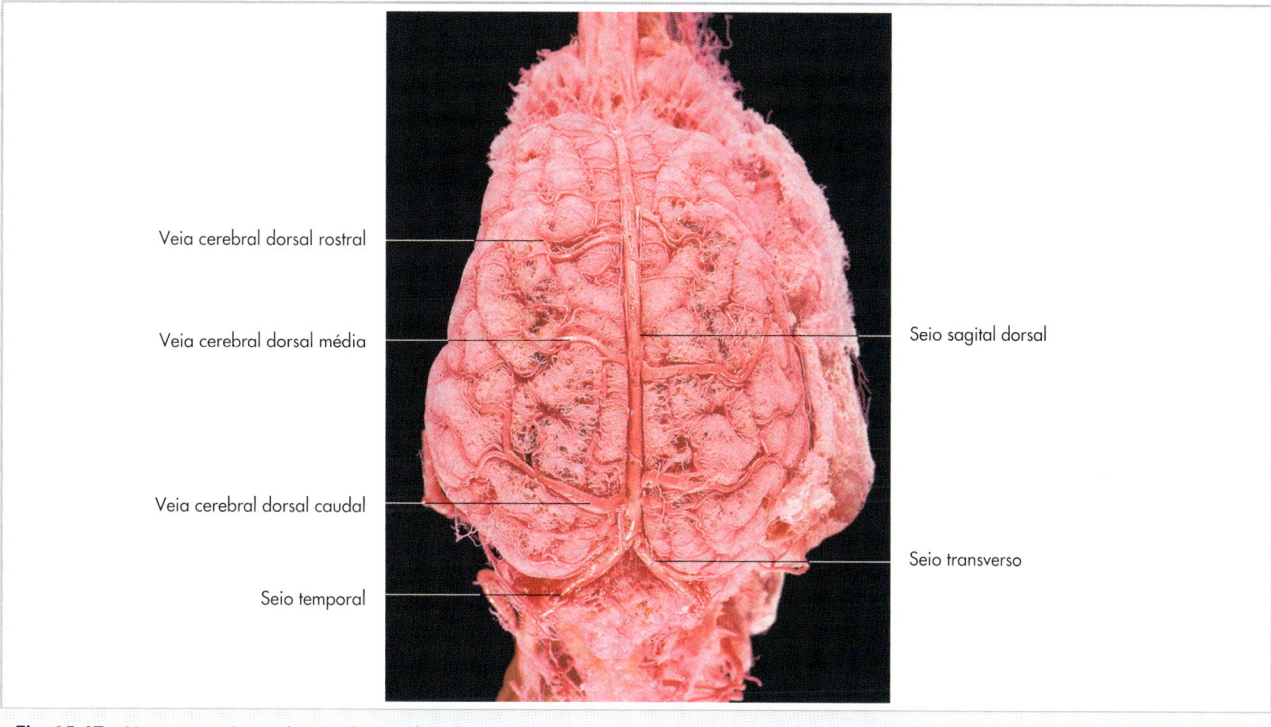

Labels (figure 15.46):
- Trígono olfatório
- Artéria cerebral média
- Artéria carótida cerebral
- Artéria corióidea rostral
- **Nervo oculomotor (III)**
- **Nervo trigêmeo (V)**
- **Nervo facial (VII)**
- **Nervo vestibulococlear (VIII)**
- **Nervo glossofaríngeo (IX)**
- **Nervo vago (X)**
- **Nervo acessório (XI)**
- **Nervo hipoglosso (XII)**
- Bulbo olfatório
- Artéria do corpo caloso
- Quiasma óptico
- Corpo mamilar
- Artéria cerebral caudal
- Artéria cerebelar rostral
- Artéria basilar
- Nervo abducente (VI)
- Artéria cerebelar caudal
- Artéria espinal ventral

Fig. 15.47 Vasos sanguíneos dorsais do encéfalo de um suíno jovem (preparado de corrosão).

Labels (figure 15.47):
- Veia cerebral dorsal rostral
- Veia cerebral dorsal média
- Veia cerebral dorsal caudal
- Seio temporal
- Seio sagital dorsal
- Seio transverso

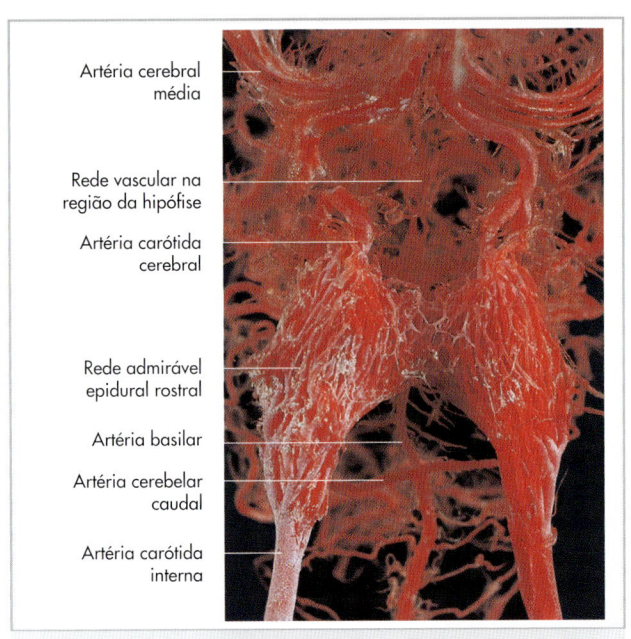

Fig. 15.48 Artérias da base craniana de um suíno (preparado de corrosão). (Preparação do Dr I. Engelkraut, 1987.)

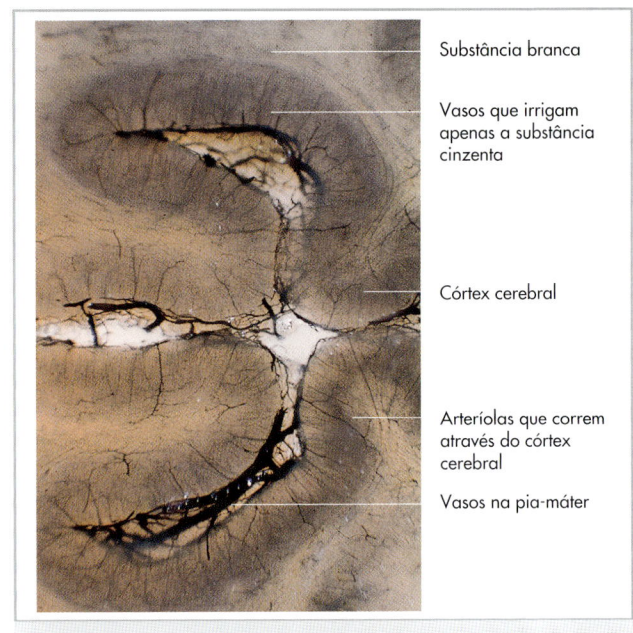

Fig. 15.49 Microvascularização do córtex cerebral.

15.2 Sistema nervoso periférico (*systema nervosum periphericum*)

Os nervos e os gânglios do sistema nervoso periférico não formam uma unidade funcional independente; na verdade, estão todos conectados ao sistema nervoso central. Conforme a sua morfologia e função, eles podem ser agrupados em dois sistemas diferentes.

Os **nervos** e **gânglios cerebroespinais** conectam o sistema nervoso central aos **órgãos dos sentidos** e à **musculatura esquelética**. O sistema cerebroespinal é responsável pela interação de estímulo e resposta entre o ambiente e o organismo.

Os **nervos** e **gânglios autônomos** conectam o sistema nervoso central às **vísceras** e aos componentes do **sistema circulatório**, responsável pela regulação e pela coordenação dos órgãos internos. Dependendo de sua função, o sistema nervoso periférico pode ser subdividido nas divisões simpática e parassimpática.

15.2.1 Nervos e gânglios cerebroespinais

Os nervos cerebroespinais se dividem em:
- nervos cranianos (*nn. craniales*);
- nervos espinais (*nn. spinales*).

Os corpos celulares dos **nervos cerebroespinais** estão localizados em núcleos no **sistema nervoso central** ou em **gânglios** próximos ao sistema nervoso central. O axônios desses nervos conectam o órgão efetor diretamente ao sistema nervoso central sem fazer sinapse.

Os **nervos cranianos** (▶Fig. 15.50) podem ser classificados como sensoriais, motores ou mistos. Alguns têm fibras autônomas que costumam exibir um padrão incomum de curso.

Os **nervos espinais** (▶Fig. 15.60) são do tipo misto, compostos por fibras sensoriais e motoras, as quais são unidas, na maioria dos casos, por fibras autônomas.

15.2.2 Nervos cranianos (*nervi craniales*)

A anatomia clássica descreve **12 pares de nervos cranianos**, embora os dois primeiros não sejam nervos periféricos:
- nervo olfatório (I) (*n. olfactorius*);
- nervo óptico (II) (*fasciculus opticus*);
- nervo oculomotor (III) (*n. oculomotorius*);
- nervo troclear (IV) (*n. trochlearis*);
- nervo trigêmeo (V) (*n. trigeminus*);
- nervo abducente (VI) (*n. abducens*);
- nervo facial (VII) (*n. facialis*);
- nervo vestibulococlear (VIII) (*n. vestibulocochlearis*);
- nervo glossofaríngeo (IX) (*n. glossopharyngeus*);
- nervo vago (X) (*n. vagus*);
- nervo acessório (XI) (*n. accessorius*);
- nervo hipoglosso (XII) (*n. hypoglossus*).

Conforme a sua **função** e o seu **desenvolvimento embrionário**, os nervos cranianos podem ser dispostos nos seguintes grupos:
- o **grupo sensorial** compreende os nervos que estão relacionados apenas com os órgãos dos sentidos; são os nervos olfatório, óptico e vestibulococlear;
- o segundo grupo inclui os nervos que inervam os **músculos oculares**; esse grupo compreende os nervos oculomotor, troclear e abducente;

- o terceiro grupo compreende os **nervos branquiais**, que inervam estruturas cuja origem embriológica se deriva dos arcos branquiais; são os nervos trigêmeo, facial, glossofaríngeo, vago e acessório;
- com base em seu desenvolvimento embriológico, o nervo hipoglosso pode ser classificado como o vestígio de um **nervo espinal cervical**.

Os **nervos cranianos** têm determinados atributos característicos que os diferenciam dos nervos espinais: eles não possuem um precursor embrionário segmentar e sua raiz não se divide em tratos aferentes e eferentes, apresentando um único fluxo combinado. Ao contrário dos nervos espinais, que têm funções tanto sensoriais quanto motoras, os nervos cranianos podem ser exclusivamente motores, sensoriais ou mistos. Os nervos cranianos I, II e VIII são sensoriais, os nervos cranianos III, IV, VI, XI e XII são motores, ao passo que os nervos cranianos V, VII, IX e X são sensoriais e motores.

Nervo olfatório (I) (*nervus olfactorius*)

O nervo olfatório não é um nervo único, e sim uma grande quantidade de **axônios não mielinizados**, cujos corpos celulares se situam no interior do **epitélio olfatório**. Esses axônios atravessam a lâmina cribriforme do etmoide para alcançar os bulbos olfatórios, nos quais fazem sinapse. O **nervo terminal** (*n. terminalis*) do órgão vomeronasal se combina no interior do nervo olfatório. Esse nervo relativamente fino termina na parte rostral do **rinencéfalo** (▶Fig. 15.51; ▶Tab. 15.1). Alguns autores descrevem esse nervo separadamente como um nervo craniano.

Nervo óptico (II) (*fasciculus opticus*)

O nervo óptico não é um nervo periférico verdadeiro, e sim um trato do encéfalo. As fibras do nervo óptico se originam da **retina**, a qual se desenvolve a partir do **diencéfalo**. O nervo óptico também é envolto por extensões das **meninges**, a dura, que se fusiona com a esclera, onde o nervo deixa o bulbo. Os axônios do nervo óptico se acumulam no **disco óptico da retina**. O nervo óptico deixa o bulbo do olho em sua face posterior e penetra a cavidade craniana ao atravessar o **canal óptico** (▶Fig. 15.29; ▶Tab. 15.1).

Após a decussação das fibras nervosas para o lado oposto no **quiasma óptico**, elas formam os tratos ópticos na base do encéfalo. As fibras ópticas terminam no **núcleo geniculado lateral**, nos colículos rostrais dos **corpos quadrigêmeos** e nos **núcleos talâmicos**, onde fazem sinapse com fibras que se projetam para o **córtex cerebral visual**, no lobo occipital.

Nervo oculomotor (III) (*nervus oculomotorius*)

O nervo oculomotor é composto por **fibras eferentes somáticas** do **núcleo motor** e **neurônios eferentes viscerais** do **núcleo parassimpático**. Os dois núcleos estão localizados no **tegmento** do mesencéfalo. O núcleo motor é o principal núcleo desse nervo.

O **nervo oculomotor** deixa o tronco encefálico na face ventral dos **pedúnculos cerebrais**. Ele passa rostralmente, dividindo uma bainha dural comum com os nervos oftálmico e abducente, antes de deixar a cavidade craniana através do **forame redondo** (*forame rotundum*) ou através da **fissura orbital** e do **forame (orbito) redondo** combinados (*forame orbitorotundum*), respectivamente. Ao entrar na órbita, o nervo oculomotor se divide nos ramos dorsal e ventral (▶Fig. 15.50 e ▶Fig. 15.51; ▶Tab. 15.1).

O **ramo dorsal** inerva o músculo levantador das pálpebras e termina no músculo reto dorsal. Já o **ramo ventral** termina em uma série de ramos, que inervam os músculos reto medial, reto ventral e oblíquo ventral. As fibras parassimpáticas percorrem o ramo ventral e fazem sinapse com neurônios pós-ganglionares no **gânglio ciliar**, localizado na origem do ramo do músculo oblíquo ventral. As fibras pós-ganglionares inervam o músculo ciliar e o músculo esfíncter da pupila, responsável pela constrição da pupila.

O nervo oculomotor inclui algumas **fibras sensoriais**, que se unem ao ramo oftálmico do nervo trigêmeo e se prolongam até o **gânglio trigeminal**.

Nervo troclear (IV) (*nervus trochlearis*)

O nervo troclear é composto por **fibras motoras** que emergem dos **núcleos trocleares** no tegmento mesencefálico e inervam o músculo oblíquo dorsal do olho. Trata-se do único nervo que emerge da face dorsal do tronco encefálico após cruzar para o lado contralateral na decussação troclear (*decussatio nervorum trochlearium*) (▶Fig. 15.50 e ▶Fig. 15.51; ▶Tab. 15.1).

O **nervo troclear** penetra a dura-máter na altura da prega ventral do tentório cerebelar e passa rostralmente, lateral ao nervo maxilar. Ele deixa a cavidade craniana através do forame redondo, exceto no equino, no qual há uma abertura separada (*foramen trochleare*). O nervo troclear compreende poucas **fibras sensoriais**.

Nervo trigêmeo (V) (*nervus trigeminus*)

O nervo trigêmeo é um nervo complexo do tipo misto. Trata-se do **maior nervo sensorial da cabeça**. Ele é composto por: fibras sensoriais da pele, tecidos mais profundos da cabeça, **fibras motoras** para a musculatura de mastigação, músculo milo-hióideo, a parte rostral do músculo digástrico, músculo tensor do véu palatino e músculo tensor do tímpano (▶Fig. 15.50 e ▶Fig. 15.52; ▶Tab. 15.1).

O **núcleo motor do nervo trigêmeo** (*nucleus motorius n. trigemini*) se encontra no **metencéfalo**, sob o lócus cerúleo da fossa romboide. As **fibras sensoriais** emergem dos neurônios pseudounipolares do **gânglio trigeminal** e passam para os núcleos sensoriais do trigêmeo no mesencéfalo, na ponte e na medula.

Os **núcleos dos tratos mesencefálicos** (*tractus mesencephali*) do nervo trigêmeo são compostos por neurônios pseudounipolares, cujas fibras atravessam o gânglio trigeminal sem ocorrência de sinapse. Assim, esse núcleo assume a função de gânglio sensorial no interior do encéfalo.

O **nervo trigêmeo** emerge da face lateral da raiz motora (*radix motoria*). O **gânglio trigeminal** se situa em uma prega dural no osso petroso. Quando o nervo deixa o gânglio trigeminal, ele se divide em **três ramos principais**:
- nervo oftálmico (*n. ophthalmicus*, V_1);
- nervo maxilar (*n. maxillaris*, V_2);
- nervo mandibular (*n. mandibularis*, V_3).

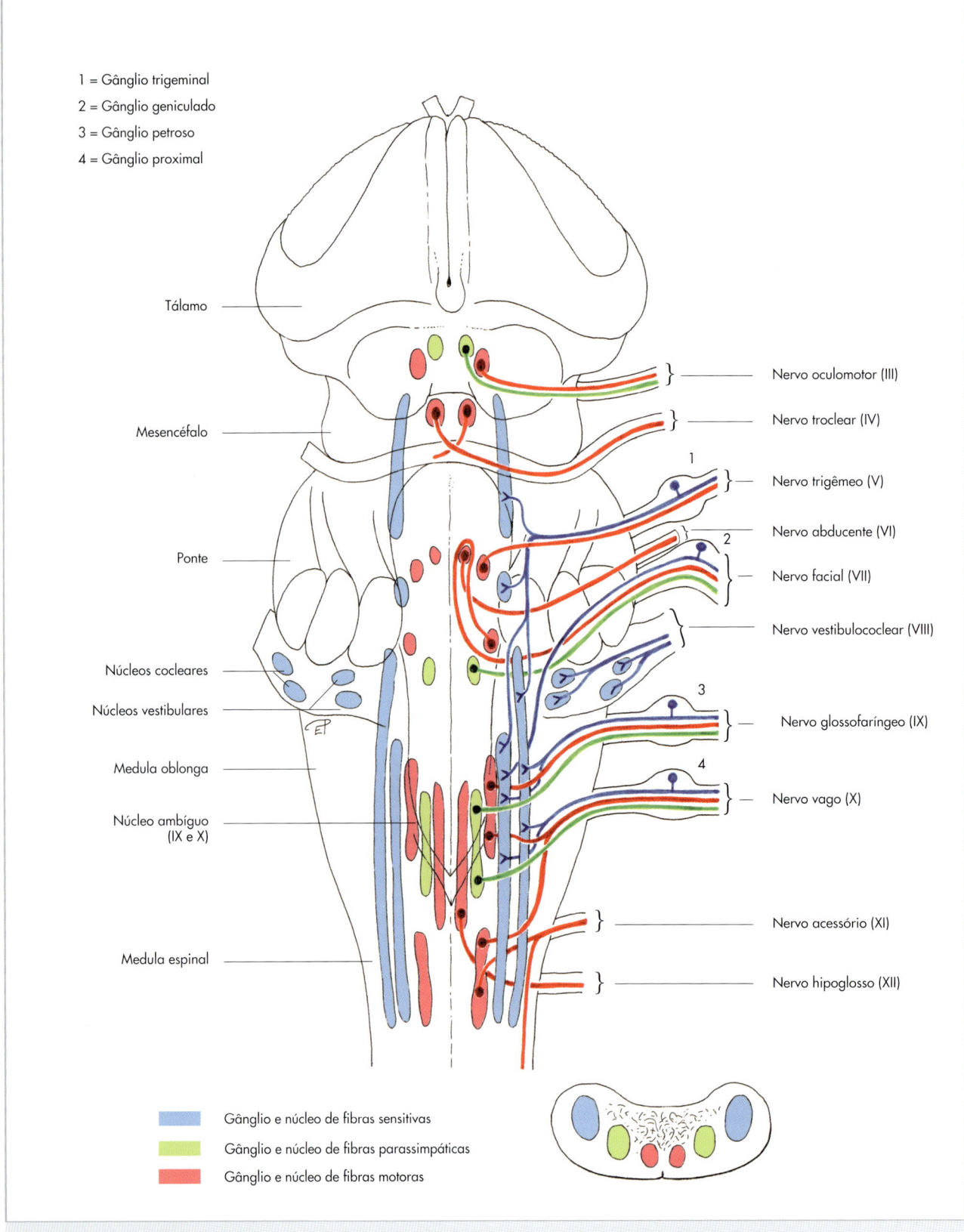

1 = Gânglio trigeminal
2 = Gânglio geniculado
3 = Gânglio petroso
4 = Gânglio proximal

Tálamo
Mesencéfalo
Ponte
Núcleos cocleares
Núcleos vestibulares
Medula oblonga
Núcleo ambíguo (IX e X)
Medula espinal

Nervo oculomotor (III)
Nervo troclear (IV)
Nervo trigêmeo (V)
Nervo abducente (VI)
Nervo facial (VII)
Nervo vestibulococlear (VIII)
Nervo glossofaríngeo (IX)
Nervo vago (X)
Nervo acessório (XI)
Nervo hipoglosso (XII)

Gânglio e núcleo de fibras sensitivas
Gânglio e núcleo de fibras parassimpáticas
Gânglio e núcleo de fibras motoras

Fig. 15.50 Representação esquemática da posição dos núcleos, dos nervos e dos gânglios cerebroespinais (representação esquemática).

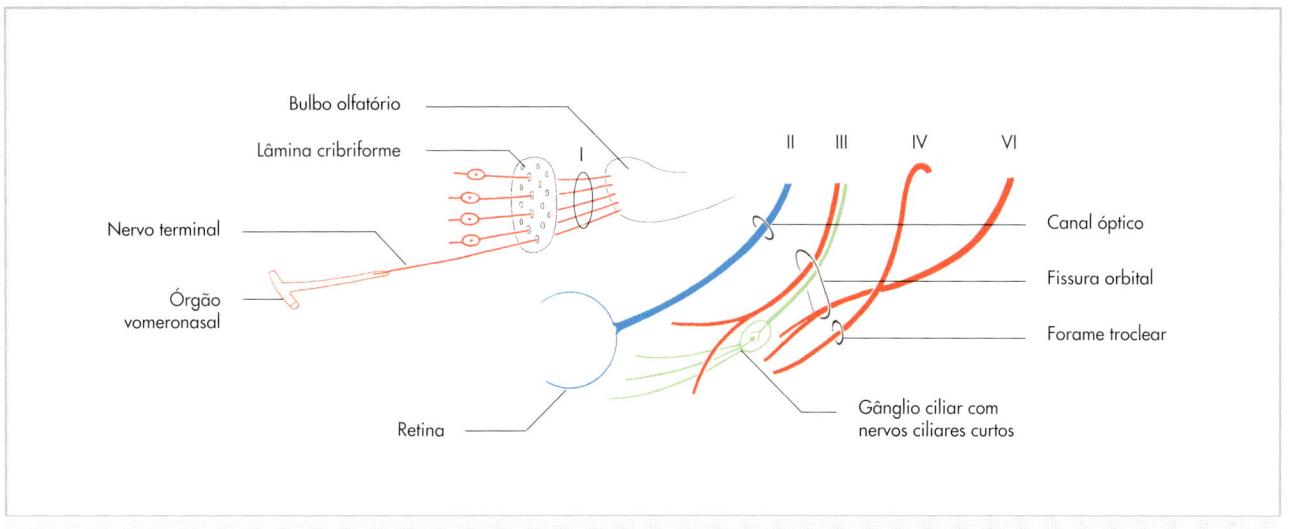

Fig. 15.51 Representação esquemática dos nervos olfatório (vermelho-claro), óptico (azul), oculomotor, troclear e abducente (vermelho) e das fibras parassimpáticas (verde). (Fonte: com base em dados de Budras e Röck, 1997.)

Nervo oftálmico (V_1) (*nervus ophthalmicus*)

O nervo oftálmico passa rostralmente, lateral à hipófise, em uma bainha dural comum com os nervos maxilar, troclear e abducente. Os nervos deixam a cavidade craniana e adentram a órbita através do forame redondo ou da fissura orbital, respectivamente (▶Fig. 15.52; ▶Tab. 15.1). O nervo oftálmico está intimamente relacionado com o seio cavernoso e, em ruminantes, no suíno e no gato, a **rede admirável epidural**. Após entrar na órbita, o nervo oftálmico se divide em:
- nervo lacrimal (*n. lacrimalis*);
- nervo frontal (n. *frontalis*);
- nervo nasociliar (*n. nasociliaris*) com:
  - nervo etmoidal (*n. ethmoidalis*);
  - nervo infratroclear (*n. infratrochlearis*).

Coberto pela periórbita, o **nervo lacrimal** corre na extensão do músculo reto lateral do bulbo do olho para inervar a glândula lacrimal, a pele e a túnica conjuntiva do ângulo temporal do olho. No bovino, ele contribui com a maioria das fibras (juntamente ao nervo zigomático) para o ramo cornual. As **fibras secretoras** para a inervação da glândula lacrimal se originam da parte intermédia do nervo intermediofacial e fazem sinapses no **gânglio pterigopalatino**. As fibras pós-ganglionares acompanham os nervos maxilar e zigomático antes que eles se unam ao nervo lacrimal.

O **nervo frontal** passa rostralmente sob a periórbita, dorsal aos músculos oblíquo dorsal e reto dorsal do bulbo do olho. Ao atingir a margem dorsal da órbita, ele penetra a periórbita e rodeia a sua margem dorsal. No equino, o nervo frontal atravessa o forame supraorbital. Ele inerva a pele e a conjuntiva da pálpebra superior, o ângulo nasal (medial) do olho e a testa. Um ramo se projeta para o seio frontal.

O **nervo nasociliar** é o maior ramo do nervo oftálmico. Ele passa lateralmente ao nervo óptico antes de cruzá-lo para alcançar a face medial da órbita. O nervo nasociliar projeta nervos ciliares curtos e longos antes de se bifurcar nos nervos etmoidal e infratroclear. Os nervos ciliares curtos atravessam o gânglio ciliar e correm entre a esclera e a corioide para alcançar a íris. Eles projetam ramos na conjuntiva bulbar, no músculo ciliar e na córnea.

O **nervo etmoidal** atravessa o forame etmoidal em sua reentrada na cavidade craniana. Ao permanecer externo à dura-máter, ele segue para a lâmina cribriforme, por onde entra na cavidade nasal. Ele inerva a mucosa olfatória com fibras sensoriais e envia ramos para o seio frontal e para o teto da cavidade nasal até o ápice nasal.

O **nervo infratroclear** corre na extensão da face medial da órbita até o ângulo nasal (medial) do olho, onde inerva a conjuntiva, a terceira pálpebra e as carúnculas lacrimais.

Nervo maxilar (V_2) (*nervus maxillaris*)

O nervo maxilar é consideravelmente mais forte que o nervo oftálmico e é **sensorial** para a pálpebra inferior, a mucosa nasal, os dentes superiores, o lábio superior e o nariz. Os seus ramos distais compreendem as **fibras pós-ganglionares**, que suprem as glândulas lacrimal, nasal e palatina. Antes de deixar a cavidade craniana através do **forame redondo** e da **fissura orbital**, respectivamente, o nervo maxilar emite o **ramo meníngeo** (*ramus meningeus*) para as partes basais da dura-máter (▶Fig. 15.53; ▶Tab. 15.1). Esse nervo se relaciona intimamente com o **gânglio pterigopalatino parassimpático**, o qual se posiciona na direção medial ao nervo em seu curso através da fossa pterigopalatina. Na fossa pterigopalatina ele se divide em:
- nervo zigomático (*n. zygomaticus*);
- nervo pterigopalatino (*n. pterygopalatinus*);
- nervo infraorbital (*n. infraorbitalis*).

O **nervo zigomático** percorre na face lateral da órbita e inerva a pele das regiões temporal e frontal, juntamente aos nervos lacrimal, frontal e auriculopalpebral. Ele contribui para o nervo cornual, o qual inerva o corno em ruminantes e provê fibras parassimpáticas do **gânglio pterigopalatino** para o nervo lacrimal. O nervo zigomático inexiste no gato.

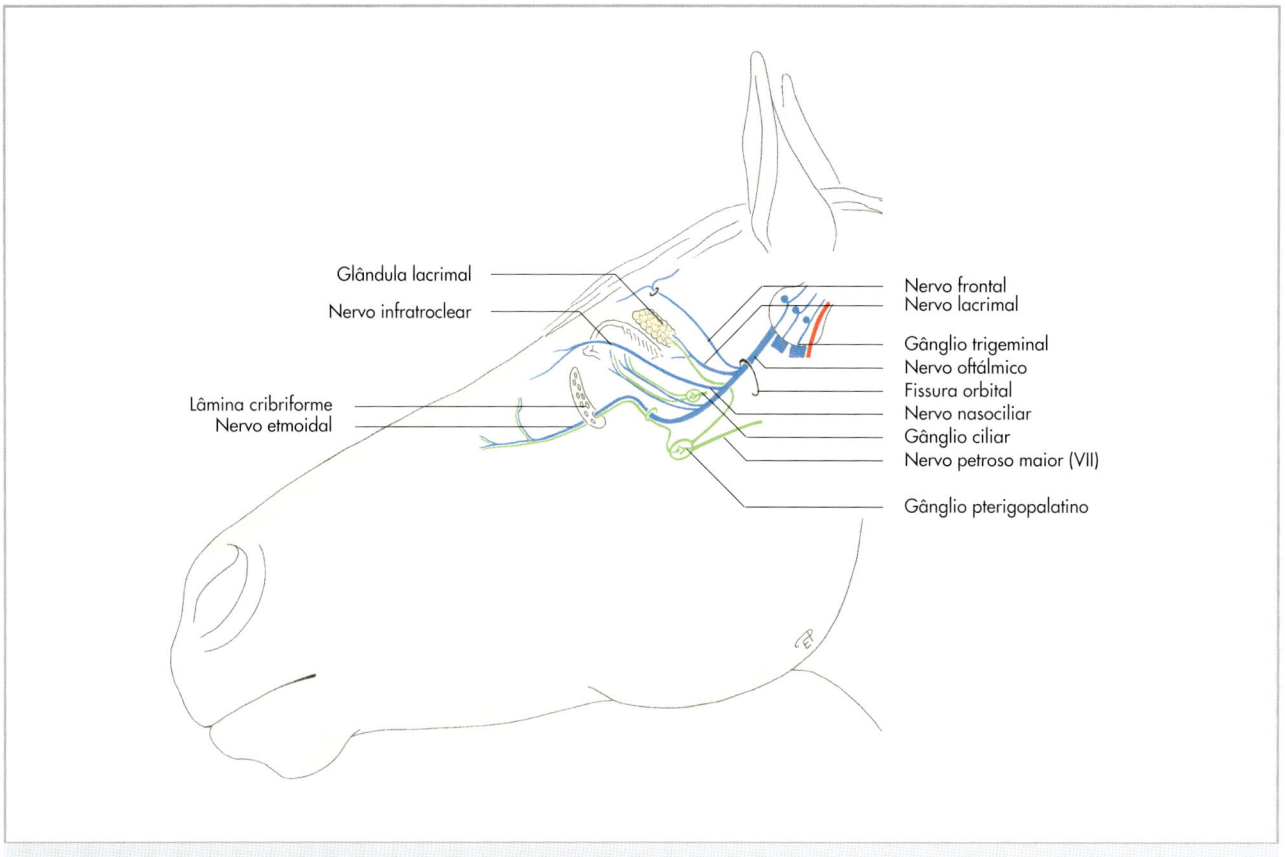

Fig. 15.52 Representação esquemática dos ramos primários do nervo oftálmico em um equino (azul, sensorial; vermelho, motor; verde, fibras parassimpáticas).

O **nervo pterigopalatino** emerge da face profunda do nervo maxilar e prossegue rostralmente até se dividir em:
- nervo nasal caudal (*n. nasalis caudalis*);
- nervo palatino maior (*n. palatinus major*);
- nervo palatino menor (*n. palatinus minor*).

O **nervo nasal caudal** deixa a fossa pterigopalatina através do forame esfenopalatino para entrar na cavidade nasal. Ele se divide nos ramos medial e lateral, os quais propiciam inervação para o septo nasal, para a mucosa nasal das conchas nasais ventrais e para os meatos ventral e médio.

O **nervo palatino maior** adentra o canal palatino através do forame palatino maior e inerva a mucosa do palato duro. Já o **nervo palatino menor** é mais fino e propicia a inervação sensorial do palato mole.

O **nervo infraorbital** é a continuação direta do nervo maxilar. Ele entra no canal infraorbital pelo forame da maxila e reaparece rostralmente na face através do forame infraorbital. O nervo infraorbital projeta **ramos alveolares** (*rami alveolares*) para os dentes molares da maxila e inerva a pele do nariz, a pele e a mucosa do focinho e o lábio superior.

Os **ramos do nervo maxilar** conduzem fibras secretoras e parassimpáticas do gânglio pterigopalatino para a glândula lacrimal e para várias glândulas do nariz e do palato.

Nervo mandibular (V₃) (*nervus mandibularis*)

O nervo mandibular é tão forte quanto o nervo maxilar, porém, ao contrário dos outros ramos do nervo trigêmeo, ele é tanto **sensorial** quanto **motor** (▶Fig. 15.54 e ▶Fig. 15.55; ▶Tab. 15.1). Ele fornece a inervação motora para os músculos voltados para a preensão e a mastigação e propicia inervação sensorial para a cavidade bucal, a língua, os dentes mandibulares, o lábio inferior e partes da pele da face. Após emitir um ramo meníngeo, o nervo mandibular deixa a cavidade craniana através do forame oval (incisura oval, no equino). Ele emite os seguintes ramos primários:
- nervo mastigatório (*n. masticatorius*) com:
  - nervo massetérico (*n. massetericus*);
  - nervos temporais profundos (*nn. temporales profundi*);
- nervos pterigóideos medial e lateral (*nn. pterygoideus medialis et lateralis*);
- nervo bucal (*n. buccalis*);
- nervo auriculotemporal (*n. auriculotemporalis*), anteriormente denominado nervo temporal superficial (*n. temporalis superficialis*);
- nervo alveolar inferior (*n. alveolaris inferior*);
- nervo lingual (*n. lingualis*).

Logo após a sua passagem através do forame oval, o nervo mandibular emite o **nervo mastigatório**, o qual se divide em **nervo massetérico** e **nervos temporais profundos**. O nervo massetérico atravessa a incisura mandibular entre os processos condilar e

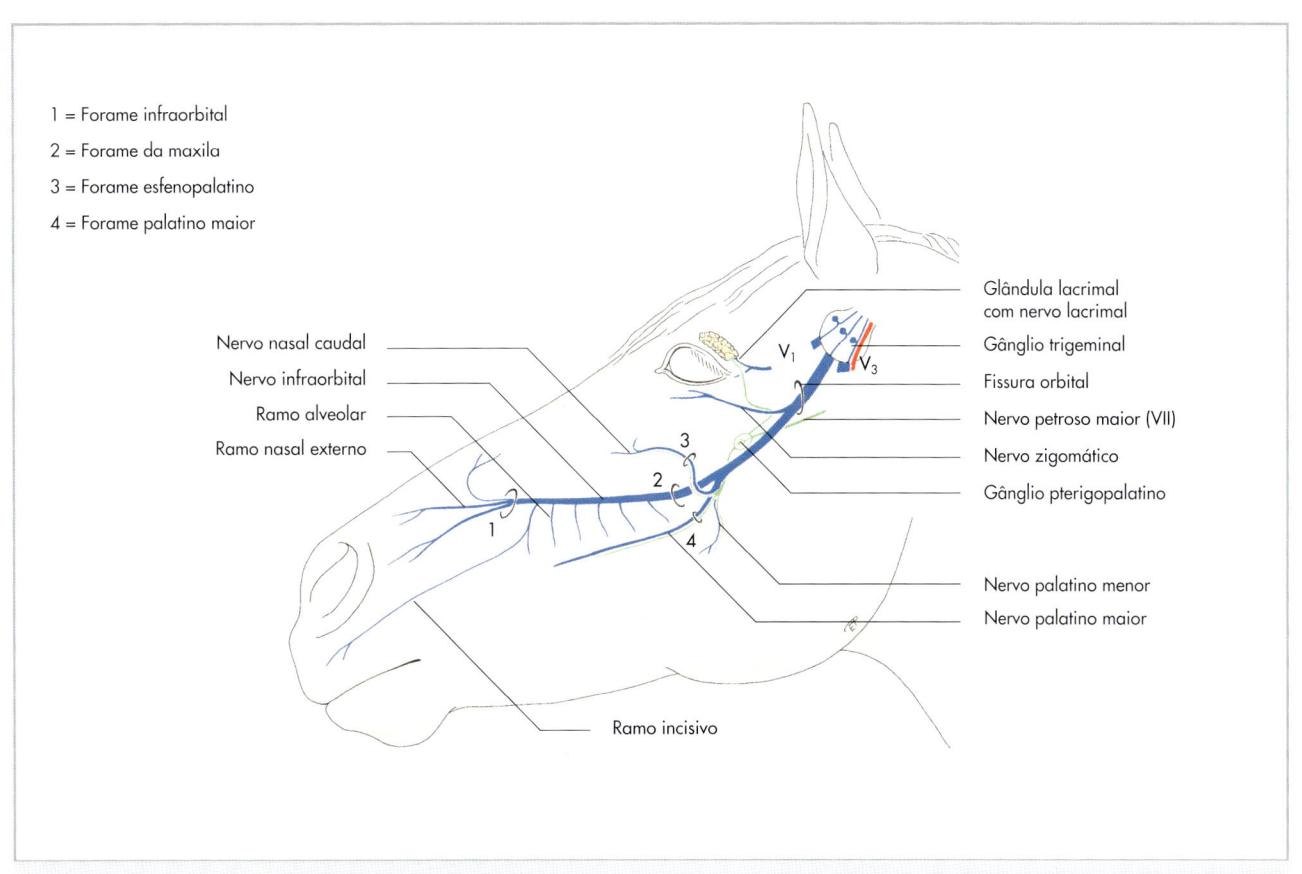

Fig. 15.53 Representação esquemática dos ramos primários do nervo maxilar em um equino (azul, sensorial; vermelho, motor; verde, fibras parassimpáticas).

1 = Forame infraorbital
2 = Forame da maxila
3 = Forame esfenopalatino
4 = Forame palatino maior

Labels: Nervo nasal caudal; Nervo infraorbital; Ramo alveolar; Ramo nasal externo; Glândula lacrimal com nervo lacrimal; Gânglio trigeminal; Fissura orbital; Nervo petroso maior (VII); Nervo zigomático; Gânglio pterigopalatino; Nervo palatino menor; Nervo palatino maior; Ramo incisivo.

coronoide da mandíbula para entrar no músculo masseter em sua face lateral. Os nervos temporais profundos propiciam a inervação motora do músculo temporal.

Os **nervos pterigóideos medial** e **lateral** emergem do nervo mandibular ventromedialmente e inervam o músculo da mastigação de mesmo nome. O **gânglio ótico** se localiza próximo às origens dos nervos mastigatórios. Os nervos motores para o músculo tensor do palato mole e o músculo tensor do tímpano deixam o nervo mandibular na altura do gânglio ótico.

O **nervo bucal** passa rostralmente entre o músculo pterigóideo lateral e o músculo temporal para alcançar as bochechas. Ele é sensorial para a mucosa e para a pele da bochecha e transporta fibras secretoras desde o gânglio ótico até as glândulas bucais. A expressão ramos bucais (*rami buccales*) designa os ramos motores dos nervos faciais para as bochechas.

O **nervo auriculotemporal** emerge da margem caudal do nervo mandibular. Ele é coberto pela glândula salivar parótida e contorna a margem caudal da mandíbula para alcançar a face imediatamente ventral à articulação temporomandibular. O nervo auriculotemporal se divide nos ramos auricular e temporal. O ramo auricular corre na extensão da margem rostral do meato acústico externo até a base da orelha externa e inerva a pele nessa área, juntamente ao ramo auricular rostral do nervo intermediofacial. Já o ramo temporal emite nervos menores, que inervam o meato acústico externo, a glândula parótida e a pele das bochechas.

O **nervo mandibular** termina ao se bifurcar nos **nervos lingual** e **alveolar inferior**. O nervo alveolar inferior passa entre os músculos pterigóideos medial e lateral. Antes de penetrar o canal mandibular na altura do forame da mandíbula, ele emite o seu último ramo motor, o **nervo milo-hióideo**, o qual inerva o músculo milo-hióideo e o ventre rostral do músculo digástrico. O nervo mandibular passa pelo canal mandibular, fornece nervos sensoriais alveolares para os dentes e reaparece no forame mentual como o **nervo mentual**, o qual inerva a pele e a mucosa do lábio inferior e do mento.

O **nervo lingual** passa lateral ao estilo-hióideo e segue medial na extensão do milo-hióideo até alcançar a língua, onde se divide nos **ramos profundo** e **superficial**. Ele é sensorial para a mucosa dos dois terços rostrais da língua e para o assoalho da cavidade oral. O nervo lingual une-se à **corda do tímpano** (*chorda tympani*), um ramo do nervo facial que introduz fibras sensoriais e parassimpáticas a partir do gânglio mandibular. Essas fibras proporcionam a inervação secretora para as glândulas sublingual e mandibular.

Nota clínica

Lesões ao nervo trigêmeo podem causar paralisia dos músculos da mastigação, caracterizada pela queda da mandíbula. Essa condição é mais comum em cães, nos quais pode constituir uma condição idiopática. Em muitos casos, ela ocorre simultaneamente à paralisia do nervo hipoglosso, que faz a língua pender para fora da boca nos animais afetados. As etiologias mais comuns incluem abscessos encefálicos, trauma encefálico e raiva.

1 = Forame mentual
2 = Forame da mandíbula
3 = Forame lacerado, incisão oval
4 = Gânglio mandibular

Gânglio trigeminal
Nervo auriculotemporal
Nervo petroso menor (IX)
Gânglio ótico
Nervo massetérico
Nervos pterigóideos medial e lateral
Nervo milo-hióideo
Nervo lingual
Nervo bucal

Ramo incisivo   Nervo mentual   Ramo alveolar   Nervo alveolar inferior

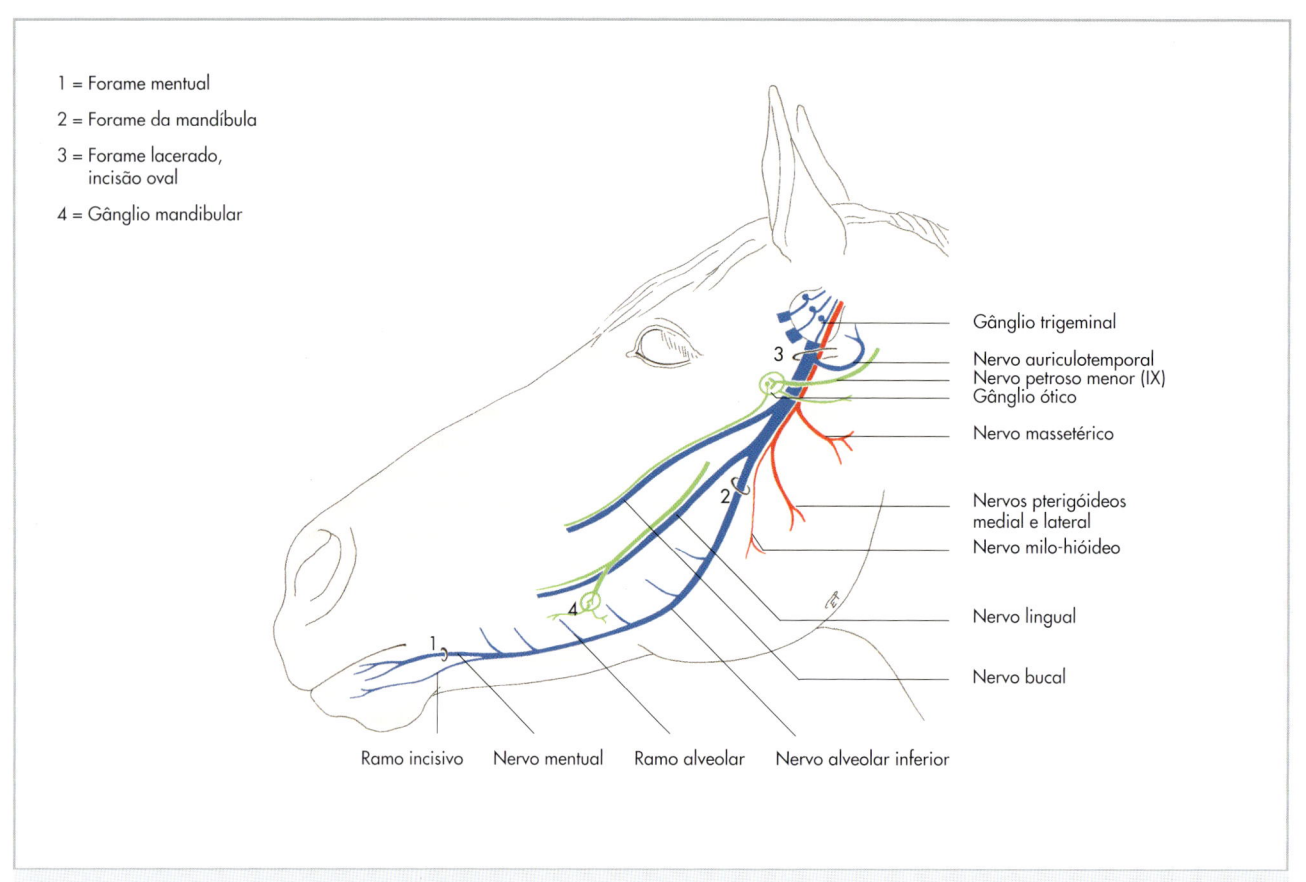

Fig. 15.54 Representação esquemática dos ramos primários do nervo mandibular em um equino sem os nervos temporais profundos (azul, sensorial; vermelho, motor; verde, fibras parassimpáticas).

Nervo abducente (VI) (*nervus abducens*)

O nervo abducente fornece a **inervação motora** para o músculo reto lateral do bulbo do olho e para o quarto lateral do músculo retrator do bulbo do olho. As suas fibras se originam no núcleo motor desse nervo, especificamente nas partes dorsais da ponte, onde as fibras motoras do nervo facial traçam um arco ao seu redor (▶Fig. 15.50; ▶Tab. 15.1).

O nervo abducente emerge na extremidade rostral do sulco ventral lateral da medula oblonga e deixa a cavidade craniana juntamente aos nervos maxilar, oculomotor e troclear através do forame redondo ou da fissura orbital, respectivamente.

Nervo facial (VII) (*nervus facialis*)

Os axônios do nervo facial emergem de dois núcleos separados na **medula oblonga** (▶Fig. 15.50, ▶Fig. 15.56 e ▶Fig. 15.57). O núcleo motor se situa na parte ventral da medula oblonga rostral, próximo à ponte. As fibras desse núcleo correm dorsalmente ao redor do núcleo abducente até se curvarem mais uma vez ventralmente. As **fibras parassimpáticas pré-ganglionares** do nervo facial se originam no núcleo parassimpático, o qual se posiciona caudalmente ao núcleo motor. As fibras motoras e parassimpáticas se unem imediatamente distais à sua emergência no tronco encefálico, laterais ao corpo trapezoide, para formar as raízes do nervo facial. Elas são unidas por fibras sensoriais do **gânglio geniculado** (*ganglion geniculi*) (▶Fig. 15.56). Uma parte intermédia constitui as partes sensorial e parassimpática do nervo facial, ao passo que o componente facial proporciona inervação motora para a musculatura mimética.

O **nervo facial** passa para o meato acústico interno, acompanhado pelo nervo vestibulococlear. Ele entra no canal facial, uma passagem no interior do osso temporal petroso, com uma convexidade caudal aguda, o joelho do nervo facial, onde o nervo aumenta de tamanho para formar o gânglio geniculado no pico da curva.

As paredes ósseas do canal facial têm aberturas oblíquas em direção à cavidade timpânica. Nesse local, o nervo facial se separa da orelha média apenas pela mucosa que reveste a cavidade timpânica. Desse modo, a paralisia do nervo facial pode estar associada a infecções na orelha média.

Originam-se do **nervo facial** (▶Tab. 15.1):
- nervo petroso maior (*n. petrosus major*);
- nervo estapédio (*n. stapedius*);
- corda do tímpano no canal facial.

O **nervo petroso maior** é composto principalmente por fibras parassimpáticas, as quais fazem sinapse no gânglio pterigopalatino. As fibras pós-ganglionares inervam a glândula lacrimal, as glândulas nasais e as glândulas palatinas.

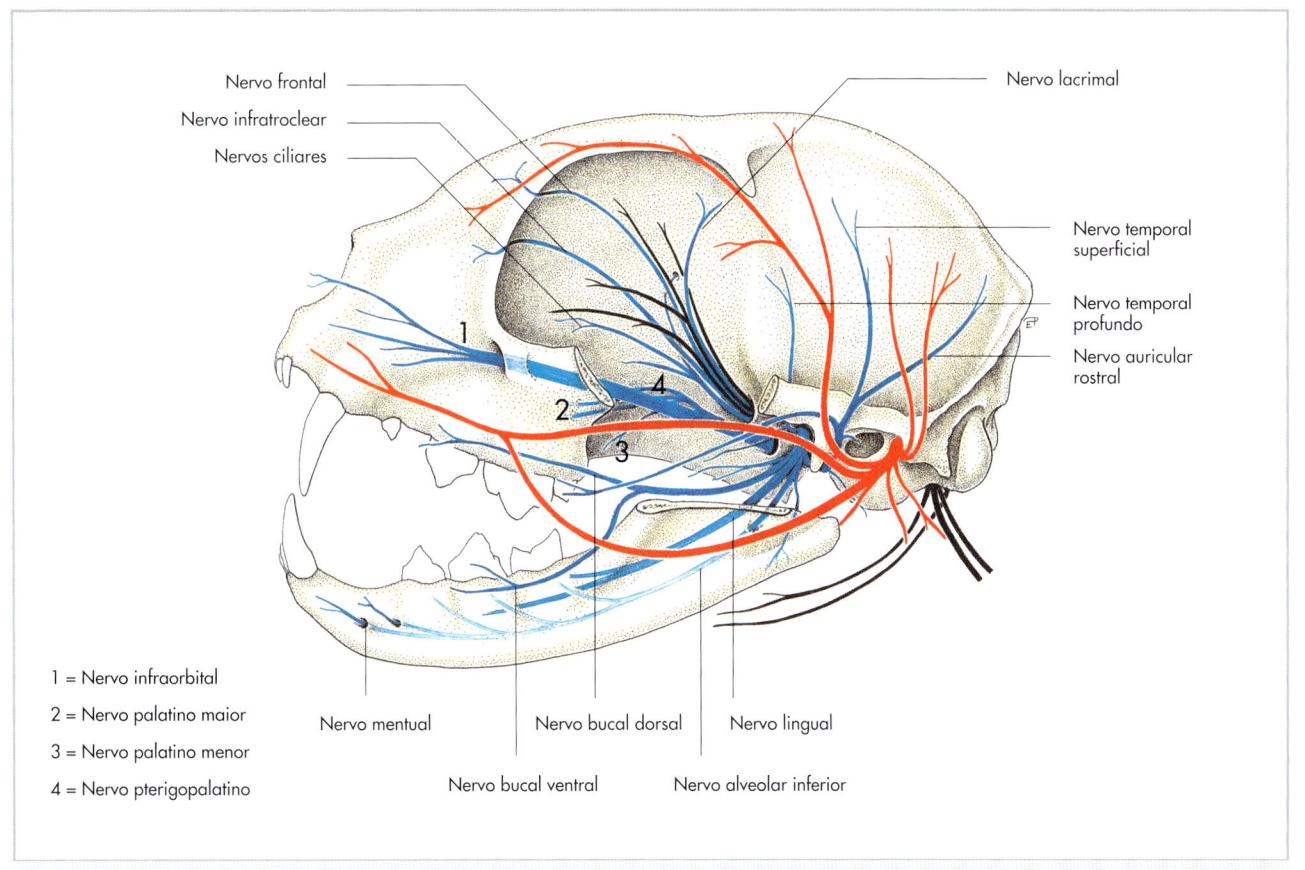

Fig. 15.55 Representação esquemática dos ramos primários do nervo trigêmeo em um gato (azul, fibras sensoriais; vermelho e preto: ver ▶Fig. 15.57). (Fonte: com base em dados de Schleip, 1992.)

Legendas da figura:
- Nervo frontal
- Nervo infratroclear
- Nervos ciliares
- Nervo lacrimal
- Nervo temporal superficial
- Nervo temporal profundo
- Nervo auricular rostral
- 1 = Nervo infraorbital
- 2 = Nervo palatino maior
- 3 = Nervo palatino menor
- 4 = Nervo pterigopalatino
- Nervo mentual
- Nervo bucal dorsal
- Nervo lingual
- Nervo bucal ventral
- Nervo alveolar inferior

O **nervo estapédio** fornece a inervação motora para o músculo de mesmo nome na orelha média. A **corda do tímpano** cruza a cavidade timpânica e se une ao ramo lingual do nervo trigêmeo para propiciar as fibras parassimpáticas para as glândulas sublingual e mandibular, assim como as fibras sensoriais dos botões gustatórios dos dois terços rostrais da língua.

Os nervos destacados no interior do **canal facial** (com exceção do nervo estapédio) formam o componente intermédio do nervo facial. Depois que o nervo emerge do osso temporal petroso através do forame estilomastóideo, compõe-se apenas de fibras motoras. Ele proporciona a inervação motora para toda a musculatura mimética, para o ventre caudal do músculo digástrico e para parte da pele do pescoço.

O **primeiro ramo do nervo facial** depois que ele emerge do canal facial é o **nervo auricular caudal interno**, o qual inerva os pequenos músculos no fundo da orelha externa e, juntamente a um ramo do nervo vago, a pele no interior da orelha externa. O **próximo ramo** que surge é o **nervo auricular caudal**, que inerva os pequenos músculos da parte posterior da orelha externa e, juntamente a um ramo vagal, a pele do lado interno da orelha externa. Ele se curva ao redor da base da orelha caudalmente e é motor para os músculos adjacentes, bem como para o músculo platisma do pescoço no gato e no cão. O nervo auricular caudal proporciona inervação sensorial para a pele no fundo da orelha externa, juntamente às fibras do 1º e 2º nervos cervicais.

O **nervo facial** se ramifica para o ventre caudal do músculo digástrico e para o músculo estilo-hióideo. No equino, ele envia um ramo adicional para o destacamento caudal do músculo digástrico, o músculo occipitomandibular. O nervo facial inerva os músculos relacionados com a abertura da boca. O **nervo auriculopalpebral** emerge na base da orelha, cruza o arco zigomático, coberto pela glândula parótida, e emite ramos para os músculos auriculares rostrais (*rami auriculares rostrales*) e um ramo zigomático. As suas fibras se unem às do trigêmeo a partir dos nervos auriculotemporal, lacrimal e frontal, para formar um plexo auricular rostral entre o olho e a orelha, onde as fibras motoras inervam os músculos das pálpebras.

O nervo facial emite ramos para a glândula parótida, o músculo parotidoauricular e o músculo cutâneo do pescoço. O ramo que inerva o músculo cutâneo do pescoço deixa o nervo facial em sua margem ventral e se une às fibras dos ramos ventrais do 1º nervo cervical. Ele não está presente no bovino e no ovino.

O **tronco principal** alcança uma posição subcutânea no músculo masseter, na altura da margem rostral da glândula parótida, na qual ele termina ao se dividir em **ramos bucais**. Esses ramos formam um plexo (*plexus buccalis*), que varia não apenas entre espécies diferentes, mas também entre indivíduos. A partir do plexo bucal, emergem ramos motores para os músculos da bochecha, dos lábios e das narinas. Eles se unem com fibras sensoriais dos ramos auriculotemporal e infraorbital do nervo trigêmeo.

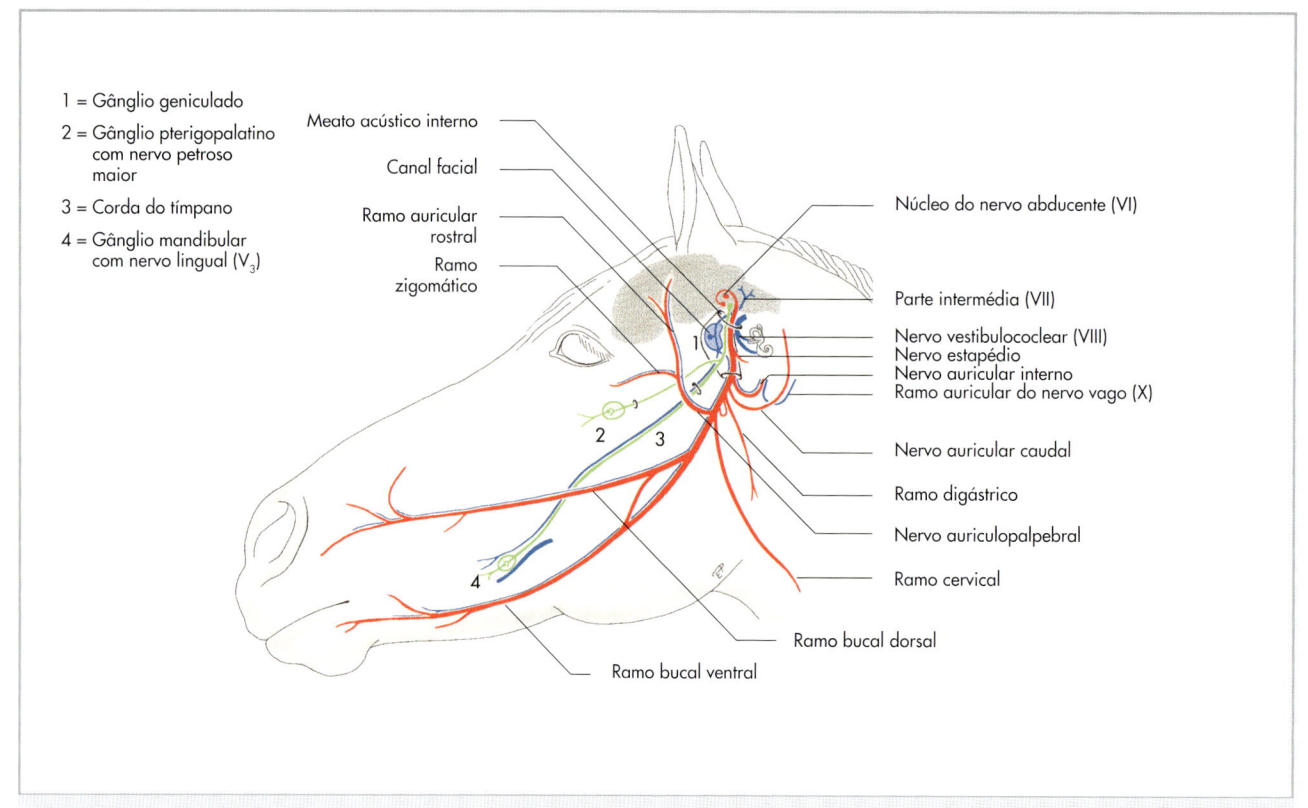

1 = Gânglio geniculado
2 = Gânglio pterigopalatino com nervo petroso maior
3 = Corda do tímpano
4 = Gânglio mandibular com nervo lingual (V₃)

Fig. 15.56 Representação esquemática dos ramos primários do nervo facial em um equino (azul, sensorial; vermelho, motor; verde, fibras parassimpáticas).

Nota clínica

Os **sinais clínicos de paralisia do nervo facial** dependem, evidentemente, do **local afetado**. Lesões que envolvem **segmentos centrais** do nervo atingem todo o campo facial, causando a paralisia dos músculos da orelha, das pálpebras, do nariz e dos lábios e levando à perda ou à redução da atividade secretora das glândulas lacrimais e salivares. **Lesões mais periféricas** que ocorrem na orelha média ou no exterior do crânio levam à paralisia unilateral da musculatura mimética. Essa condição é caracterizada pela inclinação assimétrica do focinho e pela incapacidade de fechar o olho. Humanos exibem aumento da sensibilidade a sons (hiperacusia). Em equinos, a parte subcutânea do nervo às vezes é lesionada pela pressão exercida por um cabresto apertado demais e pode paralisar os músculos dos lábios e das bochechas.

Nervo vestibulococlear (VIII)
(nervus vestibulocochlearis)

O nervo vestibulococlear fornece apenas inervação sensorial e é composto pelo nervo vestibular, referente ao equilíbrio, e pelo nervo coclear, referente à audição (▶Fig. 15.30 e ▶Fig. 15.50; ▶Tab. 15.1); ver também Capítulo 18, "Órgão vestibulococlear" (p. 619).

O **nervo vestibular** conecta o aparelho vestibular da orelha interna ao encéfalo. Os corpos celulares de seus neurônios bipolares se localizam no gânglio vestibular, e as fibras periféricas emergem das **cristas ampulares** (*cristae ampullares*) e das **máculas** do utrículo e do sáculo (*maculae utriculi et sacculi*) do labirinto membranáceo. O **gânglio vestibular** se posiciona no fundo do meato acústico interno e é composto por uma parte superior e outra inferior. As fibras aferentes do componente vestibular formam a raiz vestibular, a qual penetra a medula na altura do corpo trapezoide, onde passa para a área vestibular com seus núcleos terminais (*nucleus vestibularis rostralis, spinalis, medialis, lateralis*). Parte das fibras passa diretamente para o cerebelo.

O **nervo coclear** transmite impulsos da orelha interna para o encéfalo, os quais são percebidos como audição. Ele é composto por fibras cujos corpos celulares se posicionam no **gânglio espiral**, em formato de faixa, dentro do modíolo ósseo da cóclea. Os processos periféricos dessas células terminam mediante sinapses com células ciliadas do **órgão espiral** (**de Corti**) no ducto coclear. As fibras centrais se unem para formar fascículos que atravessam a área coclear perfurada do meato acústico interno e se unem para formar a raiz coclear do nervo vestibulococlear.

A raiz coclear se combina com a raiz vestibular e penetra o corpo trapezoide para terminar na **medula oblonga**, nos núcleos cocleares ventral e dorsal. Ambos os núcleos cocleares formam o ponto de partida para as vias auditivas. Após a decussação, as fibras passam para o corpo geniculado medial e para os colículos caudais dos corpos quadrigêmeos. Elas ascendem com o lemnisco lateral para alcançar o **córtex cerebral**, de onde se projetam para a **área acústica dos lobos temporais**.

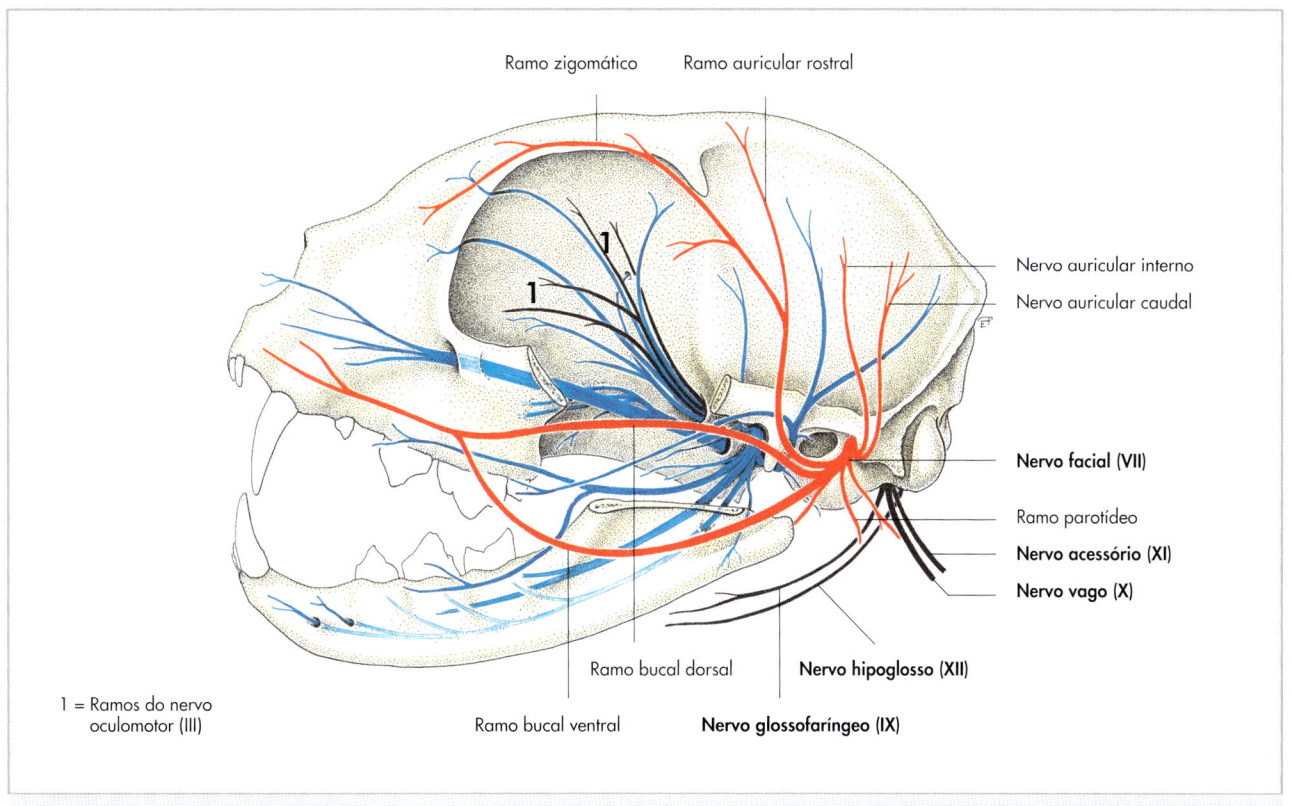

Fig. 15.57 Representação esquemática dos ramos primários do nervo facial em um gato (vermelho, motor; preto, fibras do grupo vago e do nervo hipoglosso; azul, fibras sensoriais; ver ▶Fig. 15.56). (Fonte: com base em dados de Schleip, 1992.)

Nervo glossofaríngeo (IX) (*nervus glossopharyngeus*)

O nervo glossofaríngeo (▶Fig. 15.50 e ▶Fig. 15.58; ▶Tab. 15.1) é um **nervo misto**, tanto **sensorial** quanto **motor**. As suas fibras motoras se originam na parte rostral do núcleo ambíguo da **medula oblonga**. O **núcleo ambíguo** é um local de origem comum para as fibras glossofaríngeas e vagais. As fibras parassimpáticas emergem do **núcleo parassimpático do nervo glossofaríngeo**. O nervo glossofaríngeo emerge da face ventrolateral da **medula oblonga**, em uma relação íntima com os nervos vago e acessório. Alguns autores se referem a esses nervos como o **grupo vago**. O nervo glossofaríngeo proporciona inervação sensorial para a orelha média, o terço caudal da língua e, juntamente ao nervo vago, a faringe. Ele proporciona a inervação motora para o músculo dilatador da faringe (*m. stylopharyngeus caudalis*) e, provavelmente, para os músculos do palato mole.

Os corpos celulares dos **neurônios sensoriais** se situam no **gânglio petroso**, o qual é dividido em uma **parte proximal**, localizada intracranialmente, e uma **parte distal**. Na altura do gânglio distal, o nervo petroso menor emerge e origina pequenos ramos para o plexo timpânico e para a tuba auditiva. Ele deixa a cavidade timpânica para terminar no **gânglio ótico**, a partir do qual as fibras secretoras pós-ganglionares prosseguem até as glândulas bucal e parótida.

O **tronco principal** destaca um ramo para o seio carotídeo (*ramus sinus carotici*), o qual inerva barorreceptores na parede do bulbo carotídeo e quimiorreceptores no glomo carótico.

O **nervo glossofaríngeo** termina ao se dividir em **ramos da língua** e **faríngeos**. Os ramos faríngeos se dividem dentro do plexo faríngeo, para o qual o vago também contribui. O ramo lingual inerva as fibras sensoriais e parassimpáticas que conduzem à mucosa do terço caudal da língua. Essas fibras são gânglios parassimpáticos microscópicos, espalhados pelos ramos do nervo glossofaríngeo, principalmente no ramo lingual. O nervo glossofaríngeo recebe fibras simpáticas do **gânglio cervical cranial**.

Nota clínica

No equino, o nervo glossofaríngeo passa através do compartimento medial do divertículo da tuba auditiva (bolsa gutural), em uma prega comum com o nervo hipoglosso. A **inflamação do divertículo da tuba auditiva** pode causar danos a esses nervos, que se caracterizam pela dificuldade de deglutição.

Nervo vago (X) (*nervus vagus*)

O nervo vago não está restrito à **cabeça**, como os outros nervos cranianos, e conta com uma ampla distribuição para inervar as **vísceras das cavidades torácica** e **abdominal**. Trata-se do **maior nervo parassimpático** do sistema nervoso autônomo (▶Fig. 15.50 e ▶Fig. 15.58; ▶Tab. 15.1).

O nervo vago é **misto** e, portanto, conduz **fibras motoras**, **sensoriais** e **parassimpáticas**. As fibras motoras emergem na **parte caudal do núcleo ambíguo** da medula oblonga e são

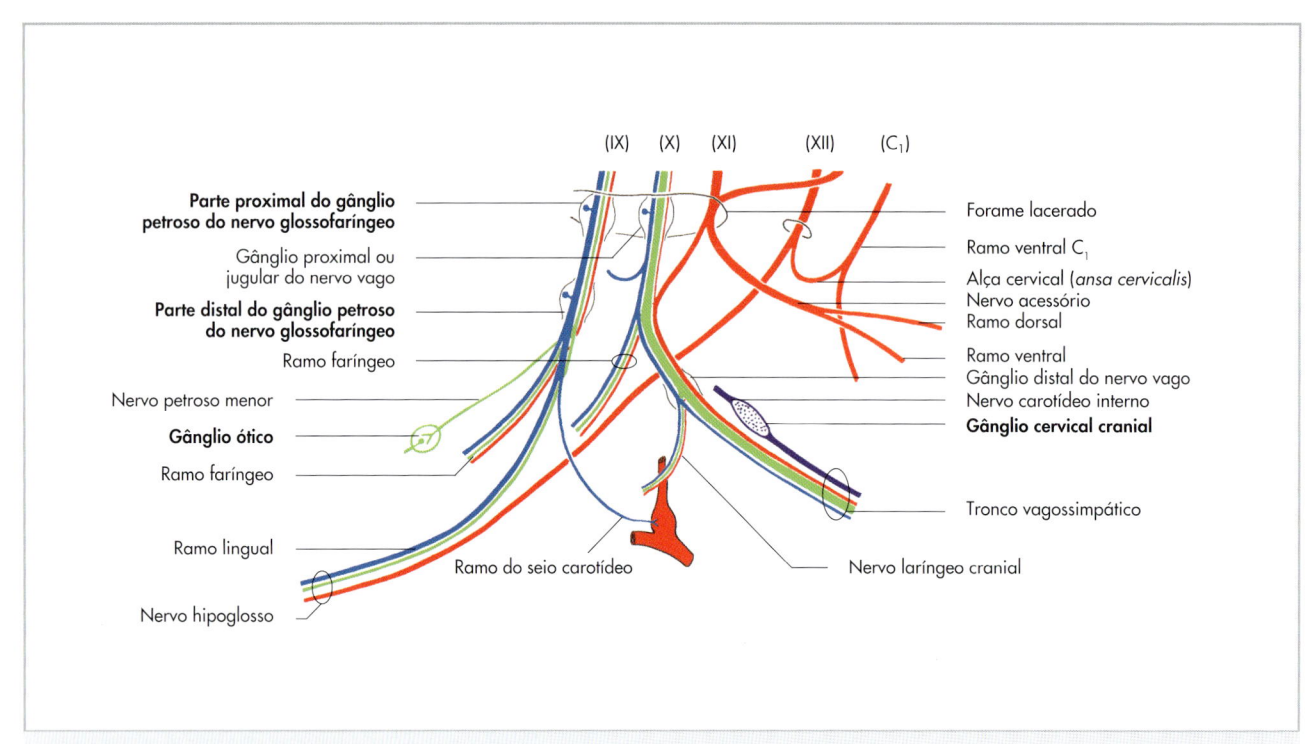

Fig. 15.58 Representação esquemática dos segmentos originais do grupo vago (nervos glossofaríngeo, vago e acessório) e do nervo hipoglosso, incluindo os gânglios principais (azul, sensoriais; vermelho, motores; verde, fibras parassimpáticas). (Fonte: com base em dados de Budras e Röck, 1997.)

acompanhadas por fibras motoras adicionais do nervo acessório. Os **corpos celulares** dos **neurônios sensoriais pseudounipolares** se situam no **gânglio proximal do nervo vago** (anteriormente denominado gânglio jugular). Os seus receptores situam-se nas vísceras, e suas fibras aferentes se prolongam para os núcleos sensoriais na medula oblonga.

Os **corpos celulares pré-ganglionares parassimpáticos** posicionam-se no **núcleo parassimpático do nervo vago**, o qual se encontra imediatamente caudal ao núcleo do nervo glossofaríngeo, na **medula oblonga**. As extensas fibras parassimpáticas pré-ganglionares desse núcleo terminam nos gânglios intramurais das vísceras torácica e abdominal.

Os ramos parassimpáticos da cabeça fazem sinapse no **gânglio distal** (anteriormente denominado gânglio nodoso), o qual se localiza no destacamento do nervo laríngeo cranial (▶Fig. 15.58).

O nervo vago emerge na face ventrolateral da medula oblonga, entre os nervos glossofaríngeo e acessório, com os quais ele atravessa o forame jugular. O gânglio proximal do nervo vago se situa no **forame jugular** (▶Fig. 15.58).

O nervo vago emite um pequeno **ramo meníngeo** (*ramus meningeus*) e um ramo auricular, próximo ao forame jugular. O **ramo auricular** se une a um ramo do nervo facial para inervar a pele na parte interna da orelha externa. Esse é o único ramo do vago que inerva a pele, e supõe-se que ele desempenhe uma função importante na acupuntura auricular.

O ramo que emerge a seguir é o **ramo faríngeo** (▶Fig. 15.58), o qual é forte e se une ao nervo glossofaríngeo para formar o **plexo faríngeo**. Esse plexo forma uma rede delicada, com vários grupos espalhados de células nervosas, na face dos músculos e na tela submucosa da faringe. As fibras do vago propiciam a inervação sensorial para a mucosa da epiglote, da traqueia e do esôfago. Os ramos para os constritores da faringe e a raiz da língua emergem do plexo faríngeo.

O **nervo laríngeo cranial** emerge do vago no **gânglio distal** e marca o término da parte cranial do nervo vago (▶Fig. 15.58). Ele passa para a laringe, onde se divide em **ramos externo** e **interno**. O ramo externo inerva os constritores caudais da faringe, ao passo que o ramo interno é sensorial para a laringe. Antes de se bifurcar, o nervo laríngeo cranial emite o ramo depressor, que corre isolado ou em companhia do **tronco vagossimpático** para o **plexo cardíaco**, onde a sua ação é reduzir a frequência cardíaca.

O nervo vago recebe **fibras simpáticas** do **gânglio cervical cranial**. O gânglio distal do nervo vago é visível macroscopicamente no cão, no gato e no suíno; no entanto, no equino, no bovino e no ovino, ele é composto por vários corpos celulares dispersos, o que exige identificação microscópica. No caprino, ocorrem gânglios tanto distintos quanto difusos em indivíduos diferentes.

A **parte cervical** do nervo vago se inicia após a emissão do nervo laríngeo cranial. Ela prossegue pelo pescoço, dorsolateral à artéria carótida comum, envolvida em uma bainha fascial comum com o tronco simpático, formando o **tronco vagossimpático**. Na abertura torácica, o vago se separa do tronco simpático, proximal ao **gânglio cervical médio** (▶Fig. 15.58).

A **parte torácica** do nervo vago continua ventralmente à artéria subclávia até entrar no mediastino, onde emite ramos cardíacos que passam para o plexo cardíaco, juntamente às fibras simpáticas do gânglio cervical médio e ao gânglio estrelado.

O **nervo laríngeo (recorrente) caudal** se separa no tórax (▶Fig. 15.59). O **nervo laríngeo caudal direito** emerge na altura do **tronco costocervical arterial**, contorna a **artéria subclávia direita** e ascende ao longo da traqueia até terminar na laringe. O **vago esquerdo** dá origem ao **nervo caudal (recorrente) esquerdo** na altura do **ligamento arterial**. Ele forma um arco ao redor da aorta, onde entra em contato com os **linfonodos traqueobronquiais**, e prossegue cranialmente ao longo da traqueia até a laringe, medialmente à artéria carótida comum. O seus axônios estão entre os mais longos encontrados no corpo.

Os **dois nervos laríngeos caudais** são **motores** para todos os músculos da laringe, exceto para o **músculo cricotireóideo**, e sensoriais para a mucosa da parte caudal da laringe. Eles emitem ramos cardíacos logo após a sua origem e pequenos ramos para a traqueia e o esôfago em sua passagem cervical. A paralisia do nervo laríngeo caudal esquerdo leva a uma condição conhecida em equinos popularmente como "**cavalo roncador**" (hemiplegia da laringe).

O tronco vagal prossegue para a raiz do pulmão, onde se divide em **ramos dorsal** e **ventral**, os quais se unem com os seus pares do lado oposto do esôfago para formar os **troncos vagais dorsal** e **ventral**, respectivamente. Os ramos dorsal e ventral projetam ramos brônquicos.

Os troncos vagais dorsal e ventral atravessam a abertura esofágica do diafragma e prosseguem como o **nervo vago abdominal**. Ao alcançar a cavidade abdominal, esse nervo se espalha e se une às fibras simpáticas na formação de um plexo neural, responsável pela inervação dos órgãos viscerais (▶Fig. 15.83).

Nervo acessório (XI) (*nervus accessorius*)

O nervo acessório também pertence ao **grupo vago**. Em sua origem, ele é composto apenas por **fibras motoras**, porém recebe fibras simpáticas do **gânglio cervical cranial**. O nervo acessório é formado por duas raízes (▶Fig. 15.50, ▶Fig. 15.57 e ▶Fig. 15.58; ▶Tab. 15.1). As fibras da raiz cranial se originam na **parte caudal do núcleo ambíguo** da medula oblonga e deixam o nervo acessório para se unirem ao nervo vago.

As fibras da raiz espinal têm corpos celulares no **núcleo do nervo acessório**, o qual se localiza na parte cervical da medula espinal. Essas fibras deixam a medula espinal na face lateral e se combinam em um tronco, que percorre a medula espinal até entrar na cavidade craniana através do forame magno. O nervo acessório deixa o crânio com o nervo glossofaríngeo e o nervo vago através do forame jugular. Ele se divide em **ramos ventral** e **dorsal** ventralmente à asa do atlas. O ramo dorsal passa caudodorsalmente entre os músculos braquiocefálico e esplênio, para inervar o músculo braquiocefálico que o cobre (exceto o músculo cleidobraquial) e os músculos omotransverso e trapézio. O ramo ventral inerva o músculo esternocefálico.

Nervo hipoglosso (XII) (*nervus hypoglossus*)

As fibras do nervo hipoglosso se originam no **núcleo hipoglosso** da **medula caudal**. Elas emergem lateralmente às pirâmides e atravessam a dura-máter. O seu tronco combinado deixa a cavidade craniana através do canal do nervo hipoglosso (▶Fig. 15.57 e ▶Fig. 15.58; ▶Tab. 15.1).

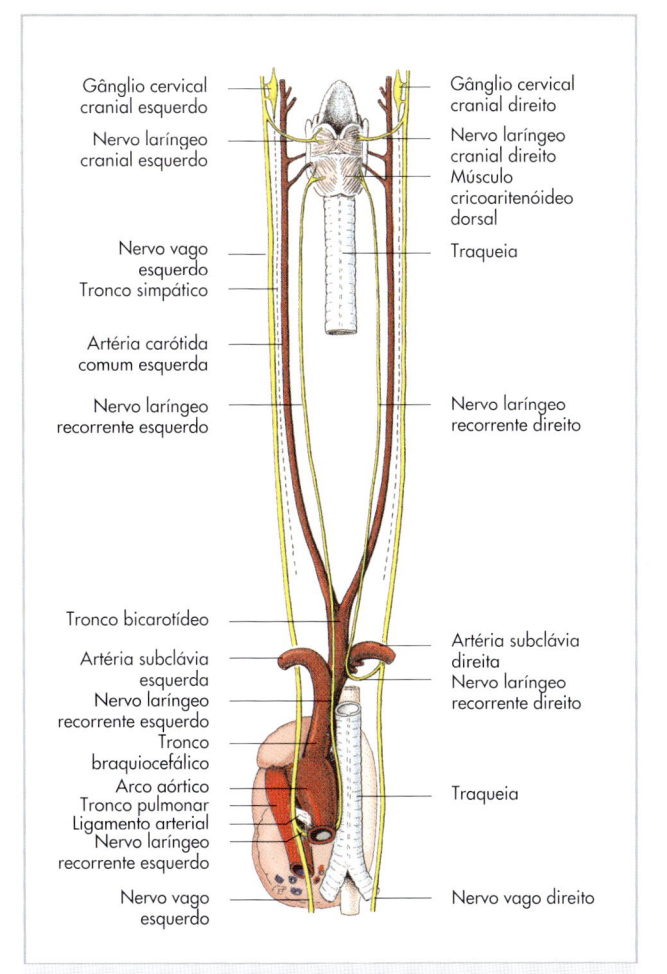

Fig. 15.59 Representação esquemática dos nervos laríngeos (recorrentes) caudais de um equino. (Fonte: com base em dados de Grau, 1974.)

O nervo hipoglosso passa rostralmente entre os nervos vago e acessório até alcançar a língua, onde se divide em **ramos profundo** e **superficial**. Ele inerva as musculaturas intrínseca e extrínseca da língua.

No equino, o nervo hipoglosso atravessa o compartimento medial do divertículo da tuba auditiva, em uma prega comum com o músculo glossofaríngeo, cruza a artéria carótida e corre em paralelo ao tronco linguofacial até a raiz da língua.

Nota clínica

Doenças infecciosas ou **lesões idiopáticas** da bolsa gutural podem levar a danos nesse nervo, que se caracterizam pela **paralisia da língua**.

Tab. 15.1 Resumo das áreas de inervação dos nervos cranianos

Nervos	Inervação		
	Motora	Sensorial	Parassimpática
Nervo olfatório (I)	–	Olfato	–
Nervo óptico (II)	–	Visão	–
Nervo oculomotor (III)	Músculo levantador superficial da pálpebra e todos os músculos do bulbo do olho, exceto o músculo oblíquo dorsal e o músculo reto lateral do bulbo do olho	–	Músculo ciliar e músculo esfíncter da pupila
Nervo troclear (IV)	Músculo oblíquo dorsal do bulbo	–	–
Nervo trigêmeo (V):			
• Nervo oftálmico (V_1): ○ nervo lacrimal ○ nervo frontal ○ nervo nasociliar	–	Bulbo do olho, conjuntiva, pele na região orbital, mucosa olfatória, partes do seio frontal	Através do nervo facial para a glândula lacrimal
• Nervo maxilar (V_2):			
○ nervo zigomático	–	Pele das regiões temporal e parietal, pálpebra inferior	–
○ nervo pterigopalatino: – nervo nasal caudal – nervo palatino maior – nervo palatino menor	–	Mucosa da cavidade nasal, cavidade maxilar, palato duro e palato mole	Fibras do nervo facial para a glândula lacrimal
○ nervo infraorbital	–	Dentes da maxila, pele do nariz e lábio superior	–
• Nervo mandibular (V_3):			
○ nervo mastigatório	Músculo masseter, músculo temporal	–	–
○ nervos pterigóideos medial e lateral	Músculos pterigóideos medial e lateral, músculo tensor do tímpano	–	–
○ nervo bucal	–	Mucosa bucal	Fibras do nervo glossofaríngeo para as glândulas bucais, glândula parótida
○ nervo auriculotemporal	–	Pele na região facial	–
○ nervo alveolar inferior	Músculo milo-hióideo e parte rostral do músculo digástrico	Dentes na mandíbula, lábio inferior	–
○ nervo lingual	–	Dois terços rostrais da mucosa da língua	Fibras do nervo facial (corda do tímpano) para as glândulas sublinguais e a glândula mandibular
Nervo abducente (VI)	Músculo reto lateral do bulbo do olho, quarto lateral do músculo retrator do bulbo do olho	–	–

(continua)

Tab. 15.1 Resumo das áreas de inervação dos nervos cranianos *(Continuação)*

Nervos	Inervação		
	Motora	Sensorial	Parassimpática
Nervo facial (VII):			
• nervo estapédio	Músculo estapédio	–	–
• nervo auricular caudal	Músculos do pavilhão auricular	Pele do pavilhão auricular	–
• nervo auriculopalpebral	Músculos das pálpebras	–	–
• ramo cervical	Músculos para a pele do pescoço	–	–
• ramo digástrico	Parte caudal do músculo digástrico	–	–
• ramos bucais	Músculos faciais (miméticos)	–	–
• parte intermédia (corda do tímpano e nervo petroso maior)	–	Mucosa da língua	Glândula lacrimal, glândulas da mucosa do palato e nasal, glândula sublingual e glândula mandibular
Nervo vestibulococlear (VIII)	–	Equilíbrio e audição	–
Nervo glossofaríngeo (IX):			
• ramo faríngeo	Músculo estilofaríngeo caudal, faringe	Glomo carótico (*glomus caroticum*)	Glândula parótida e glândulas bucais
• ramo lingual	Músculo levantador e músculo tensor do palato mole	Terço caudal da língua	–
Nervo vago (X):			
• parte craniana:			
○ ramo auricular	–	Pele no interior do pavilhão auricular	–
○ ramo laríngeo cranial	Músculo cricotireóideo, laringe	–	–
○ nervo depressor	–	–	Plexo cardíaco
• parte cervical conectada ao tronco simpático	–	–	–
• parte torácica: ○ nervo laríngeo caudal direito ao redor do tronco costocervical direito, nervo laríngeo caudal esquerdo ao redor da aorta ○ tronco vagal dorsal ○ tronco vagal ventral	Todos os músculos laríngeos, com exceção do músculo cricotireóideo	–	Órgãos da cavidade abdominal
• parte abdominal	–	–	Órgãos da cavidade abdominal
Nervo acessório (XI):			
• ramo dorsal	Músculo braquiocefálico, músculo trapézio, músculo omotransverso	–	–
• ramo ventral	Músculo esternocefálico, músculo cleidomastóideo, músculo cleidoccipital	–	–
Nervo hipoglosso (XII)	Musculatura da língua	–	–

Sensível = conduzir informações de todos os tipos de estímulos, desde o sistema nervoso periférico (SNP) até o sistema nervoso central (SNC); sensorial = inervação dos sentidos (olfato, visão, som, tato, paladar e equilíbrio).
A inervação simpática de todos os órgãos cranianos ocorre por meio do gânglio cervical cranial.

15.2.3 Nervos espinais (nervi spinales)

A quantidade de nervos espinais pares em cada segmento da coluna vertebral corresponde à quantidade de vértebras, com exceção da coluna cervical e caudal. O primeiro nervo cervical passa pelo **forame vertebral lateral do atlas**, ao passo que os nervos cervicais seguintes emergem cranial à vértebra correspondente. O último nervo cervical emerge entre a 7ª vértebra cervical e a 1ª vértebra torácica, de modo que há oito nervos espinais cervicais para sete vértebras cervicais. Na região caudal, há menos nervos do que vértebras.

Cada nervo espinal se origina da **medula espinal** com uma **raiz dorsal** e uma **raiz ventral**. As duas raízes se unem no canal vertebral para formar o nervo espinal. Próximo à união das duas raízes, a raiz dorsal conduz o **gânglio espinal** fusiforme, que é composto pelos corpos celulares de **neurônios pseudounipolares** aferentes (▶Fig. 15.60).

A **raiz dorsal** é composta por **fibras aferentes**, ao passo que a **raiz ventral** é composta por **fibras motoras eferentes** e **autônomas**. O nervo misto resultante emerge através do forame intervertebral e se divide quase imediatamente em ramos dorsal e ventral.

O **ramo dorsal** (▶Fig. 15.60) se divide novamente em **ramo medial**, para a inervação dos músculos das costas, que estão posicionados dorsalmente aos processos vertebrais transversos, e **ramo lateral**, para a pele das costas. Segmentos cutâneos, os quais são inervados por um nervo espinal específico, são denominados dermátomos. O **componente autônomo** de sua inervação é responsável pelas **zonas de Head**, de onde determinados órgãos internos se projetam para a pele. Os dermátomos dos nervos espinais mais caudais se prolongam ainda mais ventralmente, ao passo que a extensão dos nervos espinais craniais se restringe às partes mais dorsais da parede corporal.

O **ramo ventral maior** (▶Fig. 15.60) inerva os músculos ventrais aos processos transversos e o restante da pele, incluindo os membros. Ele normalmente se divide em **dois ramos primários**, sendo que o primeiro se origina na metade do abdome, e o segundo, próximo à linha alba. Os ramos ventrais das três últimas vértebras cervicais e dos dois primeiros nervos torácicos formam o **plexo braquial**, que dá origem aos nervos do membro torácico. Os três últimos nervos lombares e os dois primeiros nervos sacrais formam o **plexo lombossacral** do membro pélvico.

Nervos cervicais (nervi cervicales)

Os ramos dorsal e ventral dos nervos cervicais se comunicam um com o outro para formar os plexos cervicais dorsal e ventral, respectivamente (▶Fig. 15.60).

O **ramo ventral do primeiro nervo cervical** se une ao nervo hipoglosso na **alça cervical** (ansa cervicalis), de onde emergem os ramos para a inervação dos músculos longos do aparelho hioide: os músculos esterno-hióideo, esternotireóideo e omo-hióideo.

O **ramo ventral do segundo nervo cervical** emite o nervo auricular maior (n. auricularis magnus), o qual se une ao ramo auricular caudal do nervo facial na inervação da parte caudal da orelha externa.

As **raízes ventrais do quinto** (quarto, no gato) ao **sétimo nervo cervical** formam o **nervo frênico**, o qual corre caudalmente no mediastino para inervar o diafragma.

Os **ramos supraclaviculares** também emergem de ramos ventrais e inervam a pele sobre a articulação do ombro.

Plexo braquial (plexus brachialis) e nervos do membro torácico

O plexo braquial costuma ser formado pelos ramos ventrais dos **três últimos nervos cervicais** e dos **dois primeiros nervos espinais torácicos**. Ele dá origem aos nervos que inervam os músculos e a pele do membro torácico (▶Fig. 15.68) e partes da musculatura da cintura escapular e da parede lateral do tórax e do abdome (▶Fig. 15.61; ▶Tab. 15.2 e ▶Tab. 15.3).

As exceções são os músculos braquiocefálico, omotransverso, romboide e trapézio e a pele sobre a região superior da escápula. Essas estruturas são inervadas pelos ramos dorsal e ventral dos nervos espinais cervicais e torácicos.

Os **ramos do plexo braquial** normalmente são **mistos**, já que as fibras cerebroespinais se unem por meio de fibras autônomas do gânglio estrelado.

O plexo se localiza **cranialmente à primeira costela**, entre o músculo longo do pescoço e os músculos escalenos. As raízes do plexo alcançam a face medial do ombro ao passarem entre as partes média e ventral do escaleno. Em carnívoros, as raízes passam ventralmente ao músculo escaleno médio. Vários ramos do plexo contam com distribuições locais bastante restritas na parede do tórax e não apresentam importância clínica. A descrição dos seguintes nervos não será aprofundada (▶Fig. 15.61; ▶Tab. 15.2):

- nervo torácico longo (n. thoracicus longus);
- nervo toracodorsal (n. thoracodorsalis);
- nervo torácico lateral (n. thoracicus lateralis);
- nervos peitorais cranial e caudal (nn. pectorales craniales et caudales);
- nervos subescapulares (nn. subscapulares).

Tab. 15.2 Resumo das áreas de inervação dos nervos do plexo braquial que suprem a face lateral do tórax

Nervo	Motora	Sensorial
Nervos peitorais craniais	Músculo peitoral superficial, músculo subclávio	–
Nervos peitorais caudais	Músculo peitoral profundo	–
Nervo torácico longo	Parte torácica do músculo serrátil ventral	–
Nervo toracodorsal	Músculo latíssimo do dorso (grande dorsal)	–
Nervo torácico lateral	Músculo cutâneo	Pele lateral no tórax e cobertura do músculo tríceps do membro torácico
Nervo intercostobraquial	Músculo cutâneo	Pele lateral no tórax e cobertura do músculo tríceps do membro torácico

Observação: os nervos do plexo braquial contêm fibras motoras, sensoriais e vegetativas.

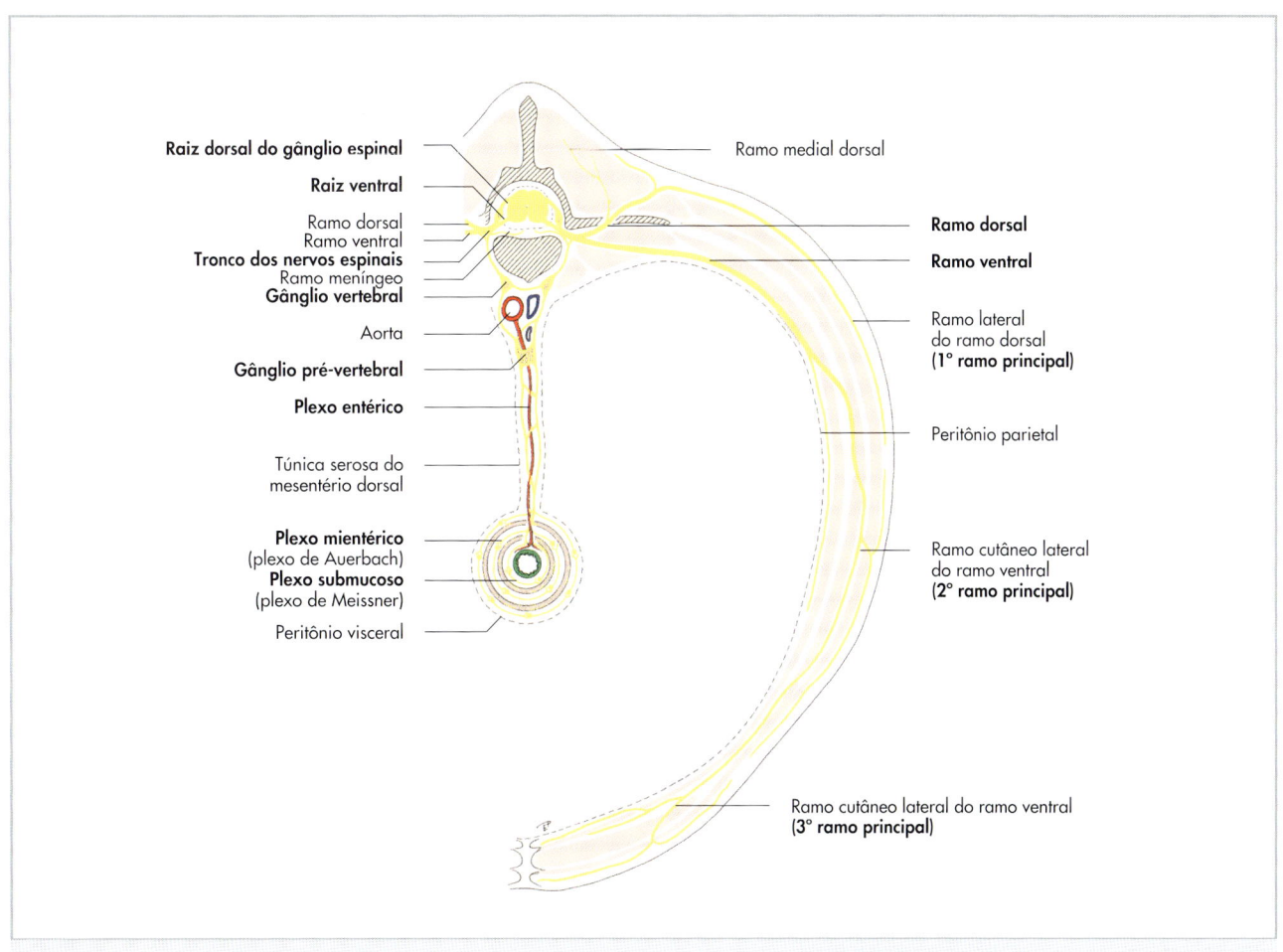

Fig. 15.60 Nervo espinal de um equino (representação esquemática). (Fonte: com base em dados de Grau, 1974.)

O **nervo torácico longo** passa caudalmente na face lateral da parte torácica do músculo serrátil ventral, o qual ele inerva. A parte cervical desse músculo recebe nervos espinais cervicais.

O **nervo toracodorsal** emerge do último nervo espinal cervical, corre caudalmente, cruza o músculo redondo maior e se ramifica na face medial do músculo latíssimo do dorso, o qual ele inerva.

O **nervo torácico lateral** emerge das partes caudais do plexo (C8 e T1) e segue a extensão do músculo latíssimo do dorso para inervar a parte abdominal do músculo cutâneo. Parte de seus ramos se une com os nervos intercostais adjacentes para formar o nervo intercostobraquial, o qual inerva a pele caudal ao tríceps e sobre o tórax ventral e o abdome. Os nervos intercostais conduzem fibras sensoriais.

Os **nervos peitorais craniais** e **caudais** emergem da parte cranial do plexo e inervam os músculos peitorais. Os nervos peitorais craniais inervam o músculo peitoral superficial e, em ungulados, o músculo subclávio. Já os nervos peitorais caudais passam caudoventralmente ao músculo peitoral profundo.

Os **nervos subescapulares** emergem como nervos individuais ou como um plexo a partir da parte cranial do plexo braquial. Eles inervam as partes cranial e média do músculo subescapular.

Tab. 15.3 Composição dos nervos mais importantes do plexo braquial (elaborada com base em dados de Habel, 1978.)

Nervo	Ramo ventral dos nervos segmentares			
	C_6	C_7	C_8	T_1
Nervo supraescapular	×	×	–	–
Nervo musculocutâneo	×	×	–	–
Nervo axilar	–	×	×	–
Nervo radial	–	×	×	×
Nervo mediano	–	–	×	×
Nervo ulnar	–	–	×	×

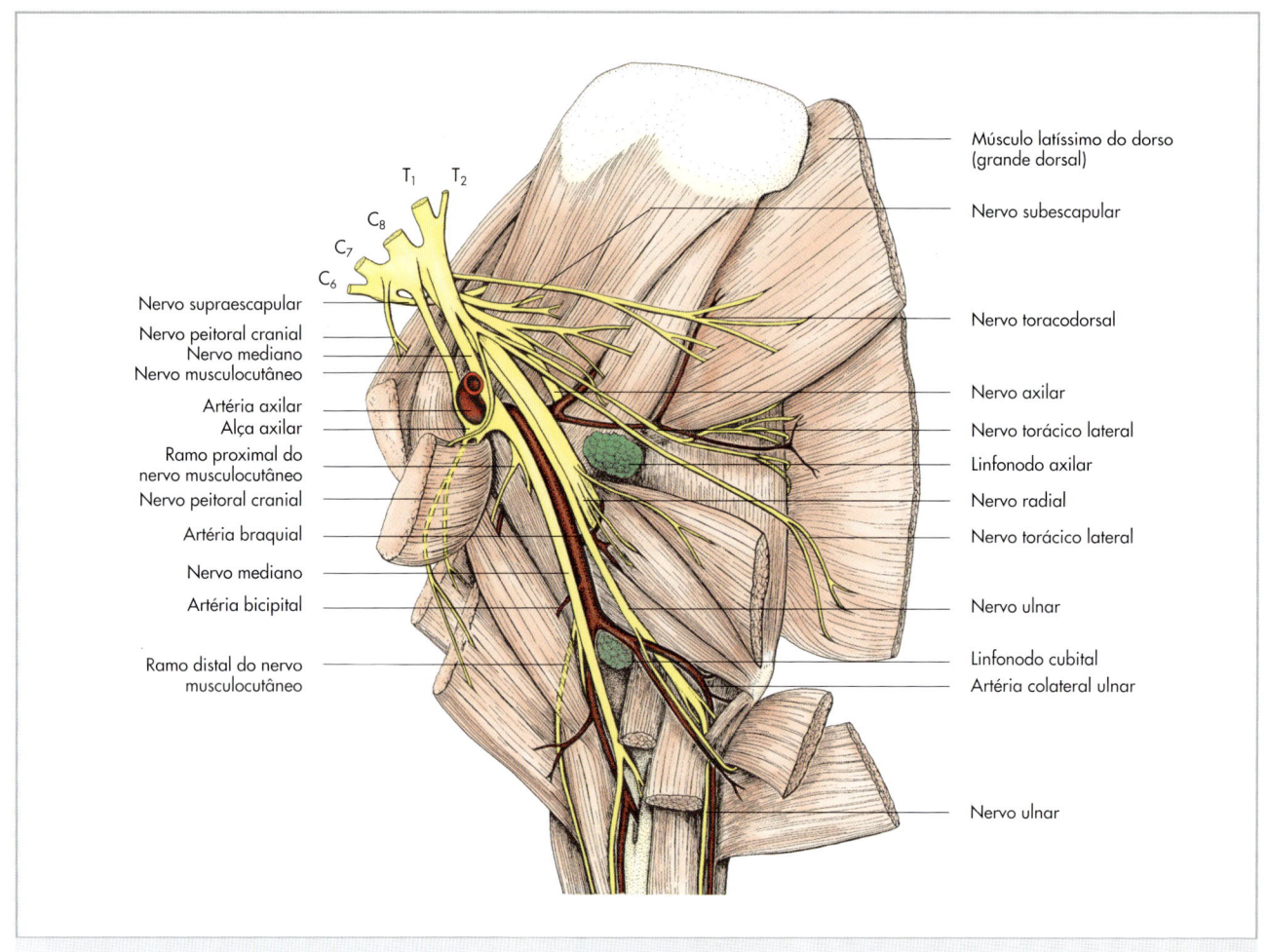

Fig. 15.61 Plexo braquial do membro torácico direito de um equino (representação esquemática, vista medial).

Os **três nervos** a seguir apresentam uma distribuição relativamente limitada, porém de significativa importância funcional (▶Fig. 15.61 e ▶Fig. 15.65; ▶Tab. 15.3 e ▶Tab. 15.4):
- nervo supraescapular (*n. suprascapularis*);
- nervo musculocutâneo (*n. musculocutaneus*);
- nervo axilar (*n. axillaris*).

Nervo supraescapular (*nervus suprascapularis*)

O nervo supraescapular passa entre os músculos subescapular e supraescapular para alcançar a margem cranial do colo da escápula, a qual contorna até chegar à face lateral do osso, onde inerva os músculos supraespinal e infraespinal. Devido à sua íntima relação com o osso, ele é vulnerável a lesões por trauma.

> **Nota clínica**
>
> A **paralisia** do nervo supraescapular geralmente resulta em atrofia dos músculos que ele inerva. No animal em posição de estação, o ombro sofre abdução, o que se torna mais evidente durante a locomoção ("**arrastamento do ombro**"). Essa condição ocorre com maior frequência no equino, sendo conhecida em língua inglesa como *sweeney*. Ela costuma ser causada por trauma, quando o nervo se estira contra a escápula pelo excesso de abdução do membro ou por retração violenta.

Nervo musculocutâneo (*nervus musculocutaneus*)

O nervo musculocutâneo emerge caudalmente ao nervo supraescapular do plexo braquial. Ele corre paralelamente ao nervo mediano, com o qual se une em ungulados para formar uma **alça ao redor da artéria axilar** (*ansa axillaris*). O nervo musculocutâneo se ramifica na parte proximal do úmero para formar o ramo muscular proximal, o qual passa cranialmente entre o úmero e o músculo coracobraquial para inervar este último e o músculo bíceps. Ele se divide novamente no terço distal do braço superior

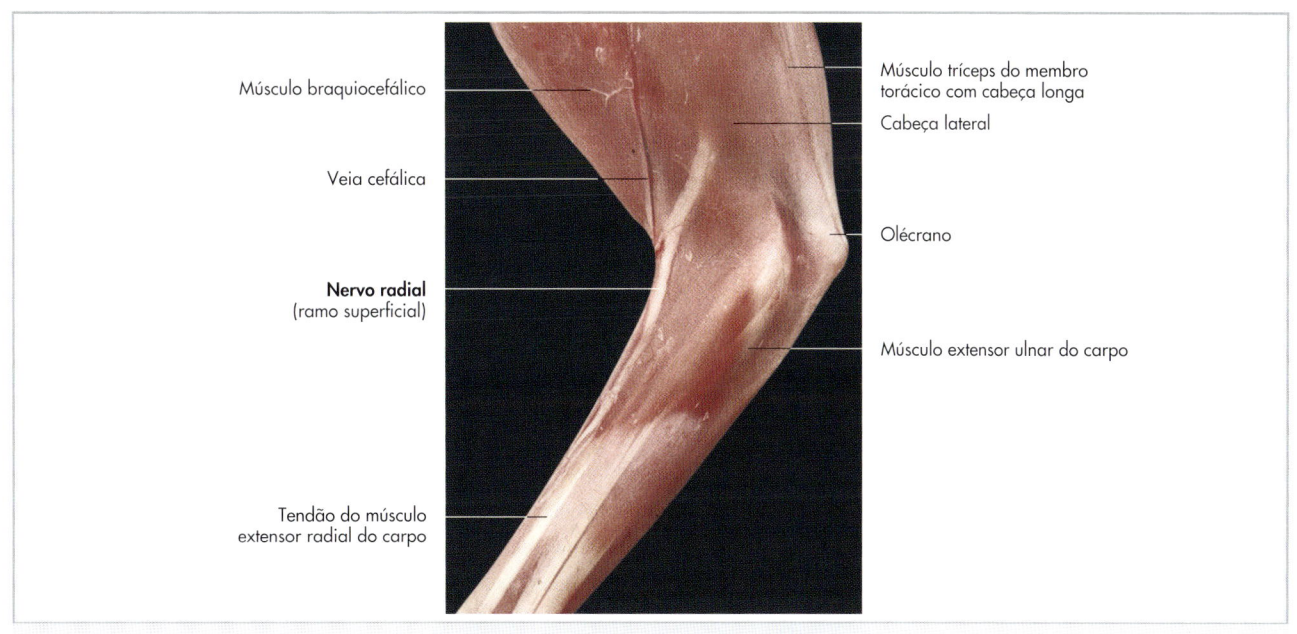

Fig. 15.62 Membro torácico esquerdo de um gato, com nervo radial (vista lateral).

para formar o nervo mediano, o qual inerva o músculo braquial e a pele na face medial do antebraço.

> **Nota clínica**
>
> **Lesões** do nervo musculocutâneo são raras, porém a sua ocorrência paralisaria os principais flexores do cotovelo. Contudo, a condição seria compensada pelo nervo radial, que também contribui para a inervação do músculo braquial. A **perda sensitiva na pele** da face medial do antebraço auxilia a determinar o diagnóstico de lesão no nervo musculocutâneo.

Nervo axilar (nervus axillaris)

O nervo axilar passa para a face lateral do membro, caudal à articulação do ombro. Na face medial, ele inerva o músculo redondo maior e o terço caudal do músculo subescapular. Ele também inerva os músculos capsular e redondo menor. O nervo axilar se ramifica para inervar o músculo deltoide e emite um ramo para o músculo cleidobraquial. O seu ramo cutâneo alcança uma posição subcutânea na margem ventral do músculo deltoide e inerva a pele na face cranial do braço e do antebraço (▶Fig. 15.61, ▶Fig. 15.64 e ▶Fig. 15.65).

Os últimos **três nervos do membro torácico** se prolongam desde o plexo braquial até o ápice do membro (▶Fig. 15.61 e ▶Fig. 15.65; ▶Tab. 15.3 e ▶Tab. 15.5):
- nervo radial (*n. radialis*);
- nervo mediano (*n. medianus*);
- nervo ulnar (*n. ulnaris*).

Nervo radial (nervus radialis)

O nervo radial recebe a maior parte de suas fibras do oitavo nervo cervical. Trata-se do **maior nervo** do plexo braquial e com a **distribuição mais ampla**. Ele inerva todos os músculos extensores do membro torácico, exceto os da articulação do ombro. O nervo radial inerva a pele sobre a face lateral do membro, prolongando-se do antebraço até o ápice do membro em todos os mamíferos domésticos, com exceção do equino, no qual termina distal ao carpo (▶Fig. 15.61, ▶Fig. 15.62, ▶Fig. 15.64 e ▶Fig. 15.65).

O **nervo radial** corre distalmente, caudal e paralelamente à artéria braquial, antes de passar entre as cabeças longa e medial do músculo tríceps para seguir o sulco espiral do úmero até a face craniolateral do membro. Em seu curso, ele envia ramos aos músculos extensores da articulação do cotovelo (tríceps braquial, ancôneo, tensor da fáscia do antebraço). No terço distal do úmero, o nervo radial emite o seu ramo cutâneo (*ramus cutaneus antebrachii*) para a pele do antebraço.

> **Nota clínica**
>
> Os **sinais clínicos de paralisia do nervo radial** dependem do **local da lesão**. Quanto mais proximal, mais grave a síndrome e o prognóstico. A **avulsão do plexo braquial**, observada em animais após acidentes de trânsito, resulta em numerosos déficits neurológicos, os quais raramente são solucionados. Lesões no nervo radial **proximais à metade do braço** costumam resultar em paralisia dos extensores do cotovelo, paralisia dos extensores digitais e do carpo e perda de sensibilidade na pele. O animal afetado não consegue fixar a sua articulação do cotovelo e exibe claudicação, com arrasto dos dedos. Lesões no nervo radial na **parte distal do rádio** resultam em paralisia dos extensores digitais e do carpo (extensor radial do carpo, extensor ulnar do carpo, extensor digital comum), e o animal afetado flexiona o dedo e apoia-se sobre a face dorsal dele.

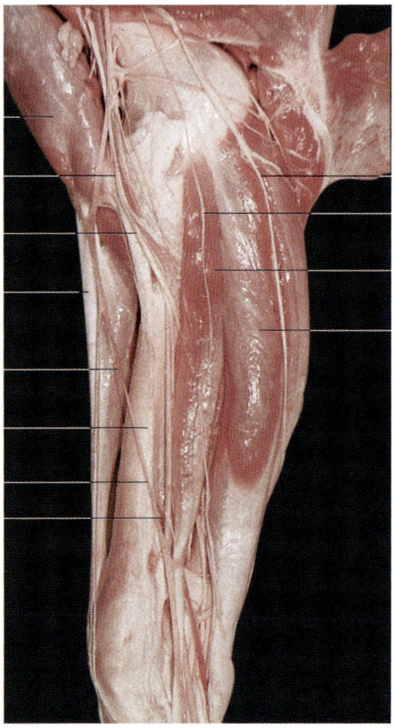

Fig. 15.63 Ramos cutâneos do antebraço direito de um equino (vista medial). (Fonte: cortesia do Dr. R. Macher, Viena.)

Labels na figura:
- Músculo bíceps braquial
- Ramo cutâneo do nervo musculocutâneo
- Nervo mediano
- Aponeurose bicipital (lacerto fibroso)
- Músculo extensor radial do carpo
- Rádio
- Veia cefálica
- Artéria mediana
- Ramo cutâneo do nervo ulnar
- Ramo cutâneo do nervo musculocutâneo
- Músculo flexor radial do carpo
- Músculo flexor ulnar do carpo

Nervo mediano (*nervus medianus*)

Após a sua origem a partir do plexo braquial, o nervo mediano corre sobre a face medial do antebraço e se combina com o nervo musculocutâneo para formar uma **alça ao redor da artéria axilar** (▶Fig. 15.61). Na face cranial da articulação do cotovelo, o nervo mediano passa lateralmente sob o músculo pronador redondo para inervar um grande grupo caudal de músculos flexores do antebraço. No gato, ele atravessa o forame supracondilar. O nervo mediano inerva o músculo radial flexor e os músculos flexores superficial e profundo dos dedos. A sua distribuição coincide com a distribuição do nervo ulnar. Na parte distal do antebraço, ele divide em dois ou mais ramos, os quais descendem através do canal do carpo para inervar a maioria das estruturas na face palmar do membro distal (▶Fig. 15.68).

Nervo ulnar (*nervus ulnaris*)

O nervo ulnar corre distalmente na face medial do antebraço, próximo ao nervo mediano e caudal à artéria braquial. Ele passa caudalmente na altura da articulação do cotovelo, correndo sob a cabeça ulnar do músculo flexor ulnar até o sulco ulnar, na face caudal do antebraço (▶Fig. 15.61, ▶Fig. 15.65 e ▶Fig. 15.66).

No antebraço, o nervo ulnar emite o nervo cutâneo caudal do antebraço para a pele, em sua face caudal. Na parte proximal do antebraço, ele se ramifica para inervar o músculo flexor ulnar e os músculos flexores superficial e profundo dos dedos.

Um **ramo dorsal** emerge proximal ao osso carpo acessório (pisiforme) e passa dorsalmente para inervar a pele na face lateral do membro distal. A continuação estreita do nervo ulnar atravessa o canal do carpo e inerva músculos, pele e estruturas mais profundas do dedo. A distribuição do ramo dorsal no pé está relacionada com a distribuição do nervo mediano, com o qual ele se combina parcialmente (▶Fig. 15.66).

Tab. 15.4 Resumo das áreas de inervação dos nervos do plexo braquial que suprem os músculos proximais do membro torácico

Nervos	Motora	Sensorial
Nervo supraescapular	Músculo supraespinal, músculo infraespinal	–
Nervo axilar	Flexores da articulação do ombro: • músculo deltoide • músculo redondo maior • músculo redondo menor • músculo cleidobraquial	Pele da face frontal do antebraço
Nervo subescapular	Músculo subescapular	–
Nervo musculocutâneo	Músculo coracobraquial, músculo bíceps do membro torácico, músculo braquial do membro torácico (parcialmente)	Pele cranial do antebraço

Observação: os nervos do plexo braquial contêm fibras motoras, sensoriais e vegetativas.

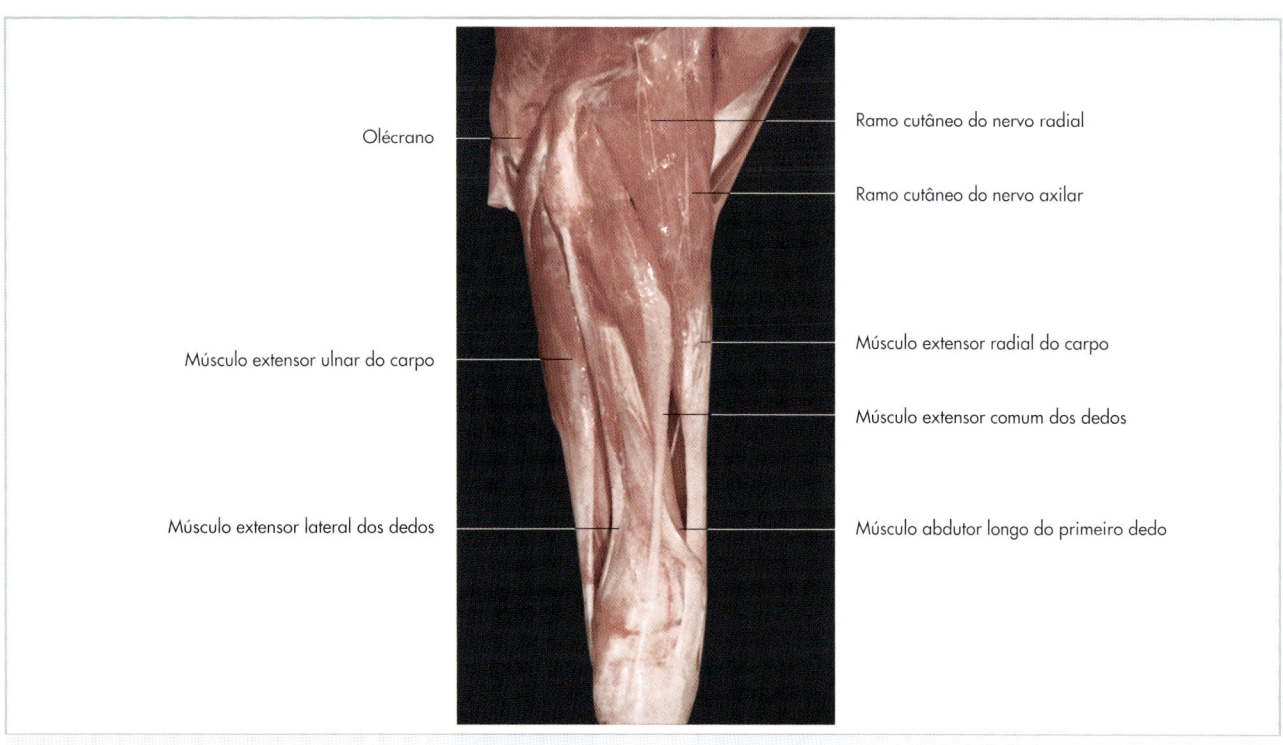

Fig. 15.64 Ramos cutâneos do antebraço direito de um equino (vista lateral). (Fonte: cortesia do Dr. R. Macher, Viena.)

Labels (esquerda): Olécrano; Músculo extensor ulnar do carpo; Músculo extensor lateral dos dedos.
Labels (direita): Ramo cutâneo do nervo radial; Ramo cutâneo do nervo axilar; Músculo extensor radial do carpo; Músculo extensor comum dos dedos; Músculo abdutor longo do primeiro dedo.

Inervação do membro distal

Com exceção do equino, cada dedo recebe **quatro nervos**, dois digitais dorsais e dois digitais palmares; ver Capítulo 20, "Anatomia clínica e topográfica" (p. 685). Os nervos digitais dorsais abaxial e axial são ramos terminais do ramo superficial do nervo radial, com exceção dos nervos digitais dorsais do dedo mais lateral, que são ramos do nervo ulnar. Os nervos digitais palmares do primeiro, segundo e terceiro dedos emergem do nervo mediano, ao passo que os nervos digitais palmares do quarto e quinto dedos emergem do nervo ulnar (▶Tab. 15.6).

Inervação do membro distal do equino

A maioria das estruturas distais do carpo são cobertas pelos **nervos palmares medial** e **lateral**, ambos ramos do **nervo mediano**, e pelos **ramos palmar** e **dorsal** do **nervo ulnar**. O nervo mediano se divide em nervos medial e lateral no sentido proximal ao carpo (▶Fig. 15.65, ▶Fig. 15.66 e ▶Fig. 15.67). O nervo palmar lateral emite um ramo profundo para o ligamento suspensor na altura do carpo.

Tab. 15.5 Resumo das áreas de inervação dos nervos que alcançam a extremidade do membro torácico

Nervos	Motora	Sensorial
Nervo radial	Todos os extensores do membro torácico, exceto os músculos da articulação do ombro: • músculo tríceps do membro torácico • músculo ancôneo • músculo tensor da fáscia do antebraço • músculo braquial do membro torácico (parcialmente) • músculo extensor radial do carpo • músculo extensor comum dos dedos • músculo extensor lateral dos dedos • músculo extensor ulnar do carpo (flexor) • músculo abdutor longo do primeiro dedo • músculo braquiorradial • músculo supinador	Pele lateral no braço e no antebraço
Nervo mediano	Músculo flexor radial, músculo pronador redondo, músculo pronador quadrado, músculo flexor profundo dos dedos (parcialmente), músculo flexor superficial dos dedos (parcialmente)	Pele palmar no metacarpo e nos dedos (com o nervo ulnar)
Nervo ulnar	Músculo flexor ulnar do carpo, músculo flexor profundo dos dedos (parcialmente), músculo flexor superficial dos dedos, músculos interósseos	Pele caudal no antebraço, dorsolateral no metacarpo e no dedo (parcialmente)

Observação: os nervos do plexo braquial contêm fibras motoras, sensoriais e vegetativas.

Os **ramos palmares** posicionam-se no sentido palmar ao osso metacarpal, entre o ligamento suspensor e os tendões flexores dos dedos. Na região média do metacarpo, o nervo palmar medial emite um ramo comunicante, que cruza sobre o tendão flexor superficial dos dedos, onde costuma ser palpável, para se unir ao nervo palmar lateral.

Tab. 15.6 Inervação das articulações do membro torácico

Articulação	Nervos
Articulação do ombro	Nervo axilar, nervo supraescapular
Articulações do cotovelo e do carpo	Nervo mediano, nervo ulnar
Articulações metacarpofalângica e interfalângica	Nervos palmares, nervos digitais

No sentido imediatamente proximal à articulação metacarpofalângica, os nervos palmares se tornam os **nervos digitais medial** e **lateral**, os quais passam distalmente, caudais à artéria de mesmo nome, sobre a face abaxial dos ossos sesamoides proximais. Os dois nervos destacam **ramos dorsais** na altura das falanges proximal e média. Variações em seu padrão de distribuição são comuns.

> **Nota clínica**
>
> A anestesia local desses nervos é importante para o diagnóstico de claudicação. Os nervos são bloqueados sequencialmente em níveis diferentes de distal a proximal para determinar o local da lesão.

Ramos ventrais dos nervos torácicos

Os dois primeiros ramos ventrais dos nervos espinais torácicos contribuem para o plexo braquial (▶Fig. 15.65). De modo geral, os ramos ventrais torácicos formam os nervos intercostais, os quais passam ventralmente na face caudal da costela correspondente. Os nervos intercostais inervam os músculos intercostais e os músculos transverso e reto do tórax. Os últimos 5 a 10 ramos torácicos ventrais inervam a musculatura abdominal. O ramo ventral do último nervo torácico é denominado nervo costoabdominal. Os ramos ventrais também enviam ramos para as glândulas mamárias.

Nervos lombares (*nervi lumbales*)

A quantidade de pares de nervos espinais lombares corresponde à quantidade de vértebras lombares: 6 no equino, no suíno e nos ruminantes, e 7 no cão e no gato. Como ocorre com os outros nervos espinais, os nervos lombares se dividem em **ramos dorsal** e **ventral** logo após a sua passagem através do forame intervertebral.

Em geral, cada ramo dorsal se divide em **ramos medial** e **lateral**. Os ramos mediais inervam os músculos das costas dorsais à coluna, ao passo que os ramos laterais se ramificam na pele sobre as regiões lombar e da anca (▶Fig. 15.69). Os ramos que inervam a anca são denominados **nervos glúteos craniais** (*nn. clunium craniales*).

Os **ramos ventrais** dos **nervos espinais lombares** se interconectam para formar o **plexo lombar**. Alguns autores descrevem que o plexo lombar é formado pelos ramos ventrais de todos os nervos espinais lombares. Contudo, os três primeiros ramos lombares ventrais trocam relativamente poucas fibras e são descritos como nervos individuais. Os ramos lombares ventrais remanescentes formam o **plexo lombar próprio** (*plexus lumbalis*), o qual se une ao primeiro e segundo nervos sacrais no **plexo lombossacral** (*plexus lumbosacralis*) (▶Fig. 15.70 e ▶Fig. 15.71; ▶Tab. 15.7 e ▶Tab. 15.8).

> **Nota clínica**
>
> Os **ramos ventrais dos nervos espinais lombares** têm importância clínica considerável, já que costumam sofrer anestesia local para facilitar as cirurgias abdominal e pélvica. Esses nervos podem ser identificados para a punção por meio da palpação das extremidades dos processos transversos. A anestesia é realizada no trajeto do nervo, entre os músculos transverso e oblíquo interno do abdome.

Tab. 15.7 Composição dos principais nervos do membro pélvico (elaborada com base em dados de Habel, 1978.)

Nervos	Ramos ventrais dos nervos segmentares do cão e do gato				
	L_4	L_5	L_6	L_7	S_1
Nervo femoral	×	×	×	–	–
Nervo obturatório	×	×	×	–	–
Nervo fibular	–	–	×	×	–
Nervo tibial	–	–	–	×	×
Nervos	Ramos ventrais dos nervos segmentais do cão e do gato				
	L_4	L_5	L_6	S_1	S_2
Nervo femoral	×	×	×	–	–
Nervo obturatório	×	×	×	–	–
Nervo fibular	–	–	×	×	–
Nervo tibial	–	–	–	×	×

Sistema nervoso (*systema nervosum*) 569

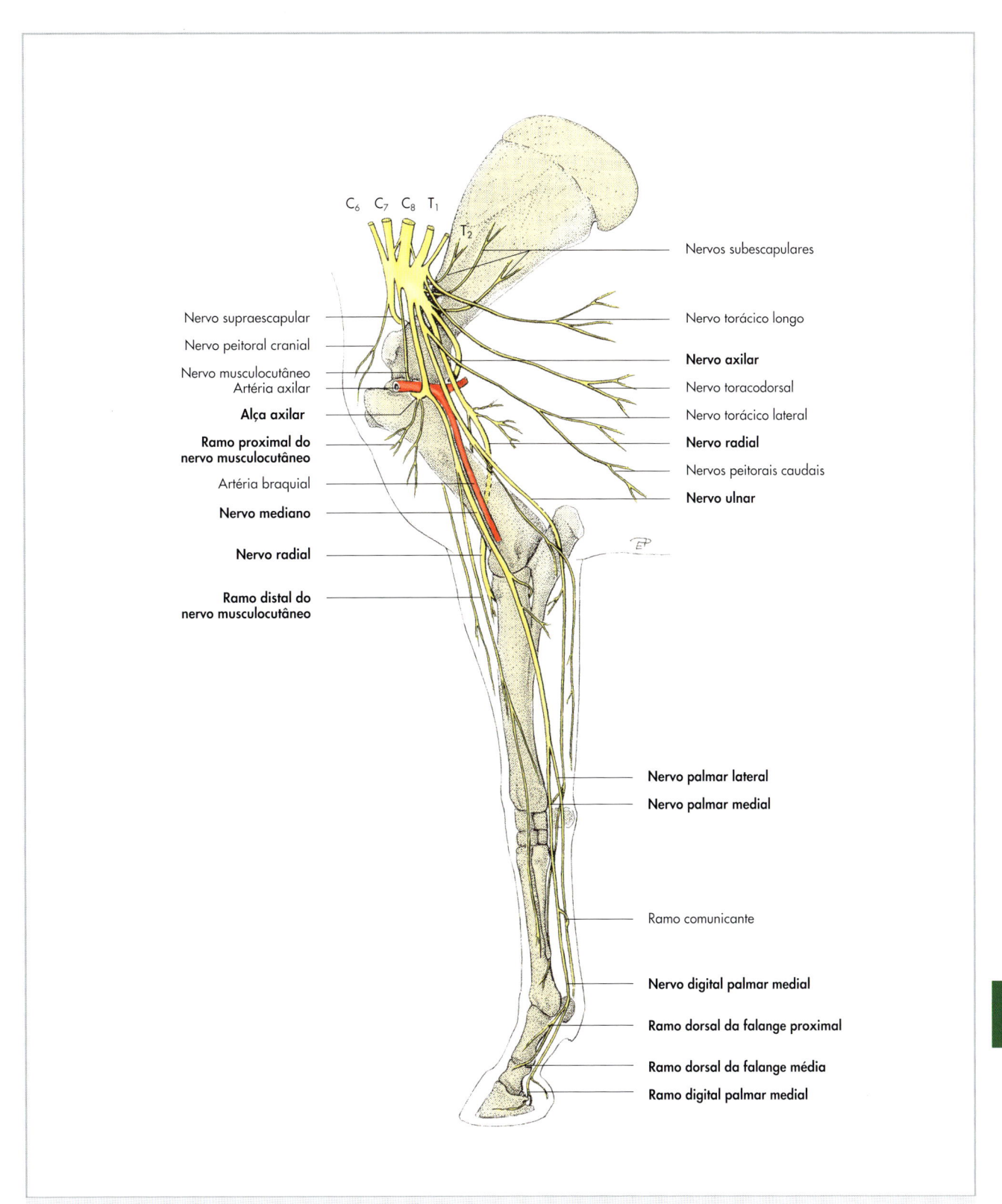

Fig. 15.65 Plexo braquial e seus ramos no membro torácico direito de um equino (representação esquemática, vista medial). (Fonte: com base em dados de Ellenberger e Baum, 1943.)

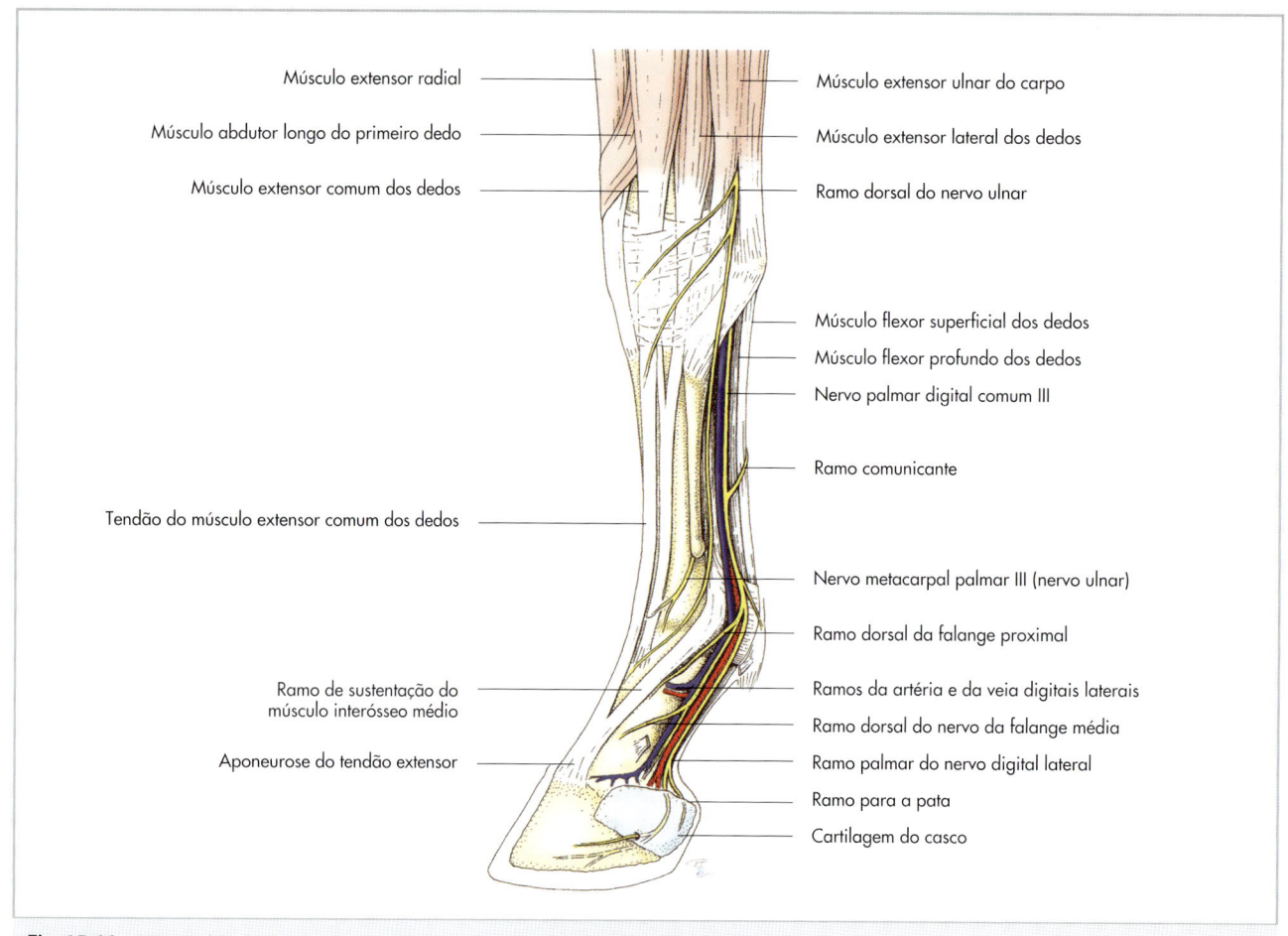

Fig. 15.66 Nervos do membro torácico esquerdo de um equino (representação esquemática, vista lateral).

Labels (topo, da esquerda para a direita):
- Músculo extensor radial
- Músculo abdutor longo do primeiro dedo
- Músculo extensor comum dos dedos
- Tendão do músculo extensor comum dos dedos
- Ramo de sustentação do músculo interósseo médio
- Aponeurose do tendão extensor
- Músculo extensor ulnar do carpo
- Músculo extensor lateral dos dedos
- Ramo dorsal do nervo ulnar
- Músculo flexor superficial dos dedos
- Músculo flexor profundo dos dedos
- Nervo palmar digital comum III
- Ramo comunicante
- Nervo metacarpal palmar III (nervo ulnar)
- Ramo dorsal da falange proximal
- Ramos da artéria e da veia digitais laterais
- Ramo dorsal do nervo da falange média
- Ramo palmar do nervo digital lateral
- Ramo para a pata
- Cartilagem do casco

Os seguintes nervos individuais emergem **do plexo lombar** (▶Fig. 15.70; ▶Tab. 15.7 e ▶Tab. 15.8):
- nervo ilio-hipogástrico (*n. iliohypogastricus*);
- nervo ilioinguinal (*n. ilioinguinalis*);
- nervo genitofemoral (*n. genitofemoralis*);
- nervo cutâneo femoral lateral (*n. cutaneus femoris lateralis*);
- nervo femoral (*n. femoralis*);
- nervo obturatório (*n. obturatorius*).

Nervo ilio-hipogástrico (*nervus iliohypogastricus*)

O nervo ilio-hipogástrico representa o ramo ventral primário do **primeiro nervo lombar** (▶Fig. 15.70 e ▶Fig. 15.71). Ele se prolonga para uma posição retroperitoneal entre as extremidades dos processos transversos das duas primeiras vértebras lombares. No gato e no cão, que possuem sete vértebras lombares, os dois primeiros ramos ventrais são conhecidos como os nervos ilio-hipogástricos cranial e caudal.

Ventralmente aos processos transversos, o nervo ilio-hipogástrico se divide em ramos lateral e medial. O **ramo medial** passa para a região inguinal. Já o **ramo lateral** passa entre os músculos abdominais, os quais ele inerva, e emite dois ramos para a pele: o ramo cutâneo lateral, que inerva uma faixa estreita de pele, caudal às costelas, e o ramo cutâneo medial, que inerva a pele sobre o abdome ventral, as glândulas mamárias inguinais e o lado femoral medial, onde ele se combina com o nervo ilioinguinal.

Nervo ilioinguinal (*nervus ilioinguinalis*)

O nervo ilioinguinal é o ramo ventral primário do **segundo (terceiro nos carnívoros) nervo espinal lombar** (▶Fig. 15.70 e ▶Fig. 15.71). O seu padrão de ramificação é semelhante ao do nervo ilio-hipogástrico. O ramo cutâneo lateral do nervo ilioinguinal inerva um território caudal ao do nervo ilio-hipogástrico, com o qual se justapõe.

Nervo genitofemoral (*nervus genitofemoralis*)

O nervo genitofemoral emerge do **terceiro** e **quarto ramos lombares ventrais**, sendo que a raiz do terceiro ramo é maior que a do quarto (▶Fig. 15.70 e ▶Fig. 15.71). Ele corre caudalmente entre os músculos lombares internos e alcança o anel inguinal interno juntamente à artéria ilíaca externa. Antes de deixar o abdome, o nervo genitofemoral emite um ramo para o músculo oblíquo interno do abdome. Ele passa através do canal inguinal com a artéria e a veia pudendas.

O nervo genitofemoral inerva a pele na face medial da perna e envia ramos para as glândulas mamárias inguinais e, na gata e na

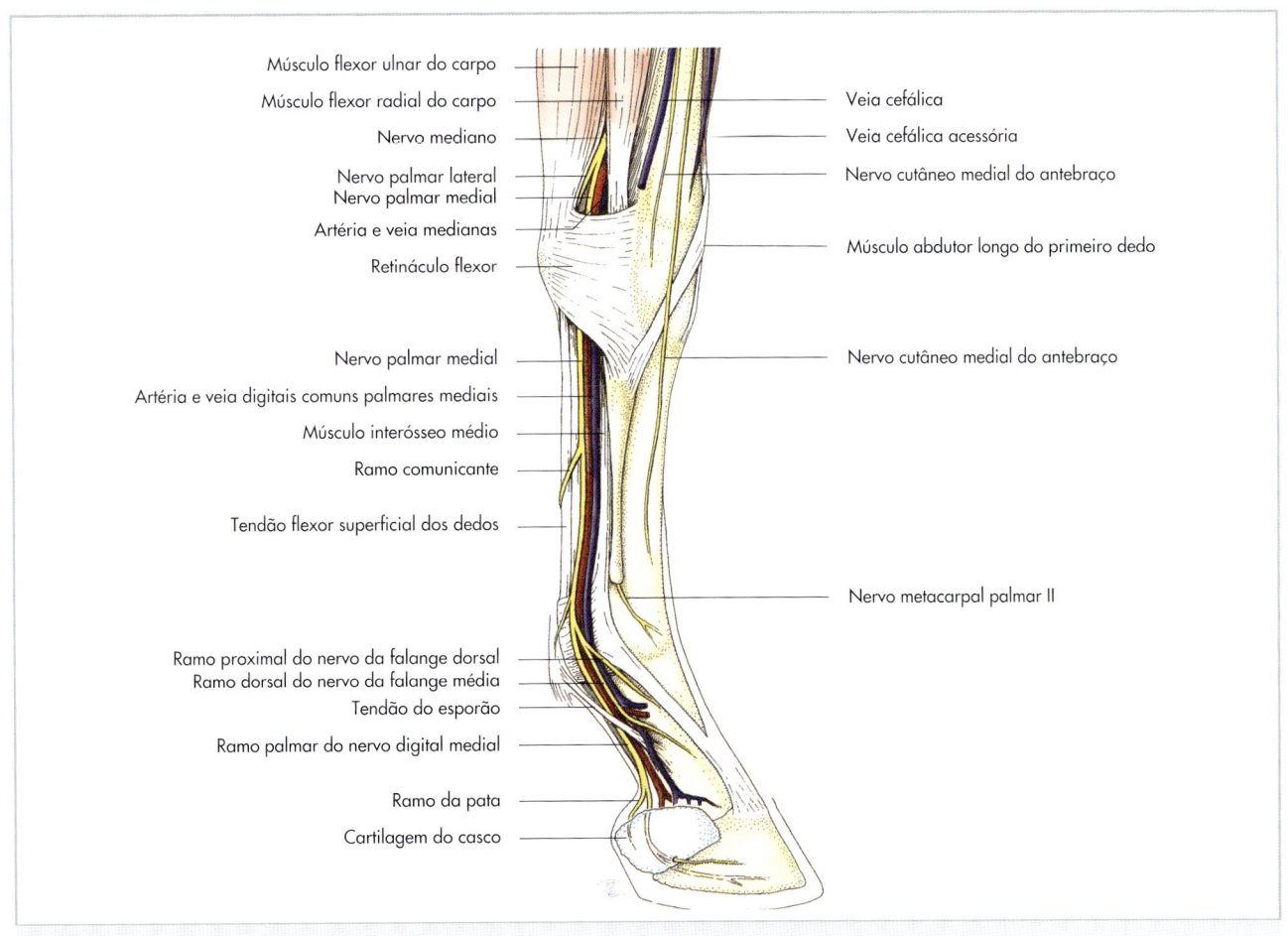

Fig. 15.67 Nervos do membro torácico esquerdo de um equino (representação esquemática, vista medial).

Labels:
- Músculo flexor ulnar do carpo
- Músculo flexor radial do carpo
- Nervo mediano
- Nervo palmar lateral
- Nervo palmar medial
- Artéria e veia medianas
- Retináculo flexor
- Nervo palmar medial
- Artéria e veia digitais comuns palmares mediais
- Músculo interósseo médio
- Ramo comunicante
- Tendão flexor superficial dos dedos
- Ramo proximal do nervo da falange dorsal
- Ramo dorsal do nervo da falange média
- Tendão do esporão
- Ramo palmar do nervo digital medial
- Ramo da pata
- Cartilagem do casco
- Veia cefálica
- Veia cefálica acessória
- Nervo cutâneo medial do antebraço
- Músculo abdutor longo do primeiro dedo
- Nervo cutâneo medial do antebraço
- Nervo metacarpal palmar II

cadela, para a pele ao redor da vulva. Ele também conduz fibras autônomas, que regulam o fluxo de leite durante a amamentação. Nos machos, ele inerva o prepúcio e o escroto.

Nervo cutâneo femoral lateral (*nervus cutaneus femoris lateralis*)

O nervo cutâneo femoral lateral é formado principalmente pelo ramo ventral do **quarto nervo lombar** (▶Fig. 15.71). Ele emite ramos para os músculos lombares internos e acompanha o ramo caudal da artéria circunflexa ilíaca profunda através da parede abdominal. Além disso, ele inerva a pele sobre a face femoral lateral distal e a articulação do joelho.

Nervo femoral (*nervus femoralis*)

O nervo femoral é bastante grande e emite ramos para os músculos lombares internos em sua parte proximal (▶Fig. 15.71). Ele prossegue caudalmente na extensão dos músculos iliopsoas e psoas maior e se ramifica para formar o nervo safeno, o qual entra no canal femoral. O nervo femoral inerva todas as quatro cabeças do músculo quadríceps. Ele passa adjacente ao pécten do osso púbis, no qual fica sujeito a lesões mecânicas. A superextensão dos músculos quadríceps, como, por exemplo, durante a recuperação de anestesia ou fraturas pélvicas, é a causa mais comum de lesões do nervo femoral. Danos a esse nervo acarretam paralisia do quadríceps, que impede a fixação da articulação do joelho e incapacita o membro para a sustentação de peso.

O **nervo safeno** (*n. saphenus*) forma ramos musculares que inervam os músculos sartório, pectíneo e grácil (▶Fig. 15.71 e ▶Fig. 15.74). Ele atravessa o canal femoral, cranial à artéria femoral. No meio da coxa, ele atinge uma posição subcutânea. Na altura do joelho, um pequeno ramo acompanha os vasos descendentes do joelho para a articulação do joelho. O nervo safeno prossegue distalmente, paralelo à artéria de mesmo nome e à veia safena medial, para inervar a pele sobre a face medial da perna, prolongando-se da coxa até o tarso.

Nervo obturatório (*nervus obturatorius*)

O nervo obturatório (▶Fig. 15.71) segue a face medial do corpo do ílio até alcançar o forame obturado, por onde deixa a pelve. Ele inerva os músculos adutores do membro pélvico. Esse grupo compreende os músculos pectíneo, grácil e obturador externo. Devido à sua proximidade com o osso, o nervo obturatório é sujeito a lesões. Fraturas pélvicas e compressão do nervo durante o parto são as causas mais comuns.

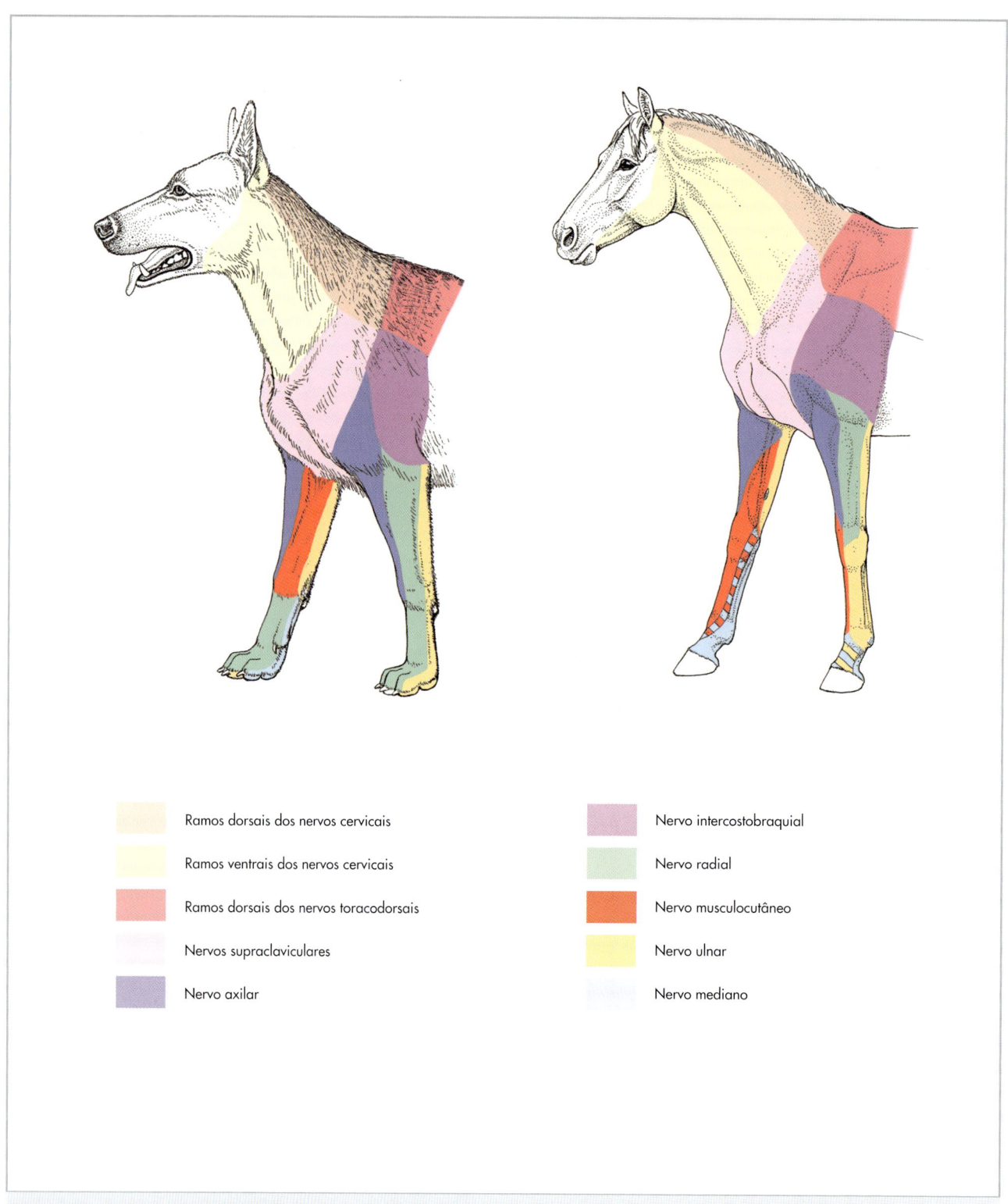

Ramos dorsais dos nervos cervicais	Nervo intercostobraquial
Ramos ventrais dos nervos cervicais	Nervo radial
Ramos dorsais dos nervos toracodorsais	Nervo musculocutâneo
Nervos supraclaviculares	Nervo ulnar
Nervo axilar	Nervo mediano

Fig. 15.68 Zonas da inervação cutânea do pescoço e membros torácicos de um cão e de um equino (representação esquemática).

Sistema nervoso (*systema nervosum*) 573

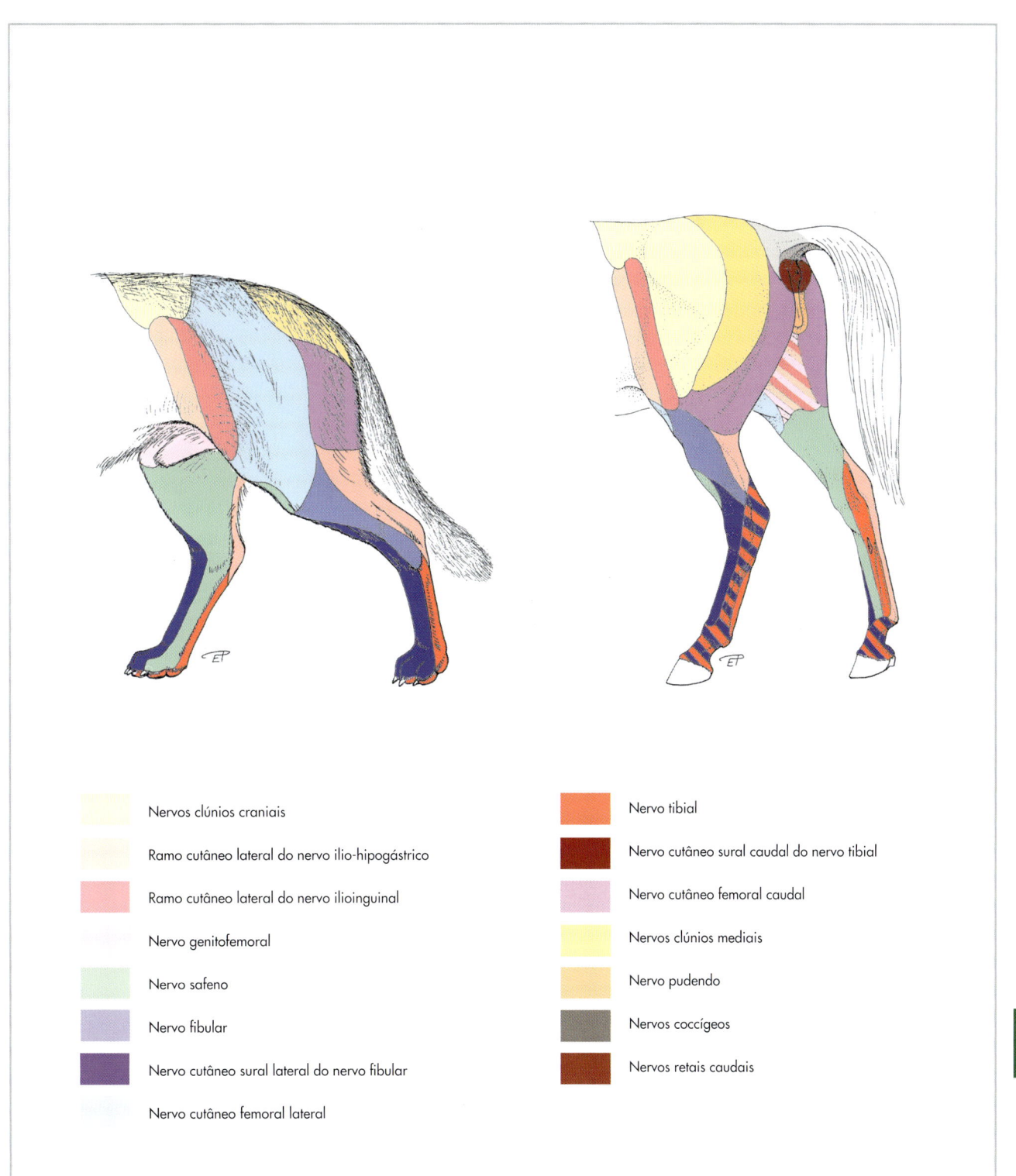

- Nervos clúnios craniais
- Ramo cutâneo lateral do nervo ilio-hipogástrico
- Ramo cutâneo lateral do nervo ilioinguinal
- Nervo genitofemoral
- Nervo safeno
- Nervo fibular
- Nervo cutâneo sural lateral do nervo fibular
- Nervo cutâneo femoral lateral

- Nervo tibial
- Nervo cutâneo sural caudal do nervo tibial
- Nervo cutâneo femoral caudal
- Nervos clúnios mediais
- Nervo pudendo
- Nervos coccígeos
- Nervos retais caudais

Fig. 15.69 Zonas da inervação cutânea dos membros pélvicos de um cão e de um equino (representação esquemática).

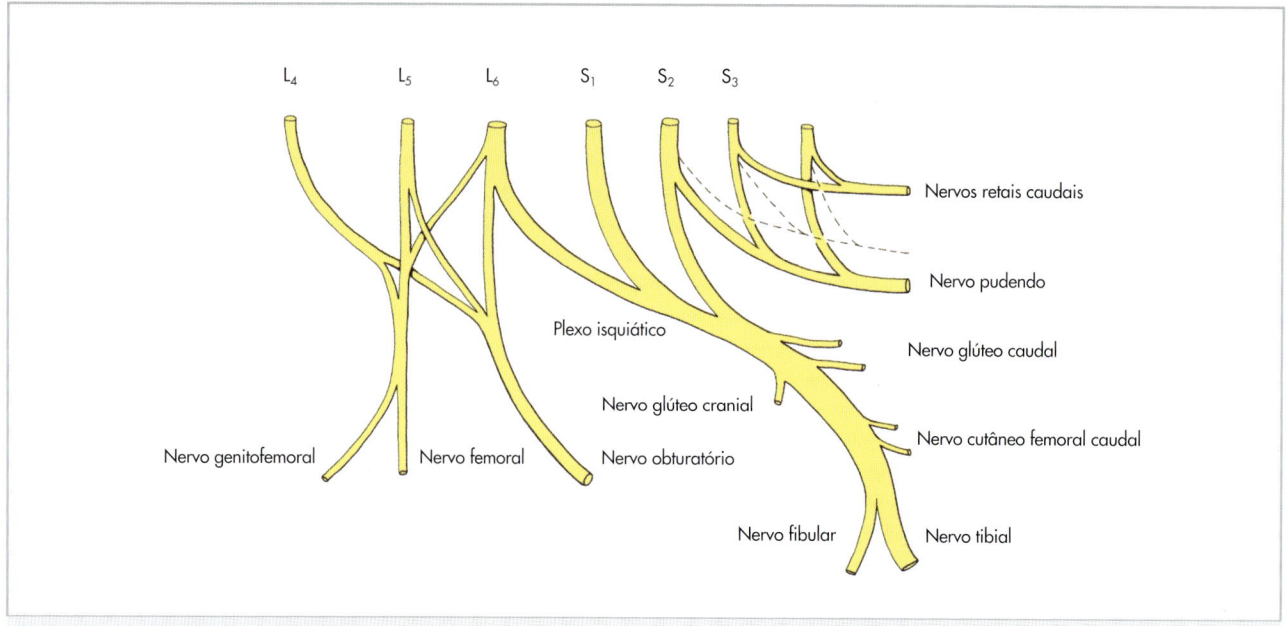

Fig. 15.70 Representação esquemática do plexo lombossacral.

Nervos sacrais (*nervi sacrales*)

Os nervos sacrais deixam os elementos sacrais da medula espinal por meio de longas raízes dorsais e ventrais. As raízes se fundem para formar os nervos sacrais espinais no canal sacral, antes de atravessarem os forames intervertebrais. Em alguns indivíduos, os troncos principais originam ramos dorsais no interior do canal vertebral. De modo geral, o padrão de ramificação é similar ao dos nervos espinais lombares. Os ramos dorsais se interconectam para formar um pequeno plexo dorsal. Assim como os ramos dorsais dos nervos espinais lombares, os nervos sacrais se dividem em ramos laterais, que originam os ramos cutâneos dorsais (*nn. clunium medii*) e os ramos musculares mediais.

Os **ramos ventrais dos nervos sacrais craniais** formam o **plexo sacral** (*plexus sacralis*), que se une aos ramos ventrais dos **três últimos nervos espinais lombares** para formar o **plexo lombossacral**.

Plexo lombossacral (*plexus lumbosacralis*)

O plexo lombossacral forma-se mediante a união entre:
- plexo lombar (*plexus lumbalis*);
- plexo sacral (*plexus sacralis*).

Os nervos que emergem da parte lombar do plexo foram descritos anteriormente. A parte sacral do plexo se prolonga distalmente na parede da cavidade pélvica como o plexo isquiático, dando origem aos seguintes nervos (▶Tab. 15.9):
- nervo glúteo cranial (*n. glutaeus cranialis*);
- nervo glúteo caudal (*n. glutaeus caudalis*);
- nervo cutâneo femoral caudal (*n. cutaneus femoris caudalis*);
- nervo pudendo (*n. pudendus*);
- nervos retais caudais (*nn. rectales caudales*).

O plexo isquiático continua como o nervo isquiático após a separação desses ramos.

Nervo glúteo cranial (*nervus glutaeus cranialis*)

O nervo glúteo cranial deixa a pelve, passando imediatamente sobre a incisura isquiática maior, acompanhado pelos vasos sanguíneos de mesmo nome (▶Fig. 15.71). Os seus ramos inervam os músculos glúteos médio e profundo, o músculo tensor da fáscia lata e o músculo piriforme.

Nervo glúteo caudal (*nervus glutaeus caudalis*)

O nervo glúteo caudal emerge da **margem caudal do plexo isquiático** e passa caudalmente para inervar os músculos bíceps femoral e o gluteobíceps (▶Fig. 15.71). Conforme a espécie, ele também inerva o músculo glúteo superficial e as cabeças vertebrais dos músculos da região femoral caudal.

Nervo cutâneo femoral caudal (*nervus cutaneus femoris caudalis*)

O nervo cutâneo femoral caudal passa caudalmente em direção à tuberosidade isquiática, na qual emite ramos motores para o músculo semitendíneo (▶Fig. 15.71). Ele alcança uma posição subcutânea e dá origem a uma série de ramos, os **nervos clúnios caudais** (*nn. clunium caudales*), que inervam um amplo território ao redor da tuberosidade isquiática e da face caudal da coxa. O nervo cutâneo caudal do fêmur troca fibras com o nervo pudendo. Em ruminantes, nos quais esse nervo é delgado, grande parte do território é coberta pelos ramos do nervo pudendo.

Nervo pudendo (nervus pudendus)

O nervo pudendo emerge principalmente do ramo ventral do **terceiro nervo espinal sacral** (▶Fig. 15.71). Ele envia ramos comunicantes para o nervo cutâneo femoral caudal e inerva os órgãos copuladores e os músculos na região do ânus e do períneo.

O nervo pudendo também fornece inervação sensorial para a pele ao redor do ânus e da região perineal, coincidindo com o território dos nervos clúnios caudais. Esse nervo é motor para os músculos isquiocavernoso, bulboesponjoso, retrator do pênis, uretral, constritor da vulva, coccígeo e levantador do ânus, bem como para os esfíncteres anais interno e externo. No macho, ele prossegue como o nervo dorsal do pênis para inervar a glande, onde se arboriza. Os ramos terminais finos do nervo pudendo conduzem corpos sensoriais. Na fêmea, ele termina na vulva.

A origem do nervo pudendo transporta muitas **fibras parassimpáticas**, que deixam o tronco principal em sua parte proximal para formar os **nervos pélvicos** (*nn. pelvini*). Os nervos pélvicos passam para o **plexo pélvico**, onde recebem **fibras simpáticas** dos **nervos hipogástrico** e **esplâncnico sacral** para inervar as vísceras pélvicas. Essas fibras formam plexos específicos para cada órgão, e os axônios parassimpáticos fazem sinapse nos gânglios intramurais (▶Fig. 15.83).

Nervos retais caudais (nervi rectales caudales)

Os nervos retais caudais são os **ramos mais caudais do plexo sacral** e podem se originar do nervo pudendo (▶Fig. 15.70). Eles inervam o reto caudal, o esfíncter anal externo e a pele ao redor do ânus.

Nervo isquiático (nervus ischiadicus)

O nervo isquiático é o **maior nervo no corpo**. Ele é a continuação do **plexo isquiático** dentro do membro pélvico. Em seu trajeto, o nervo isquiático deixa a pelve através do forame isquiático maior e passa sobre a face lateral do ligamento sacrotuberal largo em animais de grande porte. Ele cruza o músculo glúteo profundo e a articulação coxofemoral até alcançar a face caudal do fêmur (▶Fig. 15.71, ▶Fig. 15.72 e ▶Fig. 15.73; ▶Tab. 15.11), onde fica sujeito a lesões após trauma e cirurgia da articulação coxofemoral.

O **nervo isquiático** propicia **inervação motora** para os músculos glúteo profundo, obturador interno, quadríceps femoral e gêmeos. Além disso, ele fornece fibras sensoriais para a cápsula da articulação coxofemoral. No terço proximal do fêmur, o nervo isquiático termina, ao dividir-se nos **nervos tibial** e **fibular comum** (▶Fig. 15.71; ▶Tab. 15.10).

Tab. 15.8 Resumo das áreas de inervação do plexo lombar

Nervos	Motora	Sensorial
Nervo ilio-hipogástrico	Músculos abdominais	Pele ventral nas regiões abdominal e medial do fêmur
Nervo ilioinguinal	Músculos abdominais	Pele ventral nas regiões abdominal e medial do fêmur
Nervo genitofemoral	Músculo oblíquo interno do abdome, músculo cremaster	Escroto, úbere, prepúcio, pele medial do fêmur
Nervo cutâneo femoral lateral	Músculo psoas maior	Pele craniomedial do fêmur e da articulação do joelho
Nervo femoral	Músculos lombares internos, músculo quadríceps	–
Nervo safeno	Músculo sartório (parcialmente), músculo pectíneo (parcialmente), músculo grácil (parcialmente)	Pele medial da articulação do joelho e medial da região da perna
Nervo obturatório	Músculo pectíneo (parcialmente), músculo grácil (parcialmente), músculos adutores, músculo obturador externo; bovino e suíno: músculo obturador interno	–

Observação: os nervos do plexo lombossacral contêm fibras motoras, sensoriais e vegetativas.

Tab. 15.9 Resumo das áreas de inervação do plexo sacral

Nervo	Motor	Sensorial
Nervo glúteo cranial	Músculo glúteo médio, músculo piriforme, músculo glúteo profundo, tensor da fáscia lata	–
Nervo glúteo caudal	Músculo glúteo superficial, parte cranial do músculo bíceps (músculo gluteobíceps); parte vertebral do músculo semitendíneo, músculo semimembranáceo	–
Nervo cutâneo femoral caudal	Músculo semitendíneo (parcialmente)	Pele da região pélvica
Nervo pudendo	Músculo isquiocavernoso, músculo bulbocavernoso, músculo uretral, músculo retrator do pênis, entre outros	Pele, ânus, períneo, clitóris, pênis
Nervos retais caudais	Músculo esfíncter externo do ânus, músculo coccígeo, músculo levantador do ânus	Pele da região anal, parte caudal do reto

Observação: os nervos do plexo lombossacral contêm fibras motoras, sensoriais e vegetativas.

Nervo fibular comum (*nervus fibularis communis*)

O nervo fibular comum passa sobre a cabeça lateral do gastrocnêmio e a extremidade proximal da fíbula, onde se torna subfascial e é palpável sob a pele. Antes de se dividir em **ramos superficial** e **profundo**, ele emite o **nervo cutâneo sural lateral** (*n. cutaneus surae lateralis*) para a pele, na face lateral do joelho e na perna proximal. O **nervo fibular superficial** corre distalmente na margem lateral do músculo extensor longo dos dedos e envia ramos para o músculo extensor lateral dos dedos. Ele inerva a pele na face dorsal da perna. No lado flexor do tarso, ele termina ao se dividir em ramos medial e lateral, que, por sua vez, se subdividem nos nervos dorsais dos dedos (▶Fig. 15.71).

O **nervo fibular profundo** corre profundamente entre os músculos da perna, acompanhado pela artéria tibial cranial (▶Fig. 15.75). No terço proximal da perna, ele emite ramos para os músculos flexores das articulações falângicas e do tarso (músculos tibial cranial, fibular longo, fibular terceiro, fibular curto, extensor longo dos dedos, extensor lateral dos dedos e extensor longo do hálux). De forma semelhante ao ramo superficial, o nervo fibular profundo se divide em **ramos lateral** e **medial** na face dorsal do tarso. O ramo lateral emite fibras para o tendão extensor curto dos dedos. Os dois ramos do nervo fibular profundo se unem aos ramos correspondentes do nervo fibular superficial, na altura da articulação falângica proximal, para inervar a face dorsal dos dedos (▶Fig. 15.71).

Nervo tibial (*nervus tibialis*)

O nervo tibial é o **maior dos ramos terminais** do nervo isquiático. Logo após se separar do nervo fibular comum, ele emite os espessos ramos musculares proximais para as cabeças pélvicas dos músculos da região femoral caudal (os músculos bíceps femoral, semitendíneo e semimembranáceo), no terço proximal da coxa (▶Fig. 15.71).

Na região mediofemoral, o nervo tibial dá origem ao **nervo sural caudal** (*n. cutaneus surae caudalis*), o qual passa caudalmente, juntamente à veia safena lateral, para alcançar uma posição subcutânea na face caudal da perna. Na altura da face caudal do joelho, ele passa profundamente entre as duas cabeças do músculo gastrocnêmio. Nesse nível, o nervo tibial emite os ramos musculares distais para os músculos gastrocnêmio, flexor profundo dos dedos, flexor superficial dos dedos e poplíteo. Ele continua no lado medial do tarso, entre o tendão calcanear comum e as cabeças do músculo flexor profundo dos dedos, onde é palpável em animais de grande porte. Quando se encontra no mesmo nível do calcâneo, o nervo tibial se divide nos **nervos plantares medial** e **lateral** (▶Fig. 15.76 e ▶Fig. 15.77). Na altura da falange proximal, esses nervos se dividem novamente em **nervos digitais plantares medial** e **lateral**, os quais se assemelham aos nervos do membro torácico.

Tab. 15.10 Resumo das áreas de inervação do nervo isquiático

Nervo	Motor	Sensorial
Nervo isquiático:	Músculos gêmeos, músculo glúteo profundo, músculo obturador interno, músculo quadríceps femoral	–
• **Nervo tibial:**	Todos os músculos posicionados caudalmente ao fêmur e na tíbia e na fíbula: • cabeças pélvicas do músculo bíceps • músculo femoral • músculo semitendíneo • músculo semimembranáceo • músculo gastrocnêmio • músculo sóleo • músculo poplíteo • músculo flexor superficial dos dedos • músculo flexor profundo dos dedos	–
○ nervo sural caudal	–	Pele da face caudal da perna
○ nervos plantares	Músculos interósseos	Pele do autopódio
• **Nervo fibular comum:**	–	–
○ nervo cutâneo lateral do membro pélvico	–	Pele lateral da articulação do joelho
○ nervo fibular superficial	Músculo extensor lateral dos dedos	Pele dorsolateral no membro pélvico e no dedo
○ nervo fibular profundo	Todos os músculos posicionados craniolateralmente no membro pélvico: • músculo tibial cranial • músculo extensor longo dos dedos • músculo extensor lateral dos dedos • músculo fibular longo • músculo fibular curto • músculo fibular terceiro • músculo extensor curto dos dedos	–

Observação: os nervos do originados do nervo isquiático contêm fibras motoras, sensoriais e vegetativas.

Sistema nervoso (*systema nervosum*) 577

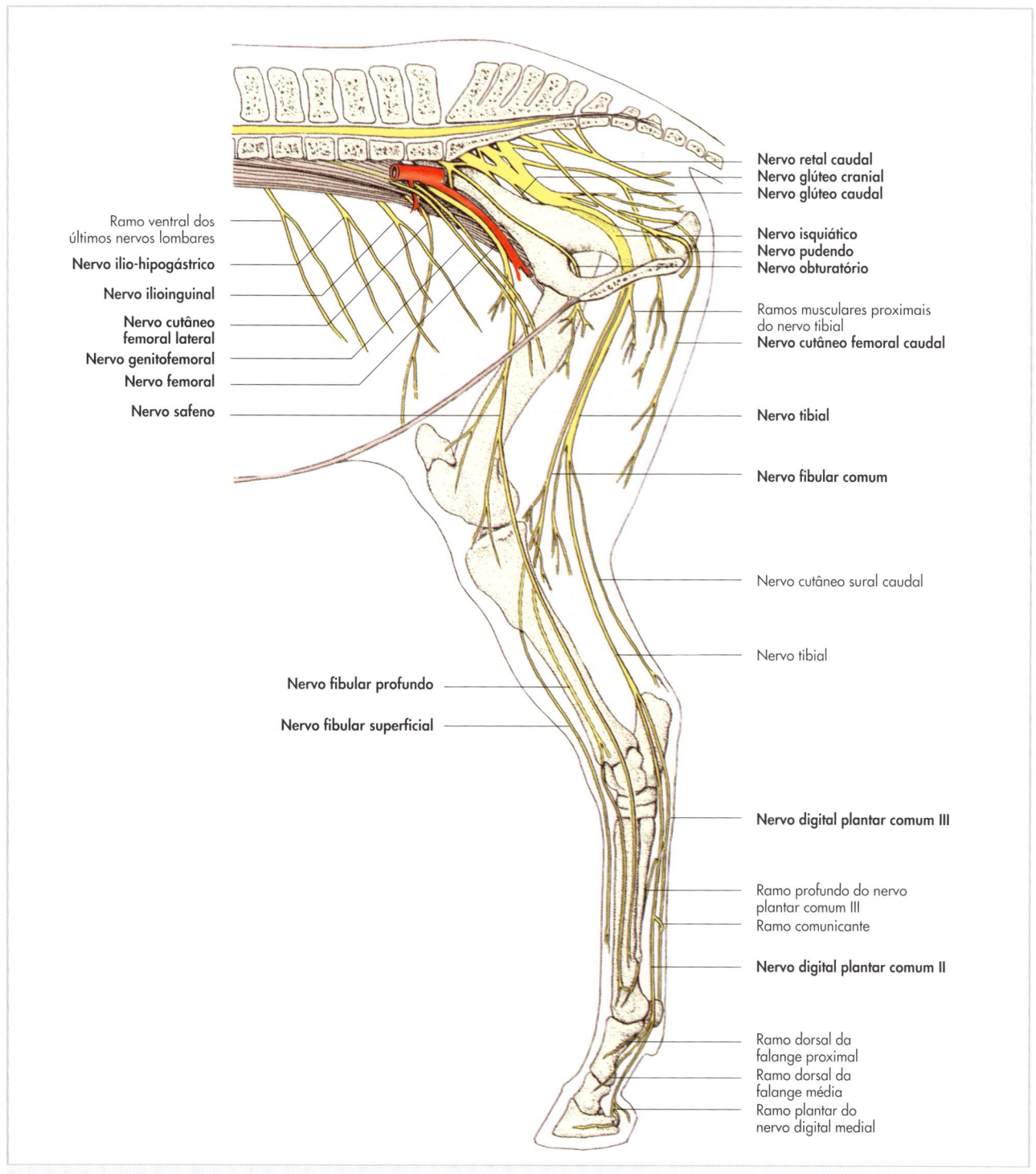

Fig. 15.71 Plexo lombossacral e nervos do membro pélvico direito de um equino (representação esquemática, vista medial). (Fonte: com base em dados de Ellenberger e Baum, 1943.)

Fig. 15.72 Nervos da coxa e da perna de um cão (vista lateral).

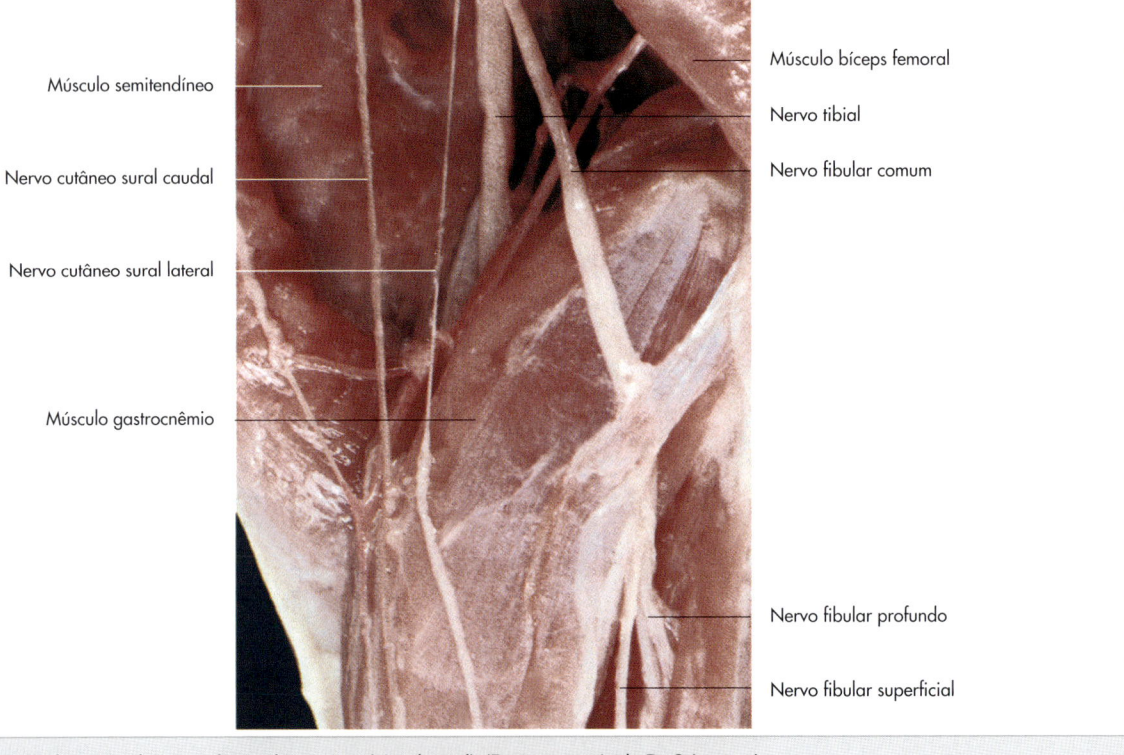

Fig. 15.73 Nervos da coxa e da perna direita de um gato (vista lateral). (Fonte: cortesia do Dr. S. Langer.)

Fig. 15.74 Nervos e vasos sanguíneos do canal femoral de um gato (vista medial). (Fonte: cortesia do Dr. R. Macher, Viena.)

Labels (Fig. 15.74):
- Músculo sartório
- Músculo vasto medial
- Artéria e veia descendentes do joelho
- Patela
- Veia femoral
- Artéria femoral
- Músculo pectíneo
- Músculo grácil
- Nervo safeno
- Artéria safena
- Veia safena medial

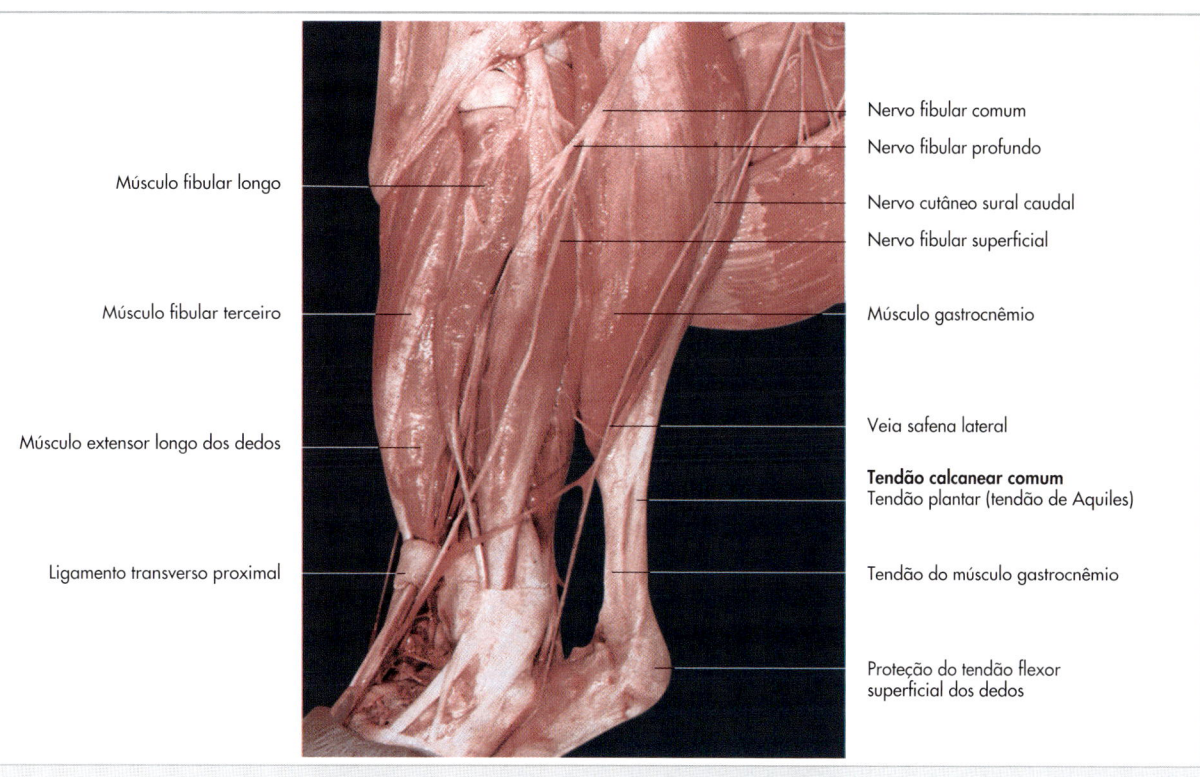

Fig. 15.75 Nervos superficiais da perna de um bovino (vista lateral).

Labels (Fig. 15.75):
- Músculo fibular longo
- Músculo fibular terceiro
- Músculo extensor longo dos dedos
- Ligamento transverso proximal
- Nervo fibular comum
- Nervo fibular profundo
- Nervo cutâneo sural caudal
- Nervo fibular superficial
- Músculo gastrocnêmio
- Veia safena lateral
- **Tendão calcanear comum**
- Tendão plantar (tendão de Aquiles)
- Tendão do músculo gastrocnêmio
- Proteção do tendão flexor superficial dos dedos

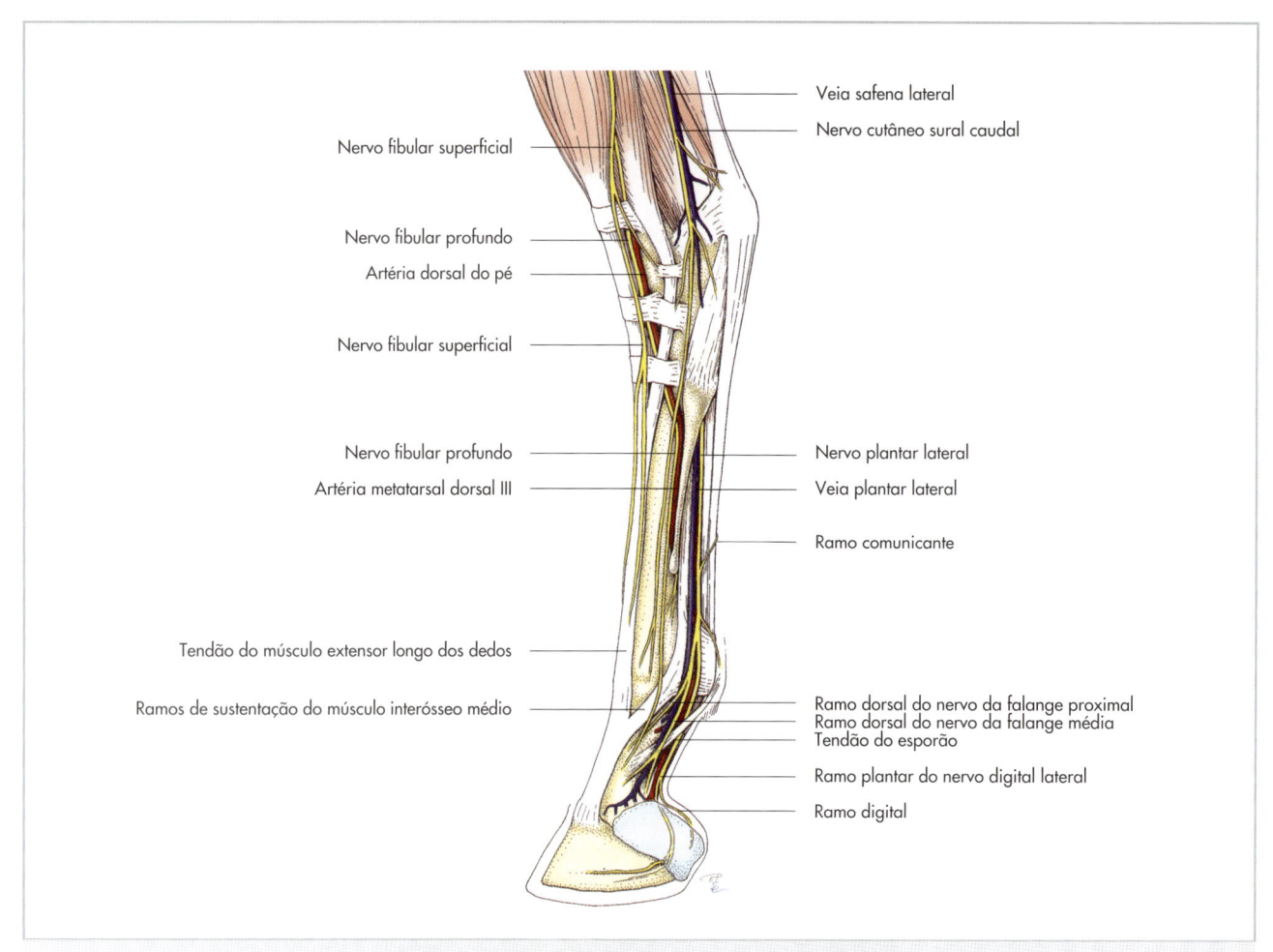

Fig. 15.76 Nervos do membro pélvico esquerdo de um equino (representação esquemática, vista lateral).

Tab. 15.11 Inervação das articulações do membro pélvico

Articulações	Nervos
Articulação coxofemoral	Nervo isquiático
Articulação do joelho	Nervo tibial, nervo safeno
Articulação tibiotarsal	Nervo tibial, nervos fibulares superficial e profundo
Articulações dos dedos	Nervos plantares do nervo tibial, nervos digitais

Nota clínica

Lesões ao nervo isquiático ou a seus ramos terminais podem ser causadas por fraturas do colo femoral, punções intramusculares mal direcionadas ou complicações de cirurgia do quadril. Dependendo da altura da lesão, o dano normalmente se manifesta por claudicação, com incapacidade de sustentação de peso, o que pode resultar em uma rápida atrofia dos músculos afetados e considerável déficit sensorial.

15.3 Sistema nervoso autônomo periférico (*systema nervosum autonomicum*)

O sistema nervoso **autônomo** (também denominado **visceral** ou **vegetativo**) forma a **parte idiotrópica** do sistema nervoso periférico e está intimamente ligado ao sistema nervoso central por meio de nervos cranianos e espinais. O sistema nervoso autônomo é composto por uma grande quantidade de pequenos nervos, plexos e gânglios, e coordena o funcionamento dos órgãos internos essenciais para a vida. Ele regula a respiração, a circulação, a digestão, o metabolismo, a temperatura do corpo, o equilíbrio entre água e eletrólitos, a reprodução, entre muitas outras funções corporais. A maioria dos mecanismos que desempenham essas funções também ocorrem no animal inconsciente, como, por exemplo, durante o sono ou sob anestesia geral, motivo pelo qual se utiliza a expressão "autônomo". Contudo, esse sistema ainda é regulado por mecanismos cerebroespinais. Por exemplo, estímulos ópticos e agressividade ou depressão influenciam a respiração, a atividade cardíaca e o funcionamento gastrointestinal.

O sistema nervoso autônomo está relacionado com a **inervação motora dos músculos lisos** dos **órgãos internos** e dos **vasos sanguíneos**, bem como à **regulação** do **funcionamento endócrino**

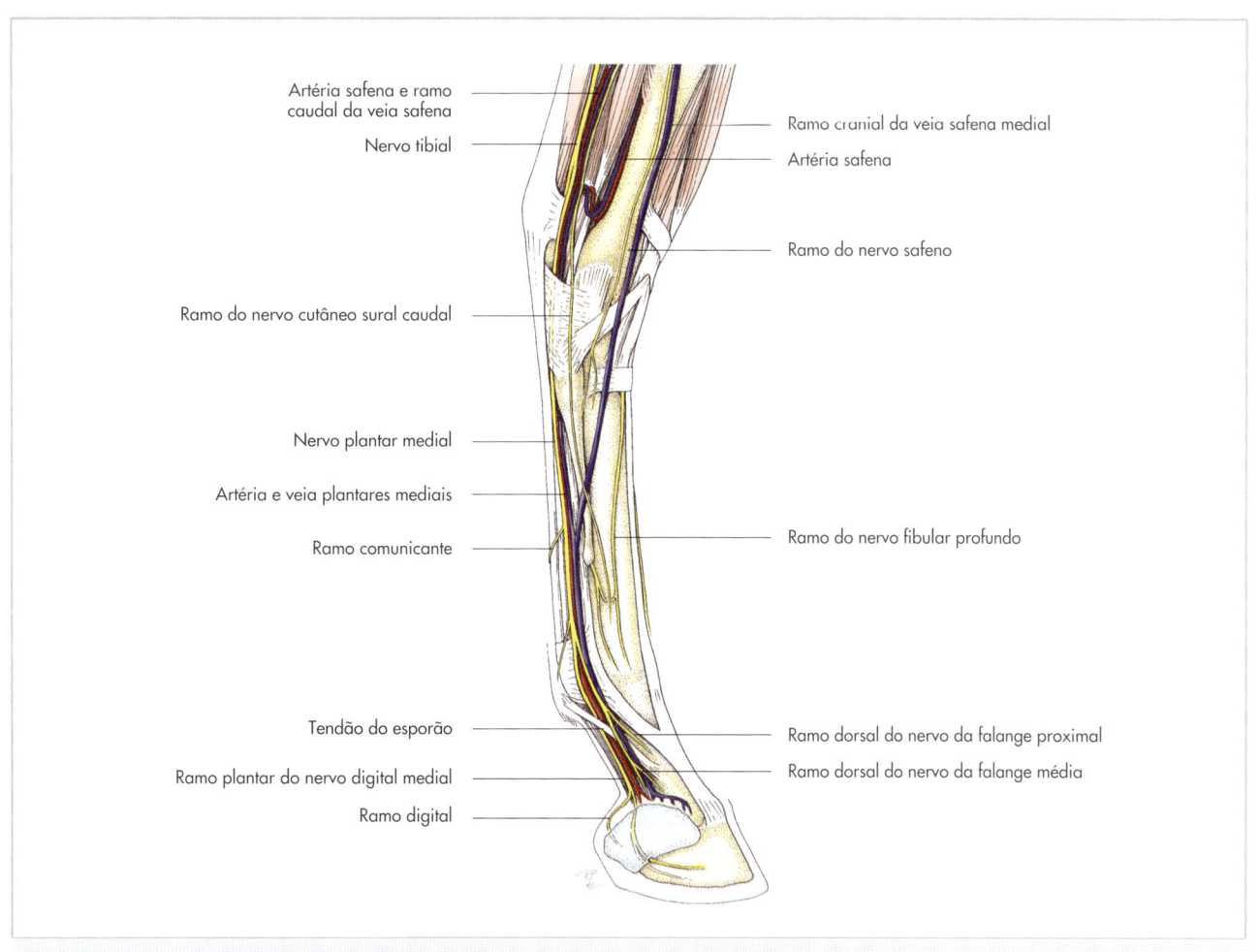

Fig. 15.77 Nervos do membro pélvico esquerdo de um equino (representação esquemática, vista medial).

e **exócrino** das glândulas. Há uma interação entre os sistemas nervoso, endócrino e imune (para mais detalhes, consulte obras sobre neurofisiologia e imunologia).

15.3.1 Estrutura do sistema nervoso autônomo

O componente aferente do sistema nervoso autônomo pode ser dividido nas **partes simpática** e **parassimpática**, com base em critérios anatômicos, farmacológicos e fisiológicos. Os dois sistemas são compostos por pares de neurônios que conectam o sistema nervoso central à estrutura inervada.

O primeiro neurônio multipolar de cada par tem o seu corpo celular inserido no sistema nervoso central e envia o seu axônio como parte do sistema periférico. Esse **neurônio pré-ganglionar** mielinizado faz sinapse com o segundo neurônio da cadeia, e o axônio não mielinizado do neurônio pós-ganglionar termina nas células do órgão efetor (▶Fig. 15.78). Os corpos celulares dos neurônios pré-ganglionares da divisão simpática se localizam na coluna lateral da medula espinal lombar e torácica. Na divisão parassimpática, eles se localizam nos núcleos de origem de determinados nervos cranianos, no interior do tronco encefálico e nas colunas laterais dos segmentos sacrais da medula espinal.

Em geral, os **neurônios pós-ganglionares** ocorrem em aglomerados denominados gânglios. Esses neurônios se situam nos gânglios vertebrais do tronco simpático ou nos gânglios pré-vertebrais mais periféricos. Os neurônios pós-ganglionares parassimpáticos são encontrados em pequenos gânglios, próximo às paredes dos órgãos que inervam, ou em seu interior.

Os dois sistemas podem ser diferenciados por sua **substância transmissora**. O transmissor na última sinapse simpática é a **noradrenalina**, ao passo que o transmissor da **parte parassimpática** é a **acetilcolina**. As duas divisões têm distribuições semelhantes e influências estimulantes ou inibidoras sobre o órgão, dependendo da atividade geral desses sistemas. Vale afirmar que a estimulação simpática resulta em um aumento geral da atividade do corpo, ao passo que a estimulação parassimpática possui um efeito restaurador.

15.3.2 Sistema simpático

Os corpos celulares dos **neurônios pré-ganglionares** do sistema simpático estão localizados na coluna lateral da medula espinal, entre o primeiro segmento torácico e o terceiro segmento lombar. Os seus axônios se unem às raízes ventrais para alcançar os nervos espinais, através dos quais passam para os gânglios vertebrais do tronco simpático na forma de **ramos comunicantes brancos**

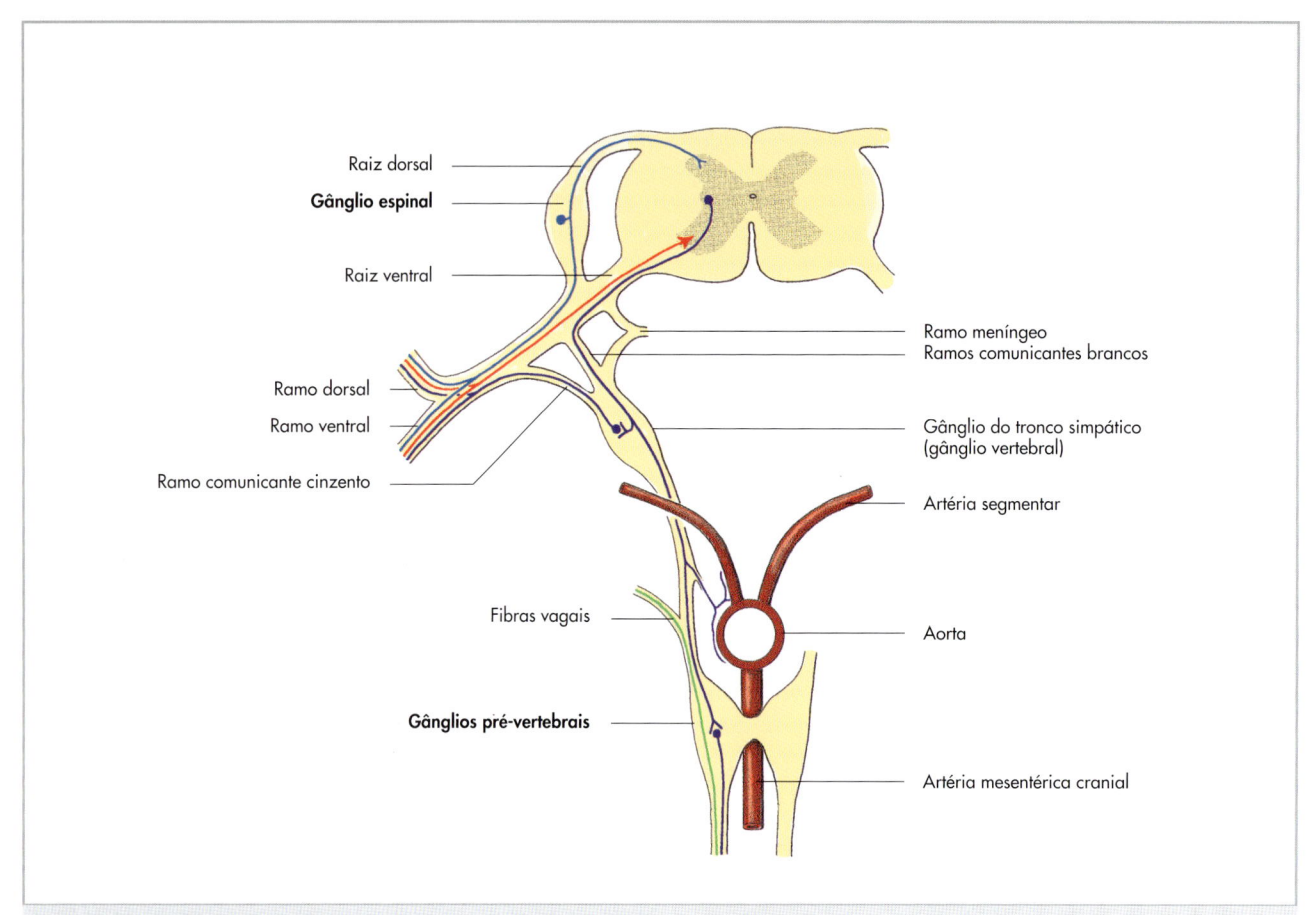

Fig. 15.78 Representação esquemática da parte visceral do sistema nervoso autônomo (vermelho, motor; azul, sensorial; lilás, fibras simpáticas pré e pós-ganglionares; verde, fibras parassimpáticas do nervo vago). (Fonte: com base em dados de Ellenberger e Baum, 1943.)

(nn. communicantes albi) (▶Fig. 15.79). Após penetrarem o tronco simpático, há vários trajetos que as fibras pré-ganglionares podem seguir: algumas fazem sinapse imediatamente no gânglio local; outras correm cranial ou caudalmente no interior do tronco para fazer sinapse em outros gânglios vertebrais. Contudo, a maioria passa sem interrupções através do tronco para fazer sinapse nos gânglios pré-vertebrais, situados nas origens dos ramos da aorta abdominal. Este último grupo compõe os **nervos esplâncnicos**.

Tronco simpático (*truncus sympathicus*)

O tronco simpático é composto por duas cadeias de gânglios vertebrais que têm uma disposição segmentar e interconectam-se tanto longitudinal quanto transversalmente. Ele pode ser dividido em diversas partes:
- parte cefálica e cervical (*pars cephalica et cervicalis*);
- parte torácica (*pars thoracica*);
- parte abdominal (*pars abdominalis*);
- parte sacral e coccígea (*pars sacralis et coccygea*).

Parte cefálica e cervical do tronco simpático

A parte cefálica e cervical do tronco simpático é a continuação cranial da parte torácica, sem entrar em contato direto com a coluna vertebral. Na região cervical, cada cadeia corre em uma bainha comum com o nervo vago, formando o **tronco vagossimpático** (*truncus vagosympathicus*), dorsal à artéria carótida comum (▶Fig. 15.79 e ▶Fig. 15.80).

A parte cervical se inicia no **gânglio cervicotorácico** (gânglio estrelado, *ganglion cervicothoracicum seu stellatum*), o qual está conectado ao **gânglio cervical médio** (*ganglion cervicale medium*) na direção cranioventral por meio da alça subclávia. A parte cervical passa cranialmente ao gânglio cervical médio para se combinar com o nervo vago em uma bainha comum. Na altura do atlas, a parte simpática se separa do vago e, então, termina no **gânglio cervical cranial** (*ganglion cervicale craniale*).

No equino, o gânglio cervical cranial segue a extensão da artéria carótida interna em uma prega caudal no compartimento medial do divertículo da tuba auditiva. Esse gânglio propicia a inervação simpática para a cabeça. As fibras pós-ganglionares do gânglio cervical cranial unem os nervos cranianos IX, X, XI e XII e se prolongam até a adventícia de todas as artérias cranianas. Apenas as fibras pós-ganglionares deixam o gânglio.

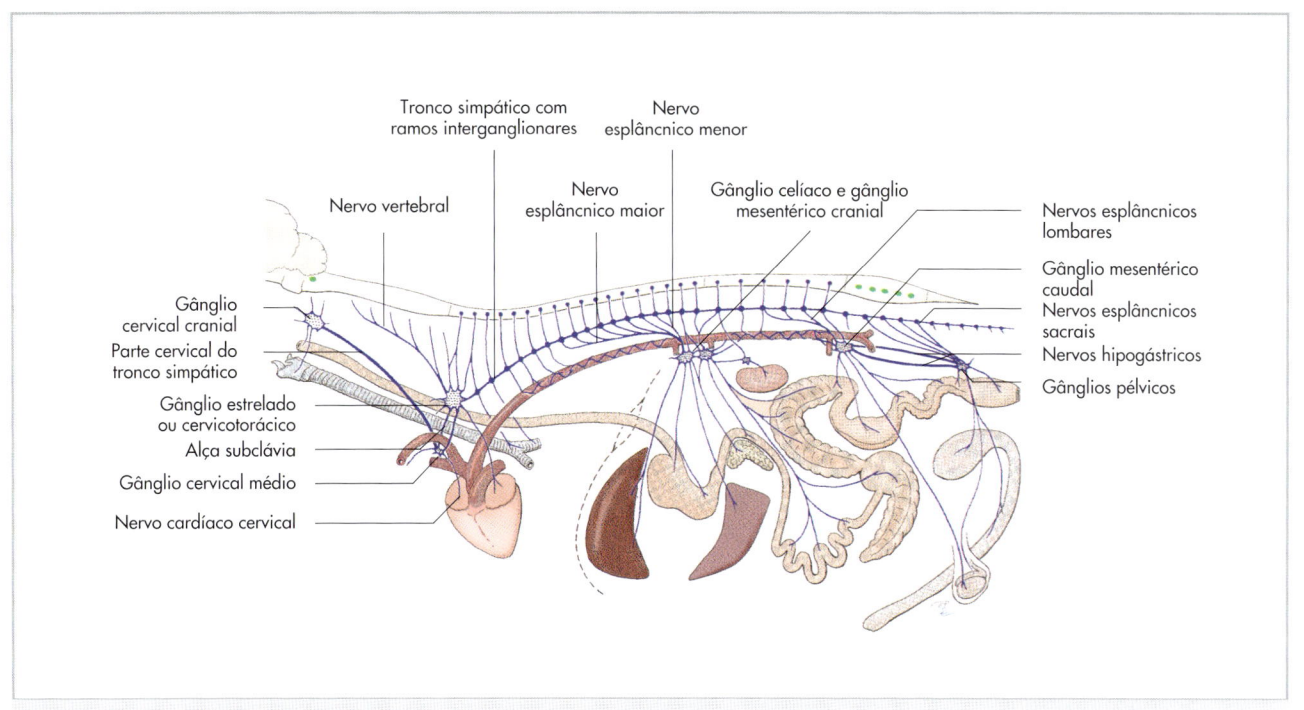

Fig. 15.79 Representação esquemática dos nervos simpáticos e dos gânglios de um equino.

Nota clínica

O conhecimento da inervação simpática do olho tem implicações **diagnósticas importantes**. A perda de estímulos simpáticos resulta na **síndrome de Horner**, na qual a constrição da pupila (**miose**) é um achado característico. A síndrome de Horner também pode ocorrer associada à doença da bolsa gutural em equinos.

O **nervo carotídeo interno** (*n. caroticus internus*) emerge do ápice do gânglio cervical cranial, volta-se para o encéfalo e passa para o forame lacerado com a artéria carótida interna. Ele inerva os vasos sanguíneos no interior da cavidade craniana e emite fibras que se combinam com o nervo trigêmeo e outros nervos cranianos. O **gânglio cervical médio** se conecta ao gânglio cervicotorácico pela alça subclávia, a qual se divide para contornar a artéria subclávia. A maior parte de seus neurônios inerva o plexo cardíaco.

O **gânglio cervicotorácico** se posiciona medialmente à 1ª costela e assinala o término do tronco simpático cervical e o início da parte torácica do tronco simpático. Como o seu nome indica, ele é formado pela fusão do gânglio cervical caudal com um ou mais gânglios torácicos. Os ramos a seguir emergem **do gânglio cervicotorácico**:

- ramos comunicantes (*rami communicantes*), para os dois primeiros nervos torácicos;
- nervo vertebral (*n. vertebralis*), o qual acompanha os vasos de mesmo nome por meio do canal transverso e emite os nervos espinais cervicais com fibras simpáticas;
- nervos cardíacos cervicais (*nn. cardiaci cervicales*), os quais inervam o plexo cardíaco;
- ramos perivasculares, que acompanham a artéria subclávia;
- parte torácica do tronco simpático como sua continuação caudodorsal.

Parte torácica do tronco simpático

A parte torácica do tronco simpático exibe uma disposição segmentar dos gânglios, cuja quantidade corresponde aproximadamente ao número de vértebras torácicas. Os gânglios torácicos craniais se fundem com os gânglios cervicais caudais para formar o **gânglio cervicotorácico**. Ramos para os plexos cardíaco, esofágico e traqueal emergem dos gânglios torácicos (▶Fig. 15.79).

Caudalmente a partir do sexto gânglio torácico, os neurônios pré-ganglionares atravessam os gânglios para alcançar o **nervo esplâncnico maior** (*n. splanchnicus major*). O diâmetro desse nervo aumenta mais caudalmente e entra no abdome juntamente ao tronco simpático principal, entre o pilar do diafragma e o músculo psoas menor.

O **nervo esplâncnico menor** (*n. splanchnicus minor*) deixa o tronco simpático principal caudal ao nervo esplâncnico maior na altura das últimas duas ou três vértebras torácicas caudais. Ele continua na cavidade abdominal com o nervo esplâncnico maior e o tronco simpático principal. Os dois nervos esplâncnicos passam com as artérias celíaca e mesentérica cranial até os gânglios pares celíaco e mesentérico cranial, os quais podem estar fusionados (▶Fig. 15.79).

Parte abdominal do tronco simpático

A parte abdominal do tronco simpático se situa entre a musculatura psoas e os corpos vertebrais. Os nervos esplâncnicos lombares (*nn. splanchnici lumbales*) passam dos gânglios lombares para os gânglios celíaco e mesentérico cranial (▶Fig. 15.79). Fibras do

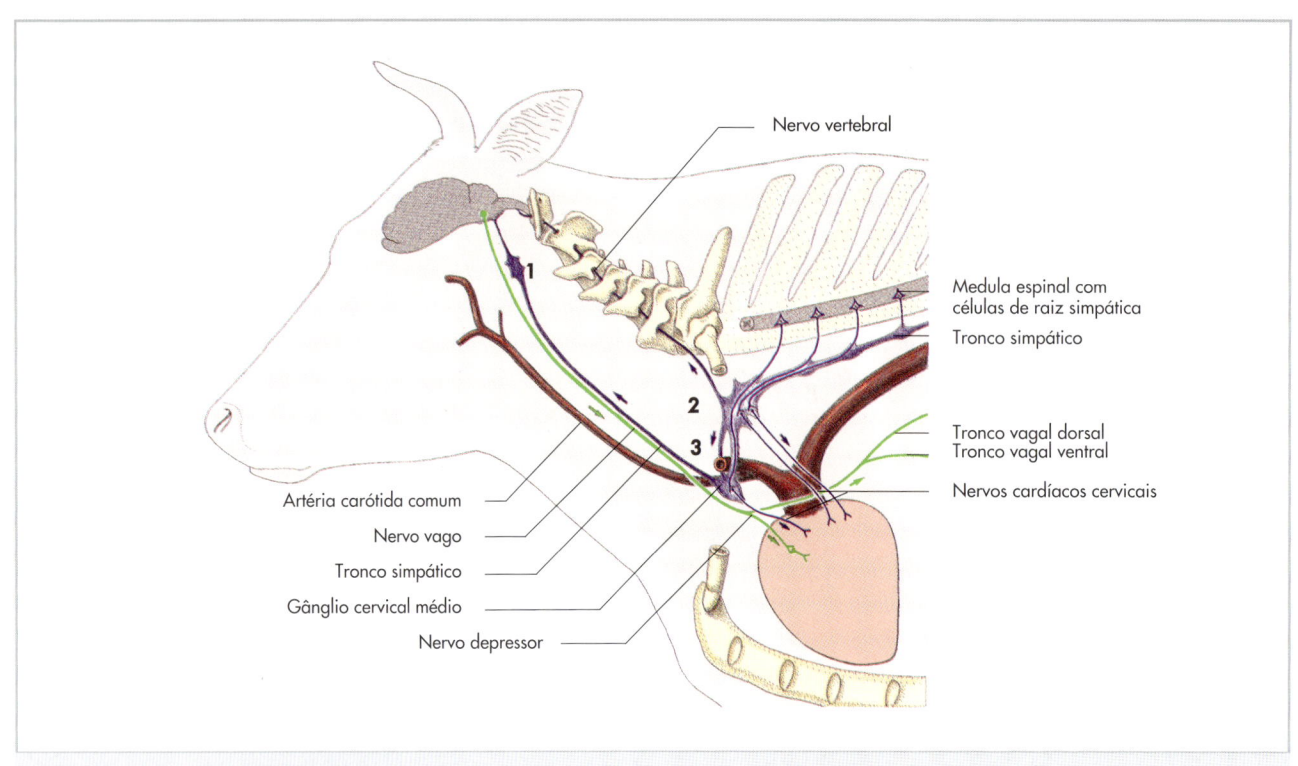

Fig. 15.80 Representação esquemática dos nervos simpáticos e parassimpáticos na região cervical e torácica de um bovino (1, gânglio cervical cranial; 2, gânglio cervicotorácico; 3, alça subclávia).

sistema nervoso autônomo formam um plexo denso ao redor dos **gânglios pré-vertebrais** e das raízes das artérias celíaca e mesentérica cranial, chamado de **plexo celíaco** ou **solar** (*plexus solaris*).

O plexo celíaco é contínuo com os plexos distribuídos com os ramos das duas artérias, os quais são denominados conforme os órgãos que inervam, como, por exemplo, **plexo entérico** e **plexo hepático**. Um gânglio ímpar simpático pré-vertebral de grandes dimensões se encontra na raiz mesentérica caudal.

Os **gânglios pré-vertebrais** se conectam uns com os outros por meio dos nervos esplâncnicos do tronco simpático e do plexo aórtico abdominal, na altura da aorta. O plexo nervoso que envolve os gânglios pré-vertebrais recebe fibras parassimpáticas do nervo vago.

Parte sacral e coccígea do tronco simpático

A parte sacral do tronco simpático é menos consistente entre indivíduos e pode se fusionar parcialmente com a parte coccígea antes de se prolongar até a cauda (▶Fig. 15.81), onde se afunila rapidamente. Os **nervos esplâncnicos pélvicos** (*nn. splanchnici pelvini*) passam dos gânglios sacrais para o **plexo pélvico** retroperitoneal.

O plexo pélvico recebe os **nervos hipogástricos** (*nn. hypogastrici*), dois fascículos nervosos que passam do gânglio mesentérico caudal para a cavidade pélvica em uma posição retroperitoneal. Além disso, ele recebe fibras parassimpáticas dos nervos pélvicos (*nn. pelvini*) (▶Fig. 15.79).

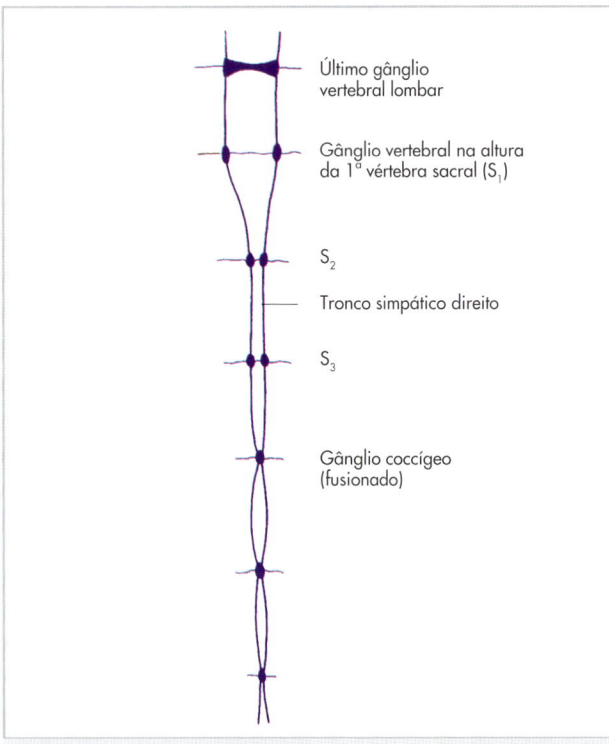

Fig. 15.81 Partes sacral e coccígea do tronco simpático de um gato (representação esquemática). (Fonte: com base em dados de Corpancho, 1986.)

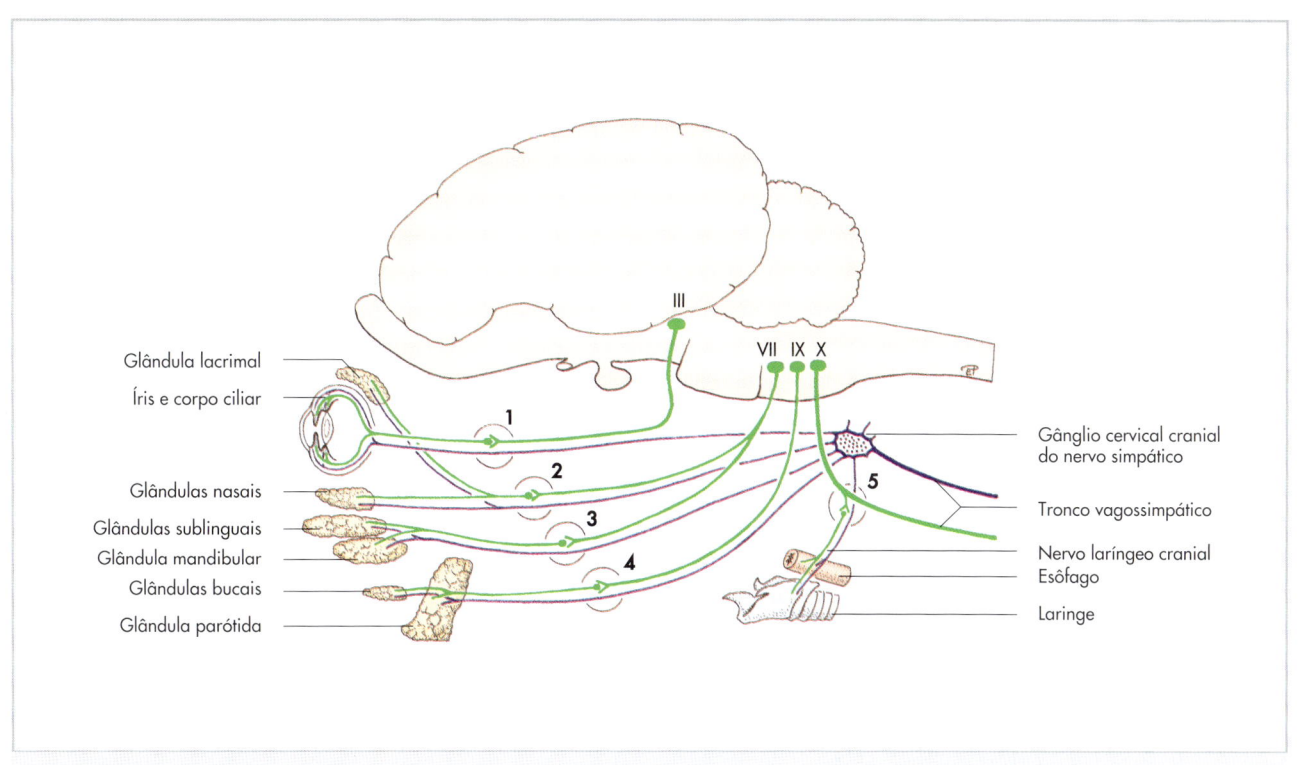

Fig. 15.82 Representação esquemática dos nervos simpáticos (lilás) e parassimpáticos (verde) da cabeça: 1, gânglio ciliar; 2, gânglio pterigopalatino; 3, gânglio mandibular; 4, gânglio ótico; 5, gânglio distal do nervo vago. Núcleos parassimpáticos dos nervos cranianos: III, nervo oculomotor; VII, nervo intermediofacial; IX, nervo glossofaríngeo; X, nervo vago. (Fonte: com base em dados de Dyce, Sack e Wensing, 2002.)

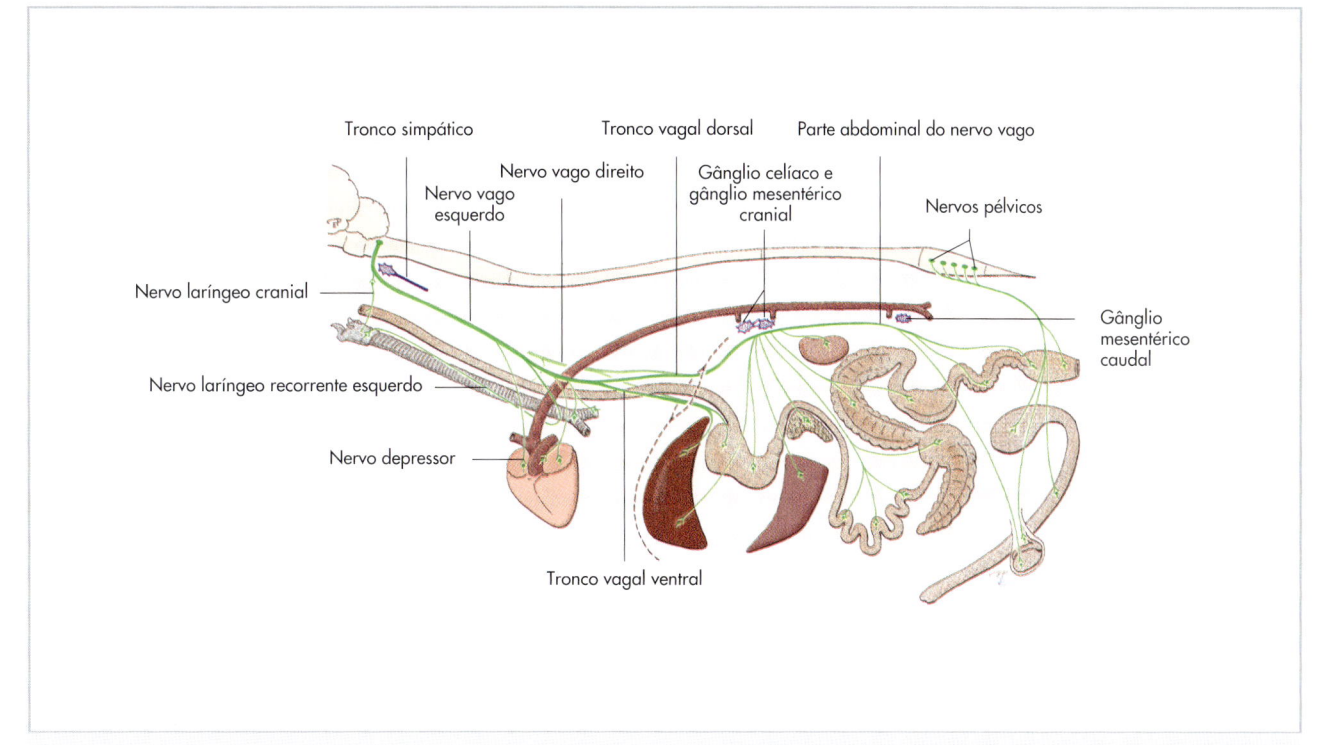

Fig. 15.83 Representação esquemática dos nervos parassimpáticos do pescoço, do tórax, do abdome e da pelve.

15.3.3 Sistema parassimpático

Os corpos celulares dos neurônios pré-ganglionares do sistema parassimpático se situam nos núcleos de origem de determinados nervos cranianos no tronco encefálico e na medula espinal sacral. Devido ao local de origem dessas fibras, utiliza-se a expressão craniossacral como sinônimo para parassimpático.

Os **núcleos parassimpáticos** dos nervos cranianos são (▶Fig. 15.82):
- núcleo parassimpático do nervo oculomotor;
- núcleo parassimpático do nervo facial;
- núcleo parassimpático do nervo glossofaríngeo;
- núcleo parassimpático do nervo vago.

Os **axônios pré-ganglionares** deixam o tronco encefálico como **parte desses nervos cranianos**. Os axônios nos nervos cranianos III, VII e IX são distribuídos para a cabeça, ao passo que o nervo vago distribui fibras autônomas para as vísceras cervicais, torácicas e abdominais. As fibras parassimpáticas pré-ganglionares também deixam a medula espinal como parte das raízes ventrais dos nervos sacrais e integram o plexo pélvico.

As fibras parassimpáticas pré-ganglionares do **nervo oculomotor fazem sinapse** no **gânglio ciliar** (*ganglion ciliare*). As fibras pós-ganglionares inervam o músculo ciliar, o qual regula a curvatura do cristalino e o diâmetro da pupila. As fibras pré-ganglionares parassimpáticas do **nervo facial** seguem a corda do tímpano até o nervo lingual e o nervo petroso maior até o nervo maxilar. Elas fazem sinapse nos **gânglios mandibular** e **pterigopalatino**. As fibras pós-ganglionares do gânglio mandibular inervam as glândulas salivares sublinguais e mandibulares; as fibras do **gânglio pterigopalatino** inervam as glândulas lacrimal, nasal e palatina.

A parte pré-ganglionar do **nervo glossofaríngeo** se une ao nervo pterigopalatino menor para fazer sinapse no **gânglio ótico**, próximo à origem do ramo mandibular do nervo trigêmeo. As fibras pós-ganglionares inervam as glândulas bucais e a glândula parótida. Os axônios do maior núcleo parassimpático deixam o encéfalo com o **nervo vago**, com o qual são distribuídos em direção aos órgãos das cavidades torácica e abdominal. As sinapses ocorrem nos gânglios na extensão do plexo nervoso que inervam, e costumam estar localizados no interior do órgão (▶Fig. 15.83). Os corpos celulares dos neurônios pré-ganglionares da parte sacral do sistema parassimpático se situam na coluna lateral da medula espinal sacral. Os axônios desses neurônios deixam a medula espinal com os nervos sacrais e formam os **nervos pélvicos**, os quais se unem às fibras simpáticas no plexo pélvico. Eles formam plexos específicos para cada órgão, os quais suprem as vísceras pélvicas.

15.3.4 Sistema intramural

O sistema intramural inclui o **plexo** e os **gânglios** situados **nos tecidos dos órgãos**. Ele assegura o funcionamento independente das vísceras com controle central, como, por exemplo, quando a peristalse do intestino continua após o seccionamento dos nervos vegetativos que o abastecem. Em órgãos ocos, o sistema intramural é composto por plexos nervosos em **três níveis diferentes**:
- plexo nervoso subseroso;
- plexo nervoso mientérico;
- plexo nervoso submucoso.

Terminologia clínica

Exemplos de termos clínicos derivados de termos anatômicos: neurite, encefalite, meningite, meningoencefalite, neuroma, radiculite, neuralgia, entre muitos outros.

16 Glândulas endócrinas (*glandulae endocrinae*)

H. E. König e H.-G. Liebich

As glândulas endócrinas são órgãos sem ductos que produzem substâncias conhecidas como hormônios, os quais são liberados no sistema circulatório e transportados para órgãos receptores. Alguns hormônios se espalham diretamente para as suas células-alvo pelo líquido intersticial (p. ex., sistema gastroenteropancreático). A maioria das glândulas endócrinas libera os seus hormônios em veias pós-capilares que não desembocam na veia porta, porém circulam por todo o organismo antes de alcançarem o fígado.

Os hormônios se ligam a **receptores específicos** encontrados em seus locais-alvo, seja para intensificar ou para suprimir a atividade do órgão, do tecido ou das células-alvo. Os órgãos endócrinos complementam e multiplicam a função do sistema nervoso autônomo e são descritos coletivamente como "sistema neuro-hormonal".

Os hormônios são produzidos por **células parenquimais** encontradas **isoladas** (p. ex., no epitélio do trato gastrointestinal, na parede dos brônquios e da uretra, nos rins e no miocárdio), em **grupos** (p. ex., células de Langerhans, no pâncreas, e células de Leydig, no testículo e no corpo lúteo) ou organizadas em **órgãos endócrinos** (hipófise, tireoide, glândula pineal, glândula suprarrenal (ou adrenal). Alguns órgãos possuem funções tanto exócrinas quanto endócrinas (testículo, ovário, pâncreas, placenta), ao passo que outros apresentam uma função endócrina secundária à sua função principal (rim, fígado, timo).

A função dos tecidos endócrinos é regulada por mecanismos de retorno (*feedback*) simples ou complexos, muitos dos quais envolvem a hipófise.

16.1 Glândula hipófise (*hypophysis*)

A glândula hipófise (glândula pituitária) (▶Fig. 16.1), desempenha um **papel regulador importante** em todo o sistema endócrino. Às vezes, é chamada de "glândula-mestre" do corpo.

16.1.1 Posição e forma da glândula hipófise

Trata-se de um pequeno **órgão ímpar** suspenso sob o diencéfalo na fossa hipofisial do osso basisfenoide, entre o quiasma óptico e o corpo mamilar. A fossa hipofisial é delimitada pelo tubérculo da sela rostralmente e pelo dorso da sela caudalmente. A dura-máter forma o diafragma da sela ao redor da base da hipófise e contém **seios cavernosos** proeminentes. A hipófise é composta por **duas partes** derivadas de origens embriológicas diferentes e que têm duas funções distintas: a **neuro-hipófise** e a **adeno-hipófise** (▶Fig. 16.1).

A **neuro-hipófise** situa-se caudalmente à adeno-hipófise e é uma excrescência neural do **hipotálamo** (▶Fig. 16.2). Ela é composta por um infundíbulo, que conecta a hipófise ao **túber cinéreo** do hipotálamo (*infundibulum* ou *pars proximalis*), e pela parte nervosa principal da neuro-hipófise (*pars distalis*). O terceiro ventrículo se projeta na neuro-hipófise por meio de uma base cilíndrica na forma do recesso neuro-hipofisário. A neuro-hipófise armazena e libera hormônios que são produzidos pelas células neurossecretoras dos **núcleos supraóptico** e **paraventricular** do hipotálamo. Esses hormônios, a ocitocina e o hormônio antidiurético (ADH), são transportados por axônios e liberados no leito capilar neuro-hipofisário.

A **adeno-hipófise** emerge do epitélio do teto faríngeo dorsal e torna-se a **parte distal da hipófise**. Grande parte da adeno-hipófise situa-se distalmente à neuro-hipófise e prossegue na base na forma da **parte tuberal da adeno-hipófise** (*pars infundibularis*). O segmento da adeno-hipófise em contato direto com a parte distal da neuro-hipófise é chamado de **parte intermédia** (*pars intermedia adenohypophysis*), devido à sua localização entre as duas partes principais da hipófise.

No gato, no cão e no equino, a parte intermédia se prolonga ao redor da neuro-hipófise. A parte distal da hipófise se separa da parte intermédia por meio da **cavidade da hipófise** (*cavum hypophysis*), um vestígio de desenvolvimento que não está presente no equino.

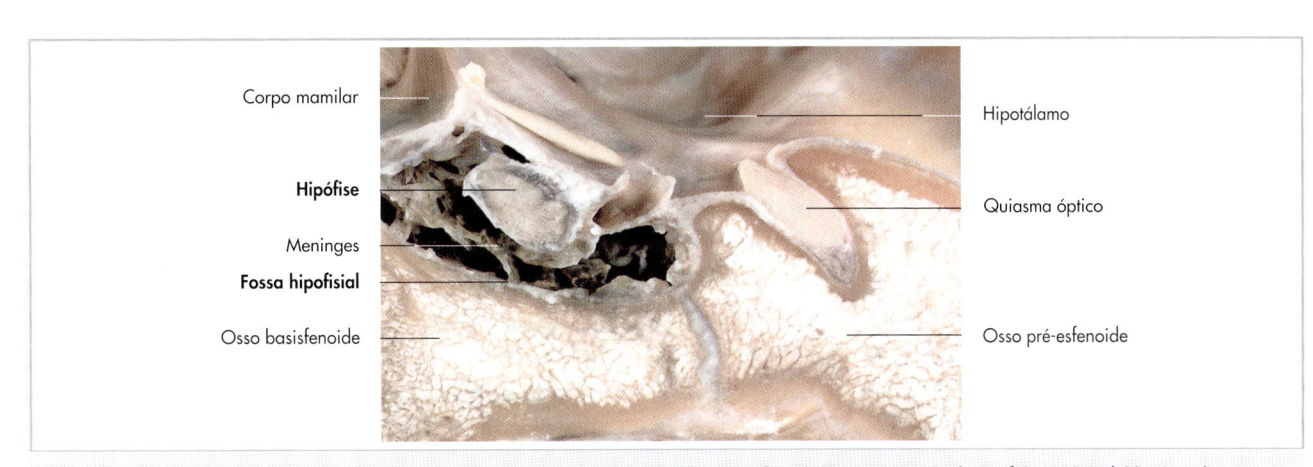

Fig. 16.1 Glândula hipófise e estruturas adjacentes de um equino (secção paramediana). (Fonte: cortesia do Prof. Dr. J. Maierl, Munique.)

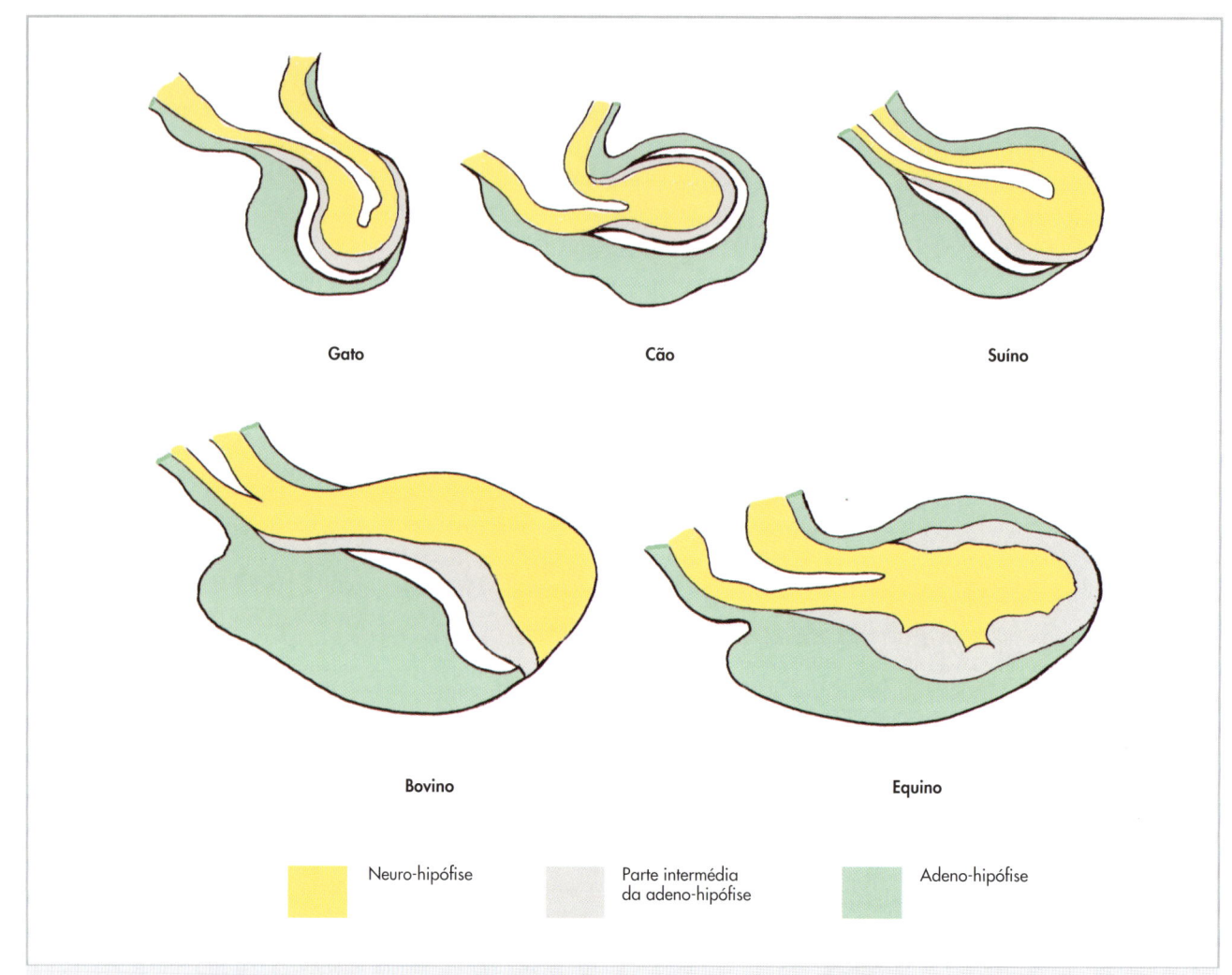

Fig. 16.2 Formas de hipófise de diferentes animais domésticos (representação esquemática, secção mediana).

Legenda: Neuro-hipófise | Parte intermédia da adeno-hipófise | Adeno-hipófise

Espécies ilustradas: Gato, Cão, Suíno, Bovino, Equino.

16.1.2 Função da glândula hipófise

A hipófise possui o seu **próprio sistema portal**, o qual é responsável pelo **transporte de hormônios** (fatores de liberação e inibição) desde os núcleos no hipotálamo até a adeno-hipófise. A **parte tuberal** da adeno-hipófise produz diversos hormônios: hormônio do crescimento (GH), hormônios gonadotróficos (hormônios estimuladores de folículos e luteinizantes), hormônio adrenocorticotrófico (ACTH), hormônio estimulador da tireoide (TSH) e prolactina. A **parte intermédia** produz o hormônio estimulador de melanócitos e vários outros hormônios.

Devido ao íntimo relacionamento anatômico e funcional entre o hipotálamo e a hipófise, os dois são descritos conjuntamente como **eixo hipotalâmico-hipofisário** (▶Fig. 16.3).

Glândulas hipofisárias secundárias podem se desenvolver no interior da dura-máter, entre a hipófise e a faringe, principalmente em gatos e em ruminantes.

16.2 Glândula pineal (*epiphysis cerebri, corpus pineale, glandula pinealis*)

16.2.1 Posição e forma da glândula pineal

A glândula pineal é parte do **diencéfalo**, visto também no Capítulo 15, "Sistema nervoso", seção Diencéfalo (p. 524). Trata-se de um **órgão ímpar**, localizado no epitálamo, cuja estrutura se assemelha a uma pinha. O tamanho da glândula pineal apresenta uma grande variação entre espécies e entre indivíduos. Ela se conecta ao teto do diencéfalo por meio de habênulas e do pedúnculo curto.

16.2.2 Função da glândula pineal

A glândula pineal é inervada por **fibras simpáticas pós-ganglionares** do **gânglio cervical cranial**, que se projetam para o órgão no interior da adventícia de pequenos vasos sanguíneos. As células endócrinas da glândula pineal produzem melatonina, serotonina e

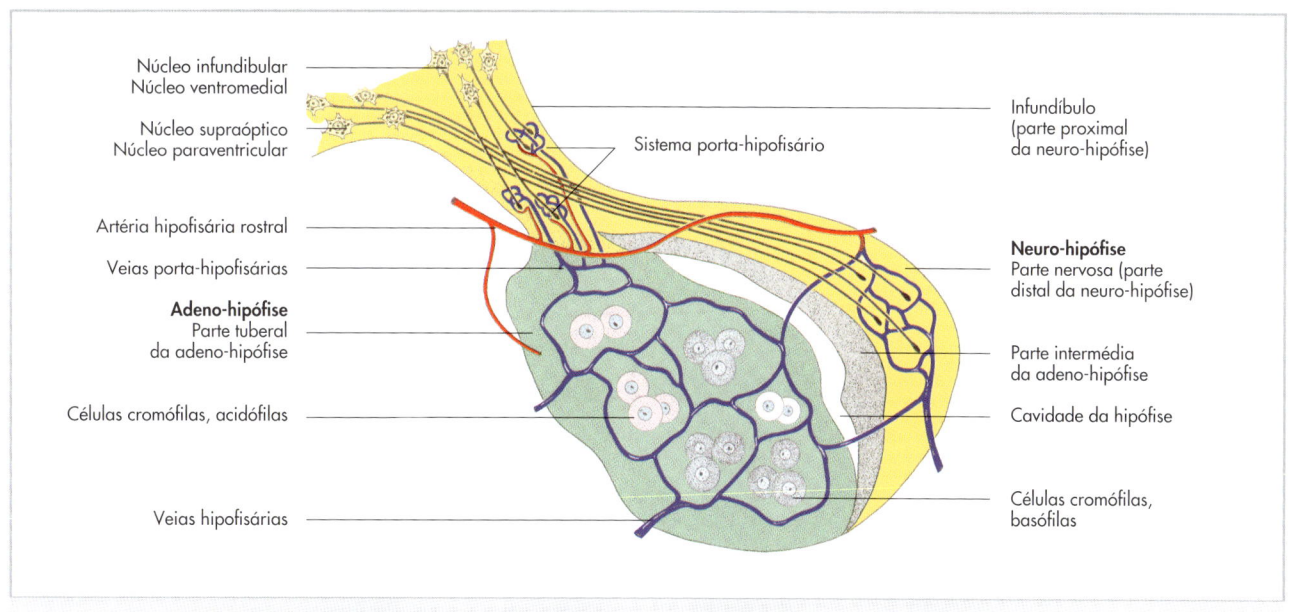

Fig. 16.3 Sistema hipotálamo-hipófise (representação esquemática).

outros hormônios peptídicos. A atividade dessas células é influenciada por uma cadeia de neurônios que passam da retina, via hipotálamo, da medula espinal e dos gânglios cervicais craniais até a glândula pineal. A melatonina tem efeitos gonadotróficos que são importantes para a sazonalidade dos ciclos reprodutivos em determinadas espécies, como o equino e o ovino. Portanto, a glândula pineal funciona como um "**relógio biológico**" que regula a variação sazonal e diurna da atividade gonadal. No equino, em que a melatonina possui efeitos antigonadotróficos, a produção de melatonina é inibida pelo fotoperíodo (i.e., mudanças estacionais na duração dos dias), de forma que o aumento das horas de luz diária faz a produção de melatonina diminuir e seu efeito inibitório na atividade gonadal ficar reduzido (ciclo circadiano).

No ovino, a melatonina também é suprimida pela luz do dia, de modo que a diminuição das horas diárias de luz aumenta a liberação de melatonina. Entretanto, no ovino, a melatonina intensifica a função gonadotrópica, de forma que o acasalamento ocorre no outono. Essa ocorrência é importante clinicamente, já que a administração de melatonina em ovinos pode ser utilizada para adiantar o período reprodutivo.

16.3 Glândula tireoide (*glandula thyroidea*)

16.3.1 Posição e forma da glândula tireoide

A glândula tireoide localiza-se dos dois lados **ventral à traqueia**, em sua parte mais cranial, e, às vezes, se sobrepõe à laringe. Em todos os mamíferos domésticos, exceto no suíno, ela consiste em **lobos esquerdo e direito**, que são conectados caudalmente por uma faixa de tecido conjuntivo, também denominado tecido conectivo (**istmo**), estendendo-se no lado ventral da traqueia (▶Fig. 16.4, ▶Fig. 16.5, ▶Fig. 16.6, ▶Fig. 16.7, ▶Fig. 16.10 e ▶Fig. 16.11).

No gato, os lobos são **planos** e **fusiformes** e situam-se na face dorsolateral da traqueia, prolongando-se sobre os primeiros 7 a 10 anéis da traqueia. Os seus polos caudais são unidos por um istmo delgado de cerca de 1 a 2 mm.

No cão, a glândula tireoide é composta por dois **lobos ovais alongados** na face dorsolateral da traqueia, os quais se prolongam do quinto ao oitavo anel traqueal. O istmo é frequentemente formado por parênquima glandular, principalmente em cães de raças de grande porte (▶Fig. 16.8 e ▶Fig. 16.9). Ao contrário dos outros mamíferos domésticos, a glândula tireoide do suíno (▶Fig. 16.9 e ▶Fig. 16.13) é um **órgão ímpar compacto**, situado na face ventral da traqueia. O seu polo cranial se posiciona na cartilagem tireoide, ao passo que a extremidade caudal pontiaguda alcança a entrada do tórax. A sua superfície possui uma aparência granular.

No bovino, os **dois lobos** têm formato irregular, com aparência granulosa, que se assemelha a pirâmides. Eles situam-se dorsalmente na face lateral dos músculos cricofaríngeo e cricotireóideo (▶Fig. 16.9). Os lobos são conectados por um istmo substancial, que cruza a face ventral do segundo anel traqueal.

Em pequenos ruminantes, os lobos são **fusiformes a cilíndricos** e situam-se na face dorsolateral dos anéis da traqueia. O istmo não está presente em todos os animais. No equino, os lobos da tireoide são **ovais** e do tamanho aproximado de uma ameixa. Eles situam-se dorsolateralmente ao segundo e terceiro anéis traqueais e são unidos ventralmente por uma **faixa estreita** de tecido conjuntivo (▶Fig. 16.9 e ▶Fig. 16.12).

As **glândulas tireoides acessórias** costumam estar localizadas na proximidade do órgão principal. Contudo, elas também podem ser encontradas ao redor do aparelho hioide, na extensão da traqueia, no mediastino e na mucosa lingual do gato.

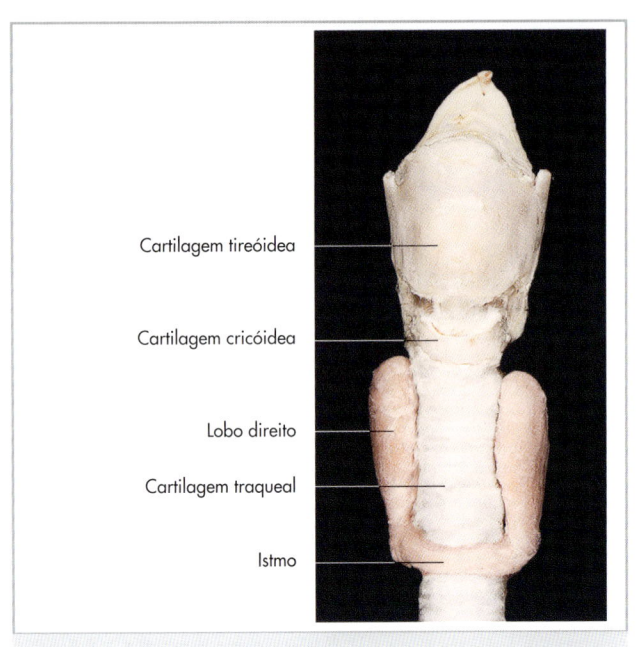

Fig. 16.4 Glândula tireoide de um cão, com traqueia e laringe (vista ventral).

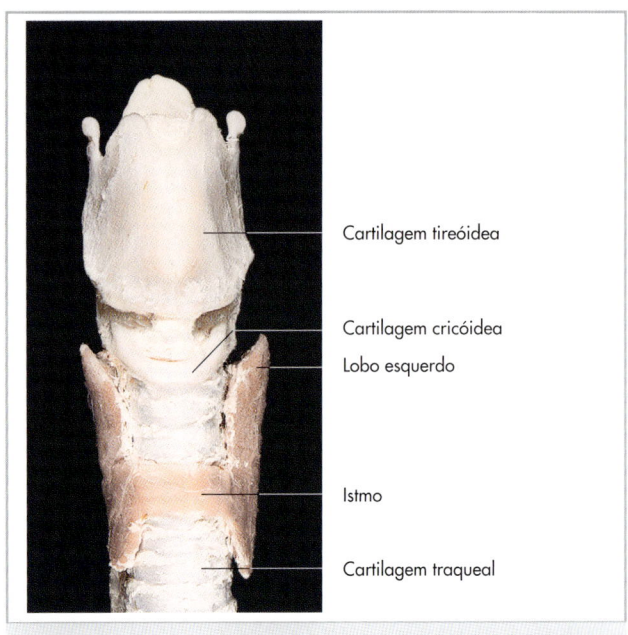

Fig. 16.5 Glândula tireoide de um caprino, com traqueia e laringe (vista ventral).

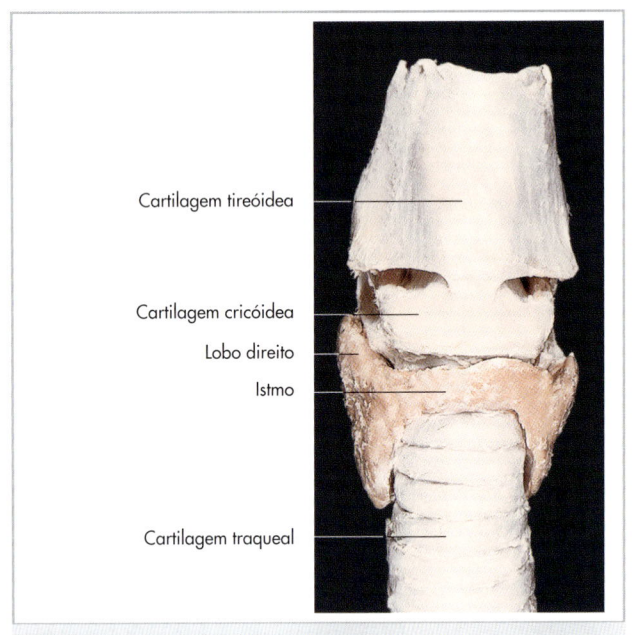

Fig. 16.6 Glândula tireoide de um bovino, com traqueia e laringe (vista ventral).

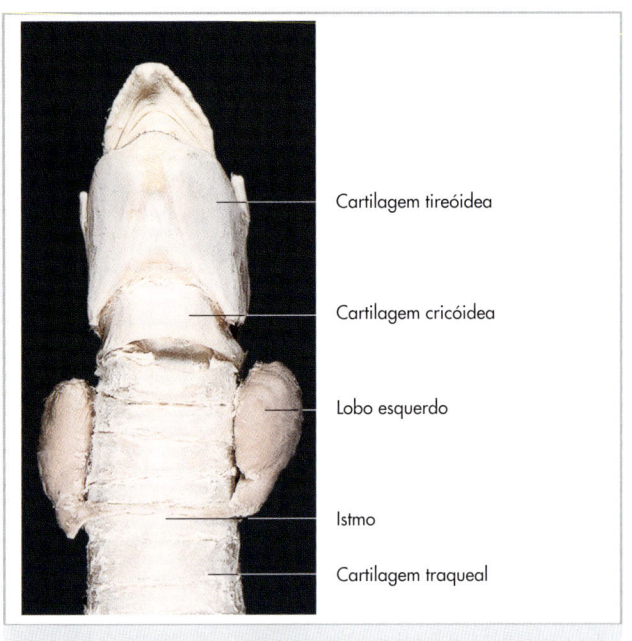

Fig. 16.7 Glândula tireoide de um equino, com traqueia e laringe (vista ventral).

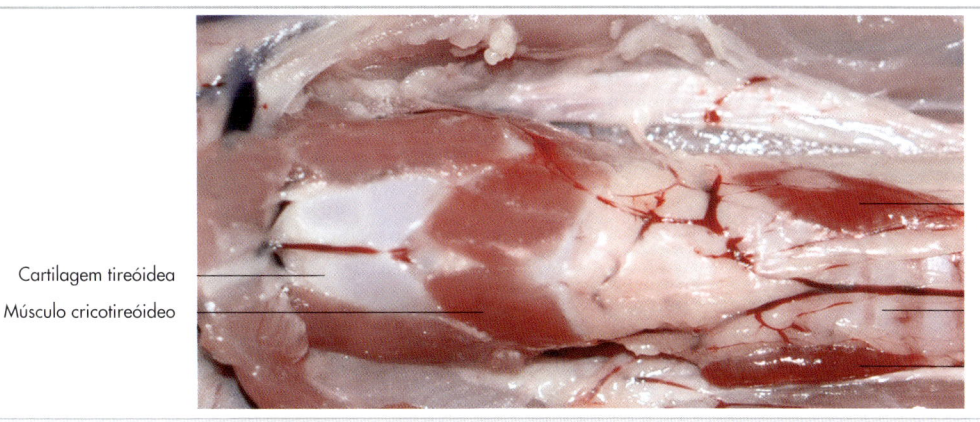

Fig. 16.8 Glândula tireoide de um gato (aspecto ventral). (Fonte: cortesia do Prof. Dr. W. Pérez, Uruguai.)

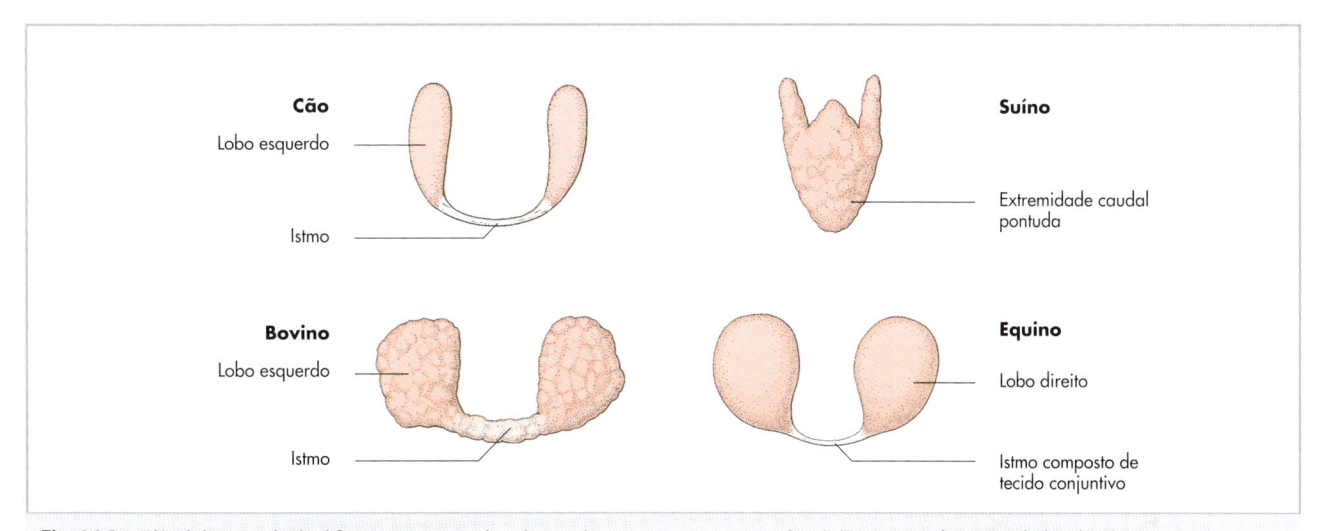

Fig. 16.9 Glândula tireoide de diferentes animais domésticos (representação esquemática). (Fonte: com base em dados de Ghetie, 1967.)

16.3.2 Função da glândula tireoide

Os hormônios produzidos pela glândula tireoide regulam a taxa metabólica, o crescimento, a temperatura corporal, o metabolismo de carboidratos e os níveis de cálcio no corpo. A atividade secretora da glândula tireoide é regulada pela tireotrofina (TSH), um hormônio da adeno-hipófise.

A tri-iodotironina (T3), ou tiroxina, e a tetraiodotironina (T4) são produzidas por **células foliculares** e são armazenadas no líquido folicular antes de sua liberação na corrente sanguínea. O teor de iodo da dieta é essencial para a produção dos hormônios tireóideos, pois a deficiência de iodo pode causar hipertrofia da glândula tireoide (bócio). O **hipertireoidismo** leva a um aumento no metabolismo, e os animais parecem inquietos e nervosos, às vezes até mesmo agressivos. Já o **hipotireoidismo** faz o organismo diminuir o metabolismo, o crescimento e a atividade. O hipotireoidismo congênito resulta em raquitismo e deficiência no desenvolvimento mental.

As **células parafoliculares**, ou **células C**, produzem calcitonina, um hormônio que diminui a concentração de cálcio no sangue e, portanto, atua como antagonista para o hormônio paratireóideo.

16.3.3 Vascularização, linfáticos e inervação da glândula tireoide

A **vascularização** da glândula tireoide é fornecida pelos ramos da **artéria carótida comum**. O ramo principal é a artéria tireoide cranial, que se ramifica para partes da laringe. A vascularização adicional ocorre por meio da artéria tireoide caudal, que costuma estar ausente no bovino e no caprino, mas contribui com o principal suprimento no suíno. Variações quanto à origem e ao curso dos vasos tireóideos são comuns. A **drenagem venosa** é realizada pelas veias tireoides cranial e média, que drenam para a veia jugular interna em todos os mamíferos domésticos, exceto no equino, no qual a veia jugular interna é inexistente. No equino, elas drenam para a **veia jugular externa**. No cão e no gato, as veias tireoides craniais estão conectadas pelo arco laríngeo caudal, no qual se **abre a veia tireoide caudal mediana** ímpar. A veia tireoide também apresenta uma grande variação entre espécies e entre indivíduos.

A **drenagem linfática** da glândula tireoide drena nos linfonodos cervicais profundos ou diretamente no tronco traqueal.

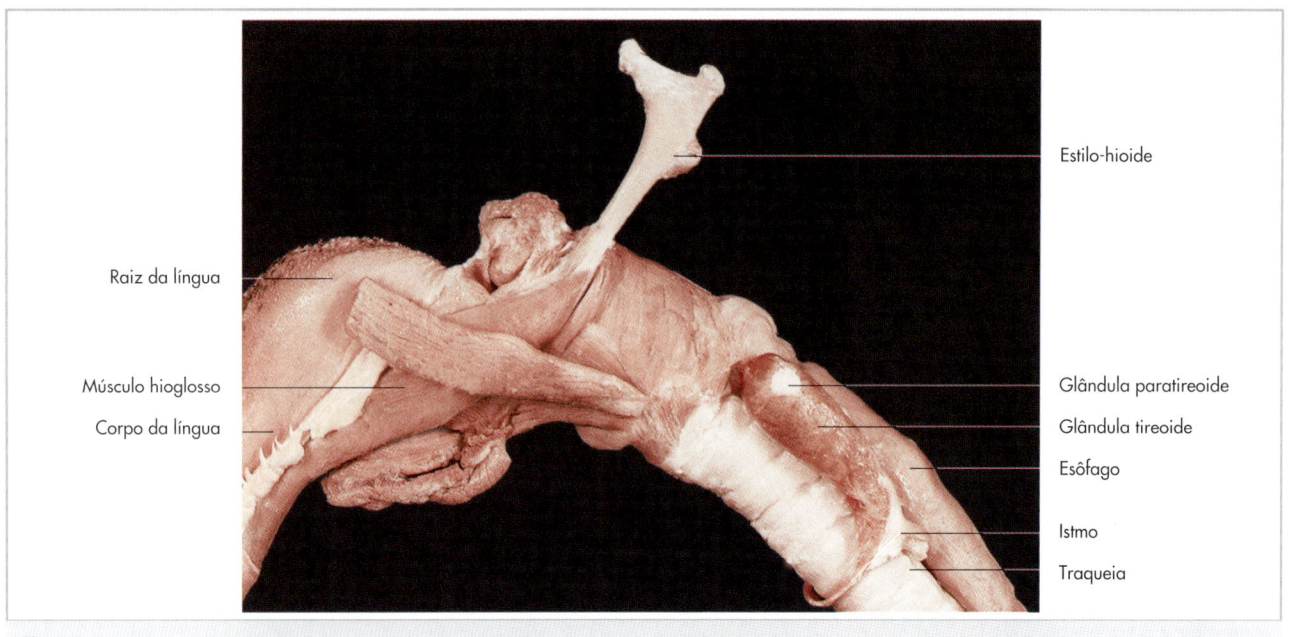

Fig. 16.10 Topografia das glândulas tireoide e paratireoide com estruturas adjacentes de um ovino. (Fonte: cortesia de H. Dier, Viena.)

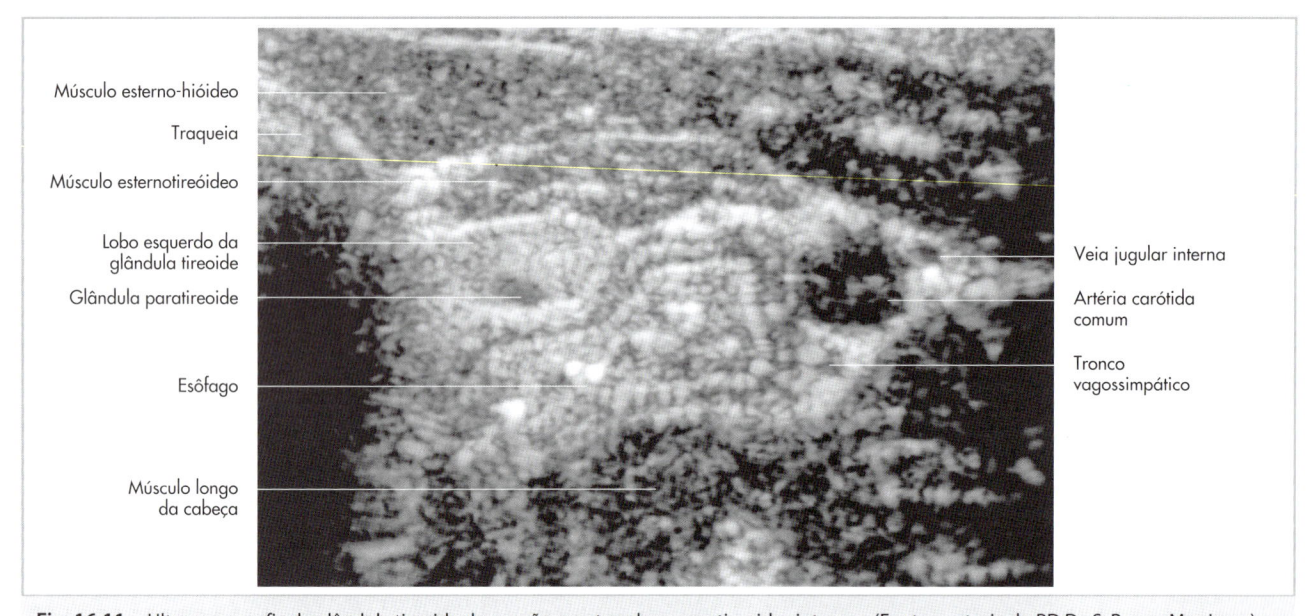

Fig. 16.11 Ultrassonografia da glândula tireoide de um cão, mostrando as paratireoides internas. (Fonte: cortesia do PD Dr. S. Reese, Munique.)

A glândula tireoide é inervada pelos **sistemas nervosos simpático** e **parassimpático**. As fibras simpáticas se originam no gânglio cervical cranial, ao passo que as fibras parassimpáticas inervam o órgão a partir de ramos dos nervos laríngeos caudal e cranial, ambos ramos do nervo vago.

16.4 Glândulas paratireoides (*glandulae parathyroideae*)

16.4.1 Posição e forma das glândulas paratireoides

As glândulas paratireoides são pequenas estruturas epiteliais **pareadas bilateralmente**, localizadas tanto no interior da glândula tireoide quanto próximo de sua cápsula. Essas glândulas se desenvolvem a partir do epitélio da **terceira** e da **quarta bolsas**

Glândulas endócrinas (*glandulae endocrinae*)

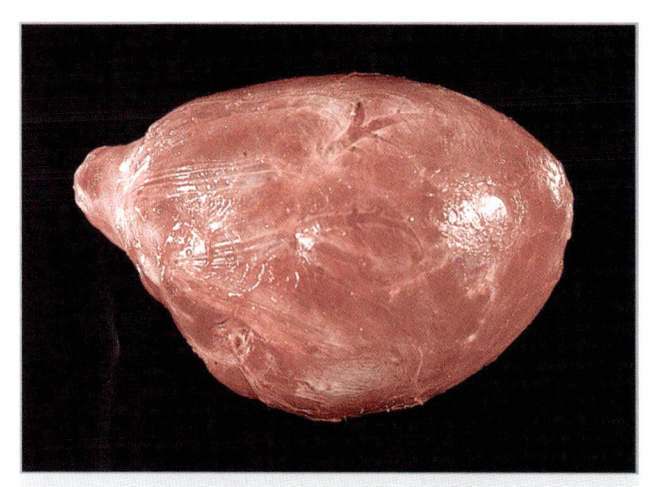

Fig. 16.12 Glândula tireoide de um equino (lobo esquerdo). (Fonte: cortesia do PD Dr. S. Reese, Munique.)

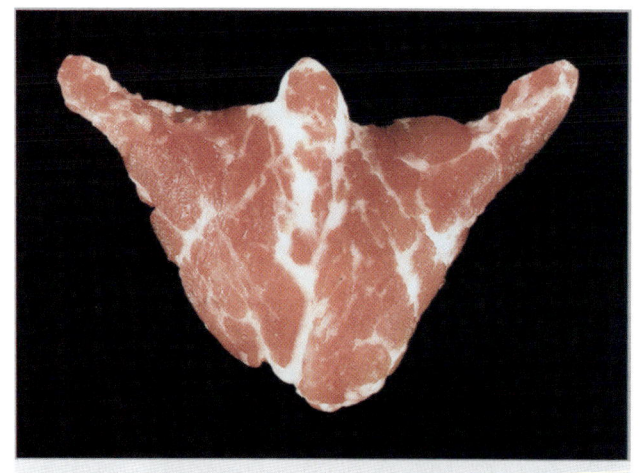

Fig. 16.13 Glândula tireoide de um suíno. (Fonte: cortesia do PD Dr. S. Reese, Munique.)

faríngeas. As **glândulas paratireoides internas** também recebem a denominação de paratireoide IV, indicando a sua origem, ao passo que as **glândulas externas** são chamadas de paratireoide III.

Conclusão

Variações específicas de cada espécie das glândulas paratireoides:
- gato:
  - as paratireoides internas localizam-se no parênquima tireóideo, próximas à face medial de cada lobo;
  - as paratireoides externas localizam-se próximas ao polo cranial da glândula tireoide;
- cão:
  - as paratireoides internas são integradas na parte média de cada lobo;
  - as paratireoides externas localizam-se próximas ao polo cranial ou à metade cranial da glândula tireoide;
- suíno:
  - as paratireoides internas inexistem;
  - as paratireoides externas são estruturas que se assemelham a ervilhas na bifurcação da artéria carótida comum;
- bovino:
  - as paratireoides internas localizam-se na margem dorsal, na face medial, ou, ainda, integradas ao parênquima de cada lobo;
  - as paratireoides externas localizam-se medialmente à bifurcação da artéria carótida comum, próximas à origem do nervo laríngeo cranial do nervo vago;
- equino:
  - as paratireoides internas posicionam-se ao redor da metade cranial de cada lobo;
  - as paratireoides externas localizam-se ao longo da traqueia, próximas aos linfonodos cervicais caudais profundos.

16.4.2 Função das glândulas paratireoides

As glândulas paratireoides produzem o paratormônio, o qual regula as concentrações séricas de cálcio e fósforo ao regular o metabolismo no interior dos ossos, a absorção do trato gastrointestinal e a excreção da urina.

Nota clínica

A **eventual remoção** de todas as glândulas paratireoides durante a tireoidectomia lateral em gatos resulta em **hipocalcemia** grave, que pode ser fatal. Devido à ausência de cálcio necessária para o funcionamento muscular adequado, ocorre tetania antes da morte.

16.4.3 Vascularização, linfáticos e inervação das glândulas paratireoides

As glândulas paratireoides estão envoltas por uma **rede densa de capilares** e são supridas por pequenos ramos da **artéria carótida comum**. As **veias** se abrem na veia jugular.

Os **linfáticos** drenam para os linfonodos cervicais profundos.

As **fibras simpáticas** emergem no gânglio cervical cranial e alcançam os órgãos na adventícia das artérias de suprimento. Já as **fibras parassimpáticas** alcançam o órgão com ramos do nervo laríngeo caudal.

16.5 Glândulas suprarrenais (*glandulae adrenales* ou *suprarenales*)

16.5.1 Posição e forma das glândulas suprarrenais

As **glândulas suprarrenais** ou adrenais **pares** (▶Fig. 16.14, ▶Fig. 16.15, ▶Fig. 16.16 e ▶Fig. 16.18) estão localizadas craniomedialmente ao rim correspondente, em posição retroperitoneal no abdome. A origem do seu nome vem da sua posição, de modo

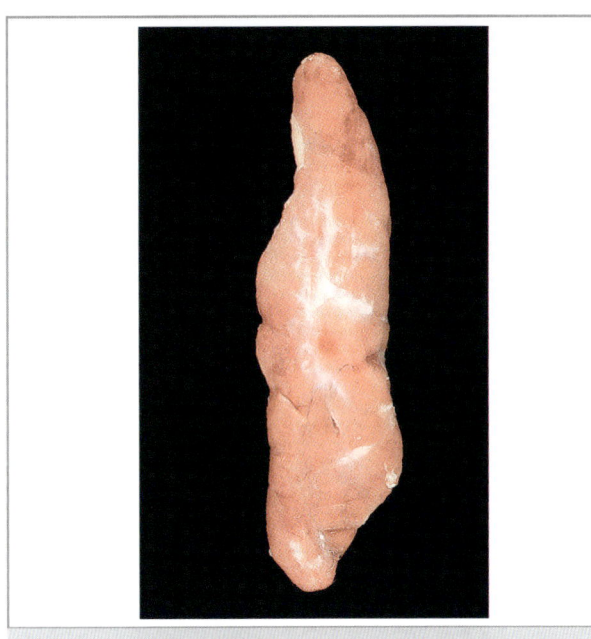

Fig. 16.14 Glândula suprarrenal esquerda de um suíno (secção paramediana). (Fonte: cortesia do PD Dr. S. Reese, Munique.)

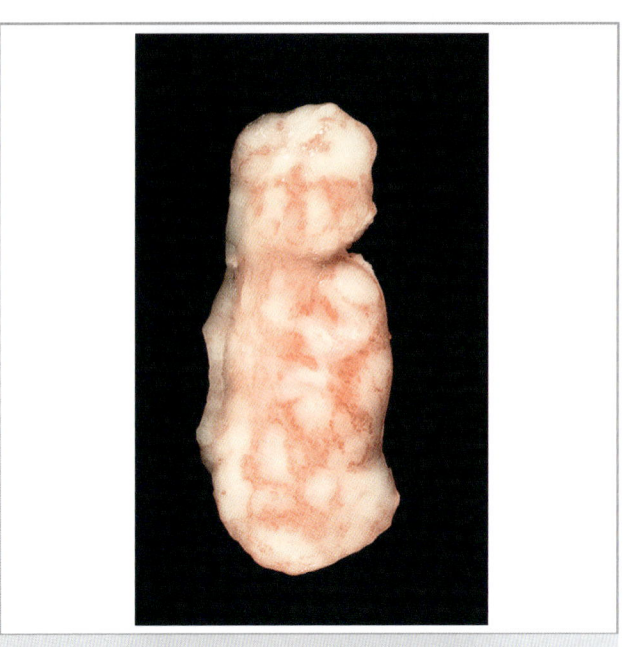

Fig. 16.15 Glândula suprarrenal esquerda de um suíno. (Fonte: cortesia do PD Dr. S. Reese, Munique.)

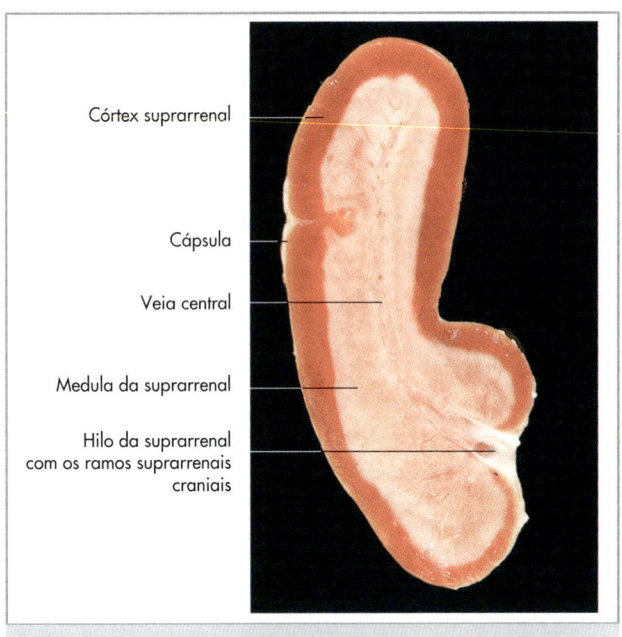

Legendas da Fig. 16.16:
- Córtex suprarrenal
- Cápsula
- Veia central
- Medula da suprarrenal
- Hilo da suprarrenal com os ramos suprarrenais craniais

Fig. 16.16 Glândula suprarrenal direita de um bovino (secção paramediana). (Fonte: cortesia do PD Dr. S. Reese, Munique.)

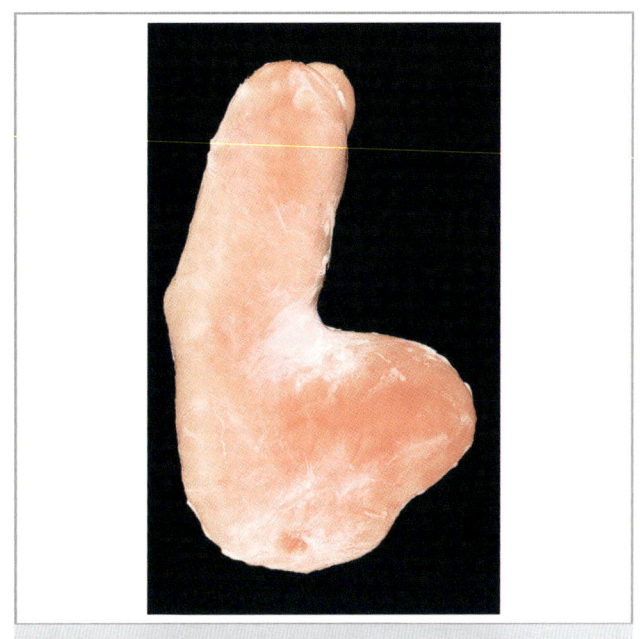

Fig. 16.17 Glândula suprarrenal direita de um bovino. (Fonte: cortesia do PD Dr. S. Reese, Munique.)

que elas não têm relação funcional com os rins. Cada glândula suprarrenal é constituída estrutural e funcionalmente de dois tecidos endócrinos diferentes e de origens embriológicas também distintas:
- córtex externo;
- medula interna.

O **córtex externo** possui uma coloração mais clara e estrias radiais e se origina a partir das células mesenquimais do mesoderma. A **medula** é mais escura e de origem ectoderma, sendo originada de tecido simpático; ela representa, portanto, um paragânglio simpático. As glândulas suprarrenais costumam ser assimétricas e irregulares, e sua forma e tamanho apresentam uma grande variação entre espécies e entre indivíduos (▶Fig. 16.14 e ▶Fig. 16.19).

Uma secção na glândula evidencia as estrias externas do córtex, possibilitando uma fácil diferenciação de outras estruturas, inclusive de linfonodos. O tecido medular envolve a veia central, que, por sua vez, é envolta pelo córtex e coberta pela cápsula fibrosa

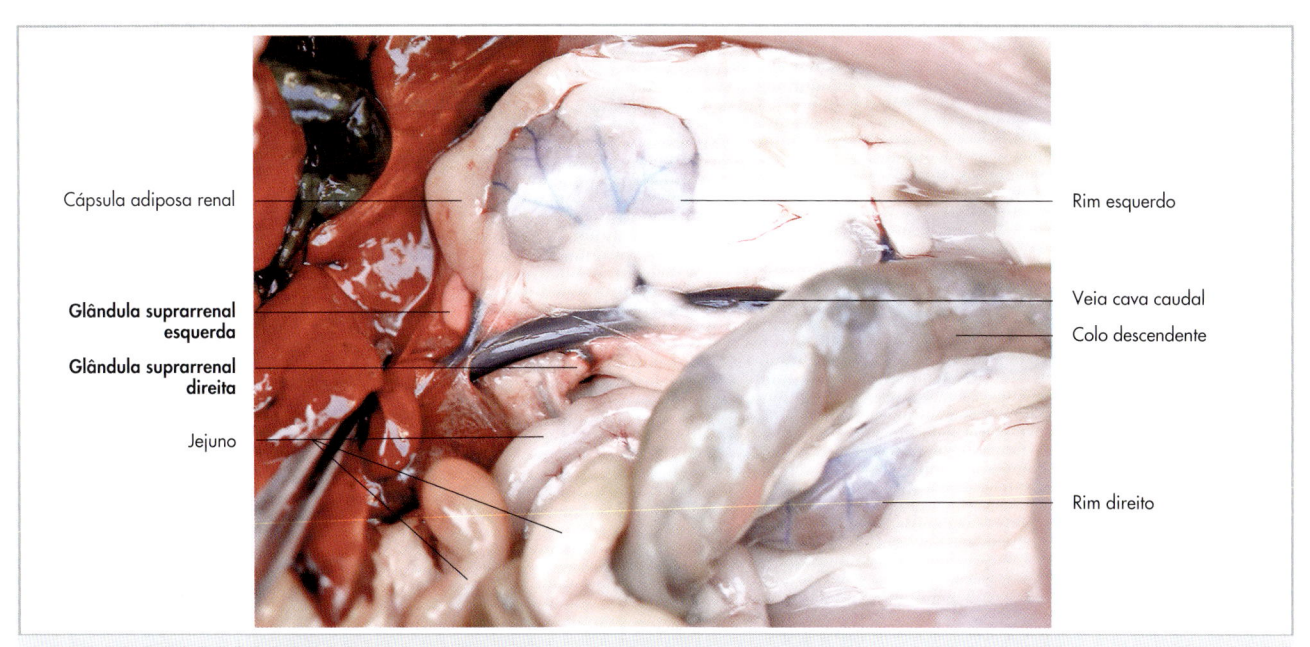

Fig. 16.18 Topografia das glândulas suprarrenais, dos rins, da veia cava caudal e do intestino de um gato. (Fonte: cortesia do Prof. Dr. W. Pérez, Uruguai.)

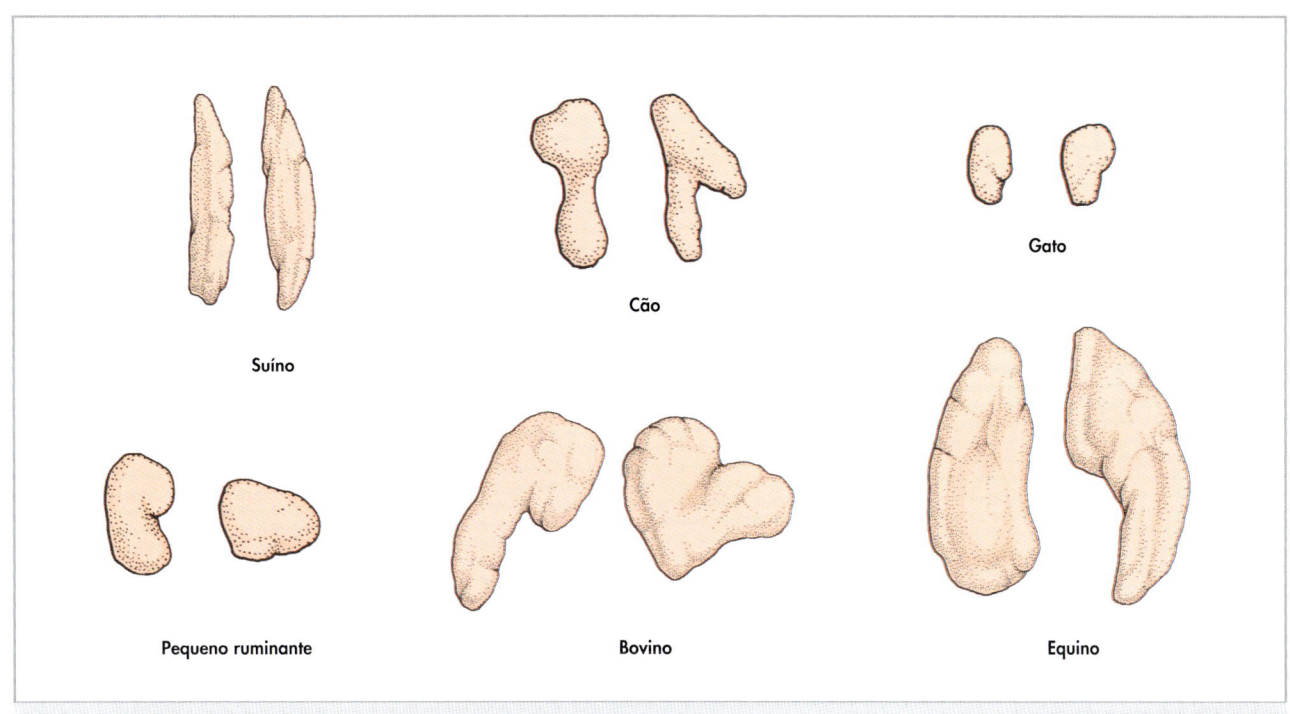

Fig. 16.19 Glândulas suprarrenais de diferentes animais domésticos (representação esquemática). (Fonte: com base em dados de Ghetie, 1967.)

(▶Fig. 16.17). A face ventral é marcada pelo hilo sutil, por onde penetram os vasos suprarrenais.

16.5.2 Função das glândulas suprarrenais

O **córtex suprarrenal** produz **hormônios**, denominados **corticoides**, que regulam o equilíbrio mineral (mineralocorticoides) e o metabolismo dos carboidratos (glucocorticoides). Os hormônios androgênicos contribuem para a formação dos órgãos genitais masculinos. A **atividade do córtex suprarrenal** é regulada pelo hormônio adrenocorticotrófico da adeno-hipófise (ACTH). A **medula suprarrenal** produz os **neurotransmissores adrenalina** e **noradrenalina**. A adrenalina estimula o sistema nervoso simpático, ao passo que a noradrenalina influencia a pressão sanguínea. A medula suprarrenal coordena a resposta corporal ao estresse agudo, juntamente ao sistema nervoso autônomo.

16.5.3 Vascularização, linfáticos e inervação das glândulas suprarrenais

As glândulas suprarrenais recebem irrigação intensa de diversos pequenos ramos de **artérias vizinhas** (aorta abdominal, artéria renal, artéria abdominal cranial e artéria frênica caudal). Os capilares assumem um curso radial do córtex para a medula e formam as redes capsular e medular.

A **arquitetura especial** da distribuição sanguínea na glândula pode mediar o controle cortical sobre a síntese de adrenalina. O sangue venoso, enriquecido com hormônios, concentra-se na veia central, onde vasos afluentes acompanham as artérias para se unirem à veia cava caudal.

Os **linfáticos** formam uma rede capilar no interior do parênquima da glândula suprarrenal e drenam nos linfonodos aórticos lombares.

O parênquima da medula suprarrenal é, na realidade, um **gânglio simpático** modificado, especializado para a **liberação neuro-hormonal**. Ele é inervado por fibras parassimpáticas pré-ganglionares do **nervo esplâncnico**. As células corticais são **neurônios pós-ganglionares** modificados.

16.6 Paragânglios

Os paragânglios são pequenas massas nodosas de **células epiteliais** que se originam embriologicamente da **crista neural** e contêm **adrenalina** e **noradrenalina**. A medula suprarrenal é a maior aglomeração dessas células da crista neural no corpo. Outros paragânglios são bem inervados e encontram-se próximos a artérias maiores. Eles funcionam como quimiorreceptores para a regulação da respiração.

O **glomo carótico** (*glomus caroticum*) situa-se na bifurcação das artérias carótidas ou, às vezes, na parede do **seio carotídeo**. O seu formato é irregular, com tamanho variável de 1 a 3 mm. O glomo carótico é inervado por um ramo (*ramus sinus carotici*) do **nervo glossofaríngeo**, porém recebe ramos adicionais do gânglio cervical cranial e do nervo vago. O **glomo aórtico** (*glomus aorticum*) situa-se no **arco aórtico**, próximo à origem do tronco braquiocefálico. Menor que o glomo carótico, ele é inervado pelo ramo depressor do nervo vago.

Os **glomos para-aórticos** consistem em várias massas para-ganglionares na extensão da aorta abdominal. A sua posição exata varia conforme a espécie e de um indivíduo para outro. A maioria dos gânglios simpáticos também inclui grupos de células para-ganglionares.

16.7 Ilhotas pancreáticas (*insulae pancreatici*)

As ilhotas pancreáticas, também conhecidas como "**ilhotas de Langerhans**", são o componente endócrino do pâncreas. Existem cerca de 0,5 a 1,5 milhão de ilhotas no humano, e milhares de ilhotas no gato e no cão, que supostamente são mais numerosas no lobo pancreático esquerdo que no direito.

As ilhotas possuem células de diversos tipos: **células alfa**, que produzem **glucagon**, e **células beta**, que produzem **insulina**, sendo que ambas afetam o metabolismo dos carboidratos. A produção insuficiente de insulina resulta em diabetes melito. O pâncreas endócrino do cão serviu como modelo clássico para explorar o diabetes por deficiência de insulina por Bantin e Best, em 1922. Outras células sintetizam somatostatina, um inibidor do crescimento.

As ilhotas pancreáticas são intensamente **vascularizadas** e contêm capilares de grande calibre. Elas são as únicas glândulas endócrinas drenadas por veias que se abrem na veia porta.

Essas ilhotas recebem **inervação autônoma**; as fibras simpáticas estimulam a produção de glucagon e inibem a produção de insulina; as fibras parassimpáticas estimulam a secreção de insulina.

16.8 Gônadas como glândulas endócrinas

Tanto o testículo como o ovário possuem uma **função exócrina** e uma **função endócrina**, as quais estão sob o controle do eixo hipotalâmico-hipofisário.

As **células internas** e **externas da teca** do ovário, as quais envolvem folículos em fase de amadurecimento, produzem **estrogênios**. Após a ovulação, o corpo lúteo forma e produz **progesterona**. O corpo lúteo é uma estrutura endócrina temporária que regride em cada ciclo estral, porém persiste durante a gestação durante um tempo variável. Ele é vital para a manutenção da gestação.

As **células intersticiais** no interior do tecido conjuntivo, entre os túbulos seminíferos dos testículos, produzem **androgênios**, que são responsáveis pelo amadurecimento dos espermatozoides e pelo desenvolvimento dos órgãos genitais masculinos.

Os componentes endócrinos dos outros órgãos são menos distintos e incluem aglomerados de células renais produtoras de renina e a variedade de células enteroendócrinas espalhadas nos epitélios gastrointestinais.

17 Olho (*organum visus*)

H.-G. Liebich, P. Sótonyi e H. E. König

O olho, órgão da visão, é composto de diversas partes, as quais têm a capacidade de receber estímulos de luz do ambiente, registrá-los e convertê-los em um sinal elétrico, o qual é transportado para o encéfalo. Os neurônios receptores contêm moléculas fotossensíveis que são transformadas quimicamente por impulsos de luz e reagem com a atividade neural das células vizinhas. O sinal resultante é transportado por cadeias de neurônios até atingir os centros cognitivos do encéfalo, onde a imagem final é formada.

A visão se baseia em um sistema complexo, o qual envolve todas as partes do olho, inclusive as suas estruturas acessórias (anexas), bem como diversas áreas do encéfalo; ver Capítulo 15, "Sistema nervoso" (p. 515):

- **bulbo do olho**: túnicas fibrosa, vascular e interna do bulbo (esclera, córnea, corioide, corpo ciliar, íris, retina);
- **anexos**: músculos oculares, pálpebras, aparelho lacrimal;
- **nervo óptico**;
- **área visual** do córtex cerebral.

17.1 Bulbo do olho (*bulbus oculi*)

17.1.1 Forma e tamanho do bulbo do olho

Assim como entre indivíduos, há uma **variação considerável entre espécies** quanto à forma e ao tamanho do bulbo do olho. Ele é quase esférico em carnívoros (20-24 mm de diâmetro), ao passo que, no equino, a sua largura (50 mm) é maior que a sua altura (42 mm) e o seu comprimento (45 mm). O olho de um bovino é comparativamente menor que o de um equino de mesmo tamanho (40-43 mm). De modo proporcional ao corpo, o gato possui o maior bulbo do olho, seguido pelo cão e, então, pelo equino e o bovino; o suíno conta com o menor bulbo do olho.

O **contorno do bulbo do olho** não é arredondado de maneira uniforme: a sua parte posterior exibe uma curvatura maior do que a parte anterior, em que a córnea se pronuncia para a frente. A divisão dos dois segmentos é delimitada por um sulco visível, o **sulco da esclera** (*sulcus sclerae*) (▶Fig. 17.1).

17.1.2 Nomenclatura e planos do bulbo do olho

O **vértice da córnea** é denominado **polo anterior** (*polus anterior*) do olho e está voltado para o lado oposto do **polo posterior** (*polus posterior*) (▶Fig. 17.1).

A linha que conecta o polo anterior ao posterior e passa através do centro da lente é o **eixo externo** do bulbo do olho (*axis bulbi externus*), também denominado **eixo óptico** (*axis opticus*). O **eixo interno** do bulbo do olho (*axis bulbi internus*) se prolonga desde o lado posterior da córnea até a face interna da retina.

A circunferência máxima do **equador do bulbo** se localiza na metade da distância entre os polos. As linhas que conectam os polos na face do bulbo são denominadas **meridianos**. Para fins de referência, os principais meridianos verticais e horizontais são utilizados para dividir o bulbo em quatro quadrantes.

O **eixo óptico** forma um ângulo de, aproximadamente, 20° com o plano mediano no gato, de 30 a 50° no cão, de 10 a 40° no bovino e de 90° no equino. De modo geral, as espécies predadoras têm olhos juntos e voltados para a frente, ao passo que os olhos de espécies caçadas (presas) se posicionam mais lateralmente. Quanto mais baixo for o grau de divergência, maior será o campo de **visão binocular**. No equino, os campos direito e esquerdo de visão mal se sobrepõem, de modo que o equino é capaz de visualizar constantemente uma grande área de seu ambiente, com pouca visão binocular.

Quando se referem ao olho, as expressões anterior (em frente), posterior (atrás), temporal e nasal são utilizadas para descrever a localização, em vez de rostral, caudal, lateral e medial.

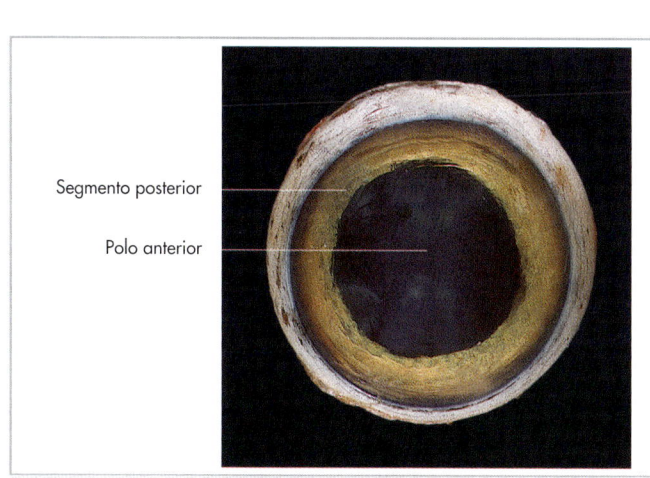

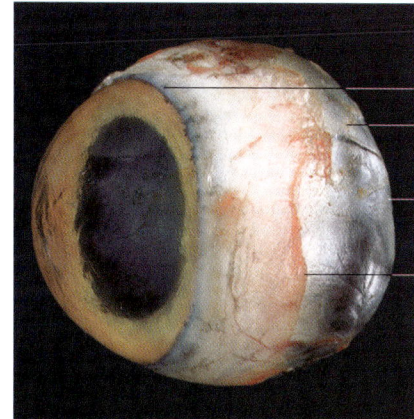

Fig. 17.1 Bulbo do olho de um gato (imagem à esquerda: vista anterior; imagem à direita: vista anterior oblíqua).

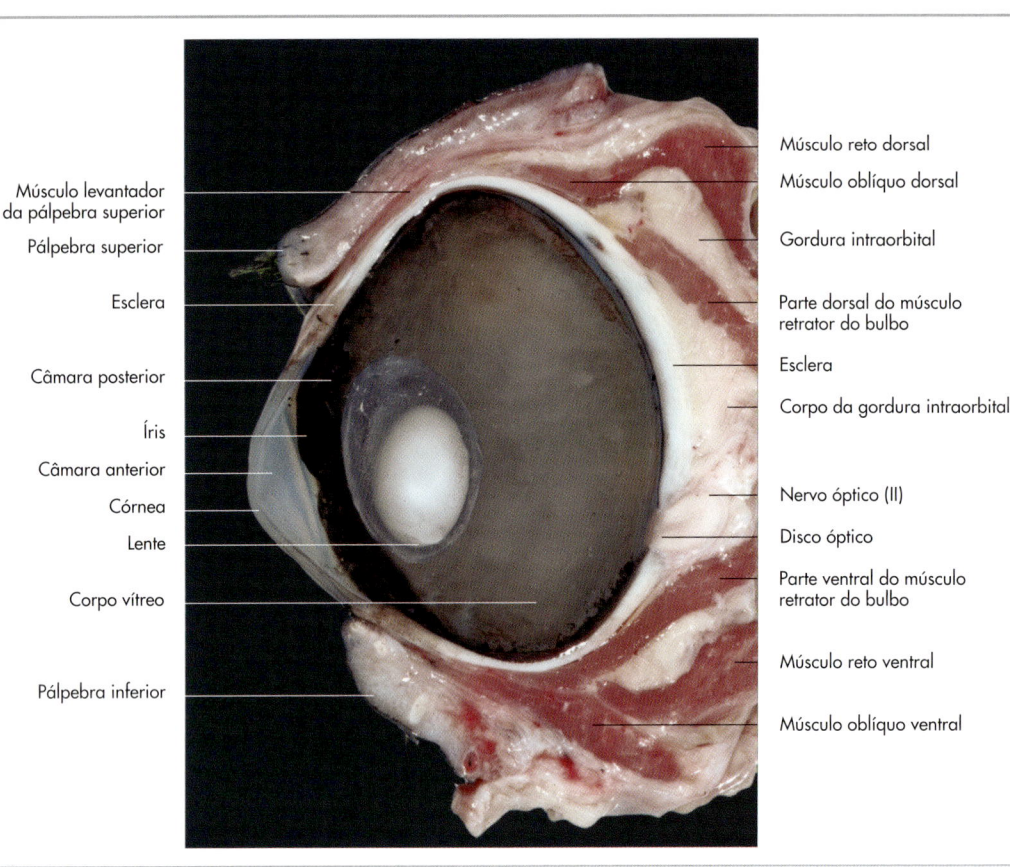

Fig. 17.2 Bulbo do olho de um equino (secção vertical).

Legendas da figura:
- Músculo levantador da pálpebra superior
- Pálpebra superior
- Esclera
- Câmara posterior
- Íris
- Câmara anterior
- Córnea
- Lente
- Corpo vítreo
- Pálpebra inferior
- Músculo reto dorsal
- Músculo oblíquo dorsal
- Gordura intraorbital
- Parte dorsal do músculo retrator do bulbo
- Esclera
- Corpo da gordura intraorbital
- Nervo óptico (II)
- Disco óptico
- Parte ventral do músculo retrator do bulbo
- Músculo reto ventral
- Músculo oblíquo ventral

17.1.3 Estruturas do bulbo do olho

A parede do bulbo do olho é formada por **três camadas concêntricas** (*tunicae*) que envolvem o interior do olho e, consequentemente, as suas outras estruturas (▶Fig. 17.2). O interior do bulbo do olho se divide em **três câmaras** (*camerae bulbi*):
- câmara anterior (*camera anterior*), entre a córnea e a íris;
- câmara posterior (*camera posterior*), entre a íris, o corpo ciliar e a lente;
- câmara postrema (*camera vitrea*, *camera postrema*), por trás da lente, cercada pela retina.

As **camadas do bulbo do olho** (▶Fig. 17.2) são:
- **túnica fibrosa do bulbo** (*tunica fibrosa bulbi*): esclera e córnea;
- **túnica vascular do bulbo** (*tunica vasculosa bulbi*): corioide (*choroidea*), corpo ciliar (*corpus ciliare*) e íris;
- **túnica interna do bulbo** (*tunica interna bulbi*): parte cega da retina (*pars caeca retinae*) e parte óptica da retina (*pars optica retinae*).

Túnica fibrosa do bulbo (*tunica fibrosa bulbi*)

A camada externa fibrosa é composta por tecido colágeno bastante denso, amplamente responsável pelo formato do olho. A túnica fibrosa do bulbo é formada por **duas partes**: a esclera, **esbranquiçada** e **opaca**, que envolve aproximadamente três quartos posteriores do bulbo, e a córnea **transparente**, a qual cobre a parte anterior do bulbo (▶Fig. 17.2 e ▶Fig. 17.3). Os dois componentes se encontram na junção corneoescleral, também denominada **limbo da córnea**.

Esclera

A **substância própria** da esclera consiste em uma densa rede de fibras colágenas em orientação paralela. Algumas fibras elásticas estão espalhadas nessa rede colagenosa, auxiliando na resistência à pressão interna do olho e nas forças consideráveis às quais os músculos extraoculares o sujeitam (▶Fig. 17.2).

A **espessura** da esclera varia, sendo mais delgada no equador (até 0,5 mm) e adquirindo mais espessura em direção ao polo posterior do olho (até 2 mm). Em posição ventrotemporal, a esclera tem diversas aberturas, através das quais passam o nervo óptico e os vasos sanguíneos (lâmina cribriforme da esclera, *area cribrosa sclerae*). As trabéculas da lâmina cribriforme prosseguem caudalmente na forma de septos de tecido conjuntivo (conectivo) do nervo óptico.

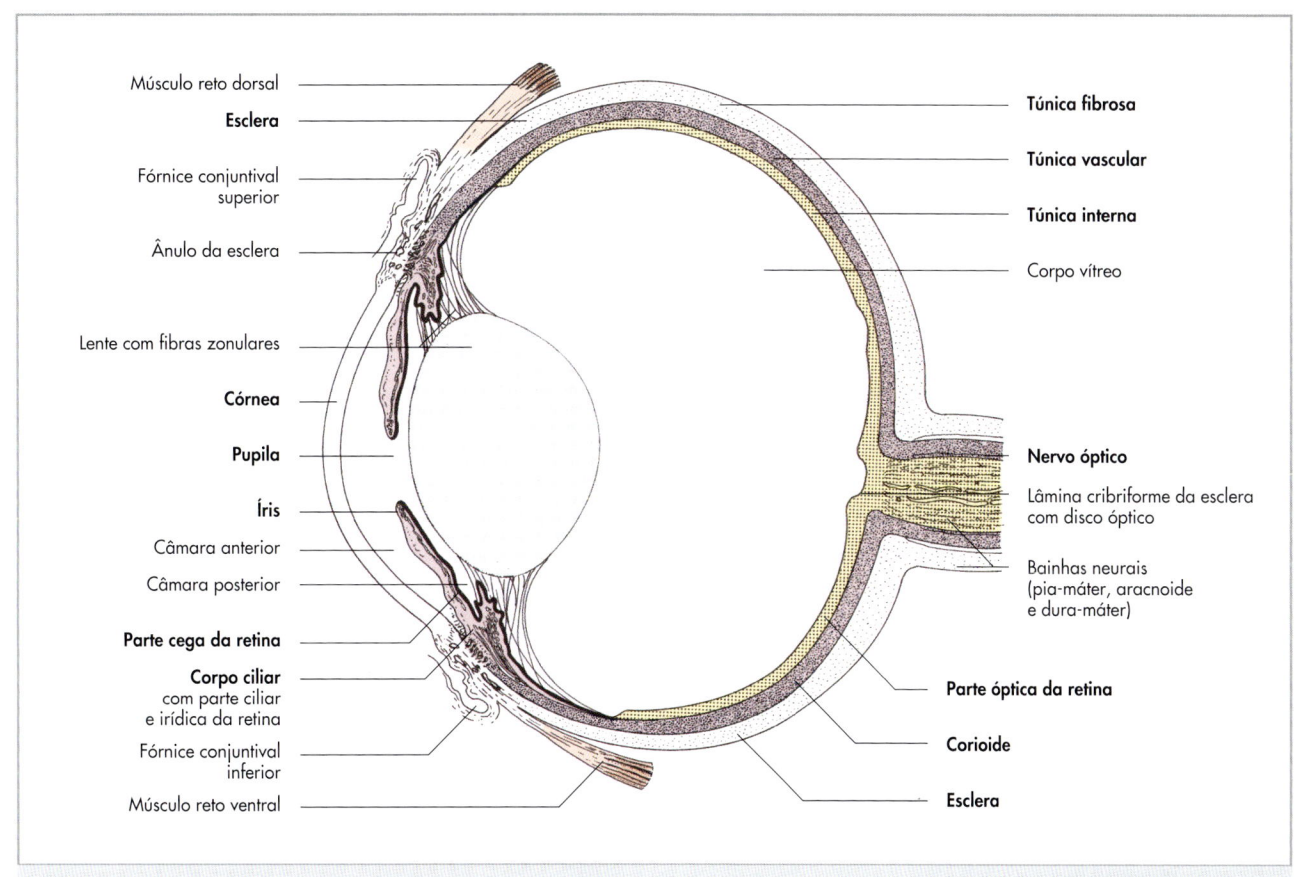

Fig. 17.3 Bulbo do olho seccionado (representação esquemática).

Na **junção corneoescleral**, a face interna da esclera é marcada por uma pequena crista, o **anel da esclera** (*anulus sclerae*), onde se fixa o **músculo ciliar**. A face externa é marcada pelo **sulco da esclera** (*sulcus sclerae*), o qual é particularmente pronunciado em carnívoros.

O **seio venoso escleral**, pelo qual o **humor aquoso** é drenado, localiza-se entre essas duas estruturas e é importante para a regulação da **pressão ocular**. Uma obstrução do fluxo aquoso leva ao aumento da pressão ocular, e animais afetados podem desenvolver **glaucoma**.

A esclera é coberta pela conjuntiva na proximidade da junção corneoescleral, a qual se reflete na face do bulbo como a conjuntiva bulbar.

Córnea

A córnea forma o **segmento transparente** anterior da túnica fibrosa do bulbo do olho e se pronuncia para a frente. A sua substância própria é composta por fibras paralelas de **colágeno** que estão dispostas em forma lamelar. O ponto mais elevado da córnea é chamado de **vértice**, e sua periferia, de **limbo**. A córnea dos carnívoros é arredondada, ao passo que a dos ungulados é oval, com um ângulo nasal obtuso e um ângulo temporal agudo.

A córnea é composta por **cinco camadas**:
- epitélio anterior (*epithelium anterius*);
- lâmina limitante anterior ou membrana de Bowman (*lamina limitans anterior*);
- substância própria (*substantia propria*);
- lâmina limitante posterior ou membrana de Descemet (*lamina limitans posterior*);
- epitélio posterior (*epithelium posterius*) ou endotélio da câmara anterior (*epithelium camerae anterioris*).

O **epitélio anterior** é composto por várias camadas de células escamosas e é contínuo com a conjuntiva bulbar. A umidade de sua face externa é mantida pela lâmina de fluido lacrimal pré-córneo, a qual oferece proteção a essas células. Essa lâmina tem componentes serosos, mucoides e graxos. O epitélio anterior forma uma barreira, a qual reduz a difusão de líquidos na substância própria da córnea (▶Fig. 17.5).

A **substância própria** é composta por fibras colágenas, queratinócitos – os quais são dispostos e achatados entre lamelas – e uma matriz aquosa. Uma rede densa de fibras nervosas autônomas, sensoriais e não mielinizadas se prolonga entre as fibras colágenas. A córnea normalmente é avascular e recebe nutrientes por meio da difusão de moléculas das alças capilares na junção corneoescleral da lâmina lacrimal pré-córnea e do humor aquoso.

A membrana limitante posterior é o prolongamento da membrana basal do **epitélio posterior**. O epitélio posterior é formado por um epitélio escamoso simples, que também compõe o endotélio da câmara anterior do olho. Ele intensifica a difusão seletiva de água para manter a transparência da córnea e excreta proteínas para a construção da lâmina limitante posterior da córnea.

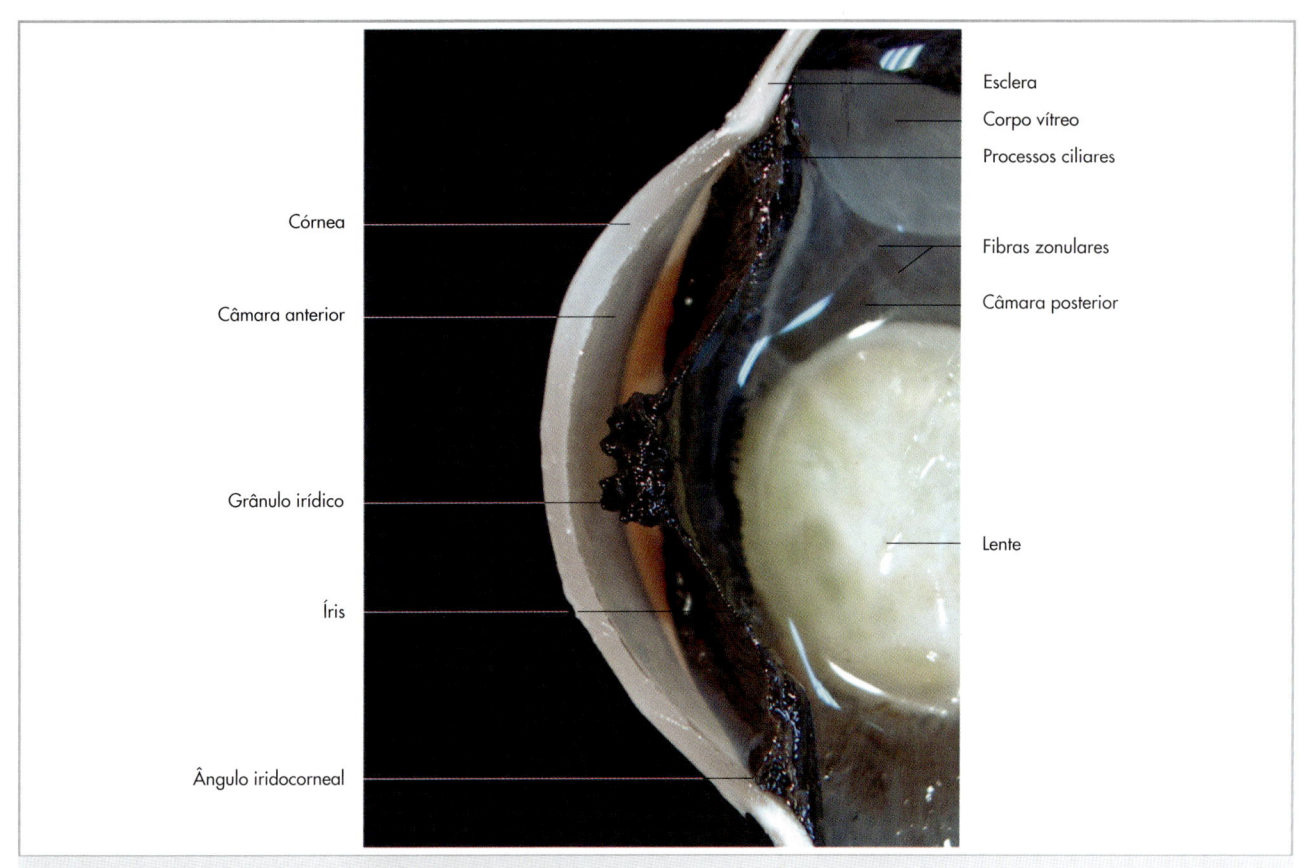

Fig. 17.4 Polo anterior do olho de um bovino (secção sagital). (Fonte: cortesia do Dr. S. Donoso, Chile).

Túnica vascular do bulbo (*tunica vasculosa* ou *media bulbi, uvea*)

A túnica vascular do bulbo do olho se interpõe entre a esclera e a retina e é composta por tecido conjuntivo com células de pigmento, fibras elásticas, um plexo nervoso e uma densa rede de vasos sanguíneos. Essa túnica é formada por **três segmentos**:
- corioide (*choroidea*);
- corpo ciliar (*corpus ciliare*);
- íris (*iris*).

Essa camada tem diversas funções: vascularização, suporte e regulação do formato da lente, regulação do tamanho da pupila e produção do humor aquoso.

Corioide (*choroidea, uvea*)

A corioide é uma túnica pigmentada intensamente vascularizada que envolve a parte posterior do bulbo do olho (▶Fig. 17.3, ▶Fig. 17.21 e ▶Fig. 17.22).

Ela é dividida nas seguintes lâminas (da **mais externa** para a **mais interna**):
- lâmina supracorióidea (*lamina suprachoroidea*);
- lâmina vascular (*lamina vasculosa*);
- lâmina corioideocapilar (*lamina choroidocapillaris*);
- lâmina basilar (*lamina vitrea*).

A **lâmina supracorioide** é uma rede de fibrilas delicadas, com células de pigmentos que formam uma conexão frouxa entre a corioide e a esclera.

A **lâmina vascular** é a parte mais espessa da corioide, sendo composta por tecido conjuntivo lamelar pigmentado. Os vasos sanguíneos passam através dessa camada, fornecendo o suporte vascular para as camadas neuronais internas da retina. Esses vasos são as **artérias ciliares** e as **veias vorticosas** (*aa. ciliares, vv. vorticosae*), as quais enviam ramos para a **lâmina corioideocapilar**, na qual formam o leito capilar interno da corioide. A densa rede de capilares da lâmina corioideocapilar é responsável pela nutrição das camadas mais externas da retina.

Dorsalmente às papilas ópticas, encontra-se uma área em forma de meia-lua, a qual contém uma camada de reflexão adicional entre a lâmina vascular e a lâmina corioideocapilar, o **tapete lúcido** (*tapetum lucidum*) (▶Fig. 17.19, ▶Fig. 17.20 e ▶Fig. 17.21).

O tapete lúcido está presente em todos os mamíferos domésticos, com exceção do suíno. Ele é **celular em carnívoros** (*tapetum cellulosum*) e **fibroso em herbívoros** (*tapetum fibrosum*). A retina sob o tapete normalmente **não tem pigmentos**.

As **células do tapete** contêm bastões cristalinos (zinco e cisteína) que são altamente refletores, resultando na multiplicação do estímulo luminoso para as células fotossensíveis da retina. Portanto, o **tapete lúcido** auxilia a visão durante o amanhecer e à noite. Ele tem uma cor distinta em cada espécie e em diferentes raças (amarelo no gato, verde no cão e verde-azulado no bovino e no equino) e é responsável pela aparência iridescente do olho do animal.

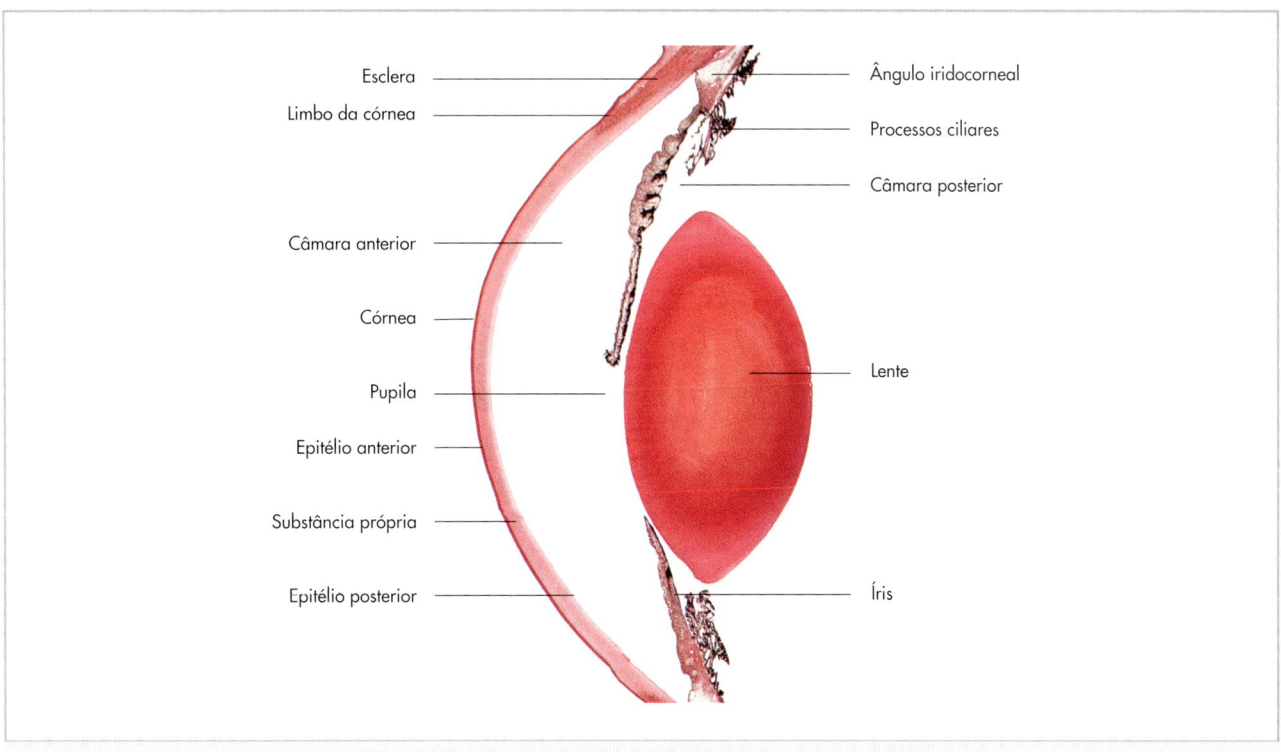

Fig. 17.5 Corte histológico da parte anterior do olho de um gato.

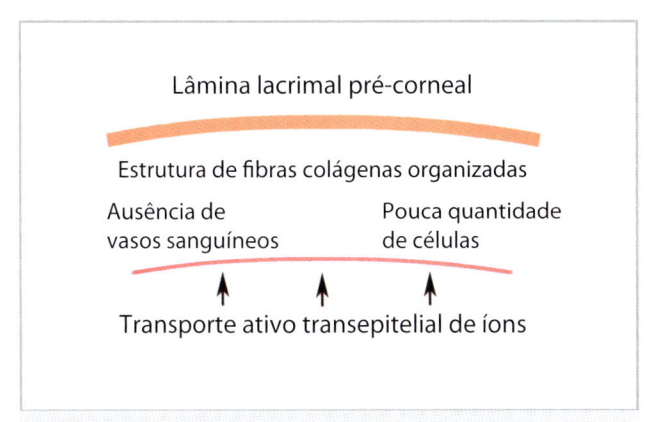

Fig. 17.6 Ilustração esquemática dos fatores estruturais e fisiológicos responsáveis pela transparência da córnea.

Corpo ciliar (*corpus ciliare*)

O corpo ciliar é um segmento médio espesso da túnica vascular, entre a corioide e a íris (▶Fig. 17.3, ▶Fig. 17.11 e ▶Fig. 17.12). Trata-se de um anel elevado, do qual surgem os **processos ciliares** (*processus ciliares*) que se irradiam em direção à lente, no centro. As fibras zonulares se projetam dos processos ciliares para o equador da lente, a fim de suspendê-la ao redor de sua periferia. O corpo ciliar está em contato com o corpo vítreo e forma as margens laterais da câmara posterior. A sua face externa é coberta pela esclera, e sua face interna, pela **parte cega da retina** (*pars caeca retinae*).

O corpo ciliar pode ser subdividido em:
- orbículo ciliar, parte plana (*orbiculus ciliaris*, *pars plana*);
- coroa ciliar, parte pregueada (*corona ciliaris*, *pars plicata*);
- partes pós-lenticular.

O **orbículo ciliar** (*orbiculus ciliaris*) é a parte posterior do corpo ciliar que é relativamente plana, com exceção de algumas **pregas ciliares** (*plicae ciliares*). Ele está coberto por fibras da zônula ciliar. O limite entre as partes ciliar e óptica da retina é marcado por uma linha ligeiramente ondulada, a **ora serrata**. O limite em direção à coroa ciliar não é bem definido (▶Fig. 17.11).

A **coroa ciliar** é a parte anterior mais proeminente e contém os **processos ciliares** (▶Fig. 17.3, ▶Fig. 17.4, ▶Fig. 17.11 e ▶Fig. 17.12). O **corpo ciliar** é elevado em vários processos pequenos, planos e paralelos, os quais aumentam rapidamente de tamanho para formar pregas altas e finas. Eles perdem a sua fixação externa para a esclera e se prolongam da base do corpo ciliar centralmente em direção à lente na forma de processos ciliares. Há, aproximadamente, 70 a 80 processos ciliares no cão e mais de 100 no bovino e no equino.

A **lente** se mantém em posição devido à **zônula ciliar** (*zonula ciliaris*), um delicado aparelho de sustentação, composto por uma disposição de fibras zonulares extremamente ordenadas. A zônula se situa posteriormente à íris e ao corpo ciliar e separa a câmara posterior do corpo vítreo. Essas fibras fixam a lente à parte pós-lenticular do corpo ciliar, porém nenhuma fibra zonular se insere na parte pré-lenticular (▶Fig. 17.3, ▶Fig. 17.4 e ▶Fig. 17.24). Os processos ciliares da parte pré-lenticular apresentam pregas volumosas em sua superfície.

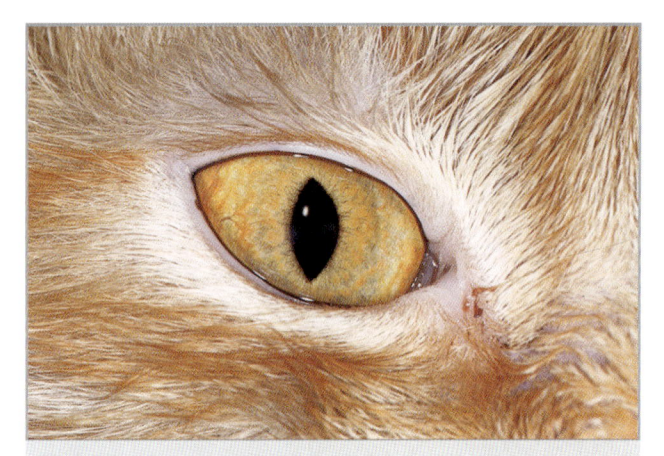

Fig. 17.7 Olho direito de um gato.

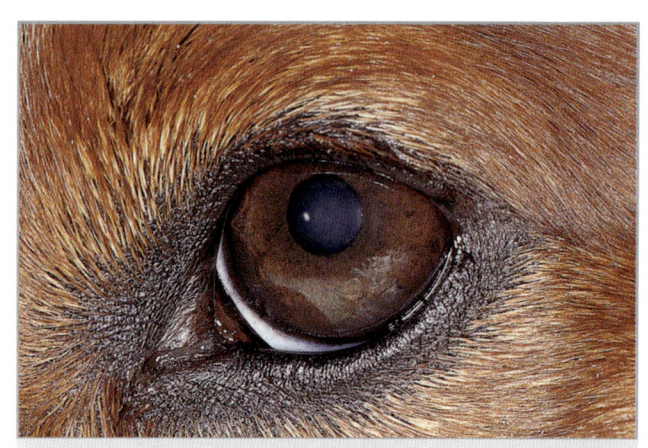

Fig. 17.8 Olho esquerdo de um cão.

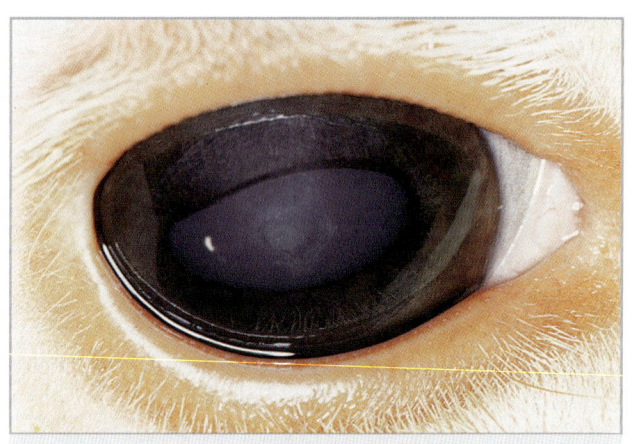

Fig. 17.9 Olho direito de um bovino.

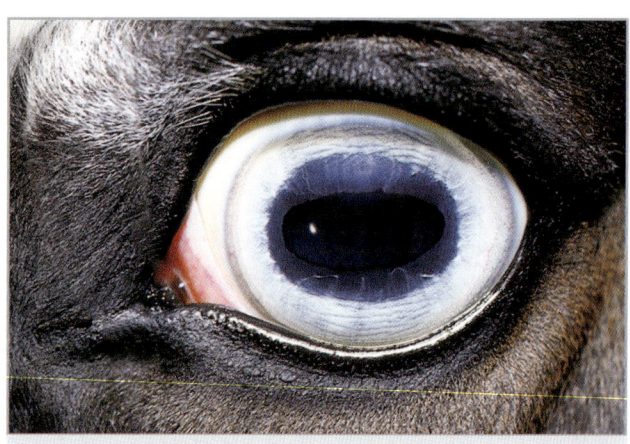

Fig. 17.10 Olho esquerdo de um equino.

O **epitélio ciliar** produz o humor aquoso, o qual é secretado na câmara posterior. Ele circula para a câmara anterior através da pupila e drena através do plexo venoso da esclera no ângulo iridocorneal (▶Fig. 17.26 e ▶Fig. 17.27).

O **corpo ciliar** forma um anel simétrico em carnívoros, porém é assimétrico em ruminantes e no equino, nos quais a parte visual da retina se projeta mais para a frente. Fibras elásticas, células pigmentadas, vasos sanguíneos e fibras musculares ciliares estão inseridos no tecido conjuntivo do corpo ciliar.

O **músculo ciliar** (*m. ciliaris*) é liso e permite que a lente altere o seu formato para focar objetos próximos ou distantes (**acomodação**). Em comparação, ele é delgado no equino, porém mais forte nos carnívoros. O músculo ciliar recebe **inervações parassimpática** e **simpática** do **gânglio ciliar**. A inervação **parassimpática** faz o músculo ciliar se **contrair**, de modo que a lente se torna mais redonda e se foca em objetos próximos. Já os impulsos **simpáticos** fazem o músculo ciliar **relaxar**, achatando a lente e permitindo o foco em objetos distantes.

Íris (*iris*)

A íris é a continuação do corpo ciliar e constitui a parte mais anterior da túnica vascular. Trata-se de um anel delgado de tecido intensamente vascularizado que repousa sobre a face anterior da lente. A **margem pupilar da íris** (*margo pupillaris*) delimita a **pupila**, através da qual a luminosidade penetra a parte posterior do olho. A **margem ciliar** (*margo ciliaris*) é contínua com o corpo ciliar e com o ângulo iridocorneal. A íris separa o espaço entre a córnea e a lente em **câmaras anterior** (*camera anterior bulbi*) e **posterior** (*camera posterior*) do olho, as quais se comunicam por meio da pupila (▶Fig. 17.3, ▶Fig. 17.4 e ▶Fig. 17.5).

A **face anterior da íris** é coberta por uma camada descontínua de células epiteliais. O estroma subjacente é composto por delicados fascículos de fibras colágenas com vasos sanguíneos, fibras musculares lisas, células pigmentadas e fibras nervosas.

As **fibras colágenas** conseguem se adaptar à **dilatação** (**midríase**) ou à **constrição** (**miose**) da pupila. Há uma densa rede de **vasos sanguíneos no estroma** (*circulus arteriosus iridis major et minor*) que desempenham funções de nutrição e estabilidade. Redes de fibras colágenas entrelaçadas se formam ao redor dos vasos sanguíneos para proteger a microcirculação durante a contração ou a dilatação da pupila.

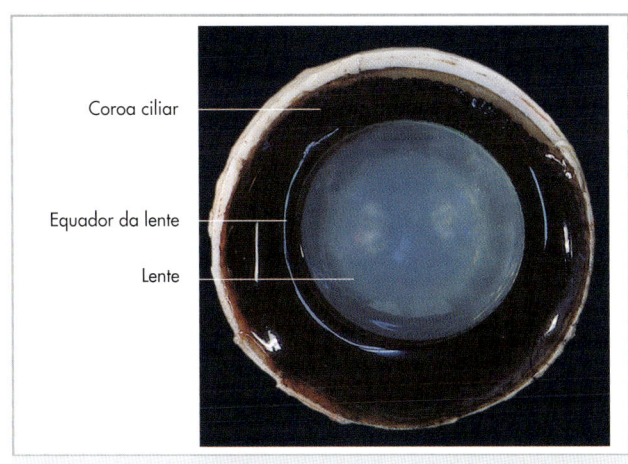

Fig. 17.11 Vista posterior do olho de um gato, mostrando corpo ciliar e lente (secção equatorial).

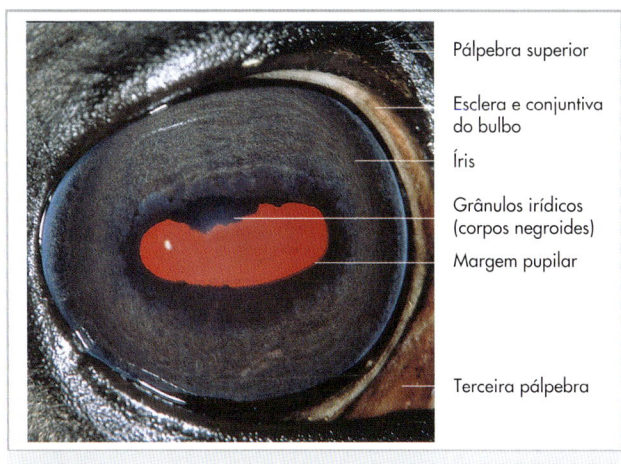

Fig. 17.12 Vista anterior do olho de um equino, mostrando íris, pupila e grânulos irídicos. (Fonte: cortesia do Prof. Dr. H. Gerhards, Munique.)

O **estroma** contém **dois músculos lisos**, o esfíncter e o dilatador da pupila, os quais regulam o tamanho da pupila e, como consequência, a quantidade de luminosidade que atinge a retina.

O **músculo esfíncter** (*m. sphincter pupillae*) é composto por fibras musculares lisas próximo à margem pupilar da íris. Em animais com uma pupila oval (gato, ovino, bovino), o músculo é reforçado por fibras adicionais, as quais se dispõem em uma trama e resultam em pupilas com forma de fendas horizontais ou verticais durante a miose (▶Fig. 17.7 e ▶Fig. 17.12). O músculo esfíncter recebe **inervação parassimpática**.

O **músculo dilatador da pupila** (*m. dilatator pupillae*) é composto por fibras musculares em disposição radial, formando uma malha que preenche quase totalmente a parte posterior da íris. Ele deriva do neuroepitélio da parte irídica da retina. O músculo dilatador é inervado por **fibras simpáticas**.

As **células pigmentadas da íris** contêm **melanina** (▶Fig. 17.8), a qual protege a retina de luminosidade intensa. A quantidade e o tamanho dos pigmentos definem a **cor dos olhos**, que é determinada geneticamente por vários genes codominantes. Se as fibras colágenas estiverem em um agrupamento denso, há escassez de células pigmentadas no estroma da íris, e o olho parece ser azul ou cinzento (suíno e caprino). Contudo, se houver muitas células pigmentadas em uma rede fina de fibras colágenas, a íris fica com coloração marrom-escura (cão [▶Fig. 17.8], bovino [▶Fig. 17.9]). Menos células pigmentadas resultam em uma coloração mais clara e amarelada da íris (cão [▶Fig. 17.8], suíno, pequenos ruminantes). Em albinos, a íris não possui nenhum pigmento. Os olhos parecem vermelhos, devido à vascularização nessa área, que não fica obscurecida pelo pigmento.

A **face posterior da íris** (*facies posterior*) é revestida pela camada interna pigmentada da retina irídica e pelo **epitélio pigmentado** (*epithelium pigmentosum*). As margens pupilares superior e inferior da íris de ruminantes e equinos exibem excrescências irregulares que contêm rolos de capilares, os **grânulos irídicos** (*corpora nigricans*). Em pequenos ruminantes e no equino, os grânulos irídicos podem envolver estruturas císticas, e supõe-se que eles secretem humor aquoso (▶Fig. 17.4, ▶Fig. 17.12, ▶Fig. 17.15 e ▶Fig. 17.16).

Inervação da íris e do corpo ciliar

Os músculos e vasos da íris e do corpo ciliar recebem **fibras simpáticas** e **parassimpáticas** do gânglio ciliar, com os **nervos ciliares curtos** (*nn. ciliares breves*). As fibras **simpáticas pós-ganglionares** inervam o músculo dilatador da pupila, os vasos sanguíneos da íris e os processos ciliares. As fibras parassimpáticas emergem do **nervo oculomotor** e inervam o músculo esfíncter da pupila e o músculo ciliar, formando um arco reflexo.

Fármacos com ação parassimpática ou colinérgica, como **pilocarpina** ou **carbacol**, estimulam a constrição da pupila e a contração do músculo ciliar. A ação parassimpática sobre o olho pode ser bloqueada por meio da administração tópica de alcaloides naturais, como **atropina** e **hioscina**, resultando em midríase passiva e paralisia da acomodação. A ação simpática pode ser induzida por meio de **fenilefrina** e **adrenalina**.

Túnica interna do bulbo (*tunica interna bulbi*, retina)

A túnica interna do bulbo do olho é a retina, a qual se desenvolve a partir de uma excrescência do diencéfalo, a vesícula óptica, à qual permanece conectada graças ao nervo óptico. Portanto, o nervo óptico é na verdade um trato do sistema nervoso central (mais detalhes sobre o desenvolvimento embriológico do olho podem ser obtidos em obras sobre embriologia).

A retina pode ser dividida nas seguintes partes:
- **parte cega da retina** (*pars caeca retinae*) com:
  - parte ciliar da retina (*pars ciliaris retinae*);
  - parte irídica da retina (*pars iridica retinae*);
- **parte óptica da retina** (*pars optica retinae*).

A **parte cega da retina** reveste a parte anterior do olho e cobre a face posterior da íris. Ela é composta por um epitélio interno e outro externo, ambos de camada única. A **camada externa** é intensamente **pigmentada**, ao passo que a **camada interna não apresenta pigmentos**.

A **ora serrata** é a delimitação entre a **parte cega** e a **parte visual da retina** (▶Fig. 17.13 e ▶Fig. 17.14).

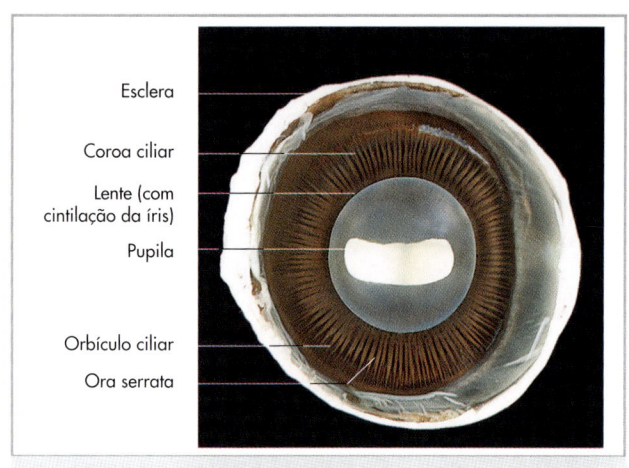

Fig. 17.13 Vista posterior do olho de um bovino, mostrando corpo ciliar, lente (secção equatorial) e midríase.

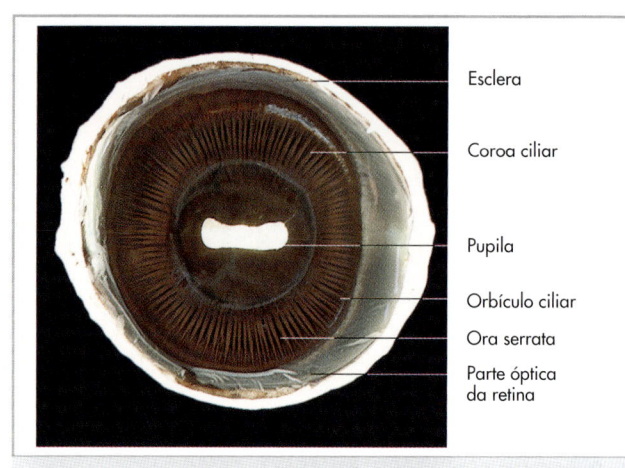

Fig. 17.14 Vista posterior do olho de um bovino, mostrando corpo ciliar, sem lente (secção equatorial) e miose.

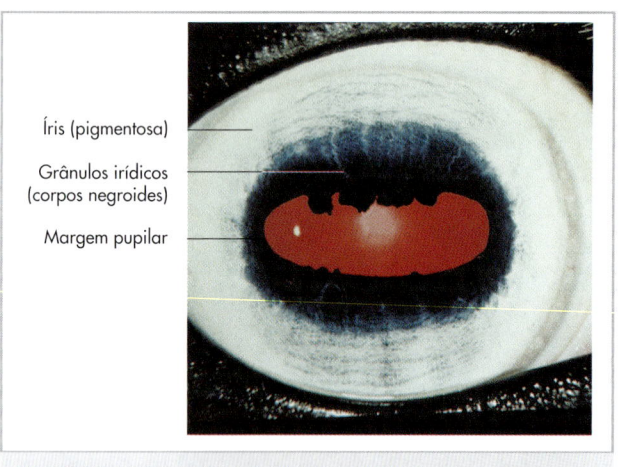

Fig. 17.15 Vista anterior do olho de um equino, mostrando íris, pupila e grânulos irídicos. (Fonte: cortesia do Prof. Dr. H. Gerhards, Munique.)

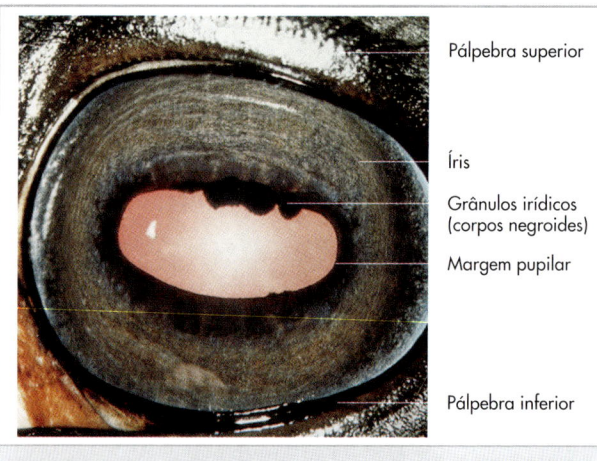

Fig. 17.16 Vista anterior do olho de um equino com heterocromia da íris, mostrando íris, pupila e grânulos irídicos. (Fonte: cortesia do Prof. Dr. H. Gerhards, Munique.)

A **parte óptica** posiciona-se posteriormente à ora serrata e reveste a parte posterior do olho. Ela é responsável pela transdução de energia fótica em energia química e, por fim, em impulsos elétricos, os quais são transmitidos pelo nervo óptico até os centros visuais do encéfalo. A parte óptica é consideravelmente mais espessa que a parte cega, sendo composta por:
- estrato pigmentoso externo (*stratum pigmentosum*);
- estrato nervoso interno (*stratum nervosum*), que inclui as camadas fotorreceptora e sináptica.

Estrato pigmentoso da retina (*stratum pigmentosum retinae*)

O estrato pigmentoso se desenvolve a partir da parede externa do cálice óptico e forma a **camada mais externa da retina**, imediatamente contígua à corioide. Ele tem um epitélio cuboide de camada única intensamente pigmentado e envolve as células fotorreceptoras (**bastonetes** e **cones**). A luminosidade que passa pelas células fotorreceptoras é absorvida pelos estratos pigmentosos da retina e da corioide, de modo que a dispersão é reduzida e, consequentemente, o contraste é aumentado. Na área do tapete lúcido, **não há pigmento** no estrato pigmentoso da retina (▶Fig. 17.21), e a luz reflete de volta através da camada fotorreceptora. Acredita-se que esse processo seja uma adaptação para melhorar a visão com pouca iluminação.

Estrato nervoso da retina (*stratum nervosum retinae*)

O estrato nervoso da retina se desenvolve a partir da **parede interna do cálice óptico** e inclui **fotorreceptores**, **interneurônios**, **células ganglionares** e **células associadas do estroma** (células de Müller). As células de Müller são **células da glia** que proporcionam o suporte nutricional para os neurônios da retina. As extensões dessas células formam membranas internas e externas entre neurônios (para uma descrição mais detalhada, consultar obras sobre histologia).

Os **neurônios da retina** formam cadeias de três neurônios sucessivos interconectados que podem ser facilmente identificados histologicamente (▶Fig. 17.21). Os seguintes estratos podem ser distinguidos no interior do estrato nervoso da retina, desde o mais externo até o mais interno:

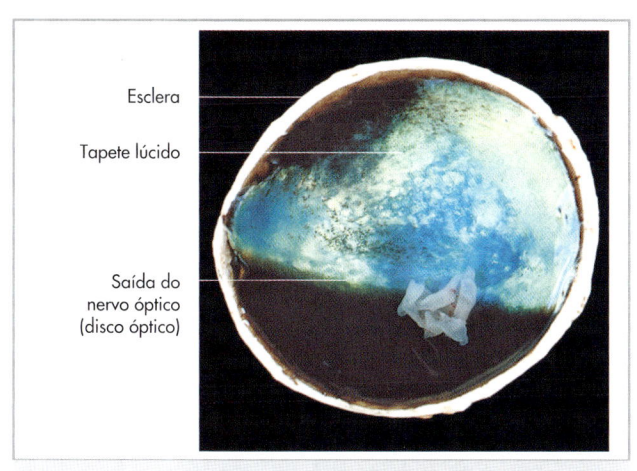

Fig. 17.17 Fundo ocular de um bovino, retina parcialmente removida (secção equatorial, vista anterior).

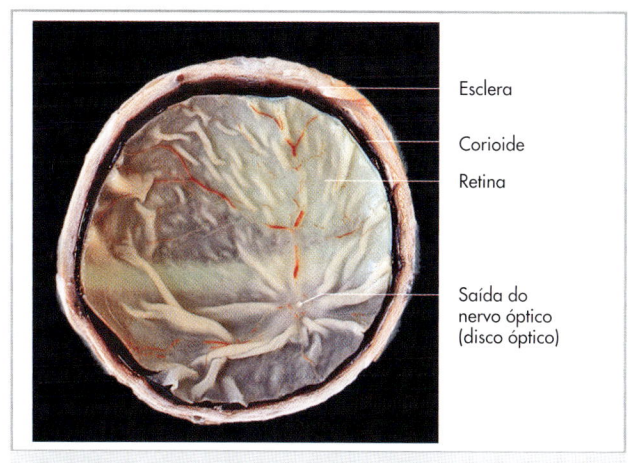

Fig. 17.18 Fundo ocular de um bovino (secção equatorial, vista anterior).

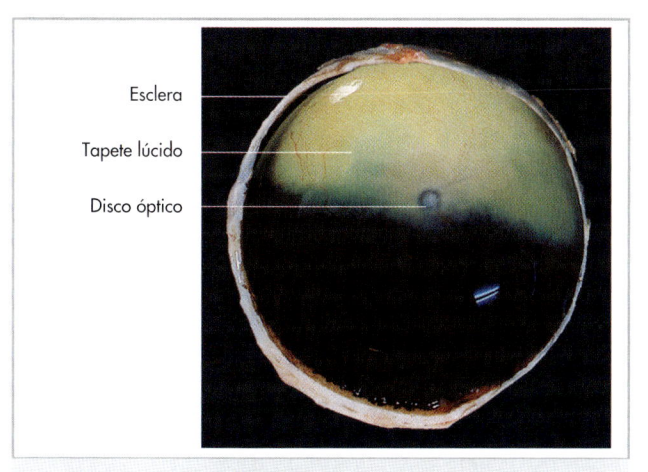

Fig. 17.19 Forma e cor diferentes do tapete lúcido de um gato (ver ▶Fig. 17.20; secção equatorial, vista anterior).

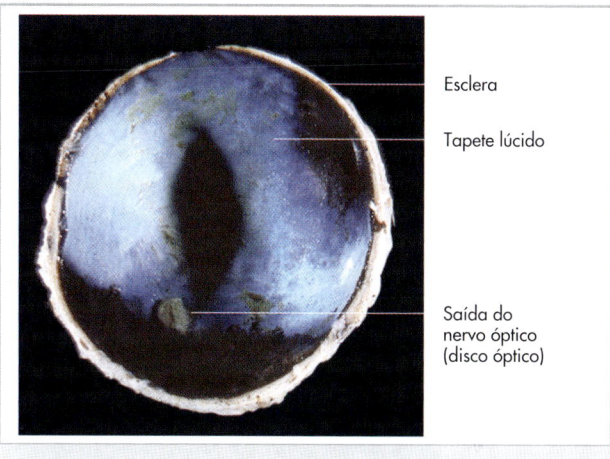

Fig. 17.20 Forma e cor diferentes do tapete lúcido de um gato (ver ▶Fig. 17.19; secção equatorial, vista anterior).

- **1º neurônio**:
  - estrato neuroepitelial (*stratum neuroepitheliale*): bastonetes e cones;
  - estrato nuclear externo (*stratum nucleare externum*);
  - estrato plexiforme externo (*stratum plexiforme externum*);
- **2º neurônio**:
  - estrato nuclear interno (*stratum nucleare internum*): neurônios bipolares;
  - estrato plexiforme interno (*stratum plexiforme internum*);
- **3º neurônio**:
  - estrato ganglionar (*stratum ganglionare*): neurônios multipolares;
  - estrato das neurofibras (*stratum neurofibrarum*).

As **células receptoras fotossensíveis** da retina são os bastonetes e os cones. Os **bastonetes** são receptores extremamente sensíveis para **preto e branco** (noite), ao passo que os **cones** são especializados para a **visão de cores** (dia). Os segmentos fotorreceptores dos bastonetes e dos cones se situam para fora, adjacentes ao epitélio pigmentado. Os **bastonetes** contêm discos membranosos preenchidos com **rodopsina**, responsável pela transdução de energia luminosa em energia química. Novos discos são produzidos continuamente e transportados para a extremidade dos segmentos fotorreceptores, onde eles sofrem fagocitose por células pigmentadas. Os **cones** apresentam uma construção semelhante, mas não contêm rodopsina como pigmento fotossensível, mas sim outros pigmentos, como **iodopsina** (para uma descrição mais detalhada, consultar obras sobre histologia).

Aparentemente, os gatos conseguem diferenciar as cores azul e verde, porém têm uma percepção fraca para as cores em geral. Os ruminantes e os equinos não identificam as cores vermelho e azul, ao passo que o suíno tem um espectro de cores semelhante ao dos humanos. O cão tem uma visão dicromática, ou seja, pode diferenciar estímulos com comprimentos de onda predominantemente curtos e longos.

O **estrato nuclear externo** contém os corpos celulares das **células fotorreceptoras**, cujos axônios fazem sinapse com os dendritos do segundo neurônio bipolar para formar o **estrato plexiforme externo**. O **estrato nuclear interno** contém os corpos celulares dos **neurônios secundários** e as células horizontais associadas, as

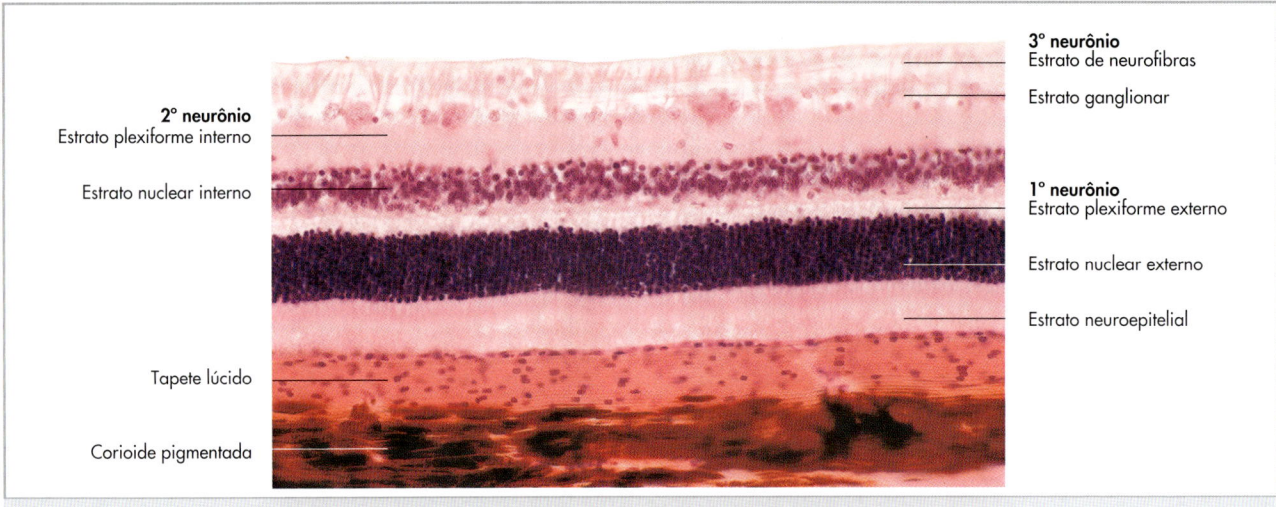

Fig. 17.21 Corte histológico da parte óptica da retina de um cão a partir da área do tapete lúcido.

quais formam conexões interneurais entre as células fotorreceptoras e os neurônios secundários. Os axônios dos neurônios secundários fazem sinapse com os dendritos dos neurônios multipolares terciários do estrato ganglionar para formar o **estrato plexiforme interno**. Os interneurônios fazem sinapse com axônios dos neurônios bipolares e com os dendritos das células do **estrato ganglionar**. O estrato ganglionar é composto por **neurônios autônomos** multipolares e menores. Os seus axônios formam o estrato das neurofibras que passam no interior da retina até o **disco óptico** (*discus nervi optici*) (▶Fig. 17.17 e ▶Fig. 17.18).

Os **axônios das células ganglionares** se concentram no disco óptico, onde atravessam a **lâmina cribriforme** (*area cribrosa*) da esclera para formar o **nervo óptico** (▶Fig. 17.22). A forma do disco óptico pode ser redonda, oval ou triangular. Trata-se de um **ponto cego**, já que não há células fotorreceptoras nesse local. O nervo óptico se situa no quadrante ventronasal da retina no gato, na parte mediana do principal meridiano perpendicular no cão e no quadrante ventrotemporal nos outros mamíferos domésticos.

Área central redonda da retina (*area centralis rotunda retinae*)

A **mácula**, localizada a pouca distância em sentido dorsotemporal do disco óptico, é uma área de resolução óptica máxima. Em humanos, ela tem uma cor amarelada, a qual não está presente nos animais. Nessa área, a quantidade de células fotorreceptoras e neurais aumenta; em humanos, ela é composta predominantemente de cones.

Área central estriforme da retina (*area centralis striaeformis retinae*)

A retina do equino, do suíno e dos ruminantes apresenta áreas estriadas de uma coloração mais clara, dorsais ao disco óptico. Essas áreas incluem uma grande quantidade de cones e de células neurais, e supõe-se que elas tenham uma função importante na identificação de movimento. A parte da retina e todas as estruturas associadas a ela que podem ser visualizadas com oftalmoscópio são chamadas de fundo ocular.

Nutrição da retina

As células fotorreceptoras da retina recebem nutrição mediante a **difusão** da rede capilar da corioide. Para que a difusão ocorra para as células fotorreceptoras, as moléculas devem passar através do estrato pigmentoso. A membrana externa das **células de Müller** forma uma barreira de difusão voltada para as camadas interiores da retina.

Em casos de descolamento retiniano, a retina costuma se separar na linha do espaço intrarretiniano embrionário entre o epitélio pigmentado e os estratos nervosos da retina. Dessa forma, o suprimento nutricional para os bastonetes e cones é removido, e as células fotorreceptoras se degeneram.

As camadas restantes da retina são irrigadas pelas **artérias retinianas**, as quais se originam das **artérias retinianas posteriores curtas**. Elas penetram o bulbo do olho próximo ao disco óptico e se ramificam em várias arteríolas, formando um padrão diferente para cada espécie. No cão e no gato, as arteríolas irradiam em direção à zona periférica. Com exceção da área central, a retina é vascularizada de forma uniforme nessas espécies. Os vasos sanguíneos retinianos do equino têm poucos ramos, os quais formam um padrão anelar. No bovino, eles formam um padrão em cruz. A retina é drenada por **vênulas**, as quais se unem e deixam o bulbo através do disco óptico como a veia central da retina.

Nervo óptico (II) (*nervus opticus*)

O nervo óptico, ou **II nervo craniano**, na verdade é um **trato do encéfalo**, que, por convenção, é chamado de nervo. Ele é formado pelos axônios das células multipolares do estrato ganglionar da retina. Os axônios não mielinizados do estrato celular ganglionar se reúnem no disco óptico (▶Fig. 17.22) e se mielinizam quando passam através da lâmina cribriforme da esclera para formar o nervo óptico. A bainha desses axônios é formada pelas meninges, as quais incluem espaços subaracnóideos e subdurais.

O **nervo óptico** mede cerca de 1 mm de diâmetro no gato, 2 mm no cão e 5 mm em equinos. Ele passa caudalmente pela gordura intraorbital e pelo músculo retrator do bulbo e penetra o crânio através do **forame óptico** e dos **canais ópticos**. Em todos os mamíferos, a maioria das fibras cruza para a face contralateral na altura do **quiasma óptico**.

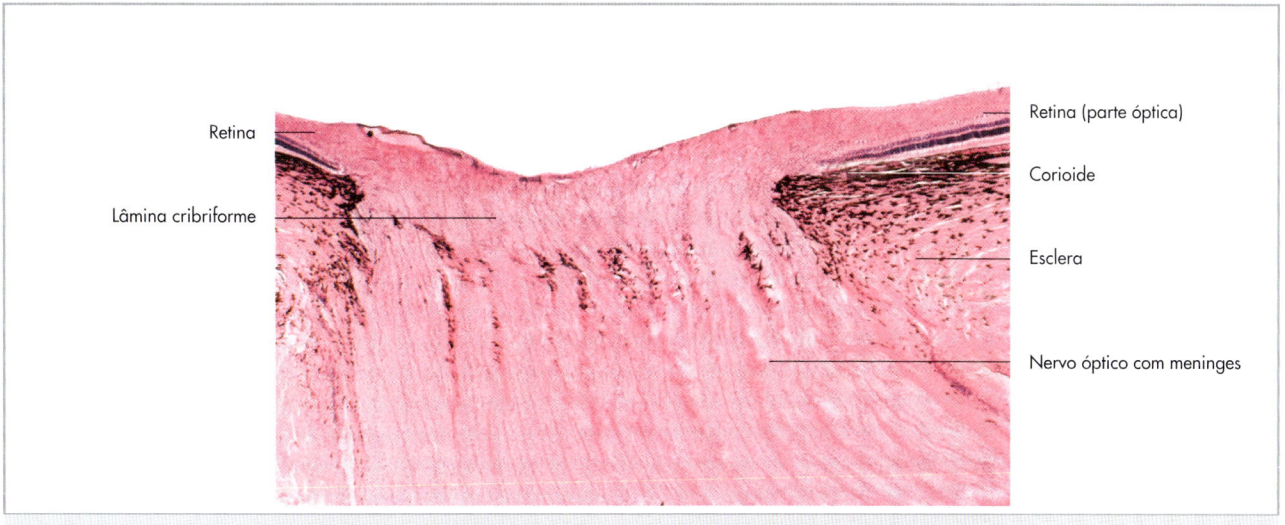

Fig. 17.22 Disco óptico de um caprino.

As fibras prosseguem como o trato óptico e passam para o **núcleo geniculado lateral** e, então, para o **tálamo**, do qual se projetam para a **área visual do córtex cerebral**. As fibras autônomas do nervo óptico terminam nos **núcleos supraóptico** e **paraventricular** do hipotálamo, onde formam os **tratos retino-hipotalâmicos**; ver também Capítulo 15, "Sistema nervoso", seção Sistema nervoso autônomo central (p. 537).

Estruturas internas do olho

Lente (*lens*)

A lente é uma estrutura transparente e biconvexa sustentada pela zônula ciliar (▶Fig. 17.2, ▶Fig. 17.3, ▶Fig. 17.4 e ▶Fig. 17.5). Ela é constituída pelos **polos anterior** e **posterior**, por um **equador** e por um **eixo central**. A face posterior costuma ser mais convexa que a face anterior. Durante a acomodação, a convexidade da lente se altera. No adulto, a lente é avascular, e os nutrientes são obtidos por meio da difusão dos humores aquoso e vítreo.

As estruturas da lente são:
- cápsula da lente (*capsula lentis*);
- epitélio da lente (*epithelium lentis*);
- fibras da lente (*fibrae lentis*).

Toda a lente é coberta pela **cápsula da lente**, a qual consiste em uma membrana basal semipermeável secretada pelas células do **epitélio da lente**. A lenta é altamente refratária e elástica. As **fibras zonulares** que sustentam a lente se inserem nas camadas superficiais da cápsula (▶Fig. 17.24). A lente acomoda-se em uma depressão do humor vítreo, o qual se fixa fortemente à parte posterior da cápsula da lente. A origem da **lente** é **ectodérmica**, uma vez que ela se desenvolve a partir de uma invaginação no epitélio da superfície que cobre o cálice óptico e se dobra para formar a vesícula da lente. As células da parede posterior se alongam até alcançarem o epitélio anterior, fechando a cavidade da vesícula. Essas células, então, perdem os seus núcleos, tornando-se as **fibras da lente**. Como consequência, há um epitélio lenticular cuboide apenas na face anterior da lente no adulto. Durante a vida do animal, o epitélio continua a sua proliferação: as células no equador se alongam, seguindo os meridianos até que os seus ápices alcancem os polos. À medida que camadas sucessivas de células se acumulam, as células mais profundas perdem os seus núcleos, porém permanecem viáveis como fibras da lente. Esse modo de crescimento resulta em uma arquitetura lamelar da lente, cuja secção longitudinal se assemelha a uma cebola (▶Fig. 17.23).

Dentro de cada camada, as fibras se dispõem como alças que alcançam de um polo ao outro, porém os seus ápices não se encontram todos em um único ponto em cada polo. Ao contrário, as junções formam marcas lineares distintas, os **raios da lente** (*radii lentis*). Na face anterior, os raios da lente formam uma letra "Y"; na face posterior, a letra "Y" é invertida. O índice de crescimento da lente costuma variar entre as espécies, e há uma correlação direta entre o peso seco da lente e a sua idade.

Cada fibra da lente é formada por várias células epiteliais hexagonais sucessivas, as quais têm interconexões flexíveis que conferem propriedades elásticas à lente. A **matriz extracelular das fibras da lente** é composta de água (70%), proteínas membranosas e microfilamentos (actina, vimentina, fibronectina). Na parte cortical da lente, as fibras são relativamente suaves, porém ficam mais firmes e próximas umas das outras em direção ao centro, onde formam o **núcleo da lente** (*nucleus lentis*). A parte nuclear da lente sofre desidratação progressiva e condensação com o avançar da idade, o que resulta em uma lente mais firme e rígida em indivíduos mais velhos. A **arquitetura lamelar da lente** é essencial para a sua transparência. Processos de doenças que afetam o metabolismo lenticular resultam em perda de transparência, levando à catarata.

Câmaras do bulbo (*camerae bulbi*) e humor aquoso (*humor aquosus*)

Há **três câmaras** no bulbo do olho: a **câmara anterior**, a **câmara posterior** e a **câmara postrema** (vítrea).

A **câmara anterior** (*camera anterior bulbi*) é o espaço delimitado pela face posterior da córnea e pela face anterior da íris e da lente. Ela está em comunicação direta com a câmara posterior por meio da abertura da pupila (▶Fig. 17.2, ▶Fig. 17.3, ▶Fig. 17.4 e ▶Fig. 17.25).

A **câmara posterior** (*camera posterior bulbi*) é delimitada anteriormente pela íris e pelo corpo ciliar e posteriormente pela cápsula da lente e pelo corpo vítreo. As câmaras anterior e posterior são preenchidas com **humor aquoso**, o qual é produzido por um

Fig. 17.23 Imagem de microscopia eletrônica de varredura das fibras lenticulares de um bovino (lentes seccionadas). (Fonte: cortesia do PD Dr. S. Reese, Munique.)

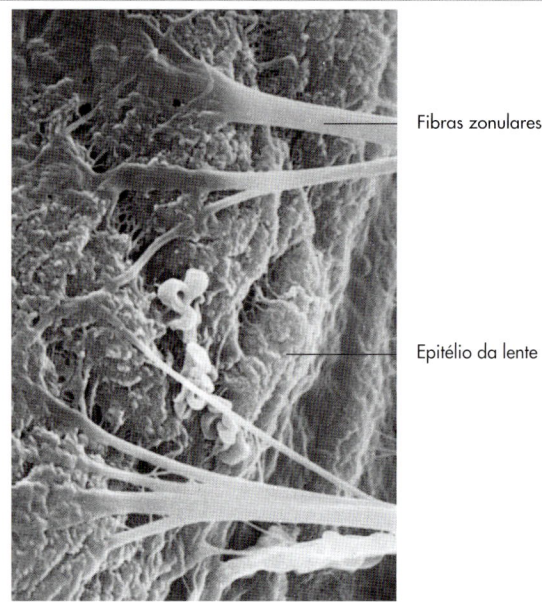

Fig. 17.24 Imagem de microscopia eletrônica de varredura das fibras zonulares de um gato em seu local de inserção na lente.

processo de secreção ativo do epitélio do corpo ciliar. Trata-se de um líquido claro e incolor que contém vários eletrólitos, glicose, aminoácidos e ácido ascórbico. O humor aquoso é importante para a nutrição das **estruturas não vascularizadas do olho** (córnea e lente).

O **humor aquoso** segue de seu local de produção para a câmara posterior, de onde passa através da pupila para a câmara anterior e desemboca através dos espaços do **ângulo iridocorneal** (*angulus iridocornealis*) para o **plexo venoso escleral** (▶Fig. 17.25). No olho saudável, o índice de produção equilibra o índice de drenagem e mantém a pressão intraocular constante. O prejuízo no fluxo resulta em aumento da pressão intraocular (**glaucoma**), levando à atrofia retiniana e à cegueira.

Corpo vítreo (*corpus vitreum*)

A câmara postrema (vítrea) é a **maior entre as três câmaras** do olho, sendo delimitada anteriormente pela lente e pelo corpo ciliar. A retina envolve o restante do postrema (▶Fig. 17.2 e ▶Fig. 17.3). A câmara postrema é ocupada pelo corpo vítreo, uma substância gelatinosa suave e clara que se adapta ao formato de seu ambiente. O corpo vítreo é composto principalmente de **humor vítreo**, uma solução de mucopolissacarídeos ricos em ácido hialurônico (99% de água, 1% de sólidos). Ele é quase acelular, exceto por uma pequena quantidade de hialócitos que produzem fibras proteicas. Essas fibras reforçam a estrutura do corpo vítreo e são essenciais para determinar a sua característica gelatinosa. A quantidade de células aumenta em direção à superfície, onde elas se condensam para formar a **membrana vítrea**. Contudo, essas células não oferecem rigidez suficiente para manter o formato do corpo vítreo após a sua remoção do olho.

O **canal hialóideo** (*canalis hyaloideus*) atravessa o corpo vítreo desde a face posterior da lente até o disco óptico. Esse canal é um resquício da **artéria hialóidea**, um ramo das artérias retinianas que irrigam a lente durante o desenvolvimento embriológico. A artéria hialóidea normalmente se degenera após o nascimento, e a lente passa a receber nutrientes por meio de difusão. O canal hialóideo está presente no bovino, no suíno e em carnívoros. Embora o corpo vítreo seja uma estrutura relativamente densa no bovino, no ovino e no suíno, ele possui uma densidade óptica baixa no equino. Em carnívoros, ele apresenta um centro compacto, porém a sua periferia exibe baixa densidade.

Considera-se que o olho é composto de **diversas faces ópticas**, que, unidas, conseguem focalizar imagens na retina com precisão. Os componentes ópticos através dos quais a luminosidade passa para alcançar a retina são a córnea, o humor aquoso, a lente e o corpo vítreo. Para a formação adequada da imagem, esses componentes precisam permanecer transparentes.

A **capacidade de refração** de um componente óptico é determinada pelo seu **índice de refração**, pela sua **espessura** e pela **curvatura da superfície**. A capacidade de refração é fortemente influenciada pela diferença dos índices de refração entre o componente óptico e os meios vizinhos. Essa diferença é maior na interação entre atmosfera e córnea; portanto, a córnea é o componente refrator mais poderoso do olho. Embora a lente exiba o índice de refração mais elevado, ela está cercada por meios com índices semelhantes. Desse modo, a lente é o único componente refrator capaz de alterar o seu índice de refração.

17.2 Anexos do olho (*organa oculi accessoria*)

As seguintes estruturas acessórias são consideradas anexos do olho:
- órbita (orbita), com o corpo adiposo da órbita (*corpus adiposum orbitae*);
- fáscias orbitais;
- musculatura extrínseca do bulbo do olho (*musculi externi bulbi oculi*);
- aparelho lacrimal (*apparatus lacrimalis*);
- vasos e nervos.

Fig. 17.25 Ângulo iridocorneal, íris e corpo ciliar de um bovino com segmento anterior do bulbo do olho (secção).

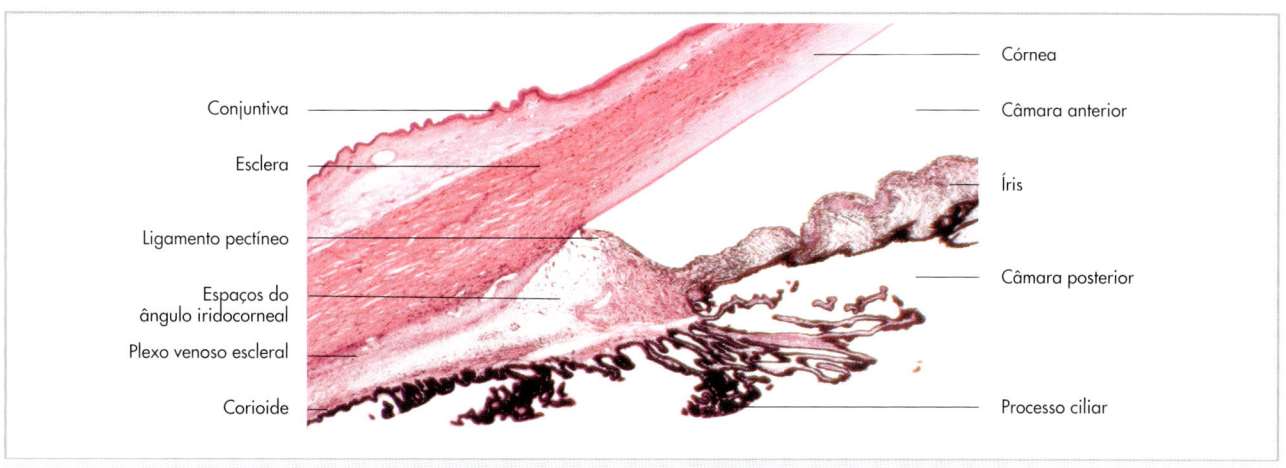

Fig. 17.26 Corte histológico do ângulo iridocorneal de um bovino.

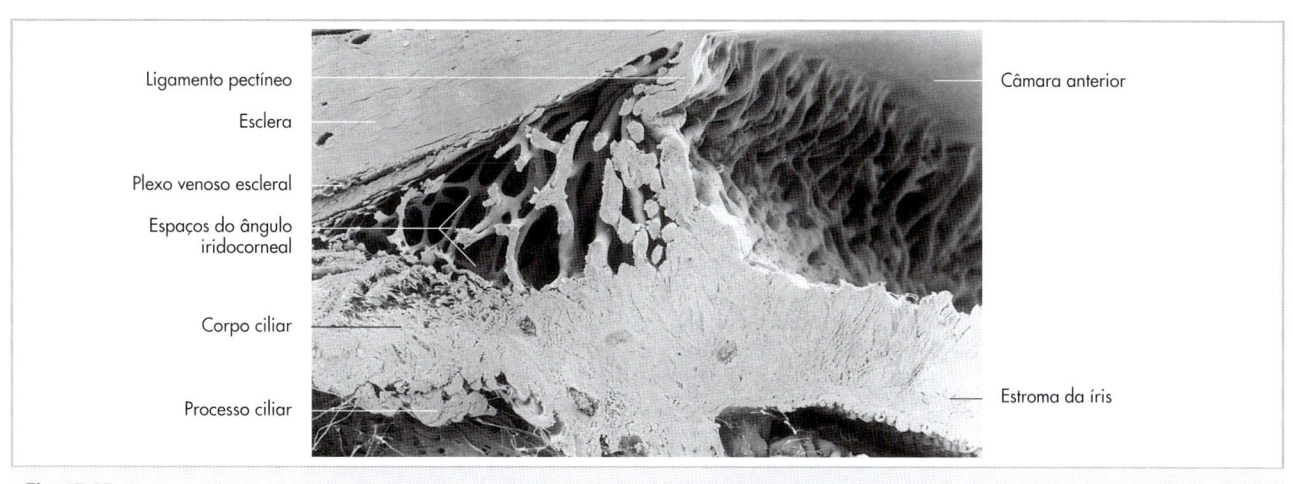

Fig. 17.27 Imagem de microscopia eletrônica de varredura do ângulo iridocorneal de um equino.

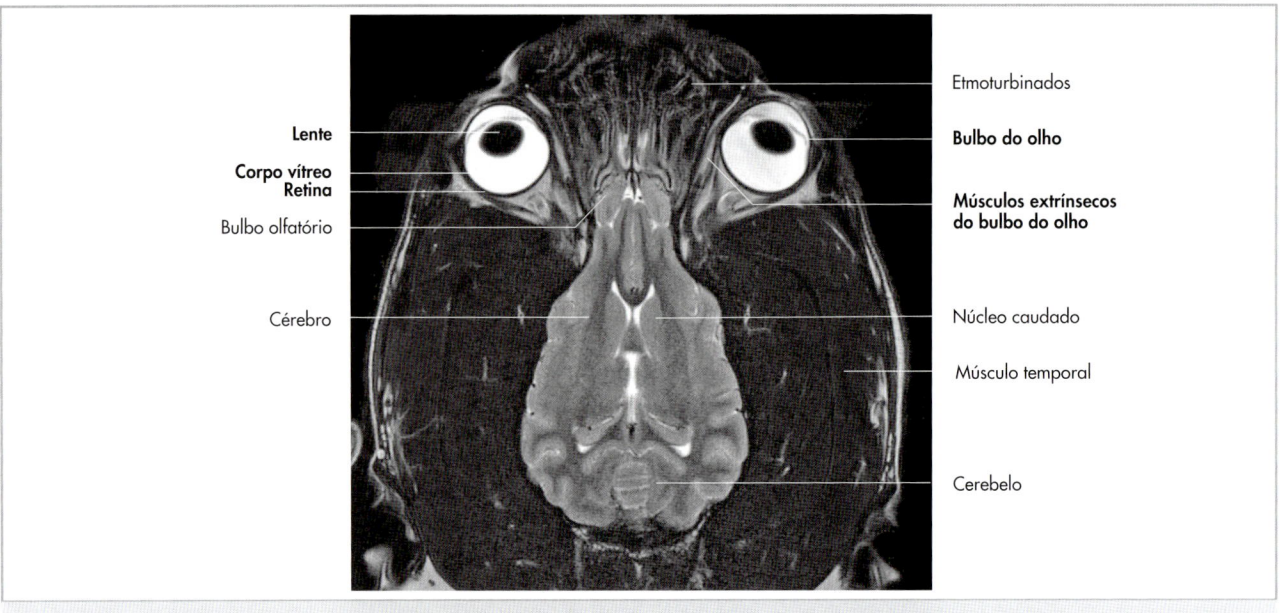

Fig. 17.28 Imagem de ressonância magnética (RM) da cabeça de um cão, mostrando a posição dos olhos e da periórbita (secção dorsal; ponderada em T2). (Fonte: cortesia do Prof. Dr. E. Ludewig, Viena.)

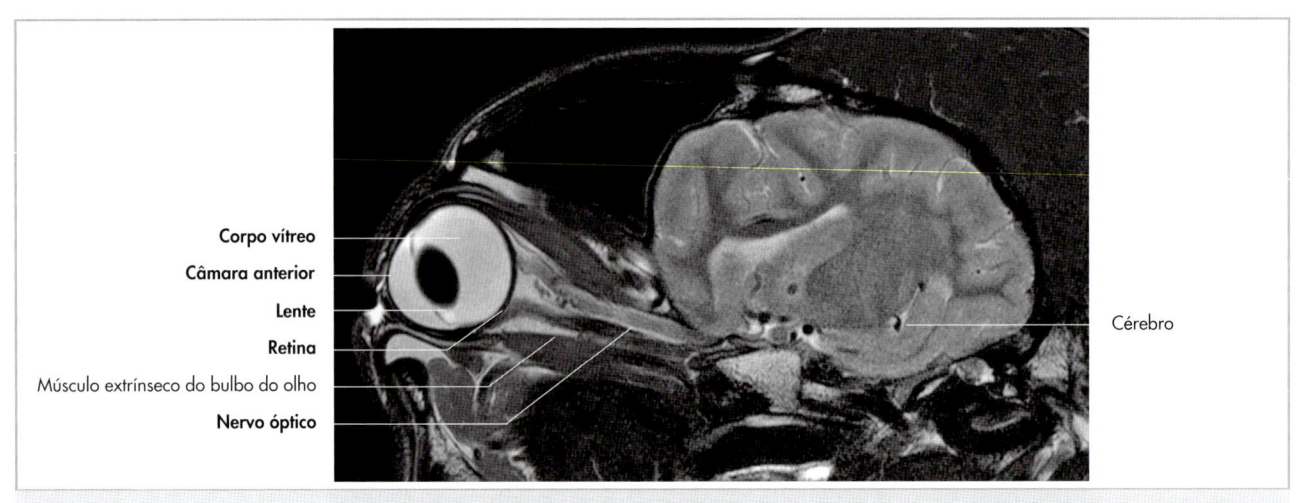

Fig. 17.29 Imagem de ressonância magnética (RM) da cabeça de um cão, mostrando a posição do olho (secção oblíqua, paralela ao curso do nervo óptico; ponderada em T2). (Fonte: cortesia do Prof. Dr. E. Ludewig, Viena.)

17.2.1 Órbita

A órbita é a cavidade cônica na face lateral do crânio que contém o bulbo do olho e a maioria dos anexos oculares. Ela é contínua caudalmente com as fossas pterigopalatina e temporal. A delimitação externa da órbita é um anel ósseo, o qual se abre lateralmente em carnívoros e no suíno, em que o anel é completado pelo ligamento orbital. Para uma descrição mais detalhada, consultar o Capítulo 2, "Esqueleto axial", seção Esqueleto da cabeça (p. 74).

A **órbita** é revestida por uma camada de tecido conjuntivo, a **periórbita** (▶Fig. 17.28), a qual se deriva do **periósteo**. O corpo adiposo da órbita protege os elementos da órbita e, por ser facilmente moldável, permite a rotação e a retração do bulbo do olho. As fáscias, os músculos, os vasos e os nervos estão inseridos no corpo adiposo da órbita. Os corpos adiposos extraorbitais preenchem a fossa temporal. Em animais muito magros, esses corpos são reduzidos, e os olhos afundam na órbita, conferindo uma aparência de sofrimento à face. A posição das órbitas depende da espécie: no cão e no gato, elas se projetam para a frente, ao passo que, em herbívoros, elas são mais laterais.

17.2.2 Fáscias e musculatura extrínseca do bulbo do olho

As seguintes camadas das fáscias envolvem o bulbo do olho, o nervo óptico e os músculos do olho:
- **fáscias musculares** (*fasciae musculares*): as quais envolvem os músculos do bulbo do olho e se projetam para as pálpebras;
- **bainha do bulbo** (*vagina bulbi*): a qual cobre o bulbo do olho e se separa da esclera pelo espaço episcleral.

Olho (*organum visus*)

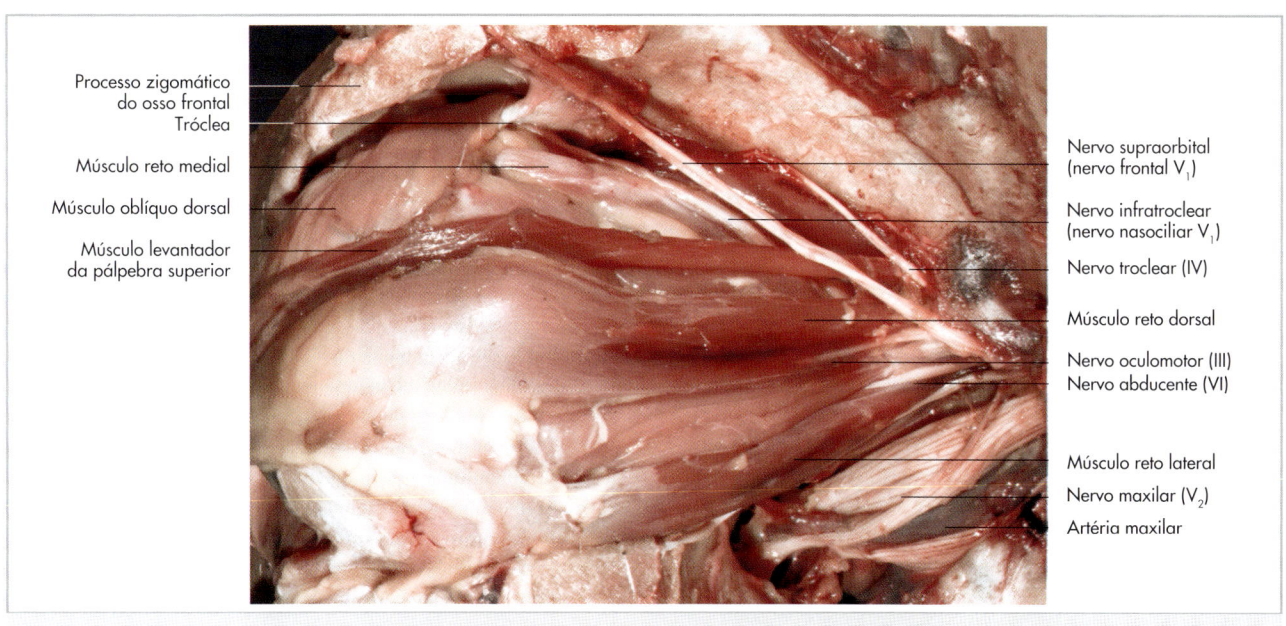

Fig. 17.30 Topografia da órbita e musculatura extrínseca do bulbo do olho de um equino.

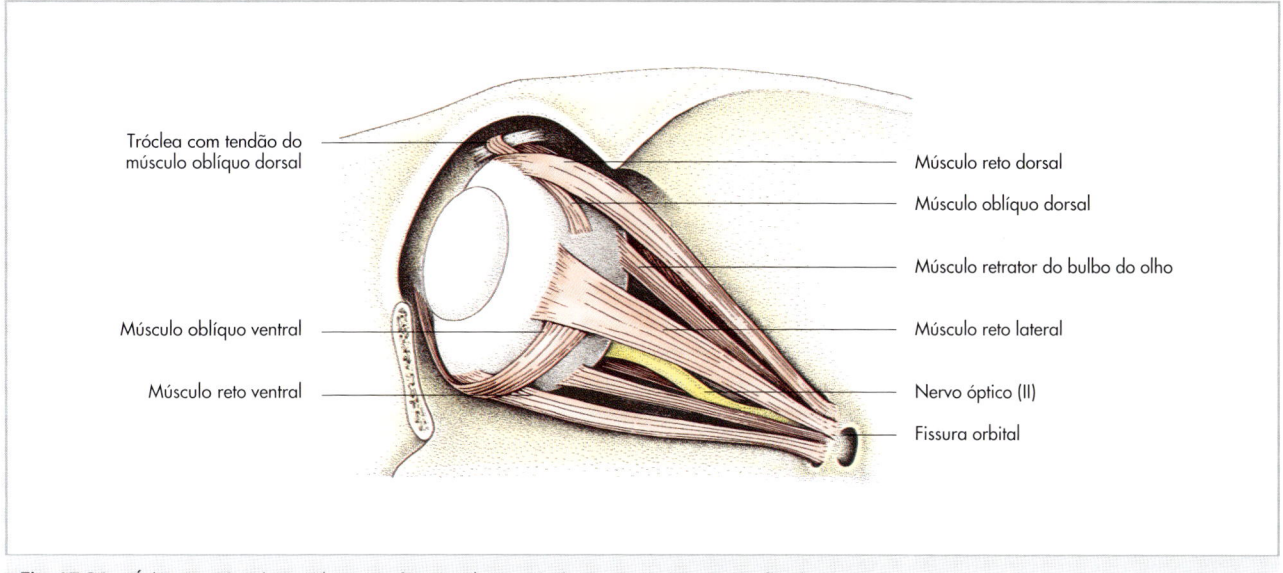

Fig. 17.31 Órbita e músculos oculares extrínsecos de um cão (representação esquemática).

Esses músculos facilitam o movimento do bulbo do olho contra o tecido adiposo retrobulbar. Eles também **recobrem o nervo óptico** (*vagina n. optici*) e os **músculos retratores do bulbo do olho**.

Os músculos importantes para o funcionamento do olho formam três grupos: **músculos intrínsecos**, **extrínsecos** (▶Fig. 17.29) e **palpebrais** (▶Fig. 17.30, ▶Fig. 17.31 e ▶Fig. 17.32). Os músculos intrínsecos regulam o diâmetro da pupila e o formato da lente; eles foram descritos anteriormente neste capítulo. O grupo dos músculos palpebrais inclui os músculos da pálpebra e da cabeça, que regulam a forma e a posição da fissura palpebral, os quais serão descritos mais adiante.

Os **músculos extrínsecos** do bulbo do olho dizem respeito ao movimento do bulbo do olho. Estão incluídos nesse grupo:
- músculos retos dorsal, ventral, medial e lateral;
- músculos oblíquos dorsal e ventral;
- músculo retrator do bulbo do olho;
- músculo levantador da pálpebra superior.

Os **quatro músculos retos** (*mm. rectus dorsalis*, *ventralis*, *medialis et lateralis*) são denominados conforme a sua posição de inserção no bulbo. Eles são os músculos mais profundos desse grupo e se originam muito próximo uns dos outros ao redor da margem do forame óptico e da fissura orbital. Trata-se de músculos planos que

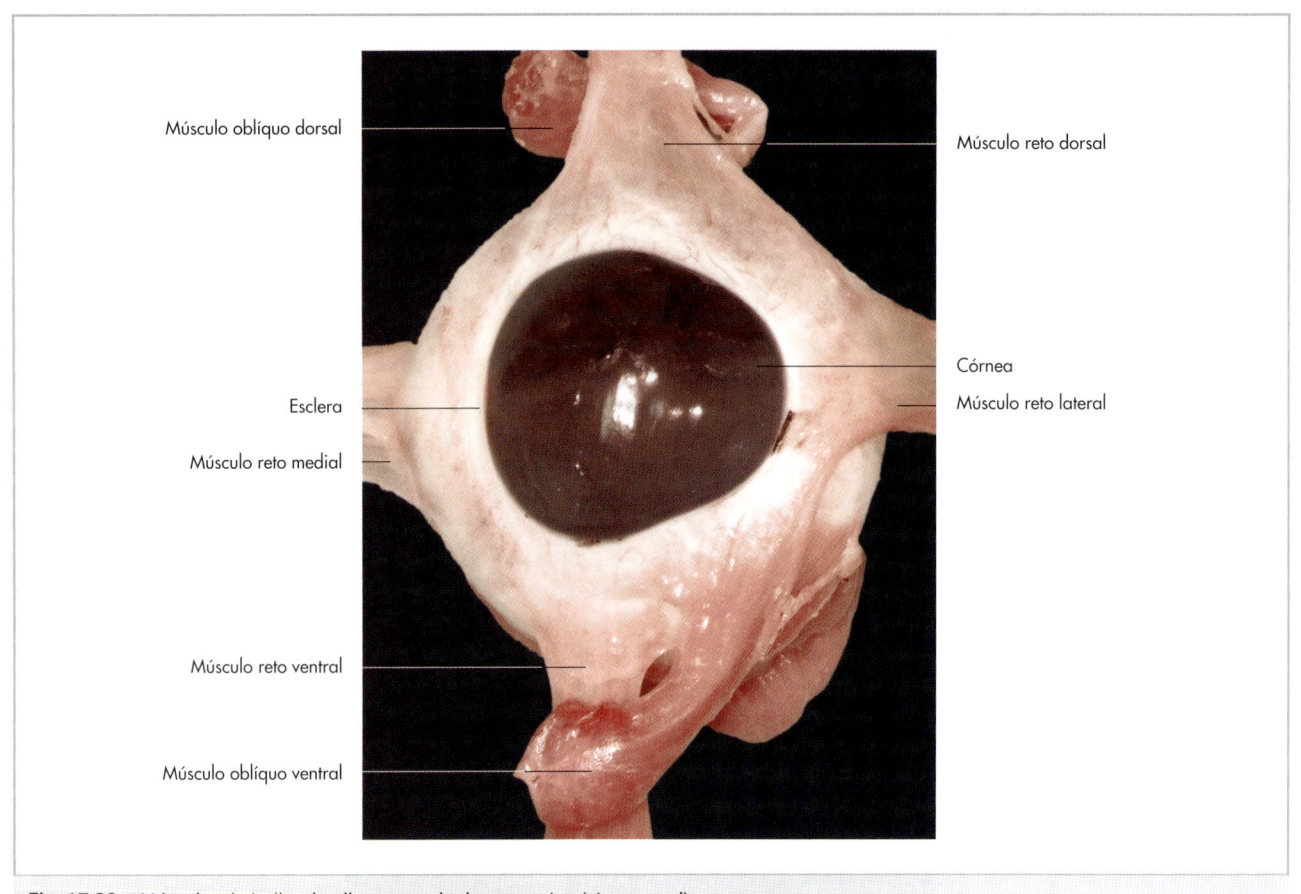

Fig. 17.32 Músculos do bulbo do olho esquerdo de um equino (vista rostral).

passam para as respectivas faces do bulbo do olho, onde se inserem na esclera, próximo à córnea.

O **músculo oblíquo ventral** (*m. obliquus ventralis*) do bulbo do olho emerge de uma pequena depressão (*foramen muscularis*) no osso palatino. Ele corre dorsolateralmente para se inserir na face temporal do bulbo do olho, abaixo da inserção do músculo reto lateral.

O **músculo oblíquo dorsal** (*m. obliquus dorsalis*) emerge próximo ao forame etmoidal e corre anteriormente entre os músculos retos dorsal e medial. Ele se desvia na tróclea e se insere na face dorsotemporal do bulbo do olho, abaixo da inserção do músculo reto dorsal. A tróclea é uma pequena lâmina oval de cartilagem hialina na periórbita que está fixada à parede orbital medial por meio de ligamentos.

O **músculo retrator do bulbo do olho** (*m. retractor bulbi*) emerge próximo ao forame óptico e forma um cone muscular quase completo ao redor do nervo óptico. Ele se insere posteriormente ao equador, com vários fascículos finos e largos. Esse músculo está ausente em humanos.

Os **músculos extrínsecos** do bulbo do olho giram o bulbo em três eixos perpendiculares. Os movimentos complexos do olho exigem coordenação motora fina de todos esses músculos, pois eles nunca atuam isoladamente. Em suma, os músculos retos dorsal e ventral giram o bulbo em um eixo medial a lateral; os músculos retos medial e lateral giram em um eixo dorsoventral; e os músculos oblíquos giram o bulbo do olho no eixo do bulbo do olho. Além disso, o bulbo do olho pode ser retraído para a órbita seguindo o eixo óptico pelo músculo retrator do bulbo ocular.

Já os **músculos extrínsecos** do bulbo do olho são inervados principalmente pelo **nervo oculomotor (III)**, com exceção do músculo oblíquo dorsal, o qual é inervado pelo nervo troclear (IV), e o reto lateral e a parte lateral do músculo retrator do bulbo do olho, que são inervadas pelo nervo abducente (VI).

17.2.3 Pálpebras (*palpebrae*)

As pálpebras são pregas musculofibrosas que podem cobrir a face anterior do bulbo do olho para bloquear a luminosidade, proteger a córnea e ajudar a manter a córnea úmida.

Há **três pálpebras** nos mamíferos domésticos: a **pálpebra superior** (*palpebra superior*), a **pálpebra inferior** (*palpebra inferior*) e a **terceira pálpebra** (*palpebra tertia, membrana nictitans*) (▶Fig. 17.33).

A **abertura** entre as pálpebras superior e inferior (*rima palpebralis*) varia em tamanho e é controlada pelos músculos palpebrais. As **margens livres** (*margo palpebrae*) das pálpebras superior e inferior se encontram nos **ângulos nasal** e **temporal** (*canthi*) do olho (*angulus oculi temporalis et nasalis*).

Uma proeminência mucosa, a **carúncula lacrimal** (*caruncula lacrimalis*), está presente no ângulo nasal do olho (▶Fig. 17.33, ▶Fig. 17.34 e ▶Fig. 17.35). Pequenos pelos finos se projetam da carúncula e, no cão, uma glândula lacrimal do tamanho de uma ervilha se posiciona abaixo dela. O ponto lacrimal, por onde flui a lâmina lacrimal, se abre nas margens das pálpebras, próximo ao ângulo nasal do olho.

Olho (*organum visus*) 613

Fig. 17.33 Olho direito com pálpebras de um equino. (Fonte: cortesia do Prof. Dr. H. Gerhards, Munique.)

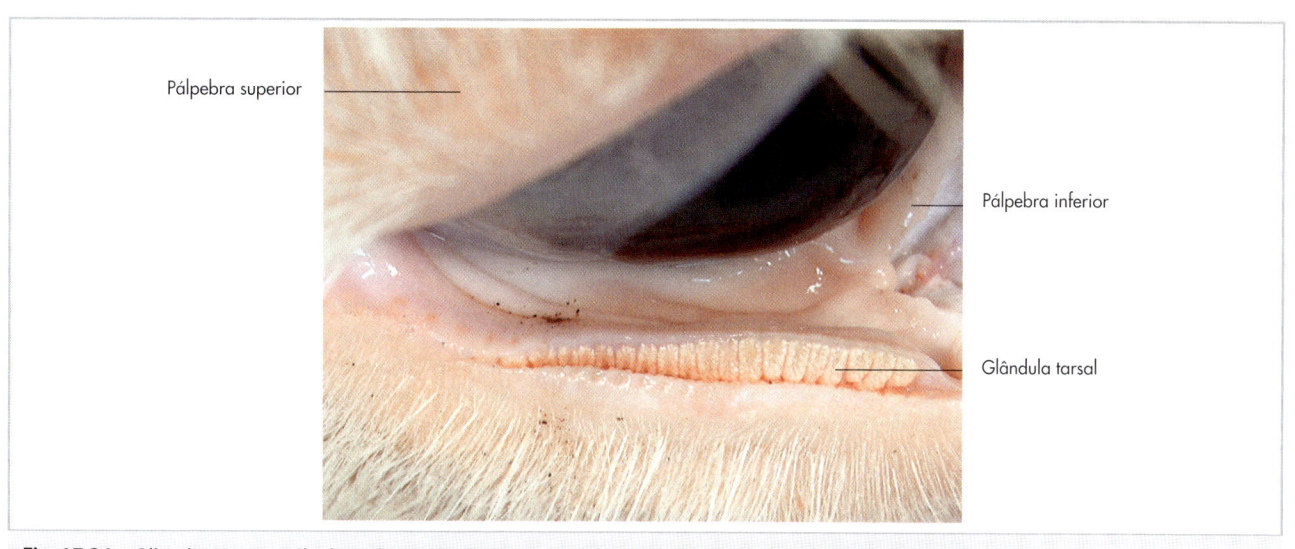

Fig. 17.34 Olho direito com pálpebras de um bovino com glândula tarsal. (Fonte: cortesia do Dr. S. Donoso, Chile.)

As pálpebras são compostas por três camadas: **pele**, uma **camada média musculofibrosa** e **membrana mucosa** (a conjuntiva palpebral). A pele da face prossegue na **face anterior das pálpebras** (*facies anterior palpebrarum*) com pouca alteração, é coberta por pelos e inclui estruturas glandulares. Pelos longos (*cilia*) se projetam das margens da pálpebra superior. As pálpebras contêm **várias glândulas**. As **glândulas sebáceas** se abrem nos folículos dos cílios. As **glândulas ciliares** são glândulas sudoríparas enoveladas, tubulares e apócrinas que secretam nos folículos dos pelos, ao passo que as glândulas sebáceas secretam diretamente sobre a margem da pálpebra. As **glândulas tarsais** são glândulas sebáceas especialmente modificadas presentes nas duas pálpebras; elas produzem a camada oleosa superficial do filme lacrimal (▶Fig. 17.6 e ▶Fig. 17.34).

A **camada média da pálpebra** é formada pelas fibras da fáscia da pálpebra e pelo músculo orbicular do bulbo do olho. O músculo orbicular do bulbo do olho é um músculo estriado cujas fibras se irradiam nas pálpebras, onde formam o músculo da pálpebra superior. Em direção à margem livre, essas estruturas são sucedidas pela lâmina tarsal, uma condensação fibrosa que estabiliza a margem livre da pálpebra. O músculo levantador da pálpebra superior (*m. levator palpebrae superioris*), inervado pelo nervo oculomotor (III), prolonga-se do forame etmoidal até a pálpebra superior do olho.

A **face posterior das pálpebras** é revestida por uma membrana mucosa, a **conjuntiva palpebral**. Na altura da margem orbital, a conjuntiva se volta para a face do bulbo para formar a **conjuntiva bulbar**. O ponto de retorno é o **fórnice da conjuntiva**. Várias pequenas pregas se formam no fórnice quando o olho se abre. O **saco da conjuntiva** é o espaço potencial entre a pálpebra inferior e o bulbo do olho, o qual normalmente contém muco e lágrimas. A conjuntiva é composta por epitélio estratificado com células caliciformes em sua parte palpebral. Ela se sobrepõe a um estroma de tecido conjuntivo rico em tecido linfático. A conjuntiva bulbar é delgada e contínua com o epitélio anterior da córnea.

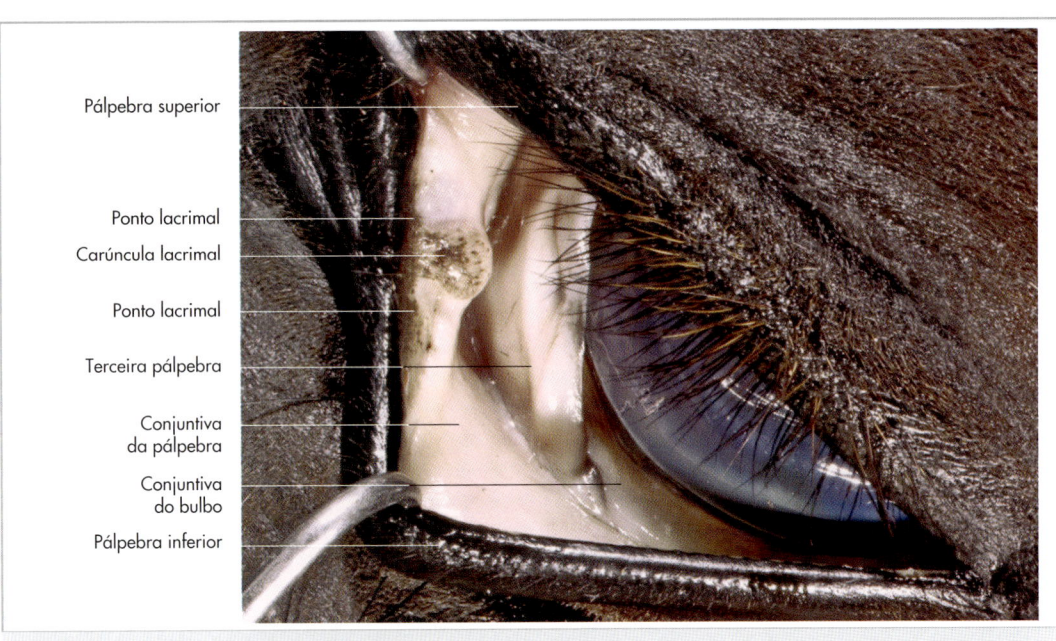

Fig. 17.35 Topografia da carúncula lacrimal de um equino.

A **terceira pálpebra** (*palpebra tertia, membrana nictitans*), ou terceira pálpebra (*plica semilunaris conjunctivae*), é uma prega conjuntiva orientada dorsoventralmente, a qual se prolonga do ângulo medial do olho entre a carúncula lacrimal e o bulbo do olho (▶Fig. 17.33 e ▶Fig. 17.35). Ela é sustentada por um segmento de cartilagem em forma de "T", o qual é composto por cartilagem elástica no equino, no suíno e no gato, e por cartilagem hialina no cão e em ruminantes. Vários **nódulos linfáticos** (*noduli lymphatici conjunctivales*) se encontram inseridos na terceira pálpebra, os quais aumentam em olhos com infecção crônica, podendo causar ainda mais irritação.

A base da cartilagem é circundada pela **glândula superficial da terceira pálpebra** (*glandula palpebrae tertia superficialis*). Trata-se de uma glândula mista seromucosa no bovino, no ovino e no cão, serosa no gato e no equino e mucosa no suíno. Ela contribui consideravelmente para a produção do filme lacrimal pré-corneal. Os suínos também têm uma **segunda glândula profunda** (*glandula palpebrae tertiae profunda*).

17.2.4 Aparelho lacrimal (*apparatus lacrimalis*)

A lâmina lacrimal (filme lacrimal) pré-corneal protege o olho ao lavar o material estranho e é fundamental para a manutenção da transparência da córnea. Uma produção lacrimal insuficiente resulta em opacificação.

A **lâmina lacrimal** (filme lacrimal) (▶Fig. 17.6) consiste em uma camada oleosa superficial, uma camada aquosa central e uma camada glicoproteica delgada cobrindo a córnea. A camada oleosa superficial, produzida pelas glândulas tarsais, proporciona lubrificação, impede o transbordamento de lágrimas da margem da pálpebra e retarda a evaporação da camada aquosa subjacente. A camada aquosa, produzida pela glândula lacrimal e pela glândula da terceira pálpebra, é o principal componente da lâmina lacrimal, pois umedece e nutre a córnea. Por fim, a camada mais interna, produzida pelas células caliciformes do epitélio conjuntivo, auxilia na aderência da lâmina pré-corneal à face corneal. O aparelho lacrimal inclui as estruturas responsáveis pela produção, pela dispersão e pela eliminação das lágrimas (▶Fig. 17.35 e ▶Fig. 17.36):

- glândula lacrimal (*glandula lacrimalis*);
- glândulas da terceira pálpebra (*glandulae palpebrae tertiae*);
- canalículos lacrimais (*canaliculi lacrimales*);
- saco lacrimal (*saccus lacrimalis*);
- ducto lacrimonasal (*ductus nasolacrimalis*).

A **glândula lacrimal** é uma glândula tubuloalveolar posicionada entre o bulbo do olho e a parede dorsotemporal da órbita. A secreção dessa glândula é serosa em todos os mamíferos domésticos, com exceção do suíno, no qual é mucosa. Em carnívoros, a glândula lacrimal se situa sob o ligamento orbital, ao passo que, no equino, ela ocupa a fossa lacrimal. A sua secreção é eliminada por vários **ductos excretórios** (*ductuli excretorii*) diminutos, que se abrem na margem dorsotemporal da pálpebra superior do saco da conjuntiva (▶Fig. 17.36). O movimento de piscar os olhos distribui o fluido lacrimal sobre a face anterior do olho.

A drenagem das secreções lacrimais se inicia com os **pontos lacrimais** (*puncta lacrimalia*), isto é, pequenas fendas próximas à carúncula lacrimal, no ângulo nasal do olho. Cada ponto lacrimal conduz a um canalículo curto e estreito, o qual se abre no saco lacrimal dilatado.

O **saco lacrimal** marca o início do **ducto lacrimonasal**, o qual ocupa uma fossa em forma de funil no interior do osso lacrimal. As paredes do saco lacrimal contêm grandes quantidades de tecido linforreticular.

O **ducto lacrimonasal** é um tubo de tecido mole que atravessa o osso lacrimal e a maxila. Rostralmente, ele emerge de seu canal ósseo e prossegue sob a mucosa nasal na face nasal da maxila, terminando na abertura do **vestíbulo nasal**.

A **drenagem lacrimal** varia conforme a espécie e de um indivíduo para outro. No cão, os pontos lacrimais são relativamente grandes e facilmente canulados. Rostralmente, o ducto lacrimonasal passa

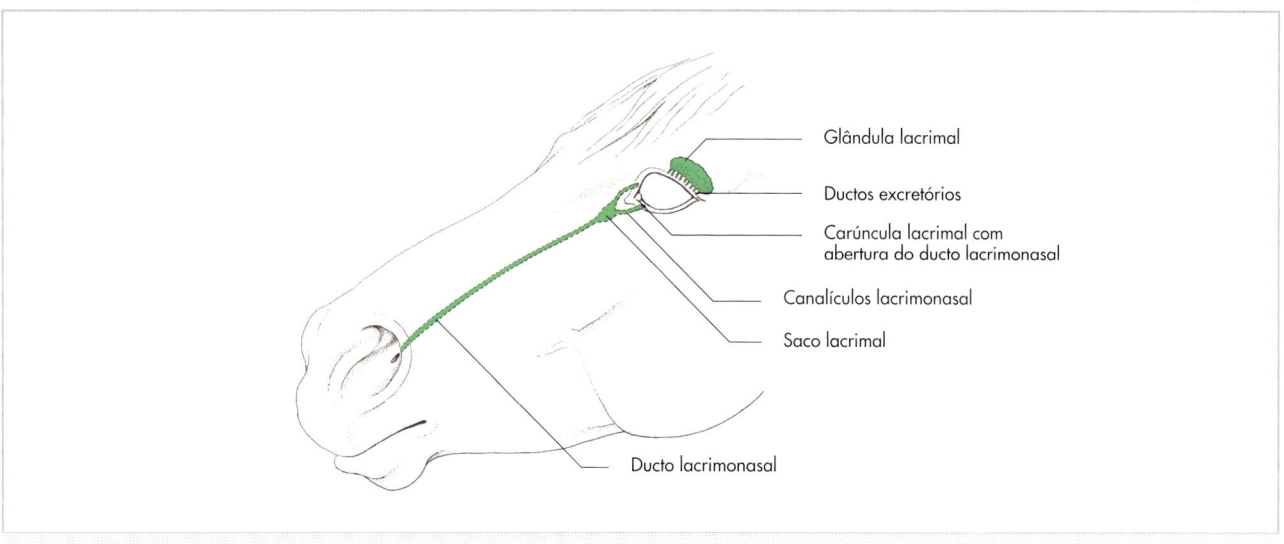

Fig. 17.36 Aparelho lacrimal de um equino (representação esquemática).

em sentido medial à cartilagem nasal lateral ventral e termina abrindo-se no assoalho ventrolateral do vestíbulo nasal, sob a prega alar.

A abertura rostral não pode ser visualizada sem um espéculo. Em cerca de um terço dos cães, o ducto se abre no meato nasal ventral.

No equino, os **pontos lacrimais** são relativamente pequenos. O saco lacrimal situa-se sob a **carúncula lacrimal**, coberto pela parte palpebral do músculo orbicular do olho. O ducto lacrimonasal passa rostralmente no sulco lacrimal da maxila até o forame infraorbital, e a sua parte média estreita continua na mucosa do meato nasal médio. Esse ducto se abre no assoalho do **vestíbulo nasal**, próximo à **junção mucocutânea**. Eventualmente, o ducto lacrimonasal tem mais de uma abertura, e óstios de terminação cega podem estar presentes em alguns equinos. A abertura nasal pode ser convenientemente utilizada para examinar e desobstruir o ducto.

17.3 Vascularização e inervação

17.3.1 Vasos sanguíneos do olho

A **artéria oftálmica externa** (*a. ophthalmica externa*), um ramo da **artéria maxilar**, é a principal fonte de vascularização do bulbo do olho (▶Fig. 17.37).

A artéria oftálmica externa penetra o bulbo ocular na lâmina cribriforme, onde emite as **artérias ciliares posteriores curtas** (*aa. ciliares posteriores breves*). Esses vasos formam o círculo vascular do nervo óptico. A artéria retiniana central, de formação consistente em humanos, não existe nos mamíferos domésticos. Esses vasos também formam vasos sanguíneos episclerais e as **artérias ciliares posteriores longas** (*aa. ciliares posteriores longae*), as quais atravessam a esclera próximo ao equador para se unirem às veias correspondentes e formarem um plexo elaborado na corioide. Essas artérias são complementadas anteriormente pelas **artérias ciliares anteriores** (*aa. ciliares anteriores*), as quais penetram a esclera na proximidade do limbo e irrigam a parte anterior da corioide, o corpo ciliar e a íris. A anastomose dessas artérias compõe o **círculo vascular maior** da íris, por onde diversos ramos passam para as estruturas anteriores do bulbo óptico, incluindo os **ramos conjuntivais posterior e anterior** (*aa. conjunctivales posteriores e anteriores*) para a conjuntiva.

As **veias**, de modo geral, são paralelas às artérias. O retorno venoso da corioide é possível por meio de quatro **veias vorticosas** (*vv. vorticosae*) que desembocam na **veia oftálmica externa**. O plexo venoso escleral, por onde o humor aquoso é drenado, abre-se nas veias ciliares anteriores (*vv. ciliares anteriores*). As **arteríolas** e **vênulas** emergem do disco óptico e se espalham em diversos padrões para nutrir e drenar a retina. Para a finalidade clínica, é importante estar ciente de que os vasos sanguíneos do fundo óptico são diferentes em cada espécie e se alteram com o avançar da idade em cada indivíduo.

17.3.2 Inervação do olho e de seus anexos

O olho e seus anexos são inervados pelo II, III, IV, V, VI e VII nervos cranianos; ver Capítulo 15, "Sistema nervoso" (p. 515).

O **nervo óptico** (*n. opticus*), ou II nervo craniano, é um trato do sistema nervoso central unicamente sensorial e se refere à visão.

Os **nervos oculomotor** (*n. oculomotorius*, III), **troclear** (*n. trochlearis*, IV) e **abducente** (*n. abducens*, VI) controlam o movimento do bulbo do olho ao inervar a sua musculatura extrínseca. O **nervo facial** (*n. facialis*, VII) é motor para o músculo orbicular do olho e fornece as fibras parassimpáticas para o nervo petroso maior, que inerva as glândulas lacrimais.

O olho é intensamente inervado por ramos do **nervo trigêmeo** (*n. trigeminus*, V). O **nervo oftálmico** constitui a principal inervação sensorial do olho e da órbita; o **nervo frontal** inerva a pálpebra superior; o **nervo lacrimal** inerva a pele e a conjuntiva no ângulo lateral; o **nervo infratroclear** inerva o ângulo medial do olho; e o **nervo nasociliar** inerva a córnea e a corioide. O **ramo zigomático** do nervo maxilar é sensorial para a pálpebra inferior. Os ramos do nervo trigêmeo são responsáveis pelas vias aferentes dos reflexos corneal e palpebral.

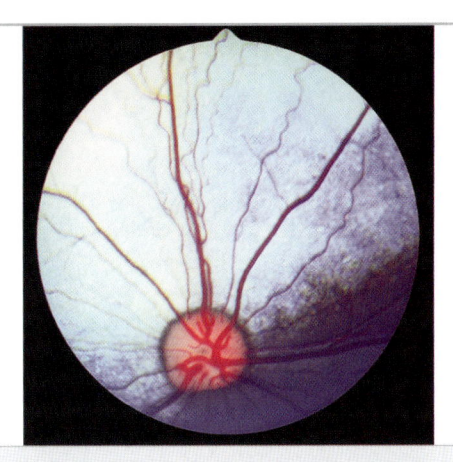

Fig. 17.37 Fundo ocular com ramos das artérias e veias em um Dachshund de pelo duro com 6 semanas de vida. Coloração azul-celeste do tapete lúcido e arco venoso ao redor do disco óptico. (Fonte: cortesia do Prof. Dr. R. Köstlin, Munique.)

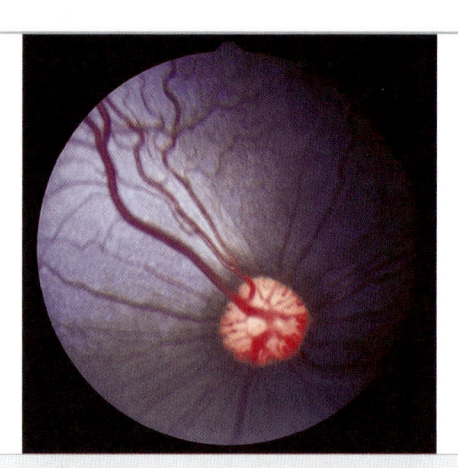

Fig. 17.38 Fundo ocular com ramos das artérias e veias de um Dachshund de pelo duro com 3½ anos de idade. O tapete lúcido apresenta pouca pigmentação (azul-claro), porém a área ao redor é intensamente pigmentada (azul-escuro). Os troncos venosos formam um arco ao redor do disco óptico. (Fonte: cortesia do Prof. Dr. R. Köstlin, Munique.)

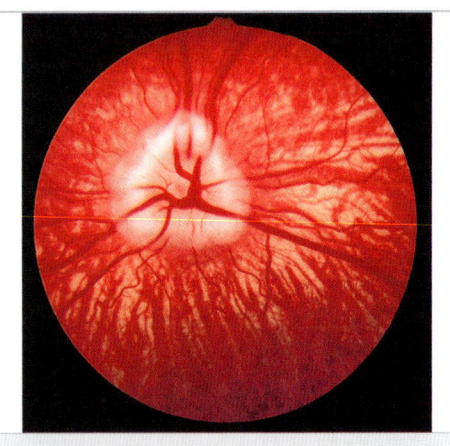

Fig. 17.39 Fundo ocular com ramos das artérias e veias com defeito de pigmentação em um Husky. (Fonte: cortesia do Prof. Dr. R. Köstlin, Munique.)

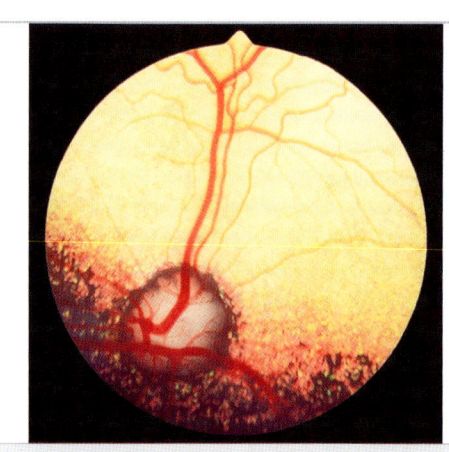

Fig. 17.40 Fundo ocular com ramos das artérias e veias em um Poodle Toy. O tapete lúcido é amplo, e a área pigmentada forma um anel ao redor do disco óptico. (Fonte: cortesia do Prof. Dr. R. Köstlin, Munique.)

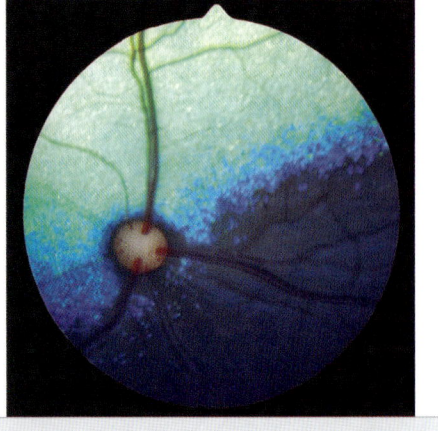

Fig. 17.41 Fundo ocular de um gato jovem, com tapete lúcido fortemente refletido, fundo denso e disco óptico evidente. (Fonte: cortesia do Prof. Dr. R. Köstlin, Munique.)

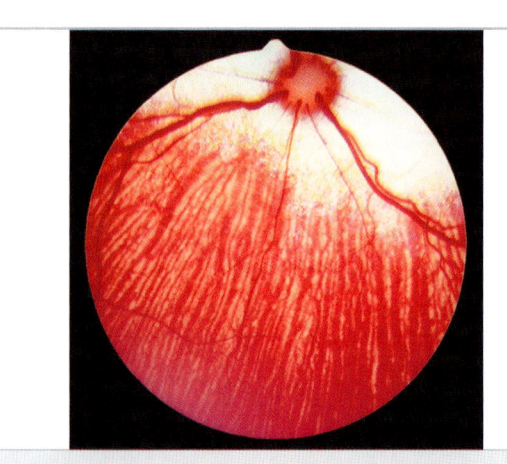

Fig. 17.42 Fundo ocular de um gato com 1 ano de idade e defeito pigmentar, exibindo uma corioide transparente. (Fonte: cortesia do Prof. Dr. R. Köstlin, Munique.)

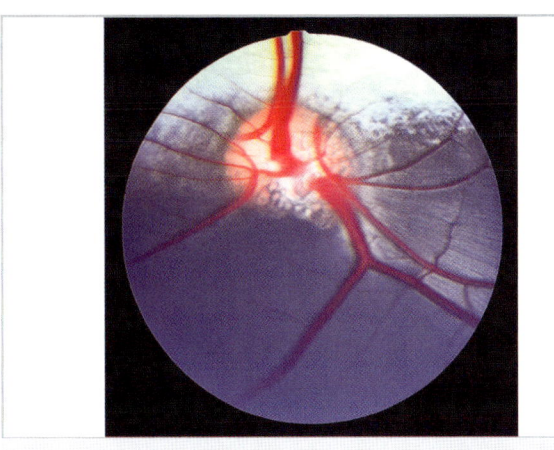

Fig. 17.43 Fundo ocular de uma ovelha Merino. (Fonte: cortesia do Prof. Dr. R. Köstlin, Munique.)

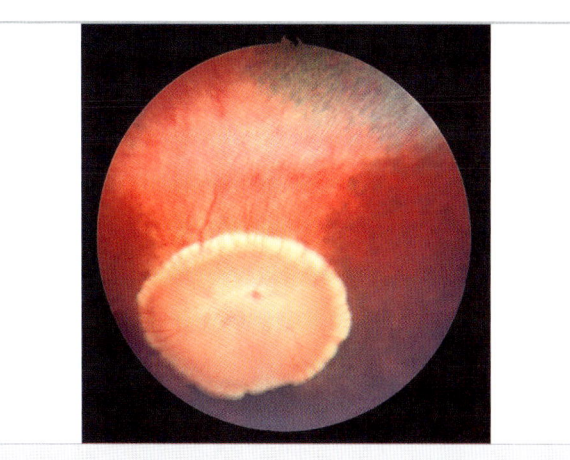

Fig. 17.44 Fundo ocular de um equino com disco óptico evidente e albinismo normal de fundo. (Fonte: cortesia do Prof. Dr. H. Gerhards, Munique.)

As **fibras nervosas parassimpáticas pré-sinápticas** inervam o **gânglio ciliar** com o nervo oculomotor. Elas fazem sinapse no gânglio ciliar, e suas fibras pós-sinápticas formam os **nervos ciliares curtos** (*nn. ciliares breves*). Além disso, essas fibras recebem **fibras simpáticas** e **sensoriais** e são responsáveis pela regulação autônoma do reflexo pupilar e pela acomodação da lente. O **estímulo parassimpático** causa a contração do músculo esfíncter da pupila. Já o **estímulo simpático** causa a contração do músculo dilatador da pupila.

17.4 Vias visuais e reflexos ópticos

As vias visuais compreendem os **segmentos centrais** e **periféricos**. A **parte periférica** inclui os neurônios retinianos, o nervo óptico, o quiasma óptico, os tratos ópticos, o tálamo e os corpos geniculados laterais. Já a **parte central** inclui a irradiação óptica, os colículos rostrais, o trato geniculoccipital e a área óptica do córtex cerebral.

A retina contém os **receptores para a informação visual**. A informação recebida é, então, conduzida até o encéfalo pelo **nervo óptico**. Os nervos ópticos de cada olho convergem até se encontrarem no quiasma óptico, na face ventral do encéfalo, onde parte das **fibras se cruzam**; ver Capítulo 15, "Sistema nervoso" (p. 515).

A quantidade de fibras que são trocadas com o nervo óptico oposto se relaciona com o grau de visão binocular da espécie. Depois do quiasma óptico, as fibras prosseguem na forma do **trato óptico** (*tractus opticus*), o qual termina no **núcleo geniculado lateral** e no **tálamo óptico**.

A partir do tálamo, neurônios de segundo estágio se projetam por meio da **irradiação óptica** (*radiatio optica*) da **cápsula interna**, no córtex visual, localizado no interior do **lobo occipital de cada hemisfério**. Essa é a área de **percepção visual consciente**.

Algumas fibras deixam o trato óptico e terminam nos colículos rostrais do mesencéfalo, em núcleos da **formação reticular** e no **núcleo caudado**. Essas fibras são responsáveis pelos reflexos ópticos, como o reflexo da pupila e a acomodação.

Terminologia clínica

Exemplos de termos clínicos derivados de termos anatômicos: conjuntivite, úlcera córnea, retinopatia, uveíte, ceratite, glaucoma, catarata, entre muitos outros.

18 Órgão vestibulococlear (*organum vestibulocochleare*)

H.-G. Liebich e H. E. König

A orelha é denominada apropriadamente de **órgão vestibulococlear**, pois inclui tanto os órgãos do **equilíbrio** quanto os da **audição**. As ondas sonoras proporcionam estímulos mecânicos, os quais são recebidos e transformados em sinais elétricos pela cóclea, ao passo que os neurorreceptores no órgão vestibular proporcionam ao animal a percepção de posição e movimento em relação à gravidade. Os receptores dos dois órgãos fazem parte da orelha interna, a qual se situa no osso temporal petroso. Os dois órgãos são conectados anatômica e funcionalmente pelo nervo vestibulococlear.

A orelha tem **três subdivisões** (▶Fig. 18.1):
- orelha externa (*auris externa*);
- orelha média (*auris media*);
- orelha interna (*auris interna*).

O órgão do equilíbrio (sistema vestibular) se restringe à orelha interna.

18.1 Orelha externa (*auris externa*)

A orelha externa consiste em:
- pavilhão auricular (*auricula*), com cartilagem auricular (*cartilago auriculae*), cartilagem escutiforme e músculos auriculares (*mm. auriculares*);
- meato acústico externo (*meatus acusticus externus*);
- membrana timpânica (*membrana tympani*).

A orelha externa ajuda a direcionar e a transmitir as ondas sonoras para a orelha média.

18.1.1 Pavilhão auricular (*auricula*)

A **orelha externa** (também chamada de pavilhão auricular ou pina) dos mamíferos domésticos apresenta uma grande variação de tamanho e formato entre espécies e raças. Variações específicas de raças se destacam particularmente no cão (▶Tab. 18.1). Na maioria dos animais, a orelha externa é extremamente móvel e é importante para a comunicação entre os indivíduos (▶Fig. 18.2 e ▶Fig. 18.3).

O **pavilhão auricular** apresenta formato de funil e serve como estrutura captadora de som, movendo-se por meio dos músculos auriculares para localizar e coletar sons. Vários músculos auriculares emergem da cartilagem escutiforme, uma pequena lâmina cartilaginosa na face rostromedial do pavilhão auricular; outros emergem de segmentos vizinhos do crânio.

Os **músculos auriculares** se dispõem ao redor do pavilhão auricular, inserindo-se nele. Eles giram a orelha externa e a movem para cima e para baixo. Os músculos são compostos por diversas camadas de uma grande quantidade de faixas, que podem variar em tamanho ou inserção não apenas entre espécies e raças, mas também de um indivíduo para outro. Como os outros músculos miméticos, a sua inervação ocorre por meio do nervo intermédio facial.

O pavilhão com forma de funil se abre distalmente e se estreita para formar um tubo no sentido proximal. O tamanho e a forma do pavilhão auricular são determinados pela cartilagem auricular, a qual é recoberta por pele. Os pelos são finos e esparsos na superfície côncava, com exceção de **alguns pelos tragos** (*tragi*), os quais são longos e protegem a **entrada para o meato acústico externo**. A face convexa é coberta por pelo normal e, sobretudo em cães com orelhas pendentes, ela apresenta pelos longos e espessos.

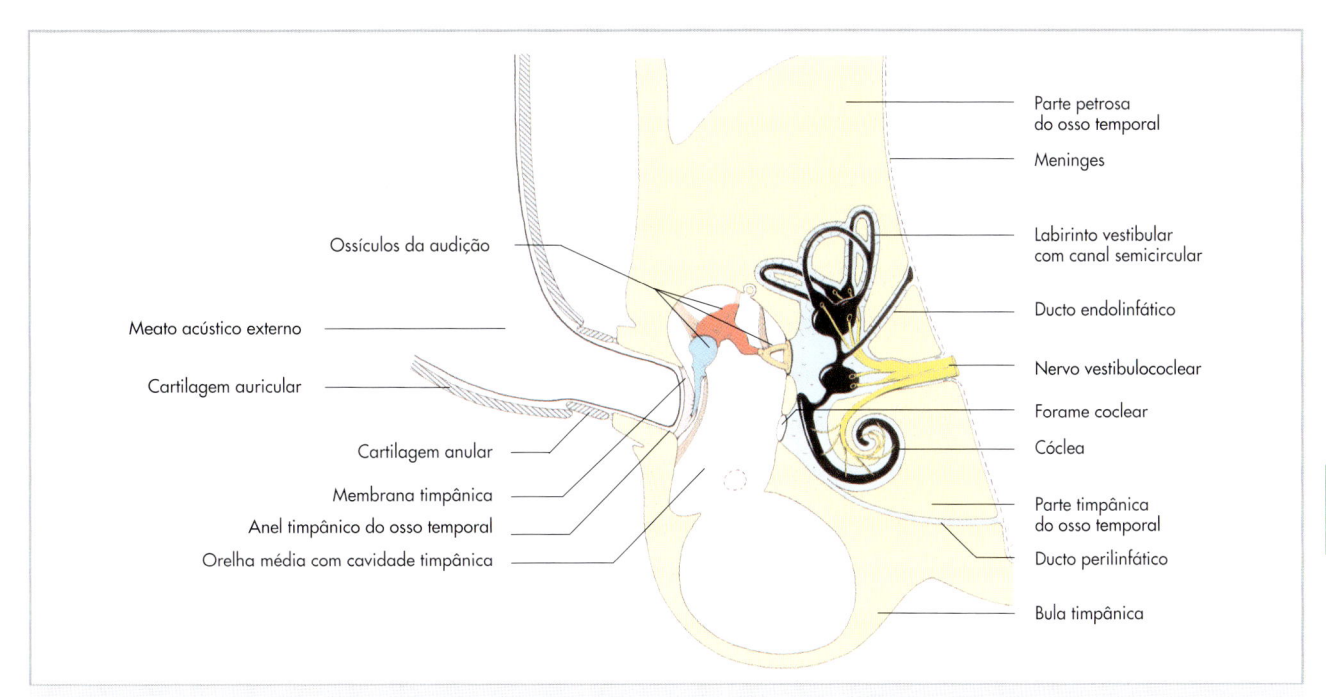

Fig. 18.1 Meato acústico externo e orelhas média e interna de um cão (representação esquemática).

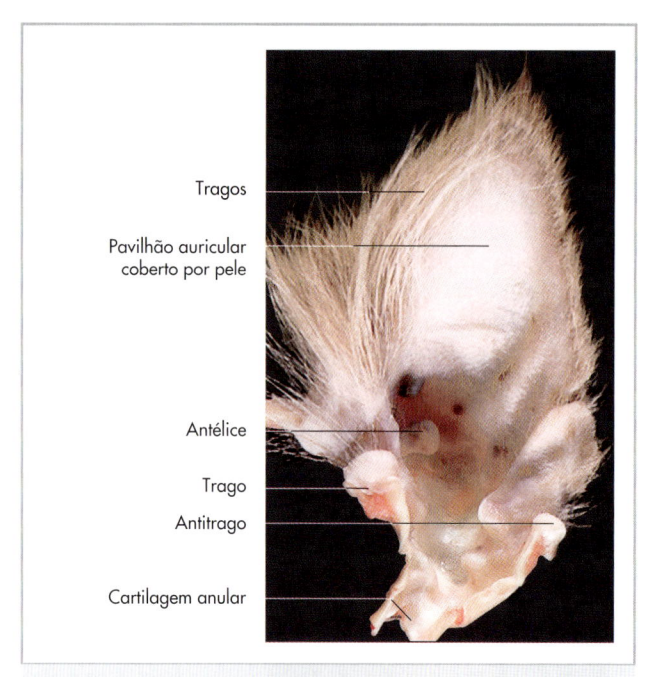

Fig. 18.2 Pavilhão auricular de um gato.

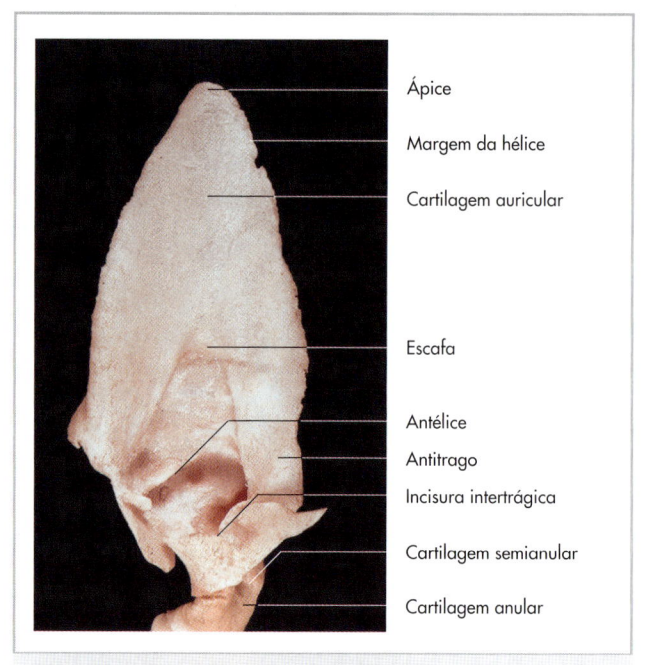

Fig. 18.3 Pavilhão auricular de um cão. (Fonte: cortesia do Dr. R. Macher, Viena.)

Seguindo-se a nomenclatura anatômica humana, podem-se distinguir as seguintes características (▶Fig. 18.2 e ▶Fig. 18.3):
- ápice da orelha (*apex auriculare*);
- margens rostral e caudal;
- face convexa (*dorsum auriculare*);
- face côncava com:
  - escafa;
  - concha;
  - estruturas cartilaginosas características de cada espécie: pilar da hélice, antélice, trago e antitrago.

A **face côncava do pavilhão auricular** se divide em concha da orelha (*concha auriculare*), ou **cavidade conchal**, situada mais distalmente da **escafa** plana. Uma faixa cartilaginosa separada, a **cartilagem anular** (*cartilago anularis*), se encaixa na base da tuba conchal. Essa cartilagem se sobrepõe e se fixa ao **meato acústico externo ósseo** (▶Fig. 18.2 e ▶Fig. 18.3). No gato e no cão, a margem caudal apresenta o **saco cutâneo marginal** (*saccus cutaneus marginalis*).

Tab. 18.1 Formas de orelha específicas por raças

Formas de orelha em cães
- Orelha erguida curta: Lulu-da-pomerânia, cão nórdico de trenó.
- Orelha erguida longa: Pastor-alemão.
- Orelha de morcego: Buldogue francês.
- Orelha caída: Fox terrier, Collie.
- Orelha cor-de-rosa com extremidade próximo à cabeça: Galgos.
- Orelha pendente flácida: Dinamarquês, algumas raças de perdigueiros.
- Orelha pendente longa: Sabujo, alguns cães de caça.

18.1.2 Meato acústico externo (*meatus acusticus externus*)

O meato acústico externo (▶Fig. 18.8) tem uma **parte cartilaginosa distal** e uma **parte óssea proximal**. Ele se inicia com a parte estreitada da cartilagem auricular e termina no tímpano.

Em carnívoros e no suíno, a parte cartilaginosa é relativamente longa e curvada, e a sua parte inicial é direcionada para baixo, seguida por uma parte horizontal direcionada medialmente.

A parte óssea é relativamente curta e se fixa à parte basal da concha pela cartilagem anular. Essa disposição de um anel de união separado entre o pavilhão auricular e o meato acústico externo proporciona uma maior flexibilidade à orelha externa. O **meato acústico externo** é revestido com um epitélio escamoso estratificado, o qual contém glândulas sebáceas e ceruminosas tubulares, as quais secretam **cerume** (*cerumen*). No equino e nos ruminantes, essas glândulas se situam na parte cartilaginosa do meato acústico externo, ao passo que, em carnívoros, elas se situam em toda a extensão do meato acústico externo.

18.1.3 Membrana timpânica (*membrana tympani*)

A **membrana timpânica**, ou **tímpano**, separa a orelha média do meato acústico externo (▶Fig. 18.1, ▶Fig. 18.4 e ▶Fig. 18.5). Ela transmite as ondas sonoras para os ossículos da audição na orelha média. Trata-se de uma lâmina semitransparente e delgada sustentada no **anel timpânico** (*anulus tympanicus*). O anel timpânico é interrompido dorsalmente por uma **incisura**, sobre a qual há uma faixa de tecido mole.

A parte da membrana timpânica que se fixa ao anel timpânico é **tensa** (*pars tensa*), ao passo que a parte que cobre a incisura do

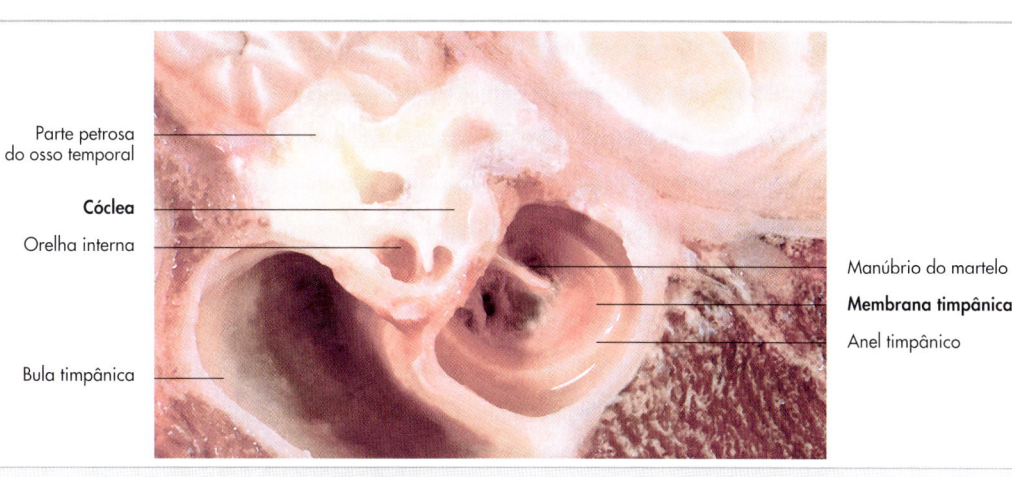

Órgão vestibulococlear (*organum vestibulocochleare*)

Fig. 18.4 Secção transversal das orelhas média e interna de um cão com vista interna da membrana timpânica. (Fonte: cortesia do Prof. Dr. J. Maierl, Munique.)

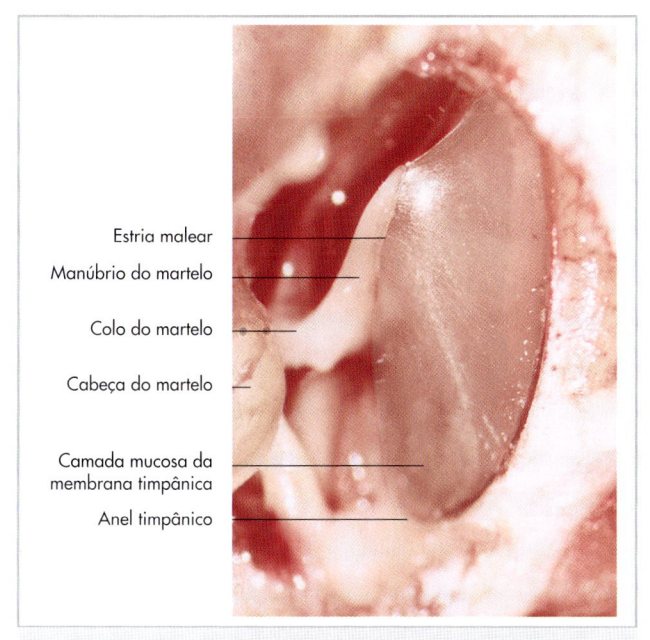

Fig. 18.5 Membrana timpânica de um gato com manúbrio do martelo (vista interna). (Preparação do Dr. F. Hartmann, 1992.)

anel timpânico é **flácida** (*pars flaccida*). A membrana timpânica é composta por **três camadas**:
- epiderme escamosa estratificada externa (*stratum cutaneum*);
- camada de tecido conjuntivo (conectivo) fibroso central (*stratum proprium*);
- mucosa interna (*stratum mucosum*).

A **face externa** da membrana timpânica é coberta por um epitélio contínuo com o epitélio do meato acústico externo, e sua face medial, pelo revestimento mucoso da cavidade timpânica. A camada externa sem pigmentação não contém pelos nem glândulas. A **camada central** se dispõe em **camadas externas radiais** e **camadas internas circulares**, as quais prosseguem no anel fibrocartilaginoso, que fixa a membrana timpânica ao anel timpânico ósseo (▶Fig. 18.1, ▶Fig. 18.4, ▶Fig. 18.7 e ▶Fig. 18.11).

A **mucosa interna** é um epitélio escamoso de camada única que se prolonga até a face do martelo (*malleus*), que, por sua vez, está firmemente fixado às fibras de tecido conjuntivo. O local de fixação é chamado de **umbigo da membrana timpânica** (*umbo membranae tympani*).

A **face externa** da membrana timpânica sofre uma depressão no lado oposto da **extremidade distal do martelo**, devido à tração que exerce. Uma **estria** de coloração clara (*stria mallearis*) pode ser observada nesse local. O cabo do martelo se insere na membrana timpânica, ao passo que a cabeça se articula com o corpo do ossículo da audição vizinho, a **bigorna** (*incus*). As ondas sonoras penetrantes são transformadas em impulsos mecânicos pela membrana timpânica e conduzidas à orelha interna pelos ossículos da audição (▶Fig. 18.11). A membrana timpânica é inclinada e tem forma oval no cão. No gato, ela é pontuda; no suíno, circular; e no equino e no bovino, oval. A membrana timpânica é **intensamente vascularizada** e **inervada** por **fibras nervosas sensoriais**.

18.2 Orelha média (*auris media*)

A orelha média (▶Fig. 18.1, ▶Fig. 18.6 e ▶Fig. 18.11) compreende:
- cavidade timpânica (*cavum tympani*);
- ossículos da audição (*ossicula auditus*);
- tuba auditiva (*tubae auditivae*, trompa de Eustáquio).

No equino, a tuba auditiva forma um amplo divertículo, o **divertículo da tuba auditiva** (*diverticulum tubae auditivae*) ou **bolsa gutural** (▶Fig. 18.15).

18.2.1 Cavidade timpânica (*cavum tympani*)

A cavidade timpânica ocupa o interior do osso petroso temporal. Ela pode ser dividida nas **partes dorsal**, **média** e **ventral**.

A parte dorsal, o **epitímpano**, contém o ossículo auricular. A parte média, ou **mesotímpano**, inclui a membrana em sua parede lateral e se abre rostralmente na parte laríngea através da tuba auditiva. O **hipotímpano** ventral, ou **bula timpânica** (*bulla tympanica*), é uma expansão bulbosa aumentada do osso temporal que se subdivide em várias áreas celulares em algumas espécies (▶Fig. 18.8). A bula timpânica forma o assoalho e uma grande parte das paredes laterais da cavidade timpânica; para uma descrição

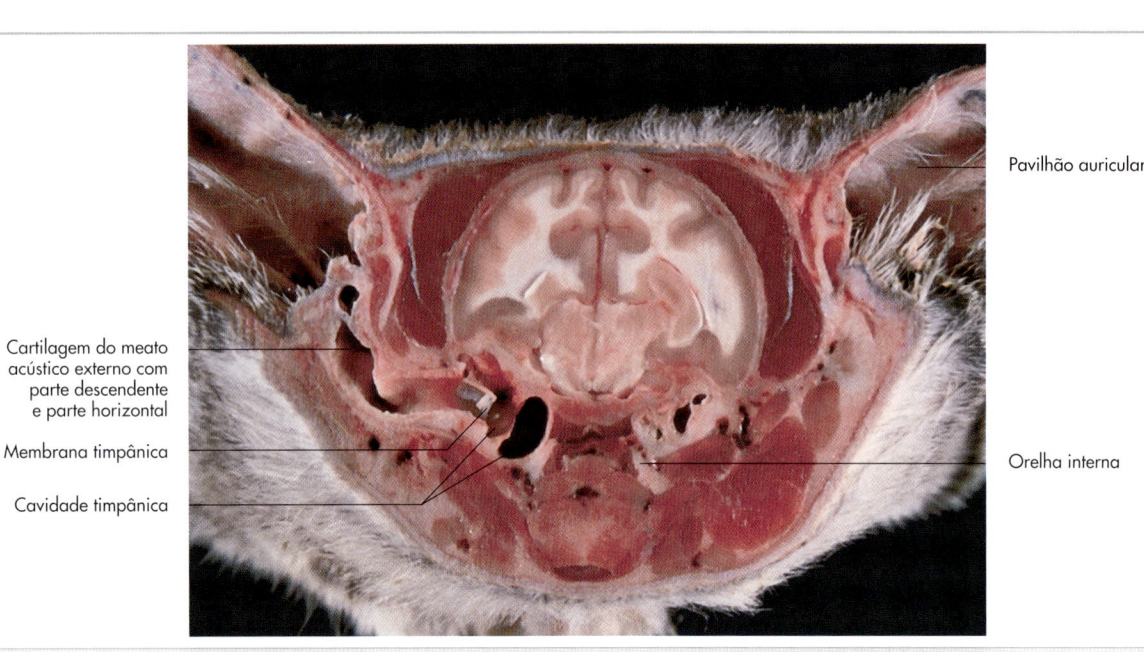

Fig. 18.6 Secção transversal da cabeça de um gato na altura da orelha.

Legendas da figura:
- Cartilagem do meato acústico externo com parte descendente e parte horizontal
- Membrana timpânica
- Cavidade timpânica
- Pavilhão auricular
- Orelha interna

mais detalhada, consulte o Capítulo 2, "Esqueleto axial" (p. 73). A parede lateral da cavidade timpânica incorpora a **membrana timpânica**; a parede medial contém **duas janelas**.

A **janela do vestíbulo** (*fenestra vestibuli*) é oval, situa-se rostrodorsalmente, é ocupada pela base do estribo (*stapes*) e conecta a cavidade timpânica à orelha interna. A **janela da cóclea** (*foramen cochleae*), situada mais caudalmente, apresenta um formato redondo e conduz à cavidade da cóclea. Ela é fechada pela membrana timpânica secundária. A cóclea se localiza em uma proeminência óssea, o **promontório** (*promontorium*), que se projeta da parede medial da cavidade timpânica (▶Fig. 18.10).

A cavidade timpânica é revestida por um epitélio de camada simples, que prossegue até os ossículos auriculares e a membrana timpânica. O tecido mole subjacente é intensamente vascularizado e inervado.

18.2.2 Ossículos da audição (*ossicula auditus*)

A transmissão de vibrações da membrana timpânica através da cavidade timpânica para a orelha interna é mediada por **três ossículos** da audição (▶Fig. 18.1, ▶Fig. 18.4, ▶Fig. 18.5, ▶Fig. 18.11 e ▶Fig. 18.12):
- martelo (*malleus*);
- bigorna (*incus*);
- estribo (*stapes*).

Trata-se de pequenos ossos lamelares que se unem um ao outro por meio de **sindesmoses** para formar uma corrente que se prolonga da membrana timpânica até a janela do vestíbulo.

Em animais jovens, pode haver um pequeno osso separado, o **osso lenticular** (*os lenticulare*), interposto entre a bigorna e o estribo, que, mais tarde se fusiona à bigorna. O ossículo mais lateral é o **martelo**, composto por **cabeça**, **colo** e **cabo do martelo** (**manúbrio**). O cabo do martelo está inserido na membrana timpânica (▶Fig. 18.1, ▶Fig. 18.4, ▶Fig. 18.5 e ▶Fig. 18.11). Ele se une à cabeça pelo colo, o qual se projeta sobre a membrana timpânica em alguns milímetros. A superfície em forma de sela da cabeça do martelo se articula com o corpo do estribo.

A bigorna se divide em um **corpo** e dois **ramos**, um **curto** e outro **longo** (▶Fig. 18.1, ▶Fig. 18.11, ▶Fig. 18.14 e ▶Fig. 18.20). O ramo longo se une ao osso lenticular, o qual se articula com a cabeça do estribo (*caput stapedis*).

O **estribo** é composto por uma **cabeça**, um **colo**, dois **ramos**, uma **base** e um **processo muscular** (▶Fig. 18.1, ▶Fig. 18.11, ▶Fig. 18.13 e ▶Fig. 18.20). A base se articula com o anel fibrocartilaginoso, que circunda a janela do vestíbulo.

Vários **ligamentos** e **pregas mucosas** fixam os ossículos da audição à parede da cavidade timpânica. O manúbrio do martelo se fixa ao anel timpânico (▶Fig. 18.9) pelo **ligamento lateral** do martelo e à parede do epitímpano pelo **ligamento rostral** do martelo. A cabeça do martelo se fixa à parede dorsal do epitímpano por meio do **ligamento superficial** do martelo e é estabilizada por duas pregas mucosas, pelas quais atravessam as cordas do tímpano.

O **nervo facial** segue a parede do epitímpano e é separado dela em segmentos pela mucosa. O ramo curto da bigorna se fixa ao epitímpano pelo ligamento caudal da bigorna. Um **ligamento anular** (*ligamentum anulare stapedis*) fixa a base do estribo à janela do vestíbulo.

Os **ossículos da audição** não apenas transmitem as vibrações da membrana timpânica, mas também as ampliam em, pelo menos, 20 vezes. Isso é fundamental para iniciar ondas na endolinfa da orelha interna. Uma função importante no mecanismo de intensificação é desempenhada por **dois músculos antagônicos** associados aos ossículos: o músculo tensor do tímpano e o músculo estapédio.

O **músculo tensor do tímpano** (*m. tensor tympani*) se origina na parte rostromedial da cavidade timpânica e se insere no manúbrio do martelo. A contração desse músculo tensiona a cadeia de

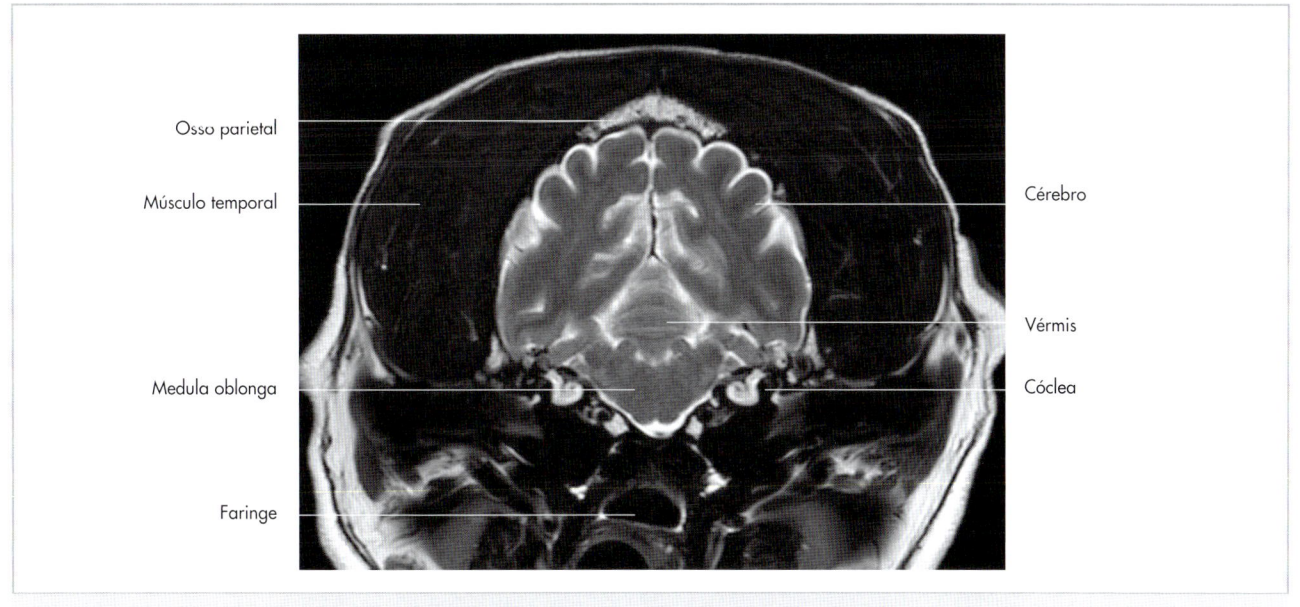

Fig. 18.7 Imagem de ressonância magnética (RM) da cabeça de um cão ao nível da cóclea (secção transversal, ponderada em T2). (Fonte: cortesia do Prof. Dr. E. Ludewig, Viena.)

ossículos da audição e a membrana timpânica, resultando, assim, na maior sensibilidade do sistema de transmissão.

Já o **músculo estapédio** (*m. stapedius*) se origina de uma pequena fossa entre o canal facial e a parede da cavidade timpânica e se insere na cabeça do estribo. A contração do músculo estapédio afasta a base do estribo da janela do vestíbulo e, desse modo, tem um efeito atenuante sobre a transmissão. O músculo tensor do tímpano é inervado pelo **nervo pterigóideo**, um ramo do **nervo mandibular**; o músculo estapédio é inervado pelo nervo facial (▶Fig. 18.20).

18.2.3 Tuba auditiva (*tubae auditivae*, trompa de Eustáquio)

A tuba auditiva (▶Fig. 18.15, ▶Fig. 18.16, ▶Fig. 18.17, ▶Fig. 18.18 e ▶Fig. 18.19) é um tubo em forma de fenda que conecta a cavidade timpânica à parte nasal da faringe. A tuba é delimitada por um canal aberto ventralmente, com um segmento ósseo próximo à **cavidade timpânica** (*pars ossea*), o qual se torna cartilaginoso em direção à **faringe** (*pars cartilaginea tubae auditivae*). Os dois segmentos são revestidos por epitélio ciliado, que contém células caliciformes com tecido mole colágeno-elástico subjacente rico em células linforreticulares. A cavidade timpânica marca a abertura para a **tuba auditiva** e termina na parte nasal da faringe com a **abertura faríngea em forma de fenda**. As aberturas faríngeas são marcadas por tonsilas tubais em ruminantes.

As **tubas auditivas** servem para equalizar a pressão atmosférica nos dois lados das membranas timpânicas. Elas se abrem temporariamente durante o bocejo ou a deglutição. Às vezes, a pressão se desequilibra (p. ex., durante uma mudança brusca de altitude), e a restauração repentina desencadeia uma pequena sensação de estouro na orelha. As tubas auditivas também permitem que a leve secreção das glândulas no revestimento da cavidade auditiva escoe para a faringe.

Os **divertículos das tubas auditivas** (**bolsas guturais**) pares são uma característica anatômica dos equídeos e são formados pela projeção do revestimento mucoso da tuba auditiva através da fenda ventral da cartilagem de sustentação (▶Fig. 18.15). Eles têm uma capacidade de cerca de 500 mL e ocupam o espaço entre a base do crânio e o atlas dorsalmente e entre a faringe e o início do esôfago ventralmente.

Medialmente, as **partes dorsais** dos dois sacos são separadas pelos músculos retos ventrais da cabeça, porém, abaixo deles, elas se encontram separadas por um fino **septo mediano**. O osso estilo-hioide divide, de forma incompleta, a bolsa em compartimentos medial e lateral. Várias estruturas importantes têm uma íntima relação anatômica com a bolsa. Entre elas, está a **artéria carótida externa**, a qual corre em uma prega da parede lateral do compartimento lateral. A **artéria carótida interna** passa através do compartimento medial maior em uma prega comum com os **nervos vago** e **glossofaríngeo** e o **gânglio cervical cranial**. Os nervos glossofaríngeo e hipoglosso passam ao longo de uma prega situada mais ventralmente na parede do compartimento medial. Os divertículos das tubas auditivas estão em contato com os **linfonodos retrofaríngeos** medial e lateral e são revestidos por mucosa respiratória, com epitélio ciliado, células caliciformes e tecido linfoide.

Nota clínica

Os **distúrbios do divertículo da tuba auditiva** (bolsa gutural) são relativamente comuns no equino e incluem timpanite da bolsa gutural em potros, empiema da bolsa gutural e micose da bolsa gutural. Infecções podem se espalhar para estruturas relacionadas e levar a complicações maiores.

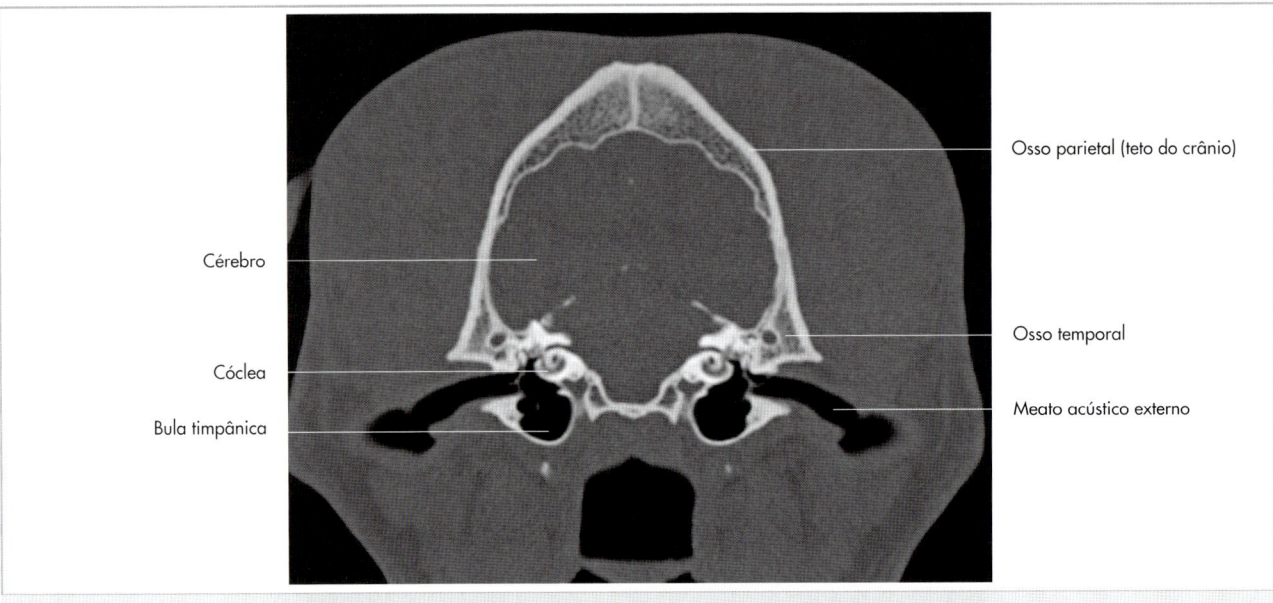

Fig. 18.8 Tomografia computadorizada (TC) da cabeça de um cão ao nível da cóclea (secção transversal). (Fonte: cortesia do Prof. Dr. E. Ludewig, Viena.)

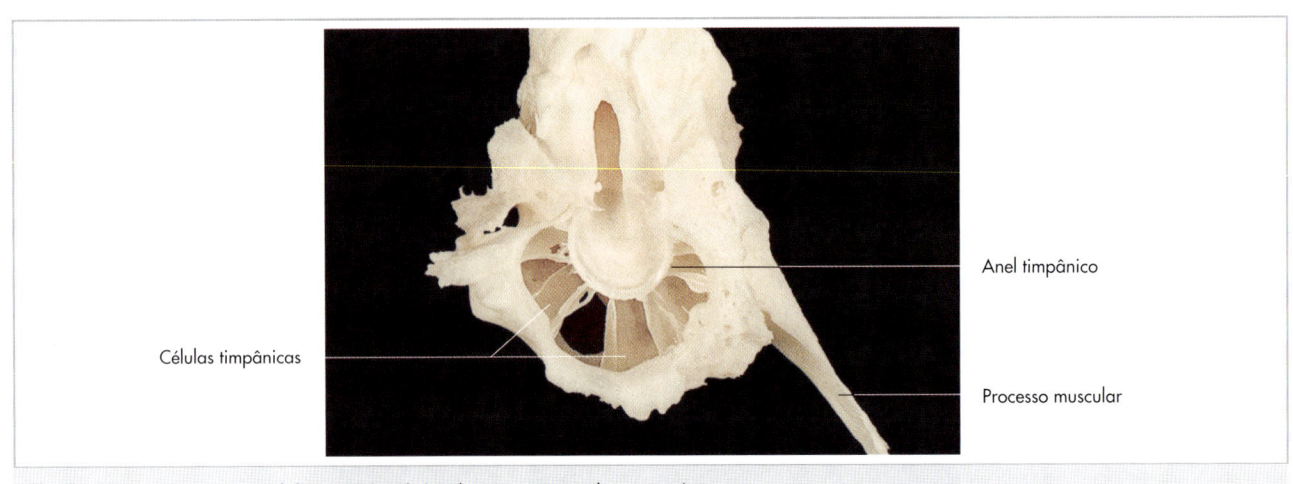

Fig. 18.9 Secção transversal da parte timpânica do osso petroso de um equino.

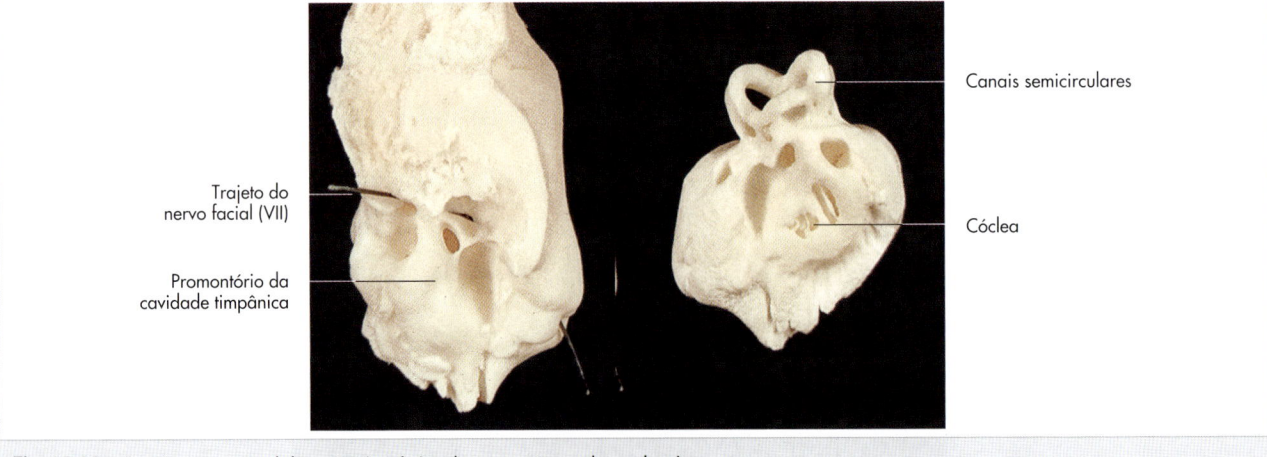

Fig. 18.10 Secção transversal da parte timpânica do osso petroso de um bovino.

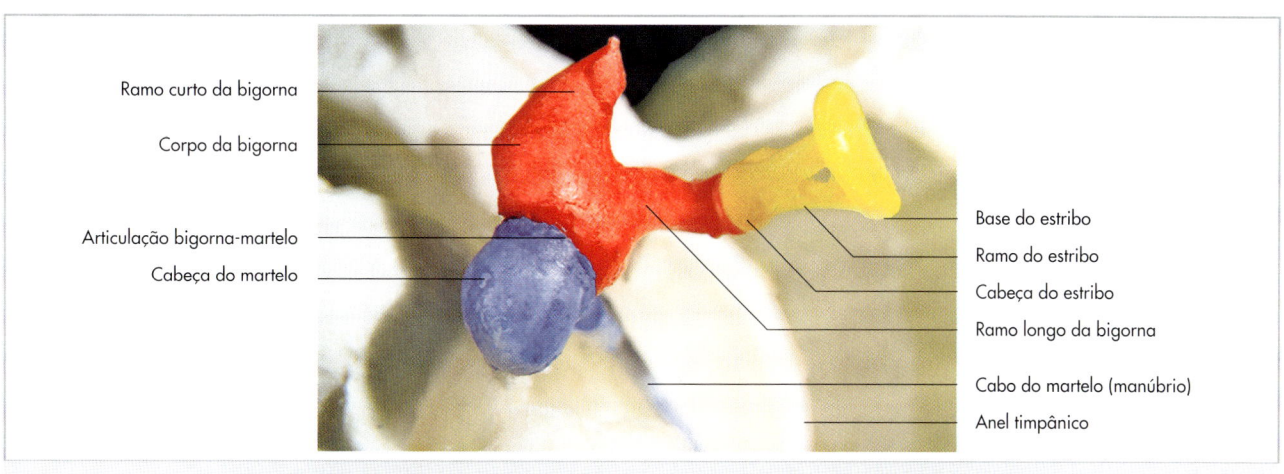

Fig. 18.11 Ossículos da audição de um equino (colorizados). (Preparação de H. Dier, Viena.)

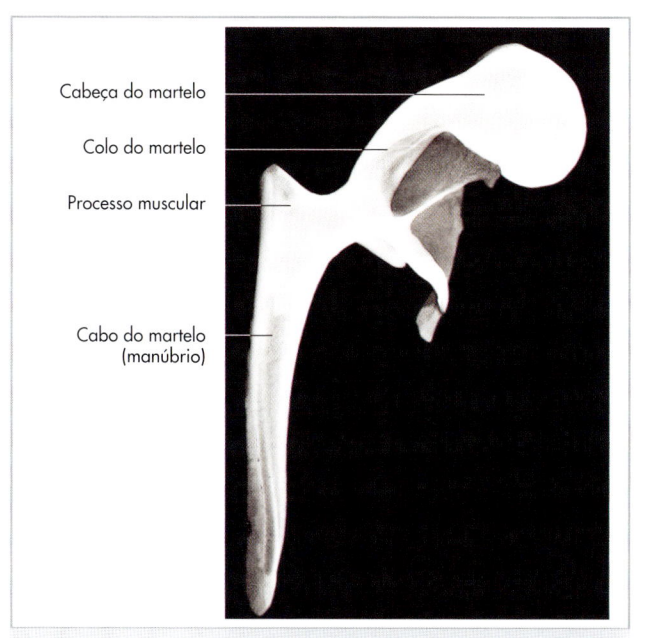

Labels: Ramo curto da bigorna; Corpo da bigorna; Articulação bigorna-martelo; Cabeça do martelo; Base do estribo; Ramo do estribo; Cabeça do estribo; Ramo longo da bigorna; Cabo do martelo (manúbrio); Anel timpânico

Fig. 18.12 Radiografia do martelo. (Fonte: cortesia da Profª. Drª. Cordula Poulsen Nautrup, Munique.)

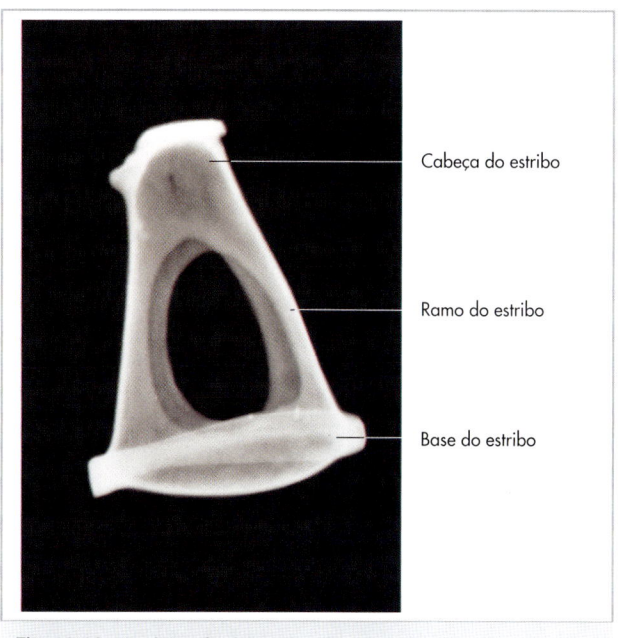

Labels: Cabeça do martelo; Colo do martelo; Processo muscular; Cabo do martelo (manúbrio)

Fig. 18.13 Radiografia do estribo. (Fonte: cortesia da Profª. Drª. Cordula Poulsen Nautrup, Munique.)

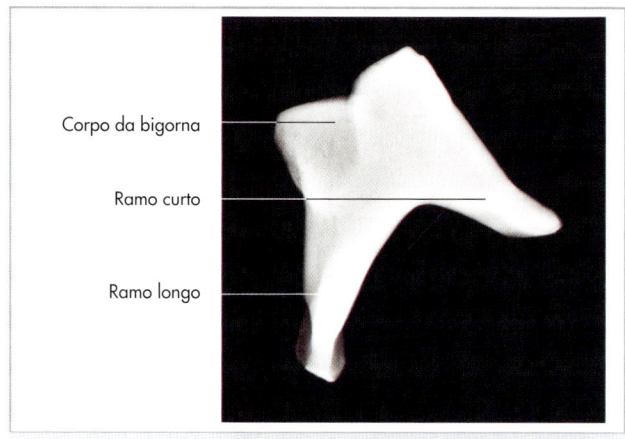

Labels: Cabeça do estribo; Ramo do estribo; Base do estribo

Fig. 18.14 Radiografia da bigorna. (Fonte: cortesia da Profª. Drª. Cordula Poulsen Nautrup, Munique.)

Labels: Corpo da bigorna; Ramo curto; Ramo longo

Fig. 18.15 Tuba auditiva de um equino. (Fonte: cortesia do Dr. R. Macher, Viena.)

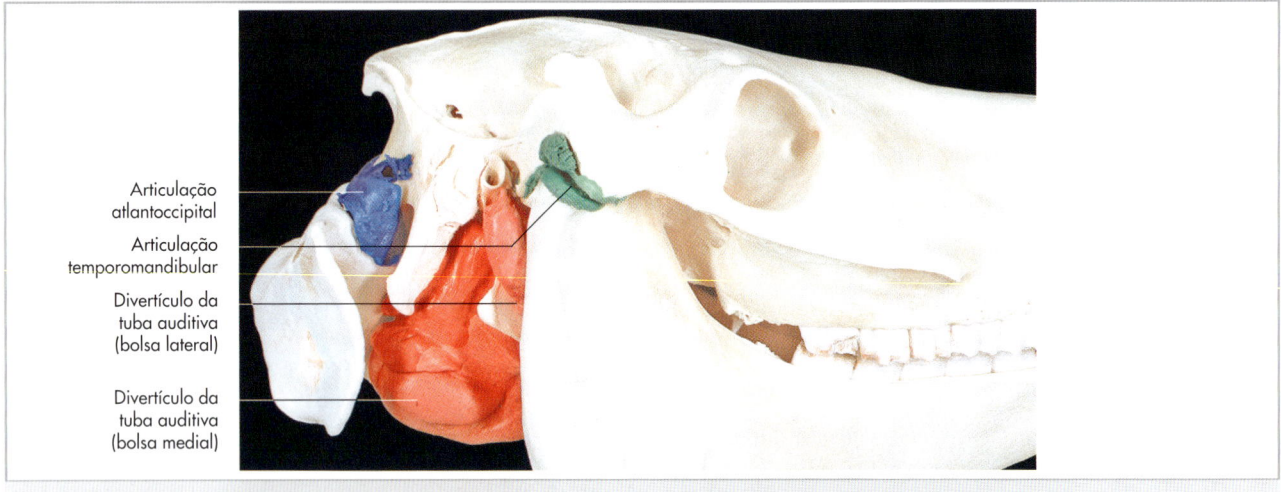

Fig. 18.16 Divertículo da tuba auditiva com articulações atlantoccipital e temporomandibular (molde em acrílico, vista lateral). (Preparação do Dr. S. Wolf, 1999, Viena.)

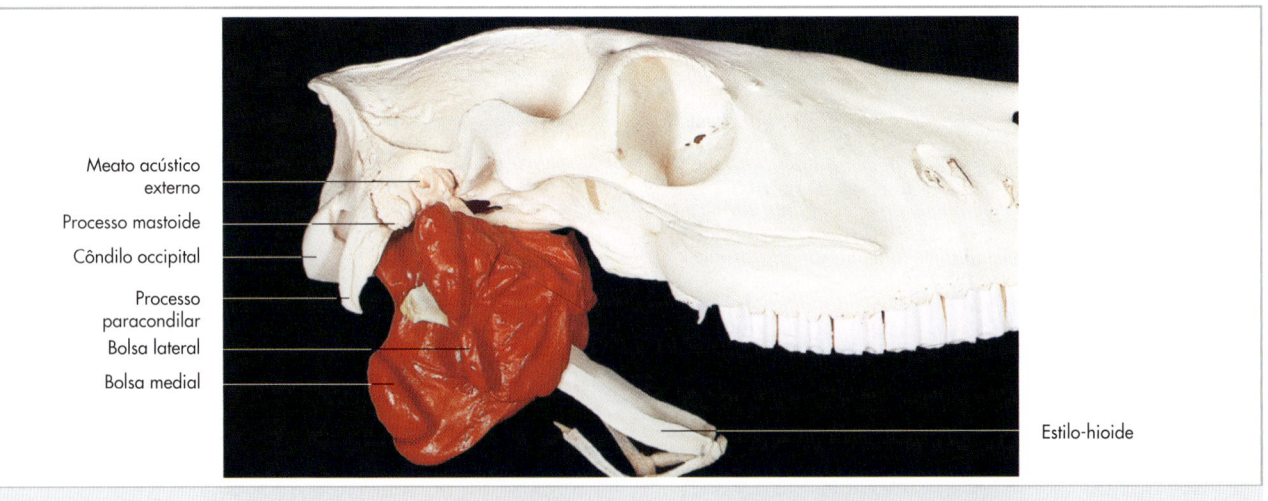

Fig. 18.17 Divertículo da tuba auditiva (molde em acrílico, vista lateral).

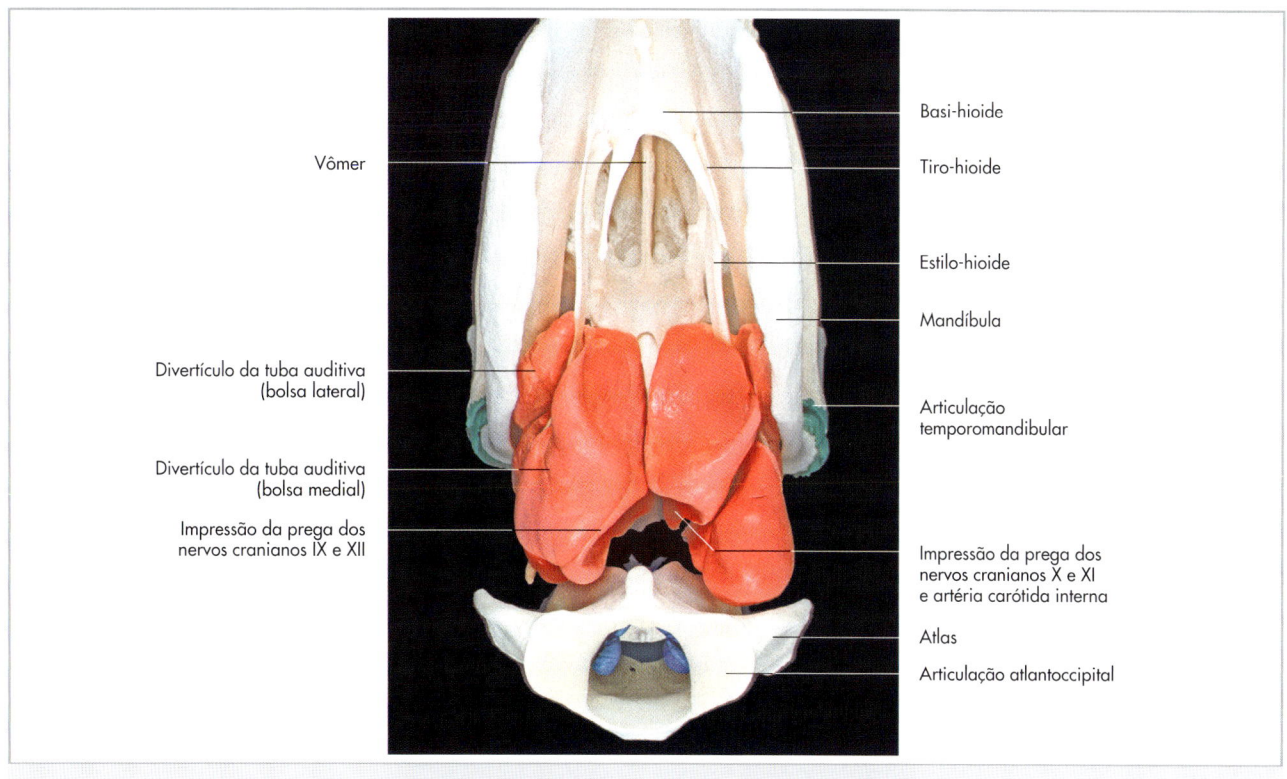

Órgão vestibulococlear (*organum vestibulocochleare*) 627

Fig. 18.18 Divertículo da tuba auditiva (molde em acrílico, vista ventral). (Preparação do Dr. S. Wolf, 1999, Viena.)

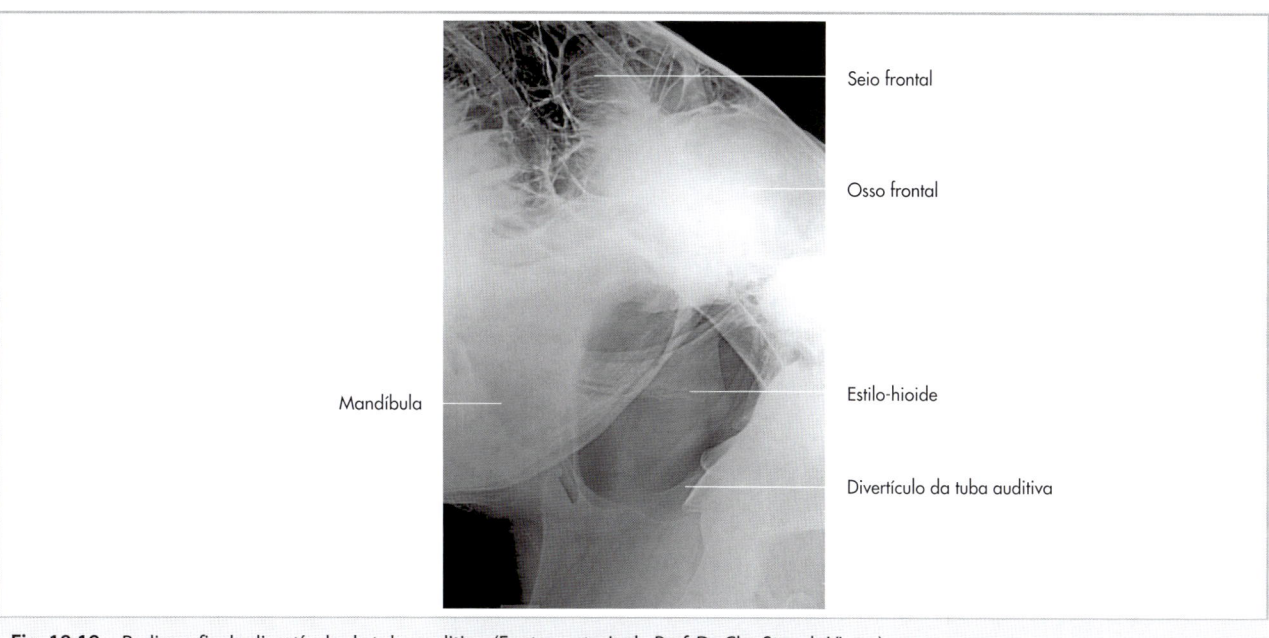

Fig. 18.19 Radiografia do divertículo da tuba auditiva. (Fonte: cortesia do Prof. Dr. Chr. Stanek, Viena.)

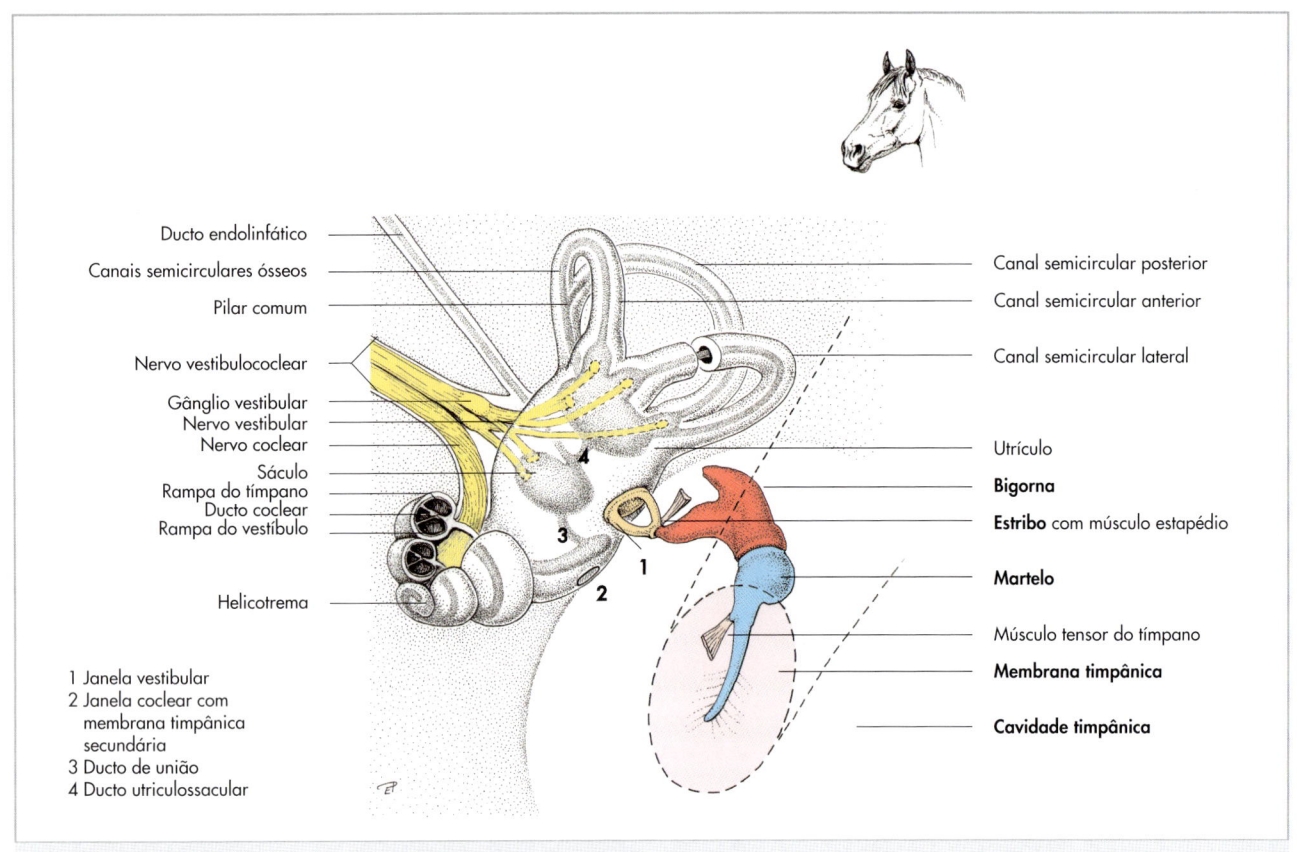

Fig. 18.20 Orelhas média e interna de um equino (representação esquemática, vista conforme indicada pela inserção).

A **função** mais provável do divertículo da tuba auditiva é a redução do peso específico da cabeça. Investigações experimentais recentes identificam esse divertículo como um mecanismo para o resfriamento do fluxo sanguíneo para o encéfalo. Esses estudos destacam a importância do contato intensivo entre a parte extracraniana da artéria carótida interna e a parede extremamente fina da bolsa.

18.3 Orelha interna (*auris interna*)

A orelha interna é um órgão combinado que consiste em uma série de câmaras e ductos membranosos preenchidos com líquido, o **labirinto membranáceo** (*labyrinthus membranaceus*) (▶Fig. 18.20). O líquido desse labirinto é chamado de **endolinfa**, cujo movimento estimula as células sensoriais no interior da parede membranosa.

O labirinto membranáceo compreende:
- labirinto vestibular (*labyrinthus vestibularis*), que contém o órgão receptor do equilíbrio;
- labirinto coclear (*labyrinthus cochlearis*), com o órgão da audição;
- ducto de união, por meio do qual os dois sistemas se comunicam (▶Fig. 18.20).

O **labirinto membranáceo** é cercado pelo **labirinto ósseo** (*labyrinthus osseus*), uma estrutura complexa na parte petrosa do osso temporal. A forma e divisões desse labirinto são semelhantes às do labirinto membranáceo, mas ligeiramente maiores (uma descrição mais detalhada pode ser obtida em obras sobre histologia).

O labirinto ósseo consiste em:
- vestíbulo (*vestibulum*);
- canais semicirculares (*canales semicirculares ossei*);
- cóclea (▶Fig. 18.21).

O **vestíbulo** é a câmara central do labirinto ósseo. Ele se comunica com a **cóclea** rostralmente e com os **canais semicirculares** caudalmente. A parede lateral do vestíbulo tem duas janelas: a **janela do vestíbulo**, obstruída pelo estribo; e, ventral a ela, a **janela da cóclea**, a qual é coberta pela membrana timpânica secundária. Os canais semicirculares acomodam o canal semicircular do labirinto vestibular.

A forma da **cóclea** se assemelha à concha de um caramujo, uma vez que ela forma uma espiral ao redor de um centro oco de osso, o **modíolo**, que contém o **nervo coclear** (▶Fig. 18.20).

A espiral tem 3 giros em carnívoros, 2,5 no equino, 4 no suíno e 3,5 em ruminantes. Uma plataforma óssea, a **lâmina espiral**, projeta-se no canal espiral desde o modíolo, separando o lúmen de modo incompleto em duas partes, denominadas **rampa do tímpano** e **rampa do vestíbulo** (▶Fig. 18.22).

O **gânglio espiral** do **nervo coclear** se situa no interior da lâmina espiral. A cóclea acomoda três ductos membranosos, os quais giram ao redor do modíolo.

Entre os labirintos ósseo e membranoso, estão os **espaços perilinfáticos** (*spatia perilymphatica*), que se conectam ao **espaço subaracnóideo** das meninges por meio dos aquedutos vestibular e coclear. Esses espaços são revestidos com um epitélio escamoso e contêm perilinfa, cuja composição é semelhante à do líquido cerebroespinal.

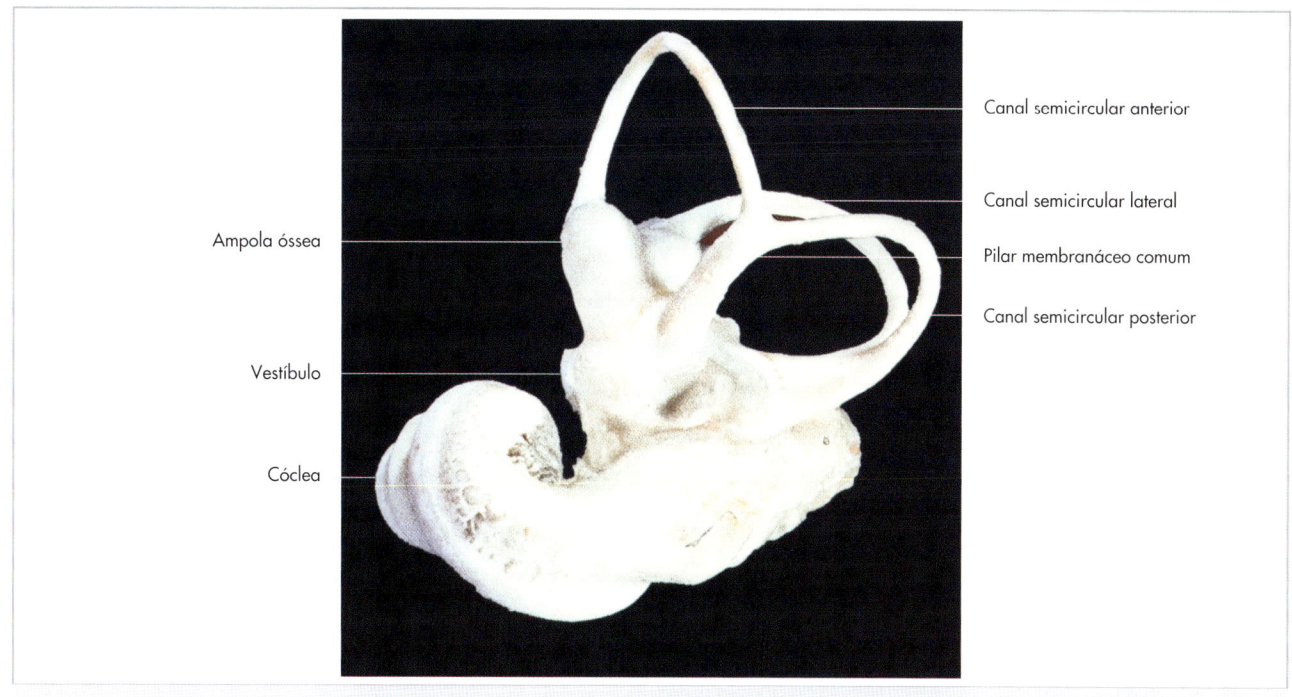

Fig. 18.21 Labirinto ósseo de um cão (molde em acrílico). (Fonte: cortesia do Prof. Dr. M. Navarro e da Profª. Drª. Ana Carretero, Barcelona.)

18.3.1 Labirinto vestibular (*pars statica labyrinthi*)

O labirinto vestibular compreende o **sáculo** (*sacculus*), o **utrículo** (*utriculus*) e os **canais semicirculares** (*ductus semicirculares*). Existem máculas sensoriais na parede do sáculo e do utrículo e uma crista sensorial em cada ampola dos canais semicirculares (▶Fig. 18.20), as quais sentem e conduzem impulsos de equilíbrio através do **nervo vestibular**.

Sáculo (*sacculus*) e utrículo (*utriculus*)

O sáculo e o utrículo são duas expansões no interior do vestíbulo ósseo. Do utrículo, emergem os **três canais semicirculares** referentes ao equilíbrio; do sáculo, emerge o **ducto coclear espiral**, o qual se refere à audição.

A **parede** do **sáculo** e do **utrículo** é coberta por um epitélio escamoso de camada simples com tecido conjuntivo frouxo subjacente. A parede medial é espessada para formar as **máculas** elevadas e ovais do **sáculo** e do **utrículo** (*macula sacculi, macula utriculi*) (▶Fig. 18.20). A mácula sensorial é composta por células epiteliais modificadas que atuam como receptores e são inervadas por fibras nervosas vestibulares. A parte basal das células epiteliais é envolta por uma fina rede de fibras nervosas não mielinizadas, que convergem para, por fim, formar o nervo vestibular. A parte luminal dessas células receptoras tem uma camada gelatinosa, a qual é cercada por pelos sensoriais. Pequenos cristais de carbonato de cálcio, denominados otólitos, aderem a essa camada gelatinosa. Uma alteração no sentido da membrana exerce pressão e estimula as células receptoras. O impulso iniciado é, então, transmitido para o encéfalo por fibras eferentes do nervo vestibular. Portanto, as máculas registram alterações no plano vertical ou horizontal (aceleração linear).

Canais semicirculares (*ductus semicirculares*)

Os **três canais semicirculares** ocupam os canais semicirculares do **labirinto ósseo**. Cada ducto emerge do utrículo e é semicircular, formando dois terços de um círculo em um plano simples antes de retornar para o sáculo. Desse modo, cada ducto tem **dois pilares**, porém os ductos anterior e posterior se unem para formar um pilar membranáceo comum.

Um pilar de cada ducto apresenta uma dilatação, a **ampola**, próximo à junção com o utrículo.

Os canais semicirculares posicionam-se quase em ângulos retos uns com os outros. O ducto anterior se orienta em um plano transversal, ao passo que o ducto posterior se orienta em um planto sagital, e o ducto lateral, em um plano horizontal.

A **estrutura da parede** dos ductos é semelhante à do sáculo e do utrículo (▶Fig. 18.20). De cada ampola, projeta-se um espessamento em forma de crista que marca a **crista ampular** (*crista ampullaris*) sensorial. Pelos sensoriais projetam-se das células receptoras, as quais são estimuladas pelo movimento da camada de glicoproteína (**cúpula**) ao seu redor. A rotação induz ao movimento da endolinfa, deformando a cúpula e estimulando as células receptoras (uma descrição mais detalhada pode ser encontrada em obras sobre histologia e embriologia).

As **células receptoras do labirinto vestibular** são inervadas pela parte vestibular do **nervo vestibulococlear**. O gânglio vestibular relacionado se situa no meato acústico interno e projeta ramos diretamente para as células receptoras vestibulares.

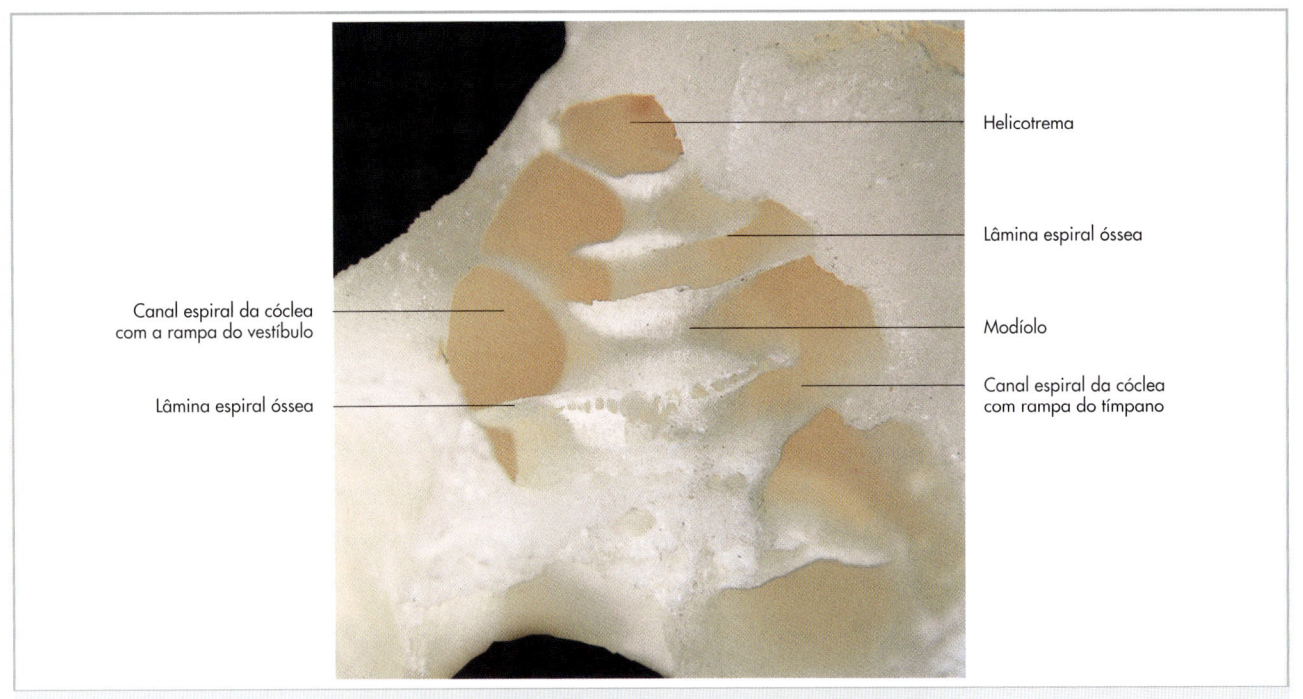

Fig. 18.22 Cóclea seccionada de um gato em decúbito dorsal. (Fonte: cortesia do Dr. F. Hartmann.)

18.3.2 Labirinto coclear (*pars auditiva labyrinthi*)

O órgão da audição se situa na parede do labirinto coclear membranoso e é composto pelo **órgão espiral** (**de Corti**) (*organum spirale*) no interior do **ducto coclear** (*ductus cochlearis*) (▶Fig. 18.20).

O canal espiral da cóclea se divide em **três ductos membranosos**, que formam uma espiral ao redor do modíolo até o ápice da cóclea (▶Fig. 18.22):

- rampa do vestíbulo (*scala vestibuli*);
- ducto coclear (*ductus cochlearis*), também denominado rampa média;
- rampa do tímpano (*scala tympani*).

O canal superior é a **rampa do vestíbulo**, o médio é o **ducto coclear** e o inferior é a **rampa do tímpano**. As duas rampas se comunicam no ápice da cóclea (**helicotrema**), ao redor da extremidade cega do ducto coclear. Na base da cóclea, a rampa do vestíbulo tem início na **janela do vestíbulo**, e a rampa do tímpano, na membrana timpânica secundária, a qual cobre a **janela da cóclea**. Ambas as rampas são revestidas por epitélio de camada simples e preenchidas com perilinfa.

O início do ducto coclear é cego e sobe dentro do canal espiral da cóclea óssea até a sua terminação cega, no ápice do modíolo. Ele é preenchido com endolinfa e se comunica com o labirinto vestibular pelo ducto de união.

Ducto coclear (*ductus cochlearis*)

O ducto coclear circunda o modíolo entre as duas rampas. Uma secção transversal revela a sua aparência de cunha, sendo que o ápice se volta em direção ao modíolo. Em seu interior, encontra-se o órgão espiral, imerso em líquido endolinfático (▶Fig. 18.23 e ▶Fig. 18.24). As paredes do ducto coclear têm **três segmentos distintos**: **membrana timpânica**, **membrana vestibular** e **membrana lateral**. A **membrana vestibular** é bastante delgada e forma o teto do ducto coclear, separando-o da rampa do vestíbulo da cóclea. A **parede lateral do ducto coclear** é formada pelo **ligamento espiral** (*ligamentum spirale*), o qual adere firmemente ao periósteo subjacente da lâmina espiral. Ele é intensamente vascularizado e responde pela produção e pela **secreção de endolinfa**.

A **membrana timpânica** forma o assoalho do ducto coclear e o separa da rampa do tímpano. O órgão espiral integra a membrana timpânica e seu componente de tecido conjuntivo é a **lâmina basal**, que se deriva do periósteo da lâmina espiral e é contínua com o ligamento espiral da parede lateral do ducto coclear.

Órgão espiral (*organum spirale*)

O órgão espiral (órgão de Corti, órgão de transdução sonora) inclui as **células receptoras da audição**. Ele se situa na membrana timpânica do ducto coclear e segue as espirais na extensão da cóclea (▶Fig. 18.23). Em direção ao interior do ducto, ele é recoberto por uma membrana **semelhante a gel** (*membrana tectoria*).

O órgão espiral inclui **dois tipos diferentes** de células:
- células sensoriais;
- células de sustentação: células pilares e células falângicas.

As **células pilares** entram em contato com a membrana basal com uma extremidade, ao passo que a outra se projeta para formar lâminas que proporcionam estabilidade para as células receptoras do órgão espiral. As células pilares recebem auxílio das **células falângicas**, as quais também oferecem sustentação para as células receptoras. As **células receptoras** se dispõem em fileiras entre as células falângicas e são células cilíndricas, cujas bases formam

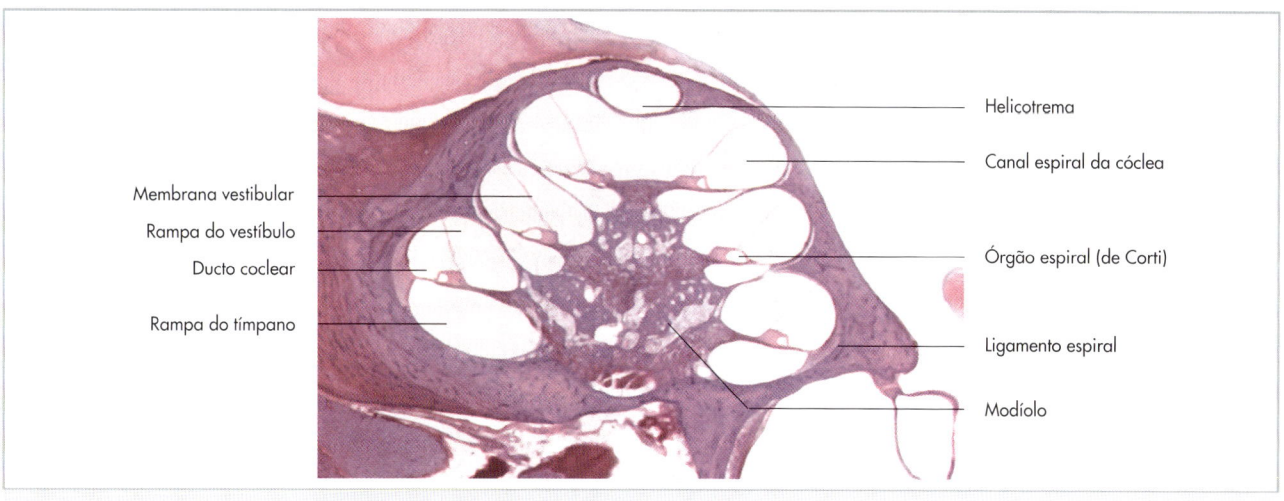

Órgão vestibulococlear (*organum vestibulocochleare*) 631

Fig. 18.23 Corte histológico da cóclea de um suíno em decúbito dorsal.

Rótulos: Membrana vestibular; Rampa do vestíbulo; Ducto coclear; Rampa do tímpano; Helicotrema; Canal espiral da cóclea; Órgão espiral (de Corti); Ligamento espiral; Modíolo.

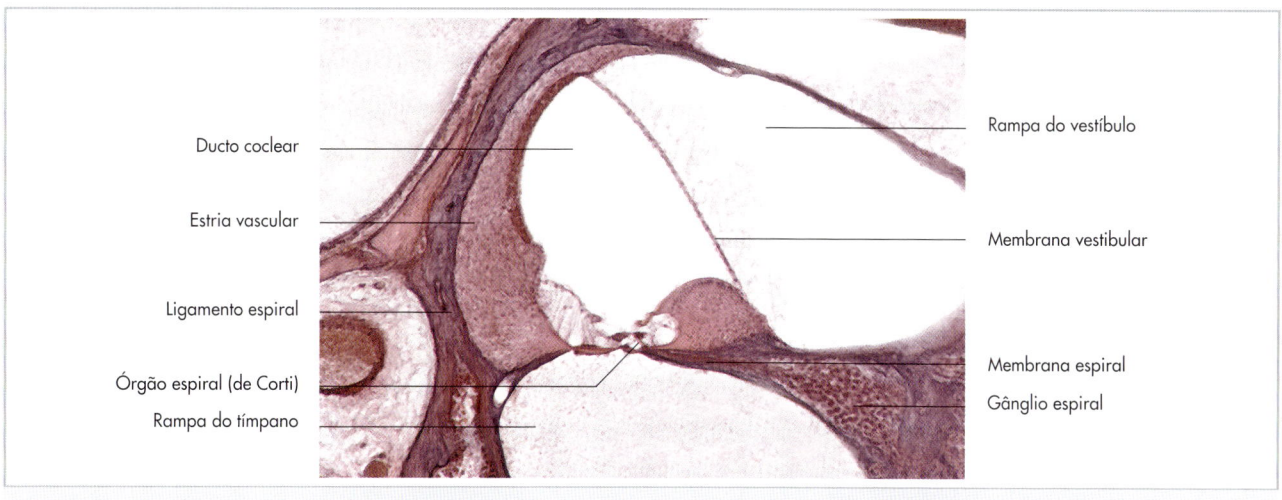

Fig. 18.24 Corte histológico da rampa do tímpano, da rampa do vestíbulo e do ducto coclear de um suíno em decúbito dorsal.

Rótulos: Ducto coclear; Estria vascular; Ligamento espiral; Órgão espiral (de Corti); Rampa do tímpano; Rampa do vestíbulo; Membrana vestibular; Membrana espiral; Gânglio espiral.

sinapses com um ou mais neurônios aferentes e eferentes. Os cílios sensoriais se projetam da extremidade livre das células receptoras (▶Fig. 18.25).

Os sons são recebidos pela orelha externa e provocam vibrações mecânicas da membrana timpânica, as quais são transmitidas para a orelha interna pela cadeia dos ossículos da audição.

Como o estribo se encontra em contato direto com a janela do vestíbulo, a perilinfa da orelha interna é colocada em movimento. Em virtude de a perilinfa não poder ser comprimida, o seu movimento é transmitido por meio da rampa do vestíbulo, do helicotrema e da rampa do tímpano até a janela da cóclea, onde induz a vibração da membrana timpânica secundária. Frequências diferentes são transmitidas para a endolinfa no ducto coclear pela membrana vestibular. O movimento da endolinfa resulta em pressão da membrana tectória, que, por sua vez, faz pressão sobre os cílios sensoriais, os quais estimulam as células receptoras a enviar impulsos para o **gânglio espiral**. Os axônios do gânglio espiral se unem para formar a parte coclear do **nervo vestibulococlear**, que passa para os núcleos correspondentes da medula oblonga.

Terminologia clínica

Exemplos de termos clínicos derivados de termos anatômicos: otite, otoscopia, síndrome auriculotemporal, timpanometria, timpanoscopia.

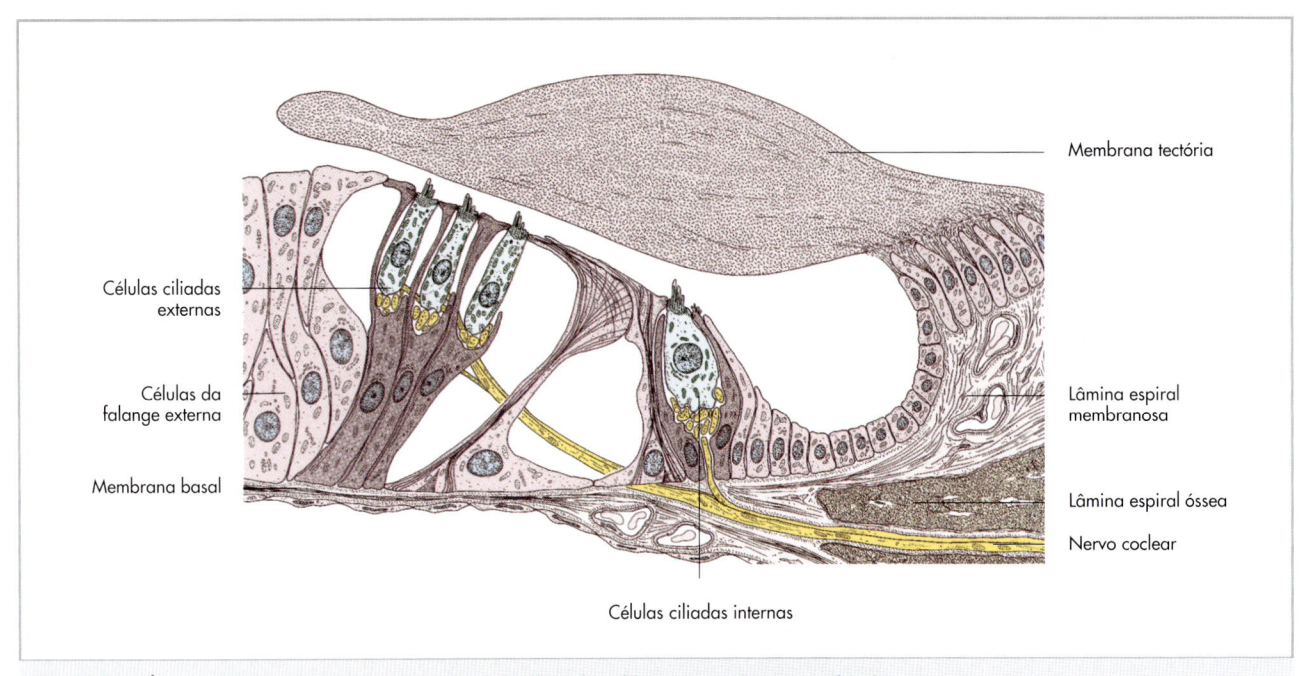

Fig. 18.25 Órgão espiral (de Corti) de um animal em decúbito dorsal (representação esquemática).

19 Tegumento comum (*integumentum commune*)

S. Reese, K.-D. Budras, Chr. Mülling, H. Bragulla, J. Hagen, K. Witter e H. E. König

O tegumento comum, muitas vezes erroneamente referido como "pele", constitui a barreira externa do organismo e é a forma de contato com o meio ambiente. Trata-se do **maior órgão** de todos os mamíferos e desempenha várias funções:
- proteção do corpo contra os fatores mecânicos, químicos, físicos e biológicos presentes no ambiente;
- receptores para a percepção de pressão, dor, calor e frio;
- armazenamento e excreção de água, eletrólitos, vitaminas e gordura;
- termorregulação;
- defesa imunológica;
- comunicação.

Uma perda de 25% do tegumento resulta em complicações fatais, o que indica a sua função vital para o organismo. Além disso, o tegumento comum pode refletir o estado de saúde do animal ou indicar uma doença interna, manifestando-se como icterícia, cianose ou edema. O tegumento comum também tem valor econômico considerável no que se refere às indústrias de couro, pele e lã.

Durante o desenvolvimento evolucionário, o tegumento comum desenvolveu várias estruturas especializadas em adaptação à sua função complexa:
- tela subcutânea (*subcutis*);
- pele (*cutis*) com derme, epiderme e pelos;
- modificações:
  - glândulas da pele (*glandulae cutis*), incluindo as glândulas mamárias;
  - coxins digitais (*tori*);
  - revestimento da falange distal: unha, garra e casco;
  - corno (*cornu*).

> **Terminologia clínica**
>
> Exemplos de termos clínicos derivados de termos anatômicos: dermatite, piodermite, foliculite, laminite, mastite, mastectomia, entre muitos outros.

19.1 Tela subcutânea (*subcutis*)

A tela subcutânea é a camada de tecido conjuntivo, também denominado tecido conectivo, frouxo entre a pele e a fáscia superficial. A **fáscia superficial** é vista como parte da fáscia externa do tronco, porém também constitui a **camada fibrosa** (*stratum fibrosum*) da tela subcutânea. A **tela subcutânea** é composta por tecido conjuntivo frouxo permeado por tecido adiposo branco. O tecido adiposo serve como proteção contra o frio, reservatório de energia e para amortecimento (p. ex., coxins digitais).

Acúmulos de tecido adiposo (*panniculus adiposus*) mais substanciais são encontrados na tela subcutânea do suíno e na região nucal do equino. A composição da gordura subcutânea é típica para cada espécie: amarelada e oleosa no equino, esbranquiçada e seca no bovino e branco-acinzentada e firme no suíno. A **gordura marrom** está presente apenas temporariamente nos mamíferos domésticos durante a fase perinatal. Ela é encontrada na região nucal e do ombro e possibilita a termogênese no recém-nascido, evitando tremores.

Fascículos de tecido frouxo distintos passam através da tela subcutânea, fixando-a ao tecido subjacente. Os **músculos cutâneos** entre as duas camadas da fáscia superficial projetam tendões minúsculos na tela subcutânea e proporcionam o meio para o movimento ativo da pele. A **tela subcutânea** do ovino do cão e do gato inclui grandes quantidades de tecido conjuntivo frouxo, ao passo que, no equino, no bovino e no caprino, ela adere mais ao tronco. O espessamento local da tela subcutânea permite que a pele forme **pregas** (*plicae cutis*) (▶Fig. 19.1). Excesso de tela subcutânea ocorre, por exemplo, no peito do bovino, no pescoço do ovino, na região poplítea e na região intermandibular entre os apêndices cervicais. Várias raças de caprinos e algumas de suínos e de ovinos apresentam apêndices cilíndricos pares suspensos desde a face ventral do pescoço, os quais são compostos por tecido conjuntivo frouxo ao redor de um bastão central de cartilagem.

Fig. 19.1 Touro de raça com prega cutânea mediana característica na extremidade caudal do pescoço (barbela).

Fig. 19.2 Cabeça de um bode com modificações características de espécie do tegumento comum: apêndices cervicais, barba de pelos longos e cornos.

Em locais onde a movimentação da pele não é desejável, a tela subcutânea é bastante delgada ou mesmo inexistente, como, por exemplo, sobre os lábios, as bochechas, a pálpebra, o pavilhão auricular ou ao redor do ânus. Uma bolsa sinovial pode estar presente contra protuberâncias ósseas para impedir danos a tecidos moles ou à pele (*bursa synoviales subcutanea*).

19.2 Pele (*cutis*)

A pele envolve o corpo e se fusiona às membranas mucosas em diversas aberturas dos sistemas digestório, respiratório, urinário e genital.

A **superfície da pele** é marcada por uma rede de **sulcos** (*sulci cutis*) finos e **cristas** (*cristae cutis*). Esses contornos são mais distintos em áreas nas quais não há pelos, como o nariz ou o focinho (▶Fig. 19.3). Tais contornos são permanentes e distintos individualmente e fornecem um meio de identificação amplamente utilizado em humanos (impressões digitais), porém de uso menos comum em cães e no gado (impressão nasal). Além disso, pequenas protuberâncias arredondadas são encontradas em todas as espécies e servem como receptores táteis.

Seios cutâneos (*sinus cutanei*) especializados estão presentes no ovino, no gato e no cão, nos quais a secreção das glândulas da pele e as células superficiais necrosadas se combinam para formar uma mistura de odor forte, utilizada para a demarcação de território. Nos ovinos, os seios cutâneos são os seios infraorbitais (*sinus infraorbitalis*), o seio inguinal (*sinus inguinalis*) e os seios interdigitais (*sinus interdigitalis*), os quais estão presentes em todos os quatro membros (▶Fig. 19.4). No cão e no gato, os seios paranais liberam secreções durante a defecação ou voluntariamente pela contração do esfíncter externo do ânus. A pele pode ser subdividida em:

- derme ou cório (*dermis, corium*), a camada profunda de tecido conjuntivo;
- epiderme (*epidermis*), o epitélio superficial.

19.2.1 Derme (*corium*)

A derme (cório) representa a **estrutura de tecido conjuntivo** do tegumento e constitui a parte da pele da qual se obtém o couro após o processo de curtição. Ela é a parte do tegumento que mais contribui para a sua espessura. A espessura da derme varia de acordo com a espécie e com a área do corpo, porém, em geral, a derme mais espessa é encontrada no bovino, e a mais delgada, no ovino e no gato. A espessura da derme diminui da face dorsal para a ventral no abdome, e da face proximal para a distal nos membros. A derme é mais desenvolvida no lado extensor das articulações do que no lado flexor. Cachaços mais velhos têm uma derme particularmente espessa e resistente na área do pescoço, do ombro e da lateral do tórax.

A derme é amplamente composta por **fascículos de fibras colágenas**, dispostos paralelamente à superfície da pele. As fibras entrelaçadas formam uma rede densa, que responde pelo aumento da força de tensão do tegumento. As **fibras elásticas** que formam uma rede adicional deixam o tegumento maleável. Essas fibras se entrelaçam com o tecido mole dos corpos do pelo e proporcionam uma suspensão estável e elástica ao folículo piloso inserido na epiderme.

A orientação das fibras colágenas e elásticas difere de acordo com a região do corpo, criando as chamadas **linhas de fenda**. Essas linhas podem ser demonstradas ao se criar uma incisão circular, a qual resultará em uma fenda na direção dessas fibras. O conhecimento da orientação geral dessas fibras é essencial para o cirurgião, a fim de que ele possa realizar incisões paralelas e reduzir a tensão na incisão. Incisões e ferimentos perpendiculares às fibras resultam em feridas abertas largas.

A derme pode ser subdividida em:

- camada reticular (*stratum reticulare*);
- camada papilar (*stratum papillare*).

Fig. 19.3 Contorno da superfície do plano nasal de um cão.

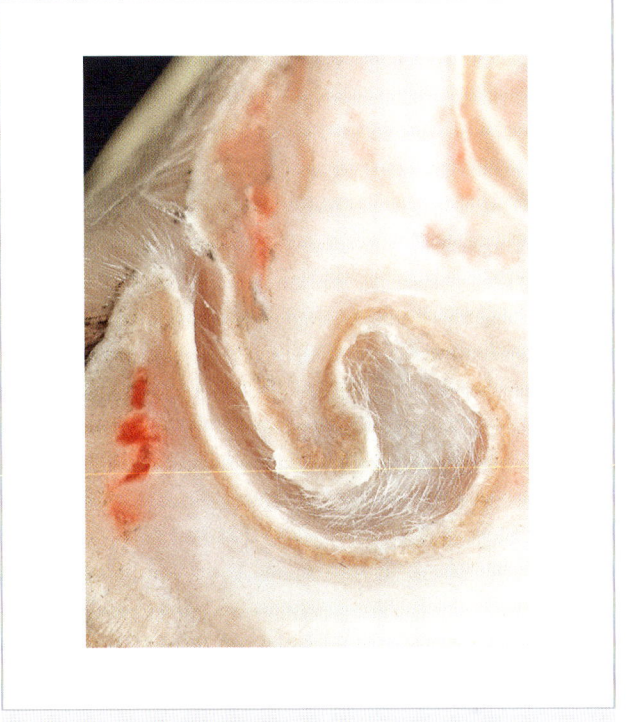

Fig. 19.4 Seio interdigital de um ovino (secção sagital).

A **densa camada reticular** é rica em fibras e pobre em células, situando-se diretamente na tela subcutânea. A **camada papilar** sob a epiderme é rica em vasos sanguíneos e células. O contato entre a camada papilar e a epiderme aumenta com o desenvolvimento de cristas e papilas. Essas estruturas são tratadas de forma conjunta como o **corpo papilar**, o qual desempenha duas funções principais: aumentar a aderência mecânica entre a derme e a epiderme e intensificar a difusão de substâncias nutritivas da derme, intensamente vascularizada, para a epiderme, pouco irrigada. O corpo papilar é consideravelmente desenvolvido em áreas sem pelos, nas quais o tegumento se expõe a desgaste intenso (p. ex., lábios e coxins digitais). A ausência de maior demanda por substâncias nutritivas pela epiderme leva a uma crescente diferenciação do corpo papilar.

19.2.2 Epiderme (*epidermis*)

A epiderme é formada por um **epitélio escamoso estratificado** e **queratinizado** (▶Fig. 19.5, ▶Fig. 19.6, ▶Fig. 19.7 e ▶Fig. 19.8) e é contínua com as membranas mucosas nas junções mucocutâneas, podendo ser diferenciada da mucosa pela presença de **pelos** e de **glândulas sebáceas** e **sudoríparas**. A espessura da epiderme varia consideravelmente entre as regiões do corpo. Embora seja fina na pele com pelo (10-100 mm), ela chega a ser 10 a 20 vezes mais espessa na pele sem pelos (p. ex., plano nasal). A epiderme mais espessa encontra-se nos coxins digitais e no casco, nos quais a queratinização da epiderme resulta em **formação córnea**.

A epiderme pode ser dividida em **cinco camadas**:
- camada basal (*stratum basale*);
- camada espinhosa (*stratum spinosum*);
- camada granulosa (*stratum granulosum*);
- camada lúcida (*stratum lucidum*);
- camada córnea (*stratum corneum*).

A **camada córnea**, a mais superficial, da qual descamam células continuamente, por vezes recebe a denominação de **camada disjunta** (*stratum disjunctum*). Já a **camada lúcida** é, na verdade, um resquício de células córneas jovens. Nos mamíferos domésticos, ela está presente na epiderme dos coxins digitais e no plano nasal do cão e do gato.

O componente principal (85%) da epiderme são os **queratinócitos**. A camada mais profunda é a **camada basal**, que repousa sobre uma membrana de base sob a qual se situa a derme. Nessa camada, os queratinócitos sofrem divisão celular mitótica, seguida por migração em direção à superfície. No caminho da camada basal para a superfície, os queratinócitos passam por uma série de processos de diferenciação (**queratinização** e **cornificação**), cujo produto é a célula cornificada morta. Esse processo contínuo de proliferação, migração, queratinização, cornificação e descamação final das células é regulado por mecanismos de retroalimentação (para uma descrição mais detalhada, consulte obras sobre histologia). Um distúrbio dos mecanismos reguladores, observado constantemente em doenças de pele, resulta, com frequência, em **hiperqueratose**.

Um ciclo completo desde a célula nova até a sua descamação normalmente leva de 20 a 30 dias, dependendo da espécie. A qualidade da queratinização e da cornificação depende, em grande parte, da nutrição recebida pelas células. A superfície disponível para a difusão entre a derme e a epiderme é maior nos lados das papilas (**peripapilar**) do que na extremidade pontiaguda (**suprapapilar**) ou entre as papilas (**interpapilar**).

Desse modo, o corno peripapilar é diferente dos cornos suprapapilar e interpapilar quanto à sua estrutura e tem propriedades mecânicas melhores. Em modificações da pele com um corpo papilar particularmente bem-desenvolvido, essa ocorrência pode levar à formação de tipos específicos de cornos, como os túbulos córneos no casco.

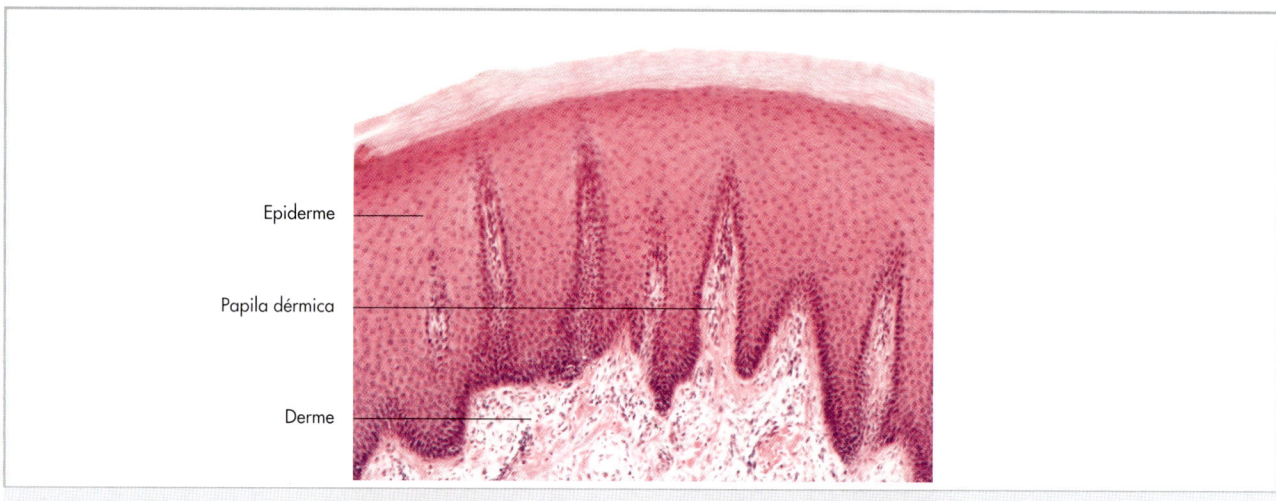

Fig. 19.5 Corte histológico do coxim digital de um gato com corpo papilar distinto.

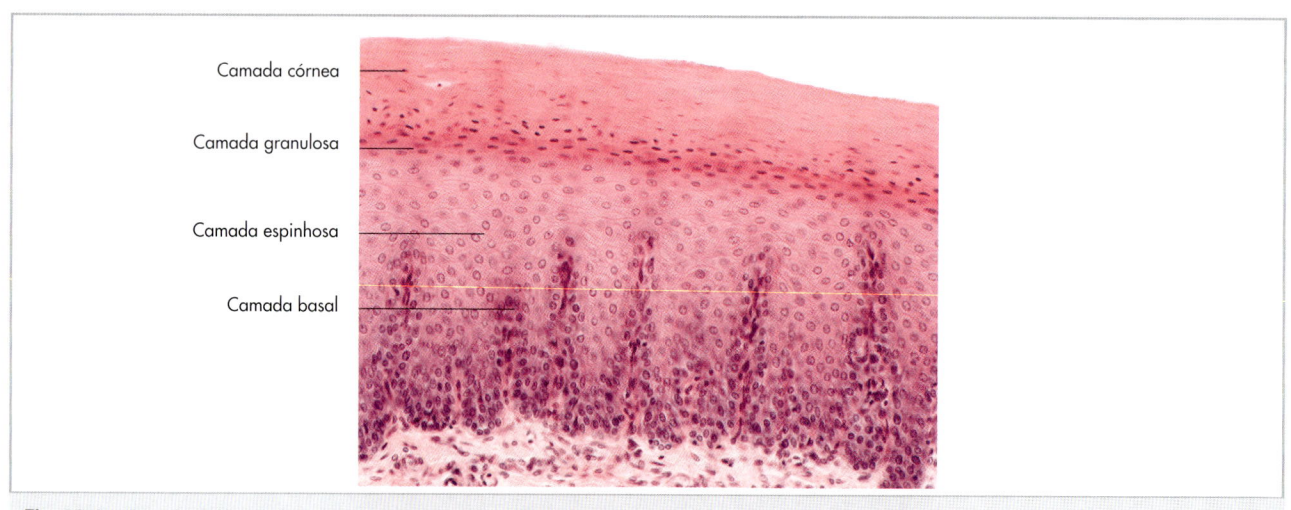

- Epiderme
- Papila dérmica
- Derme

Fig. 19.6 Corte histológico das camadas epidérmicas do lábio de um equino.

- Camada córnea
- Camada granulosa
- Camada espinhosa
- Camada basal

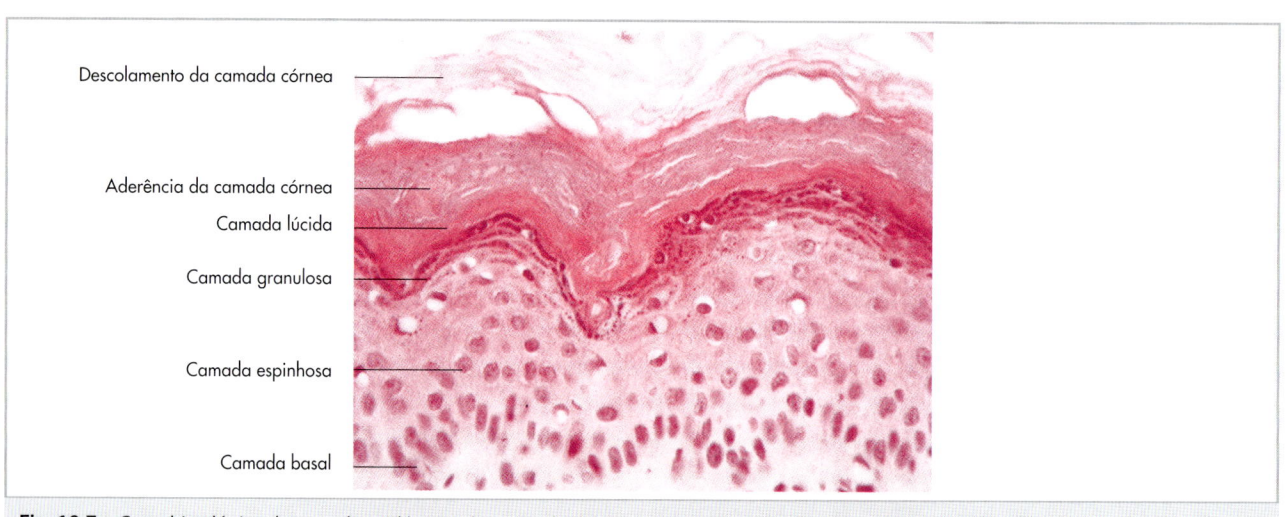

Fig. 19.7 Corte histológico da camada epidérmica do coxim digital de um cão com uma camada granulosa distinta e camadas queratinizadas.

- Descolamento da camada córnea
- Aderência da camada córnea
- Camada lúcida
- Camada granulosa
- Camada espinhosa
- Camada basal

De modo geral, dois tipos diversos de cornificação podem ser identificados: a **cornificação macia** e a **cornificação dura**. A cornificação macia ocorre em associação à camada granulosa e é o processo típico para a pele. Já a cornificação dura é uma modificação do processo de cornificação característica da epiderme da falange distal, como o casco e a garra, nos quais não há camada granulosa.

As células córneas, queratinócitos totalmente cornificados, são unidas por **material de cobertura da membrana (MCM)**. Dessa forma, a estrutura do corno pode ser comparada a um muro de tijolos: as células são os tijolos, e o MCM, a argamassa. O MCM inclui lipídeos, como a ceramida, que é responsável pelas propriedades semipermeáveis da camada córnea com relação à água e às moléculas hidrossolúveis, e moléculas lipossolúveis, que conseguem penetrar a epiderme facilmente. A característica de resistência à água da camada córnea é essencial para mamíferos terrestres e aves, e foi um pré-requisito para a saída dos animais do meio aquático para a vida terrestre.

Vários tipos de células são responsáveis pelos 15% restantes da epiderme. Embora estejam em menor quantidade, essas células têm um papel importante na grande variedade de funções do tegumento; são elas:
- melanócitos;
- células de Langerhans;
- células de Merkel.

Os **melanócitos**, responsáveis pela pigmentação da pele, produzem grânulos amarelados ou pretos (melanossomos), os quais são assimilados por queratinócitos vizinhos. Esses melanossomos se agrupam ao redor dos núcleos dos queratinócitos e, desse modo, os protegem do efeito mutagênico da radiação UV. Os melanossomos são responsáveis pela cor da pele e propiciam a camuflagem e a coloração de regiões específicas da pele que expressam sinais para outros animais.

As **células de Langerhans** integram o componente celular do sistema imune e pertencem ao sistema de fagocitose mononuclear (MPS, *mononuclear phagocytosis system*). Desempenham uma função importante na defesa do corpo contra infecções virais, tumores cutâneos e alergias de contato.

As **células de Merkel** são particularmente numerosas ao redor das elevações táteis (*toruli tactiles*) e funcionam como receptores ao toque. Elas são células epiteliais neuroendócrinas que reagem a estímulos mecânicos e conduzem as informações recebidas para as terminações nervosas livres no interior do epitélio.

19.2.3 Vascularização da pele

Os vasos sanguíneos da pele e da tela subcutânea emergem de uma **rede arterial (sub)fascial**. Artérias arqueadas se prolongam na derme, onde formam uma rede cutânea (*rete arteriosum dermidis*) próximo à tela subcutânea. Uma segunda rede mais densa (*rete arteriosum subpapillare*) se situa entre a camada papilar e a camada reticular da derme e projeta alças capilares nas papilas (▶Fig. 19.9).

A **drenagem venosa** é realizada por meio de três plexos distintos, todos situados paralelamente à superfície (*plexus venosus subpapillaris superficialis et profundus*, *plexus venosus dermidis profundus*) (▶Fig. 19.8). Esses plexos são extensos e respondem pela capacidade da pele de armazenar sangue. O sangue pode contornar os leitos capilares da pele mediante mecanismos reguladores autônomos.

O **fluxo sanguíneo** para a pele é responsável pela perda de calor e, portanto, é um fator importante para a termorregulação do corpo. As alterações na cor da pele causadas pelo fluxo sanguíneo até a pele fazem parte do sistema de interação social de comunicação (p. ex., a ruborização em humanos e a alteração na cor da barbela e da crista nas aves domésticas).

A **drenagem linfática** se inicia na epiderme com minúsculos sinusoides (*sinus lymphatici initiales*), os quais drenam em capilares linfáticos modificados. Esses capilares formam uma **rede capilar profunda** (*rete lymphocapillare cutis profundum*). Os vasos que emergem dessa rede desembocam em um **plexo linfático subcutâneo** (*rete lymphocapillare subcutaneum*) (▶Fig. 19.8). A partir desse plexo, obtém-se a drenagem por meio de linfonodos locais, cuja maioria se posiciona superficialmente; portanto, são palpáveis na maioria dos casos (p. ex., linfonodo axilar, linfonodo inguinal superficial, linfonodo poplíteo).

19.2.4 Nervos e órgãos sensoriais da pele

A derme e a tela subcutânea contêm uma ampla **inervação autônoma** e **sensorial**. As fibras nervosas autônomas formam plexos perivasculares, com a finalidade de proporcionar a **inervação simpática** dos vasos sanguíneos, das glândulas da pele e da musculatura lisa da pele (*mm. arrectores pilorum*) (▶Fig. 19.18). **Não há inervação parassimpática** na pele.

As **fibras nervosas sensoriais** formam plexos na tela subcutânea e na derme (*plexus nervorum subcutaneus*, *dermidis et subepidermidis*) e terminam em extremidades livres ou em corpúsculos finais (▶Fig. 19.8). Uma parte das **terminações nervosas livres** se prolonga na epiderme após a perda de suas bainhas gliais. Com base em suas funções, podem-se identificar três diferentes tipos de terminações nervosas: o primeiro é sensível à pressão mecânica, o segundo é sensível à temperatura e o terceiro atua como receptor de dor.

Intermediados no tegumento, encontram-se receptores de folículos pilosos, os quais são sensíveis à pressão e ao toque. Com exceção das terminações nervosas livres, há células de Merkel inseridas na derme, corpúsculos de Meissner na camada papilar e corpúsculos de Vater-Pacini na tela subcutânea (▶Fig. 19.8 e ▶Fig. 19.10).

As seguintes estruturas atuam como **termorreceptores**: bulbos finais de Krause na camada papilar, os quais reagem ao frio, e corpúsculos de Ruffini na camada reticular, os quais reagem ao calor (▶Fig. 19.8).

A dor é registrada por terminações nervosas livres convolutas sem bainhas gliais (uma descrição mais detalhada pode ser obtida em obras sobre histologia).

Pequenos ramos nervosos costumam estar distribuídos em um padrão segmentar em todas as áreas do corpo. Na cabeça, eles se originam dos componentes cutâneos dos nervos cranianos. Na extensão do corpo, os nervos cutâneos são ramos dos nervos espinais.

Os diversos segmentos da medula espinal são responsáveis pela inervação de determinados órgãos internos e da pele. A doença de um órgão em particular pode causar alterações na região correspondente da pele (**zona de Head**). Esse fenômeno é descrito como um reflexo viscerocutâneo. Um exemplo clássico é a hipersensibilidade da região da cernelha em vacas que sofrem de reticulite traumática, causada por um corpo estranho.

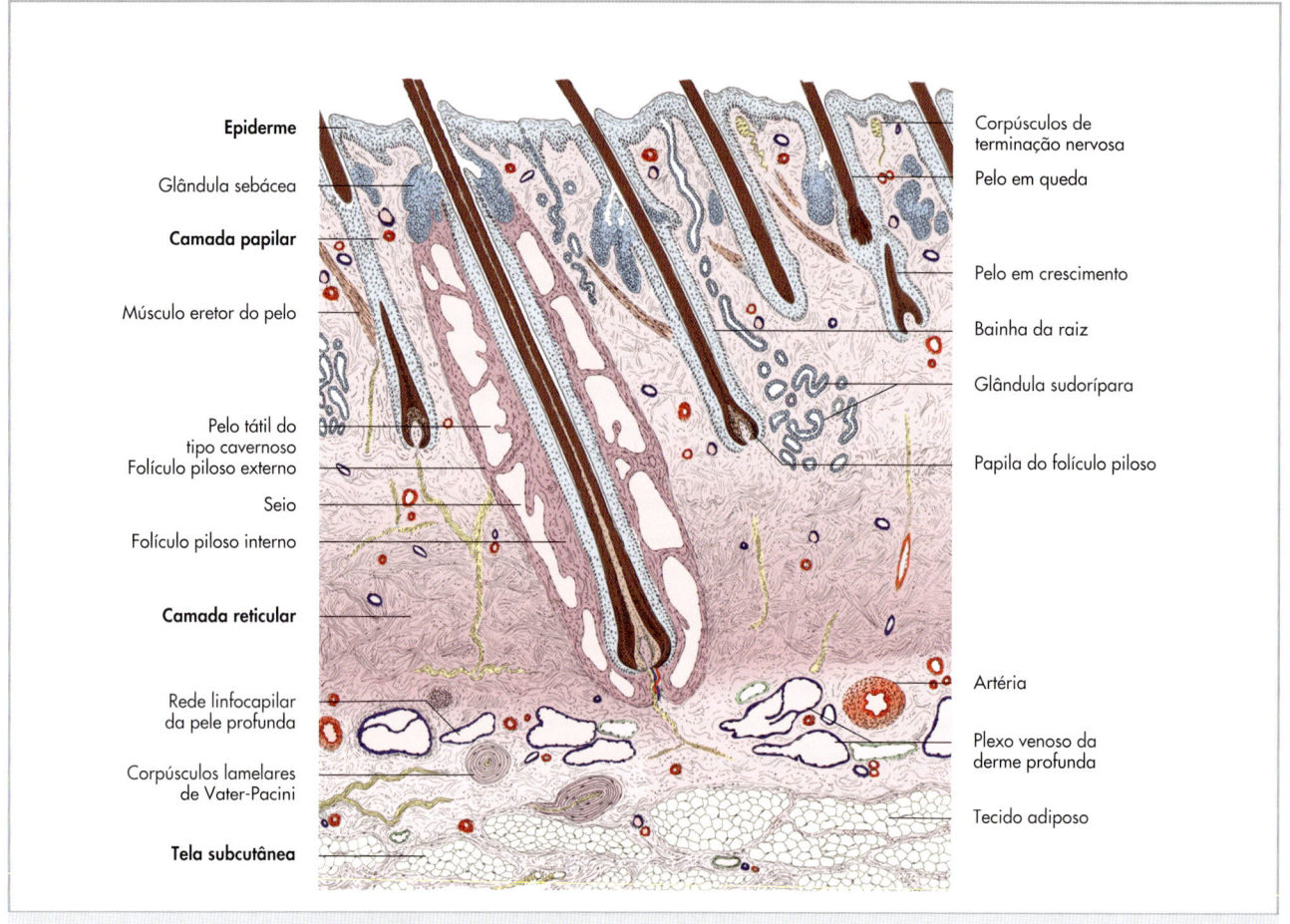

Fig. 19.8 Pele com pelos sinusais (representação esquemática).

19.3 Pelos (*pili*)

Os pelos são uma característica específica da pele dos mamíferos. Na maioria das espécies, a pelagem se espalha por todo o corpo, com exceção de algumas regiões, como o nariz, os coxins digitais, as papilas, as garras e os cascos. Mesmo em cães ditos "sem pelos", ainda há pelos, embora em tamanho e quantidade reduzidos.

Os pelos são essencialmente filamentos córneos finos, elásticos e longos formados pela epiderme (▶Fig. 19.14 e ▶Fig. 19.15). Cada pelo é composto por uma **medula** ou **núcleo central** (*medulla pili*), um **córtex** (*cortex pili*) e uma **cutícula externa** (*cuticula pili*). Contudo, nem todos os tipos de pelos apresentam a mesma composição, como o pelo lanuginoso, por exemplo, no qual não há medula. Longitudinalmente, cada pelo pode ser dividido em:

- talo, ou corpo (*scapus pili*), o qual se projeta sobre a superfície da pele;
- raiz (*radix pili*), que assume um trajeto oblíquo para sustentar o pelo na derme, porém se desenvolve plenamente apenas durante o crescimento do pelo;
- bulbo (*bulbus pili*), um aumento proximal da raiz no interior da epiderme que envolve a papila dérmica (*papilla pili*).

A raiz do pelo se insere no **folículo piloso** (*folliculus pili*) e é a unidade básica da produção de pelos. A parede folicular se divide em duas camadas: as bainhas de raiz **mesodérmica externa** (*vagina dermalis radicularis*) e **ectodérmica interna** (*vagina epithelialis radicularis*) (▶Fig. 19.15). As glândulas sebáceas e sudoríparas se abrem nos folículos pilosos; ver seção Glândulas da pele (p. 641, neste capítulo).

O pelo pode se mover involuntariamente pelos **músculos lisos**, os **músculos eretores do pelo**. Um pequeno músculo ereto do pelo passando de uma fixação próximo à papila dérmica se une à extremidade proximal de cada folículo. A contração desses músculos resulta na ereção do pelo de sua posição normalmente oblíqua. Os músculos eretores do pelo melhoram o isolamento térmico do corpo durante baixas temperaturas e conferem ao animal uma aparência ameaçadora. Embora não tenha importância funcional nos humanos, esse processo é evidente na "pele arrepiada".

A **cor do pelo** é determinada pelo tipo e pela quantidade de grânulos de melanina nos queratinócitos e pela quantidade de ar no interior da medula do pelo (uma descrição mais detalhada pode ser obtida em obras sobre histologia).

19.3.1 Tipos de pelos

Há uma grande variação entre as diversas espécies e raças quanto a comprimento, cor, diâmetro e contorno transversal. Os **pelos de cobertura** (*capilli*) são retos e bastante firmes e formam o **revestimento externo** em todos os mamíferos domésticos, com exceção do ovino. A **lã** (*pili lanei*) é fina e ondulada e forma o **subpelo**. Esses pelos são mais numerosos durante o inverno. Em ovinos, a lã (ou velo) se constitui apenas desse tipo de pelo. Os pelos táteis

Tegumento comum (*integumentum commune*)

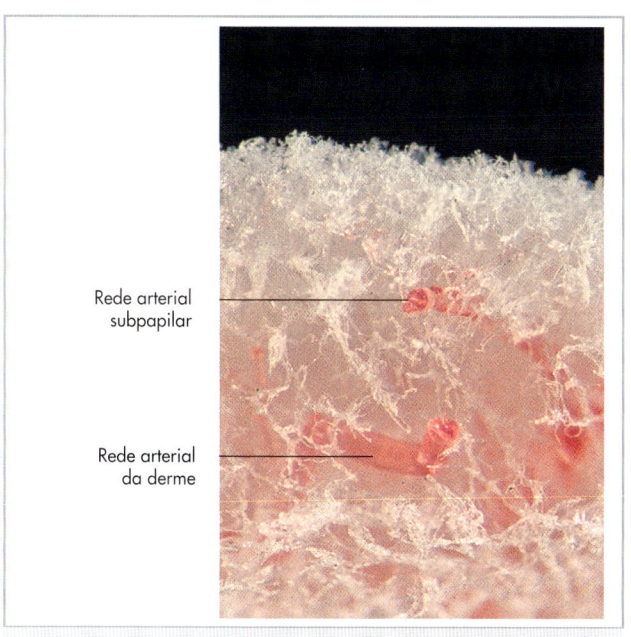

Fig. 19.9 Vasos sanguíneos da derme (molde em corrosão). (Fonte: cortesia do Dr. T. Koy, Munique.)

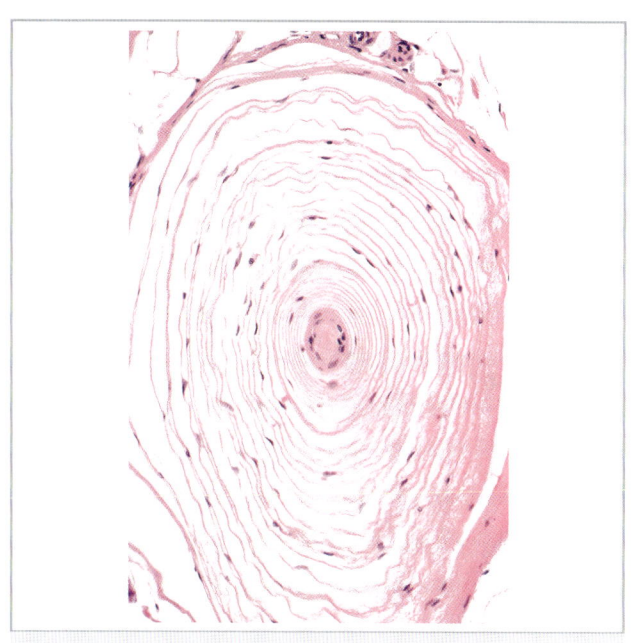

Labels: Rede arterial subpapilar; Rede arterial da derme

Fig. 19.10 Corpúsculo de Vater-Pacini.

resistentes, com distribuição restrita, estão associados a receptores de toque.

Há **três tipos básicos de pelagem** conforme o comprimento: pelagem normal, como no Pastor-alemão, pelagem curta, como no Boxer, e pelagem longa, como no Chow-chow. Há muitas variações entre os tipos diferentes, como a pelagem dura. As cerdas duras e espalhadas do suíno constituem uma modificação específica dos tipos de pelos cutâneos. Variações locais na forma e no desenvolvimento dos pelos de cobertura incluem o pelo áspero da **crina** (*juba*), da **cauda** (*cirrus caudae*) e dos **tufos** (*cirrus metacarpeus/metatarseus*) de equinos, os pelos longos da cauda do bovino e de suínos e os **pelos de barba** de algumas raças de caprinos (▶Fig. 19.2). Modificações especiais de pelos de cobertura são as vibrissas (*vibrissae*, ▶Fig. 19.11) do **vestíbulo do nariz**, os **pelos auriculares** (*tragi*, ▶Fig. 19.12) e os **cílios** (*cilia*, ▶Fig. 19.13).

Os pelos táteis são uma modificação dos pelos de cobertura (▶Fig. 19.8, ▶Fig. 19.16 e ▶Fig. 19.17) e são encontrados na cabeça, com exceção do pelo tátil no carpo do gato (*pili tactiles carpales*). Eles são consideravelmente mais espessos e, em geral, se pronunciam para além dos pelos de cobertura vizinhos. As raízes dos pelos táteis alcançam profundamente a tela subcutânea, e cada um é envolvido por um seio venoso, em cujas paredes há terminações nervosas que reagem ao toque.

O levantamento a seguir apresenta os pelos táteis, cujos nomes indicam a sua localização:
- pelos táteis supraorbitais;
- pelos táteis infraorbitais;
- pelos táteis zigomáticos;
- pelos táteis bucais;
- pelos táteis mentuais;
- pelos táteis labiais superiores (vibrissas do gato) e labiais inferiores.

19.3.2 Padrões de pelo

Os pelos de cobertura situam-se próximo à pele e se espalham uniformemente em tratos amplos, conferindo uma aparência regular à pelagem. As direções gerais assumidas por esses fascículos são chamadas de **correntes pilosas** (*flumina pilorum*). O padrão regular das correntes pilosas é interrompido onde vários fascículos convergem, divergem ou se combinam, formando **redemoinhos** (*vortices*), uma **linha pilosa convergente** (*linea pilorum convergens*), **entrecruzamentos** (*cruces*) e uma **linha pilosa divergente** (*linea pilorum divergens*) (▶Fig. 19.18 e ▶Fig. 19.19). De modo geral, o comprimento e o diâmetro de cada pelo diminuem do dorso para o ventre, ao passo que a sua densidade aumenta. No entanto, em algumas raças, podem-se observar disposições mutantes como atributos de uma raça específica, principalmente em cães, gatos e coelhos.

Em cães e gatos, vários pelos compartilham uma única abertura folicular. O pelo central (primário) é o mais longo e é um pelo de cobertura, ao passo que os pelos secundários a seu redor são mais curtos e macios e do tipo lanuginoso. Os corpos de pelo que compartilham uma abertura comum na pele são envolvidos em um folículo comum até a altura das glândulas sebáceas. Abaixo desse ponto, os corpos pilosos têm os seus próprios folículos e bulbos pilosos.

19.3.3 Muda de pelos

Os pelos de cobertura e lanuginosos têm um tempo de vida limitado, e a pelagem sofre uma troca gradual em épocas sazonais de pico na primavera e no outono, quando muitos pelos são trocados ao mesmo tempo. Contudo, a pelagem de uma estação se mescla com a seguinte, de modo que o animal normalmente nunca fica sem uma cobertura protetora. O processo de muda de pelos é regulado pela glândula pineal (epífise) e está condicionado principalmente à duração do dia e à temperatura.

O **ciclo do folículo piloso** pode ser dividido em **três fases**: **anágena**, **catágena** e **telógena**. A fase anágena é a fase de crescimento ativo e se caracteriza por uma papila dérmica bem-desenvolvida,

640 Anatomia dos animais domésticos

Vibrissas

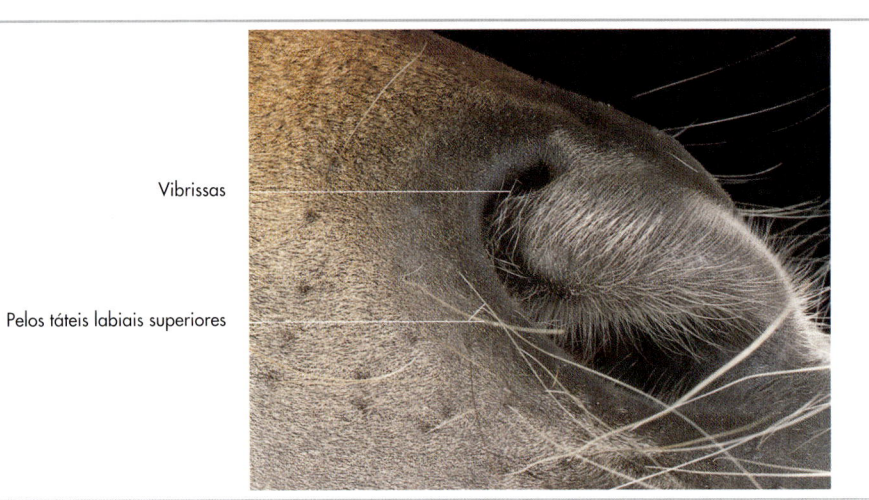

Pelos táteis labiais superiores

Fig. 19.11 Vibrissas (*vibrissae*) no vestíbulo nasal de um equino.

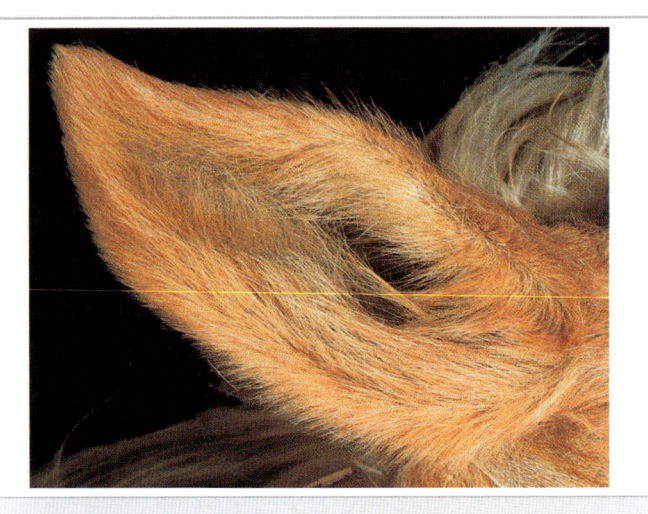

Fig. 19.12 Pelos auriculares.

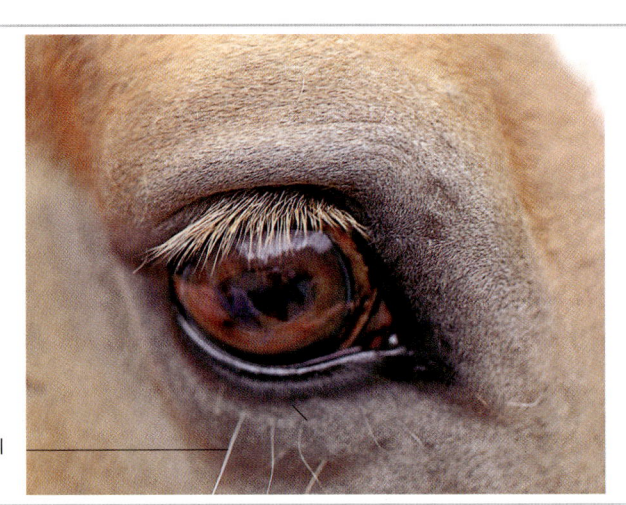

Pelo tátil infraorbital

Fig. 19.13 Cílios da pálpebra superior de um equino.

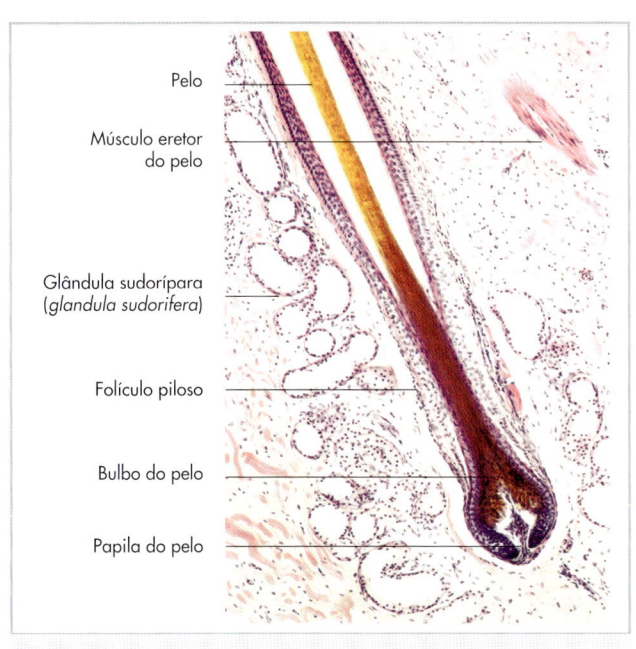

Fig. 19.14 Corte histológico de um folículo piloso.

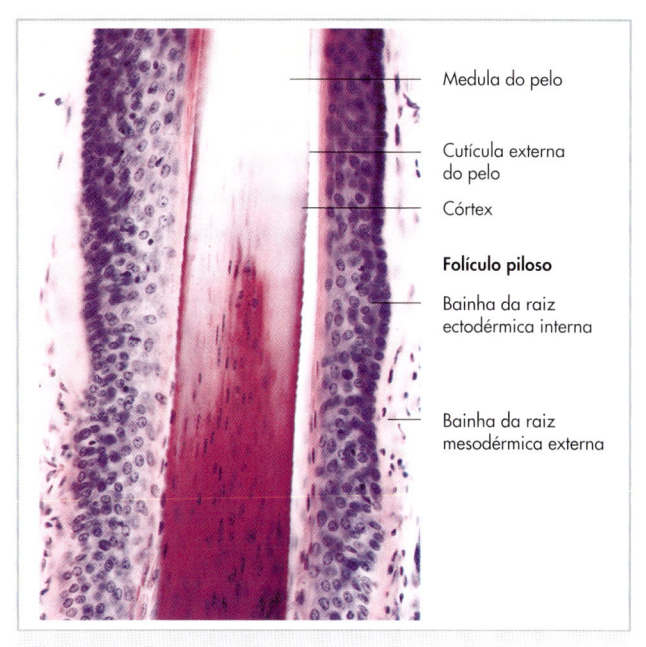

Fig. 19.15 Corte histológico do pelo, com corpo do pelo.

completamente coberta por sua matriz pilosa epidérmica, formando o bulbo do pelo. Na fase catágena, o crescimento desacelera, e a matriz pilosa e a papila de cobertura se atrofiam. O bulbo dérmico e todo o folículo se tornam menores. Os folículos pilosos na fase telógena têm papilas dérmicas pequenas, separadas do bulbo e que não estão mais cobertas por células matrizes. O folículo piloso é bastante curto, o que faz uma parte maior do pelo se projetar para fora da pele. Quando o crescimento é retomado, o folículo reativado se expande e se afasta da superfície, abandonando o pelo antigo, que cai. Um pelo substituto se forma na fase anágena que se segue. O novo pelo cresce gradualmente do fundo do folículo até emergir na superfície da pele.

19.4 Glândulas da pele (*glandulae cutis*)

Dois tipos básicos de glândulas da pele podem ser identificados (▶Fig. 19.8), embora cada tipo tenha diversas subcategorias e formas especializadas:
- glândulas sebáceas (*glandulae sebaceae*);
- glândulas sudoríparas (*glandulae sudoriferae*).

As **glândulas sebáceas** se distribuem sobre o tegumento em associação aos folículos pilosos, nos quais eliminam a sua secreção. A secreção dessas glândulas é o **sebo** (*sebum*), que se mescla à secreção das glândulas sudoríparas apócrinas, as quais também se abrem no folículo piloso. A secreção combinada é distribuída em toda a superfície do corpo e deixa a pele e a pelagem lubrificadas e resistentes à água. As **glândulas tarsais das pálpebras** (glândulas de Meibômio), as glândulas sebáceas dos lábios e as glândulas ao redor do ânus são glândulas sebáceas especializadas que não estão associadas aos pelos. No suíno, as glândulas sebáceas são espalhadas e rudimentares.

As **glândulas sudoríparas** podem ser subdivididas conforme a histologia de seu processo secretor em (▶Fig. 19.8 e ▶Fig. 19.14):
- glândulas sudoríparas écrinas;
- glândulas sudoríparas apócrinas.

As **glândulas sudoríparas apócrinas** são mais comuns e liberam o seu suor albuminoso nos folículos pilosos sobre a maior parte do corpo. A sua secreção exala um **odor individual**, característico de cada animal (glândula odorífera). Essas glândulas são particularmente numerosas no equino, no qual apresentam aberturas extras na superfície da pele ao redor dos folículos pilosos. Como o suor apócrino dessa espécie é rico em proteínas, o suor do equino espuma com a movimentação da pele e da pelagem.

As **glândulas sudoríparas écrinas** não estão associadas aos pelos e secretam um suor mais aquoso diretamente sobre a pele. Esse tipo é predominante em primatas e é responsável pela típica película protetora ácida sobre a pele (o pH da pele dos primatas gira em torno de 5, em comparação ao pH de 7 nos mamíferos domésticos). Nos mamíferos domésticos, as glândulas sudoríparas écrinas são encontradas apenas em determinadas regiões sem pelos (região glabra) ou quase sem pelos, como, por exemplo, os coxins digitais dos cães.

19.4.1 Glândulas especiais da pele

As glândulas da pele formam aglomerações localizadas, cujos tamanho, formato e posição variam conforme a espécie. Algumas delas exibem modificações especiais, e várias estão associadas a seios cutâneos. Em alguns mamíferos domésticos, a secreção dessas glândulas funciona como marcador territorial ou sexual. As seguintes glândulas se encontram nas espécies domésticas, cuja denominação indica a posição que ocupam:
- **glândulas do seio paranal** (*glandulae sinus paranalis*): glândulas sebáceas e serosas na parede do saco anal de cães e gatos;
- **glândulas circum-anais** (*glandulae circumanales*): glândulas sebáceas nas adjacências do ânus do cão;
- **glândulas da cauda** (*glandulae caudae*): glândulas sebáceas e serosas no dorso da cauda do gato e rudimentares no cão;
- **glândulas circum-orais** (*glandulae circumorales*): glândulas sebáceas nos lábios do gato;
- **glândulas da pele dos coxins digitais** em carnívoros e no equino (*glandulae tori*);

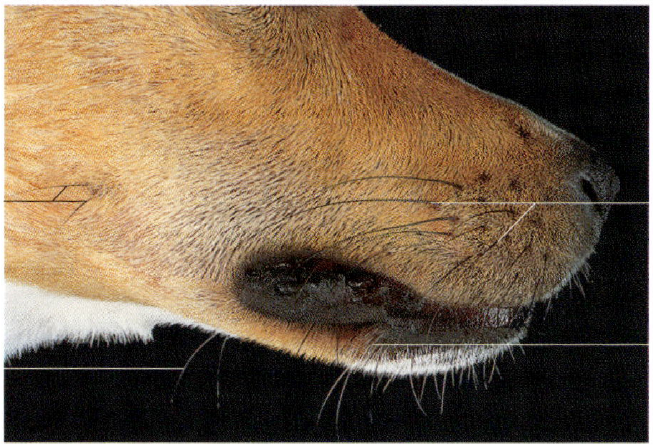

Fig. 19.16 Pelos táteis na cabeça de um cão.

- **glândulas mentuais** (*glandulae mentales*) e **glândulas carpais** (*glandulae carpeae*): glândulas sudoríparas apócrinas no suíno;
- **glândulas do seio infraorbital** (*glandulae sinus infraorbitalis*) no ovino;
- **glândulas do seio interdigital** (*glandulae sinus interdigitalis*) no ovino;
- **glândulas do seio inguinal** (*glandulae sinus inguinalis*) no ovino;
- **glândulas cornuais** (*glandulae cornuales*) no caprino;
- **glândulas ceruminosas** (*glandulae ceruminosae*): glândulas apócrinas e sebáceas que produzem cerume, presentes em todos os mamíferos domésticos.

O nariz é mantido úmido por meio das glândulas dos planos rostral, nasolabial ou nasal, dependendo da espécie. Essas glândulas não estão presentes no cão e no gato. A maior e mais importante glândula modificada nos mamíferos domésticos é a glândula mamária, órgão descrito separadamente e em detalhes na próxima seção.

19.5 Glândula mamária (*mamma, uber, mastos*)

A presença de glândulas mamárias (*glandula mammaria*) e o processo de lactação são característicos apenas dos **mamíferos** (*mammalia*). Com base em sua microanatomia, as glândulas mamárias são **glândulas sudoríparas modificadas** do **tipo tubulo-alveolar exócrino**.

A **glândula mamária** é composta por uma série de **complexos mamários** característicos de cada espécie, dispostos em uma ordem simétrica bilateral, de cada lado da linha média, na face ventral do tronco. Em carnívoros e no suíno, as glândulas mamárias se prolongam da região torácica para a região inguinal, ao passo que, em ruminantes e no equino, elas estão restritas à região inguinal (virilha) e são denominadas coletivamente de úbere (*uber*) (▶Fig. 19.20 e ▶Fig. 19.21). Cada complexo mamário consiste em uma ou mais unidades mamárias, compostas por um **corpo** (*corpus mammae*) e uma **teta** ou **papila** (*papilla mammae*) (▶Fig. 19.22). O tamanho relativo e o comprimento da glândula mamária variam entre indivíduos e de acordo com o estágio funcional da glândula (juvenil, lactação, pós-lactação). A pele que cobre as papilas não tem pelos, ao passo que a pele sobre o corpo mamário possui alguns, dependendo da espécie. Em geral, a pele pode ser movida facilmente contra o tecido glandular subjacente, e apenas no caso de um processo de doença ela pode se tornar tesa e aderir ao tecido subjacente. Outros sinais diagnósticos de mastite são: dor, temperatura elevada e edema da glândula afetada.

O **leite** é a secreção característica das glândulas mamárias e serve para a nutrição das crias. O primeiro leite após o parto, o **colostro** (*colostrum*), tem um alto teor de anticorpos, os quais proporcionam **imunidade passiva** ao recém-nascido. Devido à sua composição, o leite de ruminantes, em particular o das vacas, é um componente importante da alimentação humana.

> **Nota clínica**
>
> Doenças que afetam as glândulas mamárias têm importância clínica. A inflamação das glândulas mamárias (**mastite**) é uma condição comum na vaca leiteira e causa prejuízos econômicos consideráveis. Neoplasias das glândulas mamárias da cadela são comuns, principalmente em animais mais velhos, e costumam requerer remoção cirúrgica.

Esse procedimento exige um conhecimento detalhado da anatomia das glândulas mamárias, com atenção especial para a sustentação, a vascularização, a drenagem linfática e a inervação.

19.5.1 Aparelho suspensório das glândulas mamárias

As glândulas mamárias são suspensas desde a face ventral do tronco por meio de camadas superficiais e profundas da fáscia externa do tronco, que formam o chamado **aparelho suspensório** (*apparatus suspensorius mammarius*). Esse aparelho é composto pelas **lâminas laterais** (*laminae laterales*) e **mediais** (*laminae mediales*), das quais se prolongam **lamelas** delgadas (*lamellae suspensoriae*) entre os complexos mamários (▶Fig. 19.22). A lâmina medial é amplamente composta por **tecido elástico**, ao passo que a lâmina lateral é composta por **tecido conjuntivo denso**. As fileiras esquerda e direita de complexos mamários são divididas pelo **sulco intermamário** (*sulcus intermammarius*).

Fig. 19.17 Pelos táteis carpais de um gato.

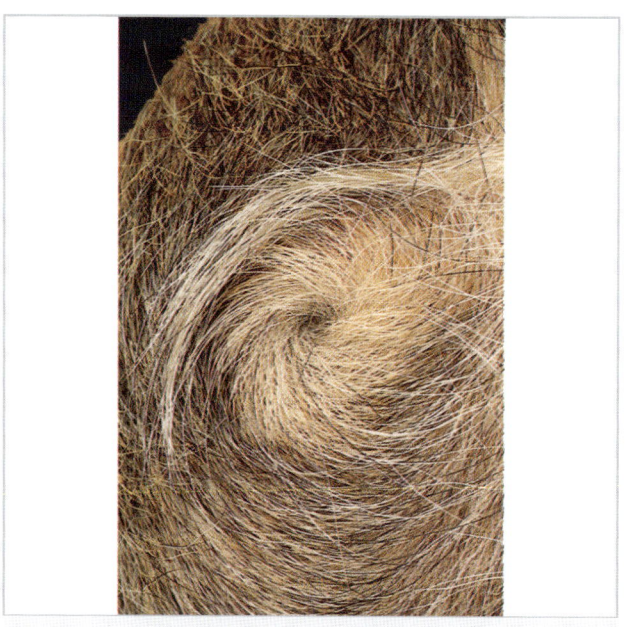

Fig. 19.18 Redemoinho piloso em um cão.

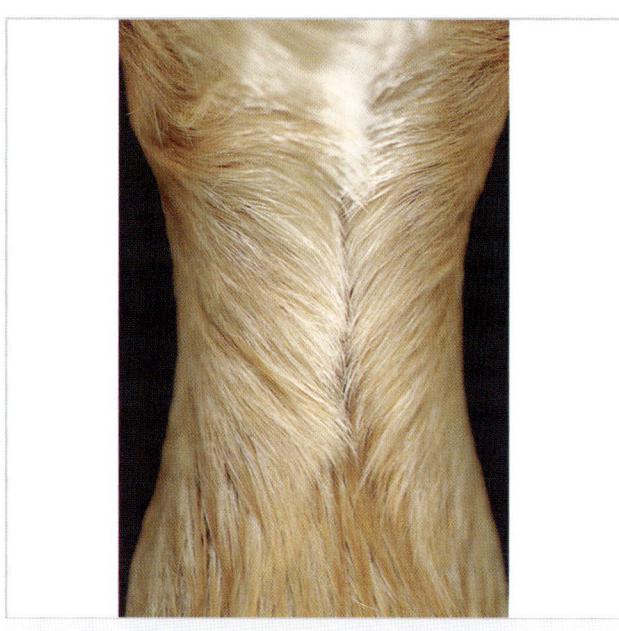

Fig. 19.19 Linha pilosa convergente em um equino.

19.5.2 Estrutura das glândulas mamárias

Cada complexo mamário compreende uma ou mais unidades mamárias. O **corpo mamário** (*corpus mammae*) é composto por **tecido glandular** epitelial (*glandula mammaria*) e **tecido conjuntivo** intersticial (*interstitium*), com nervos, vasos sanguíneos e linfáticos (▶Fig. 19.22, ▶Fig. 19.25 e ▶Fig. 19.26). A unidade mamária termina com um sistema de ductos, o qual exibe uma disposição específica em cada espécie e termina na **extremidade pontiaguda da papila** (*papilla mammae*). O **sistema de ductos** de cada unidade mamária pode ser subdividido nos seguintes segmentos (▶Fig. 19.23):

- partes terminais das glândulas (*glandular alveolus*): local de produção de leite;
- ductos lactíferos (*ductus lactiferi*): sistema de ductos para o transporte de leite;
- seio lactífero (*sinus lactifer*): seio para a coleta de leite.

O tecido glandular se dispõe em **lóbulos** (*lobuli glandulae mammariae*), os quais compreendem uma grande quantidade de **alvéolos**, os locais próprios de produção e secreção de leite. Esses alvéolos são revestidos por um epitélio cuboide de camada simples e separam-se uns dos outros por meio de septos intersticiais que conduzem nervos e vasos sanguíneos. Vários lóbulos são envoltos por septos intersticiais mais espessos para formar **lobos mamários** (*lobi glandulae mammariae*) (▶Fig. 19.23 e ▶Fig. 19.24) (para uma descrição mais detalhada, consulte obras sobre histologia.)

O leite flui para um **ducto intralobar**, que se une a outros para formar um **ducto interlobar** maior. Os ductos interlobares conduzem a um sistema de ductos lactíferos, cuja função final é transportar o leite para o relativamente amplo **seio lactífero**. Cada ducto lactífero é responsável pela drenagem de um lobo mamário, ao passo que cada ducto intralobar drena um lóbulo.

O **seio lactífero** se prolonga até a papila e é dividido de forma incompleta em **parte glandular** (*pars glandularis sinus lactiferi*) e **parte papilar** (*pars papillaris sinus lactiferi*) por uma constrição. A parte glandular do seio tem várias câmaras e diâmetro largo. A transição entre a parte glandular e a parte papilar é demarcada por uma prega mucosa que contém um plexo venoso, o qual precisa ser levado em consideração ao se amputar uma papila, a fim de evitar a perda excessiva de sangue. O **seio papilar** é contínuo com o **ducto papilar** ou **canal papilar**, que se abre na extremidade da papila, onde o orifício é cercado por um **músculo esfíncter liso**.

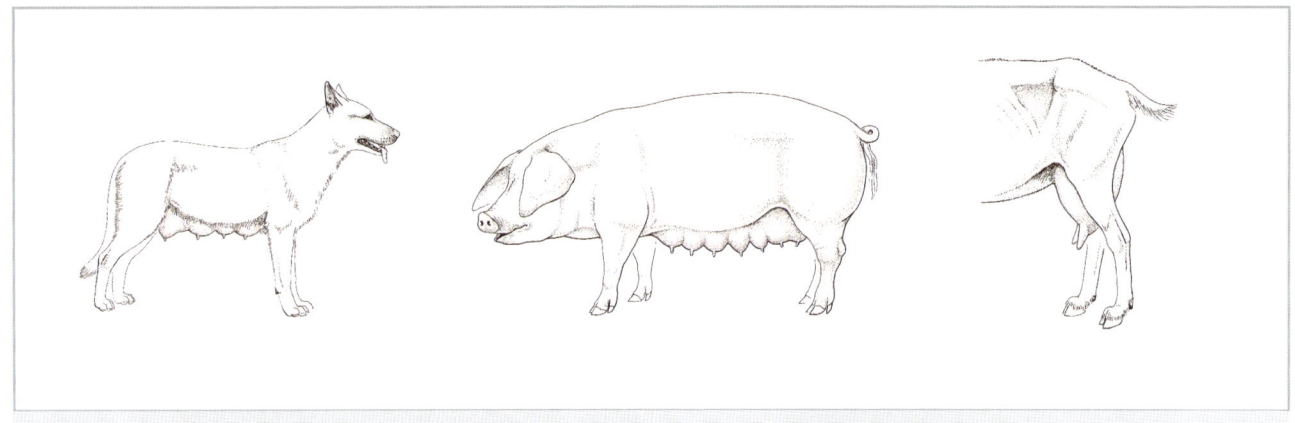

Fig. 19.20 Glândulas mamárias de uma cadela e de uma porca, úbere de uma cabra (representação esquemática).

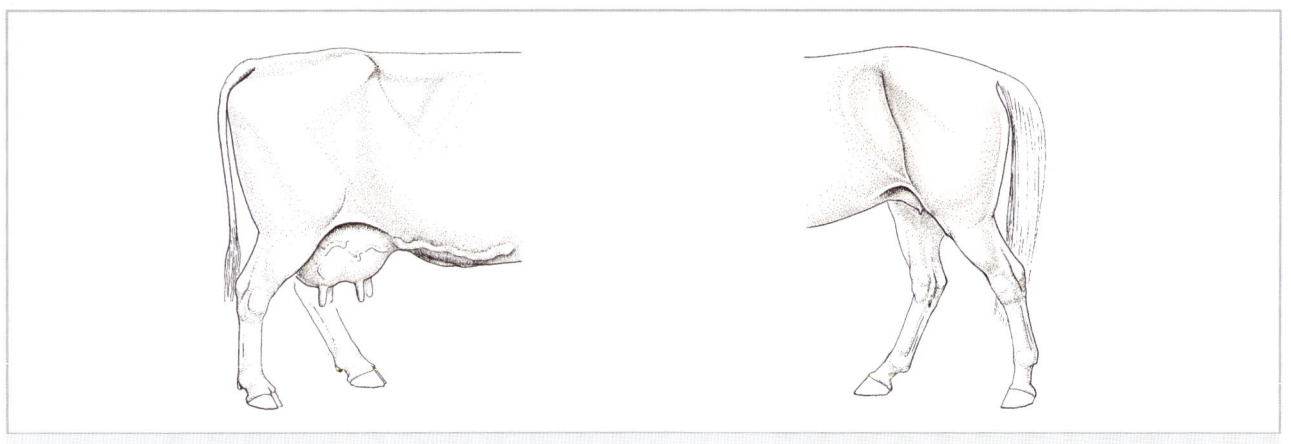

Fig. 19.21 Úbere de uma vaca e de uma égua (representação esquemática).

Vascularização

As glândulas mamárias recebem a sua irrigação sanguínea dos vasos sanguíneos superficiais da parede ventral do corpo (▶Fig. 19.29, ▶Fig. 19.30 e ▶Fig. 19.31).

Artérias

Os complexos mamários torácico e abdominal cranial são irrigados pelos ramos mamários da **artéria epigástrica cranial superficial**, um ramo perfurante da **artéria torácica interna**. Os ramos intercostais ventrais segmentares da artéria torácica interna também podem conduzir sangue para as glândulas torácicas.

Os complexos mamários inguinais e abdominais caudais são irrigados pelos ramos mamários da **artéria epigástrica caudal superficial**, que emerge da **artéria pudenda externa** (▶Fig. 19.29).

Veias

Os complexos mamários torácicos desembocam nas **veias epigástricas craniais superficiais**, as quais se abrem na **veia epigástrica cranial** (▶Fig. 19.31), que, por sua vez, drena na veia torácica interna.

Os complexos mamários abdominais e inguinais confluem para as **veias epigástricas caudais superficiais**, as quais se abrem na **veia pudenda externa**. A presença de anastomoses entre as artérias superficiais cranial e caudal e entre as veias de mesmo nome tem importância funcional. As diferenças características de espécies referentes à irrigação das glândulas mamárias serão abordadas em detalhes durante a descrição das glândulas de cada espécie.

Linfáticos

Os linfáticos dos complexos mamários abdominais torácico e cranial drenam para o **linfonodo axilar**. Os linfáticos dos complexos mamários caudais abdominal e inguinal drenam para o **linfonodo inguinal superficial**, que também recebe a denominação **linfonodo mamário** (▶Fig. 19.29). Esse linfonodo situa-se na base da glândula mamária inguinal e, em geral, é palpável sob a pele.

Nota clínica

Como pode ocorrer metástase dos tumores mamários até os linfonodos de drenagem, a remoção desses linfonodos é um procedimento de rotina quando os tumores mamários são removidos cirurgicamente (**mastectomia**).

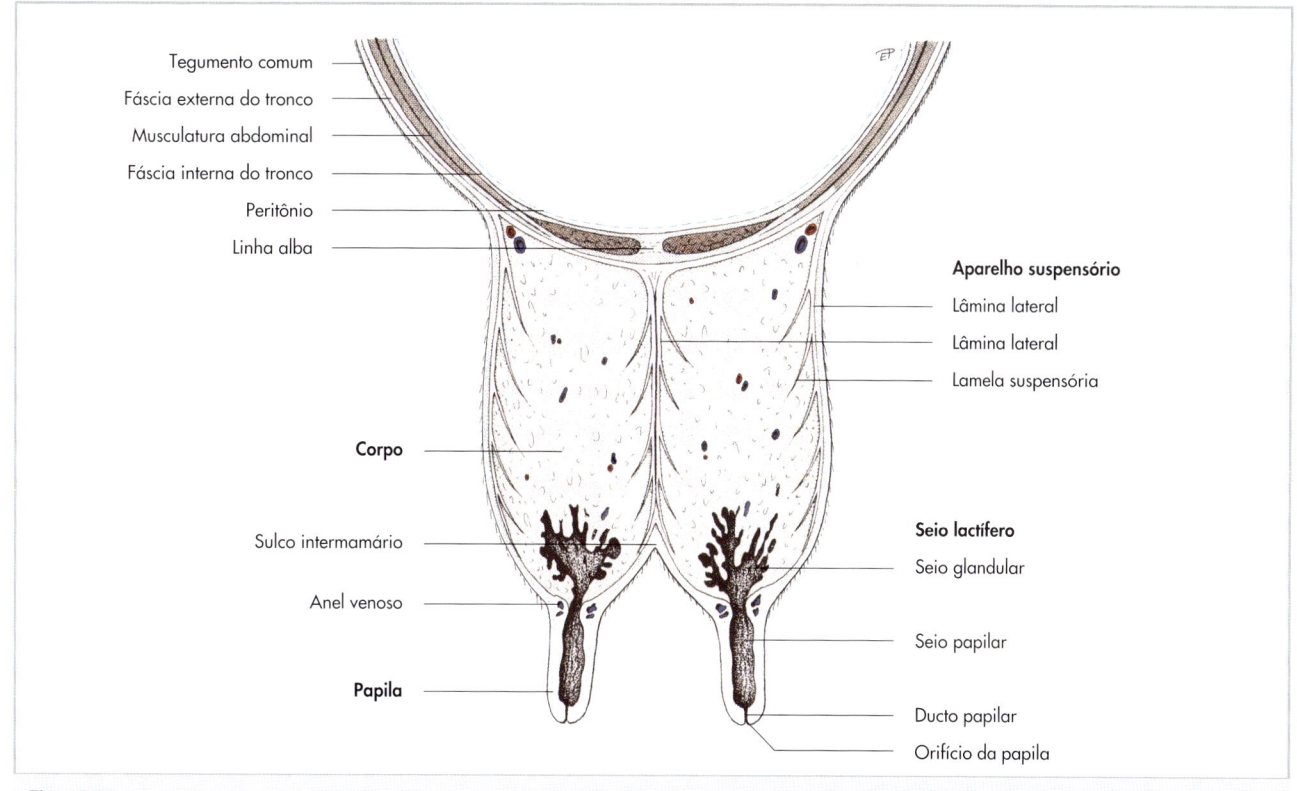

Fig. 19.22 Aparelho suspensório do úbere (representação esquemática). (Fonte: com base em dados de Dyce, Sack e Wensing, 2002.)

Inervação

As glândulas mamárias recebem **inervação sensorial**, **simpática** e **parassimpática**. As glândulas mamárias torácicas são inervadas por ramos mamários laterais e mediais da parte cutânea dos nervos intercostais, os quais também são denominados ramos ventrais dos nervos torácicos. Os complexos abdominal e inguinal são inervados pelos ramos cutâneos dos nervos **ilio-hipogástrico**, **ilioinguinal** e **genitofemoral**. As glândulas mamárias inguinais recebem inervação adicional do ramo mamário do ramo cutâneo distal do **nervo pudendo** e do **nervo genitofemoral**. Além de estar sujeita ao controle nervoso, a secreção das glândulas mamárias é influenciada por **hormônios** da hipófise e de outros órgãos endócrinos.

Arco reflexo neuro-hormonal

A inervação sensorial para a papila e para a pele das glândulas mamárias constitui a parte aferente do **arco reflexo neuro-hormonal**, o qual é responsável por iniciar e manter a lactação. Quando as glândulas mamárias são estimuladas pela sucção das papilas ou pela massagem da pele, as fibras nervosas sensoriais conduzem os impulsos para o sistema nervoso central. Esses impulsos desencadeiam a produção de ocitocina em determinados núcleos no interior do hipotálamo e sua liberação na circulação do sangue por meio da **neuro-hipófise**. A ocitocina causa a contração das **células mioepiteliais** nas paredes do sistema de ductos das glândulas mamárias, e o leite "desce". O efeito da ocitocina é antagonizado pela **adrenalina**, liberada sob estresse (para uma descrição mais detalhada, consulte obras sobre histologia e fisiologia).

19.5.3 Desenvolvimento da glândula mamária (mamogênese)

O **desenvolvimento pré-natal** da glândula mamária ocorre em **ambos os sexos**, ao passo que o **desenvolvimento pós-natal** prossegue apenas em **fêmeas** durante a puberdade e a gestação. A glândula mamária também é conhecida como glândula acessória do trato reprodutor feminino. A finalização do desenvolvimento é influenciada pelos hormônios femininos, sobretudo progesterona e prolactina, e a glândula mamária só se torna totalmente funcional no final da gestação.

As glândulas mamárias se desenvolvem como brotamentos epiteliais, os quais crescem no mesênquima subjacente a partir de espessamentos ectodérmicos lineares, as **cristas mamárias**.

Dois mecanismos de desenvolvimento diferentes levam à formação de papilas: nos ruminantes e no equino, uma papila elevada se forma na superfície do corpo após a proliferação de mesênquima ao redor dos brotos epiteliais, que, mais tarde, formam o corpo mamário. Em carnívoros e no suíno, o tecido alveolar se prolifera e forma uma papila de eversão, como é característico nos humanos (para uma descrição mais detalhada, consulte obras sobre embriologia).

As glândulas mamárias masculinas e femininas têm pequenos corpos mamários e papilas curtas durante o período que vai desde o nascimento até o primeiro cio das fêmeas. O sistema de ductos é composto por canal papilar, **seio lactífero** e excrescências epiteliais curtas, as quais se desenvolvem em **ductos lactíferos**. Durante a puberdade, a produção de estrogênio pelos ovários nas fêmeas faz o estroma de tecido conjuntivo se proliferar e os ductos lactíferos se desenvolverem ainda mais. Esses ductos se ramificam para formar ductos menores. O desenvolvimento prossegue apenas no início da primeira gestação.

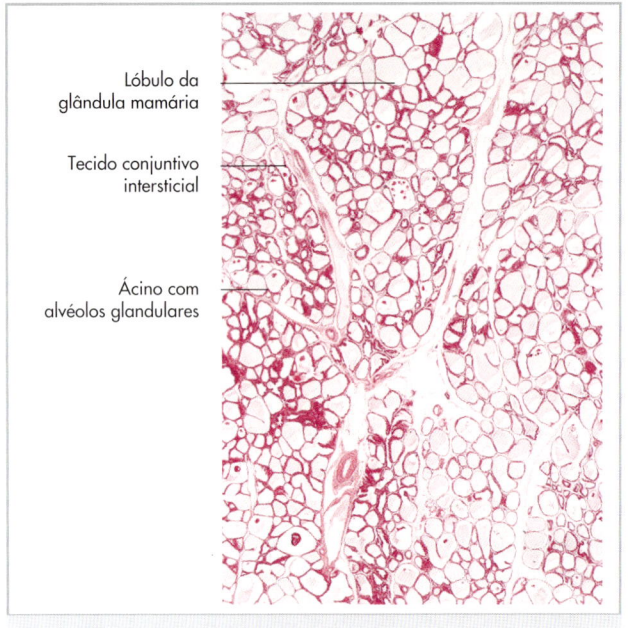

Fig. 19.23 Corte histológico do tecido glandular do úbere de uma vaca, com alvéolos e interstício separando os lóbulos.

Fig. 19.24 Corte histológico do tecido glandular do úbere de uma vaca.

Logo após a concepção, o desenvolvimento do sistema de ductos se reinicia, e novas gerações de ductos lactíferos são formadas pela divisão e pelo crescimento das excrescências epiteliais. Na segunda metade da gestação, o tecido glandular é formado e começa a substituir o estroma de tecido conjuntivo. Nesse estágio, os segmentos dos alvéolos ainda estão sólidos e formam canais no final da gestação sob a influência de progesterona, estrogênio e prolactina. O primeiro leite produzido é chamado de **colostro**, o qual é rico em proteínas e contém um alto teor de **imunoglobulinas**, as quais conferem **imunidade passiva** ao recém-nascido. Acredita-se, também, que o colostro tenha um efeito laxante, importante para a defecação do mecônio logo após o nascimento.

Os brotos mamários também se formam em embriões machos e persistem até a elevação das papilas rudimentares, encontradas na face ventral do tronco de carnívoros e do suíno ou na face cranial do escroto em ruminantes e, com menor frequência, ao lado do prepúcio no equino. Em alguns machos com níveis singularmente elevados de estrogênio, as glândulas mamárias passam por alterações pós-natais semelhantes às das fêmeas.

19.5.4 Lactação

A secreção do leite pode se iniciar horas ou mesmo dias antes do parto e é utilizada para indicar a iminência deste. A produção e a secreção de leite pós-natal prosseguem apenas nos complexos mamários estimulados pela sucção do recém-nascido. A sucção da papila e a massagem do corpo mamário com as patas ou a língua dão início ao **arco reflexo neuro-hormonal**, que leva à descida do leite. Os complexos mamários que não são estimulados logo sofrem regressão. As glândulas mamárias atingem o desenvolvimento e a funcionalidade máximos apenas durante o auge da lactação, quando elas aumentam e exibem uma predominância de tecido glandular sobre o estroma do tecido conjuntivo.

Quando a mãe desmama a cria ou o estímulo das glândulas mamárias cessa, a regressão do tecido produtor de leite se inicia. O tecido glandular é substituído por tecido conjuntivo e adiposo. No entanto, a glândula nunca retorna ao tamanho que exibia antes da lactação.

19.5.5 Glândulas mamárias (*mamma*) dos carnívoros

Na cadela, a glândula mamária compreende **dez complexos mamários**, dispostos em duas fileiras bilaterais simétricas que se prolongam da região ventral do tórax para a região inguinal (▶Fig. 19.20). Contudo, a formação da glândula mamária nem sempre é simétrica, e a quantidade de complexos pode variar de 8 a 12. Os complexos mamários são denominados conforme a sua posição: **torácico, abdominal cranial, abdominal caudal** e **inguinal**.

A gata normalmente tem **oito complexos mamários**, também dispostos em duas fileiras simétricas, que se prolongam do tórax ventral até o abdome.

Cada complexo mamário é composto por **5 a 20 unidades mamárias** com uma quantidade correspondente de ductos papilares, que se abrem na extremidade da papila com um **óstio papilar** (*ostium papillare*) separado.

Os complexos mamários não lactentes juvenis são discretos e têm papilas curtas, ao passo que, durante a lactação, o complexo mamário simples aumenta consideravelmente de tamanho e assume uma forma semiesférica. O tamanho desses complexos varia de uma raça para outra e entre indivíduos. Sulcos pouco profundos indicam a delimitação entre os complexos. Um **sulco intermamário** bem-definido divide as fileiras em direita e esquerda.

As alterações características do ciclo sexual da cadela incluem o crescimento e a proliferação da glândula mamária com cada ciclo, mesmo quando a cadela não procria. Acredita-se que a proliferação

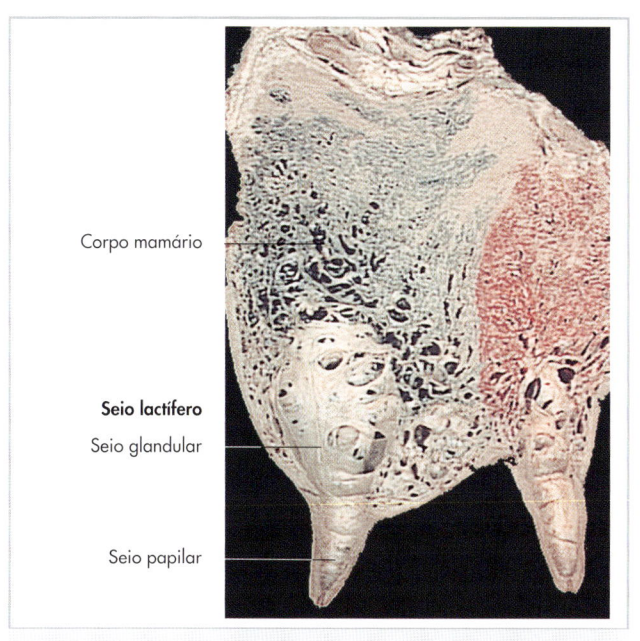

Fig. 19.25 Secção sagital do tecido glandular dos quartos cranial e caudal do úbere de uma vaca. As diferentes cores indicam a separação total do quarto individual.

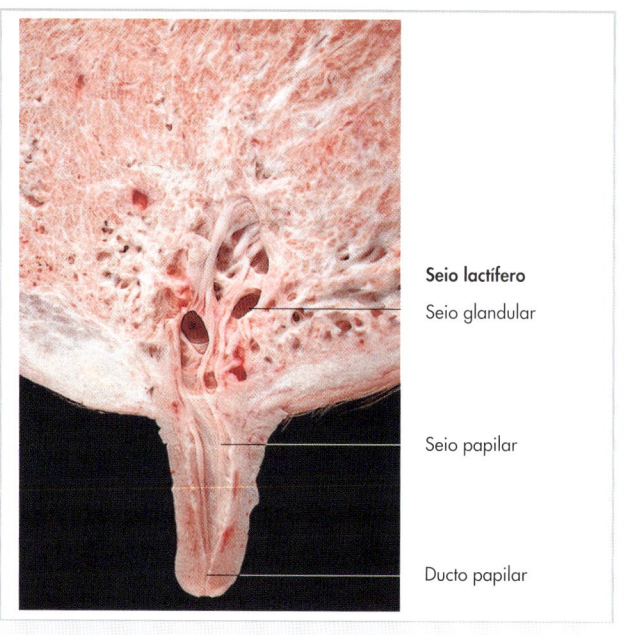

Fig. 19.26 Secção sagital da papila de uma vaca.

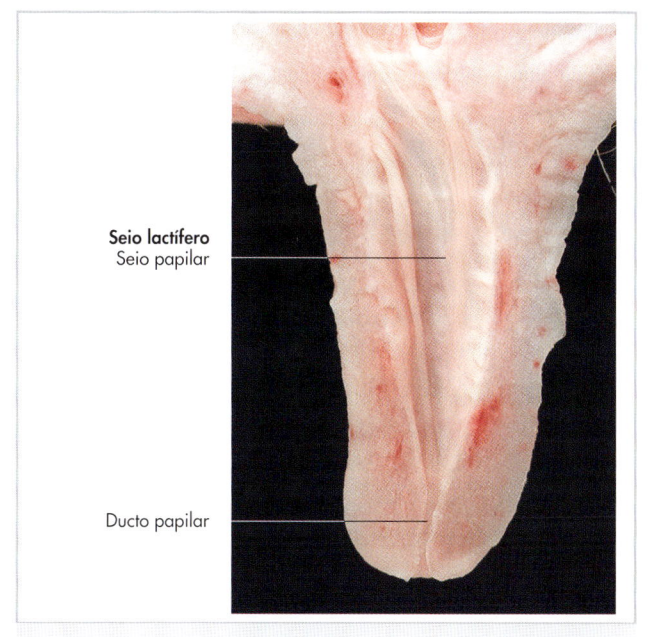

Fig. 19.27 Secção sagital da papila e ducto papilar do úbere de uma vaca.

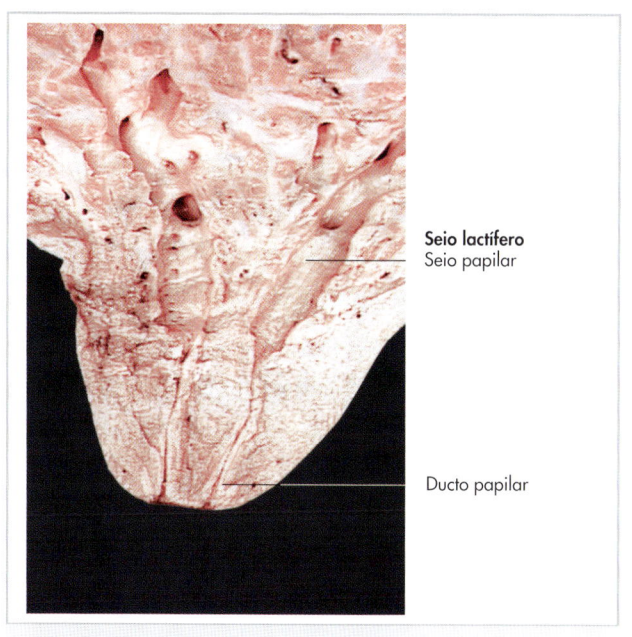

Fig. 19.28 Secção sagital da papila do úbere de uma égua com dois ductos papilares.

frequente e a subsequente regressão da glândula mamária sejam fatores de predisposição para a incidência elevada de tumores mamários na cadela.

As glândulas mamárias de carnívoros recebem irrigação adicional dos ramos mamários da **artéria torácica lateral**. A linfa do complexo mamário torácico cranial não apenas drena para o **linfonodo axilar**, mas também para o **linfonodo cervical superficial**. A linfa do complexo mamário abdominal cranial pode drenar tanto para o linfonodo axilar quanto para o linfonodo inguinal superficial, ao passo que a linfa do complexo abdominal caudal também pode drenar para os linfonodos ilíacos mediais. Há evidências de ocorrências de **interconexão** dos linfonodos inguinais superficiais esquerdo e direito. Uma boa compreensão do fluxo linfático é clinicamente importante no que se refere a metástases no caso de tumores mamários.

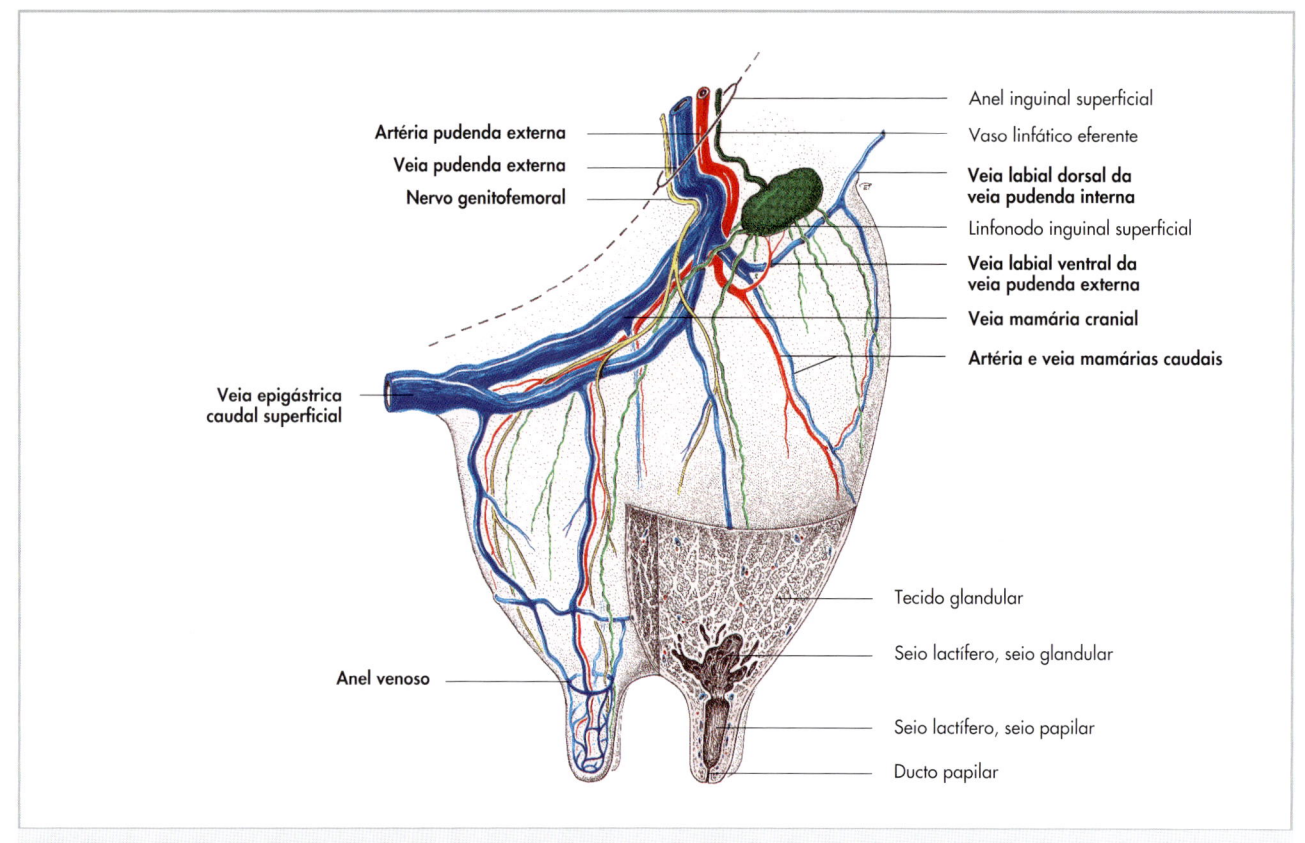

Fig. 19.29 Inervação e irrigação do úbere de uma vaca (representação esquemática). (Fonte: com base em dados de Ellenberger e Baum, 1943.)

19.5.6 Glândulas mamárias (*mamma*) do suíno

A glândula mamária do suíno geralmente compreende **14 complexos mamários**, dispostos em duas fileiras no lado ventral do tórax e do abdome (▶Fig. 19.20). Na maioria dos animais, os complexos esquerdo e direito não se situam no mesmo plano transversal, pois se encontram dispostos de maneira alternada. Essa disposição facilita o acesso dos leitões quando a porca está deitada de lado. Cada complexo tem **duas** ou **três unidades mamárias**, e cada unidade se abre com um orifício separado na extremidade da papila em uma depressão rasa. Se a depressão for muito profunda, o leitão comprime a abertura, interrompendo o fluxo de leite.

No auge da lactação, a glândula mamária da porca é bastante evidente, e o complexo semiesférico alcança o tamanho de um punho, com papilas relativamente curtas. Os complexos que não são utilizados pelos leitões são muito menores que as unidades de lactação, o que confere uma aparência irregular à glândula mamária.

Os complexos mamários recebem irrigação sanguínea adicional dos ramos mamários da **artéria torácica lateral**. A produção suficiente de leite no auge da lactação é essencial para o ganho de peso adequado dos leitões nas primeiras semanas de vida, portanto, representa um importante fator econômico na indústria suína.

19.5.7 Úbere (*uber*) dos pequenos ruminantes

Na ovelha e na cabra, a glândula mamária se restringe à região inguinal e compreende **dois complexos mamários**, um de cada lado da linha média ventral (▶Fig. 19.20). Cada complexo é composto por uma **unidade mamária simples**, cujo sistema de ductos se abre em um único orifício, na extremidade pontiaguda das papilas. Na ovelha, a linfa pode drenar diretamente nos linfonodos iliofemoral e ilíaco medial.

19.5.8 Úbere (*uber*) bovino

A glândula mamária da vaca compreende **quatro complexos mamários**, cada um com uma unidade simples, que se consolidam em uma massa única, o úbere. O úbere está suspenso na região inguinal pelo aparelho suspensório (▶Fig. 19.21). Ele se divide em quartos, que correspondem às **quatro unidades**, cada qual com uma das papilas principais com **abertura única**. As papilas acessórias, às vezes associadas ao tecido glandular funcional, são bastante comuns, porém indesejáveis, uma vez que a ordenha pode ficar complicada quando elas estão fusionadas ou próximas demais às papilas principais. A inflamação do tecido glandular supérfluo pode se espalhar para os quartos principais e levar a uma redução na produção de leite.

Um **sulco intermamário** mediano pronunciado delimita a divisão do úbere em **metades direita** e **esquerda**. O limite entre os quartos **anteriores** e **posteriores** de um lado não é bem definido.

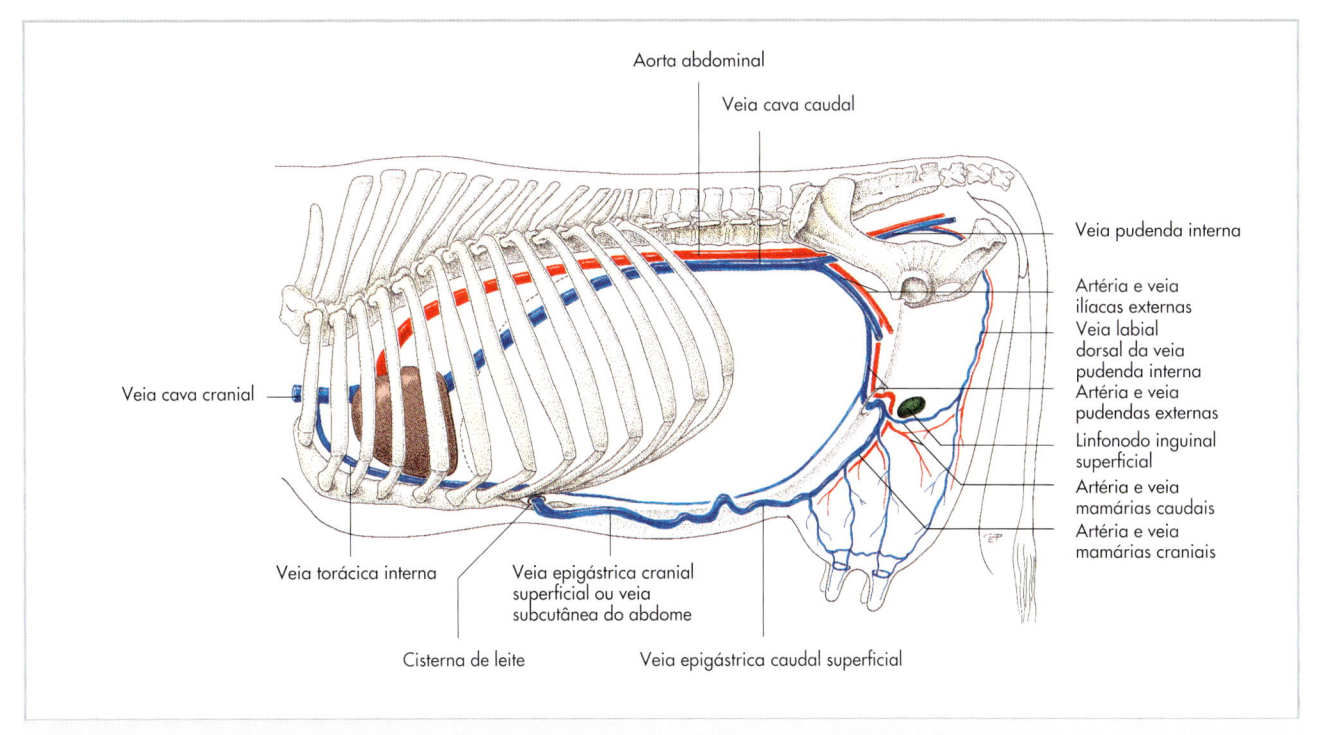

Fig. 19.30 Vasos sanguíneos mais importantes na irrigação do úbere de uma vaca (representação esquemática).

> **Nota clínica**
>
> É clinicamente importante que as **quatro glândulas mamárias** sejam **unidades separadas**. Desse modo, os processos inflamatórios podem ser restritos a um quarto. Deve-se administrar antibióticos localizados em cada papila separadamente.

A **aparência do úbere** apresenta uma grande variação conforme a raça, a maturidade e o estágio funcional. Em muitas vacas leiteiras, o úbere é extremamente grande, com papilas longas e grossas (▶Fig. 19.27). Contudo, o tamanho não é um indicador confiável de produtividade, embora certos aspectos de conformação tenham importância prática no que se refere à ordenha. Tamanho, forma, posição das papilas e formato da extremidade da papila são fatores particularmente importantes. Os canais papilares abertos predispõem o quarto a infecções ascendentes, ao passo que um canal papilar estreito pode levar a obstruções e prejuízo no fluxo de leite. Os componentes lipídicos e proteicos da mucosa do canal papilar formam uma barreira natural contra infecções bacterianas.

Para alcançar a atual alta produtividade da vaca leiteira, o úbere recebe uma vascularização generosa. Estima-se que cerca de 600 litros de sangue devem circular pelo úbere para cada litro de leite secretado. Os vasos sanguíneos principais têm um diâmetro bastante amplo.

A **artéria principal** do úbere é uma continuação direta da **artéria pudenda externa**. Ela penetra a base do úbere em sua face dorsocaudal após atravessar o canal inguinal e forma uma flexura sigmoide antes de se dividir nas **artérias mamárias cranial** e **caudal** (▶Fig. 19.30). As duas artérias mamárias se anastomosam com a **artéria epigástrica caudal superficial**, a qual penetra o órgão por seu lado cranial e se conecta à **artéria epigástrica cranial** (▶Fig. 13.14). A **artéria pudenda interna** também emite um ramo para o úbere (*ramus labialis dorsalis et mammarius*) ao penetrar o órgão caudalmente (▶Fig. 19.30).

A drenagem do úbere é efetuada pelas veias pudendas externas, as quais passam pelo canal inguinal e pelas **veias epigástricas craniais superficiais**, que seguem trajetos subcutâneos sinuosos sobre a parede ventral do abdome. Em animais de grande porte, a veia epigástrica cranial superficial também é denominada **veia (mamária ou do leite) subcutânea do abdome**, com um trajeto extremamente sinuoso, uma estrutura varicosa e **válvulas incompetentes**. A abertura dessa veia pela parede do corpo ("cisterna leiteira") é facilmente identificada pela palpação.

> **Nota clínica**
>
> A veia mamária pode ser utilizada para punção intravenosa ou para obtenção de amostras de sangue.

A anastomose entre as veias superficiais cranial e caudal aumenta consideravelmente durante a primeira gestação. Com o grande aumento da circulação sanguínea, as veias ficam congestas, suas tributárias incham e suas válvulas entram em colapso.

A drenagem venosa adicional é atingida por meio da **veia labial dorsal** (também chamada de veia mamária caudal, em contrapartida à veia epigástrica caudal superficial, que também recebe a denominação veia mamária cranial), a qual drena para a veia pudenda interna (▶Fig. 19.29, ▶Fig. 19.30 e ▶Fig. 19.31).

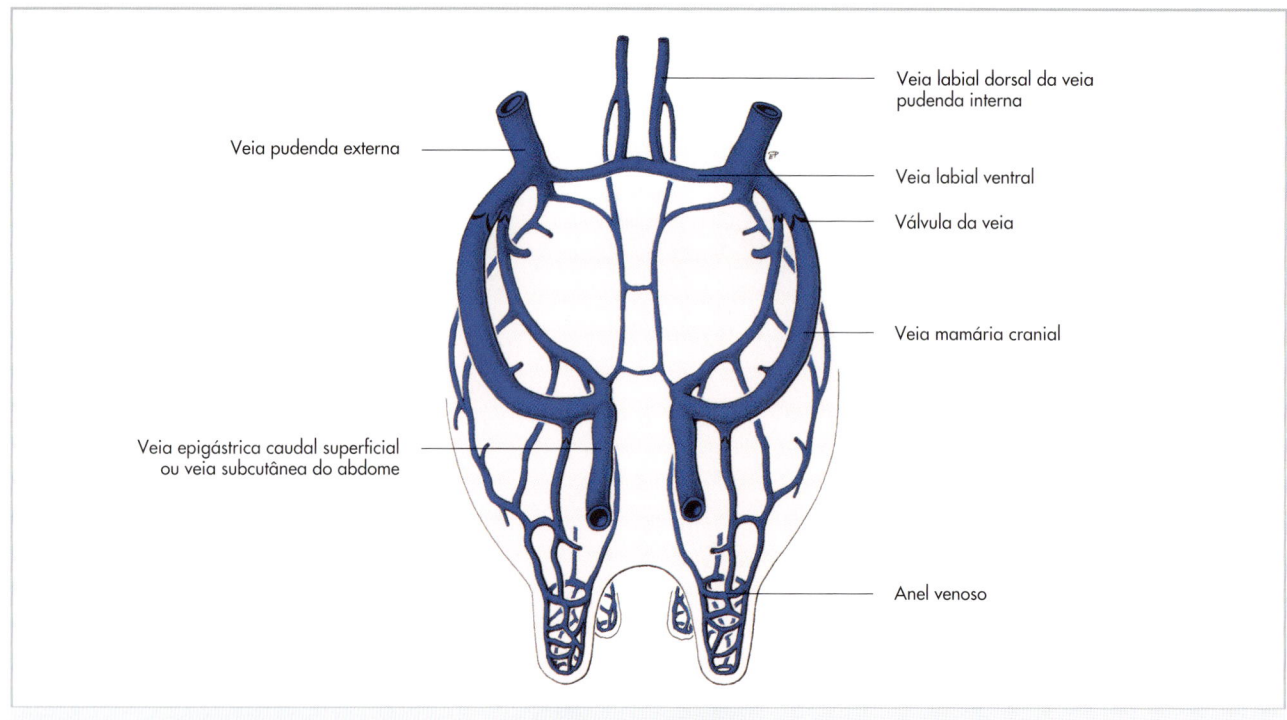

Fig. 19.31 Drenagem venosa do úbere de uma vaca (representação esquemática).

19.5.9 Úbere (*uber*) equino

As glândulas mamárias da égua se concentram em um úbere relativamente pequeno na região inguinal. Um sulco intermamário bem-definido separa o úbere nas **metades esquerda** e **direita**. Cada metade apresenta a forma de um cone comprimido lateralmente e tem uma única papila, além de compreender um **complexo mamário simples**, que, por sua vez, é composto por **duas unidades mamárias**. Os dois sistemas de ductos se abrem na extremidade pontiaguda da papila com dois orifícios separados (▶Fig. 19.28). A pele sobre o úbere é fina, intensamente pigmentada e com pelos esparsos. As papilas são pequenas e se assemelham a cilindros comprimidos bilateralmente.

Os tecidos das unidades individuais de cada lado se entrelaçam, porém os sistemas de ductos são totalmente separados. A secreção sebácea, os fragmentos epiteliais e o colostro que escapa durante os últimos dias de gestação conferem uma aparência pálida à papila que pode ser indicativa da iminência do parto.

> **Terminologia clínica**
>
> Exemplos de termos clínicos derivados de termos anatômicos: mastite, mastectomia, mamografia, entre muitos outros.

19.6 Coxins (*tori*)

Os coxins são formados por tegumento comum fortemente modificado e se encontram nos membros torácicos e pélvicos. Eles atuam como amortecedores de choque durante a locomoção e protegem o esqueleto das mãos e dos pés da pressão mecânica. A base dos coxins é formada pelas **almofadas digitais**, as quais são feitas de tecido adiposo subcutâneo repartido por fibras reticulares, colágenas e elásticas. As fibras do retináculo se projetam da derme para a tela subcutânea e fixam os coxins à fáscia da mão (pata dianteira) ou do pé (pata traseira). Ligamentos bastante desenvolvidos prendem os coxins metacarpais e metatarsais ao esqueleto.

O corpo papilar da derme é particularmente desenvolvido para suportar forças mecânicas significativas. A epiderme dos coxins forma uma camada córnea particularmente espessa, mole e elástica.

Há **três grupos** de coxins:
- **coxins carpais/tarsais** (*torus carpeus/tarseus*) na face mediopalmar/medioplantar do carpo/tarso;
- **coxins metacarpais/metatarsais** (*torus metacarpeus/metatarseus*) na face palmar/plantar da articulação metacarpofalângica/metatarsofalângica;
- **coxins digitais** (*torus digitalis*) na face palmar/plantar da terceira falange distal.

A quantidade de **coxins metacarpais/metatarsais** e **digitais** corresponde à quantidade de dedos. Em ungulados, apenas os coxins digitais são funcionais e entram em contato com o chão, incorporando-se ao casco e caracterizando o bulbo em ruminantes e no suíno e a cunha e o calcanhar no equino. Os coxins digitais se encontram no terceiro e no quarto dígitos em ruminantes e no segundo ao quinto dedos no suíno (▶Fig. 19.35). Essas estruturas são descritas mais adiante neste capítulo. Ao contrário dos outros ungulados domésticos, o equino também apresenta coxins metacarpais/metatarsais inseridos em um tufo de pelos posterior à articulação do boleto, o esporão, e resquícios de coxins carpais/tarsais, as castanhas (▶Fig. 19.33 e ▶Fig. 19.34).

Nos carnívoros digitígrados, apenas os coxins digitais e metacarpais/metatarsais fazem contato com o solo. Eles têm coxins carpais totalmente desenvolvidos sem uso evidente, mas nenhum coxim tarsal. Os coxins metacarpais/metatarsais do segundo ao quarto dedo de cada pata são fusionados para formar um único coxim (▶Fig. 19.32). Os coxins digitais situam-se em cada dedo do

Tegumento comum (*integumentum commune*)

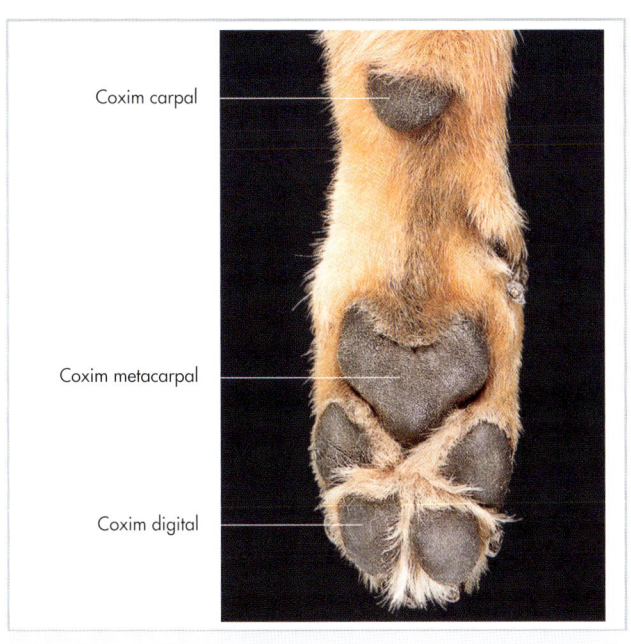

Fig. 19.32 Coxins de um cão.

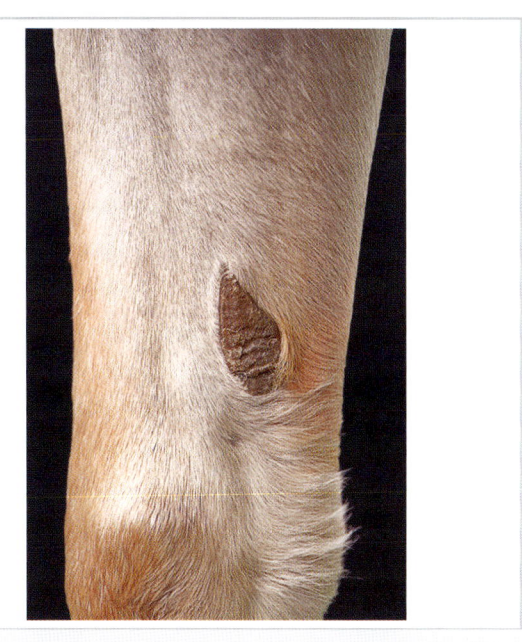

Fig. 19.33 Castanha proximomedial ao carpo de um equino com coxim carpal rudimentar.

cão e do gato, porém o coxim do primeiro dedo não entra em contato com o solo (▶Fig. 19.32). Os coxins desses animais contêm glândulas sudoríparas écrinas, que fazem o animal deixar rastros ao suar.

19.7 Órgão digital (*organum digitale*)

O dedo compreende a falange distal, incluindo os componentes musculoesqueléticos e a parte fortemente modificada do tegumento comum que envolve essas estruturas.

Em adaptação aos diferentes ambientes e hábitos alimentares, desenvolveram-se três **modificações da pele específicas de classes** do órgão digital durante a evolução:
- garra (*unguicula*) em carnívoros;
- unha (*unguis*) em primatas;
- casco (*ungula*) em ungulados.

19.7.1 Função

Unhas, garras e cascos servem principalmente para proteger o tecido que envolvem, mas também podem ser utilizados para outros propósitos, como:
- ferramentas: arranhar, cavar, segurar;
- órgãos sensoriais;
- ataque e defesa.

A importância de unhas, garras e cascos durante a locomoção é diferente de uma espécie para a outra. O gato consegue retrair as suas garras em uma prega cutânea durante a locomoção, protegendo-as, assim, do uso excessivo. No equino, por ser perissodátilo, a parte do casco que entra em contato com o solo corresponde à margem da unha dos humanos.

19.7.2 Segmentação

Embora as estruturas que envolvem a falange distal pareçam ser muito diferentes em um primeiro momento, na verdade elas compartilham uma arquitetura semelhante. Cada apêndice apresenta **cinco segmentos diferentes** (▶Fig. 19.36):
- segmento perióplico ou limbo (*limbus*);
- segmento coronário ou coroa (*corona*);
- segmento parietal ou parede (*paries*);
- segmento solear ou sola (*solea*);
- segmento das saliências dos coxins digital ou ungueal (*torus digitalis/ungulae*), que corresponde à polpa do dedo dos primatas.

Os **segmentos são identificados** por sua localização, estrutura e produção córnea. Aspectos característicos são a presença ou ausência de uma tela subcutânea, a forma do corpo papilar e a **estrutura da camada córnea** (tipo de cornificação, arquitetura do corno). Contudo, essas características apresentam uma grande variação entre espécies, de modo que são descritas em detalhes mais adiante neste capítulo (▶Fig. 19.36). Embora a segmentação não esteja clara externamente, é possível determinar os diferentes segmentos por meio de uma secção longitudinal ou após a remoção da cápsula córnea.

19.7.3 Estojo córneo da falange distal (*capsula ungularis*)

A falange distal dos mamíferos domésticos é envolta pelo estojo córneo, ou cápsula ungueal, o qual forma a garra dos carnívoros e o casco dos ungulados. Todos os cinco segmentos participam da formação da cápsula ungueal, porém o coxim não é parte da garra em carnívoros e permanece separado.

A **cápsula ungueal** (casco córneo) pode ser dividida em **duas partes** (▶Fig. 19.37):
- parede (*paries corneus*, *lamina*);
- face solear (*facies solearis*).

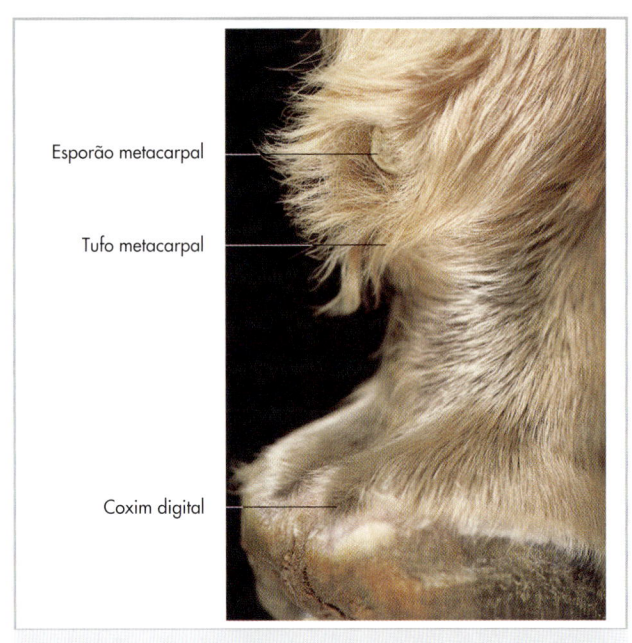

Fig. 19.34 Esporão como rudimento do coxim metacarpal e bulbos dos talões (coxim do casco).

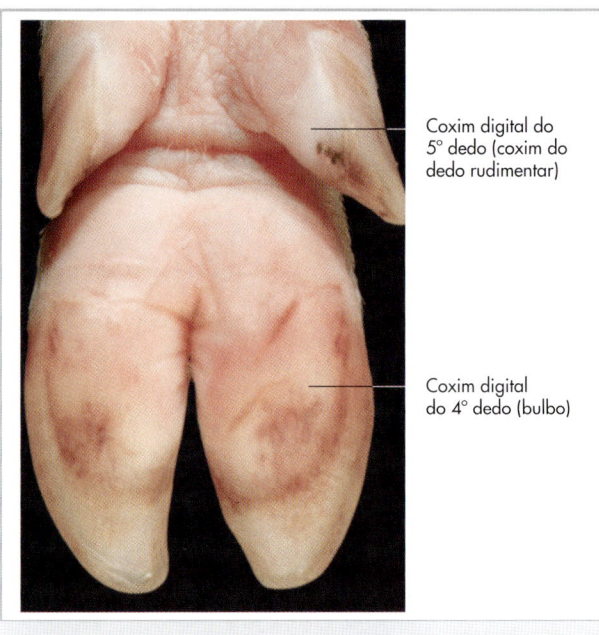

Fig. 19.35 Coxins dos cascos principal e acessório de um suíno.

Parede (*paries corneus, lamina*)

A parede é formada pelo **limbo** (*limbus*), pela **coroa** (*corona*) e pelo **segmento parietal** (*paries*) e corresponde à unha dos primatas. Ela é composta (do exterior para o interior) pelas seguintes camadas (▶Fig. 19.38):

- camada externa (*stratum externum, eponychium*);
- camada média (*stratum medium, mesonychium*);
- camada interna (*stratum internum, hyponychium*).

Face solear (*facies solearis*)

A face solear é formada pela **parte distal da parede** que entra em contato com o solo, pelo **segmento solear** e pelo **coxim** dos ungulados. A camada interna da parede, que aparece sobre a face solear, denominada **linha branca**, forma uma **camada flexível**, que une o corno da lâmina e a sola.

A sola pode ser subdividida, ainda, nas partes que **fazem contato com o solo** (*facies contactus*) e as que **não entram em contato com o solo** (*facies fornicis*) (▶Fig. 19.39). A distribuição e a extensão dessas duas partes apresentam grande variação entre espécies.

19.7.4 Estojo córneo decíduo (*capsula ungulae decidua*)

O casco de leitões, bezerros, cordeiros e potros recém-nascidos é recoberto por um **estojo córneo decíduo**, particularmente bem desenvolvido na sola e no coxim digital (▶Fig. 19.40). Esse estojo é da cor amarelo-clara e é composto por corno epitelial com cornificação incompleta. O estojo córneo decíduo tem uma elevada concentração de água e uma estrutura elástica com contornos arredondados. Além disso, ele é formado pelos mesmos cinco segmentos presentes na cápsula permanente.

O estojo córneo decíduo cobre o casco como uma almofada e protege o útero e o canal de parto de lesões durante o parto.

Durante os primeiros dias pós-parto, ele se seca rapidamente e se desprende quando o animal começa a caminhar. O estojo córneo permanente já está completamente formado sob o estojo decíduo.

No cão ou no gato recém-nascidos, as garras afiadas e pontiagudas também são revestidas por uma epiderme sem cornificação completa. A estrutura correspondente se encontra na unha de bebês recém-nascidos.

19.7.5 Modificação dos diferentes segmentos

A origem dos diferentes segmentos da unha, da garra e do casco como modificações locais da pele se reflete em sua retenção de camadas epidérmicas, dérmicas e da tela subcutânea. No entanto, o grau e a proporção de modificação variam entre os diferentes segmentos.

Tela subcutânea

Não há tela subcutânea na lâmina e no segmento solear, nos quais uma união mecânica estável entre a derme e a falange distal é fundamental. Sob o limbo, a coroa e o coxim, há um **pulvino digital** (*pulvinus*), uma trama de fibras colágenas e elásticas intercalada por tecido adiposo e ilhotas cartilaginosas. Essas estruturas atuam como amortecedores durante a locomoção.

Derme (*dermis, corium*)

A derme da falange distal também é chamada de **pododerme**. Em correspondência às camadas da pele, ela pode ser subdividida em uma **camada papilar profunda** e uma **camada reticular superficial**. Nos segmentos nos quais a tela subcutânea não se desenvolveu, a derme adere firmemente e é contínua com o **periósteo** do osso subjacente.

A superfície da camada papilar é característica de cada segmento. Em todos os segmentos, com exceção do segmento parietal, a

Tegumento comum (*integumentum commune*) 653

Homem

Cão

Bovino

Equino

☐ Segmento perióplico ■ Segmento coronário ⟋ Segmento parietal ▨ Segmento solear ⋯ Coxim

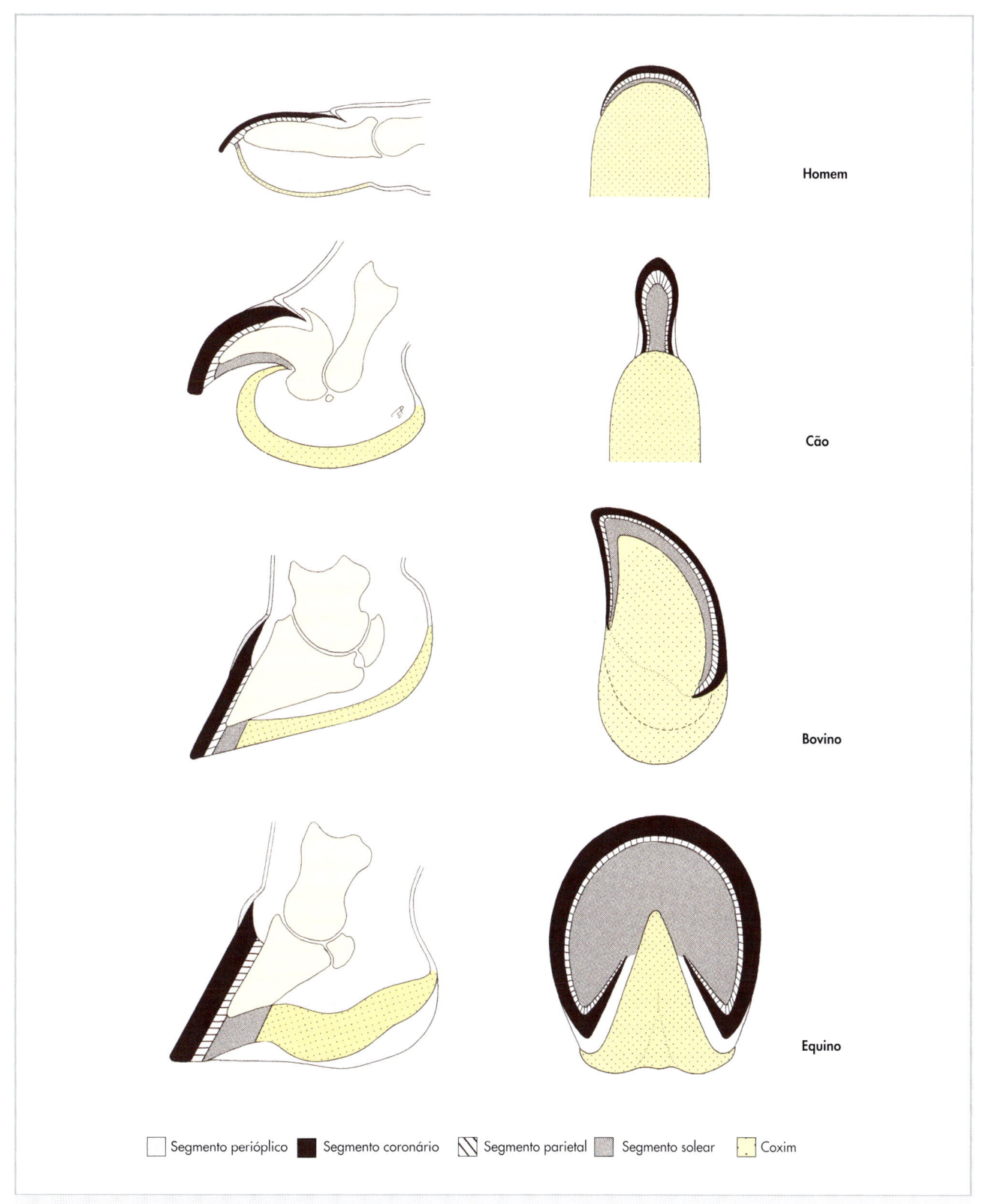

Fig. 19.36 Segmentação da unha, da garra e dos cascos de um bovino e de um equino (secção sagital e face solear; representação esquemática). (Fonte: com base em dados de Zietzschmann, 1918, e Mülling, 1993.)

Fig. 19.37 Secção sagital da cápsula ungueal de um equino.

Lamelas epidérmicas
Casco córneo
Parede (*paries corneus*)
Face solear

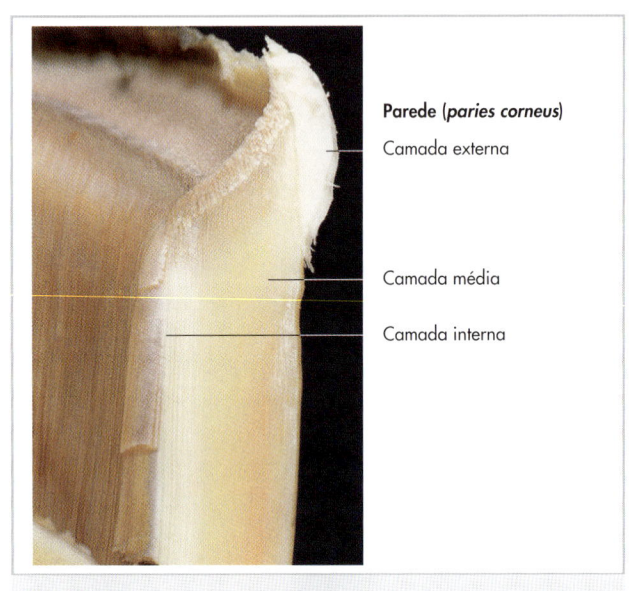

Fig. 19.38 Secção da parede da cápsula ungueal de um equino.

Parede (*paries corneus*)
Camada externa
Camada média
Camada interna

camada papilar forma **papilas dérmicas** (*papillae dermales*), as quais se projetam diretamente de um plano sob a face ou são elevadas sobre as lâminas mais baixas (▶Fig. 19.41). O comprimento das papilas varia nos diferentes segmentos e entre as espécies. No equino, por exemplo, as papilas das coroas podem medir até 8 mm. No segmento parietal, a face da camada papilar é marcada por **lamelas dérmicas paralelas** (*lamellae dermales*), que se prolongam da direção proximal a distal no casco e se dispõem em curva na garra. Pequenas papilas se prolongam da extremidade das lâminas.

Epiderme (*epidermis*)

A epiderme pode ser dividida em uma parte delgada, formada por células cornificadas vivas, e uma parte mais espessa, formada por células cornificadas. As **camadas vitais** compreendem a **camada basal** (*stratum basale*), a **camada espinhosa** (*stratum spinosum*) e a **camada granulosa** (*stratum granulosum*), ao passo que o casco é composto apenas pela **camada córnea** (*stratum corneum*).

Camadas vitais da epiderme

As células nas camadas vitais da epiderme sofrem as mesmas alterações que a pele, levando, gradualmente, à sua **queratinização** e à sua **cornificação**. As proteínas de queratina e o material de revestimento membranoso são sintetizados em todas as células, porém a composição varia conforme o segmento. A cornificação do tipo mole ocorre no segmento perióplico, nos coxins e na epiderme terminal do segmento parietal, onde se encontra uma camada granulosa. Nos outros segmentos, não há camada granulosa, e as células sofrem o tipo duro de cornificação, o que resulta em um casco mecanicamente resistente.

Camada córnea (*stratum corneum*)

A **camada córnea** é composta por agrupamentos de **células completamente queratinizadas** muito próximas umas às outras. Durante o processo de queratinização e cornificação, as células epidérmicas sofrem uma série de alterações internas, que, gradualmente, conduzem à sua morte. Quando alcançam a camada córnea, as células epidérmicas são incapazes de passar por uma nova divisão ou crescimento. As células do casco são empurradas distalmente por células das camadas mais profundas que se movem para a superfície. As células córneas são mantidas unidas pelo material de revestimento membranoso, de modo que a estrutura do casco pode ser comparada a um muro de tijolos: as células são os tijolos, e o revestimento membranoso é o cimento.

A **solidez** e a **qualidade do casco** são características de cada segmento e dependem da quantidade e da composição da queratina e do material de revestimento membranoso. A descamação da camada córnea se inicia com a perda de função do material de cobertura membranosa, seguida da desintegração dos aglomerados de células.

A camada córnea coronária é **extremamente durável** e se desgasta devido à carga mecânica. Se não houver desgaste, ela precisa ser aparada. Em contrapartida, a solear dura pouco tempo, o que explica a sua forma côncava, que preenche a face solear entre a parede e a cunha no casco do equino.

Estrutura da junção de células córneas

Em todos os segmentos, as estruturas superficiais da derme se entrelaçam às camadas internas da epiderme. Nos segmentos em que a derme forma **papilas** (*papillae dermales*), as camadas vitais da

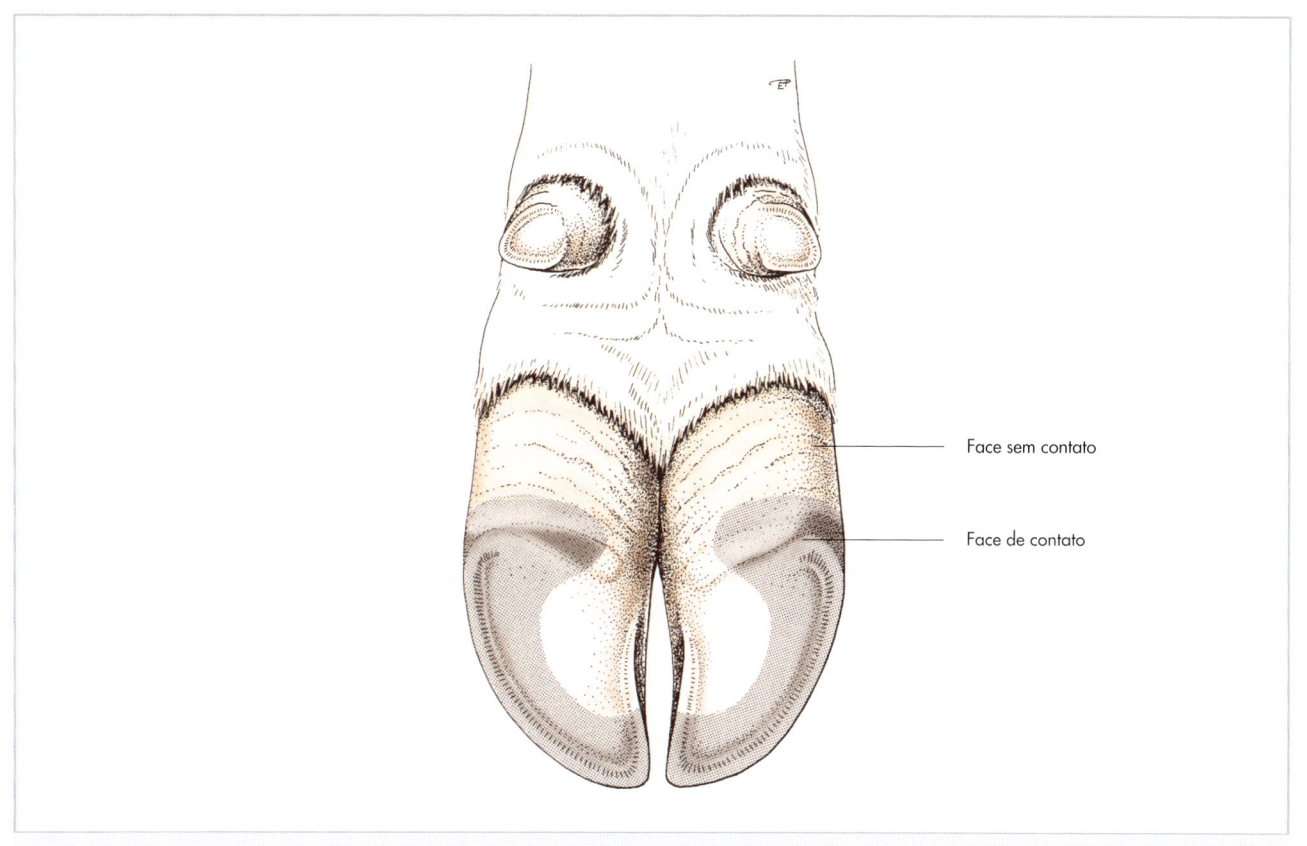

Fig. 19.39 Face solear (*facies solearis*) do casco de um bovino, com partes de sustentação de peso e partes sem sustentação de peso (representação esquemática). (Fonte: com base em dados de Clemente, 1979.)

epiderme se dispõem em **túbulos** (*tubuli epidermales*), os quais formam os túbulos córneos, inseridos no **corno intertubular** (▶Fig. 19.41). Se a derme se dispor em lamelas, a epiderme também forma **lamelas córneas**, que se entrelaçam com as **lamelas dérmicas** subjacentes.

Camada córnea tubular

A camada córnea tubular é composta por **túbulos córneos**, os quais estão inseridos na **camada córnea intertubular** menos estruturada. Os túbulos córneos têm um **córtex** e uma **medula**. O córtex é formado pela **epiderme peripapilar**, situada nas laterais das papilas dérmicas, ao passo que a medula é formada pela **epiderme suprapapilar**, situada na extremidade das papilas dérmicas. As células da camada córnea cortical se queratinizam sob circunstâncias ideais, já que a sua posição peripapilar as coloca em uma posição com bom acesso a moléculas nutricionais. Essas células são bastante estáveis e duráveis. A queratinização das células da camada óssea medular costuma ser incompleta, e essas células se desintegram em pouco tempo, deixando os lúmens dos túbulos córneos vazios. Portanto, os túbulos córneos são, na verdade, cilindros ocos que desempenham o princípio mecânico de uma disposição estável e, ao mesmo tempo, leve. A **camada córnea intertubular** é formada entre as papilas dérmicas e é composta por **células córneas isométricas**.

Devido à sua estrutura, a **camada córnea tubular** é extremamente resistente à pressão. Os túbulos córneos dos cascos mantêm a forma em toda a sua extensão, que pode alcançar 10 cm desde a coroa até a sola. Na garra, a camada córnea tubular do segmento coronário é deformada distalmente em uma camada córnea laminar.

Funções da camada córnea

A camada córnea envolve a falange distal e desempenha uma série de funções. A estabilidade mecânica dessa camada permite a carga do membro durante a locomoção e impede lesões à falange distal. A camada córnea também controla a **perda** e a **absorção de água**, e a sua qualidade sofre muita influência do teor de água. Água em demasia ou insuficiente acarreta deterioração da qualidade e perda de elasticidade. A camada córnea atua como **isolante térmico** e constitui uma barreira contra **micróbios** ascendentes, sendo que as células medulares dos túbulos córneos são o elemento mais fraco.

> **Nota clínica**
>
> As infecções ascendentes podem levar a uma inflamação dolorosa da derme. Estábulos com pouca higiene e solo úmido comprometem a integridade da camada córnea, de modo que os micróbios ganham acesso às estruturas mais profundas. Urina e fezes dissolvem o material de revestimento membranoso, e sabe-se que a ureia destrói seletivamente as proteínas no interior das células da camada córnea. Algumas doenças, como **laminite** ou **cancro**, levam ao desenvolvimento de disceratose, deixando o casco com qualidade inferior. Essa camada córnea se caracteriza por baixo teor de queratina e uma membrana de revestimento disfuncional, a qual está sujeita à desintegração bacteriana.

A **qualidade da camada córnea** apresenta uma ampla variação entre indivíduos. Ela é determinada geneticamente, mas também sofre influência da **dieta**, com o zinco e a biotina tendo papéis

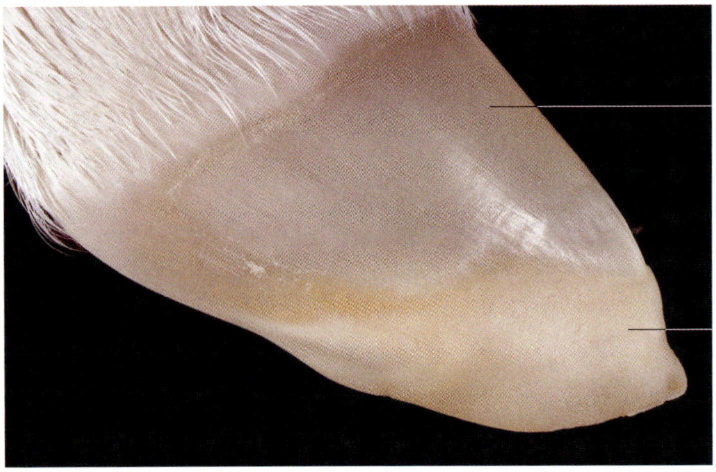

Fig. 19.40 Estojo córneo decíduo na extremidade distal do estojo córneo permanente em um feto equino maduro.

importantes. O prejuízo da irrigação para a derme, conforme observado em animais com falta de exercício ou submetidos a uma carga constante, também pode resultar na produção de uma camada córnea de baixa qualidade.

19.7.6 Garra (*unguicula*)

Os órgãos digitais dos carnívoros compreendem o **coxim digital** e a **garra**, que se prolonga apicalmente desde o coxim. Embora alguns autores utilizem a expressão "garra" apenas para o estojo córneo, outros incluem as estruturas musculoesqueléticas envolvidas.

Unha do cão

O cão tem **cinco unhas no membro torácico** e **quatro unhas no membro pélvico**, que correspondem à quantidade de dedos. O primeiro dedo no membro torácico é reduzido e não entra em contato com o solo. Se não for aparada, a unha pode continuar a crescer de modo circular, até que a sua extremidade invada a ruga palmar, entre a base da unha e o coxim, ou o próprio coxim digital. No membro pélvico, um 1º dedo reduzido, ou **rudimentar**, sem elementos esqueléticos pode estar presente sob o tarso, na face medial da pata. A remoção desse dedo é um procedimento de rotina em filhotes, mas ele deve ser mantido em algumas raças (p. ex., São-Bernardo), já que existe a possibilidade de que ele seja utilizado para exibição.

Formato da unha

A unha é curvada e segue o formato do processo ungueal da falange distal. Ela pode ser comparada a uma unha humana comprimida lateralmente. Um exame macroscópico revela uma sola, duas paredes e uma crista dorsal central. O diâmetro da unha é de oval a redondo, e a agudeza de sua extremidade depende do desgaste (▶Fig. 19.42, ▶Fig. 19.43 e ▶Fig. 19.44).

Segmentos da unha

A unha do cão pode ser dividida em quatro segmentos, do mais proximal ao mais distal: **perióplico**, **coronário**, **parietal** e **solear** (▶Fig. 19.36). A camada córnea produzida por esses segmentos forma a parede e a sola da unha (▶Fig. 19.44 e ▶Fig. 19.45).

O limbo e a coroa (segmentos perióplico e coronário) não estão visíveis na superfície, mas se encaixam no espaço sob a crista ungueal da falange distal.

Essa relação é ocultada pela pele da prega da unha. Dorsalmente, essa prega é uma modificação da pele com pelos, a qual não exibe pelos em um lado e se fusiona à camada óssea da unha. Os segmentos perióplico, coronário e parietal formam as paredes e a margem dorsal da unha, as quais são conectadas ao processo ungueal subjacente da falange distal. A sola cobre a face ventral do processo ungueal, e a camada córnea assume a aparência de um material esbranquiçado e esfarelado entre as margens da parede.

Segmento perióplico

O limbo forma a parte mais proximal da unha e é adjacente ao interior da **crista ungueal** (▶Fig. 19.44). As projeções papilares na face da derme são bastante difusas, e a camada córnea da epiderme é composta por uma camada córnea não tubular e mole no exterior da parede da unha. O segmento perióplico forma a camada externa (*stratum externum*), que corresponde à fina camada brilhosa formada pelo limbo no equino e se desgasta antes de alcançar a extremidade distal da unha (▶Fig. 19.44 e ▶Fig. 19.45).

Segmento coronário

O segmento coronário ocupa o **assoalho da prega da unha** (▶Fig. 19.44). A derme da coroa exibe papilas bem-definidas, que podem alcançar um comprimento de até 0,7 mm e se originar das lâminas dérmicas. A camada córnea formada pela derme coronária se dispõe em túbulos em sua origem, mas perde a estrutura tubular distalmente. O segmento coronário forma a camada média (*stratum medium*) da parede da unha, a qual é mais espessa dorsal do que lateralmente.

Segmento parietal

O segmento parietal está em contato direto com o **processo ungueal da falange distal**. A derme desse segmento está disposta em lamelas, cuja altura varia de 5 μm proximalmente até 0,3 mm distalmente. A epiderme dos segmentos parietais se entrelaça com as lamelas dérmicas, mas não se cornifica centralmente. Portanto, a camada córnea formada pelo segmento parietal não tem forma laminar; na verdade, a sua estrutura é tubular, produzida pelas papilas terminais.

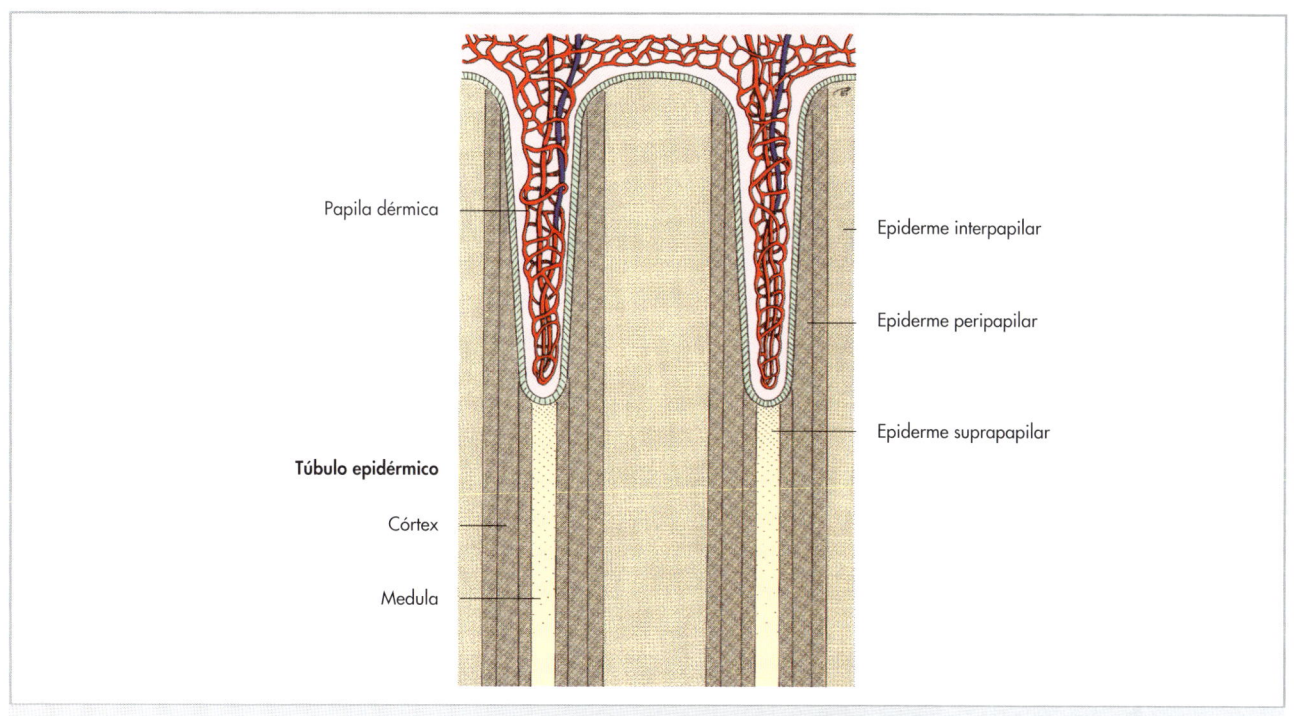

Fig. 19.41 Desenvolvimento da camada córnea tubular epidérmica sobre uma matriz papilar dérmica (representação esquemática).

A cornificação é do tipo mole e inclui uma camada granulosa. A camada córnea tubular resultante é como uma borracha, com coloração mais clara que a camada córnea coronária, e se desintegra distalmente às papilas (▶Fig. 19.43).

Segmento solear

O estreito segmento solear é adjacente à face palmar/plantar da face solear (*facies solearis*) do processo ungueal e se projeta da tuberosidade flexora até o ápice. As papilas dérmicas desse segmento são direcionadas apicalmente e aumentam de comprimento e de quantidade do sentido proximal ao distal. Ao contrário da epiderme solear do casco, a epiderme solear da unha forma uma camada córnea não tubular, mole e esfarelada mediante **cornificação macia** (▶Fig. 19.43). Ela se desintegra quando a unha é removida, e a unha isolada se abre entre as paredes.

Coxim digital

O coxim digital se situa proximalmente ao segmento solear da unha, mas não está integrado à unha em si, já que se situa no estojo córneo. Ele é descrito em detalhes no início deste capítulo.

Vascularização

A unha e o coxim digital são **intensamente irrigados**, o que explica o motivo pelo qual lesões nessa região apresentam tendência à hemorragia (▶Fig. 19.46 e ▶Fig. 19.47). A vascularização arterial ocorre por meio de quatro artérias, as quais correm dorsoaxial, dorsoabaxial, palmo(planto)axial e palmo(planto)abaxialmente em cada dedo. A denominação dessas artérias segue o mesmo princípio nos quatro dedos. Para o quarto dedo do membro torácico, elas recebem a seguinte denominação:

- artéria digital dorsal própria IV axial (*a. digitalis dorsalis propria IV axialis*);
- artéria digital dorsal própria IV abaxial (*a. digitalis dorsalis propria IV abaxialis*);
- artéria digital palmar própria IV axial (*a. digitalis palmaris propria IV axialis*);
- artéria digital palmar própria IV abaxial (*a. digitalis palmaris propria IV abaxialis*).

As **artérias palmares** (**plantares**) emitem ramos (*rami tori digitales*) para o coxim digital e um ramo coronário (*a. coronalis*) para a coroa. Essas artérias atravessam o forame solear da falange distal e se anastomosam para formar o **arco terminal**. Várias artérias se prolongam na derme da unha. As artérias dorsais menores se prolongam até a crista ungueal.

As **veias** são satélites das artérias e recebem a mesma denominação.

Linfáticos

A linfa dos dedos do membro torácico drena no **linfonodo cervical superficial**, ao passo que a linfa do membro pélvico drena no **linfonodo poplíteo**.

Inervação

Membro torácico

A inervação sensorial do primeiro dedo e da face dorsal do segundo ao quinto dedo é feita pelo **nervo radial**. A face palmar do segundo ao quinto dedo é inervada pelos ramos dos **nervos ulnar** e **mediano**.

Membro pélvico

O primeiro dedo e a face medial (abaxial) do segundo dedo são inervados pelo **nervo safeno**. A inervação da face dorsal do segundo ao quinto dedo é feita pelo **nervo fibular**, ao passo que a

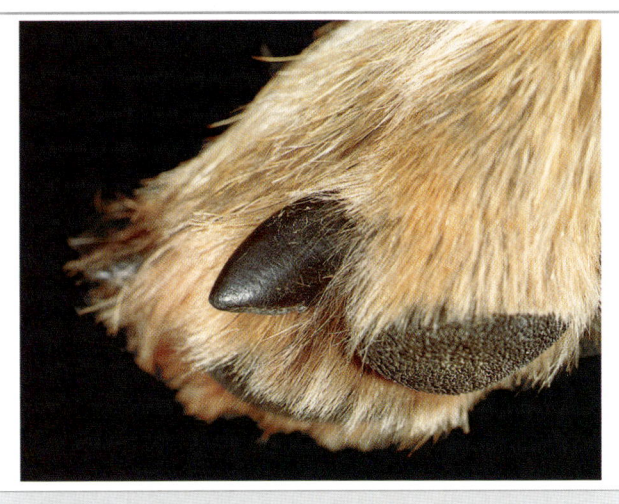

Fig. 19.42 Unha e coxim digital de um cão.

Camada córnea coronária
Camada córnea parietal
Camada córnea solear

Fig. 19.43 Face solear da unha de um cão.

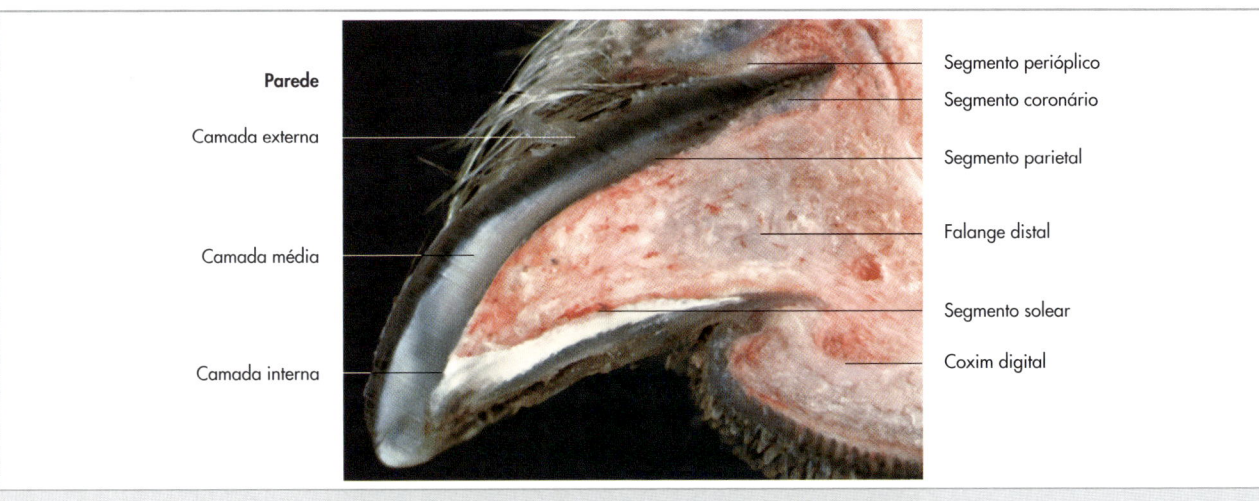

Parede
Camada externa
Camada média
Camada interna

Segmento perióplico
Segmento coronário
Segmento parietal
Falange distal
Segmento solear
Coxim digital

Fig. 19.44 Secção sagital da unha de um cão.

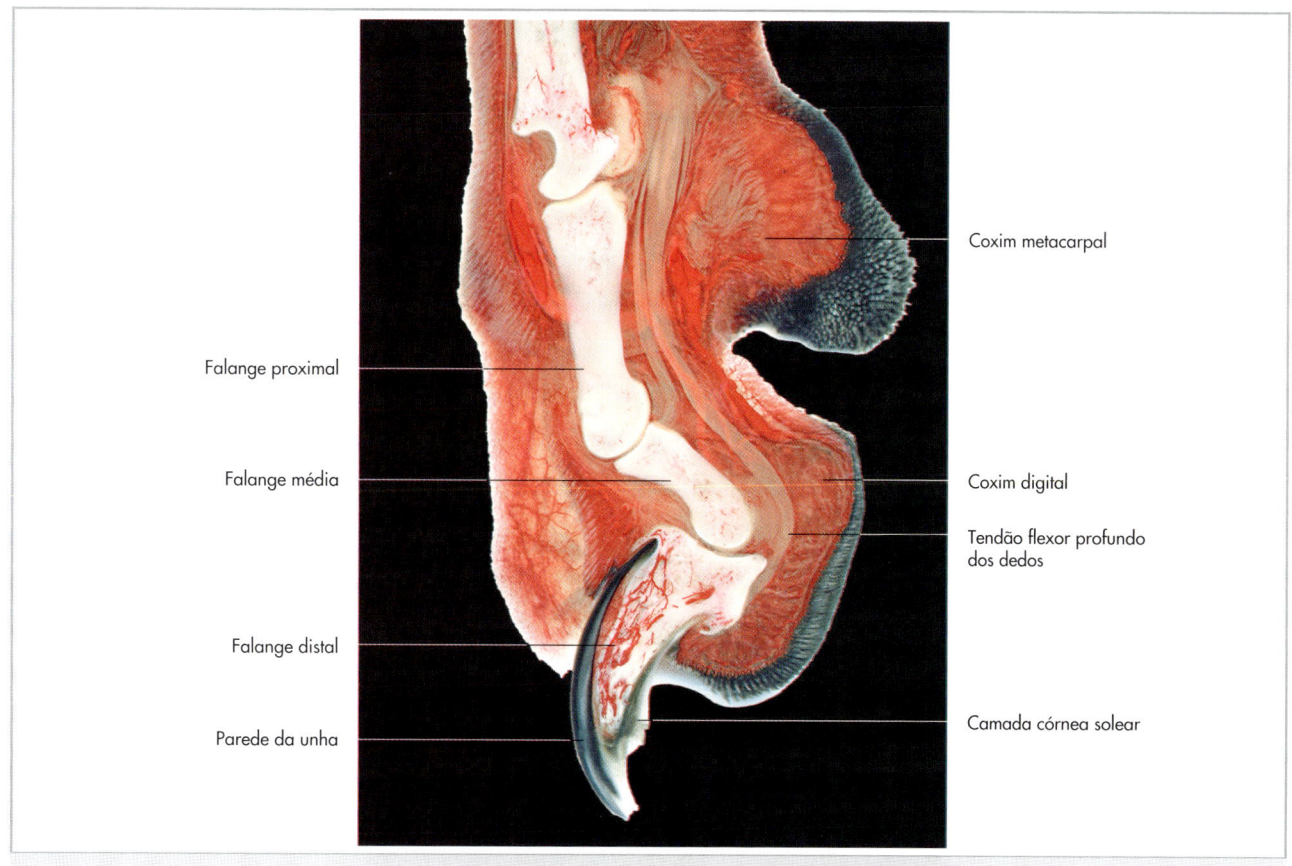

Fig. 19.45 Dedo de um cão (secção transversal, plastinada, vasos injetados). (Fonte: cortesia de H. Obermaier, Munique.)

Labels: Falange proximal; Falange média; Falange distal; Parede da unha; Coxim metacarpal; Coxim digital; Tendão flexor profundo dos dedos; Camada córnea solear.

inervação da face plantar, incluindo os coxins digitais, é feita pelo **nervo tibial**. Os receptores de dor estão integrados ao periósteo do processo ungueal e podem ser estimulados com um instrumento pontiagudo para testar a sensação durante um exame neurológico.

Garra do gato

A anatomia da garra felina segue a anatomia da unha canina, com algumas **exceções características da espécie**. A garra do gato é comprimida lateralmente, fortemente curvada e se projeta até formar uma ponta afiada. Ela se assemelha a uma foice, com uma curva interna aguda e uma face convexa rombuda (▶Fig. 19.48). Ao contrário dos cães, os gatos utilizam as suas garras para ataque e defesa e para o contato inicial com a presa. Os arranhões característicos em árvores, troncos e mobília são uma forma de afiar as garras e marcar território por meio do suor das glândulas nos coxins digitais. Ao contrário da unha do cão, as garras do gato são totalmente retráteis por meio de **ligamentos elásticos na crista ungueal da garra**. Isso possibilita que o gato caminhe silenciosamente e sem desgastar as garras devido ao contato com o solo.

Vascularização

A vascularização da garra do gato segue os mesmos princípios da vascularização da unha do cão.

Linfáticos

A linfa do membro torácico drena para o **linfonodo axilar**, ao passo que a linfa do membro pélvico drena para o **linfonodo poplíteo**.

Inervação

Membro torácico

Assim como no cão, a inervação sensorial do primeiro dedo do gato ocorre por meio do **nervo radial**, que também inerva as faces dorsais do segundo ao quarto dedo. Os ramos do nervo radial podem se prolongar na face palmar desses dedos até a altura do coxim digital. A face palmar do segundo ao quarto dedo é inervada pelo **nervo mediano**, ao passo que o quinto dedo é inervado totalmente pelo **nervo ulnar**.

Membro pélvico

A inervação dos dedos do membro pélvico do gato é, em princípio, idêntica à do cão.

19.7.7 Cascos (*ungula*) de ruminantes e do suíno

Os ruminantes e o suíno são classificados como artiodátilos, o que indica que eles têm dois dedos que sustentam o peso em cada pé. De modo semelhante às unhas e às garras dos carnívoros e ao casco do equino, a falange distal dos ruminantes e do suíno é envolvida em

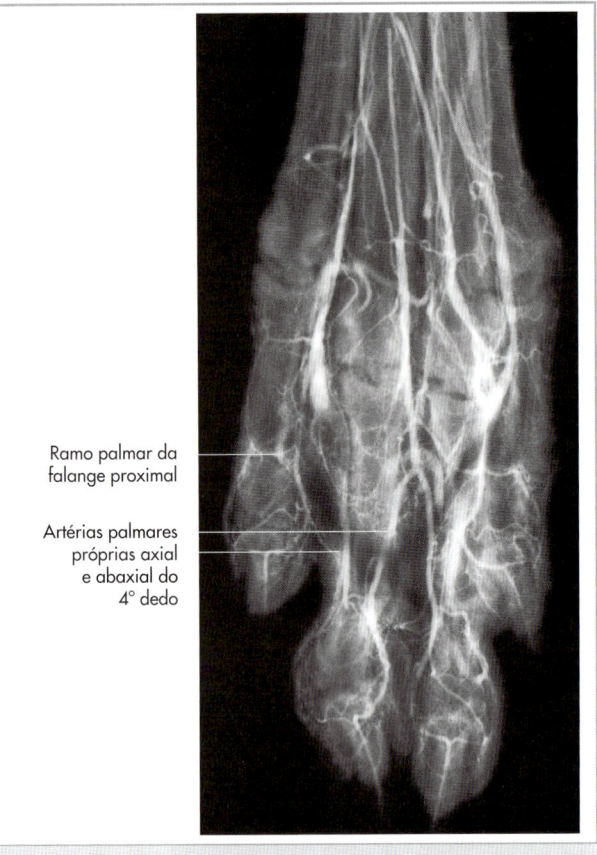

Fig. 19.46 Arteriograma da pata de um cão (projeção dorsopalmar).

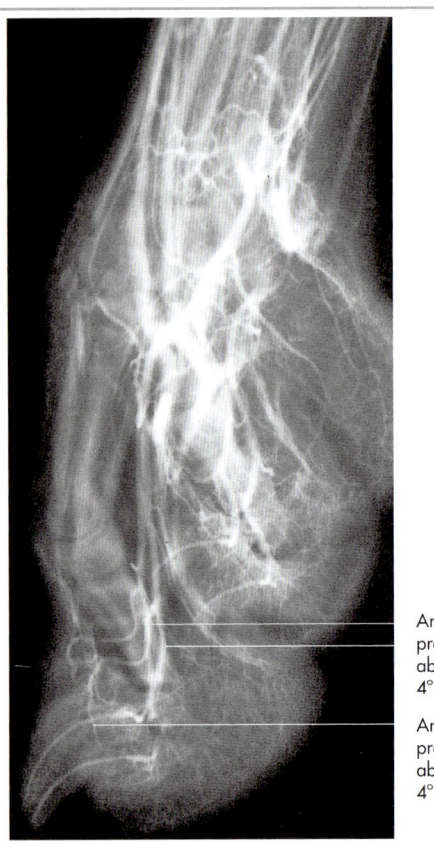

Fig. 19.47 Arteriograma da pata de um cão (projeção lateromedial).

uma modificação córnea da pele, os **cascos**. Embora a anatomia geral dos cascos dessas espécies siga o mesmo princípio, há várias características específicas. Do ponto de vista filogenético, os cascos dos artiodátilos precisam ser classificados entre a garra dos carnívoros e o casco do equino e vistos como uma forma especial de cascos de ungulados, porém são pares, ao contrário do casco único do equino.

> **Nota clínica**
>
> Enfermidades dos cascos, como, por exemplo, **laminite**, são comuns no bovino e desempenham uma função importante na saúde do rebanho. Juntamente aos **problemas de fertilidade** e às **doenças do úbere**, elas são responsáveis por perdas econômicas consideráveis para as indústrias leiteira e de abate.

Uma boa compreensão da anatomia funcional do casco é um pré-requisito para o sucesso da profilaxia, como, por exemplo, o casqueamento correto e o tratamento de doenças do casco.

Definição

A expressão **casco** às vezes é utilizada para se referir apenas ao estojo córneo da falange distal, ao passo que, em outros contextos, ela inclui o apêndice córneo e as estruturas musculoesqueléticas envolvidas. Esta última definição é mais adequada, já que todas essas estruturas formam uma unidade funcional. O casco compreende (▶Fig. 19.50):

- parte distal da falange média (*os coronale*);
- articulação interfalângica distal (*articulatio interphalangea distalis*) e seus ligamentos;
- falange distal (*os ungulare*);
- osso sesamoide distal (navicular) (*os sesamoideum distale*);
- parte terminal dos tendões flexores dos dedos, que se inserem no tubérculo flexor, e tendão extensor, que se insere no processo extensor da falange distal;
- bolsa navicular (*bursa podotrochlearis*), entre o osso navicular e o tendão flexor profundo dos dedos.

Casco (*ungula*) do bovino

Cada membro tem **dois cascos principais** e **dois cascos rudimentares**. Nos dedos principais (terceiro e quarto), estão os cascos principais, os quais são separados um do outro pelo **espaço interdigital**. Os cascos rudimentares integram o segundo e o quinto dedos rudimentares e são consideravelmente menores que os dedos principais. Na maioria dos casos, eles compreendem apenas uma falange média e uma falange distal. Os cascos rudimentares se fixam à falange proximal do dedo principal vizinho por meio de tecido frouxo. Eles não fazem contato com o solo, portanto, não se desgastam, exigindo desbaste regularmente (▶Fig. 19.49, ▶Fig. 19.50 e ▶Fig. 19.52).

Formato dos cascos

Os **cascos do membro torácico** são mais arredondados do que os do membro pélvico e apresentam um espaço interdigital maior. O ângulo da parede dorsal é de cerca de 50 a 55° na frente e de

45 a 50° atrás. O casco lateral suporta a maior carga e, em geral, é maior que o medial, embora não seja sempre o caso no membro pélvico.

A **parede do casco** segue o formato da falange distal e forma uma **parte axial côncava** em direção ao espaço interdigital (*pars axialis*), uma **parte abaxial convexa** (*pars abaxialis*) e o **teto dorsal** arredondado (*margo dorsalis*) (▶Fig. 19.49). A **sola** ou **face do casco em contato com o solo** (*facies solearis*) é relativamente plana, com uma área côncava axialmente que não estabelece contato com o solo. A margem da sola apresenta um ângulo de inflexão da parede e se une ao ápice do coxim centralmente (▶Fig. 19.39). Os cascos crescem continuamente, e seu desbaste é necessário se não houver desgaste.

Funções

O estojo córneo protege o dedo de **influências mecânicas**, **químicas** e **biológicas** do ambiente. A sua resistência a agentes químicos e biológicos é particularmente importante quando os animais são confinados a uma área relativamente pequena, quando o piso não é o ideal e quando substâncias agressivas estão em contato direto com o casco.

O casco atua como **amortecedor** durante a locomoção. As forças às quais os membros estão sujeitos são atenuadas e redirecionadas. Os coxins digitais estão incorporados ao casco, e sua tela subcutânea espessa forma o bulbo do casco. Os coxins atuam como **almofadas**, sobre as quais o animal caminha. O casco é complementado por uma epiderme elástica, com a qual forma uma unidade funcional. Outro mecanismo amortecedor é a possibilidade de os cascos do mesmo membro **se distanciarem um do outro** quando o pé entra em contato com o solo.

Contudo, o **ligamento interdigital distal** limita esse movimento a um grau fisiológico. As fixações da epiderme do casco à falange distal redirecionam as forças para as estruturas esqueléticas. Esse processo é semelhante ao mecanismo do casco no equino, porém não tem a mesma eficácia. No bovino, 40 a 60% da sola e do coxim entram em contato com o solo, ao passo que, no equino, apenas a margem solear, a cunha e os bulbos têm contato com o solo. Em animais selvagens, os cascos também são utilizados para escavar, raspar, atacar e se defender.

Segmentos do casco

Correspondente à garra e à unha dos carnívoros e ao casco do equino, o casco dos artiodátilos pode ser dividido em vários segmentos. A segmentação se baseia na arquitetura e na organização da modificação das camadas do tegumento comum. Os **cinco segmentos** a seguir podem ser identificados (▶Fig. 19.51 e ▶Fig. 19.52):
- segmento perióplico ou limbo (*limbus*);
- segmento coronário ou coroa (*corona*);
- segmento parietal ou parede (*paries*);
- segmento solear ou sola (*solea*);
- coxim ungueal ou bulbo (*torus ungulae*).

Macroscopicamente, os diferentes segmentos podem ser identificados com mais facilidade ao se remover o estojo córneo epidérmico do casco.

Segmento perióplico

No sentido abaxial, o limbo é contíguo à pele pilosa, ao passo que, no sentido axial, ele se fusiona com o limbo do outro casco

Fig. 19.48 Garra de um gato (vista lateral).

principal. Ele proporciona uma faixa estreita (cerca de 1 cm) dorsalmente, a qual se alarga no sentido palmar e plantar.

A **tela subcutânea do limbo** (*tela subcutanea limbi*) se espessa para formar a almofada do limbo (*pulvinus limbi*), ligeiramente saliente no sentido dorsal e axial. Esse espessamento se alarga no sentido palmar e plantar, onde se fusiona com o coxim (▶Fig. 19.51 e ▶Fig. 19.52).

A **derme do limbo** (*dermis limbi*) se divide abaxialmente da pele pilosa por meio de um sulco pouco profundo, ao passo que a margem em direção à coroa é marcada por uma crista, que é particularmente bem-definida abaxialmente. Essa crista é característica do casco bovino. A superfície da derme do limbo tem papilas estreitas, de 1 a 2 mm, voltadas distalmente.

A **epiderme do limbo** (*epidermis limbi*) apresenta uma estrutura tubular. A camada córnea macia e esfarelada produzida pela epiderme se desloca distalmente sobre a coroa e se desgasta rapidamente, cobrindo apenas o terço proximal da parede do casco (▶Fig. 19.50). Acredita-se que ela contribua para a regulação da concentração de água nos segmentos proximais do casco.

Segmento coronário

A coroa se prolonga desde o limbo distalmente até cerca da metade da parede do casco. Ela mede cerca de 2,5 cm de largura dorsalmente e se estreita para cerca de 1 a 1,5 cm axialmente e para cerca de 0,5 cm abaxialmente (▶Fig. 19.51). A tela subcutânea da coroa é modificada para formar a **almofada coronária** (*pulvinus coronae*), ligeiramente saliente.

A **derme da coroa** (*dermis coronae*) tem papilas delicadas, com terminações cônicas. Elas se orientam perpendicularmente à superfície da derme em sua origem, mas, depois, assumem uma orientação distal.

A **epiderme da coroa** (*epidermis coronae*) corresponde à superfície da derme da coroa ao formar túbulos córneos delicados. Esses túbulos são mais longos em diâmetro na parte média do segmento coronário, menores no exterior e muito pequenos ou ausentes na camada mais interna. A camada córnea coronária, extremamente resistente e rígida, compõe a camada média da parede do casco e constitui a sua maior parte (▶Fig. 19.51 e ▶Fig. 19.53).

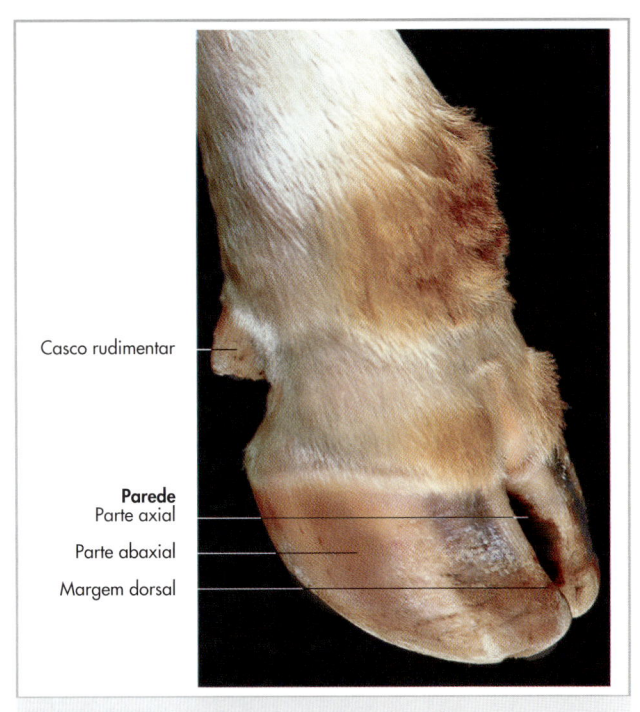

Fig. 19.49 Cascos do membro torácico de um bovino.

Fig. 19.50 Secção sagital do casco principal lateral e do casco rudimentar do membro torácico de um bovino.

A parte distal da camada córnea coronária auxilia na formação da parte externa da sola (*margo solearis*).

A **camada córnea da coroa** é marcada por cristas proeminentes, que correm paralelas à margem coronal. Na face palmar/plantar do casco, a camada córnea coronária é coberta pelo coxim córneo (▶Fig. 19.52). Ela apresenta sulcos distintos em direção ao espaço interdigital.

A **epiderme coronária** forma a **camada córnea mais rígida** do casco bovino, sendo duas vezes mais rígida que a camada córnea coronária do casco equino. A coroa cresce cerca de 4 a 8 mm por mês, dependendo da raça, da faixa etária e da alimentação.

Segmento parietal

A parede é coberta pela espessa camada córnea coronária, a qual se forma distalmente, delimita-se proximalmente pela camada córnea coronária e prolonga-se distalmente até a sola, onde forma uma inflexão lateromedial aguda, menos pronunciada na face palmar/plantar do que dorsalmente (▶Fig. 19.51). O segmento parietal une a parede e a sola, e é visível nesta como a **linha branca** (*zona alba*) (▶Fig. 19.52). Não há tela subcutânea no segmento parietal, e a derme adere diretamente ao periósteo do osso subjacente. A **derme do segmento parietal** (*corium parietis*) tem uma estrutura laminar. Ao contrário do casco do equino, as lâminas (*lamellae dermales*) não têm lamelas secundárias, e sim papilas curtas bastante delicadas em forma de gancho na crista do seu terço distal. Algumas papilas também estão presentes no terço proximal das lâminas. As partes terminais das lâminas voltam-se abruptamente em direção à sola e se fundem à derme solear. Elas têm papilas terminais longas e bem-definidas em suas extremidades.

A **epiderme** (*epidermis parietis*) **do segmento parietal** forma lâminas (*lamellae epidermales*) que se entrelaçam com as lâminas da derme (▶Fig. 19.53). Apenas o centro das lâminas epidérmicas é originalmente cornificado. A disposição em trama da epiderme e da derme e a ausência de tela subcutânea proporcionam uma união bastante resistente entre a camada córnea do casco e a falange distal. Como as forças que operam sobre o casco bovino são menores que as forças atuando sobre o casco equino, não se desenvolveram lamelas secundárias. Sob a influência da crista e das papilas terminais da derme, a epiderme forma uma **camada córnea tubular** ao redor dessas estruturas. Essas formações córneas são denominadas crista ou camada córnea terminal, respectivamente, e ajudam a compor a **linha branca** (▶Fig. 19.51).

Pesquisas recentes mostram que a epiderme do segmento parietal se caracteriza por um índice elevado de crescimento, o qual é possível devido ao aumento da superfície mediante o desenvolvimento de papilas. Contudo, isso vai de encontro ao que se acreditava anteriormente, de que a epiderme da parede não contribui para a formação da camada córnea.

Linha branca (*zona alba*)

A camada córnea da sola é separada do tecido córneo da parede pela **linha branca** (▶Fig. 19.52), a qual faz parte do segmento parietal e é composta pela **camada córnea laminar** e pela **camada córnea tubular**, ambas formadas pela epiderme sobre a crista e as papilas terminais. Os espaços entre as lâminas proximais são preenchidos pelo tecido córneo da crista na região da parede, ao passo que a camada córnea terminal preenche o espaço distal entre as lâminas em direção à sola (▶Fig. 19.50). A composição da camada córnea epidérmica por **três estruturas diferentes** de tecido córneo resulta na aparência de três camadas da linha branca. A camada mais externa e fina é contígua à camada córnea da coroa e pode ser identificada facilmente na camada córnea adjacente, devido à sua coloração mais clara. A parte média da linha branca é formada por lâminas de tecido córneo e pela crista córnea, que

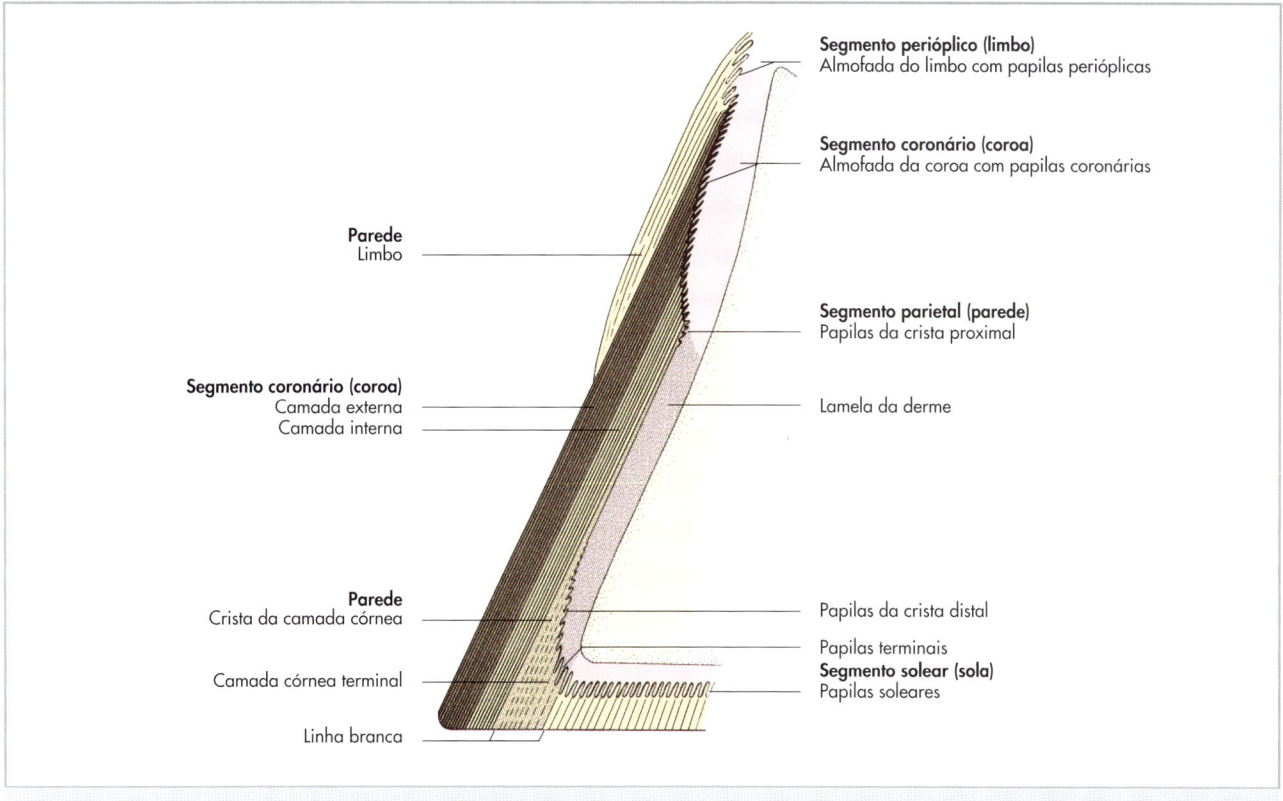

Fig. 19.51 Limbo, coroa, parede e sola do casco principal de um bovino (representação esquemática).

preenche os espaços entre elas. O tecido córneo terminal preenche os espaços entre as extremidades distais das lâminas em direção à sola e forma a camada mais interna da linha branca.

A **largura da linha branca** é determinada pela altura das lâminas da camada córnea e mede cerca de 4 a 5 mm na extremidade do dedo. Devido à disposição alternada da crista e da camada córnea terminal, a linha branca parece exibir listras. A crista e a camada córnea terminal da linha branca apresentam tendência à descamação, principalmente em animais cujos cascos não recebem cuidados adequados. Os espaços resultantes proporcionam uma área vulnerável, que permite o acesso de micróbios à linha branca e pode levar a uma infecção da derme.

A linha branca dos cascos dos artiodátilos pode ser dividida em uma **parte axial** e uma **parte abaxial** (▶Fig. 19.52). A parte axial se prolonga desde o ápice do casco, no sentido palmar/plantar, e segue um trajeto côncavo paralelo à margem da sola. A sua parte terminal segue um trajeto em direção à margem e, por fim, forma um arco axial e dorsalmente na metade da face solear, até terminar na altura da junção dos segmentos coronário, parietal e bulbar. A parte abaxial, por sua vez, segue um trajeto convexo na extensão da margem da sola e se desvia axialmente por cerca de 5 a 8 mm no segmento do coxim.

Segmento solear

O segmento solear se restringe à linha branca na face solear do casco. Ele é composto por um **corpo** (*corpus soleae*) e **dois pilares estreitos** (*crura soleae axiale et abaxiale*), os quais se prolongam do corpo no sentido palmar/plantar. Esses pilares terminam pouco antes do término das partes axial e abaxial da linha branca (▶Fig. 19.36 e ▶Fig. 19.52).

O segmento solear forma uma **face plana** e integra a **face de carga do casco** (▶Fig. 19.39). Centralmente, a sola se une imperceptivelmente ao ápice do coxim. A observação visual e a palpação não oferecem meios para distinguir entre o tecido córneo do segmento solear e o segmento bulbar. Microscopicamente, eles são facilmente identificados, em virtude da ausência de uma tela subcutânea no segmento solear.

A **derme da sola** se caracteriza por lâminas curtas, as quais estão em continuação direta com as extremidades desviadas das lâminas do segmento parietal. As lâminas têm papilas resistentes e longas, que se dispõem em fileiras e em uma inclinação de 40° em direção ao dedo.

A **epiderme** forma túbulos córneos, que correspondem às papilas dérmicas de um diâmetro surpreendentemente amplo. Esses túbulos são visíveis macroscopicamente no casco bem-aparado. O índice de crescimento da camada córnea solear rígida é baixo, e o tecido córneo migra lentamente em direção ao dedo, seguindo a orientação das papilas dérmicas.

Coxim digital

O coxim digital é a parte caudal do casco e complementa o segmento solear ao formar a face de contato do casco, onde o seu ápice se insere nos pilares do segmento solear. Trata-se da principal parte de sustentação de peso. No sentido palmar/plantar, o coxim digital é delimitado pela pele pilosa. Com base na sua estrutura e função, o coxim pode ser dividido nas **partes proximal** (*pars proximalis*) e **distal** (*pars distalis*). A parte proximal também é denominada **base** (*basis tori*), ao passo que a parte distal também é denominada **ápice do coxim** (*apex tori*) (▶Fig. 19.52).

A **base do coxim** se prolonga desde a pele pilosa até uma linha imaginária, traçada entre as extremidades dos ramos axial e abaxial

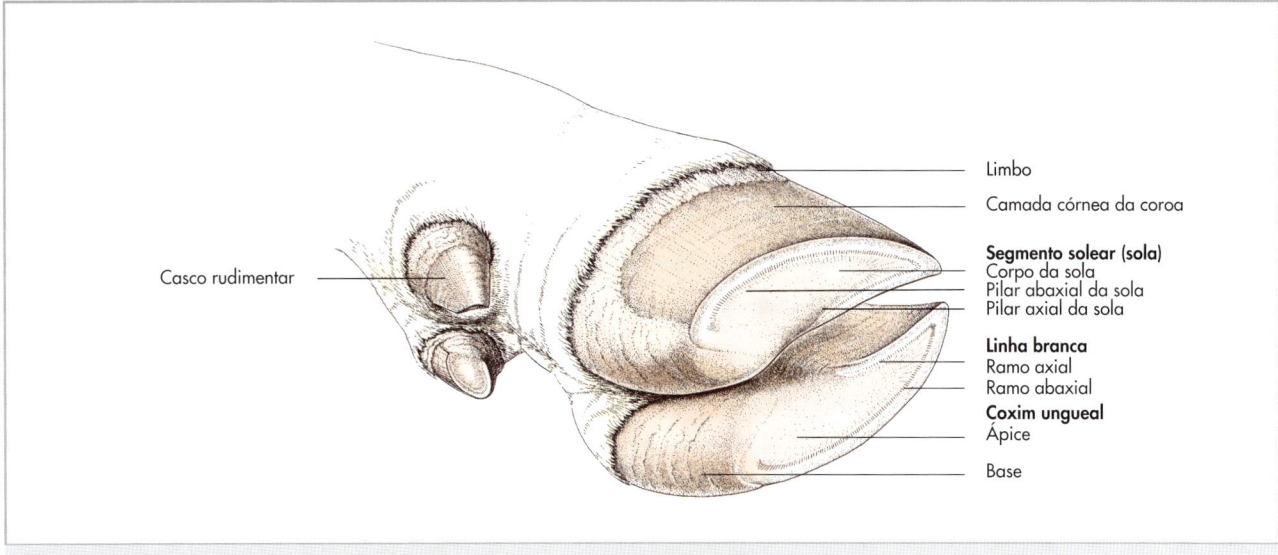

Fig. 19.52 Face solear dos cascos principais e rudimentares de um bovino, com linha branca (representação esquemática).

da linha branca. Ela forma a parte palmar/plantar do coxim que não sustenta o peso e a parte de carga da face de contato com o solo. Axialmente, a base do coxim é adjacente à pele não pilosa da fenda interdigital e à extremidade do ramo axial, da linha branca até o limbo, a coroa e a parede. Abaxialmente, ela é delimitada no sentido proximal a distal pelo limbo, pela coroa e pela parede.

O **ápice do coxim** se insere nos pilares da sola e alcança o corpo da sola, situado apicalmente (▶Fig. 19.52).

A **tela subcutânea** do coxim (*tela subcutanea tori*) é modificada para formar a **almofada digital bem-desenvolvida** (*pulvinus digitalis*). Essa almofada é composta por uma mescla de fibras colágenas e elásticas entremeadas por tecido adiposo. A área mais espessa (cerca de 2 cm) da almofada digital se situa sob a parte proximal do coxim, onde se prolonga sobre toda a sua largura. Contudo, a sua espessura diminui gradualmente em direção ao dedo, onde ela mede cerca de 5 mm quando alcança o segmento solear (▶Fig. 19.50). A estrutura da almofada digital, com múltiplas câmaras, complementa o tecido córneo elástico do coxim como amortecedor.

A **derme do segmento do coxim digital** (*dermis tori*) forma lâminas baixas, que contêm pequenas papilas. Elas não são lineares na parte proximal e seguem um trajeto ondulado. Na parte distal, essas lâminas são mais elevadas e exibem uma disposição linear. **Papilas cônicas** (*papillae coriales*) fortes se projetam perpendicularmente da derme e se dispõem em vórtices. Na parte distal, elas exibem uma inclinação mais apical. A **epiderme do coxim** (*epidermis tori*) forma um tecido córneo tubular. Os túbulos córneos exibem forma, diâmetro, disposição e inclinação diferentes. Na parte proximal, a cornificação é do tipo macio, e o tecido córneo resultante tem uma consistência elástica, semelhante à da borracha.

A **face da camada córnea** é marcada por fissuras, que são particularmente distintas em animais cuja higiene do casco é negligenciada. O **tecido córneo do coxim** cresce em camadas e tende à descamação quando se acumula. A estrutura de camadas múltiplas prossegue até a parede interdigital e o tecido córneo coronário axialmente e o tecido córneo do limbo abaxialmente. A parte proximal exibe um índice considerável de crescimento de até 12 mm ao mês. Se não houver desgaste, como ocorre com os animais mantidos em superfícies suaves, o tecido córneo cresce sobre a parte distal do coxim (supercrescimento da camada córnea solear) e pode levar a deformidades graves.

O casco com deformidade acarreta sobrecarga de determinadas estruturas, como os tendões flexores, e aumento na carga da derme, o que constitui um fator de predisposição à etiopatogênese de pododermatite.

A **cornificação do tecido córneo** da parte distal do coxim é do tipo rígido, de modo que o tecido córneo resultante é consideravelmente mais rígido que o da parte proximal. A margem axial do coxim distal não contribui para a face de carga, devido à sua ligeira concavidade. A parte abaxial é plana, e o contato com o solo se dá em toda a sua extensão. Nessa área, a disposição paralela das camadas córneas não é bem-definida.

Nota clínica

Mesmo no casco bem-cuidado, há determinados locais suscetíveis a enfermidades. Antes que estruturas mais profundas sejam afetadas, os agentes infecciosos devem penetrar as camadas córneas. Um dos locais suscetíveis é a margem entre as partes proximal e distal do coxim, onde os tecidos córneos de resistências diferentes se fundem. Devido a características diversas do material, a carga causa a formação de minúsculas fissuras, que podem agir como ponto de partida para fissuras maiores que proporcionam acesso a infecções, as quais podem destruir a derme e as estruturas mais profundas.

A linha branca é outro ponto fraco no casco bovino. A heterogeneidade dos componentes córneos e a ampla medula tubular predispõem a linha branca a infecções ascendentes (p. ex., **doença da linha branca**).

Vascularização

Artérias

A **irrigação principal** dos cascos ocorre por meio das **artérias digitais palmares e plantares dos dois dedos principais** (*aa. digitales palmares/plantares propriae axiales et abaxiales III et IV*; ▶Fig. 19.54 e ▶Fig. 19.55). Elas são complementadas pelas **artérias digitais dorsais** (*aa. digitales dorsales propriae axiales*

Fig. 19.53 Cápsula da camada córnea de um bovino (parte da parede abaxial removida).

et abaxiales III et IV). As artérias digitais palmares do membro torácico emergem da artéria digital palmar comum III (*a. digitalis palmaris communis III*), a continuação da artéria mediana. No membro pélvico, as artérias digitais plantares emergem da artéria digital plantar comum III e recebem sangue de um ramo (*ramus perforans distalis III*) da artéria metatarsal dorsal III (*a. metatarsea dorsalis III*) (▶Fig. 19.56).

As artérias dorsal e plantar estão interconectadas por meio de artérias interdigitais (*aa. interdigitales*).

A **artéria abaxial menor** passa para a região bulbar, onde projeta 3 a 4 ramos para o coxim (*rami tori*), os quais se ramificam e formam uma rede arterial inserida na derme do coxim e da almofada digital. Um ramo maior palmar e plantar passa distalmente sobre o coxim para se arborizar no segmento solear. Um ramo coronário se prolonga na face abaxial do coxim até o segmento coronário, onde forma anastomose com as artérias coronárias. Outro ramo passa apicalmente e irriga a derme das partes abaxiais da parede e da sola, formando anastomoses com os ramos do arco terminal.

A **artéria digital axial** é consideravelmente maior do que a sua equivalente abaxial e segue os contornos axial e dorsal do casco. Pouco depois de sua origem, ela emite um ramo para o **coxim** (*ramus tori digitalis*), o qual se une aos ramos da artéria abaxial na formação da rede arterial do coxim. A seguir, no sentido distal, a artéria digital axial envia um ramo maior para o **segmento solear** (*ramus palmaris/plantaris*). Na altura da margem distal da falange média, emerge a **artéria coronária** (*a. coronalis*), a qual se divide em ramos profundo e superficial para irrigar o segmento coronário.

A **artéria digital axial** prossegue como a artéria da falange distal, a qual penetra a falange distal em sua face axial. Ela se prolonga quase até o ápice da falange distal, onde muda de direção e retorna para a extremidade palmar/plantar da falange distal, deixando o osso através do forame solear. No osso, as artérias abaxiais palmar/plantar e axial se anastomosam para formar o **arco terminal** (*arcus terminalis*), de onde liberam uma grande quantidade de ramos. Esses ramos formam anastomoses múltiplas e deixam o osso para vascularizar a derme da parede e da sola e partes da derme da coroa e do coxim. A partir do arco terminal, projeta-se um ramo dorsal mais forte, que forma anastomose com a artéria coronária. Várias artérias passam para o ápice do casco e para a margem da sola, onde formam **anastomoses** arqueadas (*a. marginis solearis*).

Essa ampla rede arterial garante uma irrigação ideal para a derme do casco, da qual a derme avascular recebe nutrientes por meio de difusão.

Veias

O sangue desemboca dos leitos capilares na **rede venosa** da derme da parede e da sola ou em uma rede superficial separada. Essas redes são drenadas por uma grande quantidade de veias menores, que se abrem na **veia digital dorsal** (*v. digitalis dorsalis propria axialis*) ou nas **veias digitais palmares/plantares axiais** ou **abaxiais** (*v. digitalis palmaris/plantaris propria III et IV axiales et abaxiales*). As redes venosas no interior da derme parietal e solear são drenadas pelas veias abaxial e axial (▶Fig. 19.56 e ▶Fig. 19.57).

O sangue das **redes superficial** e **profunda** da região coronária é drenado por todas as três veias digitais. O sangue da rede bem-desenvolvida do coxim é drenado por diversas veias, as quais se abrem na veia digital palmar/plantar abaxial. Um dos ramos venosos do segmento bulbar forma anastomose com o ramo correspondente do outro casco no espaço interdigital. A rede venosa bastante indistinta da falange distal desemboca na veia digital palmar/plantar axial. As veias dessas redes são equipadas com uma grande quantidade de válvulas.

O **complexo sistema venoso** dos cascos tem importância funcional para manter uma perfusão equilibrada em todo o casco. As válvulas venosas e a alteração de pressão promovem o fluxo de retorno do sangue. Outro fator importante é a grande quantidade de anastomoses entre os lados arterial e venoso do fluxo sanguíneo. A **drenagem venosa da margem coronal** ocorre por meio das veias coronárias superficiais abaxial e axial, as quais desembocam no ramo dorsal da falange média. Esse ramo se abre na veia digital axial dorsal, que, por sua vez, desemboca na veia digital dorsal comum III.

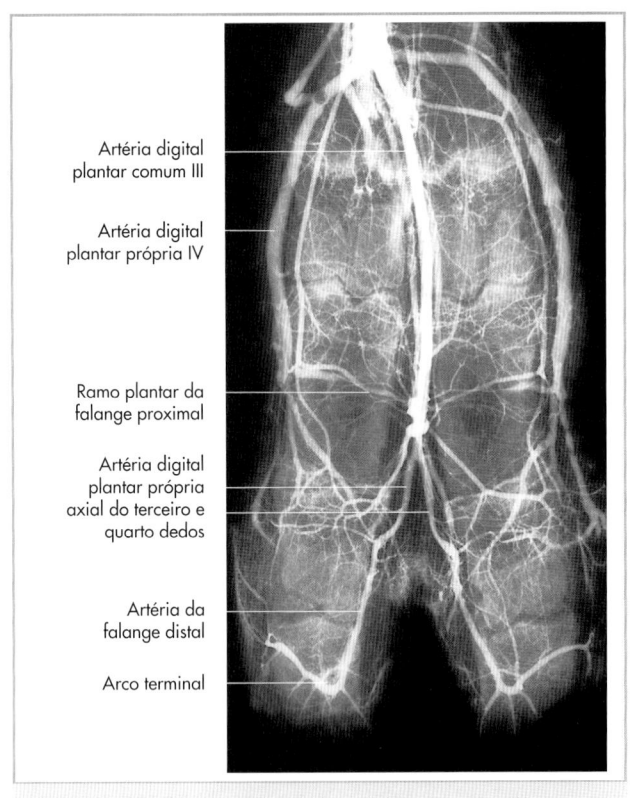

Fig. 19.54 Arteriograma dos dedos pélvicos de um bovino (projeção dorsoplantar).

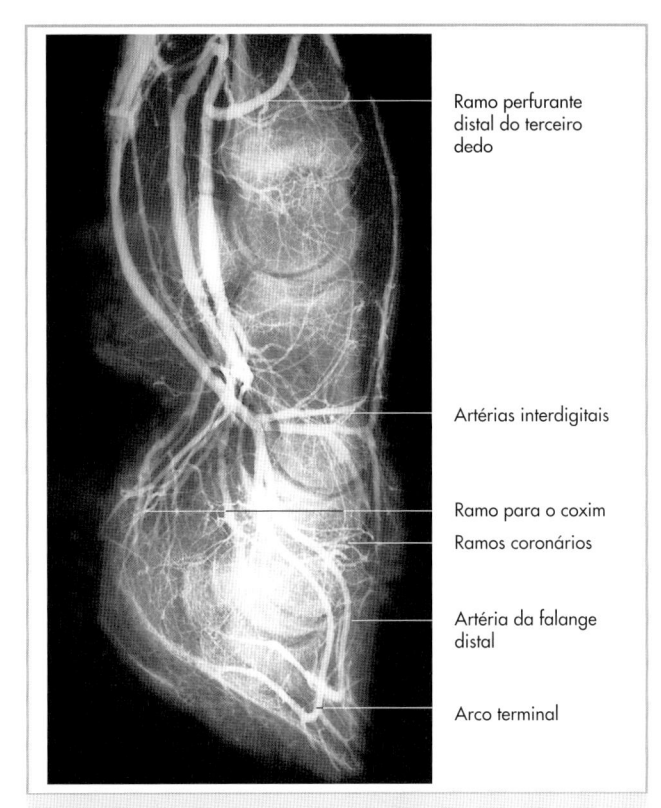

Fig. 19.55 Arteriograma dos dedos pélvicos de um bovino (projeção lateromedial).

As veias digitais palmares axiais III e IV se abrem na veia interdigital, uma anastomose entre as veias digitais dorsais comuns e digitais palmar/plantar III.

Linfáticos

A linfa dos cascos do membro torácico drena para o **linfonodo cervical superficial**, ao passo que a linfa do membro pélvico drena para o **linfonodo poplíteo profundo**.

Inervação

Membro torácico

Os nervos palmares da mão derivam do **nervo mediano** e do ramo palmar do **nervo ulnar**. Já os nervos dorsais emergem do ramo superficial do **nervo radial** e do ramo dorsal do **nervo ulnar** (▶Fig. 19.57).

Na face palmar, há **três nervos palmares comuns**, e todos se bifurcam na altura da articulação metacarpofalângica. O ramo digital palmar comum III costuma ser duplicado, mas os dois ramos se unem ao penetrar o espaço interdigital.

Há **três nervos digitais dorsais comuns**. O nervo digital dorsal comum IV se bifurca na altura da face dorsolateral da articulação metacarpofalângica; o nervo digital dorsal comum II, na face dorsomedial da articulação metacarpofalângica; e o nervo digital dorsal comum III, ao entrar no espaço interdigital.

Os **cascos bovinos do membro torácico** são inervados pelos seguintes **nervos** e seus **ramos**:
- **nervos palmares** com:
   o nervo digital palmar comum II (*n. digitalis palmaris communis II*);
   o nervo digital palmar próprio axial II (*n. digitalis palmaris proprius II axialis*) para o casco rudimentar;
   o nervo digital palmar próprio abaxial III (*n. digitalis palmaris proprius III abaxialis*) para o casco medial e o coxim;
   o nervo digital palmar comum III (*n. digitalis palmaris communis III*);
   o nervo digital palmar próprio axial III (*n. digitalis palmaris proprius III axialis*);
   o nervo digital palmar próprio axial IV (*n. digitalis palmaris proprius IV axialis*);
   o nervo digital palmar comum IV (*n. digitalis palmaris communis IV*);
   o nervo digital palmar próprio abaxial IV (*n. digitalis palmaris proprius IV abaxialis*);
   o nervo digital palmar próprio palmar axial V (*n. digitalis palmaris proprius V axialis*) para o casco rudimentar lateral;
- **nervos dorsais** com:
   o nervo digital dorsal comum II (*n. digitalis dorsalis communis II*);
   o nervo digital dorsal próprio axial II (*n. digitalis dorsalis proprius II axialis*);
   o nervo digital dorsal próprio abaxial II (*n. digitalis dorsalis proprius II abaxialis*);
   o nervo digital dorsal comum III (*n. digitalis dorsalis communis III*);

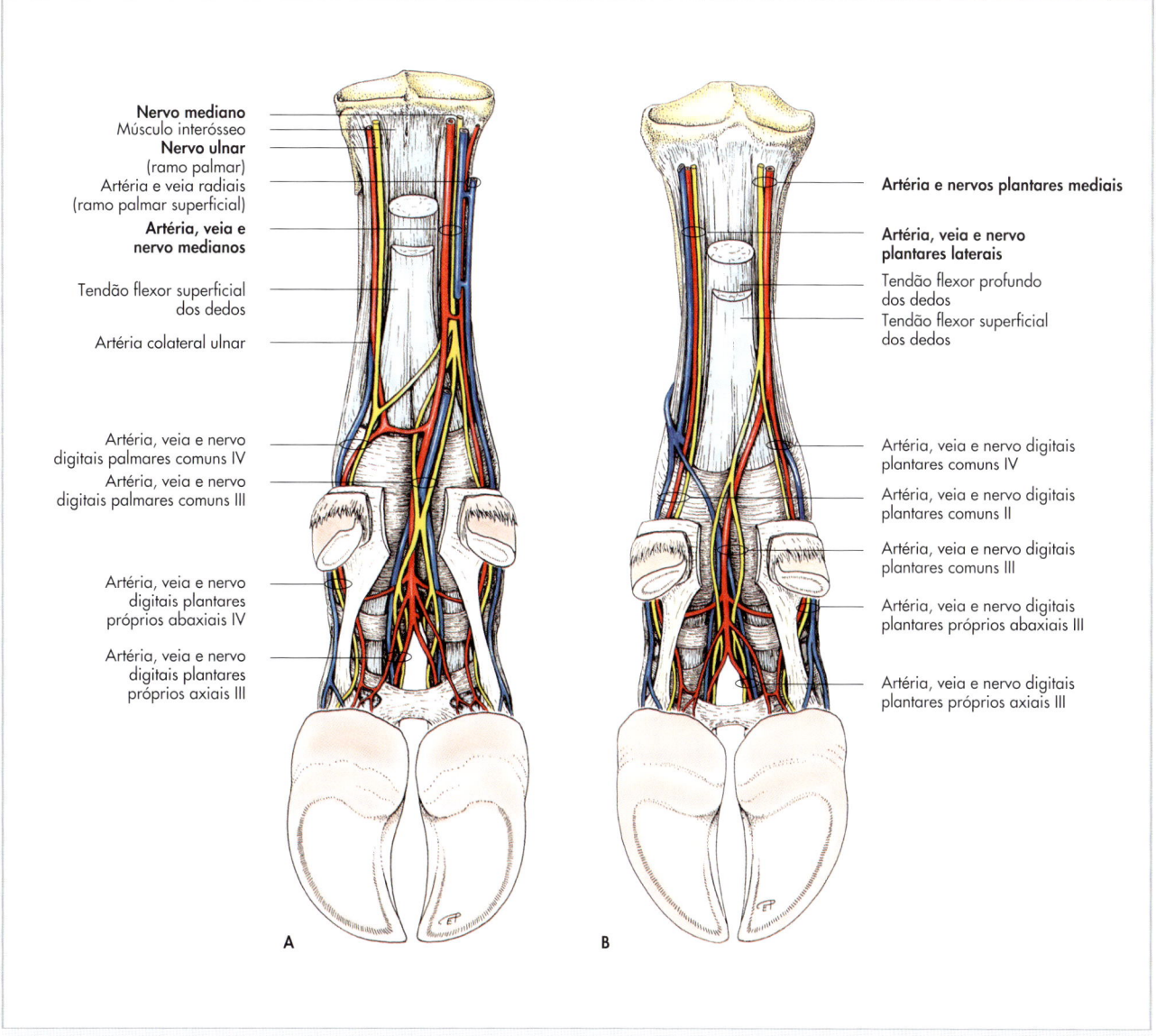

Fig. 19.56 Vasos sanguíneos e nervos do autopódio dos membros torácico e pélvico de um bovino (representação esquemática): (**A**) vista palmar e (**B**) vista plantar. (Fonte: Fiedler A, Maierl J, Nuss K. Erkrankungen der Klauen und Zehen des Rindes. Stuttgart: Schattauer, 2004.)

- nervo digital dorsal próprio axial III (*n. digitalis dorsalis proprius III axialis*);
- nervo digital dorsal próprio axial IV (*n. digitalis dorsalis proprius IV axialis*);
- nervo digital dorsal comum IV (*n. digitalis dorsalis communis IV*);
- nervo digital dorsal próprio abaxial IV (*n. digitalis dorsalis proprius IV abaxialis*) para os segmentos coronário e bulbar do dedo principal lateral;
- nervo digital dorsal próprio axial V (*n. digitalis dorsalis proprius V axialis*) para o casco rudimentar lateral.

Membro pélvico

Os nervos plantares dos pés são ramos do **nervo tibial**; os nervos dorsais se derivam dos **nervos fibulares superficial** e **profundo** (▶Fig. 19.57). Há **três nervos digitais plantares comuns** e **três nervos dorsais** correspondentes ao membro torácico do bovino, os quais se bifurcam na altura da articulação metatarsofalângica:

- **nervos plantares** com:
  - nervo digital plantar comum II (*n. digitalis plantaris communis II*);
  - nervo digital plantar próprio axial II (*n. digitalis plantaris proprius II axialis*) para o casco rudimentar medial;
  - nervo digital plantar próprio abaxial III (*n. digitalis plantaris proprius III abaxialis*) para o casco medial e o coxim do terceiro dedo;
  - nervo digital plantar comum III (*n. digitalis plantaris communis III*);
  - nervo digital plantar próprio axial III (*n. digitalis plantaris proprius III axialis*) para o espaço interdigital e o coxim do terceiro dedo;

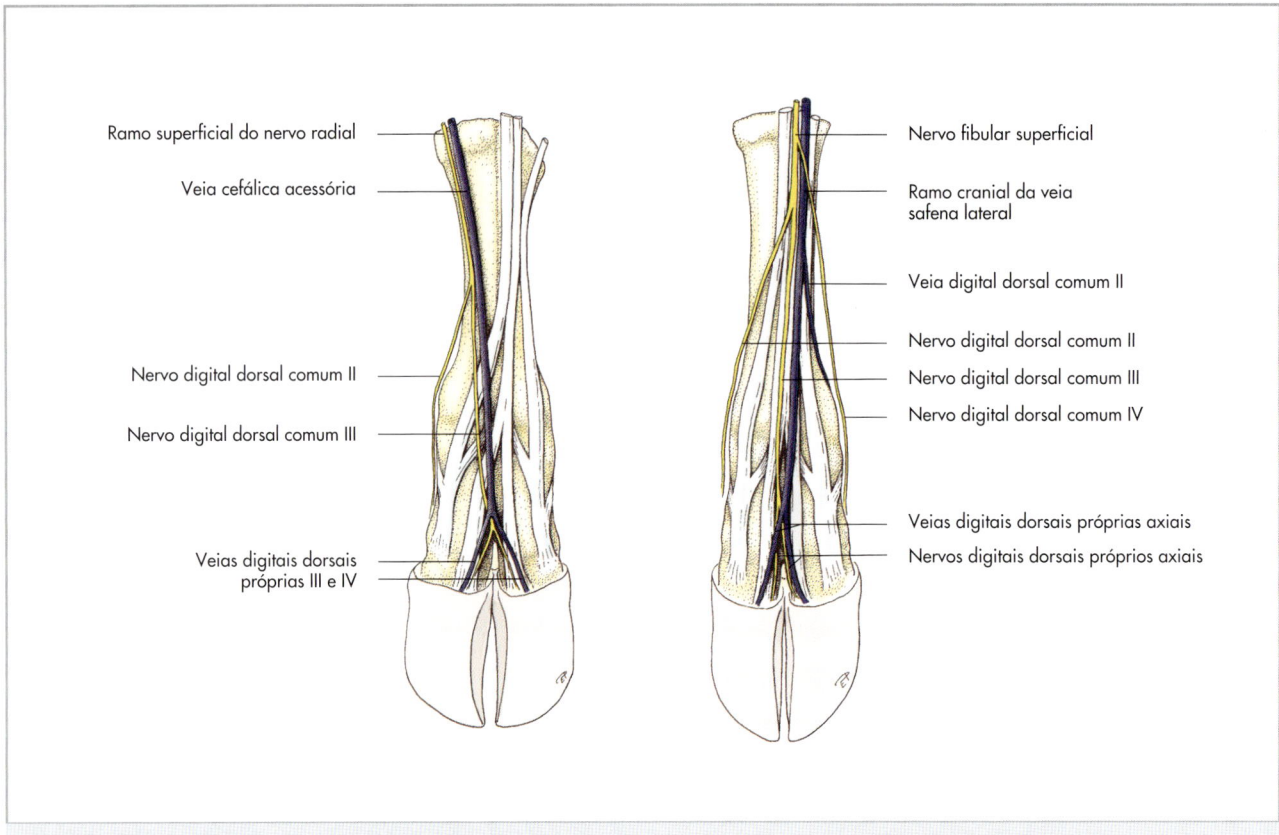

Fig. 19.57 Veias digitais dorsais e nervos dos membros esquerdos torácico e pélvico de um bovino (representação esquemática).

- nervo digital plantar comum III (*n. digitalis plantaris communis III*);
- nervo digital plantar próprio axial III (*n. digitalis plantaris proprius III axialis*) para o espaço interdigital e o coxim do terceiro dedo;
- nervo digital plantar próprio axial IV (*n. digitalis plantaris proprius IV axialis*) para o espaço interdigital e o coxim do quarto dedo;
- nervo digital plantar comum IV (*n. digitalis plantaris communis IV*);
- nervo digital plantar próprio abaxial IV (*n. digitalis plantaris proprius IV abaxialis*);
- nervo digital plantar próprio axial V (*n. digitalis plantaris proprius V axialis*);
- **nervos dorsais** com:
  - nervo digital dorsal comum II (*n. digitalis dorsalis communis II*);
  - nervo digital dorsal próprio axial II (*n. digitalis dorsalis proprius II axialis*);
  - nervo digital dorsal próprio abaxial II (*n. digitalis dorsalis proprius II abaxialis*);
  - nervo digital dorsal comum III (*n. digitalis dorsalis communis III*);
  - nervo digital dorsal próprio axial III (*n. digitalis dorsalis proprius III axialis*);
  - nervo digital dorsal próprio axial IV (*n. digitalis dorsalis proprius IV axialis*);
  - nervo digital dorsal comum IV (*n. digitalis dorsalis communis IV*);
  - nervo digital dorsal próprio axial V (*n. digitalis dorsalis proprius V axialis*);
  - nervo digital dorsal próprio abaxial IV (*n. digitalis dorsalis proprius IV abaxialis*) para a parte dorsolateral da coroa e do coxim no quarto dedo.

Casco (*ungula*) dos pequenos ruminantes

A **anatomia básica dos cascos** de pequenos ruminantes se assemelha à anatomia do casco bovino e apresenta os mesmos segmentos. Contudo, há **diferenças características da espécie** quanto à forma e à estrutura do casco (▶Fig. 19.58).

O **ângulo da parede** é mais íngreme em pequenos ruminantes em comparação ao bovino e mede cerca de 50 a 70° no ovino e 60 a 70° no caprino, dependendo da raça. Com relação à extensão da parede, o casco inteiro é mais estreito. A parede é bastante delgada, comprimida lateralmente e flexionada agudamente sobre si mesma, formando uma parte posterior dorsal do casco bastante estreita. A extremidade do dedo se curva para dentro, em direção ao espaço interdigital, criando uma face axial côncava e uma face abaxial convexa. Em animais cujo cuidado com os cascos é negligenciado, a camada córnea da parede cresce para além da sola distalmente e se volta para crescer sobre a face de contato.

O **tecido córneo da parede**, sobretudo em algumas raças de caprinos, exibe uma consistência mais rígida do que a do bovino, o que resulta em cascos muito resistentes. A **tela subcutânea dos segmentos perióplico e coronário** é modificada para formar um coxim distinto na face abaxial, principalmente no caprino.

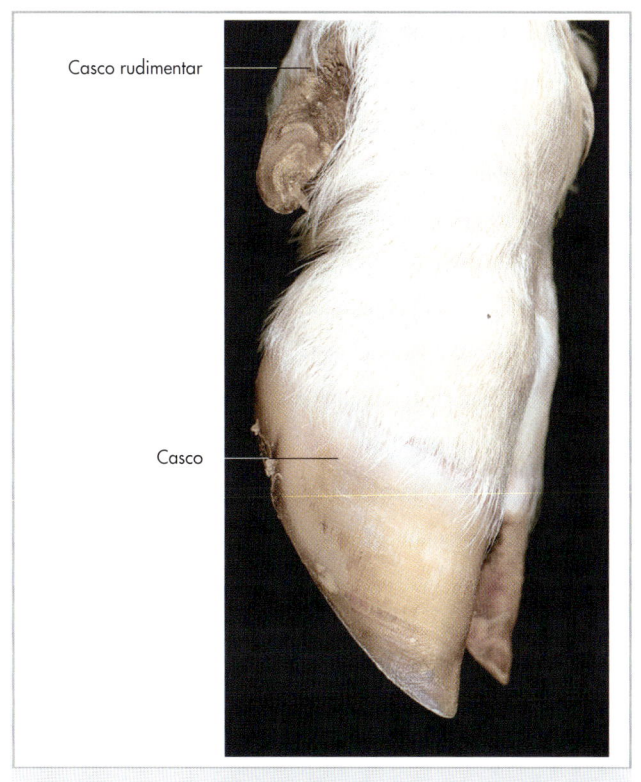

Fig. 19.58 Pé torácico de um ovino.

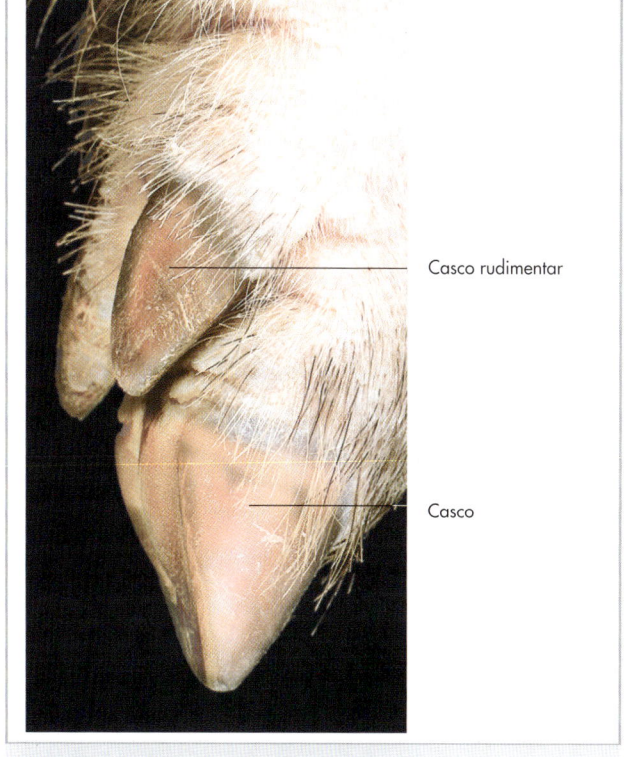

Fig. 19.59 Pé torácico de um suíno.

A maior parte da face solear é formada pelo tecido córneo macio e elástico da parte proximal do coxim e, portanto, predomina sobre o tecido córneo mais rígido do coxim distal e do segmento solear. Os **cascos rudimentares** dos pequenos ruminantes não têm componentes esqueléticos e estão conectados aos dedos principais apenas por tecido mole.

Vascularização e inervação

A vascularização e a inervação dos cascos dos pequenos ruminantes se assemelham às do casco dos bovinos, com pequenas variações características da espécie quanto ao trajeto exato e aos ramos dos vasos e dos nervos.

Casco (*ungula*) do suíno

A **anatomia dos cascos** do suíno se assemelha à dos ruminantes (▶Fig. 19.59). Contudo, a redução filogenética dos dedos não é tão avançada no suíno quanto nos ruminantes. Os dedos acessórios são caudais aos principais e têm um complemento total de ossos, ao contrário dos cascos rudimentares dos ruminantes. O **esqueleto dos cascos rudimentares** se une ao dos cascos principais por meio da formação de uma articulação real. O casco rudimentar lateral costuma ser mais longo que o medial, e os cascos rudimentares no membro pélvico se situam mais proximalmente que os do membro torácico. Devido à sua redução de comprimento, os cascos rudimentares não entram em contato com o solo enquanto o animal está em posição ereta em uma superfície rígida, porém suportam peso em solo macio.

Os **cascos** são retos e têm um coxim que se separa da parede e da sola. Esse coxim se projeta distalmente, de modo que o tecido córneo mole de sua parte palmar/plantar assume a metade palmar/plantar da face de contato. A metade dorsal da face de contato é formada pela parte distal dos segmentos bulbar e solear. A união entre o tecido córneo mole da parte palmar/plantar e o tecido córneo rígido da parte distal do coxim está predisposta a fissuras no interior da camada córnea. Esse problema costuma ocorrer em animais mantidos sobre piso de concreto e pode levar a complicações graves de casco.

Vascularização e inervação

A vascularização e a inervação dos cascos do suíno se assemelham às do casco bovino, com pequenas variações características da espécie quanto ao trajeto exato dos ramos dos vasos e dos nervos.

19.7.8 Casco (*ungula*) do equino

O **esqueleto digital** do equino se reduz a um raio, o **terceiro dedo**, que compõe o casco. Alguns indivíduos podem nascer com um segundo ou quarto dedo adicional (**polidactilia**), o qual costuma ser mais curto que o dedo principal e não faz contato com o solo. A redução do esqueleto a uma única estrutura de carga coloca o terceiro dedo sob uma força mecânica significativa. A integridade e a condição do casco são essenciais para o equino.

Definição

A **expressão casco** às vezes é utilizada apenas para o estojo córneo da falange distal, ao passo que, em outros contextos, ela inclui o apêndice córneo, bem como as seguintes estruturas musculoesqueléticas envolvidas (▶Fig. 19.61):
- parte distal da falange média (*os coronale*);

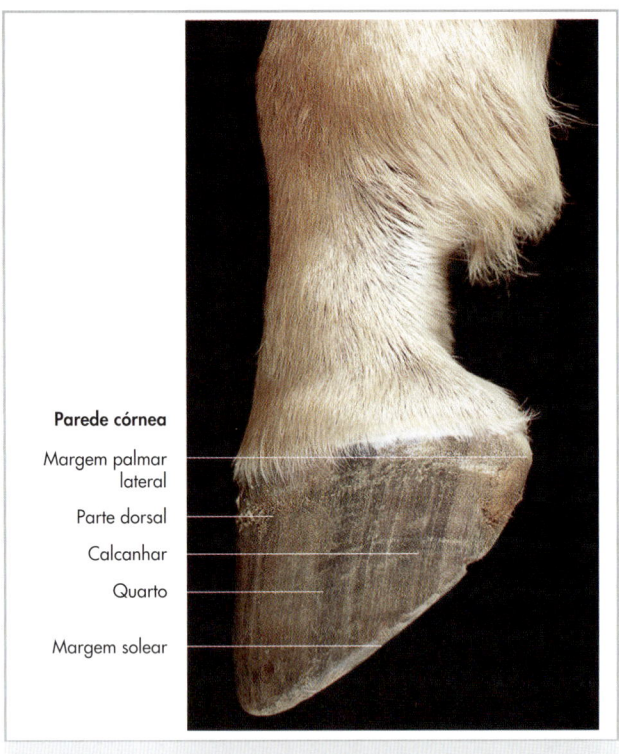

Fig. 19.60 Pé de um equino (vista lateral).

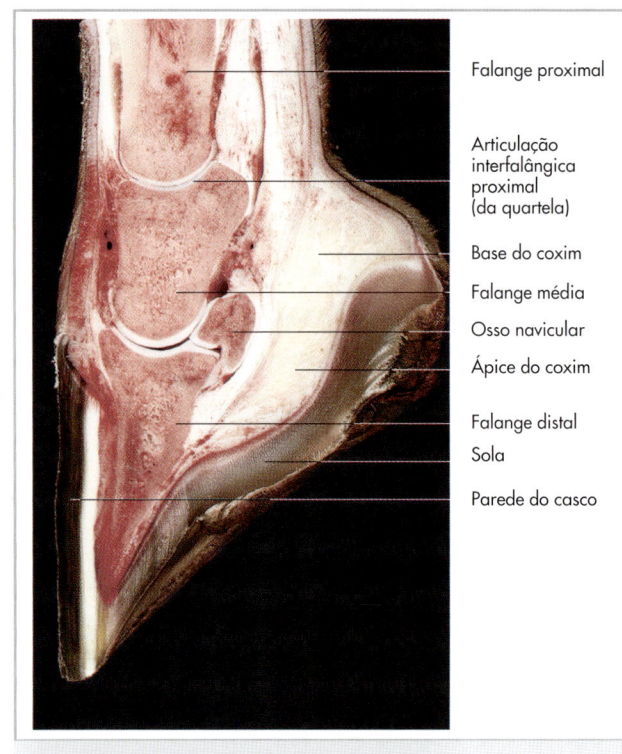

Fig. 19.61 Secção sagital do pé de um equino.

- articulação interfalângica distal (*articulatio interphalangea distalis*);
- falange distal (*os ungulare*);
- cartilagem ungular lateral e medial (*cartilago ungularis medialis et lateralis*);
- osso sesamoide distal (navicular) (*os sesamoideum distale*), com a parte terminal do tendão flexor profundo dos dedos;
- bolsa navicular (*bursa podotrochlearis*).

Formato do casco

No **potro recém-nascido**, os cascos são **bilateralmente simétricos** e apresentam o mesmo formato em todos os quatro pés. As diferenças típicas na forma do casco presentes no **equino adulto** são o resultado das forças exercidas sobre o casco durante a locomoção. Esse processo se inicia imediatamente após o nascimento e, após alguns meses, é possível diferenciar os pés esquerdos e direitos e torácicos e pélvicos em um espécime. O confinamento de equinos jovens normalmente resulta no desenvolvimento de deformidades nos cascos.

O **ângulo** da pinça com o solo é de cerca de 45 a 50° no membro torácico e ligeiramente maior (50 a 55°) no membro pélvico. De modo correspondente, a proporção entre o comprimento da parede e a altura dos talões é de cerca de 3:1 na frente e 2:1 atrás. Os **quartos** (paredes lateral e medial do casco) descem em direção ao solo de modo mais íngreme na **face medial**, o que pode ser utilizado para identificar os espécimes de casco direito e esquerdo. A forma da face de contato difere entre os pés dianteiros e traseiros: a **sola dos cascos dianteiros** é mais **circular**, ao passo que a face de contato dos **cascos traseiros** é oval, com o ápice na pinça (▶Fig. 19.65).

Parede (*paries corneus, lamina*)

A parede pode ser dividida em **várias partes** (▶Fig. 19.60 e ▶Fig. 19.66):
- parte dorsal ou pinça (*pars dorsalis*);
- lados ou quartos (*pars lateralis et medialis*);
- talões (*pars mobilis lateralis et medialis*);
- barras (*pars inflexa lateralis et medialis*).

A pinça é o ponto mais dorsal do casco, e seu limite é marcado por duas linhas imaginárias, traçadas do ápice da cunha em um ângulo de 45° para a margem da sola (▶Fig. 19.66). Os quartos são a parte da parede que segue a pinça no sentido palmar/plantar até a parte mais larga do casco. A parte traseira arredondada do casco são os talões, que voltam sobre si mesmos para prosseguir em uma distância curta ao lado da cunha como barras. As barras proporcionam estabilidade para o tecido córneo relativamente delgado e flexível dos talões.

Face solar (*facies solearis*)

A **face de contato** do casco (▶Fig. 19.65) é composta por:
- margem solear (*margo solearis*);
- sola (*solea cornea*);
- cunha, ranilha (*cuneus corneus*);
- bulbo do talão, coxim córneo do casco (*torus corneus*).

A **sola** (segmento solear) preenche o espaço entre a parede e a cunha e forma a maior parte da face inferior do casco. No entanto, ela é ligeiramente côncava, de modo que apenas a margem da sola e a cunha fazem contato com o solo firme. A maior parte do peso do corpo, portanto, recai sobre a margem da sola. A sola é formada por um **corpo** (*corpus soleae*) apical e pelos **pilares lateral** e **medial** (*crus soleae lateralis et medialis*), que se projetam do corpo no sentido palmar/plantar ao **ângulo da sola** (*angulus parietis palmaris/plantaris lateralis et medialis*), entre as barras e os quartos.

A **ranilha** ou **cunha** (*cuneus ungulae*) se projeta da parte traseira entre os dois pilares da sola, dos quais ela é separada por **dois sulcos paracuneais** (*sulcus paracunealis lateralis et medialis*). A cunha consiste em **dois pilares** (*crus cunei lateralis et medialis*) que se encontram no **ápice da cunha** (*apex cunei*), o qual aponta para a pinça. A **base da cunha** (*basis cunei*) completa o espaço entre os talões, onde forma a parte palmar/plantar do casco. A face de contato da cunha é marcada por um **sulco central** (*sulcus cunealis centralis*) e uma **espinha interna** (*spina cunei*) correspondente, o suporte da cunha (▶Fig. 19.62).

Dependendo do solo e do modo como o equino é ferrado, a cunha contribui como superfície de apoio de carga do casco. A base da cunha é contínua proximalmente com os **bulbos dos talões** (coxim córneo do casco, *torus corneus*). Correspondentes à anatomia da cunha, os bulbos dos talões podem ser divididos nas **partes lateral** e **medial** (*pars lateralis et medialis tori*), separadas por um **sulco** (*fossa intratorica*), a continuação do sulco central da cunha.

Segmentos do casco

Após o isolamento do estojo córneo, os **três segmentos proximais do casco** podem ser facilmente identificados no interior do estojo córneo e na superfície da derme (▶Fig. 19.63):
- segmento perióplico ou limbo (*limbus*);
- segmento coronário ou coroa (*corona*);
- segmento parietal ou parede (*paries*).

O **sulco do limbo** (*sulcus limbi*) se situa próximo à coroa, entre os segmentos perióplico e coronário. A **face de contato** pode ser dividida nos seguintes segmentos (▶Fig. 19.64):
- segmento solear (*solea*), com a sua face inferior côncava;
- coxim (*torus digitalis*), dividido em:
  - uma parte distal, a cunha (*cuneus ungulae*);
  - uma parte proximal, os bulbos dos talões (*tori ungulae*).

Segmento perióplico

O segmento perióplico forma uma faixa com poucos milímetros de espessura, imediatamente distal à pele pilosa, e se prolonga até os bulbos dos talões no sentido palmar/plantar.

A **tela subcutânea do limbo** (*tela subcutanea limbi*) é modificada para formar a almofada perióplica saliente, a qual une os bulbos dos talões na face posterior.

A **derme do limbo** (*dermis limbi*) é pontilhada com papilas delgadas (*papillae dermales*), as quais medem poucos milímetros (▶Fig. 19.67).

A **epiderme do limbo** compreende a camada externa (*stratum externum*) da parede, a qual forma uma faixa de tecido córneo macio, com consistência de borracha e poucos milímetros de espessura, próximo à coroa, mas se resseca em uma camada delgada e brilhante distalmente (▶Fig. 19.68). O limbo é composto por uma mescla de tecido córneo tubular e intertubular, que perde a sua estrutura tubular mais distalmente. O tecido córneo do limbo costuma se desgastar quando alcança a metade da parede do casco.

As **células córneas** e o **material de ligação membranoso** são capazes de ligar as moléculas de água, de modo que o tecido córneo perióplico atua como um reservatório de líquidos para manter o tecido córneo coronário subjacente umedecido e, consequentemente, elástico. O componente lipídico do material de ligação membranoso impede que o tecido córneo absorva ou perca água em demasia.

Segmento coronário

O segmento coronário é uma faixa de até 15 mm de largura distal ao limbo (▶Fig. 19.67). A **tela subcutânea** (*tela subcutanea coronae*) subjacente é espessada para formar a **almofada coronária** (*pulvinus coronae*), que se projeta para fora na coroa.

A **derme coronária** (*dermis coronae*) forma uma grande quantidade de papilas de até 8 mm de comprimento, dispostas em fileiras e direcionadas distalmente.

A **epiderme coronária** (*epidermis coronae*) produz tecido córneo de uma **estrutura tubular** distinta (▶Fig. 19.68). Ela atinge uma espessura de 1,2 cm, correndo distalmente em direção à margem de sustentação do peso e paralelamente à face parietal da falange distal. A epiderme coronária é bastante resistente ao estresse e à pressão e forma a **camada média** (*stratum medium*) da parede do casco. O tecido córneo coronário pode ser subdividido nas **camadas externa**, **média** e **interna**, caracterizadas por diferentes tipos de túbulos córneos (▶Fig. 19.67). A **camada externa** é composta predominantemente por túbulos córneos ovais em secção transversal. Nas camadas externa e média, as células córneas que formam os túbulos se dispõem em diversas lâminas, de modo semelhante a uma cebola. Essa forma de construção proporciona resistência máxima contra forças que se irradiam diretamente de fora para dentro. A **camada interna** do tecido córneo coronário é formada por túbulos córneos redondos, os quais contêm células córneas fusiformes em seu córtex. Essa disposição proporciona resistência contra forças proximodistais, de modo que os túbulos agem como amortecedores. O limite entre as camadas interna e média, no qual os dois tipos diferentes de tecido córneo se unem, é suscetível a fissuras, as quais podem levar a rachaduras na parede do casco.

Segmento parietal

O segmento parietal forma o **segmento interno** (*segmentum internum*) sob o tecido córneo coronário (▶Fig. 19.67). Ele se torna visível apenas na face da sola como a **linha branca** (*zona alba*), a união entre a sola e a parede.

Não há tela subcutânea sob o segmento parietal. A **camada reticular da derme parietal** (*dermis parietis*) é contígua à face parietal da falange distal.

A derme do segmento parietal é composta por cerca de 600 **lâminas primárias** (*lamellae dermales*), as quais correm em uma direção proximodistal e medem 3,5 mm em média no equino do tipo sangue quente (*warmblood*). As lâminas primárias carregam cerca de 110 lâminas secundárias cada, as quais também se orientam proximodistalmente (▶Fig. 19.69). Além disso, elas têm papilas na crista em sua origem proximal e na terminação distal. As papilas da crista distal são contínuas com as papilas terminais datiloides, as quais formam a extremidade de cada lâmina (▶Fig. 19.67).

Com uma estrutura correspondente à da derme, a epiderme do segmento parietal também forma **lamelas primárias** e **secundárias** (*lamellae epidermales*), que se entrelaçam com as lâminas dérmicas. Apenas as lâminas primárias têm uma camada córnea. Elas se deslocam gradualmente em direção ao solo, empurradas por proliferação contínua, e aparecem na face de contato como a linha branca. A epiderme sobre as papilas da crista forma túbulos córneos, os quais, em geral, perdem a sua estrutura tubular antes de

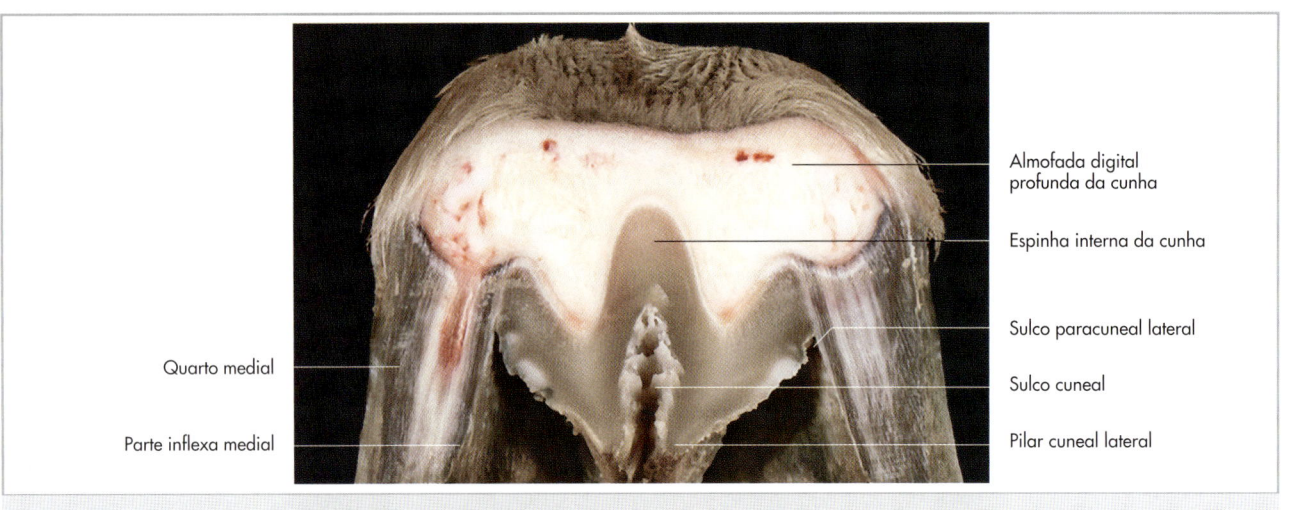

Fig. 19.62 Secção transversal do casco de um equino na altura dos ângulos da sola.

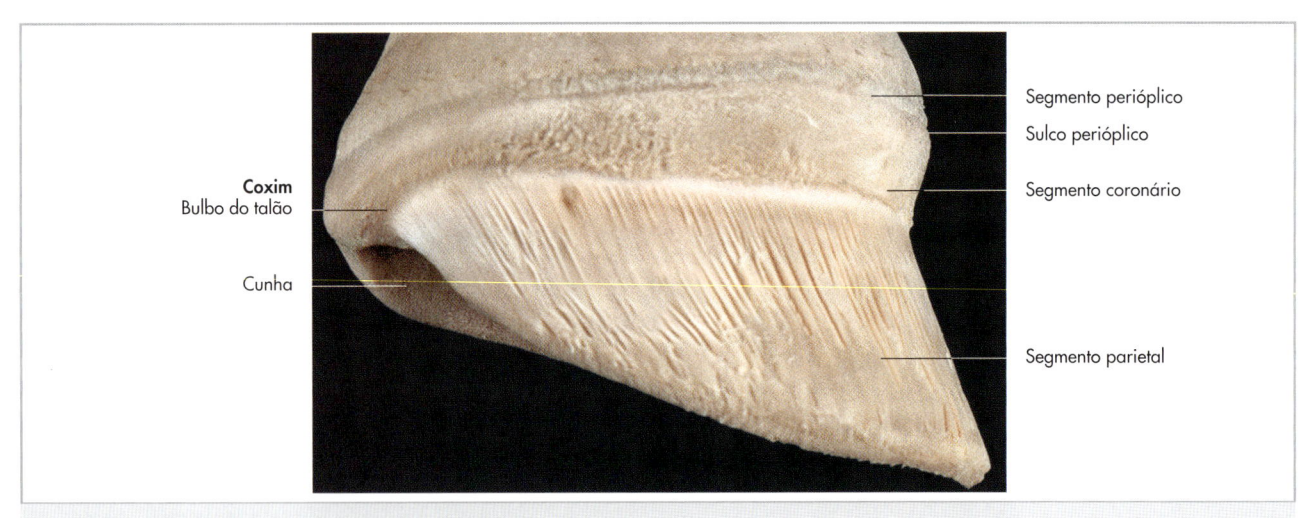

Labels: Almofada digital profunda da cunha; Espinha interna da cunha; Sulco paracuneal lateral; Sulco cuneal; Pilar cuneal lateral; Quarto medial; Parte inflexa medial.

Fig. 19.63 Derme do casco após a remoção da camada córnea (vista lateral).

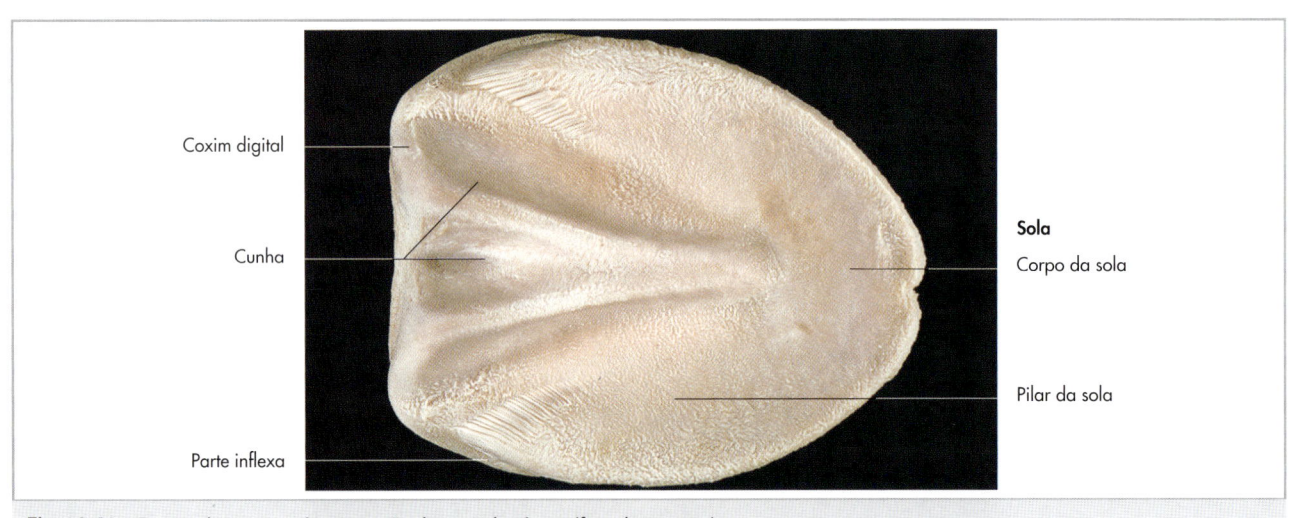

Labels: Segmento perióplico; Sulco perióplico; Segmento coronário; Segmento parietal; **Coxim** Bulbo do talão; Cunha.

Fig. 19.64 Derme do casco após a remoção da camada córnea (face de contato).

Labels: Coxim digital; Cunha; Parte inflexa; **Sola** Corpo da sola; Pilar da sola.

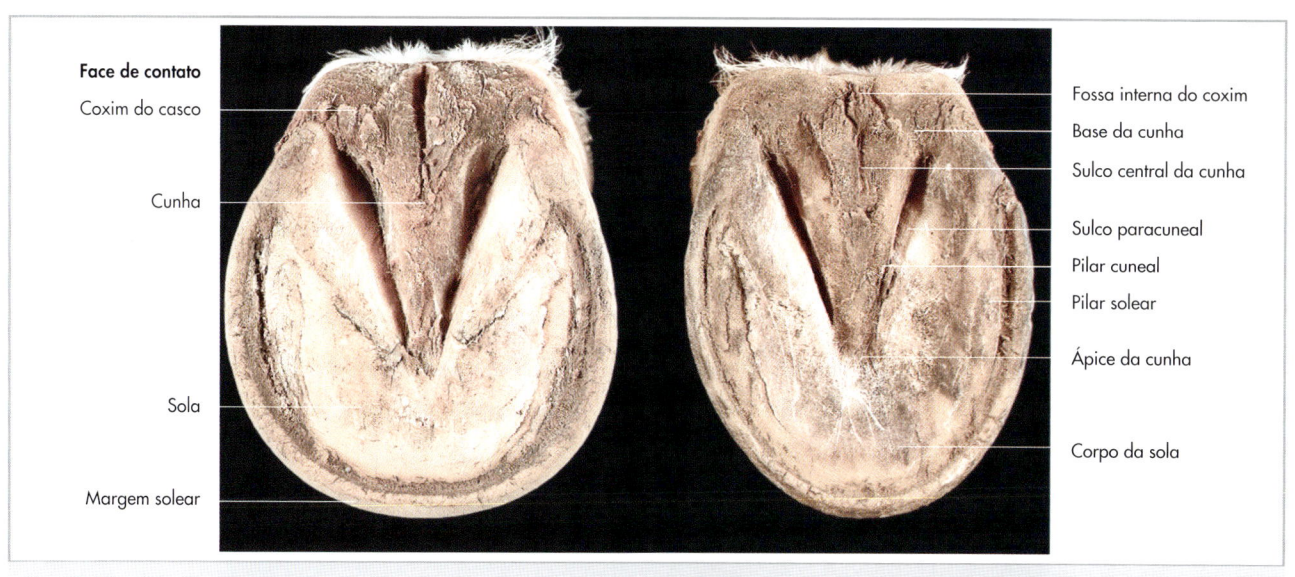

Fig. 19.65 Face de contato arredondada de um pé torácico (esquerdo) e face de contato oval de um pé pélvico (direito).

alcançarem a face de contato (▶Fig. 19.69). O processo de cornificação para o **tecido córneo lamelar** é do **tipo rígido**, ao passo que a cornificação sobre as **papilas** é do **tipo suave**. O tecido córneo terminal formado pela epiderme sobre as papilas terminais na extremidade distal das lâminas é composto por túbulos córneos com um diâmetro mais largo e espaços medulares maiores. Na linha branca, ele se torna visível como um tecido córneo marrom-amarelado, preenchendo as lacunas entre o tecido córneo lamelar.

O tecido córneo da parede forma a união entre o tecido córneo coronário e o segmento parietal, o qual está firmemente fixado ao osso subjacente. As longas células córneas das lâminas epidérmicas se caracterizam por múltiplas câmaras preenchidas com líquido, as quais proporcionam a elasticidade de uma cama de água multicompartimentada.

A **linha branca** (*zona alba*) forma uma união flexível entre o tecido córneo coronário rígido e o tecido córneo solear mais suave (▶Fig. 19.70). A largura dessa zona corresponde ao comprimento das lâminas epidérmicas. A composição heterogênea da linha branca, em que o tecido córneo laminar rígido se mescla com o tecido córneo tubular macio, faz ela se tornar um **ponto fraco** para lesões mecânicas, químicas e biológicas. A **medula dos túbulos córneos** se decompõe precocemente, o que permite que líquidos e agentes infecciosos se estabeleçam, resultando em infecções ascendentes.

Em sua função como barreira contra influências ambientais, o tecido córneo do casco é mais eficaz no cavalo de Przewalsky não domesticado do que nas raças modernas de equinos.

Segmento solear

O segmento solear preenche o espaço entre a parede e a cunha e forma a maior parte da **face inferior do casco** (▶Fig. 19.75). Ele é ligeiramente côncavo, de modo que apenas a margem da sola e a cunha têm contato firme com o solo. **Não há tela subcutânea** sob o segmento solear. A derme do **segmento solear** (*dermis soleae*) está em contato direto com a face da sola da falange e sua superfície é pontilhada por papilas longas, com orientação ligeiramente apical (▶Fig. 19.67).

A **epiderme solear** (*epidermis soleae*) tem uma estrutura tubular (▶Fig. 19.68). A camada córnea, o tecido córneo solear, apresenta uma espessura média de 1 cm, com variações regionais

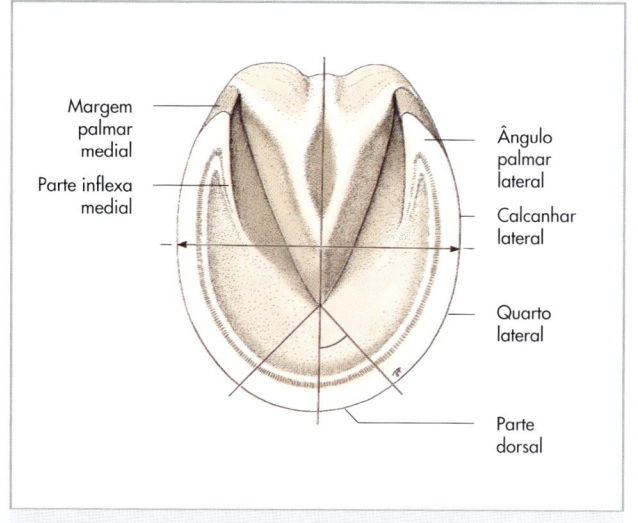

Fig. 19.66 Divisão da parede do casco (representação esquemática).

e individuais significativas. Ela é mais espessa na direção da linha branca, para a qual fornece um pouco de sustentação. As **camadas profundas** do tecido córneo solear são compostas por uma combinação de túbulos e de tecido córneo intertubular, que forma uma unidade firme semelhante ao tecido córneo coronário, porém mais macia. As **camadas superficiais** têm consistência esfarelada e coloração cinza-esbranquiçada; elas descamam com facilidade, de modo que mantêm a concavidade natural da sola.

Coxim digital (*torus digitalis*)

Assim como nos ruminantes, o coxim digital do equino pode ser dividido em uma **parte distal** (apical) e uma **parte proximal**. A parte apical compõe a cunha (*cuneus ungulae*), e a parte distal, os bulbos dos talões (*torus ungulae*). Os coxins são contínuos proximalmente com a pele pilosa e o segmento perióplico (▶Fig. 19.64 e ▶Fig. 19.65).

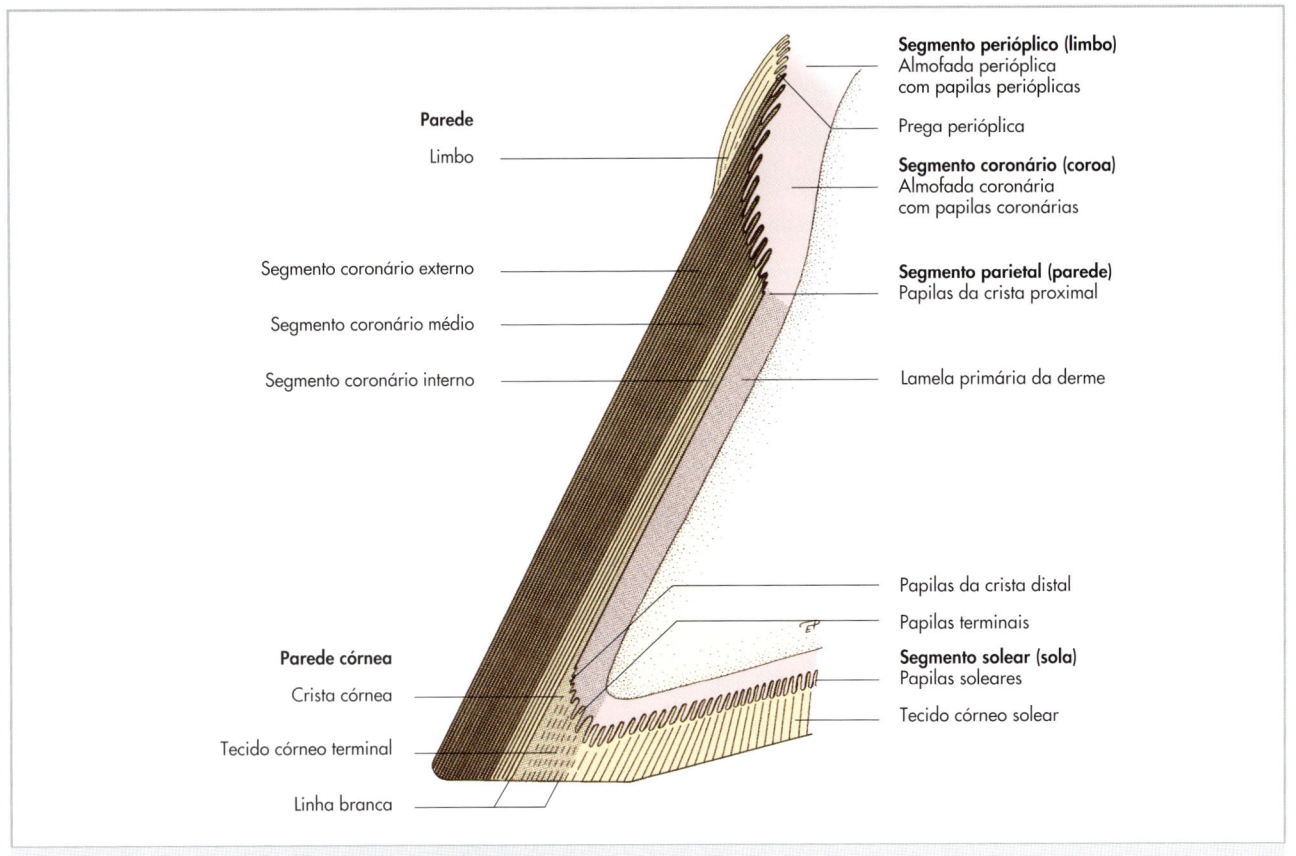

Fig. 19.67 Segmentos perióplico, coronário, parietal e solear da parede do casco de um equino (representação esquemática).

Cunha do casco

A cunha (ranilha) é a estrutura amortecedora mais importante do casco (▶Fig. 19.60). A sua forma de "W" em secção transversal e o seu tecido córneo elástico permitem que a cunha resista a forças de pressão ao fazer contato com o solo, dissipando uma grande parte do impacto resultante. Quando o pé perde o contato com o solo, a pressão é liberada, e a cunha retoma a sua forma original. A **almofada digital sob a cunha** (*pars cunealis pulvini digitalis*) complementa essa função amortecedora (▶Fig. 19.62).

A **derme da cunha** (*dermis cunei*) é densamente coberta com papilas volumosas, as quais são mais curtas que as da derme solear e têm uma orientação em espiral. A **epiderme da cunha** (*epidermis cunei*) não possui uma camada granulosa, e o tecido córneo produzido é razoavelmente macio e elástico. Os túbulos córneos espiralam para a superfície, seguindo a matriz dérmica. A cunha é um local suscetível à ação de corpos estranhos, como pregos, por exemplo, que podem penetrar estruturas subjacentes vitais, como a bolsa navicular. Essas lesões exigem cuidados veterinários imediatos.

Bulbos dos talões

A **almofada digital** sob a cunha continua sob os **bulbos dos talões** (*pars torica pulvini digitalis*). A derme dos bulbos dos talões (*dermis tori*) também é contínua com a da cunha (▶Fig. 19.64), e sua face apresenta papilas finas semelhantes às do segmento perióplico. A **epiderme dos bulbos** (*epidermis tori*) inclui uma camada granulosa, e a sua cornificação é do **tipo macio**.

A camada córnea é relativamente delgada e é composta predominantemente por tecido córneo intertubular. A epiderme dos bulbos dos talões e na base da cunha contém glândulas sudoríparas modificadas (*glandulae tori*).

Suspensão da falange distal

A falange distal está suspensa no estojo córneo pela **derme** e pela **epiderme** dos **segmentos proximais**, os quais formam a parede do casco e estão firmemente unidos ao **periósteo** (▶Fig. 19.69).

Essa **disposição anatômica** protege a falange distal contra a sobrecarga. O estresse compressor sobre o osso se transforma em forças tensoras por meio da suspensão da falange distal na parede do casco e, então, em estresse compressor na margem solear. A derme se une à face parietal da falange distal por zonas de inserção lineares orientadas proximodistalmente, compostas por cartilagem fibrosa não mineralizada na superfície e por cartilagem fibrosa mineralizada sobreposta. Além de proporcionarem fixação à derme, essas zonas de inserção formam lâminas cartilaginosas, responsáveis pelo crescimento da falange distal. O periósteo preenche os espaços entre essas zonas cartilaginosas e é local de ossificação intramembranosa.

As **fibras colágenas** da derme se prolongam através da **camada reticular** (*stratum reticulare*) para formar as **lâminas dérmicas primárias** (▶Fig. 19.71), as quais contêm **lâminas secundárias** que se entrelaçam com as lâminas epidérmicas. A força tensora é transmitida para as lâminas epidérmicas secundárias, compostas por células matrizes vitais epidérmicas, e, então, para as lâminas

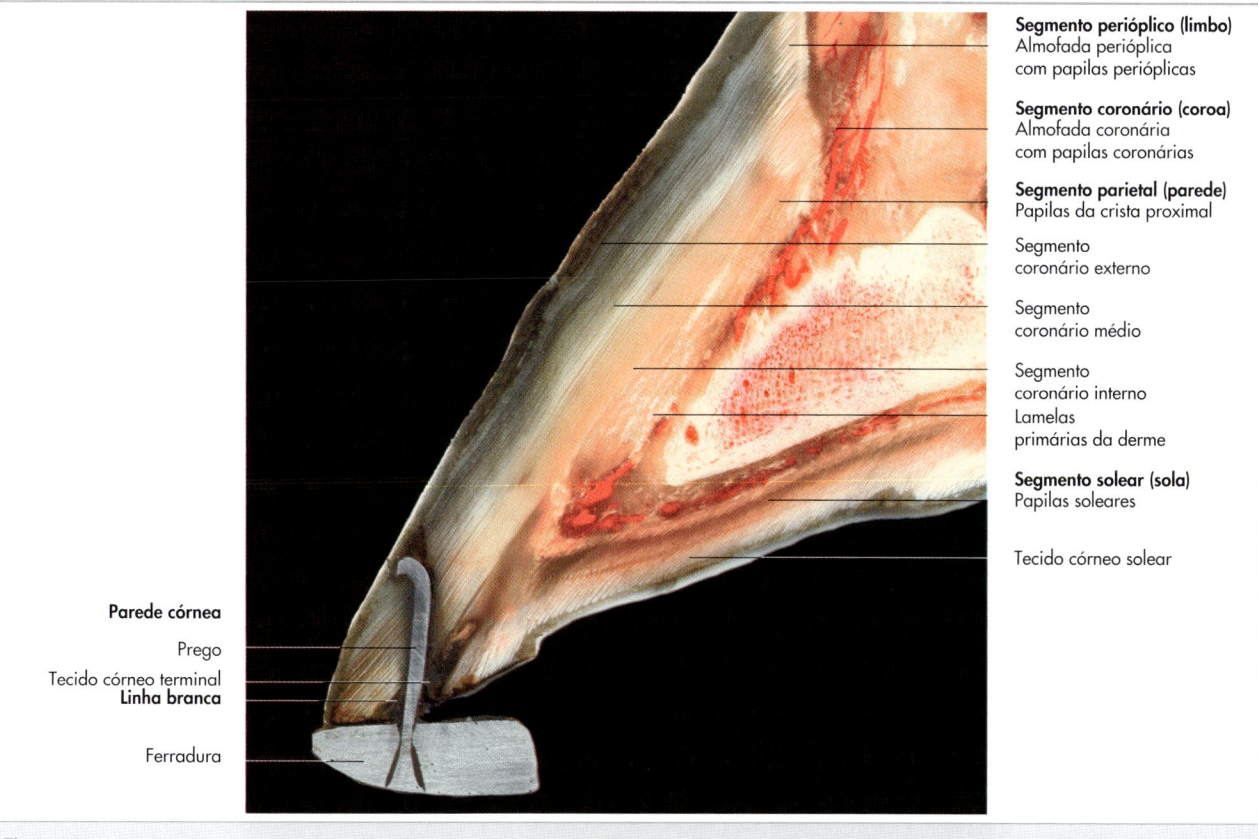

Fig. 19.68 Secção paramediana da parte dorsal do casco de um equino, com túbulos córneos e a ferradura com prego (plastinado). (Fonte: cortesia de H. Obermaier, Munique.)

Legendas da figura:
- Segmento perióplico (limbo) — Almofada perióplica com papilas perióplicas
- Segmento coronário (coroa) — Almofada coronária com papilas coronárias
- Segmento parietal (parede) — Papilas da crista proximal
- Segmento coronário externo
- Segmento coronário médio
- Segmento coronário interno
- Lamelas primárias da derme
- Segmento solear (sola) — Papilas soleares
- Tecido córneo solear
- Parede córnea
- Prego
- Tecido córneo terminal
- Linha branca
- Ferradura

epidérmicas primárias, as quais se unem aos túbulos córneos coronários. Com início na falange distal, a orientação proximodistal oblíqua das fibras colágenas é contínua ao longo das lâminas primárias e secundárias. As células córneas e os filamentos de queratina se orientam na mesma direção. O **desenvolvimento de lâminas secundárias** proporciona uma superfície maior e, consequentemente, uma união mais firme, que pode resistir às forças consideráveis às quais o casco do equino está sujeito.

> **Nota clínica**
>
> Em **equinos com laminite**, a suspensão da falange se deteriora, e o osso começa a afundar ou a girar. Se todos os segmentos forem afetados, como ocorre em casos muito graves, a base do casco se desprende totalmente da derme.

No casco, a epiderme é conectada à derme por um sistema de fibras organizadas ao longo de linhas de carga mecânica. Esse sistema complexo é composto por várias proteínas estruturais dispostas em série. Os elementos do citoesqueleto dentro dos queratinócitos estão ligados às proteínas adaptadoras associadas à placa de fixação intracelular dos hemidesmossomos, que, por sua vez, são fixados por componentes da membrana celular à lâmina densa da membrana basal subjacente. Fibrilas de ancoragem e proteoglicanos conectam a lâmina basal às fibras de colágeno na derme.

Vascularização

Artérias

A vascularização do casco ocorre por meio de duas artérias, as **artérias digitais palmares/plantares lateral** e **medial** (*aa. digitalis palmaris/plantaris lateralis et medialis*), as quais são ramos da artéria digital palmar comum e da **artéria metatarsal dorsal III** (*a. digitalis palmaris communis/a. metatarsea dorsalis III*), respectivamente. No membro pélvico, as **artérias digitais plantares comuns menores II** e **III** também contribuem para a formação das artérias digitais. Os ramos para os **bulbos dos talões** (*rami tori digitalis*) e as artérias coronárias medial e lateral se originam na altura da falange média (▶Fig. 19.72).

Após enviar os ramos para a cunha e para as diferentes partes da parede do casco, essas artérias entram na falange distal a partir das faces medial e lateral e se anastomosam no interior do osso para formar o **arco terminal** (*arcus terminalis*). A partir do arco terminal, 8 a 10 vasos se projetam distalmente e deixam o osso na margem solear, para formar a artéria da margem solear (*a. marginis solearis*) (▶Fig. 19.73 e ▶Fig. 19.74).

Veias

A derme do casco inclui uma densa rede venosa, que forma a **veia da margem solear** (*v. marginalis solearis*) distalmente e está conectada ao **arco terminal venoso**. Uma rede venosa adicional se encontra no interior das cartilagens do casco. Veias maiores

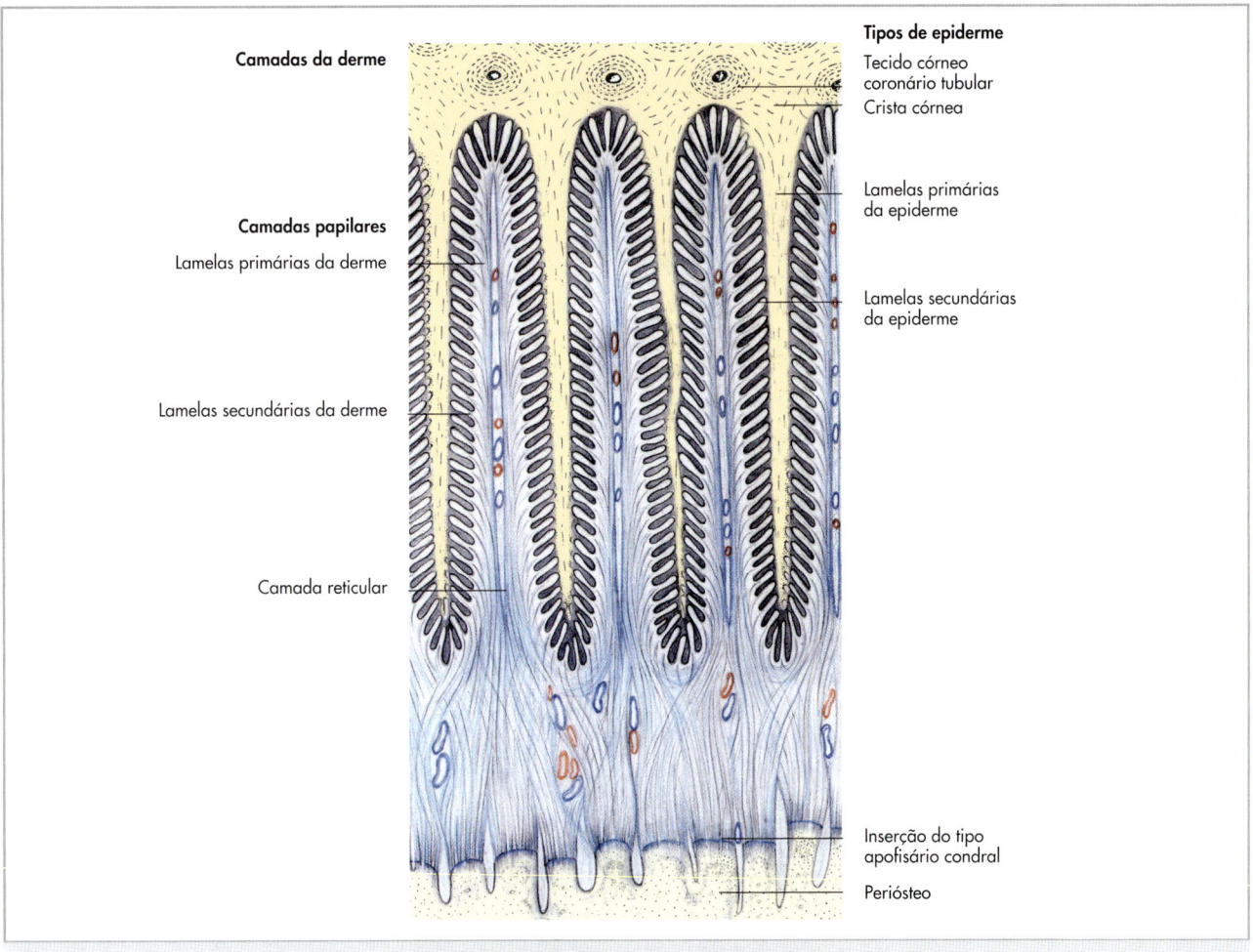

Fig. 19.69 Suspensão da falange distal, secção horizontal (representação esquemática).

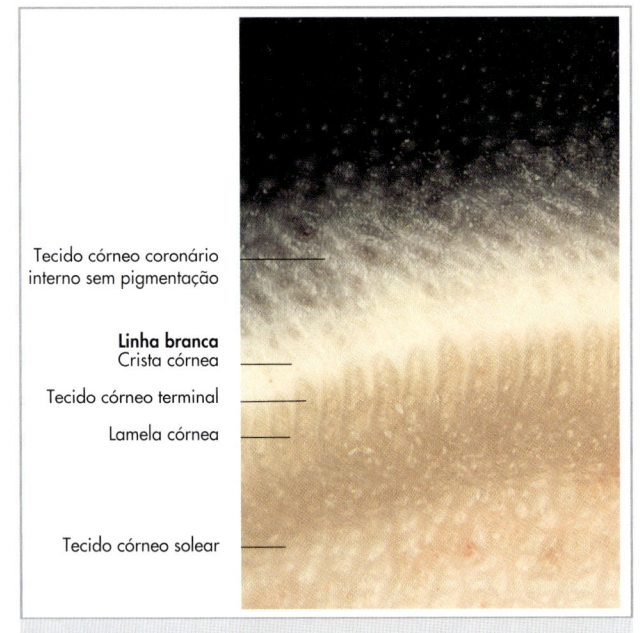

Camadas da derme
- Camadas papilares
  - Lamelas primárias da derme
  - Lamelas secundárias da derme
- Camada reticular
- Inserção do tipo apofisário condral
- Periósteo

Tipos de epiderme
- Tecido córneo coronário tubular
- Crista córnea
- Lamelas primárias da epiderme
- Lamelas secundárias da epiderme

Fig. 19.70 Linha branca do casco equino.

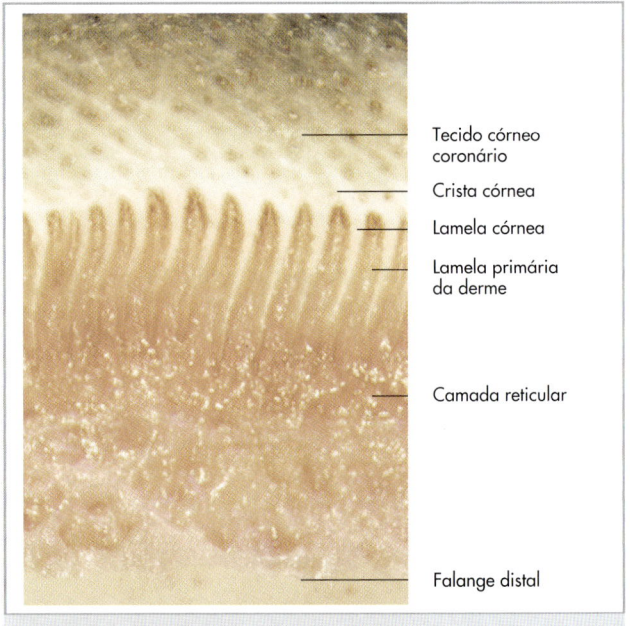

- Tecido córneo coronário interno sem pigmentação
- Linha branca
  - Crista córnea
  - Tecido córneo terminal
  - Lamela córnea
- Tecido córneo solear

Fig. 19.71 Suspensão da falange distal do casco equino (secção horizontal).

- Tecido córneo coronário
- Crista córnea
- Lamela córnea
- Lamela primária da derme
- Camada reticular
- Falange distal

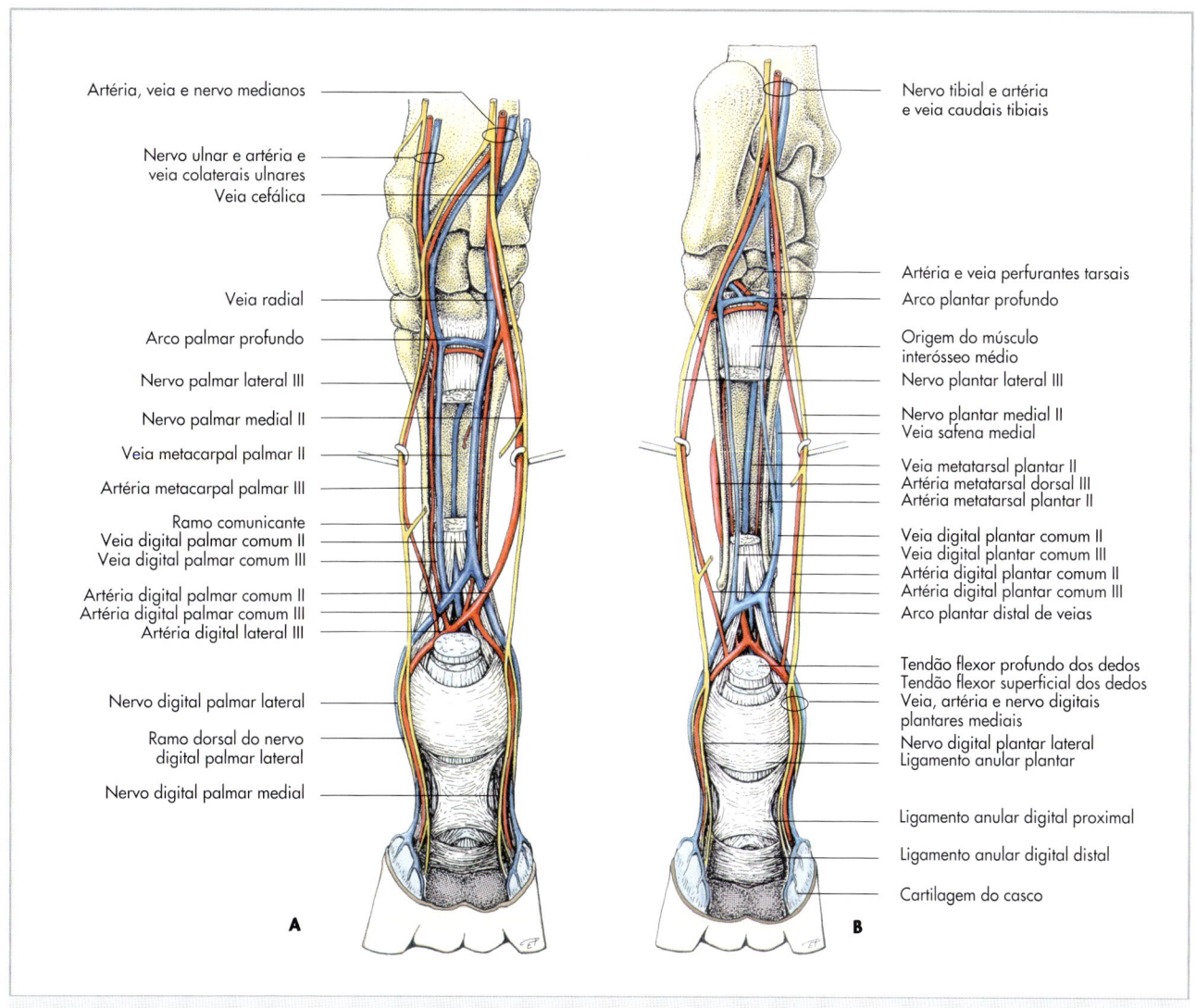

Fig. 19.72 Vasos sanguíneos e nervos do autopódio dos membros torácicos e pélvicos de um equino: (**A**) vista palmar e (**B**) vista plantar.

atravessam a cartilagem do casco e se conectam ao plexo venoso da derme solear e parietal. A drenagem venosa ocorre por meio de várias veias coronárias e de ramos das **veias da almofada digital** (*v. tori digitalis*) e da **veia da margem solear**. Essas veias desembocam nas **veias digitais palmares/plantares lateral** e **medial** ou no **arco terminal**, formado por essas veias no interior da falange distal.

Linfáticos

A linfa do casco do membro torácico drena para os **linfonodos cubitais** (*lymphonodi cubitales*), ao passo que a linfa do membro pélvico drena para o **linfonodo poplíteo profundo** (*lymphonodi poplitei*).

Inervação

Membro torácico

Ao contrário de outras espécies, a inervação sensorial do casco torácico no equino ocorre exclusivamente pelos ramos do **nervo mediano**. Os **nervos digitais palmares comuns II** e **III** prosseguem como **nervos digitais palmares lateral** e **medial** após emitirem um ramo dorsal para os segmentos perióplico, coronário e parietal. Os **nervos digitais palmares** enviam **ramos** (*rami tori*) para os bulbos dos talões, para a articulação interfalângica distal e para o complexo navicular e inervam a parte palmar das cartilagens do casco, a parede, a sola, a cunha e os bulbos dos talões.

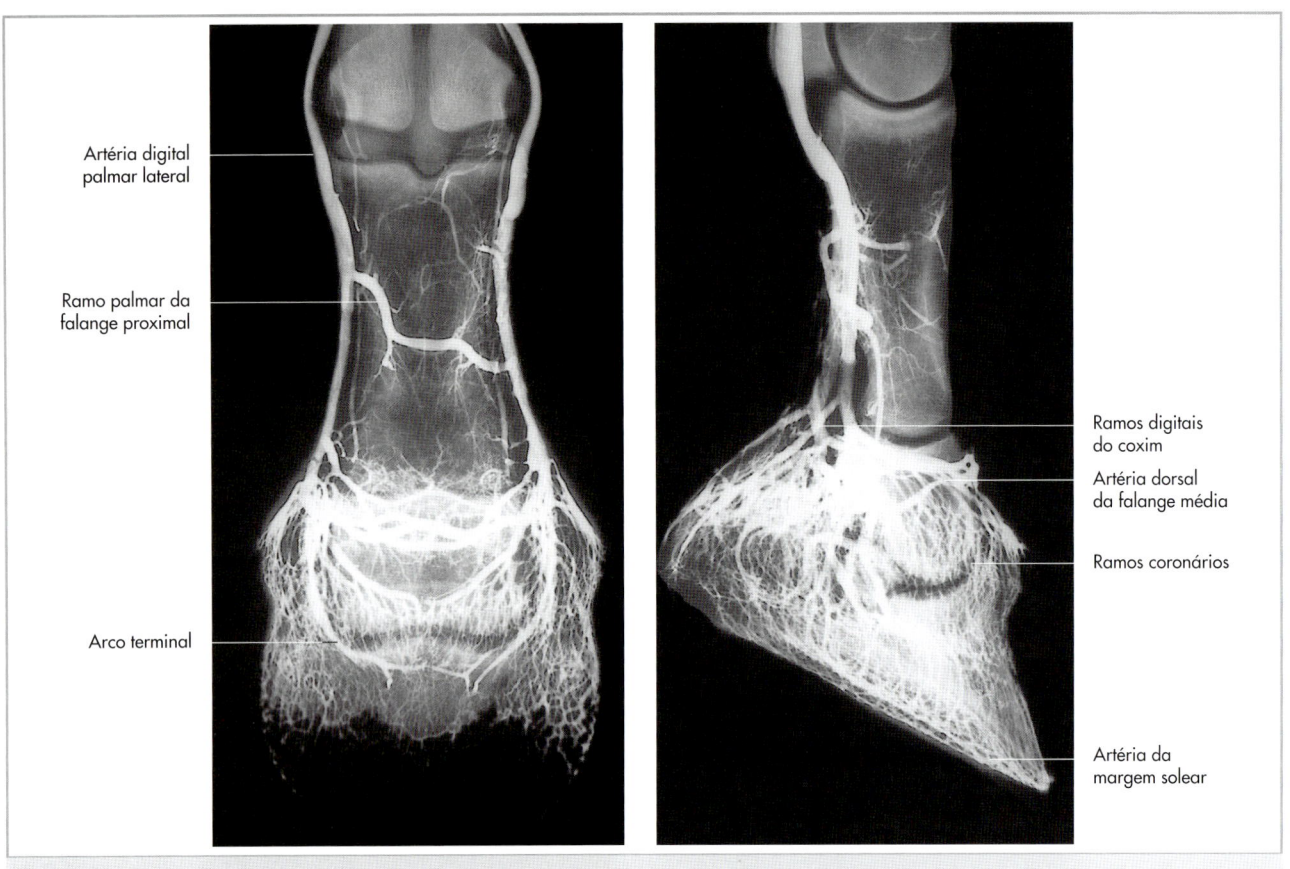

Fig. 19.73 Arteriograma do pé de um equino, com projeção dorsopalmar (à esquerda) e lateromedial (à direita).

Nota clínica

A **simpatectomia perivascular** (**adventiciectomia**) tem sido utilizada com bons resultados no **tratamento de patologias crônico-degenerativas do pé** (p. ex., síndrome navicular e sesamoidite). Nesse procedimento, as fibras nervosas simpáticas que percorrem no interior da adventícia dos vasos sanguíneos são removidas, evitando a vasoconstrição periférica e melhorando a perfusão do pé. A probabilidade de um resultado bem-sucedido aumenta quando a adventiciectomia é realizada próximo ao local da lesão. As fibras simpáticas são axônios pós-ganglionares que se originam do gânglio cervicotorácico (*ganglion stellatum*) ou do gânglio cervical cranial (*ganglion cervicale craniale*). Como elas cursam pelos tecidos juntamente aos ramos do plexo braquial, essas fibras nervosas entram periodicamente na adventícia dos vasos sanguíneos. Isso é exemplificado pelo discreto feixe de fibras nervosas que diverge do nervo mediano (*n. medianus*) para acompanhar a artéria mediana (*a. mediana*). Na parte distal do membro, muitos desses ramos são originados dos nervos digitais para os vasos sanguíneos. As fibras simpáticas passam para as artérias e veias. Portanto, para o tratamento de doenças do pé, a adventícia deve ser removida das artérias digitais lateral e medial (*a. digitalis*) e das veias digitais (*v. digitalis*). Foi estabelecido que, além de cursar na adventícia, as fibras simpáticas acompanham os ramos nervosos sensoriais menores, atingindo, em alguns casos, as estruturas doentes através dos ligamentos do pé. Assim, a eliminação completa da inervação simpática é impossível.

Membro pélvico

Os **nervos digitais comuns II** e **III** são ramos do **nervo tibial**. O padrão de ramificação desses nervos é semelhante ao dos nervos correspondentes do membro torácico. O dedo do casco recebe inervação adicional pelos nervos metatarsais dorsais lateral e medial, ramos do **nervo fibular profundo**.

Nota clínica

Todos esses nervos são bloqueados em diversos níveis no **diagnóstico de claudicação**. O princípio por trás desse procedimento é que um equino claudicante irá se recuperar quando a área dolorida for dessensibilizada. Várias injeções, nas quais áreas cada vez maiores são dessensibilizadas, são necessárias para identificar o local da lesão.

Biomecânica do casco

As forças que atuam sobre a falange distal são transmitidas para a parede do casco e desencadeiam o seu mecanismo funcional. A parte proximal da parede se retrai, ao passo que os talões se separam. A sola se achata, e a cunha se alarga. Quando o pé deixa o solo, o casco recupera a sua forma original, o que é possível devido à natureza elástica do tecido córneo do casco. Evidências desse movimento dos talões são encontradas na face proximal polida das ferraduras nessa área. É fundamental que as ferraduras não sejam pregadas à parede nessa região; caso contrário, esse mecanismo será impedido. Portanto, a ferradura é pregada à parede apenas na altura do dedo e dos quartos.

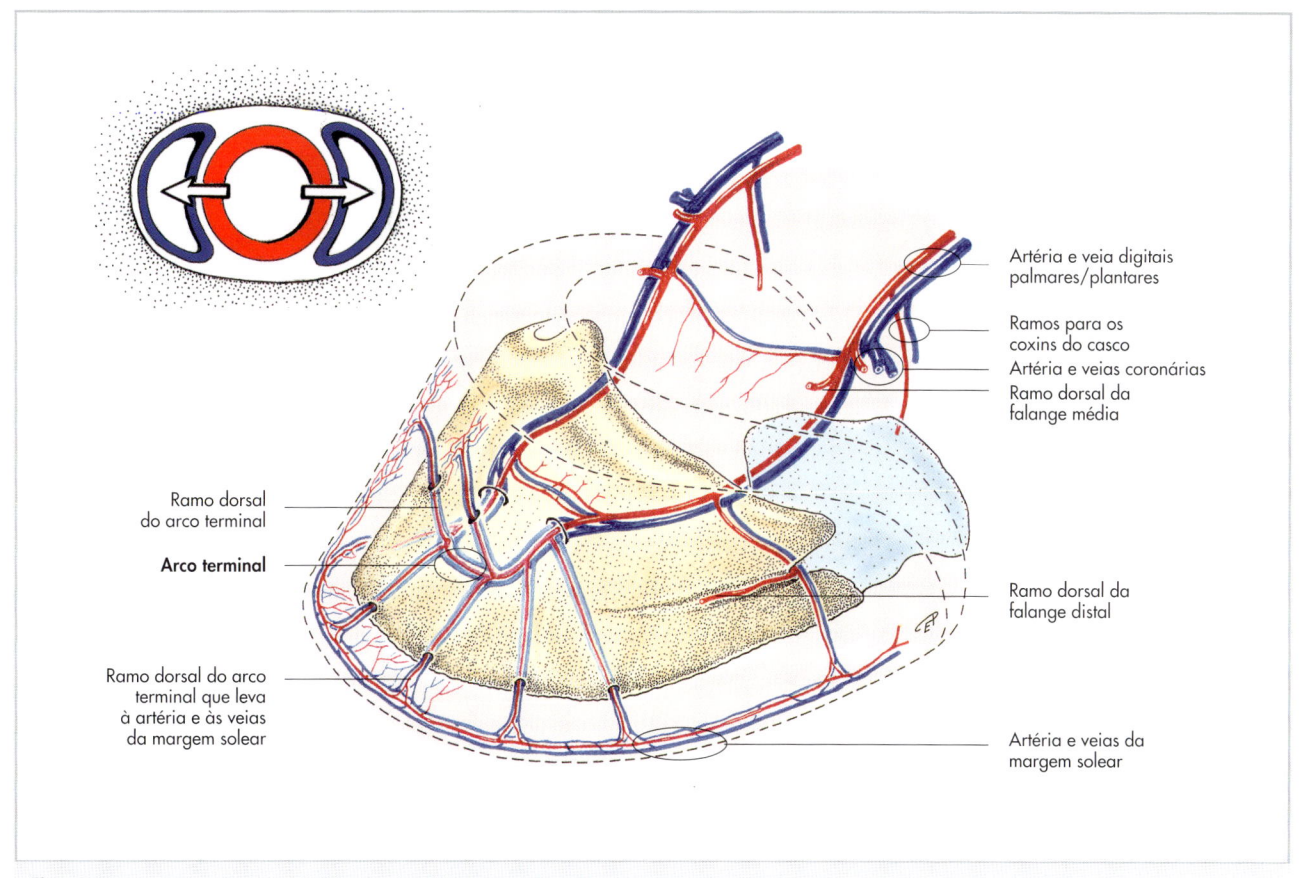

Fig. 19.74 Vasos sanguíneos da falange distal de um equino (inserção: artéria e veias do arco terminal; representação esquemática).

A avaliação das cargas que atuam sobre o pé do equino quando o corpo está em equilíbrio estático com o seu ambiente (estática) e quando o equino está em movimento (dinâmica) é essencial para a implementação de **adequados aparamento e ferragem do casco**. A estática é avaliada quando o equino está em repouso, preferencialmente em posição de estação neutra. O eixo podal (uma linha imaginária média passando através das falanges) deve ser reto quando visto pela face dorsal (cranial) e lateral. Além disso, a coroa e a margem de apoio da parede devem ser paralelas uma à outra e perpendiculares ao eixo podal. A avaliação dinâmica do equilíbrio do casco e do padrão de apoio é realizada com o auxílio de técnicas de análise de movimento cinético.

Produção da camada córnea

O **índice de produção da camada córnea** varia nos **diferentes segmentos**. Além disso, ele varia consideravelmente de um indivíduo para outro e, de modo geral, é mais rápido em equinos com idade inferior a 5 anos. O tecido córneo coronário é produzido em um índice de cerca de 8 a 10 cm ao ano. Portanto, ele se renova completamente a cada ano, e qualquer melhora na qualidade do tecido córneo alcançada pela suplementação dietética levará um ano inteiro para se tornar evidente.

O **tecido córneo solear** e da **cunha** cresce cerca de 6 mm ao ano. Cavalos de Przewalsky não domesticados exibem um ciclo sazonal com índices de crescimento mais elevados no verão e mais baixos no inverno.

19.8 Corno (*cornu*)

O corno dos ruminantes domésticos consiste em um miolo ósseo envolvido em uma modificação do tegumento comum, o estojo córneo. O componente esquelético do corno é o **processo cornual** (*processus cornualis*), o qual é unido firmemente ao osso frontal. Uma modificação sem pelos nem glândulas do tegumento comum cobre a face ondulada e porosa do processo cornual. A epiderme do corno é intensamente cornificada e forma o estojo córneo, o qual pode ser descrito como o corno em seu sentido mais estrito.

O corno pode ser dividido em:
- base (*basis cornus*);
- corpo (*corpus cornus*);
- ápice (*apex cornus*).

Em ruminantes selvagens, os **cornos** (*cornua*) são utilizados como mecanismos de ataque e defesa durante a época de acasalamento ou para estabelecer e manter hierarquias. Isso explica a sua anatomia extremamente estável. A menos que o animal pertença a uma raça naturalmente mocha, os cornos de ruminantes domésticos são encontrados nos dois sexos, embora alguns machos apresentem cornos maiores.

Ao contrário das galhadas, um aspecto anatômico característico do macho dos cervídeos, as quais caem e renascem todos os anos sob influência hormonal, os cornos dos ruminantes domésticos são permanentes e crescem continuamente após o seu surgimento

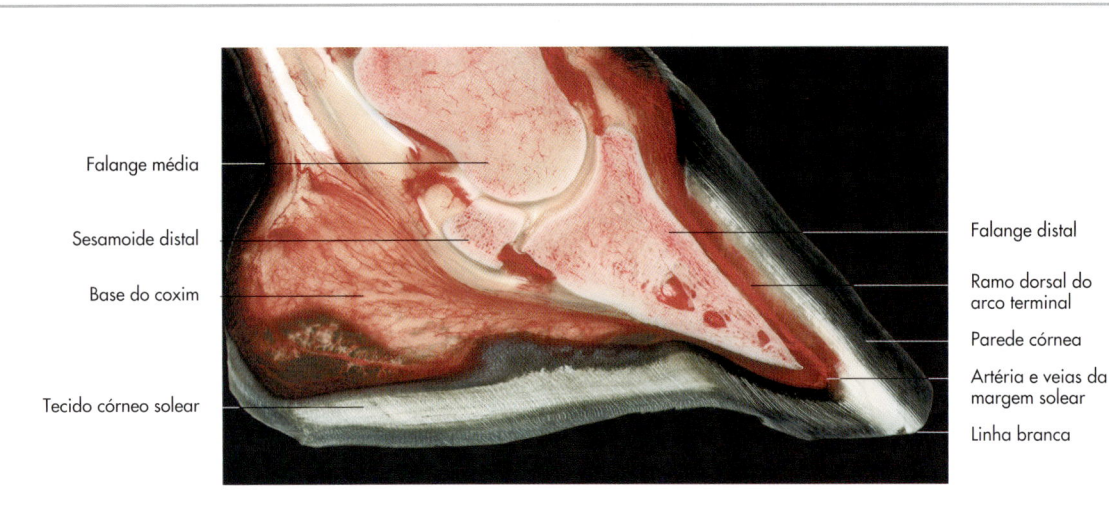

Fig. 19.75 Extremidade distal do dedo de um equino (secção sagital). (Fonte: cortesia de H. Obermaier, Munique.)

depois do nascimento. O tamanho e a forma dos cornos são características fortes da raça e dependem da idade e do sexo.

19.8.1 Corno do bovino (*cornu*)

Desenvolvimento do corno

Já no terceiro mês de gestação, há uma pequena elevação epidérmica visível, de onde o corno brotará mais tarde. No animal recém-nascido, um vórtice de pelos indica a localização futura do corno, e pequenas elevações abaixo dele não apresentam pelos no topo. Com início no centro, o corno gradualmente fica sem pelos.

Processo cornual (*processus cornualis*)

O processo cornual do bovino se desenvolve como uma protuberância do osso frontal, e sua formação a partir do osso frontal é induzida pela elevação epidérmica. O desenvolvimento do componente ósseo do corno se inicia relativamente tarde na gestação. Apenas pouco antes do parto é possível detectar um pequeno aumento ósseo sob a elevação epidérmica, o qual continua a crescer durante até 5 meses após o parto, até formar o sólido processo cornual. O desenvolvimento dos cornos costuma ser impedido pela cauterização da epiderme germinal precocemente.

Pneumatização do processo cornual

A partir do 6º mês de idade, o processo cornual inicia a sua pneumatização por meio da invasão do revestimento mucoso do seio frontal no processo cornual (▶Fig. 19.76). Esse processo prossegue até que todo o osso fique oco, com exceção do ápice sólido. Devido à ampla comunicação, o seio frontal é exposto quando se descorna um animal adulto ou quando há fratura do corno. Portanto, a proteção contra impurezas e a profilaxia contra infecções são fortemente indicadas nesses casos.

Estojo córneo

Tela subcutânea cornual

Não há tela subcutânea no corno. A derme adere diretamente ao osso, proporcionando, assim, uma união bastante estável entre o estojo córneo e o processo cornual.

Derme cornual (*dermis cornus*)

Na derme, há papilas nítidas (*papillae dermales seu coriales*). Na base e no corpo do corno, as papilas se dispõem paralelamente à face dérmica, ao passo que, no ápice, elas são mais eretas. As papilas do corpo são bastante longas (5-6 mm) e se dispõem em grupos, de forma que parecem formar lâminas.

Epiderme cornual (*epidermis cornus*)

Células epidérmicas vitais cobrem toda a face dérmica. Utilizando as papilas dérmicas como matriz, a epiderme forma o **tecido córneo tubular** (*tubuli epidermales*). O crescimento do corno ocorre predominantemente na base, e o corno novo empurra as outras camadas apicalmente. O crescimento do corno segue a direção das papilas dérmicas. Portanto, o ganho predominante do corno é em comprimento e muito pouco em diâmetro.

O índice de crescimento do corno depende amplamente da nutrição das células epidérmicas. Quando a nutrição está prejudicada (sazonalmente, em ruminantes selvagens) durante a gestação ou a lactação, a produção do tecido córneo é reduzida. Costuma-se encontrar cornos marcados por anéis alternados de maior ou menor espessura. Os anéis menos espessos representam períodos em que a produção foi menos ativa. Nas vacas, esses anéis normalmente correspondem às gestações. Como o primeiro bezerro costuma nascer quando a vaca tem 2 anos de idade e os outros bezerros nascem em intervalos anuais, a idade da vaca é igual à quantidade de anéis córneos mais dois (▶Fig. 19.77).

A camada externa mais macia do estojo córneo (*epiceras*) é produzida por uma faixa epidérmica na base do corno, a qual é transicional para a epiderme comum e corresponde ao limbo do casco.

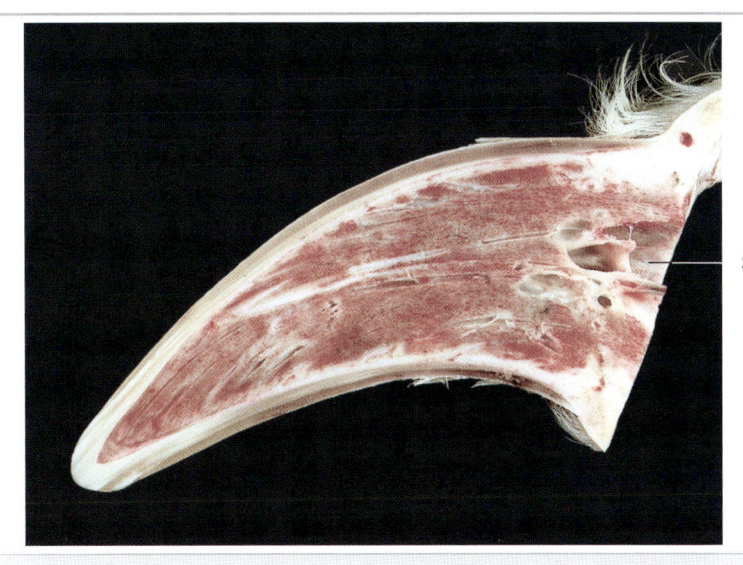

Fig. 19.76 Secção longitudinal do corno de um touro de 1½ ano com início de pneumatização do processo cornual.

Vascularização

A vascularização do corno ocorre por meio das **artérias** e **veias cornuais** (*aa./vv. cornuales*), as quais são ramos terminais da **artéria** e **veia temporais superficiais** (*a./v. temporalis superficialis*).

A **artéria cornual** corre paralelamente à linha temporal para alcançar a base do corno, onde se ramifica em ramos dorsais menor e maior. O **ramo dorsal** passa sobre a face dorsal da base do corno e irriga a derme e o processo cornual. Já o **ramo ventral** corre na face ventral da base do corno, onde emite ramos para a derme e o osso. Ele se curva medialmente e forma anastomose com a artéria correspondente do corno contralateral.

> **Nota clínica**
>
> Os ramos menores dessas artérias correm em sulcos e canais do processo cornual e se retraem ao serem seccionados, de modo que é impossível pinçá-los com hemostáticos para impedir o sangramento excessivo. Devido a essa disposição anatômica, faz-se fundamental executar uma amputação do corno **o mais próximo possível do osso frontal**, antes que os vasos penetrem o osso. A derme do corno é excepcionalmente bem vascularizada. Lesões no corno ou a separação do estojo córneo do osso costumam ser acompanhadas por sangramento grave e profuso. A maioria desses casos requer amputação do corno na base, onde se pode obter hemostasia antes que os vasos sanguíneos penetrem o osso.

Linfáticos

A linfa do corno drena para o **linfonodo parotídeo** (*lymphonodus parotideus*).

Inervação

O corno é inervado principalmente pelo **ramo cornual** (*rami cornualis*) do **nervo zigomatotemporal**, uma divisão do **nervo trigêmeo**. Devido à sua proximidade com a maxila e com o olho, fica difícil determinar se se trata de um ramo da divisão maxilar ou da divisão oftálmica do nervo trigêmeo. A inervação adicional é fornecida pelos **nervos supraorbital** e **infratroclear**, em sua passagem através do seio frontal.

O ramo cornual emerge no interior da órbita e a deixa caudalmente ao processo zigomático do osso frontal. Ele passa caudalmente, protegido pela crista proeminente da linha temporal, para alcançar a base do corno. Próximo à órbita, o ramo cornual se insere no tecido adiposo, ao passo que, na direção caudal, ele é coberto apenas por pele e pelo músculo frontal.

> **Nota clínica**
>
> O **ramo cornual** normalmente é anestesiado para a **descorna**. O local de bloqueio encontra-se caudal à metade da distância entre o ângulo temporal do olho e do corno, imediatamente ventral à linha temporal. A anestesia nem sempre é bem-sucedida. O insucesso pode decorrer das variações no trajeto do ramo cornual ou da presença de comunicações incomuns e substanciais à inervação dos nervos supraorbital e infratroclear.

19.8.2 Corno (*cornu*) dos pequenos ruminantes

Os cornos dos pequenos ruminantes apresentam formas distintas, porém a sua anatomia básica se assemelha à do bovino. Eles emergem próximos da parte de trás das órbitas, em uma posição parietal bastante diferente da posição temporal do bovino. Os cornos do ovino seguem um **trajeto helicoidal** (▶Fig. 19.78), ao passo que os cornos do caprino crescem no **sentido caudal sobre o crânio** (▶Fig. 19.79), com a forma e o tamanho exatos dependendo da raça, do sexo e da idade do animal.

Fig. 19.77 Corno de uma vaca de 8 anos com anéis córneos bem-definidos.

Fig. 19.78 Crânio de um ovino com cornos helicoidais.

Fig. 19.79 Crânio de um caprino com cornos crescendo caudalmente.

Processo cornual (*processus cornualis*)

Cada processo cornual se origina de um **centro de ossificação** distinto (*os cornuale*), o qual faz uma fusão secundária ao osso frontal (*os frontale*). Os processos cornuais do caprino geralmente têm uma secção oval, ao passo que os do ovino são triangulares.

Estojo córneo

O crescimento do corno é intermitente e resulta em uma superfície externa bastante rugosa. Várias cristas (normalmente de 8 a 14) se formam a cada ano.

Vascularização e inervação

Os cornos do ovino e do caprino se localizam tão próximos da órbita, que as **artérias** e **veias temporais superficiais** que os irrigam, juntamente ao **nervo cornual**, ascendem diretamente no sentido dorsal ao processo zigomático. Ao contrário do bovino, as estruturas de irrigação correm na superfície do músculo frontomuscular. O nervo cornual surge entre os vasos sanguíneos e o processo zigomático, próximo ao ângulo temporal do olho.

Nota clínica

A **anestesia local** desse nervo pode ser executada na origem caudal do processo zigomático, cerca de 1 cm abaixo da pele. O corno do caprino recebe inervação adicional dos ramos do nervo infratroclear. Eles podem ser alcançados por meio de uma segunda aplicação na margem dorsomedial da órbita.

20 Anatomia clínica e topográfica

H. E. König, P. Sótonyi, J. Maierl, Chr. Aurich, Chr. Mülling, J. Hagen, R. Latorre e H.-G. Liebich

20.1 Cabeça (*caput*)

20.1.1 Estratigrafia

O revestimento externo da cabeça compreende as seguintes camadas:
- pele;
- tela subcutânea;
- fáscia superficial da cabeça;
- fáscia profunda da cabeça.

O músculo cutâneo da face, o músculo frontal (no bovino) e o músculo zigomático são encontrados na **fáscia superficial da cabeça**. A **fáscia profunda da cabeça** está conectada aos músculos, aos vasos, aos nervos e às glândulas. Ela se fixa na **crista facial** ou no **túber da face** e está parcialmente conectada à fáscia superficial. Os seguintes músculos situam-se na fáscia profunda: levantador nasolabial, canino, levantador do lábio superior (no bovino, também há o abaixador do lábio superior), bucinador, abaixador do lábio inferior e masseter.

A maioria dos grandes vasos sanguíneos e dos nervos da cabeça situam-se protegidos sob os músculos ou inseridos na fáscia profunda. O nervo facial é uma exceção: ele cruza a superfície do músculo masseter. Em carnívoros, os grandes vasos sanguíneos da cabeça situam-se sob a fáscia profunda.

20.1.2 Regiões

As regiões mais importantes da cabeça são as seguintes (▶Fig. 20.1 e ▶Fig. 20.2):
- região nasal;
- região oral;
- região mentual;
- região bucal;
- região infraorbitária;
- região massetérica;
- região orbitária;
- região intermandibular;
- região temporal.

A estrutura da cabeça e as estruturas inseridas nas cavidades da cabeça (crânio, cavidade orbital, cavidade nasal, cavidade oral e cavidade faríngea) são abordadas em detalhes nos capítulos de anatomia sistemática. Para obter mais informações, consulte o Capítulo 2, "Esqueleto axial" (p. 73), o Capítulo 8, "Sistema digestório" (p. 327), o Capítulo 9, "Sistema respiratório" (p. 397), o Capítulo 13, "Sistema circulatório" (p. 471), o Capítulo 15, "Sistema nervoso" (p. 515), o Capítulo 18, "Órgão vestibulococlear" (p. 619) e o Capítulo 19, "Tegumento comum" (p. 633).

Região nasal

A região nasal contém as narinas e a área circundante, incluindo o plano nasolabial do bovino, o focinho dos carnívoros, o focinho dos suínos e o focinho amplo dos equinos.

As **narinas dos equinos** são largas, devido a duas cartilagens alares. A comissura ventral nasal é curva e muito mais ampla que a dorsal. As narinas conduzem ao vestíbulo nasal, no qual o **divertículo nasal** – também chamado de falsa narina – está situado dorsalmente. Para alcançar a verdadeira cavidade nasal por meio de um tubo nasoesofágico, o tubo deve ser inserido ventralmente à prega alar; caso contrário, entra-se na narina falsa, que termina cegamente.

No limite entre a pele e a mucosa no vestíbulo nasal se situa o **orifício** do **ducto lacrimonasal**. Em equinos, a abertura em forma de fenda do órgão vomeronasal é encontrada na mucosa do assoalho do meato nasal ventral, próximo ao septo nasal.

As **estruturas na região nasal** incluem:
- **musculatura**: músculo levantador nasolabial, músculo levantador do lábio superior (aponeurose comum, no equino) e músculos nasais.
- **artérias**: artéria labial superior, artéria nasal lateral, artéria nasal dorsal e artéria palatina, que atinge a superfície através do canal interincisivo.
- **inervação**: nervo infraorbital (sensorial) e nervo facial (motor).

Regiões oral e mentual

Essas regiões incluem os lábios superior e inferior. A pele que cobre os lábios é extremamente fina e não pode ser separada da **musculatura** subjacente, o músculo orbicular da boca. O músculo cutâneo da face funde-se com o músculo orbicular da boca na comissura dos lábios. O músculo elevador do lábio superior e o músculo depressor do lábio inferior combinam-se com os lábios superior e inferior, respectivamente.

Outras **estruturas encontradas nessa região** incluem:
- **artérias**: artérias labiais superior e inferior;
- **inervação**: nervo infraorbital, nervo mentual e nervo facial.

Em direção ao vestíbulo labial, a pele dos lábios torna-se mucosa. Sob a mucosa, estão as glândulas labiais. No equino, o forame mentual situa-se na metade do corpo da mandíbula, na altura da comissura labial.

> **Nota clínica**
>
> O **forame mentual** pode ser palpado 20 a 30 mm dorsal a uma linha de corte transversal através do ângulo do mento (*angulus mentalis*). A palpação do forame é possível apenas após o deslocamento dorsal do músculo abaixador do lábio inferior. Salienta-se que o forame mentual também pode ser encontrado rostralmente ao nível recém-mencionado.

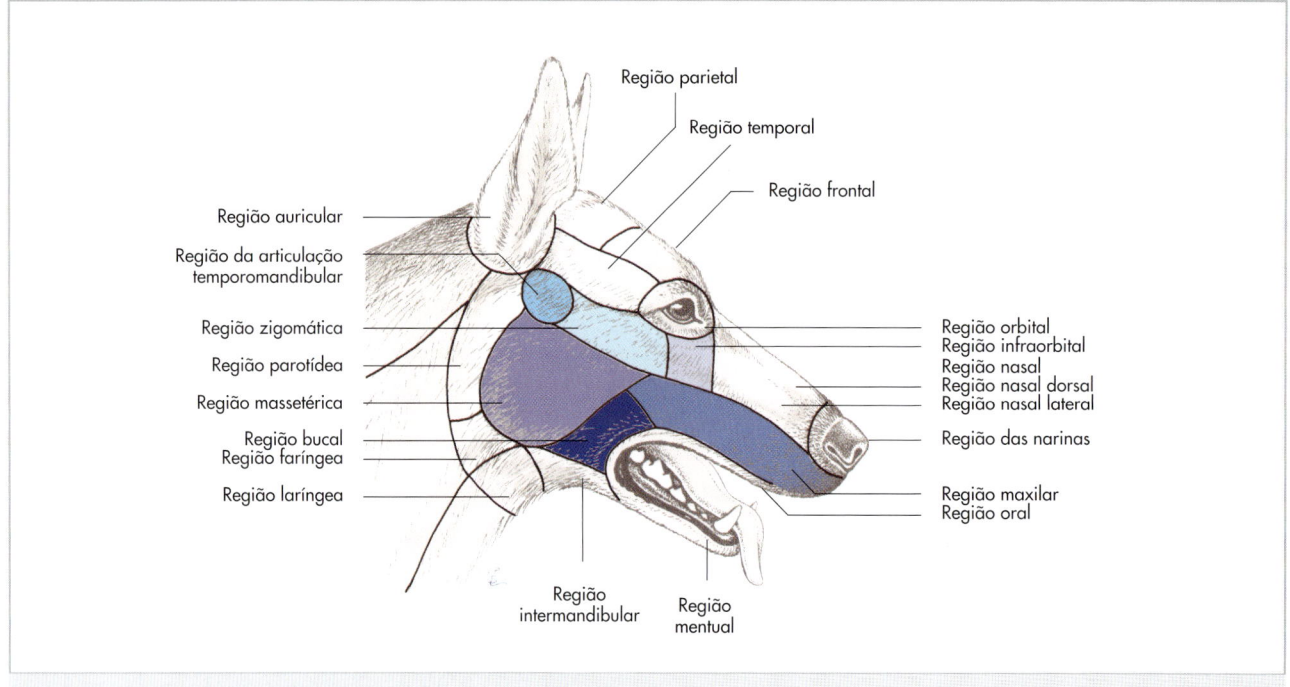

Fig. 20.1 Regiões da cabeça de um cão (representação esquemática).

Região bucal

A região bucal situa-se entre a comissura labial e a margem rostral do músculo masseter. O músculo cutâneo da face situa-se subcutaneamente e fixa-se à comissura labial. Na parte caudal dessa região, esse músculo cobre a **incisura dos vasos faciais**. No equino, três estruturas correm através dessa incisura, enumeradas aqui na direção rostral a caudal: a artéria facial, na qual se pode sentir o **pulso**, a veia facial e o ducto parotídeo (▶Fig. 20.8).

A mucosa da bochecha é inervada pelo nervo bucal. As glândulas bucais dorsal e ventral (carnívoros: glândula zigomática = glândula bucal dorsal, ver ▶Fig. 8.15) e a papila parotídea estão inseridas na mucosa da bochecha.

Além disso, as seguintes estruturas estão localizadas na **região bucal**:
- **musculatura**: músculo abaixador do lábio inferior, situado na extensão da margem ventral do músculo bucinador; em sua margem dorsal está o músculo zigomático;
- **artérias**: artéria labial superior, artéria labial inferior e artéria bucal;
- **inervação**: ramos bucais dorsal e ventral do nervo facial (motor).

Região infraorbital

Essa região situa-se ventral e rostralmente na proximidade das órbitas oculares. Diretamente sob a pele dessa região, está o músculo levantador nasolabial, que, no equino, divide-se em dois ramos através dos quais passa o músculo canino. A artéria e a veia faciais localizam-se sob esse músculo. Primeiramente, a artéria nasolabial se ramifica da artéria facial, que, por sua vez, se divide na artéria nasal lateral, na artéria nasal dorsal e na artéria angular do olho.

> **Nota clínica**
>
> Para localizar o **forame infraorbital** no equino, deve-se traçar uma linha imaginária da extremidade rostral da crista facial até a incisura nasoincisiva. O forame infraorbital localiza-se caudalmente a uma distância de 1 a 2 dedos a partir da metade dessa linha.

Por meio dessa abertura, a **artéria** e a **veia infraorbitais**, bem como o **nervo infraorbital**, deixam o crânio. O **seio maxilar** e o **canal infraorbital** localizam-se nessa região, no interior do crânio. No equino, um septo ósseo divide o seio maxilar em dois compartimentos: **seio maxilar rostral** e **seio maxilar caudal**.

> **Nota clínica**
>
> Em um caso de **sinusite**, os dois seios devem ser desimpedidos por meio de uma trepanação craniana lateral. Isso é possível por meio de uma trepanação na altura do septo ósseo, o septo do seio maxilar. A melhor forma de localizar o septo é imaginar uma linha conectando a extremidade rostral da crista facial ao ângulo medial do olho. A altura do septo se encontra no ponto mediano dessa linha.

Região massetérica

Essa denominação deriva do **músculo da mastigação**, o **músculo masseter**, que define essa região. Adjacentes a essa região rostral e dorsalmente estão a região bucal e a região infraorbital, respectivamente. A margem da mandíbula forma as margens caudal e ventral (região intermandibular), ao passo que a crista facial e o arco zigomático formam a margem dorsal.

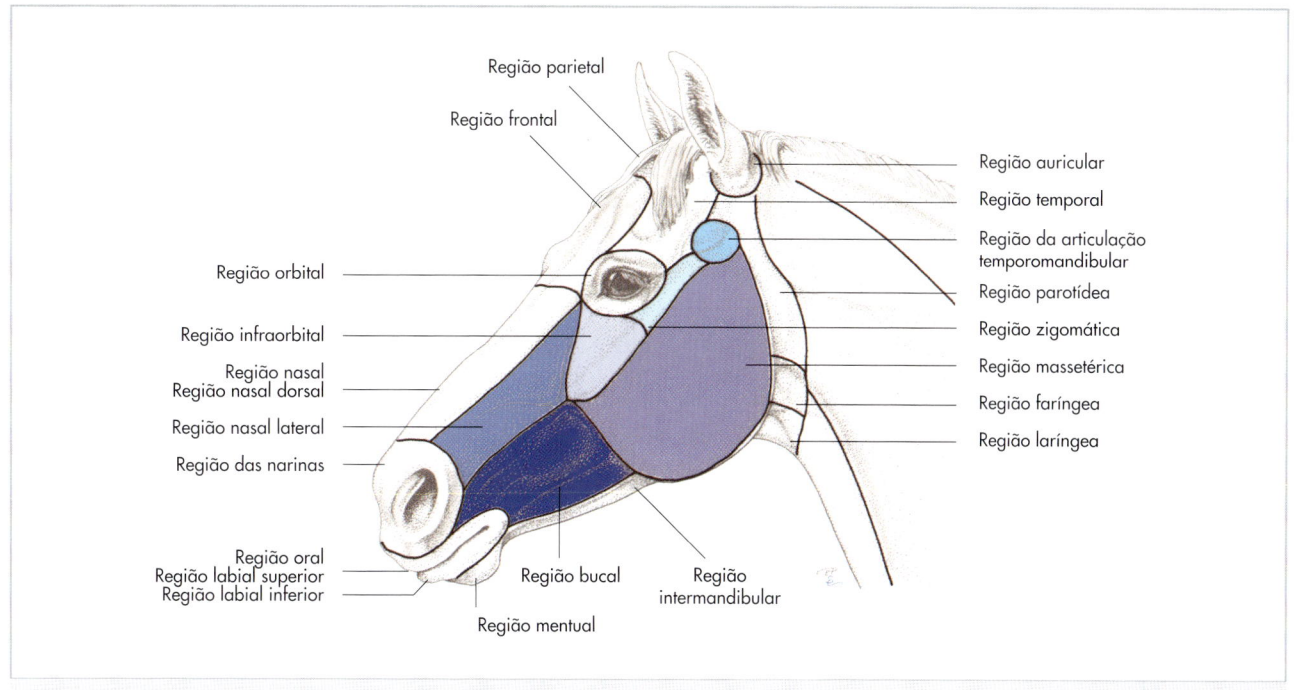

Fig. 20.2 Regiões da cabeça de um equino (representação esquemática).

A artéria facial (verificação do pulso, no equino), a veia transversa da face (*sinus*) e o ramo transverso da face do nervo auriculotemporal cruzam essa região. O nervo facial cruza o músculo masseter e se divide nesse ponto nos ramos bucal dorsal e bucal ventral (***plexus buccalis***).

O ducto parotídeo passa sobre o músculo masseter em carnívoros (▶Fig. 20.6), bem como em pequenos ruminantes. A veia profunda da face (*sinus*) situa-se sob o músculo masseter na maxila imediatamente ventral à crista facial. Mais adiante, no sentido ventral em direção à bochecha, estão a artéria bucal, a veia bucal (*sinus*) e o nervo bucal.

Outras **estruturas nessa região**:
- **artérias**: ramo massetérico que se origina da artéria carótida externa e ramo massetérico que se origina das artérias facial e transversa da face;
- **inervação do músculo masseter**: nervo massetérico que se ramifica do nervo mandibular (V_3); esse nervo percorre a incisura mandibular e penetra o músculo masseter ao longo de uma via que se aproxima de uma linha que conecta a articulação mandibular com a incisura dos vasos faciais.

Região orbital

A região orbital situa-se entre a margem supraorbital do osso frontal e a margem infraorbital formada pelos ossos lacrimal e zigomático, respectivamente. Essa é a região onde se localizam o bulbo do olho e seus órgãos. As pálpebras superior e inferior são cobertas externamente com pele e internamente com conjuntiva. Uma lâmina de tecido conjuntivo, também denominado tecido conectivo, o tarso, proporciona sustentação e forma para as pálpebras. A margem livre das pálpebras contendo os cílios é mantida umedecida pela glândula tarsal (glândula de Meibômio), localizada no tarso.

Musculatura e inervação da região orbital: o músculo que eleva a pálpebra superior é o **músculo levantador da pálpebra superior**, inervado pelo **nervo oculomotor (III)**. A paralisia do nervo facial não afeta esse nervo. Os **músculos restantes das pálpebras** – orbicular, malar e levantador do ângulo medial do olho – são todos inervados pelo **nervo facial (VII)**. A inervação sensorial da pele e da córnea ocorre por meio de ramos do **nervo oftálmico** (V_1) e do **nervo zigomático** (V_2).

O **nervo frontal** inerva a parte média da pálpebra superior, o **nervo lacrimal** inerva o ângulo temporal das pálpebras, o **nervo infratroclear** inerva a área do ângulo medial e o **nervo zigomático** inerva a pálpebra inferior.

A **carúncula lacrimal** e **ambas as aberturas do ducto lacrimal** estão localizadas no canto medial do olho. Nesse mesmo local está localizada a **terceira pálpebra**, ou *palpebra tertia* (ver p. 612). A cartilagem (*cartilago palpebrae tertiae*) se prolonga profundamente na órbita, cercada pelas glândulas da terceira pálpebra. As lágrimas drenam do olho para o canalículo lacrimal através das aberturas do ducto lacrimal, prosseguem para o saco da conjuntiva ventral e, então, para o ducto lacrimonasal e, por fim, são secretadas no **vestíbulo nasal**.

O **bulbo do olho**, seus **músculos** e o **nervo óptico** situam-se na **órbita óssea** e na **periórbita**, esta última composta por tecido conjuntivo colágeno na forma semelhante a uma bolsa. Inserida nas paredes externas e internas da periórbita está uma camada de tecido adiposo. No interior da periórbita, o próprio bulbo do olho é envolto pela delicada fáscia bulbar. Essa fina camada de tecido conjuntivo se origina próximo ao nervo óptico e cobre o olho até o sulco da esclera, suspendendo, assim, o globo ocular.

Artérias da região orbital: o ângulo medial é suprido pela **artéria malar**, por um ramo da artéria maxilar ou pela artéria infraorbital. A vascularização das regiões restantes ao redor do olho e

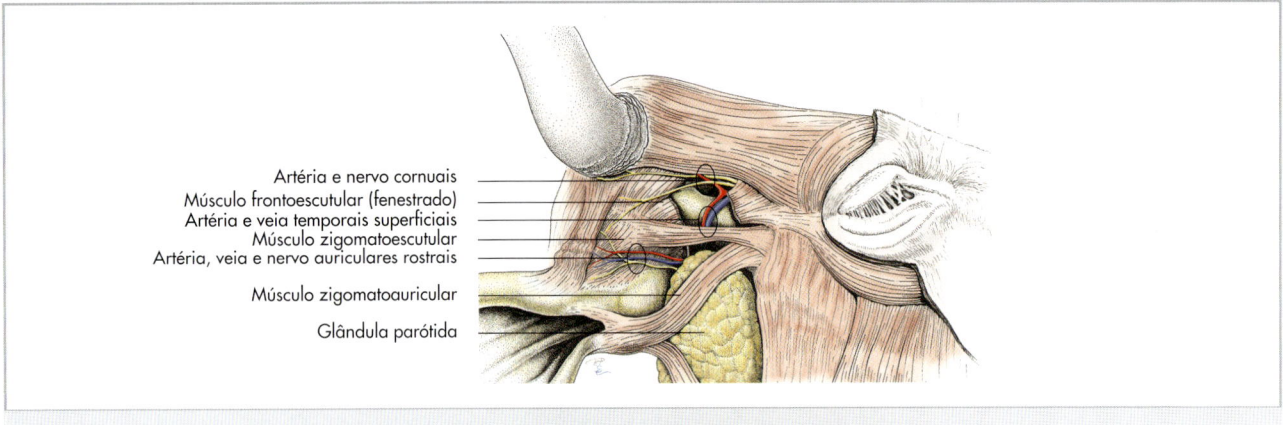

Fig. 20.3 Estruturas superficiais da região temporal de um bovino (representação esquemática).

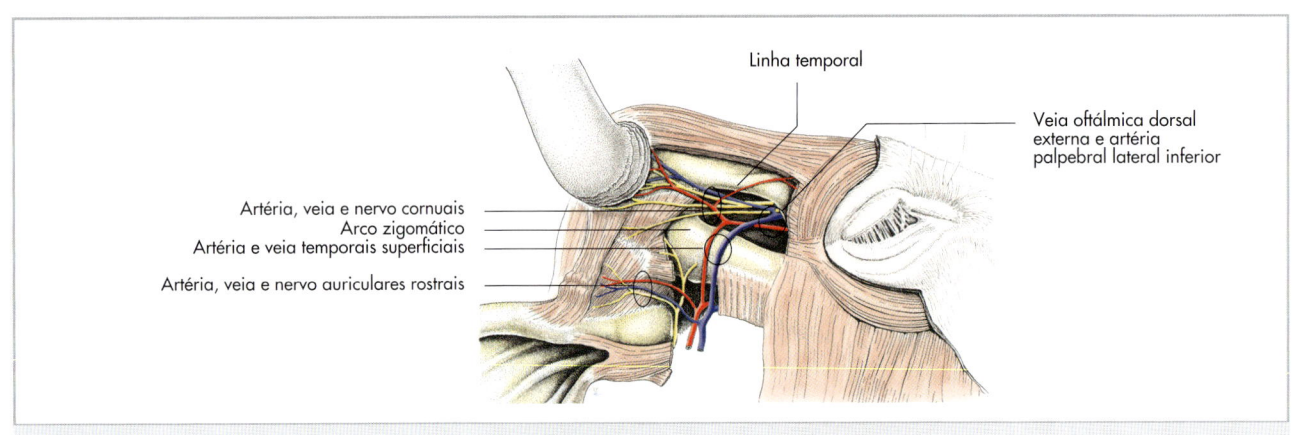

Labels: Artéria e nervo cornuais; Músculo frontoescutular (fenestrado); Artéria e veia temporais superficiais; Músculo zigomatoescutular; Artéria, veia e nervo auriculares rostrais; Músculo zigomatoauricular; Glândula parótida.

Fig. 20.4 Estruturas mais profundas da região temporal de um bovino (representação esquemática).

Labels: Artéria, veia e nervo cornuais; Arco zigomático; Artéria e veia temporais superficiais; Artéria, veia e nervo auriculares rostrais; Linha temporal; Veia oftálmica dorsal externa e artéria palpebral lateral inferior.

do próprio bulbo ocorre por meio da **artéria oftálmica externa**, a qual emerge da artéria maxilar. A partir desse vaso sanguíneo, originam-se a artéria supraorbital e a artéria lacrimal, sendo que ambas irrigam a pálpebra superior.

Três tipos de artérias se ramificam da **artéria oftálmica externa** e irrigam o bulbo do olho:
- artérias ciliares;
- artérias retinianas;
- artérias conjuntivais.

As **artérias ciliares** são compostas pelas **artérias ciliares posteriores curtas**, que penetram o trato uveal, próximo à área cribriforme da esclera, e pelas **artérias ciliares posteriores longas**, que aparecem mais distalmente na esclera. Essas artérias irrigam a úvea no caminho para a íris. Na transição da esclera para a córnea, elas formam os capilares do limbo.

As **artérias retinianas** também se ramificam de **artérias ciliares posteriores curtas**. Em todas as espécies domésticas, exceto no equino, os ramos arteriais levam ao interior do nervo óptico e se combinam para formar os **vasos sanguíneos da retina**. Essa artéria central se divide no disco do nervo óptico e se ramifica na retina em padrões diferentes em cada espécie (▶Fig. 20.13). As artérias retinianas e as veias que as acompanham podem ser examinadas no fundo do olho. Em equinos, a artéria central não existe. Em vez disso, as artérias ciliares formam uma artéria circular ao redor do disco do nervo óptico. As artérias conjuntivais originam-se das artérias ciliares rostrais e das artérias nasal e palpebral temporal.

As quatro **veias vorticosas** – uma dorsal, uma ventral, uma nasal e uma temporal – atravessam a esclera na altura do equador do bulbo do olho. Esses vasos desembocam ou no **plexo oftálmico**, ou na **veia oftálmica externa**.

Região intermandibular

A região intermandibular situa-se entre as duas mandíbulas e alcança a extremidade do mento até a transição entre a cabeça e o pescoço (▶Fig. 20.7). Após a remoção da pele, o músculo cutâneo da face aparece, sob o qual estão os linfonodos mandibulares. O tronco linguofacial e o ducto parotídeo (exceto em carnívoros e em pequenos ruminantes) correm lateralmente a esses linfonodos. O tendão do músculo esternomandibular pode ser encontrado caudalmente a essa região no bovino e no equino. O músculo milo-hióideo (com o nervo milo-hióideo, V_3), o músculo digástrico (parte rostral do ventre), o músculo omo-hióideo e o músculo esterno-hióideo são encontrados nas partes mais profundas dessa região. O músculo genio-hióideo, a artéria e a veia sublinguais, o ducto mandibular e o nervo lingual (V_3) correm através de camadas ainda mais profundas dessa região. Além disso, a glândula

1 = Nervo facial (VII)
2 = Artéria e veia transversas da face
3 = Ramo palpebral do nervo auriculopalpebral
4 = Artéria, veia e nervo cornuais

Glândula parótida
Nervo auricular maior
Veia auricular caudal
Ramo ventral do nervo C_2
Veia maxilar

Ramo ventral do nervo C_3
Veia linguofacial
Ramo do nervo acessório (XI)
Ramo do nervo acessório (XI)

Veia jugular externa

Ducto parotídeo e artéria e veia faciais
Glândula e linfonodos mandibulares

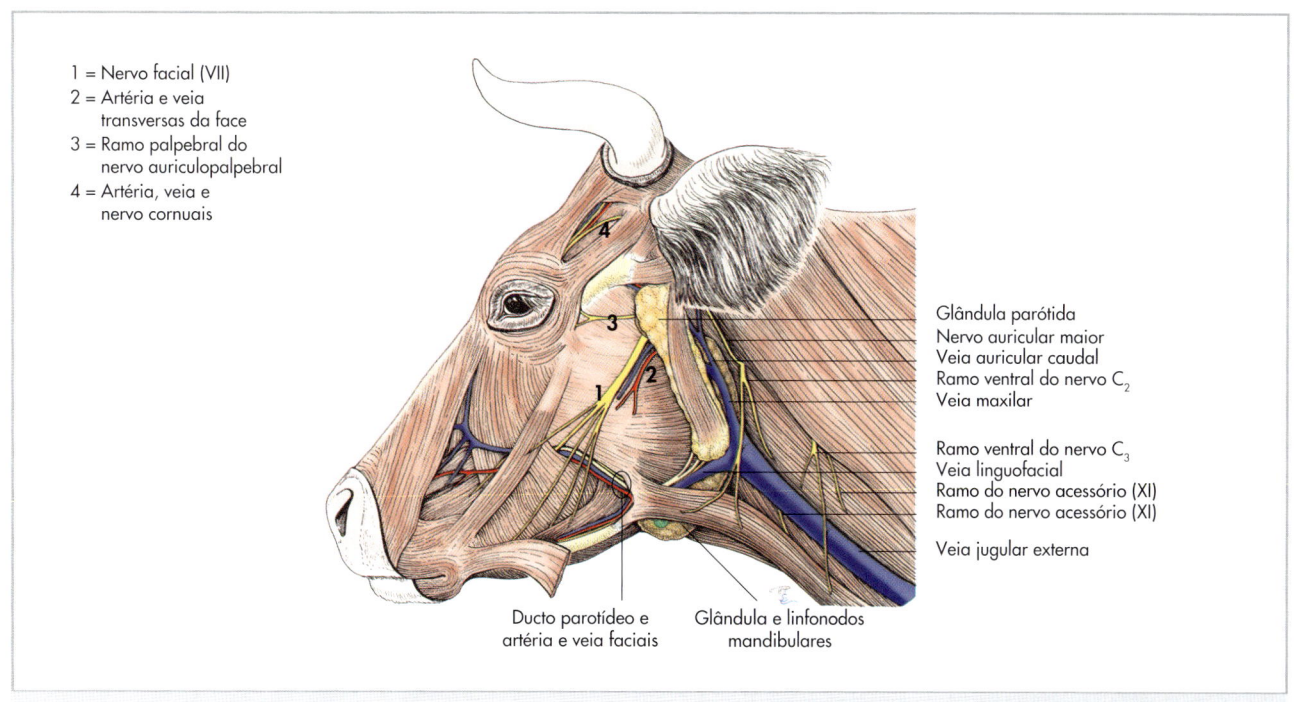

Fig. 20.5 Topografia dos órgãos e das estruturas superficiais da cabeça de um bovino (representação esquemática).

salivar sublingual monostomática (exceto no equino), a glândula salivar sublingual polistomática e o músculo pterigóideo medial também situam-se nesse local. A musculatura da língua (os músculos genioglosso, hioglosso e estiloglosso) e o nervo hipoglosso, bem como a mucosa do assoalho da cavidade oral rostral ou o recesso lateral sublingual, são encontrados dorsalmente ao músculo genio-hióideo.

Região temporal

A região temporal, em combinação com a região cornual dos ruminantes cornuados, tem importância clínica. A região temporal situa-se entre a linha temporal dorsal e o arco zigomático ventral. A região dos cornos, ou região cornual, localiza-se caudodorsalmente a essas estruturas (▶Fig. 20.3, ▶Fig. 20.4 e ▶Fig. 20.5).

O potente **músculo frontal**, inserido na fáscia superficial da cabeça, é a primeira estrutura a aparecer após a remoção da pele. Sob esse músculo e em trajetória paralela à linha temporal, está o **ramo cornual** (uma ramificação do ramo zigomatotemporal do nervo zigomático, V_2). Esse nervo é acompanhado lateralmente pela artéria e pela veia cornuais (ramos da artéria e veias temporais superficiais). O **músculo temporal** forma a camada mais profunda dessa região. No caprino, o centro de cada corno também é inervado pelo ramo cornual do nervo infratroclear (V_1). O nervo infratroclear cruza a região frontal na altura do forame supraorbital e alcança os lados medial e dorsal do centro do corno; ver também Capítulo 19 "Tegumento comum" (p. 776).

20.1.3 Aplicações clínicas

As regiões da cabeça desempenham um papel importante na prática clínica diária, principalmente porque muitas estruturas e órgãos essenciais encontram-se nessa região. O encéfalo, os órgãos sensoriais e os pares de nervos cranianos reagem a doenças com diversos sintomas, cujas consequências afetam não apenas a própria cabeça, mas sim todo o animal, podendo levar a problemas de comportamento.

> **Nota clínica**
>
> As estruturas da cabeça que pertencem aos tratos digestório e respiratório representam as mais importantes portas de entrada para patógenos e, portanto, exigem, além de exames minuciosos, o tratamento curativo de um clínico.

A seguir, os órgãos, as vias nervosas e os vasos, bem como os órgãos sensoriais, serão discutidos quanto à sua relevância clínica.

Órgãos digestórios da cabeça

Cavidade oral

A **mucosa** da cavidade oral **não contém glândulas**. As **papilas mecânicas** da língua são queratinizadas no gato e no bovino. No bovino, as papilas cônicas posicionam-se direcionadas caudalmente, na região do palato duro, das bochechas e do recesso lateral sublingual. Essas papilas canalizam a ruminação ou bolo alimentar na direção caudal, permitindo que seja deglutido. Assim que um corpo estranho é apreendido, este é transportado do mesmo modo. Os bovinos não possuem dentes incisivos superiores ou dentes caninos, e sim uma **placa dentária** (**pulvino dentário**) coberta com mucosa queratinizada. Na superfície dorsal da língua do bovino,

1 = Ramo bucal dorsal (VII)
2 = Ramo bucal ventral (VII)
3 = Ducto parotídeo

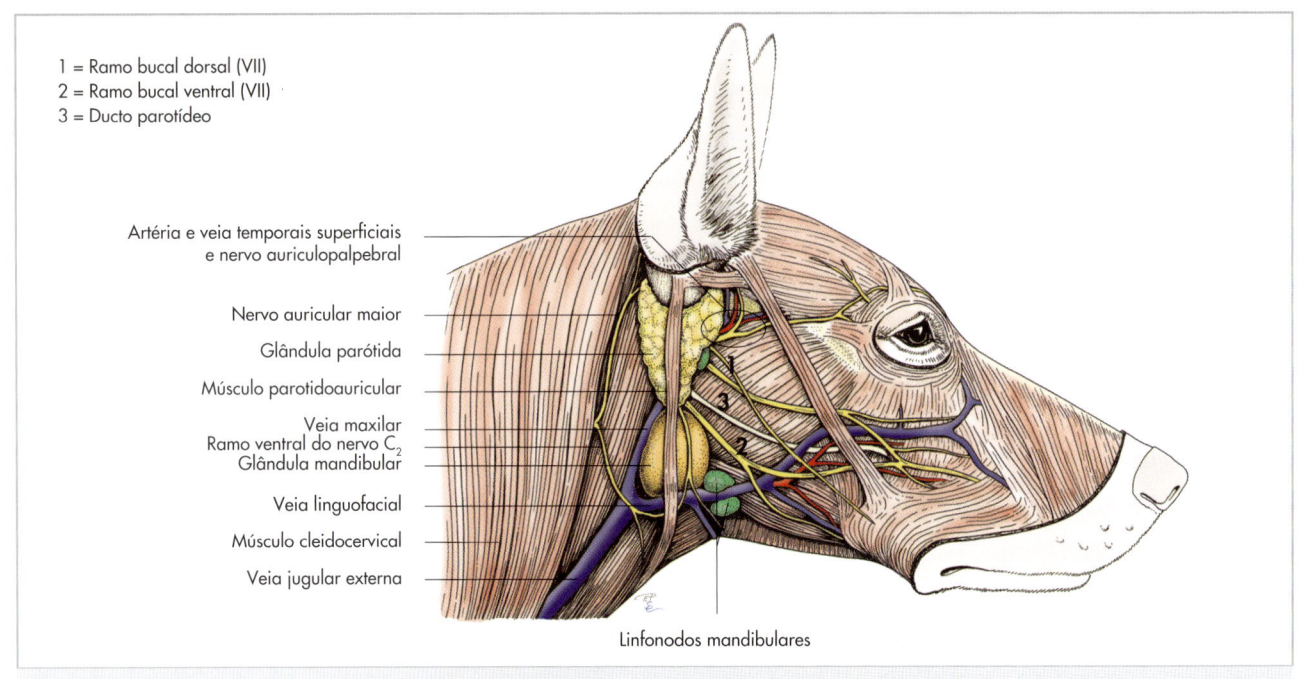

Artéria e veia temporais superficiais e nervo auriculopalpebral
Nervo auricular maior
Glândula parótida
Músculo parotidoauricular
Veia maxilar
Ramo ventral do nervo C_2
Glândula mandibular
Veia linguofacial
Músculo cleidocervical
Veia jugular externa
Linfonodos mandibulares

Fig. 20.6 Topografia dos órgãos e das estruturas superficiais da cabeça de um cão (representação esquemática).

existe uma proeminência dorsal, uma almofada elevada (toro da língua) com um sulco (fossa lingual), que também pode servir como uma porta de entrada para microrganismos.

No cão, a **pulsação** da artéria profunda da língua pode ser sentida na **parte inferior da ponta da língua**. Isso representa uma forma alternativa de aferir o pulso, como, por exemplo, durante a cirurgia, quando não se pode acessar a parte interna da perna. Quando uma injeção intravenosa não é possível no cão ou no gato devido ao colapso venoso, o fármaco pode ser injetado na língua, graças à sua intensa vascularização. Por meio desse método, a concentração eficaz do fármaco no sangue é alcançada mais rapidamente do que mediante qualquer outra via de aplicação.

Os ductos da **glândula salivar mandibular** e da **glândula salivar sublingual monostomática** situam-se no assoalho da metade rostral da cavidade oral, na altura da carúncula sublingual (exceto no equino). Em cães, os ductos dessas glândulas podem ser obstruídos, o que causa um crescimento cístico ou na cavidade oral (**rânula**), ou na região cervical (**mucoceles**). Nesse caso, faz-se necessário remover cirurgicamente as duas glândulas salivares. A glândula salivar mandibular se posiciona em um ângulo formado pela confluência da veia maxilar com a veia linguofacial na **fossa retromandibular**. A glândula salivar sublingual monostomática situa-se imediatamente rostral à glândula salivar mandibular. Nas proximidades, situam-se os linfonodos mandibulares.

Dentes

A **idade de um animal** pode, com frequência, ser estimada pelo **exame dos dentes**. Enquanto o animal ainda é relativamente jovem, os dentes decíduos são perdidos e substituídos por dentes permanentes. Como o desgaste nos dentes é contínuo, a altura e a forma do dente são proporcionais à idade. Os dentes incisivos inferiores são utilizados de forma rotineira para estimar a idade em equinos. No bovino, a perda dos dentes decíduos e a presença de dentes permanentes são utilizadas para estimar a idade (para mais informações, consultar Capítulo 8, "Sistema digestório", p. 327).

No equino e no bovino, o **espaço interdental** (diastema) é uma área sem dentes entre os dentes incisivos e os pré-molares. Por meio desse espaço, é possível alcançar a cavidade oral para agarrar a língua. Isso obriga o animal a abrir a boca, possibilitando o exame da cavidade oral.

A remoção de um dente molar superior doente é possível somente por meio de trepanação da maxila sobre o molar. O acesso a esse dente específico é alcançado pela abertura da trepanação, em que o dente é empurrado em direção à cavidade oral e, finalmente, extraído.

Os dentes caninos em cães, tanto superiores quanto inferiores, possuem raízes longas que alcançam uma grande distância caudal, sob as raízes dos primeiros dois dentes pré-molares. Uma radiografia dos dentes caninos no cão pode servir para estimar a sua idade. A dentina é constantemente adicionada às paredes internas da cavidade pulpar durante toda a vida do indivíduo. A cavidade pulpar se estreita progressivamente com o avançar da idade, e a largura desse canal pode ser medida em radiografias.

O dente carniceiro superior (P4) é clinicamente importante por apresentar três raízes. Esse fato deve ser levado em consideração quando da sua extração. Ele também sofre lesões com facilidade, como, por exemplo, quando o animal rói ossos resistentes. Podem ocorrer fissuras dentárias que provocam inflamação, podendo causar a formação de granulomas na raiz. O granuloma pode formar uma fístula, que drena para a região infraorbital.

Cavidade nasal e seios paranasais

O canal lacrimonasal (*canalis nasolacrimalis*) se abre no **assoalho do vestíbulo nasal** (*vestibulum nasi*). A abertura é visível, principalmente no equino, na transição entre a pele e a mucosa. A conjuntiva pode ser alcançada pela irrigação desse canal (consulte, também, o Capítulo 17, "Olho", p. 597). O vestíbulo nasal continua dorsalmente para formar o divertículo nasal no equino. Ao se inserir um tubo nasofaríngeo, é importante evitar a entrada no divertículo. Para tanto, insere-se um tubo nasofaríngeo através do **meato nasal ventral** (*meatus nasi ventralis*), avançando-o lentamente na direção caudal. O laringoscópio também é inserido através do meato nasal ventral para permitir a visualização da faringe e do divertículo da tuba auditiva (bolsa gutural). A distância externa medida desde a narina até o canto lateral do olho é aproximadamente a mesma da abertura da narina até o ponto na parte nasal da faringe (*pars nasalis pharyngis*), onde se situa a **abertura faríngea da tuba auditiva**. A abertura faríngea da tuba auditiva é recoberta na face medial por uma lâmina de cartilagem com uma camada de mucosa. Essa lâmina esconde a extremidade da tuba auditiva, a qual se abre ventralmente.

A passagem nasal dorsal é estreita e termina na mucosa olfatória, recebendo a denominação de meato nasal dorsal. A mucosa olfatória e a mucosa respiratória, que reveste a cavidade nasal remanescente, são intensamente vascularizadas. Procedimentos cirúrgicos nessa região são acompanhados por hemorragia excessiva.

Os seios paranasais se abrem no **meato nasal médio**, o qual também recebe a denominação de **meato sinusal**. Essas aberturas não podem ser aproveitadas clinicamente na medicina veterinária, como ocorre na medicina humana. Em animais, as aberturas para os seios paranasais não são acessíveis desde a passagem sinusal. O acesso aos seios paranasais se dá por **trepanação**. No equino, o seio maxilar é separado em dois compartimentos por um septo ósseo, os quais são acessíveis quando a abertura da trepanação se localiza diretamente acima dessa parede. A localização do septo pode ser encontrada aproximadamente no ponto médio de uma linha que conecta o ângulo medial à extremidade rostral da crista facial na região infraorbital.

Os dentes **pré-molares** e **molares** do equino não podem ser extraídos por dentro da cavidade oral, exceto quando já estão frouxos. Esses dentes devem ser extraídos pelas raízes, as quais só podem ser alcançadas pelo **seio maxilar**.

No bovino, o **seio frontal** tem um papel importante clinicamente, pois é contínuo com o seio cornual. Esse fato não deve ser esquecido ao se fazer a descorna (▶Fig. 20.3 e ▶Fig. 20.4). O seio frontal do equino está conectado ao seio do turbinado dorsal, formando o **seio conchal frontal**. Uma linha desde o ângulo lateral até a linha mediana da cabeça indica a localização desse seio, e a trepanação deve ocorrer no ponto médio dessa linha. O meio de uma linha semelhante, porém com início no canto medial, indica o ponto de trepanação para se acessar o **seio conchal dorsal**.

A melhor via para a administração de fármacos para o tratamento de enfermidades dos seios nasais é a aplicação local, já que a mucosa dos seios nasais, ao contrário das mucosas respiratória e olfatória, é pouco vascularizada. A aplicação intravenosa ou intramuscular de fármacos é ineficaz, pois não se pode obter uma concentração elevada da substância ativa pela via sanguínea no local enfermo. No equino, pode ocorrer carcinoma de célula escamosa nos seios mandibulares, nos seios nasais, na faringe e no divertículo da tuba auditiva. Tumores dessa natureza podem ser diagnosticados por meio de imagens em corte transversal de uma tomografia computadorizada (TC) ou ressonância magnética (RM), bem como por exame endoscópico. Embora sejam raros, podem ocorrer hemangioendoteliomas nos seios maxilares.

Radiograficamente, há limitações para o exame da cabeça, pois efeitos cumulativos ou sobreposição de estruturas anatômicas

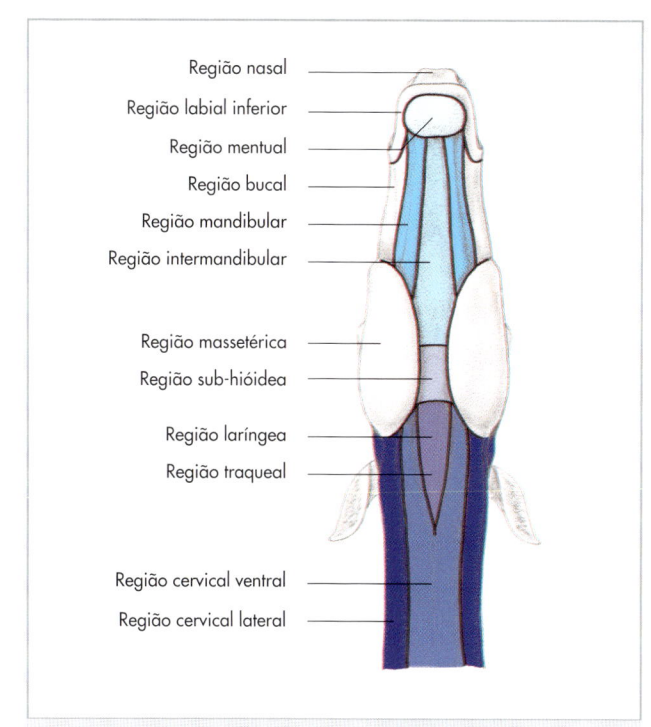

Fig. 20.7 Regiões da cabeça e do pescoço de um equino (representação esquemática, vista ventral).

densas complicam a identificação da cavidade nasal e dos seios paranasais. Em radiografias convencionais, a diferenciação das diversas estruturas é de difícil obtenção, devido aos efeitos cumulativos. O uso de novas técnicas de imagens tomográficas, como TC e RM, possibilita um exame detalhado e uma avaliação diagnóstica das estruturas da cabeça. As imagens tomográficas permitem uma identificação precisa da localização, da extensão e do tamanho da cavidade nasal, dos seios paranasais e de suas aberturas associadas.

Faringe

No equino, os **óstios das tubas auditivas esquerda e direita** (*ostium pharyngeum tubae auditivae*) situam-se na parte nasal da faringe. Essas aberturas são clinicamente importantes, pois permitem o acesso ao divertículo da tuba auditiva (*diverticulum tubae auditivae*). Insere-se o endoscópio através do meato nasal ventral (*meatus nasi ventralis*) até se atingir a faringe. Na parede da faringe, as aberturas para as bolsas guturais esquerda e direita são fendas diagonais caudoventrais. O endoscópio pode ser inserido através dessas aberturas, e o divertículo da tuba auditiva pode ser examinado e lavado.

Em cães, a **tonsila palatina** (*tonsilla palatina*) situa-se no arco palatoglosso, na parte oral da faringe. Ela encontra-se inserida em uma cavidade mucosa situada na parede da faringe, entre a raiz da língua e o palato mole. O lado medial da tonsila palatina é escondido por uma prega da membrana mucosa (*plica semilunaris*). O assoalho dessa cavidade contém tecido linforreticular. Doenças crônicas das tonsilas indicam a necessidade de uma tonsilectomia. As tonsilas são vascularizadas por duas artérias pequenas, as artérias tonsilares caudal e rostral, ambas com origem na artéria lingual.

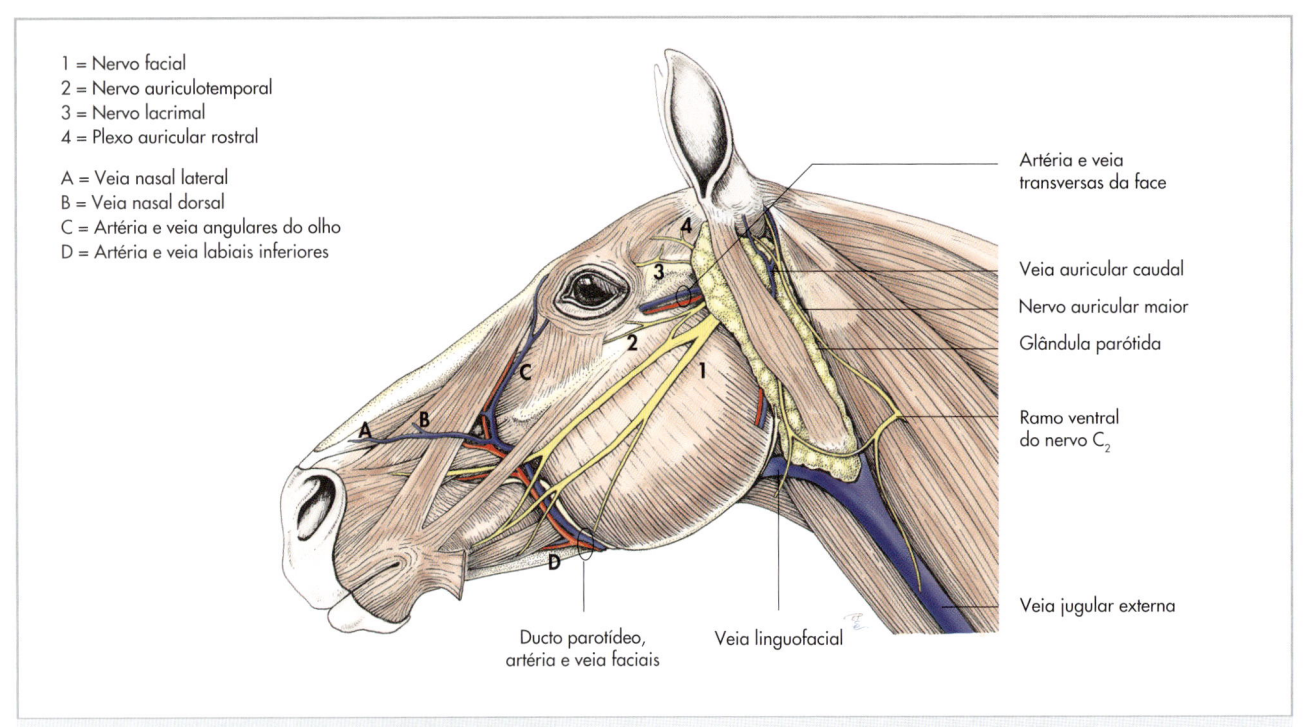

1 = Nervo facial
2 = Nervo auriculotemporal
3 = Nervo lacrimal
4 = Plexo auricular rostral

A = Veia nasal lateral
B = Veia nasal dorsal
C = Artéria e veia angulares do olho
D = Artéria e veia labiais inferiores

Artéria e veia transversas da face
Veia auricular caudal
Nervo auricular maior
Glândula parótida
Ramo ventral do nervo C₂
Veia jugular externa
Veia linguofacial
Ducto parotídeo, artéria e veia faciais

Fig. 20.8   Topografia dos órgãos e das estruturas superficiais da cabeça de um equino (representação esquemática).

Laringe

O conhecimento da laringe do equino é clinicamente importante no caso de suspeita de **hemiplegia laríngea** ou "**ronqueira**" (*hemiplegia laryngis*). Os dois ventrículos laríngeos laterais (*ventriculus laryngis lateralis*) situam-se nos dois lados da rima da glote (*rima glottidis*). Essa invaginação no lado afetado é removida durante a cirurgia padrão para hemiplegia laríngea. O exame laringoscópio de um equino com essa enfermidade revela uma deficiência no movimento laríngeo durante a inspiração, quando normalmente a rima da glote se expande.

No caso de hemiplegia laríngea, observa-se uma paralisia do lado esquerdo, causada frequentemente pela perda funcional do nervo laríngeo caudal ou recorrente esquerdo. Esse nervo representa o axônio mais longo do corpo no equino e em outros animais com pescoços longos. Em um equino de porte mediano, ele mede cerca de 230 cm no lado esquerdo, ao passo que o nervo laríngeo caudal ou recorrente direito mede apenas aproximadamente 160 cm.

O nervo esquerdo curva-se ao redor do arco aórtico e retorna para a laringe primeiro cranialmente, pelo mediastino médio, então pelo mediastino cranial e, finalmente, pela extensão da traqueia, inserido na túnica adventícia. O nervo laríngeo caudal ou recorrente direito curva-se, contornando o tronco costocervical arterial, o qual situa-se cranialmente próximo ao arco aórtico.

A dificuldade de se determinar a causa de uma hemiplegia esquerda da laringe no equino levou patologistas a utilizarem a expressão "axonopatia distal". Os dois nervos laríngeos recorrentes inervam a musculatura laríngea, como o **músculo cricoaritenóideo dorsal**, o **dilatador mais forte** da laringe. O corpo celular neuronal do nervo laríngeo caudal situa-se no núcleo ambíguo da medula oblonga (bulbo). Lesões centrais a esse núcleo, como, por exemplo, por encefalite protozoária, podem causar a paralisia do nervo laríngeo (dispneia inspiratória).

Os axônios deixam a medula oblonga na raiz cranial do nervo acessório e unem-se ao nervo vago. Então, eles deixam o crânio através da metade caudal do forame lacerado, que corresponde ao forame jugular nos outros animais domésticos. O segmento do nervo laríngeo recorrente ou caudal próximo ao espaço retrofaríngeo pode ser afetado por uma doença do divertículo da tuba auditiva (p. ex., aspergilose) ou por abscessos nos linfonodos retrofaríngeos.

O segmento cervical do nervo vago pode ser lesionado em casos raros por processos semelhantes a tumores no pescoço, os quais também podem acarretar hemiplegia da laringe. A parte do nervo laríngeo recorrente ou caudal que se curva ao redor do arco aórtico entra em contato com o pulso. Lesões nesse nervo podem ocorrer devido a uma pleurite ou a edema de linfonodos no hilo pulmonar.

O **aumento da glândula tireoide** ou **procedimentos cirúrgicos** (também em humanos) nesse órgão ou em sua proximidade podem colocar em risco a parte retrógrada do nervo laríngeo recorrente ou caudal, que corre sobre a margem dorsal da glândula tireoide. Por fim, neurotoxina botulínica ou miastenia grave também podem afetar a placa motora do músculo cricoaritenóideo dorsal, o que pode resultar em hemiplegia laríngea no equino.

O conhecimento das cavidades laríngeas nos outros animais domésticos é importante para a colocação correta do tubo endotraqueal para a anestesia por inalação.

1 = Nervo lingual
2 = Nervo facial

A = Artéria carótida comum
B = Artéria temporal superficial
C = Seio venoso bucal
D = Seio venoso facial profundo
E = Veia nasal lateral

Artéria e veia transversais da face
Nervo auricular maior
Nervo glossofaríngeo
Gânglio cervical cranial
Artéria occipital
Nervo hipoglosso
Nervo acessório
Nervo, veia e artéria alveolares inferiores
Veia maxilar
Tronco vagossimpático
Ramo ventral do nervo C_2
Glândula tireoide

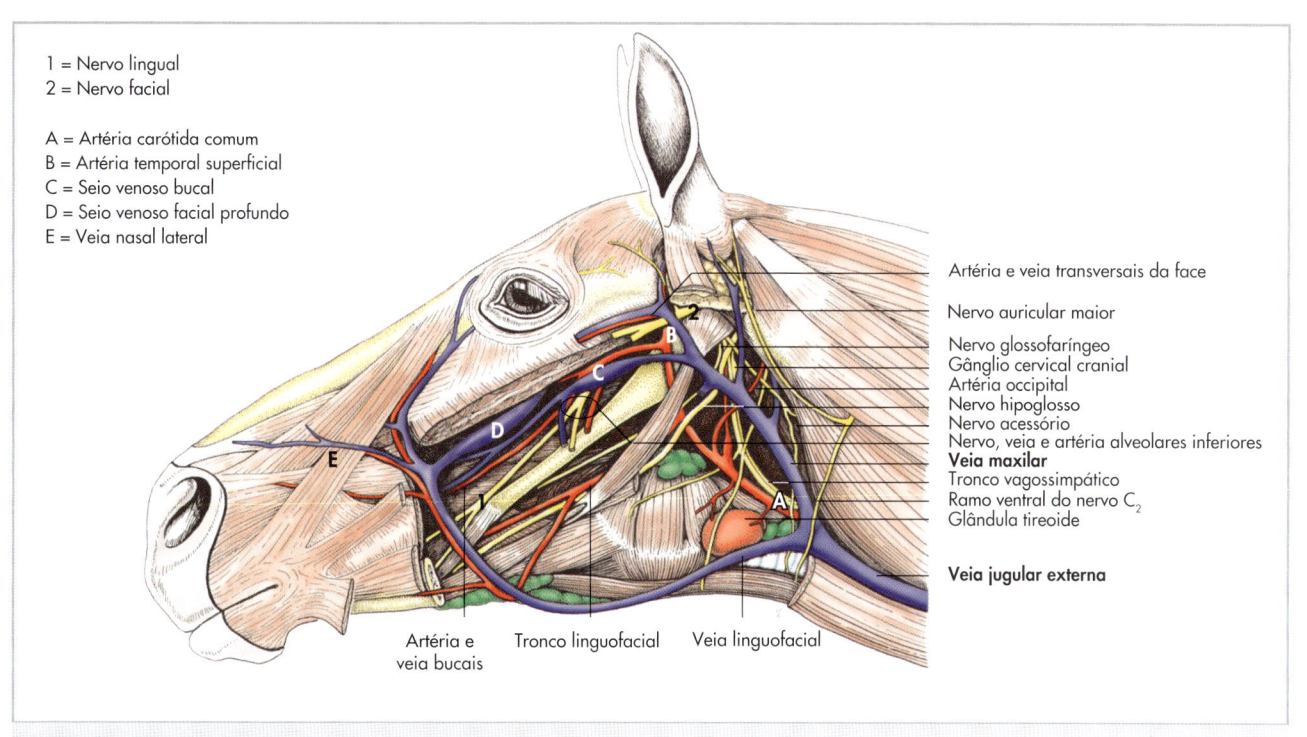

Veia jugular externa

Artéria e veia bucais   Tronco linguofacial   Veia linguofacial

Fig. 20.9 Topografia dos órgãos e das estruturas profundas da cabeça de um equino (representação esquemática).

Nervos cranianos

Dos **12 nervos cranianos**, o **nervo trigêmeo** (V) e o **nervo facial** (VII) são os que apresentam maior significado clínico (▶Fig. 20.9).

Nota

O **entendimento funcional** e o **exame neurológico** ajudam a categorizar os 12 pares de nervos cranianos em **grupos**:
- **nervos unicamente sensoriais**: pares de nervos I (nervo olfatório), II (nervo óptico) e VIII (nervo vestibulococlear, nervo da audição e do equilíbrio);
- **fibras principalmente motoras**: pares de nervos III (nervo oculomotor), IV (nervo troclear), VI (nervo abducente) e XI (nervo acessório);
- **nervos dos músculos oculares**: pares de nervos III, IV e VI;
- **grupo vagal**: pares de nervos IX, (nervo glossofaríngeo), X (nervo vago) e XI (nervo acessório), os quais deixam o crânio em conjunto através do forame jugular;
- **XII par de nervos cranianos** (nervo hipoglosso): inerva sozinho a musculatura da língua e, do ponto de vista evolutivo, é o primeiro nervo cervical.

O nervo trigêmeo é o maior nervo craniano sensorial. Seu primeiro ramo, o **nervo oftálmico** (V_1), inerva o bulbo do olho, as pálpebras, o seio frontal e a área caudal da mucosa nasal. O bloqueio anestésico desse nervo é realizado no nível da fissura orbital.

A punção se completa na margem caudal da órbita, em uma direção caudoventral e medial até a fissura orbital, no assoalho da órbita.

Esse método é controverso, pois pode acarretar sangramento retrobulbar.

O segundo ramo, o **nervo maxilar** (V_2), é semelhante ao nervo oftálmico, pelo fato de conter principalmente fibras sensoriais. Ele inerva o lábio superior, o nariz, a mucosa nasal, os palatos duro e mole, bem como os dentes do arco dental dorsal. O ramo principal do nervo maxilar torna-se o nervo infraorbital quando deixa o crânio através do forame infraorbital, onde pode ser anestesiado.

Uma linha imaginária conectando a incisura nasoincisiva com o início da crista facial ajuda a localizar o forame infraorbital no equino. O forame posiciona-se na largura de um dedo em direção ao olho, a partir do ponto médio dessa linha.

Dependendo da quantidade de anestésico, os dentes molares da maxila ficam mais ou menos anestesiados. Um instrumento conhecido como **cachimbo**, aplicado no lábio superior (região inervada pelo nervo infraorbital), é utilizado para a contenção em equinos (dor aguda, endorfinas, distração dos procedimentos veterinários). No cão, o forame infraorbital localiza-se na largura de um dedo dorsalmente ao P3 ou ao P3 e P4 (P4 = dente carniceiro). Um bloqueio do nervo infraorbital pode ser realizado em cães antes da extração dentária quando o risco de uma anestesia geral é muito alto, devido à idade avançada ou à obesidade.

O **nervo mandibular** (V_3) é o único ramo do nervo trigêmeo que não é composto apenas de fibras sensoriais, contando também com fibras motoras. As fibras motoras inervam os músculos da mastigação. Já as fibras sensoriais inervam a orelha externa e toda a área da cabeça ventral até uma linha entre a comissura labial e o arco zigomático. O nervo mandibular também inerva os dentes da mandíbula e os dois terços rostrais da língua. No cão, uma lesão do nervo mandibular resulta em "paralisia facial mastigatória". Nesses casos, a língua também costuma ficar paralisada (paralisia adicional do nervo hipoglosso, XII). A lesão de cada nervo mandibular nos dois lados da face resulta em queda da mandíbula. Esse sintoma

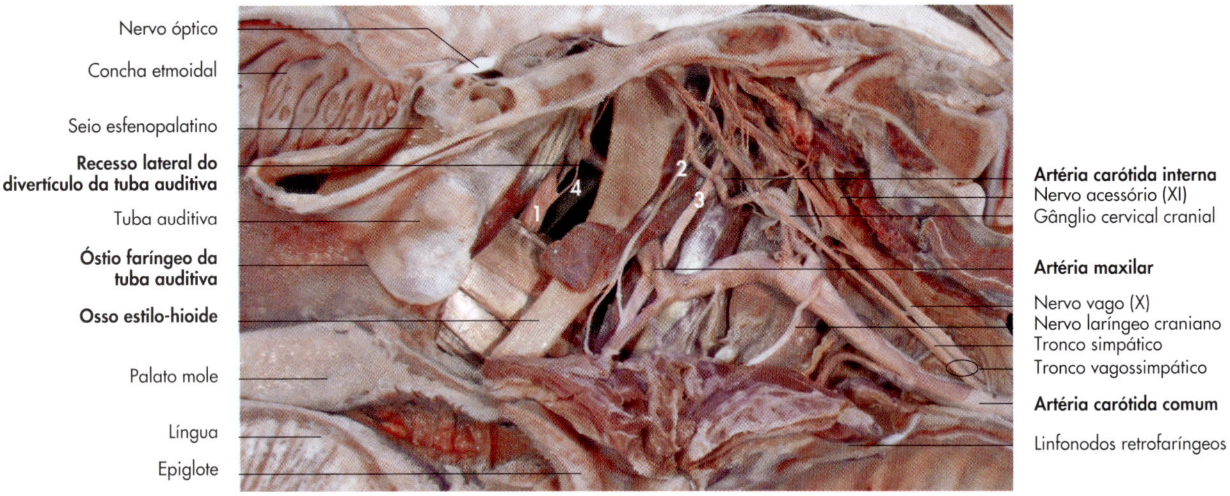

Fig. 20.10 Topografia da bolsa gutural direita (1, nervo mandibular [V₃], 2, nervo glossofaríngeo [IX], 3, nervo hipoglosso [XII], 4, corda do tímpano). (Fonte: cortesia do Dr. R. Macher, Viena.)

pode resultar de uma neurite transitória do nervo trigêmeo, porém também pode indicar uma infecção pelo vírus da raiva.

O **nervo alveolar inferior** pode ser bloqueado para tratamento dentário. Para o tratamento dos dentes incisivos, o bloqueio do nervo é aplicado no **forame mentual**, onde o nervo alveolar inferior deixa a mandíbula. No equino, o forame mentual é localizado na largura de dois dedos, ventral à comissura labial. No cão, o forame maior pode ser encontrado ou sob o P1 ou entre o P1 e o P2, no ponto médio no corpo da mandíbula. A agulha de punção pode ser inserida externamente através da pele, ou, então, através da mucosa do vestíbulo oral, já que o primeiro procedimento é doloroso.

O **forame da mandíbula**, encontrado na face medial do ramo mandibular, é o local de escolha para a punção quando se faz necessário um bloqueio total do nervo alveolar inferior. Ele localiza-se no centro de uma linha traçada entre a incisura dos vasos faciais e o processo condilar da mandíbula. A agulha é inserida na região intermandibular e medial à mandíbula, na altura de uma linha vertical, que se origina do canto lateral do olho. A agulha é inserida em uma profundidade de aproximadamente 9 a 14 cm, dependendo do tamanho do equino. No cão, a anestesia do nervo alveolar inferior é aplicada na cavidade oral. O forame da mandíbula encontra-se a aproximadamente 2 cm no sentido caudal ao último molar (M3) da mandíbula.

Assim como o nervo trigêmeo, o **nervo facial (VII)** também é um nervo misto. No entanto, há mais fibras motoras inervando a musculatura facial (músculos mímicos). O nervo facial também é importante para a ingestão de alimentos, já que inerva os músculos responsáveis pela abertura da mandíbula: o ventre caudal do músculo digástrico e seu ramo, no equino, o potente músculo occipitomandibular. Ao inervar o músculo bucal, o nervo facial garante que o alimento no vestíbulo oral seja empurrado para as superfícies de oclusão dos dentes pré-molares e molares. Além disso, os lábios podem ser fechados com força pelo músculo orbicular da boca.

O **núcleo motor do nervo facial** situa-se na metade cranial da medula oblonga. Essas fibras formam uma **alça interna** no sistema nervoso central (SNC), correndo primeiramente no sentido dorsal e, então, curvando-se ao redor do núcleo do nervo abducente (VI) e prosseguindo novamente na direção ventral. Essa alça não contém as fibras parassimpáticas pré-ganglionares. Essas fibras correm independente e diretamente ao local de saída do nervo facial, o qual aparece lateralmente ao corpo trapezoide da medula oblonga.

A alça interna do nervo facial é importante clinicamente. Os processos patológicos nessa área do SNC prejudicam o tronco do nervo facial. Nesse caso, ocorre uma **paralisia central do nervo facial**, chamada de diplegia central, em que, como o nome indica, os nervos faciais direito e esquerdo são afetados (p. ex., por abscessos, tumores, raiva). Após deixar a medula oblonga, o nervo facial penetra a parte petrosa do osso temporal. Nesse osso, ele corre próximo aos níveis superiores da orelha média (epitímpano) e forma uma segunda alça externa, chamada de joelho do nervo facial.

Nesse local, o nervo se alarga e constitui o gânglio sensorial do nervo facial, o **gânglio geniculado**.

Quase toda a extensão do nervo facial no osso temporal petroso corre próximo à cavidade timpânica. Essas estruturas são separadas apenas pela mucosa da cavidade timpânica. Aqui, as fibras parassimpáticas se ramificam do nervo facial, formando a **corda do tímpano** e o **nervo petroso maior**.

As infecções da orelha interna podem afetar o nervo facial, devido à proximidade das duas estruturas. Isso pode resultar em paralisia periférica do nervo facial (monoplegia), em que o pavilhão auricular, a pálpebra (excluindo o elevador da pálpebra superior), o nariz e os lábios são afetados unilateralmente. Os humanos que sofrem de uma paralisia periférica do nervo facial exibem aumento de sensibilidade a ruídos (hiperacusia), que pode ser atribuído ao prejuízo da ação do músculo estapédio. Esse músculo atenua a condução de som por meio dos ossículos da audição e é inervado pelo nervo facial. Em cães e gatos, uma otite média pode afetar as fibras simpáticas que percorrem a orelha média (plexo timpânico), o que resulta na síndrome de Horner, que se caracteriza por miose (pupilas contraídas), entre outros sintomas.

O nervo facial sai da parte timpânica do osso temporal através do **forame estilomastóideo**. Aqui, as fibras se ramificam para

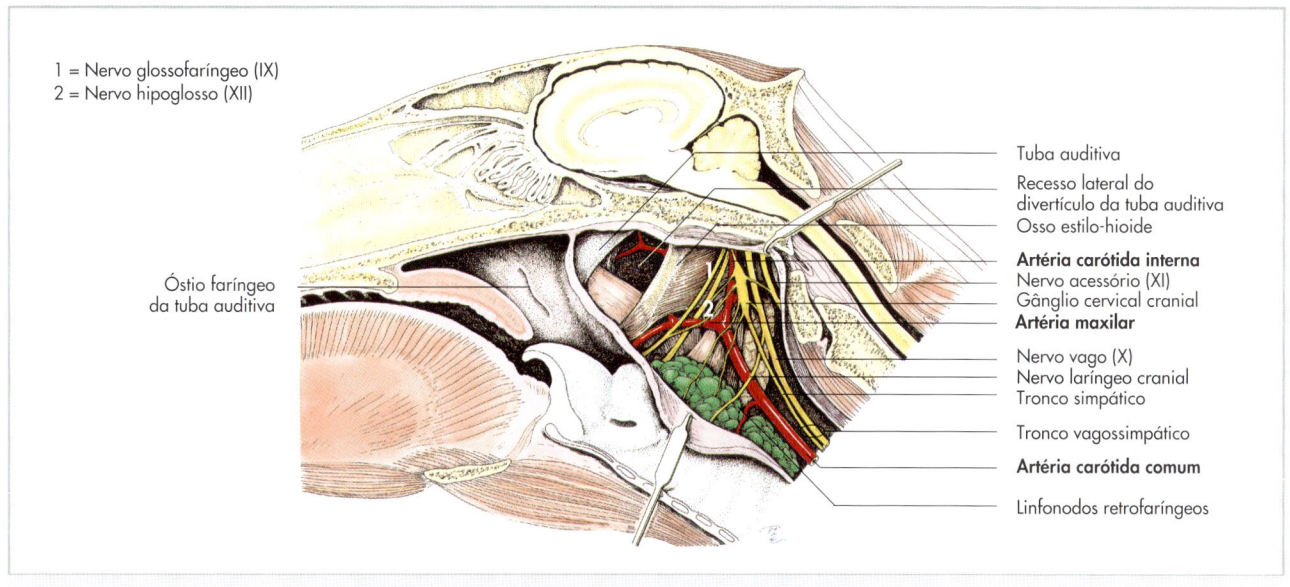

Fig. 20.11 Topografia da bolsa gutural direita (representação esquemática, secção paramediana).

1 = Nervo glossofaríngeo (IX)
2 = Nervo hipoglosso (XII)

Óstio faríngeo da tuba auditiva

Tuba auditiva
Recesso lateral do divertículo da tuba auditiva
Osso estilo-hioide
Artéria carótida interna
Nervo acessório (XI)
Gânglio cervical cranial
Artéria maxilar
Nervo vago (X)
Nervo laríngeo cranial
Tronco simpático
Tronco vagossimpático
Artéria carótida comum
Linfonodos retrofaríngeos

---

inervar os músculos da orelha e das pálpebras. No equino, essa parte do nervo facial está em contato próximo com o divertículo da tuba auditiva. A seguir, o nervo cruza a região massetérica caudal, correndo subcutaneamente sobre o músculo masseter. Nessa região, os ramos do nervo facial formam o **plexo bucal**, o qual é visível durante a mastigação em equinos com pele delgada. O plexo bucal inerva os músculos dos lábios e o nariz.

No equino, essa parte do nervo facial pode ser lesionada por pressão excessiva exercida por um cabresto apertado. Uma paralisia iatrogênica do nervo facial ocorre quando um equino deve permanecer em decúbito lateral por muito tempo, como, por exemplo, durante a anestesia. Nesse caso, a paralisia ocorre de forma unilateral e afeta apenas os músculos dos lábios e do nariz.

Uma **paralisia do nervo facial** dessa natureza é reconhecida pela contorção aparente do lado saudável da face, devido ao tônus muscular contralateral que permanece.

Divertículo da tuba auditiva do equino

A **tuba auditiva** se abre na cavidade timpânica na **abertura timpânica da tuba auditiva** (*ostium tympanicum tubae auditivae*). O osso que forma a margem óssea dessa abertura também envolve a parte óssea curta da tuba auditiva (*pars ossea tubae auditivae*) e continua rostralmente pela parte cartilaginosa (*pars cartilaginea tubae auditivae*), que mede de 10 a 15 cm de comprimento.

A **cartilagem da tuba auditiva** (*cartilago tubae auditivae*), em forma de goteira, consiste em lâminas unidas dorsalmente (lâminas lateral e medial). A mucosa respiratória ciliada da tuba auditiva estende-se do aspecto caudoventral aberto da calha cartilaginosa para formar o **divertículo da tuba auditiva** amplo (bolsa gutural). O divertículo da tuba auditiva é **exclusivo dos equídeos** (▶Fig. 20.10, ▶Fig. 20.11 e ▶Fig. 20.12) (consultar também o Capítulo 18, "Órgão vestibulococlear", p. 619, e o Capítulo 20, "Anatomia clínica e topográfica", seção Região parotídea, p. 700).

O **divertículo da tuba auditiva** se forma a partir da cartilagem das tubas auditivas, cuja parte ventral permanece aberta através de uma fissura oblíqua. A mucosa das tubas auditivas que recobre essa fissura se expande para formar um saco de terminação cega. A capacidade do divertículo é de aproximadamente 500 ml.

A **cartilagem da tuba auditiva** está inserida na base do crânio. Ao longo de seu curso direcionado rostralmente, a lâmina lateral diminui gradualmente, ao passo que a lâmina medial aumenta em altura. Na **abertura faríngea da tuba auditiva** (*ostium pharyngeum tubae auditivae*), a lâmina medial forma uma placa cartilaginosa flexível ou válvula (*valva tubae auditivae*). A abertura dessa válvula durante a deglutição permite a equalização da pressão. A válvula deve ser movida para o lado durante a **cateterização da bolsa gutural**.

Em vários lugares, a mucosa da bolsa gutural é projetada em numerosas dobras microscópicas de alturas variadas. Os canais e as bolsas entre essas dobras se ramificam dentro da mucosa, formando espaços nos quais o *Aspergillus* e **outros micróbios podem proliferar** e causar doenças.

Na região dorsal entre os dois divertículos das tubas auditivas, estão situados o músculo longo da cabeça e o músculo reto ventral da cabeça. Na região ventral, as mucosas das duas bolsas se encontram, estando separadas apenas por tecido conjuntivo. Cada divertículo situa-se frouxamente sobre o osso estilo-hioide, que divide parcialmente cada um deles em um **recesso medial maior** e um **recesso lateral menor**. Em contato próximo com as bolsas guturais, estão os linfonodos retrofaríngeos. A formação de abcessos nos linfonodos pode afetar os divertículos (p. ex., em equinos jovens durante a infecção com *Streptococcus equi*, o agente causador de enfermidades sufocantes).

O divertículo da tuba auditiva está em contato com vários tratos craniais importantes. Próximo à margem caudal do recesso medial, a **artéria carótida comum** se ramifica na artéria carótida externa, na artéria occipital e na artéria carótida interna. A artéria carótida interna segue a parede caudal do divertículo da tuba auditiva em sua trajetória em direção à base do crânio. O **nervo vago (X)** corre

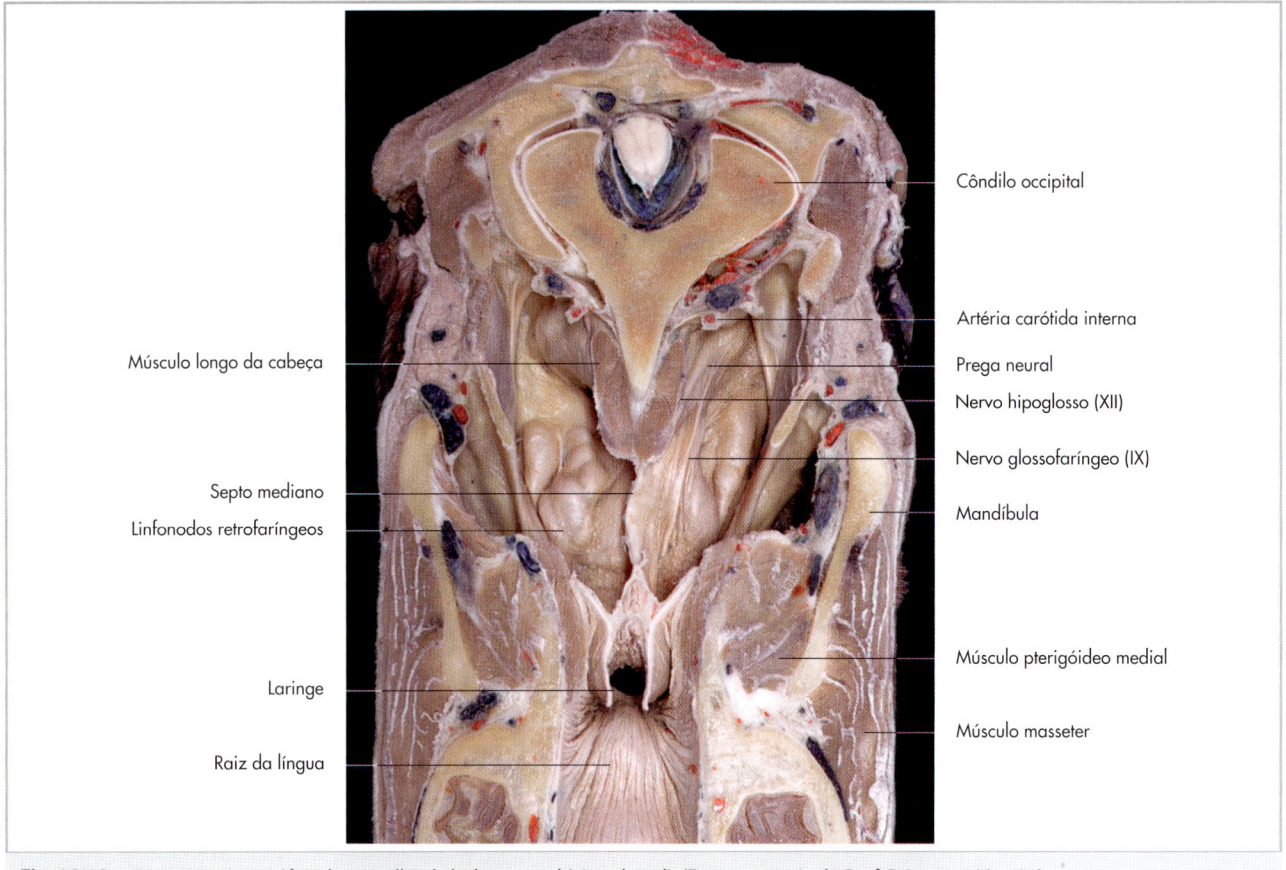

Fig. 20.12 Anatomia topográfica do assoalho da bolsa gutural (vista dorsal). (Fonte: cortesia do Prof. R. Latorre, Murcia.)

paralelo à artéria carótida interna. Rostral ao nervo vago, está o **gânglio cervical cranial** simpático fusiforme, que mede cerca de 2 cm de comprimento e prossegue em direção à cavidade craniana como o **nervo carotídeo interno**.

Juntas, as vias da **artéria carótida interna**, do **nervo vago** e do **gânglio cervical cranial** causam uma depressão na parede caudal do divertículo da tuba auditiva, a qual pode ser observada de dentro da bolsa como uma prega mucosa. Nesse local, também estão o **nervo hipoglosso (XII)** e o **nervo glossofaríngeo (IX)**. Essas duas estruturas correm em uma direção rostroventral na extensão da parede ventral do recesso medial e são visíveis como uma prega durante o exame endoscópico do divertículo da tuba auditiva.

A **artéria carótida externa** e sua continuação, a **artéria maxilar**, correm na extensão da parede do recesso lateral do divertículo da tuba auditiva. A pulsação de ambas as artérias – carótida externa e maxilar – pode ser observada a partir do lúmen do divertículo da tuba auditiva. Das doenças do divertículo da tuba auditiva, destaca-se a aspergilose, que pode provocar erosões nas artérias, causando uma hemorragia fatal, caracterizada por epistaxe grave. O processo da doença também pode afetar o nervo. Uma paralisia iatrogênica do nervo hipoglosso é possível após um exame endoscópico mal executado.

O divertículo da tuba auditiva entra em contato com a articulação temporomandibular, o meato acústico externo e a articulação atlantoccipital (para obter mais informações, consultar o Capítulo 18, "Órgão vestibulococlear", p. 619). Essa topografia deve ser levada em consideração em enfermidades do divertículo da tuba auditiva.

O divertículo da tuba auditiva é acessível pelo **triângulo de Viborg**. Essa área é delimitada por um triângulo, formado pelo tendão do músculo esternomandibular, pela veia linguofacial e pelo ângulo da mandíbula na área ventral da região parotídea. O divertículo da tuba auditiva assume essa posição apenas quando se encontra preenchido com uma substância patológica, como pus, por exemplo, que o deixa pesado. Uma segunda incisão é necessária dorsalmente na fossa retromandibular entre a mandíbula e a asa do atlas, na altura do músculo occipito-hióideo, para permitir que o conteúdo patológico seja drenado. O uso de ultrassom possibilita a diferenciação de estruturas da região cervical cranial no equino.

Olho

O olho inclui o **bulbo do olho** (receptor de luz) e os **órgãos anexos do olho**, compostos pelo aparelho lacrimal, pela musculatura do olho e pelas pálpebras. O bulbo do olho consiste em três esferas dentro uma da outra (▶Fig. 20.13) A parte externa da **córnea** é a mais fácil de examinar e a mais acessível das três camadas. A túnica mucosa da córnea não é vascularizada, porém é intensamente **inervada** pelo **nervo oftálmico sensorial**. O **reflexo da córnea** segue as conexões das células sensoriais no núcleo trigêmeo, com o núcleo do nervo intermédio facial sobre a formação reticular na medula oblonga. O epitélio interno que reveste a câmara anterior

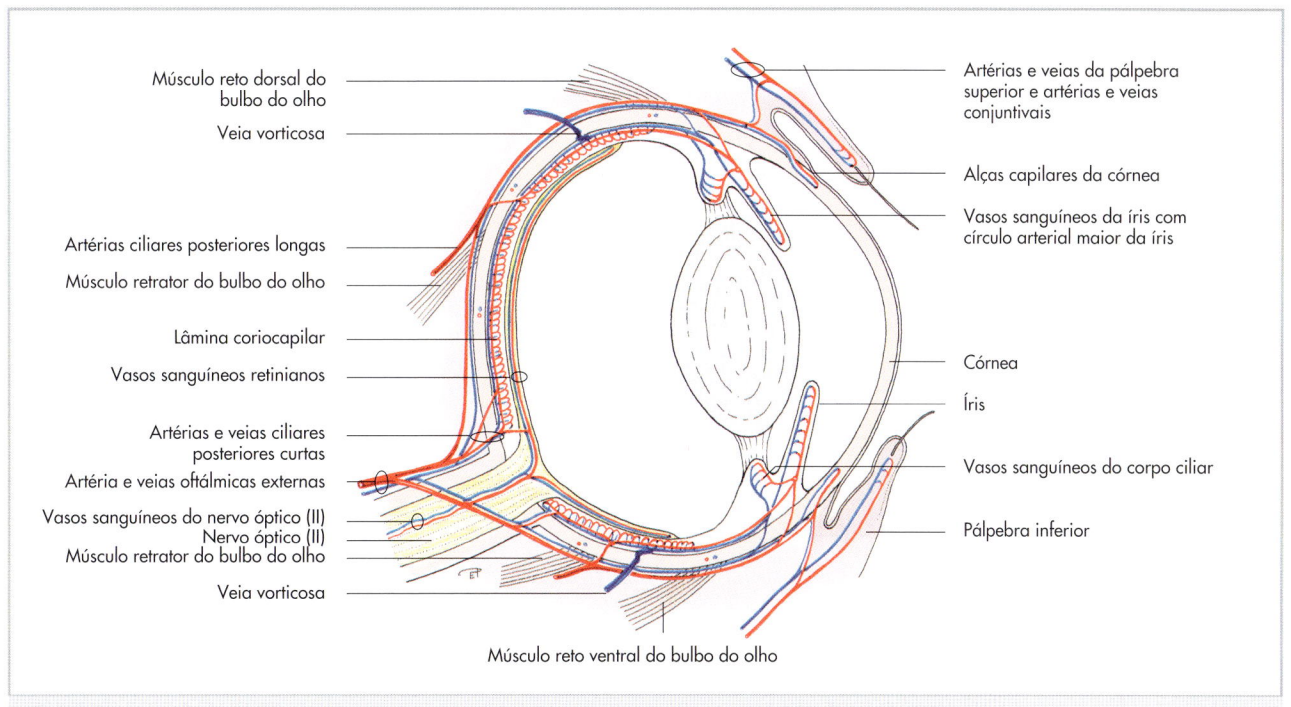

Fig. 20.13 Vasos sanguíneos do olho de um cão (representação esquemática, secção mediana).

do olho se posiciona sobre uma membrana basal (membrana de Descemet).

A profundidade das lesões na córnea deve ser estimada para avaliar o prognóstico. A penetração da córnea e da forte membrana basal perfura a câmara anterior do olho, causando a perda do humor aquoso. Trata-se de uma lesão grave que deve ser tratada imediatamente, do contrário, o bulbo do olho pode sofrer danos irreversíveis. A **irritação crônica da córnea** estimula o **crescimento de vasos sanguíneos** na própria córnea, o que pode acarretar opacidade permanente.

A **camada média** do bulbo do olho é a **úvea** (*tunica media bulbi*), e apenas a íris pode ser vista externamente. Uma camada refletora, o **tapete lúcido** (*tapetum lucidum*), reflete a luz direcionada ao olho no escuro em todos os animais domésticos, com exceção do suíno. O pigmento na íris determina a **cor dos olhos**.

Animais albinos não possuem pigmento na íris, que fica avermelhada devido à sua grande quantidade de vasos sanguíneos. A lente se fixa aos processos ciliares com a ajuda das fibras zonulares (fibras de Zinn). Tentativas de remoção da lente em preparações anatômicas sempre resultam no rompimento parcial dos processos ciliares.

A úvea não é apenas **altamente vascularizada**, mas também contém uma grande quantidade de pigmento que bloqueia a luz. O controle da entrada de luz que atinge essa camada se dá por meio da pupila. Quatro grandes veias, as veias vorticosas, passam pela úvea. Na altura do equador do bulbo, esses vasos deixam a parte proximal da úvea, a corioide, e irrompem pela túnica fibrosa ou esclera. Pressupõe-se que estreitamentos ao redor das **veias vorticosas** em seus pontos de saída acarretem indiretamente o **aumento da pressão** no bulbo do olho, o que contribui para o desenvolvimento de **glaucoma**. No entanto, não há pressão suficiente no bulbo do olho que possa resultar no descolamento da retina (*ablatio retinae*).

A **retina** pode ser visualizada no fundo do olho por meio de um oftalmoscópio, principalmente para exame dos vasos sanguíneos da retina e seus ramos (▶Fig. 17.37, ▶Fig. 17.38, ▶Fig. 17.39, ▶Fig. 17.40, ▶Fig. 17.41, ▶Fig. 17.42, ▶Fig. 17.43 e ▶Fig. 17.44). A artéria retiniana central, sempre presente em humanos, não existe nos mamíferos domésticos. O padrão criado pela ramificação das **arteríolas da retina** é característico da espécie.

Em contrapartida, a artéria da retina é substituída por vasos colaterais das artérias ciliares curtas, que formam um círculo vascular ao redor do disco do nervo óptico (*circulus vasculosus n. optici*).

A aparência enovelada das artérias do fundo indica pressão sanguínea elevada (hipertensão). Diabetes melito também causa alterações visíveis nos vasos retinianos. Por exemplo, os vasos parecem enovelados, e observa-se hemorragia. No cão, o diabetes melito pode levar à opacidade da lente (catarata diabética).

O **nervo óptico** não atravessa a órbita diretamente, porém forma um arco amplo em direção ao forame óptico. Essa via aumenta o comprimento do nervo e impede uma lesão excessiva no caso de exoftalmia induzida por trauma, permitindo que o olho seja recolocado na órbita. Esse procedimento não afeta a visão e evita a enucleação do olho.

A **conjuntiva** pode ser observada na face inferior das pálpebras e cobre as partes visíveis da esclera (branco). Em caso de doença, a conjuntiva pode mudar de aparência, o que fornece evidência de uma condição patológica. Pode-se identificar icterícia pela coloração amarelada da conjuntiva, assim como o seu avermelhamento pode indicar febre ou alergias. No caso de anemia ou choque, a conjuntiva fica pálida. Medicamentos para o olho podem ser administrados localmente no saco da conjuntiva.

A **membrana nictante**, ou terceira pálpebra, é sustentada por um centro cartilaginoso e contém pequenos nódulos linfáticos (*noduli lymphatici conjunctivales*). No cão, essas estruturas

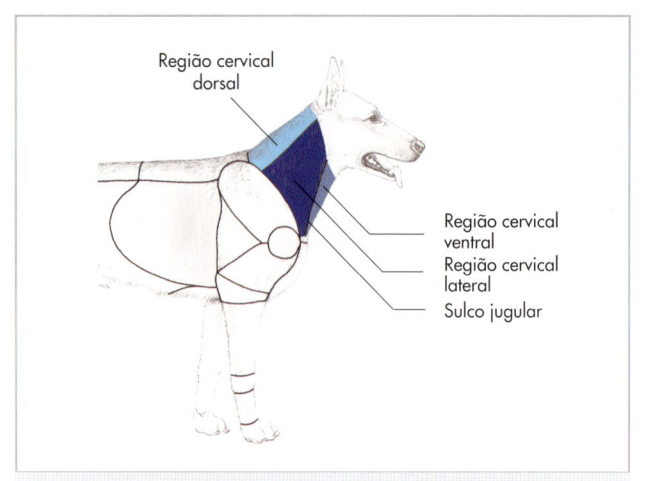

Fig. 20.14 Regiões do pescoço de um cão (representação esquemática, vista lateral).

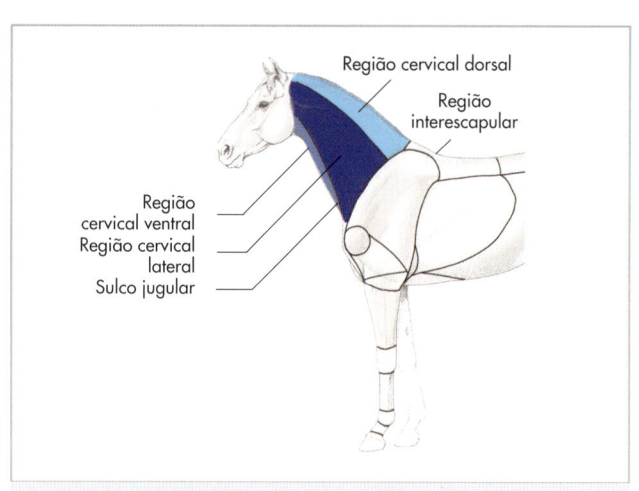

Fig. 20.15 Regiões do pescoço de um equino (representação esquemática, vista lateral).

linfáticas podem sofrer inflamação crônica, sendo necessária curetagem ou, em casos extremos, remoção cirúrgica da terceira pálpebra.

A **glândula lacrimal** situa-se sobre a parte dorsotemporal do globo. Secreções lacrimais produzem a lâmina lacrimal, a qual umedece a córnea e proporciona um meio para o transporte de nutrientes. Redução, funcionamento inadequado e interrupção da secreção lacrimal podem causar o ressecamento da córnea, ocasionando opacidade e, por fim, cegueira. Um procedimento cirúrgico, a transposição de ducto parotídeo, foi descrito em cães. Esse procedimento envolve a transferência da papila e do ducto parotídeo para o saco conjuntival, com a finalidade de fornecer lubrificação substituta na forma de secreção basal da glândula salivar parótida.

Se houver suspeitas de distúrbios retrobulbares, o uso de ultrassom (sonda de 10 MHz) e de TC e RM auxilia no diagnóstico dessas condições.

Orelha

A orelha é o órgão sensorial tanto para a **audição** quanto para o **equilíbrio**. A **orelha externa** é composta pelo pavilhão auricular e pelo canal auditivo. Ela separa-se da orelha interna por meio da membrana timpânica. A cartilagem proporciona uma sustentação interna para os **pavilhões** e influencia o seu formato. A delicada pele que cobre a cartilagem se fixa por meio de uma camada de tecido conjuntivo frouxo. Nessa camada, encontram-se os **vasos sanguíneos** que irrigam a cartilagem. Lesões a esses vasos fazem a pele se separar da cartilagem, causando um oto-hematoma de grande amplitude.

O canal auditivo (meato acústico) é composto por uma parte externa cartilaginosa e uma parte interna óssea. No cão e no gato, o meato acústico externo não conduz diretamente à membrana timpânica; ele faz uma curva aguda, semelhante ao ângulo de um taco de hóquei. Esse fato é importante não apenas para a inserção de um otoscópio, mas também para a limpeza da orelha.

A **membrana timpânica**, intensamente **vascularizada** com o umbigo membranoso timpânico (*umbo membranae tympani*), pode ser vista com um otoscópio. Doenças graves ou inflamação da orelha média costumam estar acompanhadas por acúmulo de secreção. Nesses casos, a membrana timpânica é perfurada (miringotomia), para permitir a drenagem da secreção patológica. Essa ruptura na membrana timpânica se fecha em um curto período.

A bula timpânica também pode ser aberta ventralmente (osteotomia da bula timpânica). Nesse caso, deve-se tomar cuidado para não lesionar estruturas vizinhas, como o nervo hipoglosso (XII) e a artéria carótida interna.

Os **ossículos da audição** formam uma cadeia localizada nos níveis superiores da **orelha média**, no epitímpano. O nervo intermédio facial corre próximo ao epitímpano. Doenças da orelha média também podem afetar o nervo facial. As tubas auditivas (trompas de Eustáquio) conectam a faringe à cavidade timpânica. A infecção faríngea pode ascender às tubas auditivas para alcançar a orelha média. As tubas auditivas ventrais, em forma de fenda, servem como abertura para os **divertículos** em equinos (para mais informações, ver seção Divertículo da tuba auditiva do equino, p. 695, neste capítulo). Por esse motivo, uma infecção ascendente dificilmente ocorre no equino, pois o processo inflamatório normalmente faz o divertículo da tuba auditiva ficar mais pesado e se deslocar para baixo.

Doenças da orelha média podem levar à paralisia do nervo facial e afetar a orelha interna, causando distúrbios de equilíbrio. **Distúrbios auditivos congênitos** ocorrem em algumas raças caninas, como nos dálmatas. A disposição genética para surdez parece estar associada à cor da pelagem. Exames histológicos do órgão espiral (de Corti) de animais afetados revelaram a ausência de células sensoriais.

Durante um exame *post mortem*, às vezes, faz-se necessário remover o **gânglio vestibular**, situado no meato acústico interno, para que se possa examinar a orelha interna. Deve-se fazer uma incisão através do pilar central da cóclea, de modo que uma amostra de tecido possa ser coletada do **gânglio espiral** e do órgão espiral. O ângulo da incisão em relação à base do crânio é específico para cada espécie.

Encéfalo

As lesões no encéfalo manifestam-se como alterações comportamentais ou déficits funcionais nas áreas inervadas pelos nervos cranianos. A paralisia do nervo facial central, diplegia, foi previamente descrita (para mais informações, consultar seção Nervos cranianos, p. 693, neste capítulo). Em animais mais velhos, pode

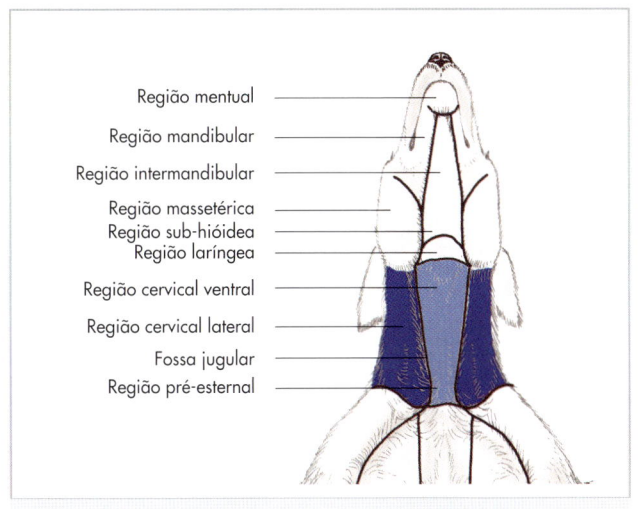

Fig. 20.16 Regiões do pescoço de um cão (representação esquemática, vista ventral).

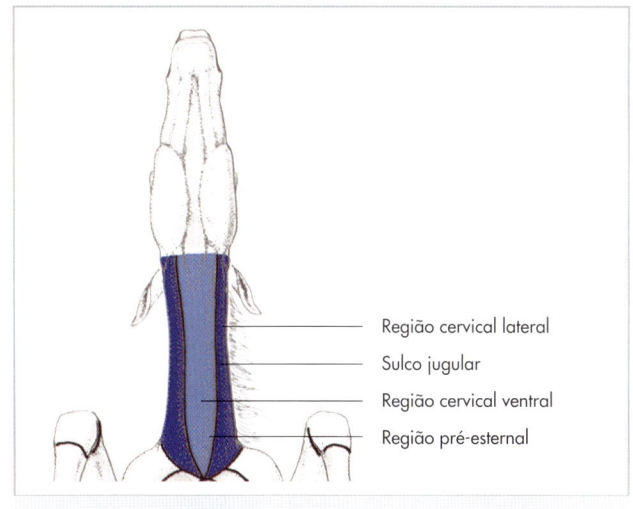

Fig. 20.17 Regiões do pescoço de um equino (representação esquemática, vista ventral).

ocorrer estenose ou oclusão dos vasos sanguíneos encefálicos, resultando em acidente vascular encefálico acompanhado por sintomas de paralisia. Lesões no córtex cerebral também podem levar à paralisia. Os sintomas não são tão evidentes como nos humanos, já que o córtex dos animais não é tão desenvolvido. Por esse motivo, supõe-se que os animais não possuem grau semelhante de desenvolvimento da consciência.

Tumores do encéfalo também podem causar **comportamento anormal**, dependendo da localização do processo (p. ex., sistema límbico, amígdala). Distúrbios cardiovasculares do líquido cerebroespinal nos ventrículos encefálicos, como, por exemplo, no aqueduto do mesencéfalo, podem induzir **hidrocefalia** em animais.

Os nervos cranianos envolvidos ou os tratos espinais ascendentes e descendentes são afetados por lesões ao tronco encefálico, sendo que estas últimas resultam em **perda de sensibilidade** ou **paralisia**. Os reflexos que se originam no tronco encefálico, como o reflexo de deglutição ou o reflexo palpebral, sofrem perturbações. Distúrbios de equilíbrio ocorrem devido a lesões no **cerebelo**. Atualmente, técnicas de imagem, como TC e RM, estão disponíveis para se obter um diagnóstico definitivo dos processos de enfermidades na cabeça. É importante saber a **localização exata no encéfalo**, principalmente em animais de produção, como o gado, visto que, em sua maioria, eles são atordoados antes do abate com uma pistola pneumática com estimulação elétrica.

No bovino e no equino, o encéfalo localiza-se **entre dois planos transversos**:
- o **plano transverso caudal** inicia-se na margem posterior da protuberância intercornual (bovino) ou na protuberância occipital externa (equino);
- o **plano transverso rostral** encontra-se na extremidade caudal do processo zigomático do osso frontal (a margem caudal da órbita). Em pequenos ruminantes e suínos, a parte rostral do cérebro, o lobo frontal e o bulbo olfatório são mais rostrais, localizados entre os olhos; o transverso rostral está, portanto, localizado no meio da margem dorsal da órbita.

A pistola pneumática com estimulação elétrica é posicionada no ponto de intersecção entre duas linhas que conectam o ângulo lateral à base da orelha oposta.

No bovino e no suíno, o seio frontal situa-se entre a superfície da cabeça e o encéfalo.

A distância entre as lâminas externa e interna do osso frontal pode medir até 8 cm ou mais.

20.2 Pescoço (*collum*)

20.2.1 Estratigrafia

As camadas do pescoço compreendem:
- a pele e o tecido subcutâneo;
- a fáscia parotídea;
- a glândula parótida;
- meato acústico externo, músculo cleidomastóideo, músculo oblíquo cranial da cabeça;
- músculo occipito-hióideo;
- segmento occipitomandibular dos músculos digástrico e esternomandibular;
- glândula salivar mandibular, faringe, linfonodos cervicais craniais profundos e glândula tireoide;
- divertículo da tuba auditiva.

A **fáscia parotídea** é uma parte da fáscia superficial da cabeça. A parte cervical do músculo cutâneo se situa ventralmente na fáscia. O músculo parotidoauricular também situa-se nessa fáscia e cobre a glândula parótida. O nervo transverso do pescoço (ramo ventral do segundo nervo cervical), a veia auricular caudal maior e o nervo auricular maior (ramo ventral do segundo nervo cervical) cruzam através da glândula parótida.

A veia maxilar, o nervo auricular interno (ramo do VII e X nervos cranianos), o nervo transverso do pescoço (segundo nervo cervical), a veia temporal superficial e a artéria e a veia massetéricas também correm através da glândula parótida. Os linfonodos parotídeos encontra-se na margem rostral da glândula parótida. Após a remoção da glândula parótida, o meato acústico externo, o músculo cleidomastóideo, o músculo reto cranial da cabeça, o músculo occipito-hióideo e a parte occipitomandibular do músculo digástrico e do músculo esternomandibular (aponeurose) são visíveis, assim como a glândula salivar mandibular, a faringe, os linfonodos cervicais profundos cranianos e a glândula tireoide.

20.2.2 Regiões

As regiões importantes do pescoço são (▶Fig. 20.14, ▶Fig. 20.15, ▶Fig. 20.16 e ▶Fig. 20.17):
- região parotídea;
- região cervical ventral;
- região pré-escapular;
- região cervical dorsal.

Região parotídea

A região da glândula parótida é uma região de transição entre a cabeça e o pescoço. Os limites dessa região são: dorsalmente, a região auricular e a região cervical dorsal; ventralmente, a região cervical ventral; e cranialmente, o ramo da mandíbula. A região parotídea é de especial importância no equino e costuma ser chamada de **fossa retromandibular**.

O **nervo facial** deixa o forame estilomastóideo no **segmento dorsal dessa região**. Nessa altura, emergem do nervo facial o nervo auricular caudal, o ramo auricular interno, o nervo auriculopalpebral, o ramo digástrico, o ramo conector para o nervo cervical transverso e o ramo que inerva a parte cervical do músculo cutâneo. O **nervo auriculotemporal (V_3)**, a **artéria carótida externa** e a **artéria temporal superficial** também passam por esse segmento da região.

Ventralmente a essas estruturas, estão o nervo acessório (XI), o ramo ventral dos dois primeiros nervos cervicais que inervam a musculatura hióidea, a veia maxilar, a veia occipital, a artéria tireóidea cranial, a artéria faríngea ascendente e a artéria laríngea cranial. O **triângulo de Viborg** é delimitado pela mandíbula, pela veia linguofacial e pelo tendão de inserção do músculo esternomandibular. O divertículo da tuba auditiva é acessível cirurgicamente por esse triângulo.

Na parte mais profunda da região parotídea, encontra-se a bolsa gutural, o divertículo das tubas auditivas. Ela é dividida pelo osso estilo-hioide em um pequeno recesso lateral e um recesso medial maior. A artéria carótida externa, a artéria maxilar e a artéria superficial temporal correm na extensão da parede externa do recesso lateral.

A **artéria carótida interna**, o **gânglio cervical cranial**, o **nervo carótico interno**, o **tronco simpático**, o **nervo vago**, o **nervo acessório** e a **artéria occipital** correm na extensão da parede caudal do recesso medial do divertículo da tuba auditiva. O **nervo hipoglosso (XII)** e o **nervo glossofaríngeo (IX)** podem ser encontrados em uma prega caudoventral na mucosa do divertículo da tuba auditiva. O nervo hipoglosso passa lateralmente à artéria carótida externa, ao passo que o nervo glossofaríngeo cruza medialmente a esse vaso. Os linfonodos retrofaríngeos e os linfonodos cervicais craniais profundos tornam-se visíveis após a remoção da mucosa do divertículo da tuba auditiva. Ventralmente, fica aparente a ramificação da artéria carótida comum na artéria carótida externa, na artéria carótida interna e na artéria occipital.

Região cervical ventral

A região cervical ventral inclui apenas a área de superfície que cobre a traqueia exteriormente. Contudo, a **região laríngea**, o **sulco jugular** e a **fossa jugular** também se incluem nessa região. O músculo esterno-hióideo, o músculo omo-hióideo (exceto no cão e no gato) e os músculos que se posicionam lateralmente a esses dois, os músculos esternotireóideos, aparecem após a remoção da pele e da fáscia cervical superficial. No equino, os músculos do osso hioide se combinam em seu segmento caudal para formar um único músculo largo.

A **veia tireóidea caudal** corre paralela ao lado ventral da traqueia, quase exatamente na linha média. O fino istmo da tireoide canina normalmente aparece entre a quinta e a oitava cartilagens traqueais, mas pode não estar presente em raças de cães de pequeno porte. No equino, o istmo é formado por tecido conjuntivo e se inicia na terceira cartilagem traqueal, ao passo que, no bovino, ele se inicia na segunda.

A **fáscia cervical superficial** (*fascia cervicalis superficialis*) se ramifica em uma camada superficial e outra profunda. A camada superficial se fixa ao ligamento nucal. Lateralmente, essa camada se divide novamente e se fusiona com a parte cervical do músculo cutâneo. Ventral e medialmente, essa camada forma uma sutura na extensão da linha média do pescoço. A camada profunda cobre o sulco jugular.

A **fáscia cervical profunda** (*fascia cervicalis profunda*) também se divide em uma camada superficial e outra profunda. A **camada superficial da fáscia cervical profunda**, também denominada lâmina pré-traqueal da fáscia cervical, forma a continuação caudal da sutura da linha média, iniciada pela camada superficial da fáscia cervical superficial. Essa estrutura, formada pelas duas fáscias, forma uma bainha, denominada **bainha carótica** (*vagina carotica*), situada próximo à traqueia. A bainha carótica contém as seguintes estruturas:
- artéria carótida comum;
- tronco vagossimpático, exceto no equino;
- veia jugular interna.

Dorsalmente às vértebras cervicais, a camada superficial da fáscia cervical profunda forma septos entre os músculos cervicais. A **camada profunda da fáscia cervical profunda** (*lamina praevertebralis fasciae cervicalis*) cobre as faces ventrais do músculo longo da cabeça e do músculo longo do pescoço. Essa camada também está conectada à camada superficial da fáscia cervical profunda por tecido conjuntivo frouxo. Ela envolve o esôfago e contribui não apenas para a lâmina pré-traqueal da fáscia cervical, mas também para a bainha carótica. Além disso, essa camada contém o **nervo laríngeo recorrente** e o **tronco traqueal**.

As diversas camadas das fáscias cervicais fornecem vias para vasos e nervos, além de criarem espaços que contêm várias glândulas (glândula parótida, glândula tireoide) e linfonodos (linfonodos retrofaríngeos e linfonodos cervicais profundos).

Sulco jugular (*sulcus jugularis*)

O **músculo braquiocefálico** e o **músculo esternocefálico** delimitam o sulco jugular dorsal e ventralmente, respectivamente (no equino e no bovino, apenas o músculo esternomandibular está presente). O sulco jugular termina caudalmente com a fossa jugular. Nessa área, os **músculos cutâneos** posicionam-se diretamente sob a pele. No cão, o platisma é encontrado nesse local cranialmente, ao passo que o músculo esfíncter do pescoço encontra-se caudalmente. No equino e no bovino, a parte caudal do sulco jugular é ocultada pelo músculo cutâneo do pescoço. Esse músculo é inervado pelo nervo cervical transverso, um ramo ventral que se origina do segundo nervo cervical.

No segmento cranial do sulco jugular, o nervo cervical transverso se fusiona com o ramo do nervo facial que inerva o músculo

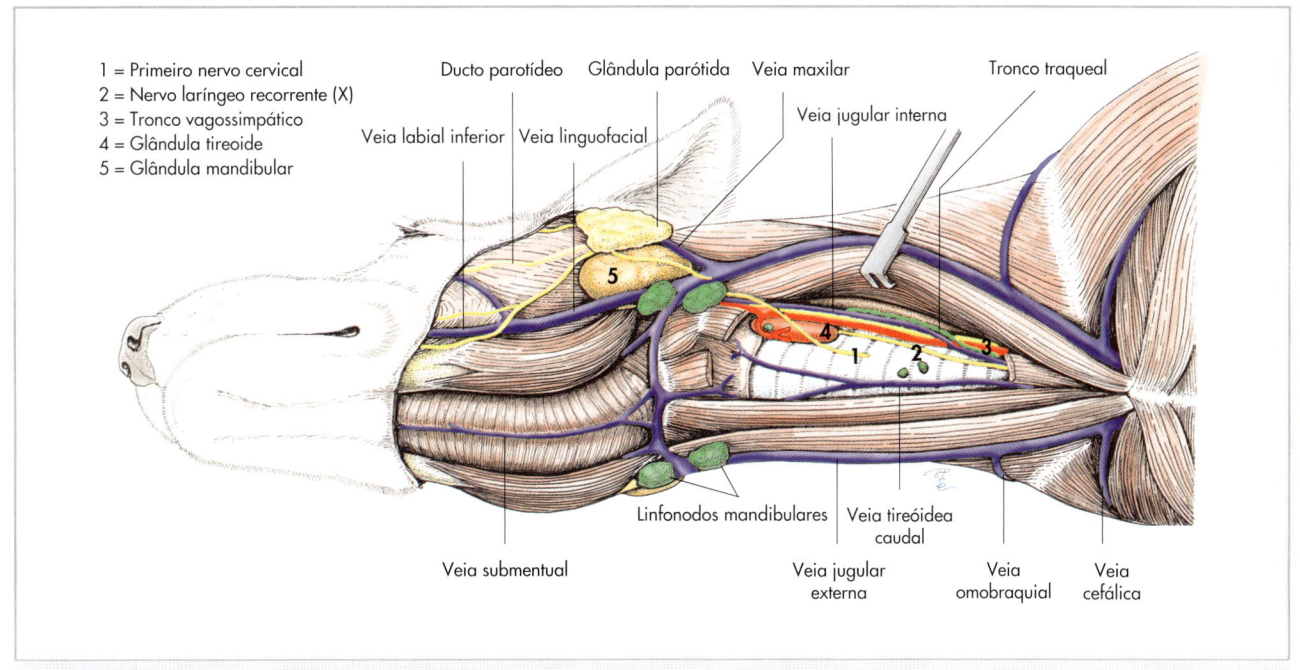

Fig. 20.18 Representação esquemática das estruturas superficiais do pescoço de um cão (vista ventral).

cutâneo do pescoço. Esse ramo do nervo facial é inexiste no bovino. A conexão costuma ser denominada **alça cervical superficial** (*ansa cervicalis superficialis*), embora essa nomenclatura não esteja listada na Nomenclatura Anatômica Veterinária (NAV). A alça cervical profunda é a conexão entre o ramo ventral dos dois primeiros nervos cervicais e do nervo hipoglosso.

O ramo ventral do segundo nervo cervical, o nervo auricular maior, passa subcutaneamente sobre a asa do atlas para alcançar a face caudal do pavilhão auricular. Os longos músculos hióideos são inervados pelos ramos ventrais dos dois primeiros nervos cervicais, os quais atravessam a região ventral do pescoço.

O **músculo omo-hióideo** situa-se sob os segmentos cranial e médio da **veia jugular externa** no equino e no bovino. Esse músculo é substituído pelo **músculo esternomastóideo** no cão, uma vez que ele não possui um músculo omo-hióideo. A veia cefálica situa-se no sulco peitoral. Tanto a veia cefálica quanto a veia cervical superficial da região pré-escapular desembocam na veia jugular externa na fossa jugular.

Mais cranialmente, a veia omobraquial no cão também desemboca para a veia jugular externa (▶Fig. 20.18). Esse vaso conecta indiretamente a veia jugular e a veia axilar. A pele que cobre a fossa jugular é inervada pelo sexto nervo cervical, o nervo supraclavicular.

Região pré-escapular

Essa região situa-se cranialmente à escápula e integra a região cervical lateral. A pele dessa área é inervada pelo nervo supraclavicular.

Os linfonodos cervicais superficiais localizam-se sob o músculo omotransverso (no equino, sob o músculo braquiocefálico), cranial à articulação do ombro. Na altura desses linfonodos, a artéria cervical superficial divide-se em seus dois ramos terminais. O nervo acessório (XI) atravessa o ângulo dorsal, formado pelos músculos braquiocefálico, omotransverso e trapézio.

Região cervical dorsal

Estratigrafia (no plano mediano)

O pescoço contém as seguintes camadas:
- pele;
- tecido subcutâneo;
- fáscia cervical superficial;
- aponeuroses do músculo cleidocefálico e do músculo esplênio;
- ligamento nucal e, lateralmente a essa estrutura, músculo espinal da cabeça e músculo longuíssimo da cabeça;
- músculos retos dorsais maior e menor da cabeça e, lateralmente a esses músculos, músculo oblíquo cranial da cabeça;
- articulação atlantoccipital e cápsula articular (membrana atlantoccipital);
- periósteo;
- espaço epidural e dura-máter espinal;
- camada externa da aracnoide espinal;
- cisterna cerebelomedular.

Bolsas sinoviais

Duas bolsas sinoviais facultativas estão presentes na região cervical dorsal: as **bolsas subligamentosas nucais cranial** e **caudal**. Nessa região, essas bolsas posicionam-se sob a **parte funicular do ligamento nucal**.

A bolsa cranial está situada sob a origem do ligamento nucal e apresenta tendência a processos inflamatórios (bursite) e doenças, principalmente no equino e no bovino (fístulas na cernelha, bursite nucal).

20.2.3 Aplicações clínicas

O pescoço conecta a cabeça ao tronco e alcança desde o plano transverso entre o atlas e o osso occipital até o ombro (sulco pré-escapular). A asa do atlas e os processos transversos da 3ª a 6ª vértebra cervical podem ser palpados. Na região cervical, estão a traqueia, o esôfago e, em animais jovens, o timo. A glândula tireoide posiciona-se próximo ao início da traqueia.

> **Nota clínica**
>
> As **estruturas importantes dessa região** são:
> - artéria carótida comum;
> - artéria vertebral;
> - artéria cervical profunda;
> - nervo vago, o qual se junta ao tronco simpático para formar o tronco vagossimpático;
> - nervo laríngeo recorrente;
> - tronco linfático traqueal.

A medula espinal localiza-se dentro do canal vertebral, envolta pelas meninges.

No cão, pode-se utilizar tomografia computadorizada (TC) para obter imagens dos três linfocentros (*lc. mandibulare, lc. parotideum, lc. retropharyngeale*) e das glândulas salivares. Em situações patológicas, os linfonodos retrofaríngeos aumentados podem ser identificados com o uso da TC.

> **Nota clínica**
>
> No equino, uma **deformidade** ou **trauma das vértebras cervicais** pode causar um estreitamento do canal vertebral, levando à incoordenação. Os equinos afetados exibem marcha com tropeço e problemas nos membros pélvicos ao executarem mudanças bruscas de direção. Esses sintomas são resumidos pela expressão clínica **ataxia espinal**, também conhecida como **síndrome de desestabilização cervical equina (síndrome de Wobbler)**.

Regiões cervicais para injeções e punções espinais

Injeções

As **injeções subcutâneas** e **intramusculares** são executadas na região cervical. As **injeções subcutâneas** são aplicadas na **região braquiocefálica** (a região acima do músculo braquiocefálico). As **injeções intramusculares** são ministradas no **meio de um triângulo**, formado pelo ligamento nucal, pelas vértebras cervicais e pelo músculo subclávio. O local de injeção deve ser limpo e desinfetado com atenção, uma vez que a fáscia cervical pode obstruir a drenagem de secreções patológicas no caso de complicações.

O sulco jugular situa-se na parte ventral da face lateral do pescoço. A **veia jugular externa** localiza-se nesse sulco e é o vaso de escolha para **injeções intravenosas**.

Em animais de grande porte, é importante observar que, nas partes cranial e média do sulco jugular, a veia jugular externa está separada da artéria carótida comum pelo músculo omo-hióideo. O músculo protege a artéria e outras estruturas profundas, de modo que todas as injeções intravenosas devem ser feitas apenas na região cervical cranial ou média. A veia jugular externa está oculta pela parte cervical espessa do músculo cutâneo no terço caudal do pescoço. Quando esse músculo se contrai, ele impede a punção da veia ou muda a direção da agulha. Nessa região, é fácil provocar uma lesão da artéria carótida comum com a agulha.

No cão e no gato, o sangue pode ser obtido a partir da **veia jugular externa**. Deve-se indicar que as duas veias jugulares são conectadas indiretamente uma com a outra por anastomose, o arco hióideo, que corre entre as veias linguais. Devido à anastomose, ambas as veias jugulares devem ser pressionadas.

Punção espinal

A punção espinal é executada na nuca, inserindo-se a agulha na cisterna magna do espaço subaracnóideo. No equino, avança-se a agulha aproximadamente 8 cm; em potros, aproximadamente 1,5 cm; e no cão (p. ex., pastor-alemão), aproximadamente 4,8 cm, para alcançar o espaço subaracnóideo. No cão, o espaço atlanto-occipital é bastante estreito, e a cisterna magna pode conter muito pouco líquido cerebroespinal.

Glândula tireoide

A glândula tireoide se situa dorsolateralmente à traqueia, entre a 2ª e a 3ª cartilagens traqueais no equino, e entre a 5ª e a 9ª nos carnívoros. O aumento da glândula tireoide pode ser palpado. Ultrassonografia é a melhor forma de examinar essa glândula. Deve-se tomar cuidado durante a tireoidectomia para que as glândulas paratireoides permaneçam intactas, pois, de outro modo, a concentração sérica de cálcio se desestabiliza, podendo causar tetania e morte.

Traqueia

Cães mais velhos de raças de pequeno porte podem exibir tosse crônica ou mesmo dispneia. Esses sintomas costumam ser causados pelo **colapso da traqueia**, quando o lúmen se estreita, aumentando a resistência do fluxo de ar. Exames endoscópicos revelam um achatamento do segmento dorsal da traqueia (mucosa e músculo traqueal).

Em cães que não reagem ao tratamento, pode ser necessária uma **traqueotomia** no segmento cranial. O acesso à traqueia se dá na linha mediana, aproximadamente 2 a 3 cm caudal à laringe. Após a incisão da pele, o músculo esfíncter do pescoço e a camada superficial da fáscia cervical aparecem. A incisão não deve se estender na direção cranial, pois o arco hióideo venoso pode ser atingido. A próxima camada é composta pela linha branca do pescoço, uma faixa delicada de coloração clara de tecido conjuntivo entre os dois músculos esterno-hióideos. Sob a linha branca no meio da face ventral da traqueia, encontra-se a veia tireóidea caudal. Lesões nesse vaso sanguíneo dificilmente podem ser evitadas.

A camada mais profunda é formada pela camada pré-traqueal da fáscia cervical profunda e pela adventícia traqueal. Esse processo cirúrgico também permite acesso às glândulas tireoides em caso de tireoidectomia. Após a incisão na camada pré-traqueal, a glândula tireoide na face laterodorsal da traqueia é extirpada facilmente. O aumento da glândula tireoide costuma estar acompanhado pelo aumento das artérias que a irrigam, de modo que as artérias devem ser ligadas individualmente.

Laringe

A cirurgia padrão para hemiplegia laríngea inicia-se com uma incisão na extremidade cranial da traqueia. Os longos músculos hióideos são expostos e rebatidos lateralmente. O acesso à cavidade laríngea é possível por uma incisão mediana através da membrana cricotireóidea e, caso necessário, da cartilagem cricóidea. O ventrículo laríngeo no lado afetado é removido cirurgicamente. A formação de tecido cicatricial resultante cria uma tração permanente na prega vocal correspondente, deslocando-a lateralmente sobre a cartilagem tireóidea da laringe. Isso reduz a interrupção do fluxo de ar, cessando os sintomas de ronco.

Esôfago

No caso de **obstrução esofágica**, o esôfago é acessível cirurgicamente no terço médio do pescoço. Após a inserção de uma sonda estomacal, faz-se uma incisão no lado esquerdo através da pele, da fáscia cervical superficial e da parte cervical do músculo cutâneo. Por fim, faz-se uma incisão na camada pré-traqueal da fáscia cervical profunda. Deve-se tomar cuidado para evitar lesões na veia jugular externa. Estruturas vizinhas do esôfago, como a artéria carótida e o tronco vagossimpático, devem ser localizadas e protegidas durante o procedimento cirúrgico.

Disco intervertebral

O prolapso do disco intervertebral pode ocorrer na região cervical da coluna vertebral, principalmente em raças de cães de pequeno porte. Nesse caso, a coluna vertebral é acessada a partir da **região cervical ventral**. O **núcleo pulposo** sofre prolapso lateral ou dorsal. Um prolapso lateral afeta as raízes dos nervos espinais e é bastante doloroso. O prolapso dorsal pressiona a medula espinal ventralmente. As vias motoras descendentes situam-se na porção ventral da medula espinal. Os sintomas incluem dor e paresia ou paralisia muscular. A fenestração é realizada na área cervical ventral.

O acesso às vértebras cervicais se inicia de modo semelhante à traqueotomia. Os órgãos e diferentes estruturas são identificados e rebatidos lateralmente com os dedos. O músculo longo do pescoço é elevado para expor as vértebras cervicais. Não se remove somente o núcleo pulposo prolapsado, mas também os discos intervertebrais das vértebras cervicais restantes (discos C 2/3, C 3/4 e C 5/6) podem ser removidos como medida preventiva.

20.3 Tórax

O tórax é o segmento cranial do tronco e a continuação caudal do pescoço (▶Fig. 20.23, ▶Fig. 20.24, ▶Fig. 20.25 e ▶Fig. 20.26). A **abertura cranial** do tórax forma a abertura cranial para o peito.
As seguintes estruturas são encontradas dentro dessa abertura:
- esôfago;
- traqueia;
- ramos craniais do arco aórtico (tronco bicarotídeo, artérias subclávias direita e esquerda);
- veia cava cranial;
- veias jugulares;
- linfonodos;
- nervo vago;
- tronco simpático, com os gânglios estrelado e cervical;
- músculo longo do pescoço;
- nos animais jovens, o segmento cervicotorácico do timo.

A estrutura óssea que circunda a cavidade torácica (*cavum thoracis*) é formada pelas vértebras cervicais, pelas costelas e pelo esterno. O diafragma forma um arco cranialmente, o qual invade a cavidade torácica e separa a cavidade peitoral (*cavum pectoris*) da cavidade abdominal.

Caudalmente ao diafragma, está a parte intratorácica, a qual é abordada na seção sobre cavidade abdominal. A cavidade torácica divide-se em duas cavidades pleurais (*cava pleurae*). Entre essas duas cavidades está o **mediastino**, onde se encontram vários órgãos e estruturas.

> **Nota clínica**
>
> Muitos órgãos e estruturas **passam através do diafragma**:
> - aorta;
> - ducto torácico;
> - veia cava caudal;
> - esôfago, acompanhado dos troncos vagais dorsal e ventral;
> - ambos os troncos simpáticos;
> - nervos esplâncnicos.

As paredes laterais da cavidade torácica são, em grande parte, cobertas pelos membros torácicos, os quais se fixam ao tórax por meio da cintura peitoral, composta por músculos e fáscias.

20.3.1 Estruturas ósseas palpáveis e visíveis

Dependendo do estado de nutrição do animal, as costelas, exceto as normalmente cobertas pelos membros torácicos, são visíveis e palpáveis. Em pequenos animais, os membros torácicos podem ser movidos cranialmente, permitindo que mais costelas e espaços intercostais sejam palpados.

20.3.2 Sulcos torácicos e musculares superficiais

Os sulcos musculares superficiais são:
- sulco torácico lateral (*sulcus pectoralis lateralis*);
- sulco torácico médio (*sulcus pectoralis medianus*);
- sulco ancôneo (*sulcus musculi tricipitis*), também denominado margem tricipital, situado caudalmente ao músculo de mesmo nome.

20.3.3 Estratigrafia

A área da cavidade torácica que não é coberta pelos membros torácicos compreende as seguintes camadas:
- pele e tela subcutânea;
- fáscia superficial do tronco (com camadas superficiais e profundas envolvendo o músculo cutâneo do tronco);
- fáscia profunda do tronco;
- camada musculoesquelética (músculos das costelas, músculos dos espaços intercostais, os vasos sanguíneos e nervos segmentares);
- fáscia endotorácica;
- pleura costal.

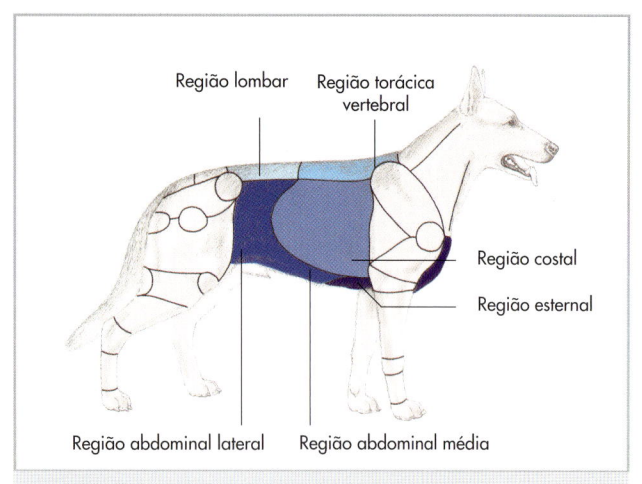

Fig. 20.19 Representação esquemática das regiões do tronco de um cão (vista lateral).

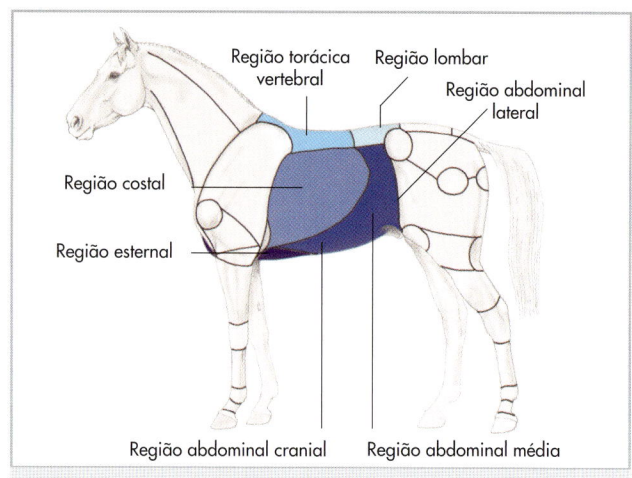

Fig. 20.20 Representação esquemática das regiões do tronco de um equino (vista lateral).

20.3.4 Regiões

As **regiões mais importantes da cavidade torácica** são as seguintes (▶Fig. 20.19, ▶Fig. 20.20, ▶Fig. 20.21 e ▶Fig. 20.22):
- região pré-esternal;
- região esternal;
- região cardíaca;
- região costal.

20.3.5 Aplicações clínicas

Vascularização cardíaca

Demonstrou-se que cães possuem **anastomoses pré-formadas entre as artérias coronárias**, as quais podem se desenvolver em vasos com lúmens amplos, quando necessário. Essa capacidade se torna vital quando há oclusão dos vasos maiores. No suíno, no entanto, esses vasos mal estão formados. Esse fato foi decisivo na escolha do cão como animal para experimentos na pesquisa sobre infarto.

Arco aórtico direito persistente no cão

Um defeito congênito em filhotes de pastor-alemão é uma anomalia do vaso sanguíneo, denominada **arco aórtico direito persistente**. A aorta normalmente situa-se no lado esquerdo do corpo. Logo após o óstio da artéria subclávia esquerda, na altura da 4ª costela, situa-se o ducto arterioso (Botallo). No caso da aorta direita, a artéria subclávia esquerda situa-se no lado direito do esôfago. O ducto arterioso permanece na altura da 4ª costela, originando-se do lado direito, de modo que precisa cruzar o esôfago para alcançar o tronco pulmonar. O esôfago é parcialmente obstruído pelo ducto, o que causa um estrangulamento esofágico, levando à formação de um divertículo esofágico extenso. O ducto arterioso é exposto e seccionado por meio de toracotomia lateral na área do 4º espaço intercostal esquerdo.

Ducto arterial persistente no cão

O vaso sanguíneo embrionário, o ducto arterioso, conecta o tronco pulmonar e a aorta descendente e, normalmente, se fecha logo após o nascimento. A contínua abertura do ducto arterioso causa um desvio da esquerda para a direita, permitindo que o sangue rico em oxigênio da aorta se mescle com o sangue pobre em oxigênio da artéria pulmonar. Dependendo do tamanho do ducto, o ventrículo esquerdo sofre sobrecarga constante, causando, eventualmente, dilatação ventricular esquerda. No caso de um **ducto arterial persistente**, a auscultação do coração com um estetoscópio revela a presença de um som cardíaco patológico, um murmúrio (mecânico) contínuo. Esse som ocorre durante todo o ciclo cardíaco e pode ser auscultado com maior facilidade na altura do 3º espaço intercostal. Os animais afetados apresentam intolerância aos exercícios, falta de ar e, às vezes, dispneia extrema. O único tratamento curativo é o fechamento do ducto arterioso.

20.4 Abdome

O abdome é caudal ao tórax. A cavidade abdominal se inicia cranialmente com o **diafragma** e termina caudalmente na **linha terminal**, a qual delimita a transição para a cavidade pélvica. O espaço caudal do diafragma, ainda localizado dentro da caixa torácica, é referido como a parte intratorácica da cavidade abdominal (▶Fig. 20.27, ▶Fig. 20.28, ▶Fig. 20.29, ▶Fig. 20.30, ▶Fig. 20.31, ▶Fig. 20.32, ▶Fig. 20.33, ▶Fig. 20.34, ▶Fig. 20.35 e ▶Fig. 20.36).

> **Nota clínica**
>
> Estão localizados **dentro da cavidade abdominal**:
> - os órgãos do sistema digestório;
> - o sistema urogenital;
> - as glândulas endócrinas, com o seu suprimento vascular e seus tratos nervosos, mesentérios e ligamentos.

O teto da cavidade abdominal é composto pela **coluna vertebral** e seus músculos. Os rins, as glândulas suprarrenais (adrenais), a aorta, a veia cava caudal, os troncos linfáticos lombares e os nervos lombares estão todos localizados nas adjacências do teto da cavidade, no espaço retroperitoneal.

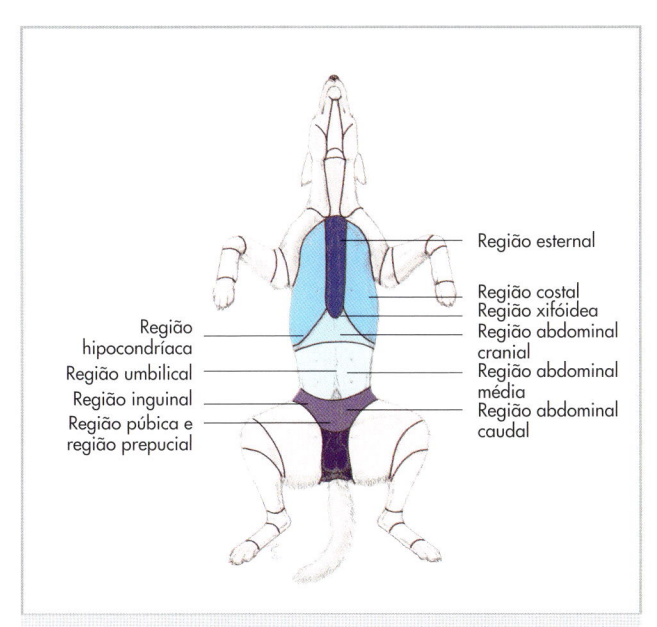

Fig. 20.21 Representação esquemática das regiões do tronco de um cão (vista ventral).

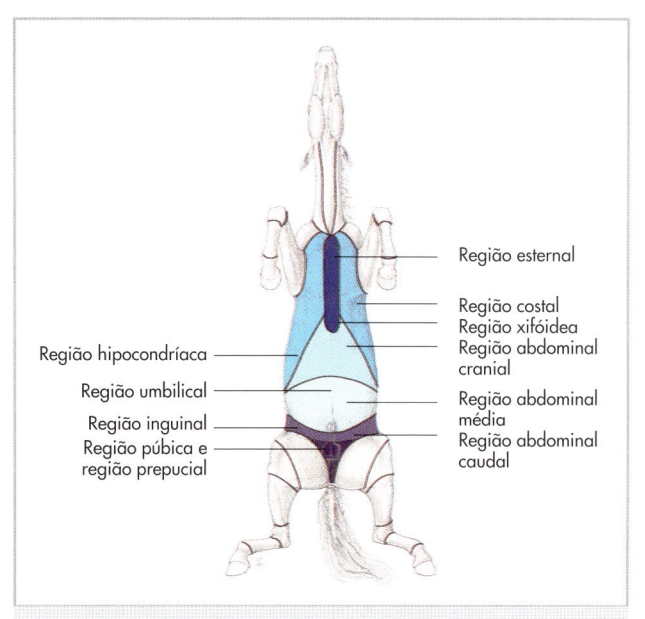

Fig. 20.22 Representação esquemática das regiões do tronco de um equino (vista ventral).

Nota clínica

As paredes lateral e ventral da cavidade abdominal são de particular importância para os acessos cirúrgicos e os diagnósticos, uma vez que **os órgãos são projetados em áreas típicas das paredes da cavidade**; para mais informações, consultar a seção Projeção dos órgãos na superfície corporal (p. 740, neste capítulo). As regiões dessa parte do corpo são extremamente importantes para o clínico.

20.4.1 Estruturas ósseas visíveis e palpáveis

A pele e o estado de nutrição de um animal determinam quais estruturas estão visíveis e/ou palpáveis. A partir da 6ª costela, a maioria das estruturas normalmente palpáveis podem ser sentidas mesmo em animais bem-nutridos. O arco costal fecha as costelas caudalmente e, em geral, é palpável. Os processos transversos das vértebras lombares são visíveis no bovino e frequentemente palpáveis nas outras espécies domésticas. O esterno e a cartilagem xifoide podem ser palpados na parede ventral da cavidade abdominal. A tuberosidade coxal e a patela servem como margens palpáveis de diferentes regiões (▶Fig. 20.58 e ▶Fig. 20.59).

20.4.2 Vias visíveis superficialmente

Vasos sanguíneos

No bovino, a anastomose entre a **veia epigástrica caudal superficial** e a **veia epigástrica cranial superficial** é visível como um grande vaso sinuoso, anteriormente denominado **veia subcutânea do abdome**, ou "**veia do leite**". Esse vaso é particularmente grande em vacas leiteiras e transporta o sangue do úbere cranialmente até o 8º espaço intercostal, onde penetra as camadas profundas para se encontrar com a veia torácica interna.

Esse ponto também é chamado de **cisterna leiteira**. A veia torácica externa é visível cranialmente à veia do leite.

A vascularização ocorre por meio de **artérias segmentares** e **veias segmentares**. Além disso, os ramos das artérias internas irrigam a parede abdominal. A artéria epigástrica cranial é a continuação da artéria torácica interna. A artéria circunflexa ilíaca profunda se ramifica da artéria ilíaca externa (exceto em carnívoros), ao passo que a artéria epigástrica caudal se origina do tronco pudendo-epigástrico. Essas artérias são acompanhadas por veias de mesmo nome.

Como mencionado, a veia epigástrica caudal superficial localiza-se subcutaneamente na área abdominal lateral e não é acompanhada por uma artéria. Essa veia é facilmente localizada em vacas, devido ao seu tamanho e percurso sinuoso, mas não é totalmente desenvolvida em bezerros.

A **veia subcutânea do abdome** corre cranialmente e passa através do músculo reto do abdome, na altura da segunda intersecção tendínea, criando o anel venoso mamário ou, como mencionado, cisterna leiteira. Essa veia prossegue cranialmente cerca de 4 a 5 cm na face dorsal do músculo reto do abdome e, por fim, desemboca na veia epigástrica cranial.

A veia epigástrica cranial deixa a cavidade abdominal próximo à 9ª cartilagem costal e à cartilagem xifoide. Ela penetra a cavidade torácica para se unir à veia torácica interna, que, por fim, alcança a veia cava cranial. Quando necessário, pode-se aplicar injeções intravenosas na veia subcutânea do abdome. Em vacas deitadas (sedadas), essa veia é particularmente mais acessível do que a veia jugular externa. Contudo, sangue e medicação podem vazar no tecido conjuntivo paravenoso que a circunda, causando tromboflebite, principalmente quando fármacos irritantes forem aplicados localmente.

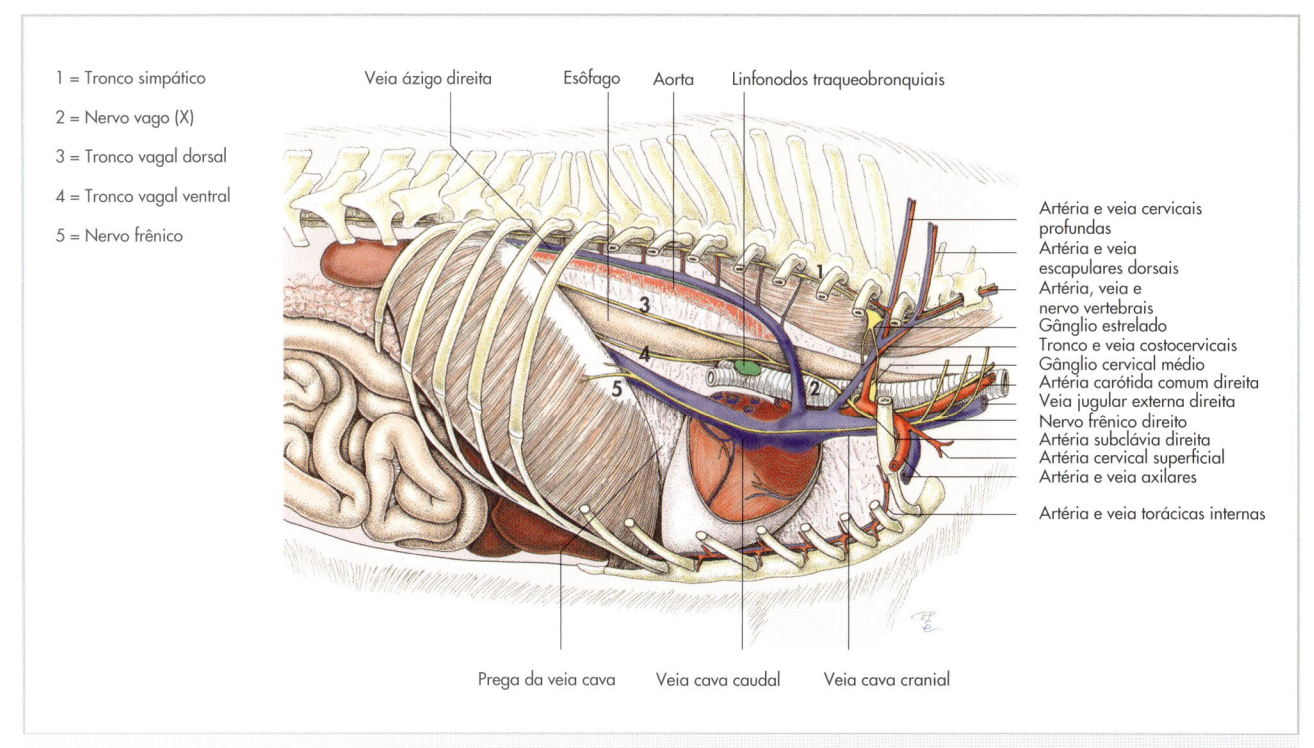

Fig. 20.23 Topografia dos órgãos e das estruturas do tórax aberto de um cão (representação esquemática, vista direita).

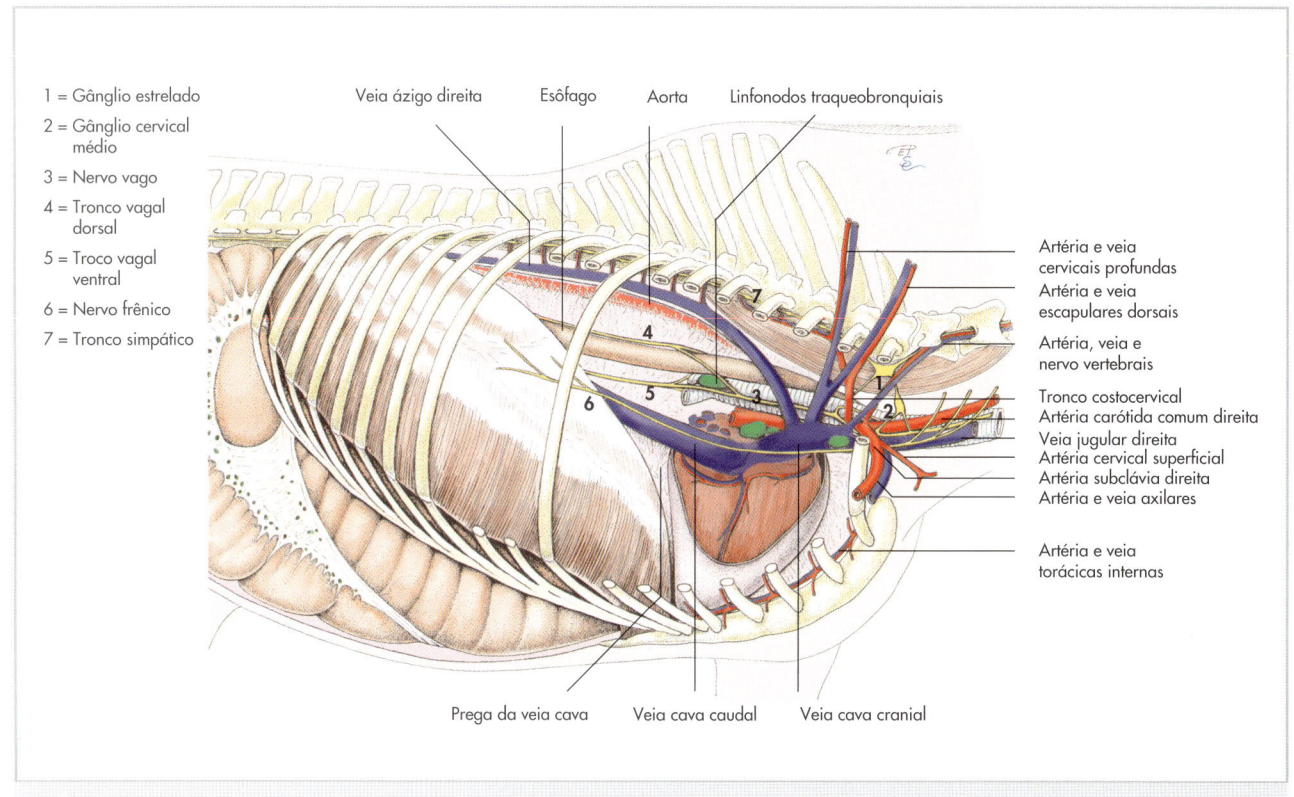

1 = Tronco simpático
2 = Nervo vago (X)
3 = Tronco vagal dorsal
4 = Tronco vagal ventral
5 = Nervo frênico

Veia ázigo direita — Esôfago — Aorta — Linfonodos traqueobronquiais

Artéria e veia cervicais profundas
Artéria e veia escapulares dorsais
Artéria, veia e nervo vertebrais
Gânglio estrelado
Tronco e veia costocervicais
Gânglio cervical médio
Artéria carótida comum direita
Veia jugular externa direita
Nervo frênico direito
Artéria subclávia direita
Artéria cervical superficial
Artéria e veia axilares
Artéria e veia torácicas internas

Prega da veia cava — Veia cava caudal — Veia cava cranial

Fig. 20.24 Topografia dos órgãos e das estruturas do tórax aberto de um equino (representação esquemática, vista da direita).

1 = Gânglio estrelado
2 = Gânglio cervical médio
3 = Nervo vago
4 = Tronco vagal dorsal
5 = Troco vagal ventral
6 = Nervo frênico
7 = Tronco simpático

Veia ázigo direita — Esôfago — Aorta — Linfonodos traqueobronquiais

Artéria e veia cervicais profundas
Artéria e veia escapulares dorsais
Artéria, veia e nervo vertebrais
Tronco costocervical
Artéria carótida comum direita
Veia jugular direita
Artéria cervical superficial
Artéria subclávia direita
Artéria e veia axilares
Artéria e veia torácicas internas

Prega da veia cava — Veia cava caudal — Veia cava cranial

Anatomia clínica e topográfica 707

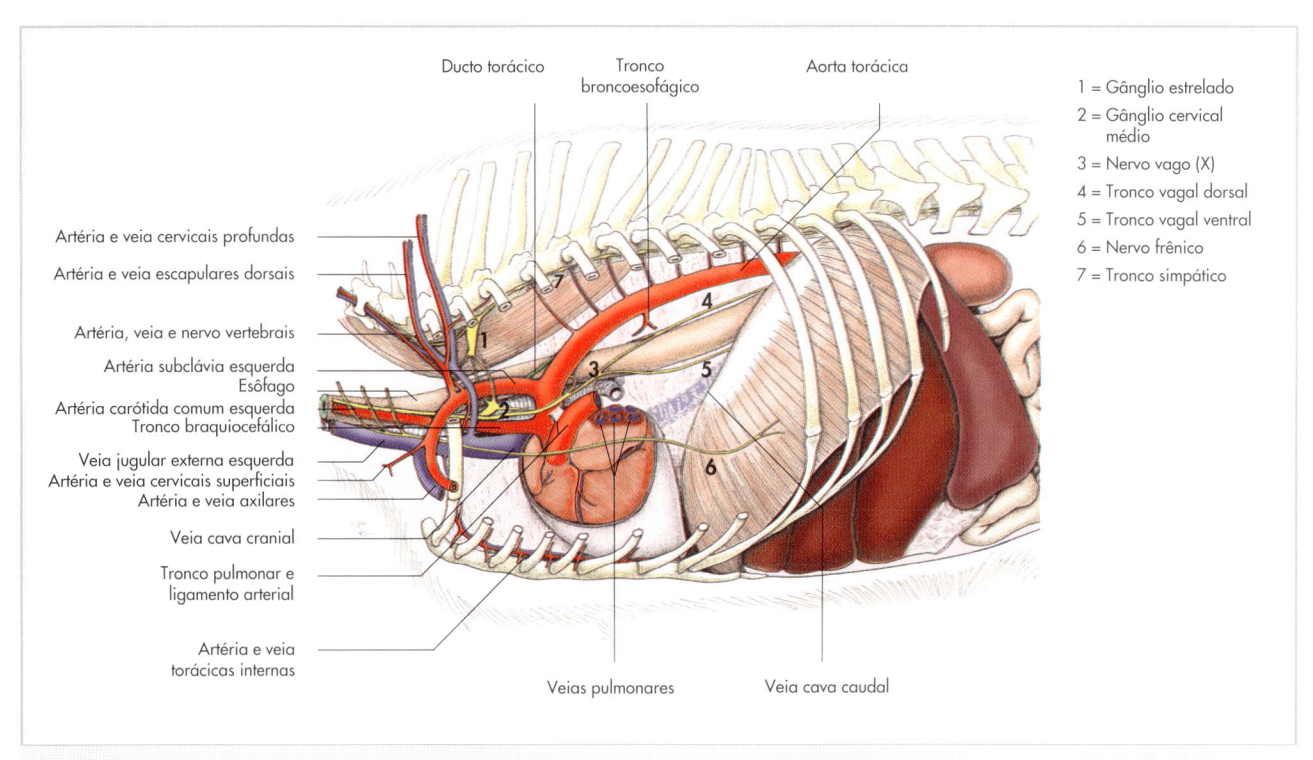

Fig. 20.25 Topografia dos órgãos e das estruturas do tórax aberto de um cão (representação esquemática, vista da esquerda).

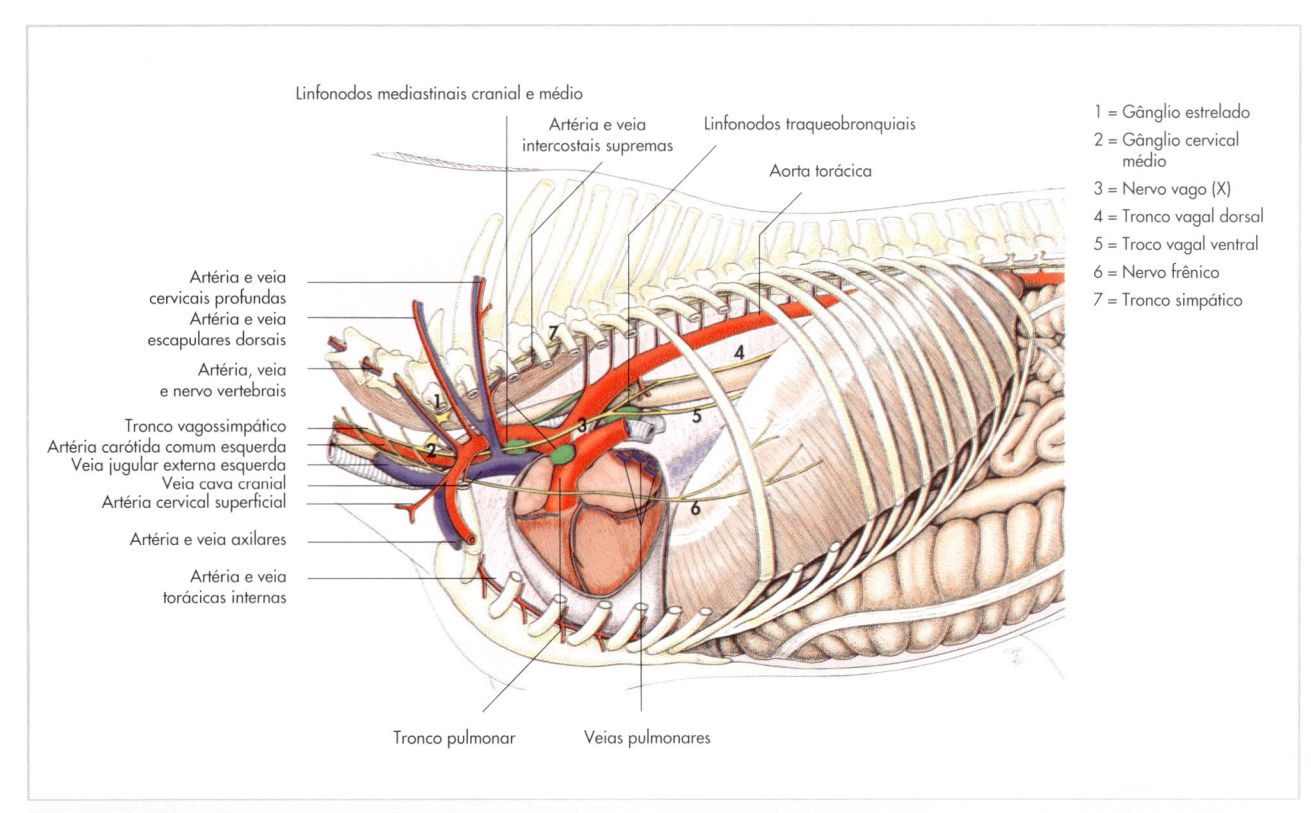

Fig. 20.26 Topografia dos órgãos e das estruturas do tórax aberto de um equino (representação esquemática, vista da esquerda).

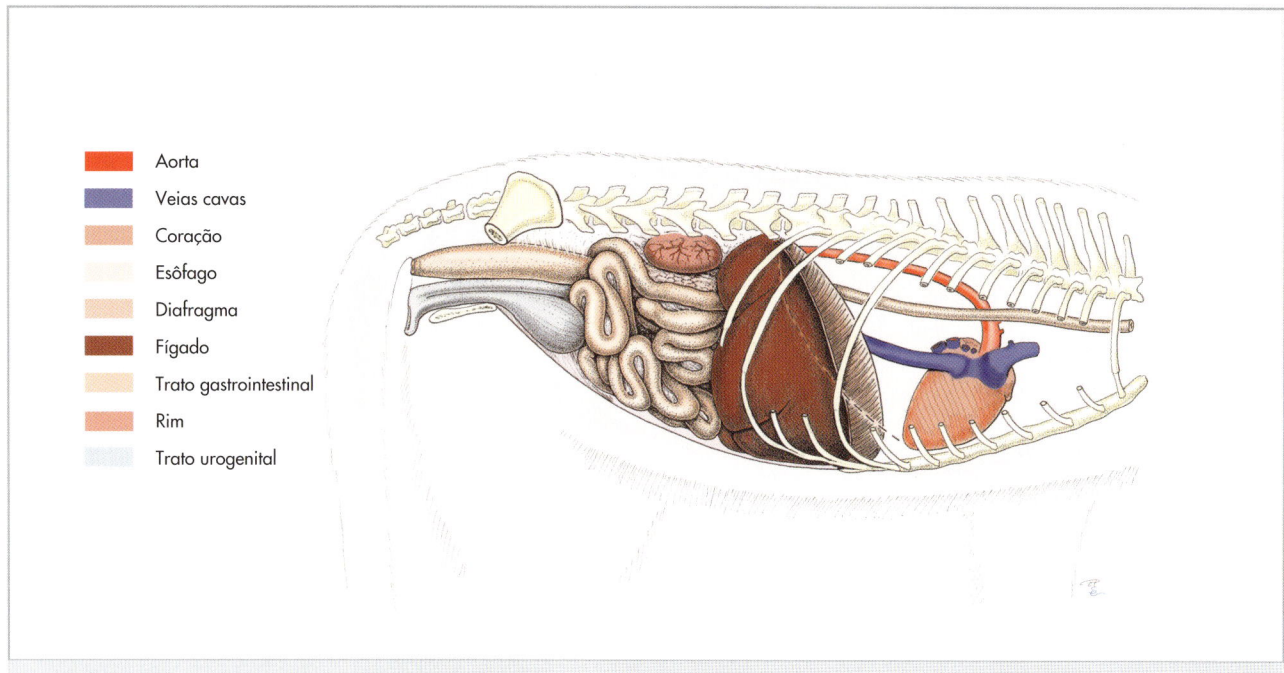

Fig. 20.27 Representação esquemática dos órgãos abdominais de um gato após a remoção da parede abdominal lateral (vista lateral da direita).

Legenda:
- Aorta
- Veias cavas
- Coração
- Esôfago
- Diafragma
- Fígado
- Trato gastrointestinal
- Rim
- Trato urogenital

Inervação

A parede abdominal é inervada **em segmentos**. O segmento cranial da parede abdominal é inervado por continuações dos **nervos intercostais**. No segmento caudal, os **nervos ventrais lombares** assumem a inervação da parede do corpo: o **nervo ílio-hipogástrico** (no cão, os nervos ílio-hipogástricos cranial e caudal), o **nervo ilioinguinal**, o **nervo genitofemoral** e o **nervo cutâneo femoral lateral**.

Linfonodos

Os linfonodos responsáveis pela drenagem da parede abdominal são os linfonodos axilares, os esternais, os subilíacos e os inguinais superficiais. Em cadelas com tumores da glândula mamária, tanto os linfonodos afetados como os não afetados nos dois lados devem ser removidos cirurgicamente com o tumor.

20.4.3 Estratigrafia

Diversas cirurgias são executadas em várias regiões da parede abdominal. Por esse motivo, a estratigrafia é abordada separadamente para cada região.

20.4.4 Regiões

As paredes abdominais lateral e ventral são separadas nas seguintes regiões:
- região abdominal cranial;
- região abdominal média;
- região abdominal caudal.

Região abdominal cranial

Essa região se prolonga desde o **diafragma** até o **plano transversal através do último par de costelas** e se divide em três regiões:
- região hipocondríaca direita;
- região hipocondríaca esquerda;
- região xifóidea.

Região hipocondríaca

Essa região contém a parte da região abdominal cranial que é sustentada pelas costelas, a cartilagem das costelas e o arco costal.

Estratigrafia

A região hipocondríaca compreende as seguintes camadas:
- pele e tela subcutânea;
- duas camadas da fáscia superficial do tronco e músculo cutâneo do tronco;
- fáscia profunda do tronco;
- músculo oblíquo externo do abdome.

Região xifóidea

Essa região inclui a área ao redor da cartilagem xifoide do esterno.

Estratigrafia

A região xifóidea compreende as seguintes camadas:
- pele e tela subcutânea;
- fáscias superficial e profunda do tronco;
- músculo peitoral profundo e veia subcutânea do abdome;
- músculo oblíquo externo do abdome, com a aponeurose do músculo oblíquo interno do abdome mais profundo;

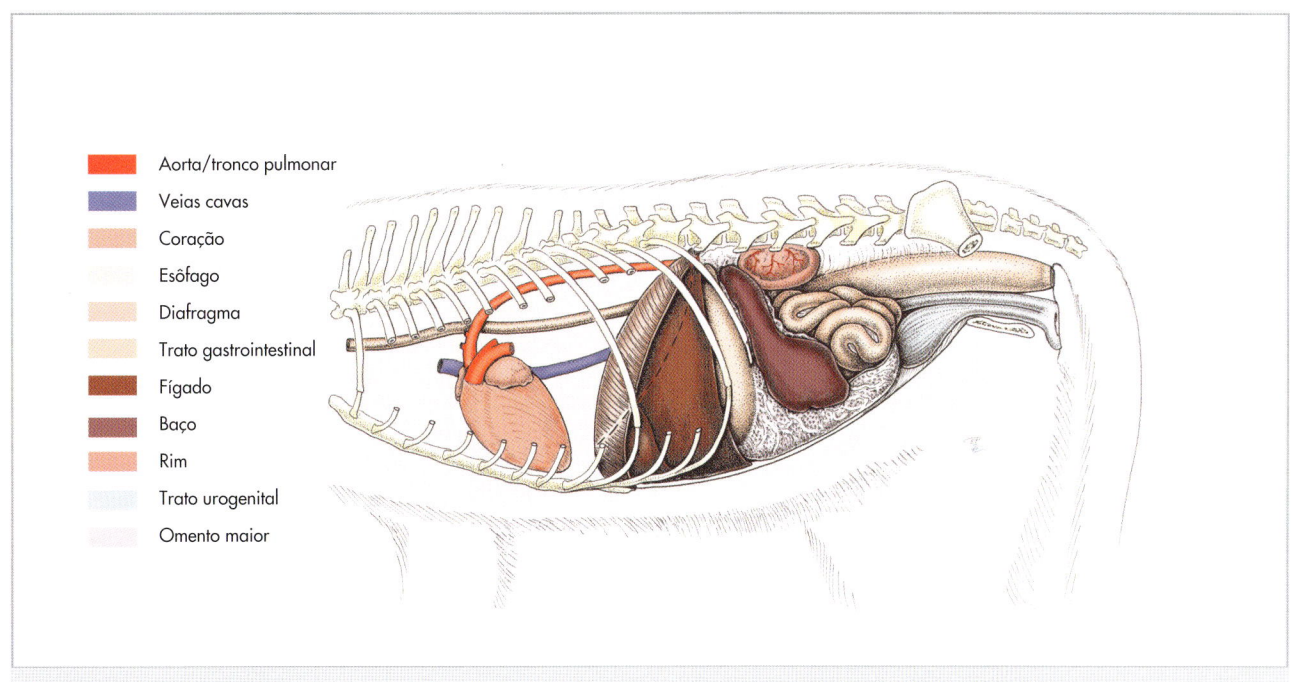

Fig. 20.28 Representação esquemática dos órgãos abdominais de um gato após a remoção da parede abdominal lateral (vista lateral da esquerda).

Legenda:
- Aorta/tronco pulmonar
- Veias cavas
- Coração
- Esôfago
- Diafragma
- Trato gastrointestinal
- Fígado
- Baço
- Rim
- Trato urogenital
- Omento maior

- músculo reto do abdome (nas vacas, é onde se situa a cisterna leiteira);
- aponeurose do músculo transverso do abdome;
- fáscia transversa;
- peritônio.

Nessa área, são realizados os seguintes procedimentos: biópsia do fígado, gastrotomia e esplenectomia.

Região abdominal média

A região abdominal média segue caudal à região abdominal cranial. A margem cranial é uma linha transversal através do último par de costelas. Essa região termina caudalmente no plano transversal pela tuberosidade coxal. A região abdominal média está dividida em:
- região abdominal lateral direita;
- região abdominal lateral esquerda;
- região umbilical.

Região abdominal lateral

As regiões laterais direita e esquerda são chamadas de flancos nos animais de grande porte. A margem dorsal é formada pelos processos transversos das vértebras lombares. A margem ventral é uma linha horizontal através da patela. A **fossa paralombar** (*fossa paralumbalis*) encontra-se na parte dorsal dessa área. Os limites da fossa são: cranialmente, o último par de costelas cranialmente; dorsalmente, os processos transversos das vértebras lombares; e caudoventralmente, a margem dorsal do músculo oblíquo interno do abdome. Essa margem forma o chamado **pedúnculo costocoxal**.

Estratigrafia

A região abdominal lateral compreende as seguintes camadas:
- pele e tela subcutânea;
- fáscia superficial do tronco, cujas duas camadas envolvem o músculo cutâneo do tronco;
- fáscia profunda do tronco (no equino e no bovino, túnica amarela);
- músculo oblíquo externo do abdome (fibras orientadas no sentido craniodorsal para caudoventral);
- músculo oblíquo interno do abdome (fibras orientadas no sentido caudodorsal para cranioventral);
- músculo transverso do abdome (as fibras correm verticalmente), nervo ilio-hipogástrico (carnívoros, nervos ilio-hipogástricos cranial e caudal), nervo ilioinguinal, nervo genitofemoral e artéria e veia circunflexas ilíacas profundas;
- fáscia transversa;
- peritônio.

Região umbilical

A região umbilical situa-se ventralmente às paredes abdominais laterais e inclui a área ao redor do umbigo. Essa região termina dorsalmente nos dois lados, em linhas horizontais traçadas através de cada patela.

Estratigrafia

A região umbilical compreende as seguintes camadas:
- pele e tela subcutânea;
- fáscia superficial do tronco, cujas duas camadas envolvem o músculo cutâneo do tronco (no cão e no bovino, os músculos prepuciais craniais);
- fáscia profunda do tronco (no equino e no bovino, túnica amarela);

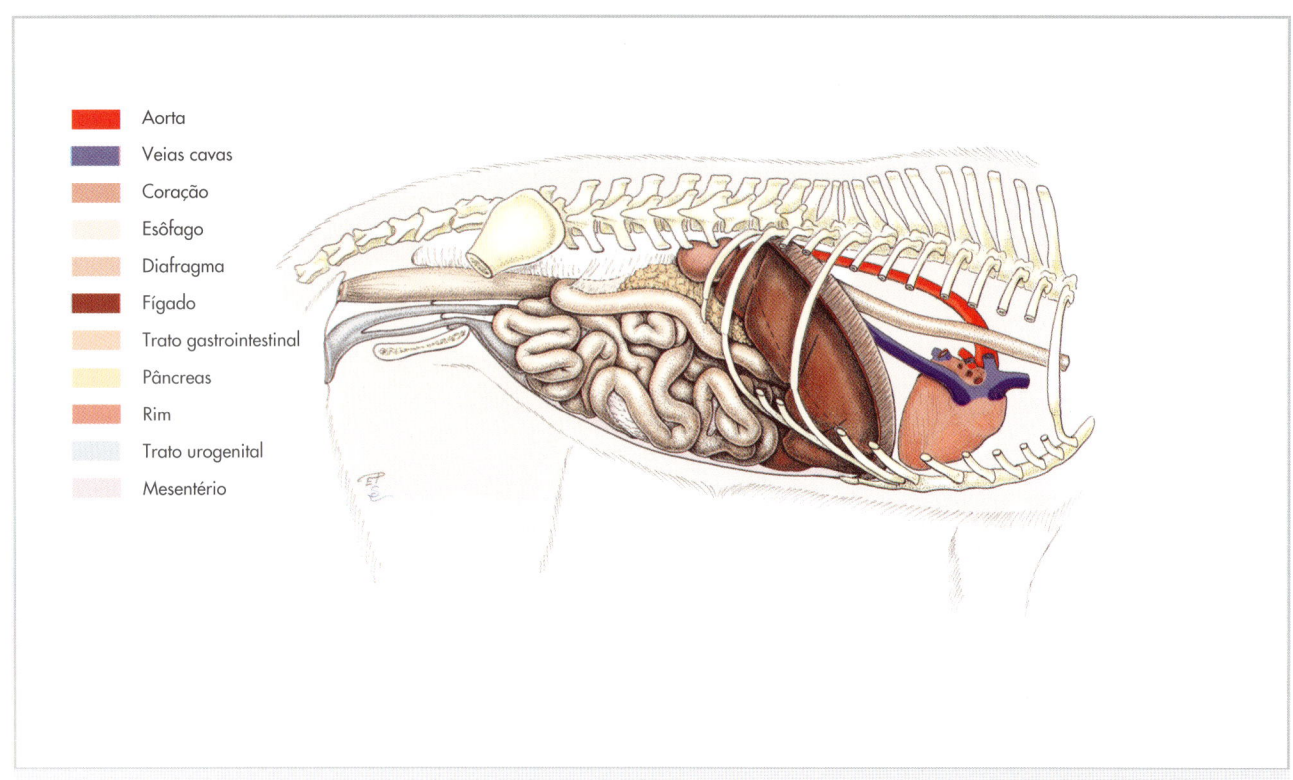

Fig. 20.29 Representação esquemática dos órgãos abdominais de um cão após a remoção da parede abdominal lateral (vista lateral da direita).

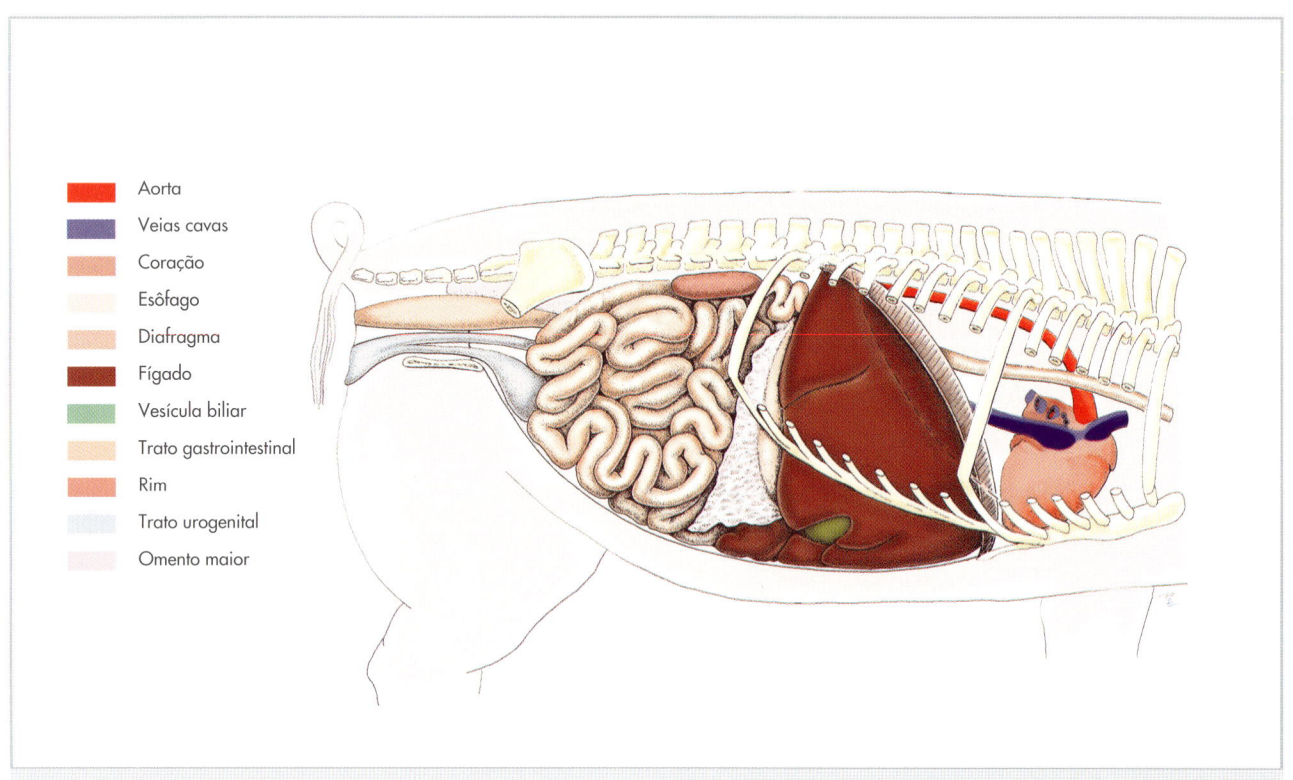

Legenda:
- Aorta
- Veias cavas
- Coração
- Esôfago
- Diafragma
- Fígado
- Trato gastrointestinal
- Pâncreas
- Rim
- Trato urogenital
- Mesentério

Fig. 20.30 Representação esquemática dos órgãos abdominais de um suíno após a remoção da parede abdominal lateral (vista lateral da direita).

Legenda:
- Aorta
- Veias cavas
- Coração
- Esôfago
- Diafragma
- Fígado
- Vesícula biliar
- Trato gastrointestinal
- Rim
- Trato urogenital
- Omento maior

Anatomia clínica e topográfica 711

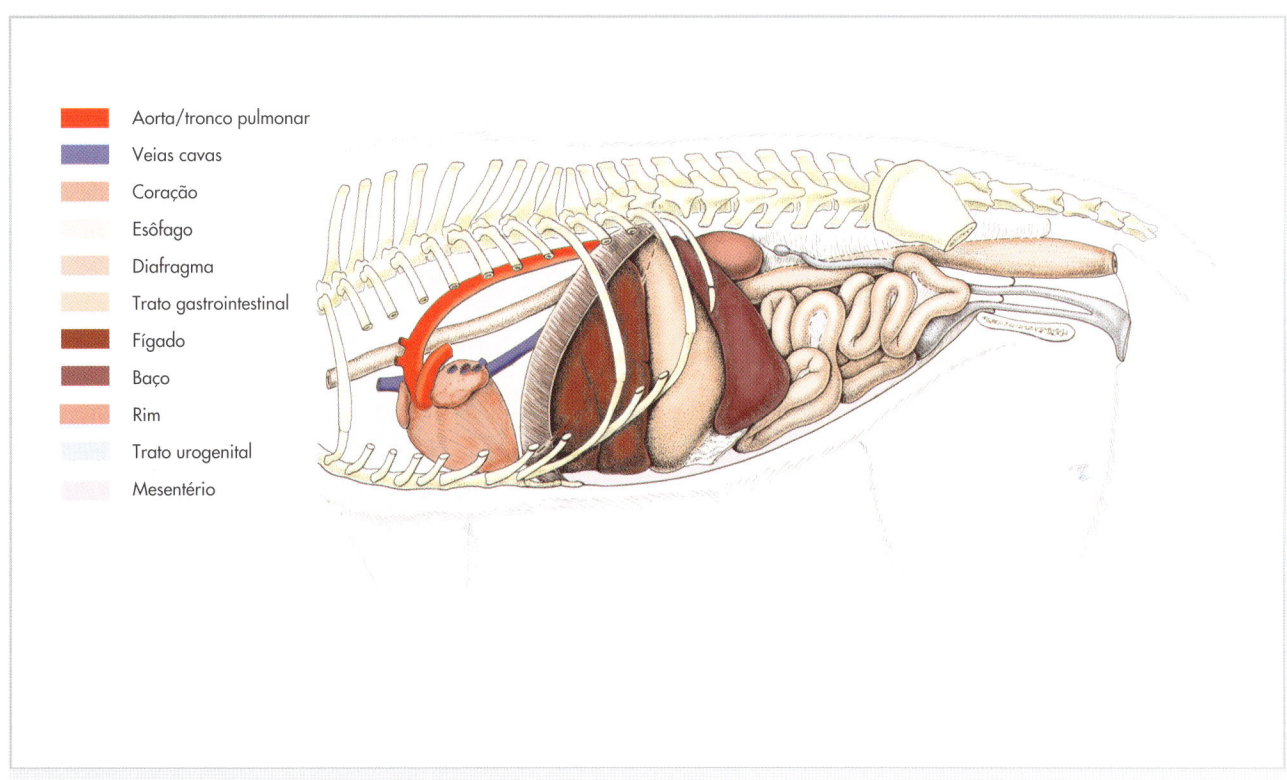

- Aorta/tronco pulmonar
- Veias cavas
- Coração
- Esôfago
- Diafragma
- Trato gastrointestinal
- Fígado
- Baço
- Rim
- Trato urogenital
- Mesentério

Fig. 20.31 Representação esquemática dos órgãos abdominais de um cão após a remoção da parede abdominal (vista lateral da esquerda).

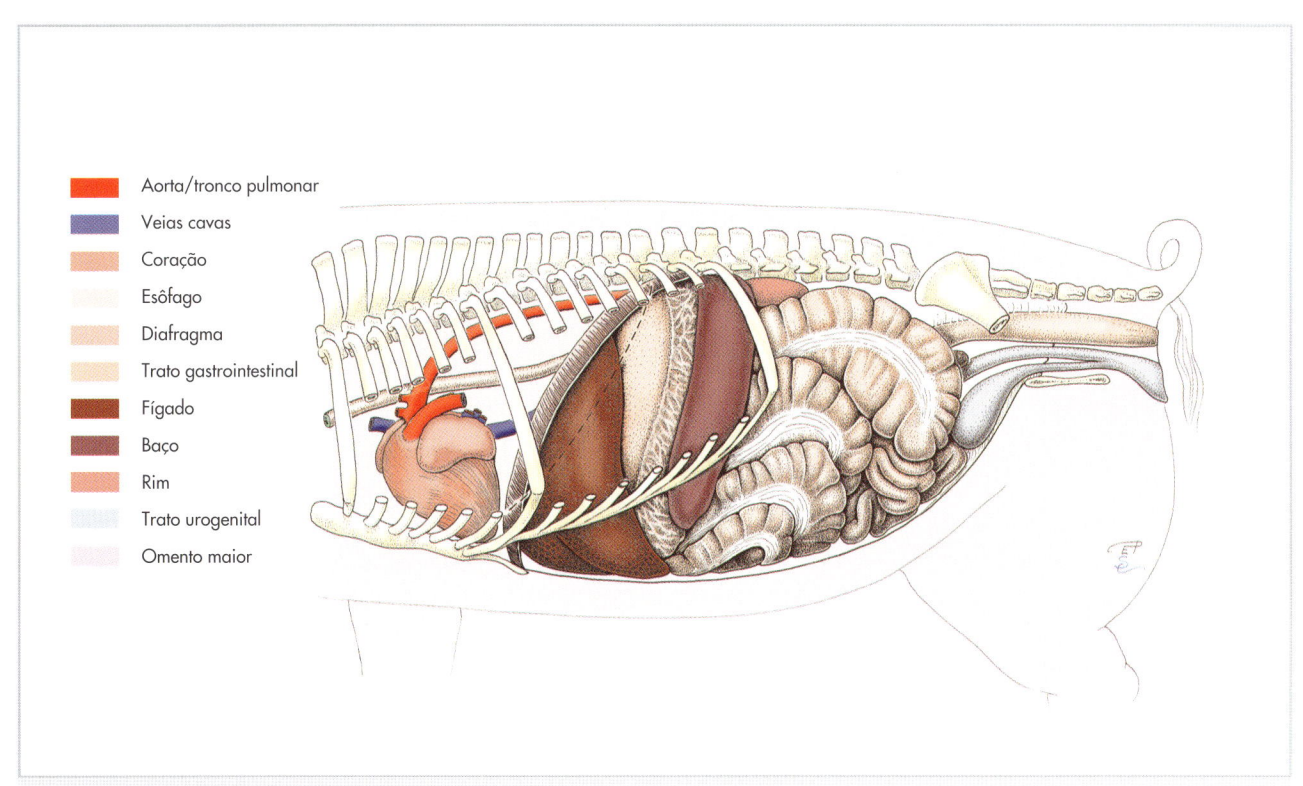

- Aorta/tronco pulmonar
- Veias cavas
- Coração
- Esôfago
- Diafragma
- Trato gastrointestinal
- Fígado
- Baço
- Rim
- Trato urogenital
- Omento maior

Fig. 20.32 Representação esquemática dos órgãos abdominais de um suíno após a remoção da parede abdominal lateral (vista lateral da esquerda).

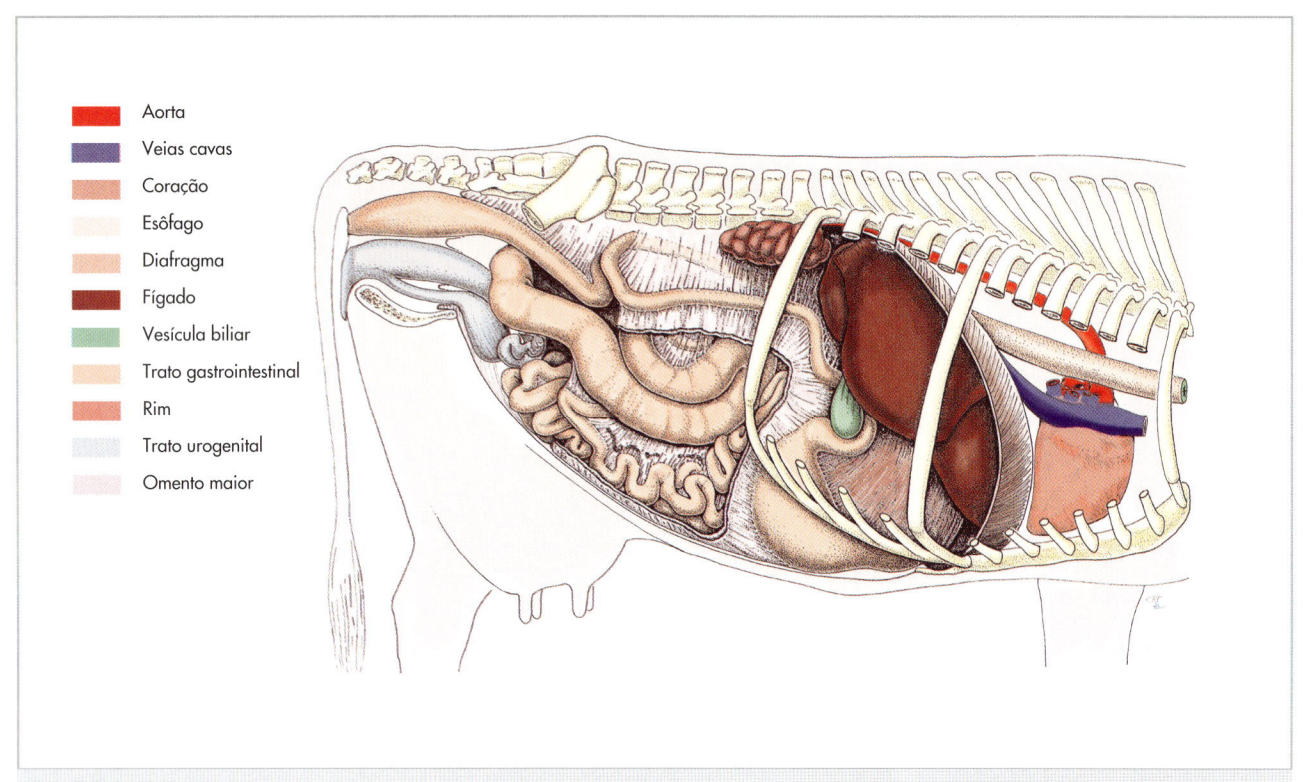

Fig. 20.33 Representação esquemática dos órgãos abdominais de um bovino após a remoção da parede abdominal lateral (vista lateral da direita).

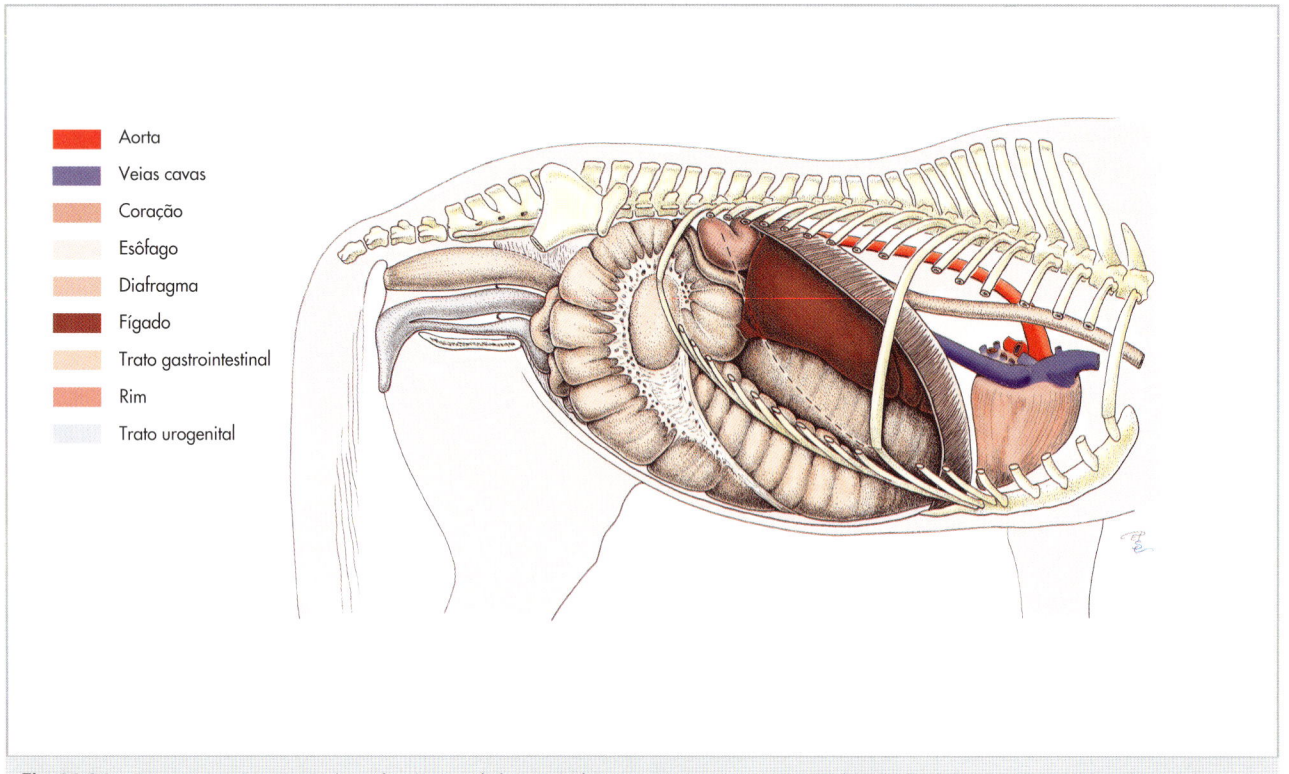

Fig. 20.34 Representação esquemática dos órgãos abdominais de um equino após a remoção da parede abdominal lateral (vista lateral da direita).

Anatomia clínica e topográfica 713

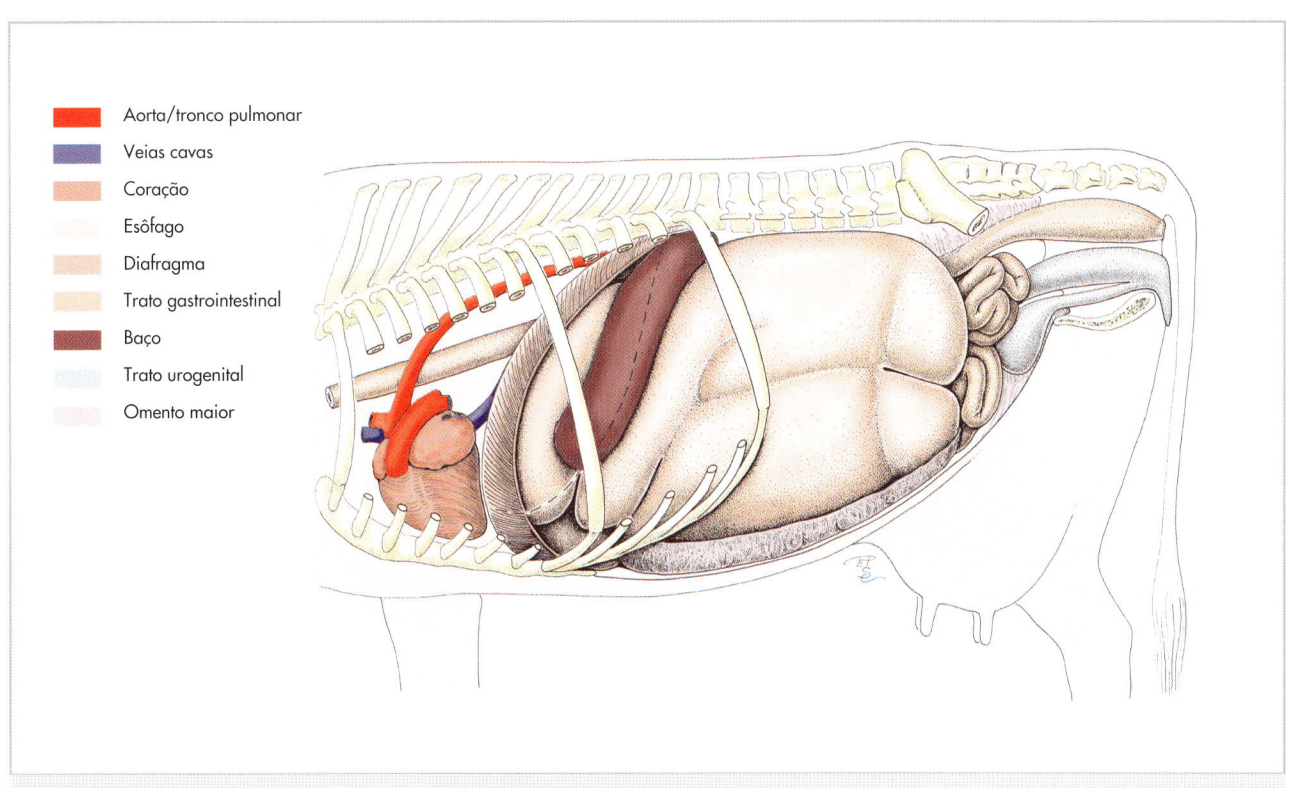

- Aorta/tronco pulmonar
- Veias cavas
- Coração
- Esôfago
- Diafragma
- Trato gastrointestinal
- Baço
- Trato urogenital
- Omento maior

Fig. 20.35 Representação esquemática dos órgãos abdominais de um bovino após a remoção da parede abdominal lateral (vista lateral da esquerda).

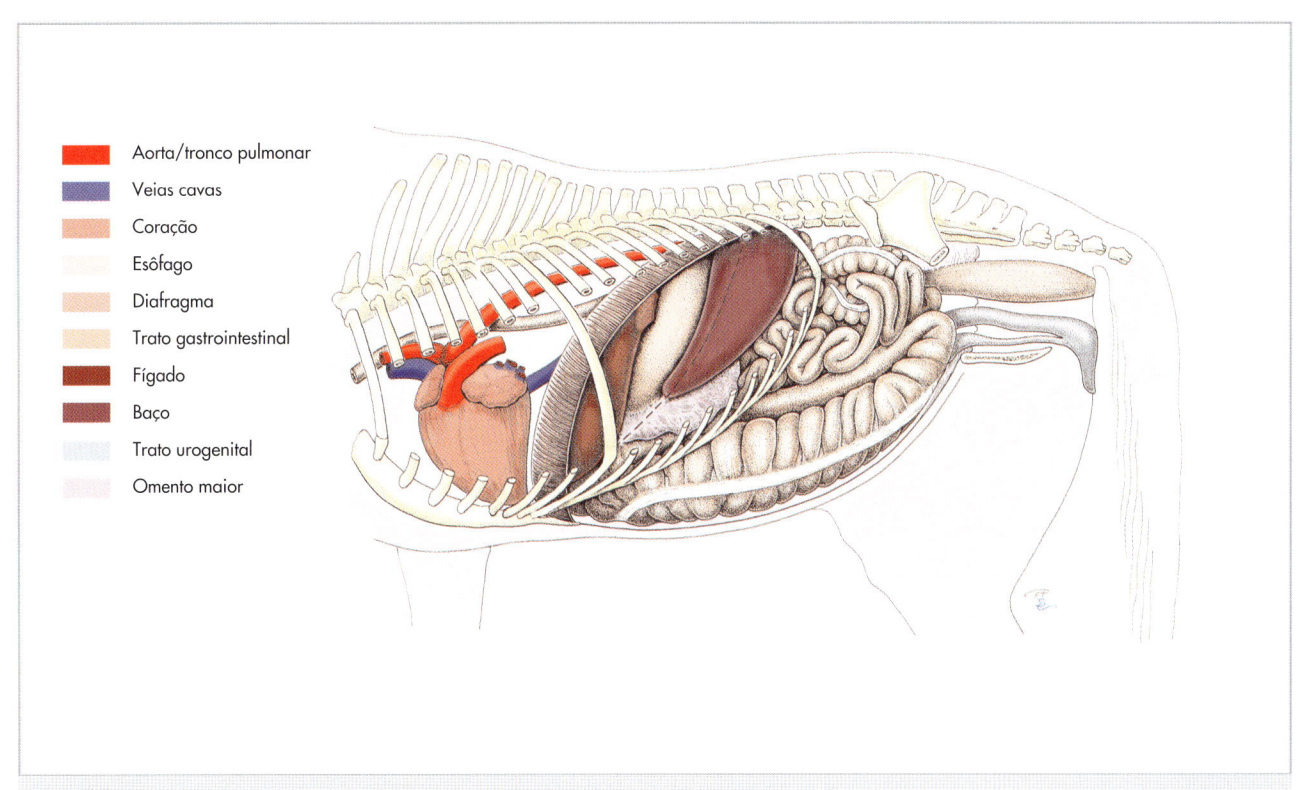

- Aorta/tronco pulmonar
- Veias cavas
- Coração
- Esôfago
- Diafragma
- Trato gastrointestinal
- Fígado
- Baço
- Trato urogenital
- Omento maior

Fig. 20.36 Representação esquemática dos órgãos abdominais de um equino após a remoção da parede abdominal lateral (vista lateral da esquerda).

- aponeuroses dos músculos abdominais oblíquos externos e internos, que formam a bainha externa do músculo reto do abdome;
- músculo reto do abdome, com veia e artéria epigástricas cranial e caudal;
- músculo transverso do abdome (as fibras correm verticalmente);
- fáscia transversal;
- peritônio.

Na região umbilical, um depósito de tecido adiposo se localiza no interior da parede abdominal, sendo coberto por peritônio. No cão e no gato, esse depósito se situa no **ligamento falciforme**. Em animais bem-nutridos, o depósito de tecido adiposo pode ser bastante grande. Esse depósito, às vezes, atrapalha a cirurgia, de modo que geralmente é removido durante a laparotomia. Nesse caso, deve-se ter cuidado especial para identificar e adaptar as margens do peritônio com exatidão.

Como mencionado, essa região é clinicamente relevante, pois várias cirurgias são realizadas nela: laparotomias para castrar/esterilizar fêmeas (gata e cadela); cesarianas e procedimentos cirúrgicos no trato gastrointestinal, nos rins ou no baço.

A anestesia paravertebral é um bloqueio nervoso para essa região, onde todo o segmento nervoso, começando em sua saída pelo forame intervertebral, é anestesiado. A anestesia paralombar resulta no bloqueio apenas do ramo ventral do nervo segmentar.

Região abdominal caudal

Essa região situa-se caudalmente à região abdominal média e se prolonga até a linha terminal. Divide-se em duas sub-regiões:
- região púbica, cranial ao pécten do púbis;
- regiões inguinais pares, situadas à direita e à esquerda entre as coxas.

Região púbica

Estratigrafia

A estratigrafia da região púbica é semelhante à da região abdominal. As aponeuroses dos músculos abdominais se encontram na região púbica e se fusionam com a linha alba. Essas aponeuroses e a linha alba se fixam, como o tendão pré-púbico, ao pécten do púbis. Eventualmente, esse tendão pode romper, como, por exemplo, no final de uma gestação na vaca. Em casos dessa natureza, não há tensão na parede abdominal, e a região inteira pende. Não há tratamento cirúrgico possível.

Os complexos mamários se prolongam na região púbica, e é nesse local que se localizam o pênis e o prepúcio.

Região inguinal

A região inguinal é importante clinicamente. Em fêmeas de grandes animais, ovinos e caprinos, o úbere ocupa essa região. Nas porcas, gatas e cadelas, essa é a região onde as glândulas mamárias inguinais estão localizadas. Os testículos e suas membranas estão todos localizados na região inguinal. Em todos os mamíferos machos, com exceção do elefante, o processo vaginal do peritônio deixa a cavidade abdominal através do **anel inguinal profundo** e, então, do **anel inguinal superficial**.

Aproximadamente 80% das cadelas também possuem um processo vaginal peritoneal. O ligamento redondo do útero atravessa o canal inguinal e é contido no interior do processo vaginal. Nas outras fêmeas dos animais domésticos, o canal inguinal é preenchido com tecido conjuntivo. Assim como nos machos, a artéria e a veia pudendas externas, os vasos linfáticos e o nervo genitofemoral se encontram nessa região.

A região inguinal também contém os **linfonodos inguinais superficiais**, os quais recebem a denominação de linfonodos mamários em espécies com úbere e linfonodos escrotais nos machos.

Estratigrafia

A região inguinal compreende as seguintes camadas:
- pele e tela subcutânea;
- fáscia superficial do tronco;
- fáscia profunda do tronco (no equino e no bovino, túnica amarela do abdome);
- aponeurose do músculo oblíquo externo do abdome, que se insere dessa região para o ligamento inguinal;
- músculo oblíquo interno do abdome;
- fáscia transversa;
- peritônio.

Especialmente em machos, a região inguinal é clinicamente relevante em relação a castração e cirurgias no órgão copulador masculino.

Estratigrafia das membranas testiculares

As membranas testiculares compreendem as seguintes camadas:
- pele do escroto.
- o escroto com:
  - tela subcutânea, camada subcutânea fibromuscular;
  - fáscia espermática externa de dupla camada;
  - fáscia cremastérica e músculo cremáster;
- o processo vaginal com:
  - fáscia espermática interna;
  - camada parietal da túnica vaginal.

Estratigrafia do complexo das glândulas mamárias

O complexo das glândulas mamárias compreende as seguintes camadas:
- pele e tela subcutânea;
- fáscia superficial do tronco contendo o músculo supramamário;
- tecido glandular;
- fáscia profunda do tronco.

20.4.5 Aplicações clínicas

Hérnia abdominal

As hérnias abdominais podem ocorrer **em qualquer ponto na parede abdominal**. Incluem-se não apenas as hérnias umbilical e inguinal, mas todo tipo de hérnia que ocorre pela parede abdominal. A seguir, são apresentados os tipos **mais comuns de hérnia** conforme a espécie:
- **no equino**: caudal à última costela no lado esquerdo da parede abdominal e cranial à região inguinal na área do flanco;
- **no bovino**: na área do flanco direito;
- **no ovino**: com mais frequência no lado direito, mas hérnias também podem ocorrer no esquerdo; hérnias são mais frequentes em animais prenhes.

Laparoscopia

A laparoscopia é um procedimento utilizado não apenas para diagnósticos e biópsias, mas também para o que se denomina **cirurgia minimamente invasiva**. As maiores vantagens desse tipo de cirurgia são o trauma mínimo à parede abdominal e a rápida recuperação do paciente. A desvantagem é o custo elevado do equipamento necessário para realizar essa cirurgia. Com cada laparoscopia, há sempre a possibilidade de ser necessária uma laparotomia.

Laparotomia

A laparotomia na linha alba abdominal é executada com maior frequência em animais de pequeno porte para se obter acesso à cavidade abdominal.

Laparotomia no equino

A laparotomia é o método preferido para **explorar a cavidade abdominal**. A vantagem dessa abordagem é que a incisão pode ser prolongada cranial ou caudalmente, ou ambas, quando necessário. Uma incisão do comprimento necessário é realizada através da pele e da tela subcutânea. Uma pequena incisão é realizada no meio da linha alba abdominal, de modo que o dedo indicador possa passar. O dedo é mantido no espaço retroperitoneal, e a parede abdominal é levantada ligeiramente ou armada como uma tenda. O peritônio e a fáscia transversal são identificados, bem como o ligamento falciforme, localizado cranial ao umbigo, e o ligamento vesical mediano, situado caudal ao umbigo. Desses dois ligamentos, o primeiro contém a veia umbilical fetal que vai ao fígado, ao passo que o segundo envolve o úraco e, no fim, a vesícula. Esses dois ligamentos são separados na metade e ajudam a fortalecer os pontos peritoneais após o fechamento da cavidade abdominal.

Laparotomia no bovino

No bovino, a laparotomia ocorre no flanco sob anestesia local no animal em estação. Toda incisão através de cada camada da parede abdominal deve ser ligeiramente mais curta que a incisão anterior. O único órgão acessível do flanco esquerdo é o rúmen. Aqui, uma incisão vertical é feita através das camadas da parede abdominal. A incisão da pele se inicia imediatamente ventral aos processos transversos das vértebras lombares. As incisões seguintes através dos músculos oblíquos externo e interno também são verticais. Sangramentos de ramos da artéria circunflexa ilíaca profunda devem ser estancados. A incisão seguinte através do músculo transverso do abdome deve ser realizada com cuidado, de forma que a fáscia subjacente e o peritônio não sofram lesões. A última incisão envolve prender essas duas últimas camadas com fórceps de dissecção e fazer uma incisão de ponto com um bisturi. Essa abertura é alargada por tesouras, até se atingir o comprimento desejado. Realiza-se **ruminotomia** no segmento dorsal do flanco esquerdo.

O flanco direito permite acesso aos órgãos subjacentes, ou seja, o ceco e outras regiões dos intestinos. Aqui, as incisões de cada camada são realizadas em direções diferentes. A incisão através da pele e da tela subcutânea é vertical. O músculo oblíquo externo é seccionado na mesma direção que as suas fibras (caudoventralmente). Por fim, faz-se uma incisão através do músculo oblíquo interno na direção de suas fibras (cranioventralmente).

O músculo transverso do abdome, a fáscia transversa e o peritônio da parede abdominal direita são seccionados por meio do mesmo procedimento descrito para a parede esquerda. Para alcançar regiões do sistema digestório, deve-se incidir as camadas superficiais e profundas do omento maior.

No bovino, a dilatação e a torção do ceco e da alça proximal do colo são indicativos para laparotomia no flanco direito. A correção cirúrgica de um deslocamento abomasal também é realizada no flanco direito, iniciando-se da distância da largura de uma mão a partir da última costela. Um deslocamento abomasal para a esquerda é corrigido cirurgicamente por meio de omentopexia pela parede abdominal esquerda ou direita na região do flanco.

Laparotomia sagital

Essa abordagem cirúrgica é utilizada **principalmente no equino** para corrigir **criptorquidismo abdominal**. O paciente anestesiado é colocado em decúbito dorsal. Faz-se uma incisão de 15 cm de comprimento através da pele, 7 a 10 cm lateral ao prepúcio. Essa incisão deve se iniciar ligeiramente caudal ao óstio prepucial e se prolongar paralelamente à linha média ventral. A fáscia profunda do tronco subjacente e a bainha externa do músculo reto do abdome são separadas na mesma direção. O músculo reto do abdome é, então, divulsionado na direção das fibras musculares. Por fim, faz-se uma incisão na bainha interna do músculo reto do abdome e na fáscia transversal, com o peritônio em um ângulo reto à incisão na pele.

Outras indicações importantes para laparotomia sagital incluem **abomasopexia** e **omentopexia** no bovino, bem como **deslocamento do abomaso** para a direita e a esquerda.

Castração

Uma camada frouxa de tecido conjuntivo localiza-se entre a fáscia espermática externa e a fáscia espermática interna. Essa camada permite ao processo vaginal um amplo movimento no interior do escroto. O cirurgião se aproveita dessa camada, já que ela permite que o processo vaginal seja exteriorizado e ligado, removendo os testículos, juntamente às túnicas vaginais. Esse tipo de castração é uma **castração "fechada"**, na qual o processo vaginal não é aberto. Em uma **castração "aberta"**, realiza-se uma incisão não apenas através das camadas do escroto, mas também através do processo vaginal. Os testículos são removidos cobertos apenas pela camada visceral das túnicas vaginais. A castração aberta costuma ser executada apenas em gatos machos. Foram registradas **castrações semifechadas**, fechadas e abertas em garanhões.

A castração semifechada é executada de modo semelhante à castração fechada, descrita anteriormente, exceto pelo fato de que o processo vaginal é aberto e o testículo é exteriorizado. As margens do processo vaginal são mantidas no lugar com fórceps, e o cordão espermático, que ainda está coberto pelo processo vaginal, é, então, esmagado com um emasculador. O funículo e o processo vaginal também são ligados.

A castração fechada é um procedimento de rotina em cães machos. Para cada processo vaginal, o ligamento do escroto entre a túnica do funículo e o escroto deve ser seccionado.

Em cães e em garanhões, também se registra castração fechada pré-escrotal. Um testículo é deslocado o máximo possível na área pré-escrotal medial e faz-se uma incisão da pele sobre o testículo deslocado. Os testículos, ainda cobertos pelas túnicas vaginais, são removidos um após o outro através dessa incisão na pele. Ao se fazer a incisão da pele em cães, deve-se tomar muito cuidado para não lesionar o pênis. Lesões no corpo cavernoso do pênis podem resultar em hemorragia intensa, difícil de ser estancada.

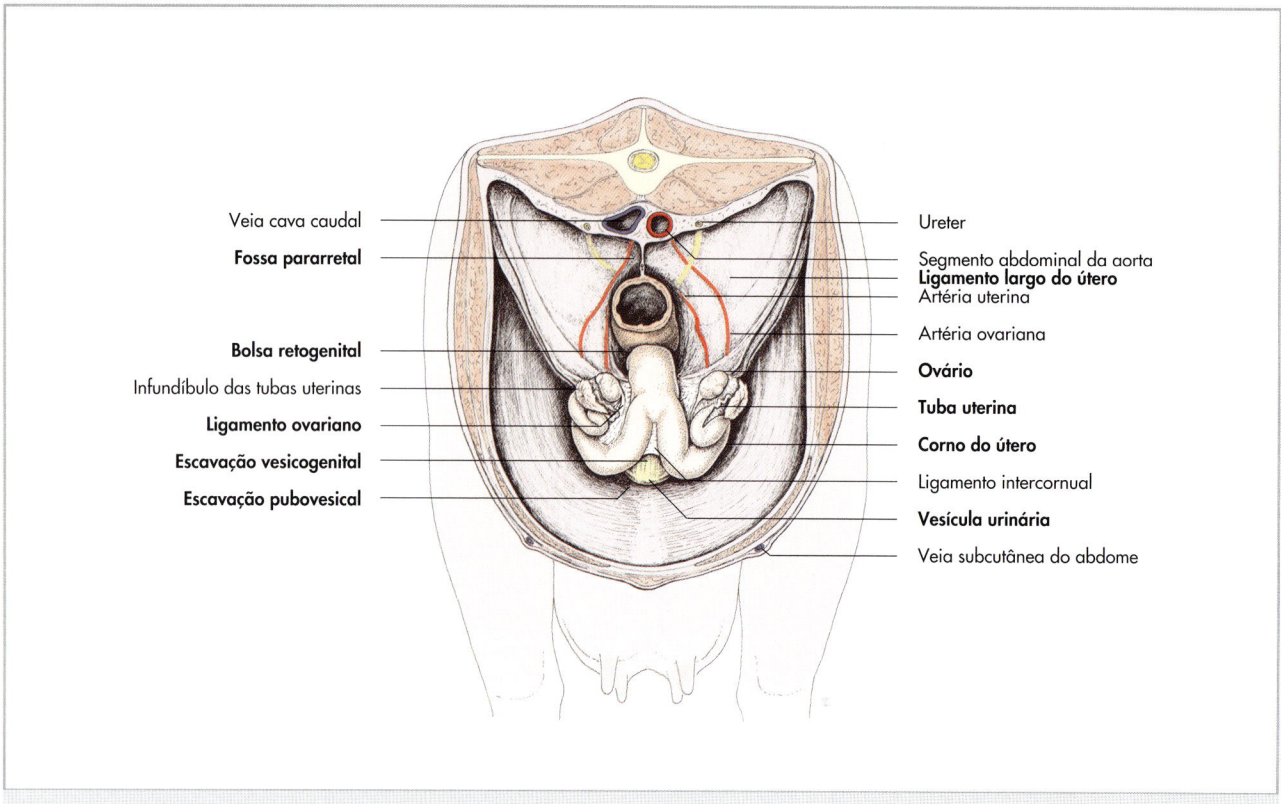

Fig. 20.37 Representação esquemática dos órgãos reprodutores na cavidade pélvica de uma vaca (vista cranial).

A castração fechada é executada em cachaços reprodutores mais velhos. Os ligamentos do escroto, situados caudal aos testículos, precisam sofrer transecção prévia. Apenas então pode-se exteriorizar o processo vaginal que contém o testículo.

Cirurgia dos órgãos copulatórios

Os procedimentos cirúrgicos no órgão copulatório requerem não apenas **anestesia do pênis**, mas também do **prepúcio**. Para conseguir isso, um bloqueio de nervo é realizado no nervo pudendo e nos primeiros quatro ramos ventrais dos nervos lombares. Um bloqueio dos nervos pudendos esquerdo e direito permite a extrusão do pênis. No bovino, esse bloqueio é executado na região perineal, aproximadamente na largura de uma mão, no sentido ventral ao ânus e para a esquerda e a direita na metade da distância entre a tuberosidade isquiática e o períneo.

No gato, o pênis se volta caudalmente. Em caso de **urolitíase**, realiza-se uma **uretrostomia** perineal. A uretra é exposta e incidida, e, então, a parte distal do pênis é seccionada.

Exame do úbere

O **úbere** é clinicamente importante nas fêmeas de grande porte, sobretudo na vaca, por motivos econômicos. Ao se examinar o úbere, é importante determinar a localização e o tamanho dos linfonodos inguinais superficiais (mamários). Nos carnívoros e no suíno, os linfonodos dos complexos mamários craniais pertencem ao **linfocentro axilar**, ao passo que os linfonodos dos complexos mamários caudais pertencem ao **linfocentro inguinal superficial**.

Em vacas, o linfocentro inguinal superficial inclui os linfonodos inguinais profundos e superficiais. O **linfonodo inguinal superficial** mede, aproximadamente, 7 cm de comprimento, 5 cm de largura e 2 cm de espessura, e pode ser facilmente palpado. A palpação desse linfonodo é possível ao se posicionar por trás da vaca e palpar com as duas mãos entre a base do úbere e na parte interna da coxa, o mais dorsalmente possível.

A **vascularização** do úbere é muito importante para a **produção de leite**. A principal artéria, a **artéria pudenda externa**, alcança a base do úbere por meio do canal inguinal. Antes que alcance a base do úbere, ela forma uma flexura em formato de "S". A **veia pudenda externa** é volumosa e acompanha a artéria. Cranial à base do úbere, situa-se a veia subcutânea abdominal. Um ramo da veia pudenda interna, a veia labial caudal ou mamária, aproxima-se caudalmente da base do úbere. Devido à direção das valvas da veia, esse vaso não parece conduzir sangue venoso originário do úbere, e sim em direção a ele. Na porca, na cadela e na gata, os complexos mamários se prolongam da região torácica até a região inguinal. Duas fileiras bilaterais simétricas são separadas na linha média pela região intermamária. Durante o período de amamentação, as glândulas mamárias aumentam de tamanho a ponto de ultrapassar um pouco a região intermamária. Na cadela, com frequência, a cadeia mamária precisa ser removida, devido à neoplasia mamária.

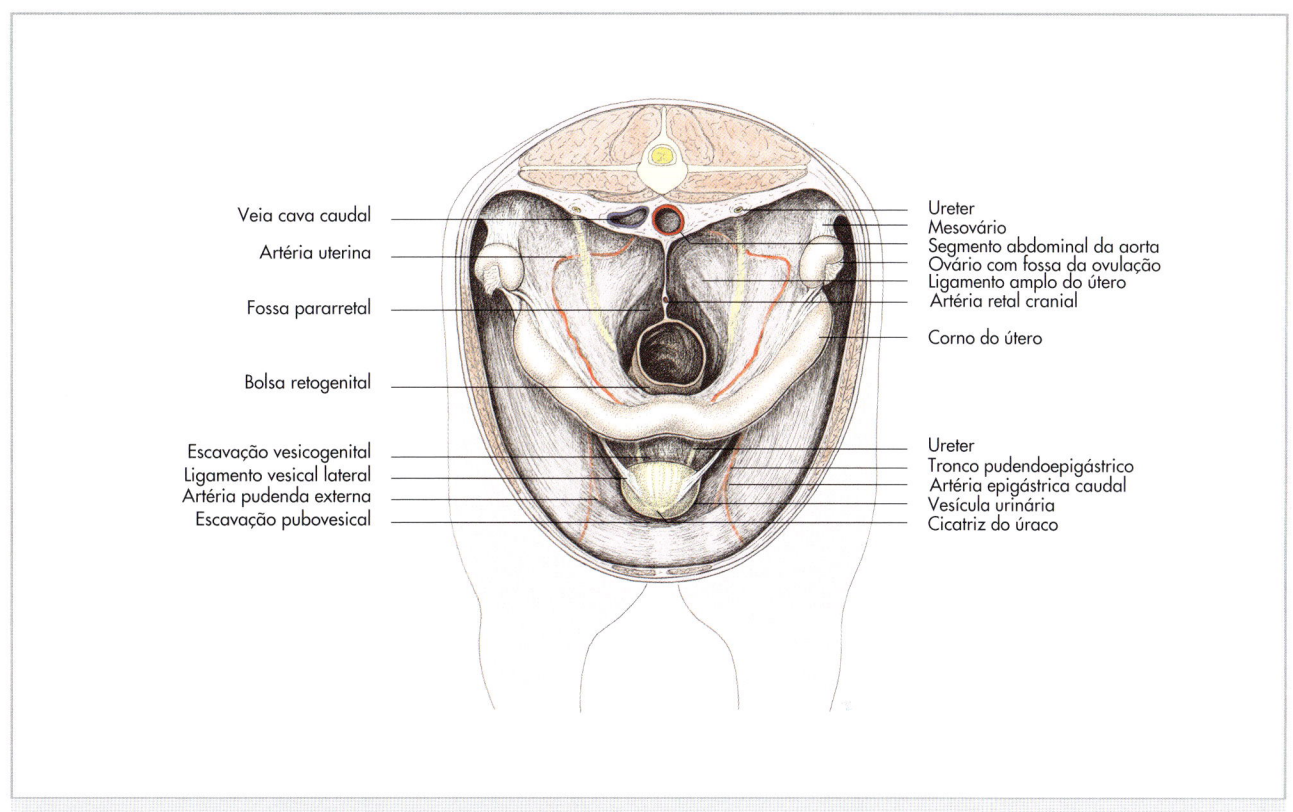

Fig. 20.38 Representação esquemática dos órgãos reprodutores na cavidade pélvica de uma égua (vista cranial).

Exame retal

Depois que o animal é imobilizado, é possível realizar um exame retal com o braço inteiro em animais com massa corporal superior a 150 kg, ou seja, em bovinos, equinos e suínos adultos. Para os outros mamíferos domésticos menores, pode-se conduzir apenas um exame retal com os dedos – consequentemente, nesse caso, inclui-se apenas uma parte caudal limitada da pelve e da cavidade abdominal.

O pré-requisito indispensável para esses exames é o conhecimento sólido da anatomia topográfica dos órgãos abdominais e pélvicos. Além disso, antes da execução de um exame retal, deve-se estar ciente de que a área de exame no abdome corresponde a uma parte cranial cônica aberta, que depende tanto do tamanho do animal quanto do comprimento do braço do examinador. Uma avaliação visual da região do ânus e do períneo do animal antes do exame é fundamental.

Em todos os casos, devem ser observadas as medidas relevantes de proteção do animal para uma execução competente, o que inclui a prevenção de lesões internas ao animal. No caso de bovinos, as intervenções retais são conduzidas não apenas por veterinários, mas também por outros profissionais paramédicos, como técnicos em fertilização, que são especializados na execução dessa tarefa. No caso de equinos, as intervenções retais são realizadas exclusivamente por veterinários.

Exame do bovino

Exame das cavidades abdominal e pélvica

Introduza a mão, protegida por uma luva, no reto da vaca, com os dedos unidos em forma de cone. Supere a resistência do esfíncter anal com um ligeiro movimento de rotação. A ampola retal (*ampulla recti*) é esvaziada. Se as fezes do animal estiverem moles, pode fazer mais sentido evitar o esvaziamento da ampola retal, já que essa medida pode desencadear uma pressão sustentada por parte do animal. Em seguida, empurre cuidadosamente a mão para a frente (direção cranial). Caso ocorram ondas peristálticas, remova a mão e espere até que elas cessem.

A pelve óssea é encontrada na sequência do exame, começando do promontório do osso sacro (*promontorium ossis sacri*) e prosseguindo ao longo da linha terminal (*linea terminalis*) até o pécten do osso pubiano (*pecten ossis pubis*). Ventralmente à coluna, palpe a aorta pulsante, a sua divisão de dois lados, em aortas ilíacas interna e externa, bem como as articulações sacroilíacas, sobretudo se houver suspeita de trauma. Ventralmente à coluna e ao sacro, os linfonodos ilíacos mediais (*lnn. iliaci mediales*), ao lado dos linfonodos ilíacos laterais (*lnn. iliaci laterales*), também são palpáveis.

Dos órgãos urinários, apenas o polo caudal do rim esquerdo é palpável, sendo deslocado do saco dorsal do rúmen para a direita e ligado no meio da cavidade abdominal em parte das vísceras. Os ureteres, os quais se direcionam dorsalmente até a vesícula urinária, são palpáveis como faixas com a grossura de um lápis. A vesícula urinária só pode ser palpada se estiver cheia ou após alterações patológicas (▶Fig. 20.39).

Do sistema digestório, os sacos cegos caudais do rúmen podem ser identificados no exame retal. A túnica serosa do rúmen (peritônio) parece lisa e escorregadia. As porções intestinais localizadas à direita do rúmen são palpáveis apenas quando muito cheias, inchadas ou com endurecimento da parede. Sob essas condições, no caso de cólica, a extremidade do ceco, que aponta na direção caudal, pode alcançar a cavidade pélvica. Nesse caso, o contato do colo com o jejuno e o íleo pode ser identificado na região do flanco superior direito.

Exame da genitália da vaca

Mais de 95% dos exames retais em vacas são conduzidos em função de **indicação ginecológica**. Portanto, os resultados do exame se concentram principalmente no estágio no ciclo estral do animal, em uma possível gestação ou em distúrbios de fertilidade (▶Fig. 20.37 e ▶Fig. 20.39).

Para o exame retal da genitália, prossiga como o descrito anteriormente. Imediatamente no sentido cranioventral do músculo esfíncter do ânus, o vestíbulo da vagina torna-se palpável como uma forma esférica firme, com demarcação superior arredondada. O tubo carnoso da vagina localiza-se cranialmente ao vestíbulo. O colo do útero móvel se projeta cranialmente e pode ser facilmente detectado com a mão. O colo do útero fica acima do pécten do osso pubiano, na abertura pélvica cranial.

Adiante, em direção ao abdome, dependendo de seu estado de preenchimento, a vesícula urinária pode ser palpada. Ela parece ser uma estrutura tensa e de paredes finas. No colo da vesícula, na altura do colo do útero, os ligamentos largos do útero (*latum uteri*) são palpáveis. Em seguida, o examinador segue o corpo do útero (*corpus uteri*) com a mão na direção cranial, que apresenta uma nova divisão cranial em dois cornos do útero (*cornua uteri*), com involuções ventrais e formato de cornos ovinos. Para vacas não gestantes ou vacas nos primeiros estágios da gestação, o útero está localizado na parte posterior da cavidade pélvica, sendo mais fácil a sua palpação nesse local. Dependendo da fase do ciclo, os cornos do útero são firmes, sensíveis ou contraídos (estro), e são mais flácidos e de difícil delimitação durante o diestro ou interestro.

No caso de gestações até o terceiro mês, a alteração no volume do útero pode ser avaliada de forma relativamente fácil por meio da retração uterina. O próprio embrião pode ser palpado a partir do terceiro mês. No quarto e no quinto mês de gestação, o útero se desloca cranialmente na cavidade abdominal, e pode-se observar o típico "frênito" da artéria uterina (designação anterior: artéria uterina média). Partes do corpo do bezerro são palpáveis a partir do sexto mês. Do sexto ao oitavo mês, ocorre a "fase de descida", e o feto não pode mais ser palpado retalmente. A localização do feto em crescimento na cavidade abdominal é tão profunda, que fica fora do alcance do examinador. Partes do corpo do bezerro também podem ser vistas ou tocadas do lado de fora na última fase de gestação.

Para que se possa examinar a estrutura funcional nos ovários, identificam-se os folículos ováricos vesiculosos na base de sua flutuação típica, bem como os corpos lúteos (*corpora lutea*) na fase de amadurecimento, devido à forma característica de uma "rolha de champanhe". Contudo, deve-se estar ciente de que erros de diagnósticos não podem ser descartados, sobretudo nos casos de diagnósticos de ciclo e de gestação precoce.

Aconselha-se repetição de exames, ou exames adicionais, para que possam ser identificados os estágios restantes dos corpos lúteos, principalmente no caso de corpos lúteos persistentes ou cistos de corpo lúteo, por exemplo, ao se determinar a progesterona no leite ou no sangue.

Exame da genitália do touro

Os primeiros passos são executados de modo semelhante ao exame retal descrito para vacas.

As gônadas genitais acessórias dos touros são palpáveis no assoalho pélvico. O músculo uretral (*m. urethralis*) reage claramente ao contato com uma contração. A glândula prostática, lisa e em forma de anel de sinete, encontra-se na extremidade cranial do músculo uretral contrátil. Ambas as glândulas vesiculares lobuladas e ásperas encontram-se nos dois lados ao longo das colunas ilíacas.

A glândula bulbouretral par, localizada caudalmente na parte pélvica da uretra, não pode ser palpada, pois está coberta pelo músculo uretral. Os ductos deferentes, com grossura semelhante a agulhas de tricô, elevam-se do ânulo vaginal ao longo dos dois lados da vesícula urinária. Eles podem ser palpados acima do colo da vesícula urinária. Antes de sua abertura, podem ser sentidas as duas ampolas do ducto deferente (*ampullae ductus deferentis*), as quais são grossas e têm cerca de 20 mm de comprimento.

Para identificar os anéis abdominais ou inguinais, chamados de ânulos vaginais (*anuli vaginales*), empurre o dedo para baixo, com cerca de uma mão de largura cranialmente e para a direita e para a esquerda do plano medial, ventralmente a partir do pécten do osso pubiano. Esses anéis podem ser encontrados dos dois lados como um espaço estreito, no qual é possível introduzir de 2 a 3 dedos.

O funículo entra pelo ânulo vaginal, composto pelo ducto deferente e pelas artérias e veias testiculares. Fora do processo vaginal ou do peritônio, a artéria pudenda, a veia externa e o músculo cremaster aparecem através do vão na região inguinal (virilha). Medial e caudalmente ao assoalho pélvico, a raiz do pênis pode ser identificada por palpação como uma estrutura áspera.

Exame do equino

Exame das cavidades abdominal e pélvica

Para o exame retal, o equino deve sempre ser adequadamente contido, de preferência em um brete. Ao introduzir a mão no reto, proceda de forma semelhante ao método utilizado para bovinos. O esvaziamento total da ampola retal é sempre necessário em equinos.

No caso do equino, deve-se sempre dar atenção a ferimentos que o animal possa já ter sofrido anteriormente a esse exame veterinário (▶Fig. 20.40). Repetidamente, chama-se aqui a atenção para a responsabilidade de lesões intestinais em equinos causadas pelos próprios veterinários durante o exame (em casos raros) e, geralmente, identificadas como tal. Portanto, é de vital importância evitar causar mesmo as mais leves das injúrias.

Antes de prosseguir com o exame, o braço deve ser retirado do reto novamente para documentar traços de sangue, que, por sua vez, podem identificar possíveis lesões anteriores. Ferimentos do reto são possíveis no equino devido a particularidades anatômicas na área dorsal. Os músculos longitudinais ao redor da fixação do mesorreto são tão distantes que chegam a criar um ponto fraco em forma de pipa.

Examina-se, então, a pelve óssea e as articulações sacroilíacas – assim como nos bovinos, segue-se a linha terminal.

Em seguida, no caso de garanhões e animais castrados, de modo semelhante ao touro, examina-se o ânulo vaginal. Apenas duas extremidades de dedos cabem nos anéis abdominais; em alguns animais, podem chegar a três ou quatro. A largura do ânulo vaginal desempenha um papel importante em cólicas, já que uma alça intestinal pode ter ficado presa nos anéis abdominais. Como o equino apresenta um mesentério muito longo, há maior risco de que as alças jejunais fiquem comprimidas. Os ânulos vaginais também devem ser avaliados antes da castração de um garanhão, pois há risco de eventração (prolapso intestinal da cavidade abdominal) quando eles forem particularmente grandes, e não se deve conduzir uma castração aberta.

Em ambos os casos, isto é, para sintomas de cólica e para castração, é absolutamente necessário executar um exame transretal. A não realização de tal exame constitui um erro médico.

Em ambos os sexos, a aorta abdominal (*a. abdominalis*) deve ser palpada ventralmente à coluna. Ela é percebida como um vaso com pulsação forte e diâmetro de cerca de 2 a 3 cm. Os ramos da aorta, as artérias ilíacas interna e externa (*a. iliaca interna* e *externa*), podem ser seguidos distalmente. A aorta pode ser palpada até a bifurcação da artéria mesentérica cranial, a qual segue verticalmente no plano ventral, tem espessura aproximada de um dedo e é um vaso pulsante (cuidado: podem ser formados aneurismas nesse local).

À esquerda da artéria mesentérica cranial, o examinador alcança o polo caudal do rim esquerdo. O ligamento entre baço e rim (ligamento lienorrenal) situa-se no plano horizontal entre o rim esquerdo e a base do baço. Acima do ligamento lienorrenal, encontra-se o espaço entre o baço e o rim (*spatium lienorrenale*), que se situa dorsalmente ao ligamento lienorrenal e faz limite medial com o rim esquerdo e lateral com a base do baço. Ele fica dorsal ao ligamento lienorrenal e é limitado medialmente ao rim esquerdo e lateralmente pela base do baço.

As alças do jejuno ou partes do colo descendente também podem entrar e ser espremidas nesse espaço.

Além disso, há a possibilidade de identificar a artéria renal (*a. renalis*) esquerda como um vaso pulsante cranial à artéria mesentérica cranial.

O colo descendente pode ser palpado como um segmento intestinal com a espessura de um antebraço. Reconhece-se essa parte intestinal pela mobilidade criada pelo longo mesentério e por seu conteúdo, as chamadas bolas de excrementos – bem como pela palpável tênia antimesentérica. A tênia mesentérica é coberta pela base do mesentério.

O examinador também pode palpar a tênia ventral do ceco e a flexura duodenojejunal ao nível do ápice do ceco, no lado direito da cavidade abdominal. A tênia ventral do ceco pode ser palpada com maior facilidade a partir de todos os ligamentos do ceco, uma vez que não apresenta linfonodos e vasos sanguíneos. Os segmentos intestinais saudáveis, em particular o jejuno, mas também o colo ascendente, são difíceis de palpar.

Entre a parte descendente do duodeno (*pars descendens duodeni*) e os lobos hepáticos direitos, o forame omental (*epiploicum*) situa-se na altura da 15ª costela, a qual, em geral, não pode ser alcançada. Há, ainda, o risco de que partes do intestino fiquem presas nesse local. Se houver essa suspeita, a cavidade abdominal deve ser aberta.

Surgindo do pécten do púbis, os dois terços caudais das camadas longitudinais esquerdas do colo ascendente no flanco esquerdo, junto à flexura pélvica, podem ser palpados. As tênias são sempre palpáveis. Deve-se verificar se a flexura pélvica deslocou-se para o espaço lienorrenal (baço-rim). Nesse caso, percebem-se expressões de dor no animal.

A vesícula urinária vazia no assoalho pélvico pode ser reconhecida como um corpo carnoso, com o tamanho de um punho. No caso de um garanhão, pode-se sentir, no assoalho pélvico, a uretra como uma fita grossa, que corre no plano longitudinal.

Exame dos genitais da égua

Inicialmente, o útero e ambos os ovários são palpados para o **exame ginecológico interno** (▶Fig. 20.38 e ▶Fig. 20.40). Durante a fase de corpo lúteo, o útero carnoso é relativamente fácil de ser palpado. Depois que a posição, o tamanho, a simetria e a contratilidade deste órgão forem determinados, é particularmente interessante identificar uma possível flutuação nos cornos do útero (*cornua uteri*).

É importante, por exemplo, reconhecer o aumento de conteúdo líquido, o que pode indicar um acúmulo de catarro (principalmente no garanhão), mas também de pus (no caso de inflamação).

É muito fácil determinar o estágio do ciclo estral, devido a mudanças estruturais do endométrio que também dependem do ciclo. Quando a égua está no cio, por exemplo, o endométrio torna-se mais edemaciado, e a extensão das pregas endometriais aumenta significativamente, de modo que uma "estrutura em raios de roda" aparece em corte transversal em uma imagem de ultrassom dos cornos do útero. Em contrapartida, os cornos do útero são homogêneos durante a fase lútea. A ultrassonografia também pode revelar neoformações, como cistos do endométrio.

De modo subsequente, o exame continua com a palpação retal dos ovários. Eles são alcançados ao se mover lateralmente o braço já inclinado na direção dos ossos do quadril. Nesse local, dependendo do estágio reprodutivo, podem-se palpar os ovários rugosos de um tamanho que vai de uma avelã até um ovo de ganso. A rigidez da superfície depende da presença ou da ausência de folículos. Na área da fossa de ovulação, a consistência dos folículos também pode ser avaliada a partir de um diâmetro de cerca de 30 mm. Imediatamente após a ovulação, o coágulo (*corpus hemorrhagicum*) pode ser palpado como uma estrutura macia. Os folículos, principalmente por seu tamanho e flutuação, também podem ser determinados aqui. O corpo lúteo não é palpável na égua.

Na égua, tanto o útero quanto os ovários podem ser examinados por ultrassom além do exame retal. Um exame de ultrassom transretal dos ovários pode produzir imagens de folículos a partir de um diâmetro de poucos milímetros. Um exame unicamente ultrassonográfico dos ovários não justifica o seu uso, uma vez que não se pode detectar a gestação de forma confiável.

Após a ovulação, é possível, inicialmente, descrever o preenchimento da cavidade folicular com sangue. A crescente fusão com o tecido do corpo lúteo faz a baixa ecodensidade inicial da cavidade folicular tornar-se cada vez mais ecogênica, ao mesmo tempo que diminui de tamanho. Eventualmente, é possível descrever um corpo albicante muito além da luteólise.

Exames de gestação transretais da égua são possíveis a partir da terceira semana. O diagnóstico de gestação já pode ser feito por ultrassom a partir do 9º ou 10º dia após a concepção. Contudo, isso requer experiência suficiente e equipamento técnico de alta qualidade. Na prática, o exame de prenhez ocorre apenas no 15º ou 16º dia, já que algumas gestações são naturalmente interrompidas entre o 10º e 15º dia após a concepção.

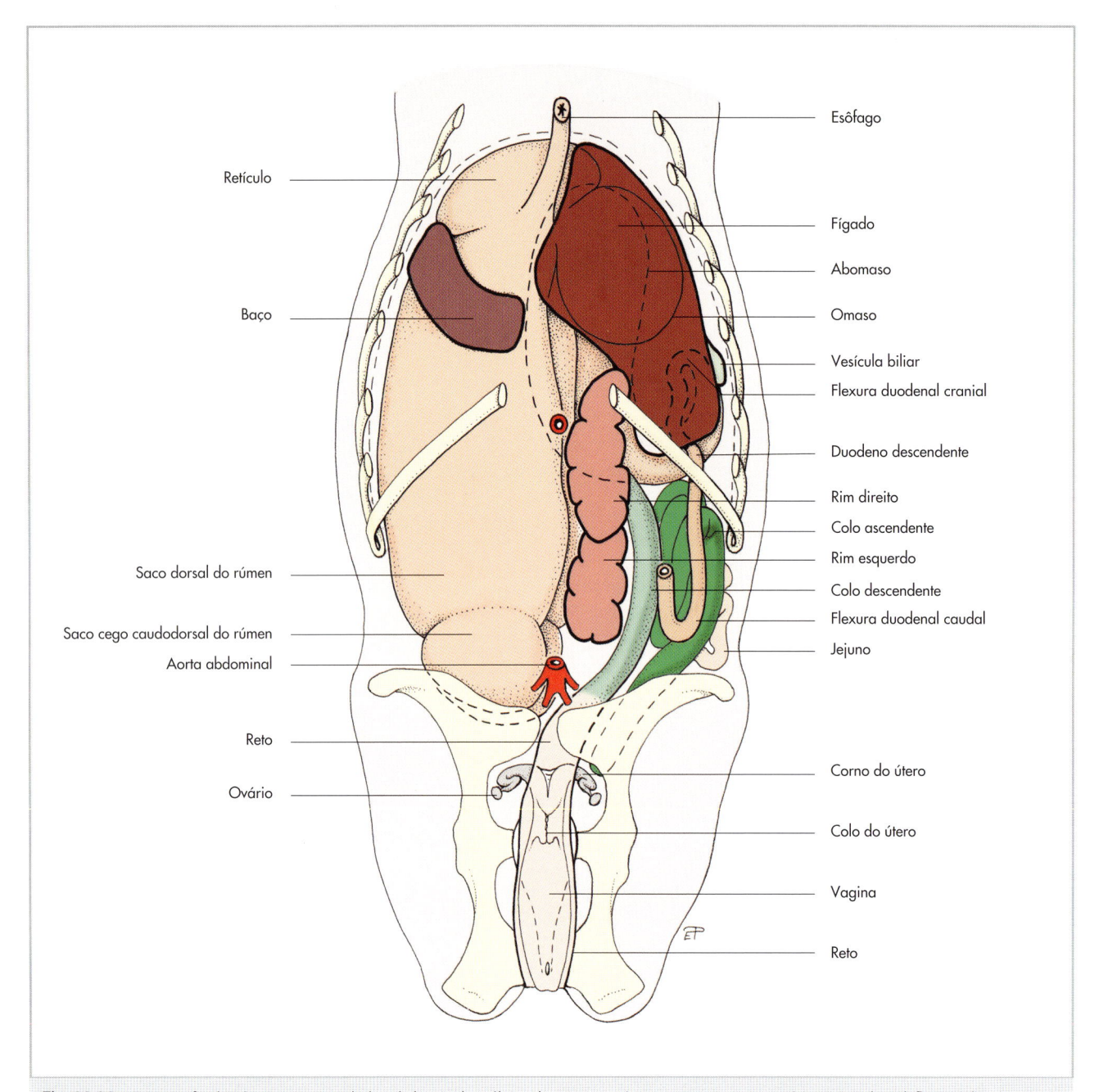

Fig. 20.39 Topografia dos órgãos nas cavidades abdominal e pélvica de uma vaca (representação esquemática, vista dorsal, flexura duodenal seccionada).

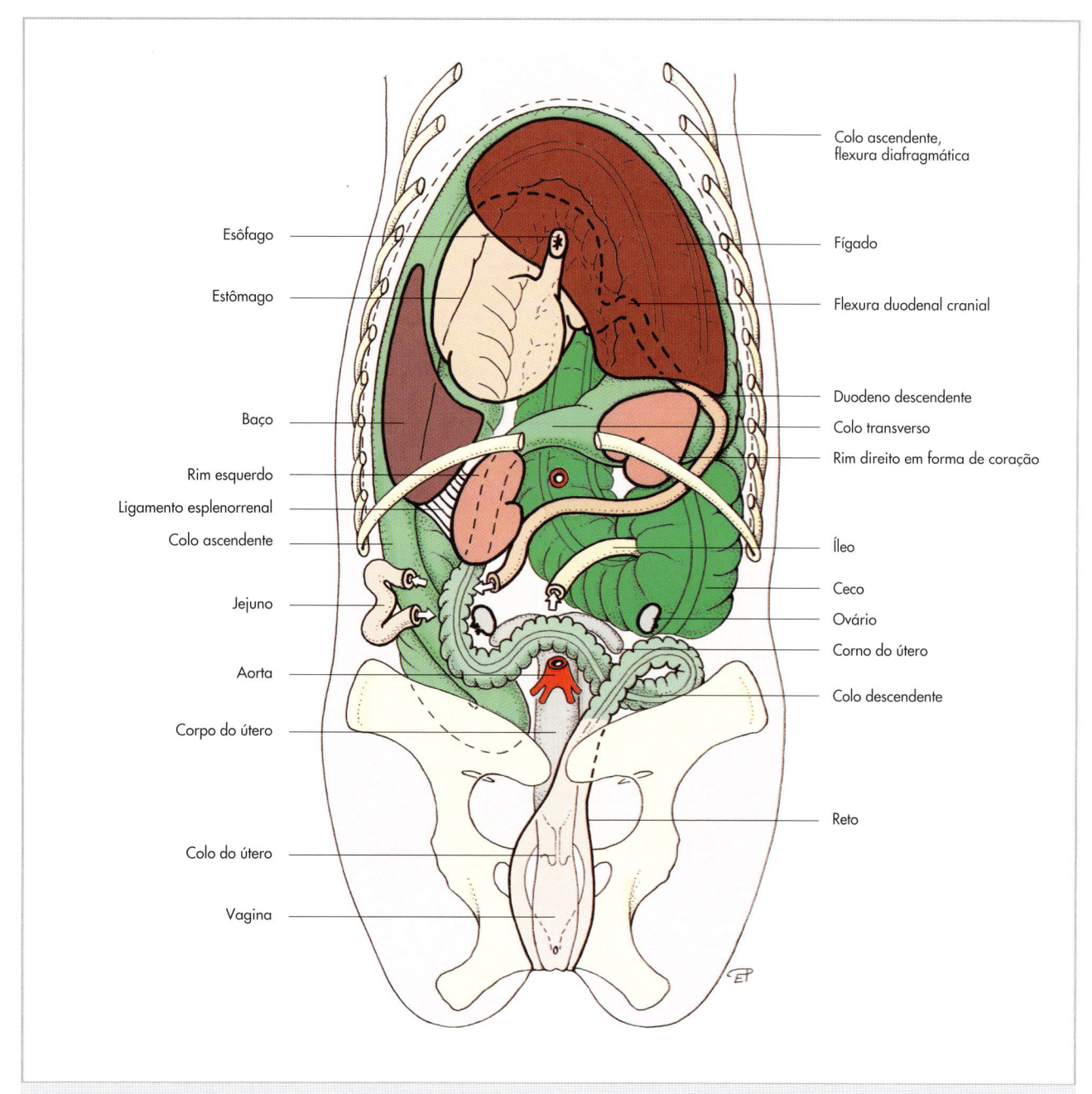

Fig. 20.40 Topografia dos órgãos nas cavidades abdominal e pélvica de uma égua (representação esquemática, vista dorsal, jejuno seccionado).

Exame do suíno

No caso de porcas grandes o suficiente, a vagina pode ser sentida como uma faixa frouxa, com cerca de dois dedos de largura. O colo situa-se no plano dorsal ao pécten do púbis e, com o corpo do útero (*corpus uteri*) situado em frente deste, torna-se fácil identificar quando o animal está no cio. Eleve a parte caudal do abdome externamente para poder palpar com maior facilidade os ovários e o útero. Os ovários podem ser encontrados como uma estrutura irregular na forma de amora, na altura da margem cranial do respectivo ligamento largo do útero. Os dois rins aparecem como estruturas lisas na parede abdominal dorsal. O cone do colo é palpável cranioventralmente na metade esquerda da cavidade abdominal. A sua posição depende do estado de preenchimento do estômago (movimento pendular). Alças jejunais não são palpáveis.

20.5 Membro torácico (*membra thoracica*)

20.5.1 Regiões

As regiões dos membros torácicos são (▶Fig. 20.41, ▶Fig. 20.42, ▶Fig. 20.43 e ▶Fig. 20.44):

- região escapular;
- região da articulação do ombro e região axilar;
- região lateral do braço;
- região medial do braço;
- região do cotovelo;
- região do antebraço com:
  - região cranial do antebraço;
  - região medial do antebraço;
  - região caudal do antebraço;
- região carpal;
- região metacarpal e regiões distais.

Região escapular

A região escapular cobre a escápula e a cartilagem escapular. A metade dorsal da pele é inervada pelos **ramos dorsais dos nervos cervicais**, os quais contornam a cartilagem escapular e a margem dorsal da escápula. A região cranioventral da pele é inervada pelos **nervos supraclaviculares**, e a região caudoventral, pelo **nervo intercostobraquial**. Sob a pele, encontram-se o **músculo trapézio**, o **músculo omotransverso** (exceto no equino) e o **músculo deltoide**. A segunda camada muscular contém o **músculo supraespinal**, o **músculo infraespinal** e o **músculo redondo menor**, sendo que este último se posiciona sob o músculo deltoide. A **artéria e a veia subescapulares** (que emergem da artéria e da veia axilares) correm ao longo da margem caudal da escápula.

A **artéria circunflexa da escápula** emerge da artéria subescapular e divide-se em um ramo medial e outro lateral. O **nervo supraescapular** (um ramo do plexo braquial) é espesso, corre lateralmente sobre a escápula e inerva os músculos supraespinal e infraespinal. Esse nervo é muito mais propenso a lesões devido a trauma fechado em animais que não apresentam acrômio. O nervo supraescapular é acompanhado por um pequeno ramo da artéria axilar – a artéria supraescapular. A face medial da escápula é coberta pelo **músculo subescapular**, o qual é inervado pela grande quantidade de nervos subescapulares (ramos do plexo braquial). O **músculo serrátil ventral** e o **músculo romboide** encontram-se nas margens dorsal e medial da escápula e na cartilagem escapular. O **músculo redondo maior** e a cabeça longa do **músculo tríceps** se fixam à margem caudal da escápula.

Articulação do ombro e região axilar

A região da articulação do ombro é visível e palpável lateralmente (▶Fig. 20.58 e ▶Fig. 20.59). O plexo braquial localiza-se na face medial da região da articulação do ombro, no terço distal da escápula. O plexo situa-se nas camadas mais profundas dessa região e pode ser acessado medialmente (▶Fig. 20.45 e ▶Fig. 20.46).

Musculatura

A **articulação do ombro não contém ligamentos**, pois estes são substituídos lateralmente pelo tendão do músculo infraespinal e medialmente pelo tendão do músculo subescapular, sendo que ambos funcionam como ligamentos de contração. Uma bolsa sinovial extensa situa-se sob o tendão do músculo infraespinal. O músculo bíceps braquial posiciona-se cranial à articulação do ombro e desliza pelo sulco intertubercular com o auxílio de uma bainha tendínea (no cão e no gato) ou de uma bolsa intertubercular (no equino e no bovino). Em pequenos animais, o tendão se mantém no lugar por meio do ligamento transverso do úmero.

Outros músculos encontrados nessa região são: lateralmente, os músculos deltoide e redondo menor; medialmente, os músculos redondo maior e coracobraquial; e cranialmente, o músculo cleidobraquial.

A **região axilar** pode ser acessada medialmente até a articulação do ombro. Essa região é coberta pelos músculos peitorais. Ambos os músculos dos músculos peitorais superficiais são encontrados subcutaneamente aqui (cranialmente, o músculo peitoral descendente; e caudalmente, o músculo peitoral transverso). Os músculos peitorais superficiais cobrem o músculo peitoral profundo subjacente.

Vasos sanguíneos

Os seguintes vasos sanguíneos estão presentes nessa região: artéria axilar, artérias circunflexas cranial e caudal do úmero e artéria supraescapular.

Nervos

Os seguintes nervos encontram-se nessa região: nervo supraescapular, nervos peitorais craniais, nervos subescapulares, nervos peitorais caudais, nervo toracodorsal, nervo torácico longo, nervo torácico lateral e nervo axilar.

Plexo braquial

Os nervos que formam o plexo braquial **inervam os membros torácicos** e **parte da parede do tronco**. Esses nervos se originam dos ramos ventrais dos três últimos nervos espinais cervicais e dos dois primeiros nervos espinais torácicos. Fibras do tronco simpático e do gânglio estrelado também contribuem para o plexo. As raízes do plexo alcançam a face medial da escápula cranial à primeira costela através das partes média e ventral do músculo escaleno. A artéria e a veia axilares também deixam a cavidade torácica cranial à 1ª costela. Os linfonodos axilares encontram-se no ponto onde a artéria axilar se divide nas artérias braquial e subescapular.

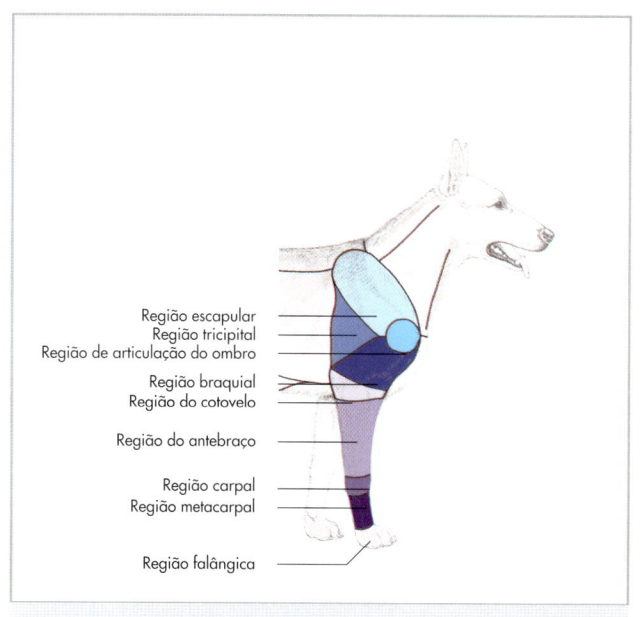

Fig. 20.41 Representação esquemática das regiões no membro torácico de um cão (vista lateral).

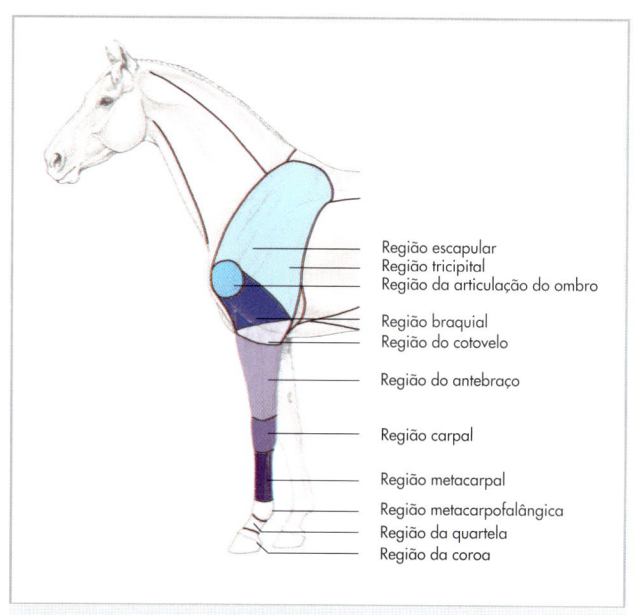

Fig. 20.42 Representação esquemática das regiões no membro torácico de um equino (vista lateral).

Região braquial lateral

A região do braço superior equivale ao úmero; isto é, ela se prolonga desde a tuberosidade maior até o epicôndilo lateral do úmero. Ao contrário da região braquial medial, a região braquial lateral é coberta por pele. Diretamente sob a pele, está a fáscia superficial, a qual envolve o músculo cutâneo omobraquial (apenas no bovino e no equino).

Musculatura

Os músculos dessa região incluem: músculos cleidobraquial, deltoide, cabeça lateral do músculo tríceps braquial e segmento distal do músculo braquial.

Vasos sanguíneos

Nas secções cranial e proximal dessa região no cão, um ramo da veia cefálica – a veia axilobraquial – conecta a veia cefálica com a veia braquial do sistema venoso mais profundo. A partir da face flexora da articulação do cotovelo, a veia cefálica prossegue para o sulco peitoral, em direção à veia jugular externa.

Nervos

O nervo radial aparece apenas na face lateral do úmero nessa região. Um ramo do nervo axilar, o nervo cutâneo cranial do antebraço, situa-se na margem ventral do músculo deltoide. O nervo cutâneo lateral do antebraço, o qual emerge do nervo radial, encontra-se na margem ventral da cabeça lateral do músculo tríceps.

Região braquial medial

A região braquial medial não é coberta por pele, uma vez que está diretamente aderida ao tronco (▶Fig. 20.45, ▶Fig. 20.46 e ▶Fig. 20.47).

Musculatura

Os seguintes músculos localizam-se na face medial do úmero: músculo bíceps braquial, músculo coracobraquial, músculo redondo maior, cabeça medial do músculo tríceps braquial e músculo braquial.

Vascularização e inervação

A **artéria braquial** é acompanhada cranialmente pelos nervos mediano e musculocutâneo e caudalmente pela veia braquial e pelo nervo ulnar. Em ungulados, existe uma conexão entre os nervos mediano e musculocutâneo, chamada de **alça axilar**. O **nervo ulnar** e o **nervo mediano** penetram essa região juntos, até que o nervo ulnar se desvia para prosseguir caudalmente em direção à articulação do cotovelo. A artéria circunflexa cranial do úmero acompanha o ramo proximal do nervo musculocutâneo entre o músculo coracobraquial e o osso para a parte cranial dessa região. A artéria braquial profunda emerge da artéria braquial caudal e irriga o músculo tríceps. A artéria colateral radial se origina a partir desse vaso. A artéria colateral ulnar segue a margem distal da cabeça medial do músculo tríceps para a face medial do olécrano. A artéria bicipital passa para a face cranial do braço, para irrigar o músculo bíceps. O nervo mediano é acompanhado pelo **nervo musculocutâneo** até a metade do úmero, onde este último se ramifica a partir do nervo mediano. O extenso **nervo radial** corre como um cordão espesso, caudal ao nervo ulnar e à artéria braquial, e, por fim, passa entre as cabeças medial e longa do músculo tríceps braquial, onde as fibras motoras se ramificam

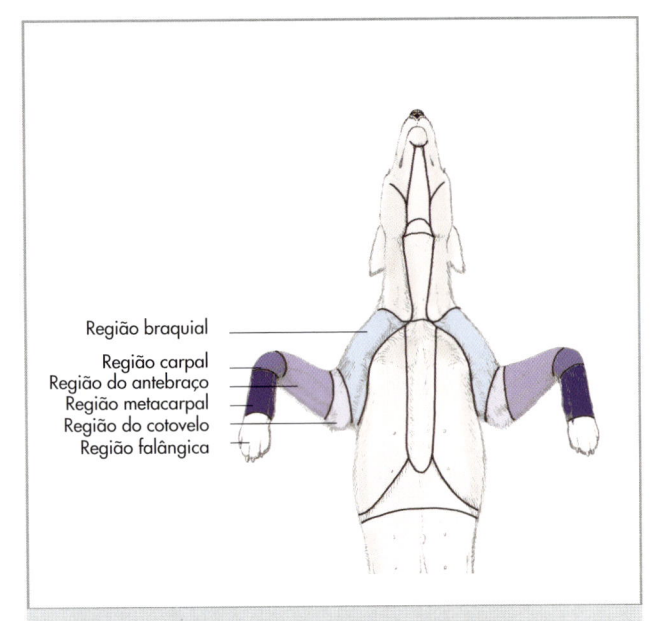

Fig. 20.43 Representação esquemática das regiões nos membros torácicos de um cão (vista medial, decúbito dorsal).

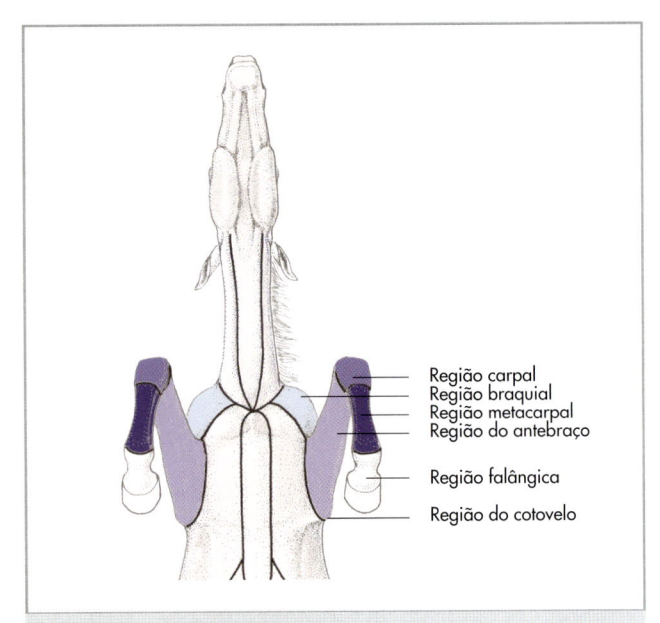

Fig. 20.44 Representação esquemática das regiões nos membros torácicos de um equino (vista medial, decúbito dorsal).

e inervam o músculo tríceps. O nervo radial prossegue na face lateral do úmero, acompanhando o músculo braquial.

Região do cotovelo

A região do cotovelo (▶Fig. 20.45, ▶Fig. 20.46 e ▶Fig. 20.47) se prolonga desde o olécrano até a eminência proximal, para a fixação de ligamentos do rádio, e se divide nas regiões lateral e medial. O centro dessa região é formado pela articulação do cotovelo, uma articulação em dobradiça. A face lateral dessa região é composta por pele, pela fáscia superficial e pela fáscia do antebraço mais profunda.

Musculatura, vasos sanguíneos e nervos

Os **seguintes músculos** encontram-se lateralmente nessa região: **músculo tríceps braquial** (cabeças lateral e longa), **músculo ancôneo, músculos extensores radial do carpo e ulnar do carpo, músculos extensores lateral e comum dos dedos e músculo braquial**.

As mesmas fáscias formam as camadas subcutâneas da face medial. A **veia cefálica** corre através da região lateral na camada subcutânea, acompanhada no cão pela pequena artéria superficial cranial do antebraço e pelo ramo superficial do nervo radial. Sob essas estruturas, está o músculo peitoral superficial. Os **seguintes tratos** correm sob esse músculo: **nervo mediano, artéria e veia medianas, veia mediana do cotovelo, artéria colateral radial, nervo ulnar, nervo cutâneo caudal do antebraço** e **artéria e veia colaterais ulnares**. No equino, os linfonodos cubitais situam-se na bifurcação formada pela fusão da veia colateral ulnar com a veia braquial. Os músculos bíceps e tríceps (cabeça medial) do braço ficam sob esses tratos. O nervo ulnar passa através de um sulco, o **sulco ulnar**, formado pelas cabeças umeral e ulnar do músculo flexor ulnar do carpo. No cão, esse é o local onde se encontra o músculo pronador redondo, ao passo que, no equino, esse músculo se reduz a um tendão. Sob o músculo pronador redondo, estão a artéria e veia medianas e o nervo mediano, os quais se posicionam sobre a cápsula articular e os tendões.

Região do antebraço

Essa região pode ser alcançada cranial, medial, caudal ou lateralmente.

Região cranial do antebraço

Os **nervos da pele** (nervos cutâneos cranial e lateral do antebraço) correm sob a pele e subcutaneamente. A **veia cefálica** também encontra-se nesse local e, com exceção do equino, é acompanhada pelo ramo superficial do nervo radial. No cão, a veia cefálica também é acompanhada pela pequena artéria superficial do antebraço. No terço médio do antebraço, a **veia cefálica acessória** (utilizada para punção venosa no gato e no cão) desemboca na veia cefálica. Sob essa fáscia, podem ser encontradas as seguintes estruturas, a partir do sentido medial: **músculo extensor radial do carpo, músculo extensor comum dos dedos, músculo abdutor longo do primeiro dedo** e **músculo extensor lateral dos dedos**. O tendão do músculo abdutor longo do primeiro dedo cruza o tendão do músculo extensor radial do carpo no terço distal dessa região.

Região medial do antebraço

O segmento proximal da região medial do antebraço no equino é coberto pelo **músculo peitoral transverso**, o qual se fusiona com a fáscia do antebraço. A **veia cefálica** corre medialmente na extensão da margem medial do rádio. Sob a fáscia do antebraço e

Anatomia clínica e topográfica

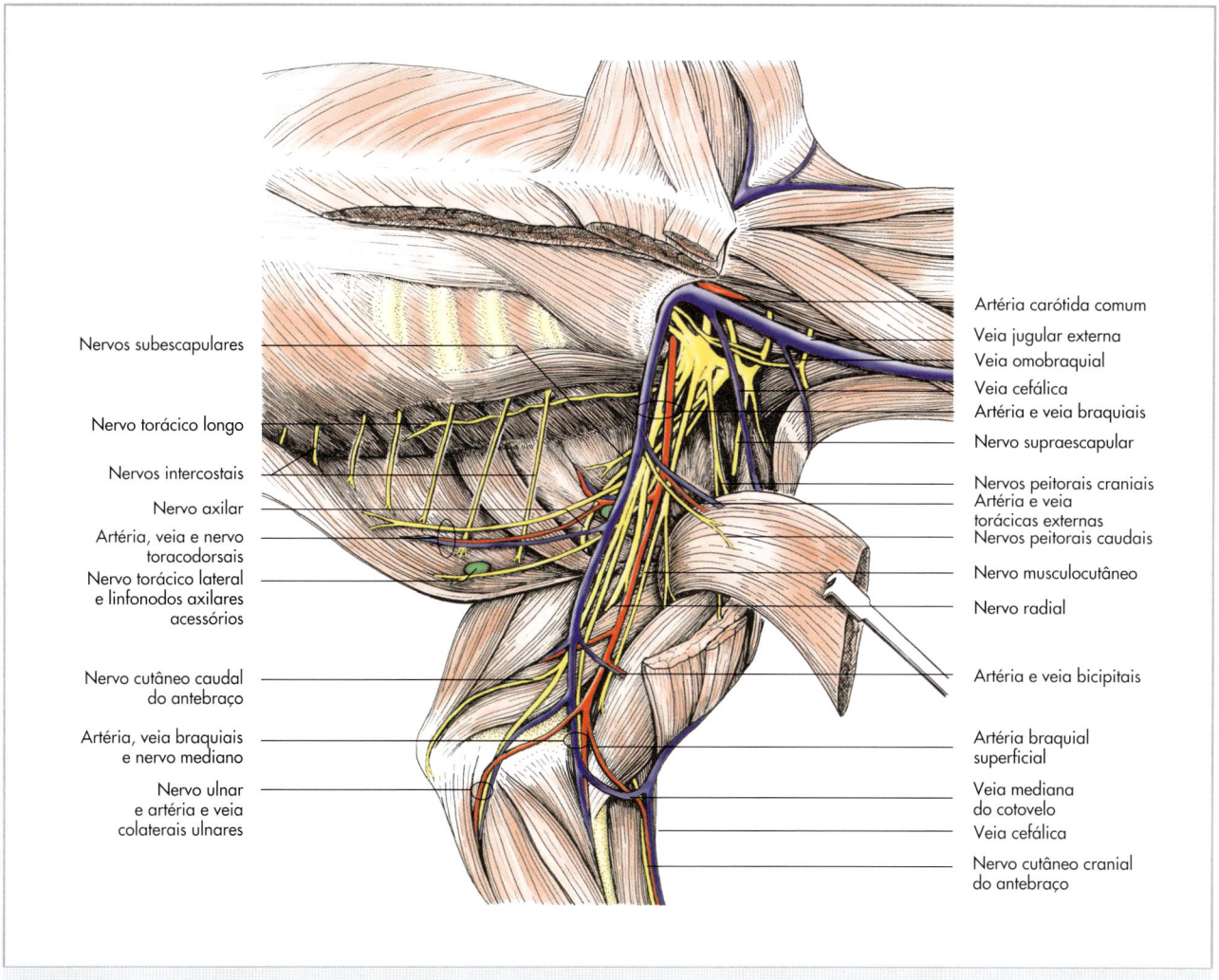

Fig. 20.45 Ilustração esquemática do plexo braquial de um cão (representação esquemática, vista ventrolateral).

Labels (esquerda): Nervos subescapulares; Nervo torácico longo; Nervos intercostais; Nervo axilar; Artéria, veia e nervo toracodorsais; Nervo torácico lateral e linfonodos axilares acessórios; Nervo cutâneo caudal do antebraço; Artéria, veia braquiais e nervo mediano; Nervo ulnar e artéria e veia colaterais ulnares.

Labels (direita): Artéria carótida comum; Veia jugular externa; Veia omobraquial; Veia cefálica; Artéria e veia braquiais; Nervo supraescapular; Nervos peitorais craniais; Artéria e veia torácicas externas; Nervos peitorais caudais; Nervo musculocutâneo; Nervo radial; Artéria e veia bicipitais; Artéria braquial superficial; Veia mediana do cotovelo; Veia cefálica; Nervo cutâneo cranial do antebraço.

iniciando-se na altura do rádio, na direção craniocaudal, encontram-se os seguintes elementos: **músculo flexor radial do carpo**, **músculo flexor ulnar do carpo**, **cabeça ulnar tendinosa do músculo flexor profundo dos dedos** e **músculo flexor ulnar do carpo**. O músculo flexor superficial dos dedos é coberto pelo músculo flexor ulnar. A **artéria e a veia medianas**, acompanhadas pelo **nervo mediano**, correm caudalmente ao rádio e são cobertas pelo músculo flexor radial do carpo. No terço proximal do antebraço, na altura do espaço interósseo, a **artéria braquial** termina ao se dividir em **artéria mediana** e **artéria interóssea comum**. No terço distal da região medial do antebraço, a artéria mediana se divide em três vasos. A continuação da artéria mediana torna-se a **artéria digital palmar II** (principal), e os dois ramos são o **ramo palmar** e a **artéria radial**. O **nervo mediano** também se divide em nervos palmares medial e lateral. Este último se associa com o nervo ulnar. O sulco ulnar contém a **artéria e veia colaterais ulnares** e o **nervo ulnar**. No terço distal dessa região, uma parte do nervo ulnar se ramifica e forma o ramo dorsal, o qual corre lateralmente sobre o músculo extensor do carpo. O ramo palmar é a continuação do nervo ulnar, o qual se associa com o nervo palmar lateral.

Região caudal do antebraço

Após a remoção da pele e da tela subcutânea, as seguintes estruturas são encontradas na região caudal do antebraço, na direção craniocaudal, iniciando-se com o rádio: **músculo flexor radial do carpo**, **músculo flexor superficial dos dedos**, **músculo flexor ulnar do carpo** e **músculo extensor ulnar do carpo**. Medialmente ao músculo flexor ulnar do carpo e na face medial dessa região, estão a **pequena artéria radial**, a **artéria e a veia medianas** e o **nervo mediano**. A artéria e a veia colaterais ulnares e o nervo ulnar correm juntos no sulco formado pela cabeça do úmero do músculo flexor ulnar do carpo e pelo músculo extensor ulnar do carpo. O **nervo ulnar** se divide no terço proximal dessa região no espesso ramo palmar e no delgado ramo dorsal, o qual corre laterodorsalmente. A artéria interóssea caudal é coberta pelo músculo pronador quadrado.

Região carpal

A região carpal cobre a articulação do carpo (*articulatio carpi*). A maior amplitude de movimento na articulação do carpo está na articulação antebraço carpal. O osso carpo acessório (pisiforme) sustenta a ulna apenas no cão e no gato. Essa articulação funciona em animais ungulados como uma articulação em dobradiça, e em carnívoros, como uma articulação elipsóidea.

Tendões

Os tendões que passam sobre a articulação do carpo são cobertos na face dorsal pelo retináculo extensor e na face palmar pelo retináculo flexor. Cada tendão é envolto em sua própria bainha tendínea. A maior delas é a **bainha sinovial comum dos músculos flexores**, a qual envolve os tendões dos **músculos flexores superficial e profundo dos dedos**. No equino, alcança-se essa bainha a partir da face lateral no terço proximal do metacarpo. A agulha é inserida proximalmente em paralelo ao tendão flexor profundo dos dedos.

Vasos sanguíneos

Nessa região, os seguintes vasos sanguíneos situam-se na face palmar: **artéria mediana**, **artéria radial menor** e ramo palmar, bem como os ramos terminais da artéria colateral ulnar. Essas artérias formam anastomoses, que, por sua vez, formam os **arcos palmares superficial** e **profundo**. Ramos arteriais delicados formam a rede carpal dorsal.

Nervos

Os **nervos (palmares) ulnar** e **mediano** estão localizados na face palmar dessa região. Na face dorsal, os **nervos radial** e **musculocutâneo**, bem como o ramo dorsal do nervo ulnar, dividem-se em muitos ramos.

Região metacarpal e regiões dos dedos

A região metacarpal e as regiões dos dedos têm importância clínica principalmente no equino.

Na face palmar, imediatamente abaixo da pele, está a fáscia metacarpal palmar. Os nervos palmares lateral e medial situam-se sob essa fáscia nas faces lateral e medial dos tendões flexores, respectivamente. No meio dessa região, o ramo comunicante cruza sobre o tendão flexor superficial. Esse nervo se ramifica do nervo palmar medialmente e se une ao nervo palmar lateral mais adiante distalmente. O nervo palmar lateral, que se fusiona ao ramo palmar do nervo ulnar, inerva o músculo interósseo médio com o seu ramo profundo. Sob o músculo interósseo médio e formando um ângulo entre os ossos metacarpais III e IV, estão os nervos metacarpais palmares lateral e medial. Esses nervos, situados profundamente, inervam o recesso articular palmar proximal da articulação metacarpofalângica e os ossos sesamoides.

Na altura da articulação metacarpofalângica, cada nervo digital libera um ramo dorsal para a falange proximal e, mais adiante distalmente, um ramo dorsal para a falange média. A continuação do nervo digital se transforma nos nervos digitais palmares medial e lateral, os quais são cruzados de cada lado pelo tendão do esporão. A topografia dos vasos sanguíneos e dos nervos nas faces medial e lateral dos dedos constitui-se da seguinte forma: situado paralela e palmarmente ao ramo de sustentação do músculo interósseo médio, está o ramo dorsal da falange proximal; seguindo no sentido caudal, está a veia digital palmar; em seguida, encontra-se o ramo dorsal para a falange média; então, a artéria digital palmar; e, mais adiante, no sentido palmar, está o nervo digital palmar. Essa topografia é a mesma do membro pélvico, com a diferença de que a expressão "palmar" é substituída por "plantar".

A artéria principal, a artéria digital comum II, que vasculariza o membro distal, corre medialmente aos tendões flexores. Essa artéria se divide nas artérias digitais palmares na altura dos botões do osso metacarpal IV. Na região metatarsal, a artéria digital comum II é a continuação da artéria dorsal do pé e corre dorsalmente entre o osso metacarpal III e o osso metacarpal II. Ela prossegue distalmente para o osso metacarpal II, na face plantar do metacarpo.

No nível do metacarpo, entre os ossos do metacarpo III e o pequeno metacarpiano, estão pequenas artérias que recebem o nome de sua localização: as artérias metacarpais dorsais II e III e as artérias metacarpais palmares II e III. No sentido proximal à articulação metacarpofalângica, essas pequenas artérias se unem à artéria digital comum II. Pequenos ramos se originam de cada artéria digital palmar e formam um anel ao redor das falanges proximal e média. Esses vasos formam anastomose com os vasos que se originam do lado oposto. Na área do casco, os ramos digitais para a epiderme e muitos ramos suprindo a derme (cório) também surgem das artérias digitais palmares. Eles formam anastomoses na falange distal, criando o arco terminal. Cada veia digital palmar corre entre os ramos proximal e médio que irrigam a falange dorsal.

As veias digitais palmares são formadas pela confluência de veias que irrigam áreas do casco, as quais recebem a mesma denominação de suas artérias correspondentes. No interior da cápsula ungueal, pelo menos uma anastomose arteriovenular existe entre cada veia e artéria, em que cada artéria é acompanhada dos dois lados por veias. A cartilagem do casco também é coberta com uma extensa rede venosa, a qual flui para as veias digitais palmares.

Tendões

Os tendões nessa região incluem os **tendões flexores dos dedos superficial e profundo**, bem como o tendão do músculo interósseo médio. No sentido proximal à articulação metacarpofalângica, o tendão flexor superficial forma uma bainha (manica flexora, *manica flexoria*), que envolve o tendão flexor profundo dos dedos. No terço proximal do metacarpo, o **tendão do músculo flexor profundo dos dedos** é reforçado pelo **ligamento acessório**. Proximalmente à articulação metacarpofalângica, o músculo interósseo médio divide-se em dois ramos. Na área digital, os tendões são mantidos em posição por segmentos espessos e reforçados da fáscia digital. Na altura da articulação do boleto (metacarpofalângica), está o **ligamento anular palmar**, ao passo que, na altura da primeira falange, está o **ligamento anular digital proximal de quatro extremidades**. Distalmente da última estrutura, encontra-se o **ligamento anular digital distal**.

Nas regiões digitais, há várias estruturas sinoviais que merecem atenção. Apenas a bainha sinovial comum dos tendões flexores possui sete recessos e se prolonga das cabeças dos ossos metacarpais II e IV para o meio da falange. A **bolsa podotroclear** também situa-se nessa região, entre a aponeurose do tendão flexor profundo e o osso navicular.

No bovino, os tendões palmares na região metacarpal são semelhantes aos do equino. A única diferença é que, no bovino, o **tendão flexor superficial dos dedos** se une primeiramente na metade proximal do metacarpo com uma parte superficial do músculo interósseo médio para formar uma bainha, o manica flexora (*manica flexoria*), que envolve o músculo flexor profundo dos dedos. O tendão flexor profundo **não possui um ligamento acessório**. Proximalmente à articulação do boleto, os dois tendões flexores se dividem em um ramo para o 3º dedo e um ramo adicional para o 4º dedo. Ao contrário do que ocorre com o equino, no bovino, o músculo interósseo médio se divide em um ramo medial, dois ramos laterais e um ramo comunicante.

O ramo comunicante é conectado ao tendão flexor superficial dos dedos e forma uma bainha, chamada de manica flexora, ao redor do tendão flexor proximalmente à articulação do boleto. Na região digital, os tendões são mantidos no local pelos ligamentos anulares. Isso inclui o ligamento anular palmar no nível da articulação do boleto, o ligamento anular proximal e distal no nível da primeira falange e um ligamento anular distal no nível da quartela. Este último também forma o ligamento interdigital distal.

A bainha sinovial comum dos tendões flexores deve ser mencionada em conexão com os retináculos. Na face dorsal da região metacarpal, o tendão do músculo extensor lateral dos dedos se fixa à quartela do 4º dedo. O tendão do músculo extensor comum dos dedos se divide em um ramo lateral, o qual envia fixações para os processos extensores da falange distal do 3º e 4º dedos. Cada tendão de inserção está envolto em sua própria bainha tendínea. O ramo medial do músculo extensor comum dos dedos se fixa à quartela do 3º dedo.

Vascularização e inervação

No bovino, a **artéria mediana** prossegue no terço distal do metacarpo como a **artéria digital comum palmar III**. No terço distal do metacarpo, essa artéria é acompanhada pela veia de mesmo nome e pelos nervos correspondentes. Juntas, essas estruturas passam diagonalmente sobre o ramo medial do tendão flexor superficial. O ramo palmar da artéria radial passa medialmente através da face palmar dessa região em seu trajeto até os dedos, porém se localiza mais profundamente que a artéria digital comum palmar III. Além disso, o ramo superficial da artéria colateral ulnar se localiza de forma semelhante, porém na face lateral do metacarpo. Esses dois vasos, o ramo palmar e o ramo superficial, são acompanhados não apenas pelas veias correspondentes, mas também pelo **nervo palmar medial** (continuação do nervo mediano) e pelo **nervo palmar lateral** (continuação do nervo ulnar), respectivamente.

Esses tratos se transformam na **artéria e veia palmares próprias abaxiais** e no **nervo IV** dos dedos ou na **artéria e veia palmares próprias abaxiais** e no **nervo III** dos dedos. O ramo comunicante conecta os nervos palmares medial e lateral e pode ser encontrado no terço distal do metacarpo. O nervo radial situa-se na face dorsal do metacarpo e divide-se no meio dessa região em nervos digitais dorsais abaxial e axial do 3º dedo.

O ramo dorsal, situado lateralmente ao nervo ulnar, torna-se o nervo digital próprio dorsal abaxial IV. Não se encontram artérias maiores na face dorsal do metacarpo. No espaço interdigital, a veia cefálica acessória é formada a partir da união das veias digitais dorsais axiais III e IV.

No bovino, a região digital dorsal contém os nervos digitais dorsais axiais III e IV e os nervos digitais dorsais abaxiais III e IV.

Os nervos axiais são acompanhados por veias. Nervos palmares semelhantes existem na região palmar para cada dedo.

Nesse lado, eles são acompanhados por uma artéria e uma veia. Nos membros pélvicos, a expressão "palmar" é substituída pela expressão "plantar". No metatarso, a artéria digital comum corre dorsalmente entre os ossos metatarsais III e IV. Ela prossegue através do canal metatarsal distal até o lado plantar e se divide nas artérias digitais plantares.

20.5.2 Aplicações clínicas

As regiões do membro torácico são denominadas conforme os ossos correspondentes. Diversas **estruturas ósseas** são visíveis e palpáveis em animais com massa corporal normal e, portanto, servem como **pontos de orientação** (▶Fig. 20.58 e ▶Fig. 20.59).

A margem dorsal da escápula é visível no cão e no gato. Em animais de grande porte, a cartilagem escapular é visível e/ou palpável. Partes da espinha da escápula e de sua tuberosidade são palpáveis no equino, assim como o acrômio é palpável no cão e no gato. Mais adiante, na direção distal, as seguintes estruturas ósseas do membro torácico são palpáveis: tubérculo maior do úmero, tuberosidade deltoide, olécrano, face medial do rádio e osso carpo acessório. No equino, os botões do osso metacarpal IV e a primeira falange são facilmente palpáveis na região distal do osso metacarpal.

Em pequenos animais (cães e gatos), não é raro que o acrômio ou o colo da escápula sofram fraturas como resultado de contusões. Na articulação do ombro, danos à cartilagem podem ocorrer, o que faz um fragmento de cartilagem ficar frouxo ou até mesmo se desprender (**osteocondrose dissecante**). O fragmento solto produz dor, resultando em claudicação, principalmente quando fica preso sob o tendão do músculo subescapular ou no interior da bainha sinovial do músculo bíceps braquial. Na maior parte das vezes, esse tipo de lesão não é visível em radiografias. O diagnóstico é possível apenas por meio da abertura da articulação do ombro, em que uma terapia simultânea é possível.

Um problema semelhante ocorre em potros de rápido crescimento e inquietos. Entre outras enfermidades dos equinos que afetam o membro torácico, estão: bursite na **bolsa intertubercular** ou na bolsa subtendínea do músculo infraespinal e **paralisia do nervo supraescapular**.

No cão, a ruptura traumática de fibras musculares ou tendíneas acarreta hematoma extenso. Durante o convalescimento de uma lesão dessa natureza, por exemplo, no músculo infraespinal, forma-se tecido cicatricial, causando **contratura muscular permanente** e **atrofia grave**. Extensão, flexão, supinação e pronação podem ficar limitadas ou mesmo impossíveis.

Uma ruptura do músculo bíceps braquial é facilmente diagnosticada quando o membro afetado é estendido cranial e caudalmente, com flexão máxima da articulação do ombro. De modo simultâneo, é possível esticar a articulação do cotovelo ao máximo no membro afetado. A dor que se expressa quando o membro torácico é levantado é um sintoma típico de **bursite da bolsa intertubercular**, que, no equino e no bovino, não se comunica com a cavidade articular. Quando o animal é forçado a andar de ré, ele arrasta os seus dedos no solo para diminuir a pressão na bolsa sinovial. A pronação arqueada exagerada do membro torácico durante a locomoção é um sintoma típico de inflamação na bolsa subtendínea, a qual proporciona amortecimento para o músculo infraespinal. Ao girar o membro caudalmente, o animal tenta reduzir a dor causada pela bursite.

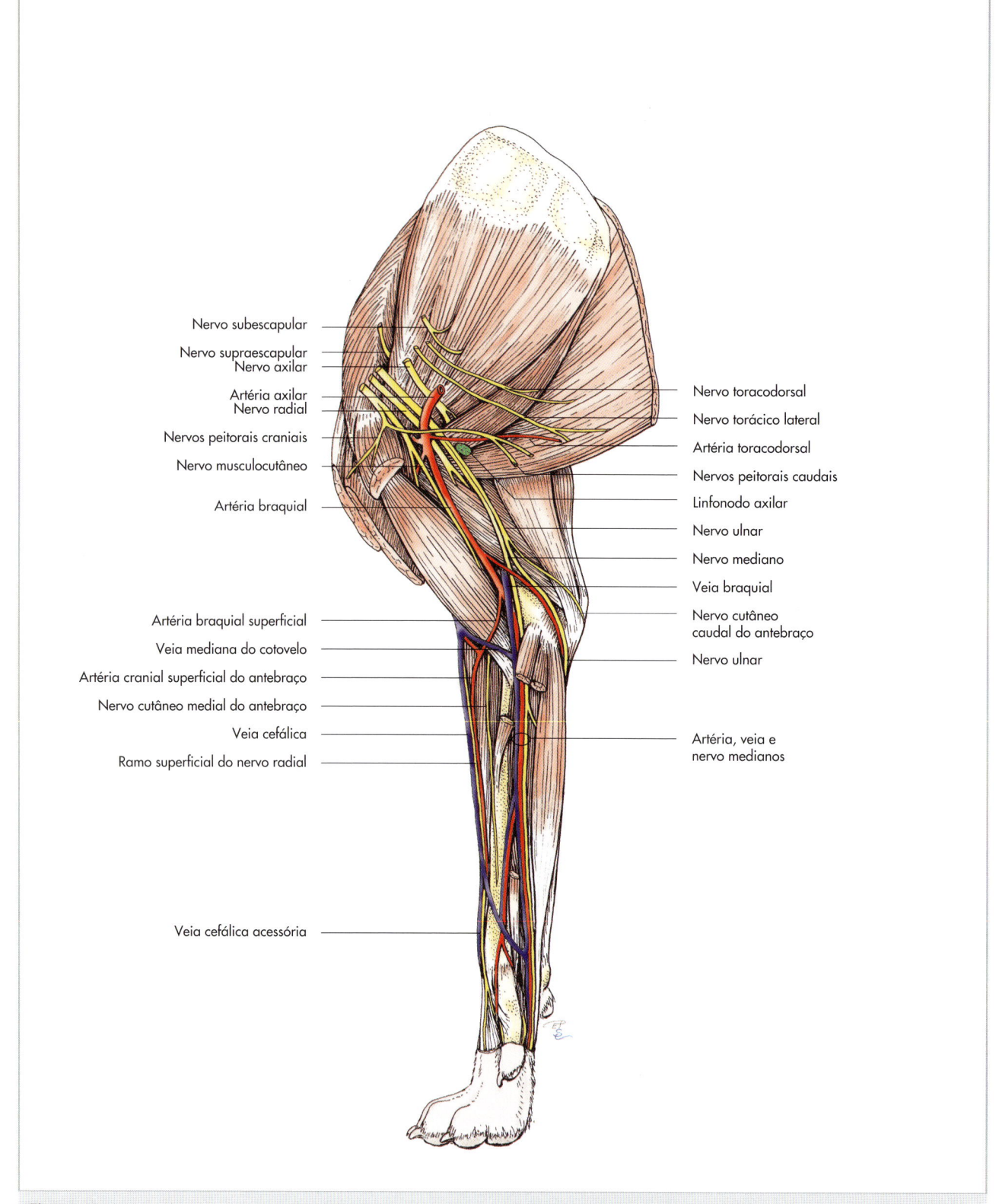

Fig. 20.46 Topografia dos vasos sanguíneos e dos nervos do membro torácico de um cão (representação esquemática, vista medial).

Anatomia clínica e topográfica 729

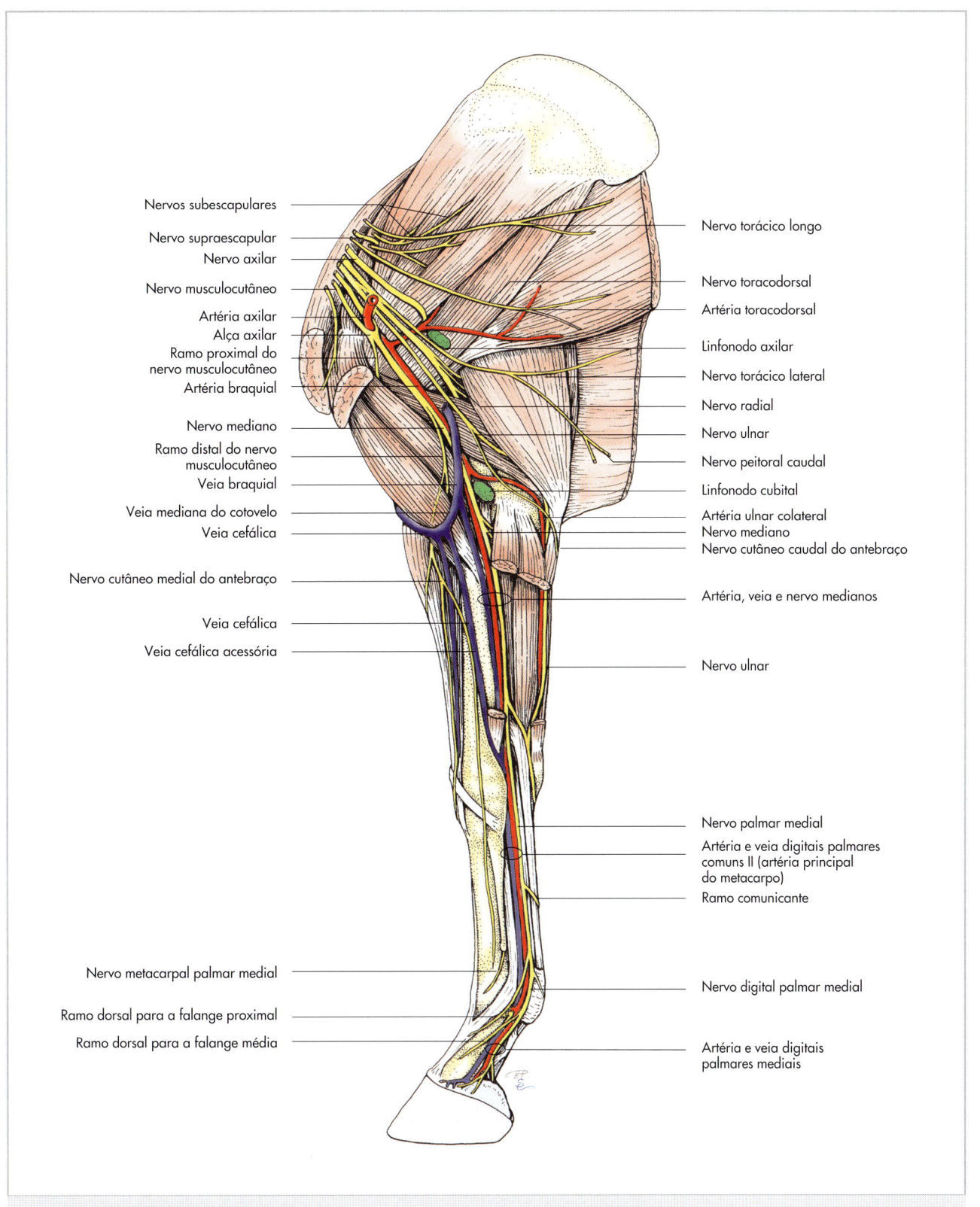

Fig. 20.47 Topografia dos vasos sanguíneos, das estruturas linfáticas e dos nervos do membro torácico de um equino (representação esquemática, vista medial).

A paralisia do nervo supraescapular causa uma condição denominada "**ombro solto**" ou "*sweeney*", em que a escápula é mantida afastada do corpo. A perda de músculo infraespinal (ligamento contrátil lateral) causa o deslocamento lateral da escápula. Os dois músculos inervados pelo nervo supraescapular atrofiam, e a espinha da escápula torna-se facilmente visível. Em cães, a **separação do processo ancôneo** pode ocorrer na articulação do cotovelo. Esse processo deve ser removido cirurgicamente quando isso ocorre. No equino jovem, até 36 meses de idade, o olécrano pode fraturar, devido à tração excessiva do músculo tríceps.

No membro torácico, o ligamento acessório do músculo flexor superficial dos dedos (também denominado cabeça tendínea) pode ser clinicamente importante. O ligamento origina-se na face caudomedial do rádio. Quando o crescimento na glândula pineal (epífise) distal do rádio ocorre muito rapidamente, há o enrugamento da articulação falângica. Isso pode ser corrigido por meio de uma desmotomia do ligamento acessório, que se encontra logo abaixo da pele, no lado medial do membro torácico distal, caudal ao rádio e, logo, distal ao coxim carpal. Deve-se tomar cuidado para não seccionar a veia cefálica nem o ramo cutâneo do nervo musculocutâneo (nervo cutâneo medial do antebraço).

O segmento distal da ulna (processo estiloide) é fraturado facilmente em cães com distúrbios de crescimento, e essa ocorrência deve ser corrigida cirurgicamente. No equino, a articulação do carpo, assim como em humanos, pode ser afetada pela chamada síndrome do túnel do carpo. Nesse caso, realiza-se uma desmotomia do ligamento anular. **Lesões por hiperextensão** podem ocorrer após saltos e brincadeiras vigorosas, principalmente no cão, e essas lesões costumam estar acompanhadas pelo rompimento de um ligamento colateral. Em geral, o rompimento ocorre na face palmar do aparelho ligamentoso da articulação do carpo. Quando o problema não é corrigido, as anomalias congênitas na região carpal (desvios valgo e varo) no equino acarretam doença degenerativa das articulações distais (articulação do boleto e articulações digitais).

Determinadas estruturas na região metacarpal são importantes, principalmente no equino. Os ossos metacarpais possuem apenas uma função de sustentação reduzida. Fraturas ocorrem com maior frequência nos segmentos distais dos ossos metacarpais. Em casos dessa natureza, o botão dos ossos metacarpais sem fixação deve ser removido cirurgicamente. Também na região metacarpal, está o ligamento acessório do músculo flexor profundo dos dedos. Potros com crescimento rápido podem desenvolver "**pé torto**".

O tratamento, nesse caso, é a desmotomia do ligamento acessório. Na altura da articulação do boleto (metacarpofalângica), um estreitamento do ligamento anular palmar pode ocorrer, devido à doença dos tendões flexores. O ligamento anular palmar da articulação do carpo deve ser seccionado em um procedimento semelhante ao para o ligamento anular da articulação metacarpofalângica.

Forças mecânicas que atuam sobre as estruturas distais dos membros torácicos podem levar a **fraturas da falange distal**. A maioria das fraturas ocorre por meio das asas da falange, sobretudo a asa lateral.

A **ossificação das cartilagens alares** da terceira falange ocorre com maior frequência em cavalos da caça e de salto. Não se costuma observar claudicação, porém a palpação digital revela diminuição da flexibilidade de uma ou de ambas as cartilagens alares.

Distúrbios da podotróclea podem ser resolvidos com a desmotomia do ligamento navicular suspensório (i.e., ligamento sesamoide colateral; *lig. sesamoideum collaterale*). Atualmente, aparelhos de imagens, como ultrassom, TC e RM, auxiliam no diagnóstico mais aprofundado, em particular no que se refere à parte distal do dedo.

Doenças da derme resultam em distúrbios do aparelho de suspensão da falange, o qual pode se romper no caso de laminite crônica, levando à rotação da falange. O diagnóstico de laminite aguda pode ser confirmado por um aumento anormal da pulsação nas artérias digitais comuns.

Já as alterações patológicas na bolsa navicular são uma causa comum de claudicação do membro torácico. A bolsa navicular é um componente da podotróclea. Uma **injeção intrabursal** é executada a partir da face palmar. A posição da agulha é monitorada por meio de radiografia ou sonografia. O local de punção é no eixo digital, no ponto de transição do meio para o terço distal do sulco sob a castanha. O sentido da injeção é paralelo à sola do casco. Para se alcançar a bolsa, a agulha deve passar primeiro através do coxim digital, pelo ligamento anular digital distal e, então, pela aponeurose do tendão flexor profundo dos dedos.

20.6 Membro pélvico (*membra pelvina*)

20.6.1 Regiões

As regiões do membro pélvico incluem (▶Fig. 20.48, ▶Fig. 20.49, ▶Fig. 20.50, ▶Fig. 20.51, ▶Fig. 20.52 e ▶Fig. 20.53):

- região glútea e região do quadril;
- região perineal;
- região da coxa;
- região do joelho;
- região crural;
- região tarsal;
- região metatarsal;
- região falangeal.

Região glútea e região do quadril

Estruturas ósseas palpáveis

As seguintes estruturas ósseas principais são palpáveis nessa região: **tuberosidade coxal, tuberosidade sacral, trocanter maior do fêmur** e **tuberosidade isquiática** (▶Fig. 20.58 e ▶Fig. 20.59).

Musculatura

A musculatura dessa região inclui o **músculo glúteo médio**, o **músculo glúteo acessório**, o **músculo piriforme** (apenas em carnívoros), o **músculo gluteofemoral** (apenas no gato), o **músculo glúteo superficial** (que se associa com o músculo bíceps femoral para formar o músculo gluteobíceps em ruminantes) e o **músculo glúteo profundo** (sobre a articulação coxofemoral). Os músculos profundos do quadril situam-se caudais à articulação coxofemoral: o **músculo obturador interno** (equino, carnívoro), o **músculo obturador externo**, os **músculos gêmeos** (insignificantes) e o **músculo quadrado femoral**.

Inervação da pele

A pele das regiões glútea e coxofemoral é inervada pelos **nervos clúnios médios**, os quais se originam dos ramos dorsais dos nervos sacrais. Os **nervos clúnios craniais** (originários dos ramos dorsais dos nervos lombares) inervam a pele cranial a essa região, ao passo que os **nervos clúnios caudais** (do nervo cutâneo femoral caudal) inervam a pele caudal a essa região. Os nervos clúnios caudais integram o **plexo sacral**. Em ruminantes, os ramos do nervo pudendo também podem estar envolvidos na inervação com os nervos clúnios caudais.

Sob a pele, está a fáscia glútea, seguida pela **musculatura glútea específica de cada espécie**. A articulação coxofemoral se posiciona diretamente sob o músculo glúteo profundo, e pode se diferenciar em:
- **nervos clúnios craniais** (com origem nos nervos lombares dorsais);
- **nervos clúnios médios** (com origem nos nervos sacrais dorsais);
- **nervos clúnios caudais** (ramos do nervo cutâneo caudal do fêmur, que inervam a pele caudal do fêmur).

Inervação das estruturas profundas

As estruturas mais profundas dessa região são inervadas por fibras nervosas provenientes do **plexo lombar** ou do **plexo sacral** (**plexo lombossacral**) (▶Fig. 20.54, ▶Fig. 20.55, ▶Fig. 20.56 e ▶Fig. 20.57):
- **plexo lombar** com:
  - nervo ilio-hipogástrico (em carnívoros, nervos ilio-hipogástricos cranial e caudal);
  - nervo ilioinguinal;
  - nervo genitofemoral;
  - nervo cutâneo femoral lateral;
  - nervo femoral;
  - nervo obturador;
- **plexo sacral** com:
  - nervo glúteo cranial;
  - nervo glúteo caudal;
  - nervo cutâneo femoral caudal;
  - nervo pudendo;
  - nervo retal caudal.

O **plexo isquiático** continua na altura da articulação coxofemoral como o nervo isquiático, que, por fim, se divide no **nervo tibial** e no **nervo fibular comum**. Dorsalmente à articulação coxofemoral, o nervo isquiático se curva para o lado caudal do fêmur. Esse nervo deve ser localizado e protegido durante procedimentos cirúrgicos na articulação coxofemoral.

Artérias

As principais artérias dessa região incluem:
- artéria ilíaca externa (irriga o membro pélvico);
- artéria circunflexa profunda do ílio;
- artérias circunflexas lateral e medial do fêmur (irrigam a articulação coxofemoral);
- artéria ilíaca interna (supre a cavidade pélvica e suas paredes, bem como os órgãos da cavidade pélvica) e os seguintes ramos da artéria ilíaca interna:
  - artéria iliolombar;
  - artéria glútea cranial;
  - artéria glútea caudal;

A artéria ilíaca interna continua como a **artéria pudenda interna**, a qual envia ramos para os órgãos da cavidade pélvica, irriga o períneo e termina ou como as artérias do clitóris, nas fêmeas, ou como as artérias do pênis, nos machos.

Região perineal

A região perineal tem início na base da cauda e alcança ou a margem caudal do úbere ou o escroto. Em carnívoros e ruminantes, a **fossa isquiorretal** está incluída nessa região. Mais profundamente nessa região, fica o ligamento sacrotuberal, ausente no gato.

Musculatura

Os músculos dessa região incluem o **músculo levantador do ânus** e o **músculo coccígeo**.

Vascularização e inervação

A região perineal compreende os seguintes **vasos e nervos principais**:
- **dorsal**: artéria e veia coccígeas e nervos coccígeos;
- **lateroventral**: artéria e veia glúteas caudais e nervo cutâneo caudal da coxa;
- **ventral**: artéria e veia pudendas internas e nervo pudendo (importante em anestesia).

Região femoral

A região femoral divide-se em faces cranial, caudal, medial e lateral. Os vasos importantes encontram-se na **face medial** dessa região.

Estruturas ósseas palpáveis

A **patela** é palpável distalmente a essa região (▶Fig. 20.58 e ▶Fig. 20.59).

Musculatura

A musculatura pode ser agrupada da seguinte forma:
- **lateral**: músculo tensor da fáscia lata, que é seguido lateralmente pelos chamados músculos caudais da coxa: músculo bíceps da coxa (em ruminantes, o músculo gluteobíceps), músculo abdutor da coxa (apenas em carnívoros), músculo semitendíneo e músculo semimembranáceo;
- **medial**: músculo sartório, músculo grácil, músculo pectíneo e músculos adutores, além do canal femoral (*canalis femoralis*) com a entrada para a lacuna vascular;
- **cranial** ao fêmur, onde se localiza o grupo quadríceps de músculos: músculo reto femoral, músculo vasto lateral, músculo vasto intermédio e músculo vasto medial.

O **canal femoral** é delimitado cranialmente pelo músculo sartório e caudalmente pelos músculos grácil e pectíneo. Em ruminantes e no suíno, o músculo sartório cobre o canal femoral. A artéria safena, um ramo da artéria femoral, deixa o canal femoral acompanhada pela veia safena medial e pelo nervo safeno.

A artéria e a veia femorais, bem como a artéria safena, entram o canal femoral pela **lacuna vascular** (*lacuna vasorum*). No cão e no gato, a **artéria femoral** é um vaso ideal para a tomada de **pulso**,

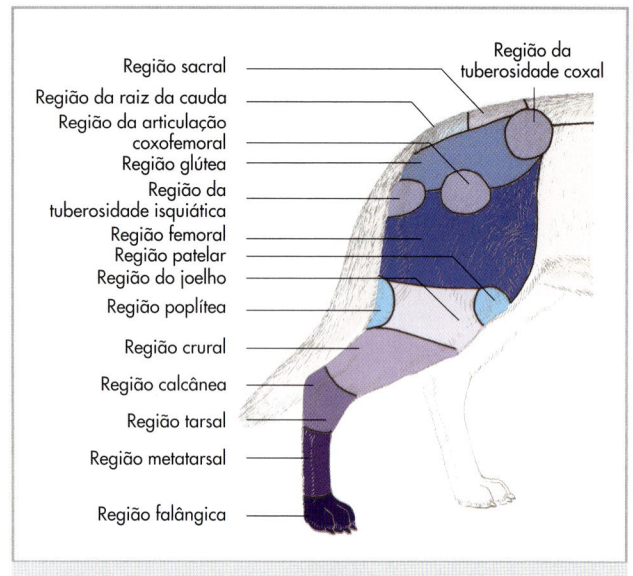

Fig. 20.48 Representação esquemática das regiões do membro pélvico de um cão (vista lateral).

Fig. 20.49 Representação esquemática das regiões do membro pélvico de um equino (vista lateral).

devido à sua posição superficial. O músculo oblíquo externo do abdome contendo o **anel inguinal superficial** está localizado medialmente à lacuna vascular.

Em carnívoros, o músculo iliopsoas e os músculos psoas maior e ilíaco cruzam a **lacuna muscular** (*lacuna musculorum*).

Artérias

As artérias encontradas nessa região são:
- artéria femoral (essa artéria dá origem à artéria circunflexa femoral lateral proximalmente, à artéria safena e à artéria genicular descendente distalmente e aos ramos caudais que irrigam os músculos caudais do fêmur);
- artéria poplítea (continuação da artéria femoral);
- artéria femoral profunda (ramifica-se no ponto de transição onde a artéria ilíaca se torna a artéria femoral; o tronco pudendoepigástrico se origina desse vaso).

Veias

O sistema venoso profundo é composto por vasos paralelos às artérias e segue a mesma nomenclatura. O sistema venoso superficial inclui as **veias safenas medial** e **lateral**.

Nervos

O nervo isquiático divide-se no lado distal da articulação coxofemoral em **nervo tibial** e **nervo fibular (peroneal) comum**. O nervo cutâneo sural caudal se ramifica do nervo tibial e corre em paralelo à veia safena lateral. No segmento proximal do nervo tibial, os ramos motores proximais se separam para inervar a musculatura caudal da coxa. No segmento distal, os ramos motores distais originários do nervo tibial inervam os músculos da região crural.

Região do joelho

O conhecimento detalhado das articulações femorotibial e femoropatelar, de seus ossos, faces articulares, meniscos, ligamentos e estruturas sinoviais, bem como dos músculos da região, é indispensável. Tendões de origem em contato com a cavidade articular femorotibial lateral pertencem ao músculo extensor longo dos dedos (em todos os mamíferos domésticos, exceto nos carnívoros, também o músculo fibular terceiro ou músculo peroneal) e ao músculo poplíteo; para mais informações, consultar o Capítulo 5, "Membros pélvicos" (p. 243).

Estruturas ósseas palpáveis

As seguintes estruturas ósseas são palpáveis nessa região: **patela**, **côndilos medial** e **lateral da tíbia**, **cabeça da fíbula** (exceto em ruminantes), **tuberosidade da tíbia** e **margens do sulco extensor** (▶Fig. 20.58 e ▶Fig. 20.59).

Linfonodos

Os seguintes linfonodos encontram-se nessa região: **linfonodo poplíteo** (no cão e no gato, o linfonodo poplíteo superficial), ou, então, os **linfonodos poplíteos superficial** e **profundo**.

Inervação da pele

A pele é inervada por:
- nervo cutâneo sural lateral (ramifica-se do nervo fibular comum);
- nervo cutâneo femoral lateral (inerva a área da prega do flanco);
- nervo safeno;
- nervo cutâneo femoral caudal (com origem no plexo isquiático).

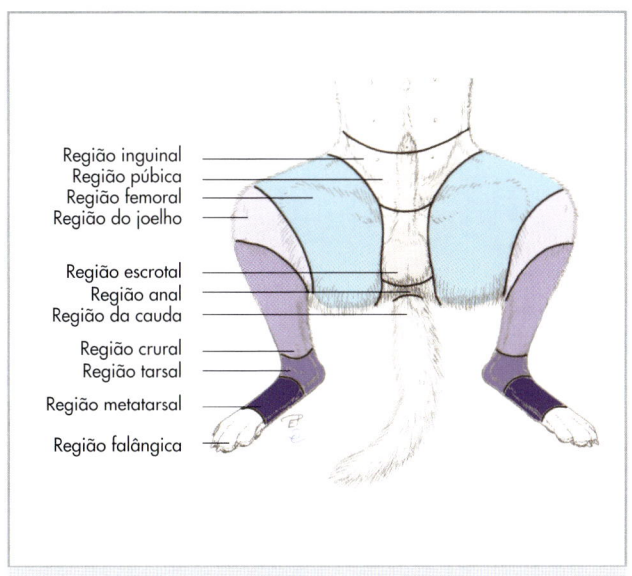

Fig. 20.50 Representação esquemática das regiões do membro pélvico de um cão (vista medial).

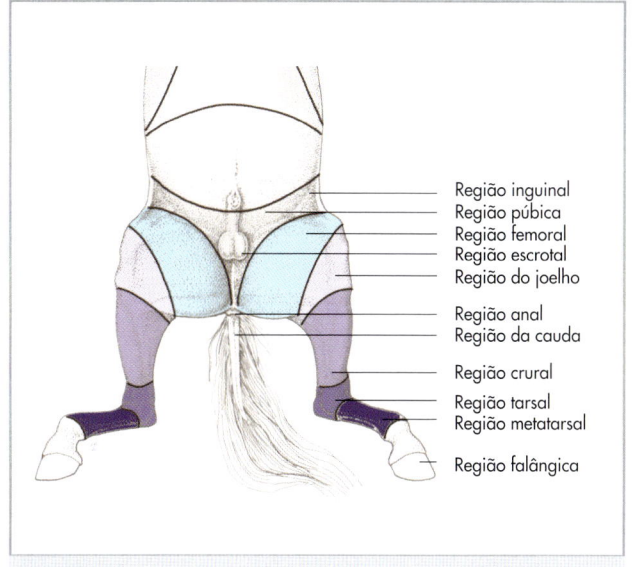

Fig. 20.51 Representação esquemática das regiões do membro pélvico de um equino (vista medial).

Inervação das estruturas profundas

As estruturas profundas são inervadas por:
- nervo fibular comum (situado lateralmente sobre a cabeça fibular);
- nervo tibial (caudal à cápsula articular, entre as cabeças do músculo gastrocnêmico), o qual envia ramos motores distais.

Artérias

As artérias encontradas nessa região são:
- artéria genicular descendente (desde a artéria femoral);
- artérias maiores: artéria poplítea e artéria femoral caudal distal;
- artérias geniculares (proximal e distal, cada uma com um ramo lateral e outro distal);
- artéria genicular média (a parte interna da articulação forma anastomose com a artéria genicular descendente).

Distalmente à articulação do joelho, a artéria poplítea divide-se nas **artérias tibiais cranial** e **caudal**.

Veias

As veias do sistema profundo recebem a mesma denominação das artérias que elas acompanham. As veias do sistema superficial são as **veias safenas medial** e **lateral**.

Regiões crurais

Os ossos do zeugopódio, os músculos das regiões crurais (p. ex., extensores e flexores da articulação tarsal, bem como os extensores e flexores das articulações digitais) e o tendão calcâneo comum são estruturas importantes dessas regiões.

Estruturas ósseas palpáveis

As seguintes estruturas ósseas são palpáveis (▶Fig. 20.58 e ▶Fig. 20.59): **côndilos da tíbia**, **tuberosidade da tíbia** (como na articulação do joelho), **margens do sulco extensor**, **face medial da tíbia** e **cabeça da fíbula** (exceto em ruminantes).

Inervação da pele

O **nervo cutâneo sural caudal**, o **nervo fibular superficial** e o **nervo safeno** inervam a pele dessas regiões.

Inervação das estruturas profundas

Os seguintes nervos inervam as estruturas profundas dessas regiões: **nervo fibular superficial**, **nervo fibular profundo** e **nervo tibial**.

Artérias

As artérias tibiais cranial e caudal localizam-se nessa região.

Veias

As veias do sistema venoso profundo recebem a denominação das artérias que acompanham. As veias safenas lateral e medial compõem o sistema venoso superficial.

Região tarsal

O conhecimento das seguintes estruturas nessa região é importante: articulação do tarso, ossos da região, cavidades articulares, tendões e ligamentos anulares, bainhas tendíneas e bolsas sinoviais; para mais informações, consultar o Capítulo 5 "Membros pélvicos" (p. 243).

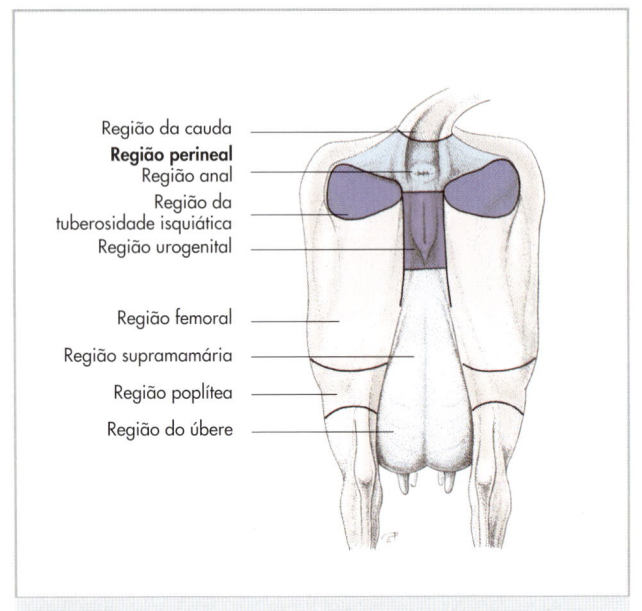

Fig. 20.52 Representação esquemática do períneo e das regiões proximais do membro pélvico de uma vaca (vista caudal).

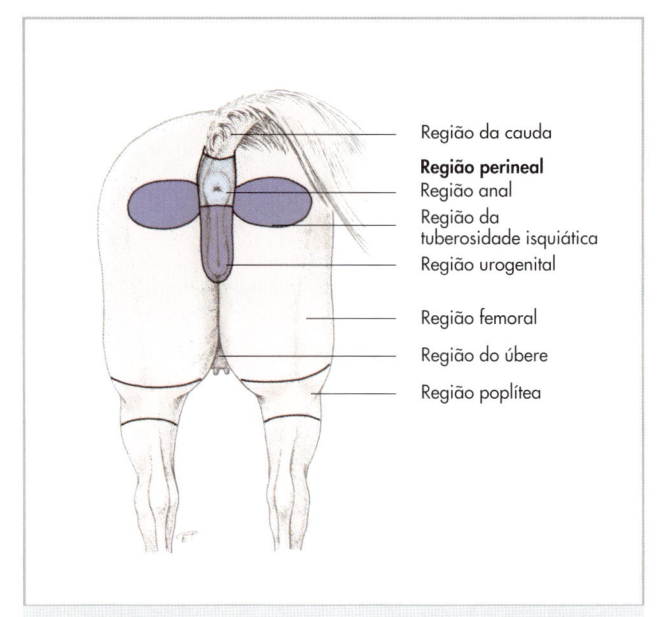

Fig. 20.53 Representação esquemática do períneo e das regiões proximais do membro pélvico de uma égua (vista caudal).

Estruturas ósseas palpáveis

As seguintes estruturas são palpáveis: **tuberosidade calcânea**, **maléolo lateral** (em ruminantes, o osso maleolar) e **maléolo medial** (▶Fig. 20.58 e ▶Fig. 20.59).

Inervação da pele

A inervação da pele nessa região é a mesma das regiões crurais.

Inervação das estruturas profundas

Os **nervos plantares** (do nervo tibial) inervam o lado plantar do autopódio, ao passo que os **nervos fibulares** inervam a face dorsal.

Artérias

As seguintes artérias irrigam essa região: artéria dorsal do pé (a continuação da artéria tibial cranial), artéria tarsal perfurante e artéria safena.

Veias

O sistema profundo de veias espelha as artérias. As raízes das veias safenas medial e lateral drenam as áreas medial e lateral superficiais dessa região.

Região metatarsal

O conhecimento sobre os ossos e os tendões na região metatarsal é muito importante (observe as diferenças nas secções transversais entre o metacarpo e o metatarso no equino).

Inervação

Os **nervos plantares lateral** e **medial** inervam essa região (no equino, o ramo comunicante é mais distal que o da região metacarpal). Um ramo mais profundo, que inerva o músculo interósseo médio, origina-se do nervo plantar lateral. No equino, os ramos terminais dos nervos fibulares profundos alcançam a margem coronal do órgão digital.

Em ruminantes, os nervos plantares dos dedos emergem do **nervo tibial**, e os nervos dorsais, dos **nervos fibulares superficial** e **profundo**. Os ramos nervosos plantares do nervo tibial formam os nervos digitais plantares comuns II, III e IV. De modo semelhante, os nervos digitais dorsais comuns II, III e IV, que emergem dos nervos fibulares superficial e profundo, situam-se na face dorsal do metatarso.

Em carnívoros, os nervos dorsais da região metatarsal originam-se dos nervos fibulares e são numerados conforme o dedo que inervam. Os nervos plantares são numerados de forma semelhante e se estendem do nervo tibial.

Artérias

Em equinos, a **artéria metatarsal dorsal III** corre dorsolateralmente entre o osso metatarsal III e o osso metatarsal II (onde se pode medir o pulso durante a laminite). Esse vaso cruza para o lado plantar distalmente ao botão do osso metatarsal IV e se divide na altura da articulação do boleto (metatarsofalângica) nas artérias digitais plantares lateral e medial. Outras pequenas artérias se situam no local e emergem da artéria tarsal perfurante, de um lado, e da artéria safena, de outro (artérias metatarsais digital e plantar comum). Essas artérias combinam-se com as duas artérias digitais plantares e irrigam os tendões do metatarso plantar.

Regiões falângicas

O conhecimento dos ossos, das articulações, dos tendões e da fáscia digital é importante para essa região.

Inervação

Os **nervos fibulares dorsais superficial** e **profundo** inervam essas regiões em animais com mais de um dedo. Esses nervos se dividem na face dorsal dos ossos metatarsais e dos dedos, formando os nervos digitais dorsais axial e abaxial para cada dedo. Assim como na face dorsal, os três nervos digitais comuns se bifurcam para formar, por exemplo, o nervo digital plantar abaxial IV. Na área metatarsal plantar, o nervo tibial se divide, formando os nervos metatarsais plantares (ver anteriormente). Eles se dividem ainda mais nos nervos digitais axial e abaxial de cada dedo: por exemplo, o nervo digital plantar abaxial IV do quarto dedo.

No equino, o nervo fibular alcança dorsalmente a margem coronal da cápsula ungueal. Nos outros animais, os nervos plantares do nervo tibial se dividem em padrões semelhantes como os nervos do membro torácico: por exemplo, os ramos dorsal, intermédio e plantar do nervo digital plantar lateral. Esse padrão se repete no lado medial.

Artérias e veias

As artérias que irrigam essa região são ramos da **artéria tibial cranial**, que, na região tarsal, torna-se a **artéria dorsal do pé**.

A artéria principal do metatarso no bovino, a **artéria metatarsal dorsal III**, corre entre os dois ossos metatarsais. Essa artéria envia um ramo para o lado plantar do metatarso, o ramo perfurante distal, o qual se divide nas artérias digitais. O segmento remanescente na face dorsal forma as artérias interdigitais e as artérias digitais dorsais axiais. No equino, a artéria metatarsal dorsal III corre dorsalmente entre o osso metatarsal III e o osso metatarsal II. Esse vaso cruza para o lado plantar distalmente ao botão do osso metatarsal IV e se divide nas artérias digitais, da mesma forma como ocorre no membro torácico.

Em animais com **mais de dois dígitos**, cada dedo é irrigado dorsalmente com as artérias digitais dorsais axial e abaxial. No lado plantar, cada dígito também é irrigado com as artérias digitais plantares axial e abaxial. Cada uma dessas artérias é numerada conforme o número do dedo que irriga. Quase todas as artérias plantares se derivam do ramo caudal da artéria safena, ao passo que as artérias dorsais se derivam da artéria tibial cranial.

O sangue venoso das **veias digitais dorsais** flui para o ramo cranial da veia safena lateral. No bovino, as **veias axiais dorsais** são grandes o suficiente para punção, permitindo a administração de uma anestesia intravenosa regional. No lado plantar, as veias digitais axial e abaxial drenam essa região.

20.6.2 Aplicações clínicas

Os membros pélvicos são conectados à coluna espinal por meio de uma articulação sinovial cartilaginosa, a **articulação sacroilíaca**. Um deslocamento nessa área é de difícil tratamento no equino. Artrodese é impossível, uma vez que o movimento nessa conexão não pode ser totalmente impedido. A região da articulação coxofemoral desempenha um papel clinicamente importante, sobretudo na **displasia coxofemoral (DCF) de cães**. A DCF é uma doença articular hereditária, de modo que cães de criação normalmente devem ser submetidos a um exame radiográfico do quadril antes de serem destinados à reprodução. A DCF grave em um cão pode ser tratada por meio de substituição total do quadril. De modo alternativo, uma miotomia pectínea ou tenotomia é realizada para o alívio temporário da dor associada à doença. O músculo pectíneo é removido mediante a transecção tanto da origem proximal como do tendão de inserção no fêmur. A remoção desse músculo reduz as forças de adução, permitindo um melhor posicionamento da cabeça femoral no acetábulo. Lesões ao menisco ou o rompimento de um ligamento podem ocorrer na articulação femorotibial do cão. Devido à conexão entre o ligamento colateral medial e o menisco medial, observa-se, com frequência, a combinação de ruptura de ligamento com lesão no menisco. Esse tipo de lesão raramente ocorre no menisco lateral, devido à presença do tendão poplíteo e da sua bainha sinovial, que proporcionam uma espécie de amortecimento entre o menisco e o ligamento colateral lateral.

Além disso, é importante o diagnóstico de **ruptura do ligamento cruzado** na articulação femorotibial no cão. O movimento craniocaudal excessivo da tíbia em relação ao fêmur é denominado "teste de gaveta cranial", o que ajuda a diagnosticar a ruptura do ligamento cruzado. O fêmur e a tíbia são estabilizados com as duas mãos. Com uma mão, coloca-se o dedo indicador na patela e o polegar nas fabelas laterais para estabilizar o fêmur. O polegar da mão oposta é posicionado caudalmente à cabeça fibular, com o dedo indicador na tuberosidade da tíbia.

O resultado positivo do teste é um grau maior de movimento da tíbia em relação ao fêmur estabilizado. O movimento na direção cranial indica ruptura do **ligamento cruzado cranial** (**lateral**). Quando a tíbia pode ser movida caudalmente, isso indica o rompimento do **ligamento cruzado caudal** (**medial**). Os dois ligamentos estão rompidos quando existe liberdade de movimento cranial e caudalmente.

Na articulação femoropatelar de raças caninas particularmente pequenas, pode ocorrer uma **luxação da patela**. O tratamento cirúrgico envolve o aprofundamento do sulco troclear ou a transposição da tuberosidade da tíbia. Os ligamentos femoropatelares (ligamentos anulares) precisam ser reforçados e/ou parcialmente extirpados. No equino, a "**fixação patelar proximal**" eventualmente causa claudicação. Durante a locomoção normal, a patela se prende à tuberosidade do epicôndilo medial. Essa fixação da patela impede a flexão fisiológica da articulação do joelho, com a flexão obrigatória da articulação do tarso. Assim, torna-se necessária a desmotomia do ligamento patelar reto medial próximo à sua origem na tíbia para evitar danos à cápsula articular.

Na região crural, o rompimento do músculo fibular terceiro no equino é uma lesão grave que destrói o **aparelho recíproco**. Contudo, após uma lesão dessa natureza, é possível a cura espontânea.

A região tarsal contém diversas estruturas no equino que, quando afetadas por doença, podem levar à claudicação grave. O tendão flexor superficial se fixa ao calcâneo por meio dos retináculos medial e lateral. A ruptura, mais frequentemente do retináculo medial, causa deslocamento lateral do tendão. Essa lesão ocorre em apenas um membro, principalmente em equinos de trabalho, mas também pode ocorrer eventualmente em ambos os membros em equinos com finalidade esportiva. A doença mais comum dos membros pélvicos é o **esparavão ósseo**, uma doença degenerativa articular. O esparavão ósseo se desenvolve a partir de estresse não fisiológico nos segmentos mediais do tarso e ocorre, com frequência, em

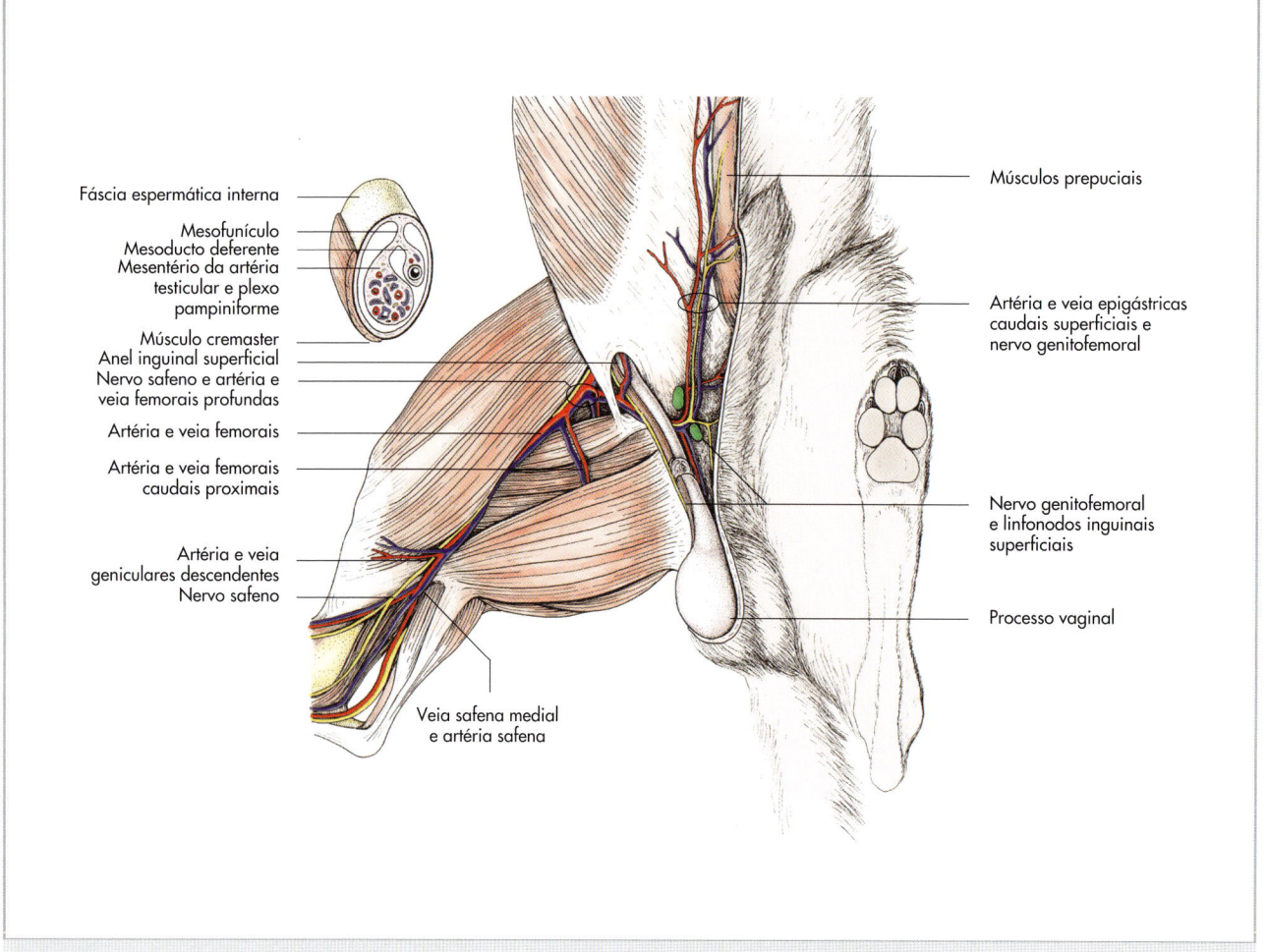

Fig. 20.54 Topografia dos vasos sanguíneos e dos nervos do membro pélvico de um cão (representação esquemática, vista medial).

trotadores e pôneis da Islândia. Acredita-se que o tendão cuneano (o ramo medial do músculo tibial cranial que se insere no primeiro e segundo ossos tarsais fusionados) seja o estopim para o desenvolvimento do esparavão ósseo. Supõe-se que a desmotomia desse tendão alivie a dor do equino afetado. Uma bolsa sinovial se interpõe sob o tendão em sua inserção.

20.7 Estruturas ósseas palpáveis

> **Nota clínica**
>
> As **saliências ósseas palpáveis especificadas** (▶ Fig. 20.58 e ▶ Fig. 20.59) não são apenas **marcos importantes** para os alunos durante a preparação e a diferenciação anatômicas das várias regiões anatômicas, mas também para o médico durante o exame clínico e o tratamento.

Na **cabeça**, essas saliências ósseas ajudam a encontrar os **forames para injeção** nos nervos cranianos, a fim de anestesiar as áreas inervadas. O **forame infraorbital** encontra-se na área da maxila, e o **forame mentual**, na mandíbula. Em equinos, as trepanações são realizadas ao nível dos ossos frontal e maxilar após a identificação das respectivas protrusões ósseas. Isso pode ser seguido por lavagem da cavidade nasal ou tratamentos dentários.

Na **transição da cabeça para o pescoço**, pode-se encontrar o **triângulo de Viborg** no ângulo mandibular (*angulus mandibulae*). Essa é a área para a punção cirúrgica do divertículo da tuba auditiva. No pescoço, o **processo transverso das vértebras** constitui um ponto de referência importante para injeções intramusculares.

Na **área torácica**, é importante saber a quantidade de costelas de cada espécie. Contam-se as costelas do sentido caudal a cranial, a fim de determinar os espaços intercostais para exame clínico, como, por exemplo, para determinar as margens do pulmão ou para auscultação do ponto máximo. Além disso, a topografia superficial dos **órgãos abdominais** pode ser identificada a partir de saliências ósseas palpáveis.

Sem o conhecimento das saliências ósseas dos **membros**, torna-se impossível **identificar os vários músculos** ou entender as suas funções. O conhecimento da topografia de cada osso é um pré-requisito para a **punção intra-articular** ou **neurectomia**.

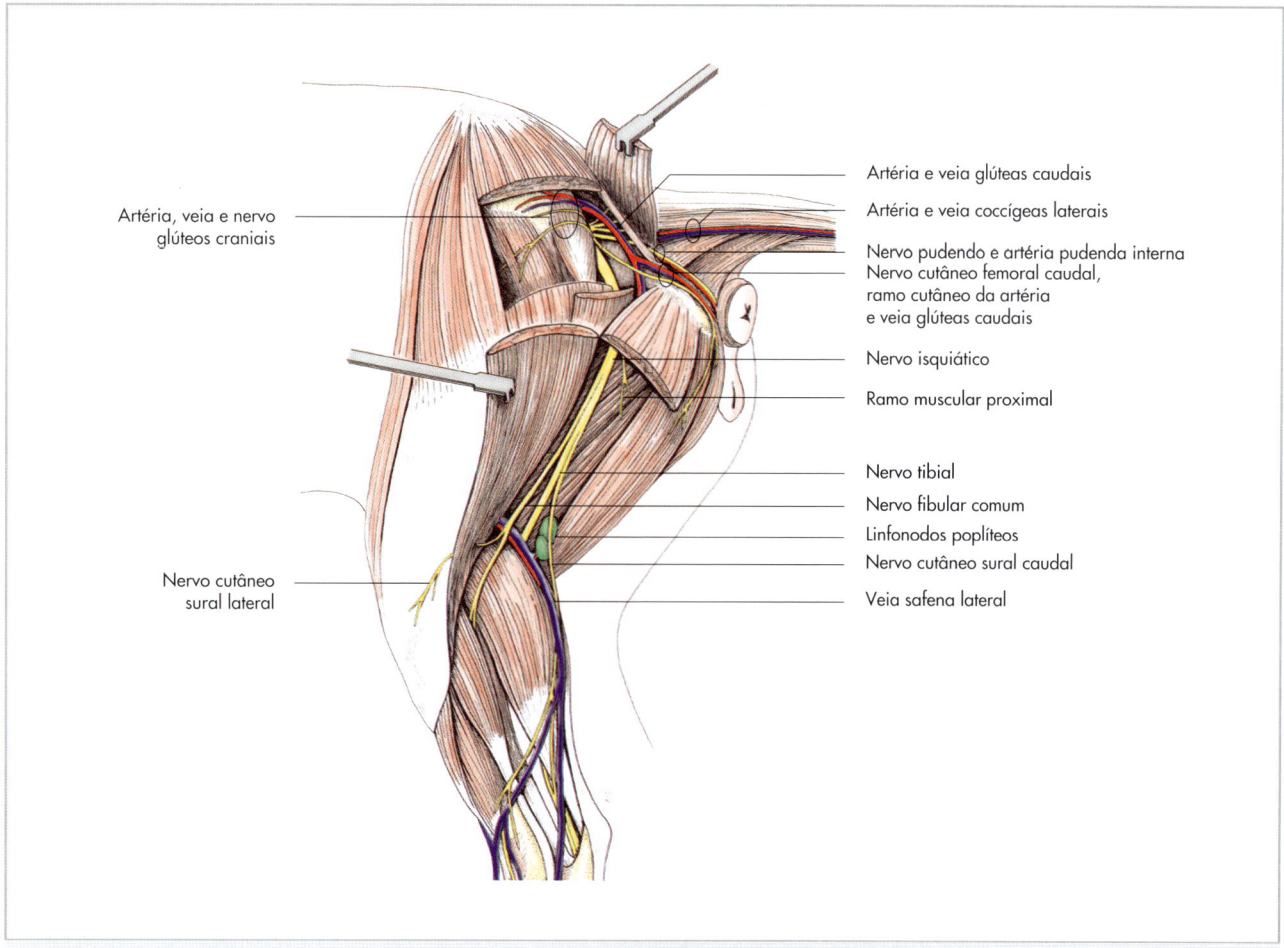

Fig. 20.55 Topografia dos vasos sanguíneos, dos nervos e das estruturas linfáticas do segmento proximal do membro pélvico de um cão (representação esquemática, vista caudolateral).

20.7.1 Estruturas ósseas palpáveis da cabeça

As estruturas palpáveis na cabeça são:
- osso parietal;
- osso frontal;
- osso nasal;
- órbita;
- crista facial;
- mandíbula.

20.7.2 Estruturas ósseas palpáveis do pescoço e do dorso

As estruturas palpáveis são:
- asa do atlas;
- processos transversos das vértebras cervicais e lombares;
- processos espinhosos das vértebras torácicas e lombares;
- processos espinhosos do sacro;
- processos espinhosos e corpos das vértebras caudais.

20.7.3 Estruturas ósseas palpáveis do tórax

As estruturas ósseas palpáveis são:
- costelas e cartilagens costais (cão: 3ª a 13ª; equino: 6ª a 18ª);
- esterno.

20.7.4 Estruturas ósseas palpáveis do membro torácico

As estruturas ósseas palpáveis são:
- cartilagem escapular e espinha da escápula;
- tubérculo maior do úmero;
- tuberosidade deltoide;
- epicôndilo lateral do úmero;
- côndilo do úmero;
- tuberosidade do olecrano;
- rádio e face lisa subcutânea do rádio (medial);
- ossos do carpo;
- ossos do metacarpo;
- ossos sesamoides proximais com a falange proximal ou primeira falange;
- falange média ou segunda falange e processo extensor da falange distal ou terceira falange.

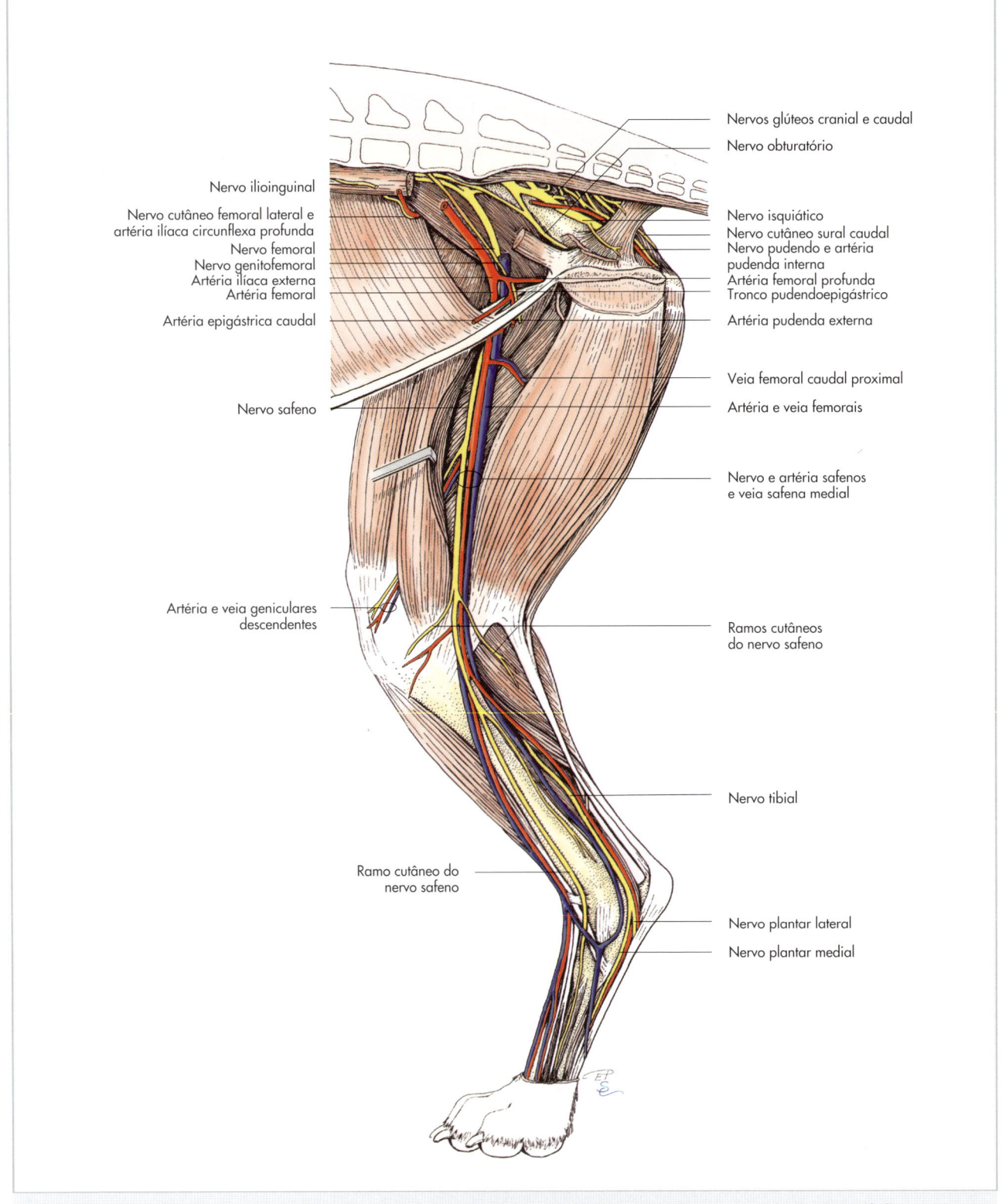

Fig. 20.56 Topografia dos vasos sanguíneos e dos nervos do membro pélvico de um cão (representação esquemática, vista medial).

Anatomia clínica e topográfica 739

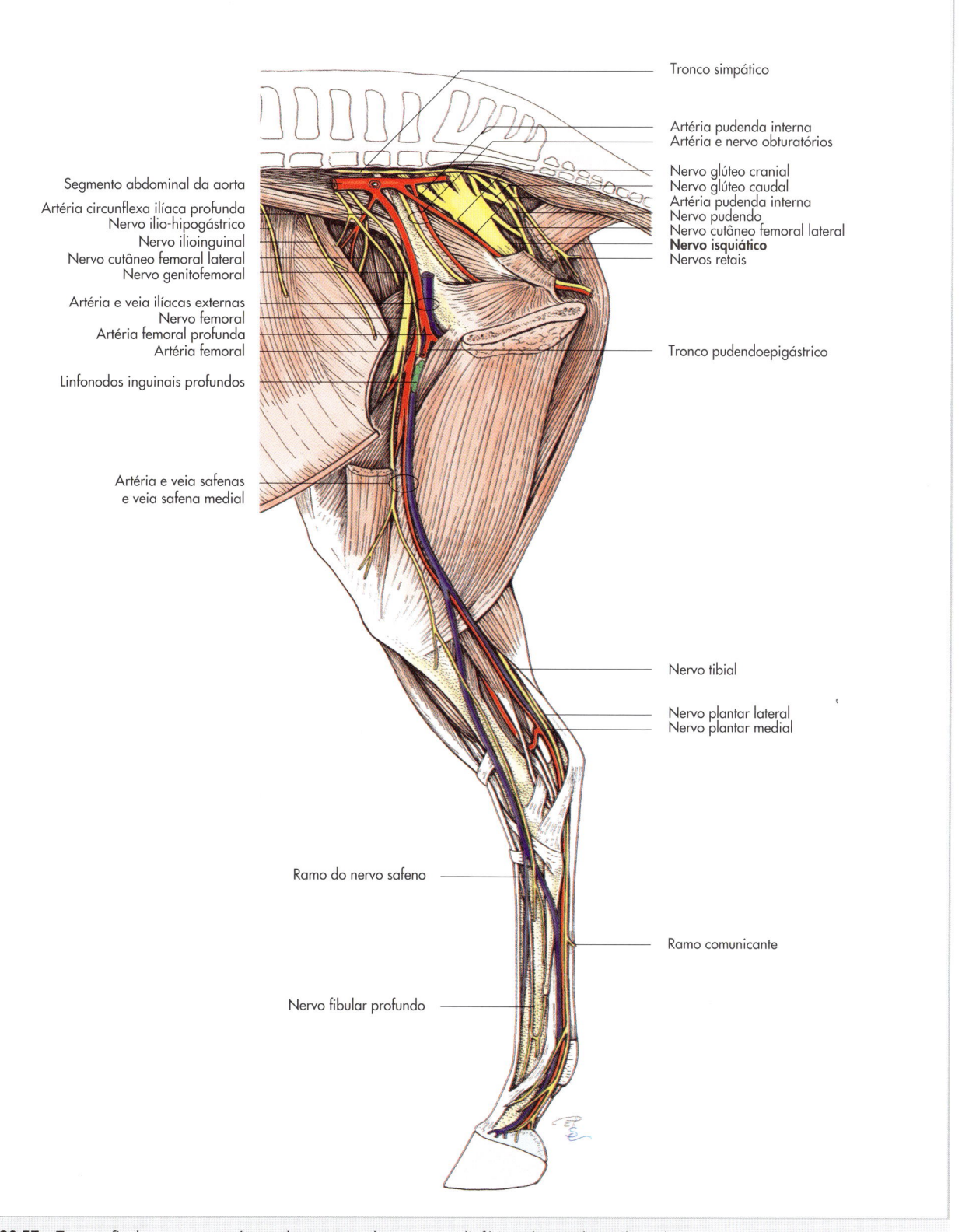

Tronco simpático

Artéria pudenda interna
Artéria e nervo obturatórios

Segmento abdominal da aorta
Artéria circunflexa ilíaca profunda
Nervo ilio-hipogástrico
Nervo ilioinguinal
Nervo cutâneo femoral lateral
Nervo genitofemoral

Nervo glúteo cranial
Nervo glúteo caudal
Artéria pudenda interna
Nervo pudendo
Nervo cutâneo femoral lateral
Nervo isquiático
Nervos retais

Artéria e veia ilíacas externas
Nervo femoral
Artéria femoral profunda
Artéria femoral

Linfonodos inguinais profundos

Tronco pudendoepigástrico

Artéria e veia safenas
e veia safena medial

Nervo tibial

Nervo plantar lateral
Nervo plantar medial

Ramo do nervo safeno

Ramo comunicante

Nervo fibular profundo

Fig. 20.57 Topografia dos vasos sanguíneos, dos nervos e das estruturas linfáticas do membro pélvico de um equino (representação esquemática, vista medial).

20.7.5 Estruturas ósseas palpáveis do membro pélvico

As estruturas ósseas palpáveis são:
- tuberosidade sacral;
- tuberosidade coxal;
- tuberosidade isquiática;
- trocanter maior do fêmur;
- côndilos do fêmur e da tíbia;
- patela com seus ligamentos;
- tuberosidade calcânea;
- tuberosidade da tíbia e face lisa subcutânea da tíbia (medial);
- ossos do tarso;
- ossos do metatarso;
- ossos sesamoides proximais com falange proximal ou primeira falange;
- falange média ou segunda falange e processo extensor;
- falange distal ou terceira falange;
- osso peniano (cão).

20.8 Projeção dos órgãos na superfície corporal[1]

20.8.1 Órgãos da cavidade abdominal

Parede corporal lateral direita do cão

Rim direito

O rim direito localiza-se entre o 11º e o 12º espaços intercostais. O polo cranial situa-se na impressão renal do fígado. A posição do rim se altera conforme a fase de respiração.

Fígado

O fígado atinge a região umbilical na parede abdominal ventral (▶Fig. 20.60 e ▶Fig. 20.61) e repousa sobre o depósito de gordura umbilical remanescente.

Duodeno descendente

Esse segmento do duodeno se inicia ventralmente no 9º espaço intercostal e se prolonga até a 6ª vértebra lombar. O duodeno descendente se mantém em contato com o pâncreas.

Jejuno (*jejunum*)

O jejuno se estende do estômago à abertura pélvica cranial e se posiciona sobre o omento maior.

Ceco (*caecum*)

O ceco situa-se à direita da coluna vertebral, entre a 2ª e 4ª vértebras lombares.

Todos os órgãos, com exceção do baço, do duodeno descendente e da vesícula urinária, são cobertos pelo omento maior quando a cavidade abdominal é aberta através de uma abordagem ventral.

Parede corporal lateral esquerda do cão

Rim esquerdo

O rim esquerdo situa-se dorsalmente entre a 13ª costela e a 3ª vértebras lombares. A sua posição varia conforme a fase de respiração.

Estômago

Quando está vazio, o estômago se posiciona totalmente na parte intratorácica abdominal. Com preenchimento moderado, o estômago se prolonga entre a 9ª e a 12ª costelas. Com preenchimento máximo, ele se projeta mais caudalmente na cavidade abdominal.

Fígado

O fígado preenche o espaço entre a 7ª e a 9ª costelas.

Baço

O baço situa-se na área do último espaço intercostal, porém um estômago cheio pode deslocá-lo caudalmente até a 4ª vértebra lombar.

Colo descendente

O colo descendente se inicia na altura da 12ª vértebra torácica. Ele se prolonga ao lado da extensão dos processos costais caudalmente ao rim esquerdo até a cavidade pélvica. O colo descendente está conectado ao duodeno descendente pela prega duodenocólica.

Vesícula urinária

A vesícula urinária está na cavidade abdominal. Apenas o colo da vesícula urinária situa-se na cavidade pélvica. Uma vesícula urinária com preenchimento máximo pode se projetar cranialmente até a região umbilical.

Parede corporal lateral direita do suíno

Rim direito

Os rins direito e esquerdo situam-se na mesma altura. O rim direito não está em contato com o fígado e, portanto, não forma uma impressão renal. O polo cranial do rim direito situa-se no 15º espaço intercostal quando há um 15º par de costelas.

Estômago

O estômago desloca os órgãos seguintes, dependendo de quão cheio ele está (▶Fig. 20.62). Quando vazio, o estômago se insere totalmente na parte intratorácica abdominal. Em seu volume máximo, o estômago preenche o espaço entre a 9ª e a 12ª costelas.

Fígado

O fígado ocupa do 11º ao 13º espaço intercostal no lado direito do corpo.

---

[1] Esta seção é amplamente baseada em dados de Berg, 1995.

Anatomia clínica e topográfica 741

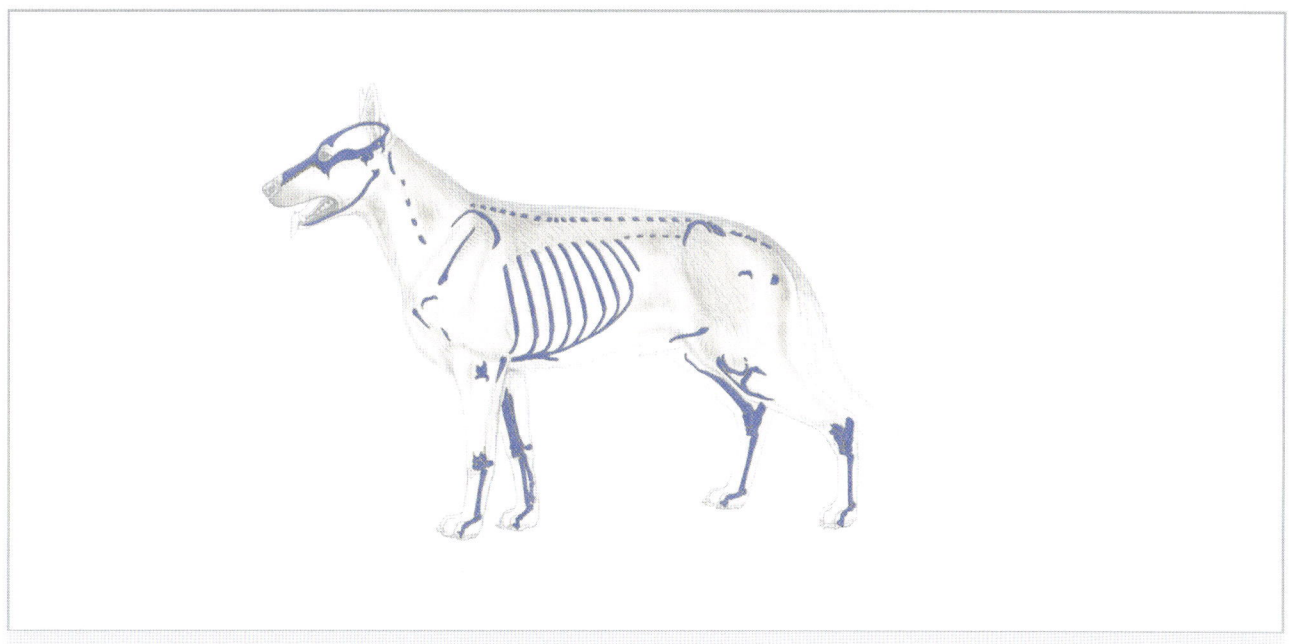

Fig. 20.58 Representação esquemática das estruturas ósseas palpáveis de um cão.

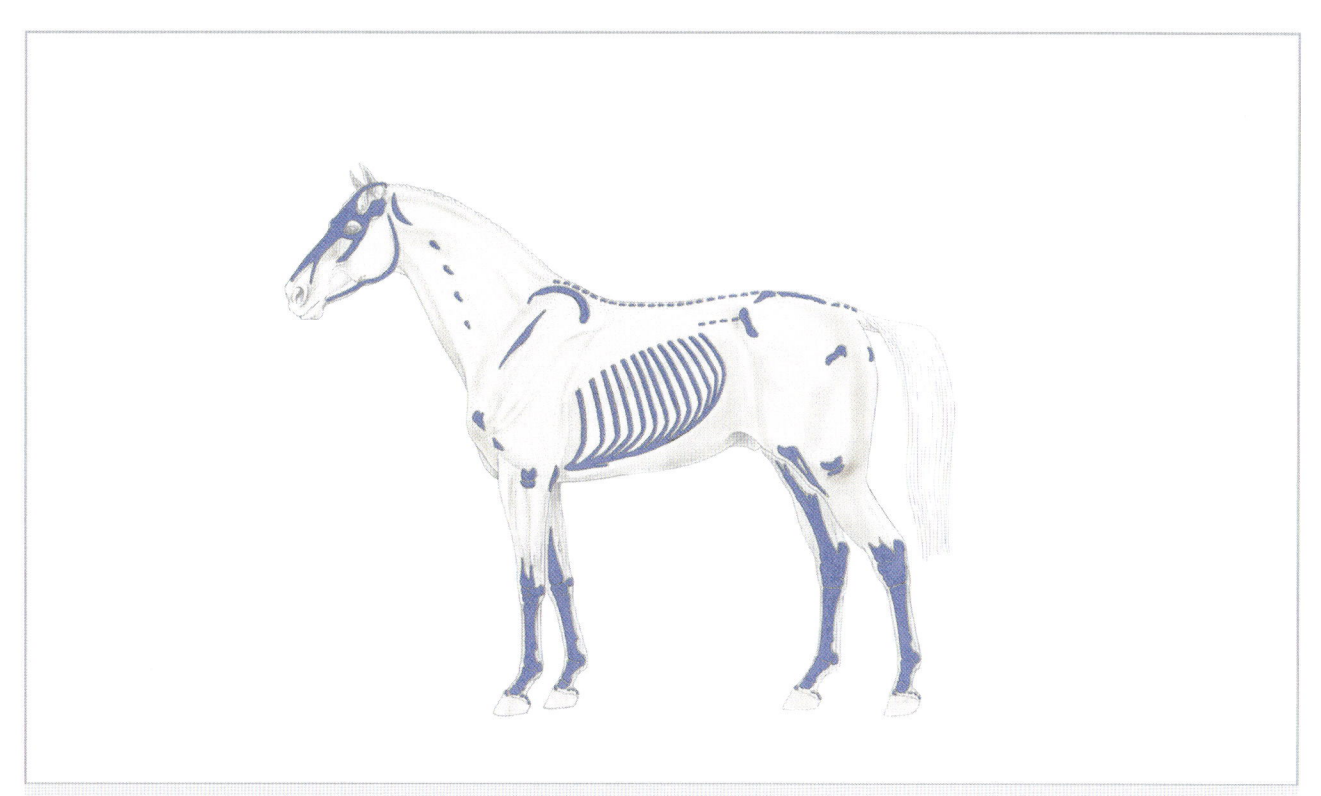

Fig. 20.59 Representação esquemática das estruturas ósseas palpáveis em um equino.

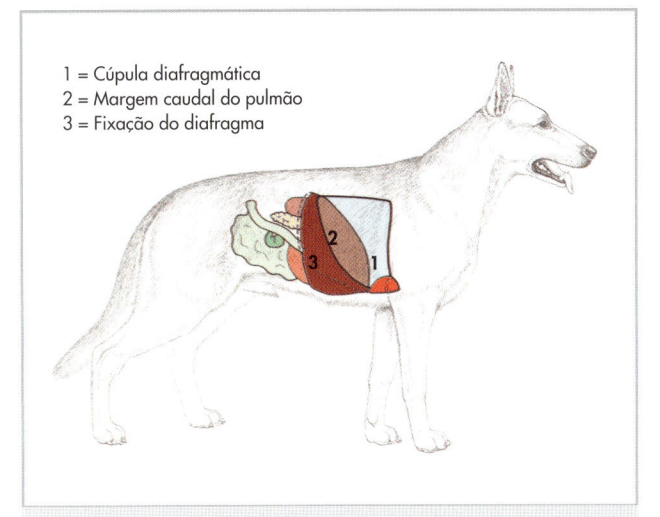

Fig. 20.60 Projeção dos órgãos das cavidades torácica e abdominal na parede corporal lateral de um cão (lado direito do corpo).

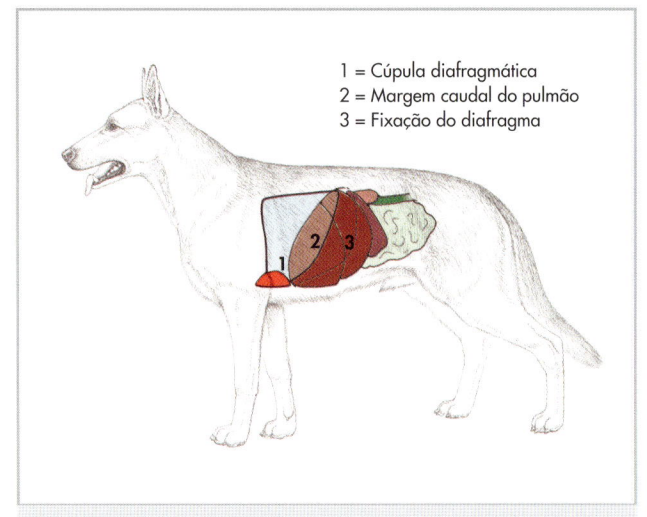

1 = Cúpula diafragmática
2 = Margem caudal do pulmão
3 = Fixação do diafragma

Fig. 20.61 Projeção dos órgãos das cavidades torácica e abdominal na parede corporal lateral de um cão (lado esquerdo do corpo).

1 = Cúpula diafragmática
2 = Margem caudal do pulmão
3 = Fixação do diafragma

Jejuno (*jejunum*)

Quando o estômago está vazio, o jejuno situa-se à direita do colo ascendente.

Duodeno descendente

O duodeno descendente inicia-se no lado direito do corpo, no nível médio da 11ª costela, e prolonga-se caudalmente para a altura do polo caudal do rim direito. O lobo direito do pâncreas está contido no mesentério da seção inicial do duodeno descendente.

Parede corporal lateral esquerda do suíno

Rim esquerdo

O rim esquerdo inicia-se na altura da última costela.

Baço

O baço posiciona-se no interior da parte intratorácica da cavidade abdominal quando o estômago está vazio. Com o estômago cheio, ele posiciona-se imediatamente caudal à última costela.

Fígado

O fígado está situado na 8ª costela do lado esquerdo (▶Fig. 20.63).

Jejuno (*jejunum*)

Um estômago cheio desloca o jejuno para o lado esquerdo da cavidade abdominal.

Ceco (*caecum*)

O ceco situa-se dorsalmente, ligeiramente à esquerda do plano mediano. A extremidade do ceco se volta na direção caudal.

Colo ascendente

O colo ascendente forma um órgão cônico espiral, localizado na cavidade abdominal ventral quando o estômago está vazio. A base do cone se fixa ao teto abdominal na metade esquerda da cavidade abdominal. Quando o estômago está cheio, o ápice do colo ascendente cônico balança para o lado direito.

Ovários

Os ovários situam-se no meio de uma linha traçada desde a tuberosidade coxal até a parede abdominal ventral.

Útero

O útero posiciona-se no meio da cavidade abdominal em fêmeas sem cria. Após a gestação, os cornos do útero posicionam-se na parede abdominal ventral. Embora eles se assemelhem às alças do jejuno, os cornos do útero exibem uma parede mais espessa.

Parede corporal lateral direita do bovino

Rim direito

O rim direito se prolonga do fígado até a 3ª vértebra lombar.

Rim esquerdo

O rim esquerdo situa-se centralmente, no plano mediano, suspenso pelo mesentério renal. O seu polo cranial posiciona-se minimamente sob o rim direito e se localiza entre a 2ª e a 5ª vértebras lombares.

Fígado

O fígado localiza-se diretamente caudal ao diafragma, no lado direito no interior da parte intratorácica da cavidade abdominal, e se estende dorsalmente até a última costela (▶Fig. 20.64).

A margem aguda alcança uma mão de largura caudalmente à última costela e cranialmente para a altura da 6ª articulação intracondral. O polo do rim direito deixa uma impressão no segmento

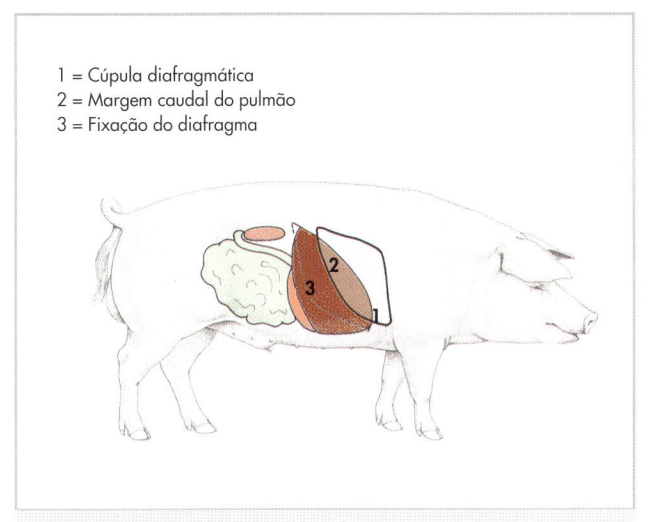

Fig. 20.62 Projeção dos órgãos das cavidades torácica e abdominal na parede corporal lateral de um suíno (lado direito do corpo).

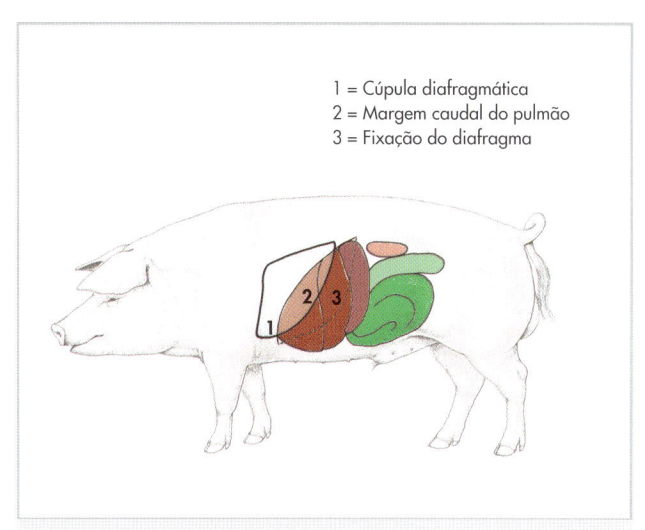

1 = Cúpula diafragmática
2 = Margem caudal do pulmão
3 = Fixação do diafragma

Fig. 20.63 Projeção dos órgãos das cavidades torácica e abdominal na parede corporal lateral de um suíno (lado esquerdo do corpo).

1 = Cúpula diafragmática
2 = Margem caudal do pulmão
3 = Fixação do diafragma

dorsal do fígado (impressão renal). A vesícula biliar se prolonga sobre a margem ventral aguda até se posicionar sobre a parede abdominal no 10º espaço intercostal.

Omaso

O omaso situa-se na parte intratorácica da cavidade abdominal ventral e posiciona-se na parede abdominal ventral entre o 6º e o 11º espaços intercostais. Ventralmente, ele projeta-se pouco além do arco costal.

Abomaso

O abomaso posiciona-se na parede abdominal ventral na região umbilical e preenche o espaço entre a cartilagem xifoide e a última costela.

Colo ascendente

O disco do colo posiciona-se ventral ao ceco e caudoventral ao arco costal. O jejuno envolve a margem do colo espiral como uma guirlanda. Entre as convoluções intestinais e a parede abdominal, está o omento maior, com as suas camadas superficial e profunda.

Ceco (*caecum*)

O ceco vai desde a junção costocondral da última costela até a abertura pélvica cranial. O ápice de terminação cega volta-se caudalmente e pode penetrar a cavidade pélvica em seu preenchimento máximo.

Duodeno descendente

O duodeno descendente posiciona-se sobre o ceco desde a metade da última costela até a entrada pélvica. Ocorre aderência secundária entre o duodeno e as duas camadas do omento maior.

Parede corporal lateral esquerda do bovino

Rúmen

O lado esquerdo da cavidade abdominal é quase inteiramente ocupado pelo rúmen (▶Fig. 20.65).

Retículo

O retículo encontra-se ventralmente no esterno, dentro da cúpula do diafragma, do 5º ao 6º espaço intercostal.

Átrio ruminal

O átrio ruminal posiciona-se na altura do 9º espaço intercostal, caudal à abertura do esôfago. A abertura do esôfago está no 8º espaço intercostal, na transição entre a parte dorsal e o terço médio da parede lateral do tórax.

Baço

O baço prolonga-se da extremidade dorsal da última costela até a junção costocondral da 7º ou 8º costela. A margem dorsal se adere à parede dorsal do diafragma e ao rúmen por meio do tecido conjuntivo.

Parede corporal lateral direita do equino

Rim direito

O rim direito situa-se imediatamente caudal ao fígado e ocupa os três últimos espaços intercostais.

Fígado

O fígado posiciona-se totalmente inserido na parte intratorácica da cavidade abdominal e, em sua maior parte, é coberto pelos dois pulmões (▶Fig. 20.66). A margem caudal do fígado alcança o 15º espaço intercostal. Ao nível da junção costocondral da 15ª costela,

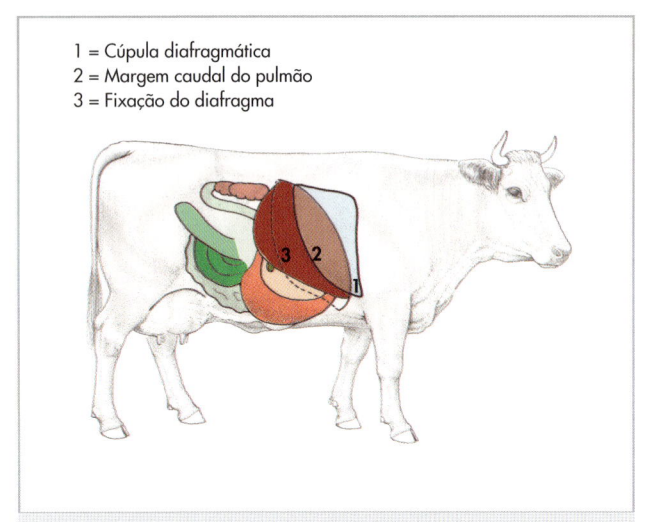

Fig. 20.64 Projeção dos órgãos das cavidades torácica e abdominal na parede corporal lateral de um bovino (lado direito do corpo).

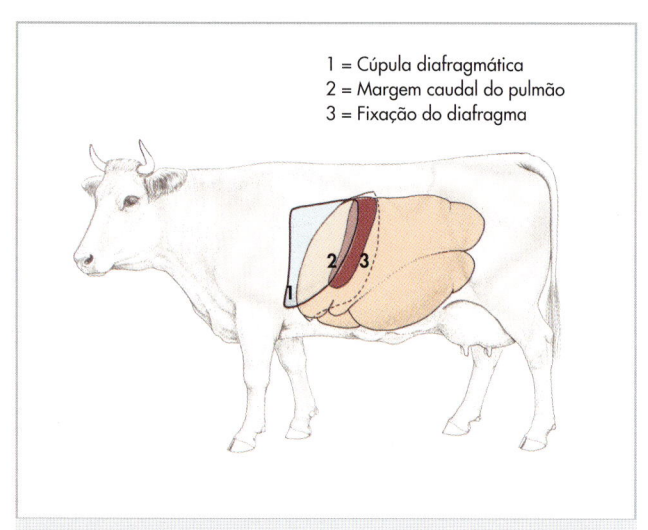

Fig. 20.65 Projeção dos órgãos das cavidades torácica e abdominal na parede corporal lateral de um bovino (lado esquerdo do corpo).

o fígado forma um ângulo reto e continua cranialmente até o 6º espaço intercostal. Em equinos saudáveis, a percussão relativa da opacidade das linhas não está presente ou é encontrada somente no lado direito.

Duodeno (*duodenum*)

O duodeno tem aproximadamente 1 m de comprimento e ascende ao longo da superfície visceral do lobo direito do fígado. Ele gira caudalmente entre o fígado e a ampola do colo dorsal, onde entra em contato com o diafragma e continua passando pelo rim direito e pela base do ceco. O duodeno vira para a esquerda ao nível da 3ª a 4ª vértebra lombar.

Ceco (*caecum*)

O ceco preenche toda a região do flanco direito, desde o último espaço intercostal até a tuberosidade coxal.

A curvatura maior do corpo cecal é convexa caudalmente e desaparece cranialmente sob o colo ventral direito. O ápice do ceco se posiciona entre os segmentos ventrais direito e esquerdo do colo e se volta em direção ao olécrano esquerdo do cotovelo.

Segmento ventral direito do colo ascendente

O colo ventral direito se projeta sobre a parede abdominal ventral direita a partir da junção costocondral da 18ª costela (abertura cecocólica) até a 9ª cartilagem costal, onde a flexura diafragmática esternal ou ventral inicia-se sobre o esterno. Aqui, a flexura esternal ou diafragmática ventral inicia-se sobre o esterno.

Segmento dorsal direito do colo ascendente

O colo dorsal direito começa no 16º espaço intercostal a partir da flexura diafragmática. O colo prolonga-se cranialmente para a 6ª cartilagem costal, onde inicia-se o colo transverso.

Parede corporal lateral esquerda do equino

Rim esquerdo

O rim esquerdo localiza-se entre a 17ª costela e o 2º e o 3º processos transversos das vértebras lombares correspondentes. A base do baço situa-se sob o rim na face lateral, onde está o ligamento esplenorrenal, o qual cria o espaço esplenorrenal. Segmentos do jejuno ou o colo descendente entram nesse espaço e podem ficar presos pelo ligamento.

Estômago

O estômago do equino é comparativamente pequeno e posiciona-se totalmente na parte intratorácica. O saco cego emerge sobre a cárdia e prolonga-se na direção caudal. Ele situa-se na altura do 14º ao 15º espaço intercostal.

Baço

A localização do baço depende ligeiramente do volume do estômago. A face lateral do baço está em contato com a extensão da 10ª a 18ª costela. A base posiciona-se paralelamente a uma linha que conecta a tuberosidade coxal com o olécrano. A margem convexa caudal situa-se no interior da parte intratorácica da cavidade abdominal, aproximadamente na distância da largura de uma mão cranial e dorsal ao arco costal. A extremidade ventral do baço encontra-se no 9º espaço intercostal, na altura da articulação do ombro.

Jejuno (*jejunum*)

As alças do jejuno, juntamente às alças do colo descendente, preenchem totalmente o quadrante esquerdo dorsal da cavidade abdominal (▶Fig. 20.67). Elas projetam-se sobre o flanco, entre a última costela e a entrada pélvica. Essas alças intestinais são facilmente deslocadas na cavidade abdominal, devido à sua grande extensão de mesentério. Tanto o jejuno quanto o colo descendente podem ficar presos no espaço esplenorrenal.

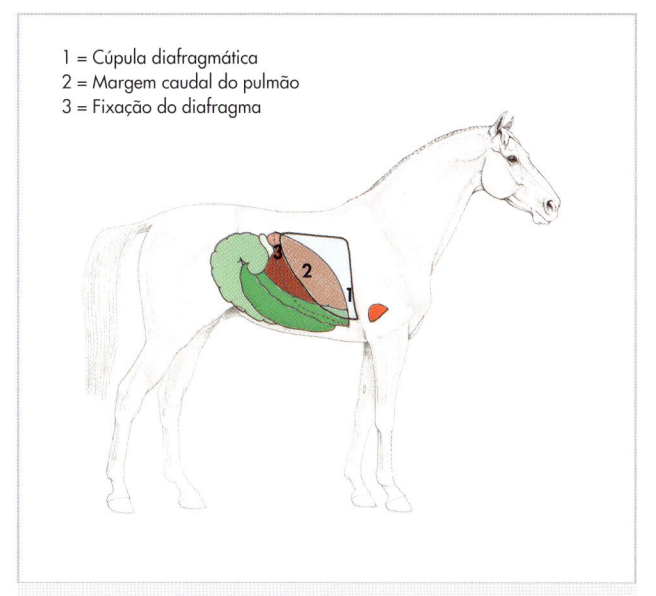

Fig. 20.66 Projeção dos órgãos das cavidades torácica e abdominal na parede corporal lateral de um equino (lado direito do corpo).

Fig. 20.67 Projeção dos órgãos das cavidades torácica e abdominal na parede corporal lateral de um equino (lado esquerdo do corpo).

1 = Cúpula diafragmática
2 = Margem caudal do pulmão
3 = Fixação do diafragma

Segmento ventral esquerdo do colo ascendente

O colo ventral esquerdo inicia-se na flexura esternal no espaço intratorácico, na altura da cartilagem xifoide. Esse segmento segue a parede abdominal ventral, ocupando um espaço com a largura de uma mão, e alcança da 9ª cartilagem costal até a entrada pélvica, onde se inicia a flexura pélvica.

A flexura está localizada a meio caminho entre as tuberosidades coxais e a parede abdominal ventral. A flexura pélvica pode deslocar-se para a direita por trás da base do ceco.

20.8.2 Órgãos da cavidade torácica

As seguintes **linhas horizontais imaginárias** são úteis para **auxiliar a orientação na cavidade torácica**:
- **linha da tuberosidade coxal (LT)**, uma linha craniocaudal através de cada tuberosidade coxal, paralela ao solo;
- **linha da articulação do ombro ou linha central do tórax (LA)**, uma linha craniocaudal através da articulação do ombro, paralela ao solo;
- **linha do olécrano ou linha lateral desde o esterno (LO)**, uma linha craniocaudal através de cada olécrano, paralela ao solo.

Pulmões

Margem caudal dos pulmões

A margem caudal dos pulmões **difere entre os animais domésticos**. A projeção da margem caudal do pulmão na superfície corporal (▶ Tab. 20.1) pode ser definida com o auxílio da linha da tuberosidade coxal (LT), da linha da articulação do ombro (LA) e da linha do olécrano (LO). A margem de cada espécie é demostrada a seguir.

Margem dorsal dos pulmões

A margem dorsal dos pulmões segue a linha da tuberosidade coxal lateralmente ao músculo iliocostal.

Margem cranial dos pulmões

A margem cranial dos pulmões é formada pela margem caudal das cabeças longas do músculo tríceps (sulco do músculo ancôneo) dos membros torácicos. Em pequenos animais, essa margem pode ser deslocada cranialmente.

Cúpula diafragmática

A cúpula diafragmática pode ser traçada exteriormente através de uma linha convexa cranial que atravessa o antepenúltimo espaço intercostal, o 6º espaço intercostal (LA) e a junção costocondral da 7ª costela. O **óstio da veia cava** situa-se na transição do terço dorsal para o terço médio do diâmetro da cavidade torácica em um nível diferente entre as espécies:
- **cão**: 7º ao 8º espaço intercostal;
- **suíno**: 7º espaço intercostal;
- **ruminante**: 7º espaço intercostal;
- **equino**: 7º ao 8º espaço intercostal.

Durante a inspiração, o óstio desloca-se caudalmente na distância aproximada de um espaço intercostal.

Tab. 20.1 Projeção da margem caudal do pulmão na superfície corporal

	Cão	Suíno	Ruminante	Equino
LT	11º Ei	11º Ei	11º Ei	16º Ei
LA	9º Ei	9º Ei	9º Ei	11º Ei
LO	6º Ei	5º Ei	5º Ei	6º Ei

Ei, espaço intercostal.

Coração

Posição do coração

O coração estende-se dorsalmente a uma linha horizontal através da metade da primeira costela. Ele alcança da 3ª a 6ª costela e, algumas vezes, pode chegar até a 7ª costela em cães, ou apenas até a 5ª costela no suíno e em ruminantes. No equino, o coração poderia preencher o espaço entre a 2ª e a 6ª costelas. No cão e no equino, a posição do coração depende principalmente da condição física do animal.

Ponto de batimento máximo

As diferenças entre as diferentes espécies de animais são mostradas a seguir.

> **Conclusão**
> - cão:
>   - esquerdo: 4º ao 5º espaço intercostal (ideal: 5º Ei);
>   - direito: 4º ao 5º espaço intercostal;
> - ruminante:
>   - esquerdo: 3º ao 5º espaço intercostal (ideal: 4º Ei);
>   - direito: –;
> - equino:
>   - esquerdo: 3º ao 6º espaço intercostal (ideal: 5º Ei);
>   - direito: 3º ao 4º espaço intercostal.

Macicez cardíaca absoluta

A macicez cardíaca absoluta corresponde ao recesso costomediastinal e é importante durante a percussão.

> **Conclusão**
> - cão:
>   - esquerdo: 4º ao 6º espaço intercostal;
>   - direito: 4º ao 6º espaço intercostal;
> - ruminante:
>   - esquerdo: 3º ao 4º espaço intercostal;
> - equino:
>   - esquerdo: 3º ao 5º espaço intercostal;
>   - direito: 3º ao 4º espaço intercostal.

Audibilidade máxima dos sons das valvas cardíacas

A audibilidade máxima dos sons das valvas cardíacas em cães, bovinos e equinos é mostrada na ▶Tab. 20.2.

Tab. 20.2 Audibilidade dos sons das valvas cardíacas em diferentes espécies de animais

	Cão	Bovino	Equino
Lado esquerdo			
Valva atrioventricular (AV) esquerda	5º Ei	4º Ei	5º Ei
Valva aórtica	4º Ei	4º Ei	4º Ei
Valva pulmonar	3º Ei	3º Ei	3º Ei
Lado direito			
Valva AV direita	4º Ei	4º Ei	4º Ei

Ei, espaço intercostal.

21 Anatomia das aves

H. E. König e H.-G. Liebich

21.1 Introdução

Hoje, considera-se inquestionável a evolução das aves a partir dos dinossauros. As características morfológicas observadas nas aves modernas já eram evidentes nos ictiossauros, que surgiram há 250 milhões de anos e foram extintos cerca de 33 milhões de anos antes dos dinossauros; isso inclui o anel esclerótico ósseo do olho.

Nesse contexto, a **descoberta do primeiro espécime fóssil de *Archaeopteryx***, que viveu 150 milhões de anos a.C., é a mais conhecida de todas as descobertas paleontológicas. Entre as espécies de aves existentes, as garras nas asas do quero-quero (*Vanellus chilensis*; Molina, 1782) representam um remanescente evolutivo apontando para a descendência das aves de dinossauros voadores (▶Fig. 21.5).

A capacidade de voar, indiscutivelmente a característica mais marcante das aves, fascinou a humanidade ao longo dos tempos e inspirou muitas tentativas de imitação. Leonardo da Vinci foi uma das pessoas que se interessou pelo tema.

A cobertura de penas é, sem dúvida, a característica mais marcante da aparência externa das aves. Durante o voo, as penas servem para direcionar o voo e atuar como um aerofólio. Por meio de sua composição de queratina dura, elas também contribuem para a natureza aerodinâmica dos contornos corporais das aves. A disposição das penas em diferentes camadas e densidades permite que as aves mantenham uma temperatura corporal interna estável, independentemente das condições ambientais (homeotermia). Todas as espécies de aves conhecidas são **endotérmicas** (i.e., geram calor internamente), com uma temperatura corporal relativamente alta de 42°C.

Assim como os mamíferos terrestres, as aves têm dois pares de extremidades, dos quais o par cranial assume a forma de **asas**. A maioria das aves é capaz de voar; as que não voam, como ratitas e pinguins, desenvolveram-se a partir de espécies originalmente voadoras. Além de conferirem às aves a habilidade de voar, as características especializadas do corpo das aves permitem movimentos rápidos e ágeis na terra e na água. Em aves aquáticas, a cobertura de penas atua como um isolante de água altamente eficaz.

Outra característica distinta da cobertura por penas das aves é a função da coloração no adorno, na camuflagem e na comunicação sexual. A pelagem não é permanente, sendo substituída pelo processo de muda. As penas estão ausentes nas patas das aves, que são cobertas por escamas.

A maioria das aves tem uma **glândula uropígea**, uma estrutura especializada que produz uma secreção oleosa utilizada para a manutenção das penas. Em algumas espécies (p. ex., certos papagaios, garças), a função da glândula uropígea é realizada por **penas de penugem em pó**, estruturas especializadas nas quais a ponta da pena em crescimento se desintegra continuamente em um pó fino e repelente à água. A anatomia das aves é, ainda, caracterizada por várias outras características distintas.

Os **órgãos do trato digestório** estão concentrados em torno do centro de **gravidade corporal**. Em contraste com algumas espécies extintas, o bico das espécies de aves contemporâneas **não tem dentes**. Em geral, o bico da ave consiste em uma base óssea coberta por uma camada córnea.

Em pombos (Columbiformes) e gansos (Anseriformes), o osso do bico tem uma camada de pele macia. Tanto a maxila (mandíbula superior) quanto a mandíbula (mandíbula inferior) das aves são móveis, contrastando com outros vertebrados, nos quais apenas a mandíbula pode ser movida.

O **músculo diafragma** está ausente nas aves, ao passo que os sacos pleurais e peritoneais estão presentes.

As aves têm uma **cloaca**, uma abertura comum para a expulsão de ovos, urina e fezes. Os compostos de nitrogênio são eliminados na urina das aves como **guanina** e **ácido úrico**. A guanina é mais rica em energia que o ácido úrico, porém a sua excreção requer uma menor quantidade de água. Os depósitos fecais das aves podem atingir volumes consideráveis; o "guano", composto por resíduos eliminados pelas aves marinhas, é utilizado como fertilizante natural, uma vez que é rico em fosfato.

Os **órgãos respiratórios** são mais complexos do que os de outros vertebrados, além de serem mais leves e eficientes. No lugar dos alvéolos, o pulmão aviário contém **capilares aéreos**, permitindo a troca de gases durante a inspiração e a expiração.

Os **sacos aéreos**, extensões do sistema brônquico, desempenham um papel importante na respiração. Eles também resfriam os testículos internos quando estes são aumentados durante o período reprodutivo e reduzem o peso por unidade de volume do corpo da ave.

A **vocalização** em aves não se origina na laringe, pois as pregas vocais estão ausentes. O órgão responsável pela produção do som nas aves é a **siringe** (também chamada de **laringe inferior**), localizada na bifurcação traqueal.

Assim como nos répteis, um **sistema porta** está presente nos **rins**. **Não há bexiga**. Durante a período reprodutivo, os **ovários** e os **testículos** sofrem mudanças significativas de tamanho. Esses órgãos estão localizados próximo ao centro corporal.

O **ovo da ave** é revestido por uma casca calcificada. Nas aves selvagens, a cor da casca contribui para a camuflagem, mas também tem funções adicionais. Os pontos e as manchas contribuem para a integridade estrutural do ovo, aumentando a elasticidade da casca. Os pássaros têm **eritrócitos nucleados**; o número de eritrócitos é muito maior nas aves do que nos mamíferos.

Em relação ao peso corporal, o **cérebro** das aves é consideravelmente **maior do que o dos répteis**. Além disso, o sistema nervoso central (SNC) das aves é altamente desenvolvido. Entre os órgãos dos sentidos, a capacidade funcional do olho das aves é particularmente bem reconhecida. Várias espécies de aves são provavelmente capazes de ter uma **percepção pentacromática da luz**, ou seja, eles têm cinco tipos de fotorreceptores sensíveis à cor (cones). A região do córtex cerebral dedicada ao processamento visual é acentuadamente aumentada. O tamanho relativo dos órgãos dos sentidos, particularmente do olho, é maior nas aves do que nos mamíferos. A **migração das aves** está entre os eventos de relocação mais colossais realizados por espécies animais. As técnicas de orientação e navegação utilizadas pelas aves durante a migração (**bússola magnética**) permanecem mal compreendidas.

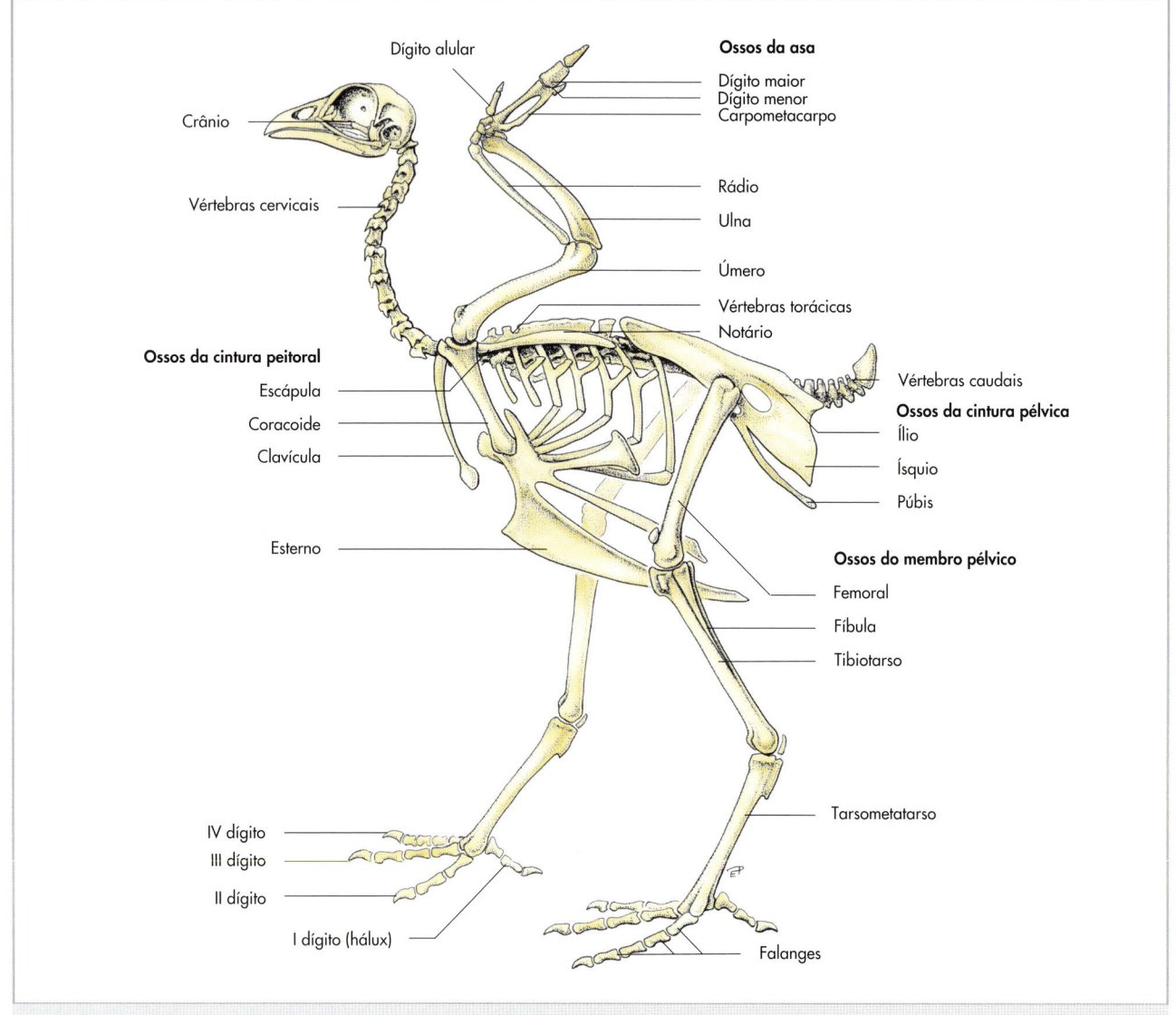

Fig. 21.1 Esqueleto de uma galinha (representação esquemática, vista lateral esquerda). (Fonte: König HE, Korbel R, Liebich H-G. *Anatomie der Vögel*. 2. Aufl. Stuttgart: Schattauer, 2009.)

21.2 Sistema musculoesquelético

O esqueleto das aves exibe **várias adaptações** que ajudam a facilitar o voo. Os ossos dos membros geralmente estão pneumatizados, e o número de ossos é reduzido. Como consequência, o esqueleto representa apenas 4,5% do peso corporal total das aves (▶Fig. 21.1, ▶Fig. 21.2, ▶Fig. 21.3, ▶Fig. 21.4 e ▶Fig. 21.5).

No crânio, o **côndilo occipital único** (*condylus occipitalis*) permite uma amplitude de movimento particularmente grande da articulação atlantoccipital. A interposição do **osso quadrado** (*os quadratum*) e do **osso quadradojugal** (*os quadratojugale*) entre a mandíbula e o crânio permite um movimento limitado da maxila quando a mandíbula é abaixada.

A coluna vertebral inclui um número relativamente grande de vértebras cervicais. Na região torácica, várias vértebras se fusionam para formar o **notário**. A fusão das vértebras lombares e sacrais dá origem ao **sinsacro**. O **pigóstilo** é formado pela fusão das vértebras caudais terminais. As costelas apresentam um **processo uncinado** (*processus uncinatus*), que se estende caudalmente a partir da extremidade proximal de uma costela, terminando próximo à costela subsequente.

As aves têm uma cintura peitoral completa, que consiste em **escápula**, **osso coracoide** (*os coracoideum*) e **clavícula** (*clavicula*) (as clavículas pares formam a **fúrcula**). Entre os ossos da cintura peitoral, está o **canal triósseo** (*canalis triosseus*), o qual é perfurado pelos tendões do elevador da asa, o músculo supracoracóideo (*m. supracoracoideus*). Através do osso coracoide, uma **conexão firme é formada entre a cintura peitoral e o esterno**.

21.2.1 Membros torácicos (asas)

Um **forame pneumático** (*foramen pneumaticum*) está presente no úmero proximal. A ulna é maior que o rádio, e o carpo consiste em apenas dois ossos, o **osso carpo ulnar** (*os carpi ulnare*) e o **osso**

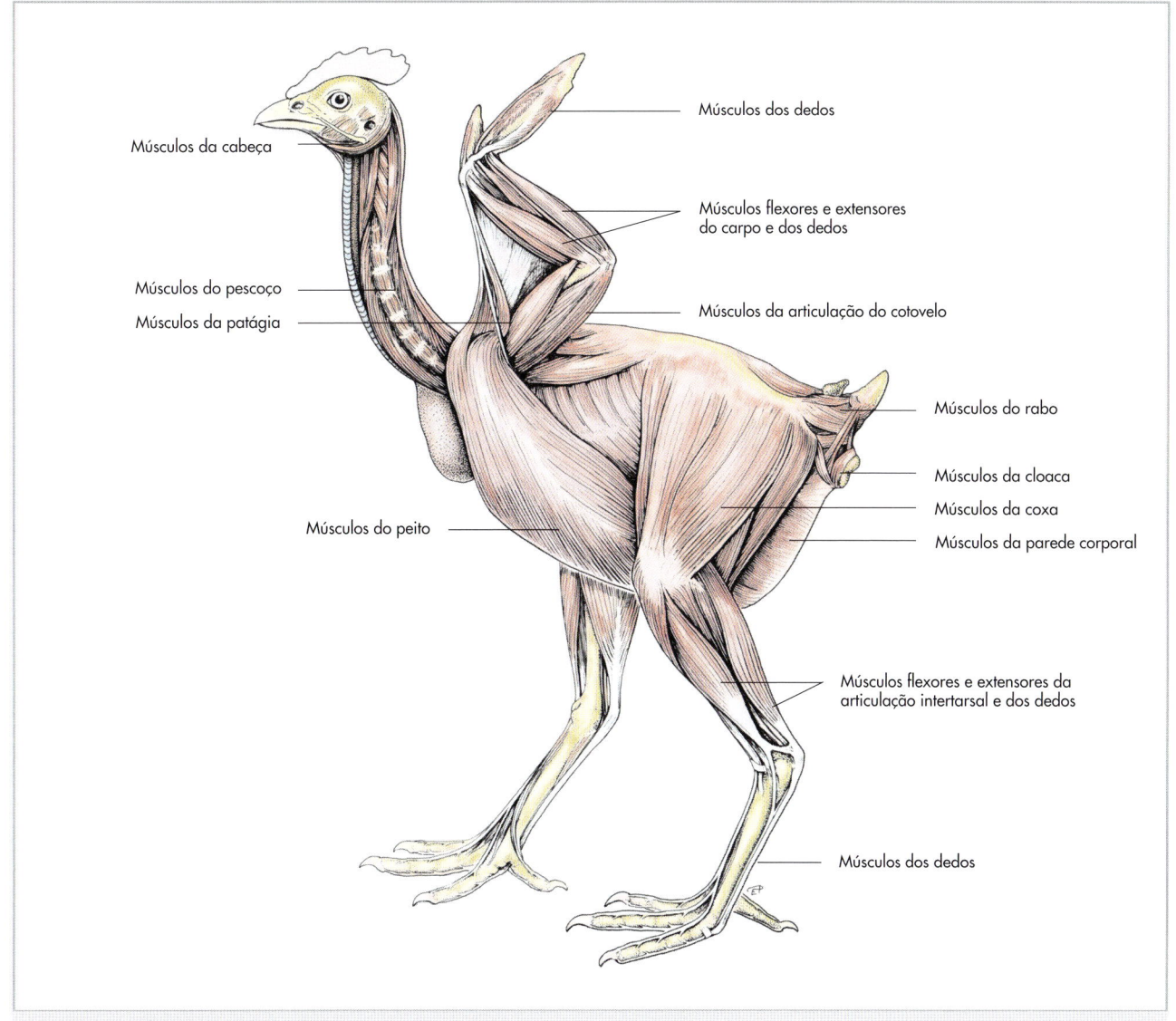

Fig. 21.2 Camadas musculares superficial e medial da galinha (representação esquemática, vista lateral esquerda). (Fonte: König HE, Korbel R, Liebich H-G. *Anatomie der Vögel*. 2. Aufl. Stuttgart: Schattauer, 2009.)

carpo radial (*os carpi radiale*). Os ossos metacarpos são **reduzidos a três elementos** e têm três dígitos.

> **Nota clínica**
>
> Um procedimento conhecido como *pinioning* é utilizado na América do Norte e na Austrália para limitar o voo de pássaros expostos em jardins zoológicos. Nesse procedimento cirúrgico, o tendão do **músculo extensor radial do carpo** (*m. extensor carpi radialis*) é seccionado em sua localização subcutânea, na face cranial da articulação do carpo. Uma técnica alternativa utilizada na Austrália envolve a **amputação** da ponta da asa seccionando os ossos metacarpais. A restrição de voo pode ser alcançada de maneira menos invasiva **cortando de oito a dez rêmiges primárias e secundárias** na transição da pena para o ráquis.

21.2.2 Membros pélvicos

Os **ossos da cintura pélvica**, compreendendo o **ílio** (*os ilium*), o **ísquio** (*os ischii*) e o **osso púbis** (*os pubis*), são **fusionados** dorsalmente. Assim como nos mamíferos, esses três ossos dão origem ao **acetábulo**. A pelve (ossos pélvicos fundidos) é fusionada com a coluna vertebral; ventralmente, a pelve **mantém uma ampla abertura**. Os dois ossos pélvicos também são chamados de **ossos poedeiros**, pois o ovo passa entre as suas extremidades caudais durante a oviposição.

Os ossos do membro pélvico consistem em:
- fêmur (*os femoris*);
- tibiotarsos e fíbula;
- tarsometatarsos;
- falanges.

O fêmur assemelha-se ao dos mamíferos; a extremidade proximal é palpável. A tíbia é fusionada com os ossos do tarso proximal para

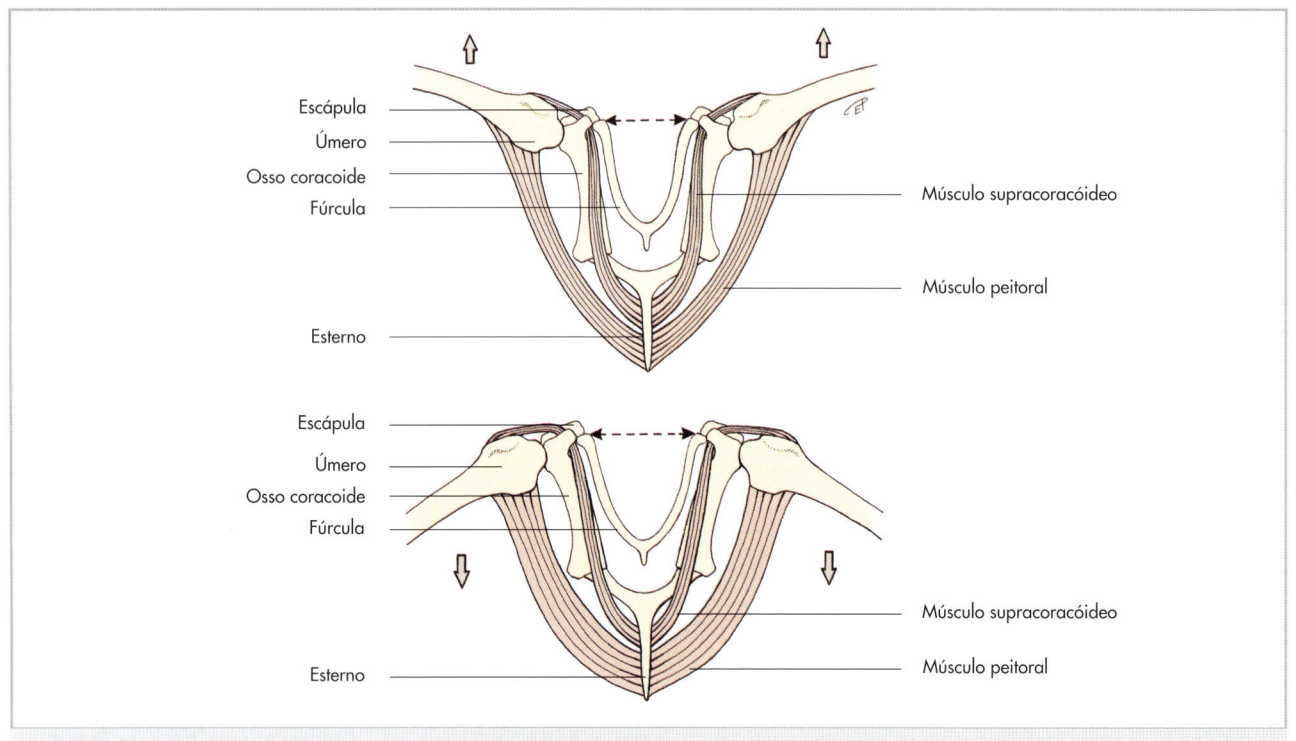

Fig. 21.3 Ação do músculo peitoral (*m. pectoralis*) (setas para baixo) e do músculo supracoracóideo (*m. supracoracoideus*) (setas para cima) no bater das asas (representação esquemática). No movimento descendente (músculos peitorais), a distância entre as articulações do ombro aumenta. Durante o movimento ascendente (músculos supracoracóideos), a cintura peitoral volta à sua posição original. (Fonte: König HE, Korbel R, Liebich H-G. *Anatomie der Vögel*. 2. Aufl. Stuttgart: Schattauer, 2009.)

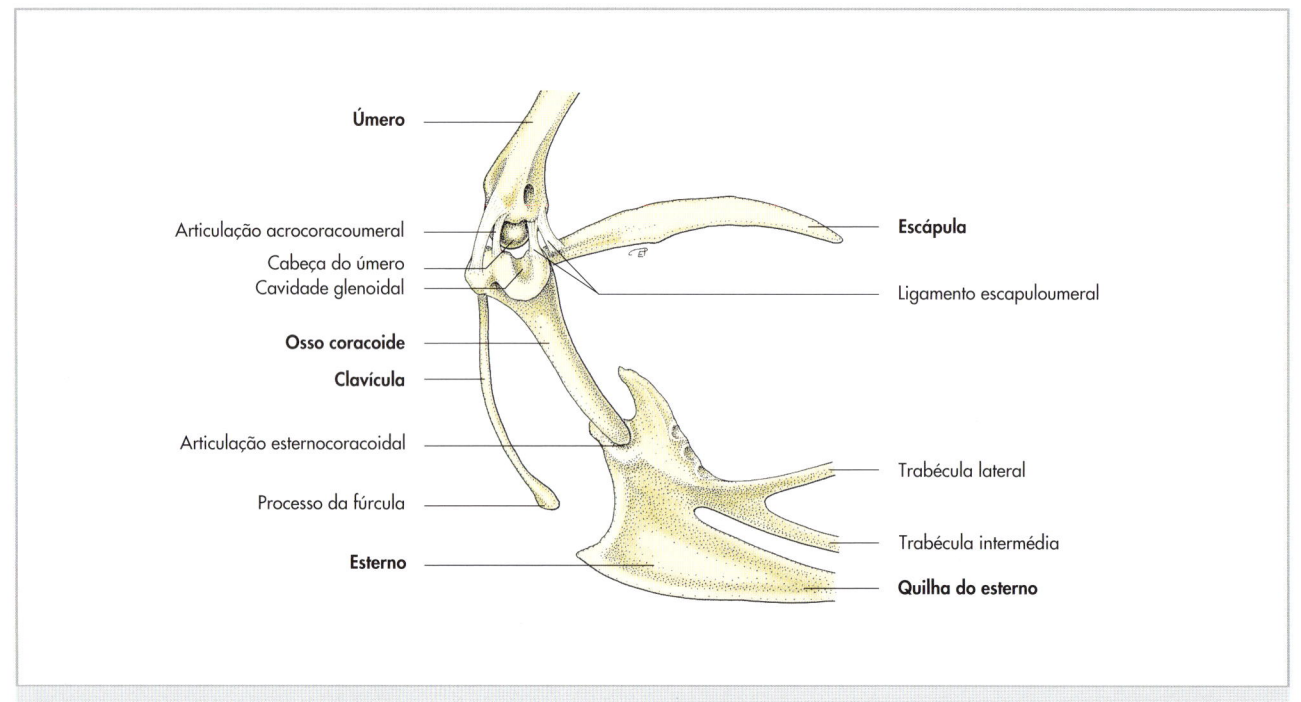

Fig. 21.4 Articulação do ombro esquerdo de uma galinha (representação esquemática, vista lateral). (Fonte: König HE, Korbel R, Liebich H-G. *Anatomie der Vögel*. 2. Aufl. Stuttgart: Schattauer, 2009.)

formar o **tibiotarso**. A **fíbula** é fina e estreita distalmente, terminando antes da extremidade distal do tibiotarso.

O **tarsometatarso** é formado pela fusão dos **ossos dos tarsos central** e **distal** e dos **ossos do metatarso II-IV**. Assim, nenhum osso do tarso individual está presente no esqueleto adulto. Apenas o primeiro osso metatarso permanece como uma estrutura separada; o quinto osso metacarpo foi perdido. O tarsometatarso carrega um processo ósseo para o **esporão** (calcar), que é mais desenvolvido nos machos do que nas fêmeas.

Distalmente, o tarsometatarso articula-se com as falanges dos dígitos (I-IV). Os dígitos do membro pélvico geralmente seguem um de dois **arranjos básicos**: **anisodactilia**, em que apenas o primeiro dedo está em direção plantar; e **zigodactilia**, em que o primeiro e o quarto dígitos se estendem em uma direção plantar.

Os músculos das aves são adaptados para suportar tanto o voo quanto a locomoção terrestre (p. ex., os ventres musculares estão localizados próximo ao tronco, em direção ao centro de gravidade; ▶Fig. 21.35). Os músculos de voo estão entre os músculos mais poderosos do corpo e originam-se de uma **ampla área no esterno**.

O depressor da asa, o **músculo peitoral** (*m. pectoralis*), é consideravelmente mais desenvolvido do que o **músculo supracoracóideo** (*m. supracoracoideus*), que eleva o membro torácico.

> **Nota clínica**
>
> Na extremidade distal do tibiotarso, os músculos consistem apenas em tendões. Os músculos de voo são locais de **injeção intramuscular** de medicamentos.

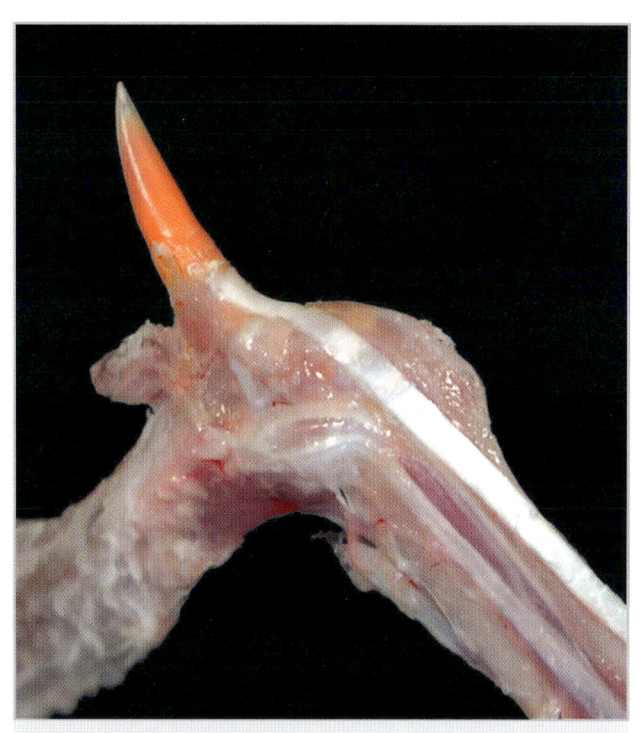

Fig. 21.5 Garra da asa de um quero-quero (*vanellus chilensis*; Molina, 1782). (Fonte: cortesia do Dr. Sergio Donoso, Chillan, Chile.)

21.3 Cavidades corporais

O **diafragma está ausente** nas aves. Assim, o uso de termos como torácico, abdominal e pélvico refere-se apenas a ossos ou músculos relevantes. No entanto, vários espaços discretos são distinguíveis dentro do celoma aviário. Isso inclui **cavidades revestidas de serosa** e **sacos de ar**. A cavidade celomática também é dividida por **septos horizontais** e **oblíquos** (▶Fig. 21.6, ▶Fig. 21.7 e ▶Fig. 21.8).

O **septo horizontal** (*septum horizontale*) passa ventralmente para os pulmões (▶Fig. 21.7), estendendo-se da crista ventral (*crista ventralis*) das vértebras torácicas até as costelas. O **septo oblíquo** (*septum obliquum*), formado pelo crescimento interno dos sacos aéreos, também começa na crista ventral das vértebras torácicas, porém segue um curso mais ventral até a margem lateral do esterno (▶Fig. 21.7).

Em aves, as subdivisões revestidas de serosa da **cavidade celomática** consistem em:

- duas cavidades pleurais (*cava pleurae*);
- quatro cavidades peritoneais hepáticas (*cava hepatici peritonei*);
- uma cavidade peritoneal intestinal (*cavum intestinale peritonei*);
- uma cavidade pericárdica (*cavum pericardii*).

Cavidades pleurais completas (*cava pleurae*) existem apenas **durante o desenvolvimento embrionário**. No momento da eclosão, uma grande parte ou toda a cavidade se perde. O pulmão se fusiona em todos os lados com os tecidos circundantes. Como consequência, o volume do pulmão aviário permanece relativamente constante.

As **quatro cavidades peritoneais hepáticas** são delimitadas caudalmente pelo septo pós-hepático (*septum posthepaticum*) orientado transversalmente. Essa dupla camada serosa envolve o estômago muscular no lado esquerdo do corpo. O fígado tem um mesentério dorsal e ventral; a parte ventral é o equivalente ao ligamento falciforme (*ligamentum falciforme*) dos mamíferos. Além disso, os **ligamentos hepáticos direito** e **esquerdo**, posicionados lateralmente (*ligamentum hepaticum dextrum* e *ligamentum hepaticum sinistrum*), conectam o fígado com o septo oblíquo, dando origem às quatro cavidades peritoneais hepáticas.

A maior das cavidades peritoneais, a **cavidade peritoneal intestinal**, está posicionada caudalmente ao septo pós-hepático. Além do intestino, ela abriga o ovário e o oviduto ou os testículos. O intestino tem apenas um mesentério dorsal. Os dois sacos aéreos abdominais projetam-se caudalmente na cavidade peritoneal intestinal.

A estrutura da **cavidade pericárdica** é semelhante à dos mamíferos.

A cavidade celomática da galinha doméstica contém **oito sacos aéreos** (▶Fig. 21.23 e ▶Fig. 21.24); ver seção Sistema respiratório (p. 758, neste capítulo).

21.4 Sistema digestório (*systema digestorium*)

O trato digestório das aves (▶Fig. 21.9, ▶Fig. 21.10, ▶Fig. 21.11, ▶Fig. 21.12, ▶Fig. 21.13, ▶Fig. 21.14, ▶Fig. 21.15 e ▶Fig. 21.16) distingue-se do dos mamíferos pelas seguintes características:

- bico;
- falta de separação das cavidades oral e faríngea (orofaringe);
- ausência de dentes, lábios, bochechas e palato mole;
- presença de dois cecos;
- cloaca.

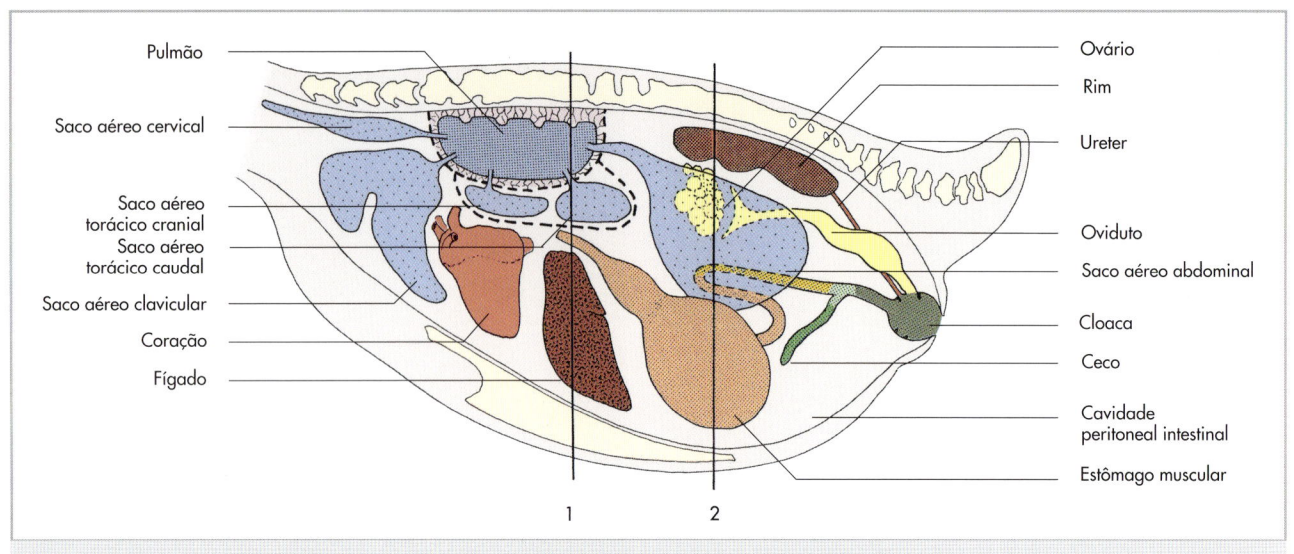

Fig. 21.6 Cavidade celomática de uma galinha (representação esquemática); 1 e 2 indicam o nível dos cortes mostrados nas ▶Figs. 21.7 e ▶21.8. (Fonte: com base em dados de Vollmerhaus, 1992; König HE, Korbel R, HE, Korbel R, Liebich H-G. *Anatomie der Vögel*. 2. Aufl. Stuttgart: Schattauer, 2009.)

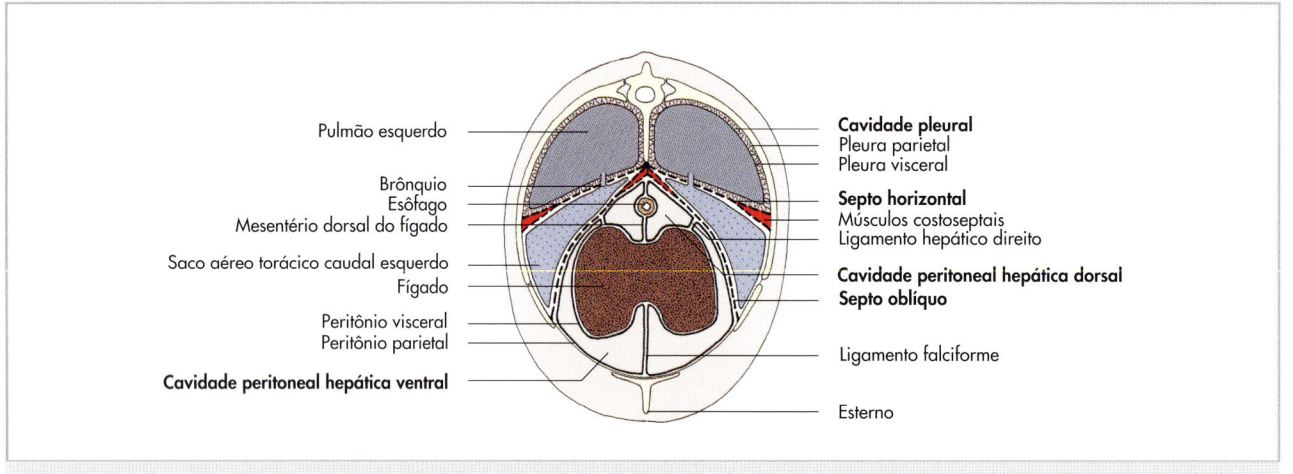

Fig. 21.7 Secção transversal da cavidade celomática da galinha na altura do fígado (ver ▶Fig. 21.6, secção 1; vista caudal. (Fonte: König HE, Korbel R, HE, Korbel R, Liebich H-G. *Anatomie der Vögel*. 2. Aufl. Stuttgart: Schattauer, 2009.)

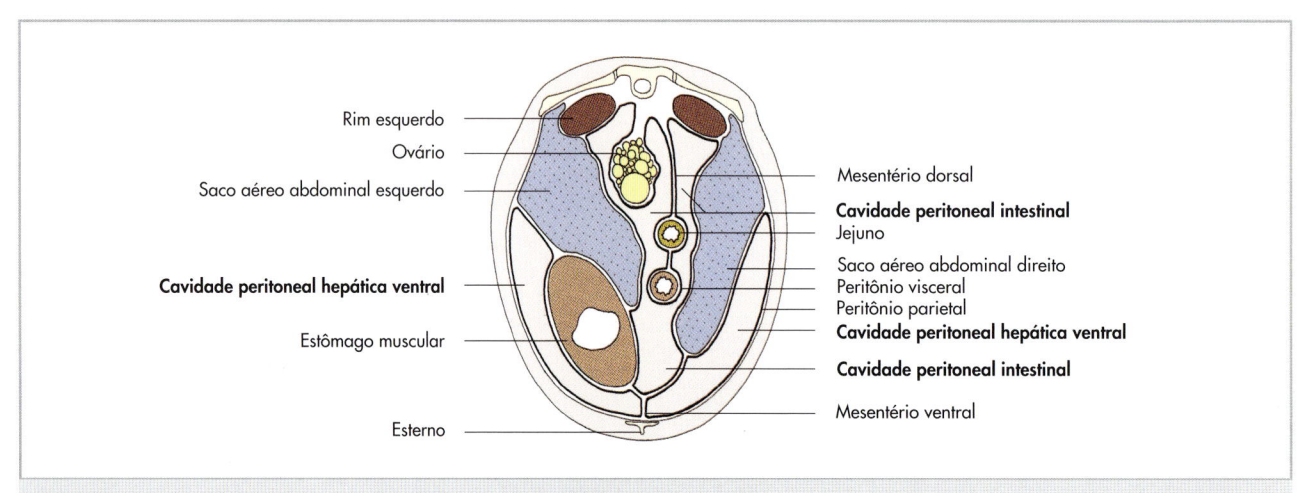

Fig. 21.8 Secção transversal da cavidade celomática de uma galinha ao nível do estômago muscular (ver ▶Fig. 21.6, secção 2; vista caudal). (Fonte: König HE, Korbel R, Liebich HG. *Anatomie der Vögel*. 2. Aufl. Stuttgart: Schattauer, 2009.)

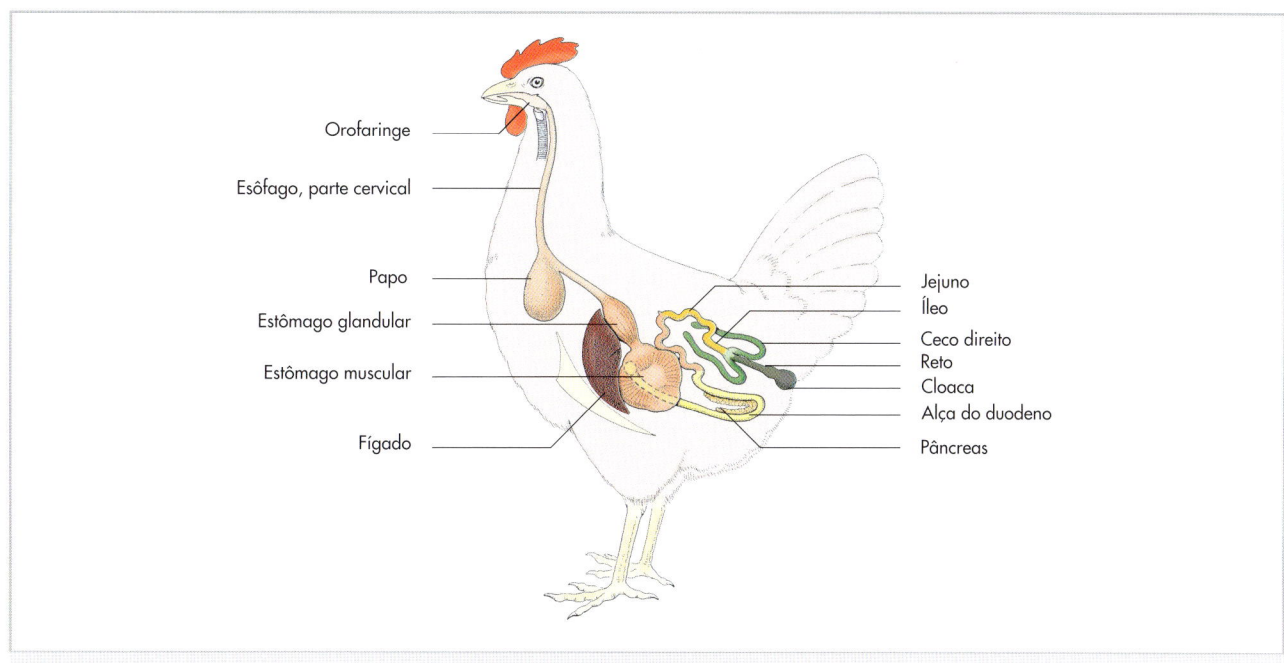

Fig. 21.9 Sistema digestório de uma galinha (representação esquemática). (Fonte: König HE, Korbel R, Liebich H-G. *Anatomie der Vögel*. 2. Aufl. Stuttgart: Schattauer, 2009.)

21.4.1 Trato digestório proximal

As cavidades oral e faríngea combinam-se para formar um espaço comum, a **orofaringe**, circundada dorsal e ventralmente pelo **bico** (**rostro**). A morfologia do bico varia de acordo com o gênero e a espécie. Além de ser utilizado para preensão, o bico tem função aerodinâmica. Na maioria das espécies de aves, o bico também serve como **órgão sensorial** (**órgão da ponta do bico**), por meio de corpúsculos sensoriais (papilas de toque) embutidos no tecido queratinizado do bico e nas lamelas associadas.

A **língua** (*lingua*) das aves domésticas encontra-se na orofaringe ventral e é **relativamente imóvel**. Morfologicamente, a língua está adaptada à dieta das várias espécies de aves. O corpo da língua é sustentado pelo **entoglosso** (*os entoglossum*); a musculatura intrínseca é pouco desenvolvida. Papilas mecânicas e gustatórias estão presentes no dorso da língua.

As **glândulas salivares** são visivelmente **bem desenvolvidas** nas aves. A mistura de alimentos com saliva é particularmente importante em granívoros. As glândulas salivares estão presentes na maxila e na mandíbula, no ângulo da boca e na língua.

21.4.2 Trato gastrointestinal

O trato gastrointestinal (▶Fig. 21.9 e ▶Fig. 21.11) é dividido nos seguintes componentes:
- **esôfago** com:
  - papo (inglúvio);
- **estômago** (*gaster*) com:
  - estômago glandular (*pars glandularis*);
  - estômago muscular (*pars muscularis*);
- **intestino** (*intestinum*) com:
  - intestino delgado (*intestinum tenue*) com:
    - duodeno;
    - jejuno;
    - íleo;
  - intestino grosso (*intestinum crassum*) com:
    - ceco;
    - reto;
- **cloaca** com:
  - coprodeu;
  - urodeu;
  - proctodeu.

Esôfago

O **esôfago** (▶Fig. 21.20) é um tubo de parede fina que se estende da extremidade caudal do monte laríngeo até o estômago glandular. A sua **parte proximal** (*pars cervicalis*) inicialmente fica **dorsal à traqueia**. À medida que corre distalmente, ela passa a ficar principalmente no **lado direito do pescoço**. No nível da entrada do tórax, o esôfago dilata-se para formar o **papo**. Em seguida, ele passa **ventral ao pulmão** através da base do coração, antes de se abrir, no nível do terceiro ao quarto espaço intercostal, no **estômago glandular**.

Papo (inglúvio)

Pouco antes da sua entrada na cavidade corporal, o esôfago dilata-se para formar o papo. O papo serve, sobretudo, para armazenar temporariamente a ingesta. Além disso, ele permite o amolecimento e a pré-digestão de alimentos pouco digeríveis. Um "**canal do papo**", localizado na parede dorsal do papo, representa a continuação do esôfago.

Em aves que se alimentam de grãos, o papo pode aumentar consideravelmente. Fortes contrações dos músculos do papo e do seu canal propulsionam a ingesta para o estômago. Nos pombos, o papo produz "**leite de papo**", o qual é utilizado para nutrir os jovens.

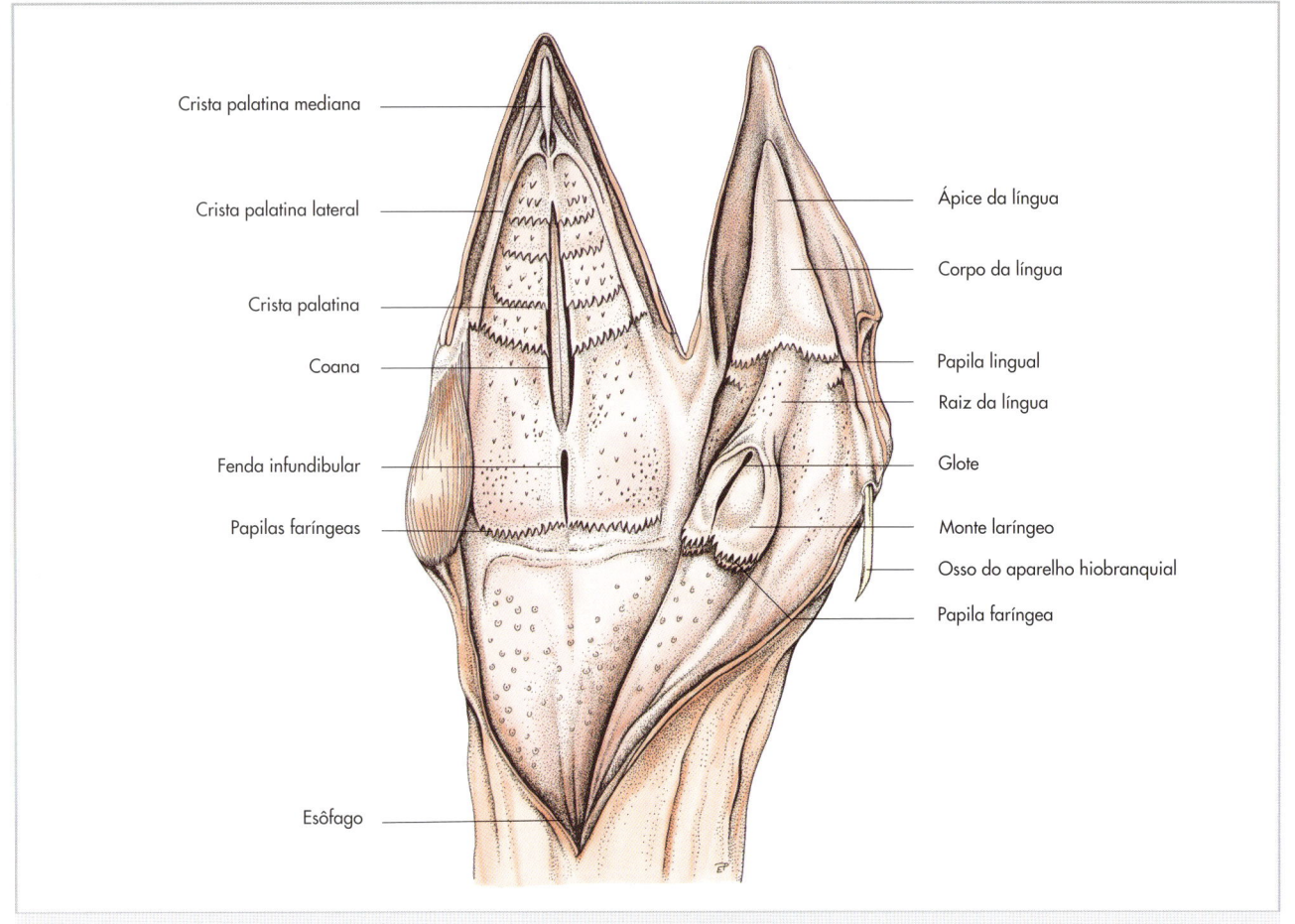

Fig. 21.10 Orofaringe de uma galinha (representação esquemática, aberta e refletida). (Fonte: com base em dados de Dyce, Sack e Wensing, 2002; König HE, Korbel R, Liebich H-G. *Anatomie der Vögel*. 2. Aufl. Stuttgart: Schattauer, 2009.)

Estômago (*gaster*)

Entre as muitas espécies diferentes de aves, a estrutura do estômago varia consideravelmente com a dieta. Em granívoros e herbívoros, incluindo galinhas, pombos, gansos e patos, o estômago é dividido em dois componentes claramente distinguíveis: o **estômago glandular** e o **estômago muscular** (▶Fig. 21.11, ▶Fig. 21.12, ▶Fig. 21.13, ▶Fig. 21.14, ▶Fig. 21.15 e ▶Fig. 21.30).

Estômago glandular (proventrículo, *pars glandularis*)

O **estômago glandular** encontra-se contra a face parietal (*facies parietalis*) do fígado, em uma bolsa do saco peritoneal intestinal. Agregados proeminentes de glândulas tubulares superficiais e profundas produzem pepsinogênio, H^+, Cl^- e uma secreção rica em carbonato de hidrogênio que serve para pré-digerir a ingesta. A secreção glandular também contém fator intrínseco, que facilita a captação de vitamina B_{12} (▶Fig. 21.11, ▶Fig. 21.12, ▶Fig. 21.13, ▶Fig. 21.14 e ▶Fig. 21.15).

Estômago muscular (ventrículo, *pars muscularis*)

O **estômago muscular** (▶Fig. 21.11, ▶Fig. 21.12, ▶Fig. 21.13, ▶Fig. 21.14 e ▶Fig. 21.15) encontra-se entre as duas camadas do septo pós-hepático, à esquerda do saco peritoneal intestinal, no quadrante ventral esquerdo da cavidade celomática. Devido às suas funções mecânicas, às vezes ele é referido como um "**órgão mastigatório**"; em certo sentido, ele substitui os dentes perdidos. A mucosa do estômago muscular é coberta por uma camada áspera, similar a uma placa de moagem, que consiste em secreções solidificadas de glândulas tubulares. Conhecida como **coilina**, essa camada é composta por um complexo carboidrato-proteína. Pedras pequenas e outras partículas estranhas duras (**areia**) engolidas junto à alimentação auxiliam ainda mais na decomposição mecânica da ingesta.

Túnica muscular do estômago

A **parede muscular do estômago** (▶Fig. 21.11, ▶Fig. 21.12 e ▶Fig. 21.13) consiste, principalmente, em músculo liso subdividido em quatro camadas. Os **dois músculos principais**, que se estendem entre os centros tendíneos laterais, são:
- músculo caudodorsal espesso (*m. crassus caudodorsalis*);
- músculo cranioventral espesso (*m. crassus cranioventralis*).

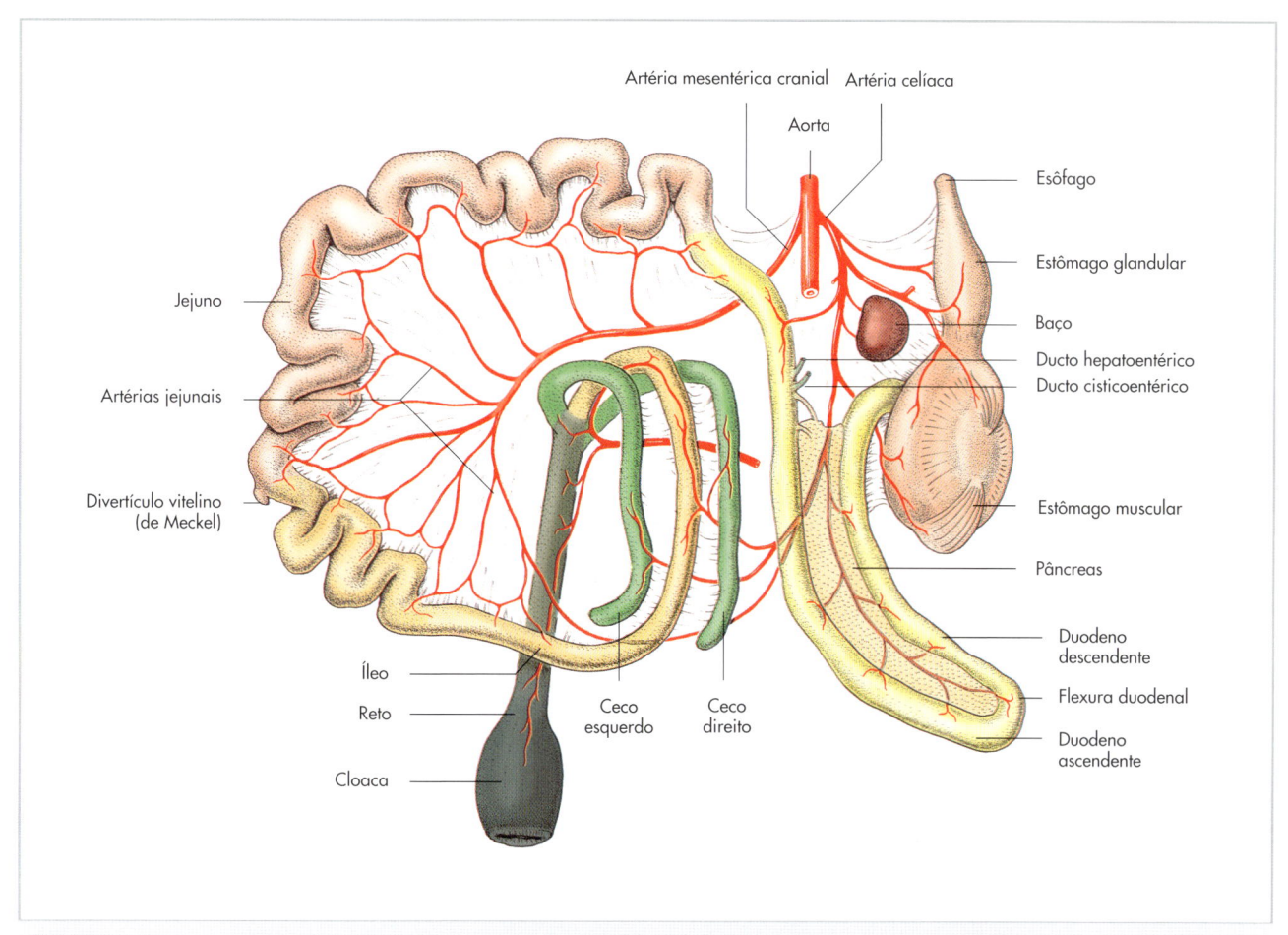

Fig. 21.11 Trato gastrointestinal e artérias maiores associadas de uma galinha (representação esquemática). (Fonte: com base em dados de McLelland, 1975; König HE, Korbel R, Liebich H-G. *Anatomie der Vögel*. 2. Aufl. Stuttgart: Schattauer, 2009.)

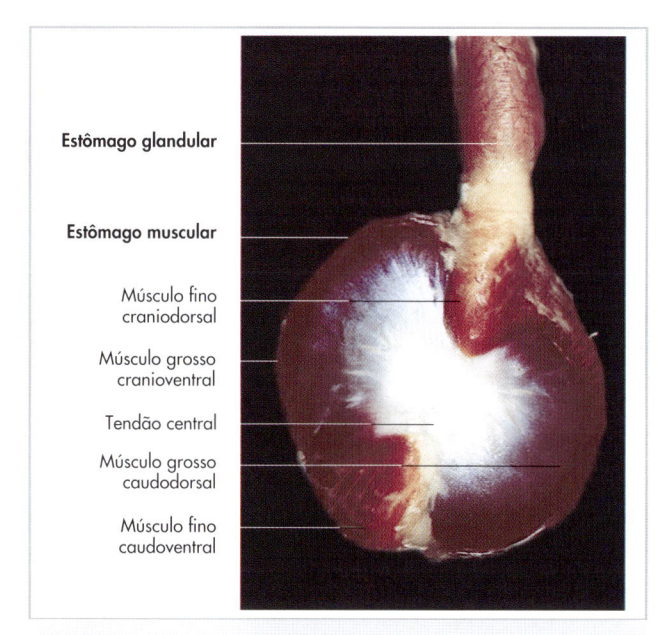

Fig. 21.12 Estômago glandular (*gaster, pars glandularis*) e estômago muscular (*gaster, pars muscularis*) de uma galinha. (Fonte: König HE, Korbel R, Liebich H-G. *Anatomie der Vögel*. 2. Aufl. Stuttgart: Schattauer, 2009.)

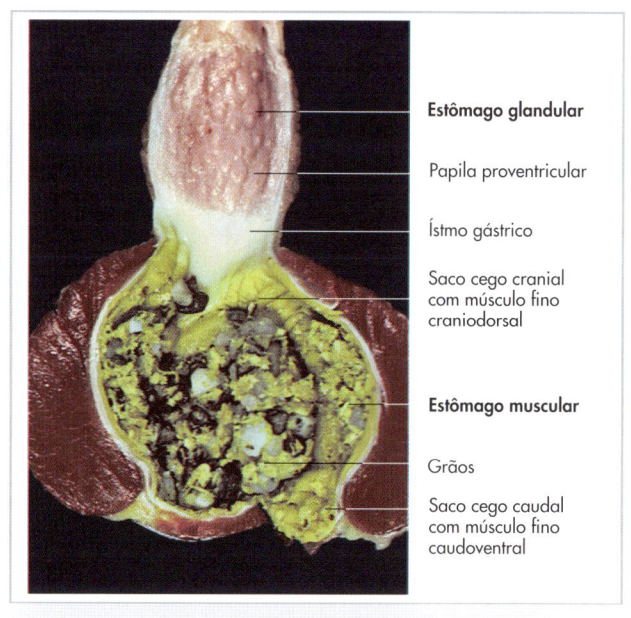

Fig. 21.13 Estômago glandular (*gaster, pars glandularis*) e estômago muscular (*gaster, pars muscularis*) de uma galinha. (Fonte: König HE, Korbel R, Liebich H-G. *Anatomie der Vögel*. 2. Aufl. Stuttgart: Schattauer, 2009.)

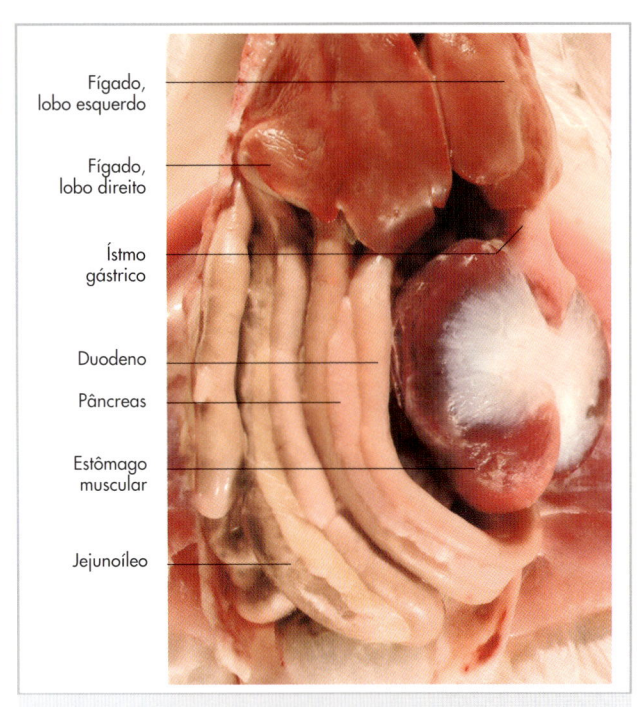

Fig. 21.14 Órgãos da cavidade peritoneal de uma galinha (vista ventral, cavidade peritoneal intestinal exposta). (Fonte: König HE, Korbel R, Liebich H-G. *Anatomie der Vögel*. 2. Aufl. Stuttgart: Schattauer, 2009.)

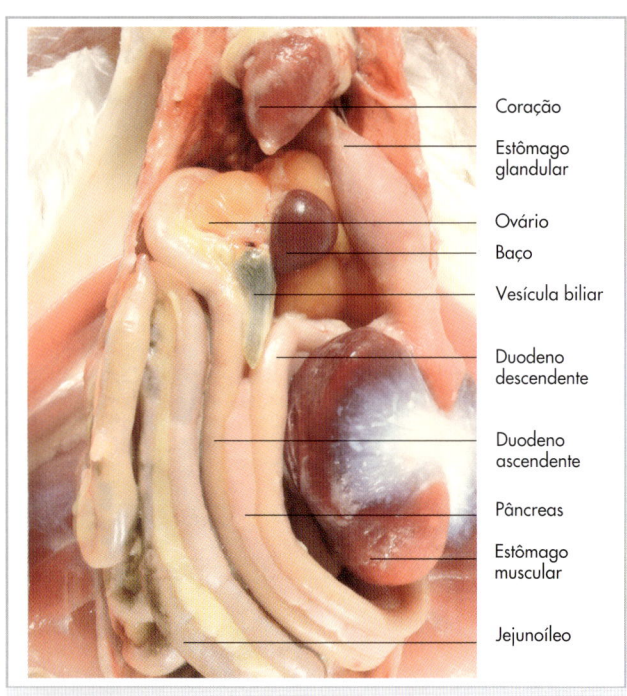

Fig. 21.15 Órgãos da cavidade peritoneal de uma galinha (vista ventral, cavidade peritoneal intestinal exposta, com remoção do fígado). (Fonte: König HE, Korbel R, Liebich H-G. *Anatomie der Vögel*. 2. Aufl. Stuttgart: Schattauer, 2009.)

Situados entre esses músculos grossos e passando pelos sacos cegos cranial e caudal, estão os músculos mais fracos:
- músculo craniodorsal fino (*m. tenuis craniodorsalis*);
- músculo caudoventral fino (*m. tenuis caudoventralis*).

Intestino (*intestinum*)

Na maioria das aves, o **intestino** é relativamente curto em comparação com o dos mamíferos. O intestino é mais longo em espécies de pássaros que se alimentam de grãos e gramíneas do que em carnívoros. Nas aves, as **vilosidades estão presentes em todos os segmentos do intestino** (▶Fig. 21.11, ▶Fig. 21.14, ▶Fig. 21.15 e ▶Fig. 21.16).

Intestino delgado (*intestinum tenue*)

Os segmentos individuais do intestino delgado são difíceis de distinguir uns dos outros; as partes média e distal às vezes são chamadas coletivamente de **jejunoíleo**.

Duodeno

O duodeno (▶Fig. 21.11, ▶Fig. 21.14 e ▶Fig. 21.15) forma uma longa alça em forma de U (alça duodenal, *ansa duodeni*), a qual compreende o **duodeno descendente** (*pars descendens*) e o **duodeno ascendente** (*pars ascendens*). O **pâncreas** situa-se entre esses dois segmentos. O duodeno ascendente contém aberturas para os ductos pancreáticos e biliares (em geral, três e duas aberturas, respectivamente, na galinha).

Jejuno e íleo

O jejuno e o íleo (▶Fig. 21.11) são dispostos em alças nos quadrantes direitos da cavidade corporal. Localizado no ponto médio do jejunoíleo, está o **divertículo de Meckel** (divertículo vitelino, *diverticulum vitellinum*), um remanescente do saco vitelino embrionário. Em geral, não ocorre em galinhas e pombos, e raramente é encontrado em patos e gansos.

Intestino grosso (*intestinum crassum*)

O intestino grosso é formado pelo **ceco** e pelo **reto** (▶Fig. 21.11).

Ceco e reto

Em contraste com os mamíferos, as aves domésticas têm **dois grandes cecos** (cecos direito e esquerdo, *caecum dextrum* e *caecum*), os quais estão conectados à parte terminal do íleo pelos **ligamentos ileocecais** (*ligamenta ileocaecalia*). Os cecos são particularmente bem desenvolvidos na galinha. Cada ceco inicia-se na transição do íleo para o reto. Em espécies puramente herbívoras e frugívoras, os polissacarídeos vegetais, como a celulose, são digeridos no ceco.

O **reto** é a parte terminal reta do intestino que se estende até a cloaca.

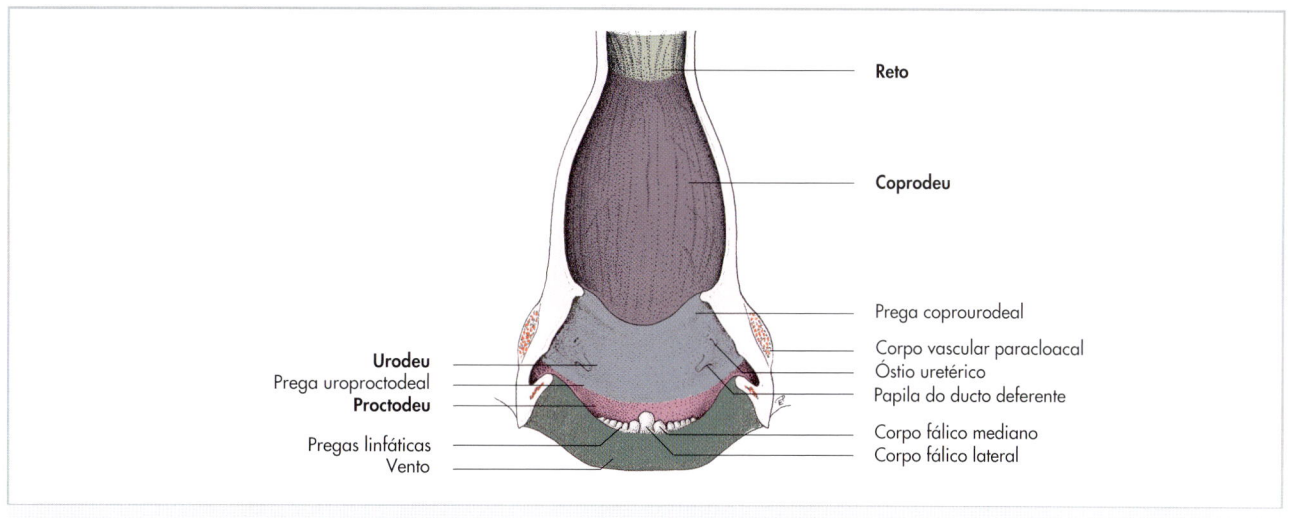

Fig. 21.16 Cloaca de um galo (representação esquemática). (Fonte: com base em dados de Waibl e Sinowatz, 2004; König HE, Korbel R, Liebich H-G. *Anatomie der Vögel*. 2. Aufl. Stuttgart: Schattauer, 2009.)

Cloaca

Nas aves, a cloaca recebe os **produtos finais da digestão**, bem como a **urina** e os **produtos do sistema reprodutor**. Duas dobras mucosas dividem a cloaca em **três segmentos** (▶Fig. 21.16 e ▶Fig. 21.27), denominados:
- coprodeu;
- urodeu;
- proctodeu.

Na galinha, o reto fusiona-se sem nenhuma demarcação clara com o segmento proximal da cloaca, o **coprodeu**. As vilosidades do coprodeu são particularmente largas e tornam-se mais curtas caudalmente.

A parede dorsal da segunda parte da cloaca, o **urodeu**, contém as aberturas dos ureteres e, nos machos, os ductos distintos. Nas fêmeas, o lado esquerdo do urodeu recebe o oviduto esquerdo. No segmento terminal da cloaca, o **proctodeu**, a mucosa retal transforma-se em mucosa aglandular, que é contínua com a pele externa. A **bolsa cloacal** (*bursa Fabricii*) abre no proctodeu dorsal; ver Capítulo 14, "Sistemas imune e linfático" (p. 501). Nos machos, o assoalho do proctodeu é ocupado pelo **órgão copulador** (**falo**, *phallus*).

21.4.3 Orgãos acessórios do trato gastrointestinal

Os órgãos acessórios do trato intestinal são compostos pelo **fígado** e pelo **pâncreas**. Assim como nos mamíferos, esses órgãos derivam de uma origem embrionária comum, o anel hepatopancreático. Nas aves, como em outros animais, o fígado é a **maior glândula do corpo**.

Fígado (*hepar*)

Rodeado pelos sacos peritoneais hepáticos, o fígado (▶Fig. 21.14, ▶Fig. 21.17 e ▶Fig. 21.30) repousa sobre uma grande parte do esterno; as suas laterais entram em contato com as costelas esternais. Os segmentos cranioventrais do fígado circundam o pericárdio, formando uma **impressão cardíaca profunda** (*impressio cardiaca*) no parênquima hepático. Dorsalmente, o fígado entra em contato com os pulmões; a sua superfície lateral esquerda encontra-se contra os estômagos glandular e muscular e o baço. A veia cava caudal (*v. cava caudalis*) passa pelo lobo direito do fígado.

O fígado consiste em um **lobo esquerdo** (*lobus sinister hepatis*) e um **lobo direito** (*lobus dexter hepatis*). Dependendo da espécie, esses lobos podem ser subdivididos para formar processos menores (processo intermédio direito [*processus intermedius dexter*], processo intermédio esquerdo [*processus intermedius sinister*], processo papilar [*processus papillaris*]).

Porta hepática

Em contraste com os mamíferos, a **vascularização nutricional** que entra no fígado pela **porta hepática** compreende dois vasos: as artérias hepáticas esquerda e direita (*a. hepatica sinistra et dextra*). O **suprimento funcional** para o fígado também consiste em dois vasos: as **veias portais hepáticas esquerda e direita** (*v. portalis hepatica sinistra et dextra*).

A **veia hepática esquerda** (*v. hepatica sinistra*), a **veia hepática média** (*v. hepatica media*) e a **veia hepática direita** (*v. hepatica dextra*) coletam sangue das **veias centrais** (*vv. centrales*) dos **lóbulos do fígado** (*lobuli hepatici*). Esses vasos (**veias hepáticas**, *vv. hepaticae*) formam as veias eferentes do fígado, que transportam sangue para a **veia cava caudal**.

Ligamentos do fígado

O fígado é fixo no lugar por lamelas serosas de camada dupla. O suporte adicional é fornecido por extensões do **septo oblíquo** (**ligamentos hepáticos**; *ligamenta hepatica*), do **ligamento hepatoduodenal** (*ligamenta hepatoduodenalis*) e do **ligamento falciforme** (*ligamentum falciforme hepatis*).

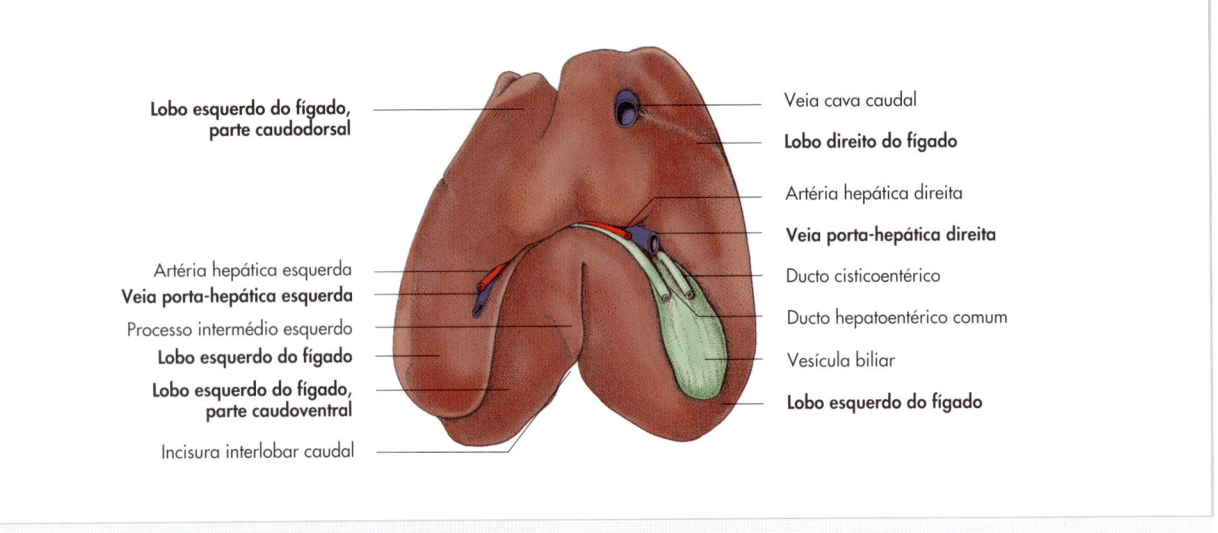

Fig. 21.17 Face visceral (*facies visceralis*) do fígado com porta hepática de uma galinha (representação esquemática). (Fonte: com base em dados de Vollmerhaus e Sinowatz, 2004; König HE, Korbel R, Liebich H-G. *Anatomie der Vögel*. 2. Aufl. Stuttgart: Schattauer, 2009.)

Vesícula biliar (*vesica fellea*)

A **vesícula biliar** encontra-se contra a superfície visceral (*facies visceralis*) do lobo direito do fígado (▶Fig. 21.15). Está **ausente na maioria das espécies de pinguins e papagaios**.

Cada lobo hepático é drenado por um **ducto biliar** único (ducto hepático direito [*ductus hepaticus dexter*], ducto hepático esquerdo [*ductus hepaticus sinister*]). Os ductos passam para a porta hepática e fusionam-se para formar o **ducto hepatoentérico comum** (*ductus hepaticoentericus communis*), que continua até o duodeno. Em galinhas e patos, nos quais a vesícula biliar está presente, a bile vai do ducto biliar direito para a vesícula biliar através do **ducto hepatocístico** (*ductus hepatocysticus*). Da vesícula biliar, a bile passa para o duodeno através do **ducto cisticoentérico** (*ductus cysticoentericus*).

21.5 Sistema respiratório (*systema respiratorium*)

O sistema respiratório das aves (▶Fig. 21.18, ▶Fig. 21.19, ▶Fig. 21.20, ▶Fig. 21.21, ▶Fig. 21.22, ▶Fig. 21.23, ▶Fig. 21.24, ▶Fig. 21.28 e ▶Fig. 21.30) difere do dos mamíferos de diversas formas. As características distinguíveis do trato respiratório das aves incluem:
- presença de laringe e siringe;
- ossificação das cartilagens traqueais em algumas aves;
- volume pulmonar relativamente constante;
- ausência de pleura pós-eclosão;
- presença de sacos aéreos.

21.5.1 Cavidade nasal (*cavum nasi*)

Na maioria das aves, a cavidade nasal abriga **três conchas nasais** (*conchae nasales*). Essas conchas estão situadas em uma sequência rostrocaudal, em contraste com o arranjo dorsoventral visto em mamíferos.

A parte cranial da **cavidade nasal** (**vestíbulo nasal** [*nasal vestibule*]; região vestibular [*regio vestibularis*]) é revestida por mucosa aglandular e continua caudalmente em uma pequena **região respiratória** (*regio respiratoria*) e uma **região olfatória** geralmente mal desenvolvida (*regio olfactoria*).

A cavidade nasal se comunica com um **único seio paranasal**, o **seio infraorbital** (*sinus infraorbitalis*). As **glândulas nasais** (*glandulae nasales*) estão **presentes** no vestíbulo nasal.

21.5.2 Laringe

A laringe se manifesta como um monte visível na orofaringe ventral, caudal à língua. Duas fileiras de **papilas cônicas** (papilas faríngeas, *papillae pharyngeales*) estão presentes em sua margem caudal. A **abertura laríngea** (glote, *glottis*) se apresenta como uma fenda longitudinal na linha média do monte laríngeo. As **cartilagens laríngeas** (*cartilagines laryngis*) (▶Fig. 21.18) servem para sustentar a laringe e são compostas por:
- cartilagem cricóidea (*cartilago cricoidea*);
- cartilagem procricóidea (*cartilago procricoidea*);
- cartilagem aritenóidea (*cartilago aritenoidea*).

A glote é aberta e fechada por dois músculos laríngeos: os **músculos dilatador e constritor da glote** (*m. dilatator* e *m. constrictor glottidis*). O fechamento reflexo da laringe impede a entrada de material estranho nas vias aéreas inferiores. **A laringe não contribui para a fonação**.

21.5.3 Traqueia

Começando na cartilagem cricóidea da laringe, a traqueia acompanha o esôfago em seu curso pelo lado direito do pescoço. Ao nível da entrada torácica, ela retorna ao plano mediano. A forma dos **anéis traqueais** se assemelha a um anel de sinete. Uma considerável variação de espécies é observada em relação ao número de anéis (120 na galinha). Vários músculos traqueais em forma de faixa (**mm. tracheales**) se estendem ao longo da traqueia.

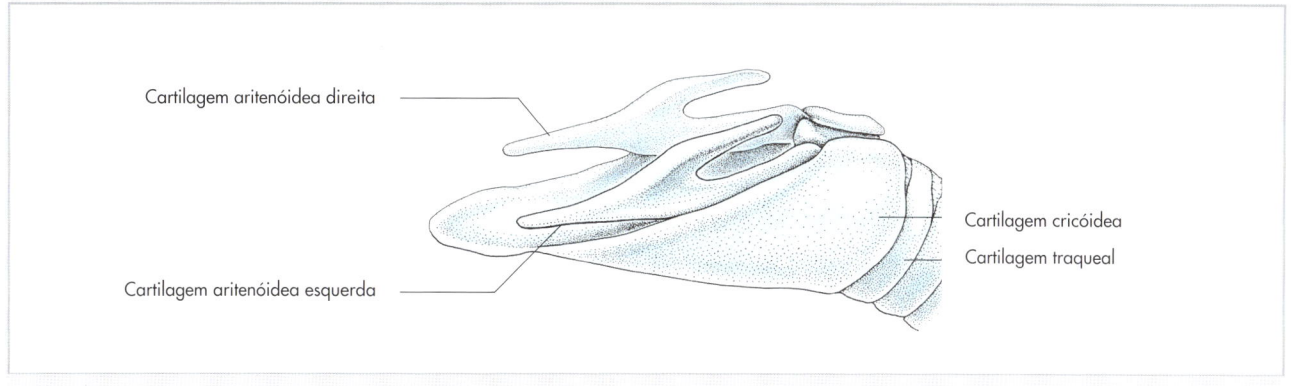

Fig. 21.18 Cartilagens laríngeas de uma galinha (representação esquemática). (Fonte: com base em dados de Ghetie, 1976; König HE, Korbel R, Liebich H-G. *Anatomie der Vögel*. 2. Aufl. Stuttgart: Schattauer, 2009.)

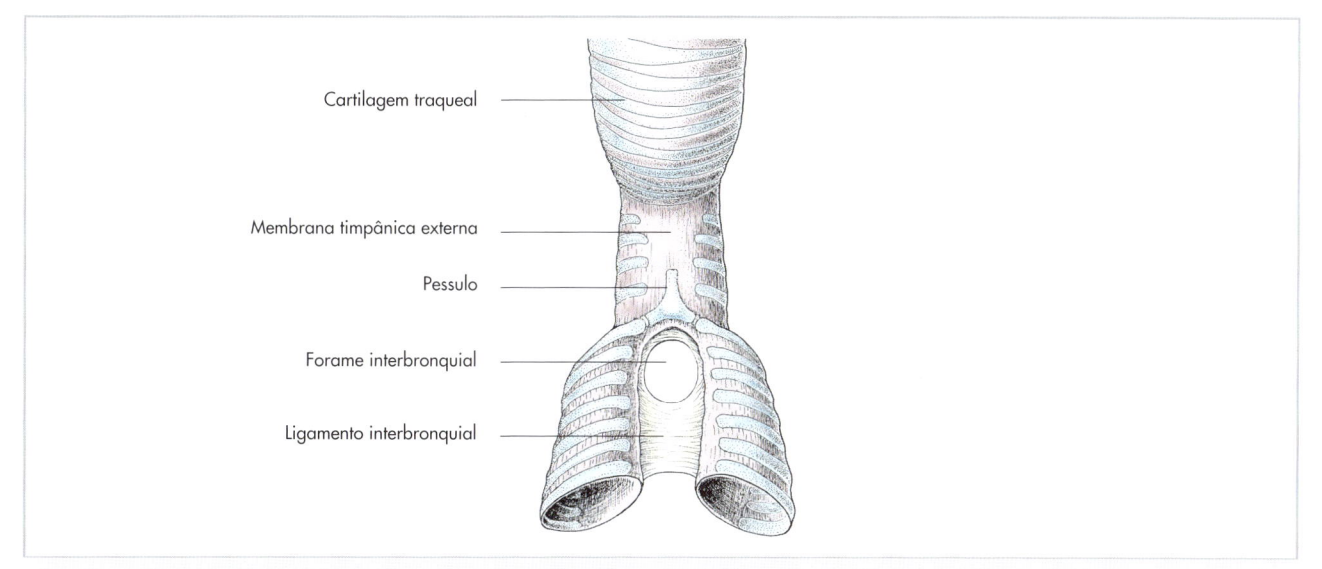

Fig. 21.19 Siringe de uma galinha (representação esquemática). (Fonte: com base em dados de Ghetie, 1976; König HE, Korbel R, Liebich H-G. *Anatomie der Vögel*. 2. Aufl. Stuttgart: Schattauer, 2009.)

21.5.4 Siringe

A siringe (▶Fig. 21.19 e ▶Fig. 21.20) está situada ao nível da bifurcação da traqueia nos brônquios primários. No frango, os últimos quatro anéis traqueais são considerados parte da siringe. Os anéis subsequentes estão incompletos, e estão unidos em uma ou ambas as extremidades do **pessulo**, localizado na linha média.

Juntos, os componentes cartilaginosos da siringe formam o **tímpano**, ao qual as **membranas timpânicas lateral e medial** (*membrana tympaniformis lateralis* e *medialis*) estão fixadas. As almofadas elásticas, conhecidas como **lábios**, projetam-se das membranas para o interior da siringe. A sua função é semelhante à da **prega vocal** (*plica vocalis*) dos mamíferos.

Em aves canoras, a siringe está associada aos **músculos da siringe**, os quais estão ausentes nas aves domésticas.

21.5.5 Pulmão (*pulmo*)

Os **pulmões esquerdo e direito** (*pulmo sinister* e *pulmo dexter*) estão posicionados dorsalmente, à esquerda e à direita da coluna vertebral. Eles **não são lobados**. Impressões profundas (**sulcos costais**, *sulci costales*) na parte dorsomedial do pulmão dão origem a segmentos transversais distintos (**toros intercostais**, *tori intercostales*) entre as costelas. A superfície ventral do pulmão é fusionada com o **septo horizontal** (*septum horizontale*) e contém aberturas que se comunicam com os sacos aéreos. Nas galinhas, o pulmão é aproximadamente retangular. **A cavidade pleural é pequena ou inexistente** (▶Fig. 21.21, ▶Fig. 21.22, ▶Fig. 21.28 e ▶Fig. 21.30).

O pulmão é impedido de entrar em colapso por suas ligações de tecido conjuntivo, também denominado tecido conectivo, às **costelas** e ao **esterno** e por sua aderência ao **septo horizontal**. Como consequência, os brônquios e os capilares aéreos permanecem constantemente abertos para a passagem do ar. O **volume do pulmão das aves** é apenas um décimo do dos mamíferos em comparação ao tamanho.

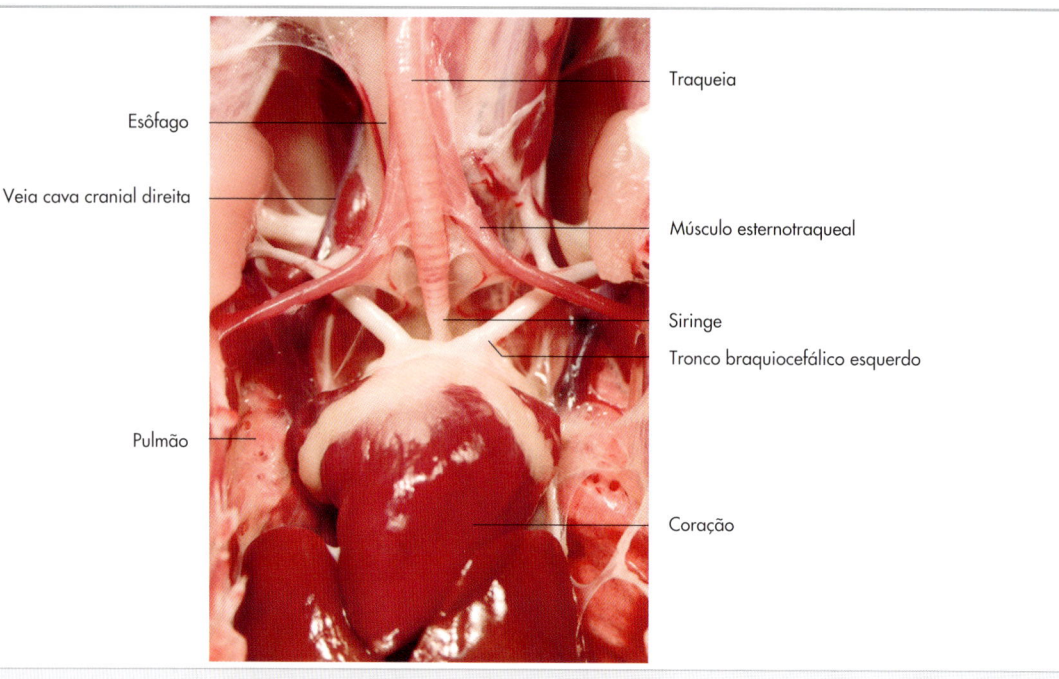

Fig. 21.20 Relações anatômicas da traqueia e da siringe em uma galinha. (Fonte: König HE, Korbel R, Liebich H-G. *Anatomie der Vögel*. 2. Aufl. Stuttgart: Schattauer, 2009.)

21.5.6 Sistema bronquial e de trocas gasosas

As divisões dos **brônquios** no pulmão das aves são as seguintes:
- dois brônquios primários (*bronchi primarii*);
- brônquios secundários (*bronchi secundarii*);
- parabrônquios;
- capilares aéreos (*pneumocapillares*).

Os **brônquios primários**, também chamados de **brônquios de primeira ordem**, penetram o **septo horizontal** e atravessam o pulmão até a sua margem caudal. Os **brônquios secundários**, ou **brônquios de segunda ordem**, são liberados dos brônquios primários. Com base na direção em que passam, eles são classificados como:
- brônquios secundários laterodorsais;
- 7 a 10 brônquios secundários mediodorsais;
- 4 a 7 brônquios secundários lateroventrais;
- 4 brônquios secundários medioventrais.

Os brônquios secundários servem para ventilar o pulmão. O setor laterolateral do pulmão está presente nas aves que são mais desenvolvidas, por isso, é denominado **neopulmo**. Os três setores restantes são chamados de **paleopulmo**.

Os **parabrônquios**, ou **brônquios de terceira ordem**, também são conhecidos como "tubos de ar". Eles são **tubos alongados**, dispostos em uma matriz hexagonal paralela. Nos galináceos, os parabrônquios têm um diâmetro de 1 a 1,5 mm (0,5 mm, na maioria das espécies). Os parabrônquios têm **muitas características**:
- eles formam anastomoses uns com os outros;
- as suas paredes contêm bolsas, conhecidas como átrios;
- eles contêm o tecido no qual ocorre a troca gasosa;
- o seu diâmetro é uniforme dentro das espécies.

Os parabrônquios são os **elementos funcionais do pulmão das aves**. Várias pequenas câmaras (**átrios**) projetam-se para fora do centro do lúmen. Vários **infundíbulos** em forma de funil se abrem a partir dos átrios e se direcionam aos **capilares aéreos**. O diâmetro dos capilares aéreos (pneumocapilares) é constante entre as espécies e varia de 3 a 10 µm. Os capilares aéreos estão intimamente relacionados com uma densa **rede capilar**, na qual ocorre uma troca de gás com o sangue. Os gases inspirados passam dos parabrônquios para os capilares aéreos por meio de difusão. A **barreira sangue-ar** é consideravelmente mais fina nas aves do que nos mamíferos.

21.5.7 Sacos aéreos (*sacci pneumatici, sacci aerophori*)

Os sacos aéreos consistem em **cavidades deformáveis** e de **paredes finas** fixadas aos pulmões. Eles fornecem ventilação mecânica aos pulmões, agindo como um fole. Os sacos aéreos são fusionados pelo tecido conjuntivo aos órgãos ou aos músculos adjacentes. Em algumas partes, eles podem estar cobertos por serosa. Ao penetrar nos ossos, os sacos aéreos também atuam para **pneumatizar o esqueleto**.

Oito sacos de aéreos estão presentes no frango doméstico (▶Fig. 21.6, ▶Fig. 21.7, ▶Fig. 21.8, ▶Fig. 21.23 e ▶Fig. 21.24):
- um saco aéreo cervical ímpar (*saccus cervicalis*);
- um saco aéreo clavicular ímpar (*saccus clavicularis*);
- sacos aéreos torácicos cranianos pares (*sacci thoracici craniales*);
- sacos aéreos torácicos caudais pares (*sacci thoracici caudales*);
- sacos aéreos abdominais pares (*sacci abdominal*).

Com exceção dos **sacos aéreos abdominais**, que se unem diretamente às extremidades terminais dos **brônquios primários**, os sacos aéreos comunicam-se com os **brônquios secundários**. Todas

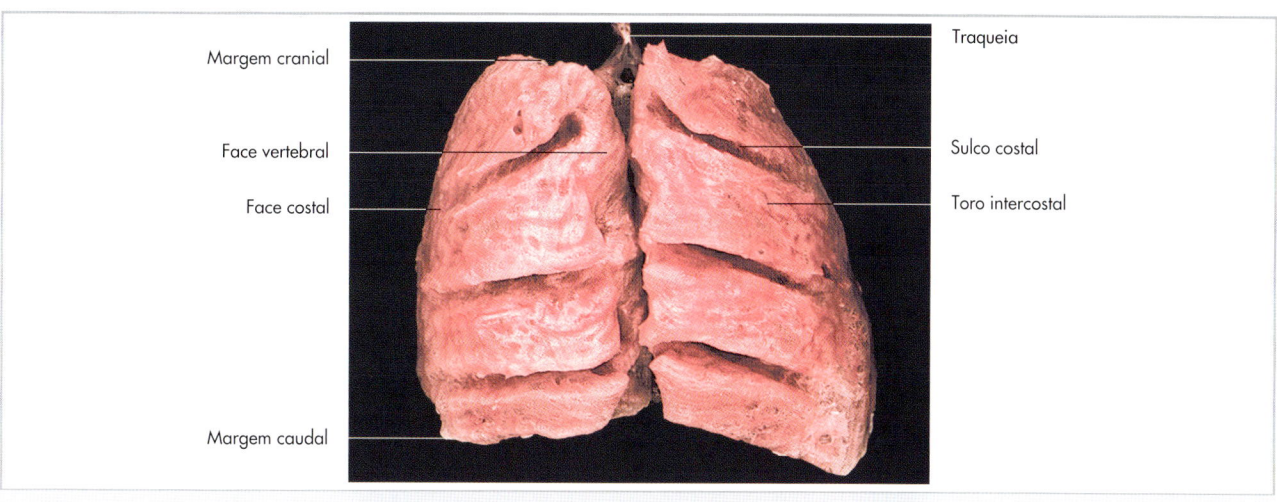

Fig. 21.21 Pulmões direito e esquerdo de uma galinha (*ex situ*, vista dorsal). (Fonte: König HE, Korbel R, Liebich H-G. *Anatomie der Vögel*. 2. Aufl. Stuttgart: Schattauer, 2009.)

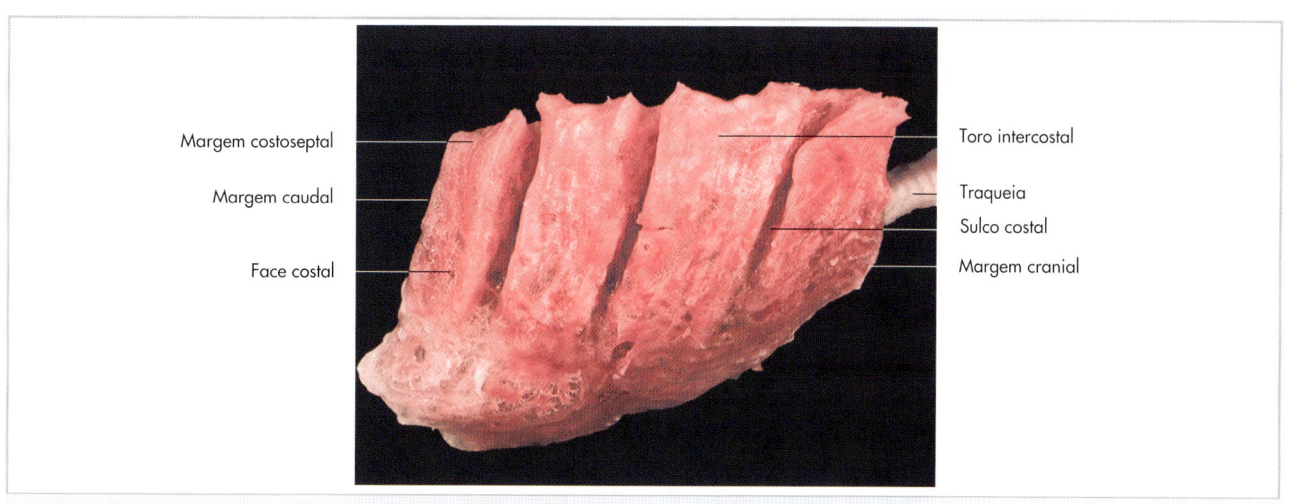

Fig. 21.22 Pulmão direito de uma galinha (*ex situ*, vista lateral). (Fonte: König HE, Korbel R, Liebich H-G. *Anatomie der Vögel*. 2. Aufl. Stuttgart: Schattauer, 2009.)

as conexões entre os brônquios e os sacos aéreos envolvem a penetração do septo horizontal (▶Fig. 21.7).

Com base no movimento do ar durante a inspiração e a expiração, os sacos aéreos são divididos em **dois grupos funcionais**:

- **sacos aéreos craniais**, consistindo em:
  - saco aéreo cervical;
  - saco aéreo clavicular;
  - saco aéreo torácico cranial;
- **sacos aéreos caudais**, consistindo em:
  - saco aéreo torácico caudal;
  - saco aéreo abdominal.

O **saco aéreo cervical** ímpar consiste em uma câmara mediana e dois divertículos alongados, que se estendem cranialmente no canal vertebral das vértebras cervicais e no canal transverso (*canalis transversarius*).

O **saco aéreo clavicular** (também ímpar) é volumoso e complexo. Além de envolver o coração, os grandes vasos da base do coração e a siringe, ele penetra nos ossos, incluindo o úmero. Os **sacos aéreos torácicos craniais** pareados ficam entre os septos horizontais e oblíquos.

Os **sacos aéreos torácicos caudais** situam-se caudalmente aos sacos aéreos torácicos craniais, também entre os septos horizontal e oblíquo. Os **sacos aéreos abdominais** pares projetam-se extensivamente entre as alças intestinais, alcançando os rins e a articulação do quadril e penetrando no sinsacro e no ílio. Eles desempenham um **papel central na respiração**. O movimento do ar através do sistema pulmão-saco aéreo é provocado pelo abaixamento e pela elevação da margem caudal do esterno, apoiada pelo movimento das costelas.

Durante a **inspiração**, o ar passa para os sacos aéreos cranial e caudal. O ar que entra nos **sacos aéreos craniais** é parcialmente utilizado, uma vez que já passou pelos parabrônquios e participou das trocas gasosas nos capilares aéreos. Já o ar que passa para os **sacos aéreos caudais** é principalmente fresco (▶Fig. 21.24).

Na **fase expiratória**, o ar é expelido dos **sacos aéreos craniais** através da traqueia. O ar relativamente fresco nos **sacos aéreos caudais** é direcionado através dos parabrônquios e capilares aéreos antes de ser expelido pela traqueia.

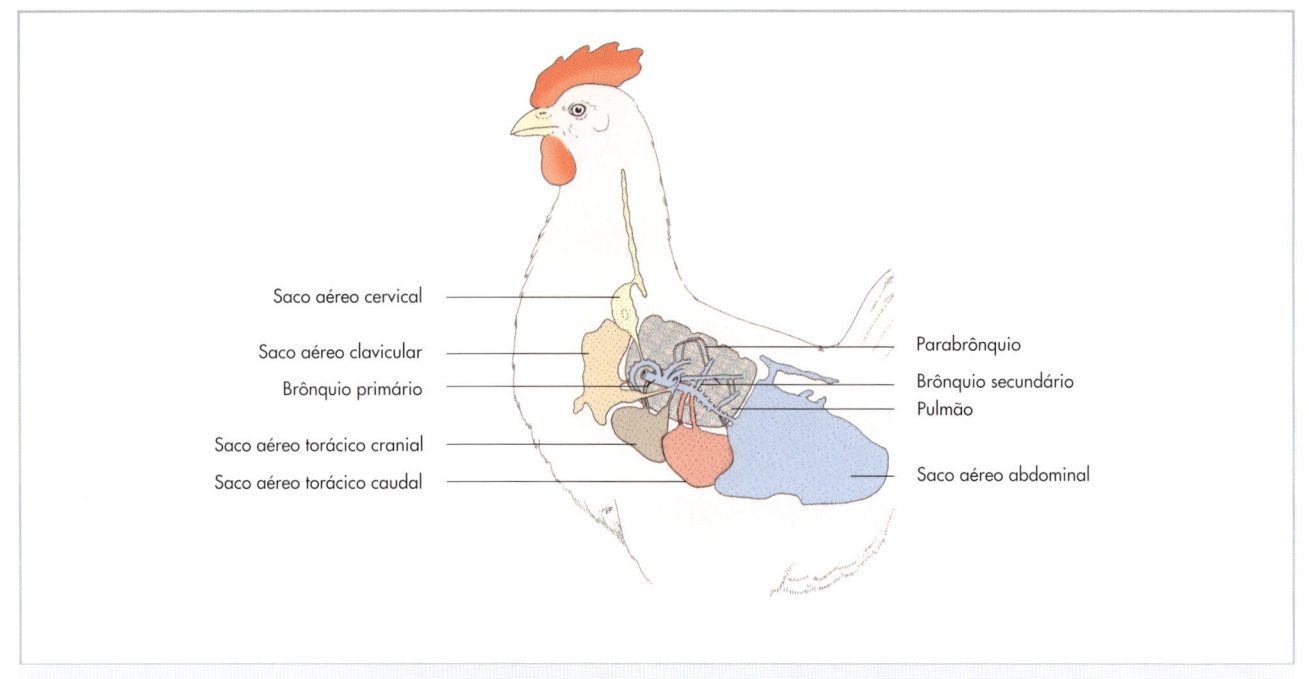

Fig. 21.23 Relação entre os sacos aéreos e o sistema brônquico em uma galinha (representação esquemática). (Fonte: König HE, Korbel R, Liebich H-G. *Anatomie der Vögel*. 2. Aufl. Stuttgart: Schattauer, 2009.)

Labels: Saco aéreo cervical; Saco aéreo clavicular; Brônquio primário; Saco aéreo torácico cranial; Saco aéreo torácico caudal; Parabrônquio; Brônquio secundário; Pulmão; Saco aéreo abdominal.

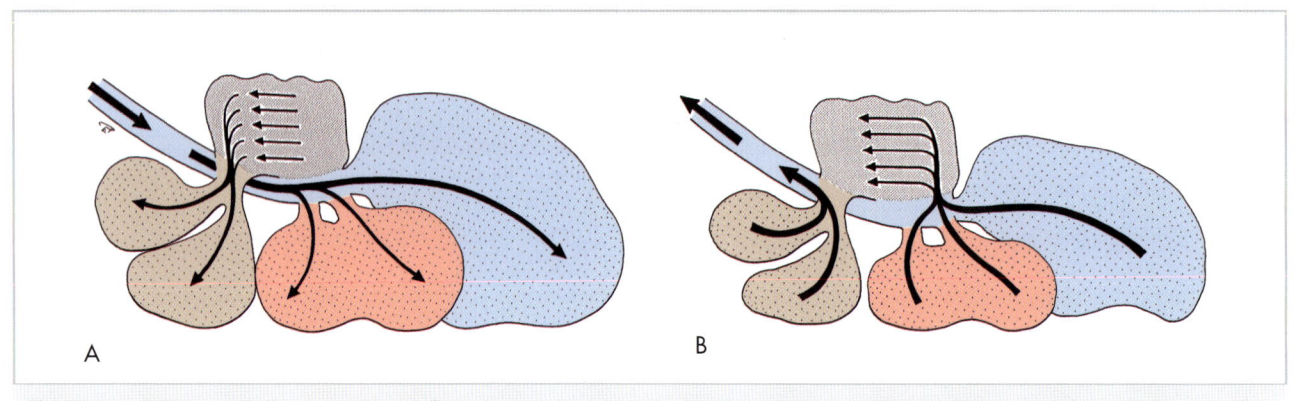

Fig. 21.24 **A)** Representação esquemática do fluxo de ar no sistema respiratório das aves durante a **inspiração**: os sacos aéreos caudais (saco aéreo torácico caudal e saco aéreo abdominal) recebem ar inspirado não utilizado dos brônquios primários, ao passo que o ar parcialmente utilizado dos pulmões flui para dentro dos sacos aéreos craniais (saco aéreo torácico cranial e saco aéreo clavicular). **B)** Representação esquemática do fluxo de ar no sistema respiratório das aves durante a **expiração**: o ar não utilizado dos sacos aéreos caudais flui para o pulmão, ao passo que o ar utilizado é expelido dos sacos aéreos craniais através dos brônquios primários e da traqueia. (Fonte: König HE, Korbel R, Liebich HG. *Anatomie der Vögel*. 2. Aufl. Stuttgart: Schattauer, 2009.)

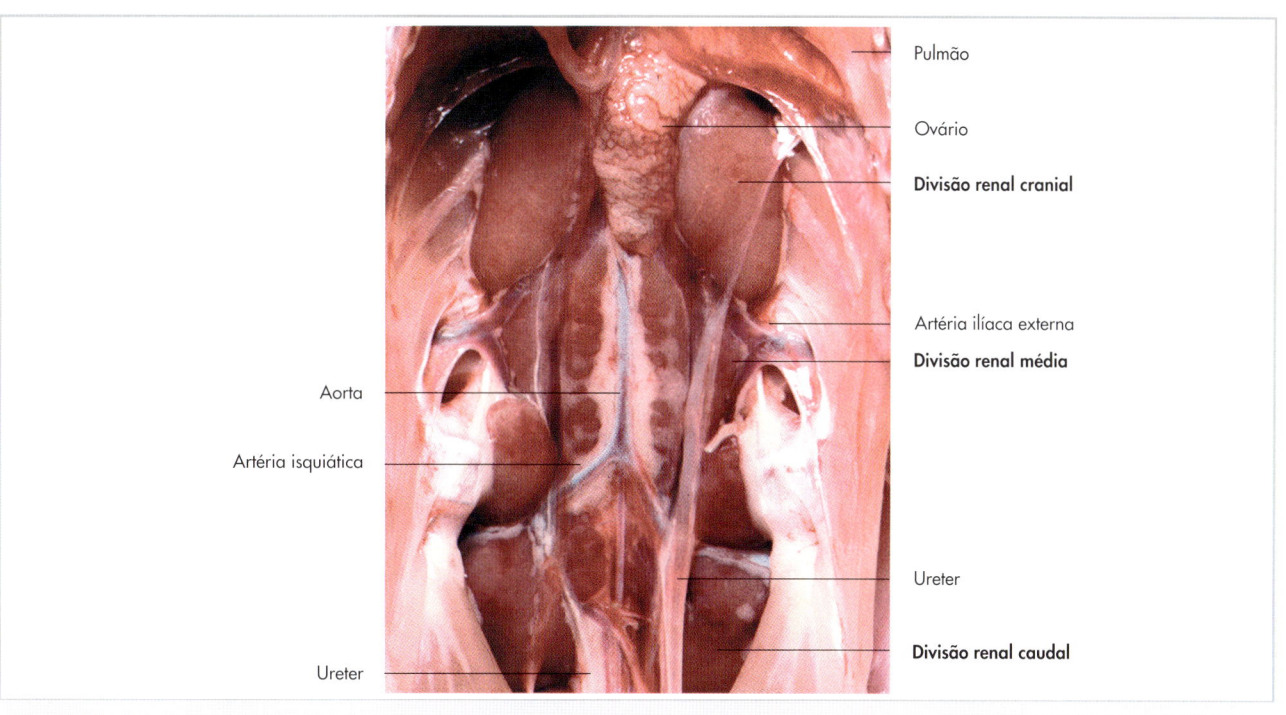

Fig. 21.25 Relações anatômicas dos rins e do ureter em uma galinha (vista ventral). (Fonte: König HE, Korbel R, Liebich H-G. *Anatomie der Vögel*. 2. Aufl. Stuttgart: Schattauer, 2009.)

> **Nota clínica**
>
> Para evitar a **asfixia** das aves durante o exame físico, é importante evitar exercer pressão sobre o esterno e o abdome.

21.6 Sistema urinário (*systema urinarium*)

Em termos de estrutura, função e organização, existem várias diferenças entre o sistema urinário das aves e o dos mamíferos domésticos. Nas aves:
- os rins são compostos por três divisões (*divisiones renales*);
- um sistema porta renal está presente;
- o ácido úrico é excretado (falta a enzima uricase);
- não há vesícula urinária;
- o ureter desemboca na cloaca.

Os rins das aves (▶Fig. 21.25, ▶Fig. 21.26 e ▶Fig. 21.27) são divididos em **três divisões arranjadas craniocaudalmente** (*divisiones renales*), que, na maioria das espécies, são conectadas por pontes parenquimatosas. Essas divisões são referidas como:
- divisão renal cranial (*divisio renalis cranialis*);
- divisão renal média (*divisio renalis media*);
- divisão renal caudal (*divisio renalis caudalis*).

A separação dos rins em divisões resulta da formação de impressões no parênquima pela passagem dos vasos e nervos. Os **lóbulos renais** (renículos, *renculi*) podem ser visíveis na superfície do rim e aparecem macroscopicamente como pequenas protuberâncias em forma de cúpula.

O **sistema porta renal** (▶Fig. 21.26) é formado por um segundo leito capilar venoso, o qual facilita a filtração intensiva do sangue. Esse sistema também é encontrado em outros vertebrados não mamíferos.

Nas aves, as alças de Henle são consideravelmente mais curtas e o lúmen é mais estreito, se comparado com o dos mamíferos. Portanto, a capacidade do rim das aves de concentrar a urina é significativamente menor.

O **ácido úrico** (**urato**) é excretado como produto final do **metabolismo da purina aviária**; a enzima uricase está ausente nas aves. O **material contendo mucina e mucopolissacarídeo** secretado pelas glândulas uretéricas evita a formação de grandes cristais de urato.

Como **não há vesícula urinária** nas aves, a urina viscosa e fibrosa passa pelo **óstio uretérico** (*ostium cloacale ureteris*) diretamente no segmento médio da **cloaca** (urodeu).

21.7 Órgãos genitais masculinos (*organa genitalia masculina*)

21.7.1 Testículos (*orchis*)

Os testículos pares das aves estão localizados **dentro da cavidade celomática**. Eles estão situados nos lados esquerdo e direito do corpo, ocupando (com algumas variações de espécies) uma posição dorsal próximo à divisão renal cranial e ao saco aéreo abdominal (▶Fig. 21.27). As estruturas adjacentes incluem as glândulas suprarrenais (adrenais), a aorta e a veia cava caudal. A **descida testicular** (*descensus testis*) **não ocorre** em aves.

O **tamanho** e o **desenvolvimento** dos testículos variam consideravelmente de acordo com a época, os fatores climáticos, a idade

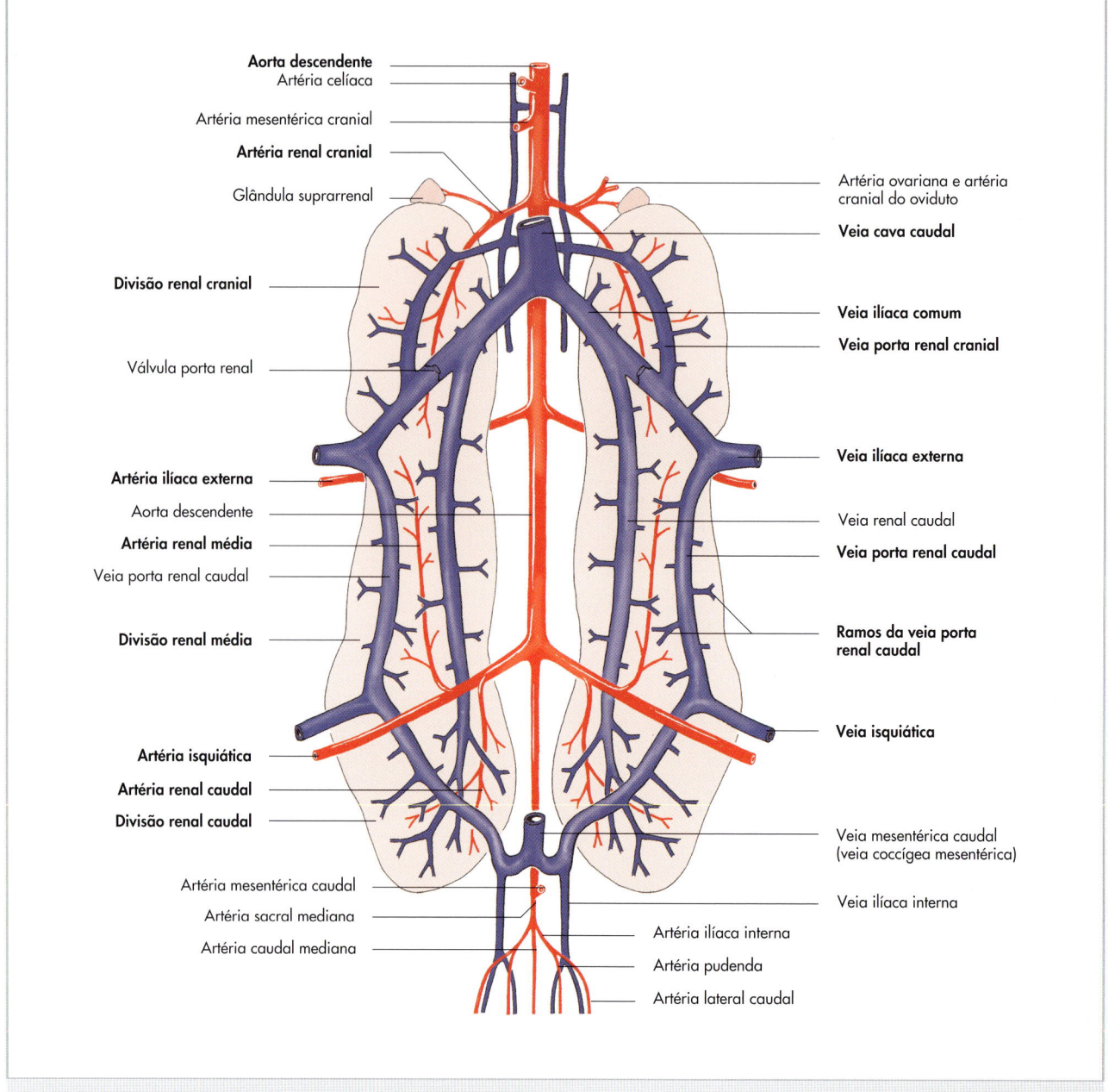

Fig. 21.26 Vascularização dos rins e da pelve em uma galinha (representação esquemática). (Fonte: com base em dados de Rickart-Müller, 1968; König HE, Korbel R, Liebich H-G. *Anatomie der Vögel*. 2. Aufl. Stuttgart: Schattauer, 2009.)

e a raça. Durante o período reprodutivo, o volume dos testículos aumenta substancialmente. O início da **maturidade sexual** ocorre nos **galináceos** por volta de 16 a 24/26 semanas (dependendo da raça) e é marcado pelo desenvolvimento do epitélio espermatogênico. A **espermatogênese**, até a liberação dos espermatozoides no lúmen do túbulo seminífero convoluto, geralmente não leva mais do que 12 dias no frango.

Vasos fortemente ramificados são visíveis na **superfície do testículo**. Ramos de conexão estendem-se entre as **veias testiculares** (*vv. testiculares*) para formar uma **rede venosa** que ajuda na **termorregulação do parênquima testicular**.

21.7.2 Epidídimo

O epidídimo encontra-se na superfície dorsomedial do testículo, estendendo-se ao longo de dois terços da margem testicular medial. Mesmo durante a estação reprodutiva, o epidídimo dos galos é relativamente curto, atingindo apenas 3 a 4 mm de comprimento. Os ductos eferentes que emergem do testículo entram no epidídimo ao longo de todo o seu comprimento.

O **ducto do epidídimo** (*ductus epididymidis*) aumenta gradualmente de espessura ao longo de seu curso. Na extremidade caudal do epidídimo, ele continua com o **ducto deferente** (*ductus deferens*).

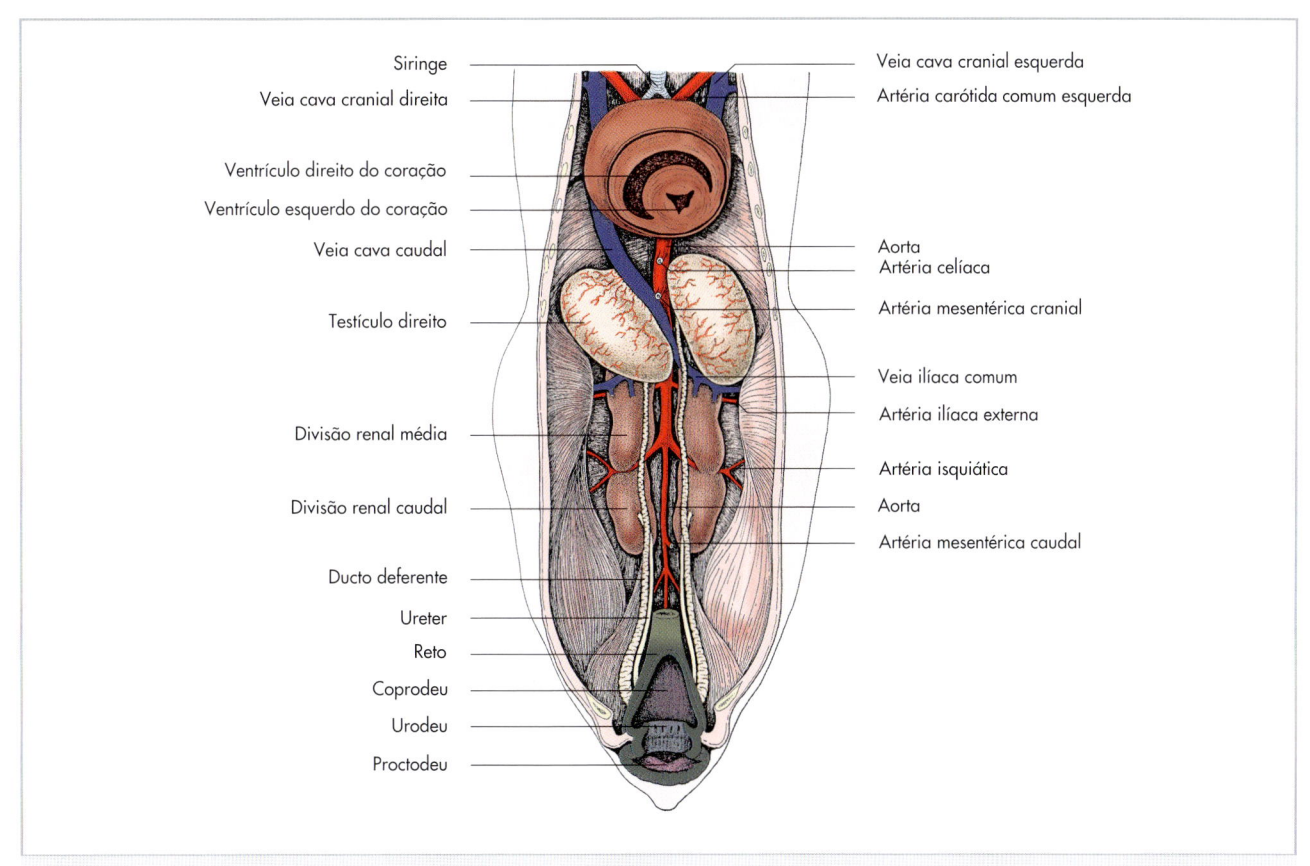

Fig. 21.27 Orgãos genitais masculinos de um galo (representação esquemática). (Fonte: com base em dados de Ghetie, 1976; König HE, Korbel R, Liebich H-G. *Anatomie der Vögel*. 2. Aufl. Stuttgart: Schattauer, 2009.)

21.7.3 Ducto deferente (*ductus deferens*)

Os **dois ductos deferentes** (▶Fig. 21.27) seguem um curso sinuoso, passando ventralmente aos rins. Pouco antes de entrarem no urodeu da cloaca, cada ducto deferente se alinha na **parte reta do ducto deferente**, que se abre em um **segmento ampuliforme** (*receptaculum ductus deferentis*). A abertura dos ductos deferentes na cloaca está localizada em uma papila cônica (**papila do ducto deferente**, *papilla ductus deferentis*).

21.7.4 Falo (pênis, *phallus masculinus*)

O falo das aves machos é um **componente da cloaca**. Os galináceos são caracterizados por um **falo não protraível** (**falo não protudente**, *phallus nonprotrudens*), que consiste em:
- um corpo fálico mediano ímpar (*corpus phallicum medianum*) lateralizado;
- corpos fálicos laterais pares (*corpora phallica lateralia*).

Nas galinhas, o **corpo fálico mediano é visível** nos pintos com um dia de vida (arredondado nos machos, cônico nas fêmeas). Essa diferença imperceptível permite que operadores experientes, os chamados "**sexadores**", determinem o sexo dos pintos.

Em patos, gansos e ratitas, o falo é **protraível** (*phallus protrudens*).

21.8 Orgãos genitais femininos (*organa genitalia feminina*)

Os ovários e ovidutos pares posicionados simetricamente desenvolvem-se em aves fêmeas, porém, na maioria das espécies, apenas o lado esquerdo atinge a **maturidade funcional**. As estruturas do lado direito **regridem** rapidamente após a eclosão (▶Fig. 21.28, ▶Fig. 21.29, ▶Fig. 21.30, ▶Fig. 21.31 e ▶Fig. 21.32).

21.8.1 Ovário (*ovarium*)

O ovário esquerdo ocupa uma posição craniodorsal na **cavidade peritoneal intestinal** (▶Fig. 21.28 e ▶Fig. 21.30). Nas aves não poedeiras, o ovário é uma estrutura triangular relativamente pequena e compacta. Quando se inicia o período de postura dos ovos, o ovário cresce em apenas alguns dias, até atingir um tamanho de 110 mm por 70 mm e um peso de mais de 60 g (galinha). Durante o período de postura, folículos de tamanhos variados desenvolvem-se até a **maturidade completa**, atingindo 40 mm de diâmetro.

O **ovócito maduro** das aves (▶Fig. 21.30 e ▶Fig. 21.31) é o maior gameta feminino do reino animal. Após a ovulação, que ocorre sob a influência do hormônio luteinizante (LH), o ovócito é recebido pelo infundíbulo do oviduto.

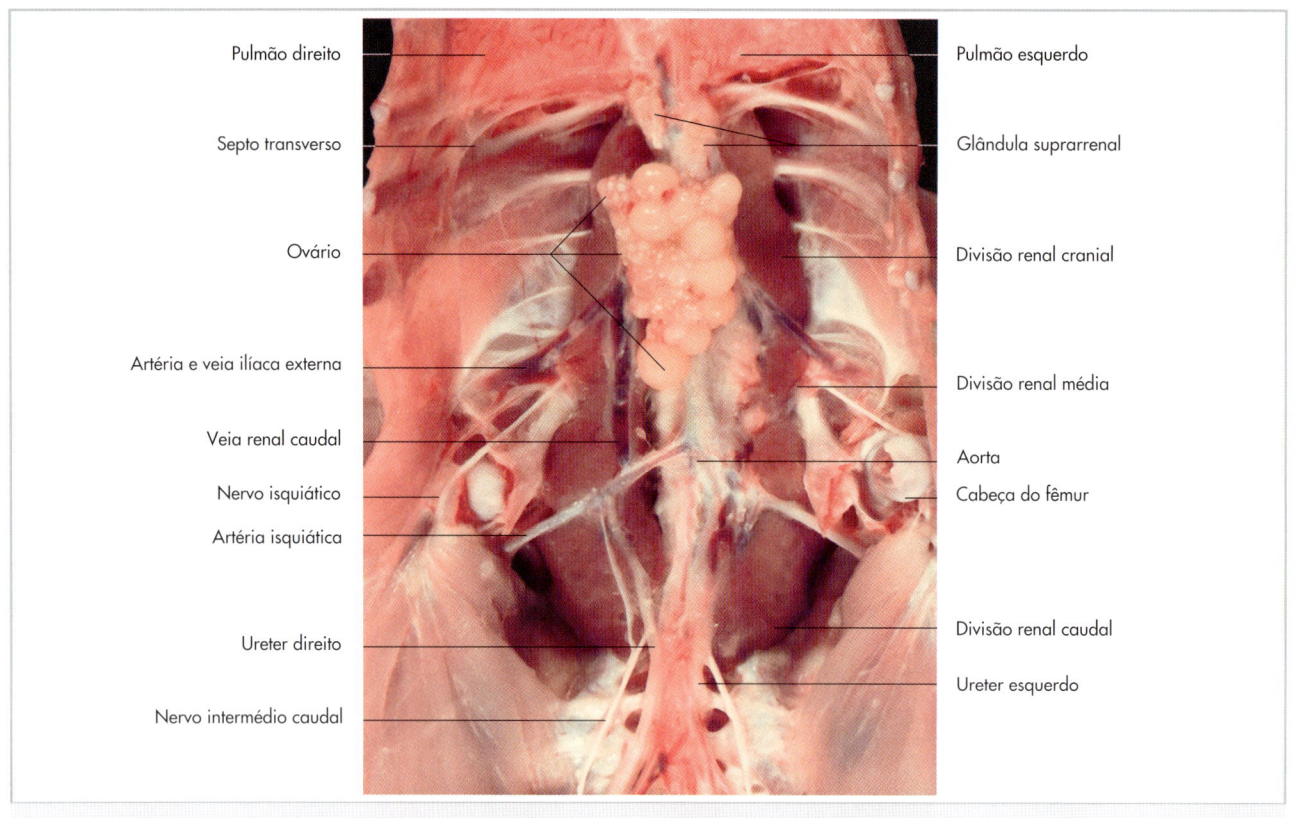

Fig. 21.28 Relação anatômica do ovário de uma galinha. O ovário ocupa uma posição dorsal adjacente à coluna vertebral (vista ventral, intestinos removidos). (Fonte: König HE, Korbel R, Liebich H-G. *Anatomie der Vögel*. 2. Aufl. Stuttgart: Schattauer, 2009.)

21.8.2 Oviduto (*oviductus*)

Assim como ocorre com o ovário, apenas o **oviduto do lado esquerdo** (▶Fig. 21.29 e ▶Fig. 21.31) desenvolve-se totalmente na maioria das aves. Localizado dentro da cavidade peritoneal intestinal, o oviduto consiste nos seguintes componentes:
- infundíbulo;
- magno;
- istmo;
- útero;
- vagina.

Infundíbulo

O infundíbulo (▶Fig. 21.29 e ▶Fig. 21.31) é, inicialmente, aglandular. **Fossas glandulares do infundíbulo** aparecem na parte distal do funil. Mais distalmente, essas estruturas aumentam em tamanho e número, tornando-se as **glândulas tubulares infundibulares**.

O trânsito do ovócito pelo infundíbulo demora cerca de 15 minutos na galinha (▶Fig. 21.29). Durante esse período, as glicoproteínas e os fosfolipídeos **secretados pelas glândulas infundibulares** formam um revestimento ao redor do ovócito, parte que mais tarde se condensa para formar a **chalaza**.

Magno

O magno (▶Fig. 21.29 e ▶Fig. 21.31) atinge um comprimento de cerca de 34 cm na galinha. Ele contém grandes agregações de glândulas que secretam **ovalbumina**, **ovotransferrina** e **ovomucoide**. Esses produtos secretores são os principais componentes do que, eventualmente, torna-se o **albúmen** totalmente formado (**clara de ovo**). O ovo passa aproximadamente 3 horas no magno.

Istmo

O ovo passa pelo istmo (▶Fig. 21.29 e ▶Fig. 21.31) em cerca de **1,5 hora**. As glândulas encontradas no istmo são semelhantes às do magno, e o seu produto secretor, composto de proteínas do tipo queratina contendo enxofre que são estáveis e resistentes ao calor, forma a **membrana de camada dupla**. A **câmara de ar** se forma posteriormente entre essas membranas, na extremidade romba do ovo.

21.8.3 Útero (*metra*)

As **glândulas do útero** (*glandulae uterinae*) (▶Fig. 21.29 e ▶Fig. 21.31) são semelhantes às do istmo. Nessa parte do oviduto, uma grande quantidade de água é adicionada ao albúmen, resultando no **aumento** da clara do ovo. O ovo passa 20 horas no útero, mais tempo do que em qualquer outro segmento do oviduto. Durante esse tempo, são produzidos **carbonato de cálcio** e outros **sais de cálcio** necessários para a casca calcária.

A **cutícula** (*cuticula*) também é produzida no útero.

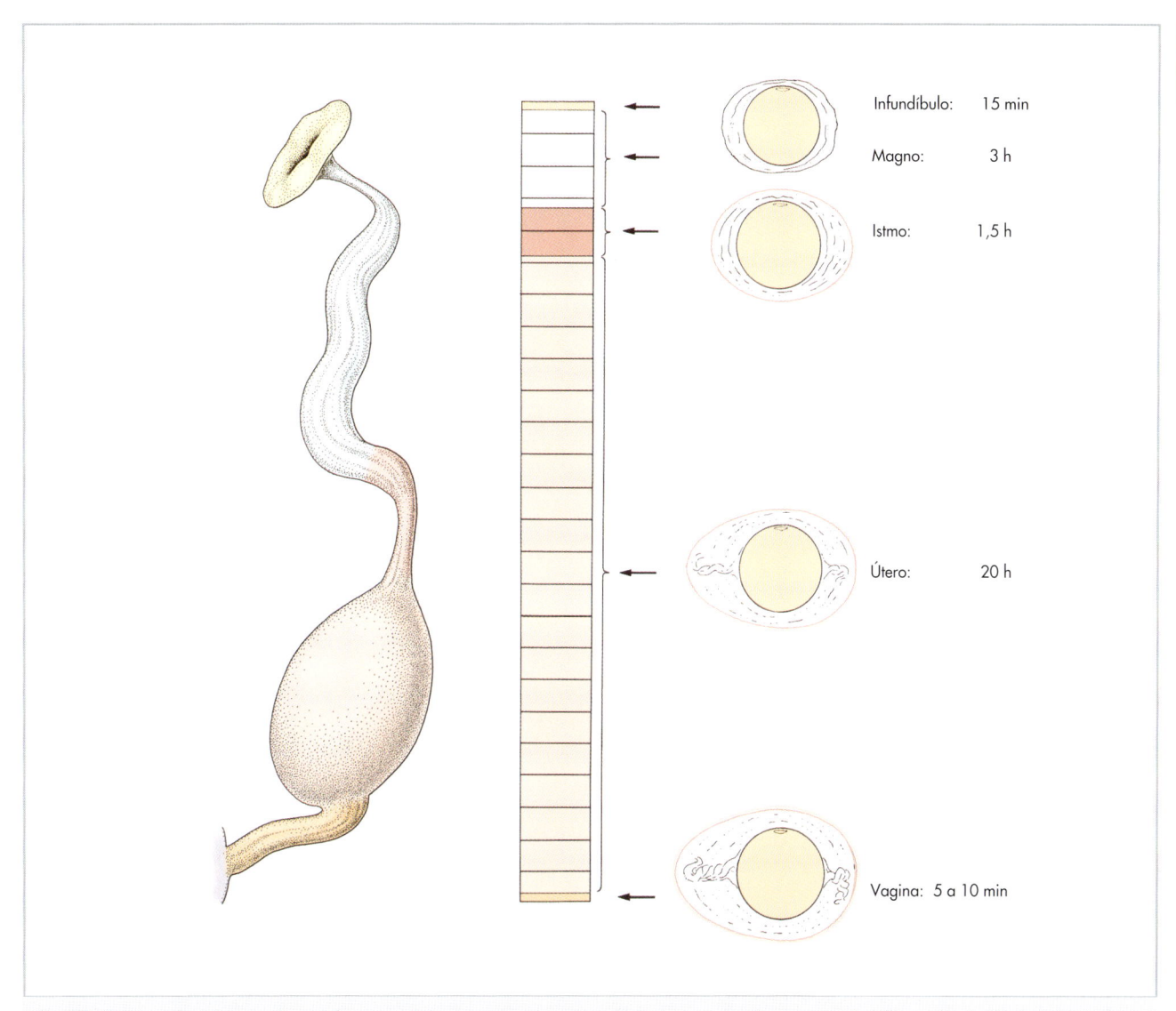

Fig. 21.29 Desenvolvimento do ovo de uma galinha nos segmentos do oviduto (representação esquemática). (Fonte: König HE, Korbel R, Liebich H-G. *Anatomie der Vögel*. 2. Aufl. Stuttgart: Schattauer, 2009.)

21.8.4 Vagina

Na galinha, a vagina (▶Fig. 21.29) tem, aproximadamente, 8 cm de comprimento, e a sua camada muscular é bem desenvolvida. Ela contém **glândulas uterovaginais** tubulares ramificadas (fossas espermáticas, *fossulae spermaticae*), nas quais o esperma pode ser armazenado por várias semanas. Essas glândulas representam o **reservatório de esperma** mais notável encontrado no trato genital feminino de qualquer espécie animal.

21.9 Estrutura dos ovos das aves

O ovócito das aves é o **maior gameta feminino** do mundo animal. Após a ovulação, o ovócito, rodeado pela membrana da gema, entra no infundíbulo do oviduto. Dentro do oviduto, uma série de camadas é adicionada (▶Fig. 21.32). O **componente do albúmen** consiste no estrato chalazífero com:
- albúmen fino interno;
- albúmen do meio denso;
- albúmen fino externo.

As **membranas do ovo** (*membranae testae*) são compostas por:
- membrana interna;
- membrana externa.

As membranas da casca separam-se na extremidade cega do ovo, formando a **câmara de ar**. A casca calcária consiste em:
- uma camada mamilar interna (*stratum mammillarium*);
- uma camada entrelaçada, conectada (*stratum spongiosum*) com cristais de carbonato de cálcio (> 40 µm de largura) com poros (ca. 10 µm de largura);
- uma cutícula externa (*cuticula*).

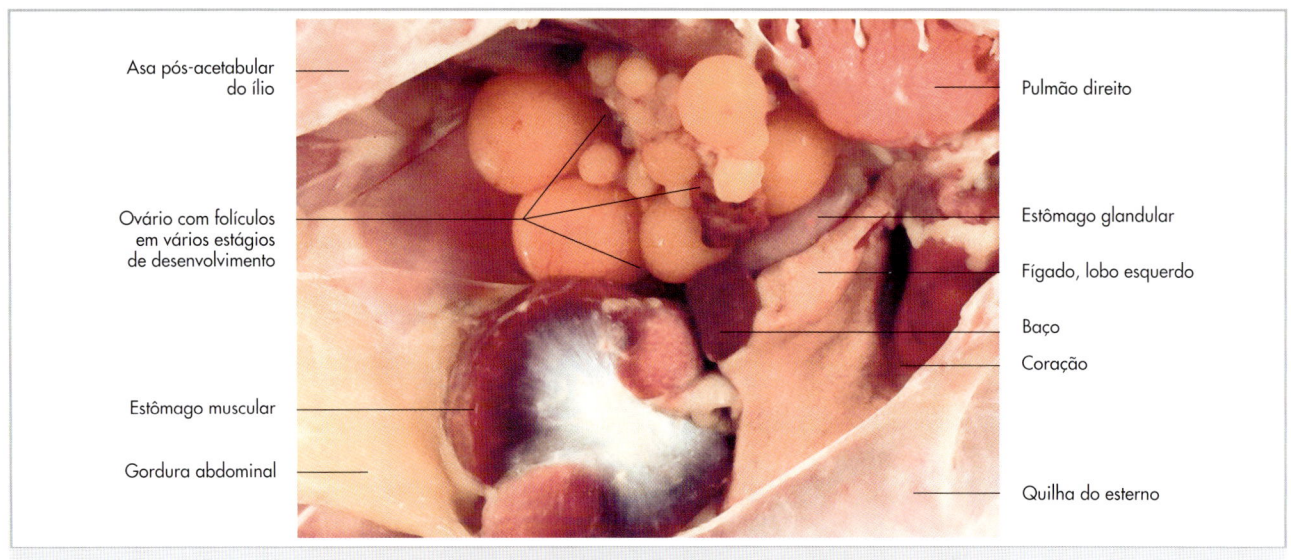

Fig. 21.30 Relação anatômica do ovário, do oviduto e do estômago em uma galinha (lado direito, vista profunda). (Fonte: König HE, Korbel R, Liebich H-G. *Anatomie der Vögel*. 2. Aufl. Stuttgart: Schattauer, 2009.)

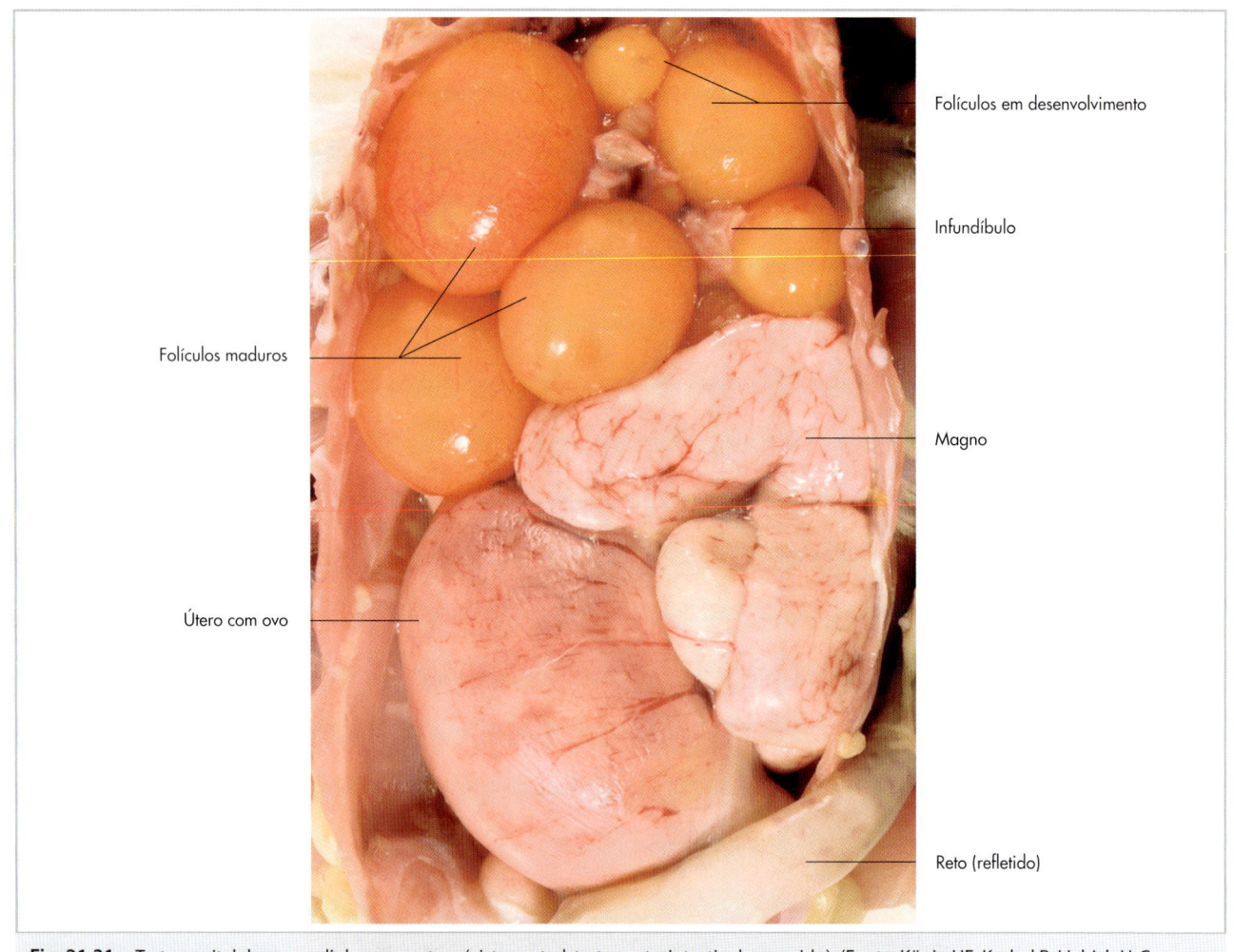

Legendas:
- Asa pós-acetabular do ílio
- Ovário com folículos em vários estágios de desenvolvimento
- Estômago muscular
- Gordura abdominal
- Pulmão direito
- Estômago glandular
- Fígado, lobo esquerdo
- Baço
- Coração
- Quilha do esterno

Fig. 21.31 Trato genital de uma galinha em postura (vista ventral, trato gastrointestinal removido). (Fonte: König HE, Korbel R, Liebich H-G. *Anatomie der Vögel*. 2. Aufl. Stuttgart: Schattauer, 2009.)

Legendas:
- Folículos maduros
- Útero com ovo
- Folículos em desenvolvimento
- Infundíbulo
- Magno
- Reto (refletido)

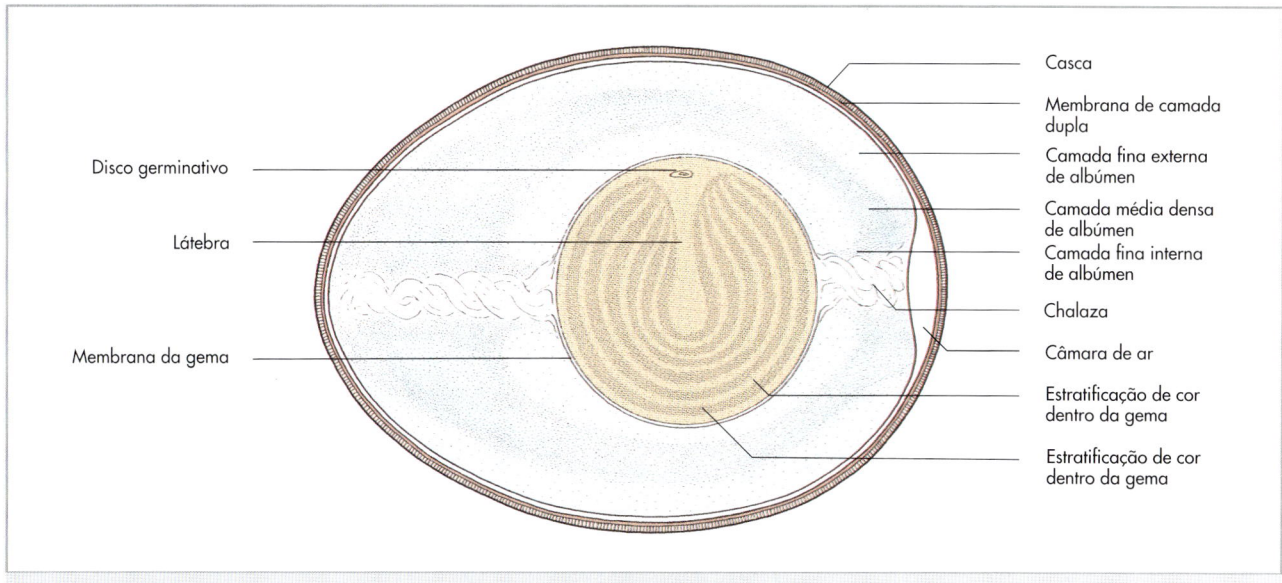

Fig. 21.32 Secção longitudinal do ovo de uma galinha (representação esquemática). (Fonte: com base em dados de Waibl e Sinowatz, 2004; König HE, Korbel R, Liebich H-G. *Anatomie der Vögel*. 2. Aufl. Stuttgart: Schattauer, 2009.)

A **cutícula** é uma barreira semipermeável que desempenha um papel importante na prevenção da penetração bacteriana no ovo.

21.10 Sistema circulatório (*systema cardiovasculare*)

Os órgãos do sistema circulatório das aves são estruturalmente semelhantes aos dos mamíferos (▶Fig. 21.15, ▶Fig. 21.20, ▶Fig. 21.27 e ▶Fig. 21.30). As artérias coronárias direita e esquerda originam-se da **aorta ascendente** (*aorta ascendens*), que fica à direita da linha média. A partir daí, a aorta ascendente divide-se em **troncos braquiocefálicos direito e esquerdo** (*truncus brachiocephalicus sinister et dexter*) e **aorta descendente** (*aorta descendens*; localizada no lado direito do corpo).

As veias acompanham as artérias. Na região cervical, a **veia jugular direita** (*v. jugularis*) é consideravelmente maior que a esquerda.

> **Nota clínica**
>
> A **punção venosa jugular** é realizada no lado direito do pescoço. Os vasos adequados para **injeção intravenosa** incluem a **veia ulnar** (*v. ulnaris*), que passa medialmente sobre o úmero, e a **veia metatarsal medial superficial** (*v. metatarsalis plantaris superficialis medialis*), que segue ao lado da face medial do tarsometatarso.

Um **sistema porta renal** está **presente** nas aves.

Os **eritrócitos das aves** são **nucleados**. A pressão arterial é maior nas aves do que nos mamíferos.

21.11 Sistema imune e órgãos linfáticos (*organa lymphopoetica*)

O sistema imune e os órgãos linfáticos (▶Fig. 21.33) constituem uma rede complexa, composta por:
- um sistema unidirecional de vasos linfáticos;
- corações linfáticos (*cor lymphaticum*);
- formações linforreticulares com ou sem centros reativos;
- órgãos linfáticos (timo, bolsa cloacal, baço, medula óssea);
- tonsilas associadas à cabeça e ao pescoço.

Os **linfonodos** estão **ausentes** nas galinhas. Essas estruturas estão presentes apenas em aves aquáticas, aves do pântano e gansos na forma de linfonodos cervicais e lombares.

21.11.1 Vasos linfáticos (*systema lymphovasculare*)

Além de uma rede **unidirecional** de vasos linfáticos, o sistema linfático das aves inclui rotas alternativas para a passagem da linfa. A linfa drena não apenas para o **ângulo venoso par**, mas também para as **veias pélvicas dorsais**, por meio dos corações de linfa pares. Os **vasos pós-capilares** (*vasa lymphatica fibrotypica*, "**vasos pré-coletores**") conduzem a linfa para os **vasos de transporte** (*vasa lymphatica myotypica*, "**vasos coletores**"), que deságuam em **grandes vasos linfáticos**. Morfologicamente, os vasos de transporte assemelham-se a um "**colar de pérolas**".

A linfa da região caudal do corpo flui para os **corações linfáticos pares** (ver a seguir), predominantemente por meio dos **vasos linfáticos pudendos e cloacais** (*vasa lymphatica pudendalia* e *cloacalia*), que se unem para formar o **vaso linfático ilíaco interno** (*vas lymphatica iliacum internum*).

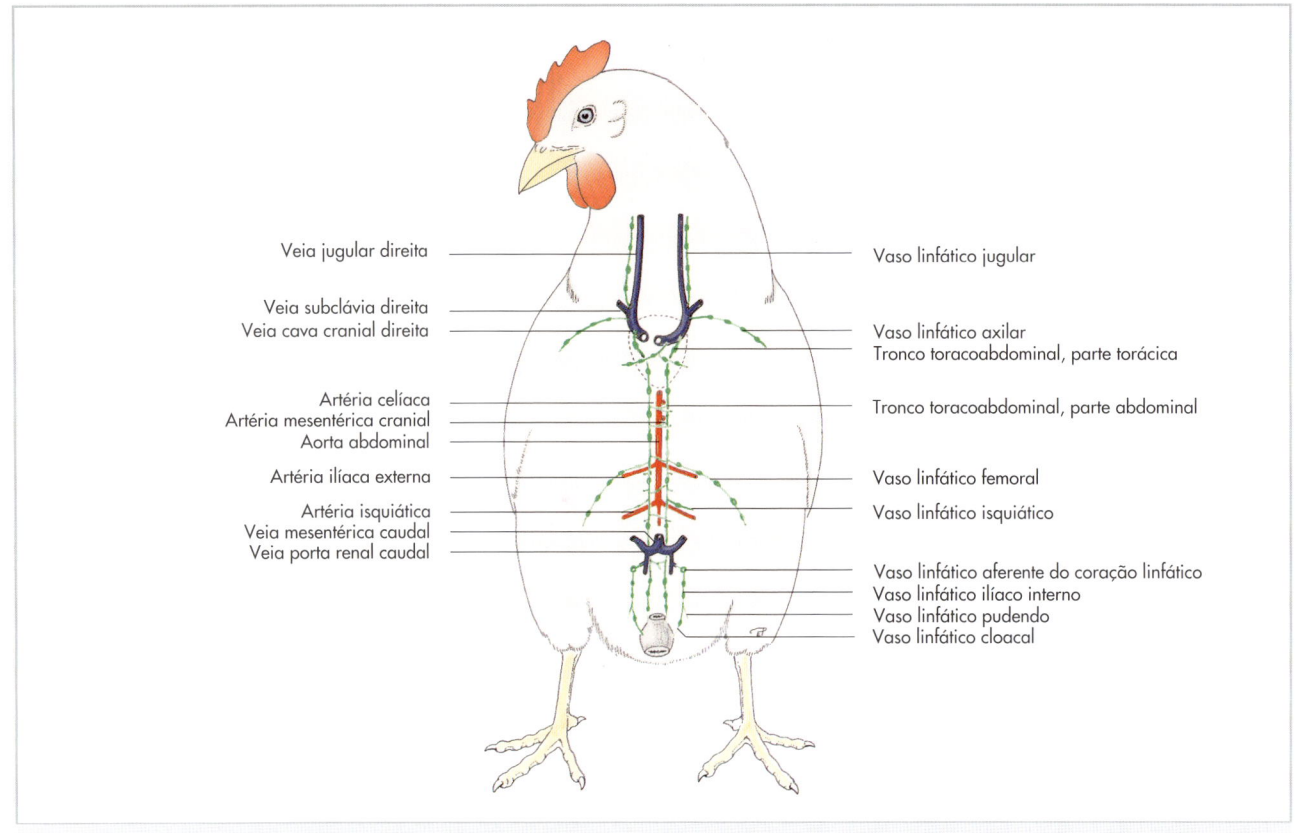

Fig. 21.33 Grandes vasos linfáticos de uma galinha (representação esquemática, fora de escala). (Fonte: König HE, Korbel R, Liebich H-G. *Anatomie der Vögel*. 2. Aufl. Stuttgart: Schattauer, 2009.)

Proximal aos corações linfáticos, o **vaso linfático ilíaco interno** torna-se o **vaso aferente do coração linfático** (*vas lymphaticum cordis afferens*), o qual, antes de sair da cavidade pélvica, forma uma rede extensamente ramificada.

21.11.2 Coração linfático (*cor lymphaticum*)

O coração linfático (▶Fig. 21.33) é um órgão alongado e achatado dorsoventralmente, localizado fora da cavidade corporal. Ele está situado na extremidade caudal do sinsacro, dorsalmente ao processo transverso da primeira vértebra caudal livre.

A **função** do coração linfático depende da idade e da espécie. No **embrião** e no **feto**, a sua única função é **bombear linfa sistêmica**. Em espécies com um aparelho copulador bem desenvolvido e um falo protraível, como ratitas e aves aquáticas, o coração linfático é geralmente integrado ao **sistema linfático especializado do órgão copulador**. Após a ereção, o coração linfático bombeia quantidades substanciais de linfa do falo e as direciona para o sistema venoso. O coração linfático também tem um papel auxiliar na **regulação da pressão arterial no seio vertebral interno** (*sinus vertebralis internus*) e no **sistema porta renal**.

21.11.3 Formações linforreticulares

Na galinha, as formações linforreticulares estão presentes em todos os vasos linfáticos maiores. Esses **espessamentos fusiformes das paredes dos vasos linfáticos** podem ser considerados manifestações em miniatura modificadas dos linfonodos nas aves. Em virtude de sua grande população de linfócitos, as formações linforreticulares têm um **potencial imunológico considerável**.

21.11.4 Orgãos linfáticos (timo, bolsa cloacal e baço)

Timo

O timo é um órgão linfoepitelial lobado, situado caudal à terceira vértebra cervical. Durante o desenvolvimento embrionário, as **células-tronco linfocíticas** migram para o timo a partir da parede do saco vitelino e, mais tarde (nos estágios fetais), da medula óssea. Dentro do timo, essas células amadurecem em **células T imunocompetentes**.

Bolsa cloacal (*bursa Fabricii*)

A bolsa cloacal (*bursa cloacalis*) é o local de maturação dos **linfócitos B** e é peculiar à **classe das aves**.

A bolsa cloacal é um **apêndice dorsal pedunculado do proctodeu** (▶Fig. 21.27). Os linfócitos derivados da medula óssea amadurecem dentro da bolsa cloacal em **linfócitos B**, que são

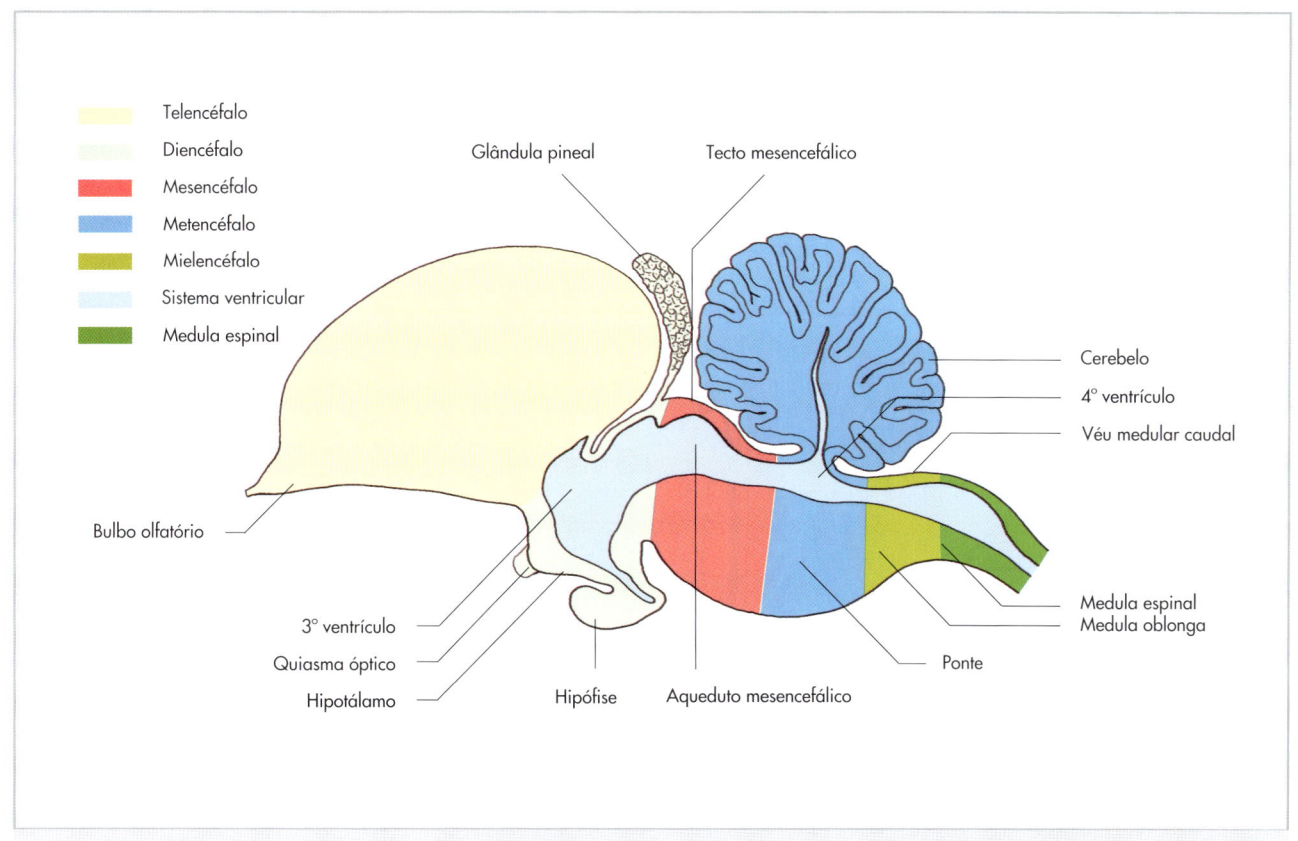

Fig. 21.34 Encéfalo de uma galinha (representação esquemática, secção mediana). (Fonte: com base em dados de Romer, 1966; fonte: König HE, Korbel R, Liebich H-G. *Anatomie der Vögel*. 2. Aufl. Stuttgart: Schattauer, 2009.)

subsequentemente responsáveis pela **imunidade humoral**. A **bolsa cloacal sofre involução** na maturidade sexual.

Baço (*lien*)

O baço (▶Fig. 21.11 e ▶Fig. 21.30) é um órgão de coloração marrom a cereja. Em galinhas, ele é esférico. O baço está integrado tanto ao **sistema vascular sanguíneo**, por meio de sua **polpa vermelha**, quanto ao **sistema linfático**, por meio de sua **polpa branca**. Ele situa-se medialmente ao estômago.

21.12 Sistema nervoso central (*systema nervosum centrale*, SNC)

Assim como nos mamíferos, o sistema nervoso central das aves consiste no **cérebro** e na **medula espinal** (▶Fig. 21.34). Além dessa similaridade organizacional, várias características morfológicas distintas são evidentes.

O cérebro das aves é **lisencéfalo** (liso, sem giros). O peso total do cérebro é menor que o dos dois olhos combinados e o da medula espinal. Muitas funções reguladas pelo cérebro em mamíferos são mediadas **ao nível da medula espinal** nas aves, ocorrendo como **arcos reflexos**. As aves são **animais fortemente visuais**.

21.12.1 Encéfalo (*encephalon*)

O encéfalo das aves tem as mesmas subdivisões que o dos mamíferos. Existem, também, **doze pares de nervos cranianos**, embora apresentem uma variação considerável nas espécies.

O **nervo óptico** (*n. opticus*) transmite impulsos nervosos da retina para o diencéfalo. Ele é formado a partir dos axônios inicialmente não mielinizados das células ganglionares multipolares da retina. As fibras nervosas adquirem uma bainha de mielina ao penetrar na esclera. O nervo óptico é o **maior dos nervos cranianos**; a área de superfície transversal combinada dos dois nervos ópticos é maior do que a da medula espinal cervical. No **quiasma óptico** substancial (*chiasma opticum*), localizado rostralmente à hipófise, ocorre a **decussação completa das fibras nervosas**.

21.12.2 Medula espinal (*medulla spinalis*)

A medula espinal das aves tem o mesmo comprimento da coluna vertebral, indo do forame magno até a última vértebra caudal. Os nervos espinhais estendem-se lateralmente da medula espinal; **não há cauda equina**.

A massa cinzenta da medula espinal é organizada em camadas. A **segmentação** pode ser distinguida em **algum grau**.

A **intumescência cervical** (*intumescentia cervicalis*) é maior nas aves que voam; nas ratitas, a **intumescência lombossacra** (*intumescentia lumbosacralis*) é a mais substancial das duas. Ao nível da intumescência lombossacra, os funículos dorsal e ventral da

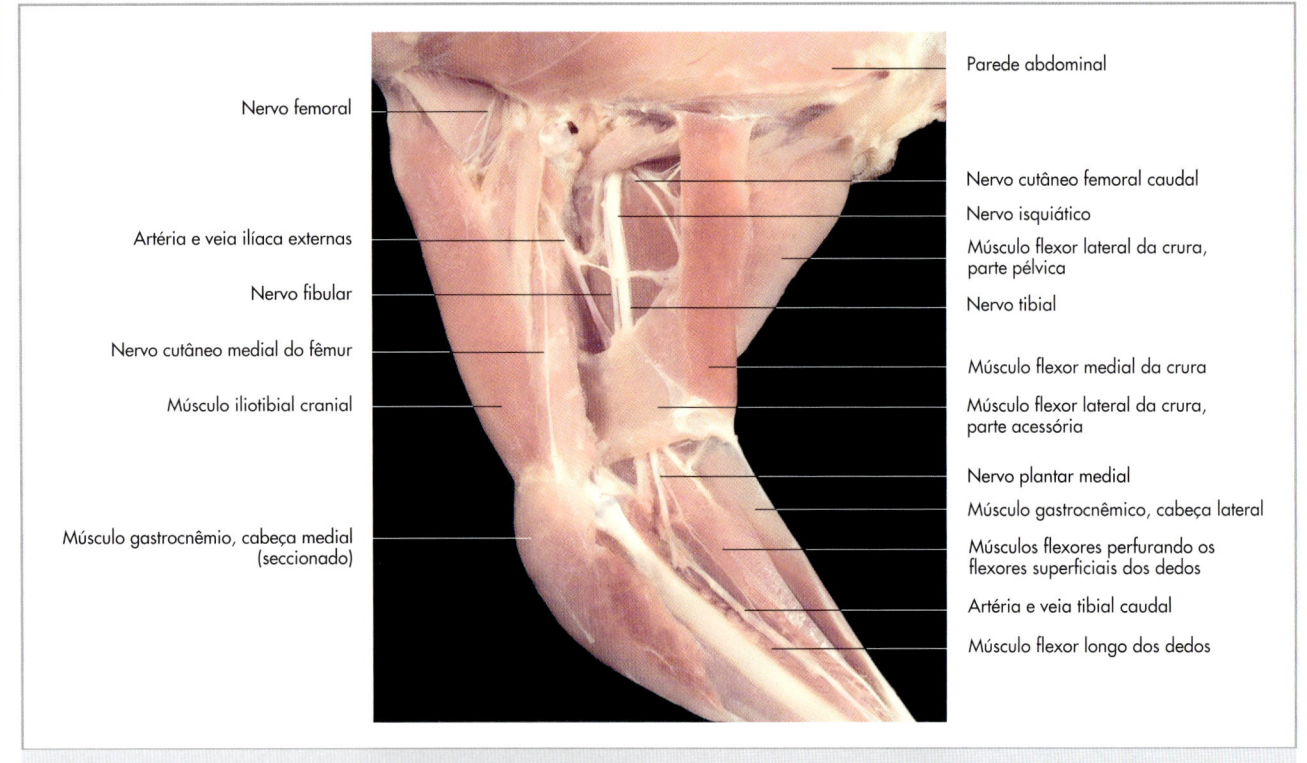

Fig. 21.35 Músculos do membro pélvico proximal de uma galinha (vista medial, músculo iliofibular [*m. iliofibularis*] e parte medial do músculo gastrocnêmio [*m. gastrocnemius, pars medialis*] parcialmente seccionado). (Fonte: König HE, Korbel R, Liebich HG. *Anatomie der Vögel*. 2. Aufl. Stuttgart: Schattauer, 2009.)

substância branca divergem. O espaço intermédio, conhecido como **seio romboide** (*sinus rhomboideus*), é ocupado pelo **corpo gelatinoso** (*corpus gelatinosum*). Os nervos do plexo lombossacro (*plexus lumbosacralis*), do plexo lombar (*plexus lumbalis*) e do plexo pudendo (*plexus pudendus*) estão intimamente associados aos rins, atravessando o parênquima renal (▶Fig. 21.35).

> **Nota clínica**
>
> Uma lesão induzida por vírus do plexo lombossacral e do nervo isquiático (*n. ischiadicus*) ("**doença de Marek**") resulta na paralisia dos membros pélvicos. A lesão do nervo vago pode resultar em enchimento excessivo do papo (**papo pendular**), que se torna muito aumentado.

21.13 Glândulas endócrinas (*glandulae endocrinae*)

Os órgãos endócrinos das aves (▶Fig. 21.36), assim como os dos mamíferos, são caracterizados por uma **estrutura glandular**, uma **rica vascularização** e **a ausência de ductos excretores** (glândulas sinusoidais). Algumas pequenas modificações são observadas em aves.

Também como nos mamíferos, a **hipófise** (glândula pituitária) e a **glândula pineal** (epífise) estão intimamente associadas ao cérebro. A glândula tireoide está situada próxima à base do pescoço, na entrada do tórax. As glândulas paratireoides e os corpos ultimobranquiais ficam caudais à glândula tireoide.

As **glândulas suprarrenais** estão localizadas na margem caudal do pulmão.

21.14 Olho (*organum visus*)

As aves dependem muito da visão; assim, o **sentido visual** é particularmente **bem desenvolvido**. Embora a estrutura básica do olho das aves e dos mamíferos seja semelhante, várias características distintas são evidentes nas aves (▶Fig. 21.37 e ▶Fig. 21.38).

Na maioria das aves, o **globo ocular** (bulbo do olho) constitui uma proporção maior do peso da cabeça do que em mamíferos (1% em humanos, 7-8,5% em galinhas, 17-21,5% em pombos e até 22-32% em aves de rapina e corujas). As órbitas ósseas das aves são igualmente grandes.

O **bulbo ocular** (*bulbus oculi*) das aves assemelha-se a um elipsoide rotacional, no qual o diâmetro equatorial é maior do que o longitudinal. O seu **segmento anterior** (*bulbus oculi anterior*) tem um raio de curvatura menor do que o **segmento posterior** (*bulbus oculi posterior*), que incorpora o fundo em forma de prato.

A forma do bulbo ocular varia conforme as espécies; as **formas planas**, **globosas** e **tubulares** são reconhecidas (▶Fig. 21.38).

Como os globos oculares ocupam uma posição relativamente lateral na cabeça, o **campo visual** é **monocular**. Em muitas espécies de aves, a mobilidade das vértebras cervicais permite que o campo visual seja expandido (até 360°, em alguns casos).

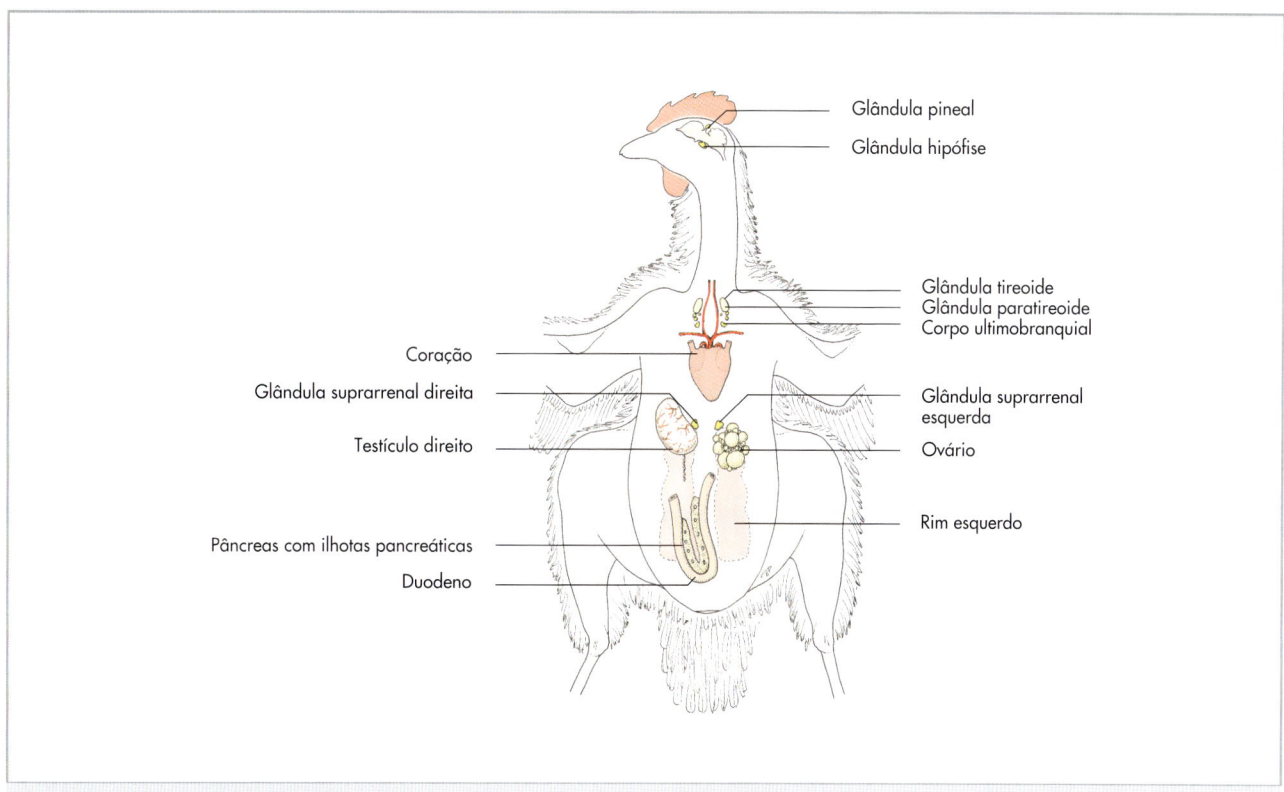

Fig. 21.36 Glândulas endócrinas de uma galinha (representação esquemática, vista ventral). (Fonte: König HE, Korbel R, Liebich H-G. *Anatomie der Vögel*. 2. Aufl. Stuttgart: Schattauer, 2009.)

21.14.1 Esclera

Nas aves, a esclera (parte branca da túnica externa do globo ocular [*tunica fibrosa bulbi*]) incorpora um **anel esclerótico ósseo** (*anulus ossicularis sclerae*). Composto por 10 a 18 **ossículos esclerais** (*ossicula sclerae*) (▶Fig. 21.39), o anel ósseo esclerótico conecta os segmentos anterior e posterior do globo ocular através de sua região anular côncava. Ele serve como apoio durante a compressão ativa da lente no processo de acomodação. Uma **lâmina de cartilagem hialina** (*lamina cartilaginea sclerae*) está embutida na parte posterior da esclera. No ponto de entrada do nervo óptico, a lâmina cartilaginosa pode se ossificar, formando o **osso do nervo óptico** em forma de ferradura.

21.14.2 Camada média (*tunica media*)

Assim como nos mamíferos, o diâmetro da pupila é regulado pelo **esfíncter** e **pelos músculos dilatadores da íris** (*mm. sphincter* e *dilatator pupillae*). Nas aves, esses músculos são predominantemente **estriados**, permitindo que sejam controlados voluntariamente e, assim, **se ajustem mais rapidamente às mudanças de exposição à luz**. Representando mais um contraste com os mamíferos, o **músculo ciliar** (*m. ciliaris*) **também é estriado** nas aves. O músculo ciliar consiste em um **componente anterior** (*m. ciliaris anterior*) e um **componente posterior** (*m. ciliaris posterior*). A contração do **músculo ciliar anterior** reduz principalmente o raio de curvatura da córnea (**acomodação da córnea**). O **músculo ciliar posterior** atua no cristalino, aumentando a sua convexidade (**acomodação lenticular**).

21.14.3 Camada interna (*tunica interna bulbi*, retina)

A retina das aves (▶Fig. 21.37) contém vários **tipos de cones celulares**, que exibem diferentes espectros de absorção específicos da espécie. Acredita-se que eles atuem como filtros cromáticos intraoculares. Essa função, considerada atribuível a gotículas de óleo coloridas dentro das células cônicas, confere às aves a capacidade de **percepção tetracromática** (possivelmente, **pentacromática**) **da luz**. Gotículas de óleo adicionais sem cor foram associadas à capacidade de perceber a **luz ultravioleta**.

Outra característica distinta do olho das aves é a completa decussação dos nervos ópticos no quiasma óptico. Assim, um verdadeiro **reflexo pupilar à luz consensual não é observado** em aves. Além disso, as fibras nervosas eferentes passam do núcleo istmo-óptico no mesencéfalo para a retina. Elas têm sido associadas a um aumento na acuidade visual e no desempenho.

Pécten (*pecten oculi*)

O pécten (*pecten oculi*), uma estrutura que se projeta no corpo vítreo a partir do ponto de entrada oval do nervo óptico (▶Fig. 21.37), representa uma característica altamente distinta do olho das aves. Apenas o "**cone papilar**" (*conus papillaris*), encontrado no olho de muitos répteis, tem **semelhança com o pécten das aves**.

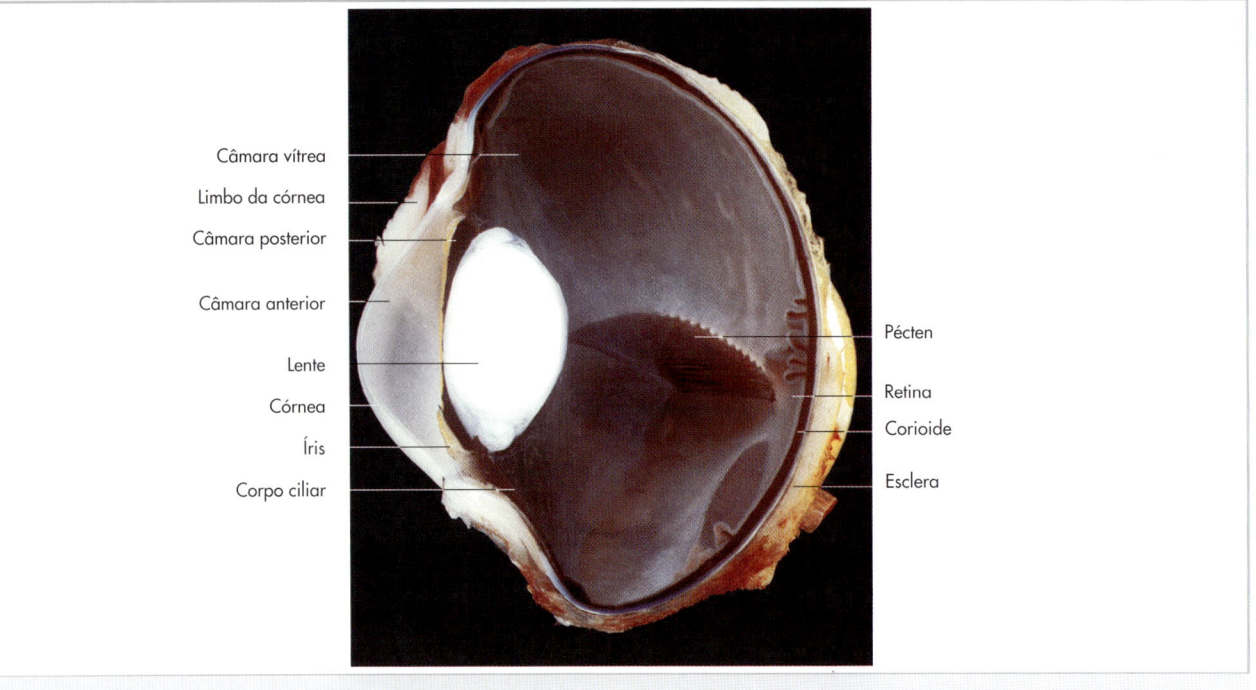

Fig. 21.37 Globo ocular de uma galinha (secção meridional). (Fonte: König HE, Korbel R, Liebich H-G. *Anatomie der Vögel*. 2. Aufl. Stuttgart: Schattauer, 2009.)

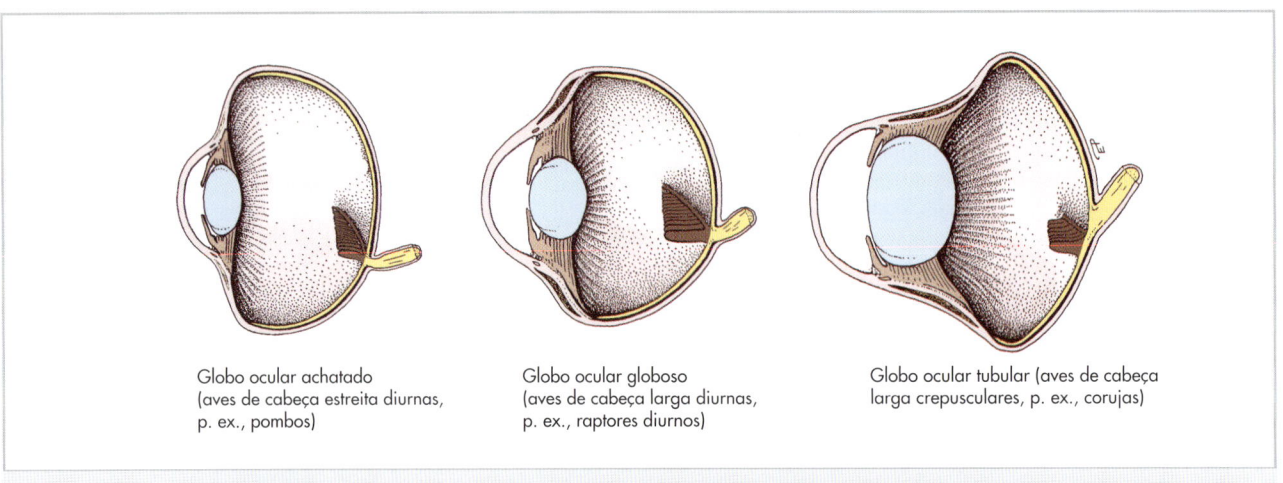

Câmara vítrea
Limbo da córnea
Câmara posterior
Câmara anterior
Lente
Córnea
Íris
Corpo ciliar
Pécten
Retina
Corioide
Esclera

Globo ocular achatado (aves de cabeça estreita diurnas, p. ex., pombos)

Globo ocular globoso (aves de cabeça larga diurnas, p. ex., raptores diurnos)

Globo ocular tubular (aves de cabeça larga crepusculares, p. ex., corujas)

Fig. 21.38 Formas plana (à esquerda), globosa (no centro) e tubular (à direita) do globo ocular (secção meridional) e relações anatômicas e aparência do pécten (representação esquemática). (Fonte: com base em dados de Walls, 1942; König HE, Korbel R, Liebich H-G. *Anatomie der Vögel*. 2. Aufl. Stuttgart: Schattauer, 2009.)

O pécten consiste em um arcabouço glial que abriga uma densa rede de capilares. Na maioria das espécies, ele é pigmentado (marrom ou preto).

As funções do pécten incluem a **nutrição** do corpo vítreo (*corpus vitreum*) e da retina avascular e a **regulação da pressão e da temperatura intraoculares**.

21.15 Orelha (órgão vestibulococlear)

Os sentidos da audição e do equilíbrio são bem desenvolvidos nas aves; ambos são de considerável importância durante o **voo**, a **natação** e o **reconhecimento** (p. ex., de jovens) (▶Fig. 21.39, ▶Fig. 21.40 e ▶Fig. 21.41).

21.15.1 Orelha externa (*auris externa*)

A **aurícula** está **ausente nas aves**. Na galinha, a **abertura auditiva** (*apertura auris externae*) é circundada por um **lobo vermelho** ou **branco**. Na maioria das aves, essa abertura é coberta por **penas circulares modificadas**. A **membrana timpânica** (*membrana tympanica*) é fusionada ao osso circundante e tensionada pelo **músculo da columela** (*m. columellae*).

21.15.2 Orelha média (*auris media*)

A orelha média (▶Fig. 21.40) envolve a **cavidade timpânica** cheia de ar (*cavitas tympanica*), na qual se abre a **tuba auditiva**. A tuba auditiva conecta a cavidade timpânica com a orofaringe, por meio da fenda infundibular. Um **único ossículo auditivo**, a **columela**, abrange a cavidade timpânica. Nas aves, a **janela coclear**

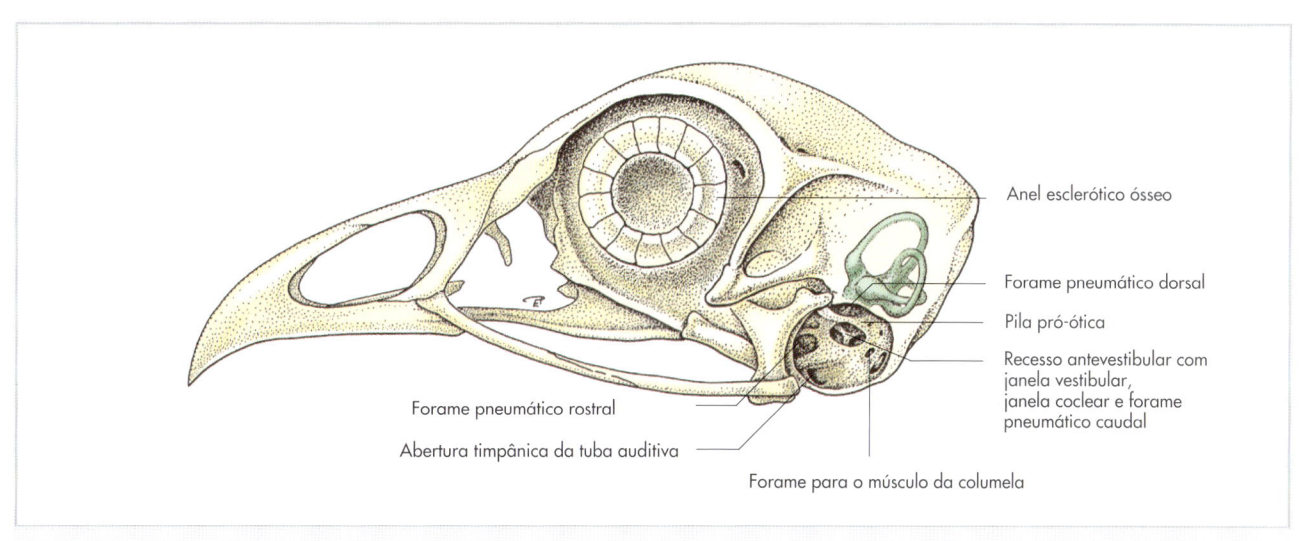

Fig. 21.39 Relações anatômicas do órgão vestibulococlear de uma galinha (representação esquemática). (Fonte: König HE, Korbel R, Liebich H-G. *Anatomie der Vögel*. 2. Aufl. Stuttgart: Schattauer, 2009.)

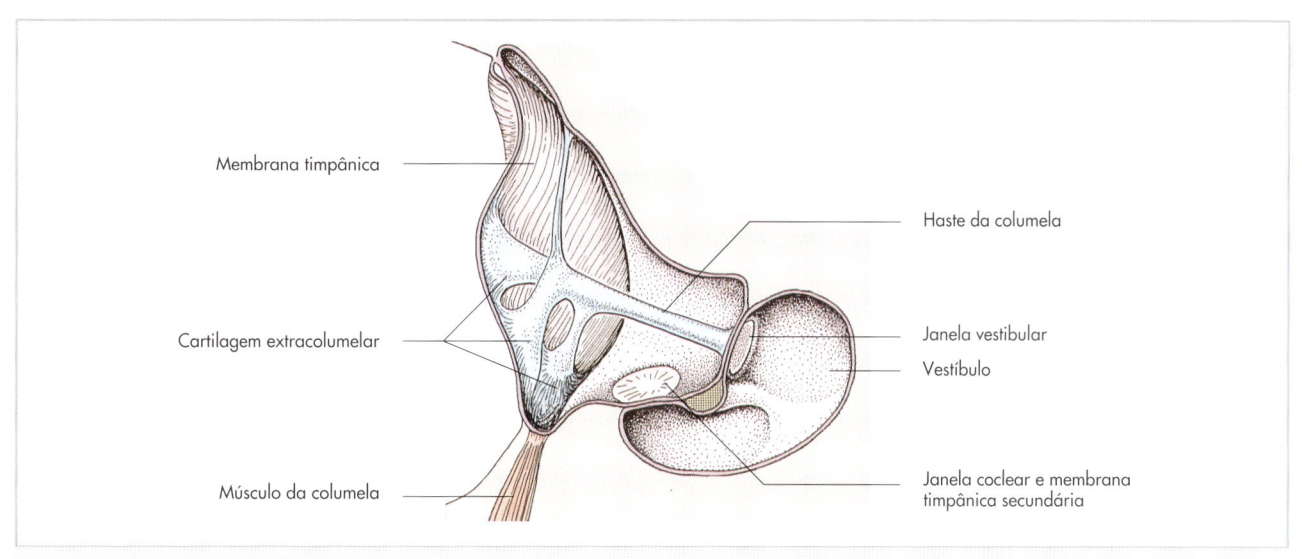

Fig. 21.40 Secção da orelha média esquerda de uma galinha (representação esquemática). (Fonte: com base em dados de Schwarze e Schröder, 1978; König HE, Korbel R, Liebich H-G. *Anatomie der Vögel*. 2. Aufl. Stuttgart: Schattauer, 2009.)

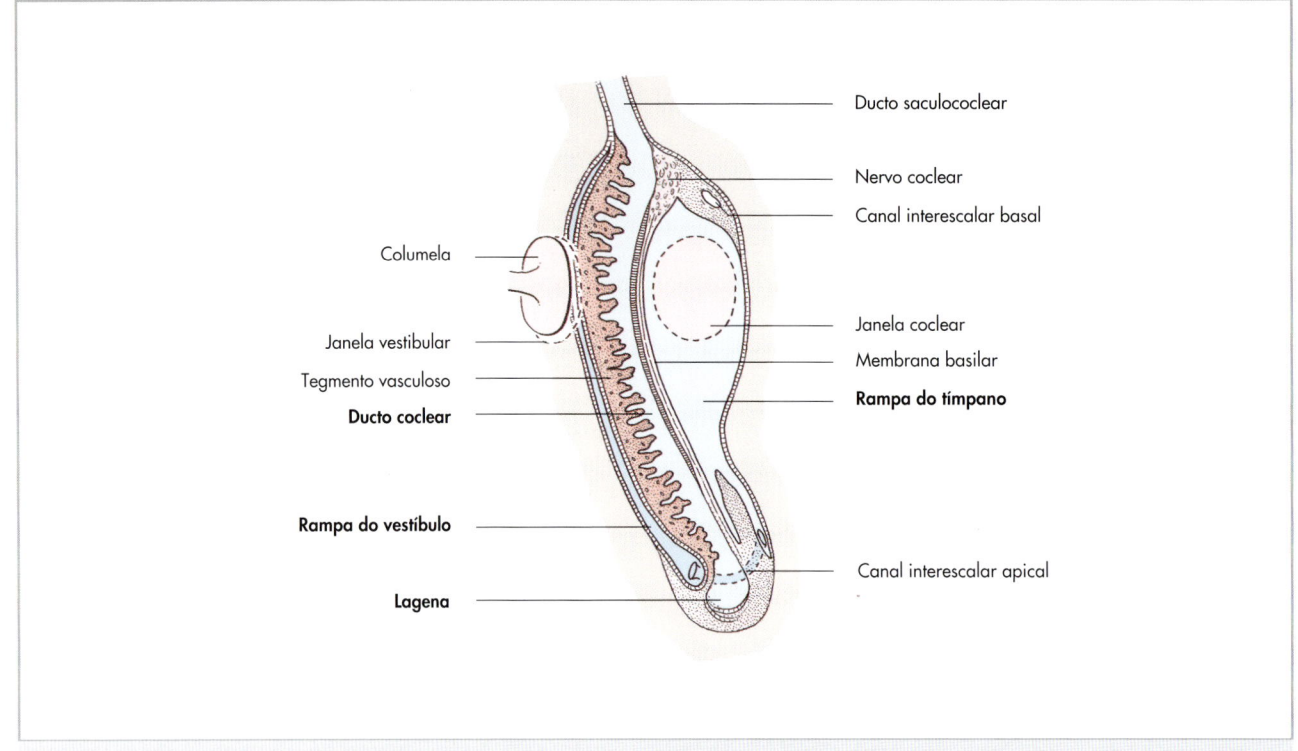

Fig. 21.41 Orelha interna de uma galinha (representação esquemática). (Fonte: com base em dados de Evans, 1982; König HE, Korbel R, Liebich H-G. *Anatomie der Vögel*. 2. Aufl. Stuttgart: Schattauer, 2009.)

(**redonda**) está localizada imediatamente adjacente à **janela vestibular** (**oval**). A pressão das ondas sonoras é transmitida para a perilinfa pela base da columela. A compressão da perilinfa resulta no abaulamento da **membrana timpânica secundária** (*membrana tympanica secundaria*).

21.15.3 Orelha interna (*auris interna*)

A orelha interna envolve todo o órgão vestibular e os componentes do aparelho auditivo que participam da transdução das ondas sonoras. A sua estrutura é semelhante à dos mamíferos. As características que distinguem a orelha interna das aves estão principalmente associadas ao ducto coclear (▶Fig. 21.41).

O **ducto coclear** (*ductus cochlearis*) estende-se ventralmente a partir do **sáculo** através do ducto saculococlear (*ductus sacculocochlearis*). É uma **estrutura tubular** que termina, na ponta da cóclea, na **lagena vesicular**. O ducto coclear é delimitado por margens cartilaginosas rostral e caudalmente. Esse arranjo dá origem à estreita **rampa do vestíbulo** (*scala vestibuli*) e à **rampa do tímpano** (*scala tympani*). No ápice da cóclea, as rampas comunicam-se por meio do **canal interescalar apical** (*canalis apicalis*), o equivalente ao helicotrema dos mamíferos. O **ducto coclear** é separado da rampa do vestíbulo pelo **tegmento vasculoso** (*tegmentum vasculosum*) (corresponde à membrana de Reissner em mamíferos).

As **células sensoriais** da cóclea estão localizadas na **membrana basilar** (*membrana basilaris*). As células bipolares do **gânglio coclear** (*ganglion cochleare*) dão origem a uma rede de fibras neurais na base das células sensoriais.

21.16 Tegumento comum (*integumentum commune*)

A maior parte do corpo da ave está coberta por **penas** (*pennae*) (▶Fig. 21.43 e ▶Fig. 21.44). As penas permitem o voo e contribuem para a termorregulação ao fornecer isolamento. Elas também servem como barreira contra a irradiação e agressões ambientais mecânicas, térmicas, químicas e biológicas.

21.16.1 Pele e anexos

Em aves, os seguintes anexos de pele podem ser encontrados:
- glândulas cutâneas (*glandulae cutis*);
- estruturas acessórias (*appendices integumenti*);
- dobras cutâneas das asas (*patagia*);
- membranas interdigitais (*telae interdigitales*).

Glândulas da pele

As **glândulas sudoríparas** estão **ausentes nas aves**. As **glândulas sebáceas** são encontradas em apenas **três localizações**: sobre a cauda (**glândula uropígea**, *glandula uropygialis*) (▶Fig. 21.42), no meato acústico externo (**glândulas auriculares**, *glandulae auriculares*) e na cloaca (*glandulae venti*). As glândulas da cloaca produzem uma secreção mucosa.

A **glândula uropígea** está presente em todas as galinhas e aves aquáticas. Ela é composta por **dois lobos**, cada um com um ducto excretor que se abre na **papila uropígea** ímpar (*papilla uropygialis*). A secreção glandular oleosa e holócrina cobre as penas em uma película de gordura.

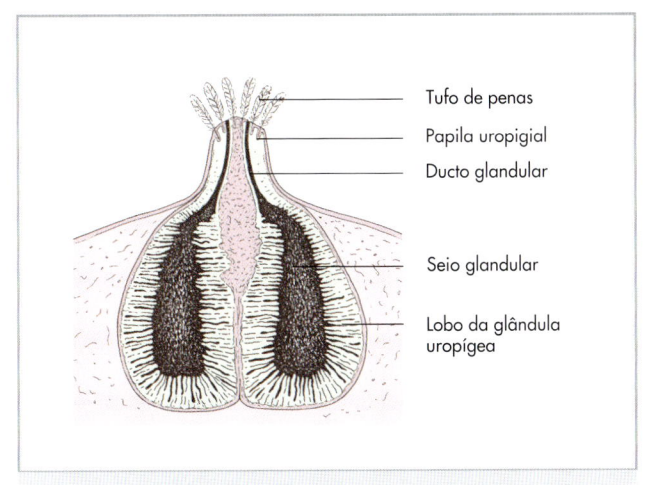

Fig. 21.42 Secção transversal da glândula uropígea (*glandula uropygialis*) (representação esquemática). (Fonte: König HE, Korbel R, Liebich H-G. *Anatomie der Vögel*. 2. Aufl. Stuttgart: Schattauer, 2009.)

Estruturas acessórias

Numerosas **estruturas cutâneas acessórias específicas da espécie** (*appendices integumenti*) são encontradas na cabeça e no pescoço das aves. Nas aves domésticas, encontram-se:
- crista (*crista carnosa*);
- barbela (*palea*);
- lobo auricular (*lobus auricularis*);
- monco ou processo frontal (*processus frontalis*);
- carúnculas (*carunculae cutaneae*);
- crista ou capacete (*galea, crista ossea*);
- papilas cutâneas (*papillae cutaneae*).

A consistência dura e elástica da **crista**, da **barbela** e dos **lobos auriculares** é produto de uma camada dérmica profunda e substancial (*stratum profundum dermidis*), incorporando o tecido fibromucoide. As redes de capilares sinusoidais na camada superficial da derme (*stratum superficiale dermidis*) são responsáveis pela coloração avermelhada dessas estruturas.

Patágia

As patágias são dobras membranosas da pele que abrangem as superfícies flexoras das articulações das asas. No ombro, as dobras estão presentes nas superfícies extensora e flexora da articulação. As fibras elásticas embutidas na patágia permitem que as asas repousem contra o corpo da ave sem esforço muscular.

Membranas interdigitais

Em aves aquáticas, particularmente, os espaços entre o segundo, o terceiro e o quarto dedos do pé são unidos por **membranas interdigitais** (*telae interdigitales*), que facilitam o nado. Em aves como gansos e patos, essas membranas se estendem até as pontas dos dedos dos pés.

21.16.2 Regiões corporais sem penas

A epiderme é mais espessa em regiões desprovidas de penas, visando a acomodar as forças mecânicas às quais essas áreas estão sujeitas. As **especializações epidérmicas** que ocorrem nessas regiões incluem:
- ranfoteca;
- cera;
- escamas (*scuta*) e pequenas escamas (*scutella*);
- almofadas (*pulvini*);
- garras (*ungues*);
- esporão (*calcar metatarsale*).

Uma **bainha córnea** (**ranfoteca**) forma a cobertura epidérmica do bico. A sua dureza varia com a dieta. Uma região da pele macia e de coloração variável, a **cera**, está presente no bico superior. Em termos funcionais, o bico substitui os lábios, os dentes e as bochechas dos mamíferos.

Um **dente de ovo** está presente na extremidade rostral do **bico superior dos pintinhos recém-nascidos**. O dente do ovo é utilizado para quebrar a casca do ovo durante a eclosão. Por meio da presença de **receptores sensíveis ao toque** embutidos na ranfoteca (**órgão da ponta do bico**), o bico atua como um **órgão sensorial altamente sensível**.

As **escamas** (**escutas**) cobrem a superfície dorsal do tarsometatarso e dos dedos; as **escamas menores** (**escutelas**, *scutella*), geralmente de formato hexagonal, estão presentes na superfície plantar. As escamas e escutelas constituem a **podoteca**.

Quando os dedos dos pés estão flexionados, a **almofada metatarsal** (*pulvinus metatarsalis*) e as **almofadas digitais** (*pulvini digitales*) adaptam-se intimamente à superfície subjacente (galho, poleiro). As **garras** (soltas) formam coberturas em forma de cone sobre a falange distal. Elas são compostos por uma **placa dorsal** (*scutum dorsale*) e uma **placa plantar** (*scutum plantare*). As **garras nas asas** (*ungues digiti manus*) são um achado atávico ocasional em galinhas e gansos domésticos (ver também ▶Fig. 21.5).

O **esporão** (*calcar metatarsale*) é bem desenvolvido nos machos. Nas fêmeas, ele geralmente assume a forma de uma escama similar a uma verruga. O esporão cresce cerca de 10 mm por ano e pode ser utilizado para a estimativa da idade.

21.16.3 Regiões corporais com penas

As penas (▶Fig. 21.43 e ▶Fig. 21.44) são uma característica marcante de todas as aves. Elas estão relacionados filogeneticamente com as escamas dos répteis. Devido às suas muitas características especializadas (construção leve, entrelaçamento das penas, complacência e conformabilidade), as penas conferem às aves a capacidade de voar.

Na descrição a seguir, uma pena de contorno madura é utilizada para ilustrar a **estrutura básica de uma pena** (▶Fig. 21.44). Os componentes da pena de contorno incluem:
- haste (escapo, *scapus*);
- canhão;
- ráquis (*rhachis*);
- vexilos interno e externo.

A **haste** da pena é subdividida em um **canhão** redondo e oco e um **ráquis** (*rhachis*). Uma pequena abertura, o **umbigo distal** (*umbilicus distalis*), marca o limite entre esses dois segmentos. Uma abertura adicional, o **umbigo proximal** (*umbilicus proximalis*) está presente na extremidade proximal do cálamo.

O **ráquis** é convexo-côncavo em secção transversal e contém uma medula formada por células epiteliais. **Duas fileiras de farpas delgadas** (*rami*) estendem-se do ráquis. Cada farpa carrega **duas fileiras de bárbulas** (*radii, barbulae*). As bárbulas estão interligadas, dando origem ao **vexilo**.

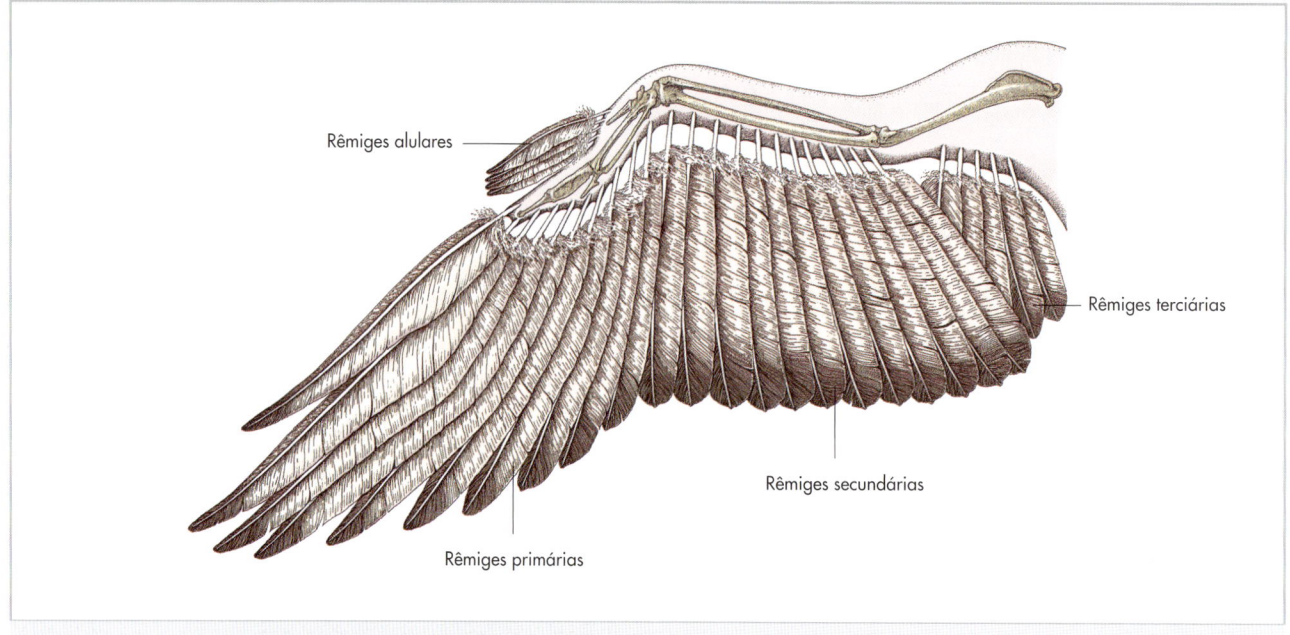

Fig. 21.43 Asa direita de um falcão-peregrino (*falco* [Hierofalco] *peregrinus*) com esqueleto e rêmiges (representação esquemática, vista ventral). (Fonte: König HE, Korbel R, Liebich H-G. *Anatomie der Vögel*. 2. Aufl. Stuttgart: Schattauer, 2009.)

Tipos de penas

As penas podem ser classificadas da seguinte forma:
- penas de contorno (*pennae contornae*) com:
  - coberturas (*tectrices*);
  - penas de voo das asas (rêmiges);
  - penas da cauda (rectrizes);
- penas de penugem (*plumae*);
- semiplumas (*semiplumae*);
- penas de penugem (*pluvipulmae* ou *plumae pulveraceae*);
- filoplumas (*filoplumae*);
- cerdas (*setae*).

As **penas de coberturas** são as mais numerosas, cobrindo a maior parte da superfície corporal. O tamanho, a forma e a coloração dessas penas variam muito, dependendo de sua localização e função.

As **rêmiges** estão localizadas no antebraço (**rêmiges secundárias**), na mão (**rêmiges primárias**) e na alula (**rêmiges alulares**). As rêmiges terciárias ou umerais são observadas em algumas aves. O número de rêmiges é consistente dentro das espécies. As rêmiges têm uma haste levemente curva e vexilos assimétricos. Juntas, as rêmiges localizadas em diferentes regiões formam uma superfície contínua.

As **rectrizes** são as penas da cauda. As **penas da penugem** têm um grande tufo de filamentos queratinizados na ponta. As penas de penugem definitivas (adultas) são particularmente numerosas em aves aquáticas. As **cerdas** são encontradas na cabeça da ave, onde alinham a base do bico e formam os cílios.

A maioria das aves substitui a sua pelagem uma vez por ano, geralmente após o período reprodutivo. Esse processo, conhecido como **muda**, é regulado pelos hormônios da tireoide.

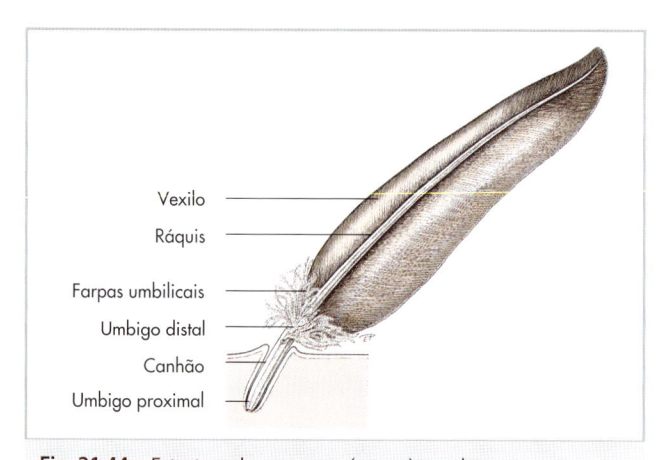

Fig. 21.44 Estrutura de uma pena (*penna*) com base em uma pena de voo (rêmige) (representação esquemática). (Fonte: König HE, Korbel R, Liebich H-G. *Anatomie der Vögel*. 2. Aufl. Stuttgart: Schattauer, 2009.)

22 Anatomia seccional e processos de imagem

E. Ludewig, Chr. Mülling, S. Kneissl, M.-C. Sora e H. E. König

22.1 Plastinação na ciência

A necessidade ancestral do homem de evitar que a posteridade o esqueça é tão antiga quanto a própria humanidade: pinturas rupestres pré-históricas, rituais mumificadores egípcios, coleções de arte antiga ou monumentos históricos são provas suficientes dessa tradição até hoje. Não é surpresa também que, em todas as civilizações, sempre houve um desejo adicional de proteger o próprio corpo e os corpos de parentes da decomposição ou, ao menos, de retardar esse processo. O corpo não deve se tornar, de súbito, algo totalmente transitório apenas porque morre.

Ao mesmo tempo, nos dias de hoje, os humanos apresentam a tendência de reprimir pensamentos sobre a morte. Desse modo, o desejo de preservar o corpo para além da morte também se reduz.

Os mortos são cremados, enterrados ou embalsamados. Após o sepultamento, o corpo se deteriora durante a vida da geração seguinte. O embalsamento com soluções de formol retarda o início da decomposição e da secagem em vários meses, e, em uma cripta hermeticamente fechada, esse período pode chegar a vários anos.

Com o desenvolvimento da **plastinação** por Gunther von Hagens (professor de anatomia na Dalian Medical University, China), iniciou-se uma nova era na conservação de corpos humanos (e, recentemente, de animais). A plastinação se desenvolveu na década de 1980, em resposta às novas exigências de modelagem seccional encaradas pela anatomia. Atualmente, o aprimoramento do processo de plastinação pode produzir preparações permanentes de órgãos e de corpos inteiros com qualidade muito superior à dos métodos de conservação conhecidos anteriormente, como modelagem em plástico injetado ou glicerinação.

A plastinação é um processo bastante complexo e detalhado que exige amplo conhecimento e experiência. Durante essa técnica de preparação, um polímero de alta qualidade substitui os fluidos dos tecidos do corpo por meio da aplicação de vácuo. O processo de polimerização protege cada célula do corpo do espécime, de modo que o corpo inteiro da pessoa ou do animal fica protegido da decomposição.

As células do corpo e o relevo natural da superfície permanecem com a sua forma original e ficam preservados do ponto de vista microscópico, sendo que o estado estrutural após a plastinação é, em grande parte, idêntico ao estado anterior ao processo de conservação.

Atualmente, aplica-se a plastinação em todo o mundo, em mais de 400 institutos de anatomia, patologia, biologia e zoologia. A Sociedade Internacional de Plastinação foi fundada em 1986. A revista da sociedade, o *Journal of the International Society for Plastination*, é publicada desde 1987.

A plastinação, **um processo para preservar desde órgãos e sistemas de órgãos até cadáveres inteiros de humanos ou animais**, também foi utilizada para fins comerciais nos últimos anos. Preparações anatômicas foram apresentadas em exibições públicas, as quais normalmente guardam pouca semelhança com as apresentações acadêmicas. Essa prática costuma receber duras críticas do ponto de vista tanto ético quanto legal.

Contudo, o processo de plastinação pode ser empregado de modo muito mais adequado como **suporte de ensino e de demonstração material**, pois tem grande valor didático para o exercício da medicina humana e veterinária. Há uma profusão de tecnologias de processo que podem ser aplicadas hoje – desde a plastinação de corpo inteiro, passando pela plastinação de órgãos individuais ou de sistemas de órgãos até a plastinação de cortes.

Com o auxílio de serras diamantadas, cortes anatômicos com uma espessura de até 0,5 mm podem ser produzidos pela **plastinação em cortes seriados** e permitem um exame minucioso das estruturas mais delicadas nos **três planos de espaço** (transversal, sagital e longitudinal) mesmo a olho nu (▶Fig. 22.1, ▶Fig. 22.3, ▶Fig. 22.8, ▶Fig. 22.18, ▶Fig. 22.19, ▶Fig. 22.40 e ▶Fig. 22.42).

A plastinação em cortes seriados também é um processo adequado para designar com maior facilidade e precisão as estruturas anatômicas básicas de órgãos e de sistemas de órgãos ao se utilizar os achados coletados com a ajuda de processos de geração de imagens modernos, como tomografia computadorizada (TC), ressonância magnética (RM) e ultrassonografia (US). Além disso, imagens tridimensionais podem ser criadas a partir da sequência de uma série de cortes de plastinação, que, por sua vez, podem servir como **modelos anatômicos** para interpretar **reconstruções tridimensionais digitais** de imagens de TC e RM.

Essa tecnologia é de grande ajuda para o ensino e em clínicas, pois abre a possibilidade de criar inter-relações entre imagens estruturais topográfico-anatômicas e imagens geradas digitalmente para estudantes, bem como para profissionais praticantes da área médica.

Na anatomia seccional, regiões para melhor compreensão didática também são reproduzidas por desenhos esquemáticos em vários planos de secção (▶Fig. 22.5, ▶Fig. 22.6, ▶Fig. 22.7, ▶Fig. 22.10, ▶Fig. 22.11, ▶Fig. 22.12, ▶Fig. 22.13, ▶Fig. 22.14, ▶Fig. 22.15, ▶Fig. 22.16, ▶Fig. 22.17, ▶Fig. 22.20, ▶Fig. 22.21, ▶Fig. 22.22 e ▶Fig. 22.23).

A plastinação em cortes seriados também pode ser empregada com a finalidade de **pesquisa científica**. A grande vantagem desse processo é que ele não altera a posição das estruturas anatômicas relativas umas às outras. Estruturas do tecido conjuntivo, também denominado tecido conectivo, e sua integração no periósteo, por exemplo, continuam preservadas.

O tecido conjuntivo entre as estruturas também não é destruído como seria, por exemplo, com uma dissecção convencional ou com preparações corrosivas. Preparados plastinados preservam as estruturas anatômicas individuais em um nível elevado e permitem uma representação mais precisa do local anatomotopográfico. Além disso, estruturas com lúmen, como vasos sanguíneos e linfáticos, cavidades na área do sistema nervoso central ou cavidades sinoviais, podem ser preenchidas antes da plastinação para proporcionar uma melhor visualização.

Uma certa tridimensionalidade estrutural já pode ser identificada em cortes finos transparentes e de cor original com uma espessura de apenas 2 mm. Os cortes finos plastinados podem ser examinadas em baixa ampliação óptica, digitalizados diretamente, fotografadas, interpretados e processados estatisticamente. A plastinação em cortes seriados é o método de escolha, sobretudo devido à representação de estruturas anatômicas delicadas, cuja magnitude vai de microscópica a macroscópica. A expressão "**mesoscopia**", que não é universalmente reconhecida, foi criada para nomear essa faixa de amplitude.

Visões gerais em larga escala e medições detalhadas das estruturas de regiões inteiras e de partes do corpo também podem ser criadas com preparados plastinados em secções transversais,

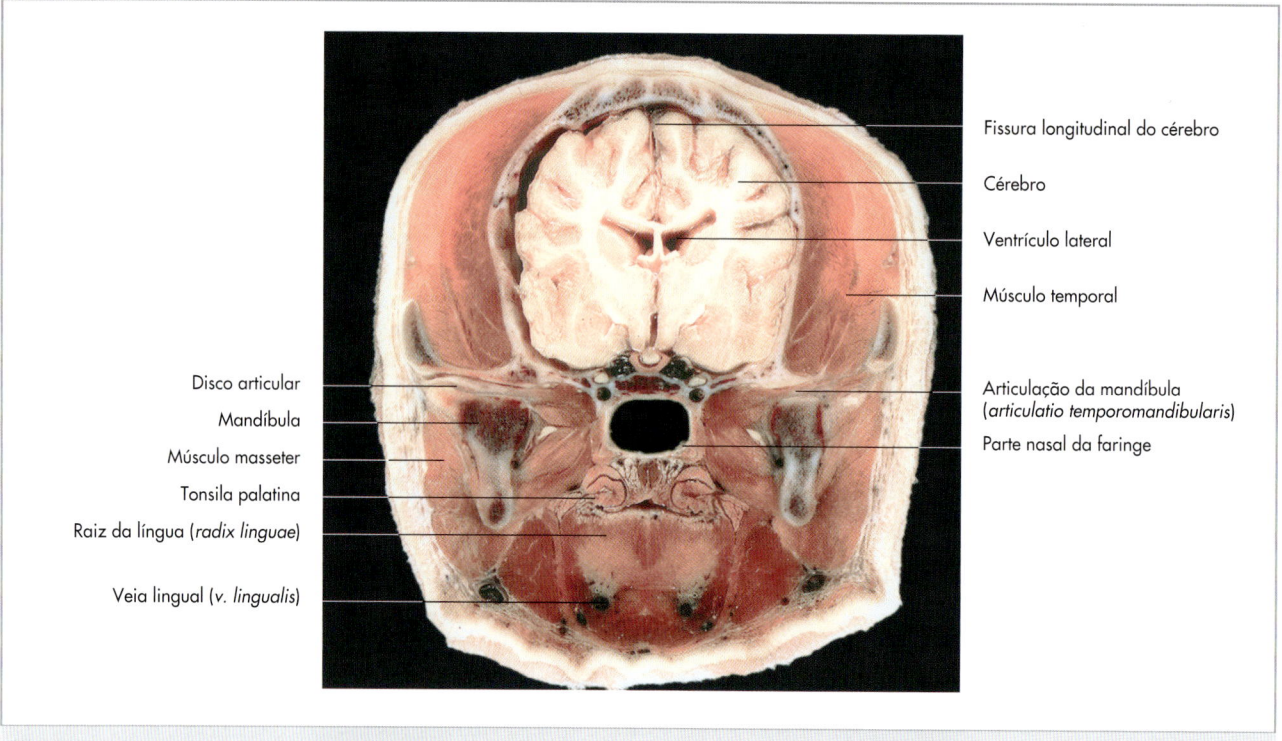

Fig. 22.1 Secção transversal da cabeça de um cão no nível da articulação temporomandibular (plastinação em corte S-10). (Fonte: preparação pelo Prof. Dr. W. Künzel, Viena.)

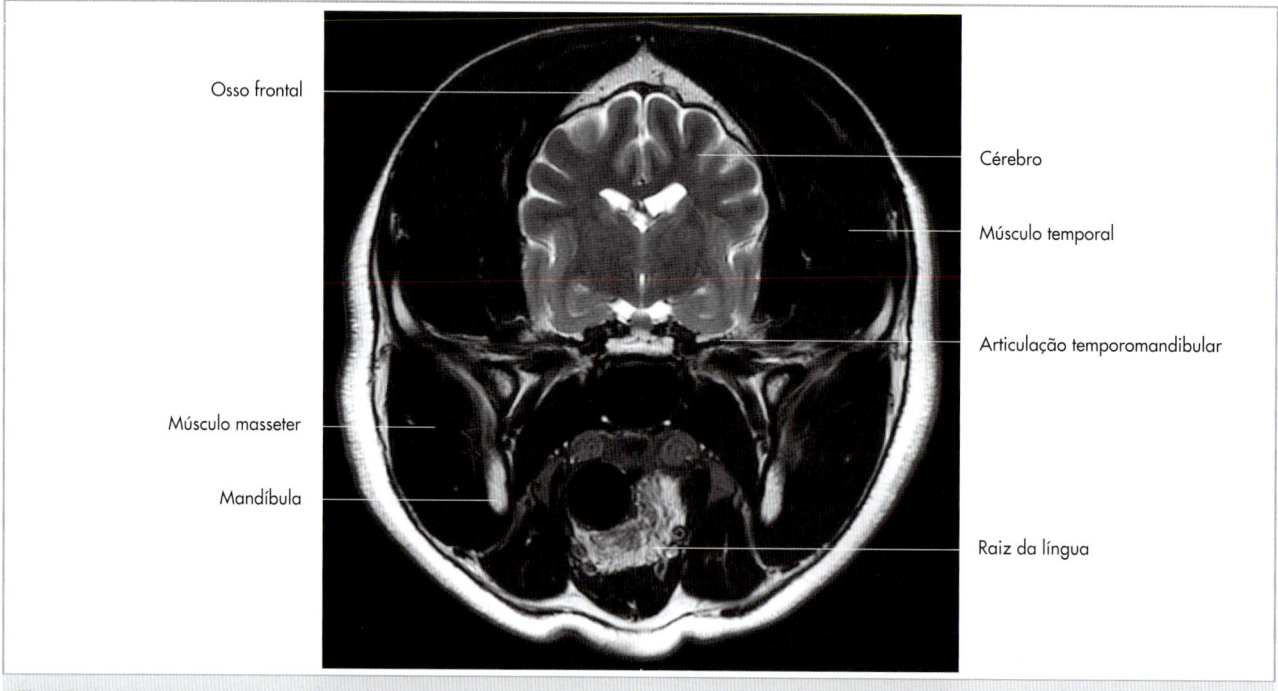

Labels: Fissura longitudinal do cérebro; Cérebro; Ventrículo lateral; Músculo temporal; Articulação da mandíbula (*articulatio temporomandibularis*); Parte nasal da faringe; Disco articular; Mandíbula; Músculo masseter; Tonsila palatina; Raiz da língua (*radix linguae*); Veia lingual (*v. lingualis*).

Fig. 22.2 Imagem por ressonância magnética da cabeça de um cão (secção transversal no nível da articulação temporomandibular, imagem ponderada em T1).

Labels: Osso frontal; Cérebro; Músculo temporal; Articulação temporomandibular; Músculo masseter; Mandíbula; Raiz da língua.

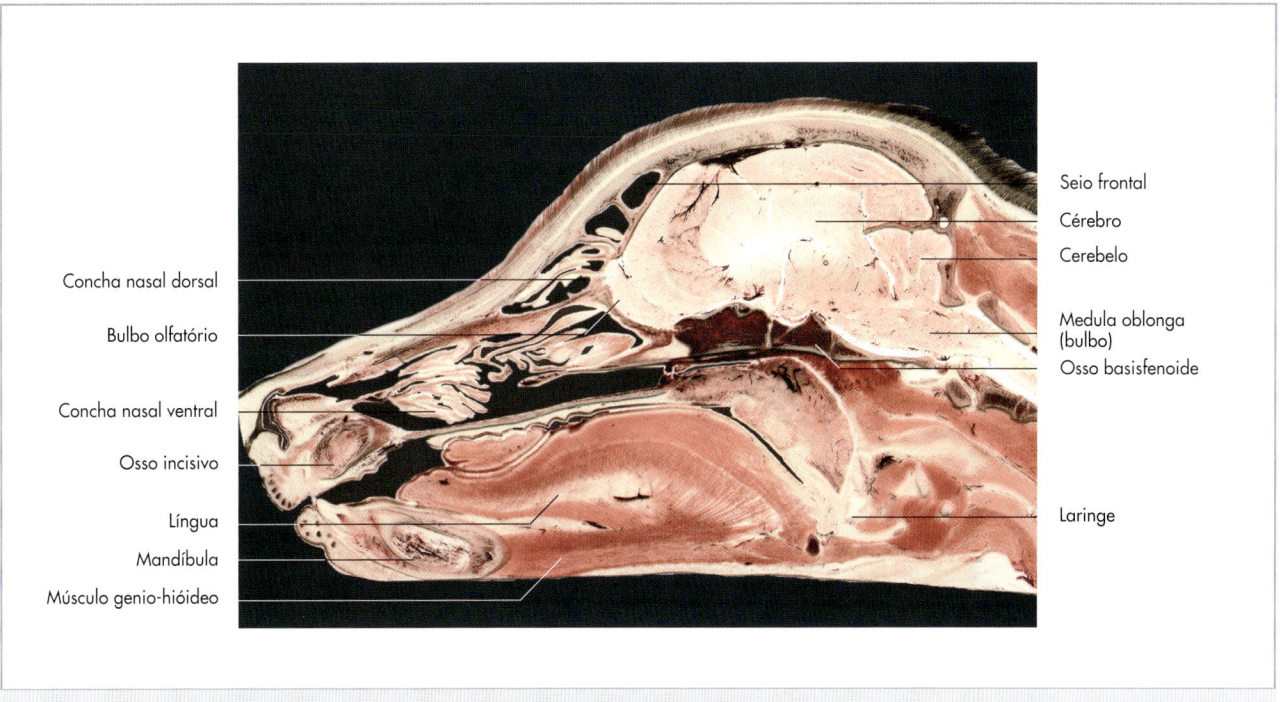

Fig. 22.3 Secção paramediana da cabeça de um cão (plastinação em corte seriado E-12).

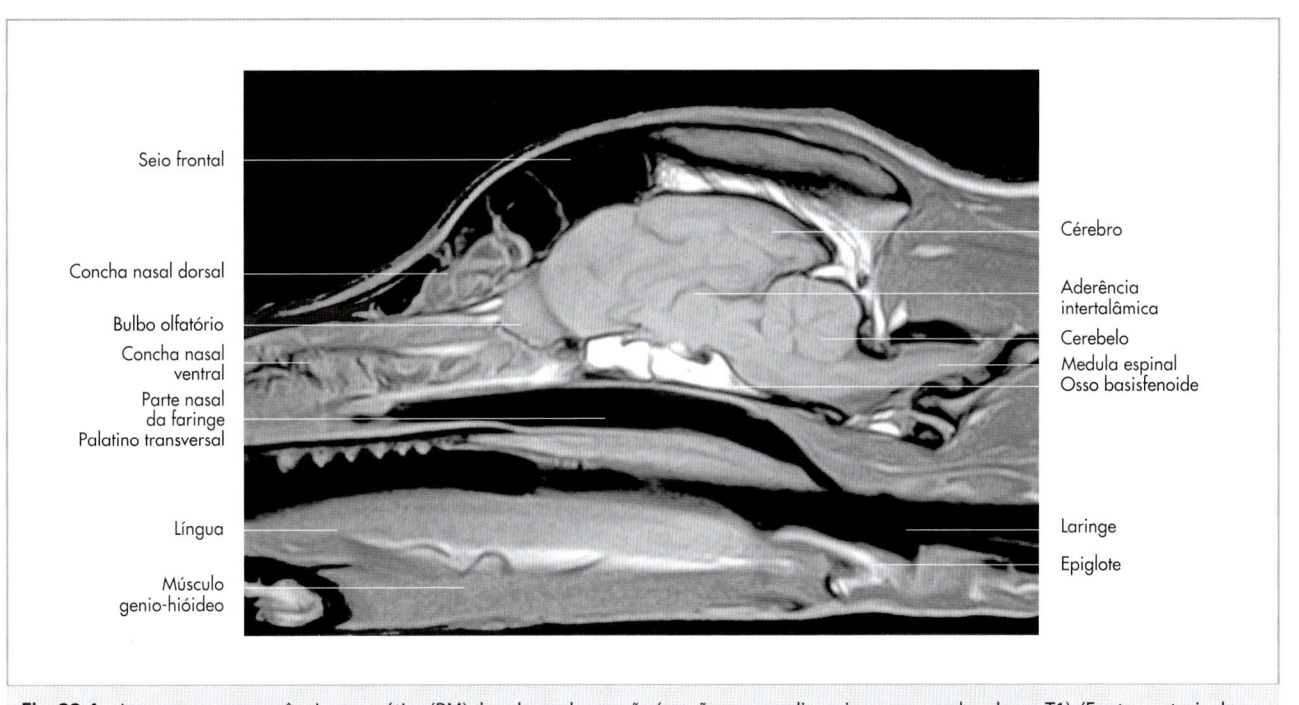

Fig. 22.4 Imagem por ressonância magnética (RM) da cabeça de um cão (secção paramediana, imagem ponderada em T1). (Fonte: cortesia da Dra. Isa Foltin, Regensburg.)

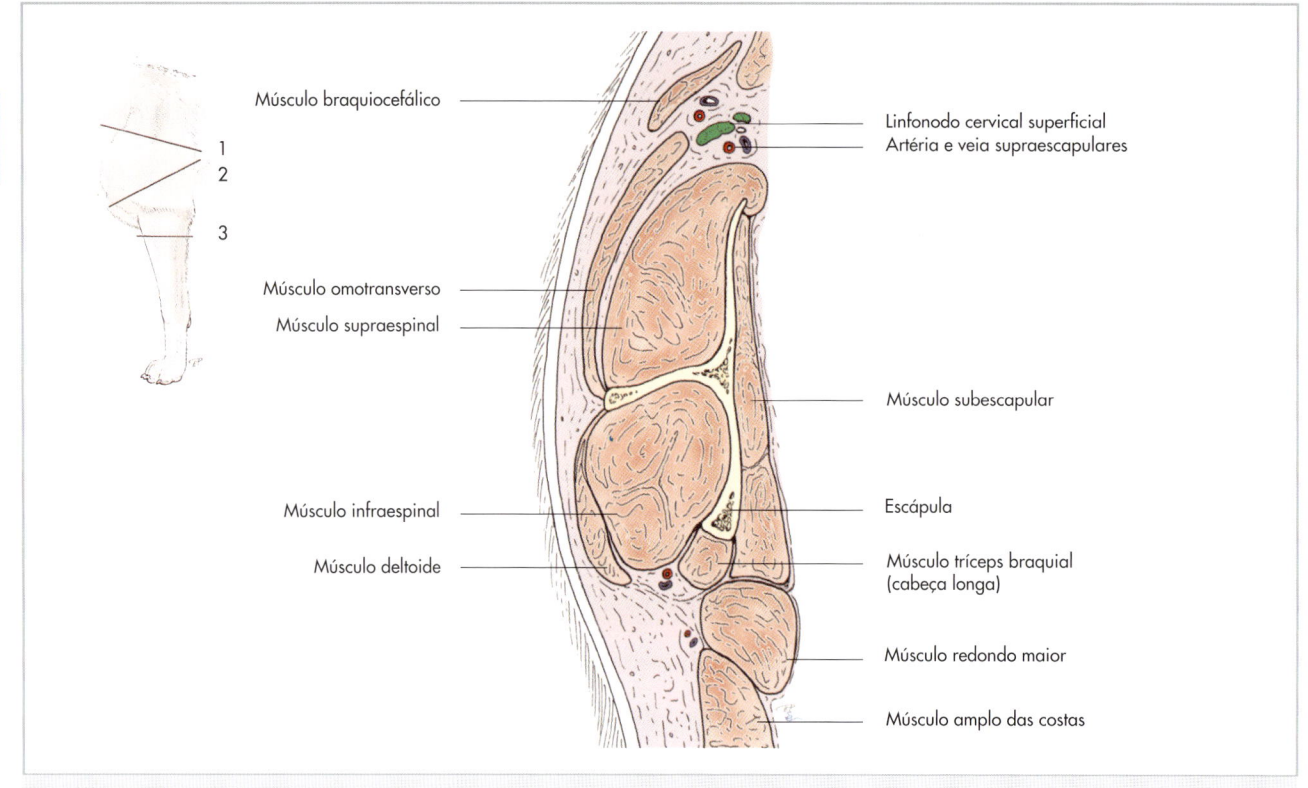

Fig. 22.5 Anatomia seccional do membro torácico esquerdo de um cão (secção transversal do plano 1 da região escapular, ver inserção).

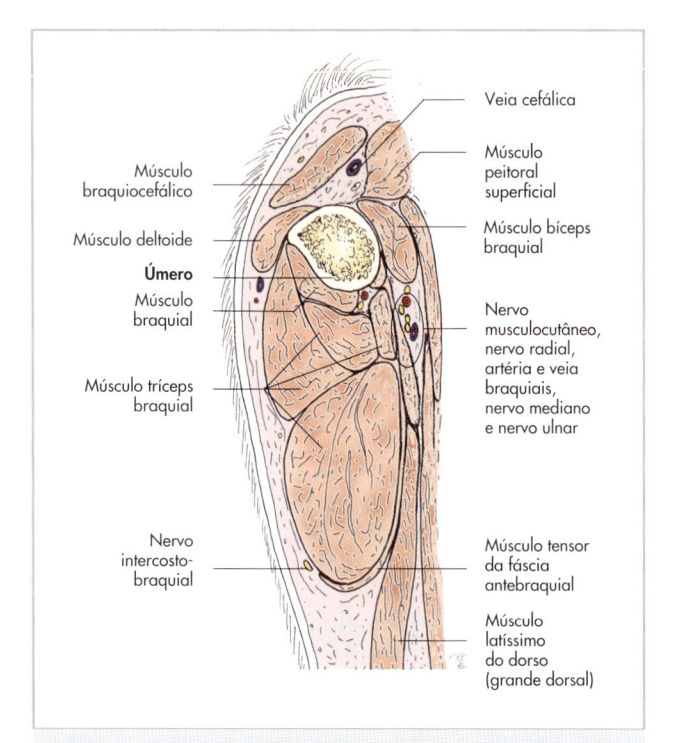

Labels (Fig. 22.5):
- Músculo braquiocefálico
- Músculo omotransverso
- Músculo supraespinal
- Músculo infraespinal
- Músculo deltoide
- Linfonodo cervical superficial
- Artéria e veia supraescapulares
- Músculo subescapular
- Escápula
- Músculo tríceps braquial (cabeça longa)
- Músculo redondo maior
- Músculo amplo das costas

Fig. 22.6 Anatomia seccional do membro torácico esquerdo de um cão (secção transversal do plano 2 da região braquial, ver inserção na ▶Fig. 22.5).

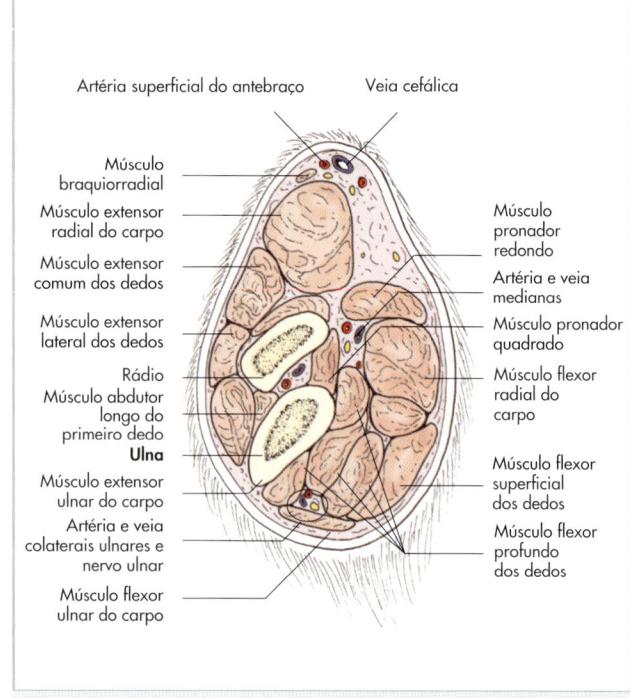

Labels (Fig. 22.6):
- Músculo braquiocefálico
- Músculo deltoide
- Úmero
- Músculo braquial
- Músculo tríceps braquial
- Nervo intercostobraquial
- Veia cefálica
- Músculo peitoral superficial
- Músculo bíceps braquial
- Nervo musculocutâneo, nervo radial, artéria e veia braquiais, nervo mediano e nervo ulnar
- Músculo tensor da fáscia antebraquial
- Músculo latíssimo do dorso (grande dorsal)

Fig. 22.7 Anatomia seccional do membro torácico esquerdo de um cão (secção transversal do plano 3 da região braquial, ver inserção na ▶Fig. 22.5).

Labels (Fig. 22.7):
- Artéria superficial do antebraço
- Veia cefálica
- Músculo braquiorradial
- Músculo extensor radial do carpo
- Músculo extensor comum dos dedos
- Músculo extensor lateral dos dedos
- Rádio
- Músculo abdutor longo do primeiro dedo
- Ulna
- Músculo extensor ulnar do carpo
- Artéria e veia colaterais ulnares e nervo ulnar
- Músculo flexor ulnar do carpo
- Músculo pronador redondo
- Artéria e veia medianas
- Músculo pronador quadrado
- Músculo flexor radial do carpo
- Músculo flexor superficial dos dedos
- Músculo flexor profundo dos dedos

Anatomia seccional e processos de imagem 783

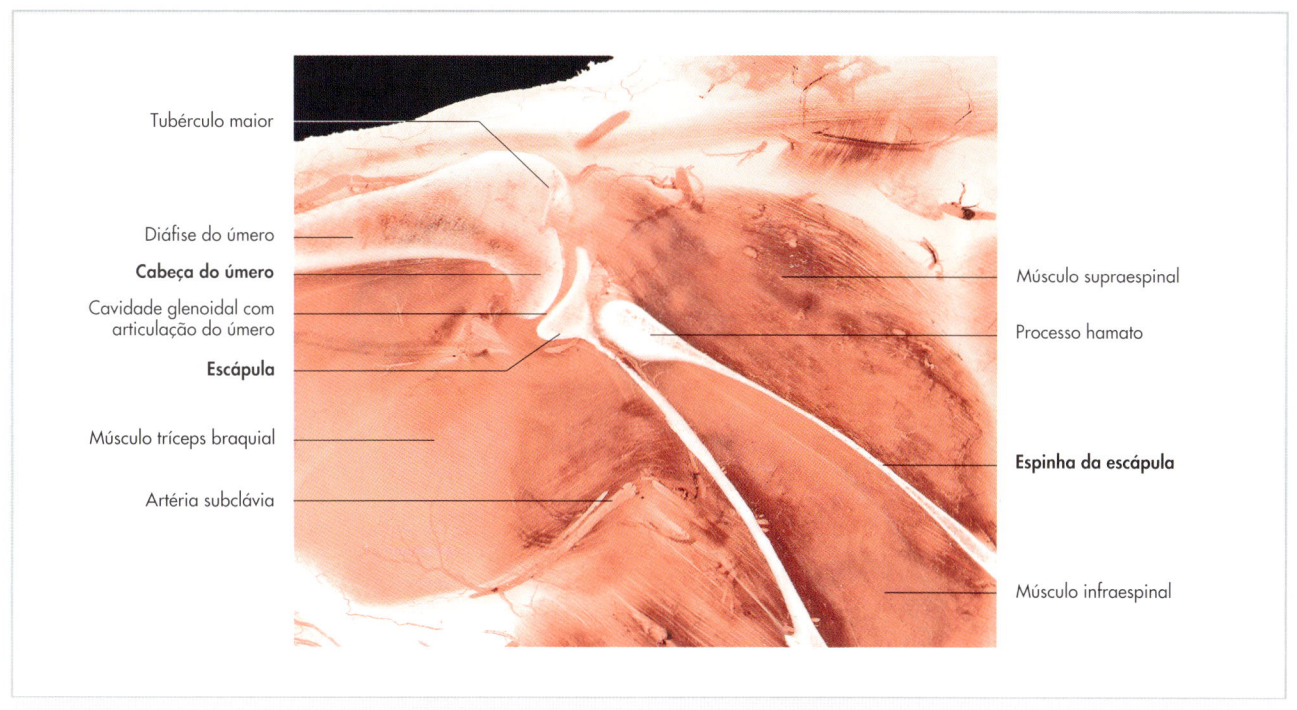

Tubérculo maior

Diáfise do úmero
Cabeça do úmero
Cavidade glenoidal com articulação do úmero
Escápula

Músculo tríceps braquial

Artéria subclávia

Músculo supraespinal

Processo hamato

Espinha da escápula

Músculo infraespinal

Fig. 22.8 Articulação do ombro de um cão (plastinação em corte E-12, vasos sanguíneos injetados). (Preparação por H. Obermayer, Munique.)

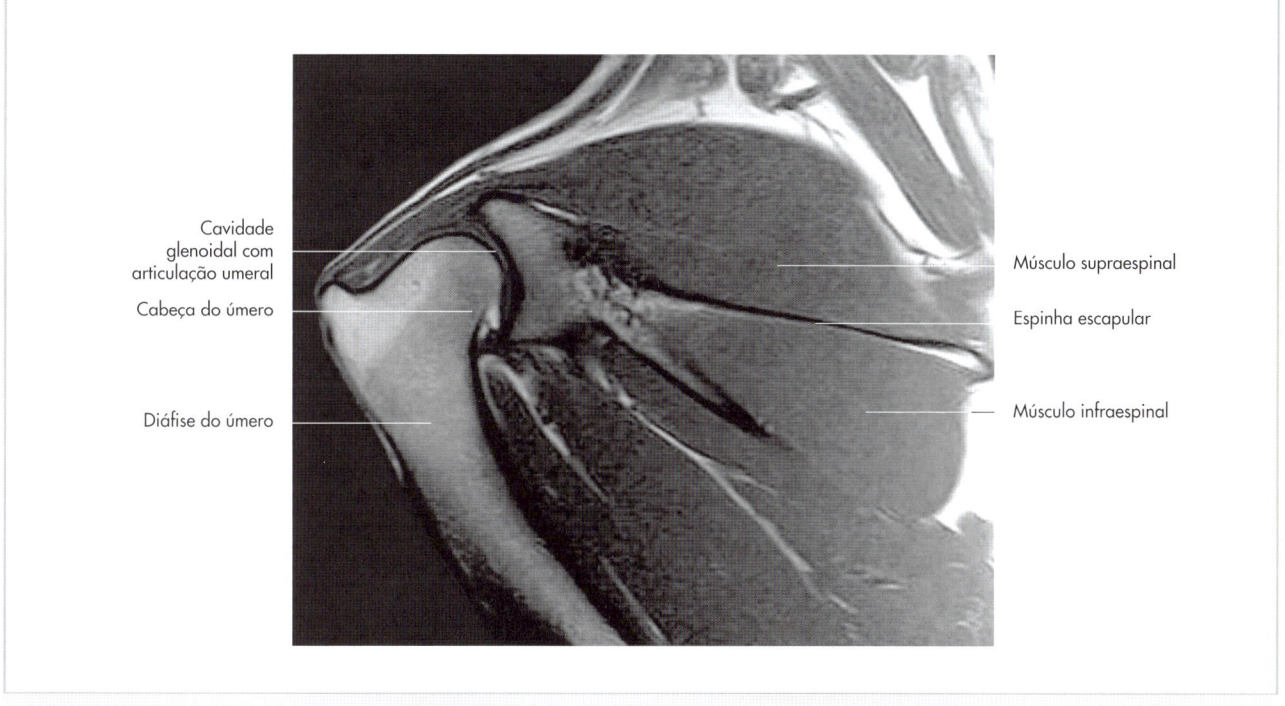

Cavidade glenoidal com articulação umeral
Cabeça do úmero

Diáfise do úmero

Músculo supraespinal

Espinha escapular

Músculo infraespinal

Fig. 22.9 Imagem por ressonância magnética (RM) da articulação do ombro de um cão (imagem ponderada em T1). (Fonte: cortesia da Drª. Isa Foltin, Regensburg.)

784　Anatomia dos animais domésticos

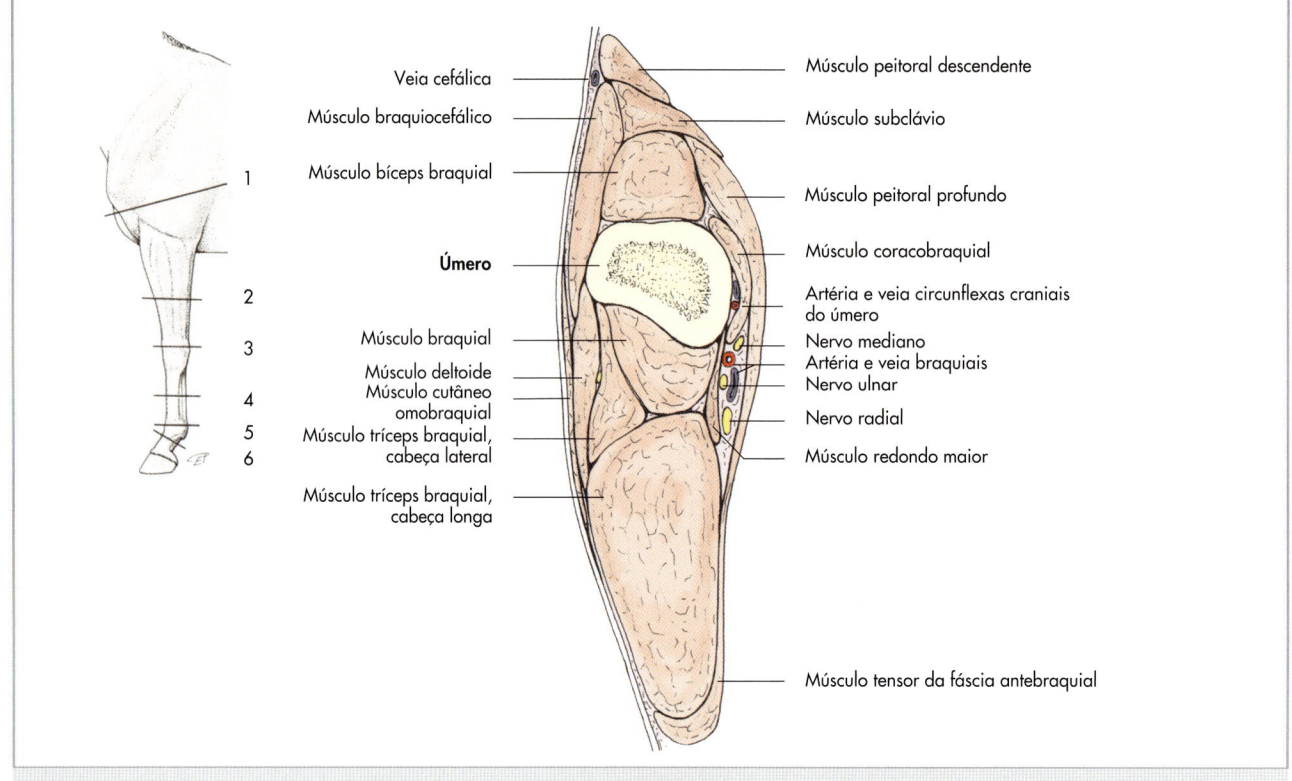

Fig. 22.10 Anatomia seccional do membro torácico esquerdo de um equino (secção transversal do plano 1 da região braquial, ver inserção).

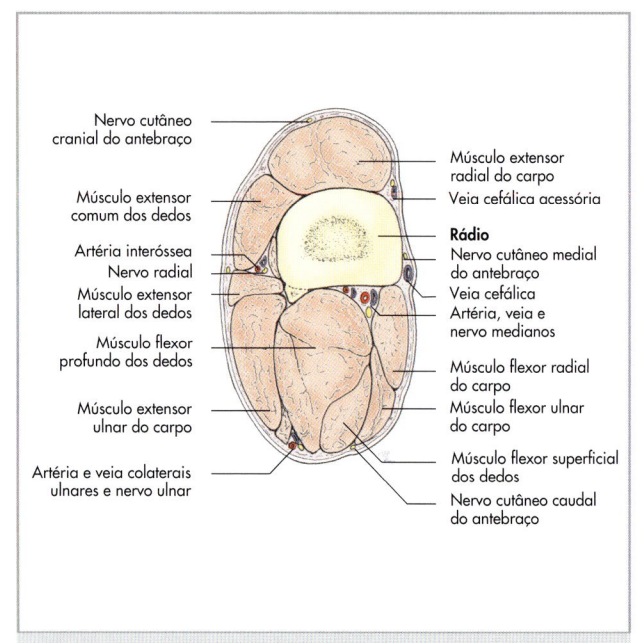

Legendas:
- Veia cefálica
- Músculo braquiocefálico
- Músculo bíceps braquial
- Úmero
- Músculo braquial
- Músculo deltoide
- Músculo cutâneo omobraquial
- Músculo tríceps braquial, cabeça lateral
- Músculo tríceps braquial, cabeça longa
- Músculo peitoral descendente
- Músculo subclávio
- Músculo peitoral profundo
- Músculo coracobraquial
- Artéria e veia circunflexas craniais do úmero
- Nervo mediano
- Artéria e veia braquiais
- Nervo ulnar
- Nervo radial
- Músculo redondo maior
- Músculo tensor da fáscia antebraquial

Fig. 22.11 Anatomia seccional do membro torácico esquerdo de um equino (secção transversal do plano 2 da região do antebraço, ver inserção na ▶Fig. 22.10).

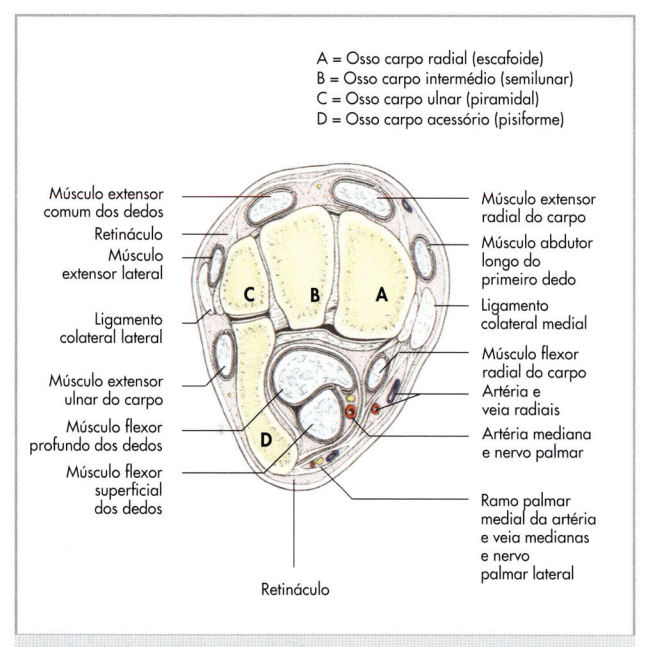

Legendas:
- Nervo cutâneo cranial do antebraço
- Músculo extensor comum dos dedos
- Artéria interóssea
- Nervo radial
- Músculo extensor lateral dos dedos
- Músculo flexor profundo dos dedos
- Músculo extensor ulnar do carpo
- Artéria e veia colaterais ulnares e nervo ulnar
- Músculo extensor radial do carpo
- Veia cefálica acessória
- Rádio
- Nervo cutâneo medial do antebraço
- Veia cefálica
- Artéria, veia e nervo medianos
- Músculo flexor radial do carpo
- Músculo flexor ulnar do carpo
- Músculo flexor superficial dos dedos
- Nervo cutâneo caudal do antebraço

Fig. 22.12 Anatomia seccional do membro torácico esquerdo de um equino (secção transversal do plano 3 da região carpal, ver inserção na ▶Fig. 22.10).

A = Osso carpo radial (escafoide)
B = Osso carpo intermédio (semilunar)
C = Osso carpo ulnar (piramidal)
D = Osso carpo acessório (pisiforme)

Legendas:
- Músculo extensor comum dos dedos
- Retináculo
- Músculo extensor lateral
- Ligamento colateral lateral
- Músculo extensor ulnar do carpo
- Músculo flexor profundo dos dedos
- Músculo flexor superficial dos dedos
- Retináculo
- Músculo extensor radial do carpo
- Músculo abdutor longo do primeiro dedo
- Ligamento colateral medial
- Músculo flexor radial do carpo
- Artéria e veia radiais
- Artéria mediana e nervo palmar
- Ramo palmar medial da artéria e veia medianas e nervo palmar lateral

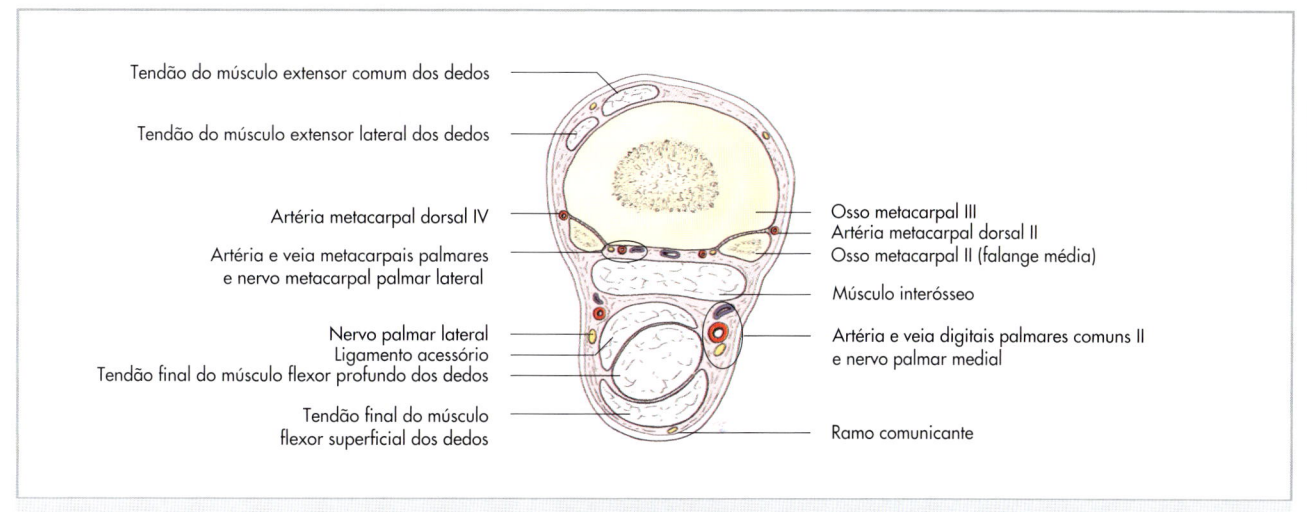

Fig. 22.13 Anatomia seccional do membro torácico esquerdo de um equino (secção transversal do plano 4 da região metacarpal, ver inserção na ▶Fig. 22.10).

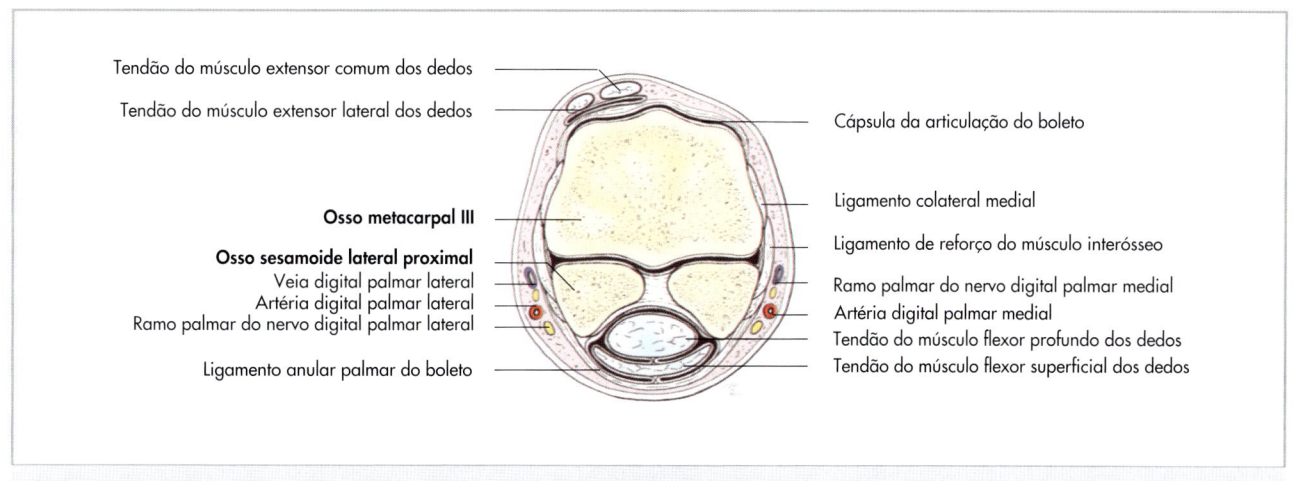

Labels (Fig. 22.13):
- Tendão do músculo extensor comum dos dedos
- Tendão do músculo extensor lateral dos dedos
- Artéria metacarpal dorsal IV
- Artéria e veia metacarpais palmares e nervo metacarpal palmar lateral
- Nervo palmar lateral
- Ligamento acessório
- Tendão final do músculo flexor profundo dos dedos
- Tendão final do músculo flexor superficial dos dedos
- Osso metacarpal III
- Artéria metacarpal dorsal II
- Osso metacarpal II (falange média)
- Músculo interósseo
- Artéria e veia digitais palmares comuns II e nervo palmar medial
- Ramo comunicante

Fig. 22.14 Anatomia seccional do membro torácico esquerdo de um equino (secção transversal do plano 5 da região da falange, ver inserção na ▶Fig. 22.10).

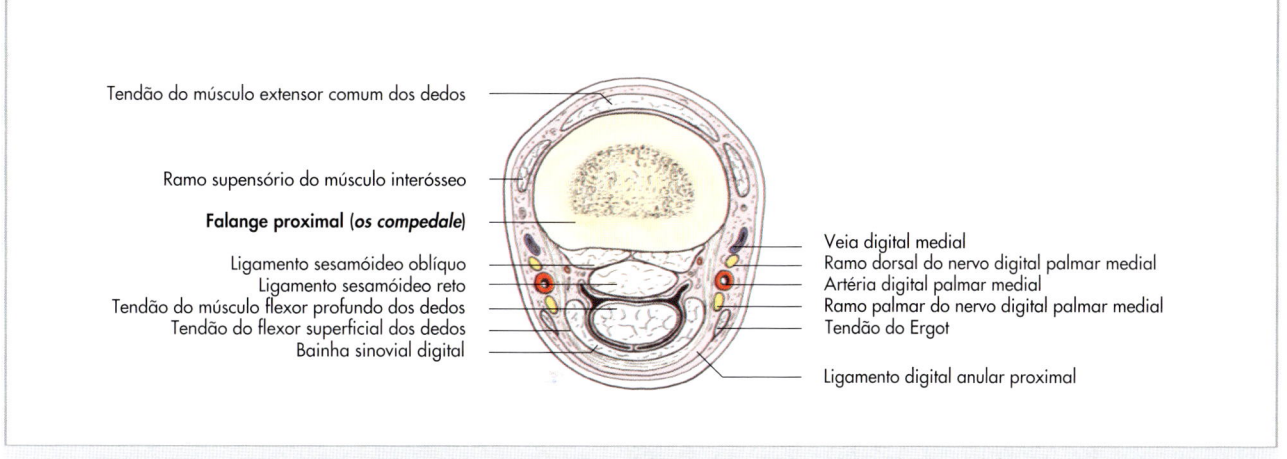

Labels (Fig. 22.14):
- Tendão do músculo extensor comum dos dedos
- Tendão do músculo extensor lateral dos dedos
- **Osso metacarpal III**
- **Osso sesamoide lateral proximal**
- Veia digital palmar lateral
- Artéria digital palmar lateral
- Ramo palmar do nervo digital palmar lateral
- Ligamento anular palmar do boleto
- Cápsula da articulação do boleto
- Ligamento colateral medial
- Ligamento de reforço do músculo interósseo
- Ramo palmar do nervo digital palmar medial
- Artéria digital palmar medial
- Tendão do músculo flexor profundo dos dedos
- Tendão do músculo flexor superficial dos dedos

Fig. 22.15 Anatomia seccional do membro torácico esquerdo de um equino (secção transversal do plano 6 da região da falange, ver inserção na ▶Fig. 22.10).

Labels (Fig. 22.15):
- Tendão do músculo extensor comum dos dedos
- Ramo supensório do músculo interósseo
- **Falange proximal (os compedale)**
- Ligamento sesamóideo oblíquo
- Ligamento sesamóideo reto
- Tendão do músculo flexor profundo dos dedos
- Tendão do flexor superficial dos dedos
- Bainha sinovial digital
- Veia digital medial
- Ramo dorsal do nervo digital palmar medial
- Artéria digital palmar medial
- Ramo palmar do nervo digital palmar medial
- Tendão do Ergot
- Ligamento digital anular proximal

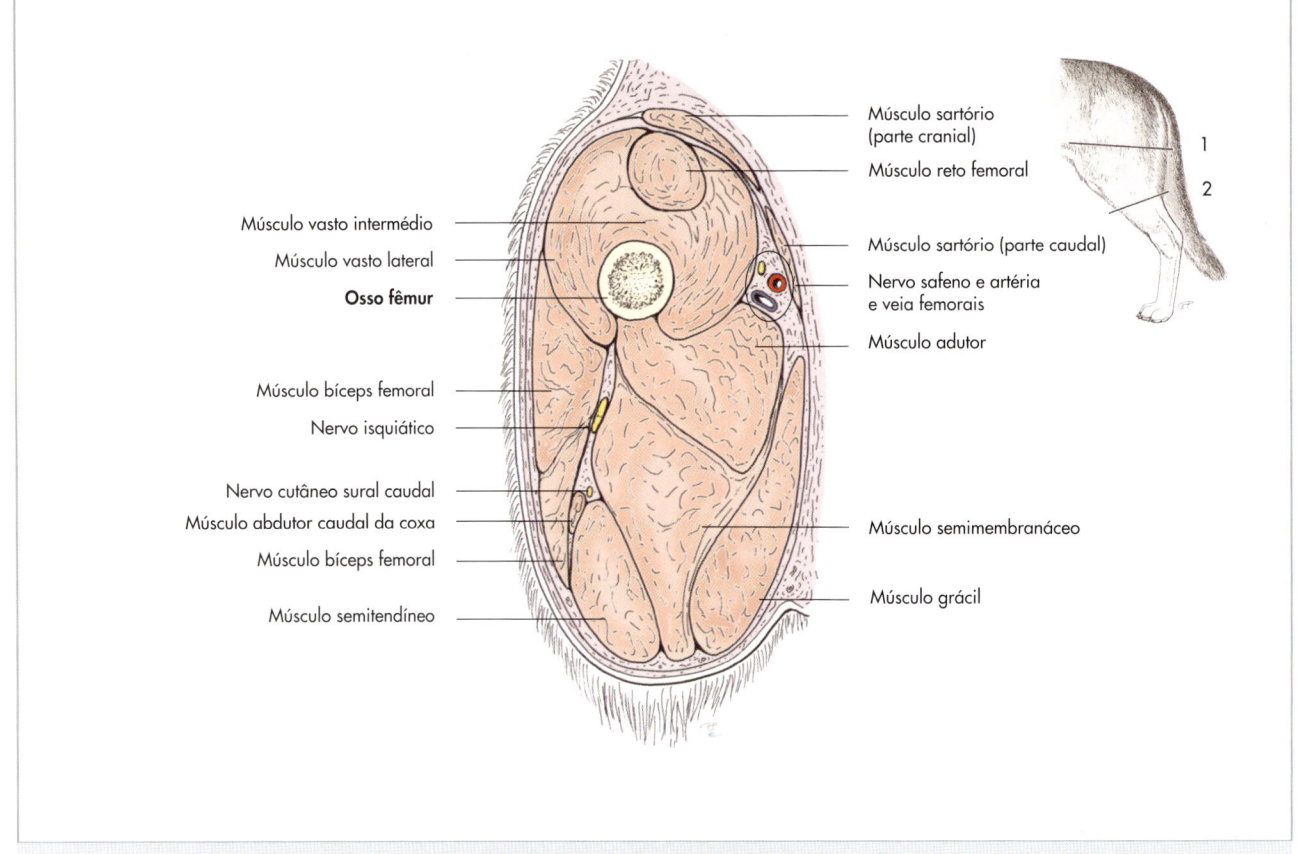

Fig. 22.16 Anatomia seccional do membro pélvico esquerdo de um cão (secção transversal do nível 1 da região femoral, ver inserção).

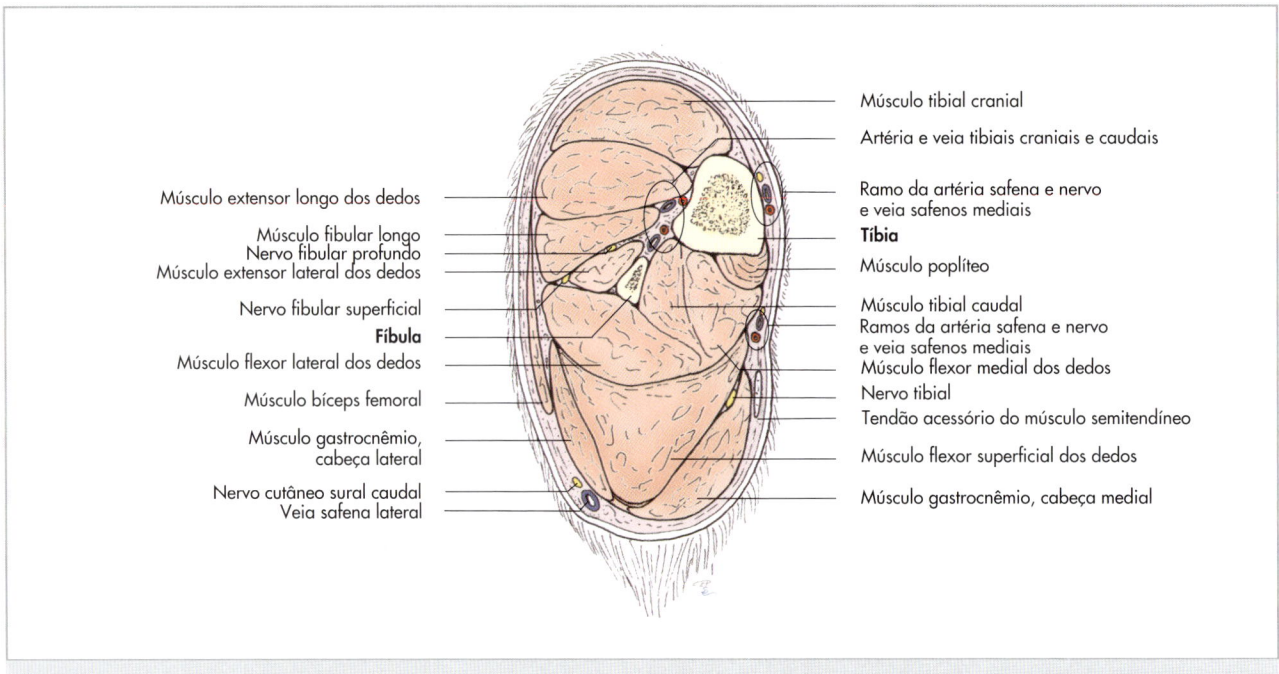

Fig. 22.17 Anatomia seccional do membro pélvico esquerdo de um cão (secção transversal do nível 2 da região crural, ver inserção na ▶Fig. 22.16).

Anatomia seccional e processos de imagem 787

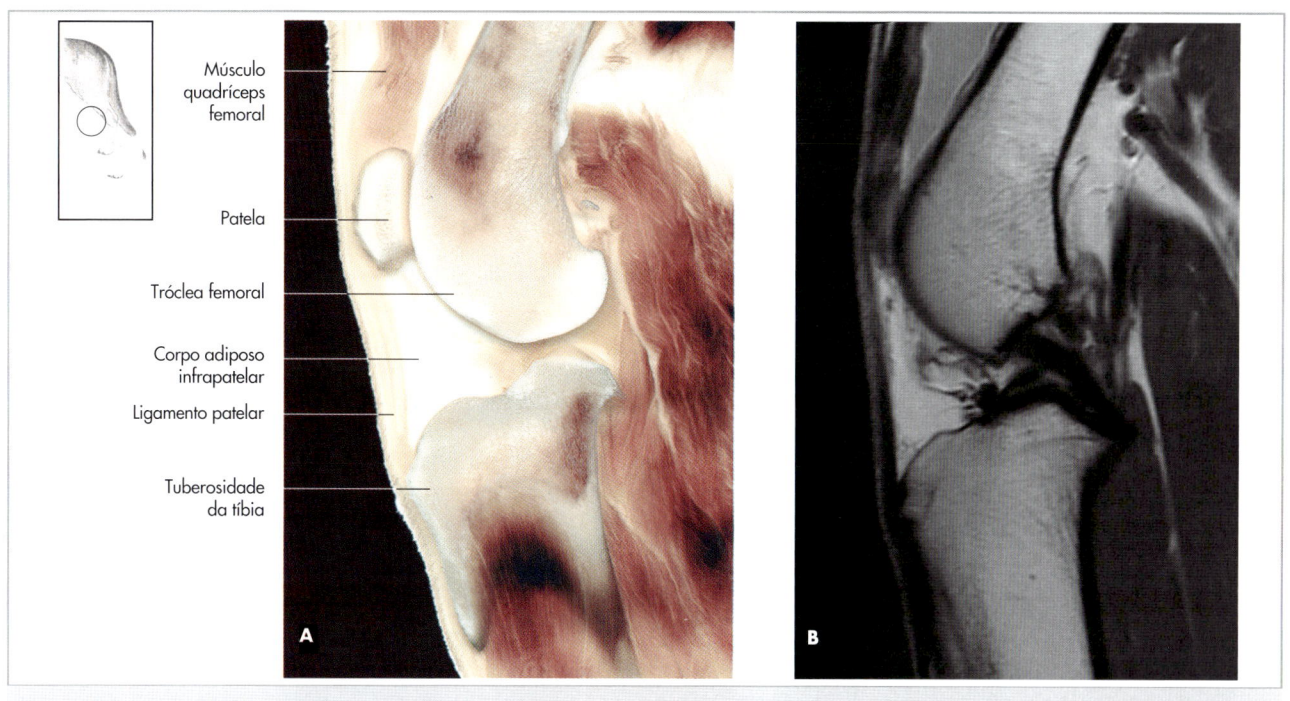

Músculo quadríceps femoral
Patela
Tróclea femoral
Corpo adiposo infrapatelar
Ligamento patelar
Tuberosidade da tíbia

Fig. 22.18 Secção sagital através da articulação do joelho de um cão: **(A)** plastinação em corte E-12 e **(B)** imagem por ressonância magnética (RM, imagem ponderada por densidade de prótons).

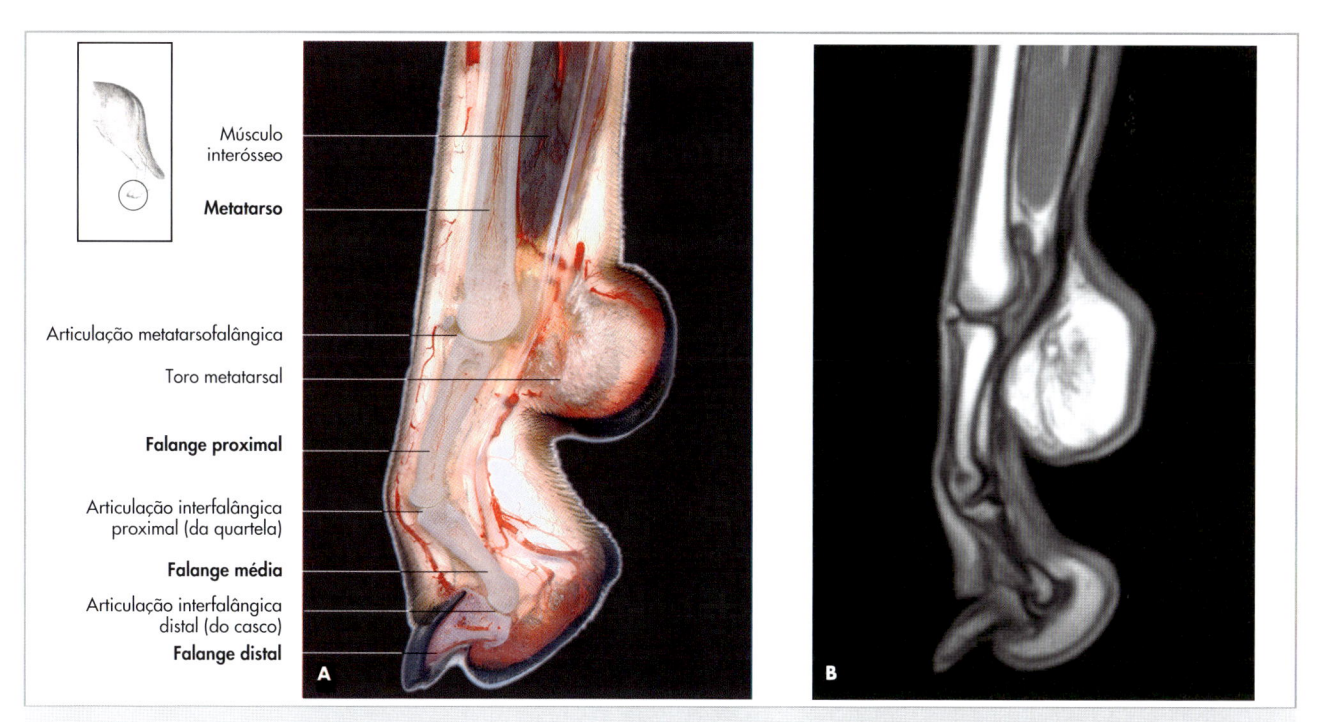

Músculo interósseo
Metatarso
Articulação metatarsofalângica
Toro metatarsal
Falange proximal
Articulação interfalângica proximal (da quartela)
Falange média
Articulação interfalângica distal (do casco)
Falange distal

Fig. 22.19 Secção sagital do dedo de um cão: **(A)** plastinação em corte E-12 (preparada por H. Obermayer, Munique) e **(B)** imagem por ressonância magnética (RM, secção paramediana, imagem ponderada em T1). (Fonte: cortesia da Drª. Isa Foltin, Regensburg.)

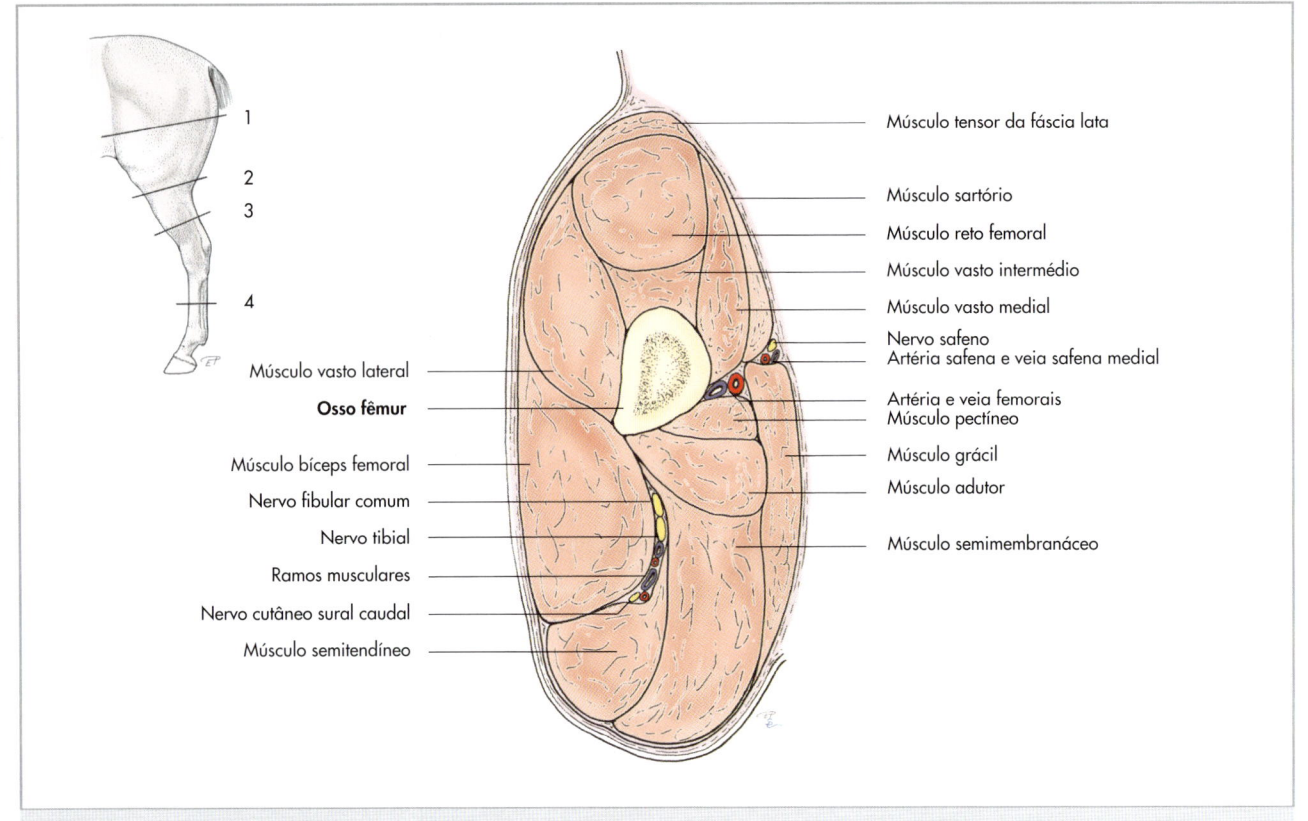

Fig. 22.20 Anatomia seccional do membro pélvico esquerdo de um equino (secção transversal do plano 1 da região femoral, ver inserção).

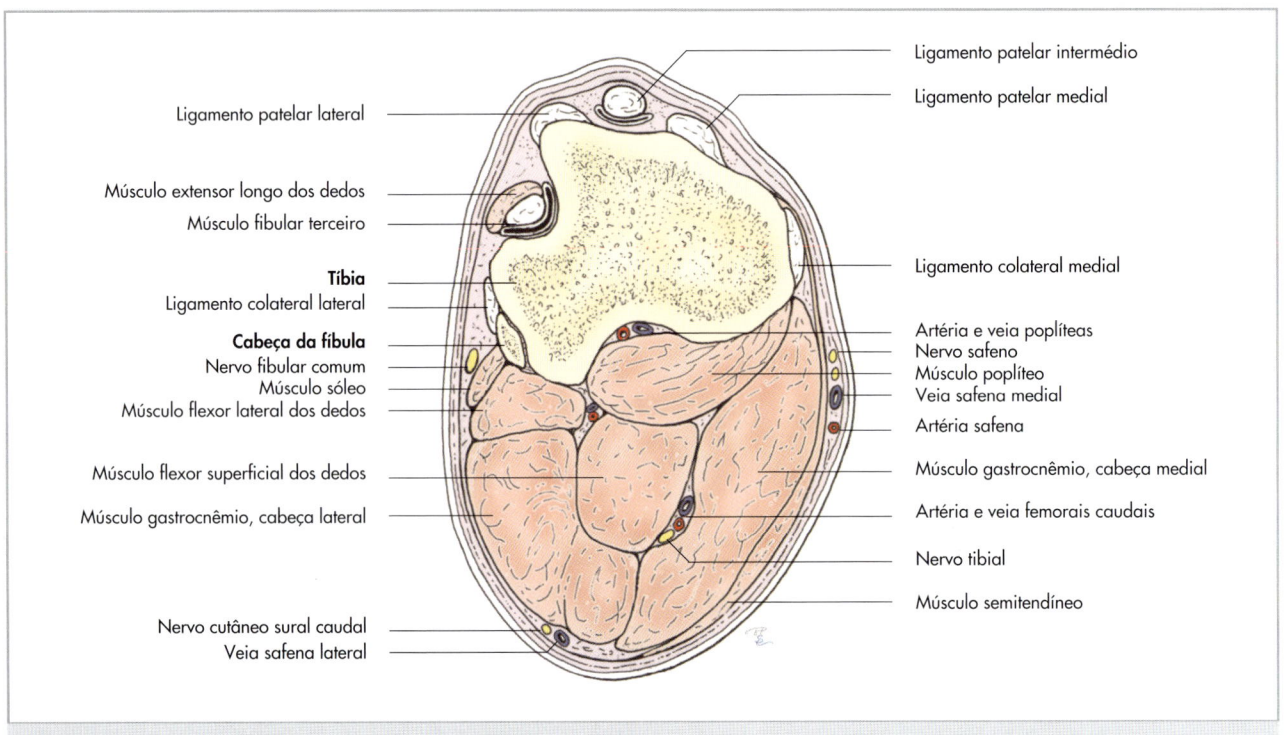

Fig. 22.21 Anatomia seccional do membro pélvico esquerdo de um equino (secção transversal do plano 2 da região crural, ver inserção na ▶Fig. 22.20).

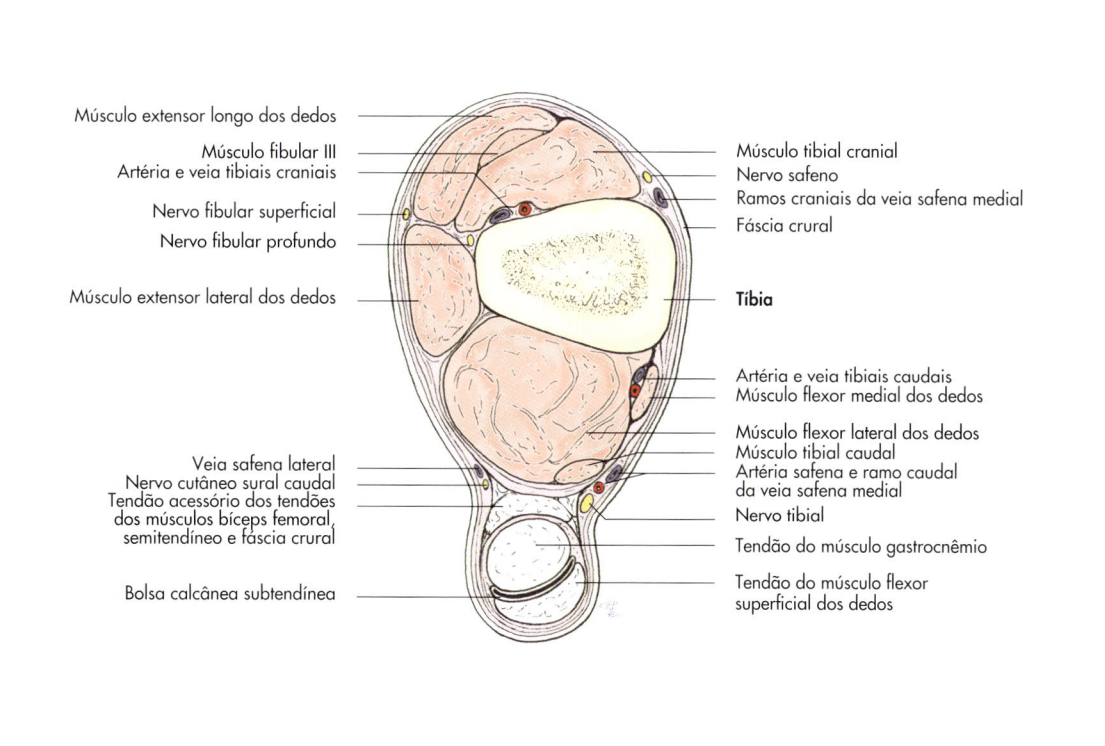

Fig. 22.22 Anatomia seccional do membro pélvico esquerdo de um equino (secção transversal do plano 3 da região crural, ver inserção na ▶Fig. 22.20).

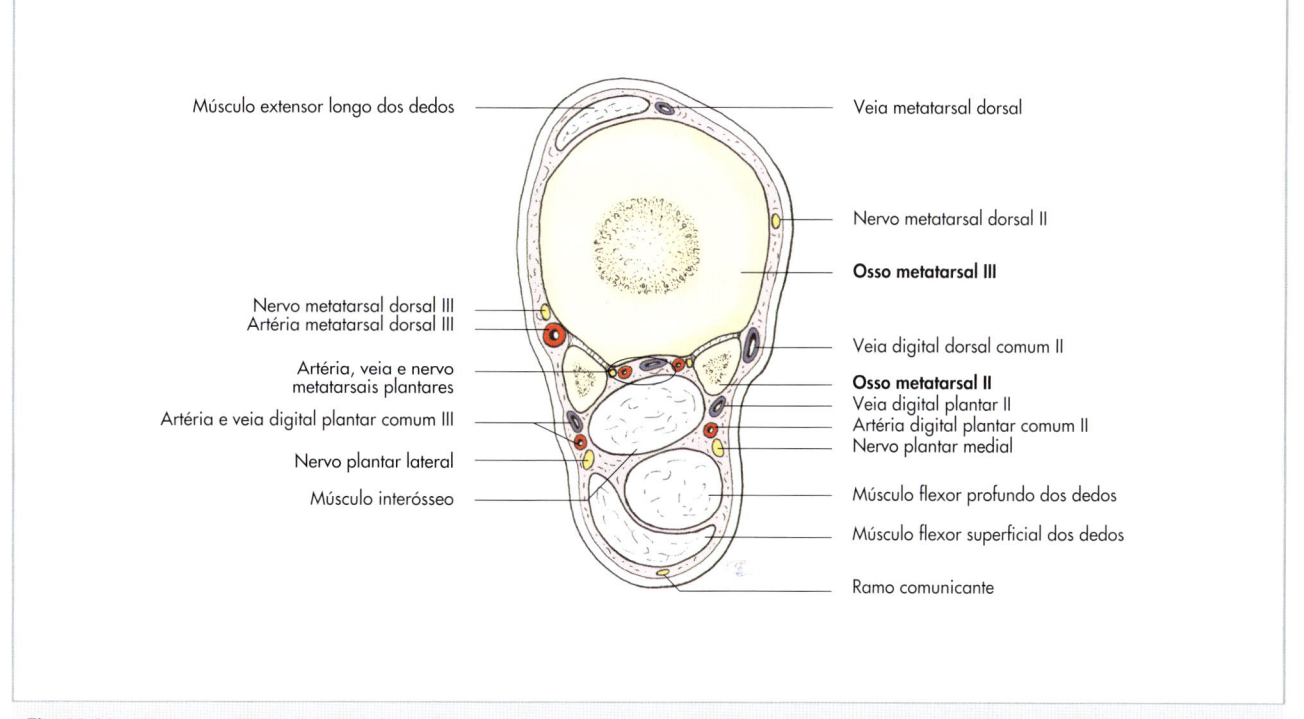

Fig. 22.23 Anatomia seccional do membro pélvico esquerdo de um equino (secção transversal do plano 4 da região metatarsal, ver inserção na ▶Fig. 22.20).

longitudinais ou horizontais, os quais, até o momento, não podiam ser obtidos por métodos convencionais. O uso de serras diamantadas permite não apenas que substâncias biológicas possam ser seccionados, mas também materiais mais rígidos (materiais que são acrescentados posteriormente, como esmalte dentário, ferro, aço etc.). Sobretudo na ortopedia, essa visualização seccional de próteses implantadas anteriormente e a sua conexão estrutural aos tecidos adjacentes (osso, ligamentos, tendões) têm grande valor científico.

Há bons exemplos de como a plastinação contribuiu para o **esclarecimento de questões clínicas**: na medicina humana, por exemplo, relações anatômicas importantes entre o ligamento sacroilíaco, o músculo eretor da espinha e o ligamento sacrotuberoso foram identificadas, o que permitiu uma melhor compreensão da etiologia da "dor na região lombar". Estudos de secções anatômicas, também em humanos, demonstraram a coalescência posterior da membrana atlantoccipital com a dura-máter, e não, conforme descrito antes, com o atlas. Essa circunstância pode ser uma importante causa para a origem de cefaleias cervicogênicas.

Os **métodos cirúrgicos** também podem ser aprimorados ao se combinar **plastinação** com **cortes clássicos**. Por exemplo, reconstruções tridimensionais por meio de cortes plastinados permitem uma representação mais precisa das estruturas anatômicas. Assim, seria possível demonstrar que o músculo levantador do ânus não circunda a parte frontal da uretra. Graças a essa visão, novos métodos de reconstrução e ablação devem ser desenvolvidos para o esfíncter uretral.

Nos últimos anos, a plastinação como método de exame científico também garantiu seu espaço na **medicina veterinária**. Por exemplo, foram descritas estruturas na faixa mesoscópica do casco equino que provaram ser de enorme importância clínica. **Cortes seriados de plastinação realizadas com E-12 e reconstruções tridimensionais** dos cortes são aplicadas atualmente em exames clínicos topográficos de estruturas complexas. Elas tornaram-se métodos modernos que ajudam a compreender melhor os achados clínicos.

22.2 Diagnóstico por imagem

Uma compreensão dos fundamentos da anatomia é essencial para identificar aberrações de estrutura e função. Técnicas que facilitam a identificação de anormalidades nas estruturas internas do corpo desempenham um papel importante no diagnóstico. Em 1885, Wilhelm Conrad Röntgen descobriu os raios X, também chamados de raios Röntgen, em sua homenagem. Pouco tempo após a sua descoberta, os raios X foram introduzidos como uma ferramenta de diagnóstico nas medicinas veterinária e humana. Mais de 100 anos depois, a radiografia continua sendo uma importante técnica de diagnóstico por imagem, embora novas modalidades tenham sido desenvolvidas nas últimas décadas, ampliando o espectro de possibilidades diagnósticas.

22.2.1 Modalidades de imagem

As **modalidades de diagnóstico por imagem**, ou simplesmente imagenologia, são **termos abrangentes** que refletem todas as **metodologias de diagnóstico** utilizadas para criar uma representação visual das estruturas do corpo. Isso inclui radiografia convencional, US, TC, RM e medicina nuclear. Em um sentido mais amplo, as modalidades de imagem também incluem técnicas como **endoscopia** e **imagens térmicas**.

As técnicas de imagem criam uma **representação visual (imagem) dos atributos mensuráveis de uma estrutura real**. A imagem produzida é determinada pela interação entre o "portador de informação" de uma modalidade particular (p, ex., raios X, ondas sonoras) e as propriedades físicas da estrutura. As medições são representadas visualmente como **valores em tons de cinza** ou **codificados por cores**. A adequação de uma modalidade, ou modalidades, depende da pergunta diagnóstica que está sendo feita.

Além de reproduzir as características morfológicas das estruturas do corpo (**imagem estrutural**), certas modalidades (medicina nuclear, imagem por RM) podem avaliar aspectos de sua função (**imagem funcional**) (▶Fig. 22.49, ▶Fig. 22.51 e ▶Fig. 22.52).

À medida que a tecnologia continua a melhorar, as modalidades de diagnóstico por imagem serão capazes de ilustrar a estrutura e a função em detalhes crescentes, ampliando, assim, o escopo de sua aplicação.

As imagens de diagnóstico são de valor considerável na veterinária para o ensino de disciplinas pré-clínicas. As imagens seccionais são particularmente úteis para ilustrar relações anatômicas complexas.

Radiografia

À medida que os raios X cruzam pelo corpo, eles são absorvidos em graus variados por diferentes tipos de tecidos. Essas diferenças são detectadas radiograficamente (no filme ou digitalmente), formando uma **imagem de soma**.

Os tecidos só podem ser distinguidos uns dos outros pela **diferença em radiopacidade** (**radiodensidade**). Isso se manifesta como **contraste** na imagem de raio X. Nenhum contraste é observado entre estruturas adjacentes de radiodensidades equivalentes. Existem **quatro tipos de densidade radiográfica**, designados na ▶Tab. 22.1.

Tab. 22.1 Os quatros tipos de densidade radiográfica

Densidade radiográfica	Estrutura
	Densidade óssea	Osso, cartilagem mineralizada
	Tecido macio ou fluido denso	Órgãos parenquimatosos, músculos, tecido linfático, fluidos corporais
	Densidade adiposa	Omento, gordura retroperitoneal
	Densidade gasosa	Traqueia, ar no pulmão, gases no trato gastrointestinal

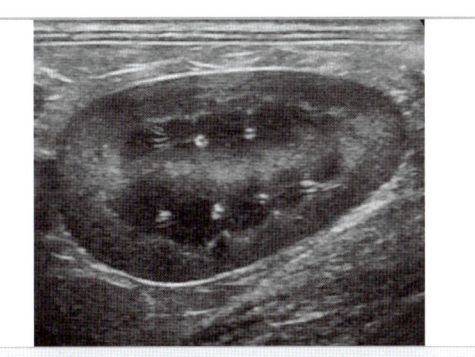

Fig. 22.24 Ultrassonografia do abdome de um cão mostrando o rim (plano sagital).

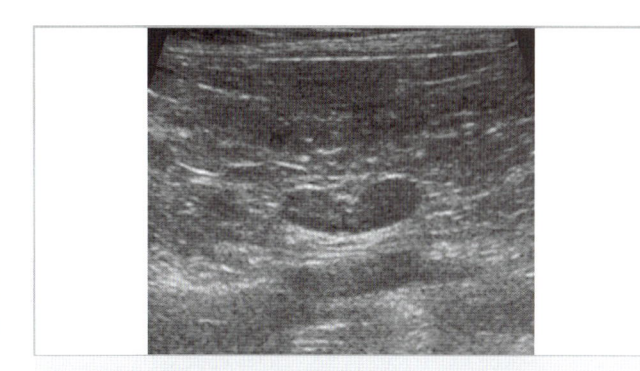

Fig. 22.25 Ultrassonografia do abdome de um cão mostrando a glândula suprarrenal (plano sagital).

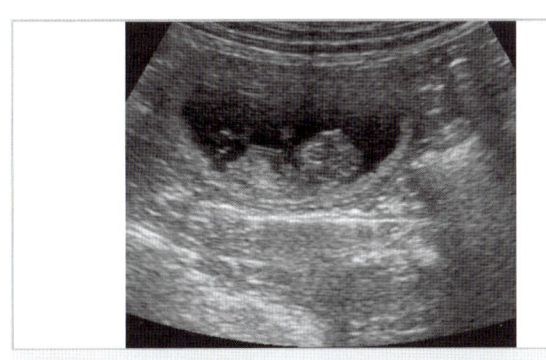

Fig. 22.26 Ultrassonografia do abdome de um cão mostrando o útero gestante (plano sagital).

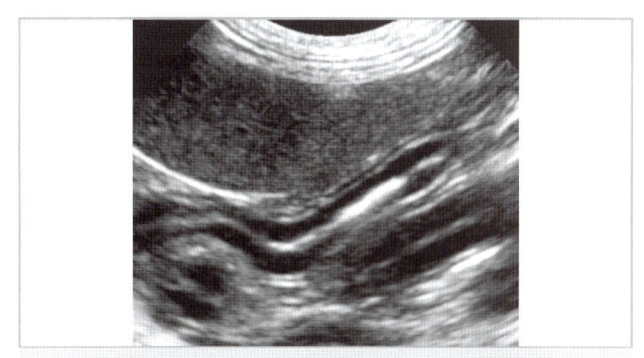

Fig. 22.27 Ultrassonografia do abdome de um cão mostrando o baço (plano sagital).

Isso impede a diferenciação de tecidos intimamente associados de radiodensidade semelhante, como o parênquima do fígado, os dutos biliares, a vesícula biliar e os vasos sanguíneos associados. Da mesma forma, não é possível fazer uma distinção entre o tecido mole e os componentes fluidos de órgãos como coração, rins, baço e bexiga.

Para certas estruturas, isso pode ser superado até certo ponto por meio do uso de substâncias de contraste. A administração intravenosa de **substâncias de contraste** à base de iodo é utilizada na avaliação radiográfica dos vasos sanguíneos (**angiografia**). As substâncias de contraste são parcialmente excretadas pela via renal, permitindo o exame da estrutura interna dos rins e dos ureteres (**urografia excretora**).

A posição da bexiga e os contornos da parede vesical podem ser examinados pela instilação de **agentes de contraste à base de iodo** ou **gás** (**cistografia**). A **mielografia**, na qual o meio de contraste iodado é introduzido no espaço subaracnóideo, é utilizada para examinar a integridade e a posição da medula espinal. Os corantes de iodo também são utilizados para a avaliação radiográfica das articulações sinoviais (**artrografia**) e das fístulas (**fistulografia**).

As **suspensões de sulfato de bário** são administradas por via oral ou retal para estudos de contraste do trato gastrointestinal.

Ultrassonografia

As ondas de ultrassom são produzidas pela **aplicação de voltagem a cristais piezoelétricos**, localizados **dentro de uma sonda**. Ao entrar no corpo, essas ondas mecânicas são transmitidas através dos tecidos. A propagação das ondas sonoras é determinada pela **impedância** (resistência à transmissão) dos tecidos.

No limite entre os tecidos de impedâncias diferentes, uma proporção das ondas sonoras é refletida. As ondas refletidas são detectadas pela sonda, que formula uma imagem. A sonda registra a **intensidade do sinal** e o **tempo de trânsito do pulso**. Esses parâmetros indicam a profundidade do tecido refletor, permitindo que a origem do sinal seja reconstruída (▶Fig. 22.24, ▶Fig. 22.25, ▶Fig. 22.26, ▶Fig. 22.27, ▶Fig. 22.28, ▶Fig. 22.29, ▶Fig. 22.30 e ▶Fig. 22.31).

A **força das ondas sonoras refletidas** é representada em **escala de cinza** em um monitor. Estruturas com baixa ecogenicidade aparecem pretas na imagem, ao passo que aquelas com alta ecogenicidade aparecem brancas. Os fluidos (p. ex., urina, sangue) têm ecogenicidade particularmente baixa. A alta ecogenicidade é exibida por osso, gás e outros materiais fortemente reflexivos.

A avaliação ultrassonográfica dos padrões de perfusão é realizada com o auxílio de **meios de contraste**, os quais contêm bolhas de gás microscópicas que **amplificam o sinal refletido**.

As ondas sonoras utilizadas no ultrassom de diagnóstico têm uma frequência de 2 a 20 MHz. Ondas de baixa frequência (comprimento de onda longo) penetram mais longe, porém produzem imagens com resolução mais baixa. Ondas com frequência mais alta (comprimento de onda mais curto) resultam em uma resolução inferior a 1 mm, porém a sua penetração no tecido é limitada.

A ultrassonografia é realizada em **tempo real** e, portanto, pode ser utilizada para biópsia guiada de tecido. A natureza em tempo real dessa modalidade também é utilizada na **ultrassonografia com Doppler** para investigar o fluxo sanguíneo (direção, velocidade). A avaliação quantitativa do movimento das estruturas cardíacas é realizada utilizando-se o **modo M**.

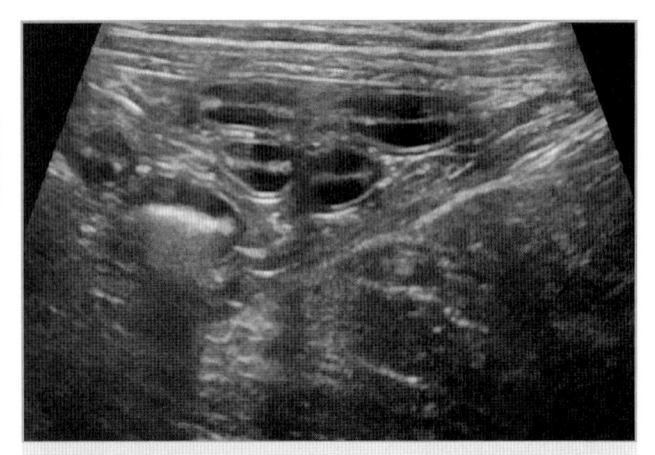

Fig. 22.28 Ultrassonografia do abdome de um cão mostrando o intestino (plano sagital).

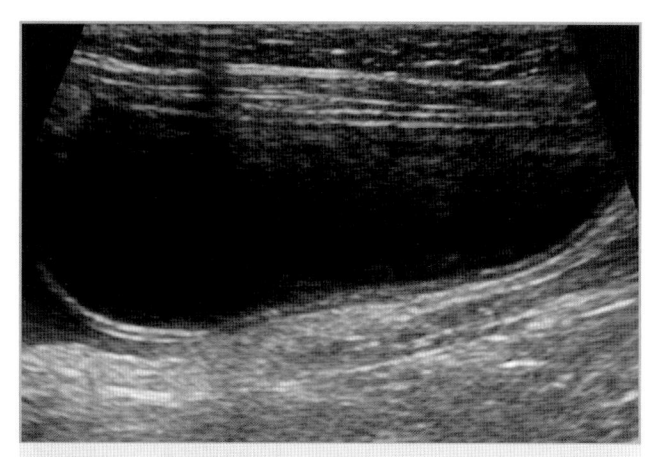

Fig. 22.29 Ultrassonografia do abdome de um gato mostrando a bexiga (plano sagital).

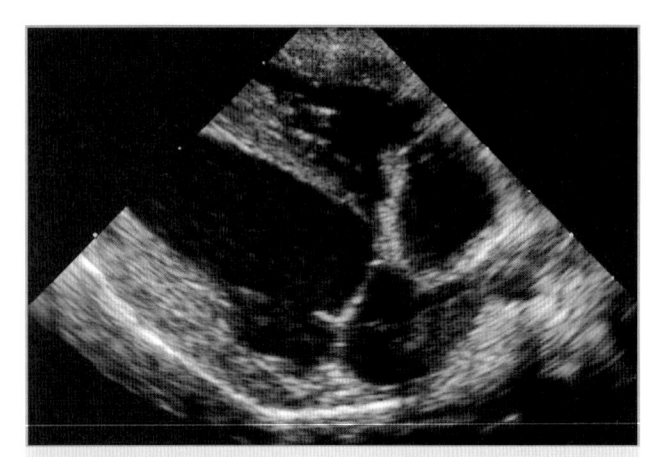

Fig. 22.30 Ultrassonografia do coração de um cão (plano sagital, visão das quatro câmaras).

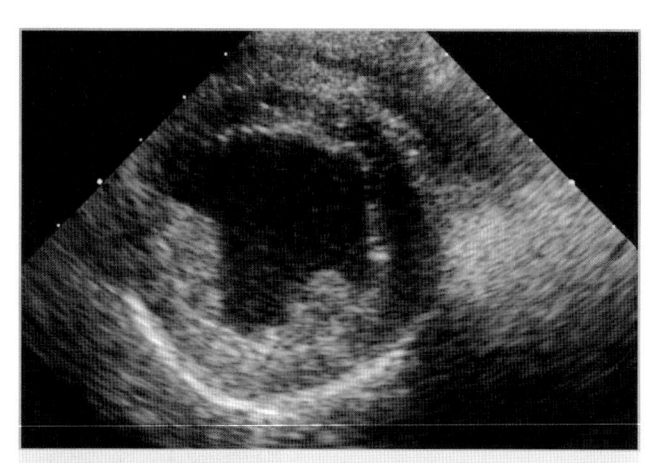

Fig. 22.31 Ultrassonografia do coração de um cão (plano transversal ao nível do ventrículo esquerdo).

Devido à capacidade do ultrassom de fornecer uma avaliação em tempo real de alta resolução dos tecidos moles *in situ*, a **combinação de radiografia e ultrassom** tem o potencial de se tornar a abordagem mais amplamente utilizada para diagnóstico por imagem em medicina veterinária.

Tomografia computadorizada (TC)

Assim como a radiografia, a TC é baseada **na representação visual das diferenças na absorção dos raios X**. O tubo de raios X gira em torno do paciente (menos de um segundo por rotação nas modernas máquinas de TC), e o feixe em forma de leque é constantemente medido por detectores posicionados em frente ao tubo. Essas medidas são utilizadas para calcular os valores da **escala de cinza (coeficientes de atenuação)** para cada **elemento de volume individual (voxel)**. A imagem seccional transversal resultante (corte) representa as relações espaciais entre as estruturas anatômicas (▶Fig. 22.32, ▶Fig. 22.33, ▶Fig. 22.34, ▶Fig. 22.35, ▶Fig. 22.36 e ▶Fig. 22.37).

As máquinas de TC contemporâneas, que incorporam a **tecnologia de TC em espiral**, podem produzir cortes corporais de alta resolução (menos de 1 mm de espessura) com tempos de exposição relativamente curtos. Isso possibilita um alto grau de resolução espacial e temporal.

A **qualidade da imagem** é determinada por vários fatores, incluindo resolução de contraste, resolução espacial, relação sinal-ruído e presença de artefatos. Como esses fatores são influenciados pelas configurações da máquina de TC, é importante utilizar **protocolos estabelecidos** com base nas características de absorção e nas dimensões do(s) tecido(s) sob investigação.

O uso direcionado de algoritmos especializados permite a manipulação adicional do conjunto de dados coletados durante uma TC. Por meio da **reconstrução multiplanar (MPR**, *multiplanar reformation*), os dados de imagens transversais de TC podem ser utilizados para criar secções adicionais (dorsal, sagital, oblíqua, curva) e/ou para gerar um conjunto de dados de volume tridimensional.

A **projeção de intensidade máxima (MIP**, *maximum intensity projection*) é utilizada para acentuar estruturas ou materiais que têm o valor de atenuação mais alto (em geral, osso ou material de contraste), aumentando o grau de contraste na imagem. Portanto, a representação do osso é facilitada por esse algoritmo. A **renderização do volume** do conjunto de dados e a **reconstrução tridimensional (3D)** permitem a representação topográfica dos tecidos (▶Fig. 22.44, ▶Fig. 22.45, ▶Fig. 22.46, ▶Fig. 22.47 e ▶Fig. 22.48).

A capacidade de detectar pequenas diferenças na absorção do feixe de raios X é maior com a TC (escala de Hounsfield) do que com a radiografia convencional. Embora as substâncias que

Anatomia seccional e processos de imagem

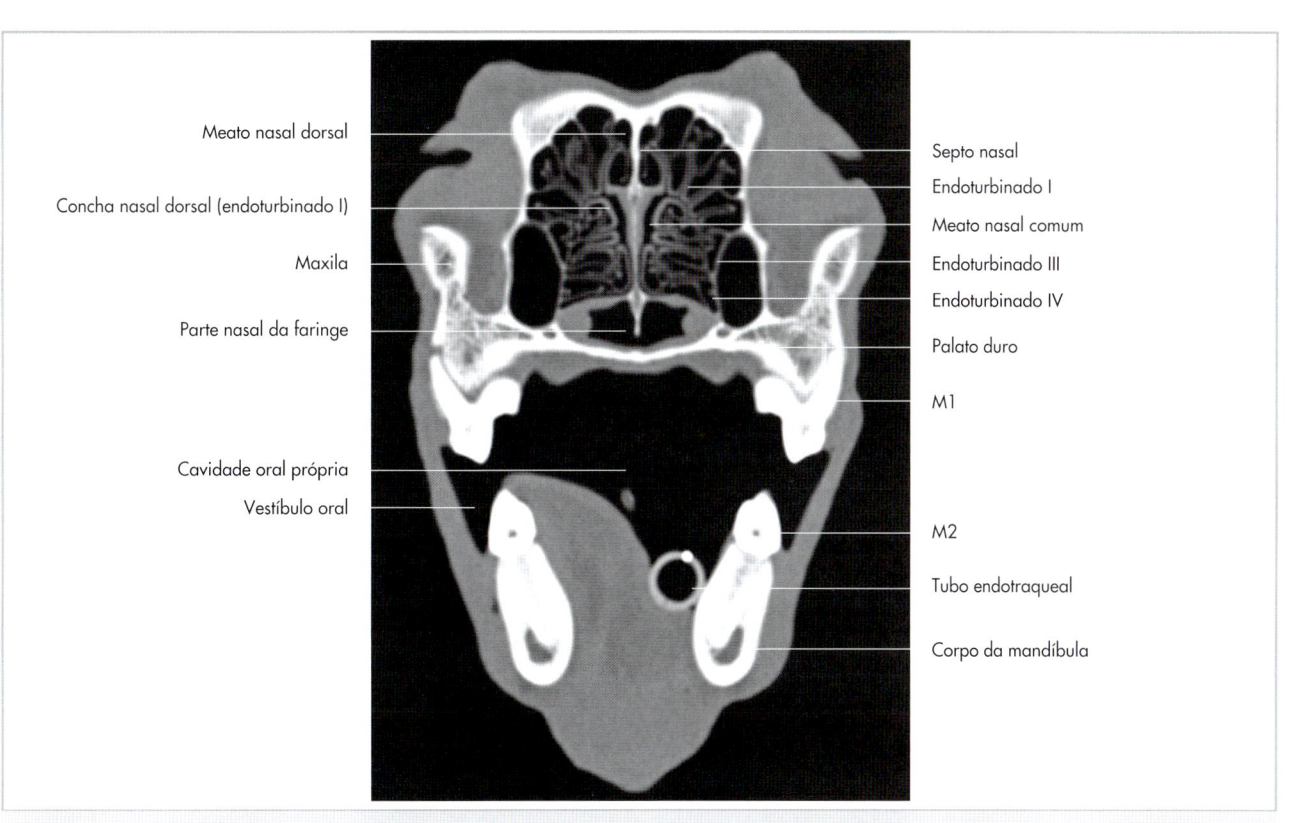

Fig. 22.32 Tomografia computadorizada (TC) da cabeça de um cão ao nível de M1-M2 (secção transversal, janela óssea).

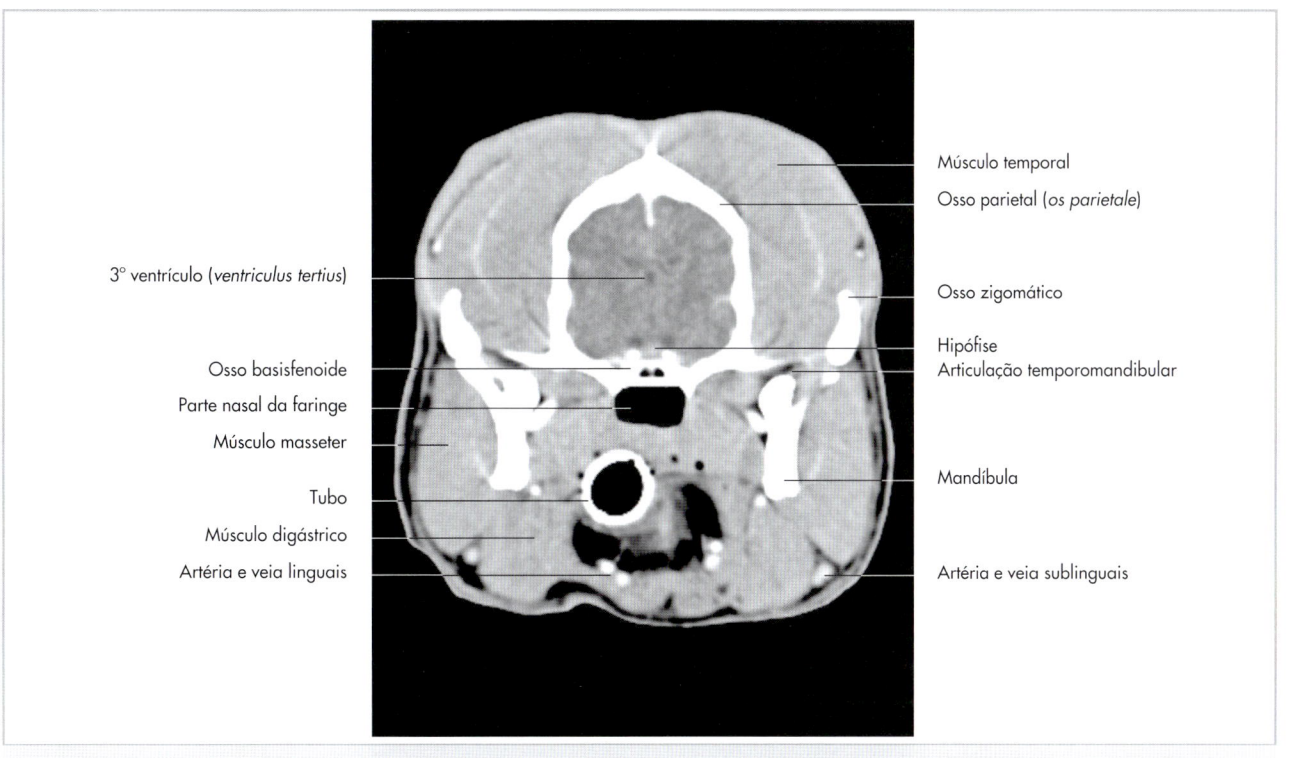

Legendas (lado esquerdo):
- Meato nasal dorsal
- Concha nasal dorsal (endoturbinado I)
- Maxila
- Parte nasal da faringe
- Cavidade oral própria
- Vestíbulo oral

Legendas (lado direito):
- Septo nasal
- Endoturbinado I
- Meato nasal comum
- Endoturbinado III
- Endoturbinado IV
- Palato duro
- M1
- M2
- Tubo endotraqueal
- Corpo da mandíbula

Fig. 22.33 Tomografia computadorizada (TC) da cabeça de um cão ao nível da articulação temporomandibular (secção transversal, janela de tecido mole).

Legendas (lado esquerdo):
- 3° ventrículo (*ventriculus tertius*)
- Osso basisfenoide
- Parte nasal da faringe
- Músculo masseter
- Tubo
- Músculo digástrico
- Artéria e veia linguais

Legendas (lado direito):
- Músculo temporal
- Osso parietal (*os parietale*)
- Osso zigomático
- Hipófise
- Articulação temporomandibular
- Mandíbula
- Artéria e veia sublinguais

Fig. 22.34 Tomografia computadorizada (TC) da cabeça de um equino no nível das cavidades dos divertículos das tubas auditivas (secção transversal, janela óssea).

Parte cartilaginosa do meato acústico externo
Cóclea
Orelha média (*bulla tympanica*)
Entrada da bolsa gutural lateral
Prega neurovascular (*plica neurovasculosa*)
Entrada da bolsa gutural medial

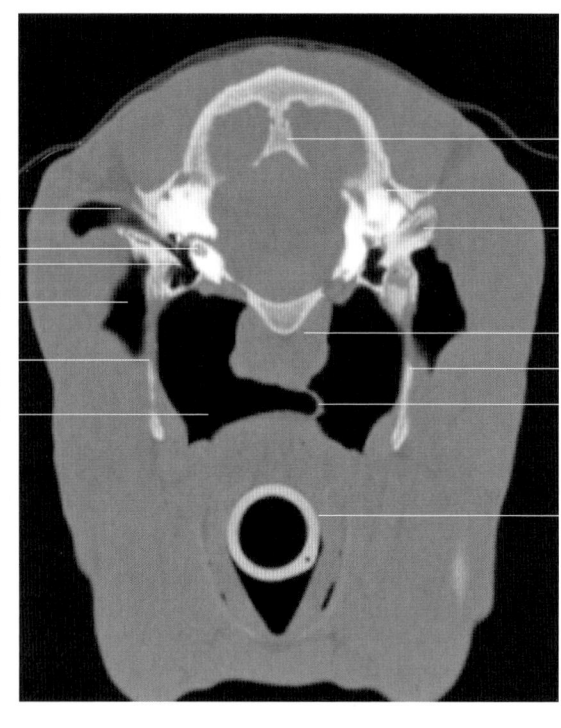

Tentório cerebelar ósseo (*tentorium cerebelli osseum*)
Parte petrosa (*pars petrosa*) do osso temporal
Parte óssea do meato acústico externo
Músculo longo da cabeça
Osso estilo-hioide
Septo entre as bolsas guturais
Tubo

Fig. 22.35 Tomografia computadorizada (TC) da cabeça de um equino ao nível da fossa cerebral (secção transversal, janela óssea).

Articulação temporomandibular
Processo condilar da mandíbula
Faringe
Osso estilo-hioide

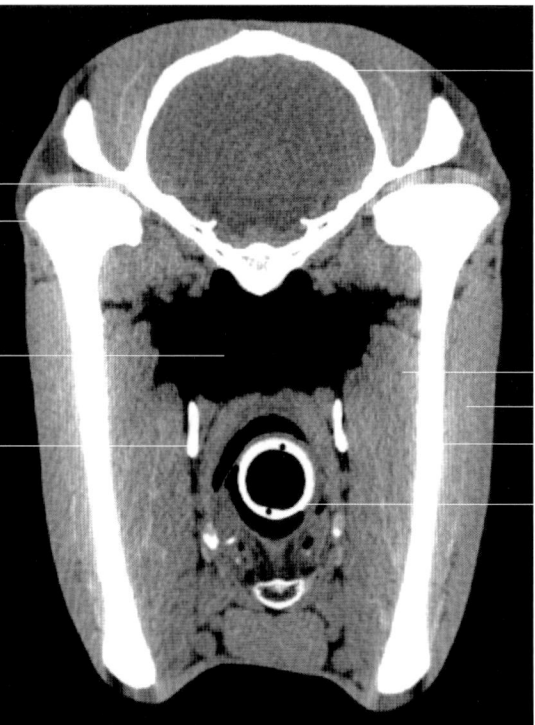

Osso parietal
Músculo pterigóideo medial
Músculo masseter
Ramo da mandíbula
Tubo endotraqueal

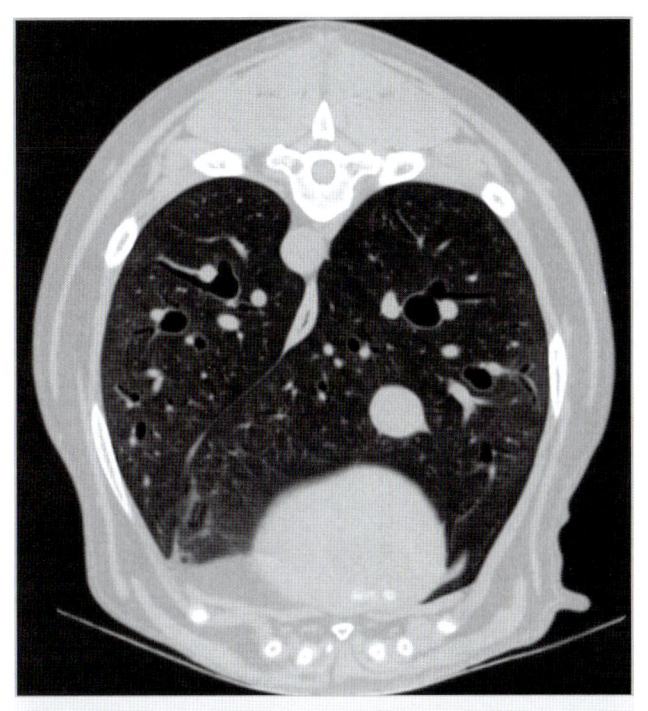

Fig. 22.36 Tomografia computadorizada (TC) da cavidade torácica de um cão ao nível do mediastino caudal (secção transversal, janela de tecido mole).

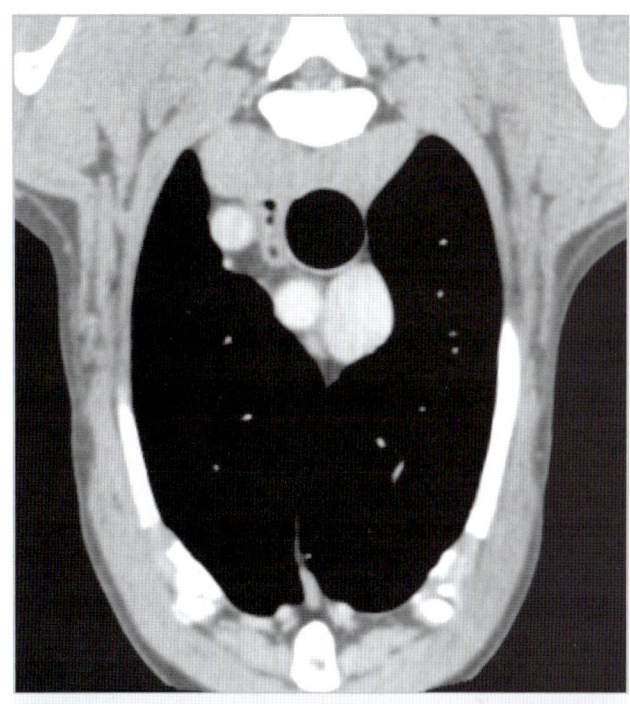

Fig. 22.37 Tomografia computadorizada (TC) da cavidade torácica de um cão ao nível do mediastino cranial (angiografia, secção transversal, janela de tecido mole).

absorvem consideravelmente mais o feixe do que seus tecidos moles vizinhos sejam particularmente delineadas (p. ex., osso, tecido mineralizado, metal, gases), os tecidos moles, como músculos, pele, nódulos linfáticos, parênquima de órgão e medula espinal, também podem ser distinguidos dentro das seções de TC, desde que estejam rodeadas de gordura. **Materiais de contraste** também são utilizados em imagens de TC para uma melhor definição dos limites entre os tecidos (▶Fig. 22.33, ▶Fig. 22.36 e ▶Fig. 22.37). Os procedimentos e protocolos para a administração de substâncias de contraste são geralmente os mesmos que os utilizados na radiografia convencional.

Numerosas regiões do corpo são passíveis de exame por TC. O potencial diagnóstico é maior em regiões onde a diferença nas características de absorção dos tecidos é alta (▶Fig. 22.32, ▶Fig. 22.33, ▶Fig. 22.34, ▶Fig. 22.35, ▶Fig. 22.36 e ▶Fig. 22.37).

Conclusão

As **áreas de aplicação da TC** são:
- **cabeça**: orelha, parte nasal da faringe, dentes, ossos;
- **pescoço**: traqueia, esôfago (com meio de contraste);
- **tórax**: parede torácica, pleura, traqueia, brônquios, pulmão, mediastino;
- **coluna vertebral**: ossos, discos intervertebrais, canal vertebral (com meio de contraste);
- **aparelho locomotor**: articulações, ossos;
- **abdome**: parede abdominal, todos os órgãos (com meio de contraste).

As limitações dessa modalidade de diagnóstico incluem a exposição à radiação e o efeito de artefatos (p. ex., devido a metais ou ao movimento) na qualidade da imagem. Em contraste com a radiografia veterinária e a US, o exame de animais por meio de TC quase sempre requer **anestesia geral**.

Imagem por ressonância magnética (RM)

Na RM, um sinal é gerado pela **interação de prótons** (**núcleos do átomo de hidrogênio**) nos tecidos com um **forte campo magnético e pulsos de radiofrequência** (**RF**). O contraste na imagem de RM resultante reflete o **conteúdo de água de diferentes tecidos** ("imagem de prótons"). Devido ao fato de a sua resolução de contraste de tecidos moles ser muito alta, essa modalidade é particularmente adequada para o **diagnóstico de patologias de tecidos moles**. Configurações específicas da máquina (sequências) são utilizadas para produzir **diferentes tipos de imagens ponderadas**:
- imagens ponderadas em T1 (T1; ▶Fig. 22.38);
- imagens ponderadas em T2 (T2; ▶Fig. 22.39);
- imagens ponderadas em densidade de prótons (DP).

Sequências particulares também podem ser utilizadas para suprimir o sinal gerado por certos tecidos (p. ex., gordura, líquido cerebrospinal).

O procedimento de imagem envolve a implantação de **várias sequências de pulso** em diferentes planos (▶Fig. 22.40, ▶Fig. 22.41, ▶Fig. 22.42 e ▶Fig. 22.43), permitindo que as características de um tecido (normal, inflamado, neoplásico) sejam averiguadas.

O **tempo médio necessário para cada sequência** é de 3 a 5 minutos, resultando em tempos totais de aquisição de imagens de aproximadamente **20 a 45 minutos por região**.

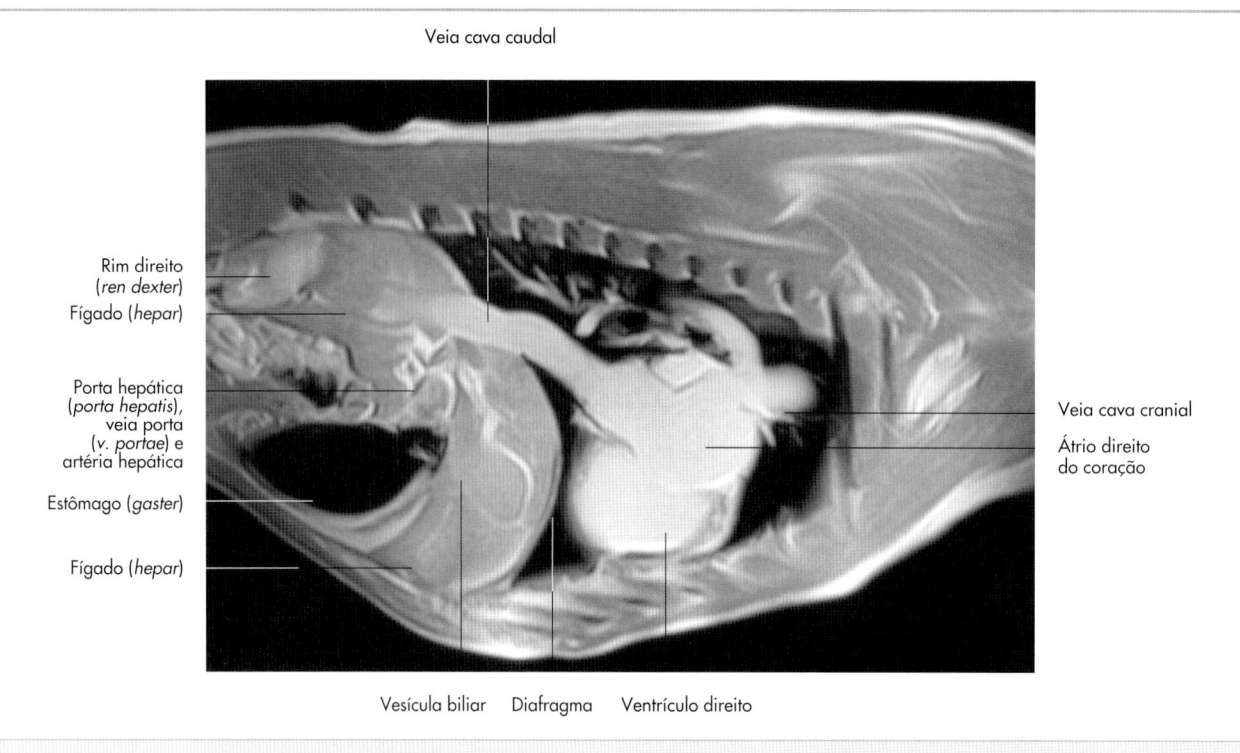

Fig. 22.38 Imagem por ressonância magnética (RM) das cavidades torácica e abdominal cranial de um cão (secção sagital, imagem ponderada em T1). (Fonte: cortesia da Drª. Isa Foltin, Regensburg.)

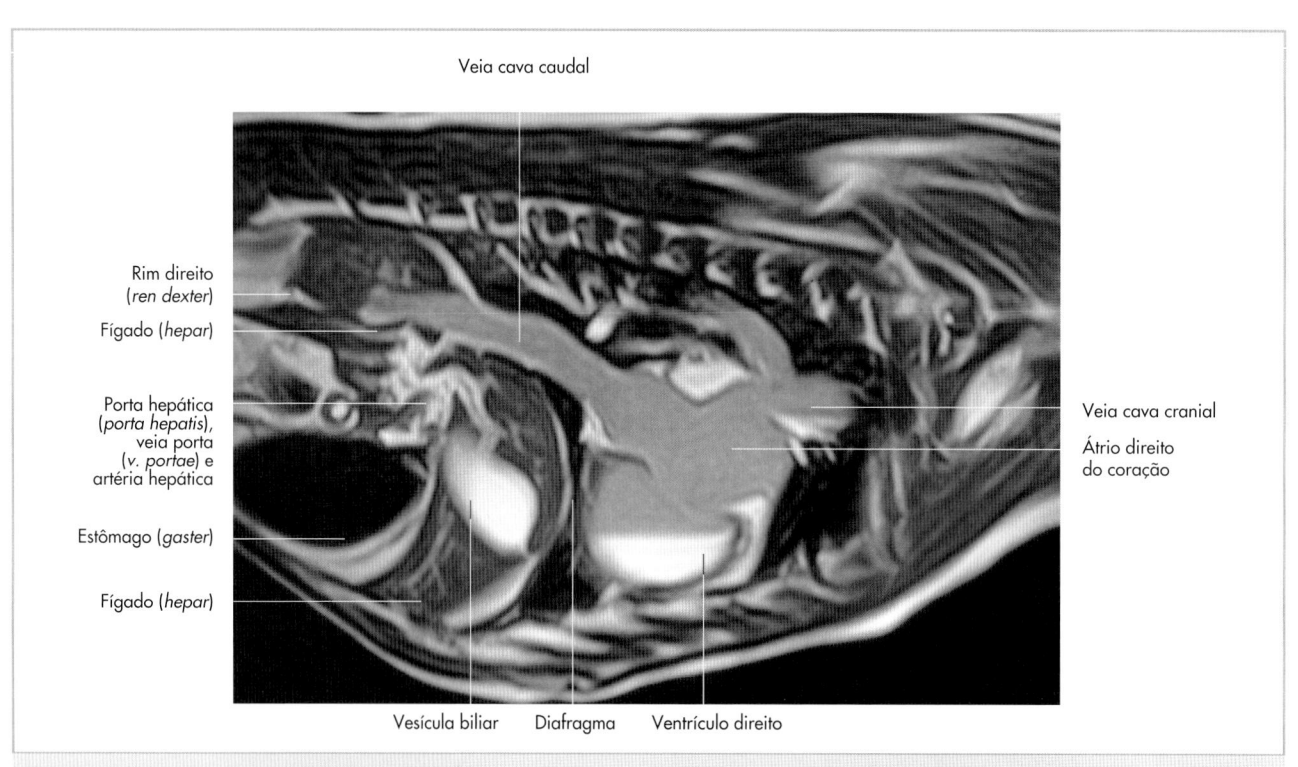

Fig. 22.39 Imagem por ressonância magnética (RM) das cavidades torácica e abdominal cranial de um cão (secção sagital, imagem ponderada em T2). (Fonte: cortesia da Drª. Isa Foltin, Regensburg.)

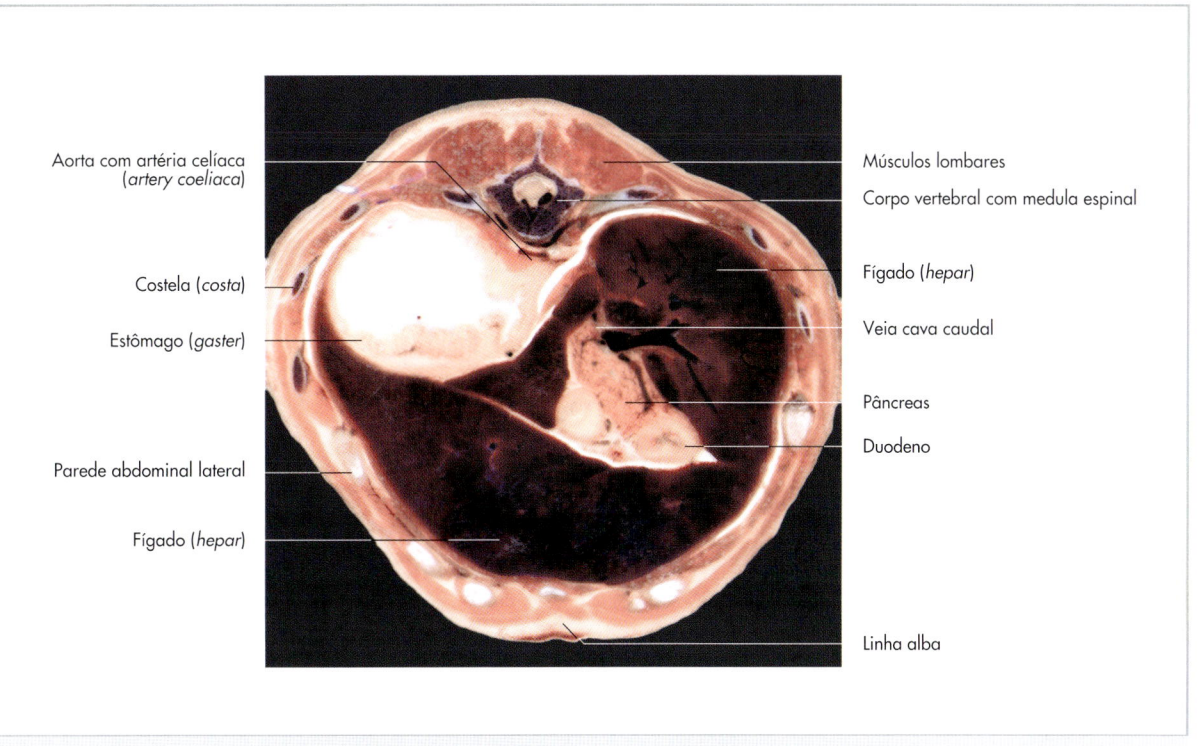

Fig. 22.40 Secção transversal da parte intratorácica da cavidade abdominal de um cão (plastinação em corte E-12).

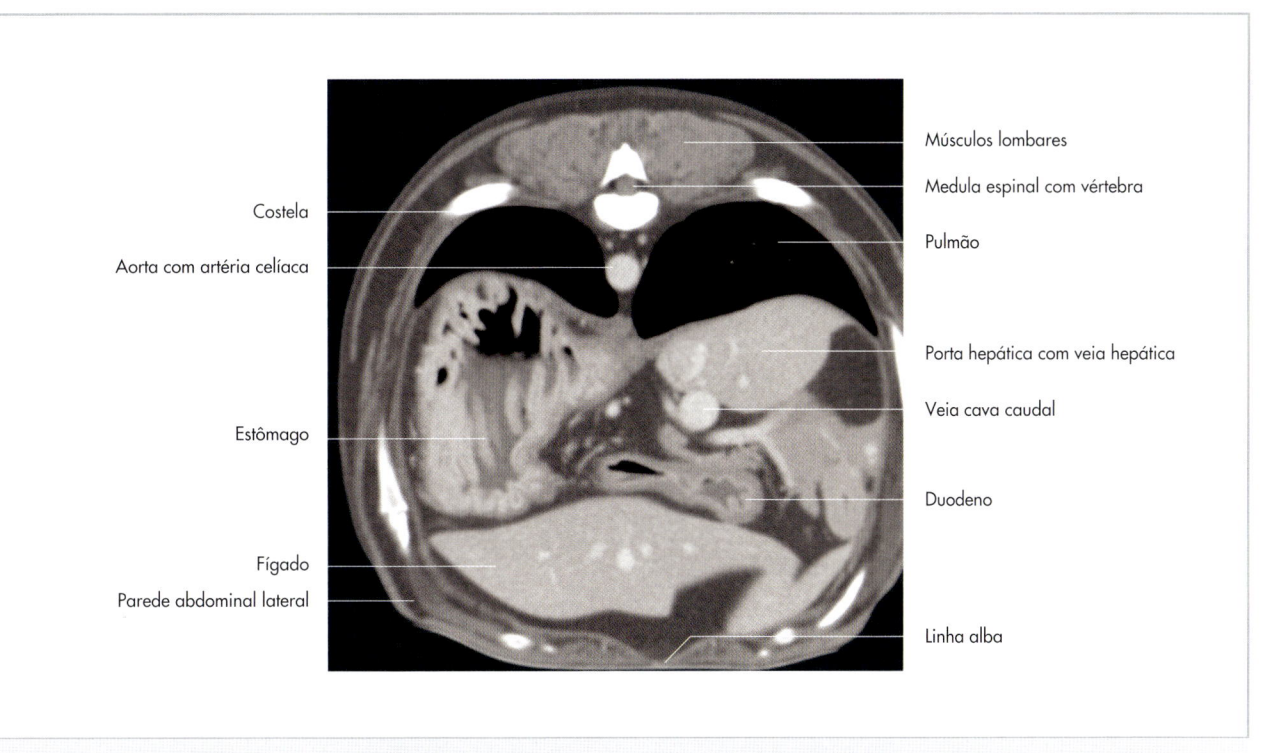

Labels: Aorta com artéria celíaca (*artery coeliaca*); Costela (*costa*); Estômago (*gaster*); Parede abdominal lateral; Fígado (*hepar*); Músculos lombares; Corpo vertebral com medula espinal; Fígado (*hepar*); Veia cava caudal; Pâncreas; Duodeno; Linha alba

Fig. 22.41 Imagem por ressonância magnética (RM) da parte intratorácica da cavidade abdominal de um cão (secção transversal, imagem ponderada em T1). (Fonte: cortesia da Drª. Isa Foltin, Regensburg.)

Labels: Costela; Aorta com artéria celíaca; Estômago; Fígado; Parede abdominal lateral; Músculos lombares; Medula espinal com vértebra; Pulmão; Porta hepática com veia hepática; Veia cava caudal; Duodeno; Linha alba

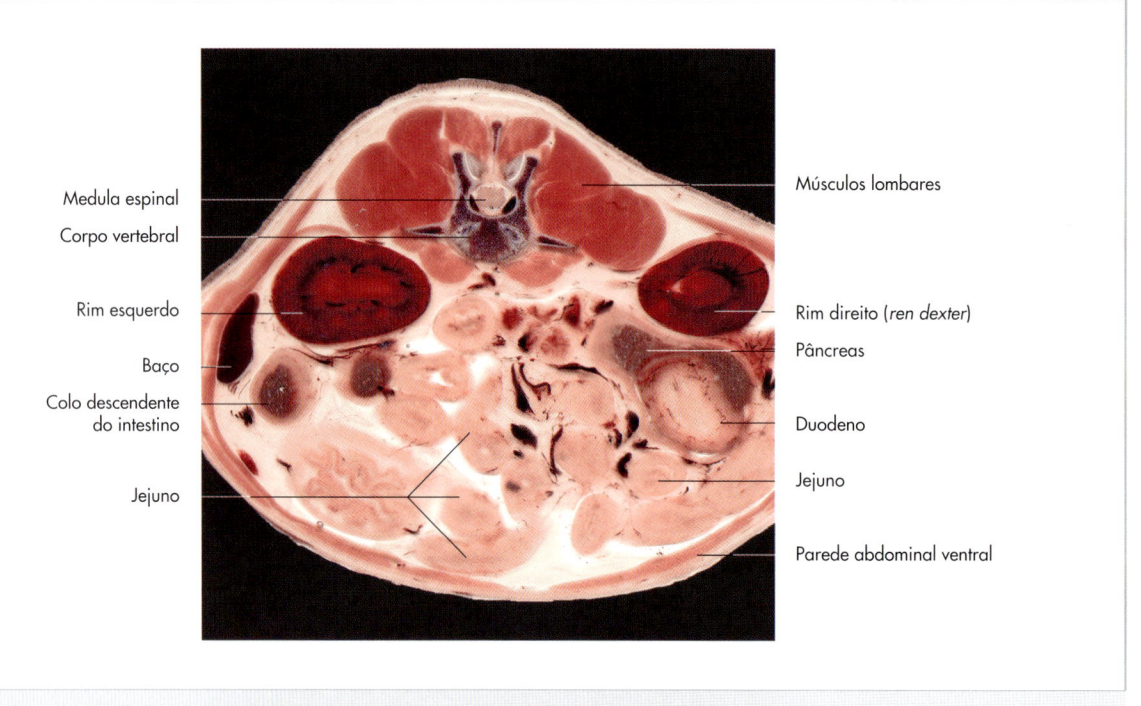

Fig. 22.42 Secção transversal da cavidade abdominal de um cão no nível dos rins (plastinação em corte E-12).

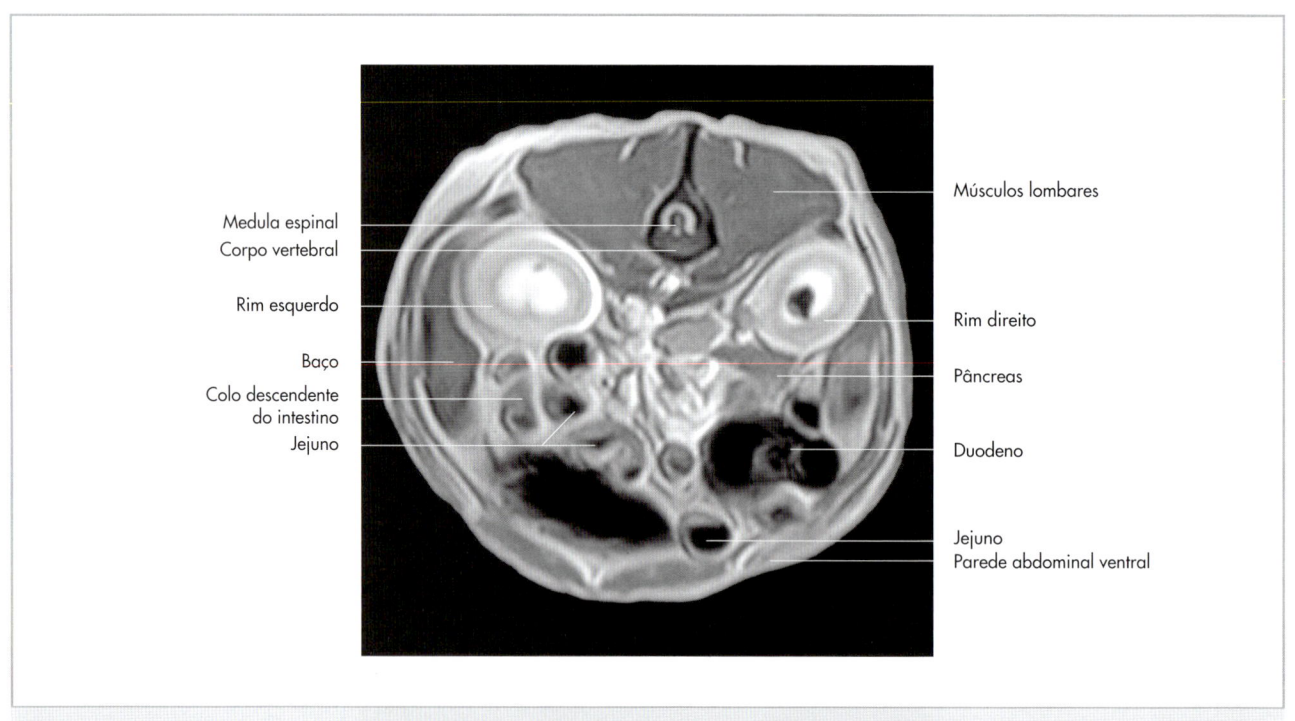

Labels (Fig. 22.42):
- Medula espinal
- Corpo vertebral
- Rim esquerdo
- Baço
- Colo descendente do intestino
- Jejuno
- Músculos lombares
- Rim direito (*ren dexter*)
- Pâncreas
- Duodeno
- Jejuno
- Parede abdominal ventral

Fig. 22.43 Imagem por ressonância magnética (RM) da cavidade abdominal de um cão no nível dos rins (secção transversal, imagem ponderada em T1). (Fonte: cortesia da Drª. Isa Foltin, Regensburg.)

Labels (Fig. 22.43):
- Medula espinal
- Corpo vertebral
- Rim esquerdo
- Baço
- Colo descendente do intestino
- Jejuno
- Músculos lombares
- Rim direito
- Pâncreas
- Duodeno
- Jejuno
- Parede abdominal ventral

Fig. 22.44 Cabeça de um pastor-alemão (reconstrução tridimensional, "Syngo Multimodality Workplace", camada profunda, esqueleto, secção transversal no nível de P3, aplicação de meio de contraste de 35 mL com 0,8 mL/s; vista de frente, da parte superior à esquerda).

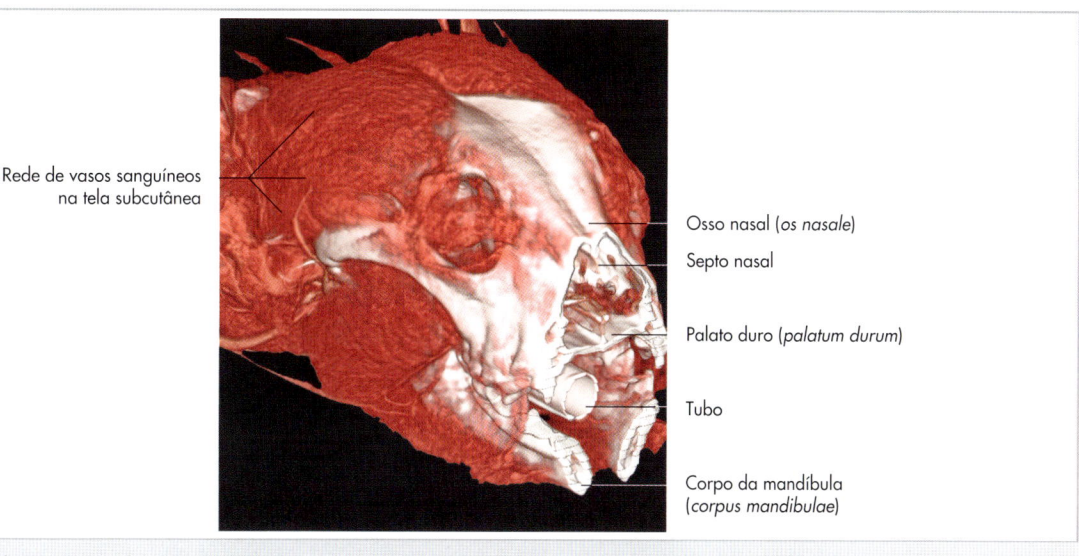

Fig. 22.45 Cabeça de um pastor-alemão (reconstrução tridimensional, "Syngo Multimodality Workplace", camada profunda, esqueleto, secção transversal no nível de P3, aplicação de meio de contraste de 35 mL com 0,8 mL/s; vista de frente, da parte superior à esquerda).

As **substâncias de contraste** influenciam o comportamento dos prótons nos tecidos nos quais eles se acumulam (p. ex., tumores) e podem, portanto, ser utilizadas para distingui-los dos tecidos circundantes. O meio de contraste utilizado na RM contém **gadolínio**. Na presença de um campo magnético, os átomos de gadolínio formam um campo magnético induzido, o que resulta em maior intensidade de sinal em sequências ponderadas em T1.

Assim como na TC, a **qualidade da imagem** é afetada por vários fatores interdependentes (▶Fig. 22.50). Para obter uma imagem ideal, esses aspectos do processo de imagem devem ser considerados e ajustados caso a caso, levando-se em consideração fatores do paciente, como a área a ser examinada e a lesão prevista.

Devido ao contraste superior dos tecidos moles, a RM é ideal para diagnosticar **anormalidades do sistema nervoso central** e de **outras regiões do corpo que incorporam uma alta proporção de elementos de tecidos moles** (▶Fig. 22.41, ▶Fig. 22.43 e ▶Fig. 22.49).

Conclusão

As **áreas de aplicação da RM** são:
- **cabeça** (▶Fig. 22.2 e ▶Fig. 22.4): encéfalo, nervos cranianos, órbita, olhos, orelha, parte nasal da faringe, músculos;
- **tórax**: parede torácica, pleura, mediastino;
- **coluna vertebral**: medula espinal, canal vertebral, nervos espinais, discos intervertebrais;
- **aparelho locomotor**: articulações (▶Fig. 22.9), músculos, tendões;
- **abdome**: parede abdominal, cavidade pélvica.

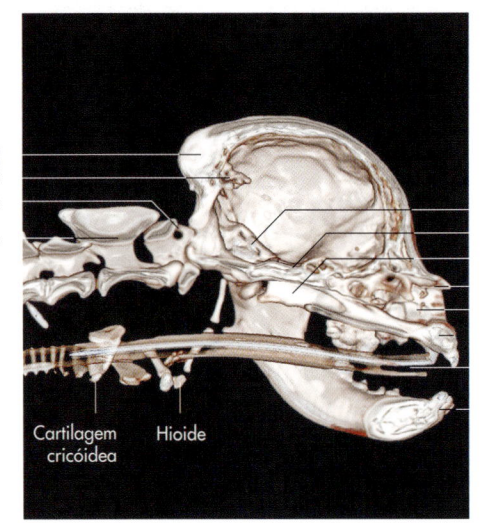

Fig. 22.46 Cabeça de um buldogue francês, crânio típico de raça braquicéfala (reconstrução tridimensional, "Syngo Multimodality Workplace", metade craniana esquerda, secção transversal no nível de P4, aplicação de meio de contraste de 35 mL com 0,8 mL/s; vista de frente, à direita).

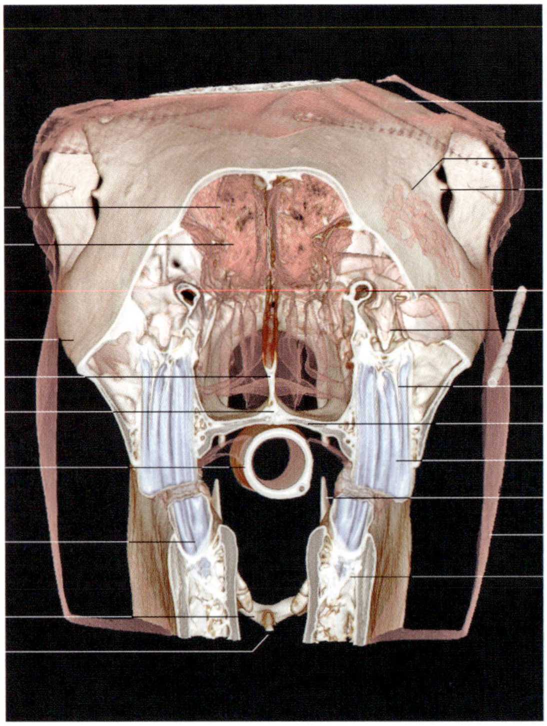

Osso occipital (os occipitale)
Tentório ósseo do cerebelo
Atlas
Áxis
Cartilagem cricóidea
Hioide
Parte petrosa do osso temporal
Fossa hipofisial
Coana
Osso nasal (os nasale) (encurtado)
Cavidade nasal (encurtada)
Osso incisivo (os incisivum) (encurtado)
Tubo
Corpo da mandíbula

Concha nasal dorsal
Concha nasal ventral
Crista facial
Septo nasal
Vômer
Tubo
P3
Basi-hioide
Processo lingual
Auxiliar de posicionamento
Processo lacrimal rostral
Processo lacrimal caudal
Canal infraorbital
Seio maxilar caudal
Cavidade pulpar
Palato duro
P3
Tiro-hioide
Auxiliar de posicionamento
Corpo da mandíbula (corpus mandibulae)

Fig. 22.47 Cabeça de um equino (reconstrução tridimensional, "Syngo Multimodality Workplace", secção transversal no nível de P3, após aplicação de meio de contraste; vista frontal).

Anatomia seccional e processos de imagem   801

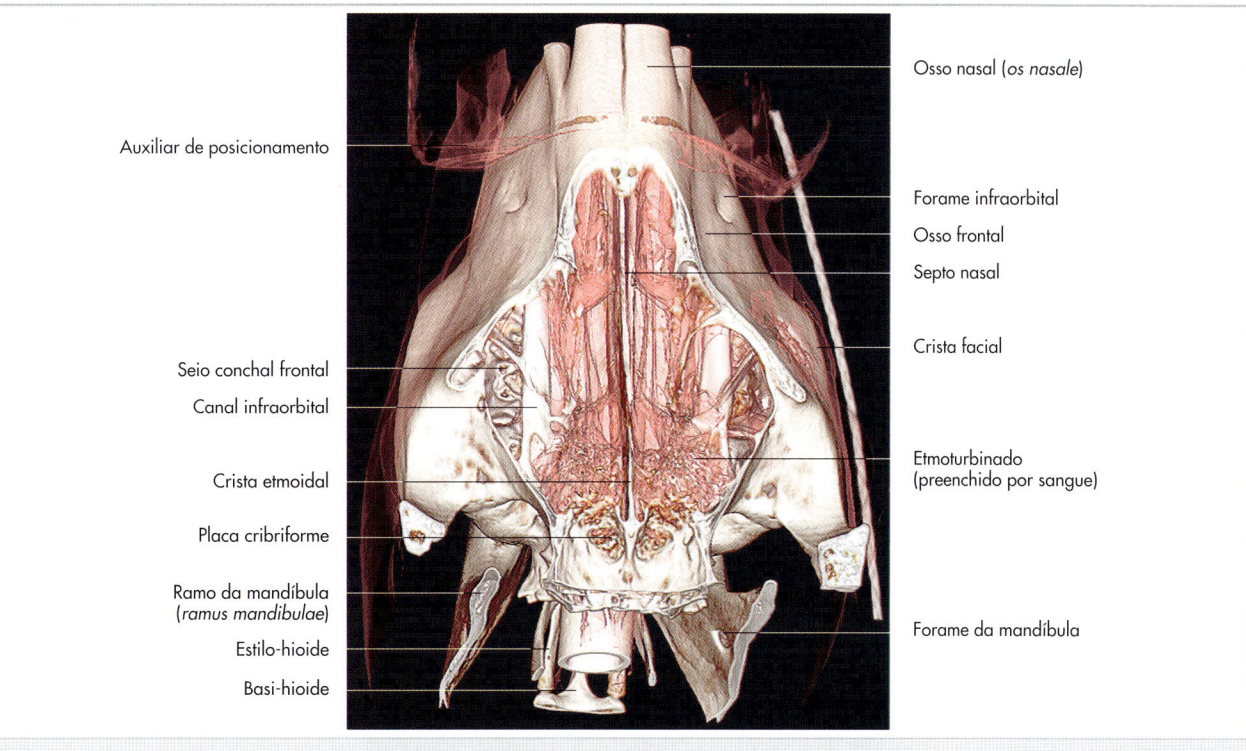

Fig. 22.48 Cabeça de um equino (reconstrução tridimensional, "Syngo Multimodality Workplace", secção frontal no nível do seio conchal frontal, após aplicação de meio de contraste; vista dorsal).

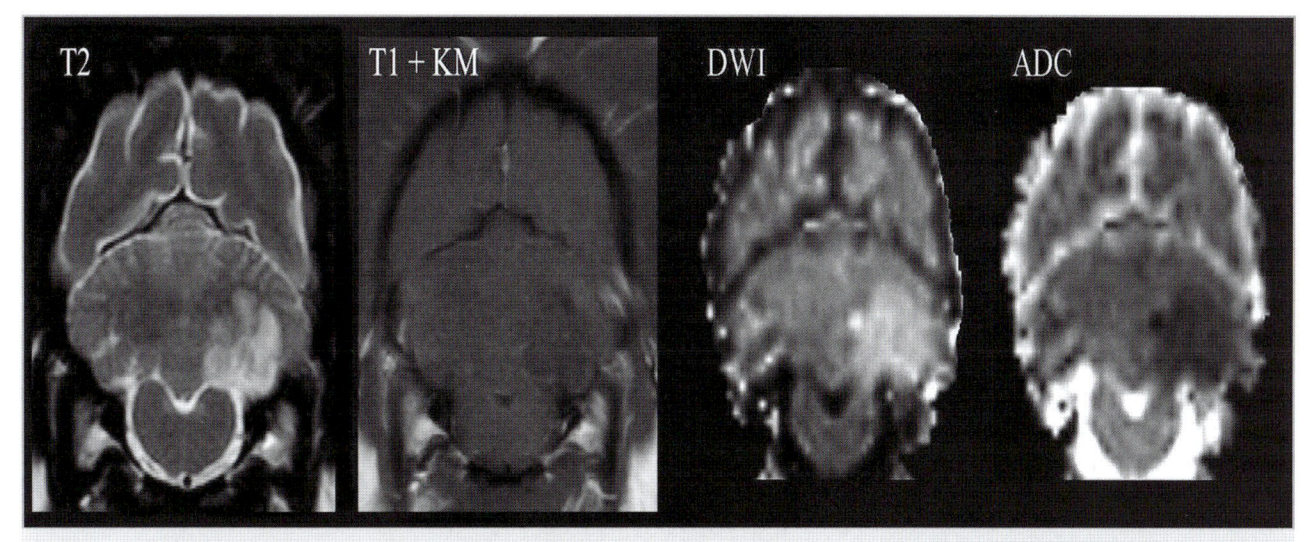

Legendas:
- Auxiliar de posicionamento
- Seio conchal frontal
- Canal infraorbital
- Crista etmoidal
- Placa cribriforme
- Ramo da mandíbula (ramus mandibulae)
- Estilo-hioide
- Basi-hioide
- Osso nasal (os nasale)
- Forame infraorbital
- Osso frontal
- Septo nasal
- Crista facial
- Etmoturbinado (preenchido por sangue)
- Forame da mandíbula

Fig. 22.49 Imagem por ressonância magnética (RM) do cérebro de um cão ao nível do cerebelo (secção transversal, imagem ponderada em T2). A **imagem ponderada em T2** mostra uma lesão lateral hiperintensa (brilhante). Não há aumento na intensidade do sinal após a administração de material de contraste (**T1 + KM**). A imagem ponderada por difusão (**DWI**, *diffusion-weighted imaging*), que apresenta semelhanças com a sequência ponderada em T2, é utilizada para medir a difusão de moléculas de água. A difusão reduzida é vista como uma área brilhante na imagem. Nesse caso, a lesão é um infarto cerebelar isquêmico agudo. Os mecanismos de transporte de íons quebram na área isquêmica, devido à falta de energia. A água passa para as células (edema citotóxico), resultando em difusão restrita das moléculas de água. Como a DWI é semelhante à sequência ponderada em T2, uma área brilhante pode simplesmente significar a presença de água. Isso pode ser distinguido do tecido infartado com o auxílio de mapas de coeficiente de difusão aparente (**mapas ADC**), que mostram um negativo da imagem DWI.

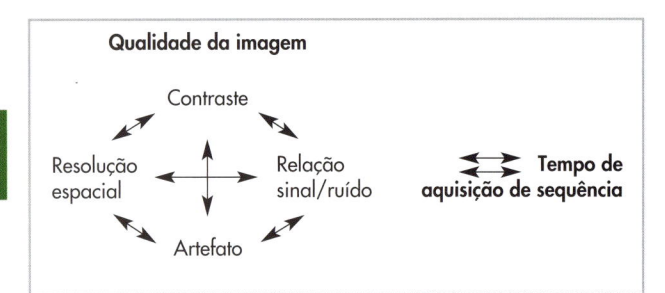

Fig. 22.50 Principais fatores que afetam a qualidade da imagem na ressonância magnética (RM).

O osso compacto e o tecido mineralizado aparecem escuros nas imagens de RM, pois geram pouco ou nenhum sinal. Os implantes de metal e o movimento do paciente (tórax, abdome) resultam em artefatos. Além de sua aplicação na avaliação de estruturas, a RM pode ser utilizada para investigar aspectos da função (▶Fig. 22.49). A **anestesia geral** é necessária para essa modalidade de imagem.

Medicina nuclear

A cintilografia é uma técnica de imagem na qual **materiais radiomarcados** (**radiofármacos**) são administrados ao paciente. A distribuição da substância radioativa (radionuclídeo) no corpo é determinada pela estrutura química do portador. O radionuclídeo (geralmente **tecnécio-99m**) emite radiação-gama. A localização da fonte de emissão em um determinado ponto no tempo é detectada por uma câmera de raios-gama localizada externamente, formando uma **imagem de soma**. Na medicina veterinária, a cintilografia é utilizada principalmente para detectar **distúrbios do metabolismo ósseo** (▶Fig. 22.51 e ▶Fig. 22.52). A alteração das mudanças temporais na distribuição da atividade do radiofármaco também pode ser determinada, o que permite que as anormalidades da função do órgão (p. ex., rim, glândula tireoide) sejam identificadas.

As técnicas de medicina nuclear seccional incluem **tomografia computadorizada de emissão de fóton único** (**SPECT**, *single photon emission computed tomography*) e **tomografia de emissão de pósitrons** (**PET**, *positron emission tomography*). Contudo, essas técnicas raramente são utilizadas na medicina veterinária, pois o custo geralmente é proibitivo.

No procedimento SPECT, as medições são coletadas continuamente por um ou dois detectores conforme giram ao redor do paciente. Esse procedimento permite uma detecção consideravelmente mais precisa da fonte de radiação do que a cintilografia. Assim como a cintilografia, ele mede a radiação-gama.

Em contrapartida, o PET utiliza radionuclídeos com meia-vida curta que decaem por **emissão de pósitrons**. Imediatamente após deixar o núcleo, o pósitron se aniquila com um elétron. A reação de aniquilação resulta na destruição de ambas as partículas e na formação de dois fótons-gama que se afastam um do outro a 180°. Os raios-gama atingem dois elementos posicionados opostamente, localizados dentro de um anel detector; o sinal resultante é utilizado para determinar a origem da emissão de pósitrons.

Em comparação com os procedimentos baseados em raios X (radiografia, TC), a medicina nuclear necessita de **medidas mais**

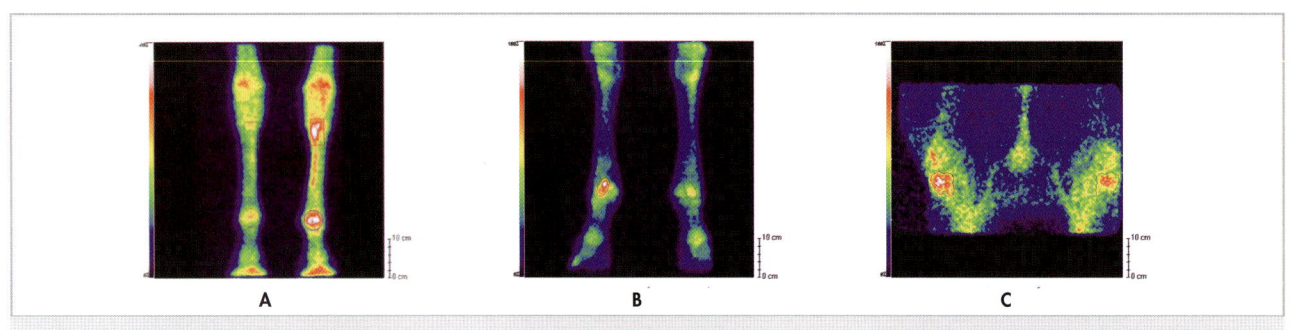

Fig. 22.51 Ilustrações cintilográficas dos membros torácicos (**A** e **B**) e do ílio (**C**) de um equino. Os raios-gama emitidos pelos radionuclídeos resultam na soma de imagens de uma distribuição de atividade reproduzida em escala de cores. (Fonte: cortesia do Dr. M. Zengerling, Munique.)

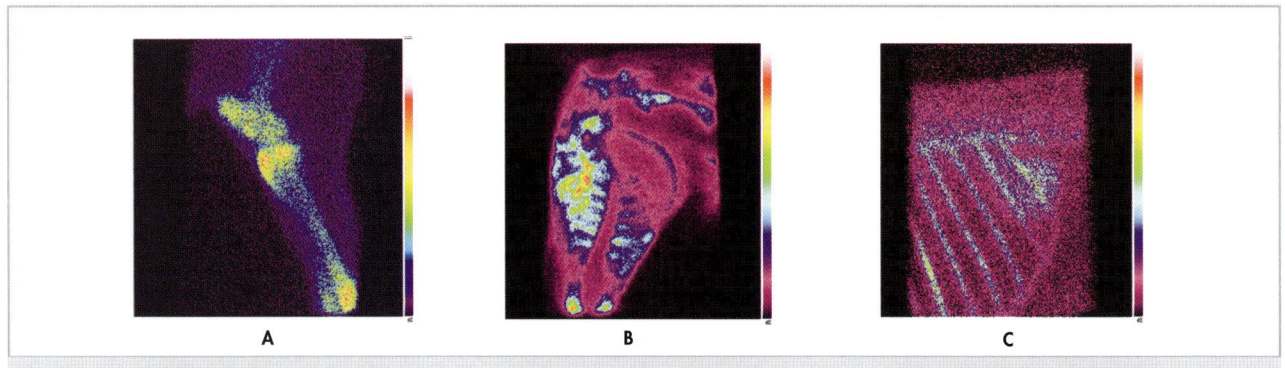

Fig. 22.52 Ilustrações cintilográficas (**A**) dos membros pélvicos, (**B**) da cabeça e (**C**) do tórax de um equino. A coloração vermelha, em comparação aos tons de azul, documenta uma atividade significativamente maior na forma de defeitos no osso representado. (Fonte: cortesia do Dr. M. Zengerling, Munique.)

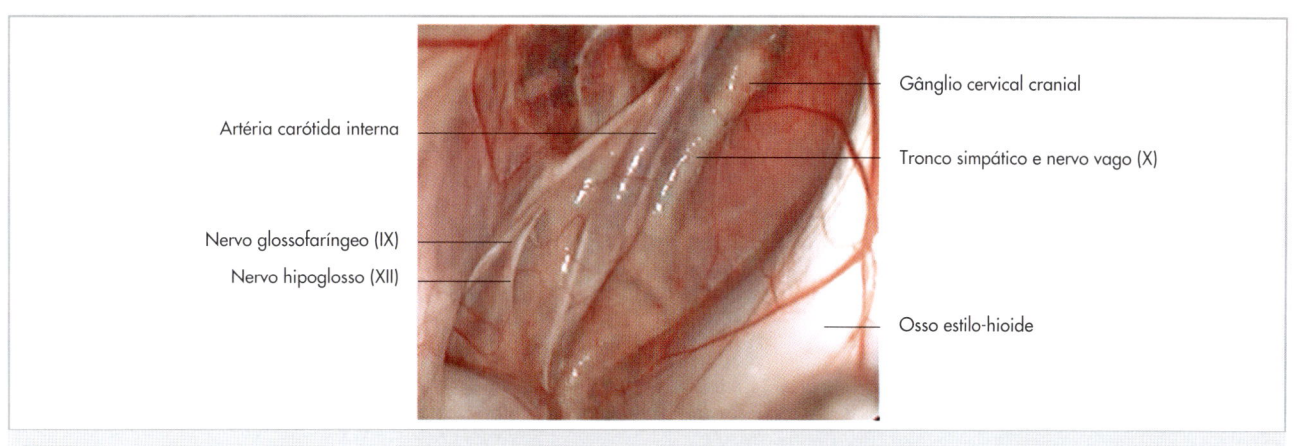

Fig. 22.53 Aspecto endoscópico do divertículo da tuba auditiva (bolsa gutural), compartimento medial.

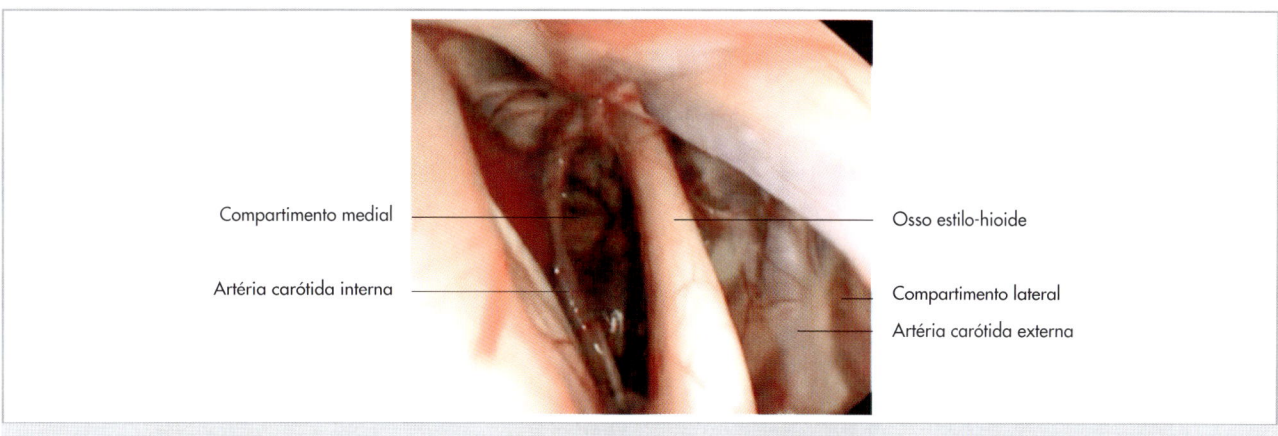

Fig. 22.54 Aspecto endoscópico da bolsa gutural.

amplas de proteção contra a radiação. O potencial de exposição humana à radiação não se limita ao procedimento de exame em si, pois a exposição também pode ocorrer durante o preparo e o transporte do radiofármaco e pela proximidade do animal e suas excreções no período pós-exame.

22.2.2 Endoscopia em equinos

Os primeiros exames endoscópicos datam do período que antecedeu à Primeira Guerra Mundial. Os endoscópios disponíveis naquela época eram rígidos, limitando a aplicação das investigações endoscópicas às estruturas da cabeça, do útero e da bexiga. A anestesia de curta duração, com hidrato de cloral intravenoso, foi necessária para a proteção do paciente, do examinador e do equipamento endoscópico

Os endoscópios de fibra óptica foram introduzidos nas medicinas humana e veterinária nas décadas de 1960 e 1970. Esse desenvolvimento permitiu que o campo da medicina interna equina florescesse. William R. Cook, o pioneiro da endoscopia equina, primeiro empregou endoscópios rígidos e, depois, flexíveis. Com o aprimoramento da tecnologia, Cook pôde utilizar a endoscopia no diagnóstico de inúmeras doenças da orelha interna, das cavidades nasais e da faringe. Essas descobertas foram publicadas em 1974.

Em Newmarket (Inglaterra), em 1976, Cook usou um colonoscópio humano de 3,5 m para conduzir o primeiro exame de toda a extensão da traqueia e dos grandes brônquios em um equino em estação. Com esse desenvolvimento, o pulmão passou a integrar as cavidades nasais, o osso etmoide, o divertículo da tuba auditiva, a faringe, a laringe, o esôfago proximal e a traqueia como estrutura passível de exame endoscópico. Além de facilitar o diagnóstico precoce, a endoscopia pode ser utilizada para se obter **biópsias** e fornecer um **acesso cirúrgico**. Outros benefícios da endoscopia foram: exame mais detalhado das estruturas internas da cabeça, como a parede das bolsas guturais (▶Fig. 22.53 e ▶Fig. 22.54) e o aparelho hioide, avaliação do ângulo de drenagem do seio maxilar e diagnóstico de sinusite. A detecção de anormalidades do esôfago distal e do duodeno proximal no equino em estação também se tornou possível.

A invenção dos *chips* CCD e CMOS e sua incorporação em endoscópios foram os principais pontos de inflexão no desenvolvimento da tecnologia de imagem endoscópica. Por meio do uso desses *chips*, as informações ópticas são enviadas como um sinal digital para um processador. A imagem resultante é transmitida a um monitor para visualização e armazenamento. Com a capacidade de alcançar resoluções de até 2 megapixels, esse método ultrapassou a tecnologia de fibra óptica anterior.

A interpretação precisa da informação óptica digital adquirida endoscopicamente e a identificação de anormalidades estruturais são baseadas em uma compreensão sólida da anatomia topográfica normal.

23 Apêndice

23.1 Literatura

A seguir, uma seleção de publicações relevantes.

Aurich C. Reproduktionsmedizin beim Pferd. 2. Aufl. Stuttgart: Parey; 2009.

Belknap JK. Equine Laminitis. Hoboken, New Jersey (USA): Wiley-Blackwell; 2017.

Bilger M. Topographische und klinische Anatomie des Luftsacks beim Pferd [Diplomarbeit]. Budapest: Szent Istvan Universität; 2013.

Breit S, Künzel W. Untersuchungen am Ligamentum intercapitale, seinen synovialen Einrichtungen und Beziehungen zum Discus intervertebralis beim Hund. Wien Tierärztl Mschr 1997; 84: 121–128.

Budras K-D. Atlas der Anatomie des Hundes. 8. Aufl. Hannover: Schlütersche; 2007.

Budras K-D, Hinterhofer C, Hirschberg R, Polsterer E, König HE. Der Hufbeinträger – Teil 2: Die klinische Bedeutung des Hufbeinträgers und seiner fächerförmigen Verstärkung bei der Hufrehe mit Hufbein- oder Hufkapselrotation. Pferdeheilkunde 2009; 25: 192–204.

Budras K-D, Hirschberg R, Hinterhofer, Polsterer E, König HE. Der Hufbeinträger – Teil 1: Die fächerförmige Verstärkung des Hufbeinträgers an der Hufbeinspitze des Pferdes. Pferdeheilkunde 2009; 25: 96–104.

Donoso S, Sora M-C, Probst A, Budras K-D, König HE. Mesoscopic structures of the equine toe demonstrated by using thin slice plastination (E12). Wien Tierärztl Mschr 2009; 96: 1–6.

Fiedler A, Maierl J, Nuss K. Erkrankungen der Klauen und Zehen des Rindes. Stuttgart: Schattauer; 2004.

Floyd MR. The modified Triadan system of nomenclature. J Vet Dent 1991; 8: 18–20.

Ganzberger K. Anatomische Untersuchungen zum Schultergelenk des Hundes, insbesondere zum Ligamentum glenohumerale mediale [Diss med vet]. Wien: 1993.

Geburek F, Wissdorf H. Aufklärung der Diskrepanzen in der Nomenklatur von Fesselträgeapparat und Fesselträger an der Vordergliedmaße des Pferdes in Anatomie und Klinik. Pferdchcilkunde 2014; 30: 176–182.

Hagen J. Biomechanics of the equine distal limb and influences of trimming and corrective shoeing [Habilitationsarbeit]. Leipzig: Vet Med Uni; 2018.

Hagen J, Stich S, Muggli L, Anz D. Die F-Balance – ein neues Konzept der Hufzubereitung. Pferdeheilkunde 2012; 28: 148–159.

Hartmann FD. Zur topographischen Anatomie des Gleichgewichts- und Gehörorgans der Hauskatze [Diss med vet]. München: 1992.

Hartmann FD, König HE. Zur topographischen Anatomie der Bulla tympanica der Katze im Hinblick auf klinische Anwendung. Wien Tierärztl Mschr 1993; 80: 311–315.

Kaessmeyer S, Hünigen H, Al Masri S, Dieckhoefer P, Richardson K, Plendl J. Corpus luteal angiogenesis in a high milk production dairy breed differs from that of cattle with lower milk production levels. Veterinarni Medicina 2016; 61: 497–503.

Kaessmeyer S, Sehl J, Khiao In M, Hiebl B, Merle R, Jung F, Franke RP, Plendl J. Organotypic soft-tissue co-cultures: Morphological changes in microvascular endothelial tubes after incubation with iodinated contrast media. Clin Hemorheol Microcirc 2016; 391–402, DOI: 10.3233/CH-168119.

Kassianoff I, Wissdorf H. Ergänzungsvorschläge zur Nomenklatur am Strahlbein (Os sesamoideum distale) des Pferdes. Pferdeheilkunde 1992; 8: 157–159.

Kneissl S. CT und MRT spezifischer Körperregionen unter besonderer Berücksichtigung der klinischen Fragestellung [Habilitationsarbeit]. Wien: Vet Med Uni; 2007.

Kneissl S, Weidner S, Probst A. CT sialography in the dog – A cadaver study. Anat Histol Embryol 2011; 40: 397–401.

König HE, Amselgruber W. Funktionelle Anatomie der Eingeweidearterien in der Bauchhöhle des Pferdes (Überlegungen zur Darmkolik). Tierärztl Prax 1985; 13: 191–198.

König HE. Anatomie der Katze. Stuttgart: Fischer; 1992.

König HE. Anatomie und Entwicklung der Blutgefäße in der Schädelhöhle der Hauswiederkäuer (Rind, Schaf und Ziege). Stuttgart: Enke; 1979.

König HE. Beitrag zur Blutversorgung des Magens beim Hund – eine korrosionsanatomische und rasterelektronenmikroskopische Untersuchung. Tierärztl Prax 1992; 20: 429–433.

König HE, Budras K-D, Seeger J, Fersterra M, Sora M-C. Anatomic and Histological Investigations of the Equine Guttural Pouches (Diverticulum tubae auditivae) – Clinical Advisments. Agro-Ciencia 2010; 26: 90–98.

König HE. Gefäßarchitektonische Untersuchungen am Ovarium des Rindes. Prakt Tierarzt 1981; 62: 846–849.

König HE, Klawiter-Pommer J, Vollmerhaus B. Korrosionsanatomische Untersuchungen an der Harnröhre und den Penisschwellkörpern des Katers. Kleintierpraxis 1979; 24: 351–362.

König HE, Korbel R, Liebich H-G. Avian Anatomy. Sheffield: 5 m Publishing; 2016.

König HE, Latorre R, Sora M-C. Plastination – A scientific method of research in anatomical field. Rew Rom Med Vet 2017; 27: 5–10.

König HE, Macher R, Polsterer-Heindl E, Hinterhofer Chr. Der tiefe Zehenbeuger des Pferdes im Bereich des Acropodium. Pferdeheilkunde 2003; 19: 476–480.

König HE, Mülling C, Hagen J, Macher R, Donoso S, Probst A. Sehnen und Bänder an der Rinderzehe. Wien Tierärztl Mschr 2013; 100: 55–60.

König HE, Pérez W, Polsterer E, Pinto Luciano de Morais. Estudios anatómicos de la bolsa gutural del equino mediante diversas técnicas. La especie equina. Rev de la Ass Arg de Vet equina, Buenos Aires 2019; 18 (66): 44–50.

König HE, Sora M-C, Seeger J, Donoso S. Anatomía del ovario de la yegua mediante Secciones plastinadas con el metodo E 12. Chilean J Agric Anim Sci 2017; 33: 59–63.

König HE, Sora M-C. Plastination – Schnittanatomie für Wissenschaft und Praxis. Vet Journal 2016; 69(9): 13–18.

König HE, Wissdorf H, Probst A, Macher R, Voß S, Polsterer E. Zur Funktion der mimischen Muskulatur und des Organum vomeronasale beim Flehmen des Pferdes. Pferdeheilkunde 2005; 21: 297–300.

König HE. Wissenschaft und Kunst im Fach Veterinäranatomie an der Universität. Vet Journal 2016; 69(10): 12–16.

Langer S. Zur Topographie des Kniegelenks der Katze [Diss med vet]. Wien: 1994.

Liebich H-G. Funktionelle Histologie der Haussäugetiere und Vögel. 5 Aufl. Stuttgart: Schattauer; 2010.

Liebich II-G, Scharrer E. Entwicklungsbedingte Veränderungen von Struktur und Funktion des Pansenepithels. 2. morphologische Differenzierung der Epithelschranke bei Lämmern innerhalb der ersten Lebenswochen. Zbl Vet Med C Anat Histol Embryol 1984; 13: 25–41.

Macher R. Die Synovialeinrichtungen des M. fibularis longus bei Katze, Hund, Schwein, Rind, Schaf und Ziege. Anat Histol Embryol 1990; 19: 181–191

Maierl J. Zur funktionellen Anatomie und Biomechanik des Ellbogengelenks (Articulatio cubiti) des Hundes (Canis familiaris) [Habilitationsschrift]. München: 2003.

Maierl J, Liebich H-G. Investigations on the Postnatal Development of the Macroscopic Proportions and the Topographic Anatomy of the Feline Spinal Cord. Anat Histol Embryol 1998; 27: 375–379.

Maierl J, Tiefenthaler F, König HE, Liebich HG. Anatomische Untersuchungen zur postnatalen Entwicklung des Klauenbeins beim Rind. Wien Tierärztl Mschr 1999; 86: 230–236.

Mülling C, Pfarrer C, Reese S, Kölle S, Budras K-D (Hrsg). Atlas der Anatomie des Pferdes. 7. Aufl. Hannover: Schlütersche; 2014.

Nitzsche B, Boltze J, Ludewig E, Flegel T, Schmidt MJ, Seeger J, Barthel H, Brooks OW, Gounis MJ, Stoffel MH, Schulze S. A stereotaxic breed-averaged, symmetric T2w canine brain atlas including detailed morphological and volumetrical data sets. Neuroimage 2019; 187: 93–103. DOI: 10.1016/j.neuroimage.2018.01.066.

Pakozdy A, Angerer C, Klang A, König HE und Probst A. Gyration of the feline brain: localization, terminology and variability. Anat Histol Embryol 2015; 44(6): 422– 427.

Peer P. Histomorphologische Untersuchungen der Kniegelenkkapsel von Hunden mit und ohne kongenitaler Patellaluxation unter besonderer Berücksichtigung der Kollagenzusammensetzung [Diss med vet]. Berlin: 2016.

Pérez W, Gonzalez F, Paulsen P, König HE. Schlachtkörperzusammensetzung von Corriedalelämmern und von Kreuzungen mit Ostfriesischem Milchschaf und Texel-Schaf. Fleischwirtschaft 2016; 8: 96–98.

Probst A, Kneissl S. Computed tomographic anatomy of the canine temporal bone. Anat Histol Embryol 2006; 19–22, DOI: 10.1111/j.1439–0264.2005.00631.x.

Probst A, Macher R, Hinterhofer C, Polsterer E, Guarda ICH, König HE. Anatomical Features of the Carpal Flexor Retinaculum of the Horse. Anat Histol Embryol 2008; 37: 415–417.

Reinicke R. Die fetale Entwicklung des bovinen Vormagen-Magensystems. Eine Literaturstudie ergänzt durch Computertomographie-Studien [Diss med vet]. Berlin: 2016.

Rieger J. The Intestinal Mucosal Network in the Pig: A Histological View on Nutrition-Microbiota-Pathogen-Host-Interactions [Diss med vet]. Berlin: Fachbereich Veterinärmedizin, Institut für Veterinär-Anatomie; 2016.

Ries R, König HE. Zur aktuellen Situation der Lymphknotenuntersuchung bei Schlachtrindern. Wien Tierärztl Mschr 1995; 82: 192–194.

Ruberte J, Sautet J. Atlas de Anatomía del perro y del gato. Vol. 1, 2 y 3. Barcelona: Universitat Autónoma de Barcelona. Ed. Multimedica; 1995–1998.

Rümens D, Patan B, Probst A, Polsterer E, Macher R, Stanek C, König HE. Der iliosakrale Übergang – Ein Problembereich des Pferderückens. Pferdeheilkunde 2007; 23: 21–26.

Ruthe H, Litzke L-F, Rau B. Der Huf. Lehrbuch des Hufbeschlags. Stuttgart: MVS; 2012.

Salomon F-V, Geyer H, Gille U. Anatomie für die Tiermedizin. 3. Aufl. Stuttgart: Enke; 2015.

Schleip D. Makroskopisch anatomische Untersuchungen zur Topographie der Gehirnnerven der Katze (Felis catus) [Diss med vet]. München: 1992.

Schoenberg A, Probst A, Macher R, Polsterer E, Budras K-D, Böck P, König HE. Passive Haltestrukturen am Hufgelenk des Pferdes. Pferdeheilkunde 2005; 21: 212–216.

Schoenberg R, Probst A, Hinterhofer C, Sora M-C, Böck P, Budras K-D, König HE. Zur Anatomie der Hufknorpel des Pferdes. Wien Tierärztl Mschr 2007; 94: 145–156.

Smulders FJM, Paulsen P. Reform der Fleischuntersuchung und warum? Wien Tierärztl Mschr 1997; 84: 280–287.

Sótonyi P. Anatomia canis. I. Extremitatis cranialis, II. Extremitatis caudalis. Kisállatklinika Kft., H-8000 Székesfehérvár, Fütöház u. 1, multimedia CD-ROM; 1999.

Stiglhuber A. Makroskopische und rasterelektronenmikroskopische Untersuchungen zur Anatomie des Fesselgelenks beim Pferd [Diss med vet]. Wien: 1995.

Teufel F. Makroskopisch anatomische und rasterelektronenmikroskopische Untersuchungen am Kniegelenk des Pferdes [Diss med vet]. Wien: 1997.

Teufel M. Makroskopisch anatomische und rasterelektronenmikroskopische Untersuchungen am Tarsalgelenk des Pferdes [Diss med vet]. Wien: 1997.

Tóth J, Hollerieder J, Sótonyi P (Hrsg). Augenheilkunde beim Pferd. Stuttgart: Schattauer; 2010.

Triadan H. Tierzahnheilkunde: Zahnerhaltung (Füllungstherapie mit "Composite materials" und Endodontie) bei Affen und Raubtieren. Schweiz Arch Tierheilk 1972; 114: 292–316.

Wiebogen T, Weissengruber GE, Forstenpointner G. Otto Krölling (1891–1965): Eine Karriere an der Wiener Tierärztlichen Hochschule im ständestaatlichen und nationalsozialistischen Österreich. Wien Tierärztl Mschr 2015; 102: 155–167.

Wiehart C, Wallner B, Röhrer M, Huber C, Plenk H, König HE. Mikrohärtemessungen als alternative Methode zur Altersschätzung an den Zähnen von Deutschen Schäferhunden. Wien Tierärztl Mschr 2012; 99: 91–101.

Wissdorf H, Gerhards H, Huskamp B, Deegen E. Anatomie und Propädeutik des Pferdes. 3. Aufl. Hannover: Schaper; 2012.

23.2 Glossário

A

Ab- fora de, afastado
Abaxialis afastado do eixo
Abdomen abdome
Abducens que se afasta
Abductor o que afasta, abdutor
Absorbere absorver
Accelerans acelerar, apressar
Accessorius acessório, estrutura suplementar a outra
Acetabulum acetábulo, pequeno recipiente de boca larga
Acinus ácino, em forma de saco, de bago de uva
Acromion acrômio, cume da espinha da escápula
Acropodium acropódio, dedos dianteiros e traseiros, extremidade dos membros
Acusticus relativo à audição
Acutus afiado, agudo
Adhaesio adesão, aderência
Aditus ádito, abertura, entrada
Adnexus anexo, conectado com
Adiposus adiposo, graxo, gorduroso
Afferens que conduz para dentro
Ala asa
Albugineus esbranquiçado
Allantois bolsa embrionária ligada à parte posterior do intestino
Alveolaris pertencente ao alvéolo
Alveolus alvéolo, pequena cavidade ou órgão oco
Alveus pequena cavidade
Amphiartrosis articulação tesa-flexível
Ampulla ampola, dilatações terminais ou expansões globosas
Amygdaloideus de forma amendoada
Anastomosis anastomose, união, conexão
Analis pertencente ao ânus
Anconeus pertencente ao cotovelo
Angulus ângulo
Ansa alça
Anserinus anserino, com forma de pé de ganso
Antebrachium antebraço
Anterior anterior, situado mais à frente
Antrum antro, caverna
Anulus ânulo, pequeno anel ou aro
Anus ânus, aro, anel
Aorta aorta
Apertura abertura
Apex ápice, ponta, extremidade
Aponeurosis aponeurose, tendão em forma de lâmina fina
Apophysis apófise, excrescência
Appendix apêndice
Aquaeductus aqueduto, cano d'água
Arachnoidea semelhante a uma teia de aranha
Arbor árvore
Arcuatus arqueado, curvado
Arcus arco, arcada
Area área
Arteria artéria
Arteriola arteríola, artéria pequena
Articulatio articulação, junção
Ascendens ascendente
Asper áspero, rugoso
Asthenia fraqueza
Asthma asma, falta de fôlego
Atlas atlas, carregador
Atresia atresia, ausência de um orifício natural
Atrium átrio, sala íntima
Atrophia atrofia, insuficiência de nutrição
Auricularis na forma de orelha, pertencente à orelha
Auris orelha
Autochthon formado no local
Autonomicus independente
Avis ave, pássaro
Axilla axila, cavo do braço
Axis eixo, segunda vértebra cervical
Axon axônio, eixo
Azygos ímpar, único

B

Basis base
Basipodium basipódio, tarso
Biceps bíceps, de duas cabeças
Bifidus bífido, dividido em dois (pedaços)
Bifurcatio bifurcação, divisão em duas partes
Biliaris pertencente à bile
Bilifer bilífero, que conduz a bile
Bilis bile
Blastema conjunto de células embrionárias
Blastos germe
Brachialis pertencente ao braço
Brevis curto, breve
Bronchialis pertencente ao brônquio
Bronchus úmido
Bucca boca, bochecha
Buccalis pertencente à boca ou bochecha
Bulbus bulbo
Bulla bolha
Bursa bolsa

C

Calcaneus calcâneo, calcanhar, osso do calcanhar
Calcar esporão
Calix cálice
Callus calo, calosidade
Calvaria abóboda do crânio
Camera câmara
Canaliculus canalículo, pequeno ducto
Canalis canal, tubo
Caninus pertencente ao cão
Capillus cabelo do couro cabeludo
Capitulum pequena cabeça
Capsula cápsula, pequena cobertura
Caput cabeça
Cardia cárdia, parte do estômago próxima ao coração
Caries cárie, podridão
Carneus carnoso
Carotis carótida
Carpus carpo
Cartilago cartilagem
Caruncula carúncula, carne pequena
Cauda cauda, rabo
Caudatus caudado
Cavernosus cavernoso, repleto de cavernas
Cavitas cavidade, escavação
Cavum cavidade
Cecum ceco
Cecus cego
Cellula célula
Centralis posicionado no centro
Centrum centro
Cephalicus pertencente à cabeça
Cerebellum cerebelo
Cerebrum cérebro
Cerume cerume, cera da orelha externa
Cervicalis cervical, pertencente ao pescoço
Cervix cérvice, do pescoço, colo
Chiasma quiasma, duas linhas cruzadas
Choana coana, abertura afunilada
Chole bile
Choledocus colédoco, que conduz a bile
Chondro cartilagem
Chondrosis formação cartilaginosa
Chorda corda
Choroidea corioide
Chylus quilo
Ciliaris pertencente à pálpebra
Cilium cílio
Cingulum cinta, cíngulo, cinturão
Circulus círculo
Circum- ao redor
Circumferentia circunferência
Circumflexus encurvado, dobrado
Cisterna cisterna, reservatório
Claustrum claustro, oclusão, barreira, limite
Clavicula clavícula, pequena chave
Clinoideus semelhante a um leito
Clitoris clitóris
Clivus declive, ladeira
Cloaca cloaca, esgoto
Clunis glúteo, nádega
Coccygeus pertencente ao cóccix
Cochlea cóclea

Colicus   pertencente ao colo transverso
Collapsus   colapso
Collateralis   colateral, situado ao lado
Colliculus   colículo, pequena elevação
Collum   colo, pescoço
Colon   colo do intestino
Colpos   bainha
Columna   coluna
Commissura   comissura, conexão
Communis   comum
Compactus   compacto, comprimido
Complexus   complexo, agarrado, unido
Compositus   composto
Compressio   compressão, unido por pressão
Concha   concha
Condylus   côndilo
Congenitalis   congênito
Confluens   confluência, reunir
Conjugatus   unido
Conjunctivus   que junta, liga
Conjunctiva   conjuntiva
Connexio   conexão
Consecutio   consequência
Contactus   contato, tocado
Conus   cone
Convolutus   convoluto, enroscado, sinuoso
Cor   coração
Coracoideus   em forma de corvo
Corium   pele, derme
Cornea   córnea, pele córnea
Cornu   corno
Corona   coroa
Coronoideus   semelhante a uma coroa
Corpus   corpo
Corpusculum   corpúsculo, pequeno corpo
Corrugator   que forma rugas
Cortex   córtex, borda, tigela
Corticalis   pertencente ao córtex, cortical
Costa   costela
Coxa   coxa, osso coxal
Cranium   crânio
Crassus   espesso
Cremaster   alça, que suspende
Cribrosus   semelhante a um crivo ou peneira, perfurado, crivoso
Cribrum   crivo ou peneira
Cricoideus   semelhante a um anel
Crista   crista, penacho
Cruralis   pertencente à perna, abaixo do joelho
Crus   perna, abaixo do joelho
Crypta   cripta, sulco, recesso
Cubitus   cotovelo
Culmen   cume, ponto mais elevado
Cuneatus   cuneado, cuneano, em forma de cunha
Cuneiformis   cuneiforme, em forma de cunha

Cunnus   órgãos sexuais
Cupula   cúpula
Curvatura   curvatura, curva
Curvus   curvo, arqueado
Cuspis   cúspide, ponta de lança
Cutaneus   cutâneo, pertencente à pele
Cuticula   cutícula, pequena pele, película
Cutis   cútis, pele
Cyclicus   cíclico, circular
Cysticus   cístico, pertencente à vesícula biliar
Cystis   vesícula
Cyto-   célula, celular

D

Dartos   esfolado, sem pele
Decidua   que cai
Declive   declive, inclinação, ladeira
Decussatio   decussação, cruzamento, entrecruzamento, sobreposição
Defaecatio   evacuação dos intestinos
Deferens   que conduz para baixo
Delabens   que rola para baixo
Deltoideus   deltoide, triangular
Dendritum   dendrito, árvore
Dens   dente
Dentin   dentina
Dermis   derme, pele
Descendens   descendente
Dexter   na direita
Diameter   diâmetro
Diaphragma   diafragma, divisória ou septo
Diaphysis   diáfise, corpo de um osso
Diastema   diastema, espaço de intervalo
Diastole   dilatação do músculo ventricular (cardíaco)
Diarthrosis   articulação
Diencephalon   diencéfalo
Digestorius   digestório, que serve à digestão
Digitalis   digital, pertencente ao dedo
Digitus   dígito, dedo
Diplöe   camada dupla
Dis-   separado
Discus   disco
Disseminatus   disseminado, distribuído
Dorsum   dorso
Dromos   curso, trajeto, percurso
Ductus   ducto, canal
Duodenum   duodeno, doze vezes
Durus   duro
Dys-   falho, defeituoso
Dysplasia   displasia, malformação
Dyspnoe   dispneia, falta de ar

E

Ecto-   externo
Efferents   eferente, que conduz para fora
Ejaculatio   jorrar, lançar para fora

Embryonalis   pertencente ao embrião
Eminentia   eminência, elevação
Emissarium   descarga
En-   dentro
Enamelum   esmalte (do dente)
Encephalon   encéfalo
Endo-   interno
Enteron   intestino, entranhas
Epi-   sobre
Epidermis   epiderme
Epididymis   epidídimo
Epiglottis   epiglote, sobre a laringe
Epiploicus   pertencente ao omento
Epiploon   omento (maior)
Epistropheus   áxis, segunda vértebra cervical
Epithelialis   que pertence ao tecido epitelial
Equinus   referente ao equino
Esophagus   esôfago
Ethmo   etmo, peneira
Excavatio   oco, cavidade
Excretorius   secretor
Exo-   externo, para fora
Exspiratio   expiração
Extensor   extensor
Externus   exterior
Extremitas   extremidade

F

Facialis   facial, pertencente à face
Facies   face, superfície
Falciformis   falciforme, em forma de foice
Falx   foice
Fascia   fáscia, faixa
Fasciculus   (pequeno) fascículo
Fastigium   fastígio, cume, aresta
Femininus   feminino
Femoralis   femoral, pertencente ao fêmur, à coxa
Femur   fêmur, coxa
Fenestra   janela
Fetus   feto
Fibra   fibra
Fibrosus   fibroso
Fibula   fíbula, suporte
Fibularis   pertencente à fíbula
Filiformis   filiforme, semelhante a um fio
Filum   fio
Fimbria   fímbria, franja, borda
Fissura   fissura, fenda
Fistula   fístula, tubo
Flavus   amarelo
Flexor   flexor
Flexura   flexura, curva
Flocculus   flóculo, pequeno floco
Fluctans   fluxo, que flui
Folium   folha
Folliculus   folículo, pequeno saco

Fonticulus fontanela, fonte, pequeno curso líquido
Forame forame, pequeno orifício
Formatio formação
Fornix fórnice, semelhante a arco de porta
Fossa fossa, vala
Fovea fóvea, cova, poço
Foveola fovéola, pequena depressão
Frenulum frênulo, freio de animal
Frons fronte, testa
Frontalis pertencente à fronte
Fundiformis em forma de funda, fundiforme
Fundus fundo, base
Fungiformis fungiforme, em forma de cogumelo
Funiculus pequena corda
Fusiformis fusiforme, em forma de fuso

G

Galea gálea, capacete
Gallus galo
Ganglion gânglio, caroço, edema
Gaster ventre
Gemellus gêmeo, duplo
Genesis gênese, geração
Genitalis pertencente à genitália
Genu joelho
Gingiva gengiva
Glabella pequena cabeça calva
Glandula glândula, pequena glande, bolota
Glans glande
Glia cola
Globus globo, esfera
Glomerulum glomérulo, pequeno glomo ou bola
Glomus glomo, bola de lã
Glossa língua
Glutaeus musculatura das nádegas
Glyco- adocicado
Gracilis delgado
Granulatio granulação
Granulosus granuloso
Graviditas gravidez
Griseus cinza, cinzento
Gustatorius gustatório, que serve ao paladar
Gyrus giro, convolução

H

Habenula habênula, rédea
Haematoma hematoma
Hallux grande dedo do pé
Hamatus em forma de gancho
Hamulus hâmulo, pequeno gancho
Helix hélice, espiral
Hem- sangue
Hemisphaerium hemisfério, metade do cérebro
Hepar fígado
Hernia hérnia
Heteros- heterogêneo, estranho
Hiatus hiato, abertura em fenda
Hilus hilo, local onde penetram vasos sanguíneos
Hippocampus hipocampo, cavalo-marinho
Homos- homogêneo, igual
Horizontalis horizontal
Hyalos- transparente
Hydro- água
Hymen hímen, membrana
Hyoid parte inferior do hioide
Hyper- excesso
Hypo- abaixo
Hypogastricus posicionado sob o estômago
Hypoglossus posicionado sob a língua
Hystera útero

I

Ikterus icterícia
Ileum íleo
Ileus obstrução do intestino
Iliacus pertencente ao íleo, ilíaco
Impar diferente, ímpar
Impressio impressão
Incisura incisura
Incontinentia incontinência, incapacidade
Incus bigorna
Infra- abaixo
Infraspinatus posicionado abaixo da espinha da escápula
Infundibulum infundíbulo, funil
Inguen inguinal, virilha
Inguinalis pertencente à virilha
Inspiratio inalação
Insufficientia insuficiência, incapacidade
Insula ilha
Insultus ferimento
Integumentum tegumento
Inter- entre
Intermedius intermédio, posicionado entre outros
Internus interno
Intersectio intersecção, incisão
Interstitium espaço intersticial, tecido conjuntivo, também denominado tecido conectivo
Intestinalis pertencente ao intestino
Intestinum intestino(s)
Intimus íntimo, parte mais interior
Intra- dentro, inserido em
Intumescentia aumento de volume
Involutio involução
Iris íris, círculo colorido brilhante
Ischiadicus isquiático, pertencente à anca
Ischium ísquio, osso ísquio
Isthmus istmo, passagem estreita
-itis -ite, terminação que denota doenças inflamatórias

J

Jejunus em jejum, vazio
Jejunum jejuno
Jugularis canga, lugar onde o pescoço se liga aos ombros
Jugum jugo, canga, coleira
Junctura união
Juvenilis jovem, juvenil
Juxta- próximo (a)

K

Kneme bezerro
Kopros lama
-krinein seccionado
Kryptos oculto
-klast (klaein) quebrar em pedaços
Kyphosis curva dorsal convexa da coluna vertebral, cifose

L

Labialis pertencente ao lábio
Labium lábio, rebarba
Labrum lábio individual
Labyrinthus labirinto, confusão
Lac leite
Lacrimalis pertencente a lágrimas
Lactiferus produtor de leite
Lacuna lacuna, poça, piscina rasa
Lamella lamela, pequena lâmina
Lamina lâmina, placa fina
Laryngeus pertencente à laringe
Larynx laringe, parte alta da traqueia
Lateralis lateral
Latissimus latíssimo, muito largo
Latus flanco
Latus largo
Lemma cobertura
Lemniscus lemnisco, fita
Lens lente, lentilha
Lentiformis lentiforme, pequena lentilha
Lepto- fino, delgado, pequeno
Levator levantador (músculo)
Liber livre
Lien baço
Lienalis referente ao baço
Ligamentum ligamento, atadura
Limbus limbo, margem
Linea linha
Lingua língua
Lingualis referente à língua
Lingula pequena língua
Liquor fluido
Lobulus lóbulo, diminutivo de lobo
Lobus lobo
Longissimus longuíssimo, o mais longo
Longitudinalis longitudinalmente
Longus longo, extenso

Lucidus   brilhante
Lumbalis   referente ao lombo, lombar
Lumbus   lombo
Lumbricalis   semelhante a vermes
Lunatus   luniforme, curvado
Luteus   amarelo
Luxatio   luxação
Lympha   linfa
Lymphaticus   linfático
Lymphonodulus   linfonodo
Lymphonodus   linfonodo
Lysis   lise, dissolução
Lyssa   raiva, lissa da língua

M

Macro-   macro, grande
Macula   mácula, mancha
Magnus   magno, grande elevado
Major   maior
Malaris   malar, relativo à bochecha
Malleolus   martelo pequeno
Malleus   martelo
Mamma   mama, glândula mamária
Mammillaris   semelhante a uma papila
Mandare   mastigar, moer, mascar
Mandibula   mandíbula, queixo
Manubrium   manúbrio, alça
Manus   mão
Margo   margem, limite, borda
Masculinus   masculino
Masseter   músculo mastigador
Masticatorius   que serve à mastigação
Mastoideus   com forma de papila
Mastos   úbere
Mater   bainha, mãe
Maturus   maduro
Maxilla   maxila
Maximus   máximo
Meatus   meato, canal, via
Medialis   próximo ao meio
Medianus   no meio, mediano
Medius   posicionado no meio
Medulla   medula, miolo
Membrana   membrana, pele fina
Membranaceus   membranoso, membranáceo
Membrum   membro
Meninx   meninge
Meniscus   menisco, meia-lua, crescente
Mentalis   mentual, relativo ao mento (queixo)
Mentum   mento, queixo
Meros   parte, pedaço
Mesencephalon   mesencéfalo
Mesenchym   mesênquima, tecido conjuntivo (conectivo) embrionário
Mesenterium   mesentério
Meso-   no meio, entre
Meta-   após, depois
Metacarpus   metacarpo
Metaplasie   metaplasia, transformação de tecido
Mestastasis   metástase, migração
Metra   útero
Micro-   pequeno, ínfimo
Mictio   urinário
Minor   menor
Miosis   miose, contração da pupila
Mirabilis   miraculoso, admirável
Mobilis   móvel
Modiolus   pilar central da cóclea
Molaris   próprio para moer
Mollis   suave, brando
Monos-   isolado, único
Mons   monte
Morbus   doença
Mortalis   mortal
Motoricus   motor, movimento
Mucosus   mucoso
Multi-   múltiplo, vários
Musculus   músculo, pequeno rato
Mydriasis   midríase, dilatação da pupila
Myelos-   medula
Myentericus   relativo aos músculos dos intestinos
Mylae-   molares
Mylo-   mandíbula
Myo-   músculo
Myokard   miocárdio, músculo cardíaco
Myometrium   miométrio, músculo uterino

N

Nares   narinas, ventas
Nasalis   nasal, relativo ao nariz
Nasus   nariz
Natalis   relativo ao nascimento
Neo-   novo
Necrosis   necrose
Nephros   rim
Nervus   nervo, corda
Neurocranium   crânio cerebral, neurocrânio
Neuron   célula nervosa
Niger   preto
Nodosus   nodoso
Nodulus   nódulo, diminutivo de nodo
Nodus   nodo, nó
Non-   não
Nucha   nuca, parte posterior da cabeça
Nucleus   núcleo
Nudus   nu
Nutritius   que serve à nutrição

O

Obliquus   oblíquo
Obliterans   em desuso
Oblongatus   extenso, prolongado
Obturatorius   obturado, fechado
Obtusus   obtuso, rombudo
Occipitalis   occipital, relativo ao occipício
Occiput   occipício, parte posterior da cabeça
Occludens   que se fecha
Occlusalis   próprio para fechamento
Oculus   olho
Odus   dente
Olecranon   olécrano, cotovelo
Olfactorius   que serve ao olfato
Oligo   pequeno, poucos
Oliva   azeitona
Omentum   membrana rendada
Omos   ombro
Omphalos   umbigo
Ophthalmicus   relativo ao olho
Ophthalmos-   olho
Opponens   oposto
Opticus   que serve à visão
Ora   margem, beira
Oralis   oral, relativo à boca
Orbicularis   circular
Orbita   órbita, (cavidade) orbital
Orbitalis   relativo à cavidade orbital
Orchis   testículo
Organum   órgão
Orificium   orifício, boca
Origio   origem
Os, oris   boca
Os, ossis   osso
Osseus   ósseo
Ossificatio   ossificação
Osteogenesis   formação de ossos
Osteon   osso
Ostium   óstio, orifício, abertura, entrada
Oticus   relativo à orelha
Ovalis   oval
Ovarium   ovário
Ovulation   ovulação
Ovum   ovo

P

Pachy-   espesso, forte
Palatum   palato, céu da boca
Pallidus   pálido
Pallium   pálio, manto
Palma   palma
Palmaris   relativo à palma
Palpare   palpar, pulsar, bater
Palpebra   pálpebra
Pampiniformis   com forma de galhos de videira
Pancreas   pâncreas, carnoso
Pancreaticus   relativo ao pâncreas
Panniculus   panículo, pano, bandagem
Papilla   papila, bico da mama
Papillaris   semelhante a uma mamila
Para-   ao longo e ao lado
Parasit   parasita
Parasympathicus   parte parassimpática do sistema nervoso autônomo

Parathyroidea glândula paratireoide, ao lado da tireoide
Paries parede
Parietalis referente à parede
Parotis glândula parótida, ao lado da orelha
Pars parte
Parvus pequeno
Patella patela, formato de panela rasa, prato
Pecten pécten, pente
Pectoralis relativo ao peito, peitoral
Pectus peito
Pediculus pedículo, pedúnculo, pequeno pé
Pedunculus pedúnculo, corpo
Pellucidus transparente
Pelvis pelve
Penis pênis, cauda
Pennatus cheio de penas
Perforans perfurante, penetrante
Pericardium pericárdio, saco ao redor do coração
Perineum períneo, ao redor do ânus
Periosteum periósteo, ao redor do osso
Permanens permanente
Peronaeus relativo à fíbula
Perpendicularis perpendicular
Persistere permanecer
Pes pé
Petrosus petroso, rochoso
Phago- alimento
Phalanx falange, osso do dedo
Pharyngeus relativo à faringe
Pharynx faringe, garganta
Philtrum filtro, sulco labial
Phlebo- veia
Phren diafragma
Phrenicus relativo ao diafragma
Phylogenesis filogenia de seres vivos
Pilus pelo
Piriformis com forma de pera
Pisiformis com forma de ervilha
Pius suave, macio
Placenta placenta, bolo achatado, arredondado
Planta sola (do pé)
Planum plano
Platysma prato, lâmina
Pleura pleura
Plexus plexo
Plica prega
Pneuma respiração, ar, sopro, espírito
Pneumaticus pneumático, cheio de ar
Podo- pé
Pollex polegar
Pons ponte
Poples parte posterior do joelho
Popliteus relativo ao jarrete
Porta porta, carregar, levar

Portio porção, parte
Porus poro, passagem
Posterior posterior, atrás
Pr(a)e- antes
Praeputialis relativo ao prepúcio
Praeputium prepúcio
Primordialis original
Princeps mais importante, principal
Principalis primeiro
Procerus delgado
Processus processo
Profundus profundo
Prominens proeminente, saliente
Promontorium promontório, cabo
Proprius próprio
Prosencephalon prosencéfalo
Prostata próstata
Proximalis proximal, em direção ao tronco
Psoas lombo, quadril
Pterygoideus com forma de asa
Pteryx asa
Ptosis descida da pálpebra
Pubes região púbica, púbis
Pubicus relativo à região púbica
Pudendus pudendo, relativo à genitália
Pulmo pulmão
Pulmonalis pulmonar, relativo ao pulmão
Pulpa polpa, tecido mole
Pulposus pulposo, feito de tecido mole
Pulvinar almofada
Punctum ponto
Pupilla pupila, menina
Putame putame, casca de noz
Pyelos pelve renal
Pyloricus relativo ao piloro
Pylorus piloro, guarda do portão, saída do estômago
Pyramis pirâmide

Q

Quadratus quadrado, quadrangular
Quadriceps com quatro cabeças
Quartus quarto

R

Radialis relativo ao rádio, radial
Radiatio irradiação
Radicularis relativo à raiz
Radius raio, osso rádio
Radix raiz
Ramus ramo
Raphe rafe, costura, sutura
Rectalis retal, relativo ao reto
Rectum reto, intestino reto
Rectus reto, linha reta
Recurrens recorrente, retornar
Regio região, posição
Ren rim
Renalis renal, relativo ao rim

Resorbere reabsorver
Respiratorius que serve à respiração, respiratório
Rete rede
Reticularis relativo a rede
Retina retina, provido de fina rede
Retractor retrator
Retro- de volta
Rhis, Rhinos nariz
Rhomboideus romboide, em forma de losango
Rima fenda, fissura
Rostralis rostral
Rotator rotador, dar voltas
Rotundus redondo
Ruber vermelho
Ruga ruga, ondulação
Ruptura ruptura, rompimento

S

Sacculus sáculo, pequena bolsa
Saccus saco
Sacer- sacro, sagrado
Sacralis relativo ao sacro, sagrado
Saliva saliva, fluido da boca
Salpinx salpinge, tuba uterina
Sanguineus sanguíneo
Saphena veia safena
Saphenus oculto
Sarko- carne
Sartor alfaiate
Sartorius referente a alfaiate, um músculo que cruza a parte femoral frontal
Scala escala, escada, rampa
Scalenus oblíquo
Scapula escápula
Scapus corpo
Sclera esclera, revestimento duro do bulbo do olho
Scrotum escroto, bolsa
Scutulum pequeno escudo
Sebaceus sebáceo, seboso
Sebum sebo
Segmentalis subdividido
Segmentum segmento, seção
Sella poltrona
Semen sêmen, semente
Semi- metade
Semicircularis semicircular
Semilunaris semilunar
Seminalis relativo ao sêmen
Seminifer seminífero, que conduz sêmen
Sensibilis sensível
Septalis relativo ao septo
Septicus afetado por microrganismos
Septum septo, diafragma
Serratus serreado, serrátil
Serosus rico em soro ou serosidade
Sesamoideus sesamoide, semelhante ao gergelim

Sexualis sexual
Siccus seco
Sigmoideus com forma da letra grega sigma
Simplex simples
Sinister esquerda, no lado esquerdo
Sinus seio
Situs local, posição
Sive, seu ou
Skeleton esqueleto
Skolios encurvado
Skoliosis escoliose, curvatura lateral da coluna vertebral
Solaris solar, como o sol
Solea sola
Solitarius único
Soma corpo
Spatium espaço
Sperma esperma, sêmen
Sphaeroideus esferoide, com forma de esfera
Sphaira esfera
Sphenoidalis em forma de cunha
Sphincter esfíncter
Spina espinha
Spinalis como uma espinha
Spinosus espinhoso
Spiralis em espiral, sinuoso
Splanchnicus relativo a vísceras
Splanchnon entranhas, vísceras
Splanchnocranium crânio visceral
Splen baço
Splenicus esplênico, relativo ao baço
Splenius em forma de ladrilho
Spondylos vértebra
Spongiosus esponjoso
Squama escama
Squamosus escamoso
Stapes estribo
Stasis estase, pausa
Stellatus estrelado
Stenos estreito
Sterilis estéril
Sternalis relativo ao esterno
Sternum esterno
Stigma sinal
Stoma abertura, boca
Stratum estrato, camada
Striatus estriado
Struma bócio
Styloideus com forma de estaca
Stylos estaca
Sub- sob
Subcutis hipoderme
Substantia substância, base
Sudoriferus sudoríparo, que contém suor
Sulcus sulco
Super- sobre
Superficialis superficial
Sura panturrilha

Suralis relativo à panturrilha
Suspensorius adequado à suspensão
Sustentaculum sustentáculo, de sustentação
Sutura sutura, costura
Sympathicus divisão toracolombar do sistema nervoso autônomo
Symphysis sínfise, fusão
Syn- junto, unido
Synovia sinóvia, líquido sinovial
Synovialis relativo ao líquido sinovial
Synthesis síntese, composição
Systole contração do músculo cardíaco

T

Tabula tabela, quadro
Tactus sentido do tato
Taenia tênia, estria
Talus osso tibiotarsal
Tarsus tarso, jarrete, calcanhar
Tectum teto, abóbada
Tegmentum tegumento, tegme, cobertura, revestimento
Tela tecido
Telencephalon telencéfalo
Temporalis relativo à têmpora
Tempus têmpora, tempo
Tendineus tendíneo
Tendinosus tendinosos, com muitos tendões
Tendo tendão, estender
Tensor tensor, esticar, estender
Tentorium tentório, tenda
Tenuis fino, tênue
Teres arredondado
Terminalis limítrofe
Tertius terceiro
Testicularis relativo ao testículo
Testis testículo
Tetanie espasmo muscular, tetania
Textus tecido
Thalamus tálamo, câmara interna
Theca cápsula, invólucro
Therapeuein curar
Thoracalis, thoracicus relativo ao tórax
Thorax tórax, couraça
Thrombus trombo, coágulo
Thyreoideus tireoide, glândula em forma de escudo
Tibia tíbia, flauta, osso da canela
Tonsilla tonsila, amígdala
Torsio torção
Torus toro, saliência
Trabecula trabécula
Trachea traqueia, rugoso, irregular
Tractus trato, tração
Trans- através
Transversalis transversal
Transversus transverso
Trapezius trapézio, mesa quadrada

Trauma trauma, lesão
Tri- três
Triangularis triangular
Triceps com três cabeças
Trigeminus triplo
Trigonum trígono, triângulo
Trochlea tróclea, polia
Trope alteração, mudança
Tropho- alimento
Trochos roda, círculo
Truncus tronco
Tuba tuba, corneta
Tuba auditiva tuba auditiva
Tuba uterina tuba uterina
Tuber (pro)tuber(ância), tuberosidade
Tuberculum tubérculo, pequena protuberância, diminutivo de túber
Tubulus túbulo, pequeno tubo
Tumor crescimento, intumescência
Tunica túnica, revestimento
Turbinalis turbinado, espiral, espiralado
Tympanicus timpânico, tambor, relativo ao tímpano

U

Ulna ulna
Ultra- além de
Umbilicalis umbilical, relativo ao umbigo
Umbilicus umbigo
Uncinatus curvado
Unguicula garra, pequena unha
Unguicularis relativo à garra
Unguis unha
Ungula casco
Urachus úraco, ducto urinário embrionário, ducto alantoide
Ureter ureter, ducto urinário
Urethra uretra, ducto urinário
Urina urina
Uterus útero
Utriculus utrículo
Uvea uva, camada vascular do fundo do olho
Uvula diminutivo de uva

V

Vagina bainha
Vagus nervo que vagueia
Valgus com os joelhos virados para dentro
Vallatus valado, encoberto
Valva valva
Valvula válvula, pequena valva
Varus com os joelhos virados para fora
Vas vaso
Vasculosus rico em vasos
Vastus vasto
Velum véu, vela
Vena veia
Venter ventre

Ventriculus ventrículo, espaço em forma de ventre
Ventricularis relativo ao ventre
Vermis verme
Vertebra vértebra
Vertebralis relativo à vértebra
Vertex ápice, coroa
Verticalis vertical
Vesica bolha
Vesicula vesícula, pequena bolha
Vesicularis vesicular
Vestibularis pertencente a uma antecâmara
Vestibulum vestíbulo, antecâmara
Villus vilo, vilosidade
Vinculum faixa
Vita vida
Vitellus gema
Vitreus vítreo
Viscera víscera, órgão interno
Visus visão
Vocalis vocal, sonoro
Volvulus torção
Vortex remoinho, vórtice

X

Xiphoideus ensiforme, em forma de espada

Z

Zele ruptura
Zona zona
Zonula zônula, pequena zona
Zonularis estriado
Zygomaticus relativo ao osso zigomático, unido

Índice

Os números das páginas em **negrito** indicam referências nas figuras.

A

Abaxial 26
– artéria digital dorsal própria IV 657
– digital (is)
– – artéria 665, **667**
– – nervos **668**
– – veias **667**
– ligamento colateral 200-201, **202**, **204**
– ossos sesamoides proximais **201**
– palmar
– – artéria digital palmar própria IV 657, **660**
– – artéria própria 727
– – ligamento da articulação interfalângica proximal **202**
– – nervo próprio 727
– – veia digital 665
– – veia própria 727
– parte do casco 661
Abdome/Abdominal (is) 704
– aorta **470**, 483, 488, **492**
– – aneurisma 719
– – ramos 489-490, **493**
– cavidade 69, 315, 319, **320**, **324**, **369**, 704, **721**
– – exame 717-718
– – imagens de ressonância magnética **320**, 323-324, **796-798**, 799
– – músculos, órgãos, vasos e nervos retroperitoneais **325**
– – parte intratorácica 319, **320**
– – projeções dos órgãos na parede lateral do corpo 740, **742**, 743
– – topografia 720
– criptorquidismo 715
– hérnia 714
– linfonodos 507
– músculos 163, **284-285**
– – funções 163
– – superficiais **284**
– nervo vago 559
– órgãos 351, **374-375**, 378, **708-713**
– óstio da tuba uterina **458**, 459, **462**
– paracentese 71
– parede 69, 705, 708
– – artérias/veias segmentares 705
– – músculos 163, **164**, **166**, 167
– – regiões 708
– parte
– – do músculo cutâneo 138, **140-141**
– – do nervo vago **585**
– – do tronco simpático 583
– – do ureter 425
– sacos aéreos **752**, 760-761
– secção transversal **356**
– tomografia computadorizada (TC) 795
– túnica 137
– ultrassonografia **791-792**
Abdominocentese 71
Abertura
– conchomaxilar 108, 404
– do retículo omasal 366
– frontomaxilar 108, 405
– intrafaríngea 34
– nasomaxilar 108, 404
– orelha externa 775
– pelve
– – caudal 249, 321
– – cranial 321
– torácica
– – caudal 74, 315
– – cranial 74, 315-316
Ablatio retinae 697
Abomaso 360, **362**, 366, 367, 378, **720-721**
– anel perigástrico das artérias 370
– deslocamento 367, 715
– projeção na parede lateral do corpo 743
– vascularização 369
Abomasopexia 715
Absorção de substâncias 67
Acessórios
– articulações carpais 195
– cabeça do músculo tríceps 222, **227**
– cartilagem nasal 398
– casco 652
– ducto pancreático 392-393, **394-395**
– glândulas genitais 439, **441-442**, **444**
– – exame 718
– glândulas tireoides **589**
– ligamento 726
– – carpal **199**
– – carpo ulnar **199**
– – *check* 237
– – desmotomia 730
– – do fêmur 267, **269**
– – do músculo flexor profundo dos dedos 232, **306**
– – do osso carpal IV **196**, **199**
– – metacarpal **196**, **199**
– – ulnar **199**
– linfonodos axilares 505, **507**
– lobo do pulmão **414**, 416, **416**
– músculo glúteo 286, 730
– nervo (XI) 521, **524**, **527-528**, **550**, **557-558**, 559-560, **693**, 700
– – neurectomia 152
– ossos do carpo 173, 182, **182-183**, 184, **185**, **196-199**, 311
– – fraturas 206
– pilar **363**
– processo 110, **110**, **120-121**
– sulco do rúmen 362
– superficial
– – músculo cervicoauricular 144
– – músculo escutuloauricular **146**
– tendão do músculo semitendíneo **302-303**
– veia cefálica **495**, 496, **668**, 724, **728-729**
Acetabular
– fossa 248, **249**
– lábio 267
– *labrum* 248
– osso 247
– ramo do ílio 243
– rim 267
– sulco 248, **249**
Acetábulo **122**, 243, **246**, 247, **247-250**, 749
Acetilcolina 44, 64-65, 581
Acetilcolinase 65
Acidente vascular 698
Ácido úrico (urato) 763
Acomodação 602
Acrômio 171, **173-174**, 190
– fratura 727
Acrópódio 181, **244**, 259
ACTH (hormônio adrenocorticotrófico) 36, 588
Acústica (o)
– área **536**, 556
– órgãos 524
– radiação **536**
Adamantina 339
Adamantoblastos 339
Adeno-hipófise 524, 538, 587, **588-589**
Adesão intertalâmica **515**, 524, **527**, 530, **533**, 538
Ádito
– esôfago 348
– laringe 348, 408
Adrenalina 481, 595-596, 603, 645
Adventícia do esôfago 352, **352**
Adventiciectomia 678
Aéreo (s)
– capilares 747, 760
– células do ovo 766, **769**
– fluxo no sistema respiratório das aves **762**
– sacos 747, 751, 760, **762**
– – tomografia computadorizada (TC) **794**
– tubos 760
Aerofagia do equino 152
Aferentes
– fibras nervosas 59, 63
– neurônios 519
– vasos linfáticos 501, **502**
– vias dos órgãos sensoriais 533
– vias viscerais 538
Agentes de contraste à base de iodino 791
Alar
– canal 79

– cartilagem **398**, 402
– – ossificação 730
– – forame 110, **115**, **129-130**, **626**
– – incisura 110
– – ligamento **130**
– – prega **402**
Albino 697
Albúmen (*egg white*) 766
Alça
– axilar 564, **569**
– cervical **558**, 562, 701
– de Henle 422, **424-425**
– distal do colo 383
– do néfron 422
– duodenal 756
– espiral 383
– proximal do colo 383
– subclávia **584**
Almofada digital 650-651, **651**, **652**, **653**, **658**, 671, **672**, 673
– glândulas da pele 641
Alular (es)
– dígito **748**
– rêmiges 778, **778**
Alveolar (es)
– canal da mandíbula 91
– ductos 413, **418**
– glândulas 67
– margem da mandíbula 90, **92**
– margem da maxila 88, **96**
– processo
– – da maxila 88, **96**, 108, 337
– – do osso incisivo 88
– ramo
– – do nervo alveolar inferior **554**
– – do nervo infraorbital 552, **553**
– sacos 413, **418**
Alvéolos
– da glândula mamária 643
– dentais 88, 90, 336-337
– pulmonares 413, **418**
Ampola
– colo 377, **380-381**, 382
– da tuba uterina **462**
– do ducto deferente **434**, 436, **441**
– *tubae uterinae* 459
Ampular
– crista 629
– glândula 439
Amputação
– da ponta da asa 749
– do corno 681
– dos ossos metacarpais 749
Anal (is)
– canal 383, **384**
– região **733-734**
– sacos 384
– – abscessos 384
Anastomoses intracerebrais **546**
Anatomia 24
– comparativa 24
– microscópica 24
– seccional 779
– sistemática 24-25

– topográfica 24
– veterinária 21
– – história 21
Ancôneo
– processo **178-179**, 181, **193**
– – não união 206
– – separação 730
– sulco 703
– tuberosidade do olécrano **192**
Andaduras 313
Andrógenos 596
Anel
– esclera 599
– fibroso do coração 473
– inguinal
– – profundo 165
– – superficial 164-165
– pancreático 391
– timpânico 80, 620
– umbilical 163
– vaginal 718
Anestesia do pênis e do prepúcio 716
Anestesia local, diagnóstico de claudicação 568
Anestesia perineural
– do nervo infraorbital 87
– marcos 91
Anexos
– do olho 608
– dos órgãos genitais femininos 467
Anfiartroses 40
Angiografia 791
Angiologia 52, 482
Angiotélio **53**, 54
Angiotensina I 419
Angiotensinogênio 419
Angular
– artéria da órbita 486
– artéria do olho **488**, **692**
– cúspide da válvula tricúspide **478**
– incisura do estômago 353, **356**
– processo da mandíbula 91, **92**, **96-97**
– – veia do olho **692**
Ângulo
– arco costal 125
– caudal da escápula 171
– costal 127
– cranial da escápula 171
– da costela **126**
– da mandíbula 91, **92**, **98**
– da sola 671
– mentual 90, 103
– nasal e temporal do olho 612
– ventral da escápula 171
Anisodactilia 751
Anorretal (is)
– linfonodos 372, 508, **509**
– linha **384**
Antagonistas 47
Antebraço 177, **178-180**
– esqueleto 177
– músculos **226-227**
– pronadores 223
– ramos cutâneos **566-567**
– região 724
– supinadores 223

Antebraquial
– fáscia 211
– região **723**
Antélice 620, **620**
Anterior (es)
– artérias ciliares 615
– câmera 598, **598-600**, 607, **609**, **774**
– epitélio da córnea 599, **601**
– lâmina limitante 599
– lobo da glândula hipófise 587
– polo do bulbo ocular 597, **597**
Antitrago 620, **620**
Antro piloro 353
Anular
– cartilagem 620, **620**
– ligamento
– – da articulação do boleto **204**, 232, **235-237**
– – do estribo 622
– – do rádio 193
– ligamento palmar 236
– mucosa limitante 348
Ânus **467**
Aorta 53, 471, 475, **484**, **706**
– abdominal 483, 488
– ascendente 483, 769
– descendente 483, 769
– torácica 483
Aórtica (a) (s)
– abertura 476
– arcos 483, 596
– bulbo 476
– corpo 596
– hiato 69, **162**, 319, 488, 495, **500**, 509
– seios 476
– válvula 476, **476**, 478
– – sons cardíacos 482
Aparelho
– digestório 315, 327
– hioide 80, 92
– hipobronquial **754**
– lacrimal 614
– locomotor 27
– recíproco 299, 302, **312**, 735
– respiratório 315
– suspensório da glândula mamária 137
– urogenital 419
Aparelho locomotor 27
– imagem de ressonância magnética 799
– tomografia computadorizada (TC) 795
Apêndices cervicais **634**
Apical 26
– forame do dente 336
– músculo dilatador da narina **142**, 143, **144**
Ápice
– coração 473, **474**, 476, **477**
– da língua 329, **330-331**, **754**
– do batimento cardíaco 746
– do ceco 379
– do nariz 399
– osso sacro 122
– pavilhão auricular 619, **620**
– toro 663, **664**

Aplicação intraperitoneal de agentes farmacológicos 71
Apófise 29
– da fúrcula **750**
Aponeurose dos músculos 44
Aqueduto do mesencéfalo 523, **527**, 541, **543**
Aracnóidea (s) 540
– granulações 540
– vilosidades 540
Archaeopteryx 747
Arco (s)
– alveolares mandibulares 90
– aorta 483
– costais 125
– do véu palatino 347
– e corda 309, **310**
– flexão 309
– hemais 125
– isquiáticos 247, 321
– lombocostais 69, 162
– palatofaríngeos 328
– reflexo neuro-hormonal da glândula mamária 645
– terminais 496, 665, 675
– vertebrais 110
– zigomáticos 85, 95
Área
– acústica 523
– central redonda da retina 606
– cribriforme
– – da papila renal 422
– – retina 606
– intercondilar central 258
– motora 530
– óptica 530
– sensorial contralateral 530
– somestésica 530
Areia 754, **755**
Arqueada
– artéria do rim 423
– linha do ílio 243
Arquicerebelo 522
Arquipálio 525, 528
Arrastamento do ombro 564
Artéria (s) **53**, 54, 55, 471
– alveolar inferior 487
– angular do olho 486
– arqueada 423
– auricular caudal/rostral 487
– axilar 483, 485
– bicipital 485
– braquial 485
– broncoesofágica 489
– bucal 487
– bulbos vestibulares 491
– carótida comum 137, 410
– cecais 373, 490
– celíaca 372, 388, 489
– cerebelar caudal, média e rostral 545
– cervical
– – profunda 483
– – superficial 483
– ciliares 600
– – anteriores 615
– – posteriores curtas/longas 615
– circunflexa
– – escapular 485

– – femoral lateral 490
– – femoral medial 490
– – ilíaca profunda 490
– – umeral cranial/caudal 485
– colateral radial/ulnar 485
– cólica
– – direita 373, 490
– – dorsal 373
– – esquerda 373, 490
– – média 372, 490
– – ventral 373
– cornual 681
– coronária direita/esquerda 477
– costoabdominal 489
– cremastérica 490
– da circulação pulmonar 483
– da circulação sistêmica 483
– da margem única 675, **679-680**
– do bulbo do pênis 448
– do bulbo vestibular 491
– do corpo caloso **546**
– digital
– – dorsal própria IV abaxial/axial 657
– – palmar comum II 485
– – palmar própria IV abaxial/axial 657
– – plantar lateral/medial 490
– dorsal
– – nasal 486
– – pé 490
– – pênis 491
– epigástrica
– – caudal 490
– – cranial 483
– escapular dorsal 483
– esfenopalatina 487
– espinais dorsolaterais 541
– esplênica (lienal) 358, 489, 514
– etmoidal 487
– facial 486
– faríngea ascendente 486
– femoral 490
– femoral caudal 490
– fibras musculares lisas 55
– frênica
– – caudal 489
– – dorsal 489
– gástrica (s)
– – curtas 358
– – direita/esquerda 358, 489
– gastroduodenal direita 489
– gastroepiploica direita/esquerda 358, 369, **393**, 489
– genicular 490, 733
– glúteo cranial/caudal 491
– hepática 358, 388, 489
– íleo 491
– ileocólica 372, 490
– ilíaca
– – externa 490
– – interna 490-491
– iliolombar 491, 731
– infraorbital 487
– intercostal
– – dorsal 488
– – suprema 483, **489**
– interdigitais 665
– interlobulares 423

– interóssea comum 485
– jejunais 372, 490
– joelho 490
– – médio 490
– labial inferior/superior 486
– lacrimal 487
– laríngea cranial 486
– lienal (esplênica) 358, 489, 514
– lingual 486
– lombares 489
– malar 487
– mediana 485
– meníngea
– – caudal 486
– – média 487
– – rostral 487
– mentual 487
– mesentérica cranial/caudal 372, 490
– metatársica dorsal III 490
– musculofrênica 483, **483**
– nasal lateral 486
– nutrícias dos ossos 31, **36**
– obturatória 491
– occipital 486
– oftálmica
– – externa 487, 615
– – interna 487
– ovárica 469, 490
– palatina
– – ascendente 486
– – maior 487
– – menor 487
– pancreatoduodenal cranial/caudal 489-490
– peniciliadas do baço **513**
– perineal ventral 491
– poplítea 490
– profunda do braço 485
– prostática 491
– pudenda
– – externa 490
– – interna 469, 491
– pulmonar direita/esquerda 483
– radiada 421
– radial 485
– renal 423, 490
– retal
– – caudal 491
– – cranial 373, 490
– – média 491
– ruminal direita/esquerda 369
– sacral mediana 490-491
– safena 490
– subclávia 483
– subescapular 485
– sublingual 486
– supraescapular 485
– supraorbital 487
– tarsal perfurante **494**
– temporal
– – profunda caudal/rostral 487
– – superficial 487, 681
– testicular 438, 490
– terminais 53
– – em *loop 31*
– tibial cranial/caudal 490
– tipo elástico **54**, 55
– tipo muscular 55

– tireóidea
– – caudal 486
– – cranial 410, 486
– torácica interna 483
– toracodorsal 485
– transversa
– – do cotovelo 485
– – facial 487
– umbilical 491
– uterina 469, 490-491
– vaginal 469, 491
– vertebral 483
Arterial
– amostra de sangue 486
– – artéria facial 488
– – artéria metatarsal dorsal 490
– círculo **545-546**
– pressão sanguínea 55
Arteriograma
– da pata **660**
– das artérias digitais **666**
– do pé **678**
Arteríolas **53**, 54-55, 471
– da retina 615, 697
Arteriovenosa (s)
– anastomoses 54-55, 438
– junções 54
Articulação (ões) 26, 27
– antebraquiocarpal 182, 195, 726
– atlantoaxial 129
– atlantoccipital 129
– biaxial 40
– bigorna-martelo **625**
– bola e soquete 40-41
– cabeça da costela 130, 135
– calcaneoquartal 277
– cápsula 30, 37
– – articulação do cotovelo 193
– – articulação do ombro 191
– – camada fibrosa 37
– – camada interna 37
– – divertículo **42**
– carpo/*carpeae* 195
– carpometacárpica 182, 195
– cartilagem **29**, 37, 40
– cavidade 37, **41**
– centrodistal 277
– coclear 41
– colunas vertebrais 131
– composta 40, 191, 195
– condilar 41, 345
– contratura 41
– costocondral 130, 135
– costotransversal 130, 135
– costovertebral (is) 130, 135
– – ligamentos **135**
– cotílica 41
– coxa 267
– coxofemoral **123**, **252**, 267
– cricoaritenóidea 408
– cricotireóidea 409
– da cabeça 128
– deslizante 41
– do crânio 128
– do membro pélvico 265
– do membro torácico para o tronco 190
– do pé 276
– efusão 41

– elipsóidea 40-41, 130
– em dobradiça 40-41, **43**, 191, 195, 198, 200
– em mola 41, 193
– em pivô 40, **43**, 130
– em sela 40-41, **43**, 199, 203
– esferóidea 40-41, **43**, 191, 267
– espiral 41
– esternocostal 130, 135
– esternocoracoide **750**
– femoropatelar 253
– femorotibial 253, 268
– fibrosa 37
– funções características 41
– *gap* 37, **41**
– glenoumeral 171
– intercárpico 195
– intercostais 130
– interfalângica
– – distais 198, 660, 670
– – proximais 198
– intermandibular 98, 128, 347
– intermetacárpica 198
– intertársicas distais/proximais 276-277
– joelho 268
– líquido 37
– lombossacral 136
– mão 195
– membro pélvico 265
– membro torácico 190
– metacarpo/metacárpica 195
– metacarpofalângica 198
– multiaxial 40
– pé 276
– plana 41, **43**, 132, 195
– radiocárpica 195
– radioulnar
– – distal 193
– – proximal 193
– rato 41
– rígidas 40
– sacroilíaca 265
– selar 40-41
– simples 40
– sinovial 37
– – manubrioesternal 36
– talocalcaneocentral 277
– tarso 276
– tarsocrural 261, 276, 277
– tarsometatarsal 261, 277
– temporo-hióidea 128
– temporomandibular 79, 102, 128, 345
– tipo de movimento 40
– torácica 130
– trocóidea 40, 130
– ulnocarpal 195, **197**
– úmero 190
– umerorradial 193, **194**
– umeroulnar 191
– uniaxial 40
Articulação do boleto 198, 200, **205**, **208**, **662**
– estabilização 312
– ligamentos 200-202
– ligamentos distais 200
– ligamentos médios 200
– locais de injeção 200, 203

– osteocondrose 207
– sinovite articular crônica 207
– tufos 639
Articulação do casco 198, 201, 204, **209**
– lesões, claudicação 207
– ligamento dorsal 201
– ligamentos 205
– locais de injeção 205
Articulação do cotovelo 173, 175, **177**, 178, 191, **192-195**, 252, 255, 258, 268, **274**
– anatomia seccional **787**
– bolsa 271
– cápsula 268
– esqueleto **255-256**
– extensão 311
– flexão 311
– imagem por ressonância magnética 272, **787**
– inervação 580
– ligamento colateral 175
– ligamentos 193, **270**, 273
– linfonodo **564**
– locais de injeção 193, 274
– luxação 206
– mecanismo de bloqueio 271
– modelos acrílicos **275**
– músculos **221**, 222, **224-225**, 282, **290-291**, 293, **295**, 749
– radiografia **256-257**
Articulação do ombro 119, 173, 190, **190-191**, 722, **750**, 783
– achados anormais 206
– artroscopia **210**
– do cão **190**
– imagem por ressonância magnética 783
– linha 745
– locais de injeção 191
– luxação 206
– musculatura profunda 220
– músculos 218, 221, **221**, **224-225**
– músculos laterais 221
– músculos mediais 220-221
– radiografia 171
– região 722, **723**
Articulação do quadril 267
– displasia 268
– fraturas 268
– inervação 580
– ligamentos 267, **269**
– locais de injeção 268
– luxação 268
– músculos 282
– radiografia 252
– região 730, 732, **732**
Articulação radiocarpal 195, **197**
– fraturas em lasca 206
Articulação talocrural **280**
– bolsas **280**
– locais de injeção 279
Articulação tarsometatarsal 261, 279
– locais de injeção 279
Articular
– circunferência
– – da ulna 178, **178**
– – do rádio **178**, 179, 181

– face 115
– – da fabela 255
– – da falange distal 189
– – do osso navicular 187
– – do osso sesamoide do metacarpo 187
– face da tíbia 258
– fóvea da vértebra 112
– músculo
– – articulação do ombro 220-221
– – articulação do quadril 293, **298**
– processo
– – da vértebra 109, 112, 120
– – da vértebra torácica 113
Artrite da articulação do boleto 207
Artrografia 791
Artrologia 37
Árvore
– brônquica 413
– da vida 522, **533**
Asa (s)
– das aves 747
– do atlas 110, **111**, 113, 115, 129, 130
– do basisfenoide 78
– do ílio 121, 243, **247-248**
– do pré-esfenoide 78
– do sacro 122, **122**, 124, 125, **247**
– garra **751**
– ossos **748**
– – esfenoidal 78
Ascendente (s)
– aorta 483, 769
– artéria faríngica 486
– artéria palatina 486
– colo **375-376**, 378, 380-381, 719, **720-721**
– – projeção na parede lateral 742-745
– duodeno 374, **375**, 377, **755**, 756, **756**
– mesocolo **382**
– ramo do tubo convoluto 422, **424-425**
– tratos espinais 519
– vias 530, **534**
Ascites 71
Asfixiação 763
Aspergilose da bolsa gutural 692, 695-696
Assoalho
– da pelve 249
– placa do osso etmoide 82
– prega da garra 656
Associação
– córtex 530
– fibras 529
Astrócitos 61
– fibrilar 62
– protoplasmáticos 61
Atlantoaxial
– articulação 110, 129-130, **130**
– espaço 109, **111**, 113
– membrana 131
Atlantoccipital
– articulação 95, 110, 129, **129**, 130, **130**, 151, **626-627**

– espaço 109, **111**
– membrana 130, **130**, **540**
Atlas 110, **111-112**, **114**, **160**
– fossa do 110, **129**
– parte do músculo longíssimo 155, 157
Atrial (is)
– apêndices 473
– peptídeos natriuréticos 481
– som 482
Átrio
– coração 52
– direito 474
– do parabrônquio 760
– esquerdo 474
– ruminal 361
Atrioventricular
– abertura 474
– feixe 480, **480-481**
– nó 480, **481**
– válvula **473**
Atropina 603
Auditiva/o (s)
– área 530
– canal 95, 698
– córtex 534
– ossículos 80, **619**, 622, **625**, 698, 775
– tuba 623, **626**, **694-695**, 775
– – abertura faríngica **351**, 691, **694**, 695
– – abertura timpânica 695
– – cartilagem 695
– – infecção faríngica 698
– vias 534, **536**
Aurícula 99, 619, **619-620**
– coração 473-474
– do átrio 473
Auricular
– cartilagem 151, 334, **619**
– do nervo facial 562
– face do sacro **124**
– músculos 619
– parte do ílio 243
– ramo do nervo vago 556, 558
– região **686-687**
Autonômico (s)
– gânglio 548
– nervos 548
– sistema nervoso 59, 63, 537, 580-581, **582**
Autopódio 181, **244**, 259, 677
Aves
– anatomia 747
– asfixiação 763
– bulbo do olho 772
– cavidade nasal 758
– cavidades corporais 751
– eritrócitos 769
– esqueleto 748
– formações linforreticulares 770
– glândulas endócrinas 772
– glândulas salivares 753
– intestino 756
– laringe 758
– linfáticos
– – órgãos 769-770
– – vasos 769
– medula espinal 771

– metabolismo da purina 763
– migração 747
– olho 772
– orelha 775
– órgãos acessórios do trato intestinal 757
– órgãos genitais femininos 765
– órgãos genitais masculinos 763, **765**
– ovo 747, 767
– ovócito 767
– pele 776
– – estruturas acessórias 776
– percepção pentacromática da luz 747
– pneumatização do esqueleto 760
– pulmão 759
– regiões corporais com penas 777
– regiões corporais sem penas 777
– sistema bronquial 760
– sistema circulatório 769
– sistema digestório 751, **753**
– sistema imune 769
– sistema nervoso central 771, **771**
– sistema respiratório 758, **762**
– sistema urinário 763
– tegumento comum 776
– temperatura endotérmica 747
– traqueia 758
– trato digestório proximal 753
– trato gastrointestinal 753
– venopuntura jugular 769
– vocalização 747
Axial 26
– artéria digital dorsal própria IV 657, **660**
– digital (is)
– – artéria 665, **667**
– – nervos **668**
– – veias 667
– esqueleto 73
– ligamento colateral 200-201, **203-204**
– osso sesamoide **201**, **203**
– palmar
– – artéria própria do quarto dedo 657, **660**
– – ligamento **203**
– – veia dos dedos 665
– parte do casco 661
– veia plantar dos dedos 665
Axilar (es)
– artéria 485-486, **487**, **491**, **706-707**, 722, 728, **729**
– – amostras de sangue 486
– fáscia 137, 211
– linfocentro 505
– – tumores mamários 505
– linfonodos **507**, **564**, 637, 644, 722, **729**
– *loop* 564, **564**, 566, 723, **729**
– nervo 563, **564**, 565, **569**, **728-729**
– – inervação cutânea **572**
– plexo 486
– região 722
– vasos linfáticos **770**
– veia 495, 496, **706-707**

Áxis 110, **111-112**, **114-115**, 118, **160**
– do bulbo externo/interno 597
– óptico 597
– pelve 249
Axônio 60, **60**
– dos neurônios sensoriais 61
– veia ázigo 495, **495**, **498**, **706**

B

Baço 57, **374**, **392**, **511**, 512, **512-513**, **720**, 771
– artérias peniciliformes **513**
– nódulos **513**
– projeção na parede corporal lateral 740, 742-744
– tecido linfoide folicular 514
– ultrassonografia **791**
Baço-rim 719
Bainha de mielina **60**, 61-62
Bainha do tendão 46, **47**
– cavidades/recesso 51
– do tarso 301
– inflamações 51
Bainha periarterial linfática 513
BALT (tecido linfático associado ao brônquio) 57
Barba 639
Barbela 777
Bárbulas 777
Bário, suspensão de sulfato 791
Barras 670-671, **672**
Barreira hematoaérea 416, 760
Barreira hematoencefálica 56, 65, **546**
Barreira hematoliquórica 65
Barreira hematonervosa 65
Barreira hematourinária 421
Barreira, artérias de 54
Basal
– camada de epiderme 635, **636**, 654
– canal interscalar **776**
– gânglio 529
– lâmina da corioide 600
– margem do pulmão 412
– núcleo 525
– prega **402**
Base
– *cunei* 671
– da ranilha 671, **673**
– do calcâneo 263
– do ceco 379
– do coração 317, 474
– do crânio 97, **97**, 100, 103, 104, **105**
– – externa 98
– – interna 100, 104
– do estribo 622, **625**
– do osso sacro 122
– face do casco 652, **655**
Basi-hioide 92, **93**, 99, 104, **403**, **627**
Basilar
– artéria **522**, **528**, 545, **545-548**
– lâmina 630

– membrana 632, 776, **776**
– parte
– – do osso occipital **78**, **89**
– – do osso temporal 74
Basipódio 181, **244**, 259
Basisfenoide 78, **89**, **97**, **129**, **781**
– aberturas e estruturas que passam através **89**, 94
Bastonetes da retina 604-605
Bicipital
– artéria 485, **487**
– bolsa 222
– sulco 175
– tendão **190**, 191
Bico, órgão da ponta 753, 777
Bigorna 80, 621-622, **625**, **628**
Bile 391
– canalículos 391
– capilares 391
– ducto 321, **386**, 391, **392**, 758
Boca 327
Bochecha (s) 328, 336-337, **338**, 777
– dente 340
– músculos 139, **142-143**, **150**
Bolsa (s)
– cloacal 757, 770
– Fabricii 757, 770
– gutural **149**, 334, **403**, 623, **626-627**, 691, **694**, 695, **695-696**
– – aspergilose 692, 695-696
– – cateterização 695
– – doença 331
– – endoscopia **803**
– – função **628**
– – infecção 559, 623, 698
– – inflamação 557, 698
– – lesão idiopática 559
– infrapatelar 270-271
– intertubercular 191, 222
– – bursite 727
– omental 71, 359
– ovariana 459, 468
– podotroclear 205, 237, 660, 670
– retogenital 319, **319**, 323, **326**, **716-717**
– sinovial 50
– – submusculares 50
– – subligamentosa 50
– – nucal cranial/caudal 134
– – supraespinal 134
– subtendínea
– – calcâneo 302
– – músculo infraespinoso 218
– – músculo tríceps braquial 222
– testicular 435
– vesicogenital 319, **319**, 323, **326**, **716-717**
Bomba de pressão do coração 57
Botallo, ligamento de **484**, 559
Botões dos neurônios motores 65
Botões gustatórios 329-330, **332**
Bovino
– abdome
– – cavidade, exame 717
– – órgãos **378**, **713**
– anestesia perineural 91

– baço 513
– bainha digital sinovial **236-237**
– bolsa intertubercular 191
– cálices renais **428**
– cartilagem traqueal 411
– casco 660
– comprimento do ducto do epidídimo 436
– dedos, tendões e bainhas sinoviais **233**
– dentição 344, **346**
– ducto pancreático 393
– esqueleto **39**
– estômago 360-361
– exame retal 718
– fórmula dental 339
– glândula paratireoide 593
– glândula tireoide **591**
– glândulas bulbouretrais 441
– glândulas genitais acessórias 439
– glândulas mamárias 648
– hérnia abdominal 714
– laparotomia 715
– ligamento patelar 270
– lobos pulmonares 417
– locais de injeção
– – articulação do cotovelo 193, 274
– – articulação do ombro 191
– – articulação do quadril 268
– – articulação femoropatelar 274
– – articulações carpal 198
– – jarrete 279
– membro torácico
– – musculatura extrínseca e intrínseca **215**
– – nervos dorsais do casco 666
– – nervos palmares do casco 666
– músculo esternocefálico 211
– músculo esternomandibular 211
– músculo esternomastoide 213
– músculos superficiais **49**
– olho **602**, **604**
– órgãos genitais **434-435**
– – exame 718
– pélvica (o)
– – cavidade 251
– – cavidade, exame 717
– – órgãos **378**
– – ligamentos **267**
– pênis 446
– projeção de órgãos na parede lateral corporal 742, **744**
– próstata 441
– rim **422**
– tendão flexor superficial dos dedos 726
– úbere **644**, 648
– ureter **428**
– vértebra 117
Braço 171
Bradicinina 419
Branca (o)
– comissura 519, **519**
– linha **664**, 671, 673
– – do abdome **69**
– – do casco 662, 673, **674-676**

– – do corno da sola 662
– – doença 664
– lobo da orelha 775
– pulpa do baço 514, 771
– ramos comunicantes 581
– substância 61-62
– – bainha mielina 62
– – da medula espinal **518**, 519
– – do cérebro 522, 525
– – vascularização 545
– tipo de músculo 44
Braquial
– artéria 485-486, **487**, **489**, **491**, 723-724, **728-729**
– – palpação do pulso 486
– fáscia 211
– músculo **194**, **214-219**, 222-223, **224**, 724
– plexo 562-563, **564**, **569**, 722, **725**
– região **723**
– veia 496, **498**, **729**
Braquiocefálico
– ducto **760**
– músculo **142**, **150**, 211-212, **212**, 213, **214-215**, 216, **216**, 311, **497**, **700**, **782**
– região, injeções subcutâneas 702
– tronco **472**, **479**, 483, **484-485**, **489**, **491**, **707**, 769
Braquiodonte 336, **338**
Broncoesofágica
– artéria 489
– tronco **489**, **707**
– veia 495
Bronquial
– árvore 413, **413**, 414, **415**
– linfocentro 318, 506
– ramos da artéria broncoesofágica 489
– sistema 760, **762**
– veia 495
Bronquíolos
– respiratórios 413
– terminais 413
– *veri* 413
Brônquio (s) 413, **752**
– lobares 413
– primários/secundários 760
– principais 413, **416**
– segmentares 413
– subsegmentares 413
– terciário 760
Bucal
– artéria 487, **693**
– face
– – da mandíbula 91
– – do dente 336
– glândulas **336-337**
– nervo 553, **554-556**, 560, 686
– parte
– – do músculo bucinador 142
– – do músculo zigomático 142
– pelos táteis 639, **642**
– plexo 695
– ramos do nervo facial 555
– região 685-686, **686-687**, **691**
– seio venoso 693

– veia **495**, 693
– vestíbulo 327, **400**
Bula
– lacrimal 85
– timpânica 80, 621, 698
Bulbar
– conjuntiva 613, **614**
– corno 664
– lâmina 610
Bulbo
– da aorta 476
– da glande 445
– do pelo 638
– do pênis 443, 444, 445
– do segmento do casco 663
– do talão 670
– olfatório 528
Bulbo do olho 597, **597-599**, 687, 696
– áxis externa/interna 597
– camada fibrosa 598, **599**
– camada interna **599**, 603, 773
– camada média 773
– camada vascular **599**, 600
– camadas 598
– câmaras 598
– da galinha **774**
– das aves 772
– eixos/planos direcionais 597
– fáscia 610
– movimentos 611
– músculos extrínsecos 610, **611**, 612, **612**
– músculos retratores 611
– vascularização 615
Bulbos terminais de Krause 637
Bunodonte 336
Bursite
– da bolsa do subligamento nucal 701
– da bolsa intertubercular 727

C

Cabeça
– anatomia topográfica 685, **689-690**
– articulações 128
– da costela 126, **126**
– da fíbula **260**
– da mandíbula 98, **105**
– das fitas 622
– do epidídimo 435, **435**, **439**
– do estribo **625**
– do fêmur **254-255**
– luxação 268
– do martelo **621**, 622, **625**
– do músculo 46
– do osso metacarpo 183
– do rádio 178, **178-180**
– do tálus 262
– do úmero 175, **176-177**, 190, **190-191**, **750**
– – deslocamento 206
– epidídimo 435
– esqueleto 73-74
– estratigrafia 685
– estruturas ósseas palpáveis 737

– fáscia 137
– foramina para injeções 736
– imagem por ressonância magnética **623**, **780**, 781, 799
– – reconstrução tridimensional (3D) **799-801**
– linfonodos 504, **504**
– mandíbula 92, 128, 345
– músculos 139, **749**
– músculos curtos, sistemas intertransversário e espinal 159
– músculos cutâneos 138, **140-141**
– músculos específicos 147
– músculos longos 159
– músculos profundos, sistemas espinal e transversoespinal 157
– músculos superficiais **142**, **144**, **150-151**
– órgãos digestórios 689
– osso femoral 252-253
– rádio 178
– regiões 685, **686-687**, **690-691**
– – aplicações clínicas 689
– secção paramediana **781**
– secção transversal **400-401**, **780**
– talo 262
– tomografia computadorizada (TC) **793-794**, 795
– topografia **692-693**
– ulna 181
– ulnar, músculo flexor ulnar do carpo 224
– umeral, músculo flexor ulnar do carpo 224
– úmero 175
– veias 493, **495**
Cálamo 777
Calcânea 261-262, **263-264**
– região 732
– tuber 262, **263-264**
– tuberosidade 734
Calcanhar 670, **670**
– bulbos **652**, 674-675
Calcar 751
– metatarsal 777
Cálcio 36
Calcitonina 36
Cálice 262
– renal 425
Calo 31
Calvária 99, **103**, 104, **106**
Camada (s)
– basal 635, 654
– calcânea **769**
– circular 68, 352, 354
– condrogênica 33
– córnea 635, 651, 654
– de Bowman 599
– de disjunção da epiderme 635, **636**
– espinhosa 635, **636**, 654
– fibrosa 30-31, **31-32**, 37, **47**, 50
– ganglionar da retina 604, 605, 606, **606**
– granular da epiderme 635, **636**, 654
– longitudinal 68, 352, 354
– lúcida da epiderme 635, **636**
– nervosa da retina 604

– neuroepitelial da retina 605, **606**
– neurofibrosa 605
– nuclear externa/interna 605
– osteogênica 30, **32**
– pigmentosa da retina 604
– plexiforme externa/interna 605, **606**
– profunda da derme 777
– reticular 674
– sinovial 37, **47**, 50
– subendotelial 54
– vitais da epiderme 654
Câmara
– anterior 598, 607
– do bulbo 598
– posterior 598, 607
– vítrea 598
Canal
– alar 79
– alveolar 91
– colo do útero 460
– hialóideo 608
– infraorbital 87
– inguinal 164-165, 468
– interescalar **776**, **776**
– interincisivo 94, **108**, **398**
– lacrimal 88
– lacrimonasal 690
– mandibular 91
– musculotubário 80
– nervo facial 102
– nervo hipoglosso 98
– óptico 78, 97, 102
– palatino 89
– pilórico 353
– raiz do dente 336
– sacral 122
– seio transverso 100
– semicirculares 80
– – ósseo 628
– solear 189
– transversário 112
– triósseo 748
– vertebral 73, 109
Canalículo (s)
– lacrimal 614
– ósseo **33**, 35
Canhão
– do membro pélvico 263
– do membro torácico **185**, 186, **205**, 263
Canino **98**, 339
Canto 612
Cão
– anestesia perineural 91
– ápice da batida do coração 746
– articulação do cotovelo **256**
– aspecto nucal do crânio **76**
– cartilagem traqueal 411
– castração 715
– cavidade pélvica 251
– comprimento do ducto do epidídimo 436
– cúpula do diafragma, projeção na superfície corporal 745
– dente **97**, 99, 336, 339-340, **344-345**
– ducto arterial persistente 704
– ducto pancreático 393

– dureza absoluta 746
– esqueleto 38, **217-218**
– – do carpo **231**
– – do membro pélvico **244**
– – dos dedos **231**
– estômago 355, **357**
– estruturas ósseas palpáveis **741**
– forame etmoidal 100
– fórmula dental 339
– fossa 87
– garra 656
– glândula paratireoide 593
– glândula tireoide **591**
– glândulas mamárias 646
– lobos pulmonares 417
– locais de injeção
– – articulação do cotovelo 193, 274
– – articulação do ombro 191
– – articulação do quadril 268
– – das articulações carpais 198
– – do jarrete 279
– medida da pressão sanguínea 55
– músculo 140, 143
– músculo cervical ventral **216-217**
– músculo esternoccipital 213
– músculo esternomastóideo 213
– músculo extensor do primeiro e segundo dedos 229
– músculo extensor lateral dos dedos 229
– músculo flexor superficial dos dedos 232
– músculo peitoral **216-217**
– narinas 399
– olhos **602**
– órgãos abdominais **711**
– órgãos genitais **433**
– osso peniano 443, 445
– ossos metacarpais 184
– osteocondrose dissecante (OCD) 206
– patela **258**
– pelos táteis **642**
– pelve renal 429
– projeção dos órgãos na superfície corporal 740, **742**
– punção venosa da veia safena lateral 496
– regiões da cabeça 686
– rim **420**, **426**
– visão binocular 534
Capacete 777
Capilares 52, 54, **55**, 56, 471
– membrana basal 56
– sinusoides 56
Capítulo (*capitulum humeri*) 175
Caprino
– cartilagem traqueal 411
– lobos pulmonares 417
– músculo esternocefálico 211
– músculo esternomandibular 211
Cápsula
– articular 37
– de Bowman 421
– externa 529
– extrema 532
– glomerular 421, **424**
– interna 529

– lente 607
– úngula decídua 652
Carbacol 603
Cárdia 353
Cardíacas (os)
– esfíncter 352, 354-355
– esqueleto 473, 475
– glândulas **354**, 357
– impressão 757
– incisura 412, 472
– índice 482
– miócitos 476, 480
– parede 476
– parte do estômago 353, **356-357**
– plexo 417, 481, 558
– região 704
– resultado 482
– vasos **479**
Carnívoros
– articulação atlantoaxial 130
– articulação atlantoccipital 130
– articulações falângicas 199
– articulações metacarpofalângicas 199
– baço 513
– canal anal 383
– crânio 95
– esqueleto dos dedos 184
– glândulas mamárias 646
– ligamento patelar 270
– músculo esternoccipital 211
– músculo extensor comum dos dedos 228
– músculo flexor superficial dos dedos 232
– osso carpal 182, 184
– osso metacarpal 183-184
– vértebra 117
Carotídeo (a)
– bainha 700
– canal 77, 79, 94
– corpo 486, 596
– incisura 78, 105, **106**
– seio 596
– seio do ramo do nervo glossofaríngeo 557, 558
Carpal (is)
– articulações **173**, 195, **197**, 726
– – absorção de choques 196
– – ligamento colateral curto **195**
– – ligamento colateral longo **195**, **199**
– – ligamentos **196-197**
– – ligamentos curtos **198**
– – locais de injeção 198
– – músculos 223
– – bainha sinovial 238
– canal 196
– ossos **38-40**, **172-173**, 181, **181**, 182, **182-183**, 184, **185**
– – do cavalo 184, **185**
– – exostoses 206
– rede 486
– região **723**, 726
– – tendões 726
– síndrome do túnel 730
– toro 650, **651**
– – rudimentar **651**

Carpo 310
– bandas fibrosas 195
– esqueleto **234-235**
– extensão 310
– ligamentos 195, **196**
– músculos 223, **230**, **234-235**
– superextensão 310
– tendões e bainhas sinoviais **232**
Carpometacarpal **748**
– articulações 182, 195
– ligamento **198**
Cartilagem (ns) 27, 28
– alares 402
– anulares 620
– aritenóidea **404**, **406**, 407, **407**, **409-410**, 758, **759**– articular 28, 37
– calcificação 34, 37
– calo 31
– costal 125, 127
– crescimento 28
– crescimento intersticial 28
– crescimento longitudinal 34
– cricóidea 407-408, 758
– da terceira falange 189, **189**
– da tuba auditiva **626**, 695
– desenvolvimento 28
– do manúbrio **127**, 128
– dorso da língua 331
– epifisária **29**, 34
– epiglótica 407, **407-408**, **410**
– escapular 171
– escutiforme 142
– esqueleto precursor 32
– expansão aposicional 28
– extracolumelar **775**
– fibras 28
– formação 28
– hialina 28, 33
– – união 37
– interaritenóidea 407
– laringe 407, 758
– manúbrio 128
– matriz 37
– nasal 399
– nasal média acessória 402
– procricóidea 758
– substância intercelular 28
– terceira pálpebra 687
– tireóidea 407
– traqueal 407
– tuba auditiva 695
– ungular lateral/medial 189
– xifóidea 128
Cartilaginosa (o)
– articulação 37
– parte do meato acústico externo 620
– processo do xifoide 128
– união 37
Carúncula (s)
– cutânea 777
– da pele 777
– lacrimal 612
– sublingual 331
Casca da membrana 766-767, **769**
Casco 651, **653**, **655**, 659, **662**, **664**
– absorção de impacto 661
– aparamento e ferragem 679

– artérias 664, 675
– base da face **655**
– biomecânica 678
– cápsula 651, **654**, 661
– – laminite crônica 207
– cartilagem **206**, 495, **677**
– da vaca/bovino 660
– definição 660
– derme **672**
– do equino 669, **672**
– do membro pélvico, inervação 678
– do membro torácico 660, 677
– – nervo dorsal 666-667
– – nervo palmar 666
– do suíno 659, 669, **669**
– dos pequenos ruminantes 668, **669**
– dos ruminantes 659
– face solear 661, 670, **673**
– forma 660
– funções 651, 661
– parede 670, **673**
– produção da córnea 679
– quartos 670, **672**
– segmentos 652, 661, 671
– sistema venoso 665
– sola 661
– vascularização **25**
– veias 665, 675
Castanha 650, **651**, 730
Castração aberta 715
Castração fechada 715
Castração pré-escrotal fechada 715
Castração semifechada 715
Catarata diabética 697
Cateterização da bolsa gutural 695
Cauda
– do epidídimo 435, **435**, **440**
– do músculo 46
– equina 516, **516-517**
– glândulas 641
– músculo estilofaríngeo 348
– músculos 167, **169**, **749**
– penas 778
– região **733-734**
– região da raiz 732, **732**
– síndrome equina 516
Caudado
– lobo 385, **385**
– núcleo **526-527**, 529, **531-533**, 534, **538**, 617
– processo 378, 385, **386**, **388-389**
Caudal 26, **27**
– abertura do tórax 74
– abertura pélvica 249
– área intercondilar **259**
– artéria circunflexa do úmero 485, **487**
– artéria femoral 490
– artéria frênica 489
– artéria meníngea 486
– artéria pancreaticoduodenal 392, 490
– artéria temporal profunda 487
– artéria vesical 429, **470**
– articular
– – face 110
– – faceta 130

– – fóvea 114-115, **129**
– – processo 109-110, **110**, 114-115, **117**, **120**, **123**, **125**
– auricular
– – artéria **488**
– – músculo 144
– – nervo 555, **556-557**, 560, **692**
– – veia 689
– bolsa do subligamento nucal 701
– cerebelar
– – artéria 545, **545-548**
– – pedúnculos 522
– cerebral
– – artéria 545, **545-547**
– – pedúnculos **526**, 534
– colículo 523, **526**, **532**, 534, **536**, 544
– comissura 529
– cranial
– – cavidade 520
– – fossa 74, **77-78**, 100, **101**, 104-105
– *crus* da cápsula interna **526**
– cutâneo (a)
– – nervo antebraquial 566
– – nervo femoral 574, **574**, 575, **577**, **731**, **739**
– – nervo sural 573, **578**, **580**, **737-738**
– – veia femoral 772
– dorsal
– – músculo serrátil **154**, 160-161, **284**
– – veia cerebral 547
– epigástrica
– – artéria **470**, 490, **493**, **738**
– – veia **499**
– extremidade
– – da vértebra **110**, 111, **120**
– – do sacro 122
– face do rádio 179
– faceta costal 114
– faceta da vértebra torácica 113
– flexura duodenal 374, **376-377**, **720**
– forame alar 77, 79, 94, 103, **105**
– forame palatino 79, **86**, 88, 94, 103
– forame pneumático **775**
– fossa cranial 106
– glútea
– – artéria **470**, 491, **493**, 731, 737
– – nervo 574, **574**, 575, **577**, 731, **738-739**
– – veia 737
– incisura da cartilagem tireóidea **406**
– incisura interlobar **758**
– incisura vertebral **110**, 111, 114, **114-115**, **120**, **123**
– intumescência 120
– ligamento cruzado 269, **270-271**, **273**, 299
– – ruptura 274, 735
– ligamento do menisco da tíbia **273**
– ligamento gonadal **468**
– linfonodos hióideos **505**

– linfonodos mediastínicos 318, **506**
– lobo
– – do cérebro **525**
– – do pulmão **414**, 416, **416**
– mamária
– – artéria **648**, 649, **649**
– – veia **648**, 649, **649**
– margem
– – da escápula 171
– – do pulmão **761**
– mediastino 317, **318**
– – conteúdo 317-318
– – tomografia computadorizada (TC) **795**
– mesentérica
– – artéria 372-373, **393**, 490, **491-493**, **764**
– – gânglio **393**, **583**, **585**
– – linfocentro 508
– – linfonodos **507**
– – veia 373, **764**
– musculatura **290**
– músculo oblíquo da cabeça 148, 153, **154**, 158
– músculos constritores 348
– nasal
– – espinha 77, **79**, **89**, **97**, 98, **108-109**
– – nervo 94, 552, **553**, 560
– nervo clunial 574, 731
– nervo cutâneo antebraquial 724, **728-729**
– nervo laríngeo 409-410, 558-559, **559**, 692
– nervo sural 576, 733
– nervos peitorais 562-563, **569**, **725**, **728-729**
– pálpebra da escápula 171
– parte
– – da medula espinal 515, **516**
– – do músculo digástrico **149**
– – do músculo milo-hióideo **150**
– – do músculo serrátil dorsal 161
– – do tubérculo maior **176-177**
– pilar 363
– plano transverso do cérebro 699
– processo
– – da cartilagem cricóidea 407
– – da cartilagem tireóidea **406**
– raízes espinais 516
– ramo do púbis 251
– recesso omental **70**, 319, 359
– região abdominal **705**, 714
– região do antebraço 725
– renal
– – artéria **764**
– – divisão 763, **763-766**
– – veia porta **764**
– retal
– – artéria **470**, 491
– – nervos 573-574, 575, **577**, 731
– saco cego do rúmen 362, 718, **755**
– sacos aéreos 761
– seio maxilar **107**, 108, 686
– sulco 362
– superficial
– – artéria epigástrica 644, 649

– – veia epigástrica 644, **648**
– tibial
– – artéria 490, **493-494**, 733
– – ligamento 269, **270-271**
– – músculo **294**, 308
– tireoide
– – artéria 486, **488**, 591
– – incisura 409
– – veia 700, **701**
– torácica/o (s)
– – nervos 481
– – saco aéreo **752**, 760, **762**
– veia cava 53, 373, 389, **392**, 471, **484-485**, **495**, 496, **498-500**, **706-707**, **764**
– vértebra **38-40**, **123**, 125, **125**, 243, **246**, **748**
– véu medular 522, **771**
Caudodorsal
– bolsa da articulação do cotovelo **192**
– músculo do estômago 754
– saco cego 361, **362-363**, **368**
Caudoventral
– músculo do estômago 754, **755**
– saco cego 361, **362-363**
Cava
– abertura 319
– forame 69, 161, 496, **500**
Cavernoso
– corpo
– – da uretra **433**
– – do pênis 443, **446**
– seio 486, 546, 587
Cavidade
– abdominal 69, 319
– articular 37
– celomática 319, 751, **752**
– corporais 68, 315– – das aves 751
– – membranas serosas 69
– – parede interna 69
– crânio 74, 104
– dental 336
– dente coronal 336
– dente radicular 336
– do processo vaginal **437**
– faringe 347
– glenoidal 171, 190
– hipofisária 587
– infraglótica 408, **408**
– laringe 407-408
– mediastino seroso 317, 319
– medular 28-30
– nasal 100, 108, 758
– oral 327
– – própria 327
– pélvica 69, 319, 321
– pericárdica 69, 471, 751
– peritoneal intestinal 751
– peritônio 69, 321
– pleura 69
– sinovial 51
– subaracnóidea 540, **540**, **542-543**, 628
– timpânica 80, 621, 775
– torácica 69, 74, 125, 315
– vaginal 438

Cecal
– ápice 379, **379**
– artérias 379-380, **380**, 490
– base 379
– corpo **377**, 379, **380-381**
– linfonodos 372, 379, 508
Ceco **327**, **375-377**, 378, **379**, **721**, **752-753**, **755**, 756
– haustros 379
– projeção na parede corporal lateral 740, 742-744
– tênia 379
Cecocólica
– abertura 378-379, **381**
– ligamento 379
– prega 379, **380-382**, 383
Cefálica
– parte do tronco simpático 582
– veia **495**, 496, **498**, **677**, **701**, 724, **729**
Cega (o)
– local 606
– parte da retina **599**
– saco **368**
Cegueira 608
Celíaca
– artéria 358, **359**, 369, 372, 388, **392**, 489, **491-493**, **755**, **764**
– gânglio **325**, 389, 424, **583**, **585**
– linfáticos 393
– linfocentro 370, 507
– linfonodos 370, 507
Célula caliciforme 67
Célula (s)
– alfa 596
– beta 596
– C da glândula tireoide 36
– caliciforme 67
– cone da retina 604-605
– cromofílicas basofílicas/ acidófilas **589**
– cuboides 451
– da macróglia 61
– da micróglia 61, **62**
– da teca 451, **453**, 596
– de Langerhans 587, 637
– de Leydig 435
– de Merkel 637
– de Müller 604, 606
– de reabsorção do osso 31
– de Schwann **60**, 61, 63
– de Sertoli 435
– de sustentação 435
– do parênquima 25
– do retículo 365, **365**
– do tapete 600
– epiteliais modificadas 59
– espermatogênicas 435
– estromais da retina 604
– etmoidal 93, 404
– formadoras do osso 31
– ganglionares 60
– granulosas 451
– medular **31**, 34
– neurossecretoras 537
– osteoprogenitoras 31, 33
– piramidais de Betz 530, 535
– precursoras do osteoblasto 33
– progenitoras 30

– reticular 365
– satélite 44
– T imunocompetentes 770
– tronco linfocíticas 770
CEM (metrite equina contagiosa) 465
Cemento 337, **338**
Central (is)
– arcos reflexos da medula 521
– área da retina 606
– área estriada da retina 606
– área intercondilar 258, **259**
– artérias do baço **513**, 514
– canal 516, **516-518**, 541, **543**
– – dos ossos (canal de Havers) 35
– cavidade medular 29
– centro de reação do linfonodo **503**
– flexura do colo 383
– folículo linfático **502**
– linha do tórax 745
– medula do pelo 638
– osso tarsal 261, **263-264**, 751
– paralisia do nervo facial 694, 698
– sistema nervoso (SNC) 58, 61-62, 515, 771, **771**
– – meninges 539
– – vias 530
– substância intermédia 518
– sulco da ranilha 671, **673**
– tendão do diafragma 161
– vasos linfáticos 58
– veia 390
– – da glândula suprarrenal **594**
– – do fígado 388, 497, 757
Centrífuga
– alça **377**
– giros 383
Centrípeta
– alça **377**
– giros 383
Centro tendíneo diafragmático 161
Centros germinais dos linfonodos 501
Cera 777
Cerato-hioide 92, **93**, 99, 104
– músculo 151, 349
Cerdas 778
Cerebelo 520, **520-521**, 522, **522**, **525**, **539-540**, **771**, **781**
– controle dos sistemas extrapiramidal e piramidal 537
– funções 522
– imagem de ressonância magnética **801**
– lesões 699
– tentorial **77**, 540
– – ósseo 82, **90**, 99, **100**, **103**, 104
Cerebral (s)
– artéria carótida 545, **547-548**
– artérias 546
– círculo arterial 545, **545-546**
– convolução 528
– córtex **525**, 530, 548
– fauce **539**, 540, **542**
– fissura longitudinal 525
– fossa, tomografia computadorizada (TC) **794**
– hemisférios 525, 528, **544**

– ilha **526**
– pedúnculo 523, 533
– ventrículos 541, **543-544**
Cérebro **515**, 520, **520-521**, **781**
– lisencefálico 771
– substância cinzenta/branca 525
Cerebroespinal
– gânglio 548, **550**
– líquido 61, 516, 540-541
– – alterações circulatórias 699
– nervos 548, **550**
– núcleo **550**
– sistema nervoso 58
Cerume 620
Cervical (is)
– alargamento (intumescência) 515, **516**
– alça **558**, 562
– canal 460, **463**
– coluna (espinha) 111-113
– – movimentos 136
– gânglio 417
– grupo de músculos intertransversários 159
– intumescência 771
– lobo do timo **510**, 511
– mucosa, secreção 460
– músculo cutâneo 138
– músculo esfíncter superficial 138
– nervos 562
– – ramo dorsal 722
– nervos cardíacos 481, 583, **583-584**
– parte
– – da medula espinal 515, **515-516**, 518
– – do esôfago 352
– – do músculo espinal **156**, 157, 159
– – do músculo esplênio 149, 153
– – do músculo iliocostal 157
– – do músculo longo da cabeça **151**
– – do músculo longuíssimo 155, 157
– – do músculo multífido **158**, **160**
– – do músculo romboide **154**, 216
– – do músculo semiespinal 157-159
– – do músculo serrátil ventral 217
– – do músculo trapézio 211
– – do músculo tríceps **226**
– – do nervo vago 558
– – do tronco simpático **583**
– ramo do nervo facial **556**
– saco aéreo **752**, 760, **762**
– vértebra **38-40**, 110, **111-112**, **115**, 117, **118-119**, **130**, **748**
– – acesso 703
– – deformidade/trauma 702
Chalaza 766, **769**
Chato
– osso 29
– sutura 37
Ciclo estral 452, 463
– exame retal 453
Ciliar (es)
– anel 601, **604**
– artérias 600, 688

– corpo 599, 601, 603, **603-604**, **609**, **774**
– epitélio 602
– gânglio 549, **551-552**, **585**, 586, 602, 617
– glândulas 613
– músculo 599, 602, 773
– nervos **555**
– parte da retina **599**, 603
– processo **600**, 601, **609**
– zônula 601, 607
Cílio (s) **613**, 639, **640**
Cíngulo 171, 530
– membro
– – pélvico 243, **244**, 265
– – torácico 171
– musculatura **48-50**, **150**, 211
Cintilografia 802, **802**
Cinzenta
– substância 61
– – da coluna ventral 535
– – da medula espinal 517, **518**
– – do cérebro 525
– – vascularização 545
– túber do terceiro ventrículo 524, **524**, **533**, **538**
Circulação 52
– capilares 56
– fluxo
– – circuitos 471
– – velocidade 55-56
– – fluxo contínuo 55
– – pressão 55-56, 64
– – returno venoso 56
– – rica em oxigênio (oxigenada) 52
– tempo de circulação 52
– vasos 54-55, 471
– volume 52
Circulação sistemática 52-53, 471, 477
– artérias 483
Círculo
– cerebral arterioso 545, **545-546**
– de Willis 545, **545-546**
– vasculoso do nervo óptico 697
Circunferência
– articular do rádio 179, 181
– radial da ulna 178
Circunflexa
– artéria do ílio **325**
– artéria escapular 485, **487**, 722
– artéria umeral **487**, 723
– ramo da artéria coronária esquerda **476**, 477, **484**
Cirrus
– *caudae* 639
– *metacarpeus/metatarseus* 639
Cirurgia minimamente invasiva 715
Cisterna
– cerebelomedular **539**, 542
– do espaço subaracnóideo 540
– quilo 58, 319, 507
Cistografia 791
Citrato 441
Claudicação 727
– diagnóstico 678
– local anestesia 568

Claustro **526-527**, 529, **532**, **538**
Clavícula **38-40**, 128, 171, **171**, 748, **748**, **750**
Clitoriana (o)
– fossa 465, **466**
– seios 465
Clitóris **463-464**, 465
Cloaca 747, **752-753**, **755**, 757, **757**, 763
– músculos **749**
Cloacal
– bolsa 770
– vasos linfáticos 769, **770**
Coana 89, 98, 103, **754**
Cobertura do pelo 638
Coberturas 778
Coccígea (o)
– artéria **169**, 488-489, 731, **737**
– músculo 167-169, **294**, **296**, 322, 731
– nervos **573**
– parte
– – da medula espinal 515
– – do tronco simpático 584, **584**
– veia **169**, 731, **737**
– vértebra 125
Cóclea 79, **619**, **621**, **623-624**, 628, **629-631**
– da tíbia 259
– ducto membranoso 630
Coclear
– área 94
– articulação 41, **43**
– ducto **628**, 630, **631**, **776**, **776**
– fibras 534
– forame **619**
– gânglio 776
– janela 622, 628, **628**, 630, 775, **775-776**
– labirinto 628, 630
– nervo 94, 556, 628, **628**, **776**
– núcleo 534, **550**, 556
– órgão **536**
Coilina 754
Colágeno 28
Colateral
– artéria radial 485, **487**
– artérias 53
– ligamentos
– – articulação do boleto 202
– – articulação do cotovelo 175
– – da articulação interfalângica proximal 204
– – das articulações metacarpofalângicas 199
– – do tarso 279
– – ligamentos sesamoides 200, 205, **206**
– ulnar
– – artéria 485, **487**, **677**, 725, **729**
– – veia **495**, **677**
Cólica
– anel vaginal 718
– linfonodos 372, **507**, 508, **508**
– ramo **380**
– ramo da artéria ileocólica 373, 490
Cólículo seminal 430, 436

Colinérgico
– neurônios 61
– receptores 65
Colo 327, 376-377, 379, 379, 380, 382, 699
– ascendente 380-381
– costela 126
– dente 335
– descendente 380, 383
– do equino 381
– do suíno 383
– dos ruminantes 383
– glande 445
– necrose da parede intestinal 382
– osso fêmur 253
– pálpebra direita/esquerda 381
– tálus 262
– transverso 380, 383
– úmero 175
– útero 459, **461**, **463**, **465-466**, 718, **720-721**
– ventral direita/esquerda 381
– vesical 429
Colostro 642, 646
Columela 775, **776**
Coluna (s)
– dorsal, lateral e ventral 517
– vertebral 109
Colunar (es)
– células
– – do intestino 371
– – do órgão de Corti 630
– epitélio 353
– zona 383, **384**
Comissura 62
– alba 519
– do fórnice 529
– dos hemisférios cerebrais **527**, **533**, **538**
Compacta (o)
– lamela 29
– osso 29, **29-30**, **32**, 802
Complexo
– articulação em dobradiça 195
– estômago 360
Comportamento anormal 699
Comum
– artéria carótida 54, 137, **484-485**, 486, **488-489**, **491**, **497**, 591, **694**, 696
– artéria interóssea 485-486, **487**, 725
– bainha sinovial do músculo flexor do membro torácico 726
– dos dedos
– – II e III nervos 678
– – músculo do carpo **194**
– – músculo extensor **194**, **214-215**, **217**, **226**, 228, **228**, **230**, 242, 567, 724
– – músculo flexor **214**
– – nervos palmares **570**
– – nervos plantares **577**
– – ducto biliar 321, 360, 374
– – ducto hepático 391
– – ducto hepatoentérico 758, **758**
– ilíaca
– – artéria **764**
– – veia 496

– meato nasal 101, **401**, 404
– nervo fibular 575-577, **578-579**, 732-733
– tegumento 633, **634**, 776
– tendão calcâneo 287, **288-289**, **296**, 301
Comunicante
– ramo gríseo **582**
– ramos do tronco simpático 583
Concha (s)
– auricular 620
– músculos **146**
– nasal (is) 100, 402, 758
– – dorsal 83, 100, 402
– – média 83, 100, 403
– – ventral 87, 100, 108, 403
Conchal
– cavidade 620
– crista 87
– ossos 83, 403
Condilar
– canal 77
– articulação **43**, 268, 345
– processo 345
– processo da mandíbula 92, **92**, **99**
Côndilo
– femoral lateral/medial 253
– occipital 75, 95, 130, 748
– úmero 175, 178, 191
Condral
– ossificação **28**, 32-33, **35-36**
– osteogênese 33
Condroblastos 28
Condrócitos 28, **35**
Condroclastos 34, **35**
Condrogênese 28
Cone
– arterioso 474, **478-479**
– medular 515
– papilar 773
Conexão serosa 70
Conjugado transverso 249
Conjuntiva 697
– da pálpebra 613, **614**
– do bulbo do olho 613, **614**
– nódulos linfáticos 614
– tingida de amarelo 697
Conjuntival
– artérias 688, **697**
– fórnice 613
– prega 614
– saco 613-614
– veias **697**
Consciente 699
Constritor
– da vulva 469
– do vestíbulo 469
– músculo da glote 758
Construção trajetorial dos ossos 29
Contato face do dente 336
Contorno das penas 778
Contração (inotropismo) do coração 481
Contração isométrica 47
Contração isotônica 47
Contraste de materiais
– radiografia 791
– ressonância magnética (RM) 799

– tomografia computadorizada (TC) 795
– ultrassonografia 791
Controle das funções motoras 522
Coprodeu 757, **757**, 765
Coração 52, 471, **472**, 473, **474-477**, 752
– ação de bomba descontínua 55
– ápice da batida 746
– audibilidade dos sons das válvulas 746
– bomba de pressão 57
– contratilidade (ionotropia) 481
– despolarização 480
– dilatação 477
– e retículo, relação **367**
– forma 473
– funções 52, 481
– hipertrofia 477
– inervação 481
– linfático 769-770
– linfáticos 481
– musculatura 43
– orifícios 473
– posição 472, 746
– projeção sobre a superfície corporal 746
– saco 471
– sistema condutor 480, **480-481**
– sons 482
– tamanho 472
– taxa de marcapasso (cronotropia) 481
– topografia superficial 473
– ultrassonografia **792**
– válvulas 52
– vascularização 477, 704
Coracoide
– osso 748, **748**, **750**
– processo 171, 175, 262, 263-264
Corda tendínea 475, **476-477**
Corda timpânica 94, 331, 553-554, **556**, 694, **694-695**
Corioide 598, **599**, 600, **609**, 774
Córnea 598, 599, **599-601**, 696, **774**
– irritação crônica 697
Corneal
– acomodação 773
– limbo 598, **613**, **774**
– reflexo 696
Córneo
– bainha 777
– camada 635, **636**, 654
– interpapilar 635
– lâminas 655
– revestimento da falange distal 651
Cornificação 651, 654, 664
– epiderme 635
– tipos 637
Corno **634**, 654, 679, **682**
– bainha 683
– bovino 680
– cápsula 651, **654**
– casco **654**, 656, 665
– células 655
– cornificação 664
– crescimento 680

– crescimento caudal **683**
– da cartilagem alar **398**, 402
– do útero **459**, 460, **460-463**, 469, **469**
– dorsal/ventral da medula espinal 517
– dos pequenos ruminantes 681
– estrutura 654
– formação 635
– funções 655
– glândulas 642
– helicoidal 681-682
– intertubular 655
– isolante térmico 655
– junção celular 654
– produção 679
– qualidade 655
– túbulos 655
– útero 459-460
– vascularização 681, 683
Cornual (is)
– artérias 681, **688-689**
– derme 680
– epiderme 680
– nervo 551, 683, **688-689**
– processo 81, 679-680
– – centro de ossificação 683
– – pneumatização 680, 681
– ramo
– – anestesia para descorna 681
– – do nervo trigêmeo 681
– – do nervo zigomático 689
– – do nervo zigomatotemporal 681
– região 689
– subcutâneo 680
– veias 681, **688-689**
Coroa
– dente 335
– do corpo ciliar 601, **604**
– do dente 335
– glande 445, **445**
– *radiata* 452
Coronária/o (s)
– almofada 661, 671, **674-675**
– artérias 477
– – anastomoses 704
– – do casco 665
– – do pé **679**
– córnea 654, **658**, 662, **664-665**, 671, **676**, 679
– derme 661, 671
– epiderme 661-662, 671
– ligamento 319, 359, 391
– margem
– – da drenagem venosa do casco 665
– – da falange distal **188**, 189
– pilar 362, **363**
– ramos **678**
– segmento 651
– – da garra 652, **653**, 656, **658**
– – da unha 652, **653**
– – do casco **653**, 661, 663, 668, 671, **672**, **674-675**
– seio 474
– subcutâneo 671
– sulco 362, 473, **474**

– veias
– – do coração 480
– – do pé **679**
Corpo (s)
– adiposo infrapatelar 270
– *albicans* 452
– amigdaloide **527**, 528, **530-532**, **538**
– caloso 525, 529, **539**
– – artéria **545-547**
– cavernoso do pênis 443
– celular 60, **60**
– da almofada de gordura intraorbital **598**
– da bigorna 622, **625**
– da cartilagem tireóidea 407, **407**
– da costela 126-127
– da glândula mamária 642
– da língua 329, **330-331**, 754
– da mandíbula 90, **92**, **96-98**, **103**
– da maxila 87
– da próstata 441, **441**
– da sola **664**, 670
– da ulna 181
– da vértebra 109
– da vértebra cervical **113**
– de Hassall 511
– do áxis 113
– do ceco 377, 379
– do clitóris 465
– do epidídimo 435, **435**, 439
– do esterno **127**, 128
– do estômago 353, **356-357**
– do pâncreas 391, **394**
– do pelo 638
– do pênis 443
– do púbis 248, **251**
– do rádio 178
– do tálus 262
– do úbere 645
– do ureter **430**
– do útero 449, **458**, 459-460, **461**, **463-464**
– esponjoso
– – glande 443
– – pênis 445
– – uretra 443
– estriado 525, **527**, 529, **532**, **537**
– fálico lateral/mediano 577, 765
– gelatinoso 772
– genicular lateral e medial 524
– hemorrágico 452
– língua 329
– lúteo 452, **453**, **455-456**, 596, 718
– – cíclico 452, **457**
– – cistos 718
– – em regressão **456-457**
– – estágios **457**
– – gravídico 452, **457**
– – progesterona 452
– – vasos sanguíneos **455**
– medular 522
– *nigrans* 603, **603-604**
– osso
– – basisfenoide 78
– – esfenoide 78
– – ílio **121**, 243, **247-248**, 251
– – ísquio 247, **248**

– – incisivo 88
– – metacarpal 183
– – pré-esfenoide 78
– para-aórticos 596
– pineal
– postura 524
– temperatura, regulação 491
– trapezoide **515**, 521, **522**, **524**, 534, **536**
– ultimobranquial 773
– vascular paracloacal **757**
– ventrículo 353
– vértebra 109
– vesical 429
– vítreo 608
Corpúsculo de Malpighi 422, **513**
Corpúsculo de Ruffini 637
Corpúsculo renal 422
Corpúsculos de Meissner 59, 637
Corpúsculos de Vater-Pacinian 637, **638-639**
Corrosão 655
Córtex
– cerebelar 522, **533**
– do linfonodo 501, **502-503**
– do pelo 638, **641**
– do timo **510**
– dos ossos 36
– renal 421
– suprarrenal **594**, 595
Cortical (is)
– lóbulos 421
– parte do sistema límbico 528
– substância 28
Corticoides 595
Costal (is)
– arcos **119**, 125
– cartilagem **118-119**, 125, 127, **127**
– dorsal 127
– face
– – da escápula 171
– – do pulmão 412, **761**
– – fóvea da vértebra 113
– parte do diafragma 161-162, **162**, **392-393**
– pleura 315, 703
– processo 120, **121-122**, 123, **123**
– região 704, **704-705**
– sulco **126**, 761
– tubérculo 114, **126**
Costela (s) 74, 125, **126**
– articulações 135
– esternais ou asternais **119**, 126, 128
– flutuantes **119**, 126
Costocervical
– artéria 410
– linfonodo **506**
– tronco 316, **483**, **484**, 489, 559, **706**
– veia 495
Costocondral (is)
– articulações 135
– junção **119**, 125, 127
Costocoxal
– pedúnculo 709
– pilar do músculo oblíquo interno do abdome 165

Costoseptal
– margem do pulmão 761
– músculos 752
Costotransversária (o)
– articulação 135
– ligamento 135
Cotilédones 463
Cotovelo, região do 732, **733**
Cotransmissores 65
Coxa
– esqueleto 252
– linfonodos 509
– linha da tuberosidade (LT) 745
– músculos **282**, 749
– músculos caudais 287, **290-291**, **295**
– músculos mediais 290, **291**, **294-295**
– nervos 578
– região 731-732, **733-734**
– tuberosidade **122**, 243, **246-250**
– – palpação 730
Cranial (is) 26, 27
– abertura do tórax 74, 703
– ângulo da escápula 171
– artéria circunflexa umeral 485, **487**
– artéria frênica 489, **493**
– artéria ovidutal **764**
– artéria pancreaticoduodenal 392, **489**, **492**
– artéria retal 373, 490, **492**
– artéria vesical **470**
– articular
– – face 110
– – fóvea do áxis 130
– – processo 109, **110**, **114-115**, **117**, **121**, **124-125**
– base, artérias **547-548**
– bolsa subligamentosa nucal 701
– cavidade 74, **78**, 99, 104, **106**, 520
– – parte caudal/rostral 99
– – secção transversal 79
– costal
– – fóvea 114, **120**
– duodeno **376-377**
– dura-máter 540, 542
– epigástrica
– – artéria 649
– – veia **495**, 644
– extremidade da vértebra **110**, 111, **115**, **120**
– face do rádio 179
– faceta da vértebra torácica 113
– flexura duodenal 374, **376-377**, **720-721**
– gânglio cervical 558, 582, **583-584**, 623, **695**, 696, 700
– glútea
– – artéria 491, 731, **737**
– – nervo 574, **574**, 575, **577**, 731, **737-739**
– – veia **737**
– incisura vertebral **110**, 111, 114, **117**, **120**, 122
– laríngeo
– – artéria 486, **488**

– – nervo 409-410, 558, **558**, **585**, **695**
– ligamento cruzado 269, **271**, **273-274**
– – ruptura 274, **735**
– ligamento gonadal **468**
– ligamento púbico 265
– linfonodo cervical profundo **505**
– linfonodos esternais **507**
– linfonodos mediastinais 318, **507**
– linfonodos ruminais 370
– linfonodos traqueobrônquicos 318
– lobo do pulmão 414, 416, **416**
– mamária
– – artéria **649**
– – veia **648-650**
– margem
– – da escápula 171
– – da tíbia 259
– – do pulmão **761**
– mediastino 316, **316**, **323**
– – tomografia computadorizada (TC) **795**
– mesentérico
– – artéria 321, 375, **376**, **392-393**, 490, **491-492**, **755**, **764**
– – gânglio **393**, 424, **583**, **585**
– – linfocentro 508
– – linfonodos 372, 508
– – veia 373, **500**
– músculo oblíquo da cabeça **142**, 148, **151**, 153, **154**, **158**
– músculo serrátil dorsal **154**, **160-161**
– nervo clúnio 568, **573**, 731
– nervo cutâneo do antebraço **725**
– nervo cutâneo femoral 732
– nervos 62, 515, 548, 692, 771
– – áreas de inervação 560
– – bainha dural 540
– – desenvolvimento embrionário 548
– – exame neurológico 693
– – grupo sensorial 548
– – núcleo parassimpático **585**, 586
– – peitorais 562-563, **564**, **569**, **725**, **728**
– parassimpático 64
– parte
– – do duodeno 374
– – do músculo serrátil dorsal 161
– – do tronco simpático 582
– – do tubérculo maior **176**
– pélvica
– – abertura 249
– – entrada 249
– pilar do rúmen 363
– ramo (s)
– – do arco aórtico 483
– – do púbis **248**, **251**
– região abdominal **705**, 708
– região do antebraço 724
– renal
– – divisão 763, **763-766**
– – veia porta **764**
– saco aéreo torácico **752**, 760, **762**
– saco cego do rúmen 755

– saco do rúmen 361-362
– sacos aéreos 761
– sulco do estômago **362**
– superficial
– – artéria epigástrica 644
– – veia epigástrica 644, 649, **649**
– tibial
– – artéria 490, **491**, **493-494**, 733, 735
– – ligamento 269, **271**
– – músculo **294**, **296-297**, 298, **300**, **304**, **306**, 308, **772**
– – veia **496**, **499**
– tireoide
– – artéria 410, 486, **488**, 591
– – veia 591
– veia cava 53, 471, **479**, **484-485**, 493, **495**, 496, **498**, **706-707**
– vértice da vesícula urinária 429
Crânio 73, 74, **96**, **100-103**, **105**, **111**, **748**
– aberturas e estruturas que atravessam o 94
– articulação deslizante 41, **43**
– articulações 128
– aspecto nucal 76
– cavidades 99
– centros de ossificação 73
– desenvolvimento 73
– do equino 101
– dos carnívoros 95
– e coluna vertebral (espinha), articulações 129
– face basal 103
– face interna 75
– imagem de ressonância magnética **800**
– ossos 73, **74-75**, **77**, **81-82**
– parte cranial 74
– parte facial 84, **109**
– parte neural 74
– radiografia **97**, 99
Crânio dolicocéfalo 95
Crânio mesocéfalo 95
Cranioventral
– incisura 249
– músculo do estômago **755**, 756
Cremastérica
– artéria 490
– fáscia **436**, **438**
Crena marginis solearis **188**, 189
Cribriforme
– área
– – da esclera 599, 606, **607**
– – da papila renal 422, **425**
– placa do osso etmoide **77-79**, 82, **86**, **90**, 100, **102-103**, 104, **106**, 398, 402, **541**
Cricoaritenóideo
– articulação **406**, 411
– músculo **409**
Cricóidea
– cartilagem **404**, **406**, 407, **407**, 408, **590**, 758, **759**
– lâmina **406-407**
Cricotireóideo
– articulação **406**
– músculo 409, **409**, 559

Criptorquidismo 166, 433
– laparotomia sagital 715
Crista (s) 777
– ampular 556, 629
– carnosa 776-777
– conchal 87
– corno **674**, **676**
– da pele 634, **635**
– esterno 128
– etmoidal 84, 100
– facial 85, 87, 103
– *galli* **78**, 82, 104
– nasal 88-89
– nuca 75, 95, 101
– orbitoesfenoidal 100, 104
– papila **675**
– – do casco **674-675**
– parte petrosa 80
– renal 421
– retículo **365**
– sacral intermédia, lateral e mediana 125
– sagital
– – externa 75, **81**, 95
– – interna 82
– – supramastóidea **80**, **82**, 95, 101, **105**
– supraventricular 475
– transversa 179
– tubérculo menor 175
– úmero 175
– unguicular 184
– uretral 439
– vértebra ventral 109-110
Crura
– costocoxal 165
– cuneal lateral e medial 671
– da hélice 619
– da ranilha 672
– da sola 664
– do estribo 622, **625**
– fáscia 280, **287**
– músculos **294**, **300**
– músculos caudais 300
– músculos craniolaterais 298
– pênis 443
– região 732-733, **733**
– sola 663
Cruzado
– ligamento condroungular 210
– ligamento sesamoide 203, **204**
– ligamentos 269, 271, **271**
– – dos ossos sesamoides 199
– – imagem de ressonância magnética **272**
– – ruptura 274, **735**
– sulco **523**, **525**, **528**, **529**
Cúmulo do folículo ovariano 451, **453**
Cumulus oophorus 451, **453**
Cuneal
– *crus* 673
– sulco 672
Cuneato
– fascículo **518**, 531, **534**
– núcleo **534-535**
Cunha
– córnea 670
– úngula 671, 673

Cúpula 629
– diafragmática **117**, 161-162
– – projeção na superfície corporal 745
– pleural 315
Cura da fratura 31
Curta/o (s)
– artérias gástricas **359**, **492**
– depressor da cauda 167
– dos dedos
– – músculo extensor **296**, **300**, 303, **304**, **306**
– – músculo flexor 240, 303
– – músculos 239, 303
– – ligamento colateral medial **195**, 279
– – ligamento lateral colateral 279
– – ligamento sesamoide 203
– – ligamento transverso 198
– – ligamentos do carpo 195
– – músculo adutor 292
– – músculo elevador
– – – da cauda 167
– – – da concha **144**
– – músculo fibular 299, **300**, **304**, 308
– – músculo rotador **160**
– – – da concha **144**
– – músculos das costas 154
– – nervos ciliares 551, 603, 617
– – ossos 29, 109
– – posterior
– – – artérias ciliares 615, 688, **697**
– – – artérias retinais 606
– – – veias ciliares **697**
– – ramo da bigorna 622, **625**
– – ramo do ligamento sacroilíaco dorsal 265, **267**
Curvatura ventricular maior/menor 353
Cúspide do dente 336
Cutânea/o (s)
– bolsa marginal 620
– inervação
– – do membro pélvico **573**
– – do membro torácico **572**
– – do pescoço **572**
– músculo omobraquial 138
– músculos 138, 633
– – da cabeça 138, **140-142**
– – da face 138, 685
– – do dorso **140-141**
– – do pescoço 138, **140-141**, 700
– – do tronco 138
– papila 777
– plano da falange distal **187**
– ramo
– – do nervo axilar **567**
– – do nervo musculocutâneo **566**
– – do nervo radial **567**
– – do nervo ulnar **566**
– reflexo do tronco 519
– zona 383, **384**
Cutícula 766-767
Cutícula do pelo 638
Cútis 634

D

Decíduo
– corno
– – cápsula 652
– – pé 652, **656**
– dente 335
Decussação
– de fibras nervosas 62
– do lemnisco **534-535**
– piramidal 521
Dedos
– anatomia seccional **787**
– imagem por ressonância magnética **787**
Deferente
– ducto 433, **434-435**, 436, **437-439**, **468**, **757**, 765, **765**
– mesoduto 436, **437-439**, **736**
Deglutição 348
Deltoide
– músculo **214-215**, **217**, 219, 221, **221**, **226**, **722**, **782**
– tuberosidade 175, **176-177**
Dendrites 60, **60**, **519**
Densidade radiográfica 790
Dental
– alvéolo 88-91, 336
– cavidade 336, **338**
– colo **338**
– coroa **338**
– estrela 337, 340, **343**
– forame apical **338**
– fórmula 339
– placa 689
– polpa 336
– pulvino 328, **330**, 344
– raiz **338**
Dente (s) 335, 690
– áxis 110, **114-115**, 130, **130**
– canino **98**, 336, 339
– carnassial **97**, 343
– decíduo 335
– do bovino 344, **346**
– do cão 340, **344-345**
– do equino 339, **341-343**
– do gato 340, **344**
– do suíno 343, **345**
– estimativa da idade 690
– permanentes 335
– selenodonte 337
– setorial 343
Dentina 337, **338-339**, 690
– canalículos **339**
Depressor 47
– músculo
– – da cauda 167
– – da concha **144**
– – do lábio inferior 142, **142**, 143, **150**
– – do lábio superior 140, 143
– nervo **584**
Derme 634, **636**, 652, **676**
– corno 680
– coroa 661, 671
– cunha 674
– da falange distal 652, 674
– da garra 652
– da ranilha 674
– da sola 663
– da unha 652
– doenças 730
– do casco 652, **672**
– do segmento bulbar 664
– do segmento coronário 671
– do segmento parietal 662
– do segmento perióplico 671
– dos bulbos 674
– fibras colágenas **674**
– limbo 661, 671
– nervos 637
– parietal 662
– toro 664
– vasos sanguíneos **639**
Dérmica (o)
– esqueleto 73
– papila **636**, 654
Descendente (s)
– aorta 483, **491**, **764**, 769
– colo **375-377**, **379**, 380, 383, 719, **721**
– – projeção na parede corporal lateral 740
– duodeno 374, **374-375**, **377-378**, 383, **720-721**, **755**, 756, **756**
– – projeção na parede corporal lateral 740, 742-743
– fibras nervosas 519
– genicular
– – artéria **494**, **579**, 733, **736**, **738**
– – veia **579**, **736**, **738**
– músculo peitoral 213, **216-217**
– músculo peitoral superficial 220
– ramo da artéria coronária esquerda **484**
– ramo do túbulo convoluto 422, **424-425**
– vias 534
Descorna 681
Desenvolvimento folicular **768**
Despolarização do coração 480
Desvio do valgo 730
Desvio do varo 730
Diáfise 28, **29**, 32
Diafragma 161, **162**, 315, 319, 703-704, 747, 751
– aberturas 161, 319
– inervação 161
– parte muscular 162
– passagem de órgãos e tratos 703
– pelve 321
– posição na inspiração/expiração 162
– ruptura 163
– sela 540, **542**, 545
Diafragmática
– face
– – do baço **511-512**
– – do pulmão 412
– flexura 377, **379-380**, 381, **381**, 382-383
– hérnia 163
– pleura 315
– vértebra 114
Diagnóstico de imagem 790

Diagonal
– diâmetro conjugado 249
– giro **531**
Diâmetro
– da cavidade pélvica 250
– transversal 250
– vertical 250
Diapedese 56
Diartrose 37
Diastema 98, **108**, 327, 340, 344, 690
Diástole 52, 55, 475-476, 481
Diencéfalo 520, **520**, 524, **771**
– funções 525
Digástrico
– músculo 145, **147**, **149-151**, 216, 347, **350**
– ramo do nervo facial 147, **556**
Digestório
– órgãos da cabeça 689
– sistema 26, 327, 751, **753**
Digital (is)
– almofada **241**, 650, 652, **652**, 674
– – veias 677
– artérias 486, 497
– – arteriograma **666**
– articulação, inervação 580
– bainha sinovial 238, **241**
– – do antebraço 236, **236-239**
– esqueleto 184, 186, **187**
– flexor
– – músculos **285**, **295**
– – tendões 660
– ligamento acessório **311**
– ligamento anular **239**
– ossos **38-40**, **172**
– região 726
– – nervos 727
– – tendões 726
– – vasos sanguíneos 727
– toros 650, **651**, 656, **664**, **672**, 777
– – vascularização 657
– veias 497
Dígitos 651, **748**
– esqueleto 235
– flexores 308
– músculos 225, **235**, 282, **749**
– músculos curtos 239
– tendão e bainha sinoviais 233
Dilatador 47
– músculo da glote 758
– músculo da pupila 603, 773
Dinâmica 309
Diplegia 698
Direita (o)
– artéria cólica 373, **380**, 490, **492**
– artéria coronária **474**, **476**, 477, **477-478**
– artéria gástrica 358, 489
– artéria gastroepiploica **359**, 489
– artéria ilíaca interna 490
– átrio 52-53, 471, 474, **475-477**, **479**, 496
– atrioventricular
– – abertura 474-475
– – válvula 475-476, **478**
– aurícula 474, **476**

– colo dorsal 377-378, **380**, 381, **381**, 382-383
– colo ventral 377-378, 381, **381**, 383
– fossa cranial 78, **78**, 100, 104
– hepática
– – artéria **758**
– – ligamento 751, **752**
– – lobo 385, **385**, **388-389**, **393**, **758**
– – veia 757
– – veia porta 757, **758**
– ligamento triangular 359, 391
– lobo
– – do fígado 757
– – do pâncreas 391
– margem ventricular 473
– pilar diafragmático 162
– ramo circunflexo
– – da artéria coronária direita **479**
– – da veia coronária **479**
– ruminal
– – artéria 369
– – linfonodos 370
– sulco interventricular 473, **474-475**
– válvula semilunar **478**
– veia subclávia 493
– ventrículo 52, 471, **472-473**, 474, **474-477**, 479
Disco (s)
– fibrocartilaginoso da articulação temporomandibular 128, 345
– germinativo **769**
– intercalares 476
– intervertebral 109
– nervo óptico 606
Displasia coxofemoral 268, 292, 735
Dispneia inspiratória 692
Distal (is) 26
– alça de colo 383
– almofada **662**
– arcos venoso plantar **677**
– artéria femoral caudal **493-494**, 733
– articulação intertarsal 277
– – locais de injeção 279
– articulação radioulnar 193
– articulação tibiofibular 274
– articulações interfalângicas **173**, 198-199, 201, **201**, 204, **205**, 660, 670
– bolsa infrapatelar **270**, 275
– digital
– – bainha sinovial 238
– – ligamento anular 236-237, **677**, 726
– dígito **680**
– epífise 28, **29**
– extremidade
– – da fíbula **261**
– – da tíbia 259, **261**
– – da ulna 181
– – do fêmur 253, **255**, 257
– – do rádio 178-179
– – do úmero 175
– face do dente 336

– falange **173**, **181-183**, 184, **184**, 186, **187-188**, **201-202**, **204-205**, **266**, 660, 670, 674, **680**
– – derme 652
– – do equino 189
– – epiderme 654
– – estojo córneo 651
– – fratura 207, 730
– – fraturas oblíquas 207
– – ligamentos das cartilagens 205
– – subcutâneo 652
– – suspensão 674, **676**
– – vasos sanguíneos 675, **679**
– gânglio do nervo vago 558, **558**, **585**
– ligamento anular 201, **202-204**
– ligamento interdigital 201, **202**, **204**, **233**, 661
– ligamentos do osso sesamoide proximal 202
– margem do osso sesamoide 189
– membro torácico, fáscia **241**
– metáfise **29**, 34
– músculos interflexores do antebraço 242
– osso navicular 660
– placa de crescimento **29**
– ramo do nervo musculocutâneo **564**, **569**
– sesamoide
– – ligamentos **42**, 198-202, 205
– – ossos **187-188**, 189, **201**, 204, **204-205**, 660, 670
– tarsal
– – ligamentos 279
– – ossos 751
– túbulo convoluto **424-425**
– umbigo da pena 777, **778**
Distúrbios auditivos congênitos 698
Distúrbios do equilíbrio 699
Distúrbios retrobulbares 698
Divertículo
– de Meckel 756
– do estômago 353
– nasal 402
– suburetral **450**
– tuba auditiva **626-627**, 691, 695
– vitelino 756
Divisão renal cranial, média e caudal 763
Doença de Marek 772
Doença pulmonar obstrutiva crônica (DPOC) 412
Dorsal (s) 26, **27**
– arco do atlas **114**
– área vestibular 94
– artéria
– – do pé **491**, 735
– – do pênis 448, 491
– artéria cólica 373
– artéria intercostal 488
– axial (is)
– – ligamento 131
– – veias 735
– bolsa
– – articulações do boleto 200

– – das articulações interfalângicas distais 201, 204
– – das articulações metacarpais 200
– – das articulações metacarpofalângicas 198, 201, **208**
– bucal
– – glândulas **336**
– – nervo **555-556**
– – ramo do nervo facial **557**
– coccígea
– – artéria **169**
– – veia **169**
– colo **381**
– coluna **516**, 517, **518**, 519, **519**
– comum
– – II veia digital **499**
– – nervos digitais 666-667
– corno **516**, 517, **518**
– crista uretral 439
– curvatura do estômago **362**
– digital
– – artéria 665, **667**
– – nervo 666, 668, **668**
– – veia 665, **668**, 735
– escapular
– – artéria 483, **489**, **706**
– – **veia 706**
– face
– – da falange distal 189
– – da língua 329
– fáscia profunda do membro torácico 211
– flexura diafragmática 377-378, **381**
– forame pneumático **775**
– forame sacral **124**
– ligamento
– – da articulação do casco 201
– – da articulação interfalângica distal **202**
– – da articulação interfalângica proximal **203**
– ligamento carpometacarpal **196**
– ligamento intercarpal **196**
– ligamento longitudinal 133, **133**, **135**
– ligamento sacroilíaco 168, 265, **267**
– ligamento tarsal 279
– linfocentro torácico 505
– linfonodos abomasais 370
– margem da órbita 81
– margem do pulmão 412
– – da escápula 171, **175**
– mediano
– – septo 517, **518**
– – sulco 515, **516**, 518
– – sulco 517
– membrana atlantoaxial 131
– membrana atlantoccipital **130**
– mesentério **70**, 71, 321, **370**, 374, 752
– mesentério gástrico **70**
– mesogástrio **70**, 358-359, 367
– metatarsal
– – artérias 490, **677**

– – III artéria 490, **491**, **493-494**, 675, 734-735
– músculo cricoaritenóideo 409, **409**, **411**, 692
– músculo escaleno 149-150, **152**, 153
– músculo intertransversário 160
– músculo oblíquo **598**, 611, **611-612**
– músculo reto **598**, 611, **611-612**
– músculo serrátil **155**, 161
– músculos auriculares 144
– nasal
– – artéria 486, **488**
– – concha 83-84, 100, **328**, **400-401**, 402, **402**, **405**
– – meato 83, 101, **400**, 403
– – região **686-687**
– – veia 692
– núcleo coclear 534, 556
– osso radiocarpal **196**
– parte
– – da ponte 521
– – dígito posterior 670
– plano 26
– podal
– – artéria 490, **493-494**
– – veia 496
– processo da vértebra 109
– raiz
– – do gânglio espinal 63, **582**
– – do nervo espinal 515, 516, **518**, **563**
– – saco do rúmen 361, **362-363**, **368-369**, **720**
– raízes do nervo 517
– ramo (s)
– – da falange média **569**
– – da falange proximal **569**
– – da falange proximal do nervo **580-581**
– – do nervo cervical **572**
– – do nervo espinal 562, **563**, **582**
– – do nervo lombar 568
– – do nervo oculomotor 549
– – do nervo ulnar 567, **570**
– – dos nervos torácicos **572**
– – nervo da falange média **570-571**, **580-581**
– ramo bucolabial **690**
– recesso omental 359
– rede carpal 485
– região do pescoço **698**, 701
– saco cego do rúmen **720**
– seio conchal 93, 108, 691
– seio sagital 82, 546, **547**
– sulco intermédio **516**, 518
– sulco lateral **516**, 518
– superficial
– – linfonodo cervical **504**
– – músculo escutuloauricular 144, **146**
– – nervo fibular 735
– tálamo 524
– tórax, radiografia 116
– tronco vagal 393, 559, **584-585**, **706-707**
– tubérculo 110, 112, **114**

– veia labial 648, 649, **649**
– veia pudenda **650**
Dorso
– estruturas ósseas palpáveis 737
– língua **331**
– músculos 154, **155**
– músculos cutâneos **140-141**
– músculos da camada profunda 154-155
– músculos longos 155, 157
– – grupo lateral 155
– – grupo medial 157
– músculos superficiais 154
– orelha 620
– sela túrcica 78, 100, **101**
DPOC (doença pulmonar obstrutiva crônica) 412
Ducto
– alveolares 413
– arterioso (Botalli) 483, 704
– biliares extra-hepáticos 391
– bilífero 391
– coclear 630
– colédoco 321, 360, 374, 391
– de união 628, **628**
– deferente 433, 436, 765
– ejaculatório 436, 441
– endolinfáticos **628**
– epidídimo 433, 435, **435**, 764
– excretório 436, 441
– de Müller **468**
– de Wolff **468**
– hepático 391
– – comum 391
– – esquerdo e direito 391
– hepaticoentérico comum **755**, 758
– hepatocístico 758
– intralobular da glândula mamária 643
– lacrimonasal 614
– lactífero 643
– pancreático 391
– paramesonéfricos 459
– perilinfático **619**
– saculococlear 776, **776**
– submandibular 334– torácico 58, 161, 319
– venoso 388
Dúctulo (s)
– eferentes 435
– interlobulares 391
– prostáticos 439
Duodeno 327, 372, 374, **374**, 377, **393**, **756**, 756
– alça **753**, 756
– cortes histológicos **372**
– flexura **755**
– glândulas **372**
– mucosa **395**
– projeção na parede corporal lateral 744
Dura-máter 539, **539-542**
– encefálica **539**, 540, **540**, 542
– espinal 539
Dureza absoluta 746
Duro
– cornificação 637
– palato 97, **97**, 98, 103, **103**, 108, 328, **329**, 348

E

Ectoturbinados (*ectoturbinalia*) 83, **86**, **90**, **102**, 108, **401-402**
Eferente (s)
– arteríolas do glomérulo **425**
– ductos testiculares 435
– fibras motoras do nervo espinal 562
– fibras nervosas 59, 63
– nervos motores 59
– neurônios 518-519
– vasos linfáticos 501, **502**
– venoso sistema 497
– vias viscerais 538
Égua
– clitóris 465
– órgãos genitais **452**, **470**
– – exame 719
– ovário 449, 451, **453-454**, **456**, **458**
– pelve
– – cavidade **717**, **721**
– – membro **734**
– úbere 644
– útero 460
Eixo
– da columela **775**
– da costela 126, **126**, 127, **127**
– da fíbula 259
– da pena 777
– da tíbia 258
– da ulna **178-180**, 181
– do fêmur 253, **254-255**
– do osso metacarpo 183
– do rádio 178, **178**, 179, **179-180**
– do tálus 262
– do úmero 175, **176-177**, **190-191**
– hipotalâmico-hipofisário 53, 588, **589**, 596
Ejaculação 448
Elástica
– cartilagem 28
– fibras da derme 634
Elastina 28
Embriologia 24
Eminência
– iliopúbica 243, **248**, **251**
– intercondilar 258
– medial 523
Emoção, comportamento, sistema límbico 528
Encéfalo 61, **515**, 520, **520-528**, 771, **771**
– artérias **545-547**
– localização 699
– traumas 698
– vasos sanguíneos 545, **547**
– – oclusão/estenose 698
– veias 546
– ventrículos 61
Endocárdio 476, **477**
Endócrina
– glândulas 26, 587, 772
– órgãos 587
– secreção 67
– vias 537
Endolinfa 628, 630

Endométrio 463, **469**
– alterações estruturais 719
Endometrite 463
Endomísio 44, 45
Endoneuro 62, 64
Endorfina 65
Endoscopia **66**, 790, 803
– da traqueia 702
Endósteo 27, 30-31, **32**
Endotelial (is) **55**
– camada capilar 56
– células 54
Endotendão **45**
Endoturbinados (*endoturbinalia*) 83-84, **86-87**, **90**, 100, 108, **109**, **401**, 402-403
Entérico
– plexo **563**, 584
– sistema nervoso 63
Enteroceptores 59
Entoglosso 753
Entrada da bolsa omental 359
Epêndimário
– células 61, 65
– epitélio 541
Epicárdio 471, **477**
Epicôndilo lateral/medial do úmero 175
Epiderme 635, **636**, **638**, **676**
– camadas 635, **636**
– camadas vitais 654
– cornificação 635
– corno 680
– coroa 661, 671
– cunha 674
– da falange distal 654, 674
– da ranilha 674
– da sola 663
– do segmento coronário 671
– do segmento da parede 662
– do segmento do bulbo 664, 674
– do segmento perióplico 671
– drenagem linfática 637
– limbo 661
– parietal 662
– queratinização 635
– terminações nervosas livres 637
– toro 664, 674
Epidídimo 433, **433-434**, 435, **435**, **437**, 764
Epidural
– cavidade 542
– espaço **517**, 539
– plexo venoso 545
– – hemorragia 545
– rede *mirabile* 545-546, **548**, 551
Epífise 28, **29**
– cortes histológicos **36**
Epiglote 328-330, 349, **405**, 407
Epi-hioide 93, **93**, 99, 104
– ligamento 93
Epimísio 44
Epineuro 62, **64**
Epiórquio **437**
Epiploon 359
Epistaxe 696
Epitálamo 524
Epitélio 66
– anterior 599

– camada de tecido conjuntivo 67
– camada muscular 68
– câmara anterior 599
– lente 607
– mucosa 66, 352
– pigmentosa 603
Epitendíneo 44, **45**
Epitímpano 621, 698
Epôníquio 652
Equador
– da lente **603**, 607
– do globo 597, **597**
Equilíbrio do corpo 309
Equino (s)
– abdominal
– – exame da cavidade, 718
– – hérnia 714
– – órgãos **712-713**
– aerofagia 152
– almofada digital 673
– andadura 311
– anestesia perineural 91
– articulação da quartela 203
– articulação do boleto **208**
– – ligamentos 202
– articulação do casco 204, **209**
– articulação interfalângica distal 204
– articulação temporomandibular 102
– articulações falângicas 201, **206-207**
– articulações metacarpofalângicas 201, **205**
– baço 513
– basi-hioide 92
– batida do ápice do coração 746
– bolsa intertubercular 191
– carpo
– – esqueleto **234-235**
– – músculos **234-235**
– cartilagem traqueal 411
– casco 669, **672**
– cavidade craniais 104, **106**
– cavidade oral 102
– cavidade pélvica 252
– – exame 718
– ceco 379
– colo 381, **382**
– comprimento do ducto epididimário 436
– crânio 101, 105, **105**
– – perfil côncavo (cabeça côncava) 101
– – perfil convexo (cabeça de martelo) 101
– criptorquidismo 715
– crista petrosa 80
– cúpula do diafragma, projeção sobre a superfície corporal 745
– dentição 339-340, **341**
– dentição permanente 339, **341**
– do membro torácico, musculaturas extrínseca e intrínseca **215**
– doença da bolsa gutural 331
– ducto pancreático 393
– dureza absoluta 746
– endoscopia 803

– esqueleto 40
– – do membro pélvico 245
– – do membro torácico 219
– esqueleto dos dedos 186
– estômago 355, **358**
– estruturas ósseas palpáveis **741**
– faringe 691
– fases da andadura durante a movimentação **313**
– forame infraorbital 686
– fórmula dentária 339
– glândula mamária 650
– glândula paratireoide 593
– glândula tireoide **591**, **593**
– laparotomia 715
– laringe **408**, 692
– locais de injeção
– – da articulação do boleto 203
– – da articulação do carpo 198
– – da articulação do casco 205
– – da articulação do cotovelo 193, 274
– – da articulação do ombro 191
– – da articulação do quadril 268
– – da articulação femoropatelar 274
– – da articulação femorotibial 274
– músculo esternomandibular 212-213
– músculo extensor comum dos dedos 228
– músculo extensor lateral dos dedos 229
– músculo flexor superficial dos dedos 232
– músculo longuíssimo do dorso 213
– músculo masseter 145
– músculo peitoral profundo 216
– narinas 685
– olho **602-604**
– ombro articulação, achados anormais 206
– ossos carpais 182, 184, **234**
– – exostoses 206
– ossos do quadril 251, **251**
– ossos metacarpais 183
– palpação do pulso da artéria facial 488, 687
– pelve renal **428**
– processo tentório 75
– projeção dos órgãos na superfície corporal 743-744, **745**
– regiões da cabeça 687
– rim **423**
– seio conchal dorsal/ventral 404
– seios paranasais 108
– substituição dos incisivos 340
– tireo-hioide 92
– úbere 650
– ventral
– – quilha do esterno 128
– – seio conchal 93
Ereção 448
Ergô 656, 660, **662**, **664**, 669, **669**
– dos pequenos ruminantes **669**
– esqueleto 669
– ligamentos 201
Eritropoietina 419

Escafa 619-620, **620**
Escala cinza de valores
– processos de imagem 790
– tomografia computadorizada (TC) 792
– ultrassom 791
Escama (s) 777
– frontal 81
– menores 777
– occipital 74
– temporal 79
Escamoso 79
– epitélio 635
– parte
– – do osso occipital 75, **83**
– – do osso temporal 74, **74-75**, 79
– – osso temporal 95
– sutura 37
Escápula **38-40**, **119**, 171, **172**, **174-175**, 748, **750**
– cartilagem 171, **173-174**, 722
– espinha 171, **171**, **175**, **190-191**
– incisura 171, **175**
– nervos **569**
– região 722, **723**
Escavação
– pubovesical 319, **319**, 323, **326**, **716-717**
– retogenital 319, 323
– vesicogenital 319, 323
Esclera 598, **598-600**, 607, 773, **774**
– anel **599**
– plexo venoso 599, 608, **609**, 615
– sulco 597, **597**, 599
Escrotal (s)
– ligamento **437**
– linfonodos 509
– pele 437
– rafe **437**
– região **733**
– septo 437, **437**
Escroto 436, 438, 714
Esfenoidal
– rostro 78
– seio 78, **90**, 93, **100**, **102**, 403, **405**
Esfenopalatino
– artéria 94, 487
– forame **86**, 88, 94, 97, 103, **553**
– seio **106**, 108, **403**, 405
– veia 94
Esfíncter (es) 47
– músculos **46**, 47
– – da pupila 603, 773
– pré-capilares 54
– veias 54
Esmalte 336, **338**
Esofágico
– hiato 69, 161, **162**, 319, **392**
– obstrução 703
– parte da faringe 351
– ramos da artéria broncoesofágica 489
– veia 358
Esôfago 317, **327**, **331**, 351-352, **352**, **706**, **752**, 753, **753**
– cirurgia 703
– dilatação 352

– inervação 352
– parte cervical 352
Espaço
– atlantoaxial 109
– atlantoccipital 109, 130
– de Sussdorf 317, 319
– interarqueado 109, 120
– – lombossacral 120
– intercostal 125
– interdental 690
– interósseo
– – antebraço 178, 181
– – crural 259
– lombossacral 109
– mandíbula 90
– perilinfáticos 628
– retrosseroso 69
Esparavão
– osso 279
– tendão 279
Espermático
– fáscia 437
– funículo 436, **437**, 438, **439**
Espermatogênese 433, 764
Espermatozoide 433
Espinal (is)
– aracnoide 542
– arco reflexo **519**
– artérias 541
– ataxia 702
– cordão 61, 63, 515, **516-518**, 771, **771**
– – arcos reflexos 519
– – compressão 516
– – do feto 516
– – estrutura 517
– – forma e posição 515
– – interneurônios 518
– – macróglia **62**
– – meninges 516
– – neurônios 518
– – neurônios eferentes 518
– – substância branca **518**, 519
– – substância cinzenta 517, **518**
– – vascularização 541
– – dura-máter **517**, 539, **540-542**
– – gânglio 63, 516, **519**, 562, **582**
– – raízes dorsais sensoriais 63
– – lemnisco 531
– – medula **517**
– – meninges 542
– músculo 157, 159
– nervos 62, 515-516, 548, 562, **563**
– pia-máter 542
– punção na região do pescoço 702
– trato do nervo trigêmeo **535**
– veias 545
Espinha
– cunha 671
– escapular 171, **173-175**, **190-191**
– isquiática 247
– nasal caudal 89, 98
Espinhoso
– camada da epiderme 654
– forame **77**, 78-79, 94
– incisura 78, 105, **106**

– processo **112**
– – da vértebra 109, **110**, 111, **111-113**, **115-116**
– – da vértebra lombar 120, **121-123**
– – da vértebra torácica 113-114, 120
– – do áxis 110, **113-114**, 130
– – do sacro **122**, 125
Espiral
– articulação 41
– canal **630-631**
– ducto coclear 629
– gânglio 534, 556, 628, 631, **631**, 698
– lâmina 628
– ligamento 630, **631**
– membrana **631**
– órgão 534
Esplancnologia 66
Esplenectomia 358
Esplênica/o (s)
– artéria 358, **359**, 392, **392-393**, 489, **492**, **511-512**, 514
– hilo 392-393
– linfonodos 507, **507-508**
– veia 392, **500**, **511-512**
Esplênio
– músculo 142, 149, 153, **154**, **156**
– músculo da cabeça 149
– músculo do pescoço 149
Esponjoso
– corpo do pênis 443, 445, **446**
– – da uretra **433**
– osso 28-29, **29-30**
– zona da medula espinal 518
Espora 751, 777
Esquelético
– musculatura 43-44, 46
– – bandas cruzadas ou estriado 44
– – hiperplasia 44
– – inervação 43
– sistema 27
Esqueleto 26-27
– antebraço 177
– articulação do cotovelo **256**
– axial 73
– crural 256
– da cabeça 73-74
– da coxa 252
– da galinha 748, **748**
– da laringe 407
– da mão 181, **181**, 184
– da perna 256
– das aves 748
– do antebraço 177
– do bovino 39
– do braço 171
– do cão **38**, **217-218**
– do carpo **230-231**
– do equino **40**, 219
– do gato 37, **38**
– do membro pélvico 244-245, 288-289, **304-306**
– do membro torácico 171, **172-173**
– do pé **182-183**
– do pé posterior 259
– do suíno **39**

– do tarso **264**
– do tórax **119**, 125
– dos dedos **230-231**
– femoral 252
– precursor da cartilagem 32
– pneumatização em aves 760
Esquerdo (a)
– artéria gastroepiploica 359, 489, **492**
– artéria ilíaca interna 490
– átrio 53, 471, 474, **476-477**, 479
– atrioventricular
– – abertura 476
– – sulco **472**
– – válvula **473**, 476-477, **478**
– aurícula **472**, **476**, **478**
– cólico
– – artéria 373, 490, **492**
– – veia **500**
– colo dorsal 377, **377**, 378, **380**, 381, **381**, 382-383
– colo ventral 377, **377**, 378, **380**, **381**, 381, 383
– coronária
– – artéria 477, **477-478**
– – ramo **478**
– gástrico
– – artéria 358, **359**, 489, 492
– – veia 358, **500**
– hepática
– – artéria **758**
– – ligamento 751
– – lobo 385, **385**, **387-389**, **393**, 757, **758**
– – veia 757
– – veia porta 757, **758**
– ligamento triangular 359, 391
– lobo do pâncreas 391
– margem ventricular 473
– pilar diafragmático 162
– ramo circunflexo **478**
– ruminal
– – artéria 369
– – linfonodos 370
– sulco interventricular 473
– válvula semilunar **478**
– veia subclávia 493
– ventrículo 53, 471, **473-474**, 475, **476-477**
– ventrículo venoso marginal da veia **479**
Estágio anágeno do pelo 639
Estágio catagênico do pelo 639
Estágio telogênico do pelo 639
Estática 309
Esternal
– costelas **118-119**, 125
– crista **127**
– extremidade da costela 126
– flexura 381
– ligamento 136, 161
– linfonodo **506**
– parte do diafragma 161-162, **162**
– região 704, **704-705**
– sincondrose **127**
Estérnebra 128
Esterno 74, **119**, **127**, 128, **748**, **750**
Estigma 452, **453**, 455-456

Estilo-hioide
– músculo 149, 151, 349, **350**
– osso 93, **93**, 99, 104, **350**, **404-405**, **592**, 623, **626-627**, **694**
Estiloide
– pálpebra **93**
– processo
– – da ulna **178**, 179, **179-180**, 181, 730
– – do osso temporal 80, **83**, 92, 102, **105**
– – do rádio 179, **180**
Estilopódio **244**
Estômago **327**, 353, **356-358**, 376, **721**, 754, **755**
– artérias 358, **359**
– camada circular interna 355
– camada muscular 354, **355**
– câmaras 360
– compartimentos **361-362**
– dos ruminantes 360, **361**
– face parietal/visceral 353
– fibras parassimpáticas 358
– fibras simpáticas 358
– inervação 370
– linfo
– – nodos 370
– – vasos 358
– parte aglandular **357**
– parte glandular 354, **357**
– posição 358
– projeção na parede corporal lateral 740, 744
– unicavitário 353, 355
– variações espécie-específicas 355
– vascularização 358, 369
– veias 358
Estrelado
– gânglio 481, 558, 582, **583**, **706-707**
– veias do rim 424
Estria 621
– malear 621
– vascular **631**
Estribo 80, 622, **625**, **628**
Estrogênio (s) 452, 596, 645-646
Estroma 68
– da íris **609**
Etmoidal
– artéria 487, **488**
– concha 348-349, **403**
– crista 84
– forame 77, 81, **82**, 94, 100, 102, **105**, 551
– fossa 82, 104, **106**, 528
– labirinto 82
– meato 82
– nervo 94, 551, **552**
– osso **79**, 82
Etmoturbinados (*ethmoturbinalia*) 82-83, **87**, 100, **103**
Excitatórios
– neurônios 61
– sinapse 65
Excretórios
– ducto 436, 441
– urografia 791

Exostose 31
– articulação do boleto 207
Expiração
– diafragma 163
– fechamento da glote 409
Extensor 47
– fossa do fêmur 253, **254-255**, 257
– músculo
– – articulação do carpo 215
– – articulações dos dedos 214
– – da articulação do jarrete 287, **291**, **294-295**
– – do primeiro e segundo dedos 229
– – do tarso 294, 300
– – dos dedos 223, 294, 298
– músculo radial do carpo 749
– processo
– – da falange distal 188, 189
– – da falange média **187**
– retináculo do antebraço 196, **230**, 232
– sulco 258, **259**
Externa/o (s) 26
– abertura
– – da uretra 430, 445, **466**
– – do canal inguinal 164
– – do útero 463
– aparelho acústico 95
– artéria carótida 486, **488**, 696, 700
– bainha da raiz mesodérmica 638, **641**
– bainha do reto 165
– camada
– – da aracnoide espinal 701
– – do corno 680
– – do córtex 61
– – do osso compacto 28
– camada circular do estômago 354
– cápsula **526**, 529, **532**
– células da falange **632**
– células da teca **453**, 596
– cutícula do pelo 638, **641**, 767
– fáscia **69**
– – da coxa **287**
– – espermática **436**, 437, **437-438**, 714
– estrato nuclear da retina 605, **606**
– estrato plexiforme da retina 605, 606
– glândula paratireoide 593
– ilíaco
– – artéria 325, 470, 490, **491**, **493-494**, 649, 731, **738**, 764
– – linfonodos 509
– – veia 496, **498**, 649
– lamela circunferencial **32**, 36
– lâmina do osso etmoide 82
– meato acústico 79-80, **80**, 95, **99**, **105**, **129**, 619, 620, **624**, **626**
– – entrada 619
– membrana da casca 767
– membrana timpaniforme **759**
– músculo esfíncter anal 322
– músculo obturador 293, **295-296**, **298**, 730
– músculos intercartilaginosos 158

– músculos intercostais **154-156**, **158**, 160-161, **285**
– nariz **398**
– oblíquo
– – fibras 354
– – músculo do abdome **69**, **164**, 164, **166**, 167, **168**, **216**
– oftálmico
– – artéria 487, 615, **687-688**, **697**
– – veia 615, 688, **688**, **697**
– orelha 619, 698, 775
– – músculos 139, 143, **146**
– órgãos genitais femininos 467
– óstio do útero 460, **466**
– parte da orelha 102
– pele 26
– pelo
– – células **632**
– – folículo **638**
– protuberância occipital 75, 95, 101, **111**, **129**
– pudendo
– – artéria 448, 490, **493**, 644, **648-649**, **738**
– – veia **499**, 644, **648-650**, 716
– ramo nasal do nervo infraorbital **553**
– rotador interno **144**
– sagital
– – crista 75, **80**, 81, **82**, **88**, 95, **96**, **105**, **129**
– – seio **97**
– superfície da face 87
– tábua do osso frontal **106**
– torácico
– – artéria **484**
– – veia **495**, 705
– veia jugular **485**, 494, **495**, 496, **497-498**, **689**, 701, **701**
– – injeção intravenosa 702
– vexilo 777
Extraperitoneal 71
Extrapiramidal
– sistema 537
– via motora 524
Extremidade
– da língua 690
– da teta 643
– tíbia distal/proximal 258
– vértebra cranial/caudal 109

F

Fabela 253, **256**, **270**, 271
Face 84
– articular
– – carpal 179
– – cranial/caudal 110
– – falange 184
– – fibular 258
– – tubérculo da costela 126
– áspera 253
– atrial 473
– auricular
– – do coração 473
– – do ílio 243
– contato 652, **655**
– costal 412

– diafragmática 412
– escápula serrata 171
– escapular costal ou medial 171
– facial do osso lacrimal 85
– fórnice 652
– glútea 243
– ilíaca 243
– labial
– – mandíbula 90
– – osso incisivo 88
– lingual da mandíbula 90
– lunar do acetábulo 248, **249**
– mediastinal 412
– oclusal do dente 336
– palatina do osso incisivo 88
– poplítea 253
– pterigopalatina 88
– sacropélvica 243
– solear 184, 652, **655**, 661
Facial
– área 94
– artéria 486, 488, **488-489**, 689, **692**
– – palpação do pulso 488, 686
– canal 554, **556**
– crista 85, 87, 103, **107-108**, 685
– face da maxila 85, 88, **88**
– incisura 91, 98, 104, 686
– músculo cutâneo **685**
– músculos 139
– nervo (VII) 80, 94, 347, 521, **522**, **524**, **527-528**, **550**, 554, **556-557**, 615, **687**, 689, 692, 700
– – exame neurológico 694
– – fibras parassimpáticas pré-ganglionares 554
– – núcleo motor 694
– – paralisia 556, 687, 695, 698
– – paralisia central 694, 698
– – paralisia periférica 694
– parte
– – do crânio 84
– – do osso lacrimal 85
– túber 685
– tubérculo 87
– veia **142**, **495**, **689**, **692**
Falange (s) **748**
– articulações 198-199, **206-207**, **266**, 279
– – do equino 201
– – dos ruminantes 200
– células do órgão de Corti 630
– distal, média e proximal 186
– mão 181
– pé 259
– região 732, **733**, 735
Falciforme ligamento 71, **319**, 360, **385-386**, 389, 714, 757
Falo 757, 765
– não protraível/protraível 765
Falsa
– costela 126
– narina 402, 685
Faringe 327, **327**, **329-331**, 347, **349**, **403**, 691, **754**
– musculatura externa **350**
– músculos constritores 348
– parte oral 347, 753, **753**

– tecido linfático **351**
– tecido linforreticular 349
Faríngeo
– abertura da tuba auditiva **351**, **403**, 623, **626**, 691, **694**, 695
– bolsa 511
– cavidade 84, 753
– infecção da tuba auditiva 698
– papila **754**
– plexo 558
– ramo
– – do nervo glossofaríngeo 557, **558**
– – do nervo vago 558, **558**
– região **686-687**
– tonsila 349, **351**
Farpas delgadas 777
Fáscia 50
– antebraço 211
– articulação do cotovelo 280
– axilar 137, 211
– braquial 211
– cabeça
– – profunda 137
– – superficial 137
– caudal profunda 137-138
– cervical
– – profunda 137, 211, 700
– – superficial 137, 700
– cremastérica 437
– crural 280, **286**
– da cabeça 137
– dorsal da mão 211
– endotorácica 70, 138, 161, **316-317**, 703
– espermática
– – externa 436
– – interna 70, 436
– espinocostotransversal 137, 149, **155**, **156**
– faringobasilar 137
– femoral 280
– glútea 280
– ilíaca 138, 280
– joelho 280
– lata 280, **286**
– palmar da mão 211
– pelve diafragmática 280
– pélvica 138
– profunda 50
– subdartoica 437
– superficial 50
– temporal 137
– toracolombares 137
– transversal 70, 138, 161, 280
– tronco
– – interna 70, 319
– – profunda 137, 211
– – superficial 137
Fascículo (s) 62
– atrioventricular 480
– cuneiforme 531
– grácil 518, 531, 534
– próprio 519
Fases de caminhada do equino 313
Fatias, plastinação 779
Feixe de His 480, **481**
Fêmea
– gametas 449

– órgãos genitais **449**, **449-451**, **463-464**, 765, **768**
– – durante o desenvolvimento fetal **468**, 469
– – inervação 470
– – ligamentos (anexos) 467
– – linfáticos 470
– – músculos 469
– – vascularização 469, **470**
– uretra 430
Femoral
– artéria **297**, **325**, 490, **491**, **493-494**, 579, **736**, **738-739**
– – palpação do pulso 490, 732
– cabeça 252-253
– canal 490, **579**, 731
– fáscia **166**, 280
– lâmina 164, **282**
– ligamento do menisco lateral 269
– nervo 568, 571, **574**, **575**, 577, 731, **739**, **772**
– região 731
– tróclea 253
– vasos linfáticos **770**
– veia **297**, **325**, 496, **499**, **579**, **736**, **738**
Femoropatelar
– articulação 253, 269, 732
– – locais de injeção 274
– ligamentos 269, **270**, **273**, **275**
Femorotibial
– articulação 253, 268, 274, 732
– – locais de injeção 274
– ligamentos 269, **270**, **273**
Fêmur **38-40**, 252, **254-255**, 749
Fenda glótica 408, **408**, **411**
Fenda, linhas da pele 634
Fenestra vestibular 622
Fenilefrina 603
Ferradura 675, **675**, 678
Fertilização 459
Fibra (s)
– colágenas
– – cartilagem 28
– da derme 634, 674
– corticobulbares 535
– corticoespinais 535
– corticopontinas 535
– da comissura 529
– de Sharpey 31, 36, 46
– de Zinn 697
– intersegmentárias da medula espinal 519– lente 607
– longitudinal 354
– nervosas ascendentes de mielina 519
– oblíqua externa/interna 354
– perfurantes 36
– zonulares 601, 607, **608**
Fibroblastos 28
Fibrocartilagem 28
– da patela 256
– parapatelar medial 256
– união 37
Fibrosa (o)
– anel do disco intervertebral **131**, 132, **133**, **517**
– articulação 37
– cartilagem 28

– cordão da dura-máter 539
– esqueleto do coração 473
– pericárdio 471-472
– união 37
Fíbula **38-40**, 256, 259, **260**, **748**, 749
– ligamento colateral 269
– nervo 568, **573-574**, 657, 734, **772**
– osso tarsal 261
Fígado 327, 384, **386-389**, **720-721**, **752-753**, **756**, 757, **758**
– distribuição lobar 385, **385**
– estrutura 385
– fixações 757
– forma/posição 384
– inervação 389
– ligamentos 389
– linfáticos 389
– margem aguda 384
– margem romba 384
– modelos de corrosão **390**
– peso 384
– projeção sobre a superfície corporal 740, 742-743
– sinusoide 385, **390**, 497
– tríade **390**
– vascularização 388
Filamento terminal 515, 539
Filamento tipo vilosidade sinovial 42
Filamentos de actina 44
Filamentos de miosina 44
Filoplumas (*filoplumae*) 778
Filtro 328, **329**, 398
Fímbrias da tuba uterina **458**, 459, **459**, 462
Fisiológica da hérnia umbilical 319
Fissura
– mediana ventral 515, 517
– orbital 97, 100, 102, 105
– palatina 88
– petroccipital 75, 94, 103, **106**
– tireóidea 407
Fistulografia 791
Flexor (es)
– face
– – da falange digital **187**
– – da falange distal 189
– – do osso navicular **187**
– músculo (s) 47
– – da articulação carpal **215**, 223
– – da articulação do cotovelo 294
– – da articulação do jarrete **285**, **291**, **294**
– – da articulação do ombro 566
– – das articulações dos dedos **214**, 294, 308
– – do tarso 294, 298, 300
– – retináculo do antebraço 196, **231-232**
– – tubérculo da falange distal 184, **184**
– – tuberosidade da falange média **187**, 189
Flexura
– central 383
– diafragmática dorsal/ventral 381
– duodeno cranial/caudal 374

– duodenojejunal 374, 719
– pélvica 381
Flexura sigmoide
– do colo 383
– do pênis **434**, 445
Focinho 399
Foice cerebelar 522
Foice cerebral 540, **541-542**
Folhada
– papila 330, **331**
– sutura 37
Folicular
– cavidade **453**, **455**
– células epiteliais 453
Folículo 719
Folículo de Graaf 452, **453**, **457**, 718
Folículo do pelo 638
Forame (s)
– alar 110
– – caudal 79, 103
– – rostral 79, 97, 102
– apical do dente 336
– coclear 622
– da mandíbula 91
– da maxila 87-88, 103
– epiploico 359, **360**, 369, 378, 393
– esfenopalatino 88, 103
– estilomastóideo 80, 94-95, **105**, 695
– etmoidal 81, 102
– infraorbital 87, 103, 736
– intervertebral 109, 112
– isquiático maior/menor 266
– jugular 74-75, 98, 100
– lacerado 78, **83**, 94, 103, 105, **106**, **129**, **554**, 583, 692
– lacrimal 88
– magno 73-74, **83**, **89-90**, 95, **98**, 101, **130**
– mentual 91, 736
– obturador 243
– omento (epiploico) 719
– orbitorredondo 549
– oval 98, 100
– palatino
– – caudal 88, 103
– – maior 88
– para o músculo da columela **775**
– pneumático 748
– redondo **78**, **89**, 94, 100, 102, 105, 549
– retroauricular 79
– sacral dorsal/ventral 125
– seio sagital 99
– solear axial e abaxial 184
– supracondilar 177
– supratroclear **176**, 177, **177**, 194
– transversário 110, 112
– troclear 105, 549
– veia cava 69, 161, 319
– vértebra 73
– vertebral 109
– – lateral 110-111
Fórnice **526-527**, **530**, **538-539**
Fosfato 36
Fossa (s)
– canina 87
– clitoriana 465

– crânio
– – caudal 74, 100, 104-105
– – medial 78, 100, 104
– – rostral 78, 100, 104
– da glande do pênis **445**, **447**
– do atlas 110
– do saco lacrimal **79**, **80**, **82**, 85, **101**, 102
– espermáticas 767
– extensora 253
– glande 445
– glândula
– – lacrimal 81, 102
– – supraorbital 81
– glandulares infundibulares 766
– hipofisial 78
– infraespinosa 171
– intratórica 671
– isquiorretal 731
– língua 690
– mandibular 79, 102, 128, 345
– massetérica 91
– olécrano 175, 181
– ovário 451
– paralombares 365, 709
– pararretal 319, **319**, 323, **326**, **716-717**
– pterigóidea 91
– pterigopalatina 87, 97, 103
– retromandibular 690, 700
– rombóidea 523
– sinovial 37
– subescapular 171
– supracondilar 253
– supraespinal 171
– suprapatelar **254-255**
– temporal 81, 95
– tonsilar **350**
– trocantérica 253
Fotorreceptores 59, 604-605
Fóvea (s)
– articular
– – caudal 113, 130
– – cranial 110, 113, 130
– costal 113-114
– – caudal 112, 114
– – cranial 114
– da cabeça
– – femoral 252
– – rádio 178
– dente 110, 130
– gástricas 354, **354**
– troclear 97
Fraturas sagitais médias da falange proximal 207
Frênulo da língua 329
Frontal
– escama 81
– lobo **523**, **525**, 529, **529**, **539**
– músculo 138, 685, 689
– nervo 94, 551, 552, 555, 560, 615, 687
– osso **74-75**, **79**, 81, **97**
– processo
– – da pele 777
– – do osso zigomático **88**, 95, **101**, **101**
– região **686-687**

– seio 79, **90**, 93, 97, 101, **101-102**, 104, **106-107**, 108, **109**, **402-403**, 404, **405**, 691
– – inflamação 405
Frouxo
– ombro 730
– tecido conjuntivo 28, 66
Frutose 441
Função motora voluntária 524
Fundo do estômago 353, **356**
Funículo
– dorsal 519
– espermático 436, 438
– fibras nervosas centrais 62
– nuca 133
– ventrolateral 519
Fúrcula 748, **750**

G

Gálea 777
Galinha
– bulbo do olho **774**
– camadas musculares superficial e média **749**
– esqueleto 748, **748**
– formação linforreticular 770
– glândulas endócrinas 772
– maturidade sexual 764
– órgãos acessórios do trato intestinal 757
– órgãos da cavidade peritoneal 756
– órgãos genitais femininos 765, **768**
– trato digestivo proximal 753
– vasos linfáticos 769, **770**
Galope 313, **314**
GALT (tecido linfático associado ao intestino) 57
Galvayne, sulco 340
Gametas 433
Gânglio (s) 60, 63
– celíaco 424
– cervical
– – cranial 582
– – médio 582
– cervicotorácico ou estrelado 582-583, **583-584**
– ciliar 586
– coclear 776
– da cabeça 539
– distal do nervo vago 410
– do tronco simpático **582**
– espinal 63
– genicular 550, **554**, **556**, 694
– mesentérico cranial 425
– nodoso do nervo vago 558
– pré-vertebral 63, **563**, **582**, 584
Garanhão
– castração 715
– glândulas genitais acessórias 439
– órgãos genitais **434**
Garra 651, **653**, 656, **658**, **661**
– das asas 751
– das aves 777
– do cão 656, **658**
– do gato 659, 661
– forma 656
– função 651

– prega 656
– – ligamento elástico 659
– segmentos 652, 656
– vascularização 657
Gástrica
– artérias 358, 369
– face do baço **511-512**
– fuso 361, 367
– glândulas 354, **356-357**
– inervação 370
– istmo **755-756**
– linfonodos 507, **507-508**
– mucosa **353**, 358
– parede, estrutura 354
– sulco 365, 367
Gastroduodenal
– artéria 489
– veia **500**
Gato
– comprimento do ducto do epidídimo 436
– dentição 340, **344**
– dorsal do tórax, radiografia **116**
– ducto pancreático 393
– esqueleto 37, **38**
– estômago 355, **356**
– forame etmoidal 100
– fórmula dentária 339
– garra 659
– glândula mamária 646
– glândula paratireoide 593
– injeção intravenosa da veia safena média 496
– lobos pulmonares 417
– locais de injeções
– – articulação do cotovelo 193
– – articulação do ombro 191
– – articulações do carpo 198
– – medição da pressão sanguínea 55
– músculo extensor do primeiro e segundo dedos 229
– músculo extensor lateral dos dedos 229
– músculo flexor superficial dos dedos 232
– músculos superficiais 48
– narinas 399
– olho **602**
– órgãos abdominais **708-709**
– órgãos genitais **433**
– osso metacarpal 184
– patela 258
– pelos táteis **643**
Gelatinoso
– corpo 772
– medula 34
– zona da medula espinal 518
Gengiva 336-337
Genu costae 127
Geral
– anestesia, imagem por ressonância magnética 802
– vias somáticas aferentes 530
Gínglimo 40-41, 191
Giro cingulado 528, **531**
Giro denteado **530**
Giro para-hipocampal **530**
Giro paraterminal **531**

Giro pré-cruzado 530
Giro supracaloso **530**
Giros cerebrais 525, 528
Glande
– clitóris 465
– pênis 433, 443, 445, **447**
– – papila queratinizada 445
– – vasos sanguíneos **445**
Glândula (s)
– acessórias genitais 433, 439
– acinosas 67
– ampola do ducto deferente 439
– auriculares 776
– bucais 328
– bulbouretrais **433**, 439, 441, **441**
– cardíacas 354
– carpais 641-642
– caudais 641
– ceruminosas 641-642
– circum-anais 641, **384**
– circum-orais 641
– cornuais 641-642
– da bolsa infraorbital 642
– da bolsa inguinal 642
– da bolsa interdigital 642
– de Meibômio 641, 687
– do canal da orelha 642
– endócrinas 587
– gástricas 67, 354
– – fúndicas 354, **354**, **357**
– – próprias 354
– hipófise 53, **521-522**, 523-525, **528, 533**, 537, 587, **587-588**, 772, **773**
– intestinais 67, 371
– lacrimais 614
– mamárias 643
– mandibulares 334
– mentuais 642
– nasais 758
– odoríferas 641
– paracarunculares 333
– paratireoide 592
– parótida 334
– pele 633
– perianais 641
– pilóricas 354
– pineal 524, **532, 533**, 588, **771**, 772, **773**
– pituitária (hipófise) 53, **521-522**, 523-525, **528, 533**, 537, 587, **587-588**, 772, **773**
– sacoparanais 384
– salivares maiores/menores 328, 333, **335-337**, 753
– – inervação 333
– sebáceas 613, 635, **638**, 641, 776
– seio **647-648**
– – inguinal 641-642
– – interdigital 641-642
– – lingual 641
– – paranal 641
– sublingual 334-335
– – menor 333
– sudoríferas 641
– sudoríparas 635, **638**, 641
– suprarrenais 593
– terceira pálpebra 614
– – profunda/superficial 614

– tireoide 589
– toro 642
– tubulares infundibulares 766
– tubuloalveolares **68**
– uretéricas 426
– uropigial 776, **777**
– uterina 766
– uterovaginais 767
– vento 776
– vesicular 439, 441
– vestibulares (maiores/menores) 464
– zigomática 328
Glandular (es)
– alvéolos **646**
– epitélio 67
– estômago **753**, 754, **755**
– – folículos **768**
Glaucoma 599, 608, 697
Glenoide
– cavidade 171, **174-175**, 190, **190-191, 783**
– – lesões 206
– – lábio 190, **190**
Glia limitante 61
Glial
– células 58, 60-61
– – da retina 604
– membrana limitante do tecido neural 540
Glicocorticoide 595
Glicosaminoglicanos 28
Gliócitos 58, 60-61
Globo pálido **526**
Glomérulo 421, **424**, 425
– alças capilares 422-423
Glomo
– aórtico 596
– carótico 486, 596
Glossa 329
Glote **754**, 758
Glucagon 596
Glútea (o)
– artéria **737**
– face do ílio 243
– fáscia 280
– linha 243, **250-251**
– nervo **738**
– região 732, **732**
– – palpação 730
– veia **737**
Gonfose 37
Gordura corporal pré-umbilical **356**
Gordura da medula óssea 34
Gordura marrom 633
Grande
– circulação 52-53
– intestino **327**, 370, 378, **381**, 756
– – vascularização 379, **380**
Granulações aracnóideas 540
Granulações de Pacchioni 540
Grânulo irídico 603
Gubernáculo do testículo 433
Gustatória/o (s)
– área 530
– órgãos 524
– papila 329
– – botão gustatório 330

H

Habênula 524
– comissura 524
– núcleo 524
Hâmulo pterigóideo/do osso pterigoide 77, **79**, **83**, **89**, 90, 98, **105, 109**
Haplodonte 336, 340, 344
Haustro 372, 379-380
Havers
– canal 32, 35
– lamela **33**, 35
– sistema 35
– vasos sanguíneos **32-33**, 35
Helicotrema 630, **630-631**
Hemal
– arco **110**, 125, **125**
– – osso **125**
– nodos 505
– processo 125, **125**
Hematopoiese 30, 34, 36, 52
Hemiplegia
– do nervo laríngeo recorrente 408, **411**
– laringe 692, 703
Hemisfério
– do cerebelo 522
– do cérebro 529
Hepática/o (s)
– artéria 358, **359**, **386**, 388, **390**, 392, 489, **492**, 497
– ductos 391
– ligamentos 757
– linfonodos **507-509**
– lobos 385
– lóbulos 385, **385**, **390**
– peritoneal
– – cavidades 751
– – sacos 757
– plexo 584
– porta **385**, **388**, 389, 757, **758**
– veias 388, **390**, 497, **498-500**, 757
Hepatócitos 385, 390
Hérnia inguinal 438
Heterodontia 335
Hialóidea
– artéria 608
– canal 608
Hiato
– aórtico 69, 319, 483
– esofágico 69, 161, 319
Hidrocefalia 541, 699
Hilo 68
– do baço **511-512**, 514
– do linfonodo 501, **502-503**
– do músculo 44
Hioide (s)
– aparelho 73, 80, 92
– – músculos 149, 151, 349
– – músculos inferiores 351
– – músculos superiores 349
– osso 84, 92, **93**, **97**, 99, 104, **404-405**
Hioscina 603
Hiperqueratose 635
Hipertrofia
– da próstata 441
– do coração 477

Hipocalcemia, tireoidectomia bilateral das glândulas paratireoides 593
Hipocampo 525, **526-527, 530-532, 538, 544**
Hipófise (glândula pituitária) 53, 100, **520-522**, 523-525, **528**, 537, 587, **587-588**, 772, 773
– cavidade 587, **589**
Hipofisial/hipofisário (a)
– fenda 587, **589**
– fossa **77, 78, 78**, 100, **100-101**, 104, **106**, 587
– infundíbulo 523
– vasos portas 538, **589**
– veias porta-hipofisárias **589**
Hipoglosso
– canal **77**, **89**, 94, 98, **101**
– músculo **592**
– nervo (XII) 94, 521, **524, 528**, 550, **557-558**, 559-560, **693-695**, 696, **696**, 700
– – paralisia 694
– – paralisia iatrogênica 696
– núcleo 559
Hiponíquio 652
Hipotálamo 524-525, 537, **538**, 587, **771**
Hipotímpano 621
Hipotonia muscular 47
Hipsodonte 336, **338**, 339
Horizontal
– ligamentos do carpo 195
– placa do osso palatino **86**, 89, **108**
– plano **27**
– septo da cavidade celomática 751, **752**, 759
Hormônio adrenocorticotrófico (ACTH) 36, 588
Hormônio antidiurético (ADH) 587
Hormônio do crescimento (GH) 588
Hormônio estimulante de melanócitos 588
Hormônio folículo-estimulante (FSH) 588
Hormônio gonadotrófico 588
Hormônio luteinizante (LH) 452, 588
Hormônio somatotrófico (STH) 36
Hormônio tireotrófico (TSH) 36, 588
Humor aquoso 599, 608
Hystera 459

I

Ileal (is)
– artérias **380**, 490
– asas 243
– músculo esfíncter 379
– óstio 378-379
– papila 378-379, **381**
Íleo **327, 373, 375-377**, 378, **753, 755**, 756

Ileocecal
– ligamentos 756
– linfonodos **508**
– prega 375, **376-377**, 378-379, **382**, 383
Ileocólica
– artéria 372-373, **376**, 490
– veia **500**
Ilha
– pancreática 596
– ruminal 362
Ilhotas de Langerhans 596
Ilíaca
– crista **251**
– fáscia 138, **164**, 280, **282**
– linfonodos **509**
– músculo 281, **282**, **294-295**
– músculo psoas 283
– tuberosidade 243
Ílio **122-123**, 243, **246-251**, **748**, 749
Iliossacral
– linfocentro 508
– linfonodos 430
Imagem de ressonância magnética (RM) 795
– anestesia geral 802
– áreas de aplicação **799**
– fatores-chave **802**
– gadolínio 799
– imagens ponderadas em densidade de prótons (DP) 795
– imagens ponderadas em T1/T2 795
– materiais de contraste 799
– patologia dos tecidos moles 795
– sequências de pulso variadas 795
Imagem estrutural 790
Imagem funcional 790
Impactação 37
Impressão (ões)
– cardíaca 757
– digital 99, 104
– medular 75
– pontina 75
– renal 421
Imune
– resposta 57
– sistema 26, 501
– – das aves 769
– – timo 511
Imunoglobulinas no colostro 646
Incisivo (s) 74, **99**, 336, **338**, 339-340, **398**
– do bovino 346
– do cão 343
– do equino 340, **342-343**
– face oclusal **342-343**
– muda no cavalo 340
– músculos 139, 143
– osso **75**, 88, **88**, **96**, 398, 402
– papila **330**
– parte da mandíbula **92**
– ramo do nervo alveolar inferior **554**
Incisura
– acetábulo 248
– alar 110
– angular do estômago 353

– cardíaca 412
– carótida 78, 103
– costal 128, 135
– escapular 171
– espinosa 78, 103
– isquiática
– – maior 243
– – menor 247
– mandíbula 92
– nasoincisiva 84, 87, 402, 686
– ótica 95
– oval 78, 103
– pancreática 391
– poplítea 258
– processo palmar 189
– radial da ulna 178, 179, 181
– troclear 178, 181, 191
– vasos faciais 91, 98, 104
– vertebral
– – caudal 109, 111, 114
– – cranial 109, 111, 114, 122
Inclinação da pelve 250
Incongruente (s)
– articulação em dobradiça 268
– articulações 41
Índice refrativo 608
Infarto 56
Inferior 26
– alveolar
– – artéria 487, **488**, **693**
– – nervo 553, **554-555**, 560, **693**, **694**
– – veia **693**
– – fórnice conjuntivo **599**
– – lábio **398**
– – artéria 486, **488**, **692**
– – pelos táteis 639, **642**
– – região **687**, **691**
– – veia **692**, **701**
– ligamento *check* 237
– mandíbula 73, 84
– músculo incisivo **142**, 143
– neurônio motor 535
– pálpebra **598**, 612, **613**
– rotador interno **144**
– trato respiratório 397, 405
Infraespinoso
– fossa 171, **173-175**
– músculo 218, 221, **221**, **226**, 722, **782-783**
– – atrofia severa 727
– – contração permanente 727
Infraorbital
– artéria 487, **488**, 686
– canal 87, 97, 108, 686
– forame 87, **88-89**, 94, 97, 103, **107**, 553, 686
– – injeção 736
– margem 85
– nervo 94, 97, 552, **553**, **555**, 560, 686
– – anestesia perineural 87
– pelos táteis 639, **640**
– região 685-686, **686-687**
– seio 758
– veia **495**, 686
Infundibular/Infundíbulo 541
– da tuba uterina **458**, 459
– do oviduto 766, **768**

– do parabrônquio 760
– fenda **754**
– glândulas 766
– núcleo **589**
– parte da adeno-hipófise 587, **589**
Inglúvio 753, **753**
– canal 753
– leite 753
Inguinal
– canal 165-166, 438, 468
– hérnia 166, 438
– ligamento 163, **164**, **166**, **282**, 469
– região 166, 438, **705**, 714, **733**
Injeção intrabursal da bolsa navicular 730
Injeção intramuscular 691
– músculos de voo 751
– região do pescoço 702, 736
Injeção intravenosa
– veia jugular externa 702
– veia safena medial 496
– veia ulnar 769
Inserção muscular 46
Inspiração
– abertura da glote 409
– diafragma 163
Insulina 596
Inteligência 530
Intensidade do sinal do ultrassom 791
Interalveolar
– margem 327
– – da mandíbula 91, **92**, **96**, 98
– – da maxila 88, **96**, 103, **107-108**
– – do osso incisivo 89
– – septo da maxila 88
Interarcuado
– espaço 109, **112**, **117**, 120
– ligamentos 133, **133**
Interbronquial
– forame **759**
– ligamento **759**
Intercelular substância da cartilagem 28
Intercondilar
– eminência **257**, 258, **259**
– fossa 253, **255**, **259**
– incisura 103
– linha do fêmur 253
– tubérculo **259**
Intercostal (is)
– artérias 488
– espaço 125
– linfonodos 505, **506-507**
– músculos 161
– nervos 568, 708, **725**
– torus **761**
– veias 495
Interdigital (is)
– artérias 665
– bolsa **635**
– espaço 660
– ligamento intersesamoide 200, **204**
– ligamentos 200, **203**
– ligamentos falangosesamoides 200
– membrana 777

– pilar do ligamento suspensório **204**
Interesternal
– cartilagem 128, 136
– sincondrose 136
Interlobular (es)
– artérias do rim 423, **425**
– ductos 390, 391
– veias
– – do fígado **390**, 497
– – do rim **425**
Intermamário
– sulco 642, **645**, 648
– *sulcus* 646
Intermandibular
– articulação 128, 347
– região 685, **686-687**, 688, **691**, **699**
– sutura **98**
Intermédio
– corpo da vesícula urinária 429
– crista sacral 125
– ligamento patelar **270**, **275**
– lobo
– – da hipófise 587
– – do fígado 757, **758**
– – do timo **510**, 511
– músculo intertransverso **160**
– músculo vasto 293
– osso carpal 181, 182, **182-183**, **185**, **198**
– parte
– – da hipófise 524, **588-589**
– – da medula espinal **518**
– serosa 70, **70**
– trabécula **750**
– tubérculo 175
– válvula semilunar **478**
– zona 383, **384**
Intermediorradial
– articulação, fraturas 206
– osso carpal **182-183**, 184, **196-197**
Interna/o (s)
– abertura uretral 439
– artéria oftálmica 487
– bainha da raiz ectodérmica 638, **641**
– bainha do reto 165
– camada circular do estômago 354
– camada do albúmen **769**
– camada mamilar 767
– camada nuclear retina 605, **606**
– camada plexiforme da retina 605, **606**
– cápsula **526**, 529, **532**, 534, **535**, 617
– carótida
– – artéria 94, 486, **488**, 545, **545**, **694-695**, 696, 700
– – nervo **558**, 583, 696, 700
– cavidade medular 28
– células ciliadas **632**
– células da teca 451, **453**, 596
– crista sagital 82
– esfíncter anal 372
– espinha da ranilha 671, **672**
– exame ginecológico 719, **721**
– face do crânio 75

– fáscia **69**, 70, 138, 319
– fáscia espermática 70, **436**, 437, **437-438**, 714, **736**
– folículo capilar **638**
– glândulas paratireoides 593
– ilíaca
– – artéria **325**, **470**, 490-491, **491**, **493**, **764**
– – linfonodos 508
– – vasos linfáticos 769
– – veia **496**, **498-499**, **764**
– lamela circunferencial **32**, 36
– lâmina elástica **53**
– meato acústico **77-78**, 80, **90**, **100**, **106**, **113**
– membrana da casca 767
– músculo intercostal **151**, **154-156**, **158**, 160-161
– músculo obturador **291**, 292-293, **294-296**, **298**, 730
– músculos pélvicos 292, **295**, **298**
– músculos púbicos **291**
– oblíquo/a (s)
– – fibras 354
– – músculo do abdome **164**, 165, **166**, 167, **168**, **285**, 437
– orelha 79, 534, **621-622**, 628, **628**, 698, 776, **776**
– – doenças/infecções 694, 698
– óstio do útero 460
– tábua do osso frontal **106**
– torácica
– – artéria **484**, 485, **489**, **644**, **707**
– – veia **495**, **649**, **707**
– – vasos linfáticos **770**
– veia jugular **494**, **497**, **701**
– veia labial **650**
– vexilo **777**
Interneurônios 60-61
– da medula espinal 518
Interósseo/a (s)
– espaço
– – do antebraço **178**, **179-180**, 181, **193-196**
– – do membro pélvico 259, **260**
– ligamento do antebraço 194
– ligamento sacroilíaco 265
– membrana do antebraço **192**, **194**, **195**
– músculos
– – do antebraço **228**, 239
– – do membro pélvico **303**, **304**
Interpeduncular
– fossa 523
– núcleo 528
Intersecção tendínea 164
Interstício 68
Intertransverso (s)
– ligamentos 133
– músculo (s) 155, 159
– – da cauda 167-169, **169**
– – do pescoço **158**
Interventricular
– forame **526**, 541, **543**
– ramo paraconal da artéria coronária esquerda 477
– ramo subsinuosal **478**
– septo 473, **473**, 476, **476-477**

Intervertebral (is)
– articulações 131
– disco 73, **116-117**, **121**, **131**, 132, **517**
– – espessamento 133
– – estrutura inicial **31**
– – prolapso **132**, 703
– disco fibrocartilaginoso 109
– forame **111**, 112, 114, **116-117**, **121**, **133**, 516
Intestinal (is)
– cavidade peritoneal 751, **752**
– criptas 371, **371**
– face do baço **511-512**
– glândulas 371
– linfa 57
– parede 371
– – tecidos linfáticos 371
– pontos de referência 383
– trato **376-377**
– tronco 508, **508**
– vilosidades 371, **371-372**
Intestino 370, **370**, 756
– colunar células 371
– delgado 370, 373, 756
– grosso 370, 378, 756
– inervação 372
– linfonodos 372
– rotação durante o desenvolvimento fetal **321**
– ultrassonografia **792**
– vascularização 372
Intramural
– gânglio 63
– sistema nervoso 586
Intumescência (s)
– cervical 515, 771
– lombares 120, 515
– lombossacral 771
Irídico/a (s)
– grânulos 603, **603-604**
– parte da retina 599, 603
Íris **598-600**, 602, **603-604**, **609**, **774**
– células pigmentadas 603
– círculo vascular maior 615
– heterocromia **605**
– inervação 603
Isognático 343
Isquiático
– arcos 247, **251**, 321
– espinha **122**, **246**, 247, **247-249**, 250, **250**
– nervo 575, **577-578**, **737-739**, **766**, **772**
– – área de inervação 576
– – lesão 580
– plexo 574, **574**
– região da tuberosidade 732, **732**, **734**
– sínfise **248**, **250**
Ísquio 247, **247-251**, **748**, 749
– linfocentro 509
– parte da sínfise pélvica 243
– tuberosidade **122**, **246**, 247, **247-249**, 250, **250-251**
– – palpação 730
Istmo
– da tuba uterina 459, **462**

– do oviduto 766
– fauces 347-348, **351**
– glândula tireoide 589, **590**

J

Jarrete 276
– inervação 580
– locais de injeção 279
– região **733**
Jejunal (is)
– artérias 372, **376-377**, **380**, 490, **492**, 755
– – tronco 372
– linfonodos 372, **376**, **507**, 508, **508**
– parede **371**
– veias **500**
Jejuno **327**, **374**, 375, **375-376**, **378**, 379, **720-721**, **752-753**, **755**, 756
– projeção na parede corporal lateral 740, 742, 744
Jejunoíleo **756**
Joelho
– articulação, ver Articulação do joelho
– região 732, **733**
Juga
– alveolar 88
– cerebral 99, 104
Jugular (es)
– ângulo venoso 509
– ducto linfático 510
– forame 74-75, **77-78**, **83**, **89**, 94, 98, **98**, 100, 103, **106**, 558
– fossa **699**, 700
– gânglio do nervo vago 558, **558**
– sulco 494, **698-699**, 700
– tronco **497**, 504, **507**
– vasos linfáticos **770**
– veia 142, **154**, 493-494, 769
– venipuntura em aves 769
Junção corneoescleral 598-599
Juntura cartilaginosa 37
Justamedular
– néfron **424**
– zona 421

K

Kyphosis 136

L

Lã 638-639
Labial/Lábio (s) 327
– acetabular 248, 267
– face
– – do dente 336
– – do osso incisivo 88
– glenoidal 190
– músculos 139, **142-143**, **150**
– oral 327
– pelos táteis **642**
– vestíbulo 327, 685

Labirinto
– coclear 628
– etmoidal 82
– membranáceo 628
– ósseo 628
– vestibular 628
Lacerto fibroso 222, 310
Lacrimal
– aparelho 614, **615**, 696
– artéria 487
– bolha 85
– canal 88
– carúncula 612, **614**, 615, **615**, 687
– drenagem 614
– ducto **615**
– – aberturas 687
– forame 79, **86**, 88, **88**, **101**
– fossa 97
– glândula 614, **615**, 616, 697-698
– nervo 551, **552-553**, **555**, 560, 615, 687, **692**
– osso **74-75**, 85
– ponto 614, **614**, 615
– saco 614, **615**
– seio 93
Lacrimonasal
– canal 85, 690
– ducto 97, 402, 614, **615**, 685
Lactação 646
Lactífero
– ducto 643, **646**
– – desenvolvimento 645
– seio 643, **645**, **647-648**
– – desenvolvimento 645
Lacuna
– muscular 163, 280-281, **282**, 732
– *vasorum* 163, 280, 732
Lagena **776**
Lamela/Lamelar
– corno 673
– dérmica 654
– epidérmica 662
– osso 30, **30**, 31, 35
– – maduro 32
– parte do ligamento nucal 134, **134**, **136**, **158**, **497**
Lâmina corioidocapilar 600
Lâmina paralela do omaso 366
Lâmina supracorióidea da corioide 600
Lâmina/camada
– arco vertebral 109
– cartilaginosa da esclera 773
– corioidocapilar 600
– da cartilagem tireoide 407, **407**
– epitelial serosa **67**
– esfenoetmoidal 89
– fáscia cervical pré-vertebral 700
– femoral 164
– horizontal do osso palatino 89
– intermédia 70
– interna 75
– limitante anterior/posterior 599
– muscular da mucosa 66, 68
– nuca 133
– omaso 366
– osso etmoidal orbital 82

– osso perpendicular
– – etmoidal 82
– – palatina 89
– parietal 70
– – peritônio 355
– própria
– – mucosa 66-67, 352
– – serosa **67**, 69
– quadrigeminal 523
– visceral 70, 371
– – peritoneal 355
– vítrea 600
Laminar
– corno 662
– derme 655
Laminectomia 516
– hemorragia do plexo venoso epidural 545
Laminite 655, 660, 675, 734
– crônica 207
Laparoscopia 715
Laparotomia 715
– sagital 715
Largo (s)
– músculos **46**, 47
– ligamento do útero 322, **449-450**, **458**, 459, **461**, 467, **716**
– ligamento sacrotuberoso 168, 266, **267**
– ossos 29
Laringe 348, **397**, **403-404**, 405, **405**, **408-409**, 692, 758
– articulações 408
– cirurgia 703
– esqueleto 407
– funções 409
– inervação 410
– ligamentos 408
– linfáticos 411
– músculos 409
– músculos extrínsecos 409
– músculos intrínsecos 409
– radiografia **405**
– vascularização 410
Laríngeo (a)
– abertura 758
– cartilagem **406**, 407, **407**, 758, **759**
– cavidade 408
– – acesso 703
– entrada **331**
– hemiplegia 692, 703
– monte **754**
– parte da faringe 351
– região **686-687**, **691**, **699**, 700
– ventrículo **409**
– vestíbulo **408**
Laringoscopia 410, 691
Latebra **769**
Lateral (is) 26, **27**
– abertura do quarto ventrículo **543**
– artéria caudal **764**
– artéria cecal 373
– artéria femoral circunflexa 490, **494**, 731
– cabeça
– – do músculo gastrocnêmio 301, **772**
– – do músculo tríceps 222-223, **226-227**, **230**
– camada da fáscia da glândula mamária 642
– cartilagem do casco 670
– coluna 517
– côndilo
– – da tíbia 257, **259-260**
– – do fêmur 253, **254-255**, 257
– corno da medula espinal **516**
– corpos fálicos **757**, 765
– crista sacral **124**, 125
– cutâneos
– – nervo da coxa 708, **738**
– – nervo do membro pélvico 576
– – nervo femoral 571, **573**, 575, **577**, **731-732**
– – nervo sural **573**, **578**, **737**
– – ramo do nervo espinal **563**
– – ramo do nervo ilio-hipogástrico **573**
– – ramo do nervo ilioinguinal **573**
– digital
– – artéria 490, **677**
– – artéria palmar 485
– – flexor do tendão 203
– – músculo extensor **194**, **214-215**, **226**, **228**, 229, 242, **295**, 300, **301**, **306**, 308, **567**, 724
– – músculo flexor **296**, 302, **304-306**, 308
– – nervos 568
– – veia palmar 495
– epicôndilo 175, **176-177**, **194**, **255**
– flexores da cauda 167
– forame vertebral 110-111, **114-115**, **130**
– geniculado
– – corpo 524
– – núcleo 524, 549, 607, 617
– giro olfatório **522**
– lemnisco 534, **536**
– ligamento
– – da vesícula urinária 326, 429, **717**
– – do atlas **130**
– – do martelo 622
– ligamento carpal colateral 195, **196**, **199**
– ligamento colateral 202, **206**, 269, **278**
– – articulação do boleto **202**, **206**
– – articulação do casco **206**
– – articulação do cotovelo **192**, 193, **195**
– – articulação do joelho **270-271**, **273**, **275**, **299**
– – da articulação interfalângica distal **202**, 205
– – do carpo 195
– – do tarso **276-277**
– ligamento condrocoronal 205, **206**
– ligamento condrosesamóideo 210
– ligamento condroungular colateral 205, **206**
– ligamento femoropatelar **270**, **273**, **275**
– ligamento glenoumeral 191
– ligamento patelar 270, **273**, **275**
– ligamento sesamóideo colateral **202**, **206**
– ligamento sesamóideo oblíquo **202**
– linfonodos ilíacos 508, **509**
– linfonodos retrofaríngeos 337, **504-505**, **507**
– linha do esterno 745
– lobo do fígado **386**, **388**
– maléolo 259, **260-261**, **263**, 734
– membrana do ducto coclear 630
– membrana timpaniforme 759
– menisco **270**, **273**
– músculo cricoaritenóideo 409, **411**
– músculo dorsal sacrococcígeo 167, 169, **169**
– músculo flexor crural **772**
– músculo reto
– – da cabeça 148, **151**, 153, **611-612**
– – do bulbo do olho 611
– músculo sacrococcígeo ventral 167, 169, **169**
– músculo vasto **291**, 293, **295-296**, **306**
– nasal
– – artéria 486, **488**
– – região **686-687**
– – veia **692**
– nervo sural 576, 732
– núcleo lemniscal **536**
– palmar
– – artéria digital **491**, 675
– – ligamento 200, 204
– – nervo 567, **569**, **571**, **677**, 727
– – processo 189
– – veia digital 677
– parte
– – do osso occipital 75
– – do osso temporal 74
– pequeno osso metacarpiano **185**, 726, 734
– plantar
– – artéria digital 490, **491**
– – nervo 576, **580**, **677**, 734, **738-739**
– – nervo digital 576
– – veia digital 496, 677
– processo da bolsa gutural **694**
– pterigoide
– – músculo 145, 147, **149**, 347
– – nervo 553, **554**, 560
– ramo
– – do ligamento suspensório 200
– – do nervo espinal 562, **563**
– – do nervo ilio-hipogástrico 570
– – do nervo lombar 568
– recesso da bolsa gutural 695, **695**, 696
– recessos sublinguais 333
– região abdominal 704, **709**
– região braquial 723
– região cervical **691**
– região do pescoço **698-699**
– ruga palatina **754**
– ruptura do ligamento cruzado 735
– salto **673**
– torácico
– – artéria 647
– – nervo 562-563, **564**, **569**, **725**, **728-729**
– – sulco 703
– trabécula **750**
– tuberosidade supracondilar **254-255**
– veia safena 496, **498-499**, **732-733**
– – venipuntura 496
– ventrículo **527**, 529, **532**, 541, **543-544**
– ventrículo da laringe 408, **408**, **411**
Leite 642
– cisterna (*well*) 649, **649**
– crista 705
– produção 716
– secreção 646
– veia 649, 705
Lemniscal/Lemnisco 62
– sistema **535**, 538
– trígono **536**
Lente **598-600**, **603-604**, 607, **774**
– arquitetura lamelar 607
– cápsula 607
– epitélio 607
– fibras 607
– opacidade 697
– suturas 607
Lente do rádio 607
Lenticular
– acomodação 773
– fibra **608**
– osso 622
Leptomeninge 542
Lienal
– artéria **392-393**
– hilo **392-393**
– veia 392
Ligamento (s) 27
– acessório do osso femoral 267
– acrocoracoumeral **750**
– alar 131
– anular
– – digital distal/proximal 236
– – dígito 201
– – estribo 622
– – palmar 200-201, 236
– – rádio 193
– arterial 483, **485**, **707**
– articular 40, 130
– atlantoaxial dorsal/ventral 131
– cabeça
– – costal radial 135
– – osso femoral 248, 253, 267
– cauda do epidídimo 435, **439**, 469
– cauda do testículo 435
– caudal da articulação temporomandibular 128, 347
– colateral
– – carpo lateral/medial 195
– – cotovelo lateral/medial 193

– – lateral 199, 269
– – medial 199, 269
– – tarso lateral curto/longo 279
– – tarso medial curto 279
– condrocompedal **206**
– condrocoronal medial e lateral 205, **206**
– condropulvinal 210
– condrosesamóideo medial e lateral 210
– condroungular
– – colateral medial e lateral 205
– – cruzado 210
– condroungulocompedais 205
– coracoumeral 191
– coronário do fígado 359, 391
– cricotraqueal **408-409**
– cruzado do joelho 269
– da cabeça do fêmur 267
– denticulado 540, **542**
– do menisco 269, **271**, **273**
– do mesentério 70
– epi-hióideo 93
– escapuloumeral **750**
– espiral 630
– esplênio frênico 359-360
– esplenorrenal (lienorrenal) 359, 360, **512**, 513
– esterno 136, 161
– esternopericárdico 472
– falangosesamóidea 200
– falciforme 359-360, 389, 757
– femoropatelar lateral e medial 269
– flava 133
– frenicoesplênico 359-360, 392
– frenicopericárdico 472
– gastroesplênico **319**, 513
– gastrofrênico 358, 360
– glenoumeral lateral/medial 191
– hepatoduodenal 71, 359-360, 374, 389, 391, 757
– hepatogástrico 71, **319**, 359-360, 389, 391
– hepatorrenal **392**
– ileocecal 756
– inguinal 163
– intercapital 135, **135**
– intercornual **458**, 460, **463**, **469**, 716
– interdigital
– – distal 201
– – proximal 200
– interespinal 133, **133**
– interósseo antebraquial 194
– intersesamoides 199
– intertransversário 133
– intracapsular femoral cabeça 248, 253
– largo do útero 322, 459, 467
– lateral da articulação temporomandibular 128, 347
– longo plantar 279
– meniscofemoral 269, **270-273**, **299**
– metacarpointersesamóideo 202, **206**
– nucal 75
– olécrano **192**, 193

– órbita 81, 85, 95
– palmar medial e lateral 200
– pálpebra longitudinal/ventral 133
– palpebral curto/longo 199
– patela 269
– – intermédio 270
– – medial e lateral 270
– pericárdio esterno 472
– pericárdio frênico 472
– periodontal 337, **338**
– poplíteo oblíquo 269
– próprio do ovário 459, 468
– próprio do testículo 435
– púbico cranial 265
– pulmonar 317
– radioulnar 194
– redondo
– – hepático 389
– – útero 319, 468
– – vesical 322
– renoesplênico 513, **721**
– sacroilíaca 265
– – dorsal 168, 265
– – interóssea 265
– – ventral 265
– sacroespinal **268**
– sacrotuberal 249, 266, **267**, **290**
– – amplo 266
– sesamóideo
– – breve 203
– – colateral 200, 205
– – cruzado 200, 203
– – distal ímpar 205, **241**
– – oblíquo 200, 203
– – reto 203
– supraespinal 133
– supraorbital 95
– suspensório
– – do ovário 459
– – pênis 137
– *talocentrodistometatarseum* 279
– tarsal
– – interóssea 279
– – pálpebra 279
– tibial
– – caudal dos meniscos lateral e medial 269
– transverso
– – acetábulo 267
– – atlantal 131
– – joelho 269
– – úmero 191, 222
– triangular direito/esquerdo 359, **378**, 391
– vesical
– – lateral 322, 429
– – mediano 429
– vesical mediano 323
– Límbico
– sistema 528, **530**
– sulco 671
Limbo da córnea 599, **601**
Linfa-ductos coletores 509
Linfático/a (s)
– capilares 57, 471, 501
– células 57
– ducto 505
– nódulos 57
– – da conjuntiva 614

– órgãos 57, 501, 769-770
– sistema 52, 57, **507**
Linfo 57
– coração 769-770, **770**
– folículos **502-503**
– nodos 57-58, 501, 503, **503**
– – anormalidades 504
– – centro germinal 501
– – cordões anastomóticos 501
– – cortes histológicos **502**
– – da cabeça 504, **504**
– – da cavidade pélvica 508
– – da fossa paralombar 509
– – da primeira costela 505
– – do abdome 507
– – do estômago 370
– – do mediastino 318
– – do membro pélvico 508
– – do membro torácico 505
– – do pescoço 504
– – do tórax 505
– – estrutura interna **502**
– – remoção profilática 504
– – vasos 57-58, 471, 501, 769, **770**
Linfocentro **503**
– celíaco 393
– cervical profundo/superficial 504
– iliofemoral 508
– inguinofemoral 509
– isquiático 509
– mandibular 504, 702
– parotídeo 504, 702
– poplíteo 509
– retrofaríngeo 504, 702
– torácico dorsal/ventral 505
Linfócito B 57, 501, 770
Linfócitos 57, 501, **501**
– do baço 512
Linfócitos T 57, 501, 511, 770
Linfonodo (s) 501
– abomasais dorsais/ventrais 370
– anorretais 505
– aorta torácica 505
– aórticos lombares 424
– axilar
– – acessório 505
– – primeira costela 505
– – próprio 505
– cervical profundo 352
– cotovelo 505
– coxal 509
– cubitais 677, **729**
– epigástricos 509
– ilíacos
– – internos 508
– – medial/lateral 508
– inguinais superficiais 509
– intercostais 505
– mediastinais 352
– – craniais, caudais e mediais 318
– omasais 370
– parotídeos 681
– pulmonares 506
– renais 424
– reticulares 370
– retrofaríngicos medial e lateral 504

– ruminais
– – craniais 370
– – direito e esquerdo 370
– – ruminoabomasais 370
– sacrais 508
– solitários 67
– subilíacos 509, **509**
– traqueobronquiais ou bifurcações 318, **414**, 417, 481, 506, **506-507**, 559, **706-707**
– tributário (região) 58
Língua/Lingual **328**, 329, **330-331**, 753
– ápice **330-331**
– artéria 486, **488**
– corpo 329, **330-331**
– extremidade 690
– face
– – da mandíbula 91
– – do dente 336
– fossa **331**
– inervação 331
– mucosa 329
– musculatura 330
– músculo intrínseco 330
– nervo 553, **554-556**, 560, 688, **693**
– papila **332**, 754
– papila mecânica 689
– paralisia 331, 559
– processo
– – do osso basi-hioide **93**
– – do osso hioide 92, 104
– raiz 329, **331**
– ramo
– – do nervo glossofaríngeo 557, **558**
– – do nervo mandibular 331
– tonsila 349
– vascularização 331
Linguofacial
– tronco 486, **488-489**, 688, **693**
– veia **142**, 495, 690, **692-693**, 701
Linha
– alba 163, **166**, 168, 216
– – do abdome **69**
– anocutânea **384**
– arqueada 243
– branca 673
– coluna vertebral transversa 122
– glútea 243
– intercondilar 253
– nuca 75
– piloro convergente/divergente 639
– semilunar 189
– temporal 81
– terminal 319, 321
Líquido
– cerebroespinal 61, 516
– pericárdio 471
Lissa 329
Livre (s)
– articulação corporal 37
– tênia **379**
– terminações nervosas da epiderme 637
Lobar
– brônquio 413
– ductos 391

Lobo (s)
– acessório do pulmão 416
– auricular 777
– caudado 385
– caudal do pulmão 416
– cervical direito e esquerdo do timo 511
– cranial do pulmão 416
– direito/esquerdo do fígado 385, 757
– do dente de 340
– do fígado **758**
– do pulmão 416
– floculonodular 522
– glândula mamária 643
– intermédio do timo 511
– médio do pulmão 416
– pancreático direito/esquerdo 391
– piriforme 78, 528
– pulmonar 416
– quadrado 385
– torácico do timo 511
Lóbulo (s)
– corticais 421
– da glândula mamária 643, **646**
– do pâncreas 392
– do timo 511
– glândula mamária 643
– hepáticos periportais 385, **390**
– hepático poligonal 385, **390**
– testículo 433
Locais de injeção
– articulação do boleto 200, 203
– articulação do carpo 198
– articulação do casco 205
– articulação do cotovelo 193, 274
– articulação do ombro 191
– da articulação do quadril 268
– da articulação femoropatelar 274
– da articulação femorotibial 274
– da articulação intertarsal proximal 279
– da articulação intertársica distal 279
– da articulação talocrural 279
– da articulação tarsometatarsal 279
– do jarrete 279
– região do pescoço 702
Locomoção 47, 524
Lócus cerúleo 523
Lofodonte 337, 339
Lombar (es)
– alargamento (intumescência) 515, **516**
– artérias 488-489
– coluna (espinha) **121**
– – ligamentos **133**
– – movimentos 136
– grupo de músculos intertransversários 159
– linfa
– – centro 507
– – nodos 424
– linfonodos aórticos 439, 470, 507, **507**
– linfonodos ilíacos **509**
– musculatura **291**
– nervos 568, **577**

– nervos espinais 568
– nervos esplâncnicos 583, **583**
– parte
– – da medula espinal 515, **516**
– – do diafragma 162
– – do músculo glúteo **285**
– – do músculo iliocostal 156
– – do músculo longíssimo 157
– plexo 568, 574, 731, 772
– – áreas de inervação 575
– – próprio 568
– – região **704**
– troncos **507**, 508
– veias 495
– vértebra **38-40**, 117, **119**, 120, **121-123**
Lombossacral
– articulação 136
– espaço 109
– espaço interarcuado 120, **122**
– intumescência 771
– plexo 122, 562, 568, 574, **574**, **577**, 731, 772
Longitudinal
– fissura cerebral **523**, **525**, 528, **529**
– ligamento **130**
– pilar do rúmen 362, **363**
– sulco **362**
Longo/a (s)
– artérias ciliares posteriores 615, 688, **697**
– cabeça do músculo tríceps **221**, 222-223, **226**, **230-231**
– depressor da cauda 167
– digital
– – músculo extensor **294-296**, 299, **300-301**, **304**, 306, 308
– – músculo extensor do primeiro dedo **228**, 242, 300, **300**, 308
– – músculo flexor **772**
– ligamento colateral do carpo **199**
– ligamento colateral lateral 279, **303**
– ligamento colateral medial **195**, 279
– ligamento plantar **276-277**, 279
– músculo
– – da cabeça 148, **149**, **151**, 153, **154**, **156**, 695-696
– – das costas 154
– – do pescoço 150, **158**
– músculo abdutor do primeiro dedo **228**, 229, 242, **567**, 724
– músculo adutor 292
– músculo elevador
– – da cauda 167
– – da concha **144**
– músculo fibular **296**, 298, **300**, 308
– músculos hioide **150**, 151
– nervo torácico 562-563, **569**, **725**, **729**
– nervos ciliares 551
– ossos 28, **29-30**, 33, 35
– parte
– – do diafragma 161
– – do músculo iliocostal 155, 157
– – do músculo longíssimo 155

– – do músculo oblíquo externo do abdome 164
– pilar da bigorna 622, **625**
– ramo do ligamento sacroilíaco dorsal 265, **267**
– rotador da concha **144**
– tendão do músculo extensor dos dedos **306**
Longuíssimo
– músculo 155, **155**, 156, **156**, 157
– músculo da cabeça **142**
Lordose 136
Lúmen faringoesofágico 348

M

Macho
– gametas 433
– órgãos genitais 433, **433-434**, **443**, 763, **765**
– sistema genital **433**
– uretra 430, 439
Macrófagos 57, 501
Mácula
– sáculo 556, 629
– utrículo 556, 629
Maduro
– folículos **768**
– osso 35
– osso lamelar 32
– ovócito 765
Magno do oviduto 766, **768**
Maior (es)
– auricular 562, **689-690**, **692-693**
– círculo arterial da íris **697**
– círculo vascular da íris 615
– curvatura 353, **356-357**, **362**, 367
– dígito **748**
– forame isquiático 266
– glândula salivar sublingual 690
– glândulas salivares 333-334
– glândulas vestibulares 464
– incisura isquiática 243, **248-250**
– músculo adutor da coxa **290-291**, 292, **296-297**
– músculo escutuloauricular profundo **146**
– músculo psoas 281, 283, **294**
– músculo redondo 220-221, **221**, **224**, **782**
– músculo reto dorsal da cabeça 148, 153, **158**
– nervo esplâncnico 583, **583**
– nervo petroso 94, **552-553**, 554
– – exame neurológico 694
– omento **70**, 71, 358-359, **360**, 367, **368**, 369
– palatino
– – artéria 94, 487, **488**
– – canal 98
– – forame 77, 88, **89**, 94, 98, 103, **108**, 552, **553**
– – nervo 94, 103, 552, **553**, 555
– papila duodenal 391-392, **394-395**
– trocanter 123, 253, **254-255**
– tubérculo do úmero **173**, 175, **176-177**, **190**

– veia cerebral 546
– veia coronária 477, **479**, 480
Malar
– artéria 487, **488**, 687
– músculo **142**, 143, 145
Maléolo 80, 622, **625**, **628**
– lateral 259
– medial 259
MALT (tecido linfático associado à mucosa) 57, 67
Mama 642
Mamário
– complexo 642, 646, 714
– corpo 643, **646**
– cristas 645
– glândula 137, 642, **644**, 646
– – aparelho suspensor 642
– – arco reflexo neuro-hormonal 645
– – artérias 644
– – células mioepiteliais 645
– – desenvolvimento 645
– – do bovino 648
– – do equino 650
– – do suíno 648
– – dos pequenos ruminantes 648
– – inervação 645
– – inflamação 642
– – sistema do ducto 643
– – tecido conjuntivo 643, **646**
– – tecido glandular 643, **646-647**
– – vascularização 644
– – veias 644
– linfonodos 509, **509**, 644, 648
– lobos 643
– tumores, linfocentro axilar 505
– unidades 648
Mamilar
– corpo 520, 523-524, **530**
– processo 109, **110**, 114
Mandíbula 73, **74-75**, 84, 90, **92**, **96**, 98
– inclinada 694
– prognatismo 95
Mandibular
– arcada **341**
– articulação **97**, 148
– cabeça 92
– canal 91, 99, 104
– ducto **336-337**
– espaço 90
– – músculos superficiais 145-147, **150**
– forame 91, **92**, 94, 554, 694
– fossa 79, **83**, **89**, 102, **105**, 128, 345
– gânglio 331, **554**, 556, 585, 586
– glândulas salivares 334, **336**, **689**, 690
– – alterações císticas 334
– incisivos 346
– – face oclusiva **342**
– incisura 92, **92**
– linfo
– – centro 504, **504-505**, 507
– – nodos 150, 336-337, 505, 507, **701**
– músculos 145, **148-149**

– nervo (V₃) 94, 104, **149**, 347, 552, **554**, 560, **694**
– – exame neurológico 693
– parte do músculo bucinador 142
– ramo 90
– região **691**, **699**
– seios, carcinoma de células escamosas 691
– sincondrose 90
– sínfise 98, 103
Manica flexora 232-233, 236-237, **241**, 302
Manúbrio
– do esterno **119**, **127**, 128
– *mallei* (do martelo) **621**, 622, **625**
Mão
– articulações 195
– esqueleto **181**, **181**, 184
Mapas ADC **801**
Margem
– aguda do fígado 384
– alveolar
– – mandíbula 91
– – maxila 88
– ciliar 602
– coronal 189
– cranial
– – direita/esquerda 473
– – escapular 171
– dorsal escapular 171
– escapular caudal 171
– infraorbital 85
– interalveolar 327
– – mandíbula 91
– – maxila 88
– obtusa hepática 384
– pregueada 354
– pupilar 602, **604**
– solear 189, 670, **673**
– supraorbital 81, 85
Marginal
– papila 330
– sulco **523**
Martelo 622
Massa lateral 110
Massetérica
– artéria **488**
– fossa 91, **92**, 98
– nervo 552, 687
– ramo da artéria carótida externa 486, **488**
– região 685-686, **686-687**, **699**
Mastectomia 644
Mastigação 347
Mastigatório
– aparelho 335
– músculos 145, **147**, **150**, 347, 686
– – paralisia 553
– nervo 552, 560
– órgão 754
– paralisia facial 693
Mastite 642
Mastoide processo 77, 80, **80**, **82**, 92, 99, **105**, **626**
Maxila 74-75, 83, 87, **89**
– aberturas e estruturas que passam através 94

Maxilar
– arcada 341
– artéria 94, 486-487, **488-489**, 545, 696
– forame 78-79, **86**, 87-88, 94, 103, **105**, **553**
– nervo (V₂) 94, **528**, 551, **553**, 560, **611**
– – exame neurológico 693
– parte do músculo bucinador 142
– recesso 101, 399, 404
– região **686-687**
– seio 87, 93, 101, **107**, **403**, 404, 686, 691
– – compartimento caudal/rostral 404
– – septo 686
– tubérculo **79**, 88, **105**
– veia 142, **495**, 689-690, 693, 701
Maxiloturbinado 83, 87, **97**
Máxima intensidade de projeção (IPM) 792
MCM (material de cobertura da membrana) 637
Meato
– acústico 698
– etmoidal 82
– externo 79-80
– interno 80
– nasal 403
– – comum 101, 404
– – dorsal 101, 403
– – médio 101, 403
– – ventral 101, 403, 691
– nasofaríngeo 89
– temporal 79, 102
Mecanorreceptores 44, 59, 538
– mesentérios 70
Medial (is) 26, **27**
– área intercondilar **259**
– artéria cecal 373, **492**
– artéria circunflexa femoral 490, **494**, 731
– artéria sacral **325**
– cabeça
– – do músculo gastrocnêmio 301, **772**
– – do músculo tríceps **221**, 222-223, **227**, **231**
– camada da fáscia da glândula mamária 642
– cartilagem acessória 402
– cartilagem do casco 670
– côndilo
– – da tíbia **259**
– – do fêmur 253, **255**, **257**
– cutâneos
– – nervo antebraquial **571**
– – nervo femoral **772**
– digital
– – artéria 490
– – músculo flexor 302, **305-306**, 308
– – nervos 568
– – tendão flexor 302
– – veia palmar 495
– epicôndilo 175, **180**, **255**
– escútulo 204
– face da escápula 171

– faixa do ligamento suspensório **204**
– femoropatelar
– – fibrocartilagem **273**
– – ligamento **270**
– fibrocartilagem parapatelar **270**, **273**, **275**
– fossa cranial 78
– gânglio cervical 417
– geniculado
– – corpo 524, 556
– – núcleo 524, 534, **536**
– – lemnisco 521, 530, **534-535**
– ligamento colateral
– – da articulação do cotovelo **192**, 193, **197**
– – da articulação do joelho 269, **270-271**, **273**, **275**
– – da articulação interfalângica distal 205
– – do carpo 195, **199**
– – do osso sesamoide proximal 202
– – do tarso **276-277**
– ligamento condrocoronal 205, **206**
– ligamento condrosesamóideo 210
– ligamento condroungular colateral 205
– ligamento cruzado **274**
– ligamento falangosesamóideo interdigital **204**
– ligamento glenoumeral **190**, 191
– ligamento patelar 270, **273**, **275**
– linfonodos ilíacos 439, 448, 470, **507**, 508, **509**
– linfonodos retrofaríngeos 411, **505**, **507**
– lobo do fígado 386, **388**
– maléolo 259, **260-261**, **263-264**, 734
– membrana timpaniforme 759
– menisco **270**, **273**
– músculo cervicoauricular **146**
– músculo dilatador da narina 143
– músculo escaleno **151**
– músculo flexor crural **772**
– músculo reto 611, **611**, 612
– músculo sacrococcígeo dorsal 167, 169, **169**
– músculo sacrococcígeo ventral 167, 169, **169**
– músculo vasto **290**, 293, **294**, **307**
– músculos do ombro 220
– nervo clunial **573**
– nervo cutâneo do antebraço **728-729**
– palmar (s)
– – artéria digital 485-486, 675, **729**
– – ligamentos 200, **204**
– – nervo 567, **569**, **571**, 677, 727, **729**
– – nervo digital **729**
– – nervo metacarpal **729**
– – processo 189
– – veias digitais 677, **729**

– pequenos metacarpianos (II ou IV) **185**, 202
– plantar (es)
– – artérias digitais 490, 675
– – nervo 576, **581**, **677**, 734, **738-739**, **772**
– – nervos digitais 576
– – veias digitais 496, 677
– pterigoide
– – músculo 145, 147, **149-150**, 347
– – nervo 553, **554**, 560
– ramo
– – do ísquio 247
– – do ligamento suspensor 200
– – do nervo espinal 562
– – do nervo ilio-hipogástrico 570
– – do nervo lombar 568
– recesso da bolsa gutural 695-696
– região braquial 723
– região do antebraço 724
– superficial
– – músculo escutuloauricular 146
– – veia plantar metatarsal 769
– trato olfatório **522**
– veia cubital 729
– veia safena 496, **498-499**, 579, 677, 732-733, **738**
– – injeção intravenosa 496
– veia tireóidea 591
Mediana 26
– artéria 485, **487**, **491**, 667, 677, 724, **728-729**
– artéria caudal **764**
– artéria coccígea **169**
– artéria espinal **522**, **528**
– artéria retal 491
– corpo fálico **757**, 765
– crista da cartilagem cricóidea **406-407**
– crista galli 100
– crista sagital interna 99
– fissura **516**
– ligamento da vesícula urinária **326**, **374-375**, **429**, **449-451**
– ligamento vesical 322
– nervo 563, **564**, 565-566, **566-567**, **571**, 657, 659, **667**, **677**, **723-724**, **725**, **728-729**
– – inervação cutânea 572
– palatina
– – crista 754
– – sutura 88, **89**
– plano 26, **27**
– processo alar **408**
– sacral
– – artéria 470, 488-491, **491**, **493**, **764**
– – crista 125
– – veia 496
– septo da tuba auditiva 623
– sulco
– – da língua 329
– – da língua **330-331**
– – dos lábios 328
– veia **495**, 496, **498**, 667, 677, 724, **728-729**
– veia cubital **495**, 496, **498**, 724, **728**

Mediastinal (is)
– face do pulmão 412
– linfocentro 318, 506
– linfonodos 481, 506, **506**
– margem do pulmão 412
– pleura 315, **316**
– recesso 316, 318, 416
Mediastino 315-316, **316-318**
– caudal 316-317
– cardial 317, **317**
– cranial 316
– linfonodos 318
– médio ou cardíaco 316-317
– testículo 433, **435**
Medicina nuclear 802
Médio (a)
– artéria clitoriana **470**
– artéria cólica 372-373, **380**, 490
– artéria genicular 490, **494**, 733
– artéria meníngea 94, 487
– artéria retal **470**
– articulação carpal 195
– camada de albúmen **769**
– camada germinativa 28, 43
– cerebral
– – artéria **528**, 545, **545-548**
– – pedúnculo **526**
– falange **173**, **181-183**, 184, 186, **187**, **202**, **204-205**, 266
– – do equino 189
– – fraturas 207
– – parte distal 660
– fossa cranial **78**, 100, **101**, 104
– gânglio cervical 481, 558, 582-583, **583-584**, **706-707**
– ligamento patelar 270, **273**
– ligamentos
– – dos ossos sesamoides 199
– – dos ossos sesamoides proximais 202
– ligamentos sesamoides 198-200
– linfonodos mediastinais 318
– lobo do pulmão **414**, 416, **416**
– mediastino 317, **317**
– músculo escaleno 150, **152**, 153, **154**, **156**, **158**
– músculo glúteo 283, **284-285**, 286, **288-289**, **291**, **295**, 730
– músculo interósseo 46
– – da crura **300**
– – do antebraço 200, 239
– músculo levantador da concha **144**
– músculos constritores 348
– nasal
– – concha 83, **90**, 100, **102**, **401**, 403, **405**
– – meato 83, 88, 101, **401-402**, 404
– – passagem do seio paranasal 691
– nervos clunianos 731
– orelha 621, **621**, **628**, 698, 775, **775**
– – doenças 698
– parte do ligamento suspensório 200, **204**
– pedúnculos cerebelares 522
– região abdominal **704-705**, 709

– renal
– – artéria **764**
– – divisão 763, **763-766**
– rotador interno **144**
– sulco torácico 703
– superficial
– – linfonodo cervical **504**
– – músculo escutuloauricular 144
– veia cerebral dorsal **547**
– veia coronária 480
– veia hepática 757
– veia tireóidea 591
Medula
– da glândula suprarrenal **594**
– do linfonodo 501, **502-503**
– do ovário 451
– do pelo 638, **641**
– do timo 510
– dos túbulos córneos 673
– espinal 61, 515
– oblonga 61, **515**, 520, **520-521**, **533**, **540**, **771**
– – arcos reflexos 521
– óssea 27, **29**, 34, 501
– – flava 34
– – gelatinosa 34
– – gordura 34
– – linfócitos 770
– – rubra 34
– renal 421
– vermelha 34, 52
Medular (es)
– cavidade **29**, 30, **30**
– – secundária **31**, 34
– cone 515, **516-517**
– corpo do cerebelo **533**
– estrias do quarto ventrículo **536**
– pirâmides 423
– seio do linfonodo 501, **502**
Megaesôfago 352
Melanina 603
Melanócitos 637
Melatonina 524
Membrana
– aracnóidea 539-540, **542**
– atlantoaxial dorsal 131
– basal
– – dos capilares 56
– – dos vasos sanguíneos 54, 56
– basilar 776
– de Descemet 599
– fibrosa 128
– interóssea do antebraço 194
– material de cobertura (MCM) 637
– nictitante 612, 614, 687, 697
– obturatória 265
– ossos 33
– sinovial 128
– tectória 630-631, **632**
– timpânica 80, 620
– – secundária 776
– timpaniforme lateral/medial 759
– vítrea 608
Membranosa (o)
– ductos da cóclea 630
– labiríntica 628
– lâmina espiral **632**

– tentório do cerebelo 540, **541-542**
Membro pélvico 243, 730
– artérias 731
– esqueleto **304-306**
– inervação 567
– – das articulações 580
– inervação cutânea **573**
– músculos **304-307**
– músculos retratores 309
– nervos 568, **577**
– protração 309
– regiões 730, 732, **732-734**
– topografia **736-739**
– vasos sanguíneos 677
Membro torácico 171, 722
– estruturas ósseas 727
– inervação das articulações 568
– musculatura 722
– músculos protratores 309
– nervos **570**
– pontos de orientação 727
– protração 309
– regiões 722, **723**
– vasos sanguíneos 677
Meninges 539, **542**
– da medula espinal 516
Menisco 268, **271**
Menor
– curvatura 353, **356**, 367
– dígito **748**
– escama 777
– glândula salivar sublingual 333, 689
– glândulas vestibulares 464
– isquiático
– – forame 266, **267**
– – incisura **248-250**
– músculo escutuloauricular profundo 146
– músculo psoas 280, **281**, 283, **290**, **294**
– músculo redondo 219, 221, **224**
– músculo reto dorsal da cabeça 148, 153
– nervo esplâncnico 583
– nervo petroso **554**, 558
– omento **70**, 71, 358-360, **368**, 369
– palatina
– – artéria 487
– – forame **77**
– – nervo 552, **553**, **555**, 560
– papila duodenal 392, **394-395**
– tubérculo do úmero 175, **176-177**, **190**
– veia cardíaca 480
Mentual (is)
– artéria 94, 487, **488**
– forame 91, **92**, 94, **96**, 104, **554**, 694
– – anestesia perineural 91
– – injeção 736
– – palpação 685
– – glândulas 642
– nervo 94, 104, **554-555**
– pálpebra 90, 103
– pelos tácteis 639, **642**

– região 685, **686-687**, 699
– veia 94
Meridiano 597
Mesencefálica
– aquedutos 523, **527**, 541, **543**, **771**
– – estreitamento 541
– ducto **527**
– tronco **771**
Mesencéfalo 520, **520**, 523, **527**, **771**
Mesenquimal
– células precursoras 28
– células-tronco 44
Mesentérica
– artéria **325**, 372
– gânglio **325**
– linfonodos 372
– nervo plexo 375
– ramo ileal 373
– veias 373
Mesentérios 68, 70, **70**, 321
– dorsal 321
– mecanorreceptores 70
– ventral 321
Mesial
– cúspides 343
– face do dente 336
Mesocólica
– feixe longitudinal 382
– tênia **382**
Mesocolo 382
– descendente 383
Mesoderme 28, 43
Mesoduodeno 374, **393**
Mesoduto deferente 436
Mesoepidídimo 459
Mesofunículo 438, **438**, 736
Mesogástrio
– dorsal 71, 359
– ventral 71, 359
Mesoíleo 375
Mesojejuno 375, **376**, 378
Mesométrio **458**, 468
Mesonefro 449, **468**
Mesoníquio 652
Mesórquio **437-440**, 459
Mesorreto 323, **326**, **378**, 718
Mesoscópia 779
Mesossalpinge **458**, 459, **462**, 468, **468**
Mesotélio 69
Mesotendíneo **47**, 51
Mesotimpânico 621
Mesovário **450-451**, 453, **458**, 459, **462**, 467, **717**
Metacarpal (is)
– articulação **173**
– ergô/tufo **652**
– fáscia 196
– ossos **38-40**, **172**, 181, **181-182**, 183, **183**, 184, 186, **186-187**, 198
– – amputação **749**
– região **723**, 726
– – nervos 727
– – tendões 726
– – vasos sanguíneos 727

– toros 650, **651**, **659**
– – rudimentar **652**
– tróclea **187**
– tuberosidade 186
– veias 495-496
Metacarpo 184, **202**
– articulação 198, 200, 203, **205**, **662**
– – artrite 207
– – exostose 207
– osso **785**
– região **723**, 732
Metacarpofalângica/o (s)
– articulações 198-201, **205**
– – ligamentos 198-199
– região **723**
Metáfise **29**, 34
– cartilagem calcificada 34
Metapódio 181, **244**, 259
Metarteríolas 55
Metatálamo 524
Metatarsal (is)
– articulações 279
– esqueleto 263
– ossos **38-40**, **263**, 265-266, 751
– região 732, **733**, 734
– toro 650, 777
– veias 496
Metatarso 263
Metatarsofalângicas
– articulação **266**
– região 732
Metencéfalo 61, 520, **520**, 521, **771**
Metra 459, 766
Metrite equina contagiosa (CEM) 465
Microvilosidades 67
Midríase 602, **604**
Mielencéfalo 61, 520, **520-521**, 523, **771**
Mielina 61
Mielografia 791
Milo-hióideo
– músculo 145, 147, **150**, 151, **151**, **216**, 331, 349, 688
– nervo 147, 553, **554**
Mioblastos 44
Miocárdio 476, **477**
Miócitos do coração 480
Miofibrilas **45**
Miométrio 463, **469**
Miose 602
– síndrome de Horner 583
Miringotomia 698
Mistas
– glândulas 67
– nervos 63
Modelos anatômicos, reconstrução tridimensional digital 779
Modíolo 628, **630-631**
Molar
– músculo **144**
– parte
– – da mandíbula **92**, **96**
– – do músculo zigomático 142
Molares 336, 339
– extração 691

Mole
– cornificação 637
– palato 328, **329**, 347
Monco 777
Monócitos 501, 512
Monoplegia 694
Monossináptico
– arco reflexo espinal **519**
– reflexo 63
Motor
– área 530, **537**
– axônio neuronal 44
– córtex 535
– déficit 519
– função
– – cerebelo 522
– – núcleo olivar 521
– neurônios **60**, 61, 63, 518
– – botões 65
– núcleo **519**, 520
– – da medula espinal 537
– – da medula oblonga **537**
– – da ponte 521
– – do nervo facial 694
– – do nervo trigêmeo 549
– placa terminal 44, **60**, **519**
– tratos nervosos 519
Movimentos, sistema extrapiramidal 537
Mucocélis 690
Mucosa (s) 352
– camada muscular 352
– camada superficial 352
– da cavidade oral 689
– do esôfago 352
– do estômago 354
– do intestino **370**, 371
– do intestino delgado 373
– do intestino grosso 371
– epitélio 66-67
– glândulas 67
– membrana própria 67
Multipolar
– célula piramidal 61
– neurônios 60, **62**
Muscular
– camada
– – do esôfago 352, **352**
– – do estômago 354, **355**
– – do intestino **370**, 371-372
– – do jejuno **371**
– estômago **752-753**, 754, **755-756**, **768**
– lacuna 280-281, 732
– processo
– – do estribo 622
– – do maléolo **625**
– sulcos do tórax 703
Musculatura 26
– nervos motores eferentes 59
– terminações nervosas sensoriais 44
Musculatura da garupa 282, **284-285**
Musculatura mímica 139
Músculo (s)
– abdominal 163
– abductor 47
– – caudal da crura 287

– – da coxa 166, 292, **295**
– – longo do primeiro dedo 225
– adutor 47
– – breve 292
– – longo 292
– – magno 292
– ancôneo **194**, 222-223, **224**, **226**, 724
– antagonista 47
– aritenóideo transverso 409
– articular
– – da coxa 292
– – do úmero 220
– atividade, sistema extrapiramidal 537
– auriculares 143, **146**
– – caudais 139
– – dorsais 139
– – profundo 139
– – rostrais 139
– bíceps 47
– – braquial 222
– – da coxa 284, **286**, 287, **287**, 289, 292, **304-306**
– – do antebraço **194**, **216**, 222-223, **224**, **782**
– – femoral 287
– – ruptura 727
– bipenado 46
– biventre 47
– – cervical 157-158
– bomba 56
– braquial 222
– braquiocefálico 154, 211
– braquiorradial **194**, 223, **226**, **228**
– bucinador 139, 142, **142**, 143, **144**, **150**
– bulboesponjoso 322, **441**, **446**, 447, 448
– cabeça 139
– canino 139
– cauda 167
– células 44
– cerato-hioide 151, 349
– cervicoauricular
– – médio 144
– – profundo 144
– – superficial (acessório) 144
– cervicoescutular 143, **146**
– ciliar 602, 773
– – anterior/posterior 773
– circulares **46**, 47
– cleidobraquial **140**, 211-212, **212**, **216-217**
– cleidoccipital 212, **212**, 213
– cleidocefálico 211-212, **212**, **216-217**
– cleidocervical 212, **212**, 690
– cleidomastóideo 212, **212**, 213, **218-219**
– coccígeo 167, 322
– columela 775
– complexo 157-158
– contração 47
– coracobraquial 220, 221, **221**, **224-225**, **227**
– crasso
– – caudodorsal 754
– – cranioventral 754

– cremáster 166, 437
– cricoaritenóideo dorsal/lateral 409
– cricofaríngeo 348, **350**
– cricotireóideo 409
– cutâneo (s) 50, 138
– – cabeça 138
– – omobraquial 138
– – pescoço 138
– – tronco 138
– da columela 775, **775**
– das quatro cabeças 47
– da siringe 759
– de dois ventres **46**, 47
– de duas cabeças **46**, 47
– de formato único **46**
– de Philipp 229, **232**
– de Thierness 229
– de uma cabeça **46**
– deltoide 218
– depressor 47
– – labial inferior/superior 139
– digástrico 145
– dilatador 47
– – apical do nariz 139, 143
– – medial do nariz 139, 143
– – pupila 603, 773
– dorso 154
– efeito funcional 47
– elevador 47
– – ângulo lateral/medial do olho 139
– – ânus 322
– – lábio superior 139
– – nasolabial 139
– elevadores da costela 161
– eretor do pelo 638, **638**, 641
– escaleno dorsal, médio e ventral 149, 150, **152**
– escutular 139, 143
– escutuloauricular profundo maior/menor 144
– esfíncter 47
– – anal externo 322
– – anal interno 372
– – cardíaco 352, 354
– – íleo 379
– – piloro 354
– – profundo do pescoço 138
– – pupila 603, 773
– – superficial do pescoço 138
– – uretra 322
– espinais transversos 155, 157
– espinal cervical/torácica 157
– esplênio da cabeça/do pescoço 149
– estapédio 623, **628**
– esternoccipital 211-213
– esternocefálico **142**, 154, **154**, **156**, 211, **212**, 213, **214-217**, 700
– esternocleidomastóideo 154, 211, **212**, **215**
– esterno-hióideo 149, 150, **151**, **154**, **217-219**, 351, 688
– esternomandibular **150**, 211-212, **212**, 213, **218-219**, 688
– esternomastóideo 211, **212**, 213, **216**, 701

– esternotireóideo 149, **150**, 151, **217**, **350**, 351
– estiloauricular 139, 144
– estilofaríngeo 348
– estilofaríngeo caudal 557
– estiloglosso 331
– estilo-hióideo 151, 349
– extraorbitais das pálpebras 139, **142**, 143
– estriado 43, **45**
– – controle consciente 59
– – da uretra 430
– estruturas acessórias **47**, 50
– extensor 47
– – carpo radial 223, 749
– – carpo ulnar 223
– – comum dos dedos 225
– – curto dos dedos 303
– – I e II dos dedos 225
– – lateral dos dedos 225, 298
– – longo do hálux 298
– – longo dos dedos 298
– facial 139
– fibular cranial, curto, longo e terceiro 298
– flexor 47
– – carpo radial/ulnar 223
– – curto dos dedos 239, 303
– – lateral/medial dos dedos 301-302
– – profundos dos dedos 229, 301
– – superficial dos dedos 229, 301
– força/tensão 46
– formas 46
– frontoescutular 143, **146**, **688**
– frontal 138
– fusiforme 46-47
– fuso 44
– gastrocnêmio **284-285**, **289-290**, **295-296**, 300, 301, **305-306**, 308, **772**
– gemelar 292
– gêmeos **291**, 293, **295**, **298**, 730
– genioglosso 331
– genio-hióideo 151, **348**, 349, **349**
– glúteo do bíceps 283, **285**, 287-288
– glúteo médio, profundo e superficial 282
– gluteofemoral 282, 730
– grácil **166**, **282**, **288-290**, 291, **294**, **305-306**
– hioglosso 331, **350**
– hióideo 149
– hióideo transverso 151, 349
– hipofaríngeo 348
– hipotônus 47
– ilíaco 281
– iliocaudal 167-169, **290**
– iliocostal 155, **155-156**, 157, **284**
– iliopsoas 280, **281-282**, 283, **290-291**
– incisivo 139
– infraespinal 218
– intercartilaginosos 161
– intercostal 161
– – externo 161
– – interno 161
– interespinais 155, 159

– interflexor 229, 238, 303
– interósseo (s)
– – do antebraço 239
– – do membro pélvico 303
– – médio 46, 200
– intertransversário 155, 159
– – caudal 167
– – cervical dorsal e ventral 159
– – lombar 159
– – torácico 159
– isquiocaudal **290**
– isquiocavernoso 322, **441**, 447, 469
– isquiotibiais **48**, **284-285**, 287, 731
– latíssimo do dorso 154, 211
– levantadores 47
– – da cauda 167
– – da concha **146**
– – da pálpebra superior **598**, 611, 687
– – das costelas **155**, **158**, 160, **160**, 161
– – do ângulo lateral do olho 143
– – do ângulo medial do olho **142**, 143, **144**, 145
– – do ânus **296**, 731
– – do lábio superior 139, **142**, 143, **144**
– – do palato mole 328
– – do queixo 142-143
– língua 330
– lisos 43, **45**
– – artérias 55
– – controle autônomo (subconsciente) 59
– – inervação motora 580
– locomoção 47
– longo **155**, 213, **214**, 220
– – cabeça 148
– – pescoço 149
– longuíssimo do atlas, da cabeça e do pescoço, lombar e torácico 155
– lumbricais
– – do antebraço 239, 240
– – do membro pélvico 303
– malar 139
– masseter 145, 147-148, **148**, **150-151**, **216**, 334, 347, 686
– membro
– – pélvico 280
– – torácico 211
– mentual 139
– milo-hióideo 145, 151, 331, 349
– multífido 157-**158**, 158, 159, **160**, **497**
– multipenado 46, **46**
– nasal 143
– nasal lateral 139, 143
– oblíquo
– – cabeça cranial/caudal 148
– – dorsal 612
– – externo do abdome 163
– – interno do abdome 163
– – ventral 612
– obturador externo/interno 292
– occipito-hióideo **149**, 151, 349
– omo-hióideo 149, 351

– omotransversário 154, 211, 212, **212**, **214-215**, **217**, 220, **226**, 311, 722, **782**
– orbicular 47
– – ocular 139, **142**, 143, 145
– – oral 139, **142**, 143, **144**, **150**, 685
– palatofaríngeo 348
– papilares 475
– parietoauricular 144, **146**
– parotidoauricular 139, **142**, 144, **146**, **150**, **690**, 699
– pectinado 474
– pectóneo 290
– peitoral **750**, 751
– – descendente 213
– – profundo 213
– – superficial 154, 211
– – transverso 213
– pescoço 149
– piriforme 282
– poliarticular 47
– poplíteo 293
– prepuciais 138
– pronador 47
– – do antebraço **195**, 223
– – quadrado 223
– – redondo 223
– protradores do membro torácico 309
– psoas
– – maior 281
– – menor 280
– pterigofaríngeo 348, **350**
– pterigóideo lateral/medial 145, 347
– pubocaudal 167-169
– quadrado
– – femoral 292
– – lombar 280-281
– – plantar 303
– quadríceps 47
– – femoral **291**, 293, 295, **304**
– redondo
– – maior 220
– – menor 218
– regeneração 44
– reto
– – abdominal 163
– – cabeça lateral/ventral 148
– – dorsal da cabeça maior/menor 148
– – dorsal, lateral, medial e ventral do bulbo do olho 611
– – femoral 293
– – torácico 161
– – romboide da cabeça, cervical e torácico 216
– rotador (es) 47, 157-159
– sacrococcígeo **282**
– – dorsal lateral/medial 167
– – ventral lateral/medial 167
– sartório **166**, **282**, 290, **290**, **294**, **297**, **304**, **306-307**
– semimembranáceo **282**, **288**, 289, **289-290**, 292, **294-296**
– semitendinoso 287
– – dorsal caudal/cranial 154, 161

– – ventral cervical/torácica 213, 217
– sinérgico 47
– sóleo **295**, **300**, 301, **305-306**, 308
– subclávio 213
– subcostais 160-161, **282**
– subescapular 220
– supinador 47, 223
– supracoracóideo **750**, 751
– supraespinal 218
– supramamário 138
– temporal 347
– tensor
– – fáscia do antebraço 222
– – fáscia lata 282
– – tímpano 623
– *tenuis* caudodorsal/caudoventral 756
– tibial
– – caudal 301-302
– – cranial 277, 298
– tireoaritenóideo 409
– tireofaríngeo 348, **350**
– tireo-hióideo 151
– tônus 47, 524
– torácico 159
– trabalho, velocidade de contração 46
– transverso
– – abdominal 163
– – nasal 139
– – torácico 161
– trapézio **155**, 211, **214-215**, **218-219**, 220, 311, 722
– traqueais 758
– tríceps 47
– – braquial 222
– – do antebraço **194**, **214-216**, **221**, 222-223, 722, 724, **782-783**
– trofaríngeo 348
– tronco 149
– uniarticular 47
– unipenado 46, **46**
– uretral 718
– vasto intermédio, lateral e medial 293
– ventre 44
– zigomático 139
– zigomatoauricular 144, **146**, **688**

N

Não específico
– sistema imune 57
– tecido conjuntivo 68
Narinas **328**, **398**, 402, 614, 685
– região 686-687
Nariz 398, **398**
– contração 693
– impressão 634
– músculos 143
Nasal 26
– abertura **102**
– ângulo da pálpebra 612, **613**
– cartilagem 398, **398**, 399, **399**

– cavidade 84, **86**, 100, 108, **397**, 402, 690, 758
– – assoalho/teto 84
– concha 100, 108, **400**, 402, 758
– crista 88-89
– divertículo 685
– espinha do osso palatino 89
– face da maxila 87
– glândulas 758
– meato 100, 403
– osso **74-75**, 84, **96-97**, 398, **400**
– parte
– – da faringe **351**
– – do osso temporal 81
– placa 399
– – sulcos 399
– ponta 402
– processo do osso incisivo 88, **90**
– região 685, **686-687**, **691**
– seios, aplicação medicamentosa 691
– septo 84, **86**, **100**, **398**, **400**, **402-403**
– vestíbulo 402, 685, 687, 690, 758
Nasofaríngeo 89, **347**, 397, 398, **780**
– meato **77**, **86**, 89, **90**, 100, **100**, **102**
– tubo 691
Nasolabial
– músculo elevador 139, **142**, 143, **144**, 685
– placa 328, 399
– plano 685
Nasomaxilar
– abertura 101
– abertura 108, **109**, **403**, 404
– meato **109**
Navicular (es)
– bolsa 205, **209**, 237, **239**, **241**, 660, 670
– – injeção intrabolsal 730
– doença 678
– osso **187**, 189, 204, **205**, 660, 670, **670**
– – fraturas parassagitais 207
– – laminite crônica 207
Necrose, oclusão de artéria terminal 53
Nefroesplênico
– encarceramento 378
– ligamento 359-360, **393**, 513
Néfron 419, 421
Neocerebelo 522
Neopálio 525, 528, 535
– área sensorial **535**
– córtex motor 535
Neopulmão 760
Nervo (s) 62
– abducente (VI) 521, **524**, **528**, **550-551**, 554, 560, **611**, 615
– acelerador 481
– acessório (XI) 559
– – neurectomia 152
– alveolar inferior 552
– auricular
– – caudal 144
– – magno 562

– auriculopalpebral 144, 555, **556**, 560, **690**
– auriculotemporal 552, 553, **554**, 560, **692**, 700
– axilar 564-565
– bucal 552
– carótico interno 583
– cervical cardíaco 583
– ciliares curtos 603, 617
– clunial
– – caudais 574
– – craniais 568
– comunicantes brancos 582
– craniais 548
– cutâneo
– – caudal sural 576
– – femoral caudal 574
– – femoral lateral 571
– – lateral sural 576
– espinal 562
– esplâncnico (s)
– – lombares 583
– – maior/menor 319, 583
– – pélvico 584
– estapédio 554, **556**, 560
– etmoidal 551
– facial (VII) 80, 147, 347, 554, 615
– femoral 571
– fibular comum 576
– frênico 161, 317, 562, **706-707**
– genitofemoral 570, **573-574**, 575, **577**, 645, 708, 731, **736**, **738-739**
– glossofaríngeo (IX) 331, 521, **524**, **527**, **550**, 557, **557-558**, 560, **585**, **693-695**, 696, **696**, 700
– glúteo
– – caudal 574
– – cranial 574
– hipogástrico **325**, 575, **583**, 584
– hipoglosso (XII) 559
– ilio-hipogástrico 570, 575, **577**, 645, 708, 731, **739**
– ilioinguinal 570, 575, **577**, 645, 708, 731, **738**
– infraorbital 551
– infratroclear 551, **552**, 555, **611**, 615, 681, 687, 689
– intercostobraquial 562
– – inervação cutânea **572**
– intermediofacial 553, **585**, 698
– lacrimal 551
– laríngeo cranial/caudal 410
– laríngeo recorrente 62, 316-317, 409-410, 481, **497**, 558, **559**, 692, 700
– – hemiplegia 408, **411**
– – paralisia 507
– lingual 552
– lombares 568
– mandibular (V₃) 347, 552
– massetérico 552
– mastigatório 552
– maxilar (V₂) 551
– mediano 565-566
– milo-hióideo 147

– musculocutâneo 563-564, **564**, **569**, 723, **725**, **728-729**
– – inervação cutânea **572**
– – lesões 565
– nasal caudal 552
– nasociliar 551, **552**, 560, 615
– obturatório 243, 571
– oculomotor (III) 549, 615
– oftálmico (V₁) 551
– olfatório (I) 549
– óptico (II) 549, 606, 615
– palatino maior/menor 552
– peitorais craniais e caudais 562
– pélvico 575
– petroso maior 554
– pterigóideo lateral/medial 552
– pterigopalatino 551
– pudendo 575
– radial 565
– retais caudais 575
– sacrais 574
– safeno 571
– subescapular 562
– supraescapular 564
– temporal (es)
– – profundo 552
– – superficial 552
– terminal 549
– tibial 576
– torácico lateral/longo 562
– toracodorsal 562
– trigêmeo (V) 549, 615
– troclear (IV) 549, 615
– ulnar 565-566
– vago (X) 370, 521, **524**, **527**, **550**, 557, **557-559**, 560, **584-585**, **695**, 696, 700
– vertebral 583
– vestibulococlear (VIII) 80, 556
– zigomático 551
Nervoso/a (s) 62
– células 60
– tecido 60
– terminações 63
– transmissão de informação 65
Neural
– arco da vertebra 109
– crista 596
– tubo 61, 541
Neuroblastos 61
Neurócitos 60
Neurocrânio 74
Neuroectoderme 60
Neuróglia 61
Neuro-hipófise 524, 587, **588-589**
Neuromoduladores 61, 65
Neurônios 58, 60, 62
– da medula espinal 518
– forma 61
– processos 60
Neurônios bipolares 60
Neurônios inibitórios 61
Neurônios intrínsecos 61
Neurônios noradrenérgicos 61
Neurônios pós-ganglionares 64, 538, 581
Neurônios sensoriais 60
Neuropeptídeo Y 64-65
Neurópilo 60

Neuroplasma 60
Neurotoxina botulínica 65
Neurotransmissores 61
– sinapses 65
Nó (s)
– atrioventricular 480
– linfáticos 501
– sinoatrial 480, **481**
– valvular **478**
Nódulo (s)
– das cúspides semilunares 475
– de Ranvier **60**
– do baço **513**
– linfáticos conjuntivais 614, 698
– válvulas semilunares 475
Noradrenalina 64-65, 581, 595-596
Notário 748
Nucal
– bolsa subligamental 701
– bursite 701
– crista 75, **80**, **82**, **88-89**, 95, 101, **105**
– funículo 133
– lâmina 133-134
– ligamento 75, **132**, 133, **134**, **136**, **160**, 309, **497**
– linha 75
– plano 82
– processo 80, 92
Núcleo (s)
– ambíguo **550**, 557, 559, 692
– caudado **527**, 529
– central do pelo 638
– cuneado 531
– da lente 607, **609**
– do nervo abducente **556**
– do nervo acessório 559
– do trato mesencefálico 549
– do tronco simpático 63
– grácil 531, **534-535**
– motor do nervo trigêmeo 549
– olivar 521
– paraventricular 537, 587, **589**, 607
– pulposo **131**, 132, **133**, 135, **517**
– – prolapso 703
– rubro 523
– sensorial pontino do nervo trigêmeo **535**
– supraóptico 537, 587, **589**, 607
– tegmental 528
– ventromedial **589**

O

Óbex 523, **526-527**, **532**
Oblíquo (a)
– ligamento poplíteo 269
– ligamento sesamoide 200, 203, **204**, **206**
– linha da cartilagem tireoide **406**
– seio do pericárdio 472
– septo da cavidade celomática 751, **752**, 757
Obturador
– artéria **470**, 491, **494**
– forame 243, **246-248**, **267**
– membrana 265, **267**

– nervo 243, 568, 571, **574**, 575, **577**, 731
– veia **499**
Occipital
– artéria 486, **488**, **693**, 700
– côndilo 75, **77**, **83**, **89**, 95, **105**, 130, **130**, 748
– lobo **515**, **523**, **525**, 529, **529**
– osso 74, **74-75**
– processo 79
– veia **495**, 700
Ocitocina 587, 645
Ocular
– anexos 610
– fundo **605**, **616**
– pressão 599
Oculomotor
– nervo (III) **522**, 523, **524**, **528**, 549, **550**, 560, **585**, 603, **611**, 612, 615, 687
– – sinapse 586
– núcleo **537**
Odontoblastos 337, **339**
Oftálmico
– nervo (V₁) 94, 551, **552**, 560, 615, 687, 696
– – exame neurológico 693
– plexo 688
Olécrano **178-180**, 181, **193-194**
– fossa 175, 181, 191
– fratura 730
– linha 745
– túber **173**, **178-179**, **192-193**
Olfatório (s)
– área 528, 530
– bulbo **522**, **524**, 525, **526**, **528**, **530-531**, **771**, **781**
– epitélio 549
– giro **528**, 530
– mucosa 397
– – hemorragia 691
– nervos (I) 82, 525, **531**, 549, **551**, 560
– pedúnculo 528, **531**
– região 397, 758
– trato 528, **528**, **530**
– trígono **522**, **528**, **531**, **547**
– via 524-525, **531**
Olho (s) 597, **600**, **602**, 696, 772
– anexos 608
– coloração 697
– enucleação 697
– estruturas avasculares 608
– imagem de ressonância magnética **610**
– índice refrativo 608
– inervação simpática 583
– músculo orbicular 143
– órgãos auxiliares 696
– vasos sanguíneos 615, **697**
Oligodendrócitos **60**, 519
Oligodendróglia 61-62
Olivar
– eminência 521
– núcleo 521
Omasal (is)
– canal 367
– contrações 366
– lâminas **366**

– linfonodos 370
– sulco 366
Omaso **361-362**, 366, **366**, 378, **720-721**
– cortes histológicos **366**
– impacto 367
– mucosa não glandular 366
– projeção na parede corporal lateral 743
– vascularização 369
Omental
– bolsa **70**, 71, 359, **368**, 369
– forame 359, **360**, **393**
– impressão **385**
– véu 360
Omento
– maior 71, 358
– menor 71, 358
Omentopexia 715
Omobraquial
– músculo **141**
– veia **701**
Ônfalo 319
Óptico/a (s)
– área do córtex cerebral 617
– canal **77**, 78, **78-79**, 94, 97, **101**, 102, **102**, 551, 606
– disco 549, **598**, **605**, 606, **607**, **616**
– – parede interna 604
– eixo 597
– fissura **551**
– forame 606
– nervo (II) 94, **522**, **524**, **533**, **536**, 549, 560, **598-599**, 606, **610**, 615, 617, 687, 697, 771
– órgãos 524
– parte da retina 599, 604, **604**
– quiasma 78, 104, **522**, **524**, **528**, 533, **536**, 549, 606, 771, **771**
– radiação **536**, 617
– reflexos 617
– tálamo 534, **536**, 617
– trato 524, **524**, **528**, 534, **536**, 617
Ora serrata 601, 603, **604**
Oral 26
– cavidade 327, **327**, **329-330**, **402**, 689, 753, **754**
– – assoalho sublingual 331
– – epitélio estratificado escamoso cornificado 327
– – gengivas 327
– – glândulas mistas 327
– – teto 84
– parte da faringe **351**
– região 685, **686-687**
– vestíbulo **329**, **401**
Orbículo ciliar 601, **604**
Órbita 610, **611**
– parte óssea 95
Orbital
– cavidade 102
– fissura **77-78**, 94, 97, 100, 102, 105, **105**, 549, 551, **553**, **611**
– ligamento 81, 85, 95, **148**
– parte
– – do osso lacrimal 85
– – do osso temporal 81

– placa do osso etmoide 82
– região 685, **686**, 687, **687**
Orelha 698, 775
– canal glandular 642
– externa 619, 775
– formas específicas das raças 620
– interna 628, 776
– lobo 777
– média 621, 775
– vasos sanguíneos 698
Órgão (ãos)
– abdominais intratorácicos **392-393**
– acessório do olho 608
– cápsula 68
– copulatório 757
– cirurgia 716
– de Corti 556, 630, **631-632**, 698
– digital 651
– efetor 519
– genital
– – exame 718-719, 722– – feminino 449, 765
– – masculino 433, 763
– intrapleural 69
– linfopoiético 471
– orobasal 333
– parenquimatosos 68
– sistemas 26
– reprodutores na cavidade pélvica 243, **716-717**
– urinário 419
– vestibulococlear 619, 775, **775**
– visão 597, 772
– vomeronasal 328, **550**
Origem muscular 46
Óssea/o (s)
– ampola **629**
– anel esclerótico 773, **775**
– calcificação 33, **34**
– canais **33**, 35
– canal semicircular **628**
– labirinto 628-629, **629**
– lâmina espiral **630**, 632
– órbita 95, 687
– parte do meato acústico externo 620
– pelve 243, 248, **252-253**
– protuberâncias 31
– suturas 128
– tentório cerebelar 82, 99, 104
Osseína 33, **33-35**
Osseína calcificada 33, **33-34**
Ossículo (s)
– da audição 80, 622
– esclera 773
Ossificação 33
– centros 32, 73
– condral 33, **36**
– do calo 31
– indireta 32
– intramembranosa 33, **34**
– pericondral **31**, 33-34, **36**
– primária 33
Ossificação endocondral **31**, 33-34, **36**
– zona (s) 35
– – de calcificação 35

– – de condrócitos de repouso 34, **35**
– – de condrócitos hipertróficos 35, **35-36**
– – de condrócitos maduros 35, **36**
– – de destruição 35, **35-36**
– – de proliferação 34
Osso (s) 27
– alterações adaptativas 36
– arquitetura 29
– artérias em laço-terminação 31
– artérias nutrícias 31, **36**
– basioccipital 74, **77**
– basisfenoide 78
– breve 28, 109
– calo 31
– canal central 35
– cardíaco 473
– carpália 181
– carpo **181**, 182, 184
– – acessório 182, 206
– – intermédio 182
– – intermediorradial 184, 206
– – radial 182, 749
– – ulnar 182, 184, 749
– *centroquartale* 262
– compedal 186, **785**
– componentes inorgânicos 33
– concha 83, 403
– construção trajetorial 29
– conteúdo mineral 27
– coracóideo 748
– cornual 683
– coronal 186, 660, 669
– costal 125
– coxa 243, **247-248**, **250-251**
– crescimento 36
– crescimento aposicional 30
– crescimento longitudinal 34
– curvatura (tensão de cisalhamento) 29
– de Goethe 89
– do casco **205**
– do quadril 243, **246-248**, **250-251**
– dos dedos
– – mão 181, 184, 186
– – pé 259, 263
– dos órgãos 29
– entoglosso 753
– esfenoidal/esfenoide **74-75**, 78, **79**, **89**, **151**
– – pneumatizado no cavalo 405
– esparavão 279
– estresse compressivo (pressão) 29
– estruturas palpáveis 736
– etmoidal 82
– femoral 252, **748**, 749
– fibras de Sharpey 31
– formas 28, 35
– frontal 81
– função 36
– hematopoiese 30, 36
– hioide 84, 92, 99, 104
– hipertrofia 32
– ílio 243, 749
– imaturo 32
– incisivo 88, 402

– interparietal 74-75, 82
– irregular 28, 29
– ísquio 247, 749
– lacrimal 85
– lamela 29
– lamela circunferencial externa 36
– lamela concêntrica **33**, 35
– lamela interna circunferencial 36
– lamelas compactas 29
– lenticular 622
– longo 28
– maleolar 259
– matriz extracelular 32
– membranáceo lamelar/ reticulofibroso 35
– membro torácico 171
– metacarpal/metacarpo 181, 183-184, 186
– – quarto 186
– – segundo 186
– – terceiro 186
– metacarpianos II e IV 183, **185**, 186
– – fratura 730
– metatarso/metatarsal 259, 263
– nasal 84
– navicular 189
– necrose 31
– nervo óptico 773
– nervos 31
– occipital 74
– órgão como sistema 32
– pênis 443, **444**, 445
– plano 28
– pneumático 28-29
– pré-esfenoidal 78
– princípios de tensão 29
– pterigoide 90
– púbis 243, 749
– quadrado 748
– quadradojugal 748
– regeneração 31
– reticular 32, 35
– sacro 122
– sesamoide 29, **42**
– – articulação do cotovelo 271
– – da coxa 252
– – da falange distal 189
– – da patela 256
– – distal 186, 189, 660, 670
– – do músculo gastrocnêmio 253, **270-271**, 299
– – do músculo poplíteo **256**
– – do pé **182-183**, 184, 186, 189
– – proximal 186
– tarso 259
– – central 261
– – fibular 261-262
– – tibial 261-262
– tecido conjuntivo precursor 28
– temporal 79
– trabéculas 29
– trajetórias de estresse 29
– túbulos 29
– ungular 186, 660, 670
– vasos sanguíneos 31
– zigomático 85
Osteoartrite do tarso 279

Osteoblastos 28, 31, 33, **33**, 34, **34**
– ativação pela calcitonina 36
– células precursoras 31
– diferenciação 33
Osteocalcina 33
Osteócitos 28, **32**, 33, **33-34**
Osteoclastos 31, 33, **33-35**
– ativação pelo hormônio da paratireoide 36
Osteocondrose
– da articulação do boleto 207
– dissecante (OCD) 206, 727
Osteogênese 32
– condral 33
Osteogênica
– camada perióstea 30
– potencial 31
Osteoide 33, **34**, 35, **35**
Osteologia 27
Ósteon **32-33**, 35
Osteonectina 33
Óstio
– abdominal da tuba uterina 459
– aorta 476
– atrioventricular
– – direita 474
– – esquerda 476
– cecocólico 378-379
– do útero externo/interno 460
– faríngeo da tuba auditiva 691, 695
– ileal 378-379
– intrafaríngeo 347
– omasoabomasal 366
– prepucial 446
– reticulomasal 366
– timpânico da tuba auditiva 695
– uretérico 426
– uretérico cloacal 763
– uretra
– – externo 430, 439, 463
– – interno 439
– vaginal 438
Ótico
– gânglio 334, 553, **554**, 557, **585**, 586
– incisura 95
Otoscópio 698
Oval
– forame **77**, 78, **78**, 79, **89**, 94, 98, 100
– incisura 78, 105
Ovalbúmen 766
Ovariana
– artéria **450**, **456**, 469, **470**, 490, **764**
– bolsa **458**, 459, **462**, 468
– extremidade da tuba uterina 459
– folículos 451
– ligamento **716**
– veia **456**, 469
Ovariectomia 464
Ovario-histerectomia 450
Ovários 449, **449**, 453-456, **458-459**, 468, **716**, 720-721, **752**, 765, **766**, 768, **773**
– estrutura 451
– exame 718
– folículos 768

– função endócrina/exócrina 596
– ligamentos 469
– posição, forma e tamanho 449
– projeção na parede corporal lateral 742
– vasos sanguíneos **455-456**
– zona parenquimatosa/zona vascular 451, **453**
Oviduto **752**, 766, **767-768**
Ovino
– cartilagem traqueal 411
– comprimento do ducto epididimário 436
– hérnia abdominal 714
– lobos pulmonares 417
Ovo
– branco (albúmen) 766
– dente 777
– desenvolvimento **767**
– estrutura 767, **769**
– membranas 767
Ovócito 452, **453**, 765
Ovomucoide 766
Ovotransferrina 766
Ovulação 452
– fossa 451, **453**, 456

P

Palatino
– canal 89, 103
– face do osso incisivo 88
– fissura 88
– forame **79**
– osso **74-75**, 89, **89**
– – pneumatizado no equino 405
– processo
– – da maxila 88, **89-90**, **108**
– – do osso incisivo 88, **89-90**, **108**
– rafe **330**
– ruga **754**
– seio 87-89, 93
– tonsila **329-331**, 349, **350**, 691
Palato 328
– duro 328
– mole 328, 347
– ósseo 98, 103
Palatofaríngeo
– arco 347
– músculo 348, **350**
Paleocerebelo 522
Paleopálio 525
Paleopulmo 760
Pálio 525
Palmar (es) 26
– artérias 657
– artérias digitais 664-665, **667**, 675, 725
– – anastomose 497
– bolsas
– – da articulação da quartela 200
– – da articulação interfalângica distal 201, 204
– – das articulações metacarpais 200
– – das articulações metacarpofalângicas 198, 201, **208**

– comum dos dedos
– – artérias 486, **487**, 491, 677, **729**
– – nervos 666, **667**
– – veias 677, **729**
– face da falange distal 189
– fáscia profunda 211
– ligamento (s) 200, **206**
– – da articulação interfalângica proximal 204
– – do osso sesamoide proximal 202
– ligamento anular 200-201, **202-203**, 207, **237**, **241**
– ligamento carpometacarpal **196**
– ligamento intercarpal **196**
– ligamento radiocarpal **196**
– ligamento ulnocarpal **196**
– medial dos dedos
– – artéria **487**
– – nervo 569, 677
– – ramo do nervo musculocutâneo **569**
– metacarpal (is)
– – artérias **677**
– – fáscia 726
– – nervo **570-571**
– – veias **677**
– nervo digital lateral **677**
– nervos
– – do membro torácico 666
– – do pé 666
– parede da bainha sinovial carpal 238
– processo da falange digital **187**
– ramo
– – do nervo da falange média **570**
– – do nervo digital medial **571**
– – do nervo ulnar 567
– rede carpal 485
Palpação do pulso
– artéria braquial 486
– artéria facial 488, 686
– artéria femoral 490, 732
– artéria profunda da língua 690
Palpáveis, estruturas ósseas 736
– da cabeça 737
– do cão **741**
– do dorso 737
– do equino **741**
– do membro pélvico 740
– do membro torácico 737
– do pescoço 737
– do tórax 737
Pálpebra (s) 612, **613**
– camadas 612
– glândula tarsal 641
– inferior 612
– iridocorneal **600**, 608, **609**
– músculos 687
– músculos extraorbitais 139, **142**, 143
– superior 612
– terceira 614
– terceira ou *nictitans* 612, 687
Palpebral
– conjuntiva 613, **614**
– músculos 611
– ramo do nervo auriculopalpebral **689**

Pâncreas **327**, **375**, 391, **392-394**, **753**, **755**, 756, **756**
– função endócrina/exócrina 391
– inervação 393
– linfáticos 393
– vascularização 392
Pancreática (o)
– anel 391, **394**
– corpo **394**
– ducto 391, **394**
– ilha 392, 596, **773**
– incisura 391, **394**
– lobo **394**
Pancreaticoduodenal
– linfonodos 372, 393, 507, **507-508**
– veia **500**
Panículo adiposo 633
– interno 165
Papila (s)
– cônica 330, **332**, 664, 680, 689, 758
– dérmica 654, 680
– ducto deferente 765
– duodenal maior/menor 391
– faríngicas 758
– filiformes 330
– foliadas 330
– fungiformes 330
– gustatória 329-330
– ileal 379
– mamária 642-643
– marginais 330
– mecânicas 329, **332**, 689
– pontiaguda 328
– proventricular **755**
– rugas transversas do palato duro 328
– uropigial 776
– valada 330, **331-332**
Papilar
– camada 635, 652, **676**
– corpo 635, **636**
– ducto
– – da teta 643, **647-648**
– – do úbere 645
– – renal 422, 425, **425**, **429**
– matriz dérmica **657**
– músculos **473**, 475-476, **476**, 481
– processo 385, **386**, **388**
Papo penduloso 772
Paquimeninge **542**
Parabrônquio 760, **762**
Paragânglio 596
Paralisia 699
– da língua 331, 559
– do nervo facial (VII) 556, 694-695
– do nervo laríngeo recorrente esquerdo 507
– do nervo radial 565
– do nervo supraescapular 564, 727
Paramétrio 463, **469**
Parassimpático (s) 63-64
– corpos celulares pré-ganglionares 558
– funções trofotrópicas 64
– gânglio 63
– – dos nervos cranianos **585**
– nervos 585, **585**

– núcleo (s) 520, 586
– – da medula espinal 517
– – do nervo facial 586
– – do nervo glossofaríngeo 557, 586
– – do nervo oculomotor 586
– – do nervo vago 558
– sistema 538
– sistema nervoso 63, 586
Paratireoide
– glândulas 592, **592**, **773**
– – tireoidectomia 593
– hormônio 36, 593
Paravertebral
– anestesia 714
– gânglio da cadeia simpática 539
Parede
– córnea 652
– corno **670**, **674-675**
– derme 671
– segmento 651, **654**
– – da garra 652, **653**, 656, **658**
– – da unha 652, **653**
– – do casco **653**, 660, 662, **662**, 670-671, **672-675**
Parênquima 68
Parietal (is)
– células das glândulas gástricas 354
– cúspide
– – da valva bicúspide **478**
– – da valva tricúspide **478**
– face da falange distal **188**
– lobo **523**, **525**, 529, **529**
– osso **74-75**, 81
– peritônio 70, **752**
– plano 82
– pleura 70, 412, **752**
– região **686-687**
– serosa 70, **70**
– – do estômago 355
– sulco da falange distal **187-188**
– túnica vaginal 437
Parótida (o)
– ducto 142, 334, **336-337**, 687, **689-690**, **692**, 698, **701**
– fáscia 699
– glândula 142, **150**, 336, **504**, **692**, 700, **701**
– glândula salivar 334, **335**
– linfo
– – centro 504
– – nodos **335-337**, **504**, **507**, 681, 699
– papila 686
– ramo do nervo facial **557**
– região **686-687**, 700
Parte (s)
– adeno-hipófise infundibular 587
– adeno-hipófise intermédia 587
– almofada digital sob a cunha 674
– ascendente do duodeno 374, 756
– auditiva labiríntica 630
– basilar do osso occipital 74
– bucal do músculo bucinador 142
– bulbos dos talões 674
– capital
– – do músculo esplênio 149, 153
– – do músculo longuíssimo 155

– cardíaca 353
– cega da retina 598, 603
– cervical
– – medula espinal 515
– – músculo trapézio 211
– ciliar da retina 603
– costal diafragmática 161
– cranial do duodeno 374
– descendente do duodeno 374, 756
– disseminada 441
– do músculo deltoide acromial 219
– endotimpânica 80
– escamosa do osso temporal 75, 79
– escapular do músculo deltoide 219
– esponjosa da uretra 430
– estática do labirinto 629
– esternal do diafragma 161
– funicular do ligamento nucal **130**, **134**, **136**, **158**, **497**, 701
– glandular do estômago 754, **755**
– irídica da retina 603
– laríngea da faringe 347
– lateral do osso occipital 75
– lombar
– – diafragmática 161
– – medula espinal 515
– longa da glande 444
– mandíbula incisiva 90
– medula espinal coccígea 515
– membrana timpânica flácida 620
– molar
– – mandíbula 90
– – músculo bucinador 142
– muscular do estômago 754, **755**
– nasal
– – do osso temporal 81
– – faringe 347
– occipitomandibular do músculo digástrico 147, **149-150**
– óptica da retina 598, 603
– oral da faringe 347
– orbital do osso temporal 81
– osso temporal petroso **74-75**, 77, 79, **80**, **82-83**, **101**, **105-106**, **129**, 619
– parassimpática 63
– pilórica 353
– plana 601
– pregueada 601
– pré-frenular do assoalho sublingual 331
– pré-prostática 430
– prostática 430
– reta do ducto deferente 765
– sacral da medula espinal 515
– seio lactífero papilar 643
– simpática 63
– subcortical do sistema límbico 528
– tensa da membrana timpânica 620
– timpânica do osso temporal 80
– torácica
– – do músculo trapézio 211
– – medula espinal 515

– tuba auditiva cartilaginosa 623
– tuba auditiva óssea 623, 695
– uretra pélvica 430, 433, 439
– uretra peniana 430, 439
– vaginal **461**, **463**, **466**
Pata, arteriograma **660**
Patágia 777
– músculos **749**
Patela **38-40**, 256, **257-258**, 293, 731-732
– luxação 735
Patelar
– fixação proximal 735
– ligamento 269, **270-271**, **297**
– região 732, **732**
– retinácula 269
Pavilhão auricular 619, 698, 775
Pé (s) **201-202**, 259, **670**
– anterior (es)
– – flexor 242
– – nervos **571**
– arteriograma **678**
– do equino **670**
– esqueleto **182-183**, 259
– ligamentos **203-204**
– nervos palmares 666
– posterior (es) 259
– – esqueleto 259
– – nervos **580-581**
– torto 730
Pecíolo da cartilagem da epiglote **406**, 407
Pécten
– do púbis 243, **246-247**, **251**
– olho 773, **774**
Pectinado
– ligamento **609**
– músculo 474, **476-477**
Pectíneo
– miectomia 292
– músculo **282**, 291, **294**
Pedículo do arco vertebral 109
Pedúnculo cerebral 523
Pedúnculo pontocerebelar **526**
Peitoral
– cavidade 315
– cintura 171
– músculos **216-217**, **750**, 751
Pele 634, **638**, 776
– bolsas 634
– drenagem venosa 637
– estruturas acessórias 776
– fluxo sanguíneo 637
– glândulas 633, 641, 776
– – dos toros 642
– músculos 50
– nervos 637
– pregas 633, **633**
– vasos sanguíneos 637, **639**
Pelo (s) 635, 638, 639, **640-641**
– bainha 638, **641**
– bulbo 638, **641**
– carpais tácteis 639
– cor 638
– correntes 639
– crista 639, **643**
– cruzamento 639
– de cobertura 638-639, **640**
– do trago 639

– folículo 638-639, **641**
– lã 638
– linha divergente 639
– papila **638**, **641**
– raiz 638
– remoinhos 639, **643**
– tipos 638
– tipos de cobertura 639
– vasos 56
– táteis **638**, 639, **640**, **642-643**
Pelúcido
– septo **515**, **527**, **530**, **533**, **538**
– zona **453**
Pelve **38-40**, **123**, 248, **764**
– fáscia 280
– ligamentos 267
– radiografia 252-253
– renal 425
Pélvico (a)
– cabeça
– – do músculo bíceps femoral 287
– – do músculo semitendíneo 288
– cavidade 69, 122, 251, 315, 319, 321, **324**, **721**
– – diâmetro 250
– – exame 717-718
– – imagem de ressonância magnética **324**
– – linfonodos 508
– – músculos retroperitoneais, órgãos, vasos e nervos **325**
– – órgãos reprodutores **716-717**
– – topografia **720**
– cintura 243, 265
– – ossos **748**, 749
– diafragma 280, 321-322, 469
– eixo 249
– entrada 321
– fáscia 138
– flexura **377**, **380**, 381, **381**, **382-383**
– gânglios **583**
– membro 749
– – anatomia seccional **788-789**
– – artérias 731
– – cintigrafia **802**
– – esqueleto **244-245**, **288-289**
– – estática e dinâmica **311**
– – estruturas ósseas palpáveis 740
– – fáscias 280
– – inervação do casco 678
– – inervação do dedo 659
– – linfonodos 508
– – musculatura **297**
– – musculatura do cíngulo 280, **281-282**, 283, **290**, **294**
– – músculos 280, **296**, **772**
– – músculos extrínsecos 280
– – músculos internos 292, **295**, **298**
– – músculos intrínsecos 281, **290**, **294**
– – músculos profundos 295
– – músculos superficiais **284-285**, **287-289**
– – nervo digital dorsal 668
– – nervos plantares 667
– – ossos **748**
– – regiões 730, 732, **732-734**

– – topografia **736-739**
– – veias 496, **499**
– – nervos 575, **585**, 586
– – nervos esplâncnicos 584
– – órgãos **378**
– – ossos, fusionados 749
– – parassimpático 64
– – parte
– – – da uretra 430, 439
– – – do ureter 425
– – plexo 430, 470, 575, 584, 586
– – saída 321
– – sínfise 243, **246**, 265
– – uretra 441
Pena 777, 778, **778**
– contorno 778
– muda 778
Penas de penugem 778
Peniano
– osso 445, 446
– parte da uretra 430, 439
Pênis 433, 443, **444-445**, 765
– anestesia 716
– drenagem linfática 448
– inervação 448
– músculos 447
– tipo fibroelástico 445, 448
– tipo musculocavernoso 445, 448
– tipos 445
– vascularização 448
Pequeno (a)
– associação pélvica 292
– circulação 52
– forame alar 94
– intestino **327**, 370, 373, 756
– ruminantes
– – baço 513
– – casco 668, **669**
– – corno 681
– – ducto pancreático 393
– – ligamento patelar 270
– – narinas 399
– – úbere 648
– – vértebra 117
Percepção pentacromática da luz 773
Percepção tetracromática da luz 773
Percepção visual consciente 617
Perda de sensibilidade 699
Pericárdica
– cavidade 69, **317**, 471, 751
– pleura 315, **317**
Pericárdio 70, 317, 471
– fibroso/seroso 471
Pericardite, traumática 365
Pericôndrio 28, 33, 46
– estrato condrogênico 33
Periférico
– anastomoses 53
– células da glia 63
– linfonodos **502**
– órgãos linfáticos 510
– paralisia do nervo facial 694
– sistema circulatório 53
– sistema nervoso (SNP) 58, 62, 515, 548
– sistema nervoso autônomo 580
Perimétrio 463, **469**

Perimísio 44, **45**
Perineal
– cavidade, membranas serosas **70**
– região 469, 731, **734**
Períneo 469, **734**
Perineuro 62, **64**
Periodonto 337
Perióplico (a)
– almofada 674-675
– corno 671
– prega **674-675**
– segmento 651-653, **653**, 656, **658**, 663, **665**, 668, 671, **672**, **674-675**
– – derme 661, 671
– – do casco 661, **664**
– – epiderme 661, 671
– – subcutânea 661, 671
– sulco **672**
Periórbita 610, **610**, 687
Periórquio 70
Periósteo 27, **29**, 30, **31-32**, 34, 46, 610, 652
Periósteo colar 34
Peripapilar
– corno 635
– epiderme 655
Peritendão **45**
Peritendíneo 44
Peritoneal
– cavidade 69, **70**, 319, 321, **756**
– líquido 71
– órgãos 69
– processo vaginal 714
Peritônio **70**, 161, 319, **319**, 322, 354, 371, 438
– aderências 71
– bolsa 322
– camada parietal/visceral 321
Peritonite 71
Perivascular
– ramos do gânglio cervicotorácico 583
– simpatectomia 678
Permanente
– corno, cápsula **656**
– dente 335
– dentição do equino 339, 341
– incisivos **343**, 346
– – erupção 344
Perna
– esqueleto 256
– nervos **578**
– nervos superficiais **579**
Persistente
– arco aórtico direito 704
– ducto arterial 483, 704
Pescoço 699
– células gástricas das glândulas 354
– cutâneos (a)
– – inervação **572**
– – músculos 138, **140-141**, 700
– – da costela 126, **126**
– – da escápula **174-175**
– – da fíbula 259
– – da vesícula urinária 429
– – do dente 335
– – do estribo 622, **625**

– do fêmur 253, **254-255**
– do martelo **621**, 622, **625**
– do rádio **178-179**
– do tálus 262
– do úmero 175, **176-177**, **190-191**
– estratigrafia 699
– estruturas ósseas palpáveis 737
– injeção intramuscular 736
– linfonodos 504
– músculos 149, **749**
– músculos curtos 159
– músculos longos 155, 157, 159
– músculos profundos **151**, 157, 160
– radiografia **116**, 118
– regiões **690-691**, **698-699**, 700
– – injeções 702
– – punção espinal 702
– superficial (is)
– – estruturas **701**
– – músculos 153
– tomografia computadorizada (TC) 795
– veias 493, **495**
Pessulo **759**
PET (tomografia por emissão de pósitrons) 802
Petrosa (o) 79
– crista **80**
– gânglio **550**, **557**, **558**
Pia-máter 539-540, **542**
Pigóstilo 748
Pila pró-óptica **775**
Pilar ruminal 361
Pilocarpina 603
Pilórico/a (s)
– antro 353, **356**
– canal 353, **357**
– esfíncter 354-355, **358**
– glândulas 354, **354-357**
– parte 353, **356-357**
Piloro 353, **357**
Piometra 463
Piramidal (is)
– células 61
– decussação 521
– lobos da medula renal 421
– sistema 535, **537**
Pirâmides 521, 535
Piriforme (s)
– fossa 78, 105
– lobo 78, **522**, **526**, 528
– músculo 283, 286, 730
– processo **330**
– recessos 347
Placa
– da cartilagem alar **398**, 402
– da cartilagem cricóidea 408
– de crescimento epifisária **29**, 34, **256**
– de Peyer 67, 372, **373**, **374-375**, 378
– do ísquio 248, **250-251**
– dorsal/plantar 777
– esfenoetmoidal 89
– perpendicular
– – do osso etmoide **77**, 82
– – do osso palatino 89, **97**

– quadrigeminal **515**, 523, **526**, **533**, 549
– tectal 523
Planas **27**
Plano
– nasal 399, 635, **635**
– nasolabial 399
– paramediano 26
– parietal 82
– rostral 399
– temporal 82
Plantar (es) 26, **27**
– artérias 657
– comum digital
– – artérias 675, **677**
– – nervos 667
– – veias **677**
– digital
– – artérias 497, 664-665, 675
– – nervos do membro pélvico 667
– lateral digital
– – artéria **493**
– – nervos **677**
– – veia **499**
– ligamento anular **203**, **677**
– – articulação do boleto **289**, **306**
– ligamento talocalcâneo **277**
– medial digital
– – artéria **494**
– – veia **499**
– metatarsal (is)
– – artéria **494**
– – veias **677**
– músculo quadrado 303
– nervos 576, 734
– ramo
– – do nervo digital lateral **580**
– – do nervo digital medial **581**
Plastinação 779, 790
Platisma 138, **140**, 700
Pleura 161, 315
– adesões 71
– cavidade 69, **316-317**, 751, **752**, 759
– costal 315
– cúpula 316
– diafragmática 315
– mediastinal 315
– parietal 315
– pericárdica 471
– pulmonar 315, 412
– visceral 315
Plexo
– braquial 562
– bucal 555, 687
– cardíaco 481
– corióideo 541
– – do quarto ventrículo **515**
– – do terceiro ventrículo **515**
– – do ventrículo lateral **538**
– entérico 64
– linfático 58
– lombar 568, 574, 772
– lombossacral 122, 568, 574, 772
– nervoso
– – mioentérico (plexo de Auerbach) 64, **370**, 372, **563**
– – submucoso (plexo de Meissner) 64, **370**, 372, **563**

– pampiniforme 438, **439**, **736**
– pélvico 470
– pudendo 772
– sacral 574
– solear 393, 584
Pluma (*pulveraceae*) 778
Pneumocitos 416
Podócitos 421
Pododerma 652
Podoteca 777
Podotroclear
– aparelho, anormalidades 207
– bolsa 205, **209**, **239**, **241**, 726
Polistomática (o)
– ducto sublingual **336**
– glândula salivar 335, **337**
Polpa coronal/radicular 336
Polpa do dente 336
– estreitamento 337
Ponta da asa (amputação) 749
Ponte **515**, 520, **520**, 521, **522**, **771**
Ponto
– de máxima intensidade dos sons do coração 482
– do jarrete 262
– lacrimal 614
Poplíteo (a)
– artéria 490, **491**, 493-494, 733
– face 253, **255**
– fossa **255**
– incisura 258, **259**
– linfo
– – centro 509
– – nodos 637, 657, 732, **737**
– músculo 294, **294**, **297**, **299**
– região 732, **732**, **734**
– veia 496, **499**
Poro acústico externo 80, 102
Porta hepática 757, **758**
Portal (is)
– circulação
– – da hipófise 53
– – do fígado 53
– linfonodos 372, **386**, 389
– sistema 496, **500**, **589**
– veia 53, 358, 373, **386**, 388, 391, **393**, 471, 493, 496, **498-500**
Pós-capilar (es)
– vasos 769
– vênulas 56
Pós-cardíaco (a)
– mediastino 317, **318**
– – conteúdo 318
– pleura 315
Pós-sináptica (o)
– membrana 65
– neurônio 65
Posterior (es)
– artérias ciliares 615
– câmara 598, **598-600**, 607, **609**, **774**
– epitélio da córnea 599, **601**
– membrana limitante 599
– polo do bulbo do olho 597, **597**
Postura dos ossos 749
Pré-cardíaco
– mediastino 316
– pleura 315

Preenchimento sanguíneo pelas vias tubulares 52
Pré-esfenoide **129**
– aberturas e estruturas que passam através de 94
– osso 78, **79**
Pré-estômago 360
Prega (s)
– ariepiglótica 330-331, **408**, **408**
– cecocólica 379
– ciliar 601
– circulares 460
– coprourodeal **757**
– do mesentério 70
– duodenocólica 374, **376-377**, 383
– genital 322, **326**
– ileocecal 375, **378-379**
– pele 633
– pterigomandibular **329**
– radiadas do corpo ciliar 601
– ruminorreticular 362, 365
– semilunar da conjuntiva 614
– sinovial 37
– uretérica 429
– uroproctodeal **757**
– veia cava 318, 496
– vocal 407, 409, 759
Pré-ganglionares
– axônios 586
– fibras parassimpáticas do nervo facial 554
– neurônios 538, 581
– neurônios motores 61
Prego **675**
Pré-mioblastos 44
Pré-molares **336**, 339-340, 343, **343**
– extração 691
Prenhez 718
Pré-osteoblastos 30
Pré-púbico
– ligamento **269**
– tendão 163, **166**
Prepucial
– anel **447**
– cavidade **447**
– divertículo **433**, **447**
– músculo 138, **140**, 447, **736**
– óstio 446, **447**
– prega **434**, **445**, **447**
– região **705**
Prepúcio do pênis **433-434**, **445**, 446, **447**
– anestesia 716
Presas 343
Pressão intraocular 775
Pressorreceptores 55
Primário/a (s)
– brônquio 760, **762**
– cavidade medular **31**
– células sensoriais 59
– cicatrização de fratura 31
– folículo 451, **454**
– lamela
– – da derme 674, **676**

– – da epiderme 671, **676**
– – do segmento parietal 671
– mesentérios 70
– ossificação 33
– – centros 32
– rêmiges 778, **778**
– urina 419, 421
Primeiro
– neurônio da retina 604
– osso metacarpal 184
– osso tarsal 261
Primordial (is)
– células germinativas 449
– esqueleto 32
– – cartilagem hialina 33
– – folículos 451, **453-454**
Primórdio gonadal 449
Principais células das glândulas gástricas 354
Processo (s)
– acessório da vértebra lombar 110
– alveolar 88
– ancôneo 181
– – não união 206
– angular da mandíbula 91
– articular 109, 112
– caudado 385
– ciliar 601
– condilar da mandíbula 92
– coracoide 171
– corniculado **330**, **406-407**, **409-410**
– cornual 81, 679-680
– coronoide 92
– – da mandíbula **88**, 92, 104, **105**
– – da ulna 181
– – fragmentação 206
– costal da vértebra 120
– cuneiforme 407, **407**
– espinhoso 109-111, 113-114
– estiloide
– – osso temporal 80, 92, 102
– – ulnar 79, 181
– de imagem 779
– – escalas de cinza 790
– – valores codificados por cores 790
– frontal do osso zigomático 81
– hamato 171, **175**, **783**
– hemal 125
– lingual 92, 104
– mamiloarticular 114, 120, **120**, **122**
– mastóideo 80, 92
– nasal 88
– nucal 80, 92
– occipital 79
– palatino 88
– palmar lateral/medial 189
– papilar 385
– retroarticular 79, 102
– retrotimpânico 79
– rostral do osso nasal 84
– supra-hamato 171, **174**
– tentório 75, 82
– transverso 109-111, 114
– uncinado 748
– vaginal 164, 319, 378, 437-438, 468

– vértebra 109
– vértebra mamilar 109, 114
– vértebra mamiloarticular 114
– xifoide 128
– zigomático 79, 81, 85
Proctodeu 757, **757**, **765**
Profundo/a (s) 26
– arco palmar **677**, 726
– artéria
– – da língua, palpação do pulso 690
– – do pênis 448
– – superior do braço 723
– artéria braquial 485, **487**
– camada de tecido conjuntivo 634
– cervical (is)
– – artéria 483, 485, **489**, **491**, **706-707**
– – fáscia 700
– – linfocentro 505, **505**, **507**
– – linfonodos 411, 504, **507**
– – veia **495**, **706-707**
– circunflexa
– – artéria ilíaca 490, **493**, 731, **738-739**
– – veia ilíaca **499**
– dos dedos
– – músculo flexor **194**, **214-215**, **228**, 233, 242, **297**, **300**, 302, 308, **311**, 724
– – tendão flexor **202-203**, 233, 236, **289**, **301**, 302
– facial
– – músculos 139
– – seio venoso **693**
– – veia **495**
– fáscia
– – da cabeça 137, 685
– – da cauda 137-138
– – do abdome 437
– – do membro torácico 211
– – do pescoço 137, 211
– – do tronco 137, **168**, 211
– fáscia coccígea **169**
– femoral
– – artéria 490, **491**, **493-494**, **736**, **739**
– – veia **499**, **736**
– inguinal (is)
– – anel 165, **166**, 437, 714
– – linfonodos **509**, **739**
– ligamento interdigital 200
– linfonodo cervical cranial 700
– linfonodo poplíteo 666, 677, 732
– linfonodos da cabeça **505**
– músculo cervicoauricular 144, **146**
– músculo esfíncter do pescoço 138, **140**
– músculo glúteo 283, 286, 730
– músculo peitoral **140**, **215**, 216, **216-217**, 220
– músculo peitoral superficial **217**
– músculos auriculares 144
– nervo fibular 576, **577-580**, 667, 678, 733-735, **739**
– receptores sensitivos 59
– temporal
– – artéria **488**
– – nervos 552, **554-555**
– veia jugular 494

Progesterona 452, 596, 646, 718
– corpo lúteo 452
Prognatismo da mandíbula 95
Projeção (ões)
– fibras 529
– neurônios 61
Prolactina 588, 646
Prolapso do disco intervertebral **132**
Promontório 122, **124**
– da cavidade timpânica 622, **624**
– osso sacro **250**
– tímpano 622
Pronação 177
Próprio/a (s)
– cavidade oral **328-329**
– glândulas gástricas 354, **354**, **356-357**
– ligamento
– – do ovário 459, **462**, 468-469
– – do testículo 435, **437**, **439**, 469
– – do útero **458**
– linfonodo axilar 505
– núcleo do corno dorsal **518**
Proprioceptiva (o)
– estímulo 59
– informação 522, 533
– sensibilidade 59
Prosencéfalo 61, 520, 524
Prostaglandina F2$_\alpha$ (PGF$_{2\alpha}$) 453, 470
Próstata **433-434**, 439, 441, 444
Prostática/o (s)
– ductos **430**, 439
– parte da uretra 430
Proteína morfogenética do osso 32
Protuberância occipital
– externa 75, 95, 101
– interna 75
Proventrículo 360, 754
Proximal (is) 26
– articulação intertarsal 277
– – locais de injeção 279
– articulação radioulnar 193, **194**
– articulação tibiofibular 274
– articulações interfalângicas **173**, **198-200**, **201**, 203, **205**, **670**
– – ligamentos 199, **202**
– bainha sinovial carpal 238
– bolsa infrapatelar **270**
– cabeça da fíbula 259
– concha 620
– epífise 28, **29**
– extremidade
– – da fíbula **261**
– – da tíbia **257**, 258, **259**, **261**
– – da ulna 181
– – do fêmur 252
– – do rádio 178
– – do úmero 175
– falange **173**, **181-183**, 184, 186, **187**, **201-202**, **204-205**, **266**
– – fraturas 207
– fixação patelar 735
– gânglio do nervo vago 558, **558**
– ligamento acessório **311**
– ligamento anular 201, **202-204**
– ligamento anular digital 236-237, **306**, **677**, 726

– ligamento interdigital 200, **203-204**
– ligamento tarsal 279
– ligamentos do osso sesamoide proximal 202
– margem do osso sesamoide 189
– membro pélvico, músculos **772**
– metáfise 34
– músculos interflexores do antebraço 242
– ramo
– – do nervo dorsal da falange **571**
– – do nervo musculocutâneo **569**
– sesamoide (s)
– – ligamentos **42**, 198-200
– – ossos **187**, 199, **201**, **205**, **208**
– – túbulo contorcido 422, **424**
– umbigo da pena 777, **778**
– veia colateral **479**
Pseudounipolar (es)
– neurônios 60, 562
– neurônios sensoriais 558
Pterigoide (s)
– crista 102
– fossa 91
– hâmulo 90, 103, **626**
– linfonodo 505
– músculos 145, 347
– osso **74-75**, 90
– processo 79, **105**, **107**
Pterigopalatino (a)
– face da maxila 88
– fossa **79**, 87-88, 97, 103, 551
– gânglio 551, **553**, **556**, **585**, 586
– nervo 552, **555**, 560
Púbis 122, 243, **247-248**, **250-251**, **748**
– osso 749
– parte da sínfise pélvica 243
– região **705**, 714, **733**
– sínfise 243, **248**, **250-251**
– sulco 243
– tubérculo 243
Pudenda (o)
– artéria 764
– nervo 430, 448, **573-574**, 575, **577**, 645, 731, **737-738**
– plexo 772
– ramo da artéria ovariana 470
– vasos linfáticos 769, **770**
Pudendoepigástrica (o)
– tronco arterial **470**, 490, **493-494**, **717**, **739**
– veia **499**
Pulmão **397**, 412, **752**, 759, **761-762**
– cortes histológicos **418**
– face 412
– inervação 417
– interstício 412, **418**
– linfáticos 417
– parênquima 412, **418**
– projeção das margens sobre a superfície corporal 745
– vascularização 416
Pulmonar (es)
– alvéolos 413
– artérias 416, 471, **482**, 483

– circulação 52, 471, 477
– – artérias 483
– ligamento 317
– linfonodos **414**, 417, 506
– lobos 414, 416
– pleura 315, 316
– plexo 417
– tronco 52, 471, **472**, 474, **479-480**, **482**, 483, **484-485**, **559**, **707**
– valva 475, **478**, 483
– – sons cardíacos 482
– veias 416, **479**, **482**, 483, 485
Pulvino/a (s) 652
– cervical 460, 461, **465**
– coroa 661, 671
– dental 344
– digital 777
– limbo 661
– metatarsal 777
Pupila **599**, **601**, **603-604**
Purkinje
– células 60-61
– fibras 480, **480-481**
Putame 529, **532**

Q

Quadrado
– lobo 385, **385-386**, **388-389**, **392-393**
– músculo da coxa 293, **295**, **298**, 730
– músculo lombar 280-281, 283
– músculo pronador 223
– osso 748
Quarto ventrículo 520, **521**, 523, **527**, 541, **543**, **771**
Quartos do casco 670, **670**, 671, **672**
Queratinização 635, 654
Queratinizada
– células 654
– papila da glande do pênis 445
Queratinócitos 635
Quiasma óptico 78, 104, 771
Quiasmático
– sulco 100
– *sulcus* 78
Quilo 57
Quilo, cisterna 58, 319, 507, **507**, **508-509**
Quimiorreceptores 59, 538

R

Radiação 62
– óptica 617
Radial
– artéria 485, **487**
– cabeça 178
– – do músculo flexor profundo do carpo **227**
– – músculo flexor profundo dos dedos 233
– colateral
– – artéria 724
– – ligamento 193

– faceta articular 178, **178-179**
– fossa **176-177**, **180**, **193**
– incisura da ulna **178**, 181
– ligamento *check* 233
– músculo extensor do carpo **194**, **214-215**, **217-219**, 223, 225, **226**, **228**, **230-231**, **566-567**, 724, 749
– músculo flexor do carpo 224-225, **231**, **566**, 724
– nervo 563, 565, **565**, **569**, 657, 659, 723, **725**, **728-729**
– – inervação cutânea **572**
– – paralisia 565
– osso carpal **181**, 182, **185**, **198**, 749
– processo estiloide 179
– tróclea 178-179, **179**, **185**
– tubérculo **178**
– tuberosidade 178-179
– veia **677**
Rádio **38-40**, **172**, 175, 177-178, **178-179**, **192**, **748**
Radiofarmacêutica 802
Radiografia 790
– substâncias de contraste 791
Radiopacidade (radiodensidade) 790
Radioulnar
– articulação **173**, 193
– – músculos 223
– ligamento 194, **196**
Rafe do escroto 437
Raios X 792
Raiz (es)
– bainha do pelo **638**
– canal do dente 336
– da língua 329, **331**, **754**
– dente 335
– dorsal 517
– língua 329
– mesentério 321, 375
– pelo **638**
– pênis 443
– pulmonar 412
Ramo (s)
– alveolar do nervo infraorbital 552
– caudal do osso púbis 243
– circunflexo da artéria atrioventricular esquerda 477
– cranial do osso púbis 243
– cutâneo do antebraço 565
– da bigorna 622
– do estribo 622
– das artérias lombares espinais 488
– forte do ligamento suspensor 200
– íleo mesentérico/antimesentérico 373
– interganglionares **583**
– mandíbula 90-91, 91, **92**, 99, **105**
– massetérico da artéria carótida externa 487
– meníngeo
– – do nervo espinal **563**
– – do nervo mandibular 552
– – do nervo maxilar 551
– – do nervo vago 558– osso ísquio 247
– paraconal interventricular 477, **479**
– protração 309
– ruminais direito e esquerdo 370
– subendocardíaca 480, **481**
– toro digital 665
Rampa
– timpânica 628, **628**, 630, **630-631**, 776, **776**
– vestibular 628, **628**, 630, **630-631**, 776, **776**
Ranfoteca 777
Ranilha 670-671, **672**, 673, **673**, 674
– corno 679
– derme/epiderme 674
Rânula 334, 690
Ráquis (*Rhachis*) 777, **778**
Receptáculo do ducto deferente 765
Receptor (es)
– adrenérgicos 65
– células 58, 63
– – do órgão de Corti 630
– de sensibilidade profunda 59
– órgão 519
– potencial 59
Recesso
– antevestibular **775**
– articulação metacarpofalângica dorsal 198, 200
– articulação metacarpofalângica palmar 198, 200
– costodiafragmático 315, 316, **322**, **397**
– da bolsa omental 71
– da pelve renal **427**
– do bulbo olfatório **543**
– do teto do quarto ventrículo **543**
– esplênico (lienal) 359
– maxilar 101, 399, 404
– mediano da laringe 408
– mediastinal 315, 318
– mediastino 416
– omental caudal/dorsal 71, 359
– pelve 421
– ruminal 361
– sublingual 331
– supraomental 368, 369, **369**
– suprapineal **515**, **533**
– terminal 425
Reconstrução digital tridimensional 779
Rede
– admirável 22, 53, 486
– arterial 53
– capilar linfática 58
– – profunda da pele 637
– – subcutânea 637
– dorsal do carpo 485
– testicular 435
– venosa 764
Redondo
– forame 100, 102, 105, 549, 551
– ligamento
– – do fígado **385-386**, 389, 391
– – do útero 166, 319, 468-469

– maior
– – músculo 220-221, *221*, **224**, 722, *782*
– – tuberosidade 175
– menor
– – músculo 175, 219, 221, **224**, 722
– músculo pronador 223, **225**, **231**
Reflexo
– adquiridos 63
– arco 63
– – da medula espinal 519
– de retirada 519
– inato 63
– miotático 519
– polissináptico 63
– pupilar à luz consensual 773
Reformação multiplanar (MPR) 792
Região (ões)
– anestesia 539
– coanal 97
– coronal **723**, 732
– da cabeça 685, 687
– da tuberosidade coxal **732**
– do corpo sem penas 777
– do cotovelo **723**, 724
– hipocôndrica **705**, 708
– linfonodo 58
– mentual 685, **686-687**, **691**, **699**
– olfatória 758
– pré-escapular 701
– pré-esternal **699**, 704
– respiratória 758
– subanal 438
– sub-hioide **691**, **699**
– tricipital **723**
– umbilical 71
Regurgitação 352
Relógio biológico 589
Rêmiges 778, **778**
– corte 749
Renal (is)
– artéria **325**, **393**, **423**, **423**, 426, **427**, 490, **493**, 719
– cálices **428**
– cápsula **420**, 424
– corpúsculo 422, 424, **424**
– córtex **420**, 421, **422**, **426-427**
– – cortes histológicos **426**
– crista **420**, 421, **428-429**
– hilo **420**, **423**
– impressão 385, **386**
– linfonodos 424, 507, **509**
– lobo **422**
– lóbulos 764
– medula **420**, 421, **422**, **424**, 426
– papila **422**, **425-426**
– pelve **420**, 421, 425, **426**, 427, **427-429**
– – cavidade central/recessos 425
– plexo 425
– portal
– – sistema 763, **764**, 769
– – válvula **764**
– seio 421, 425, **426**
– túbulos 421
– – plexo capilar 423
– veia **393**, 423, **423**

Renina 419
Reposição do osso 33
RES (sistema reticuloendotelial) 57, 501
Resiliente subcutâneo 652
Respiratório
– bronquíolo 413
– mucosa 397, 411, **412**, 413
– músculos 159
– passagem 397
– região 758
– sistema 26, 397, **397**, 758, **762**
Ressonância magnética (RM) 795
– anestesia geral 802
– áreas de aplicação **799**
– fatores-chave **802**
– gadolínio 799
– imagens ponderadas em densidade de prótons (DP) 795
– imagens ponderadas em T1/T2 795
– materiais de contraste 799
– patologia dos tecidos moles 795
– sequências de pulso variadas 795
Retal
– ampola 383
– exame 717
– – do ciclo estral 453
– – indicação ginecológica 718
– mesentério 323
– palpação do rúmen 365
Reticular (es)
– camada 635, **638**, 652, 674, **676**
– formação **518**, 521, 523, **526**, 528, 537, 617
– linfonodos 370
– mucosa 365
– rede do baço **513**
– sulco **363**, 367
Reticulite 365, 637
Retículo 361-363, 365, **365**, 368, **378**, **720**
– células 365, **365**
– corpos estranhos 365
– e coração, relação **367**
– projeção na parede corporal lateral 743
Retina **599**, 603, **605-606**, 697, 773, **774**
– arteríolas 697
– camada neural 604
– camada pigmentosa 604
– neurônios 604
– nutrição 606
– parte não visual 601, 603
– vasos sanguíneos 688
Retináculo (s)
– extensor/flexor da mão 196
– patela 269
Retinal
– artérias 606, 688
– vênulas 606
Reto **327**, **376**, 383, **720-721**, 755, 756, **757**
– artérias do rim 425
– bainha 164-165, **165**, **168**
– ligamento sesamoide 203-204, **206**, **208**

– músculo
– – da coxa 291, 293, **294-295**
– – do abdome **69**, **156**, 163, **164**, 165, **166**, 167, **168**
– – do tórax **154**, **156**, 160-161
– músculo femoral **306**
– túbulos coletores 422
– túbulos seminíferos 435
– veias do rim 424
Retrizes 778
Retroarticular
– forame **77**, 79, 94, 102
– processo **77**, 79, **89**, 95, 102, **105**, 128, 345
Retroauricular
– forame **80**, **82**
– processo **83**
Retrofaríngico (s)
– linfocentro 504
– linfonodos **337**, **505**, 623, 695, **695-696**, 700
– – abscesso 692
– – aumentado 702
Retroperitoneal
– espaço 69, 71
– músculos **325**
Retropleural 71
Retrosseroso 71
Retrotimpânico, processo 79
Rim **392-393**, 398, 419, **420**, **423**, **432**, **720-721**, **752**, 763, **763**
– cortes histológicos **426**
– estrutura **424**
– forma **419**, 421, **423**
– funções endócrinas 419
– imagem de ressonância magnética **798**
– inervação 424
– localização 419
– projeção na parede corporal lateral 740, 742-744
– tipo multilobar 421, **422**
– tipo multipiramidal 421
– tipo unilobar 421
– ultrassonografia **791**
– unidade funcional 421, **424**
– vascularização 422, **425**, 764
Rima da glote 408
Rinencéfalo 525, 549
Rombencéfalo 61, 520, 541
Romboide
– fossa 523, **527**, **532**, **544**
– músculo **154-155**, 216, 220, **497**, 722
– seio 772
Roncador 408, 410
Roncando **559**, 692
Rostral 26, **27**
– artéria cerebral 545, **545-546**
– artéria comum **545**
– artéria corióidea **547**
– artéria hipofisária **589**
– artéria meníngea 487
– artéria temporal profunda 94, 487
– auricular (es)
– – artéria **488**, **688**
– – músculos 144
– – nervo **555**, **688**, **692**
– – ramo do nervo facial **557**

– – ramo do nervo intermediofacial 553, 556
– – veia **688**
– cerebelar (es)
– – artéria 545, **545-547**
– – pedúnculos 522, **526**
– colículo 523, **532**, 534, **536**, **544**, 549
– comissura **526-527**
– cranial
– – cavidade 520
– – fossa **77**, **101**, **106**
– disco 328
– forame alar 77, 79, 94, 97, 102, **105**
– forame pneumático **775**
– ligamento do martelo 622
– linfonodo hióideo **505**
– músculos constritores 348
– parte
– – do músculo digástrico 147, **149-150**, 347
– – do músculo milo-hióideo **150**
– placa 399
– plano transverso do encéfalo 699
– processo
– – da cartilagem tireoide **406**
– – do osso nasal 84, **90**
– processo lacrimal **107**
– seio maxilar **107**, 108, 686
– substância perfurada 528
– veia cerebral dorsal **547**
– véu medular 521-522, **533**
Rostro 399, 753
– esfenoidal 78
Ruga palatina 328
Rúmen 361, **361**, **363**, 365
– mucosa aglandular 363
– palpação retal 365
– projeção na parede corporal lateral 743
Rumenotomia 715
Ruminal (is)
– artérias 369
– átrio **362-363**
– – projeção na parede corporal lateral 743
– ilha 362, **362-363**
– linfonodos 370
– papila 363, **364**
– pilares 362, **363**
– recesso 361-362, **363**
– saco **368-369**
Ruminantes
– ápice da batida do coração 746
– articulações falângicas 200
– basi-hioide 92
– casco 659
– ceco 380
– célula etmoide 93, 404
– colo 383
– corno 679
– cúpula do diafragma, projeção da superfície corporal 745
– dureza absoluta 746
– esqueleto dos dedos 184
– estômago 360, **361**
– – vascularização 369
– fórmula dentária 339

– músculo extensor comum dos dedos 228
– músculo extensor lateral dos dedos 229
– músculo flexor superficial dos dedos 232
– osso carpo 182
– osso metacarpo 183
– seio conchal dorsal/ventral 93, 404
– seio lacrimal 404
– seio maxilar 93
– tipo de pênis fibroelástico 445
– tiro-hioide 92
– útero 460
– vascularização arterial do cérebro 546
Ruminorreticular
– compartimento 361, 367
– prega 361-362, **363**, 365
– sulco **362**

S

Saco (s) 534, 629
– abdominal 760
– alveolares 413
– cego 353
– – caudodorsal/caudoventral 361
– clavicular **752**, 760, **762**
– cranial 361
– cutâneo marginal 620
– lacrimal 614
– pneumático 760
– torácicos craniais/caudais 760
– utriculossacular **628**
Sacral (is)
– asas 122
– canal 73
– espinal
– – nervo 575
– – raízes 516
– linfonodos 448, **507**, 508, **509**
– nervos 574
– nervos esplâncnicos 575, **583**
– parte
– – da medula espinal 515, **516**
– – do tronco simpático 584, **584**
– plexo 574-575, 731
– região 732, **733**
– tuberosidade 243, **247**, **249-251**, 730
– – assimetria 266
– vértebra 117, 122, **122**
Sacro **38-40**, **121**, 122, **122-124**, **246-250**
Sacroilíaca/o (s)
– articulação **123**, 243, **246**, **248**, **250**, 265, 718, 735
– – luxação 266
– ligamentos 125, 265
Sáculo **628**, 629, 776
Safena
– artéria 490, **494**, **579**, **736**, **738-739**
– nervo 297, 571, **573**, 575, **577**, **579**, 657, 732-733, **736**, **738-739**
– veia 732, **736-738**

Sagital
– laparotomia 715
– plano 26, **27**
– seio 546, **547**
– septo do seio frontal **79**
– sulco 187
Saliva 333
Salpinge, *ver* Tuba uterina
Sangue desoxigenado 471, 474, 483
Sangue oxigenado 471, 475, 483
Sarcolema **45**
Sarcoplasma 44
Sebo 641
Secodonte 336, 343
– dentição 340
Secreção exócrina 67
Secundário
– brônquio 760, **762**
– cavidade medular **31**, 34
– células sensoriais 59
– cura da fratura 31
– dentina **337-338**
– folículo 451, **454**
– glândula hipófise 588
– lamela
– – da derme 674, **676**
– – da epiderme 671, **676**
– membrana timpânica **628**, **775**, 776
– rêmiges 778, **778**
– urina 419
Segmentar (es)
– artérias 541
– brônquio 413
Segmento ampuliforme do ducto deferente 765
Segmento broncopulmonar 413
Segmento do abomaso **361**
Segundo
– neurônio da retina 604
– osso carpal **185**
– osso metacarpal **185**
– osso tarsal 261
Seio (s)
– anais 384
– aorta 476
– cavernoso 486
– clitóris 465
– concha 108
– – caudal 108
– – dorsal 93, 108, 404
– – rostral 108
– – ventral 93, 404
– conchofrontal 108, **403**, 405, 691
– coronário 474
– cutâneo 634
– da veia cava 474
– do baço **513**
– esfenoidal 78, 93, 404
– esfenopalatino 108
– frontal 93, 101, 108, 404
– infraorbital 634, 758
– inguinal 634
– interdigital 634
– lacrimal 93, 404
– lactífero 643
– linfáticos iniciais 637
– marginais 501

– matriz dura 56, 540
– maxilar 87, 93, 404
– – caudal 108, 404
– – rostral 87, 108, 404
– oblíquo pericárdio 472
– palatino 87-89, 93, 404
– paranal 384, **384**
– paranasais 87, 93, 108, **403**, 404, 691, 758
– – disseminação de infecções 108
– – trepanação 691
– pelo **638**
– romboide 772
– subcapsular do linfonodo 501, **502**
– transverso pericárdio 472
– veia cava 474
– venoso 56
– venoso dural 546
Sela túrcica 78
Selenolofodonte 339-340
Semicanal (is)
– músculo tensor do véu palatino 80
– tuba auditiva 80
Semicircular
– canal 80, **619**, **624**, **628**, 629
– ducto 534, **628**, 629, **629**
Semilunar (es)
– cartilagem **620**
– cúspides 475
– linha **187**, 189
– prega da conjuntiva **613**, 614
– válvula **478**
Seminal
– colículo 441
– elevação 430, 436
Semiplumas (*semiplumae*) 778
Semitendíneo músculo **282**, 288, **288-290**, 292, **294-296**, 304
Sensibilidade exteroceptora 59
Sensoriais
– área do neopálio **535**
– células 58-59, 63
– déficit 519
– gânglio 63
– nervo
– – fibras 637
– – terminações 44
– – neurônios 61, 63
– – órgão 59
– raízes dorsais do gânglio espinal 63
– receptores 59, 67
Septo (s)
– cúspide
– – da válvula bicúspide **478**
– – da válvula tricúspide **478**
– do seio axilar **403**
– do seio frontal **77**, **100**
– escroto 437
– horizontal 759
– interalveolar da maxila 88
– interatrial 474
– intermuscular 50
– mediano dorsal 517
– nasal 84
– pelúcido 529, **539**
– processo do osso nasal **90**

– seio maxilar 108
– sulco 90
– testículo 433
– transverso 68
– válvula semilunar **478**
Serosa/o (s) 70
– cavidade mediastinal 317
– cavidades 69
– do intestino 372
– fluidos 69
– glândulas 67
– intermédia 70
– membranas 69, **70**
– parietal 69
– pericárdio **317**, 472
– visceral 371
Serotonina 64
Sesamoidite 678
Sexadores 765
SFM (sistema fagocítico mononuclear) 57, 501, 637
Simpático (s) 63-64
– gânglio **583**, 584
– – da medula suprarrenal 596
– gânglio da cadeia 63-64
– nervos **583**, 585
– neurônios 517
– núcleo 63
– sistema 63, 538, 581
– tronco **559**, 582, **583-584**, 700, **706-707**
– – parte abdominal 583
– – parte cefálica 582
– – parte coccígea 584, **584**
– – parte cranial 582
– – parte sacral 584, **584**
– – parte torácica 583
Simples
– articulações 40
Sinal de gaveta, ruptura do ligamento cruzado 274
Sinapse interneuronal 65
Sinapse neuromuscular 65
Sinapses 44, 65, 519
Sinapses inibitórias 65
Sinapses neuroglandulares 65
Sinapses neurossensoriais 65
Sináptica
– corpúsculo bulboso 65
– excitação 65
– *gap* 65
Sinartrose 37
Sincondrose 37, 132
– do crânio 128
– esfenoccipital 128
– esfenopetrosa 128
– esternal 128, 130, 136
– interesfenoidal 128
– intermandibular 90
– petroccipital 128
Sincondrose xifoesternal 127, 136
Sindesmose 37
Síndrome de Horner 583
Síndrome de Wobbler 702
Sinérgicos 47
Sínfise 37
– intervertebral 130, 132
– isquiática 243
– pélvica 243, 265

– púbica 243
– ramo do ílio 243
– tendão **166**, **290**
Sinostose 37
Sinóvia/Sinovial (s) 37
– articulação 37, **43**
– bainhas 51
– – dos dedos do antebraço 236, **236-237**, 238, **238**, **240**
– bolsa **47**, 50
– – do músculo infraespinal 218
– – do tendão do músculo extensor dos dedos 233
– – região dorsal do pescoço 701
– cavidade **47**
– líquido 37, 51
– – corpos articulares livres 37
– – volume aumentado 41
– membrana 37, 51
– – inflamação 51
– pregas 37
– sulcos 37
– vilosidades **31**, **42**
Sinoviócitos tipo A/Sinoviócitos tipo B 37
Sinsacro 748
Sinsarcose 171, 190
Sinusite 404-405, 686
Siringe 747, 759, **759-760**
Sistema
– circulatório 26, **51**, 52, 397, 471, 769
– coletor de baixa pressão 52
– condutor do coração 480, **480-481**
– de dispersão de alta pressão 52
– digestório 751
– idiotrópico 537, 548, 580
– extralemniscal 533, 538
– fagocitário mononuclear (SFM) 57, 501, 637
– imune específico 57
– linfático 57
– muscular 43
– nervoso 26, 58-59, 515
– – barreiras 65
– – central 58, 61, 515
– – funções motoras 59
– – funções sensoriais 59
– – idiotrópico 537, 548, 580
– – periférico 58, 515, 548
– – unidade funcional simples 58
– reticuloendotelial (SRE) 57, 501
– urinário 419, 763
– voluntário 63
Sístole 52, 55, 475, 481
Solar
– canal da falange distal **188**, 189
– face da falange distal **187-188**, 189
– forame **187**
– margem da falange distal **187-188**, 189
– plexo 393, 424, 584
Sóleo/sola 651, 657, 670, **672-673**
– anastomoses 665
– corno **659**, 670, 673, **674-675**, 679, **680**
– corpo **672-673**

– derme 663
– dos cascos anteriores e posteriores 670
– epiderme 663, 673
– margem do casco **670**
– papila **674-675**
– pilar 670, **672-673**
– segmento 651, 671
– – da garra 652, **653**, 656-657, **658**
– – da unha 652, **653**
– – do casco 652, **653**, 663, **664**, 673, **674-675**
Soma 60
Somática
– sistema nervoso 58, 63
– via motora 535
Somatomotores 59
Somatostatina 65
SPECT (tomografia computadorizada por emissão de fóton único) 802
STH (hormônio somatotrófico) 36
Subclávia (o)
– artéria **479**, 483, **483-484**, 489, **491**, 541, **559**
– músculo 215, 216, **216-217**, 220, **221**
– veia 493, **495**, 496
Subcutâneo/a (s)
– bolsa 50
– bolsa calcânea **301**
– camada 633
– injeções, região cervical 702
– plexo linfático 637
– veia abdominal 649, **649-650**, 705
Subcútis 633, **638**
– acúmulo de gordura 633
– da falange distal 652
– do segmento perióplico 671
– nervos 637
– vascularização 637
Subescapular (es)
– artéria 485, **487**, 722
– fossa 171, **175**
– músculo 220-221, **221**, 224, **782**
– nervos 563, **564**, 566, **725**, **728-729**
– veia 722
Sublingual (is)
– artéria 486, **488**
– assoalho 331
– – tecido linforreticular 333
– carúncula 331, 334-335, 690
– ducto 335
– glândula salivar 335, **336**
– recessos 331, 689
– veia **495**
Submucosa 352
– do esôfago 352, **352**
– do estômago 354
– do intestino 370, 371-372
– do jejuno **371**
Substância
– alba 61-62, 516
– cinzenta 61, 516
– compacta 28-29, **33**
– cortical 28

– de Nissl **60**
– esponjosa 29
– – desenvolvimento 34
– lamelosa 29
– negra 61, 523, 533
– própria da córnea 599
– rostral perfurada 528
– trabeculosa 29
– tubulosa 29
Substância P 65
Subtálamo 524, 538
Subtendínea
– bolsa 50
– bolsa calcânea **280**, 301, **303**
Suíno
– baço 513
– cartilagem traqueal 411
– casco 659, 669, **669**
– cavidade pélvica 251
– ceco 380
– células etmoides 93, 404
– colo 383
– cúpula do diafragma, projeção sobre a superfície corporal 745
– dentição 343, **345**
– divertículo ventricular 353
– ducto pancreático 393
– esqueleto **39**
– estômago 355, **357**
– exame dos órgãos genitais 722
– fórmula dentária 339
– glândula mamária 648
– glândula paratireoide 593
– glândula tireoide **591**, **593**
– ligamento epi-hioide 93
– ligamento patelar 270
– lobos pulmonares 417
– locais de injeção
– – da articulação do carpo 198
– – da articulação do cotovelo 193, 274
– – da articulação do ombro 191
– – do jarrete 279
– membro torácico, musculatura extrínseca e intrínseca **214**
– músculo esternoccipital 212
– músculo extensor comum dos dedos 228
– músculo extensor lateral dos dedos 229
– músculo flexor superficial dos dedos 232
– músculos superficiais **49**
– órgãos abdominais **710-711**
– ossos do carpo 182
– ossos metacárpicos 183
– patela **258**
– pênis do tipo fibroelástico 445
– projeção dos órgãos sobre a parede corporal lateral 740, 742-743
– seio conchal dorsal/ventral 93, **404**
– seio lacrimal 404
– seio maxilar 93
– úmero **176**
– útero 460
– vértebra 117

Sulco (s)
– cerebral 525, 528
– coronário 473
– costal 759
– cunha central 671
– cútis 634, **635**
– do corpo caloso 529
– dorsal do pênis 443
– esclera 599
– extensor 258
– intermamário 642
– interno (*fossa intratorácica*) 671, **673**
– intertubercular 175
– interventricular esquerdo ou paraconal 473
– jugular 494, 700
– ligamento acessório do osso femoral 243
– limbo 671
– limitante 523
– mediano
– – dorsal 515, 517
– – língua 329
– – músculo
– – – braquial 175
– – – tríceps 703
– musculoespiral 175, **176-177**
– omaso 366
– paracuneal lateral/medial 671, **672**
– parietal lateral/medial 189
– peitoral lateral/mediano 703
– pré-silviano 530
– quiasma 78
– seio
– – sagital dorsal 82, 99
– – transverso 75
– septal 90
– unguicular 184
– ventral do pênis 443
– ventrículo 367
Superficial (is) 26
– arco palmar 726
– artéria braquial **728**
– articulações do músculo flexor dos dedos **214**, **772**
– cervical (is)
– – alça 701
– – artéria 485, **485**, **489**
– – fáscia 700
– – linfocentro 504
– – linfonodos **507**, 657, 666
– – músculos **218-219**
– – cranial
– – – artéria antebraquial **728**
– – – veia epigástrica **649**, 705
– – digital flexor
– – – músculo **214-215**, **227-228**, 229, **231**, **294**, **296**, **300**, 301, **304**, 308, **311**
– – – tendão **202-203**, **206**, **301-303**, **305-306**
– epigástrica caudal
– – artéria **470**, **736**
– – veia **649-650**, 705, **736**
– epitélio 635
– fáscia 50
– – da cabeça 137, 685

– – do abdome 437
– – do pescoço 137
– – do tronco 137, **155**
– fáscia coccígea **169**
– glândula da terceira pálpebra 614
– inguinal (is)
– – anel 164, **164**, 165-166, **166**, **437**, 714, 732, **736**
– – linfonodos 448, **507**, 509, **509**, 637, 644, 714, 716, **736**
– ligamento do martelo 622
– ligamento interdigital 200
– linfonodo poplíteo **507**, 732
– linfonodos escrotais 448
– músculo cervicoauricular 144, **146**
– músculo esfíncter do pescoço 138, **140**
– músculo glúteo 283, **285**, **288**, 730
– músculo peitoral **140**, 213, **215-219**, 220
– nervo fibular 576, **577-580**, 667, 733-734
– ramo do nervo radial **668**, **728**
– sulcos do músculo do tórax 703
– temporal
– – artéria 486-487, **488**, **688**, **690**, **693**, 700
– – nervo **555**
– – veia **495**, **688**, **690**
Superior 26
– dente carnassial, extração 690
– fórnice conjuntival **599**
– lábio 398
– – artéria 486, **488**
– – pelos táteis 639, 642
– – região **687**
– ligamento *check* 233
– mandíbula 83
– músculo incisivo 143
– neurônios motores 535
– pálpebra **598**, 612, **613**
– rotator para dentro **144**
– trato respiratório 397-398
Supinação 177
Supraclavicular (es)
– nervos 722
– – inervação cutânea **572**
– ramos dos nervos cervicais 562
Supracondilar
– forame **176**, 177, 486
– fossa 253, **254-255**
Supraescapular
– artéria 485, **487**
– fossa 175
– músculo 722
– nervo 563-564, **564**, **569**, 722, **728-729**
– – paralisia 564, 727
Supraespinal
– bolsa 134, **134**
– fossa 171, **173-174**
– ligamento **132**, 133, **133-135**, 267
– músculo **214**, **216**, 221, **221**, **226-227**, 722, **783**
Supramamário/a (s)
– músculos 139, 714
– região **734**

Supraorbital (is)
– artéria 487, **488**, 688
– canal 83
– forame 80, **82**, 94, 101, **107**
– margem 80, **82**, 85
– nervo **611**, 681
– pelos táteis 639
Suprapapilar
– corno 635
– epiderme 655
Suprarrenal (is)
– córtex **594**, 595
– glândulas **393**, 593, **594-595**, **764**, 772, **773**
– – ultrassonografia 791
– hilo **594**
– medula 594, **594**, 595
Surdez 698
Suspensório
– aparelho
– – das glândulas mamárias 642
– – do úbere 645
– – lamela do úbere 642, **645**
– ligamento 202, **202**, 203, **204**, **206-207**, 239, **306**
– – do ovário **449-450**, 459, 468, **468**, 469
– – do pênis 137
– – do testículo **468**, 469
– – ramo de suporte **202**
– – ramo do músculo interósseo médio **206**
Sustentação aparelho 240, 310, **311**
Sustentáculo, do tálus 262, **263-264**, **276**
Sutura (s) 37, 73
– crânio 128
– escamosa 37
– foliácea 37
– interfrontal 81
– palatina mediana 88
– plana 37
– serrátil 37
Sutura
Sweeney 564, 730

T

Tábula do osso ísquio 247
Tálamo 524, **526**, **532**, **535**, **538**
– núcleo 549
Tálus 261-262, **263-264**
Tapete
– celular 600
– fibroso 600
– lúcido 600, **605**, 606, **616**, 697
Tarsais-ossos **38-40**, 259, 261, **263-265**, 751
– articulação **265**, 276, **278**, **280**
– coxins 650
– glândulas 613, **613**, 641, 687
– região 732-733, **733**
– tendão, do músculo bíceps da coxa 287, **301**, 304
Tarso 261, **262-264**, 276
– bainha do tendão 298
– bolsa sinovial 298, **303**
– esqueleto **262**, 264

– extensores 300
– flexores 298, 300
– fraturas 279
– ligamentos 276-277
– músculos 282
– osteoartrite 279
Tarsometatarso **748**, 751
Taxa do marcapasso (croniotropia) do coração 481
Tecido conjuntivo
– articulações 37
– camada do epitélio 67
– da víscera 68
– espinocelular **453**
– estrutura tegumentar 634
– frouxo 28
– intersticial 25, 68
– ponte 237
– precursor do osso 28
Tecido linfático associado à mucosa (MALT) 57, 67
Tecido linfático associado ao brônquio (BALT) 57
Tecido linfático associado ao intestino (GALT) 57
Tecido linforreticular **502**, 769-770
– da faringe 349
– do assoalho sublingual 333
Tecido nervoso 60
Tecido órgão-específico 68
Tecnécio-99m 802
Tegmento 523, **533**, 549
– comum 633, 776
– mesencefálico 523, **527**
– pontino 521
– vasculoso 776, **776**
Tela (s)
– corióidea 523
– interdigitais 777
– muscular 352
– subcutânea 633, 652
– – limbo 661
– submucosa 352, 354, 371
– subserosa 69
Telencéfalo 61, 520, **520-521**, 523, 525, **771**
– funções 530
Tempo de trânsito de pulso durante o ultrassom 791
Temporal 26
– ângulo da pálpebra 612, **613**
– canal 79, 99, 102
– fáscia 137
– fossa 81, **88**, 95, **96**, 102, **105**, **129**, **146**
– linha **80**, 81, **82**, **88**, **688**
– lobo **523**, **525**, 529, **529**, 534
– – área acústica 556
– meato 104
– músculo **144**, 146, **146**, 147, **148**, 347, 689
– osso **74-75**, 79, **80**, **105**
– plano 82
– processo do osso zigomático 79, **80**, **82-83**, **85**, **89**
– região 685, **686-688**, 689
– seio 546, **547**

Temporomandibular
– articulação 79, 95, 98, 102, **103**, 128, 345, **626-627**
– – tomografia computadorizada (TC) **793**
– região **686-687**
Tendão (ões) 44, **45**, 47
– calcanear comum (de Aquiles) 287, **296-297**, 301, **302**
– cuneano 279, **285**, **301-302**, 306
– da articulação carpal 726
– da região metacarpal 726
– de Bogorozky 155
– de origem 44
– do músculo flexor profundo dos dedos **241**, **311**
– do músculo flexor superficial dos dedos **241**, **311**
– do músculo gastrocnêmio (tendão de Aquiles) **296**
– do músculo interósseo **202**
– gastrocnêmio 301
– pré-púbico 163
– região do joelho ou do cotovelo 732
– resistência à tração 44
Tendinócitos **45**
Tênia 372
– corióidea 541
– do ceco 379-380
– do colo **381**
Tensor
– da cartilagem escutiforme **144**, **146**
– do músculo do tímpano 622-623, **628**
– músculo
– – da fáscia antebraquial **215**, 222-223, **227**
– – da fáscia lata 283, **284**, 286, **294**
– véu palatino 328
Terceiro (a)
– falange, cartilagem 189, **189**
– músculo fibular 299, **300-301**
– neurônio da retina 604
– osso carpal **185**
– osso metacarpal **185**, 263
– osso metatarsal 263
– pálpebra 612, **613**, 614, **614**, 687, 697
– trocanter 253, **254**
– ventrículo **521**, 524, **527**, **538**, 541, **543**, **771**
Terciário
– folículo 451-452, **453-455**
– rêmiges 778, **778**
Térmica
– imagem 790
– receptores 637
Terminal (is)
– arcos **487**, 497, 665, 675, **678-679**
– artérias 53
– – oclusão 56
– brônquio 413
– corpúsculos nervosos 638
– filamento 515, **516**
– linha 319, 321, 704

– nervo 549
– papila 656, **674-675**
Termos e planos direcionais 25-26, **27**
Testicular (es)
– artéria 438, **440**, 490, **493**, 736
– bolsa 435, **439-440**, 459
– descida 433, 763
– membranas 714
– rede 435, **435**
– veia 438, 764
Testículo 433, **433-435**, **437**, **439**, **468**, 763, **765**, **773**
– descida 433
– estrutura 433
– função endócrina/exócrina 596
– inervação 439
– injeção de vasos sanguíneos **440**
– ligamentos 469
– linfáticos 439
– revestimento 436, **436-437**
– vascularização 438
Testosterona 441
Teta 642, **645**, 647
– canal 643
– orifício **645**
– seio 643, **645-648**
Teto
– da língua 330
– do crânio 104
– placa do osso etmoide 82
Tíbia/Tibial **38-40**, 256, 258, **259-260**
– ligamento colateral 269
– nervo 568, **573-574**, 576-577, **578**, **581**, 657, 667, 678, 732-734, **737-739**, **772**
– osso tarsal 261
– tuberosidade **256**, 259, **260**, 733
Tibiotarso **748**, 749
Timo 57, 317, 510, **510**, 770
– corpos de Hassall 511
– fator 510
– involução 510
– lóbulos **510**, 511
Timpânica
– abertura da tuba auditiva 695, **775**
– anel 80, **619**, 620, **621**, 624
– bolha 77, 80, **83**, 95, **619**, 621, **621**, 624
– cavidade 80, **619**, 621, **622**, 628, 775
– células 624
– membrana (s) 80, 95, **619**, 620, **621-622**, **628**, 630, 775, **775**
– – camadas 620
– – mucosa interna 621
– – umbigo 698
– – vascularização 698
– parte
– – do osso petroso 624
– – do osso temporal 80
Tímpano 80, 620, 759
Timpano-hioide (*tympanohyoideum*) 93, **93**, 99, 104, **626**
Tireo-hioide 92, **93**, 99, 104, **627**
– membrana 409
– músculo 151, **350**

Tireoide
– artérias 486, 591
– cartilagem 403-404, **406**, 407, **407**, **409-410**, **590-591**
– glândula **156**, 589, **590-593**, **773**
– – aumento 692, 702
– – células C 36
– – palpação 702
– – ultrassonografia **592**
– incisura **406**, 407, 409
– veias 591
Tireoidectomia 702
Tomografia computadorizada (TC) 792
– áreas de aplicação 795
– coeficientes atenuantes 792
– elemento individual de volume 792
– material de contraste 795
– projeção de intensidade máxima (PIM) 792
– protocolos estabelecidos 792
– qualidade da imagem 792
– reconstrução tridimensional 792
– reformação multiplanar (MPR) 792
– valores em escalas de cinza 792
– volume de renderização 792
– *voxel* 792
Tomografia computadorizada por emissão de fóton único (SPECT) 802
Tomografia por emissão de pósitrons (PET) 802
Tonsila (s) 57, 349
– lingual 349
– palatina 349, 691
– tubária 349, 623
Tonsilectomia 349, 691
Torácica (o)
– aorta 483, 488, **500**, **707**
– área 736
– cavidade 69, 74, 125, 315
– – estratigrafia 703
– – imagem por ressonância magnética **323**, 796
– – projeções dos órgão na parede corporal lateral 742, 743, 745
– – radiografia **322**
– – regiões 703-704
– – tomografia computadorizada (TC) **795**
– cela 315
– coluna (espinha) 112
– – movimentos 136
– – radiografia **117**
– ducto 161, 317, 319, 493, 505-506, **506-507**, 509, **707**
– esqueleto 125
– grupo de músculos intertransversais 159
– linfonodos aórticos 505, **506**
– lobo do timo **510**, 511
– membro
– – anatomia seccional **782**, **784-786**
– – artérias **487**
– – articulações 190
– – casco 660

– – cintigrafia **802**
– – esqueleto 171, **172-173**
– – estática e dinâmica 309
– – estruturas ósseas 727, 737
– – fáscia profunda 211
– – inervação cutânea **572**
– – inervação do casco 677
– – inervação do dedo 657, 659
– – linfáticos **729**
– – linfonodos 505
– – locomoção 311
– – musculatura 211, 722
– – musculatura extrínseca 211, 213, **214-215**, 220
– – musculatura intrínseca **214**, 215, **215**, 217
– – nervos **569**
– – nervos dorsais do casco 666
– – nervos palmares do casco 666
– – pontos de orientação 727
– – regiões 722, **723**
– – tratos nervosos **728-729**
– – vascularização **728-729**
– – veias 495
– músculos **216**, **218-219**
– nervos 568
– nervos espinais 562
– núcleo **518**
– parede, músculos 159
– parte
– – da medula espinal 515, **516**
– – do músculo espinal **156**, 157, 159
– – do músculo iliocostal 156-157
– – do músculo longo da cabeça **151**
– – do músculo longuíssimo 155, 157
– – do músculo multífido **158**
– – do músculo oblíquo externo do abdome 164
– – do músculo romboide **154**, 216
– – do músculo semiespinal 157-159
– – do músculo serrátil ventral 217
– – do músculo trapézio 211
– – do nervo vago 558
– – do tronco simpático 583
– pé 669
– região lombar da vertebral coluna (espinha), radiografia **117**
– vértebra **38-40**, 74, 112-113, **116**, 117, **118-120**, **748**
Toracoabdominal
– cavidade 317
– tronco **770**
Toracocentese 71
Toracodorsal
– artéria 485, **487**, **728-729**
– nervo 562-563, **564**, **569**, 725, **728-729**
Toracolombar
– fáscia 137, 161, 165, 213
– vértebra 309
Tórax **38-40**, 74
– abertura cranial 703
– esqueleto **119**
– estruturas ósseas palpáveis 737

– imagem por ressonância magnética 799
– linfonodos 505
– radiografia **116**, **119**
– sulcos do músculo superficial 703
– tomografia computadorizada (TC) 79
– topografia 703, **706-707**
Toro (s) 650
– carpo/tarso 650
– córneo 670-671
– digital 650-651, 657, 671
– intercostal 759
– metacarpo/metatarso 650
– pilórico 355
– ungular 651
Torsão do colo esquerdo 382
Toxina tetânica 65
Trabécula (s)
– cárnea 475, **478**
– do baço **513**, 514
– do linfonodo **502**
– do osso 29
– septomarginal 475-476, **476**
Trabecular
– artéria **513**
– osso **30**
– veia **513**, 514
Trago 619-620, **620**
– pelos 639
Trajetórias de estresse 29
Transporte
– de substâncias 67
– vasos 58
Transversa (o)
– artéria cubital 485, **487**
– banda do úmero 222
– canal 112
– cerebral
– – fissura **515**, **533**
– – sulco 528, **529**
– colo **375-376**, 380, 383, **721**
– crista **178**, 179, **179**, **185**
– diâmetro 250
– facial
– – artéria 486-487, **488-489**, **689**, **692-693**
– – veia **495**, **689**, **692**
– fáscia 70, 138, 161, **168**, 280, 438
– fissura do cérebro **525**
– forame 110, 112, **112**, **114-115**, **129-130**
– ligamento
– – articulação do cotovelo 269, **271**
– – do atlas 131
– – dos tendões extensores **301**
– ligamento acetabular 267, **269**
– ligamento umeral 191
– linha do sacro 122
– músculo aritenóideo 409, **409**, **411**
– músculo do abdome **69**, 163, **164**, 165, 167, **168**, **282**
– músculo do tórax 161
– músculo hióideo 151, 351

– músculo peitoral 213, **216-217**, 220, 724
– músculo torácico 160-161
– plano 26, **27**
– ponte 521
– processo 109-110, **110**, **112-113**, 114, **115**
– – da vértebra cervical **118**
– – da vértebra lombar 120, **124**
– – da vértebra torácica 113, **120**
– – do áxis 111, **114-115**
– – do sacro 125
– retináculo **190**
– rugas do palato duro 328, **329-330**
– seio 77, 546, **547**
– – canal 104
– – do pericárdio 472
– sulcos do rúmen 362
Traqueal
– anéis 758
– brônquio 414, 416, **416**
– cartilagens 405, 411, **412**, **590**
– colapso 702
– ducto linfático 510
– músculos 411, **412**, 758
– região **691**
– tronco 58, **497**, 504, **507**, 700, **701**
Traqueia 317, **397**, 405, 411, **412**, 758, **760**
– endoscopia 702
– exame endoscópico 702
– mucosa respiratória 411, **412**
Traqueotomia 702
Trato (s)
– bulbotalâmico **535**
– corticoestriado **537**
– corticonuclear **537**
– corticorubro **537**
– espinobulbar **535**
– espinotalâmico **533**, **535**
– gastrointestinal 321, **327**, 753, **755**
– genículoccipital 617
– mesencefálico 549
– óptico 534, 617
– retino-hipotalâmicos 607
Traumas por hiperextensão 730
Traumática
– pericardite 365
– reticulite 365, 637
Triângulo de Viborg 696, 700, 736
Trigêmeo
– gânglio 549, **550**, **552-554**
– lemnisco 531
– nervo (V) 521, **522**, **524**, 549, **550**, **555**, 560, 615
– – dano 553
– – exame neurológico 693
– – fibras motoras 549
– – fibras sensoriais 549
Trígono da falange proximal 189
Trígono da vesícula urinária **430-431**
Troca gasosa 397
Trocanter
– do fêmur, palpação 730
– maior 253

– menor 253
– terceiro 253
Trocantérica
– fossa 253, **255**
– plano **255**
Tróclea
– do fêmur 253, **254-257**
– do tálus 262, **265**
– rádio 178-179
– *tali* 262
Troclear
– forame 105
– fóvea 97, 102
– incisura 178, **178-179**, 181
– nervo (IV) 94, 523, 549, **550-551**, 560, **611**, 615
– – fibras motoras 549
– – fibras sensoriais 549
– – núcleo 523, 549
Tronco 309
– arquitetura 309
– artérias jejunais 372
– bicarotídeo 483, 484-485, 486, 559
– braquiocefálico esquerdo e direito 769
– camada média dos músculos **156**
– corpo caloso 529
– costocervical 483
– do nervo espinal **563**
– encefálico 520, **540**
– fascículo atrioventricular 480
– linguofacial 486
– músculos 149
– músculos cutâneos 138
– músculos profundos **158**
– músculos superficiais **154**, **156**
– pudendoepigástrico 490
– pulmonar 52, 474, 483
– regiões **704-705**
– simpático 64, **582**
– torácico 319
– vagal dorsal 389, 393, **707**
– vagossimpático **497**, 558, **558**, 582, **585**, **693**
Trote 313, **313**
TSH (hormônio tireotrófico) 36, 588
Tuba
– auditiva 623, 775
– uterina 459
Tuba de Eustáquio 623
Túber
– calcâneo 262
– cinéreo 524, 587
– coxa 243
– da espinha da escápula 171, **174**
– facial 87
– isquiática 247
– maxila 88
– olécrano 181
– sacral 243
Tubérculo
– costal 126
– flexor 184
– intermédio 175
– intervenoso 474
– maior 175
– menor 175

– muscular do osso occipital 74
– osso femoral troclear 253
– púbico ventral 243
– sela 78
– supraglenoidal 171, **173-175**, **190-191**
– vértebra dorsal/ventral 110, 112
Tuberosidade
– deltoide 175
– esternomandibular 104
– flexora 189
– ilíaca 243
– músculo iliocostal 156
– osso metacarpo 186
– rádio 179
– sacral 125
– tíbia 259
Tubular (es)
– corno 655, 657, 662, 680
– glândulas 67
Túbulo (s)
– atenuado 422
– coletores 422, **425**
– contorcido distal/proximal 422
– do corno 654
– do osso **29**
– do rim contorcido 421
– epidérmicas 655
– reto distal/proximal 422
– seminífero contorcido/reto 435, **435**
Túnica
– abdominal amarela 163, 165
– adventícia 352
– – das artérias 55
– – das veias 56
– – dos vasos sanguíneos 54
– albugínea
– – do pênis 443, **446**
– – do testículo 433– dartos 433, 436, **436**, 437
– fibrosa do bulbo 598
– flava abdominal 137, 163
– interna do bulbo 598, 603, 773
– íntima 54
– média 54-56
– – bulbo 600, 697, 773
– mucosa 66, 352, 354, 371
– muscular 68, 354, 371, 754
– serosa 69, 352
– submucosa 352
– vascular do bulbo 598, 600

U

Úbere 642, 648, 650
– aparelho suspensor **645**
– aparência 649
– da égua 650
– da vaca 648
– doenças 660
– dos pequenos ruminantes 648
– drenagem venosa **650**
– exame clínico 716
– região **734**
– tecido glandular 643, **646-647**
– vascularização **648**, 716

Ulna **38-40**, **172**, 175, 177, **178-179**, 181, **192**, **748**
Ulnar
– cabeça
– – do músculo flexor do carpo 224-225
– – do músculo flexor profundo dos dedos 233
– colateral
– – artéria **667**, 724
– – ligamento 193
– – veia 724
– incisura 179
– incisura troclear **193**
– ligamento carpo acessório **196**
– músculo extensor do carpo **194**, **214-215**, 224-225, **226**, **228**, **230-231**, **567**, 724
– músculo flexor do carpo **194**, 224-225, **226-228**, **230-231**, **566**, 724
– nervo 563, **564**, 565-566, **569**, 657, 659, **667**, **677**, 723-724, **725**, **728-729**
– – inervação cutânea **572**
– osso carpal 181, 182, **182-183**, 184, **185**, **197-198**, 748
– sulco 724
– veia, injeção intravenosa 769
Ultrafiltrado 419, 421
Ultrassom 791
– comprimento das ondas sonoras refletidas 791
– comprimento do sinal 791
– Doppler 791
– escala de cinza 791
– intensidade do sinal 791
– meio de contraste 791
– modo M 791
– tempo de trânsito do pulso 791
– tempo real 791
Umbigo **168**, 319
– distal/proximal 777
Umbigo da membrana timpânica 621, 698
Umbilical
– abertura 163
– artérias 322, 429, **470**, 491
– cordão 319
– farpas 778
– hérnia 319
– região 71, **705**, 709
– veia 389
Úmero **38-40**, **119**, 171, **172**, **176-177**, **180**, **748**, **750**
– articulação 190
– bainha 175
– cabeça 175, 190
– – do músculo flexor ulnar do carpo 224-225
– – do músculo flexor profundo do carpo 227
– – do músculo flexor profundo dos dedos 233
– côndilo 175, **176-177**, 191, **193**
– corpo 175
– crista 175, **176-177**
– rêmiges 778
– tróclea **180**, **194-195**

Unguícula 651, 656
Unguicular
– crista 184, **184**, 656
– processo da falange distal 656
– sulco 184, **184**
Úngula 651, 659-660
Unha 651-652, **653**
Unicavitário
– estômago 353, 355
Unidade monofuncional 58
Úraco 429
– cicatriz **717**
Ureter 425, **428-429**, 752, 763, **765-766**
– glândulas mucosas 426
Uretérica (s)
– colunas **430-431**
– crista 430
– óstio **430-431**, 763
– prega 430
Uretra 430, **430-431**, 439
– drenagem linfática 448
– entrada 463
– inervação 448
– vascularização 448
Uretral
– bulbo 445
– crista 429
– músculo **430**, 718
– músculo esfíncter 322
– óstio 430, 439
– parede 430
– pregas 429
– processo **434**, 445, **445**, 447
Uretrostomia 716
Urodeu 757, **757**, 763, **765**
Urogenital
– diafragma 469
– região **734**
– seio **468**
– sistema 26, 419
Urografia 791
Urolitíase 716
Uropígea
– glândula 747, 776, **777**
– papila 776, **777**
Uterina
– artéria **462**, 469, **470**, 490-491, 718
– carúncula **461**, 463, **466**
– colo 465-466, 718
– corno **449-450**, **458-459**, 460, **460-464**, 469, **469**, 716-717, 718, **720-721**
– glândulas 766
– linfonodo 470
– óstio **458**, 459
– parede 460
– ramo da artéria ovariana 469, **470**
– tuba **458**, 459, **459**, 462, 468, 716
– – maturação folicular 452
Útero 459, **461**, 766
– bicornuado 459
– camada circular interna 463
– com ovo englobado **768**
– duplo 459
– implantação do ovo fertilizado 453

– prega circular 460
– pregas mucosas 460
– proeminências 460
– projeção na parede corporal lateral esquerda 742
– simples 459
– ultrassonografia 791
Utrículo (*utriculus*) 534, **628**, 629
Úvea 600, 697

V

Vagina **450-451**, 461, 463, **463-464**, 466, **720-721**, 767
– abertura 438
– anel **437**
– artéria **449-451**, 469, **470**, 491
– bulbo do olho 610
– carótida 700
– cavidade 438
– músculo reto abdominal 164-165
– processo 164, **297**, 319, 378, 433, 437-438, **438**, 468, 714, **736**
– radicular dérmica 638
– radicular epitelial 638
– sinovial
– – intertubercular 191
– – músculo flexor comum 238
– – tendínea dos dedos da mão 236, 238
– veia 469
Valva/Válvula (s)
– aorta 476
– atrioventricular
– – direita ou tricúspide 475
– – esquerda ou mitral 476
– bicúspide **477-478**
– – sons cardíacos 482
– das veias 56
– linfáticas 58
– mitral 476
– semilunares 475
– tricúspide 475, **476**, **478**
– – sons cardíacos 482
– tronco pulmonar 475, 483
– tuba auditiva 695
Vascular
– lacuna 280, 732
– lâmina
– – da corioide 600
– – do bulbo do olho 600
– rede da glândula hipófise **546**
Vaso (s) 54, 482
– capilar 52, 56
– – sinusoidal 56
– da vascularização 55
– linfáticos 57, 501
– – fibrotípico 769
– – miotópico 769
– nervoso 62
– perfurantes (de Volkmann) **32**, 36
– pré-coletores 769
– sanguínea 54
– *vasorum* 55
Vasoconstrição 55
Vasodilatação 55

Vegetativo
– gânglio 63, **64**
– sensibilidade 59
– sistema nervoso 59, 63, 537, 580
Veia (s) 56, 491
– avalvulares 493
– axilar 496
– ázigos 495
– baixa pressão sanguínea 56
– braquial 496
– cardíaca magna/mínima 477, 480
– cava
– – caudal 53, 496
– – cranial 53, 493, 496
– – forame 319
– – prega **706**
– cefálica 496
– coccigeomesentérica **764**
– cornuais 681
– coronária média 480
– da cabeça 493
– da margem solear 675, **679-680**
– digitais
– – palmares medial e lateral 495
– – plantares medial e lateral 496
– do membro pélvico 496, **499**
– do membro torácico 495
– do pescoço 493
– dorsal do pé 496
– femoral 496
– gástrica esquerda 358
– hepática direita/esquerda 757
– ilíaca externa/interna 496
– jugular externa 496
– mediana 496
– metacárpica 495
– metatársica 496
– metatársica superficial plantar medial 769
– músculos bombeadores 56
– nomenclatura 57
– origem da raiz 57
– ovárica 469
– poplítea 496
– porta 53, 358, 388, **757**
– renal 423
– safena lateral/medial 496
– sublobulares 388, **390**
– subclávia 496
– submentual **701**
– temporal superficial 681
– testicular 438
– tibial cranial 496
– umbilical 389
– vaginal 469
– válvulas 56, 491
– vorticosa 600, 615, 688, 697, **697**
Venopunção 331
– da veia jugular 769
– da veia safena lateral 496
Venoso (s)
anel da teta **648**
arco terminal 675
– plexo
– – da esclera 599, 602
– – da papila ileal 379
– – da sola 677
– – da teta 643

– – da uretra 430
– – do espaço epidural 539, 545
– – profundo da derme **638**
– sangue, composição 57
– seios 56, 491
– – da dura-máter 493, 540
– – do baço 514
Vento **757**
Ventral 26, **27**
– ângulo da escápula 171
– arcos 109, **110**, **114-115**
– área vestibular 94
– artéria cólica 373
– artéria perineal **470**, 491
– bucal (is)
– – glândulas 336
– – nervo **555-556**
– – ramo do nervo facial **557**
– cavidade peritoneal hepática **752**
– coccígeo
– – músculo **294**
– – plexo **169**
– coluna 517
– – da substância cinzenta 535
– conchal
– – recesso 108
– – seio 93, 108
– corno **516**, 517, **518**
– crista 109-110, **110**, **114**, **120**
– espinal
– – artéria 541, **545**
– – raiz 515
– face articular do dente 110
– fissura mediana 515, **516**, 517, **518**
– flexura diafragmática 377-378, **380**, 381
– ligamento atlantoaxial 131
– ligamento longitudinal 133, **133**, **135**
– ligamento sacroilíaco 265
– linfonodos abomasais 370
– margem do pulmão 412
– membrana atlantoccipital 130
– mesentério **70**, 71, 321
– mesentérios gástricos **70**
– mesogástrio **70**, 71, 359-360, 367
– músculo escaleno 149-150, **152**, 153, **154**, **156**, **158**
– – músculo intertransversário
– – da cauda 168
– – do pescoço 151, **160**
– músculo oblíquo **598**, 611, **611-612**
– músculo omotransverso 151
– músculo reto **598**, 611, **611-612**
– – da cabeça 148, **151**, 153
– músculo sacrococcígeo **290**
– músculo serrátil **154-155**, 215-216, 217, 220, 309, 722
– músculos cervicais **216-217**
– nasal
– – concha 83, 87, **90**, 100-101, **102**, 108, **328**, **400**, **402**, **403**, **405**
– – meato 83, 88, 101, **401-402**, 404, 691
– – passagem 691
– núcleo coclear 534

– parte da ponte 521
– raiz
– – do gânglio espinal **582**
– – do nervo cervical 562
– – do nervo espinal **518**, 562, **563**
– raízes nervosas **517**
– ramo bucolabial **690**
– ramos
– – do nervo espinal 562, **563**, **582**
– – dos nervos cervicais 562
– – dos nervos lombares 568
– – dos nervos sacrais craniais 574
– região do pescoço **691**, **698-699**, 700
– saco do rúmen 361, **362-363**, 369
– superficial
– – linfonodos cervicais **504**
– – músculo escutuloauricular 144, **146**
– torácica
– – linfocentro 506
– – linfonodos 506
– tronco vagal 317, 559, **584-585**, **706-707**
– tubérculo 110, 112, **114**
– tubérculo púbico 243
Ventricular
– divertículo 353
– músculo **408-409**, 411
– sistema **771**
Ventrículo (s) 353, 754
– coração 52, 473-474
– do cérebro 61, 541, **543-544**
– direito 474
– esquerdo 475
– lateral da laringe 408
Ventrolateral
– artéria/veia coccígea **169**
– coluna **518**, 519
Vênula (s) **53**, 54, 56, 471
– da retina 615
– estreladas 424
– retas 424
Verdadeiro (as)
– articulações 37
– brônquio 413
– costelas 125
– narinas 402
Vermelha
– lobo da orelha 775
– medula óssea **29**, 30, 34, 52
– núcleo 523, 535, **537**
– polpa do baço **513**, 514, 771
– tipo muscular 44
Vérmis do cerebelo 522, **523**, **526**
Vértebra (s)
– anticlinal 114, **117**
– caudais 125
– cervicais 110
– embrionária **31**
– estrutura base **110**
– lombares 120
– sacrais 122
– torácicas 74, 112
Vertebral
– arcos 109, **110**, 113-114, **121**
– artéria 485, **489**, **491**, **497**, 541, 545

– cabeça
– – do músculo bíceps da coxa 287, 292
– – do músculo semitendíneo 289
– canal 73, 109, **117**, **133**
– coluna (espinha) 73, 109, 704
– – articulações 131
– – curvaturas 73
– – e crânio, articulações 129
– – funções 73
– – imagem por ressonância magnética 799
– – ligamentos 133
– – mobilidade 136
– – tomografia computadorizada (TC) 795
– corpo 73, **110**, 113, **117**
– face do pulmão **761**
– forame 73, 109, **110**, **120**, **123**
– fórmula 117
– gânglio **563**
– nervo 583, **583-584**
– plexo **495**, **497-499**
– região do tórax **704**
– sacro **121**
– tronco **582**
– veia **495**, **497**
Vertical
– colunas do cérebro 525
– diâmetro 250
– ligamentos do carpo 195
– vulva abertura 465
Vértice
– córnea 599
– da vesícula urinária 429
– diafragmático 161
Vesícula biliar 378, **386**, 391, **720-721**, **756**, 758, **758**
Vesícula urinária 374-375, 429, **430-432**, **450**, **716**, 719
– camadas 429
– exame 718
– pregas 429
– projeção na parede corporal lateral 740
– transição epitelial 429
– ultrassonografia **792**
Vesicular
– ductos 430
– glândula **433**, 441, **441**
Vestibular
– área 530
– artéria 491
– bulbos 464
– face do dente 336
– gânglio 534, 556, 698
– glândulas 464
– janela 622, 628, **628**, 630, 775, **775-776**
– labirinto **619**, 628-629
– – células receptoras 629
– ligamento 408
– membrana 630, **631**
– nervo 94, **628**
– núcleo 550
– órgão 524, **536**, 776
– via 534, **536**
Vestíbulo **629**
– da bolsa omental 359

– da cavidade oral 327
– da cóclea 80
– da laringe 408
– da vagina 449, **449-451**, **463**, 464, **464**, **466**
– do nariz 402, 639, 690
– labial 327
– labirinto 628
– oral 327, 336
Vestibulococlear
– nervo (VIII) 80, 521, **522**, **524**, **527-528**, 534, **536**, **550**, 556, **556**, 560, **619**, **628**, 629, 631
– núcleo **536**
– órgão 619, 775, 775
Véu
– abomásico 366
– medular
– – caudal 522
– – rostral 521-522
– omento 360
– palatino 328, **329**, 347
– ramos
– – do nervo oculomotor 549
– – dos nervos cervicais **572**
– – dos nervos lombares 568
Vexilo 777, **778**
Vibrissa 639, **640**
Vilosidades intestinais 371
Vincula tendinum 51
Visão binocular 534, 597

Víscera 66
– anatomia geral 66
– epitélio 66
– funções 68
– mucosa 66
– tecido conjuntivo 68
Visceral
– face do baço **511-512**
– motilidade 68
– peritônio **752**
– pleura 315, 412, **752**
– sensibilidade 59
– serosa **70**
– – do estômago 355
– sistema nervoso 537, 580
– túnica vaginal **436-437**
– vias 538
– vias aferentes 538
– vias eferentes 538
Viscerocrânio 84
Visceromotoras 59
Visual (is)
– área 530, **536**, 606
– campo 772
– córtex 534, 549
– informação 533
– – receptores 617
– percepção 617
– vias 533, **536**, 617
Vitamina D$_3$
 (1,25-di-hidroxicolecalciferol) 36

Vitelino
– membrana 767
– pele **769**
– saco 449, **769**, 770
Vítreo
– câmara 598, 607-608, **774**
– corpo **598-600**, 608, **610**
– humor 608
Vocal
– ligamento 408, 409
– músculo **408-411**
– prega 407-408, **408**, 409, 759
– processo **406**
Vocalização 410
Vômer **86**, 89, **89-90**, **97**, **100**, **400**, **627**
Vômito 352
Voo
– músculos, injeção intramuscular 751
– penas 778
Vulva 449, **463**, 465, **466**

X

Xifoide
– cartilagem **127**, 128, 708
– processo **119**, **127**, 128
– região **705**, 708

Z

Zeugopódio **244**, 733
Zigodáctilo 751
Zigomático
– arcos **77-78**, 79, 85, **88**, 95, **97-99**, 102, **105**
– glândula **336**
– glândula salivar 328
– músculo 142, **142**, 143, **144**, **150**
– nervo 551, **553**, 560, 687
– osso **74-75**, **79**, 85, **89**, 95
– pelos táteis 639
– processo 79
– – do osso frontal **78**, 81, **82**, **88-89**, **96**, **101**, **107**
– – do osso temporal 79, **80**, 85, **89**, 95, **96**, **105**
– ramo do nervo facial **556-557**, 615
– região **686-687**
Zona (s)
– colunar 383
– cutânea 383
– de Head 538, 562, 637
– intermédia 383
– justamedular 421
– parafolicular do linfonodo **503**
– pelúcida 452
– periférica 421
Zônula ciliar 601